2024 | 한국산업인력공단 국가기술자격

고시넷
고패스

# 건설안전기사

## 10년 + α 기출문제집

건안기
베스트셀러

유형별 핵심이론
관련 실기
출제연혁

# 최근 14년간 출제경향 분석

최근 14년간 신규유형 문제의 출제비율은 총 4,920문제 중 575문제로 11.7%(회당 14.0문항)이며, 나머지 총 4,345문제(88.3%)는 중복문제 혹은 유사문제로 출제되었습니다. 즉, 건설안전기사는 체계적인 기출분석을 통해서 합격이 가능한 시험입니다.

- 22년간의 기출 DB를 기반으로 14년 동안 중복문제의 출제문항 수는 4,920문항 중 2,804문항으로 57.0%에 달합니다.

| 과목 | 1과목 | 2과목 | 3과목 | 4과목 | 5과목 | 6과목 | 합계 |
|---|---|---|---|---|---|---|---|
| 중복문제 | 486(59.3%) | 573(69.9%) | 425(51.8%) | 452(55.1%) | 372(45.4%) | 496(60.5%) | 2,804(57.0%) |
| 유사문제 | 285(34.8%) | 183(22.3%) | 296(36.1%) | 225(27.4%) | 306(37.3%) | 246(30%) | 1,541(31.3%) |
| 신규문제 | 49(6.0%) | 64(7.8%) | 99(12.1%) | 143(17.4%) | 142(17.3%) | 78(9.5%) | 575(11.7%) |
| 합계 | 820(100%) | 820(100%) | 820(100%) | 820(100%) | 820(100%) | 820(100%) | 4,920(100%) |

- 22년간의 기출 DB를 기반으로 최근 5년분 기출문제를 학습할 경우 중복문제를 만날 가능성은 120문항 중 30.4문항(25.3%), 10년분 기출문제를 학습할 경우에는 54.0문항(45.0%)이었습니다.

| 과목 | 1과목 | 2과목 | 3과목 | 4과목 | 5과목 | 6과목 | 합계 |
|---|---|---|---|---|---|---|---|
| 5년분 학습 | 6.27문항 | 6.29문항 | 4.29문항 | 4.71문항 | 3.24문항 | 5.61문항 | 30.41문항 |
| 10년분 학습 | 9.85문항 | 11.15문항 | 7.78문항 | 9.24문항 | 6.32문항 | 9.68문항 | 54.02문항 |

이로써 10년분 기출문제에 대한 암기학습만 할 경우 합격점수에 해당하는 72점(평균 60점)에는 18문항이 부족하다는 것을 알 수 있습니다. 암기학습뿐 아니라 관련 배경에 대한 최소한의 학습도 필요합니다.

## 과목별 분석

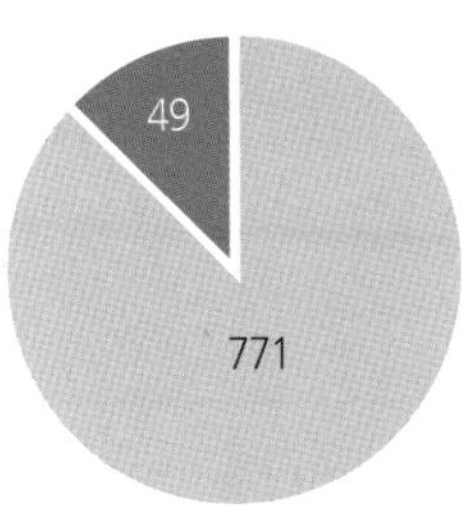


**1과목 • 산업안전관리론**

14년간 기출문제의 분석 결과 중복유형 문제는 총 771문항이며, 이를 유형별로 정리하면 134개의 유형입니다. 즉, 134개의 유형을 학습할 경우 771문항(94.0%)을 해결할 수 있습니다.

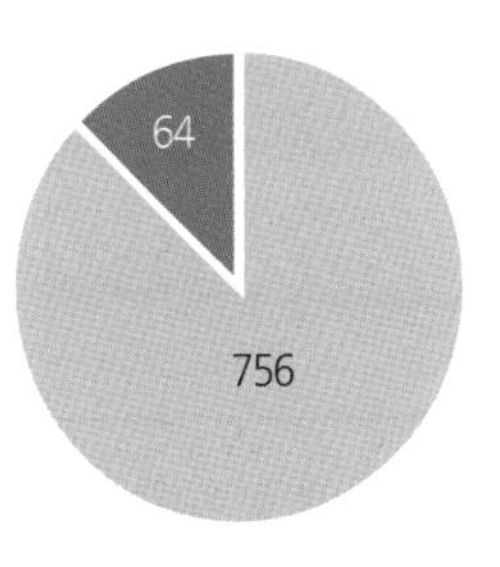


**2과목 • 산업심리 및 교육**

14년간 기출문제의 분석 결과 중복유형 문제는 총 756문항이며, 이를 유형별로 정리하면 165개의 유형입니다. 즉, 165개의 유형을 학습할 경우 756문항(92.2%)을 해결할 수 있습니다.

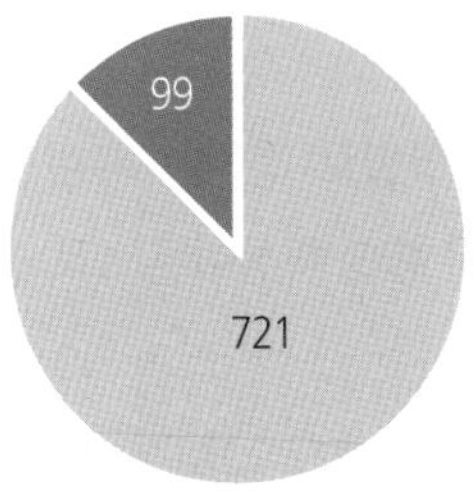


**3과목 • 인간공학 및 시스템 안전공학**

14년간 기출문제의 분석 결과 중복유형 문제는 총 721문항이며, 이를 유형별로 정리하변 140개의 유형입니다. 즉, 140개의 유형을 학습할 경우 721문항(88.0%)을 해결할 수 있습니다.

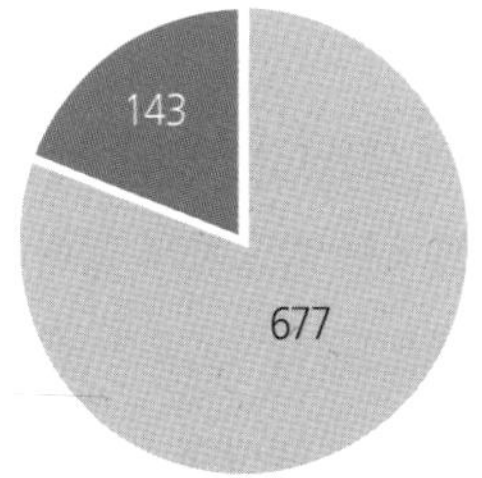


**4과목 • 건설시공학**

14년간 기출문제의 분석 결과 중복유형 문제는 총 677문항이며, 이를 유형별로 정리하면 157개의 유형입니다. 즉, 157개의 유형을 학습할 경우 677문항(82.6%)을 해결할 수 있습니다.

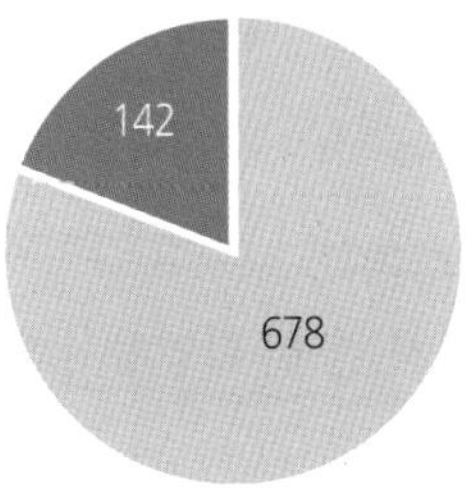


**5과목 • 건설재료학**

14년간 기출문제의 분석 결과 중복유형 문제는 총 678문항이며, 이를 유형별로 정리하면 152개의 유형입니다. 즉, 152개의 유형을 학습할 경우 678문항(82.7%)을 해결할 수 있습니다.

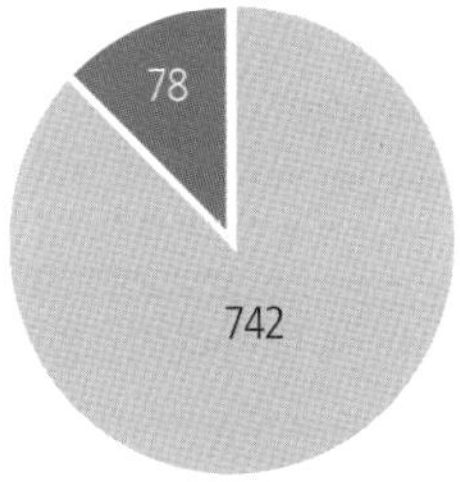


**6과목 • 건설안전기술**

14년간 기출문제의 분석 결과 중복유형 문제는 총 742문항이며, 이를 유형별로 정리하면 133개의 유형입니다. 즉, 133개의 유형을 학습할 경우 742문항(90.5%)을 해결할 수 있습니다.

# 어떻게 학습할 것인가?

앞서 14년간의 기출문제 분석내용을 확인하였습니다. 이렇게 분석된 데이터를 통하여 가장 효율적인 학습방법을 연구 검토한 결과를 제시합니다.

분석자료에서 보듯이 기출문제 암기만으로는 합격이 힘듭니다. 10년분 기출문제를 모두 암기하더라도 중복문제는 54문항 정도로, 합격점수인 72점에는 18점 이상이 모자랍니다.

- 기출문제와 함께 20년간 기출문제를 정리한 기본적인 이론을 유형별로 정리한 유형별 핵심이론을 제시합니다. 이론서를 별도로 참고하지 않더라도 기출문제와 관련 해설, 유형별 핵심이론으로 충분히 학습효과를 거둘 수 있을 것입니다.
- 필기 합격 후 치르는 필답형 실기시험은 외워서 주관식으로 적어야 하는 시험입니다. 필기와는 달리 내용을 완벽하게 암기하지 못하면 답을 적을 수가 없습니다. 그런 데 반해 준비기간은 1달 남짓으로 짧아 당회차 합격이 힘듭니다. 그러므로 실기에도 나오는 내용을 필기시험 준비 시 좀더 집중적으로 보게 된다면 필기는 물론 당회차 실기시험 대비에도 큰 도움이 됩니다. 이에 유형별 핵심이론과 함께 해당 내용이 실기 필답형이나 작업형에 출제되었는지를 연혁과 함께 표시했습니다.
- 회차별 출제문제 분석을 통해서 해당 회차의 문제 난이도, 출제유형, 실기 관련 내역, 합격률 등을 종합적으로 분석하여 제시하였습니다.

최소한 2번은 정독하시기 바라며, 틀린 문제는 오답노트를 통해서 다시 한 번 확인하시기를 추천드립니다.

여러분의 자격증 취득을 기원합니다.

# 건설안전기사 상세정보

## 자격종목

| 자격명 | | 관련부처 | 시행기관 |
|---|---|---|---|
| 건설안전기사 | Engineer Construction Safety | 고용노동부 | 한국산업인력공단 |

## 검정현황

■ 필기시험

| | 2013 | 2014 | 2015 | 2016 | 2017 | 2018 | 2019 | 2020 | 2021 | 2022 | 2023 | 합계 |
|---|---|---|---|---|---|---|---|---|---|---|---|---|
| 응시인원 | 7,513 | 8,023 | 9,315 | 8,931 | 9,335 | 10,421 | 13,212 | 12,389 | 17,526 | 26,556 | 34,908 | 158,129 |
| 합격인원 | 2,982 | 3,000 | 3,723 | 3,956 | 4,026 | 3,810 | 6,394 | 6,615 | 8,057 | 12,856 | 17,964 | 73,383 |
| 합격률 | 39.7% | 37.4% | 40.0% | 44.3% | 43.1% | 36.6% | 48.4% | 53.4% | 46.0% | 48.4% | 51.5% | 46.41% |

■ 실기시험

| | 2013 | 2014 | 2015 | 2016 | 2017 | 2018 | 2019 | 2020 | 2021 | 2022 | 2023 | 합계 |
|---|---|---|---|---|---|---|---|---|---|---|---|---|
| 응시인원 | 4,823 | 4,939 | 4,809 | 4,941 | 5,869 | 5,384 | 7,584 | 8,995 | 10,653 | 14,674 | 19,928 | 92,599 |
| 합격인원 | 1,630 | 2,498 | 2,380 | 2,692 | 3,077 | 3,244 | 4,607 | 4,694 | 5,539 | 10,321 | 12,557 | 53,239 |
| 합격률 | 33.8% | 50.6% | 49.5% | 54.5% | 52.4% | 60.3% | 60.7% | 52.2% | 52.0% | 70.3% | 63.0% | 57.5% |

■ 취득방법

| 구분 | 필기 | 실기 |
|---|---|---|
| 시험과목 | ① 산업안전관리론 ② 산업심리 및 교육<br>③ 인간공학 및 시스템 안전공학 ④ 건설시공학<br>⑤ 건설재료학 ⑥ 건설안전기술 | 건설안전실무 |
| 검정방법 | 객관식 4지 택일형, 과목당 20문항 | 복합형[필답형 + 작업형] |
| 합격기준 | 과목당 100점 만점에 40점 이상, 전 과목 평균 60점 이상 | 필답형 + 작업형 100점 만점에 60점 이상 |
| ■ 필기시험 합격자는 당해 필기시험 발표일로부터 2년간 필기시험이 면제된다. | | |

# 시험 접수부터 자격증 취득까지

## 필기시험

• 큐넷 회원가입후 응시자격 확인 가능

• 원서접수: http://www.q-net.or.kr
• 각 시험의 필기시험 원서접수 일정 확인

• 준비물: 수험표, 신분증, 컴퓨터용 사인펜, 볼펜, (공학용 계산기)
• 필기시험 일정 및 응시 장소 확인

• 합격발표: http://www.q-net.or.kr
• 각 시험의 합격발표 일정 확인

## 실기시험

- 원서접수: http://www.q-net.or.kr
- 각 시험의 실기시험 원서접수 일정 확인

- 각 실기시험(필답/작업)의 준비물 확인
- 실기시험 일정 및 응시 장소 확인

- 합격발표: http://www.q-net.or.kr
- 각 시험의 합격발표 일정 확인

- 인터넷 발급: http://www.q-net.or.kr
- 방문 발급: 신분증 지참 후 발급장소(지부/지사) 방문

# 이 책의 구성

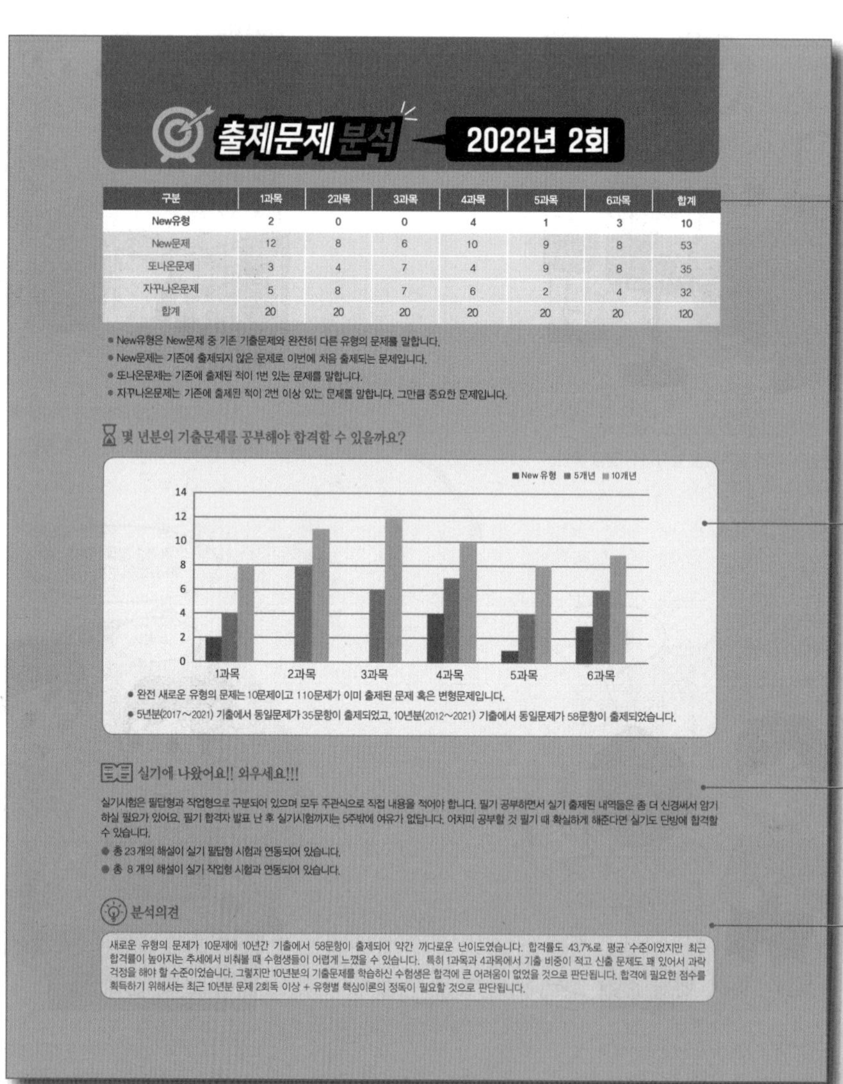

## 출제문제 분석 2022년 2회

| 구분 | 1과목 | 2과목 | 3과목 | 4과목 | 5과목 | 6과목 | 합계 |
|---|---|---|---|---|---|---|---|
| New유형 | 2 | 0 | 0 | 4 | 1 | 3 | 10 |
| New문제 | 12 | 8 | 6 | 10 | 9 | 8 | 53 |
| 또나온문제 | 3 | 4 | 7 | 4 | 9 | 8 | 35 |
| 자꾸나온문제 | 5 | 8 | 7 | 6 | 2 | 4 | 32 |
| 합계 | 20 | 20 | 20 | 20 | 20 | 20 | 120 |

- New유형은 New문제 중 기존 기출문제와 완전히 다른 유형의 문제를 말합니다.
- New문제는 기존에 출제되지 않은 문제로 이번에 처음 출제되는 문제입니다.
- 또나온문제는 기존에 출제된 적이 1번 있는 문제를 말합니다.
- 자꾸나온문제는 기존에 출제된 적이 2번 이상 있는 문제를 말합니다. 그만큼 중요한 문제입니다.

### 몇 년분의 기출문제를 공부해야 합격할 수 있을까요?



- 완전 새로운 유형의 문제는 10문제이고 110문제가 이미 출제된 문제 혹은 변형문제입니다.
- 5년분(2017~2021) 기출에서 동일문제가 35문항이 출제되었고, 10년분(2012~2021) 기출에서 동일문제가 58문항이 출제되었습니다.

### 실기에 나왔어요!! 외우세요!!!

실기시험은 필답형과 작업형으로 구분되어 있으며 모두 주관식으로 직접 내용을 적어야 합니다. 필기 공부하면서 실기 출제된 내역들은 좀 더 신경써서 암기하실 필요가 있어요. 필기 합격자 발표 난 후 실기시험까지는 5주밖에 여유가 없답니다. 어차피 공부할 것 필기 때 확실하게 해준다면 실기도 단방에 합격할 수 있습니다.

- 총 23개의 해설이 실기 필답형 시험과 연동되어 있습니다.
- 총 8 개의 해설이 실기 작업형 시험과 연동되어 있습니다.

### 분석의견

새로운 유형의 문제가 10문제에 10년간 기출에서 58문항이 출제되어 약간 까다로운 난이도였습니다. 합격률도 43.7%로 평균 수준이었지만 최근 합격률이 높아지는 추세에서 비춰볼 때 수험생들이 어렵게 느꼈을 수 있습니다. 특히 1과목과 4과목에서 기출 비중이 적고 신출 문제도 꽤 있어서 과락 걱정을 해야 할 수준이었습니다. 그렇지만 10년분의 기출문제를 학습하신 수험생은 합격에 큰 어려움이 없었을 것으로 판단됩니다. 합격에 필요한 점수를 획득하기 위해서는 최근 10년분 문제 2회독 이상 + 유형별 핵심이론의 정독이 필요할 것으로 판단됩니다.

| 구분 | 1과목 | 2과목 | 3과목 | 4과목 |
|---|---|---|---|---|
| New유형 | 2 | 0 | 0 | 4 |
| New문제 | 12 | 8 | 6 | 10 |
| 또나온문제 | 3 | 4 | 7 | 4 |
| 자꾸나온문제 | 5 | 8 | 7 | 6 |
| 합계 | 20 | 20 | 20 | 20 |

한 번도 출제된 적이 없는 새로운 유형의 문제(New유형)와 처음으로 출제된 문제(New문제), 중복해서 2번 출제된 문제와 3번 이상 출제된 문제로 구분하여 정리하였습니다.

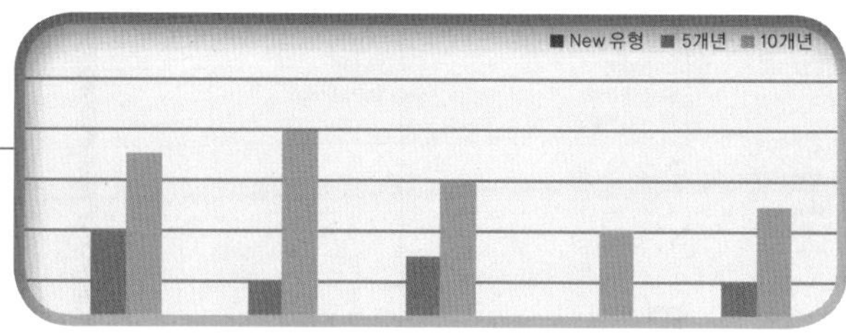


각 과목별로 5년 혹은 10년간의 기출문제와 동일한 문제가 몇 문항씩 출제되었는지를 보여줍니다.

실기에 나왔어요!! 외우세요!!!

실기시험은 필답형과 작업형으로 구분되어 있으며 모두 주관식으로 직접 내용을 적어야 합니다
하실 필요가 있어요. 필기 합격자 발표 난 후 실기시험까지는 5주밖에 여유가 없답니다. 어차피
수 있습니다.

- 총 23개의 해설이 실기 필답형 시험과 연동되어 있습니다.
- 총 8 개의 해설이 실기 작업형 시험과 연동되어 있습니다.

각 문항 아래에 위치한 유형별 핵심이론에 최근 10년 동안 실기 필답형 및 작업형 시험에 출제된 내용이 몇 개나 있는지를 보여줍니다. 필기시험을 위한 공부지만 실기에도 나왔다면 더욱 확실하게 익힐 필요가 있을 겁니다. 동일 회차 한 번에 최종합격까지 가시려는 분은 필기 학습 시 꼭! 유념하시기 바랍니다.

분석의견

새로운 유형의 문제가 10문제에 10년간 기출에서 58문항이 출제되어 약간 까다로운 난이
합격률이 높아지는 추세에서 비춰볼 때 수험생들이 어렵게 느꼈을 수 있습니다. 특히 1과목
걱정을 해야 할 수준이었습니다. 그렇지만 10년분의 기출문제를 학습하신 수험생은 합격에 큰
획득하기 위해서는 최근 10년분 문제 2회독 이상 + 유형별 핵심이론의 정독이 필요할 것으

해당 회차 난이도 등을 분석하여 효율적인 학습을 위한 의견을 제시하였습니다.

– 회차별 기출문제 시작부분에서 해당 회차 합격률과 10년 합격률 추이를 보여줍니다.

건 / 설 / 안 / 전 / 기 / 사 / 필 / 기

# 2022년 제2회

2022년 4월 24일 필기

22년 2회차 필기시험
합격률 43.7%

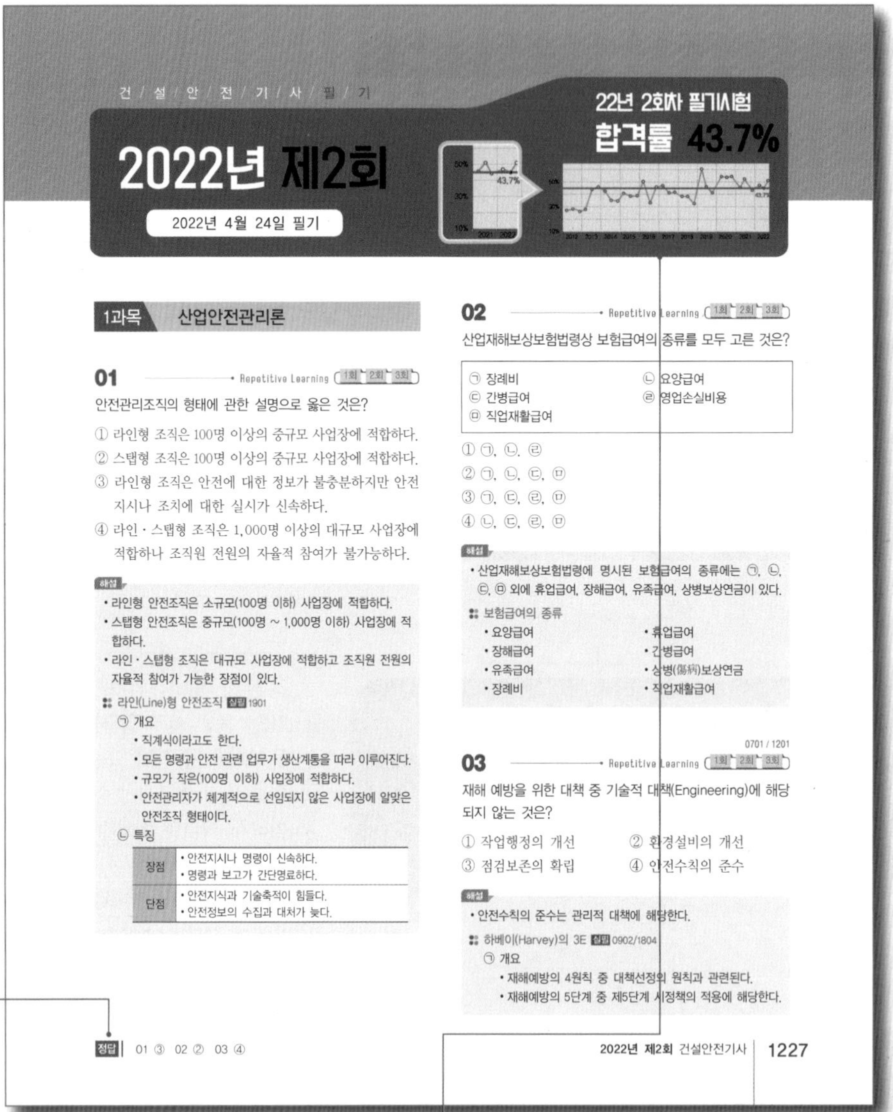

## 1과목 산업안전관리론

**01** Repetitive Learning (1회 2회 3회)

안전관리조직의 형태에 관한 설명으로 옳은 것은?

① 라인형 조직은 100명 이상의 중규모 사업장에 적합하다.
② 스탭형 조직은 100명 이상의 중규모 사업장에 적합하다.
③ 라인형 조직은 안전에 대한 정보가 불충분하지만 안전 지시나 조치에 대한 실시가 신속하다.
④ 라인・스탭형 조직은 1,000명 이상의 대규모 사업장에 적합하나 조직원 전원의 자율적 참여가 불가능하다.

해설

- 라인형 안전조직은 소규모(100명 이하) 사업장에 적합하다.
- 스탭형 안전조직은 중규모(100명 ~ 1,000명 이하) 사업장에 적합하다.
- 라인・스탭형 조직은 대규모 사업장에 적합하고 조직원 전원의 자율적 참여가 가능한 장점이 있다.

라인(Line)형 안전조직 실필 1901

㉠ 개요
- 직계식이라고도 한다.
- 모든 명령과 안전 관련 업무가 생산계통을 따라 이루어진다.
- 규모가 작은(100명 이하) 사업장에 적합하다.
- 안전관리자가 체계적으로 선임되지 않은 사업장에 알맞은 안전조직 형태이다.

㉡ 특징

| | |
|---|---|
| 장점 | • 안전지시나 명령이 신속하다.<br>• 명령과 보고가 간단명료하다. |
| 단점 | • 안전지식과 기술축적이 힘들다.<br>• 안전정보의 수집과 대처가 늦다. |

**02** Repetitive Learning (1회 2회 3회)

산업재해보상보험법령상 보험급여의 종류를 모두 고른 것은?

| | |
|---|---|
| ㉠ 장례비 | ㉡ 요양급여 |
| ㉢ 간병급여 | ㉣ 영업손실비용 |
| ㉤ 직업재활급여 | |

① ㉠, ㉡, ㉣
② ㉠, ㉡, ㉢, ㉤
③ ㉠, ㉢, ㉣, ㉤
④ ㉡, ㉢, ㉣, ㉤

해설

- 산업재해보상보험법령에 명시된 보험급여의 종류에는 ㉠, ㉡, ㉢, ㉤ 외에 휴업급여, 장해급여, 유족급여, 상병보상연금이 있다.

보험급여의 종류
- 요양급여
- 휴업급여
- 장해급여
- 간병급여
- 유족급여
- 상병(傷病)보상연금
- 장례비
- 직업재활급여

0701 / 1201

**03** Repetitive Learning (1회 2회 3회)

재해 예방을 위한 대책 중 기술적 대책(Engineering)에 해당되지 않는 것은?

① 작업행정의 개선　② 환경설비의 개선
③ 점검보존의 확립　④ 안전수칙의 준수

해설

- 안전수칙의 준수는 관리적 대책에 해당한다.

하베이(Harvey)의 3E 실필 0902/1804

㉠ 개요
- 재해예방의 4원칙 중 대책선정의 원칙과 관련된다.
- 재해예방의 5단계 중 제5단계 시정책의 적용에 해당한다.

정답 01 ③ 02 ② 03 ④

2022년 제2회 건설안전기사 1227

빠르게 답을 확인할 수 있도록 각 페이지 하단에 해당 페이지 문제의 정답을 보여줍니다.

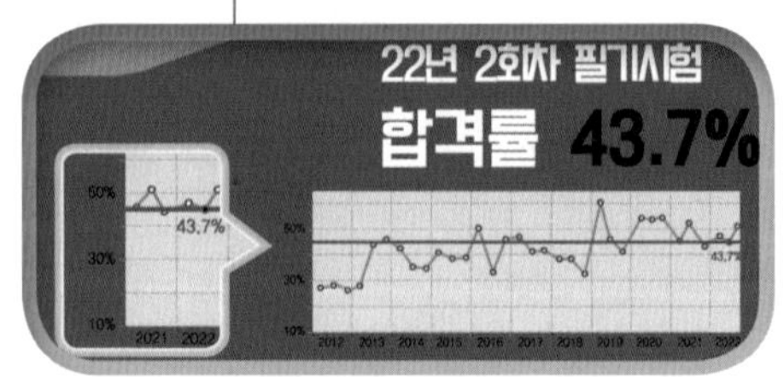


해당 회차의 합격률과 10년간의 합격률 추이를 보여줍니다. 이를 통해 해당 회차의 문제 난이도와 학습 시 자신의 합격 가능성 등을 예측할 수 있습니다.

– 문제마다 출제연혁(실기 필답형 및 작업형 출제연혁 포함), 오답 및 부가해설, 유형별 핵심이론을 제공합니다.

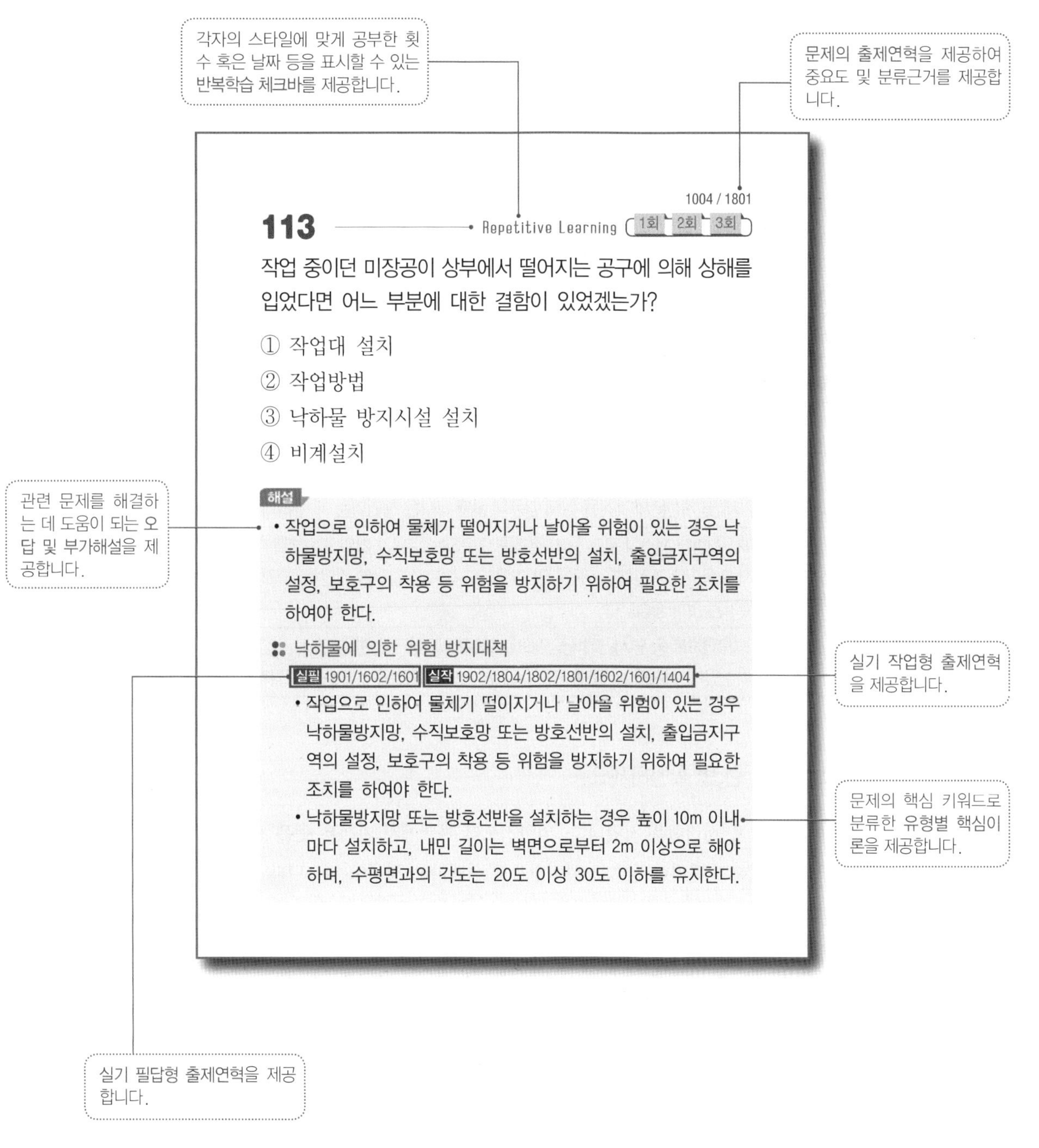
각자의 스타일에 맞게 공부한 횟수 혹은 날짜 등을 표시할 수 있는 반복학습 체크바를 제공합니다.
문제의 출제연혁을 제공하여 중요도 및 분류근거를 제공합니다.
1004 / 1801
113
Repetitive Learning 1회 2회 3회
작업 중이던 미장공이 상부에서 떨어지는 공구에 의해 상해를 입었다면 어느 부분에 대한 결함이 있었겠는가?
① 작업대 설치
② 작업방법
③ 낙하물 방지시설 설치
④ 비계설치
관련 문제를 해결하는 데 도움이 되는 오답 및 부가해설을 제공합니다.
해설
• 작업으로 인하여 물체가 떨어지거나 날아올 위험이 있는 경우 낙하물방지망, 수직보호망 또는 방호선반의 설치, 출입금지구역의 설정, 보호구의 착용 등 위험을 방지하기 위하여 필요한 조치를 하여야 한다.
낙하물에 의한 위험 방지대책
실필 1901/1602/1601 실작 1902/1804/1802/1801/1602/1601/1404
실기 작업형 출제연혁을 제공합니다.
• 작업으로 인하여 물체기 떨이지거나 날아올 위험이 있는 경우 낙하물방지망, 수직보호망 또는 방호선반의 설치, 출입금지구역의 설정, 보호구의 착용 등 위험을 방지하기 위하여 필요한 조치를 하여야 한다.
• 낙하물방지망 또는 방호선반을 설치하는 경우 높이 10m 이내마다 설치하고, 내민 길이는 벽면으로부터 2m 이상으로 해야 하며, 수평면과의 각도는 20도 이상 30도 이하를 유지한다.
문제의 핵심 키워드로 분류한 유형별 핵심이론을 제공합니다.
실기 필답형 출제연혁을 제공합니다.

# 시험장 스케치

## 시험 전날

### 1. 시험장에 가지고 갈 준비물은 하루 전날 미리 챙겨두세요.

의외로 시험장에 꼭 챙겨야 할 물품을 안 가져와서 허둥대는 분이 꽤 있습니다. 그러다 보면 마음이 급해지고, 하지 않아야 할 실수도 하는 경우가 많으니 미리 챙겨서 편안한 마음으로 좋은 결과를 만들었으면 좋겠습니다.

| 준비물 | 비고 |
|---|---|
| 수험표 | 없을 경우 여러 가지로 불편합니다. 꼭 챙기세요. |
| 신분증 | 법정 신분증이 없으면 시험을 볼 수 없습니다. 반드시 챙기셔야 합니다. |
| 볼펜 | 인적사항 기재 및 계산문제 계산을 위해 검은색 볼펜 하나는 챙겨가는 게 좋습니다. |
| 공학용 계산기 | 건설안전기사 시험에 지수나 로그 등의 결과를 요구하는 문제가 거의 회차별로 1문제 이상 있습니다. 간단한 문제라면 시험지 모퉁이에 계산해도 되겠지만 아무래도 정확한 결과를 간단하게 구할 수 있는 계산기만 할까요? 귀찮더라도 챙겨가는 것이 좋습니다. |
| 기타 | 핵심요약집, 오답노트 등 단시간에 집중적으로 볼 수 있도록 정리한 참고서, 시침과 분침이 있는 손목시계(시험장에 시계가 대부분 있기는 하죠), 수정테이프(감독관님께 요청해도 됩니다) 등도 챙겨가시면 좋습니다. |

### 2. 시험시간과 장소를 다시 한 번 확인하세요.

원서 접수 시에 본인이 시험장을 선택했을 것입니다. 일반적으로 자택에서 가까운 곳을 선택했겠지만 당일 다른 일정이 있는 분들은 해당 일정을 수행하기 편리한 장소를 시험장으로 선택하는 경우도 있습니다. 이런 경우 시험장의 위치를 정확히 알지 못할 수가 있습니다. 해당 시험장으로 가는 교통편을 미리 확인해서 당일 아침 헤매지 않도록 하여야 합니다.

## 시험 당일

### 1. 시험장에 가능한 일찍 도착하도록 하세요.

집에서 공부할 때에는 이런 저런 주변 여건 등으로 집중적인 학습이 어려웠더라도 시험장에 도착해서부터는 엄청 집중해서 학습이 가능합니다. 짧은 시간이지만 시험 전 잠시 봤던 내용이 시험에 나오면 정말 기분 좋게 정답을 체크할 수 있습니다. 그러니 시험 당일 조금 귀찮더라도 1~2시간 일찍 시험장에 도착해 비어있는 교실에서 미리 준비해 온 정리집(오답노트)으로 마무리 공부를 해 보세요. 집에서 3~4시간 동안 해도 긴가민가하던 암기내용이 시험장에서는 1~2시간 만에 머리에 쏙쏙 들어올 것입니다.

### 2. 매사에 허둥대는 당신, 수험자 유의사항을 천천히 읽으며 마음을 가다듬도록 하세요.

입실시간이 되어 시험장에 입실하면 감독관 2분이 시험장에 들어오면서 시험준비가 시작됩니다.

인원체크, 좌석 배정, 신분확인, 연습장(계산문제 계산용) 배부, 휴대폰 수거, 계산기 초기화 등 시험과 관련하여 사전에 처리할 일들을 진행하십니다. 긴장되는 시간이기도 하고 혹은 쓸데없는 시간이라고 생각할 수도 있습니다. 하지만 감독관 입장에서는 정해진 루틴에 따라 처리해야하는 업무이고 수험생 입장에서는 어쩔 수 없이 기다려야하는 시간입니다.

감독관의 안내에 따라 화장실에 다녀오지 않으신 분들은 다녀오신 뒤에 차분히 그동안 공부한 내용들을 기억속에서 떠올려 보시기 바랍니다.

수험자 정보 확인이 끝나면 수험자 유의사항을 확인할 수 있습니다. 꼼꼼이 읽어보시기 바랍니다. 읽어보시면서 긴장된 마음을 차분하게 정리하시기 바랍니다.

### 3. 시험시간에 쫓기지 마세요.

건설안전기사 필기시험은 총 120문항으로 3시간동안 시험을 보게 됩니다. 그러나 CBT 시험이다보니 시험장에 건설안전기사 외 다른 기사 시험을 치르는 분들과 함께 시험을 치르게 됩니다. 그리고 CBT의 경우는 퇴실이 자유롭습니다. 즉, 10분도 되지 않아 시험을 포기하고 일어서서 나가는 분들도 있습니다. 주변 환경에 연연하지 마시고 자신의 페이스대로 시험시간을 최대한 활용하셔서 문제를 풀어나가시기 바랍니다. '혹시라도 나만 남게 되는 것은 아닌가?', '감독관이 눈치 주는 것 아닌가?' 하는 생각들로 인해 시험이 끝나지도 않았는데 서두르다 마킹을 잘못하거나 정답을 알고도 못 쓰는 경우가 허다합니다. 일찍 나가는 분들 중 일부는 열심히 공부해서 충분히 좋은 점수를 내는 분들도 있지만 아무리 봐도 몰라서 그냥 포기하는 분들도 꽤 됩니다. 그런 분들보다는 끝까지 남아서 문제를 풀어가는 당신의 합격 가능성이 더 높습니다. 일찍 나가는 데 연연하지 마시고 당신의 페이스대로 진행하십시오. 시간이 남는다면 문제의 마지막 구절(~옳은 것은? 혹은 잘못된 것은? 등)이라도 다시 한 번 체크하면서 점검하시기 바랍니다. 이렇게 해서 실수로 잘못 이해한 문제를 한 두 문제 걸러낼 수 있다면 불합격이라는 세 글자에서 '불'이라는 글자를 떨구어 내는 소중한 시간이 될 수도 있습니다.

## 4. 처음 체크한 답안이 정답인 경우가 많습니다.

전공자를 제외하고 건설안전기사 시험을 준비하는 수험생들의 대부분은 최소 5년 이상의 기출문제를 2~3번은 정독하거나 학습한 수험생입니다. 그렇지만 모든 문제를 다 기억하기는 힘듭니다. 시험문제를 읽다 보면 “아, 이 문제 본 적 있어.” “답은 2번” 그래서 2번으로 체크하는 경우가 있습니다. 그런데 시간을 두고 꼼꼼히 읽다 보면 다른 문제들과 헷갈리기 시작해서 2번이 아닌 것 같은 생각이 듭니다. 정확하게 암기하지 않아 자신감이 떨어지는 경우이죠. 이런 경우 위아래의 답들과 비교해 보다가 답을 바꾸는 경우가 종종 있습니다. 그런데 사실은 처음에 체크했던 답이 정답인 경우가 더 많습니다. 체크한 답을 바꾸실 때는 정말 심사숙고하셔야 할 필요가 있음을 다시 한 번 강조합니다.

## 5. 찍기라고 해서 아무 번호나 찍어서는 안 됩니다.

우리는 초등학교 시절부터 건설안전기사 시험을 보고 있는 지금에 이르기까지 수많은 시험을 경험해 온 전문가들입니다. 그렇게 시험을 치르면서 찍기에 통달하신 분도 계시겠지만 정답 찍기는 만만한 경험은 절대 아닙니다. 충분히 고득점을 내는 분들이 아니라면 한두 문제가 합격의 당락을 결정하는 중요한 역할을 하는 만큼 찍기에도 전략이 필요합니다.

일단 아는 문제들은 확실하게 푸셔서 정확한 답안을 만드는 것이 우선입니다. 충분히 시간을 두고 아는 문제들을 모두 해결하셨다면 이제 찍기 타임에 들어갑니다. 남은 문제들은 크게 두 가지 유형으로 구분될 수 있습니다. 첫 번째 유형은 어느 정도 내용을 파악하고 있어서 전혀 말도 되지 않는 보기들을 골라낼 수 있는 문제들입니다. 그런 문제들의 경우는 일단 오답이 확실한 보기들을 골라낸 후 남은 정답 후보들 중에서 자신만의 일정한 기준으로 답을 선택합니다. 그 기준이 너무 흔들릴 경우 답만 피해갈 수 있으므로 어느 정도의 객관적인 기준에 맞도록 적용이 되어야 합니다.

두 번째 유형은, 정말 아무리 봐도 본 적도 없고 답을 알 수 없는 문제들입니다. 문제를 봐도 보기를 봐도 정말 모르겠다면 과감한 선택이 필요합니다. 10여년 이상 무수한 시험들을 거쳐 온 우리 수험생들은 자기 나름의 방법이 있을 것입니다. 그 방법에 따라 일관되게 답을 선택하시기 바라며, 선택하셨다면 흔들리지 마시고 마킹 후 답안지를 제출하시기 바랍니다.

2022년 3회차(건설안전기사는 4회차)부터는 기사 필기시험도 모두 CBT 시험으로 변경되어 PC가 설치된 시험장에서 시험을 치르고, 시험종료 후 답안을 제출하면 본인의 점수 확인이 즉시 가능합니다.

답안을 제출하게 되면 과목별 점수와 평균점수, 그리고 필기시험 합격여부가 나옵니다.

만약 합격점수 이상일 경우 합격(예정)이라고 표시됩니다. 이후 필기시험 합격(예정)자에 한해 응시자격을 증빙할 서류를 제출하여야 최종합격자로 분류되어 실기시험에 응시할 자격이 부여됩니다.

합격하셨다면 바로 서류 제출하시고 실기시험을 준비하세요.

# 이 책의 차례

## 2017년 기출문제



## 2018년 기출문제



## 2019년 기출문제



## 2020년 기출문제



## 2021년 기출문제



## 2022년 기출문제

2024 | 한국산업인력공단 국가기술자격

# 고시넷 고패스

# 건설안전기사 필기

## 10년 + α 기출문제집

건안기 베스트셀러

유형별 핵심이론
관련 실기
출제연혁

(주)고시넷

# 출제문제 분석 2012년 1회

| 구분 | 1과목 | 2과목 | 3과목 | 4과목 | 5과목 | 6과목 | 합계 |
|---|---|---|---|---|---|---|---|
| New유형 | 1 | 0 | 3 | 1 | 2 | 2 | 9 |
| New문제 | 10 | 6 | 10 | 7 | 9 | 7 | 49 |
| 또나온문제 | 6 | 9 | 8 | 7 | 6 | 6 | 42 |
| 자꾸나온문제 | 4 | 5 | 2 | 6 | 5 | 7 | 29 |
| 합계 | 20 | 20 | 20 | 20 | 20 | 20 | 120 |

- New유형은 New문제 중 기존 기출문제와 완전히 다른 유형의 문제를 말합니다.
- New문제는 기존에 출제되지 않은 문제로 이번에 처음 출제되는 문제입니다.
- 또나온문제는 기존에 출제된 적이 1번 있는 문제를 말합니다.
- 자꾸나온문제는 기존에 출제된 적이 2번 이상 있는 문제를 말합니다. 그만큼 중요한 문제입니다.

## 몇 년분의 기출문제를 공부해야 합격할 수 있을까요?

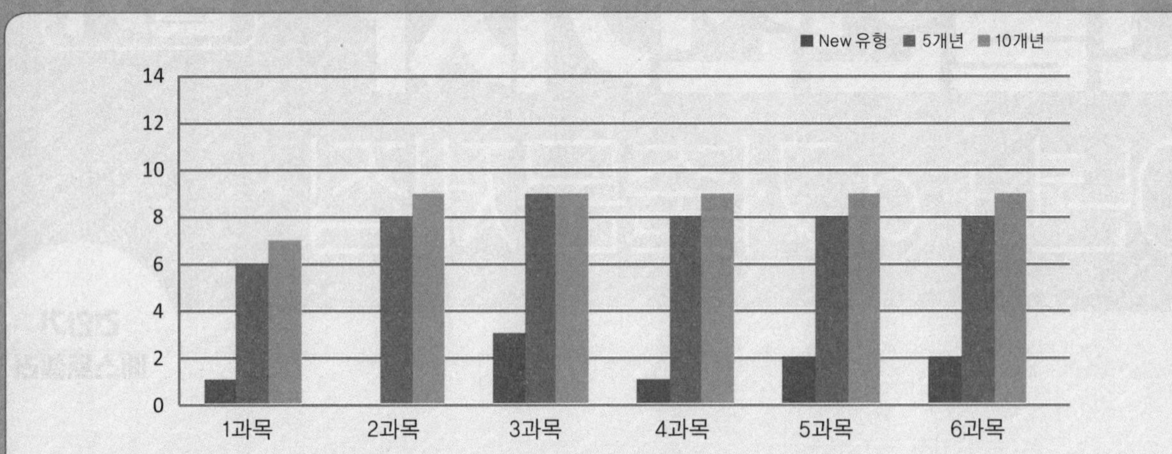


- 완전 새로운 유형의 문제는 9문제이고 111문제가 이미 출제된 문제 혹은 변형문제입니다.
- 5년분(2016~2020) 기출에서 동일문제가 47문항이 출제되었고, 10년분(2011~2020) 기출에서 동일문제가 52문항이 출제되었습니다.

## 실기에 나왔어요!! 외우세요!!!

실기시험은 필답형과 작업형으로 구분되어 있으며 모두 주관식으로 직접 내용을 적어야 합니다. 필기 공부하면서 실기 출제된 내역들은 좀 더 신경써서 암기하실 필요가 있어요. 필기 합격자 발표 난 후 실기시험까지는 5주밖에 여유가 없답니다. 어차피 공부할 것 필기 때 확실하게 해준다면 실기도 단방에 합격할 수 있습니다.

- 총 21개의 해설이 실기 필답형 시험과 연동되어 있습니다.
- 총 11개의 해설이 실기 작업형 시험과 연동되어 있습니다.

## 분석의견

최근 10년분의 기출문제와 답을 반복암기해서는 합격점수인 72점에서 20점이 부족합니다. 평균 정도의 난이도를 보인 회차의 문제로 크게 어렵지 않게 해결 가능한 문제들로 구성되었습니다. 모든 과목의 기출문제가 10문항 이상이 배치되어 어려움 없이 합격점 이상의 점수 획득이 가능한 수준으로 판단됩니다. 합격에 필요한 점수를 획득하기 위해서는 최근 5년분 문제와 핵심이론의 3회독 혹은 최근 10년분 문제와 핵심이론의 2회독 이상의 학습이 필요합니다.

건 / 설 / 안 / 전 / 기 / 사 / 필 / 기

# 2012년 제1회

2012년 3월 4일 필기

12년 1회차 필기시험
합격률 27.2%

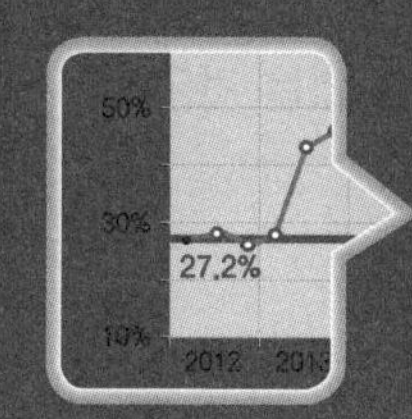
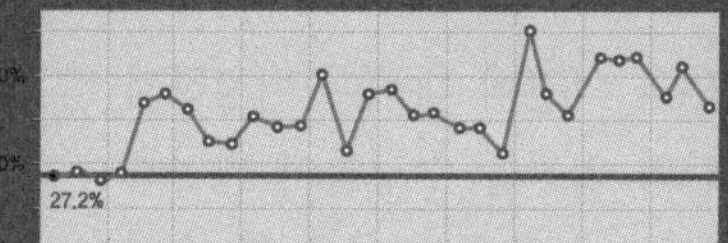

## 1과목 산업안전관리론

### 01

Repetitive Learning 1회 2회 3회

다음 중 하인리히(H. W. Heinrich)의 재해코스트 산정방법에서 직접손실비와 간접손실비의 비율로 옳은 것은?(단, 비율은 "직접손실비 : 간접손실비"로 표현한다)

① 1 : 2 ② 1 : 4
③ 1 : 8 ④ 1 : 10

해설

- 하인리히는 직접비 : 간접비의 비율을 1 : 4로 계산해 산업재해로 인한 총 손실비용은 직접비(산업재해보상비)의 5배로 했다.

:: 하인리히의 재해손실비용 평가 실필 1502

- 직접비 : 간접비의 비율은 1 : 4로 계산해 산업재해로 인한 총 손실비용은 직접비(산업재해보상비)의 5배로 계산한다.
- 직접손실비용에는 치료비, 휴업급여, 장해급여, 유족급여, 요양급여, 간병급여, 직업재활급여, 장례비 등이 있다.
- 간접손실비용에는 부상자를 비롯한 직원의 시간손실, 이익의 감소, 생산손실비, 기계, 공구 재료 등의 재산손실 등이 있다.

1701 / 2102

### 02

Repetitive Learning 1회 2회 3회

산업재해의 발생형태에 따른 분류 중 단순연쇄형에 해당하는 것은?(단, ○는 재해발생의 각종 요소를 나타낸다)

①
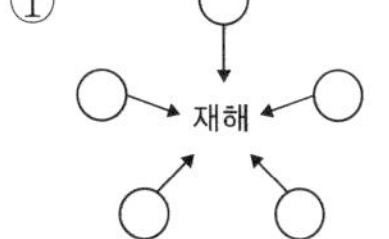


②
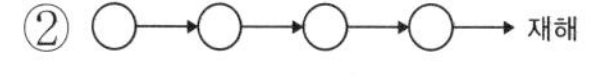


③
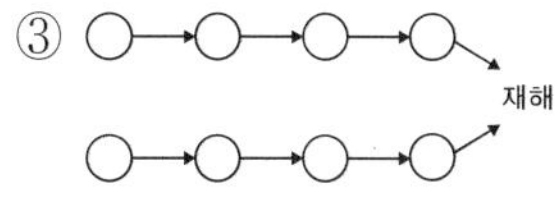


④
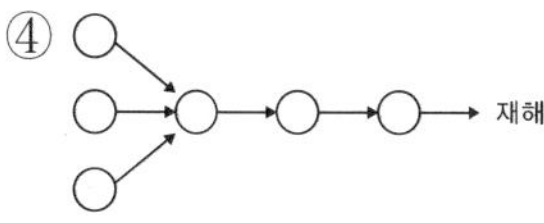

해설

- ①은 단순자극형(집중형), ②는 단순연쇄형, ③은 복합연쇄형, ④는 복합형의 형태이다.

:: 재해의 발생형태

- 단순자극형 : 집중형이라고도 하며, 일시적으로 재해요인이 집중하여 재해가 발생하는 형태를 말한다.

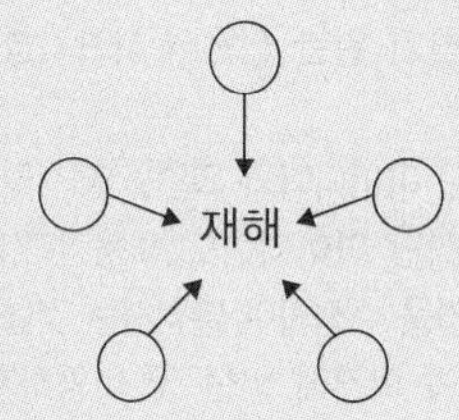


〈단순자극형, 집중형〉

- 연쇄형 : 하나의 사고요인이 또 다른 사고요인을 불러일으켜 재해가 발생하는 형태를 말한다.

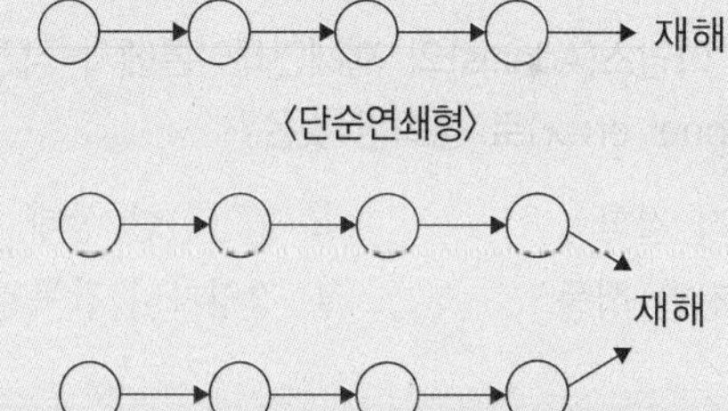


〈단순연쇄형〉

〈복합연쇄형〉

- 복합형 : 집중형과 연쇄형이 결합된 재해 발생형태를 말한다.

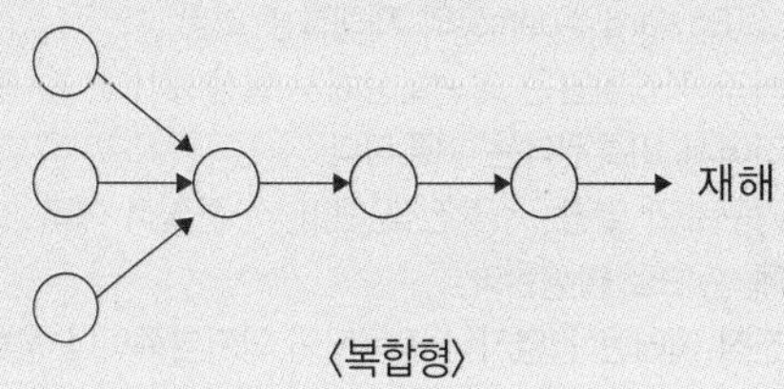


〈복합형〉

정답 | 01 ② 02 ②

0704

## 03

Repetitive Learning 1회 2회 3회

다음 중 위험예지훈련의 4라운드에서 실시하는 브레인스토밍(Brain-storming) 기법의 특징으로 볼 수 없는 것은?

① 타인의 의견에 대하여 비평하지 않는다.
② 타인의 의견을 수정하여 발언하지 않는다.
③ 한 사람이 많은 발언을 할 수 있다.
④ 의견에 대한 발언은 자유롭게 한다.

**해설**

- 브레인스토밍(Brain-storming) 기법의 4원칙 중에는 타인의 의견을 수정하여 발언하는 것을 허용하는 것이 포함된다.

**브레인스토밍(Brain-storming) 기법**

㉠ 개요
- 6 ~ 12명의 구성원으로 타인의 비판 없이 자유로운 토론을 통하여 다량의 독창적인 아이디어를 이끌어내고, 대안적 해결안을 찾기 위한 집단적 사고기법이다.

㉡ 4원칙
- 가능한 많은 아이디어와 의견을 제시하도록 한다.(대량발언)
- 주제를 벗어난 아이디어도 허용한다.(자유발언)
- 타인의 의견을 수정하여 발언하는 것을 허용한다.(수정발언)
- 절대 타인의 의견에 비판 및 비평하지 않는다.(비판금지)

1901

## 04

Repetitive Learning 1회 2회 3회

다음 중 아담스(Adams)의 재해연쇄이론에서 작전적 에러(Operational error)로 정의한 것은?

① 선천적 결함　　② 불안전한 상태
③ 불안전한 행동　　④ 경영자나 감독자의 행동

**해설**

- 작전적 에러는 하인리히의 2단계에 해당하는 개인적 결함 즉, 경영자나 감독자의 의지부족이나 행동을 말한다.

**아담스(Edward Adams)의 재해발생 이론**

- 재해의 직접원인은 불행불상에서 발생하거나 방치한 전술적 에러에서 비롯된다는 이론이다.
- 관리구조의 결함 → 작전적 에러 → 전술적 에러 → 사고 → 재해 순으로 발생한다.
- 작전적 에러란 경영자나 감독자의 의지부족이나 행동, 목표설정 미흡 등을 의미한다.
- 전술적 에러란 관리감독자의 실수나 태만, 불행불상의 방치 등을 의미한다.
- 사고발생 매커니즘으로 불안전한 행동과 불안전한 상태가 복합되어 발생한다고 정의하였다.

1102

## 05

Repetitive Learning 1회 2회 3회

다음 중 무재해 운동의 3원칙에 있어 "참가의 원칙"에서 의미하는 전원(全員)의 범위로 가장 적절한 것은?

① 간접 부분에 종사하는 근로자 전원
② 생산에 참여하는 근로자 전원
③ 사업주를 비롯하여 관리감독자 전원
④ 직장 내 종사하는 근로자의 가족까지 포함하여 전원

**해설**

※ 사업장 무재해 운동 인증업무가 2018년 말로 종료됨에 따라 관련 법규가 삭제되어 관련 문제로 대치합니다.

- 참가의 원칙에서 전원이란 직장 내 종사하는 근로자의 가족까지 포함하여 전원을 말한다.

**무재해 운동 3원칙**

| 구분 | 내용 |
|---|---|
| 무(無, Zero)의 원칙 | 모든 잠재위험요인을 사전에 발견·파악·해결함으로써 근원적으로 산업재해를 없앤다. |
| 안전제일(선취)의 원칙 | 직장의 위험요인을 행동하기 전에 발견·파악·해결하여 재해를 예방한다. |
| 참가의 원칙 | 작업에 따르는 잠재적인 위험요인을 발견·해결하기 위하여 전원이 협력하여 문제해결 운동을 실천한다. |

0801 / 1101

## 06

Repetitive Learning 1회 2회 3회

다음 중 산업안전보건법상 안전관리자가 수행하여야 할 직무가 아닌 것은?(단, 기타 안전에 관한 사항으로 고용노동부장관이 정하는 사항은 제외한다)

① 산업안전보건위원회에서 심의·의결한 직무
② 해당 사업장 안전교육계획의 수립 및 실시
③ 직업성 질환 발생의 원인 조사 및 대책 수립
④ 안전보건관리규정 및 취업규칙 중 안전에 관한 사항을 위반한 근로자에 대한 조치의 건의

**해설**

- ③은 고용노동부장관이 수행해야 할 직무에 해당한다.

**안전관리자의 업무** 실필 1704/1001/0804

- 산업안전보건위원회 또는 안전·보건에 관한 노사협의체에서 심의·의결한 업무와 사업장의 안전보건관리규정 및 취업규칙에서 정한 업무
- 안전인증대상 기계·기구 등과 자율안전확인대상 기계·기구 등 구입 시 적격품의 선정에 관한 보좌 및 조언·지도
- 위험성 평가에 관한 보좌 및 조언·지도
- 해당 사업장 안전교육계획의 수립 및 안전교육 실시에 관한 보좌 및 조언·지도



03 ② 04 ④ 05 ④ 06 ③ 정답

- 사업장 순회점검 · 지도 및 조치의 건의
- 산업재해 발생의 원인 조사 · 분석 및 재발 방지를 위한 기술적 보좌 및 조언 · 지도
- 산업재해에 관한 통계의 유지 · 관리 · 분석을 위한 보좌 및 조언 · 지도
- 안전에 관한 사항의 이행에 관한 보좌 및 조언 · 지도
- 업무수행 내용의 기록 · 유지
- 그 밖에 안전에 관한 사항으로서 고용노동부장관이 정하는 사항

## 07

Repetitive Learning (1회 2회 3회)

다음 중 산업안전보건법에 따라 안전 · 보건진단을 받아 안전보건개선계획을 수립 · 제출하도록 명할 수 있는 사업장이 아닌 것은?

① 작업환경이 현저히 불량한 사업장
② 직업병에 걸린 사람이 연간 3명 발생한 사업장
③ 산업재해율이 같은 업종의 규모별 평균 산업재해율보다 낮은 사업장
④ 산업재해발생률이 같은 업종 평균 산업재해발생률의 2배인 사업장

**해설**

- 고용노동부장관은 산업재해율이 같은 업종 평균 산업재해율의 2배 이상인 사업장에 대해 안전보건개선계획을 수립 및 제출하도록 할 수 있다.

**안전보건개선계획** 실필 1704/1701/1404/1202/1201

- 고용노동부장관은 다음에 해당하는 사업장으로서 산업재해 예방을 위하여 종합적인 개선조치를 할 필요가 있다고 인정할 때에는 사업주에게 그 사업장, 시설, 그 밖의 사항에 관한 안전보건개선계획의 수립 · 시행을 명할 수 있다.
  - 산업재해율이 같은 업종 평균 산업재해율의 2배 이상인 사업장
  - 사업주가 안전보건조치의무를 이행하지 아니하여 중대재해가 발생한 사업장
  - 직업병에 걸린 사람이 연간 2명 이상(상시근로자 1천명 이상 사업장의 경우 3명 이상) 발생한 사업장
  - 유해인자의 노출기준을 초과한 사업장
  - 작업환경 불량, 화재 · 폭발 또는 누출사고 등으로 사회적 물의를 일으킨 사업장
- 고용노동부장관은 필요하다고 인정할 때에는 해당 사업주에게 안전 · 보건진단을 받아 안전보건개선계획을 수립 · 제출할 것을 명할 수 있다.
- 안전보건개선계획의 수립 · 시행명령을 받은 사업주는 고용노동부장관이 정하는 바에 따라 안전보건개선계획서를 작성하여 그 명령을 받은 날부터 60일 이내에 관할 지방고용노동관서의 장에게 제출하여야 한다.
- 사업주는 안전보건개선계획을 수립할 때에는 산업안전보건위원회의 심의를 거쳐야 한다.
  다만, 산업안전보건위원회가 설치되어 있지 아니한 사업장의 경우에는 근로자대표의 의견을 들어야 한다.
- 안전보건개선계획서에는 시설, 안전 · 보건관리체제, 안전 · 보건교육, 산업재해 예방 및 작업환경의 개선을 위하여 필요한 사항이 포함되어야 한다.
- 사업주와 근로자는 안전보건개선계획을 준수하여야 한다.

1602

## 08

Repetitive Learning (1회 2회 3회)

500명의 상시근로자가 있는 사업장에서 1년간 발생한 근로손실일수가 1,200일이고 이 사업장의 도수율이 9일 때, 종합재해지수(FSI)는 얼마인가?(단, 근로자는 1일 8시간씩 연간 300일을 근무하였다)

① 2.0
② 2.5
③ 2.7
④ 3.0

**해설**

- 종합재해지수를 구하기 위해서는 도수율과 강도율을 알아야 한다. 도수율은 주어졌으므로 강도율을 구한다.
- 연간총근로시간은 $500 \times 8 \times 300 = 1,200,000$시간이다.
- 근로손실일수가 1,200일이므로
  강도율 = $\frac{1,200}{1,200,000} \times 1,000 = 1$이다.
- 종합재해지수 = $\sqrt{9 \times 1} = 3$이다.

**종합재해지수** 실필 1901/1802/1301/1201/1004

- 기업 간 재해지수의 종합적인 비교 및 안전성적의 비교를 위해 사용하는 수단이다.
- 재해의 빈도와 상해의 강약도를 혼합하여 집계하는 지표이다.
- 강도율과 도수율(빈도율)의 기하평균이다.
- 종합재해지수 = $\sqrt{\text{빈도율} \times \text{강도율}}$이고, 상해발생률과 상해강도율이 주어질 경우 종합재해지수 = $\sqrt{\frac{\text{빈도율} \times \text{강도율}}{1,000}}$로 구한다.

## 09 Repetitive Learning 1회 2회 3회

다음 중 산업안전보건법상 안전·보건표지의 종류에 있어 인화성물질경고에 사용되는 표지와 색채기준으로 옳은 것은?

① 바탕은 무색, 기본모형은 빨간색
② 바탕은 흰색, 기본모형 및 관련 부호는 녹색
③ 바탕은 노란색, 기본모형, 관련 부호 및 그림은 검은색
④ 바탕은 흰색, 기본모형은 노란색, 관련 부호 및 그림은 검은색

해설

- 인화성물질경고는 화학물질 취급장소에서의 경고표지로 마름모꼴의 빨간색(7.5R 4/14)에 검정색(N0.5)으로 경고대상을 표시한다.

:: 경고표지 실필 1902/1901/1702/1501/1302/1104/1001

- 유해·위험경고, 주의표지 또는 기계방호물을 표시할 때 사용된다.
- 경고표지는 화학물질 취급장소에서의 유해 및 위험경고와 화학물질 취급장소에서의 유해·위험경고 이외의 위험경고, 주의표지 또는 기계방호물로 구분된다.
- 화학물질 취급장소에서의 유해 및 위험경고표지는 무색 바탕에 빨간색(7.5R 4/14) 혹은 검은색(N0.5) 기본모형으로 표시하며, 인화성물질경고, 부식성물질경고, 급성독성물질경고, 산화성물질경고, 폭발성물질경고 등이 있다.

| 인화성물질 경고 | 부식성물질 경고 | 급성독성 물질경고 | 산화성물질 경고 | 폭발성물질 경고 |
|---|---|---|---|---|
| | | | | |

- 화학물질 취급장소에서의 유해·위험경고 이외의 위험경고, 주의표지 또는 기계방호물의 경고표지는 노란색(5Y 8.5/12) 바탕에 검은색(N0.5) 기본모형으로 표시하며, 방사성물질경고, 고압전기경고, 매달린물체경고, 낙하물경고, 고온/저온경고, 위험장소경고, 몸균형상실경고, 레이저광선경고 등이 있다.

| 방사성물질 경고 | 고압전기 경고 | 매달린물체 경고 | 낙하물 경고 |
|---|---|---|---|
| | | | |
| 고온/저온 경고 | 위험장소 경고 | 몸균형상실 경고 | 레이저광선 경고 |
| | | | |

0802 / 1901

## 10 Repetitive Learning 1회 2회 3회

다음 중 하베이(Harvey)가 제시한 "안전의 3E"에 해당하지 않는 것은?

① Education
② Enforcement
③ Economy
④ Engineering

해설

- 3E는 교육(Education), 기술(Engineering), 관리(Enforcement)로 구성된다.

:: 하베이(Harvey)의 3E 실필 1804/0902

㉠ 개요
- 재해예방의 4원칙 중 대책선정의 원칙과 관련된다.
- 재해예방의 5단계 중 제5단계 시정책의 적용에 해당한다.

㉡ 구성

| | |
|---|---|
| 교육(Education)적 대책 | 안전교육 및 훈련 대책 |
| 기술(Engineering)적 대책 | 시설 장비 및 기준의 개선 대책, 안전기준, 안전설계, 작업행정 및 환경설비의 개선 등 |
| 관리(Enforcement)적 대책 | 안전 감독의 철저, 적합한 기준 설정, 규정 및 수칙의 준수, 기준 이해, 경영자 및 관리자의 솔선수범, 동기부여와 사기향상 |

1601 / 1902

## 11 Repetitive Learning 1회 2회 3회

산업안전보건법령상 건설업의 경우 공사금액이 얼마 이상인 사업장에 산업안전보건위원회를 설치·운영하여야 하는가?

① 80억원
② 120억원
③ 150억원
④ 700억원

해설

- 건설업의 경우 공사금액 120억원 이상(토목공사업은 150억원 이상)이면 산업안전보건위원회를 설치하여야 한다.



09 ① 10 ③ 11 ② 정답

**산업안전보건위원회를 설치·운영해야 할 사업의 종류 및 규모**

| 사업의 종류 | 규모 |
|---|---|
| 1. 토사석 광업<br>2. 목재 및 나무제품 제조업(가구 제외)<br>3. 화학물질 및 화학제품 제조업<br>(의약품 제외 / 세제, 화장품 및 광택제 제조업과 화학섬유 제조업 제외)<br>4. 비금속 광물제품 제조업<br>5. 1차 금속 제조업<br>6. 금속가공제품 제조업(기계 및 가구 제외)<br>7. 자동차 및 트레일러 제조업<br>8. 기타 기계 및 장비 제조업<br>(사무용 기계 및 장비 제조업 제외)<br>9. 기타 운송장비 제조업<br>(전투용 차량 제조업 제외) | 상시근로자 50명 이상 |
| 10. 농업<br>11. 어업<br>12. 소프트웨어 개발 및 공급업<br>13. 컴퓨터 프로그래밍, 시스템 통합 및 관리업<br>14. 정보서비스업<br>15. 금융 및 보험업<br>16. 임대업(부동산 제외)<br>17. 전문, 과학 및 기술 서비스업<br>(연구개발업 제외)<br>18. 사업지원 서비스업<br>19. 사회복지 서비스업 | 상시근로자 300명 이상 |
| 20. 건설업 | 공사금액 120억원 이상 (토목공사업은 150억원 이상) |
| 21. 제1호부터 제20호까지의 사업을 제외한 사업 | 상시근로자 100명 이상 |

## 12 —— Repetitive Learning (1회 2회 3회)

다음 중 안전점검기준의 작성 시 유의사항으로 적절하지 않은 것은?

① 점검대상물의 위험도를 고려한다.
② 점검대상물의 과거 재해사고 경력을 참작한다.
③ 점검대상물의 기능적 특성을 충분히 감안한다.
④ 점검자의 기능 수준보다 최고의 기술적 수준을 우선으로 하여 원칙적인 기준조항에 준수하도록 한다.

**해설**

- 점검자의 능력을 판단하고 그 능력에 상응하는 내용의 점검을 시키도록 한다.

**안전점검의 기준 작성 시 고려사항**

- 대상물의 위험도
- 과거의 사고 이력
- 대상물의 기능적 특성
- 점검자의 능력

0701 / 2202

## 13 —— Repetitive Learning (1회 2회 3회)

재해 예방을 위한 대책 중 기술적 대책(Engineering)에 해당되지 않는 것은?

① 안전설계　　② 점검보존의 확립
③ 환경설비의 개선　　④ 안전수칙의 준수

**해설**

- 안전수칙의 준수는 관리적 대책에 해당한다.

**하베이(Harvey)의 3E** 실필 0902/1804
문제 10번의 유형별 핵심이론 참조

1304 / 1502 / 1702

## 14 —— Repetitive Learning 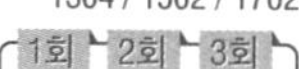

시설물의 안전 및 유지관리에 관한 특별법상 안전점검 실시의 구분에 해당하지 않는 것은?

① 정기점검　　② 정밀점검
③ 긴급점검　　④ 임시점검

**해설**

- 시설물의 안전 및 유지관리에 관한 특별법상 안전점검에는 정기점검, 정밀점검, 긴급점검이 있다.

**안전점검의 구분**

- 정기안전점검 : 시설물의 상태를 판단하고 시설물이 점검 당시의 사용요건을 만족시키고 있는지 확인할 수 있는 수준의 외관조사를 실시하는 안전점검
- 정밀안전점검 : 시설물의 상태를 판단하고 시설물이 점검 당시의 사용요건을 만족시키고 있는지 확인하며 시설물 주요부재의 상태를 확인할 수 있는 수준의 외관조사 및 측정·시험장비를 이용한 조사를 실시하는 안전점검
- 긴급안전점검 : 시설물의 붕괴·전도 등으로 인한 재난 또는 재해가 발생할 우려가 있는 경우에 시설물의 물리적·기능적 결함을 신속하게 발견하기 위하여 실시하는 점검을 말한다.

정답 | 12 ④　13 ④　14 ④

## 15 Repetitive Learning (1회 2회 3회)

다음 중 재해조사의 목적 및 방법에 관한 설명으로 적절하지 않은 것은?

① 재해조사의 목적은 동종재해 및 유사재해의 발생을 방지하기 위함이다.
② 재해조사의 1차적 목표는 재해로 인한 손실금액을 추정하는 데 있다.
③ 재해조사는 현장보존에 유의하면서 재해발생 직후에 행한다.
④ 피해자 및 목격자 등 많은 사람으로부터 사고 시의 상황을 수집한다.

**해설**

- 재해조사의 가장 큰 목적은 동종 및 유사재해의 재발방지에 있다.

재해조사의 목적
- 동종 및 유사재해 재발방지
- 재해발생 원인 및 결함 규명
- 재해예방 자료수집

## 16 Repetitive Learning (1회 2회 3회)

다음 중 40명이 근무하는 사출성형제품의 생산 공장에 가장 적합한 안전조직의 형태는?

① 라인(Line)형 조직
② 스탭(Staff)형 조직
③ 라운드(Round)형 조직
④ 라인-스탭(Line-staff) 혼합형 조직

**해설**

- 규모가 작은(100명 이하) 사업장에 적합한 안전조직은 라인(Line)형 안전조직이다.

라인(Line)형 안전조직 실필 1901

㉠ 개요
- 직계식이라고도 한다.
- 모든 명령과 안전 관련 업무가 생산계통을 따라 이루어진다.
- 규모가 작은(100명 이하) 사업장에 적합하다.
- 안전관리자가 체계적으로 선임되지 않은 사업장에 알맞은 안전조직 형태이다.

㉡ 특징

| 구분 | 내용 |
|---|---|
| 장점 | • 안전지시나 명령이 신속하다.<br>• 명령과 보고가 간단명료하다. |
| 단점 | • 안전지식과 기술축적이 힘들다.<br>• 안전정보의 수집과 대처가 늦다. |

1404 / 1802 / 2003 / 2101

## 17 Repetitive Learning (1회 2회 3회)

다음 중 산업안전보건법령상 사업주는 고용노동부장관이 정하는 바에 따라 해당 공사를 위하여 계상된 산업안전보건관리비의 사용명세는 공사 종료 후 얼마동안 보존하여야 하는가?

① 6개월 ② 1년
③ 2년 ④ 3년

**해설**

- 사업주는 산업안전보건관리비 사용명세서를 매월 작성하고 공사 종료 후 1년간 보존하여야 한다.

산업안전보건관리비 사용명세서의 보존기간
- 사업주는 고용노동부장관이 정하는 바에 따라 해당 공사를 위하여 계상된 산업안전보건관리비를 그가 사용하는 근로자와 그의 수급인이 사용하는 근로자의 산업재해 및 건강장해 예방에 사용하고 그 사용명세서를 매월 작성하고 공사 종료 후 1년간 보존하여야 한다.

## 18 Repetitive Learning (1회 2회 3회)

의무안전인증대상 보호구 중 내수성 시험을 실시하는 안전모의 질량증가율은 얼마이어야 하는가?

① 1% 미만 ② 2% 미만
③ 1% 이상 ④ 2% 이상

**해설**

- 내수성 시험에서 AE, ABE종 안전모는 질량증가율이 1% 미만이어야 한다.

안전모의 시험성능기준

| 항목 | 시험성능기준 |
|---|---|
| 내관통성 | • 관통거리란 모체두께를 포함하여 철제추가 관통한 거리를 말한다.<br>• AE, ABE종 안전모는 관통거리가 9.5mm 이하이고, AB종 안전모는 관통거리가 11.1mm 이하이어야 한다. |
| 충격흡수성 | 최고전달충격력이 4,450N을 초과해서는 안 되며, 모체와 착장체의 기능이 상실되지 않아야 한다. |
| 내전압성 | AE, ABE종 안전모는 교류 20kV에서 1분간 절연파괴 없이 견뎌야 하고, 이때 누설되는 충전전류는 10mA 이하이어야 한다. |
| 내수성 | AE, ABE종 안전모는 질량증가율이 1% 미만이어야 한다. |
| 난연성 | 모체가 불꽃을 내며 5초 이상 연소되지 않아야 한다. |
| 턱끈풀림 | 150N 이상 250N 이하에서 턱끈이 풀려야 한다. |



15 ② 16 ① 17 ② 18 ① 정답

## 19 ── Repetitive Learning (1회 2회 3회)

산업안전보건법상 건설현장에서 사용하는 리프트 및 곤돌라는 최초로 설치한 날부터 몇 개월마다 안전검사를 실시하여야 하는가?

① 6개월　　② 1년
③ 2년　　④ 3년

**해설**

• 건설현장에서 사용하는 크레인, 리프트, 곤돌라는 최초로 설치한 날부터 6개월마다 안전검사를 행한다.

:: 안전검사대상 유해·위험기계의 종류와 검사 주기 실필 1504/1002

| 안전검사대상 유해·위험기계의 종류 | 검사 주기 |
| --- | --- |
| 크레인(이동식크레인 및 정격하중 2톤 미만 제외), 리프트(이삿짐운반용 리프트 제외) 및 곤돌라 | 사업장에 설치가 끝난 날부터 3년 이내에 최초 안전검사를 실시하되, 그 이후부터 2년마다 (건설현장에서 사용하는 것은 최초로 설치한 날부터 6개월마다) |
| 이동식크레인, 이삿짐운반용 리프트 및 고소작업대 | 신규 등록 이후 3년 이내에 최초 안전검사를 실시하되, 그 이후부터 2년마다 |
| 프레스, 전단기, 압력용기, 국소배기장치(이동식 제외), 산업용 원심기, 화학설비 및 그 부속설비, 건조설비 및 그 부속설비, 롤러기(밀폐형 제외), 사출성형기(형 체결력 294kN 미만은 제외), 컨베이어 및 산업용 로봇 | 사업장에 설치가 끝난 날부터 3년 이내에 최초 안전검사를 실시하되, 그 이후부터 2년마다 (공정안전보고서를 제출하여 확인을 받은 압력용기는 4년마다) |

0701 / 1602 / 1604 / 1904

## 20 ── Repetitive Learning (1회 2회 3회)

다음과 같은 재해사례의 분석 내용으로 옳은 것은?

> 작업자가 벽돌을 손으로 운반하던 중 떨어뜨려 벽돌이 발등에 부딪쳐 발을 다쳤다.

① 사고유형 : 낙하, 기인물 : 벽돌, 가해물 : 벽돌
② 사고유형 : 충돌, 기인물 : 손, 가해물 : 벽돌
③ 사고유형 : 비래, 기인물 : 사람, 가해물 : 벽돌
④ 사고유형 : 추락, 기인물 : 손, 가해물 : 벽돌

**해설**

• 인체에 직접 충돌한 것은 벽돌이므로 벽돌이 가해물이다.
• 벽돌을 손으로 운반하다가 떨어뜨렸으므로 벽돌의 운반작업이 불안전한 상태에 해당한다. 기인물은 벽돌이다.
• 사고유형은 벽돌의 낙하로 인한 재해이므로 낙하에 해당한다.

:: 산업재해의 분석 실필 1901/1702/1501/1404

| | |
| --- | --- |
| 기인물 | 재해의 원인이 되는 것으로 주로 불안전한 상태와 관련된다. |
| 가해물 | 사람에 직접 충돌하거나 또는 접촉에 의해서 위해(危害)를 준 물건을 말한다. |
| 사고유형 | 재해의 발생형태를 말한다. |

# 2과목 산업심리 및 교육

0901

## 21 ── Repetitive Learning (1회 2회 3회)

다음 중 착각에 관한 설명으로 틀린 것은?

① 착각은 인간의 노력으로 고칠 수 있다.
② 정보의 결함이 있으면 착각이 일어난다.
③ 착각은 인간 측의 결함에 의해서 발생한다.
④ 환경조건이 나쁘면 착각은 쉽게 일어난다.

**해설**

• 착각은 인간의 노력으로 고칠 수 없다.

:: 착각(Illusion)

㉠ 개요
• 감각적으로 물리현상을 왜곡하는 지각 오류를 말한다.

㉡ 특징
• 착각은 인간의 노력으로 고칠 수 없다.
• 정보의 결함이 있으면 착각이 일어난다.
• 착각은 인간 측의 결함에 의해서 발생한다.
• 환경조건이 나쁘면 착각은 쉽게 일어난다.

0804

## 22 ── Repetitive Learning 

허츠버그(Herzberg)의 동기·위생이론 중 동기요인의 측면에서 직무동기를 높이는 방법으로 거리가 먼 것은?

① 급여의 인상
② 상사로부터의 인정
③ 자율성 부여와 권한 위임
④ 직무에 대한 개인적 성취감

**해설**

• 급여의 인상은 직무불만족과 관련된 요인으로 위생요인에 해당한다.

정답 | 19 ① 20 ① 21 ① 22 ①

**:: 허츠버그(Herzberg)의 2요인(위생·동기)이론** 실필 0901

- 직무수행 중 생산능력의 증대를 가져올 수 있는 요인은 크게 위생요인과 동기요인이 있다.
- 위생요인은 직무불만족과 관련된 요인으로 임금수준, 작업환경(조건), 배고픔, 호기심, 애정, 감독형태, 관리규칙 등이 이에 해당한다.
- 동기요인은 직무만족과 관련된 요인으로 책임감, 성취감, 자기발전, 권력, 인정, 자율성과 권한의 위임, 작업 그 자체, 일의 내용 등이 이에 해당한다.

1501 / 1902

## 23

Repetitive Learning 1회 2회 3회

다음 중 산업안전보건법령상 산업안전·보건 관련 교육과정 중 사업 내 안전·보건교육에 있어 교육대상별 교육시간이 올바르게 연결된 것은?

① 일용근로자의 채용 시 교육 : 2시간 이상
② 일용근로자의 작업내용 변경 시 교육 : 1시간 이상
③ 사무직 종사 근로자의 정기교육 : 매반기 4시간 이상
④ 관리감독자의 지위에 있는 사람의 정기교육 : 연간 8시간 이상

**해설**

- 일용근로자의 채용시 교육은 1시간 이상이다.
- 사무직 종사 근로자의 정기교육은 매반기 6시간 이상이다.
- 관리감독자의 정기교육은 연간 16시간 이상이다.

**:: 안전·보건 교육시간 기준** 실필 1801/1201/0904/0804

| 교육과정 | 교육대상 | | 교육시간 |
|---|---|---|---|
| 정기교육 | 사무직 종사 근로자 | | 매반기 6시간 이상 |
| | 사무직 외의 근로자 | 판매업무에 직접 종사하는 근로자 | 매반기 6시간 이상 |
| | | 판매업무에 직접 종사하는 근로자 외의 근로자 | 매반기 12시간 이상 |
| | 관리감독자 | | 연간 16시간 이상 |
| 채용 시의 교육 | 일용근로자 및 근로계약기간이 1주일 이하인 기간제근로자 | | 1시간 이상 |
| | 근로계약기간이 1주일 초과 1개월 이하인 기간제근로자 | | 4시간 이상 |
| | 그 밖의 근로자 | | 8시간 이상 |
| 작업내용 변경 시의 교육 | 일용근로자 및 근로계약기간이 1주일 이하인 기간제근로자 | | 1시간 이상 |
| | 그 밖의 근로자 | | 2시간 이상 |
| 특별교육 | 일용 및 근로계약기간이 1주일 이하인 기간제근로자 | 타워크레인 신호업무 제외 | 2시간 이상 |
| | | 타워크레인 신호업무 | 8시간 이상 |
| 특별교육 | 일용 및 근로계약기간이 1주일 이하인 기간제근로자 제외 근로자 | | • 16시간 이상(작업전 4시간, 나머지는 3개월 이내 분할 가능)<br>• 단기간 또는 간헐적 작업인 경우에는 2시간 이상 |
| 건설업 기초안전·보건교육 | 건설 일용근로자 | | 4시간 |

0304 / 0501 / 0701 / 1504

## 24

Repetitive Learning 

부주의 현상 중 심신이 피로하거나 단조로운 작업을 반복할 경우 나타나는 의식수준의 저하현상은 의식수준의 어느 단계에서 발생하는가?

① Phase Ⅰ 이하
② Phase Ⅱ
③ Phase Ⅲ
④ Phase Ⅳ 이상

**해설**

- Phase Ⅱ는 생리적 상태가 안정을 취하거나 휴식할 때에 해당한다.
- Phase Ⅲ은 정상적인 상태로 신뢰성이 가장 높은 상태의 의식수준에 해당한다.
- Phase Ⅳ는 돌발사태의 발생으로 인하여 주의의 일점 집중 현상이 발생한 단계이다.

**:: 인간의 의식레벨**

| 단계 | 의식수준 | 설명 |
|---|---|---|
| Phase 0 | 무의식, 실신상태 | 무의식 동작에는 외계의 능력에 대응하는 능력이 어느 정도는 있다. |
| Phase Ⅰ | 이상, 피로 및 단조로움 | 심신이 피로하거나 단조로운 작업을 반복할 경우 나타나는 의식수준의 저하현상이 발생 |
| Phase Ⅱ | 정상, 이완상태 | 생리적 상태가 안정을 취하거나 휴식할 때에 해당 |
| Phase Ⅲ | 정상, 명쾌 | • 중요하거나 위험한 작업을 안전하게 수행하기에 적합<br>• 신뢰성이 가장 높은 상태의 의식수준 |
| Phase Ⅳ | 과긴장 | 돌발사태의 발생으로 인하여 주의의 일점 집중 현상이 일어나는 경우 인간의 의식수준 |

0404 / 0602 / 2201

## 25

Repetitive Learning 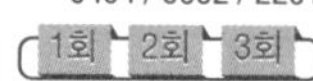

학습정도(Level of learning)란 주제를 학습시킬 범위와 내용의 정도를 뜻한다. 다음 중 학습정도의 4단계에 포함되지 않는 것은?



23 ② 24 ① 25 ③ 정답

① 인지(To recognize) ② 이해(To understand)
③ 회상(To recall) ④ 적용(To apply)

해설

- 학습정도는 인지(~을 인지) – 지각(~을 알아야) – 이해(~을 이해해야) – 적용(~을 ~에 적용할 줄 알아야) 순으로 나타난다.

:: 학습정도(Level of learning)의 4단계

- 학습정도는 주제를 학습시킬 범위와 내용의 정도를 의미한다.
- 학습정도는 인지(~을 인지) – 지각(~을 알아야) – 이해(~을 이해해야) – 적용(~을 ~에 적용할 줄 알아야) 순으로 나타난다.

## 26

Repetitive Learning (1회 2회 3회)

다음 중 강의법에 관한 설명으로 틀린 것은?

① 교육의 집중도나 흥미의 정도가 높다.
② 적은 시간에 많은 내용을 교육시킬 수 있다.
③ 많은 대상을 상대로 교육할 수 있다.
④ 수업의 도입이나 초기단계에 유리하다.

해설

- 강의식은 피교육생을 대상으로 일방적으로 강의하는 방법으로 교육의 집중도나 흥미의 정도를 높이기 쉽지 않다.

:: 강의식(Lecture method)

㉠ 개요
- 안전교육방법 중 수업의 도입이나 초기단계에 적용하며, 단시간에 많은 내용을 교육하는 경우에 가장 적절한 방법이다.
- 짧은 교육기간에 많은 인원의 대상에게 비교적 많은 내용을 전달하기 위한 교육방법이다.
- 도입, 제시, 적용, 확인단계 중 제시단계에서 가장 많은 시간이 소요된다.

㉡ 특징
- 적은 시간에 많은 내용을 많은 대상에게 교육시킬 수 있어 다른 방법에 비해 경제적이다.
- 전체적인 교육내용을 제시하거나, 새로운 과업 및 작업단위의 도입단계에 유효하다.
- 교육시간에 대한 조정(계획과 통제)이 용이하다.
- 난해한 문제에 대하여 평이하게 설명이 가능하다.
- 상대적으로 피드백이 부족하다. 즉, 피교육생의 참여가 제약된다.
- 교육대상 집단 내 수준차로 인해 교육의 효과가 감소할 가능성이 있다.

## 27

Repetitive Learning (1회 2회 3회)

다음 중 O.J.T(On the Job Training)의 특징에 관한 설명으로 틀린 것은?

① 개개인에게 적절한 지도훈련이 가능하다.
② 훈련에만 전념할 수 있다.
③ 상호 신뢰 및 이해도가 높아진다.
④ 직장의 실정에 맞게 실제적 훈련이 가능하다.

해설

- ②는 Off J.T의 장점에 해당한다.

:: O.J.T(On the Job Training) 교육 실필 1701

㉠ 개요
- 사업장 내에서 직장 상사가 강사가 되어 실시하는 교육이다.
- 일상 업무를 통해 지식과 기능, 문제해결능력을 향상시키는 데 주목적을 갖는다.
- 가장 중요한 역할을 담당하는 이는 일선현장의 감독자이다.

㉡ 형태
- 코칭
- 직무순환
- 멘토링
- 도제식 교육
- 현장 직무교육

㉢ 특징

| 구분 | 내용 |
|---|---|
| 장점 | • 동기부여가 쉽다.<br>• 개개인에게 적절한 지도훈련이 가능하다.<br>• 직장의 실정에 맞게 실제적 훈련이 가능하다.<br>• 교육을 통한 훈련효과에 의해 상호 신뢰 및 이해도가 높아진다.<br>• 대상자의 개인별 능력에 따라 훈련의 진도를 조정하기가 쉽다.<br>• 교육효과가 업무에 신속히 반영된다.<br>• 훈련에 필요한 업무의 계속성이 끊어지지 않는다. |
| 단점 | • 전문적인 강사가 아니어서 교육이 원만하지 않을 수 있다.<br>• 다수의 대상을 한 번에 통일적인 내용 및 수준으로 교육시킬 수 없다.<br>• 전문적인 고도의 지식 및 기능을 교육하기 힘들다.<br>• 업무와 교육이 병행되는 관계로 훈련에만 전념할 수 없다. |

정답 | 26 ① 27 ②

0601

## 28 — Repetitive Learning 1회 2회 3회

집단의 효과 중 집단의 압력에 의해 다수의 의견을 따르게 되는 현상을 무엇이라고 하는가?

① 동조 효과
② 시너지 효과
③ 견물(見物) 효과
④ 암시 효과

**해설**

- 집단의 효과에는 동조 효과, 시너지 효과, 견물 효과 등이 있다.
- 시너지 효과는 두 개 이상의 서로 다른 개체가 힘을 합쳐 둘이 지닌 힘 이상의 효과를 내는 현상을 말한다.
- 견물 효과는 개인보다 집단을 더 자랑스럽게 생각하는 현상을 말한다.

**집단의 효과**

- 동조 효과 – 집단의 압력에 의해 다수의 의견을 따르게 되는 현상
- 시너지 효과 – 두 개 이상의 서로 다른 개체가 힘을 합쳐 둘이 지닌 힘 이상의 효과를 내는 현상
- 견물(見物) 효과 – 개인보다 집단을 더 자랑스럽게 생각하는 현상

1101 / 1302 / 1801 / 2202

## 29 — Repetitive Learning

교육훈련 평가의 4단계를 맞게 나열한 것은?

① 반응단계 → 학습단계 → 행동단계 → 결과단계
② 반응단계 → 행동단계 → 학습단계 → 결과단계
③ 학습단계 → 반응단계 → 행동단계 → 결과단계
④ 학습단계 → 행동단계 → 반응단계 → 결과단계

**해설**

- 교육훈련 평가는 반응단계 → 학습단계 → 행동단계 → 결과단계의 순으로 진행된다.

**교육훈련 평가**

- 교육훈련 평가는 작업자의 적정배치 및 지도 방법을 개선하고, 학습지도를 효과적으로 하기 위하여 수행한다.
- 교육평가의 5요건은 확실성, 신뢰성, 간이성, 객관성, 경제성으로 구성된다.
- 교육훈련 평가는 반응단계 → 학습단계 → 행동단계 → 결과단계의 순으로 진행된다.

1904

## 30 — Repetitive Learning 1회 2회 3회

직무에서 수행하는 과업과 직무를 수행하는 데 요구되는 인적 자질에 의해 직무의 내용을 정의하는 공식적 절차를 무엇이라 하는가?

① 직무분석(Job analysis)
② 직무평가(Job evaluation)
③ 직무확충(Job enrichment)
④ 직무만족(Job satisfaction)

**해설**

- 조직에서 특정 직무에 적합한 사람을 선발하기 위해 어떤 특성이 필요한지를 파악하기 위해 직무를 조사하는 활동을 직무분석이라 한다.

**직무분석(Job analysis)**

㉠ 개요

- 조직에서 특정 직무에 적합한 사람을 선발하기 위해 어떤 특성이 필요한지를 파악하기 위해 직무를 조사하는 활동을 말한다.
- 직무에서 수행하는 과업과 직무를 수행하는 데 요구되는 인적 자질에 의해 직무의 내용을 정의하는 공식적 절차를 말한다.
- 직무분석을 통해서 얻은 정보는 인사선발, 교육 및 훈련, 배치 및 경력개발 등에 활용한다.

㉡ 직무분석 방법

| 방법 | 내용 |
|---|---|
| 면접법 | 업무에 대한 이해도가 높은 작업자와의 면담을 통하여 직무를 분석하는 방법으로 자료의 수집에 많은 시간과 노력이 들고, 정량화된 정보를 얻기가 힘들다. |
| 설문지법 | 많은 사람들로부터 짧은 시간 내에 정보를 얻을 수 있고, 관찰법이나 면접법과는 달리 양적인 정보를 얻을 수 있다. |
| 관찰법 | 근로자의 작업수행 과정을 상세하게 관찰하는 방법으로 자료의 수집에 많은 시간과 노력이 들고, 정량화된 정보를 얻기가 힘들어 많은 시간이 소요되는 직무에는 적용이 곤란하다. |
| 일지작성법 | 작업수행 내역을 일정한 형식에 의해 기록하여 이를 분석하는 방법이다. |
| 중요사건법<br>(결정적 사건의 기록) | 감독자, 동료 근로자, 그 외의 이 직무를 잘 아는 사람으로부터 성공적이지 못한 근로자와 성공적인 근로자를 구별해 내는 행동을 밝히려는 목적으로 사용된다. |



28 ① 29 ① 30 ① 정답

1601

## 31

Repetitive Learning 1회 2회 3회

다음 중 심포지엄(Symposium)에 관한 설명으로 가장 적절한 것은?

① 먼저 사례를 발표하고 문제적 사실들과 그의 상호관계에 대하여 검토하고 대책을 토의하는 방법
② 몇 사람의 전문가에 의하여 과제에 관한 견해를 발표한 뒤에 참가자로 하여금 의견이나 질문을 하게 하여 토의하는 방법
③ 새로운 교재를 제시하고 거기에서의 문제점을 피교육자로 하여금 제기하게 하거나, 의견을 여러 가지 방법으로 발표하게 하고 다시 깊이 파고들어서 토의하는 방법
④ 패널 멤버가 피교육자 앞에서 자유로이 토의하고, 뒤에 피교육자 전원이 참가하여 사회자의 사회에 따라 토의하는 방법

**해설**

- ①은 세미나에 대한 설명이다.
- ③은 포럼에 대한 설명이다.
- ④는 패널 디스커션에 대한 설명이다.

**토의법의 종류**

| | |
|---|---|
| 포럼(Forum) | 새로운 자료나 교재를 제시하고 문제점을 피교육자로 하여금 제기하게 하거나 그것에 관한 피교육자의 의견을 여러 가지 방법으로 발표하게 하고, 청중과 토론자 간에 활발한 의견 개진과 충돌로 바람직한 합의를 도출해내는 교육 실시방법 |
| 패널 디스커션(Panel discussion) | 참가자 앞에서 소수의 전문가들이 과제에 관한 견해를 발표하고 토론한 뒤 참가자 전원이 참가하여 사회자의 사회에 따라 토의하는 방법 |
| 심포지엄(Symposium) | 몇 사람의 전문가에 의하여 과제에 관한 견해를 발표한 뒤에 참가자로 하여금 의견이나 질문을 하게 하여 토의하는 방법 |
| 롤 플레잉(Role playing) | 집단 심리요법의 하나로서 자기 해방과 타인 체험을 목적으로 하는 체험활동을 통해 대인관계에 있어서의 태도변용이나 통찰력, 자기이해를 목표로 개발된 교육방법 |
| 버즈세션(Buzz session) | 6-6 회의라고도 하며, 6명씩 소집단으로 구분하고, 집단별로 각각의 사회자를 선발하여 6분간씩 자유토의를 행하여 의견을 종합하는 방법 |

1701

## 32

Repetitive Learning 1회 2회 3회

시행착오설에 의한 학습법칙에 해당하는 것은?

① 시간의 법칙
② 계속성의 법칙
③ 일관성의 법칙
④ 준비성의 법칙

**해설**

- 시행착오설에 의한 학습법칙에는 연습의 법칙, 효과의 법칙, 준비성의 법칙 등이 있다.

**손다이크(Thorndike)의 시행착오설에 의한 학습법칙**

- S-R이론의 대표적인 종류 중 하나로 학습을 자극(Stimulus)에 의한 반응(Response)으로 파악한다.
- 맹목적 시행을 반복하는 가운데 자극과 반응이 결합하여 행동하는 것을 말한다.
- 학습법칙에는 연습의 법칙, 효과의 법칙, 준비성의 법칙 등이 있다.

0702

## 33

다음 중 작업에 수반되는 피로의 예방대책과 가장 거리가 먼 것은?

① 작업부하를 크게 할 것
② 불필요한 마찰을 배제할 것
③ 작업속도를 적절하게 조정할 것
④ 근로시간과 휴식을 적절하게 취할 것

**해설**

- 작업부하를 크게 하는 것은 피로의 예방대책이 아니다. 작업부하를 작게 해야 한다.

**피로의 예방대책**

- 정신적 긴장에 의한 피로 – 불필요한 마찰을 배제할 것
- 신체적 긴장에 의한 피로 – 운동에 의해 긴장을 풀 것
- 정신적 노력에 의한 피로 – 휴식이나 양성 훈련을 적절하게 취할 것
- 작업에 의한 피로 – 작업부하를 작게 하고, 작업속도를 적절하게 조정할 것
- 천재지변에 의한 피로 – 온도·습도·통풍을 조절할 것
- 단조로움이나 권태감에 의한 피로 – 휴식을 취하거나 동작의 교대방법 등을 가르칠 것

정답 | 31 ② 32 ④ 33 ①

0704 / 1801 / 2102

## 34

Repetitive Learning 

호손 실험(Hawthorne experiment)의 결과 작업자의 작업능률에 영향을 미치는 주요원인으로 밝혀진 것은?

① 인간관계
② 작업조건
③ 작업환경
④ 생산기술

해설

- 호손 실험을 통해서 생산성은 사원들의 태도, 감독자, 비공식 집단의 중요성 등 인간관계와 관련한 요소들이 복잡하게 영향을 미친다는 것을 확인하였다.

**호손 실험(Hawthorne experiment)**

- 산업심리학이 발전하던 1920년대에 시작된 일련의 연구로 원래 조명도와 생산성의 관계를 밝히려고 시작되었다.
- 조명을 밝히면 처음에는 생산량은 증가하나 이후에는 조명과 상관관계가 거의 없이 생산량이 증가하였다.
- 결과적으로 생산성에는 사원들의 태도, 감독자, 비공식 집단의 중요성 등 인간관계와 관련한 요소들이 복잡하게 영향을 미친다는 것을 확인하였다.

## 35

Repetitive Learning 1회 2회 3회

산업안전보건법상 사업 내 안전・보건교육 중 채용 시의 교육 및 작업내용 변경 시의 교육의 내용에 해당하지 않는 것은? (단, 산업안전보건법 및 일반관리에 관한 사항은 제외한다)

① 작업 개시 전 점검에 관한 사항
② 사고 발생 시 긴급조치에 관한 사항
③ 물질안전보건자료에 관한 사항
④ 건강증진 및 질병 예방에 관한 사항

해설

- 건강증진 및 질병 예방에 관한 사항은 근로자의 정기안전・보건 교육내용이다.

**채용 시의 교육 및 작업내용 변경 시의 교육내용**

- 기계・기구의 위험성과 작업의 순서 및 동선에 관한 사항
- 작업 개시 전 점검에 관한 사항
- 정리정돈 및 청소에 관한 사항
- 사고 발생 시 긴급조치에 관한 사항
- 산업보건 및 직업병 예방에 관한 사항
- 물질안전보건자료에 관한 사항
- 직무스트레스 예방 및 관리에 관한 사항
- 「산업안전보건법」 및 일반관리에 관한 사항

0802

## 36

Repetitive Learning 1회 2회 3회

리더십 이론 중 경로목표이론에 대한 설명으로 틀린 것은?

① 부하의 능력이 우수하면 지시적 리더행동은 효율적이지 못하다.
② 내적 통제성향을 갖는 부하는 참여적 리더행동을 좋아한다.
③ 과업이 구조화되어 있으면 지시적 행동이 효율적이다.
④ 외적 통제성향인 부하는 지시적 리더행동을 좋아한다.

해설

- 지시적 리더십은 과업이 구조화되어 있지 않을 때 효율적이다. 과업이 구조화되어 있을 때 맞는 리더십은 지원적 리더십과 참여적 리더십이다.

**경로목표이론(Path-goal theory of leadership)**

㉠ 개요

- 하우스(House, R)가 주장한 이론으로 부하들은 자신에게 돌아올 보상을 명확히 제시해주는 리더에 의해 성과를 향상시킬 수 있다는 이론이다.

㉡ 4가지 상황별 리더의 스타일

- 지시적(Directive) 리더십 – 구체적 지침과 표준, 작업스케줄을 제공하고 규정을 마련하여 직무를 명확하게 해주는 리더이다. 업무 절차나 방법이 명확하지 않거나 부하들의 경험이나 지식이 부족한 상황에 적합한 리더십으로, 부하의 능력이 우수할 경우 효과적이지 못하며 외적 통제성향을 갖는 부하들에게 적합하다.
- 지원적(Suppotive) 리더십 – 부하의 욕구와 복지에 관심을 쓰며, 이들과의 인간관계를 강조하는 리더이다. 업무가 구조화되어 있으나 강도와 난이도가 높아 직원의 스트레스가 크고 자신감을 가지지 못하는 상황에 적합하다.
- 참여적(Participative) 리더십 – 부하들에게 자문을 구하고 그들의 제안을 끌어내며, 관련 정보를 부하들과 공유하는 리더이다. 업무가 구조화되어 있으며 부하들의 업무성취와 자율성에 대한 욕구가 높은 즉, 내적 통제성향을 갖는 경우에 적합하다.
- 성취 지향적(Achievement oriented) 리더십 – 도전적인 작업 목표를 설정하고 성과개선을 강조하며 하급자들의 능력발휘에 대해 높은 기대를 갖는 리더이다. 업무가 비구조화되어 있는 경우이지만 조직원의 참여를 통해서 좀 더 높은 목표를 성취할 수 있도록 하기 위한 상황에 적합하다.



34 ① 35 ④ 36 ③ 정답

0902 / 1602

## 37

Repetitive Learning 

실험실 사고 경향성 이론에 관한 설명으로 틀린 것은?

① 어떤 특정한 환경에서 훨씬 더 사고를 일으키기 쉽다.
② 어떠한 사람이 다른 사람보다 사고를 더 잘 일으킨다는 이론이다.
③ 사고를 많이 내는 여러 명의 특성을 측정하여 사고를 예방하는 것이다.
④ 검증하기 위한 효과적인 방법은 다른 기간 동안 같은 사람의 사고기록을 비교하는 것이다.

해설

- 경향성 이론이란 어떠한 사람이 다른 사람보다 특정 시점에서 사고를 더 잘 일으킨다는 이론이다.

**사고 경향성 이론**

- 사고는 특정 시점에서 특정한 사람이 반복해서 일으킨다는 이론이다.
- 어떠한 사람이 다른 사람보다 사고를 더 잘 일으킨다는 이론이다.
- 사고를 많이 내는 여러 명의 특성을 측정하여 사고를 예방하는 것이다.
- 검증하기 위한 효과적인 방법은 다른 두 시기 동안에 같은 사람의 사고기록을 비교하는 것이다.

## 38

Repetitive Learning 1회 2회 3회

다음 중 인사선발에 사용되는 심리검사의 신뢰도에 대한 설명으로 옳은 것은?

① 검사가 측정하고자 하는 본래의 개념을 올바로 측정하는 것을 말한다.
② 동일한 심리적 개념을 독특하게 측정하는 정도를 말한다.
③ 측정하고자 하는 심리적 개념을 일관성 있게 측정하는 정도를 말한다.
④ 검사 결과에서 측정오차를 제거할 수 있는 정도를 말한다.

해설

- 인사선발을 위한 심리검사에서 신뢰도는 측정하고자 하는 심리적 개념을 얼마나 일관성 있게 측정하는지의 정도를 말한다.

**인사선발을 위한 심리검사**

- 타당도와 신뢰도는 인사선발을 위한 심리검사에서 갖춰야 할 요건에 해당한다.
- 타당도는 심리검사의 특징 중 측정하고자 하는 것을 실제로 잘 측정하는지의 여부를 판별하는 것을 말한다.
- 신뢰도는 측정하고자 하는 심리적 개념을 얼마나 일관성 있게 측정하는지의 정도를 말한다.

1901

## 39

Repetitive Learning 

반복적인 재해발생자를 상황성 누발자와 소질성 누발자로 나눌 때 다음 중 상황성 누발자의 재해유발 원인에 해당하는 것은?

① 저지능인 경우
② 도덕성이 결여된 경우
③ 소심한 성격인 경우
④ 심신에 근심이 있는 경우

해설

- 상황성 누발자는 작업의 어려움, 기계설비의 결함, 심신의 근심, 환경상 주의력 집중이 곤란해 재해를 유발시킨다.

**상황성 누발자**

㉠ 개요

- 상황성 누발자란 작업이 어렵거나 설비의 결함, 심신의 근심 때문에 재해를 여러 번 겪은 사람을 말한다.

㉡ 재해유발 원인

- 작업이 어렵기 때문
- 기계설비에 결함이 있기 때문
- 심신에 근심이 있기 때문
- 환경상 주의력의 집중이 혼란되기 때문

1702

## 40

Repetitive Learning 

리더십의 권한에 있어 조직이 리더에게 부여하는 권한이 아닌 것은?

① 위임된 권한
② 강압적 권한
③ 보상적 권한
④ 합법적 권한

정답 | 37 ① 38 ③ 39 ④ 40 ①

해설

- 위임된 권한, 전문성의 권한, 준거적 권한은 조직이 리더에게 부여한 권한이라고 볼 수 없다.

**리더십 권한**

㉠ 조직이 리더에게 부여한 권한
- 합법적 권한 : 군대, 교사, 정부기관 등 합법적 권력이 가지는 권한
- 강압적 권한 : 부하의 처벌, 승진 누락, 봉급의 인상 거부 등 강압적인 힘을 갖는 권한
- 보상적 권한 : 승진, 봉급 인상 등 역할에 대한 보상을 부여하는 권한

㉡ 조직이 리더에게 부여하지 않았지만 조건이 맞을 경우 자발적으로 생성되는 권한
- 위임된 권한 : 목표달성을 위하여 부하 직원들이 상사를 존경하여 상사와 함께 일하고자 할 때 상사에게 부여되는 권한 혹은 지도자 자신이 스스로에게 부여한 권한
- 전문성의 권한 : 전문적 지식을 가진 리더를 부하들이 스스로 따르는 것으로 지도자 자신의 능력에 의해 생성되는 권한
- 준거적 권한 : 리더의 개인적 매력이 중요하며, 매력적인 리더와 함께 하고 싶은 부하들에 의해 조직의 발전이 이뤄진다는 것

## 3과목 인간공학 및 시스템안전공학

### 41

Repetitive Learning 1회 2회 3회

다음 중 시스템 안전관리의 주요 업무와 가장 거리가 먼 것은?

① 시스템 안전에 필요한 사항의 식별
② 안전활동의 계획, 조직 및 관리
③ 시스템 안전활동 결과의 평가
④ 생산시스템의 비용과 효과 분석

해설

- 시스템 안전관리의 내용에는 ①, ②, ③ 외에 시스템 안전에 필요한 사항에 대한 동일성을 식별하고, 다른 시스템 프로그램 영역과의 조정을 통해 중복을 배제하여야 한다.

**시스템 안전(System safety)**

㉠ 개요
- 위험을 파악, 분석, 통제하는 접근방법이다.
- 수명주기 전반에 걸쳐 안전을 보장하는 것을 목표로 한다.
- 처음에는 국방과 우주항공 분야에서 필요성이 제기되었다.

㉡ 시스템 안전관리의 내용
- 시스템 안전목표를 적시에 유효하게 실현하기 위해 프로그램의 해석, 검토 및 평가를 실시하여야 한다.
- 안전활동의 계획, 안전조직과 관리를 철저히 하여야 한다.
- 시스템 안전에 필요한 사항에 대한 동일성을 식별하여야 한다.
- 다른 시스템 프로그램 영역과의 조정을 통해 중복을 배제하여야 한다.
- 시스템 안전활동 결과를 평가하여야 한다.

### 42

Repetitive Learning 1회 2회 3회

각 부품의 신뢰도가 R인 다음과 같은 시스템의 전체 신뢰도는?

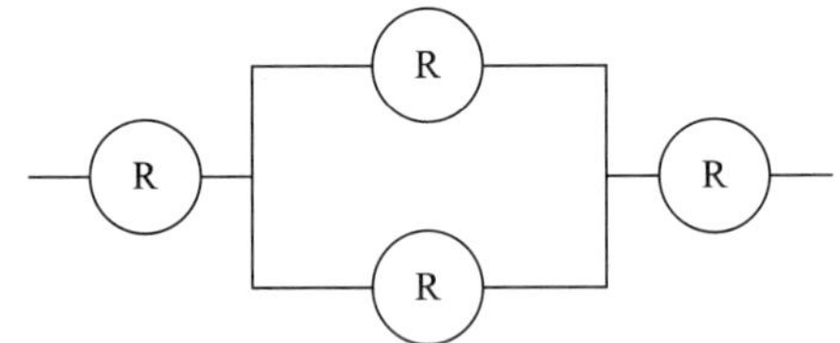


① $R^4$
② $2R-R^2$
③ $2R^2-R^3$
④ $2R^3-R^4$

해설

- 먼저 병렬로 연결된 시스템의 신뢰도를 구하면 $1-(1-R)\times(1-R)=1-(1-2R+R^2)=2R-R^2$ 이 된다.
- 위의 결과와 나머지 2개의 R과의 직렬연결은 $R\times(2R-R^2)\times R=R^2(2R-R^2)=2R^3-R^4$ 이다.

**시스템의 신뢰도**

㉠ AND(직렬)연결 시
- 시스템의 신뢰도($R_s$)는 부품 a, 부품 b 신뢰도를 각각 $R_a$, $R_b$라 할 때 $R_s=R_a\times R_b$로 구할 수 있다.

㉡ OR(병렬)연결 시
- 시스템의 신뢰도($R_s$)는 부품 a, 부품 b 신뢰도를 각각 $R_a$, $R_b$라 할 때 $R_s=1-(1-R_a)\times(1-R_b)$로 구할 수 있다.



41 ④ 42 ④ 정답

## 43 Repetitive Learning 1회 2회 3회

다음 중 서서 하는 작업에서 정밀한 작업, 경작업, 중작업 등을 위한 작업대의 높이에 기준이 되는 신체 부위는?

① 어깨 ② 팔꿈치
③ 손목 ④ 허리

**해설**

- 서서 하는 작업대의 높이는 높낮이 조절이 가능하여야 하며, 작업대의 높이는 팔꿈치를 기준으로 한다.

**서서 하는 작업대 높이**

- 서서 하는 작업대의 높이는 높낮이 조절이 가능하여야 하며, 작업대의 높이는 팔꿈치를 기준으로 한다.
- 정밀작업의 경우 팔꿈치 높이보다 약간(5～20cm) 높게 한다.
- 경작업의 경우 팔꿈치 높이보다 5～10cm 낮게 한다.
- 중작업의 경우 팔꿈치 높이보다 15～20cm 낮게 한다.
- 정밀한 작업이나 장기간 수행하여야 하는 작업은 좌식 작업대가 바람직하다.

1804

## 44 Repetitive Learning

결함위험분석(FHA, Fault Hazard Analysis)의 적용단계로 가장 적절한 것은?

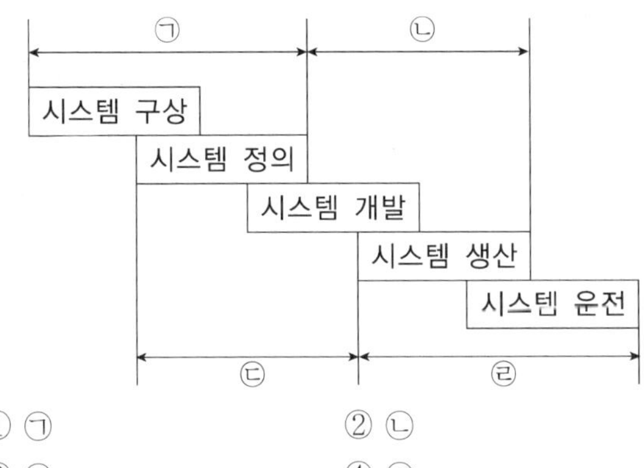


① ㉠ ② ㉡
③ ㉢ ④ ㉣

**해설**

- 결함위험분석(FHA)은 시스템 정의에서부터 시스템 개발단계를 지나 시스템 생산단계 진입 전까지 적용된다.

**결함위험분석(FHA)**

- 복잡한 전체시스템을 여러 개의 서브시스템으로 나누어 제작하는 경우 서브시스템이 다른 서브시스템이나 전체시스템에 미치는 영향을 분석하는 방법이다.
- 수리적 해석방법으로 정성적 방식을 사용한다.
- 시스템 정의에서부터 시스템 개발단계를 지나 시스템 생산단계 진입 전까지 적용된다.

## 45 Repetitive Learning 1회 2회 3회

다음 중 정량적 자료를 정성적 판독의 근거로 사용하는 경우로 볼 수 없는 것은?

① 미리 정해 놓은 몇 개의 한계범위에 기초하여 변수의 상태나 조건을 판정할 때
② 목표로 하는 어떤 범위의 값을 유지할 때
③ 변화 경향이나 변화율을 조사하고자 할 때
④ 세부 형태를 확대하여 동일한 시각을 유지해 주어야 할 때

**해설**

- 세부 형태를 확대하는 것은 정량적인 자료가 아니라 정성적 자료를 대상으로 한다.

**정량적 자료를 정성적 판독의 근거로 사용하는 경우**

- 정량적 데이터 값을 이용하여 흐름이나 변화추세, 비율 등을 알고자 할 때
- 미리 정해 놓은 몇 개의 한계범위에 기초하여 변수의 상태나 조건을 판정할 때
- 목표로 하는 어떤 범위의 값을 유지할 때
- 변화 경향이나 변화율을 조사하고자 할 때

1502

## 46 Repetitive Learning 1회 2회 3회

그림과 같이 FT도에서 활용하는 논리게이트의 명칭으로 옳은 것은?

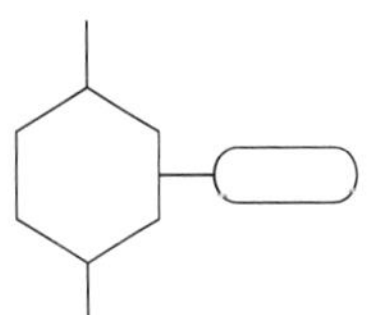

① 억제 게이트
② 제어 게이트
③ 배타적 OR 게이트
④ 우선적 AND 게이트

**해설**

- 배타적 OR 게이트(Exclusive OR gate)는 OR 게이트의 특별한 경우로 2개 또는 그 이상의 입력이 동시에 존재하는 경우에는 출력이 생기지 않는 게이트이다.
- 우선적 AND 게이트는 AND 게이트의 특별한 경우로 여러 개의 입력사상이 정해진 순서에 따라 순차적으로 발생해야만 결과가 출력된다.

정답 | 43 ② 44 ③ 45 ④ 46 ①

**:: 억제 게이트(Inhibit gate)**

- 논리적 수정기호의 일종으로 수정기호를 병용하여 게이트 역할을 하는 게이트이다.
- 한 개의 입력사상에 의해 출력사상이 발생하며, 출력사상이 발생되기 전에 입력사상이 특정 조건을 만족하여야 한다.
- 조건부 사건이 발생하는 상황하에서 입력현상이 발생할 때 출력현상이 발생한다.
- 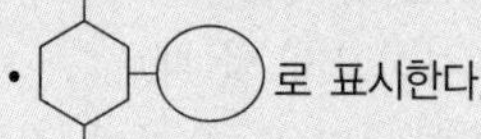 로 표시한다.

## 47 ── Repetitive Learning (1회 2회 3회)

다음 중 인간이 현존하는 기계보다 우월한 기능이 아닌 것은?

① 귀납적으로 추리한다.
② 원칙을 적용하여 다양한 문제를 해결한다.
③ 다양한 경험을 토대로 하여 의사 결정을 한다.
④ 명시된 절차에 따라 신속하고 정량적인 정보처리를 한다.

**해설**

- 신속하고 많은 정보처리 능력은 기계의 우수한 점이다.

**:: 인간이 기계를 능가하는 조건**

- 관찰을 통해서 일반화하여 귀납적 추리를 한다.
- 완전히 새로운 해결책을 도출할 수 있다.
- 원칙을 적용하여 다양한 문제를 해결할 수 있다.
- 상황에 따라 변하는 복잡한 자극 형태를 식별할 수 있다.
- 다양한 경험을 토대로 하여 의사 결정을 한다.
- 주위의 예기치 못한 사건들을 감지하고 처리하는 임기응변 능력이 있다.

## 48 ── Repetitive Learning (1회 2회 3회)

다음 중 고장형태와 영향분석(FMEA)에 관한 설명으로 틀린 것은?

① 각 요소가 영향의 해석이 가능하기 때문에 동시에 2가지 이상의 요소가 고장 나는 경우에 적합하다.
② 해석영역이 물체에 한정되기 때문에 인적 원인 해석이 곤란하다.
③ 양식이 간단하여 특별한 훈련 없이 해석이 가능하다.
④ 시스템 해석의 기법은 정성적, 귀납적 분석법 등에 사용한다.

**해설**

- FMEA는 동시에 2가지 이상의 요소가 고장 나는 경우 해석이 힘들다.

**:: 고장형태와 영향분석(FMEA)**

㉠ 개요

- 시스템 안전분석에 이용되는 전형적인 정성적, 귀납적 분석 방법으로서, 서식이 간단하고 비교적 적은 노력으로 특별한 훈련 없이 분석이 가능하다는 장점을 가지고 있는 기법이다.
- 제품 설계와 개발단계에서 고장 발생을 최소로 하고자 하는 경우에 유효한 분석기법이다.

㉡ 장점

- 양식이 간단하여 특별한 훈련 없이 비전문가도 해석이 가능하다.
- 전체 요소의 고장을 유형별로 분석할 수 있다.

㉢ 단점

- 해석영역이 물체에 한정되기 때문에 인적 원인(Human error) 해석이 곤란하다.
- 동시에 2가지 이상의 요소가 고장 나는 경우 해석이 힘들다.

1501

## 49 ── Repetitive Learning (1회 2회 3회)

발생확률이 각각 0.05, 0.08인 두 결함사상이 AND조합으로 연결된 시스템을 FTA로 분석하였을 때 이 시스템의 신뢰도는 약 얼마인가?

① 0.004
② 0.126
③ 0.874
④ 0.996

**해설**

- AND연결이므로 두 결함사상의 곱으로 구한다. 0.05 × 0.08 = 0.004이다. 정상사상의 발생확률이 0.004이므로 신뢰도는 1−0.004 = 0.996이 된다.

**:: FT도에서 정상(고장)사상 발생확률**

㉠ AND(직렬)연결 시

- 사상 A의 발생확률을 $P_A$, 사상 B, 사상 C 발생확률을 $P_B$, $P_C$라 할 때 $P_A = P_B \times P_C$로 구할 수 있다.

㉡ OR(병렬)연결 시

- 사상 A의 발생확률을 $P_A$, 사상 B, 사상 C 발생확률을 $P_B$, $P_C$라 할 때 $P_A = 1-(1-P_B)\times(1-P_C)$로 구할 수 있다.



47 ④ 48 ① 49 ④ | 정답

1604

## 50

Repetitive Learning (1회 2회 3회)

체계 설계 과정의 주요 단계가 다음과 같을 때 인간·하드웨어·소프트웨어의 기능 할당, 인간성능 요건 명세, 직무분석, 작업설계 등의 활동을 하는 단계는?

- 목표 및 성능 명세 결정
- 체계의 정의
- 기본 설계
- 계면 설계
- 촉진물 설계
- 시험 및 평가

① 계면 설계 ② 체계의 정의
③ 기본 설계 ④ 촉진물 설계

해설

- 계면 설계 단계는 4단계로 작업공간, 화면설계, 표시 및 조종 장치 등의 설계단계이다.
- 체계의 정의 단계는 2단계로 목표 달성을 위해 필요한 기능의 결정단계이다.
- 촉진물 설계 단계는 5단계로 성능보조자료, 훈련도구 등 보조물 계획단계이다.

:: 인간-기계 시스템의 설계 과정

| | | |
|---|---|---|
| 1단계 | 시스템의 목표와 성능 명세 결정 | 목적 및 존재 이유에 대한 개괄적 표현 |
| 2단계 | 시스템의 정의 | 목표 달성을 위해 필요한 기능의 결정 |
| 3단계 | 기본 설계 | 기능의 할당, 인간성능 요건 명세, 직무분석, 작업설계 |
| 4단계 | 인터페이스 설계 | 작업공간, 화면설계, 표시 및 조종장치 |
| 5단계 | 보조물 설계 혹은 편의수단 설계 | 성능보조자료, 훈련도구 등 보조물 계획 |
| 6단계 | 평가 | - |

## 51

Repetitive Learning (1회 2회 3회)

국내 규정상 최대 음압수준이 몇 dB(A)를 초과하는 충격소음에 노출되어서는 아니 되는가?

① 110
② 120
③ 130
④ 140

해설

- 충격소음 허용기준에서 하루 100회의 충격소음에 노출되는 경우 140dBA, 하루 1,000회의 충격소음에 노출되는 경우 130dBA, 하루 10,000회의 충격소음에 노출되는 경우 120dBA를 초과하는 충격소음에 노출되어서는 안 된다.

:: 소음 노출기준

㉠ 소음의 허용기준(강렬한 소음작업의 기준)

| 1일 노출시간(hr) | 허용 음압수준(dBA) |
|---|---|
| 8 | 90 |
| 4 | 95 |
| 2 | 100 |
| 1 | 105 |
| 1/2 | 110 |
| 1/4 | 115 |

㉡ 충격소음 허용기준

| 충격소음강도(dBA) | 허용 노출 횟수(회) |
|---|---|
| 140 | 100 |
| 130 | 1,000 |
| 120 | 10,000 |

1404 / 1702

## 52

Repetitive Learning (1회 2회 3회)

다음 설명에 해당하는 설비보전방식의 유형은?

> 설비보전 정보와 신기술을 기초로 신뢰성, 조작성, 보전성, 안전성, 경제성 등이 우수한 설비의 선정, 조달 또는 설계를 통하여 궁극적으로 설비의 설계, 제작단계에서 보전활동이 불필요한 체제를 목표로 한 설비보전방법을 말한다.

① 개량보전 ② 보전예방
③ 사후보전 ④ 일상보전

해설

- 개량보전이란 설비의 고장 시에 수리뿐만 아니라 개선된 부품의 교체 등을 통하여 설비의 열화, 마모의 방지와 수명의 연장을 동시에 추구하는 방법이다.
- 사후보전이란 고장 또는 유해한 성능저하가 발생된 뒤에 수리를 하는 보전방법을 말한다.
- 일상보전이란 설비의 열화를 방지하고 그 진행을 지연시켜 수명을 연장하기 위한 설비의 점검, 청소, 주유 및 교체 등의 활동을 뜻한다.

:: 보전예방(Maintenance prevention)

- 설계단계에서부터 보전이 불필요한 설비를 설계하는 것을 말한다.
- 궁극적으로는 설비의 설계, 제작단계에서 보전 활동이 불필요한 체계를 목표로 하는 보전방식을 말한다.

정답 | 50 ③ 51 ④ 52 ②

0604 / 2001

## 53

Repetitive Learning 1회 2회 3회

다음 중 휴먼에러(Human error)의 심리적 요인으로 옳은 것은?

① 일이 너무 복잡한 경우
② 일의 생산성이 너무 강조될 경우
③ 동일 형상의 것이 나란히 있을 경우
④ 서두르거나 절박한 상황에 놓여있을 경우

해설

- ①, ②, ③은 휴먼에러의 물리적 요인에 해당한다.

휴먼에러 발생 요인

㉠ 물리적 요인
- 일이 너무 복잡한 경우
- 일의 생산성이 너무 강조될 경우
- 동일 형상의 것이 나란히 있을 경우

㉡ 심리적 요인
- 서두르거나 절박한 상황에 놓여있을 경우
- 일에 대한 지식이 부족하거나 의욕이 결여되어 있을 경우

0901 / 1502

## 54

Repetitive Learning 1회 2회 3회

다음 중 실효온도(Effective Temperature)에 관한 설명으로 틀린 것은?

① 체온계로 입안의 온도를 측정한 값을 기준으로 한다.
② 실제로 감각되는 온도로서 실감온도라고 한다.
③ 온도, 습도 및 공기 유동이 인체에 미치는 열효과를 나타낸 것이다.
④ 상대습도 100%일 때의 건구온도에서 느끼는 것과 동일한 온감이다.

해설

- 체온계로 입안의 온도를 측정한 것은 구강체온 측정법이다.

실효온도(ET : Effective Temperature)
- 공조되고 있는 실내 환경을 평가하는 척도로 감각온도, 유효온도라고도 한다.
- 상대습도 100%, 풍속 0m/sec일 때에 느껴지는 온도감각을 말한다.
- 온도, 습도, 기류 등이 인체에 미치는 열효과를 하나의 수치로 통합한 경험적 감각지수이다.
- 실효온도의 종류에는 Oxford 지수, Botsball 지수, 습구 글로브 온도 등이 있다.

## 55

Repetitive Learning 1회 2회 3회

다음 중 인간의 귀에 대한 구조를 설명한 것으로 틀린 것은?

① 외이(External ear)는 귓바퀴와 외이도로 구성된다.
② 중이(Middle ear)에는 인두와 교통하여 고실 내압을 조절하는 유스타키오관이 존재한다.
③ 내이(Inner ear)는 신체의 평행감각수용기기인 반규관과 청각을 담당하는 전정기관 및 와우로 구성되어 있다.
④ 고막은 중이와 내이의 경계부위에 위치해 있으며 음파를 진동으로 바꾼다.

해설

- 고막은 외이와 중이의 경계부위에 위치해 있다.

귀의 구조
- 외이(Outer ear)는 음파를 모으는 역할을 하는 곳으로 귓바퀴와 외이도로 구성된다.
- 중이(Middle ear)는 고막에 가해지는 미세한 압력의 변화를 증폭하는 곳으로 인두와 교통하여 고실 내압을 조절하는 유스타키오관이 존재한다.
- 내이(Inner ear)는 달팽이관(Cochlea), 청각을 담당하는 전정기관(Vestibule), 신체의 평형감각수용기인 반규관(Semicircular canal)으로 구성된다.
- 고막은 외이와 중이의 경계부위에 위치해 있으며 음파를 진동으로 바꾼다.

## 56

Repetitive Learning 1회 2회 3회

인간의 반응시간을 조사하는 실험에서 0.1, 0.2, 0.3, 0.4의 점등확률을 갖는 4개의 전등이 있다. 이 자극 전등이 전달하는 정보량은 약 얼마인가?

① 2.42 bit ② 2.16 bit
③ 1.85 bit ④ 1.53 bit

해설

- 4개의 대안과 확률이 주어졌다. 개별적인 정보량을 구하면 확률이 0.1인 경우 $\log_2 \frac{1}{0.1} = 3.32$ 이고, 확률이 0.2인 경우 $\log_2 \frac{1}{0.2} = 2.32$이고, 확률이 0.3인 경우 $\log_2 \frac{1}{0.3} = 1.74$이고, 확률이 0.4인 경우 $\log_2 \frac{1}{0.4} = 1.32$이다.
- 각각의 확률과 정보량을 곱한 값의 합은 0.1×3.32 + 0.2×2.32 + 0.3×1.74 + 0.4×1.32 = 1.846이 된다.



53 ④ 54 ① 55 ④ 56 ③ | 정답

:: 정보량

- 대안이 n개인 경우의 정보량은 $\log_2 n$으로 구한다.
- 특정 안이 발생할 확률이 $p(x)$라면
  정보량은 $\log_2 \frac{1}{p(x)}$로 구한다.
- 여러 안이 발생할 총 정보량 = [개별 확률 × 개별 정보량의 합]

## 57 — Repetitive Learning 1회 2회 3회

다음 중 인체측정과 작업공간의 설계에 관한 설명으로 옳은 것은?

① 구조적 인체 치수는 움직이는 몸의 자세로부터 측정한 것이다.
② 선반의 높이, 조작에 필요한 힘 등을 정할 때에는 인체 측정치의 최대집단치를 적용한다.
③ 수평 작업대에서의 정상작업영역은 상완을 자연스럽게 늘어뜨린 상태에서 전완을 뻗어 파악할 수 있는 영역을 말한다.
④ 수평 작업대에서의 최대작업영역은 다리를 고정시킨 후 최대한으로 파악할 수 있는 영역을 말한다.

**해설**

- 구조적 인체 치수란 표준자세에서 움직이지 않는 상태로 측정한 것이다.
- 선반의 높이, 조작에 필요한 힘은 최소 집단치(5% 하위 백분위수)를 설계 기준으로 한다.
- 수평 작업대에서의 최대작업영역은 전완과 상완을 곧게 펴서 파악할 수 있는 구역을 말한다.

:: 정상작업영역

- 효과적인 작업을 위해서 작업자가 가급적 팔꿈치를 몸에 붙이고 자연스럽게 움직일 수 있는 거리를 말한다.
- 상완을 자연스럽게 늘어뜨린 상태에서 전완을 뻗어 파악할 수 있는 영역을 말한다.
- 인간이 앉아서 작업대 위에서 손을 움직여 하는 평면작업 중에 팔을 굽히고도 편하게 작업하면서 좌우의 손을 움직일 때 생기는 작은 원호형의 영역을 말한다.

1502

## 58 — Repetitive Learning 1회 2회 3회

다음 중 인간공학을 나타내는 용어로 적절하지 않은 것은?

① Ergonomics ② Human factors
③ Human engineering ④ Customize engineering

**해설**

- 인간공학은 "Ergon(작업) + nomos(법칙) + ics(학문)"이 조합된 단어로 Human factors, Human engineering이라고도 한다.
- Customize engineering은 상품공학에 대한 개념이다.

:: 인간공학(Ergonomics)

㉠ 개요
- "Ergon(작업) + nomos(법칙) + ics(학문)"이 조합된 단어로 Human factors, Human engineering이라고도 한다.
- 인간의 특성과 한계 능력을 공학적으로 분석, 평가하여 이를 복잡한 체계의 설계에 응용함으로써 효율을 최대로 활용할 수 있도록 하는 학문분야이다.
- 인간이 사용하는 물건, 설비, 환경의 설계에 인간의 생리적, 심리적인 면에서의 특성이나 한계점을 고려함으로써 인간-기계 시스템의 안전성과 편리성, 효율성을 높이는 학문분야이다.

㉡ 적용분야
- 제품설계
- 재해·질병 예방
- 장비·공구·설비의 배치
- 작업장 내 조사 및 연구

1604

## 59 — Repetitive Learning 1회 2회 3회

화학설비의 안전성 평가단계 중 "관계 자료의 작성 준비"에 있어 관계 자료의 조사항목과 가장 관계가 먼 것은?

① 온도, 압력 ② 화학설비 배치도
③ 공정기기목록 ④ 입지에 관한 도표

**해설**

- 화학설비 안전성 평가의 첫 번째 단계는 관계 자료의 작성 준비단계로 공장입지 및 각종 설비의 배치 등에 대한 자료를 준비하며, 온도와 압력은 3단계의 정량적 평가항목에 해당한다.

:: 관계자료 조사항목

- 입지에 관한 도표
- 공정기기목록
- 화학설비 배치도
- 공정계통도
- 기계실, 전기실, 건조물의 평면도, 단면도, 입면도
- 제조공정의 개요 및 화학반응 등

정답 | 57 ③ 58 ④ 59 ①

1702

## 60

Repetitive Learning 1회 2회 3회

결함수분석법에서 Path set에 관한 설명으로 맞는 것은?

① 시스템의 약점을 표현한 것이다.
② Top사상을 발생시키는 조합이다.
③ 시스템이 고장 나지 않도록 하는 사상의 조합이다.
④ 시스템 고장을 유발시키는 필요불가결한 기본사상들의 집합이다.

해설

- 시스템의 약점을 표현하고, Top사상을 발생시키는 조합은 컷 셋(Cut set)이고, Fussell algorithm을 이용하여 구하는 것은 최소 컷 셋(Minimal cut sets)이다.

**패스 셋(Path set)**

- 일정 조합 안에 포함되어 있는 기본사상들이 모두 발생하지 않으면 틀림없이 정상사상(Top event)이 발생되지 않는 조합으로, 정상사상(Top event)이 발생하지 않게 하는 기본사상들의 집합을 말한다.
- 시스템이 고장 나지 않도록 하는 사상, 시스템의 기능을 살리는 데 필요한 최소 요인의 집합이다.
- 속에 포함되는 기본사상이 일어나지 않았을 때에 처음으로 정상사상이 일어나지 않는 기본사상의 집합이다.
- 성공수(Success tree)의 정상사상을 발생시키는 기본사상들의 최소집합을 시스템 신뢰도 측면에서 Path set이라 한다.

# 4과목 건설시공학

## 61

Repetitive Learning 1회 2회 3회

위치한 지면보다 낮은 우물통과 같은 협소한 장소의 흙을 퍼 올리는 장비로 가장 적당한 것은?

① 스크레이퍼(Scraper)
② 크램쉘(Clam shell)
③ 모터그레이더(Motor grader)
④ 파워셔블(Power shovel)

해설

- 스크레이퍼는 굴착, 싣기, 운반, 흙깔기 등의 작업을 하나의 기계로서 연속적으로 행할 수 있는 차량계 건설 기계이다.
- 그레이더는 2개의 바퀴 축 사이에 회전날이 달려있어 땅을 평평하게 할 때 사용되는 기계이다.
- 파워셔블은 기계가 위치한 지면보다 높은 곳을 파는 작업에 가장 적합한 굴착기계이다.

**크램쉘(Clam shell)** 실작 1702/1504/1502/1402

- 토공사용 굴착장비이다.
- 위치한 지면보다 낮은 우물통과 같은 협소한 장소에서 사용하는 수직 및 수중굴착 장비이다.
- 토사를 파내는 형식으로 깊은 흙파기용, 흙막이의 버팀대가 있어 좁은 곳, 케이슨(Caisson) 내의 굴착 등에 적합한 장비이다.

1404 / 1901

## 62

Repetitive Learning 1회 2회 3회

철골공사의 기초상부 고름질 방법에 해당되지 않는 것은?

① 전면바름마무리법
② 나중채워넣기중심바름법
③ 나중매입 공법
④ 나중채워넣기법

해설

- 나중매입법은 앵커볼트 매립방법이다.

**현장 철골 세우기**

㉠ 개요
- 공장에서 제작된 부재를 가져와 현장 여건에 맞는 건립공법으로 철골을 세우고 접합하는 과정을 말한다.
- 현장에서 철골을 세우는 순서는 계획 및 준비 → 기초 앵커볼트 매립 → 기초상부 고름질 → 철골 세우기 → 볼트 가조립 → 변형바로잡기 → 볼트 본조립 순으로 진행한다.

㉡ 계획 및 준비단계
- 현장 상황에 맞게 자재의 반입, 설치, 양중 등의 설치계획을 세운다.
- 철골제작공장과 반입 시간, 반입 부재 수, 부재 반입의 순서 등을 사전 협의하도록 한다.

㉢ 앵커볼트 매립
- 고정매입법 – 기초 콘크리트 시공 시 앵커볼트를 정확한 위치에 고정시켜 콘크리트를 치면 수정이 어려우므로 정밀하게 시공하여야 한다.
- 가동매입법 – 앵커볼트를 완전히 매입하지 않고 상부에 함석판을 끼우고 콘크리트를 시공한다.
- 나중매입법 – 기초 콘크리트에 앵커볼트를 묻을 구멍을 내두었다가 나중에 고정하는 방법으로 수정이 쉽고 간단하므로 경미한 구조에 이용된다.
- 용접법 – 콘크리트 선반에 앵커가 붙은 철판이나 앵글 등을 시공한 다음 콘크리트를 타설하고 앵커볼트를 용접하여 부착하는 방식이다.

㉣ 기초상부 고름질
- 기초상부는 Base 판을 완전 수평으로 밀착시키기 위해 모르타르를 충전시키며, 모르타르는 충전 후 건조수축이 없는 무수축 모르타르를 사용한다.
- 전면바름(마무리)법, 나중채워넣기중심바름법, 나중채워넣기십자바름법, 나중채워넣기법 등이 있다.



60 ③ 61 ② 62 ③ | 정답

2102

## 63 Repetitive Learning (1회 2회 3회)

조적 벽면에서의 백화방지에 대한 조치로서 옳지 않은 것은?

① 잘 구워진 벽돌을 사용한다.
② 줄눈으로 비가 새어들지 않도록 방수처리한다.
③ 줄눈모르타르에 석회를 혼합한다.
④ 벽돌벽의 상부에 비막이를 설치한다.

해설

• 석회성분이 탄산가스와 반응하면 탄산칼슘이 만들어져 벽돌 외부에 백화가 더욱 심해지고 자국이 영원히 남게 된다.

:: 백화(Efflorescence)현상

㉠ 개요
- 모르타르 및 콘크리트 중의 알칼리 및 칼슘 성분이 밖으로 흘러나와 공기 중의 탄산가스와 반응하여 경화체 표면에 하얀색으로 침전되는 현상을 말한다.
- 저온, 다습, 적당한 바람, 그늘 등에 의해 발생한다.

㉡ 방지대책
- 10[%] 이하의 흡수율을 가진 소성이 잘 된 벽돌을 사용한다.
- 벽돌면 상부 및 벽면의 돌출 부분에 빗물막이나 차양, 루버 등을 설치해 빗물이 벽체에 직접 흘러내리지 않게 한다.
- 쌓기 후 전용발수제를 발라 벽면에 수분흡수를 방지하거나 벽면에 빗물이 스며들지 못하도록 실리콘을 뿜칠한다.
- 줄눈으로 비가 새어들지 않도록 줄눈 모르타르에 방수제를 혼합한다.
- 파라핀 도료를 발라 염류가 나오는 것을 방지한다.
- 재료배합 시 물-시멘트비(W/C)를 감소시키고 조립률이 큰 모래를 사용한다.
- 분말도가 큰 시멘트를 사용한다.

1404

## 64 Repetitive Learning (1회 2회 3회)

석공사의 건식석재공사에 대한 설명 중 틀린 것은?

① 석재의 건식 붙임에 사용되는 모든 구조재 또는 긴결 철물은 녹막이 처리를 한다.
② 석재의 색상, 석질, 가공형상, 마감 정도, 물리적 성질 등이 동일한 것으로 한다.
③ 건식 석재 붙임에 사용되는 앵커볼트, 너트, 와셔 등은 주철제를 사용한다.
④ 화강석 특유의 무늬를 제외한 눈에 띄는 반점 등을 제거한다.

해설

• 건식 석재 붙임에 사용되는 앵커볼트, 너트, 와셔 등은 스테인레스를 사용한다.

:: 석공사 건식 공법

㉠ 개요
- 앵커긴결 공법, 강재트러스지지 공법, GPC 공법, Open joint 공법 등이 있다.
- 시공이 용이하고, 경제적이다.
- 얇은 두께의 판재를 시공할 수 있어 주택 또는 소형 건물에 적용된다.

㉡ 건식 공법 일반 주의사항
- 촉구멍 깊이는 기준보다 2mm 이상 더 깊이 천공한다.
- 석재는 두께 30mm 이상을 사용한다.
- 모든 구조재 또는 트러스 철물은 반드시 녹막이 처리한다.
- 석재의 하부는 지지용으로, 석재의 상부는 고정용으로 설치한다.
- 석재의 건식 붙임에 사용되는 모든 구조재 또는 긴결 철물은 녹막이 처리를 한다.
- 석재의 색상, 석질, 가공형상, 마감 정도, 물리적 성질 등이 동일한 것으로 한다.
- 건식 석재 붙임에 사용되는 앵커볼트, 너트, 와셔 등은 스테인레스를 사용한다.
- 화강석 특유의 무늬를 제외한 눈에 띄는 반점 등을 제거한다.
- 하지철물의 부식문제와 내부단열재 설치문제 등이 나타날 수 있다.
- 실런트(Sealant) 유성분에 의한 석재면의 오염문제는 비오염성 실런트로 대체하거나, Open joint 공법으로 대체하기도 한다.
- 실런트(Sealant) 시공 시 경화시간, 기상조건에 따른 영향을 받아 오염이나 누수의 우려가 있으므로 정밀 시공이 요구된다.
- 강제드러스지지 공법 등 건식 공법은 시공정밀도가 우수하고, 작업능률이 개선되며, 공기단축이 가능하다.

## 65 Repetitive Learning (1회 2회 3회)

제자리콘크리트말뚝 중 내·외관을 소정의 깊이까지 박은 후에 내관을 빼낸 후, 외관에 콘크리트를 부어 넣어 지중에 콘크리트말뚝을 형성하는 것은?

① 심플렉스파일
② 콤프레솔파일
③ 페데스탈파일
④ 레이몬드파일

정답 | 63 ③ 64 ③ 65 ④

해설

- 심플렉스파일은 파손을 방지하기 위해 쇠신을 씌운 강관을 소정의 깊이까지 박은 후 관 내에 콘크리트를 부어 무거운 추로 다지면서 강관을 뽑아내어 만드는 말뚝을 말한다.
- 콤프레솔파일은 끝이 뾰족한 추로 구멍을 만든 후 콘크리트를 부어 둥근 추로 다져넣은 다음 다시 평편한 추로 단단하게 다져 만드는 말뚝이다.
- 페데스탈파일은 외관과 내관의 2중관을 소정의 위치까지 박은 다음, 내관은 빼내고 관내에 콘크리트를 부어 넣고 내관을 넣어 다지며 외관을 서서히 빼 올리면서 콘크리트 구근을 만드는 말뚝이다.

**현장타설 콘크리트말뚝 공법(제자리콘크리트말뚝)**

㉠ 개요
- 긴 말뚝 박기가 곤란하고 굳은 층이 지하 깊이 있을 경우 지반에 구멍을 내고 그 속에 콘크리트를 부어 만드는 말뚝을 말한다.
- 말뚝(Pile)의 종류에는 페데스탈파일, 레이몬드파일, 심플렉스파일, 컴프레솔파일 등이 있다.
- 말뚝 공법은 어스드릴(Earth drill) 공법, 베노토말뚝(Beno to pile) 공법, 리버스서큘레이션(Reverse circulation pile) 공법, 마이크로파일(Micro pile) 공법 등으로 구분한다.

㉡ 파일의 종류
- 페데스탈파일(Pedestal pile) – 외관과 내관의 2중관을 소정의 위치까지 박은 다음, 내관은 빼내고 관내에 콘크리트를 부어 넣고 내관을 넣어 다지며 외관을 서서히 빼 올리면서 콘크리트 구근을 만드는 말뚝이다.
- 레이몬드파일(Raymond pile) – 얇은 철판의 외관에 심대를 넣어 소정의 깊이까지 박은 후에 내관(심대)을 빼낸 후, 외관에 콘크리트를 부어 넣어 지중에 콘크리트말뚝을 형성하는 말뚝이다.
- 심플렉스파일(Simplex pile) – 파손을 방지하기 위해 쇠신을 씌운 강관을 소정의 깊이까지 박은 후 관 내에 콘크리트를 부어 무거운 추로 다지면서 강관을 뽑아내어 만드는 말뚝이다.
- 콤프레솔파일(Compressol pile) – 끝이 뾰족한 추로 구멍을 만든 후 콘크리트를 부어 둥근 추로 다져넣은 다음 다시 평편한 추로 단단하게 다져 만드는 말뚝이다.

## 66

Repetitive Learning 

내화벽돌 줄눈의 표준 너비로 옳은 것은?

① 6mm ② 8mm
③ 10mm ④ 12mm

해설

- 내화벽돌의 줄눈 너비는 다른 지정이 없을 때 가로세로 6mm를 표준으로 한다.

**내화벽돌**

㉠ 개요
- 고온에 견디는 힘이 강하도록 만들어진 벽돌이다.
- 보일러, 굴뚝의 내부, 벽난로 등에 사용한다.
- 표준형의 규격은 230×114×65mm이다.

㉡ 쌓기 방법
- 내화벽돌은 일반벽돌에 준하여 쌓고, 통줄눈이 생기지 않아야 한다.
- 내화벽돌은 흙이나 먼지 등을 청소하고 물 축이기는 하지 않고 사용한다.
- 내화 모르타르는 덩어리진 것을 풀어 사용하고 물반죽을 잘 섞어 사용한다.
- 내화벽돌의 줄눈 너비는 다른 지정이 없을 때 가로세로 6mm를 표준으로 한다.

1604

## 67

Repetitive Learning 

대규모공사에서 지역별로 공사를 분리하여 발주하는 방식이며 공사기일단축, 시공기술향상 및 공사의 높은 성과를 기대할 수 있어 유리한 도급방법은?

① 전문공종별 분할 도급 ② 공정별 분할 도급
③ 공구별 분할 도급 ④ 직종별 공종별 분할 도급

해설

- 공종별로 나누면 전문공종별 분할, 작업공정별로 나누면 공정별 분할, 지역별로 나누면 공구별 분할, 총괄도급자가 직영하는 경우는 직종별 공종별 분할 도급이다.

**공구별 분할 도급**
- 대규모 공사에서 지역별로 공사를 분리하여 발주하는 방식이고 각 공구마다 총괄도급으로 하는 것이 보통이며, 중소업자에게 균등기회를 주고 또 업자 상호 간의 경쟁으로 공사기일 단축, 시공기술향상 및 공사의 높은 성과를 기대할 수 있어 유리한 도급방법이다.
- 지하철 공사, 고속도로 공사 및 대규모 아파트단지 등의 대규모 공사에서 지역별로 공사를 구분하여 발주하는 도급방식이다.

0401 / 0802

## 68

Repetitive Learning 

콘크리트 타설 시의 일반적인 주의사항으로 옳지 않은 것은?

① 자유낙하 높이를 작게 한다.
② 콘크리트를 수직으로 낙하시킨다.
③ 운반거리가 가까운 곳부터 타설을 시작한다.
④ 콜드조인트가 생기지 않도록 한다.



66 ① 67 ③ 68 ③ 정답

해설

- 콘크리트 타설은 운반거리가 먼 곳부터 타설을 시작하여 가까운 곳으로 진행한다.

**:: 콘크리트 타설 시의 일반적인 주의사항**

- 콘크리트 타설은 운반거리가 먼 곳부터 타설을 시작하여 가까운 곳으로 진행한다.
- 자유낙하 높이를 가능한 작게 한다.
- 콘크리트를 수직으로 낙하시킨다.
- 콘크리트의 재료분리를 방지하기 위하여 횡류, 즉 옆에서 흘려 넣지 않도록 한다.
- 타설 시 콘크리트가 매입 철근에 충격을 주지 않도록 주의한다.
- 타설할 위치와 가까운 곳에서 낙하시킨다.
- 콜드조인트가 생기지 않도록 한다.

0402 / 1801 / 2201

## 69 Repetitive Learning (1회 2회 3회)

석재붙임을 위한 앵커긴결 공법에서 일반적으로 사용하지 않는 재료는?

① 앵커
② 볼트
③ 연결철물
④ 모르타르

해설

- 앵커긴결 공법에서는 철재 Fastener, 촉, 앵커볼트 등으로 판석을 고정한다.

**:: 앵커긴결 공법**

㉠ 개요

- 대표적인 석공사 건식 공법이다.
- 구조체와 판석 사이에 공간을 두고 철재 Fastener, 촉, 앵커볼트 등으로 판석을 고정하는 방법을 사용한다.
- 충격에 약하고 부자재비가 많이 소요되는 단점을 갖는다.

㉡ 설치방법

- 연결철물의 장착을 위한 세트 앵커용 구멍을 45mm 정도로 천공하고 캡을 구조체보다 5mm 정도 깊게 삽입하여 외부의 충격에 대처한다.
- 연결철물은 석재의 상하 및 양단에 설치하여 하부의 것은 지지용으로, 상부의 것은 고정용으로 사용한다.
- 연결철물용 앵커와 석재는 철재 Fastener, 촉 등을 사용하여 고정한다.
- 판석재와 철재가 직접 접촉하는 부분에는 적절한 완충재를 사용한다.

0601 / 1701 / 2101

## 70 Repetitive Learning (1회 2회 3회)

다음 조건에 따른 백호의 단위시간당 추정 굴착량으로 옳은 것은?

| 버켓용량 $0.5m^3$, 사이클타임 20초, 작업효율 0.9, 굴착계수 0.7, 굴착토의 용적변화계수 1.25 |
|---|

① $94.5[m^3]$　　② $80.5[m^3]$
③ $76.3[m^3]$　　④ $70.9[m^3]$

해설

- 주어진 값을 대입하면 $\frac{3,600\times0.5\times0.7\times1.25\times0.9}{20}=\frac{1417.5}{20}=70.875[m^3]$가 된다.

**:: 굴착 작업량**

- 굴착기의 단위시간당 작업량은 $\frac{3,600\times\text{버켓용량}\times\text{굴착계수}\times\text{용적변화계수}\times\text{작업효율}}{\text{싸이클타임}}$로 구한다.(버켓용량의 단위는 $[m^3]$, 싸이클타임의 단위는 [초], 작업량의 단위는 $[m^3]$이다)

1502

## 71 Repetitive Learning 

네모돌을 수평줄눈이 부분적으로만 연속되게 쌓고, 일부 상하 세로줄눈이 통하게 쌓는 돌쌓기 방식을 무엇이라 하는가?

① 완자쌓기　　② 마름돌쌓기
③ 막돌쌓기　　④ 바른층쌓기

해설

- 마름돌쌓기는 돌면이나 맞댐면을 일정한 모양으로 가공해서 줄눈을 바르게 쌓는 방식이다.
- 막돌쌓기는 맞댐면과는 상관없이 자연석을 비롯한 돌들을 다듬지 않고 쌓는 방식이다.
- 바른층쌓기는 켜마다 수평 및 수직줄눈을 바르게 형성하면서 쌓는 방식이다.

**:: 돌쌓기 방법**

- 완자쌓기 – 네모돌을 수평줄눈이 부분적으로만 연속되게 쌓고, 일부 상하 세로줄눈이 통하게 쌓는 돌쌓기 방식이다.
- 마름돌쌓기 – 돌면이나 맞댐면을 일정한 모양으로 가공해서 줄눈을 바르게 쌓는 방식이다.
- 막돌쌓기 – 맞댐면과는 상관없이 자연석을 비롯한 돌들을 다듬지 않고 쌓는 방식이다.
- 바른층쌓기 – 켜마다 수평 및 수직줄눈을 바르게 형성하면서 쌓는 방식이다.

정답 | 69 ④　70 ④　71 ①

## 72

Repetitive Learning 1회 2회 3회

강관구조에 대한 설명으로 옳지 않은 것은?

① 일반형강에 비하여 국부좌굴에 불리하여 강도가 약하다.
② 콘크리트 충전 시 내부의 콘크리트와 외부 강관의 역적 거동에서 합성구조라 볼 수 있다.
③ 콘크리트 충전 시 별도의 거푸집이 필요 없다.
④ 접합부 용접기술이 발달한 일본 등에서 활성화되어 있다.

**해설**

- 강관구조는 폐단면으로 일반형강에 비하여 국부좌굴에 유리하다.

**:: 강관구조**

- 일반형강에 비하여 휨, 비틀림, 국부좌굴, 가로좌굴 등에서 높은 강도를 가져 유리하다.
- 경량이며 외관이 경쾌하다.
- 콘크리트 충전 시 내부의 콘크리트와 외부 강관의 역적 거동에서 합성구조라 볼 수 있다.
- 콘크리트 충전 시 별도의 거푸집이 필요 없다.
- 접합부 용접기술이 발달한 일본 등에서 활성화되어 있다.
- 강관과 강관의 접합이나 절단가공에 고도의 기술이 필요한 단점을 갖는다.

0902

## 73

Repetitive Learning 1회 2회 3회

다음 중 흙막이 벽 버팀대의 응력변화를 측정하여 이상변화 파악 및 대책을 수립하는 데 사용되는 계측기는?

① 경사계(Inclino meter)
② 변형률계(Strain gauge)
③ 토압계(Soil pressure gauge)
④ 진동측정계(Vibro meter)

**해설**

- 경사계(Inclino meter)는 주변 지반, 지층, 기계, 시설 등의 경사도와 변형을 측정하는 기구이다.
- 진동측정계(Vibro meter)는 진동을 측정하는 기구이다.
- 토압계(Soil pressure gauge)는 지반의 응력이나 토압을 측정하는 기구이다.

**:: 변형률계(Strain gauge)**

- 흙막이 가시설의 버팀대(Strut)의 변형을 측정하는 계측기이다.
- 토류구조물의 각 부재와 인근 구조물의 각, 흙막이 벽 버팀대의 응력변화를 측정하여 이상변화 파악 및 대책을 수립하는 데 사용되는 계측기이다.

0701

## 74

Repetitive Learning 1회 2회 3회

지중연속벽 공법의 시공순서로 옳은 것은?

| | |
|---|---|
| ㉮ 가이드월 설치 | ㉯ 인터로킹파이프 설치 |
| ㉰ 인터로킹파이프 제거 | ㉱ 굴착 |
| ㉲ 슬라임 제거 | ㉳ 지상조립 철근 삽입 |
| ㉴ 콘크리트 타설 | |

① ㉮ – ㉯ – ㉰ – ㉱ – ㉲ – ㉳ – ㉴
② ㉮ – ㉱ – ㉲ – ㉯ – ㉳ – ㉴ – ㉰
③ ㉮ – ㉱ – ㉰ – ㉲ – ㉳ – ㉴ – ㉯
④ ㉮ – ㉯ – ㉱ – ㉲ – ㉰ – ㉳ – ㉴

**해설**

- 지하연속벽 공법은 가이드월 설치 → 굴착 → 슬라임 제거 → 인터록킹파이프 설치 → 지상조립 철근 삽입 → 콘크리트 타설 → 인터록킹파이프 제거 순으로 진행한다.

**:: 지하연속벽(Slurry wall) 공법**

㉠ 개요
- 지반 굴착 시 벤토나이트 안정액을 사용하여 지반의 붕괴를 방지하면서 굴착하고 그 속에 철근망을 넣고 콘크리트를 타설하여 연속으로 콘크리트 흙막이 벽을 설치하는 공법이다.
- 흙막이 벽 및 물막이 벽의 기능도 갖고 있다.
- 영구 지하 벽이나 깊은 기초로 활용하기도 한다.
- 가이드월 설치 → 굴착 → 슬라임 제거 → 인터록킹파이프 설치 → 지상조립 철근 삽입 → 콘크리트 타설 → 인터록킹파이프 제거 순으로 진행한다.

㉡ 특징
- 흙막이 벽 자체의 강도, 강성이 우수하기 때문에 연약지반의 변형 및 이면침하를 최소한으로 억제할 수 있다.
- 시공 시 소음, 진동이 작다.
- 인접건물의 경계선까지 시공이 가능하다.
- 차수효과가 양호하다.
- 경질 또는 연약지반에도 적용가능하다.
- 벽 두께를 자유로이 설계할 수 있다.
- 다른 흙막이 벽에 비해 공사비가 많이 들고 장비가 고가이다.

0804

## 75

Repetitive Learning 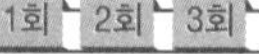

치장벽돌을 사용하여 벽체의 앞면 5 ~ 6켜까지는 길이쌓기로 하고 그 위 한 켜는 마구리쌓기로 하여 본 벽돌벽에 물려 쌓는 벽돌쌓기 방식은?

① 미식쌓기　② 불식쌓기
③ 화란식쌓기　④ 영식쌓기



72 ① 73 ② 74 ② 75 ① 정답

해설

- 불식쌓기는 매 켜에 길이쌓기와 마구리쌓기가 번갈아 나오는 방식이다.
- 화란식쌓기는 켜 단위로 길이쌓기와 마구리쌓기를 번갈아 사용하며 쌓지만 벽이나 모서리에 칠오토막을 사용하는 방식이다.
- 영식쌓기는 켜 단위로 길이쌓기와 마구리쌓기를 번갈아 나오고, 벽이나 모서리 부분에는 반절이나 이오토막을 사용하는 방식이다.

**내력벽 쌓기 방법**

- 영식쌓기 – 켜 단위로 길이쌓기와 마구리쌓기를 번갈아 사용하며 벽이나 모서리 부분에는 반절이나 이오토막을 사용하는 방법으로 가장 튼튼한 방법이고, 별도 쌓기 방법을 지정하지 않을 경우 기본으로 적용하는 벽돌쌓기 방식이다.
- 화란(네델란드)식쌓기 – 영국식과 동일하게 켜 단위로 길이쌓기와 마구리쌓기를 번갈아 사용하며 쌓지만, 벽이나 모서리에 칠오토막을 사용하는 벽돌쌓기 방식이다.
- 미식쌓기 – 치장벽돌을 사용하여 벽체의 앞면 5 ~ 6켜까지는 길이쌓기로 하고 그 위 한 켜는 마구리쌓기로 하여 본 벽돌벽에 물려 쌓는 벽돌쌓기 방식이다.
- 불식쌓기 – 매 켜에 길이쌓기와 마구리쌓기가 번갈아 나오는 방식으로, 내부에 통줄눈이 많이 생기지만 외관이 좋아 강도를 크게 요구하지 않는 곳에 주로 사용하는 벽돌쌓기 방식이다.

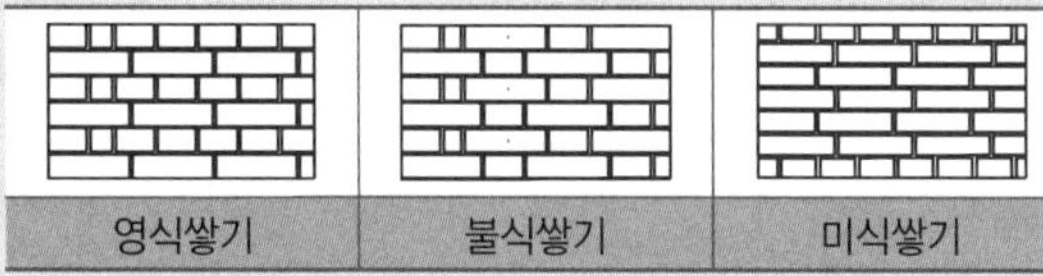

| 영식쌓기 | 불식쌓기 | 미식쌓기 |
|---|---|---|

## 76

Repetitive Learning (1회 2회 3회)

콘크리트용 골재에 대한 설명 중 옳지 않은 것은?

① 골재는 청정, 견경, 내구성 및 내화성이 있어야 한다.
② 골재에 포함된 부식토, 석탄 등의 유기물은 콘크리트의 경화를 촉진하여 혼화재 대용으로 사용할 수 있다.
③ 골재의 입형은 편평, 세장하지 않은 구형의 입상이 좋다.
④ 골재의 강도는 콘크리트 중에 경화한 모르타르의 강도 이상이 요구된다.

해설

- 골재에 포함된 부식토, 석탄 등의 유기물은 콘크리트의 경화를 방해하여 콘크리트 강도를 떨어뜨리게 한다.

**콘크리트용 골재**

㉠ 개요
- 콘크리트나 모르타르를 만들 때 물, 시멘트와 함께 혼합하는 모래, 자갈 및 부순 돌 기타 유사한 재료를 골재라고 한다.

㉡ 요구사항
- 골재의 강도는 콘크리트 중에 경화한 모르타르(시멘트 페이스트)의 강도 이상이 요구된다.
- 골재는 밀도가 크고, 청정, 견경, 내화성이 있어야 하며 내구성이 커서 풍화가 잘 되지 않아야 한다.
- 골재에 포함된 부식토, 석탄 등의 유기물은 콘크리트의 경화를 방해하여 콘크리트 강도를 떨어뜨리게 한다.
- 골재의 입형은 편평, 세장하지 않은 구형의 입상이 좋다.

0701 / 1701

## 77

Repetitive Learning (1회 2회 3회)

특수 거푸집 가운데 무량판구조 또는 평판구조와 가장 관계가 깊은 거푸집은?

① 와플폼 ② 슬라이딩폼
③ 메탈폼 ④ 갱폼

해설

- 슬라이딩폼은 수평, 수직적으로 반복되는 구조물을 시공 이음 없이 균일하게 시공하기 위해 만든 작업발판 일체형 거푸집을 말한다.
- 메탈폼은 강제 거푸집으로 규격이 통일된 주택 등을 만드는 데 사용되는 재사용 가능한 거푸집을 말한다.
- 갱폼은 주로 고층 아파트에서와 같이 평면상 상/하부 동일 단면 구조물에서 사용하는 작업발판 일체형 대형 거푸집을 말한다.

**와플폼(Waffle form)**

- 무량판구조 또는 평판구조에서 벌집무양의 특수상자 형태의 기성재 거푸집을 말한다.
- 2방향 장선 바닥판 구조를 만드는 거푸집이다.

0801 / 1704

## 78

Repetitive Learning (1회 2회 3회)

철근의 이음방법에 해당되지 않는 것은?

① 겹침이음 ② 병렬이음
③ 기계식이음 ④ 용접이음

해설

- 철근의 이음방법에는 겹침이음, 용접이음, 기계식이음(나사이음, 슬리브압착이음 및 슬리브충진이음), 가스압접 등이 있다.

정답 | 76 ② 77 ① 78 ②

**철근의 이음** 실작 1502

㉠ 이음 시 주의사항

- 철근의 이음부는 구조내력상 취약점이 되는 곳이므로 주의를 기울이도록 한다.
- 이음 위치는 되도록 응력이 큰 곳을 피하도록 한다.
- 이음이 한 곳에 집중되지 않도록 엇갈리게 교대로 분산시켜야 한다.
- 한 곳에서 철근 수의 반 이상을 이어서는 안 된다.
- 철근의 이음길이 허용오차는 소정 길이의 10% 이내가 되게 한다.

㉡ 이음방법

- 철근의 이음방법에는 겹침이음, 용접이음, 기계식이음(나사이음, 슬리브압착이음 및 슬리브충진이음), 가스압접 등이 있다.

0502 / 0802 / 1902

## 79

Repetitive Learning 

벽돌, 블록 등 조적공사에서 일반적으로 가장 많이 이용되는 치장줄눈 형태는?

① 평줄눈 ② 볼록줄눈
③ 오목줄눈 ④ 민줄눈

**해설**

- 볼록줄눈은 벽면의 형태가 깨끗하고 반듯할 때 사용하며 순하고 부드러운 느낌을 준다.
- 오목줄눈은 벽면의 형태가 깨끗할 때 사용하며 음영이 약하고 여성적인 느낌을 준다.
- 민줄눈은 벽면의 형태가 고르고 깨끗한 벽돌면에 사용하며 일반적으로 주로 사용하는 치장줄눈이다.

**평줄눈**

- 벽돌, 블록 등 조적공사에서 일반적으로 가장 많이 이용되는 치장줄눈 형태이다.
- 조적면과 줄눈의 면이 동일한 평면에 있을 때 주로 사용한다.
- 모르타르가 굳기 전에 표면에 가까운 부분을 흙손으로 줄파기하여 만든 줄눈이다.
- 음영의 효과는 있지만 방수성은 다른 줄눈보다 떨어진다.

## 80

Repetitive Learning 1회 2회 3회

다음은 벽돌쌓기 공사에 대한 설명이다. (  ) 안에 적당한 용어는?

> 벽돌쌓기 공사에 있어 내력벽쌓기의 경우 세워쌓기나 ( ㉮ )는 피하는 것이 좋으며 세로줄눈은 ( ㉯ )이 되지 않도록 하고 한 켜 걸음으로 수직일직선상에 오도록 배치한다.

① ㉮ 마구리쌓기, ㉯ 막힌줄눈
② ㉮ 옆쌓기, ㉯ 통줄눈
③ ㉮ 길이쌓기, ㉯ 통줄눈
④ ㉮ 영롱쌓기, ㉯ 막힌줄눈

**해설**

- 내력벽은 상부 구조물의 하중을 기초에 전달하는 벽으로 세워쌓기나 옆쌓기를 피하는 것이 좋다.
- 세로줄눈은 통줄눈, 실줄눈이 되지 않도록 한다.

**벽돌쌓기 주의사항**

- 내화벽돌은 건조 상태에서 시공한다.
- 벽돌은 충분히 물축임을 한 후 쌓는다.
- 하루 벽돌의 쌓는 높이는 1.2m를 표준으로 하고 최대 1.5m 이내로 한다.
- 벽돌은 균일한 높이로 쌓고 굳기 전에 벽돌을 움직이지 않도록 한다.
- 벽돌벽이 블록벽과 서로 직각으로 만날 때는 연결철물을 만들어 블록 3단마다 보강하며 쌓는다.
- 벽돌벽이 콘크리트 기둥과 만날 때는 그 사이에 모르타르를 충전한다.
- 벽돌쌓기는 모서리, 구석 및 중간요소에 먼저 기준쌓기를 하고 나머지 부분을 쌓아 나간다.
- 연속되는 벽면의 일부를 트이게 하여 나중쌓기로 할 때에는 그 부분을 층단 들여쌓기로 한다.
- 모르타르는 벽돌강도와 같은 정도의 것을 쓰고 굳기 시작한 것은 쓰지 않는다.
- 줄눈 사용 모르타르의 강도는 벽돌강도보다 작아서는 안 된다.
- 사춤모르타르는 매 켜마다 하는 것이 좋으나 일반적으로 3 ~ 5켜마다 한다.
- 세로줄눈은 통줄눈, 실줄눈이 되지 않도록 한다.
- 벽돌쌓기는 도면 또는 공사시방서에서 정한 바가 없을 때에는 영식쌓기 또는 화란식쌓기로 한다.
- 가로 및 세로줄눈의 너비는 도면 또는 공사시방서에서 정한 바가 없을 때에는 10mm를 표준으로 한다.
- 치장줄눈은 되도록 짧은 시일에 줄눈이 완전히 굳기 전에 하는 것이 좋다.
- 하루 일이 끝날 때에 켜에 차가 나면 층단 들여쌓기로 하여 다음날의 일과 연결이 쉽게 한다.
- 세로규준틀은 건물의 모서리나 구석에 설치함을 원칙으로 한다.
- 내력벽은 상부 구조물의 하중을 기초에 전달하는 벽으로 세워쌓기나 옆쌓기를 피하는 것이 좋다.



79 ① 80 ② | 정답

## 5과목 건설재료학

0504 / 0802 / 1502 / 2101

### 81

석재의 종류와 용도가 잘못 연결된 것은?

① 화산암 – 경량골재
② 화강암 – 콘크리트용 골재
③ 대리석 – 조각재
④ 응회암 – 건축용 구조재

해설

• 건축용 구조재로는 주로 화강암, 안산암, 사암이 사용된다.

**응회암**

• 화산재와 화산진이 쌓여서 만들어진 쇄설성 퇴적암이다.
• 다공질로 중량이 가볍고 가공성, 내화성이 우수하나 동해에 약하다.
• 토목용 석재 등에 사용되며, 강도가 작아 건축용 구조재로 적합하지 않다.

0404 / 1502 / 1904

### 82

도막방수에 사용되지 않는 재료는?

① 염화비닐 도막재 ② 아크릴고무 도막재
③ 고무아스팔트 도막재 ④ 우레탄고무 도막재

해설

• 도막방수에는 우레탄, 아크릴, 고무 아스팔트계 등의 방수재료를 이용한다.

**도막방수**

• 도료상태이 방수재를 바닥면에 여러 번 칠하여 얇은 수지피막을 만들어 방수효과를 얻는 것이다.
• 우레탄, 아크릴, 고무 아스팔트계 등의 방수재료를 이용한다.
• 에멀션형, 용제형, 에폭시계 형태의 방수공법이 있다.

0604 / 1004 / 1401 / 2202

### 83

Repetitive Learning 1회 2회 3회

얇은 강판에 마름모꼴의 구멍을 연속적으로 뚫어 그물처럼 만든 것으로 천장·벽 등의 미장바탕에 사용되는 것은?

① 메탈라스(Metal lath)
② 와이어메시(Wire mesh)
③ 인서트(Insert)
④ 코너비드(Corner bead)

해설

• 와이어메시(Wire mesh)는 콘크리트 다짐바닥, 콘크리트 도로포장의 전열방지를 위해 사용되는 철물이다.
• 인서트(Insert)는 콘크리트 표면에 갖가지 물체를 세우기 위하여 미장할 때 미리 넣는 철물이다.
• 코너비드는 기둥, 벽 등의 모서리를 보호하기 위하여 미장 바름질 할 때 붙이는 보호용 철물이다.

**미장바탕**

㉠ 개요
• 미장바탕이란 모르타르, 플라스터, 회반죽 등 미장재료를 바르기 위한 구조체 표면 또는 졸대, 기타의 것 등을 엮어 만든 면을 말한다.
• 와이어라스(Wire lath)는 아연도금한 굵은 철선을 엮어 그물처럼 만든 철망으로 천장·벽 등의 미장바탕에 사용한다.
• 메탈라스(Metal lath)는 얇은 강판에 마름모꼴의 구멍을 연속적으로 뚫어 그물처럼 만든 것으로 천장·벽 등의 미장바탕에 사용한다.

㉡ 미장바탕의 일반적인 조건
• 미장층보다 강도나 강성이 클 것
• 미장층과 유효한 접착강도를 얻을 수 있을 것
• 미장층의 경화, 건조에 지장을 주지 않을 것
• 미장층과 유해한 화학반응을 하지 않을 것

0902 / 1902

### 84

시멘트의 경화시간을 지연시키는 용도로 일반적으로 사용하고 있는 지연제와 거리가 먼 것은?

① 리그닌설폰산염
② 옥시카르본산
③ 알루미산소다
④ 인산염

해설

• 알루민산소다는 보크사이트와 가성소다를 원료로 만들어진 유화촉매제로 콘크리트의 급결제로 사용된다.

**지연제**

• 시멘트의 경화시간을 지연시키는 용도로 사용하는 혼화제이다.
• 리그닌설폰산염, 옥시카르본산염, 셀룰로스류, 인산염, 산화아연, 마그네시아염 등이 사용된다.

정답 | 81 ④ 82 ① 83 ① 84 ③

## 85
Repetitive Learning 1회 2회 3회

콜타르에 대한 설명으로 옳지 않은 것은?

① 건유에 의하여 얻어진 것은 경유를 가하여 증류하고, 수분을 제거하여 정제한다.
② 인화점은 60 ~ 160℃이며, 흑색 또는 흑갈색을 띤다.
③ 방부제로도 이용되나, 크레오소트유에 비하여 효과가 떨어진다.
④ 일광에 의한 산화나 중합은 아스팔트보다 약하고 휘발분의 증발로 인해 연성이 크게 된다.

해설

- 콜타르는 일광에 의한 산화나 중합은 아스팔트보다 강하며, 연성은 아스팔트에 비해 작다.

∷ 콜타르(Coal tar)

㉠ 개요
- 건유에 의하여 얻어진 것은 경유를 가하여 증류하고, 수분을 제거하여 정제한다.
- 인화점은 60 ~ 160℃이며, 흑색 또는 흑갈색을 띤다.
- 방부제로도 이용되나, 크레오소트유에 비하여 효과가 떨어진다.

㉡ 특징
- 일광에 의한 산화나 중합은 아스팔트보다 강하다.
- 연성은 아스팔트에 비해 작다.

## 86
Repetitive Learning 1회 2회 3회

다음 중 변성암이 아닌 석재는?

① 대리석 ② 석면
③ 석회석 ④ 트래버틴

해설

- 석회석은 화성암의 풍화물, 유기물, 기타 광물질이 땅속에 퇴적되어 지열과 지압의 영향을 받아 응고된 성암에 해당한다.

∷ 변성암
- 석재를 성인(成因)에 따라 분류할 때 화성암, 수성암 등이 온도와 압력 등에 의해 변성작용을 받아 형성된 암석을 말한다.
- 변성암의 종류에는 대리석, 트래버틴, 사문암, 석면 등이 있다.

0501

## 87
Repetitive Learning 1회 2회 3회

일반적으로 설계에 있어서 콘크리트의 열팽창계수로 옳은 것은?

① $1\times10^{-4}$/℃ ② $1\times10^{-5}$/℃
③ $1\times10^{-6}$/℃ ④ $1\times10^{-7}$/℃

해설

- 콘크리트의 열팽창계수는 보통 $1\times10^{-5}$[m/m℃]를 사용한다.

∷ 콘크리트의 열팽창계수
- 콘크리트의 열팽창계수는 온도변화에 따른 콘크리트의 변화량을 표현한다.
- 철근과 콘크리트를 함께 사용하는 이유는 철근과 콘크리트의 열팽창계수가 비슷하기 때문이다.
- 콘크리트의 열팽창계수는 보통 $1\times10^{-5}$[m/m℃]를 사용한다. 즉, 1m 길이의 콘크리트는 ±1℃의 온도변화에 대하여 길이가 ±0.00001m 변화한다.

1801

## 88
Repetitive Learning 1회 2회 3회

알루미늄의 특성으로 옳지 않은 것은?

① 순도가 높을수록 내식성이 좋지 않다.
② 알칼리나 해수에 침식되기 쉽다.
③ 콘크리트에 접하거나 흙 중에 매몰된 경우에 부식되기 쉽다.
④ 내화성이 부족하다.

해설

- 순도가 높을수록 내식성이 좋다.

∷ 알루미늄의 특성
- 열, 전기전도성이 동 다음으로 크고, 반사율도 높다.
- 융점은 약 659℃ 정도로 낮아 용해주조도는 좋으나 내화성이 부족하다.
- 비중은 철의 약 1/3 정도인 2.7로 경량이다.
- 순도가 높은 알루미늄은 맑은 물에 대해 내식성이 크고 전연성이 크다.
- 연질이고 강도가 낮으며, 응력-변형곡선은 강재와 같이 명확한 항복점이 없다.
- 알루미늄은 상온에서 판, 선으로 압연가공하면 경도와 인장강도가 증가하고 연신율이 감소한다.
- 산과 알칼리에 약하고, 콘크리트나 강판에 접촉하면 부식되기 쉽다.
- 알칼리나 해수에 침식되기 쉬우므로 해안가 공사 시 특히 주의해야 한다.
- 알루미늄의 부식률은 대기 중의 습도와 염분함유량, 불순물의 양과 질 등에 관계되며 0.08mm/년 정도이다.



85 ④ 86 ③ 87 ② 88 ① 정답

## 89

Repetitive Learning (1회 2회 3회)

투명성, 기계적 강도, 내수성은 좋지만 내충격성이 약하며, 발포제를 사용하여 넓은 판으로 만들어 단열재로서 널리 사용되며, 장식품과 일용품으로도 성형하여 사용되는 열가소성 수지는?

① 염화비닐수지
② 폴리스티렌수지
③ 실리콘수지
④ 요소수지

해설

- 염화비닐수지는 내산, 내알칼리성 및 내후성이 우수하여 플라스틱 창호의 주요 원재료로 사용된다.
- 실리콘수지는 내수성, 내열성, 전기절연성, 유연성 등이 우수하며, 건설, 전자, 전기, 자동차, 우주항공 분야 등 다양한 분야에서 사용한다.
- 요소수지는 요소와 포름알데히드로 제조된 내수성이 좋지 않은 열경화성 수지로 접착제, 전기절연재, 도료 등에서 사용한다.

:: 단열재의 대표적인 종류와 특성

| | |
|---|---|
| 세라믹파이버 | 1,000℃ 이상의 고온에서도 견디는 섬유로 본래 공업용 가열로의 내화 단열재로 사용되었으나 최근에는 철골의 내화 피복재로 쓰인다. |
| 석면(Asbestos) | 사문암 또는 각섬암이 열과 압력을 받아 변질하여 섬유 모양의 결정질이 된 것으로 단열재·보온재 등으로 사용되었으나, 인체 유해성으로 사용이 규제되고 있다. |
| 폴리스티렌수지 | • 발포제로서 보드 상으로 성형하여 단열재로 널리 사용되며 건축벽 타일, 천장재, 전기용품 등에 쓰이는 열가소성 수지이다.<br>• 투명성, 기계적 강도, 내수성은 좋지만 내충격성이 약하며, 발포제를 사용하여 넓은 판으로 만들어 사용한다. |

0402 / 0601 / 1504

## 90

Repetitive Learning 

표면건조 포화상태의 잔골재 500g을 건조시켜 기건상태에서 측정한 결과 460g, 절대건조상태에서 측정한 결과 440g이었다. 흡수율(%)은?

① 8%
② 8.7%
③ 12%
④ 13.6%

해설

- 표건상태의 중량은 500g이며, 절건상태의 중량은 440g이다.
- 흡수율 = $\frac{500-440}{440}=0.136$으로 13.6[%]이다.

:: 흡수율과 표면수율

㉠ 흡수율

- 흡수율은 흡수량(표면건조상태와 절대건조상태의 중량 차) 대비 절대건조상태의 중량비를 백분율로 나타낸 것이다.
- 흡수율 = $\frac{\text{표면건조상태}-\text{절대건조상태}}{\text{절대건조상태}}\times 100[\%]$이다.

㉡ 표면수율

- 표면수율이란 표면수량(습윤상태와 표건상태의 중량 차) 대비 표면건조상태의 중량비를 백분율로 나타낸 것이다.
- 표면수율 = $\frac{\text{습윤상태}-\text{표면건조상태}}{\text{표면건조상태}}\times 100[\%]$이다.

## 91

Repetitive Learning (1회 2회 3회)

목재의 역학적 특성상 응력방향이 섬유방향의 평행인 경우 가장 높은 강도는?

① 압축강도
② 인장강도
③ 휨강도
④ 전단강도

해설

- 목재에서 같은 방향에서의 강도는
인장강도 > 휨강도 > 압축강도 > 전단강도의 순이다.

:: 목재의 강도

- 생나무에 비해 기건재(함수율 15%)는 1.5배, 전건재(함수율 0%)는 3배 이상 강도가 크다.
- 비중이 클수록, 변재보다 심재의 강도가 크다.
- 흠이 있으면 강도가 떨어진다.
- 전단강도를 제외한 목재의 강도는 가력방향이 섬유방향일 때 가장 강하고, 섬유방향과 직각일 때 가장 약하다.
- 목재의 경도는 면 중에서 마구리면이 약간 크고 곧은결면과 널결면은 별로 차이가 없다.
- 일반적인 강도는 인장강도 > 휨강도 > 압축강도 > 전단강도의 순이다.

정답 | 89 ② 90 ④ 91 ②

## 92

Repetitive Learning 1회 2회 3회

건축용으로는 글라스 섬유로 강화된 평판 또는 판상제품으로 주로 사용되는 열경화성 수지는?

① 폴리에틸렌수지
② 아크릴수지
③ 폴리에스테르수지
④ 염화비닐수지

**해설**

• 폴리에틸렌수지는 물보다 가볍고 저온에서도 잘 견디며 내약품성, 전기절연성, 내수성이 우수해 방수·방습 시트, 포장 필름 등에 사용된다.
• 아크릴수지는 투명도가 높으며 착색이 자유롭고 내충격 강도가 커 채광판, 도어판, 칸막이벽 등에 사용된다.
• 염화비닐수지는 PVC라고도 하는 열가소성 수지로 내수성, 내화학성이 크고 단단해 판, 펌프, 탱크 등에 다양한 용도로 사용된다.

**폴리에스테르수지**

• 천연수지를 변성하여 얻은 것으로 건축용으로는 글라스섬유로 강화된 평판 또는 판상제품으로 주로 사용되고 있는 열경화성 수지이다.
• 기계적 성질, 내약품성, 내후성, 밀착성, 가요성이 우수하다.
• 내수성이 약하며, 가성소다나 알칼리에 약하다.
• 도료의 원료, 정리함, 침구, 커버류 등에 많이 사용된다.
• 불포화 폴리에스테르수지는 전기절연성, 내열성이 우수하고 특히 내약품성이 뛰어나며 유리섬유로 보강하여 강화플라스틱(F.R.P)의 제조에 사용된다.

2102

## 93

Repetitive Learning 1회 2회 3회

수화열의 감소와 황산염 저항성을 높이려면 시멘트에 다음 중 어느 화합물을 감소시켜야 하는가?

① 규산3칼슘
② 알루민산3칼슘
③ 규산2칼슘
④ 알루민산철4칼슘

**해설**

• 수화열 감소를 위해 만들어진 시멘트인 중용열포틀랜드시멘트의 성분에서 감소된 것은 $C_3S$나 $C_3A$이고, 내황산염포틀랜드시멘트는 $C_3A$의 함유량을 4% 이하로 낮춘 것이므로 중복되는 $C_3A$의 함량을 감소시켜야 수화열 감소와 황산염 저항성을 높일 수 있다.

**시멘트 클링커 화합물**

| 화합물 | 조기 강도 | 장기 강도 | 수화열 | 수축률 |
|---|---|---|---|---|
| 규산3칼슘($C_3S$) | 크다 | 보통 | 보통 | 보통 |
| 알루민산3칼슘($C_3A$) | 크다 | 작다 | 크다 | 크다 |
| 규산2칼슘($C_2S$) | 작다 | 크다 | 작다 | 작다 |
| 알루민산철4칼슘($C_4AF$) | 작다 | 작다 | 작다 | 작다 |

1804

## 94

Repetitive Learning 1회 2회 3회

강재의 인장강도가 최대로 될 경우의 탄소함유량의 범위로 가장 가까운 것은?

① 0.04 ~ 0.2%
② 0.2 ~ 0.5%
③ 0.8 ~ 1.0%
④ 1.2 ~ 1.5%

**해설**

• 경도 및 인장강도가 최대일 경우의 탄소 함유량은 0.8~1.0%까지이다.

**강(鋼)의 탄소함유량**

㉠ 탄소함유량 증가에 따른 물성의 변화(0%에서 0.8%까지)
  • 균열이 생길 수 있다.
  • 강도와 경도, 비열과 전기저항, 항복점은 증가한다.
  • 전성과 용접성이 나빠진다.
  • 비중, 인성, 연성, 연신율, 열전도율이 감소한다.
㉡ 탄소함유량 증가에 따른 물성의 변화(0.8% 이상)
  • 경도 및 인장강도가 최대일 경우의 탄소 함유량은 0.8~1.0%까지이다.
  • 탄소함유량이 0.8% 이상이 되면 강도와 경도 및 인장강도가 저하된다.

0804 / 2201

## 95

Repetitive Learning 

도료상태의 방수재를 바탕면에 여러 번 칠하여 얇은 수지피막을 만들어 방수효과를 얻는 것으로 에멀션형, 용제형, 에폭시계 형태의 방수공법은?

① 시트방수
② 도막방수
③ 침투성 도포방수
④ 시멘트모르타르방수



92 ③ 93 ② 94 ③ 95 ② | 정답

해설

- 시트(Sheet)방수는 시트를 접착제 또는 토치로 가열하여 바탕면에 접착하는 공법이다.
- 침투성 도포방수는 콘크리트나 모르타르 바탕면에 침투성 물질을 도포하여 콘크리트 간격에 침투시켜 수밀하게 만들어 방수하는 공법이다.
- 시멘트모르타르방수는 방수제와 시멘트모르타르를 혼합하여 모르타르 내부를 수밀화시키는 방수공법이다.

:: 도막방수

문제 82번의 유형별 핵심이론 :: 참조

## 96

Repetitive Learning (1회 2회 3회)

목재의 비중에 대한 설명 중 옳은 것은?

① 공극을 함유하지 않는 비중을 통상비중이라 하고, 공극을 함유한 용적중량을 진비중이라 한다.

② 진비중은 실질용량/실질중량을 말하고 수종에 관계없이 1.54로 하여 통용되고 있다.

③ 일반적으로 목재의 비중은 절건상태의 겉보기 비중으로 나타내며 0.1 ~ 0.3 정도의 것이 많다.

④ 목재의 영계수는 비중에 비례하고, 무거운 것일수록 단단하다고 할 수 있다.

해설

- 목재의 공극을 함유하지 않은 비중을 진비중이라고 하고, 공극을 함유한 비중을 통상비중이라고 한다.
- 진비중은 $\frac{\text{실질중량[g]}}{\text{실질용적[cm}^3\text{]}}$으로 구하며, 수종에 관계없이 1.54 정도이다.
- 일반적으로 목재의 비중은 기건비중으로 표시하며, 보통 침엽수는 0.3 ~ 0.5 정도이고 활엽수는 0.5 ~ 0.9 정도이다.

:: 목재의 비중

- 목재의 실제 비중(공극을 함유하지 않은 비중)을 진비중이라고 하며, $\frac{\text{실질중량[g]}}{\text{실질용적[cm}^3\text{]}}$으로 구하며, 수종에 관계없이 1.54 정도이다.
- 목재의 성분 중 수분을 공기 중에서 제거한 상태의 비중을 기건비중이라고 하며 구조 설계 시에 참고자료로 사용한다.
- 온도 100 ~ 110℃에서 목재의 수분을 완전히 제거했을 때의 비중을 전건비중이라고 한다.
- 일반적으로 목재의 비중은 기건비중으로 표시하며, 보통 침엽수는 0.3 ~ 0.5 정도이고 활엽수는 0.5 ~ 0.9 정도이다.
- 목재의 비중이 클수록 목재의 강도는 증가한다.

## 97

Repetitive Learning (1회 2회 3회)

계면활성 효과를 이용하는 콘크리트용 혼화제의 계면활성 작용이 아닌 것은?

① 경화작용　　② 기포작용

③ 분산작용　　④ 습윤작용

해설

- 기포작용은 주로 AE제가, 분산 및 습윤작용은 감수제 및 고성능 감수제가 그 역할을 주로 수행한다.

:: 혼화제의 계면활성 작용

- 표면 활성제는 기름에 녹기 쉽고 물에 녹기 어려운 성질의 소수기와 물에 잘 녹고 기름에 녹기 어려운 성질의 친수기로 구성된다.
- 혼화제가 수행하는 계면활성 작용에는 기포작용, 분산작용, 습윤작용 등이 있다.
- 기포작용은 주로 AE제가, 분산 및 습윤작용은 감수제 및 고성능 감수제가 그 역할을 주로 수행한다.

0701 / 1602

## 98

Repetitive Learning (1회 2회 3회)

보통콘크리트와 비교한 AE콘크리트의 성질에 관한 설명으로 옳지 않은 것은?

① 콘크리트의 워커빌리티가 양호하다.

② 동일 물시멘트비인 경우 압축강도가 높다.

③ 동결융해에 대한 저항성이 크다.

④ 블리딩 등의 재료분리가 적다.

해설

- 플레인콘크리트와 동일한 물시멘트비의 경우 AE제를 사용한 공기량 1%의 증가에 대해 4 ~ 6%의 압축강도가 저하된다.

:: AE(Air Entrained)제

㉠ 개요

- 공기연행제로 콘크리트의 작업성 및 동결융해 저항성능을 향상시키기 위해 사용하는 첨가제이다.
- AE제를 사용하여 생성된 0.025 ~ 0.25mm 정도의 지름을 가진 기포를 Entrained air라 한다.

㉡ 특징

- 블리딩 등의 재료분리가 적어지며, 단위수량이 저감된다.
- 동결융해 저항성의 향상을 위한 AE콘크리트의 최적 공기량은 3 ~ 5% 정도이다.
- 플레인콘크리트와 동일한 물시멘트비의 경우 공기량 1%의 증가에 대해 4 ~ 6%의 압축강도가 저하된다.

정답 | 96 ④ 97 ① 98 ②

## 99 Repetitive Learning (1회 2회 3회)

조강포틀랜드시멘트를 보통포틀랜드시멘트와 비교한 것 중 옳지 않은 것은?

① 분말도가 크다.
② 규산3석회 성분과 석고 성분이 많다.
③ 콘크리트 제조 시 수명성과 내화학성이 낮아진다.
④ 수축이 커진다.

해설

- 조강포틀랜드시멘트는 콘크리트 제조 시 수명성과 내화학성이 높아진다.

**조강포틀랜드시멘트** 실필 1501

- 경화에 따른 수화열이 크고 초기의 강도 발현이 가능하여 공사속도를 빨리 할 수 있다.
- 수축이 커지며, 분말도가 크고, 규산3석회 성분과 석고 성분이 많다.
- 콘크리트 제조 시 수명성과 내화학성이 높아진다.
- 높은 수화열로 단면이 큰 구조물에 적합하지 않으며, 긴급공사, 동절기 한중공사에 주로 사용된다.

1601

## 100 Repetitive Learning (1회 2회 3회)

경량기포콘크리트(Autoclaved Lightweight Concrete)에 관한 설명 중 옳지 않은 것은?

① 단열성이 낮아 결로가 발생한다.
② 강도가 낮아 주로 비내력용으로 사용된다.
③ 내화성능을 일부 보유하고 있다.
④ 다공질이기 때문에 흡수성이 높다.

해설

- ALC는 경량성, 단열성, 내화성, 흡음・차음성 등에서 우수한 성능을 보인다.

**경량기포콘크리트(ALC : Autoclaved Lightweight Concrete)**

㉠ 개요
- 포화증기 양생 경량기포콘크리트로 무수한 기포를 독립적으로 분산시켜 중량을 가볍게 한 기포콘크리트의 일종이다.
- 규산질, 석회질 원료를 주원료로 하여 기포제와 발포제를 첨가하여 만든다.
- 기포제는 알루미늄 분말이나 알루미늄 페이스트가 주로 사용된다.

㉡ 특징
- 현장에서 절단 및 가공이 용이하며 인력으로 취급이 간편하다.
- 경량성, 단열성, 내화성, 흡음・차음성 등에서 우수한 성능을 보인다.
- 보통콘크리트에 비해 비중은 1/4 정도로 경량이며, 중성화의 우려가 높다.
- 다공질이기 때문에 흡수성이 높다.
- 동해에 대한 방수, 방습처리가 필요하고 부서지기 쉽다.
- 압축강도에 비해서 휨강도나 인장강도는 상당히 약하다.
- 강도가 낮아 구조재로서는 부적합하며 주로 비내력벽, 지붕, 바닥재로 사용된다.

# 6과목 건설안전기술

2001

## 101 Repetitive Learning (1회 2회 3회)

강관비계의 수직방향 벽이음 조립간격(m)으로 옳은 것은? (단, 틀비계이며 높이는 10m이다)

① 2m
② 4m
③ 6m
④ 9m

해설

- 강관틀비계의 조립 시 벽이음 간격은 수직방향으로 6m, 수평방향으로 8m 이내로 한다.

**강관비계 조립 시의 준수사항**

- 강관비계의 조립(벽이음)간격

| 강관비계의 종류 | 조립간격(단위 : m) | |
|---|---|---|
| | 수직방향 | 수평방향 |
| 단관비계 | 5 | 5 |
| 틀비계(높이 5m 미만 제외) | 6 | 8 |

- 강관・통나무 등의 재료를 사용하여 견고한 것으로 할 것
- 인장재(引張材)와 압축재로 구성된 경우에는 인장재와 압축재의 간격을 1m 이내로 할 것



99 ③ 100 ① 101 ③ 정답

0501 / 1502 / 2101

## 102 ——— Repetitive Learning (1회 2회 3회)

안전계수가 4이고 2,000kg/cm$^2$의 인장강도를 갖는 강선의 최대허용응력은?

① 500kg/cm$^2$　　② 1,000kg/cm$^2$
③ 1,500kg/cm$^2$　　④ 2,000kg/cm$^2$

**해설**

- 최대허용응력 = $\frac{\text{인장강도}}{\text{안전계수}}$이므로 $\frac{2,000}{4}$ = 500[kg/cm$^2$]이다.

**안전율/안전계수(Safety factor)** 실필 1002/1604

- 소재의 파괴강도와 허용되는 응력의 비를 표시한 것이다.
- 안전율은 $\frac{\text{기준강도}}{\text{허용능력}}$ 또는 $\frac{\text{항복강도}}{\text{설계하중}}$, $\frac{\text{파괴하중}}{\text{최대사용하중}}$, $\frac{\text{최대응력}}{\text{허용응력}}$ 등으로 구한다.
- 응력은 단위면적당 부재에 작용하는 힘을 말하며, 허용응력은 단위면적당 재료가 파괴되지 않으며, 영구적인 변형이 남지 않는 비례 한도 범위 내의 응력을 말한다.
- 기준강도는 재료에 손상을 입힌다고 인정되는 강도를 말한다.
- 강도(기준강도)를 통해 재료의 안전율, 구조 등이 결정된다.
- 연성재료에서는 항복점을 기준강도, 인장강도, 기초강도라고도 한다.

2001

## 103 ——— Repetitive Learning

다음 중 철골공사 시의 안전작업방법 및 준수사항으로 옳지 않은 것은?

① 10분간의 평균 풍속이 초당 10m 이상인 경우는 작업을 중지한다.
② 철골 부재 반입 시 시공순서가 빠른 부재는 상단부에 위치하도록 한다.
③ 구명줄 설치 시 마닐라 로프 직경 10mm를 기준하여 설치하고 작업방법을 충분히 검토하여야 한다.
④ 철골보의 두 곳을 내어 인양시킬 때 와이어로프의 내각은 60° 이하이어야 한다.

**해설**

- 철골공사 중 구명줄을 설치할 경우에는 한 가닥의 구명줄을 여러 명이 동시에 사용하지 않도록 하여야 하며, 구명줄은 마닐라 로프 직경 16mm 이상을 기준하여 설치하고, 작업방법을 충분히 검토하여야 한다.

**철골공사 시의 안전작업방법**

- 10분간의 평균 풍속이 초당 10m 이상인 경우는 작업을 중지한다.
- 철골 부재 반입 시 시공순서가 빠른 부재는 상단부에 위치하도록 한다.
- 고소작업에 따른 추락방지를 위하여 내·외부 개구부에는 추락방지용 방망을 설치하고, 작업자는 안전대를 사용하여야 하며, 안전대 사용을 위하여 미리 철골에 안전대 부착설비를 설치해 두어야 한다.
- 구명줄 설치 시 마닐라 로프 직경 16mm를 기준하여 설치하고 작업방법을 충분히 검토하여야 한다.
- 철골보의 두 곳을 매어 인양시킬 때 와이어로프의 내각은 60° 이하이어야 한다.

0304 / 1704

## 104 ——— Repetitive Learning (1회 2회 3회)

차량계 하역운반기계, 차량계 건설기계의 안전조치사항 중 옳지 않은 것은?

① 최대제한속도가 시속 10km를 초과하는 차량계 건설기계를 사용하여 작업을 하는 경우 미리 작업장소의 지형 및 지반상태 등에 적합한 제한속도를 정하고, 운전자로 하여금 준수하도록 할 것
② 차량계 건설기계의 운전자가 운전위치를 이탈하는 경우 해당 운전자로 하여금 포크 및 버킷 등의 하역장치를 가장 높은 위치에 두도록 할 것
③ 차량계 하역운반기계 등에 화물을 적재하는 경우 하중이 한쪽으로 치우치지 않도록 적재할 것
④ 차량계 건설기계를 사용하여 작업을 하는 경우 승차석이 아닌 위치에 근로자를 탑승시키지 말 것

**해설**

- 차량계 하역운반기계의 운전자가 운전위치 이탈 시 포크, 버킷, 디퍼 등의 장치는 가장 낮은 위치 또는 지면에 내려 두어야 한다.

**운전위치 이탈 시의 조치** 실필 1602

- 포크, 버킷, 디퍼 등의 장치를 가장 낮은 위치 또는 지면에 내려 둘 것
- 원동기를 정지시키고 브레이크를 확실히 거는 등 갑작스러운 주행이나 이탈을 방지하기 위한 조치를 할 것
- 운전석을 이탈하는 경우에는 시동키를 운전대에서 분리시킬 것. 다만, 운전석에 잠금장치를 하는 등 운전자가 아닌 사람이 운전하지 못하도록 조치한 경우에는 그러하지 아니하다.

정답 | 102 ① 103 ③ 104 ②

0601 / 0802 / 1302 / 1401 / 1602 / 1901

## 105

Repetitive Learning 1회 2회 3회

신품의 추락방호망 중 그물코의 크기 10cm인 매듭방망의 인장강도 기준으로 옳은 것은?

① 110kg 이상　② 200kg 이상
③ 360kg 이상　④ 400kg 이상

해설

- 매듭방망의 인장강도는 신품의 경우 그물코의 크기가 5cm이면 110kg, 10cm이면 200kg 이상이다.

∷ 신품 방망 인장강도 실필 1804 실작 1602

| 그물코 한변 길이 | 무매듭방망 | 매듭방망 |
|---|---|---|
| 10cm | 240kg 이상(150kg) | 200kg 이상(135kg) |
| 5cm | – | 110kg 이상(60kg) |

단, ( )은 폐기기준이다.

## 106

Repetitive Learning 1회 2회 3회

콘크리트 타설작업을 하는 경우에 준수해야 할 사항으로 옳지 않은 것은?

① 당일의 작업을 시작하기 전에 해당 작업에 관한 거푸집 동바리 등의 변형·변위 및 지반의 침하 유무 등을 점검하고 이상이 있으면 보수할 것
② 작업 중에는 거푸집 동바리 등의 변형·변위 및 침하 유무 등을 감시할 수 있는 감시자를 배치하여 이상이 있으면 작업을 중지하고 근로자를 대피시킬 것
③ 설계도서상의 콘크리트 양생기간을 준수하여 거푸집 동바리 등을 해체할 것
④ 거푸집 붕괴의 위험이 발생할 우려가 있는 때에는 보강조치 없이 즉시 해체할 것

해설

- 콘크리트 타설작업 시 거푸집 붕괴의 위험이 발생할 우려가 있으면 충분한 보강조치를 하여야 한다.

∷ 콘크리트의 타설작업 시 주의사항 실작 1901/1804/1801

- 당일의 작업을 시작하기 전에 해당 작업에 관한 거푸집 동바리 등의 변형·변위 및 지반의 침하 유무 등을 점검하고 이상이 있으면 보수할 것
- 작업 중에는 거푸집 동바리 등의 변형·변위 및 침하 유무 등을 감시할 수 있는 감시자를 배치하여 이상이 있으면 작업을 중지하고 근로자를 대피시킬 것
- 콘크리트 타설작업 시 거푸집 붕괴의 위험이 발생할 우려가 있으면 충분한 보강조치를 할 것
- 설계도서상의 콘크리트 양생기간을 준수하여 거푸집 동바리 등을 해체할 것
- 콘크리트를 타설하는 경우에는 편심이 발생하지 않도록 골고루 분산하여 타설할 것

## 107

Repetitive Learning 1회 2회 3회

터널공사 시 인화성 가스가 농도 이상으로 상승하는 것을 조기에 파악하기 위하여 설치하는 자동경보장치의 작업시작 전 점검사항이 아닌 것은?

① 계기의 이상 유무　② 발열 여부
③ 검지부의 이상 유무　④ 경보장치의 작동 상태

해설

- 터널작업 시 자동경보장치의 작업시작 전 점검사항에는 계기의 이상 유무, 검지부의 이상 유무, 경보장치의 작동 상태 등이 있다.

∷ 터널작업 시 자동경보장치의 작업시작 전 점검사항 실작 1901/1704

- 계기의 이상 유무
- 검지부의 이상 유무
- 경보장치의 작동 상태

1704

## 108

Repetitive Learning 1회 2회 3회

다음은 말비계를 조립하여 사용하는 경우에 관한 준수사항이다. ( ) 안에 들어갈 내용으로 옳은 것은?

- 지주부재와 수평면의 기울기를 ( A )° 이하로 하고 지주부재와 지주부재 사이를 고정시키는 보조부재를 설치할 것
- 말비계의 높이가 2m를 초과하는 경우에는 작업발판의 폭을 ( B )cm 이상으로 할 것

① A : 75, B : 30　② A : 75, B : 40
③ A : 85, B : 30　④ A : 85, B : 40

해설

- 말비계 조립 시 지주부재와 수평면의 기울기를 75도 이하로 해야 하며, 말비계의 높이가 2m를 초과하는 경우에는 작업발판의 폭을 40cm 이상으로 한다.

∷ 말비계 조립 시 준수사항 실작 1902/1804/1802/1801

- 지주부재(支柱部材)의 하단에는 미끄럼 방지장치를 하고, 근로자가 양측 끝부분에 올라서서 작업하지 않도록 할 것
- 지주부재와 수평면의 기울기를 75도 이하로 하고, 지주부재와 지주부재 사이를 고정시키는 보조부재를 설치할 것
- 말비계의 높이가 2m를 초과하는 경우에는 작업발판의 폭을 40cm 이상으로 할 것



105 ② 106 ④ 107 ② 108 ② 정답

1401 / 1802 / 2101

## 109 ── Repetitive Learning 1회 2회 3회

터널 지보공을 조립하거나 변경하는 경우에 조치하여야 하는 사항으로 옳지 않은 것은?

① 목재의 터널 지보공은 그 터널 지보공의 각 부재에 작용하는 긴압 정도를 체크하여 그 정도가 최대한 차이나도록 한다.
② 강(鋼)아치 지보공의 조립은 연결볼트 및 띠장 등을 사용하여 주재 상호 간을 튼튼하게 연결할 것
③ 기둥에는 침하를 방지하기 위하여 받침목을 사용하는 등의 조치를 할 것
④ 주재(主材)를 구성하는 1세트의 부재는 동일 평면 내에 배치할 것

**해설**

- 목재의 터널 지보공은 그 터널 지보공의 각 부재의 긴압 정도가 균등하게 되도록 하여야 한다.

**터널 지보공 조립 또는 변경 시의 조치사항**

- 주재(主材)를 구성하는 1세트의 부재는 동일 평면 내에 배치할 것
- 목재의 터널 지보공은 그 터널 지보공의 각 부재의 긴압 정도가 균등하게 되도록 할 것
- 기둥에는 침하를 방지하기 위하여 받침목을 사용하는 등의 조치를 할 것
- 강아치 지보공 및 목재 지주식 지보공 외의 터널 지보공에 대해서는 터널 등의 출입구 부분에 받침대를 설치할 것

| 구분 | 내용 |
|---|---|
| 강(鋼)아치 지보공의 조립 시 준수사항 | • 조립간격은 조립도에 따를 것<br>• 주재가 아치작용을 충분히 할 수 있도록 쐐기를 박는 등 필요한 조치를 할 것<br>• 연결볼트 및 띠장 등을 사용하여 주재 상호 간을 튼튼하게 연결할 것<br>• 터널 등의 출입구 부분에는 받침대를 설치할 것<br>• 낙하물이 근로자에게 위험을 미칠 우려가 있는 경우에는 널판 등을 설치할 것 |
| 목재 지주식 지보공 조립 시 준수사항 | • 주기둥은 변위를 방지하기 위하여 쐐기 등을 사용하여 지반에 고정시킬 것<br>• 양끝에는 받침대를 설치할 것<br>• 터널 등의 목재 지주식 지보공에 세로방향의 하중이 걸림으로써 넘어지거나 비틀어질 우려가 있는 경우에는 양끝 외의 부분에도 받침대를 설치할 것<br>• 부재의 접속부는 꺾쇠 등으로 고정시킬 것 |

1502 / 1801 / 2202

## 110 ── Repetitive Learning 1회 2회 3회

터널공사에서 발파작업 시 안전대책으로 옳지 않은 것은?

① 발파 전 도화선 연결상태, 저항치 조사 등의 목적으로 도통시험 실시 및 발파기의 작동상태에 대한 사전점검 실시
② 모든 동력선은 발원점으로부터 최소한 15m 이상 후방으로 옮길 것
③ 지질, 암의 절리 등에 따라 화약량에 대한 검토 및 시방기준과 대비하여 안전조치 실시
④ 발파용 점화회선은 타 동력선 및 조명회선과 한 곳으로 통합하여 관리

**해설**

- 발파용 점화회선은 타 동력선 및 조명회선으로부터 분리되어야 한다.

**발파작업 시 안전대책**

- 지질, 암의 절리 등에 따라 화약량 검토 및 시방기준과 대비하여 안전조치를 실시해야 한다.
- 화약류를 장진하기 전에 모든 동력선 및 활선은 장진기기로부터 분리시키고 조명회선을 포함한 모든 동력선은 발원점으로부터 최소한 15m 이상 후방으로 옮겨 놓도록 하여야 한다.
- 발파시 안전한 거리 및 위치에서의 대피가 어려울 때에는 전면과 상부를 견고하게 방호한 임시대피장소를 설치하여야 한다.
- 발파용 점화회선은 타 동력선 및 조명회선으로부터 분리되어야 한다.

0402 / 0504

## 111 ── Repetitive Learning 1회 2회 3회

토질시험 중 연약한 점토 지반의 점착력을 판별하기 위하여 실시하는 현장시험은?

① 베인테스트(Vane test)
② 표준관입시험(SPT)
③ 하중재하시험
④ 삼축압축시험

**해설**

- 10m 이내의 연약한 점토지반의 점착력 조사에는 베인테스트가 주로 사용된다.

**베인테스트(Vane test)**

- 로드 선단에 +자형 날개(Vane)를 부착한 후 이를 지중에 박아 회전시키면서 점토지반의 점착력을 판별하는 시험이다.
- 10m 이내의 연약한 점토지반의 점착력 조사에 주로 사용된다.
- 전단강도 $= \frac{\text{회전력}}{\text{베인상수}}$ 으로 구한다.

정답 | 109 ① 110 ④ 111 ①

0801

## 112 Repetitive Learning (1회 2회 3회)

항타기 또는 항발기의 권상장치 드럼축과 권상장치로부터 첫 번째 도르래의 축 간의 거리는 권상장치 드럼폭의 몇 배 이상으로 하여야 하는가?

① 5배 ② 8배
③ 10배 ④ 15배

해설

- 항타기 또는 항발기의 권상장치의 드럼축과 권상장치로부터 첫 번째 도르래의 축 간의 거리를 권상장치 드럼 폭의 15배 이상으로 하여야 한다.

**도르래의 부착**

- 사업주는 항타기나 항발기에 도르래나 도르래 뭉치를 부착하는 경우에는 부착부가 받는 하중에 의하여 파괴될 우려가 없는 브라켓·샤클 및 와이어로프 등으로 견고하게 부착하여야 한다.
- 사업주는 항타기 또는 항발기의 권상장치의 드럼축과 권상장치로부터 첫 번째 도르래의 축 간의 거리를 권상장치 드럼폭의 15배 이상으로 하여야 한다.
- 도르래는 권상장치의 드럼 중심을 지나야 하며 축과 수직면상에 있어야 한다.

## 113 Repetitive Learning (1회 2회 3회)

차량계 하역운반기계 등에 단위화물의 무게가 100kg 이상인 화물을 싣는 작업 또는 내리는 작업을 하는 경우에 해당 작업의 지휘자가 준수하여야 하는 사항에 해당하지 않는 것은?

① 작업순서 및 그 순서마다의 작업방법을 정하고 작업을 지휘할 것
② 기구와 공구를 점검하고 불량품을 제거할 것
③ 가설대 등을 사용하는 경우에는 충분한 폭 및 강도와 적당한 경사를 확보할 것
④ 로프 풀기 작업 또는 덮개 벗기기 작업은 적재함의 화물이 떨어질 위험이 없음을 확인한 후에 하도록 할 것

해설

- 화물 무게가 100kg 이상인 화물을 싣거나 내리는 작업의 지휘자 업무에는 ①, ②, ④ 외에 관계근로자 외의 자의 출입을 금지시키는 일이 있다.

**화물 무게가 100kg 이상인 화물을 싣거나 내리는 작업의 지휘자 업무**

- 작업순서 및 그 순서마다의 작업방법을 정하고 작업을 지휘할 것
- 기구와 공구를 점검하고 불량품을 제거할 것
- 해당 작업을 하는 장소에 관계 근로자가 아닌 사람이 출입하는 것을 금지할 것
- 로프 풀기 작업 또는 덮개 벗기기 작업은 적재함의 화물이 떨어질 위험이 없음을 확인한 후에 하도록 할 것

1104 / 1502 / 1902

## 114 Repetitive Learning (1회 2회 3회)

다음은 달비계 또는 높이 5m 이상의 비계를 조립·해체하거나 변경하는 작업을 하는 경우의 준수사항이다. 빈칸에 알맞은 숫자는?

| 비계재료의 연결·해체작업을 하는 경우에는 폭 (    )cm 이상의 발판을 설치하고 근로자로 하여금 안전대를 사용하도록 하는 등 추락을 방지하기 위한 조치를 할 것 |
|---|

① 15
② 20
③ 25
④ 30

해설

- 관리감독자는 달비계 또는 높이 5m 이상의 비계 등의 조립·해체 및 변경 시 비계재료의 연결·해체작업을 하는 경우에는 폭 20cm 이상의 발판을 설치하고 근로자로 하여금 안전대를 사용하도록 하는 등 추락을 방지하기 위한 조치를 한다.

**달비계 또는 높이 5미터 이상의 비계 등의 조립·해체 및 변경 시 관리감독자의 직무수행 내용** 실필 1504/1501/1301/1102/1002 실작 1802/1602/1401

- 근로자가 관리감독자의 지휘에 따라 작업하도록 할 것
- 조립·해체 또는 변경의 시기·범위 및 절차를 그 작업에 종사하는 근로자에게 주지시킬 것
- 조립·해체 또는 변경 작업구역에는 해당 작업에 종사하는 근로자가 아닌 사람의 출입을 금지하고 그 내용을 보기 쉬운 장소에 게시할 것
- 비, 눈, 그 밖의 기상상태의 불안정으로 날씨가 몹시 나쁜 경우에는 그 작업을 중지시킬 것
- 비계재료의 연결·해체작업을 하는 경우에는 폭 20cm 이상의 발판을 설치하고 근로자로 하여금 안전대를 사용하도록 하는 등 추락을 방지하기 위한 조치를 할 것
- 재료·기구 또는 공구 등을 올리거나 내리는 경우에는 근로자가 달줄 또는 달포대 등을 사용하게 할 것
- 강관비계 또는 통나무비계를 조립하는 경우 쌍줄로 할 것



112 ④ 113 ③ 114 ② 정답

## 115 —— Repetitive Learning 1회 2회 3회

크레인을 사용하여 작업을 하는 때 작업시작 전 점검사항이 아닌 것은?

① 권과방지장치 · 브레이크 · 클러치 및 운전장치의 기능
② 방호장치의 이상 유무
③ 와이어로프가 통하고 있는 곳의 상태
④ 주행로의 상측 및 트롤리가 횡행하는 레일의 상태

해설

- 방호장치 기능의 이상 유무는 프레스 등을 사용하여 작업하는 경우 작업시작 전 점검사항이다.

크레인 작업시작 전 점검사항 실필 1702/1501/1001

| 구분 | 점검사항 |
|---|---|
| 크레인 | • 권과방지장치 · 브레이크 · 클러치 및 운전장치의 기능<br>• 주행로의 상측 및 트롤리(Trolley)가 횡행하는 레일의 상태<br>• 와이어로프가 통하고 있는 곳의 상태 |
| 이동식 크레인 | • 권과방지장치나 그 밖의 경보장치의 기능<br>• 브레이크 · 클러치 및 조종장치의 기능<br>• 와이어로프가 통하고 있는 곳 및 작업 장소의 지반상태 |

1301

## 116 —— Repetitive Learning 1회 2회 3회

높이 또는 깊이 2m 이상의 추락할 위험이 있는 장소에서 작업을 할 때의 필수 착용 보호구는?

① 보안경 ② 방진마스크
③ 방열복 ④ 안전대

해설

- 근로자가 추락하거나 넘어질 위험이 있는 장소에는 작업발판, 추락방호망을 설치하고, 설치가 곤란하면 근로자에게 안전대를 착용케 한다.

산업안전보건기준에 따른 추락위험의 방지대책 실작 1804/1801/1604/1502/1501

- 근로자가 추락하거나 넘어질 위험이 있는 장소 또는 기계 · 설비 · 선박블록 등에서 작업을 할 때에 근로자가 위험해질 우려가 있는 경우 비계(飛階)를 조립하는 등의 방법으로 작업발판을 설치하여야 한다.
- 작업발판을 설치하기 곤란한 경우 추락방호망을 설치하여야 한다.
- 추락방호망을 설치하기 곤란한 경우에는 근로자에게 안전대를 착용하도록 하는 등 추락위험을 방지하기 위하여 필요한 조치를 하여야 한다.
- 근로자의 추락위험을 방지하기 위하여 안전대나 구명줄을 설치하여야 하고, 안전난간을 설치할 수 있는 구조인 경우에는 안전난간을 설치하여야 한다.
- 안전방망이란 고소작업 중 작업자의 추락 및 물체의 낙하를 방지하기 위하여 수평으로 설치하는 보호망을 말한다.

0302

## 117 —— Repetitive Learning 1회 2회 3회

굴착작업 시 굴착 깊이가 최소 몇 m 이상인 경우 사다리, 계단 등 승강설비를 설치하여야 하는가?

① 1.5m
② 2.5m
③ 3.5m
④ 4.5m

해설

- 굴착 깊이가 1.5m 이상인 경우 사다리, 계단 등 승강설비를 설치하여야 한다.

굴착공사 안전작업 지침 실작 1702

- 굴착 깊이가 1.5m 이상인 경우 사다리, 계단 등 승강설비를 설치하여야 한다.
- 굴착 폭은 작업 및 대피가 용이하도록 충분한 넓이를 확보하여야 하며 굴착 깊이가 2m 이상일 경우에는 1m 이상 폭으로 한다.
- 작업 전에 산소농도를 측정하고 산소량은 18% 이상이어야 하며, 발파 후 반드시 환기설비를 작동시켜 가스배출을 한 후 작업을 하여야 한다.
- 시트파일의 설치 시 수직도는 1/100 이내이어야 한다.
- 토압이 커서 링이 변형될 우려가 있는 경우 스트러트 등으로 보강하여야 한다.
- 굴착 및 링의 설치와 동시에 철사다리를 설치 연장하여야 하며 철사다리는 굴착 바닥면과 접근높이가 30cm 이내가 되게 하고 버켓의 경로, 전선, 닥트 등이 배치되지 않는 곳에 설치하여야 한다.

## 118 —— Repetitive Learning 1회 2회 3회

발파구간 인접 구조물에 대한 피해 및 손상을 예방하기 위한 건물기초에서의 허용 진동치로 옳은 것은?(단, 아파트일 경우임)

① 0.2cm/sec
② 0.3cm/sec
③ 0.4cm/sec
④ 0.5cm/sec

정답 | 115 ② 116 ④ 117 ① 118 ④

해설

• 주택 및 아파트의 경우 발파 허용 진동치 규제기준은 0.5cm/sec 이다.

발파 허용 진동치 규제기준

| 구분 | 진동속도 규제기준 | |
|---|---|---|
| | 건물 | 허용 진동치 |
| 건물기초에서의 허용 진동치 | 문화재 | 0.2[cm/sec] |
| | 주택/아파트 | 0.5[cm/sec] |
| | 상가(금이 없는 상태) | 1.0[cm/sec] |
| | 철골 콘크리트 빌딩 및 상가 | 1.0~4.0[cm/sec] |

0802

## 119 Repetitive Learning (1회 2회 3회)

다음의 토사붕괴 원인 중 외부의 힘이 작용하여 토사붕괴가 발생되는 외적요인이 아닌 것은?

① 사면, 법면의 경사 및 기울기의 증가
② 공사에 의한 진동 및 반복하중의 증가
③ 지표수 및 지하수의 침투에 의한 토사중량의 증가
④ 함수비 증가로 인한 점착력 증가

해설

• 점착력의 감소는 토사붕괴의 내적요인이 되나 점착력이 증가하는 것은 붕괴의 원인이 될 수 없다.

토사(석)붕괴 원인 실필 1501/0901 실작 1604/1602/1501

| 구분 | 내용 |
|---|---|
| 내적요인 | • 토석의 강도 저하<br>• 절토사면의 토질, 암질 및 절리 상태<br>• 성토사면의 다짐 불량<br>• 점착력의 감소 |
| 외적요인 | • 작업진동 및 반복하중의 증가<br>• 사면, 법면의 경사 및 기울기의 증가<br>• 절토 및 성토 높이와 지하수위의 증가<br>• 지표수 · 지하수의 침투에 의한 토사중량의 증가<br>• 지진, 차량, 구조물의 중량과 토사 및 암석의 혼합층 두께의 증가 |

## 120 Repetitive Learning (1회 2회 3회)

안전난간의 구조 및 설치요건에 대한 기준으로 옳지 않은 것은?

① 상부 난간대는 바닥면·발판 또는 경사로의 표면으로부터 90cm 이상 지점에 설치할 것
② 발끝막이판은 바닥면 등으로부터 10cm 이상의 높이를 유지할 것
③ 난간대는 지름 1.5cm 이상의 금속제 파이프나 그 이상의 강도를 가진 재료일 것
④ 안전난간은 구조적으로 가장 취약한 지점에서 가장 취약한 방향으로 작용하는 100kg 이상의 하중에 견딜 수 있는 튼튼한 구조일 것

해설

• 안전난간의 난간대는 지름 2.7cm 이상의 금속제 파이프나 그 이상의 강도가 있는 재료로 한다.

안전난간의 구조 및 설치요건 실필 1704/1102/0902 실작 1902/1704/1602/1501

• 상부 난간대, 중간 난간대, 발끝막이판 및 난간기둥으로 구성할 것. 다만, 중간 난간대, 발끝막이판 및 난간기둥은 이와 비슷한 구조와 성능을 가진 것으로 대체할 수 있다.
• 상부 난간대는 바닥면·발판 또는 경사로의 표면으로부터 90cm 이상 지점에 설치하고, 상부 난간대를 120cm 이하에 설치하는 경우에는 중간 난간대는 상부 난간대와 바닥면 등의 중간에 설치하여야 하며, 120cm 이상 지점에 설치하는 경우에는 중간 난간대를 2단 이상으로 균등하게 설치하고 난간의 상하 간격은 60cm 이하가 되도록 한다.
• 발끝막이판은 바닥면 등으로부터 10cm 이상의 높이를 유지할 것. 다만, 물체가 떨어지거나 날아올 위험이 없거나 그 위험을 방지할 수 있는 망을 설치하는 등 필요한 예방 조치를 한 장소는 제외한다.
• 난간기둥은 상부 난간대와 중간 난간대를 견고하게 떠받칠 수 있도록 적정한 간격을 유지한다.
• 상부 난간대와 중간 난간대는 난간 길이 전체에 걸쳐 바닥면 등과 평행을 유지한다.
• 난간대는 지름 2.7cm 이상의 금속제 파이프나 그 이상의 강도가 있는 재료로 한다.
• 안전난간은 구조적으로 가장 취약한 지점에서 가장 취약한 방향으로 작용하는 100kg 이상의 하중에 견딜 수 있는 튼튼한 구조여야 한다.



119 ④ 120 ③ 정답

MEMO

## 출제문제 분석 2012년 2회

| 구분 | 1과목 | 2과목 | 3과목 | 4과목 | 5과목 | 6과목 | 합계 |
|---|---|---|---|---|---|---|---|
| New유형 | 1 | 5 | 5 | 4 | 4 | 1 | 20 |
| New문제 | 7 | 8 | 13 | 9 | 12 | 5 | 54 |
| 또나온문제 | 11 | 6 | 7 | 6 | 2 | 10 | 42 |
| 자꾸나온문제 | 2 | 6 | 0 | 5 | 6 | 5 | 24 |
| 합계 | 20 | 20 | 20 | 20 | 20 | 20 | 120 |

- New유형은 New문제 중 기존 기출문제와 완전히 다른 유형의 문제를 말합니다.
- New문제는 기존에 출제되지 않은 문제로 이번에 처음 출제되는 문제입니다.
- 또나온문제는 기존에 출제된 적이 1번 있는 문제를 말합니다.
- 자꾸나온문제는 기존에 출제된 적이 2번 이상 있는 문제를 말합니다. 그만큼 중요한 문제입니다.

### 몇 년분의 기출문제를 공부해야 합격할 수 있을까요?

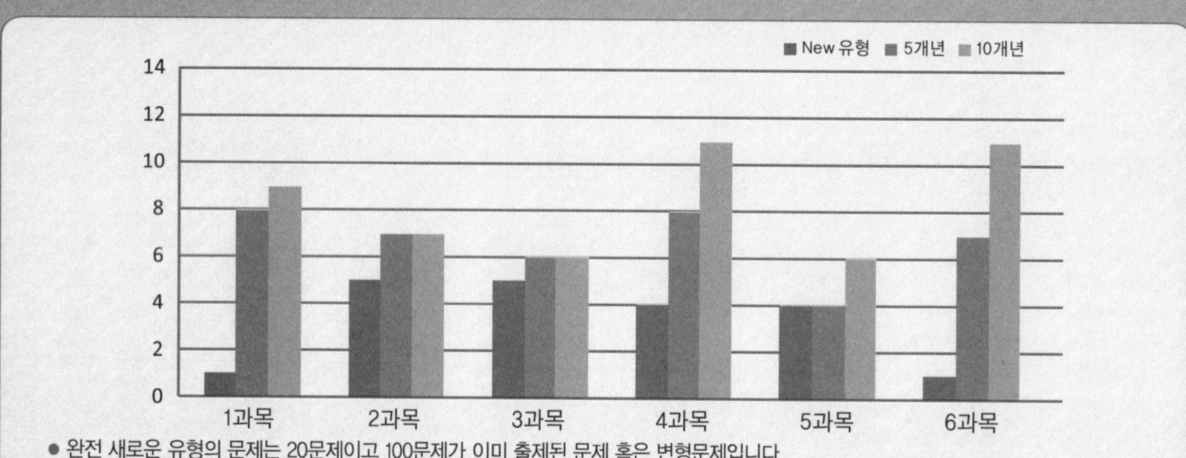


- 완전 새로운 유형의 문제는 20문제이고 100문제가 이미 출제된 문제 혹은 변형문제입니다.
- 5년분(2016~2020) 기출에서 동일문제가 40문항이 출제되었고, 10년분(2011~2020) 기출에서 동일문제가 50문항이 출제되었습니다.

### 실기에 나왔어요!! 외우세요!!!

실기시험은 필답형과 작업형으로 구분되어 있으며 모두 주관식으로 직접 내용을 적어야 합니다. 필기 공부하면서 실기 출제된 내역들은 좀 더 신경써서 암기하실 필요가 있어요. 필기 합격자 발표 난 후 실기시험까지는 5주밖에 여유가 없답니다. 어차피 공부할 것 필기 때 확실하게 해준다면 실기도 단방에 합격할 수 있습니다.

- 총 18개의 해설이 실기 필답형 시험과 연동되어 있습니다.
- 총 12개의 해설이 실기 작업형 시험과 연동되어 있습니다.

### 분석의견

최근 10년분의 기출문제와 답을 반복암기해서는 합격점수인 72점에서 22점이 부족합니다. 새로운 유형의 문제가 평균(15문항)보다 더 많이 출제되었습니다. 새로운 유형의 문제가 많았던 만큼 다소 생소한 문제들로 인한 어려움이 예상되지만 전체적인 난이도는 예년과 큰 차이가 없는 평균수준을 보이고 있습니다. 합격에 필요한 점수를 획득하기 위해서는 최근 5년분 문제와 핵심이론의 3회독 혹은 최근 10년분 문제와 핵심이론의 2회독 이상의 학습이 필요합니다.

12년 2회차 필기시험
합격률 28.6%

# 2012년 제2회

2012년 5월 20일 필기

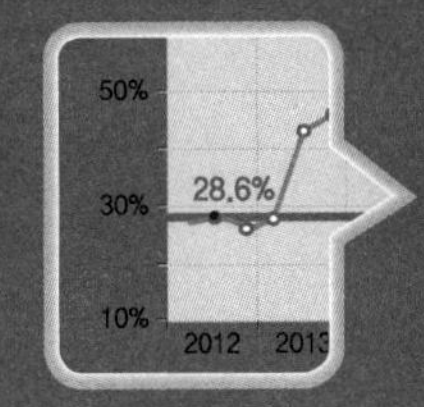


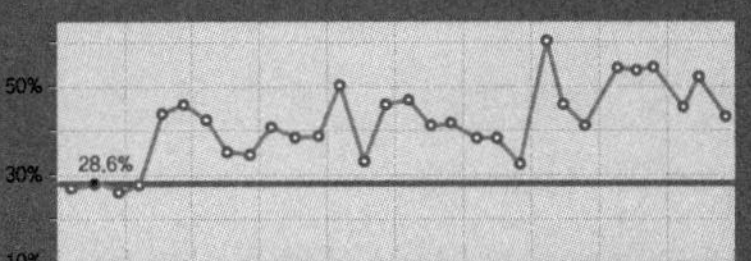


## 1과목 산업안전관리론

1504

**01** Repetitive Learning (1회 2회 3회)

다음 중 재해방지를 위한 대책 선정 시 안전대책에 해당하지 않는 것은?

① 경제적 대책　② 기술적 대책
③ 교육적 대책　④ 관리적 대책

해설

- 재해방지를 위한 대책 선정 시 안전대책은 교육적 대책, 기술적 대책, 관리적 대책으로 분류된다.

하베이(Harvey)의 3E 실필 1804/0902

㉠ 개요
- 재해예방의 4원칙 중 대책선정의 원칙과 관련된다.
- 재해예방의 5단계 중 제5단계 시정책의 적용에 해당한다.

㉡ 구성

| | |
|---|---|
| 교육(Education)적 대책 | 안전교육 및 훈련 대책 |
| 기술(Engineering)적 대책 | 시설 장비 및 기준의 개선 대책, 안전기준, 안전설계, 작업행정 및 환경설비의 개선 등 |
| 관리(Enforcement)적 대책 | 안전 감독의 철저, 적합한 기준 설정, 규정 및 수칙의 준수, 기준 이해, 경영자 및 관리자의 솔선수범, 동기부여와 사기향상 |

**02** Repetitive Learning (1회 2회 3회)

산업안전보건법에 따라 사업주가 안전보건개선계획을 수립할 때에 심의를 거쳐야 하는 조직은?

① 산업안전보건위원회　② 인사위원회
③ 근로감독위원회　④ 노동조합

해설

- 사업주는 안전보건개선계획을 수립할 때에는 산업안전보건위원회의 심의를 거쳐야 한다. 다만, 산업안전보건위원회가 설치되어 있지 아니한 사업장의 경우에는 근로자대표의 의견을 들어야 한다.

안전보건개선계획 실필 1704/1701/1404/1202/1201

- 고용노동부장관은 다음에 해당하는 사업장으로서 산업재해 예방을 위하여 종합적인 개선조치를 할 필요가 있다고 인정할 때에는 사업주에게 그 사업장, 시설, 그 밖의 사항에 관한 안전보건개선계획의 수립·시행을 명할 수 있다.
  - 산업재해율이 같은 업종 평균 산업재해율의 2배 이상인 사업장
  - 사업주가 안전보건조치의무를 이행하지 아니하여 중대재해가 발생한 사업장
  - 직업병에 걸린 사람이 연간 2명 이상(상시근로자 1천명 이상 사업장의 경우 3명 이상) 발생한 사업장
  - 유해인자의 노출기준을 초과한 사업장
  - 작업환경 불량, 화재·폭발 또는 누출사고 등으로 사회적 물의를 일으킨 사업장
- 고용노동부장관은 필요하다고 인정할 때에는 해당 사업주에게 안전·보건진단을 받아 안전보건개선계획을 수립·제출할 것을 명할 수 있다.
- 안전보건개선계획의 수립·시행명령을 받은 사업주는 고용노동부장관이 정하는 바에 따라 안전보건개선계획서를 작성하여 그 명령을 받은 날부터 60일 이내에 관할 지방고용노동관서의 장에게 제출하여야 한다.
- 사업주는 안전보건개선계획을 수립할 때에는 산업안전보건위원회의 심의를 거쳐야 한다. 다만, 산업안전보건위원회가 설치되어 있지 아니한 사업장의 경우에는 근로자대표의 의견을 들어야 한다.
- 안전보건개선계획서에는 시설, 안전·보건관리체제, 안전·보건교육, 산업재해 예방 및 작업환경의 개선을 위하여 필요한 사항이 포함되어야 한다.
- 사업주와 근로자는 안전보건개선계획을 준수하여야 한다.

정답 | 01 ① 02 ①

1704

## 03

Repetitive Learning 1회 2회 3회

하인리히의 재해손실비의 평가방식에 있어서 간접비에 해당하지 않는 것은?

① 사망 시 장의비용
② 신규직원 섭외비용
③ 재해로 인한 본인의 시간손실비용
④ 시설복구로 소비된 재산손실비용

**해설**

- 장의비용은 재해로 인해 피해자에게 지급되는 비용으로 직접비에 해당한다.

**∷ 하인리히의 재해손실비용 평가** 실필 1502

- 직접비 : 간접비의 비율은 1 : 4로 계산해 산업재해로 인한 총 손실비용은 직접비(산업재해보상비)의 5배로 계산한다.
- 직접손실비용에는 치료비, 휴업급여, 장해급여, 유족급여, 요양급여, 간병급여, 직업재활급여, 장례비 등이 있다.
- 간접손실비용에는 부상자를 비롯한 직원의 시간손실, 이익의 감소, 생산손실비, 기계, 공구 재료 등의 재산손실 등이 있다.

1502

## 04

Repetitive Learning 

다음 중 재해조사 시 유의사항과 가장 거리가 먼 것은?

① 사실만을 수집한다.
② 목격자의 증언 사실 이외의 추측의 말은 참고로만 한다.
③ 타인의 의견은 혼란을 초래하므로 사고조사는 1인으로 한다.
④ 조사는 신속하게 행하고, 긴급 조치하여 2차 재해의 방지를 도모한다.

**해설**

- 객관적인 조사를 위하여 조사는 2인 이상이 한다.

**∷ 재해조사의 유의사항**

- 피해자에 대한 구급조치를 최우선으로 하고, 2차 재해의 방지를 위해 적정 보호구를 착용한다.
- 가급적 재해 현장이 변형되지 않은 상태에서 신속하게 한다.
- 사실 이외의 추측되는 말은 참고용으로만 활용한다.
- 사람, 기계설비 양면의 재해요인을 모두 도출한다.
- 과거 사고 발생 경향 등을 참고하여 조사한다.
- 객관적 입장에서 재해방지에 우선을 두고 조사하며, 조사는 2인 이상이 한다.

## 05

Repetitive Learning 1회 2회 3회

다음 중 산업안전보건법상 안전·보건표지의 분류에 있어 출입금지표지의 종류에 해당하지 않는 것은?

① 차량통행금지　② 금지유해물질 취급
③ 허가대상유해물질 취급　④ 석면취급 및 해체·제거

**해설**

- 관계자 외 출입금지표지는 허가대상물질 작업장, 석면취급/해체 작업장, 금지대상물질의 취급 실험실 등에 설치한다.

**∷ 관계자 외 출입금지표지 종류**

- 허가대상물질 작업장
- 석면취급/해체 작업장
- 금지대상물질의 취급 실험실 등

0802 / 1601 / 2202

## 06

Repetitive Learning 

건설업 산업안전보건관리비 계상에 관한 관련 규정은 산업재해보상보험법의 적용을 받는 공사 중 총 공사금액이 얼마 이상인 공사에 적용하는가?(단, 고압 또는 특별고압 작업으로 이루어지는 공사와 정보통신 설비공사는 제외한다)

① 2,000만원　② 1억원
③ 120억원　④ 150억원

**해설**

- 건설업 산업안전보건관리비 계상에 관한 규정은 「산업재해보상보험법」의 적용을 받는 공사 중 총 공사금액 2천만원 이상인 공사에 적용한다.

**∷ 건설업 산업안전보건관리비 계상에 관한 규정 적용범위**

- 건설업 산업안전보건관리비 계상에 관한 규정은 「산업재해보상보험법」의 적용을 받는 공사 중 총 공사금액 2천만원 이상인 공사에 적용한다.

1702

## 07

Repetitive Learning 1회 2회 3회

추락 및 감전 위험방지용 안전모의 성능기준 중 일반구조 기준으로 틀린 것은?

① 턱끈의 폭은 10mm 이상일 것
② 안전모의 수평간격은 1mm 이내일 것
③ 안전모는 모체, 착장체 및 턱끈을 가질 것
④ 안전모의 착용높이는 85mm 이상이고 외부 수직거리는 80mm 미만일 것



03 ① 04 ③ 05 ① 06 ① 07 ② 정답

해설

- 안전모의 수평간격은 5mm 이상이어야 한다.

**안전모의 일반구조**

- 안전모는 모체, 착장체 및 턱끈을 가질 것
- 착장체의 머리고정대는 착용자의 머리 부위에 적합하도록 조절할 수 있을 것
- 착장체의 구조는 착용자의 머리에 균등한 힘이 분배되도록 할 것
- 모체, 착장체 등 안전모의 부품은 착용자에게 상해를 줄 수 있는 날카로운 모서리 등이 없을 것
- 턱끈은 사용 중 탈락되지 않도록 확실히 고정되는 구조일 것
- 안전모의 착용높이는 85mm 이상이고 외부수직거리는 80mm 미만일 것
- 안전모의 내부수직거리는 25mm 이상 50mm 미만일 것
- 안전모의 수평간격은 5mm 이상일 것
- 머리받침끈이 섬유인 경우에는 각각의 폭이 15mm 이상이어야 하며, 교차지점 중심으로부터 방사되는 끈폭의 총합은 72mm 이상일 것
- 턱끈의 폭은 10mm 이상일 것

1801

## 08

강도율 1.25, 도수율 10인 사업장의 평균강도율은?

① 8　② 10

③ 12.5　④ 125

해설

- 평균강도율은 $\frac{\text{강도율}}{\text{도수율}} \times 1,000$이므로 대입하면 $\frac{1.25}{10} \times 1,000 = 125$이다.

**강도율(SR : Severity Rate of injury)**

실필 1804/1702/1501/1402/1401/1304/0902/0901

- 재해로 인한 근로손실의 강도를 나타낸 값으로 연간총근로시간에서 1,000시간당 근로손실일수를 의미한다.
- 강도율 $= \frac{\text{근로손실일수}}{\text{연간총근로시간}} \times 1,000$으로 구하고,

  평균강도율 $= \frac{\text{강도율}}{\text{도수율}} \times 1,000$으로 구한다.
- 근로자의 근속연수 등이 주어지지 않을 때 평생 근로손실일수는 한 개인이 평생 동안 근로한 시간을 100,000시간으로 볼 때의 근로손실일수이므로 강도율에 100을 곱하여 구한다.

## 09

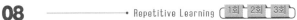

Repetitive Learning 1회 2회 3회

다음 중 산업안전보건법에 따라 사업주는 산업재해가 발생하였을 때 고용노동부령으로 정하는 바에 따라 관련 사항을 기록·보존하여야 하는데 이러한 산업재해 중 고용노동부령으로 정하는 산업재해에 대하여 고용노동부장관에게 보고하여야 할 사항과 가장 거리가 먼 것은?

① 산업재해 발생개요　② 원인 및 보고 시기

③ 실업급여 지급사항　④ 재발방지 계획

해설

- 실업급여 지급사항은 보고내용에 포함되지 않는다.

**산업재해 보고사항**

- 사업주는 산업재해가 발생하였을 때에는 그 발생 사실을 은폐하여서는 아니 되며, 재해발생 원인 등을 기록·보존하여야 한다.

| 산업재해 기록·보존 사항 | • 사업장의 개요 및 근로자의 인적사항<br>• 재해발생의 일시 및 장소<br>• 재해발생의 원인 및 과정<br>• 재해 재발방지 계획 |
|---|---|

- 사업주는 기록한 산업재해 중 고용노동부령으로 정하는 산업재해에 대하여는 고용노동부장관에게 보고하여야 한다.

| 산업재해 보고사항 | • 산업재해 발생 개요<br>• 원인 및 보고 시기<br>• 재발방지 계획 |
|---|---|

## 10

다음 중 산업안전보건법상 안전검사대상 유해·위험기계에 해당되지 않는 것은?

① 리프트　② 곤돌라

③ 전단기　④ 이동식크레인

해설

- 이동식크레인은 안전검사대상에서 제외된다.

**안전검사대상 유해·위험기계의 종류와 검사 주기** 실필 1504/1002

| 안전검사대상 유해·위험기계의 종류 | 검사 주기 |
|---|---|
| 크레인(이동식크레인 및 정격하중 2톤 미만 제외), 리프트(이삿짐운반용 리프트 제외) 및 곤돌라 | 사업장에 설치가 끝난 날부터 3년 이내에 최초 안전검사를 실시하되, 그 이후부터 2년마다(건설현장에서 사용하는 것은 최초로 설치한 날부터 6개월마다) |

| 이동식크레인, 이삿짐운반용 리프트 및 고소작업대 | 신규 등록 이후 3년 이내에 최초 안전검사를 실시하되, 그 이후부터 2년마다 |
|---|---|
| 프레스, 전단기, 압력용기, 국소배기장치(이동식 제외), 산업용 원심기, 화학설비 및 그 부속설비, 건조설비 및 그 부속설비, 롤러기(밀폐형 제외), 사출성형기(형 체결력 294kN 미만은 제외), 컨베이어 및 산업용 로봇 | 사업장에 설치가 끝난 날부터 3년 이내에 최초 안전검사를 실시하되, 그 이후부터 2년마다(공정안전보고서를 제출하여 확인을 받은 압력용기는 4년마다) |

## 11

Repetitive Learning (1회 2회 3회)

다음 중 안전점검 시 담당자의 자세로 가장 적절하지 않은 것은?

① 안전점검을 할 때에는 주관적인 마음가짐으로 정확히 점검해야 된다.
② 안전점검 시에는 체크리스트 항목을 충분히 이해하고 점검에 임하도록 한다.
③ 안전점검 시에는 과학적인 방법으로 사고의 예방차원에서 점검에 임해야 한다.
④ 안전점검 실시 후 체크리스트에 수정사항이 발생할 경우 현장의 의견을 반영하여 개정·보완하도록 한다.

해설

- 안전점검은 객관적으로 진행되어야 한다.

:: 안전점검 유의사항

- 안전점검은 안전수준의 향상을 위한 본래의 취지에 어긋나지 않아야 한다.
- 점검자의 능력을 판단하고 그 능력에 상응하는 내용의 점검을 시키도록 한다.
- 안전점검의 형식, 내용에 변화를 부여하여 몇 가지 점검 방법을 병용한다.
- 과거에 재해가 발생한 곳은 그 요인이 없어졌는가를 확인한다.
- 불량 요소가 발견되었을 경우 다른 동종의 설비에 대해서도 점검한다.
- 점검사항, 점검방법 등에 대한 지속적인 교육을 통하여 정확한 점검이 이루어지도록 한다.
- 안전점검 후 강평을 할 때는 결함뿐 아니라 잘된 점도 부각하여 상벌을 분명히 할 필요가 있다.

1801

## 12

Repetitive Learning (1회 2회 3회)

산업안전보건법령상 건설업 중 고용노동부령으로 정하는 자격을 갖춘 자의 의견을 들은 후 유해·위험방지계획서를 작성하여 고용노동부장관에게 제출하여야 하는 대상 사업장의 기준 중 다음 (   ) 안에 알맞은 것은?

> 연면적 (   )$m^2$ 이상인 냉동·냉장창고시설의 설비공사 및 단열공사

① 3,000
② 5,000
③ 7,000
④ 10,000

해설

- 냉동·냉장창고시설의 설비공사 및 단열공사는 연면적 5천$m^2$ 이상인 경우 유해·위험방지계획서를 작성하여 제출한다.

:: 유해·위험방지계획서 제출대상 공사 실필 1901/1802/1102

- 지상높이가 31m 이상인 건축물 또는 인공구조물, 연면적 3만$m^2$ 이상인 건축물 또는 연면적 5천$m^2$ 이상의 문화 및 집회시설(전시장 및 동물원·식물원은 제외), 판매시설, 운수시설(고속철도의 역사 및 집배송시설은 제외), 종교시설, 의료시설 중 종합병원, 숙박시설 중 관광숙박시설, 지하도상가 또는 냉동·냉장창고시설의 건설·개조 또는 해체 공사
- 연면적 5천$m^2$ 이상인 냉동·냉장창고시설의 설비공사 및 단열공사
- 최대지간길이가 50m 이상인 교량 건설 등의 공사
- 터널 건설 등의 공사
- 다목적 댐, 발전용 댐 및 저수용량 2천만톤 이상의 용수 전용 댐, 지방상수도 전용 댐 건설 등의 공사
- 깊이 10m 이상인 굴착공사

0404 / 1504

## 13

Repetitive Learning (1회 2회 3회)

안전관리의 수준을 평가하는데 사고가 일어나는 시점을 전후하여 평가를 한다. 다음 중 사고가 일어나기 전의 수준을 평가하는 사전 평가활동에 해당하는 것은?

① 재해율 통계
② 안전활동률 관리
③ 재해손실 비용 산정
④ Safe-T-score 산정



11 ① 12 ② 13 ② 정답

해설

- ①, ③, ④는 모두 지난 과거의 재해발생현황을 확인하는 평가활동에 해당한다.

:: 안전활동률 실필 1601/1101

- 안전관리 활동의 결과를 정량적으로 표시하는 것이다.
- 사고가 일어나기 전의 안전관리 수준을 평가하는 사전 평가에 해당한다.
- 안전활동건수에는 안전개선 권고수, 불안전한 행동 적발수, 안전화의 건수, 안전홍보건수 등이 포함된다.
- 안전활동률은 $\frac{\text{안전활동건수}}{\text{총근로시간수}} \times 10^6$으로 구한다.

0804

## 14

Repetitive Learning 

다음 중 무재해 이념의 기본 3원칙이 아닌 것은?

① 무의 원칙　② 참가의 원칙
③ 선취 해결의 원칙　④ 통제의 원칙

해설

- 무재해 운동의 3원칙에는 무의 원칙, 안전제일(선취)의 원칙, 참가의 원칙이 있다.

:: 무재해 운동 3원칙

| | |
|---|---|
| 무(無, Zero)의 원칙 | 모든 잠재위험요인을 사전에 발견·파악·해결함으로써 근원적으로 산업재해를 없앤다. |
| 안전제일(선취)의 원칙 | 직장의 위험요인을 행동하기 전에 발견·파악·해결하여 재해를 예방한다. |
| 참가의 원칙 | 작업에 따르는 잠재적인 위험요인을 발견·해결하기 위하여 전원이 협력하여 문제해결 운동을 실천한다. |

0704

## 15

Repetitive Learning 

다음 중 재해라고 하는 결과에 미치게 하는 원인요소와의 관계를 상호의 인과관계만으로 결부시켜 작성된 것은?

① 파레토(Pareto)도　② 특성요인도
③ Close도　④ 관리도

해설

- 파레토도는 통계적 원인분석 방법으로 사고의 유형, 기인물 등 분류 항목을 큰 순서대로 도표화한다.
- 관리도는 재해 발생 건수 등의 추이를 파악하여 목표 관리를 행하는 데 필요한 통계 분석방법이다.
- 클로즈도는 두 가지 이상의 문제에 대한 관계분석 시에 주로 사용하는 분석방법이다.

:: 통계에 의한 재해원인 분석방법

- 파레토도, 특성요인도, 클로즈분석, 관리도 등이 있다.

| | |
|---|---|
| 파레토(Pareto)도 | 작업현장에서 발생하는 작업 환경 불량이나 고장, 재해 등의 내용을 분류하고 그 건수와 금액을 크기 순으로 나열하여 작성한 그래프 |
| 특성요인도 (Characteristics diagram) | 사실의 확인단계에서 재해의 원인과 결과를 연계하여 상호 관계를 파악하기 위하여 어골상으로 도표화하는 분석방법 |
| 클로즈분석 | 두 가지 이상의 문제에 대한 관계분석 시에 주로 사용하는 분석방법 |
| 관리도 (Control chart) | 산업재해의 분석 및 평가를 위하여 재해발생건수 등의 추이에 대해 한계선을 설정하여 목표관리를 수행하는 재해통계 분석기법 |

## 16

Repetitive Learning 1회 2회 3회

다음 중 회사의 안전 활동을 원활하게 수행하기 위한 안전관리 조직의 목적으로 볼 수 없는 것은?

① 조직적 사고 예방활동
② 기업 손실을 근본적으로 방지
③ 산업안전보건관리비의 절감
④ 조직 계층 간 신속한 정보처리

해설

- 산업안전보건관리비는 재해예방과 작업자 안전을 위해 사용되는 비용으로 절감을 통한 효율을 추구할 대상이 아니며, 더더욱 안전관리 조직의 목적이 될 수 없다.

:: 재해방지와 안전활동의 원활한 수행을 위한 안전관리 조직의 목적

- 위험요소의 제거와 조직적 사고 예방활동
- 조직 계층 간 신속한 정보처리
- 재해방지 기술의 수준 향상
- 재해예방률의 향상 및 단위당 예방비용의 절감
- 재해예방을 통한 기업 손실을 근본적으로 방지

0604

## 17

Repetitive Learning 1회 2회 3회

사고 유형 중에서 사람의 동작에 의한 유형이 아닌 것은?

① 추락
② 전도
③ 비래
④ 충돌

정답 | 14 ④ 15 ② 16 ③ 17 ③

해설

- 비래는 파편이 날아가서 작업자에 가해한 경우에 해당하므로 사람의 동작에 의한 사고 유형에 해당하지 않는다.

:: 산업재해의 형태

| 산업재해 | 재해형태 |
|---|---|
| 떨어짐(추락) | 사람이 인력(중력)에 의하여 건축물, 구조물, 가설물, 수목, 사다리 등의 높은 장소에서 떨어지는 것을 말한다. |
| 넘어짐(전도) | 사람이 거의 평면 또는 경사면, 층계 등에서 구르거나 넘어지는 경우를 말한다. |
| 깔림·뒤집힘 | 기대어져 있거나 세워져 있는 물체 등이 쓰러져 깔린 경우 및 지게차 등의 건설기계 등이 운행 또는 작업 중 뒤집어진 경우를 말한다. |
| 부딪침·접촉(충돌) | 재해자 자신의 움직임·동작으로 인하여 기인물에 접촉 또는 부딪치거나, 물체가 고정부에서 이탈하지 않은 상태로 움직임 등에 의하여 부딪치거나, 접촉한 경우를 말한다. |
| 맞음(낙하, 비래) | 구조물, 기계 등에 고정되어 있던 물체가 중력, 원심력, 관성력 등에 의하여 고정부에서 이탈하거나 또는 설비 등으로부터 물질이 분출되어 사람을 가해하는 경우를 말한다. |
| 끼임(협착) | 두 물체 사이의 움직임에 의하여 일어난 것으로 직선 운동하는 물체 사이의 끼임, 회전부와 고정체 사이의 끼임, 롤러 등 회전체 사이에 물리거나 또는 회전체·돌기부 등에 감긴 경우를 말한다. |

## 18

Repetitive Learning (1회 2회 3회)

다음 중 산업안전보건법상 사업주의 의무와 가장 거리가 먼 것은?

① 관련법과 법에 따른 명령에서 정하는 산업재해 예방을 위한 기준을 지켜야 한다.

② 해당 사업장의 안전·보건에 관한 정보를 근로자에게 제공하여야 한다.

③ 근로조건을 개선하여 적절한 작업환경을 조성하여야 한다.

④ 산업안전·보건정책을 수립·집행·조정 및 통제하여야 한다.

해설

- ④는 정부의 책무이다.

:: 사업주의 의무

- 산업재해 예방을 위한 기준을 지킬 것
- 근로자의 신체적 피로와 정신적 스트레스 등을 줄일 수 있는 쾌적한 작업환경을 조성하고 근로조건을 개선할 것
- 해당 사업장의 안전·보건에 관한 정보를 근로자에게 제공할 것

0902 / 1601 / 2102

## 19

Repetitive Learning (1회 2회 3회)

무재해 운동 추진기법 중 팀의 일체감, 연대감을 조성할 수 있고 동시에 대뇌 구피질에 좋은 이미지를 불어 넣어 안전행동을 하도록 하는 방법은?

① 역할연기(Role playing)

② 터치 앤 콜(Touch and call)

③ 브레인스토밍(Brain storming)

④ TBM(Tool Box Meeting)

해설

- 역할연기훈련이란 작업 전 5분간 미팅의 시나리오를 작성하여 멤버가 시나리오에 의하여 역할연기(Role – playing)를 함으로써 체험 학습하는 기법을 말한다.
- 브레인스토밍은 6 ~ 12명의 구성원으로 타인의 비판 없이 자유로운 토론을 통하여 다량의 독창적인 아이디어를 이끌어내고, 대안적 해결안을 찾기 위한 집단적 사고기법이다.
- TBM은 현장에서 그때 그 장소의 상황에서 즉응하여 실시하는 위험예지활동으로 즉시즉응법이라고도 한다.

:: 터치 앤 콜(Touch and call)

- 작업현장에서 팀 전원이 서로의 피부(어깨, 손 등)를 맞대고 팀 행동목표를 지적·확인하는 과정을 말한다.
- 팀의 일체감, 연대감을 조성할 수 있고 동시에 대뇌 구피질에 좋은 이미지를 불어 넣어 안전행동을 하도록 한다.

0304

## 20

Repetitive Learning 

다음에서 안전사고와 생산공정과의 관계를 가장 적절히 표현한 것은?

① 안전사고란 생산공정과는 별개의 사건이다.

② 안전사고는 생산공정에 별 영향을 주지 않는다.

③ 안전사고는 생산공정이 잘못되었다는 것을 입증하는 것이다.

④ 안전사고란 생산공정이 잘못되었다는 것을 암시하는 잠재적 정보지표이다.



18 ④ 19 ② 20 ④ 정답

해설

- 안전사고는 생산공정이 잘못되었음을 암시하는 잠재적 정보지표로 간주하고 생산공정에 대한 상세한 분석을 해야 한다.

:: 안전사고(Accident)

- 고의성이 없이 불안전한 행동이나 조건에 의해 일이 지연되거나 능률이 떨어지고 직·간접적으로 사람이나 재산의 손실을 가져올 수 있는 사건을 말한다.
- 생산공정이 잘못되었음을 암시하는 잠재적 정보지표이다.

## 2과목 산업심리 및 교육

1902 / 2202

**21** Repetitive Learning (1회 2회 3회)

다음 중 생활하고 있는 현실적인 장면에서 해결방법을 찾아내는 것으로 지식, 기능, 태도, 기술 등을 종합적으로 획득하도록 하는 학습방법은?

① 문제법(Problem method)
② 롤 플레잉(Role playing)
③ 버즈세션(Buzz session)
④ 케이스 메소드(Case method)

해설

- 롤 플레잉은 집단 심리요법의 하나로서 자기 해방과 타인 체험을 목적으로 하는 체험활동을 통해 대인관계에 있어서의 태도변용이나 통찰력, 자기이해를 목표로 개발된 교육방법이다.
- 버즈세션은 6명씩 소집단으로 구분하고, 집단별로 각각의 사회자를 선발하여 6분간씩 자유토의를 행하여 의견을 종합하는 방법이다.
- 케이스 메소드는 먼저 사례를 발표하고 문제적 사실들과 그의 상호 관계에 대하여 검토하고 대책을 토의하는 방법을 말한다.

:: 문제법(Problem method)

- 문제해결법이라고도 한다.
- 생활하고 있는 현실적인 장면에서 해결방법을 찾아내는 것으로 지식, 기능, 태도, 기술 등을 종합적으로 획득하도록 하는 학습방법을 말한다.

**22** Repetitive Learning (1회 2회 3회)

다음 중 피로의 현상으로 볼 수 없는 것은?

① 주관적 피로 ② 중추신경의 피로
③ 반사운동신경 피로 ④ 근육 피로

해설

- 주관적 피로는 객관적 피로, 생리적 피로와 같은 피로가 나타나고 느끼는 형태를 표현한다.

:: 피로의 현상

- 중추신경의 피로
- 반사운동신경 피로
- 근육 피로

0702 / 1704

**23** Repetitive Learning (1회 2회 3회)

상황성 누발자의 재해유발원인으로 가장 적절한 것은?

① 소심한 성격
② 주의력의 산만
③ 기계설비의 결함
④ 침착성 및 도덕성의 결여

해설

- 상황성 누발자는 작업의 어려움, 기계설비의 결함, 심신의 근심, 환경상 주의력 집중이 곤란해 재해를 유발시킨다.

:: 상황성 누발자

㉠ 개요
- 상황성 누발자란 작업이 어렵거나 설비의 결함, 심신의 근심 때문에 재해를 여러 번 겪은 사람을 말한다.

㉡ 재해유발 원인
- 작업이 어렵기 때문
- 기계설비에 결함이 있기 때문
- 심신에 근심이 있기 때문
- 환경상 주의력의 집중이 혼란되기 때문

**24** Repetitive Learning (1회 2회 3회)

다음 중 안전·보건교육계획에 포함하여야 할 사항과 가장 거리가 먼 것은?

① 교육방법
② 교육장소
③ 교육생 의견
④ 교육목표

해설

- 안전보건교육 계획에 포함되어야 할 사항에는 ①, ②, ④ 외에 교육의 종류 및 대상, 교육과목 및 내용, 교육기간 및 시간 등이 있다.

정답 | 21 ① 22 ① 23 ③ 24 ③

**안전보건교육 계획과 추진**

㉠ 안전보건교육 계획에 포함되어야 할 사항
- 교육목표(교육 및 훈련의 범위, 교육 보조자료의 준비 및 사용지침, 교육 훈련의 의무와 책임관계)
- 교육의 종류 및 교육대상
- 교육과목 및 교육내용
- 교육기간 및 시간
- 교육장소 및 방법, 담당자 및 강사

㉡ 안전보건교육 진행순서
- 교육의 필요점 발견 → 교육대상 결정 → 교육준비 → 교육실시 → 교육의 성과를 평가

0702 / 1902

## 25 Repetitive Learning (1회 2회 3회)

다음 중 착시현상 중에서 실제로는 움직이지 않는데도 움직이는 것처럼 느껴지는 심리적인 현상을 무엇이라 하는가?

① 잔상 ② 원근 착시
③ 가현운동 ④ 기하학적 착시

해설
- 가현운동은 객관적으로 정지하고 있는 대상물이 급속히 나타난다든가 소멸하는 것으로 인하여 일어나는 운동을 말한다.

**가현운동**
- 착시현상 중에서 실제로는 움직이지 않는데도 움직이는 것처럼 느껴지는 심리적인 현상을 말한다.
- 객관적으로 정지하고 있는 대상물이 급속히 나타난다든가 소멸하는 것으로 인하여 일어나는 운동으로 마치 대상물이 운동하는 것처럼 인식되는 현상을 말한다.
- 영화 영상의 방법에 주로 사용된다.

## 26 Repetitive Learning (1회 2회 3회)

다음 중 측정된 행동에 의한 심리검사로 미네소타 사무직 검사, 개정된 미네소타 필기형 검사, 벤 니트 기계이해 검사가 측정하려고 하는 심리검사의 유형으로 옳은 것은?

① 정신능력검사 ② 흥미검사
③ 적성검사 ④ 운동능력검사

해설
- 적성검사는 어떤 직무에 어울리는지의 능력을 측정하는 검사를 말한다.

**적성검사**
- 측정된 행동에 의한 심리검사이다.
- 어떤 직무에 어울리는지의 능력을 측정하는 검사이다.
- 미네소타 사무직 검사, 개정된 미네소타 필기형 검사, 벤 니트 기계이해 검사 등이 있다.

1502

## 27 Repetitive Learning (1회 2회 3회)

학습평가 도구의 기준 중 "측정의 결과에 대해 누가 보아도 일치되는 의견이 나올 수 있는 성질"은 어떤 특성에 관한 설명인가?

① 타당성 ② 신뢰성
③ 객관성 ④ 실용성

해설
- 타당성은 평가하고자 하는 내용과 일치하는지의 여부를 말한다.
- 실용성은 누구나 쉽게 평가에 사용할 수 있는지의 여부를 말한다.
- 신뢰성은 정확한 결과를 얻을 수 있는지의 여부를 말한다.

**학습평가 도구의 기준**
- 타당성 : 평가하고자 하는 내용과 일치하는지의 여부
- 객관성 : 측정의 결과에 대해 누가 보아도 일치되는 의견이 나올 수 있는지의 여부
- 실용성 : 누구나 쉽게 평가에 사용할 수 있는지의 여부
- 신뢰성 : 정확한 결과를 얻을 수 있는지의 여부

0401 / 0702

## 28 Repetitive Learning (1회 2회 3회)

다음 중 주의의 특성에 대한 설명으로 틀린 것은?

① 주의력을 강화하면 그 기능은 저하한다.
② 주의는 동시에 두 개의 방향으로 집중하지 못한다.
③ 한 지점에 주의를 집중하면 다른 지점의 주의력은 약해진다.
④ 고도의 주의는 오랜 시간 동안을 지속시킬 수 없다.

해설
- 주의력을 강화하면 그 기능은 일시적으로 향상되나 이는 주의의 특성과 관련 없다.

**주의(Attention)의 특징**
- 선택성 – 여러 종류의 자극을 자각할 때, 소수의 특정한 것에 한하여 주의가 집중되는 것으로 인간의 주의력은 한계가 있어 여러 작업에 대해 선택적으로 배분된다는 의미로 시각 정보 등을 받아들일 때 주의를 기울이면 시선이 집중되는 곳의 정보는 잘 받아들이나 주변부의 정보는 놓치기 쉬운 경우에 해당한다.
- 방향성 – 공간적으로 보면 시선의 주시점만 인지하는 기능으로 한 지점에 주의를 집중하면 다른 곳의 주의가 약해지는 성질이 있다.
- 변동성 – 주의는 일정하게 유지되는 것이 아니라 일정한 주기로 부주의하는 리듬이 존재한다.



25 ③ 26 ③ 27 ③ 28 ① 정답

## 29

Repetitive Learning (1회 2회 3회)

다음 중 지도자 자신이 자신에게 부여한 권한은?

① 강압적 권한
② 보상적 권한
③ 합법적 권한
④ 위임된 권한

해설

- 전문성의 권한은 리더의 능력에 의해 생성되는 권한인 반면, 위임된 권한은 리더 자신이 직접 자신에게 부여한 권한이다.

**리더십 권한**

㉠ 조직이 리더에게 부여한 권한
- 합법적 권한 : 군대, 교사, 정부기관 등 합법적 권력이 가지는 권한
- 강압적 권한 : 부하의 처벌, 승진 누락, 봉급의 인상 거부 등 강압적인 힘을 갖는 권한
- 보상적 권한 : 승진, 봉급 인상 등 역할에 대한 보상을 부여하는 권한

㉡ 조직이 리더에게 부여하지 않았지만 조건이 맞을 경우 자발적으로 생성되는 권한
- 위임된 권한 : 목표달성을 위하여 부하 직원들이 상사를 존경하여 상사와 함께 일하고자 할 때 상사에게 부여되는 권한 혹은 지도자 자신이 스스로에게 부여한 권한
- 전문성의 권한 : 전문적 지식을 가진 리더를 부하들이 스스로 따르는 것으로 지도자 자신의 능력에 의해 생성되는 권한
- 준거적 권한 : 리더의 개인적 매력이 중요하며, 매력적인 리더와 함께 하고 싶은 부하들에 의해 조직의 발전이 이뤄진다는 것

0304

## 30

Repetitive Learning (1회 2회 3회)

다음 중 안전교육 목표에 포함시켜야 할 사항으로 가장 적절한 것은?

① 강의 순서
② 과정 소개
③ 강의 개요
④ 교육 및 훈련의 범위

해설

- 안전교육의 목표에는 교육 및 훈련의 범위, 교육 보조자료의 준비 및 사용지침, 교육 훈련의 의무와 책임관계 등이 포함되어야 한다.

**안전보건교육 계획과 추진**

문제 24번의 유형별 핵심이론 참조

0704 / 2201

## 31

Repetitive Learning (1회 2회 3회)

다음 중 산업심리의 5대 요소에 해당하지 않는 것은?

① 지능 ② 동기
③ 감정 ④ 습성

해설

- 산업심리의 5요소에는 동기, 기질, 감정, 습성, 습관이 있다.

**산업안전심리의 5요소**

| | |
|---|---|
| 동기 (Motive) | 능동적인 감각에 의한 자극에서 일어난 사고의 결과로서 사람의 마음을 움직이는 원동력이 되는 것이다. |
| 기질 (Temper) | 감정적인 경향이나 반응에 관계되는 성격의 한 측면이다. |
| 감정 (Emotion) | 생활체가 어떤 행동을 할 때 생기는 주관적인 동요를 뜻한다. |
| 습성 (Habits) | 한 종에 속하는 개체의 대부분에서 볼 수 있는 일정한 생활양식으로 본능, 학습, 조건반사 등에 따라 형성된다. |
| 습관 (Custom) | 성장과정을 통해 형성된 특성 등이 무의식중에 습관화된 것으로 동기, 기질, 감정, 습성 등이 영향을 끼친다. |

1204 / 1302 / 1701 / 1801 / 1804 / 2104

## 32

Repetitive Learning (1회 2회 3회)

산업안전보건법령상 사업 내 안전・보건교육 중 건설업 일용근로자에 대한 건설업 기초안전・보건교육의 교육시간으로 맞는 것은?

① 1시간 ② 2시간
③ 3시간 ④ 4시간

해설

- 건설업 일용근로자에 대한 건설업 기초안전・보건교육의 교육시간은 4시간이다.

**안전・보건 교육시간 기준** 실필 1801/1201/0904/0804

| 교육과정 | 교육대상 | | 교육시간 |
|---|---|---|---|
| 정기교육 | 사무직 종사 근로자 | | 매반기 6시간 이상 |
| | 사무직 외의 근로자 | 판매업무에 직접 종사하는 근로자 | 매반기 6시간 이상 |
| | | 판매업무에 직접 종사하는 근로자 외의 근로자 | 매반기 12시간 이상 |
| | 관리감독자 | | 연간 16시간 이상 |
| 채용 시의 교육 | 일용근로자 및 근로계약기간이 1주일 이하인 기간제근로자 | | 1시간 이상 |
| | 근로계약기간이 1주일 초과 1개월 이하인 기간제근로자 | | 4시간 이상 |
| | 그 밖의 근로자 | | 8시간 이상 |

<table>
<tr><td rowspan="2">작업내용 변경 시의 교육</td><td colspan="2">일용근로자 및 근로계약기간이 1주일 이하인 기간제근로자</td><td>1시간 이상</td></tr>
<tr><td colspan="2">그 밖의 근로자</td><td>2시간 이상</td></tr>
<tr><td rowspan="3">특별교육</td><td rowspan="2">일용 및 근로계약기간이 1주일 이하인 기간제근로자</td><td>타워크레인 신호업무 제외</td><td>2시간 이상</td></tr>
<tr><td>타워크레인 신호업무</td><td>8시간 이상</td></tr>
<tr><td colspan="2">일용 및 근로계약기간이 1주일 이하인 기간제근로자 제외 근로자</td><td>• 16시간 이상(작업전 4시간, 나머지는 3개월 이내 분할 가능)<br>• 단기간 또는 간헐적 작업인 경우에는 2시간 이상</td></tr>
<tr><td>건설업 기초안전·보건 교육</td><td colspan="2">건설 일용근로자</td><td>4시간 이상</td></tr>
</table>

0804 / 1801

## 33 Repetitive Learning (1회 2회 3회)

안전교육방법 중 Off J.T(Off the Job Training) 교육의 특징이 아닌 것은?

① 훈련에만 전념하게 된다.
② 전문가를 강사로 활용할 수 있다.
③ 개개인에게 적절한 지도훈련이 가능하다.
④ 다수의 근로자에게 조직적 훈련이 가능하다.

해설

- 개개인에게 맞는 적절한 지도훈련이 가능한 것은 O.J.T(On the Job Training)의 특징이다.

**Off J.T(Off the Job Training)**

㉠ 개요
- 교육대상자를 대상으로 업무현장 밖에서 하는 집단교육을 말한다.

㉡ 형태
- 강의
- 사례연구
- 역할연기
- 집단토론

㉢ 특징

<table>
<tr><td>장점</td><td>• 교재, 시설 등을 효과적으로 이용할 수 있다.<br>• 업무와 훈련이 동시에 진행되는 것이 아닌 만큼 훈련에만 전념하게 된다.<br>• 외부의 우수한 전문가를 강사로 활용할 수 있다.<br>• 다수의 근로자를 대상으로 일괄적, 조직적, 체계적인 훈련이 가능하다.<br>• 교육생 간 혹은 타 직장의 근로자와 지식이나 경험을 교류할 수 있다.</td></tr>
<tr><td>단점</td><td>• 개인의 안전지도 방법에는 부적당하다.<br>• 교육으로 인해 업무가 중단되는 손실이 발생한다.</td></tr>
</table>

## 34 Repetitive Learning (1회 2회 3회)

다음 중 작업동기에 있어 행동의 3가지 결정요인으로 볼 수 없는 것은?

① 능력
② 수행
③ 동기
④ 상황적 제약조건

해설

- 수행은 행동과 함께 동기에서 중요한 5가지 개념에는 포함되나 행동의 3가지 결정요인에는 포함되지 않는다.

**작업동기에 있어 행동의 3가지 결정요인**
- 능력 : 행동의 첫 번째 결정요인으로 "무엇을 할 수 있는가?"
- 상황적 제약조건 : 행동의 두 번째 결정요인으로 "행동을 촉진하거나 저해하는 환경적 요인은 무엇인가?"
- 동기 : 행동의 세 번째 결정요인으로 "하고자 하는 의지가 있는가?"

1601

## 35 Repetitive Learning (1회 2회 3회)

다음 중 비공식 집단에 관한 설명으로 가장 거리가 먼 것은?

① 비공식 집단은 조직구성원의 태도, 행동 및 생산성에 지대한 영향력을 행사한다.
② 가장 응집력이 강하고 우세한 비공식 집단은 수직적 동료집단이다.
③ 혼합적 혹은 우선적 동료집단은 각기 상이한 부서에 근무하는 직위가 다른 성원들로 구성된다.
④ 비공식 집단은 관리영역 밖에 존재하고 조직도상에 나타나지 않는다.

해설

- 가장 응집력이 강하고 우세한 비공식 집단은 수평적 동료집단이다.

**비공식 집단**
- 비공식 집단은 조직구성원의 태도, 행동 및 생산성에 지대한 영향력을 행사한다.
- 비공식 집단은 관리영역 밖에 존재하고 조직도상에 나타나지 않는다.
- 가장 응집력이 강하고 우세한 비공식 집단은 수평적 동료집단이다.
- 혼합적 혹은 우선적 동료집단은 각기 상이한 부서에 근무하는 직위가 다른 성원들로 구성된다.
- 호손 실험(Hawthorne experiment)은 비공식 집단 및 인간관계의 중요성을 확인한 실험이다.



33 ③ 34 ② 35 ② 정답

1602

## 36 Repetitive Learning (1회 2회 3회)

인간의 동작에 영향을 주는 요인을 외적 조건과 내적 조건으로 분류할 때 외적 조건에 해당하지 않는 것은?

① 높이, 폭, 길이, 크기 등의 조건
② 근무경력, 적성, 개성 등의 조건
③ 대상물의 동적 성질에 따른 조건
④ 기온, 습도, 조명, 소음 등의 조건

해설

- 근무경력, 적성, 개성 등의 조건은 인간의 동작특성 중 내적 조건에 해당한다.

:: 인간의 동작특성
㉠ 내적 조건
- 인간의 동작특성에서 내적 조건에는 경력, 적성, 개성, 개인차, 생리적 조건 등이 있다.

㉡ 외적 조건
- 대상물의 동적 성질에 따른 조건이 있다.
- 높이, 크기, 깊이, 색채(대비, 강조, 재현) 등의 조건이 있다.
- 기온, 습도, 조명, 소음 등의 조건이 있다.

0301 / 0604

## 37 Repetitive Learning (1회 2회 3회)

다음 중 일반적으로 5관의 활용에 있어 교육의 효과 정도가 가장 적절하게 연결된 것은?

① 후각 – 50% 정도
② 시각 – 15% 정도
③ 촉각 – 60% 정도
④ 청각 – 25% 정도

해설

- 교육훈련의 효과를 순서대로 나열하면 시각(60%) > 청각(20~25%) > 촉각(15%) > 미각(3%) > 후각(2%)의 순이다.

:: 감각기관을 이용한 교육훈련의 효과
- 시각이 가장 효과가 크고 후각이 가장 효과가 작다.
- 교육훈련의 효과를 순서대로 나열하면 시각(60%) > 청각(20~25%) > 촉각(15%) > 미각(3%) > 후각(2%)의 순이다.

## 38 Repetitive Learning (1회 2회 3회)

다음 중 슈퍼(Super. D. E)의 역할이론에 해당하지 않는 것은?

① 역할 연기(Role playing)
② 역할 기대(Role expectation)
③ 역할 적응(Role adaptation)
④ 역할 갈등(Role conflict)

해설

- 슈퍼(Super, D. E)의 역할이론에는 역할 연기, 역할 기대, 역할 갈등, 역할 조성이 있다.

:: 슈퍼(Super, D. E)의 역할이론
- 역할 연기(Role playing) – 자아탐구의 수단인 동시에 자아실현의 수단이다.
- 역할 기대(Role expectation) – 직업에 충실한 사람은 자기역할에 대해 기대하고 감수하는 사람이다.
- 역할 갈등(Role conflict) – 작업에 대하여 상반된 역할이 기대되는 경우에 해당하며 원인에는 역할 마찰, 역할 부적합, 역할모호성 등이 있다.
- 역할 조성(Role shaping) – 개인에게 여러 개의 역할 기대가 있을 경우 그중 일부에 불응하거나 거부하는 경우도 있으며, 혹은 다른 역할을 위해 다른 일을 구하기도 한다.

1004 / 1802

## 39 Repetitive Learning (1회 2회 3회)

강의식 교육에 있어 일반적으로 가장 많은 시간이 소요되는 단계는?

① 도입 ② 제시
③ 적용 ④ 확인

해설

- 강의식은 도입, 제시, 적용, 확인단계 중 제시 단계에서 가장 많은 시간이 소요된다.

:: 강의식(Lecture method)
㉠ 개요
- 안전교육방법 중 수업의 도입이나 초기단계에 적용하며, 단시간에 많은 내용을 교육하는 경우에 가장 적절한 방법이다.
- 짧은 교육기간에 많은 인원의 대상에게 비교적 많은 내용을 전달하기 위한 교육방법이다.
- 도입, 제시, 적용, 확인단계 중 제시 단계에서 가장 많은 시간이 소요된다.

정답 | 36 ② 37 ④ 38 ③ 39 ②

㉡ 특징

- 적은 시간에 많은 내용을 많은 대상에게 교육시킬 수 있어 다른 방법에 비해 경제적이다.
- 전체적인 교육내용을 제시하거나, 새로운 과업 및 작업단위의 도입단계에 유효하다.
- 교육시간에 대한 조정(계획과 통제)이 용이하다.
- 난해한 문제에 대하여 평이하게 설명이 가능하다.
- 상대적으로 피드백이 부족하다. 즉, 피교육생의 참여가 제약된다.
- 교육대상 집단 내 수준차로 인해 교육의 효과가 감소할 가능성이 있다.

2001

**40** — Repetitive Learning (1회 2회 3회)

다음 중 인간의 행동특성에 있어 태도에 관한 설명으로 옳은 것은?

① 태도가 결정되면 단시간 동안만 유지된다.
② 태도의 기능에는 작업적응, 자아방어, 자기표현 등이 있다.
③ 행동결정을 판단하고 지시하는 외적 행동체계라고 할 수 있다.
④ 집단의 심적 태도교정보다 개인의 심적 태도교정이 용이하다.

해설

- 한 번 태도가 결정되면 오랫동안 유지되므로 신중한 태도교육이 진행되어야 한다.
- 행동결정을 판단하고 지시하는 것은 내적 행동체계에 해당한다.
- 개인의 심적 태도교정보다 집단의 심적 태도교정이 용이하다.

**태도형성**

- 태도의 기능에는 작업적응, 자아방어, 자기표현, 지식기능 등이 있다.
- 한 번 태도가 결정되면 오랫동안 유지되므로 신중한 태도교육이 진행되어야 한다.
- 행동결정을 판단하고 지시하는 것은 내적 행동체계에 해당한다.
- 개인의 심적 태도교정보다 집단의 심적 태도교정이 용이하다.

## 3과목 인간공학 및 시스템안전공학

**41** — Repetitive Learning (1회 2회 3회)

다음 중 시스템이나 기기의 개발 설계단계에서 FMEA의 표준적인 실시절차에 해당되지 않는 것은?

① 비용 효과 절충 분석
② 시스템 구성의 기본적 파악
③ 상위 체계에의 고장영향 분석
④ 신뢰도 블록 다이어그램 작성

해설

- FMEA는 시스템에 영향을 미칠 우려가 있는 모든 요소의 고장을 형태별로 해석하여 그 영향을 검토하는 분석방법으로 비용 효과 절충 분석은 절차에 포함되지 않는다.

**FMEA 표준적 실시절차**

| | |
|---|---|
| 1단계<br>대상 시스템의 분석 | 기본방침의 결정, 기능 블록과 신뢰성 블록의 작성, 기기 시스템의 구성 및 기능의 전반적 파악 등 |
| 2단계<br>고장의 유형과 그 영향의 해석 | 고장 등급의 평가, 고장형태의 예측과 설정, 상위 체계에의 고장영향의 검토 등 |
| 3단계<br>치명도 해석과 개선책의 검토 | 치명도 해석, 개선책 마련 등 |

**42** — Repetitive Learning (1회 2회 3회)

동작경제의 원칙 중 작업장 배치에 관한 원칙에 해당하는 것은?

① 공구의 기능을 결합하여 사용하도록 한다.
② 두 팔의 동작은 동시에 서로 반대방향으로 대칭적으로 움직이도록 한다.
③ 가능하다면 쉽고도 자연스러운 리듬이 작업동작에 생기도록 작업을 배치한다.
④ 공구나 재료는 작업동작이 원활하게 수행하도록 그 위치를 정해준다.

해설

- ①은 공구 및 설비 디자인의 원칙이다.
- ②와 ③은 신체 사용의 원칙이다.



40 ② 41 ① 42 ④ 정답

:: 동작경제의 원칙

㉠ 개요

- 작업자가 경제적인 동작을 통해 피로도를 감소시키면서도 능률을 향상시키게 하기 위한 원칙이다.
- 신체 사용의 원칙, 작업장 배치의 원칙, 공구 및 설비 디자인의 원칙으로 분류된다.
- 동작을 가급적 조합하여 하나의 동작으로 한다.
- 동작의 수는 줄이고, 동작의 속도는 적당히 한다.

㉡ 원칙의 분류

| 구분 | 내용 |
|---|---|
| 신체 사용의 원칙 | • 두 손의 동작은 동시에 시작해서 동시에 끝나야 한다.<br>• 휴식시간을 제외하고는 양손을 같이 쉬게 해서는 안 된다.<br>• 손의 동작은 유연하고 연속적인 동작이어야 한다.<br>• 동작이 급작스럽게 크게 바뀌는 직선 동작은 피해야 한다.<br>• 두 팔의 동작은 동시에 서로 반대방향으로 대칭적으로 움직이도록 한다. |
| 작업장 배치의 원칙 | • 공구나 재료는 작업동작이 원활하게 수행하도록 그 위치를 정해준다.<br>• 공구, 재료 및 제어장치는 사용하기 가까운 곳에 배치해야 한다. |
| 공구 및 설비 디자인의 원칙 | • 치구나 족답장치를 이용하여 양손이 다른 일을 할 수 있도록 한다.<br>• 공구의 기능을 결합하여 사용하도록 한다. |

## 43

Repetitive Learning (1회 2회 3회)

다음 중 NIOSH lifting guideline에서 권장무게한계(RWL) 산출에 사용되는 평가 요소가 아닌 것은?

① 수평거리　② 수직거리

③ 휴식시간　④ 비대칭각도

해설

- 휴식시간은 NIOSH의 권장 평균에너지소비량과 관련된 지수로 권장무게한계와는 관련이 멀다.

:: NIOSH 들기지수(LI)

- NIOSH의 중량물 취급지수를 말한다.
- 물체의 무게(kg) / RWL(kg)으로 구한다. 이때 RWL은 추천 중량한계로 들기 편한 정도의 값이다.
- RWL = 23kg × HM × VM × DM × AM × FM × CM으로 구한다.(HM은 수평계수, VM은 수직계수, DM은 거리계수, AM은 비대칭성계수, FM은 빈도계수, CM은 결합계수를 의미한다)

1704 / 2001

## 44

Repetitive Learning (1회 2회 3회)

산업안전보건법령상 유해·위험방지계획서를 제출할 때에는 사업장별로 관련 서류를 첨부하여 해당 작업 시작 며칠 전까지 해당기관에 제출하여야 하는가?

① 7일　② 15일

③ 30일　④ 60일

해설

- 유해·위험방지계획서의 제출 기한은 제조업의 경우는 해당 작업 시작 15일 전, 건설업의 경우는 공사의 착공 전날까지 제출한다.

:: 유해·위험방지계획서의 제출

- 제출대상 사업장의 규모는 전기 계약용량이 300kW 이상인 사업장이다.
- 건설물·기계·기구 및 설비 등 일체를 설치·이전하거나 그 주요 구조부분을 변경할 때에는 고용노동부장관(한국산업안전보건공단)에게 유해·위험방지계획서를 2부 제출하여야 한다.
- 첨부서류는 건축물 각 층의 평면도, 기계·설비의 개요를 나타내는 서류, 기계·설비의 배치도면, 원재료 및 제품의 취급, 제조 등의 작업방법의 개요 등이다.
- 제조업의 경우는 해당 작업시작 15일 전에 제출한다.
- 건설업의 경우는 공사의 착공 전날까지 제출한다.

0801

## 45

Repetitive Learning (1회 2회 3회)

다음 중 FT도에서 사용하는 논리기호에 있어 주어진 시스템의 기본사상을 나타내는 것은?

①　②

③ 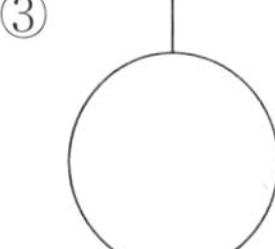　④ 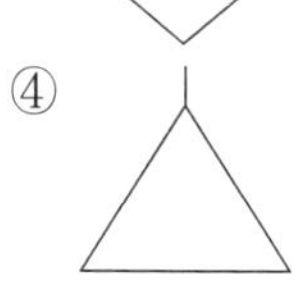

해설

- ①은 결함사상, ②는 생략사상, ④는 전이기호이다.

:: 기본사상(Basic event)

- FT에서는 더 이상 원인을 전개할 수 없는 재해를 일으키는 개별적이고 기본적인 원인들로 기계적 고장, 작업자의 실수 등을 말한다.
- 더 이상의 세부적인 분류가 필요 없는 사상으로 주어진 시스템의 기본사상을 나타낸다.
- ○ 로 표시한다.

정답 | 43 ③　44 ②　45 ③

1601 / 1902 / 2201

## 46

Repetitive Learning 1회 2회 3회

어떤 결함수를 분석하여 Minimal cut set을 구한 결과 다음과 같았다. 각 기본사상의 발생확률을 $q_i$, i=1,2,3 이라 할 때 정상사상의 발생확률함수로 옳은 것은?

| $k_1 = [1,2],\ k_2 = [1,3],\ k_3 = [2,3]$ |
|---|

① $q_1q_2 + q_1q_2 - q_2q_3$
② $q_1q_2 + q_1q_3 - q_2q_3$
③ $q_1q_2 + q_1q_3 + q_2q_3 - q_1q_2q_3$
④ $q_1q_2 + q_1q_3 + q_2q_3 - 2q_1q_2q_3$

**해설**

- 최소 컷 셋을 FT로 표시하면 다음과 같다.

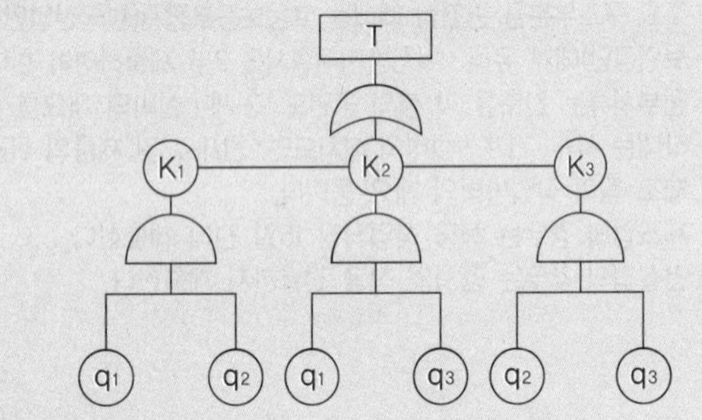


- $K_1 = q_1 \cdot q_2$이고, $K_2 = q_1 \cdot q_3$, $K_3 = q_2 \cdot q_3$이다.
- T는 이들을 OR로 연결하였으므로 발생확률에서 OR연결의 경우 $T = 1-(1-P(K_1))(1-P(K_2))(1-P(K_3))$이 된다.
- $T = 1-(1-q_1q_2)(1-q_1q_3)(1-q_2q_3)$으로 표시된다.
- $(1-q_1q_2)(1-q_1q_3) = 1-q_1q_3-q_1q_2+q_1q_2q_3$이고,
  $(1-q_1q_3-q_1q_2+q_1q_2q_3)(1-q_2q_3)$
  $= 1-q_2q_3-q_1q_3+q_1q_2q_3-q_1q_2+q_1q_2q_3+q_1q_2q_3-q_1q_2q_3$
  $= 1-q_2q_3-q_1q_3-q_1q_2+2(q_1q_2q_3)$이 되므로 이를 대입하면
  $T = 1-1+q_2q_3+q_1q_3+q_1q_2-2(q_1q_2q_3)$가 된다.
  이는 $T = q_2q_3+q_1q_3+q_1q_2-2(q_1q_2q_3)$로 정리된다.

**FT도에서 정상(고장)사상 발생확률**

㉠ AND(직렬)연결 시
- 사상 A의 발생확률을 $P_A$, 사상 B, 사상 C 발생확률을 $P_B$, $P_C$라 할 때 $P_A = P_B \times P_C$로 구할 수 있다.

㉡ OR(병렬)연결 시
- 사상 A의 발생확률을 $P_A$, 사상 B, 사상 C 발생확률을 $P_B$, $P_C$라 할 때 $P_A = 1-(1-P_B)\times(1-P_C)$로 구할 수 있다.

## 47

Repetitive Learning 1회 2회 3회

불안전한 행동을 유발하는 요인 중 인간의 생리적 요인이 아닌 것은?

① 근력
② 반응시간
③ 감지능력
④ 주의력

**해설**

- 주의력은 생리적 요인이 아니라 심리적 요인에 해당한다.

**불안전한 행동유발 생리적 요인과 현상**

- 불안전한 행동을 유발하는 생리적 요인에는 근력, 반응시간, 감지능력 등이 있다.
- 맥박수, 심박수, 근전도, 뇌전위, 산소소비량, 동공반응, 체액의 화학적 변화 등을 통해 확인할 수 있다.
- 불안전한 행동을 유발하는 생리적 현상에는 육체적 능력의 초과, 신경 계통의 이상, 근육 운동의 부적합, 시력 및 청각의 이상, 극도의 피로 등이 있다.

## 48

Repetitive Learning 1회 2회 3회

다음 중 시스템 신뢰도에 관한 설명으로 옳지 않은 것은?

① 시스템의 성공적 퍼포먼스를 확률로 나타낸 것이다.
② 각 부품이 동일한 신뢰도를 가질 경우 직렬구조의 신뢰도는 병렬구조에 비해 신뢰도가 낮다.
③ 시스템의 병렬구조는 시스템의 어느 한 부품이 고장 나면 시스템이 고장 나는 구조이다.
④ n중 k구조는 n개의 부품으로 구성된 시스템에서 k개 이상의 부품이 작동하면 시스템이 정상적으로 가동되는 구조이다.

**해설**

- 시스템의 어느 한 부품이 고장 나면 시스템이 고장 나는 구조는 직렬계에 대한 설명이다.

**병렬계**

- 요소의 수가 많을수록 계(系)의 신뢰도는 높아진다.
- 요소의 수가 많을수록 계(系)의 수명이 길어진다.
- 요소의 전부가 고장이 발생하여야 계(系)가 고장이 발생하므로 계의 수명은 요소 중 수명이 가장 긴 것으로 정해진다.



46 ④ 47 ④ 48 ③ | 정답

1504

## 49 Repetitive Learning (1회 2회 3회)

다음 FT도에서 정상사상(Top event)이 발생하는 최소 컷 셋의 P(T)는 약 얼마인가?(단, 원 안의 수치는 각 사상의 발생확률이다)

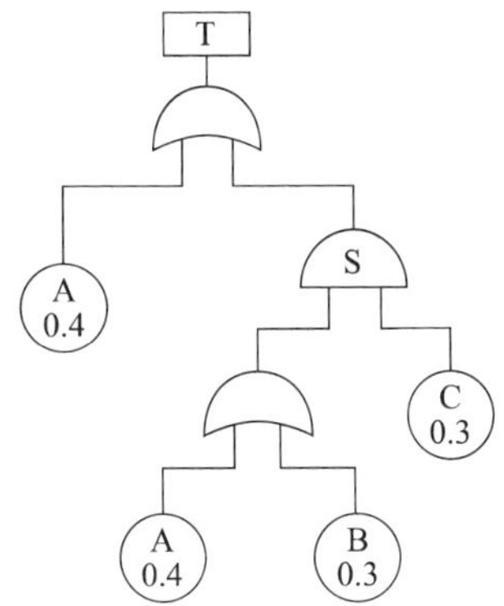


① 0.311　　② 0.454

③ 0.504　　④ 0.928

**해설**

- 최소 컷 셋의 발생확률을 구하므로 일단 식을 간단히 해서 최소 컷 셋을 구하기로 한다.
- S = (A+B)C 이므로 T = A + (A+B)C 이다.
  T = A + AC + BC = A(1+C) + BC = A+BC이다.(최소 컷 셋)
- BC는 B와 C의 논리곱이고 P(BC)=0.09이므로
  T = 1−(1−0.4)(1−0.09)가 된다.
  T = 1−(0.6 × 0.91) = 1 − 0.546 = 0.454가 된다.

∷ FT도에서 정상(고장)사상 발생확률
문제 46번의 유형별 핵심이론∷ 참조

2104

## 50 Repetitive Learning

다음 중 개선의 ECRS의 원칙에 해당하지 않는 것은?

① 제거(Eliminate)　　② 결합(Combine)

③ 재조정(Rearrange)　　④ 안전(Safety)

**해설**

- 안전이 아니라 단순화가 되어야 한다.

∷ 작업방법 개선의 ECRS

| E | 제거(Eliminate) | 불필요한 작업요소 제거 |
|---|---|---|
| C | 결합(Combine) | 작업요소의 결합 |
| R | 재배치(Rearrange) | 작업순서의 재배치 |
| S | 단순화(Simplify) | 작업요소의 단순화 |

1704

## 51 Repetitive Learning (1회 2회 3회)

건습구온도계에서 건구온도가 24℃이고 습구온도가 20℃일 때, Oxford 지수는 얼마인가?

① 20.6℃

② 21.0℃

③ 23.0℃

④ 23.4℃

**해설**

- 0.85 × 20 + 0.15 × 24 = 17 + 3.6 = 20.6℃이다.

∷ Oxford 지수
- 습구온도와 건구온도의 가중 평균치로 습건지수라고도 한다.
- Oxford 지수는 0.85 × 습구온도 + 0.15 × 건구온도로 구한다.

1604

## 52 Repetitive Learning (1회 2회 3회)

경보사이렌으로부터 10m 떨어진 곳에서 음압수준이 140dB이면 100m 떨어진 곳에서 음의 강도는 얼마인가?

① 100dB

② 110dB

③ 120dB

④ 140dB

**해설**

- $dB_2 = dB_1 - 20\log\left(\frac{P_2}{P_1}\right)$에서 $dB_1 = 140$, $P_1 = 10$, $P_2 = 100$을 대입하면 $dB_2 = 140 - 20\log\left(\frac{100}{10}\right)$이다. 140−20 = 120이다.

∷ 음압수준
- 음압(Sound pressure)은 물리적으로 측정한 음의 크기를 말한다.
- 소음원으로부터 $P_1$만큼 떨어진 위치에서 음압수준이 $dB_1$일 경우 $P_2$만큼 떨어진 위치에서의 음압수준은 $dB_2 = dB_1 - 20\log\left(\frac{P_2}{P_1}\right)$로 구한다.
- 소음원으로부터 거리와 음압수준은 역비례한다.

정답 | 49 ② 50 ④ 51 ① 52 ③

## 53

Repetitive Learning 1회 2회 3회

다음 중 설비의 고장과 같이 특정시간 또는 구간에 어떤 사건의 발생확률이 적은 경우 그 사건의 발생횟수를 측정하는 데 가장 적합한 확률분포는?

① 와이블분포(Weibull distribution)
② 포와송분포(Poisson distribution)
③ 지수분포(Exponential distribution)
④ 이항분포(Binomial distribution)

**해설**

- 와이블분포는 재료의 파괴강도를 분석하면서 고안한 확률분포로 기계부품의 수명분포를 표현하는 데 적합하다.
- 지수분포는 설비의 고장률이 설비의 사용기간에 영향을 미치지 않는 일정한 수명분포로 포와송분포와 관련된다.
- 이항분포는 이산확률분포로 항이 두 개가 있는 분포에 사용된다.

**Poisson 분포**

- 단위 시간 안에 어떤 사건이 몇 번 발생할 것인지를 표현하는 이산확률분포를 말한다.
- 설비의 고장과 같이 특정시간 또는 구간에 어떤 사건의 발생확률이 적은 경우 그 사건의 발생횟수를 측정하는 데 적합하다.
- 어떤 사건이 발생하는 시간(Arrival time)이 서로 독립적으로 분포하는 지수분포에서 확률변수의 발생과정을 Poisson 과정이라 한다.

## 54

Repetitive Learning 

다음 중 신체 동작의 유형에 관한 설명으로 틀린 것은?

① 내선(Medial rotation) : 몸의 중심선으로의 회전
② 외전(Abduction) : 몸의 중심으로의 회전
③ 굴곡(Flexion) : 신체 부위 간의 각도가 감소
④ 신전(Extension) : 신체 부위 간의 각도가 증가

**해설**

- 중심선으로부터 밖으로(외) 이동(전)하는 신체동작은 외전이고, 외부에서부터 중심선으로 이동하는 신체동작은 내전이다.
- 중심선으로부터 밖으로 회전(선)하는 신체동작은 외선이고, 외부에서부터 중심선으로 회전하는 신체동작은 내선이다.

**인체의 동작 유형**

| | |
|---|---|
| 내전(Adduction) | 신체의 외부에서 중심선으로 이동하는 신체의 움직임 |
| 외전(Abduction) | 신체 중심선으로부터 밖으로 이동하는 신체의 움직임 |
| 굴곡(Flexion) | 신체부위 간의 각도가 감소하는 관절동작 |
| 신전(Extension) | 신체부위 간의 각도가 증가하는 관절동작 |
| 내선(Medial rotation) | 신체의 바깥쪽에서 중심선 쪽으로 회전하는 신체의 움직임 |
| 외선(Lateral rotation) | 신체의 중심선으로부터 회전하는 신체의 움직임 |

## 55

Repetitive Learning 

특정한 목적을 위해 시각적 암호, 부호 및 기호를 의도적으로 사용할 때에 반드시 고려하여야 할 사항과 가장 거리가 먼 것은?

① 검출성　② 판별성
③ 양립성　④ 심각성

**해설**

- 암호화 시 고려할 사항에는 검출성, 표준화, 변별성, 양립성, 부호의 의미, 다차원 암호 사용가능성 등이 있다.

**암호화(Coding)**

㉠ 개요
- 원래의 신호 정보를 새로운 형태로 변화시켜 표시하는 것을 말한다.
- 형상, 크기, 색채 등 작업자가 쉽게 기계 및 기구를 식별하도록 암호화한다.

㉡ 암호화 지침

| | |
|---|---|
| 검출성 | 감지가 쉬워야 한다. |
| 표준화 | 표준화되어야 한다. |
| 변별성 | 다른 암호 표시와 구별될 수 있어야 한다. |
| 양립성 | 인간의 기대와 모순되지 않아야 한다. |
| 부호의 의미 | 사용자가 그 뜻을 분명히 알 수 있어야 한다. |
| 다차원의 암호 사용가능 | 두 가지 이상의 암호 차원을 조합해서 사용하면 정보전달이 촉진된다. |



53 ② 54 ② 55 ④ 정답

## 56

Repetitive Learning 1회 2회 3회

다음 중 수공구 설계의 기본원리로 가장 적절하지 않은 것은?

① 손잡이의 단면이 원형을 이루어야 한다.
② 정밀작업을 요하는 손잡이의 직경은 2.5 ~ 4cm로 한다.
③ 일반적으로 손잡이의 길이는 95%tile 남성의 손 폭을 기준으로 한다.
④ 동력공구의 손잡이는 두 손가락 이상으로 작동하도록 한다.

**해설**

- 정밀작업용 수공구의 손잡이는 직경 5~12mm가 적당하다.

**수공구의 일반적인 설계 원칙**

- 손목은 곧게 유지되도록 설계한다.
- 반복적인 손가락 동작을 피하도록 설계한다.
- 손잡이는 접촉면적을 가능하면 크게 한다.
- 조직에 가해지는 압력을 피하도록 설계한다.
- 공구의 무게를 줄이고 사용 시 무게 균형이 유지되도록 한다.
- 정밀작업용 수공구의 손잡이는 직경 5 ~ 12mm가 적당하다.
- 일반적으로 손잡이의 길이는 95%tile 남성의 손 폭을 기준으로 한다.
- 힘을 요하는 수공구의 손잡이는 직경 50 ~ 60mm가 적당하다.
- 동력공구의 손잡이는 두 손가락 이상으로 작동하도록 한다.

1504

## 57

Repetitive Learning 

금속세정작업장에서 실시하는 안전성 평가단계를 다음과 같이 5가지로 구분할 때 다음 중 4단계에 해당하는 것은?

- 재평가
- 안전대책
- 정량적 평가
- 정성적 평가
- 관계 자료의 작성 준비

① 안전대책
② 정성석 평가
③ 정량적 평가
④ 재평가

**해설**

- FTA에 의한 재평가를 제외한 1~5단계까지를 순서대로 배열했을 때 4단계는 안전대책의 수립단계이다.

**안전성 평가 6단계**

| 단계 | 내용 |
|---|---|
| 1단계 | 관계 자료의 작성 준비 |
| 2단계 | • 정성적 평가<br>• 설계(공장의 입지조건, 공장 내 배치)와 운전관계에 대한 평가 |
| 3단계 | • 정량적 평가<br>• 취급물질, 용량, 온도, 압력 및 조작을 통한 위험도 평가 |
| 4단계 | • 안전대책 수립<br>• 보전, 설비대책과 관리적 대책 |
| 5단계 | 재해정보에 의한 재평가 |
| 6단계 | FTA에 의한 재평가 |

## 58

Repetitive Learning 1회 2회 3회

다음 중 위험관리에 있어 위험조정기술로 가장 적절하지 않은 것은?

① 책임(Responsibility) ② 위험 감축(Reduction)
③ 보류(Retention) ④ 위험 회피(Avoidance)

**해설**

- 위험조정방법에는 크게 회피, 보류, 전가, 감축이 있다.

**리스크 통제를 위한 4가지 방법** 실필 1302

| 방법 | 내용 |
|---|---|
| 위험회피(Avoidance) | 가장 일반적인 위험조정기술 |
| 위험보류(Retention) | 위험에 따른 장래의 손실을 스스로 부담하는 방법으로 충당금이 가장 대표적인 위험보류방법 |
| 위험전가(Transfer) | 잠재적인 손실을 보험회사 등에 전가하는 것으로 보험이 가장 대표적인 위험전가방법 |
| 위험감축(Reduction) | 손실 발생 횟수 및 규모를 축소하는 방법 |

## 59

Repetitive Learning 1회 2회 3회

다음 중 신체의 열교환 과정을 나타내는 공식으로 올바른 것은?(단, ΔS는 신체열함량변화, M은 대사열발생량, W는 수행한 일, R은 복사열교환량, C는 대류열교환량, E는 증발열발산량을 의미한다)

① $\Delta S = (M - W) + R + C - E$
② $\Delta S = (M + W) \pm R + C + E$
③ $\Delta S = (M - W) + R + C \pm E$
④ $\Delta S = (M - W) - R - C \pm E$

해설

- 열교환 과정에서 S는 열(에너지) 축적에 해당한다. 즉, +는 열이 인체에 들어오는 것, −는 열이 인체 밖으로 빠져나가는 과정으로 볼 때 (−)에만 해당하는 것은 수행한 일과 증발량에 해당한다.

**인체의 열교환**

㉠ 경로

| | |
|---|---|
| 복사 | 한겨울에 햇볕을 쬐면 기온은 차지만 따스함을 느끼는 것 |
| 대류 | 같은 온도에서도 바람이 부느냐 불지 않느냐에 따라 열 손실이 달라지는 것 |
| 전도 | 달구어진 옥상 바닥을 손바닥으로 짚을 때 손바닥에 열이 전해지는 것 |
| 증발 | 피부 표면을 통해 인체의 열이 증발하는 것 |

㉡ 열교환 과정

- $S = (M - W) \pm R \pm C - E$
  단, S는 열 축적, M은 대사, W는 일, R은 복사, C는 대류, E는 증발을 의미한다.
- 열교환에 영향을 미치는 요소에는 기온(Temperature), 기습(Humidity), 기류(Air movement) 등이 있다.

## 60 — Repetitive Learning (1회 2회 3회)

다음 중 기계 또는 설비에 이상이나 오동작이 발생하여도 안전사고를 발생시키지 않도록 2중 또는 3중으로 통제를 가하도록 한 체계에 속하지 않는 것은?

① 다경로 하중구조
② 하중경감구조
③ 교대구조
④ 격리구조

해설

- 페일 세이프 설계(Fail-safe design)의 원리에는 다경로 하중구조, 하중경감구조, 교대구조, 이중구조 등이 있다.

**페일 세이프 설계(Fail-safe design)**

㉠ 개요

- 오류가 발생하였더라도 피해를 최소화하는 설계를 말한다.
- 과전압이 걸리면 전기를 차단하는 차단기, 퓨즈 등을 설치하여 오류가 재해로 이어지지 않도록 사고를 예방하는 설계 원칙을 말한다.
- 시스템 안전 설계 단계 중 위험상태의 최소화 단계에 해당한다.

㉡ 원리

| | |
|---|---|
| 다경로 하중구조 (Redundant structure) | 많은 수의 부재로 구성하여 하나의 부재가 파괴되더라도 하중을 분담하는 구조 |
| 하중경감구조 (Load dropping structure) | 주 부재에 보강재를 추가로 설치하여 주 부재에 균열이 발생하더라도 보강재가 이를 방지하도록 하는 구조 |
| 교대구조 (Backup structure) | 예비구조를 미리 준비해뒀다가 하중을 담당하는 부재가 파괴되면 예비구조가 이를 대신하여 하중을 담당하는 구조 |
| 이중구조 (Double structure) | 1개의 큰 부재 대신에 여러 개의 작은 부재를 결합하여 강도를 담당하도록 설계한 구조 |

# 4과목 건설시공학

0804 / 1004

## 61 — Repetitive Learning (1회 2회 3회)

레디믹스트콘크리트(Ready mixed concrete)의 슬럼프가 80mm 이상일 때의 슬럼프 허용오차 기준으로 옳은 것은?

① ±10mm
② ±15mm
③ ±20mm
④ ±25mm

해설

- 레디믹스트콘크리트(Ready mixed concrete)는 콘크리트 제조설비를 갖춘 공장으로부터 구입자에게 배달되는 지점에 있어서의 품질을 지시하여 구입할 수 있는 굳지 않은 콘크리트로, 슬럼프가 80mm 이상일 때 허용오차는 ±25mm이다.

**레디믹스트콘크리트(Ready mixed concrete)의 슬럼프 허용오차**

| 슬럼프[mm] | 허용오차[mm] |
|---|---|
| 25 | ±10 |
| 50 및 65 | ±15 |
| 80 이상 | ±25 |



60 ④ 61 ④ 정답

1902

## 62

Repetitive Learning 

어스앵커 공법에 관한 설명 중 옳지 않은 것은?

① 인근 구조물이나 지중매설물에 관계없이 시공이 가능하다.
② 앵커체가 각각의 구조체이므로 적용성이 좋다.
③ 앵커에 프리스트레스를 주기 때문에 흙막이 벽의 변형을 방지하고 주변 지반의 침하를 최소한으로 억제할 수 있다.
④ 본 구조물의 바닥과 기둥의 위치에 관계없이 앵커를 설치할 수도 있다.

**해설**

- 널말뚝 후면부를 천공하고 인장재를 삽입하는 방식인 관계로 인근 구조물이나 지중매설물에 따라 시공이 곤란할 수 있으며, 인근 건축주 및 도로 관리자에게 동의를 얻어야 시공이 가능한 방식이다.

**어스앵커 공법** 실필 1502 실작 1902/1804/1801/1604/1602/1601

㉠ 개요
- 널말뚝 후면부를 천공하고 인장재를 삽입하여 경질지반에 정착시킴으로써 흙막이 널을 지지시키는 공법이다.

㉡ 특징
- 앵커체가 각각의 구조체이므로 적용성이 좋다.
- 작업능률이 좋으며 토공사 범위를 한 번에 시공할 수 있다.
- 앵커에 프리스트레스를 주기 때문에 흙막이 벽의 변형을 방지하고 주변 지반의 침하를 최소한으로 억제할 수 있다.
- 본 구조물의 바닥과 기둥의 위치에 관계없이 앵커를 설치할 수도 있다.
- 널말뚝 후면부를 천공하고 인장재를 삽입하는 방식인 관계로 인근 구조물이나 지중매설물에 따라 시공이 곤란할 수 있다.

㉢ 구조
- Angle bracket – 브라켓으로 흙막이 벽과 어스앵커를 연결하는 역할을 담당한다.
- Sheath – 피복부위로 흙과의 마찰이 없도록 하는 역할을 담당한다.
- Packer – 정착부 Grout 밀봉을 목적으로 설치한다.
- Anchor head – 앵커 두부는 지압판, 정착구, 대좌로 구성되어 천공의 각도를 유도하고 강선을 고정한다.

0902

## 63

Repetitive Learning 

고층건축물 시공 시 사용하는 재료와 인력의 수직이동을 위해 설치하는 장비는?

① 리프트카
② 크레인
③ 윈치
④ 데릭

**해설**

- 크레인은 하물을 들어 올려서 상하·좌우·전후로 운반하는 양중장치이다.
- 윈치는 원통형의 드럼에 와이어로프를 감아, 도르래를 이용해서 중량물을 높은 곳으로 들어 올리는 장치이다.
- 데릭은 데릭 크레인의 약칭으로 화물을 선창에 쌓거나 배에 실을 때 이용되는 양중장치이다.

**리프트카(Lift car)**
- 고층건축물 시공 시 사용하는 재료와 인력의 수직이동을 위해 설치하는 장비로 건설용 리프트라고도 한다.

1601

## 64

Repetitive Learning 

말뚝지정 중 강재말뚝에 관한 설명으로 옳지 않은 것은?

① 자재의 이음 부위가 안전하여 소요길이의 조정이 자유롭다.
② 기성콘크리트말뚝에 비해 중량으로 운반이 쉽지 않다.
③ 지중에서의 부식 우려가 높다.
④ 상부구조물과의 결합이 용이하다.

**해설**

- 강재말뚝은 기성콘크리트말뚝에 비해 중량이 가볍고, 단면적이 작아 운반 및 시공이 용이하다.

**강재말뚝의 특징**
- 깊은 지지층까지 박을 수 있어 장척 말뚝에 적당하다.
- 휨모멘트에 대한 저항이 크고, 강한 타격에도 견디며 다져진 중간지층의 관통도 가능하다.
- 말뚝의 절단·가공 및 현장접합이 가능하여 소요길이의 조정이 자유롭다.
- 중량이 가볍고, 단면적이 작아 운반 및 시공이 용이하다.
- 상부구조물과의 결합이 용이하다.
- 재료의 특성상 지중에서 부식이 발생하므로 부식방지대책을 세워야 한다.

1004 / 1701 / 2001

## 65

Repetitive Learning 

네트워크 공정표에서 후속작업의 가장 빠른 개시시간(EST)에 영향을 주지 않는 범위 내에서 한 작업이 가질 수 있는 여유시간을 의미하는 것은?

① 전체여유(TF)  ② 자유여유(FF)
③ 간섭여유(IF)  ④ 종속여유(DF)

정답 | 62 ① 63 ① 64 ② 65 ②

해설

- 요소작업 여유에는 전체여유, 자유여유, 간섭여유가 있다.
- 전체여유는 특정 요소에서 지연이 발생되더라도 전체 공기에 영향을 미치지 않는 최대 지연 허용시간을 말한다.
- 간섭여유는 전체여유와 자유여유의 차이를 말한다.

**요소작업 여유(Float)**

- 전체여유(TF : Total Float)는 특정 요소에서 지연이 발생되더라도 전체 공기에 영향을 미치지 않는 최대 지연 허용시간을 말한다.
- 자유여유(FF : Free Float)는 후속작업의 가장 빠른 개시시간(EST)에 영향을 주지 않는 범위 내에서 한 작업이 가질 수 있는 여유시간을 말한다.
- 간섭여유(IF : Interfering Float)는 전체여유와 자유여유의 차이를 말한다.

1702

## 66 Repetitive Learning (1회 2회 3회)

흙에 접하거나 옥외공기에 직접 노출되는 현장치기 콘크리트로서 D16 이하 철근의 최소 피복 두께는?

① 20mm ② 40mm
③ 60mm ④ 80mm

해설

- D16 이하의 철근, 지름 16mm 이하의 철선의 최소 피복 두께는 40mm이다.

**철근 피복**

㉠ 피복 두께

- 피복 두께는 기후나 기타 외부요인으로부터 철근을 보호하기 위한 것으로, 부재의 최외단에 배치된 철근 표면으로부터 콘크리트 표면까지의 최단거리를 말한다.
- 피복 두께가 적을 경우 철근과 콘크리트가 분리되는 부착파괴가 발생한다.

㉡ 최소 피복 기준

- 수중에서 치는 콘크리트 : 100mm
- 흙에 접하여 콘크리트를 친 후 영구히 흙에 묻혀있는 콘크리트 : 80mm
- 흙에 접하거나 옥외의 공기에 직접 노출되는 콘크리트

| | |
|---|---|
| D29 이상의 철근 | 60mm |
| D25 이하의 철근 | 50mm |
| D16 이하의 철근, 지름 16mm 이하의 철선 | 40mm |

- 옥외의 공기나 흙에 직접 접하지 않는 콘크리트

| | | |
|---|---|---|
| 슬래브, 벽체, 장선 | D35 초과하는 철근 | 40mm |
| | D35 이하의 철근 | 20mm |
| 보, 기둥 | | 40mm |
| 쉘, 철판부재 | | 20mm |

## 67 Repetitive Learning (1회 2회 3회)

ALC 블록공사의 비내력벽쌓기에 대한 기준으로 옳지 않은 것은?

① 슬래브나 방습턱 위에 고름 모르타르를 10 ~ 20mm 두께로 깐 후 첫 단 블록을 올려놓고 고무망치 등을 이용하여 수평을 잡는다.
② 쌓기 모르타르는 교반기를 사용하여 배합하며 2시간 이내에 사용해야 한다.
③ 줄눈의 두께는 1 ~ 3mm 정도로 한다.
④ 블록 상·하단의 겹침길이는 블록길이의 1/3 ~ 1/2을 원칙으로 하고 100mm 이상으로 한다.

해설

- 쌓기 모르타르는 교반기를 사용하여 배합하며 1시간 이내에 사용해야 한다.

**ALC(Autoclaved Lightweight Concrete)**

㉠ 개요

- 석회질, 규산질 원료와 기포제 및 혼화제를 주원료로 물과 혼합하고, 고온고압(180℃, 1.0 MPa)의 증기양생 과정을 거쳐 경량성, 단열성, 내화성 및 시공성이 우수한 블록을 말한다.
- 건축물 또는 공작물 등의 외벽, 칸막이벽 등으로 사용하는 공사이다.

㉡ 특징

- 다공질로 흡수율이 높고 강도가 작으며, 동결융해저항이 낮다.
- 열전도율은 보통콘크리트의 약 1/10로서 단열성이 우수하다.
- 불연재인 동시에 내화재료이다.
- 건조수축률이 작으므로 균열 발생이 적다.
- 절건비중이 1/4의 경량으로 인력에 의한 취급이 가능하고, 필요에 따라 현장에서 절단 및 가공이 용이하다.
- 흡음, 차음성이 크며, 시공성이 우수하다.
- 내진성능이 떨어진다.

㉢ 쌓기 일반사항

- 하루 쌓기 높이는 1.8m를 표준으로 하며, 최대 2.4m 이내로 한다.
- 슬래브나 방습턱 위에 고름 모르타르를 10 ~ 20mm 두께로 깐 후 첫 단 블록을 올려놓고 고무망치 등을 이용하여 수평을 잡는다.
- 쌓기 모르타르는 교반기를 사용하여 배합하며 1시간 이내에 사용해야 한다.
- 줄눈의 두께는 1 ~ 3mm 정도로 한다.
- 블록 상·하단의 겹침길이는 블록길이의 1/3 ~ 1/2을 원칙으로 하고 100mm 이상으로 한다.
- 연속되는 벽면의 일부를 트이게 하여 나중쌓기로 할 경우 그 부분을 층단 떼어쌓기로 한다.



66 ② 67 ② 정답

1901

## 68 Repetitive Learning 1회 2회 3회

건축시공의 현대화 방안 중 3S system과 관계가 없는 사항은?

① 작업의 표준화　　② 작업의 기계화
③ 작업의 단순화　　④ 작업의 전문화

해설

- 건축생산의 3S system은 표준화, 단순화, 전문화이다.

∷ 건축생산의 3S system
- 작업의 표준화(Standardization)
- 작업의 단순화(Simplification)
- 작업의 전문화(Specialization)

0901 / 1001 / 1401 / 2102

## 69 Repetitive Learning 1회 2회 3회

벽식 철근콘크리트 구조를 시공할 경우 벽과 바닥의 콘크리트 타설을 한 번에 가능하게 하기 위하여, 벽체용 거푸집과 슬래브 거푸집을 일체로 제작하여 한 번에 설치하고 해체할 수 있도록 한 거푸집은?

① 유로폼(Euro form)　　② 갱폼(Gang form)
③ 터널폼(Tunnel form)　　④ 와플폼(Waffle form)

해설

- 유로폼은 경량형강과 합판으로 구성되며 표준형태의 거푸집을 변형시키지 않고 조립하게 만든 거푸집을 말한다.
- 갱폼은 주로 고층 아파트에서와 같이 평면상 상/하부 동일 단면 구조물에서 사용하는 작업발판 일체형 대형 거푸집을 말한다.
- 와플폼은 무량판구조로 보가 없는 특수상자 모양의 기성재 거푸집을 말한다.

∷ 터널폼(Tunnel form)

㉠ 개요
- 벽식 철근콘크리트 구조를 시공할 경우 벽과 바닥의 콘크리트 타설을 한 번에 가능하게 하기 위하여, 벽체용 거푸집과 슬래브 거푸집을 일체로 제작하여 한 번에 설치하고 해체할 수 있도록 한 거푸집이다.
- 아파트, 병원의 병실, 호텔의 객실 등 동일한 형태의 구조물 및 토목공사, 터널 등에 사용된다.
- 종류에는 트윈쉘(Twin shell)과 모노쉘(Mono shell)이 있다.

㉡ 특징
- 노무 절감, 공기단축이 가능하다.
- 자재와 원가 절감이 가능하다.
- 거푸집 강성과 전용성(100회)이 우수하다.

## 70 Repetitive Learning 1회 2회 3회

벽돌쌓기에 대한 설명 중 옳지 않은 것은?

① 벽돌쌓기 전에 벽돌은 완전히 건조시켜야 한다.
② 하루 벽돌의 쌓는 높이는 1.2m를 표준으로 하고 최대 1.5m 이내로 한다.
③ 벽돌벽이 블록벽과 서로 직각으로 만날 때는 연결 철물을 만들어 블록 3단마다 보강하며 쌓는다.
④ 사춤모르타르는 일반적으로 3 ~ 5켜마다 한다.

해설

- 벽돌은 충분히 물축임을 한 후 쌓는다.

∷ 벽돌쌓기 주의사항
- 내화벽돌은 건조 상태에서 시공한다.
- 벽돌은 충분히 물축임을 한 후 쌓는다.
- 하루 벽돌의 쌓는 높이는 1.2m를 표준으로 하고 최대 1.5m 이내로 한다.
- 벽돌은 균일한 높이로 쌓고 굳기 전에 벽돌을 움직이지 않도록 한다.
- 벽돌벽이 블록벽과 서로 직각으로 만날 때는 연결철물을 만들어 블록 3단마다 보강하며 쌓는다.
- 벽돌벽이 콘크리트 기둥과 만날 때는 그 사이에 모르타르를 충전한다.
- 벽돌쌓기는 모서리, 구석 및 중간요소에 먼저 기준쌓기를 하고 나머지 부분을 쌓아 나간다.
- 연속되는 벽면의 일부를 트이게 하여 나중쌓기로 할 때에는 그 부분을 층단 들여쌓기로 한다.
- 모르타르는 벽돌강도와 같은 정도의 것을 쓰고 굳기 시작한 것은 쓰지 않는다.
- 줄눈 사용 모르타르의 강도는 벽돌강도보다 작아서는 안 된다.
- 사춤모르타르는 매 켜마다 하는 것이 좋으니 일빈직으로 3 ~ 5켜마다 한다.
- 세로줄눈은 통줄눈, 실줄눈이 되지 않도록 한다.
- 벽돌쌓기는 도면 또는 공사시방서에서 정한 바가 없을 때에는 영식쌓기 또는 화란식쌓기로 한다.
- 가로 및 세로줄눈의 너비는 도면 또는 공사시방서에서 정한 바가 없을 때에는 10mm를 표준으로 한다.
- 치장줄눈은 되도록 짧은 시일에 줄눈이 완전히 굳기 전에 하는 것이 좋다.
- 하루 일이 끝날 때에 켜에 차가 나면 층단 들여쌓기로 하여 다음날의 일과 연결이 쉽게 한다.
- 세로규준틀은 건물의 모서리나 구석에 설치함을 원칙으로 한다.
- 내력벽은 상부 구조물의 하중을 기초에 전달하는 벽으로 세워쌓기나 옆쌓기를 피하는 것이 좋다.

정답 68 ② 69 ③ 70 ①

1501 / 2001

## 71 Repetitive Learning (1회 2회 3회)

흙막이 지지 공법 중 수평버팀대 공법의 장・단점에 대한 내용으로 틀린 것은?

① 토질에 대해 영향을 적게 받는다.
② 가설구조물이 적어 중장비작업이나 토량제거작업의 능률이 좋다.
③ 인근 대지로 공사범위가 넘어가지 않는다.
④ 강재를 전용함에 따라 재료비가 비교적 적게 든다.

**해설**

- 수평버팀대 공법은 버팀대(가설구조물)를 현장에 설치하는 관계로 중장비작업이나 토량제거작업의 능률이 저하된다.

**수평버팀대 공법** 실작 1702/1504

㉠ 개요
- 흙막이 벽의 측압을 수평으로 배치한 버팀대로 받는 공법인 스트러트(SPS) 공법 중 수평버팀대를 사용하는 공법이다.

㉡ 특징
- 토질에 대해 영향을 적게 받는다.
- 인근 대지로 공사범위가 넘어가지 않는다.
- 강재를 전용함에 따라 재료비가 비교적 적게 든다.
- 가설구조물로 인해 중장비작업이나 토량제거작업의 능률이 저하된다.
- 고저차가 있을 경우 균형잡기가 어렵다.

2001

## 72 Repetitive Learning (1회 2회 3회)

석공사에 사용하는 석재 중에서 수성암계에 해당하지 않는 것은?

① 사암
② 석회암
③ 안산암
④ 응회암

**해설**

- 안산암은 화성암계 석재이다.

**석재의 계열**
- 수성암계 : 응회암, 석회암, 사암 등
- 화성암계 : 화강암, 안산암, 현무암 등
- 변성암계 : 대리석, 트래버틴, 사문암 등

0801 / 1001

## 73 Repetitive Learning (1회 2회 3회)

용접결함 중 용접금속과 모재가 융합되지 않고 단순히 겹쳐지는 것을 무엇이라 하는가?

① 언더컷(Under cut)
② 크레이터(Crater)
③ 크랙(Crack)
④ 오버랩(Overlap)

**해설**

- 언더컷(Under cut)이란 운봉불량, 전류과대, 용접봉의 선택 부적합으로 용접부 부근의 모재가 용접열에 의해 움푹 패인 형상을 말한다.
- 크레이터(Crater)는 아크용접의 비드 종단부에서 용융지가 그대로 응고함으로써 생기게 되는 움푹 패인 형상을 말한다.
- 크랙(Crack)은 용접균열로 가장 치명적인 결함이다.

**철골공사 용접불량**
- 언더컷(Under cut) – 운봉불량, 전류과대, 용접봉의 선택 부적합으로 용접부 부근의 모재가 용접열에 의해 움푹 패인 형상
- 오버랩(Over lap) – 용접전류의 과소, 운봉 및 용접봉 유지각도의 부적절로 용접금속과 모재가 융합되지 않고 겹쳐지는 것을 의미하는 용접불량
- 피트(Pit) – 용접 시 용접금속 내에 흡수된 가스가 표면에 나와 생성된 작은 구멍
- 슬래그(Slag) 감싸들기 – 운봉부족과 전류과소로 용접봉의 피복재가 녹아 용접금속 표면에 부상하여 굳은 슬래그가 용접금속 내에 혼입되어 발생하는 형상
- 공기구멍(Blow hole) – 용접 시 용접금속 내에 흡수된 가스에 의해 그대로 잔류된 기공
- 스패터(Spatter) – 용접봉의 피복재가 녹아 용접금속 표면에 부상하여 굳은 슬래그 혹은 금속입자가 그대로 굳은 형상
- 용입불량 – 운봉속도가 빠르거나 전류가 낮은 경우, 홈의 각도가 좁은 경우 용착금속이 채워지지 않고 홈으로 남게 되는 형상

1501

## 74 Repetitive Learning (1회 2회 3회)

다음과 같은 조건의 굴착기로 2시간 작업할 경우의 작업량은 얼마인가?

| 버킷용량 $0.8m^3$, 싸이클타임 40초, 작업효율 0.8, 굴착계수 0.7, 굴착토의 용적변화계수 1.1 |
|---|

① $128.5m^3$
② $107.7m^3$
③ $88.7m^3$
④ $66.5m^3$



71 ② 72 ③ 73 ④ 74 ③ 정답

해설

- 주어진 값을 대입하면 단위시간당 작업량은

$\frac{3,600 \times 0.8 \times 0.7 \times 1.1 \times 0.8}{40} = \frac{1774.08}{40} = 44.352[m^3]$가 된다.

문제는 2시간 작업량을 구하므로 ×2를 하면 $88.704[m^3]$가 된다.

**굴착 작업량**

- 굴착기의 단위시간당 작업량은

$\frac{3,600 \times 버켓용량 \times 굴착계수 \times 용적변화계수 \times 작업효율}{싸이클타임}$

로 구한다.(버켓용량의 단위는 $[m^3]$, 싸이클타임의 단위는 [초], 작업량의 단위는 $[m^3]$이다)

0402 / 0802 / 1004 / 1801

## 75

Repetitive Learning (1회 2회 3회)

철골보와 콘크리트 슬래브를 연결하는 전단연결재(Shear connector)의 역할을 하는 부재의 명칭은?

① 리인포싱바(Reinforcing bar)

② 턴버클(Turn buckle)

③ 메탈서포트(Metal support)

④ 스터드(Stud)

해설

- 리인포싱바(Reinforcing bar)는 콘크리트 내에 매립되어 콘크리트 부재를 보강하는 철근을 말한다.
- 턴버클(Turn buckle)은 양단에 우나사와 좌나사를 대고 나사봉은 너트의 회전에 의해 긴장을 조정할 수 있는 선재의 긴장용 철물을 말한다.
- 메탈서포트(Metal support)는 콘크리트 타설 중에 철근이 제자리에 안전하게 위치하도록 하는 철근 서포트를 말한다.

**스터드(Stud)볼트**

- 합성보에서 철골보와 콘크리트 슬래브를 연결하는 전단연결재(Shear connector)의 역할을 하는 부재이다.
- 벽의 축부재(軸部材)의 하나로 벽면에서 걸리는 힘을 주가구(主架構)에 전달하는 역할을 한다.

## 76

Repetitive Learning (1회 2회 3회)

다음 중 탑다운(Top-down) 공법에 관한 설명으로 옳지 않은 것은?

① 역타 공법이라고도 한다.

② 굴토작업이 슬래브 하부에서 진행되므로 작업능률 및 작업환경 조건이 저하된다.

③ 건물의 지하구조체에 시공이음이 적어 건물방수에 대한 우려가 적다.

④ 지상과 지하를 동시에 시공할 수 있으므로 공기를 절감할 수 있다.

해설

- 건물의 지하구조체에 시공이음이 많아 건물방수에 대한 우려가 크다.

**탑다운(Top down) 공법** 실필 1502/1004/1001

㉠ 개요

- 역타 공법이라고도 하며, 지하 터파기와 지상의 구조체 공사를 병행하여 시공하는 공법을 말한다.

㉡ 특징

- 지상과 지하를 동시에 시공할 수 있으므로 공기를 절감할 수 있다.
- 지하연속벽을 본 구조물의 벽체로 이용한다.
- 지하 굴착 시 소음 및 분진을 방지할 수 있다.
- 굴토작업이 슬래브 하부에서 진행되므로 작업능률 및 작업환경 조건이 저하된다.
- 건물의 지하구조체에 시공이음이 많아 건물방수에 대한 우려가 크다.

## 77

Repetitive Learning (1회 2회 3회)

콘크리트 공사에서 현장에 반입된 콘크리트는 일정간격으로 강도시험을 실시하여야 하는데 KS F 4009에서 규정을 따를 때 콘크리트 체적 얼마당 강도시험 1회를 실시하는가?

① $100m^3$ ② $150m^3$

③ $200m^3$ ④ $250m^3$

해설

- 콘크리트 품질관리에서 1회 시험은 사용 콘크리트량 $150m^3$마다 1회 이상 시험한다.

**콘크리트 강도시험**

㉠ 개요

- 건물의 안정성과 거푸집 해체기간을 결정하기 위하여 압축강도 시험을 실시한다.
- 콘크리트 품질관리에서 가장 중요한 시험으로 레미콘을 받는 지점에서 실시한다.

㉡ 시험방법

- 사용 콘크리트량 $150m^3$마다 1회 이상 시험한다.
- 1회 시험의 강도는 3개의 공시체의 28일 강도 평균값으로 한다.

정답 75 ④ 76 ③ 77 ②

1602 / 2104

## 78

Repetitive Learning 1회 2회 3회

공사계약방식에서 공사실시 방식에 의한 계약제도가 아닌 것은?

① 일식 도급
② 분할 도급
③ 실비정산 보수가산 도급
④ 공동 도급

**해설**

• 실비정산 보수가산식 도급 방식은 공사비 지불방식에 따른 계약제도로 건축주와 건축사, 시공자가 미리 공사에 소요되는 설비와 보수를 협의한 후 건축주는 공사의 진행을 시공자에게 위임하고 시공자는 건축주의 위임을 받아 공사를 진행한다. 이때 관련 공사비를 건축주로부터 받아 하도급자에게 지급하고 이에 대해 보수를 받는 방식을 말한다.

**공사실시 방식에 의한 계약제도**

㉠ 개요
- 공사실시 방식에 의한 계약제도는 도급 혹은 직영공사방식으로 구분되며, 도급 방식은 분할 도급, 공동 도급, 일식 도급으로 분류된다.

㉡ 종류별 특징
- 분할 도급은 전문공종별, 공정별, 공구별 분할 도급으로 나눌 수 있으며 각기 별도의 도급자를 선정하여 재료, 노무, 현장시공업무 일체를 따로 도급계약을 맺는 방식이다.
- 공동 도급이란 대규모 공사에 대하여 여러 개의 건설회사가 공동출자 기업체를 조직하여 도급하는 방식으로 업체간 공사수급의 경쟁을 완화하고 위험을 분산시킨다.
- 일식 도급은 한 공사 전부를 도급자에게 맡겨 재료, 노무, 현장시공업무 일체를 일괄하여 시행시키는 방법으로 공사비가 확정되고 책임한계가 명료하며 공사관리가 용이하다.
- 직영공사는 시공사 없이 건축주가 직접 공사하는 것으로 수속이 줄어들고 임기응변처리가 가능한 이점이 있다.

## 79

Repetitive Learning 1회 2회 3회

철골공사에서 부재의 용접접합에 관한 설명으로 옳지 않은 것은?

① 불량용접 검사가 매우 쉽다.
② 기후나 기온에 따라 영향을 받는다.
③ 단면결손이 없어 이음효율이 높다.
④ 무소음, 무진동 방법이다.

**해설**

• 용접접합은 접합부의 검사가 곤란한 단점이 있다.

**용접접합**

㉠ 개요
- 짧은 시간 내에 특정 부위를 가열하여 두 강재를 용융상태에서 접합하는 방법을 말한다.
- 강재의 절감, 무소음, 무진동 방법으로 많이 사용되고 있다.

㉡ 특징
- 강재의 절감으로 경량화가 가능하다.
- 응력전달이 확실하다.
- 무소음, 무진동 방법이다.
- 단면결손이 없어 이음효율이 높다.
- 기후나 기온에 따라 영향을 받는다.
- 접합부 검사가 곤란하다.

0604 / 1604 / 1904

## 80

Repetitive Learning 1회 2회 3회

슬래브에서 4변 고정인 경우 철근배근을 가장 많이 하여야 하는 부분은?

① 단변 방향의 주간대
② 단변 방향의 주열대
③ 장변 방향의 주간대
④ 장변 방향의 주열대

**해설**

• 철근의 배근은 단변 주열대 > 단변 주간대 > 장변 주열대 > 장변 주간대 순으로 한다.

**슬래브 철근배근 순서**

- 주열대란 평판 슬래브 구조의 설계에서 보로 간주하는 주열을 포함하는 일정폭 범위의 슬래브를 말한다.
- 주간대란 정방형 또는 구형 슬래브의 중앙 부분으로 기둥부분을 포함하지 않는 부분을 말한다.

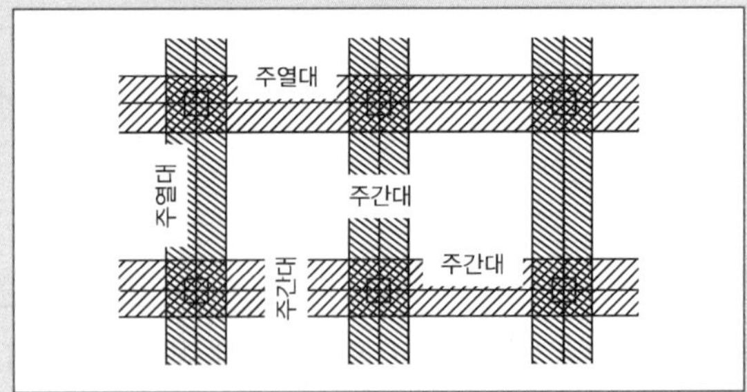


- 철근의 배근은 단변 주열대 > 단변 주간대 > 장변 주열대 > 장변 주간대 순으로 한다.



78 ③ 79 ① 80 ② 정답

# 5과목 건설재료학

2102

## 81 Repetitive Learning (1회 2회 3회)

다음 중 건축용 단열재와 거리가 먼 것은?

① 유리면(Glass wool)
② 암면(Rock wool)
③ 펄라이트판
④ 테라코타

**해설**

• 테라코타는 점토반죽을 조각형틀로 찍어낸 점토소성제품을 말한다.
• 유리면, 암면, 펄라이트판은 모두 무기질 단열재료에 해당한다.

**단열재료의 구분**

| 무기질 단열재료 | 유기질 단열재료 |
|---|---|
| 유리면<br>암면<br>세라믹섬유<br>펄라이트판<br>규산칼슘판<br>경량기포콘크리트 | 연질섬유판<br>경질우레판폼<br>폴리스티렌폼<br>셀룰로즈섬유판 |

## 82 Repetitive Learning (1회 2회 3회)

수화열량이 많으며 초기의 강도 발현이 가능하므로 긴급공사, 동절기 공사에 주로 사용되는 시멘트는?

① 보통포틀랜드시멘트
② 조강포틀랜드시멘트
③ 중용열포틀랜드시멘트
④ 내황산염포틀랜드시멘트

**해설**

• 조강포틀랜드시멘트는 높은 수화열로 단면이 큰 구조물에 적합하지 않으며, 긴급공사, 동절기 한중공사에 주로 사용된다.

**조강포틀랜드시멘트** 실필 1501

• 경화에 따른 수화열이 크고 초기의 강도 발현이 가능하여 공사속도를 빨리 할 수 있다.
• 수축이 커지며, 분말도가 크고, 규산3석회 성분과 석고 성분이 많다.
• 콘크리트 제조 시 수명성과 내화학성이 높아진다.
• 높은 수화열로 단면이 큰 구조물에 적합하지 않으며, 긴급공사, 동절기 한중공사에 주로 사용된다.

## 83 Repetitive Learning (1회 2회 3회)

콘크리트 보강용으로 사용되고 있는 유리섬유에 대한 설명으로 옳지 않은 것은?

① 고온에 견디며, 불에 타지 않는다.
② 화학적 내구성이 있기 때문에 부식하지 않는다.
③ 전기절연성이 크다
④ 내마모성이 크고, 잘 부서지거나 부러지지 않는다.

**해설**

• 유리섬유는 내마모성이 작고, 잘 부서지고 부러지기 쉽다는 단점을 갖는다.

**유리섬유(Fiber glass)**

㉠ 개요
  • 유리를 섬유와 같이 가늘게 뽑은 것으로 단열성이 뛰어나 건물의 단열재로 석면 대신 사용한다.
  • 콘크리트의 낮은 인장력과 변형력으로 인해 깨지기 쉬운 단점을 보완하기 위해 사용한다.

㉡ 특징
  • 고온에 견디며, 불에 타지 않는다.
  • 화학적 내구성이 있기 때문에 부식하지 않는다.
  • 전기절연성이 크다.
  • 인장강도가 강하고 신장률이 작다.
  • 내마모성이 작고, 잘 부서지고 부러지기 쉽다는 단점을 갖는다.

0304 / 0702 / 1001 / 1802

## 84 Repetitive Learning (1회 2회 3회)

비중이 크고 연성이 크며, 방사선실의 방사선 차폐용으로 사용되는 금속재료는?

① 주석 ② 납
③ 철 ④ 크롬

**해설**

• 주석(Sn)은 인체에 무해하며 유기산에 침식되지 않아 식품 보관용의 용기류에 이용된다.
• 철(Fe)은 백색의 광택을 지닌 금속으로 싸고 성형이 쉬우나 습기에 부식되는 성질을 가진 가장 널리 사용하는 금속이다.
• 크롬(Cr)은 스테인레스 강을 합금할 때 사용되며, 값이 싸고 내식성이 좋아 칼, 냄비, 외과용 기구 등에 널리 사용된다.

**납(Pb)의 성질**

  • 비중이 11.4로 아주 크고 연질이며 전·연성 및 가공성이 풍부하다.
  • 융점(327.5℃)이 높으며, 산이나 기타 약액에 대해서는 저항성이 크지만, 알칼리에는 침식된다.
  • 방사선 투과도가 낮아서 방사선 차폐용 벽체 및 X선을 사용하는 개소에 방호용으로 사용된다.

정답 81 ④ 82 ② 83 ④ 84 ②

## 85 Repetitive Learning (1회 2회 3회)

건축용 석재의 장점으로 옳지 않은 것은?

① 내화성이 뛰어나다.
② 내구성 및 내마모성이 우수하다.
③ 외관이 장중, 미려하다.
④ 압축강도가 크다.

**해설**

- 석재는 불에 타지 않는 불연성 재료이나, 고온에서 파괴되기 쉽다.

**석재의 장·단점**

㉠ 장점
- 색조와 광택이 있어 외관이 장중하고 미려하다.
- 불연성이며 압축강도가 크다.
- 내수성, 내화학성이 풍부하며, 불연성이고 내마모성이 크다.
- 압축강도가 우수해 압축재로 사용할 경우 유리하다.

㉡ 단점
- 석재는 비중이 크고, 취도계수가 높아 가공성이 좋지 않다.
- 압축강도가 강한 반면 인장강도가 매우 약하다.
- 길고 큰 재료를 얻기 힘들다.

## 86 Repetitive Learning (1회 2회 3회)

목재의 방부제에 해당하지 않는 것은?

① 황산구리 1%의 수용액
② 불화소다
③ 테레핀유
④ 염화아연

**해설**

- 테레핀유는 도료의 재료, 유화의 용제 등에 주로 사용된다.

**목재의 방부제**
- 수용성 방부제 : 황산구리 1% 수용액, 염화아연 4% 수용액, 염화 제2수은 1% 용액, 불화소다 2% 용액 등이 있다.
- 유성 방부제 : 크레오소트유, 콜타르, 아스팔트, PCP 등이 있다.

1404

## 87 Repetitive Learning (1회 2회 3회)

내구성 및 강도가 크고 외관이 수려하나 함유광물의 열팽창계수가 달라 내화성이 약한 석재로 외장, 내장, 구조재, 도로포장재, 콘크리트 골재 등에 사용되는 것은?

① 응회암　② 화강암
③ 화산암　④ 대리석

**해설**

- 응회암은 화성암의 풍화물, 유기물, 기타 광물질이 땅속에 퇴적되어 지열과 지압의 영향을 받아 응고된 수성암의 한 종류이다.
- 화산암은 마그마가 지표 또는 지하 얕은 곳에서 빨리 굳어 형성된 암석으로 안산암, 현무암 등이 이에 해당한다.
- 대리석은 강도가 높고, 석질이 치밀하고 연마하면 아름다운 광택을 내므로 실내장식재, 조각재로 많이 사용되는 석재이다.

**화강암**

㉠ 개요
- 석영, 장석, 운모로 구성된다.
- 전반적인 색상은 밝은 회백색을 띠나 흑운모, 각섬석, 휘석 등은 검은색을 띠며, 산화철을 포함하면 미홍색을 띤다.
- 외장, 내장, 구조재, 도로포장재, 콘크리트 골재 등에 사용된다.

㉡ 특성
- 마모, 풍화 등에 대한 내구성이 크다.
- 외관이 수려하나 함유광물의 열팽창계수가 달라 내화성이 약해 화재 시 파괴된다.
- 강도가 너무 단단하여 건축용 휨재나 조각 등에는 부적당하다.

0304 / 0801

## 88 Repetitive Learning (1회 2회 3회)

스트레이트아스팔트에 대한 설명 중 옳지 않은 것은?

① 연화점이 비교적 낮고 온도에 의한 변화가 크다.
② 주로 지하실 방수공사에 사용되며, 아스팔트루핑의 제작에 사용된다.
③ 신장성, 점착성, 방수성이 풍부하다.
④ 아스팔트에 동·식물유지나 광물성 분말 등을 혼합하여 만든 것이다.

**해설**

- 아스팔트에 동·식물유지나 광물성 분말 등을 혼합하여 만든 것은 아스팔트컴파운드이다.

**스트레이트아스팔트(Straight asphalt)**
- 원유를 상압증류 및 진공증류했을 때 남는 잔유로 얻어지는 것으로 석유계 아스팔트의 원료로 사용된다.
- 신장성, 점착성이나 방수성은 우수하나 연화점이 낮고 온도에 의한 변화가 크다.
- 지하실 방수공사에 주로 사용되며, 아스팔트루핑의 제작에도 이용된다.



85 ① 86 ③ 87 ② 88 ④ 정답

0304 / 0404 / 1304 / 2104

## 89

Repetitive Learning 1회 2회 3회

발포제로서 보드 상으로 성형하여 단열재로 널리 사용되며 건축벽 타일, 천장재, 전기용품 등에 쓰이는 열가소성 수지는?

① 폴리에스테르수지 ② 폴리스티렌수지
③ 실리콘수지 ④ 아크릴수지

**해설**

- 폴리에스테르수지는 천연수지를 변성한 열경화성 수지로 내화학성이 좋으며, 선박재, 설비재, 내외 수장재로 널리 사용된다.
- 실리콘수지는 내수성, 내열성, 전기절연성, 유연성 등이 우수하며, 건설, 전자, 전기, 자동차, 우주항공 분야 등 다양한 분야에서 사용한다.
- 아크릴수지는 투명도가 높으며 착색이 자유롭고 내충격 강도가 커 채광판, 도어판, 칸막이벽 등에 사용된다.

**:: 단열재의 대표적인 종류와 특성**

| 종류 | 특성 |
|---|---|
| 세라믹파이버 | 1,000℃ 이상의 고온에서도 견디는 섬유로 본래 공업용 가열로의 내화 단열재로 사용되었으나 최근에는 철골의 내화 피복재로 쓰인다. |
| 석면(Asbestos) | 사문암 또는 각섬암이 열과 압력을 받아 변질하여 섬유 모양의 결정질이 된 것으로 단열재·보온재 등으로 사용되었으나, 인체 유해성으로 사용이 규제되고 있다. |
| 폴리스티렌수지 | • 발포제로서 보드 상으로 성형하여 단열재로 널리 사용되며 건축벽 타일, 천장재, 전기용품 등에 쓰이는 열가소성 수지이다.<br>• 투명성, 기계적 강도, 내수성은 좋지만 내충격성이 약하며, 발포제를 사용하여 넓은 판으로 만들어 사용한다. |

## 90

Repetitive Learning 1회 2회 3회

목재 건조 시 생재를 수중에 일정기간 침수시키는 주된 이유는?

① 연해져서 가공하기 쉽게 하기 위하여
② 목재의 내화도를 높이기 위하여
③ 강도를 크게 하기 위하여
④ 건조기간을 단축시키기 위하여

**해설**

- 원목을 수중에 침수시키면 생재가 보유하고 있던 수액의 농도가 줄어들게 되어 공기 중에 건조할 때 건조기간을 단축시켜 준다.

**:: 목재의 건조**

㉠ 목적
- 목재수축에 의한 손상 방지
- 목재강도 및 내구성 증가
- 균류에 의한 부식 방지 및 충해 예방
- 전기 및 열 절연성의 증가
- 변색 및 충해의 방지
- 중량의 경감

㉡ 방법
- 천연건조법, 침수건조법, 인공건조법(증기실, 열기실)으로 구분된다.
- 천연건조법은 직사광선을 받지 않는 그늘에서 장기간 건조하는 방법으로 균일한 건조가 가능하여 열기건조의 예비건조 방법으로 주로 사용하지만 넓은 장소가 필요하고 기후와 입지의 영향을 많이 받는다.
- 침수건조법은 생목을 수중에 수침시켜 수액을 용실(溶失)시킨 후 대기 건조시키는 방법으로 침수시키는 이유는 건조기간을 단축시키기 위해서이다.
- 인공건조법은 증기실, 열기실 등에서 인위적인 조절을 통해 단시일 내에 수액을 추출하려 수분을 배제시키는 방법이다.
- 침엽수가 활엽수보다 건조가 빠르다.

0304 / 0901

## 91

Repetitive Learning 1회 2회 3회

유용성 수지를 건조성 기름에 가열·용해하여 이것을 휘발성 용제로 희석한 것으로 광택이 있고 강인하며 내구·내수성이 큰 도장재료는?

① 유성페인트 ② 유성바니시
③ 에나멜페인트 ④ 스테인

**해설**

- 유성페인트는 보일유와 안료를 혼합한 것을 말한다.
- 에나멜페인트는 유성바니시를 비히클로하여 안료를 첨가한 것으로 도막이 견고할 뿐만 아니라 광택도 좋으나 바탕의 재질을 살릴 수 없다.
- 스테인(Stain)은 목재전용 착색도료를 말한다.

**:: 유성바니시**

- 수지를 지방유와 가열융합하고, 건조제를 첨가한 다음 용제를 사용하여 희석한 것이다.
- 광택이 있고 강인하며 내구·내수성이 큰 도장재료이다.
- 도장공사에 사용하는 투명도료로 건물의 외장용으로는 적합하지 않다.

정답 | 89 ② 90 ④ 91 ②

## 92 — Repetitive Learning (1회 2회 3회)

스팬드럴 유리에 대한 설명으로 옳지 않은 것은?

① 건축물의 외벽 층간이나 내·외부 장식용 유리로 사용한다.
② 판유리 한쪽 면에 세라믹질의 도료를 도장한 후 고온에서 융착, 반강화한 것으로 내구성이 뛰어나다.
③ 색상이 다양하고 중후한 질감을 갖고 있으며 건축물의 모양에 따라 선택의 폭이 넓다.
④ 열 깨짐의 위험이 있으므로 유리표면에 페인트도장을 하거나 종이, 테이프 등을 부착하지 않는다.

**해설**

- 스팬드럴 유리는 판유리 한쪽 면에 세라믹질의 도료를 도장한 후 고온에서 융착, 반강화한 유리이다.

**스팬드럴 유리(Spandrel glass)**

- 판유리 한쪽 면에 세라믹질의 도료를 도장한 후 고온에서 융착, 반강화한 것으로 불투명의 장식용 유리이다.
- 건축물의 외벽 층간이나 내·외부 장식용 유리로 사용한다.
- 내구성 및 강도가 높고 열에 강하다.
- 색상이 다양하고 중후한 질감을 갖고 있으며 건축물의 모양에 따라 선택의 폭이 넓다.

## 93 — Repetitive Learning (1회 2회 3회)

U자형 줄눈에 충전하는 실링재를 밑면에 접착시키지 않기 위해 붙이는 테이프로 3면 접착에 의한 파단을 방지하기 위한 것은?

① FRP(Fiber Reinforced Plastics)
② 아스팔트프라이머(Asphalt primer)
③ 본드브레이커(Bond breaker)
④ 블론아스팔트(Blown asphalt)

**해설**

- FRP는 유리섬유와 불포화 폴리에스테르의 복합재료인 섬유 강화 플라스틱이다.
- 아스팔트프라이머는 블론아스팔트를 용제에 녹인 것으로 액상을 하고 있으며 아스팔트방수의 바탕처리재로 이용된다.
- 블론아스팔트(Blown asphalt)는 석유아스팔트를 고온에서 공기를 불어넣어 만든 것으로 아스팔트루핑의 생산에 사용된다.

**본드브레이커(Bond breaker)**

- U자형 줄눈에 충전하는 실링재를 밑면에 접착시키지 않기 위해 붙이는 테이프이다.
- 3면 접착에 의한 파단을 방지하기 위해 사용한다.
- 본드브레이커에 의한 2면 접착으로 줄눈의 신축에 대응할 수 있다.

## 94 — Repetitive Learning (1회 2회 3회)

콘크리트의 크리프 변형에 관한 설명으로 옳지 않은 것은?

① 시멘트량이 많을수록 크다.
② 부재의 건조 정도가 높을수록 크다.
③ 재하 시의 재령이 짧을수록 크다.
④ 부재의 단면치수가 클수록 크다.

**해설**

- 구조부재의 단면치수가 작을수록 크리프는 증가한다.

**콘크리트의 크리프(Creep) 변형**

㉠ 개요

- 콘크리트에 지속적인 하중을 가하면 응력의 변화가 없어도 변형이 증가하는 소성변형이 발생하는데 이를 크리프라 한다.
- 크리프는 재하 초기에 증가가 현저하고, 장기화될수록 증가율은 작게 되고 보통 3 ~ 4년에 정지한다.
- 크리프는 응력집중을 감소시키고 균열발생의 위험성을 줄이는 효과가 있다.
- 크리프 계수는 $\frac{\text{크리프 변형률}}{\text{탄성 변형률}}$로 구한다.

㉡ 크리프의 증가원인

| | |
|---|---|
| • 시멘트 페이스트가 많을수록<br>• 물시멘트비가 클수록<br>• 재령이 짧을수록<br>• 구조부재의 치수가 작을수록<br>• 작용응력이 클수록 | 크리프가 증가한다. |

1801

## 95 — Repetitive Learning (1회 2회 3회)

경질이며 흡습성이 적은 특성이 있으며 도로나 마룻바닥에 까는 두꺼운 벽돌로서 원료로 연와토 등을 쓰고 식염유로 시유 소성한 벽돌은?

① 검정벽돌 ② 광재벽돌
③ 날벽돌 ④ 포도벽돌

92 ④ 93 ③ 94 ④ 95 ④ 정답

해설

- 검정벽돌은 진흙을 빚어 소성 시 불완전 연소시켜 빛깔을 검게 만든 벽돌로 실내치장용으로 사용한다.
- 광재벽돌은 광재에 석회를 반죽하여 경화시킨 벽돌로 방사선 차폐용으로 사용한다.
- 날벽돌은 굽지 않은 날 흙의 벽돌로 강도는 낮으나 열용량이 커 단열성능이 높고 실내의 습도조절에 유리한 특성을 갖는 벽돌이다.

**대표적인 벽돌의 종류와 특징**

| | |
|---|---|
| 점토벽돌 | • 점토, 고령토 등을 원료로 하여 혼련, 성형, 건조, 소성시켜 만든 벽돌<br>• 형태변화가 자유롭고, 압축강도, 내화성, 풍화작용에 강해 많이 사용된다.<br>• 보통벽돌의 소성온도는 900～1,000℃ 이상이다. |
| 내화벽돌 | 내화점토를 원료로 하여 소성한 벽돌로 내화온도의 범위는 제품에 따라 다르나 대개 1,500～2,000℃이다. |
| 다공벽돌 | 점토에 톱밥, 겨, 탄가루 등을 혼합, 소성한 것으로 방음, 흡음성이 좋다. |
| 이형벽돌 | 형상, 치수가 규격에서 정한 바와 다른 벽돌로서 특수한 구조체에 사용될 목적으로 제조된다. |
| 포도벽돌 | 경질이며 흡습성이 적은 특성이 있으며 도로나 마룻바닥에 까는 두꺼운 벽돌로서 원료로 연와토 등을 쓰고 식염유로 시유 소성한 벽돌이다. |
| 경량벽돌 | 저급점토, 목탄가루, 톱밥 등을 혼합하여 성형 후 소성한 것으로 단열과 방음성이 우수한 벽돌로 구멍벽돌과 다공벽돌이 있다. |
| 오지벽돌 | 벽돌에 오지물을 칠해 소성한 벽돌로서, 건물의 내·외장 또는 장식물의 치장에 쓰인다. |

2001

## 96 Repetitive Learning (1회 2회 3회)

조이너(Joiner)의 설치목적으로 옳은 것은?

① 벽, 기둥 등의 모서리에 미장 바름의 보호
② 인조석 깔기에서의 신축균열방지나 의장효과
③ 천장에 보드를 붙인 후 그 이음새를 감추기 위한 목적
④ 환기구멍이나 라디에이터의 덮개역할

해설

- 벽, 기둥 등의 모서리에 미장 바름의 보호는 코너비드의 설치목적이다.
- 인조석 깔기에서의 신축균열방지나 의장효과는 줄눈대 혹은 사춤대의 설치목적이다.
- 환기구멍이나 라디에이터의 덮개역할은 펀칭메탈의 설치목적이다.

**조이너(Joiner)**

- 보드 붙임의 조인트 부분에 부착하여 이음새를 감추고 누르는 목적으로 사용하는 가는 막대 모양의 알루미늄제나 플라스틱제의 줄눈재를 말한다.
- 천장, 벽 등에 보드류를 붙이는 것으로 아연도금철판제·경금속제·황동제의 얇은 판을 프레스한 제품이다.

0504 / 0801

## 97 Repetitive Learning (1회 2회 3회)

포틀랜드시멘트의 주원료로 쓰이는 것은?

① 응회암과 석고 ② 마그네시아와 트래버틴
③ 코크스와 화강암 ④ 석회석과 점토

해설

- 보통포틀랜드시멘트는 석회(CaO)와 점토를 주성분으로 실리카($SiO_2$), 알루미나($Al_2O_3$), 산화철($Fe_2O_3$) 등을 첨가하여 만든, 가장 많이 사용되는 시멘트이다.

**보통포틀랜드시멘트**

㉠ 개요
- 석회(CaO)와 점토를 주성분으로 실리카($SiO_2$), 알루미나($Al_2O_3$), 산화철($Fe_2O_3$) 등을 첨가하여 만든, 가장 많이 사용되는 시멘트이다.
- 석회(CaO)가 가장 많은 부분을 차지하고, 산화철($Fe_2O_3$)의 함유량이 가장 적다.
- 제조 시 석고를 혼합하는 이유는 급속한 응결을 막기 위해서이다.
- KS에 따르면 보통포틀랜드시멘트는 물과 혼합한 후 1시간 후에 응결을 시작하여 10시간 내에 종료하여야 한다.

㉡ 클링커의 주요 화합물

| 화합물 | 반응속도 | 수화열 |
|---|---|---|
| $3CaO \cdot SiO_2$ | 빠르다 | 중간 |
| $2CaO \cdot SiO_2$ | 느리다 | 낮다 |
| $3CaO \cdot Al_2O_3$ | 순간적 | 매우 높다 |
| $4CaO \cdot Al_2O_3 \cdot Fe_2O_3$ | 매우 빠르다 | 중간 |

0804 / 1602

## 98 Repetitive Learning (1회 2회 3회)

다음 중 시멘트 풍화의 척도로 사용되는 것은?

① 불용해 잔분 ② 강열감량
③ 수정률 ④ 규산율

정답 | 96 ③ 97 ④ 98 ②

해설

- 풍화의 척도는 시멘트를 900 ~ 1,000℃에서 60분의 강열을 했을 때 나타나는 감량인 강열감량(Ignition loss)을 사용한다.

**⁘ 시멘트의 풍화**

㉠ 개요
- 풍화란 시멘트가 저장 중 공기와 접촉하여 공기 중의 수분 및 이산화탄소를 흡수하면서 나타나는 수화반응이다.
- 풍화의 척도는 시멘트를 900 ~ 1,000℃에서 60분의 강열을 했을 때 나타나는 감량인 강열감량(Ignition loss)을 사용한다.

㉡ 풍화의 특징
- 풍화한 시멘트는 강열감량이 증가한다.
- 시멘트가 풍화하면 밀도(비중)가 떨어진다.
- 고온다습한 경우 급속도로 진행된다.
- 초기강도와 압축강도가 작아지며, 내구성이 저하된다.
- 응결이 지연되며, 이상응결이 발생한다.

## 99

Repetitive Learning (1회 2회 3회)

AE제를 사용하는 콘크리트의 특성에 대한 설명 중 옳지 않은 것은?

① 강도가 증가된다.
② 동결융해에 대한 저항성이 커진다.
③ 워커빌리티가 좋아지고 재료의 분리가 감소된다.
④ 단위수량이 저감된다.

해설

- 플레인콘크리트와 동일한 물시멘트비의 경우 AE제를 사용한 공기량 1%의 증가에 대해 4 ~ 6%의 압축강도가 저하된다.

**⁘ AE(Air Entrained)제**

㉠ 개요
- 공기연행제로 콘크리트의 작업성 및 동결융해 저항성능을 향상시키기 위해 사용하는 첨가제이다.
- AE제를 사용하여 생성된 0.025 ~ 0.25mm 정도의 지름을 가진 기포를 Entrained air라 한다.

㉡ 특징
- 블리딩 등의 재료분리가 적어지며, 단위수량이 저감된다.
- 동결융해 저항성의 향상을 위한 AE콘크리트의 최적 공기량은 3 ~ 5% 정도이다.
- 플레인콘크리트와 동일한 물시멘트비의 경우 공기량 1%의 증가에 대해 4 ~ 6%의 압축강도가 저하된다.

## 100

Repetitive Learning (1회 2회 3회)

한국산업표준에 따른 보통포틀랜드시멘트가 물과 혼합한 후 응결이 시작되는 시간은 얼마 이후부터인가?

① 30분 후　② 1시간 후
③ 1시간 30분 후　④ 2시간 후

해설

- KS에 따르면 보통포틀랜드시멘트는 물과 혼합한 후 1시간 후에 응결을 시작하여 10시간 내에 종료하여야 한다.

**⁘ 보통포틀랜드시멘트**

문제 97번의 유형별 핵심이론⁘ 참조

# 6과목 건설안전기술

0504 / 0904 / 1404 / 1801

## 101

Repetitive Learning (1회 2회 3회)

선박에서 하역작업 시 근로자들이 안전하게 오르내릴 수 있는 현문 사다리 및 안전망을 설치하여야 하는 것은 선박이 최소 몇 톤급 이상일 경우인가?

① 500톤급
② 300톤급
③ 200톤급
④ 100톤급

해설

- 현문 사다리를 설치해야 하는 경우는 300톤급 이상의 선박에서 하역작업을 하는 경우이다.

**⁘ 선박승강설비의 설치**

- 사업주는 300톤급 이상의 선박에서 하역작업을 하는 경우에 근로자들이 안전하게 오르내릴 수 있는 현문(舷門) 사다리를 설치하여야 하며, 이 사다리 밑에 안전망을 설치하여야 한다.
- 현문 사다리는 견고한 재료로 제작된 것으로 너비는 55cm 이상이어야 하고, 양측에 82cm 이상의 높이로 방책을 설치하여야 하며, 바닥은 미끄러지지 않도록 적합한 재질로 처리되어야 한다.
- 현문 사다리는 근로자의 통행에만 사용하여야 하며, 화물용 발판 또는 화물용 보판으로 사용하도록 해서는 아니 된다.



99 ① 100 ② 101 ② | 정답

1502

## 102

Repetitive Learning (1회 2회 3회)

다음 중 토사붕괴의 내적 원인인 것은?

① 절토 및 성토 높이 증가
② 사면법면의 기울기 증가
③ 토석의 강도 저하
④ 공사에 의한 진동 및 반복하중 증가

해설

- ①, ②, ④는 모두 토사붕괴의 외적 원인에 해당한다.

**토사(석)붕괴 원인** 실필 1501/0901 실작 1604/1602/1501

| 구분 | 원인 |
|---|---|
| 내적 요인 | • 토석의 강도 저하<br>• 절토사면의 토질, 암질 및 절리 상태<br>• 성토사면의 다짐 불량<br>• 점착력의 감소 |
| 외적 요인 | • 작업진동 및 반복하중의 증가<br>• 사면, 법면의 경사 및 기울기의 증가<br>• 절토 및 성토 높이와 지하수위의 증가<br>• 지표수 · 지하수의 침투에 의한 토사중량의 증가<br>• 지진, 차량, 구조물의 중량과 토사 및 암석의 혼합층 두께의 증가 |

1601

## 103

Repetitive Learning (1회 2회 3회)

굴착기계의 운행 시 안전대책으로 옳지 않은 것은?

① 버킷에 사람의 탑승을 허용해서는 안 된다.
② 운전반경 내에 사람이 있을 때 회전은 10rpm 이하의 느린 속도로 하여야 한다.
③ 장비의 주차 시 경사지나 굴착작업장으로부터 충분히 이격시켜 주차한다.
④ 전선이나 구조물 등에 인접하여 붐을 선회해야 될 작업에는 사전에 회전반경, 높이제한 등 방호조치를 강구한다.

해설

- 굴착기계의 작업 장소에 근로자가 아닌 사람의 출입을 금지해야 하며, 만약 작업 반경 내에 사람이 있을 때는 회전 및 작업신행을 금지하도록 한다.

**굴착기계 운행 시 안전대책**

- 버킷에 사람의 탑승을 허용해서는 안 된다.
- 굴착기계의 작업 장소에 근로자가 아닌 사람의 출입을 금지해야 하며, 만약 작업 반경 내에 사람이 있을 때는 회전 및 작업 진행을 금지하도록 한다.
- 장비의 주차 시 경사지나 굴착작업장으로부터 충분히 이격시켜 주차한다.
- 전선이나 구조물 등에 인접하여 붐을 선회해야 될 작업에는 사전에 회전반경, 높이제한 등 방호조치를 강구한다.
- 전선 밑에서는 주의하여 작업하여야 하며, 전선과 안전장치의 안전간격을 유지하여야 한다.

## 104

Repetitive Learning (1회 2회 3회)

건설용 시공기계에 관한 기술 중 옳지 않은 것은?

① 타워크레인(Tower crane)은 고층건물의 건설용으로 많이 쓰인다.
② 백호우(Back hoe)는 기계가 위치한 지면보다 높은 곳의 땅을 파는 데 적합하다.
③ 가이데릭(Guy derrick)은 철골 세우기 공사에 사용된다.
④ 진동롤러(Vibration roller)는 아스팔트콘크리트 등의 다지기에 효과적으로 사용된다.

해설

- 백호우는 장비가 위치한 지면보다 낮은 장소를 굴착하는 데 적합한 장비이다.
- 기계가 위치한 지면보다 높은 곳의 땅을 파는 데 적합한 장비는 파워셔블이다.

**백호우(Back hoe)**

- 기계가 위치한 지면보다 낮은 장소를 굴착하는 데 적합한 장비이다.
- 지반보다 6m 정도 깊은 경질 지반의 기초파기에 적합한 굴착 기계이다.
- 비교적 굳은 지반 토질의 구멍파기나 도랑파기 작업 및 수중 굴착에 사용하는 장비이다.
- 경사로나 연약지반에서는 타이어식보다 무한궤도식이 안전하다.

정답 | 102 ③ 103 ② 104 ②

## 105 ─ Repetitive Learning (1회 2회 3회)

토질시험 중 사질토 시험에서 얻을 수 있는 값이 아닌 것은?

① 체적압축계수　② 내부마찰각
③ 액상화 평가　④ 탄성계수

**해설**

- 체적압축계수는 압밀하중의 증가에 대한 시료 체적의 감소비율을 나타내는 지수로, 사질토는 즉시침하만 일어나고 압밀침하가 발생하지 않으므로 사질토 시험으로 얻을 수 있는 결과가 아니다.

**흙의 종류별 토질시험 결과**

- 사질토 시험 결과 얻을 수 있는 값은 전단강도, 내부마찰각, 액상화 평가, 탄성계수, 간극비, 상대밀도 등이 있다.
- 점성토 시험 결과 얻을 수 있는 값은 체적압축계수, 일축압축강도, 점착력, 기초지반의 허용지지력, 연·경정도, 파괴에 대한 지지력 등이 있다.

1904

## 106 ─ Repetitive Learning (1회 2회 3회)

물체가 떨어지거나 날아올 위험을 방지하기 위한 낙하물방지망 또는 방호선반을 설치할 때 수평면과의 적정한 각도는?

① 10° ~ 20°　② 20° ~ 30°
③ 30° ~ 40°　④ 40° ~ 45°

**해설**

- 낙하물방지망과 수평면의 각도는 20° 이상 30° 이하를 유지한다.

**낙하물방지망과 방호선반의 설치기준**

실필 1602/1601 실작 1902/1804/1802/1801/1602/1601/1404/1401

- 높이 10m 이내마다 설치한다.
- 내민 길이는 벽면으로부터 2m 이상으로 한다.
- 수평면과의 각도는 20° 이상 30° 이하를 유지한다.

1404 / 2201

## 107 ─ Repetitive Learning (1회 2회 3회)

비계의 높이가 2m 이상인 작업장소에 작업발판을 설치할 경우 준수하여야 할 기준으로 옳지 않은 것은?

① 발판의 폭은 30cm 이상으로 할 것
② 발판재료 간의 틈은 3cm 이하로 할 것
③ 추락의 위험이 있는 장소에는 안전난간을 설치할 것
④ 발판재료는 뒤집히거나 떨어지지 아니하도록 2 이상의 지지물에 연결하거나 고정시킬 것

**해설**

- 작업발판의 폭은 40cm 이상으로 하고, 발판재료 간의 틈은 3cm 이하로 한다.

**작업발판의 구조** 실필 1902/1401 실작 1804

- 발판재료는 작업할 때의 하중을 견딜 수 있도록 견고한 것으로 할 것
- 작업발판의 폭은 40cm 이상으로 하고, 발판재료 간의 틈은 3cm 이하로 할 것
- 선박 및 보트 건조작업의 경우 선박블록 또는 엔진실 등의 좁은 작업공간에 작업발판을 설치하기 위하여 필요하면 작업발판의 폭을 30cm 이상으로 할 수 있고, 걸침비계의 경우 강관기둥 때문에 발판재료 간의 틈을 3cm 이하로 유지하기 곤란하면 5cm 이하로 할 수 있다. 이 경우 그 틈 사이로 물체 등이 떨어질 우려가 있는 곳에는 출입금지 등의 조치를 하여야 한다.
- 추락의 위험이 있는 장소에는 안전난간을 설치할 것
- 작업발판의 지지물은 하중에 의하여 파괴될 우려가 없는 것을 사용할 것
- 작업발판 재료는 뒤집히거나 떨어지지 않도록 둘 이상의 지지물에 연결하거나 고정시킬 것
- 작업발판을 작업에 따라 이동시킬 경우에는 위험방지에 필요한 조치를 할 것

1001 / 1401 / 1501 / 1802

## 108 ─ Repetitive Learning (1회 2회 3회)

강풍이 불어올 때 타워크레인의 운전작업을 중지하여야 하는 순간풍속의 기준으로 옳은 것은?

① 순간풍속이 초당 10m 초과
② 순간풍속이 초당 15m 초과
③ 순간풍속이 초당 25m 초과
④ 순간풍속이 초당 30m 초과

**해설**

- 타워크레인의 운전을 중지해야 하는 경우는 순간풍속이 초당 15m를 초과할 때이다.

**타워크레인 강풍 조치사항**

- 순간풍속이 초당 10m 초과 시 : 타워크레인의 설치·수리·점검 또는 해체작업을 중지해야 한다.
- 순간풍속이 초당 15m 초과 시 : 타워크레인의 운전을 중지해야 한다.



105 ①　106 ②　107 ①　108 ② | 정답

0304

## 109 — Repetitive Learning (1회 2회 3회)

다음 중 추락재해를 방지하기 위한 고소작업 감소대책으로 옳은 것은?

① 방망 설치
② 철골기둥과 빔을 일체 구조화
③ 안전대 사용
④ 비계 등에 의한 작업대 설치

**해설**

- 철골기둥과 빔을 일체 구조화하거나 지상에서 조립하는 이유는 고소작업의 감소를 통해 추락재해를 사전에 예방하기 위한 근본적인 대책이다.

**추락재해 예방대책** 실작 1802/1601
- 안전모 등 개인보호구 착용 철저
- 안전난간 및 작업발판 설치
- 안전대 부착설비 설치
- 고소작업의 감소를 위해 철골구조물의 일체화 및 지상 조립
- 추락방호망의 설치

1002

## 110 — Repetitive Learning (1회 2회 3회)

지름이 15cm이고 높이가 30cm인 원기둥 콘크리트 공시체에 대해 압축강도시험을 한 결과 460kN에 파괴되었다. 이 때 콘크리트 압축강도는?

① 16.2MPa　② 21.5MPa
③ 26MPa　④ 31.2MPa

**해설**

- [Pa] = [N/m²]와 같다.
- 원기둥 형태의 단면적은 $\pi \times (\text{반지름})^2$으로 구히므로 단면직 = $3.141 \times 0.075^2 = 0.0176625$[m²]이다.
- 압축강도 = $\frac{460 \times 10^3}{0.0176625} = 26.04 \times 10^6$[N/m²] = 26MPa가 된다.

**압축강도**
- 압축강도는 재료가 파단할 때까지 하중을 주어 파단될 때의 하중을 단면적으로 나눈 값으로 구한다.
- 압축강도 = $\frac{\text{하중}}{\text{단면적}}$[N/m²]으로 구한다.
- 재료의 강도를 표현하는 기준이다.

0704 / 0904 / 2101

## 111 — Repetitive Learning (1회 2회 3회)

차량계 건설기계를 사용하여 작업을 하는 때에 작업계획에 포함되지 않아도 되는 사항은?

① 사용하는 차량계 건설기계의 종류 및 성능
② 차량계 건설기계의 운행경로
③ 차량계 건설기계에 의한 작업방법
④ 차량계 건설기계 사용 시 유도자 배치 위치

**해설**

- 차량계 건설기계를 사용하여 작업하고자 할 때 작업계획서에는 사용하는 차량계 건설기계의 종류 및 성능, 차량계 건설기계의 운행경로, 차량계 건설기계에 의한 작업방법 등이 포함되어야 한다.

**차량계 건설기계를 사용하여 작업하고자 할 때 작업계획서 내용** 실필 1902/1702/1604 실작 1804/1702/1701/1502/1401
- 사용하는 차량계 건설기계의 종류 및 성능
- 차량계 건설기계의 운행경로
- 차량계 건설기계에 의한 작업방법

0404

## 112 — Repetitive Learning 

작업장으로 통하는 장소 또는 작업장 내에 근로자가 사용할 통로설치에 대한 준수사항 중 다음 (　) 안에 알맞은 숫자는?

> - 통로의 주요 부분에는 통로표시를 하고, 근로자가 안전하게 통행할 수 있도록 하여야 한다.
> - 통로면으로부터 높이 (　)m 이내에는 장애물이 없도록 하여야 한다.

① 2　② 3
③ 4　④ 5

**해설**

- 사업주는 통로면으로부터 높이 2m 이내에는 장애물이 없도록 하여야 한다.

**통로의 설치** 실작 1802
- 사업주는 작업장으로 통하는 장소 또는 작업장 내에 근로자가 사용할 안전한 통로를 설치하고 항상 사용할 수 있는 상태로 유지하여야 한다.
- 사업주는 통로의 주요 부분에 통로표시를 하고, 근로자가 안전하게 통행할 수 있도록 하여야 한다.
- 사업주는 통로면으로부터 높이 2m 이내에는 장애물이 없도록 하여야 한다.

정답 | 109 ② 110 ③ 111 ④ 112 ①

0401

## 113

Repetitive Learning 1회 2회 3회

이동식비계를 조립하여 작업을 하는 경우에 작업발판의 최대 적재하중은 몇 kg을 초과하지 않도록 해야 하는가?

① 150kg ② 200kg
③ 250kg ④ 300kg

해설

- 이동식비계의 작업발판 최대적재하중은 250킬로그램을 초과하지 않도록 한다.

:: 이동식비계 조립 및 사용 시 준수사항
실작 1902/1901/1804/1802/1604/1602/1404

- 이동식비계의 바퀴에는 뜻밖의 갑작스러운 이동 또는 전도를 방지하기 위하여 브레이크·쐐기 등으로 바퀴를 고정시킨 다음 비계의 일부를 견고한 시설물에 고정하거나 아웃트리거(Outrigger)를 설치하는 등 필요한 조치를 할 것
- 승강용 사다리는 견고하게 설치할 것
- 비계의 최상부에서 작업을 하는 경우에는 안전난간을 설치할 것
- 작업발판은 항상 수평을 유지하고 작업발판 위에서 안전난간을 딛고 작업을 하거나 받침대 또는 사다리를 사용하여 작업하지 않도록 할 것
- 작업발판의 최대적재하중은 250킬로그램을 초과하지 않도록 할 것
- 비계의 최대 높이는 밑변 최소 폭의 4배 이하로 할 것

1902

## 114

Repetitive Learning 1회 2회 3회

다음 중 그물코의 크기가 5cm인 매듭방망의 폐기기준 인장강도는?

① 200kg
② 100kg
③ 60kg
④ 30kg

해설

- 매듭방망의 폐기기준은 그물코의 크기가 5cm이면 60kg, 10cm이면 135kg이다.

:: 신품 방망 인장강도 실필 1804 실작 1602

| 그물코 한변 길이 | 무매듭방망 | 매듭방망 |
|---|---|---|
| 10cm | 240kg 이상(150kg) | 200kg 이상(135kg) |
| 5cm | – | 110kg 이상(60kg) |

단, ( )은 폐기기준이다.

0504

## 115

Repetitive Learning 1회 2회 3회

강관을 사용하여 비계를 구성하는 경우 준수하여야 하는 사항으로 옳지 않은 것은?

① 비계기둥의 간격은 띠장 방향에서는 1.85m 이하로 할 것
② 비계기둥 간의 적재하중은 300kg을 초과하지 않도록 할 것
③ 비계기둥의 제일 윗부분으로부터 31m 되는 지점 밑부분의 비계기둥은 2개의 강관으로 묶어세울 것
④ 띠장간격은 2m 이하로 설치할 것

해설

- 강관비계의 비계기둥 간 적재하중은 400킬로그램을 초과하지 않도록 한다.

:: 강관비계의 구조 실필 1302 실작 1902/1901/1802/1801/1701/1504/1401

- 비계기둥의 간격은 띠장 방향에서는 1.85m 이하, 장선(長線) 방향에서는 1.5m 이하로 할 것
- 띠장 간격은 2m 이하로 설치할 것
- 비계기둥의 제일 윗부분으로부터 31m 되는 지점 밑부분의 비계기둥은 2개의 강관으로 묶어세울 것
- 비계기둥 간의 적재하중은 400킬로그램을 초과하지 않도록 할 것

0901 / 1004 / 1704

## 116

Repetitive Learning 1회 2회 3회

철골공사 시 구조물의 건립 후에 가설부재나 부품을 부착하는 것은 고소 작업 등 위험한 작업이 수반됨에 따라 사전안전성 확보를 위해 미리 공작도에 반영하여야 하는 항목이 있는데 이에 해당하지 않는 것은?

① 주변 고압전주
② 외부비계받이
③ 기둥 승강용 트랩
④ 방망 설치용 부재

해설

- 철골공사 시 사전안전성 확보를 위해 공작도에 반영하여야 할 사항에 주변의 고압전주는 해당하지 않는다.



113 ③ 114 ③ 115 ② 116 ① 정답

**철골공사 시 사전안전성 확보를 위해 공작도에 반영하여야 할 사항**

- 외부비계 및 화물승강설비용 브라켓
- 기둥 승강용 트랩
- 사다리 걸이용 부재
- 구명줄 설치용 고리
- 세우기에 필요한 와이어로프 걸이용 고리
- 안전난간 설치용 부재
- 기둥 및 보 중앙의 안전대 설치용 고리
- 달대비계 및 작업발판 설치용 부재
- 방망 설치용 부재
- 비계 연결용 부재
- 방호선반 설치용 부재
- 양중기 설치용 보강재

0902

## 117 — Repetitive Learning (1회 2회 3회)

다음 중 터널공사의 전기발파작업에 대한 설명 중 옳지 않은 것은?

① 점화는 충분한 허용량을 갖는 발파기를 사용한다.
② 발파 후 즉시 발파모선을 발파기로부터 분리하고 그 단부를 절연시킨다.
③ 전선의 도통시험은 화약장전 장소로부터 최소 30m 이상 떨어진 장소에서 행한다.
④ 발파모선은 고무 등으로 절연된 전선 20m 이상의 것을 사용한다.

**해설**

- 발파모선은 고무 등으로 절연된 전선으로 최소 30m 이상의 것을 사용하여 화약장전 장소로부터의 이격거리를 확보하여야 한다.

**전기발파 시 준수사항**

- 미지전류의 유무에 대하여 확인하고 미지전류가 0.01A 이상일 때에는 전기발파를 하지 않아야 한다.
- 전기발파기는 충분한 기동이 있는지의 여부를 사전에 점검하여야 한다.
- 도통시험기는 소정의 저항치가 나타나는지를 사전에 점검하여야 한다.
- 약포에 뇌관을 장치할 때에는 반드시 전기뇌관의 저항을 측정하여 소정의 저항치에 대하여 오차가 ±0.1Ω 이내에 있는가를 확인하여야 한다.
- 발파모선의 배선에 있어서는 점화장소를 발파현장에서 충분히 떨어져 있는 장소로 하고 물기나 철관, 궤도 등이 없는 장소를 택하여야 한다.
- 점화장소는 발파현장이 잘 보이는 곳이어야 하며 충분히 떨어져 있는 안전한 장소로 택하여야 한다.
- 전선은 점화하기 전에 화약류를 장전한 장소로부터 30m 이상 떨어진 안전한 장소에서 도통시험 및 저항시험을 하여야 한다.
- 점화는 충분한 허용량을 갖는 발파기를 사용하고 규정된 스위치를 반드시 사용하여야 한다.
- 점화는 선임된 발파책임자가 행하고 발파기의 핸들을 점화할 때 외에는 시건장치를 하거나 모선을 분리하여야 하며 발파책임자의 엄중한 관리하에 두어야 한다.
- 발파 후 즉시 발파모선을 발파기로부터 분리하고 그 단부를 절연시킨 후 재점화가 되지 않도록 하여야 한다.
- 발파 후 30분 이상 경과한 후가 아니면 발파장소에 접근하지 않아야 한다.

1801

## 118 — Repetitive Learning (1회 2회 3회)

흙막이 지보공을 조립하는 경우 미리 조립도를 작성하여야 하는데 이 조립도에 명시되어야 할 사항과 가장 거리가 먼 것은?

① 부재의 배치
② 부재의 치수
③ 부재의 긴압 정도
④ 설치방법과 순서

**해설**

- 조립도는 흙막이판·말뚝·버팀대 및 띠장 등 부재의 배치·치수·재질 및 설치방법과 순서가 명시되어야 한다.

**흙막이 지보공의 조립도**

- 흙막이 지보공을 조립하는 경우 미리 조립도를 작성하여 그 조립도에 따라 조립하도록 하여야 한다.
- 조립도는 흙막이판·말뚝·버팀대 및 띠장 등 부재의 배치·치수·재질 및 설치방법과 순서가 명시되어야 한다.

0601 / 0702 / 0902

## 119 — Repetitive Learning (1회 2회 3회)

선창의 내부에서 화물취급작업을 하는 근로자가 안전하게 통행할 수 있는 설비를 설치하여야 하는 기준은 갑판의 뒷면에서 선창 밑바닥까지의 깊이가 최소 얼마를 초과할 때인가?

① 1.3m ② 1.5m
③ 1.8m ④ 2.0m

해설

- 통행설비를 설치해야 하는 기준 조건은 갑판의 윗면에서 선창(船倉) 밑바닥까지의 깊이가 1.5m를 초과하는 경우이다.

**통행설비의 설치**

- 사업주는 갑판의 윗면에서 선창(船倉) 밑바닥까지의 깊이가 1.5m를 초과하는 선창의 내부에서 화물취급작업을 하는 경우에 그 작업에 종사하는 근로자가 안전하게 통행할 수 있는 설비를 설치하여야 한다.

1404

## 120 — Repetitive Learning (1회 2회 3회)

크레인을 사용하여 작업을 하는 경우 준수하여야 하는 사항으로 옳지 않은 것은?

① 인양할 하물을 바닥에서 끌어당기거나 밀어내는 작업을 할 것
② 고정된 물체를 직접 분리·제거하는 작업을 하지 아니할 것
③ 미리 근로자의 출입을 통제하여 인양 중인 하물이 작업자의 머리 위로 통과하지 않도록 할 것
④ 인양할 하물이 보이지 아니하는 경우에는 어떠한 동작도 하지 아니할 것

해설

- 크레인 작업 시 인양할 하물(荷物)을 바닥에서 끌어당기거나 밀어내는 작업을 하지 않아야 한다.

**크레인 작업 시의 조치사항** 실작 1901/1801/1701/1604/1602/1401

- 인양할 하물(荷物)을 바닥에서 끌어당기거나 밀어내는 작업을 하지 아니할 것
- 유류드럼이나 가스통 등 운반 도중에 떨어져 폭발하거나 누출될 가능성이 있는 위험물 용기는 보관함(또는 보관고)에 담아 안전하게 매달아 운반할 것
- 고정된 물체를 직접 분리·제거하는 작업을 하지 아니할 것
- 미리 근로자의 출입을 통제하여 인양 중인 화물이 작업자의 머리 위로 통과하지 않도록 할 것
- 인양할 화물이 보이지 아니하는 경우에는 어떠한 동작도 하지 아니할 것(신호하는 사람에 의하여 작업을 하는 경우는 제외)



120 ① | 정답

MEMO

# 출제문제 분석 2012년 4회

| 구분 | 1과목 | 2과목 | 3과목 | 4과목 | 5과목 | 6과목 | 합계 |
|---|---|---|---|---|---|---|---|
| **New유형** | 1 | 0 | 2 | 2 | 3 | 4 | 12 |
| New문제 | 14 | 4 | 10 | 8 | 10 | 8 | 54 |
| 또나온문제 | 3 | 11 | 6 | 6 | 4 | 5 | 35 |
| 자꾸나온문제 | 3 | 5 | 4 | 6 | 6 | 7 | 31 |
| 합계 | 20 | 20 | 20 | 20 | 20 | 20 | 120 |

- New유형은 New문제 중 기존 기출문제와 완전히 다른 유형의 문제를 말합니다.
- New문제는 기존에 출제되지 않은 문제로 이번에 처음 출제되는 문제입니다.
- 또나온문제는 기존에 출제된 적이 1번 있는 문제를 말합니다.
- 자꾸나온문제는 기존에 출제된 적이 2번 이상 있는 문제를 말합니다. 그만큼 중요한 문제입니다.

## 몇 년분의 기출문제를 공부해야 합격할 수 있을까요?

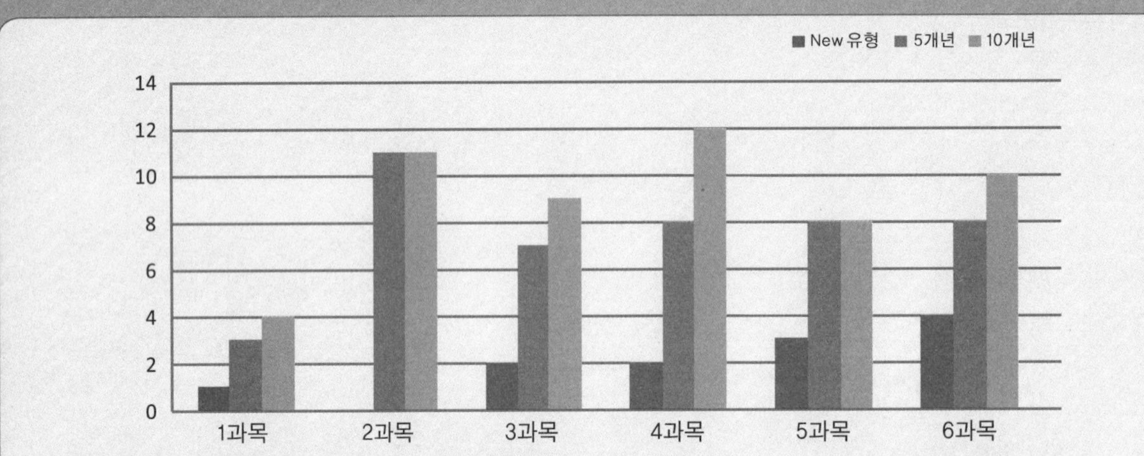


- 완전 새로운 유형의 문제는 12문제이고 108문제가 이미 출제된 문제 혹은 변형문제입니다.
- 5년분(2016～2020) 기출에서 동일문제가 45문항이 출제되었고, 10년분(2011～2020) 기출에서 동일문제가 54문항이 출제되었습니다.

## 실기에 나왔어요!! 외우세요!!!

실기시험은 필답형과 작업형으로 구분되어 있으며 모두 주관식으로 직접 내용을 적어야 합니다. 필기 공부하면서 실기 출제된 내역들은 좀 더 신경써서 암기하실 필요가 있어요. 필기 합격자 발표 난 후 실기시험까지는 5주밖에 여유가 없답니다. 어차피 공부할 것 필기 때 확실하게 해준다면 실기도 단방에 합격할 수 있습니다.

- 총 17개의 해설이 실기 필답형 시험과 연동되어 있습니다.
- 총 8개의 해설이 실기 작업형 시험과 연동되어 있습니다.

## 분석의견

최근 10년분의 기출문제와 답을 반복암기해서는 합격점수인 72점에서 18점이 부족합니다. 평균 정도의 난이도를 보인 회차의 문제로 크게 어렵지 않게 해결 가능한 문제들로 구성되었습니다. 모든 과목의 기출문제가 10문항 이상이 배치되어 어려움 없이 합격점 이상의 점수 획득이 가능한 수준으로 판단됩니다. 합격에 필요한 점수를 획득하기 위해서는 최근 5년분 문제와 핵심이론의 3회독 혹은 최근 10년분 문제와 핵심이론의 2회독 이상의 학습이 필요합니다.

# 2012년 제4회

2012년 9월 15일 필기

12년 4회차 필기시험
합격률 26.1%

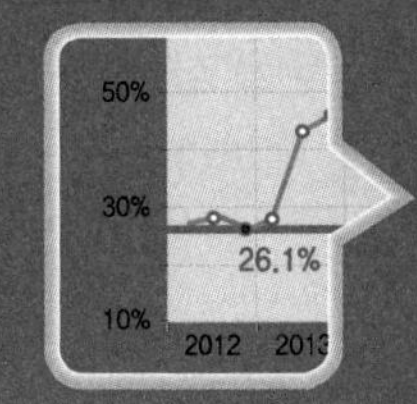
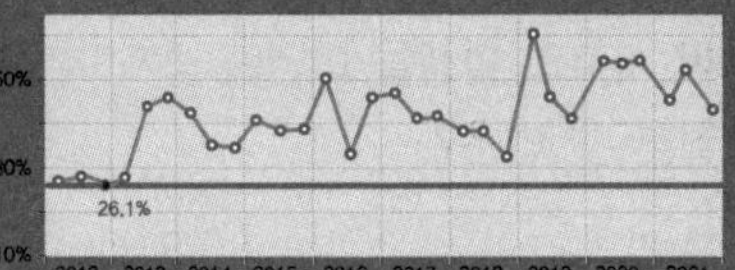

## 1과목 산업안전관리론

### 01 Repetitive Learning (1회 2회 3회)

다음 중 산업안전보건법령상 안전인증심사에 관한 설명으로 옳은 것은?

① 서면심사 : 기계·기구 및 방호장치·보호구가 안전인증대상 기계·기구 등인지를 확인하는 심사
② 개별 제품심사 : 서면심사와 기술능력 및 생산체계 심사 결과가 안전인증기준에 적합할 경우에 안전인증대상 기계·기구 등의 형식별로 표본을 추출하여 하는 심사
③ 예비심사 : 안전인증대상 기계·기구 등의 종류별 또는 형식별로 설계도면 등 안전인증대상 기계·기구 등의 제품기술과 관련된 문서가 관련법에 따른 안전인증기준에 적합한지에 대한 심사
④ 기술능력 및 생산체계 심사 : 안전인증대상 기계·기구 등의 안전성능을 지속적으로 유지·보증하기 위하여 사업장에서 갖추어야 할 기술능력과 생산 체계가 안전인증기준에 적합한지에 대한 심사

해설
- ①은 예비심사에 대한 설명이다.
- 개별 제품심사는 유해·위험한 기계·기구·설비 등이 서면심사 내용과 일치하는지 여부와 유해·위험한 기계·기구·설비 등의 안전에 관한 성능이 안전인증기준에 적합한지 여부에 대한 심사이다.
- ③은 서면심사에 대한 설명이다.

**안전인증심사의 종류**
- 예비심사 : 기계·기구 및 방호장치·보호구가 유해·위험한 기계·기구·설비 등인지를 확인하는 심사
- 서면심사 : 유해·위험한 기계·기구·설비 등의 종류별 또는 형식별로 설계도면 등 유해·위험한 기계·기구·설비 등의 제품기술과 관련된 문서가 안전인증기준에 적합한지에 대한 심사
- 기술능력 및 생산체계 심사 : 유해·위험한 기계·기구·설비 등의 안전성능을 지속적으로 유지·보증하기 위하여 사업장에서 갖추어야 할 기술능력과 생산체계가 안전인증기준에 적합한지에 대한 심사
- 제품심사 : 유해·위험한 기계·기구·설비 등이 서면심사 내용과 일치하는지 여부와 유해·위험한 기계·기구·설비 등의 안전에 관한 성능이 안전인증기준에 적합한지 여부에 대한 심사

### 02 Repetitive Learning (1회 2회 3회)

다음 중 안전과 경영에서 나오는 용어인 리스크(Risk)에 대하여 가장 옳게 설명한 것은?

① 리스크는 위급을 나타내는 용어로서 잠재적인 위험의 표출을 의미한다.
② 리스크는 위험발생의 급박한 상태가 어떤 조건이 갖춰졌을 때를 의미한다.
③ 리스크는 위험상황이 재해 상황으로 변하는 과정상의 위험분석을 의미한다.
④ 리스크는 재해발생 가능성과 재해발생 시 그 결과의 크기의 조합(Combination)으로 위험의 크기나 정도를 의미한다.

해설
- 위험률은 사고발생빈도(발생확률) × 사고로 인한 피해(손실, 사고의 크기 등)로 구한다.

**위험(Risk)**
- 위험이란 조직 본연의 목적을 달성하는 데 영향을 줄 수 있는 각종 불확실한 사건과 사고를 말한다.
- 위험률은 사고발생빈도(발생확률) × 사고로 인한 피해(손실, 사고의 크기 등)로 구한다.
- 위험의 3가지 기본요소(Triplets)는 사고 시나리오, 사고발생 확률, 파급효과 또는 손실을 들 수 있다.
- Risk taking이란 객관적인 위험을 작업자 나름대로 판정하여 위험을 수용하고 행동에 옮기는 것을 말한다.

정답 | 01 ④ 02 ④

0301 / 0802 / 1904

## 03 Repetitive Learning (1회 2회 3회)

듀퐁사에서 실시하여 실효를 거둔 기법으로 각 계층의 관리감독자들이 숙련된 안전 관찰을 행할 수 있도록 훈련을 실시함으로써 사고의 발생을 미연에 방지하여 안전을 확보하는 안전관찰훈련기법은?

① THP 기법 ② STOP 기법
③ TBM 기법 ④ TD-BU 기법

**해설**

- STOP기법은 작업자의 행동을 관찰한 후 안전한 행동은 칭찬과 격려를 통해 계속 이어지게 하고, 불안전한 행동은 작업자 스스로가 시정조치할 수 있도록 하여 재해를 예방하게 하는 기법이다.

**STOP 기법**

- 듀퐁사에서 실시하여 실효를 거둔 기법으로 행동중심안전관리라고 한다.
- Safety Training Observation Program이다.
- 각 계층의 관리감독자들이 숙련된 안전 관찰을 행할 수 있도록 훈련을 실시함으로써 사고의 발생을 미연에 방지하여 안전을 확보하는 안전관찰훈련기법을 말한다.

## 04 Repetitive Learning (1회 2회 3회)

다음 중 재해의 손실비용 산정에 있어 간접손실비에 해당하는 것은?

① 장의비
② 직업재활급여
③ 상병(傷病)보상연금
④ 신규인력 채용부담금

**해설**

- 신규인력 채용부담금 및 교육훈련비는 재해로 인해 기업이 입은 손실 및 이를 복구하기 위한 비용으로 간접비에 해당한다.

**하인리히의 재해손실비용 평가** 실필 1502

- 직접비 : 간접비의 비율은 1 : 4로 계산해 산업재해로 인한 총 손실비용은 직접비(산업재해보상비)의 5배로 계산한다.
- 직접손실비용에는 치료비, 휴업급여, 장해급여, 유족급여, 요양급여, 간병급여, 직업재활급여, 장례비 등이 있다.
- 간접손실비용에는 부상자를 비롯한 직원의 시간손실, 이익의 감소, 생산손실비, 기계, 공구 재료 등의 재산손실 등이 있다.

## 05 Repetitive Learning (1회 2회 3회)

다음 중 안전점검 시 고려하여야 할 사항으로 적절하지 않은 것은?

① 점검자 능력을 감안하여 구체적인 계획 수립 후 점검을 실시한다.
② 과거의 재해 발생장소는 대책이 수립되어 그 원인이 해소되었으므로 대상에서 제외한다.
③ 점검사항, 점검방법 등에 대한 지속적인 교육을 통하여 정확한 점검이 이루어지도록 한다.
④ 점검 시 특이한 사항 등을 기록, 보존하여 향후 점검 및 이상 발생 시 대비할 수 있도록 한다.

**해설**

- 과거에 재해가 발생한 곳은 그 요인이 없어졌는가를 확인하도록 한다.

**안전점검 유의사항**

- 안전점검은 안전수준의 향상을 위한 본래의 취지에 어긋나지 않아야 한다.
- 점검자의 능력을 판단하고 그 능력에 상응하는 내용의 점검을 시키도록 한다.
- 안전점검의 형식, 내용에 변화를 부여하여 몇 가지 점검 방법을 병용한다.
- 과거에 재해가 발생한 곳은 그 요인이 없어졌는가를 확인한다.
- 불량 요소가 발견되었을 경우 다른 동종의 설비에 대해서도 점검한다.
- 점검사항, 점검방법 등에 대한 지속적인 교육을 통하여 정확한 점검이 이루어지도록 한다.
- 안전점검 후 강평을 할 때는 결함뿐 아니라 잘된 점도 부각하여 상벌을 분명히 할 필요가 있다.

1901

## 06 Repetitive Learning (1회 2회 3회)

다음 중 산업안전보건법령상 안전·보건표지에 있어 금지표지의 색채기준으로 옳은 것은?

① 바탕은 검정색, 기본모형은 빨간색, 관련부호 및 그림은 흰색
② 바탕은 흰색, 기본모형은 빨간색, 관련부호 및 그림은 검정색
③ 바탕은 노란색, 기본모형은 검정색, 관련부호 및 그림은 빨간색
④ 바탕은 흰색, 기본모형은 노란색, 관련부호 및 그림은 검정색



03 ② 04 ④ 05 ② 06 ② | 정답

해설

- 흰색 바탕에 빨간색(7.5R 4/14) 원과 45° 각도의 빗선을 그리고, 검정색(N0.5)으로 금지할 내용을 원의 중앙에 표시한다.

금지표지 실필 1902/1901/1701/1501/1401/1304/1201/1102/1001/0902

- 정지, 소화설비, 유해행위 금지를 표시할 때 사용된다.
- 흰색(N9.5) 바탕에 빨간색(7.5R 4/14) 기본모형을 사용한다.
- 금연, 출입금지, 보행금지, 차량통행금지, 물체이동금지, 화기금지, 사용금지, 탑승금지 등이 있다.

| 금연 | 출입금지 | 보행금지 | 차량통행금지 |
|---|---|---|---|
|  |  |  |  |
| 물체이동금지 | 화기금지 | 사용금지 | 탑승금지 |
|  |  |  |  |

0902 / 1502 / 1801 / 2101 / 2202

## 07 Repetitive Learning (1회 2회 3회)

산업안전보건법상 산업안전보건위원회의 심의·의결사항이 아닌 것은?

① 산업재해 예방계획의 수립에 관한 사항
② 근로자의 건강진단 등 건강관리에 관한 사항
③ 중대재해로 분류되는 산업재해의 원인 조사 및 재발 방지대책의 수립에 관한 사항
④ 안전장치 및 보호구 구입 시의 적격품 여부 확인에 관한 사항

해설

- ④는 안전보건관리책임자의 업무 내용에 해당한다.

산업안전보건위원회의 심의·의결사항

- 산업재해 예방계획의 수립에 관한 사항
- 안전보건관리규정의 작성 및 변경에 관한 사항
- 근로자의 안전·보건교육에 관한 사항
- 작업환경측정 등 작업환경의 점검 및 개선에 관한 사항
- 근로자의 건강진단 등 건강관리에 관한 사항
- 중대재해의 원인 조사 및 재발 방지대책 수립에 관한 사항
- 산업재해에 관한 통계의 기록 및 유지에 관한 사항
- 유해하거나 위험한 기계·기구와 그 밖의 설비를 도입한 경우 안전·보건조치에 관한 사항

1701

## 08 Repetitive Learning (1회 2회 3회)

재해발생의 주요 원인 중 불안전한 행동에 해당하지 않는 것은?

① 불안전한 속도 조작
② 안전장치 기능 제거
③ 보호구 미착용 후 작업
④ 결함 있는 기계설비 및 장비

해설

- 결함 있는 기계설비 및 장비는 재해발생 원인 중 불안전한 상태(물적 원인)에 해당한다.

재해발생의 직접원인

| 구분 | 내용 |
|---|---|
| 인적 원인<br>(불안전한 행동) | • 위험장소 접근<br>• 안전장치기능 제거<br>• 불안전한 속도 조작<br>• 위험물 취급 부주의<br>• 보호구 미착용<br>• 작업자와의 연락 불충분 |
| 물적 원인<br>(불안전한 상태) | • 물(物) 자체의 결함<br>• 주변 환경의 미정리<br>• 생산 공정의 결함<br>• 물(物)의 배치 및 작업장소의 불량<br>• 방호장치의 결함 |

0704

## 09 Repetitive Learning (1회 2회 3회)

다음 중 산업안전보건법령상 지방고용노동관서의 장이 사업주에게 안전관리자나 보건관리자를 정수 이상으로 증원하게 하거나 교체하여 임명할 것을 명할 수 있는 경우가 아닌 것은?

① 중대재해가 연간 4건 발생한 경우
② 해당 사업장의 연간재해율이 같은 업종의 평균재해율의 2.5배인 경우
③ 관리자가 질병이나 그 밖의 사유로 4개월 동안 직무를 수행할 수 없게 된 경우
④ 발암성 물질을 취급하는 작업장 중 측정치가 노출기준을 상회하여 작업환경측정을 연속 3회 명령받은 경우

정답 | 07 ④ 08 ④ 09 ④

해설

- 안전관리자 등의 증원·교체가 필요한 사유는 2(업종의 2배), 2(중대재해 2건), 3(관리자 3개월 직무수행 불가능), 3(화학적 인자로 인한 직업성 질병자 연간 3명)에 따른다.

:: 안전관리자 등의 증원·교체가 필요한 사유 실필 1704/1402/1001

- 해당 사업장의 연간재해율이 같은 업종의 평균재해율의 2배 이상인 경우
- 중대재해가 연간 2건 이상 발생한 경우
- 관리자가 질병이나 그 밖의 사유로 3개월 이상 직무를 수행할 수 없게 된 경우
- 화학적 인자로 인한 직업성 질병자가 연간 3명 이상 발생한 경우

## 10

Repetitive Learning (1회 2회 3회)

다음 중 안전관리조직의 특성에 관한 설명으로 옳은 것은?

① 라인형 조직은 중, 대규모 사업장에 적합하다.
② 스탭형 조직은 권한 다툼의 해소나 조정이 용이하여 시간과 노력이 감소된다.
③ 라인형 조직은 안전에 대한 정보가 불충분하지만 안전지시나 조치에 대한 실시가 신속하다.
④ 라인·스탭형 조직은 대규모 사업장에 적합하나 조직원 전원의 자율적 참여가 어려운 단점이 있다.

해설

- 라인형 안전조직은 소규모(100명 이하) 사업장에 적합하다.
- 스탭형 안전조직은 생산라인과의 견해 차이로 안전지시가 용이하지 않아 다툼의 해소나 조정에 시간과 노력이 증가한다.
- 라인·스탭형 조직은 대규모 사업장에 적합하고 조직원 전원의 자율적 참여가 가능한 장점이 있다.

:: 라인(Line)형 안전조직 실필 1901

㉠ 개요

- 직계식이라고도 한다.
- 모든 명령과 안전 관련 업무가 생산계통을 따라 이루어진다.
- 규모가 작은(100명 이하) 사업장에 적합하다.
- 안전관리자가 체계적으로 선임되지 않은 사업장에 알맞은 안전조직 형태이다.

㉡ 특징

| 구분 | 내용 |
| --- | --- |
| 장점 | • 안전지시나 명령이 신속하다.<br>• 명령과 보고가 간단명료하다. |
| 단점 | • 안전지식과 기술축적이 힘들다.<br>• 안전정보의 수집과 대처가 늦다. |

1001 / 1601

## 11

Repetitive Learning (1회 2회 3회)

무재해 운동 추진기법으로 볼 수 없는 것은?

① 위험예지훈련
② 지적 확인
③ 터치 앤 콜
④ 직무위급도 분석

해설

※ 사업장 무재해 운동 인증업무가 2018년 말로 종료됨에 따라 관련 법규가 삭제되어 관련 문제로 대치합니다.

- 직무위급도 분석은 인간실수확률 추정기법 중 하나이다.

:: 무재해 운동 추진기법

- 지적 확인 – 작업자가 위험작업에 임하여 무재해를 지향하겠다는 뜻을, 대상을 가리킨 후 큰소리로 호칭하면서 안전의식 수준을 제고하는 기법이다.
- 터치 앤 콜(Touch and call) – 작업현장에서 팀 전원이 서로의 피부(어깨, 손 등)를 맞대고 팀 행동목표를 지적·확인하는 과정을 말한다.
- 위험예지훈련 – TBM – 현장에서 그때 그 장소의 상황에서 즉응하여 실시하는 위험예지활동을 말한다.
- 아차사고사례 발굴 및 브레인스토밍 미팅 – 현장에 존재하는 각종 위험(불안전한 행동 및 상태)을 찾고 예방하는 집단활동을 말한다.
- 무재해 소집단 활동 – 직장에서 자주활동을 통해 작업의 위험을 장기적, 단기적으로 해결하여 안전보건을 선취하기 위한 팀활동을 말한다.

1001 / 2104

## 12

Repetitive Learning (1회 2회 3회)

다음 중 산업재해 발생 시 조치순서에 있어 긴급처리의 내용으로 볼 수 없는 것은?

① 관련 기계의 정지
② 잠재 위험요인 적출
③ 현장 보존
④ 재해자의 응급조치



10 ③ 11 ④ 12 ② 정답

해설

- 잠재 위험요인의 적출은 재해예방 대책에 해당한다.

⁘ 재해발생 시 조치사항

- 재해발생 시 모든 사항에 우선하여 재해자에 대한 응급조치를 취해야 한다.
- 긴급조치 → 재해조사 → 원인분석 → 대책수립의 순을 따른다.
- 긴급조치 과정은 재해발생 기계의 정지 → 재해자의 구조 및 응급조치 → 상급 부서의 보고 → 2차 재해의 방지 → 현장 보존 순으로 진행한다.

## 13

Repetitive Learning 1회 2회 3회

다음 중 산업안전보건법상 사업주의 책무에 해당하는 것은?

① 산업재해에 관한 조사 및 통계의 유지・관리
② 재해 다발 사업장에 대한 재해 예방 지원 및 지도
③ 안전・보건을 위한 기술의 연구・개발 및 시설의 설치・운영
④ 산업재해 예방을 위한 기준 준수 및 해당 사업장의 안전・보건에 관한 정보 제공

해설

- 사업주는 해당 사업장의 안전・보건에 관한 정보를 근로자에게 제공하여야 한다.

⁘ 사업주의 의무

- 산업재해 예방을 위한 기준을 지킬 것
- 근로자의 신체적 피로와 정신적 스트레스 등을 줄일 수 있는 쾌적한 작업환경을 조성하고 근로조건을 개선할 것
- 해당 사업장의 안전・보건에 관한 정보를 근로자에게 제공할 것

2101

## 14

Repetitive Learning 1회 2회 3회

재해의 분석에 있어 사고유형, 기인물, 불안전한 상태, 불안전한 행동을 하나의 축으로 하고, 그것을 구성하고 있는 몇 개의 분류 항목을 크기가 큰 순서대로 나열하여 비교하기 쉽게 도시한 통계 양식의 도표는?

① 특성요인도
② 클로즈도
③ 파레토도
④ 직선도

해설

- 통계에 의한 재해원인 분석방법에는 파레토도, 특성요인도, 클로즈분석, 관리도 등이 있다.
- 특성요인도는 재해라고 하는 결과에 미치게 하는 원인요소와의 관계를 상호의 인과관계만으로 결부시켜 도표화하는 분석방법이다.
- 클로즈도는 두 가지 이상의 문제에 대한 관계분석 시에 주로 사용하는 분석방법이다.

⁘ 통계에 의한 재해원인 분석방법

- 파레토도, 특성요인도, 클로즈분석, 관리도 등이 있다.

| | |
|---|---|
| 파레토 (Pareto)도 | 작업현장에서 발생하는 작업 환경 불량이나 고장, 재해 등의 내용을 분류하고 그 건수와 금액을 크기 순으로 나열하여 작성한 그래프 |
| 특성요인도 (Characteristics diagram) | 사실의 확인단계에서 재해의 원인과 결과를 연계하여 상호 관계를 파악하기 위하여 어골상으로 도표화하는 분석방법 |
| 클로즈분석 | 두 가지 이상의 문제에 대한 관계분석 시에 주로 사용하는 분석방법 |
| 관리도 (Control chart) | 산업재해의 분석 및 평가를 위하여 재해발생 건수 등의 추이에 대해 한계선을 설정하여 목표관리를 수행하는 재해통계 분석기법 |

0801 / 1102 / 1701

## 15

Repetitive Learning 

버드(Frank Bird)의 새로운 도미노 이론으로 연결이 옳은 것은?

① 제어의 부족 → 기본원인 → 직접원인 → 사고 → 상해
② 관리구조 → 작전적 에러 → 전술적 에러 → 사고 → 상해
③ 유전과 환경 → 인간의 결함 → 불안전한 행동 및 상태 → 재해 → 상해
④ 유전적 요인 및 사회적 환경 → 개인적 결함 → 불안전한 행동 및 상태 → 사고 → 상해

해설

- 버드는 재해발생의 근원적 원인은 관리의 부족에 있다고 정의하므로 그에 해당하는 것을 찾도록 한다.

⁘ 버드(Bird)의 신연쇄성 이론

㉠ 개요

- 신도미노 이론이라고도 한다.
- 재해발생의 근원적 원인은 관리의 부족에 있다고 정의한다.
- 재해발생의 기본원인은 개인적 요인 및 작업상의 요인에 있다고 주장한다.
- 재해의 직접원인을 징후라 하고 불안전한 행동 및 상태에서 비롯된다고 한다.

정답 | 13 ④ 14 ③ 15 ①

ⓛ 단계

| | |
|---|---|
| 1단계 | 관리의 부족 |
| 2단계 | 개인적 요인, 작업상의 요인 |
| 3단계 | 불안전한 행동 및 상태 |
| 4단계 | 사고 |
| 5단계 | 재해 |

## 16 ─ Repetitive Learning (1회 2회 3회)

강도율이 1.98인 사업장에서 한 근로자가 평생 근무한다면 이 근로자는 재해로 인해 며칠의 근로손실일수가 발생하겠는가? (단, 근로자의 평생근무시간은 100,000시간이라 한다)

① 198일　② 216일
③ 254일　④ 300일

해설

- 강도율은 1,000시간의 평균근로시간 당 발생하는 근로손실일수이다.
- 강도율이 1.98이라 함은 1,000시간당 1.98이고, 근로자의 평생근무시간이 100,000시간이라면 1.98×100 = 198일의 근로손실이 발생함을 의미한다.

**강도율(SR : Severity Rate of injury)** 실필 1804/1702/1501/1402/1401/1304/0902/0901

- 재해로 인한 근로손실의 강도를 나타낸 값으로 연간총근로시간에서 1,000시간당 근로손실일수를 의미한다.
- $강도율 = \frac{근로손실일수}{연간총근로시간} \times 1,000$으로 구하고,

  $평균강도율 = \frac{강도율}{도수율} \times 1,000$으로 구한다.
- 근로자의 근속연수 등이 주어지지 않을 때 평생 근로손실일수는 한 개인이 평생 동안 근로한 시간을 100,000시간으로 볼 때의 근로손실일수이므로 강도율에 100을 곱하여 구한다.

## 17 ─ Repetitive Learning (1회 2회 3회)

다음 중 건설기술진흥법에 따라 안전관리계획을 수립하여야 하는 건설공사에 해당하지 않는 것은?

① 원자력시설공사
② 지하 10m 이상을 굴착하는 건설공사
③ 10층 이상인 건축물의 리모델링 또는 해체공사
④ 시설물의 안전관리에 관한 특별법에 따른 1종 시설물의 건설공사

해설

- 안전관리계획을 수립해야 하는 건설공사에 원자력시설공사는 제외된다.

**안전관리계획을 수립해야 하는 건설공사**

- 원자력시설공사 제외
- 1종 시설물 및 2종 시설물의 건설공사(유지관리를 위한 건설공사는 제외)
- 지하 10m 이상을 굴착하는 건설공사
- 폭발물을 사용하는 건설공사로서 20m 안에 시설물이 있거나 100m 안에 사육하는 가축이 있어 해당 건설공사로 인한 영향을 받을 것이 예상되는 건설공사
- 10층 이상 16층 미만인 건축물의 건설공사
- 10층 이상인 건축물의 리모델링 또는 해체공사
- 수직증축형 리모델링
- 천공기(높이가 10m 이상인 것만 해당)가 사용되는 건설공사
- 항타 및 항발기가 사용되는 건설공사
- 타워크레인이 사용되는 건설공사
- 가설구조물을 사용하는 건설공사
- 발주자가 안전관리가 특히 필요하다고 인정하는 건설공사
- 해당 지방자치단체의 조례로 정하는 건설공사 중에서 인·허가기관의 장이 안전관리가 특히 필요하다고 인정하는 건설공사

1904

## 18 ─ Repetitive Learning (1회 2회 3회)

다음 중 재해예방의 4원칙에 해당되지 않는 것은?

① 손실우연의 원칙
② 예방가능의 원칙
③ 사고연쇄의 원칙
④ 원인계기의 원칙

해설

- 사고연쇄의 원칙은 없으며, 모든 사고는 대책선정이 가능하다는 대책선정의 원칙이 빠졌다.

**하인리히의 재해예방 4원칙** 실필 1801/1501

| | |
|---|---|
| 대책선정의 원칙 | 사고의 원인을 발견하면 반드시 대책을 세워야 하며, 모든 사고는 대책선정이 가능하다는 원칙 |
| 손실우연의 원칙 | 사고로 인한 손실은 우연적이라는 원칙 |
| 예방가능의 원칙 | 모든 사고는 예방이 가능하다는 원칙 |
| 원인연계의 원칙<br>(원인계기의 원칙) | 사고는 반드시 원인이 있으며 이는 필연적인 인과관계로 작용한다는 원칙 |



16 ① 17 ① 18 ③ 정답

1902

**19** Repetitive Learning (1회 2회 3회)

다음 중 내전압용절연장갑의 성능기준에 있어 절연 장갑의 등급과 최대사용전압이 올바르게 연결된 것은?(단, 전압은 교류로 실효값을 의미한다)

① 00등급 : 500V
② 0등급 : 2,500V
③ 1등급 : 10,000V
④ 2등급 : 20,000V

해설

• 절연장갑의 등급별 최대사용전압은 교류에서 0등급은 1,000V, 1등급은 7,500V, 2등급은 17,000V이다.

절연장갑의 등급별 최대사용전압

| 등급 | 최대사용전압 | |
|---|---|---|
| | 교류(V, 실효값) | 직류(V) |
| 00 | 500 | 750 |
| 0 | 1,000 | 1,500 |
| 1 | 7,500 | 11,250 |
| 2 | 17,000 | 25,500 |
| 3 | 26,500 | 39,750 |
| 4 | 36,000 | 54,000 |

1902

**20** Repetitive Learning (1회 2회 3회)

산업안전보건법에 따라 사업장의 안전·보건을 유지하기 위하여 작성하는 안전보건관리규정에 포함될 사항과 가장 거리가 먼 것은?

① 안전·보건교육에 관한 사항
② 사고 조사 및 대책 수립에 관한 사항
③ 산업재해손실비용 분석방법에 관한 사항
④ 안전·보건 관리조직과 그 직무에 관한 사항

해설

• 안전보건관리규정에는 ①, ②, ④ 외에 작업장 안전관리, 보건관리에 관한 사항과 그 밖에 안전·보건에 관한 사항 등을 포함하여야 한다.

안전보건관리규정에 포함되어야 할 사항

- 안전·보건 관리조직과 그 직무에 관한 사항
- 안전·보건교육에 관한 사항
- 작업장 안전관리에 관한 사항
- 작업장 보건관리에 관한 사항
- 사고 조사 및 대책 수립에 관한 사항
- 그 밖에 안전·보건에 관한 사항

## 2과목 산업심리 및 교육

0302 / 1901 / 2102

**21** Repetitive Learning 

다음 중 토의식 교육지도에서 시간이 가장 많이 소요되는 단계는?

① 도입
② 제시
③ 적용
④ 확인

해설

• 토의식은 도입, 제시, 적용, 확인단계 중 적용단계에서 가장 많은 시간이 소요된다.

토의식(Discussion method)

㉠ 개요

- 참여자들의 대화를 통해서 교육이 진행되는 교육방식이다.
- 현장의 관리감독자 교육을 위하여 가장 바람직한 교육방식이다.
- 안전교육의 방법 중 전개단계에서 가장 효과적인 수업방법이다.
- 도입, 제시, 적용, 확인단계 중 적용단계에서 가장 많은 시간이 소요된다.
- 알고 있는 지식을 심화시키거나 어떠한 자료에 대해 보다 명료한 생각을 갖도록 하기 위하여 실시하는 교육방법으로 적합하다.
- 피교육생들의 태도를 변화시키고자 할 때, 인원이 토의에 적정할 때, 피교육생들이 토의 주제를 어느 정도 인지하고 있을 때, 피교육생들 간에 학습능력이 비슷한 수준일 때 유용하다.
- 심포지엄(Symposium), 패널 디스커션(Panel discussion), 롤 플레잉(Role playing), 버즈세션(Buzz session), 포럼(Forum) 등이 있다.

㉡ 특징

- 개방적인 의사소통과 협조적인 분위기 속에서 학습자의 적극적 참여가 가능하다.
- 집단 활동의 기술을 개발하고 민주적 태도를 배울 수 있다.
- 준비와 계획 단계뿐만 아니라 진행 과정에서도 많은 시간이 소요된다.

정답 | 19 ① 20 ③ 21 ③

2101

## 22

Repetitive Learning (1회 2회 3회)

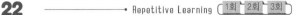

다음 중 상황성 누발자의 재해유발 원인과 가장 거리가 먼 것은?

① 기능 미숙 때문에
② 작업이 어렵기 때문에
③ 기계 설비에 결함이 있기 때문에
④ 환경상 주의력의 집중이 혼란되기 때문에

**해설**

- 상황성 누발자는 작업의 어려움, 기계설비의 결함, 심신의 근심, 환경상 주의력 집중이 곤란해 재해를 유발시킨다.

**상황성 누발자**

㉠ 개요
- 상황성 누발자란 작업이 어렵거나 설비의 결함, 심신의 근심 때문에 재해를 여러 번 겪은 사람을 말한다.

㉡ 재해유발 원인
- 작업이 어렵기 때문
- 기계설비에 결함이 있기 때문
- 심신에 근심이 있기 때문
- 환경상 주의력의 집중이 혼란되기 때문

0301 / 1001 / 1504 / 1802

## 23

Repetitive Learning 

스트레스(Stress)에 영향을 주는 요인 중 환경이나 외적요인에 해당하는 것은?

① 자존심의 손상
② 현실에의 부적응
③ 도전의 좌절과 자만심의 상충
④ 직장에서의 대인관계 갈등과 대립

**해설**

- ①, ②, ③은 모두 스트레스 요인 중 내적인 요인에 해당한다.

**스트레스의 요인**

| 내적요인 | 외적요인 |
|---|---|
| • 자존심의 손상<br>• 도전의 좌절과 자만심의 상충<br>• 현실에서의 부적응<br>• 지나친 경쟁심과 출세욕 | • 직장에서의 대인관계 갈등과 대립<br>• 죽음, 질병<br>• 경제적 어려움 |

1604

## 24

Repetitive Learning (1회 2회 3회)

인간이 충족시키고자 추구하는 욕구에 있어 가장 강력한 욕구는?

① 안전의 욕구　② 생리적 욕구
③ 자아실현의 욕구　④ 애정 및 귀속의 욕구

**해설**

- 매슬로우는 인간의 가장 기초적인 욕구이면서 강력한 욕구를 생리적 욕구로 보았다.

**매슬로우(Maslow)의 욕구위계(욕구이론)**

㉠ 개요
- 생리적 욕구 – 안전의 욕구 – 사회적 욕구 – 인정받으려는 욕구 – 자아실현의 욕구 순으로 발생한다.
- 행동은 충족되지 않은 욕구에 의해 결정되고 좌우된다.
- 개인의 가장 기본적인 욕구로부터 시작하여 위계상 상위 욕구로 올라가면서 자신의 욕구를 체계적으로 충족시킨다.
- 위계(位階)에서 생존을 위해 기본이 되는 욕구들이 우선적으로 충족되어야 한다. 즉, 하위 단계의 욕구가 충족되어야 더 높은 단계의 욕구가 발생한다.

㉡ 위계의 내용 실필 0901

| 단계별 | 욕구의 명칭 | 설명 | 관리감독자의 능력 |
|---|---|---|---|
| 1단계 | 생리적 욕구 | 인간의 가장 기초적인 욕구에 해당한다. | – |
| 2단계 | 안전의 욕구 | 생존에 대한 욕구에 해당한다. | 기술적 능력 |
| 3단계 | 사회적 욕구 | 가족, 친구 등 애정과 소속에 대한 욕구에 해당한다. | – |
| 4단계 | 인정받으려는 욕구(존경과 긍지에 대한 욕구) | 명예, 신망, 위신, 지위 등과 관계가 깊다. | 포괄적 능력 |
| 5단계 | 자아실현의 욕구 | 가장 고차원적인 욕구에 해당한다. | 종합적 능력 |

## 25

Repetitive Learning (1회 2회 3회)

자아실현의 기회 부여로 근무의욕 고취와 재해사고의 예방에 기여하는 효과를 높이기 위해 적성배치가 필요하다. 다음 중 이러한 적성배치 시 기본적으로 고려할 사항으로 틀린 것은?

① 객관적인 감정요소 배제
② 인사관리의 기준에 원칙을 준수
③ 직무평가를 통하여 자격수준 결정
④ 적성검사를 실시하여 개인의 능력파악



22 ① 23 ④ 24 ② 25 ① 정답

**해설**

- 적성배치의 고려사항에서 주관적인 감정요소를 배제해야지 객관적인 감정요소를 배제해서는 안 된다.

**적성배치**

㉠ 개요

- 자아실현의 기회 부여로 근무의욕 고취와 재해사고의 예방에 기여하는 효과를 가진다.
- 부주의에 의한 사고방지대책에 있어 기능 및 작업측면의 대책에 해당한다.

㉡ 고려사항

- 주관적인 감정요소를 배제한다.
- 인사관리의 기준에 원칙을 준수한다.
- 직무평가를 통하여 자격수준을 결정한다.
- 적성검사를 실시하여 개인의 능력을 파악한다.

0801 / 1901 / 2201

## 26

다음 중 O.J.T(On the Job Training)와 관계가 가장 먼 것은?

① 효과가 곧 업무에 나타난다.

② 직장의 실정에 맞는 실제적 훈련이다.

③ 다수의 근로자에게 조직적 훈련이 가능하다.

④ 교육을 통한 훈련효과에 의해 상호 신뢰이해도가 높아진다.

**해설**

- ③은 Off J.T의 장점에 해당한다.

**O.J.T(On the Job Training) 교육** 실필 1701

㉠ 개요

- 사업장 내에서 직장 상사가 강사가 되어 실시하는 교육이다.
- 일상 업무를 통해 지식과 기능, 문제해결능력을 향상시키는 데 주목적을 갖는다.
- 가장 중요한 역할을 담당하는 이는 일선현장의 감독자이다.

㉡ 형태

- 코칭
- 직무순환
- 멘토링
- 도제식 교육
- 현장 직무교육

㉢ 특징

| 구분 | 내용 |
|---|---|
| 장점 | • 동기부여가 쉽다.<br>• 개개인에게 적절한 지도훈련이 가능하다.<br>• 직장의 실정에 맞게 실제적 훈련이 가능하다.<br>• 교육을 통한 훈련효과에 의해 상호 신뢰 및 이해도가 높아진다.<br>• 대상자의 개인별 능력에 따라 훈련의 진도를 조정하기가 쉽다.<br>• 교육효과가 업무에 신속히 반영된다.<br>• 훈련에 필요한 업무의 계속성이 끊어지지 않는다. |
| 단점 | • 전문적인 강사가 아니어서 교육이 원만하지 않을 수 있다.<br>• 다수의 대상을 한 번에 통일적인 내용 및 수준으로 교육시킬 수 없다.<br>• 전문적인 고도의 지식 및 기능을 교육하기 힘들다.<br>• 업무와 교육이 병행되는 관계로 훈련에만 전념할 수 없다. |

1304 / 1702

## 27

Repetitive Learning (1회 2회 3회)

의식수준이 정상적 상태이지만 생리적 상태가 안정을 취하거나 휴식할 때에 해당하는 것은?

① phase Ⅰ　　② phase Ⅱ

③ phase Ⅲ　　④ phase Ⅳ

**해설**

- Phase Ⅰ은 생리적 상태가 피로하고 단조로울 때에 해당한다.
- Phase Ⅲ은 정상적인 상태로 신뢰성이 가장 높은 상태의 의식수준에 해당한다.
- Phase Ⅳ는 돌발사태의 발생으로 인하여 주의의 일점 집중 현상이 발생한 단계이다.

**인간의 의식레벨**

| 단계 | 의식수준 | 설명 |
|---|---|---|
| Phase 0 | 무의식, 실신상태 | 무의식 동작에는 외계의 능력에 대응하는 능력이 어느 정도는 있다. |
| Phase Ⅰ | 이상, 피로 및 단조로움 | 심신이 피로하거나 단조로운 작업을 반복할 경우 나타나는 의식수준의 저하현상이 발생 |
| Phase Ⅱ | 정상, 이완상태 | 생리적 상태가 안정을 취하거나 휴식할 때에 해당 |
| Phase Ⅲ | 정상, 명쾌 | • 중요하거나 위험한 작업을 안전하게 수행하기에 적합<br>• 신뢰성이 가장 높은 상태의 의식수준 |
| Phase Ⅳ | 과긴장 | 돌발사태의 발생으로 인하여 주의의 일점 집중 현상이 일어나는 경우 인간의 의식수준 |

1801

**28** 

피로의 증상과 가장 거리가 먼 것은?

① 식욕의 증대 ② 불쾌감의 증가
③ 흥미의 상실 ④ 작업 능률의 감퇴

해설

- 피로로 식욕은 감소되지 증대되지는 않는다.

**피로의 증상**
- 식욕의 감소
- 불쾌감의 증가
- 흥미의 상실
- 작업 능률의 감퇴

1404 / 1604

**29** 

운동의 시지각이 아닌 것은?

① 자동운동(自動運動) ② 유도운동(誘導運動)
③ 항상운동(恒常運動) ④ 가현운동(假現運動)

해설

- 운동의 시지각에는 자동운동, 유도운동, 가현운동 등이 있다.

**운동의 시지각**
- 자동운동, 유도운동, 가현운동 등이 있다.
- 자동운동은 암실 내의 정지된 소광점을 응시하고 있으면 그 광점이 움직이는 것처럼 보이는 현상으로 어두울 때 생기는 착각현상이다.
- 유도운동은 인간의 착각현상 중에서 실제로 움직이지 않는 것이 어느 기준의 이동에 의하여 움직이는 것처럼 느껴지는 현상을 말한다.
- 가현운동은 객관적으로 정지하고 있는 대상물이 급속히 나타난다든가 소멸하는 것으로 인하여 일어나는 운동으로 마치 대상물이 운동하는 것처럼 인식되는 현상을 말한다.

**30** Repetitive Learning 1회 2회 3회

다음 중 안전교육의 목표로 가장 적절한 것은?

① 작업동작의 숙련화
② 인간의 동작특성 학습
③ 설비에 대한 지식 획득
④ 작업에 의한 안전행동의 습관화

해설

- 안전교육의 목표는 작업에 있어서 인간의 안전행동을 습관화하는 것에 있다.

**안전교육**
- ㉠ 목표
  - 작업에 의한 안전행동의 습관화
- ㉡ 기본방향
  - 사고 사례 중심의 안전교육
  - 안전작업(표준작업)을 위한 안전교육
  - 안전의식 향상을 위한 안전교육

0804

**31** Repetitive Learning 1회 2회 3회

교육심리학의 연구방법 중 의식적으로 의견을 발표하도록 하여 인간의 내면에서 일어나고 있는 심리적 상태를 사물과 연관시켜 인간의 성격을 알아보는 방법을 무엇이라 하는가?

① 면접법
② 집단토의법
③ 투사법
④ 질문지법

해설

- 교육심리학의 연구방법에는 투사법, 실험법, 관찰법 등이 있다.
- 실험법은 관찰하려는 상황을 연구목적에 따라 인위적으로 조작하여 지정 조건하에서 사실과 현상을 연구하는 방법이다.
- 관찰법은 자연적 관찰법과 실험적 관찰법으로 분류된다.

**교육심리학의 연구방법**
- 투사법 – 인간의 내면에서 일어나고 있는 심리적 사고에 대하여 사물을 이용하여 인간의 성격을 알아보는 방법
- 실험법 – 관찰하려는 상황을 연구목적에 따라 인위적으로 조작하여 지정 조건하에서 사실과 현상을 연구하는 방법
- 관찰법 – 자연적 관찰법과 실험적 관찰법으로 분류된다.

1502

**32** 

다음 중 시청각적 교육방법의 특징과 가장 거리가 먼 것은?

① 교재의 구조화를 기할 수 있다.
② 대규모 수업체제의 구성이 어렵다.
③ 학습의 다양성과 능률화를 기할 수 있다.
④ 학습자에게 공통경험을 형성시켜 줄 수 있다.



28 ① 29 ③ 30 ④ 31 ③ 32 ② | 정답

해설

- 시청각교육법은 대규모 수업체제에 가장 많이 활용되는 교육방법이다.

**시청각교육법**

㉠ 개요

- 학습능률을 높이기 위해 시청각 매체를 교육에 적절히 활용하는 교육방법이다.

㉡ 특징

- 교수의 평준화, 교재의 구조화를 기할 수 있다.
- 대규모 수업체제의 구성이 가능하다.
- 학습의 다양성과 능률화를 기할 수 있다.
- 학습자에게 공통경험을 형성시켜 줄 수 있다.

0602 / 1904

## 33

Repetitive Learning 

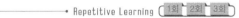

리더십의 권한 역할 중 "부하를 처벌할 수 있는 권한"은 어떠한 권한에 해당하는가?

① 위임된 권한
② 합법적 권한
③ 강압적 권한
④ 보상적 권한

해설

- 조직이 리더에게 부여한 권한 중 구성원에 대한 처벌과 관련된 것은 강압적 권한에 해당한다.

**리더십 권한**

㉠ 조직이 리더에게 부여한 권한

- 합법적 권한 : 군대, 교사, 정부기관 등 합법적 권력이 가지는 권한
- 강압적 권한 : 부하의 처벌, 승진 누락, 봉급의 인상 거부 등 강압적인 힘을 갖는 권한
- 보상적 권한 : 승진, 봉급 인상 등 역할에 대한 보상을 부여하는 권한

㉡ 조직이 리더에게 부여하지 않았지만 조건이 맞을 경우 자발적으로 생성되는 권한

- 위임된 권한 : 목표달성을 위하여 부하 직원들이 상사를 존경하여 상사와 함께 일하고자 할 때 상사에게 부여되는 권한 혹은 지도자 자신이 스스로에게 부여한 권한
- 전문성의 권한 : 전문적 지식을 가진 리더를 부하들이 스스로 따르는 것으로 지도자 자신의 능력에 의해 생성되는 권한
- 준거적 권한 : 리더의 개인적 매력이 중요하며, 매력적인 리더와 함께 하고 싶은 부하들에 의해 조직의 발전이 이뤄진다는 것

1202 / 1302 / 1701 / 1801 / 1804 / 2104

## 34

Repetitive Learning 1회 2회 3회

산업안전보건법령상 사업 내 안전·보건교육 중 건설업 일용근로자에 대한 건설업 기초안전·보건교육의 교육시간으로 맞는 것은?

① 1시간 ② 2시간
③ 3시간 ④ 4시간

해설

- 건설업 일용근로자에 대한 건설업 기초안전·보건교육의 교육시간은 4시간이다.

**안전·보건 교육시간 기준** 실필 0804/0904/1201/1801

| 교육과정 | 교육대상 | | 교육시간 |
|---|---|---|---|
| 정기교육 | 사무직 종사 근로자 | | 매반기 6시간 이상 |
| | 사무직 외의 근로자 | 판매업무에 직접 종사하는 근로자 | 매반기 6시간 이상 |
| | | 판매업무에 직접 종사하는 근로자 외의 근로자 | 매반기 12시간 이상 |
| | 관리감독자 | | 연간 16시간 이상 |
| 채용 시의 교육 | 일용근로자 및 근로계약기간이 1주일 이하인 기간제근로자 | | 1시간 이상 |
| | 근로계약기간이 1주일 초과 1개월 이하인 기간제근로자 | | 4시간 이상 |
| | 그 밖의 근로자 | | 8시간 이상 |
| 작업내용 변경 시의 교육 | 일용근로자 및 근로계약기간이 1주일 이하인 기간제근로자 | | 1시간 이상 |
| | 그 밖의 근로자 | | 2시간 이상 |
| 특별교육 | 일용 및 근로계약기간이 1주일 이하인 기간제근로자 | 타워크레인 신호업무 제외 | 2시간 이상 |
| | | 타워크레인 신호업무 | 8시간 이상 |
| | 일용 및 근로계약기간이 1주일 이하인 기간제근로자 제외 근로자 | | • 16시간 이상(작업전 4시간, 나머지는 3개월 이내 분할 가능)<br>• 단기간 또는 간헐적 작업인 경우에는 2시간 이상 |
| 건설업 기초안전·보건교육 | 건설 일용근로자 | | 4시간 이상 |

1502

## 35

Repetitive Learning 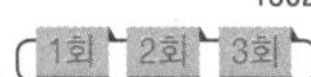

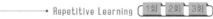

다음 설명에 해당하는 주의의 특성은?

> 공간적으로 보면 시선의 주시점만 인지하는 기능으로 한 지점에 주의를 집중하면 다른 곳의 주의는 약해진다.

① 선택성 ② 방향성
③ 변동성 ④ 일점집중

정답 | 33 ③ 34 ④ 35 ②

해설

- 주의의 특징에는 선택성, 방향성, 변동성이 있다.
- 변동성은 주의는 일정하게 유지되는 것이 아니라 일정한 주기로 부주의하는 리듬이 존재한다는 개념을 말한다.
- 선택성은 시각 정보 등을 받아들일 때 주의를 기울이면 시선이 집중되는 곳의 정보는 잘 받아들이나 주변부의 정보는 놓치기 쉬운 것을 말한다.

∷ 주의(Attention)의 특징

- 선택성 – 여러 종류의 자극을 자각할 때, 소수의 특정한 것에 한하여 주의가 집중되는 것으로 인간의 주의력은 한계가 있어 여러 작업에 대해 선택적으로 배분된다는 의미로 시각 정보 등을 받아들일 때 주의를 기울이면 시선이 집중되는 곳의 정보는 잘 받아들이나 주변부의 정보는 놓치기 쉬운 경우에 해당한다.
- 방향성 – 공간적으로 보면 시선의 주시점만 인지하는 기능으로 한 지점에 주의를 집중하면 다른 곳의 주의가 약해지는 성질이 있다.
- 변동성 – 주의는 일정하게 유지되는 것이 아니라 일정한 주기로 부주의하는 리듬이 존재한다.

1504

## 36 Repetitive Learning (1회 2회 3회)

소시오메트리(Sociometry)에 관한 설명으로 옳은 것은?

① 구성원 상호 간의 선호도를 기초로 집단 내부의 동태적 상호관계를 분석하는 기법이다.
② 구성원들이 서로에게 매력적으로 끌리어 목표를 효율적으로 달성하는 정도를 도식화한 것이다.
③ 리더십을 인간 중심과 과업 중심으로 나누어 이를 계량화하고, 리더의 행동경향을 표현, 분류하는 기법이다.
④ 리더의 유형을 분류하는 데 있어 리더들이 자기가 싫어하는 동료에 대한 평가를 점수로 환산하여 비교, 분석하는 기법이다.

해설

- ②는 소시오그램에 대한 설명이다.
- ③과 ④는 상황리더십(Situational Leadership) 이론에 대한 설명이다.

∷ 집단역학에서 소시오메트리(Sociometry)

- 구성원 상호 간의 선호도를 기초로 집단 내부의 동태적 상호관계를 분석하는 기법이다.
- 소시오메트리 연구조사에서 수집된 자료들은 소시오그램과 소시오메트릭스 등으로 분석한다.
- 소시오그램은 집단 내의 하위 집단들과 내부의 세부집단과 비세력집단을 구분할 수 있고 집단의 실질적인 리더를 발견할 수 있다.
- 소시오메트릭스는 소시오그램에서 나타나는 집단 구성원들 간의 관계를 수치에 의하여 계량적으로 분석할 수 있다.

0901 / 1701

## 37 Repetitive Learning (1회 2회 3회)

직무에 적합한 근로자를 위한 심리검사는 합리적 타당성을 갖추어야 한다. 이러한 합리적 타당성을 얻는 방법으로만 나열된 것은?

① 구인 타당도, 공인 타당도
② 구인 타당도, 내용 타당도
③ 예언적 타당도, 공인 타당도
④ 예언적 타당도, 안면 타당도

해설

- 합리적 타당도는 내용 타당도와 구인 타당도로 구성된다.

∷ 타당성

㉠ 개요
- 심리검사의 특징 중 측정하고자 하는 것을 실제로 잘 측정하는지의 여부를 판별하는 것을 말한다.
- 신뢰도와 함께 인사선발을 위한 심리검사에서 갖춰야 할 요건에 해당한다.

㉡ 준거 관련 타당도(경험 타당도)
- 예측변인이 준거와 얼마나 관련되어 있느냐를 나타낸 타당도를 말한다.
- 시간간격이 없느냐 혹은 있느냐에 따라 공인타당도와 예언타당도로 구분한다.

㉢ 합리적 타당도
- 내용 타당도와 구인 타당도로 구분한다.
- 내용 타당도는 검사문항에 대한 전문가의 판단을 구비한 타당도이며, 구인타당도는 기존 검사와 새로 만든 검사와의 상관관계를 측정한 타당도이다.

0302

## 38 Repetitive Learning (1회 2회 3회)

다음 중 Tiffin의 동기유발요인에 있어 공식적 자극에 해당되지 않는 것은?

① 특권박탈
② 승진
③ 작업계획의 선택
④ 칭찬

해설

- 특권박탈은 소극적 자극, 승진이나 작업계획의 선택은 적극적 자극에 해당한다.

∷ Tiffin의 동기유발요인에 있어 공식적 자극

- 소극적 자극 : 해고, 계약직, 특권박탈
- 적극적 자극 : 상여금, 승진, 작업계획의 선택 등



36 ① 37 ② 38 ④ | 정답

2001

## 39

Repetitive Learning (1회 2회 3회)

다음 중 안전교육 계획수립 및 추진에 있어 진행순서를 가장 올바르게 나열한 것은?

① 교육대상 결정 → 교육의 필요점 발견 → 교육준비 → 교육실시 → 교육의 성과를 평가
② 교육의 필요점 발견 → 교육준비 → 교육대상 결정 → 교육실시 → 교육의 성과를 평가
③ 교육대상 결정 → 교육준비 → 교육의 필요점 발견 → 교육실시 → 교육의 성과를 평가
④ 교육의 필요점 발견 → 교육대상 결정 → 교육준비 → 교육실시 → 교육의 성과를 평가

해설

• 안전보건교육 진행순서는 교육의 필요점 발견 → 교육대상 결정 → 교육준비 → 교육실시 → 교육의 성과를 평가 순으로 진행한다.

⁑ 안전보건교육 계획과 추진

㉠ 안전보건교육 계획에 포함되어야 할 사항
- 교육목표(교육 및 훈련의 범위, 교육 보조자료의 준비 및 사용지침, 교육 훈련의 의무와 책임관계)
- 교육의 종류 및 교육대상
- 교육과목 및 교육내용
- 교육기간 및 시간
- 교육장소 및 방법, 담당자 및 강사

㉡ 안전보건교육 진행순서
- 교육의 필요점 발견 → 교육대상 결정 → 교육준비 → 교육실시 → 교육의 성과를 평가

1604

## 40

Repetitive Learning (1회 2회 3회)

산업안전보건법령상 사업 내 안전·보건교육에 있어 특별안전·보건교육 대상 작업에 해당하지 않는 것은?

① 굴착면의 높이가 5m 되는 암석의 굴착작업
② 5m인 구축물을 대상으로 콘크리트 파쇄기를 사용하여 하는 파쇄작업
③ 흙막이 지보공의 보강 또는 동바리를 설치하거나 해체하는 작업
④ 휴대용 목재가공기계를 3대 보유한 사업장에서 해당 기계로 하는 작업

해설

• 목재가공용 기계를 5대 이상 보유한 사업장의 경우 해당 기계로 하는 작업의 경우는 특별 안전·보건교육 대상 작업에 해당한다. 3대는 5대 미만이므로 특별 안전·보건교육 대상 작업에 해당하지 않는다.

⁑ 목재가공용 기계를 5대 이상 보유한 사업장의 경우 해당 기계로 하는 작업의 경우 특별 안전·보건교육 내용
- 목재가공용 기계의 특성과 위험성에 관한 사항
- 방호장치의 종류와 구조 및 취급에 관한 사항
- 안전기준에 관한 사항
- 안전작업방법 및 목재 취급에 관한 사항
- 그 밖에 안전·보건관리에 필요한 사항

# 3과목 인간공학 및 시스템안전공학

1101 / 1304 / 1604 / 2104

## 41

Repetitive Learning (1회 2회 3회)

결함수분석(FTA)에 의한 재해사례의 연구 순서가 다음과 같을 때 올바른 순서대로 나열한 것은?

㉠ FT(Fault Tree)도 작성
㉡ 개선안 실시계획
㉢ 톱사상의 선정
㉣ 사상마다 재해원인 및 요인 규명
㉤ 개선계획 작성

① ㉣ → ㉤ → ㉢ → ㉠ → ㉡
② ㉡ → ㉣ → ㉢ → ㉤ → ㉠
③ ㉢ → ㉣ → ㉠ → ㉤ → ㉡
④ ㉤ → ㉢ → ㉡ → ㉠ → ㉣

해설

• 결함수분석에서 가장 먼저 실시하는 것은 정상(Top)사상의 선정이다.

⁑ 결함수분석(FTA)에 의한 재해사례의 연구 순서

| 단계 | 내용 |
|---|---|
| 1단계 | 정상(Top)사상의 선정 |
| 2단계 | 사상마다 재해원인 및 요인 규명 |
| 3단계 | FT(Fault Tree)도 작성 |
| 4단계 | 개선계획의 작성 |
| 5단계 | 개선안 실시계획 |

정답 | 39 ④ 40 ④ 41 ③

## 42

Repetitive Learning (1회 2회 3회)

인간이 청각으로 느끼는 소리의 크기를 측정하는 두 가지 척도는 sone과 phon이다. 50phon은 몇 sone에 해당하는가?

① 0.5 ② 1
③ 2 ④ 2.5

해설

- phon의 값이 주어졌으므로 대입하면 sone$=2^{\frac{50-40}{10}}=2$ sone이 된다.

∷ sone 값

- 인간이 청각으로 느끼는 소리의 크기를 측정하는 척도 중 하나이다.
- 기준 음에 비해서 몇 배의 크기를 갖느냐는 음의 sone 값이 결정한다.
- 1 sone은 40dB의 1,000Hz 순음의 크기로 40phon의 값을 의미한다.
- phon의 값이 주어질 때 sone$=2^{\frac{phon-40}{10}}$으로 구한다.

1002 / 1804

## 43

Repetitive Learning (1회 2회 3회)

작업설계(Job design) 시 철학적으로 고려해야 할 사항 중 작업만족도(Job satisfaction)를 얻기 위한 수단으로 볼 수 없는 것은?

① 작업감소(Job reduce)
② 작업순환(Job rotation)
③ 작업확대(Job enlargement)
④ 작업윤택화(Job enrichment)

해설

- 작업이 감소한다고 해서 작업만족도를 얻을 수는 없다.

∷ 작업설계(Job design) 시 작업만족도(Job satisfaction)를 위한 고려사항

| 구분 | 내용 |
|---|---|
| 작업윤택화 (Job enrichment) | 동일한 작업에 각기 다른 과업들을 병합하는 것으로 다른 사람들이 수행하는 과업들 포함 |
| 작업확대 (Job enlargement) | 재량권이나 의사결정을 확대하여 작업자들이 상급자들이 갖던 의무의 일부를 취할 수 있게 하는 것 |
| 작업순환 (Job rotation) | 조직단위 간 연결을 강조하는 것으로 주기적으로 다른 사람의 업무를 수행하도록 하는 것 |

## 44

Repetitive Learning (1회 2회 3회)

다음 중 보전에 관한 설명으로 옳은 것은?

① 피로고장은 작업자의 조작실수제거로 예방할 수 없다.
② 초기고장은 Burn-in 기간을 통해서도 예방이 불가능하다.
③ 설계한계를 변경하더라도 우발고장은 예방할 수 없다.
④ 고장률이 일정한 패턴을 유지하면 예방보전이 효과적이다.

해설

- 피로고장은 특정 부분의 반복피로 등의 이유로 발생하는 만큼 작업자의 조작실수 제거를 통해 예방할 수 없다.

∷ 마모고장

- 시스템의 수명곡선(욕조곡선)에서 증가형에 해당한다.
- 특정 부품의 마모, 열화에 의한 고장, 반복피로 등의 이유로 발생하는 고장이다.
- 예방을 위해서는 안전진단 및 적당한 수리보존(BM) 및 예방보전(PM)이 필요하다.

## 45

Repetitive Learning (1회 2회 3회)

다음 중 위험분석기법에 관한 설명으로 틀린 것은?

① 결함수분석(FTA)은 잠재위험을 체계적으로 파악하고 분석하며, 연역적 사고방식을 사용한다.
② 결함위험분석(FHA)은 기능적 위험을 분석하고 파악하며, 연역적 방식을 사용한다.
③ 예비위험분석(PHA)은 초기 위험분석을 위해 사용되며, 설계상의 안전에 대해 결론을 내릴 때 예비 서식으로 사용한다.
④ 운용위험분석(OHA)은 시스템이 저장, 이동, 실행됨에 따라 발생하는 작동시스템의 기능이나 과업, 활동으로부터 발생되는 위험분석에 사용한다.

해설

- 결함위험분석(FHA)은 정성적 방식을 사용한다.

∷ 결함위험분석(FHA)

- 복잡한 전체시스템을 여러 개의 서브시스템으로 나누어 제작하는 경우 서브시스템이 다른 서브시스템이나 전체시스템에 미치는 영향을 분석하는 방법이다.
- 수리적 해석방법으로 정성적 방식을 사용한다.
- 시스템 정의에서부터 시스템 개발단계를 지나 시스템 생산단계 진입 전까지 적용된다.



42 ③ 43 ① 44 ① 45 ② | 정답

0604 / 1701

## 46

다음 FT도에서 최소 컷 셋을 올바르게 구한 것은?

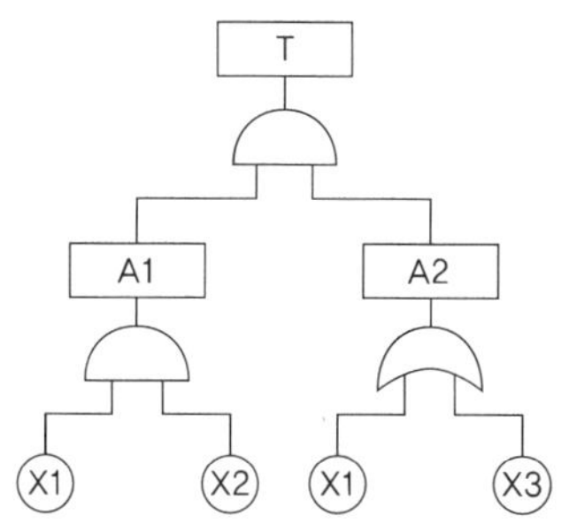


① $(X_1, X_2)$　　② $(X_1, X_2, X_3)$

③ $(X_1, X_3)$　　④ $(X_2, X_3)$

**해설**

- A1은 AND 게이트이므로 $(X_1 X_2)$, A2는 OR 게이트이므로 $(X_1+X_3)$이다.
- T는 A1과 A2의 AND 연산이므로 $(X_1 X_2)(X_1+X_3)$로 표시된다.
- $(X_1 X_2)(X_1+X_3) = X_1 X_1 X_2 + X_1 X_2 X_3 = X_1 X_2 (1+X_3) = X_1 X_2$
- 최소 컷 셋은 $\{X_1, X_2\}$이다.

**:: 최소 컷 셋(Minimal cut sets)**

- 컷 셋 중에 타 컷 셋을 포함하고 있는 것을 배제하고 남은 컷 셋들을 의미한다.
- 사고에 대한 시스템의 약점을 표현한다.
- 정상사상(Top 사상)을 일으키는 최소한의 집합이다.
- 일반적으로 Fussell algorithm을 이용한다.
- 시스템에서 최소 컷 셋의 개수가 늘어나면 위험수준이 높아진다.

0901

## 47

부품 배치의 원칙 중 부품의 일반적 위치 내에서의 구체적인 배치를 결정하기 위한 기준이 되는 것은?

① 중요성의 원칙과 사용빈도의 원칙

② 사용빈도의 원칙과 사용순서의 원칙

③ 사용빈도의 원칙과 기능별 배치의 원칙

④ 기능별 배치의 원칙과 사용순서의 원칙

**해설**

- 일반적 위치 내에서의 구체적 배치는 기능별 배치와 사용순서에 의한 배치원칙에 따른다.
- 우선적 순위에 따른 배치는 중요성 및 사용빈도에 따른 배치 원칙에 따른다.

**:: 작업장 배치의 원칙**

㉠ 개요

- 사용빈도, 중요도, 기능별, 사용순서의 원칙에 의해 배치한다.
- 작업의 흐름에 따라 기계를 배치한다.
- 배치의 3단계는 지역배치 → 건물배치 → 기계배치 순으로 이뤄진다.
- 공장 내외에는 안전한 통로를 두어야 하며, 통로는 선을 그어 작업장과 명확히 구별하도록 한다.
- 비상시에 쉽게 대비할 수 있는 통로를 마련하고 사고 진압을 위한 활동통로가 반드시 마련되어야 한다.

㉡ 원칙

- 중요성의 원칙, 사용빈도의 원칙 – 우선적인 원칙
- 기능별 배치, 사용순서의 원칙 – 부품의 일반적인 위치 내에서의 구체적인 배치 기준

0702 / 1301 / 1402 / 2102

## 48

다음 중 정보를 전송하기 위해 청각적 표시장치보다 시각적 표시장치를 사용하는 것이 더 효과적인 경우는?

① 정보의 내용이 간단한 경우

② 정보가 후에 재참조되는 경우

③ 정보가 즉각적인 행동을 요구하는 경우

④ 정보의 내용이 시간적인 사건을 다루는 경우

**해설**

- 정보가 후에 재참조되는 경우는 기록으로 남겨져 있는 경우가 좋으므로 시각적 표시장치가 효과적이다.

**:: 시각적 표시장치와 청각적 표시장치의 비교**

| 구분 | 내용 |
|---|---|
| 시각적 표시장치 | • 수신 장소의 소음이 심한 경우<br>• 정보가 공간적인 위치를 다룬 경우<br>• 정보의 내용이 복잡하고 긴 경우<br>• 직무상 수신자가 한 곳에 머무르는 경우<br>• 메시지를 추후 참고할 필요가 있는 경우<br>• 정보의 내용이 즉각적인 행동을 요구하지 않는 경우 |
| 청각적 표시장치 | • 수신 장소가 너무 밝거나 암순응이 요구될 때<br>• 정보의 내용이 시간적인 사건을 다루는 경우<br>• 정보의 내용이 간단한 경우<br>• 직무상 수신자가 자주 움직이는 경우<br>• 정보의 내용이 후에 재참조되지 않는 경우<br>• 메시지가 즉각적인 행동을 요구하는 경우 |

정답 | 46 ① 47 ④ 48 ②

0902

## 49 Repetitive Learning 1회 2회 3회

다음 중 영상표시단말기(VDT) 취급 근로자를 위한 조명과 채광에 대한 설명으로 옳은 것은?

① 화면을 바라보는 시간이 많은 작업일수록 화면 밝기와 작업대 주변 밝기의 차를 줄이도록 한다.
② 작업장 주변 환경의 조도를 화면의 바탕 색상이 흰색 계통일 때에는 300Lux 이하로 유지하도록 한다.
③ 작업장 주변 환경의 조도를 화면의 바탕 색상이 검정색 계통일 때에는 500Lux 이상으로 유지하도록 한다.
④ 작업실 내의 창·벽면 등은 반사되는 재질로 하여야 하며, 조명은 화면과 명암의 대조가 심하지 않도록 하여야 한다.

**해설**

- 작업장 주변 환경의 조도를 화면의 바탕 색상이 흰색 계통일 때에는 500 ~ 700Lux, 검정색 계통일 때에는 300 ~ 500Lux를 유지하도록 한다.
- 작업실 내의 창·벽면 등은 반사되지 않는 재질로 하여야 한다.

**영상표시단말기(VDT) 취급 근로자를 위한 조명과 채광**

- 화면을 바라보는 시간이 많은 작업일수록 화면 밝기와 작업대 주변 밝기의 차를 줄이도록 한다.
- 화면과 그 인접주변과의 광도비는 1 : 3이 적당하다.
- 작업장 주변 환경의 조도를 화면의 바탕 색상이 흰색 계통일 때에는 500 ~ 700Lux, 검정색 계통일 때에는 300 ~ 500Lux로 유지하도록 한다.
- 작업실 내의 창·벽면 등은 반사되지 않는 재질로 하여야하며, 조명은 화면과 명암의 대조가 심하지 않도록 하여야 한다.

## 50 Repetitive Learning 1회 2회 3회

다음 중 작업관련 근골격계 질환 관련 유해요인조사에 대한 설명으로 옳은 것은?

① 근로자 5인 미만의 사업장은 근골격계 부담작업 유해요인조사를 실시하지 않아도 된다.
② 유해요인조사는 근골격계 질환자가 발생할 경우에 3년마다 정기적으로 실시해야 한다.
③ 유해요인조사는 사업장 내 근골격계 부담작업 중 50%를 샘플링으로 선정하여 조사한다.
④ 근골격계 부담작업 유해요인조사에는 유해요인기본 조사와 근골격계 질환증상조사가 포함된다.

**해설**

- 근골격계 부담작업에 근로자가 종사하는 경우에는 근로자 수에 상관없이 유해요인조사를 실시하여야 한다.
- 근골격계 질환자가 발생한 경우, 근골격계 부담작업에 새로운 작업·설비를 도입한 경우, 작업환경을 변경한 경우에는 즉시 수시 유해요인조사를 실시해야 한다.
- 유해요인조사는 사업장 내 모든 작업(공정)을 대상으로 조사해야 한다.

**근골격계 질환**

- 단순반복작업 또는 인체에 과도한 부담을 주는 작업량·작업속도·작업강도 및 작업장 구조 등에 따라 노동부장관이 고시하는 작업을 말한다.
- 반복적인 동작, 부적절한 작업자세, 무리한 힘의 사용, 날카로운 면과의 신체접촉, 진동 및 온도 등의 요인에 의하여 목, 어깨, 허리, 상·하지의 신경·근육 및 그 주변조직 등에 나타나는 질환을 말한다.
- 유해요인조사에는 작업장 상황조사, 작업조건 조사, 근골격계 질환 증상조사를 포함한다.
- 근골격계 질환자가 발생한 경우, 근골격계 부담작업에 새로운 작업·설비를 도입한 경우, 작업환경을 변경한 경우에는 즉시 수시 유해요인조사를 실시해야 한다.
- 근골격계 부담작업에 근로자가 종사하는 경우에는 근로자 수에 상관없이 유해요인조사를 실시하여야 한다.
- 유해요인조사는 사업장 내 모든 작업(공정)을 대상으로 조사해야 한다.

1701 / 2104

## 51 Repetitive Learning 1회 2회 3회

FT도에 사용되는 다음 기호의 명칭으로 옳은 것은?

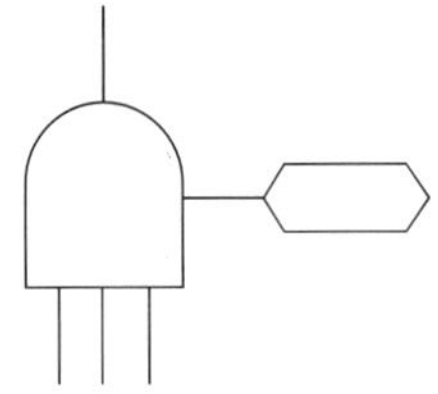

① 억제 게이트  ② 조합 AND 게이트
③ 부정 게이트  ④ 배타적 OR 게이트

**해설**

| 억제 게이트 | 부정 게이트 | 배타적 OR 게이트 |
|---|---|---|
| | | 동시발생 안한다 |



49 ① 50 ④ 51 ② 정답

:: 조합 AND 게이트

- 3개의 입력현상 중 임의의 시간에 2개의 입력사상이 발생할 경우 출력이 생기는 기호이다.
- 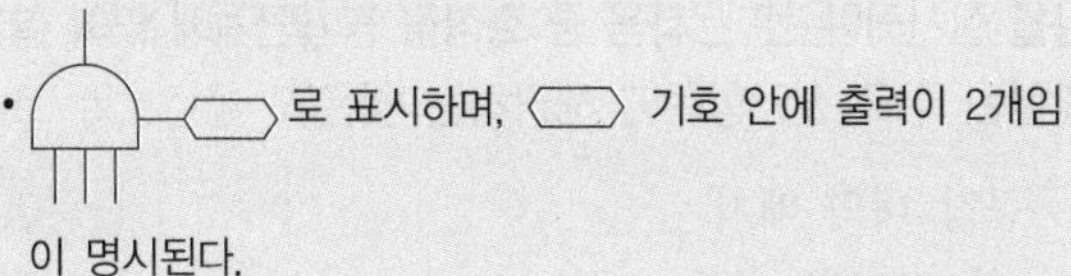 로 표시하며, ⬭ 기호 안에 출력이 2개임이 명시된다.

1601

## 52 Repetitive Learning (1회 2회 3회)

다음 중 산업안전보건법 시행규칙상 유해·위험방지계획서의 제출 기관으로 옳은 것은?

① 대한산업안전협회
② 안전관리대행기관
③ 한국건설기술인협회
④ 한국산업안전보건공단

해설

- 건설물·기계·기구 및 설비 등 일체를 설치·이전하거나 그 주요 구조부분을 변경할 때에는 고용노동부장관(한국산업안전보건공단)에게 유해·위험방지계획서를 제출하여야 한다.

:: 유해·위험방지계획서의 제출

- 제출대상 사업장의 규모는 전기 계약용량이 300kW 이상인 사업장이다.
- 건설물·기계·기구 및 설비 등 일체를 설치·이전하거나 그 주요 구조부분을 변경할 때에는 고용노동부장관(한국산업안전보건공단)에게 유해·위험방지계획서를 2부 제출하여야 한다.
- 제조업 유해·위험방지계획서의 제출 시 첨부서류는 건축물 각 층의 평면도, 기계·설비의 개요를 나타내는 서류, 기계·설비의 배치도면, 원재료 및 제품의 취급, 제조 등의 작업방법의 개요 등이다.
- 제조업의 경우는 해당 작업시작 15일 전에 제출한다.
- 건설업의 경우는 공사의 착공 전날까지 제출한다.

## 53 Repetitive Learning (1회 2회 3회)

근로자가 작업 중에 소모하는 에너지의 양을 측정하는 방법 중 가장 먼저 측정하는 것은?

① 작업 중에 소비한 칼로리로 측정한다.
② 작업 중에 소비한 산소소모량으로 측정한다.
③ 작업 중에 소비한 에너지대사율로 측정한다.
④ 기초에너지를 작업시간으로 곱하여 측정한다.

해설

- 에너지 소모량 계산에서 가장 먼저 측정하는 것은 산소소비량이다.

:: 사무작업 에너지대사율(RMR : Relative Metabolic Rate)

㉠ 개요

- RMR은 특정 작업을 수행하는 데 있어 작업자의 생리적 부하를 계측하는 지표이다.
- 주로 동적 근력작업이나 정적 근력작업의 강도를 측정하여 연속작업이 가능한 시간을 예측하기 위해 사용한다.
- $\text{RMR} = \dfrac{\text{운동대사량}}{\text{기초대사량}}$

$= \dfrac{\text{운동 시 산소소모량} - \text{안정 시 산소소모량}}{\text{기초대사량(산소소모량)}}$ 으로 구한다.

- RMR이 커지는 데 따라 작업 지속시간이 짧아진다.

㉡ 작업강도 구분

| 작업구분 | RMR | 작업 종류 등 |
|---|---|---|
| 중(重)작업 | 4~7 | 일반적인 전신노동,<br>힘·동작속도가 큰 작업 |
| 중(中)작업 | 2~4 | 손·상지 작업,<br>힘·동작속도가 작은 작업 |
| 경(輕)작업 | 0~2 | 손가락이나 팔로 하는 가벼운 작업 |

## 54 Repetitive Learning (1회 2회 3회)

다음 중 구조적 인체치수의 측정에 대한 설명으로 가장 적절한 것은?

① 신장계와 줄자를 이용하여 인체측정을 하는 것이다.
② 전체 치수는 각 부위별 측정 치수를 합하여 산정한다.
③ 표준자세에서 움직이는 피측정자를 인체측정기로 측정한 것이다.
④ 표준자세에서 움직이지 않는 피측정자를 인체측정기로 측정한 것이다.

해설

- 구조적 인체치수는 움직이지 않고 고정된 자세에서 마틴(Martin)식 인체측정기로 측정하는 정적 측정에 해당한다.

:: 인체의 측정

- 일반적으로 몸의 측정 치수는 구조적 치수(Structural dimension)와 기능적 치수(Functional dimension)로 나눌 수 있다.
- 기능적 인체치수는 공간이나 제품의 설계 시 움직이는 몸의 자세를 고려하기 위해 사용되는 인체치수로 동적측정에 해당한다.
- 구조적 인체치수는 움직이지 않고 고정된 자세에서 마틴(Martin)식 인체측정기로 측정하는 정적 측정에 해당한다.

정답 | 52 ④ 53 ② 54 ④

## 55

Repetitive Learning 1회 2회 3회

다음 중 인간-기계 통합체계의 인간 또는 기계에 의하여 수행되는 기본 기능이 아닌 것은?

① 사용 분석기능
② 정보 보관기능
③ 의사 결정기능
④ 입력 및 출력기능

해설

- 인간-기계 시스템의 기본 기능에는 감지, 정보처리 및 의사결정, 정보보관, 행동, 출력기능이 있다.

⁂ 인간-기계 시스템의 5대 기능

- 감지기능 – 인체의 눈과 기계의 표시장치와 같은 감지기능을 말한다.
- 정보처리 및 의사결정기능 – 회상, 인식, 정리 등을 통한 정보처리 및 의사결정 기능을 말한다.
- 정보보관기능 – 정보의 저장 및 보관기능으로 위 3가지 기능 모두와 상호작용을 한다.
- 행동기능 – 정보처리의 결과로 발생하는 조작행위(음성 등)를 말한다.
- 출력기능 – 시스템에서 의사 결정된 사항을 실행에 옮기는 과정에 해당한다.

0801

## 56

Repetitive Learning 1회 2회 3회

각각 $1.2\times10^4$시간의 수명을 가진 요소 4개가 병렬계를 이룰 때 이 계의 수명은 얼마인가?

① $3.0\times10^3$시간
② $1.2\times10^4$시간
③ $2.5\times10^4$시간
④ $4.8\times10^4$시간

해설

- 병렬로 연결되었으므로 대입하면 $\left(1+\frac{1}{2}+\frac{1}{3}+\frac{1}{4}\right)\times1.2\times10^4=\frac{25}{12}\times1.2\times10^4=2.5\times10^4$가 된다.

⁂ n개의 요소를 갖는 지수분포를 따르는 부품의 기대수명

- 평균수명이 t인 부품 n개를 직렬로 구성하였을 때 기대수명은 $\frac{t}{n}$이다.
- 평균수명이 t인 부품 n개를 병렬로 구성하였을 때 기대수명은 $\left(1+\frac{1}{2}+\cdots+\frac{1}{n}\right)\times t$이다.

1502 / 1901

## 57

Repetitive Learning 1회 2회 3회

염산을 취급하는 A 업체에서는 신설 설비에 관한 안전성 평가를 실시해야 한다. 다음 중 정성적 평가단계에 있어 설계와 관련된 주요 진단항목에 해당하는 것은?

① 공장 내의 배치
② 제조공정의 개요
③ 재평가 방법 및 계획
④ 안전·보건교육 훈련계획

해설

- 정성적 평가에서 설계관계항목에는 입지조건, 공장 내 배치, 건조물, 소방설비 등이 있다.

⁂ 정성적 평가와 정량적 평가항목

| | | |
|---|---|---|
| 정성적 평가 | 설계관계항목 | 입지조건, 공장 내 배치, 건조물, 소방설비 등 |
| | 운전관계항목 | 원재료, 중간제품, 공정 및 공정기기, 수송, 저장 등 |
| 정량적 평가 | • 수치값으로 표현 가능한 항목들을 대상으로 한다.<br>• 온도, 취급물질, 화학설비용량, 압력, 조작 등을 위험도에 맞게 평가한다. | |

## 58

Repetitive Learning 1회 2회 3회

다음 중 4m 또는 그보다 먼 물체만 잘 볼 수 있는 원시안경은 몇 D인가?(단, 명시거리는 25cm로 한다)

① 1.750
② 2.750
③ 3.750
④ 4.750

해설

- 렌즈의 도수는 $\frac{1}{0.25}-\frac{1}{4}=4-0.25=3.75$[D] 이상이어야 한다.

⁂ 렌즈의 도수

- 근시, 원시, 난시 같은 굴절이상을 가진 사람이 이를 교정하기 위해 사용하는 렌즈의 굴절력을 말한다.
- 명시거리의 기준은 25cm이고, 단위는 디옵터[D]를 사용한다.
- 굴절력 $=\frac{1}{\text{초점거리[m]}}$로 구하며 이때 필요한 렌즈의 도수는 $\frac{1}{\text{명시거리[m]}}-\frac{1}{\text{목표거리[m]}}$로 구한다.



55 ① 56 ③ 57 ① 58 ③ | 정답

## 59

Repetitive Learning 1회 2회 3회

다음 중 시스템 수명주기 단계에 있어서 예비설계와 생산기술을 확인하는 단계는?

① 구상단계 ② 정의단계
③ 개발단계 ④ 생산단계

**해설**

- 구상단계는 예비위험분석(PHA)이 적용되는 단계이다.
- 개발단계는 FMEA, HAZOP 등이 실시되는 단계로 설계의 수용가능성을 위해 완벽한 검토가 이뤄지는 단계이다.
- 생산단계는 안전관리자에 의해 안전교육 등 전체 교육이 실시되는 단계이다.

**:: 시스템 수명주기 6단계**

| | |
| --- | --- |
| 1단계 구상(Concept) | 예비위험분석(PHA)이 적용되는 단계 |
| 2단계 정의(Definition) | 시스템 안전성 위험분석(SSHA) 및 생산물의 적합성을 검토하고 예비설계와 생산기술을 확인하는 단계 |
| 3단계 개발(Development) | FMEA, HAZOP 등이 실시되는 단계로 설계의 수용가능성을 위해 완벽한 검토가 이뤄지는 단계 |
| 4단계 생산(Production) | 안전관리자에 의해 안전교육 등 전체 교육이 실시되는 단계 |
| 5단계 운전(Deployment) | 사고조사 참여, 기술변경의 개발, 고객에 의한 최종 성능검사, 시스템 안전 프로그램에 대하여 안전점검 기준에 따라 평가하는 단계 |
| 6단계 폐기 | – |

## 60

Repetitive Learning 1회 2회 3회

나음 숭 사고인과관계 이론에 있어 특정 상황에서는 사람들이 다소간에 사고를 일으키는 경향이 있고 이 성향은 영구적인 것이 아니라 시간에 따라 달라진다는 이론은?

① Accident-time theory
② Accident-liability theory
③ Accident-proneness theory
④ Accident knowledge theory

**해설**

- 사고인과관계 이론에는 Accident-proneness theory, Accident-liability theory, Adjustment-to-stress theory, Arousal-alertness theory, Goals-freedom-alertness theory, Psychoanalysis theory 등이 있다.
- 사고성향이론(Accident-proneness theory)은 개인의 영구적 특성으로 인해 체질적으로 사고를 더 일으키는 성향이 있다고 본다.

**:: 사고인과관계 이론(Accident-causation theory)**

- 사고인과관계 이론에는 사고성향이론(Accident-proneness theory), 사고경향이론(Accident-liability theory), 스트레스 대응이론(Adjustment-to-stress theory), 각성-경제이론(Arousal-alertness theory), 목표-자유-경제이론(Goals-freedom-alertness theory), 심의분석이론(Psychoanalysis theory) 등이 있다.
- 사고성향이론(Accident-proneness theory)은 개인의 영구적 특성으로 인해 체질적으로 사고를 더 일으키는 성향이 있다고 본다.
- 사고경향이론(Accident-liability theory)은 특정 상황에서 사람들이 다소간에 사고를 일으키는 경향이 있고 이 성향은 영구적인 것이 아니라 시간에 따라 달라진다고 본다.

# 4과목 건설시공학

0601 / 1502

## 61

Repetitive Learning 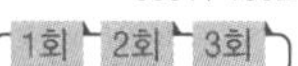

철근콘크리트 구조에서 철근의 정착 위치로 틀린 것은?

① 기둥의 주근은 기초에 정착한다.
② 작은 보의 주근은 기둥에 정착한다.
③ 지중 보의 주근은 기초에 정착한다.
④ 벽체의 주근은 기둥 또는 큰 보에 정착한다.

**해설**

- 작은 보의 주근은 큰 보에 정착한다.

**:: :: 철근의 정착**

㉠ 개요
- 정착이란 철근이 힘을 받을 때 뽑힘이나 미끄러짐 변형이 생기지 않도록 응력을 발휘할 수 있게 하는 최소한의 묻힘 깊이를 말한다.
- 철근을 정착하지 않으면 구조체가 큰 외력을 받을 때 철근과 콘크리트가 분리될 수 있다.
- 철근의 정착은 기둥이나 보의 중심을 벗어난 위치에 둔다.

㉡ 정착 위치
- 기둥의 주근은 기초에 정착한다.
- (큰) 보의 주근은 기둥에 정착한다.
- 작은 보의 주근은 큰 보에 정착한다.
- 벽체의 주근은 기둥 또는 큰 보에 정착한다.
- 지중 보의 주근, 철근은 기초 또는 기둥에 정착한다.
- 벽 철근은 기둥과 보 또는 바닥판에 정착한다.
- 바닥철근은 보 또는 벽체에 정착한다.
- 직교하는 단부 보의 밑에 기둥이 없을 때는 상호 간에 정착한다.

정답 | 59 ② 60 ② 61 ②

ⓒ 정착 길이

- 정착 길이는 후크의 중심 간의 거리로, 후크의 길이는 정착 길이에 포함되지 않는다.
- 큰 인장력을 받는 곳일수록 철근의 정착 길이는 길다.
- 압축력 또는 작은 인장력을 받는 곳은 주근 지름의 25배 이상, 큰 인장력을 받는 곳은 40배 이상으로 한다.

0804 / 2104

## 62

Repetitive Learning 1회 2회 3회

두께 110mm의 일반구조용 압연강재 SS275의 항복강도($f_y$) 기준 값은?

① 275MPa 이상 ② 265MPa 이상
③ 245MPa 이상 ④ 235MPa 이상

해설

- 건축구조기준에 강재의 판두께가 100mm를 초과하는 경우 구조실험 및 검사에 따라 안전성이 인정되어야 하며, 항복강도는 235 이상이어야 한다.

∷ 일반구조용 압연강재

- SS(Steel-Structure)재라고 불리며 탄소 함유량이 적어 열처리 없이 사용하는 연강을 말한다.
- 기호는 SS숫자로 표기하는데 이때 숫자가 최소인장강도[N/mm$^2$]를 말한다.
- 기존 SS400(인장강도 400, 항복강도 245 이상)이 SS275(인장강도 410, 항복강도 275 이상)으로 개정되었다.
- SS275 강재의 두께별 기계적 성질

| 기계적 성질 / 강재의 두께[mm] | 항복점 항복강도 [N/mm$^2$] | 인장강도 [N/mm$^2$] | 연신율 |
|---|---|---|---|
| 16 이하 | 275 이상 | 410 ~ 550 | 18% |
| 16 초과 ~ 40 이하 | 265 이상 | | |
| 40 초과 ~ 100 이하 | 245 이상 | | |
| 100 초과 | 235 이상 | | |

## 63

Repetitive Learning 1회 2회 3회

굴착용 기계 중 드래그라인에 대한 설명으로 옳지 않은 것은?

① 모래 채취에 많이 사용된다.
② 긴 붐(Boom)과 로프를 이용해 굴착반경이 크다.
③ 토질이 매우 단단한 경우에는 부적합하다.
④ 기계의 설치 지반보다 높은 곳을 파는 데 유리하다.

해설

- 드래그라인은 기계를 설치한 지반보다 낮고 넓은 연약한 지반의 굴착에 사용된다.

∷ 드래그라인(Drag line)

- 토공사용 굴착장비이다.
- 지면에 기계를 두고 깊이 8m 정도의 연약한 지반의 넓고 깊은 기초 흙 파기를 할 때 주로 사용하는 기계이다.
- 기계를 설치한 지반보다 낮은 장소, 넓은 범위의 굴착이 가능하며 주로 수로, 골재채취용으로 많이 사용되는 토공사용 굴착기계이다.

## 64

Repetitive Learning 1회 2회 3회

거푸집의 구조계산에서 거푸집의 강도 및 강성의 계산 시 고려할 사항으로 가장 거리가 먼 것은?

① 동바리 자중
② 콘크리트 시공 시의 수직하중
③ 콘크리트 시공 시의 수평하중
④ 콘크리트 측압

해설

- 동바리는 거푸집을 지지하는 가설부재로 동바리의 자중은 거푸집의 강도와 강성에 영향을 미치지 않는다.

∷ 거푸집의 강도 및 강성에 대한 구조계산 시 고려할 사항

- 작업 하중
- 콘크리트 측압
- 콘크리트 자중
- 콘크리트 시공 시 수평하중
- 콘크리트 시공 시 수직하중

1001

## 65

Repetitive Learning 1회 2회 3회

보강블록조에 대한 설명으로 옳지 않은 것은?

① 블록의 모르타르 접착면은 적당히 물축이기를 하여 경화에 지장이 없도록 한다.
② 줄눈은 통줄눈이 되게 하는 것이 보통이다.
③ 세로 보강철근은 2 ~ 3개를 이어서 테두리보와 기초에 정착시킨다.
④ 1일 쌓기 높이는 1.5m 이내가 되도록 한다.



62 ④ 63 ④ 64 ① 65 ③ 정답

**해설**

- 벽의 세로근은 원칙적으로 기초·테두리보에서 위층의 테두리보까지 잇지 않고 배근하여 그 정착길이는 철근 지름(d)의 40배 이상으로 한다.

**보강블록조**

- 단순조적 블록조와 같은 방법으로 블록공사를 하되 블록의 빈 속을 철근과 콘크리트로 보강하여 내력벽을 구성하는 것을 말한다.
- 철근은 보통 원형철근을 이용하고, 결속선은 0.8mm(BWG #21) 이상의 철선을 달구어 사용한다.
- 보강블록조는 원칙적으로 통줄눈쌓기로 한다.
- 콘크리트용 블록은 물축임을 하지 말아야 한다.
  (단, 모르타르 접촉면에만 물을 축인다)
- 하루 쌓기의 높이는 6~7켜(1.2~1.5m) 이내를 표준으로 한다.
- 벽의 세로근은 원칙적으로 기초·테두리보에서 위층의 테두리보까지 잇지 않고 배근하여 그 정착길이는 철근 지름(d)의 40배 이상으로 한다.
- 가로근의 모서리는 서로 40d(d : 철근 지름) 이상으로 정착시키며 단부는 180° 갈고리를 둔다.
- 모르타르 또는 콘크리트의 세로근 피복 두께는 2cm 이상으로 하며 세로근과의 교차부는 모두 결속선으로 결속한다.

0501 / 0804 / 1502

## 66

Repetitive Learning 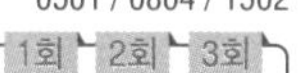

결함부위로 균열의 집중을 유도하기 위해 균열이 생길 만한 구조물의 부재에 미리 결함부위를 만들어 두는 것을 무엇이라 하는가?

① 신축줄눈
② 침하줄눈
③ 시공줄눈
④ 조절줄눈

**해설**

- 신축줄눈(Expansion joint)은 부등침하나 건축물의 수축 등에 생기는 균열이 한 군데로 몰려서 발생하도록 유도하는 이음이다.
- 침하줄눈(Shrinkage joint)은 콘크리트의 건조수축에 의한 인장응력으로 콘크리트의 변형을 방지하기 위한 이음을 말한다.
- 시공줄눈(Construction joint)은 시공과정에서 어쩔 수 없이 생기는 이음부로 계획된 줄눈을 말한다.

**대표적인 콘크리트 줄눈의 종류**

| 종류 | 특징 |
|---|---|
| 시공줄눈<br>(Construction joint) | 시공과정에서 어쩔 수 없이 생기는 이음부로 계획된 줄눈 |
| 조절줄눈<br>(Control joint) | 결함부위로 균열의 집중을 유도하기 위해 균열이 생길 만한 구조물의 부재에 미리 결함부위를 만들어 두는 것 |
| 콜드조인트<br>(Cold joint) | 먼저 타설된 콘크리트와 나중에 타설되는 콘크리트 사이에 완전히 일체화가 되어 있지 않은 이음으로 콘크리트 이어붓기에서 발생되는 의도되지 않은 이음 |
| 미끄럼줄눈<br>(Sliding joint) | 슬래브나 보가 단순지지방식일 때 자유롭게 미끄러질 수 있도록 한 것으로 이음부의 직각방향에서 하중이 발생될 우려가 있는 곳에 필요한 이음 |

## 67

Repetitive Learning 1회 2회 3회

건축공사 견적방법 중 가장 정확한 공사비의 산출이 가능한 견적방법은?

① 단위면적당 견적
② 단위설비별 견적
③ 부분별 견적
④ 명세견적

**해설**

- 완성된 설계도서를 기반으로 정확한 수량과 적절한 단가로 정밀하게 산출하는 견적을 명세견적이라 한다.

**견적**

㉠ 개요

- 견적이란 소요공사비를 산출하는 것으로 수량조서에 일위대가를 적용하거나 시공비에 단가를 곱하여 소요금액을 산출하는 것을 말한다.
- 견적의 종류는 설계견적, 실행견적, 개산견적, 명세견적 등으로 구분한다.

㉡ 견적의 종류

| 구분 | 내용 |
|---|---|
| 설계견적 | 완성된 설계도서에 의해 정밀하게 산출하는 견적 |
| 실행견적 | 시공자가 공사수량을 정밀하게 검토한 후 실시 가격을 기입하여 산출하는 실행 예산서 |
| 개산견적 | 설계가 시작되기 전에 프로젝트의 실행 가능성을 알아보거나 설계의 초기단계 또는 진행단계에서 여러 설계대안의 경제성을 평가하기 위하여 수행하는 견적으로 산출 기준이나 방법에 따라 다르게 산출 |
| 명세견적 | 완성된 설계도서로 명확한 수량을 산출 집계하여 공사의 실제 상황에 맞게 적절한 단가로 정밀하게 산출하는 견적으로 가장 정확한 공사비의 산출이 가능한 견적 |

정답 | 66 ④ 67 ④

## 68

Repetitive Learning 1회 2회 3회

철골공사에서 철골부재의 용접과 관련된 용어가 아닌 것은?

① 위핑(Weeping) ② 토크(Torque)
③ 루트(Root) ④ 크랙(Crack)

해설

- 토크(Torque)는 기계공학에서 축을 비틀려는 모멘트(Moment)로 용접과 관련이 없다.

철골부재의 용접 관련 용어
- 위핑(Weeping) : 용접봉 끝을 가로로 왕복하면서 용착금속을 녹여서 붙이는 방법을 말한다.
- 루트(Root) : 용접이음부에서 Groove의 아래 부분 즉, 단면의 밑바닥 부분을 말한다.
- 크랙(Crack) : 용접부에서 연성의 상실로 생기는 용접부의 균열현상을 말한다.
- 위빙(weaving) : 용접봉을 용접방향에 대해서 서로 엇갈리게 움직여서 용가(鎔可)금속을 용착시키는 운봉방법을 말한다.

## 69

Repetitive Learning 1회 2회 3회

철골 공사 중 현장에서 보수도장이 필요한 부위로 옳지 않은 것은?

① 현장 용접 부위
② 현장접합 재료의 손상 부위
③ 현장에서 깎기 마무리가 필요한 부위
④ 운반 또는 양중 시 생긴 손상 부위

해설

- 현장에서 깎기 마무리가 필요한 부위는 보수도장이 필요 없다.

현장에서 보수도장이 필요한 부위
- 현장 용접 부위
- 현장접합 재료의 손상 부위
- 운반 또는 양중 시 생긴 손상 부위
- 현장접합에 의한 볼트류의 두부, 너트, 와셔

0504 / 0902

## 70

Repetitive Learning 1회 2회 3회

벽돌공사에서 직교하는 벽돌벽의 한편을 나중쌓기로 할 때에는 그 부분에 벽돌물림 자리를 벽돌 한 켜 걸음으로 어느 정도 들여쌓는가?

① 1/8B ② 1/4B
③ 1/2B ④ 1B

해설

- 켜 걸음 들여쌓기는 직교하는 벽돌벽의 한편을 나중쌓기로 할 때에는 그 부분에 벽돌물림 자리를 벽돌 한 켜 걸음으로 1/4B 들여쌓는 방법이다.

교차부 쌓기

㉠ 개요
- 벽체의 일부를 쌓지 못하거나 서로 맞닿는 벽을 다같이 쌓지 못할 경우 나중에 쌓은 벽과 먼저 쌓은 벽 사이에 통줄눈이 생기지 않도록 하는 방법이다.
- 층단 떼어 쌓기와 켜 걸음 들여쌓기가 있다.

㉡ 교차부 쌓기 방법
- 층단 떼어 쌓기는 연속되는 벽체를 동시에 쌓지 못할 때 계단모양으로 층단을 떼어두는 방법이다.
- 켜 걸음 들여쌓기는 직교하는 벽돌벽의 한편을 나중쌓기로 할 때에는 그 부분에 벽돌물림 자리를 벽돌 한 켜 걸음으로 1/4B 들여쌓는 방법이다.

1404

## 71

Repetitive Learning 1회 2회 3회

보통콘크리트의 슬럼프 시험 결과 중 균등한 슬럼프를 나타내는 가장 좋은 상태는?

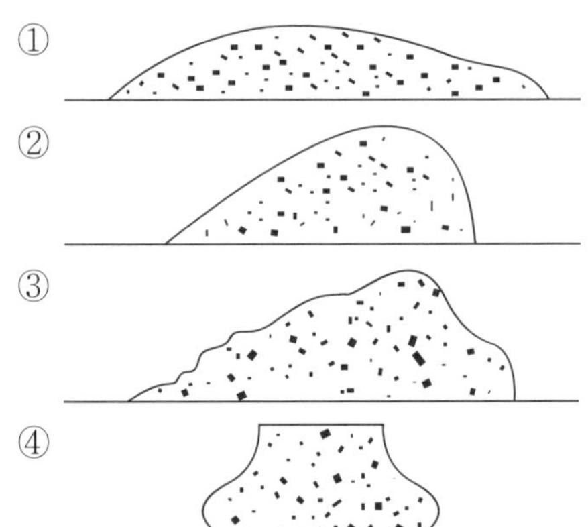


해설

- ①, ②, ③은 무너진 슬럼프 결과에 해당한다.

슬럼프 시험

㉠ 개요
- 콘크리트의 시공연도(Workability)를 측정하기 위해 실시하는 시험이다.
- 슬럼프 값이 높을 경우 콘크리트는 묽은 비빔이다.



68 ② 69 ③ 70 ② 71 ④ 정답

ⓛ 시험방법과 결과
- 슬럼프 콘은 윗지름 10cm, 아랫지름 20cm, 높이 30cm로 한다.
- 수밀한 철판을 수평으로 놓고 슬럼프 콘을 놓고, 그 안에 혼합한 콘크리트를 1/3씩 3층으로 분할하여 채운다.
- 슬럼프 콘에 콘크리트를 부어넣고 25회 다진 후 콘을 들어 올렸을 때 콘크리트가 가라앉는 높이로 유동성을 나타낸다.
- 결과

| True | Zero | Collapsed | Shear |
|---|---|---|---|
| 균등한 슬럼프 | 완전한 슬럼프 | 무너진 슬럼프 | 전단된 슬럼프 |

0601 / 1001

## 72 Repetitive Learning (1회 2회 3회)

하부지반이 연약한 경우 흙파기 저면선에 대하여 흙막이 바깥에 있는 흙의 중량과 지표 적재하중을 이기지 못하고 흙이 붕괴되어서 흙막이 바깥 흙이 안으로 밀려들어와 불룩하게 되는 현상은?

① 히빙(Heaving)
② 보일링(Boiling)
③ 퀵샌드(Quick sand)
④ 오픈컷(Open cut)

해설

- 보일링은 사질지반에서 흙막이 벽 뒷면의 수위가 높아서 지하수가 흙막이 벽을 돌아서 모래와 같이 솟아오르는 현상을 말한다.
- 퀵샌드는 사질토가 외부의 힘에 의해 물이 압력을 가져 사질토를 밀어 물에 뜬 것과 같은 액상화로 만드는 상태를 말한다.
- 오픈컷은 개척공법으로 흙파기 공법의 한 종류이다.

∷ 히빙(Heaving) 실필 1801/1701/1602/1404/1104/0904/0902

㉠ 개요
- 하부지반이 연약한 연질의 점토지반에서 흙파기 저면선에 대하여 흙막이 바깥에 있는 흙의 중량과 지표 적재하중을 이기지 못하고 흙이 붕괴되어서 흙막이 바깥 흙이 안으로 밀려들어와 불룩하게 되는 현상을 말한다.

ⓛ 원인
- 흙막이 벽 내외부 흙의 중량 차이로 발생한다.
- 연약한 점토지반에서 굴착면의 융기 혹은 흙막이 벽의 근입장 깊이가 부족할 경우 발생한다.

1801 / 2202

## 73 Repetitive Learning (1회 2회 3회)

외관 검사 결과 불합격된 철근 가스압접 이음부의 조치 내용으로 옳지 않은 것은?

① 심하게 구부러졌을 때는 재가열하여 수정한다.
② 압접면의 엇갈림이 규정값을 초과했을 때는 재가열하여 수정한다.
③ 형태가 심하게 불량하거나 또는 압접부에 유해하다고 인정되는 결함이 생긴 경우는 압접부를 잘라내고 재압접한다.
④ 철근중심축의 편심량이 규정값을 초과했을 때는 압접부를 떼어내고 재압접한다.

해설

- 압접면의 엇갈림이 규정값을 초과했을 때는 압접부를 잘라내고 재압접한다.

∷ 불량 압접의 조치
- 심하게 구부러졌을 때는 재가열하여 수정한다.
- 압접면의 엇갈림이 규정값을 초과했을 때는 압접부를 잘라내고 재압접한다.
- 압접부 지름 또는 길이가 규정값 미만일 때는 재가열하여 수정한다.
- 형태가 심하게 불량하거나 또는 압접부에 유해하다고 인정되는 결함이 생긴 경우는 압접부를 잘라내고 재압접한다.
- 철근중심축의 편심량이 규정값을 초과했을 때는 압접부를 떼어내고 재압접한다.

0901 / 1602

## 74 Repetitive Learning (1회 2회 3회)

시공의 품질관리를 위하여 사용하는 통계적 도구가 아닌 것은?

① 작업표준
② 파레토도
③ 관리도
④ 산포도

해설

- 시공의 품질관리 도구는 체크시트, 파레토그램, 히스토그램, 특성요인도, 산점도, 층별, 관리도 등이 있다.

정답 | 72 ① 73 ② 74 ①

:: 시공의 품질관리(Quality Control : QC) 7가지 도구

- 현장에서 발생하는 품질이나 원가, 생산량 등의 문제를 해결하는데 도움이 되는 기초적인 분석도구 7가지를 말한다.
- 체크시트, 파레토그램, 히스토그램, 특성요인도, 산점도, 층별, 관리도가 이에 해당한다.

| 도구의 분류 | 도구 종류 |
|---|---|
| 현상파악 활용도구 | 체크시트, 파레토그램, 히스토그램 |
| 원인분석 활용도구 | 특성요인도, 산점도, 층별 |
| 자료관리 활용도구 | 관리도 |

0604 / 1504

## 75

Repetitive Learning (1회 2회 3회)

석재 사용상의 주의사항 중 옳지 않은 것은?

① 동일건축물에는 동일석재로 시공하도록 한다.
② 석재를 다듬어 사용할 때는 그 질이 균질한 것을 사용하여야 한다.
③ 인장 및 휨모멘트를 받는 곳에 보강용으로 사용한다.
④ 외벽, 도로포장용 석재는 연석 사용을 피한다.

해설

- 석재는 압축 및 인장응력에 약하므로 구조재로 사용하려면 직압력재로만 사용하도록 한다.

:: 석재 사용상 주의사항

- 석재를 다듬어 사용할 때는 그 질이 균질한 것을 사용하여야 하며, 동일건축물에는 동일석재로 시공하도록 한다.
- 석재의 최대치수는 운반성, 가공성 등의 제반조건을 고려하여 정해야 한다.
- $1m^3$ 이상 되는 석재는 높은 곳에 사용하지 않는다.
- 되도록 흡수율이 낮은 석재를 사용한다.
- 가공 시 예각은 피한다.
- 외벽, 도로포장용 석재는 연석 사용을 피한다.
- 석재는 압축력을 받는 곳에 사용함이 좋다.
- 석재는 구조재로 사용하려면 직압력재로만 사용하도록 한다.

## 76

Repetitive Learning (1회 2회 3회)

콘크리트 공사의 일정계획에 영향을 주는 주요 요인이 아닌 것은?

① 건축물의 규모
② 거푸집의 존치기간 및 전용횟수
③ 시공도(Shop Drawing) 작성 기간
④ 강우, 강설, 바람 등의 기후 조건

해설

- 철근콘크리트 공사의 일정계획에 영향을 주는 주요 요인에는 ①, ②, ④ 외에 요구 품질 및 정밀도 수준, 건축물의 규모 및 주변상황 등이 있다.

:: 철근콘크리트 공사의 일정계획에 영향을 주는 주요 요인

실작 1702/1504

- 건축물의 규모 및 주변상황
- 자재의 수급 여건
- 요구 품질 및 정밀도 수준
- 거푸집의 존치기간 및 전용횟수
- 강우, 강설, 바람 등의 기후 조건

1002

## 77

Repetitive Learning (1회 2회 3회)

기초공사에 있어 지정에 관한 설명 중 옳지 않은 것은?

① 긴 주춧돌 지정 – 지름 30cm 정도의 토관을 기초 저면에 설치하고, 한옥건축에서는 주춧돌로 화강석을 사용한다.
② 밑창콘크리트 지정 – 콘크리트 설계기준강도는 15MPa 이상의 것을 두께 5~6cm 정도로 설계한다.
③ 잡석 지정 – 수직지지력이나 수평지지력에 대한 효과가 매우 크다.
④ 모래 지정 – 모래는 장기 허용압축강도가 20~40t/$m^2$ 정도로 큰 편이어서 잘 다져 지정으로 쓸 경우 효과적이다.

해설

- 수직지지력이나 수평지지력에 대한 효과를 위해서라면 강재말뚝 지정을 한다.

:: 지정별 주요사항

- 잡석 지정 : 버림콘크리트의 양을 절약하고, 기초 또는 바닥 밑의 방습 및 배수처리가 용이하다.
- 모래 지정 : 모래의 장기 허용압축강도는 20~40[t/$m^2$]로 한다.
- 자갈 지정 : 5~10cm 정도의 자갈을 6~10cm 정도 깔고 다진다.
- 밑창(버림)콘크리트 지정 : 콘크리트 설계기준강도는 15MPa 이상의 것을 두께 5~6cm 정도로 설계한다.
- 긴 주춧돌 지정 : 지름 30cm 정도의 토관을 기초 저면에 설치하고, 한옥건축에서는 주춧돌로 화강석을 사용한다.



75 ③ 76 ③ 77 ③ 정답

1504

## 78

고층 건축물 시공 시 적용되는 거푸집에 대한 설명으로 옳지 않은 것은?

① ACS(Automatic Climbing System) 거푸집은 거푸집에 부착된 유압장치 시스템을 이용하여 상승한다.

② ACS(Automatic Climbing System) 거푸집은 초고층 건축물 시공 시 코어 선행 시공에 유리하다.

③ 알루미늄 거푸집의 주요 시공 부위는 내부벽체, 슬래브, 계단실 벽체이며, 슬래브 필러 시스템이 있어서 해체가 간편하다.

④ 알루미늄 거푸집은 녹이 슬지 않는 장점이 있으나 전용횟수가 적다.

**해설**

- 알루미늄 거푸집은 전용횟수가 높아 고층 건축물 시공 시 경제적인 장점을 갖는다.

**알루미늄 거푸집**

㉠ 개요
- 알루미늄 거푸집은 거푸집의 프레임 및 패널을 알루미늄 재질로 경량화시킨 거푸집을 말한다.
- 알루미늄 거푸집은 유로폼에 비해 가볍고 강성이 크며 시공정밀도가 우수해 많이 사용된다.
- 주요 시공 부위는 내부벽체, 슬래브, 계단실 벽체이며, 슬래브 필러 시스템이 있어서 해체가 간편하다.

㉡ 장점
- 콘크리트 표면이 미려하다.
- 전용횟수가 높아 고층공사 시 경제적이다.
- 시공정밀도가 우수하다.
- 가볍고 강성이 크다.

㉢ 단점
- 초기 투자비가 많이 소모된다.
- 자재의 정밀성으로 인해 생산성이 저하된다.
- 유능한 기능공을 확보하기 어렵다.

1801

## 79

경량형강공사에 사용되는 부재 중 지붕에서 지붕내력을 받는 경사진 구조부재로서 트러스와 달리 하현재가 없는 것은?

① 스터드

② 윈드칼럼

③ 아웃트리거

④ 래프터

**해설**

- 스터드(Stud)는 벽체의 수직 구조요소로 수직하중을 지지하거나 수평하중을 전달하는 부재이다.
- 윈드칼럼(Wind column)은 건물 외부 마감재를 지지하는 가로부재인 Girth를 지탱하는 수직재이다.
- 아웃트리거(Outrigger)는 트럭크레인, 휠 크레인에 장착하여 기중기 작업시의 안정성을 높여주는 장치를 말한다.

**경량형강공사의 부재**
- 래프터(Rafter)는 경량형강공사에 사용되는 부재 중 지붕에서 지붕내력을 받는 경사진 구조부재로서 트러스와 달리 하현재가 없는 것을 말한다.
- 스터드(Stud)는 벽체의 수직 구조요소로 수직하중을 지지하거나 수평하중을 전달하는 부재이다.
- 헤더(Header)는 내력을 받는 벽의 개구부 위에 설치되는 수평방향의 구조적 프레임부재로 상부의 하중을 개구부 옆의 수직부재에 전달한다.
- 브레이싱(Bracing)은 구조 프레임의 처짐 또는 뒤틀림을 막기 위해 끼워서 보강하는 대각선 부재를 말한다.

## 80

Repetitive Learning 1회 2회 3회

다음 중 기성콘크리트말뚝의 장·단점에 대한 설명으로 옳지 않은 것은?

① 말뚝 이음 부위에 대한 신뢰성이 높다.

② 재료의 균질성이 우수하다.

③ 자재하중이 크므로 운반과 시공에 각별한 주의가 필요하다.

④ 시공과정상의 항타로 인하여 자재균열의 우려가 높다.

**해설**

- 시공과정상의 항타로 인하여 자재균열의 우려가 높고 특히 말뚝머리 부분의 파손으로 인해 이음 부위에 문제점이 발생한다.

**기성콘크리트말뚝**

㉠ 개요
- 이미 만들어진 콘크리트말뚝을 타격하여 설치하는 방법으로 상수면과 상관없이 대규모의 중량건물에 주로 사용한다.

㉡ 특징
- 재료의 균질성이 우수하다.
- 자재하중이 크므로 운반과 시공에 각별한 주의가 필요하다.
- 시공과정상의 항타로 인하여 자재균열의 우려가 높고 이음 부위에 문제점이 발생한다.

정답 | 78 ④ 79 ④ 80 ①

## 5과목 건설재료학

**81** Repetitive Learning (1회 2회 3회)

시멘트의 수화반응에서 발생하는 수화열이 가장 낮은 시멘트는?

① 보통포틀랜드시멘트
② 조강포틀랜드시멘트
③ 중용열포틀랜드시멘트
④ 백색포틀랜드시멘트

해설

• 중용열포틀랜드시멘트는 시멘트의 발열량을 저감시킬 목적으로 제조한 포틀랜드시멘트로, 댐 공사, 방사능차폐용 등 매스콘크리트용으로 사용된다.

∷ 중용열포틀랜드시멘트

- 시멘트의 발열량을 저감시킬 목적으로 제조한 포틀랜드시멘트이다.
- $C_3S$나 $C_3A$가 적고, 장기강도를 지배하는 $C_2S$를 많이 함유한 시멘트이다.
- 건조수축이 포틀랜드시멘트 중 가장 적고 화학저항성이 크며, 내산성 및 내구성이 좋다.
- 조기강도는 보통포틀랜드시멘트보다 낮으나 장기강도는 같거나 약간 높다.
- 안전성이 좋고 발열량이 적으며 내침식성, 내구성이 좋으나 수화속도가 늦다.
- 댐 공사, 방사능차폐용 등 매스콘크리트용으로 사용된다.

**82** Repetitive Learning (1회 2회 3회)

활엽수의 조직에 관한 설명 중 옳지 않은 것은?

① 수선은 활엽수에서는 가늘어 잘 보이지 않으나 침엽수에는 잘 나타난다.
② 도관은 활엽수에만 있는 관으로 변재에서 수액을 운반하는 역할을 한다.
③ 변재는 심재보다 수피쪽에 가까이 위치한다.
④ 목세포는 가늘고 긴 모양으로 침엽수에서는 가도관 역할을 한다.

해설

• 수선은 건조된 통나무의 단면에서 방사선으로 난 잔금을 말하는데 활엽수와 참나무에서 가장 크게 나타난다.

∷ 활엽수의 조직

- 수선은 건조된 통나무의 단면에서 방사선으로 난 잔금을 말하는데 활엽수와 참나무에서 가장 크게 나타난다.
- 도관은 활엽수에만 있는 관으로 변재에서 수액을 운반하는 역할을 한다.
- 변재는 심재보다 수피쪽에 가까이 위치한다.
- 목세포는 가늘고 긴 모양으로 침엽수에서는 가도관 역할을 한다.

0602 / 1602 / 2201

**83** Repetitive Learning (1회 2회 3회)

목재 섬유포화점의 함수율은 대략 얼마 정도인가?

① 10%　　② 20%
③ 30%　　④ 40%

해설

• 목재에서 흡착수만이 최대한도로 존재하고 있는 상태인 섬유포화점(Fiber saturation point)의 함수율은 30% 정도이다.

∷ 목재의 함수율

- 목재가 대기의 온도와 습도에 맞게 평형에 도달한 상태를 의미하는 기건상태의 함수율은 약 15%이다.
- 목재에서 흡착수만이 최대한도로 존재하고 있는 상태인 섬유포화점(Fiber saturation point)의 함수율은 30% 정도이다.
- 목재의 함수율 = $\frac{\text{건조 전의 중량} - \text{건조 후의 중량}}{\text{건조 후의 중량}} \times 100$으로 구한다.

1501

**84** Repetitive Learning (1회 2회 3회)

건축 구조재료의 요구성능에는 역학적 성능, 화학적 성능, 내화성능 등이 있는데 그 중 역학적 성능에 해당되지 않는 것은?

① 내열성　　② 강도
③ 강성　　④ 내피로성

해설

• 내열성은 열저항성의 개념으로 재료의 물리적 성질에 해당한다.



81 ③ 82 ① 83 ③ 84 ① | 정답

:: 재료의 성질

㉠ 역학적 성질

- 재료의 역학적 성질에는 탄성, 소성, 점성, 인성, 연성, 전성, 강성, 취성, 경도, 내피로성 등이 있다.

| | |
|---|---|
| 탄성(Elasticity) | 외력이 작용하면 변형이 생기지만 외력을 제거하면 원래의 모양으로 돌아가는 성질 |
| 소성(Plasticity) | 외력이 작용하면 변형이 생기고, 외력이 제거되어도 그 변형된 상태를 유지하는 성질 |
| 점성(Viscosity) | 외력에 의한 유동 시 재료 각 부에 저항이 생기는 성질 |
| 인성(Toughness) | 외력을 받으면 변형을 나타내면서도 파괴되지 않고 견디는 성질 |
| 연성(Ductility) | 탄성한계 이상의 외력을 받아도 파괴되지 않고 가늘고 길게 늘어나는 성질 |
| 강성(Stiffness) | 재료가 외력을 받았을 때 변형에 저항하는 성질 |
| 취성(Brittleness) | 유리와 같이 외력에 변형되지 않으나 작은 변형에도 파괴되는 성질 |
| 경도(Hardness) | 재료의 단단한 정도 |
| 내피로성(Fatigue resistance) | 부하가 반복적으로 가해지더라도 이를 견딜 수 있는 성질 |

㉡ 물리적 성질

- 물리적 성질에는 비중, 열전도율, 내열성, 함수율, 흡수율, 비열, 열팽창계수 등이 있다.

| | |
|---|---|
| 비중 | 기준이 되는 물질의 밀도에 대한 상대적인 비 |
| 열전도율 | 온도 차에 의해 열이 전달되는 특성 |
| 내열성 | 열저항성 |

## 85 Repetitive Learning (1회 2회 3회)

다음 중 내수성(耐水性)이 가장 부족한 접착제는?

① 에폭시수지 ② 멜라민수지
③ 페놀수지 ④ 요소수지

**해설**

- 합성수지 접착제 중 내수성이 부족한 접착제는 초산비닐수지 접착제, 요소수지 접착제이다.

:: 요소수지 접착제(Urea resin adhesive)

- 요소와 포름알데히드로 제조된 무색투명한 열경화성 수지이다.
- 목재접합, 합판제조 등에 사용된다.
- 다른 접착제와 비교하여 내수성이 부족하고 값이 저렴하다.

## 86 Repetitive Learning (1회 2회 3회)

시멘트의 분말도에 관한 설명 중 옳지 않은 것은?

① 시멘트의 분말이 미세할수록 수화반응이 느리게 진행하여 강도의 발현이 느리다.
② 분말이 과도하게 미세하면 풍화되기 쉽고 또한 사용 후 균열이 발생하기 쉽다.
③ 시멘트의 분말도 시험으로는 체분석법, 피크노메타법, 브레인법 등이 있다.
④ 분말도는 시멘트의 성능 중 수화반응, 블리딩, 초기강도 등에 크게 영향을 준다.

**해설**

- 분말도가 클수록 물에 접촉하는 면적이 커지므로 수화작용이 촉진되어 콘크리트의 초기강도가 커지고 그 이후의 강도도 증가한다.

:: 시멘트의 분말도

㉠ 개요

- 비표면적으로 시멘트 입자의 굵고 가는 정도를 나타낸다.
- 분말도는 시멘트의 성능 중 수화반응, 블리딩, 초기강도 등에 크게 영향을 준다.
- 시멘트 분말도의 시험방법에는 체분석법, 피크노메타법, 브레인법 등이 있다.

㉡ 분말도가 클수록 = 분말이 미세할수록

- 물에 접촉하는 면적이 커지므로 수화작용이 촉진되어 콘크리트의 초기강도가 커지고 그 이후의 강도도 증가한다.
- 열의 발생도 많아지고, 시멘트 페이스트의 점성과 워커빌리티 및 수밀성이 향상된다.
- 컨시스턴시와 블리딩은 작아진다.
- 너무 커지면 풍화되기 쉽고 또한 사용 후 균열이 발생하기 쉽다.

## 87 Repetitive Learning (1회 2회 3회)

다음 석재 중 구조용으로 가장 적합하지 않은 것은?

① 사문암 ② 화강암
③ 안산암 ④ 사암

**해설**

- 사문암은 풍화성이 있어 구조재로 적합하지 않다.

:: 사문암

- 변성암의 한 종류이다.
- 암석의 질이 경질이나 풍화성이 있어 실외용으로는 적합하지 않다.
- 암녹색 바탕에 흑백색의 아름다운 무늬가 있어 내장 마감용 석재로 주로 사용된다.

정답 | 85 ④ 86 ① 87 ①

## 88

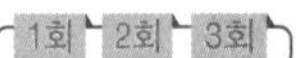

Repetitive Learning 1회 2회 3회

다음 중 멤브레인(Membrane) 방수에 속하지 않는 것은?

① 규산질 침투성 도포방수 ② 아스팔트방수
③ 합성고분자 시트방수 ④ 도막방수

**해설**

- 멤브레인 방수는 사용재료별 시공방법에 따라 아스팔트방수, 시트방수, 도막방수로 구분한다.

**멤브레인(Membrane) 방수**

㉠ 개요
- 불투성 피막을 형성하여 방수처리하는 공사를 말한다.
- 사용재료별 시공방법은 아스팔트방수, 시트방수, 도막방수로 구분한다.

㉡ 사용재료별 시공방법

| 구분 | 내용 |
|---|---|
| 아스팔트 방수 | 아스팔트펠트, 루핑을 용융아스팔트로 바탕면에 접착한 후 여러 층으로 쪼개어 방수층을 만드는 방수공법이다. |
| 시트(Sheet) 방수 | 시트를 접착제 또는 토치로 가열하여 바탕면에 접착하는 공법으로 개량아스팔트, 합성고분자, 자착형 시트방수로 구분된다. |
| 도막방수 | 도료상태의 방수재를 바탕면에 여러 번 칠하여 얇은 수지피막을 만드는 방수공법이다. |

## 89

Repetitive Learning 1회 2회 3회

다음 중 비강도가 가장 큰 재료는?

① 비닐 ② 소나무
③ 연강 ④ 콘크리트

**해설**

- 목재의 비강도는 약 3,160인 데 반해, 콘크리트 910, 비닐 743, 연강 577로 목재의 비강도가 가장 크다.

**비강도(Specific strength)**
- 물질의 강도를 밀도로 나눈 값으로 단위는 [kNm/kg]을 사용한다.
- 같은 질량의 물질이 얼마나 강도가 센지를 나타내는 지수이다.

## 90

Repetitive Learning 1회 2회 3회

상온에서 유백색의 탄성이 있는 열가소성 수지로서 얇은 시트로 이용되는 것은?

① 폴리에틸렌수지 ② 요소수지
③ 실리콘수지 ④ 폴리우레탄수지

**해설**

- 실리콘수지는 내열성이 크고 발수성을 나타내어 방수제로 쓰이며 저온에서도 탄성이 있어 Gasket, Packing의 원료로 쓰이는 합성수지이다.
- 요소수지는 요소와 포름알데히드로 제조된 내수성이 좋지 않은 열경화성 수지로 접착제, 전기절연재, 도료 등에서 사용한다.
- 폴리우레탄수지는 내열성, 내마모성, 내용제성(耐溶劑性), 내약품성이 우수하며, 도료, 접착제, 합성 피혁의 원료 등으로 사용된다.

**폴리에틸렌수지**
- 고체형상의 것에 열을 가하면 연화 또는 용융하여 가소성 또는 점성이 생기고, 이것을 냉각하면 다시 고체형상으로 되는 성질을 갖고 있다.
- 물보다 가볍고(비중이 0.92 ~ 0.96) 저온에서도 잘 견디며 내약품성, 전기절연성, 내수성이 우수하다.
- 유백색의 불투명한 수지로 저온에서 유연성이 크며 내충격성이 좋다.
- 방수·방습 시트, 포장 필름, 전선 피복, 일용잡화 등에 사용된다.
- 두께가 얇은 시트(보통 1 ~ 1.5[mm])를 만들어 방수 및 방습 시트, 전선피복, 포장필름, 일용잡화 등에 사용된다.
- 유화액은 도료나 접착제로 사용된다.

1701

## 91

Repetitive Learning 1회 2회 3회

어떤 재료의 초기 탄성 변형량이 2.0cm고 크리프(Creep) 변형량이 4.0cm라면 이 재료의 크리프 계수는 얼마인가?

① 0.5 ② 1.0
③ 2.0 ④ 4.0

**해설**

- 탄성 변형량과 크리프 변형량이 주어졌으므로 대입하면 크리프 계수는 $\frac{4.0}{2.0}=2.0$이 된다.

**콘크리트의 크리프(Creep) 변형**

㉠ 개요
- 콘크리트에 지속적인 하중을 가하면 응력의 변화가 없어도 변형이 증가하는 소성변형이 발생하는데 이를 크리프라 한다.
- 크리프는 재하 초기에 증가가 현저하고, 장기화될수록 증가율은 작게 되고 보통 3 ~ 4년에 정지한다.
- 크리프는 응력집중을 감소시키고 균열발생의 위험성을 줄이는 효과가 있다.
- 크리프 계수는 $\frac{\text{크리프 변형률}}{\text{탄성 변형률}}$로 구한다.



88 ① 89 ② 90 ① 91 ③ 정답

ⓛ 크리프의 증가원인

| | |
|---|---|
| • 시멘트 페이스트가 많을수록<br>• 물시멘트비가 클수록<br>• 재령이 짧을수록<br>• 구조부재의 치수가 작을수록<br>• 작용응력이 클수록 | 크리프가 증가한다. |

0401 / 0404 / 0801

## 92

Repetitive Learning 

다음 점토제품 중 소성온도가 가장 높고 소지의 흡수성이 가장 작은 것은?

① 토기 ② 도기

③ 자기 ④ 석기

해설

• 점토제품의 소성온도는 토기 < 도기 < 석기 < 자기 순으로 높아진다.

∷ 자기

• 양질의 도토 또는 장석분을 원료로 하며, 두드리면 청음이 나며 백색으로 투광성을 갖는 제품이다.
• 점토제품 중 가장 높은 온도(1,230～1,460℃)에서 소성되며, 경도와 강도가 가장 크다.
• 흡수율은 1% 이하로 거의 없다.
• 모자이크 타일, 위생도기 등에 주로 사용된다.

## 93

Repetitive Learning 1회 2회 3회

다음 중 유용성(油溶性) 방부제에 해당되는 것은?

① 크레오소트유(Creosote oil)
② 불화소다 2% 용액
③ PCP(Penta-Chloro Phenol)
④ 황산동 1% 용액

해설

• 유성방부제는 원액의 상태에서 사용하는 유상의 방부제로 크레오소트유가 있다.
• 불화소다 2% 용액과 황산동 1% 용액은 수용성 방부제이다.

∷ 유용성 방부제

• 유용성 방부제는 물에 녹지 않는 살균력 있는 화합물을 유기용제에 용해시킨 방부제를 말한다.
• PCP 방부제, 유기성 화합물, 나프텐산금속염 등이 이에 해당한다.

0804 / 1002 / 1702 / 2201

## 94

Repetitive Learning 1회 2회 3회

목재를 작은 조각으로 하여 충분히 건조시킨 후 합성수지와 같은 유기질의 접착제를 첨가하여 열압 제판한 목재 가공품은?

① 섬유판(Fiber board)
② 파티클 보드(Particle board)
③ 코르크판(Cork board)
④ 집성목재(Glulam)

해설

• 섬유판은 식물질 원료를 펄프화하여 인공적으로 성형 제조한 목재로 텍스(Tex)라고도 한다.
• 코르크판은 유공판으로 단열성·흡음성 등이 있어 천장 등에 흡음재로 사용된다.
• 집성목재는 소판이나 소각재의 부산물 등을 이용하여 접착, 접합에 의해 소요 형상의 인공목재를 제조할 수 있는 것이다.

∷ 파티클보드(Particle board)

• 칩보드라고도 한다.
• 목재 또는 기타 식물질을 작은 조각으로 하여 충분히 건조시킨 후 합성수지 접착제와 같은 유기질 접착제를 첨가하여 열압 제조한 판상제품을 말한다.

0304 / 0901 / 1604

## 95

Repetitive Learning 

골재의 함수상태에 관한 설명으로 옳지 않은 것은?

① 유효흡수량이란 절건상태와 기건상태의 골재 내에 함유된 수량의 차를 말한다.
② 함수량이란 습윤상태의 골재의 내외에 함유하는 전체 수량을 말한다.
③ 흡수량이란 표면건조 내부포수상태의 골재 중에 포함하는 수량을 말한다.
④ 표면수량이란 함수량과 흡수량의 차를 말한다.

해설

• 유효흡수량이란 표건상태의 수량에서 기건상태의 수량을 뺀 것이고, 절건상태와 기건상태의 골재 내에 함유된 수량의 차는 기건함수량이다.

∷ 골재의 함수상태

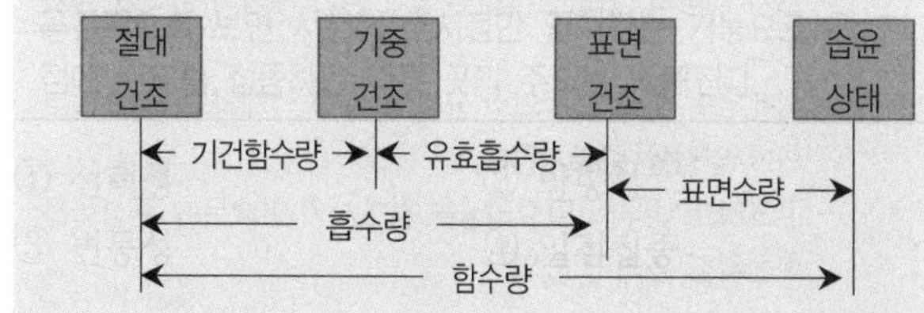


정답 | 92 ③ 93 ③ 94 ② 95 ①

㉠ 골재의 함수상태

| | |
|---|---|
| 절대건조상태 | 건조로에서 건조시킨 상태로 함수율이 0인 상태 |
| 공기 중 건조상태 | 실내에 방치한 경우 골재입자의 표면과 내부의 일부가 건조한 상태 |
| 표면건조상태 | 골재입자의 표면에 물은 없으나 내부의 공극에는 물이 꽉 차 있는 상태 |
| 습윤상태 | 골재입자의 내부에 물이 채워져 있고, 표면에도 물이 부착되어 있는 상태 |

㉡ 관련 수량

| | |
|---|---|
| 함수량 | 습윤상태의 골재의 내외에 함유하는 전체수량으로 습윤상태의 수량에서 절건상태의 수량을 뺀 것 |
| 흡수량 | 표면건조 내부포수상태의 골재 중에 포함하는 수량 |
| 표면수량 | 함수량과 흡수량의 차로 습윤상태의 수량에서 표건상태의 수량을 뺀 것 |
| 기건함수량 | 기건상태의 수량에서 절건상태의 수량을 뺀 것 |
| 유효흡수량 | 표건상태의 수량에서 기건상태의 수량을 뺀 것 |

## 96

Repetitive Learning 1회 2회 3회

보통포틀랜드시멘트와 비교한 플라이애시시멘트의 특성에 관한 설명으로 옳지 않은 것은?

① 워커빌리티가 좋다. ② 장기강도가 낮다.
③ 수밀성이 크다. ④ 수화열이 낮다.

해설

• 플라이애시시멘트는 보통포틀랜드시멘트와 비교할 때 워커빌리티가 좋고, 장기강도가 높으며, 화학저항성과 수밀성이 크다.

:: 플라이애시

㉠ 개요

• 석탄 화력발전소에서 발생되는 회분으로 굴뚝에서 집진기로 포집한 것이다.
• 시멘트에 첨가하는 혼화재로 알루미나와 실리카로 구성된다.
• 플라이애시를 사용한 시멘트는 초기 수화열이 낮고 장기강도 증진이 커 매스콘크리트용에 적합하다.

㉡ 특징

• 콘크리트의 워커빌리티를 좋게 하고 사용 수량을 감소시킨다.
• 초기 재령의 강도는 다소 작으나 장기 재령의 강도는 증가한다.
• 시멘트의 수화열에 의한 균열 발생을 억제하고, 콘크리트의 수밀성을 향상시킨다.
• 콘크리트 내부의 알칼리성을 감소시키기 때문에 중성화를 촉진시킬 염려가 있다.

0804 / 1602 / 1904

## 97

Repetitive Learning 1회 2회 3회

강재의 열처리 방법이 아닌 것은?

① 단조
② 불림
③ 담금질
④ 뜨임질

해설

• 강재의 열처리 기술에는 담금질, 뜨임, 풀림, 불림 등이 있다.
• 단조는 금속을 두들기거나 눌러서 형체를 만드는 금속가공의 한 방법이다.

:: 강재의 열처리

• 강재에 기계적, 물리적 성질을 부여하기 위해 가열과 냉각을 시행하는 열적 조작기술이다.
• 열처리 기술에는 담금질, 뜨임, 풀림, 불림 등이 있다.

| | |
|---|---|
| 담금질 (Quenching) | 강을 적당한 온도로 가열하여 오스테나이트 조직에 이르게 한 후 마텐자이트 조직으로 변화시키기 위해 급랭시키는 처리 |
| 뜨임 (Tempering) | 담금질 한 강에 적당한 인성을 부여하기 위해 적당한 온도까지 가열한 후 다시 냉각시키는 처리 |
| 풀림 (Annealing) | 강을 연화하거나 내부응력을 제거할 목적으로 강을 800～1,000℃로 일정한 시간 가열한 후에 로(爐) 안에서 천천히 냉각시키는 처리 |
| 불림 (Normalizing) | 강의 열처리 중에서 조직을 개선하고 결정을 미세화하기 위해 800 ～ 1,000℃로 가열하여 소정의 시간까지 유지한 후에 대기 중에서 냉각시키는 처리 |

0602 / 1501

## 98

Repetitive Learning 1회 2회 3회

블론아스팔트를 용제에 녹인 것으로 액상을 하고 있으며 아스팔트방수의 바탕처리재로 이용되는 것은?

① 아스팔트프라이머 ② 아스팔트펠트
③ 아스팔트유제 ④ 피치

해설

• 아스팔트펠트는 목면, 마사, 양모, 폐지 등을 혼합하여 만든 원지에 스트레이트아스팔트를 침투시킨 두루마리 제품으로 흡수성이 크기 때문에 아스팔트방수의 중간층 재료로 이용된다.
• 아스팔트유제란 아스팔트에 유화제와 안정제를 가한 것으로 상온에서 작업이 편리하다.
• 피치는 석유, 석탄공업에서 경유, 중유 및 중유분을 뽑은 나머지로 대부분은 광택이 없는 고체로 연성이 전혀 없는 것이다.



96 ② 97 ① 98 ① 정답

**:: 아스팔트 제품**

| | |
|---|---|
| 아스팔트코팅 (Asphalt coating) | 블론아스팔트(Blown asphalt)를 휘발성 용제에 녹이고 광물 분말 등을 가하여 만든 것으로 방수, 접합부 충전 등에 사용된다. |
| 아스팔트프라이머 (Asphalt primer) | 블론아스팔트를 용제에 녹인 것으로 액상을 하고 있으며 아스팔트방수의 바탕처리재(밀착용)로 이용된다. |
| 아스팔트컴파운드 (Asphalt compound) | 블론아스팔트의 내열성, 내한성 등을 개량하기 위해 동물섬유나 식물섬유를 혼합하여 유동성을 증대시킨 것이다. |
| 아스팔트펠트 (Asphalt felt) | 목면, 마사, 양모, 폐지 등을 혼합하여 만든 원지에 스트레이트아스팔트를 침투시킨 두루마리 제품으로 흡수성이 크기 때문에 아스팔트방수의 중간층 재료로 이용된다. |
| 아스팔트루핑 (Asphalt roofing) | 아스팔트펠트의 양면에 블론아스팔트를 가열·용융시켜 피복한 것이다. |
| 아스팔트그라우트 (Asphalt grout) | 스트레이트아스팔트와 돌가루, 모래를 가열 혼합한 물질로 석재의 고착 및 충전에 사용된다. |

1602

## 99 — Repetitive Learning 

콘크리트의 수밀성에 미치는 요인에 대한 설명 중 옳은 것은?

① 물시멘트비 : 물시멘트비를 크게 할수록 수밀성이 커진다.

② 굵은 골재 최대치수 : 굵은 골재의 최대치수가 클수록 수밀성은 커진다.

③ 양생방법 : 초기재령에서 급격히 건조하면 수밀성은 작아진다.

④ 혼화재료 : AE제를 사용하면 수밀성이 작아진다.

**해설**

- 물시멘트비를 크게 할수록 수밀성은 작아진다.
- 굵은 골재의 최대치수가 클수록 수밀성은 작아진다.
- AE제 등 혼화재/혼화제를 사용하면 수밀성은 커진다.

**:: 콘크리트의 수밀성**

㉠ 개요

- 콘크리트는 기본적으로 물에 접하면 흡수하며, 압력수가 작용할 경우 콘크리트 내부까지 물이 침입하게 되는데 콘크리트가 물의 침투 및 흡수, 투과에 얼마나 저항하는지를 나타낸다.

㉡ 수밀성 요인

| | | |
|---|---|---|
| 물-시멘트비 | 적을수록 | 커진다. |
| 굵은 골재 최대치수 | 작을수록 | |
| 양생 | 습윤양생이 충분할수록 | |
| 다짐 | 충분할수록 | |
| 혼화재 | 사용할수록 | |

0302 / 1902

## 100 — Repetitive Learning 

코너비드(Corner bead)의 용도와 가장 관계가 깊은 것은?

① 벽의 모서리

② 천장 달대

③ 거푸집

④ 계단 손잡이

**해설**

- 코너비드는 기둥, 벽 등의 모서리를 보호하기 위하여 미장 바름질할 때 붙이는 보호용 철물이다.

**:: 코너비드(Corner bead)**

- 기둥, 벽 등의 모서리를 보호하기 위하여 미장 바름질 할 때 붙이는 보호용 철물을 말한다.
- 미장용으로는 알루미늄코너비드와 아연코너비드를 주로 사용한다.

# 6과목 건설안전기술

## 101 — Repetitive Learning 

다음 중 굴착기계가 아닌 것은?

① 탬퍼

② 파워셔블

③ 드래그라인

④ 크램쉘

**해설**

- 탬퍼는 롤러, 래머, 소일콤팩터 등과 함께 지반을 다지는 다짐기계이다.

**:: 탬퍼(Tamper)**

- 포장 공사에서 콘크리트 등의 표면을 두드려 다지는 도구이다.

정답 | 99 ③ 100 ① 101 ①

0501 / 0902 / 2104

## 102

Repetitive Learning 1회 2회 3회

암반 중 풍화암 굴착 시 굴착면의 기울기 기준으로 옳은 것은?

① 1 : 1.5 ② 1 : 1.1
③ 1 : 1.0 ④ 1 : 0.5

**해설**

- 풍화암은 1 : 1.0의 구배를 갖도록 한다.

**굴착면 기울기 기준** 실필 1701/1702 실작 1802/1801/1702/1701/1601/1504

| 지반의 종류 | 기울기 |
|---|---|
| 모래 | 1 : 1.8 |
| 연암 및 풍화암 | 1 : 1.0 |
| 경암 | 1 : 0.5 |
| 그 밖의 흙 | 1 : 1.2 |

0702

## 103

Repetitive Learning 1회 2회 3회

작업장으로 통하는 장소 또는 작업장 내에 근로자가 사용하기 위한 안전한 통로를 설치할 때 그 설치기준으로 옳지 않은 것은?

① 통로에는 75럭스(Lux) 이상의 조명시설을 하여야 한다.
② 통로의 주요한 부분에는 통로표시를 하여야 한다.
③ 수직갱에 가설된 통로의 길이가 10m 이상인 때에는 7m 이내마다 계단참을 설치하여야 한다.
④ 경사가 15°를 초과하는 경우에는 미끄러지지 아니하는 구조로 하여야 한다.

**해설**

- 수직갱에 가설된 통로의 길이가 15m 이상인 경우에는 10m 이내마다 계단참을 설치하여야 한다.

**가설통로 설치 시 준수기준** 실필 1801/1704/1502/1404/1201 실작 1804/1801/1704

- 높이 8m 이상인 비계다리에서는 7m 이내마다 계단참을 설치한다.
- 수직갱에 가설된 통로의 길이가 15m 이상인 경우에는 10m 이내마다 계단참을 설치한다.
- 경사가 15°를 초과하는 경우에는 미끄러지지 아니하는 구조로 한다.
- 추락할 위험이 있는 장소에는 안전난간을 설치한다.
- 경사로의 폭은 최소 90cm 이상이어야 한다.
- 발판 폭 40cm 이상, 틈 3cm 이하로 한다.
- 경사는 30° 이하로 한다.

2001

## 104

Repetitive Learning 1회 2회 3회

굴착공사에서 비탈면 또는 비탈면 하단을 성토하여 붕괴를 방지하는 공법은?

① 배수공 ② 배토공
③ 공작물에 의한 방지공 ④ 압성토공

**해설**

- 배수공은 빗물 등의 지중유입을 방지하고 침투수를 신속히 배제하여 비탈면의 안정성을 도모하는 공법이다.
- 배토공은 사면, 법면의 상부 토석을 제거한다.
- 공작물에 의한 방지공은 말뚝이나 Anchor 공법을 이용한 지반보강공의 한 종류이다.

**토사붕괴 방지공법(사면안정공법)**

- 배토공, 배수공, 압성토공, 지반보강공 등이 있다.
- 배토공은 사면, 법면의 상부 토석을 제거한다.
- 배수공은 빗물 등의 지중유입을 방지하고 침투수를 신속히 배제하여 비탈면의 안정성을 도모하는 공법이다.
- 압성토공은 법면이 무너지지 않게 비탈면 또는 비탈면 하단을 성토하여 붕괴를 방지하는 공법이다.
- 절토공은 활성 토괴 중 일부를 제거하여 활동력을 저감시키는 공법이다.
- 지반보강공은 말뚝이나 Anchor 공법을 이용하여 구조물(공작물)을 설치, 비탈면의 안정성을 도모한다.

0504 / 0804 / 1704

## 105

Repetitive Learning 1회 2회 3회

구축하고자 하는 지하구조물이 인접구조물보다 깊은 위치에 근접하여 건설할 경우에 주변지반과 인접건축물 기초의 침하에 대한 우려 때문에 실시하는 기초보강 공법은?

① H-말뚝 토류판 공법 ② S.C.W 공법
③ 지하연속벽 공법 ④ 언더피닝 공법

**해설**

- H-말뚝 토류판 공법은 H형강을 박은 후 삽입·굴착하면서 토류판을 사이에 설치하여 흙막이 벽체를 형성하는 공법이다.
- S.C.W 공법은 토사에 시멘트 용액을 주입하여 연속벽을 조성하고 그 벽체 내에 H-말뚝을 삽입하여 토류벽을 형성하는 공법이다.
- 지하연속벽 공법은 도심지에서 주변에 주요시설물이 있을 때 침하와 변위를 적게 할 수 있는 적당한 흙막이 공법이다.

**언더피닝(Under pinning) 공법**

- 가설기초의 용량(지지력)과 심도를 증가시키기 위하여 새로운 영구적인 지지력을 첨가하는 것을 말한다. 기존 건물 또는 공작물의 기초나 지정을 보강하거나 또는 거기에 새로운 기초를 삽입하거나 지지면을 더 깊은 지반에 옮겨 안전하게 하기 위한 지반개량 공법이다.

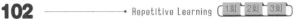

102 ③ 103 ③ 104 ④ 105 ④ 정답

• 기존에 구축된 건축물 가까이에서 건축공사를 실시할 경우 기존 건축물기초의 침하 우려에 대비하여 지반과 기초를 보강하는 공법을 말한다.
• 언더피닝 공법에는 강재말뚝 공법, 약액주입법, 2중 널말뚝 공법, 피트 공법, 차단벽 공법, 웰포인트 공법 등이 있다.

## 106 — Repetitive Learning (1회 2회 3회)

가설다리에서 이동식크레인으로 작업 시 주의사항에 해당되지 않는 것은?

① 다리강도에 대해 담당자와 함께 확인한다.
② 작업하중이 과하중으로 되지 않는지 확인한다.
③ 아웃트리거가 지지기둥 바로 위에 있을 때에는 특별한 보강이 필요하지 않다.
④ 가설다리를 이동하는 경우는 진동을 크게 발생하지 않도록 하여 운전한다.

**해설**

• 아웃트리거가 지지기둥 바로 위에 있더라도 받침목이나 깔판 등을 설치하여 하중이 균등하게 전달되도록 충분히 보강해야 한다.

:: 가설다리에서 이동식크레인으로 작업 시 주의사항
• 다리강도에 대해 담당자와 함께 확인한다.
• 작업하중이 과하중으로 되지 않는지 확인한다.
• 가설다리를 이동하는 경우는 진동을 크게 발생하지 않도록 하여 운전한다.
• 아웃트리거가 지지기둥 바로 위에 있더라도 받침목이나 깔판 등을 설치하여 하중이 균등하게 전달되도록 충분히 보강해야 한다.

## 107 — Repetitive Learning (1회 2회 3회)

온도가 하강함에 따라 토중수가 얼어 부피가 약 9% 정도 증대하게 됨으로써 지표면이 부풀어 오르는 현상은?

① 동상현상 ② 연화현상
③ 리칭현상 ④ 액상화현상

**해설**

• 연화란 동결된 지반이 기온 상승으로 녹기 시작하여 녹은 물이 적절하게 배수되지 않을 때, 녹은 흙의 함수비가 얼기 전보다 훨씬 증가하여 지반이 연약해지고 강도가 떨어지는 현상을 말한다.
• 리칭현상이란 해수에 퇴적된 점토가 담수에 의해 천천히 염분이 빠져나가 강도가 저하되는 현상을 말한다.
• 액상화는 보일링의 원인으로 사질지반에서 강한 충격을 받으면 흙의 입자가 수축되면서 모래가 액체처럼 이동하게 되는 현상을 말한다.

:: 동상(Frost heave) 실필 1802/1801/1702/1402/1401/1304/0904
㉠ 개요
• 온도가 하강하거나 물이 결빙되는 위치로 유입됨에 따라 토중수가 얼어 부피가 약 9% 정도 증대하게 됨으로써 지표면이 부풀어 오르는 현상을 말한다.
• 흙의 동상현상에 영향을 미치는 인자에는 동결지속시간, 모관 상승고의 크기, 흙의 투수성 등이 있다.
㉡ 흙의 동상방지 대책
• 동결되지 않는 흙으로 치환하거나 흙속에 단열재를 매입한다.
• 지하수위를 낮춘다.
• 지표의 흙을 화학약품 처리하여 동결온도를 낮춘다.
• 모관수의 상승을 차단하기 위하여 지하수위 상층에 조립토층을 설치한다.

0604

## 108 — Repetitive Learning (1회 2회 3회)

터널 지보공을 설치한 경우에 수시로 점검을 하고 이상을 발견한 경우에 즉시 보강하거나 보수하여야 하는 사항과 가장 거리가 먼 것은?

① 부재의 손상·변형·부식·변위의 유무와 상태
② 부재의 접속부 및 교차부의 상태
③ 경보장치의 작동 상태
④ 기둥침하의 유무 및 상태

**해설**

• 지보공 설치 시 붕괴 등의 방지를 위한 수시점검사항에는 ①, ②, ④ 외에 부재의 긴압 정도 등이 있다.

:: 지보공 설치 시 붕괴 등의 방지를 위한 수시점검사항
• 부재의 손상·변형·부식·변위·탈락의 유무 및 상태
• 부재의 긴압 정도
• 부재의 접속부 및 교차부의 상태
• 기둥침하의 유무 및 상태

0404 / 0801 / 1504

## 109 — Repetitive Learning (1회 2회 3회)

운반작업 시 주의사항으로 옳지 않은 것은?

① 단독으로 긴 물건을 어깨에 메고 운반할 때에는 뒤쪽을 위로 올린 상태로 운반한다.
② 운반 시의 시선은 진행방향을 향하고 뒷걸음 운반을 하여서는 안 된다.
③ 무거운 물건을 운반할 때 무게 중심이 높은 하물은 인력으로 운반하지 않는다.
④ 어깨 높이보다 높은 위치에서 하물을 들고 운반하여서는 안 된다.

정답 | 106 ③ 107 ① 108 ③ 109 ①

해설

- 단독으로 긴 물건을 어깨에 메고 운반할 때에는 화물 앞부분 끝을 어깨에 메고 뒤쪽 끝을 끌면서 운반한다.

:: 운반작업 시 주의사항 실작 1702/1504

- 운반 시의 시선은 진행방향을 향하고 뒷걸음 운반을 하여서는 안 된다.
- 무거운 물건을 운반할 때 무게 중심이 높은 화물은 인력으로 운반하지 않는다.
- 어깨높이보다 높은 위치에서 화물을 들고 운반하여서는 안 된다.
- 1인당 무게는 25kg 정도가 적당하며, 무리한 운반을 피한다.
- 단독으로 긴 물건을 어깨에 메고 운반할 때에는 화물 앞부분 끝을 어깨에 메고 뒤쪽 끝을 끌면서 운반한다.
- 내려놓을 때는 천천히 내려놓도록 한다.
- 물건을 들어 올릴 때는 팔과 무릎을 이용하며 척추는 곧게 한다.
- 무거운 물건은 공동 작업으로 실시하고, 공동 작업을 할 때는 신호에 따라 작업한다.

1001

## 110 — Repetitive Learning (1회 2회 3회)

차량계 건설기계의 전도방지 조치에 해당되지 않는 것은?

① 운행 경로 변경 ② 갓길의 붕괴 방지
③ 지반의 부동침하 방지 ④ 도로 폭의 유지

해설

- 차량계 건설기계가 넘어지거나 굴러떨어져서 근로자가 위험해질 우려가 있는 경우 유도자를 배치하고, 지반의 부동침하 방지, 갓길의 붕괴 방지 및 도로 폭의 유지 등의 조치를 취한다.

:: 차량계 건설기계의 전도방지 조치 실필 1804/1702 실작 1902/1801/1701/1604/1601/1402/1401

- 사업주는 차량계 건설기계를 사용하여 작업할 때에 그 기계가 넘어지거나 굴러떨어짐으로써 근로자가 위험해질 우려가 있는 경우에는 유도하는 사람을 배치하고 지반의 부동침하 방지, 갓길의 붕괴 방지 및 도로 폭의 유지 등 필요한 조치를 하여야 한다.

0602 / 1604

## 111 — Repetitive Learning (1회 2회 3회)

최고 51m 높이의 강관비계를 세우려고 한다. 지상에서 몇 미터까지의 비계기둥을 2개로 묶어 세워야 하는가?

① 10m ② 20m
③ 31m ④ 51m

해설

- 비계기둥의 제일 윗부분으로부터 31m 되는 지점 밑부분의 비계기둥은 2개의 강관으로 묶어세우므로 지상에서는 51-31=20m 지점까지 묶어 세워야 한다.

:: 강관비계의 구조 실필 1302 실작 1902/1901/1802/1801/1701/1504/1401

- 비계기둥의 간격은 띠장 방향에서는 1.85m 이하, 장선(長線) 방향에서는 1.5m 이하로 할 것
- 띠장 간격은 2m 이하로 설치할 것
- 비계기둥의 제일 윗부분으로부터 31m 되는 지점 밑부분의 비계기둥은 2개의 강관으로 묶어세울 것
- 비계기둥 간의 적재하중은 400킬로그램을 초과하지 않도록 할 것

2104

## 112 — Repetitive Learning (1회 2회 3회)

벽체 콘크리트 타설 시 거푸집이 터져서 콘크리트가 쏟아지는 사고가 발생하였다. 이 사고의 발생 원인으로 가장 타당한 것은?

① 콘크리트를 부어넣는 속도가 빨랐다.
② 진동기를 사용하지 않았다.
③ 철근 사용량이 많았다.
④ 시멘트 사용량이 많았다.

해설

- 겨울철에는 날씨가 춥거나 콘크리트 타설 시 타설 속도가 빠를 경우 측압이 커져 안전사고 위험이 더욱 커진다. 이 사고는 경화되지 않은 콘크리트로 인해 발생한 사고로 콘크리트의 타설 속도를 천천히 할 경우 예방될 수 있다.

:: 콘크리트 타설작업 시 주의사항 실작 1901/1804/1801

- 당일의 작업을 시작하기 전에 해당 작업에 관한 거푸집 동바리 등의 변형·변위 및 지반의 침하 유무 등을 점검하고 이상이 있으면 보수할 것
- 작업 중에는 거푸집 동바리 등의 변형·변위 및 침하 유무 등을 감시할 수 있는 감시자를 배치하여 이상이 있으면 작업을 중지하고 근로자를 대피시킬 것
- 콘크리트 타설작업 시 거푸집 붕괴의 위험이 발생할 우려가 있으면 충분한 보강조치를 할 것
- 설계도서상의 콘크리트 양생기간을 준수하여 거푸집 동바리 등을 해체할 것
- 콘크리트를 타설하는 경우에는 편심이 발생하지 않도록 골고루 분산하여 타설할 것



110 ① 111 ② 112 ① | 정답

## 113 Repetitive Learning (1회 2회 3회)

다음 중 개착식 굴착방법과 거리가 먼 것은?

① 타이로드 공법　② 어스앵커 공법
③ 버팀대 공법　④ TBM 공법

해설

- TBM은 가장 대표적인 전단면 굴착방식이다.

:: 개착식 공법
- 지표면에서 소정의 위치까지 파 내려간 후 구조물을 축조하고 되메운 후 지표면을 원상태로 복구시키는 공법으로 지하철 공사 등에서 많이 사용한다.
- 타이로드 공법, 어스앵커 공법, 버팀대 공법 등을 흙막이 벽 개착공법으로 사용한다.

1501

## 114 Repetitive Learning (1회 2회 3회)

건설업 산업안전보건관리비 중 계상비용에 해당되지 않는 것은?

① 외부비계, 작업발판 등의 가설구조물 설치 소요비
② 근로자 건강관리비
③ 건설재해예방 기술지도비
④ 개인보호구 및 안전장구 구입비

해설

- 각종 비계, 작업발판, 가설계단·통로, 사다리, 가설울타리 등은 안전시설비를 사용할 수 없다.

:: 원활한 공사수행을 위해 공사현장에 설치하는 시설물, 장치, 자재 중 안전시설비 사용이 불가능한 항목 실필 1902/1401/1004
- 외부인 출입금지, 공사장 경계표시를 위한 가설울타리
- 각종 비계, 작업발판, 가설계단·통로, 사다리 등
- 절토부 및 성토부 등의 토사유실 방지를 위한 설비
- 작업장 간 상호 연락, 작업 상황 파악 등 통신수단으로 활용되는 통신시설·설비
- 공사 목적물의 품질 확보 또는 건설장비 자체의 운행 감시, 공사 진척상황 확인, 방법 등의 목적을 가진 CCTV 등 감시용 장비
- 단, 비계·통로·계단에 추가 설치하는 추락방지용 안전난간, 사다리 전도방지장치, 틀비계에 별도로 설치하는 안전난간·사다리, 통로의 낙하물방호선반 등은 사용 가능함

## 115 Repetitive Learning (1회 2회 3회)

흙막이 지보공의 안전조치로 옳지 않은 것은?

① 굴착배면에 배수로 설치 없이 콘크리트를 타설
② 지하매설물에 대한 조사 실시
③ 조립도의 작성 및 점검 철저
④ 흙막이 지보공에 대한 조사 및 점검 철저

해설

- 굴착배면에 배수로를 설치하지 않으면 토사의 붕괴 등이 일어날 가능성이 커진다.

:: 흙막이 지보공의 안전조치
- 굴착배면에 배수로 설치
- 지하매설물에 대한 조사 실시
- 조립도의 작성 및 작업순서 준수
- 흙막이 지보공에 대한 조사 및 점검 철저

1602 / 1804 / 2201

## 116 Repetitive Learning (1회 2회 3회)

철골작업 시 철골부재에서 근로자가 수직방향으로 이동하는 경우에 설치하여야 하는 고정된 승강로의 최대 답단 간격은 얼마인가?

① 20cm
② 25cm
③ 30cm
④ 40cm

해설

- 사업주는 근로자가 수직방향으로 이동하는 철골부재(鐵骨部材)에는 답단(踏段) 간격이 30cm 이내인 고정된 승강로를 설치하여야 한다.

:: 승강로의 설치
- 사업주는 근로자가 수직방향으로 이동하는 철골부재(鐵骨部材)에는 답단(踏段) 간격이 30cm 이내인 고정된 승강로를 설치하여야 하며, 수평방향 철골과 수직방향 철골이 연결되는 부분에는 연결작업을 위하여 작업발판 등을 설치하여야 한다.

정답 | 113 ④ 114 ① 115 ① 116 ③

1902

## 117 Repetitive Learning 1회 2회 3회

건설업 산업안전보건관리비의 사용내역에 대하여 수급인 또는 자기공사자는 공사 시작 후 몇 개월마다 1회 이상 발주자 또는 감리원의 확인을 받아야 하는가?

① 3개월
② 4개월
③ 5개월
④ 6개월

해설

- 수급인 또는 자기공사자는 안전관리비 사용내역에 대하여 공사 시작 후 6개월마다 1회 이상 발주자 또는 감리원의 확인을 받아야 한다.

:: 건설업 산업안전보건관리비의 사용내역 확인

- 수급인 또는 자기공사자는 안전관리비 사용내역에 대하여 공사 시작 후 6개월마다 1회 이상 발주자 또는 감리원의 확인을 받아야 한다. 다만, 6개월 이내에 공사가 종료되는 경우에는 종료 시 확인을 받아야 한다.
- 발주자 또는 고용노동부의 관계 공무원은 안전관리비 사용내역을 수시로 확인할 수 있으며, 수급인 또는 자기공사자는 이에 따라야 한다.
- 발주자 또는 감리원은 안전관리비 사용내역 확인 시 기술지도 계약 체결 여부, 기술지도 실시 및 개선 여부 등을 확인하여야 한다.

0404 / 0601 / 0604 / 0701 / 0904 / 1301 / 1404 / 1702

## 118 Repetitive Learning 1회 2회 3회

철골작업 시 기상조건에 따라 안전상 작업을 중지하여야 하는 경우에 해당되는 기준으로 옳은 것은?

① 강우량이 시간당 5mm 이상인 경우
② 강우량이 시간당 10mm 이상인 경우
③ 풍속이 초당 10m 이상인 경우
④ 강설량이 시간당 20mm 이상인 경우

해설

- 풍속이 초당 10m 이상, 강우량이 시간당 1mm 이상, 강설량이 시간당 1cm 이상인 경우 철골공사 작업을 중지한다.

:: 철골작업 중지 악천후 기준 실필 1504/1502/1302/0901 실작 1901/1802/1704

- 풍속이 초당 10m 이상인 경우
- 강우량이 시간당 1mm 이상인 경우
- 강설량이 시간당 1cm 이상인 경우

0404 / 1501

## 119 Repetitive Learning 1회 2회 3회

건축물의 해체공사에 대한 설명으로 틀린 것은?

① 압쇄기와 대형 브레이커(Breaker)는 파워셔블 등에 설치하여 사용한다.
② 철제해머(Hammer)는 크레인 등에 설치하여 사용한다.
③ 핸드브레이커(Hand breaker) 사용 시 수직보다는 경사를 주어 파쇄하는 것이 좋다.
④ 절단톱의 회전날에는 접촉방지 커버를 설치하여야 한다.

해설

- 핸드브레이커로 작업할 때는 브레이커 끌의 부러짐을 방지하기 위하여 작업자세는 하향 수직 방향으로 유지하도록 하여야 한다.

:: 핸드브레이커(Hand breaker)

㉠ 개요
- 해체용 장비로서 압축공기, 유압의 급속한 충격력으로 콘크리트 등을 해체할 때 사용한다.
- 작은 부재의 파쇄에 유리하고 소음, 진동 및 분진이 발생되므로 작업원은 보호구를 착용하여야 한다.
- 분진 · 소음으로 인해 작업원의 작업시간을 제한하여야 하는 장비이다.

㉡ 사용방법
- 브레이커 끌의 부러짐을 방지하기 위하여 작업자세는 하향 수직 방향으로 유지하도록 하여야 한다.
- 핸드브레이커는 중량이 25 ~ 40kgf으로 무겁기 때문에 지반을 잘 정리하고 작업하여야 한다.

1701

## 120 Repetitive Learning 1회 2회 3회

건설공사 시공단계에 있어서 안전관리의 문제점에 해당되는 것은?

① 발주자의 조사, 설계 발주능력의 미흡
② 용역자의 조사, 설계능력 부실
③ 발주자의 감독 소홀
④ 사용자의 시설 운영관리 능력 부족

해설

- 최근 들어 건설공사 시공단계에 발주자의 감독 책임 및 역할을 강조하고 있어 발주자와 설계자의 책임 및 역할이 추가되었다.

:: 全생애주기형 안전관리 체계

- 시공단계의 안전관리 체계에 발주자와 설계자의 책임 및 역할을 추가
- 현행 시공단계 중심의 안전관리 체계를 설계 · 착공 · 시공 · 준공단계를 아우르도록 개선



117 ④ 118 ③ 119 ③ 120 ③ 정답

MEMO

# 출제문제 분석 2013년 1회

| 구분 | 1과목 | 2과목 | 3과목 | 4과목 | 5과목 | 6과목 | 합계 |
|---|---|---|---|---|---|---|---|
| New유형 | 2 | 0 | 7 | 3 | 2 | 2 | 16 |
| New문제 | 9 | 6 | 10 | 8 | 11 | 8 | 52 |
| 또나온문제 | 7 | 6 | 5 | 9 | 5 | 9 | 41 |
| 자꾸나온문제 | 4 | 8 | 5 | 3 | 4 | 3 | 27 |
| 합계 | 20 | 20 | 20 | 20 | 20 | 20 | 120 |

- New유형은 New문제 중 기존 기출문제와 완전히 다른 유형의 문제를 말합니다.
- New문제는 기존에 출제되지 않은 문제로 이번에 처음 출제되는 문제입니다.
- 또나온문제는 기존에 출제된 적이 1번 있는 문제를 말합니다.
- 자꾸나온문제는 기존에 출제된 적이 2번 이상 있는 문제를 말합니다. 그만큼 중요한 문제입니다.

## 몇 년분의 기출문제를 공부해야 합격할 수 있을까요?

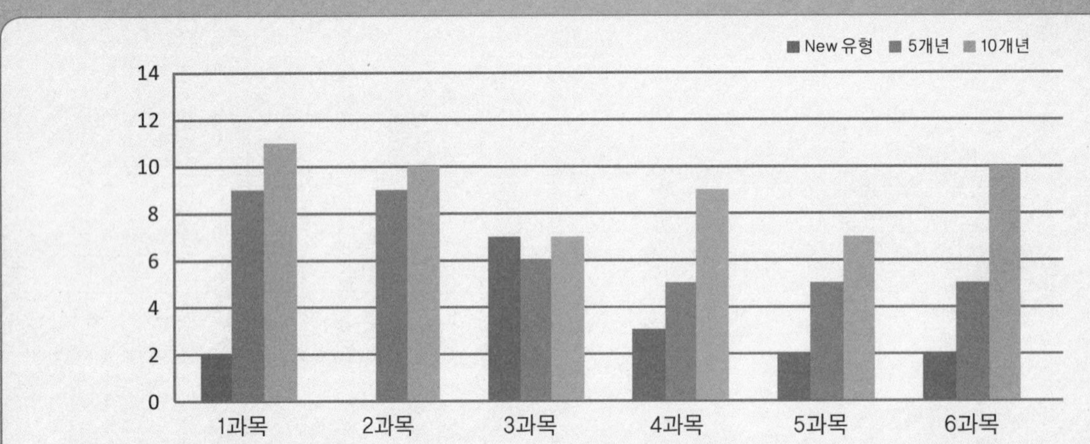


- 완전 새로운 유형의 문제는 16문제이고 104문제가 이미 출제된 문제 혹은 변형문제입니다.
- 5년분(2016~2020) 기출에서 동일문제가 39문항이 출제되었고, 10년분(2011~2020) 기출에서 동일문제가 54문항이 출제되었습니다.

## 실기에 나왔어요!! 외우세요!!!

실기시험은 필답형과 작업형으로 구분되어 있으며 모두 주관식으로 직접 내용을 적어야 합니다. 필기 공부하면서 실기 출제된 내역들은 좀 더 신경써서 암기하실 필요가 있어요. 필기 합격자 발표 난 후 실기시험까지는 5주밖에 여유가 없답니다. 어차피 공부할 것 필기 때 확실하게 해준다면 실기도 단방에 합격할 수 있습니다.

- 총 23개의 해설이 실기 필답형 시험과 연동되어 있습니다.
- 총 12개의 해설이 실기 작업형 시험과 연동되어 있습니다.

## 분석의견

최근 10년분의 기출문제와 답을 반복암기해서는 합격점수인 72점에서 18점이 부족합니다. 평균 정도의 난이도를 보인 회차의 문제로 크게 어렵지 않게 해결 가능한 문제들로 구성되었습니다. 모든 과목의 기출문제가 과락 점수 이상으로 배치되어 어려움 없이 합격점 이상의 점수 획득이 가능한 수준으로 판단됩니다. 합격에 필요한 점수를 획득하기 위해서는 최근 5년분 문제와 핵심이론의 3회독 혹은 최근 10년분 문제와 핵심이론의 2회독 이상의 학습이 필요합니다.

# 2013년 제1회

2013년 3월 10일 필기

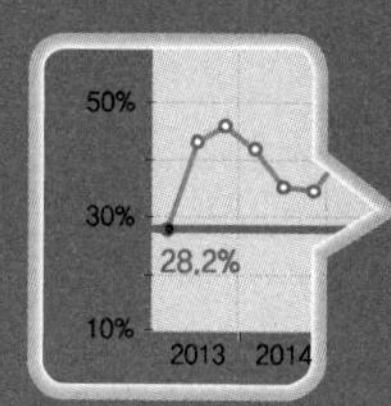

13년 1회차 필기시험
합격률 28.2%


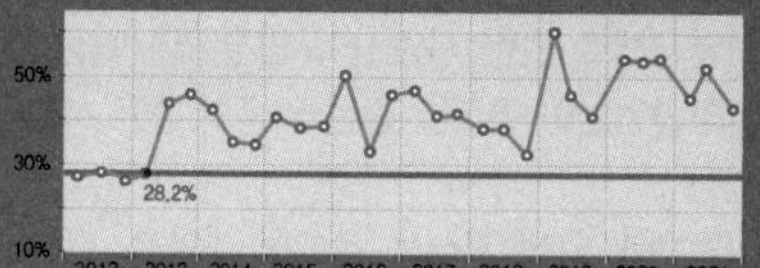


## 1과목 산업안전관리론

### 01

Repetitive Learning (1회 2회 3회)

사업장의 연간총근로시간이 950,000시간이고 이 기간 중에 발생한 재해건수가 12건, 근로손실일수가 203일이었을 때 이 사업장의 도수율은 약 얼마인가?

① 0.21
② 12.63
③ 59.11
④ 213.68

**해설**

- 근로손실일수는 강도율을 구할 때 의미가 있는 수치이다.
- 도수율은 1,000,000시간의 근로시간 동안 발생하는 재해의 건수이다.
- 도수율 = $\frac{12}{950,000} \times 1,000,000 = 12.63$이다.

∷ 도수율(FR : Frequency Rate of injury) 실필 0902/1304/1401/1804

- 빈도율이라고도 하며, 100만 시간당 재해발생건수를 나타낸다.
- 도수율 = $\frac{\text{연간재해건수}}{\text{연간총근로시간}} \times 10^6$으로 구하며,

  환산도수율 = 도수율 × $\frac{\text{총근로시간}}{1,000,000}$이다.

### 02

Repetitive Learning (1회 2회 3회)

다음 중 실내에서 석재를 가공하는 산소결핍장소에 작업하고자 할 때 가장 적합한 마스크의 종류는?

① 방진마스크 ② 방독마스크
③ 송기마스크 ④ 위생마스크

**해설**

- 산소결핍 작업 시에는 송기마스크나 공기호흡기를 사용하여야 한다.

∷ 호흡용 보호구와 사용환경

- 송기마스크 / 공기호흡기 – 산소결핍장소의 분진 및 유독가스
- 방진마스크 – 산소결핍장소의 분진
- 방독마스크 – 산소농도 18% 이상의 유독가스 및 소방작업, 석면작업

### 03

Repetitive Learning (1회 2회 3회)

고용노동부장관은 산업안전보건법에 따라 산업재해를 예방하기 위하여 필요하다고 인정할 때에 대통령령으로 정하는 사업장의 산업재해발생건수, 재해율 또는 그 순위 등을 공표할 수 있다. 다음 중 이에 해당되지 않는 사업장은?

① 중대 산업사고가 발생한 사업장
② 산업재해의 발생에 관한 보고를 최근 3년 이내에 1회 이상 하지 않은 사업장
③ 연간 산업재해율이 규모별 같은 업종의 평균재해율 이상인 사업장 중 상위 10% 이내에 해당되는 사업장
④ 산업재해로 연간 사망재해자가 2명 이상 발생한 사업장으로서 사망만인율이 규모별 같은 업종의 평균 사망만인율 이상인 사업장

**해설**

- 산업재해의 발생에 관한 보고를 최근 3년 이내 2회 이상 하지 않은 사업장은 공표대상에 해당하나 1회는 해당되지 않는다.

정답 | 01 ② 02 ③ 03 ②

**공표대상 사업장**

- 중대재해가 발생한 사업장으로서 해당 중대재해 발생연도의 연간 산업재해율이 규모별 같은 업종의 평균재해율 이상인 사업장
- 산업재해로 인한 사망자가 연간 2명 이상 발생한 사업장
- 사망만인율이 규모별 같은 업종의 평균 사망만인율 이상인 사업장
- 산업재해 발생 사실을 은폐한 사업장
- 산업재해의 발생에 관한 보고를 최근 3년 이내 2회 이상 하지 않은 사업장
- 중대 산업사고가 발생한 사업장

2104

## 04

Repetitive Learning 

다음 중 산업안전보건법상 안전검사대상 유해·위험기계·기구·설비에 해당하지 않는 것은?

① 리프트
② 곤돌라
③ 산업용 원심기
④ 밀폐형 롤러기

**해설**

- 밀폐형 롤러기는 안전검사대상에서 제외된다.

**안전검사대상 유해·위험기계의 종류와 검사 주기** 실필 1504/1002

| 안전검사대상 유해·위험기계의 종류 | 검사 주기 |
|---|---|
| 크레인(이동식크레인 및 정격하중 2톤 미만 제외), 리프트(이삿짐운반용 리프트 제외) 및 곤돌라 | 사업장에 설치가 끝난 날부터 3년 이내에 최초 안전검사를 실시하되, 그 이후부터 2년마다(건설현장에서 사용하는 것은 최초로 설치한 날부터 6개월마다) |
| 이동식크레인, 이삿짐운반용 리프트 및 고소작업대 | 신규 등록 이후 3년 이내에 최초 안전검사를 실시하되, 그 이후부터 2년마다 |
| 프레스, 전단기, 압력용기, 국소배기장치(이동식 제외), 산업용 원심기, 화학설비 및 그 부속설비, 건조설비 및 그 부속설비, 롤러기(밀폐형 제외), 사출성형기(형 체결력 294kN 미만은 제외), 컨베이어 및 산업용 로봇 | 사업장에 설치가 끝난 날부터 3년 이내에 최초 안전검사를 실시하되, 그 이후부터 2년마다(공정안전보고서를 제출하여 확인을 받은 압력용기는 4년마다) |

1001 / 1901

## 05

Repetitive Learning 1회 2회 3회

다음 중 안전보건관리계획의 개요에 관한 설명으로 틀린 것은?

① 타 관리계획과 균형이 되어야 한다.
② 안전보건의 저해요인을 확실히 파악해야 한다.
③ 계획의 목표는 점진적으로 낮은 수준의 것으로 한다.
④ 경영층의 기본방향을 명확하게 근로자에게 나타내야 한다.

**해설**

- 계획의 목표는 낮은 수준에서 점진적으로 높은 수준으로 적용해 가야 한다.

**안전보건관리계획의 개요**

- 사업장에서 안전보건관리를 계획적으로 행하기 위해 일정한 기간 동안 작성한 세부 실행계획을 말한다.
- 타 관리계획과 균형이 되어야 한다.
- 법적 기준 이상의 안전보건활동을 전개하기 위해서는 사업과 관련된 법규, 규제 및 기타 이해관계자들의 요구사항을 파악하여야 한다.
- 안전보건의 저해요인을 확실히 파악해야 한다.
- 경영층의 기본방향을 명확하게 근로자에게 나타내야 한다.
- 사업장의 재해발생에 따른 원인 조사 및 재해 통계자료, 각종 점검, 감사자료를 수집하여야 한다.
- 계획의 목표는 낮은 수준에서 점진적으로 높은 수준으로 적용해 가야 한다.

1704

## 06

Repetitive Learning 

산업안전보건법령상 다음 그림에 해당하는 안전·보건표지의 명칭으로 옳은 것은?

① 접근금지 ② 이동금지
③ 보행금지 ④ 출입금지



04 ④ 05 ③ 06 ③ | 정답

해설

- 접근금지, 접촉금지 등에 해당하는 금지표지는 존재하지 않는다.

**금지표지** 실필 1902/1901/1701/1501/1401/1304/1201/1102/1001/0902

- 정지, 소화설비, 유해행위 금지를 표시할 때 사용된다.
- 흰색(N9.5) 바탕에 빨간색(7.5R 4/14) 기본모형을 사용한다.
- 금연, 출입금지, 보행금지, 차량통행금지, 물체이동금지, 화기금지, 사용금지, 탑승금지 등이 있다.

| 금연 | 출입금지 | 보행금지 | 차량통행금지 |
|---|---|---|---|
| | | | |
| 물체이동금지 | 화기금지 | 사용금지 | 탑승금지 |
| | | | |

1802 / 1902

## 07 Repetitive Learning (1회 2회 3회)

위험예지훈련에 대한 설명으로 틀린 것은?

① 직장이나 작업의 상황 속 잠재 위험요인을 도출한다.
② 직장 내에서 최대 인원의 단위로 토의하고 생각하며 이해한다.
③ 행동하기에 앞서 해결하는 것을 습관화하는 훈련이다.
④ 위험의 포인트나 중점실시 사항을 지적 확인한다.

해설

- 3~4명 정도의 소규모 팀 단위로 구성한다.

**위험예지훈련**

㉠ 개요
- 3~4명 정도의 소규모 팀 단위로 구성하여 진행한다.
- 직장의 팀워크로 안전을 전원이 빨리 올바르게 선취하는 훈련이다.
- 정해진 내용의 교육보다는 전원의 대화방식으로 진행한다.
- 짧은 시간 안에 모두의 공감을 얻어 공통의 행동목표를 설정한다.

㉡ 원칙
- 자유자재로 변하는 아이디어를 개발한다.
- 아이디어의 수는 하찮은 것일지라도 많을수록 좋다.
- 개발한 아이디어에 대해서는 절대로 비판을 하지 않는다.
- 개발한 아이디어를 힌트로 연결하여 다른 아이디어를 개발할 수 있다.

0404 / 0901 / 1504

## 08 Repetitive Learning (1회 2회 3회)

다음 중 재해사례연구의 진행단계에 있어 제3단계인 "근본적 문제점의 결정에 관한 사항"으로 가장 적합한 것은?

① 사례 연구의 전제조건으로서 발생일시 및 장소 등 재해 상황의 주된 항목에 관해서 파악한다.
② 파악된 사실로부터 판단하여 관계법규, 사내규정 등을 적용하여 문제점을 발견한다.
③ 재해가 발생할 때까지의 경과 중 재해와 관계가 있는 사실 및 재해요인으로 알려진 사실을 객관적으로 확인한다.
④ 재해의 중심이 된 문제점에 관하여 어떤 관리적 책임의 결함이 있는지를 여러 가지 안전보건의 키(Key)에 대하여 분석한다.

해설

- ①은 재해 상황의 파악단계에서의 사항이다.
- ②는 문제점의 발견단계에서의 사항이다.
- ③은 사실의 확인단계에서의 사항이다.

**재해사례연구의 진행단계**

㉠ 진행순서
- 재해 상황의 파악 → 사실의 확인 → 문제점의 발견 → 근본적 문제점의 결정 → 대책수립 순이다.

㉡ 단계별 특징

| 단계 | 특징 |
|---|---|
| 재해 상황의 파악 | 사례연구의 전제조건으로서 발생일시 및 장소 등 재해 상황의 주된 항목에 관해서 파악한다. |
| 사실의 확인 | 재해가 발생할 때까지의 경과 중 재해와 관계가 있는 사실 및 재해요인을 객관적으로 확인한다. |
| 문제점의 발견 | 파악된 사실로부터 판단하여 관계법규, 사내규정 등을 적용하여 문제전을 발견한다. |
| 근본적 문제점의 결정 | 재해의 중심이 된 문제점에 관하여 어떤 관리적 책임의 결함이 있는지를 여러 가지 안전보건의 키(Key)에 대하여 분석한다. |
| 대책수립 | 동종 및 유사재해의 방지대책을 구체적, 실현가능하게 수립한다. |

정답 | 07 ② 08 ④

1801

## 09 Repetitive Learning 1회 2회 3회

시설물의 안전관리에 관한 특별법상 국토교통부장관은 시설물이 안전하게 유지관리될 수 있도록 하기 위하여 몇 년마다 시설물의 안전 및 유지관리에 관한 기본계획을 수립·시행하여야 하는가?

① 1년　　② 2년

③ 3년　　④ 5년

**해설**

- 국토교통부장관은 시설물이 안전하게 유지관리될 수 있도록 하기 위하여 5년마다 시설물의 안전 및 유지관리에 관한 기본계획을 수립·시행하여야 한다.

**:: 시설물의 안전 및 유지관리 기본계획의 수립·시행**

㉠ 시행주기 : 국토교통부장관은 시설물이 안전하게 유지관리될 수 있도록 하기 위하여 5년마다 시설물의 안전 및 유지관리에 관한 기본계획을 수립·시행하여야 한다.

㉡ 기본계획에 포함되어야 할 사항

- 시설물의 안전 및 유지관리에 관한 기본목표 및 추진방향에 관한 사항
- 시설물의 안전 및 유지관리체계의 개발, 구축 및 운영에 관한 사항
- 시설물의 안전 및 유지관리에 관한 정보체계의 구축·운영에 관한 사항
- 시설물의 안전 및 유지관리에 필요한 기술의 연구·개발에 관한 사항
- 시설물의 안전 및 유지관리에 필요한 인력의 양성에 관한 사항
- 그 밖에 시설물의 안전 및 유지관리에 관하여 대통령령으로 정하는 사항

0602 / 1602

## 10 Repetitive Learning

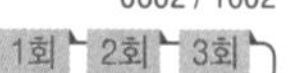

점검시기에 의한 구분에 있어 안전점검의 종류가 아닌 것은?

① 집중점검

② 수시점검

③ 특별점검

④ 계획점검

**해설**

- 점검시기에 따른 안전점검의 종류에는 정기점검, 수시(일상)점검, 특별점검, 임시점검이 있다.

**:: 점검시기에 따른 안전점검의 종류**

| 구분 | 내용 |
|---|---|
| 정기점검 | 1개월 또는 1년 등의 일정한 기간을 정해서 실시하는 안전점검으로 계획점검이라고도 한다. |
| 수시(일상)점검 | 작업장에서 매일 작업자가 작업 전, 중, 후에 시설과 작업동작 등에 대하여 실시하는 안전점검이다. |
| 특별점검 | 기계·기구 또는 설비의 신설, 변경 또는 고장 수리 등 부정기적인 점검을 말하며, 기술적 책임자가 시행하는 안전점검이다. |
| 임시점검 | 정기점검 사이에 특별한 이상이나 징후가 있을 경우 임시로 실시하는 안전점검이다. |

0301 / 0601 / 0701 / 1801

## 11 Repetitive Learning

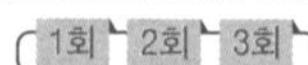

아담스(Adams)의 재해 발생과정 이론의 단계별 순서로 옳은 것은?

① 관리구조 결함 → 전술적 에러 → 작전적 에러 → 사고 → 재해

② 관리구조 결함 → 작전적 에러 → 전술적 에러 → 사고 → 재해

③ 전술적 에러 → 관리구조 결함 → 작전적 에러 → 사고 → 재해

④ 작전적 에러 → 관리구조 결함 → 전술적 에러 → 사고 → 재해

**해설**

- 아담스(Edward Adams)의 재해발생이론은 관리구조 → 작전적 에러 → 전술적 에러 → 사고 → 재해 순으로 발생한다고 주장했다.

**:: 아담스(Edward Adams)의 재해발생 이론**

- 재해의 직접원인은 불행불상에서 발생하거나 방치한 전술적 에러에서 비롯된다는 이론이다.
- 관리구조의 결함 → 작전적 에러 → 전술적 에러 → 사고 → 재해 순으로 발생한다.
- 작전적 에러란 경영자나 감독자의 의지부족이나 행동, 목표설정 미흡 등을 의미한다.
- 전술적 에러란 관리감독자의 실수나 태만, 불행불상의 방치 등을 의미한다.
- 사고발생 매커니즘으로 불안전한 행동과 불안전한 상태가 복합되어 발생한다고 정의하였다.



09 ④　10 ①　11 ② | 정답

## 12

Repetitive Learning 1회 2회 3회

재해의 발생형태 중 재해자 자신의 움직임·동작으로 인하여 기인물에 부딪히거나, 물체가 고정부를 이탈하지 않은 상태로 움직임 등에 의하여 발생한 경우를 무엇이라 하는가?

① 비래 ② 전도
③ 충돌 ④ 협착

**해설**

- 비래는 구조물, 기계 등에 고정되어 있던 물체가 고정부에서 이탈하거나 또는 설비 등으로부터 물질이 분출되어 사람을 가해하는 경우를 말한다.
- 전도는 사람이 거의 평면 또는 경사면, 층계 등에서 구르거나 넘어지는 경우를 말한다.
- 협착은 직선 운동하는 물체 사이의 끼임, 회전부와 고정체 사이의 끼임, 롤러 등 회전체 사이에 물리거나 또는 회전체·돌기부 등에 감긴 경우를 말한다.

**산업재해의 형태**

| 산업재해 | 재해형태 |
|---|---|
| 떨어짐(추락) | 사람이 인력(중력)에 의하여 건축물, 구조물, 가설물, 수목, 사다리 등의 높은 장소에서 떨어지는 것을 말한다. |
| 넘어짐(전도) | 사람이 거의 평면 또는 경사면, 층계 등에서 구르거나 넘어지는 경우를 말한다. |
| 깔림·뒤집힘 | 기대어져 있거나 세워져 있는 물체 등이 쓰러져 깔린 경우 및 지게차 등의 건설기계 등이 운행 또는 작업 중 뒤집어진 경우를 말한다. |
| 부딪침·접촉(충돌) | 재해자 자신의 움직임·동작으로 인하여 기인물에 접촉 또는 부딪치거나, 물체가 고정부에서 이탈하지 않은 상태로 움직임 등에 의하여 부딪치거나, 접촉한 경우를 말한다. |
| 맞음(낙하, 비래) | 구조물, 기계 등에 고정되어 있던 물체가 중력, 원심력, 관성력 등에 의하여 고정부에서 이탈하거나 또는 설비 등으로부터 물질이 분출되어 사람을 가해하는 경우를 말한다. |
| 끼임(협착) | 두 물체 사이의 움직임에 의하여 일어난 것으로 직선 운동하는 물체 사이의 끼임, 회전부와 고정체 사이의 끼임, 롤러 등 회전체 사이에 물리거나 또는 회전체·돌기부 등에 감긴 경우를 말한다. |

2201

## 13

Repetitive Learning 1회 2회 3회

다음 중 재해예방의 4원칙에 해당하지 않는 것은?

① 손실적용의 원칙 ② 원인연계의 원칙
③ 대책선정의 원칙 ④ 예방가능의 원칙

**해설**

- 손실적용의 원칙은 없으며, 사고로 인한 손실은 우연적이라는 의미에서 손실우연의 원칙이 빠졌다.

**하인리히의 재해예방 4원칙** 실필 1801/1501

| | |
|---|---|
| 대책선정의 원칙 | 사고의 원인을 발견하면 반드시 대책을 세워야 하며, 모든 사고는 대책선정이 가능하다는 원칙 |
| 손실우연의 원칙 | 사고로 인한 손실은 우연적이라는 원칙 |
| 예방가능의 원칙 | 모든 사고는 예방이 가능하다는 원칙 |
| 원인연계의 원칙(원인계기의 원칙) | 사고는 반드시 원인이 있으며 이는 필연적인 인과관계로 작용한다는 원칙 |

1702

## 14

Repetitive Learning 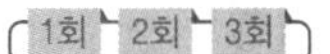

재해 손실비 평가방식 중 하인리히 방식에 있어 간접비에 해당되지 않는 것은?

① 시설복구비용
② 교육훈련비용
③ 장의비용
④ 생산손실비용

**해설**

- 장의비용은 재해로 인해 피해자에게 지급되는 비용으로 직접비에 해당한다.

**하인리히의 재해손실비용 평가** 실필 1502

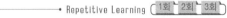

- 직접비 : 간접비의 비율은 1 : 4로 계산해 산업재해로 인한 총 손실비용은 직접비(산업재해보상비)의 5배로 계산한다.
- 직접손실비용에는 치료비, 휴업급여, 장해급여, 유족급여, 요양급여, 간병급여, 직업재활급여, 장례비 등이 있다.
- 간접손실비용에는 부상자를 비롯한 직원의 시간손실, 이익의 감소, 생산손실비, 기계, 공구 재료 등의 재산손실 등이 있다.

0901 / 2101

## 15

Repetitive Learning 

다음 중 재해조사 시 유의사항으로 적절하지 않은 것은?

① 인적, 물적 양면의 재해요인을 모두 도출한다.
② 2차 재해예방을 위하여 보호구를 반드시 착용한다.
③ 책임추궁보다 재발방지를 우선하는 기본 태도를 갖는다.
④ 목격자의 기억보존을 위하여 조사는 담당자 개인이 신속하게 실시한다.

정답 | 12 ③ 13 ① 14 ③ 15 ④

해설

• 객관적인 조사를 위하여 조사는 2인 이상이 한다.

:: 재해조사의 유의사항

- 피해자에 대한 구급조치를 최우선으로 하고, 2차 재해의 방지를 위해 적정 보호구를 착용한다.
- 가급적 재해 현장이 변형되지 않은 상태에서 신속하게 한다.
- 사실 이외의 추측되는 말은 참고용으로만 활용한다.
- 사람, 기계설비 양면의 재해요인을 모두 도출한다.
- 과거 사고 발생 경향 등을 참고하여 조사한다.
- 객관적 입장에서 재해방지에 우선을 두고 조사하며, 조사는 2인 이상이 한다.

0501 / 1802

## 16 —— Repetitive Learning

안전보건관리조직에 있어 100명 미만의 조직에 적합하며, 안전에 관한 지시나 조치가 철저하고 빠르게 전달되나 전문적인 지식과 기술이 부족한 조직의 형태는?

① 라인·스태프형(Line-staff)
② 스태프형(Staff)
③ 라인형(Line)
④ 관리형(Manage)

해설

• 라인형 안전조직은 안전관리자를 두지 않고 생산계통에서 안전업무를 수행하므로 참모식 조직에 비해 경제적이나 안전정보에 대한 수집과 대처가 늦은 단점을 갖는다.

:: 라인(Line)형 안전조직 실필 1901

㉠ 개요
- 직계식이라고도 한다.
- 모든 명령과 안전 관련 업무가 생산계통을 따라 이루어진다.
- 규모가 작은(100명 이하) 사업장에 적합하다.
- 안전관리자가 체계적으로 선임되지 않은 사업장에 알맞은 안전조직 형태이다.

㉡ 특징

| | |
|---|---|
| 장점 | • 안전지시나 명령이 신속하다.<br>• 명령과 보고가 간단명료하다. |
| 단점 | • 안전지식과 기술축적이 힘들다.<br>• 안전정보의 수집과 대처가 늦다. |

1604 / 2001

## 17 —— Repetitive Learning 1회 2회 3회

산업안전보건법상 사업주의 의무에 해당하지 않는 것은?

① 산업재해 예방을 위한 기준 준수
② 사업장의 안전·보건에 관한 정보를 근로자에게 제공
③ 유해하거나 위험한 기계·기구·설비 및 방호장치·보호구 등의 안전성 평가 및 개선
④ 근로자의 신체적 피로와 정신적 스트레스 등을 줄일 수 있는 쾌적한 작업환경을 조성하고 근로조건을 개선

해설

• ③은 정부의 책무이다.

:: 사업주의 의무

- 산업재해 예방을 위한 기준을 지킬 것
- 근로자의 신체적 피로와 정신적 스트레스 등을 줄일 수 있는 쾌적한 작업환경을 조성하고 근로조건을 개선할 것
- 해당 사업장의 안전·보건에 관한 정보를 근로자에게 제공할 것

## 18 —— Repetitive Learning 1회 2회 3회

다음 중 산업재해조사표의 작성방법에 관한 설명으로 적합하지 않은 것은?

① 휴업예상일수는 재해발생일을 제외한 3일 이상의 결근 등으로 회사에 출근하지 못한 일수를 적는다.
② 같은 종류 업무 근속기간은 현 직장에서의 경력(동일·유사 업무 근무경력)으로만 적는다.
③ 고용형태는 근로자가 사업장 또는 타인과 명시적 또는 내재적으로 체결한 고용계약 형태를 적는다.
④ 근로자수는 사업장의 최근 근로자수를 적는다(정규직, 일용직·임시직 근로자, 훈련생 등 포함).

해설

• 같은 종류 업무 근속기간은 과거 다른 회사의 경력부터 현직 경력(동일·유사 업무 근무경력)까지 합하여 적는다.

:: 산업재해조사표의 작성방법

- 휴업예상일수는 재해발생일을 제외한 3일 이상의 결근 등으로 회사에 출근하지 못한 일수를 적는다.
- 같은 종류 업무 근속기간은 과거 다른 회사의 경력부터 현직 경력(동일·유사 업무 근무경력)까지 합하여 적는다.
- 고용형태는 근로자가 사업장 또는 타인과 명시적 또는 내재적으로 체결한 고용계약 형태를 적는다.
- 근로자수는 사업장의 최근 근로자수를 적는다.(정규직, 일용직·임시직 근로자, 훈련생 등 포함)



16 ③ 17 ③ 18 ② | 정답

## 19

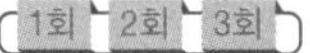
Repetitive Learning 1회 2회 3회

산업안전보건법령상 지방고용노동관서의 장이 안전보건개선계획의 수립·시행을 명할 수 있는 사업장에 해당하지 않는 것은?(단, 시설의 개선이 필요한 경우로 고용노동부장관이 정하여 고시한 사업장을 말한다)

① 작업환경이 현저히 불량한 사업장
② 직업성 질환자가 동시에 10명 발생한 사업장
③ 산업재해율이 같은 업종의 규모별 평균 산업재해율보다 높은 사업장
④ 사업주가 안전·보건조치의무를 이행하지 아니하여 발생한 중대재해가 연간 2건 이상 발생한 사업장

**해설**

- 고용노동부장관은 직업병에 걸린 사람이 연간 2명 이상(상시근로자 1천명 이상 사업장의 경우 3명 이상) 발생한 사업장에 대해 안전보건개선계획을 수립 및 제출하도록 할 수 있다.

**안전보건개선계획** 실필 1704/1701/1404/1202/1201

- 고용노동부장관은 다음에 해당하는 사업장으로서 산업재해 예방을 위하여 종합적인 개선조치를 할 필요가 있다고 인정할 때에는 사업주에게 그 사업장, 시설, 그 밖의 사항에 관한 안전보건개선계획의 수립·시행을 명할 수 있다.
  - 산업재해율이 같은 업종 평균 산업재해율의 2배 이상인 사업장
  - 사업주가 안전보건조치의무를 이행하지 아니하여 중대재해가 발생한 사업장
  - 직업병에 걸린 사람이 연간 2명 이상(상시근로자 1천명 이상 사업장의 경우 3명 이상) 발생한 사업장
  - 유해인자의 노출기준을 초과한 사업장
  - 작업환경 불량, 화재·폭발 또는 누출사고 등으로 사회적 물의를 일으킨 사업장
- 고용노동부장관은 필요하다고 인정할 때에는 해당 사업주에게 안전·보건진단을 받아 안전보건개선계획을 수립·제출할 것을 명할 수 있다.
- 안전보건개선계획의 수립·시행명령을 받은 사업주는 고용노동부장관이 정하는 바에 따라 안전보건개선계획서를 작성하여 그 명령을 받은 날부터 60일 이내에 관할 지방고용노동관서의 장에게 제출하여야 한다.
- 사업주는 안전보건개선계획을 수립할 때에는 산업안전보건위원회의 심의를 거쳐야 한다. 다만, 산업안전보건위원회가 설치되어 있지 아니한 사업장의 경우에는 근로자대표의 의견을 들어야 한다.
- 안전보건개선계획서에는 시설, 안전·보건관리체제, 안전·보건교육, 산업재해 예방 및 작업환경의 개선을 위하여 필요한 사항이 포함되어야 한다.
- 사업주와 근로자는 안전보건개선계획을 준수하여야 한다.

## 20

Repetitive Learning 1회 2회 3회

다음 중 사업장 무재해 운동 적용 업종의 분류에 해당하지 않는 것은?

① 식료품 관리업 ② 건설기계관리사업
③ 기계장치공사 ④ 철도·궤도운수업

**해설**

- 식료품 제조업은 있지만 식료품 관리업은 무재해 운동 적용 업종 분류에 포함되지 않는다.
- 건설기계관리사업과 기계장치공사업은 건설업에 포함된다.
- 철도·궤도운수업은 철도·궤도 및 삭도운수업에 포함된다.

**무재해 적용 업종의 분류기준**

- 사업장 무재해 운동 인증업무가 2018년 말로 종료됨에 따라 관련 법규가 삭제되었으나 일부는 잔존하여 운영 중이므로 이를 적용한다.
- 산업재해보상보험요율표에 명시된 사업 종류에 근거하여 분류한다.
- 건설기계관리사업과 기계장치공사업은 건설업에 포함된다.
- 철도·궤도운수업은 철도·궤도 및 삭도운수업에 포함된다.

# 2과목 산업심리 및 교육

0602

## 21

Repetitive Learning 1회 2회 3회

인간의 안전심리의 5요소 중 습관에 직접 영향을 미치는 요소와 가장 거리가 먼 것은?

① 동기 ② 피로
③ 감정 ④ 습성

**해설**

- 산업심리의 5요소에는 동기, 기질, 감정, 습성, 습관이 있다.

**산업안전심리의 5요소**

| 요소 | 내용 |
|---|---|
| 동기(Motive) | 능동적인 감각에 의한 자극에서 일어난 사고의 결과로서 사람의 마음을 움직이는 원동력이 되는 것이다. |
| 기질(Temper) | 감정적인 경향이나 반응에 관계되는 성격의 한 측면이다. |
| 감정(Emotion) | 생활체가 어떤 행동을 할 때 생기는 주관적인 동요를 뜻한다. |
| 습성(Habits) | 한 종에 속하는 개체의 대부분에서 볼 수 있는 일정한 생활양식으로 본능, 학습, 조건반사 등에 따라 형성된다. |
| 습관(Custom) | 성장과정을 통해 형성된 특성 등이 무의식중에 습관화된 것으로 동기, 기질, 감정, 습성 등이 영향을 끼친다. |

정답 | 19 ② 20 ① 21 ②

0502

## 22

Repetitive Learning (1회 2회 3회)

다음 중 안전교육의 필요성과 거리가 가장 먼 것은?

① 재해현상은 무상해사고를 제외하고, 대부분이 물건과 사람과의 접촉점에서 일어난다.
② 재해는 물건의 불안전한 상태에 의해서 일어날 뿐만 아니라 사람의 불안전한 행동에 의해서도 일어날 수 있다.
③ 현실적으로 생긴 재해는 그 원인 관련요소가 매우 많아 반복적 실험을 통하여 재해환경을 복원하는 것이 가능하다.
④ 재해의 발생을 보다 많이 방지하기 위해서는 인간의 지식이나 행동을 변화시킬 필요가 있다.

해설

- 현실적으로 발생한 재해는 원인 관련요소가 매우 많아 재해환경의 복원이 불가능하다.

**안전교육 필요성**

㉠ 필요성 분석
- 개인분석이란 사고 경향성이 큰 사원을 가려내서 구체적으로 그 사원에게 어떤 내용의 안전교육을 할 것인지 분석하는 것이다.
- 과제분석이란 안전사고가 자주 발생하거나 위험성이 큰 과제를 찾아내고 그 과제에 대해서 안전교육이 필요한지 분석하는 것이다.
- 조직수준의 분석에서는 안전사고에 의한 조직 효율성 저하 및 비용을 진단하고 교육훈련을 통해서 개선할 것인지를 평가하는 것이다.

㉡ 필요성
- 재해현상은 무상해사고를 제외하고, 대부분이 물건과 사람과의 접촉점에서 일어난다.
- 재해는 물건의 불안전한 상태에 의해서 일어날 뿐만 아니라 사람의 불안전한 행동에 의해서도 일어날 수 있다.
- 재해의 발생을 방지하기 위해서는 인간의 지식이나 행동을 변화시킬 필요가 있다.

## 23

Repetitive Learning (1회 2회 3회)

레빈이 제시한 인간의 행동특성에 관한 법칙에서 인간의 행동($B$)은 개체($P$)과 환경($E$)의 함수관계를 가진다고 하였다. 다음 중 개체($P$)에 해당하는 요소가 아닌 것은?

① 연령 ② 지능
③ 경험 ④ 인간관계

해설

- $P$는 Person 즉, 개체(소질)로 연령, 지능, 경험 등을 의미한다.
- 인간관계는 $E$의 요소이다.

**레빈(Lewin.K)의 법칙**

- 행동 $B=f(P \cdot E)$로 이루어진다. 즉, 인간의 행동($B$)은 개인($P$)과 환경($E$)의 상호 함수관계에 있다고 할 수 있다.
- $B$는 인간의 행동(Behavior)을 말한다.
- $f$는 동기부여를 포함한 함수(Function)이다.
- $P$는 Person 즉, 개체(소질)로 연령, 지능, 경험 등을 의미한다.
- $E$는 Environment 즉, 심리적 환경(인간관계, 작업환경-조명, 소음, 온도 등)을 의미한다.

## 24

Repetitive Learning (1회 2회 3회)

다음 중 학습평가의 기본적인 기준으로 합당하지 않은 것은?

① 타당성 ② 주관도
③ 실용성 ④ 신뢰도

해설

- 학습평가 도구의 기준에는 타당성, 객관성, 실용성, 신뢰성 등이 있다.

**학습평가 도구의 기준**

- 타당성 : 평가하고자 하는 내용과 일치하는지의 여부
- 객관성 : 측정의 결과에 대해 누가 보아도 일치되는 의견이 나올 수 있는지의 여부
- 실용성 : 누구나 쉽게 평가에 사용할 수 있는지의 여부
- 신뢰성 : 정확한 결과를 얻을 수 있는지의 여부

## 25

Repetitive Learning (1회 2회 3회)

다음 중 O.J.T(On the Job Training)의 장점이 아닌 것은?

① 개개인에게 적절한 지도훈련이 가능하다.
② 직장의 실정에 맞게 실제적 훈련이 가능하다.
③ 훈련에 필요한 업무의 계속성이 끊어지지 않는다.
④ 각 직장의 근로자가 지식이나 경험을 교류할 수 있다.

해설

- ④는 Off J.T의 장점에 해당한다.

**O.J.T(On the Job Training) 교육** 실필 1701

㉠ 개요
- 사업장 내에서 직장 상사가 강사가 되어 실시하는 교육이다.
- 일상 업무를 통해 지식과 기능, 문제해결능력을 향상시키는 데 주목적을 갖는다.
- 가장 중요한 역할을 담당하는 이는 일선현장의 감독자이다.



22 ③ 23 ④ 24 ② 25 ④ | 정답

㉡ 형태
- 코칭
- 직무순환
- 멘토링
- 도제식 교육
- 현장 직무교육

㉢ 특징

| | |
|---|---|
| 장점 | • 동기부여가 쉽다.<br>• 개개인에게 적절한 지도훈련이 가능하다.<br>• 직장의 실정에 맞게 실제적 훈련이 가능하다.<br>• 교육을 통한 훈련효과에 의해 상호 신뢰 및 이해도가 높아진다.<br>• 대상자의 개인별 능력에 따라 훈련의 진도를 조정하기가 쉽다.<br>• 교육효과가 업무에 신속히 반영된다.<br>• 훈련에 필요한 업무의 계속성이 끊어지지 않는다. |
| 단점 | • 전문적인 강사가 아니어서 교육이 원만하지 않을 수 있다.<br>• 다수의 대상을 한 번에 통일적인 내용 및 수준으로 교육시킬 수 없다.<br>• 전문적인 고도의 지식 및 기능을 교육하기 힘들다.<br>• 업무와 교육이 병행되는 관계로 훈련에만 전념할 수 없다. |

1701

## 26

Repetitive Learning 

이상적인 상황하에서 방어적인 행동 특징을 보이는 집단행동은?

① 군중 ② 패닉
③ 모브 ④ 심리적 전염

해설

- 군중이란 공통된 규범이나 조직성 없이 우연히 조직된 인간의 일시적 집합을 말한나.
- 모브는 공격적인 군중의 집단행동이다.
- 심리적 전염은 다른 사람이나 집단의 유행을 따라하는 행위를 말한다.

⁘ 집단행동의 구분
- ㉠ 통제적 집단행동
  - 관습
  - 유행
  - 제도적 행동
- ㉡ 비통제적 집단행동
  - 모브 – 공격적인 군중의 집단행동
  - 패닉 – 이상적인 상황하에서 방어적인 행동 특징을 보이는 집단행동
  - 모방 – 남들을 그대로 따라하는 행위
  - 심리적 전염 – 다른 사람이나 집단의 유행을 따라하는 행위

## 27

Repetitive Learning 1회 2회 3회

다음 중 데이비스의 동기부여 이론에서 동기유발(Motivation)을 나타내는 식으로 옳은 것은?

① 지식(Knowledge) × 기능(Skill)
② 상황(Situation) × 태도(Attitude)
③ 지식(Knowledge) × 태도(Attitude)
④ 능력(Ability) × 인간의 성과(Human performance)

해설

- 지식(Knowledge) × 기능(Skill)은 능력이 된다.

⁘ 데이비스(K. Davis)의 동기부여 이론
- 인간의 성과(Human performance) = 능력(Ability) × 동기유발(Motivation)
- 능력(Ability) = 지식(Knowledge) × 기능(Skill)
- 동기유발(Motivation) = 상황(Situation) × 태도(Attitude)

0502

## 28

Repetitive Learning 1회 2회 3회

안전교육의 종류 중 태도교육의 내용과 가장 거리가 먼 것은?

① 작업에 대한 의욕을 갖도록 한다.
② 직장규율, 안전규율 등을 몸에 익힌다.
③ 안전작업에 대한 몸가짐에 관하여 교육한다.
④ 기계장치 · 계기류의 조작방법을 몸에 익힌다.

해설

- ④의 설명은 안전교육의 2단계에 해당하는 기능교육에 대한 설명이다.

⁘ 안전태도교육(안전교육의 제3단계)
- ㉠ 개요
  - 생활지도, 작업동작지도 등을 통한 안전의 습관화를 위한 교육이다.
  - 안전한 작업방법을 알고는 있으나 시행하지 않는 사람에게 직장규율, 안전규율 등을 몸에 익히게 하는 교육이다.
  - 안전작업에 대한 몸가짐에 관하여 교육하며 면접이 태도교육에 가장 적합한 교육방법이다.
  - 보호구 취급과 관리자세의 확립, 안전에 대한 가치관을 형성하는 교육이다.
- ㉡ 태도교육 4단계
  - 청취한다.(Hearing)
  - 이해 및 납득시킨다.(Understand)
  - 모범을 보인다.(Example)
  - 평가하고 권장한다.(Evaluation)

정답 | 26 ② 27 ② 28 ④

1801

## 29 Repetitive Learning (1회 2회 3회)

다른 사람의 행동 양식이나 태도를 자기에게 투입하거나 그와 반대로 다른 사람 가운데서 자기의 행동 양식이나 태도와 비슷한 것을 발견하는 것을 무엇이라 하는가?

① 모방(Imitation) ② 투사(Projection)
③ 암시(Suggestion) ④ 동일시(Identification)

**해설**

- 모방이란 남의 행동이나 판단을 표본으로 하여 그것과 같거나 또는 그것에 가까운 행동 또는 판단을 취하려는 것을 말한다.
- 투사란 자신의 불만을 해소하기 위해 남에게 뒤집어 씌우는 행위를 말한다.
- 암시란 다른 사람으로부터의 판단이나 행동을 무비판적으로 받아들이는 것을 말한다.

**동일시(Identification)**

- 방어적 기제(Defence mechanism)의 대표적인 종류이다.
- 다른 사람의 행동 양식이나 태도를 자기에게 투입하거나 그와 반대로 다른 사람 가운데서 자기의 행동 양식이나 태도와 비슷한 것을 발견하는 것을 말한다.
- 대표적인 예) "아버지의 성공을 자랑하며 자신의 목에 힘이 들어가 있다."

0601 / 1802

## 30 Repetitive Learning

피로의 측정법이 아닌 것은?

① 생리적 방법 ② 심리학적 방법
③ 물리학적 방법 ④ 생화학적 방법

**해설**

- 인간의 피로는 물리학적 방법으로 측정하거나 설명하기 힘들다.

**피로의 측정법**

- 생리학적 방법 – 근전도(EMG), 뇌전도(EEG), 반사역치(PSR), 심전도(ECG), 인지역치(청력검사), 융합점멸주파수(Flicker) 등
- 심리학적 방법 – 피부저항(GSR), 정신작업, 동작분석, 변별역치, 행동기록, 연속반응시간, 전신자각 증상 등
- 생화학적 방법 – 혈액검사, 혈색소농도, 혈액수분, 응혈시간, 부신피질 등
- 자각적 방법 – 자각피로도, 자각증상수 등
- 타각적 방법 – 표정, 태도, 동작궤도, 자세 등
- 호흡기능 – 호흡수 등
- 순환기능 – 심박수 등
- 운동기능 – 근전도 등
- 자율신경기능 – 피부전기저항 등

0804 / 1601 / 2201

## 31 Repetitive Learning (1회 2회 3회)

다음 중 산업안전보건법 시행규칙상 사업 내 안전·보건교육에 있어 건설업 일용근로자의 작업내용 변경 시의 최소 교육시간으로 옳은 것은?

① 1시간 ② 2시간
③ 3시간 ④ 4시간

**해설**

- 작업내용 변경 시의 교육시간은 일용근로자 및 근로계약기간이 1주일 이하인 기간제근로자의 경우 1시간 이상, 그 밖의 근로자는 2시간 이상이다.

**안전·보건 교육시간 기준** 실필 1801/1201/0904/0804

<table>
<tr><th>교육과정</th><th colspan="2">교육대상</th><th>교육시간</th></tr>
<tr><td rowspan="4">정기교육</td><td colspan="2">사무직 종사 근로자</td><td>매반기 6시간 이상</td></tr>
<tr><td rowspan="2">사무직 외의 근로자</td><td>판매업무에 직접 종사하는 근로자</td><td>매반기 6시간 이상</td></tr>
<tr><td>판매업무에 직접 종사하는 근로자 외의 근로자</td><td>매반기 12시간 이상</td></tr>
<tr><td colspan="2">관리감독자</td><td>연간 16시간 이상</td></tr>
<tr><td rowspan="3">채용 시의 교육</td><td colspan="2">일용근로자 및 근로계약기간이 1주일 이하인 기간제근로자</td><td>1시간 이상</td></tr>
<tr><td colspan="2">근로계약기간이 1주일 초과 1개월 이하인 기간제근로자</td><td>4시간 이상</td></tr>
<tr><td colspan="2">그 밖의 근로자</td><td>8시간 이상</td></tr>
<tr><td rowspan="2">작업내용 변경 시의 교육</td><td colspan="2">일용근로자 및 근로계약기간이 1주일 이하인 기간제근로자</td><td>1시간 이상</td></tr>
<tr><td colspan="2">그 밖의 근로자</td><td>2시간 이상</td></tr>
<tr><td rowspan="3">특별교육</td><td rowspan="2">일용 및 근로계약기간이 1주일 이하인 기간제근로자</td><td>타워크레인 신호업무 제외</td><td>2시간 이상</td></tr>
<tr><td>타워크레인 신호업무</td><td>8시간 이상</td></tr>
<tr><td colspan="2">일용 및 근로계약기간이 1주일 이하인 기간제근로자 제외 근로자</td><td>• 16시간 이상(작업전 4시간, 나머지는 3개월 이내 분할 가능)<br>• 단기간 또는 간헐적 작업인 경우에는 2시간 이상</td></tr>
<tr><td>건설업 기초안전·보건 교육</td><td colspan="2">건설 일용근로자</td><td>4시간 이상</td></tr>
</table>

0401 / 1701

## 32 Repetitive Learning (1회 2회 3회)

강의법에 관한 설명으로 맞는 것은?

① 학생들의 참여가 제약된다.
② 일부의 교과에만 적용이 가능하다.
③ 학급 인원수의 크기에 제약을 받는다.
④ 수업의 중간이나 마지막 단계에 적용한다.



29 ④ 30 ③ 31 ① 32 ① | 정답

해설

- 강의식은 피교육생을 대상으로 일방적으로 강의하는 방법으로 피교육자의 참여가 제약되는 단점이 있다.

:: 강의식(Lecture method)

㉠ 개요

- 안전교육방법 중 수업의 도입이나 초기단계에 적용하며, 단시간에 많은 내용을 교육하는 경우에 가장 적절한 방법이다.
- 짧은 교육기간에 많은 인원의 대상에게 비교적 많은 내용을 전달하기 위한 교육방법이다.
- 도입, 제시, 적용, 확인단계 중 제시단계에서 가장 많은 시간이 소요된다.

㉡ 특징

- 적은 시간에 많은 내용을 많은 대상에게 교육시킬 수 있어 다른 방법에 비해 경제적이다.
- 전체적인 교육내용을 제시하거나, 새로운 과업 및 작업단위의 도입단계에 유효하다.
- 교육시간에 대한 조정(계획과 통제)이 용이하다.
- 난해한 문제에 대하여 평이하게 설명이 가능하다.
- 상대적으로 피드백이 부족하다. 즉, 피교육생의 참여가 제약된다.
- 교육대상 집단 내 수준차로 인해 교육의 효과가 감소할 가능성이 있다.

0501 / 0704 / 1702

## 33 Repetitive Learning (1회 2회 3회)

교육지도의 효율성을 높이는 원리인 훈련전이(Transfer of training)에 관한 설명으로 틀린 것은?

① 훈련 상황이 가급적 실제 상황과 유사할수록 전이효과는 높아진다.

② 훈련전이란 훈련 기간에 학습된 내용이 실무 상황으로 옮겨져서 사용되는 정도이다.

③ 실제 직무수행에서 훈련된 행동이 나타날 때 보상이 따르면 전이효과는 높아진다.

④ 훈련생은 훈련과정에 대해서 사전정보가 없을수록 왜곡된 반응을 보이지 않는다.

해설

- 훈련생은 훈련과정에 대해서 사전정보가 없을수록 왜곡된 반응을 더 많이 보이게 된다.

:: 학습전이(Transference)

- 훈련전이란 훈련 기간에 학습된 내용이 실무 상황으로 옮겨져서 사용되는 정도이다.
- 훈련 상황이 가급적 실제 상황과 유사할수록 전이효과는 높아진다.
- 실제 직무수행에서 훈련된 행동이 나타날 때 보상이 따르면 전이효과는 높아진다.
- 학습전이의 조건에는 학습정도, 학습자의 태도, 학습자의 지능, 유의성, 시간적 간격 등이 있다.

0701 / 1001

## 34 Repetitive Learning (1회 2회 3회)

다음 중 의식의 우회에서 오는 부주의를 최소화하기 위한 방법으로 가장 적절한 것은?

① 적성배치 ② 작업순서 정비

③ 카운슬링 ④ 안전교육훈련

해설

- 적성배치는 근로자의 소질에서 발생되는 문제를 해결하는 방법이다.

:: 카운슬링(Counseling) : 상담

- 의식의 우회에서 오는 부주의를 최소화하기 위한 방법으로 실시되는 안전교육방법이다.
- 개인적 카운슬링 방법으로 직접적인 충고, 설득적 방법, 설명적 방법 등을 사용한다.
- 직접적인 충고는 안전수칙 불이행의 경우 효과적인 카운슬링 기법이다.
- 카운슬링은 장면 구성 → 내담자와의 대화 → 의견 재분석 → 감정 표출 → 감정의 명확화 순으로 진행한다.

0302 / 0604 / 1502

## 35 Repetitive Learning (1회 2회 3회)

다음 중 성실하며 성공적인 지도자(Leader)의 공통적인 소유 속성과 가장 거리가 먼 것은?

① 강력한 조직능력

② 실패에 대한 자신감

③ 뛰어난 업무수행능력

④ 자신 및 상사에 대한 긍정적인 태도

해설

- 성공한 지도자들은 실패에 대한 예견과 두려움을 가진다.

:: 성공한 지도자(Leader)의 공통적인 속성

- 강력한 조직능력
- 뛰어난 업무수행능력
- 자신 및 상사에 대한 긍정적인 태도
- 높은 성취 욕구
- 실패에 대한 강한 예견과 두려움
- 부모로부터의 정서적 독립과 현실 지향적

정답 | 33 ④ 34 ③ 35 ②

## 36

Repetitive Learning 1회 2회 3회

암실 내에서 정지된 소광점을 응시하고 있으면 그 광점이 움직이는 것처럼 보이는데 다음 중 이러한 현상이 생기기 쉬운 조건으로 옳은 것은?

① 광점이 클 것
② 대상이 복잡할 것
③ 광의 강도가 적을 것
④ 시야의 다른 부분이 환할 것

해설

- 자동운동이 생기기 쉬운 조건은 광점이 작은 것, 대상이 단순한 것, 광의 강도가 적은 것, 시야의 다른 부분이 어두운 것 등이다.

:: 자동운동
- 자동운동은 암실 내의 정지된 소광점을 응시하고 있으면 그 광점이 움직이는 것처럼 보이는 현상으로 어두울 때 생기는 착각현상이다.
- 자동운동이 생기기 쉬운 조건은 광점이 작은 것, 대상이 단순한 것, 광의 강도가 적은 것, 시야의 다른 부분이 어두운 것 등이다.

1002 / 1502 / 1804

## 37

Repetitive Learning 1회 2회 3회

스트레스에 대하여 반응하는 데 있어서 개인 차이의 이유로 적합하지 않은 것은?

① 성(性)의 차이
② 강인성의 차이
③ 작업시간의 차이
④ 자기 존중감의 차이

해설

- 스트레스 반응에 있어서 개인마다 차이가 나는 이유는 개인에게 찾아야 한다. 업무강도나 작업시간 등의 업무에서 개인 차이를 확인하는 것은 힘들다.

:: 스트레스 반응에 있어서 개인차의 이유
- 자기 존중감의 차이
- 성(性)의 차이
- 성격상의 강인성의 차이

0304 / 0704 / 0804

## 38

Repetitive Learning 1회 2회 3회

슈퍼(Super, D. E)의 역할이론 중 자아탐구의 수단인 동시에 자아실현의 수단이라 할 수 있는 것은?

① 역할 연기(Role playing)
② 역할 기대(Role expectation)
③ 역할 형성(Role shaping)
④ 역할 갈등(Role conflict)

해설

- 역할 기대는 직업에 충실한 사람은 자기역할에 대해 기대하고 감수하는 사람이다.
- 역할 조성은 개인에게 여러 개의 역할 기대가 있을 경우 그중 일부에 불응하거나 거부하는 경우도 있으며, 혹은 다른 역할을 위해 다른 일을 구하기도 한다.
- 역할 갈등이란 작업에 대하여 상반된 역할이 기대되는 경우를 말한다.

:: 슈퍼(Super, D. E)의 역할이론
- 역할 연기(Role playing) – 자아탐구의 수단인 동시에 자아실현의 수단이다.
- 역할 기대(Role expectation) – 직업에 충실한 사람은 자기역할에 대해 기대하고 감수하는 사람이다.
- 역할 갈등(Role conflict) – 작업에 대하여 상반된 역할이 기대되는 경우에 해당하며 원인에는 역할 마찰, 역할 부적합, 역할모호성 등이 있다.
- 역할 조성(Role shaping) – 개인에게 여러 개의 역할 기대가 있을 경우 그중 일부에 불응하거나 거부하는 경우도 있으며, 혹은 다른 역할을 위해 다른 일을 구하기도 한다.

1701

## 39

Repetitive Learning 1회 2회 3회

프로그램 학습법(Programmed self-instruction method)의 장점이 아닌 것은?

① 학습자의 사회성을 높이는 데 유리하다.
② 한 강사가 많은 수의 학습자를 지도할 수 있다.
③ 지능, 학습적성, 학습속도 등 개인차를 충분히 고려할 수 있다.
④ 매 반응마다 피드백이 주어지기 때문에 학습자가 흥미를 갖는다.

해설

- 교사나 친구 등의 사회적인 관계없이 혼자서 프로그램에 의해 학습하므로 사회성이 결여되기 쉽다.



36 ③ 37 ③ 38 ① 39 ① 정답

⁘ 프로그램 학습법(Programmed self-instruction method)

㉠ 개요

• Skinner의 조작적 조건형성 원리에 의해 개발된 것으로 자율적 학습이 특징이다.

㉡ 특징

| 구분 | 내용 |
|---|---|
| 장점 | • 학습자의 학습내용 습득 여부를 즉각적으로 피드백 받을 수 있다.<br>• 한 강사가 많은 수의 학습자를 지도할 수 있다.<br>• 지능, 학습적성, 학습속도 등 개인차를 충분히 고려할 수 있다.<br>• 매 반응마다 피드백이 주어지기 때문에 학습자가 흥미를 갖는다. |
| 단점 | • 수강생의 사회성이 결여되기 쉽다.<br>• 교재개발에 많은 시간과 노력이 든다. |

## 40

Repetitive Learning (1회 2회 3회)

다음 중 직무분석을 위한 자료수집 방법에 대한 설명으로 틀린 것은?

① 관찰법은 직무의 시작에서 종료까지 많은 시간이 소요되는 직무에는 적용이 곤란하다.

② 면접법은 자료의 수집에 많은 시간과 노력이 들고, 정량화된 정보를 얻기가 힘들다.

③ 설문지법은 많은 사람들로부터 짧은 시간 내에 정보를 얻을 수 있고, 관찰법이나 면접법과는 달리 양적인 정보를 얻을 수 있다.

④ 중요사건법은 일상적인 수행에 관한 정보를 수집하므로 해당 직무에 대한 포괄적인 정보를 얻을 수 있다.

해설

• 중요사건법은 결정적인 사건의 기록으로 세밀한 자료수집은 힘들고, 개략적인 자료수집을 목적으로 사용한다.

⁘ 직무분석(Job Analysis)

㉠ 개요

• 조직에서 특정 직무에 적합한 사람을 선발하기 위해 어떤 특성이 필요한지를 파악하기 위해 직무를 조사하는 활동을 말한다.

• 직무에서 수행하는 과업과 직무를 수행하는 데 요구되는 인적 자질에 의해 직무의 내용을 정의하는 공식적 절차를 말한다.

• 직무분석을 통해서 얻은 정보는 인사선발, 교육 및 훈련, 배치 및 경력개발 등에 활용한다.

㉡ 직무분석 방법

|  |  |
|---|---|
| 면접법 | 업무에 대한 이해도가 높은 작업자와의 면담을 통하여 직무를 분석하는 방법으로 자료의 수집에 많은 시간과 노력이 들고, 정량화된 정보를 얻기가 힘들다. |
| 설문지법 | 많은 사람들로부터 짧은 시간 내에 정보를 얻을 수 있고, 관찰법이나 면접법과는 달리 양적인 정보를 얻을 수 있다. |
| 관찰법 | 근로자의 작업수행 과정을 상세하게 관찰하는 방법으로 자료의 수집에 많은 시간과 노력이 들고, 정량화된 정보를 얻기가 힘들어 많은 시간이 소요되는 직무에는 적용이 곤란하다. |
| 일지작성법 | 작업수행 내역을 일정한 형식에 의해 기록하여 이를 분석하는 방법이다. |
| 중요사건법 (결정적 사건의 기록) | 감독자, 동료 근로자, 그 외의 이 직무를 잘 아는 사람으로부터 성공적이지 못한 근로자와 성공적인 근로자를 구별해 내는 행동을 밝히려는 목적으로 사용된다. |

# 3과목 인간공학 및 시스템안전공학

## 41

Repetitive Learning (1회 2회 3회)

다음 중 흐름공정도(Flow process chart)에서 기호와 의미가 잘못 연결된 것은?

① ◇ : 수량검사

② ▽ : 저장

③ ⇨(화살표) : 운반

④ ○ : 가공

해설

• 수량검사는 □가 되어야 한다.

⁘ 흐름공정도(Flow process chart) 기호

• 수량검사 : □
• 품질검사 : ◇
• 저장 : ▽
• 운반 : ⇨
• 가공 : ○

## 42

Repetitive Learning (1회 2회 3회)

다음 중 강한 음영 때문에 근로자의 눈 피로도가 큰 조명방법은?

① 간접조명 ② 반간접조명
③ 직접조명 ④ 전반조명

해설

- 조명방법에 따라 직접조명, 간접조명, 반간접조명으로 구분되는데 그중 직접조명은 직접 작업면에 투사하는 조명이고, 간접조명은 천장이나 벽에 빛을 투사하여 이의 반사된 광속을 조명에 이용하는 방식이다.

**직접조명**

- 조명의 효율도 좋고 경제적인 조명방법이다.
- 쉽고 균등한 조도 분포를 얻기 힘들며 눈부심이 일어나기 쉽고, 강한 음영 때문에 근로자의 눈 피로도가 큰 조명방법이다.

0402 / 0601 / 2202

## 43

Repetitive Learning (1회 2회 3회)

다음 중 인간의 눈이 일반적으로 완전암조응에 걸리는 데 소요되는 시간은?

① 5 ~ 10분 ② 10 ~ 20분
③ 30 ~ 40분 ④ 50 ~ 60분

해설

- 완전암조응이란 밝은 장소에 있다가 극장 등과 같은 어두운 곳으로 들어갈 때 눈이 적응하는 것을 말하는데 암조응은 명조응에 비해 시간이 오래 걸린다.

**적응**

- 적응(순응)은 밝은 곳에 있다가 어두운 곳에 들어설 경우 차츰 어둠에 적응하여 보이기 시작하는 특성을 말한다.
- 암조응에 걸리는 시간은 30 ~ 40분, 명조응에 걸리는 시간은 1 ~ 3분 정도이다.

## 44

Repetitive Learning (1회 2회 3회)

시스템 안전 프로그램에 있어 시스템의 수명주기를 일반적으로 5단계로 구분할 수 있는데 다음 중 시스템 수명주기의 단계에 해당하지 않는 것은?

① 구상단계 ② 생산단계
③ 운전단계 ④ 분석단계

해설

- 시스템의 수명주기는 구상 → 정의 → 개발 → 생산 → 운전 → 폐기단계를 거친다.

**시스템 수명주기 6단계**

| | |
|---|---|
| 1단계 구상(Concept) | 예비위험분석(PHA)이 적용되는 단계 |
| 2단계 정의(Definition) | 시스템 안전성 위험분석(SSHA) 및 생산물의 적합성을 검토하고 예비설계와 생산기술을 확인하는 단계 |
| 3단계 개발(Development) | FMEA, HAZOP 등이 실시되는 단계로 설계의 수용가능성을 위해 완벽한 검토가 이뤄지는 단계 |
| 4단계 생산(Production) | 안전관리자에 의해 안전교육 등 전체 교육이 실시되는 단계 |
| 5단계 운전(Deployment) | 사고조사 참여, 기술변경의 개발, 고객에 의한 최종 성능검사, 시스템 안전 프로그램에 대하여 안전점검 기준에 따라 평가하는 단계 |
| 6단계 폐기 | – |

0702 / 1204 / 1402 / 2102

## 45

Repetitive Learning (1회 2회 3회)

다음 중 정보를 전송하기 위해 청각적 표시장치보다 시각적 표시장치를 사용하는 것이 더 효과적인 경우는?

① 정보의 내용이 간단한 경우
② 정보가 후에 재참조되는 경우
③ 정보가 즉각적인 행동을 요구하는 경우
④ 정보의 내용이 시간적인 사건을 다루는 경우

해설

- 정보가 후에 재참조되는 경우는 기록으로 남겨져 있는 경우가 좋으므로 시각적 표시장치가 효과적이다.

**시각적 표시장치와 청각적 표시장치의 비교**

| 구분 | 내용 |
|---|---|
| 시각적 표시 장치 | • 수신 장소의 소음이 심한 경우<br>• 정보가 공간적인 위치를 다룬 경우<br>• 정보의 내용이 복잡하고 긴 경우<br>• 직무상 수신자가 한 곳에 머무르는 경우<br>• 메시지를 추후 참고할 필요가 있는 경우<br>• 정보의 내용이 즉각적인 행동을 요구하지 않는 경우 |
| 청각적 표시 장치 | • 수신 장소가 너무 밝거나 암순응이 요구될 때<br>• 정보의 내용이 시간적인 사건을 다루는 경우<br>• 정보의 내용이 간단한 경우<br>• 직무상 수신자가 자주 움직이는 경우<br>• 정보의 내용이 후에 재참조되지 않는 경우<br>• 메시지가 즉각적인 행동을 요구하는 경우 |



42 ③ 43 ③ 44 ④ 45 ② 정답

1901

## 46 Repetitive Learning 1회 2회 3회

다음 중 인체계측자료의 응용원칙에 있어 조절 범위에서 수용하는 통상의 범위는 몇 %tile 정도인가?

① 5 ~ 95%tile
② 20 ~ 80%tile
③ 30 ~ 70%tile
④ 40 ~ 60%tile

해설

- 조절 범위에서 수용하는 통상의 범위는 5 ~ 95%tile이다.

인체계측에서 %tile

㉠ 개요
- %tile = 평균값 ± (표준편차 × %tile 계수)로 구한다.
- 조절 범위에서 수용하는 통상의 범위는 5 ~ 95%tile이다.

㉡ %tile 구하는 방법
- 5%tile = 평균 − 1.645 × 표준편차로 구한다.
- 95%tile = 평균 + 1.645 × 표준편차로 구한다.

## 47 Repetitive Learning 1회 2회 3회

설비관리 책임자 A는 동종 업종의 TPM 추진사례를 벤치마킹하여 설비관리 효율화를 꾀하고자 한다. 그 중 작업자 본인이 직접 운전하는 설비의 마모율 저하를 위하여 설비의 윤활관리를 일상에서 직접 행하는 활동과 가장 관계가 깊은 TPM 추진단계는?

① 개별개선활동단계
② 자주보전활동단계
③ 계획보전활동단계
④ 개량보전활동단계

해설

- ①은 설비, 장치, 공정을 포함하는 플랜트 전체의 효율화를 위한 제반 개선활동을 말한다.
- ③은 설비의 이상을 조기에 발견하고 치료하는 최적 보전주기에 의한 정기보전을 말한다.
- ④는 TPM 8대 주요활동에 포함되지 않는다.

설비관리 효율화를 위한 TPM(Total Productivity Management)

- TPM은 사람과 설비의 체질개선을 통해 기업의 체질개선을 목적으로 한다.
- TPM 8대 주요활동

| 활동명 | 개념 |
|---|---|
| 자주보전 | 자기설비에 대한 일상점검, 부품교환, 수리 등을 스스로 행하는 것 |
| 개별개선 | 설비, 장치, 공정을 포함하는 플랜트 전체의 효율화를 위한 제반 개선활동 |
| 계획보전 | 설비의 이상을 조기에 발견하고 치료하는 최적 보전주기에 의한 정기보전 |
| MP · 초기유동관리 | 보전예방과 신기술 적용을 통해 보전비나 열화손실을 최소로 하는 활동 |
| 품질보전 | 완벽한 품질을 위한 불량을 방지하는 설비 구축 |
| 환경 · 안전 | 산업재해예방 및 무고장을 위한 제반 활동 |
| 사무 · 간접 | 생산비의 절감을 위한 경영합리화 대책 |
| 교육훈련 | 교육훈련을 통한 기능향상과 기술혁신 |

## 48 Repetitive Learning 1회 2회 3회

어떠한 신호가 전달하려는 내용과 연관성이 있어야 하는 것으로 정의되며, 예로서 위험신호는 빨간색, 주의신호는 노란색, 안전신호는 파란색으로 표시하는 것은 다음 중 어떠한 양립성(Compatibility)에 해당하는가?

① 공간양립성
② 개념양립성
③ 동작양립성
④ 형식양립성

해설

- 신호가 전달하려는 내용과 연관성이 있는 것은 개념양립성이다.

양립성(Compatibility)

㉠ 개요
- 인간의 기대하는 바와 자극 또는 반응들이 일치하는 관계를 말하는데 양립성이 적을수록 정보처리에서 재코드화 과정은 많아진다.
- 양립성의 효과가 크면 클수록, 코딩의 시간이나 반응의 시간은 짧아진다.
- 양립성의 종류에는 운동양립성, 공간양립성, 개념양립성, 양식양립성 등이 있다.

ⓒ 양립성의 종류와 개념

| | |
|---|---|
| 공간 (Spatial) 양립성 | • 표시장치와 이에 대응하는 조종장치의 위치가 인간의 기대에 모순되지 않는 것<br>• 왼쪽 표시장치와 관련된 조종장치는 왼쪽에, 오른쪽 표시장치에 관련된 조종장치는 오른쪽에 위치하는 것 |
| 운동 (Movement) 양립성 | 조종장치의 조작방향에 따라서 기계장치나 자동차 등이 움직이는 것 |
| 개념 (Conceptual) 양립성 | • 인간이 가지는 개념과 일치하게 하는 것<br>• 적색 수도꼭지는 온수, 청색 수도꼭지는 냉수를 의미하는 것이나 위험신호는 빨간색, 주의신호는 노란색, 안전신호는 파란색으로 표시하는 것 |
| 양식 (Modality) 양립성 | 문화적 관습에 의해 생기는 양립성 혹은 직무에 관련된 자극과 이에 대한 응답 등으로 청각적 자극 제시와 이에 대한 음성응답 과업에서 갖는 양립성 |

0502

## 49 Repetitive Learning (1회 2회 3회)

다음 [그림]과 같은 시스템의 신뢰도는 얼마인가?(단, 숫자는 해당 부품의 신뢰도이다)

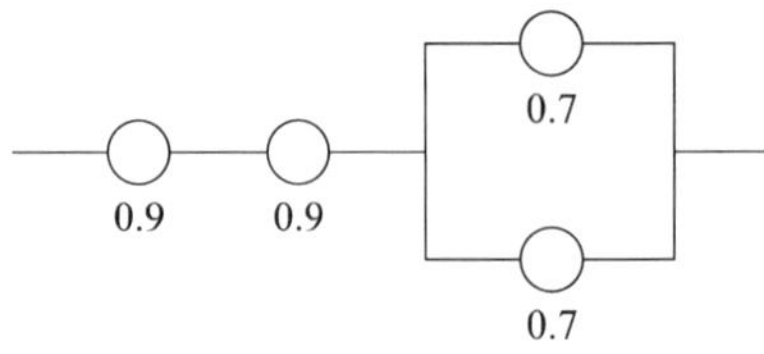


① 0.5670 ② 0.6422
③ 0.7371 ④ 0.8582

**해설**

• 병렬로 연결된 시스템의 신뢰도는 1-(1-0.7)(1-0.7) = 1-0.09= 0.91이다.
• 구해진 결과와 직렬로 연결된 전체 신뢰도는 0.9 × 0.9 × 0.91 = 0.7371이다.

**시스템의 신뢰도**

㉠ AND(직렬)연결 시
• 시스템의 신뢰도($R_s$)는 부품 a, 부품 b 신뢰도를 각각 $R_a$, $R_b$라 할 때 $R_s = R_a \times R_b$로 구할 수 있다.

ⓒ OR(병렬)연결 시
• 시스템의 신뢰도($R_s$)는 부품 a, 부품 b 신뢰도를 각각 $R_a$, $R_b$라 할 때 $R_s = 1-(1-R_a)\times(1-R_b)$로 구할 수 있다.

0904 / 1602

## 50 Repetitive Learning (1회 2회 3회)

FTA에서 특정 조합의 기본사상들이 동시에 결함을 발생하였을 때 정상사상을 일으키는 기본사상의 집합을 무엇이라 하는가?

① Cut set
② Error set
③ Path set
④ Success set

**해설**

• 패스 셋(Path set)은 정상사상(Top event)이 발생하지 않게 하는 기본사상들의 집합을 말한다.

**컷 셋(Cut set)**

• 시스템의 약점을 표현한 것이다.
• 특정 조합의 기본사상들이 동시에 결함을 발생하였을 때 정상사상을 일으키는 기본사상의 집합을 말한다.

## 51 Repetitive Learning (1회 2회 3회)

다음 중 소음의 1일 노출시간과 소음강도의 기준이 잘못 연결된 것은?

① 8hr – 90dB(A)
② 2hr – 100dB(A)
③ 1/2hr – 110dB(A)
④ 1/4hr – 120dB(A)

**해설**

• 1일 노출시간이 1/4hr이면 허용 음압수준은 115dB(A)이다.

**소음 노출기준**

㉠ 소음의 허용기준(강렬한 소음작업의 기준)

| 1일 노출시간(hr) | 허용 음압수준(dBA) |
|---|---|
| 8 | 90 |
| 4 | 95 |
| 2 | 100 |
| 1 | 105 |
| 1/2 | 110 |
| 1/4 | 115 |

ⓒ 충격소음 허용기준

| 충격소음강도(dBA) | 허용 노출 횟수(회) |
|---|---|
| 140 | 100 |
| 130 | 1,000 |
| 120 | 10,000 |



49 ③ 50 ① 51 ④ 정답

1602 / 1604 / 1902

## 52 Repetitive Learning 1회 2회 3회

FTA에서 사용하는 수정게이트의 종류에서 3개의 입력현상 중 2개가 발생할 경우 출력이 생기는 것은?

① 위험지속기호 ② 조합 AND 게이트
③ 배타적 OR 게이트 ④ 우선적 AND 게이트

**해설**

- 위험지속기호는 입력현상이 발생하여 어떤 일정 시간이 지속된 후 출력이 발생하는 것을 나타내는 게이트나 기호이다.
- 배타적 OR 게이트(Exclusive OR gate)는 OR 게이트의 특별한 경우로 2개 또는 그 이상의 입력이 동시에 존재하는 경우에는 출력이 생기지 않는 게이트이다.
- 우선적 AND 게이트는 AND 게이트의 특별한 경우로 여러 개의 입력사상이 정해진 순서에 따라 순차적으로 발생해야만 결과가 출력된다.

**:: 조합 AND 게이트**

- 3개의 입력현상 중 임의의 시간에 2개의 입력사상이 발생할 경우 출력이 생기는 기호이다.
- 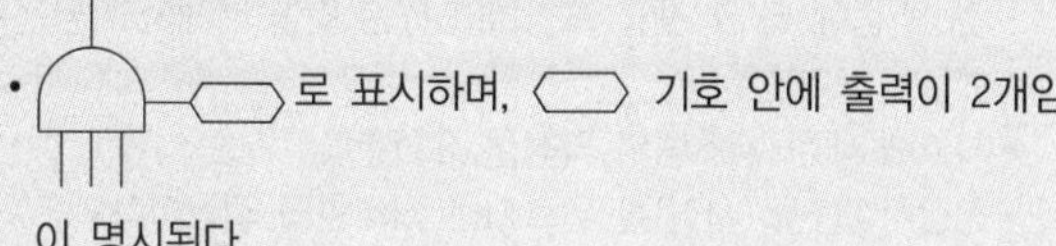 로 표시하며, ⬭ 기호 안에 출력이 2개임이 명시된다.

1002

## 53 Repetitive Learning 1회 2회 3회

다음 중 안전성 평가의 기본원칙 6단계에 해당되지 않는 것은?

① 정성적 평가 ② 관계 자료의 정비검토
③ 안전대책 ④ 작업조건의 평가

**해설**

- 화학설비의 안전성 평가 대상에는 정량적 평가와 정성적 평가는 포함되나 작업조건의 평가는 포함되지 않는다.

**:: 안전성 평가 6단계**

| 단계 | 내용 |
|---|---|
| 1단계 | 관계 자료의 작성 준비 |
| 2단계 | • 정성적 평가<br>• 설계(공장의 입지조건, 공장 내 배치)와 운전관계에 대한 평가 |
| 3단계 | • 정량적 평가<br>• 취급물질, 용량, 온도, 압력 및 조작을 통한 위험도 평가 |
| 4단계 | • 안전대책수립<br>• 설비대책과 관리적 대책 |
| 5단계 | 재해정보에 의한 재평가 |
| 6단계 | FTA에 의한 재평가 |

2102

## 54 Repetitive Learning 1회 2회 3회

중량물 들기 작업을 수행하는데, 5분간의 산소소비량을 측정한 결과, 90L의 배기량 중에 산소가 16%, 이산화탄소가 4%로 분석되었다. 해당 작업에 대한 분당 산소소비량은 얼마인가?(단, 공기 중 질소는 79vol%, 산소는 21vol%이다)

① 0.948
② 1.948
③ 4.74
④ 5.74

**해설**

- 먼저 분당 배기량을 구하면 $\frac{90}{5} = 18$L이다.
- 분당 흡기량 $= \frac{18 \times (100-16-4)}{79} = \frac{1,440}{79} = 18.228$[L/분]
- 분당 산소소비량 = 18.228 × 21% − 18 × 16% = 3.828 − 2.88 = 0.948[L/분]이다.

**:: 산소소비량의 계산**

- 흡기량과 배기량이 주어지고 공기 중 산소는 21%, 배기가스의 산소가 16%라면 산소소비량 = 흡기량 × 21% − 배기량 × 16%이다.
- 흡기량이 주어지지 않을 경우 분당 흡기량은 질소의 양으로 구한다.

  흡기량 $= \frac{\text{배기량} \times (100 - CO_2\% - O_2\%)}{79}$가 된다.
- 에너지 값은 구해진 분당 산소소비량 × 5kcal로 구한다.

2201

## 55 Repetitive Learning 1회 2회 3회

다음 중 근골격계 부담작업에 속하지 않는 것은?

① 하루에 10회 이상 25kg 이상의 물체를 드는 작업
② 하루에 총 2시간 이상 목, 어깨, 팔꿈치, 손목 또는 손을 사용하여 같은 동작을 반복하는 작업
③ 하루에 총 2시간 이상 쪼그리고 앉거나 무릎을 굽힌 자세에서 이루어지는 작업
④ 하루에 총 2시간 이상 시간당 5회 이상 손 또는 무릎을 사용하여 반복적으로 충격을 가하는 작업

**해설**

- 하루에 총 2시간 이상 시간당 5회 이상이 아니라 10회 이상 손 또는 무릎을 사용하여 반복적으로 충격을 가하는 작업이 근골격계 부담작업에 해당한다.

정답 | 52 ② 53 ④ 54 ① 55 ④

:: 근골격계 부담작업

- 하루에 4시간 이상 집중적으로 자료입력 등을 위해 키보드 또는 마우스를 조작하는 작업
- 하루에 총 2시간 이상 목, 어깨, 팔꿈치, 손목 또는 손을 사용하여 같은 동작을 반복하는 작업
- 하루에 총 2시간 이상 머리 위에 손이 있거나, 팔꿈치가 어깨 위에 있거나, 팔꿈치를 몸통으로부터 들거나, 팔꿈치를 몸통 뒤쪽에 위치하도록 하는 상태에서 이루어지는 작업
- 지지되지 않은 상태이거나 임의로 자세를 바꿀 수 없는 조건에서, 하루에 총 2시간 이상 목이나 허리를 구부리거나 트는 상태에서 이루어지는 작업
- 하루에 총 2시간 이상 쪼그리고 앉거나 무릎을 굽힌 자세에서 이루어지는 작업
- 하루에 총 2시간 이상 지지되지 않은 상태에서 1kg 이상의 물건을 한손의 손가락으로 집어 옮기거나, 2kg 이상에 상응하는 힘을 가하여 한손의 손가락으로 물건을 쥐는 작업
- 하루에 총 2시간 이상 지지되지 않은 상태에서 4.5kg 이상의 물건을 한 손으로 들거나 동일한 힘으로 쥐는 작업
- 하루에 10회 이상 25kg 이상의 물체를 드는 작업
- 하루에 25회 이상 10kg 이상의 물체를 무릎 아래에서 들거나, 어깨 위에서 들거나, 팔을 뻗은 상태에서 드는 작업
- 하루에 총 2시간 이상, 분당 2회 이상 4.5kg 이상의 물체를 드는 작업
- 하루에 총 2시간 이상 시간당 10회 이상 손 또는 무릎을 사용하여 반복적으로 충격을 가하는 작업

## 56 — Repetitive Learning (1회 2회 3회)

다음 중 항공기나 우주선 비행 등에서 허위감각으로부터 생긴 방향감각의 혼란과 착각 등의 오판을 해결하는 방법으로 가장 적절하지 않은 것은?

① 주위의 다른 물체에 주의를 한다.
② 정상비행 훈련을 반복하여 오판을 줄인다.
③ 여러 가지의 착각의 성질과 발생상황을 이해한다.
④ 정확한 방향감각 암시신호를 의존하는 것을 익힌다.

**해설**

- 방향감각의 혼란과 착각 등의 오판은 감각기관에서 감지한 위치와 대상물체의 운동에 관한 암시신호 사이의 불일치로 발생하는 것으로 훈련을 반복한다고 해결될 사안이 아니다.

:: 항공기나 우주선 비행 등에서 허위감각으로부터 생긴 방향감각의 혼란과 착각 등의 오판을 해결하는 방법

- 주위의 다른 물체에 주의를 한다.
- 여러 가지의 착각의 성질과 발생상황을 이해한다.
- 정확한 방향감각 암시신호를 의존하는 것을 익힌다.

1704 / 2001

## 57 — Repetitive Learning (1회 2회 3회)

컷 셋과 패스 셋에 관한 설명으로 맞는 것은?

① 동일한 시스템에서 패스 셋의 개수와 컷 셋의 개수는 같다.
② 패스 셋은 동시에 발생했을 때 정상사상을 유발하는 사상들의 집합이다.
③ 일반적으로 시스템에서 최소 컷 셋의 개수가 늘어나면 위험 수준이 높아진다.
④ 최소 컷 셋은 어떤 고장이나 실수를 일으키지 않으면 재해는 일어나지 않는다고 하는 것이다.

**해설**

- 동일한 시스템이라도 패스 셋과 컷 셋의 개수는 다를 수 있다.
- 결함이 발생했을 때 정상사상을 일으키는 기본사상의 집합은 컷 셋에 대한 설명이다.
- 최소 컷 셋은 사고에 대한 시스템의 약점을 표현한다.

:: 최소 컷 셋(Minimal cut sets)

- 컷 셋 중에 타 컷 셋을 포함하고 있는 것을 배제하고 남은 컷 셋들을 의미한다.
- 사고에 대한 시스템의 약점을 표현한다.
- 정상사상(Top 사상)을 일으키는 최소한의 집합이다.
- 일반적으로 Fussell algorithm을 이용한다.
- 시스템에서 최소 컷 셋의 개수가 늘어나면 위험수준이 높아진다.

0302

## 58 — Repetitive Learning

다음 중 FMEA(Failure Mode and Effect Analysis)가 가장 유효한 경우는?

① 일정 고장률을 달성하고자 하는 경우
② 고장 발생을 최소로 하고자 하는 경우
③ 마멸 고장만 발생하도록 하고 싶은 경우
④ 시험 시간을 단축하고자 하는 경우

**해설**

- FMEA는 제품 설계와 개발단계에서 고장 발생을 최소로 하고자 하는 경우에 유효한 분석기법이다.

:: 고장형태와 영향분석(FMEA)

㉠ 개요

- 시스템 안전분석에 이용되는 전형적인 정성적, 귀납적 분석방법으로서, 서식이 간단하고 비교적 적은 노력으로 특별한 훈련 없이 분석이 가능하다는 장점을 가지고 있는 기법이다.
- 제품 설계와 개발단계에서 고장 발생을 최소로 하고자 하는 경우에 유효한 분석기법이다.



56 ② 57 ③ 58 ② | 정답

ⓛ 장점
- 양식이 간단하여 특별한 훈련 없이 비전문가도 해석이 가능하다.
- 전체 요소의 고장을 유형별로 분석할 수 있다.

ⓒ 단점
- 해석영역이 물체에 한정되기 때문에 인적 원인(Human error) 해석이 곤란하다.
- 동시에 2가지 이상의 요소가 고장 나는 경우 해석이 힘들다.

1701

**59** Repetitive Learning 

자동화시스템에서 인간의 기능으로 적절하지 않은 것은?

① 설비보전
② 작업계획 수립
③ 조종 장치로 기계를 통제
④ 모니터로 작업 상황 감시

해설
- 조종 장치로 기계를 통제하는 것은 기계화 시스템의 설명이다.

:: 인간-기계 통합 체계의 유형
- 인간-기계 통합 체계의 유형에는 자동화 체계, 기계화 체계, 수동 체계가 있다.

| | |
|---|---|
| 자동화 체계 | 인간은 작업계획의 수립, 모니터를 통한 작업 상황 감시, 프로그래밍, 설비보전의 역할을 수행하고 체계(System)가 감지, 정보보관, 정보처리 및 의식결정, 행동을 포함한 모든 임무를 수행하는 체계 |
| 기계화 체계 | 반자동 체계로 운전자의 조종에 의해 기계를 통제하는 융통성이 없는 시스템 체계 |
| 수동 체계 | 인간의 힘을 동력원으로 활용하여 수공구를 사용하는 시스템 형태로 다양성이 있고 융통성이 우수한 체계 |

1501 / 1604 / 1901

**60** Repetitive Learning 1회 2회 3회

제조업의 유해·위험방지계획서 제출 대상 사업장에서 제출하여야 하는 유해·위험방지계획서의 첨부서류와 가장 거리가 먼 것은?

① 공사개요서
② 기계·설비의 배치도면
③ 건축물 각 층의 평면도
④ 원재료 및 제품의 취급, 제조 등의 작업방법의 개요

해설
- 공사개요서는 건설업 유해·위험방지계획서 제출 시 첨부서류에 해당한다.

:: 유해·위험방지계획서의 제출
- 제출대상 사업장의 규모는 전기 계약용량이 300kW 이상인 사업장이다.
- 건설물·기계·기구 및 설비 등 일체를 설치·이전하거나 그 주요 구조부분을 변경할 때에는 고용노동부장관(한국산업안전보건공단)에게 유해·위험방지계획서를 제출하여야 한다.
- 제조업 유해·위험방지계획서의 제출 시 첨부서류는 건축물 각 층의 평면도, 기계·설비의 개요를 나타내는 서류, 기계·설비의 배치도면, 원재료 및 제품의 취급, 제조 등의 작업방법의 개요 등이다.
- 제조업의 경우는 해당 작업시작 15일 전에 제출한다.
- 건설업의 경우는 공사의 착공 전날까지 제출한다.

## 4과목 건설시공학

0904 / 1601 / 2201

**61** Repetitive Learning 

불량품, 결점, 고장 등의 발생건수를 현상과 원인별로 분류하고, 여러 가지 데이터를 항목별로 분류해서 문제의 크기 순서로 나열하여, 그 크기를 막대그래프로 표기한 품질관리 도구는?

① 파레토그램
② 특성요인도
③ 히스토그램
④ 체크시트

해설
- 특성요인도는 결과에 어떤 원인이 있는가를 보기 쉽게 나뭇가지 모양으로 나타낸 것이다.
- 히스토그램은 공사 또는 제품의 품질상태가 만족한 상태에 있는가의 여부를 몇 개의 구간으로 나누어 빈도수를 막대그래프 형식으로 표현한 것이다.
- 체크시트는 계수치의 데이터가 분류항목의 어디에 집중되어 있는가를 알아보기 쉽게 나타낸 것이다.

정답 | 59 ③ 60 ① 61 ①

**T.Q.C(Total Quality Control) 주요 도구**

| 구분 | 내용 |
|---|---|
| 체크시트 | 계수치의 데이터가 분류항목의 어디에 집중되어 있는가를 알아보기 쉽게 나타낸 것 |
| 파레토그램 | 층별 요인이나 특성에 대한 불량점유율을 나타낸 그림으로서 가로축에는 층별 요인이나 특성을, 세로축에는 불량건수나 불량손실금액 등을 표시한 것으로 크기 순서대로 막대그래프 형식으로 표기한 것 |
| 히스토그램 | 공사 또는 제품의 품질상태가 만족한 상태에 있는가의 여부를 몇 개의 구간으로 나누어 빈도수를 막대그래프 형식으로 표현한 것 |
| 산점도(산포도) | 서로 대응되는 두 개의 짝으로 된 데이터를 그래프 용지에 점으로 얼마나 퍼져있는지를 나타낸 것 |
| 특성요인도 | 결과에 어떤 원인이 있는가를 보기 쉽게 나뭇가지 모양으로 나타낸 것 |

0402 / 0702

## 62

Repetitive Learning (1회 2회 3회)

벽돌의 품질을 결정하는 데 가장 중요한 사항은?

① 흡수율 및 인장강도
② 흡수율 및 전단강도
③ 흡수율 및 휨강도
④ 흡수율 및 압축강도

**해설**

- 벽돌은 압축강도와 흡수율에 따라 1종과 2종으로 구분한다.

**벽돌의 품질(KS F 4004)**

- 벽돌은 압축강도와 흡수율에 따라 1종과 2종으로 구분한다.
- 2종 벽돌은 옥내용으로 한다.

| 구분 | 압축강도[N/mm$^2$] | 흡수율[%] |
|---|---|---|
| 1종 벽돌 | 10 이상 | 10 이하 |
| 2종 벽돌 | 8 이상 | 15 이하 |

0702

## 63

Repetitive Learning (1회 2회 3회)

콘크리트 공사의 시공과정 중 휴식시간 등으로 응결하기 시작한 콘크리트에 새로운 콘크리트를 이어칠 때 일체화가 저해되어 생기는 줄눈은?

① 익스팬션 조인트(Expansion joint)
② 컨트롤 조인트(Control joint)
③ 컨트랙션 조인트(Contraction joint)
④ 콜드조인트(Cold joint)

**해설**

- 신축줄눈(Expansion joint)은 부등침하나 건축물의 수축 등에 생기는 균열이 한 군데로 몰려서 발생하도록 유도하는 이음이다.
- 조절줄눈(Control joint)은 결함부위로 균열의 집중을 유도하기 위해 균열이 생길 만한 구조물의 부재에 미리 결함부위를 만들어 두는 것이다.

**대표적인 콘크리트 줄눈의 종류**

| 종류 | 특징 |
|---|---|
| 시공줄눈(Construction joint) | 시공과정에서 어쩔 수 없이 생기는 이음부로 계획된 줄눈 |
| 조절줄눈(Control joint) | 결함부위로 균열의 집중을 유도하기 위해 균열이 생길 만한 구조물의 부재에 미리 결함부위를 만들어 두는 것 |
| 콜드조인트(Cold joint) | 먼저 타설된 콘크리트와 나중에 타설되는 콘크리트 사이에 완전히 일체화가 되어 있지 않은 이음으로 콘크리트 이어붓기에서 발생되는 의도되지 않은 이음 |
| 미끄럼줄눈(Sliding joint) | 슬래브나 보가 단순지지방식일 때 자유롭게 미끄러질 수 있도록 한 것으로 이음부의 직각방향에서 하중이 발생될 우려가 있는 곳에 필요한 이음 |

0301 / 0502 / 0704 / 1002

## 64

Repetitive Learning 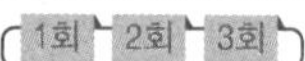

강관 파이프 구조 공사에 대한 설명으로 옳지 않은 것은?

① 경량이며 외관이 경쾌하다.
② 휨 강성 및 비틀림 강성이 크다.
③ 접합부 및 관 끝의 절단가공이 간단하다.
④ 국부좌굴에 유리하다.

**해설**

- 강관 파이프 구조 공사에서 강관과 강관의 접합이나 절단가공에 고도의 기술이 필요한 단점을 갖는다.

**강관구조**

- 일반형강에 비하여 휨, 비틀림, 국부좌굴, 가로좌굴 등에서 높은 강도를 가져 유리하다.
- 경량이며 외관이 경쾌하다.
- 콘크리트 충전 시 내부의 콘크리트와 외부 강관의 역적 거동에서 합성구조라 볼 수 있다.
- 콘크리트 충전 시 별도의 거푸집이 필요 없다.
- 접합부 용접기술이 발달한 일본 등에서 활성화되어 있다.
- 강관과 강관의 접합이나 절단가공에 고도의 기술이 필요한 단점을 갖는다.



62 ④ 63 ④ 64 ③ | 정답

1701

## 65 ———— Repetitive Learning [1회 2회 3회]

철근을 피복하는 이유와 가장 거리가 먼 것은?

① 철근의 순간격 유지
② 철근의 좌굴방지
③ 철근과 콘크리트의 부착응력 확보
④ 화재, 중성화 등으로부터 철근 보호

**해설**

- 철근을 피복하는 이유는 철근의 부식방지, 내화성 및 내구성 확보, 골재의 유동성 확보, 구조내력 및 부착력의 확보 등에 있다.

**철근의 피복 두께**
- 피복 두께란 철근 표면에서 이를 감싸고 있는 콘크리트 표면까지의 두께를 말한다.
- 철근의 부식방지, 내화성 및 내구성 확보, 골재의 유동성 확보, 구조내력 및 부착력의 확보를 위해 철근 두께를 유지하여야 한다.

1904

## 66 ———— Repetitive Learning

시방서의 작성원칙으로 옳지 않은 것은?

① 시공자가 정확하게 시공하도록 설계자의 의도를 상세히 기술
② 공사 전반에 대한 지침을 세밀하고 간단명료하게 서술
③ 공종을 세밀하게 나누고, 단위 시방의 수를 최대한 늘려 상세히 기술
④ 재료의 성능, 성질, 품질의 허용 범위 등을 명확하게 규명

**해설**

- 시방서는 설계도에 기재할 수 없는 사항을 간단명료하게 표시한 것으로 공법과 마무리 정도를 표시하면 된다.

**시방서(Specification)**

㉠ 개요
- 각종 건설공사 등에 대한 표준안, 규정을 설명한 것이다.
- 재료의 품질, 공사의 방법과 질, 시험방법 등 설계도에 기재할 수 없는 사항을 간단명료하게 표시한 것이다.
- 표준시방서, 일반시방서, 공사시방서, 특기시방서, 안내시방서 등이 있다.

㉡ 종류
- 표준시방서 : 건설교통부에서 모든 공사의 공통적인 사항을 정한 표준적인 시공기준을 명시한 시방서이다.
- 일반시방서 : 공사일정 등 공사 전반에 대한 비기술적인 사항을 정한 시방서이다.
- 공사시방서 : 특정 공사에 맞게 공사 수행을 위한 시공방법, 품질관리, 환경관리 등에 관한 사항을 정한 시방서이다.
- 특기시방서 : 해당 공사의 특수한 조건에 따라 표준시방서에 대하여 추가, 변경, 삭제를 규정한 시방서이다.

㉢ 시방서 기재사항
- 일반사항 : 운반, 보관, 취급방법, 공정계획, 유지관리 장비 및 기재, 타 공정과의 협력작업 등
- 재료에 관한 사항 : 사용재료의 품질과 품질시험방법 등
- 시공에 관한 사항 : 각 부위별 시공방법, 제조업자 현장지원방안 등

㉣ 작성원칙
- 시공자가 정확하게 시공하도록 설계자의 의도를 상세히 기술한다.
- 공사 전반에 대한 지침을 세밀하고 간단명료하게 서술한다.
- 도면과 시방서와의 차이가 있을 때 감독기술자의 지시에 따른다.
- 재료의 성능, 성질, 품질의 허용 범위, 공법의 정밀도와 마무리 정도 등을 명확하게 규명한다.
- 시방서의 작성순서는 공사 진행순서와 일치하도록 한다.
- 서류의 우선순위는 공사시방서 > 설계도면 > 전문시방서 > 표준시방서 > 산출내역서 > 상세 시공도 > 관계법령의 유권해석 > 지시사항 순으로 해석한다.

## 67 ———— Repetitive Learning [1회 2회 3회]

콘크리트 공사에서 사용되는 혼화재료 중 혼화제에 속하지 않는 것은?

① 공기연행제
② 감수제
③ 방청제
④ 팽창재

**해설**

- 팽창재는 콘크리트 수축에 따른 균열을 감소시키고, 충전효과를 위해 배합하는 혼화재이다.

**혼화재료의 분류**

㉠ 개요
- 콘크리트 배합 시 콘크리트의 성질을 개선시킬 목적으로 시멘트, 물, 골재, 섬유보강재 이외의 재료를 첨가하는 재료를 모두 일컬어서 혼화재료라 한다.
- 주로 다량으로 사용되는 혼화재와 소량으로 사용되는 혼화제로 구분된다.

정답 | 65 ① 66 ③ 67 ④

㉡ 혼화재와 혼화제의 구분

| 혼화재 | 기준 | 혼화제 |
|---|---|---|
| 많다(5% 이상) | 사용량 | 적다(1% 미만) |
| 고려한다 | 배합설계 시 고려 여부 | 고려하지 않는다 |
| 플라이애시(Fly ash)<br>고로슬래그<br>실리카흄(Silica fume)<br>포졸란(Pozzolan)<br>팽창재 | 종류 | AE제<br>감수제<br>유동화제<br>촉진제<br>지연제<br>방청제<br>급결제 |

0902

## 68 Repetitive Learning (1회 2회 3회)

흙의 함수율을 구하기 위한 식으로 옳은 것은?

① $\frac{\text{물의 용적}}{\text{토립자의 용적}} \times 100$

② $\frac{\text{물의 중량}}{\text{토립자의 중량}} \times 100$

③ $\frac{\text{물의 용적}}{\text{토립자}+\text{물의 용적}} \times 100$

④ $\frac{\text{물의 중량}}{\text{토립자}+\text{물의 중량}} \times 100$

해설

- 흙의 함수율은 흙 시료 전체의 중량 대비 물의 중량을 백분율로 나타낸 것을 말한다.

∷ 흙의 함수율

- 흙 시료 전체의 중량 대비 물의 중량을 백분율로 나타낸 것을 말한다.
- 함수율은

$$\frac{\text{물의 중량}}{\text{토립자}+\text{물의 중량}} \times 100 = \frac{\text{물의 중량}}{\text{물을 포함한 흙 전체의 중량}} \times 100$$

으로 구한다.

0802

## 69 Repetitive Learning (1회 2회 3회)

지반조사방법 중 로드에 붙인 저항체를 지중에 넣고, 관입, 회전, 빼 올리기 등의 저항력으로 토층의 성상을 탐사, 판별하는 방법이 아닌 것은?

① 표준관입시험 ② 화란식 관입시험
③ 지내력시험 ④ 베인테스트

해설

- 지내력시험은 예정 기초 저면(밑면)에서 지반면에 직접 하중을 가하여 기초 지반의 지지력을 추정하는 방식이다.

∷ 관입저항시험(Sounding)

- 로드(Rod)에 붙인 저항체를 지중에 넣고 관입, 회전, 빼올리기 등의 저항으로부터 토층의 성상을 탐사하는 방법을 말한다.
- 종류에는 사질토에 적용하는 표준관입시험, 동적 원추관시험(동적 사운딩)과 점성토에 적용하는 스웨덴식 사운딩 시험, 화란식 관입시험, 베인시험, 이스키 미터(정적 사운딩) 등이 있다.

## 70 Repetitive Learning (1회 2회 3회)

철골공사에서 용접 시 튀어나온 슬래그가 굳은 현상을 의미하는 것은?

① 슬래그(Slag) 감싸기
② 오버랩(Overlap)
③ 피트(Pit)
④ 스패터(Spatter)

해설

- 슬래그(Slag) 감싸들기는 운봉부족과 전류과소로 용접봉의 피복재가 녹아 용접금속 표면에 부상하여 굳은 슬래그가 용접금속 내에 혼입되어 발생하는 형상이다.
- 오버랩(Overlap)은 용접금속과 모재가 융합되지 않고 겹쳐지는 것을 의미하는 용접불량을 말한다.
- 피트(Pit)는 용접 시 용접금속 내에 흡수된 가스가 표면에 나와 생성된 작은 구멍을 말한다.

∷ 철골공사 용접불량

- 언더컷(Under cut) – 운봉불량, 전류과대, 용접봉의 선택 부적합으로 용접부 부근의 모재가 용접열에 의해 움푹 패인 형상
- 오버랩(Over lap) – 용접전류의 과소, 운봉 및 용접봉 유지각도의 부적절로 용접금속과 모재가 융합되지 않고 겹쳐지는 것을 의미하는 용접불량
- 피트(Pit) – 용접 시 용접금속 내에 흡수된 가스가 표면에 나와 생성된 작은 구멍
- 슬래그(Slag) 감싸들기 – 운봉부족과 전류과소로 용접봉의 피복재가 녹아 용접금속 표면에 부상하여 굳은 슬래그가 용접금속 내에 혼입되어 발생하는 형상
- 공기구멍(Blow hole) – 용접 시 용접금속 내에 흡수된 가스에 의해 그대로 잔류된 기공
- 스패터(Spatter) – 용접봉의 피복재가 녹아 용접금속 표면에 부상하여 굳은 슬래그 혹은 금속입자가 그대로 굳은 형상
- 용입불량 – 운봉속도가 빠르거나 전류가 낮은 경우, 홈의 각도가 좁은 경우 용착금속이 채워지지 않고 홈으로 남게 되는 형상



68 ④ 69 ③ 70 ④ 정답

## 71

Repetitive Learning (1회 2회 3회)

석재 사용상 주의사항으로 옳지 않은 것은?

① $1m^3$ 이상 되는 석재는 높은 곳에 사용하지 않는다.
② 압축 및 인장응력을 크게 받는 곳에 사용한다.
③ 되도록 흡수율이 낮은 석재를 사용한다.
④ 가공 시 예각은 피한다.

**해설**

- 석재는 압축 및 인장응력에 약하므로 구조재로 사용하려면 직압력재로만 사용하도록 한다.

**석재 사용상 주의사항**

- 석재를 다듬어 사용할 때는 그 질이 균질한 것을 사용하여야 하며, 동일건축물에는 동일석재로 시공하도록 한다.
- 석재의 최대치수는 운반성, 가공성 등의 제반조건을 고려하여 정해야 한다.
- $1m^3$ 이상 되는 석재는 높은 곳에 사용하지 않는다.
- 되도록 흡수율이 낮은 석재를 사용한다.
- 가공 시 예각은 피한다.
- 외벽, 도로포장용 석재는 연석 사용을 피한다.
- 석재는 압축력을 받는 곳에 사용함이 좋다.
- 석재는 구조재로 사용하려면 직압력재로만 사용하도록 한다.

## 72

Repetitive Learning 

지하수를 처리하는데 사용되는 배수 공법이 아닌 것은?

① 집수정 공법　　② 웰포인트 공법
③ 전기침투 공법　　④ 샌드드레인 공법

**해설**

- 샌드드레인(Sand drain) 공법은 샌드파일을 연약 점토층에 타입하여 배수층 거리를 짧게 하여 압밀을 촉진시키는 지반개량 공법이다.

**지하수 처리 배수 공법**

- 집수정 공법 – 집수정을 설치하고 집수정에 모인 지하수를 펌프를 사용하여 배수시키는 방법
- 웰포인트 공법 – 모래질 지반에 웰포인트라 불리는 양수관을 여러 개 박아 강제적으로 지하수를 배출하여 지하수위를 일시적으로 저하시키는 공법이다.
- 전기침투 공법 – 물이 많은 세립토 층에 전극을 설치하여 전기침투 현상을 이용 간극수를 (+)에서 (–)로 흐르게 한 후 (–)극에 모인 물을 배수시키는 방식이다.
- 깊은우물(Deep well) 공법 – 깊이 7m 정도의 우물을 파고 이곳에 수중 모터펌프를 설치하여 지하수를 양수하는 배수 공법이다.

0901 / 1901

## 73

Repetitive Learning (1회 2회 3회)

콘크리트 타설 시 거푸집에 작용하는 측압에 대한 설명으로 옳지 않은 것은?

① 기온이 낮을수록 측압은 작아진다.
② 거푸집의 강성이 클수록 측압은 커진다.
③ 진동기를 사용하여 다질수록 측압은 커진다.
④ 조강시멘트 등을 활용하면 측압은 작아진다.

**해설**

- 습도가 높을수록 커지고, 온도는 낮을수록 커진다.

**콘크리트 측압** 실필 1104

- 콘크리트의 타설 속도가 빠를수록 측압이 크다.
- 콘크리트 비중이 클수록 측압이 크다.
- 진동기를 사용하면 다짐이 충분해지므로 측압은 커진다.
- 슬럼프(Slump)가 크고, 배합이 좋을수록 크다.
- 거푸집의 수평단면이 클수록 측압은 크다.
- 거푸집의 강성이 클수록 측압은 크다.
- 벽 두께가 두꺼울수록 커진다.
- 습도가 높을수록 커지고, 온도는 낮을수록 커진다.
- 철근량이 적을수록 측압은 커진다.
- 부배합이 빈배합보다 측압이 크다.
- 조강시멘트 등을 활용하면 측압은 작아진다.

## 74

Repetitive Learning 

화강암의 표면에 묻은 시멘트모르타르를 제거하기 위하여 사용되는 것은?

① 염산　　② 소금물
③ 황산　　④ 질산

**해설**

- 화강암의 표면에 묻은 시멘트모르타르는 염산을 30배 희석해서 제거한다.

**벽돌치장면의 청소**

㉠ 물세척
- 벽돌 치장면에 부착된 모르타르 등의 오염은 물과 브러시를 사용하여 제거한다. 필요에 따라 온수를 사용하는 것이 좋다.

㉡ 세제세척
- 오염물이 떨어진 것은 물 또는 온수에 중성세제를 사용하여 세정한다.

㉢ 산세척
- 산세척은 모르타르와 매입 철물을 부식하는 것이 있기 때문에, 일반적으로 사용하지 않는다. 특히 수평부재와 부재 수평부 등의 물이 고여 있는 장소에 대해서는 하지 않는다.

정답 | 71 ② 72 ④ 73 ① 74 ①

- 산세척은 다른 방법으로 오염물을 제거하기 곤란한 장소에 채용하고, 그 범위는 가능한 적게 한다.
- 부득이 산세척을 실시하는 경우는 담당원 입회하에 매입 철물 등의 금속부를 적절히 보양하고, 벽돌을 표면수가 안정하게 잔류하도록 물 축임한 후에 3% 이하의 묽은 염산(30배 희석액)을 사용하여 실시한다.
- 오염물을 제거한 후에는 즉시 충분히 물세척을 반복한다.

1004

## 75 Repetitive Learning (1회 2회 3회)

설계가 시작되기 전에 프로젝트의 실행 가능성을 알아보거나 설계의 초기단계 또는 진행단계에서 여러 설계대안의 경제성을 평가하기 위하여 수행되는 것은?

① 입찰견적 ② 명세견적
③ 상세견적 ④ 개산견적

해설

- 입찰견적이란 공사의 입찰 시 낙찰 받기 위해 제출하는 견적을 말한다.
- 명세견적은 완성된 설계도서로 명확한 수량을 산출 집계하여 공사의 실제 상황에 맞게 적절한 단가로 정밀하게 산출하는 견적을 말한다.
- 상세견적이란 공사를 작업공종별로 세분화해서 공종별 재료, 노동력, 장비의 소유수량과 단가를 곱해 요소비용과 공종금액을 계산한 견적을 말한다.

∷ 견적

㉠ 개요
- 견적이란 소요공사비를 산출하는 것으로 수량조서에 일위대가를 적용하거나 시공비에 단가를 곱하여 소요금액을 산출하는 것을 말한다.
- 견적의 종류는 설계견적, 실행견적, 개산견적, 명세견적 등으로 구분한다.

㉡ 견적의 종류

| | |
|---|---|
| 설계견적 | 완성된 설계도서에 의해 정밀하게 산출하는 견적 |
| 실행견적 | 시공자가 공사수량을 정밀하게 검토한 후 실시 가격을 기입하여 산출하는 실행 예산서 |
| 개산견적 | 설계가 시작되기 전에 프로젝트의 실행 가능성을 알아보거나 설계의 초기단계 또는 진행단계에서 여러 설계대안의 경제성을 평가하기 위하여 수행하는 견적으로 산출 기준이나 방법에 따라 다르게 산출 |
| 명세견적 | 완성된 설계도서로 명확한 수량을 산출 집계하여 공사의 실제 상황에 맞게 적절한 단가로 정밀하게 산출하는 견적으로 가장 정확한 공사비의 산출이 가능한 견적 |

1804

## 76 Repetitive Learning (1회 2회 3회)

철골부재 공장제작에서 강재의 절단방법으로 옳지 않은 것은?

① 기계 절단법
② 가스 절단법
③ 로터리 베니어 절단법
④ 플라즈마 절단법

해설

- 로터리 베니어 절단법은 합판의 절단법이다.

∷ 철골의 공장 가공 공정

㉠ 개요
- 원척도작성 – 본뜨기 – 금매김 – 절단 – 구멍뚫기 – 가조립 – 리벳치기 – 검사 – 녹막이 칠 순으로 진행한다.
- 원척도란 설계도면이나 시방서에 표시된 부재의 길이, 너비 등을 1 : 1로 그린 것을 말한다.
- 금매김은 본판 및 리벳간격을 그린 장척물로 강재면에 강치로 리벳 구멍의 위치, 절단개소 등을 그려 넣는다.
- 절단의 종류에는 전단절단, 톱절단, 가스절단, 플라즈마절단, 레이저절단 등이 있다.
- 구멍뚫기 작업 후 구멍의 위치가 다소 다를 때 구멍을 맞추기 위해 구멍가심(Reaming) 작업을 한다.
- 철골의 공장가공 중 가조립을 할 때 가볼트의 수는 전 리벳 구멍의 1/3 이상이어야 한다.
- 밀 스케일, 스패터 등을 제거한 후 현장운반에 앞서 녹막이 칠을 한다.

㉡ 절단의 종류
- 전단절단 : 강판의 절단 시 사용한다.
- 톱절단 : 철골부재 절단방법 중 가장 정밀한 절단방법으로 앵글커터(Angle cutter), 프릭션 소(Friction saw) 등으로 작업한다.

㉢ 녹막이 칠
- 녹막이 칠을 해야 하는 부분은 리벳 머리 등 콘크리트에 매입되지 않는 부분이다.
- 녹막이 칠을 하지 않아야 하는 부분은 현장용접 부위(용접부에서 양측 100mm 이내), 현장접합 재료의 손상 부위, 고력볼트 마찰접합부의 마찰면, 콘크리트에 매립되는 부분, 현장에서 깎기 마무리가 필요한 부분 등이다.



75 ④ 76 ③ 정답

1701

## 77

Repetitive Learning (1회 2회 3회)

조적공사 시 점토벽돌 외부에 발생하는 백화현상을 방지하기 위한 대책이 아닌 것은?

① 10[%] 이하의 흡수율을 가진 양질의 벽돌을 사용한다.
② 벽돌면 상부에 빗물막이를 설치한다.
③ 쌓기 후 전용발수제를 발라 벽면에 수분흡수를 방지한다.
④ 염분을 함유한 모래나 석회질이 섞인 모래를 사용한다.

해설

- 석회성분이 탄산가스와 반응하면 탄산칼슘이 만들어져 벽돌 외부에 백화가 더욱 심해지고 자국이 영원히 남게 된다.

**백화(Efflorescence)현상**

㉠ 개요
- 모르타르 및 콘크리트 중의 알칼리 및 칼슘 성분이 밖으로 흘러나와 공기 중의 탄산가스와 반응하여 경화체 표면에 하얀색으로 침전되는 현상을 말한다.
- 저온, 다습, 적당한 바람, 그늘 등에 의해 발생한다.

㉡ 방지대책
- 10[%] 이하의 흡수율을 가진 소성이 잘 된 벽돌을 사용한다.
- 벽돌면 상부 및 벽면의 돌출 부분에 빗물막이나 차양, 루버 등을 설치해 빗물이 벽체에 직접 흘러내리지 않게 한다.
- 쌓기 후 전용발수제를 발라 벽면에 수분흡수를 방지하거나 벽면에 빗물이 스며들지 못하도록 실리콘을 뿜칠한다.
- 줄눈으로 비가 새어들지 않도록 줄눈 모르타르에 방수제를 혼합한다.
- 파라핀 도료를 발라 염류가 나오는 것을 방지한다.
- 재료배합 시 물-시멘트비(W/C)를 감소시키고 조립률이 큰 모래를 사용한다.
- 분말도가 큰 시멘트를 사용한다.

1801

## 78

Repetitive Learning (1회 2회 3회)

콘크리트 구조물의 품질관리에서 활용되는 비파괴검사 방법과 가장 거리가 먼 것은?

① 슈미트해머법
② 방사선투과법
③ 초음파법
④ 자기분말탐상법

해설

- 자기분말탐상법은 자성체 표면 균열을 검출할 때 사용하는 방법인데 콘크리트 구조물은 비자성체이므로 알맞지 않은 방법이다.

**콘크리트 구조물에 대한 비파괴시험의 종류와 특성**

| 구분 | 특성 |
|---|---|
| Core 채취법 | 타설된 콘크리트에서 시험대상 코어를 채취하여 시험 |
| 슈미트 해머테스트 | 콘크리트 표면 타격 시 반발경도를 통해 강도 추정 |
| 탄성파시험 | 초음파의 반사파 파형을 분석하여 결함 및 균열검사 |
| 초음파시험 | 물질에 대한 전달음의 고유특성을 이용해 강도 추정 |
| 방사선 투과법 | 방사선을 투과하여 콘크리트의 밀도, 철근위치 등을 추정 |
| 인발법 | 콘크리트 속에 포함된 철근의 인발내력을 통해 강도 추정 |

2101

## 79

Repetitive Learning (1회 2회 3회)

일명 테이블폼(Table form)으로 불리는 것으로 거푸집널에 장선, 멍에, 서포트 등을 기계적인 요소로 부재화한 대형 바닥판거푸집은?

① 갱폼(Gang form)
② 플라잉폼(Flying form)
③ 슬라이딩폼(Sliding form)
④ 트레블링폼(Traveling form)

해설

- 갱폼은 주로 고층 아파트에서와 같이 평면상 상/하부 동일 단면 구조물에서 사용하는 작업발판 일체형 대형 거푸집을 말한다.
- 슬라이딩폼은 수평, 수직적으로 반복되는 구조물을 시공 이음 없이 균일하게 시공하기 위해 만든 작업발판 일체형 거푸집을 말한다.
- 트래블링폼은 터널 등에서 연속하여 콘크리트 타설이 가능하도록 기계적 장치를 이용해 수평으로 이동 가능한 대형 거푸집이다.

**플라잉폼(Flying form)**

- 바닥전용 거푸집으로서 테이블폼이라고도 한다.
- 거푸집널에 장선, 멍에, 서포트 등을 기계적인 요소로 일체로 제작하여 수평, 수직방향으로 이동하는 대형 바닥판거푸집이다.

정답 | 77 ④ 78 ④ 79 ②

## 80
Repetitive Learning 1회 2회 3회

벽돌벽면에 구멍을 내어 쌓는 방식으로 장식적인 효과를 내는 벽돌쌓기는?

① 영롱쌓기 ② 엇모쌓기
③ 세워쌓기 ④ 옆세워쌓기

해설

- 엇모쌓기는 담 또는 처마 부분에서 내쌓기를 할 때 벽돌을 45° 각도로 모서리가 면에 돌출되도록 쌓는 방법이다.
- 세워쌓기는 벽돌을 수직으로 세워서 쌓은 것이 보이게 하는 방법이다.
- 옆세워쌓기는 마구리에 해당하는 벽돌의 짧은 면을 세운 것이 벽표면에 보이게 쌓는 방법이다.

:: 벽돌의 장식효과 쌓기 방법
- 영롱쌓기 : 벽돌벽면에 구멍을 내어 쌓는 방식으로 장식적인 효과를 내는 벽돌쌓기 방법이다.
- 엇모쌓기 : 담 또는 처마 부분에서 내쌓기를 할 때 벽돌을 45° 각도로 모서리가 면에 돌출되도록 쌓는 방법이다.
- 무늬쌓기 : 벽돌벽면에서 벽돌을 무늬를 놓아 쌓거나 줄눈에 변화를 주어 쌓는 방법이다.

# 5과목 건설재료학

## 81
Repetitive Learning 1회 2회 3회

바닥마감재로 적당한 탄성이 있고, 내마모성, 흡습성이 있어 아파트, 학교, 병원 복도 등에 사용되는 것은?

① 탄성우레탄수지 바름바닥
② 에폭시수지 바름바닥
③ 폴리에스테르수지 바름바닥
④ 인조석 깔기바닥

해설

- 에폭시수지 바름바닥은 내마모성, 내충격성, 내약품성이 우수하여 고강도 바닥에 적합하며 내수성이 강하여 화학공장 및 식당주방의 바닥에 적합하다.
- 폴리에스테르수지 바름바닥은 내약품성이 뛰어나 화학공장의 바닥에 적합하다.
- 인조석 깔기바닥은 화강암 가루와 시멘트 등을 배합하여 만든 석재로 인도나 차도의 포장재로 많이 사용된다.

:: 탄성우레탄수지 바름바닥
- 바닥마감재로 적당한 탄성이 있고, 내마모성, 흡습성이 있고, 내충격성과 분진발생을 방지하여 청결유지가 편리하다.
- 아파트, 학교, 병원 복도 등에 사용된다.

## 82
Repetitive Learning 1회 2회 3회

표준형 벽돌의 벽돌치수로서 옳은 것은?(단, 단위는 mm)

① 190 × 90 × 57 ② 210 × 90 × 57
③ 210 × 100 × 60 ④ 230 × 100 × 70

해설

- 벽돌치수는 190 × 90 × 57, 205 × 90 × 75 두 가지를 표준으로 한다.

:: 점토벽돌
- 품질기준은 KS L 4201에서 규정한다.
- 점토벽돌의 종류는 품질에 따라 크게 미장벽돌과 유약벽돌로 구분할 수 있다.
- 보통벽돌의 소성온도는 900~1,000℃ 이상이다.
- 점토벽돌이 적색 또는 적갈색을 띠는 것은 점토 중에 포함된 산화철(FeO)분에 기인한다.
- 벽돌의 품질

| 품질 | 종류 | |
|---|---|---|
| | 1종 | 2종 |
| 흡수율[%] | 10 이하 | 15 이하 |
| 압축강도[MPa] | 24.50 | 14.70 |

- 벽돌의 치수 및 허용차[단위 : mm]

| 항목 | 구분 | | |
|---|---|---|---|
| | 길이 | 너비 | 두께 |
| 치수 | 190<br>205 | 90<br>90 | 57<br>75 |
| 허용차 | ±5.0 | ±3.0 | ±2.5 |

0901 / 1802

## 83
Repetitive Learning 1회 2회 3회

목재 조직에 관한 설명으로 옳지 않은 것은?

① 추재의 세포막은 춘재의 세포막보다 두껍고 조직이 치밀하다.
② 변재는 심재보다 수축이 크다.
③ 변재는 수심의 주위에 둘러져 있는 생활기능이 줄어든 세포의 집합이다.
④ 침엽수의 수지구는 수지의 분비, 이동, 저장의 역할을 한다.

해설

- 변재는 수심의 주위에 둘러져 있는 생활기능을 담당하는 세포의 집합이다.



80 ① 81 ① 82 ① 83 ③ 정답

**:: 목재의 구조**

㉠ 심재

- 나무의 중심 부위를 말한다.
- 오래된 세포들로 구성되며 세포막만 남아 나무를 지탱하는 역할을 한다.
- 수지, 타닌, 리그닌 등의 성분이 침적되어 색깔이 진하게 나타난다.
- 수분함량이 적어서 변형이 거의 없다.
- 변재에 비해 비중, 내후성 및 강도가 크고, 신축 변형량이 작다.
- 가구재로 많이 사용된다.

㉡ 변재

- 나무의 바깥 부분을 말한다.
- 새로운 세포들로 구성되어 생활기능을 담당하고 있다.
- 수액의 통로이며, 탄수화물 등 양분의 저장소이다.
- 목질이 연하고 수분함량이 많아서 변형이 쉽고 강도가 약하다.

1002 / 1802

## 84

Repetitive Learning 

콘크리트의 종류 중 방사선 차폐용으로 주로 사용되는 것은?

① 경량콘크리트　② 한중콘크리트
③ 매스콘크리트　④ 중량콘크리트

**해설**

- 경량콘크리트는 콘크리트의 중량 감소를 위해 사용하는 콘크리트이다.
- 한중콘크리트는 일 평균기온이 4℃ 이하인 곳에서 동결을 방지하기 위해 시공하는 콘크리트이다.
- 매스콘크리트는 부재의 단면치수가 80cm 이상일 때 타설하는 콘크리트이다.

**:: 특수콘크리트의 종류**

㉠ 특수 환경에 의한 분류

| 구분 | 내용 |
|---|---|
| 한중 콘크리트 | • 일 평균기온이 4℃ 이하인 곳에서 동결을 방지하기 위해 시공하는 콘크리트<br>• 물을 가열하여 사용하는 것을 원칙으로 하며, 시멘트는 가열해서는 안 된다. |
| 서중 콘크리트 | • 일 평균기온이 25℃, 최고온도가 30℃를 초과하는 시기 및 장소에서 사용하는 콘크리트<br>• 골재와 물은 가능한 저온상태에서 사용하고, 온도상승으로 동일 슬럼프를 얻기 위한 단위수량이 증가한다. |
| 해양 콘크리트 | 파도 및 해수의 작용을 받는 구조물에 사용하는 콘크리트 |
| 수중 콘크리트 | 담수, 해수 등 수중에 타설하는 콘크리트 |
| 루나 콘크리트 | 달기지 건설 추진을 위해 극심한 온도변화, 태양풍, 대기의 압력 등을 고려하여 만든 콘크리트 |

㉡ 특수 재료에 의한 분류

| 구분 | 내용 |
|---|---|
| 경량 콘크리트 | 콘크리트의 중량 감소를 위해 사용하는 콘크리트 |
| 중량 콘크리트 | 방사선 차폐 등을 목적으로 만든 밀도가 높은 콘크리트(차폐용 콘크리트) |
| 매스 콘크리트 | 부재의 단면치수가 80cm 이상일 때 타설하는 콘크리트 |
| 수밀 콘크리트 | 콘크리트 자체의 밀도를 높여 물의 침투와 산, 알칼리, 해수 및 동결융해의 저항성이 큰 콘크리트 |
| 섬유보강 콘크리트 | • 인장강도와 균열에 대한 저항성을 높이고 인성을 개선시킬 목적으로 콘크리트에 섬유를 보강한 콘크리트<br>• 섬유 혼입률이 큰 경우에 단위수량, 잔골재율이 크게 되고 블리딩 또는 재료분리가 일어나기 쉽다. |

㉢ 특수 공법에 의한 분류

| 구분 | 내용 |
|---|---|
| 유동화 콘크리트 | 콘크리트에 유동화제를 첨가하여 유동성을 증대시킨 콘크리트 |
| Shotcrete 공법 | 방수용 마감이나 콘크리트의 수리, 암반 보호 등을 위해 압축공기로 뿜어내는 방식의 모르타르 |
| 프리팩트(프리플레이스트) 콘크리트 | 조골재를 먼저 투입한 후에 골재와 골재 사이 빈틈에 시멘트모르타르를 주입하여 제작하는 방식의 콘크리트 |

## 85

Repetitive Learning 1회 2회 3회

콘크리트 구조물의 크리프 현상에 대한 설명 중 옳지 않은 것은?

① 하중이 클수록 크다.
② 단위수량이 작을수록 크다.
③ 부재의 건조 정도가 높을수록 크다.
④ 구조부재 치수가 클수록 적다.

**해설**

- 물시멘트비가 클수록 크리프는 증가하므로 단위수량이 많을수록 크리프는 커진다.

정답 | 84 ④ 85 ②

**:: 콘크리트의 크리프(Creep) 변형**

㉠ 개요

- 콘크리트에 지속적인 하중을 가하면 응력의 변화가 없어도 변형이 증가하는 소성변형이 발생하는데 이를 크리프라 한다.
- 크리프는 재하 초기에 증가가 현저하고, 장기화될수록 증가율은 작게 되고 보통 3~4년에 정지한다.
- 크리프는 응력집중을 감소시키고 균열발생의 위험성을 줄이는 효과가 있다.
- 크리프 계수는 $\frac{\text{크리프변형률}}{\text{탄성변형률}}$로 구한다.

㉡ 크리프의 증가원인

| | |
|---|---|
| • 시멘트 페이스트가 많을수록<br>• 물시멘트비가 클수록<br>• 재령이 짧을수록<br>• 구조부재의 치수가 작을수록<br>• 작용응력이 클수록 | 크리프가 증가한다. |

## 86

Repetitive Learning (1회 2회 3회)

제재판재 또는 소각재 등의 부재를 섬유평행방향으로 접착시킨 것은?

① 파티클 보드
② 코펜하겐리브
③ 합판
④ 집성목재

**해설**

- 파티클 보드는 목재 또는 기타 식물질을 작은 조각으로 하여 충분히 건조시킨 후 합성수지 접착제와 같은 유기질 접착제를 첨가하여 열압 제조한 판상제품을 말한다.
- 코펜하겐리브는 표면을 요철로 처리하고, S자형의 단면을 갖는 목재판으로 음향효과를 거둘 수 있는 목재 가공품이다.
- 합판은 목재를 얇게 절삭한 단판에 접착제를 사용해 홀수매가 되도록 붙이되 인접한 판간의 목리가 서로 직교하도록 구성해 제조한 판형제품을 말한다.

**:: 집성목재**

- 제재판재 또는 소각재 등의 부재를 섬유평행방향으로 접착시킨 것을 말한다.
- 요구된 치수, 형태의 재료를 비교적 용이하게 제조할 수 있다.
- 충분히 건조된 건조재를 사용하므로 비틀림 변형 등이 생기지 않는다.
- 목재의 강도를 인공적으로 자유롭게 조절할 수 있다.
- 응력에 따라 필요한 단면을 만들 수 있다.

## 87

Repetitive Learning (1회 2회 3회)

콘크리트 내구성에 영향을 주는 아래 화학반응식의 현상은?

$$Ca(OH)_2 + CO_2 \rightarrow CaCO_3 + H_2O \uparrow$$

① 콘크리트 염해
② 동결융해현상
③ 콘크리트 중성화
④ 알칼리 골재반응

**해설**

- 중성화는 수산화석회가 탄산가스에 의해서 중화되는 현상이다. ($Ca(OH)_2 + CO_2 \rightarrow CaCO_3 + H_2O \uparrow$)

**:: 콘크리트의 중성화**

㉠ 개요

- 콘크리트 중의 수산화석회가 탄산가스에 의해서 중화되어 알칼리성을 상실하게 되는 현상이다. ($Ca(OH)_2 + CO_2 \rightarrow CaCO_3 + H_2O \uparrow$)
- 중성화가 진행되어도 콘크리트의 강도, 기타의 물리적 성질은 거의 변하지 않는다.
- 중성화는 콘크리트 내 철근의 부식을 촉진시킨다.
- 중성화 속도는 물시멘트비가 적을수록 늦다.

㉡ 저감 대책

- 물-시멘트비(W/C)를 낮춘다.
- 단위 시멘트량을 증대시킨다.
- AE감수제나 고성능감수제를 사용한다.

0501

## 88

Repetitive Learning 

아래 그림은 일반 구조용 강재의 응력-변형률 곡선이다. 이에 대한 설명으로 옳지 않은 것은?

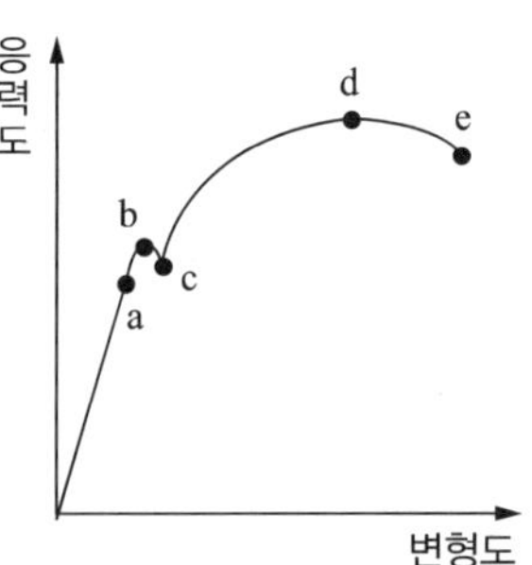


① a는 비례한계이다.
② b는 탄성한계이다.
③ c는 하위 항복점이다.
④ d는 인장강도이다.



86 ④ 87 ③ 88 ② 정답

해설

- b는 상위 항복점으로 응력의 변화없이 변형이 급격히 증가하는 최고점이다.

**응력-변형률 곡선의 이해**

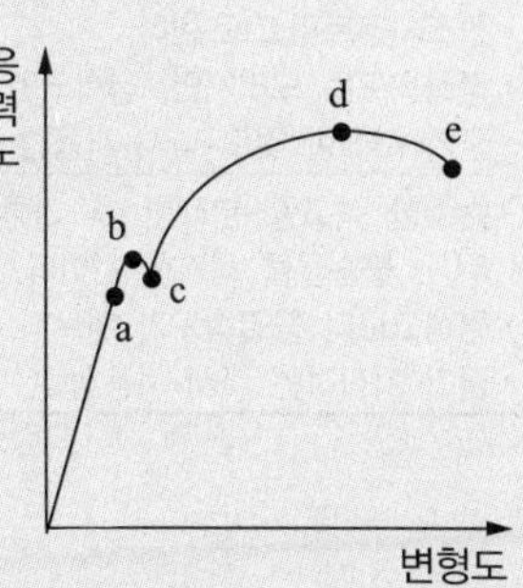


- a는 비례한계로 가력한 후 외력을 제거하면 변형은 원상으로 회복되는 한계이다.
- b는 상위 항복점으로 응력의 변화없이 변형이 급격히 증가하는 최고점이다.
- c는 하위 항복점으로 응력의 변화없이 변형이 급격히 증가하는 최저점이다.
- d는 인장강도로 응력값이 가장 크게 나타나는 지점이다.
- e는 파괴점으로 응력값이 급속히 감소하여 파괴되는 지점이다.

0604 / 1004

## 89

Repetitive Learning 

폴리머시멘트란 시멘트에 폴리머를 혼합하여 콘크리트의 성능을 개선시키기 위하여 만들어진 것인데, 다음 중 개선되는 성능이 아닌 것은?

① 방수성
② 내약품성
③ 변형성
④ 내열성

해설

- 폴리머시멘트의 개선성능 대상은 방수성, 내약품성, 변형성능이다.

**폴리머시멘트**

- 실리카와 석회 등을 혼합하여 제조한 포틀랜드시멘트에 생고무나 인조고무 등을 첨가하여 만든 시멘트를 말한다.
- 콘크리트의 방수성, 내약품성, 변형성능의 향상을 목적으로 다량의 고분자재료를 혼입시킨 시멘트이다.

0804

## 90

Repetitive Learning 1회 2회 3회

다음 시멘트의 분류 중 혼합시멘트가 아닌 것은?

① 고로시멘트 ② 팽창시멘트
③ 실리카시멘트 ④ 플라이애시시멘트

해설

- 팽창시멘트는 혼화재료로 팽창재를 포틀랜드시멘트와 혼합한 시멘트로 수화과정 초기에 팽창하는 고성능 시멘트이며 기타 시멘트로 분류될 수 있다.

**시멘트의 분류**

- 기경성 시멘트는 내수성이 없고, 수경성 시멘트는 일반적인 시멘트를 말한다.
- 혼합시멘트는 포틀랜드시멘트에 혼합재를 넣어 만든 시멘트이다.

| 기경성 | 소석회 및 석고<br>마그네시아 시멘트 | |
|---|---|---|
| 수경성 | 포틀랜드 | 보통 / 중용열 / 조강포틀랜드시멘트<br>내황산염 / 백색포틀랜드시멘트<br>콜로이드시멘트 |
| | 혼합 | 고로시멘트<br>실리카시멘트<br>플라이애시시멘트 |
| | 기타 | 알루미나시멘트<br>초속경시멘트<br>폴리머시멘트<br>팽창시멘트 |

## 91

Repetitive Learning 1회 2회 3회

사무암 또는 가섭암이 열과 압력을 받아 변질하여 섬유 모양의 결정질이 된 것으로 단열재·보온재 등으로 사용되었으나, 인체 유해성으로 사용이 규제되고 있는 것은?

① 암면(Rock wool) ② 석면(Asbestos)
③ 질석(Vermiculite) ④ 샌드스톤(Sandstone)

해설

- 암면은 내열성이 좋은 인조광물성 섬유로 암석을 원심분리장치를 이용해 섬유형태로 만든 것으로 발암물질인 석면의 대체재로 사용된다.
- 질석은 가열하면 부피가 부풀어오르는 암석으로 내부에 공기나 수분을 보관할 수 있는 미세한 구멍을 가지고 있어 방음재, 단열재 등으로 사용된다.
- 샌드스톤은 사암이라고 불리는 모래가 고결된 암석으로 건축 내·외장재 및 인테리어용으로 주로 사용된다.

정답 89 ④ 90 ② 91 ②

**단열재의 대표적인 종류와 특성**

| 구분 | 특성 |
|---|---|
| 세라믹파이버 | 1,000℃ 이상의 고온에서도 견디는 섬유로 본래 공업용 가열로의 내화 단열재로 사용되었으나 최근에는 철골의 내화 피복재로 쓰인다. |
| 석면 (Asbestos) | 사문암 또는 각섬암이 열과 압력을 받아 변질하여 섬유 모양의 결정질이 된 것으로 단열재·보온재 등으로 사용되었으나, 인체 유해성으로 사용이 규제되고 있다. |
| 폴리스티렌 수지 | • 발포제로서 보드 상으로 성형하여 단열재로 널리 사용되며 건축벽 타일, 천장재, 전기용품 등에 쓰이는 열가소성 수지이다.<br>• 투명성, 기계적 강도, 내수성은 좋지만 내충격성이 약하며, 발포제를 사용하여 넓은 판으로 만들어 사용한다. |

1602

## 92

Repetitive Learning (1회 2회 3회)

다음 미장재료 중 건조 시 무수축성의 성질을 가진 재료는?

① 시멘트모르타르

② 돌로마이트플라스터

③ 회반죽

④ 석고플라스터

해설

- 시멘트모르타르는 시멘트와 모래를 혼합하여 만든 접합체로 벽돌, 타일, 돌 등을 붙일 때 사용하는 수경성 미장재료이다.
- 돌로마이트플라스터는 가소성이 커서 재료 반죽 시 풀이 필요 없으며 경화 시 수축률이 큰 기경성 미장재료이다.
- 회반죽은 소석회에 모래, 해초풀, 여물 등을 혼합하여 바르는 기경성 미장재료이다.

**석고플라스터**

㉠ 개요

- 고온소성의 무수석고를 혼화재, 접착제, 응결시간조절제 등과 혼합한 수경성 미장재료이다.

㉡ 특징

- 비교적 강도가 크고, 부착은 양호하나, 강재를 녹슬게 하는 성분을 포함한다.
- 건조 시 무수축성의 성질을 가져 치수 안정성이 우수하다.
- 여물(Hair)이 필요 없는 미장재료로 내화성이 높고 경화시간이 극히 짧다.
- 물에 용해되는 성질이 있어 물을 사용하는 장소에는 부적합하다.

㉢ 경석고와 소석고의 비교

| 구분 | 내용 |
|---|---|
| 경석고 | • 석고원석을 고온(500~1,900℃)에서 가열한 후 불순석고를 첨가하여 다시 가열한 것이다.<br>• 경화촉진제로 백반을 사용한다.<br>• 킨즈시멘트라고도 한다.<br>• 경화속도는 느리지만, 경화되면 강도는 더 높다.<br>• 굳기 시작한 것도 다시 사용할 수 있다. |
| 소석고 | • 순수한 석고를 분쇄한 후 가루를 가열(150~190℃), 불순물을 제거한 것이다.<br>• 경석고보다 응결속도가 빠르다.<br>• 굳기 시작하면 다시 사용할 수 없다. |

0902

## 93

Repetitive Learning (1회 2회 3회)

건물의 외장용 도료로 가장 적합하지 않은 것은?

① 유성페인트

② 수성페인트

③ 합성수지에멀션페인트

④ 유성바니시

해설

- 건물의 외장용 도료로 가장 많이 사용되는 것은 유성페인트, 수성페인트, 합성수지에멀션페인트, 페놀수지 도료 등이다.

**유성바니시**

- 수지를 지방유와 가열융합하고, 건조제를 첨가한 다음 용제를 사용하여 희석한 것이다.
- 광택이 있고 강인하며 내구·내수성이 큰 도장재료이다.
- 도장공사에 사용하는 투명도료로 건물의 외장용으로는 적합하지 않다.

2102

## 94

Repetitive Learning (1회 2회 3회)

석재의 화학적 성질에 대한 설명 중 옳지 않은 것은?

① 규산분을 많이 함유한 석재는 내산성이 약하므로 산을 접하는 바닥은 피한다.

② 대리석, 사문암 등은 내장재로 사용하는 것이 바람직하다.

③ 조암광물 중 장석, 방해석 등은 산류의 침식을 쉽게 받는다.

④ 산류를 취급하는 곳의 바닥재는 황철광, 갈철광 등을 포함하지 않아야 한다.



92 ④ 93 ④ 94 ① 정답

해설

- 규산분을 많이 포함한 석재는 내구성이 크고, 석회분을 포함한 석재는 내산성이 작다.

**석재의 화학적 성질**

- 석재는 공기 중의 탄산가스나 약산의 빗물에 의해 침식한다.
- 석재의 융해는 공기오염에 의한 빗물의 영향이 크다.
- 규산분을 많이 포함한 석재는 내구성이 크고, 석회분을 포함한 석재는 내산성이 작다.
- 대리석, 사문암 등은 내장재로 사용하는 것이 바람직하다.
- 조암광물 중 장석, 방해석 등은 산류의 침식을 쉽게 받는다.
- 산류를 취급하는 곳의 바닥재는 황철광, 갈철광 등을 포함하지 않아야 한다.

0701 / 1701

## 95

Repetitive Learning 

재료의 기계적 성질 중 작은 변형에도 파괴되는 성질을 무엇이라 하는가?

① 강성　　② 소성
③ 탄성　　④ 취성

해설

- 강성은 재료가 외력을 받았을 때 변형에 저항하는 성질을 말한다.
- 소성은 외력이 작용하면 변형이 생기고, 외력이 제거되어도 그 변형된 상태를 유지하는 성질을 말한다.
- 탄성은 외력이 작용하면 변형이 생기지만 외력을 제거하면 원래의 모양으로 돌아가는 성질을 말한다.

**재료의 성질**

㉠ 역학적 성질

- 재료의 역학적 성질에는 탄성, 소성, 점성, 인성, 연성, 전성, 강성, 취성, 경도, 내피로성 등이 있다.

| | |
|---|---|
| 탄성 (Elasticity) | 외력이 작용하면 변형이 생기지만 외력을 제거하면 원래의 모양으로 돌아가는 성질 |
| 소성 (Plasticity) | 외력이 작용하면 변형이 생기고, 외력이 제거되어도 그 변형된 상태를 유지하는 성질 |
| 점성 (Viscosity) | 외력에 의한 유동 시 재료 각 부에 저항이 생기는 성질 |
| 인성 (Toughness) | 외력을 받으면 변형을 나타내면서도 파괴되지 않고 견디는 성질 |
| 연성 (Ductility) | 탄성한계 이상의 외력을 받아도 파괴되지 않고 가늘고 길게 늘어나는 성질 |
| 강성 (Stiffness) | 재료가 외력을 받았을 때 변형에 저항하는 성질 |
| 취성 (Brittleness) | 유리와 같이 외력에 변형되지 않으나 작은 변형에도 파괴되는 성질 |
| 경도 (Hardness) | 재료의 단단한 정도 |
| 내피로성 (Fatigue resistance) | 부하가 반복적으로 가해지더라도 이를 견딜 수 있는 성질 |

㉡ 물리적 성질

- 물리적 성질에는 비중, 열전도율, 내열성, 함수율, 흡수율, 비열, 열팽창계수 등이 있다.

| | |
|---|---|
| 비중 | 기준이 되는 물질의 밀도에 대한 상대적인 비 |
| 열전도율 | 온도 차에 의해 열이 전달되는 특성 |
| 내열성 | 열저항성 |

## 96

Repetitive Learning 1회 2회 3회

목재의 방화제 종류에 해당되지 않은 것은?

① 방화페인트
② 규산나트륨
③ 불화소다 2% 용액
④ 제2인산암모늄

해설

- 불화소다 2% 용액은 수용성 방부제이다.

**목재의 방화**

- 목재 표면에 방화페인트, 규산나트륨(물유리) 등을 도포하여 화염의 접근을 방지한다.
- 암모니아염류의 약제를 도포 주입하여 가연성 가스의 발생을 적게 하거나 인화를 곤란하게 한다.
- 목재표면에 플라스터바름을 하여 위험온도에 달하지 않도록 한다.
- 방화제로는 제2인산암모늄, 인산나트륨, 탄산칼륨, 탄산나트륨, 붕산암모늄 등이 주로 사용된다.

1504 / 2201

## 97

Repetitive Learning 

깬 자갈을 사용한 콘크리트가 동일한 시공연도의 보통콘크리트보다 유리한 점은?

① 시멘트 페이스트와의 부착력 증가
② 수밀성 증가
③ 내구성 증가
④ 단위수량 감소

정답 | 95 ④　96 ③　97 ①

해설

• 쇄석을 골재로 사용할 경우 장점은 부착력이 커져 강도가 높은 콘크리트를 얻을 수 있다는 것이다.

**:: 쇄석을 골재로 사용하는 콘크리트**

㉠ 장점

- 쇄석을 이용할 경우 부착력이 커져 강도가 높은 콘크리트를 얻을 수 있다.

㉡ 단점

- 워커빌리티를 나쁘게 하여 모르타르의 양이 증가한다.
- 비경제적이고 콘크리트 치기 작업이 곤란하다.

1901

## 98

Repetitive Learning 

다음 미장재료 중 기경성이 아닌 것은?

① 소석회
② 시멘트모르타르
③ 회반죽
④ 돌로마이트플라스터

해설

• 시멘트모르타르는 물을 필요로 하는 수경성 미장재료이다.

**:: 미장재료의 구분**

| 구분 | 내용 |
|---|---|
| 수경성 재료 | • 물을 필요로 하는 미장재료로 지하실과 같이 공기의 유통이 나쁜 장소에서도 사용가능하다.<br>• 시멘트모르타르, 석고플라스터, 인조석바름 등<br>• 장점 : 경화가 빠르고 강도가 크다.<br>• 단점 : 시공이 복잡하고 수축 및 균열이 발생한다. |
| 기경성 재료 | • 이산화탄소와 반응하여 경화되는 미장재료이다.<br>• 회반죽, 흙질, 석회플라스터, 돌로마이트플라스터 등<br>• 장점 : 시공이 용이하다.<br>• 단점 : 경화가 느리고 강도가 작다. |

2101

## 99

Repetitive Learning 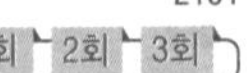

콘크리트용 혼화제의 사용용도와 혼화제 종류를 연결한 것으로 옳지 않은 것은?

① AE감수제 – 작업성능이나 동결융해 저항성능의 향상
② 유동화제 – 강력한 감수효과와 강도의 대폭적인 증가
③ 방청제 – 염화물에 의한 강재의 부식억제
④ 증점제 – 점성, 응집작용 등을 향상시켜 재료분리를 억제

해설

• 강력한 감수효과와 강도의 대폭적인 증가는 고성능 감수제의 역할이다.
• 유동화제는 강력한 감수효과를 이용한 유동성의 대폭적인 개선을 목적으로 사용한다.

**:: 시멘트 혼화제(Chemical admixture)**

㉠ 개요

- 콘크리트의 물성을 개선하기 위하여 시멘트 중량의 5% 이하를 사용한다.
- 종류에는 AE제, 지연제, 촉진제, 고성능 감수제, 방청제, 증점제, 유동화제 등이 있다.

㉡ 종류와 특징

| 종류 | 특징 |
|---|---|
| AE제 | 시공연도를 향상시키고 단위수량을 감소시키며, 동결융해작용에 대한 저항을 증가시킨다. |
| 고성능 감수제 | 강력한 감수효과와 강도를 대폭적으로 증가시킨다. |
| 유동화제 | 강력한 감수효과를 이용한 유동성을 대폭적으로 개선시킨다. |
| 방청제 | 염화물에 의한 강재의 부식을 억제시킨다. |
| 증점제 | 점성, 응집작용 등을 향상시켜 재료분리를 억제시킨다. |
| 지연제 | 서중콘크리트, 매스콘크리트 등에 석고를 혼합하여 응결을 지연시킨다. |
| 촉진제 | 응결을 촉진시켜 콘크리트의 조기강도를 크게 한다. |

## 100

Repetitive Learning 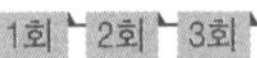

암녹색 바탕에 흑백색의 아름다운 무늬가 있고, 경질이나 풍화성이 있어 외장재보다는 내장 마감용 석재로 이용되는 것은?

① 사문암
② 안산암
③ 화강암
④ 점판암

해설

• 안산암은 내화력이 우수하고 광택이 없는 화성암으로 구조용으로 많이 사용된다.
• 화강암은 석영, 장석, 운모로 구성된 화성암으로 마모, 풍화 등에 대한 내구성이 크다.
• 점판암은 점토가 큰 압력을 받아 응결된 수성암으로 내수성이 우수해 지붕 및 벽의 재료로 사용된다.

**:: 사문암**

- 변성암의 한 종류이다.
- 암석의 질이 경질이나 풍화성이 있어 실외용으로는 적합하지 않다.
- 암녹색 바탕에 흑백색의 아름다운 무늬가 있어 내장 마감용 석재로 주로 사용된다.



98 ② 99 ② 100 ① | 정답

# 6과목 건설안전기술

## 101 Repetitive Learning (1회 2회 3회)

안전방망 설치 시 작업면으로부터 망의 설치지점까지의 수직거리 기준은?

① 5m를 초과하지 아니할 것
② 10m를 초과하지 아니할 것
③ 15m를 초과하지 아니할 것
④ 17m를 초과하지 아니할 것

해설

- 안전방망(추락방호망)의 설치 위치는 가능하면 작업면으로부터 가까운 지점에 설치하여야 하며, 작업면으로부터 망의 설치지점까지의 수직거리는 10m를 초과해서는 안 된다.

추락방호망의 설치 실필 1604/1302 실작 1801

- 추락방호망의 설치 위치는 가능하면 작업면으로부터 가까운 지점에 설치하여야 하며, 작업면으로부터 망의 설치지점까지의 수직거리는 10m를 초과하지 아니할 것
- 추락방호망은 수평으로 설치하고, 망의 처짐은 짧은 변 길이의 12% 이상이 되도록 할 것
- 건축물 등의 바깥쪽으로 설치하는 경우 망의 내민 길이는 벽면으로부터 3m 이상 되도록 할 것

1602

## 102 Repetitive Learning (1회 2회 3회)

시스템 동바리를 조립하는 경우 수직재와 받침철물 연결부의 겹침길이 기준으로 옳은 것은?

① 받침철물 전체길이의 1/2 이상
② 받침철물 전체길이의 1/3 이상
③ 받침철물 전체길이의 1/4 이상
④ 받침철물 전체길이의 1/5 이상

해설

- 시스템비계의 수직재와 받침철물의 연결부의 겹침길이는 받침철물 전체길이의 3분의 1 이상이 되도록 한다.

시스템비계의 구조 실필 1402/1401/1104

- 수직재·수평재·가새재를 견고하게 연결하는 구조가 되도록 할 것
- 비계 밑단의 수직재와 받침철물은 밀착되도록 설치하고, 수직재와 받침철물의 연결부의 겹침길이는 받침철물 전체길이의 3분의 1 이상이 되도록 할 것
- 수평재는 수직재와 직각으로 설치하여야 하며, 체결 후 흔들림이 없도록 견고하게 설치할 것
- 수직재와 수직재의 연결철물은 이탈되지 않도록 견고한 구조로 할 것
- 벽 연결재의 설치간격은 제조사가 정한 기준에 따라 설치할 것

## 103 Repetitive Learning (1회 2회 3회)

굴착, 싣기, 운반, 흙깔기 등의 작업을 하나의 기계로써 연속적으로 행할 수 있으며 비행장과 같이 대규모 정지 작업에 적합하고 피견인식, 자주식으로 구분할 수 있는 차량계 건설기계는?

① 크램쉘(Clam shell)
② 로우더(Loader)
③ 불도저(Bulldozer)
④ 스크레이퍼(Scraper)

해설

- 크램쉘(Clam shell)은 수중굴착 및 구조물의 기초바닥 등과 같은 협소하고 상당히 깊은 범위의 굴착과 호퍼작업에 사용하는 굴착기계이다.
- 로더(Loader)는 평탄바닥에 적재된 토사를 덤프에 적재하거나 평탄작업 등의 정지작업에 사용하는 기계이다.
- 불도저(Bulldozer)는 무한궤도가 달려 있는 트랙터 앞머리에 블레이드(Blade)를 부착하여 흙의 굴착 압토 및 운반 등의 작업을 하는 토목기계이다.

스크레이퍼(Scraper) 실작 1902/1801/1601/1404

- 굴착, 싣기, 운반, 흙깔기 등의 작업을 하나의 기계로써 연속적으로 행할 수 있으며 비행장과 같이 대규모 정지작업에 적합하나 차량계 건설기계이다.
- 흙을 깎으면서 동시에 기계 내에 담아 운반하고 깔기 작업까지 겸하는 기계이다.
- 피견인식, 자주식으로 구분할 수 있다.

0802 / 1401 / 1704 / 1802 / 1901 / 2102

## 104 Repetitive Learning (1회 2회 3회)

부두·안벽 등 하역작업을 하는 장소에서 부두 또는 안벽의 선을 따라 통로를 설치하는 경우에는 그 폭을 최소 얼마 이상으로 하여야 하는가?

① 80cm
② 90cm
③ 100cm
④ 120cm

정답 | 101 ② 102 ② 103 ④ 104 ②

해설

- 부두 또는 안벽의 선을 따라 통로를 설치하는 경우에는 폭을 90cm 이상으로 하여야 한다.

∷ 하역작업장의 조치기준

- 작업장 및 통로의 위험한 부분에는 안전하게 작업할 수 있는 조명을 유지할 것
- 부두 또는 안벽의 선을 따라 통로를 설치하는 경우에는 폭을 90cm 이상으로 할 것
- 육상에서의 통로 및 작업 장소로서 다리 또는 선거(船渠)의 갑문(閘門)을 넘는 보도(步道) 등의 위험한 부분에는 안전난간 또는 울타리 등을 설치할 것

## 105 — Repetitive Learning (1회 2회 3회)

안전의 정도를 표시하는 것으로서 재료의 파괴응력도와 허용응력도의 비율을 의미하는 것은?

① 설계하중
② 안전율
③ 인장강도
④ 세장비

해설

- 안전율은 소재의 파괴강도와 허용되는 응력의 비를 표시한 것이다.

∷ 안전율/안전계수(Safety factor) 실필 1002/1604

- 소재의 파괴강도와 허용되는 응력의 비를 표시한 것이다.
- 안전율은 $\frac{기준강도}{허용응력}$ 또는 $\frac{항복강도}{설계하중}$, $\frac{파괴하중}{최대사용하중}$, $\frac{최대응력}{허용응력}$ 등으로 구한다.
- 응력은 단위면적당 부재에 작용하는 힘을 말하며, 허용응력은 단위면적당 재료가 파괴되지 않으며, 영구적인 변형이 남지 않는 비례 한도 범위 내의 응력을 말한다.
- 기준강도는 재료에 손상을 입힌다고 인정되는 강도를 말한다.
- 강도(기준강도)를 통해 재료의 안전율, 구조 등이 결정된다.
- 연성재료에서는 항복점을 기준강도, 인장강도, 기초강도라고 도 한다.

0702

## 106 — Repetitive Learning (1회 2회 3회)

비계의 높이가 2m 이상인 작업장소에는 작업발판을 설치해야 하는데 이 작업발판의 설치기준으로 옳지 않은 것은?(단, 달비계·달대비계 및 말비계를 제외한다)

① 작업발판의 폭은 40cm 이상으로 설치한다.
② 작업발판 재료는 뒤집히거나 떨어지지 않도록 둘 이상의 지지물에 연결하거나 고정한다.
③ 추락의 위험성이 있는 장소에는 안전난간을 설치한다.
④ 발판재료 간의 틈은 5센티미터 이하로 한다.

해설

- 작업발판의 폭은 40cm 이상으로 하고, 발판재료 간의 틈은 3cm 이하로 한다.

∷ 작업발판의 구조 실필 1902/1401 실작 1804

- 발판재료는 작업할 때의 하중을 견딜 수 있도록 견고한 것으로 할 것
- 작업발판의 폭은 40cm 이상으로 하고, 발판재료 간의 틈은 3cm 이하로 할 것
- 선박 및 보트 건조작업의 경우 선박블록 또는 엔진실 등의 좁은 작업공간에 작업발판을 설치하기 위하여 필요하면 작업발판의 폭을 30cm 이상으로 할 수 있고, 걸침비계의 경우 강관기둥 때문에 발판재료 간의 틈을 3cm 이하로 유지하기 곤란하면 5cm 이하로 할 수 있다. 이 경우 그 틈 사이로 물체 등이 떨어질 우려가 있는 곳에는 출입금지 등의 조치를 하여야 한다.
- 추락의 위험이 있는 장소에는 안전난간을 설치할 것
- 작업발판의 지지물은 하중에 의하여 파괴될 우려가 없는 것을 사용할 것
- 작업발판 재료는 뒤집히거나 떨어지지 않도록 둘 이상의 지지물에 연결하거나 고정시킬 것
- 작업발판을 작업에 따라 이동시킬 경우에는 위험방지에 필요한 조치를 할 것

0901 / 1802

## 107 — Repetitive Learning

가설통로의 설치기준으로 옳지 않은 것은?

① 추락할 위험이 있는 장소에는 안전난간을 설치할 것
② 경사가 10°를 초과하는 경우에는 미끄러지지 아니하는 구조로 할 것
③ 경사는 30° 이하로 할 것
④ 건설공사에 사용하는 높이 8m 이상인 비계다리에는 7m 이내마다 계단참을 설치할 것



105 ② 106 ④ 107 ② 정답

해설

- 경사가 15°를 초과하는 경우에는 미끄러지지 아니하는 구조로 해야 한다.

**가설통로 설치 시 준수기준** 실필 1801/1704/1502/1404/1201 실작 1804/1801/1704

- 높이 8m 이상인 비계다리에서는 7m 이내마다 계단참을 설치한다.
- 수직갱에 가설된 통로의 길이가 15m 이상인 경우에는 10m 이내마다 계단참을 설치한다.
- 경사가 15°를 초과하는 경우에는 미끄러지지 아니하는 구조로 한다.
- 추락할 위험이 있는 장소에는 안전난간을 설치한다.
- 경사로의 폭은 최소 90cm 이상이어야 한다.
- 발판 폭 40cm 이상, 틈 3cm 이하로 한다.
- 경사는 30° 이하로 한다.

1101

## 108 ─── Repetitive Learning

다음 중 토석붕괴의 원인이 아닌 것은?

① 절토 및 성토의 높이 증가
② 사면 법면의 경사 및 기울기의 증가
③ 토석의 강도 상승
④ 지표수·지하수의 침투에 의한 토사중량의 증가

해설

- 토석의 강도 저하는 토사붕괴의 내적 원인에 해당하나, 토석의 강도 상승은 붕괴의 원인이 될 수 없다.

**토사(석)붕괴 원인** 실필 1501/0901 실작 1604/1602/1501

| 구분 | 원인 |
|---|---|
| 내적 요인 | • 토석의 강도 저하<br>• 절토사면의 토질, 암질 및 절리 상태<br>• 성토사면의 다짐 불량<br>• 점착력의 감소 |
| 외적 요인 | • 작업진동 및 반복하중의 증가<br>• 사면, 법면의 경사 및 기울기의 증가<br>• 절토 및 성토 높이와 지하수위의 증가<br>• 지표수·지하수의 침투에 의한 토사중량의 증가<br>• 지진, 차량, 구조물의 중량과 토사 및 암석의 혼합층 두께의 증가 |

0902

## 109 ─── Repetitive Learning

점토지반의 토공사에서 흙막이 밖에 있는 흙이 안으로 밀려 들어와 내측 흙이 부풀어 오르는 현상은?

① 보일링(Boiling)  ② 히빙(Heaving)
③ 파이핑(Piping)  ④ 액상화

해설

- 보일링이란 사질지반에서 흙막이 벽 배면부의 지하수가 굴착 바닥면으로 모래와 함께 솟아오르는 지반 융기현상이다.
- 파이핑이란 흙막이 벽의 하자 또는 부실공사 등의 요인으로 생긴 틈으로 침투수와 토입자가 배출되는 현상이다.
- 액상화는 보일링의 원인으로 사질지반에서 강한 충격을 받으면 흙의 입자가 수축되면서 모래가 액체처럼 이동하게 되는 현상을 말한다.

**히빙(Heaving)** 실필 1801/1701/1602/1404/1104/0904/0902

㉠ 개요
- 흙막이 벽체 내·외의 토사의 중량 차에 의해 점토지반의 토공사에서 흙막이 밖에 있는 흙이 안으로 밀려 들어와 내측 흙이 부풀어 오르는 현상을 말한다.
- 연약한 점토지반에서 굴착면의 융기 혹은 흙막이 벽의 근입장 깊이가 부족할 경우 발생한다.
- 히빙으로 인해 배면의 토사 붕괴, 지보공의 파괴, 굴착저면이 솟아오르는 등의 현상이 발생한다.

㉡ 히빙(Heaving) 예방대책
- 어스앵커를 설치하거나 소단을 두면서 굴착한다.
- 굴착주변을 웰포인트(Well point) 공법과 병행한다.
- 흙막이 벽의 근입심도를 확보한다.
- 지반개량으로 흙의 전단강도를 높인다.
- 굴착주변의 상재하중을 제거하여 토압을 최대한 낮춘다.
- 토류 벽의 배면토압을 경감시킨다.
- 굴착저면에 토사 등 인공중력을 가중시킨다.

## 110 ─── Repetitive Learning

공사진척에 따른 안전관리비 사용기준은 얼마 이상인가?(단, 공정률이 70% 이상 ~ 90% 미만일 경우)

① 50%
② 60%
③ 70%
④ 90%

해설

- 공사진척에 따른 안전관리비 사용기준에서 공정률 70 ~ 90%일 때의 산업안전보건관리비 사용기준은 70% 이상이다.

**공사진척에 따른 안전관리비 사용기준** 실필 1604/1304/0902

| 공정률 | 50% 이상 70% 미만 | 70% 이상 90% 미만 | 90% 이상 |
|---|---|---|---|
| 사용기준 | 50% 이상 | 70% 이상 | 90% 이상 |

정답 | 108 ③ 109 ② 110 ③

1004

## 111 Repetitive Learning 1회 2회 3회

차량계 하역운반기계에 화물을 적재하는 때의 준수사항으로 옳지 않은 것은?

① 하중이 한쪽으로 치우치지 않도록 적재할 것
② 구내운반차 또는 화물자동차의 경우 화물의 붕괴 또는 낙하에 의한 위험을 방지하기 위하여 화물에 로프를 거는 등 필요한 조치를 할 것
③ 운전자의 시야를 가리지 않도록 화물을 적재할 것
④ 차륜의 이상 유무를 점검할 것

**해설**

- 화물적재 시의 준수사항에는 ①, ②, ③ 외에 최대적재량을 초과하지 않도록 한다.

**화물적재 시의 준수사항** 실필 1604/1004 실작 1804/1802/1504

- 하중이 한쪽으로 치우치지 않도록 적재할 것
- 구내운반차 또는 화물자동차의 경우 화물의 붕괴 또는 낙하에 의한 위험을 방지하기 위하여 화물에 로프를 거는 등 필요한 조치를 할 것
- 운전자의 시야를 가리지 않도록 화물을 적재할 것
- 화물을 적재하는 경우에는 최대적재량을 초과하지 않을 것

1201

## 112 Repetitive Learning 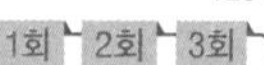

높이 또는 깊이 2m 이상의 추락할 위험이 있는 장소에서 작업을 할 때의 필수 착용 보호구는?

① 보안경 ② 방진마스크
③ 방열복 ④ 안전대

**해설**

- 근로자가 추락하거나 넘어질 위험이 있는 장소에는 작업발판, 추락방호망을 설치하고, 설치가 곤란하면 근로자에게 안전대를 착용케 한다.

**산업안전보건기준에 따른 추락위험의 방지대책** 실작 1804/1801/1604/1502/1501

- 근로자가 추락하거나 넘어질 위험이 있는 장소 또는 기계·설비·선박블록 등에서 작업을 할 때에 근로자가 위험해질 우려가 있는 경우 비계(飛階)를 조립하는 등의 방법으로 작업발판을 설치하여야 한다.
- 작업발판을 설치하기 곤란한 경우 추락방호망을 설치하여야 한다.
- 추락방호망을 설치하기 곤란한 경우에는 근로자에게 안전대를 착용하도록 하는 등 추락위험을 방지하기 위하여 필요한 조치를 하여야 한다.
- 근로자의 추락위험을 방지하기 위하여 안전대나 구명줄을 설치하여야 하고, 안전난간을 설치할 수 있는 구조인 경우에는 안전난간을 설치하여야 한다.
- 안전방망이란 고소작업 중 작업자의 추락 및 물체의 낙하를 방지하기 위하여 수평으로 설치하는 보호망을 말한다.

## 113 Repetitive Learning 1회 2회 3회

잠함 또는 우물통의 내부에서 굴착작업을 하는 경우에 잠함 또는 우물통의 급격한 침하에 의한 위험방지를 위해 바닥으로부터 천장 또는 보까지의 높이는 최소 얼마 이상으로 하여야 하는가?

① 1.8m ② 2m
③ 2.5m ④ 3m

**해설**

- 잠함 또는 우물통의 내부에서 근로자가 굴착작업 시 급격한 침하에 의한 위험방지를 위해 바닥으로부터 천장 또는 보까지의 높이는 1.8m 이상으로 한다.

**잠함 또는 우물통의 내부에서 근로자가 굴착작업 시 급격한 침하에 의한 위험방지를 위한 준수사항** 실필 1604/1501/0904 실작 1902/1604/1401

- 침하관계도에 따라 굴착방법 및 재하량(載荷量) 등을 정할 것
- 바닥으로부터 천장 또는 보까지의 높이는 1.8m 이상으로 할 것

## 114 Repetitive Learning 1회 2회 3회

유해·위험방지계획서의 첨부서류에서 공사개요 및 안전보건관리계획에 해당되지 않는 항목은?

① 산업안전보건관리비 사용계획
② 건설물, 사용기계설비 등의 배치를 나타내는 도면
③ 재해발생 위험 시 연락 및 대피방법
④ 근로자 건강진단 실시계획

**해설**

- 유해·위험방지계획서 제출 시 첨부서류 중 안전보건관리계획과 관련한 별첨 서류에는 ①, ②, ③ 외에 안전관리 조직표, 개인보호구 지급계획 등이 포함되어야 한다.



111 ④ 112 ④ 113 ① 114 ④ 정답

:: 건설업 유해·위험방지계획서 제출 시 첨부서류
실필 1902/1202/0902

| | |
|---|---|
| 공사개요 및 안전보건 관리계획 | • 공사개요서<br>• 공사현장의 주변 현황 및 주변과의 관계를 나타내는 도면(매설물 현황 포함)<br>• 건설물, 사용기계설비 등의 배치를 나타내는 도면<br>• 전체공정표<br>• 산업안전보건관리비 사용계획<br>• 안전관리 조직표<br>• 재해발생 위험 시 연락 및 대피방법 |

0404 / 0601 / 0604 / 0701 / 0904 / 1204 / 1404 / 1702

**115** Repetitive Learning 

철골작업 시 기상조건에 따라 안전상 작업을 중지하여야 하는 경우에 해당되는 기준으로 옳은 것은?

① 강우량이 시간당 5mm 이상인 경우
② 강우량이 시간당 10mm 이상인 경우
③ 풍속이 초당 10m 이상인 경우
④ 강설량이 시간당 20mm 이상인 경우

해설

• 풍속이 초당 10m 이상, 강우량이 시간당 1mm 이상, 강설량이 시간당 1cm 이상인 경우 철골공사 작업을 중지한다.

:: 철골작업 중지 악천후 기준 실필 1504/1502/1302/0901
실작 1901/1802/1704

• 풍속이 초당 10m 이상인 경우
• 강우량이 시간당 1mm 이상인 경우
• 강설량이 시간당 1cm 이상인 경우

0901 / 2102

**116** Repetitive Learning 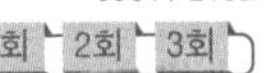

굴착공사에 있어서 비탈면 붕괴를 방지하기 위하여 행하는 대책이 아닌 것은?

① 지표수의 침투를 막기 위해 표면배수공을 한다.
② 지하수위를 내리기 위해 수평배수공을 한다.
③ 비탈면 하단을 성토한다.
④ 비탈면 상부에 토사를 적재한다.

해설

• 비탈면 천단부(상부) 주변에는 굴착된 흙이나 재료 등을 적재해서는 안 된다.

:: 굴착공사 시 비탈면 붕괴 방지대책

• 지표수의 침투를 막기 위해 표면배수공을 한다.
• 지하수위를 내리기 위해 수평배수공을 설치한다.
• 비탈면 하단을 성토한다.
• 비탈면 천단부(상부) 주변에는 굴착된 흙이나 재료 등을 적재해서는 안 된다.

1504

**117** Repetitive Learning 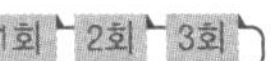

이동식비계를 조립하여 사용할 때 밑변 최소 폭의 길이가 2m 라면 이 비계의 사용가능한 최대 높이는?

① 4m
② 8m
③ 10m
④ 14m

해설

• 비계의 최대 높이는 밑변 최소 폭의 4배 이하로 해야 한다.
• 밑변 최소 폭이 2m라면 비계의 최대 높이는 8m가 된다.

:: 이동식비계 조립 및 사용 시 준수사항
실작 1902/1901/1804/1802/1604/1602/1404

• 이동식비계의 바퀴에는 뜻밖의 갑작스러운 이동 또는 전도를 방지하기 위하여 브레이크·쐐기 등으로 바퀴를 고정시킨 다음 비계의 일부를 견고한 시설물에 고정하거나 아웃트리거(Outrigger)를 설치하는 등 필요한 조치를 할 것
• 승강용 사다리는 견고하게 설치할 것
• 비계의 최상부에서 작업을 하는 경우에는 안전난간을 설치할 것
• 작업발판은 항상 수평을 유지하고 작업발판 위에서 안전난간을 딛고 작업을 하거나 받침대 또는 사다리를 사용하여 작업하지 않도록 할 것
• 작업발판의 최대적재하중은 250킬로그램을 초과하지 않도록 할 것
• 비계의 최대 높이는 밑변 최소 폭의 4배 이하로 할 것

정답 | 115 ③ 116 ④ 117 ②

## 118

Repetitive Learning 1회 2회 3회

거푸집 동바리 등을 조립하는 경우에 준수하여야 할 안전조치기준으로 옳지 않은 것은?

① 동바리로 사용하는 파이프 서포트는 높이가 3.5m를 초과하는 경우 2m 이내마다 수평연결재를 2개 방향으로 설치할 것
② 동바리로 사용하는 파이프 서포트는 3개 이상 이어서 사용하지 않도록 할 것
③ 동바리로 사용하는 파이프 서포트를 이어서 사용하는 경우에는 5개 이상의 볼트 또는 전용철물을 사용하여 이을 것
④ 동바리로 사용하는 강관틀과 강관틀 사이에는 교차가새를 설치할 것

**해설**

- 동바리로 사용하는 파이프 서포트를 이어서 사용하는 경우에는 4개 이상의 볼트 또는 전용철물을 사용하여 이어야 한다.

**거푸집 동바리 등의 안전조치** 실필 1304 실작 1804/1802/1801/1702/1701/1604/1602/1504/1502/1501/1402

㉠ 공통사항
- 받침목의 사용, 콘크리트 타설, 말뚝박기 등 동바리의 침하를 방지하기 위한 조치를 할 것
- 동바리의 상하 고정 및 미끄러짐 방지 조치를 할 것
- 상부·하부의 동바리가 동일 수직선상에 위치하도록 하여 깔판·받침목에 고정시킬 것
- 개구부 상부에 동바리를 설치하는 경우에는 상부하중을 견딜 수 있는 견고한 받침대를 설치할 것
- U헤드 등의 단판이 없는 동바리의 상단에 멍에 등을 올릴 경우에는 해당 상단에 U헤드 등의 단판을 설치하고, 멍에 등이 전도되거나 이탈되지 않도록 고정시킬 것
- 동바리의 이음은 같은 품질의 재료를 사용할 것
- 강재의 접속부 및 교차부는 볼트·클램프 등 전용철물을 사용하여 단단히 연결할 것
- 거푸집의 형상에 따른 부득이한 경우를 제외하고는 깔판이나 받침목은 2단 이상 끼우지 않도록 할 것
- 깔판이나 받침목을 이어서 사용하는 경우에는 그 깔판·받침목을 단단히 연결할 것

㉡ 동바리로 사용하는 파이프 서포트
- 파이프 서포트를 3개 이상 이어서 사용하지 않도록 할 것
- 파이프 서포트를 이어서 사용하는 경우에는 4개 이상의 볼트 또는 전용철물을 사용하여 이을 것
- 높이가 3.5m를 초과하는 경우 2m 이내마다 수평연결재를 2개 방향으로 설치할 것

㉢ 동바리로 사용하는 강관틀의 경우
- 강관틀과 강관틀 사이에 교차가새를 설치할 것
- 최상단 및 5단 이내마다 동바리의 측면과 틀면의 방향 및 교차가새의 방향에서 5개 이내마다 수평연결재를 설치하고 수평연결재의 변위를 방지할 것
- 최상단 및 5단 이내마다 동바리의 틀면의 방향에서 양단 및 5개틀 이내마다 교차가새의 방향으로 띠장틀을 설치할 것

0702

## 119

Repetitive Learning 

해체용 장비로서 작은 부재의 파쇄에 유리하고 소음, 진동 및 분진이 발생되므로 작업원은 보호구를 착용하여야 하고 특히 작업원의 작업시간을 제한하여야 하는 장비는?

① 천공기
② 쇄석기
③ 철제해머
④ 핸드브레이커

**해설**

- 천공기는 지반을 유지한 상태로 튜브를 압입하여 관내를 굴착하는 기계를 말한다.
- 쇄석기는 바위나 큰 돌을 작게 부수어 자갈(쇄석)로 만드는 기계이다.
- 철제해머는 쇠뭉치를 크레인 등에 부착하여 구조물에 충격을 주어 파쇄하는 것이다.

**핸드브레이커(Hand breaker)**

㉠ 개요
- 해체용 장비로서 압축공기, 유압의 급속한 충격력으로 콘크리트 등을 해체할 때 사용한다.
- 작은 부재의 파쇄에 유리하고 소음, 진동 및 분진이 발생되므로 작업원은 보호구를 착용하여야 한다.
- 분진·소음으로 인해 작업원의 작업시간을 제한하여야 하는 장비이다.

㉡ 사용방법
- 브레이커 끝의 부러짐을 방지하기 위하여 작업자세는 하향 수직 방향으로 유지하도록 하여야 한다.
- 핸드브레이커는 중량이 25~40kgf으로 무겁기 때문에 지반을 잘 정리하고 작업하여야 한다.



118 ③ 119 ④ 정답

## 120 Repetitive Learning 1회 2회 3회

흙막이 지보공을 설치하였을 때 정기점검사항에 해당되지 않는 것은?

① 검지부의 이상 유무
② 버팀대의 긴압의 정도
③ 침하의 정도
④ 부재의 손상, 변형, 부식, 변위 및 탈락의 유무와 상태

해설

- 흙막이 지보공을 설치하였을 때에 정기적으로 점검해야 할 사항에는 ②, ③, ④ 외에 부재의 접속부・부착부 및 교차부의 상태가 있다.

흙막이 지보공을 설치하였을 때에 정기적으로 점검하고 이상을 발견하면 즉시 보수하여야 할 사항 실작 1901/1802/1601

- 부재의 손상・변형・부식・변위 및 탈락의 유무와 상태
- 버팀대의 긴압(緊壓)의 정도
- 부재의 접속부・부착부 및 교차부의 상태
- 침하의 정도

정답 120 ①

# 출제문제 분석 2013년 2회

| 구분 | 1과목 | 2과목 | 3과목 | 4과목 | 5과목 | 6과목 | 합계 |
|---|---|---|---|---|---|---|---|
| **New유형** | 3 | 2 | 3 | 1 | 3 | 0 | 12 |
| New문제 | 5 | 5 | 12 | 5 | 14 | 7 | 48 |
| 또나온문제 | 8 | 9 | 8 | 10 | 6 | 8 | 49 |
| 자꾸나온문제 | 7 | 6 | 0 | 5 | 0 | 5 | 23 |
| 합계 | 20 | 20 | 20 | 20 | 20 | 20 | 120 |

- New유형은 New문제 중 기존 기출문제와 완전히 다른 유형의 문제를 말합니다.
- New문제는 기존에 출제되지 않은 문제로 이번에 처음 출제되는 문제입니다.
- 또나온문제는 기존에 출제된 적이 1번 있는 문제를 말합니다.
- 자꾸나온문제는 기존에 출제된 적이 2번 이상 있는 문제를 말합니다. 그만큼 중요한 문제입니다.

## 몇 년분의 기출문제를 공부해야 합격할 수 있을까요?

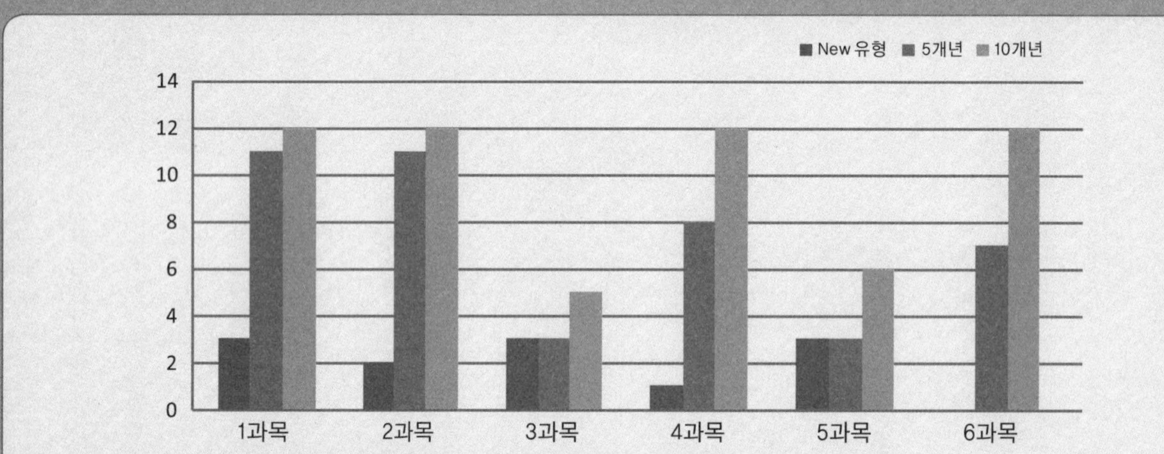


- 완전 새로운 유형의 문제는 12문제이고 108문제가 이미 출제된 문제 혹은 변형문제입니다.
- 5년분(2016~2020) 기출에서 동일문제가 43문항이 출제되었고, 10년분(2011~2020) 기출에서 동일문제가 59문항이 출제되었습니다.

## 실기에 나왔어요!! 외우세요!!!

실기시험은 필답형과 작업형으로 구분되어 있으며 모두 주관식으로 직접 내용을 적어야 합니다. 필기 공부하면서 실기 출제된 내역들은 좀 더 신경써서 암기하실 필요가 있어요. 필기 합격자 발표 난 후 실기시험까지는 5주밖에 여유가 없답니다. 어차피 공부할 것 필기 때 확실하게 해준다면 실기도 단방에 합격할 수 있습니다.

- 총 23개의 해설이 실기 필답형 시험과 연동되어 있습니다.
- 총 10개의 해설이 실기 작업형 시험과 연동되어 있습니다.

## 분석의견

최근 10년분의 기출문제와 답을 반복암기해서는 합격점수인 72점에서 13점이 부족합니다. 기출문제의 비중도 평균 이상이고, 새로운 유형 혹은 새로운 문제도 평균보다 적게 출제되어 어렵지 않은 난이도를 보이는 회차의 기출문제입니다. 다만 5과목에서 새로운 문제가 13문항이나 출제되었고 기출문제 비중도 적어 과락만 방지한다면 크게 어려움을 느끼지 않아도 되는 난이도입니다. 합격에 필요한 점수를 획득하기 위해서는 최근 5년분 문제와 핵심이론의 3회독 혹은 최근 10년분 문제와 핵심이론의 2회독 이상의 학습이 필요합니다.

# 2013년 제2회

2013년 6월 2일 필기

13년 2회차 필기시험
합격률 44.0%

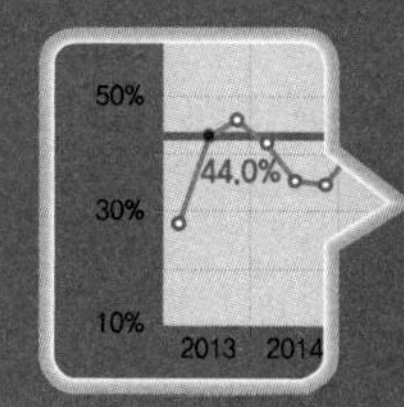

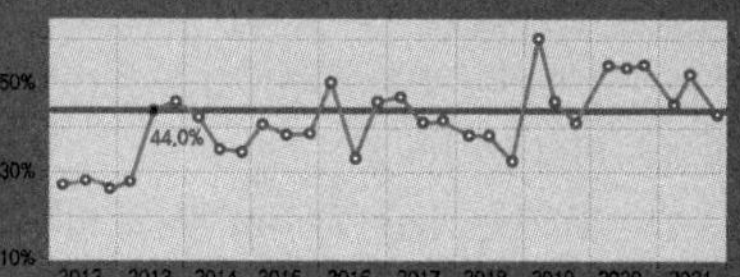

## 1과목 산업안전관리론

### 01

Repetitive Learning 1회 2회 3회

다음 중 산업재해 발생 시 업무상의 재해로 인정할 수 없는 경우는?

① 업무상 부상이 원인이 되어 발생한 질병
② 근로자의 고의·자해행위 또는 그것이 원인이 되어 발생한 부상
③ 근로자가 근로계약에 따른 업무나 그에 따르는 행위를 하던 중 발생한 사고
④ 사업주가 제공한 시설물 등을 이용하던 중 그 시설물 등의 결함이나 관리소홀로 발생한 사고

해설

- 근로자의 고의·자해행위나 범죄행위 또는 그것이 원인이 되어 발생한 부상·질병·장해 또는 사망은 업무상의 재해로 보지 아니한다.

:: 업무상의 재해의 인정기준

㉠ 개요
- 업무상의 재해란 업무상의 사유에 따른 근로자의 부상·질병·장해 또는 사망을 말한다.
- 업무상 사고 및 질병, 출퇴근 재해 등으로 구분한다.

㉡ 업무상 사고
- 근로자가 근로계약에 따른 업무나 그에 따르는 행위를 하던 중 발생한 사고
- 사업주가 제공한 시설물 등을 이용하던 중 그 시설물 등의 결함이나 관리소홀로 발생한 사고
- 사업주가 주관하거나 사업주의 지시에 따라 참여한 행사나 행사준비 중에 발생한 사고
- 휴게시간 중 사업주의 지배관리하에 있다고 볼 수 있는 행위로 발생한 사고
- 그 밖에 업무와 관련하여 발생한 사고

㉢ 업무상 질병
- 업무수행 과정에서 물리적 인자(因子), 화학물질, 분진, 병원체, 신체에 부담을 주는 업무 등 근로자의 건강에 장해를 일으킬 수 있는 요인을 취급하거나 그에 노출되어 발생한 질병
- 업무상 부상이 원인이 되어 발생한 질병
- 그 밖에 업무와 관련하여 발생한 질병

㉣ 출퇴근 재해
- 사업주가 제공한 교통수단이나 그에 준하는 교통수단을 이용하는 등 사업주의 지배관리하에서 출퇴근하는 중 발생한 사고
- 그 밖에 통상적인 경로와 방법으로 출퇴근하는 중 발생한 사고

㉤ 업무상 재해로 보지 않는 경우
- 근로자의 고의·자해행위나 범죄행위 또는 그것이 원인이 되어 발생한 부상·질병·장해 또는 사망은 업무상의 재해로 보지 아니한다.
- 출퇴근 재해 사고 중에서 출퇴근 경로 일탈 또는 중단이 있는 경우에는 해당 일탈 또는 중단 중의 사고 및 그 후의 이동 중의 사고에 대하여는 출퇴근 재해로 보지 아니한다.

0701

### 02

Repetitive Learning 1회 2회 3회

다음 중 재해사례연구의 진행단계에 있어 파악된 사실로부터 판단하여 각종 기준과의 차이 또는 문제점을 발견하는 것에 해당하는 것은?

① 1단계 : 사실의 확인
② 2단계 : 직접원인과 문제점의 확인
③ 3단계 : 기본원인과 근본적 문제점의 결정
④ 4단계 : 대책의 수립

정답 | 01 ② 02 ②

해설

- 사실의 확인단계는 재해가 발생할 때까지의 경과 중 재해와 관계가 있는 사실 및 재해요인으로 알려진 사실을 객관적으로 확인한다.
- 근본적 문제점의 결정단계는 재해의 중심이 된 문제점에 관하여 어떤 관리적 책임의 결함이 있는지를 여러 가지 안전보건의 키(Key)에 대하여 분석한다.
- 대책수립단계에서는 동종 및 유사재해의 방지대책을 구체적, 실현가능하게 수립한다.

**재해사례연구의 진행단계**

㉠ 진행순서

- 재해 상황의 파악 → 사실의 확인 → 문제점의 발견 → 근본적 문제점의 결정 → 대책수립 순이다.

㉡ 단계별 특징

| | |
|---|---|
| 재해 상황의 파악 | 사례연구의 전제조건으로서 발생일시 및 장소 등 재해 상황의 주된 항목에 관해서 파악한다. |
| 사실의 확인 | 재해가 발생할 때까지의 경과 중 재해와 관계가 있는 사실 및 재해요인을 객관적으로 확인한다. |
| 문제점의 발견 | 파악된 사실로부터 판단하여 관계법규, 사내규정 등을 적용하여 문제점을 발견한다. |
| 근본적 문제점의 결정 | 재해의 중심이 된 문제점에 관하여 어떤 관리적 책임의 결함이 있는지를 여러 가지 안전보건의 키(Key)에 대하여 분석한다. |
| 대책수립 | 동종 및 유사재해의 방지대책을 구체적, 실현가능하게 수립한다. |

1604 / 2201

## 03 Repetitive Learning

1,000명 이상의 대규모 사업장에서 가장 적합한 안전관리조직의 형태는?

① 경영형 ② 라인형
③ 스태프형 ④ 라인·스태프형

해설

- 근로자 1,000명 이상의 대기업에서 주로 사용하는 안전관리조직은 라인-스태프(Line-staff)형 조직이다.

**라인-스태프(Line-staff)형 조직**

㉠ 개요

- 가장 이상적인 조직형태로 1,000명 이상의 대규모 사업장에서 주로 사용된다.
- 라인의 관리·감독자에게도 안전에 관한 책임과 권한이 부여된다.
- 안전계획, 평가 및 조사는 스태프에서, 생산기술의 안전대책은 라인에서 실시한다.

㉡ 장점

- 안전 전문가에 의해 입안된 것을 경영자의 지침으로 명령 실시하므로 정확하고 신속하다.
- 조직원 전원을 자율적으로 안전 활동에 참여시킬 수 있다.
- 라인의 관리, 감독자에게도 안전에 관한 책임과 권한이 부여된다.
- 안전 활동과 생산업무가 유리될 우려가 없기 때문에 균형을 유지할 수 있어 이상적인 조직형태이다.

㉢ 단점

- 명령계통과 조언·권고적 참여가 혼동되기 쉽다.
- 스태프의 월권행위가 발생하는 경우가 있다.
- 라인이 스태프에 의존하거나 스태프를 활용하지 않는 경우가 있다.

1602

## 04 Repetitive Learning 1회 2회 3회

한 사람, 한 사람이 스스로 위험요인을 발견, 파악하여 단시간에 행동목표를 정하여 지적 확인을 하며, 특히 비정상적인 작업의 안전을 확보하기 위한 위험예지훈련은?

① 삼각 위험예지훈련
② 1인 위험예지훈련
③ 원 포인트 위험예지훈련
④ 자문자답카드 위험예지훈련

해설

- 삼각 위험예지훈련은 빠르고, 간편하게 전원이 참여하여 기호나 메모를 이용하여 행동목표를 공유하는 위험예지훈련으로 쓰거나 말하는데 익숙하지 않은 작업자를 위해 개발되었다.
- 1인 위험예지훈련은 각자의 위험에 대한 감수성 향상을 도모하기 위하여 실시하는 삼각 및 원 포인트 위험예지훈련을 말한다.
- 원 포인트 위험예지훈련은 3～4명의 적은 인원이 구호로써 짧은 시간에 실시하는 위험예지훈련으로 "이것만은 반드시 한다."로 축소한 위험예지훈련이다.

**자문자답카드 위험예지훈련**

- 한 사람, 한 사람이 스스로 위험요인을 발견, 파악하여 단시간에 행동목표를 정하여 지적 확인을 하는 위험예지훈련이다.
- 특히 비정상적인 작업의 안전을 확보하기 위해 주로 사용된다.

0902

## 05 Repetitive Learning

재해예방을 위한 대책을 기술적 대책, 교육적 대책, 관리적 대책으로 구분할 때 다음 중 관리적 대책에 속하는 것은?

① 적합한 기준 설정 ② 작업공정의 개선
③ 안전설계 ④ 안전교육 실시



03 ④ 04 ④ 05 ① 정답

해설

- 작업공정의 개선과 안전설계는 기술적 대책, 안전교육의 실시는 교육적 대책에 해당한다.

:: 하베이(Harvey)의 3E 실필 1804/0902

㉠ 개요
- 재해예방의 4원칙 중 대책선정의 원칙과 관련된다.
- 재해예방의 5단계 중 제5단계 시정책의 적용에 해당한다.

㉡ 구성

| 교육(Education)적 대책 | 안전교육 및 훈련 대책 |
|---|---|
| 기술(Engineering)적 대책 | 시설 장비 및 기준의 개선 대책, 안전기준, 안전설계, 작업행정 및 환경설비의 개선 등 |
| 관리(Enforcement)적 대책 | 안전 감독의 철저, 적합한 기준 설정, 규정 및 수칙의 준수, 기준 이해, 경영자 및 관리자의 솔선수범, 동기부여와 사기향상 |

0301 / 2001

## 06

Repetitive Learning (1회 2회 3회)

다음 중 재해조사의 주된 목적을 가장 올바르게 설명한 것은?

① 직접적인 원인을 조사하기 위함이다.
② 동일 업종의 산업재해 통계를 조사하기 위함이다.
③ 동종 또는 유사재해의 재발을 방지하기 위함이다.
④ 해당 사업장의 안전관리 계획을 수립하기 위함이다.

해설

- 재해조사의 가장 큰 목적은 동종 및 유사재해의 재발방지에 있다.

:: 재해조사의 목적
- 동종 및 유사재해 재발방지
- 재해발생 원인 및 결함 규명
- 재해예방 자료수집

## 07

Repetitive Learning (1회 2회 3회)

다음 중 산업안전보건법령상 안전·보건표지에 관한 설명으로 틀린 것은?

① 금지표지의 종류에는 출입금지, 금연, 화기금지 등이 있다.
② 검은색은 문자 및 빨간색 또는 노란색에 대한 보조색으로 사용한다.
③ 화학물질 취급장소에서의 유해·위험경고에 사용되는 색채는 노란색이다.
④ 특정 행위의 지시 및 사실의 고지에 사용되는 표지의 바탕은 파란색, 관련 그림은 흰색으로 한다.

해설

- 경고표지에는 2가지 종류가 있는데 노란색을 사용하는 것은 화학물질 취급 장소 이외의 장소에서의 경고표지에 해당한다.

:: 경고표지 실필 1902/1901/1702/1501/1302/1104/1001
- 유해·위험경고, 주의표지 또는 기계방호물을 표시할 때 사용된다.
- 경고표지는 화학물질 취급장소에서의 유해 및 위험경고와 화학물질 취급장소에서의 유해·위험경고 이외의 위험경고, 주의표지 또는 기계방호물로 구분된다.
- 화학물질 취급장소에서의 유해 및 위험경고표지는 무색 바탕에 빨간색(7.5R 4/14) 혹은 검은색(N0.5) 기본모형으로 표시하며, 인화성물질경고, 부식성물질경고, 급성독성물질경고, 산화성물질경고, 폭발성물질경고 등이 있다.

| 인화성물질 경고 | 부식성물질 경고 | 급성독성 물질경고 | 산화성물질 경고 | 폭발성물질 경고 |
|---|---|---|---|---|
| | | | | |

- 화학물질 취급장소에서의 유해·위험경고 이외의 위험경고, 주의표지 또는 기계방호물의 경고표지는 노란색(5Y 8.5/12) 바탕에 검은색(N0.5) 기본모형으로 표시하며, 방사성물질경고, 고압전기경고, 매달린물체경고, 낙하물경고, 고온/저온경고, 위험장소경고, 몸균형상실경고, 레이저광선경고 등이 있다.

| 방사성물질 경고 | 고압전기 경고 | 매달린물체 경고 | 낙하물경고 |
|---|---|---|---|
| | | | |
| 고온/저온 경고 | 위험장소 경고 | 몸균형상실 경고 | 레이저광선 경고 |
| | | | |

정답 06 ③ 07 ③

0901 / 1702

## 08

Repetitive Learning 1회 2회 3회

보행 중 작업자가 바닥에 미끄러지면서 주변의 상자와 머리를 부딪침으로써 머리에 상처를 입은 경우 이 사고의 기인물은?

① 바닥 ② 상자
③ 머리 ④ 바닥과 상자

**해설**

- 인체에 직접 충돌한 것은 주변의 상자이므로 상자가 가해물이다.
- 바닥에 미끄러지면서 사고가 발생했으므로 바닥이 불안전한 상태에 해당한다. 기인물은 바닥이다.
- 재해의 형태는 미끄러지면서 부딪쳐서 발생한 사고이므로 충돌에 해당한다.

산업재해의 분석 실필 1901/1702/1501/1404

| 기인물 | 재해의 원인이 되는 것으로 주로 불안전한 상태와 관련된다. |
|---|---|
| 가해물 | 사람에 직접 충돌하거나 또는 접촉에 의해서 위해(危害)를 준 물건을 말한다. |
| 사고유형 | 재해의 발생형태를 말한다. |

## 09

Repetitive Learning 1회 2회 3회

어느 사업장에서 해당 연도에 600건의 무상해사고가 발생하였다. 하인리히의 재해발생비율 법칙에 의한다면 경상해의 발생건수는 몇 건이 되겠는가?

① 29건
② 58건
③ 300건
④ 330건

**해설**

- 1 : 29 : 300원칙에 의거하여 무상해사고가 600건이라면 경상해는 58건, 중상 및 사망은 2건에 해당한다.

하인리히의 재해구성 비율 실필 1101

- 중상 : 경상 : 무상해사고가 각각 1 : 29 : 300인 재해구성 비율을 말한다.
- 총 사고발생건수 330건을 대상으로 분석했을 때 중상 1, 경상 29, 무상해사고 300건이 발생했음을 의미한다.
- 300건의 무상해 재해의 원인 제거를 통해 29건의 경미한 사고와 1건의 중대사고를 예방할 수 있다.

0702 / 0704 / 1002 / 1504 / 1901

## 10

Repetitive Learning 1회 2회 3회

산업안전보건법령상 산업안전보건위원회의 구성에 있어 사용자위원에 해당되지 않는 것은?

① 안전관리자
② 명예산업안전감독관
③ 해당 사업의 대표자가 지명한 9인 이내 해당 사업장 부서의 장
④ 보건관리자의 업무를 위탁한 경우 대행기관의 해당 사업장 담당자

**해설**

- 명예산업안전감독관은 근로자위원에 해당한다.

산업안전보건위원회 실필 1704/1401

- 근로자위원은 근로자대표, 명예감독관, 근로자대표가 지명하는 9명 이내의 해당 사업장의 근로자로 구성한다.
- 사용자위원은 대표자, 안전관리자, 보건관리자, 산업보건의, 대표자가 지명하는 9명 이내의 해당 사업장 부서의 장으로 구성하나 상시근로자 50명 이상 100명 이하일 경우 대표자가 지명하는 9명 이내의 해당 사업장 부서의 장은 제외한다.
- 산업안전보건위원회의 위원장은 위원 중에서 호선(互選)한다. 이 경우 근로자위원과 사용자위원 중 각 1명을 공동위원장으로 선출할 수 있다.
- 산업안전보건위원회의 회의는 정기회의와 임시회의로 구분하되, 정기회의는 분기마다 위원장이 소집하며, 임시회의는 위원장이 필요하다고 인정할 때에 소집한다.

0301 / 0704 / 0801 / 1704

## 11

Repetitive Learning 1회 2회 3회

사고의 용어 중 Near accident에 대한 설명으로 옳은 것은?

① 사고가 일어나더라도 손실을 수반하지 않는 경우
② 사고가 일어날 경우 인적 재해가 발생하는 경우
③ 사고가 일어날 경우 물적 재해가 발생하는 경우
④ 사고가 일어나더라도 일정 비용 이하의 손실만 수반하는 경우

**해설**

- Near accident는 인적·물적 피해가 모두 발생하지 않은 사고로 무상해무사고(위험한 순간)를 뜻한다.

Near accident

- 아차사고라고도 한다.
- 사고가 일어나더라도 손실을 수반하지 않는 경우를 말한다.
- 인적·물적 피해가 모두 발생하지 않은 사고로 무상해무사고(위험한 순간)를 뜻한다.
- Near accident가 자주 반복되다 보면 사고가 발생할 확률이 높아진다.



08 ① 09 ② 10 ② 11 ① 정답

1602 / 1902

## 12

Repetitive Learning 1회 2회 3회

재해 손실비의 평가방식 중 시몬즈(Simonds) 방식에서 재해의 종류에 관한 설명으로 틀린 것은?

① 무상해사고는 의료조치를 필요로 하지 않는 상해사고를 말한다.
② 휴업상해는 영구 일부노동불능 및 일시 전노동불능 상해를 말한다.
③ 응급조치 상해는 응급조치 또는 8시간 이상의 휴업의료 조치 상해를 말한다.
④ 통원상해는 일시 일부노동불능 및 의사의 통원 조치를 요하는 상해를 말한다.

**해설**

- 응급조치 상해는 20$ 미만의 손실 또는 8시간 미만의 휴업이 되는 의료조치 상해를 말한다.

**:: 시몬즈(Simonds) 방식에서 재해의 종류와 세부 내용**

- 무상해사고는 의료조치를 필요로 하지 않는 상해사고를 말한다.
- 응급처치는 20$ 미만의 손실 또는 8시간 미만의 휴업이 되는 의료조치 상해를 말한다.
- 통원상해는 일시 일부노동불능 및 의사의 통원 조치를 요하는 상해를 말한다.
- 휴업상해는 영구 일부노동불능 및 일시 전노동불능 상해를 말한다.

0401

## 13

Repetitive Learning 

무재해 운동 기본 이념의 3원칙 중 선취원칙을 가장 잘 설명한 것은?

① 작업의 잠재 위험요인을 전원이 발견하자.
② 직장 일체의 위험잠재요인을 적극적으로 발견하여 무재해 직장을 만들자.
③ 과거 재해가 발생하였던 것을 참고로 하여 다시는 재해가 발생하지 않도록 운동하자.
④ 무재해, 무질병의 직장을 실현하기 위하여 위험요인을 행동하기 전에 발견하여 예방하자.

**해설**

- 안전제일(선취)의 원칙은 행동하기 전에 재해를 예방하거나 방지하는 것을 말한다.

**:: 무재해 운동 3원칙**

|  |  |
|---|---|
| 무(無, Zero)의 원칙 | 모든 잠재위험요인을 사전에 발견·파악·해결함으로써 근원적으로 산업재해를 없앤다. |
| 안전제일(선취)의 원칙 | 직장의 위험요인을 행동하기 전에 발견·파악·해결하여 재해를 예방한다. |
| 참가의 원칙 | 작업에 따르는 잠재적인 위험요인을 발견·해결하기 위하여 전원이 협력하여 문제해결 운동을 실천한다. |

## 14

Repetitive Learning 1회 2회 3회

다음 중 방독마스크의 시험성능기준 항목이 아닌 것은?

① 시야 ② 불연성
③ 정화통 호흡저항 ④ 안면부 내의 압력

**해설**

- 안면부와 관련된 시험성능기준에는 흡기저항, 배기저항, 누설률, 내부의 이산화탄소 농도 등이 있다.

**:: 방독마스크 시험성능기준**

- 안면부 흡기저항/배기저항/누설률/내부의 이산화탄소 농도
- 정화통의 제독능력
- 배기밸브 작동
- 시야
- 강도, 신장률 및 영구변형률
- 불연성
- 음성전달판
- 투시부의 내충격성
- 정화통 질량
- 정화통 호흡저항
- 추가표시

0702 / 1502

## 15

Repetitive Learning 1회 2회 3회

산업안전보건법령상 고용노동부장관은 산업재해를 예방하기 위하여 필요하다고 인정할 때에 대통령령이 정하는 사업장의 산업재해 발생건수, 재해율 등을 공표할 수 있도록 하였는데 이에 관한 공표대상 사업장의 기준으로 틀린 것은?

① 연간 산업재해율이 규모별 같은 업종의 평균재해율 이상인 모든 사업장
② 관련법상 중대 산업사고가 발생한 사업장
③ 관련법상 산업재해의 발생에 관한 보고를 최근 3년 이내 2회 이상 하지 아니한 사업장
④ 산업재해로 연간 사망재해자가 2명 이상 발생한 사업장으로서 사망만인율이 규모별 같은 업종의 평균 사망만인율 이상인 사업장

정답 12 ③ 13 ④ 14 ④ 15 ①

해설

- 중대재해가 발생한 사업장으로서 해당 중대재해 발생연도의 연간 산업재해율이 규모별 같은 업종의 평균재해율 이상인 사업장을 대상으로 한다.

**공표대상 사업장**

- 중대재해가 발생한 사업장으로서 해당 중대재해 발생연도의 연간 산업재해율이 규모별 같은 업종의 평균재해율 이상인 사업장
- 산업재해로 인한 사망자가 연간 2명 이상 발생한 사업장
- 사망만인율이 규모별 같은 업종의 평균 사망만인율 이상인 사업장
- 산업재해 발생 사실을 은폐한 사업장
- 산업재해의 발생에 관한 보고를 최근 3년 이내 2회 이상 하지 않은 사업장
- 중대 산업사고가 발생한 사업장

## 16 Repetitive Learning (1회 2회 3회)

다음 중 검사의 분류에 있어 검사방법에 의한 분류에 속하지 않는 것은?

① 규격검사 ② 시험에 의한 검사
③ 육안검사 ④ 기기에 의한 검사

해설

- 검사방법에 따라서 검사를 분류할 때 ②, ③, ④ 외에 기능검사 등이 있다.

**검사방법에 의한 검사의 분류**

- 육안검사 – 가장 기본적이고 일반적인 검사방법이다. 검사대상을 직접 관찰하여 결함의 유무를 확인한다.
- 기능검사 – 대상 기기를 정하여진 절차에 의해 작동시켜 보고, 결함 유무를 확인한다. 프레스 및 절단기의 1행정 1정지기구 검사방법으로 사용된다.
- 계기(검사기기에 의한)검사
- 시험에 의한 검사

1004 / 1604 / 2001

## 17 Repetitive Learning (1회 2회 3회)

산업안전보건법상 안전보건총괄책임자의 직무에 해당되지 않는 것은?

① 중대재해 발생 시 작업의 중지
② 도급사업 시의 안전·보건 조치
③ 해당 사업장 안전교육계획의 수립 및 실시
④ 수급인의 산업안전보건관리비의 집행 감독 및 그 사용에 관한 수급인 간의 협의·조정

해설

- 사업장의 안전교육계획의 수립 및 실시에 관한 보좌 및 조언·지도는 안전관리자의 업무이다.

**안전보건총괄책임자의 직무** 실필 1402/1102

- 산업재해가 발생할 급박한 위험이 있을 때 또는 중대재해가 발생하였을 경우 작업의 중지 및 재개
- 도급 시 산업재해 예방조치
- 산업안전보건관리비의 관계수급인 간의 사용에 관한 협의·조정 및 그 집행의 감독
- 안전인증대상기계등과 자율안전확인대상기계등의 사용 여부 확인
- 위험성 평가의 실시에 관한 사항

1801

## 18 Repetitive Learning (1회 2회 3회)

산업안전보건법령상 안전인증대상 기계·기구 등에 해당하지 않는 것은?

① 곤돌라
② 고소작업대
③ 활선작업용 기구
④ 교류 아크용접기용 자동전격방지기

해설

- 곤돌라와 고소작업대는 안전인증대상 기계·기구에 해당하며, 활선작업용 기구는 안전인증대상 방호장치에 해당한다.

**안전인증대상 기계·기구** 실필 1004

| 구분 | 대상 |
|---|---|
| 설치·이전하는 경우 안전인증을 받아야 하는 기계·기구 | • 크레인<br>• 리프트<br>• 곤돌라 |
| 주요 구조 부분을 변경하는 경우 안전인증을 받아야 하는 기계·기구 | • 프레스<br>• 전단기 및 절곡기(折曲機)<br>• 크레인<br>• 리프트<br>• 압력용기<br>• 롤러기<br>• 고소(高所)작업대<br>• 곤돌라<br>• 기계톱<br>• 사출성형기(射出成形機) |
| 안전인증대상 방호장치 | • 프레스 또는 전단기 방호장치<br>• 양중기용 과부하방지장치<br>• 보일러 또는 압력용기 압력방출용 안전밸브<br>• 압력용기 압력방출용 파열판<br>• 절연용 방호구 및 활선작업용 기구<br>• 방폭구조 전기기계·기구 및 부품 |



16 ① 17 ③ 18 ④ 정답

0601 / 1504

## 19

Repetitive Learning 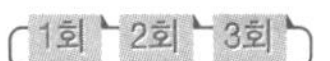

다음 중 산업안전보건법령에 따라 건설업 중 유해·위험방지계획서를 작성하여 고용노동부장관에게 제출하여야 하는 공사에 해당하지 않는 것은?

① 터널건설 공사
② 깊이 10m 이상인 굴착공사
③ 최대지간길이가 31m 이상인 교량건설 공사
④ 다목적 댐, 발전용 댐 및 저수용량 2천만톤 이상의 용수 전용 댐, 지방상수도 전용 댐 건설 공사

**해설**

- 최대지간길이와 관련된 교량건설 공사는 31m가 아니라 50m 이상인 경우에 유해·위험방지계획서를 작성하여 제출한다.

**유해·위험방지계획서 제출대상 공사** 실필 1901/1802/1102

- 지상높이가 31m 이상인 건축물 또는 인공구조물, 연면적 3만$m^2$ 이상인 건축물 또는 연면적 5천$m^2$ 이상의 문화 및 집회시설(전시장 및 동물원·식물원은 제외), 판매시설, 운수시설(고속철도의 역사 및 집배송시설은 제외), 종교시설, 의료시설 중 종합병원, 숙박시설 중 관광숙박시설, 지하도상가 또는 냉동·냉장창고시설의 건설·개조 또는 해체 공사
- 연면적 5천$m^2$ 이상인 냉동·냉장창고시설의 설비공사 및 단열공사
- 최대지간길이가 50m 이상인 교량 건설 등의 공사
- 터널 건설 등의 공사
- 다목적 댐, 발전용 댐 및 저수용량 2천만톤 이상의 용수 전용 댐, 지방상수도 전용 댐 건설 등의 공사
- 깊이 10m 이상인 굴착공사

**안전보건관리규정** 실필 1601/1101

- 안전보건관리규정을 작성하여야 할 사업의 종류 및 규모

| 사업의 종류 | 규모 |
|---|---|
| 1. 농업<br>2. 어업<br>3. 소프트웨어 개발 및 공급업<br>4. 컴퓨터 프로그래밍, 시스템 통합 및 관리업<br>5. 정보서비스업<br>6. 금융 및 보험업<br>7. 임대업(부동산 제외)<br>8. 전문, 과학 및 기술 서비스업 (연구개발업 제외)<br>9. 사업지원 서비스업<br>10. 사회복지 서비스업 | 상시근로자 300명 이상을 사용하는 사업장 |
| 11. 제1호부터 제10호까지의 사업을 제외한 사업 | 상시근로자 100명 이상을 사용하는 사업장 |

- 사업주는 안전보건관리규정을 작성하여야 할 사유가 발생한 날부터 30일 이내에 안전보건관리규정을 작성하여야 한다. 이를 변경할 사유가 발생한 경우에도 또한 같다.
- 사업주는 안전보건관리규정을 작성하거나 변경할 때에는 산업안전보건위원회의 심의·의결을 거쳐야 한다. 다만, 산업안전보건위원회가 설치되어 있지 아니한 사업장의 경우에는 근로자대표의 동의를 받아야 한다.

1101 / 1402 / 1404 / 1604 / 1701 / 1704 / 1801 / 1804 / 2102 / 2202

## 20

Repetitive Learning 

산업안전보건법령에 따른 안전보건관리규정을 작성하여야 할 사업의 사업주는 안전보건관리규정을 작성하여야 할 사유가 발생한 날부터 며칠 이내에 작성하여야 하는가?

① 15일
② 30일
③ 50일
④ 60일

**해설**

- 사업주는 안전보건관리규정을 작성하여야 할 사유가 발생한 날부터 30일 이내에 안전보건관리규정을 작성하여야 한다.

# 2과목 산업심리 및 교육

1202 / 1204 / 1701 / 1801 / 1804 / 2104

## 21

Repetitive Learning 

산업안전보건법령상 사업 내 안전·보건교육 중 건설업 일용근로자에 대한 건설업 기초안전·보건교육의 교육시간으로 맞는 것은?

① 1시간
② 2시간
③ 3시간
④ 4시간

**해설**

- 건설업 일용근로자에 대한 건설업 기초안전·보건교육의 교육시간은 4시간이다.

정답 | 19 ③ 20 ② 21 ④

**⁘ 안전·보건 교육시간 기준** 실필 1801/1201/0904/0804

| 교육과정 | 교육대상 | | 교육시간 |
|---|---|---|---|
| 정기교육 | 사무직 종사 근로자 | | 매반기 6시간 이상 |
| | 사무직 외의 근로자 | 판매업무에 직접 종사하는 근로자 | 매반기 6시간 이상 |
| | | 판매업무에 직접 종사하는 근로자 외의 근로자 | 매반기 12시간 이상 |
| | 관리감독자 | | 연간 16시간 이상 |
| 채용 시의 교육 | 일용근로자 및 근로계약기간이 1주일 이하인 기간제근로자 | | 1시간 이상 |
| | 근로계약기간이 1주일 초과 1개월 이하인 기간제근로자 | | 4시간 이상 |
| | 그 밖의 근로자 | | 8시간 이상 |
| 작업내용 변경 시의 교육 | 일용근로자 및 근로계약기간이 1주일 이하인 기간제근로자 | | 1시간 이상 |
| | 그 밖의 근로자 | | 2시간 이상 |
| 특별교육 | 일용 및 근로계약기간이 1주일 이하인 기간제근로자 | 타워크레인 신호업무 제외 | 2시간 이상 |
| | | 타워크레인 신호업무 | 8시간 이상 |
| | 일용 및 근로계약기간이 1주일 이하인 기간제근로자 제외 근로자 | | • 16시간 이상(작업전 4시간, 나머지는 3개월 이내 분할 가능)<br>• 단기간 또는 간헐적 작업인 경우에는 2시간 이상 |
| 건설업 기초안전·보건교육 | 건설 일용근로자 | | 4시간 이상 |

## 22 Repetitive Learning (1회 2회 3회)

다음 중 직무수행 준거가 갖추어야 할 바람직한 3가지 일반적인 특성으로 볼 수 없는 것은?

① 적절성
② 안정성
③ 실용성
④ 특이성

**해설**

- 직무수행 준거가 갖추어야 할 바람직한 3가지 일반적인 특성에는 적절성, 안정성, 실용성이 있다.

**⁘ 직무수행 준거**

- 직무수행 준거는 주어진 과업을 수행함에 있어서 그 결과로서의 성과를 측정하기 위한 항목(Item)을 말한다.
- 직무수행 준거가 갖추어야 할 바람직한 3가지 일반적인 특성에는 적절성, 안정성, 실용성이 있다.

## 23 Repetitive Learning (1회 2회 3회)

다음 중 작업스트레스에 대한 연구 결과로 옳지 않은 것은?

① 조직에서 스트레스를 일으키는 대부분의 원인들은 역할 속성과 관련되어 있다.
② 스트레스는 분노, 좌절, 적대, 흥분 등과 같은 보다 강렬하고 격앙된 정서 상태를 일으킨다.
③ A유형의 종업원들이 B유형의 종업원들보다 스트레스를 덜 받는다.
④ 내적통제형의 종업원들이 외적통제형의 종업원들보다 스트레스를 덜 받는다.

**해설**

- 작업스트레스 연구 결과 A유형의 종업원들은 혈압, 불안, 우울과 관련되어 B유형의 종업원들보다 스트레스를 더 받는다.

**⁘ 작업스트레스 연구 결과**

- 조직에서 스트레스를 일으키는 대부분의 원인들은 역할 속성과 관련되어 있다.
- 스트레스는 분노, 좌절, 적대, 흥분 등과 같은 보다 강렬하고 격앙된 정서 상태를 일으킨다.
- A유형의 종업원들은 혈압, 불안, 우울과 관련되어 B유형의 종업원들보다 스트레스를 더 받는다.
- 내적통제형의 종업원들이 외적통제형의 종업원들보다 스트레스를 덜 받는다.

1002 / 1601

## 24 Repetitive Learning (1회 2회 3회)

다음 중 부주의가 발생하는 경우에 있어 자동차를 운전할 때 신호가 바뀌기 전에 신호가 바뀔 것을 예상하고 자동차를 출발시키는 행동과 관련된 것은?

① 억측판단
② 근도반응
③ 착시현상
④ 의식의 우회

**해설**

- 근도반응이란 가까운 길에 대한 유혹으로 지름길 반응이라고도 한다.
- 착시현상이란 실제로는 그렇지 않지만 인간이 보고 싶은 내용으로 오해하여 나타나는 현상을 말한다.
- 의식의 우회란 작업도중 걱정, 고뇌, 욕구불만 등에 의해서 발생되는 부주의 현상을 말한다.



22 ④ 23 ③ 24 ① 정답

:: 억측판단

㉠ 정의

- 작업공정 중에 규정된 대로 수행하지 않고 "괜찮다."라고 생각하여 자기 주관대로 추측을 하여 행동한 결과 재해가 발생한 경우를 말한다.

㉡ 억측판단의 배경

- 정보가 불확실할 때
- 희망적인 관측이 있을 때
- 과거에 경험한 선입견이 있을 때
- 귀찮음과 초조함이 교차할 때

1702

## 25

Repetitive Learning 1회 2회 3회

부주의에 의한 사고방지대책에 있어 기능 및 작업측면의 대책에 해당하는 것은?

① 적성배치　　② 안전의식의 제고
③ 주의력 집중 훈련　　④ 작업환경과 설비의 안전화

해설

- 부주의에 의한 사고방지대책에 있어 기능 및 작업측면의 대책에서 적성배치는 매우 중요하다.

:: 적성배치

㉠ 개요

- 자아실현의 기회 부여로 근무의욕 고취와 재해사고의 예방에 기여하는 효과를 가진다.
- 부주의에 의한 사고방지대책에 있어 기능 및 작업측면의 대책에 해당한다.

㉡ 고려사항

- 주관적인 감정요소를 배제한다.
- 인사관리의 기준에 원칙을 준수한다.
- 직무평가를 통하여 자격수준을 결정한다.
- 적성검사를 실시하여 개인의 능력을 파악한다.

1904

## 26

Repetitive Learning 1회 2회 3회

집단 심리요법의 하나로서 자기 해방과 타인 체험을 목적으로 하는 체험활동을 통해 대인관계에 있어서의 태도변용이나 통찰력, 자기이해를 목표로 개발된 교육기법은?

① ST(Sensitivity Training)훈련
② 롤 플레잉(Role playing)
③ OJT(On the Job Training)
④ TA(Transactional Analysis)훈련

해설

- 롤 플레잉은 집단 심리요법의 하나로 참가자에게 흥미와 체험감을 주며, 아는 것과 행동하는 것 사이의 차이를 인식시켜 줄 수 있는 교육 방법이다.

:: 역할연기법(Role playing)

㉠ 개요

- 집단 심리요법의 하나로서 자기 해방과 타인 체험을 목적으로 하는 체험활동을 통해 대인관계에 있어서의 태도변용이나 통찰력, 자기이해를 목표로 개발된 교육기법이다.
- 참가자에게 흥미와 체험감을 주며, 아는 것과 행동하는 것 사이의 차이를 인식시켜 줄 수 있는 교육방법이다.
- 높은 수준의 의사 결정에 대한 훈련에는 효과를 기대할 수 없다.

㉡ 특징

- 관찰에 의한 학습
- 실행에 의한 학습
- 피드백에 의한 학습 분석과 개념화를 통한 학습

㉢ 장점

- 흥미를 갖고, 문제에 적극적으로 참가한다.
- 문제의 배경에 대하여 통찰하는 능력을 높임으로써 감수성이 향상된다.
- 자기 태도의 반성과 창조성이 생기고, 발표력이 향상된다.
- 의견 발표에 자신이 생기고, 고찰력이 풍부해진다.

0702 / 0904

## 27

Repetitive Learning 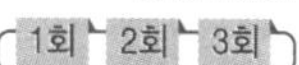

다음 중 자유방임형 리더십에 따른 집단구성원의 반응으로 볼 수 없는 것은?

① 낭비 및 파손품이 많다.
② 업무의 양과 질이 우수하다.
③ 리더를 타인으로 간주하기 쉽다.
④ 개성이 강하고 연대감이 없어진다.

해설

- 자유방임형 리더십은 집단구성원이 무엇을 하든 신경 쓰지 않는 형으로 업무의 양과 질이 우수할 수 없다.

:: 리더십(Leadership)

㉠ 개요

- 어떤 특정한 목표달성을 위해 조직에서 행사되는 영향력을 말한다.
- 리더십의 특성조건에는 혁신적 능력, 표현능력, 대인적 숙련 등을 들 수 있다.
- 특성이론이란 성공적인 리더가 가지는 특성을 연구하는 이론이다.
- 의사결정 방법에 따라 크게 권위형, 민주형, 자유방임형으로 구분된다.

정답 | 25 ① 26 ② 27 ②

ⓒ 의사결정 방법에 따른 리더십의 구분

| | |
|---|---|
| 권위형 | • 업무를 중심에 놓는다.(직무 중심적)<br>• 리더가 독단적으로 의사를 결정하고 관리한다.<br>• 하향 지시위주로 조직이 운영된다. |
| 민주형 | • 인간관계를 중심에 놓는다.(부하 중심적)<br>• 조직원의 적극적인 참여와 자율성을 강조한다.<br>• 조직원의 창의성을 개발할 수 있다. |
| 자유 방임형 | • 리더십의 의미를 찾기 힘들다.<br>• 방치, 무관심, 무질서 등의 특징을 가진다.<br>• 낭비와 파손품이 많다.<br>• 개성이 강하고 연대감이 없다. |

## 28

Repetitive Learning (1회 2회 3회)

다음 중 안전 활동 계획의 성공에 대한 수용 여부가 달려 있는 활동 대상자들의 주요 심리요소에 해당하지 않는 것은?

① 습성(Habits) ② 기질(Temper)
③ 동기(Motive) ④ 지능(Intelligence)

해설

• 산업심리의 5요소에는 동기, 기질, 감정, 습성, 습관이 있다.

산업안전심리의 5요소

| | |
|---|---|
| 동기(Motive) | 능동적인 감각에 의한 자극에서 일어난 사고의 결과로서 사람의 마음을 움직이는 원동력이 되는 것이다. |
| 기질(Temper) | 감정적인 경향이나 반응에 관계되는 성격의 한 측면이다. |
| 감정(Emotion) | 생활체가 어떤 행동을 할 때 생기는 주관적인 동요를 뜻한다. |
| 습성(Habits) | 한 종에 속하는 개체의 대부분에서 볼 수 있는 일정한 생활양식으로 본능, 학습, 조건반사 등에 따라 형성된다. |
| 습관(Custom) | 성장과정을 통해 형성된 특성 등이 무의식중에 습관화된 것으로 동기, 기질, 감정, 습성 등이 영향을 끼친다. |

0701 / 1704

## 29

Repetitive Learning (1회 2회 3회)

조직에 있어 구성원들의 역할에 대한 기대와 행동은 항상 일치하지는 않는다. 역할 기대와 실제 역할 행동 간에 차이가 생기면 역할 갈등이 발생하는데, 역할 갈등의 원인으로 가장 거리가 먼 것은?

① 역할 마찰 ② 역할 민첩성
③ 역할 부적합 ④ 역할모호성

해설

• 역할 갈등(Role conflict)은 작업에 대하여 상반된 역할이 기대되는 경우에 해당하며 원인에는 역할 마찰, 역할 부적합, 역할모호성 등이 있다.

슈퍼(Super, D. E)의 역할이론

• 역할 연기(Role playing) – 자아탐구의 수단인 동시에 자아실현의 수단이다.
• 역할 기대(Role expectation) – 직업에 충실한 사람은 자기역할에 대해 기대하고 감수하는 사람이다.
• 역할 갈등(Role conflict) – 작업에 대하여 상반된 역할이 기대되는 경우에 해당하며 원인에는 역할 마찰, 역할 부적합, 역할모호성 등이 있다.
• 역할 조성(Role shaping) – 개인에게 여러 개의 역할 기대가 있을 경우 그중 일부에 불응하거나 거부하는 경우도 있으며, 혹은 다른 역할을 위해 다른 일을 구하기도 한다.

1101 / 1201 / 1801

## 30

Repetitive Learning (1회 2회 3회)

교육훈련 평가의 4단계를 맞게 나열한 것은?

① 반응단계 → 학습단계 → 행동단계 → 결과단계
② 반응단계 → 행동단계 → 학습단계 → 결과단계
③ 학습단계 → 반응단계 → 행동단계 → 결과단계
④ 학습단계 → 행동단계 → 반응단계 → 결과단계

해설

• 교육훈련 평가는 반응단계 → 학습단계 → 행동단계 → 결과단계의 순으로 진행된다.

교육훈련 평가

• 교육훈련 평가는 작업자의 적정배치 및 지도 방법을 개선하고, 학습지도를 효과적으로 하기 위하여 수행한다.
• 교육평가의 5요건은 확실성, 신뢰성, 간이성, 객관성, 경제성으로 구성된다.
• 교육훈련 평가는 반응단계 → 학습단계 → 행동단계 → 결과단계의 순으로 진행된다.

1604

## 31

Repetitive Learning (1회 2회 3회)

작업장의 정리정돈 태만 등 생략행위를 유발하는 심리적 요인에 해당하는 것은?

① 폐합의 요인
② 간결성의 원리
③ Risk taking의 원리
④ 주의의 일점집중 현상



28 ④ 29 ② 30 ① 31 ② | 정답

해설

- 최소의 에너지에 의해 어떤 목적에 다다르도록 하는 경향으로 착각, 착오, 생략, 단락 등의 심리적 요인이 되는 것은 간결성의 원리이다.

게슈탈트 심리학과 작업장

- 폐합의 원리 – 완성되지 않은 형태를 완성시켜 인지하는 것으로 작업장 공구들을 정리정돈하는 데서 찾을 수 있다.
- 간결성의 원리 – 특정 대상을 가능한 가장 단순하고 간결하게 인지하는 것으로 작업장 정리정돈을 생략하려는 데서 찾을 수 있다.

1602

## 32

Repetitive Learning (1회 2회 3회)

인간관계를 효과적으로 맺기 위한 원칙과 가장 거리가 먼 것은?

① 상대방을 있는 그대로 인정한다.
② 상대방에게 지속적인 관심을 보인다.
③ 취미나 오락 등 같거나 유사한 활동에 참여한다.
④ 상대방으로 하여금 당신이 그를 좋아하는 것을 숨긴다.

해설

- 효과적인 인간관계를 위해서는 상대방으로 하여금 당신이 그를 좋아하는 것은 드러내고, 싫어한다면 숨기는 것이 좋다.

인간관계를 위한 원칙

- 상대방을 있는 그대로 인정한다.
- 상대방에게 지속적인 관심을 보인다.
- 취미나 오락 등 같거나 유사한 활동에 참여한다.
- 상대방으로 하여금 당신이 그를 좋아하는 것을 알린다.
- 상대방이 필요로 하는 정보를 제공하라.
- 급한 관계 개선을 기대하지 마라.

0401 / 2101

## 33

Repetitive Learning (1회 2회 3회)

다음 중 학습목적의 3요소에 해당하는 것은?

① 학습정도 ② 학습방법
③ 학습성과 ④ 학습자료

해설

- 학습성과는 학습목적을 세분하여 구체적으로 결정한 것을 말한다.

학습목적의 구성

- 학습목적 : A를 위해 B를 C한다.
- 학습목표 : A
- 학습주제 : B
- 학습정도 : C

0704 / 1801

## 34

Repetitive Learning (1회 2회 3회)

시행착오설에 의한 학습법칙에 해당하지 않는 것은?

① 효과의 법칙
② 일관성의 법칙
③ 연습의 법칙
④ 준비성의 법칙

해설

- 일관성의 법칙은 파블로프의 조건반사설에는 포함되나 손다이크의 시행착오설에는 포함되지 않는다.

손다이크(Thorndike)의 시행착오설에 의한 학습법칙

- S-R이론의 대표적인 종류 중 하나로 학습을 자극(Stimulus)에 의한 반응(Response)으로 파악한다.
- 맹목적 시행을 반복하는 가운데 자극과 반응이 결합하여 행동하는 것을 말한다.
- 학습법칙에는 연습의 법칙, 효과의 법칙, 준비성의 법칙 등이 있다.

1701 / 2202

## 35

Repetitive Learning (1회 2회 3회)

생체리듬에 관한 설명으로 틀린 것은?

① 각각의 리듬이 (-)로 최대인 점이 위험일이다.
② 육체적 리듬은 "P"로 나타내며, 23일을 주기로 반복된다.
③ 감성적 리듬은 "S"로 나타내며, 28일을 주기로 반복된다.
④ 지성적 리듬은 "I"로 나타내며, 33일을 주기로 반복된다.

해설

- 위험일이란 안정기(+)와 불안정기(-)의 교차점을 말한다.

생체리듬(Biorhythm)의 분류

- 육체적 리듬(P)의 주기는 23일이며, 식욕, 활동력, 지구력과 관련된다.
- 감성적 리듬(S)의 주기는 28일이며, 주의력, 예감과 관련된다.
- 지성적 리듬(I)의 주기는 33일이며, 지성적 사고능력(상상력, 판단력, 추리능력)과 관련된다.
- 안정기(+)와 불안정기(-)의 교차점을 위험일이라 한다.

정답 | 32 ④ 33 ① 34 ② 35 ①

0704 / 2001

## 36 — Repetitive Learning (1회 2회 3회)

다음 중 교육방법에 있어 강의식의 단점으로 볼 수 없는 것은?

① 학습내용에 대한 집중이 어렵다.
② 학습자의 참여가 제한적일 수 있다.
③ 인원대비 교육에 필요한 비용이 많이 든다.
④ 학습자 개개인의 이해도를 파악하기 어렵다.

해설

- 강의식은 피교육생을 대상으로 일방적으로 강의하는 방법으로 다른 교육방법에 비해 경제적이다.

**강의식(Lecture method)**

㉠ 개요
- 안전교육방법 중 수업의 도입이나 초기단계에 적용하며, 단시간에 많은 내용을 교육하는 경우에 가장 적절한 방법이다.
- 짧은 교육기간에 많은 인원의 대상에게 비교적 많은 내용을 전달하기 위한 교육방법이다.
- 도입, 제시, 적용, 확인단계 중 제시단계에서 가장 많은 시간이 소요된다.

㉡ 특징
- 적은 시간에 많은 내용을 많은 대상에게 교육시킬 수 있어 다른 방법에 비해 경제적이다.
- 전체적인 교육내용을 제시하거나, 새로운 과업 및 작업단위의 도입단계에 유효하다.
- 교육시간에 대한 조정(계획과 통제)이 용이하다.
- 난해한 문제에 대하여 평이하게 설명이 가능하다.
- 상대적으로 피드백이 부족하다. 즉, 피교육생의 참여가 제약된다.
- 교육대상 집단 내 수준차로 인해 교육의 효과가 감소할 가능성이 있다.

1802 / 2201

## 37 — Repetitive Learning (1회 2회 3회)

어떤 과업을 성취할 수 있는 자신의 능력에 대한 스스로의 믿음을 무엇이라 하는가?

① 자기통제(Self-control)
② 자아존중감(Self-esteem)
③ 자기효능감(Self-efficacy)
④ 통제소재(Locus of control)

해설

- 자기통제란 큰 목표 등을 위해 자신의 감정이나 욕망을 통제하는 것을 말한다.
- 자아존중감은 자신에 대한 광범위하고 포괄적인 평가로 자신의 가치와 능력을 믿는 마음을 말한다.
- 통제소재란 자신의 행동이나 감정을 조절하는 키를 자신의 내부에 혹은 외부에 두는지를 결정하는 경향을 말한다.

**자기효능감(Self-efficacy)**
- 자아효능감이라고도 한다.
- 자신에게 주어진 과제를 성공적으로 수행하거나 상황을 잘 극복할 수 있다는 신념이나 기대를 말한다.

1601

## 38 — Repetitive Learning (1회 2회 3회)

다음 중 강의법에서 도입단계의 내용으로 적절하지 않은 것은?

① 동기를 유발한다.
② 주제의 단원을 알려준다.
③ 수강생의 주의를 집중시킨다.
④ 핵심이 되는 점을 가르쳐 준다.

해설

- 도입단계는 수강생의 주의를 집중시키고, 주제의 단원을 알려주면서 학습동기를 유발시키는 단계이다.

**강의식의 구성**
- 도입 → 제시 → 적용 → 평가단계를 거친다.

| 단계 | 내용 |
|---|---|
| 도입단계 | 수강생의 주의를 집중시키고, 주제의 단원을 알려주면서 학습동기를 유발시키는 단계 |
| 제시단계 | 핵심이 되는 점을 알려주고, 질문을 통해 수강생의 반응을 확인하는 단계로 가장 많은 시간이 소요된다. |
| 적용단계 | 실무에 적용하는 방법 등을 연습하는 단계 |
| 평가단계 | 강의를 마무리하는 단계 |



36 ③ 37 ③ 38 ④ | 정답

1901

## 39

Repetitive Learning 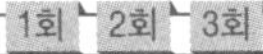

다음 중 안전보건교육의 종류별 교육요점으로 옳지 않은 것은?

① 태도교육은 의욕을 갖게 하고 가치관 형성교육을 한다.
② 기능교육은 표준작업 방법대로 시범을 보이고 실습을 시킨다.
③ 추후지도교육은 재해발생원리 및 잠재위험을 이해시킨다.
④ 지식교육은 작업에 관련된 취약점과 이에 대응되는 작업방법을 알도록 한다.

**해설**

- 재해발생원리 및 잠재위험에 대한 교육은 지식교육에서 실시한다. 추후지도교육은 변경되는 법규나 추가되는 기계장치에 대한 보수교육 개념으로 OJT 형식을 빌어 주기적으로 실시한다.

**안전보건교육 개괄**

- 지식교육 – 기능교육 – 태도교육 순으로 진행된다.
- 지식교육(1단계)은 화학, 전기, 방사능의 설비를 갖춘 기업에서 특히 필요성이 큰 교육으로, 근로자가 지켜야 할 규정의 숙지를 위한 인지적인 교육이다. 일방적・획일적으로 행해지는 경우가 많다.
- 기능교육(2단계)은 같은 것을 반복하여 개인의 시행착오에 의해서만 점차 그 사람에게 형성되는 교육으로 일방적・획일적으로 행해지는 경우가 많다. 아울러 안전행동의 기초이므로 경영관리・감독자측 모두가 일체가 되어 추진해야 한다.
- 태도교육(3단계)은 올바른 행동의 습관화 및 가치관을 형성하도록 하는 심리적인 교육으로 교육의 기회나 수단이 다양하고 광범위하다.

0804 / 2001

## 40

Repetitive Learning 

의사소통의 심리구조를 4영역으로 나누어 설명한 조하리의 창(Johari's window)에서 "나는 모르지만 다른 사람은 알고 있는 영역"을 무엇이라 하는가?

① Open area ② Blind area
③ Unknown area ④ Hidden area

**해설**

- Open area는 나도 알고 다른 사람도 알고 있는 영역이다.
- Unknown area는 나도 모르고 다른 사람도 모르는 영역이다.
- Hidden area는 나는 알지만 다른 사람은 모르고 있는 영역이다.

**조하리의 창**

| | 자신이 아는 부분 | 자신이 모르는 부분 |
|---|---|---|
| 다른 사람이 아는 부분 | 열린 창<br>Open area | 보이지 않는 창<br>Blind area |
| 다른 사람이 모르는 부분 | 숨겨진 창<br>Hidden area | 미지의 창<br>Unknown area |

# 3과목 인간공학 및 시스템안전공학

## 41

Repetitive Learning 1회 2회 3회

다음의 결함수분석(FTA) 절차에서 가장 먼저 수행해야 하는 것은?

① Cut set을 구한다.
② Top사상을 정의한다.
③ Minimal cut set을 구한다.
④ FT(Fault Tree)도를 작성한다.

**해설**

- 결함수분석에서 가장 먼저 실시하는 것은 정상(Top)사상의 선정이다.

**결함수분석(FTA)에 의한 재해사례의 연구 순서**

| | |
|---|---|
| 1단계 | 정상(Top)사상의 선정 |
| 2단계 | 사상마다 재해원인 및 요인 규명 |
| 3단계 | FT(Fault Tree)도 작성 |
| 4단계 | 개선계획의 작성 |
| 5단계 | 개선안 실시계획 |

1602

## 42

Repetitive Learning 

화학설비에 대한 안전성 평가방법 중 공장의 입지조건이나 공장 내 배치에 관한 사항은 어느 단계에서 하는가?

① 제1단계 : 관계 자료의 작성 준비
② 제2단계 : 정성적 평가
③ 제3단계 : 정량적 평가
④ 제4단계 : 안전대책

해설

- 공장의 입지조건이나 배치는 2단계 정성적 평가에서 설계관계에 대한 평가에 해당한다.

안전성 평가 6단계

| | |
|---|---|
| 1단계 | 관계 자료의 작성 준비 |
| 2단계 | • 정성적 평가<br>• 설계(공장의 입지조건, 공장 내 배치)와 운전관계에 대한 평가 |
| 3단계 | • 정량적 평가<br>• 취급물질, 용량, 온도, 압력 및 조작을 통한 위험도 평가 |
| 4단계 | • 안전대책수립<br>• 보전, 설비대책과 관리적 대책 |
| 5단계 | 재해정보에 의한 재평가 |
| 6단계 | FTA에 의한 재평가 |

0701

## 43 Repetitive Learning 1회 2회 3회

평균고장시간이 $4 \times 10^8$시간인 요소 4개가 직렬체계를 이루었을 때 이 체계의 수명은 몇 시간인가?

① $1 \times 10^8$ ② $4 \times 10^8$

③ $8 \times 10^8$ ④ $16 \times 10^8$

해설

- 직렬로 연결되었으므로 대입하면 $\frac{4 \times 10^8}{4} = 1 \times 10^8$이 된다.

n개의 요소를 갖는 지수분포를 따르는 부품의 기대수명

- 평균수명이 t인 부품 n개를 직렬로 구성하였을 때 기대수명은 $\frac{t}{n}$이다.
- 평균수명이 t인 부품 n개를 병렬로 구성하였을 때 기대수명은 $\left(1+\frac{1}{2}+\cdots+\frac{1}{n}\right) \times t$이다.

## 44 Repetitive Learning 1회 2회 3회

다음 중 Layout의 원칙으로 가장 올바른 것은?

① 운반 작업을 수작업화한다.

② 중간 중간에 중복 부분을 만든다.

③ 인간이나 기계의 흐름을 라인화한다.

④ 사람이나 물건의 이동거리를 단축하기 위해 기계배치를 분산화한다.

해설

- 운반작업은 최대한 자동화를 지향한다.
- 작업의 흐름에 따라 배치하고 중간에 중복을 최대한 배제한다.
- 기계배치를 집중화한다.

작업장 배치의 원칙

㉠ 개요

- 사용빈도, 중요도, 기능별, 사용순서의 원칙에 의해 배치한다.
- 작업의 흐름에 따라 기계를 배치한다.
- 배치의 3단계는 지역배치 → 건물배치 → 기계배치 순으로 이뤄진다.
- 공장 내외에는 안전한 통로를 두어야 하며, 통로는 선을 그어 작업장과 명확히 구별하도록 한다.
- 비상시에 쉽게 대비할 수 있는 통로를 마련하고 사고 진압을 위한 활동통로가 반드시 마련되어야 한다.

㉡ 원칙

- 중요성의 원칙, 사용빈도의 원칙 – 우선적인 원칙
- 기능별 배치, 사용순서의 원칙 – 부품의 일반적인 위치 내에서의 구체적인 배치 기준

## 45 Repetitive Learning 1회 2회 3회

다음 중 의자 설계의 일반적인 원리로 가장 적절하지 않은 것은?

① 등근육의 정적부하를 줄인다.

② 디스크가 받는 압력을 줄인다.

③ 요부전만(腰部前灣)을 유지한다.

④ 일정한 자세를 계속 유지하도록 한다.

해설

- 자세의 고정을 줄여야 한다.

인간공학적 의자 설계

㉠ 개요

- 조절식 설계원칙을 적용하도록 한다.
- 자세와 동작에 따라 고려해야 할 인체측정 치수가 달라진다.
- 요부전만(腰部前灣)을 유지한다.
- 추간판(디스크)의 압력과 등근육의 정적부하를 줄인다.
- 자세 고정을 줄인다.
- 여러 사람이 사용하는 의자의 경우 좌면 높이는 오금보다 약간 낮게(5% 오금높이) 유지한다.

㉡ 고려할 사항

- 체중 분포
- 상반신의 안정
- 좌판의 높이(조절식을 기준으로 한다)
- 좌판의 깊이와 폭
  (폭은 최대치, 깊이는 최소치를 기준으로 한다)



43 ① 44 ③ 45 ④ 정답

## 46 Repetitive Learning (1회 2회 3회)

다음 중 가속도에 관한 설명으로 틀린 것은?

① 가속도란 물체의 운동 변화율이다.

② 1G는 자유 낙하하는 물체의 가속도인 $9.8m/s^2$에 해당한다.

③ 선형가속도는 운동속도가 일정한 물체의 방향 변화율이다.

④ 운동방향이 전후방인 선형가속의 영향은 수직방향보다 덜하다.

**해설**

- 선형가속도란 진공 속에서 자유낙하하는 물체는 일정한 가속도를 받으며, 속도는 일정한 비율로 증가한다는 것을 말한다.

**∷ 가속도**

- 가속도란 물체의 운동 변화율이다.
- 1G는 자유 낙하하는 물체의 가속도인 $9.8m/s^2$에 해당한다.
- 운동방향이 전후방인 선형가속의 영향은 수직방향보다 덜하다.

## 47 Repetitive Learning 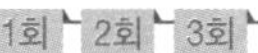

다음 중 사람이 음원의 방향을 결정하는 주된 암시신호(Cue)로 가장 적합하게 조합된 것은?

① 소리의 강도차와 진동수차

② 소리의 진동수차와 위상차

③ 음원의 거리차와 시간차

④ 소리의 강도차와 위상차

**해설**

- 소리가 발생했을 때 음원의 방향은 양쪽 귀에 도달하는 소리에 대한 강도와 위상의 차이를 통해 구별할 수 있다.

**∷ 음원의 방향과 위치 추정**

- 소리가 발생했을 때 음원의 방향은 양쪽 귀에 도달하는 소리에 대한 강도와 위상의 차이를 통해 구별할 수 있다.
- 음원의 위치추정은 양쪽 귀에 전달되는 음향신호의 주파수와 도달시간의 차이에 의해 위치 추정이 가능하다.

## 48 Repetitive Learning (1회 2회 3회)

다음 중 제한된 실내 공간에서의 소음문제에 대한 대책으로 가장 적절하지 않는 것은?

① 진동부분의 표면을 줄인다.

② 소음에 적응된 인원으로 배치한다.

③ 소음의 전달 경로를 차단한다.

④ 벽, 천장, 바닥에 흡음재를 부착한다.

**해설**

- 소음에 적응된 인원을 배치하는 것은 소음대책으로 볼 수 없다.

**∷ 제한된 실내 공간에서의 소음대책**

- 진동부분의 표면을 줄인다.
- 소음의 전달 경로를 차단한다.
- 벽, 천장, 바닥에 흡음재를 부착한다.
- 소음 발생원을 제거하거나 밀폐한다.
- 저소음 기계로 대체한다.
- 시설기자재를 적절히 배치시킨다.

## 49 Repetitive Learning (1회 2회 3회)

다음 중 시스템 내에 존재하는 위험을 파악하기 위한 목적으로 시스템 설계 초기단계에 수행되는 위험분석 기법은?

① SHA

② FMEA

③ PHA

④ MORT

**해설**

- 시스템 위험성 분석(SHA)은 시스템 정의단계나 시스템 개발의 초기 설계단계에서 제품 전체와 관련된 위험성에 대한 상세 분석기법이다.
- 고장형태와 영향분석(FMEA)은 제품 설계와 개발단계에서 고장 발생을 최소로 하고자 하는 경우에 유효한 분석기법이다.
- 경영소홀 및 리스크 수목분석(MORT)은 FTA와 동일한 논리기호를 사용하여 관리, 설계, 생산, 보전 등 기업경영 차원에서 제품의 안전과 관련된 광범위한 요인들을 검토하는 분석방법이다.

정답 | 46 ③ 47 ④ 48 ② 49 ③

**예비위험분석(PHA)**

㉠ 개요

- 모든 시스템 안전 프로그램에서의 최초단계 해석으로 시스템의 위험요소가 어떤 위험 상태에 있는가를 정성적으로 평가하는 분석방법이다.
- 시스템을 설계함에 있어 개념형성 단계에서 최초로 시도하는 위험도 분석방법이다.
- 복잡한 시스템을 설계, 가동하기 전의 구상단계에서 시스템의 근본적인 위험성을 평가하는 가장 기초적인 위험도 분석기법이다.
- 위험의 정도를 분류하는 4가지 범주는 파국(Catastrophic), 중대(Critical), 위기-한계(Marginal), 무시가능(Negligible)으로 구분된다.

㉡ 예비위험분석(PHA)의 4가지 범주(MIL-STD-882E)

| 범주 | 내용 |
|---|---|
| 파국(Catastrophic) | 작업자의 부상 및 서브시스템의 고장 등으로 시스템 성능이 저하되어 시스템에 심각한 손실을 초래한 상태 |
| 중대(Critical) | 작업자의 부상 및 시스템의 중대한 손해를 초래하거나 작업자의 생존 및 시스템의 유지를 위하여 즉시 수정 조치를 필요로 하는 상태 |
| 위기-한계(Marginal) | 작업자의 부상 및 시스템의 중대한 손해를 초래하지 않고 대처 또는 제어할 수 있는 상태 |
| 무시가능(Negligible) | 시스템의 성능이나 기능, 인원 손실이 전혀 없는 상태 |

1101 / 1904

## 50 Repetitive Learning (1회 2회 3회)

다음 중 산업안전보건법령에 따라 기계·기구 및 설비의 설치·이전 등으로 인해 유해·위험방지계획서를 제출하여야 하는 대상에 해당하지 않는 것은?

① 공기압축기 ② 건조설비
③ 화학설비 ④ 가스집합 용접장치

**해설**

- 유해·위험방지계획서 제출 대상 기계·기구 및 설비에는 ②, ③, ④ 외에 금속이나 그 밖의 광물의 용해로와 허가대상·관리대상 유해물질 및 분진작업 관련 설비 등이 있다.

**유해·위험방지계획서 제출 대상 기계·기구 및 설비**

- 금속이나 그 밖의 광물의 용해로
- 화학설비
- 건조설비
- 가스집합 용접장치
- 허가대상·관리대상 유해물질 및 분진작업 관련 설비

## 51 Repetitive Learning (1회 2회 3회)

다음 FT도에서 최소 컷 셋(Minimal cut sets)으로만 올바르게 나열한 것은?

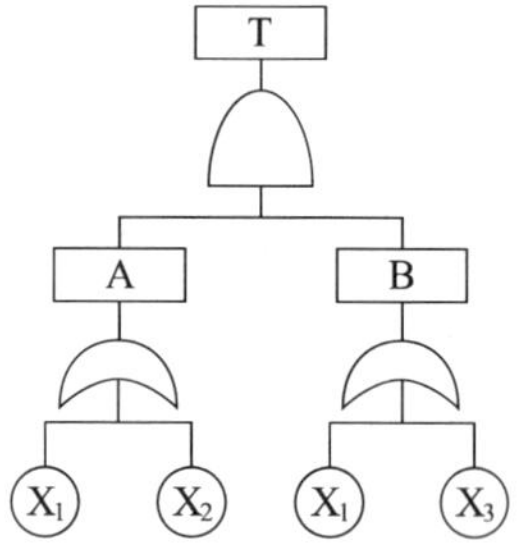


① $[X_1]$, $[X_2]$ ② $[X_1]$, $[X_2]$, $[X_1]$, $[X_3]$
③ $[X_1]$, $[X_2, X_3]$ ④ $[X_1, X_2, X_3]$

**해설**

- A는 OR 게이트이므로 $(X_1+X_2)$, B는 OR 게이트이므로 $(X_1+X_3)$이다.
- T는 A와 B의 AND 연산이므로 $(X_1+X_2)(X_1+X_3)$로 표시된다.
- $(X_1+X_2)(X_1+X_3) = X_1X_1+X_1X_3+X_1X_2+X_2X_3$
  $= X_1(1+X_2+X_3)+(X_2X_3)$
  $= X_1 + (X_2X_3)$ ($\because$ $1+X_2+X_3=1$이므로)
- 최소 컷 셋은 $\{X_1\}$, $\{X_2, X_3\}$

**최소 컷 셋(Minimal cut sets)**

- 컷 셋 중에 타 컷 셋을 포함하고 있는 것을 배제하고 남은 컷 셋들을 의미한다.
- 사고에 대한 시스템의 약점을 표현한다.
- 정상사상(Top 사상)을 일으키는 최소한의 집합이다.
- 일반적으로 Fussell algorithm을 이용한다.
- 시스템에서 최소 컷 셋의 개수가 늘어나면 위험수준이 높아진다.

1101 / 1904

## 52 Repetitive Learning (1회 2회 3회)

한 화학공장에는 24개의 공정제어회로가 있으며, 4,000시간의 공정 가동 중 이 회로에는 14번의 고장이 발생하였고, 고장이 발생하였을 때마다 회로는 즉시 교체되었다. 이 회로의 평균고장시간(MTTF)은 약 얼마인가?

① 6,857시간
② 7,571시간
③ 8,240시간
④ 9,800시간



50 ① 51 ③ 52 ① 정답

**해설**

- MTTF = $\frac{24 \times 4,000}{14} = \frac{96,000}{14} = 6,857.14$시간이다.

**MTTF(Mean Time To Failure)**

- 설비보전에서 평균작동시간, 고장까지의 평균시간을 의미한다.
- 제품 고장 시 수명이 다해 교체해야 하는 제품을 대상으로 하므로 평균수명이라고 할 수 있다.
- MTTF = $\frac{\text{부품수} \times \text{가동시간}}{\text{불량품수(고장수)}}$으로 구한다.

0801 / 2001

## 53 Repetitive Learning (1회 2회 3회)

다음 중 인간공학 연구조사에 사용하는 기준의 구비조건과 가장 거리가 먼 것은?

① 적절성　② 무오염성
③ 다양성　④ 기준척도의 신뢰성

**해설**

- 인간공학의 기준척도의 일반적 요건에는 적절성, 무오염성, 신뢰성, 민감도 등이 있다.

**인간공학 연구 기준척도의 일반적 요건**

| 요건 | 내용 |
|---|---|
| 적절성 | 측정변수가 평가하고자 하는 바를 잘 반영해야 한다. |
| 무오염성 | 기준척도는 측정하고자 하는 변수 외의 다른 변수들의 영향을 받아서는 안 된다. |
| 신뢰성 | 비슷한 조건에서 일정한 결과를 반복적으로 얻을 수 있어야 한다. |
| 민감도 | 피실험자 사이에서 볼 수 있는 예상 차이점에 비례하는 단위로 측정해야 한다. |
| 타당성 | 시스템의 목표를 잘 반영하는가를 나타내는 척도이다. |

## 54 Repetitive Learning (1회 2회 3회)

다음 중 시스템 안전(System safety)에 대한 설명으로 가장 적절하지 않은 것은?

① 주로 시행착오에 의해 위험을 파악한다.
② 위험을 파악, 분석, 통제하는 접근방법이다.
③ 수명주기 전반에 걸쳐 안전을 보장하는 것을 목표로 한다.
④ 처음에는 국방과 우주항공 분야에서 필요성이 제기되었다.

**해설**

- 시스템 안전은 한 번의 고장만으로도 인적, 물적으로 엄청난 손실을 끼칠 수 있으므로 위험을 사전에 예방하고 관리하기 위한 대책을 강구해야 한다.

**시스템 안전(System safety)**

㉠ 개요
- 위험을 파악, 분석, 통제하는 접근방법이다.
- 수명주기 전반에 걸쳐 안전을 보장하는 것을 목표로 한다.
- 처음에는 국방과 우주항공 분야에서 필요성이 제기되었다.

㉡ 시스템 안전관리의 내용
- 시스템 안전목표를 적시에 유효하게 실현하기 위해 프로그램의 해석, 검토 및 평가를 실시하여야 한다.
- 안전활동의 계획, 안전조직과 관리를 철저히 하여야 한다.
- 시스템 안전에 필요한 사항에 대한 동일성을 식별하여야 한다.
- 다른 시스템 프로그램 영역과의 조정을 통해 중복을 배제하여야 한다.
- 시스템 안전활동 결과를 평가하여야 한다.

1802

## 55 Repetitive Learning (1회 2회 3회)

현재 시험문제와 같이 4지 택일형 문제의 정보량은 얼마인가?

① 2 bit　② 4 bit
③ 2 byte　④ 4 byte

**해설**

- 대안이 4개인 경우이므로 $\log_2 4 = \log_2 2^2 = 2\log_2 2 = 2$ bit이다.

**정보량**

- 대안이 n개인 경우의 정보량은 $\log_2 n$으로 구한다.
- 특정 안이 발생할 확률이 $p(x)$라면 정보량은 $\log_2 \frac{1}{p(x)}$로 구한다.
- 여러 안이 발생할 총 정보량 = [개별 확률 × 개별 정보량의 합]

## 56 Repetitive Learning (1회 2회 3회)

Swain에 의해 분류된 휴먼에러 중 독립행동에 관한 분류에 해당하지 않는 것은?

① Omission error
② Commission error
③ Extraneous error
④ Command error

정답 | 53 ③　54 ①　55 ①　56 ④

해설

- Command error는 지시오류로, 인간에러의 원인에 따른 분류에 해당한다.

**행위적 관점에서의 휴먼에러 분류(Swain)**

| | |
|---|---|
| 실행오류 (Commission error) | 작업 수행 중 작업을 정확하게 수행하지 못해 발생한 에러 |
| 생략오류 (Omission error) | 필요한 작업 또는 절차를 수행하지 않는데 기인한 에러 |
| 불필요한 수행오류 (Extraneous error) | 불필요한 작업 또는 절차를 수행함으로써 발생한 에러 |
| 순서오류 (Sequential error) | 필요한 작업 또는 절차의 순서 착오로 인한 에러 |
| 시간오류 (Timing error) | 필요한 작업 또는 절차의 수행을 지연한데 기인한 에러 |

## 57 — Repetitive Learning (1회 2회 3회)

다음 중 인체의 피부감각에 있어 민감한 순서대로 나열된 것은?

① 압각 – 온각 – 냉각 – 통각
② 냉각 – 통각 – 온각 – 압각
③ 온각 – 냉각 – 통각 – 압각
④ 통각 – 압각 – 냉각 – 온각

해설

- 피부감각 중 민감도의 순서는 통각 > 압각 > 촉각 > 냉각 > 온각 순으로 민감하다.

**민감도**

- 각 피부의 부분마다 통증, 압력 등을 느끼는 피부의 민감도는 각각의 피부가 보유하는 감각점의 개수가 다르므로 각각 다르다.
- 피부감각 중 민감도의 순서는 통각 > 압각 > 촉각 > 냉각 > 온각 순이다.

## 58 — Repetitive Learning (1회 2회 3회)

FT에 사용되는 기호 중 더 이상의 세부적인 분류가 필요 없는 사상을 의미하는 기호는?

①
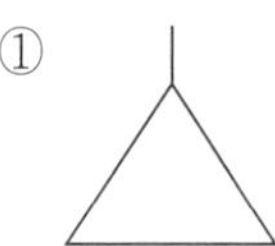

②
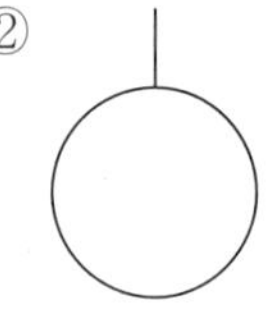

③
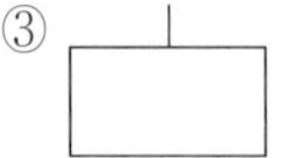

④

해설

- ①은 전이기호로 다른 부분에 있는 게이트와의 연결 관계를 표시한다.
- ③은 결함사상으로 두 가지 상태 중 하나가 고장 또는 결함으로 나타나는 비정상적인 사건을 나타낸다.
- ④는 생략사상으로 불충분한 자료로 결론을 내릴 수 없어 더 이상 전개할 수 없는 사상을 말한다.

**기본사상(Basic event)**

- FT에서 더 이상 원인을 전개할 수 없는 재해를 일으키는 개별적이고 기본적인 원인들로 기계적 고장, 작업자의 실수 등을 말한다.
- 더 이상의 세부적인 분류가 필요 없는 사상으로 주어진 시스템의 기본사상을 나타낸다.
-  로 표시한다.

0801

## 59 — Repetitive Learning (1회 2회 3회)

다음 중 조종–반응비율(C/R비)에 관한 설명으로 틀린 것은?

① C/R비가 클수록 민감한 제어장치이다.
② "X"가 조종장치의 변위량, "Y"가 표시장치의 변위량일 때 X/Y로 표현된다.
③ Knob C/R비는 손잡이 1회전 시 움직이는 표시장치 이동거리의 역수로 나타낸다.
④ 최적의 C/R비는 제어장치의 종류나 표시장치의 크기, 허용오차 등에 의해 달라진다.

해설

- 통제표시비가 작을수록 민감한 장치로 미세한 조종은 어렵지만 수행시간이 짧다.



57 ④ 58 ② 59 ① 정답

:: 통제표시비 : C/D(C/R)비

㉠ 개요

- 통제장치의 변위량과 표시장치의 변위량과의 관계를 나타낸 비율로 C/D비, 조종과 반응의 비라고 하여 C/R비라고도 한다.
- 최적의 C/D비는 1.08 ~ 2.20 정도이다.
- C/D비 = $\frac{\text{통제기기의 변위량}}{\text{표시계기의 변위량}}$으로 구한다.
- 회전 조종구의 C/D비

$$= \frac{2 \times \pi(3.14) \times r(\text{반지름}) \times \left(\frac{\text{각도}}{360}\right)}{\text{표시계기의 변위량}}$$로 구한다.

㉡ 특징

- 설계 시 고려사항에는 계기의 크기, 공차, 방향성, 조작시간, 목시거리 등이 있다.
- 통제표시비가 작다는 것은 민감한 장치로 미세한 조종이 어렵지만 수행시간은 짧다는 것이다.
- 통제표시비가 크다는 것은 미세한 조종은 쉽지만 수행시간이 상대적으로 길다는 것이다.
- 통제기기 시스템에서 발생하는 조작시간의 지연에는 직접적으로 통제표시비가 가장 크게 작용하고 있다.
- 목시거리가 길면 길수록 조절의 정확도는 떨어진다.

1801

## 60

Repetitive Learning 

정량적 표시장치에 관한 설명으로 맞는 것은?

① 정확한 값을 읽어야 하는 경우 일반적으로 디지털보다 아날로그 표시장치가 유리하다.

② 동목(Moving scale)형 아날로그 표시장치는 표시장치의 면적을 최소화할 수 있는 장점이 있다.

③ 연속적으로 변화하는 양을 나타내는 데에는 일반적으로 아날로그보다 디지털 표시장치가 유리하다.

④ 동침(Moving pointer)형 아날로그 표시장치는 바늘의 진행방향과 증감속도에 대한 인식적인 암시 신호를 얻는 것이 불가능한 단점이 있다.

해설

- 정확한 값을 읽어야 한다면 디지털 표시장치가 유리하다.
- 연속적으로 변화하는 양은 아날로그 표시장치가 유리하다.
- 동침형은 측정값의 변화방향이나 변화속도를 나타내는 데 유리한 표시장치이다.

:: 정량적(동적) 표시장치

| 정목 동침형 | 아날로그 | • 눈금이 고정되고 지침이 움직이는 방식이다.<br>• 미세한 조정이나 움직임이 가능하다. |
|---|---|---|
| 정침 동목형 | | • 지침이 고정되고 눈금이 움직이는 방식이다.<br>• 표시장치의 면적을 최소화할 수 있다. |
| 계수형 | 디지털 | • 양을 전자적인 숫자값으로 표시하는 방식이다.<br>• 정확성이 높다. |

# 4과목 건설시공학

0401 / 0501 / 0802

## 61

Repetitive Learning 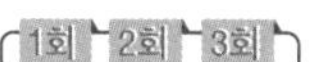

웰포인트(Well-point) 공법에 대한 설명으로 옳지 않은 것은?

① 점토질 지반보다는 사질지반에 유효한 공법이다.

② 지반 내의 기압이 대기압보다 높아져서 토층은 대기압에 의해 다져진다.

③ 지하수위를 낮추는 공법이다.

④ 인접지반의 침하를 일으키는 경우가 있다.

해설

- 지반 내의 기압이 대기압보다 높아져서 토층이 대기압에 의해 다져지는 것은 진공압밀 공법의 설명이다.

:: 웰포인트(Well point) 공법

㉠ 개요

- 모래질 지반에 웰포인트라 불리는 양수관을 여러 개 박아 지하수위를 일시적으로 저하시키는 지하수위 저하공법이나.
- 배수에 의한 연약 지반의 안정공법에서 지름 3 ~ 5cm 정도의 파이프 끝에 여과기를 달아 1 ~ 3m 간격으로 때려 박고, 이를 굵은 파이프에 수평으로 연결하여 진공으로 물을 빨아냄으로써 지하수위를 저하시키는 공법이다.

㉡ 특징

- 인접지반의 침하를 야기시키기 쉽다.
- 흙막이의 토압이 경감된다.
- 흙의 전단저항이 증가된다.
- 인접지 침하의 우려에 따른 주의가 필요하다.

## 62 Repetitive Learning (1회 2회 3회)

철골 도장작업 중 보수도장이 필요한 부위가 아닌 것은?

① 현장용접 부위
② 현장접합 재료의 손상 부위
③ 조립상 표면접합이 되는 부위
④ 현장접합에 의한 볼트류의 두부, 너트, 와셔

**해설**

- 조립에 의해 맞닿는 부분이나 표면접합이 되는 부분은 보수도장이 필요 없다.

**현장에서 보수도장이 필요한 부위**

- 현장용접 부위
- 현장접합 재료의 손상 부위
- 운반 또는 양중 시 생긴 손상 부위
- 현장접합에 의한 볼트류의 두부, 너트, 와셔

1804

## 63 Repetitive Learning (1회 2회 3회)

콘크리트 골재의 비중에 따른 분류로서 초경량골재에 해당하는 것은?

① 중정석 ② 퍼라이트
③ 강모래 ④ 부순 자갈

**해설**

- 중정석은 중량골재에 해당한다.
- 강모래와 부순 자갈은 보통골재에 해당한다.

**비중에 따른 콘크리트 골재의 분류**

- 초경량골재, 경량골재, 보통골재, 중량골재로 구분된다.
- 초경량골재의 가장 대표적인 종류는 퍼라이트이다.
- 경량골재는 절건비중이 2.0 이하인 것으로 천연경량골재, 인공경량골재, 부산물경량골재 등이 있다.

| 천연경량골재 | 경석 화산자갈, 응회암, 용암 등 |
|---|---|
| 인공경량골재 | 팽창성 혈암, 팽창성 점토, 플라이애쉬 등 |
| 부산물경량골재 | 팽창 슬래그, 석탄 찌꺼기 등 |

- 보통골재는 절건비중이 2.4 ~ 2.6 정도인 것으로 천연골재, 인공골재, 부산물골재 등이 있다.

| 천연골재 | 강모래, 강자갈, 산모래, 산자갈, 바다모래, 바다자갈, 일반모래, 일반자갈 |
|---|---|
| 인공골재 | 부순 돌, 부순 자갈, 부순 모래 |
| 부산물골재 | 고로슬래그 골재, 동슬래그 골재 |

- 중량골재는 원자로, 방사선 등의 차폐효과를 위한 콘크리트에 사용되는 갈철광, 자철광, 중정석, 철편 등과 같이 비중이 큰 골재를 말한다.

1704

## 64 Repetitive Learning (1회 2회 3회)

거푸집 구조설계 시 고려해야 하는 연직하중에서 무시해도 되는 요소는?

① 작업하중
② 거푸집 중량
③ 콘크리트 자중
④ 충격하중

**해설**

- 거푸집 중량은 $40kg/m^2$ 정도로 미미하므로 일반적으로 연직하중에서 무시한다.

**거푸집 동바리에 작용되는 연직하중**

- 연직하중 W = 고정하중 + 충격하중 + 작업하중이다.
- 고정하중은 철근콘크리트와 거푸집의 무게를 합한 하중을 말하지만 거푸집의 무게는 $40kg/m^2$으로 무시하고 콘크리트 단위중량($kgf/m^3$) × 슬래브두께(m)로 구한다.
- 충격하중 = 0.5 × 콘크리트 단위중량($kgf/m^3$) × 슬래브두께(m)로 구한다.
- 작업하중은 작업원, 경량의 장비하중, 그 밖의 콘크리트 타설에 필요한 자재 및 공구 등의 시공(작업)하중으로 $150kgf/m^2$($2.5kN/m^2$)로 계산한다.
- 연직하중 W = (콘크리트 단위중량 × 슬래브 두께) + 0.5(콘크리트 단위중량 × 슬래브 두께) + 150 = 1.5(콘크리트 단위중량 × 슬래브 두께) + 150[$kgf/m^3$]이다.

## 65 Repetitive Learning (1회 2회 3회)

철골공사의 용접작업 시 유의사항으로 옳지 않은 것은?

① 용접할 소재는 수축변형 및 마무리에 대한 고려로서 치수에 여분을 두어야 한다.
② 용접으로 인하여 모재에 균열이 생긴 때에는 원칙적으로 모재를 교환한다.
③ 용접자세는 부재의 위치를 조절하여 될 수 있는 대로 아래보기로 한다.
④ 수축량이 가장 작은 부분부터 최초로 용접하고 수축량이 큰 부분은 최후에 용접한다.



62 ③ 63 ② 64 ② 65 ④ | 정답

해설

- 수축변형을 고려하여 수축량이 가장 큰 부분부터 최초로 용접하고 수축량이 작은 부분은 최후에 용접한다.

철골부재 용접 시 주의사항

- 용접할 모재의 표면에 있는 녹, 페인트, 유분 등은 제거하고 작업한다.
- 기온이 0°C 이하로 될 때에는 용접하지 않도록 한다.
- 용접 시 발생하는 가스 등으로 질식 또는 중독되지 않도록 환기 또는 기타 필요한 조치를 해야 한다.
- 용접할 소재는 수축변형 및 마무리에 대한 고려로서 치수에 여분을 두어야 한다.
- 용접으로 인하여 모재에 균열이 생긴 때에는 원칙적으로 모재를 교환한다.
- 용접자세는 부재의 위치를 조절하여 될 수 있는 대로 아래보기로 한다.
- 수축량이 가장 큰 부분부터 최초로 용접하고 수축량이 작은 부분은 최후에 용접한다.

0804

## 66 Repetitive Learning (1회 2회 3회)

지반의 성질에 대한 설명으로 옳지 않은 것은?

① 점착력이 강한 점토층은 투수성이 적고 또한 압밀되기도 한다.

② 흙에서 토립자 이외의 물과 공기가 점유하고 있는 부분을 간극이라 한다.

③ 모래층은 점착력이 비교적 적거나 무시할 수 있는 정도이며 투수가 잘 된다.

④ 흙의 예민비는 보통 그 흙의 함수비로 표현된다.

해설

- 흙의 예민비(Sensitivity ratio)는 흙의 이김에 의해서 약해지는 정도를 표시하는 비$\left(\frac{\text{자연시료(불교란시료)의 강도}}{\text{이긴시료(교란시료)의 강도}}\right)$로 함수비와는 상관이 없다.

지반의 성질

- 점착력이 강한 점토층은 투수성이 적고 또한 압밀되기도 한다.
- 흙에서 토립자 이외의 물과 공기가 점유하고 있는 부분을 간극이라 한다.
- 모래층은 점착력이 비교적 적거나 무시할 수 있는 정도이며 투수가 잘 된다.

1704 / 2202

## 67 Repetitive Learning (1회 2회 3회)

기성콘크리트말뚝에 표기된 PHC-A·450-12의 각 기호에 대한 설명으로 옳지 않은 것은?

① PHC – 원심력 고강도 프리스트레스트 콘크리트말뚝

② A – A종

③ 450 – 말뚝바깥지름

④ 12 – 말뚝삽입 간격

해설

- 말뚝의 표기 기호는 "PHC – 종별 – 말뚝바깥지름 – 말뚝길이" 형식을 사용하므로 12는 말뚝삽입 간격이 아니라 말뚝의 길이가 되어야 한다.

원심력 고강도 프리스트레스트 콘크리트말뚝(PHC 말뚝) 실작 1502

㉠ 개요

- 고강도콘크리트에 프리스트레스를 도입하여 제조한 말뚝으로 Pretensioned spun High strength Concrete piles를 말한다.
- 강성이 우수하고 안전하여 용접식 이음방법을 주로 사용한다.
- 말뚝의 표기기호는 "PHC – 종별 – 말뚝바깥지름 – 말뚝길이" 형식을 사용한다.

㉡ 특징

- 콘크리트의 설계기준강도가 78.5Mpa로 종래 PC 파일의 강도보다 대폭 크다.
- 강재는 특수 PC 강선을 사용한다.
- 견고한 지반까지 항타가 가능하며 지지력 증강에 효과적이다.
- 건조수축이 적고 내약품성이 뛰어나며 경제적이다.

1602

## 68 Repetitive Learning (1회 2회 3회)

철골공사에서 용접작업 종료 후 용접부의 안전성을 확인하기 위해 실시하는 비파괴검사의 종류에 해당되지 않는 것은?

① 방사선검사

② 침투탐상검사

③ 반발경도검사

④ 초음파탐상검사

해설

- 반발경도검사(Rebound hardness testing)는 해머를 시료에 충돌시켜 해머가 시료에서 반발될 때의 에너지로 그 시료의 경도를 결정하는 경도시험으로 용접부 비파괴검사와는 관련이 멀다.

정답 | 66 ④ 67 ④ 68 ③

:: 철골용접 비파괴검사

㉠ 개요

- 강구조 건축물 용접부의 표면결함 및 내부결함을 검출하는 것으로 한다.
- 표면결함은 육안검사와 침투탐상검사 또는 자분탐상검사로 하며, 내부결함은 초음파탐상검사 또는 방사선투과검사로 구분하여 적용한다.

㉡ 표면결함 검사

- 외관(육안)검사는 용접을 한 용접공이나 용접관리 기술자가 하는 것이 원칙이다.
- 침투탐상검사(Liquid penetrant testing)는 액체의 모세관 현상을 이용한다.
- 자분탐상검사(Magnetic particle testing)는 금속표면의 비교적 낮은 부분의 결함을 발견하기 위해 자력을 이용한다.

㉢ 내부결함 검사

- 방사선검사(Radiography testing)는 필름의 밀착성이 좋지 않은 건축물에서 검출이 어렵다.
- 초음파탐상검사(Ultrasonic testing)는 인간의 귀로 들을 수 없는 주파수를 갖는 초음파를 사용하여 결함을 검출하는 방법으로 모재의 결함 및 두께측정이 가능하고, 빠르고 경제적이어서 현장에서 많이 이용한다.

0904

## 69 Repetitive Learning (1회 2회 3회)

널말뚝 후면부를 천공하고 인장재를 삽입하여 경질지반에 정착시킴으로써 흙막이 널을 지지시키는 공법은?

① 버팀대식 흙막이 공법
② 아일랜드 공법
③ 어미말뚝식 흙막이 공법
④ 어스앵커 공법

해설

- 버팀대 공법은 흙막이 벽의 측압을 수평으로 배치한 스트러트로 받는 공법이다.
- 아일랜드 공법은 부분 개착공법으로 가운데 부분을 먼저 파낸 후 콘크리트를 치고 굳힌 후 주변을 파 시공하는 방법이다.
- 어미말뚝식 흙막이 공법은 H-pile이라 불리는 어미말뚝을 일정한 간격으로 박은 후 토류판을 끼워 흙막이 벽을 설치하는 공법이다.

:: 어스앵커 공법 실필 1502 실작 1902/1804/1801/1604/1602/1601

㉠ 개요

- 널말뚝 후면부를 천공하고 인장재를 삽입하여 경질지반에 정착시킴으로써 흙막이 널을 지지시키는 공법이다.

㉡ 특징

- 앵커체가 각각의 구조체이므로 적용성이 좋다.
- 작업능률이 좋으며 토공사 범위를 한 번에 시공할 수 있다.
- 앵커에 프리스트레스를 주기 때문에 흙막이 벽의 변형을 방지하고 주변 지반의 침하를 최소한으로 억제할 수 있다.
- 본 구조물의 바닥과 기둥의 위치에 관계없이 앵커를 설치할 수도 있다.
- 널말뚝 후면부를 천공하고 인장재를 삽입하는 방식인 관계로 인근 구조물이나 지중매설물에 따라 시공이 곤란할 수 있다.

㉢ 구조

- Angle bracket – 브라켓으로 흙막이 벽과 어스앵커를 연결하는 역할을 담당한다.
- Sheath – 피복부위로 흙과의 마찰이 없도록 하는 역할을 담당한다.
- Packer – 정착부 Grout 밀봉을 목적으로 설치한다.
- Anchor head – 앵커 두부는 지압판, 정착구, 대좌로 구성되어 천공의 각도를 유도하고 강선을 고정한다.

0404 / 0801 / 0904

## 70 Repetitive Learning (1회 2회 3회)

서모콘(Thermo-con)에 대한 설명으로 옳은 것은?

① 제물치장콘크리트이며 주로 바닥공사 마무리를 하는 것으로, 콘크리트를 부어 넣은 후 그 콘크리트가 경화하지 않은 시간에 흙손으로 마감하는 것이다.
② 콘크리트가 경화하기 전에 진공 매트(Vacuum mat)로 수분과 공기를 흡수하여 내구성을 향상시킨 것이다.
③ 자갈, 모래 등의 골재를 사용하지 않고 시멘트와 물 그리고 발포제를 배합하여 만드는 일종의 경량콘크리트이다.
④ 건나이트(Gunite)라고도 하며 모르타르를 압축공기로 분사하여 바르는 것이다.

해설

- ①은 제치장 콘크리트에 대한 설명이다.
- ②는 진공콘크리트(Vacuum concrete)에 대한 설명이다.
- ④는 숏크리트(Shotcrete)에 대한 설명이다.

:: 서모콘(Thermo-con)

- 자갈, 모래 등의 골재를 사용하지 않고 시멘트와 물 그리고 발포제를 배합하여 만드는 일종의 경량콘크리트이다.



69 ④ 70 ③ 정답

0702 / 1904

## 71

Repetitive Learning 1회 2회 3회

품질관리(TQC)를 위한 7가지 도구 중에서 불량수, 결점수 등 셀 수 있는 데이터를 분류하여 항목별로 나누었을 때 어디에 집중되어 있는가를 알기 쉽도록 한 그림 또는 표를 무엇이라 하는가?

① 히스토그램
② 파레토도
③ 체크시트
④ 산포도

**해설**

- 히스토그램은 공사 또는 제품의 품질상태가 만족한 상태에 있는가의 여부를 몇 개의 구간으로 나누어 빈도수를 막대그래프 형식으로 표현한 것이다.
- 파레토도는 층별 요인이나 특성에 대한 불량점유율을 나타낸 그림으로 크기 순서대로 막대그래프 형식으로 표기한 것이다.
- 산포도는 서로 대응되는 두 개의 짝으로 된 데이터를 그래프용지에 점으로 얼마나 퍼져있는지를 나타낸 것이다.

:: T.Q.C(Total Quality Control) 주요 도구

| 구분 | 내용 |
|---|---|
| 체크시트 | 계수치의 데이터가 분류항목의 어디에 집중되어 있는가를 알아보기 쉽게 나타낸 것 |
| 파레토그램 | 층별 요인이나 특성에 대한 불량점유율을 나타낸 그림으로서 가로축에는 층별 요인이나 특성을, 세로축에는 불량건수나 불량손실금액 등을 표시한 것으로 크기 순서대로 막대그래프 형식으로 표기한 것 |
| 히스토그램 | 공사 또는 제품의 품질상태가 만족한 상태에 있는가의 여부를 몇 개의 구간으로 나누어 빈도수를 막대그래프 형식으로 표현한 것 |
| 산점도(산포도) | 서로 대응되는 두 개의 짝으로 된 데이터를 그래프용지에 점으로 얼마나 퍼져있는지를 나타낸 것 |
| 특성요인도 | 결과에 어떤 원인이 있는가를 보기 쉽게 나뭇가지 모양으로 나타낸 것 |

1101

## 72

Repetitive Learning 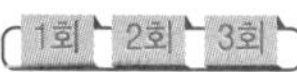

Earth anchor 시공에서 정착부 Grout 밀봉을 목적으로 설치하는 것은?

① Angle bracket
② Sheath
③ Packer
④ Anchor head

**해설**

- Angle bracket은 브라켓으로 흙막이 벽과 어스앵커를 연결하는 역할을 담당한다.
- Sheath는 피복부위로 흙과의 마찰이 없도록 하는 역할을 담당한다.
- Anchor head(앵커 두부)는 지압판, 정착구, 대좌로 구성되어 천공의 각도를 유도하고 강선을 고정한다.

:: 어스앵커 공법 **실필** 1502 **실작** 1902/1804/1801/1604/1602/1601

문제 69번의 유형별 핵심이론 :: 참조

## 73

Repetitive Learning 1회 2회 3회

콘크리트의 측압력을 부담하지 않고 거푸집 상호 간의 간격을 유지시켜 주는 것은?

① 세퍼레이터(Separator)
② 플랫타이(Flat tie)
③ 폼타이(Form tie)
④ 스페이서(Spacer)

**해설**

- 플랫타이(Flat tie), 폼타이(Form tie)는 긴결재이고, 스페이서(Spacer)는 간격재를 말한다.

:: 격리재(Separator)

- 거푸집 공사에서 철판제, 철근제, 파이프제 또는 모르타르제를 사용하여 거푸집 상호 간의 간격을 유지하는 것을 말한다.
- 콘크리트의 측압력을 부담하지 않는다.

## 74

Repetitive Learning 1회 2회 3회

콘크리트 표준시방서에 따른 거푸집널의 해체 시기로 옳은 것은?(단, 콘크리트의 압축강도를 시험하지 않을 경우, 기둥으로서 평균기온이 20℃ 이상이며 조강포틀랜드시멘트를 사용)

① 1일　　② 2일
③ 3일　　④ 4일

**해설**

- 조강포틀랜드시멘트를 사용할 경우 거푸집널 해체 시기는 평균기온이 20℃ 이상이면 2일, 10℃ 이상 ~ 20℃ 미만이면 3일이다.

**정답** | 71 ③　72 ③　73 ①　74 ②

:: 콘크리트의 압축강도를 시험하지 않을 경우 거푸집널의 해체 시기

| 시멘트의 종류 / 평균기온 | 조강 포틀랜드 시멘트 | 보통포틀랜드시멘트 고로슬래그시멘트(특급) 포틀랜드포졸란 · 플라이애쉬 시멘트(A종) | 고로슬래그시멘트(1급) 포틀랜드포졸란 · 플라이애쉬 시멘트(B종) |
|---|---|---|---|
| 20℃ 이상 | 2일 | 4일 | 5일 |
| 10℃ 이상 ~ 20℃ 미만 | 3일 | 6일 | 8일 |

0404 / 0602 / 1101 / 1504

## 75 Repetitive Learning (1회 2회 3회)

철골구조의 베이스플레이트를 완전 밀착시키기 위한 기초상부 고름질법에 속하지 않는 것은?

① 고정매입법
② 전면바름법
③ 나중채워넣기중심바름법
④ 나중채워넣기법

해설

- 고정매입법은 앵커볼트 매립방법이다.

:: 현장 철골 세우기

㉠ 개요
- 공장에서 제작된 부재를 가져와 현장 여건에 맞는 건립공법으로 철골을 세우고 접합하는 과정을 말한다.
- 현장에서 철골을 세우는 순서는 계획 및 준비 → 기초 앵커볼트 매립 → 기초상부 고름질 → 철골 세우기 → 볼트 가조립 → 변형바로잡기 → 볼트 본조립 순으로 진행한다.

㉡ 계획 및 준비단계
- 현장 상황에 맞게 자재의 반입, 설치, 양중 등의 설치계획을 세운다.
- 철골제작공장과 반입 시간, 반입 부재 수, 부재 반입의 순서 등을 사전 협의하도록 한다.

㉢ 앵커볼트 매립
- 고정매입법 – 기초 콘크리트 시공 시 앵커볼트를 정확한 위치에 고정시켜 콘크리트를 치면 수정이 어려우므로 정밀하게 시공하여야 한다.
- 가동매입법 – 앵커볼트를 완전히 매입하지 않고 상부에 함석판을 끼우고 콘크리트를 시공한다.
- 나중매입법 – 기초 콘크리트에 앵커볼트를 묻을 구멍을 내두었다가 나중에 고정하는 방법으로 수정이 쉽고 간단하므로 경미한 구조에 이용된다.
- 용접법 – 콘크리트 선반에 앵커가 붙은 철판이나 앵글 등을 시공한 다음 콘크리트를 타설하고 앵커볼트를 용접하여 부착하는 방식이다.

㉣ 기초상부 고름질
- 기초상부는 Base 판을 완전 수평으로 밀착시키기 위해 모르타르를 충전시키며, 모르타르는 충전 후 건조수축이 없는 무수축 모르타르를 사용한다.
- 전면바름(마무리)법, 나중채워넣기중심바름법, 나중채워넣기십자바름법, 나중채워넣기법 등이 있다.

1904

## 76 Repetitive Learning (1회 2회 3회)

철근콘크리트 공사 시 철근의 최소 피복 두께가 가장 큰 것은?

① 수중에서 치는 콘크리트
② 흙에 접하여 콘크리트를 친 후 영구히 흙에 묻혀 있는 콘크리트
③ 옥외의 공기나 흙에 직접 접하지 않는 콘크리트 중 슬래브
④ 옥외의 공기나 흙에 직접 접하지 않는 콘크리트 중 벽체

해설

- 수중에서 치는 콘크리트가 피복 두께 100mm로 가장 두꺼워야 한다.

:: 철근 피복

㉠ 피복 두께
- 피복 두께는 기후나 기타 외부요인으로부터 철근을 보호하기 위한 것으로, 부재의 최외단에 배치된 철근 표면으로부터 콘크리트 표면까지의 최단거리를 말한다.
- 피복 두께가 적을 경우 철근과 콘크리트가 분리되는 부착파괴가 발생한다.

㉡ 최소 피복 기준
- 수중에서 치는 콘크리트 : 100mm
- 흙에 접하여 콘크리트를 친 후 영구히 흙에 묻혀있는 콘크리트 : 80mm
- 흙에 접하거나 옥외의 공기에 직접 노출되는 콘크리트

| 구분 | 피복 두께 |
|---|---|
| D29 이상의 철근 | 60mm |
| D25 이하의 철근 | 50mm |
| D16 이하의 철근, 지름 16mm 이하의 철선 | 40mm |

- 옥외의 공기나 흙에 직접 접하지 않는 콘크리트

| 구분 | | 피복 두께 |
|---|---|---|
| 슬래브, 벽체, 장선 | D35 초과하는 철근 | 40mm |
| | D35 이하의 철근 | 20mm |
| 보, 기둥 | | 40mm |
| 쉘, 철판부재 | | 20mm |



75 ① 76 ① 정답

0301 / 1802

## 77 Repetitive Learning (1회 2회 3회)

건축시공계획 수립에 있어 우선순위에 따른 고려사항으로 가장 거리가 먼 것은?

① 공종별 재료량 및 품셈 ② 재해방지대책
③ 공정표 작성 ④ 원척도(原尺圖)의 제작

해설

• 원척도는 시공현장의 현장감독원과 감리자가 협의하는 사항으로 시공계획 수립 시 고려사항에 해당하지 않는다.

:: 공사계획 수립순서

• 1단계 : 현장투입직원조직 편성 – 가장 먼저 수립되어야 함
• 2단계 : 공정표의 작성 – 공사 착수 전 선행되어야 함
• 3단계 : 실행예산의 편성
• 4단계 : 시공순서 및 시공방법의 계획
• 5단계 : 하도급업체의 선정
• 6단계 : 자재 및 기계·장비 계획
• 7단계 : 재해방지계획 및 품질관리 계획

1802

## 78 Repetitive Learning (1회 2회 3회)

공동 도급 방식의 장점에 관한 설명으로 옳지 않은 것은?

① 각 회사의 상호신뢰와 협조로써 긍정적인 효과를 거둘 수 있다.
② 공사의 진행이 수월하며 위험부담이 분산된다.
③ 기술의 확충, 강화 및 경험의 증대 효과를 얻을 수 있다.
④ 시공이 우수하고 공사비를 절약할 수 있다.

해설

• 공동 도급 방식은 1개 회사에서 진행하는 일식공사에 비해 공사경비가 증대될 수 있다.

:: 공동 도급 방식(Joint venture contract)

㉠ 개요

• 1개 회사가 단독으로 도급을 수행하기에는 규모가 클 경우 또는 복수 공사일 때 2개 이상의 회사가 임시로 결합하여 연대책임으로 공사를 하고 공사 완성 후 해산하는 방식을 말한다.

㉡ 장점

• 각 회사의 상호신뢰와 협조로써 긍정적인 효과를 거둘 수 있다.
• 공사의 진행이 수월하며 위험부담이 분산된다.
• 2 이상의 도급자가 공동으로 기업체를 만들기 때문에 자금부담이 경감된다.
• 신기술 및 신공법을 적용할 경우 상호기술의 확충 및 새로운 경험을 얻을 수 있다.
• 주문자로서는 시공의 확실성을 기대할 수 있다.

㉢ 단점

• 공동 도급 구성원 상호 간의 이해충돌이 발생가능하며, 현장관리가 곤란하다.
• 공사경비가 증대될 수 있다.
• 책임소재가 불명확할 수 있다.

0901 / 1602

## 79 Repetitive Learning (1회 2회 3회)

수직응력 $\sigma$= 0.2MPa, 점착력 c = 0.05MPa, 내부마찰각 $\phi$ = 20°의 흙으로 구성된 사면의 전단강도는?

① 0.08MPa ② 0.12MPa
③ 0.16MPa ④ 0.2MPa

해설

• 주어진 값을 식에 대입하면
전단강도 = 0.05 + 0.2 × tan(20) = 0.1227…[Mpa]가 된다.

:: 전단강도

• 흙이나 사면이 무너지거나 부스러질 때 작용하는 힘을 전단강도라고 한다.
• 전단강도에 대응하여 버티는 흙이나 사면의 힘을 전단응력이라고 한다.
• 전단강도는 점착력[Mpa] + 수직응력[Mpa] × tan(내부마찰각도[°])로 구한다.

1001

## 80 Repetitive Learning (1회 2회 3회)

지하굴착공사 중 깊은 구멍 속이나 수중에서 콘크리트 타설 시 재료가 분리되지 않게 타설할 수 있는 기구는?

① 케이싱(Casing)
② 트레미(Tremie)관
③ 슈트(Chute)
④ 콘크리트펌프카(Pump car)

해설

• 케이싱(Casing)은 현장치기 콘크리트말뚝 등에서 굴착 구멍이 붕괴되지 않도록 구멍의 전장 혹은 상부에 넣는 강관을 말한다.
• 슈트(Chute)는 아직 굳지 않은 콘크리트를 높은 곳으로부터 낮은 곳으로 보내기 위한 관 모양의 설비를 말한다.
• 콘크리트펌프카(Pump car)는 건축현장에서 혼합된 콘크리트를 펌프카에 넣고 압력으로 파이프를 통해 고층에 콘크리트를 타설하는 장비를 말한다.

:: 트레미관(Tremie pipe)

• 지하굴착공사 중 깊은 구멍 속이나 수중에서 콘크리트 타설 시 재료가 분리되지 않게 타설할 수 있는 기구를 말한다.
• 수중에 콘크리트 타설 시 콘크리트의 수송관을 말한다.

정답 77 ④ 78 ④ 79 ② 80 ②

1902

## 81 ─ Repetitive Learning (1회 2회 3회)

콘크리트의 강도 및 내구성 증가에 가장 큰 영향을 주는 것은?

① 물과 시멘트의 배합비
② 모래와 자갈의 배합비
③ 시멘트와 자갈의 배합비
④ 시멘트와 모래의 배합비

**해설**

- 콘크리트 강도에 가장 큰 영향을 미치는 인자는 시멘트의 중량 대비 물의 중량을 표시한 물-시멘트비이다.

**물-시멘트비**

- 시멘트의 중량 대비 물의 중량을 백분율로 표시한 것이다.
- 콘크리트 강도에 가장 큰 영향을 미치는 인자이다.
- 물-시멘트비는 $\frac{\text{물의 중량}}{\text{시멘트의 중량}} \times 100[\%]$로 구한다.
- 시멘트의 부피가 주어질 때는 시멘트의 무게(중량) = 부피 × 밀도(시멘트의 밀도는 3.14)로 구한다.

0902 / 1902

## 82 ─ Repetitive Learning 

내열성이 크고 발수성을 나타내어 방수제로 쓰이며 저온에서도 탄성이 있어 Gasket, Packing의 원료로 쓰이는 합성수지는?

① 페놀수지 ② 실리콘수지
③ 폴리에스테르수지 ④ 에폭시수지

**해설**

- 페놀수지는 내열성, 난연성, 전기절연성을 갖는 열경화성 수지로 항공우주분야뿐 아니라 다양한 하이테크 산업에서 활용되고 있다.
- 폴리에스테르수지는 천연수지를 변성하여 얻은 것으로 건축용으로는 글라스섬유로 강화된 평판 또는 판상제품으로 주로 사용되고 있는 열경화성 수지이다.
- 에폭시수지는 열경화성 합성수지로 내수성, 내약품성, 전기절연성, 접착성이 뛰어나 접착제나 도료로 널리 이용된다.

**실리콘수지**

- 열경화성 수지로, 규소수지라고도 한다.
- 내열성, 내한성, 내수성이 우수하고 광범위한 온도(-80~250[℃]의 범위)에서 안정하여 Gasket, Packing의 원료로 사용된다.
- 물을 튀기는 발수성 및 탄성을 가지며 내후성 및 내화학성, 전기절연성, 내후성 등이 아주 우수하다.
- 공업용 페인트, 방수용 재료, 접착제, 도료, 전기절연제 등으로 주로 사용된다.

## 83 ─ Repetitive Learning (1회 2회 3회)

강의 기계적 성질과 관련된 설명으로 옳지 않은 것은?

① 구조용 강재에 인장력을 가하게 되면 응력-변형도(Stress-strain curve) 선도를 얻을 수 있다.
② 탄성구간의 기울기를 탄성계수라 한다.
③ 강재를 압축할 경우 압축강도는 항복점 부근까지는 인장인 경우와 같으나, 그 이후는 압축이 진행됨에 따라 최대하중은 인장인 경우보다 높아진다.
④ 강은 250℃ 부근에서 인장강도가 최대로 되나 반대로 연신율, 단면수축률은 극소로 된다.

**해설**

- 강재를 압축할 경우 압축강도는 항복점 부근까지는 인장인 경우와 같으나, 그 이후는 압축이 진행됨에 따라 최대하중은 인장인 경우보다 낮아진다.

**강의 기계적 성질**

- 구조용 강재에 인장력을 가하게 되면 응력-변형도(Stress-strain curve) 선도를 얻을 수 있다.
- 탄성구간의 기울기를 탄성계수라 한다.
- 강재를 압축할 경우 압축강도는 항복점 부근까지는 인장인 경우와 같으나, 그 이후는 압축이 진행됨에 따라 최대하중은 인장인 경우보다 낮아진다.
- 강은 250℃ 부근에서 인장강도가 최대로 되나 반대로 연신율, 단면수축률은 극소로 된다.

1702

## 84 ─ Repetitive Learning 

강의 가공과 처리에 관한 설명으로 옳지 않은 것은?

① 소정의 성질을 얻기 위해 가열과 냉각을 조합 반복하여 행한 조작을 열처리라고 한다.
② 열처리에는 단조, 불림, 풀림 등의 처리방식이 있다.
③ 압연은 구조용 강재의 가공에 주로 쓰인다.
④ 압출가공은 재료의 움직이는 방향에 따라 전방압출과 후방압출로 분류할 수 있다.

**해설**

- 강재의 열처리 기술에는 담금질, 뜨임, 풀림, 불림 등이 있다.
- 단조는 금속을 두들기거나 눌러서 형체를 만드는 금속가공의 한 방법이다.

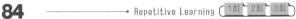

81 ① 82 ② 83 ③ 84 ② 정답

:: 강재의 열처리

- 강재에 기계적, 물리적 성질을 부여하기 위해 가열과 냉각을 시행하는 열적 조작기술이다.
- 열처리 기술에는 담금질, 뜨임, 풀림, 불림 등이 있다.

| | |
|---|---|
| 담금질 (Quenching) | 강을 적당한 온도로 가열하여 오스테나이트 조직에 이르게 한 후 마텐자이트 조직으로 변화시키기 위해 급랭시키는 처리 |
| 뜨임 (Tempering) | 담금질 한 강에 적당한 인성을 부여하기 위해 적당한 온도까지 가열한 후 다시 냉각시키는 처리 |
| 풀림 (Annealing) | 강을 연화하거나 내부응력을 제거할 목적으로 강을 800～1,000℃로 일정한 시간 가열한 후에 로(爐) 안에서 천천히 냉각시키는 처리 |
| 불림 (Normalizing) | 강의 열처리 중에서 조직을 개선하고 결정을 미세화하기 위해 800～1,000℃로 가열하여 소정의 시간까지 유지한 후에 대기 중에서 냉각시키는 처리 |

## 85

Repetitive Learning 1회 2회 3회

매스콘크리트에 발생하는 균열의 제어방법이 아닌 것은?

① 고발열성 시멘트를 사용한다.
② 파이프쿨링을 실시한다.
③ 포졸란계 혼화재를 사용한다.
④ 온도균열지수에 의한 균열발생을 검토한다.

해설

- 매스콘크리트의 균열을 방지하기 위해서는 저발열성 시멘트(저열포틀랜드 및 중용열포틀랜드시멘트 등)를 사용한다.

:: 매스콘크리트

㉠ 개요
- 부재의 단면치수가 80cm 이상일 때 타설하는 콘크리트로 구조물 시공 시 연속 층 타설 공법을 사용하는 콘크리트이다.
- 콘크리트의 구소불 크기가 커 수화열로 인한 균열에 대비하여야 한다.

㉡ 균열방지대책
- 저발열성 시멘트(저열포틀랜드 및 중용열포틀랜드시멘트 등)를 사용한다.
- 파이프쿨링을 한다.
- 골재의 치수를 크게 하며, 굵은 골재의 양을 많이 한다.
- 단위 시멘트량을 적게 하고, 물시멘트비를 낮춘다.
- 포졸란계 혼화재를 사용한다.
- 온도균열지수에 의한 균열발생을 검토한다.

## 86

Repetitive Learning 1회 2회 3회

목재에 관한 설명 중 옳지 않은 것은?

① 섬유포화점 이하에서는 함수율이 감소할수록 강도는 증대하며 인성은 감소한다.
② 기건상태에서 목재의 함수율은 15% 정도이다.
③ 섬유포화점 이상의 함수상태에서는 함수율의 증감에 비례하여 신축을 일으킨다.
④ 열전도도가 낮아 여러 가지 보온재료로 사용된다.

해설

- 섬유포화점 이상에서는 함수율이 변화하여도 목재의 강도는 일정하고 신축을 일으키지도 않는다.

:: 함수율과 강도

- 목재가 대기의 온도와 습도에 맞게 평형에 도달한 상태를 의미하는 기건상태의 함수율은 약 15%이다.
- 목재에서 흡착수만이 최대한도로 존재하고 있는 상태인 섬유포화점(Fiber saturation point)의 함수율은 30% 정도이다.
- 섬유포화점 이하에서는 함수율의 감소에 따라 목재는 강도가 증가하고 탄성(인성)이 감소한다.
- 섬유포화점 이상에서는 함수율이 변화하여도 목재의 강도는 일정하고 신축을 일으키지도 않는다.

1701

## 87

Repetitive Learning 

비철금속의 성질 또는 용도에 관한 설명 중 옳지 않은 것은?

① 동은 전연성이 풍부하므로 가공하기 쉽다.
② 납은 산이나 알칼리에 강하므로 콘크리트에 침식되지 않는다.
③ 아연은 이온화 경향이 크고 철에 의해 침식된다.
④ 대부분의 구조용 특수강은 니켈을 함유한다.

해설

- 납은 산이나 기타 약액에 대해서는 저항성이 크지만, 콘크리트와 같은 알칼리에는 침식된다.

:: 납(Pb)의 성질

- 비중이 11.4로 아주 크고 연질이며 전·연성 및 가공성이 풍부하다.
- 융점(327.5℃)이 높으며, 산이나 기타 약액에 대해서는 저항성이 크지만, 알칼리에는 침식된다.
- 방사선 투과도가 낮아서 방사선 차폐용 벽체 및 X선을 사용하는 개소에 방호용으로 사용된다.

정답 | 85 ① 86 ③ 87 ②

0902

## 88 Repetitive Learning 1회 2회 3회

KS L 9007에서 규정하는 미장재료로 사용되는 소석회의 주요 품질평가항목이 아닌 것은?

① 분말도 잔량
② 점도계수
③ 경도계수
④ 응결시간

해설

- 미장용 소석회의 품질평가항목에는 ①, ②, ③ 외에 (CaO+MgO)[%], $CO_2$[%], 안전성시험이 있다.

:: 미장용 소석회의 품질평가항목
- KS L 9007에서 규정하고 있다.
- 평가항목에는 (CaO+MgO)[%], $CO_2$[%], 분말도 잔량[%], 점도계수[N·sec], 경도계수[mm], 안전성시험이 있다.

## 89 Repetitive Learning 1회 2회 3회

콘크리트 다짐바닥, 콘크리트 도로포장의 전열방지를 위해 사용되는 것은?

① 코너비드(Corner bead)
② PC 강성
③ 와이어메시(Wire mesh)
④ 펀칭메탈(Punching metal)

해설

- 코너비드는 기둥, 벽 등의 모서리를 보호하기 위하여 미장 바름질 할 때 붙이는 보호용 철물이다.
- 펀칭메탈은 실내 환기 구멍 등을 마감하기 위해 사용하는 금속재료이다.

:: 와이어메시(Wire mesh)
- 콘크리트 다짐바닥, 콘크리트 도로포장의 전열방지를 위해 사용되는 철물이다.
- 콘크리트 균열을 방지하고 교차부분을 보강하기 위해 사용하는 금속제품이다.
- 연강철선을 전기 용접하여 정방형이나 장방형으로 만든 것으로 블록을 쌓을 때나 보호 콘크리트를 타설할 때 사용한다.

## 90 Repetitive Learning 1회 2회 3회

비철금속 중 알루미늄 재료에 대한 설명으로 옳은 것은?

① 알루미늄은 독특한 흰 광택을 지닌 중금속으로 광선 및 열 반사율이 크다.
② 산이나 알칼리 및 해수에 침식되기 쉬우므로 해안가 공사 시 특히 주의해야 한다.
③ 순도가 높은 것은 표면에 산화피막이 생겨 잘 부식된다.
④ 연성, 전성이 나빠서 가공하기 어렵고 얇은 부재로 만들기도 어렵다.

해설

- 알루미늄은 비중이 4.5 이하로 경금속에 해당한다.
- 순도가 높은 알루미늄은 맑은 물에 대해 내식성이 크고 전연성이 크다.
- 열, 전기전도성이 동 다음으로 크고, 가공하기 쉬워 얇은 부재로 만들기 쉽다.

:: 알루미늄의 특성
- 열, 전기전도성이 동 다음으로 크고, 반사율도 높다.
- 융점은 약 659℃ 정도로 낮아 용해주조도는 좋으나 내화성이 부족하다.
- 비중은 철의 약 1/3 정도인 2.7로 경량이다.
- 순도가 높은 알루미늄은 맑은 물에 대해 내식성이 크고 전연성이 크다.
- 연질이고 강도가 낮으며, 응력-변형곡선은 강재와 같이 명확한 항복점이 없다.
- 알루미늄은 상온에서 판, 선으로 압연가공하면 경도와 인장강도가 증가하고 연신율이 감소한다.
- 산과 알칼리에 약하고, 콘크리트나 강판에 접촉하면 부식되기 쉽다.
- 알칼리나 해수에 침식되기 쉬우므로 해안가 공사 시 특히 주의해야 한다.
- 알루미늄의 부식률은 대기 중의 습도와 염분함유량, 불순물의 양과 질 등에 관계되며 0.08mm/년 정도이다.

## 91 Repetitive Learning 1회 2회 3회

다음 바닥마감재 중 유지계 바닥재료는?

① 리놀륨타일
② 아스팔트타일
③ 비닐바닥타일
④ 고무타일



88 ④ 89 ③ 90 ② 91 ① | 정답

해설

- 아스팔트타일은 아스팔트계, 비닐바닥타일은 비닐수지계, 고무타일은 고무계 바닥마감재이다.

**바닥마감재의 분류와 특징**

| 구분 | 특징 |
|---|---|
| 유지계 | • 내유성이 우수하고 탄력성이 있으나 내알칼리성, 내마모성, 내수성이 약하다.<br>• 리놀륨, 리노타일 |
| 고무계 | • 내마모성이 우수하고 내소성이 있다.<br>• 고무타일시트 |
| 비닐수지계 | • 촉감, 탄력이 좋고 내화학성이 있다.<br>• 비닐바닥시트, 비닐바닥타일 |
| 아스팔트계 | • 내열성, 내마모성, 내유성이 떨어지나 내수, 내습, 내산성이 좋다.<br>• 아스팔트타일, 구마론인덴수지타일 |

## 92

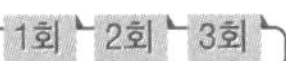

Repetitive Learning 1회 2회 3회

목재의 주요 방부처리법에 해당되지 않는 것은?

① 훈연법
② 침지법
③ 도포법
④ 생리적 주입법

해설

- 목재의 방부법에는 침지법, 도포법, 주입법(상압, 가압, 생리적), 표면탄화법 등이 있다.

**목재의 방부처리법**

㉠ 침지법
- 목재를 방부용액에 담가 공기를 차단하여 방부처리하는 방법이다.
- 방부용액은 주로 크레오소트유를 사용한다.

㉡ 도포법
- 충분히 건조된 목재에 악새를 도포하여 방부처리하는 방법이다.
- 방부용액은 크레오소트유, 아스팔트 방부칠 등이 사용된다.

㉢ 주입법
- 방부용액을 목재에 주입하여 방부처리하는 방법이다.
- 주입하는 방법에 따라 상압주입법, 가압주입법, 생리적 주입법 등이 있다.
- 가압주입법은 압력용기 속에 목재를 넣어서 처리하는 방법으로 신속하고 효과적인 방법이다.
- 방부용액은 크레오소트유, PCP 등이 사용된다.

㉣ 표면탄화법
- 목재의 표면을 태워서 방부처리하는 방법이다.

## 93

Repetitive Learning 1회 2회 3회

팽창균열이 없고 화학저항성이 높아 해수·공장폐수·하수 등에 접하는 콘크리트에 적합하고 수화열이 적어 매스콘크리트에 적합한 시멘트는?

① 고로시멘트
② 폴리머시멘트
③ 알루미나시멘트
④ 조강포틀랜드시멘트

해설

- 폴리머시멘트는 콘크리트의 방수성, 내약품성, 변형성능의 향상을 목적으로 다량의 고분자재료를 혼입시킨 시멘트이다.
- 알루미나시멘트는 보크사이트와 석회석을 원료로 하며 조강포틀랜드시멘트에 사용되는 시멘트이다.
- 조강포틀랜드시멘트는 높은 수화열로 단면이 큰 구조물에 적합하지 않으며, 긴급공사, 동절기 한중공사에 주로 사용된다.

**고로시멘트**

㉠ 개요
- 포틀랜드시멘트 클링커에 철 용광로에서 나온 슬래그를 급랭하여 혼합하고 이에 응결시간 조절용 석고를 첨가하여 분쇄한 시멘트이다.
- 팽창균열이 없고 화학저항성이 높아 해수·공장폐수·하수 등에 접하는 콘크리트에 적합하다.

㉡ 특징
- 초기강도는 약간 낮으나 장기강도는 보통포틀랜드시멘트와 같거나 그 이상이 된다.
- 수화열량이 적어 매스콘크리트용으로도 사용가능하다.
- 팽창균열이 없고 화학저항성과 수밀성이 크고 잠재수경성의 성질을 가지고 있다.
- 슬래그 수화에 의한 포졸란 반응으로 공극 충전효과 및 알칼리 골재반응 억제효과가 크다.
- 모르타르나 콘크리트의 거푸집을 접하지 않는 자유표면은 경화불량에서 오는 약하현상이 따르기 쉽다.
- 슬래그를 함유하고 있어 건조수축에 대한 저항성이 약하고 중성화를 촉진하는 단점을 갖는다.

1504 / 2001

## 94

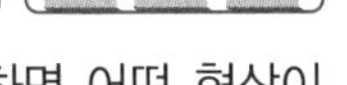

Repetitive Learning 1회 2회 3회

일반적으로 단열재에 습기나 물기가 침투하면 어떤 현상이 발생하는가?

① 열전도율이 높아져 단열성능이 좋아진다.
② 열전도율이 높아져 단열성능이 나빠진다.
③ 열전도율이 낮아져 단열성능이 좋아진다.
④ 열전도율이 낮아져 단열성능이 나빠진다.

해설

- 단열재는 다공성 재료가 많은데 단열재에 습기나 물기가 침투하면 열전도율이 높아져 단열성능이 떨어진다.

**단열재**

㉠ 개요

- 열이 흐르는 물체의 전열저항을 크게 하여 열 흐름을 적게 하는 것을 말한다.
- 단열재는 다공성 재료가 많은데 단열재에 습기나 물기가 침투하면 열전도율이 높아져 단열성능이 떨어진다.

㉡ 구비조건

- 열전도율이 낮고 비중이 작을 것
- 흡수율이 낮을 것
- 내화성 및 내부식성이 좋을 것
- 경제적이고 어느 정도의 기계적인 강도가 있을 것

1101

## 95

Repetitive Learning 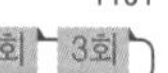

미장재료 중 회반죽에 대한 설명으로 옳지 않은 것은?

① 소석회에 모래, 해초풀, 여물 등을 혼합하여 바르는 미장재료이다.
② 경화건조에 의한 수축률은 미장바름 중 큰 편이다.
③ 발생하는 균열은 여물로 분산·경감시킨다.
④ 다른 미장재료에 비해 건조에 걸리는 시일이 상당히 짧다.

해설

- 회반죽은 기경성 재료인 만큼 건조에 걸리는 시간이 대단히 길다.

**회반죽**

㉠ 개요

- 공기 중의 이산화탄소($CO_2$)와 반응하여 경화되는 대표적인 기경성 재료이다.
- 소석회에 모래, 해초풀, 여물 등을 혼합하여 바르는 미장재료이다.
- 목조 바탕, 콘크리트 블록 및 벽돌 바탕 등에 사용된다.
- 회반죽 바름에 사용하는 해초풀은 채취 후 1~2년 경과된 것이 좋다.
- 회반죽에 석고를 약간 혼합하면 수축균열을 방지할 수 있는 효과가 있다.

㉡ 특징

- 경화건조에 의한 수축률은 미장바름 중 큰 편이다.
- 발생하는 균열은 여물이 분산·경감시킨다.
- 기경성 재료인 만큼 건조에 걸리는 시간이 대단히 길다.

## 96

Repetitive Learning 1회 2회 3회

점토제품에 발생하는 백화방지 대책으로 옳지 않은 것은?

① 흡수율이 작은 벽돌이나 타일을 사용한다.
② 벽돌이나 줄눈에 빗물이 들어가지 않는 구조로 한다.
③ 줄눈 모르타르의 단위시멘트량을 높게 한다.
④ 수용성 염류가 적은 소재를 사용한다.

해설

- 백화를 방지하기 위해서는 줄눈 모르타르의 단위시멘트량을 적게 해야 하며, 혼화제를 첨가하거나 줄눈용 모르타르를 사용하도록 한다.

**백화(Efflorescence)현상**

㉠ 개요

- 모르타르 및 콘크리트 중의 알칼리 및 칼슘 성분이 밖으로 흘러나와 공기 중의 탄산가스와 반응하여 경화체 표면에 하얀색으로 침전되는 현상을 말한다.
- 저온, 다습, 적당한 바람, 그늘 등에 의해 발생한다.

㉡ 방지대책

- 10[%] 이하의 흡수율을 가진 소성이 잘 된 벽돌을 사용한다.
- 벽돌면 상부 및 벽면의 돌출 부분에 빗물막이나 차양, 루버 등을 설치해 빗물이 벽체에 직접 흘러내리지 않게 한다.
- 쌓기 후 전용발수제를 발라 벽면에 수분흡수를 방지하거나 벽면에 빗물이 스며들지 못하도록 실리콘을 뿜칠한다.
- 줄눈으로 비가 새어들지 않도록 줄눈 모르타르에 방수제를 혼합한다.
- 파라핀 도료를 발라 염류가 나오는 것을 방지한다.
- 재료배합 시 물-시멘트비(W/C)를 감소시키고 조립률이 큰 모래를 사용한다.
- 분말도가 큰 시멘트를 사용한다.

2104

## 97

Repetitive Learning 1회 2회 3회

블론아스팔트의 내열성, 내한성 등을 개량하기 위해 동물섬유나 식물섬유를 혼합하여 유동성을 증대시킨 것은?

① 아스팔트펠트(Asphalt felt)
② 아스팔트루핑(Asphalt roofing)
③ 아스팔트프라이머(Asphalt primer)
④ 아스팔트컴파운드(Asphalt compound)

해설

- 아스팔트펠트는 목면, 마사, 양모, 폐지 등을 혼합하여 만든 원지에 스트레이트아스팔트를 침투시킨 두루마리 제품으로 흡수성이 크기 때문에 아스팔트방수의 중간층 재료로 이용된다.
- 아스팔트루핑은 아스팔트펠트의 양면에 블론아스팔트를 가열·용융시켜 피복한 것이다.
- 아스팔트프라이머는 블론아스팔트를 용제에 녹인 것으로 액상을 하고 있으며 아스팔트방수의 바탕처리재로 이용된다.



95 ④ 96 ③ 97 ④ 정답

:: 아스팔트 제품

| | |
|---|---|
| 아스팔트코팅 (Asphalt coating) | 블론아스팔트(Blown asphalt)를 휘발성 용제에 녹이고 광물 분말 등을 가하여 만든 것으로 방수, 접합부 충전 등에 사용된다. |
| 아스팔트프라이머 (Asphalt primer) | 블론아스팔트를 용제에 녹인 것으로 액상을 하고 있으며 아스팔트방수의 바탕처리재(밀착용)로 이용된다. |
| 아스팔트컴파운드 (Asphalt compound) | 블론아스팔트의 내열성, 내한성 등을 개량하기 위해 동물섬유나 식물섬유를 혼합하여 유동성을 증대시킨 것이다. |
| 아스팔트펠트 (Asphalt felt) | 목면, 마사, 양모, 폐지 등을 혼합하여 만든 원지에 스트레이트아스팔트를 침투시킨 두루마리 제품으로 흡수성이 크기 때문에 아스팔트방수의 중간층 재료로 이용된다. |
| 아스팔트루핑 (Asphalt roofing) | 아스팔트펠트의 양면에 블론아스팔트를 가열・용융시켜 피복한 것이다. |
| 아스팔트그라우트 (Asphalt grout) | 스트레이트아스팔트와 돌가루, 모래를 가열 혼합한 물질로 석재의 고착 및 충전에 사용된다. |

## 98

Repetitive Learning (1회 2회 3회)

석재의 일반적 강도에 관한 설명으로 옳지 않은 것은?

① 석재의 강도는 중량에 비례한다.

② 석재의 함수율이 클수록 강도는 저하된다.

③ 석재의 강도의 크기는 휨강도 > 압축강도 > 인장강도이다.

④ 석재의 구성입자가 작을수록 압축강도가 크다.

해설

- 석재에 있어 강도의 크기는 압축강도가 가장 크며, 인장강도는 압축강도의 1/10~1/30 정도이고 휨강도나 전단강도는 압축강도에 비해 매우 작다.

:: 석재의 일반적 강도

- 석재의 강도는 중량에 비례한다.
- 석재의 함수율이 클수록 강도는 저하된다.
- 석재의 구성입자가 작을수록 압축강도가 크다.
- 석재에 있어 강도의 크기는 압축강도가 가장 크며, 인장강도는 압축강도의 1/10 ~ 1/30 정도이고 휨강도나 전단강도는 압축강도에 비해 매우 작다.

## 99

Repetitive Learning (1회 2회 3회)

시멘트 제품 중 테라조판의 정의에 대해 옳게 설명한 것은?

① 목재의 단열성과 경량의 특성에 시멘트의 난연성이 조합된 제품

② 시멘트, 펄라이트를 주원료로 하고 섬유 등으로 오토클레이브 양생 및 상압 양생하여 판재로 만든 제품

③ 대리석, 화강암 등의 부순 골재, 안료, 시멘트 등을 혼합한 콘크리트로 성형하고 경화한 후 표면을 연마하고 광택을 내어 마무리한 제품

④ 시멘트와 모래를 주원료로 하여 가압 성형한 시멘트 판기와 제품

해설

- ①의 설명은 목모(Wood wool)보드에 대한 설명이다.
- ②의 설명은 섬유 강화 시멘트판에 대한 설명이다.
- ④는 가압 시멘트 판기와에 대한 설명이다.

:: 테라조(Terazzo)

- 테라조는 대리석, 화강석 등을 종석으로 한 인조석의 일종이다.
- 대리석, 화강암 등의 부순 골재, 안료, 시멘트 등을 혼합한 콘크리트로 성형하고 경화한 후 표면을 연마하고 광택을 내어 마무리한 제품을 말한다.

## 100

Repetitive Learning (1회 2회 3회)

목재가 대기의 온도와 습도에 맞게 평형에 도달한 상태를 의미하는 기건상태의 함수율은 약 얼마인가?

① 약 5%

② 약 15%

③ 약 25%

④ 약 35%

해설

- 목재가 대기의 온도와 습도에 맞게 평형에 도달한 상태를 의미하는 기건상태의 함수율은 약 15%이다.

:: 목재의 함수율

- 목재가 대기의 온도와 습도에 맞게 평형에 도달한 상태를 의미하는 기건상태의 함수율은 약 15%이다.
- 목재에서 흡착수만이 최대한도로 존재하고 있는 상태인 섬유포화점(Fiber saturation point)의 함수율은 30% 정도이다.
- 목재의 함수율 $= \dfrac{\text{건조 전의 중량} - \text{건조 후의 중량}}{\text{건조 후의 중량}} \times 100$ 으로 구한다.

정답 | 98 ③ 99 ③ 100 ②

## 6과목 건설안전기술

1004

**101** ——— Repetitive Learning (1회 2회 3회)

흙막이 붕괴원인 중 보일링(Boiling) 현상이 발생하는 원인에 관한 설명으로 옳지 않은 것은?

① 지반을 굴착 시, 굴착부와 지하수위 차가 있을 때 주로 발생한다.
② 연약 사질토 지반의 경우 주로 발생한다.
③ 굴착저면에서 액상화 현상에 기인하여 발생한다.
④ 연약 점토질 지반에서 배면토의 중량이 굴착부 바닥의 지지력 이상이 되었을 때 주로 발생한다.

해설

- 보일링(Boiling)은 사질지반에서 나타나는 지반 융기현상이다.

보일링(Boiling) 실필 1901/1804/1701/1601/1504/1502/1002/0904/0901

㉠ 개요
- 사질지반에서 흙막이 벽 배면부의 지하수가 굴착 바닥면으로 모래와 함께 솟아오르는 지반 융기현상이다.
- 지하수위가 높은 연약 사질토 지반을 굴착할 때 주로 발생한다.
- 굴착부와 배면의 지하수위의 차이로 인해 주로 발생한다.
- 흙막이 벽의 근입장 깊이가 부족할 경우 발생한다.
- 굴착저면에서 액상화 현상에 기인하여 발생한다.
- 시트파일(Sheet pile) 등의 저면에 분사현상이 발생한다.
- 보일링으로 인해 흙막이 벽의 지지력이 상실된다.

㉡ 대책
- 굴착배면의 지하수위를 낮춘다.
- 토류벽의 근입 깊이를 깊게 한다.
- 토류벽 선단에 코어 및 필터층을 설치한다.
- 투수거리를 길게 하기 위한 지수벽을 설치한다.

1101 / 1504

**102** ——— Repetitive Learning (1회 2회 3회)

중량물 운반 시 크레인에 매달아 올릴 수 있는 최대 하중으로부터 달아 올리기 기구의 중량에 상당하는 하중을 제외한 하중을 무엇이라 하는가?

① 정격하중
② 적재하중
③ 임계하중
④ 작업하중

해설

- 적재하중은 주로 건축물의 각 실별·바닥별 용도에 따라 그 속에 수용되는 사람과 적재되는 물품 등의 중량으로 인한 수직하중을 말한다.
- 임계하중은 주로 건축물에서 기둥이 좌굴되는 순간까지 견딜 수 있는 최대 축하중을 말한다.
- 작업하중은 주로 콘크리트 타설에서 사용하는 개념으로 작업원, 장비하중, 기타 콘크리트 타설에 필요한 자재 및 공구 등의 시공하중, 충격하중을 모두 합한 하중을 말한다.

하중 실필 1301/1001
- 정격하중이란 크레인의 권상하중에서 훅, 그래브 또는 버킷 등 달기기구의 하중을 뺀 하중을 말한다. 즉, 중량물 운반 시 크레인에 매달아 올릴 수 있는 최대하중으로부터 달아 올리기 기구의 중량에 상당하는 하중을 제외한 하중을 말한다.
- 권상하중이란 크레인이 지브의 길이 및 경사각에 따라 들어올릴 수 있는 최대의 하중을 말한다.

1701

**103** ——— Repetitive Learning (1회 2회 3회)

다음은 강관을 사용하여 비계를 구성하는 경우에 대한 내용이다. 다음 (    ) 안에 들어갈 내용으로 옳은 것은?

> 비계기둥의 간격은 띠장 방향에서는 (    ), 장선 방향에서는 1.5[m] 이하로 할 것

① 1.2m 이하
② 1.2m 이상
③ 1.85m 이하
④ 1.85m 이상

해설

- 강관비계의 비계기둥 간격은 띠장 방향에서는 1.85m 이하, 장선(長線) 방향에서는 1.5m 이하로 한다.

강관비계의 구조 실필 1302 실작 1902/1901/1802/1801/1701/1504/1401
- 비계기둥의 간격은 띠장 방향에서는 1.85m 이하, 장선(長線) 방향에서는 1.5m 이하로 할 것
- 띠장 간격은 2m 이하로 설치할 것
- 비계기둥의 제일 윗부분으로부터 31m 되는 지점 밑부분의 비계기둥은 2개의 강관으로 묶어세울 것
- 비계기둥 간의 적재하중은 400킬로그램을 초과하지 않도록 할 것



101 ④ 102 ① 103 ③ 정답

0704 / 0904 / 2104

## 104 Repetitive Learning 1회 2회 3회

투하설비 설치와 관련된 아래 표의 ( )에 적합한 것은?

> 사업주는 높이가 ( )미터 이상인 장소로부터 물체를 투하하는 때에는 적당한 투하설비를 설치하거나 감시인을 배치하는 등 위험방지를 위하여 필요한 조치를 하여야 한다.

① 1 ② 2
③ 3 ④ 4

**해설**

- 높이가 3m 이상인 장소로부터 물체를 투하하는 경우 적당한 투하설비를 설치한다.

**투하설비**

- 높이가 3m 이상인 장소로부터 물체를 투하하는 경우 적당한 투하설비를 설치하거나 감시인을 배치하는 등 위험을 방지하기 위하여 필요한 조치를 하여야 한다.

1602 / 1904

## 105 Repetitive Learning 1회 2회 3회

단관비계를 조립하는 경우 벽이음 및 버팀을 설치할 때의 수평방향 조립간격 기준으로 옳은 것은?

① 3m
② 5m
③ 6m
④ 8m

**해설**

- 단관비계의 조립 시 벽이음 간격은 수직방향으로 5m, 수평방향으로 5m 이내로 한다.

**강관비계 조립 시의 준수사항**

- 강관비계의 조립(벽이음)간격

| 강관비계의 종류 | 조립간격(단위 : m) | |
|---|---|---|
| | 수직방향 | 수평방향 |
| 단관비계 | 5 | 5 |
| 틀비계(높이 5m 미만 제외) | 6 | 8 |

- 강관·통나무 등의 재료를 사용하여 견고한 것으로 할 것
- 인장재(引張材)와 압축재로 구성된 경우에는 인장재와 압축재의 간격을 1m 이내로 할 것

1004 / 1802

## 106 Repetitive Learning 1회 2회 3회

콘크리트 타설작업 시 안전에 대한 유의사항으로 옳지 않은 것은?

① 콘크리트를 치는 도중에는 지보공·거푸집 등의 이상 유무를 확인한다.
② 높은 곳으로부터 콘크리트를 타설할 때는 호퍼로 받아 거푸집 내에 꽂아 넣는 슈트를 통해서 부어 넣어야 한다.
③ 진동기를 가능한 한 많이 사용할수록 거푸집에 작용하는 측압상 안전하다.
④ 콘크리트를 한 곳에만 치우쳐서 타설하지 않도록 주의한다.

**해설**

- 진동기 사용 시 지나친 진동은 거푸집 무너짐의 원인이 될 수 있으므로 적절히 사용해야 한다.

**콘크리트의 타설작업 시 주의사항** 실작 1901/1804/1801

- 당일의 작업을 시작하기 전에 해당 작업에 관한 거푸집 동바리 등의 변형·변위 및 지반의 침하 유무 등을 점검하고 이상이 있으면 보수할 것
- 작업 중에는 거푸집 동바리 등의 변형·변위 및 침하 유무 등을 감시할 수 있는 감시자를 배치하여 이상이 있으면 작업을 중지하고 근로자를 대피시킬 것
- 콘크리트 타설작업 시 거푸집 붕괴의 위험이 발생할 우려가 있으면 충분한 보강조치를 할 것
- 설계도서상의 콘크리트 양생기간을 준수하여 거푸집 동바리 등을 해체할 것
- 콘크리트를 타설하는 경우에는 편심이 발생하지 않도록 골고루 분산하여 타설할 것

2102

## 107 Repetitive Learning 1회 2회 3회

다음은 시스템비계구성에 관한 내용이다. ( ) 안에 들어갈 말로 옳은 것은?

> 비계 밑단의 수직재와 받침철물은 밀착되도록 설치하고, 수직재와 받침철물의 연결부의 겹침 길이는 받침철물 ( ) 이상이 되도록 할 것

① 전체길이의 4분의 1 ② 전체길이의 3분의 1
③ 전체길이의 3분의 2 ④ 전체길이의 2분의 1

정답 | 104 ③ 105 ② 106 ③ 107 ②

해설

- 시스템비계의 수직재와 받침철물의 연결부의 겹침 길이는 받침철물 전체길이의 3분의 1 이상이 되도록 한다.

**시스템비계의 구조** 실필 1402/1401/1104

- 수직재 · 수평재 · 가새재를 견고하게 연결하는 구조가 되도록 할 것
- 비계 밑단의 수직재와 받침철물은 밀착되도록 설치하고, 수직재와 받침철물의 연결부의 겹침 길이는 받침철물 전체길이의 3분의 1 이상이 되도록 할 것
- 수평재는 수직재와 직각으로 설치하여야 하며, 체결 후 흔들림이 없도록 견고하게 설치할 것
- 수직재와 수직재의 연결철물은 이탈되지 않도록 견고한 구조로 할 것
- 벽 연결재의 설치간격은 제조사가 정한 기준에 따라 설치할 것

0601 / 0802 / 1201 / 1401 / 1602 / 1901

## 108 — Repetitive Learning (1회 2회 3회)

신품의 추락방호망 중 그물코의 크기 10cm인 매듭방망의 인장강도 기준으로 옳은 것은?

① 110kg 이상　② 200kg 이상
③ 360kg 이상　④ 400kg 이상

해설

- 매듭방망의 인장강도는 신품의 경우 그물코의 크기가 5cm이면 110kg, 10cm이면 200kg 이상이다.

**신품 방망 인장강도** 실필 1804 실작 1602

| 그물코 한변 길이 | 무매듭방망 | 매듭방망 |
|---|---|---|
| 10cm | 240kg 이상(150kg) | 200kg 이상(135kg) |
| 5cm | - | 110kg 이상(60kg) |

단, ( )은 폐기기준이다.

## 109 — Repetitive Learning (1회 2회 3회)

비계의 높이가 2m 이상인 작업장소에 설치하는 작업발판의 설치기준으로 옳지 않은 것은?

① 작업발판의 폭은 40cm 이상으로 한다.
② 작업발판 재료는 뒤집히거나 떨어지지 않도록 하나 이상의 지지물에 연결하거나 고정시킨다.
③ 발판재료 간의 틈은 3cm 이하로 한다.
④ 작업발판의 지지물은 하중에 의하여 파괴될 우려가 없는 것을 사용한다.

해설

- 작업발판 재료는 뒤집히거나 떨어지지 않도록 둘 이상의 지지물에 연결하거나 고정시켜야 한다.

**작업발판의 구조** 실필 1902/1401 실작 1804

- 발판재료는 작업할 때의 하중을 견딜 수 있도록 견고한 것으로 할 것
- 작업발판의 폭은 40cm 이상으로 하고, 발판재료 간의 틈은 3cm 이하로 할 것
- 선박 및 보트 건조작업의 경우 선박블록 또는 엔진실 등의 좁은 작업공간에 작업발판을 설치하기 위하여 필요하면 작업발판의 폭을 30cm 이상으로 할 수 있고, 걸침비계의 경우 강관기둥 때문에 발판재료 간의 틈을 3cm 이하로 유지하기 곤란하면 5cm 이하로 할 수 있다.
  이 경우 그 틈 사이로 물체 등이 떨어질 우려가 있는 곳에는 출입금지 등의 조치를 하여야 한다.
- 추락의 위험이 있는 장소에는 안전난간을 설치할 것
- 작업발판의 지지물은 하중에 의하여 파괴될 우려가 없는 것을 사용할 것
- 작업발판 재료는 뒤집히거나 떨어지지 않도록 둘 이상의 지지물에 연결하거나 고정시킬 것
- 작업발판을 작업에 따라 이동시킬 경우에는 위험방지에 필요한 조치를 할 것

1902

## 110 — Repetitive Learning 

터널 지보공을 설치한 때 수시점검하여 이상을 발견 시 즉시 보강하거나 보수해야 할 사항이 아닌 것은?

① 부재의 손상 · 변형 · 부식 · 변위 · 탈락의 유무 및 상태
② 부재의 긴압의 정도
③ 부재의 접속부 및 교차부의 상태
④ 계측기 설치상태

해설

- 지보공 설치 시 붕괴 등의 방지를 위한 수시점검사항에는 ①, ②, ③ 외에 기둥침하의 유무 및 상태 등이 있다.

**지보공 설치 시 붕괴 등의 방지를 위한 수시점검사항**

- 부재의 손상 · 변형 · 부식 · 변위 · 탈락의 유무 및 상태
- 부재의 긴압 정도
- 부재의 접속부 및 교차부의 상태
- 기둥침하의 유무 및 상태



108 ② 109 ② 110 ④ 정답

1101 / 1802 / 2201

**111** 

취급·운반의 원칙으로 옳지 않은 것은?

① 곡선 운반을 할 것
② 운반 작업을 집중하여 시킬 것
③ 생산을 최고로 하는 운반을 생각할 것
④ 연속 운반을 할 것

**해설**

- 이동 운반 시 목적지까지 직선으로 운반하는 것을 원칙으로 한다.

**운반의 원칙과 조건**

㉠ 운반의 5원칙
- 이동되는 운반은 직선으로 할 것
- 연속으로 운반을 행할 것
- 효율(생산성)을 최고로 높일 것
- 자재 운반을 집중화할 것
- 가능한 수작업을 없앨 것

㉡ 운반의 3조건
- 운반거리는 극소화할 것
- 손이 가지 않는 작업 방법으로 할 것
- 운반은 기계화 작업으로 할 것

1001

**112** 

물체가 떨어지거나 날아올 위험이 있을 때의 재해 예방대책과 거리가 먼 것은?

① 낙하물방지망 설치
② 출입금지구역 설정
③ 안전대 착용
④ 안전모 착용

**해설**

- 안전대는 근로자 추락 방지대책이지 낙하물 방지대책은 아니다.

**낙하물에 의한 위험방지대책**

실필 1901/1602/1601 실작 1902/1804/1802/1801/1602/1601/1404

- 작업으로 인하여 물체가 떨어지거나 날아올 위험이 있는 경우 낙하물방지망, 수직보호망 또는 방호선반의 설치, 출입금지구역의 설정, 보호구의 착용 등 위험을 방지하기 위하여 필요한 조치를 하여야 한다.
- 낙하물방지망 또는 방호선반을 설치하는 경우 높이 10m 이내마다 설치하고, 내민 길이는 벽면으로부터 2m 이상으로 해야 하며, 수평면과의 각도는 20도 이상 30도 이하를 유지한다.

0602

**113** Repetitive Learning 1회 2회 3회

터널 굴착공사에서 뿜어붙이기콘크리트의 효과를 설명한 것으로 옳지 않은 것은?

① 암반의 크랙(Crack)을 보강한다.
② 굴착면의 요철을 늘리고 응력집중을 최대한 증대시킨다.
③ Rock bolt의 힘을 지반에 분산시켜 전달한다.
④ 굴착면을 덮음으로써 지반의 침식을 방지한다.

**해설**

- 뿜어붙이기콘크리트는 굴착면의 요철을 줄이고 응력집중을 완화시킨다.

**뿜어붙이기콘크리트(Shot crete)**

㉠ 개요
- 터널이나 대형 공동구조물의 비탈면, 벽면 또는 터널의 보강공사에 주로 사용하는 기법으로 비탈면에 거푸집을 설치하지 않고, 시멘트모르타르나 콘크리트를 압축공기압으로 비탈면에 직접 뿜어 붙이는 기법을 말한다.

㉡ 특징
- 굴착면을 덮음으로써 지반의 침식을 방지한다.
- 굴착면의 요철을 줄이고 응력집중을 완화시킨다.
- Rock bolt의 힘을 지반에 분산시켜 전달한다.
- 암반의 크랙(Crack)을 보강한다.

0301 / 0801 / 0804 / 1704

**114** 

토사붕괴의 외적 원인으로 볼 수 없는 것은?

① 사면, 법면의 경사 증가
② 절토 및 성토 높이의 증가
③ 토사의 강도 저하
④ 공사에 의한 진동 및 반복하중의 증가

**해설**

- 토석의 강도 저하는 토사붕괴의 내적 원인에 해당한다.

**토사(석)붕괴 원인** 실필 1501/0901 실작 1604/1602/1501

| 구분 | 내용 |
|---|---|
| 내적 요인 | • 토석의 강도 저하<br>• 절토사면의 토질, 암질 및 절리 상태<br>• 성토사면의 다짐 불량<br>• 점착력의 감소 |
| 외적 요인 | • 작업진동 및 반복하중의 증가<br>• 사면, 법면의 경사 및 기울기의 증가<br>• 절토 및 성토 높이와 지하수위의 증가<br>• 지표수·지하수의 침투에 의한 토사중량의 증가<br>• 지진, 차량, 구조물의 중량과 토사 및 암석의 혼합층 두께의 증가 |

정답 | 111 ① 112 ③ 113 ② 114 ③

## 115 Repetitive Learning (1회 2회 3회)

산업안전보건법상 차량계 하역운반기계 등에 단위화물의 무게가 100kg 이상인 화물을 싣는 작업 또는 내리는 작업을 하는 경우에 해당 작업 지휘자가 준수하여야 할 사항과 가장 거리가 먼 것은?

① 작업순서 및 그 순서마다의 작업방법을 정하고 작업을 지휘할 것
② 기구와 공구를 점검하고 불량품을 제거할 것
③ 대피방법을 미리 교육하는 일
④ 로프 풀기 작업 또는 덮개 벗기기 작업은 적재함의 화물이 떨어질 위험이 없음을 확인한 후에 하도록 할 것

해설

- 화물 무게가 100kg 이상인 화물을 싣거나 내리는 작업의 지휘자 업무에는 ①, ②, ④ 외에 관계근로자 외의 자의 출입을 금지시키는 일이 있다.

**화물 무게가 100kg 이상인 화물을 싣거나 내리는 작업의 지휘자 업무**

- 작업순서 및 그 순서마다의 작업방법을 정하고 작업을 지휘할 것
- 기구와 공구를 점검하고 불량품을 제거할 것
- 해당 작업을 하는 장소에 관계 근로자가 아닌 사람이 출입하는 것을 금지할 것
- 로프 풀기 작업 또는 덮개 벗기기 작업은 적재함의 화물이 떨어질 위험이 없음을 확인한 후에 하도록 할 것

**연약지반 개량 공법** 실필 1504/1502

㉠ 점토지반 개량

- 함수비가 매우 큰 연약점토지반을 대상으로 한다.

| | |
|---|---|
| 압밀(재하) 공법 | 쥐어짜서 강도를 저하시키는 요소를 배제하는 공법 |
| | 여성토(Preloading) 공법, Surcharge 공법, 사면선단재하, 압성토 공법 |
| 고결 공법 | 시멘트나 약액의 주입 또는 동결, 점질토의 가열처리를 통해 강도를 증가시키는 공법 |
| | 생석회말뚝(Chemico pile) 공법, 동결 공법, 소결 공법 |
| 탈수 공법 | 탈수를 통한 압밀을 촉진시켜 강도를 증가시키는 방법 |
| | 페이퍼드레인(Paper drain) 공법, 샌드드레인(Sand drain) 공법, 팩드레인(Pack drain) 공법 |
| 치환 공법 | 연약토를 양질의 조립토로 치환해 지지력을 증대시키는 공법 |
| | 폭파치환, 굴착치환, 활동치환 |

㉡ 사질지반 개량

- 느슨하고 물에 포화된 모래지반을 대상으로 하며 액상현상을 방지한다.
- 다짐말뚝 공법, 바이브로플로테이션 공법, 폭파다짐 공법, 전기충격 공법, 약액주입 공법 등이 있다.

## 116 Repetitive Learning (1회 2회 3회)

지반조건에 따른 지반개량 공법 중 점성토 개량 공법과 가장 거리가 먼 것은?

① 바이브로플로테이션 공법
② 치환 공법
③ 압밀 공법
④ 생석회말뚝 공법

해설

- 바이브로플로테이션 공법은 진동과 제트의 병용으로 모래 말뚝을 만드는 사질지반의 개량으로 진동다짐 공법이라고도 한다.

1001 / 1901 / 2003 / 2104

## 117 Repetitive Learning (1회 2회 3회)

일반건설공사(갑)로서 대상액이 5억원 이상 50억원 미만인 경우에 산업안전보건관리비의 비율(가) 및 기초액(나)으로 옳은 것은?

① (가) 1.86%, (나) 5,349,000원
② (가) 1.99%, (나) 5,499,000원
③ (가) 2.35%, (나) 5,400,000원
④ (가) 1.57%, (나) 4,411,000원

해설

- 공사종류가 일반건설공사(갑)이고 대상액이 5억원 이상 50억원 미만일 경우 비율은 1.86%이고, 기초액은 5,349,000원이다.



115 ③ 116 ① 117 ① 정답

### 안전관리비 계상기준

실필 1704/1604/1602/1504/1302/1204/1201/1104/1102/0904

- 공사종류 및 규모별 안전관리비 계상기준표

| | 5억원 미만 | 5억원 이상 50억원 미만 | | 50억원 이상 |
|---|---|---|---|---|
| | | 비율(X) | 기초액(C) | |
| 일반건설공사(갑) | 2.93% | 1.86% | 5,349,000원 | 1.97% |
| 일반건설공사(을) | 3.09% | 1.99% | 5,499,000원 | 2.10% |
| 중 건 설 공 사 | 3.43% | 2.35% | 5,400,000원 | 2.44% |
| 철도·궤도신설공사 | 2.45% | 1.57% | 4,411,000원 | 1.66% |
| 특수및기타건설공사 | 1.85% | 1.20% | 3,250,000원 | 1.27% |

- 대상액이 5억원 미만 또는 50억원 이상일 경우에는 대상액에 표에서 정한 비율을 곱한 금액
- 대상액이 5억원 이상 50억원 미만일 때에는 대상액에 별표에서 정한 비율을 곱한 금액에 기초액을 합한 금액
- 대상액이 구분되어 있지 않은 공사는 도급계약 또는 자체사업 계획상의 총 공사금액의 70%를 대상액으로 하여 안전관리비를 계상하여야 한다.
- 발주자가 재료를 제공하거나 물품이 완제품의 형태로 제작 또는 납품되어 설치되는 경우에 해당 재료비 또는 완제품의 가액을 대상액에 포함시킬 경우의 안전관리비는 해당 재료비 또는 완제품의 가액을 포함시키지 않은 대상액을 기준으로 계상한 안전관리비의 1.2배를 초과할 수 없다.
- 발주자 또는 자기공사자는 설계변경 등으로 대상액의 변동이 있는 경우에 지체 없이 안전관리비를 조정 계상하여야 한다.

2101

## 118 ─ Repetitive Learning 

거푸집 동바리 등을 조립하는 경우에 준수하여야 하는 기준으로 옳지 않은 것은?

① 동비리로 사용하는 파이프 서포트를 이어서 사용하는 경우에는 3개 이상의 볼트 또는 전용철물을 사용하여 이을 것

② 동바리로 사용하는 강관은 높이 2m 이내마다 수평연결재를 2개 방향으로 만들 것

③ 깔목의 사용, 콘크리드 타설, 말뚝박기 등 동바리의 침하를 방지하기 위한 조치를 할 것

④ 동바리로 사용하는 파이프 서포트를 3개 이상 이어서 사용하지 말 것

**해설**

- 동바리로 사용하는 파이프 서포트를 이어서 사용하는 경우에는 4개 이상의 볼트 또는 전용철물을 사용하여 이어야 한다.

### 거푸집 동바리 등의 안전조치

실필 1304 실작 1804/1802/1801/1702/1701/1604/1602/1504/1502/1501/1402

㉠ 공통사항
- 받침목의 사용, 콘크리트 타설, 말뚝박기 등 동바리의 침하를 방지하기 위한 조치를 할 것
- 동바리의 상하 고정 및 미끄러짐 방지 조치를 할 것
- 상부·하부의 동바리가 동일 수직선상에 위치하도록 하여 깔판·받침목에 고정시킬 것
- 개구부 상부에 동바리를 설치하는 경우에는 상부하중을 견딜 수 있는 견고한 받침대를 설치할 것
- U헤드 등의 단판이 없는 동바리의 상단에 멍에 등을 올릴 경우에는 해당 상단에 U헤드 등의 단판을 설치하고, 멍에 등이 전도되거나 이탈되지 않도록 고정시킬 것
- 동바리의 이음은 같은 품질의 재료를 사용할 것
- 강재의 접속부 및 교차부는 볼트·클램프 등 전용철물을 사용하여 단단히 연결할 것
- 거푸집의 형상에 따른 부득이한 경우를 제외하고는 깔판이나 받침목은 2단 이상 끼우지 않도록 할 것
- 깔판이나 받침목을 이어서 사용하는 경우에는 그 깔판·받침목을 단단히 연결할 것

㉡ 동바리로 사용하는 파이프 서포트
- 파이프 서포트를 3개 이상 이어서 사용하지 않도록 할 것
- 파이프 서포트를 이어서 사용하는 경우에는 4개 이상의 볼트 또는 전용철물을 사용하여 이을 것
- 높이가 3.5m를 초과하는 경우 2m 이내마다 수평연결재를 2개 방향으로 설치할 것

㉢ 동바리로 사용하는 강관틀의 경우
- 강관틀과 강관틀 사이에 교차가새를 설치할 것
- 최상단 및 5단 이내마다 동바리의 측면과 틀면의 방향 및 교차가새의 방향에서 5개 이내마다 수평연결재를 설치하고 수평연결재의 변위를 방지할 것
- 최상단 및 5단 이내마다 동바리의 틀면의 방향에서 양단 및 5개틀 이내마다 교차가새의 방향으로 띠장틀을 설치할 것

1101

## 119 ─ Repetitive Learning 1회 2회 3회

백호우(Back hoe)의 운행방법에 대한 설명으로 옳지 않은 것은?

① 경사로나 연약지반에서는 무한궤도식보다는 타이어식이 안전하다.

② 작업계획서를 작성하고 계획에 따라 작업을 실시하여야 한다.

③ 작업장소의 지형 및 지반상태 등에 적합한 제한속도를 정하고 운전자로 하여금 이를 준수하도록 하여야 한다.

④ 작업 중 승차석 외의 위치에 근로자를 탑승시켜서는 안 된다.

정답 | 118 ① 119 ①

해설

- 백호우 작업 시 경사로나 연약지반에서는 타이어식보다 무한궤도식이 안전하다.

백호우(Back hoe)

- 기계가 위치한 지면보다 낮은 장소를 굴착하는 데 적합한 장비이다.
- 지반보다 6m 정도 깊은 경질 지반의 기초파기에 적합한 굴착기계이다.
- 비교적 굳은 지반 토질의 구멍파기나 도랑파기 작업 및 수중굴착에 사용하는 장비이다.
- 경사로나 연약지반에서는 타이어식보다 무한궤도식이 안전하다.

1101

## 120

Repetitive Learning (1회 2회 3회)

건물 해체용 기구가 아닌 것은?

① 압쇄기
② 스크레이퍼
③ 잭
④ 철해머

해설

- 스크레이퍼는 굴착, 싣기, 운반, 흙깔기 등의 작업을 하나의 기계로 할 수 있도록 만든 차량계 건설기계로 해체작업과 거리가 멀다.

해체작업용 기계 및 기구

| | |
|---|---|
| 브레이커(Breaker) | • 압축공기, 유압부의 급속한 충격력으로 구조물을 파쇄할 때 사용하는 기구로 통상 셔블계 건설기계에 설치하여 사용하는 기계<br>• 핸드브레이커는 사람이 직접 손으로 잡고 사용하는 브레이커로, 진동으로 인해 인체에 영향을 주므로 작업시간을 제한한다. |
| 철제해머 | 쇠뭉치를 크레인 등에 부착하여 구조물에 충격을 주어 파쇄하는 것 |
| 화약류 | 가벼운 타격이나 가열로 짧은 시간에 화학변화를 일으킴으로써 급격히 많은 열과 가스를 발생케 하여 순간적으로 큰 파괴력을 얻을 수 있는 고체 또는 액체의 폭발성 물질로서 화약, 폭약류의 화공품 |
| 팽창제 | 광물의 수화반응에 의한 팽창압을 이용하여 구조체 등을 파괴할 때 사용하는 물질 |
| 절단톱 | 회전날 끝에 다이아몬드 입자를 혼합, 경화하여 제조한 것으로 기둥, 보, 바닥, 벽체를 적당한 크기로 절단하는 기구 |
| 재키 | 구조물의 국소부에 압력을 가해 해체할 때 사용하는 것으로 구조물의 부재 사이에 설치하는 기구 |



120 ② 정답

MEMO

# 출제문제 분석 2013년 4회

| 구분 | 1과목 | 2과목 | 3과목 | 4과목 | 5과목 | 6과목 | 합계 |
|---|---|---|---|---|---|---|---|
| New유형 | 3 | 3 | 5 | 3 | 6 | 3 | 23 |
| New문제 | 11 | 7 | 9 | 7 | 13 | 9 | 56 |
| 또나온문제 | 4 | 7 | 7 | 9 | 5 | 6 | 38 |
| 자꾸나온문제 | 5 | 6 | 4 | 4 | 2 | 5 | 26 |
| 합계 | 20 | 20 | 20 | 20 | 20 | 20 | 120 |

- New유형은 New문제 중 기존 기출문제와 완전히 다른 유형의 문제를 말합니다.
- New문제는 기존에 출제되지 않은 문제로 이번에 처음 출제되는 문제입니다.
- 또나온문제는 기존에 출제된 적이 1번 있는 문제를 말합니다.
- 자꾸나온문제는 기존에 출제된 적이 2번 이상 있는 문제를 말합니다. 그만큼 중요한 문제입니다.

## 몇 년분의 기출문제를 공부해야 합격할 수 있을까요?

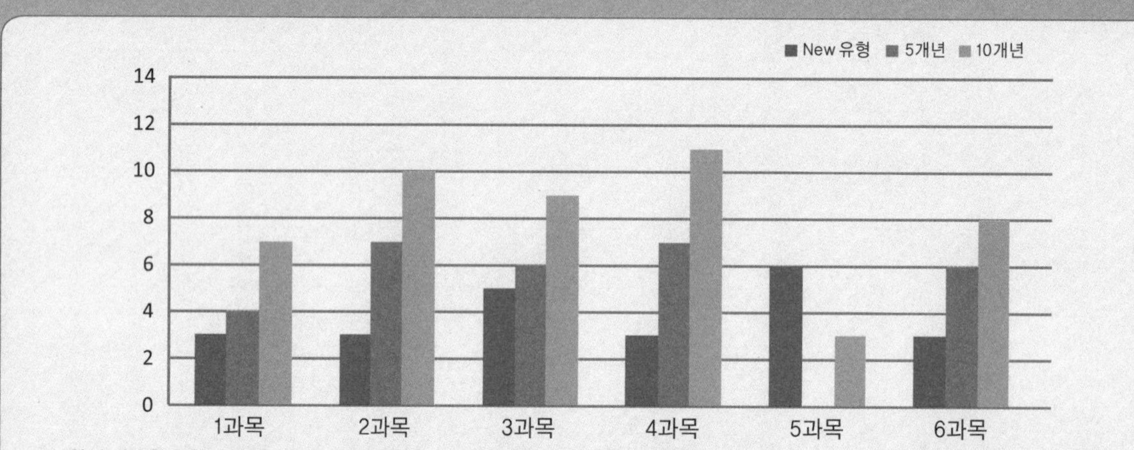


- 완전 새로운 유형의 문제는 23문제이고 97문제가 이미 출제된 문제 혹은 변형문제입니다.
- 5년분(2016～2020) 기출에서 동일문제가 30문항이 출제되었고, 10년분(2011～2020) 기출에서 동일문제가 48문항이 출제되었습니다.

## 실기에 나왔어요!! 외우세요!!!

실기시험은 필답형과 작업형으로 구분되어 있으며 모두 주관식으로 직접 내용을 적어야 합니다. 필기 공부하면서 실기 출제된 내역들은 좀 더 신경써서 암기하실 필요가 있어요. 필기 합격자 발표 난 후 실기시험까지는 5주밖에 여유가 없답니다. 어차피 공부할 것 필기 때 확실하게 해준다면 실기도 단방에 합격할 수 있습니다.

- 총 22개의 해설이 실기 필답형 시험과 연동되어 있습니다.
- 총 5개의 해설이 실기 작업형 시험과 연동되어 있습니다.

## 분석의견

최근 10년분의 기출문제와 답을 반복암기해서는 합격점수인 72점에서 24점이 부족합니다. 새로운 유형(23문항)은 평균(15문항)보다 많이 출제되었으며, 새로운 문제(56문항)는 평균(53.9문항)보다 더 많이 출제되어 다소 어려움을 느낄 수도 있는 회차입니다. 최근 5년분 및 10년분 기출출제비율 역시 평균보다 낮아 약간 어려운 난이도를 유지하고 있습니다. 특히 5과목의 경우 과락을 걱정해야 할 만큼 기출 비중이 적고 새로운 유형의 문제가 많았습니다. 합격에 필요한 점수를 획득하기 위해서는 최근 5년분 문제와 핵심이론의 3회독 혹은 최근 10년분 문제와 핵심이론의 2회독 이상의 학습이 필요합니다.

# 2013년 제4회

2013년 9월 28일 필기

13년 4회차 필기시험
합격률 47.1%

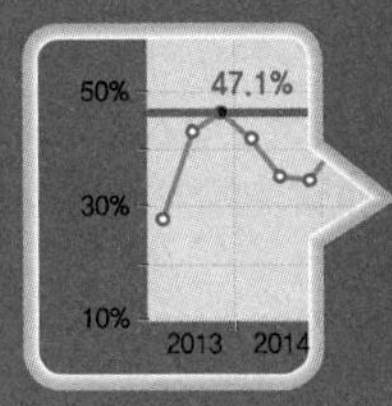


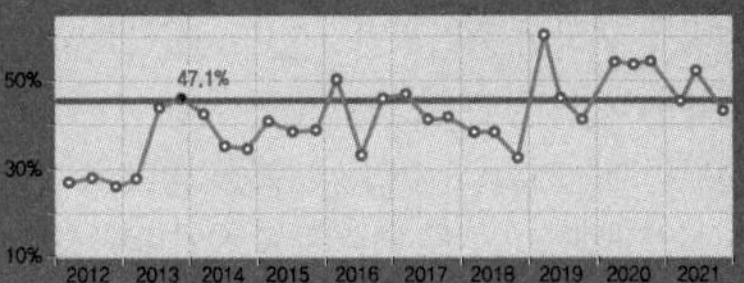


## 1과목 산업안전관리론

0601

### 01

Repetitive Learning 1회 2회 3회

다음 중 하인리히의 재해코스트 산정방식에서 간접비용에 해당되지 않는 것은?

① 유족에게 지불된 보상비용
② 시설의 복구에 소비된 시간 손실비용
③ 사기 · 의욕 저하로 인한 생산 손실비용
④ 기계 · 재료 등의 파손에 따른 재산 손실비용

해설

- 유족에게 지불된 보상비용은 피해자에게 지급되는 비용으로 직접비에 해당한다.

**하인리히의 재해손실비용 평가** 실필 1502

- 직접비 : 간접비의 비율은 1 : 4로 계산해 산업재해로 인한 총 손실비용은 직접비(산업재해보상비)의 5배로 계산한다.
- 직접손실비용에는 치료비, 휴업급여, 장해급여, 유족급여, 요양급여, 간병급여, 직업재활급여, 장례비 등이 있다.
- 간접손실비용에는 부상자를 비롯한 직원의 시간손실, 이익의 감소, 생산손실비, 기계, 공구 재료 등의 재산손실 등이 있다.

0702 / 0902

### 02

Repetitive Learning 1회 2회 3회

다음과 같은 재해에 대한 원인분석 시 "사고유형 – 기인물 – 가해물"을 올바르게 나열한 것은?

> 공구와 자재가 바닥에 어지럽게 널려있는 작업통로를 작업자가 보행 중 공구에 걸려 넘어져 통로바닥에 머리를 부딪쳤다.

① 전도 – 바닥 – 공구
② 낙하 – 통로 – 바닥
③ 전도 – 공구 – 바닥
④ 충돌 – 바닥 – 공구

해설

- 인체에 직접 충돌한 것은 통로바닥이므로 바닥이 가해물이다.
- 공구를 정리해두지 않아 공구에 걸려 넘어졌으므로 공구가 불안전한 상태에 해당한다. 기인물은 공구이다.
- 사고유형은 넘어졌으므로 전도에 해당한다.

**산업재해의 분석** 실필 1901/1702/1501/1404

| | |
|---|---|
| 기인물 | 재해의 원인이 되는 것으로 주로 불안전한 상태와 관련된다. |
| 가해물 | 사람에 직접 충돌하거나 또는 접촉에 의해서 위해(危害)를 준 물건을 말한다. |
| 사고유형 | 재해의 발생형태를 말한다. |

1004

### 03

Repetitive Learning 1회 2회 3회

다음 중 산업안전보건법상 안전보건개선계획의 수립 · 시행에 관한 사항으로 틀린 것은?

① 대상 사업장으로는 작업환경이 현저히 불량한 사업장이 해당된다.
② 산업재해율이 같은 업종의 규모별 평균 산업재해율보다 높은 사업장이 해당된다.
③ 수립 · 시행명령을 받은 사업주는 안전보건개선계획서를 작성하여 그 명령을 받은 날부터 90일 이내에 관할 지방고용노동관서의 장에게 제출하여야 한다.
④ 사업주는 안전 · 보건조치의무를 이행하지 아니하여 발생한 중대재해가 연간 2건 이상 발생한 사업장이 해당된다.

정답 | 01 ① 02 ③ 03 ③

해설

- 안전보건개선계획의 작성 보고기한은 60일 이내이다.

안전보건개선계획 실필 1704/1701/1404/1202/1201

- 고용노동부장관은 다음에 해당하는 사업장으로서 산업재해 예방을 위하여 종합적인 개선조치를 할 필요가 있다고 인정할 때에는 사업주에게 그 사업장, 시설, 그 밖의 사항에 관한 안전보건개선계획의 수립·시행을 명할 수 있다.
  - 산업재해율이 같은 업종 평균 산업재해율의 2배 이상인 사업장
  - 사업주가 안전보건조치의무를 이행하지 아니하여 중대재해가 발생한 사업장
  - 직업병에 걸린 사람이 연간 2명 이상(상시근로자 1천명 이상 사업장의 경우 3명 이상) 발생한 사업장
  - 유해인자의 노출기준을 초과한 사업장
  - 작업환경 불량, 화재·폭발 또는 누출사고 등으로 사회적 물의를 일으킨 사업장
- 고용노동부장관은 필요하다고 인정할 때에는 해당 사업주에게 안전·보건진단을 받아 안전보건개선계획을 수립·제출할 것을 명할 수 있다.
- 안전보건개선계획의 수립·시행명령을 받은 사업주는 고용노동부장관이 정하는 바에 따라 안전보건개선계획서를 작성하여 그 명령을 받은 날부터 60일 이내에 관할 지방고용노동관서의 장에게 제출하여야 한다.
- 사업주는 안전보건개선계획을 수립할 때에는 산업안전보건위원회의 심의를 거쳐야 한다. 다만, 산업안전보건위원회가 설치되어 있지 아니한 사업장의 경우에는 근로자대표의 의견을 들어야 한다.
- 안전보건개선계획서에는 시설, 안전·보건관리체제, 안전·보건교육, 산업재해 예방 및 작업환경의 개선을 위하여 필요한 사항이 포함되어야 한다.
- 사업주와 근로자는 안전보건개선계획을 준수하여야 한다.

## 04 Repetitive Learning 1회 2회 3회

다음 중 재해사례연구 시 파악해야 할 내용과 가장 거리가 먼 것은?

① 상해의 종류
② 손실금액
③ 재해의 발생형태
④ 재해자의 동료 수

해설

- 재해사례연구를 위해 파악할 내용에는 ①, ②, ③ 외에 발생일시 및 장소, 업종 및 규모, 피해자의 인적사항, 기인물, 가해물, 재해현장의 사진 등이 있다.

재해사례연구를 위해 파악할 내용

- 발생일시 및 장소
- 업종 및 규모
- 상해 및 물적피해 상황
- 피해자의 인적사항
- 재해의 발생형태
- 기인물, 가해물, 재해현장의 사진, 조직도 등

## 05 Repetitive Learning 1회 2회 3회

다음 중 산업안전보건법령상 안전관리자의 직무에 해당하지 않는 것은?

① 해당 사업장 안전교육계획의 수립 및 실시
② 안전 분야의 산업재해에 관한 통계의 유지·관리를 위한 지도·조언
③ 도급 사업에 있어 수급인의 산업안전보건관리비의 집행 감독과 그 사용에 관한 수급인 간의 협의·조정
④ 안전보건관리규정 및 취업규칙 중 안전에 관한 사항을 위반한 근로자에 대한 조치의 건의

해설

- ③은 안전보건총괄책임자의 직무에 해당한다.

안전관리자의 업무 실필 1704/1001/0804

- 산업안전보건위원회 또는 안전·보건에 관한 노사협의체에서 심의·의결한 업무와 사업장의 안전보건관리규정 및 취업규칙에서 정한 업무
- 안전인증대상 기계·기구 등과 자율안전확인대상 기계·기구 등 구입 시 적격품의 선정에 관한 보좌 및 조언·지도
- 위험성 평가에 관한 보좌 및 조언·지도
- 해당 사업장 안전교육계획의 수립 및 안전교육 실시에 관한 보좌 및 조언·지도
- 사업장 순회점검·지도 및 조치의 건의
- 산업재해 발생의 원인 조사·분석 및 재발 방지를 위한 기술적 보좌 및 조언·지도
- 산업재해에 관한 통계의 유지·관리·분석을 위한 보좌 및 조언·지도
- 안전에 관한 사항의 이행에 관한 보좌 및 조언·지도
- 업무수행 내용의 기록·유지
- 그 밖에 안전에 관한 사항으로서 고용노동부장관이 정하는 사항



04 ④ 05 ③ 정답

## 06

Repetitive Learning 1회 2회 3회

다음 중 산업안전보건법령상 안전·보건표지에 있어 표지의 종류와 색도기준이 올바르게 연결된 것은?(단, 표기의 순서는 "색상 명도/채도"의 순서이다)

① 금지표지 : 5G 4/10
② 경고표지 : 5Y 8.5/12
③ 안내표지 : 5R 5.5/6
④ 지시표지 : 5N 2.5/7.5

**해설**

• 금지표지는 빨간색(7.5R 4/14), 안내표지는 녹색(2.5G 4/10), 지시표지는 파란색(2.5PB 4/10)이다.

**안전·보건표지의 색채, 색도기준 및 용도** 실필 1802/1601/1402/1301

| 색채 | 색도기준 | 용도 | 사용례 |
|---|---|---|---|
| 빨간색 | 7.5R 4/14 | 금지 | 정지신호, 소화설비 및 그 장소, 유해행위의 금지 |
| | | 경고 | 화학물질 취급장소에서의 유해·위험 경고 |
| 노란색 | 5Y 8.5/12 | 경고 | 화학물질 취급장소에서의 유해·위험경고 이외의 위험경고, 주의표지 또는 기계방호물 |
| 파란색 | 2.5PB 4/10 | 지시 | 특정 행위의 지시 및 사실의 고지 |
| 녹색 | 2.5G 4/10 | 안내 | 비상구 및 피난소, 사람 또는 차량의 통행표지 |
| 흰색 | N9.5 | − | 파란색 또는 녹색에 대한 보조색 |
| 검은색 | N0.5 | − | 문자 및 빨간색 또는 노란색에 대한 보조색 |

0504 / 1101

## 07

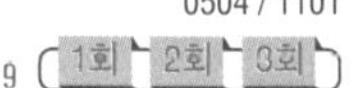


재해예방의 4원칙 중 대책선정의 원칙에 있어 3E에 해당하지 않는 것은?

① Education
② Engineering
③ Environment
④ Enforcement

**해설**

• 3E는 교육(Education), 기술(Engineering), 관리(Enforcement)로 구성된다.

**하베이(Harvey)의 3E** 실필 1804/0902

㉠ 개요
• 재해예방의 4원칙 중 대책선정의 원칙과 관련된다.
• 재해예방의 5단계 중 제5단계 시정책의 적용에 해당한다.

㉡ 구성

| | |
|---|---|
| 교육(Education)적 대책 | 안전교육 및 훈련 대책 |
| 기술(Engineering)적 대책 | 시설 장비 및 기준의 개선 대책, 안전기준, 안전설계, 작업행정 및 환경설비의 개선 등 |
| 관리(Enforcement)적 대책 | 안전 감독의 철저, 적합한 기준 설정, 규정 및 수칙의 준수, 기준 이해, 경영자 및 관리자의 솔선수범, 동기부여와 사기향상 |

## 08

Repetitive Learning 1회 2회 3회

다음 중 산업안전보건법령상 안전보건관리규정을 작성하여야 할 사업의 규모로 옳은 것은?

① 상시근로자 5명 이상을 사용하는 사업
② 상시근로자 10명 이상을 사용하는 사업
③ 상시근로자 50명 이상을 사용하는 사업
④ 상시근로자 100명 이상을 사용하는 사업

**해설**

• 별도로 지정한 10개의 사업 외 일반적인 사업의 경우 상시근로자 100명 이상을 사용하는 사업장은 안전보건관리규정을 작성하여야 한다.

**안전보건관리규정** 실필 1601/1101

• 안전보건관리규정을 작성하여야 할 사업의 종류 및 규모

| 사업의 종류 | 규모 |
|---|---|
| 1. 농업<br>2. 어업<br>3. 소프트웨어 개발 및 공급업<br>4. 컴퓨터 프로그래밍, 시스템 통합 및 관리업<br>5. 정보서비스업<br>6. 금융 및 보험업<br>7. 임대업(부동산 제외)<br>8. 전문, 과학 및 기술 서비스업 (연구개발업 제외)<br>9. 사업지원 서비스업<br>10. 사회복지 서비스업 | 상시근로자 300명 이상을 사용하는 사업장 |
| 11. 제1호부터 제10호까지의 사업을 제외한 사업 | 상시근로자 100명 이상을 사용하는 사업장 |

정답 | 06 ② 07 ③ 08 ④

- 사업주는 안전보건관리규정을 작성하여야 할 사유가 발생한 날부터 30일 이내에 안전보건관리규정을 작성하여야 한다. 이를 변경할 사유가 발생한 경우에도 또한 같다.
- 사업주는 안전보건관리규정을 작성하거나 변경할 때에는 산업안전보건위원회의 심의·의결을 거쳐야 한다. 다만, 산업안전보건위원회가 설치되어 있지 아니한 사업장의 경우에는 근로자대표의 동의를 받아야 한다.

2001

## 09 Repetitive Learning (1회 2회 3회)

다음 중 버드(Frank Bird)의 도미노 이론에서 재해 발생과정에 있어 가장 먼저 수반되는 것은?

① 관리의 부족
② 전술 및 전략적 에러
③ 불안전한 행동 및 상태
④ 사회적 환경과 유전적 요소

해설

- 버드의 도미노 이론은 제어(통제)의 부족에서부터 비롯된다.

버드(Bird)의 신연쇄성 이론

㉠ 개요
- 신도미노 이론이라고도 한다.
- 재해발생의 근원적 원인은 관리의 부족에 있다고 정의한다.
- 재해발생의 기본원인은 개인적 요인 및 작업상의 요인에 있다고 주장한다.
- 재해의 직접원인을 징후라 하고 불안전한 행동 및 상태에서 비롯된다고 한다.

㉡ 단계

| | |
|---|---|
| 1단계 | 관리의 부족 |
| 2단계 | 개인적 요인, 작업상의 요인 |
| 3단계 | 불안전한 행동 및 상태 |
| 4단계 | 사고 |
| 5단계 | 재해 |

1201 / 1502 / 1702

## 10 Repetitive Learning (1회 2회 3회)

시설물의 안전 및 유지관리에 관한 특별법상 안전점검 실시의 구분에 해당하지 않는 것은?

① 정기점검 ② 정밀점검
③ 긴급점검 ④ 임시점검

해설

- 시설물의 안전 및 유지관리에 관한 특별법상 안전점검에는 정기점검, 정밀점검, 긴급점검이 있다.

안전점검의 구분
- 정기안전점검 : 시설물의 상태를 판단하고 시설물이 점검 당시의 사용요건을 만족시키고 있는지 확인할 수 있는 수준의 외관조사를 실시하는 안전점검
- 정밀안전점검 : 시설물의 상태를 판단하고 시설물이 점검 당시의 사용요건을 만족시키고 있는지 확인하며 시설물 주요부재의 상태를 확인할 수 있는 수준의 외관조사 및 측정·시험장비를 이용한 조사를 실시하는 안전점검
- 긴급안전점검 : 시설물의 붕괴·전도 등으로 인한 재난 또는 재해가 발생할 우려가 있는 경우에 시설물의 물리적·기능적 결함을 신속하게 발견하기 위하여 실시하는 점검을 말한다.

0502

## 11 Repetitive Learning (1회 2회 3회)

다음 중 위험예지훈련 4라운드 기법에서 2R(라운드)에 해당하는 것은?

① 목표설정
② 현상파악
③ 대책수립
④ 본질추구

해설

- 위험예지훈련 4Round 중 2Round는 문제점을 발견하고 중요 문제를 결정하는 단계인 본질추구를 말한다.

위험예지훈련 기초 4Round 기법

| | | |
|---|---|---|
| 1Round | 현상파악 (사실의 파악단계) | 전원이 토의를 통하여 위험요인을 발견하는 단계 |
| 2Round | 본질추구 (원인탐색 단계) | 위험의 포인트를 결정하여 전원이 지적 확인을 하는 단계 |
| 3Round | 대책수립 (대책수립 단계) | 발견된 위험요인을 극복하기 위한 방법을 제시하는 단계 |
| 4Round | 목표설정 (행동계획 결정단계) | 나온 대책들을 공감하고 팀의 행동목표를 설정하고 지적 확인하는 단계 |



09 ① 10 ④ 11 ④ 정답

1804

## 12

Repetitive Learning 1회 2회 3회

연평균 상시근로자 수가 500명인 사업장에서 36건의 재해가 발생한 경우 근로자 한 사람이 이 사업장에서 평생 근무할 경우, 근로자에게 발생할 수 있는 재해는 몇 건으로 추정되는가?(단, 근로자는 평생 40년을 근무하며, 평생잔업시간은 4,000시간이고, 1일 8시간씩 연간 300일을 근무한다)

① 2건　　② 3건
③ 4건　　④ 5건

해설

- 연간총근로시간은 8 × 300 × 500 = 1,200,000시간이다.
- 도수율은 $\frac{36}{1,200,000} \times 1,000,000 = 30$이다.
- 평생근무시간은 40 × 8 × 300 + 4,000 = 100,000시간이다.
- 도수율은 1백만 시간 동안에 발생하는 재해의 건수이므로 $30 \times \frac{100,000}{1,000,000} = 3$이다.

:: 도수율(FR : Frequency Rate of injury) 실필 1804/1401/1304/0902
- 빈도율이라고도 하며, 100만 시간당 재해발생건수를 나타낸다.
- 도수율 = $\frac{연간재해건수}{연간총근로시간} \times 10^6$으로 구하며,

  환산도수율 = $\frac{총근로시간}{1,000,000}$이다.

## 13

Repetitive Learning 1회 2회 3회

다음 중 방신마스크의 선정기준으로 적절하지 않은 것은?

① 분진포집 효율이 높은 것
② 흡·배기저항이 높은 것
③ 중량이 가벼운 것
④ 시야가 넓을 것

해설

- 방진마스크의 흡·배기저항은 낮아야 한다.

:: 방진마스크
㉠ 개요
- 공기 중에 부유하는 분진을 들이마시지 않도록 하기 위해 사용하는 마스크이다.
- 산소농도 18% 이상인 장소에서 사용하여야 한다.

㉡ 선정기준
- 분진포집(여과) 효율이 좋을 것
- 흡·배기저항이 낮을 것
- 가볍고, 시야가 넓을 것
- 안면에 밀착성이 좋을 것
- 사용 용적(유효 공간)이 적을 것
- 머리끈은 적당한 길이 및 탄력성을 갖고 길이를 쉽게 조절할 수 있을 것
- 사방시야는 넓을 것(하방시야는 최소 60° 이상)

0901 / 1801 / 2101

## 14

Repetitive Learning 1회 2회 3회

안전관리에 있어 5C 운동(안전행동 실천운동)이 아닌 것은?

① 정리정돈(Clearance)　　② 통제관리(Control)
③ 청소청결(Cleaning)　　④ 전심전력(Concentration)

해설

- 통제관리(Control)가 아니라 점검확인(Checking)과 복장단정(Correctness)이어야 한다.

:: 5C 운동
- 산업재해로 인한 인적·물적 손실을 줄이기 위하여 실시하는 안전행동 실천운동이다.
- 정리정돈(Clearance), 청소청결(Cleaning), 전심전력(Concentration), 복장단정(Correctness), 점검확인(Checking)을 말한다.
- 근로자의 불안전한 행동으로 인한 재해를 예방하여 쾌적한 작업환경을 이루고 생산성의 향상과 원가절감, 판매촉진과 품질향상을 통해 궁극적으로 인간존중의 이념과 기업이윤을 극대화하는 것을 목표로 한다.

1902

## 15

Repetitive Learning 1회 2회 3회

다음 설명에 가장 적합한 조직의 형태는?

- 과제별로 조직을 구성
- 플랜트, 도시개발 등 특정한 건설과제를 처리
- 시간적 유한성을 가진 일시적이고 잠정적인 조직

① 스탭(Staff)형 조직
② 라인(Line)식 조직
③ 기능(Function)식 조직
④ 프로젝트(Project) 조직

정답 | 12 ② 13 ② 14 ② 15 ④

해설

- 상시적인 조직이 아니라 과제별로 조직을 구성하는 것은 프로젝트(Project) 조직에 대한 설명이다.

프로젝트(Project) 조직

- 기존 운용조직과는 별도로 특정 과제를 성공적으로 수행하기 위해 만들어진 조직이다.
- 시간적 유한성을 가진 일시적이고 잠정적인 조직이다.
- 대표적으로 플랜트, 도시개발 등 특정한 건설과제를 처리하기 위해 만들어진다.

## 16

Repetitive Learning (1회 2회 3회)

다음 중 무재해 운동의 기본 이념에 관한 설명과 가장 거리가 먼 것은?

① 무재해 운동의 추진과 정착을 위해서는 최고경영자를 제외한 현장 직원과 관리감독자의 실천이 우선되어야 한다.

② 위험을 발견, 제거하기 위하여 전원이 참가 협력하여 각자의 처지에서 의욕적으로 문제해결을 실천하는 것이다.

③ 무재해 운동에 있어 선취란 직장의 위험요인을 행동하기 전에 예지하여 발견, 파악, 해결함으로써 재해 발생을 예방하는 것을 말한다.

④ 무재해란 불휴재해는 물론 직장의 일체 잠재위험요인을 적극적으로 사전에 발견하여 파악, 해결함으로써 뿌리에서부터 산업재해를 없앤다는 것이다.

해설

- 무재해 운동의 추진과 정착을 위해서는 최고경영자를 포함한 현장 직원과 관리감독자의 실천이 우선되어야 한다.

무재해 운동의 추진을 위한 3요소 실필 1404

| | |
|---|---|
| 이념 | 최고경영자의 안전경영자세 |
| 실천 | 안전활동의 라인(Line)화 |
| 기법 | 직장 자주안전활동의 활성화 |

2202

## 17

Repetitive Learning (1회 2회 3회)

다음 중 산업안전보건법령상 안전검사대상 유해·위험기계에 해당하지 않는 것은?

① 압력용기　　② 리프트

③ 이동식 국소배기장치　　④ 전단기

해설

- 이동식 국소배기장치는 안전검사대상에서 제외된다.

안전검사대상 유해·위험기계의 종류와 검사 주기 실필 1002/1504

| 안전검사대상 유해·위험기계의 종류 | 검사 주기 |
|---|---|
| 크레인(이동식크레인 및 정격하중 2톤 미만 제외), 리프트(이삿짐운반용 리프트 제외) 및 곤돌라 | 사업장에 설치가 끝난 날부터 3년 이내에 최초 안전검사를 실시하되, 그 이후부터 2년마다(건설현장에서 사용하는 것은 최초로 설치한 날부터 6개월마다) |
| 이동식크레인, 이삿짐운반용 리프트 및 고소작업대 | 신규 등록 이후 3년 이내에 최초 안전검사를 실시하되, 그 이후부터 2년마다 |
| 프레스, 전단기, 압력용기, 국소배기장치(이동식 제외), 산업용 원심기, 화학설비 및 그 부속설비, 건조설비 및 그 부속설비, 롤러기(밀폐형 제외), 사출성형기(형 체결력 294kN 미만은 제외), 컨베이어 및 산업용 로봇 | 사업장에 설치가 끝난 날부터 3년 이내에 최초 안전검사를 실시하되, 그 이후부터 2년마다(공정안전보고서를 제출하여 확인을 받은 압력용기는 4년마다) |

## 18

Repetitive Learning (1회 2회 3회)

다음 중 안전점검에 관한 설명으로 틀린 것은?

① 안전점검은 점검자의 주관적 판단에 의하여 점검하거나 판단한다.

② 잘못된 사항은 수정이 될 수 있도록 점검결과에 대하여 통보한다.

③ 점검 중 사고가 발생하지 않도록 위험요소를 제거한 후 실시한다.

④ 사전에 점검대상 부서의 협조를 구하고, 관련 작업자의 의견을 청취한다.

해설

- 안전점검은 객관적으로 진행되어야 한다.

안전점검 유의사항

- 안전점검은 안전수준의 향상을 위한 본래의 취지에 어긋나지 않아야 한다.
- 점검자의 능력을 판단하고 그 능력에 상응하는 내용의 점검을 시키도록 한다.



16 ① 17 ③ 18 ① 정답

- 안전점검의 형식, 내용에 변화를 부여하여 몇 가지 점검 방법을 병용한다.
- 과거에 재해가 발생한 곳은 그 요인이 없어졌는가를 확인한다.
- 불량 요소가 발견되었을 경우 다른 동종의 설비에 대해서도 점검한다.
- 점검사항, 점검방법 등에 대한 지속적인 교육을 통하여 정확한 점검이 이루어지도록 한다.
- 안전점검 후 강평을 할 때는 결함뿐 아니라 잘된 점도 부각하여 상벌을 분명히 할 필요가 있다.

1001 / 1002 / 1004 / 1104 / 1402 / 1501 / 1604 / 1704 / 1804 / 2001 / 2104 / 2201

## 19

Repetitive Learning 1회 2회 3회

재해사례연구의 진행단계로 옳은 것은?

① 사실의 확인 → 재해 상황의 파악 → 문제점의 발견 → 문제점의 결정 → 대책의 수립
② 문제점의 발견 → 재해 상황의 파악 → 사실의 확인 → 문제점의 결정 → 대책의 수립
③ 재해 상황의 파악 → 사실의 확인 → 문제점의 발견 → 문제점의 결정 → 대책의 수립
④ 문제점의 발견 → 문제점의 결정 → 재해 상황의 파악 → 사실의 확인 → 대책의 수립

**해설**

- 재해사례연구의 진행단계는 재해 상황의 파악 → 사실의 확인 → 문제점의 발견 → 근본적 문제점의 결정 → 대책수립 순이다.

**재해사례연구의 진행단계**

㉠ 진행순서
- 재해 상황의 파악 → 사실의 확인 → 문제점의 발견 → 근본적 문제전의 결정 → 대책수립 순이다.

㉡ 단계별 특징

| 단계 | 특징 |
|---|---|
| 재해 상황의 파악 | 사례연구의 전제조건으로서 발생일시 및 장소 등 재해 상황의 주된 항목에 관해서 파악한다. |
| 사실의 확인 | 재해가 발생할 때까지의 경과 중 재해와 관계가 있는 사실 및 재해요인을 객관적으로 확인한나. |
| 문제점의 발견 | 파악된 사실로부터 판단하여 관계법규, 사내규정 등을 적용하여 문제점을 발견한다. |
| 근본적 문제점의 결정 | 재해의 중심이 된 문제점에 관하여 어떤 관리적 책임의 결함이 있는지를 여러 가지 안전보건의 키(Key)에 대하여 분석한다. |
| 대책수립 | 동종 및 유사재해의 방지대책을 구체적, 실현가능하게 수립한다. |

2001

## 20

Repetitive Learning 

산업안전보건법령상 공정안전보고서의 작성 및 제출에 관한 다음 설명 중 (　　) 안에 들어갈 내용을 올바르게 나열한 것은?

> 산업안전보건법에 따라 사업주는 유해·위험설비의 설치·이전 또는 주요 구조부분의 변경공사의 착공일 ( ㉮ )일 전까지 공정안전보고서를 ( ㉯ )부 작성하여 해당 기관에 제출하여야 한다.

① ㉮ : 1일, ㉯ : 2부
② ㉮ : 15일, ㉯ : 1부
③ ㉮ : 15일, ㉯ : 2부
④ ㉮ : 30일, ㉯ : 2부

**해설**

- 공정안전보고서는 변경공사의 착공일 30일 전까지 공정안전보고서를 2부 작성하여 공단에 제출하여야 한다.

**공정안전보고서의 작성 및 제출**
- 사업주는 유해·위험설비의 설치·이전 또는 주요 구조부분의 변경공사의 착공일 30일 전까지 공정안전보고서를 2부 작성하여 공단에 제출하여야 한다.

# 2과목 산업심리 및 교육

## 21

Repetitive Learning 1회 2회 3회

다음 중 피로의 분류에 있어 만성피로에 가장 가까운 것은?

① 성상 피로
② 건강 피로
③ 축적 피로
④ 중추신경계 피로

**해설**

- 만성피로는 계속되는 작업이나 근로로 인하여 피로가 누적되는 것을 말한다.

**만성피로**
- 축적 피로라고도 한다.
- 계속되는 작업이나 근로로 인하여 피로가 누적되어 일상생활이 수습되지 않을 정도의 힘든 피로감을 느끼게 되는 증상을 말한다.

정답 | 19 ③ 20 ④ 21 ③

0602 / 1901

## 22

Repetitive Learning 1회 2회 3회

다음 중 수업의 중간이나 마지막 단계에 행하는 것으로서 언어학습이나 문제해결 학습에 효과적인 학습법은?

① 강의법 ② 실연법
③ 토의법 ④ 프로그램법

해설

- 실연법은 학습자가 이미 설명을 듣거나 시범을 보고 알게 된 지식이나 기능을 강사의 감독 아래 직접적으로 연습하여 적용할 수 있도록 하는 교육방법이다.

**실연법**

- 학습자가 이미 설명을 듣거나 시범을 보고 알게 된 지식이나 기능을 강사의 감독 아래 직접적으로 연습하여 적용할 수 있도록 하는 교육방법이다.
- 안전교육 방법 중 피교육자의 동작과 직접적으로 관련 있는 교육방법이다.
- 수업의 중간이나 마지막 단계에 행하는 것으로서 언어학습이나 문제해결 학습에 효과적인 학습법이다.
- 직접 실습하는 만큼 학생들의 참여가 높고, 다른 방법에 비해서 교사 대 학습자 수의 비율이 높다.

## 23

Repetitive Learning 1회 2회 3회

다음 중 안전교육의 목적과 가장 거리가 먼 것은?

① 생산성이나 품질의 향상에 기여한다.
② 작업자를 산업재해로부터 미연에 방지한다.
③ 재해의 발생으로 인한 직접적 및 간접적 경제적 손실을 방지한다.
④ 작업자에게 작업의 안전에 대한 안심감을 부여하고 기업에 대한 신뢰감을 감소시킨다.

해설

- 안전교육을 통해 작업자에게 작업의 안전에 대한 안심감을 부여하고 기업에 대한 신뢰감을 증가시킨다.

**안전교육의 목적**

- 물적 요인(설비, 물자), 환경 및 의식 및 행동의 안전화를 기하는 데 있다.
- 재해발생에 필요한 요소들을 교육하여 재해를 방지하기 위해서이다.
- 생산성이나 품질의 향상에 기여하는 데 필요하기 때문이다.
- 작업자에게 안정감을 부여하고 기업에 대한 신뢰감을 부여하기 위해서이다.
- 재해의 발생으로 인한 직접적 및 간접적 경제적 손실을 방지하는 데 있다.

1204 / 1702

## 24

Repetitive Learning 1회 2회 3회

의식수준이 정상적 상태이지만 생리적 상태가 안정을 취하거나 휴식할 때에 해당하는 것은?

① phase Ⅰ ② phase Ⅱ
③ phase Ⅲ ④ phase Ⅳ

해설

- phase Ⅰ은 생리적 상태가 피로하고 단조로울 때에 해당한다.
- phase Ⅲ은 정상적인 상태로 신뢰성이 가장 높은 상태의 의식수준에 해당한다.
- phase Ⅳ는 돌발사태의 발생으로 인하여 주의의 일점 집중 현상이 발생한 단계이다.

**인간의 의식 레벨**

| 단계 | 의식수준 | 설명 |
|---|---|---|
| Phase 0 | 무의식, 실신상태 | 무의식 동작에는 외계의 능력에 대응하는 능력이 어느 정도는 있다. |
| Phase Ⅰ | 이상, 피로 및 단조로움 | 심신이 피로하거나 단조로운 작업을 반복할 경우 나타나는 의식수준의 저하현상이 발생 |
| Phase Ⅱ | 정상, 이완상태 | 생리적 상태가 안정을 취하거나 휴식할 때에 해당 |
| Phase Ⅲ | 정상, 명쾌 | • 중요하거나 위험한 작업을 안전하게 수행하기에 적합<br>• 신뢰성이 가장 높은 상태의 의식수준 |
| Phase Ⅳ | 과긴장 | 돌발사태의 발생으로 인하여 주의의 일점 집중 현상이 일어나는 경우 인간의 의식수준 |

2102

## 25

Repetitive Learning 1회 2회 3회

다음 중 안전심리의 5대 요소에 관한 설명으로 틀린 것은?

① 동기는 능동적인 감각에 의한 자극에서 일어난 사고의 결과로서 사람의 마음을 움직이는 원동력이 되는 것이다.
② 기질이란 감정적인 경향이나 반응에 관계되는 성격의 한 측면이다.
③ 감정은 생활체가 어떤 행동을 할 때 생기는 객관적인 동요를 뜻한다.
④ 습성은 한 종에 속하는 개체의 대부분에서 볼 수 있는 일정한 생활양식으로 본능, 학습, 조건반사 등에 따라 형성된다.



22 ② 23 ④ 24 ② 25 ③ 정답

해설

- 안전심리 중 감정(Emotion)은 생활체가 어떤 행동을 할 때 생기는 주관적인 동요를 뜻한다.

**산업안전심리의 5요소**

| | |
|---|---|
| 동기 (Motive) | 능동적인 감각에 의한 자극에서 일어난 사고의 결과로서 사람의 마음을 움직이는 원동력이 되는 것이다. |
| 기질 (Temper) | 감정적인 경향이나 반응에 관계되는 성격의 한 측면이다. |
| 감정 (Emotion) | 생활체가 어떤 행동을 할 때 생기는 주관적인 동요를 뜻한다. |
| 습성 (Habits) | 한 종에 속하는 개체의 대부분에서 볼 수 있는 일정한 생활양식으로 본능, 학습, 조건반사 등에 따라 형성된다. |
| 습관 (Custom) | 성장과정을 통해 형성된 특성 등이 무의식중에 습관화된 것으로 동기, 기질, 감정, 습성 등이 영향을 끼친다. |

0704 / 1002 / 1902

## 26 Repetitive Learning (1회 2회 3회)

인간 부주의의 발생원인 중 외적 조건에 해당하지 않는 것은?

① 기상조건 ② 경험 부족 및 미숙련
③ 작업순서 부적당 ④ 작업 및 환경조건 불량

해설

- 경험 부족 및 미숙련은 부주의 발생의 내적요인으로 교육 및 훈련으로 해결가능하다.

**부주의 발생의 외적요인**

- 기상조건
- 작업순서 부적당
- 작업 및 환경조건 불량

0401

## 27 Repetitive Learning (1회 2회 3회)

다음 중 매슬로우의 "욕구의 위계이론"에 관한 설명으로 가장 적절한 것은?

① 어렵고 구체적인 목표가 더 높은 수행을 가져온다.
② 개인의 동기는 다른 사람과의 비교를 통해 결정된다.
③ 인간은 먼저 자아실현의 욕구를 충족시키려고 한다.
④ 하위 단계의 욕구가 충족되어야 더 높은 단계의 욕구가 발생한다.

해설

- 매슬로우는 위계(位階)에서 하위 단계의 욕구가 충족되어야 더 높은 단계의 욕구가 발생한다고 봤다.

**매슬로우(Maslow)의 욕구위계(욕구이론)**

㉠ 개요
- 생리적 욕구 – 안전의 욕구 – 사회적 욕구 – 인정받으려는 욕구 – 자아실현의 욕구 순으로 발생한다.
- 행동은 충족되지 않은 욕구에 의해 결정되고 좌우된다.
- 개인의 가장 기본적인 욕구로부터 시작하여 위계상 상위 욕구로 올라가면서 자신의 욕구를 체계적으로 충족시킨다.
- 위계(位階)에서 생존을 위해 기본이 되는 욕구들이 우선적으로 충족되어야 한다. 즉, 하위 단계의 욕구가 충족되어야 더 높은 단계의 욕구가 발생한다.

㉡ 위계의 내용 실필 0901

| 단계별 | 욕구의 명칭 | 설명 | 관리감독자의 능력 |
|---|---|---|---|
| 1단계 | 생리적 욕구 | 인간의 가장 기초적인 욕구에 해당한다. | – |
| 2단계 | 안전의 욕구 | 생존에 대한 욕구에 해당한다. | 기술적 능력 |
| 3단계 | 사회적 욕구 | 가족, 친구 등 애정과 소속에 대한 욕구에 해당한다. | – |
| 4단계 | 인정받으려는 욕구 (존경과 긍지에 대한 욕구) | 명예, 신망, 위신, 지위 등과 관계가 깊다. | 포괄적 능력 |
| 5단계 | 자아실현의 욕구 | 가장 고차원적인 욕구에 해당한다. | 종합적 능력 |

1602

## 28 Repetitive Learning (1회 2회 3회)

"예측변인이 준거와 얼마나 관련되어 있느냐"를 나타낸 타당도를 무엇이라 하는가?

① 내용 타당도 ② 준거 관련 타당도
③ 수렴 타당도 ④ 구성개념 타당도

해설

- 예측변인이 준거와 얼마나 관련되어 있느냐를 나타낸 타당도는 준거 관련 타당도로 공인 타당도와 예언 타당도로 구성된다.

**타당성**

㉠ 개요
- 심리검사의 특징 중 측정하고자 하는 것을 실제로 잘 측정하는지의 여부를 판별하는 것을 말한다.
- 신뢰도와 함께 인사선발을 위한 심리검사에서 갖춰야 할 요건에 해당한다.

정답 | 26 ② 27 ④ 28 ②

㉡ 준거 관련 타당도(경험 타당도)
- 예측변인이 준거와 얼마나 관련되어 있느냐를 나타낸 타당도를 말한다.
- 시간간격이 없느냐 혹은 있느냐에 따라 공인타당도와 예언타당도로 구분한다.

㉢ 합리적 타당도
- 내용 타당도와 구인 타당도로 구분한다.
- 내용 타당도는 검사문항에 대한 전문가의 판단을 구비한 타당도이며, 구인타당도는 기존 검사와 새로 만든 검사와의 상관관계를 측정한 타당도이다.

0901 / 0904 / 1802

## 29 Repetitive Learning 1회 2회 3회

교육심리학에 있어 일반적으로 기억과정의 순서를 나열한 것으로 맞는 것은?

① 파지 → 재생 → 재인 → 기명
② 파지 → 재생 → 기명 → 재인
③ 기명 → 파지 → 재생 → 재인
④ 기명 → 파지 → 재인 → 재생

**해설**

- 기억과정은 기명 – 파지 – 재생 – 재인의 과정을 거친다.

**기억과정**
- 기억과정은 기명 – 파지 – 재생 – 재인의 과정을 거친다.
- 파지(Retention)는 과거의 학습경험을 통해서 학습된 행동이 현재와 미래에 지속되는 것을 말한다.
- 재생은 보존된 인상이 다시 기억으로 떠오르는 것을 말한다.
- 재인(Recognition)은 과거에 경험하였던 것과 비슷한 상태에 부딪혔을 때 기억이 떠오르는 것을 말한다.
- 중간과정에서 재생과 재인이 되지 않으면 기억은 소멸 즉, 망각되는 것이다.
- 망각은 경험한 내용이나 학습된 행동을 다시 생각하여 작업에 적용하지 아니하고 방치함으로써 경험의 내용이나 인상이 약해지거나 소멸되는 현상을 말한다.

1804 / 2104

## 30 Repetitive Learning

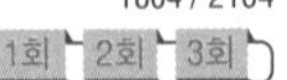

다음 중 파악하고자 하는 연구과제에 대해 언어를 매개로 구조화된 질의응답을 통하여 교육하는 기법은?

① 면접(Interview)
② 카운슬링(Counseling)
③ CCS(Civil Communication Section)
④ ATT(American Telephone & Telegram Co)

**해설**

- 카운슬링은 의식의 우회에서 오는 부주의를 최소화하기 위한 방법으로 실시되는 안전교육방법이다.
- CCS는 ATP라고도 하며, 최고경영자를 위한 교육으로 실시된 것으로 매주 4일, 하루 4시간씩 8주간 진행하는 교육이다.
- ATT는 대상계층이 한정되지 않은 정형교육으로 하루 8시간씩 2주간 실시하는 토의식 교육이다.

**면접(Interview)**
- 파악하고자 하는 연구과제에 대해 언어를 매개로 구조화된 질의응답을 통하여 교육하는 기법을 말한다.
- 업무에 대한 이해도가 높은 작업자와 면담하는 방법으로 자료의 수집에 많은 시간과 노력이 들고, 정량화된 정보를 얻기가 힘들다.

0301 / 2104

## 31 Repetitive Learning

안전사고가 발생하는 요인 중 심리적인 요인에 해당하는 것은?

① 감정의 불안정
② 신경계통의 이상
③ 극도의 피로감
④ 육체적 능력의 초과

**해설**

- ②, ③, ④는 생리적인 요인에 해당한다.

**사고의 심리적 요인**
- 소질적 요인과 인간에러로 이뤄진다.
- 소질적 사고요인에는 지능, 성격, 시각기능 등 작업자의 성격 및 신체적 결함과 관련된다.
- 인간에러요인에는 착각, 무의식 행위, 감정의 불안정, 공상이나 망상 등이 있다.

## 32 Repetitive Learning 1회 2회 3회

다음 중 인간의 착상심리를 설명한 내용과 가장 거리가 먼 것은?

① 얼굴을 보면 지능 정도를 알 수 있다.
② 아래턱이 마른 사람은 의지가 약하다.
③ 인간의 능력은 태어날 때부터 동일하다.
④ 민첩한 사람은 느린 사람보다 착오가 적다.



29 ③ 30 ① 31 ① 32 ④ 정답

해설

- 일반적인 사람들은 민첩한 사람은 느린 사람에 비해 서두르다 보니 착오가 많다고 생각한다.

착상심리

㉠ 개요

- 인간이 가지는 생각의 일반적인 오류를 말한다.
- 인간의 생각은 항상 올바른 것은 아니다.

㉡ 대표적인 예

- 얼굴을 보면 지능 정도를 알 수 있다.
- 아래턱이 마른 사람은 의지가 약하다.
- 인간의 능력은 태어날 때부터 동일하다.
- 민첩한 사람은 느린 사람보다 착오가 많다.

## 33 Repetitive Learning (1회 2회 3회)

다음 중 민주적 리더십의 리더에 대한 설명으로 가장 올바른 것은?

① 대외적인 상징적 존재에 불과하다.
② 소극적으로 조직 활동에 참가한다.
③ 자신의 신념과 판단을 최상으로 믿는다.
④ 조직구성원들의 의사를 종합하여 결정한다.

해설

- 권위주의적 리더는 독단적으로 의사결정하지만, 민주주의적 리더는 집단의 의견을 반영한다.

리더십(Leadership)

㉠ 개요

- 어떤 특정한 목표달성을 위해 조직에서 행사되는 영향력을 말한다.
- 리더십의 특성조건에는 혁신적 능력, 표현능력, 대인적 숙련 등을 들 수 있다.
- 특성이론이란 성공적인 리더가 가지는 특성을 연구하는 이론이다.
- 의사결정 방법에 따라 크게 권위형, 민주형, 자유방임형으로 구분된다.

㉡ 의사결정 방법에 따른 리더십의 구분

| 구분 | 특징 |
|---|---|
| 권위형 | • 입무를 중심에 놓는다.(직무 중심적)<br>• 리더가 독단적으로 의사를 결정하고 관리한다.<br>• 하향 지시위주로 조직이 운영된다. |
| 민주형 | • 인간관계를 중심에 놓는다.(부하 중심적)<br>• 조직원의 적극적인 참여와 자율성을 강조한다.<br>• 조직원의 창의성을 개발할 수 있다. |
| 자유 방임형 | • 리더십의 의미를 찾기 힘들다.<br>• 방치, 무관심, 무질서 등의 특징을 가진다.<br>• 낭비와 파손품이 많다.<br>• 개성이 강하고 연대감이 없다. |

0302 / 0601 / 0904 / 1101 / 1904

## 34 Repetitive Learning (1회 2회 3회)

다음 중 MTP(Management Training Program) 안전교육 방법에서의 총 교육시간으로 가장 적당한 것은?

① 10시간 ② 40시간
③ 80시간 ④ 120시간

해설

- MTP는 관리자 양성을 목표로 하는 정형훈련으로 2시간씩 20회의 회의 즉, 총 40시간의 교육시간을 기본코스로 한다.

MTP(Management Training Program)

- TWI와 프랑스 경영학자 페이욜(H.Fayol)의 경영조직론을 중심으로 한 중간 관리층 훈련방식으로 FEAF(Far East Air Forces)라고도 한다.
- 관리자 양성을 목표로 하는 정형훈련으로 10~15명을 한 반으로 2시간씩 20회의 회의를 기본코스로 한다.
- 관리의 기능, 조직의 원칙, 조직의 운영, 시간관리, 훈련의 관리 등을 교육내용으로 한다.

0602

## 35 Repetitive Learning (1회 2회 3회)

다음 중 강의법 교육에 비교할 때 모의법(Simulation Method) 교육의 특징으로 옳은 것은?

① 시간의 소비가 거의 없다.
② 시설의 유지비가 저렴하다.
③ 학생 대 교사의 비율이 높다.
④ 단위시간당 교육비가 적게 든다.

해설

- 모의법은 시간의 소비가 많다.
- 모의법은 시설의 유지비가 많이 든다.
- 모의법은 단위시간당 교육비가 많이 든다.

모의법(Simulation Method) 교육

㉠ 개요

- 실제 상황을 인위적으로 재구성하여 그 속에서 학습토록 하는 교육방법을 말한다.
- 실제 현장에서는 위험해서 교육이 힘들 경우 비슷한 상황을 모의적으로 만들어서 교육하는 것을 말한다.

㉡ 특징

- 시간의 소비가 많다.
- 시설의 유지비가 많이 든다.
- 학생 대비 교사의 비율이 높다.
- 단위시간당 교육비가 많이 든다.

정답 | 33 ④ 34 ② 35 ③

0804 / 1804

## 36

Repetitive Learning 1회 2회 3회

기술교육의 진행방법 중 듀이(John Dewey)의 5단계 사고과정에 속하지 않는 것은?

① 응용시킨다.(Application)
② 시사를 받는다.(Suggestion)
③ 가설을 설정한다.(Hypothesis)
④ 머리로 생각한다.(Intellectualization)

해설

- 듀이의 5단계 사고과정은 시사 → 지식화 → 가설을 설정 → 추론 → 행동에 의한 가설 검토 순으로 진행된다.

:: 존 듀이(Jone Dewey)의 5단계 사고과정

- 시사(Suggestion) → 지식화(Intellectualization) → 가설(Hypothesis)을 설정 → 추론(Reasoning) → 행동에 의하여 가설 검토 순으로 진행된다.
- 듀이의 5단계 사고과정을 거친 후 이를 정리한 교육지도는 원리의 제시 → 관련된 개념의 분석 → 가설의 설정 → 자료의 평가 → 결론 순으로 구체화된다.

## 37

Repetitive Learning 1회 2회 3회

다음 중 사회행동의 기본 형태에 해당하지 않는 것은?

① 협력
② 대립
③ 암시
④ 도피

해설

- 사회행동의 기본 형태에는 도피, 협력, 대립, 융합 등이 있다.

:: 인간의 사회행동의 기본 형태

- 도피 : 정신병, 자살, 고립
- 협력 : 조력, 분업
- 대립 : 공격, 경쟁
- 융합 : 강제, 타협, 통합

1604

## 38

Repetitive Learning 1회 2회 3회

태도교육을 통한 안전태도교육의 특징으로 적절하지 않은 것은?

① 청취한다.
② 모범을 보인다.
③ 권장, 평가한다.
④ 벌을 주지 않고 칭찬만 한다.

해설

- 태도교육은 청취 → 이해 및 납득 → 모범 → 평가와 권장 → 장려 및 처벌의 과정을 거친다.

:: 안전태도교육(안전교육의 제3단계)

㉠ 개요
- 생활지도, 작업동작지도 등을 통한 안전의 습관화를 위한 교육이다.
- 안전한 작업방법을 알고는 있으나 시행하지 않는 사람에게 직장규율, 안전규율 등을 몸에 익히게 하는 교육이다.
- 안전작업에 대한 몸가짐에 관하여 교육하며 면접이 태도교육에 가장 적합한 교육방법이다.
- 보호구 취급과 관리자세의 확립, 안전에 대한 가치관을 형성하는 교육이다.

㉡ 태도교육 4단계
- 청취한다.(Hearing)
- 이해 및 납득시킨다.(Understand)
- 모범을 보인다.(Example)
- 평가하고 권장한다.(Evaluation)

0504 / 1002 / 1704 / 2104

## 39

Repetitive Learning 1회 2회 3회

O.J.T(On the Job Training)의 장점이 아닌 것은?

① 직장의 실정에 맞게 실제적 훈련이 가능하다.
② 대상자의 개인별 능력에 따라 훈련의 진도를 조정하기가 쉽다.
③ 교육훈련 대상자가 교육훈련에만 몰두할 수 있어 학습효과가 높다.
④ 교육을 통한 훈련효과에 의해 상호 신뢰이해도가 높아진다.

해설

- ③은 Off J.T의 장점에 해당한다.

:: O.J.T(On the Job Training) 교육 실필 1701

㉠ 개요
- 사업장 내에서 직장 상사가 강사가 되어 실시하는 교육이다.
- 일상 업무를 통해 지식과 기능, 문제해결능력을 향상시키는 데 주목적을 갖는다.
- 가장 중요한 역할을 담당하는 이는 일선현장의 감독자이다.

㉡ 형태
- 코칭
- 직무순환
- 멘토링
- 도제식 교육
- 현장 직무교육



36 ① 37 ③ 38 ④ 39 ③ 정답

㉢ 특징

| | |
|---|---|
| 장점 | • 동기부여가 쉽다.<br>• 개개인에게 적절한 지도훈련이 가능하다.<br>• 직장의 실정에 맞게 실제적 훈련이 가능하다.<br>• 교육을 통한 훈련효과에 의해 상호 신뢰 및 이해도가 높아진다.<br>• 대상자의 개인별 능력에 따라 훈련의 진도를 조정하기가 쉽다.<br>• 교육효과가 업무에 신속히 반영된다.<br>• 훈련에 필요한 업무의 계속성이 끊어지지 않는다. |
| 단점 | • 전문적인 강사가 아니어서 교육이 원만하지 않을 수 있다.<br>• 다수의 대상을 한 번에 통일적인 내용 및 수준으로 교육시킬 수 없다.<br>• 전문적인 고도의 지식 및 기능을 교육하기 힘들다.<br>• 업무와 교육이 병행되는 관계로 훈련에만 전념할 수 없다. |

1001

## 40

Repetitive Learning (1회 2회 3회)

다음 중 집단(Group)의 특성에 대하여 올바르게 설명한 것은?

① 1차 집단(Primary group) - 사교집단과 같이 일상생활에서 임시적으로 접촉하는 집단
② 공식집단(Formal group) - 회사나 군대처럼 의도적으로 설립되어 능률성과 과학적 합리성을 강조하는 집단
③ 성원집단(Membership group) - 특정 개인이 어떤 상태의 지위나 조직 내 신분을 원하는데 아직 그 위치에 있지 않은 사람들의 집단
④ 세력집단 - 혈연이나 지연과 같이 장기간 육체적, 정서적으로 매우 밀접한 집단

해설

• 1차 집단이란 혈연이나 지연과 같이 장기간 육체적, 정서적으로 매우 밀접한 집단을 말한다.
• 성원집단이란 특정 개인이 소속되어 있는 집단을 말한다.
• 세력집단이란 집단을 유지하는 데 중요한 역할을 하는 핵심 성원들의 집단을 말한다.

**집단의 종류와 특성**

• 1차 집단(Primary group) - 혈연이나 지연과 같이 장기간 육체적, 정서적으로 매우 밀접한 집단
• 2차 집단(Secondary group)- 사교집단과 같이 일상생활에서 임시적으로 접촉하는 집단
• 공식집단(Formal group) - 회사나 군대처럼 의도적으로 설립되어 능률성과 과학적 합리성을 강조하는 집단
• 성원집단(Membership group) - 특정 개인이 소속되어 있는 집단
• 준거집단 - 특정 개인이 어떤 상태의 지위나 조직 내 신분을 원하는데 아직 그 위치에 있지 않은 사람들의 집단
• 세력집단 - 집단을 유지하는데 중요한 역할을 하는 핵심 성원들의 집단

# 3과목 인간공학 및 시스템안전공학

1101 / 1204 / 1604 / 2104

## 41

Repetitive Learning 

결함수분석(FTA)에 의한 재해사례의 연구 순서가 다음과 같을 때 올바른 순서대로 나열한 것은?

> ㉠ FT(Fault Tree)도 작성
> ㉡ 개선안 실시계획
> ㉢ 톱사상의 선정
> ㉣ 사상마다 재해원인 및 요인 규명
> ㉤ 개선계획 작성

① ㉣ → ㉤ → ㉢ → ㉠ → ㉡
② ㉡ → ㉣ → ㉢ → ㉤ → ㉠
③ ㉢ → ㉣ → ㉠ → ㉤ → ㉡
④ ㉤ → ㉢ → ㉡ → ㉠ → ㉣

해설

• 결함수분석에서 가장 먼저 실시하는 것은 정상(Top)사상의 선정이다.

**결함수분석(FTA)에 의한 재해사례의 연구 순서**

| | |
|---|---|
| 1단계 | 정상(Top)사상의 선정 |
| 2단계 | 사상마다 재해원인 및 요인 규명 |
| 3단계 | FT(Fault Tree)도 작성 |
| 4단계 | 개선계획의 작성 |
| 5단계 | 개선안 실시계획 |

0602 / 1002

## 42

Repetitive Learning 1회 2회 3회

다음 시스템에 대하여 톱사상(Top event)에 도달할 수 있는 최소 컷 셋(Minimal cut set)을 구할 때 다음 중 올바른 집합은?(단, ①, ②, ③, ④는 각 부품의 고장확률을 의미하며 집합 {1,2}는 ①번 부품과 ②번 부품이 동시에 고장 나는 경우를 의미한다)

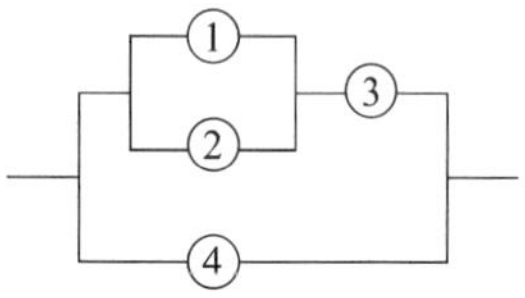

① {1, 2}, {3, 4}　　② {1, 3}, {2, 4}

③ {1, 3, 4}, {2, 3, 4}　　④ {1, 2, 4}, {3, 4}

해설

- 정상사상(Top event)을 일으키는 최소한의 컷 셋 즉, 최소 컷 셋을 구하는 문제이다.
- 약속에 의해 집합 {1, 2}는 ①번 부품과 ②번 부품이 동시에 고장 나는 경우를 의미한다.
- 병렬회로이므로 ①②③과 ④ 구분된 둘 모두가 불량이 되어야만 고장이 나므로 고장 나는 최소한의 컷 셋에 반드시 ④는 포함되어야 한다.(④가 고장이 아니라면 ①②③이 어떻게 되든지 ④로 전류가 흘러 고장이 발생되지 않는다)
- ①②③으로 연결된 회로에서 최소한으로 불량이 되는 조건은 ①②가 모두 고장이거나 ③이 고장인 경우이다.
- 따라서 {①②④} {③④}의 경우가 최소한의 컷 셋이 된다.

**FT도에서 정상(고장)사상 발생확률**

㉠ AND(직렬)연결 시

- 사상 A의 발생확률을 $P_A$, 사상 B, 사상 C 발생확률을 $P_B$, $P_C$라 할 때 $P_A = P_B \times P_C$로 구할 수 있다.

㉡ OR(병렬)연결 시

- 사상 A의 발생확률을 $P_A$, 사상 B, 사상 C 발생확률을 $P_B$, $P_C$라 할 때 $P_A = 1-(1-P_B)\times(1-P_C)$로 구할 수 있다.

0404

## 43

Repetitive Learning 1회 2회 3회

다음 중 인간공학적 의자 설계의 원칙에 관한 설명으로 틀린 것은?

① 좌판 앞부분은 오금보다 높지 않아야 한다.

② 의자에 앉아 있을 때 몸통에 안정을 주어야 한다.

③ 일반적으로 좌판의 깊이는 몸이 큰 사람을 기준으로 결정한다.

④ 사람이 의자에 앉았을 때 엉덩이의 좌골융기(Ischial tuberosity)에 일차적인 체중 집중이 이루어지도록 한다.

해설

- 좌판의 폭은 큰 사람을 기준으로, 깊이는 작은 사람을 기준으로 결정한다.

**인간공학적 의자 설계**

㉠ 개요

- 조절식 설계원칙을 적용하도록 한다.
- 자세와 동작에 따라 고려해야 할 인체측정 치수가 달라진다.
- 요부전만(腰部前灣)을 유지한다.
- 추간판(디스크)의 압력과 등근육의 정적부하를 줄인다.
- 자세 고정을 줄인다.
- 여러 사람이 사용하는 의자의 경우 좌면 높이는 오금보다 약간 낮게(5% 오금높이) 유지한다.

㉡ 고려할 사항

- 체중 분포
- 상반신의 안정
- 좌판의 높이(조절식을 기준으로 한다)
- 좌판의 깊이와 폭
  (폭은 최대치, 깊이는 최소치를 기준으로 한다)

## 44

Repetitive Learning 1회 2회 3회

반경이 15cm인 조종구(ball control)를 50° 움직일 때 커서(cursor)는 2cm 이동한다. 이러한 선형표시장치의 회전형 제어장치의 C/R비는 약 얼마인가?

① 5.14　　② 6.54

③ 7.64　　④ 9.65

해설

- 회전 조종구이다. 반지름 15cm, 각도 50°, 변위량 2cm이므로

식에 대입하면 $\dfrac{2\times3.14\times15\times\left(\dfrac{50}{360}\right)}{2} = 6.5416\cdots$가 된다.

**통제표시비 : C/D(C/R)비**

㉠ 개요

- 통제장치의 변위량과 표시장치의 변위량과의 관계를 나타낸 비율로 C/D비, 조종과 반응의 비라고 하여 C/R비라고도 한다.
- 최적의 C/D비는 1.08 ~ 2.20 정도이다.
- C/D = $\dfrac{\text{통제기기의 변위량}}{\text{표시계기의 변위량}}$으로 구한다.
- 회전 조종구의 C/D비

$$= \dfrac{2\times\pi(3.14)\times r(\text{반지름})\times\left(\dfrac{\text{각도}}{360}\right)}{\text{표시계기의 변위량}}$$로 구한다.



42 ④　43 ③　44 ② | 정답

ⓒ 특징

- 통제표시비가 작다는 것은 민감한 장치로 미세한 조종이 어렵지만 수행시간은 짧다는 것이다.
- 통제표시비가 크다는 것은 미세한 조종이 쉽지만 수행시간은 상대적으로 길다는 것이다.
- 통제기기 시스템에서 발생하는 조작시간의 지연은 직접적으로 통제표시비가 가장 크게 작용하고 있다.

1902

**45** Repetitive Learning 

다음 중 소음방지 대책에 있어 가장 효과적인 방법은?

① 음원에 대한 대책
② 수음자에 대한 대책
③ 전파경로에 대한 대책
④ 거리감쇠와 지향성에 대한 대책

해설

- 가장 근본적이고 효과적인 소음대책은 소음원에 대한 대책이다.

∷ 제한된 실내 공간에서의 소음대책
- 진동부분의 표면을 줄인다.
- 소음의 전달 경로를 차단한다.
- 벽, 천장, 바닥에 흡음재를 부착한다.
- 소음 발생원을 제거하거나 밀폐한다.
- 저소음 기계로 대체한다.
- 시설기자재를 적절히 배치시킨다.

**46** Repetitive Learning 1회 2회 3회

전동 공구와 같은 진동이 발생하는 수공구를 장시간 사용하여 손과 손가락 통제 능력의 훼손, 동통, 마비 증상 등을 유발하는 근골격계 질환은?

① 결절종
② 방아쇠수지병
③ 수근관증후군
④ 레이노드증후군

해설

- 결절종은 손이나 손목부분에 발견되는 혹이다.
- 방아쇠수지병은 손가락이 잘 안 펴지고, 억지로 펴면 잘 굽혀지지 않는 증상이다.
- 수근관증후군은 손목뼈 부분의 압박에 의한 증상으로 손을 많이 사용하는 직종에 종사하는 작업자에게 자주 나타나는 질환이다.

∷ 근골격계 질환의 대표적인 종류
- 결절종 : 손이나 손목부분에 발견되는 혹이다.
- 방아쇠수지병 : 손가락이 잘 안 펴지고, 억지로 펴면 잘 굽혀지지 않는 증상으로 요리사, 손잡이 기구를 오랫동안 다루거나 진동기구를 다루는 직종에 종사하는 작업자에게 자주 나타나는 질환이다.
- 수근관증후군 : 손목뼈 부분의 압박에 의한 증상으로 주부, 미용사, 피부관리사, 컴퓨터 작업자 등 손을 많이 사용하는 직종에 종사하는 작업자에게 자주 나타나는 질환이다.
- 레이노드증후군 : 전동공구와 같은 진동 공구를 장시간 사용하는 작업자에게 나타나는 증상으로 손과 손가락 통제 능력의 훼손, 동통, 마비 증상 등을 유발하는 질환이다.

1702

**47** Repetitive Learning 

A 제지회사의 유아용 화장지 생산 공정에서 작업자의 불안전한 행동을 유발하는 상황이 자주 발생하고 있다. 이를 해결하기 위한 개선의 ECRS에 해당하지 않는 것은?

① Combine
② Standard
③ Eliminate
④ Rearrange

해설

- Standard가 아니라 단순화(Simplify)가 되어야 한다.

∷ 작업방법 개선의 ECRS

| | | |
|---|---|---|
| E | 제거(Eliminate) | 불필요한 작업요소 제거 |
| C | 결합(Combine) | 작업요소의 결합 |
| R | 재배치(Rearrange) | 작업순서의 재배치 |
| S | 단순화(Simplify) | 작업요소의 단순화 |

정답 | 45 ① 46 ④ 47 ②

## 48 Repetitive Learning 1회 2회 3회

다음은 Z(주)에서 냉동저장소 건설 중 건물 내 바닥 방수 도포 작업 시 발생된 가연성 가스가 폭발하여 작업자 2명이 사망한 재해보고서를 토대로 가연성 가스를 누출한 설비의 안전성에 대한 정량적 평가표이다. 다음 중 위험등급Ⅱ에 해당하는 항목으로만 나열한 것은?

| 항목분류 | A급 | B급 | C급 | D급 |
|---|---|---|---|---|
| 취급물질 | ○ | | | ○ |
| 화학설비의 용량 | ○ | ○ | ○ | |
| 온도 | | ○ | ○ | ○ |
| 조작 | ○ | | ○ | ○ |
| 압력 | ○ | ○ | | ○ |

① 압력, 조작
② 취급물질, 압력
③ 온도, 조작
④ 화학설비의 용량, 온도

**해설**

- 취급물질은 위험 점수가 10점이므로 위험등급 Ⅲ에 해당한다.
- 화학설비의 용량은 위험 점수가 10+5+2 = 17점이므로 위험등급 Ⅰ에 해당한다.
- 온도의 위험 점수는 5+2+0 = 7점이므로 위험등급 Ⅲ에 해당한다.
- 조작의 위험 점수는 10+2+0 = 12점이므로 위험등급 Ⅱ에 해당한다.
- 압력의 위험 점수는 10+5+0 = 15점이므로 위험등급 Ⅱ에 해당한다.

:: 위험등급
- A급은 10점, B급은 5점, C급은 2점, D급은 0점을 부여하여 합산 점수를 구해 위험등급을 부여한다.
- 위험등급 Ⅰ은 16점 이상, 위험등급 Ⅱ는 11~15점, 위험등급 Ⅲ은 10점 이하이다.

0402 / 0801 / 1804

## 49 Repetitive Learning

다음 중 불 대수 관계식으로 틀린 것은?

① $A(A+B)=A$
② $\overline{A \cdot B}=\overline{A}+\overline{B}$
③ $A+\overline{A} \cdot B=A+B$
④ $A+B=\overline{A} \cdot \overline{B}$

**해설**

- $A+B=\overline{A} \cdot \overline{B}$가 아니라 $\overline{A+B}=\overline{A} \cdot \overline{B}$가 되어야 한다.

:: 불(Bool) 대수의 정리
- $A \cdot A=A$
- $A+A=A$
- $A \cdot 0=0$
- $A+1=1$
- $A \cdot \overline{A}=0$
- $A+\overline{A}=1$
- $\overline{A \cdot B}=\overline{A}+\overline{B}$
- $\overline{A+B}=\overline{A} \cdot \overline{B}$
- $A+\overline{A} \cdot B=A+B$
- $A(A+B)=A+AB=A$

## 50 Repetitive Learning 1회 2회 3회

다음 중 HAZOP의 전제조건으로 적합하지 않은 것은?

① 이상 발생 시 안전장치는 동작하지 않는 것으로 간주한다.
② 두 개 이상의 기기고장이나 사고는 일어나지 않는 것으로 간주한다.
③ 장치 자체는 설계 및 제작 사양에 맞게 제작된 것으로 간주한다.
④ 조작자는 위험상황이 일어났을 때 그것을 인식할 수 있고, 충분한 시간이 있는 경우 필요한 조치사항을 취하는 것으로 간주한다.

**해설**

- HAZOP은 이상 발생 시 안전장치는 정상적으로 동작하는 것으로 간주한다.

:: 위험과 운전분석(HAZOP)기법

㉠ 개요
- 화학공정 공장(석유화학사업장)에서 가동문제를 파악하는 데 널리 사용되는 평가기법이다.
- 위험요소를 예측하고 새로운 공정에 대한 가동문제를 예측하는 데 사용하는 평가기법이다.
- 설비전체보다 단위별 또는 부문별로 나누어 검토하고 위험요소가 예상되는 부문에 상세하게 실시한다.
- 공정변수(Process Parameter)와 가이드 워드(Guide word)를 사용하여 비정상상태(Deviation)가 일어날 수 있는 원인을 찾고 결과를 예측함과 동시에 대책을 세워나가는 방법이다.



48 ① 49 ④ 50 ① 정답

ⓒ 전제조건

- 이상 발생 시 안전장치는 정상적으로 동작하는 것으로 간주한다.
- 두 개 이상의 기기고장이나 사고는 일어나지 않는 것으로 간주한다.
- 장치 자체는 설계 및 제작 사양에 맞게 제작된 것으로 간주한다.
- 조작자는 위험상황이 일어났을 때 그것을 인식할 수 있고, 충분한 시간이 있는 경우 필요한 조치사항을 취하는 것으로 간주한다.

ⓒ 성패 결정 요인

- 검토에 사용된 도면이나 자료들의 정확성
- 팀의 기술능력과 통찰력
- 발견된 위험의 심각성을 평가할 때 그 팀의 균형감각을 유지할 수 있는 능력

1002 / 2104 / 2202

**51** Repetitive Learning ( 1회 2회 3회 )

인간의 오류모형에서 "상황해석을 잘못하거나 목표를 잘못 이해하고 착각하여 행하는 경우"를 무엇이라 하는가?

① 실수(Slip) ② 착오(Mistake)
③ 건망증(Lapse) ④ 위반(Violation)

해설

- 실수(Slip)는 의도는 올바른 것이었지만, 행동이 의도한 것과는 다르게 나타나는 오류이다.
- 건망증(Lapse)은 일련의 과정에서 일부를 빠뜨리거나 기억의 실패에 의해 발생하는 오류이다.
- 위반(Violation)은 규칙을 알고 있음에도 의도적으로 따르지 않거나 무시한 경우에 발생하는 오류이다.

인간의 다양한 오류모형

| 착각(Illusion) | 감각적으로 물리현상을 왜곡하는 지각 오류 |
|---|---|
| 착오(Mistake) | 상황해석을 잘못하거나 목표를 잘못 이해하고 착각하여 행하는 인간의 실수로 위치, 순서, 패턴, 형상, 기억오류 등 외부적 요인에 의해 나타나는 오류 |
| 실수(Slip) | 의도는 올바른 것이었지만, 행동이 의도한 것과는 다르게 나타나는 오류 |
| 건망증(Lapse) | 일련의 과정에서 일부를 빠뜨리거나 기억의 실패에 의해 발생하는 오류 |
| 위반(Violation) | 정해진 규칙을 알고 있음에도 의도적으로 따르지 않거나 무시한 경우에 발생하는 오류 |

0704 / 1001

**52** Repetitive Learning ( 1회 2회 3회 )

작업이나 운동이 격렬해져서 근육에 생성되는 젖산의 제거속도가 생성속도에 미치지 못하면, 활동이 끝난 후에도 남아있는 젖산을 제거하기 위하여 산소가 더 필요하게 되는데 이를 무엇이라 하는가?

① 호기산소
② 산소부채
③ 산소잉여
④ 혐기산소

해설

- 호기와 혐기의 개념은 세균에 있어 산소의 유무와 관계없이 증식이 가능한지를 구별할 때 사용한다.

산소부채(Oxygen debt)

- 작업이나 운동이 격렬해져서 근육에 생성되는 젖산의 제거속도가 생성속도에 미치지 못하면, 활동이 끝난 후에도 남아있는 젖산을 제거하기 위하여 산소가 더 필요하게 되는 것을 말한다.
- 작업종료 후 맥박과 호흡수가 천천히 작업개시 전의 수준으로 돌아오는 것과 관련된다.

1702

**53** Repetitive Learning ( 1회 2회 3회 )

다음 설명 중 ( ) 안에 알맞은 용어가 올바르게 짝지어진 것은?

- ( ㉠ ) : FTA와 동일한 논리적 방법을 사용하여 관리, 설계, 생산, 보전 등에 대한 넓은 범위에 걸쳐 안전성을 확보하려는 시스템안전 프로그램
- ( ㉡ ) : 사고 시나리오에서 연속된 사건들의 발생경로를 파악하고 평가하기 위한 귀납적이고 정량적인 시스템안전 프로그램

① ㉠ : PHA, ㉡ : ETA
② ㉠ : ETA, ㉡ : MORT
③ ㉠ : MORT, ㉡ : ETA
④ ㉠ : MORT, ㉡ : PHA

해설

- PHA(Preliminary Hazard Analysis)는 초기의 단계에서 시스템 내의 위험요소가 어떠한 위험상태에 있는가를 정성적 평가하는 것이다.

정답 | 51 ② 52 ② 53 ③

**사건수분석(Event Tree Analysis : ETA)**

- 디시전 트리(Decision tree)를 재해사고의 분석에 이용한 경우의 분석법이다.
- 설비의 설계단계에서부터 사용단계까지의 각 단계에서 위험을 분석하는 귀납적, 정량적 분석방법이다.
- 사고 시나리오에서 연속된 사건들의 발생경로를 파악하고 평가하기 위한 시스템안전 프로그램이다.
- 대응시점에서 성공확률과 실패확률의 합은 항상 1이 되어야 한다.

**MORT**

- 원자력 산업의 고도 안전 달성을 위해 개발된 연역적 분석기법이다.
- 논리기법을 이용하여 관리, 설계, 생산, 보전 등 광범위한 안전을 도모하기 위하여 개발된 분석기법이다.

## 54

Repetitive Learning ( 1회 2회 3회 )

다음 중 점멸융합주파수(Flicker–fusion frequency)에 관한 설명으로 틀린 것은?

① 중추신경계의 정신적 피로도의 척도로 사용된다.
② 빛의 검출성에 영향을 주는 인자 중의 하나이다.
③ 점멸속도는 점멸융합주파수보다 일반적으로 커야 한다.
④ 점멸속도가 약 30Hz 이상이면 불이 계속 켜진 것처럼 보인다.

**해설**

- 빛의 검출성에 영향을 주는 인자 중의 하나로 점멸속도가 점멸융합주파수(약 30Hz) 이상이면 불이 계속 켜진 것처럼 보이므로 다른 이의 주의를 끌려면 점멸속도는 3~10Hz가 가장 좋다.

**점멸융합주파수(Flicker fusion frequency)**

㉠ 개요
- 시각적 혹은 청각적으로 주어지는 계속적인 자극을 연속적으로 느끼게 되는 주파수를 말한다.
- 중추신경계의 정신적 피로도의 척도를 나타내는 대표적인 측정값이다.
- 정신적으로 피로하면 주파수의 값이 감소한다.

㉡ 시각적 점멸융합주파수(VFF)
- 빛의 검출성에 영향을 주는 인자 중의 하나로 점멸속도가 약 30Hz 이상이면 불이 계속 켜진 것처럼 보인다.
- 암조응 시에는 주파수에 영향을 주지 않는다.
- 휘도만 같다면 색상은 주파수에 영향을 주지 않는다.
- 표적과 주변의 휘도가 같을 때 최대가 된다.
- 주파수는 조명 강도의 대수치에 선형적으로 비례한다.
- 사람들 간에는 큰 차이가 있으나 개인의 경우 일관성이 있다.

## 55

Repetitive Learning ( 1회 2회 3회 )

다음 중 소음에 관한 설명으로 틀린 것은?

① 강한 소음에 노출되면 부신 피질의 기능이 저하된다.
② 소음이란 주어진 작업의 존재나 완수와 정보적인 관련이 없는 청각적 자극이다.
③ 가청범위에서의 청력손실은 15,000Hz 근처의 높은 영역에서 가장 크게 나타난다.
④ 90dB(A) 정도의 소음에서 오랜 시간 노출되면 청력 장애를 일으키게 된다.

**해설**

- 역치변화가 큰 4,000Hz 주파수에서 소음에 의한 청력손실이 가장 크게 나타나 검사음으로 사용한다.

**소음노출로 인한 청력손실**

- 2,400~4,800Hz 범위의 소음이 청력에 가장 나쁜 영향을 미친다.
- 청력손실의 정도와 노출된 소음수준은 비례관계가 있다.
- 약한 소음에 대해서는 노출기간과 청력손실 간에 관계가 없다.
- 강한 소음에 대해서는 노출기간에 따라 청력손실도 증가한다.

0304

## 56

Repetitive Learning ( 1회 2회 3회 )

다음 중 인간공학에 있어 인간 – 기계 시스템(Manmachine system)에서의 기계가 의미하는 것으로 가장 적합한 것은?

① 인간이 만든 모든 것을 말한다.
② 제조현장에서 사용하는 치공구 및 설비를 말한다.
③ 자동차, 선박, 비행기 등 주로 인간이 타고 다닐 수 있는 운송기기류를 말한다.
④ 침대, 의자 등 주로 가정에서 사용하는 가구나 물품을 말한다.

**해설**

- 인간–기계 시스템(Man–machine system)에서 기계는 인간이 만든 모든 것을 말한다.

**인간–기계 통합 체계의 유형**

- 인간–기계 통합 체계의 유형에는 자동화 체계, 기계화 체계, 수동 체계로 구분된다.

| 유형 | 설명 |
|---|---|
| 자동화 체계 | 인간은 작업계획의 수립, 모니터를 통한 작업 상황 감시, 프로그래밍, 설비보전의 역할을 수행하고 체계(System)가 감지, 정보보관, 정보처리 및 의식결정, 행동을 포함한 모든 임무를 수행하는 체계 |
| 기계화 체계 | 반자동 체계로 운전자의 조종에 의해 기계를 통제하는 융통성이 없는 시스템 체계 |
| 수동 체계 | 인간의 힘을 동력원으로 활용하여 수공구를 사용하는 시스템 형태로 다양성이 있고 융통성이 우수한 체계 |



54 ③ 55 ③ 56 ① 정답

1602

## 57

Repetitive Learning ( 1회 2회 3회 )

기계설비가 설계 사양대로 성능을 발휘하기 위한 적정 윤활의 원칙이 아닌 것은?

① 적량의 규정
② 주유방법의 통일화
③ 올바른 윤활법의 채용
④ 윤활기간의 올바른 준수

해설

- 적정 윤활의 원칙에서 주유방법은 따로 규정되어 있지 않다. 기계에 적합한 윤활유를 선정하는 것이 포함되어야 한다.

∷ 적정 윤활의 원칙
- 기계에 적합한 윤활유의 선정
- 적량의 규정
- 올바른 윤활법의 채용
- 윤활기간의 올바른 준수

## 58

Repetitive Learning ( 1회 2회 3회 )

어느 공장에서는 작업자 1인과 불량 탐지기 1대가 동시에 완제품을 검사하는 방식으로 품질 검사를 수행하고 있다. 오랜 시간 관찰한 결과, 불량품에 대한 작업자의 발견 확률이 0.9이고, 불량 탐지기의 발견 확률이 0.8이라면, 불량품이 품질 검사에서 발견되지 않고 통과될 확률은?(단, 작업자와 불량 탐지기의 불량 발견 확률은 서로 독립이다)

① 0.2%　　② 2.0%
③ 98.0%　　④ 99.8%

해설

- 작업자와 불량 탐지기가 동시에 검사하는 방식은 병렬연결에 해당한다. OR연결이므로 불량이 검출될 확률은 A= 1-(1-0.9)(1-0.8)이므로 A=1-(0.1×0.2) = 1-0.02 = 0.98이다. 불량이 검출되지 않고 통과될 확률을 묻고 있으므로 1-0.98 = 0.02, 2%이다.

∷ 시스템의 신뢰도

㉠ AND(직렬)연결 시
- 시스템의 신뢰도($R_s$)는 부품 a, 부품 b 신뢰도를 각각 $R_a$, $R_b$라 할 때 $R_s = R_a \times R_b$로 구할 수 있다.

㉡ OR(병렬)연결 시
- 시스템의 신뢰도($R_s$)는 부품 a, 부품 b 신뢰도를 각각 $R_a$, $R_b$라 할 때 $R_s = 1-(1-R_a)\times(1-R_b)$로 구할 수 있다.

1702

## 59

Repetitive Learning ( 1회 2회 3회 )

산업안전보건법상 유해·위험방지계획서를 제출한 사업주는 건설공사 중 얼마 이내마다 관련법에 따라 유해·위험방지계획서 내용과 실제공사 내용이 부합하는지의 여부 등을 확인받아야 하는가?

① 1개월
② 3개월
③ 6개월
④ 12개월

해설

- 건설공사 중 6개월 이내마다 유해·위험방지계획서의 내용과 실제공사 내용이 부합하는지 여부 등을 확인받아야 한다.

∷ 유해·위험방지계획서 내용과 실제공사 내용이 부합하는지의 여부 등을 확인
- 유해·위험방지계획서를 제출한 사업주는 해당 건설물·기계·기구 및 설비의 시운전단계에서, 건설공사 중 6개월 이내마다 유해·위험방지계획서의 내용과 실제공사 내용이 부합하는지 여부, 유해·위험방지계획서 변경내용의 적정성, 추가적인 유해·위험요인의 존재 여부를 확인받아야 한다.

## 60

Repetitive Learning ( 1회 2회 3회 )

다음 중 수술실 내 작업면에서의 조도로 가장 적당한 것은?

① 500 ~ 1,000럭스
② 1,000 ~ 2,000럭스
③ 5,000 ~ 10,000럭스
④ 10,000 ~ 20,000럭스

해설

- KS 조도기준에 의해 수술 시의 작업면 조도는 수술대 위 지름 30cm 범위에서 무영등에 의해 20,000Lux 이상이어야 한다. KS 조도기준에 '수술대 위'라고만 표기되었으므로 그 값에 가장 가까운 것이 적당하다.

∷ 수술실 조명
- 수술실의 조도분류는 H이고, H분류는 600~1,500Lux이다.
- 무영등은 그림자를 없애는 전등으로 수술 부위에 광원을 집중시켜 그림자가 생기지 않게 하는 장비이다.
- KS 조도기준에 의해 수술 시의 작업면 조도는 수술대 위 지름 30cm 범위에서 무영등에 의해 20,000Lux 이상이어야 한다.

정답 | 57 ② 58 ② 59 ③ 60 ④

## 61 Repetitive Learning (1회 2회 3회)

다음 중 네트워크 공정표의 단점이 아닌 것은?

① 다른 공정표에 비하여 작성시간이 많이 필요하다.
② 작성 및 검사에 특별한 기능이 요구된다.
③ 진척관리에 있어서 특별한 연구가 필요하다.
④ 개개의 관련 작업이 도시되어 있지 않아 내용을 알기 어렵다.

해설

- 네트워크 공정표는 개개의 작업관련이 도시되어 있어 내용이 알기 쉬운 장점을 가진다.

**네트워크 공정표**

㉠ 개요
- 프로젝트의 비용, 일정, 기술 측면 등의 목표와 기준을 설정하고, 이에 대한 실제 성과를 측정분석하기 위해 작성하는 표를 말한다.

㉡ 장점
- 개개의 작업관련이 도시되어 있어 내용이 알기 쉽다.
- 공정계획 관리 면에서 신뢰도가 높다.
- 작성자 이외의 사람도 이해하기 쉽다.

㉢ 단점
- 다른 공정표에 비하여 작성시간이 많이 필요하다.
- 작성 및 검사에 특별한 기능이 요구된다.
- 진척관리에 있어서 특별한 연구가 필요하다.

1604

## 62 Repetitive Learning (1회 2회 3회)

특수콘크리트에 관한 설명 중 옳지 않은 것은?

① 한중콘크리트는 동해를 받지 않도록 시멘트를 가열하여 사용한다.
② 경량콘크리트는 자중이 적고, 단열효과가 우수하다.
③ 중량콘크리트는 방사선 차폐용으로 사용된다.
④ 매스콘크리트는 수화열이 적은 시멘트를 사용한다.

해설

- 한중콘크리트는 동결방지를 위해 시공하는 콘크리트로 물과 골재는 가열하지만 시멘트는 가열해서는 안 된다.

**특수콘크리트의 종류**

㉠ 특수 환경에 의한 분류

| 구분 | 내용 |
|---|---|
| 한중 콘크리트 | • 일 평균기온이 4℃ 이하인 곳에서 동결을 방지하기 위해 시공하는 콘크리트<br>• 물을 가열하여 사용하는 것을 원칙으로 하며, 시멘트는 가열해서는 안 된다. |
| 서중 콘크리트 | • 일 평균기온이 25℃, 최고온도가 30℃를 초과하는 시기 및 장소에서 사용하는 콘크리트<br>• 골재와 물은 가능한 저온상태에서 사용하고, 온도상승으로 동일 슬럼프를 얻기 위한 단위수량이 증가한다. |
| 해양 콘크리트 | 파도 및 해수의 작용을 받는 구조물에 사용하는 콘크리트 |
| 수중 콘크리트 | 담수, 해수 등 수중에 타설하는 콘크리트 |
| 루나 콘크리트 | 달기지 건설 추진을 위해 극심한 온도변화, 태양풍, 대기의 압력 등을 고려하여 만든 콘크리트 |

㉡ 특수 재료에 의한 분류

| 구분 | 내용 |
|---|---|
| 경량 콘크리트 | 콘크리트의 중량 감소를 위해 사용하는 콘크리트 |
| 중량 콘크리트 | 방사선 차폐 등을 목적으로 만든 밀도가 높은 콘크리트(차폐용 콘크리트) |
| 매스 콘크리트 | 부재의 단면치수가 80cm 이상일 때 타설하는 콘크리트 |
| 수밀 콘크리트 | 콘크리트 자체의 밀도를 높여 물의 침투와 산, 알칼리, 해수 및 동결융해의 저항성이 큰 콘크리트 |
| 섬유보강 콘크리트 | • 인장강도와 균열에 대한 저항성을 높이고 인성을 개선시킬 목적으로 콘크리트에 섬유를 보강한 콘크리트<br>• 섬유 혼입률이 큰 경우에 단위수량, 잔골재율이 크게 되고 블리딩 또는 재료분리가 일어나기 쉽다. |

㉢ 특수 공법에 의한 분류

| 구분 | 내용 |
|---|---|
| 유동화 콘크리트 | 콘크리트에 유동화제를 첨가하여 유동성을 증대시킨 콘크리트 |
| Shotcrete 공법 | 방수용 마감이나 콘크리트의 수리, 암반 보호 등을 위해 압축공기로 뿜어내는 방식의 모르타르 |
| 프리팩트(프리플레이스트) 콘크리트 | 조골재를 먼저 투입한 후에 골재와 골재 사이 빈틈에 시멘트모르타르를 주입하여 제작하는 방식의 콘크리트 |



61 ④ 62 ① 정답

0901 / 1002 / 2104

## 63 Repetitive Learning 1회 2회 3회

건설 사업이 대규모화, 고도화, 다양화, 전문화 되어감에 따라 단순 기술에 의한 시공만이 아닌 고부가가치를 추구하기 위한 업무영역 확대를 의미하는 것은?

① CM ② EC
③ BOT ④ SOC

해설

- CM은 건설공사에 대한 기획, 타당성조사, 분석, 설계를 비롯해 조달, 계약, 시공관리, 감리, 평가, 사후관리 등의 업무를 도맡아 하는 건설사업관리를 말한다.
- BOT는 개발 프로젝트를 수주한 건설업자가 사업에 필요한 자금을 조달하고 건설을 마친 후 자본설비 등을 일정 기간 동안 운영하는 것을 말한다.
- SOC는 도로·항만·공항·철도 등 교통시설과 전기·통신, 상하수도, 댐, 공업단지 등을 포함하는 사회간접자본을 말한다.

EC(Engineering Construction)

- 건설 사업이 대규모화, 고도화, 다양화, 전문화 되어감에 따라 단순 기술에 의한 시공만이 아닌 고부가가치를 추구하기 위한 업무영역 확대를 의미하는 용어이다.
- 종합건설업화, 업무형태의 확대 등 사업의 발굴, 기획, 설계, 시공 유지관리에 이르는 사업전반의 종합기획, 관리를 담당하는 종합건설업화를 말한다.

## 64 Repetitive Learning 1회 2회 3회

철골부재 절단방법 중 가장 정밀한 절단방법으로 앵글커터(Angle cutter), 프릭션 소(Friction saw) 등으로 작업하는 것은?

① 가스절단 ② 전단절단
③ 톱절단 ④ 전기절단

해설

- 톱절단은 철골부재 절단방법 중 가장 정밀한 절단방법으로 앵글커터(Angle cutter), 프릭션 소(Friction saw) 등으로 작업한다.

철골의 공장 가공 공정

㉠ 개요

- 원척도작성 – 본뜨기 – 금매김 – 절단 – 구멍뚫기 – 가조립 – 리벳치기 – 검사 – 녹막이 칠 순으로 진행한다.
- 원척도란 설계도면이나 시방서에 표시된 부재의 길이, 너비 등을 1 : 1로 그린 것을 말한다.
- 금매김은 본판 및 리벳간격을 그린 장척물로 강재면에 강치로 리벳 구멍의 위치, 절단개소 등을 그려 넣는다.
- 절단의 종류에는 전단절단, 톱절단, 가스절단, 플라즈마절단, 레이저절단 등이 있다.
- 구멍뚫기 작업 후 구멍의 위치가 다소 다를 때 구멍을 맞추기 위해 구멍가심(Reaming) 작업을 한다.
- 철골의 공장가공 중 가조립을 할 때 가볼트의 수는 전 리벳 구멍의 1/3 이상이어야 한다.
- 밀 스케일, 스패터 등을 제거한 후 현장운반에 앞서 녹막이 칠을 한다.

㉡ 절단의 종류

- 전단절단 : 강판의 절단 시 사용한다.
- 톱절단 : 철골부재 절단방법 중 가장 정밀한 절단방법으로 앵글커터(Angle cutter), 프릭션 소(Friction saw) 등으로 작업한다.

㉢ 녹막이 칠

- 녹막이 칠을 해야 하는 부분은 리벳 머리 등 콘크리트에 매입되지 않는 부분이다.
- 녹막이 칠을 하지 않아야 하는 부분은 현장용접 부위(용접부에서 양측 100mm 이내), 현장접합 재료의 손상부위, 고력볼트 마찰접합부의 마찰면, 콘크리트에 매립되는 부분, 현장에서 깎기 마무리가 필요한 부분 등이다.

0804 / 1702

## 65 Repetitive Learning 1회 2회 3회

ALC의 특징에 관한 설명으로 옳지 않은 것은?

① 흡수율이 낮은 편이며 동해에 대해 방수·방습처리가 불필요하다.
② 열전도율은 보통콘크리트의 약 1/10 정도로 단열성이 우수하다.
③ 건조수축률이 작으므로 균열 발생이 적다.
④ 경량으로 인력에 의한 취급이 가능하고, 필요에 따라 현장에서 절단 및 가공이 용이하다.

해설

- 다공질로 흡수율이 높고 강도가 작으며, 동결융해저항이 낮다.

ALC(Autoclaved Lightweight Concrete)

㉠ 개요

- 석회질, 규산질 원료와 기포제 및 혼화제를 주원료로 물과 혼합하고, 고온고압(180℃, 1.0 MPa)의 증기양생 과정을 거쳐 경량성, 단열성, 내화성 및 시공성이 우수한 블록을 말한다.
- 건축물 또는 공작물 등의 외벽, 칸막이벽 등으로 사용하는 공사이다.

정답 | 63 ② 64 ③ 65 ①

㉡ 특징
- 다공질로 흡수율이 높고 강도가 작으며, 동결융해저항이 낮다.
- 열전도율은 보통콘크리트의 약 1/10로서 단열성이 우수하다.
- 불연재인 동시에 내화재료이다.
- 건조수축률이 작으므로 균열 발생이 적다.
- 절건비중이 1/4의 경량으로 인력에 의한 취급이 가능하고, 필요에 따라 현장에서 절단 및 가공이 용이하다.
- 흡음, 차음성이 크며, 시공성이 우수하다.
- 내진성능이 떨어진다.

㉢ 쌓기 일반사항
- 하루 쌓기 높이는 1.8m를 표준으로 하며, 최대 2.4m 이내로 한다.
- 슬래브나 방습턱 위에 고름 모르타르를 10 ~ 20mm 두께로 깐 후 첫 단 블록을 올려놓고 고무망치 등을 이용하여 수평을 잡는다.
- 쌓기 모르타르는 교반기를 사용하여 배합하며 1시간 이내에 사용해야 한다.
- 줄눈의 두께는 1 ~ 3mm 정도로 한다.
- 블록 상·하단의 겹침길이는 블록길이의 1/3 ~ 1/2을 원칙으로 하고 100mm 이상으로 한다.
- 연속되는 벽면의 일부를 트이게 하여 나중쌓기로 할 경우 그 부분을 층단 떼어쌓기로 한다.

## 66

Repetitive Learning (1회 2회 3회)

포화된 느슨한 모래가 진동과 같은 동하중을 받으면 부피가 감소되어 간극수압이 상승하여 유효응력이 감소하는 것을 무엇이라 하는가?

① 액상화 현상

② 원형 Slip

③ 부동침하 현상

④ Negative friction

해설

- 부동침하란 건물의 지반이 압밀을 받을 때 서로 균일하지 않아 건물의 지반이 불균등하게 내려앉은 상태를 말한다.
- 부마찰력(Negative friction)은 연약한 점토층이나 매립층에 시공한 말뚝에서 주변 지반이 말뚝보다 많이 침하함으로써 발생하는 하향으로 작용하는 전단응력을 말한다.

∷ 액(상)화 현상

㉠ 개요
- 포화된 느슨한 모래가 진동과 같은 동하중을 받으면 일시적으로 부피가 감소되어 간극수압이 상승하여 유효응력이 감소하는 현상이다.
- 액상화 현상의 요인에는 진동의 강도나 그 지속시간, 모래의 밀도(상대밀도나 간극비 등), 모래의 입도분포, 기반암의 지질구조, 지하수면의 깊이 등이 있다.

㉡ 대책
- 입도가 불량한 재료를 입도가 양호한 재료로 치환
- 지하수위를 저하시키고 포화도를 낮추기 위해 Deep well을 사용
- 밀도를 증가하여 한계간극비 이하로 상대밀도를 유지하는 방법 강구

1704

## 67

Repetitive Learning 

벽돌치장면의 청소방법 중 옳지 않은 것은?

① 벽돌치장면에 부착된 모르타르 등의 오염은 물과 솔을 사용하여 제거하며 필요에 따라 온수를 사용하는 것이 좋다.

② 세제세척은 물 또는 온수에 중성세제를 사용하여 세정한다.

③ 산세척은 다른 방법으로 오염물을 제거하기 곤란한 장소에 적용하고, 그 범위는 가능한 작게 한다.

④ 산세척으로 오염물을 제거한 후 물세척을 하지 않는 것이 좋다.

해설

- 산세척으로 오염물을 제거한 후에는 즉시 충분히 물세척을 반복한다.

∷ 벽돌치장면의 청소

㉠ 물세척
- 벽돌치장면에 부착된 모르타르 등의 오염은 물과 브러시를 사용하여 제거한다. 필요에 따라 온수를 사용하는 것이 좋다.

㉡ 세제세척
- 오염물이 떨어진 것은 물 또는 온수에 중성세제를 사용하여 세정한다.



66 ① 67 ④ 정답

ⓒ 산세척

- 산세척은 모르타르와 매입 철물을 부식하는 것이 있기 때문에, 일반적으로 사용하지 않는다. 특히 수평부재와 부재 수평부 등의 물이 고여 있는 장소에 대해서는 하지 않는다.
- 산세척은 다른 방법으로 오염물을 제거하기 곤란한 장소에 채용하고, 그 범위는 가능한 적게 한다.
- 부득이 산세척을 실시하는 경우는 담당원 입회하에 매입 철물 등의 금속부를 적절히 보양하고, 벽돌을 표면수가 안정하게 잔류하도록 물 축임한 후에 3% 이하의 묽은 염산(30배 희석액)을 사용하여 실시한다.
- 오염물을 제거한 후에는 즉시 충분히 물세척을 반복한다.

1604

## 68 Repetitive Learning 1회 2회 3회

폼타이, 컬럼밴드 등을 의미하며, 거푸집을 고정하여 작업 중의 콘크리트 측압을 최종적으로 부담하는 것은?

① 박리제
② 간격재
③ 격리재
④ 긴결재

해설

- 박리제(Form oil)는 거푸집의 해체를 용이하게 하기 위해 바르는 기름류를 말한다.
- 간격재(Spacer)는 철근과 거푸집의 간격을 일정하게 유지시켜 철근의 피복두께를 일정하게 하는 것을 말한다.
- 격리재(Separator)는 철판제, 철근세, 파이프제 또는 모르타르제를 사용하여 거푸집 상호 간의 간격을 유지하는 것을 말한다.

긴결재

- 거푸집을 고정하여 작업 중의 콘크리트 측압을 최종적으로 부담하는 것으로 거푸집널이 벌어지거나 우그러들지 않도록 하는 철선이나 볼트를 말한다.
- 폼타이(Form tie), 플랫타이(Flat tie), 컬럼밴드(Column band) 등이 긴결재에 해당한다.
- 폼타이(Form tie)는 거푸집 패널을 일정한 간격으로 양면을 유지시키고 콘크리트 측압을 지지하는 긴결재로 벽거푸집의 양면을 조여준다.
- 컬럼밴드는 기둥거푸집의 변형을 방지한다.

## 69 Repetitive Learning 1회 2회 3회

원심력 고강도 프리스트레스트 콘크리트말뚝(PHC 말뚝)에 대한 설명 중 옳지 않은 것은?

① 고강도콘크리트에 프리스트레스를 도입하여 제조한 말뚝이다.
② 설계기준강도 30MPa ~ 40MPa 정도의 것을 말한다.
③ 강재는 특수 PC 강선을 사용한다.
④ 견고한 지반까지 항타가 가능하며 지지력 증강에 효과적이다.

해설

- 원심력 고강도 프리스트레스트 콘크리트말뚝(PHC 말뚝)은 콘크리트의 설계기준강도가 78.5Mpa로 종래 PC 파일의 강도보다 대폭 크다.

원심력 고강도 프리스트레스트 콘크리트말뚝(PHC 말뚝) 

㉠ 개요

- 고강도콘크리트에 프리스트레스를 도입하여 제조한 말뚝으로 Pretensioned spun High strength Concrete piles를 말한다.
- 강성이 우수하고 안전한 용접식 이음방법을 주로 사용한다.
- 말뚝의 표기기호는 "PHC – 종별 – 말뚝바깥지름 – 말뚝길이" 형식을 사용한다.

㉡ 특징

- 콘크리트의 설계기준강도가 78.5Mpa로 종래 PC 파일의 강도보다 대폭 크다.
- 강재는 특수 PC 강선을 사용한다.
- 견고한 지반까지 항타가 가능하며 지지력 증강에 효과적이다.
- 건조수축이 적고 내약품성이 뛰어나며 경제적이다.

1002 / 1901

## 70 Repetitive Learning 1회 2회 3회

개방잠함 공법(Open caisson method)에 대한 설명으로 옳은 것은?

① 건물외부작업이므로 기후의 영향을 많이 받는다.
② 지하수가 많은 지반에는 침하가 잘 되지 않는다.
③ 소음발생이 크다.
④ 실의 내부 갓 둘레부분을 중앙부분보다 먼저 판다.

해설

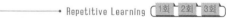

- 지하수가 많은 지반에는 침하가 잘 되지 않으므로 무거운 하중과 함께 물을 사출하는 방법을 사용한다.

정답 68 ④ 69 ② 70 ②

:: 개방잠함 공법(Open caisson method)

㉠ 개요

- 지하 건축물을 지상에서 만들고 건축물의 하부를 굴착하여 침하시키는 공법으로 지하와 지상의 공사가 동시에 진행되는 공법이다.

㉡ 특징

- 지하수가 많은 지반에는 침하가 잘 되지 않으므로 무거운 하중과 함께 물을 사출하는 방법을 사용한다.
- 소음발생이 적다.
- 지하의 작업이므로 기후의 영향을 받지 않는다.
- 잠함(Caisson)을 정착시키기 위하여 중앙부를 먼저 파내고 콘크리트로 기초를 만든 다음 주변부를 파낸다.

1602

## 71 ——— Repetitive Learning (1회 2회 3회)

철골부재 용접 시 주의사항 중 옳지 않은 것은?

① 용접할 모재의 표면에 있는 녹, 페인트, 유분 등은 제거하고 작업한다.

② 기온이 0°C 이하로 될 때에는 용접하지 않도록 한다.

③ 용접 시 발생하는 가스 등으로 질식 또는 중독되지 않도록 환기 또는 기타 필요한 조치를 해야 한다.

④ 용접할 소재는 정확한 시공과 정밀도를 위하여 치수에 여분을 두지 말아야 한다.

해설

- 용접할 소재는 수축변형 및 마무리에 대한 고려로서 치수에 여분을 두어야 한다.

:: 철골부재 용접 시 주의사항

- 용접할 모재의 표면에 있는 녹, 페인트, 유분 등은 제거하고 작업한다.
- 기온이 0°C 이하로 될 때에는 용접하지 않도록 한다.
- 용접 시 발생하는 가스 등으로 질식 또는 중독되지 않도록 환기 또는 기타 필요한 조치를 해야 한다.
- 용접할 소재는 수축변형 및 마무리에 대한 고려로서 치수에 여분을 두어야 한다.
- 용접으로 인하여 모재에 균열이 생긴 때에는 원칙적으로 모재를 교환한다.
- 용접자세는 부재의 위치를 조절하여 될 수 있는 대로 아래보기로 한다.
- 수축량이 가장 큰 부분부터 최초로 용접하고 수축량이 작은 부분은 최후에 용접한다.

## 72 ——— Repetitive Learning (1회 2회 3회)

거푸집의 강도 및 강성에 대한 구조계산 시 고려할 사항과 가장 거리가 먼 것은?

① 동바리 자중

② 콘크리트 측압

③ 콘크리트 시공 시 수평하중

④ 콘크리트 시공 시 수직하중

해설

- 동바리는 거푸집을 지지하는 가설부재로 동바리의 자중은 거푸집의 강도와 강성에 영향을 미치지 않는다.

:: 거푸집의 강도 및 강성에 대한 구조계산 시 고려할 사항

- 작업하중
- 콘크리트 측압
- 콘크리트 자중
- 콘크리트 시공 시 수평하중
- 콘크리트 시공 시 수직하중

## 73 ——— Repetitive Learning (1회 2회 3회)

철근의 공작도(Shop drawing) 작성요령에 관한 설명 중 옳지 않은 것은?

① 공작도란 철근구조도에 의거하여 현장에서 실제 철근 작업을 편리하게 시공하기 위하여 작성된 것이다.

② 기초상세도는 다른 부위와 접속되는 철근의 정착 및 다른 부재와의 관계를 명확히 기입한다.

③ 기둥상세도는 층높이에 맞추어 적당한 이음위치를 정하고 띠철근의 지름, 길이 등을 기입한다.

④ 바닥판상세도는 바닥판끝선을 기준으로 보, 벽, 계단, 개구부 등의 위치를 명시한다.

해설

- 바닥판상세도는 기둥중심선을 기준으로 보, 벽, 계단, 개구부 등의 위치를 명시한다.

:: 철근의 공작도(Shop drawing)

㉠ 개요

- 공작도란 철근구조도에 의거하여 현장에서 실제 철근 작업을 편리하게 시공하기 위하여 작성된 것이다.
- 가공조립의 정밀시공이 가능하므로 구조적인 안정성을 확보할 수 있다.
- 인력 및 철근의 손실을 줄여 경제성을 높일 수 있다.
- 기초배근 상세도, 기둥 및 벽체배근 상세도, 보배근 상세도, 바닥판 및 계단 배근도, 라멘도 등이 있다.



71 ④ 72 ① 73 ④ 정답

ⓛ 종류별 특징

| | |
|---|---|
| 기초 상세도 | 다른 부위와 접속되는 철근의 정착 및 다른 부재와의 관계를 명확히 기입 |
| 기둥 상세도 | 층높이에 맞추어 적당한 이음위치를 정하고 띠 철근의 지름, 길이 등을 기입 |
| 바닥판 상세도 | 기둥중심선을 기준으로 보, 벽, 계단, 개구부 등의 위치를 명시 |

1101 / 1801

## 74 Repetitive Learning (1회 2회 3회)

콘크리트의 재료로 사용되는 골재에 관한 설명으로 옳지 않은 것은?

① 골재는 밀도가 크고, 내구성이 커서 풍화가 잘 되지 않아야 한다.
② 콘크리트나 모르타르를 만들 때 물, 시멘트와 함께 혼합하는 모래, 자갈 및 부순 돌 기타 유사한 재료를 골재라고 한다.
③ 콘크리트 중 골재가 차지하는 용적은 절대용적으로 50%를 넘지 않도록 한다.
④ 일반적으로 골재의 강도는 시멘트 페이스트 강도 이상이 되어야 한다.

해설

- 콘크리트 중 골재가 차지하는 용적은 70~80%에 해당한다.

∷ 콘크리트용 골재

㉠ 개요
- 콘크리트나 모르타르를 만들 때 물, 시멘트와 함께 혼합하는 모래, 자갈 및 부순 돌 기타 유사한 재료를 골재라고 한다.

ⓛ 요구사항
- 골재의 강도는 콘크리트 중에 경화한 모르타르(시멘트 페이스트)의 강도 이상이 요구된다.
- 골재는 밀도가 크고, 청정, 견경, 내화성이 있어야 하며 내구성이 커서 풍화가 잘 되지 않아야 한다.
- 골재에 포함된 부식토, 석탄 등의 유기물은 콘크리트의 경화를 방해하여 콘크리트 강도를 떨어뜨리게 한다.
- 골재의 입형은 편평, 세장하지 않은 구형의 입상이 좋다.

1701

## 75 Repetitive Learning 

탑다운(Top-down) 공법에 관한 설명으로 옳지 않은 것은?

① 역타 공법이라고도 한다.
② 굴토작업이 슬래브 하부에서 진행되므로 작업능률 및 작업환경 조건이 개선되며, 공사비가 절감된다.
③ 건물의 지하구조체에 시공이음이 많아 건물방수에 대한 우려가 크다.
④ 지상과 지하를 동시에 시공할 수 있으므로 공기를 절감할 수 있다.

해설

- 굴토작업이 슬래브 하부에서 진행되므로 작업능률 및 작업환경 조건이 저하된다.

∷ 탑다운(Top down) 공법 실필 1502/1004/1001

㉠ 개요
- 역타 공법이라고도 하며, 지하 터파기와 지상의 구조체 공사를 병행하여 시공하는 공법을 말한다.

ⓛ 특징
- 지상과 지하를 동시에 시공할 수 있으므로 공기를 절감할 수 있다.
- 지하연속벽을 본 구조물의 벽체로 이용한다.
- 지하 굴착 시 소음 및 분진을 방지할 수 있다.
- 굴토작업이 슬래브 하부에서 진행되므로 작업능률 및 작업환경 조건이 저하된다.
- 건물의 지하구조체에 시공이음이 많아 건물방수에 대한 우려가 크다.

1902

## 76 Repetitive Learning (1회 2회 3회)

다음 설명에 해당하는 공사낙찰자 선정방식은?

| 예정가격 대비 85% 이상 입찰자 중 가장 낮은 금액으로 입찰한 자를 선정하는 방식으로, 최저가 낙찰자를 통한 덤핑의 우려를 방지할 목적을 지니고 있다. |
|---|

① 부찰제　② 최저가 낙찰제
③ 제한적 최저가 낙찰제　④ 최적격 낙찰제

해설

- 부찰제는 입찰자들의 투찰 금액을 평균하여 가장 근접하게 투찰한 자를 낙찰자로 선정하는 입찰방식이다.
- 최저가 낙찰제도는 예정가격 이하로서 가장 낮은 가격으로 입찰한 자를 선정하는 방식이다.
- 최적격 낙찰제는 입찰가격 외에 비가격요소인 이행실적, 기술능력, 재무상태, 신인도 등을 종합적으로 심사하여 낙찰자를 결정하는 방식이다.

정답 | 74 ③ 75 ② 76 ③

**낙찰자 선정방식**

| | |
|---|---|
| 부찰제 | 입찰자들의 투찰 금액을 평균하여 가장 근접하게 투찰한 자를 낙찰자로 선정하는 입찰방식 |
| 최저가 낙찰제도 | • 자유 경쟁원리에 맞게 예정가격 이하로서 가장 낮은 가격으로 입찰한 자를 선정하는 방식<br>• 과다경쟁으로 인한 덤핑 등의 이유로 부실시공 또는 부도의 원인이 됨 |
| 제한적 최저가 낙찰제도 | • 예정가격 대비 85% 이상 입찰자 중 가장 낮은 금액으로 입찰한 자를 선정하는 방식<br>• 최저가 낙찰자를 통한 덤핑의 우려를 방지할 목적 |
| 적격심사 낙찰제도 | 낙찰자 결정 시 입찰가격 외에 비가격요소인 이행실적, 기술능력, 재무상태, 신인도 등을 종합적으로 심사하여 낙찰자를 결정하는 방식 |

0501

## 77

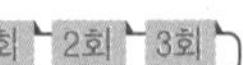


건설공사에서 발생하는 클레임 유형과 가장 거리가 먼 것은?

① 계약문서의 결함에 따른 클레임
② 작업인원 축소에 관한 클레임
③ 현장조건 변경에 따른 클레임
④ 공사 지연에 의한 클레임

**해설**

• 건설공사에서 발생하는 클레임의 유형에는 ①, ③, ④ 외에 작업범위 혹은 작업기간의 단축에 대한 클레임 등이 있다.

**건설공사에서 발생하는 클레임의 유형**

• 계약문서의 결함에 따른 클레임
• 현장조건 변경에 따른 클레임
• 공사 지연에 의한 클레임
• 작업범위와 관련된 클레임
• 작업기간의 단축에 대한 클레임

0902

## 78

토질시험에 관한 사항 중 옳지 않은 것은?

① 표준관입시험에서는 N값이 클수록 밀실한 토질을 의미한다.
② 베인테스트는 진흙의 점착력을 판별하는 데 쓰인다.
③ 지내력시험은 재하를 지반선에서 실시한다.
④ 3축압축시험은 흙의 전단강도를 알아보기 위한 시험이다.

**해설**

• 지내력시험은 예정 기초 저면(밑면)에 직접 하중을 가하는 시험이다.

**현장 토질시험**

• 표준관입시험은 63.5kg의 해머로, 샘플러를 76cm에서 타격하여 관입 깊이 30cm에 도달할 때까지의 타격횟수 N값을 구하는 시험으로 N값이 클수록 밀실한 토질을 의미한다.
• 베인테스트(Vane test)는 진흙(연약점토)의 점착력을 파악하고 전단강도를 구하는 현장실험 방법이다.
• 지내력시험(Loading test)은 가장 적합한 기초구조를 결정하기 위해 실시하는 현장실험 방법으로 예정 기초 저면(밑면)에서 매회 1톤 이하 또는 예정 파괴하중의 1/5 이하의 하중을 가하는 시험이다.
• 3축압축시험은 흙의 전단강도를 알아보기 위한 시험이다.
• 페네트레이션 테스트(Penetration test) 즉, 표준관입시험은 사질지반의 밀실도를 평가하는 지반 조사법이다.

0804

## 79

Repetitive Learning 1회 2회 3회

제자리콘크리트말뚝 지정 중 베노토 파일의 특징에 관한 설명으로 옳지 않은 것은?

① 기계가 저가이고 굴착속도가 비교적 빠르다.
② 케이싱을 지반에 압입해 가면서 관 내부 토사를 특수한 버킷으로 굴착 배토한다.
③ 말뚝 구멍의 굴착 후에는 철근콘크리트말뚝을 제자리치기 한다.
④ 여러 지질에 안전하고 정확하게 시공할 수 있다.

**해설**

• 베노토 공법은 기계 및 부속기기의 가격이 비싸므로 시공경비가 높다.

**베노토 공법(Benoto method)**

㉠ 개요
• 케이싱을 지반에 압입해 가면서 관 내부 토사를 특수한 버킷으로 굴착 배토하는 방법으로 올케이싱 공법이라고도 한다.
• 말뚝 구멍의 굴착 후에는 철근콘크리트말뚝을 제자리치기 한다.
• 케이싱 튜브(Casing tube)를 뽑을 때 철근도 떠오를 우려가 있으므로 주의한다.

㉡ 특징
• 여러 지질에 안전하고 정확하게 시공할 수 있다.
• 주위의 지반에 영향을 주는 일 없이 안전하고 확실하게 시공할 수 있다.
• 기계 및 부속기기의 가격이 비싸므로 시공경비가 높다.
• 긴 말뚝(50~60m)의 시공이 가능하다.



77 ② 78 ③ 79 ① 정답

## 80

Repetitive Learning 1회 2회 3회

해체 및 이동에 편리하도록 제작한 시스템화된 이동식 거푸집으로서 건축분야에서 쉘, 아치, 돔 같은 건축물에도 적용되는 거푸집은?

① 유로폼(Euro form)
② 트래블링폼(Travelling form)
③ 와플폼(Waffle form)
④ 터널폼(Tunnel form)

해설

- 유로폼은 경량형강과 합판으로 구성되며 표준형태의 거푸집을 변형시키지 않고 조립하게 만든 거푸집을 말한다.
- 와플폼은 무량판구조로 보가 없는 특수상자 모양의 기성재 거푸집을 말한다.
- 터널폼은 벽식 철근콘크리트 구조를 시공할 때 벽과 바닥의 콘크리트 타설을 한 번에 가능하게 하기 위한 작업발판 일체형 거푸집을 말한다.

트래블링폼(Travelling form)

- 해체 및 이동에 편리하도록 제작된 수평 활동 시스템 거푸집(이동 거푸집 공법)이다.
- 거푸집 전체를 그대로 떼어 다음 장소로 이동시켜 사용가능한 거푸집이다.
- 터널, 교량, 지하철, 건축분야에서 쉘, 아치, 돔 같은 건축물 등에 주로 적용된다.

# 5과목 건설재료학

## 81

Repetitive Learning 1회 2회 3회

다음 중 열경화성 수지에 속하는 것은?

① 불소수지
② 알키드수지
③ 폴리에틸렌수지
④ 염화비닐수지

해설

- 불소수지, 폴리에틸렌수지, 염화비닐수지는 모두 열가소성 수지이다.

열경화성 수지

- 가열하여 경화 성형하면 다시 열을 가해도 형태가 변하지 않는 수지를 말한다.
- 내열성, 내용제성, 내약품성, 기계적 성질, 전기절연성이 좋다.
- 식기나 전화기 등의 재료로 쓰인다.
- 충전제를 넣어 강인한 성형물을 만들거나, 섬유 강화 플라스틱을 제조하는 데에도 사용된다.
- 종류에는 페놀수지, 요소수지, 멜라민수지, 폴리에스테르수지, 에폭시수지, 실리콘수지, 알키드수지, 프란수지 등이 있다.

## 82

Repetitive Learning 1회 2회 3회

비닐 레더(Vinyl leather)에 대한 설명 중 옳지 않은 것은?

① 색채, 모양, 무늬 등을 자유롭게 할 수 있다.
② 면포로 된 것은 찢어지지 않고 튼튼하다.
③ 두께는 0.5 ~ 1mm이고, 길이는 10m 두루마리로 만든다.
④ 커튼, 테이블크로스, 방수막으로 사용된다.

해설

- 비닐 레더는 주로 소파의 커버로 사용된다.

비닐 레더(Vinyl leather)

- 직물과 수지에 탄성을 부여하고 표면을 가열하여 만든 합성피혁으로 소파의 커버로 많이 이용된다.
- 불에 매우 취약하나 색채, 모양, 무늬 등을 자유롭게 할 수 있다.
- 면포로 된 것은 찢어지지 않고 튼튼하다.
- 두께는 0.5 ~ 1mm이고, 길이는 10m 두루마리로 만든다.

## 83

Repetitive Learning 1회 2회 3회

유성 목재방부제로 철류의 부식이 적고 처리재의 강도가 감소하지 않는 조건을 구비하고 있으나 악취가 나고, 흑갈색으로 외관이 불미하므로 눈에 보이지 않는 토대, 기둥 등에 이용되는 것은?

① 크레오소트오일
② 황산동 1% 용액
③ 염화아연 4% 용액
④ 불화소다 2% 용액

해설

- 가장 대표적인 목재용 유성 방부제로 방부성이 우수하나 악취가 나고 흑갈색 외관인 것은 크레오소트오일이다.
- 황산동(1%), 염화아연(4%), 불화소다(2%)는 유성이 아니라 수용성 방부제이다.

크레오소트유(Creosote Oil)

- 대표적인 목재용 유성 방부제이다.
- 독성이 적고 방부성이 우수하다.
- 자극적인 악취가 나고, 흑갈색으로 외관이 불미하다.
- 주로 눈에 보이지 않는 토대, 기둥, 도리 등에 사용한다.

정답 80 ② 81 ② 82 ④ 83 ①

## 84

Repetitive Learning 1회 2회 3회

다음 중 점토의 성분 및 성질에 대한 설명으로 옳지 않은 것은?

① $Fe_2O_3$ 등의 부성분이 많으면 제품의 건조수축이 크다.
② 점토의 주성분은 실리카, 알루미나이다.
③ 소성 색상은 석회물질이 많을수록 짙은 적색이 된다.
④ 가소성은 점토입자가 미세할수록 좋다.

해설

- 점토의 색상은 철산화물 또는 석회물질에 의해 나타내며, 철산화물이 많으면 적색이 되고, 석회물질이 많으면 황색을 띠게 된다.

**점토의 성질**

㉠ 개요
- 점토의 주성분은 실리카, 알루미나이다.
- 비중은 일반적으로 2.5 ~ 2.6의 범위이다.
- 압축강도는 인장강도의 약 5배 정도이다.
- 인장강도는 점토의 조직에 관계하며 입자의 크기가 큰 영향을 준다.
- 입도는 보통 $2\mu$ 이하의 미립자나 모래알 정도의 조립을 포함한 것도 있다.
- 기공률은 점토의 입자 간에 존재하는 모공용적으로 입자의 형상, 크기에 관계한다.
- 함수율은 모래가 포함되지 않은 것은 30~100%의 범위이다.
- 색상은 철산화물 또는 석회물질에 의해 나타내며, 철산화물이 많으면 적색이 되고, 석회물질이 많으면 황색을 띠게 된다.
- 점토를 소성하면 용적, 비중 등의 변화가 일어나며 강도가 현저히 증대된다.

㉡ 수축
- 수축은 건조 및 소성 시 일어나며 건조수축은 점토의 조직에 관계하는 이외에 가하는 수량도 영향을 준다.
- 소성수축은 점토 내 휘발분의 양, 조직, 용융도 등이 영향을 준다.
- $Fe_2O_3$ 등의 부성분이 많으면 제품의 건조수축이 크다.

㉢ 가소성
- 양질의 점토는 습윤 상태에서 현저한 가소성을 나타내며, 점토 입자가 미세할수록 가소성은 좋아진다.
- 가소성이 너무 큰 경우에는 모래 또는 샤모트 등을 혼합하여 조절한다.

## 85

Repetitive Learning 1회 2회 3회

골재의 선팽창계수에 의해 영향을 받을 수 있는 콘크리트의 성질은?

① 마모에 대한 저항성 ② 습윤건조에 대한 저항성
③ 동결융해에 대한 저항성 ④ 온도변화에 대한 저항성

해설

- 마모에 대한 저항성은 경도에 대한 설명이다.
- 습윤건조에 대한 저항성은 점토의 존재와 관련된다.
- 동결융해에 대한 저항성은 안정성, 공극률, 투수성, 인장정도, 탄성계수 등과 관련된다.

**골재의 성질에 따라 영향을 받는 콘크리트의 성질**

| 콘크리트의 성질 | 골재의 성질 |
|---|---|
| 동결융해에 대한 저항성 | 안정성, 공극률, 투수성, 인장정도, 탄성계수 등 |
| 습윤건조에 대한 저항성 | 점토의 존재 |
| 온도변화에 대한 저항성 | 선팽창계수 |
| 마모에 대한 저항성 | 경도 |
| 알칼리골재반응 저항성 | 특수 실리카질 성분의 존재 유무 |
| 수축 | 탄성계수, 입형, 입도, 최대치수 등 |

## 86

Repetitive Learning 1회 2회 3회

비철금속 중 아연에 대한 설명으로 옳지 않은 것은?

① 건조한 공기 중에서는 거의 산화되지 않는다.
② 묽은 산류에 쉽게 용해된다.
③ 주 용도는 철판의 아연도금이다.
④ 불순물인 철(Fe)·카드뮴(Cd)·주석(Sn) 등을 소량 함유하게 되면 광택이 매우 우수해진다.

해설

- 아연(Zn)은 청백색의 광택을 지니나 불순물을 함유하게 되면 광택이 저하된다.

**아연(Zn)**
- 이온화 경향이 크고 철에 의해 침식된다.
- 산 및 알칼리에 약하나 일반대기나 수중에서는 내식성이 크다.
- 인장강도나 연신율이 낮기 때문에 열간 가공하여 결정을 미세화하여 가공성을 높일 수 있다.
- 순수한 아연은 청백색의 광택을 지니나 불순물을 함유하면 광택이 저하된다.
- 주 용도는 철판의 아연도금(함석판)이다.



84 ③ 85 ④ 86 ④ 정답

## 87

Repetitive Learning 1회 2회 3회

목재의 천연건조의 특성에 해당하지 않는 것은?

① 넓은 잔적(Piling) 장소가 필요하지 않다.
② 비교적 균일한 건조가 가능하다.
③ 기후와 입지의 영향을 많이 받는다.
④ 열기건조의 예비건조로서 효과가 크다.

**해설**

- 천연건조법은 목재를 넓은 실외공간에 잔적(Piling)하여 직사광선을 피해서 건조하므로 넓은 공간이 필요하다.

**목재의 건조**

㉠ 목적
- 목재수축에 의한 손상 방지
- 목재강도 및 내구성 증가
- 균류에 의한 부식 방지 및 충해 예방
- 전기 및 열 절연성의 증가
- 변색 및 충해의 방지
- 중량의 경감

㉡ 방법
- 천연건조법, 침수건조법, 인공건조법(증기실, 열기실)으로 구분된다.
- 천연건조법은 직사광선을 받지 않는 그늘에서 장기간 건조하는 방법으로 균일한 건조가 가능하여 열기건조의 예비건조 방법으로 주로 사용하지만 넓은 장소가 필요하고 기후와 입지의 영향을 많이 받는다.
- 침수건조법은 생목을 수중에 수침시켜 수액을 용실(溶失)시킨 후 대기 건조시키는 방법으로 침수시키는 이유는 건조기간을 단축시키기 위해서이다.
- 인공건조법은 증기실, 열기실 등에서 인위적인 조절을 통해 단시일 내에 수액을 추출하려 수분을 배제시키는 방법이다.
- 침엽수가 활엽수보다 건조가 빠르다.

0602

## 88

Repetitive Learning 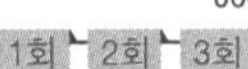

시멘트에 약간의 물을 첨가하여 혼합시키면 가소성 있는 페이스트가 얻어지나 시간이 지나면 유동성을 잃고 응고하는데 이러한 현상을 무엇이라 하는가?

① 응결
② 풍화
③ 알칼리 골재 반응
④ 백화

**해설**

- 풍화란 시멘트가 저장 중 공기와 접촉하여 공기 중의 수분 및 이산화탄소를 흡수하면서 나타나는 수화반응이다.
- 알칼리 골재 반응이란 시멘트에 함유된 알칼리 성분과 골재의 알칼리 반응성 실리카와의 반응으로 콘크리트 내부에 체적팽창이 발생해 균열 및 박리현상을 일으키는 것을 말한다.
- 백화란 시멘트의 가용성 성분이 물에 용해되어 구조물의 외부면에 백색의 물질이 발생되는 현상을 말한다.

**시멘트의 응결**

- 시멘트에 약간의 물을 첨가하여 혼합시키면 가소성 있는 페이스트가 얻어지나 시간이 지나면 유동성을 잃고 응고되는 것을 말한다.
- 시멘트의 응결시간은 분말도가 미세한 것일수록, 또 수량이 적고 온도가 높을수록 짧아진다.

## 89

Repetitive Learning 1회 2회 3회

콘크리트의 중성화에 대한 저감대책으로 옳지 않은 것은?

① 물-시멘트비(W/C)를 낮춘다.
② 단위 시멘트량을 증대시킨다.
③ 혼합시멘트를 사용한다.
④ AE감수제나 고성능감수제를 사용한다.

**해설**

- 혼합시멘트의 경우 포졸란이 함유되면서 수산화칼슘의 양이 적어 중성화가 빠르다.

**콘크리트의 중성화**

㉠ 개요
- 콘크리트 중의 수산화석회가 탄산가스에 의해서 중화되어 알칼리성을 상실하게 되는 현상이다.
  ($Ca(OH)_2 + CO_2 \rightarrow CaCO_3 + H_2O \uparrow$)
- 중성화가 진행되어도 콘크리트의 강도, 기타의 물리적 성질은 거의 변하지 않는다.
- 중성화는 콘크리트 내 철근의 부식을 촉진시킨다.
- 중성화 속도는 물시멘트비가 적을수록 늦다.

㉡ 저감대책
- 물-시멘트비(W/C)를 낮춘다.
- 단위 시멘트량을 증대시킨다.
- AE감수제나 고성능감수제를 사용한다.

## 90

Repetitive Learning 1회 2회 3회

각종 접착제에 관한 설명으로 옳지 않은 것은?

① 요소수지 접착제는 목공용에 적당하며 내수합판의 제조에 사용된다.

② 에폭시수지 접착제는 금속, 플라스틱, 도자기, 유리, 콘크리트 등의 접합에 사용된다.

③ 실리콘수지 접착제는 내수성은 작으나 열에는 매우 강하다.

④ 멜라민수지 접착제는 내수성 등이 좋고 목재의 접합에 사용된다.

해설

- 실리콘수지 접착제는 열에 매우 강하고 내수성도 우수한 접착제이다.

∷ 실리콘수지 접착제

- 내수성, 내열성, 전기절연성, 유연성 등이 우수하다.
- 건설, 전자, 전기, 자동차, 우주항공 분야 등 다양한 분야에서 사용한다.

2201

## 91

Repetitive Learning 1회 2회 3회

슬럼프 시험에 대한 설명으로 옳지 않은 것은?

① 콘크리트의 시공연도를 측정하기 위하여 행한다.

② 슬럼프 값이 높을 경우 콘크리트는 묽은 비빔이다.

③ 슬럼프 콘에 콘크리트를 3층으로 분할하여 채운다.

④ 슬럼프 시험 시 각 층을 50회 다진다.

해설

- 슬럼프 시험은 슬럼프 콘에 콘크리트를 부어넣고 25회 다진 후 콘을 들어 올렸을 때 콘크리트가 가라앉는 높이로 유동성을 나타낸다.

∷ 슬럼프 시험

㉠ 개요
- 콘크리트의 시공연도(Workability)를 측정하기 위해 실시하는 시험이다.
- 슬럼프 값이 높을 경우 콘크리트는 묽은 비빔이다.

㉡ 시험방법과 결과
- 슬럼프 콘은 윗지름 10cm, 아랫지름 20cm, 높이 30cm로 한다.
- 수밀한 철판을 수평으로 놓고 슬럼프 콘을 놓고, 그 안에 혼합한 콘크리트를 1/3씩 3층으로 분할하여 채운다.
- 슬럼프 콘에 콘크리트를 부어넣고 25회 다진 후 콘을 들어 올렸을 때 콘크리트가 가라앉는 높이로 유동성을 나타낸다.
- 결과

| True | Zero | Collapsed | Shear |
|---|---|---|---|
| 균등한 슬럼프 | 완전한 슬럼프 | 무너진 슬럼프 | 전단된 슬럼프 |

0304 / 0404 / 1202 / 2104

## 92

Repetitive Learning 

발포제로서 보드 상으로 성형하여 단열재로 널리 사용되며 건축벽 타일, 천장재, 전기용품 등에 쓰이는 열가소성 수지는?

① 폴리에스테르수지

② 폴리스티렌수지

③ 실리콘수지

④ 아크릴수지

해설

- 폴리에스테르수지는 천연수지를 변성한 열경화성 수지로 내화학성이 좋으며, 선박재, 설비재, 내외 수장재로 널리 사용된다.
- 실리콘수지는 내수성, 내열성, 전기절연성, 유연성 등이 우수하며, 건설, 전자, 전기, 자동차, 우주항공 분야 등 다양한 분야에서 사용한다.
- 아크릴수지는 투명도가 높으며 착색이 자유롭고 내충격 강도가 커 채광판, 도어판, 칸막이벽 등에 사용된다.

∷ 단열재의 대표적인 종류와 특성

| 구분 | 특성 |
|---|---|
| 세라믹 파이버 | 1,000℃ 이상의 고온에서도 견디는 섬유로 본래 공업용 가열로의 내화 단열재로 사용되었으나 최근에는 철골의 내화 피복재로 쓰인다. |
| 석면 (Asbestos) | 사문암 또는 각섬암이 열과 압력을 받아 변질하여 섬유 모양의 결정질이 된 것으로 단열재·보온재 등으로 사용되었으나, 인체 유해성으로 사용이 규제되고 있다. |
| 폴리스티렌수지 | • 발포제로서 보드 상으로 성형하여 단열재로 널리 사용되며 건축벽 타일, 천장재, 전기용품 등에 쓰이는 열가소성 수지이다.<br>• 투명성, 기계적 강도, 내수성은 좋지만 내충격성이 약하며, 발포제를 사용하여 넓은 판으로 만들어 사용한다. |



90 ③ 91 ④ 92 ② 정답

1002

## 93 Repetitive Learning 1회 2회 3회

다음 중 지하실과 같이 공기의 유통이 나쁜 장소의 미장공사에 적당한 재료는?

① 시멘트모르타르
② 회반죽
③ 돌로마이트플라스터
④ 회사벽

해설

- 공기의 유통이 나쁜 장소에서는 수경성 재료를 사용해야 한다.
- 회반죽, 돌로마이트플라스터, 회사벽은 모두 기경성 재료이다.

**미장재료의 구분**

| 구분 | 내용 |
|---|---|
| 수경성 재료 | • 물을 필요로 하는 미장재료로 지하실과 같이 공기의 유통이 나쁜 장소에서도 사용가능하다.<br>• 시멘트모르타르, 석고플라스터, 인조석바름 등<br>• 장점 : 경화가 빠르고 강도가 크다.<br>• 단점 : 시공이 복잡하고 수축 및 균열이 발생한다. |
| 기경성 재료 | • 이산화탄소와 반응하여 경화되는 미장재료이다.<br>• 회반죽, 흙질, 석회플라스터, 돌로마이트플라스터 등<br>• 장점 : 시공이 용이하다.<br>• 단점 : 경화가 느리고 강도가 작다. |

## 94 Repetitive Learning

다음 중 도료의 도막을 형성하는 데 필요한 유동성을 얻기 위하여 첨가하는 것은?

① 안료 ② 가소제
③ 수지 ④ 용제

해설

- 안료(Pigment)는 전색제에 분산되어 있는 불용성 고체입자로 경화된 후 수지와 함께 도막을 형성한다.
- 가소제는 도료에 유연성, 내구력을 개선시키는 목적으로 첨가하는 첨가제의 한 종류이다.
- 수지(Binder)는 결합제로 도료의 각 성분들을 묶어 도막을 형성하는 역할을 한다.

**용제(Sovent)**

- 수지, 유지 등 중합체를 용해하여 도장하기에 적당한 점도로 희석하고, 도장할 때의 건조속도를 조절하여 작업성을 개선하고 도장 막의 유동성을 부여하는 물질을 말한다.
- 시너는 가장 대표적인 혼합유기용제로 페인트, 니스, 래커 등의 도료를 희석하여 점도를 낮추는 용도로 사용한다.

0301

## 95 Repetitive Learning 1회 2회 3회

콘크리트 슬래브의 거푸집 패널 또는 바닥판 및 지붕판으로 사용하는 것은?

① 코너비드 ② 데크 플레이트
③ 익스펜디드 메탈 ④ 메탈폼

해설

- 코너비드는 기둥, 벽 등의 모서리를 보호하기 위하여 미장 바름질 할 때 붙이는 보호용 철물이다.
- 익스펜디드 메탈은 얇은 강판에 마름모꼴의 구멍을 연속적으로 뚫어 놓은 철물로 천장, 벽 등의 미장 바탕으로 사용한다.
- 메탈폼은 강철로 만들어진 패널(Panel)인 콘크리트 거푸집으로 반복사용이 가능한 것이다.

**데크 플레이트**

- 합판거푸집을 대체하여 철근콘크리트 바닥의 거푸집으로 많이 사용하는 것이다.
- 콘크리트 슬래브의 거푸집 패널 또는 바닥판 및 지붕판으로 사용한다.
- 지보공이 필요 없고 공기가 단축되며 노무비가 절감되는 장점을 가진다.
- 연속적인 콘크리트 타설이 가능하고 철근배근이 필요 없거나 간단해진다.

0304 / 0601

## 96 Repetitive Learning

보통포틀랜드시멘트에 비하여 초기 수화열이 낮고, 장기 강도 증진이 크며, 화학 저항성이 큰 시멘트로 매스콘크리트용에 적합한 것은?

① 백색포틀랜드시멘트
② 조강포틀랜드시멘트
③ 알루미나시멘트
④ 플라이애시시멘트

해설

- 백색포틀랜드시멘트는 강도, 내구성, 내마모성이 우수하나 습윤의 피해를 받기 쉬운 백색의 시멘트이다.
- 조강포틀랜드시멘트는 경화에 따른 수화열이 크고 초기의 강도발현이 가능하여 공사속도를 빨리 할 수 있는 시멘트이다.
- 알루미나시멘트는 보크사이트와 석회석을 원료로 하며 조강포틀랜드시멘트에 사용되는 시멘트이다.

정답 | 93 ① 94 ④ 95 ② 96 ④

:: 플라이애시

㉠ 개요

- 석탄 화력발전소에서 발생되는 회분으로 굴뚝에서 집진기로 포집한 것이다.
- 시멘트에 첨가하는 혼화재로 알루미나와 실리카로 구성된다.
- 플라이애시를 사용한 시멘트는 초기 수화열이 낮고 장기강도 증진이 커 매스콘크리트용에 적합하다.

㉡ 특징

- 콘크리트의 워커빌리티를 좋게 하고 사용 수량을 감소시킨다.
- 초기 재령의 강도는 다소 작으나 장기 재령의 강도는 증가한다.
- 시멘트의 수화열에 의한 균열 발생을 억제하고, 콘크리트의 수밀성을 향상시킨다.
- 콘크리트 내부의 알칼리성을 감소시키기 때문에 중성화를 촉진시킬 염려가 있다.

1901

## 97

Repetitive Learning 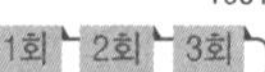

기성 배합 모르타르 바름에 대한 설명으로 옳지 않은 것은?

① 현장에서의 시공이 간편하다.
② 공장에서 미리 배합하므로 재료가 균질하다.
③ 접착력 강화제가 혼입되기도 한다.
④ 주로 바름 두께가 두꺼운 경우에 많이 쓰인다.

해설

- 기성 배합 모르타르 바름은 주로 바름 두께가 얇은 경우에 많이 쓰인다.

:: 기성 배합 모르타르 바름

㉠ 개요

- 시멘트, 골재, 혼화재료를 공장에서 계량·혼합하여 포장·반입한 제품을 말한다.
- 타일 붙임 모르타르와 줄눈용 모르타르 및 바탕용 모르타르가 있다.
- 주로 바름 두께가 얇은 경우에 많이 쓰인다.

㉡ 특징

- 현장에서의 시공이 간편하다.
- 공장에서 미리 배합하므로 재료가 균질하다.
- 접착력 강화제가 혼입되기도 한다.

## 98

Repetitive Learning (1회 2회 3회)

미장재료 중 석고에 관한 설명으로 옳지 않은 것은?

① 석고의 화학성분은 황산칼슘이다.
② 회반죽에 석고를 약간 혼합하면 수축 균열을 방지할 수 있다.
③ 무수석고에 경화 촉진제로서 화학 처리한 것을 경석고 플라스터라 한다.
④ 공기 중의 탄산가스에 의해 경화하는 기경성 재료이다.

해설

- 석고는 물을 필요로 하는 수경성 재료이다.

:: 석고(Gypsum)

㉠ 개요

- 결정수의 유무에 따라 무수석고, 반수석고, 이수석고의 3 종류가 있다.
- 주성분은 황산칼슘이다.
- 건축용 석고 제품의 대부분은 반수석고를 주원료로 한다.
- 회반죽에 석고를 약간 첨가하면 수축균열을 방지할 수 있는 효과가 있다.

㉡ 종류

- 무수석고는 경화가 늦기 때문에 경화촉진제를 필요로 하며, 경화촉진제를 처리한 것을 경석고플라스터라 한다.
- 이수석고는 물을 첨가해도 경화하지 않는다.
- 반수석고는 물을 첨가하면 20~30분 정도 경과 후 급속히 경화된다.

0302

## 99

Repetitive Learning (1회 2회 3회)

다음 각종 금속재료에 대한 설명 중 옳지 않은 것은?

① 동(銅)은 박판으로 제작하여 지붕재료로 이용된다.
② 납은 방사선 투과도가 낮아서 차폐용 벽체에 이용된다.
③ 주석은 주조성, 단조성이 나쁘기 때문에 각종 금속과 합금화가 어렵다.
④ 티탄은 산성에 강하므로 지붕재에 이용된다.

해설

- 주석은 전·연성 및 주조성, 단조성이 뛰어나 각종 금속의 합금에 사용된다.

:: 주석(Sn)

- 인체에 무해하며 유기산에 침식되지 않아 식품 보관용의 용기류에 이용된다.
- 강산, 강알칼리에는 침식하지만 중성에는 내식성을 갖는다.
- 전·연성 및 주조성, 단조성이 뛰어나 얇은 판을 만들기 쉽다.
- 인장강도가 매우 나쁘다.



97 ④ 98 ④ 99 ③ | 정답

1001

## 100

다음 중 이온화 경향이 가장 큰 금속은?

① Al ② Mg
③ Zn ④ Ni

해설

- 보기의 금속을 이온화 경향이 큰 금속부터 나열하면 Mg > Al > Zn > Ni 순이다.

**이온화 경향**

- 용액 속에서 원소의 이온이 되기 쉬운 정도를 표시하는 것이다.
- 산화환원반응이 일어날 때 환원된 원소보다 산화된 원소쪽이 이온화 경향이 더 커진다.
- 대표적인 금속의 이온화 경향의 순서는 리튬 > 세슘 > 칼륨 > 칼슘 > 나트륨 > 마그네슘 > 알루미늄 > 티타늄 > 아연 > 철 > 니켈 > 주석 > 납 > 구리 순이다.

# 6과목 건설안전기술

## 101

해체공사에 따른 직접적인 공해방지대책을 수립해야 되는 대상과 가장 거리가 먼 것은?

① 소음 및 분진
② 폐기물
③ 지반침하
④ 수질오염

해설

- 수질오염은 해체공사에 따른 간접적인 공해요소로 봐야 한다.

**해체공사에 따른 직접적인 공해요소**

- 해체공사로 인해 대책을 수립해야하는 직접적인 공해요소로는 소음 및 분진, 폐기물, 지반침하, 진동 등이 있다.
- 대책수립과 함께 해체공사 전 사전조사가 필요하다.

## 102

Repetitive Learning 1회 2회 3회

유해·위험방지계획서의 첨부서류에서 공사개요 및 안전보건관리계획에 해당되지 않는 항목은?

① 교통처리계획 ② 안전관리 조직표
③ 공사개요서 ④ 전체 공정표

해설

- 교통처리계획은 유해·위험방지계획서 제출 시 첨부서류에 포함되지 않는다.

**건설업 유해·위험방지계획서 제출 시 첨부서류**

실필 1902/1202/0902

| 구분 | 내용 |
|---|---|
| 공사개요 및 안전보건 관리계획 | • 공사개요서<br>• 공사현장의 주변 현황 및 주변과의 관계를 나타내는 도면(매설물 현황 포함)<br>• 건설물, 사용 기계설비 등의 배치를 나타내는 도면<br>• 전체공정표<br>• 산업안전보건관리비 사용계획<br>• 안전관리 조직표<br>• 재해발생 위험 시 연락 및 대피방법 |

0402 / 1101

## 103

추락 재해방지 설비 중 추락자를 보호할 수 있는 설비로 작업대 설치가 어렵거나 개구부 주위에 난간설치가 어려울 때 사용되는 설비는?

① 안전방망 ② 경사로
③ 고정사다리 ④ 달비계

해설

- 사업주는 난간 등을 설치하는 것이 매우 곤란하거나 작업의 필요상 임시로 난간 등을 해체하여야 하는 경우 안전방망(추락방호망)을 설치하여야 한다.

**개구부 등의 방호조치** 실필 1201 실작 1804/1801/1602/1504/1402

- 사업주는 작업발판 및 통로의 끝이나 개구부로서 근로자가 추락할 위험이 있는 장소에는 안전난간, 울타리, 수직형 추락방호망 또는 덮개 등의 방호조치를 충분한 강도를 가진 구조로 튼튼하게 설치하여야 하며, 덮개를 설치하는 경우에는 뒤집히거나 떨어지지 않도록 설치하여야 한다. 이 경우 어두운 장소에서도 알아볼 수 있도록 개구부임을 표시하여야 한다.
- 사업주는 난간 등을 설치하는 것이 매우 곤란하거나 작업의 필요상 임시로 난간 등을 해체하여야 하는 경우 추락방호망을 설치하여야 한다. 다만, 추락방호망을 설치하기 곤란한 경우에는 근로자에게 안전대를 착용하도록 하는 등 추락할 위험을 방지하기 위하여 필요한 조치를 하여야 한다.

정답 | 100 ② 101 ④ 102 ① 103 ①

1601 / 2001

## 104 Repetitive Learning 1회 2회 3회

구축물에 안전진단 등 안전성 평가를 실시하여 근로자에게 미칠 위험성을 미리 제거하여야 하는 경우가 아닌 것은?

① 구축물 또는 이와 유사한 시설물의 인근에서 굴착·항타작업 등으로 침하·균열 등이 발생하여 붕괴의 위험이 예상될 경우

② 구조물, 건축물, 그 밖의 시설물이 그 자체의 무게·적설·풍압 또는 그 밖에 부가되는 하중 등으로 붕괴 등의 위험이 있을 경우

③ 화재 등으로 구축물 또는 이와 유사한 시설물의 내력(耐力)이 심하게 저하되었을 경우

④ 구축물의 구조체가 과도한 안전측으로 설계가 되었을 경우

해설

- 구축물에 안전진단 등 안전성 평가를 실시하여 근로자에게 미칠 위험성을 미리 제거하여야 하는 경우는 ①, ②, ③ 외에 구축물 또는 이와 유사한 시설물에 지진, 동해(凍害), 부동침하(不同沈下) 등으로 균열·비틀림 등이 발생하였을 경우와 오랜 기간 사용하지 아니하던 구축물 또는 이와 유사한 시설물을 재사용하게 되어 안전성을 검토하여야 하는 경우 등이 있다.

:: 구축물 또는 이와 유사한 시설물의 안전성 평가를 통해 위험성을 미리 제거해야 하는 경우 실필 1902/1602/1302/1204/1101/1004

- 구축물 또는 이와 유사한 시설물의 인근에서 굴착·항타작업 등으로 침하·균열 등이 발생하여 붕괴의 위험이 예상될 경우
- 구축물 또는 이와 유사한 시설물에 지진, 동해(凍害), 부동침하(不同沈下) 등으로 균열·비틀림 등이 발생하였을 경우
- 구조물, 건축물, 그 밖의 시설물이 그 자체의 무게·적설·풍압 또는 그 밖에 부가되는 하중 등으로 붕괴 등의 위험이 있을 경우
- 화재 등으로 구축물 또는 이와 유사한 시설물의 내력(耐力)이 심하게 저하되었을 경우
- 오랜 기간 사용하지 아니하던 구축물 또는 이와 유사한 시설물을 재사용하게 되어 안전성을 검토하여야 하는 경우
- 그 밖의 잠재위험이 예상될 경우

## 105 Repetitive Learning 1회 2회 3회

거푸집 동바리 구조에서 높이가 L = 3.5m인 파이프 서포트의 좌굴하중은?(단, 상부받이판과 하부받이판은 힌지로 가정하고, 단면 2차모멘트 I = 8.31cm$^4$, 탄성계수 E = 2.1 × 10$^6$MPa)

① 14,060N ② 15,060N

③ 16,060N ④ 17,060N

해설

- 길이 350cm, 단면 2차모멘트 8.31cm$^4$, 탄성계수 $2.1\times10^6$kg/cm$^2$이므로 대입하면 좌굴하중 $P=\frac{\pi^2\times(2.1\times10^6)\times8.31}{350^2}$이므로 1,406[kg]이 된다.
- 이를 N단위로 구하면 중력가속도를 곱해야 하므로 약 14,060N이 된다.

:: 오일러의 좌굴하중

- 좌굴현상이란 길쭉한 기둥에 세로방향으로 힘이 가해질 때 압력이 일정한 한계값을 지나게 되면 가로방향으로 휘는 현상을 말한다.
- 오일러는 이를 $P=\frac{\pi^2 EI}{\ell^2}$[kg]과 같은 식으로 구할 수 있다고 하였다.(이때, E는 탄성계수[kg/cm$^2$], I는 단면의 2차모멘트[cm$^4$], $\ell$은 길이[cm]이다)
- 기둥 단부의 구속조건으로 1$\ell$의 양단힌지가 좋다.

0501 / 0801

## 106 Repetitive Learning 1회 2회 3회

단관비계의 무너짐 또는 넘어짐을 방지하기 위하여 사용하는 벽이음의 간격으로 옳은 것은?

① 수직 5m 이하, 수평 5m 이하

② 수직 6m 이하, 수평 6m 이하

③ 수직 7m 이하, 수평 7m 이하

④ 수직 8m 이하, 수평 8m 이하

해설

- 단관비계의 조립 시 벽이음 간격은 수직방향으로 5m, 수평방향으로 5m 이내로 한다.

:: 강관비계 조립 시의 준수사항

- 강관비계의 조립(벽이음)간격

| 강관비계의 종류 | 조립간격(단위 : m) | |
|---|---|---|
| | 수직방향 | 수평방향 |
| 단관비계 | 5 | 5 |
| 틀비계(높이 5m 미만 제외) | 6 | 8 |

- 강관·통나무 등의 재료를 사용하여 견고한 것으로 할 것
- 인장재(引張材)와 압축재로 구성된 경우에는 인장재와 압축재의 간격을 1m 이내로 할 것



104 ④ 105 ① 106 ① 정답

0502 / 0602 / 0902 / 0904 / 1001 / 1401 / 1804 / 2201

## 107

Repetitive Learning 1회 2회 3회

옥외에 설치되어 있는 주행크레인에 대하여 이탈방지장치를 작동시키는 등 그 이탈을 방지하기 위한 조치를 하여야 하는 순간풍속에 대한 기준으로 옳은 것은?

① 순간풍속이 초당 10m를 초과하는 바람이 불어올 우려가 있는 경우
② 순간풍속이 초당 20m를 초과하는 바람이 불어올 우려가 있는 경우
③ 순간풍속이 초당 30m를 초과하는 바람이 불어올 우려가 있는 경우
④ 순간풍속이 초당 40m를 초과하는 바람이 불어올 우려가 있는 경우

**해설**

- 주행크레인에 이탈방지를 위한 조치를 하는 것은 순간풍속 초당 30m를 초과하는 바람이 불 때이다.

**폭풍에 대비한 이탈방지조치** 실필 1801/1402

- 사업주는 순간풍속이 초당 30m를 초과하는 바람이 불어올 우려가 있는 경우 옥외에 설치되어 있는 주행크레인에 대하여 이탈방지장치를 작동시키는 등 이탈 방지를 위한 조치를 하여야 한다.

0504 / 0702 / 1804

## 108

Repetitive Learning 

사다리식 통로 설치 시 사다리식 통로의 길이가 10m 이상인 경우에는 몇 m 이내마다 계단참을 설치해야 하는가?

① 5m　② 7m
③ 9m　④ 10m

**해설**

- 사다리식 통로의 길이가 10m 이상인 경우에는 5m 이내마다 계단참을 설치하여야 한다.

**사다리식 통로의 구조** 실필 1602

- 견고한 구조로 할 것
- 심한 손상·부식 등이 없는 재료를 사용할 것
- 발판의 간격은 일정하게 할 것
- 발판과 벽과의 사이는 15cm 이상의 간격을 유지할 것
- 폭은 30cm 이상으로 할 것
- 사다리가 넘어지거나 미끄러지는 것을 방지하기 위한 조치를 할 것
- 사다리의 상단은 걸쳐놓은 지점으로부터 60cm 이상 올라가도록 할 것
- 사다리식 통로의 길이가 10m 이상인 경우에는 5m 이내마다 계단참을 설치할 것
- 사다리식 통로의 기울기는 75도 이하로 할 것
  다만, 고정식 사다리식 통로의 기울기는 90도 이하로 하고, 그 높이가 7m 이상인 경우에는 바닥으로부터 높이가 2.5m 되는 지점부터 등받이울을 설치할 것
- 접이식 사다리 기둥은 사용 시 접혀지거나 펼쳐지지 않도록 철물 등을 사용하여 견고하게 조치할 것

0601

## 109

Repetitive Learning 1회 2회 3회

이동식비계의 안전에 대한 설명 중 옳지 않은 것은?

① 승강용 사다리는 견고하게 부착하여야 한다.
② 작업대에는 안전난간을 설치하여야 한다.
③ 비계의 최대 높이는 밑변 최소 폭의 6배 이하이어야 한다.
④ 이동할 때에는 작업원이 없는 상태이어야 한다.

**해설**

- 비계의 최대 높이는 밑변 최소 폭의 4배 이하로 해야 한다.

**이동식비계 조립 및 사용 시 준수사항**
실작 1902/1901/1804/1802/1604/1602/1404

- 이동식비계의 바퀴에는 뜻밖의 갑작스러운 이동 또는 전도를 방지하기 위하여 브레이크·쐐기 등으로 바퀴를 고정시킨 다음 비계의 일부를 견고한 시설물에 고정하거나 아웃트리거(Outrigger)를 설치하는 등 필요한 조치를 할 것
- 승강용 사다리는 견고하게 설치할 것
- 비계의 최상부에서 작업을 하는 경우에는 안전난간을 설치할 것
- 작업발판은 항상 수평을 유지하고 작업발판 위에서 안전난간을 딛고 작업을 하거나 받침대 또는 사다리를 사용하여 작업하지 않도록 할 것
- 작업발판의 최대적재하중은 250킬로그램을 초과하지 않도록 할 것
- 비계의 최대 높이는 밑변 최소 폭의 4배 이하로 할 것

정답 107 ③ 108 ① 109 ③

1604

## 110 Repetitive Learning 1회 2회 3회

관리감독자의 유해·위험방지 업무에서 달비계 또는 높이 5m 이상의 비계를 조립·해체하거나 변경하는 작업과 관련된 직무수행 내용과 가장 거리가 먼 것은?

① 재료의 결함 유무를 점검하고 불량품을 제거하는 일
② 기구·공구·안전대 및 안전모 등의 기능을 점검하고 불량품을 제거하는 일
③ 작업방법 및 근로자 배치를 결정하고 작업 진행 상태를 감시하는 일
④ 작업에 종사하는 근로자의 보안경 및 안전장갑의 착용 상황을 감시하는 일

해설

- 작업에 종사하는 근로자의 보안경 및 안전장갑의 착용 상황을 감시하는 일은 아세틸렌 용접장치를 사용하는 금속의 용접·용단 또는 가열작업 시의 관리감독자의 유해·위험방지 업무에 해당한다.

달비계 또는 높이 5미터 이상의 비계 등의 조립·해체 및 변경 시 관리감독자의 직무수행 내용 실필 1504/1501/1301/1102/1002 실작 1802/1602/1401

- 근로자가 관리감독자의 지휘에 따라 작업하도록 할 것
- 조립·해체 또는 변경의 시기·범위 및 절차를 그 작업에 종사하는 근로자에게 주지시킬 것
- 조립·해체 또는 변경 작업구역에는 해당 작업에 종사하는 근로자가 아닌 사람의 출입을 금지하고 그 내용을 보기 쉬운 장소에 게시할 것
- 비, 눈, 그 밖의 기상상태의 불안정으로 날씨가 몹시 나쁜 경우에는 그 작업을 중지시킬 것
- 비계재료의 연결·해체작업을 하는 경우에는 폭 20cm 이상의 발판을 설치하고 근로자로 하여금 안전대를 사용하도록 하는 등 추락을 방지하기 위한 조치를 할 것
- 재료·기구 또는 공구 등을 올리거나 내리는 경우에는 근로자가 달줄 또는 달포대 등을 사용하게 할 것
- 강관비계 또는 통나무비계를 조립하는 경우 쌍줄로 할 것

2001

## 111 Repetitive Learning 1회 2회 3회

지면보다 낮은 땅을 파는 데 적합하고 수중굴착도 가능한 굴착기계는?

① 파워셔블
② 백호우
③ 가이데릭
④ 파일 드라이버

해설

- 파워셔블(Power shovel)은 기계가 위치한 지면보다 높은 곳의 땅을 파는 데 적합한 장비이다.
- 가이데릭은 양중기로, 고정 선회식의 기중기이다.
- 파일 드라이버(Pile driver)는 미리 제작되어 있는 말뚝을 박는 기계이다.

백호우(Back hoe)

- 기계가 위치한 지면보다 낮은 장소를 굴착하는 데 적합한 장비이다.
- 지반보다 6m 정도 깊은 경질 지반의 기초파기에 적합한 굴착 기계이다.
- 비교적 굳은 지반 토질의 구멍파기나 도랑파기 작업 및 수중 굴착에 사용하는 장비이다.
- 경사로나 연약지반에서는 타이어식보다 무한궤도식이 안전하다.

## 112 Repetitive Learning 1회 2회 3회

터널지보공을 설치한 때 수시로 점검하고 이상을 발견한 때에는 즉시 보강하거나 보수해야 할 사항이 아닌 것은?

① 부재의 긴압 정도
② 기둥침하의 유무 및 상태
③ 부재의 접속부 및 교차부 상태
④ 부재의 제조사 확인

해설

- 지보공 설치 시 붕괴 등의 방지를 위한 수시점검사항에는 ①, ②, ③ 외에 부재의 손상·변형·부식·변위·탈락의 유무 및 상태 등이 있다.

지보공 설치 시 붕괴 등의 방지를 위한 수시점검사항

- 부재의 손상·변형·부식·변위·탈락의 유무 및 상태
- 부재의 긴압 정도
- 부재의 접속부 및 교차부의 상태
- 기둥침하의 유무 및 상태



110 ④ 111 ② 112 ④ 정답

## 113 Repetitive Learning (1회 2회 3회)

흙의 연경도 변화 한계를 아터버그(Atterberg) 한계라 한다. 체적변화에 따른 함수변화가 그림과 같을 때 PL과 LL 사이는 어떤 상태인가?

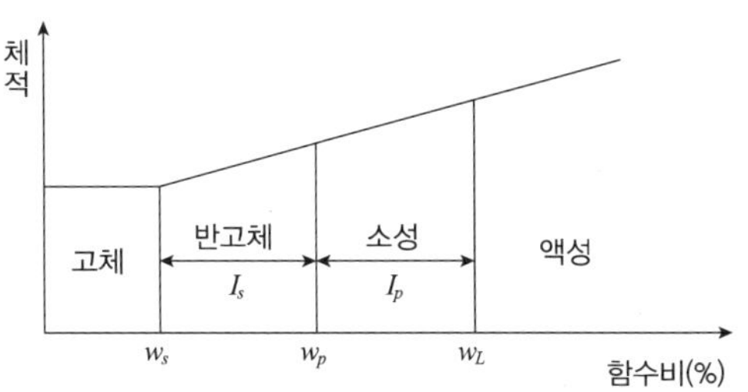


① 반고체 ② 고체

③ 액성 ④ 소성

**해설**

- PL은 소성한계(반고체 → 소성)이며 LL은 액성한계(소성 → 액체)이다. 그 사이는 소성의 형태로 존재한다.

**아터버그 한계(Atterberg limits)**

- 흙의 연경도 즉, 함수량에 따른 흙의 상태변화를 표현하는 흙의 성질의 변화한계를 아터버그 한계라 한다.
- 함수비에 따라 세립토의 존재형태는 다양하게(반고체, 소성, 액성) 변화하는데, 각각의 형태가 변화하는 순간의 함수비를 수축한계(고체 → 반고체), 소성한계(반고체 → 소성), 액성한계(소성 → 액체)라 한다.
- 함수비에 따른 수축한계($w_s$), 소성한계($w_p$), 액성한계($w_L$)를 통칭해서 아터버그 한계라고 한다.
- 아터버그 한계는 흙의 거동을 판단하는 데 도움을 준다.
- 자연 함수비가 수축한계($w_s$)에 있을 때 점토지반은 가장 안정적이다.
- 소성지수는 액성한계-소성한계로 소성상태로 유지할 수 있는 함수비의 범위를 말한다.

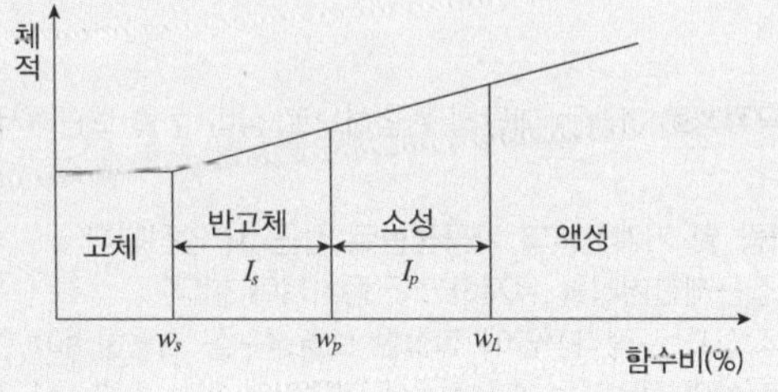


## 114 Repetitive Learning (1회 2회 3회)

다음 중 직접기초의 터파기 공법이 아닌 것은?

① 개착 공법 ② 시트 파일 공법

③ 트렌치컷 공법 ④ 아일랜드컷 공법

**해설**

- 시트 파일(Sheet pile) 공법은 흙막이 벽을 설치하는 공법이다.

**터파기 공법의 종류**

- 터파기 공법의 종류에는 개착 공법(Open cut), 아일랜드컷 공법, 트렌치컷 공법, 탑다운 공법 등이 있다.

| 공법 | 내용 |
|---|---|
| 개착공법 | 경사면을 만들면서 파내려가는 방법 |
| 아일랜드컷 공법 | 터파기 중앙부분을 먼저 개착하고 구조물을 설치한 후 그 주변부분을 추가 굴착하는 공법 |
| 트렌치컷 공법 | 아일랜드컷 공법의 반대로 먼저 둘레부분에서 구조물을 시공한 후 중앙부분을 파내어 시공하는 공법 |
| 탑다운 공법 | 지하 터파기와 지상의 구조체 공사를 병행하여 시공하는 공법 |

0304

## 115 Repetitive Learning (1회 2회 3회)

강변근처 흙막이 공사 중 굴착 바닥에서 물과 모래가 솟아올라 흙막이가 붕괴되었다. 이런 현상을 무엇이라 하는가?

① 동상 ② 보일링

③ 파이핑 ④ 틱스트로피

**해설**

- 동상이란 온도가 하강함에 따라 토중수가 얼어 부피가 약 9% 정도 증대하게 됨으로써 지표면이 부풀어 오르는 현상이다.
- 파이핑이란 흙막이 벽의 하자 또는 부실공사 등의 요인으로 생긴 틈으로 침투수와 토입자가 배출되는 현상이다.
- 틱스트로피는 점토를 뭉개어 이긴 후 그대로 방치하면 강도가 회복되는 현상을 말한다.

**보일링(Boiling)** 실필 1901/1804/1701/1601/1504/1502/1002/0904/0901

㉠ 개요

- 사질지반에서 흙막이 벽 배면부의 지하수가 굴착 바닥면으로 모래와 함께 솟아오르는 지반 융기현상이다.
- 지하수위가 높은 연약 사질토지반을 굴착할 때 주로 발생한다.
- 굴착부와 배면의 지하수위의 차이로 인해 주로 발생한다.
- 흙막이 벽의 근입장 깊이가 부족할 경우 발생한다.
- 굴착저면에서 액상화 현상에 기인하여 발생한다.
- 시트파일(Sheet pile) 등의 저면에 분사현상이 발생한다.
- 보일링으로 인해 흙막이 벽의 지지력이 상실된다.

㉡ 대책

- 굴착배면의 지하수위를 낮춘다.
- 토류벽의 근입 깊이를 깊게 한다.
- 토류벽 선단에 코어 및 필터층을 설치한다.
- 투수거리를 길게 하기 위한 지수벽을 설치한다.

정답 | 113 ④ 114 ② 115 ②

0902

## 116

Repetitive Learning 1회 2회 3회

정격하중이 10톤인 크레인의 화물용 와이어로프에 대한 절단하중은 얼마인가?(단, 화물용 와이어로프의 안전계수는 5이다)

① 2톤 ② 5톤
③ 15톤 ④ 50톤

**해설**

• 와이어로프의 안전율(안전계수) $= \dfrac{\text{절단하중} \times \text{줄의 수}}{\text{정격하중[톤]}}$이고

안전계수가 5이므로 정격하중이 10ton일 때 절단하중은 $10 \times 5 = 50$ton이 된다.

**안전율/안전계수(Safety factor)** 실필 1002/1604

• 소재의 파괴강도와 허용되는 응력의 비를 표시한 것이다.

• 안전율은 $\dfrac{\text{기준강도}}{\text{허용응력}}$ 또는 $\dfrac{\text{항복강도}}{\text{설계하중}}$, $\dfrac{\text{파괴하중}}{\text{최대사용하중}}$, $\dfrac{\text{최대응력}}{\text{허용응력}}$ 등으로 구한다.

• 응력은 단위면적당 부재에 작용하는 힘을 말하며, 허용응력은 단위면적당 재료가 파괴되지 않으며, 영구적인 변형이 남지 않는 비례 한도 범위 내의 응력을 말한다.

• 기준강도는 재료에 손상을 입힌다고 인정되는 강도를 말한다.

• 강도(기준강도)를 통해 재료의 안전율, 구조 등이 결정된다.

• 연성재료에서는 항복점을 기준강도, 인장강도, 기초강도라고도 한다.

## 117

Repetitive Learning 1회 2회 3회

물체를 투하하는 경우 위험방지를 위하여 필요한 조치를 하여야 하는데 투하설비를 설치하여야 하는 물체 투하 장소의 최소 높이 기준은?

① 2m 이상 ② 3m 이상
③ 4m 이상 ④ 5m 이상

**해설**

• 높이가 3m 이상인 장소로부터 물체를 투하하는 경우 적당한 투하설비를 설치한다.

**투하설비**

• 높이가 3m 이상인 장소로부터 물체를 투하하는 경우 적당한 투하설비를 설치하거나 감시인을 배치하는 등 위험을 방지하기 위하여 필요한 조치를 하여야 한다.

0901 / 1804

## 118

Repetitive Learning 1회 2회 3회

굴착공사에서 경사면의 안정성을 확인하기 위한 검토사항에 해당되지 않는 것은?

① 지질조사 ② 토질시험
③ 풍화의 정도 ④ 경보장치 작동상태

**해설**

• 경사면의 안정성 검토사항과 경보장치 작동상태는 관련이 없다.

**경사면의 안정성 검토사항**

• 지질조사 : 층별 또는 경사면의 구성 토질구조
• 토질시험 : 최적함수비, 삼축압축강도, 전단시험, 점착도 등의 시험
• 사면붕괴 이론적 분석 : 원호활절법, 유한요소법 해석
• 과거에 붕괴된 사례 유무
• 토층의 방향과 경사면의 상호관련성
• 단층, 파쇄대의 방향 및 폭
• 풍화의 정도
• 용수의 상황

1701 / 2101

## 119

Repetitive Learning 

크레인 등 건설장비의 가공전선로 접근 시 안전대책으로 거리가 먼 것은?

① 안전 이격거리를 유지하고 작업한다.
② 장비의 조립, 준비 시부터 가공전선로에 대한 감전 방지 수단을 강구한다.
③ 장비 사용 현장의 장애물, 위험물 등을 점검 후 작업계획을 수립한다.
④ 장비를 가공전선로 밑에 보관한다.

**해설**

• 가공전선로 아래는 대단히 위험하므로 장비 등을 보관해서는 안 된다.

**차량 및 기계장비의 가공전선로 접근 시 안전대책**

• 접근제한거리를 유지하고 작동시켜야 한다.
• 작업자는 정격전압에 적합한 보호장구를 착용하여야 한다.
• 지상의 작업자는 충전전로에 근접되어 있는 차량이나 기계장치 또는 그 어떠한 부착물과도 접촉하여서는 안 된다.
• 접지된 차량이나 기계장비가 충전된 가공선로에 접근할 위험이 있는 경우, 지상에서 작업하는 작업자는 접지점 부근에 있어서는 안 된다.
• 장비의 조립, 준비 시부터 가공전선로에 대한 감전 방지 수단을 강구한다.
• 장비 사용 현장의 장애물, 위험물 등을 점검 후 작업계획을 수립한다.



116 ④ 117 ② 118 ④ 119 ④ 정답

## 120 Repetitive Learning (1회 2회 3회)

사면의 보호공법이 아닌 것은?

① 식생공법
② 피복공법
③ 낙석방호공법
④ 주입 공법

해설

• 주입 공법은 시멘트나 약액을 주입하여 지반을 강화하는 사면지반 개량 공법에 해당한다.

사면보호공법 실필 1902/1601 실작 1702/1701/1601/1504/1502/1404

• 안전한 비탈면도 별도의 관리 없이 방치할 경우 침식과 세굴작용으로 인해 장기적으로 붕괴의 위험성이 발생하므로 이를 방지하기 위해 시행하는 보호공법을 말한다.
• 사면보호공법의 종류에는 식생공, 피복공, 뿜어붙이기공, 격자틀공, 낙석방호공법 등이 있다.

정답 | 120 ④

# 출제문제 분석 2014년 1회

| 구분 | 1과목 | 2과목 | 3과목 | 4과목 | 5과목 | 6과목 | 합계 |
|---|---|---|---|---|---|---|---|
| New유형 | 1 | 2 | 3 | 6 | 3 | 2 | 17 |
| New문제 | 8 | 13 | 12 | 13 | 9 | 9 | 64 |
| 또나온문제 | 8 | 4 | 5 | 5 | 6 | 4 | 32 |
| 자꾸나온문제 | 4 | 3 | 3 | 2 | 5 | 7 | 24 |
| 합계 | 20 | 20 | 20 | 20 | 20 | 20 | 120 |

- New유형은 New문제 중 기존 기출문제와 완전히 다른 유형의 문제를 말합니다.
- New문제는 기존에 출제되지 않은 문제로 이번에 처음 출제되는 문제입니다.
- 또나온문제는 기존에 출제된 적이 1번 있는 문제를 말합니다.
- 자꾸나온문제는 기존에 출제된 적이 2번 이상 있는 문제를 말합니다. 그만큼 중요한 문제입니다.

## 몇 년분의 기출문제를 공부해야 합격할 수 있을까요?

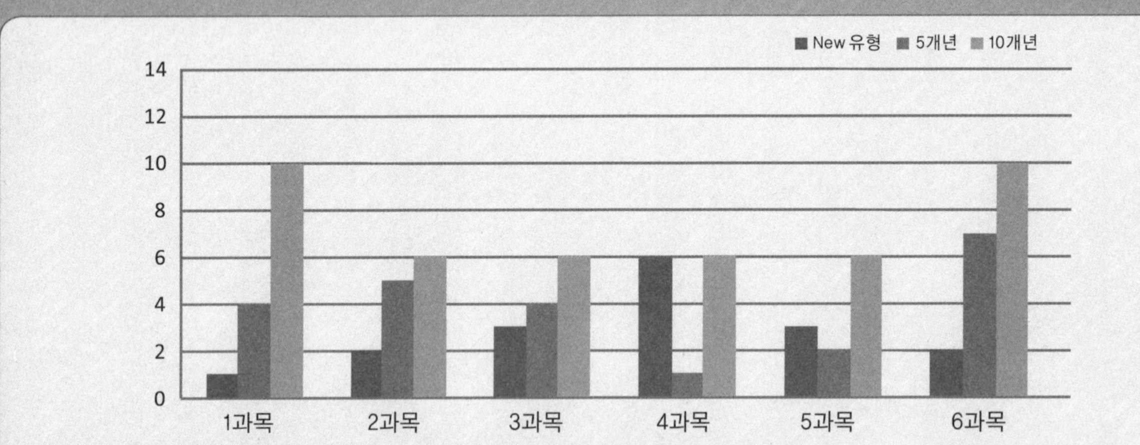


- 완전 새로운 유형의 문제는 17문제이고 103문제가 이미 출제된 문제 혹은 변형문제입니다.
- 5년분(2016～2020) 기출에서 동일문제가 23문항이 출제되었고, 10년분(2011～2020) 기출에서 동일문제가 44문항이 출제되었습니다.

## 실기에 나왔어요!! 외우세요!!!

실기시험은 필답형과 작업형으로 구분되어 있으며 모두 주관식으로 직접 내용을 적어야 합니다. 필기 공부하면서 실기 출제된 내역들은 좀 더 신경써서 암기하실 필요가 있어요. 필기 합격자 발표 난 후 실기시험까지는 5주밖에 여유가 없답니다. 어차피 공부할 것 필기 때 확실하게 해준다면 실기도 단방에 합격할 수 있습니다.

- 총 16개의 해설이 실기 필답형 시험과 연동되어 있습니다.
- 총 8개의 해설이 실기 작업형 시험과 연동되어 있습니다.

## 분석의견

최근 10년분의 기출문제와 답을 반복암기해서는 합격점수인 72점에서 28점이 부족합니다. 새로운 유형(17문항)과 문제(64문항)는 평균(15/53.9 문항)보다 많이 출제되었으며, 최근 5년분 및 10년분 기출출제비율 역시 평균보다 낮아 다소 어려운 난이도를 보이고 있습니다. 단순한 문제와 답을 암기하는 학습법으로는 합격이 어려울 것으로 판단됩니다. 합격에 필요한 점수를 획득하기 위해서는 최근 5년분 문제와 핵심이론의 3회독 혹은 최근 10년분 문제와 핵심이론의 2회독 이상의 학습이 필요합니다.

# 2014년 제1회

2014년 3월 2일 필기

14년 1회차 필기시험
합격률 42.2%

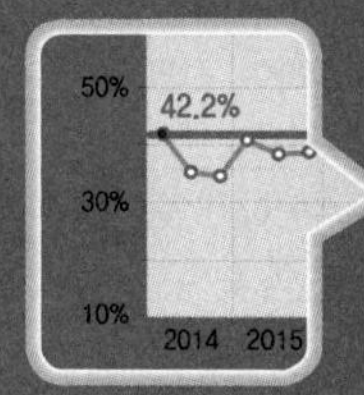


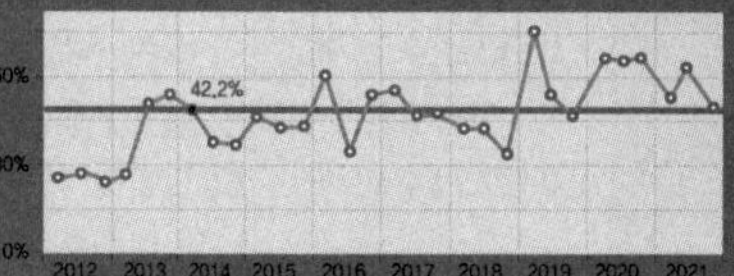


## 1과목 산업안전관리론

### 01 Repetitive Learning (1회 2회 3회)

다음 중 산업안전보건법령상 안전검사대상 유해·위험기계에 해당하지 않는 것은?

① 리프트
② 곤돌라
③ 압력용기
④ 고소작업대

**해설**

- 일반적인 고소작업대는 안전검사대상이 아니다. 화물자동차 또는 특수자동차에 탑재된 이삿짐운반용 고소작업대만 안전검사대상에 해당한다.

∷ 안전검사대상 유해·위험기계의 종류와 검사 주기 실필 1504/1002

| 안전검사대상 유해·위험기계의 종류 | 검사 주기 |
|---|---|
| 크레인(이동식크레인 및 정격하중 2톤 미만 제외), 리프트(이삿짐운반용 리프트 제외) 및 곤돌라 | 사업장에 설치가 끝난 날부터 3년 이내에 최초 안전검사를 실시하되, 그 이후부터 2년마다(건설현장에서 사용하는 것은 최초로 설치한 날부터 6개월마다) |
| 이동식크레인, 이삿짐운반용 리프트 및 고소작업대 | 신규 등록 이후 3년 이내에 최초 안전검사를 실시하되, 그 이후부터 2년마다 |
| 프레스, 전단기, 압력용기, 국소배기장치(이동식 제외), 산업용 원심기, 화학설비 및 그 부속설비, 건조설비 및 그 부속설비, 롤러기(밀폐형 제외), 사출성형기(형 체결력 294kN 미만은 제외), 컨베이어 및 산업용 로봇 | 사업장에 설치가 끝난 날부터 3년 이내에 최초 안전검사를 실시하되, 그 이후부터 2년마다(공정안전보고서를 제출하여 확인을 받은 압력용기는 4년마다) |

1004

### 02 Repetitive Learning (1회 2회 3회)

다음 중 산업안전보건위원회에서 심의·의결된 내용 등 회의 결과를 근로자에게 알리는 방법으로 가장 적절하지 않은 것은?

① 사보에 게재
② 일간 신문에 게재
③ 사업장 게시판에 게시
④ 자체 정례조회를 통한 전달

**해설**

- 산업안전보건위원회에서 심의·의결된 내용은 사내방송이나 사내보 게시 또는 자체 정례조회 등을 통해 근로자에게 알린다.

∷ 회의 결과 등의 주지

- 산업안전보건위원회의 위원장은 산업안전보건위원회에서 심의·의결된 내용 등 회의 결과와 중재 결정된 내용 등을 사내방송이나 사내보 게시 또는 자체 정례조회, 그 밖의 적절한 방법으로 근로자에게 신속히 알려야 한다.

0404 / 0602 / 1002 / 1702

### 03 Repetitive Learning (1회 2회 3회)

위험예지훈련 4라운드 기법 진행방법 중 본질추구는 몇 라운드에 해당되는가?

① 제1라운드
② 제2라운드
③ 제3라운드
④ 제4라운드

**해설**

- 문제점을 발견하고 중요 문제를 결정하는 단계인 본질추구는 위험예지훈련 4Round 중 2Round에 해당한다.

정답 | 01 ④ 02 ② 03 ②

:: 위험예지훈련 기초 4Round 기법

| | | |
|---|---|---|
| 1Round | 현상파악<br>(사실의 파악단계) | 전원이 토의를 통하여 위험요인을 발견하는 단계 |
| 2Round | 본질추구<br>(원인탐색 단계) | 위험의 포인트를 결정하여 전원이 지적 확인을 하는 단계 |
| 3Round | 대책수립<br>(대책수립 단계) | 발견된 위험요인을 극복하기 위한 방법을 제시하는 단계 |
| 4Round | 목표설정<br>(행동계획 결정단계) | 나온 대책들을 공감하고 팀의 행동목표를 설정하고 지적 확인하는 단계 |

0304

## 04 Repetitive Learning (1회 2회 3회)

1900년대 초 미국 한 기업의 회장으로서 "안전제일(Safety First)"이란 구호를 내걸고 사고예방활동을 전개한 후 안전의 투자가 결국 경영상 유리한 결과를 가져온다는 사실을 알게 하는데 공헌한 사람은?

① 게리(Gary)
② 하인리히(Heinrich)
③ 버드(Bird)
④ 피렌제(Firenze)

**해설**

- 안전제일(Safety first) 구호로 안전에 대한 투자를 주장한 사람은 미국의 US Steel 회사의 회장인 게리이다.

:: 게리(Gary)
- 1906년 미국의 US Steel 회사의 회장
- 안전제일(Safety first) 구호 제창
- 사고예방활동을 전개한 후 안전의 투자가 결국 경영상 유리한 결과를 가져온다고 주장

1104

## 05 Repetitive Learning (1회 2회 3회)

다음 중 산업안전보건법에 따른 무재해 운동의 추진에 있어 무재해 1배수 목표시간의 계산 방법으로 적절하지 않은 것은?

① 연간총근로시간 / 연간총재해자수
② (1인당연평균근로시간/재해율) × 100
③ (1인당근로손실일수 × 100) / 연간총재해자수
④ (연평균근로자수 × 1인당연평균근로시간) / 연간총재해자수

**해설**

- 무재해 1배수 목표시간

$$= \frac{\text{연간총근로시간}}{\text{연간총재해자수}}$$

$$= \frac{(\text{연평균근로자수} \times \text{1인당연평균근로시간})}{\text{연간총재해자수}}$$

$$= \frac{\text{1인당연평균근로시간}}{\text{재해율}} \times 100\text{으로 구한다.}$$

:: 무재해 1배수 목표시간 실필 1302
- 무재해 1배수 목표란 업종·규모별로 사업장을 그룹화하고 그룹 내 사업장들이 평균적으로 재해자 1명이 발생하는 기간 동안 당해 사업장에서 재해가 발생하지 않는 것을 말한다.
- 무재해 1배수 목표시간

$$= \frac{\text{연간총근로시간}}{\text{연간총재해자수}}$$

$$= \frac{(\text{연평균근로자수} \times \text{1인당연평균근로시간})}{\text{연간총재해자수}}$$

$$= \frac{\text{1인당연평균근로시간}}{\text{재해율}} \times 100\text{으로 구한다.}$$

1102

## 06 Repetitive Learning (1회 2회 3회)

다음 중 산업안전보건법에 따라 지방고용노동관서의 장이 안전관리자를 정수 이상 증원하거나 교체하여 임명할 것을 명령할 수 있는 경우는?

① 중대재해가 연간 1건 발생한 경우
② 해당 사업장의 연간재해율이 같은 업종의 평균재해율의 3배인 경우
③ 안전관리자가 질병의 사유로 45일 동안 직무를 수행할 수 없게 된 경우
④ 안전관리자가 기타 사유로 60일 동안 직무를 수행할 수 없게 된 경우

**해설**

- 안전관리자 등의 증원·교체가 필요한 사유는 2(업종의 2배), 2(중대재해 2건), 3(관리자 3개월 직무수행 불가능), 3(화학적 인자로 인한 직업성 질병자 연간 3명)에 따른다.

:: 안전관리자 등의 증원·교체가 필요한 사유 실필 1704/1402/1001
- 해당 사업장의 연간재해율이 같은 업종의 평균재해율의 2배 이상인 경우
- 중대재해가 연간 2건 이상 발생한 경우
- 관리자가 질병이나 그 밖의 사유로 3개월 이상 직무를 수행할 수 없게 된 경우
- 화학적 인자로 인한 직업성 질병자가 연간 3명 이상 발생한 경우



04 ① 05 ③ 06 ② | 정답

## 07

Repetitive Learning 1회 2회 3회

어떤 작업장에서 목재가공용 둥근톱 기계가 작업 중 갑작스런 고장을 일으켰다. 이때 실시하는 안전점검을 무엇이라 하는가?

① 임시점검
② 특별점검
③ 사후점검
④ 정기점검

**해설**

- 점검시기에 따른 안전점검의 종류에는 정기점검, 수시(일상)점검, 특별점검, 임시점검이 있다.
- 정기점검은 1개월 또는 1년 등의 일정한 기간을 정해서 실시하는 안전점검이다.
- 특별점검은 기계·기구 또는 설비의 신설, 변경 또는 고장 수리 등 부정기적인 점검을 말하며, 기술적 책임자가 시행하는 안전점검이다.

**점검시기에 따른 안전점검의 종류**

| | |
|---|---|
| 정기점검 | 1개월 또는 1년 등의 일정한 기간을 정해서 실시하는 안전점검으로 계획점검이라고도 한다. |
| 수시(일상)점검 | 작업장에서 매일 작업자가 작업 전, 중, 후에 시설과 작업동작 등에 대하여 실시하는 안전점검이다. |
| 특별점검 | 기계·기구 또는 설비의 신설, 변경 또는 고장 수리 등 부정기적인 점검을 말하며, 기술적 책임자가 시행하는 안전점검이다. |
| 임시점검 | 정기점검 사이에 특별한 이상이나 징후가 있을 경우 임시로 실시하는 안전점검이다. |

## 08

Repetitive Learning 1회 2회 3회

다음 중 사고조사의 본질적 특성과 거리가 가장 먼 것은?

① 사고의 공간성
② 우연중의 법칙성
③ 필연중의 우연성
④ 사고의 재현불가능성

**해설**

- 공간성이 아니라 시간성이다.

**사고조사의 본질적 특성**

- 사고의 시간성
- 우연중의 법칙성
- 필연중의 우연성
- 사고의 재현불가능성

0402 / 1804

## 09

Repetitive Learning 1회 2회 3회

산업안전보건법령에 따른 안전·보건표지의 기본모형 중 다음 기본모형의 표시사항으로 옳은 것은?(단, 색도기준은 2.5PB 4/10이다)

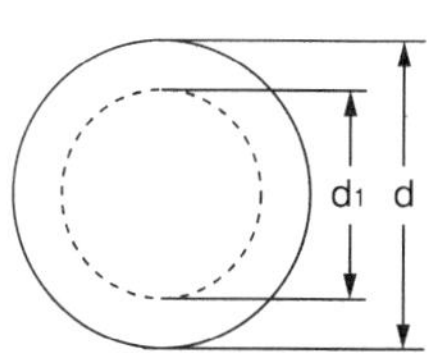


① 금지　　② 경고
③ 지시　　④ 안내

**해설**

- 표지의 도형이 둥근 원형은 지시표지이다.

**안전·보건표지의 기본모형**

- 점선 안쪽에는 표시사항과 관련된 부호 또는 그림을 그린다.

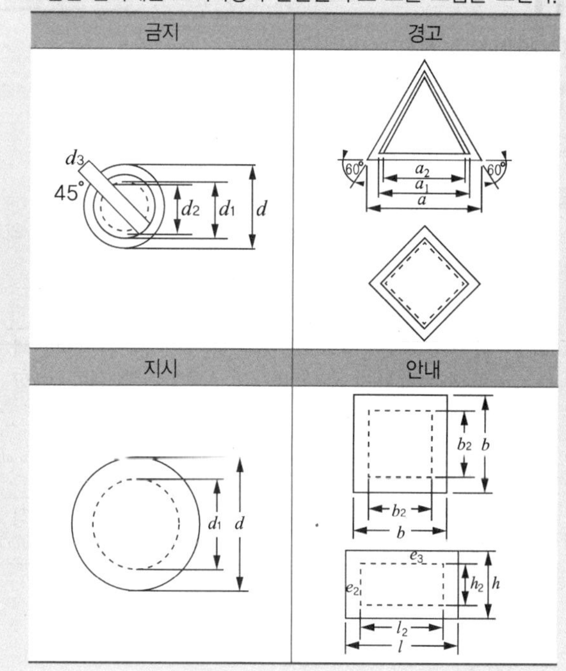


## 10

Repetitive Learning 1회 2회 3회

상해의 종류 중 압좌, 충돌, 추락 등으로 인하여 외부의 상처 없이 피하조직 또는 근육부 등 내부조직이나 장기가 손상 받은 상해를 무엇이라 하는가?

① 부종　　② 자상
③ 창상　　④ 좌상

정답 | 07 ① 08 ① 09 ③ 10 ④

해설

- 타박상을 좌상이라고도 한다.

**상해의 종류별 분류**

| | |
|---|---|
| 골절 | 뼈가 부러지는 상해 |
| 찰과상 | 스치거나 문질러서 피부가 벗겨진 상해 |
| 창상 | 창, 칼 등에 베인 상해 |
| 자상 | 칼날 등 날카로운 물건에 찔린 상해 |
| 좌상 | 타박상(삐임)이라고도 하며, 피하조직 등 근육부를 다쳐 충격을 받은 부위가 부어오르고 통증이 발생되는 상해 |
| 부종 | 국부의 혈액순환의 이상으로 몸이 퉁퉁 부어오르는 상해 |
| 중독 | 음식, 약물, 가스 등에 의해 중독되는 상해 |
| 화상 | 화재 또는 고온물과의 접촉으로 인한 상해 |

0704 / 0901 / 1604 / 1801

## 11

Repetitive Learning (1회 2회 3회)

재해예방의 4원칙이 아닌 것은?

① 손실필연의 원칙 ② 원인계기의 원칙
③ 예방가능의 원칙 ④ 대책선정의 원칙

해설

- 손실필연의 원칙은 없으며, 사고로 인한 손실은 우연적이라는 의미에서 손실우연의 원칙이 빠졌다.

**하인리히의 재해예방 4원칙** 실필 1801/1501

| | |
|---|---|
| 대책선정의 원칙 | 사고의 원인을 발견하면 반드시 대책을 세워야 하며, 모든 사고는 대책선정이 가능하다는 원칙 |
| 손실우연의 원칙 | 사고로 인한 손실은 우연적이라는 원칙 |
| 예방가능의 원칙 | 모든 사고는 예방이 가능하다는 원칙 |
| 원인연계의 원칙 (원인계기의 원칙) | 사고는 반드시 원인이 있으며 이는 필연적인 인과관계로 작용한다는 원칙 |

## 12

Repetitive Learning (1회 2회 3회)

K 사업장에서 재해로 인해 경제적 손실이 발생하였다. 이에 따른 재해코스트를 시몬즈(Simonds)의 방식으로 구하고자 할 때 다음 중 재해사고의 세부 내용의 연결이 올바른 것은?

① 무상해사고 – 응급조치
② 휴업상해 – 영구 전노동불능
③ 응급처치 – 일시 전노동불능
④ 통원상해 – 일시 부분노동불능

해설

- 무상해사고는 의료조치가 필요없으며, 휴업은 영구 일부노동불능 혹은 일시 전노동불능, 응급처치는 8시간 미만의 휴업이 필요한 의료조치 상해를 말한다.

**시몬즈(Simonds) 방식에서 재해의 종류와 세부 내용**

- 무상해사고는 의료조치를 필요로 하지 않는 상해사고를 말한다.
- 응급처치는 20$ 미만의 손실 또는 8시간 미만의 휴업이 되는 의료조치 상해를 말한다.
- 통원상해는 일시 일부노동불능 및 의사의 통원 조치를 요하는 상해를 말한다.
- 휴업상해는 영구 일부노동불능 및 일시 전노동불능 상해를 말한다.

0904

## 13

Repetitive Learning (1회 2회 3회)

다음 중 재해사례연구에 대한 내용으로 적절하지 않은 것은?

① 신뢰성 있는 자료수집이 있어야 한다.
② 현장 사실을 분석하여 논리적이어야 한다.
③ 재해사례연구의 기준으로는 법규, 사내규정, 작업표준 등이 있다.
④ 안전관리자의 주관적 판단을 기반으로 현장조사 및 대책을 설정한다.

해설

- 재해조사에 있어서 객관적인 자료수집을 위해 2인 이상이 조사토록 하고 있다.

**재해사례연구**

㉠ 연구 목적
- 재해요인을 체계적으로 규명하여 이에 대한 대책을 세우기 위해서이다.
- 재해 방지의 원칙을 습득해서 이것을 일상 안전 보건활동에 실천하기 위해서이다.
- 참가자의 안전보건활동에 관한 견해나 생각을 깊게 하고, 태도를 바꾸게 하기 위해서이다.

㉡ 연구 내용
- 신뢰성 있는 자료수집이 있어야 한다.
- 현장 사실을 분석하여 논리적이어야 한다.
- 재해사례연구의 기준으로는 법규, 사내규정, 작업표준 등이 있다.



11 ① 12 ④ 13 ④ 정답

## 14

Repetitive Learning 1회 2회 3회

다음 중 산업안전보건법령상 안전보건총괄책임자의 직무가 아닌 것은?

① 도급사업 시의 안전·보건 조치
② 근로자의 건강관리, 보건교육 및 건강증진 지도
③ 안전인증대상 기계·기구 등과 자율안전확인대상 기계·기구 등의 사용 여부 확인
④ 수급인의 산업안전보건관리비의 집행 감독 및 그 사용에 관한 수급인 간의 협의·조정

**해설**

- 근로자의 안전·보건교육 실시에 관한 보좌 및 조언·지도는 안전보건관리담당자의 업무이다.

**안전보건총괄책임자의 직무** 실필 1402/1102

- 산업재해가 발생할 급박한 위험이 있을 때 또는 중대재해가 발생하였을 경우 작업의 중지 및 재개
- 도급 시 산업재해 예방조치
- 산업안전보건관리비의 관계수급인 간의 사용에 관한 협의·조정 및 그 집행의 감독
- 안전인증대상기계등과 자율안전확인대상기계등의 사용 여부 확인
- 위험성 평가의 실시에 관한 사항

2101

## 15

Repetitive Learning 

연평균 200명의 근로자가 작업하는 사업장에서 연간 2건의 재해가 발생하여 사망이 2명, 50일의 휴업일수가 발생하였다면 이때의 강도율은 약 얼마인가?(단, 1인당 연간근로시간은 2,400시간으로 한다)

① 15.71
② 31.33
③ 65.51
④ 74.35

**해설**

- 강도율은 1,000시간 근로 중에 발생하는 근로손실일수를 말한다.
- 연간총근로시간은 $200 \times 2,400 = 480,000$시간이다.
- 근로손실일수는 사망 1인당 7,500일이므로 15,000일과 휴업일수가 50일이므로 $50 \times \frac{300}{365} = 41.10$일로 합하면 15,041.10일이다.
- 강도율 = $\frac{15,041.10}{480,000} \times 1,000 \simeq 31.34$이다.

**강도율(SR : Severity Rate of injury)**

실필 1804/1702/1501/1402/1401/1304/0902/0901

- 재해로 인한 근로손실의 강도를 나타낸 값으로 연간총근로시간에서 1,000시간당 근로손실일수를 의미한다.
- 강도율 = $\frac{\text{근로손실일수}}{\text{연간총근로시간}} \times 1,000$으로 구하고,

  평균강도율 = $\frac{\text{강도율}}{\text{도수율}} \times 1,000$으로 구한다.
- 근로자의 근속연수 등이 주어지지 않을 때 평생 근로손실일수는 한 개인이 평생 동안 근로한 시간을 100,000시간으로 볼 때의 근로손실일수이므로 강도율에 100을 곱하여 구한다.

1804

## 16

Repetitive Learning 1회 2회 3회

보호구 안전인증 고시에 따른 안전블록이 부착된 안전대의 구조기준 중 안전블록의 줄은 와이어로프인 경우 최소지름은 몇 mm 이상이어야 하는가?

① 2
② 4
③ 8
④ 10

**해설**

- 안전블록의 와이어로프 최소지름은 4mm 이상이어야 한다.

**안전블록이 부착된 안전대의 구조**

- 안전블록이란 안전그네와 연결하여 추락발생 시 추락을 억제할 수 있는 자동잠김장치가 갖추어져 있고 죔줄이 자동적으로 수축되는 장치를 말한다.
- 안전블록을 부착하여 사용하는 안전대는 신체지지의 방법으로 안전그네만을 사용한다.
- 안전블록은 정격 사용 길이가 명시되어야 한다.
- 안전블록의 줄은 합성섬유로프, 웨빙(Webbing), 와이어로프이어야 하며, 와이어로프인 경우 최소지름이 4mm 이상이어야 한다.

1002

## 17

Repetitive Learning 

재해의 직접원인 중 물적 원인에 해당하지 않는 것은?

① 방호장치의 결함
② 주변 환경의 미정리
③ 보호구 미착용
④ 조명 및 환기불량

정답 | 14 ② 15 ② 16 ② 17 ③

해설

- 보호구의 미착용은 대표적인 인적 원인이다.

**재해발생의 직접원인**

| | |
|---|---|
| 인적 원인<br>(불안전한 행동) | • 위험장소 접근<br>• 안전장치기능 제거<br>• 불안전한 속도 조작<br>• 위험물 취급 부주의<br>• 보호구 미착용<br>• 작업자와의 연락 불충분 |
| 물적 원인<br>(불안전한 상태) | • 물(物) 자체의 결함<br>• 주변 환경의 미정리<br>• 생산 공정의 결함<br>• 물(物)의 배치 및 작업장소의 불량<br>• 방호장치의 결함 |

0301 / 0401

## 18

Repetitive Learning 

다음 중 안전관리조직에 있어 직계(라인)형의 특징으로 옳은 것은?

① 독립된 안전참모조직을 보유하고 있다.
② 대규모의 사업장에 적합하다.
③ 안전지시나 명령이 신속히 수행된다.
④ 안전지식이나 기술축적이 용이하다.

해설

- 라인형 안전조직은 소규모 사업장에서 안전관리자를 두지 않고 생산계통에서 안전업무를 수행하므로 안전지시나 명령이 신속히 수행된다.

**라인(Line)형 안전조직** 실필 1901

㉠ 개요
- 직계식이라고도 한다.
- 모든 명령과 안전 관련 업무가 생산계통을 따라 이루어진다.
- 규모가 작은(100명 이하) 사업장에 적합하다.
- 안전관리자가 체계적으로 선임되지 않은 사업장에 알맞은 안전조직 형태이다.

㉡ 특징

| | |
|---|---|
| 장점 | • 안전지시나 명령이 신속하다.<br>• 명령과 보고가 간단명료하다. |
| 단점 | • 안전지식과 기술축적이 힘들다.<br>• 안전정보의 수집과 대처가 늦다. |

## 19

Repetitive Learning 1회 2회 3회

다음 중 산업안전보건법에 따라 안전보건개선계획을 수립·시행하여야 하는 사업장에서 안전보건계획서를 작성할 때에 반드시 포함되어야 하는 사항과 가장 거리가 먼 것은?

① 시설의 개선을 위하여 필요한 사항
② 안전·보건교육의 개선을 위하여 필요한 사항
③ 복지정책의 개선을 위하여 필요한 사항
④ 작업환경의 개선을 위하여 필요한 사항

해설

- 복지정책의 개선이 아니라 안전·보건관리체계 및 산업재해 예방을 위한 사항이 포함되어야 한다.

**안전보건개선계획** 실필 1704/1701/1404/1202/1201

- 고용노동부장관은 다음에 해당하는 사업장으로서 산업재해 예방을 위하여 종합적인 개선조치를 할 필요가 있다고 인정할 때에는 사업주에게 그 사업장, 시설, 그 밖의 사항에 관한 안전보건개선계획의 수립·시행을 명할 수 있다.
  - 산업재해율이 같은 업종 평균 산업재해율의 2배 이상인 사업장
  - 사업주가 안전보건조치의무를 이행하지 아니하여 중대재해가 발생한 사업장
  - 직업병에 걸린 사람이 연간 2명 이상(상시근로자 1천명 이상 사업장의 경우 3명 이상) 발생한 사업장
  - 유해인자의 노출기준을 초과한 사업장
  - 작업환경 불량, 화재·폭발 또는 누출사고 등으로 사회적 물의를 일으킨 사업장
- 고용노동부장관은 필요하다고 인정할 때에는 해당 사업주에게 안전·보건진단을 받아 안전보건개선계획을 수립·제출할 것을 명할 수 있다.
- 안전보건개선계획의 수립·시행명령을 받은 사업주는 고용노동부장관이 정하는 바에 따라 안전보건개선계획서를 작성하여 그 명령을 받은 날부터 60일 이내에 관할 지방고용노동관서의 장에게 제출하여야 한다.
- 사업주는 안전보건개선계획을 수립할 때에는 산업안전보건위원회의 심의를 거쳐야 한다. 다만, 산업안전보건위원회가 설치되어 있지 아니한 사업장의 경우에는 근로자대표의 의견을 들어야 한다.
- 안전보건개선계획서에는 시설, 안전·보건관리체제, 안전·보건교육, 산업재해 예방 및 작업환경의 개선을 위하여 필요한 사항이 포함되어야 한다.
- 사업주와 근로자는 안전보건개선계획을 준수하여야 한다.



18 ③ 19 ③ | 정답

1104 / 2001

## 20

Repetitive Learning (1회 2회 3회)

다음 중 시설물의 안전 및 유지관리에 관한 특별법상 안전점검 및 정밀안전진단의 실시 시기에 관한 내용으로 옳은 것은?

① 정기점검은 반기에 1회 이상 실시한다.
② 안전등급이 A등급인 경우 정밀안전진단은 10년에 1회 이상 실시한다.
③ 안전등급이 B등급인 경우 정밀안전진단은 7년에 1회 이상 실시한다.
④ 안전등급이 E등급인 경우 정밀안전진단은 5년에 1회 이상 실시한다.

해설

- 안전등급이 A등급인 경우 정밀안전진단은 6년에 1회 이상 실시한다.
- 안전등급이 B등급인 경우 정밀안전진단은 5년에 1회 이상 실시한다.
- 안전등급이 E등급인 경우 정밀안전진단은 4년에 1회 이상 실시한다.

:: 안전점검, 정밀안전진단 및 성능평가의 실시 시기

| 안전등급 | 정기안전점검 | 정밀안전점검 | | 정밀안전진단 | 성능평가 |
|---|---|---|---|---|---|
| | | 건축물 | 건축물 외 시설물 | | |
| A등급 | 반기에 1회 이상 | 4년에 1회 이상 | 3년에 1회 이상 | 6년에 1회 이상 | 5년에 1회 이상 |
| B·C 등급 | | 3년에 1회 이상 | 2년에 1회 이상 | 5년에 1회 이상 | |
| D·E 등급 | 1년에 3회 이상 | 2년에 1회 이상 | 1년에 1회 이상 | 4년에 1회 이상 | |

# 2과목 산업심리 및 교육

## 21

Repetitive Learning (1회 2회 3회)

다음 중 주의의 특성에 관한 설명으로 틀린 것은?

① 변동성이란 주의집중 시 주기적으로 부주의의 리듬이 존재함을 말한다.
② 선택성이란 인간은 한 번에 여러 종류의 자극을 지각·수용하지 못함을 말한다.
③ 선택성이란 소수의 특정 자극에 한정해서 선택적으로 주의를 기울이는 기능을 말한다.
④ 방향성이란 주의는 항상 일정한 수준을 유지할 수 있으므로 장시간 고도의 주의집중이 가능함을 말한다.

해설

- 주의의 방향성이란 한 지점에 주의를 집중하면 다른 곳의 주의가 약해지는 성질을 갖는다.

:: 주의(Attention)의 특징

- 선택성 – 여러 종류의 자극을 자각할 때, 소수의 특정한 것에 한하여 주의가 집중되는 것으로 인간의 주의력은 한계가 있어 여러 작업에 대해 선택적으로 배분된다는 의미로, 시각 정보 등을 받아들일 때 주의를 기울이면 시선이 집중되는 곳의 정보는 잘 받아들이나 주변부의 정보는 놓치기 쉬운 경우에 해당한다.
- 방향성 – 공간적으로 보면 시선의 주시점만 인지하는 기능으로, 한 지점에 주의를 집중하면 다른 곳의 주의가 약해지는 성질이다.
- 변동성 – 주의는 일정하게 유지되는 것이 아니라 일정한 주기로 부주의하는 리듬이 존재한다.

1801

## 22

Repetitive Learning (1회 2회 3회)

직업 적성검사에 대한 설명으로 틀린 것은?

① 적성검사는 작업행동을 예언하는 것을 목적으로도 사용한다.
② 직업 적성검사는 직무 수행에 필요한 잠재적인 특수능력을 측정하는 도구이다.
③ 직업 적성검사를 이용하여 훈련 및 승진대상자를 평가하는 데 사용할 수 있다.
④ 직업 적성은 단기적 집중 직업훈련을 통해서 개발이 가능하므로 신중하게 사용해야 한다.

해설

- 직업 적성은 단기적인 훈련이 아니라 장기적인 직업훈련을 통해서 개발이 가능하다.

:: 직업 적성검사

- 적성검사는 작업행동을 예언하는 것을 목적으로도 사용한다.
- 직업 적성검사는 직무 수행에 필요한 잠재적인 특수능력을 측정하는 도구이다.
- 직업 적성검사를 이용하여 훈련 및 승진대상자를 평가하는 데 사용할 수 있다.

1702

## 23 Repetitive Learning 1회 2회 3회

정신상태 불량으로 일어나는 안전사고요인 중 개성적 결함요소에 해당하는 것은?

① 극도의 피로 ② 과도한 자존심
③ 근육운동의 부적합 ④ 육체적 능력의 초과

해설

• 사고요인 중 개성적 결함요인에는 도전적인 성격이나 다혈질 및 인내심 부족, 과도한 집착력과 자존심, 자만심 등이 있다.

:: 사고요인 중 개성적 결함요인
- 도전적인 성격
- 다혈질 및 인내심 부족
- 과도한 집착력
- 지나친 자존심과 자만심 등

## 24 Repetitive Learning 1회 2회 3회

다음 중 부주의 발생에 대한 대책으로 상담이 필요한 것은?

① 의식의 우회 ② 경험의 부족
③ 작업순서의 부적당 ④ 작업환경조건 불량

해설

• 의식의 우회는 작업도중 걱정, 고뇌, 욕구불만 등에 의해서 발생되는 부주의 현상으로 상담-카운슬링(Counseling)이 필요한 경우이다.

:: 의식의 우회
- 작업도중 걱정, 고뇌, 욕구불만 등에 의해서 발생되는 부주의 현상을 말한다.
- 부주의 발생의 가장 대표적인 내적 조건이다.
- 부주의 발생에 대한 대책으로 상담-카운슬링(Counseling)이 필요한 경우이다.

0302 / 1804

## 25 Repetitive Learning 1회 2회 3회

다음 중 현장의 관리감독자 교육을 위하여 가장 바람직한 교육방식은?

① 강의식(Lecture method)
② 토의식(Discussion method)
③ 시범(Demonstration method)
④ 자율식(Self-instruction method)

해설

• 토의식은 참여자들의 대화를 통해서 교육이 진행되는 방식으로 현장의 관리감독자 교육을 위하여 가장 바람직한 교육방식이다.

:: 토의식(Discussion method)

㉠ 개요
- 참여자들의 대화를 통해서 교육이 진행되는 교육방식이다.
- 현장의 관리감독자 교육을 위하여 가장 바람직한 교육방식이다.
- 안전교육의 방법 중 전개단계에서 가장 효과적인 수업방법이다.
- 도입, 제시, 적용, 확인단계 중 적용단계에서 가장 많은 시간이 소요된다.
- 알고 있는 지식을 심화시키거나 어떠한 자료에 대해 보다 명료한 생각을 갖도록 하기 위하여 실시하는 교육방법으로 적합하다.
- 피교육생들의 태도를 변화시키고자 할 때, 인원이 토의에 적정할 때, 피교육생들이 토의 주제를 어느 정도 인지하고 있을 때, 피교육생들 간에 학습능력이 비슷한 수준일 때 유용하다.
- 심포지엄(Symposium), 패널 디스커션(Panel discussion), 롤 플레잉(Role playing), 버즈세션(Buzz session), 포럼(Forum) 등이 있다.

㉡ 특징
- 개방적인 의사소통과 협조적인 분위기 속에서 학습자의 적극적 참여가 가능하다.
- 집단 활동의 기술을 개발하고 민주적 태도를 배울 수 있다.
- 준비와 계획단계뿐만 아니라 진행 과정에서도 많은 시간이 소요된다.

## 26 Repetitive Learning 1회 2회 3회

다음 중 고립, 정신병, 자살 등이 속하는 사회행동의 기본 형태는?

① 협력 ② 융합
③ 대립 ④ 도피

해설

• 협력에는 조력이나 분업 등이 해당된다.
• 융합에는 강제, 타협, 통합 등이 해당된다.
• 대립에는 공격, 경쟁 등이 해당된다.

:: 인간의 사회행동의 기본 형태
- 도피 : 정신병, 자살, 고립
- 협력 : 조력, 분업
- 대립 : 공격, 경쟁
- 융합 : 강제, 타협, 통합



23 ② 24 ① 25 ② 26 ④ | 정답

## 27 Repetitive Learning (1회 2회 3회)

다음 설명에 해당하는 교육방법은?

> FEAF(Far East Air Forces)라고도 하며, 10~15명을 한 반으로 2시간씩 20회에 걸쳐 훈련하고, 관리의 기능, 조직의 원칙, 조직의 운영, 시간관리, 훈련의 관리 등을 교육내용으로 한다.

① MTP(Management Training Program)
② CCS(Civil Communication Section)
③ TWI(Training Within Industry)
④ ATT(American Telephone & Telegram Co)

**해설**

- CCS는 ATP라고도 하며, 최고경영자를 위한 교육으로 실시된 것으로 매주 4일, 하루 4시간씩 8주간 진행하는 교육이다.
- TWI는 일선 관리감독자를 대상으로 인간관계를 개선하고 생산성을 향상시키기 위하여 고안된 훈련방법을 말한다.
- ATT는 대상계층이 한정되지 않은 정형교육으로 하루 8시간씩 2주간 실시하는 토의식 교육이다.

**MTP(Management Training Program)**

- TWI와 프랑스 경영학자 페이욜(H.Fayol)의 경영조직론을 중심으로 한 중간 관리층 훈련방식으로 FEAF(Far East Air Forces)라고도 한다.
- 관리자 양성을 목표로 하는 정형훈련으로 10~15명을 한 반으로 2시간씩 20회의 회의를 기본코스로 한다.
- 관리의 기능, 조직의 원칙, 조직의 운영, 시간관리, 훈련의 관리 등을 교육내용으로 한다.

## 28 Repetitive Learning (1회 2회 3회)

다음 중 교육평가의 5요건에 속하지 않는 것은?

① 확실성　② 신뢰성
③ 경제성　④ 주관성

**해설**

- 교육평가의 5요건은 확실성, 신뢰성, 간이성, 객관성, 경제성으로 구성된다.

**교육훈련 평가**

- 교육훈련 평가는 작업자의 적정배치 및 지도 방법을 개선하고, 학습지도를 효과적으로 하기 위하여 수행한다.
- 교육평가의 5요건은 확실성, 신뢰성, 간이성, 객관성, 경제성으로 구성된다.
- 교육훈련 평가는 반응단계 → 학습단계 → 행동단계 → 결과단계의 순으로 진행된다.

## 29 Repetitive Learning (1회 2회 3회)

다음 그림은 지각집단화의 원리 중 한 예이다. 이러한 원리를 무엇이라 하는가?

① 단순성의 원리
② 폐쇄성의 원리
③ 유사성의 원리
④ 연속성의 원리

**해설**

- 모양이 다른(원, 마름모) 시각요소들이 하나의 패턴으로 보이는 형태이므로 유사성의 원리가 적용되었다.

**게슈탈트(Gestalt)의 지각집단화**

- 인간은 지각과정에서 자극의 정보를 조직화하는 과정을 거치는 것을 말한다. 시각정보의 조직화를 의미한다.
- 유사성의 원리 : 모양, 크기, 색상 등이 유사한 시각요소들이 그룹을 지어 하나의 패턴으로 보이려는 경향을 말한다.
- 근접성의 원리 : 서로 가까이 있는 것들끼리 하나의 집단처럼 보이는 경향을 말한다.
- 연속성의 원리 : 연속된 것들끼리 하나의 집단처럼 보이는 경향을 말한다.
- 폐쇄성의 원리 : 불완전한 것(열려있는)들을 완전한 것(닫힌 것, 연결된 것)으로 보려는 경향을 말한다.
- 단순성의 원리 : 주어진 조건에서 가장 단순한 쪽으로 인식하는 경향을 말한다.

0401 / 0801 / 0802 / 1802

## 30 Repetitive Learning (1회 2회 3회)

조직이 리더에게 부여하는 권한으로 볼 수 없는 것은?

① 합법적 권한
② 강압적 권한
③ 보상적 권한
④ 전문성의 권한

**해설**

- 위임된 권한, 전문성의 권한, 준거적 권한은 조직이 리더에게 부여한 권한이라고 볼 수 없다.

정답 | 27 ① 28 ④ 29 ③ 30 ④

:: 리더십 권한

㉠ 조직이 리더에게 부여한 권한
- 합법적 권한 : 군대, 교사, 정부기관 등 합법적 권력이 가지는 권한
- 강압적 권한 : 부하의 처벌, 승진 누락, 봉급의 인상 거부 등 강압적인 힘을 갖는 권한
- 보상적 권한 : 승진, 봉급 인상 등 역할에 대한 보상을 부여하는 권한

㉡ 조직이 리더에게 부여하지 않았지만 조건이 맞을 경우 자발적으로 생성되는 권한
- 위임된 권한 : 목표달성을 위하여 부하 직원들이 상사를 존경하여 상사와 함께 일하고자 할 때 상사에게 부여되는 권한 혹은 지도자 자신이 스스로에게 부여한 권한
- 전문성의 권한 : 전문적 지식을 가진 리더를 부하들이 스스로 따르는 것으로 지도자 자신의 능력에 의해 생성되는 권한
- 준거적 권한 : 리더의 개인적 매력이 중요하며, 매력적인 리더와 함께 하고 싶은 부하들에 의해 조직의 발전이 이뤄진다는 것

0502 / 1004 / 2201

## 31 Repetitive Learning (1회 2회 3회)

다음 중 호손(Hawthorne) 연구에 대한 설명으로 옳은 것은?

① 시간-동작연구를 통해서 작업도구와 기계를 설계했다.
② 물리적 작업환경 이외의 심리적 요인이 생산성에 영향을 미친다는 것을 알아냈다.
③ 소비자들에게 효과적으로 영향을 미치는 광고 전략을 개발했다.
④ 채용과정에서 발생하는 차별요인을 밝히고 이를 시정하는 법적 조치의 기초를 마련했다.

해설

- 호손 실험을 통해서 생산성은 사원들의 태도, 감독자, 비공식 집단의 중요성 등 인간관계와 관련한 요소들이 복잡하게 영향을 미친다는 것을 확인하였다.

:: 호손 실험(Hawthorne experiment)
- 산업심리학이 발전하던 1920년대에 시작된 일련의 연구로 원래 조명도와 생산성의 관계를 밝히려고 시작되었다.
- 조명을 밝히면 처음에는 생산량은 증가하나 이후에는 조명과 상관관계가 거의 없이 생산량이 증가하였다.
- 결과적으로 생산성에는 사원들의 태도, 감독자, 비공식 집단의 중요성 등 인간관계와 관련한 요소들이 복잡하게 영향을 미친다는 것을 확인하였다.

## 32 Repetitive Learning (1회 2회 3회)

다음 중 강의식 교육에 대한 설명으로 틀린 것은?

① 짧은 시간 동안 많은 내용을 전달할 경우에 적합하다.
② 수강자의 주의집중도나 흥미의 정도가 낮다.
③ 참가자 개개인에게 동기를 부여하기 쉽다.
④ 기능적, 태도적인 내용의 교육이 어렵다.

해설

- 강의식은 피교육생을 대상으로 일방적으로 강의하는 방법으로 참가자 개개인에게 동기를 부여하기 어렵다는 단점이 있다.

:: 강의식(Lecture method)

㉠ 개요
- 안전교육방법 중 수업의 도입이나 초기단계에 적용하며, 단시간에 많은 내용을 교육하는 경우에 가장 적절한 방법이다.
- 짧은 교육기간에 많은 인원의 대상에게 비교적 많은 내용을 전달하기 위한 교육방법이다.
- 도입, 제시, 적용, 확인단계 중 제시단계에서 가장 많은 시간이 소요된다.

㉡ 특징
- 적은 시간에 많은 내용을 많은 대상에게 교육시킬 수 있어 다른 방법에 비해 경제적이다.
- 전체적인 교육내용을 제시하거나, 새로운 과업 및 작업단위의 도입단계에 유효하다.
- 교육 시간에 대한 조정(계획과 통제)이 용이하다.
- 난해한 문제에 대하여 평이하게 설명이 가능하다.
- 상대적으로 피드백이 부족하다. 즉, 피교육생의 참여가 제약된다.
- 교육 대상 집단 내 수준차로 인해 교육의 효과가 감소할 가능성이 있다.

## 33 Repetitive Learning (1회 2회 3회)

사고의 경향에 있어 상황성 누발자와 소질성 누발자로 구분할 때 다음 중 상황성 누발자에 속하는 경우에 해당하는 것은?

① 주의력이 산만한 경우
② 심신에 근심이 있는 경우
③ 도덕성이 결여된 경우
④ 감각운동이 부적절한 경우

해설

- 상황성 누발자는 작업의 어려움, 기계설비의 결함, 심신의 근심, 환경상 주의력 집중이 곤란해 재해를 유발시킨다.



31 ② 32 ③ 33 ② 정답

:: 상황성 누발자
㉠ 개요
- 상황성 누발자란 작업이 어렵거나 설비의 결함, 심신의 근심 때문에 재해를 여러 번 겪은 사람을 말한다.

㉡ 재해유발 원인
- 작업이 어렵기 때문
- 기계설비에 결함이 있기 때문
- 심신에 근심이 있기 때문
- 환경상 주의력의 집중이 혼란되기 때문

## 34 ──── Repetitive Learning (1회 2회 3회)

인간의 동기에 대한 이론 중 자극, 반응, 보상의 세 가지 핵심 변인을 가지고 있으며, 표출된 행동에 따라 보상을 주는 방식에 기초한 동기이론은?

① 형평이론
② 기대이론
③ 강화이론
④ 목표설정이론

**해설**

- Skinner가 주장한 학습동기이론의 하나인 강화이론은 종업원들의 수행을 높이기 위해서는 보상이 필요하다는 전제에서 출발한다.

:: 강화이론(Reinforcement theory)
㉠ 개요
- Skinner가 주장한 학습동기이론이다.
- 인간의 동기에 대한 이론 중 자극, 반응, 보상의 세 가지 핵심변인을 가지고 있으며, 표출된 행동에 따라 보상을 주는 방식에 기초한 동기이론이다.
- '종업원들의 수행을 높이기 위해서는 보상이 필요하다.'는 주장과 관련된다.

㉡ 강화
- 처벌은 더 강한 처벌에 의해서만 그 효과가 지속되는 부작용이 있다.
- 연속강화에 의한 학습은 서서히 진행되지만, 빠른 속도로 학습효과가 사라진다.
- 부분강화란 강화를 주는 데 일관성이 없으며, 바람직한 행동이 형성된 후에는 효과적이다. 연속강화에 비해 지속성에 있어서 효과적이다.
- 부적강화란 반응 후 처벌이나 비난 등의 해로운 자극이 주어져서 반응발생률이 감소하는 것이다.
- 정적강화란 반응 후 음식이나 칭찬 등의 이로운 자극을 주었을 때 반응발생률이 높아지는 것이다.

1801 / 2001

## 35 ──── Repetitive Learning (1회 2회 3회)

적성검사의 종류 중 시각적 판단검사의 세부검사 내용에 해당하지 않는 것은?

① 회전검사
② 형태비교검사
③ 공구판단검사
④ 명칭판단검사

**해설**

- 회전검사는 기구를 이용한 손재치를 확인하는 검사이다.

:: 지필검사를 활용한 적성검사의 종목과 적성요인

| 적성검사종목 | 적성요인 |
|---|---|
| 공구비교검사, 형태비교검사 | 형태지각 |
| 명칭비교검사 | 사무지각 |
| 계산검사, 산수응용검사 | 수리능력 |
| 어의검사 | 언어능력 |
| 평면도검사, 입체도판단검사 | 공간판단력 |
| 종선기입검사, 타점속도검사, 표식검사 | 운동조절 |

## 36 ──── Repetitive Learning 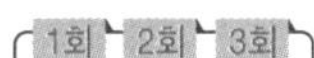

다음 중 산업안전보건법령상 사업 내 안전·보건교육에 있어 관리감독자 정기안전·보건교육 내용에 해당하는 것은?

① 정리정돈 및 청소에 관한 사항
② 작업 개시 전 점검에 관한 사항
③ 작업공정의 유해·위험과 재해 예방대책에 관한 사항
④ 기계·기구의 위험성과 작업의 순서 및 동선에 관한 사항

**해설**

- ①, ②, ④는 채용 시 및 작업내용 변경 시 교육내용이다.

:: 관리감독자 정기안전·보건교육 내용
- 산업안전보건법 및 일반관리에 관한 사항
- 산업보건 및 직업병 예방에 관한 사항
- 유해·위험 작업환경 관리에 관한 사항
- 표준 안전작업방법 및 지도 요령에 관한 사항
- 관리감독자의 역할과 임무에 관한 사항
- 작업공정의 유해·위험과 재해 예방대책에 관한 사항
- 직무스트레스 예방 및 관리에 관한 사항
- 산재보상보험제도에 관한 사항
- 안전보건교육 능력 배양에 관한 사항

정답 | 34 ③ 35 ① 36 ③

0702

## 37

Repetitive Learning (1회 2회 3회)

다음 중 적응기제(Adjustment mechanism)에 있어 방어기제에 해당하지 않는 것은?

① 투사 ② 보상
③ 승화 ④ 고립

해설

- 고립, 퇴행, 억압, 백일몽 등은 도피기제에 해당한다.

적응기제(Adjustment mechanism)

㉠ 개요
- 인간의 행동과정에서 어려운 한계에 부딪쳤을 때 생기는 갈등이나 욕구불만을 해결하기 위해 나타나는 다양한 형태의 반응 혹은 행동양식을 말한다.
- 적응기제의 종류에는 방어기제, 도피기제, 공격기제가 있다.

㉡ 종류
- 방어기제(Defence mechanism)는 자기의 욕구 불만이나 긴장 등의 약점을 위장하여 자기의 불리한 입장을 보호 또는 방어하려는 기제를 말한다. 합리화, 동일시, 보상, 투사, 승화 등이 이에 해당한다.
- 도피기제(Escape mechanism)는 긴장이나 불안감을 해소하기 위하여 비합리적인 행동으로 당면한 상황을 벗어나려는 것을 말한다. 억압, 공격, 고립, 퇴행, 백일몽 등이 이에 해당한다.
- 공격기제(Aggressive mechanism)는 한계상황을 만드는 방해요인에 대해 공격함으로써 정서적 긴장을 해소하려고 하는 것을 말한다.

## 38

Repetitive Learning (1회 2회 3회)

다음 중 Fiedler의 상황 연계성 리더십 이론에서 중요시 하는 상황적 요인에 해당하지 않는 것은?

① 과제의 구조화 ② 리더와 부하 간의 관계
③ 부하의 성숙도 ④ 리더의 직위상 권한

해설

- 상황리더십이론에서 상황적 변수는 리더와 부하와의 관계, 과업의 구조, 직위권력 등이 있다.

상황리더십(Situational leadership)이론
- 피들러는 상황에 따라 효과적인 리더십 유형이 달라진다고 주장하였다.
- 상황적 변수는 리더와 부하와의 관계, 과업의 구조, 직위권력 3가지이며 이 변수들에 의해 리더의 영향력이 결정된다고 하였다.
- 리더십 유형을 LPC(Least Preferred Co-worker score) 점수에 따라 과업지향적 리더십과 관계지향적 리더십으로 구분하였다.
- 가장 일하기 힘들었던 동료를 생각하면서 자신의 리더십 스타일을 점검하는 LPC(Least Preferred Co-worker score) 점수가 높은 리더는 관계지향적 리더로 부하들과 잘 어울리며 배려있는 행동을 하는 리더이며, 점수가 낮은 리더는 과업지향적 리더로 권위적, 지시적, 성취지향적인 특성을 갖는다.

1902

## 39

Repetitive Learning (1회 2회 3회)

다음 중 교재의 선택기준으로 가장 적합하지 않는 것은?

① 정적이며 보수적이어야 한다.
② 사회성과 시대성에 걸맞은 것이어야 한다.
③ 설정된 교육목적을 달성할 수 있는 것이어야 한다.
④ 교육대상에 따라 흥미, 필요, 능력 등에 적합해야 한다.

해설

- 교재는 동적이며, 새로운 내용을 담아야 한다.

교재의 선택기준
- 동적이며, 새로운 내용을 담아야 한다.
- 사회성과 시대성에 걸맞은 것이어야 한다.
- 설정된 교육목적을 달성할 수 있는 것이어야 한다.
- 교육대상에 따라 흥미, 필요, 능력 등에 적합해야 한다.

## 40

Repetitive Learning (1회 2회 3회)

다음 중 기술 교육(교시법)의 4단계를 올바르게 나열한 것은?

① Preparation → Presentation → Performance → Follow up
② Presentation → Preparation → Performance → Follow up
③ Performance → Follow up → Presentation → Preparation
④ Performance → Preparation → Follow up → Presentation

해설

- 기술 교육(교시법)의 4단계는 Preparation → Presentation → Performance → Follow up 순으로 진행한다.



37 ④ 38 ③ 39 ① 40 ① | 정답

**기술 교육(교시법)의 4단계**

- Preparation → Presentation → Performance → Follow up 순으로 진행한다.
- Preparation은 준비단계이다.
- Presentation은 교시단계, 즉 앞에서 일하는 모습을 보여주는 단계이다.
- Performance는 이행단계, 즉 교시단계에서 보여준 대로 학습자들에게 직접 연습을 하게 하는 단계이다.
- Follow up은 후속단계, 즉 사후 지도의 단계로 피드백을 하는 단계이다.

## 3과목 인간공학 및 시스템안전공학

### 41

Repetitive Learning 

다음 중 화학설비의 안전성 평가에서 정량적 평가의 항목에 해당되지 않는 것은?

① 조작　　② 취급물질
③ 훈련　　④ 설비용량

**해설**

- 훈련은 수치값으로 표현하기 어려운 항목이므로 정성적 평가항목에 해당한다.

**정성적 평가와 정량적 평가항목**

| | | |
|---|---|---|
| 정성적 평가 | 설계관계항목 | 입지조건, 공장 내 배치, 건조물, 소방설비 등 |
| | 운전관계항목 | 원재료, 중간제품, 공정 및 공정기기, 수송, 저장 등 |
| 정량적 평가 | • 수치값으로 표현 가능한 항목들을 대상으로 한다.<br>• 온도, 취급물질, 화학설비용량, 압력, 조작 등을 위험도에 맞게 평가한다. | |

### 42

Repetitive Learning 1회 2회 3회

다음 중 의자 설계의 일반 원리로 가장 적합하지 않은 것은?

① 디스크 압력을 줄인다.
② 등근육의 정적부하를 줄인다.
③ 자세 고정을 줄인다.
④ 요부측만을 촉진한다.

**해설**

- 요부측만은 척추불균형을 말한다. 인체공학적 의자는 요부전만을 유지해야 한다.

**인간공학적 의자 설계**

㉠ 개요
- 조절식 설계원칙을 적용하도록 한다.
- 자세와 동작에 따라 고려해야 할 인체측정 치수가 달라진다.
- 요부전만(腰部前灣)을 유지한다.
- 추간판(디스크)의 압력과 등근육의 정적부하를 줄인다.
- 자세 고정을 줄인다.
- 여러 사람이 사용하는 의자의 경우 좌면 높이는 오금보다 약간 낮게(5% 오금높이) 유지한다.

㉡ 고려할 사항
- 체중 분포
- 상반신의 안정
- 좌판의 높이(조절식을 기준으로 한다)
- 좌판의 깊이와 폭
(폭은 최대치, 깊이는 최소치를 기준으로 한다)

### 43

Repetitive Learning 1회 2회 3회

3개 공정의 소음수준 측정 결과 1공정은 100dB에서 1시간, 2공정은 95dB에서 1시간, 3공정은 90dB에서 1시간이 소요될 때 총 소음량(TND)과 소음설계의 적합성을 올바르게 나열한 것은?(단, 90dB에 8시간 노출할 때를 허용기준으로 하며, 5dB 증가할 때 허용시간은 1/2로 감소되는 법칙을 적용한다)

① TND = 0.78, 적합
② TND = 0.88, 적합
③ TND = 0.98, 적합
④ TND = 1.08, 부적합

**해설**

- 1공정 – 100dB, 1시간 : 1/2
- 2공정 – 95dB, 1시간 : 1/4
- 3공정 – 90dB, 1시간 : 1/8이므로
- 총 소음량 = 1/2+1/4+1/8 = 7/8 = 0.875이고 이 값은 1보다 작으므로 적합하다.

**소음허용기준**

- 90dB일 때 8시간을 기준으로 한다.
- 소음이 5dB 커질 때마다 허용기준 시간은 절반으로 줄어든다.

| 85dB | 90dB | 95dB | 100dB | 105dB | 110dB |
|---|---|---|---|---|---|
| 16시간 | 8시간 | 4시간 | 2시간 | 1시간 | 0.5시간 |

## 44

Repetitive Learning 1회 2회 3회

다음 중 열중독증(Heat illness)의 강도를 올바르게 나열한 것은?

ⓐ 열소모(Heat exhaustion)
ⓑ 열발진(Heat rash)
ⓒ 열경련(Heat cramp)
ⓓ 열사병(Heat stroke)

① ⓒ < ⓑ < ⓐ < ⓓ
② ⓒ < ⓑ < ⓓ < ⓐ
③ ⓑ < ⓒ < ⓐ < ⓓ
④ ⓑ < ⓓ < ⓐ < ⓒ

**해설**

• 열중독증은 열발진 < 열경련 < 열소모 < 열사병 순으로 강도가 세다.

**열중독증(Heat illness)**

㉠ 강도
- 열발진 < 열경련 < 열소모 < 열사병 순으로 강도가 세다.

㉡ 종류
- 열발진 : 땀띠
- 열경련 : 고열환경에서 작업 후에 격렬한 근육수축이 일어나고, 탈수증이 발생
- 열소모 : 계속적인 발한으로 인한 수분과 염분 부족이 발생하며 두통, 현기증, 무기력증 등의 증상 발생
- 열사병 : 열소모가 지속되어 쇼크 발생

## 45

Repetitive Learning 1회 2회 3회

인간-기계 시스템 설계의 주요 단계 중 기본설계 단계에서 인간의 성능 특성(Human performance requirements)과 거리가 먼 것은?

① 속도
② 정확성
③ 보조물 설계
④ 사용자 만족

**해설**

• 인간의 성능 특성에 해당하는 속도, 정확성, 사용자 만족은 설계 단계 중 3단계 기본설계에 관련된 내용인 데 반해 보조물 설계는 5단계에 해당하는 내용이다.

**인간-기계 시스템의 설계 과정**

| 단계 | 내용 | 설명 |
|---|---|---|
| 1단계 | 시스템의 목표와 성능 명세 결정 | 목적 및 존재 이유에 대한 개괄적 표현 |
| 2단계 | 시스템의 정의 | 목표 달성을 위해 필요한 기능의 결정 |
| 3단계 | 기본 설계 | 기능의 할당, 인간성능 요건 명세, 직무분석, 작업설계 |
| 4단계 | 인터페이스 설계 | 작업공간, 화면설계, 표시 및 조종장치 |
| 5단계 | 보조물 설계 혹은 편의수단 설계 | 성능보조자료, 훈련도구 등 보조물 계획 |
| 6단계 | 평가 | - |

1002

## 46

Repetitive Learning 

다음 중 FTA에서 사용되는 Minimal cut sets에 관한 설명으로 틀린 것은?

① 사고에 대한 시스템의 약점을 표현한다.
② 정상사상(Top 사상)을 일으키는 최소한의 집합이다.
③ 시스템에 고장이 발생하지 않도록 하는 모든 사상의 집합이다.
④ 일반적으로 Fussell algorithm을 이용한다.

**해설**

• 시스템이 고장 나지 않도록 하는 사상, 시스템의 기능을 살리는 데 필요한 최소 요인의 집합은 패스 셋이다.

**최소 컷 셋(Minimal cut sets)**
- 컷 셋 중에 타 컷 셋을 포함하고 있는 것을 배제하고 남은 컷 셋들을 의미한다.
- 사고에 대한 시스템의 약점을 표현한다.
- 정상사상(Top 사상)을 일으키는 최소한의 집합이다.
- 일반적으로 Fussell algorithm을 이용한다.
- 시스템에서 최소 컷 셋의 개수가 늘어나면 위험수준이 높아진다.

0704

## 47

Repetitive Learning 1회 2회 3회

다음 중 반응시간이 가장 느린 감각은?

① 청각　　② 시각
③ 미각　　④ 통각

**해설**

• 인간의 자극반응시간은 통각 → 미각 → 시각 → 촉각 → 청각 순으로 빨라진다.



44 ③ 45 ③ 46 ③ 47 ④ 정답

:: 자극반응시간(Reaction time)

- 어떤 외부로부터의 자극이 지각 기관을 통해 입력되고, 판단을 한 후 뇌의 명령이 신체 부위에 전달될 때까지의 시간을 말한다.
- 통각 → 미각 → 시각 → 촉각 → 청각 순으로 빨라진다.
- 가장 빠른 자극반응 감각은 청각으로 0.17초 정도 된다.
- 가장 느린 자극반응 감각은 통각으로 0.70초 정도 된다.

## 48

Repetitive Learning (1회 2회 3회)

FT도에서 ① ~ ⑤ 사상의 발생확률이 모두 0.06일 경우 T 사상의 발생확률은 약 얼마인가?

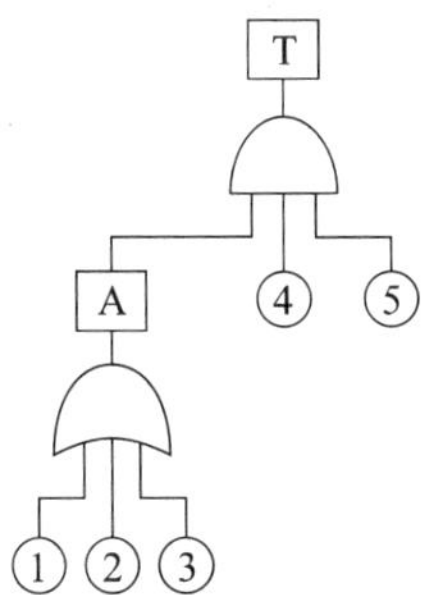


① 0.00036

② 0.00061

③ 0.142625

④ 0.2262

해설

- ①,②,③ OR 게이트 발생확률은 1-(1-0.06)(1-0.06)(1-0.06) = 1-(0.94*0.94*0.94) = 1-0.83 = 0.17
- A,④,⑤ AND 게이트 발생확률은 0.17×0.06×0.06 = 0.000612가 된다.

:: FT도에서 정상(고장)사상 발생확률

㉠ AND(직렬)연결 시

- 사상 A의 발생확률을 $P_A$, 사상 B, 사상 C 발생확률을 $P_B$, $P_C$라 할 때 $P_A = P_B \times P_C$로 구할 수 있다.

㉡ OR(병렬)연결 시

- 사상 A의 발생확률을 $P_A$, 사상 B, 사상 C 발생확률을 $P_B$, $P_C$라 할 때 $P_A = 1-(1-P_B)\times(1-P_C)$로 구할 수 있다.

0604 / 0901 / 1104

## 49

Repetitive Learning (1회 2회 3회)

다음 중 연구 기준의 요건에 대한 설명으로 옳은 것은?

① 적절성 : 반복 실험 시 재현성이 있어야 한다.

② 신뢰성 : 측정하고자 하는 변수 이외의 다른 변수의 영향을 받아서는 안 된다.

③ 무오염성 : 의도된 목적에 부합하여야 한다.

④ 민감도 : 피실험자 사이에서 볼 수 있는 예상 차이점에 비례하는 단위로 측정해야 한다.

해설

- 적절성은 측정변수가 평가하고자 하는 바를 잘 반영해야 한다.
- 신뢰성은 비슷한 조건에서 일정한 결과를 반복적으로 얻을 수 있어야 한다.
- 무오염성은 기준척도가 다른 변수의 영향을 받지 않는 것을 말한다.

:: 인간공학 연구 기준척도의 일반적 요건

| 적절성 | 측정변수가 평가하고자 하는 바를 잘 반영해야 한다. |
|---|---|
| 무오염성 | 기준척도는 측정하고자 하는 변수 외의 다른 변수들의 영향을 받아서는 안 된다. |
| 신뢰성 | 비슷한 조건에서 일정한 결과를 반복적으로 얻을 수 있어야 한다. |
| 민감도 | 피실험자 사이에서 볼 수 있는 예상 차이점에 비례하는 단위로 측정해야 한다. |
| 타당성 | 시스템의 목표를 잘 반영하는가를 나타내는 척도이다. |

## 50

Repetitive Learning (1회 2회 3회)

한 대의 기계를 120시간 동안 연속 사용한 경우 9회의 고장이 발생하였고, 이때의 총 고장수리시간이 18시간이었다. 이 기계의 MTBF(Mean Time Between Failure)는 약 몇 시간인가?

① 10.22 ② 11.33

③ 14.27 ④ 18.54

해설

- 120시간 중 고장이 나서 수리하는데 걸린 시간 18시간을 뺀 102시간이 실제로 기계가 운영된 시간이다.
- 102시간 동안 9번의 고장이 발생했으므로 평균고장간격 MTBF는 102/9 = 11.33이다.

:: MTBF(Mean Time Between Failure)

- 설비보전에서 평균고장간격, 무고장시간의 평균의 의미로 사용한다.
- 고장이 발생하여도 다시 수리를 해서 쓸 수 있는 제품을 대상으로 고장과 고장 사이의 시간 간격을 말한다.
- $\frac{가동시간}{고장건수}$으로 구하며, MTBF = MTTF + MTTR로 구하기도 한다.

정답 | 48 ② 49 ④ 50 ②

## 51

Repetitive Learning (1회 2회 3회)

다음 중 아날로그 표시장치를 선택하는 일반적인 요구 사항으로 틀린 것은?

① 일반적으로 동침형보다 동목형을 선호한다.
② 일반적으로 동침과 동목은 혼용하여 사용하지 않는다.
③ 움직이는 요소에 대한 수동 조절을 설계할 때는 바늘(Pointer)을 조정하는 것이 눈금을 조정하는 것보다 좋다.
④ 중요한 미세한 움직임이나 변화에 대한 정보를 표시할 때는 동침형을 사용한다.

**해설**

- 아날로그 표시장치에서 동목형보다 미세한 조정이나 움직임이 가능한 동침형을 선호한다.

**정량적(동적) 표시장치**

| | | |
|---|---|---|
| 정목 동침형 | 아날로그 | 눈금이 고정되고 지침이 움직이는 방식이다. 미세한 조정이나 움직임이 가능하다. |
| 정침 동목형 | 아날로그 | 지침이 고정되고 눈금이 움직이는 방식이다. 표시장치의 면적을 최소화할 수 있다. |
| 계수형 | 디지털 | 양을 전자적인 숫자값으로 표시하는 방식이다. 정확성이 높다. |

## 52

Repetitive Learning (1회 2회 3회)

인간공학의 연구를 위한 수집자료 중 동공확장 등과 같은 것은 어느 유형으로 분류되는 자료라 할 수 있는가?

① 생리 지표 ② 주관적 자료
③ 강도 척도 ④ 성능 자료

**해설**

- 인간공학에서 인간기준(Human criteria)의 기본유형에는 주관적 반응, 생리학적 지표, 인간성능 척도, 사고 및 과오의 빈도 등이 있다.
- 주관적 자료는 만족감 등 각 개인이 느끼는 감정 등을 말한다.
- 성능 자료는 자극에 대한 반응시간 같은 것을 말한다.

**인간공학에서 인간기준(Human criteria)의 기본유형**

- 주관적 반응 – 만족감 등과 같은 것
- 생리학적 지표 – 수집자료 중 심박수, 동공확장, 근전도 등과 같은 것
- 인간성능 척도 – 자극에 대한 반응시간과 같은 것
- 사고 및 과오의 빈도

0801 / 2102

## 53

Repetitive Learning (1회 2회 3회)

어떤 설비의 시간당 고장률이 일정하다고 할 때 이 설비의 고장간격은 다음 중 어떠한 확률분포를 따르는가?

① t 분포 ② 와이블 분포
③ 지수 분포 ④ 아이링(Eyring) 분포

**해설**

- t 분포는 정규분포의 평균을 측정할 때 사용하는 분포이다.
- 와이블 분포는 산업현장에서 부품의 수명을 추정하는 데 사용되는 연속 확률분포의 한 종류이다.
- 아이링(Eyring) 분포는 가속수명시험에서 수명과 스트레스의 관계를 구할 때 사용하는 모형을 말한다.

**지수 분포**

- 사건이 서로 독립적일 때, 일정 시간 동안 발생하는 사건의 횟수가 푸아송 분포를 따를 때 사용하는 연속 확률분포의 한 종류이다.
- 어떤 설비의 시간당 고장률이 일정할 때 이 설비의 고장간격을 측정하는 데 적합하다.

## 54

Repetitive Learning (1회 2회 3회)

인간 신뢰도 분석기법 중 조작자 행동 나무(Operator Action Tree) 접근 방법이 환경적 사건에 대한 인간의 반응을 위해 인정하는 활동 3가지가 아닌 것은?

① 감지 ② 추정
③ 진단 ④ 반응

**해설**

- 조작자 행동 나무에서 인간반응을 위해 인정하는 활동에는 감지, 진단, 반응 3가지가 있다.

**조작자 행동 나무(Operator Action Tree) 접근 방법**

㉠ 개요
- 위급사건기법, 직무위험도 분석 등과 같은 인간실수확률에 대한 추정기법 중 하나이다.
- 재해사고 예방을 위해 발생할 수 있는 여러 가지 상황들을 의사결정나무(Decision tree)의 원리를 이용해 나뭇가지 형태로 표현하는 귀납적인 안전성 분석기법이다.
- 인간반응을 위해 인정하는 활동에는 감지, 진단, 반응 3가지가 있다.

㉡ OAT의 인정 활동
- 감지는 사고가 발생했다고 인지하는 단계에서의 에러를 말한다.
- 진단은 사건의 본질을 진단하고, 대응조치를 확인하는 데 있어서의 에러를 말한다.
- 반응은 시기적절하게 필요한 대응조치를 실행하는 데 있어서의 에러를 말한다.



51 ① 52 ① 53 ③ 54 ② | 정답

1802

## 55

Repetitive Learning 

음성통신에 있어 소음환경과 관련하여 성격이 다른 지수는?

① AI(Articulation Index) : 명료도 지수

② MAMA(Minimum Audible Movement Angle) : 최소 가청 각도

③ PSIL(Preferred-octave Speech Interference Level) : 음성간섭수준

④ PNC(Preferred Noise Criteria curves) : 선호 소음판단 기준곡선

**해설**

- 최소가청운동각도(MAMA : Minimum Audible Movement Angle)는 청각신호의 위치를 식별 시 사용하는 척도이다.

**소음환경과 관련된 지수**

| | |
|---|---|
| AI (Articulation Index) | 신호 대 잡음비를 기반으로 한 명료도 지수이다. |
| PNC (Preferred Noise Criteria curves) | 실내소음 평가지수이다. |
| PSIL (Preferred-octave Speech Interference Level) | 우선회화 방해레벨의 개념으로 소음에 대한 상호대화를 방해하는 기준이다. |

1604

## 56

Repetitive Learning 

다음 중 FT의 작성방법에 관한 설명으로 틀린 것은?

① 정성·정량적으로 해석·평가하기 전에는 FT를 간소화해야 한다.

② 정상(Top)사상과 기본사상과의 관계는 논리게이트를 이용해 도해한다.

③ FT를 작성하려면, 먼저 분석대상 시스템을 완전히 이해하여야 한다.

④ FT 작성을 쉽게 하기 위해서는 정상(Top)사상을 최대한 광범위하게 정의한다.

**해설**

- FT 작성의 첫 번째 단계는 정상(Top)사상의 선정이다. 이의 선정이 정확해야 분석결과에 신뢰성이 부여된다. 정상사상을 광범위하게 정의할 경우 원하는 분석을 하기 힘들다.

**결함수분석(FTA)에 의한 재해사례의 연구 순서**

| | |
|---|---|
| 1단계 | 정상(Top)사상의 선정 |
| 2단계 | 사상마다 재해원인 및 요인 규명 |
| 3단계 | FT(Fault Tree)도 작성 |
| 4단계 | 개선계획의 작성 |
| 5단계 | 개선안 실시계획 |

0704 / 1704

## 57

Repetitive Learning 

인간의 과오를 정량적으로 평가하기 위한 기법으로서 인간의 과오율 추정법 등 5개의 스텝으로 되어 있는 기법은?

① FTA

② FMEA

③ THERP

④ MORT

**해설**

- FTA는 연역적 방법으로 원인을 규명하며, 재해의 정량적 예측이 가능한 분석방법이다.
- FMEA는 제품 설계와 개발단계에서 고장 발생을 최소로 하고자 하는 경우에 유효한 분석기법이다.
- MORT는 관리, 설계, 생산, 보전 등의 넓은 범위의 안전성을 검토하기 위한 기법이다.

**THERP(Technique for Human Error Rate Prediction)**

- 인간오류율예측기법이라고도 하는 대표적인 인간실수확률에 대한 추정기법이다.
- 사고원인 가운데 인간의 과오에 기인된 원인 분석, 확률을 계산함으로써 제품의 결함을 감소시키고, 인간공학적 대책을 수립하는 데 사용되는 분석기법이다.
- 인간의 과오를 정량적으로 평가하기 위한 기법으로서 인간의 과오율 추정법 등 5개의 스텝으로 되어 있다.

## 58

Repetitive Learning 

다음 중 위험조정을 위해 필요한 방법(위험조정기술)과 가장 거리가 먼 것은?

① 위험회피(Avoidance)

② 위험감축(Reduction)

③ 보류(Retention)

④ 위험확인(Confirmation)

정답 | 55 ② 56 ④ 57 ③ 58 ④

해설

- 위험조정방법에는 크게 회피, 보류, 전가, 감축이 있다.

:: 리스크 통제를 위한 4가지 방법 실필 1302

| | |
|---|---|
| 위험회피(Avoidance) | 가장 일반적인 위험조정기술 |
| 위험보류(Retention) | 위험에 따른 장래의 손실을 스스로 부담하는 방법으로 충당금이 가장 대표적인 위험보류방법 |
| 위험전가(Transfer) | 잠재적인 손실을 보험회사 등에 전가하는 것으로 보험이 가장 대표적인 위험전가방법 |
| 위험감축(Reduction) | 손실 발생 횟수 및 규모를 축소하는 방법 |

**59** Repetitive Learning 1회 2회 3회

다음 중 산업안전보건법령상 유해·위험방지계획서의 심사결과에 따른 구분·판정의 종류에 해당하지 않는 것은?

① 보류　　② 부적정

③ 적정　　④ 조건부 적정

해설

- 유해·위험방지계획서의 심사결과는 적정, 조건부 적정, 부적정으로 구분된다.

:: 유해·위험방지계획서의 심사결과의 구분

| | |
|---|---|
| 적정 | 근로자의 안전과 보건을 위하여 필요한 조치가 구체적으로 확보되었다고 인정되는 경우 |
| 조건부 적정 | 근로자의 안전과 보건을 확보하기 위하여 일부 개선이 필요하다고 인정되는 경우 |
| 부적정 | 기계·설비 또는 건설물이 심사기준에 위반되어 공사착공 시 중대한 위험발생의 우려가 있거나 계획에 근본적 결함이 있다고 인정되는 경우 |

1004 / 1604

**60** 

은행창구나 슈퍼마켓의 계산대를 설계하는 데 가장 적합한 인체 측정 자료의 응용원칙은?

① 가변적(조절식) 설계원칙

② 평균치를 이용한 설계원칙

③ 최소 집단치를 이용한 설계원칙

④ 최대 집단치를 이용한 설계원칙

해설

- 조절식 설계는 의자의 위치 및 높이, 자동차 운전석 의자의 위치와 높이 등에 이용된다.
- 최대치 설계는 출입문의 높이, 좌석 간의 거리, 통로의 폭, 와이어로프의 사용중량, 위험구역 울타리 등에 이용된다.
- 최소치 설계는 선반의 높이, 조종 장치까지의 거리, 비상벨의 위치 등에 이용된다.

:: 인체 측정 자료의 응용원칙

| | |
|---|---|
| 최소치수를 이용한 설계 | 선반의 높이, 조종 장치까지의 거리, 비상벨의 위치 등 |
| 최대치수를 이용한 설계 | 출입문의 높이, 좌석 간의 거리, 통로의 폭, 와이어로프의 사용중량, 위험구역 울타리 등 |
| 조절식 설계 | 의자의 위치 및 높이, 자동차 운전석 의자의 위치와 높이 등 |
| 평균치를 이용한 설계 | 전동차의 손잡이 높이, 안내데스크, 은행의 접수대 높이, 공원의 벤치 높이 |

## 4과목 건설시공학

1902

**61** 

터파기용 기계장비 가운데 장비의 작업면보다 상부의 흙을 굴착하는 장비는?

① 불도저(Bull dozer)

② 모터그레이더(Motor grader)

③ 크램쉘(Clam shell)

④ 파워셔블(Power shovel)

해설

- 불도저는 무한궤도가 달려 있는 트랙터 앞머리에 블레이드(Blade)를 부착하여 흙의 굴착 압토 및 운반 등의 작업을 하는 토목기계이다.
- 그레이더는 2개의 바퀴 축 사이에 회전날이 달려있어 땅을 평평하게 할 때 사용되는 기계이다.
- 크램쉘은 위치한 지면보다 낮은 우물통과 같은 협소한 장소에 사용하는 수직 및 수중굴착 장비이다.

:: 파워셔블(Power shovel) 실필 1604

- 지면을 굴착하고 선회하여 굴착한 토석을 트럭에 싣는 토공사용 굴착장비이다.
- 장비의 작업면보다 높은 곳(상부)의 흙을 굴착하는 데 사용되는 장비이다.
- 굴착은 디퍼(Dipper)라 불리는 작업장치가 담당한다.



59 ① 60 ② 61 ④ 정답

1104

## 62 Repetitive Learning 1회 2회 3회

보기의 항목을 시공계획 순서에 맞게 옳게 나열한 것은?

| A. 계약조건 확인 | B. 시공계획 입안 |
|---|---|
| C. 현지조사 | D. 설계도서 파악 |
| E. 주요수량 파악 | |

① A－D－C－E－B

② A－B－C－D－E

③ C－A－D－E－B

④ C－A－B－D－E

해설

• 시공계획은 계약조건의 확인 → 설계도서의 파악 → 현지조사 → 주요수량의 파악 → 시공계획의 입안 순으로 진행한다.

시공계획 순서

- 계약조건의 확인 → 설계도서의 파악 → 현지조사 → 주요수량의 파악 → 시공계획의 입안 순으로 진행한다.
- 계약조건의 확인은 공사기간, 대금, 공사 지연 시 손해배상 조건 등을 확인한다.
- 설계도서의 파악은 설계도, 시방서, 현장 설명서 등을 확인하도록 한다.
- 현지조사는 대지의 형태 및 주변환경, 관계법규 등을 확인하도록 한다.
- 주요수량의 파악은 노무 및 자재, 장비의 수급 및 조달상황을 확인하도록 한다.

## 63 Repetitive Learning 1회 2회 3회

철골공사 현장에 자재반입 시 치수검사 항목이 아닌 것은?

① 기둥 폭 및 층 높이 검사

② 휨 정도 및 뒤틀림 검사

③ 브래킷의 길이 및 폭, 각도 검사

④ 고력볼트 접합부 검사

해설

• 고력볼트 접합부 검사는 철골 세우기 후의 검사대상이다.

자재반입 시 치수검사 항목

- 기둥 폭 및 층 높이 검사
- 휨 정도 및 뒤틀림 검사
- 브래킷의 길이 및 폭, 각도 검사

1102

## 64 Repetitive Learning 1회 2회 3회

철골공사의 내화피복 공법에 해당하지 않는 것은?

① 표면탄화법 ② 뿜칠 공법

③ 타설 공법 ④ 조적 공법

해설

• 표면탄화법은 목재의 내수성을 증가시키기 위한 것으로 표면을 태워서 탄화하는 방법을 말한다.

철골구조의 내화피복 공법

㉠ 개요

- 철골을 화재열로부터 보호하고, 일정시간 강재의 온도 상승을 막아 내력저하를 방지하는 구조재를 보호하기 위해 실시하는 공법이다.
- 내화피복 공법은 습식 공법, 건식 공법, 합성 공법, 복합 공법으로 구분한다.

㉡ 분류와 종류

| 구분 | 종류 |
|---|---|
| 습식 공법 | 타설 공법, 뿜칠 공법, 미장 공법, 조적 공법, 도장 공법 등 |
| 건식 공법 | 성형판붙임 공법, 멤브레인 공법 |
| 합성 공법 | 이종재료적층 공법, 이질재료접합 공법 |
| 복합 공법 | 외벽ALC패널, 천장멤브레인 공법 |

0901 / 1001 / 1202 / 2102

## 65 Repetitive Learning 1회 2회 3회

벽식 철근콘크리트 구조를 시공할 경우 벽과 바닥의 콘크리트 타설을 한 번에 가능하게 하기 위하여, 벽체용 거푸집과 슬래브 거푸집을 일체로 제작하여 한 번에 설치하고 해체할 수 있도록 한 거푸집은?

① 유로폼(Euro form)

② 갱폼(Gang form)

③ 터널폼(Tunnel form)

④ 와플폼(Waffle form)

해설

• 유로폼은 경량형강과 합판으로 구성되며 표준형태의 거푸집을 변형시키지 않고 조립하게 만든 거푸집을 말한다.

• 갱폼은 주로 고층 아파트에서와 같이 평면상 상/하부 동일 단면 구조물에서 사용하는 작업발판 일체형 대형 거푸집을 말한다.

• 와플폼은 무량판구조로 보가 없는 특수상자 모양의 기성재 거푸집을 말한다.

정답 62 ① 63 ④ 64 ① 65 ③

:: 터널폼(Tunnel form)

㉠ 개요

- 벽식 철근콘크리트 구조를 시공할 경우 벽과 바닥의 콘크리트 타설을 한 번에 가능하게 하기 위하여, 벽체용 거푸집과 슬래브 거푸집을 일체로 제작하여 한 번에 설치하고 해체할 수 있도록 한 거푸집이다.
- 아파트, 병원의 병실, 호텔의 객실 등 동일한 형태의 구조물 및 토목공사, 터널 등에 사용된다.
- 종류에는 트윈쉘(Twin shell)과 모노쉘(Mono shell)이 있다.

㉡ 특징

- 노무 절감, 공기단축이 가능하다.
- 자재와 원가 절감이 가능하다.
- 거푸집 강성과 전용성(100회)이 우수하다.

- 굴착된 흙을 직접 탐사할 수 있고 지지층의 상태를 확인할 수 있다.
- 공벽의 붕괴를 방지하기 위해 벤토나이트 안정액을 주입한다.
- 기후의 영향을 많이 받으며, 기후가 악조건일 경우 공기가 길어지고 비용이 많이 소요된다.

㉡ 관련용어

- 교각(Pier)은 교량의 하부 구조로 교량 거더를 지지하고 교량 거더로부터의 하중을 하방 지반으로 전달하는 구조물을 말한다.
- 케이싱(Casing)은 현장치기 콘크리트말뚝 등에서 굴착 구멍이 붕괴되지 않도록 구멍의 전장 혹은 상부에 넣는 강관으로 Benoto 공법에서 많이 이용한다.

1102 / 1802 / 2104

## 66

Repetitive Learning (1회 2회 3회)

피어 기초공사에 관한 설명으로 옳지 않은 것은?

① 중량구조물을 설치하는 데 있어서 지반이 연약하거나 말뚝으로도 수직지지력이 부족하고 그 시공이 불가능한 경우와 기조지반의 교란을 최소화해야 할 경우에 채용한다.

② 굴착된 흙을 직접 탐사할 수 있고 지지층의 상태를 확인할 수 있다.

③ 무진동, 무소음 공법이며, 여타 기초형식에 비하여 공기 및 비용이 적게 소요된다.

④ 피어 기초를 채용한 국내의 초고층 건축물에는 63빌딩이 있다.

해설

- 기후의 영향을 많이 받으며, 기후가 악조건일 경우 공기가 길어지고 비용이 많이 소요된다.

:: 피어(Pier) 기초공사

㉠ 개요

- 피어 기초란 구조물의 하중을 단단한 지반에 전달하기 위하여 수직공을 굴착하고 그 수직공에 트레미관을 이용하여 콘크리트를 타설하여 만들어진 기초를 말한다.
- 무소음, 무진동 공법으로 히빙이나 진동을 일으키지 않아 시가지 공사에 적합하다.
- 피어 기초를 채용한 국내의 초고층 건축물에는 63빌딩이 있다.
- 중량구조물을 설치하는 데 있어서 지반이 연약하거나 말뚝으로도 수직지지력이 부족하고 그 시공이 불가능한 경우와 기조지반의 교란을 최소화해야 할 경우에 채용한다.

2104

## 67

Repetitive Learning (1회 2회 3회)

철근콘크리트 보강블록쌓기에 대한 설명으로 옳지 않은 것은?

① 가로근은 배근 상세도에 따라 가공하되, 그 단부는 180°의 갈고리로 구부려 배근한다.

② 블록의 공동에 보강근을 배치하고 콘크리트를 다져넣기 때문에 세로줄눈은 막힌줄눈으로 하는 것이 좋다.

③ 세로근은 기초 및 테두리보에서 위층의 테두리보까지 이음 없이 배근하여 그 정착길이가 철근 직경의 40배 이상으로 한다.

④ 철근은 굵은 것보다 가는 철근을 많이 넣는 것이 좋다.

해설

- 보강블록조는 원칙적으로 통줄눈쌓기로 한다.

:: 보강블록조

- 단순조적 블록조와 같은 방법으로 블록공사를 하되 블록의 빈 속을 철근과 콘크리트로 보강하여 내력벽 또는 이에 준하는 장막벽을 구성하는 것을 말한다.
- 철근은 보통 원형철근을 이용하고, 결속선은 0.8mm(BWG #21) 이상의 철선을 달구어 사용한다.
- 보강블록조는 원칙적으로 통줄눈쌓기로 한다.
- 콘크리트용 블록은 물축임을 하지 말아야 한다. (단, 모르타르 접촉면에만 물을 축인다)
- 하루쌓기의 높이는 6~7켜(1.2~1.5m) 이내를 표준으로 한다.
- 벽의 세로근은 원칙적으로 기초・테두리보에서 위층의 테두리보까지 잇지 않고 배근하여 그 정착길이는 철근 지름(d)의 40배 이상으로 한다.
- 가로근의 모서리는 서로 40d(d : 철근 지름) 이상으로 정착시키며 단부는 180° 갈고리를 둔다.
- 모르타르 또는 콘크리트의 세로근 피복 두께는 2cm 이상으로 하며 세로근과의 교차부는 모두 결속선으로 결속한다.



66 ③ 67 ② 정답

## 68

Repetitive Learning 1회 2회 3회

조적조 백화(Efflorescence)현상의 방지법으로 옳지 않은 것은?

① 물-시멘트비를 증가시킨다.
② 흡수율이 작은 소성이 잘 된 벽돌을 사용한다.
③ 줄눈 모르타르에 방수제를 혼합한다.
④ 벽면의 돌출 부분에 차양, 루버 등을 설치한다.

**해설**

- 재료배합 시 물-시멘트비(W/C)를 감소시키고 조립률이 큰 모래를 사용한다.

**백화(Efflorescence)현상**

㉠ 개요
- 모르타르 및 콘크리트 중의 알칼리 및 칼슘 성분이 밖으로 흘러나와 공기 중의 탄산가스와 반응하여 경화체 표면에 하얀색으로 침전되는 현상을 말한다.
- 저온, 다습, 적당한 바람, 그늘 등에 의해 발생한다.

㉡ 방지대책
- 10[%] 이하의 흡수율을 가진 소성이 잘 된 벽돌을 사용한다.
- 벽돌면 상부 및 벽면의 돌출 부분에 빗물막이나 차양, 루버 등을 설치해 빗물이 벽체에 직접 흘러내리지 않게 한다.
- 쌓기 후 전용발수제를 발라 벽면에 수분흡수를 방지하거나 벽면에 빗물이 스며들지 못하도록 실리콘을 뿜칠한다.
- 줄눈으로 비가 새어들지 않도록 줄눈 모르타르에 방수제를 혼합한다.
- 파라핀 도료를 발라 염류가 나오는 것을 방지한다.
- 재료배합 시 물-시멘트비(W/C)를 감소시키고 조립률이 큰 모래를 사용한다.
- 분말도가 큰 시멘트를 사용한다.

## 69

Repetitive Learning 1회 2회 3회

지질조사를 하는 지역의 지층 순서를 결정하는 데 이용하는 토질주상도에 나타내지 않아도 되는 항목은?

① 보링방법 ② 지하수위
③ N값 ④ 지내력

**해설**

- 토질주상도에는 ①, ②, ③ 외에 지반조사지역과 조사일자, 조사자, 층 두께 및 구성상태, 심도에 따른 색조 및 토질 등을 확인할 수 있다.

**토질주상도**

㉠ 개요
- 보링 구멍에서 채취한 시료를 살펴보고, 판별 분류 후 토질 기호를 사용하여 지층의 층별, 포함물질 및 층의 두께 등을 그래프로 나타낸 것을 말한다.
- 표준관입시험, 토질시험 등을 통한 지반의 상태와 지하수위 등을 통해 지하부위의 상태를 예측할 수 있도록 한다.

㉡ 확인사항
- 지반조사지역과 조사일자, 조사자
- 보링방법
- 지하수위
- 표준관입시험 N값
- 층 두께 및 구성상태
- 심도에 따른 색조 및 토질

2001

## 70

Repetitive Learning 1회 2회 3회

기초공사 시 활용되는 현장타설 콘크리트말뚝 공법에 해당되지 않는 것은?

① 어스드릴(Earth drill) 공법
② 베노토말뚝(Benoto pile) 공법
③ 리버스서큘레이션(Reverse circulation pile) 공법
④ 프리보링(Preboring) 공법

**해설**

- 프리보링(Preboring) 공법은 말뚝박기의 진동이나 소음을 피하기 위해 말뚝이 박힐 구멍을 미리 오거로 천공해 두고 그 속에 말뚝을 박아 넣는 공법으로 기성콘크리트말뚝 공법에 해당한다.

**현장타설 콘크리트말뚝 공법(제자리콘크리트말뚝)**

㉠ 개요
- 긴 말뚝 박기가 곤란하고 굳은 층이 지하 깊이 있을 경우 지반에 구멍을 내고 그 속에 콘크리트를 부어 만드는 말뚝을 말한다.
- 말뚝(Pile)의 종류에는 페데스탈파일, 레이몬드파일, 심플렉스파일, 컴프레솔파일 등이 있다.
- 말뚝 공법을 어스드릴(Earth drill) 공법, 베노토말뚝(Benoto pile) 공법, 리버스서큘레이션(Reverse circulation pile) 공법, 마이크로파일(Micro pile) 공법 등으로 구분한다.

정답 | 68 ① 69 ④ 70 ④

㉡ 파일의 종류

- 페데스탈파일(Pedestal pile) – 외관과 내관의 2중관을 소정의 위치까지 박은 다음, 내관은 빼내고 관내에 콘크리트를 부어 넣고 내관을 넣어 다지며 외관을 서서히 빼 올리면서 콘크리트 구근을 만드는 말뚝이다.
- 레이몬드파일(Raymond pile) – 얇은 철판의 외관에 심대를 넣어 소정의 깊이까지 박은 후에 내관(심대)을 빼낸 후, 외관에 콘크리트를 부어 넣어 지중에 콘크리트말뚝을 형성하는 말뚝이다.
- 심플렉스파일(Simplex pile) – 파손을 방지하기 위해 쇠신을 씌운 강관을 소정의 깊이까지 박은 후 관 내에 콘크리트를 부어 무거운 추로 다지면서 강관을 뽑아내어 만드는 말뚝이다.
- 콤프레솔파일(Compressol pile) – 끝이 뾰족한 추로 구멍을 만든 후 콘크리트를 부어 둥근 추로 다져넣은 다음 다시 평편한 추로 단단하게 다져 만드는 말뚝이다.

0702 / 2001

## 71 Repetitive Learning (1회 2회 3회)

철근콘크리트 공사에서 거푸집의 간격을 일정하게 유지시키는 데 사용되는 것은?

① 클램프 ② 쉐어 커넥터
③ 세퍼레이터 ④ 인서트

해설

- 클램프는 거푸집의 동바리 연결부를 고정하기 위해 사용하는 전용 철물이다.
- 쉐어 커넥터는 강재와 콘크리트와의 합성 구조에서 양자 사이의 전단 응력을 전달하기 위해 바닥판과 보 등에 사용하는 철물이다.
- 인서트는 천장에 부속철재를 고정시키기 위해 콘크리트 속에 매립하는 자재이다.

**격리재(Separator)**

- 거푸집공사에서 철판제, 철근제, 파이프제 또는 모르타르제를 사용하여 거푸집 상호 간의 간격을 유지하는 것을 말한다.
- 콘크리트의 측압력을 부담하지 않는다.

2102

## 72 Repetitive Learning (1회 2회 3회)

유동화콘크리트를 제조할 때 유동화제를 첨가하기 전 기본배합 콘크리트인 베이스 콘크리트의 슬럼프 기준은?(단, 일반콘크리트의 경우)

① 150mm 이하 ② 180mm 이하
③ 210mm 이하 ④ 240mm 이하

해설

- 베이스 콘크리트의 슬럼프 기준은 보통콘크리트인 경우 150mm 이하, 경량콘크리트인 경우 180mm 이하이다.

**유동화콘크리트**

㉠ 개요

- 콘크리트에 유동화제를 첨가하여 유동성을 일시적으로 증대시킨 콘크리트를 말한다.

㉡ 일반사항

- 유동화제는 원액으로 사용하고, 미리 정한 소정의 양을 한꺼번에 첨가하며, 계량은 질량 또는 용적으로 계량하고, 그 계량오차는 1회에 3% 이내로 한다.
- 베이스 콘크리트의 단위수량은 185kg/$m^3$ 이하로 한다.
- 유동화콘크리트의 슬럼프

| 종류 | 베이스 콘크리트 | 유동화콘크리트 |
|---|---|---|
| 보통콘크리트 | 150mm 이하 | 210mm 이하 |
| 경량콘크리트 | 180mm 이하 | 210mm 이하 |

- 콘크리트의 목표공기량은 공사시방서에 의한다. 공사시방서가 없는 경우에는 4.5 ± 1.5%로 한다.

2101

## 73 Repetitive Learning (1회 2회 3회)

시험말뚝에 변형률계(Strain gauge)와 가속도계(Accelero meter)를 부착하여 말뚝항타에 의한 파형으로부터 지지력을 구하는 시험은?

① 정적재하시험
② 동적재하시험
③ 정 · 동적재하시험
④ 인발시험

해설

- 정적재하시험은 말뚝이나 무리말뚝에 정적인 압축 축하중을 가해 말뚝의 반응을 정하는 시험이다.

**동적재하시험**

- 말뚝의 정적 지지력의 결정, 말뚝항타 시 말뚝과 지반 간의 거동측정 및 항타 장비의 성능을 검증하기 위하여 시행하는 시험이다.
- 변형률계(Strain gauge)와 가속도계(Accelero meter)를 부착하여 동적인 축하중을 가했을 때의 말뚝항타에 의한 파형으로부터 지지력을 구하는 시험이다.
- 비용 및 소요시간이 절감되며, 시항타 시 적용하여 파일시공 관리가 가능하다.



71 ③ 72 ① 73 ② 정답

## 74

Repetitive Learning 1회 2회 3회

철근콘크리트 타설에서 외기온이 25℃ 미만일 때 이어붓기 시간 간격의 한도로 옳은 것은?

① 120분 ② 150분
③ 180분 ④ 210분

해설

- 이어붓기 시간 간격은 외기온도가 25℃ 미만일 때는 150분, 25℃ 이상일 때는 120분 이내로 한다.

철근콘크리트 부어넣기

- 한 구획 내의 콘크리트는 연속해서 부어넣어야 하며, 이어붓기 시간 간격은 외기온도가 25℃ 미만일 때는 150분, 25℃ 이상일 때는 120분 이내로 한다.
- 진동기 등에 의해 부어넣어진 콘크리트가 횡방향으로 이동되지 않도록 한다.

0904

## 75

Repetitive Learning 1회 2회 3회

철골공사의 용접부 검사에 관한 사항 중 용접완료 후의 검사와 거리가 먼 것은?

① 초음파탐상법 ② X선투과법
③ 개선정도검사 ④ 자기탐상법

해설

- 개선정도검사는 용접과 관련된 검사가 아니다.

철골용접 검사

| | |
|---|---|
| 용접 전 검사 | 트임새 모양, 모아대기법, 구속법, 용접이음, 용접부 모재의 청결상태검사, 자세의 적부 등이 있다. |
| 용접 중 검사 | 용접부의 수축과 변형상태검사, 용접부 층간 온도 유지상태검사, 용접봉, 운봉, 전류검사 등이 있다. |
| 용접 후 검사 | 육안검사, 절단검사, 침투탐상검사, 자분탐상검사, 방사선검사, 초음파탐상검사 등이 있다. |

1901

## 76

Repetitive Learning 1회 2회 3회

석공사에서 건식 공법 시공에 대한 설명으로 옳지 않은 것은?

① 하지철물의 부식문제와 내부단열재 설치문제 등이 나타날 수 있다.
② 긴결 철물과 채움 모르타르로 붙여 대는 것으로 외벽공사 시 빗물이 스며들어 들뜸, 백화현상 등이 발생하지 않도록 한다.
③ 실런트(Sealant) 유성분에 의한 석재면의 오염문제는 비오염성 실런트로 대체하거나, Open joint 공법으로 대체하기도 한다.
④ 강재트러스, 트러스지지 공법 등 건식 공법은 시공정밀도가 우수하고, 작업능률이 개선되며, 공기단축이 가능하다.

해설

- 긴결 철물과 채움 모르타르로 붙여 들뜸, 백화현상 등의 발생을 방지하는 것은 습식 공법 사용 시의 보완대책이다.

석공사 건식 공법

㉠ 개요
- 앵커긴결 공법, 강재트러스지지 공법, GPC 공법, Open joint 공법 등이 있다.
- 시공이 용이하고, 경제적이다.
- 얇은 두께의 판재를 시공할 수 있어 주택 또는 소형 건물에 적용된다.

㉡ 건식 공법 일반 주의사항
- 촉구멍 깊이는 기준보다 2mm 이상 더 깊이 천공한다.
- 석재는 두께 30mm 이상을 사용한다.
- 모든 구조재 또는 트러스 철물은 반드시 녹막이 처리한다.
- 석재의 하부는 지지용으로, 석재의 상부는 고정용으로 설치한다.
- 석재의 건식 붙임에 사용되는 모든 구조재 또는 긴결 철물은 녹막이 처리를 한다.
- 석재의 색상, 석질, 가공형상, 마감 정도, 물리적 성질 등이 동일한 것으로 한다.
- 건식 석재 붙임에 사용되는 앵커볼트, 너트, 와셔 등은 스테인레스를 사용한다.
- 화강석 특유의 무늬를 제외한 눈에 띄는 반점 등을 제거한다.
- 하지철물의 부식문제와 내부단열재 설치문제 등이 나타날 수 있다.
- 실런트(Sealant) 유성분에 의한 석재면의 오염문제는 비오염성 실런트로 대체하거나, Open joint 공법으로 대체하기도 한다.
- 실런트(Sealant) 시공 시 경화시간, 기상조건에 따른 영향을 받아 오염이나 누수의 우려가 있으므로 정밀 시공이 요구된다.
- 강재트러스지지 공법 등 건식 공법은 시공정밀도가 우수하고, 작업능률이 개선되며, 공기단축이 가능하다.

정답 | 74 ② 75 ③ 76 ②

1902

## 77 ──── Repetitive Learning (1회 2회 3회)

콘크리트 타설과 관련하여 거푸집 붕괴사고 방지를 위하여 우선적으로 검토·확인하여야 할 사항 중 가장 거리가 먼 것은?

① 콘크리트 측압 파악
② 조임 철물 배치 간격 검토
③ 콘크리트의 단기 집중타설 여부 검토
④ 콘크리트의 강도 측정

**해설**

- 콘크리트 타설과 관련하여 거푸집 붕괴사고 방지를 위하여 우선적으로 검토·확인하여야 할 사항에는 ①, ②, ③ 외에 거푸집의 안전성, 부재 간의 강성차이 등이 있다.

**콘크리트 타설과 관련하여 거푸집 붕괴사고 방지를 위하여 우선적으로 검토·확인하여야 할 사항**
- 콘크리트 측압 파악
- 조임 철물 배치 간격 검토
- 콘크리트의 단기 집중타설 여부 검토
- 거푸집의 안전성 검토
- 부재 간 강성차이 고려

0601

## 78 ──── Repetitive Learning 

1개 회사가 단독으로 도급을 수행하기에는 규모가 큰 공사일 경우 2개 이상의 회사가 임시로 결합하여 연대 책임으로 공사를 하고 공사 완성 후 해산하는 방식은?

① 단가 도급　　② 분할 도급
③ 공동 도급　　④ 일식 도급

**해설**

- 단가 도급은 공사비 지불방식에 따른 분류로 도급금액을 정함에 있어 우선 공사종류마다 단가를 정하고, 수량에 따라 도급 금액을 산출하는 도급방법을 말한다.
- 분할 도급은 공종별, 공정별, 공구별로 나누어서 도급하는 방식이다.
- 일식 도급은 한 공사 전부를 도급자에게 맡겨 재료, 노무, 현장시공업무 일체를 일괄하여 시행시키는 방식이다.

**공동 도급 방식(Joint venture contract)**

㉠ 개요
- 1개 회사가 단독으로 도급을 수행하기에는 규모가 클 경우 또는 복수 공사일 때 2개 이상의 회사가 임시로 결합하여 연대 책임으로 공사를 하고 공사 완성 후 해산하는 방식을 말한다.

㉡ 장점
- 각 회사의 상호신뢰와 협조로써 긍정적인 효과를 거둘 수 있다.
- 공사의 진행이 수월하며 위험부담이 분산된다.
- 2 이상의 도급자가 공동으로 기업체를 만들기 때문에 자금부담이 경감된다.
- 신기술 및 신공법을 적용할 경우 상호기술의 확충 및 새로운 경험을 얻을 수 있다.
- 주문자로서는 시공의 확실성을 기대할 수 있다.

㉢ 단점
- 공동 도급 구성원 상호 간의 이해충돌이 발생가능하며, 현장관리가 곤란하다.
- 공사경비가 증대될 수 있다.
- 책임소재가 불명확할 수 있다.

1001 / 1902

## 79 ──── Repetitive Learning (1회 2회 3회)

깊이 7m 정도의 우물을 파고 이곳에 수중 모터펌프를 설치하여 지하수를 양수하는 배수 공법으로 지하용수량이 많고 투수성이 큰 사질지반에 적합한 것은?

① 집수정(Sump pit) 공법
② 깊은우물(Deep well) 공법
③ 웰포인트(Well point) 공법
④ 샌드드레인(Sand drain) 공법

**해설**

- 집수정 공법은 집수정을 설치한 후 집수정에 지하수를 고이게 하여 이를 펌프로 배수시키는 공법이다.
- 웰포인트 공법은 사질지반에 양수관을 여러 개 박아 지하수위를 일시적으로 저하시키는 지하수위 저하공법이다.
- 샌드드레인 공법은 연약점토지반에 사용하는 탈수공법이다.

**깊은우물(Deep well) 공법**
- 깊이 7m 정도의 우물을 파고 이곳에 수중 모터펌프를 설치하여 지하수를 양수하는 배수 공법으로 지하용수량이 많고 투수성이 큰 사질지반에 적합한 지하수위 저하공법이다.
- 투수성 지반에 지름 0.3~1.5m 정도의 우물을 굴착하여 이 속에 우물측관을 삽입하여 속으로 유입하는 지하수를 펌프로 양수하여 지하수위를 낮추는 공법이다.



77 ④　78 ③　79 ② | 정답

2104

## 80

Repetitive Learning 1회 2회 3회

건축 공사의 각종 분할 도급의 장점에 관한 설명 중 옳지 않은 것은?

① 전문공종별 분할 도급은 설비업자의 자본, 기술이 강화되어 능률이 향상된다.

② 공정별 분할 도급은 후속공사를 다른 업자로 바꾸거나 후속공사 금액의 결정이 용이하다.

③ 공구별 분할 도급은 중소업자에 균등기회를 주고 업자 상호 간 경쟁으로 공사기일 단축, 시공 기술향상에 유리하다.

④ 직종별, 공종별 분할 도급은 전문 직종으로 분할하여 도급을 주는 것으로 건축주의 의도를 철저하게 반영시킬 수 있다.

**해설**

- 공정별 분할 도급은 작업공정별로 나누어 도급을 주는 방식으로 예산 배정이 편리하고 분할발주도 가능하지만 여러 도급으로 나눔으로 인해 도급자의 교체가 까다로운 단점을 갖는다.

**분할 도급의 종류**

- 전문공종별 분할 도급은 전기, 난방 등의 설비공사를 개별공사로 분리하여 별도로 발주하는 방식이다. 능률은 향상되나 관리가 어려우며 공사비 증대의 가능성이 높다.
- 공정별 분할 도급은 작업공정별로 나누어 도급을 주는 방식으로 예산 배정이 편리하고 분할발주도 가능하지만 여러 도급으로 나눔으로 인해 도급자의 교체가 까다롭다.
- 공구별 분할 도급은 대규모공사에서 지역별로 공사를 구분하여 발주하는 도급 방식으로 공사기일단축, 시공기술향상 및 공사의 높은 성과를 기대할 수 있다.
- 직종별, 공종별 분할 도급은 총괄도급자가 직영공사를 하는 경우로 전문 직종으로 분할하여 도급을 주어 건축주의 의도를 철저하게 반영시킬 수 있다.

# 5과목 건설재료학

## 81

Repetitive Learning 1회 2회 3회

도료를 건조과정에 의해 분류할 때 가열건조형에 속하는 것은?

① 바니시

② 비닐수지 도료

③ 아미노알키드수지 도료

④ 에멀션 도료

**해설**

- 셀락바니시, 에멀션 도료, 비닐수지 도료는 휘발건조형으로 도료 중의 용제가 발산하여 도막이 건조된다.
- 유성페인트 및 합성수지 바니시는 산화건조형으로 용제가 휘발하여 도막이 공기의 산소를 흡수하여 경화된다.

**중합건조**

- 열이나 촉매(경화제), 광선이나 전자선에 의해 수지성분이 중합반응하여 경화・건조되는 것을 말한다.
- 열에 의해 건조되는 것에는 아미노알키드수지 도료가 있다.
- 촉매에 의해 중합반응으로 경화되는 것에는 우레탄, 에폭시, 불소수지 도료가 있다.
- 빛에 의해 중합반응으로 경화되는 것에는 UV경화 도료, 감광성수지 도료가 있다.
- 전자선에 의해 중합반응으로 경화되는 것에는 전자선경화 도료가 있다.

0304

## 82

Repetitive Learning 1회 2회 3회

건축용 세라믹 제품에 대한 설명 중 옳지 않은 것은?

① 다공벽돌은 내부의 무수히 많은 구멍으로 인해 절단, 못 치기 등의 가공성이 우수하다.

② 테라코타는 건축물의 패러핏, 주두 등의 장식에 사용되는 공동의 대형 점토제품이다.

③ 위생도기는 철분이 많은 장석점토를 주원료로 사용한다.

④ 일반적으로 모자이크타일 및 내장타일은 건식법, 외장타일은 습식법에 의해 제조된다.

해설

• 위생도기는 철 함량이 적은 장석점토를 주원료로 사용한다.

:: 건축용 세라믹 제품의 종류와 특징

- 점토벽돌은 콘크리트벽돌에 비해 압축강도와 내투수성이 우수하다.
- 다공벽돌은 내부의 무수히 많은 구멍으로 인해 절단, 못 치기 등의 가공성이 우수하다.
- 모자이크타일 및 내장타일은 건식법, 외장타일은 습식법에 의해 제조된다.
- 테라코타는 건축물의 패러핏, 주두 등의 장식에 사용되는 공동의 대형 점토제품이다.
- 위생도기는 철 함량이 적은 장석점토를 주원료로 사용한다.

## 83 Repetitive Learning (1회 2회 3회)

목재의 방부제에 대한 설명 중 옳지 않은 것은?

① 유성 및 유용성 방부제는 물에 의해 용출하는 경우가 많으므로 습윤의 장소에는 사용하지 않는다.
② 유성페인트를 목재에 도포하면 방습, 방부효과가 있고 착색이 자유로우므로 외관을 미화하는데 효과적이다.
③ 황산동 1% 용액은 방부성은 좋으나 철재를 부식시키며 인체에 유해하다.
④ 크레오소트오일은 방부성은 우수하나 악취가 있고 흑갈색이므로 외관이 미려하지 않아 토대, 기둥 등에 주로 사용된다.

해설

• 유용성 방부제는 물에 녹지 않는 살균력 있는 화합물을 유기용제에 용해시킨 방부제를 말한다.

:: 유용성 방부제

- 유용성 방부제는 물에 녹지 않는 살균력 있는 화합물을 유기용제에 용해시킨 방부제를 말한다.
- PCP 방부제, 유기성 화합물, 나프텐산금속염 등이 이에 해당한다.

0901

## 84 Repetitive Learning (1회 2회 3회)

강을 제조할 때 사용하는 제강법의 종류가 아닌 것은?

① 평로 제강법 ② 전기로 제강법
③ 반사로 제강법 ④ 도가니 제강법

해설

• 제강법의 종류에는 평로 제강법, 전로 제강법, 전기로 제강법, 도가니 제강법 등이 있다.

:: 제강법

- 강을 제조하기 위해 탄소의 양을 줄이고 불순물을 제거하는 방법을 말한다.
- 제강법의 종류에는 평로 제강법, 전로 제강법, 전기로 제강법, 도가니 제강법 등이 있다.

1402 / 1801 / 2104

## 85 Repetitive Learning (1회 2회 3회)

콘크리트의 블리딩 현상에 의한 성능저하와 가장 거리가 먼 것은?

① 골재와 시멘트 페이스트의 부착력 저하
② 철근과 시멘트 페이스트의 부착력 저하
③ 콘크리트의 수밀성 저하
④ 콘크리트의 응결성 저하

해설

• 블리딩 현상은 콘크리트가 응결이 시작되기 전에 침하하는 성질로 응결성과는 큰 관련이 없다.

:: 블리딩

㉠ 개요
- 재료 분리현상의 일종으로 시멘트 페이스트와 물이 분리되어 일부의 물이 미세한 물질과 함께 콘크리트 상부에 모이는 현상을 말한다.
- 침강균열의 원인으로 작용하고, 상부의 콘크리트를 다공질로 만들어 품질을 저하시키며, 수밀성과 내구성을 저하시킨다.
- 블리딩으로 모인 물이 증발하고 남은 백색의 미세한 물질을 레이턴스라고 한다.

㉡ 성능저하
- 레이턴스 발생으로 골재와 시멘트 페이스트의 부착력 저하
- 철근 하부의 공극으로 인해 철근과 시멘트 페이스트의 부착력 저하
- 콘크리트의 수밀성 저하



83 ① 84 ③ 85 ④ 정답

## 86 — Repetitive Learning (1회 2회 3회)

섬유포화점 이하에서 목재의 함수율 감소에 따른 목재의 성질 변화에 대한 설명으로 옳은 것은?

① 강도가 증가하고 인성이 증가한다.
② 강도가 증가하고 인성이 감소한다.
③ 강도가 감소하고 인성이 증가한다.
④ 강도가 감소하고 인성이 감소한다.

**해설**

- 섬유포화점 이하에서는 함수율의 감소에 따라 목재의 강도가 증가하고 탄성(인성)이 감소하나, 섬유포화점 이상에서는 함수율이 변화해도 목재의 강도가 일정하고 신축을 일으키지도 않는다.

**함수율과 강도**

- 목재가 대기의 온도와 습도에 맞게 평형에 도달한 상태를 의미하는 기건상태의 함수율은 약 15%이다.
- 목재에서 흡착수만이 최대한도로 존재하고 있는 상태인 섬유포화점(Fiber saturation point)의 함수율은 30% 정도이다.
- 섬유포화점 이하에서는 함수율의 감소에 따라 목재의 강도가 증가하고 탄성(인성)이 감소한다.
- 섬유포화점 이상에서는 함수율이 변화하여도 목재의 강도가 일정하고 신축을 일으키지도 않는다.

2001

## 87 — Repetitive Learning 

도료의 저장 중 또는 용기 내 방치 시 도료의 표면에 피막이 형성되는 현상의 발생 원인과 가장 관계가 먼 것은?

① 피막방지제의 부족이나 건조제가 과잉일 경우
② 용기 내에 공간이 커서 산소의 양이 많을 경우
③ 부적당한 시너로 희석하였을 경우
④ 사용 잔량을 뚜껑을 열어둔 채 방치하였을 경우

**해설**

- 부적당한 시너로 희석할 경우는, 도료의 광택이 불량하거나 도료의 저장 중 점도가 상승하거나 또는 겔(Gel)화될 때의 원인이다.

**피막(Skinning)**

- 도료를 저장 중 또는 방치할 때 도료 표면에 피막이 발생하는 현상을 말한다.
- 뚜껑의 봉합이 불량하거나 용기 내 공간에 산소의 양이 많을 경우, 건조제가 과잉된 경우에 발생한다.
- 뚜껑의 봉합을 철저히 하거나, 표면에 신나나 물을 붓고 나서 보관하는 등의 대책이 필요하다.

1101

## 88 — Repetitive Learning (1회 2회 3회)

목부의 옹이땜, 송진막이, 스밈막이 등에 사용되나, 내후성이 약한 도장재는?

① 캐슈
② 워시프라이머
③ 셀락니스
④ 페인트시너

**해설**

- 캐슈(Cashew)는 캐슈의 껍질에 포함된 액을 주원료로 한 유성도료로 건조속도는 느리나 광택이 우수하고 내열성, 내수성, 내약품성이 우수하다.
- 워시프라이머(Wash primer)는 금속에 부착성 및 식각효과가 좋은 금속 표면처리제로 건조가 빠르며 방청성 및 부착성이 좋은 방청도료이다.
- 페인트시너(Thiner)는 유성페인트를 묽게 하는 희석제이다.

**다양한 도료**

| 구분 | 설명 |
|---|---|
| 염화비닐수지 도료 | 폴리염화비닐을 주성분으로 하는 도료로 자연에서 용제가 증발하여 표면에 피막이 형성되어 굳는 도료 |
| 합성수지스프레이코팅제 | 합성수지를 용제에 녹여서 착색제를 혼입하여 만든 재료로 건조가 빠르고 내화학성, 내후성, 내식성 및 치장효과 |
| 합성수지에멀션페인트 | 용제로 물을 사용하며 다양한 색채가 가능한 외부(마감)용 수성페인트로 콘크리트 면의 도장에 주로 사용 |
| 래커에나멜 | 뉴트로셀룰로오스 등의 천연수지를 이용한 자연 건조형으로 건조속도가 빨라 단시간에 도막이 형성 |
| 클리어래커 | 은폐력이 없는 투명 래커로 목재바탕의 무늬를 살리기에 적합 |
| 징크로메이트(Zincromate) 도료 | 크롬산아연을 안료로 하고, 알키드수지를 전색제로 한 것으로서 알루미늄 녹막이 초벌칠에 적당한 방청도료 |
| 프탈산수지에나멜 | 석유를 원료로 한 무수프탈산과 글리세린을 반응시킨 것으로 내알칼리성이 매우 약한 특성 |
| 셀락니스 | 무색 투명한 내후성이 약한 천연 니스(곤충 분비물)로 목공마감재로는 목부의 옹이땜질, 송진막이, 스밈막이 등에 사용 |

정답 | 86 ② 87 ③ 88 ③

## 89

Repetitive Learning (1회 2회 3회)

포틀랜드시멘트의 화학성분 중 가장 많은 부분을 차지하는 성분은?

① 석회(CaO)
② 실리카($SiO_2$)
③ 알루미나($Al_2O_3$)
④ 산화철($Fe_2O_3$)

해설

- 보통포틀랜드시멘트는 석회(CaO)가 가장 많은 부분을 차지하고, 산화철($Fe_2O_3$)의 함유량이 가장 적다.

**보통포틀랜드시멘트**

㉠ 개요

- 석회(CaO)와 점토를 주성분으로 실리카($SiO_2$), 알루미나($Al_2O_3$), 산화철($Fe_2O_3$) 등을 첨가하여 만든 가장 많이 사용되는 시멘트이다.
- 석회(CaO)가 가장 많은 부분을 차지하고, 산화철($Fe_2O_3$)의 함유량이 가장 적다.
- 제조 시 석고를 혼합하는 이유는 급속한 응결을 막기 위해서이다.
- KS에 따르면 보통포틀랜드시멘트는 물과 혼합한 후 1시간 후에 응결을 시작하여 10시간 내에 종료하여야 한다.

㉡ 클링커의 주요 화합물

| 화합물 | 반응속도 | 수화열 |
|---|---|---|
| $3CaO \cdot SiO_2$ | 빠르다 | 중간 |
| $2CaO \cdot SiO_2$ | 느리다 | 낮다 |
| $3CaO \cdot Al_2O_3$ | 순간적 | 매우 높다 |
| $4CaO \cdot Al_2O_3 \cdot Fe_2O_3$ | 매우 빠르다 | 중간 |

## 90

Repetitive Learning (1회 2회 3회)

목재의 가공제품에 대한 설명으로 옳지 않은 것은?

① 코르크판(Cork board)은 유공판으로 단열성·흡음성 등이 있어 천장 등에 흡음재로 사용된다.
② 연질섬유판은 밀도가 $0.8g/cm^3$ 이상으로 강도 및 경도가 비교적 큰 보드(Board)로 수장판으로 사용된다.
③ 무늬목(Wood veneer)은 아름다운 원목을 종이처럼 얇게 벗겨내 합판 등의 표면에 부착시켜 장식재로 사용된다.
④ 집성재란 제재판재 또는 소각재 등의 각판재를 서로 섬유 방향을 평행하게 길이·너비 및 두께 방향으로 겹쳐 접착제로 붙여서 만든 것을 말한다.

해설

- $0.8g/cm^3$ 이상으로 강도 및 경도가 비교적 큰 보드(Board)로 수장판으로 사용되는 것은 경질섬유판이다.

**연질섬유판(Soft fiber board)**

- 비중이 $0.4g/cm^3$ 이하인 섬유판이다.
- 신축의 방향성이 크다.
- 단열, 방음을 목적으로 벽, 천장, 바닥 등에 사용한다.

0604 / 1004 / 1201 / 2202

## 91

Repetitive Learning 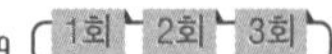 (1회 2회 3회)

연강판에 일정한 간격으로 그물눈을 내고 늘여 철망모양으로 만든 것으로 천장·벽 등의 모르타르 바름 바탕용으로 사용되는 재료로 옳은 것은?

① 메탈라스(Metal lath)
② 와이어메시(Wire mesh)
③ 인서트(Insert)
④ 코너비드(Corner bead)

해설

- 와이어메시(Wire mesh)는 콘크리트 다짐바닥, 콘크리트 도로포장의 전열방지를 위해 사용되는 철물이다.
- 인서트(Insert)는 콘크리트 표면에 갖가지 물체를 세우기 위하여 미장할 때 미리 넣는 철물이다.
- 코너비드(Corner bead)는 기둥, 벽 등의 모서리를 보호하기 위하여 미장 바름질할 때 붙이는 보호용 철물이다.

**미장바탕**

㉠ 개요

- 미장바탕이란 모르타르, 플라스터, 회반죽 등 미장재료를 바르기 위한 구조체 표면 또는 졸대, 기타의 것 등을 엮어 만든 면을 말한다.
- 와이어라스(Wire lath)는 아연도금한 굵은 철선을 엮어 그물처럼 만든 철망으로 천장·벽 등의 미장바탕에 사용한다.
- 메탈라스(Metal lath)는 얇은 강판에 마름모꼴의 구멍을 연속적으로 뚫어 그물처럼 만든 것으로 천장·벽 등의 미장바탕에 사용한다.

㉡ 미장바탕의 일반적인 조건

- 미장층보다 강도나 강성이 클 것
- 미장층과 유효한 접착강도를 얻을 수 있을 것
- 미장층의 경화, 건조에 지장을 주지 않을 것
- 미장층과 유해한 화학반응을 하지 않을 것



89 ① 90 ② 91 ① | 정답

## 92
Repetitive Learning (1회 2회 3회)

목재접합, 합판제조 등에 사용되며, 다른 접착제와 비교하여 내수성이 부족하고 값이 저렴한 접착제는?

① 요소수지 접착제
② 푸란수지 접착제
③ 에폭시수지 접착제
④ 실리콘수지 접착제

해설

- 합성수지 접착제 중 내수성이 가장 부족한 접착제는 요소수지 접착제이다.

요소수지 접착제(Urea resin adhesive)
- 요소와 포름알데히드로 제조된 무색투명한 열경화성 수지이다.
- 목재접합, 합판제조 등에 사용된다.
- 다른 접착제와 비교하여 내수성이 부족하고 값이 저렴하다.

0701 / 1102 / 2001

## 93
Repetitive Learning (1회 2회 3회)

시멘트의 분말도에 대한 설명 중 옳지 않은 것은?

① 분말도가 클수록 수화반응이 촉진된다.
② 분말도가 클수록 초기강도는 작으나 장기강도는 크다.
③ 분말도가 클수록 시멘트 분말이 미세하다.
④ 분말도가 너무 크면 풍화되기 쉽다.

해설

- 분말도가 클수록 물에 접촉하는 면적이 커지므로 수화작용이 촉진되어 콘크리트의 초기강도가 커지고 그 이후의 강도도 증가한다.

시멘트의 분말도
㉠ 개요
- 비표면적으로 시멘트 입사의 굵고 가는 정도를 나타낸다.
- 분말도는 시멘트의 성능 중 수화반응, 블리딩, 초기강도 등에 크게 영향을 준다.
- 시멘트 분말도의 시험방법에는 체분석법, 피크노메타법, 브레인법 등이 있다.

㉡ 분말도가 클수록 = 분말이 미세할수록
- 물에 접촉하는 면적이 커지므로 수화작용이 촉진되어 콘크리트의 초기강도가 커지고 그 이후의 강도도 증가한다.
- 열의 발생도 많아지고, 시멘트 페이스트의 점성과 워커빌리티 및 수밀성이 향상된다.
- 컨시스턴시와 블리딩은 작아진다.
- 너무 커지면 풍화되기 쉽고 또한 사용 후 균열이 발생하기 쉽다.

0602

## 94
Repetitive Learning (1회 2회 3회)

다음 각 플라스틱 재료의 용도를 표기한 것으로 옳지 않은 것은?

① 멜라민수지 : 치장판
② 염화비닐수지 : 판재, 파이프 등의 각종 성형품
③ 에폭시수지 : 접착제
④ 폴리에스테르수지 : 흡음발포제

해설

- 흡음발포제는 발포 플라스틱류(Foamed plastic)를 말하는데 우레탄 폼, 스티렌 폼, 에틸렌 폼 등을 말한다.

폴리에스테르수지
- 천연수지를 변성하여 얻은 것으로 건축용으로는 글라스섬유로 강화된 평판 또는 판상제품으로 주로 사용되고 있는 열경화성 수지이다.
- 기계적 성질, 내약품성, 내후성, 밀착성, 가요성이 우수하나 내수성, 내알칼리성은 약하다.
- 도료의 원료, 정리함, 침구, 커버류 등에 많이 사용된다.

## 95
Repetitive Learning (1회 2회 3회)

목재의 신축에 관한 설명 중 옳지 않은 것은?

① 일반적으로 목재의 밀도가 클수록 신축이 크다.
② 섬유 방향은 거의 수축하지 않는다.
③ 변재는 심재보다 신축이 크다.
④ 곧은결 방향의 신축이 널결 방향의 신축보다 크다.

해설

- 곧은결은 목재를 나이테에 직각 방향으로 결 경우 나타나는 평행선의 나뭇결로 널결재에 비해 수축변형과 마모율이 적다.

목재의 신축
㉠ 곧은결과 널결
- 곧은결은 목재를 나이테에 직각 방향으로 켤 경우 나타나는 평행선의 나뭇결로 널결재에 비해 수축변형과 마모율이 적다.
- 널결은 목재를 나이테에 접선 방향으로 켤 경우 나타나는 곡선의 나뭇결로 널결재는 결이 거칠고 불규칙하다.

㉡ 특징
- 곧은결 폭보다 널결 폭이 신축의 정도가 크다.
- 목재의 밀도가 클수록 신축이 크다.
- 섬유 방향은 거의 수축하지 않는다.
- 변재는 심재보다 수축률 및 팽창률이 일반적으로 크고 강도가 작다.
- 수종에 따라 수축률 및 팽창률에 상당한 차이가 있다.
- 수축이 과도하거나 고르지 못하면 할렬, 비틀림 등이 생긴다.

정답 | 92 ① 93 ② 94 ④ 95 ④

0804 / 1104 / 1402 / 2102

## 96

Repetitive Learning 

건조 전 중량이 5kg인 목재를 건조시켜 전건중량이 4kg이 되었다면 이 목재의 함수율은 몇 %인가?

① 8% ② 20%
③ 25% ④ 40%

**해설**

- 주어진 값을 함수율 산정식에 대입하면 $\frac{5-4}{4}\times 100 = \frac{1}{4}\times 100 = 25$[%]이다.

**목재의 함수율**

- 목재가 대기의 온도와 습도에 맞게 평형에 도달한 상태를 의미하는 기건상태의 함수율은 약 15%이다.
- 목재에서 흡착수만이 최대한도로 존재하고 있는 상태인 섬유포화점(Fiber saturation point)의 함수율은 30% 정도이다.
- 목재의 함수율 = $\frac{\text{건조 전의 중량} - \text{건조 후의 중량}}{\text{건조 후의 중량}} \times 100$으로 구한다.

## 97

Repetitive Learning 1회 2회 3회

일반 콘크리트 대비 ALC의 물리적 성질로서 옳지 않은 것은?

① 경량성
② 높은 단열성
③ 높은 흡음·차음성
④ 높은 방수성

**해설**

- ALC는 흡수성이 높고 강도가 약한 단점을 가진다.

**경량기포콘크리트(ALC : Autoclaved Lightweight Concrete)**

㉠ 개요

- 포화증기 양생 경량기포콘크리트로 무수한 기포를 독립적으로 분산시켜 중량을 가볍게 한 기포콘크리트의 일종이다.
- 규산질, 석회질 원료를 주원료로 하여 기포제와 발포제를 첨가하여 만든다.
- 기포제는 알루미늄 분말이나 알루미늄 페이스트가 주로 사용된다.

㉡ 특징

- 현장에서 절단 및 가공이 용이하며 인력으로 취급이 간편하다.
- 경량성, 단열성, 내화성, 흡음·차음성 등에서 우수한 성능을 보인다.
- 보통콘크리트에 비해 비중은 1/4 정도로 경량이며, 중성화의 우려가 높다.
- 다공질이기 때문에 흡수성이 높다.
- 동해에 대한 방수, 방습처리가 필요하고 부서지기 쉽다.
- 압축강도에 비해서 휨강도나 인장강도는 상당히 약하다.
- 강도가 낮아 구조재로서는 부적합하며 주로 비내력벽, 지붕, 바닥재로 사용된다.

0802

## 98

Repetitive Learning 1회 2회 3회

각종 시멘트에 관한 설명 중 옳지 않은 것은?

① 중용열시멘트 – 겨울철 공사나 긴급공사에 사용된다.
② 조강시멘트 – $C_3S$가 다량 혼입되어 있다.
③ 백색시멘트 – 건물 내·외면의 마감, 각종 인조석 제조에 사용된다.
④ 플라이애쉬시멘트 – 건조수축이 보통포틀랜드시멘트에 비하여 적다.

**해설**

- 중용열포틀랜드시멘트는 댐 공사, 방사능차폐용 등 매스콘크리트용으로 사용된다.
- 겨울철 공사나 긴급공사에는 조강포틀랜드시멘트가 사용된다.

**중용열포틀랜드시멘트**

- 시멘트의 발열량을 저감시킬 목적으로 제조한 포틀랜드시멘트이다.
- $C_3S$나 $C_3A$가 적고, 장기강도를 지배하는 $C_2S$를 많이 함유한 시멘트이다.
- 건조수축이 포틀랜드시멘트 중 가장 적고 화학저항성이 크며, 내산성 및 내구성이 좋다.
- 조기강도는 보통포틀랜드시멘트보다 낮으나 장기강도는 같거나 약간 높다.
- 안전성이 좋고 발열량이 적으며 내침식성, 내구성이 좋으나 수화속도가 늦다.
- 댐 공사, 방사능차폐용 등 매스콘크리트용으로 사용된다.



96 ③ 97 ④ 98 ① 정답

0402 / 0702

## 99 ─ Repetitive Learning (1회 2회 3회)

트래버틴(Travertine)에 대한 설명으로 옳지 않은 것은?

① 석질이 불균일하고 다공질이다.
② 특수 외장용 장식재로 주로 사용된다.
③ 변성암으로 황갈색의 반문이 있다.
④ 탄산석회를 포함한 물에서 침전, 생성된 것이다.

**해설**

• 트래버틴은 갈면 광택이 나서 우아한 실내장식에 주로 사용된다.

**:: 트래버틴(Travertine)**

- 대리석의 일종인 변성암으로 황갈색의 반문이 있으며, 탄산석회를 포함한 물에서 침전, 생성된 것이다.
- 석질이 불균일하고 다공질이다.
- 갈면 광택이 나서 특수 내장재로 주로 사용된다.

## 100 ─ Repetitive Learning (1회 2회 3회)

건축재료 중 점토의 성질과 관련된 설명으로 옳지 않은 것은?

① 입도는 보통 $2\mu$ 이하의 미립자나 모래알 정도의 조립을 포함한 것도 있다.
② 가소성은 점토입자가 클수록 좋다.
③ 가소성이 너무 큰 경우에는 모래 또는 샤모트 등을 혼합하여 조절한다.
④ 색상은 철산화물 또는 석회물질에 의해 나타내며, 철산화물이 많으면 적색이 되고, 석회물질이 많으면 황색을 띠게 된다.

**해설**

• 양질의 점토는 습윤 상태에서 현저한 가소성을 나타내며, 점토 입자가 미세할수록 가소성은 좋아진다.

**:: 점토의 성질**

㉠ 개요

- 점토의 주성분은 실리카, 알루미나이다.
- 비중은 일반적으로 2.5 ~ 2.6의 범위이다.
- 압축강도는 인장강도의 약 5배 정도이다.
- 인장강도는 점토의 조직에 관계하며 입자의 크기가 큰 영향을 준다.
- 입도는 보통 $2\mu$ 이하의 미립자나 모래알 정도의 조립을 포함한 것도 있다.
- 기공률은 점토의 입자 간에 존재하는 모공용적으로 입자의 형상, 크기에 관계한다.
- 함수율은 모래가 포함되지 않은 것은 30 ~ 100%의 범위이다.
- 색상은 철산화물 또는 석회물질에 의해 나타내며, 철산화물이 많으면 적색이 되고, 석회물질이 많으면 황색을 띠게 된다.
- 점토를 소성하면 용적, 비중 등의 변화가 일어나며 강도가 현저히 증대된다.

㉡ 수축

- 수축은 건조 및 소성 시 일어나며 건조수축은 점토의 조직에 관계하는 이외에 가하는 수량도 영향을 준다.
- 소성수축은 점토 내 휘발분의 양, 조직, 용융도 등이 영향을 준다.
- $Fe_2O_3$ 등의 부성분이 많으면 제품의 건조수축이 크다.

㉢ 가소성

- 양질의 점토는 습윤 상태에서 현저한 가소성을 나타내며, 점토 입자가 미세할수록 가소성은 좋아진다.
- 가소성이 너무 큰 경우에는 모래 또는 샤모트 등을 혼합하여 조절한다.

# 6과목 건설안전기술

1004

## 101 ─ Repetitive Learning

철골구조의 앵커볼트매립과 관련된 사항 중 옳지 않은 것은?

① 기둥중심은 기준선 및 인접기둥의 중심에서 3mm 이상 벗어나지 않을 것
② 앵커볼트는 매립 후에 수정하지 않도록 설치할 것
③ 베이스플레이트의 하단은 기준 높이 및 인접기둥의 높이에서 3mm 이상 벗어나지 않을 것
④ 앵커볼트는 기둥중심에서 2mm 이상 벗어나지 않을 것

**해설**

• 철골구조의 앵커볼트 매립 시 기둥중심은 기준선 및 인접기둥의 중심에서 5mm 이상 벗어나지 않아야 한다.

**:: 철골구조의 앵커볼트 매립 시 준수사항**

- 매립 후 수정하지 않도록 설치하여야 한다.
- 기둥중심은 기준선 및 인접기둥의 중심에서 5mm 이상 벗어나지 않을 것
- 인접기둥 간 중심거리의 오차는 3mm 이하일 것
- 앵커볼트는 기둥중심에서 2mm 이상 벗어나지 않을 것
- 베이스플레이트의 하단은 기준 높이 및 인접기둥의 높이에서 3mm 이상 벗어나지 않을 것
- 앵커볼트는 견고하게 고정시키고 이동, 변형이 발생하지 않도록 주의하면서 콘크리트를 타설하여야 한다.

정답 | 99 ② 100 ② 101 ①

1801

## 102

Repetitive Learning (1회 2회 3회)

터널붕괴를 방지하기 위한 지보공에 대한 점검사항과 가장 거리가 먼 것은?

① 부재의 긴압 정도
② 부재의 손상·변형·부식·변위·탈락의 유무 및 상태
③ 기둥침하의 유무 및 상태
④ 경보장치의 작동상태

해설

- 지보공 설치 시 붕괴 등의 방지를 위한 수시점검사항에는 ①, ②, ③ 외에 부재의 접속부 및 교차부의 상태 등이 있다.

:: 지보공 설치 시 붕괴 등의 방지를 위한 수시점검사항
- 부재의 손상·변형·부식·변위·탈락의 유무 및 상태
- 부재의 긴압 정도
- 부재의 접속부 및 교차부의 상태
- 기둥침하의 유무 및 상태

## 103

Repetitive Learning (1회 2회 3회)

다음은 항만하역작업 시 통행설비의 설치에 관한 내용이다. (    ) 안에 알맞은 숫자는?

> 사업주는 갑판의 윗면에서 선창 밑바닥까지의 깊이가 (    )를 초과하는 선창의 내부에서 화물취급작업을 하는 경우에 그 작업에 종사하는 근로자가 안전하게 통행할 수 있는 설비를 설치하여야 한다.

① 1.0m
② 1.2m
③ 1.3m
④ 1.5m

해설

- 통행설비를 설치해야하는 기준 조건은 갑판의 윗면에서 선창(船倉) 밑바닥까지의 깊이가 1.5m를 초과하는 경우이다.

:: 통행설비의 설치
- 사업주는 갑판의 윗면에서 선창(船倉) 밑바닥까지의 깊이가 1.5m를 초과하는 선창의 내부에서 화물취급작업을 하는 경우에 그 작업에 종사하는 근로자가 안전하게 통행할 수 있는 설비를 설치하여야 한다.

## 104

Repetitive Learning (1회 2회 3회)

연약지반의 이상현상 중 하나인 히빙(Heaving)현상에 대한 안전대책이 아닌 것은?

① 흙막이 벽의 관입깊이를 깊게 한다.
② 굴착저면에 토사 등으로 하중을 가한다.
③ 흙막이 배면의 표토를 제거하여 토압을 경감한다.
④ 주변 수위를 높인다.

해설

- 히빙을 방지하기 위해서는 지하수의 유입을 막고, 주변 수위를 낮춰야 한다.

:: 히빙(Heaving) 실필 1801/1701/1602/1404/1104/0904/0902

㉠ 개요
- 흙막이 벽체 내·외의 토사의 중량 차에 의해 점토지반의 토공사에서 흙막이 밖에 있는 흙이 안으로 밀려 들어와 내측 흙이 부풀어 오르는 현상을 말한다.
- 연약한 점토지반에서 굴착면의 융기 혹은 흙막이 벽의 근입장 깊이가 부족할 경우 발생한다.
- 히빙으로 인해 배면의 토사 붕괴, 지보공의 파괴, 굴착저면이 솟아오르는 등의 현상이 발생한다.

㉡ 히빙(Heaving) 예방대책
- 어스앵커를 설치하거나 소단을 두면서 굴착한다.
- 굴착주변을 웰포인트(Well point) 공법과 병행한다.
- 흙막이 벽의 근입심도를 확보한다.
- 지반개량으로 흙의 전단강도를 높인다.
- 굴착주변의 상재하중을 제거하여 토압을 최대한 낮춘다.
- 토류 벽의 배면토압을 경감시킨다.
- 굴착저면에 토사 등 인공중력을 가중시킨다.

1904

## 105

Repetitive Learning (1회 2회 3회)

52m 높이로 강관비계를 세우려면 지상에서 몇 미터까지 2개의 강관으로 묶어 세워야 하는가?

① 11m ② 16m
③ 21m ④ 26m

해설

- 비계기둥의 제일 윗부분으로부터 31m 되는 지점 밑부분의 비계기둥은 2개의 강관으로 묶어세우므로 지상에서는 52-31=21m 지점까지 묶어 세워야 한다.



102 ④ 103 ④ 104 ④ 105 ③ | 정답

:: 강관비계의 구조 실필 1302 실작 1902/1901/1802/1801/1701/1504/1401

- 비계기둥의 간격은 띠장 방향에서는 1.85m 이하, 장선(長線) 방향에서는 1.5m 이하로 할 것
- 띠장 간격은 2m 이하로 설치할 것
- 비계기둥의 제일 윗부분으로부터 31m 되는 지점 밑부분의 비계기둥은 2개의 강관으로 묶어세울 것
- 비계기둥 간의 적재하중은 400킬로그램을 초과하지 않도록 할 것

## 106 Repetitive Learning (1회 2회 3회)

콘크리트 타설작업과 관련하여 준수하여야 할 사항으로 가장 거리가 먼 것은?

① 당일의 작업을 시작하기 전에 해당 작업에 관한 거푸집 동바리 등의 변형·변위 및 지반의 침하 유무 등을 점검하고 이상이 있는 경우 보수할 것

② 콘크리트를 타설하는 경우에는 편심이 발생하지 않도록 골고루 분산하여 타설할 것

③ 진동기의 사용은 많이 할수록 균일한 콘크리트를 얻을 수 있으므로 가급적 많이 사용할 것

④ 설계도서상의 콘크리트 양생기준을 준수하여 거푸집 동바리 등을 해체할 것

해설

- 진동기 사용 시 지나친 진동은 거푸집 무너짐의 원인이 될 수 있으므로 적절히 사용해야 한다.

:: 콘크리트의 타설작업 시 주의사항 실작 1901/1804/1801

- 당일의 작업을 시작하기 전에 해당 작업에 관한 거푸집 동바리 등의 변형·변위 및 지반의 침하 유무 등을 점검하고 이상이 있으면 보수할 것
- 작업 중에는 거푸집 동바리 등의 변형·변위 및 침하 유무 등을 감시할 수 있는 감시자를 배치하여 이상이 있으면 작업을 중지하고 근로자를 대피시킬 것
- 콘크리트 타설작업 시 거푸집 붕괴의 위험이 발생할 우려가 있으면 충분한 보강조치를 할 것
- 설계도서상의 콘크리트 양생기간을 준수하여 거푸집 동바리 등을 해체할 것
- 콘크리트를 타설하는 경우에는 편심이 발생하지 않도록 골고루 분산하여 타설할 것

0802 / 1301 / 1704 / 1802 / 1901 / 2102

## 107 Repetitive Learning (1회 2회 3회)

부두·안벽 등 하역작업을 하는 장소에서 부두 또는 안벽의 선을 따라 통로를 설치하는 경우에는 그 폭을 최소 얼마 이상으로 하여야 하는가?

① 80cm ② 90cm
③ 100cm ④ 120cm

해설

- 부두 또는 안벽의 선을 따라 통로를 설치하는 경우에는 폭을 90cm 이상으로 하여야 한다.

:: 하역작업장의 조치기준

- 작업장 및 통로의 위험한 부분에는 안전하게 작업할 수 있는 조명을 유지할 것
- 부두 또는 안벽의 선을 따라 통로를 설치하는 경우에는 폭을 90cm 이상으로 할 것
- 육상에서의 통로 및 작업 장소로서 다리 또는 선거(船渠)의 갑문(閘門)을 넘는 보도(步道) 등의 위험한 부분에는 안전난간 또는 울타리 등을 설치할 것

1201 / 1802 / 2101

## 108 Repetitive Learning (1회 2회 3회)

터널 지보공을 조립하거나 변경하는 경우에 조치하여야 하는 사항으로 옳지 않은 것은?

① 목재의 터널 지보공은 그 터널 지보공의 각 부재에 작용하는 긴압 정도를 체크하여 그 정도가 최대한 차이나도록 한다.

② 강(鋼)아치 지보공의 조립은 연결볼트 및 띠장 등을 사용하여 주재 상호 간을 튼튼하게 연결할 것

③ 기둥에는 침하를 방지하기 위하여 받침목을 사용하는 등의 조치를 할 것

④ 주재(主材)를 구성하는 1세트의 부재는 동일 평면 내에 배치할 것

해설

- 목재의 터널 지보공은 그 터널 지보공의 각 부재의 긴압 정도가 균등하게 되도록 하여야 한다.

정답 | 106 ③ 107 ② 108 ①

:: 터널 지보공 조립 또는 변경 시의 조치사항

- 주재(主材)를 구성하는 1세트의 부재는 동일 평면 내에 배치할 것
- 목재의 터널 지보공은 그 터널 지보공의 각 부재의 긴압 정도가 균등하게 되도록 할 것
- 기둥에는 침하를 방지하기 위하여 받침목을 사용하는 등의 조치를 할 것
- 강아치 지보공 및 목재 지주식 지보공 외의 터널 지보공에 대해서는 터널 등의 출입구 부분에 받침대를 설치할 것

| | |
|---|---|
| 강(鋼)아치 지보공의 조립 시 준수사항 | • 조립간격은 조립도에 따를 것<br>• 주재가 아치작용을 충분히 할 수 있도록 쐐기를 박는 등 필요한 조치를 할 것<br>• 연결볼트 및 띠장 등을 사용하여 주재 상호 간을 튼튼하게 연결할 것<br>• 터널 등의 출입구 부분에는 받침대를 설치할 것<br>• 낙하물이 근로자에게 위험을 미칠 우려가 있는 경우에는 널판 등을 설치할 것 |
| 목재 지주식 지보공 조립 시 준수사항 | • 주기둥은 변위를 방지하기 위하여 쐐기 등을 사용하여 지반에 고정시킬 것<br>• 양끝에는 받침대를 설치할 것<br>• 터널 등의 목재 지주식 지보공에 세로방향의 하중이 걸림으로써 넘어지거나 비틀어질 우려가 있는 경우에는 양끝 외의 부분에도 받침대를 설치할 것<br>• 부재의 접속부는 꺾쇠 등으로 고정시킬 것 |

0601 / 0802 / 1201 / 1302 / 1602 / 1901

## 109 ——— Repetitive Learning 

신품의 추락방호망 중 그물코의 크기 10cm인 매듭방망의 인장강도 기준으로 옳은 것은?

① 110kg 이상
② 200kg 이상
③ 360kg 이상
④ 400kg 이상

**해설**

- 매듭방망의 인장강도는 신품의 경우 그물코의 크기가 5cm이면 110kg, 10cm이면 200kg 이상이다.

:: 신품 방망 인장강도 **실필** 1804 **실작** 1602

| 그물코 한변 길이 | 무매듭방망 | 매듭방망 |
|---|---|---|
| 10cm | 240kg 이상(150kg) | 200kg 이상(135kg) |
| 5cm | – | 110kg 이상(60kg) |

단, ( )은 폐기기준이다.

## 110 ——— Repetitive Learning 1회 2회 3회

콘크리트 타설을 위한 거푸집 동바리의 구조검토 시 가장 선행되어야 할 작업은?

① 각 부재에 생기는 응력에 대하여 안전한 단면을 산정한다.
② 하중・외력에 의하여 각 부재에 생기는 응력을 구한다.
③ 가설물에 작용하는 하중 및 외력의 종류, 크기를 산정한다.
④ 사용할 거푸집 동바리의 설치간격을 결정한다.

**해설**

- 콘크리트 타설을 위한 거푸집 동바리의 구조검토에서 첫 번째 단계에는 가설물에 작용하는 하중 및 외력의 종류, 크기를 산정한다.
- 보기를 순서대로 나열하면 ③–②–①–④의 순서를 거친다.

:: 콘크리트 타설을 위한 거푸집 동바리의 구조검토 4단계

| | |
|---|---|
| 1단계 | 가설물에 작용하는 하중 및 외력의 종류, 크기를 산정한다. |
| 2단계 | 하중・외력에 의하여 각 부재에 생기는 응력을 구한다. |
| 3단계 | 각 부재에 생기는 응력에 대하여 안전한 단면을 산정한다. |
| 4단계 | 사용할 거푸집 동바리의 설치간격을 결정한다. |

## 111 ——— Repetitive Learning 1회 2회 3회

크램쉘(Clam shell)의 용도로 옳지 않은 것은?

① 잠함 안의 굴착에 사용된다.
② 수면 아래의 자갈, 모래를 굴착하고 준설선에 많이 사용된다.
③ 건축구조물의 기초 등 정해진 범위의 깊은 굴착에 적합하다.
④ 단단한 지반의 작업도 가능하며 작업속도가 빠르고 특히 암반굴착에 적합하다.

**해설**

- 단단한 지반의 작업도 가능하며 작업속도가 빠르고 특히 암반굴착에 적합한 것은 백호우(Back hoe)로 볼 수 있다.

:: 크램쉘(Clam shell) **실작** 1702/1504

- 수면 하의 자갈, 실트 혹은 모래를 굴착하고 준설선에 많이 사용된다.
- 잠함 안의 굴착 및 건축구조물의 기초 등 정해진 범위의 깊은 굴착에 적합하다.
- 수중굴착 공사에 가장 적합한 건설기계이다.



109 ② 110 ③ 111 ④ 정답

## 112

Repetitive Learning (1회 2회 3회)

표준관입시험에 대한 내용으로 옳지 않은 것은?

① N치(N-value)는 지반을 30cm 굴진하는 데 필요한 타격 횟수를 의미한다.

② 50/3의 표기에서 50은 굴진수치, 3은 타격횟수를 의미한다.

③ 63.5kg 무게의 추를 76cm 높이에서 자유 낙하하여 타격하는 시험이다.

④ 사질지반에 적용하며, 점토지반에서는 편차가 커서 신뢰성이 떨어진다.

해설

- 50/3의 표기에서 50은 타격횟수를, 3은 굴진수치를 나타낸다.

표준관입시험(SPT)

㉠ 개요

- 지반조사의 대표적인 현장시험방법이다.
- 보링 구멍 내에 무게 63.5kg의 해머를 높이 76cm에서 낙하시켜 샘플러를 30cm 관입시키는 데 필요한 타격횟수를 측정하는 시험이다.

㉡ 특징 및 N값

- 필요 타격횟수(N값)로 모래지반의 내부 마찰각을 구할 수 있다.
- 사질지반에 적용하며, 점토지반에서는 편차가 커서 신뢰성이 떨어진다.
- N값과 상대밀도

| N값 | 0 ~ 4 | 4 ~ 10 | 10 ~ 30 | 30 ~ 50 | 50 이상 |
|---|---|---|---|---|---|
| 상대 밀도 | 매우 느슨 | 느슨 | 보통 | 조밀 | 매우 조밀 |

## 113

Repetitive Learning (1회 2회 3회)

지반조사 보고서 내용에 해당되지 않는 항목은?

① 지반공학적 조건

② 표준관입시험치, 콘관입저항치 결과분석

③ 시공예정인 흙막이 공법

④ 건설할 구조물 등에 대한 지반특성

해설

- 지반조사는 예비조사단계로 아직 대상 부지가 선정되기 전으로 예정부지 주변의 조건들을 조사하는 단계이다. 시공예정인 흙막이 공법은 본 조사에서 수행할 내용이다.

지반조사 보고서의 내용

- 지반공학적 조건
- 표준관입시험치, 콘관입저항치 결과분석
- 건설할 구조물 등에 대한 지반특성
- 현장시험 및 실내시험의 날짜와 결과
- 측량 및 시험 장비와 자료
- 지반조사자와 도급자의 이름과 소속
- 현장 육안조사 내역 및 결과 집계표 등

1602 / 1902 / 2104

## 114

Repetitive Learning (1회 2회 3회)

흙막이 가시설 공사 시 사용되는 각 계측기의 설치목적으로 옳지 않은 것은?

① 지표침하계 – 지표면 침하량 측정

② 수위계 – 지반 내 지하수위의 변화 측정

③ 하중계 – 상부 적재하중 변화 측정

④ 지중경사계 – 지중의 수평 변위량 측정

해설

- 하중계(Load cell)는 버팀보 어스앵커(Earth anchor) 등의 실제 축 하중 변화를 측정하는 계측기이다.

굴착공사용 계측기기 실작 1901/1804/1801/1604/1602/1601/1501/1404

㉠ 개요

- 개착식 굴착공사에서 설치하는 계측기기에는 기울기(Tilt meter), 지하수위계, 간극수압계, 경사계, 응력계, 변형률계, 하중계 등이 있다.
- 지반붕괴 방지를 위한 계측장치에는 지하수위계, 경사계, 변형률계, 응력계, 하중계 등이 있다.
- 깊이 10.5m 이상의 굴착의 경우 수위계, 경사계, 하중 및 침하계, 응력계에 해당하는 계측기기를 설치하여 흙막이 구조의 안전을 예측하여야 하며, 설치가 불가능할 경우 트랜싯 및 레벨 측량기에 의해 수직·수평 변위 측정을 실시하여야 한다.

㉡ 종류

| 계측기 | 내용 |
|---|---|
| 지표침하계 (Surface settlement system) | 지표면의 침하량을 측정하는 기구 |
| 지하수위계 (Water level meter) | 지반 내 지하수위의 변화를 계측하는 기구 |
| 하중계 (Load cell) | 버팀보 어스앵커(Earth anchor) 등의 실제 축 하중 변화를 측정하는 계측기 |
| 지중경사계 (Inclinometer) | 지중의 수평 변위량을 통해 주변 지반의 변형을 측정하는 기계 |
| 건물경사계 (Tiltmeter) | 인접한 구조물에 설치하여 구조물의 경사 및 변형상태를 측정하는 기구 |
| 수직지향각도계 (Inclinometer, 경사계) | 주변 지반, 지층, 기계, 시설 등의 경사도와 변형을 측정하는 기구 |
| 변형률계 (Strain gauge) | 흙막이 가시설의 버팀대(Strut)의 변형을 측정하는 계측기 |

0501 / 0804 / 1104

## 115 Repetitive Learning 1회 2회 3회

산업안전보건기준에 관한 규칙에 따른 철골공사 작업 시 작업을 중지해야 할 경우는?

① 강우량 1.5mm/hr
② 풍속 8m/sec
③ 강설량 5mm/hr
④ 지진 진도 1.0

**해설**

• 풍속이 초당 10m 이상, 강우량이 시간당 1mm 이상, 강설량이 시간당 1cm 이상인 경우 철골공사 작업을 중지한다.

∷ 철골작업 중지 악천후 기준 **실필** 1504/1502/1302/0901
**실작** 1901/1802/1704

• 풍속이 초당 10m 이상인 경우
• 강우량이 시간당 1mm 이상인 경우
• 강설량이 시간당 1cm 이상인 경우

0502 / 0602 / 0902 / 0904 / 1001 / 1304 / 1804 / 2201

## 116 Repetitive Learning 1회 2회 3회

옥외에 설치되어 있는 주행크레인에 대하여 이탈방지장치를 작동시키는 등 그 이탈을 방지하기 위한 조치를 하여야 하는 순간풍속에 대한 기준으로 옳은 것은?

① 순간풍속이 초당 10m를 초과하는 바람이 불어올 우려가 있는 경우
② 순간풍속이 초당 20m를 초과하는 바람이 불어올 우려가 있는 경우
③ 순간풍속이 초당 30m를 초과하는 바람이 불어올 우려가 있는 경우
④ 순간풍속이 초당 40m를 초과하는 바람이 불어올 우려가 있는 경우

**해설**

• 주행크레인에 이탈방지를 위한 조치를 하는 것은 순간풍속 초당 30m를 초과하는 바람이 불 때이다.

∷ 폭풍에 대비한 이탈방지조치 **실필** 1801/1402

• 사업주는 순간풍속이 초당 30m를 초과하는 바람이 불어올 우려가 있는 경우 옥외에 설치되어 있는 주행크레인에 대하여 이탈방지장치를 작동시키는 등 이탈방지를 위한 조치를 하여야 한다.

0604

## 117 Repetitive Learning 1회 2회 3회

철골조립작업에서 안전한 작업발판과 안전난간을 설치하기가 곤란한 경우 작업원에 대한 안전대책으로 가장 알맞은 것은?

① 안전대 및 구명로프 사용
② 안전모 및 안전화 사용
③ 출입금지 조치
④ 작업 중지 조치

**해설**

• 근로자가 추락하거나 넘어질 위험이 있는 장소에는 작업발판, 추락방호망을 설치하고, 설치가 곤란하면 근로자에게 안전대를 착용케 한다.

∷ 산업안전보건기준에 따른 추락위험의 방지대책
**실작** 1804/1801/1604/1502/1501

• 근로자가 추락하거나 넘어질 위험이 있는 장소 또는 기계·설비·선박블록 등에서 작업을 할 때에 근로자가 위험해질 우려가 있는 경우 비계(飛階)를 조립하는 등의 방법으로 작업발판을 설치하여야 한다.
• 작업발판을 설치하기 곤란한 경우 추락방호망을 설치하여야 한다.
• 추락방호망을 설치하기 곤란한 경우에는 근로자에게 안전대를 착용하도록 하는 등 추락위험을 방지하기 위하여 필요한 조치를 하여야 한다.
• 근로자의 추락위험을 방지하기 위하여 안전대나 구명줄을 설치하여야 하고, 안전난간을 설치할 수 있는 구조인 경우에는 안전난간을 설치하여야 한다.
• 안전방망이란 고소작업 중 작업자의 추락 및 물체의 낙하를 방지하기 위하여 수평으로 설치하는 보호망을 말한다.

0301 / 1104

## 118 Repetitive Learning 

철근콘크리트 구조물의 해체를 위한 장비가 아닌 것은?

① 램머(Rammer)
② 압쇄기
③ 철제해머
④ 핸드브레이커(Hand breaker)

**해설**

• 램머(Rammer)는 지반을 다질 때 사용하는 다짐기계로 해체작업과 관련이 멀다.



115 ① 116 ③ 117 ① 118 ① 정답

:: 해체작업용 기계 및 기구

| | |
|---|---|
| 브레이커 (Breaker) | • 압축공기, 유압부의 급속한 충격력으로 구조물을 파쇄할 때 사용하는 기구로 통상 셔블계 건설기계에 설치하여 사용하는 기계<br>• 핸드브레이커는 사람이 직접 손으로 잡고 사용하는 브레이커로 진동으로 인해 인체에 영향을 주므로 작업시간을 제한한다. |
| 철제해머 | 쇠뭉치를 크레인 등에 부착하여 구조물에 충격을 주어 파쇄하는 것 |
| 화약류 | 가벼운 타격이나 가열로 짧은 시간에 화학변화를 일으킴으로써 급격히 많은 열과 가스를 발생케 하여 순간적으로 큰 파괴력을 얻을 수 있는 고체 또는 액체의 폭발성 물질로서 화약, 폭약류의 화공품 |
| 팽창제 | 광물의 수화반응에 의한 팽창압을 이용하여 구조체 등을 파괴할 때 사용하는 물질 |
| 절단톱 | 회전날 끝에 다이아몬드 입자를 혼합, 경화하여 제조한 것으로 기둥, 보, 바닥, 벽체를 적당한 크기로 절단하는 기구 |
| 재키 | 구조물의 국소부에 압력을 가해 해체할 때 사용하는 것으로 구조물의 부재 사이에 설치하는 기구 |
| 쐐기타입기 | 직경 30~40mm 정도의 구멍 속에 쐐기를 박아 넣어 구멍을 확대하여 구조체를 해체할 때 사용하는 기구 |
| 고열분사기 | 구조체를 고온으로 용융시키면서 해체할 때 사용하는 기구 |
| 절단줄톱 | 와이어에 다이아몬드 절삭 날을 부착하여 고속 회전시켜 구조체를 절단, 해체할 때 사용하는 기구 |

## 119

Repetitive Learning (1회 2회 3회)

낙하물방지망 또는 방호선반을 설치하는 경우에 수평면과의 각도 기준으로 옳은 것은?

① 10° 이상 20° 이하
② 20° 이상 30° 이하
③ 25° 이상 35° 이하
④ 35° 이상 45° 이하

해설

• 낙하물방지망과 수평면의 각도는 20° 이상, 30° 이하를 유지한다.

:: 낙하물방지망과 방호선반의 설치기준 실필 1602/1601
실작 1902/1804/1802/1801/1602/1601/1404/1401

• 높이 10m 이내마다 설치한다.
• 내민 길이는 벽면으로부터 2m 이상으로 한다.
• 수평면과의 각도는 20° 이상, 30° 이하를 유지한다.

1001 / 1202 / 1501 / 1802

## 120

Repetitive Learning (1회 2회 3회)

강풍이 불어올 때 타워크레인의 운전작업을 중지하여야 하는 순간풍속의 기준으로 옳은 것은?

① 순간풍속이 초당 10m 초과
② 순간풍속이 초당 15m 초과
③ 순간풍속이 초당 25m 초과
④ 순간풍속이 초당 30m 초과

해설

• 타워크레인의 운전을 중지해야 하는 경우는 순간풍속이 초당 15m를 초과할 때이다.

:: 타워크레인 강풍 조치사항

• 순간풍속이 초당 10m 초과 시 : 타워크레인의 설치·수리·점검 또는 해체작업을 중지해야 한다.
• 순간풍속이 초당 15m 초과 시 : 타워크레인의 운전을 중지해야 한다.

정답 | 119 ② 120 ②

# 출제문제 분석 2014년 2회

| 구분 | 1과목 | 2과목 | 3과목 | 4과목 | 5과목 | 6과목 | 합계 |
|---|---|---|---|---|---|---|---|
| New유형 | 2 | 1 | 5 | 8 | 4 | 5 | 25 |
| New문제 | 12 | 4 | 11 | 13 | 12 | 11 | 63 |
| 또나온문제 | 4 | 9 | 7 | 6 | 6 | 4 | 36 |
| 자꾸나온문제 | 4 | 7 | 2 | 1 | 2 | 5 | 21 |
| 합계 | 20 | 20 | 20 | 20 | 20 | 20 | 120 |

- New유형은 New문제 중 기존 기출문제와 완전히 다른 유형의 문제를 말합니다.
- New문제는 기존에 출제되지 않은 문제로 이번에 처음 출제되는 문제입니다.
- 또나온문제는 기존에 출제된 적이 1번 있는 문제를 말합니다.
- 자꾸나온문제는 기존에 출제된 적이 2번 이상 있는 문제를 말합니다. 그만큼 중요한 문제입니다.

## 몇 년분의 기출문제를 공부해야 합격할 수 있을까요?

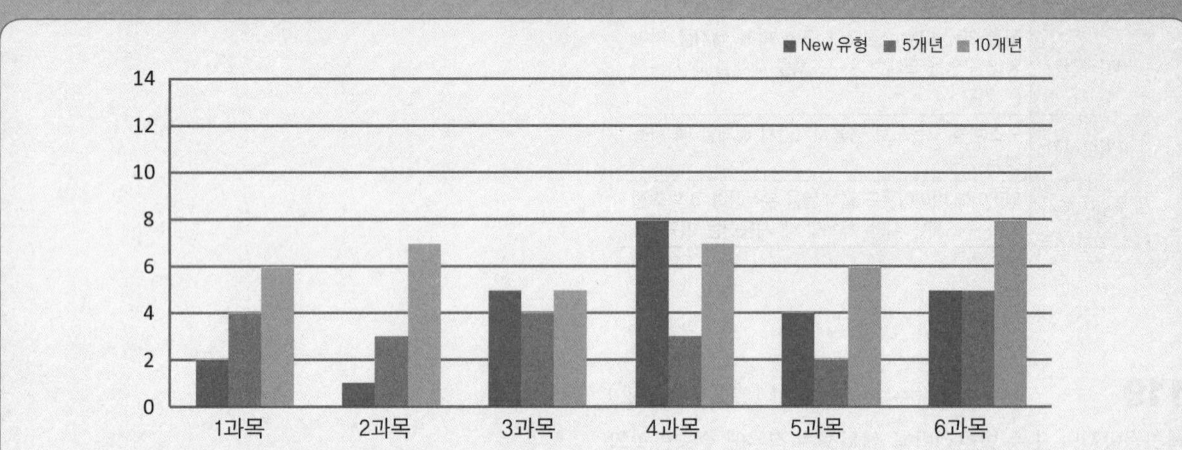


- 완전 새로운 유형의 문제는 25문제이고 95문제가 이미 출제된 문제 혹은 변형문제입니다.
- 5년분(2016~2020) 기출에서 동일문제가 21문항이 출제되었고, 10년분(2011~2020) 기출에서 동일문제가 39문항이 출제되었습니다.

## 실기에 나왔어요!! 외우세요!!!

실기시험은 필답형과 작업형으로 구분되어 있으며 모두 주관식으로 직접 내용을 적어야 합니다. 필기 공부하면서 실기 출제된 내역들은 좀 더 신경써서 암기하실 필요가 있어요. 필기 합격자 발표 난 후 실기시험까지는 5주밖에 여유가 없답니다. 어차피 공부할 것 필기 때 확실하게 해준다면 실기도 단방에 합격할 수 있습니다.

- 총 20개의 해설이 실기 필답형 시험과 연동되어 있습니다.
- 총 8개의 해설이 실기 작업형 시험과 연동되어 있습니다.

## 분석의견

최근 10년분의 기출문제와 답을 반복암기해서는 합격점수인 72점에서 33점이 부족합니다. 새로운 유형(25문항)과 문제(63문항)는 평균(15/53.9문항)보다 10문항 이상 많이 출제되었으며, 최근 5년분 및 10년분 기출출제비율 역시 평균보다 낮아 다소 어려운 난이도를 유지하고 있습니다. 과목별로는 크게 난이도 편차가 없으나 전체적으로 생소한 문제들이 많아 어렵게 느껴질 만한 난이도의 기출문제입니다. 합격에 필요한 점수를 획득하기 위해서는 최근 5년분 문제와 핵심이론의 3회독 혹은 최근 10년분 문제와 핵심이론의 2회독 이상의 학습이 필요합니다.

# 2014년 제2회

2014년 5월 25일 필기

14년 2회차 필기시험
합격률 35.2%

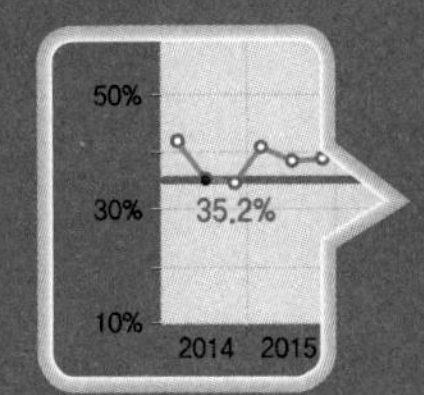


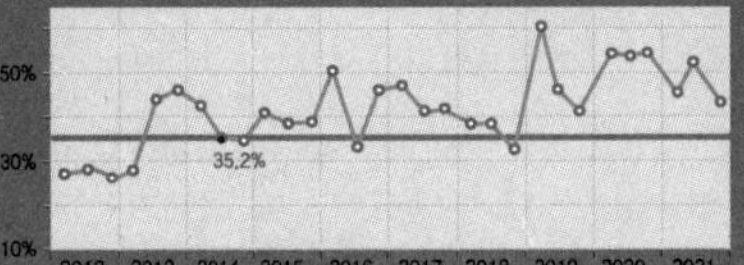


## 1과목 산업안전관리론

1802

### 01 Repetitive Learning (1회 2회 3회)

산업안전보건기준에 관한 기준에 따른 크레인, 이동식크레인, 리프트를 사용하여 작업을 할 때 작업시작 전에 공통적으로 점검해야 하는 사항은?

① 바퀴의 이상 유무
② 전선 및 접속부 상태
③ 브레이크 및 클러치의 기능
④ 작업면의 기울기 또는 요철 유무

해설

- 크레인, 이동식크레인, 리프트 사용 시 공통적인 작업시작 전 점검사항에는 브레이크 및 클러치의 기능과 와이어로프가 통하고 있는 곳의 상태이다.

:: 크레인을 사용하여 작업을 하는 경우 작업시작 전 점검사항
실필 1702/1501/1001
- 권과방지장치·브레이크·클러치 및 운전장치의 기능
- 주행로의 상측 및 트롤리(Trolley)가 횡행하는 레일의 상태
- 와이어로프가 통하고 있는 곳의 상태

:: 리프트를 사용하여 작업을 하는 경우 작업시작 전 점검사항
- 방호장치·브레이크 및 클러치의 기능
- 와이어로프가 통하고 있는 곳의 상태

:: 이동식크레인을 사용하여 작업을 하는 경우 작업시작 전 점검사항
실필 1902
- 권과방지장치나 그 밖의 경보장치의 기능
- 브레이크·클러치 및 조종장치의 기능
- 와이어로프가 통하고 있는 곳 및 작업장소의 지반상태

### 02 Repetitive Learning (1회 2회 3회)

다음 중 방음용 귀마개 또는 귀덮개의 종류 및 등급과 기호가 잘못 연결된 것은?

① 귀덮개 : EM
② 귀마개 1종 : EP-1
③ 귀마개 2종 : EP-2
④ 귀마개 3종 : EP-3

해설

- 방음용 귀마개는 1종과 2종으로 구분된다.

:: 방음용 귀마개 또는 귀덮개의 종류·등급 등

| 종류 | 등급 | 기호 | 성능 | 비고 |
|---|---|---|---|---|
| 귀마개 | 1종 | EP-1 | 저음부터 고음까지 차음하는 것 | 귀마개의 경우 재사용 여부를 제조특성으로 표기 |
| | 2종 | EP-2 | 주로 고음을 차음하고 저음(회화음영역)은 차음하지 않는 것 | |
| 귀덮개 | – | EM | | |

### 03 Repetitive Learning (1회 2회 3회)

다음 중 재해의 발생형태에 있어 일어난 장소나 그 시점에 일시적으로 요인이 집중하여 재해가 발생하는 경우를 무엇이라 하는가?

① 연쇄형
② 복합형
③ 결합형
④ 단순자극형

해설

- 재해의 발생형태별 분류에는 단순자극형, 연쇄형, 복합형이 있다.
- 연쇄형은 하나의 사고요인이 또 다른 사고요인을 불러일으켜 재해가 발생하는 형태를 말한다.
- 복합형은 집중형과 연쇄형이 결합된 재해 발생형태를 말한다.

정답 | 01 ③ 02 ④ 03 ④

:: 재해의 발생형태

- 단순자극형 : 집중형이라고도 하며, 일시적으로 재해요인이 집중하여 재해가 발생하는 형태를 말한다.

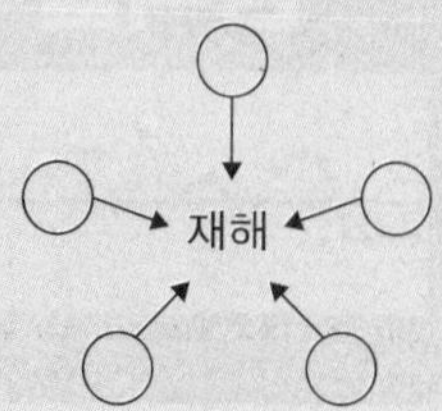


〈단순자극형, 집중형〉

- 연쇄형 : 하나의 사고요인이 또 다른 사고요인을 불러일으켜 재해가 발생하는 형태를 말한다.

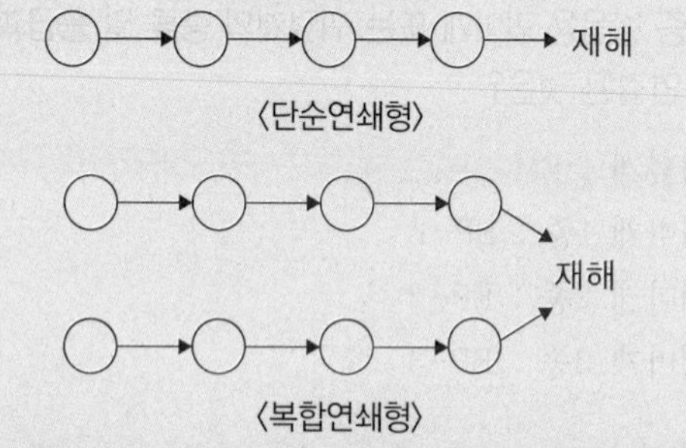


〈복합연쇄형〉

- 복합형 : 집중형과 연쇄형이 결합된 재해 발생형태를 말한다.

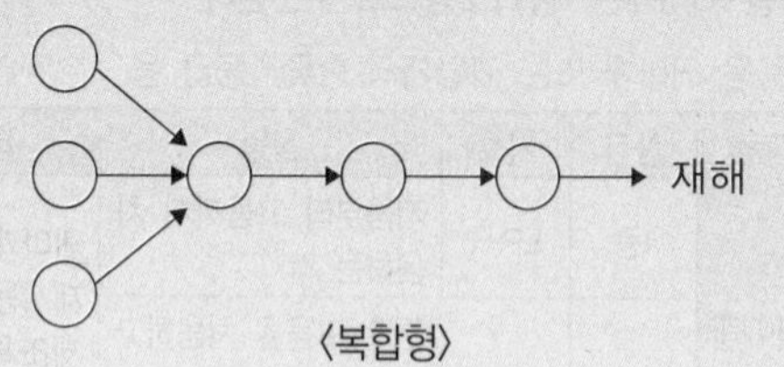


〈복합형〉

1102

## 04 Repetitive Learning (1회 2회 3회)

다음 중 TBM(Tool Box Meeting) 위험예지훈련의 진행방법으로 가장 적절하지 않은 것은?

① 인원은 10명 이하로 구성한다.
② 소요시간은 10분 정도가 바람직하다.
③ 리더는 주제의 주안점에 대하여 연구해 둔다.
④ 오전 작업시작 전과 오후 작업종료 시 하루 2회 실시한다.

**해설**

- 작업시작 전에 10여분 동안 실시한다.

:: TBM(Tool Box Meeting) 위험예지훈련 실필 1804/1404

㉠ 개요

- 현장에서 그때 그 장소의 상황에서 즉응하여 실시하는 위험예지활동으로 즉시즉응법이라고도 한다.
- TBM(Tool Box Meeting)으로 실시하는 위험예지활동이다.
- TBM 5단계는 도입 – 점검정비 – 작업지시 – 위험예지훈련 – 확인단계를 거친다.

㉡ 방법

- 10명 이하의 소수가 적합하며, 시간은 10분 정도 작업을 시작하기 전에 갖는다.
- 사전에 주제를 정하고 자료 등을 준비한다.
- 결론은 가급적 서두르지 않는다.

1001 / 1002 / 1004 / 1104 / 1304 / 1501 / 1604 / 1704 / 1804 / 2001 / 2104 / 2201

## 05 Repetitive Learning (1회 2회 3회)

재해사례연구의 진행단계로 옳은 것은?

① 사실의 확인 → 재해 상황의 파악 → 문제점의 발견 → 문제점의 결정 → 대책의 수립
② 문제점의 발견 → 재해 상황의 파악 → 사실의 확인 → 문제점의 결정 → 대책의 수립
③ 재해 상황의 파악 → 사실의 확인 → 문제점의 발견 → 문제점의 결정 → 대책의 수립
④ 문제점의 발견 → 문제점의 결정 → 재해 상황의 파악 → 사실의 확인 → 대책의 수립

**해설**

- 재해사례연구의 진행단계는 재해 상황의 파악 → 사실의 확인 → 문제점의 발견 → 근본적 문제점의 결정 → 대책수립 순이다.

:: 재해사례연구의 진행단계

㉠ 진행순서

- 재해 상황의 파악 → 사실의 확인 → 문제점의 발견 → 근본적 문제점의 결정 → 대책수립 순이다.

㉡ 단계별 특징

| 단계 | 특징 |
|---|---|
| 재해 상황의 파악 | 사례연구의 전제조건으로서 발생일시 및 장소 등 재해 상황의 주된 항목에 관해서 파악한다. |
| 사실의 확인 | 재해가 발생할 때까지의 경과 중 재해와 관계가 있는 사실 및 재해요인을 객관적으로 확인한다. |
| 문제점의 발견 | 파악된 사실로부터 판단하여 관계법규, 사내규정 등을 적용하여 문제점을 발견한다. |
| 근본적 문제점의 결정 | 재해의 중심이 된 문제점에 관하여 어떤 관리적 책임의 결함이 있는지를 여러 가지 안전보건의 키(Key)에 대하여 분석한다. |
| 대책수립 | 동종 및 유사재해의 방지대책을 구체적, 실현가능하게 수립한다. |



04 ④ 05 ③ | 정답

1101 / 1302 / 1404 / 1604 / 1701 / 1704 / 1801 / 1804 / 2102 / 2202

## 06

Repetitive Learning (1회 2회 3회)

산업안전보건법령에 따른 안전보건관리규정을 작성하여야 할 사업의 사업주는 안전보건관리규정을 작성하여야 할 사유가 발생한 날부터 며칠 이내에 작성하여야 하는가?

① 15일　② 30일
③ 50일　④ 60일

해설

- 사업주는 안전보건관리규정을 작성하여야 할 사유가 발생한 날부터 30일 이내에 안전보건관리규정을 작성하여야 한다.

안전보건관리규정 실필 1601/1101

- 안전보건관리규정을 작성하여야 할 사업의 종류 및 규모

| 사업의 종류 | 규모 |
|---|---|
| 1. 농업<br>2. 어업<br>3. 소프트웨어 개발 및 공급업<br>4. 컴퓨터 프로그래밍, 시스템 통합 및 관리업<br>5. 정보서비스업<br>6. 금융 및 보험업<br>7. 임대업(부동산 제외)<br>8. 전문, 과학 및 기술 서비스업 (연구개발업 제외)<br>9. 사업지원 서비스업<br>10. 사회복지 서비스업 | 상시근로자 300명 이상을 사용하는 사업장 |
| 11. 제1호부터 제10호까지의 사업을 제외한 사업 | 상시근로자 100명 이상을 사용하는 사업장 |

- 사업주는 안전보건관리규정을 작성하여야 할 사유가 발생한 날부터 30일 이내에 안전보건관리규정을 작성하여야 한다. 이를 변경할 사유가 발생한 경우에도 또한 같다.
- 사업주는 안전보건관리규정을 작성하거나 변경할 때에는 산업안전보건위원회의 심의·의결을 거쳐야 한다. 다만, 산업안전보건위원회가 설치되어 있지 아니한 사업장의 경우에는 근로자대표의 동의를 받아야 한다.

## 07

Repetitive Learning (1회 2회 3회)

다음 중 1,000여명 이상 되는 대규모 현장의 안전조직을 구성할 때, 가장 중점적으로 고려하여야 할 사항은?

① 안전에 관한 전담부서를 중심으로 조직한다.
② 소요되는 비용의 절감을 우선적으로 고려하여야 한다.
③ 현장에 직접적인 안전업무의 권한을 부여하도록 한다.
④ 조직을 구성하는 관리자의 권한과 책임을 명확히 한다.

해설

- 안전조직을 구성할 때는 회사의 특성과 규모에 부합된 조직으로 설계해야 하고, 조직형태가 확정되면 조직을 구성하는 관리자의 권한과 책임을 명확히 해야 한다.

라인-스태프(Line-staff)형 조직

㉠ 개요
- 가장 이상적인 조직형태로 1,000명 이상의 대규모 사업장에서 주로 사용된다.
- 라인의 관리·감독자에게도 안전에 관한 책임과 권한이 부여된다.
- 안전계획, 평가 및 조사는 스태프에서, 생산기술의 안전대책은 라인에서 실시한다.

㉡ 장점
- 안전 전문가에 의해 입안된 것을 경영자의 지침으로 명령 실시하므로 정확하고 신속하다.
- 조직원 전원을 자율적으로 안전 활동에 참여시킬 수 있다.
- 라인의 관리, 감독자에게도 안전에 관한 책임과 권한이 부여된다.
- 안전 활동과 생산업무가 유리될 우려가 없기 때문에 균형을 유지할 수 있어 이상적인 조직형태이다.

㉢ 단점
- 명령계통과 조언·권고적 참여가 혼동되기 쉽다.
- 스태프의 월권행위가 발생하는 경우가 있다.
- 라인이 스태프에 의존하거나 스태프를 활용하지 않는 경우가 있다.

1902

## 08

Repetitive Learning (1회 2회 3회)

다음 중 산업안전보건법령상 자율안전확인대상 기계·기구 및 설비에 해당하지 않는 것은?

① 곤돌라　② 연삭기
③ 컨베이어　④ 자동차정비용 리프트

해설

- 곤돌라는 의무안전인증대상 기계·기구에 해당한다.

자율안전확인대상 기계·기구 실필 1002/0902
실작 1902/1901/1802/1801/1704

| | |
|---|---|
| 자율안전확인대상 기계·기구 | • 연삭기 또는 연마기(휴대용은 제외)<br>• 산업용 로봇<br>• 혼합기<br>• 파쇄기 또는 분쇄기<br>• 식품가공용기계(파쇄·절단·혼합·제면기만 해당)<br>• 컨베이어<br>• 자동차정비용 리프트<br>• 공작기계(선반, 드릴기, 평삭·형삭기, 밀링만 해당)<br>• 고정형 목재가공용기계 (둥근톱, 대패, 루타기, 띠톱, 모떼기 기계만 해당)<br>• 인쇄기<br>• 기압조절실 |

정답 | 06 ② 07 ④ 08 ①

| 자율안전 확인대상 방호장치 | • 아세틸렌 또는 가스집합 용접장치용 안전기<br>• 교류 아크용접기용 자동전격방지기<br>• 롤러기 급정지장치<br>• 연삭기 덮개<br>• 목재가공용 둥근톱 반발예방장치와 날 접촉예방장치<br>• 동력식 수동대패용 칼날 접촉방지장치<br>• 산업용 로봇 안전매트 |
|---|---|
| 자율안전 확인대상 보호구 | • 안전모<br>• 보안경<br>• 보안면<br>• 잠수기(잠수헬멧 및 잠수마스크 포함) |

2101

## 09 Repetitive Learning (1회 2회 3회)

다음 중 작업자의 오동작 등 조작하는 순서의 잘못에 대응하여 사고나 재해를 방지하는 기능을 무엇이라 하는가?

① Back up 기능
② Fool proof 기능
③ Fail safe 기능
④ 다중계화 기능

해설

• 풀 프루프(Fool proof)는 작업자가 기계 설비를 잘못 취급하더라도 사고가 일어나지 않도록 하는 기능을 말한다.

∷ 풀 프루프(Fool proof)

㉠ 개요

• 기계 조작에 익숙하지 않은 사람이나 기계의 위험성 등을 이해하지 못한 사람이라도 기계 조작 시 조작 실수를 하지 않도록 하는 기능으로 작업자가 기계 설비를 잘못 취급하더라도 사고가 일어나지 않도록 하는 기능을 말한다.
• 계기나 표시를 보기 쉽게 하거나 이른바 인체공학적 설계도 넓은 의미의 풀 프루프에 해당된다.
• 각종 기구의 인터록 장치, 크레인의 권과방지장치, 카메라의 이중 촬영방지장치, 기계의 회전부분에 울이나 커버 장치, 승강기 중량제한시 운행정지 장치, 선풍기 가드에 손이 들어갈 경우 회전정지장치 등이 이에 해당한다.

㉡ 조건

• 인간이 에러를 일으키기 어려운 구조나 기능을 가지도록 한다.
• 조작순서가 잘못되어도 올바르게 작동하도록 한다.

0401/1101

## 10 Repetitive Learning (1회 2회 3회)

다음 중 무재해 운동의 기본이념 3원칙을 설명한 것으로 적절하지 않은 것은?

① 모든 잠재위험요인을 사전에 발견·파악·해결함으로써 근원적으로 산업재해를 없앤다.
② 잠재적인 위험요인을 발견·해결하기 위하여 전원이 협력하여 문제 해결 행동을 실천한다.
③ 직장의 모든 위험요인을 행동하기 전에 발견·파악·해결하여 재해를 예방하거나 방지한다.
④ 무재해는 최고경영자의 무재해 및 무질병에 대한 확고한 경영자세로 시작된다.

해설

※ 사업장 무재해 운동 인증업무가 2018년 말로 종료됨에 따라 관련 법규가 삭제되어 관련 문제로 대치합니다.

• 무재해 운동의 3원칙과 무재해 운동의 추진을 위한 3요소(기둥)는 구분되어야 한다.

∷ 무재해 운동 3원칙

| 무(無, Zero)의 원칙 | 모든 잠재위험요인을 사전에 발견·파악·해결함으로써 근원적으로 산업재해를 없앤다. |
|---|---|
| 안전제일(선취)의 원칙 | 직장의 위험요인을 행동하기 전에 발견·파악·해결하여 재해를 예방한다. |
| 참가의 원칙 | 작업에 따르는 잠재적인 위험요인을 발견·해결하기 위하여 전원이 협력하여 문제해결 운동을 실천한다. |

## 11 Repetitive Learning (1회 2회 3회)

연간 국내공사 실적액이 50억원이고, 건설업평균임금이 250만원이며, 노무비율은 0.06인 사업장에서 산출한 상시근로자수는 얼마인가?

① 5
② 10
③ 20
④ 30

해설

• 주어진 값을 대입하면 $\frac{5,000,000,000 \times 0.06}{2,500,000 \times 12} = 10$이다.



09 ② 10 ④ 11 ② 정답

**환산재해율** 실필 1901

- 환산재해율은 건설공사의 PQ 심사 중에서 건설공사의 기술적 공사이행능력의 신인도 부분에서 중요한 요소로 작용한다.
- 환산재해율 = $\frac{\text{환산재해자수}}{\text{상시근로자수}} \times 100$으로 구한다.
- 환산재해자수는 기본적으로 원청과 하청 소속 근로자를 합하되, 재하청의 경우에는 모든 근로자를 합하여 원청과 직접하청의 절반으로 산정한다.
- 사망자의 경우에는 그 중요성을 고려하여 5배까지 가중한다.
- 재해 발생시기와 사망시기의 연도가 다른 경우 재해발생연도의 다음연도 3월 31일 이전에 사망한 경우에만 가중치를 부여한다.
- 산업재해 발생 보고를 게을리 하여 고용노동부장관이 사망재해 발생연도 이후에 그 사실을 알게 된 경우에는 알게 된 연도의 사망재해수로 산정하며 부상재해자의 5배 가중치를 부여한다.
- 고혈압 등 개인지병에 의한 경우로 해당 사고 발생의 직접적인 원인이 사업주의 법 위반으로 인한 것이 아니라고 인정되는 재해자에 대하여는 가중치를 부여하지 아니한다.
- 상시근로자수는 $\frac{\text{연간국내공사실적액} \times \text{노무비율}}{\text{건설업월평균임금} \times 12}$로 구한다.

0502

## 12 Repetitive Learning ( 1회 2회 3회 )

다음 중 버드(Bird)가 발표한 새로운 사고연쇄예방이론에서 사건을 방지하기 위해 제기한 직전의 사상은?

① 기준 이하의 행동(Substandard acts) 및 기준 이하의 조건(Substandard conditions)

② 기준 이하의 행동(Substandard acts) 및 작업 관련 요소(Job factor)

③ 사람 관련 요소(Personal factor) 및 작업 관련 요소(Job factor)

④ 사람 관련 요소(Personal factor) 및 기준 이하의 조건(Substandard conditions)

**해설**

- 사고(4단계) 직전의 사상은 3단계로, 불안전한 행동과 불안전한 상태를 말한다. 이는 기준 이하의 행동과 작업조건을 의미한다.

**버드(Bird)의 신연쇄성 이론**

㉠ 개요
- 신도미노 이론이라고도 한다.
- 재해발생의 근원적 원인은 관리의 부족에 있다고 정의한다.
- 재해발생의 기본원인은 개인적 요인 및 작업상의 요인에 있다고 주장한다.
- 재해의 직접원인을 징후라 하고 불안전한 행동 및 상태에서 비롯된다고 한다.

㉡ 단계

| 1단계 | 관리의 부족 |
|---|---|
| 2단계 | 개인적 요인, 작업상의 요인 |
| 3단계 | 불안전한 행동 및 상태 |
| 4단계 | 사고 |
| 5단계 | 재해 |

## 13 Repetitive Learning ( 1회 2회 3회 )

다음 중 산업안전보건법에 따라 같은 장소에서 행하여지는 도급사업에 있어 구성되는 노사협의체의 구성에 관한 설명으로 틀린 것은?

① 근로자대표가 지명하는 명예산업안전감독관은 근로자위원에 해당한다.

② 명예산업안전감독관이 위촉되어 있지 아니한 경우에는 근로자대표가 지명하는 안전관리자를 근로자위원으로 구성할 수 있다.

③ 공사금액이 20억원 이상인 도급 또는 하도급 사업의 사업주는 사용자위원으로 구성된다.

④ 노사협의체의 근로자위원과 사용자위원은 합의를 통해 노사협의체에 공사금액이 20억원 미만인 도급 또는 하도급 사업의 사업주 및 근로자대표를 위원으로 위촉할 수 있다.

**해설**

- 명예감독관이 위촉되어 있지 아니한 경우에는 근로자대표가 지명하는 안전관리자가 아니라 해당 사업장 근로자 1명을 근로자위원으로 구성할 수 있다.

**안전·보건에 관한 노사협의체** 실필 1301

㉠ 설치대상 : 공사금액이 120억원(토목공사업은 150억원) 이상인 건설업을 말한다.

㉡ 구성

| 근로자위원 | • 도급 또는 하도급 사업을 포함한 전체 사업의 근로자대표<br>• 근로자대표가 지명하는 명예산업안전감독관 1명. 다만, 명예산업안전감독관이 위촉되어 있지 아니한 경우에는 근로자대표가 지명하는 해당 사업장 근로자 1명<br>• 공사금액이 20억원 이상인 공사의 관계수급인의 각 근로자대표 |
|---|---|

| 사용자 위원 | • 도급 또는 하도급 사업을 포함한 전체 사업의 대표자<br>• 안전관리자 1명<br>• 보건관리자 1명(보건관리자 선임대상 건설업으로 한정)<br>• 공사금액이 20억원 이상인 공사의 관계수급인의 각 대표자 |
|---|---|
| 노사협의체의 근로자위원과 사용자위원은 합의를 통해 노사협의체에 공사금액이 20억원 미만인 공사의 관계수급인 및 관계수급인 근로자대표를 위원으로 위촉할 수 있다. | |

ⓒ 운영

• 노사협의체의 회의는 정기회의와 임시회의로 구분하되, 정기회의는 2개월마다 노사협의체의 위원장이 소집하며, 임시회의는 위원장이 필요하다고 인정할 때에 소집한다.

## 14 Repetitive Learning (1회 2회 3회)

산업안전보건법에 따라 사업주는 유해·위험작업에서 유해·위험 예방조치 외에 작업과 휴식의 적정한 배분, 그밖에 근로시간과 관련된 근로조건의 개선을 통하여 근로자의 건강보호를 위한 조치를 하여야 하는데 다음 중 이에 해당하는 작업이 아닌 것은?

① 인력으로 중량물을 취급하는 작업
② 안전관리자가 임의로 판단하여 지시되는 작업
③ 다량의 고열 또는 저온 물체를 취급하는 작업
④ 유리·흙·돌·광물의 먼지가 심하게 날리는 장소에서 하는 작업

**해설**

• 유해·위험 예방조치 외에 근로자의 건강 보호조치가 필요한 작업은 법 및 관계 장관의 명령으로 정해져 있다.

**∷ 유해·위험 예방조치 외에 근로자의 건강 보호조치가 필요한 작업**

• 갱(坑) 내에서 하는 작업
• 다량의 고열물체를 취급하는 작업과 현저히 덥고 뜨거운 장소에서 하는 작업
• 다량의 저온물체를 취급하는 작업과 현저히 춥고 차가운 장소에서 하는 작업
• 라듐방사선이나 엑스선, 그 밖의 유해 방사선을 취급하는 작업
• 유리·흙·돌·광물의 먼지가 심하게 날리는 장소에서 하는 작업
• 강렬한 소음이 발생하는 장소에서 하는 작업
• 착암기 등에 의하여 신체에 강렬한 진동을 주는 작업
• 인력으로 중량물을 취급하는 작업
• 납·수은·크롬·망간·카드뮴 등의 중금속 또는 이황화탄소·유기용제, 그 밖에 고용노동부령으로 정하는 특정 화학물질의 먼지·증기 또는 가스가 많이 발생하는 장소에서 하는 작업

## 15 Repetitive Learning (1회 2회 3회)

산업안전보건법령상 공사금액이 1,500억원인 건설현장에 두어야 할 안전관리자는 몇 명 이상인가?

① 1명　② 2명
③ 3명　④ 4명

**해설**

• 건설업의 경우 공사금액 1,500억원 이상 2,200억원 미만은 안전관리자가 3명이 필요하다.

**∷ 건설업 안전관리자의 최소 인원**

| 규모 | 인원 |
|---|---|
| 공사금액 50억원 이상(관계수급인은 100억원 이상) 120억원 미만(토목공사업의 경우는 150억원 미만) | 1명 |
| 공사금액 120억원 이상(토목공사업의 경우는 150억원 이상) 800억원 미만 | |
| 공사금액 800억원 이상 1,500억원 미만 | 2명 |
| 공사금액 1,500억원 이상 2,200억원 미만 | 3명 |
| 공사금액 2,200억원 이상 3,000억원 미만 | 4명 |
| 공사금액 3,000억원 이상 3,900억원 미만 | 5명 |
| 공사금액 3,900억원 이상 4,900억원 미만 | 6명 |
| 공사금액 4,900억원 이상 6,000억원 미만 | 7명 |
| 공사금액 6,000억원 이상 7,200억원 미만 | 8명 |
| 공사금액 7,200억원 이상 8,500억원 미만 | 9명 |
| 공사금액 8,500억원 이상 1조원 미만 | 10명 |
| 1조원 이상 | 11명 |

## 16 Repetitive Learning

다음 중 시설물의 안전관리에 관한 특별법상 정기점검의 실시 시기로 옳은 것은?

① 6개월에 1회 이상　② 1년에 1회 이상
③ 2년에 1회 이상　④ 3년에 1회 이상

**해설**

• A, B, C등급인 경우 정기안전점검은 반기(6개월)에 1회 이상, D, E등급인 경우 1년에 3회 이상이다.

**∷ 안전점검, 정밀안전진단 및 성능평가의 실시 시기**

| 안전등급 | 정기안전점검 | 정밀안전점검 | | 정밀안전진단 | 성능평가 |
|---|---|---|---|---|---|
| | | 건축물 | 건축물 외 시설물 | | |
| A등급 | 반기에 1회 이상 | 4년에 1회 이상 | 3년에 1회 이상 | 6년에 1회 이상 | 5년에 1회 이상 |
| B·C등급 | | 3년에 1회 이상 | 2년에 1회 이상 | 5년에 1회 이상 | |
| D·E등급 | 1년에 3회 이상 | 2년에 1회 이상 | 1년에 1회 이상 | 4년에 1회 이상 | |



14 ② 15 ③ 16 ① | 정답

1101 / 1802

## 17

재해조사 시 유의사항으로 틀린 것은?

① 조사는 현장이 변경되기 전에 실시한다.
② 목격자 증언 이외의 추측의 말은 참고로만 한다.
③ 사람과 설비 양면의 재해요인을 모두 도출한다.
④ 조사는 혼란을 방지하기 위하여 단독으로 실시한다.

**해설**

- 객관적인 조사를 위하여 조사는 2인 이상이 한다.

**재해조사의 유의사항**

- 피해자에 대한 구급조치를 최우선으로 하고, 2차 재해의 방지를 위해 적정 보호구를 착용한다.
- 가급적 재해 현장이 변형되지 않은 상태에서 신속하게 한다.
- 사실 이외의 추측되는 말은 참고용으로만 활용한다.
- 사람, 기계설비 양면의 재해요인을 모두 도출한다.
- 과거 사고 발생 경향 등을 참고하여 조사한다.
- 객관적 입장에서 재해방지에 우선을 두고 조사하며, 조사는 2인 이상이 한다.

1002

## 18

안전관리에 있어 PDCA 사이클의 관련된 내용이 틀린 것은?

① P : Plan
② D : Do
③ C : Control
④ A : Action

**해설**

- C는 Control이 아니라 검토에 해당하는 Check이다.

**안전관리사이클(PDCA)**

- 계획(Plan) – 목표 달성을 위한 기준
- 실시(Do) – 설정된 계획에 의해 실시
- 검토(Check) – 나타난 결과를 측정, 분석, 비교, 검토
- 조치(Action) – 결과와 계획을 비교하여 차이부분 적절한 조치

0402 / 0702

## 19

Repetitive Learning (1회 2회 3회)

A 사업장에서 지난해 2건의 사고가 발생하여 1건(재해자수 : 5명)은 재해조사표를 작성, 보고하였지만 1건은 재해자가 1명뿐이어서 재해조사표를 작성하지 않았으며, 보고도 하지 않았다. 동일 사업장에서 올해 1건(재해자수 : 3명)의 재해로 인하여 재해조사 중 지난해 보고하지 않은 재해를 인지하게 되었다면 이 경우 지난해와 올해의 재해자 수는 어떻게 기록되는가?

① 지난해 : 5명, 올해 : 3명
② 지난해 : 6명, 올해 : 3명
③ 지난해 : 5명, 올해 : 4명
④ 지난해 : 6명, 올해 : 4명

**해설**

- 지난해에 6명이 재해를 당했으나 5명으로 신고했으며, 금년에 3명의 재해가 발생해서 누락분을 확인한 경우 이를 추가 기록할 때는 지난해 재해자 수는 금년도 재해자 수에 누적하여 기록하므로 작년에는 5명, 금년에는 4명으로 기록한다.

**산업재해 발생 보고 및 기록 방법** 실필 1602

- 사업주는 산업재해로 사망자가 발생하거나 3일 이상의 휴업이 필요한 부상을 입거나 질병에 걸린 사람이 발생한 경우에는 산업재해가 발생한 날부터 1개월 이내에 산업재해조사표를 작성하여 관할 지방고용노동관서의 장에게 제출(전자문서에 의한 제출을 포함한다)하여야 한다.
- 처음 발생한 산업재해에 대하여 지방고용노동관서의 장으로부터 산업재해조사표를 작성하여 제출하도록 명령을 받은 경우 그 명령을 받은 날부터 15일 이내에 이를 이행한 때에는 보고를 한 것으로 본다.
- 전년도 재해보고에 누락된 재해자 수나 재해 건수는 누락된 것을 인지한 때에는 자진하여 누락분을 추가하여 보고한다. 이 때 해당 재해자 수는 금년도 인원에 누적하여 기록한다.

## 20

Repetitive Learning (1회 2회 3회)

다음 중 산업안전보건법령상 안전·보건표지의 색채기준에 있어 사용례와 해당 색채의 연결이 잘못된 것은?

① 파란색 또는 녹색에 대한 보조색 : 흰색
② 특정 행위의 지시 및 사실의 고지 : 파란색
③ 화학물질 취급장소에서의 유해·위험경고 : 노란색
④ 문자 및 빨간색 또는 노란색에 대한 보조색 : 검은색

정답 | 17 ④ 18 ③ 19 ③ 20 ③

해설

- 화학물질 취급장소에서의 유해·위험경고는 마름모꼴의 빨간색(7.5R 4/14)에 검정색(N0.5)으로 경고대상을 표시한다.

**경고표지** 실필 1902/1901/1702/1501/1302/1104/1001

- 유해·위험경고, 주의표지 또는 기계방호물을 표시할 때 사용된다.
- 경고표지는 화학물질 취급장소에서의 유해 및 위험경고와 화학물질 취급장소에서의 유해·위험경고 이외의 위험경고, 주의표지 또는 기계방호물로 구분된다.
- 화학물질 취급장소에서의 유해 및 위험경고표지는 무색 바탕에 빨간색(7.5R 4/14) 혹은 검은색(N0.5) 기본모형으로 표시하며, 인화성물질경고, 부식성물질경고, 급성독성물질경고, 산화성물질경고, 폭발성물질경고 등이 있다.

| 인화성물질 경고 | 부식성물질 경고 | 급성독성 물질경고 | 산화성물질 경고 | 폭발성물질 경고 |
|---|---|---|---|---|
| | | | | |

- 화학물질 취급장소에서의 유해·위험경고 이외의 위험경고, 주의표지 또는 기계방호물의 경고표지는 노란색(5Y 8.5/12) 바탕에 검은색(N0.5) 기본모형으로 표시하며, 방사성물질경고, 고압전기경고, 매달린물체경고, 낙하물경고, 고온/저온경고, 위험장소경고, 몸균형상실경고, 레이저광선경고 등이 있다.

| 방사성물질 경고 | 고압전기 경고 | 매달린물체 경고 | 낙하물 경고 |
|---|---|---|---|
| | | | |
| 고온/저온 경고 | 위험장소 경고 | 몸균형상실 경고 | 레이저광선 경고 |
| | | | |

## 2과목 산업심리 및 교육

0502 / 1902

### 21

Repetitive Learning 1회 2회 3회

다음 중 인간의 비지란스(Vigilance)현상에 영향을 미치는 조건의 설명으로 관계가 가장 적은 것은?

① 작업시작 직후에는 검출률이 낮다.
② 오래 지속되는 신호는 검출률이 높다.
③ 발생빈도가 높은 신호는 검출률이 높다.
④ 불규칙적인 신호에 대한 검출률이 낮다.

해설

- 작업시작 후에는 검출률이 높다가 30분 정도 지나면 검출능력이 절반 이하로 저하된다.

**인간의 비지란스(Vigilance)현상**

㉠ 개요
- 비지란스(Vigilance)는 주의하는 상태, 긴장상태, 경계상태를 의미한다.

㉡ 현상에 영향을 끼치는 조건
- 작업시작 후 검출률이 높다가 30분 정도 지나면 검출능력이 절반 이하로 저하된다.
- 신호 강도가 높고 오래 지속되는 신호는 검출하기 쉽다.
- 발생빈도가 높은 신호일수록 검출률이 높다.
- 규칙적인 신호에 대한 검출률이 높다.

1004 / 1704

### 22

Repetitive Learning 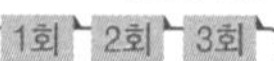


인간이 환경을 지각(Perception)할 때 가장 먼저 일어나는 요인은?

① 해석　　② 기대
③ 선택　　④ 조직화

해설

- 인간이 환경의 자극을 지각할 때
선택 → 조직화 → 해석 → 행동의 단계를 거친다.

**인간의 환경 지각(Perception) 과정**

- 인간이 환경의 자극을 지각할 때 선택 → 조직화 → 해석 → 행동의 단계를 거친다.
- 선택은 지각의 첫 번째 과정으로 인간이 환경의 상황이나 자극을 감지하는 것을 말한다.
- 조직화는 지각된 자극이나 상황을 의미있는 모양으로 만드는 과정을 말한다.
- 해석은 조직화된 지각을 자기의 목적에 부합되게 의미를 부여하는 과정을 말한다.



21 ① 22 ③ 정답

0804 / 1904

## 23

Repetitive Learning (1회 2회 3회)

다음 중 피로의 측정분류에 있어 감각기능검사(정신 · 신경기능검사)의 측정대상 항목으로 가장 적합한 것은?

① 혈압
② 심박수
③ 에너지대사율
④ CFF(Critical Flicker Fusion)값

**해설**

- CFF(Critical Flicker Fusion)는 피로의 검사방법에서 인지역치를 이용한 생리적인 검사방법이다.

**:: 플리커 현상과 CFF**

㉠ 플리커(Flicker) 현상
- 텔레비전 화면이나 형광등에서 흔들림과 같은 광도의 주기적 변화가 인간의 시각으로 느껴지는 현상을 말한다.

㉡ CFF(Critical Flicker Fusion)
- 임계융합주파수 혹은 점멸융합주파수(Flicker fusion frequency)라고 하는데 깜빡이는 광원이 계속 켜진 것처럼 보일 때의 주파수를 말한다.
- 피로의 검사방법에서 인지역치를 이용한 생리적인 검사방법이다.
- 정신피로의 기준으로 사용되며 피곤할 경우 주파수의 값이 낮아진다.

1002

## 24

Repetitive Learning (1회 2회 3회)

다음 중 교육프로그램의 타당도를 평가하는 항목이 아닌 것은?

① 전이 타당도
② 효과 타당도
③ 조직 내 타당도
④ 조직 간 타당도

**해설**

- 교육프로그램의 타당도를 평가하는 항목에는 전이, 교육, 조직 내, 조직 간 타당도 등이 있다.

**:: 교육프로그램의 타당도**

㉠ 개요
- 교육프로그램의 타당도를 평가하는 항목에는 전이, 교육, 조직 내, 조직 간 타당도 등이 있다.

㉡ 전이 타당도
- 어떤 교육프로그램의 타당도가 교육에 의해 종업원들의 직무수행을 어느 정도나 향상시켰는지를 나타내는 것을 말한다.
- 전이 타당도를 향상시키기 위해서는 훈련상황과 직무상황의 유사성을 최대화시켜야 하며, 내용 간의 튼튼한 고리를 만들어야 한다. 아울러 훈련생들이 원리를 완전히 이해할 수 있도록 해야 하며, 훈련에서 배운 기술, 과제 등을 가능한 풍부하게 경험할 수 있도록 해야 한다.

1104 / 2001

## 25

Repetitive Learning 

다음 중 존 듀이(Jone Dewey)의 5단계 사고과정을 올바른 순서대로 나열한 것은?

> ㉮ 행동에 의하여 가설을 검토한다.
> ㉯ 가설(Hypothesis)을 설정한다.
> ㉰ 지식화(Intellectualization)한다.
> ㉱ 시사(Suggestion)를 받는다.
> ㉲ 추론(Reasoning)한다.

① ㉱ → ㉮ → ㉯ → ㉰ → ㉲
② ㉲ → ㉯ → ㉱ → ㉮ → ㉰
③ ㉱ → ㉰ → ㉯ → ㉲ → ㉮
④ ㉲ → ㉰ → ㉯ → ㉱ → ㉮

**해설**

- 듀이의 5단계 사고 과정은 시사 → 지식화 → 가설을 설정 → 추론 → 행동에 의한 가설 검토 순으로 진행된다.

**:: 존 듀이(Jone Dewey)의 5단계 사고과정**

- 시사(Suggestion) → 지식화(Intellectualization) → 가설(Hypothesis)을 설정 → 추론(Reasoning) → 행동에 의하여 가설 검토 순으로 진행된다.
- 듀이의 5단계 사고과정을 거친 후 이를 정리한 교육지도는 원리의 제시 → 관련된 개념의 분석 → 가설의 설정 → 자료의 평가 → 결론 순으로 구체화된다.

1902

## 26

Repetitive Learning 

다음 중 안전교육 시 강의안의 작성원칙과 가장 거리가 먼 것은?

① 구체적　　② 논리적
③ 실용적　　④ 추상적

해설

- 안전교육 강의안 작성원칙은 구체적, 논리적, 실용적이어야 하며, 쉽게 이해할 수 있도록 작성되어야 한다는 것이다.

:: 안전교육 강의안

㉠ 작성원칙
- 구체적이어야 한다.
- 논리적이어야 한다.
- 실용적이어야 한다.
- 쉽게 작성되어야 한다.

㉡ 작성방법

| | |
|---|---|
| 조목열거식 | 교육할 내용을 항목별로 구분하여 핵심요점사항만을 간결하게 정리하여 기술하는 방법 |
| 시나리오식 | 교육할 내용을 이야기하듯이 적거나 구체적인 내용을 모두 열거하여 참고하도록 하는 방법 |
| 혼합형 방식 | 조목열거식에 부가적인 내용을 보충하는 방법 |

0302 / 1102 / 2104

## 27

Repetitive Learning (1회 2회 3회)

다음 중 작업의 어려움, 기계설비의 결함 및 환경에 대한 주의력의 집중혼란, 심신의 근심 등으로 인하여 재해가 자주 발생하는 사람을 무엇이라 하는가?

① 미숙성 다발자

② 상황성 다발자

③ 습관성 다발자

④ 소질성 다발자

해설

- 미숙성 누발자란 기능의 부족이나 환경에 익숙하지 못하기 때문에 재해를 자주 겪은 사람을 말한다.
- 습관성 누발자란 경험에 의하여 겁을 심하게 먹거나 신경과민이 되는 사람으로 재해를 자주 겪은 사람을 말한다.
- 소질성 누발자란 개인적 잠재요인이나 개인의 특수한 성격으로 인해 재해를 자주 겪은 사람을 말한다.

:: 재해빈발자

| | |
|---|---|
| 미숙성 누발자 | 기능의 부족이나 환경에 익숙하지 못하기 때문에 재해를 자주 겪은 사람 |
| 상황성 누발자 | 작업이 어렵거나 설비의 결함, 심신의 근심 때문에 재해를 자주 겪은 사람 |
| 습관성 누발자 | 경험에 의하여 겁을 심하게 먹거나 신경과민이 되는 사람으로 재해를 자주 겪은 사람 |
| 소질성 누발자 | 개인적 잠재요인이나 개인의 특수한 성격으로 인해 재해를 자주 겪은 사람 |

## 28

Repetitive Learning (1회 2회 3회)

다음 중 성공한 지도자들의 특성과 가장 거리가 먼 것은?

① 높은 성취 욕구를 가지고 있다.

② 실패에 대한 강한 예견과 두려움을 가지고 있다.

③ 상사에 대한 강한 부정적 의식과 부하직원에 대한 관심이 크다.

④ 부모로부터의 정서적 독립과 현실 지향적이다.

해설

- 성공한 지도자들은 일반적으로 자신 및 상사에 대해 긍정적인 태도를 갖는다.

:: 성공한 지도자(Leader)의 공통적인 속성
- 강력한 조직능력
- 뛰어난 업무수행능력
- 자신 및 상사에 대한 긍정적인 태도
- 높은 성취 욕구
- 실패에 대한 강한 예견과 두려움
- 부모로부터의 정서적 독립과 현실 지향적

1702

## 29

Repetitive Learning (1회 2회 3회)

통제적 집단행동과 관련성이 없는 것은?

① 관습

② 유행

③ 패닉

④ 제도적 행동

해설

- 패닉은 이상적인 상황하에서 방어적인 행동 특징을 보이는 비통제적 집단행동이다.

:: 집단행동의 구분

㉠ 통제적 집단행동
- 관습
- 유행
- 제도적 행동

㉡ 비통제적 집단행동
- 모브 – 공격적인 군중의 집단행동
- 패닉 – 이상적인 상황하에서 방어적인 행동 특징을 보이는 집단행동
- 모방 – 남들을 그대로 따라하는 행위
- 심리적 전염 – 다른 사람이나 집단의 유행을 따라하는 행위



27 ② 28 ③ 29 ③ | 정답

0402 / 0704

## 30 Repetitive Learning 1회 2회 3회

다음 중 안전교육을 위한 시청각교육법에 대한 설명으로 가장 적절한 것은?

① 학습자들에게 공통의 경험을 형성시켜 줄 수 있다.
② 지능, 적성, 학습속도 등 개인차를 충분히 고려할 수 있다.
③ 학습의 다양성과 능률화에 기여할 수 없다.
④ 학습 자료를 시간과 장소에 제한 없이 제시할 수 있다.

**해설**

- 시청각 교육법은 동일한 미디어를 학습자에게 보여줌으로써 학습자에게 공통경험을 형성시켜 줄 수 있다.

**시청각교육법**

㉠ 개요
- 학습능률을 높이기 위해 시청각 매체를 교육에 적절히 활용하는 교육방법이다.

㉡ 특징
- 교수의 평준화, 교재의 구조화를 기할 수 있다.
- 대규모 수업체제의 구성이 가능하다.
- 학습의 다양성과 능률화를 기할 수 있다.
- 학습자에게 공통경험을 형성시켜 줄 수 있다.

0804

## 31 Repetitive Learning 

학습이론 중 S-R이론으로 볼 수 없는 것은?

① 톨만(Tolman)의 기호형태설
② 파블로프(Pavlov)의 조건반사설
③ 스키너(Skinner)의 조작적 조건화설
④ 손다이크(Thorndike)의 시행착오설

**해설**

- 톨만(Tolman)의 기호형태설은 인지이론(Conitive theory)에 해당한다.

**S-R이론**

- 학습을 자극(Stimulus)에 의한 반응(Response)으로 보는 이론이다.
- 종류에는 Pavlov의 조건반사설, Thorndike의 시행착오설, Skinner의 조작적 조건화설, Bandura의 관찰학습설, Guthrie의 접근적 조건화설 등이 있다.

0704

## 32 Repetitive Learning 1회 2회 3회

다음 중 레빈(Lewin)이 표현한 인간행동의 함수식으로 옳은 것은?(단, $B$(Behavior)는 인간의 행동, $P$(Person)는 개체, $E$(Environment)는 환경이다)

① $B=f\left(\frac{P}{E}\right)$ ② $B=f\left(\frac{E}{P}\right)$
③ $B=f(P+E)$ ④ $B=f(P \cdot E)$

**해설**

- 레빈은 인간의 행동($B$)은 개인($P$)과 환경($E$)의 상호 함수관계에 있다고 주장했다. 이는 $B=f(P \cdot E)$로 표현된다.

**레빈(Lewin.K)의 법칙**

- 행동 $B=f(P \cdot E)$로 이루어진다. 즉, 인간의 행동($B$)은 개인($P$)과 환경($E$)의 상호 함수관계에 있다고 할 수 있다.
- $B$는 인간의 행동(Behavior)을 말한다.
- $f$는 동기부여를 포함한 함수(Function)이다.
- $P$는 Person 즉, 개체(소질)로 연령, 지능, 경험 등을 의미한다.
- $E$는 Environment 즉, 심리적 환경(인간관계, 작업환경 - 조명, 소음, 온도 등)을 의미한다.

1002 / 1104

## 33 Repetitive Learning 1회 2회 3회

다음 중 엔드라고지 모델에 기초한 학습자로서의 성인의 특징과 가장 거리가 먼 것은?

① 성인들은 주제 중심적으로 학습하고자 한다.
② 성인들은 자기 주도적으로 학습하고자 한다.
③ 성인들은 많은 다양한 경험을 가지고 학습에 참여한다.
④ 성인들은 왜 배워야 하는지에 대해 알고자 하는 욕구를 가지고 있다.

**해설**

- 엔드라고지 모델에서 성인은 과제 중심, 자기 주도, 다양한 경험, 알고자 하는 욕구를 가진 학습자로 판단한다.

**엔드라고지(Andragogy) 모델**

㉠ 개요
- 페다고지 학습모형(교사 중심의 학습)이 성인교육에 적절하지 않다는 의미로 사용된 용어이다.

㉡ 성인의 특징
- 성인들은 과제 중심적으로 학습하고자 한다.
- 성인들은 자기 주도적으로 학습하고자 한다.
- 성인들은 많은 다양한 경험을 가지고 학습에 참여한다.
- 성인들은 왜 배워야 하는지에 대해 알고자 하는 욕구를 가지고 있다.

정답 | 30 ① 31 ① 32 ④ 33 ①

## 34

Repetitive Learning 1회 2회 3회

다음 중 직무만족감을 생성하는 요인과 가장 관계가 깊은 것은?

① 작업 조건
② 일의 내용
③ 인간 관계
④ 복지 혜택

해설

- 직무만족감을 생성하는 데 가장 기본적이고 중요한 요인은 일의 내용으로 허츠버그의 동기요인과 관련된다.

**직무만족도**

- 직원들이 일과 직무환경에 갖는 태도나 인지를 말한다.
- 직원들의 직무와 조직상황에 대한 주관적 느낌과 일에 대한 직원의 기분을 통해 평가한다.

0801 / 2001

## 35

Repetitive Learning 1회 2회 3회

다음 중 주의(Attention)에 대한 설명으로 틀린 것은?

① 의식작용이 있는 일에 집중하거나 행동의 목적에 맞추어 의식수준이 집중되는 심리상태를 말한다.
② 주의력의 특성은 선택성, 변동성, 방향성으로 표현된다.
③ 여러 종류의 자극을 지각할 때 소수의 특정한 것을 선택하여 집중하는 특성을 갖는다.
④ 한 자극에 주의를 집중하여도 다른 자극에 대한 주의력은 약해지지 않는다.

해설

- 인간은 주의의 방향성에 의해 한 지점에 주의를 집중하면 다른 곳의 주의가 약해지는 성질을 갖는다.

**주의(Attention)의 특징**

- 선택성 – 여러 종류의 자극을 자각할 때, 소수의 특정한 것에 한하여 주의가 집중되는 것으로 인간의 주의력은 한계가 있어 여러 작업에 대해 선택적으로 배분된다는 의미로 시각 정보 등을 받아들일 때 주의를 기울이면 시선이 집중되는 곳의 정보는 잘 받아들이나 주변부의 정보는 놓치기 쉬운 경우에 해당한다.
- 방향성 – 공간적으로 보면 시선의 주시점만 인지하는 기능으로 한 지점에 주의를 집중하면 다른 곳의 주의가 약해지는 성질이다.
- 변동성 – 주의는 일정하게 유지되는 것이 아니라 일정한 주기로 부주의하는 리듬이 존재한다.

0404 / 0601 / 1904

## 36

Repetitive Learning 1회 2회 3회

직장규율과 안전규율 등을 몸에 익히기에 적합한 교육의 종류는?

① 지능교육
② 문제해결교육
③ 기능교육
④ 태도교육

해설

- 안전한 작업방법을 알고는 있으나 시행하지 않는 사람에게 직장규율, 안전규율 등을 몸에 익히게 하는 교육은 안전태도교육이다.

**안전태도교육(안전교육의 제3단계)**

㉠ 개요

- 생활지도, 작업동작지도 등을 통한 안전의 습관화를 위한 교육이다.
- 안전한 작업방법을 알고는 있으나 시행하지 않는 사람에게 직장규율, 안전규율 등을 몸에 익히게 하는 교육이다.
- 안전작업에 대한 몸가짐에 관하여 교육하며 면접이 태도교육에 가장 적합한 교육방법이다.
- 보호구 취급과 관리자세의 확립, 안전에 대한 가치관을 형성하는 교육이다.

㉡ 태도교육 4단계

- 청취한다.(Hearing)
- 이해 및 납득시킨다.(Understand)
- 모범을 보인다.(Example)
- 평가하고 권장한다.(Evaluation)

1704

## 37

Repetitive Learning 

착오의 원인에 있어 인지과정의 착오에 속하는 것은?

① 합리화의 부족
② 환경조건 불비
③ 작업자의 기능 미숙
④ 생리적·심리적 능력의 부족

해설

- 합리화의 부족, 환경조건 불비는 판단과정의 착오, 작업자의 기능 미숙은 조치과정의 착오에 해당한다.

**착오의 원인별 분류**

㉠ 인지과정의 착오

- 생리적·심리적 능력의 부족
- 감각 차단 현상
- 정서 불안정
- 정보량 저장의 한계



34 ② 35 ④ 36 ④ 37 ④ | 정답

ⓛ 판단과정의 착오
- 능력부족
- 정보부족
- 자기합리화

ⓒ 조작과정의 착오
- 기술부족
- 잘못된 정보

0802 / 1102 / 1902

## 38

다음 중 집단 간의 갈등 요인과 가장 거리가 먼 것은?

① 욕구 좌절
② 제한된 자원
③ 집단 간의 목표 차이
④ 동일한 사안을 바라보는 집단 간의 인식 차이

**해설**

- 집단 간의 갈등 요인에는 ②, ③, ④ 외에 상호의존성, 역할 갈등 등이 있다.

**집단 간의 갈등**

㉠ 갈등 요인
- 상호의존성
- 제한된 자원
- 역할 갈등
- 집단 간의 목표 차이
- 동일한 사안을 바라보는 집단 간의 인식 차이

ⓛ 해소방안
- 공동의 문제 설정
- 상위 목표의 설정
- 집단 간 접촉 기회의 증대
- 사회적 범주화 편향의 최소화

0804 / 1904

## 39

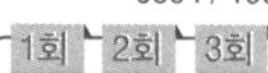

다음 중 인간의 착각현상 중에서 실제로 움직이지 않는 것이 어느 기준의 이동에 의하여 움직이는 것처럼 느껴지는 것을 무엇이라 하는가?

① 자동운동
② 유도운동
③ 잔상현상
④ 착시현상

**해설**

- 운동의 시지각에는 자동운동, 유도운동, 가현운동 등이 있다.
- 자동운동은 암실 내의 정지된 소광점을 응시하고 있으면 그 광점이 움직이는 것처럼 보이는 현상으로 어두울 때 생기는 착각현상이다.

**유도운동**
- 인간의 착각현상 중에서 실제로 움직이지 않는 것이 어느 기준의 이동에 의하여 움직이는 것처럼 느껴지는 현상을 말한다.
- 버스나 전동차의 움직임으로 인하여 움직이지 않는 자신이 움직이는 것 같은 느낌을 받는 현상을 말한다.
- 구름 사이의 달 관찰 시 구름이 움직일 때 구름은 정지되어 있고, 달이 움직이는 것처럼 느껴지는 현상을 말한다.

0301 / 0602

## 40

Repetitive Learning 1회 2회 3회

다음 맥그리거(McGregor)의 X이론에 해당되는 것은?

① 상호 신뢰감
② 고차적인 욕구
③ 규제 관리
④ 자기 통제

**해설**

- 상호 신뢰감, 고차적인 욕구, 자기 통제는 분권화와 권한의 위임에 해당하는 선진국형 이론인 Y이론에 적합한 개념이다.

**맥그리거(McGregor)의 X · Y이론**

㉠ 개요
- 인간과 직무의 관계에 대한 기본적인 가정을 X이론과 Y이론이라는 가설로 나눈 것이다.
- X이론은 인간의 본성이 일을 싫어하고, 무관심하며, 책임을 회피하므로 당근과 채찍을 동원하여 강제할 필요가 있다는 이론이다.
- Y이론은 인간의 본성이 일을 좋아하고, 책임감이 강하며, 선하므로 그들을 자율적, 민주적으로 대해야 창조적인 성과를 얻을 수 있다는 이론이다.

ⓛ X이론과 Y이론의 관리 처방 비교

| X이론(후진국형, 성악설) | Y이론(선진국형, 성선설) |
|---|---|
| • 경제적 보상체제의 강화<br>• 권위주의적 리더십의 확립<br>• 면밀한 감독과 엄격한 통제<br>• 상부 책임제도의 강화 | • 분권화와 권한의 위임<br>• 목표에 의한 관리<br>• 직무확장<br>• 인간관계 관리방식<br>• 책임감과 창조력 |

정답 | 38 ① 39 ② 40 ③

## 3과목 인간공학 및 시스템안전공학

**41** Repetitive Learning (1회 2회 3회)

다음 중 시성능 기준함수($VL_B$)의 일반적인 수준 설정으로 틀린 것은?

① 현실상황에 적합한 조명수준이다.
② 표적 탐지 활동은 50%에서 99%이다.
③ 표적(Target)은 정적인 과녁에서 동적인 과녁으로 한다.
④ 언제, 시계 내의 어디에 과녁이 나타날지 아는 경우이다.

해설

- 시성능 기준함수는 언제, 시계 내의 어디에 과녁이 나타날지 모르는 경우에 사용한다.

:: 시성능 기준함수($VL_B$)

- 현실상황에 적합한 조명수준이다.
- 표적 탐지 활동은 50%에서 99%이다.
- 표적(Target)은 정적인 과녁에서 동적인 과녁으로 한다.
- 언제, 시계 내의 어디에 과녁이 나타날지 모르는 경우에 사용한다.

0702 / 1204 / 1301 / 2102

**42** Repetitive Learning (1회 2회 3회)

다음 중 정보를 전송하기 위해 청각적 표시장치보다 시각적 표시장치를 사용하는 것이 더 효과적인 경우는?

① 정보의 내용이 간단한 경우
② 정보가 후에 재참조되는 경우
③ 정보가 즉각적인 행동을 요구하는 경우
④ 정보의 내용이 시간적인 사건을 다루는 경우

해설

- 정보가 후에 재참조되는 경우는 기록으로 남겨져 있는 경우가 좋으므로 시각적 표시장치가 효과적이다.

:: 시각적 표시장치와 청각적 표시장치의 비교

| 구분 | 내용 |
|---|---|
| 시각적 표시 장치 | • 수신 장소의 소음이 심한 경우<br>• 정보가 공간적인 위치를 다룬 경우<br>• 정보의 내용이 복잡하고 긴 경우<br>• 직무상 수신자가 한 곳에 머무르는 경우<br>• 메시지를 추후 참고할 필요가 있는 경우<br>• 정보의 내용이 즉각적인 행동을 요구하지 않는 경우 |
| 청각적 표시 장치 | • 수신 장소가 너무 밝거나 암순응이 요구될 때<br>• 정보의 내용이 시간적인 사건을 다루는 경우<br>• 정보의 내용이 간단한 경우<br>• 직무상 수신자가 자주 움직이는 경우<br>• 정보의 내용이 후에 재참조되지 않는 경우<br>• 메시지가 즉각적인 행동을 요구하는 경우 |

1804

**43** Repetitive Learning 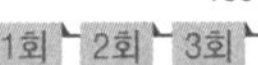

중이소골(Ossicle)이 고막의 진동을 내이의 난원창(Oval window)에 전달하는 과정에서 음파의 압력은 어느 정도 증폭되는가?

① 2배 ② 12배
③ 22배 ④ 220배

해설

- 이소골은 소리를 내이로 전달하는 과정에서 음파의 압력을 22배 정도 증폭해서 전달한다.

:: 소리의 전달

- 중이에 위치한 이소골(Ossicle)이 고막의 진동을 내이의 난원창(Oval window)에 전달한다.
- 이소골은 소리를 내이로 전달하는 과정에서 음파의 압력을 22배 정도 증폭해서 전달한다.
- 난원창은 이소골의 등골과 연결되어 소리의 자극을 전달하는 역할을 담당한다.

**44** Repetitive Learning (1회 2회 3회)

다음 중 일반적으로 대부분의 임무에서 시각적 암호의 효능에 대한 결과에서 가장 성능이 우수한 암호는?

① 구성암호
② 영자와 형상암호
③ 숫자 및 색암호
④ 영자 및 구성암호



41 ④ 42 ② 43 ③ 44 ③ 정답

해설

- 숫자암호와 색암호는 다양한 시각적 암호 중에서 가장 식별이 편리한 우수한 암호이다.

:: 시각적 암호

- 단일 차원의 시각적 암호는 구성암호, 영문자암호, 숫자암호, 색 암호, 기하학적 형상암호 등으로 구성된다.
- 시각적 암호로서의 성능이 우수한 것부터 순서대로 나열하면 숫자암호 – 색 암호 – 영문자암호 – 기하학적 형상암호 – 구성 암호 순이다.

## 45

Repetitive Learning (1회 2회 3회)

다음 설명 중 ㉠과 ㉡에 해당하는 내용이 올바르게 연결된 것은?

> 예비위험분석(PHA)의 식별된 4가지 사고 카테고리 중 작업자의 부상 및 시스템의 중대한 손해를 초래하거나 작업자의 생존 및 시스템의 유지를 위하여 즉시 수정조치를 필요로 하는 상태를 ( ㉠ ), 작업자의 부상 및 시스템의 중대한 손해를 초래하지 않고 대처 또는 제어할 수 있는 상태를 ( ㉡ )(이)라고 한다.

① ㉠ – 파국적, ㉡ – 중대
② ㉠ – 중대, ㉡ – 파국적
③ ㉠ – 한계적, ㉡ – 중대
④ ㉠ – 중대, ㉡ – 한계적

해설

- PHA에서 위험의 정도를 분류하는 4가지 범주에는 파국(Catastrophic), 중대(Critical), 위기-한계(Marginal), 무시가능(Negligible)으로 구분된다.

:: 예비위험분석(PHA)

㉠ 개요

- 모든 시스템 안전 프로그램에서의 최초단계 해석으로 시스템의 위험요소가 어떤 위험 상태에 있는가를 정성적으로 평가하는 분석방법이다.
- 시스템을 설계함에 있어 개념형성 단계에서 최초로 시도하는 위험도 분석방법이다.
- 복잡한 시스템을 설계, 가동하기 전의 구상단계에서 시스템의 근본적인 위험성을 평가하는 가장 기초적인 위험도 분석기법이다.
- 위험의 정도를 분류하는 4가지 범주에는 파국(Catastrophic), 중대(Critical), 위기-한계(Marginal), 무시가능(Negligible)으로 구분된다.

㉡ 예비위험분석(PHA)의 4가지 범주(MIL-STD-882E)

| 구분 | 내용 |
|---|---|
| 파국 (Catastrophic) | 작업자의 부상 및 서브시스템의 고장 등으로 시스템 성능이 저하되어 시스템에 심각한 손실을 초래한 상태 |
| 중대 (Critical) | 작업자의 부상 및 시스템의 중대한 손해를 초래하거나 작업자의 생존 및 시스템의 유지를 위하여 즉시 수정 조치를 필요로 하는 상태 |
| 위기-한계 (Marginal) | 작업자의 부상 및 시스템의 중대한 손해를 초래하지 않고 대처 또는 제어할 수 있는 상태 |
| 무시가능 (Negligible) | 시스템의 성능이나 기능, 인원 손실이 전혀 없는 상태 |

0701

## 46

Repetitive Learning 

[보기]는 화학설비의 안전성 평가 단계를 간략히 나열한 것이다. 다음 중 평가 단계 순서를 올바르게 나타낸 것은?

> ㉮ 관계 자료의 작성 준비
> ㉯ 정량적 평가
> ㉰ 정성적 평가
> ㉱ 안전대책

① ㉮ → ㉰ → ㉯ → ㉱
② ㉮ → ㉯ → ㉱ → ㉰
③ ㉮ → ㉰ → ㉱ → ㉯
④ ㉮ → ㉯ → ㉰ → ㉱

해설

- 화학설비 안전성 평가의 첫 번째 단계는 관계 자료의 작성 준비 단계이며, 그 후 정성적 평가를 정량적 평가보다 먼저 실시한다.

:: 안전성 평가 6단계

| 단계 | 내용 |
|---|---|
| 1단계 | 관계 자료의 작성 준비 |
| 2단계 | • 정성적 평가<br>• 설계(공장의 입지조건, 공장 내 배치)와 운전관계에 대한 평가 |
| 3단계 | • 정량적 평가<br>• 취급물질, 용량, 온도, 압력 및 조작을 통한 위험도 평가 |
| 4단계 | • 안전대책수립<br>• 설비대책과 관리적 대책 |
| 5단계 | 재해정보에 의한 재평가 |
| 6단계 | FTA에 의한 재평가 |

정답 | 45 ④ 46 ①

## 47

Repetitive Learning 1회 2회 3회

다음 중 인간 오류에 관한 설계기법에 있어 전적으로 오류를 범하지 않게는 할 수 없으므로 오류를 범하기 어렵도록 사물을 설계하는 방법은?

① 배타설계(Exclusive design)
② 예상설계(Prevent design)
③ 최소설계(Minimum design)
④ 감소설계(Reduction design)

해설

- 인간 오류에 관한 설계기법에는 배타설계, 예상설계, 안전설계 등이 있다.
- 배타설계(Exclusive design) – 오류를 범할 수 없도록 설계하는 방법을 말한다.

** 인간 오류에 관한 설계기법

- 배타설계(Exclusive design) – 오류를 범할 수 없도록 설계하는 방법
- 예상설계(Prevent design) – 전적으로 오류를 범하지 않게는 할 수 없으므로 오류를 범하기 어렵도록 사물을 설계하는 방법
- 안전설계(Fail-safe design) – 오류가 발생하더라도 안전하게 처리될 수 있도록 설계하는 방법

2202

## 48

Repetitive Learning 1회 2회 3회

다음 중 불(Bool) 대수의 정리를 나타낸 관계식으로 틀린 것은?

① $A \cdot 0 = 0$
② $A + 1 = 1$
③ $A \cdot \overline{A} = 1$
④ $A(A + B) = A$

해설

- $A \cdot \overline{A} = 0$이다.

** 불(Bool) 대수의 정리

- $A \cdot A = A$
- $A + A = A$
- $A \cdot 0 = 0$
- $A + 1 = 1$
- $A \cdot \overline{A} = 0$
- $A + \overline{A} = 1$
- $\overline{A \cdot B} = \overline{A} + \overline{B}$
- $\overline{A + B} = \overline{A} \cdot \overline{B}$
- $A + \overline{A} \cdot B = A + B$
- $A(A+B) = A + AB = A$

## 49

Repetitive Learning 1회 2회 3회

다음 중 Weber의 법칙에 관한 설명으로 틀린 것은?

① Weber비는 분별의 질을 나타낸다.
② Weber비가 작을수록 분별력은 낮아진다.
③ 변화감지역(JND)이 작을수록 그 자극차원의 변화를 쉽게 검출할 수 있다.
④ 변화감지역(JND)은 사람이 50%를 검출할 수 있는 자극차원의 최소변화이다.

해설

- Weber비는 기존 자극의 변화를 감지할 수 있는 최소량으로 Weber비가 작을수록 분별력이 좋다는 것을 의미한다.

** 웨버(Weber) 법칙

- 인간이 감지할 수 있는 외부의 물리적 자극 변화의 최소범위는 기준이 되는 자극의 크기에 비례하는 현상을 설명한 이론을 말한다.
- Weber비는 기존 자극의 변화를 감지할 수 있는 최소량으로 분별의 질을 나타낸다.
- 웨버(Weber)의 비 = $\frac{\Delta I}{I}$로 구한다.
  (이때, ΔI는 변화감지역을, I는 표준자극을 의미한다)
- Weber비가 작을수록 분별력이 좋다.
- 변화감지역(JND)은 사람이 50%를 검출할 수 있는 자극차원의 최소변화로 값이 작을수록 그 자극차원의 변화를 쉽게 검출할 수 있다.

## 50

Repetitive Learning 1회 2회 3회

조사연구자가 특정한 연구를 수행하기 위해서는 어떤 상황에서 실시할 것인가를 선택하여야 한다. 즉, 실험실 환경에서도 가능하고, 실제 현장연구도 가능한데 다음 중 현장연구를 수행했을 경우 장점으로 가장 적절한 것은?

① 비용 절감
② 정확한 자료수집 가능
③ 일반화가 가능
④ 실험조건의 조절용이

해설

- 비용 절감, 정확한 자료수집, 실험조건 조절의 용이성은 모두 실험실 환경 연구의 장점이다.

** 현장연구

㉠ 개요

- 현장에서 이루어지는 연구로 독립변인을 조작하지 않고 관찰, 면접, 설문조사 등으로 이루어지는 연구방법이다.



47 ② 48 ③ 49 ② 50 ③ | 정답

ⓛ 특징

- 연구가 매우 현실적이고 결과의 일반화가 가능하고, 실제 상황의 복잡한 행동으로 인한 광범위한 자료의 획득이 가능하다는 장점을 갖는다.
- 상황변화에 대한 통제가 어려워 연구결과의 내적 타당성이 낮다는 단점을 갖는다.
- 주위 환경의 간섭에 영향 받기 쉽다.
- 실험 참가자의 안전을 확보하기가 어렵다.
- 피실험자의 자연스러운 반응을 기대할 수 있다.

## 51

Repetitive Learning (1회 2회 3회)

다음 중 간헐적인 페달을 조작할 때 다리에 걸리는 부하를 평가하기에 가장 적당한 측정변수는?

① 근전도
② 산소소비량
③ 심장박동수
④ 에너지소비량

해설

- 산소소비량은 달리기와 같은 지구적 훈련에 적당한 측정변수이다.
- 심장박동수와 에너지소비량은 전신운동 및 상태에 적당한 측정변수이다.

:: EMG(Electromyography) : 근전도 검사

- 특정 근육에 걸리는 부하를 근육에 발생한 전기적 활성으로 인한 전류값으로 측정하는 방법을 말한다.
- 인간의 생리적 부담 척도 중 육체작업 즉, 국소적 근육 활동의 척도로 가장 적합한 변수이다.
- 간헐적으로 페달을 조작할 때 다리에 걸리는 부하를 평가하기에 적당한 측정변수이다.

0301

## 52

Repetitive Learning (1회 2회 3회)

다음 중 소음 발생에 있어 음원에 대한 대책으로 볼 수 없는 것은?

① 설비의 격리
② 적절한 재배치
③ 저소음 설비 사용
④ 귀마개 및 귀덮개 사용

해설

- 귀마개 및 귀덮개 등의 방음 보호구를 착용하는 것은 음원에 관한 대책이 아니라 작업자의 임시적, 개인적 대책에 해당한다.

:: 제한된 실내 공간에서의 소음 대책

- 진동부분의 표면을 줄인다.
- 소음의 전달 경로를 차단한다.
- 벽, 천장, 바닥에 흡음재를 부착한다.
- 소음 발생원을 제거하거나 밀폐한다.
- 저소음 기계로 대체한다.
- 시설기자재를 적절히 배치시킨다.

## 53

Repetitive Learning (1회 2회 3회)

다음 중 시스템 안전 프로그램의 개발단계에서 이루어져야 할 사항의 내용과 가장 거리가 먼 것은?

① 교육훈련을 시작한다.
② 위험분석으로 주로 FMEA가 적용된다.
③ 설계의 수용가능성을 위해 보다 완벽한 검토를 한다.
④ 이 단계의 모형분석과 검사결과는 OHA의 입력자료로 사용된다.

해설

- 교육훈련은 시스템 수명주기 제4단계인 생산단계에서 실시된다.

:: 시스템 수명주기 6단계

| 단계 | 내용 |
|---|---|
| 1단계 구상(Concept) | 예비위험분석(PHA)이 적용되는 단계 |
| 2단계 정의(Definition) | 시스템 안전성 위험분석(SSHA) 및 생산물의 적합성을 검토하고 예비설계와 생산기술을 확인하는 단계 |
| 3단계 개발(Development) | FMEA, HAZOP 등이 실시되는 단계로 설계의 수용가능성을 위해 완벽한 검토가 이뤄지는 단계 |
| 4단계 생산(Production) | 안전관리자에 의해 안전교육 등 전체 교육이 실시되는 단계 |
| 5단계 운전(Deployment) | 사고조사 참여, 기술변경의 개발, 고객에 의한 최종 성능검사, 시스템 안전 프로그램에 대하여 안전점검 기준에 따라 평가하는 단계 |
| 6단계 폐기 | – |

정답 | 51 ① 52 ④ 53 ①

0802

## 54

Repetitive Learning (1회 2회 3회)

다음 중 어느 부품 1,000개를 100,000시간 동안 가동 중에 5개의 불량품이 발생하였을 때의 평균작동시간(MTTF)은 얼마인가?

① $1\times10^6$시간

② $2\times10^7$시간

③ $1\times10^8$시간

④ $2\times10^9$시간

해설

- MTTF = $\frac{1,000\times100,000}{5}=20,000,000=2\times10^7$시간이다.

MTTF(Mean Time To Failure)
- 설비보전에서 평균작동시간, 고장까지의 평균시간을 의미한다.
- 제품 고장 시 수명이 다해 교체해야 하는 제품을 대상으로 하므로 평균수명이라고 할 수 있다.
- MTTF = $\frac{\text{부품수}\times\text{가동시간}}{\text{불량품수(고장수)}}$으로 구한다.

2202

## 55

Repetitive Learning (1회 2회 3회)

FT 작성에 사용되는 사상 중 시스템의 정상적인 가동상태에서 일어날 것이 기대되는 사상은?

① 통상사상 ② 기본사상

③ 생략사상 ④ 결함사상

해설

- 기본사상(Basic event)은 FT에서는 더 이상 원인을 전개할 수 없는 재해를 일으키는 개별적이고 기본적인 원인들로 기계적 고장, 작업자의 실수 등을 말한다.
- 생략사상(Undeveloped event)은 불충분한 자료로 결론을 내릴 수 없어 더 이상 전개할 수 없는 사상을 말한다.
- 결함사상은 두 가지 상태 중 하나가 고장 또는 결함으로 나타나는 비정상적인 사건을 나타낸다.

통상사상(External event)
- 일반적으로 발생이 예상되는, 시스템의 정상적인 가동상태에서 일어날 것이 기대되는 사상을 말한다.
- 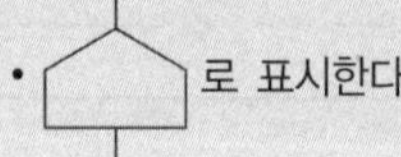 로 표시한다.

1704 / 2202

## 56

Repetitive Learning (1회 2회 3회)

인간-기계 시스템을 3가지로 분류한 설명으로 틀린 것은?

① 자동 시스템에서는 인간요소를 고려하여야 한다.

② 기계 시스템에서는 동력기계화 체계와 고도로 통합된 부품으로 구성된다.

③ 자동 시스템에서 인간은 감시, 정비유지, 프로그램 등의 작업을 담당한다.

④ 수동 시스템에서 기계는 동력원을 제공하고 인간의 통제 하에서 제품을 생산한다.

해설

- 수동 시스템에서는 인간의 힘을 동력원으로 사용한다. ④의 설명은 기계화 시스템을 의미한다.

인간-기계 통합 체계의 유형
- 인간-기계 통합 체계의 유형에는 자동화 체계, 기계화 체계, 수동 체계가 있다.

| 구분 | 설명 |
|---|---|
| 자동화 체계 | 인간은 작업계획의 수립, 모니터를 통한 작업 상황 감시, 프로그래밍, 설비보전의 역할을 수행하고 체계(System)가 감지, 정보보관, 정보처리 및 의식결정, 행동을 포함한 모든 임무를 수행하는 체계 |
| 기계화 체계 | 반자동 체계로 운전자의 조종에 의해 기계를 통제하는 융통성이 없는 시스템 체계 |
| 수동 체계 | 인간의 힘을 동력원으로 활용하여 수공구를 사용하는 시스템 형태로 다양성이 있고 융통성이 우수한 체계 |

0704

## 57

Repetitive Learning (1회 2회 3회)

다음 중 동작의 효율을 높이기 위한 동작경제의 원칙으로 볼 수 없는 것은?

① 신체 사용에 관한 원칙

② 작업장의 배치에 관한 원칙

③ 복수 작업자의 활용에 관한 원칙

④ 공구 및 설비 디자인에 관한 원칙

해설

- 동작경제의 원칙은 크게 신체 사용의 원칙, 작업장 배치의 원칙, 공구 및 설비 디자인의 원칙으로 분류할 수 있다.



54 ② 55 ① 56 ④ 57 ③ 정답

**:: 동작경제의 원칙**

㉠ 개요

- 작업자가 경제적인 동작을 통해 피로도를 감소시키면서도 능률을 향상시키게 하기 위한 원칙이다.
- 신체 사용의 원칙, 작업장 배치의 원칙, 공구 및 설비 디자인의 원칙으로 분류된다.
- 동작을 가급적 조합하여 하나의 동작으로 한다.
- 동작의 수는 줄이고, 동작의 속도는 적당히 한다.

㉡ 원칙의 분류

| | |
|---|---|
| 신체 사용의 원칙 | • 두 손의 동작은 동시에 시작해서 동시에 끝나야 한다.<br>• 휴식시간을 제외하고는 양손을 같이 쉬게 해서는 안 된다.<br>• 손의 동작은 유연하고 연속적인 동작이어야 한다.<br>• 동작이 급작스럽게 크게 바뀌는 직선 동작은 피해야 한다.<br>• 두 팔의 동작은 동시에 서로 반대방향으로 대칭적으로 움직이도록 한다. |
| 작업장 배치의 원칙 | • 공구나 재료는 작업동작이 원활하게 수행하도록 그 위치를 정해준다.<br>• 공구, 재료 및 제어장치는 사용하기 가까운 곳에 배치해야 한다. |
| 공구 및 설비 디자인의 원칙 | • 치구나 족답장치를 이용하여 양손이 다른 일을 할 수 있도록 한다.<br>• 공구의 기능을 결합하여 사용하도록 한다. |

1904

## 58

Repetitive Learning 

다음 중 각 기본사상의 발생확률이 증감하는 경우 정상사상의 발생확률에 어느 정도 영향을 미치는가를 반영하는 지표로서 수리적으로는 편미분계수와 같은 의미를 갖는 FTA의 중요도 지수는?

① 구조 중요도　　② 확률 중요도

③ 치명 중요도　　④ 비구조 중요도

**해설**

- FTA의 중요도 지수는 확률 중요도, 구조 중요도, 치명 중요도로 구성된다.
- 구조 중요도는 시스템의 구조에 따라 발생하는 시스템 고장의 영향을 평가하는 지표를 말한다.
- 치명 중요도는 시스템 고장확률에 미치는 부품 고장확률의 기여도를 반영하는 지표를 말한다.

**:: FTA의 중요도 지수**

㉠ 개요

- 중요도란 어떤 기본사상의 발생이 정상사상의 발생에 얼마만큼의 영향을 미치는지를 정량적으로 나타낸 것이다.
- 재해예방책 선정에서 우선순위를 제시한다.
- FTA 중요도 지수에는 확률 중요도, 구조 중요도, 치명 중요도 등이 있다.

㉡ 중요도 지수의 종류와 특징

| | |
|---|---|
| 확률 중요도 | 기본사상의 발생확률이 증감하는 경우 정상사상의 발생확률에 어느 정도 영향을 미치는가를 반영하는 지표로 편미분계수와 같은 의미를 갖는다. |
| 구조 중요도 | 시스템의 구조에 따라 발생하는 시스템 고장의 영향을 평가하는 지표 |
| 치명 중요도 | 시스템 고장확률에 미치는 부품 고장확률의 기여도를 반영하는 지표 |

0804 / 1702

## 59

Repetitive Learning ( 1회 2회 3회 )

결함수분석법(FTA)에서의 미니멀 컷 셋과 미니멀 패스 셋에 관한 설명으로 맞는 것은?

① 미니멀 컷 셋은 시스템의 신뢰성을 표시하는 것이다.

② 미니멀 패스 셋은 시스템의 위험성을 표시하는 것이다.

③ 미니멀 패스 셋은 시스템의 고장을 발생시키는 최소의 패스 셋이다.

④ 미니멀 컷 셋은 정상사상(Top event)을 일으키기 위한 최소한의 컷 셋이다.

**해설**

- 시스템의 신뢰성을 표시하는 것은 미니멀 패스 셋이다.
- 시스템의 위험성, 시스템의 고장을 발생시키는 최소의 컷 셋은 미니멀 컷 셋에 대한 설명이다.

**:: 최소 컷 셋(Minimal cut sets)**

- 컷 셋 중에 타 컷 셋을 포함하고 있는 것을 배제하고 남은 컷 셋들을 의미한다.
- 사고에 대한 시스템의 약점을 표현한다.
- 정상사상(Top 사상)을 일으키는 최소한의 집합이다.
- 일반적으로 Fussell algorithm을 이용한다.
- 시스템에서 최소 컷 셋의 개수가 늘어나면 위험수준이 높아진다.

정답 | 58 ② 59 ④

1802

## 60 Repetitive Learning 1회 2회 3회

산업안전보건법령에 따라 제조업 등 유해·위험방지계획서를 작성하고자 할 때 관련 규정에 따라 1명 이상 포함시켜야 하는 사람의 자격으로 적합하지 않은 것은?

① 한국산업안전보건공단이 실시하는 관련 교육(유해·위험방지계획서 작성과 관련된 교육과정, 공정안전보고서 작성과 관련된 교육과정)을 8시간 이수한 사람
② 기계, 재료, 화학, 전기, 전자, 안전관리 또는 환경분야 기술사 자격을 취득한 사람
③ 관련분야 기사 자격을 취득한 사람으로서 해당 분야에서 3년 이상 근무한 경력이 있는 사람
④ 기계안전, 전기안전, 화공안전분야의 산업안전지도사 또는 산업보건지도사 자격을 취득한 사람

**해설**

- 한국산업안전보건공단이 실시하는 관련교육을 20시간 이상 이수한 사람이어야 한다.

**유해·위험방지계획서를 작성 시 포함시켜야 하는 사람**

- 한국산업안전보건공단이 실시하는 관련교육을 20시간 이상 이수한 사람
- 기계, 재료, 화학, 전기·전자, 안전관리 또는 환경분야 기술사 자격을 취득한 사람
- 기계, 재료, 화학, 전기·전자, 안전관리 또는 환경분야 기사 자격을 취득한 사람으로서 해당 분야에서 3년 이상 근무한 경력이 있는 사람
- 기계, 재료, 화학, 전기·전자, 안전관리 또는 환경분야 산업기사 자격을 취득한 사람으로서 해당 분야에서 5년 이상 근무한 경력이 있는 사람
- 기계안전·전기안전·화공안전분야의 산업안전지도사 또는 산업보건지도사 자격을 취득한 사람
- 대학 및 산업대학을 졸업한 후 해당 분야에서 5년 이상 근무한 경력이 있는 사람 또는 전문대학을 졸업한 후 해당 분야에서 7년 이상 근무한 경력이 있는 사람
- 전문계 고등학교 또는 이와 같은 수준 이상의 학교를 졸업하고 해당 분야에서 9년 이상 근무한 경력이 있는 사람

# 4과목 건설시공학

## 61 Repetitive Learning 1회 2회 3회

총 공사금액을 부기(附記)한 뒤 당해연도 예산범위 내에서 차수별로 계약을 체결하여 수년에 걸쳐서 공사를 이행하는 계약방식은?

① 단년도계약 방식
② 계속비계약 방식
③ 주계약자관리 방식
④ 장기계속계약 방식

**해설**

- 단년도계약 방식은 이행기간이 1년 이내인 경우의 통상적인 계약방법을 말한다.
- 계속비계약 방식은 수년간에 걸쳐 진행되는 사업의 경비를 미리 의결을 얻어 내용이 변경되지 않는 한 해마다 별도의 의결없이 계속해서 진행되는 계약방식을 말한다.
- 주계약자관리 방식은 공동계약의 한 종류로 주계약자가 해당 공사를 종합적으로 조정, 관리하는 방식을 말한다.

**장기계속계약 방식**

- 다년도 사업을 수행하기 위한 국가계약법상 계약방식이다.
- 총 공사금액을 부기(附記)한 뒤 당해연도 예산범위 내에서 차수별로 계약을 체결하여 수년에 걸쳐서 공사를 이행하는 계약방식으로 연차별 계약방식이라고도 한다.
- 1차년도 계약 체결 시 전체공사에 대한 구체적 내용을 포함함으로써 성립한다.

1904

## 62 Repetitive Learning

콘크리트 타설에 관한 설명 중 옳은 것은?

① 콘크리트 타설은 바닥판, 보, 계단, 벽체, 기둥의 순서로 한다.
② 콘크리트 타설은 운반거리가 먼 곳부터 타설을 시작한다.
③ 콘크리트를 타설할 때는 다짐이 잘 되도록 타설 높이를 최대한 높게 한다.
④ 진동기로 거푸집과 철근에 직접 진동을 주어 밀실하게 콘크리트를 다진다.



60 ① 61 ④ 62 ② | 정답

해설

- 콘크리트 타설 시에는 기둥, 벽체 → 보 → 슬래브 순으로 타설 순서를 준수해 작업에 임해야 한다.
- 낙하 높이는 보통 1.5m 이내로 최대 2m를 초과하지 않도록 자유낙하 높이를 최소화한다.
- 진동기 사용 시 지나친 진동은 거푸집 문너짐의 원인이 될 수 있으므로 적절히 사용해야 하며, 거푸집 및 철근에 직접적인 진동을 주지 않도록 주의한다.

**콘크리트 타설 시 안전유의사항**

- 콘크리트 타설 시에는 기둥, 벽체 → 보 → 슬래브 순으로 타설 순서를 준수해 작업에 임해야 한다.
- 타설 시 공동이 발생되지 않도록 밀실하게 부어 넣는다.
- 콘크리트 타설은 운반거리가 먼 곳부터 타설을 시작한다.
- 낙하 높이는 보통 1.5m 이내로 최대 2m를 초과하지 않도록 자유낙하 높이를 최소화한다.
- 진동기 사용 시 지나친 진동은 거푸집 무너짐의 원인이 될 수 있으므로 적절히 사용해야 하며, 거푸집 및 철근에 직접적인 진동을 주지 않도록 주의한다.
- 타설 속도는 하계 1.5m/h, 동계 1.0m/h를 표준으로 한다.
- 부재 간 강성차이가 많은 것과는 조합을 피한다.
- 최상부의 슬래브는 가능하면 이어붓기를 피하고 일시에 전체를 타설하도록 하여야 한다.
- 콘크리트의 재료분리를 방지하기 위하여 횡류, 즉 옆에서 흘려 넣지 않도록 한다.
- 콘크리트 타설 준비 시 콘크리트가 닿았을 때 흡수할 우려가 있는 곳은 미리 습하게 해 두어야 한다.
- 콘크리트를 수직으로 낙하시킨다.
- 콜드조인트가 생기지 않도록 한다.

## 63

Repetitive Learning (1회 2회 3회)

착공을 위한 공사계획에 필요한 것이 아닌 것은?

① 설계 여건 숙지
② 설계도면, 공사시방서 숙지
③ 현장 여건 조사
④ 공사의 특성과 공종별 공사 수량파악

해설

- 설계 여건은 착공을 위한 공사계획과는 관련이 없다.

**착공을 위한 공사계획**

- 설계도면, 공사시방서 숙지 – 설계도서의 숙지를 통해 공사의 규모 및 내용 등을 정확히 확인하여야 한다.
- 현장 여건 조사 – 현장의 지형 및 지질, 인력공급계획, 주변환경 등을 상세하게 조사 확인하여야 한다.
- 공사의 특성과 공종별 공사 수량파악

1002

## 64

Repetitive Learning (1회 2회 3회)

공동 도급(Joint venture)의 장점이 아닌 것은?

① 융자력 증대 ② 책임소재 명확
③ 위험 분산 ④ 기술력 확충

해설

- 공동 도급 방식은 1개 회사에서 진행하는 일식공사에 비해 책임소재가 불명확할 수 있다.

**공동 도급 방식(Joint venture contract)**

㉠ 개요
- 1개 회사가 단독으로 도급을 수행하기에는 규모가 클 경우 또는 복수 공사일 때 2개 이상의 회사가 임시로 결합하여 연대 책임으로 공사를 하고 공사 완성 후 해산하는 방식을 말한다.

㉡ 장점
- 각 회사의 상호신뢰와 협조로써 긍정적인 효과를 거둘 수 있다.
- 공사의 진행이 수월하며 위험부담이 분산된다.
- 2 이상의 도급자가 공동으로 기업체를 만들기 때문에 자금부담이 경감된다.
- 신기술 및 신공법을 적용할 경우 상호기술의 확충 및 새로운 경험을 얻을 수 있다.
- 주문자로서는 시공의 확실성을 기대할 수 있다.

㉢ 단점
- 공동 도급 구성원 상호 간의 이해충돌이 발생가능하며, 현장관리가 곤란하다.
- 공사경비가 증대될 수 있다.
- 책임소재가 불명확할 수 있다.

1902

## 65

Repetitive Learning (1회 2회 3회)

다음 보기에서 일반적인 철근의 조립순서로 옳은 것은?

| ㉮ 계단철근<br>㉯ 기둥철근<br>㉰ 벽철근<br>㉱ 보철근<br>㉲ 바닥철근 |
|---|

① ㉮–㉯–㉰–㉱–㉲
② ㉯–㉰–㉱–㉲–㉮
③ ㉮–㉯–㉰–㉲–㉱
④ ㉯–㉰–㉮–㉱–㉲

정답 | 63 ① 64 ② 65 ②

해설

- 일반 건축물에서 철근의 조립순서는 기둥철근 – 벽철근 – 보철근 – 바닥철근 – 계단철근 순이다.

**철근의 조립순서**

- 일반 건축물에서 철근의 조립순서는 기둥철근 – 벽철근 – 보철근 – 바닥철근 – 계단철근 순이다.
- 철골 철근콘크리트 철근의 조립순서는 기둥철근 – 보철근 – 벽철근 – 슬래브철근 – 계단철근 순이다.

## 66

Repetitive Learning (1회 2회 3회)

지반보다 6m 정도 깊은 경질지반의 기초파기에 가장 적합한 굴착기계는?

① Drag line
② Tractor shovel
③ Back hoe
④ Power shovel

해설

- 드래그라인은 상당히 넓고 얕은 범위의 점토질 지반 굴착에 적합하며, 수중의 모래 채취에 많이 이용되는 굴착기계이다.
- 트랙터셔블은 트랙터 앞면에 버킷을 장착한 기계로 화물을 굴착한 후 떠올려서 가까운 거리로 운반하는 기계이다.
- 파워셔블은 기계가 위치한 지면보다 높은 곳을 파는 작업에 가장 적합한 굴착기계이다.

**백호우(Back Hoe)**

- 기계가 위치한 지면보다 낮은 장소를 굴착하는 데 적합한 장비로 드래그셔블(Drag shovel)이라고도 한다.
- 지반보다 6m 정도 깊은 경질 지반의 기초파기에 적합한 굴착 기계로 비교적 단단한 토질의 구멍파기나 도랑파기 작업에 이용된다.

## 67

Repetitive Learning (1회 2회 3회)

고층 구조물의 내부코어시스템에 가장 적당한 시스템 거푸집은?

① 갱폼(Gang form)
② 클라이밍폼(Climbing form)
③ 플라잉폼(Flying form)
④ 터널폼(Tunnel form)

해설

- 갱폼은 주로 고층 아파트에서와 같이 평면상 상/하부 동일 단면 구조물에서 사용하는 작업발판 일체형 대형 거푸집을 말한다.
- 플라잉폼은 바닥전용 거푸집으로서 테이블폼이라고도 한다.
- 터널폼은 벽식 철근콘크리트 구조를 시공할 때 벽과 바닥의 콘크리트 타설을 한 번에 가능하게 하기 위한 작업발판 일체형 거푸집을 말한다.

**클라이밍폼(Climbing form)**

㉠ 개요
- 고층 구조물의 내부코어시스템에 가장 적당한 벽체 전용 시스템 거푸집이다.
- 거푸집과 벽체 마감공사를 위한 비계틀을 일체로 조립해 한 번에 인양시켜 설치하는 공법이다.

㉡ 특징
- 거푸집과 벽체 비계틀을 일체로 조립해서 설치하므로 비계 설치가 별도로 필요 없다.
- 고소작업 시 안전성이 높다.
- 장비를 이용해 올리므로 인력절감 및 공기단축이 가능하다.
- 초기 투자비가 많다는 단점을 갖는다.

## 68

Repetitive Learning (1회 2회 3회)

철골조 내화피복공사 중 피복된 철골의 형상에 대해 제약이 적고 큰 면적의 내화피복을 소수인으로 단시간에 시공할 수 있는 공법은?

① 성형판붙임 공법
② 멤브레인 공법
③ 조적 공법
④ 뿜칠 공법

해설

- 성형판붙임 공법은 건식 공법으로 PC판, 무기섬유강화 석고보드 등을 철골부재에 부착할 때 사용하는 공법이다.
- 멤브레인 공법은 건식 공법으로 암면흡음판을 철골에 붙여 시공하는 공법이다.
- 조적 공법은 습식 공법으로 벽돌 또는 경량콘크리트블록을 시공할 때 사용하는 공법이다.

**뿜칠 공법**

- 석면이나 뿜칠암면과 시멘트 등을 혼합 뿜칠방식으로 큰 면적의 내화피복을 단시간에 시공하는 공법이다.
- 피복된 철골의 형상에 대해 제약이 적다.



66 ③ 67 ② 68 ④ 정답

1004 / 2201

## 69 Repetitive Learning (1회 2회 3회)

거푸집 공사(Form work)에 대한 설명 중 옳지 않은 것은?

① 거푸집은 일반적으로 콘크리트를 부어넣어 콘크리트 구조체를 형성하는 거푸집널과 이것을 정확한 위치로 유지하는 동바리, 즉 지지틀의 총칭이다.
② 콘크리트 표면에 모르타르, 플라스터 또는 타일붙임 등의 마감을 할 경우에는 평활하고 광택 있는 면이 얻어질 수 있도록 철제 거푸집(Metal form)을 사용하는 것이 좋다.
③ 거푸집 공사비는 건축공사비에서의 비중이 높으므로, 설계단계부터 거푸집 공사의 개선과 합리화 방안을 연구하는 것이 바람직하다.
④ 폼타이(Form tie)는 콘크리트를 부어넣을 때 거푸집이 벌어지거나 우그러들지 않게 연결, 고정하는 긴결재이다.

**해설**

- 콘크리트 표면에 모르타르, 플라스터 또는 타일붙임 등의 마감을 할 경우에는 마감재료가 잘 부착될 수 있어야 하는데 철제 거푸집(Metal form)이나 플라스틱 패널 등을 사용할 경우 미장 모르타르가 부착되지 않을 수 있으므로 피해야 한다.

**거푸집 공사(Form work)**
- 거푸집은 일반적으로 콘크리트를 부어넣어 콘크리트 구조체를 형성하는 거푸집널과 이것을 정확한 위치로 유지하는 동바리, 즉 지지틀의 총칭이다.
- 거푸집 공사비는 건축공사비에서의 비중이 높으므로(전체 공사비의 10%, 구조체 공사비의 30~40%), 설계단계부터 거푸집 공사의 개선과 합리화 방안을 연구하는 것이 바람직하다.
- 폼타이(Form tie)는 콘크리트를 부어넣을 때 거푸집이 벌어지거나 우그러들지 않게 연결, 고정하는 긴결재이다.

## 70 Repetitive Learning (1회 2회 3회)

흙막이 공법에 사용하는 지지 공법이라 할 수 없는 공법은?

① 경사오픈컷 공법
② 탑다운 공법
③ 어스앵커 공법
④ 스트러트 공법

**해설**

- 경사오픈컷 공법은 구조 방식에 의한 분류이다.

**지지방식에 의한 흙막이 공법** 실필 1301
- 자립 공법
- 버팀대식 공법
- 어스앵커 공법
- 탑다운 공법
- 스트러트(SPS) 공법

1901

## 71 Repetitive Learning (1회 2회 3회)

내화피복의 공법과 재료와의 연결이 옳지 않은 것은?

① 타설 공법 - 콘크리트, 경량콘크리트
② 조적 공법 - 콘크리트, 경량콘크리트블록, 돌, 벽돌
③ 미장 공법 - 뿜칠플라스터, 알루미나계열모르타르
④ 뿜칠 공법 - 뿜칠암면, 습식뿜칠암면, 뿜칠모르타르

**해설**

- 미장 공법은 철망모르타르, 펄라이트모르타르 등을 사용한다.

**철골 내화피복 공법의 종류와 사용되는 재료**
- ㉠ 습식 공법
  - 타설 공법 - 콘크리트, 경량콘크리트
  - 뿜칠 공법 - 석면, 암면
  - 미장 공법 - 철망모르타르, 펄라이트모르타르
  - 조적 공법 - 벽돌, 시멘트벽돌, 경량콘크리트블록
  - 도장 공법 - 내화페인트
- ㉡ 건식 공법
  - 성형판붙임 공법 - ALC석고보드
  - 멤브레인 공법 - 석면흡음판, 암면흡음판

1802 / 2101

## 72 Repetitive Learning (1회 2회 3회)

지반개량 지정공사 중 응결 공법이 아닌 것은?

① 플라스틱드레인 공법
② 시멘트처리 공법
③ 석회처리 공법
④ 심층혼합처리 공법

**해설**

- 플라스틱드레인 공법은 투수성이 좋은 부직포와 플라스틱 압출제품을 접착시켜 연약지반의 간극수를 신속하게 배출시키는 탈수 공법에 속한다.

정답 | 69 ② 70 ① 71 ③ 72 ①

**:: 지반개량 공법**

㉠ 개요

- 흙의 성질을 개선하여 지반 지지력의 증대, 침하의 방지, 수압 및 투수성의 감소 또는 제거를 목적으로 하는 공법을 말한다.
- 크게 흙의 치환, 탈수, 다짐, 배수, 고결 등의 방법을 사용한다.

㉡ 점성토 개량 공법

- 탈수(강제압밀) 공법 – 수위저하 공법, 성토 공법, Sand drain 공법, Paper drain 공법, Plastic board drain 공법, Pre-loading 공법, 생석회말뚝 공법, 침투압 공법 등이 있다.
- 치환 공법 – 굴착치환 공법, 자중에 의한 압출치환 공법, 폭파에 의한 폭파치환 공법 등이 있다.

㉢ 사질토 개량 공법

- 다짐 공법 – 다짐말뚝 공법, Compozer 공법, Vibro-flotation 공법, 전기충격식 공법, 폭파다짐 공법 등이 있다.
- 배수 공법 – Well point 공법이 있다.
- 고결(응결) 공법 – 약액주입 공법으로 시멘트처리 공법, 석회처리 공법, 심층혼합처리 공법, 기타 공법 등이 있다.

0904

## 73 Repetitive Learning 

단순조적 블록쌓기에 대한 설명으로 옳지 않은 것은?

① 세로줄눈은 통상적으로 막힌줄눈으로 한다.
② 살 두께가 큰 편을 위로 하여 쌓는다.
③ 하루의 쌓기 높이는 1.5m(블록 7켜 정도) 이내를 표준으로 한다.
④ 치장줄눈을 할 때에는 줄눈이 완전히 굳은 후에 줄눈파기를 한다.

**해설**

- 치장줄눈을 할 때에는 흙손을 사용하여 줄눈이 완전히 굳기 전에 줄눈파기를 하여 치장줄눈을 바른다.

**:: 블록쌓기**

- 살 두께가 두꺼운 쪽을 위로 해야 한다.
- 기초 및 바닥면 윗면은 충분히 물축이기를 해야 한다.
- 하루쌓기의 높이는 6~7켜(1.2~1.5m) 이내를 표준으로 한다.
- 줄눈은 막힌줄눈으로 하고, 줄눈 두께는 10mm가 되게 한다.
- 직교하는 벽은 통줄눈으로 하고, 줄눈에 철근 또는 철망을 넣어 보강하도록 한다.
- 블록벽면에 부득이 줄홈을 파서 배관할 때는 그 자리는 블록의 빈 속까지 모두 모르타르 또는 콘크리트로 채운다.
- 콘크리트용 블록은 물축임을 하지 말아야 한다. (단, 모르타르 접촉면에만 물을 축인다)
- 보강근은 모르타르 또는 그라우트를 사춤하기 전에 배근하고 고정한다.
- 인방블록은 창문틀의 좌우 옆 턱에 200mm 이상 물린다.
- 특별한 지정이 없으면 가로 및 세로줄눈의 두께는 10mm로 한다. 치장줄눈을 할 때에는 흙손을 사용하여 줄눈이 완전히 굳기 전에 줄눈파기를 하여 치장줄눈을 바른다.
- 블록보강용 메시는 #8~#10철선을 사용하며 블록의 너비보다 한 치수 작은 것을 사용한다.

0902 / 1804 / 2202

## 74 Repetitive Learning (1회 2회 3회)

철근공사의 용접접합에서 플럭스(Flux)를 옳게 설명한 것은?

① 용접 시 용접봉의 피복제 역할을 하는 분말상의 재료
② 압연강판의 층 사이에 균열이 생기는 현상
③ 둥근 경량형강 등 부재 간 홈이 벌어진 상태에서 용접하는 방법
④ 용접부에 생기는 미세한 구멍

**해설**

- 압연강판의 층 사이에 균열이 생기는 현상은 라멜라티어링 현상이라고 한다.
- 둥근 경량형강 등 부재 간 홈이 벌어진 상태에서 용접하는 방법을 맞댄용접이라고 한다.
- 용접부에 생기는 미세한 구멍은 위핑 홀이다.

**:: 플럭스(Flux)**

- 철골(철근)용접에서 자동용접 시 용접봉의 피복제 역할을 하는 분말상의 재료를 말한다.
- 금속 또는 합금을 용해할 때 금속 표면의 산화나 흡수를 방지하기 위해 용해한 염류에 의한 얇은 층을 만드는 혼합염을 말한다.

2202

## 75 Repetitive Learning 

건축물의 지하공사에서 계측관리에 대한 설명 중 옳지 않은 것은?

① 계측관리의 목적은 위험의 징후를 발견하는 것이다.
② 계측관리의 중점관리사항으로 흙막이 변위에 따른 배면지반의 침하가 있다.
③ 계측관리는 인적이 뜸하고 위험이 적은 안전한 곳에 설치하여 주기적으로 실시한다.
④ 일일점검항목으로는 흙막이벽체, 주변지반, 지하수위 및 배수량 등이 있다.



73 ④ 74 ① 75 ③ **정답**

해설

- 계측관리는 예상되지 않은 위험을 찾아내어야 하는 만큼 인적이 많고 위험이 큰 곳에 설치해서 주기적으로 확인하여야 한다.

**계측관리**

- 계측관리의 목적은 설계단계에서 예측할 수 없었던 위험의 징후를 발견하여 안전하고 합리적인 시공관리를 하는데 있다.
- 계측관리의 중점관리사항으로 흙막이 변위에 따른 배면지반의 침하가 있다.
- 계측관리는 인적이 많고 위험이 큰 곳에 설치하여 주기적으로 실시한다.
- 일일점검항목으로는 흙막이벽체, 주변지반, 지하수위 및 배수량 등이 있다.

1802 / 2102

## 76 Repetitive Learning (1회 2회 3회)

철근의 피복 두께 확보 목적과 가장 거리가 먼 것은?

① 내화성 확보 ② 내구성 확보
③ 구조내력의 확보 ④ 블리딩 현상 방지

해설

- 철근을 피복하는 이유는 철근의 부식방지, 내화성 및 내구성 확보, 골재의 유동성 확보, 구조내력 및 부착력의 확보 등에 있다.

**철근의 피복 두께**

- 피복 두께란 철근 표면에서 이를 감싸고 있는 콘크리트 표면까지의 두께를 말한다.
- 철근의 부식방지, 내화성 및 내구성 확보, 골재의 유동성 확보, 구조내력 및 부착력의 확보를 위해 철근 두께를 유지하여야 한다.

1001

## 77 Repetitive Learning (1회 2회 3회)

콘크리트 배합 시 시멘트 15포대(600kg)가 소요되고 물시멘트비가 60%일 때 필요한 물의 중량(kg)은?

① 360kg ② 480kg
③ 520kg ④ 640kg

해설

- 시멘트의 중량과 물시멘트비가 주어져 있으므로 식을 역으로 계산하면 물의 중량 = 물시멘트비 × 시멘트의 중량이 된다.
- 물의 중량 = 600 × 0.6 = 360kg이다.

**물·시멘트비**

- 물·시멘트비는  $\frac{\text{물 무게}}{\text{시멘트 무게}}$로 구한다.
- 시멘트의 부피가 주어질 때는 시멘트의 무게(중량) = 부피 × 밀도(시멘트의 밀도는 3.14)로 구한다.

## 78 Repetitive Learning (1회 2회 3회)

제자리콘크리트말뚝 시공법 중 Earth Drill 공법의 장·단점에 대한 설명으로 옳지 않은 것은?

① 진동소음이 적은 편이다.
② 좁은 장소에서는 작업이 어렵고 지하수가 없는 점성토에 부적합하다.
③ 기계가 비교적 소형으로 굴착속도가 빠르다.
④ Slime 처리가 불확실하여 말뚝의 초기 침하 우려가 있다.

해설

- 어스드릴 공법은 현장에서 소회전으로 이동이 가능하고, 지하수가 없는 점성토에 적합한 방식이다.

**어스드릴(Earth drill) 공법**

㉠ 개요
- 굴착 공에 철근망을 삽입하고 콘크리트를 타설하여 말뚝을 형성하는 공법이다.
- 안정액으로 벤토나이트 용액을 사용하고 표층부에서(3m 정도)만 케이싱을 사용하는 공법이다.

㉡ 특징
- 진동소음이 적은 편이다.
- 현장에서 소회전으로 이동이 가능하고, 지하수가 없는 점성토에 적합한 방식이다.
- 기계가 비교적 소형으로 굴착속도가 빠르다.
- Slime 처리가 불확실하여 말뚝의 초기 침하 우려가 있다.

2102

## 79 Repetitive Learning (1회 2회 3회)

흙이 소성상태에서 반고체상태로 바뀔 때 함수비를 의미하는 용어는?

① 예민비
② 액성한계
③ 소성한계
④ 소성지수

해설

- 흙의 예민비(Sensitivity ratio)는 흙의 이김에 의해서 약해지는 정도를 표시한다.
- 액성한계는 소성상태의 흙에 함수비를 증가시켜 액체상태가 되는 한계 함수비이다.
- 소성지수는 액성한계-소성한계로 소성상태로 유지할 수 있는 함수비의 범위를 말한다.

정답 76 ④ 77 ① 78 ② 79 ③

**함수비에 따른 흙의 상태 변화**

- 소성상태란 흙을 잡아 늘리거나 틀에 넣어 원하는 모양을 만들 수 있는 상태를 말한다.
- 소성한계 시험이란 흙속에 수분이 거의 없고 바삭바삭한 상태의 정도를 알아보기 위해 실시하는 것을 말한다.
- 수축한계 : 건조한 흙에 함수비를 증가시켜 반고체상태가 되는 한계 함수비
- 소성한계 : 반고체상태의 흙에 함수비를 증가시켜 소성상태가 되는 한계 함수비
- 액성한계 : 소성상태의 흙에 함수비를 증가시켜 액체상태가 되는 한계 함수비

| 건조한 흙 | 반고체상태 | 소성상태 | 액체상태 | 흙탕물 |
|---|---|---|---|---|
| 감소 ← | | 함수비 | | → 증가 |
| | 수축한계 | 소성한계 | 액성한계 | |

1904

## 80

Repetitive Learning 

벽돌을 내쌓기할 때 일반적으로 이용되는 벽돌쌓기 방법은?

① 길이쌓기
② 마구리쌓기
③ 옆세워쌓기
④ 길이세워쌓기

**해설**

| 길이쌓기 | 마구리쌓기 | 옆세워쌓기 | 길이세워쌓기 |
|---|---|---|---|
| | | | |

**내어쌓기(Cobel)**

- 석재의 일부를 점차 안쪽에서 내밀면서 쌓는 방법을 말한다.
- 내어쌓기는 최대 2.0B까지 한다.
- 1켜씩 내어쌓을 때는 1/8B, 2켜씩 내어쌓을 때는 1/4B씩 나오도록 한다.
- 내어쌓기를 할 때에는 벽체 입면에 마구리면이 나오게 쌓는 마구리쌓기를 일반적으로 이용한다.

# 5과목 건설재료학

## 81

Repetitive Learning 1회 2회 3회

콘크리트에 사용하는 혼화재와 그 효과가 잘못 연결된 것은?

① 플라이애시 – 워커빌리티, 펌퍼빌리티 개선
② 고로슬래그 미분말 – 수화열 억제, 알칼리골재반응 억제
③ 실리카 흄 – 화학적 저항성 증대, 블리딩 저감
④ 가용성규산미분말 – 수화열 억제, 알칼리골재반응 억제

**해설**

- 가용성규산미분말은 경화과정에서 팽창을 일으키는 팽창제이다.

**시멘트 혼화재**

㉠ 개요

- 콘크리트의 물성을 개선하기 위하여 시멘트 중량의 5% 이상을 사용한다.
- 종류에는 플라이애시, 고로슬래그, 실리카 흄, 포졸란, 팽창제 등이 있다.

㉡ 종류와 특징

| 종류 | 특징 |
|---|---|
| 플라이애시 | 워커빌리티, 펌퍼빌리티 개선 |
| 고로슬래그 | 수화열 억제, 알칼리골재반응 억제 |
| 실리카 흄 | 화학적 저항성 증대, 블리딩 저감 |
| 포졸란 | 워커빌리티, 장기강도 증대, 블리딩 및 재료분리 감소 |
| 팽창제 | 경화과정에서 팽창을 일으킴 |

## 82

Repetitive Learning 1회 2회 3회

비철금속 중 알루미늄에 대한 설명으로 옳지 않은 것은?

① 순도가 높은 알루미늄은 맑은 물에 대해 내식성이 크고 전연성이 크다.
② 연질이고 강도가 낮다.
③ 산, 알칼리 및 해수에 대해 내식성이 크다.
④ 콘크리트에 접하거나 흙 중에 매몰된 경우에는 부식되기 쉽다.

**해설**

- 알루미늄은 산과 알칼리, 해수에 약하고 콘크리트나 강판에 접촉하면 부식되기 쉽다.



80 ② 81 ④ 82 ③ 정답

**알루미늄의 특성**

- 열, 전기전도성이 동 다음으로 크고, 반사율도 높다.
- 용점은 약 659℃ 정도로 낮아 용해주조도는 좋으나 내화성이 부족하다.
- 비중은 철의 약 1/3 정도인 2.7로 경량이다.
- 순도가 높은 알루미늄은 맑은 물에 대해 내식성이 크고 전연성이 크다.
- 연질이고 강도가 낮으며, 응력-변형곡선은 강재와 같이 명확한 항복점이 없다.
- 알루미늄은 상온에서 판, 선으로 압연가공하면 경도와 인장강도가 증가하고 연신율이 감소한다.
- 산과 알칼리에 약하고, 콘크리트나 강판에 접촉하면 부식되기 쉽다.
- 알칼리나 해수에 침식되기 쉬우므로 해안가 공사 시 특히 주의해야 한다.
- 알루미늄의 부식률은 대기 중의 습도와 염분함유량, 불순물의 양과 질 등에 관계되며 0.08mm/년 정도이다.

1001

## 83

Repetitive Learning 1회 2회 3회

목재의 방부법으로 옳지 않은 것은?

① 침지법 ② 표면탄화법
③ 가압주입법 ④ 훈연법

해설

- 목재의 방부법에는 침지법, 도포법, 주입법(상압, 가압, 생리적), 표면탄화법 등이 있다.

**목재의 방부처리법**

㉠ 침지법
- 목재를 방부용액에 담가 공기를 차단하여 방부처리하는 방법이다.
- 방부용액은 주로 크레오소트유를 사용한다.

㉡ 도포법
- 충분히 건조된 목재에 약재를 도포하여 방부처리하는 방법이다.
- 방부용액은 크레오소트유, 아스팔트 방부칠 등이 사용된다.

㉢ 주입법
- 방부용액을 목재에 주입하여 방부처리하는 방법이다.
- 주입하는 방법에 따라 상압주입법, 가압주입법, 생리적 주입법 등이 있다.
- 가압주입법은 압력용기 속에 목재를 넣어서 처리하는 방법으로 신속하고 효과적인 방법이다.
- 방부용액은 크레오소트유, PCP 등이 사용된다.

㉣ 표면탄화법
- 목재의 표면을 태워서 방부처리하는 방법이다.

1401 / 1801 / 2104

## 84

Repetitive Learning 1회 2회 3회

콘크리트의 블리딩 현상에 의한 성능저하와 가장 거리가 먼 것은?

① 골재와 시멘트 페이스트의 부착력 저하
② 철근과 시멘트 페이스트의 부착력 저하
③ 콘크리트의 수밀성 저하
④ 콘크리트의 응결성 저하

해설

- 블리딩 현상은 콘크리트가 응결이 시작되기 전에 침하하는 성질로 응결성과는 큰 관련이 없다.

**블리딩**

㉠ 개요
- 재료 분리현상의 일종으로 시멘트 페이스트와 물이 분리되어 일부의 물이 미세한 물질과 함께 콘크리트 상부에 모이는 현상을 말한다.
- 침강균열의 원인으로 작용하고, 상부의 콘크리트를 다공질로 만들어 품질을 저하시키며, 수밀성과 내구성을 저하시킨다.
- 블리딩으로 모인 물이 증발하고 남은 백색의 미세한 물질을 레이턴스라고 한다.

㉡ 성능저하
- 레이턴스 발생으로 골재와 시멘트 페이스트의 부착력 저하
- 철근 하부의 공극으로 인해 철근과 시멘트 페이스트의 부착력 저하
- 콘크리트의 수밀성 저하

0904

## 85

Repetitive Learning 

바탕과의 접착을 주목적으로 하며, 바탕의 요철을 완화시키는 바름공정에 해당되는 것은?

① 마감바름 ② 초벌바름
③ 재벌바름 ④ 정벌바름

해설

- 바탕과의 접착은 바탕조정 후 수행하는 초벌바름의 역할이다.

**바름공정**

- 바탕조정 → 초벌바름 및 라스먹임 → 재벌바름 → 정벌바름 → 마무리 단계로 진행한다.
- 바탕조정이란 요철 또는 변형이 심한 곳을 고르게 하고 마감두께가 균등하게 되도록 조정하고 균열 등을 보수하며 바탕면이 지나치게 평활할 때에는 거칠게 처리하고, 바탕면의 이물질을 제거하여 미장바름의 부착이 양호하도록 표면을 처리하는 바름공정이다.
- 초벌바름은 바탕과의 접착을 주목적으로 하며, 바탕의 요철을 완화시키는 바름공정이다.
- 정벌바름은 치장을 주목적으로 한다.

정답 | 83 ④ 84 ④ 85 ②

1104

## 86

Repetitive Learning 1회 2회 3회

보통포틀랜드시멘트의 주성분 중 함유량이 가장 적은 것은?

① $SiO_2$

② $CaO$

③ $Al_2O_3$

④ $Fe_2O_3$

해설

- 보통포틀랜드시멘트는 석회(CaO)가 가장 많은 부분을 차지하고, 산화철($Fe_2O_3$)의 함유량이 가장 적다.

∷ 보통포틀랜드시멘트

㉠ 개요

- 석회(CaO)와 점토를 주성분으로 실리카($SiO_2$), 알루미나($Al_2O_3$), 산화철($Fe_2O_3$) 등을 첨가하여 만든 가장 많이 사용되는 시멘트이다.
- 석회(CaO)가 가장 많은 부분을 차지하고, 산화철($Fe_2O_3$)의 함유량이 가장 적다.
- 제조 시 석고를 혼합하는 이유는 급속한 응결을 막기 위해서이다.
- KS에 따르면 보통포틀랜드시멘트는 물과 혼합한 후 1시간 후에 응결을 시작하여 10시간 내에 종료하여야 한다.

㉡ 클링커의 주요 화합물

| 화합물 | 반응속도 | 수화열 |
|---|---|---|
| $3CaO \cdot SiO_2$ | 빠르다 | 중간 |
| $2CaO \cdot SiO_2$ | 느리다 | 낮다 |
| $3CaO \cdot Al_2O_3$ | 순간적 | 매우 높다 |
| $4CaO \cdot Al_2O_3 \cdot Fe_2O_3$ | 매우 빠르다 | 중간 |

2102

## 87

Repetitive Learning 1회 2회 3회

실적률이 큰 골재로 이루어진 콘크리트의 특성이 아닌 것은?

① 시멘트 페이스트의 양이 커져 콘크리트 제조 시 경제성이 낮다.

② 내구성이 증대된다.

③ 투수성, 흡습성의 감소를 기대할 수 있다.

④ 건조수축 및 수화열이 감소된다.

해설

- 실적률이 큰 골재를 사용하면 시멘트 페이스트 양이 적게 들어가므로 경제성이 높다.

∷ 골재의 실적률

㉠ 개요

- 용기에 채운 절대건조상태의 골재의 비중 대비 단위용적중량의 백분율을 말한다.
- 실적률 $= \dfrac{\text{단위용적중량}}{\text{절대건조상태의 골재의 비중}} \times 100[\%]$이다.
- 골재입형의 양부를 평가하는 지표이다.
- 부순 자갈의 실적률은 그 입형 때문에 강자갈의 실적률보다 작다.

㉡ 특징

- 실적률이 큰 골재를 사용하면 시멘트 페이스트 양이 적게 든다.
- 콘크리트의 내구성과 강도가 증가한다.
- 콘크리트의 밀도가 커지면 투수성, 흡습성의 감소를 기대할 수 있다.
- 건조수축 및 수화열이 감소된다.

## 88

Repetitive Learning 1회 2회 3회

알키드수지·아크릴수지·에폭시수지·초산비닐수지를 용제에 녹여서 착색제를 혼입하여 만든 재료로 내화학성, 내후성, 내식성 및 치장효과가 있는 내·외장 도장 재료는?

① 비닐모르타르 ② 플라스틱라이닝

③ 플라스틱스펀지 ④ 합성수지스프레이코팅제

해설

- 비닐모르타르는 광택성, 방수성, 인장강도가 뛰어나 콘크리트 면의 방수층 및 도장 마감재로 사용된다.
- 플라스틱라이닝은 내식성과 내수성이 뛰어나 지하의 방수에 사용되며 물탱크 등의 내벽에 사용되는 도장 마감재이다.
- 플라스틱스펀지는 단열성, 접착성이 좋은 다공질 재료이다.

∷ 다양한 도료

| 염화비닐수지 도료 | 폴리염화비닐을 주성분으로 하는 도료로 자연에서 용제가 증발하여 표면에 피막이 형성되어 굳는 도료 |
|---|---|
| 합성수지 스프레이 코팅제 | 합성수지를 용제에 녹여서 착색제를 혼입하여 만든 재료로 건조가 빠르고 내화학성, 내후성, 내식성 및 치장효과 |
| 합성수지 에멀션페인트 | 용제로 물을 사용하며 다양한 색채가 가능한 외부(마감)용 수성페인트로 콘크리트 면의 도장에 주로 사용 |
| 래커에나멜 | 뉴트로셀룰로오스 등의 천연수지를 이용한 자연건조형으로 건조속도가 빨라 단시간에 도막이 형성 |



86 ④ 87 ① 88 ④ 정답

| 클리어래커 | 은폐력이 없는 투명 래커로 목재바탕의 무늬를 살리기에 적합 |
|---|---|
| 징크로메이트(Zincromate) 도료 | 크롬산아연을 안료로 하고, 알키드수지를 전색제로 한 것으로서 알루미늄 녹막이 초벌칠에 적당한 방청도료 |
| 프탈산수지 에나멜 | 석유를 원료로 한 무수프탈산과 글리세린을 반응시킨 것으로 내알칼리성이 매우 약한 특성 |
| 셀락니스 | 무색 투명한 내후성이 약한 천연 니스(곤충 분비물)로 목공마감재로는 목부의 옹이땜질, 송진막이, 스밈막이 등에 사용 |

## 89

Repetitive Learning 1회 2회 3회

화강암에 대한 설명 중 옳지 않은 것은?

① 바탕색과 반점이 미려하므로 내·외장재로 쓰인다.
② 결정체의 크고 작음에 따라 외관과 강도가 다르다.
③ 경도가 크기 때문에 세밀한 조각 등에 적당하지 않다.
④ 내화도가 커서 고열을 받는 곳에 적당하다.

**해설**

- 화강암은 내화성이 약해 화재 시 파괴된다.

**화강암**

㉠ 개요
- 석영, 장석, 운모로 구성된다.
- 전반적인 색상은 밝은 회백색을 띠나 흑운모, 각섬석, 휘석 등은 검은색을 띠며, 산화철을 포함하면 미홍색을 띤다.
- 외장, 내장, 구조재, 도로포장재, 콘크리트 골재 등에 사용된다.

㉡ 특성
- 마모, 풍화 등에 대한 내구성이 크다.
- 외관이 수려하나 함유광물의 열팽창계수가 달라 내화성이 약해 화재 시 파괴된다.
- 강도가 너무 단단하여 건축용 흰재나 조각 등에는 부적당하다.

## 90

Repetitive Learning 1회 2회 3회

석유계 아스팔트로 점착성, 방수성은 우수하지만 연화점이 비교적 낮고 내후성 및 온도에 의한 변화 정도가 커 지하실 방수공사 이외에 사용하지 않는 것은?

① 락아스팔트(Rock asphalt)
② 블론아스팔트(Blown asphalt)
③ 아스팔트컴파운드(Asphalt compound)
④ 스트레이트아스팔트(Straight asphalt)

**해설**

- 락아스팔트(Rock asphalt)는 다공성 석회암과 사암에 아스팔트가 스며들어 생긴 것으로 잘게 부수어 도로포장에 주로 사용한다.
- 블론아스팔트(Blown asphalt)는 석유아스팔트를 고온에서 공기를 불어넣어 만든 것으로 아스팔트루핑의 생산에 사용된다.
- 아스팔트컴파운드(Asphalt compound)는 블론아스팔트의 내열성, 내한성 등을 개량하기 위해 동물섬유나 식물섬유를 혼합하여 유동성을 증대시킨 것이다.

**스트레이트아스팔트(Straight asphalt)**
- 원유를 상압증류 및 진공증류했을 때 남는 잔유로 얻어지는 것으로 석유계 아스팔트의 원료로 사용된다.
- 신장성, 점착성이나 방수성은 우수하나 연화점이 낮고 온도에 의한 변화가 크다.
- 지하실 방수공사에 주로 사용되며, 아스팔트루핑의 제작에도 이용된다.

0502 / 1902

## 91

Repetitive Learning 

경질섬유판(Hard fiber board)에 대한 설명으로 옳은 것은?

① 밀도가 $0.3g/cm^3$ 정도이다.
② 소프트 텍스라고도 불리며 수장판으로 사용된다.
③ 소판이나 소각재의 부산물 등을 이용하여 접착, 접합에 의해 소요 형상의 인공목재를 제조할 수 있다.
④ 펄프를 접착제로 제판하여 양면을 열압 건조시킨 것이다.

**해설**

- 경질섬유판의 비중은 $0.8g/cm^3$ 이상이다.
- 소프트 텍스라고도 불리는 것은 연질섬유판(Soft fiber board)이다.
- 소판이나 소각재의 부산물 등을 이용하여 접착, 접합에 의해 소요 형상의 인공목재를 제조할 수 있는 것은 집성목재이다.

**경질섬유판(Hard fiber board)**
- 펄프를 접착제로 제판하여 양면을 열압 건조시킨 것이다.
- 비중이 $0.8g/cm^3$ 이상이며 강도가 우수하여 수장판으로 사용한다.

정답 | 89 ④ 90 ④ 91 ④

0802

## 92

Repetitive Learning 1회 2회 3회

집성목재에 관한 설명 중 옳지 않은 것은?

① 요구된 치수, 형태의 재료를 비교적 용이하게 제조할 수 있다.
② 충분히 건조된 건조재를 사용하므로 비틀림 변형 등이 생기지 않는다.
③ 목재의 강도를 인공적으로 자유롭게 조절할 수 있다.
④ 하드 텍스라고도 불리며 목재의 결점이 분산되어 높은 강도를 얻을 수 있다.

**해설**

- 하드 텍스라고 불리는 것은 반경질섬유판이다.

**집성목재**

- 제재판재 또는 소각재 등의 부재를 섬유평행방향으로 접착시킨 것을 말한다.
- 요구된 치수, 형태의 재료를 비교적 용이하게 제조할 수 있다.
- 충분히 건조된 건조재를 사용하므로 비틀림 변형 등이 생기지 않는다.
- 목재의 강도를 인공적으로 자유롭게 조절할 수 있다.
- 응력에 따라 필요한 단면을 만들 수 있다.

0804 / 1104 / 1401 / 2102

## 93

Repetitive Learning 

건조 전 중량이 5kg인 목재를 건조시켜 전건중량이 4kg이 되었다면 이 목재의 함수율은 몇 %인가?

① 8%
② 20%
③ 25%
④ 40%

**해설**

- 주어진 값을 함수율 산정식에 대입하면 $\frac{5-4}{4}\times 100 = \frac{1}{4}\times 100 = 25[\%]$이다.

**목재의 함수율**

- 목재가 대기의 온도와 습도에 맞게 평형에 도달한 상태를 의미하는 기건상태의 함수율은 약 15%이다.
- 목재에서 흡착수만이 최대한도로 존재하고 있는 상태인 섬유포화점(Fiber saturation point)의 함수율은 30% 정도이다.
- 목재의 함수율 $= \frac{\text{건조 전의 중량} - \text{건조 후의 중량}}{\text{건조 후의 중량}} \times 100$으로 구한다.

## 94

Repetitive Learning 1회 2회 3회

목재의 유용성 방부제로서 자극적인 냄새 등으로 인체에 피해를 주기도 하여 사용이 규제되고 있는 것은?

① 크레오소트유
② PCP 방부제
③ 아스팔트
④ 불화소다 2% 용액

**해설**

- 목재표면의 곰팡이 방지에 사용되는 펜타클로로페놀(PCP)은 유용성 방부제이나 페놀성분이어서 사용이 규제되고 있다.

**PCP(Penta Chloro Phenol) 방부제**

- 대표적인 유용성 방부제이다.
- 인체에 독성이 강해 사용이 규제되고 있다.
- 방부력이 우수하나, 자극적인 냄새가 난다.

## 95

Repetitive Learning 

화재 시 가열에 대하여 연소되지 않고 방화상 유해한 변형, 균열 등 기타 손상을 일으키지 않으며, 유해한 연기나 가스를 발생하지 않는 불연재료에 해당되지 않는 것은?

① 콘크리트
② 석재
③ 알루미늄
④ 목모시멘트판

**해설**

- 목모시멘트판은 난연성 재료이다.

**목모시멘트판**

㉠ 개요
- 목모, 시멘트, 물로 구성되는 복합재료로 만든 보드판이다.
- 눈에 띄는 공극이 보일 정도의 거친 표면을 가진다.
- 음향시설물의 내부마감재로 사용된다.

㉡ 특징
- 공극률로 인해 흡음 및 단열의 효과를 가진다.
- 내수성이 높으며 실내 습도 조절기능을 가진다.
- 열전도율이 낮아 단열성이 뛰어나며 난연성을 갖는다.



92 ④ 93 ③ 94 ② 95 ④ 정답

## 96

Repetitive Learning 1회 2회 3회

벤토나이트 방수재료에 대한 설명으로 옳지 않은 것은?

① 팽윤특성을 지닌 가소성이 높은 광물이다.

② 염분을 포함한 해수에서는 벤토나이트의 팽창반응이 강화되어 차수력이 강해진다.

③ 콘크리트 시공조인트용 수팽창 지수재로 사용된다.

④ 콘크리트 믹서를 이용하여 혼합한 벤토나이트와 토사를 롤러로 전압하여 연약한 지반을 개량한다.

**해설**

- 염분 함량이 2% 이상인 지하수 또는 해수와 접촉하면 벤토나이트의 성능이 저하되므로 별도의 염수용 벤토나이트를 사용하여야 한다.

**벤토나이트 방수공법**

- 벤토나이트는 화산재가 변성되어 만들어진 팽윤특성을 지닌 가소성이 높은 광물이다.
- 벤토나이트는 물과 반응하면 팽창하여 물을 흡수하는데 이 성질을 이용해서 방수재로 사용하고 있다.
- 염분 함량이 2% 이상인 지하수 또는 해수와 접촉하면 벤토나이트의 성능이 저하된다.
- 슬러리월 안정액, 연약지반의 개량, 지하구조물의 외벽 및 상부 방수, 콘크리트 시공조인트용 수팽창 지수재 등으로 사용된다.

0904 / 1904 / 2201

## 97

Repetitive Learning 

골재의 실적률에 관한 설명으로 옳지 않은 것은?

① 실적률은 골재입형(粒形)의 양부(良否)를 평가하는 지표이다.

② 부순 자갈의 실적률은 그 입형 때문에 강자갈의 실적률보다 작다.

③ 실적률 산정 시 골재의 밀도는 절대건조상태의 밀도를 말한다.

④ 골재의 단위용적질량이 동일하면 골재의 밀도가 클수록 실적률도 크다.

**해설**

- 골재의 단위용적질량(분자)이 동일하면 골재의 밀도(분모)가 클수록 실적률은 작아진다.

**골재의 실적률**

문제 87번의 유형별 핵심이론 참조

## 98

Repetitive Learning 1회 2회 3회

콘크리트 재료분리의 원인으로 옳지 않은 것은?

① 콘크리트의 플라스티시티(Plasticity)가 작은 경우

② 잔골재율이 큰 경우

③ 단위수량이 지나치게 큰 경우

④ 굵은 골재의 최대치수가 지나치게 큰 경우

**해설**

- 잔골재율이 클수록 분리경향은 감소하므로 재료분리가 일어날 가능성이 적어진다.

**콘크리트의 재료분리**

㉠ 개요
- 잔골재율이 클수록 분리경향은 감소한다.
- 굵은 골재와 모르타르의 비중차가 적을수록 분리경향은 적어진다.
- 모르타르의 점도가 커질수록 분리경향은 적어진다.

㉡ 재료분리의 원인
- 콘크리트의 플라스티시티(Plasticity)가 작은 경우
- 단위수량이 지나치게 큰 경우
- 굵은 골재의 최대치수가 지나치게 큰 경우

## 99

Repetitive Learning 1회 2회 3회

경석고플라스터에 대한 설명으로 옳지 않은 것은?

① 소석고보다 응결속도가 빠르다.

② 표면 강도가 크고 광택이 있다.

③ 습윤 시 팽창이 크다.

④ 다른 석고계의 플라스터와 혼합을 피해야 한다.

**해설**

- 경석고는 소석고보다 경화속도는 느리지만, 경화되면 강도는 더 높다.

**석고플라스터**

㉠ 개요
- 고온소성의 무수석고를 혼화재, 접착제, 응결시간조절제 등과 혼합한 수경성 미장재료이다.

㉡ 특징
- 비교적 강도가 크고, 부착은 양호하나, 강재를 녹슬게 하는 성분을 포함한다.
- 건조 시 무수축성의 성질을 가져 치수 안정성이 우수하다.
- 여물(Hair)이 필요 없는 미장재료로 내화성이 높고 경화시간이 극히 짧다.
- 물에 용해되는 성질이 있어 물을 사용하는 장소에는 부적합하다.

정답 | 96 ② 97 ④ 98 ② 99 ①

㉢ 경석고와 소석고의 비교

| | |
|---|---|
| 경석고 | • 석고원석을 고온(500~1,900℃)에서 가열한 후 불순석고를 첨가하여 다시 가열한 것이다.<br>• 경화촉진제로 백반을 사용한다.<br>• 킨즈시멘트라고도 한다.<br>• 경화속도는 느리지만, 경화되면 강도는 더 높다.<br>• 굳기 시작한 것도 다시 사용할 수 있다. |
| 소석고 | • 순수한 석고를 분쇄한 후 가루를 가열(150~190℃), 불순물을 제거한 것이다.<br>• 경석고보다 응결속도가 빠르다.<br>• 굳기 시작하면 다시 사용할 수 없다. |

## 100

Repetitive Learning (1회 2회 3회)

에폭시수지 접착제에 대한 설명 중 옳지 않은 것은?

① 금속제 접착에 적당한 재료이다.
② 접착할 때 압력을 가할 필요가 없다.
③ 경화제가 불필요하다.
④ 내산, 내알칼리, 내수성이 우수하다.

**해설**

• 에폭시수지 접착제는 주제와 경화제로 이루어진 2성분형 접착제로 경화제를 필요로 한다.

∷ 에폭시수지 접착제(Epoxy resin adhesive)

• 주제와 경화제로 이루어진 2성분형이 대부분인 열경화성 수지 접착제이다.
• 금속, 석재, 도자기, 유리, 콘크리트, 플라스틱재 등의 접착에 사용되는 만능형 접착제이다.
• 경화제를 사용하여 만들어지므로 접착할 때 압력을 가할 필요가 없다.
• 급경성으로 내알칼리성, 내산성 등의 내화학성이나 접착력이 크고 내구력, 내수성, 내약품성이 우수한 합성수지 접착제이다.

# 6과목 건설안전기술

0804 / 1001

## 101

Repetitive Learning (1회 2회 3회)

철근인력운반에 대한 설명으로 옳지 않은 것은?

① 운반할 때에는 중앙부를 묶어 운반한다.
② 긴 철근은 두 사람이 한 조가 되어 어깨메기로 운반하는 것이 좋다.
③ 운반 시 1인당 무게는 25kg 정도가 적당하다.
④ 긴 철근을 한 사람이 운반할 때는 한쪽을 어깨에 메고 한쪽 끝을 땅에 끌면서 운반한다.

**해설**

• 철근을 인력으로 운반할 때는 양쪽 끝을 묶어서 운반한다.

∷ 철근인력운반 작업수칙 **실작** 1702/1504

• 1인당 무게는 25kg 정도가 적당하며, 무리한 운반을 삼가도록 한다.
• 2인 이상이 1조가 되어 어깨메기로 운반한다.
• 긴 철근을 부득이 한 사람이 운반할 때는 앞부분을 한쪽 어깨에 메고 뒤쪽 끝을 끌면서 운반한다.
• 운반할 때는 양쪽 끝을 묶어서 운반한다.
• 내려놓을 때는 천천히 내려놓도록 한다.
• 공동 작업을 할 때는 신호에 따라 작업한다.

## 102

Repetitive Learning (1회 2회 3회)

지반조사의 간격 및 깊이에 대한 내용으로 옳지 않은 것은?

① 조사 간격은 지층상태, 구조물 규모에 따라 정한다.
② 지층이 복잡한 경우에는 기 조사한 간격 사이에 보완조사를 실시한다.
③ 절토, 개착, 터널구간은 기반암의 심도 5~6m까지 확인한다.
④ 조사 깊이는 액상화문제가 있는 경우에는 모래층하단에 있는 단단한 지지층까지 조사한다.

**해설**

• 절토, 개착, 터널구간은 기반암의 심도 2m까지 확인해야 한다.

∷ 지반조사의 간격 및 깊이

• 조사 간격은 지층상태, 구조물 규모에 따라 정한다.
• 지층이 복잡한 경우에는 기 조사한 간격 사이에 보완조사를 실시한다.
• 절토, 개착, 터널구간은 기반암의 심도 2m까지 확인한다.
• 조사 깊이는 액상화문제가 있는 경우에는 모래층하단에 있는 단단한 지지층까지 조사한다.



100 ③ 101 ① 102 ③ | 정답

## 103 Repetitive Learning 1회 2회 3회

앵글도저보다 큰 각으로 움직일 수 있어 흙을 깎아 옆으로 밀어내면서 전진하므로 제설, 제토작업 및 다량의 흙을 전방으로 밀어 가는 데 적합한 불도저는?

① 스트레이트도저
② 틸트도저
③ 레이크도저
④ 힌지도저

해설

- 스트레이트도저(Straight dozer)는 배토판이 90도로 장착되어 있어 상하로 10도 경사시켜 절토 및 성토작업에 사용되는 불도저이다.
- 틸트도저(Tilt dozer)는 블레이드를 레버로 조정가능하고 상하 20~25°까지 기울일 수 있는 불도저로 나무뿌리 제거, V형 배수로 작업 등에 이용된다.
- 레이크도저(Rake dozer)는 배토판 대신 레이크를 부착하여 발근용이나 지상 청소작업에 사용되는 불도저이다.

힌지도저(Hinge dozer)

- 불도저 중 앵글도저보다 큰 각으로 움직일 수 있어 흙을 깎아 옆으로 밀어내면서 전진하므로 제설, 제토작업 및 다량의 흙을 전방으로 밀어 가는 데 적합한 불도저이다.
- 제설 및 토사운반용으로 다량의 흙을 전방으로 밀어내는 데 적합하다.

2101 / 2202

## 104 Repetitive Learning 1회 2회 3회

이동식비계를 조립하여 작업을 하는 경우의 준수기준으로 옳지 않은 것은?

① 비계의 최상부에서 작업을 할 때에는 안전난간을 설치하여야 한다.
② 작업발판의 최대적재하중은 400kg을 초과하지 않도록 한다.
③ 승강용 사다리는 견고하게 설치하여야 한다.
④ 작업발판은 항상 수평을 유지하고 작업발판 위에서 안전난간을 딛고 작업을 하거나 받침대 또는 사다리를 사용하여 작업하지 않도록 한다.

해설

- 이동식비계의 작업발판 최대적재하중은 250킬로그램을 초과하지 않도록 한다.

이동식비계 조립 및 사용 시 준수사항

실작 1902/1901/1804/1802/1604/1602/1404

- 이동식비계의 바퀴에는 뜻밖의 갑작스러운 이동 또는 전도를 방지하기 위하여 브레이크·쐐기 등으로 바퀴를 고정시킨 다음 비계의 일부를 견고한 시설물에 고정하거나 아웃트리거(Outrigger)를 설치하는 등 필요한 조치를 할 것
- 승강용 사다리는 견고하게 설치할 것
- 비계의 최상부에서 작업을 하는 경우에는 안전난간을 설치할 것
- 작업발판은 항상 수평을 유지하고 작업발판 위에서 안전난간을 딛고 작업을 하거나 받침대 또는 사다리를 사용하여 작업하지 않도록 할 것
- 작업발판의 최대적재하중은 250킬로그램을 초과하지 않도록 할 것
- 비계의 최대 높이는 밑변 최소 폭의 4배 이하로 할 것

## 105 Repetitive Learning 1회 2회 3회

흙의 특성으로 옳지 않은 것은?

① 흙은 선형재료이며, 응력-변형률 관계가 일정하게 정의된다.
② 흙의 성질은 본질적으로 비균질, 비등방성이다.
③ 흙의 거동은 연약지반에 하중이 작용하면 시간의 변화에 따라 압밀침하가 발생한다.
④ 점토 대상이 되는 흙은 지표면 밑에 있기 때문에 지반의 구성과 공학적 성질은 시추를 통해서 자세히 판명된다.

해설

- 똑같은 흙이라도 흙의 압밀 정도에 따라 전단응력과 전단변형은 서로 다른 결과를 가져온다.

흙의 특성

- 흙의 성질은 본질적으로 비균질, 비등방성이다.
- 흙의 거동은 연약지반에 하중이 작용하면 시간의 변화에 따라 압밀침하가 발생한다.
- 점토 대상이 되는 흙은 지표면 밑에 있기 때문에 지반의 구성과 공학적 성질은 시추를 통해서 자세히 판명된다.
- 똑같은 흙이라도 흙의 압밀 정도에 따라 전단응력과 전단변형은 서로 다른 결과를 가져온다.

정답 | 103 ④ 104 ② 105 ①

1901

## 106

Repetitive Learning 1회 2회 3회

산업안전보건기준에 관한 규칙에 따른 거푸집 동바리를 조립하는 경우의 준수사항으로 옳지 않은 것은?

① 개구부 상부에 동바리를 설치하는 경우에는 상부하중을 견딜 수 있는 견고한 받침대를 설치할 것
② 동바리의 이음은 같은 품질의 재료를 사용할 것
③ 강재와 강재의 접속부 및 교차부는 철선을 사용하여 단단히 연결할 것
④ 거푸집이 곡면인 경우에는 버팀대의 부착 등 그 거푸집의 부상(浮上)을 방지하기 위한 조치를 할 것

해설

- 강재와 강재의 접속부 및 교차부는 볼트·클램프 등 전용철물을 사용하여 단단히 연결하여야 한다.

**거푸집 동바리 등의 안전조치** 실필 1304 실작 1804/1802/1801/1702/1701/1604/1602/1504/1502/1501/1402

㉠ 공통사항
- 받침목의 사용, 콘크리트 타설, 말뚝박기 등 동바리의 침하를 방지하기 위한 조치를 할 것
- 동바리의 상하 고정 및 미끄러짐 방지 조치를 할 것
- 상부·하부의 동바리가 동일 수직선상에 위치하도록 하여 깔판·받침목에 고정시킬 것
- 개구부 상부에 동바리를 설치하는 경우에는 상부하중을 견딜 수 있는 견고한 받침대를 설치할 것
- U헤드 등의 단판이 없는 동바리의 상단에 멍에 등을 올릴 경우에는 해당 상단에 U헤드 등의 단판을 설치하고, 멍에 등이 전도되거나 이탈되지 않도록 고정시킬 것
- 동바리의 이음은 같은 품질의 재료를 사용할 것
- 강재의 접속부 및 교차부는 볼트·클램프 등 전용철물을 사용하여 단단히 연결할 것
- 거푸집의 형상에 따른 부득이한 경우를 제외하고는 깔판이나 받침목은 2단 이상 끼우지 않도록 할 것
- 깔판이나 받침목을 이어서 사용하는 경우에는 그 깔판·받침목을 단단히 연결할 것

㉡ 동바리로 사용하는 파이프 서포트
- 파이프 서포트를 3개 이상 이어서 사용하지 않도록 할 것
- 파이프 서포트를 이어서 사용하는 경우에는 4개 이상의 볼트 또는 전용철물을 사용하여 이을 것
- 높이가 3.5m를 초과하는 경우 2m 이내마다 수평연결재를 2개 방향으로 설치할 것

㉢ 동바리로 사용하는 강관틀의 경우
- 강관틀과 강관틀 사이에 교차가새를 설치할 것
- 최상단 및 5단 이내마다 동바리의 측면과 틀면의 방향 및 교차가새의 방향에서 5개 이내마다 수평연결재를 설치하고 수평연결재의 변위를 방지할 것
- 최상단 및 5단 이내마다 동바리의 틀면의 방향에서 양단 및 5개틀 이내마다 교차가새의 방향으로 띠장틀을 설치할 것

## 107

Repetitive Learning 1회 2회 3회

토석 붕괴의 위험이 있는 사면에서 작업할 경우의 행동으로 옳지 않은 것은?

① 동시작업의 금지
② 대피공간의 확보
③ 2차재해의 방지
④ 급격한 경사면 계획

해설

- 사면의 경사도가 급할 경우 사고 및 붕괴재해 발생가능성이 증가하므로 굴착작업 시 토질의 특성을 고려하여 굴착면의 안전한 기울기를 준수하여야 한다.

**사면 작업 시의 안전행동 요령**
- 동시작업 및 단독작업 금지
- 굴착지반의 토질, 지층상태, 매설물, 함수유무 등 사전조사
- 대피공간의 확보
- 2차재해의 방지
- 굴착작업 시 토질의 특성을 고려하여 굴착면의 안전한 기울기 준수
- 작업시작 전·후 안전점검

## 108

Repetitive Learning 1회 2회 3회

흙막이 벽을 설치하여 기초 굴착작업 중 굴착부 바닥이 솟아올랐다. 이에 대한 대책으로 옳지 않은 것은?

① 굴착주변의 상재하중을 증가시킨다.
② 흙막이 벽의 근입 깊이를 깊게 한다.
③ 토류벽의 배면토압을 경감시킨다.
④ 지하수 유입을 막는다.

해설

- 굴착부 바닥이 솟아오르는 현상은 히빙 현상이다. 이를 위한 대책으로 굴착주변의 상재하중을 제거하여 토압을 최대한 낮춰야지 상재하중을 증가시켜서는 안 된다.

**히빙(Heaving)** 실필 1801/1701/1602/1404/1104/0904/0902

㉠ 개요
- 흙막이 벽체 내·외의 토사의 중량 차에 의해 점토지반의 토공사에서 흙막이 밖에 있는 흙이 안으로 밀려 들어와 내측 흙이 부풀어 오르는 현상을 말한다.
- 연약한 점토지반에서 굴착면의 융기 혹은 흙막이 벽의 근입장 깊이가 부족할 경우 발생한다.
- 히빙으로 인해 배면의 토사 붕괴, 지보공의 파괴, 굴착저면이 솟아오르는 등의 현상이 발생한다.



106 ③ 107 ④ 108 ① 정답

ⓛ 히빙(Heaving) 예방대책
- 어스앵커를 설치하거나 소단을 두면서 굴착한다.
- 굴착주변을 웰포인트(Well point) 공법과 병행한다.
- 흙막이 벽의 근입심도를 확보한다.
- 지반개량으로 흙의 전단강도를 높인다.
- 굴착주변의 상재하중을 제거하여 토압을 최대한 낮춘다.
- 토류 벽의 배면토압을 경감시킨다.
- 굴착저면에 토사 등 인공중력을 가중시킨다.

0401 / 1802

## 109

Repetitive Learning 

압쇄기를 사용하여 건물해체 시 그 순서로 가장 타당한 것은?

| A : 보, B : 기둥, C : 슬래브, D : 벽체 |
|---|

① A → B → C → D
② A → C → B → D
③ C → A → D → B
④ D → C → B → A

해설
- 압쇄기를 이용한 건물 해체 시 슬래브 - 보 - 벽체 - 기둥 순으로 해체한다.

**압쇄기를 사용한 건물 해체**
- 유압식 파워셔블에 부착하여 콘크리트 등에 강력한 압축력을 가해 파쇄하는 방법이다.
- 사전에 압쇄기가 설치되는 지반 또는 구조물 슬래브에 대한 안전성을 확인하고 위험이 예상되는 경우 침하로 인한 중기의 전도방지 또는 붕괴 위험요인을 사전에 제거토록 조치하여야 한다.
- 상층에서 하층으로 작업해야 한다.
- 건물 해체 시에는 슬래브 - 보 - 벽체 - 기둥 순으로 해체한다.

1102

## 110

Repetitive Learning 1회 2회 3회

철골작업에서의 승강로 설치기준 중 (　　) 안에 알맞은 숫자는?

| 사업주는 근로자가 수직방향으로 이동하는 철골부재에는 답단 간격이 (　　)센티미터 이내인 고정된 승강로를 설치하여야 한다. |
|---|

① 20　　② 30
③ 40　　④ 50

해설
- 사업주는 근로자가 수직방향으로 이동하는 철골부재(鐵骨部材)에는 답단(踏段) 간격이 30cm 이내인 고정된 승강로를 설치하여야 한다.

**승강로의 설치**
- 사업주는 근로자가 수직방향으로 이동하는 철골부재(鐵骨部材)에는 답단(踏段) 간격이 30cm 이내인 고정된 승강로를 설치하여야 하며, 수평방향 철골과 수직방향 철골이 연결되는 부분에는 연결작업을 위하여 작업발판 등을 설치하여야 한다.

## 111

Repetitive Learning 1회 2회 3회

말뚝을 절단할 때 내부응력에 가장 큰 영향을 받는 말뚝은?

① 나무말뚝　　② PC말뚝
③ 강말뚝　　④ RC말뚝

해설
- PC말뚝은 구멍을 뚫은 후 PC강선을 넣고 인장하는 방법으로 말뚝을 절단할 경우 내부에 들어있는 PC강선도 절단되어 내부응력이 상실된다.

**PC말뚝(Prestressed Concrete pile)**
- PC강선을 미리 인장하여 그 주위에 콘크리트를 쳐서 굳은 후 PC강선의 인장장치를 풀어서 콘크리트말뚝에 Prestress를 넣는 방법과, 콘크리트에 구멍을 뚫어 놓고 콘크리트가 굳은 후 구멍 속에 PC강선을 넣고 인장하여 그 끝을 콘크리트 단부에 정착하여 Prestress를 넣는 방법으로 구분한다.
- 말뚝을 절단할 경우 내부에 들어있는 PC강선도 절단되어 내부응력이 상실된다.

0701 / 2104

## 112

Repetitive Learning 

비계의 높이가 2m 이상인 작업장소에 작업발판을 설치할 때 그 폭은 최소 얼마 이상이어야 하는가?

① 30cm　　② 40cm
③ 50cm　　④ 60cm

해설
- 작업발판의 폭은 40cm 이상으로 하고, 발판재료 간의 틈은 3cm 이하로 한다.

**작업발판의 구조** 실필 1902/1401 실작 1804
- 발판재료는 작업할 때의 하중을 견딜 수 있도록 견고한 것으로 할 것
- 작업발판의 폭은 40cm 이상으로 하고, 발판재료 간의 틈은 3cm 이하로 할 것

정답 | 109 ③　110 ②　111 ②　112 ②

- 선박 및 보트 건조작업의 경우 선박블록 또는 엔진실 등의 좁은 작업공간에 작업발판을 설치하기 위하여 필요하면 작업발판의 폭을 30cm 이상으로 할 수 있고, 걸침비계의 경우 강관기둥 때문에 발판재료 간의 틈을 3cm 이하로 유지하기 곤란하면 5cm 이하로 할 수 있다. 이 경우 그 틈 사이로 물체 등이 떨어질 우려가 있는 곳에는 출입금지 등의 조치를 하여야 한다.
- 추락의 위험이 있는 장소에는 안전난간을 설치할 것
- 작업발판의 지지물은 하중에 의하여 파괴될 우려가 없는 것을 사용할 것
- 작업발판 재료는 뒤집히거나 떨어지지 않도록 둘 이상의 지지물에 연결하거나 고정시킬 것
- 작업발판을 작업에 따라 이동시킬 경우에는 위험방지에 필요한 조치를 할 것

0602 / 0901 / 1604 / 1902 / 2001

## 113 Repetitive Learning (1회 2회 3회)

가설계단 및 계단참을 설치하는 경우 매 $m^2$당 몇 kg 이상의 하중에 견딜 수 있는 강도를 가진 구조로 설치하여야 하는가?

① 200kg ② 300kg
③ 400kg ④ 500kg

해설

- 사업주는 계단 및 계단참을 설치하는 경우 매 $m^2$당 500킬로그램 이상의 하중에 견딜 수 있는 강도를 가진 구조로 설치하여야 한다.

:: 계단의 강도 실필 1504/1204 실작 1901/1801/1704/1702/1504/1502/1404

- 사업주는 계단 및 계단참을 설치하는 경우 매 $m^2$당 500킬로그램 이상의 하중에 견딜 수 있는 강도를 가진 구조로 설치하여야 하며, 안전율은 4 이상으로 하여야 한다.
- 사업주는 계단 및 승강구 바닥을 구멍이 있는 재료로 만드는 경우 렌치나 그 밖의 공구 등이 낙하할 위험이 없는 구조로 하여야 한다.

2102

## 114 Repetitive Learning (1회 2회 3회)

작업발판 일체형 거푸집에 해당되지 않는 것은?

① 갱폼(Gang form)
② 슬립폼(Slip form)
③ 유로폼(Euro form)
④ 클라이밍폼(Climbing form)

해설

- 작업발판 일체형 거푸집의 종류에는 갱폼(Gang form), 슬립폼(Slip form), 클라이밍폼(Climbing form), 터널라이닝폼(Tunnel lining form) 등이 있다.

:: 작업발판 일체형 거푸집 실필 1102

- 작업발판 일체형 거푸집은 거푸집의 설치·해체, 철근 조립, 콘크리트 타설, 콘크리트 면 처리 작업 등을 위하여 거푸집을 작업발판과 일체로 제작하여 사용하는 거푸집을 말한다.
- 종류에는 갱폼(Gang form), 슬립폼(Slip form), 클라이밍폼(Climbing form), 터널라이닝폼(Tunnel lining form), 그 밖에 거푸집과 작업발판이 일체로 제작된 거푸집 등이 있다.

0801 / 1604

## 115 Repetitive Learning (1회 2회 3회)

콘크리트의 측압에 관한 설명으로 옳은 것은?

① 거푸집 수밀성이 크면 측압은 작다.
② 철근의 양이 적으면 측압은 작다.
③ 외기의 온도가 낮을수록 측압은 크다.
④ 부어넣기 속도가 빠르면 측압은 작아진다.

해설

- 거푸집 수밀성이 크면 측압은 크다.
- 철근량이 적을수록 측압은 커진다.
- 콘크리트의 부어넣기 속도가 빠를수록 측압이 크다.

:: 콘크리트 측압 실필 1104

- 콘크리트의 타설 속도가 빠를수록 측압이 크다.
- 콘크리트 비중이 클수록 측압이 크다.
- 진동기를 사용하면 다짐이 충분해지므로 측압은 커진다.
- 슬럼프(Slump)가 크고, 배합이 좋을수록 크다.
- 거푸집의 수평단면이 클수록 측압은 크다.
- 거푸집의 강성이 클수록 측압은 크다.
- 벽 두께가 두꺼울수록 측압은 커진다.
- 습도가 높을수록 측압은 커지고, 온도가 낮을수록 측압은 커진다.
- 철근량이 적을수록 측압은 커진다.
- 부배합이 빈배합보다 측압이 크다.
- 조강시멘트 등을 활용하면 측압은 작아진다.



113 ④ 114 ③ 115 ③ 정답

## 116 Repetitive Learning 1회 2회 3회

달비계 설치 시 와이어로프를 사용할 때 사용 가능한 와이어로프의 조건은?

① 지름의 감소가 공칭지름의 8%인 것
② 이음매가 없는 것
③ 심하게 변형되거나 부식된 것
④ 와이어로프의 한 꼬임에서 끊어진 소선의 수가 10%인 것

**해설**

- 이음매가 없는 것은 달비계 와이어로프로 사용이 가능하다. 이음매가 있는 것은 달비계 와이어로프 사용금지 대상에 포함된다.

**달기구 및 크레인 등의 양중기, 항타기, 항발기에서 사용하는 와이어로프의 사용금지 규정** 실필 1602/1502/0901 실작 1804/1502

- 이음매가 있는 것
- 와이어로프의 한 꼬임[(스트랜드(Strand)]에서 끊어진 소선(素線)의 수가 10% 이상인 것
- 지름의 감소가 공칭지름의 7%를 초과하는 것
- 꼬인 것
- 심하게 변형되거나 부식된 것
- 열과 전기충격에 의해 손상된 것

0802 / 1101 / 1502

## 117 Repetitive Learning 

철골작업을 중지하여야 하는 기준으로 옳은 것은?

① 1시간당 강설량이 1센티미터 이상인 경우
② 풍속이 초당 15미터 이상인 경우
③ 진도 3 이상의 지진이 발생한 경우
④ 1시간당 강우량이 1센티미터 이상인 경우

**해설**

- 풍속이 초당 10m 이상, 강우량이 시간당 1mm 이상, 강설량이 시간당 1cm 이상인 경우 철골공사 작업을 중지한다.

**철골작업 중지 악천후 기준** 실필 1504/1502/1302/0901 실작 1901/1802/1704

- 풍속이 초당 10m 이상인 경우
- 강우량이 시간당 1mm 이상인 경우
- 강설량이 시간당 1cm 이상인 경우

1701 / 2101

## 118 Repetitive Learning 1회 2회 3회

흙의 투수계수에 영향을 주는 인자에 관한 설명으로 옳지 않은 것은?

① 공극비 : 공극비가 클수록 투수계수는 작다.
② 포화도 : 포화도가 클수록 투수계수는 크다.
③ 유체의 점성계수 : 점성계수가 클수록 투수계수는 작다.
④ 유체의 밀도 : 유체의 밀도가 클수록 투수계수는 크다.

**해설**

- 투수계수는 흙 입자 크기의 제곱, 공극비의 세제곱에 비례한다.

**흙의 투수계수**

㉠ 개요
- 흙속에 스며드는 물의 통과 용이성을 보여주는 수치값이다.
- 투수계수는 현장시험을 통하여 구할 수 있다.
- 투수계수가 크면 투수량이 많다.
- 투수계수 $k = D_s^2 \times \frac{\gamma_w}{\mu} \times \frac{e^3}{1+e} \times C$로 구한다.
  ($D_s$ : 흙 입자의 크기, $\gamma_w$ : 물의 단위중량, $\mu$ : 물의 점성계수, e : 공극비, C : 흙 입자의 형상)

㉡ 특징
- 투수계수는 흙 입자 크기의 제곱, 공극비의 세제곱에 비례한다.
- 공극비의 크기가 클수록, 포화도가 클수록 투수계수는 증가한다.
- 유체의 밀도 및 농도, 물의 온도가 높을수록 투수계수는 크다.
- 유체의 점성계수는 투수계수와 반비례하여 점성계수가 클수록 투수계수는 작아진다.

## 119 Repetitive Learning 1회 2회 3회

장비 자체보다 높은 장소의 땅을 굴착하는 데 적합한 장비는?

① 파워셔블(Power shovel)
② 불도저(Bulldozer)
③ 드래그라인(Dragline)
④ 크램쉘(Clam shell)

정답 | 116 ② 117 ① 118 ① 119 ①

해설

- 불도저(Bulldozer)는 무한궤도가 달려 있는 트랙터 앞머리에 블레이드(blade)를 부착하여 흙의 굴착 압토 및 운반 등의 작업을 하는 토목기계이다.
- 드래그라인(Drag line)은 상당히 넓고 얕은 범위의 점토질 지반 굴착에 적합하며, 수중의 모래 채취에 많이 이용되는 굴착기계이다.
- 크램쉘(Clam shell)은 수중굴착 및 구조물의 기초바닥 등과 같은 협소하고 상당히 깊은 범위의 굴착과 호퍼작업에 사용하는 굴착기계이다.

**파워셔블(Power shovel)** 실필 1604

- 지면을 굴착하고 선회하여 굴착한 토석을 트럭에 싣는 토공사용 굴착장비이다.
- 장비의 작업면보다 높은 곳(상부)의 흙을 굴착하는 데 사용되는 장비이다.
- 굴착은 디퍼(Dipper)라 불리는 작업장치가 담당한다.

1102 / 2201

## 120

Repetitive Learning (1회 2회 3회)

작업장 출입구 설치 시 준수해야 할 사항으로 옳지 않은 것은?

① 주된 목적이 하역운반기계용인 출입구에는 보행자용 출입구를 따로 설치하지 않을 것
② 출입구의 위치, 수 및 크기가 작업장의 용도와 특성에 맞도록 할 것
③ 출입구에 문을 설치하는 경우에는 근로자가 쉽게 열고 닫을 수 있도록 할 것
④ 계단이 출입구와 바로 연결된 경우에는 작업자의 안전한 통행을 위하여 그 사이에 1.2m 이상 거리를 두거나 안내표지 또는 비상벨 등을 설치할 것

해설

- 주된 목적이 하역운반기계용인 출입구에는 인접하여 보행자용 출입구를 따로 설치해야 한다.

**작업장의 출입구**

- 출입구의 위치, 수 및 크기가 작업장의 용도와 특성에 맞도록 할 것
- 출입구에 문을 설치하는 경우에는 근로자가 쉽게 열고 닫을 수 있도록 할 것
- 주된 목적이 하역운반기계용인 출입구에는 인접하여 보행자용 출입구를 따로 설치할 것
- 하역운반기계의 통로와 인접하여 있는 출입구에서 접촉에 의하여 근로자에게 위험을 미칠 우려가 있는 경우에는 비상등·비상벨 등 경보장치를 할 것
- 계단이 출입구와 바로 연결된 경우에는 작업자의 안전한 통행을 위하여 그 사이에 1.2m 이상 거리를 두거나 안내표지 또는 비상벨 등을 설치할 것



120 ① 정답

MEMO

# 출제문제 분석 2014년 4회

| 구분 | 1과목 | 2과목 | 3과목 | 4과목 | 5과목 | 6과목 | 합계 |
|---|---|---|---|---|---|---|---|
| New유형 | 2 | 3 | 6 | 3 | 4 | 2 | 20 |
| New문제 | 5 | 4 | 15 | 8 | 16 | 7 | 55 |
| 또나온문제 | 11 | 6 | 2 | 11 | 4 | 10 | 44 |
| 자꾸나온문제 | 4 | 10 | 3 | 1 | 0 | 3 | 21 |
| 합계 | 20 | 20 | 20 | 20 | 20 | 20 | 120 |

- New유형은 New문제 중 기존 기출문제와 완전히 다른 유형의 문제를 말합니다.
- New문제는 기존에 출제되지 않은 문제로 이번에 처음 출제되는 문제입니다.
- 또나온문제는 기존에 출제된 적이 1번 있는 문제를 말합니다.
- 자꾸나온문제는 기존에 출제된 적이 2번 이상 있는 문제를 말합니다. 그만큼 중요한 문제입니다.

## 몇 년분의 기출문제를 공부해야 합격할 수 있을까요?

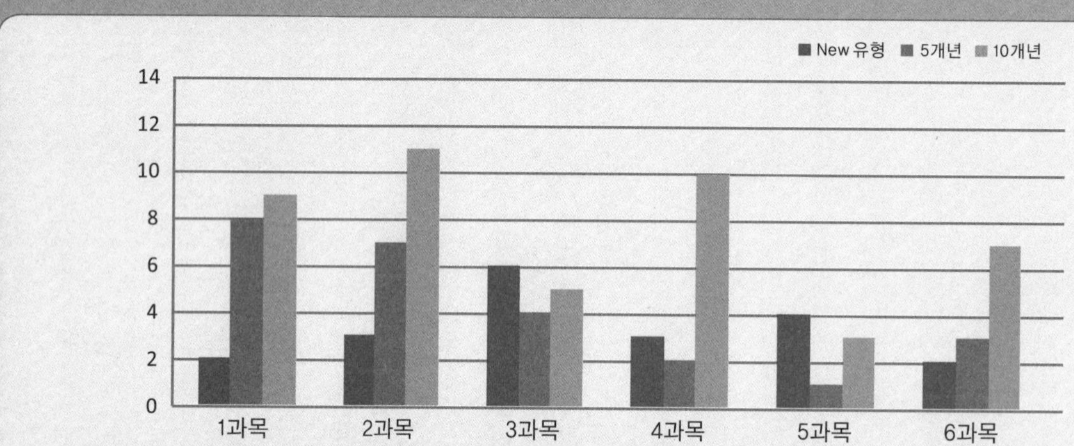


- 완전 새로운 유형의 문제는 20문제이고 100문제가 이미 출제된 문제 혹은 변형문제입니다.
- 5년분(2016～2020) 기출에서 동일문제가 25문항이 출제되었고, 10년분(2011～2020) 기출에서 동일문제가 45문항이 출제되었습니다.

## 실기에 나왔어요!! 외우세요!!!

실기시험은 필답형과 작업형으로 구분되어 있으며 모두 주관식으로 직접 내용을 적어야 합니다. 필기 공부하면서 실기 출제된 내역들은 좀 더 신경써서 암기하실 필요가 있어요. 필기 합격자 발표 난 후 실기시험까지는 5주밖에 여유가 없답니다. 어차피 공부할 것 필기 때 확실하게 해준다면 실기도 단방에 합격할 수 있습니다.

- 총 13개의 해설이 실기 필답형 시험과 연동되어 있습니다.
- 총 11개의 해설이 실기 작업형 시험과 연동되어 있습니다.

## 분석의견

최근 10년분의 기출문제와 답을 반복암기해서는 합격점수인 72점에서 27점이 부족합니다. 새로운 유형(20문항)과 문제(55문항)는 평균(15/53.9문항)보다 많이 출제되었으며, 최근 5년분 및 10년분 기출출제비율 역시 평균보다 낮아 다소 어려운 난이도를 유지하고 있습니다. 특히 5과목은 10년분을 학습해도 동일한 문제가 4문제밖에 나오지를 않아 확실한 배경학습이 없을 경우 과락을 면하기 어려울 것으로 판단됩니다. 합격에 필요한 점수를 획득하기 위해서는 최근 5년분 문제와 핵심이론의 3회독 혹은 최근 10년분 문제와 핵심이론의 2회독 이상의 학습이 필요합니다.

# 2014년 제4회

2014년 9월 20일 필기

14년 4회차 필기시험
합격률 34.7%

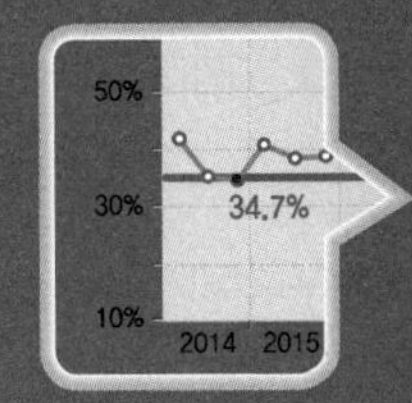


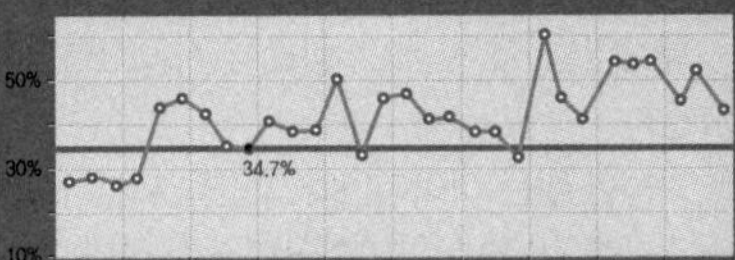


## 1과목 산업안전관리론

### 01

Repetitive Learning 1회 2회 3회

다음 중 시설물의 안전 및 유지관리에 관한 특별법상 용어의 설명으로 옳지 않은 것은?

① "시설물"이란 건설공사를 통하여 만들어진 구조물과 그 부대시설로서 1종 시설물, 2종 시설물 및 3종 시설물로 구분되어진다.
② "3종 시설물"이란 1종과 2종 시설물 외의 시설물로서 대통령령으로 정하는 시설물을 말한다.
③ "안전점검"이란 경험과 기술을 갖춘 자가 육안이나 점검기구 등으로 검사하여 시설물에 내재(內在)되어 있는 위험요인을 조사하는 행위를 말한다.
④ "관리주체"란 관계 법령에 따라 해당 시설물의 관리자로 규정된 자나 해당 시설물의 소유자로 민간관리주체(民間管理主體)와 비민간관리주체(非民間管理主體)로 구분한다.

해설

- 관리주체란 관계 법령에 따라 해당 시설물의 관리자로 규정된 자나 해당 시설물의 소유자로, 공공관리주체와 민간관리주체로 구분한다.

:: 시설물의 안전 및 유지관리에 관한 특별법상 용어
- 시설물이란 건설공사를 통하여 만들어진 교량·터널·항만·댐·건축물 등 구조물과 그 부대시설로서 제1종 시설물, 제2종 시설물 및 제3종 시설물을 말한다.
- 관리주체란 관계 법령에 따라 해당 시설물의 관리자로 규정된 자나 해당 시설물의 소유자를 말한다. 이 경우 해당 시설물의 소유자와의 관리계약 등에 따라 시설물의 관리책임을 진 자는 관리주체로 보며, 관리주체는 공공관리주체(公共管理主體)와 민간관리주체(民間管理主體)로 구분한다.
- 안전점검이란 경험과 기술을 갖춘 자가 육안이나 점검기구 등으로 검사하여 시설물에 내재(內在)되어 있는 위험요인을 조사하는 행위를 말하며, 점검목적 및 점검수준을 고려하여 국토교통부령으로 정하는 바에 따라 정기안전점검 및 정밀안전점검으로 구분한다.
- 제1종 시설물이란 공중의 이용편의와 안전을 도모하기 위하여 특별히 관리할 필요가 있거나 구조상 안전 및 유지관리에 고도의 기술이 필요한 대규모 시설물로서 대통령령으로 정하는 시설물을 말한다.
- 제2종 시설물이란 제1종 시설물 외에 사회기반시설 등 재난이 발생할 위험이 높거나 재난을 예방하기 위하여 계속적으로 관리할 필요가 있는 시설물로서 대통령령으로 정하는 시설물을 말한다.
- 제3종 시설물이란 대통령령으로 정하는 바에 따라 중앙행정기관의 장 또는 지방자치단체의 장이 지정·고시한 것으로 다중이용시설 등 재난이 발생할 위험이 높거나 재난을 예방하기 위하여 계속적으로 관리할 필요가 있다고 인정되는 제1종 시설물 및 제2종 시설물 외의 시설물을 말한다.

0701

### 02

Repetitive Learning 1회 2회 3회

다음 중 위험예지훈련에서 활용하는 기법으로 가장 적합한 것은?

① 심포지엄(Symposium)
② 예비시고분석(PIIA)
③ O.J.T(On the Job Training)
④ 브레인스토밍(Brainstorming)

해설

- 브레인스토밍(Brain-storming) 기법은 위험예지훈련의 4라운드, 목표설정 단계에서 주로 실시하는 아이디어 발상기법이다.

정답 | 01 ④ 02 ④

:: 브레인스토밍(Brain-storming) 기법

㉠ 개요

- 6 ~ 12명의 구성원으로 타인의 비판 없이 자유로운 토론을 통하여 다량의 독창적인 아이디어를 이끌어내고, 대안적 해결안을 찾기 위한 집단적 사고기법이다.

㉡ 4원칙

- 가능한 많은 아이디어와 의견을 제시하도록 한다.(대량발언)
- 주제를 벗어난 아이디어도 허용한다.(자유발언)
- 타인의 의견을 수정하여 발언하는 것을 허용한다.(수정발언)
- 절대 타인의 의견에 비판 및 비평하지 않는다.(비판금지)

1101 / 1302 / 1402 / 1604 / 1701 / 1704 / 1801 / 1804 / 2102 / 2202

## 03

Repetitive Learning (1회 2회 3회)

산업안전보건법령에 따른 안전보건관리규정을 작성하여야 할 사업의 사업주는 안전보건관리규정을 작성하여야 할 사유가 발생한 날부터 며칠 이내에 작성하여야 하는가?

① 15일 ② 30일

③ 50일 ④ 60일

**해설**

- 사업주는 안전보건관리규정을 작성하여야 할 사유가 발생한 날부터 30일 이내에 안전보건관리규정을 작성하여야 한다.

:: 안전보건관리규정 실필 1101/1601

- 안전보건관리규정을 작성하여야 할 사업의 종류 및 규모

| 사업의 종류 | 규모 |
|---|---|
| 1. 농업<br>2. 어업<br>3. 소프트웨어 개발 및 공급업<br>4. 컴퓨터 프로그래밍, 시스템 통합 및 관리업<br>5. 정보서비스업<br>6. 금융 및 보험업<br>7. 임대업(부동산 제외)<br>8. 전문, 과학 및 기술 서비스업 (연구개발업 제외)<br>9. 사업지원 서비스업<br>10. 사회복지 서비스업 | 상시근로자 300명 이상을 사용하는 사업장 |
| 11. 제1호부터 제10호까지의 사업을 제외한 사업 | 상시근로자 100명 이상을 사용하는 사업장 |

- 사업주는 안전보건관리규정을 작성하여야 할 사유가 발생한 날부터 30일 이내에 안전보건관리규정을 작성하여야 한다. 이를 변경할 사유가 발생한 경우에도 또한 같다.
- 사업주는 안전보건관리규정을 작성하거나 변경할 때에는 산업안전보건위원회의 심의·의결을 거쳐야 한다. 다만, 산업안전보건위원회가 설치되어 있지 아니한 사업장의 경우에는 근로자대표의 동의를 받아야 한다.

1704

## 04

Repetitive Learning (1회 2회 3회)

무재해 운동의 기본이념 3원칙이 아닌 것은?

① 무의 원칙

② 관리의 원칙

③ 참가의 원칙

④ 선취의 원칙

**해설**

- 무재해 운동의 3원칙에는 무의 원칙, 안전제일(선취)의 원칙, 참가의 원칙이 있다.

:: 무재해 운동 3원칙

| | |
|---|---|
| 무(無, Zero)의 원칙 | 모든 잠재위험요인을 사전에 발견·파악·해결함으로써 근원적으로 산업재해를 없앤다. |
| 안전제일(선취)의 원칙 | 직장의 위험요인을 행동하기 전에 발견·파악·해결하여 재해를 예방한다. |
| 참가의 원칙 | 작업에 따르는 잠재적인 위험요인을 발견·해결하기 위하여 전원이 협력하여 문제해결 운동을 실천한다. |

0702 / 2202

## 05

Repetitive Learning 

다음 중 산업재해의 기본원인으로 볼 수 있는 4M에 해당하는 것으로만 나열한 것은?

① Man, Management, Machine, Media

② Man, Management, Machine, Material

③ Man, Machine, Maker, Management

④ Man, Machine, Maker, Media

**해설**

- 안전점검 시스템에 있어서 4M이란 산업재해의 기본원인에 해당하는 Man, Management, Machine, Media를 말한다.

:: 안전점검

- 시설, 기계, 기구 등의 구조 및 설치상태와 안전기준과의 적합성 여부를 확인하는 행위를 말한다.
- 각종 시설, 기계, 기구의 설치상태와 안전조직의 운영실태, 안전교육의 실시상태 등을 대상으로 한다.
- 안전점검 시스템에 있어서 4M이란 산업재해의 기본원인에 해당하는 Man, Management, Machine, Media를 말한다.



03 ② 04 ② 05 ① | 정답

| Man | • 인간적 요인<br>• 심리적(망각, 무의식, 착오 등), 생리적(피로, 질병, 수면부족 등) 요인 |
|---|---|
| Machine | • 기계적 요인<br>• 기계, 설비의 설계상의 결함, 점검이나 정비의 결함, 위험방호의 불량 |
| Media | • 인간과 기계를 연결하는 매개체<br>• 작업의 정보, 작업방법, 환경 |
| Management | • 관리적 요인<br>• 안전관리조직, 관리규정, 안전교육의 미흡 |

## 06

A사업장의 연간 도수율이 4일 때 연천인율은 얼마인가?(단, 근로자 1인당 연간근로시간은 2,400시간으로 한다)

① 1.7 ② 9.6

③ 15 ④ 20

**해설**

• 도수율×2.4＝연천인율이므로 $4\times2.4=9.6$이다.

**연천인율** 실필 1804

• 1년간 평균 근로자 1,000명당 재해자의 수를 나타낸다.

• 연천인율 = $\dfrac{\text{연간재해자수}}{\text{연평균근로자수}}\times1{,}000$으로 구한다.

• 근로자 1명이 연평균 2,400시간을 일한다는 것을 가정할 때 연천인율은 도수율×2.4로도 구할 수 있다.

1001 / 1604 / 1801 / 2001 / 2201

## 07

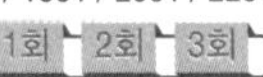

재해손실비의 평가방식 중 시몬즈(Simonds) 방식에서 비보험코스트의 산정 항목에 해당하지 않는 것은?

① 사망사고건수

② 무상해사고건수

③ 통원상해건수

④ 응급조치건수

**해설**

• 사망과 영구 전노동불능 상해의 경우는 별도 산정이 필요하므로 비보험코스트의 산정항목에 포함되지 않는다.

**시몬즈(Simonds)의 재해코스트**

㉠ 개요

• 총 재해비용을 보험비용과 비보험비용으로 구분한다.

• 총 재해코스트＝보험비용＋비보험비용＝[보험코스트＋(A×휴업상해건수)＋(B×통원상해건수)＋(C×응급조치건수)＋(D×무상해사고건수)]
이때 A, B, C, D는 재해의 비보험코스트 평균치이다.

• 사망과 영구 전노동불능 상해의 경우는 비보험코스트에 포함시키지 않고 별도 산정한다.

㉡ 비보험코스트 내역

• 소송관계 비용

• 신규작업자에 대한 교육훈련비

• 부상자의 직장 복귀 후 생산 감소로 인한 임금비용

• 재해로 인한 작업중지 임금손실

• 재해로 인한 시간 외 근무 가산임금손실 등

1704 / 2102

## 08

산업안전보건법상 산업안전보건위원회의 심의·의결사항이 아닌 것은?

① 안전보건관리규정의 작성 및 변경에 관한 사항

② 작업환경측정 등 작업환경의 점검 및 개선에 관한 사항

③ 사업장 경영체계 구성 및 운영에 관한 사항

④ 유해하거나 위험한 기계·기구와 그 밖의 설비를 도입한 경우 안전·보건조치에 관한 사항

**해설**

• 산업안전보건위원회는 산업안전·보건에 관한 중요 사항을 심의·의결하기 위하여 노사가 동수로 구성하는 조직으로 사업장 경영체계의 구성 및 운영과는 관련이 없다.

**산업안전보건위원회의 심의·의결사항**

• 산업재해 예방계획의 수립에 관한 사항

• 안전보건관리규정의 작성 및 변경에 관한 사항

• 근로자의 안전·보건교육에 관한 사항

• 작업환경측정 등 작업환경의 점검 및 개선에 관한 사항

• 근로자의 건강진단 등 건강관리에 관한 사항

• 중대재해의 원인 조사 및 재발 방지대책 수립에 관한 사항

• 산업재해에 관한 통계의 기록 및 유지에 관한 사항

• 유해하거나 위험한 기계·기구와 그 밖의 설비를 도입한 경우 안전·보건조치에 관한 사항

정답 | 06 ② 07 ① 08 ③

## 09 Repetitive Learning 1회 2회 3회

다음 중 일반적인 보호구의 관리 방법으로 가장 적절하지 않은 것은?

① 정기적으로 점검하고 관리한다.
② 청결하고 습기가 없는 곳에 보관한다.
③ 세척한 후에는 햇볕에 완전히 건조시켜 보관한다.
④ 항상 깨끗이 보관하고 사용 후 건조시켜 보관한다.

해설

- 보호구 세척 후 햇볕에 말려서는 안 된다.

**보호구 관리 방법**

- 정기적으로 점검하고 관리한다.
- 청결하고 습기가 없는 서늘하고 건조한 곳에 보관한다.
- 세척 시 중성세제 혹은 전용세제를 사용하여 면체가 변형되지 않도록 하여야 하고 반드시 그늘에서 건조시킨다.
- 직사광선에 노출되지 않도록 보관하여야 한다.
- 항상 깨끗이 보관하고 사용 후 건조시켜 보관한다.
- 비닐 등을 이용하여 밀봉된 상태에서 보관하도록 한다.

0901 / 1701

## 10 Repetitive Learning 1회 2회 3회

산업안전보건기준에 관한 규칙에 따라 고소작업대를 사용하여 작업을 할 때 작업시작 전 점검사항에 해당하지 않는 것은?

① 작업면의 기울기 또는 요철 유무
② 아웃트리거 또는 바퀴의 이상 유무
③ 충전장치를 포함한 홀더 등의 결합상태의 이상 유무
④ 비상정지장치 및 비상하강방지장치 기능의 이상 유무

해설

- 충전장치를 포함한 홀더 등의 결합상태의 이상 유무는 구내운반차를 사용하여 작업을 할 때 작업시작 전 점검사항에 해당한다.

**고소작업대 작업시작 전 점검사항**

- 비상정지장치 및 비상하강방지장치 기능의 이상 유무
- 과부하방지장치의 작동 유무 (와이어로프 또는 체인구동방식의 경우)
- 아웃트리거 또는 바퀴의 이상 유무
- 작업면의 기울기 또는 요철 유무
- 활선작업용 장치의 경우 홈·균열·파손 등 그 밖의 손상 유무

1702

## 11 Repetitive Learning 1회 2회 3회

재해의 통계적 원인분석 방법 중 다음에서 설명하는 것은?

> 2개 이상의 문제관계를 분석하는 데 사용하는 것으로 데이터를 집계하고, 표로 표시하여 요인별 결과 내역을 교차한 그림을 작성, 분석하는 방법

① 파레토도(Pareto diagram)
② 특성요인도(Cause and effect diagram)
③ 관리도(Control diagram)
④ 클로즈도(Close diagram)

해설

- 파레토도는 통계적 원인분석 방법으로 사고의 유형, 기인물 등 분류 항목을 큰 순서대로 도표화한다.
- 특성요인도는 재해라고 하는 결과에 미치게 하는 원인요소와의 관계를 상호의 인과관계만으로 결부시켜 도표화하는 분석방법이다.
- 관리도는 재해발생건수 등의 추이를 파악하여 목표관리를 행하는 데 필요한 통계 분석방법이다.

**통계에 의한 재해원인 분석방법**

- 파레토도, 특성요인도, 클로즈분석, 관리도 등이 있다.

| | |
|---|---|
| 파레토 (Pareto)도 | 작업현장에서 발생하는 작업 환경 불량이나 고장, 재해 등의 내용을 분류하고 그 건수와 금액을 크기 순으로 나열하여 작성한 그래프 |
| 특성요인도 (Characteristics diagram) | 사실의 확인단계에서 재해의 원인과 결과를 연계하여 상호 관계를 파악하기 위하여 어골상으로 도표화하는 분석방법 |
| 클로즈분석 | 두 가지 이상의 문제에 대한 관계분석 시에 주로 사용하는 분석방법 |
| 관리도 (Control chart) | 산업재해의 분석 및 평가를 위하여 재해발생건수 등의 추이에 대해 한계선을 설정하여 목표관리를 수행하는 재해통계 분석기법 |

1201 / 1802 / 2003 / 2101

## 12 Repetitive Learning 1회 2회 3회

다음 중 산업안전보건법령상 사업주는 고용노동부장관이 정하는 바에 따라 해당 공사를 위하여 계상된 산업안전보건관리비의 사용명세는 공사 종료 후 얼마동안 보존하여야 하는가?

① 6개월
② 1년
③ 2년
④ 3년



09 ③ 10 ③ 11 ④ 12 ② 정답

해설

- 사업주는 산업안전보건관리비 사용명세서를 매월 작성하고 공사 종료 후 1년간 보존하여야 한다.

∷ 산업안전보건관리비 사용명세서의 보존기간

- 사업주는 고용노동부장관이 정하는 바에 따라 해당 공사를 위하여 계상된 산업안전보건관리비를 그가 사용하는 근로자와 그의 수급인이 사용하는 근로자의 산업재해 및 건강장해 예방에 사용하고 그 사용명세서를 매월 작성하고 공사 종료 후 1년간 보존하여야 한다.

0604

## 13 Repetitive Learning (1회 2회 3회)

다음 중 재해의 원인에 있어 기술적 원인에 해당되지 않는 것은?

① 경험 및 훈련의 미숙
② 구조 재료의 부적합
③ 점검, 정비, 보존 불량
④ 건물, 기계장치 설계 불량

해설

- 경험 및 훈련의 미숙은 교육적 원인에 해당한다.

∷ 재해발생의 간접원인

- 2차원인(기술적, 교육적, 신체적, 정신적 원인)과 기초원인(관리상의 원인과 학교 교육적 원인, 사회적 또는 역사적 원인)으로 구분된다.

| | | |
|---|---|---|
| 2차 원인 | 기술적 원인 | • 건물, 기계장치 설계 불량<br>• 점검, 정비, 보존 불량<br>• 구조 재료의 부적합<br>• 생산공정의 부적절 |
| | 교육적 원인 | • 인진수식의 오해<br>• 경험훈련의 미숙<br>• 안전지식의 부족<br>• 작업방법 및 유해위험 작업의 교육 불충분 |
| | 신체적 원인 | • 피로<br>• 시력 및 청각 기능 이상<br>• 근육운동의 부적당<br>• 육체적 한계 |
| | 정신적 원인 | • 안전의식의 부족<br>• 주의력 및 판단력 부족<br>• 잘못된 판단<br>• 방심 |
| 기초 원인 | 작업관리상의 원인 | • 작업지시의 부적당<br>• 안전관리 조직의 결함<br>• 안전수칙의 미제정<br>• 작업준비의 불충분<br>• 인원배치의 부적당 |
| | 학교교육적 원인 | • 재해의 근본 원인 |
| | 사회적 또는 역사적 원인 | |

1804

## 14 Repetitive Learning (1회 2회 3회)

산업안전보건법령에 따른 안전인증기준에 적합한지를 확인하기 위하여 안전인증기관이 하는 심사의 종류가 아닌 것은?

① 서면심사　② 예비심사
③ 제품심사　④ 완성심사

해설

- 안전인증심사의 종류에는 예비심사, 서면심사, 기술능력 및 생산체계 심사, 제품심사가 있다.

∷ 안전인증심사의 종류

- 예비심사 : 기계·기구 및 방호장치·보호구가 유해·위험한 기계·기구·설비 등인지를 확인하는 심사
- 서면심사 : 유해·위험한 기계·기구·설비 등의 종류별 또는 형식별로 설계도면 등 유해·위험한 기계·기구·설비 등의 제품기술과 관련된 문서가 안전인증기준에 적합한지에 대한 심사
- 기술능력 및 생산체계 심사 : 유해·위험한 기계·기구·설비 등의 안전성능을 지속적으로 유지·보증하기 위하여 사업장에서 갖추어야 할 기술능력과 생산체계가 안전인증기준에 적합한지에 대한 심사
- 제품심사 : 유해·위험한 기계·기구·설비 등이 서면심사 내용과 일치하는지 여부와 유해·위험한 기계·기구·설비 등의 안전에 관한 성능이 안전인증기준에 적합한지 여부에 대한 심사

## 15 Repetitive Learning (1회 2회 3회)

다음 중 하인리히가 제시한 재해발생의 연쇄성 이론의 도미노 이론에서 3단계에 해당하는 요소로서 사고나 재해예방에 가장 핵심이 되는 요소는?

① 사고
② 개인적 결함
③ 사회적 환경 및 유전적 요소
④ 불안전한 행동 및 불안전한 상태

정답 | 13 ① 14 ④ 15 ④

해설

- 제3단계에 해당하는 불안전한 행동 및 불안전한 상태는 사고나 재해예방에 핵심이 되는 요소인 만큼 가장 중점을 두고 관리해야 한다.

⁘ 하인리히의 사고연쇄반응(도미노) 이론

| 1단계 | 사회적 환경 및 유전적 요소 |
|---|---|
| 2단계 | 개인적인 결함 |
| 3단계 | 불안전한 행동 및 불안전한 상태 |
| 4단계 | 사고 |
| 5단계 | 재해 |

0802 / 1901 / 2202

## 16

Repetitive Learning 1회 2회 3회

다음 중 산업안전보건법령상 안전관리자를 2인 이상 선임하여야 하는 사업에 해당하지 않는 것은?

① 공사금액이 1,000억원인 건설업
② 상시근로자가 500명인 통신업
③ 상시근로자가 1,500명인 운수업
④ 상시근로자가 600명인 식료품 제조업

해설

- 우편 및 통신업은 상시근로자가 1,000명 이상인 경우에 2인 이상이다. 500명일 경우 1인이다.

⁘ 안전관리자를 두어야 할 사업의 종류·규모, 안전관리자의 수 및 선임방법 실필 1802/1601/1401/1202/1004/0902/0901

| 사업의 종류 | | 규모 | 최소 인원 |
|---|---|---|---|
| 1. 토사석 광업<br>2. 식료품 제조업, 음료 제조업<br>3. 목재 및 나무제품 제조(가구 제외)<br>4. 펄프, 종이 및 종이제품 제조업 | | 상시근로자 500명 이상 | 2명 |
| 5. 코크스, 연탄 및 석유정제품 제조업<br>6. 화학물질 및 화학제품 제조업 (의약품 제외)<br>7. 의료용 물질 및 의약품 제조업<br>8. 고무 및 플라스틱제품 제조업<br>9. 비금속 광물제품 제조업<br>10. 1차 금속 제조업<br>11. 금속가공제품 제조업 (기계 및 가구 제외)<br>12. 전자부품, 컴퓨터, 영상, 음향 및 통신장비 제조업<br>13. 의료, 정밀, 광학기기 및 시계 제조업<br>14. 전기장비 제조업<br>15. 기타 기계 및 장비제조업<br>16. 자동차 및 트레일러 제조업<br>17. 기타 운송장비 제조업<br>18. 가구 제조업<br>19. 기타 제품 제조업<br>20. 서적, 잡지 및 기타 인쇄물 출판업<br>21. 금속 및 비금속 원료 재생업<br>22. 자동차 종합 수리업, 자동차 전문 수리업<br>21. 해체, 선별 및 원료 재생업<br>22. 자동차 종합 수리업, 자동차 전문 수리업<br>23. 발전업 | | 상시근로자 50명 이상 500명 미만 | 1명 |
| 24. 농업, 임업 및 어업<br>25. 제2호부터 제19호까지의 사업을 제외한 제조업<br>26. 전기, 가스, 증기 및 공기조절 공급업(발전업은 제외한다)<br>27. 수도, 하수 및 폐기물 처리, 원료 재생업(제21호에 해당하는 사업은 제외한다)<br>28. 운수 및 창고업<br>29. 도매 및 소매업 | | 상시근로자 1,000명 이상 | 2명 |
| 30. 숙박 및 음식점업<br>31. 영상·오디오 기록물 제작 및 배급업<br>32. 방송업<br>33. 우편 및 통신업<br>34. 부동산업<br>35. 임대업; 부동산 제외<br>36. 연구개발업<br>37. 사진처리업<br>38. 사업시설 관리 및 조경 서비스업<br>39. 청소년 수련시설 운영업<br>40. 보건업<br>41. 예술, 스포츠 및 여가관련 서비스업<br>42. 개인 및 소비용품수리업(제22호 제외)<br>43. 기타 개인 서비스업<br>44. 공공행정(청소, 시설관리, 조리 등 현업업무에 종사하는 사람으로서 고용노동부장관이 정하여 고시하는 사람)<br>45. 교육서비스업 중 초등·중등·고등 교육기관, 특수학교·외국인학교 및 대안학교(청소, 시설관리, 조리 등 현업업무에 종사하는 사람으로서 고용노동부장관이 정하여 고시하는 사람) | | 상시근로자 50명 이상 1,000명 미만 (단, 부동산업과 사진처리업은 100명 이상 1천명 미만) | 1명 |
| 46. 건설업 | 공사금액 50억원 이상(관계수급인은 100억원 이상) 120억원 미만(토목공사업의 경우에는 150억원 미만) | | 1명 |
| | 공사금액 120억원 이상(토목공사업의 경우에는 150억원 이상) 800억원 미만 | | |
| | 공사금액 800억원 이상 1,500억원 미만 | | 2명 |
| | 공사금액 1,500억원 이상 2,200억원 미만 | | 3명 |
| | 공사금액 2,200억원 이상 3,000억원 미만 | | 4명 |
| | 공사금액 3,000억원 이상 3,900억원 미만 | | 5명 |
| | 공사금액 3,900억원 이상 4,900억원 미만 | | 6명 |
| | 공사금액 4,900억원 이상 6,000억원 미만 | | 7명 |
| | 공사금액 6,000억원 이상 7,200억원 미만 | | 8명 |
| | 공사금액 7,200억원 이상 8,500억원 미만 | | 9명 |
| | 공사금액 8,500억원 이상 1조원 미만 | | 10명 |
| | 1조원 이상 | | 11명 |



16 ② 정답

## 17

1102 / 1902

Repetitive Learning (1회 2회 3회)

다음 중 재해조사 시 유의사항으로 가장 적절한 것은?

① 재발방지 목적보다 책임 소재 파악을 우선으로 하는 기본적 태도를 갖는다.
② 사람, 기계설비 재해요인 중 물적 재해요인을 먼저 도출한다.
③ 2차 재해예방과 위험성에 대한 보호구를 착용한다.
④ 조사자의 전문성을 고려하여 단독으로 조사하며, 사고 정황을 추정한다.

해설

- 재해발생 장소에 들어갈 때에는 재해예방과 유해성을 고려하여 적정한 보호구를 반드시 착용한다.

재해조사의 유의사항

- 피해자에 대한 구급조치를 최우선으로 하고, 2차 재해의 방지를 위해 적정 보호구를 착용한다.
- 가급적 재해 현장이 변형되지 않은 상태에서 신속하게 한다.
- 사실 이외의 추측되는 말은 참고용으로만 활용한다.
- 사람, 기계설비 양면의 재해요인을 모두 도출한다.
- 과거 사고 발생 경향 등을 참고하여 조사한다.
- 객관적 입장에서 재해방지에 우선을 두고 조사하며, 조사는 2인 이상이 한다.

## 18

0401

Repetitive Learning 

다음 중 재해방지를 위한 안전관리 조직의 목적과 가장 거리가 먼 것은?

① 위험요소의 제거
② 기업의 재무제표 안정화
③ 재해방지 기술의 수준 향상
④ 재해예방률의 향상 및 단위당 예방비용의 절감

해설

- 기업의 재무제표 안정화는 안전관리 조직과 직접적인 관련성을 갖지 않는다.

재해방지와 안전활동의 원활한 수행을 위한 안전관리 조직의 목적

- 위험요소의 제거와 조직적 사고 예방활동
- 조직 계층 간 신속한 정보처리
- 재해방지 기술의 수준 향상
- 재해예방률의 향상 및 단위당 예방비용의 절감
- 재해예방을 통한 기업 손실을 근본적으로 방지

## 19

0301

Repetitive Learning (1회 2회 3회)

산업안전보건법령상 화학물질 취급장소에서의 유해·위험경고 이외의 위험경고, 주의표지 또는 기계방호물에 사용되는 안전·보건표지 색채의 색도기준은?

① 5Y 8.5/12
② 2.5PB 4/10
③ 2.5G 4/10
④ N9.5

해설

- 화학물질 취급 장소 이외의 위험경고는 검정색(N0.5) 삼각형에, 노란색(5Y 8.5/12) 바탕에 검정색으로 경고대상을 표시한다.

경고표지 실필 1902/1901/1702/1501/1302/1104/1001

- 유해·위험경고, 주의표지 또는 기계방호물을 표시할 때 사용된다.
- 경고표지는 화학물질 취급장소에서의 유해 및 위험경고와 화학물질 취급장소에서의 유해·위험경고 이외의 위험경고, 주의표지 또는 기계방호물로 구분된다.
- 화학물질 취급장소에서의 유해 및 위험경고표지는 무색 바탕에 빨간색(7.5R 4/14) 혹은 검은색(N0.5) 기본모형으로 표시하며, 인화성물질경고, 부식성물질경고, 급성독성물질경고, 산화성물질경고, 폭발성물질경고 등이 있다.

| 인화성물질 경고 | 부식성물질 경고 | 급성독성 물질경고 | 산화성물질 경고 | 폭발성물질 경고 |
|---|---|---|---|---|
| | | | | |

- 화학물질 취급장소에서의 유해·위험경고 이외의 위험경고, 주의표지 또는 기계방호물의 경고표지는 노란색(5Y 8.5/12) 바탕에 검은색(N0.5) 기본모형으로 표시하며, 방사성물질경고, 고압전기경고, 매달린물체경고, 낙하물경고, 고온/저온경고, 위험장소경고, 몸균형상실경고, 레이저광선경고 등이 있다.

| 방사성물질 경고 | 고압전기 경고 | 매달린물체 경고 | 낙하물 경고 |
|---|---|---|---|
| | | | |
| 고온/저온 경고 | 위험장소 경고 | 몸균형상실 경고 | 레이저광선 경고 |
| | | | |

정답 17 ③ 18 ② 19 ①

2001

## 20
Repetitive Learning 1회 2회 3회

다음 중 재해예방의 5단계에서 제5단계의 시정책 적용에 관한 3E에 해당하지 않는 것은?

① Education ② Engineering

③ Enforcement ④ Eliminate

해설

• 3E는 교육(Education), 기술(Engineering), 관리(Enforcement)로 구성된다.

하베이(Harvey)의 3E 실필 1804/0902

㉠ 개요

• 재해예방의 4원칙 중 대책선정의 원칙과 관련된다.
• 재해예방의 5단계 중 제5단계 시정책의 적용에 해당한다.

㉡ 구성

| 교육(Education)적 대책 | 안전교육 및 훈련 대책 |
|---|---|
| 기술(Engineering)적 대책 | 시설 장비 및 기준의 개선 대책, 안전기준, 안전설계, 작업행정 및 환경설비의 개선 등 |
| 관리(Enforcement)적 대책 | 안전 감독의 철저, 적합한 기준 설정, 규정 및 수칙의 준수, 기준 이해, 경영자 및 관리자의 솔선수범, 동기부여와 사기향상 |

# 2과목 산업심리 및 교육

0802 / 1004 / 1704 / 2101

## 21
Repetitive Learning 1회 2회 3회

다음 설명에 해당하는 안전교육방법은?

> ATP라고도 하며, 당초 일부회사의 톱매니지먼트(Top management)에 대하여만 행하여졌으나, 그 후 널리 보급되었으며, 정책의 수립, 조직, 통제 및 운영 등의 교육내용을 다룬다.

① TWI(Training Within Industry)

② CCS(Civil Communication Section)

③ MTP(Management Training Program)

④ ATT(American Telephone & Telegram Co)

해설

• TWI는 일선 관리감독자를 대상으로 인간관계를 개선하고 생산성을 향상시키기 위하여 고안된 훈련방법을 말한다.
• MTP는 TWI보다 상위의 관리자 양성을 위한 정형훈련으로 관리자의 업무관리능력 및 동기부여 능력을 육성하고자 실시한다.
• ATT는 대상계층이 한정되지 않은 정형교육으로 하루 8시간씩 2주간 실시하는 토의식 교육이다.

CCS(Civil Communication Section)

• ATP(Admininstration Training Program)라고도 하며, 당초 일부회사의 톱매니지먼트(Top management)에 대하여만 행하여졌으나, 그 후 널리 보급되었다.
• 정책의 수립, 조직, 통제 및 운영 등의 교육내용을 다룬다.

0402 / 0802

## 22
Repetitive Learning 1회 2회 3회

다음 중 돌발사태의 발생으로 인하여 주의의 일점 집중 현상이 일어나는 경우 인간의 의식수준으로 옳은 것은?

① Phase Ⅰ

② Phase Ⅱ

③ Phase Ⅲ

④ Phase Ⅳ

해설

• Phase Ⅰ은 생리적 상태가 피로하고 단조로울 때에 해당한다.
• Phase Ⅱ는 생리적 상태가 안정을 취하거나 휴식할 때에 해당한다.
• Phase Ⅲ은 정상적인 상태로 신뢰성이 가장 높은 상태의 의식수준에 해당한다.

인간의 의식 레벨

| 단계 | 의식수준 | 설명 |
|---|---|---|
| Phase 0 | 무의식, 실신상태 | 무의식 동작에는 외계의 능력에 대응하는 능력이 어느 정도는 있다. |
| Phase Ⅰ | 이상, 피로 및 단조로움 | 심신이 피로하거나 단조로운 작업을 반복할 경우 나타나는 의식수준의 저하현상이 발생 |
| Phase Ⅱ | 정상, 이완상태 | 생리적 상태가 안정을 취하거나 휴식할 때에 해당 |
| Phase Ⅲ | 정상, 명쾌 | • 중요하거나 위험한 작업을 안전하게 수행하기에 적합<br>• 신뢰성이 가장 높은 상태의 의식수준 |
| Phase Ⅳ | 과긴장 | 돌발사태의 발생으로 인하여 주의의 일점 집중 현상이 일어나는 경우 인간의 의식수준 |



20 ④ 21 ② 22 ④ 정답

0701 / 2001

## 23 Repetitive Learning (1회 2회 3회)

다음 중 집단 간 갈등의 해소방안으로 적절하지 못한 것은?

① 공동의 문제 설정
② 상위 목표의 설정
③ 집단 간 접촉 기회의 증대
④ 사회적 범주화 편향의 최대화

해설

• Miller와 Brewer는 집단 간의 접촉 중에 범주화가 진행되지 못하도록 하면 효과가 더욱 증진된다고 주장하였다.

∷ 집단 간의 갈등

㉠ 갈등 요인
- 상호 의존성
- 제한된 자원
- 역할 갈등
- 집단 간의 목표 차이
- 동일한 사안을 바라보는 집단 간의 인식 차이

㉡ 해소 방안
- 공동의 문제 설정
- 상위 목표의 설정
- 집단 간 접촉 기회의 증대
- 사회적 범주화 편향의 최소화

## 24 Repetitive Learning (1회 2회 3회)

산업안전보건법령상 사업장의 안전보건관리책임자 및 안전관리자에 대한 신규 및 보수교육시간으로 옳은 것은?

① 안전관리자의 신규교육 : 30시간 이상
② 안전관리자의 보수교육 : 16시간 이상
③ 안전관리책임자의 신규교육 : 6시간 이상
④ 안전관리책임자의 보수교육 : 4시간 이상

해설

• 안전보건관리책임자의 신규교육 및 보수교육 시간은 6시간 이상이고, 안전관리자나 보건관리자의 경우 신규교육은 34시간 이상, 보수교육은 24시간 이상이다.

∷ 안전보건관리책임자 등에 대한 교육 실작 1802

| 교육대상 | 교육시간 | |
|---|---|---|
| | 신규교육 | 보수교육 |
| 안전보건관리책임자 | 6시간 이상 | 6시간 이상 |
| 안전관리자, 안전관리전문기관의 종사자 | 34시간 이상 | 24시간 이상 |
| 보건관리자, 보건관리전문기관의 종사자 | 34시간 이상 | 24시간 이상 |
| 재해예방 전문지도기관의 종사자 | 34시간 이상 | 24시간 이상 |
| 석면조사기관의 종사자 | 34시간 이상 | 24시간 이상 |
| 안전보건관리담당자 | – | 8시간 이상 |
| 안전검사기관, 자율안전검사기관의 종사자 | 34시간 이상 | 24시간 이상 |

0801 / 0904

## 25 Repetitive Learning (1회 2회 3회)

다음 중 집단역학(Group dynamics)에서 의미하는 집단의 기능과 관계가 가장 먼 것은?

① 응집력 발생 ② 집단의 목표 설정
③ 권한의 위임 ④ 행동의 규범 존재

해설

• 집단역학에서 집단의 기능에는 ①, ②, ④ 외에 집단의 의사결정 등이 있다.

∷ 집단역학에서 집단의 기능
- 집단의 응집력
- 집단의 목표 설정
- 집단의 규범 존재
- 집단의 의사결정

## 26 Repetitive Learning (1회 2회 3회)

다음 설명에 해당하는 적응기제는?

> 자신의 결함과 무능에 의하여 생긴 열등감이나 긴장을 해소시키기 위하여 장점과 같은 것으로 그 결함을 보충하려는 행동

① 보상 ② 합리화
③ 승화 ④ 치환

정답 | 23 ④ 24 ③ 25 ③ 26 ①

해설

- 합리화는 자기의 난처한 입장이나 실패의 결정을 이유나 변명으로 일관하는 행위이다.
- 승화는 억압당한 욕구가 사회적·문화적으로 가치 있는 목적으로 향하여 노력함으로써 욕구를 충족하는 것이다.
- 치환이란 어떤 감정이나 태도를 취해 보려고 하는 대상을 다른 대상으로 바꾸어서 대치해 보는 것이다.

보상(Compensation)

- 방어기제의 대표적인 예이다.
- 자신의 결함과 무능에 의하여 생긴 열등감이나 긴장을 해소시키기 위하여 장점과 같은 것으로 그 결함을 보충하려는 행동을 말한다.

0804

**27** Repetitive Learning (1회 2회 3회)

미국 국립산업안전보건연구원(NIOSH)이 제시한 직무스트레스 모형에서 직무스트레스 요인을 작업요인, 조직요인, 환경요인으로 구분할 때 다음 중 조직요인에 해당하는 것은?

① 작업 속도 ② 관리 유형
③ 교대근무 ④ 조명 및 소음

해설

- 작업 속도와 교대근무는 작업요인이고, 조명 및 소음은 환경요인에 해당한다.

미국 국립산업안전보건연구원(NIOSH)의 직무스트레스 모형

| 작업요인 | 조직요인 | 환경요인 |
|---|---|---|
| • 업무부하<br>• 작업속도/과정에 대한 통제<br>• 교대근무 | • 역할모호성/갈등<br>• 역할요구(과중)<br>• 관리유형<br>• 의사결정참여<br>• 경력/직무안정성<br>• 고용의 불확실성 | • 소음<br>• 열냉기<br>• 환기불량/부적절한 조명 |

0801 / 1804

**28** Repetitive Learning (1회 2회 3회)

교육방법 중 토의법이 효과적으로 활용되는 경우가 아닌 것은?

① 피교육생들의 태도를 변화시키고자 할 때
② 인원이 토의를 할 수 있는 적정 수준일 때
③ 피교육생들 간에 학습능력의 차이가 클 때
④ 피교육생들이 토의 주제를 어느 정도 인지하고 있을 때

해설

- 피교육생들 간에 학습능력의 차이가 클 때는 토의식으로 교육이 진행되면 학습능력이 우수한 사람들에 의해 일방적으로 교육이 끌려갈 우려가 있다.

토의식(Discussion method)

㉠ 개요
- 참여자들의 대화를 통해서 교육이 진행되는 교육방식이다.
- 현장의 관리감독자 교육을 위하여 가장 바람직한 교육방식이다.
- 안전교육의 방법 중 전개단계에서 가장 효과적인 수업방법이다.
- 도입, 제시, 적용, 확인단계 중 적용단계에서 가장 많은 시간이 소요된다.
- 알고 있는 지식을 심화시키거나 어떠한 자료에 대해 보다 명료한 생각을 갖도록 하기 위하여 실시하는 교육방법으로 적합하다.
- 피교육생들의 태도를 변화시키고자 할 때, 인원이 토의에 적정할 때, 피교육생들이 토의 주제를 어느 정도 인지하고 있을 때, 피교육생들 간에 학습능력이 비슷한 수준일 때 유용하다.
- 심포지엄(Symposium), 패널 디스커션(Panel discussion), 롤 플레잉(Role playing), 버즈세션(Buzz session), 포럼(Forum) 등이 있다.

㉡ 특징
- 개방적인 의사소통과 협조적인 분위기 속에서 학습자의 적극적 참여가 가능하다.
- 집단 활동의 기술을 개발하고 민주적 태도를 배울 수 있다.
- 준비와 계획단계뿐만 아니라 진행 과정에서도 많은 시간이 소요된다.

1102 / 1702 / 2102

**29** Repetitive Learning (1회 2회 3회)

교육지도의 5단계가 다음과 같을 때 올바르게 나열한 것은?

> ㉮ 가설의 설정
> ㉯ 결론
> ㉰ 원리의 제시
> ㉱ 관련된 개념의 분석
> ㉲ 자료의 평가

① ㉰ → ㉱ → ㉮ → ㉲ → ㉯
② ㉮ → ㉰ → ㉱ → ㉲ → ㉯
③ ㉰ → ㉮ → ㉲ → ㉱ → ㉯
④ ㉮ → ㉰ → ㉲ → ㉱ → ㉯



27 ② 28 ③ 29 ① 정답

해설

- 듀이의 5단계 사고과정을 거친 후 이를 정리한 교육지도는 원리의 제시 → 관련된 개념의 분석 → 가설의 설정 → 자료의 평가 → 결론 순으로 구체화된다.

존 듀이(Jone Dewey)의 5단계 사고과정

- 시사(Suggestion) → 지식화(Intellectualization) → 가설(Hypothesis)을 설정 → 추론(Reasoning) → 행동에 의하여 가설 검토 순으로 진행된다.
- 듀이의 5단계 사고과정을 거친 후 이를 정리한 교육지도는 원리의 제시 → 관련된 개념의 분석 → 가설의 설정 → 자료의 평가 → 결론 순으로 구체화된다.

0504 / 1802

## 30

Repetitive Learning (1회 2회 3회)

심리검사의 구비 요건이 아닌 것은?

① 표준화
② 신뢰성
③ 규격화
④ 타당성

해설

- 심리검사의 구비 요건에는 표준화, 신뢰성, 타당성, 객관성 등이 있다.

심리검사의 구비 요건

- 표준화 – 검사관리 조건과 절차의 일관성과 통일성을 말한다.
- 신뢰성 – 측정하고자 하는 심리적 개념을 얼마나 일관성 있게 측정하는지의 정도를 말한다.
- 타당성 – 심리검사의 특징 중 측정하고자 하는 것을 실제로 잘 측정하는지의 여부를 판별하는 것을 말한다.
- 객관성 – 측정의 결과에 대해 누가 보아도 일치되는 의견이 나올 수 있도록 하는 성질을 말한다.

0604

## 31

Repetitive Learning 

매슬로우(Maslow)의 욕구 5단계 중 인간의 가장 기초적인 욕구는?

① 생리적 욕구
② 애정 및 사회적 욕구
③ 자아실현의 욕구
④ 안전에 대한 욕구

해설

- 매슬로우는 인간의 가장 기초적인 욕구를 생리적 욕구로 보았다.

매슬로우(Maslow)의 욕구위계(욕구이론)

㉠ 개요

- 생리적 욕구 – 안전의 욕구 – 사회적 욕구 – 인정받으려는 욕구 – 자아실현의 욕구 순으로 발생한다.
- 행동은 충족되지 않은 욕구에 의해 결정되고 좌우된다.
- 개인의 가장 기본적인 욕구로부터 시작하여 위계상 상위 욕구로 올라가면서 자신의 욕구를 체계적으로 충족시킨다.
- 위계(位階)에서 생존을 위해 기본이 되는 욕구들이 우선적으로 충족되어야 한다. 즉, 하위 단계의 욕구가 충족되어야 더 높은 단계의 욕구가 발생한다.

㉡ 위계의 내용 실필 0901

| 단계별 | 욕구의 명칭 | 설명 | 관리감독자의 능력 |
|---|---|---|---|
| 1단계 | 생리적 욕구 | 인간의 가장 기초적인 욕구에 해당한다. | - |
| 2단계 | 안전의 욕구 | 생존에 대한 욕구에 해당한다. | 기술적 능력 |
| 3단계 | 사회적 욕구 | 가족, 친구 등 애정과 소속에 대한 욕구에 해당한다. | - |
| 4단계 | 인정받으려는 욕구(존경과 긍지에 대한 욕구) | 명예, 신망, 위신, 지위 등과 관계가 깊다. | 포괄적 능력 |
| 5단계 | 자아실현의 욕구 | 가장 고차원적인 욕구에 해당한다. | 종합적 능력 |

0504 / 0702

## 32

Repetitive Learning 

다음 중 인간의 적성을 발견하는 방법으로 가장 적당하지 않은 것은?

① 작업 분석　② 계발적 경험
③ 자기 이해　④ 적성 검사

해설

- 인간의 적성을 발견하는 방법에는 계발적 경험, 자기 이해, 적성 검사 등이 있다.

인간의 적성을 발견하는 방법

- 계발적 경험
- 자기 이해
- 적성 검사

정답 | 30 ③ 31 ① 32 ①

0904

## 33 Repetitive Learning (1회 2회 3회)

다음 중 교육훈련 평가 4단계에서 각 단계의 내용으로 틀린 것은?

① 제1단계 : 반응단계 ② 제2단계 : 작업단계
③ 제3단계 : 행동단계 ④ 제4단계 : 결과단계

**해설**

- 교육훈련 평가는 반응단계 → 학습단계 → 행동단계 → 결과단계의 순으로 진행된다.

교육훈련 평가
- 교육훈련 평가는 작업자의 적정배치 및 지도 방법을 개선하고, 학습지도를 효과적으로 하기 위하여 수행한다.
- 교육평가의 5요건은 확실성, 신뢰성, 간이성, 객관성, 경제성으로 구성된다.
- 교육훈련 평가는 반응단계 → 학습단계 → 행동단계 → 결과단계의 순으로 진행된다.

## 34 Repetitive Learning (1회 2회 3회)

다음 중 관계지향적 리더가 나타내는 대표적인 행동 특징으로 볼 수 없는 것은?

① 우호적이며 가까이 하기 쉽다.
② 집단구성원들의 활동을 조정한다.
③ 집단구성원들을 동등하게 대한다.
④ 어떤 결정에 대해 자세히 설명해 준다.

**해설**

- 집단구성원들의 활동을 조정하는 것은 과업지향적(Task – oriented style) 리더의 특성이다.

관계지향적(Relationship – oriented style) 리더십
㉠ 개요
- 리더십 유형을 LPC(Least Preferred Co – worker score) 점수에 따라 구분할 때 점수가 높은 리더십을 말한다.
- 부하들과 잘 어울리며, 부하들을 동등하게 대우하면서 지원자적인 입장을 취한다.

㉡ 특징
- 부하에 대해 우호적이며 부하들이 가까이 하기 쉽다.
- 어떤 결정이 있을 경우 해당 내용에 대해 자세히 설명해 준다.
- 상황이 유리하지도 불리하지도 않은 중간적인 상황일 때 효과적인 리더십이다.
- 우선적으로 부하 및 동료들과의 인간관계에 집중하며, 그 이후에 생산적인 부분에 관심을 가지는 유형이다.

## 35 Repetitive Learning (1회 2회 3회)

인간본성을 파악하여 동기유발로 인한 산업재해를 방지하기 위한 맥그리거의 X · Y이론에서 다음 중 Y이론의 가정으로 틀린 것은?

① 현대 산업사회와 같은 여건하에서 일반 사람의 지적 잠재력을 무한히 활용한다.
② 대부분 사람들은 조건만 적당하면 책임뿐만 아니라 그것을 추구할 능력이 있다.
③ 목적에 투신하는 것은 성취와 관련된 보상과 함수 관계에 있다.
④ 근로에 육체적, 정신적 노력을 쏟는 것은 놀이나 휴식만큼 자연스럽다.

**해설**

- 일반 사람의 지적 잠재력을 무한히 활용하는 것은 인간을 일을 하는 수단으로 취급하는 것이므로 X이론에 가깝다.

맥그리거(McGregor)의 X · Y이론
㉠ 개요
- 인간과 직무의 관계에 대한 기본적인 가정을 X이론과 Y이론이라는 가설로 나눈 것이다.
- X이론은 인간의 본성이 일을 싫어하고, 무관심하며, 책임을 회피하므로 당근과 채찍을 동원하여 강제할 필요가 있다는 이론이다.
- Y이론은 인간의 본성이 일을 좋아하고, 책임감이 강하며, 선하므로 그들을 자율적, 민주적으로 대해야 창조적인 성과를 얻을 수 있다는 이론이다.

㉡ X이론과 Y이론의 관리 처방 비교

| X이론(후진국형, 성악설) | Y이론(선진국형, 성선설) |
|---|---|
| • 경제적 보상체제의 강화<br>• 권위주의적 리더십의 확립<br>• 면밀한 감독과 엄격한 통제<br>• 상부 책임제도의 강화 | • 분권화와 권한의 위임<br>• 목표에 의한 관리<br>• 직무확장<br>• 인간관계 관리방식<br>• 책임감과 창조력 |

0902 / 1104 / 2101

## 36 Repetitive Learning (1회 2회 3회)

다음 중 학습지도 방법의 분류에 있어 구안법(Project method)의 4단계를 올바르게 나열한 것은?

① 목적 → 평가 → 계획 → 수행
② 목적 → 계획 → 수행 → 평가
③ 계획 → 목적 → 평가 → 수행
④ 계획 → 목적 → 수행 → 평가



33 ② 34 ② 35 ① 36 ② 정답

해설

- 구안법은 목적, 계획, 수행, 평가의 4단계를 거친다.

Project method(구안법)

㉠ 개요
- 스스로 계획을 세워 수행하는 학습활동을 말한다.
- 구안법은 목적, 계획, 수행, 평가의 4단계를 거친다.
- Collings는 탐험(Exploration), 구성(Construction), 의사소통(Communication), 유희(Play), 기술(Skill)이 구안법의 5가지 기본구성이라고 주장하였으며, 이의 방법론으로 산업시찰, 견학, 현장실습 등을 제시했다.

㉡ 특징

| 장점 | 단점 |
|---|---|
| • 동기부여가 충분하다.<br>• 현실적인 학습방법이다.<br>• 창조력이 생긴다. | • 능력이 부족한 학생에게는 시간과 에너지의 낭비가 발생<br>• 시간과 에너지가 많이 소비된다.<br>• 자료를 얻기 어렵다. |

1002

## 37 Repetitive Learning 1회 2회 3회

다음 중 교육목적에 관한 설명으로 적절하지 않은 것은?

① 교육목적은 교육이념에 근거한다.
② 교육목적은 개념상 이념이나 목표보다 광범위하고 포괄적이다.
③ 교육목적의 기능으로는 방향의 지시, 교육 활동의 통제 등이 있다.
④ 교육목적은 교육목표의 하위개념으로 학습경험을 통한 피교육자들의 행동변화를 지칭하는 것이다.

해설

- 교육목적은 교육목표의 상위개념으로 교육의 전체적인 방향을 제시한다.

교육목적
- 교육목적은 교육이념에 근거한다.
- 교육목적은 개념상 이념이나 목표보다 광범위하고 포괄적이다.
- 교육목적의 기능으로는 방향의 지시, 교육 활동의 통제 등이 있다.
- 교육목적은 교육목표의 상위개념으로 교육의 전체적인 방향을 제시하며, 포괄적, 추상적, 장기적, 국가 및 사회적 측면에서 고려된 가치 구현을 포함하고 있다.

1704

## 38 Repetitive Learning 1회 2회 3회

부주의에 의한 사고방지 대책 중 정신적 대책과 가장 거리가 먼 것은?

① 적성 배치
② 주의력 집중 훈련
③ 표준작업의 습관화
④ 스트레스 해소 대책

해설

- 적성 배치는 정신적 대책과 기능 및 작업 측면의 대책에 공통적으로 해당하나 표준작업의 습관화는 정신적 대책이 아니라 기능 및 작업 측면의 대책에 해당한다.

정신적 측면의 부주의에 의한 사고방지 대책
- 스트레스 해소 대책
- 작업의욕 고취
- 주의력 집중 훈련
- 안전의식 제고
- 적성 배치

1204 / 1604

## 39 Repetitive Learning 1회 2회 3회

운동의 시지각이 아닌 것은?

① 자동운동(自動運動)
② 유도운동(誘導運動)
③ 항상운동(恒常運動)
④ 가현운동(假現運動)

해설

- 운동의 시지각에는 자동운동, 유도운동, 가현운동 등이 있다.

운동의 시지각
- 자동운동, 유도운동, 가현운동 등이 있다.
- 자동운동은 암실 내의 정지된 소광점을 응시하고 있으면 그 광점이 움직이는 것처럼 보이는 현상으로 어두울 때 생기는 착각현상이다.
- 유도운동은 인간의 착각현상 중에서 실제로 움직이지 않는 것이 어느 기준의 이동에 의하여 움직이는 것처럼 느껴지는 현상을 말한다.
- 가현운동은 객관적으로 정지하고 있는 대상물이 급속히 나타난다든가 소멸하는 것으로 인하여 일어나는 운동으로 마치 대상물이 운동하는 것처럼 인식되는 현상을 말한다.

정답 | 37 ④ 38 ③ 39 ③

## 40

1101 / 1801 Repetitive Learning 1회 2회 3회

안전사고와 관련하여 소질적 사고요인이 아닌 것은?

① 지능　② 작업자세
③ 성격　④ 시각기능

해설

• 작업자세는 정신적 피로로 인한 관찰대상에 해당한다.

:: 소질적 사고요인
- 지능 : 지능단계가 낮을수록 혹은 높을수록 사고발생률은 높다.
- 성격 : 결함있는 성격의 보유자일수록 사고발생률은 높다.
- 시각기능 : 시각기능에 결함이 있는 자일수록 사고발생률은 높다.

# 3과목 인간공학 및 시스템안전공학

## 41

Repetitive Learning 1회 2회 3회

다음 중 고열에 의한 건강장해 예방 대책으로 작업조건 및 환경개선 두 가지 모두 관계되는 요소는?

① 착의상태
② 휴식처에서의 온열조건
③ 열에 노출되는 횟수 및 노출시간
④ 온열환경에서 작업할 때의 체열교환

해설

• ②와 ④는 환경개선과 관련되며, ③은 작업조건과 관련된다.

:: 고열에 의한 건강장해 예방 대책
㉠ 작업조건
- 열에 노출되는 횟수 및 노출시간
- 작업량에 따른 에너지 대사량

㉡ 환경개선
- 온열환경에서 작업할 때의 체열교환
- 휴식처에서의 온열조건

㉢ 공통사항
- 착의상태

## 42

1104 / 1802 Repetitive Learning 1회 2회 3회

결함수분석법(FTA)의 특징으로 볼 수 없는 것은?

① Top down 형식　② 특정 사상에 대한 해석
③ 정성적 해석의 불가능　④ 논리기호를 사용한 해석

해설

• 결함수분석법은 정성적 평가 후 정량적 평가를 실시하며, 정량적으로 재해 발생 확률을 구한다.

:: 결함수분석법(FTA)
㉠ 개요
- 연역적 방법으로 원인을 규명하며, 재해의 정량적 예측이 가능한 분석방법이다.
- 하향식(Top－down) 방법을 사용한다.
- 특정 사상에 대해 짧은 시간에 해석이 가능하다.
- 복잡하고 대형화된 시스템을 논리기호를 사용하여 해석한다.
- 간단한 FT도의 작성으로 정성적 해석이 가능하여 비전문가도 잠재위험을 효율적으로 분석할 수 있다.
- 정성적 평가 후 정량적 평가를 실시하며, 정량적으로 재해 발생 확률을 구한다.

㉡ 기대효과
- 사고원인 규명의 간편화
- 노력 시간의 절감
- 사고원인 분석의 정량화
- 시스템의 결함진단

## 43

Repetitive Learning 1회 2회 3회

다음 중 신호 및 경보등을 설계할 때 초당 3~10회의 점멸속도로 얼마의 지속시간이 가장 적합한가?

① 0.01초 이상　② 0.02초 이상
③ 0.03초 이상　④ 0.05초 이상

해설

• 경보등은 붉은색으로 초당 3~10회의 점멸속도로 0.05초 이상 지속되도록 설계한다.

:: 경보등 설계 및 설치 과정
- 붉은색 초당 3~10회의 점멸속도로 0.05초 이상 지속되도록 설계한다.
- 배경보다 2배 이상의 밝기를 사용하며, 일반적으로 경고등은 하나를 사용하고 사용자의 정상시선 안에 설치한다.
- 휘도대비(Contrast)는 대상물과 주변의 휘도를 대비시키는 것이고, 경보등은 작업자의 주의를 끌어야 하므로 휘도대비가 커야 한다. 휘도대비가 작을 때는 주변배경과 휘도의 차가 큰 색깔의 신호를 사용하는 것이 효과적이다.



40 ② 41 ① 42 ③ 43 ④ 정답

- 광속발산도(Luminous emittance)는 빛을 발산하는 면에서의 광속의 밀도로 광원의 노출시간이 작으면 광속발산도가 커야 주의를 끌 수 있다.
- 광도의 역치(Threshold)는 시각기관에 흥분을 일으키는 최소한의 자극의 크기로, 표적의 크기가 크면 광도의 역치가 안정되는 노출시간이 짧아진다.
- 배경광 중 점멸 잡음광의 비율이 10% 이상이면 점멸등은 사용하지 않는 것이 좋다.

1904

## 44 Repetitive Learning (1회 2회 3회)

다음 중 스트레스의 주요 척도에서 생리적 긴장의 화학적 척도에 해당하는 것은?

① 혈압 ② 호흡수
③ 심전도 ④ 혈액 정보

해설

- 혈압과 호흡수는 생리적 긴장의 신체적 척도, 심전도(ECG)검사는 생리적 긴장의 전기적 척도이다.

생리적 긴장의 척도
- 화학적 방법 – 혈액 정보, 뇨 정보, 산소소비량 등
- 전기적 방법 – 근전도(EMG), 뇌전도(EEG), 심전도(ECG), 안전도(EOG) 등
- 신체적 방법 – 혈압, 호흡수, 심박수, 신체 온도 등

## 45 Repetitive Learning (1회 2회 3회)

[그림]과 같이 신뢰도 95%인 펌프 A가 각각 신뢰도 90%인 밸브 B와 밸브 C의 병렬밸브계와 직렬계를 이룬 시스템의 실패확률은 약 얼마인가?

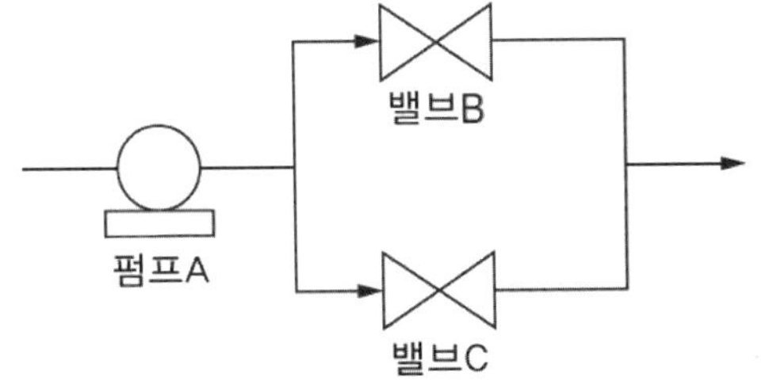


① 0.0091 ② 0.0595
③ 0.9405 ④ 0.9811

해설

- 시스템은 병렬로 연결된 B와 C가 A와 직렬로 연결된 시스템이다.
- 병렬로 연결된 시스템의 신뢰도를 먼저 구하면 신뢰도 BC = 1 – (1 – 0.9)(1 – 0.9) = 1 – 0.01 = 0.99이다.
- 위의 결과와 A를 직렬로 연결한 시스템의 신뢰도는 0.95 × 0.99 = 0.9405가 된다. 구하려고 하는 것은 실패확률이므로 1 – 0.9405 = 0.0595이다.

시스템의 신뢰도
㉠ AND(직렬)연결 시
- 시스템의 신뢰도($R_s$)는 부품 a, 부품 b 신뢰도를 각각 $R_a$, $R_b$라 할 때 $R_s = R_a \times R_b$로 구할 수 있다.

㉡ OR(병렬)연결 시
- 시스템의 신뢰도($R_s$)는 부품 a, 부품 b 신뢰도를 각각 $R_a$, $R_b$라 할 때 $R_s = 1-(1-R_a)\times(1-R_b)$로 구할 수 있다.

2001

## 46 Repetitive Learning (1회 2회 3회)

조종장치를 촉각적으로 식별하기 위하여 사용되는 촉각적 코드화의 방법으로 가장 적합하지 않는 것은?

① 크기를 이용한 코드화
② 조종장치의 형상 코드화
③ 표면 촉감을 이용한 코드화
④ 피부 자극을 활용한 코드화

해설

- 촉각적 암호화의 방법에는 표면 촉감, 형상, 크기를 상이하게 하여 암호화하는 방법이 있다.

촉각적 암호화
- 표면 촉감을 이용한 암호화방법 – 점자, 진동, 온도 등
- 형상을 이용한 암호화방법 – 조종장치의 모양
- 크기를 이용한 암호화방법 – 조종장치의 크기

## 47 Repetitive Learning (1회 2회 3회)

자동차 운전대를 시계 방향으로 돌리면 자동차 오른쪽으로 회전하도록 설계한 것은 어떠한 양립성을 구현한 것인가?

① 개념양립성
② 운동양립성
③ 공간양립성
④ 양식양립성

정답 | 44 ④ 45 ② 46 ④ 47 ②

해설

- 조종장치의 움직임 방향에 따라 자동차가 회전하므로 운동양립성이다.

양립성(Compatibility)

㉠ 개요

- 인간의 기대하는 바와 자극 또는 반응들이 일치하는 관계를 말하는데 양립성이 적을수록 정보처리에서 재코드화 과정은 많아진다.
- 양립성의 효과가 크면 클수록, 코딩의 시간이나 반응의 시간은 짧아진다.
- 양립성의 종류에는 운동양립성, 공간양립성, 개념양립성, 양식양립성 등이 있다.

㉡ 양립성의 종류와 개념

| 구분 | 개념 |
|---|---|
| 공간 (Spatial) 양립성 | • 표시장치와 이에 대응하는 조종장치의 위치가 인간의 기대에 모순되지 않는 것<br>• 왼쪽 표시장치와 관련된 조종장치는 왼쪽에, 오른쪽 표시장치에 관련된 조종장치는 오른쪽에 위치하는 것 |
| 운동 (Movement) 양립성 | 조종장치의 조작방향에 따라서 기계장치나 자동차 등이 움직이는 것 |
| 개념 (Conceptual) 양립성 | • 인간이 가지는 개념과 일치하게 하는 것<br>• 적색 수도꼭지는 온수, 청색 수도꼭지는 냉수를 의미하는 것이나 위험신호는 빨간색, 주의신호는 노란색, 안전신호는 파란색으로 표시하는 것 |
| 양식 (Modality) 양립성 | 문화적 관습에 의해 생기는 양립성 혹은 직무에 관련된 자극과 이에 대한 응답 등으로 청각적 자극 제시와 이에 대한 음성응답 과업에서 갖는 양립성 |

## 48 Repetitive Learning (1회 2회 3회)

손목을 반복적이고 지속적으로 사용하면 손목관증후군(CTS)에 걸릴 수 있는데, 이 증후군은 어떤 신경에 가장 큰 손상이 일어나는 것인가?

① 감각신경(Sensor nerve)
② 정중신경(Median nerve)
③ 중추신경(Central nerve)
④ 자율신경(Autonomic nerve)

해설

- 손목관증후군(CTS)은 가장 대표적인 정중신경의 손상으로 발생되는 질병이다.

정중신경(Median nerve)

- 팔의 말초 신경 중 하나로 일부 손바닥의 감각과 손가락의 움직임, 손목의 뒤집힘 등의 운동기능을 담당하는 신경이다.
- 손목을 반복적이고 지속적으로 사용하면 정중신경의 손상이 일어나 손목관증후군(CTS)이 발생한다.

1902

## 49 Repetitive Learning (1회 2회 3회)

다음 중 착석식 작업대의 높이 설계를 할 경우 고려해야 할 사항과 가장 관계가 먼 것은?

① 의자의 높이 ② 작업의 성질
③ 대퇴 여유 ④ 작업대의 형태

해설

- 착석식 작업대의 높이 설계를 할 경우 고려해야 할 사항에는 ①, ②, ③ 외에 작업대의 두께 등이 있다.

착석식 작업대의 높이 설계를 할 경우 고려해야 할 사항

- 대퇴 여유
- 의자의 높이
- 작업대의 두께
- 작업의 성질

## 50 Repetitive Learning (1회 2회 3회)

인간-기계 시스템의 설계 과정을 [보기]와 같이 분류할 때 다음 중 기능을 할당하는 단계는?

1단계 : 시스템의 목표와 성능 명세 결정
2단계 : 시스템의 정의
3단계 : 기본 설계
4단계 : 인터페이스 설계
5단계 : 보조물 설계 혹은 편의수단 설계
6단계 : 평가

① 기본 설계
② 인터페이스 설계
③ 시스템의 목표와 성능 명세 결정
④ 보조물 설계 혹은 편의수단 설계



48 ② 49 ④ 50 ① 정답

해설

- 인간・하드웨어・소프트웨어의 기능 할당, 인간성능 요건 명세, 직무분석, 작업설계 등의 활동을 하는 단계는 3단계 기본 설계 단계이다.

:: 인간-기계 시스템의 설계 과정

| | | |
|---|---|---|
| 1단계 | 시스템의 목표와 성능 명세 결정 | 목적 및 존재 이유에 대한 개괄적 표현 |
| 2단계 | 시스템의 정의 | 목표 달성을 위해 필요한 기능의 결정 |
| 3단계 | 기본 설계 | 기능의 할당, 인간성능 요건 명세, 직무분석, 작업설계 |
| 4단계 | 인터페이스 설계 | 작업공간, 화면설계, 표시 및 조종장치 |
| 5단계 | 보조물 설계 혹은 편의수단 설계 | 성능보조자료, 훈련도구 등 보조물 계획 |
| 6단계 | 평가 | - |

0304 / 1704

## 51 Repetitive Learning (1회 2회 3회)

인간공학의 정의로 가장 적합한 것은?

① 인간의 과오가 시스템에 미치는 영향을 최대화하기 위한 학문분야

② 인간, 기계, 물자, 환경으로 구성된 복잡한 체계의 효율을 최대로 활용하기 위한 학문분야

③ 인간의 특성과 한계 능력을 분석, 평가하여 이를 복잡한 체계의 설계에 응용하여 효율을 최대로 활용할 수 있도록 하는 학문분야

④ 인간, 기계, 물자, 환경으로 구성된 복잡한 체계의 효율을 최대로 활용하기 위하여 인간의 생리적, 심리적 조건을 시스템에 맞추는 학문분야

해설

- 인간공학은 인간이 사용하는 물건, 설비, 환경의 설계에 인간의 생리적, 심리적인 면에서의 특성이나 한계점을 고려함으로써 인간-기계 시스템의 안전성과 편리성, 효율성을 높이는 학문분야이다.

:: 인간공학(Ergonomics)

㉠ 개요

- "Ergon(작업) + nomos(법칙) + ics(학문)"이 조합된 단어로 Human factors, Human engineering이라고도 한다.
- 인간의 특성과 한계 능력을 공학적으로 분석, 평가하여 이를 복잡한 체계의 설계에 응용함으로써 효율을 최대로 활용할 수 있도록 하는 학문분야이다.
- 인간이 사용하는 물건, 설비, 환경의 설계에 인간의 생리적, 심리적인 면에서의 특성이나 한계점을 고려함으로써 인간-기계 시스템의 안전성과 편리성, 효율성을 높이는 학문분야이다.

㉡ 적용분야

- 제품설계
- 재해・질병 예방
- 장비・공구・설비의 배치
- 작업장 내 조사 및 연구

2202

## 52 Repetitive Learning (1회 2회 3회)

다음의 위험분석 기법 중 시스템 수명주기 관점에서 적용 시점이 가장 빠른 것은?

① PHA

② FHA

③ OHA

④ SHA

해설

- 예비위험분석(PHA)은 시스템을 설계함에 있어 개념형성 단계에서 최초로 시도하는 위험도 분석방법이다.

:: 예비위험분석(PHA)

㉠ 개요

- 모든 시스템 안전 프로그램에서의 최초단계 해석으로 시스템의 위험요소가 어떤 위험 상태에 있는가를 정성적으로 평가하는 분석방법이다.
- 시스템을 설계함에 있어 개념형성 단계에서 최초로 시도하는 위험도 분석방법이다.
- 복잡한 시스템을 설계, 가동하기 전의 구상단계에서 시스템의 근본적인 위험성을 평가하는 가장 기초적인 위험도 분석기법이다.
- 위험의 정도를 분류하는 4가지 범주에는 파국(Catastrophic), 중대(Critical), 위기-한계(Marginal), 무시가능(Negligible)이 있다.

㉡ 예비위험분석(PHA)의 4가지 범주(MIL-STD-882E)

| | |
|---|---|
| 파국 (Catastrophic) | 작업자의 부상 및 서브시스템의 고장 등으로 시스템 성능이 저하되어 시스템에 심각한 손실을 초래한 상태 |
| 중대 (Critical) | 작업자의 부상 및 시스템의 중대한 손해를 초래하거나 작업자의 생존 및 시스템의 유지를 위하여 즉시 수정 조치를 필요로 하는 상태 |
| 위기-한계 (Marginal) | 작업자의 부상 및 시스템의 중대한 손해를 초래하지 않고 대처 또는 제어할 수 있는 상태 |
| 무시가능 (Negligible) | 시스템의 성능이나 기능, 인원 손실이 전혀 없는 상태 |

정답 51 ③ 52 ①

1104

## 53

Repetitive Learning (1회 2회 3회)

결함수분석(FTA) 결과 다음과 같은 패스 셋을 구하였다. $X_4$가 중복사상인 경우 다음 중 최소 패스 셋(Minimal path sets)으로 옳은 것은?

{$X_2$, $X_3$, $X_4$}
{$X_1$, $X_3$, $X_4$}
{$X_3$, $X_4$}

① {$X_3$, $X_4$}
② {$X_1$, $X_3$, $X_4$}
③ {$X_2$, $X_3$, $X_4$}
④ {$X_2$, $X_3$, $X_4$}와 {$X_3$, $X_4$}

해설

- 중복을 최대한 배제해야 하므로 구해진 패스 셋을 묶으면 {$X_3$, $X_4$}($1+X_2+X_1$)이 된다. 여기서 ($1+X_2+X_1$)은 불 대수에 의해 1이 되므로 최소 패스 셋은 {$X_3$, $X_4$}이 된다.

∷ 최소 패스 셋(Minimal path sets)
㉠ 개요
- FTA에서 시스템의 신뢰도를 표시하는 것이다.
- FTA에서 시스템의 기능을 살리는 데 필요한 최소한의 요인의 집합을 말한다.

㉡ FT도에서 최소 패스 셋 구하는 법
- 최소 패스 셋은 FT도의 결합 게이트들을 반대로(AND ↔ OR) 변환한 후 최소 컷 셋을 구하면 된다.

2101

## 54

Repetitive Learning (1회 2회 3회)

다음 중 불(Bool) 대수의 정리를 나타낸 관계식으로 틀린 것은?

① $A \cdot A = A$
② $A + \overline{A} = 0$
③ $A + AB = A$
④ $A + A = A$

해설

- $A+\overline{A}=1$이다.

∷ 불(Bool) 대수의 정리

- $A \cdot A = A$
- $A + A = A$
- $A \cdot 0 = 0$
- $A + 1 = 1$
- $A \cdot \overline{A} = 0$
- $A + \overline{A} = 1$
- $\overline{A \cdot B} = \overline{A} + \overline{B}$
- $\overline{A+B} = \overline{A} \cdot \overline{B}$
- $A + \overline{A} \cdot B = A + B$
- $A(A+B) = A + AB = A$

1801

## 55

Repetitive Learning (1회 2회 3회)

산업안전보건법령상 유해하거나 위험한 장소에서 사용하는 기계・기구 및 설비를 설치・이전하는 경우 유해・위험방지계획서를 작성, 제출하여야 하는 대상이 아닌 것은?

① 화학설비
② 금속 용해로
③ 건조설비
④ 전기용접장치

해설

- 유해・위험방지계획서 제출 대상 기계・기구 및 설비에는 ①, ②, ③ 외에 가스집합 용접장치와 허가대상・관리대상 유해물질 및 분진작업 관련 설비 등이 있다.

∷ 유해・위험방지계획서 제출 대상 기계・기구 및 설비
- 금속이나 그 밖의 광물의 용해로
- 화학설비
- 건조설비
- 가스집합 용접장치
- 허가대상・관리대상 유해물질 및 분진작업 관련 설비

## 56

Repetitive Learning (1회 2회 3회)

인간에러 원인 중 작업특성 및 환경조건의 상태악화로 인한 원인과 가장 거리가 먼 것은?

① 낮은 자율성
② 혼동되는 신호의 탐색 및 검출
③ 매뉴얼과 체크리스트 등의 부족
④ 판단과 행동에 복잡한 조건이 관련된 작업

해설

- 매뉴얼과 체크리스트 등의 부족은 작업특성이나 환경조건의 문제가 아니라 교육훈련상의 문제이다.

∷ 인간에러 원인 중 작업특성 및 환경조건의 문제
- 낮은 자율성
- 육체적 부담이 계속되는 작업
- 혼동되는 신호의 탐색 및 검출
- 결과확인이 어려운 작업
- 판단과 행동에 복잡한 조건이 관련된 작업



53 ① 54 ② 55 ④ 56 ③ 정답

2101

## 57 Repetitive Learning (1회 2회 3회)

어떤 사람이 자동차를 생산하는 공장에서 95dB(A)의 소음수준에서 하루 8시간 작업하며 매 시간 조용한 휴게실에서 20분씩 휴식을 취한다고 가정하였을 때 8시간 시간가중평균(TWA)은 약 얼마인가?(단, 소음은 누적소음노출량측정기로 측정하였으며, OSHA에서 정한 95dB(A)의 허용시간은 4시간이다)

① 91dB(A)
② 91.5dB(A)
③ 92dB(A)
④ 92.5dB(A)

**해설**

- 95dB(A)의 허용시간은 4시간인데, 실제 노출된 시간은 8×(4/6시간) = 5.33시간이다.
- Noise Dose = $\frac{5.33}{4}$이므로 133.33.%가 된다.
- TWA(dB) = 90+ 16.61× log(1.3333) = 92.075[dB(A)]이다.

**8시간 시간가중평균(TWA)**

- 작업장 근로자에게 폭로되는 8시간 가중 평균소음레벨을 말한다.
- TWA(dB) = 90 + 16.61log($\frac{D}{100}$)

이때 D는 Noise Dose(%) 즉, 작업장 근로자에게 폭로되는 소음노출량(%)을 말한다.

## 58 Repetitive Learning (1회 2회 3회)

Chapanis는 위험분석을 확률과 영향 두 가지 요소를 고려하여 확률수준과 그에 따른 위험발생률을 객관화하였는데 "가끔 발생하는(Occasional)" 발생빈도의 확률로 옳은 것은?

① 발생빈도 > $10^{-2}$/day
② 발생빈도 > $10^{-3}$/day
③ 발생빈도 > $10^{-4}$/day
④ 발생빈도 > $10^{-5}$/day

**해설**

- 상당하게 발생하는(Reasonably probable)의 발생빈도는 >$10^{-3}$/day이고, 거의 발생하지 않는(Remote)은 >$10^{-5}$/day이다.

**차패니스(Chapanis, A)의 위험분석**

| 분류 | 발생빈도 (1일 기준) |
|---|---|
| 상당하게 발생하는(Reasonably probable) | >$10^{-3}$ |
| 가끔 발생하는(Occasional) | >$10^{-4}$ |
| 거의 발생하지 않는(Remote) | >$10^{-5}$ |
| 극히 발생할 것 같지 않은(Extremely unlikely) | >$10^{-6}$ |
| 전혀 발생하지 않는(Impossible) | >$10^{-8}$ |

1201 / 1702

## 59 Repetitive Learning (1회 2회 3회)

다음 설명에 해당하는 설비보전방식의 유형은?

> 설비보전 정보와 신기술을 기초로 신뢰성, 조작성, 보전성, 안전성, 경제성 등이 우수한 설비의 선정, 조달 또는 설계를 통하여 궁극적으로 설비의 설계, 제작단계에서 보전활동이 불필요한 체제를 목표로 한 설비보전방법을 말한다.

① 개량보전
② 보전예방
③ 사후보전
④ 일상보전

**해설**

- 개량보전이란 설비의 고장 시에 수리뿐만 아니라 개선된 부품의 교체 등을 통하여 설비의 열화, 마모의 방지와 수명의 연장을 동시에 추구하는 방법이다.
- 사후보전이란 고장 또는 유해한 성능저하가 발생된 뒤에 수리를 하는 보전방법을 말한다.
- 일상보전이란 설비의 열화를 방지하고 그 진행을 지연시켜 수명을 연장하기 위한 설비의 점검, 청소, 주유 및 교체 등의 활동을 뜻한다.

**보전예방(Maintenance prevention)**

- 설계단계에서부터 보전이 불필요한 설비를 설계하는 것을 말한다.
- 궁극적으로는 설비의 설계, 제작단계에서 보전 활동이 불필요한 체계를 목표로 하는 보전방식을 말한다.

정답 | 57 ③ 58 ③ 59 ②

## 60 Repetitive Learning (1회 2회 3회)

다음 중 VE(Value Engineering) 활동으로 각 분석항목에 대한 안전성과의 관계를 잘못 연결한 것은?

① 재료 - 불량률
② 검사포장 - 육체피로
③ 설비 - 사고재해건수
④ 운반 Layout - 작업피로

해설

- ②, ③, ④는 모두 안전성과 관련되어 있는 데 반해 ①은 생산성과 관련된다.

VE(Value Engineering) 활동
- 최저의 총코스트로 필요한 기능을 확실하게 달성하기 위하여 제품이나 서비스의 기능 연구에 쏟는 조직적인 노력을 말한다.
- 가치 향상을 위해 수행하는 활동으로 이때 가치(Value)=$\frac{\text{기능(Function)}}{\text{코스트(Cost)}}$, $V=\frac{F}{C}$로 구할 수 있다.

# 4과목 건설시공학

1101

## 61 Repetitive Learning (1회 2회 3회)

철근공사에 사용하고 있는 철근의 이음방법이 아닌 것은?

① 기계식이음 ② 갈고리이음
③ 겹침이음 ④ 용접이음

해설

- 철근의 이음방법에는 겹침이음, 용접이음, 기계식이음(나사이음, 슬리브압착이음 및 슬리브충진이음), 가스압접 등이 있다.

철근의 이음 실작 1502

㉠ 이음 시 주의사항
- 철근의 이음부는 구조내력상 취약점이 되는 곳이므로 주의를 기울이도록 한다.
- 이음 위치는 되도록 응력이 큰 곳을 피하도록 한다.
- 이음이 한 곳에 집중되지 않도록 엇갈리게 교대로 분산시켜야 한다.
- 한 곳에서 철근 수의 반 이상을 이어서는 안 된다.
- 철근의 이음길이 허용오차는 소정 길이의 10% 이내가 되게 한다.

㉡ 이음방법
- 철근의 이음방법에는 겹침이음, 용접이음, 기계식이음(나사이음, 슬리브압착이음 및 슬리브충진이음), 가스압접 등이 있다.

0402 / 0704

## 62 Repetitive Learning (1회 2회 3회)

건축공사를 수행하기 위하여 필요한 서류 중 시방서에 기재하지 않아도 되는 사항은?

① 사용재료의 품질시험방법
② 건물의 인도시기
③ 각 부위별 시공방법
④ 각 부위별 사용재료의 품질

해설

- 건물의 인도시기 등은 계약서 등에 기재될 사항으로 공사시방서에는 기재하지 않는다.

시방서(Specification)

㉠ 개요
- 각종 건설공사 등에 대한 표준안, 규정을 설명한 것이다.
- 재료의 품질, 공사의 방법과 질, 시험방법 등 설계도에 기재할 수 없는 사항을 간단명료하게 표시한 것이다.
- 표준시방서, 일반시방서, 공사시방서, 특기시방서, 안내시방서 등이 있다.

㉡ 종류
- 표준시방서 : 건설교통부에서 모든 공사의 공통적인 사항을 정한 표준적인 시공기준을 명시한 시방서이다.
- 일반시방서 : 공사일정 등 공사 전반에 대한 비기술적인 사항을 정한 시방서이다.
- 공사시방서 : 특정 공사에 맞게 공사 수행을 위한 시공방법, 품질관리, 환경관리 등에 관한 사항을 정한 시방서이다.
- 특기시방서 : 해당 공사의 특수한 조건에 따라 표준시방서에 대하여 추가, 변경, 삭제를 규정한 시방서이다.

㉢ 시방서 기재사항
- 일반사항 : 운반, 보관, 취급방법, 공정계획, 유지관리 장비 및 기재, 타 공정과의 협력작업 등
- 재료에 관한 사항 : 사용재료의 품질과 품질시험방법 등
- 시공에 관한 사항 : 각 부위별 시공방법, 제조업자 현장지원방안 등

㉣ 작성원칙
- 시공자가 정확하게 시공하도록 설계자의 의도를 상세히 기술한다.
- 공사 전반에 대한 지침을 세밀하고 간단명료하게 서술한다.
- 도면과 시방서와의 차이가 있을 때 감독기술자의 지시에 따른다.
- 재료의 성능, 성질, 품질의 허용 범위, 공법의 정밀도와 마무리 정도 등을 명확하게 규명한다.
- 시방서의 작성순서는 공사 진행순서와 일치하도록 한다.
- 서류의 우선순위는 공사시방서 > 설계도면 > 전문시방서 > 표준시방서 > 산출내역서 > 상세 시공도 > 관계법령의 유권해석 > 지시사항 순으로 해석한다.



60 ① 61 ② 62 ② | 정답

## 63

Repetitive Learning 1회 2회 3회

전사적 품질관리 즉 T.Q.C(Total Quality Control)도구에 대한 설명으로 옳은 것은?

① 파레토도 : 결과에 원인이 어떻게 관계되고 있는가를 알아보기 위하여 작성하는 것이다.
② 산점도 : 불량, 결점, 고장 등의 발생건수를 분류항목별로 나누어 크기 순서대로 나열해 놓은 것이다.
③ 체크시트 : 계수치의 데이터가 분류항목의 어디에 집중되어 있는가를 알아보기 쉽게 나타낸 것이다.
④ 특성요인도 : 서로 대응되는 두 개의 짝으로 된 데이터를 그래프용지에 점으로 나타낸 것이다.

해설

- 결과에 원인이 어떻게 관계되고 있는가를 알아보기 위하여 작성하는 것은 특성요인도이다.
- 불량, 결점, 고장 등의 발생건수를 분류항목별로 나누어 크기 순서대로 나열해 놓은 것은 파레토도이다.
- 서로 대응되는 두 개의 짝으로 된 데이터를 그래프용지에 점으로 나타낸 것은 산점도이다.

T.Q.C(Total Quality Control) 주요 도구

| | |
|---|---|
| 체크시트 | 계수치의 데이터가 분류항목의 어디에 집중되어 있는가를 알아보기 쉽게 나타낸 것 |
| 파레토그램 | 층별 요인이나 특성에 대한 불량점유율을 나타낸 그림으로서 가로축에는 층별 요인이나 특성을, 세로축에는 불량건수나 불량손실금액 등을 표시한 것으로 크기 순서대로 막대그래프 형식으로 표기한 것 |
| 히스토그램 | 공사 또는 제품의 품질상태가 만족한 상태에 있는가의 여부를 몇 개의 구간으로 나누어 빈도수를 막대그래프 형식으로 표현한 것 |
| 산점도 (산포도) | 서로 대응되는 두 개의 짝으로 된 데이터를 그래프 용지에 점으로 얼마나 퍼져있는지를 나타낸 것 |
| 특성요인도 | 결과에 어떤 원인이 있는가를 보기 쉽게 나뭇가지 모양으로 나타낸 것 |

0802

## 64

Repetitive Learning 1회 2회 3회

거푸집공사에서 사용되는 격리재(Separator)에 대한 설명으로 옳은 것은?

① 철근과 거푸집의 간격을 유지한다.
② 철근과 철근의 간격을 유지한다.
③ 골재와 거푸집과의 간격을 유지한다.
④ 거푸집 상호 간의 간격을 유지한다.

해설

- 철근과 거푸집의 간격을 유지하는 것은 간격재(Spacer)에 대한 설명이다.

격리재(Separator)

- 거푸집공사에서 철판제, 철근제, 파이프제 또는 모르타르제를 사용하여 거푸집 상호 간의 간격을 유지하는 것을 말한다.
- 콘크리트의 측압력을 부담하지 않는다.

1001

## 65

Repetitive Learning 1회 2회 3회

경량콘크리트의 범주에 들지 않는 것은?

① 신더콘크리트 ② 톱밥콘크리트
③ AE콘크리트 ④ 경량기포콘크리트

해설

- AE콘크리트는 혼화제인 AE제를 사용하여 콘크리트 속에 미세한 공기를 섞어 성질을 개선한 콘크리트로 경량콘크리트의 범주에 포함되지 않는다.

경량콘크리트

㉠ 개요
- 콘크리트의 단위중량을 줄여 단면과 기초의 크기를 축소하고 이를 통해 구조물의 효용성을 높이며 단열·방음성 등을 개선하기 위해 개발된 콘크리트를 말한다.
- 단위 용적 중량 $2.0t/m^3$ 이하의 콘크리트를 말한다.
- 경량콘크리트의 종류에는 경량골재콘크리트, 경량기포콘크리트, 다공질콘크리트, 톱밥콘크리트, 신더콘크리트 등이 있다.

㉡ 특징
- 자중이 작고 건물중량이 경감된다.
- 강도가 작은 편이다.
- 내화성이 크고 열전도율이 작으며 방음효과가 크다.
- 시공이 복잡하며, 건조수축이 크고 중성화가 빠른 단점을 갖는다.

## 66

Repetitive Learning 1회 2회 3회

지반조사 시 시추주상도 보고서에서 확인사항과 거리가 먼 것은?

① 지층의 확인 ② Slime의 두께
③ 지하수위 확인 ④ N값의 확인

해설

- 시추주상도에서는 ①, ③, ④ 외에 조사위치 좌표 및 지반고, 시료의 채취 여부 등을 확인할 수 있다.

**시추주상도**

㉠ 개요

- 시추조사로 회수한 토질시료나 코어 관찰 결과, 굴진과정 중 특이사항, 지하수 분포 상태를 종합하여 기록하는 도표이다.
- 지반상태를 분석하고 설계를 실시하는 데 근간이 되는 자료이다.

㉡ 확인사항

- 조사위치 좌표 및 지반고
- 지층의 깊이 및 두께
- 지하수위
- 표준관입시험 N값
- 시료의 채취 여부

1004

## 67 Repetitive Learning 1회 2회 3회

바닥전용 거푸집으로서 테이블폼이라고도 부르며 거푸집판, 장선, 멍에, 서포트 등을 일체로 제작하여 수평, 수직방향으로 이동하는 시스템 거푸집은?

① 슬라이딩폼 ② 클라이밍폼
③ 플라잉폼 ④ 트래블링폼

해설

- 슬라이딩폼은 수평, 수직적으로 반복되는 구조물을 시공 이음 없이 균일하게 시공하기 위해 만든 작업발판 일체형 거푸집을 말한다.
- 클라이밍폼은 벽전체용 거푸집으로 거푸집과 벽체 마감공사를 위한 비계틀을 일체형으로 만든 거푸집을 말한다.
- 트래블링폼은 터널 등에서 연속하여 콘크리트 타설이 가능하도록 기계적 장치를 이용해 수평으로 이동 가능한 대형 거푸집이다.

**플라잉폼(Flying form)**

- 바닥전용 거푸집으로서 테이블폼이라고도 한다.
- 거푸집널에 장선, 멍에, 서포트 등을 기계적인 요소로 일체로 제작하여 수평, 수직방향으로 이동하는 대형 바닥판거푸집이다.

## 68 Repetitive Learning 1회 2회 3회

파워셔블의 1시간당 추정 굴착 작업량은 약 얼마인가?

| 버켓용량 0.6m$^3$, 굴착토의 용적변화계수 1.28, 작업효율 0.83, 굴착계수 0.8, 싸이클타임 30sec |
|---|

① 39.2m$^3$ ② 41.2m$^3$
③ 59.2m$^3$ ④ 61.2m$^3$

해설

- 주어진 값을 대입하면 $\frac{3,600\times0.6\times0.8\times1.28\times0.83}{30}=\frac{1835.8272}{30}=61.19424[m^3]$가 된다.

**굴착 작업량**

- 굴착기의 단위시간당 작업량은 $\frac{3,600\times\text{버켓용량}\times\text{굴착계수}\times\text{용적변화계수}\times\text{작업효율}}{\text{싸이클타임}}$ 로 구한다.(버켓용량의 단위는 [m$^3$], 싸이클타임의 단위는 [초], 작업량의 단위는 [m$^3$]이다)

1902

## 69 Repetitive Learning 1회 2회 3회

기초공사 중 언더피닝(Under pinning) 공법에 해당하지 않는 것은?

① 2중 널말뚝 공법
② 전기침투 공법
③ 강재말뚝 공법
④ 약액주입법

해설

- 전기침투 공법은 점성토 연약지반의 지반개량 공법에 해당한다.

**언더피닝(Under pinning) 공법**

- 가설기초의 용량(지지력)과 심도를 증가시키기 위하여 새로운 영구적인 지지력을 첨가하는 것을 말한다. 기존 건물 또는 공작물의 기초나 지정을 보강하거나 또는 거기에 새로운 기초를 삽입하거나 지지면을 더 깊은 지반에 옮겨 안전하게 하기 위한 지반개량 공법이다.
- 기존에 구축된 건축물 가까이에서 건축공사를 실시할 경우 기존 건축물기초의 침하 우려에 대비하여 지반과 기초를 보강하는 공법을 말한다.
- 언더피닝 공법에는 강재말뚝 공법, 약액주입법, 2중 널말뚝 공법, 피트 공법, 차단벽 공법, 웰포인트 공법 등이 있다.

## 70 Repetitive Learning 1회 2회 3회

토공사와 관련하여 신뢰성이 높은 현장시험에 해당되지 않는 것은?

① 흙의 투수시험
② 베인테스트
③ 표준관입시험
④ 평판재하시험



67 ③ 68 ④ 69 ② 70 ① 정답

해설

• 흙의 투수시험은 토질시험 방법 중 실내에서 진행하는 실험이다.

:: 현장실험
- 공사현장에서 실시하는 실험을 말한다.
- 현장의 응력조건에 맞는 시험이 가능하고 비용이나 시간이 적게 들지만 각종 경계 조건을 정확하게 구현하기 힘든 단점을 갖는다.
- 현장실험의 종류에는 표준관입시험, 베인테스트, 지내력시험(공내재하시험, 평판재하시험, 말뚝재하시험) 등이 있다.

## 71

Repetitive Learning (1회 2회 3회)

벽돌공사에서 치장줄눈용 모르타르 용적배합비(잔골재/결합재) 비율로 가장 적정한 것은?

① 0.5 ~ 1.5　② 1.5 ~ 2.5

③ 2.5 ~ 3.5　④ 3.5 ~ 4.5

해설

• 치장줄눈용 모르타르의 용적배합비는 0.5~1.5이다.

:: 모르타르 용적배합비

| 모르타르의 종류 | | 용적배합비(세골재/결합재) |
|---|---|---|
| 줄눈 모르타르 | 벽용 | 2.5 ~ 3.0 |
| | 바닥용 | 3.0 ~ 3.5 |
| 붙임 모르타르 | 벽용 | 1.5 ~ 2.5 |
| | 바닥용 | 0.5 ~ 1.5 |
| 깔 모르타르 | 바탕용 | 2.5 ~ 3.0 |
| | 바닥용 | 3.0 ~ 6.0 |
| 안채움 모르타르 | | 2.5 ~ 3.0 |
| 치중줄눈용 모르타르 | | 0.5 ~ 1.5 |

1804 / 2202

## 72

Repetitive Learning (1회 2회 3회)

지반개량 공법 중 동다짐(Dynamic compaction) 공법의 특징으로 옳지 않은 것은?

① 시공 시 지반진동에 의한 공해문제가 발생하기도 한다.

② 지반 내에 암괴 등의 장애물이 있으면 적용이 불가능하다.

③ 특별한 약품이나 자재를 필요로 하지 않는다.

④ 깊은 심도의 지반개량에 대해서는 초대형 장비가 필요하다.

해설

• 동다짐(Dynamic compaction) 공법은 지반 내에 암괴 등의 장애물이 있어도 적용이 가능하다.

:: 동다짐(Dynamic compaction) 공법

㉠ 개요
- 크레인에 달린 추를 자유낙하시켜 지표면에 충격을 줌으로써 지반의 다짐효과 및 침하를 방지하는 지반개량 공법이다.
- 충격에너지 W파(표면파), S파(전단파), P파(압축파)를 이용한다.

㉡ 특징
- 지반 내에 암괴 등의 장애물이 있어도 적용이 가능하다.
- 특별한 약품이나 자재를 필요로 하지 않는다.
- 깊은 심도의 지반개량에 대해서는 초대형 장비가 필요하다.
- 시공 시 소음, 분진이 발생하며, 지반진동에 의한 공해문제가 발생하기도 한다.

1201 / 1901

## 73

Repetitive Learning (1회 2회 3회)

철골공사의 기초상부 고름질 방법에 해당되지 않는 것은?

① 전면바름마무리법

② 나중채워넣기중심바름법

③ 나중매입 공법

④ 나중채워넣기법

해설

• 나중매입 공법은 앵커볼트 매립방법이다.

:: 현장 철골 세우기

㉠ 개요
- 공장에서 제작된 부재를 가져와 현장 여건에 맞는 건립공법으로 철골을 세우고 접합하는 과정을 말한다.
- 현장에서 철골을 세우는 순서는 계획 및 준비 → 기초 앵커볼트 매립 → 기초상부 고름질 → 철골 세우기 → 볼트 가조립 → 변형바로잡기 → 볼트 본조립 순으로 진행한다.

㉡ 계획 및 준비단계
- 현장 상황에 맞게 자재의 반입, 설치, 양중 등의 설치계획을 세운다.
- 철골제작공장과 반입 시간, 반입 부재 수, 부재 반입의 순서 등을 사전 협의하도록 한다.

정답 | 71 ① 72 ② 73 ③

ⓒ 앵커볼트 매립

- 고정매입법 – 기초 콘크리트 시공 시 앵커볼트를 정확한 위치에 고정시켜 콘크리트를 치면 수정이 어려우므로 정밀하게 시공하여야 한다.
- 가동매입법 – 앵커볼트를 완전히 매입하지 않고 상부에 함석판을 끼우고 콘크리트를 시공한다.
- 나중매입법 – 기초 콘크리트에 앵커볼트를 묻을 구멍을 내두었다가 나중에 고정하는 방법으로 수정이 쉽고 간단하므로 경미한 구조에 이용된다.
- 용접법 – 콘크리트 선반에 앵커가 붙은 철판이나 앵글 등을 시공한 다음 콘크리트를 타설하고 앵커볼트를 용접하여 부착하는 방식이다.

ⓔ 기초상부 고름질

- 기초상부는 Base 판을 완전 수평으로 밀착시키기 위해 모르타르를 충전시키며, 모르타르는 충전 후 건조수축이 없는 무수축 모르타르를 사용한다.
- 전면바름(마무리)법, 나중채워넣기중심바름법, 나중채워넣기십자바름법, 나중채워넣기법 등이 있다.

1004 / 2104

## 74

Repetitive Learning (1회 2회 3회)

원심력 고강도 프리스트레스트 콘크리트말뚝(PHC 말뚝)의 이음방법 중 가장 강성이 우수하고 안전하여 많이 사용하는 이음방법은?

① 충전식 이음　② 볼트식 이음
③ 용접식 이음　④ 강관말뚝 이음

해설

- 원심력 고강도 프리스트레스트 콘크리트말뚝(PHC 말뚝)은 강성이 우수하고 안전한 용접식 이음방법을 주로 사용한다.

:: 원심력 고강도 프리스트레스트 콘크리트말뚝(PHC 말뚝)

실작 1502

㉠ 개요

- 고강도 콘크리트에 프리스트레스를 도입하여 제조한 말뚝으로 Pretensioned spun High strength Concrete Piles를 말한다.
- 강성이 우수하고 안전한 용접식 이음방법을 주로 사용한다.
- 말뚝의 표기기호는 "PHC－종별－말뚝바깥지름－말뚝길이" 형식을 사용한다.

㉡ 특징

- 콘크리트의 설계기준강도가 78.5Mpa로 종래 PC 파일의 강도보다 대폭 크다.
- 강재는 특수 PC 강선을 사용한다.
- 견고한 지반까지 항타가 가능하며 지지력 증강에 효과적이다.
- 건조수축이 적고 내약품성이 뛰어나며 경제적이다.

1102

## 75

Repetitive Learning (1회 2회 3회)

아파트, 지하철 공사, 고속도로 공사 등 대규모 공사에서 지역별로 공사를 구분하여 발주하는 도급 방식은?

① 전문공종별 분할 도급　② 공구별 분할 도급
③ 공정별 분할 도급　④ 직종별 공정별 분할 도급

해설

- 공종별로 나누면 전문공종별 분할, 작업공정별로 나누면 공정별 분할, 지역별로 나누면 공구별 분할, 총괄도급자가 직영하는 경우는 직종별 공종별 분할 도급이다.

:: 공구별 분할 도급

- 대규모 공사에서 지역별로 공사를 분리하여 발주하는 방식이고 각 공구마다 총괄도급으로 하는 것이 보통이며, 중소업자에게 균등기회를 주고 또 업자 상호 간의 경쟁으로 공사기일 단축, 시공기술향상 및 공사의 높은 성과를 기대할 수 있어 유리한 도급 방법이다.
- 지하철 공사, 고속도로 공사 및 대규모 아파트단지 등의 대규모 공사에서 지역별로 공사를 구분하여 발주하는 도급 방식이다.

## 76

Repetitive Learning (1회 2회 3회)

지층의 변화 심도(深度)를 측정하는 데 가장 적합한 지반 조사 방법은?

① 전기저항식 지하탐사(Electric resistivity prospecting)
② 베인테스트(Vane test)
③ 표준관입시험(Penetration test)
④ 딘월 샘플링(Thin wall sampling)

해설

- 지층의 변화 심도를 측정하는 데는 물리적 탐사법이 사용되며 그중에서도 전기저항식이 가장 많이 이용된다.

:: 지반조사의 방법

- 지하탐사법 – 탐사간(쇠꽂이 찔러보기), 짚어보기, 터파보기, 물리적 탐사법(전기저항식, 탄성파식, 강제진동식) 등이 있다.
- 보링(Boring) – 부지 내에 3개소 이상 30m 정도의 간격으로 수직구멍을 철관으로 굴착하여 채취한 토사를 측정하는 방법으로 오거보링, 수세식보링, 충격식보링, 회전식보링 등이 있다.
- 관입저항시험(Sounding) – 보링구멍을 이용하거나 직접 시험기를 주입하여 흙의 저항 및 물리적 성질을 측정하는 방법으로 표준관입시험, Vane test, Cone 관입시험 등이 이에 해당한다.
- 샘플링(Sampling) – 연약지반에서 자연상태의 역학적인 성질을 파악하기 위해 자연상태의 불교란 시료를 채취하여 측정하는 방법이다.
- 지내력시험(Loading test) – 하중을 얹어서 침하량을 측정하여 하중·침하량 곡선에서 허용 지내력을 측정하는 방법이다.



74 ③ 75 ② 76 ① 정답

1201

## 77 Repetitive Learning (1회 2회 3회)

석공사의 건식석재공사에 대한 설명 중 틀린 것은?

① 석재의 건식 붙임에 사용되는 모든 구조재 또는 긴결 철물은 녹막이 처리를 한다.
② 석재의 색상, 석질, 가공형상, 마감 정도, 물리적 성질 등이 동일한 것으로 한다.
③ 건식 석재 붙임에 사용되는 앵커볼트, 너트, 와셔 등은 주철제를 사용한다.
④ 화강석 특유의 무늬를 제외한 눈에 띄는 반점 등을 제거한다.

**해설**

- 건식 석재 붙임에 사용되는 앵커볼트, 너트, 와셔 등은 스테인레스를 사용한다.

:: 석공사 건식 공법

㉠ 개요
- 앵커긴결 공법, 강재트러스지지 공법, GPC 공법, Open joint 공법 등이 있다.
- 시공이 용이하고, 경제적이다.
- 얇은 두께의 판재를 시공할 수 있어 주택 또는 소형 건물에 적용된다.

㉡ 건식 공법 일반 주의사항
- 촉구멍 깊이는 기준보다 2mm 이상 더 깊이 천공한다.
- 석재는 두께 30mm 이상을 사용한다.
- 모든 구조재 또는 트러스 철물은 반드시 녹막이 처리한다.
- 석재의 하부는 지지용으로, 석재의 상부는 고정용으로 설치한다.
- 석재의 건식 붙임에 사용되는 모든 구조재 또는 긴결 철물은 녹막이 치리를 힌다.
- 석재의 색상, 석질, 가공형상, 마감 정도, 물리적 성질 등이 동일한 것으로 한다.
- 건식 석재 붙임에 사용되는 앵커볼트, 너트, 와셔 등은 스테인레스를 사용한다.
- 화강석 특유의 무늬를 제외한 눈에 띄는 반점 등을 제거한다.
- 하지철물의 부식문제와 내부단열재 설치문제 등이 나타날 수 있다.
- 실런트(Sealant) 유성분에 의한 석재면의 오염문제는 비오염성 실런트로 대체하거나, Open joint 공법으로 대체하기도 한다.
- 실런트(Sealant) 시공 시 경화시간, 기상조건에 따른 영향을 받아 오염이나 누수의 우려가 있으므로 정밀 시공이 요구된다.
- 강재트러스지지 공법 등 건식 공법은 시공정밀도가 우수하고, 작업능률이 개선되며, 공기단축이 가능하다.

1804

## 78 Repetitive Learning (1회 2회 3회)

콘크리트 타설 후 진동다짐에 대한 설명으로 틀린 것은?

① 진동기는 하층 콘크리트에 10cm 정도 삽입하여 상하층 콘크리트를 일체화시킨다.
② 진동기는 가능한 연직방향으로 찔러 넣는다.
③ 진동기를 빼낼 때는 서서히 뽑아 구멍이 남지 않도록 한다.
④ 된비빔 콘크리트의 경우 구조체의 철근에 진동을 주어 진동효과를 좋게 한다.

**해설**

- 진동기의 선단을 철근·철골·거푸집 등 구조물에 직접적으로 접촉시켜서는 안 된다.

:: 진동기

㉠ 개요
- 콘크리트 부어넣기에서 콘크리트의 밀실화를 유지시키기 위해 사용하는 기계이다.
- 하층 콘크리트에 10cm 정도 삽입하여 상하층 콘크리트를 일체화시키는 장치이다.

㉡ 사용방법 및 특징
- 진동기를 빼낼 때는 서서히 뽑아 구멍이 남지 않도록 한다.
- 진동기의 선단을 철근·철골·거푸집 등 구조물에 직접적으로 접촉시켜서는 안 된다.
- 유효한 다짐시간은 관찰과 경험에 의하여 결정하는 것이 좋다.
- 진동기의 사용간격은 60cm를 넘지 않도록 한다.
- 진동기는 될 수 있는 대로 수직방향으로 사용한다.
- 진동의 효과는 봉의 직경, 진동수, 진폭 등에 따라 다르며, 진동수가 큰 것일수록 다짐효과가 크다.
- 묽은 반죽에서 진동다짐은 별 효과가 없다.

정답 77 ③ 78 ④

1204

## 79 Repetitive Learning

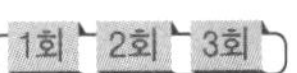


보통콘크리트의 슬럼프 시험 결과 중 균등한 슬럼프를 나타내는 가장 좋은 상태는?

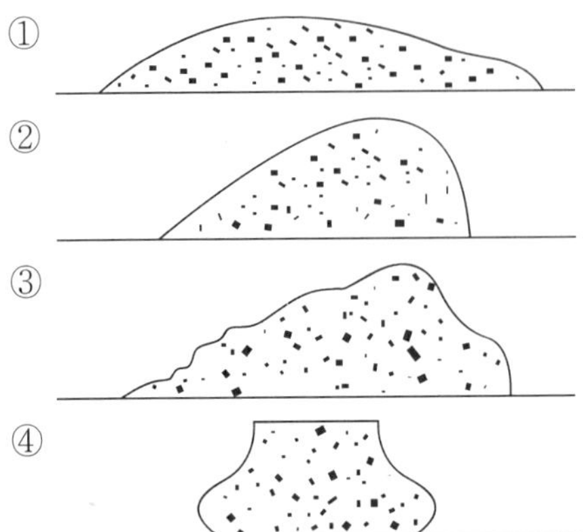


**해설**

- ①, ②, ③은 무너진 슬럼프 결과에 해당한다.

**슬럼프 시험**

㉠ 개요

- 콘크리트의 시공연도(Workability)를 측정하기 위해 실시하는 시험이다.
- 슬럼프 값이 높을 경우 콘크리트는 묽은 비빔이다.

㉡ 시험방법과 결과

- 슬럼프 콘은 윗지름 10cm, 아랫지름 20cm, 높이 30cm로 한다.
- 수밀한 철판을 수평으로 놓고 슬럼프 콘을 놓고, 그 안에 혼합한 콘크리트를 1/3씩 3층으로 분할하여 채운다.
- 슬럼프 콘에 콘크리트를 부어넣고 25회 다진 후 콘을 들어 올렸을 때 콘크리트가 가라앉는 높이로 유동성을 나타낸다.
- 결과

| True | Zero | Collapsed | Shear |
|---|---|---|---|
| 균등한 슬럼프 | 완전한 슬럼프 | 무너진 슬럼프 | 전단된 슬럼프 |

1101

## 80 Repetitive Learning

일정한 폭의 구덩이를 연속으로 파며, 좁고 깊은 도랑 파기에 가장 적당한 토공장비는?

① 트렌처(Trencher) ② 로더(Loader)
③ 백호우(Backhoe) ④ 파워셔블(Power shovel)

**해설**

- 로더는 평탄바닥에 적재된 토사를 덤프에 적재하거나 평탄작업 등의 정지작업에 사용되는 기계이다.
- 파워셔블은 기계가 위치한 지면보다 높은 곳을 파는 작업에 가장 적합한 굴착기계이다.
- 백호우는 기계가 위치한 지면보다 낮은 장소를 굴착하는 데 적합한 장비로 굳은 지반의 구멍파기나 도랑파기 작업에 사용된다.

**트렌처(Trencher)**

- 토공사용 굴착장비이다.
- 일정한 폭의 구덩이를 연속으로 파며, 좁고 깊은 도랑파기에 가장 적당한 장비이다.
- 하수도관, 가스관, 송유관 등의 굴착용으로 주로 사용된다.

# 5과목 건설재료학

## 81 Repetitive Learning 1회 2회 3회

철근콘크리트의 골재로서 불가피하게 해사를 사용할 경우 중점을 두어 반드시 취해야 할 조치는?

① 충분히 물에 씻어 사용한다.
② 잔골재의 혼합비를 높게 한다.
③ 구조내력상 중요한 부분에 보강근을 넣는다.
④ 충분히 건조시킨 후 사용한다.

**해설**

- 콘크리트용 골재의 염분 허용한도는 잔골재의 경우 0.04% 이하여야 하는데 불가피하게 해사를 사용할 경우 충분히 물에 씻어 사용한다.

**콘크리트용 골재의 조건**

- 강도는 콘크리트 중의 경화시멘트 페이스트의 강도 이상일 것
- 공극률이 작은 구형이나 입방체에 가까운 것
- 입형은 너무 매끄러운 것, 납작한 것, 길쭉한 것, 예각으로 된 것은 피하도록 하며, 콘크리트의 유동성을 갖도록 할 것
- 입도는 조립에서 세립까지 연속적으로 균등히 혼합되어 있을 것
- 먼지, 흙, 유기불순물, 염류, 운모, 석탄, 갈탄, 석편 등이 포함되지 않을 것
- 잔골재의 경우 염분의 허용한도는 0.04% 이하여야 한다.



79 ④ 80 ① 81 ① 정답

1801

## 82 Repetitive Learning 1회 2회 3회

콘크리트의 워커빌리티(Workability)에 관한 설명으로 옳지 않은 것은?

① 과도하게 비빔시간이 길면 시멘트의 수화를 촉진하여 워커빌리티가 나빠진다.
② 단위수량을 너무 증가시키면 재료분리가 생기기 쉽기 때문에 워커빌리티가 좋아진다고 볼 수 없다.
③ AE제를 혼입하면 워커빌리티가 좋아진다.
④ 깬 자갈이나 깬 모래를 사용할 경우, 잔골재율을 작게 하고 단위수량을 감소시키면 워커빌리티가 좋아진다.

**해설**

- 깬 자갈이나 깬 모래를 사용하면 워커빌리티가 나빠지며, 잔골재를 크게 하고 단위수량을 크게 해야 워커빌리티가 좋아진다.

**워커빌리티(Workability)**

㉠ 개요
- 시공연도라고도 하며, 컨시스턴시에 의한 부어넣기의 난이도 정도 및 재료분리에 저항하는 정도를 나타낸다.
- 콘크리트 강도 변화를 가장 적게주면서 시공연도를 조절하는 방법은 모래와 자갈의 양을 증감시키는 것이다.

㉡ 특징
- 깬 자갈이나 깬 모래를 사용하면 워커빌리티가 나빠진다.
- 잔골재를 크게 하고 단위수량을 크게 하면 워커빌리티가 좋아진다.
- 단위수량을 너무 증가시키면 재료분리가 생기기 쉽기 때문에 워커빌리티가 좋아진다고 볼 수 없다.
- 과도하게 비빔시간이 길면 시멘트의 수화를 촉진하여 워커빌리티가 나빠진다.
- AE제를 혼입하면 워커빌리티가 좋이진다.

## 83 Repetitive Learning 1회 2회 3회

목재의 방부제 중 독성이 적고 자극적인 냄새가 나며, 처리재는 갈색으로 가격이 저렴하여 많이 사용되는 것은?

① 크레오소트유(Creosote oil)
② 페놀류・무기플루오르화물계(PF)
③ 크롬・구리・비소화합물(CCA)
④ 펜타클로로페놀(PCP)

**해설**

- 가장 대표적인 목재용 유성 방부제로 방부성이 우수하나 악취가 나고 흑갈색 외관인 것은 크레오소트오일이다.

**크레오소트유(Creosote oil)**
- 대표적인 목재용 유성 방부제이다.
- 독성이 적고 방부성이 우수하다.
- 자극적인 악취가 나고, 흑갈색으로 외관이 불미하다.
- 주로 눈에 보이지 않는 토대, 기둥, 도리 등에 사용한다.

## 84 Repetitive Learning 1회 2회 3회

다음 석재 중 변성암에 속하지 않는 석재는?

① 트래버틴　　② 대리석
③ 펄라이트　　④ 사문석

**해설**

- 펄라이트는 화성암의 일종인 진주암을 분쇄하고 가공하여 만든 조직으로 내화나 내열, 방음 등이 뛰어나 시멘트모르타르 단열재 외에 여재 등으로 사용된다.

**변성암**
- 석재를 성인(成因)에 따라 분류할 때 화성암, 수성암 등이 온도와 압력 등에 의해 변성작용을 받아 형성된 암석을 말한다.
- 변성암의 종류에는 대리석, 트래버틴, 사문암, 석면 등이 있다.

## 85 Repetitive Learning 1회 2회 3회

바니시에 대한 설명으로 틀린 것은?

① 바니시는 합성수지, 아스팔트, 안료 등에 건성유나 용제를 첨가한 것이다.
② 휘발성바니시에는 락(Lock), 래커(Lacquer)등이 있다.
③ 휘발성바니시는 건조가 빠르나 도막이 얇고 부착력이 약하다.
④ 유성바니시는 불투명도료로 내후성이 커서 외장용으로 사용된다.

**해설**

- 유성바니시는 투명도료로 건물의 외장용으로는 적합하지 않다.

**유성바니시**
- 수지를 지방유와 가열융합하고, 건조제를 첨가한 다음 용제를 사용하여 희석한 것이다.
- 광택이 있고 강인하며 내구・내수성이 큰 도장재료이다.
- 도장공사에 사용하는 투명도료로 건물의 외장용으로는 적합하지 않다.

**정답** | 82 ④　83 ①　84 ③　85 ④

2202

## 86

Repetitive Learning 1회 2회 3회

다음 중 열경화성 수지에 속하지 않는 것은?

① 에폭시수지 ② 페놀수지
③ 아크릴수지 ④ 요소수지

해설

- 아크릴수지는 대표적인 열가소성 수지이다.

열경화성 수지

- 가열하여 경화 성형하면 다시 열을 가해도 형태가 변하지 않는 수지를 말한다.
- 내열성, 내용제성, 내약품성, 기계적 성질, 전기절연성이 좋다.
- 식기나 전화기 등의 재료로 쓰인다.
- 충전제를 넣어 강인한 성형물을 만들거나, 섬유 강화 플라스틱을 제조하는 데에도 사용된다.
- 종류에는 페놀수지, 요소수지, 멜라민수지, 폴리에스테르수지, 에폭시수지, 실리콘수지, 알키드수지, 프란수지 등이 있다.

1202

## 87

Repetitive Learning 1회 2회 3회

내구성 및 강도가 크고 외관이 수려하나 함유광물의 열팽창계수가 달라 내화성이 약한 석재로 외장, 내장, 구조재, 도로포장재, 콘크리트 골재 등에 사용되는 것은?

① 응회암 ② 화강암
③ 화산암 ④ 대리석

해설

- 응회암은 화성암의 풍화물, 유기물, 기타 광물질이 땅속에 퇴적되어 지열과 지압의 영향을 받아 응고된 수성암의 한 종류이다.
- 화산암은 마그마가 지표 또는 지하 얕은 곳에서 빨리 굳어 형성된 암석으로 안산암, 현무암 등이 이에 해당한다.
- 대리석은 강도가 높고, 석질이 치밀하고 연마하면 아름다운 광택을 내므로 실내장식재, 조각재로 많이 사용되는 석재이다.

화강암

㉠ 개요

- 석영, 장석, 운모로 구성된다.
- 전반적인 색상은 밝은 회백색을 띠나 흑운모, 각섬석, 휘석 등은 검은색을 띠며, 산화철을 포함하면 미홍색을 띤다.
- 외장, 내장, 구조재, 도로포장재, 콘크리트 골재 등에 사용된다.

㉡ 특성

- 마모, 풍화 등에 대한 내구성이 크다.
- 외관이 수려하나 함유광물의 열팽창계수가 달라 내화성이 약해 화재 시 파괴된다.
- 강도가 너무 단단하여 건축용 휨재나 조각 등에는 부적당하다.

2104

## 88

Repetitive Learning 1회 2회 3회

건축재료의 역학적 성질에 속하지 않는 항목은?

① 탄성
② 비중
③ 강성
④ 소성

해설

- 비중은 가장 대표적인 재료의 물리적 성질이다.

재료의 성질

㉠ 역학적 성질

- 재료의 역학적 성질에는 탄성, 소성, 점성, 인성, 연성, 전성, 강성, 취성, 경도, 내피로성 등이 있다.

|  |  |
|---|---|
| 탄성 (Elasticity) | 외력이 작용하면 변형이 생기지만 외력을 제거하면 원래의 모양으로 돌아가는 성질 |
| 소성 (Plasticity) | 외력이 작용하면 변형이 생기고, 외력이 제거되어도 그 변형된 상태를 유지하는 성질 |
| 점성 (Viscosity) | 외력에 의한 유동 시 재료 각 부에 저항이 생기는 성질 |
| 인성 (Toughness) | 외력을 받으면 변형을 나타내면서도 파괴되지 않고 견디는 성질 |
| 연성 (Ductility) | 탄성한계 이상의 외력을 받아도 파괴되지 않고 가늘고 길게 늘어나는 성질 |
| 강성 (Stiffness) | 재료가 외력을 받았을 때 변형에 저항하는 성질 |
| 취성 (Brittleness) | 유리와 같이 외력에 변형되지 않으나 작은 변형에도 파괴되는 성질 |
| 경도 (Hardness) | 재료의 단단한 정도 |
| 내피로성 (Fatigue resistance) | 부하가 반복적으로 가해지더라도 이를 견딜 수 있는 성질 |

㉡ 물리적 성질

- 물리적 성질에는 비중, 열전도율, 내열성, 함수율, 흡수율, 비열, 열팽창계수 등이 있다.

|  |  |
|---|---|
| 비중 | 기준이 되는 물질의 밀도에 대한 상대적인 비 |
| 열전도율 | 온도 차에 의해 열이 전달되는 특성 |
| 내열성 | 열저항성 |



86 ③ 87 ② 88 ② 정답

## 89

Repetitive Learning (1회 2회 3회)

콘크리트용 골재에 대한 설명으로 틀린 것은?

① 입형과 입도가 좋은 골재는 실적률이 작고 동일 슬럼프를 얻기 위한 단위수량이 크다.
② 골재의 입도를 수치적으로 나타내는 지표로서는 조립률이 이용된다.
③ 실적률이 큰 골재를 사용하면 시멘트 페이스트 양이 적게 든다.
④ 콘크리트용 골재의 입형은 편평, 세장하지 않은 것이 좋다.

해설

- 입형과 입도가 좋은 골재는 실적률이 크고, 동일 슬럼프를 얻기 위한 단위수량이 작으며, 균열이 발생하기 쉽다.

:: 콘크리트용 골재의 조건

문제 81번의 유형별 핵심이론:: 참조

1104 / 2101

## 90

Repetitive Learning (1회 2회 3회)

금속 부식에 대한 대책으로 틀린 것은?

① 가능한 한 이종 금속은 이를 인접, 접속시켜 사용하지 않을 것
② 균질한 것을 선택하고 사용할 때 큰 변형을 주지 않도록 할 것
③ 큰 변형을 준 것은 가능한 한 풀림하여 사용할 것
④ 표면을 거칠게 하고 가능한 한 습윤상태로 유지할 것

해설

- 금속 부식을 방지하기 위해서 표면을 평활, 청결하게 하고 가능한 건조상태로 유지한다.

:: 금속 부식

㉠ 개요
- 금속의 산화과정을 말한다.
- 부식은 한 금속 조각이 다른 부분과의 접촉 시 전자의 이동에 의해 발생한다.

㉡ 부식방지대책
- 가능한 한 이종 금속은 이를 인접, 접속시켜 사용하지 않을 것
- 균질한 것을 선택하고 사용할 때 큰 변형을 주지 않도록 할 것
- 큰 변형을 준 것은 가능한 한 풀림하여 사용할 것
- 표면을 평활, 청결하게 하고 가능한 건조상태로 유지할 것
- 부분적인 녹은 즉시 제거할 것

2002

## 91

Repetitive Learning (1회 2회 3회)

미장바탕의 일반적인 성능조건과 가장 관계가 먼 것은?

① 미장층보다는 강도가 클 것
② 미장층과 유효한 접착강도를 얻을 수 있을 것
③ 미장층보다 강성이 작을 것
④ 미장층의 경화, 건조에 지장을 주지 않을 것

해설

- 미장바탕은 미장층보다 강도나 강성이 커야 한다.

:: 미장바탕

㉠ 개요
- 미장바탕이란 모르타르, 플라스터, 회반죽 등 미장재료를 바르기 위한 구조체 표면 또는 졸대, 기타의 것 등을 엮어 만든 면을 말한다.
- 와이어라스(Wire lath)는 아연도금한 굵은 철선을 엮어 그물처럼 만든 철망으로 천장·벽 등의 미장바탕에 사용한다.
- 메탈라스(Metal lath)는 얇은 강판에 마름모꼴의 구멍을 연속적으로 뚫어 그물처럼 만든 것으로 천장·벽 등의 미장바탕에 사용한다.

㉡ 미장바탕의 일반적인 조건
- 미장층보다 강도나 강성이 클 것
- 미장층과 유효한 접착강도를 얻을 수 있을 것
- 미장층의 경화, 건조에 지장을 주지 않을 것
- 미장층과 유해한 화학반응을 하지 않을 것

## 92

Repetitive Learning (1회 2회 3회)

건축재료의 화학조성에 의한 분류 중, 무기재료에 포함되지 않는 것은?

① 콘크리트　② 철강
③ 목재　④ 석재

해설

- 철강은 무기재료 중 금속재료이며, 콘크리트와 석재는 무기재료 중 비금속재료에 해당한다.

:: 무기재료와 유기재료

㉠ 무기재료
- 탄소를 포함하지 않는 재료로 금속재료와 비금속재료로 구분한다.
- 금속재료 중 금속결합을 하는 물질들로 철강, 알루미늄 제품 등을 말한다.
- 비금속재료에는 이온결합을 하는 세라믹이나 천연재료에 해당하는 석재 등이 해당한다.

정답 | 89 ① 90 ④ 91 ③ 92 ③

ⓛ 유기재료
• 탄소를 포함하는 재료로, 생명체로 구성된 천연재료와 인공적으로 합성한 합성수지로 구분한다.
• 천연재료에는 목재, 섬유류 등이 있다.
• 합성재료에는 플라스틱 등이 있다.

## 93

Repetitive Learning 1회 2회 3회

에폭시수지 접착제에 대한 설명으로 틀린 것은?

① 금속, 석재, 도자기의 접착에 사용이 가능하다.
② 급경성이며 내화학성이 크다.
③ 접착력이 크고 내수성이 우수하다.
④ 내알칼리성이 적어 콘크리트에는 사용이 어렵다.

해설

• 에폭시수지 접착제는 내알칼리성, 내산성 등의 내화학성이 뛰어나며, 콘크리트의 접착에도 사용된다.

∷ 에폭시수지 접착제(Epoxy resin adhesive)
• 주제와 경화제로 이루어진 2성분형이 대부분인 열경화성 수지 접착제이다.
• 금속, 석재, 도자기, 유리, 콘크리트, 플라스틱재 등의 접착에 사용되는 만능형 접착제이다.
• 경화제를 사용하여 만들어지므로 접착할 때 압력을 가할 필요가 없다.
• 급경성으로 내알칼리성, 내산성 등의 내화학성이나 접착력이 크고 내구력, 내수성, 내약품성이 우수한 합성수지 접착제이다.

## 94

Repetitive Learning 1회 2회 3회

점토소성제품 중 흡수성이 극히 작고 경도와 강도가 가장 크며, 소성온도는 1,250 ~ 1,430℃로 고급타일이나 위생도기를 만드는 데 사용되는 것은?

① 토기 ② 석기
③ 도기 ④ 자기

해설

• 점토제품의 소성온도는
토기 < 도기 < 석기 < 자기 순으로 높아진다.

∷ 자기
• 양질의 도토 또는 장석분을 원료로 하며, 두드리면 청음이 나며 백색으로 투광성을 갖는 제품이다.
• 점토제품 중 가장 높은 온도(1,230~1,460℃)에서 소성되며, 경도와 강도가 가장 크다.
• 흡수율은 1% 이하로 거의 없다.
• 모자이크 타일, 위생도기 등에 주로 사용된다.

## 95

Repetitive Learning 1회 2회 3회

돌로마이트에 화강석 부스러기, 색모래, 안료 등을 섞어 정벌 바름하고 충분히 굳지 않은 때에 표면에 거친 솔, 얼레빗 같은 것으로 긁어 거친 면으로 마무리한 것은?

① 리신바름
② 라프코트
③ 섬유벽바름
④ 회반죽바름

해설

• 라프코트는 시멘트, 모래, 자갈, 안료 등을 섞어 이긴 것을 바탕 바람이 마르기 전에 뿌려 붙이거나 바르는 것을 말한다.
• 섬유벽바름은 섬유상의 재료를 접착제로 접합해서 벽에 바르는 것을 말한다.
• 회반죽바름은 미장용 소석회, 모래, 해초풀, 여물 등을 반죽하여 벽면 또는 천장면에 발라 마무리하는 것을 말한다.

∷ 리신바름
• 돌로마이트에 화강석 부스러기, 색모래, 안료 등을 섞어 정벌 바름하고 충분히 굳지 않은 때에 표면에 거친 솔, 얼레빗 같은 것으로 긁어 거친 면으로 마무리한 것이다.
• 일종의 인조석바름에 해당한다.

## 96

Repetitive Learning 1회 2회 3회

입자가 잘거나 치밀하며 색은 검은색·암회색이고 석질이 견고하여 토대석·석축으로 쓰이는 석재는?

① 안산암
② 현무암
③ 점판암
④ 사문암

해설

• 안산암은 내화력이 우수하고 광택이 없는 화성암으로 구조용으로 많이 사용된다.
• 점판암은 점토가 큰 압력을 받아 응결된 수성암으로 내수성이 우수해 지붕 및 벽의 재료로 사용된다.
• 사문암은 감람석이 변질된 변성암으로 풍화성이 있어 외벽보다는 실내장식용으로 주로 사용된다.

∷ 현무암
• 마그마가 굳어서 형성된 암석인 화성암의 한 종류이다.
• 검은색·암회색을 띤다.
• 석질이 치밀하여 토대석, 석축에 쓰이며, 최근에는 암면의 원료로 주로 사용된다.



93 ④ 94 ④ 95 ① 96 ② 정답

1004

## 97 Repetitive Learning 1회 2회 3회

목재의 수분·습기의 변화에 따른 팽창수축을 감소시키는 방법으로 틀린 것은?

① 사용하기 전에 충분히 건조시켜 균일한 함수율이 된 것을 사용할 것
② 가능한 곧은결 목재를 사용할 것
③ 가능한 저온처리된 목재를 사용할 것
④ 파라핀·크레오소트 등을 침투시켜 사용할 것

**해설**

- 팽창수축을 감소시키기 위해서는 고온처리 열기법으로 건조한 목재를 사용한다.

**목재의 수분·습기의 변화에 따른 팽창수축을 감소시키는 방법**

- 사용하기 전에 충분히 건조시켜 균일한 함수율이 된 것을 사용할 것
- 가능한 곧은결 목재를 사용할 것
- 고온처리 열기법으로 건조한 목재를 사용한다.
- 파라핀·크레오소트 등을 침투시켜 사용할 것

## 98 Repetitive Learning 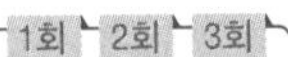

목재의 성질 및 용도에 대한 설명으로 틀린 것은?

① 함수율 변화에 따른 신축변형이 크다.
② 침엽수가 활엽수보다 재질이 강하다.
③ 구조용 재료로 침엽수가 주로 쓰인다.
④ 화재나 충해에 취약하다.

**해설**

- 활엽수는 침엽수에 비해 단단한 것이 많아 경재(硬材)라 하며 치장재 및 가구재로 많이 사용한다.

**목재의 용도**

- 활엽수(밤나무, 느티나무, 오동나무, 참나무, 박달나무, 벚나무, 자작나무, 너도밤나무 등)는 치장재 및 가구재로 많이 사용된다.
- 침엽수(육송, 해송, 삼송, 전나무, 은행나무, 낙엽송, 잣나무, 가문비나무 등)는 추운 지방에서 빠르게 성장하여 내구성은 떨어지지만 재질이 곧고 수축이 적어 구조재로 많이 사용된다. 침엽수의 수지구는 수지의 분비, 이동, 저장의 역할을 한다.

**목재의 물리적 성질**

- 목재는 화재나 충해에 취약하고 함수율 변화에 따른 신축변형이 크다.
- 목재의 섬유 방향의 강도는 인장 > 압축 > 전단 순이다.
- 물속에 담가 둔 목재, 땅속 깊이 묻은 목재 등은 산소부족으로 균의 생육이 정지되고 썩지 않는다.
- 목재가 대기의 온도와 습도에 맞게 평형에 도달한 상태를 의미하는 기건상태의 함수율은 약 15%이다.
- 목재에서 흡착수만이 최대한도로 존재하고 있는 상태인 섬유포화점(Fiber saturation point)의 함수율은 30% 정도이다.
- 목재는 섬유포화점 이상의 함수상태에서는 함수율의 증감에도 불구하고 신축을 일으키지 않는다.
- 목재의 열팽창은 흡습팽창에 비해 영향이 매우 적다.
- 목재는 열전도도가 아주 낮아 여러 가지 보온재료로 사용된다.
- 목재는 250℃ 전후에서 불꽃을 내며 연소하는데 이 온도를 인화점이라고 하고, 450℃ 전후에서 불꽃이 없어도 발화하는데 이 온도를 발화점이라고 한다.

0604

## 99 Repetitive Learning 1회 2회 3회

아스팔트계 방수재료에 대한 설명 중 틀린 것은?

① 아스팔트프라이머는 블론아스팔트를 용제에 녹인 것으로 액상을 하고 있다.
② 아스팔트펠트는 유기천연섬유 또는 석면섬유를 결합한 원지에 연질의 블론아스팔트를 침투시킨 것이다.
③ 아스팔트루핑은 아스팔트펠트의 양면에 블론아스팔트를 가열·용융시켜 피복한 것이다.
④ 아스팔트컴파운드는 블론아스팔트의 성능을 개량하기 위해 동식물성 유지와 광물질 분말을 혼입한 것이다.

**해설**

- 아스팔트펠트는 유기천연섬유 또는 석면섬유를 결합한 원지에 연질의 스트레이트아스팔트를 침투시킨 것이다.

**아스팔트 제품**

| | |
|---|---|
| 아스팔트코팅 (Asphalt coating) | 블론아스팔트(Blown asphalt)를 휘발성 용제에 녹이고 광물 분말 등을 가하여 만든 것으로 방수, 접합부 충전 등에 사용된다. |
| 아스팔트프라이머 (Asphalt primer) | 블론아스팔트를 용제에 녹인 것으로 액상을 하고 있으며 아스팔트방수의 바탕처리재(밀착용)로 이용된다. |
| 아스팔트컴파운드 (Asphalt compound) | 블론아스팔트의 내열성, 내한성 등을 개량하기 위해 동물섬유나 식물섬유를 혼합하여 유동성을 증대시킨 것이다. |
| 아스팔트펠트 (Asphalt felt) | 목면, 마사, 양모, 폐지 등을 혼합하여 만든 원지에 스트레이트아스팔트를 침투시킨 두루마리 제품으로 흡수성이 크기 때문에 아스팔트방수의 중간층 재료로 이용된다. |
| 아스팔트루핑 (Asphalt roofing) | 아스팔트펠트의 양면에 블론아스팔트를 가열·용융시켜 피복한 것이다. |
| 아스팔트그라우트 (Asphalt grout) | 스트레이트아스팔트와 돌가루, 모래를 가열 혼합한 물질로 석재의 고착 및 충전에 사용된다. |

정답 | 97 ③ 98 ② 99 ②

## 100 Repetitive Learning (1회 2회 3회)

알루미늄에 관한 설명으로 틀린 것은?

① 알루미늄은 내식성이 크므로 직접 콘크리트 중에 매입해도 지장이 없다.
② 알루미늄의 비중은 철의 약 1/3 이다.
③ 알루미늄의 응력-변형곡선은 강재와 같은 명확한 항복점이 없다.
④ 알루미늄과 강판을 접촉하여 사용하면 알루미늄판이 부식된다.

해설

- 알루미늄은 산과 알칼리, 해수에 약하고 콘크리트나 강판에 접촉하면 부식되기 쉽다.

알루미늄의 특성

- 열, 전기전도성이 동 다음으로 크고, 반사율도 높다.
- 용점은 약 659℃ 정도로 낮아 용해주조도는 좋으나 내화성이 부족하다.
- 비중은 철의 약 1/3 정도인 2.7로 경량이다.
- 순도가 높은 알루미늄은 맑은 물에 대해 내식성이 크고 전연성이 크다.
- 연질이고 강도가 낮으며, 응력-변형곡선은 강재와 같이 명확한 항복점이 없다.
- 알루미늄은 상온에서 판, 선으로 압연가공하면 경도와 인장강도가 증가하고 연신율이 감소한다.
- 산과 알칼리에 약하고, 콘크리트나 강판에 접촉하면 부식되기 쉽다.
- 알칼리나 해수에 침식되기 쉬우므로 해안가 공사 시 특히 주의해야 한다.
- 알루미늄의 부식률은 대기 중의 습도와 염분함유량, 불순물의 양과 질 등에 관계되며 0.08mm/년 정도이다.

# 6과목 건설안전기술

0804

## 101 Repetitive Learning (1회 2회 3회)

수중굴착 공사에 가장 적합한 건설기계는?

① 스크레이퍼
② 불도저
③ 파워셔블
④ 크램쉘

해설

- 스크레이퍼는 굴착, 싣기, 운반, 흙깔기 등의 작업을 하나의 기계로 연속적으로 행할 수 있는 차량계 건설기계이다.
- 불도저는 무한궤도가 달려 있는 트랙터 앞머리에 블레이드를 부착하여 흙의 굴착 압토 및 운반 등의 작업을 하는 토목기계이다.
- 파워셔블은 기계가 위치한 지면보다 높은 곳의 땅을 파는 데 적합한 장비이다.

크램쉘(Clam shell) 실작 1702/1504

- 수면 하의 자갈, 실트 혹은 모래를 굴착하고 준설선에 많이 사용된다.
- 잠함 안의 굴착 및 건축구조물의 기초 등 정해진 범위의 깊은 굴착에 적합하다.
- 수중굴착 공사에 가장 적합한 건설기계이다.

0802

## 102 Repetitive Learning (1회 2회 3회)

산업안전보건기준에 관한 규칙에 따른 굴착면의 기울기 기준으로 틀린 것은?

① 보통 흙(건지) 1 : 1.2
② 연암 1 : 1.0
③ 경암 1 : 0.2
④ 풍화암 1 : 1.0

해설

- 경암은 1 : 0.5의 구배를 갖도록 한다.

굴착면 기울기 기준 실필 1701/1702
실작 1802/1801/1702/1701/1601/1504

| 지반의 종류 | 기울기 |
|---|---|
| 모래 | 1 : 1.8 |
| 연암 및 풍화암 | 1 : 1.0 |
| 경암 | 1 : 0.5 |
| 그 밖의 흙 | 1 : 1.2 |

0704 / 1702

## 103 Repetitive Learning (1회 2회 3회)

말비계를 조립하여 사용할 때의 준수사항으로 옳지 않은 것은?

① 지주부재의 하단에는 미끄럼 방지장치를 한다.
② 지주부재와 수평면의 기울기는 75° 이하로 한다.
③ 말비계의 높이가 2m를 초과할 경우에는 작업발판의 폭을 30cm 이상으로 한다.
④ 지주부재와 지주부재의 사이를 고정시키는 보조부재를 설치한다.



100 ① 101 ④ 102 ③ 103 ③ 정답

해설

- 말비계의 높이가 2m를 초과하는 경우에는 작업발판의 폭을 40cm 이상으로 한다.

말비계 조립 시 준수사항 실작 1902/1804/1802/1801

- 지주부재(支柱部材)의 하단에는 미끄럼 방지장치를 하고, 근로자가 양측 끝부분에 올라서서 작업하지 않도록 할 것
- 지주부재와 수평면의 기울기를 75도 이하로 하고, 지주부재와 지주부재 사이를 고정시키는 보조부재를 설치할 것
- 말비계의 높이가 2m를 초과하는 경우에는 작업발판의 폭을 40cm 이상으로 할 것

0504 / 0904 / 1202 / 1801

**104** Repetitive Learning (1회 2회 3회)

선박에서 하역작업 시 근로자들이 안전하게 오르내릴 수 있는 현문 사다리 및 안전망을 설치하여야 하는 것은 선박이 최소 몇 톤급 이상일 경우인가?

① 500톤급
② 300톤급
③ 200톤급
④ 100톤급

해설

- 현문 사다리를 설치해야 하는 경우는 300톤급 이상의 선박에서 하역작업을 하는 경우이다.

선박승강설비의 설치

- 사업주는 300톤급 이상의 선박에서 하역작업을 하는 경우에 근로자들이 안전하게 오르내릴 수 있는 현문(舷門) 사다리를 설치하여야 하며, 이 사다리 밑에 안전망을 설치하여야 한다.
- 현문 사다리는 견고한 재료로 제작된 것으로 너비는 55cm 이상이어야 하고, 양측에 82cm 이상의 높이로 방책을 설치하여야 하며, 바닥은 미끄러지지 않도록 적합한 재질로 처리되어야 한다.
- 현문 사다리는 근로자의 통행에만 사용하여야 하며, 화물용 발판 또는 화물용 보판으로 사용하도록 해서는 아니 된다.

**105** Repetitive Learning (1회 2회 3회)

낙하·비래재해의 발생 원인으로 틀린 것은?

① 매달기 작업 시 결속방법 불량
② 자재투하 시 투하설비 미설치
③ 작업바닥의 폭, 간격 등 구조불량
④ 낙하물방지망의 과다 설치

해설

- 낙하물방지망을 설치하는 것은 낙하물 및 비래로 인한 재해를 예방하기 위한 대책으로 과다하게 설치한다고 해서 낙하 및 비래재해의 발생 원인이 될 수 없다.

낙하물에 의한 위험방지대책

실필 1901/1602/1601 실작 1902/1804/1802/1801/1602/1601/1404

- 작업으로 인하여 물체가 떨어지거나 날아올 위험이 있는 경우 낙하물방지망, 수직보호망 또는 방호선반의 설치, 출입금지구역의 설정, 보호구의 착용 등 위험을 방지하기 위하여 필요한 조치를 하여야 한다.
- 낙하물방지망 또는 방호선반을 설치하는 경우 높이 10m 이내마다 설치하고, 내민 길이는 벽면으로부터 2m 이상으로 해야 하며, 수평면과의 각도는 20도 이상 30도 이하를 유지한다.

1002 / 2201

**106** Repetitive Learning (1회 2회 3회)

사면지반 개량 공법에 속하지 않는 것은?

① 전기화학적 공법
② 석회안정처리 공법
③ 이온교환 공법
④ 옹벽 공법

해설

- 옹벽 공법은 보강토 공법, 앵커 공법 등과 같은 사면보강 공법의 한 종류이다.

사면지반 개량 공법

- 사면지반 개량 공법에는 주입 공법, 전기화학적 공법, 석회안정처리 공법, 이온교환 공법, 소결 공법, 시멘트안정처리 공법 등이 있다.
- 주입 공법은 시멘트나 약액을 주입하여 지반을 강화하는 공법이다.
- 전기화학적 공법은 외부에서 직류전기를 공급하여 흙을 전기화학적으로 개량하는 공법이다.
- 석회안정처리 공법은 점성토에 석회를 가하여 이온교환작용과 화학적 결합작용 등을 통해 흙을 개량하는 공법이다.
- 이온교환 공법은 흙의 흡착양이온의 질과 양을 변경시켜 흙의 공학적 성질을 개량하는 공법이다.

**107** Repetitive Learning (1회 2회 3회)

철골용접부의 내부결함을 검사하는 방법으로 틀린 것은?

① 알칼리반응시험
② 방사선투과시험
③ 자기분말탐상시험
④ 침투탐상시험

정답 | 104 ② 105 ④ 106 ④ 107 ①

해설

- 제품 내부의 결함, 용접부의 내부결함 등을 제품 파괴 없이 외부에서 검사하는 방법은 비파괴검사로 이의 종류에는 누수시험, 누설시험, 음향탐상, 초음파탐상, 자분탐상, 와류탐상, 침투탐상, 방사선투과시험 등이 있다.
- 알칼리반응시험은 시멘트 중의 알칼리 성분이 물이나 골재 중의 알칼리 반응성 실리카질 광물에 의해 화학반응 하는지를 검사하는 시험이다.

비파괴검사

㉠ 개요

- 제품 내부의 결함, 용접부의 내부결함 등을 제품 파괴 없이 외부에서 검사하는 방법을 말한다.
- 종류에는 누수시험, 누설시험, 음향탐상, 초음파탐상, 자분탐상, 와류탐상, 침투탐상, 방사선투과시험 등이 있다.

㉡ 대표적인 비파괴검사

| | |
|---|---|
| 음향탐상검사 | 손 또는 망치로 타격 진동시켜 발생하는 음을 검사 |
| 방사선투과시험 | X선의 강도나 노출시간을 조절하여 검사 |
| 초음파탐상검사 | 초음파의 반사(타진)의 원리를 이용하여 검사 |
| 자분탐상시험 | 결함부위의 자극에 자분이 부착되는 것을 이용 |
| 와류탐상시험 | 결함부위 전류흐름의 난조를 이용하여 검사 |
| 침투탐상시험 | 비자성 금속재료의 표면균열 검사에 사용 |

㉢ 특징

- 생산제품에 손상이 없이 직접 시험이 가능하다.
- 현장시험이 가능하다.
- 시험방법에 따라 설비비가 많이 든다.

## 108 — Repetitive Learning (1회 2회 3회)

건설기계에 관한 다음 설명 중 옳은 것은?

① 가이데릭은 철골 세우기 공사에 사용된다.
② 백호우는 중기가 지면보다 높은 곳의 땅을 파는 데 적합하다.
③ 항타기 및 항발기에서 버팀대만으로 상단부분을 안정시키는 경우에는 버팀대를 2개 이상 사용해야 한다.
④ 불도저의 규격은 블레이드의 길이로 표시한다.

해설

- 백호우(Back hoe)는 버킷(Bucket)의 굴착 방향이 조종사 쪽으로 끌어당기는 방향인 것으로 장비 자체보다 낮은 곳을 굴착하는 데 적합한 장비이다.
- 항타기 또는 항발기 사용 시 무너짐을 방지하기 위해 버팀대만으로 상단부분을 안정시키는 경우에는 버팀대는 3개 이상으로 하고 그 하단부분은 견고한 버팀·말뚝 또는 철골 등으로 고정시켜야 한다.
- 불도저의 규격은 차체중량(ton)으로 표시한다.

가이데릭(Guy derrick)

- 360° 회전이 가능한 고정 선회식의 기중기이다.
- 붐의 회전과 기복을 이용해 짐을 이동시키는 장치이다.
- 건설공사, 건축공사의 철골조립작업, 항만에서 하역용도로 사용된다.

1102

## 109 — Repetitive Learning (1회 2회 3회)

다음은 강관틀비계를 조립하여 사용할 때 준수해야 하는 기준이다. (  ) 안에 알맞은 숫자를 나열한 것은?

> 길이가 띠장 방향으로 ( A )미터 이하이고 높이가 ( B )미터를 초과하는 경우에는 ( C )미터 이내마다 띠장 방향으로 버팀기둥을 설치할 것

① A : 4, B : 10, C : 5
② A : 4, B : 10, C : 10
③ A : 5, B : 10, C : 5
④ A : 5, B : 10, C : 10

해설

- 강관틀비계 조립 시 길이가 띠장 방향으로 4m 이하이고 높이가 10m를 초과하는 경우에는 10m 이내마다 띠장 방향으로 버팀기둥을 설치한다.

강관틀비계 조립 시 준수사항

- 비계기둥의 밑둥에는 밑받침 철물을 사용하여야 하며 밑받침에 고저차(高低差)가 있는 경우에는 조절형 밑받침 철물을 사용하여 각각의 강관틀비계가 항상 수평 및 수직을 유지하도록 할 것
- 높이가 20m를 초과하거나 중량물의 적재를 수반하는 작업을 할 경우에는 주틀 간의 간격을 1.8m 이하로 할 것
- 주틀 간에 교차가새를 설치하고 최상층 및 5층 이내마다 수평재를 설치할 것
- 수직방향으로 6m, 수평방향으로 8m 이내마다 벽이음을 할 것
- 길이가 띠장 방향으로 4m 이하이고 높이가 10m를 초과하는 경우에는 10m 이내마다 띠장 방향으로 버팀기둥을 설치할 것



108 ① 109 ② 정답

0901

## 110 ──── Repetitive Learning (1회 2회 3회)

롤러의 표면에 돌기를 만들어 부착한 것으로 풍화암을 파쇄하고 흙속의 간극수압을 제거하는 작업에 적합한 장비는?

① Tandem roller ② Macadam roller
③ Tamping roller ④ Tire roller

**해설**

- 탠덤롤러(Tandem roller)는 전륜, 후륜 각 1개의 철륜을 가진 롤러로 점성토나 자갈, 쇄석의 다짐, 아스팔트 포장의 마무리에 적합한 롤러이다.
- 머케덤롤러(Macadam roller)는 3륜형식으로 쇄석, 자갈 등의 전압에 사용되는 롤러이다.
- 타이어롤러(Tire roller)는 고무 타이어를 이용해서 다지기하는 롤러이다.

∷ 탬핑롤러(Tamping roller) 실필 1602

- 롤러의 철륜 표면에 돌기를 만들어 부착한 것으로 돌기가 전압층에 매입되어 풍화암을 파쇄하고 흙속의 간극수압을 제거하는 롤러이다.
- 드럼에 붙은 돌기를 이용하여 흙의 깊은 위치를 다지는 데 사용하는 롤러로 고함수비 점성토 지반의 다짐작업에 이용된다.
- 다짐용 전압롤러로 점착력이 큰 진흙다짐에 주로 사용된다.

0702

## 111 ──── Repetitive Learning (1회 2회 3회)

연약지반처리 공법 중 점성토지반의 개량공법이 아닌 것은?

① 여성토 공법
② 샌드드레인 공법
③ 페이퍼드레인 공법
④ 바이브로플로테이션 공법

**해설**

- 바이브로플로테이션 공법은 진동과 제트의 병용으로 모래 말뚝을 만드는 사질지반의 개량으로 진동다짐 공법이라고도 한다.

∷ 연약지반개량 공법 실필 1504/1502

㉠ 점토지반 개량

- 함수비가 매우 큰 연약점토지반을 대상으로 한다.

| | |
|---|---|
| 압밀(재하) 공법 | 쥐어짜서 강도를 저하시키는 요소를 배제하는 공법 |
| | 여성토(Preloading) 공법, Surcharge 공법, 사면선단재하, 압성토 공법 |
| 고결 공법 | 시멘트나 약액의 주입 또는 동결, 점질토의 가열처리를 통해 강도를 증가시키는 공법 |
| | 생석회말뚝(Chemico pile) 공법, 동결 공법, 소결 공법 |
| 탈수 공법 | 탈수를 통한 압밀을 촉진시켜 강도를 증가시키는 방법 |
| | 페이퍼드레인(Paper drain) 공법, 샌드드레인(Sand drain) 공법, 팩드레인(Pack drain) 공법 |
| 치환 공법 | 연약토를 양질의 조립토로 치환해 지지력을 증대시키는 공법 |
| | 폭파치환, 굴착치환, 활동치환 |

㉡ 사질지반 개량

- 느슨하고 물에 포화된 모래지반을 대상으로 하며 액상현상을 방지한다.
- 다짐말뚝 공법, 바이브로플로테이션 공법, 폭파다짐 공법, 전기충격 공법, 약액주입 공법 등이 있다.

## 112 ──── Repetitive Learning (1회 2회 3회)

건설업 유해 · 위험방지계획서 제출대상 공사로 틀린 것은?

① 지상높이가 32m인 아파트 건설공사
② 연면적이 4,000m$^2$인 관광숙박시설
③ 깊이가 16m인 굴착공사
④ 최대지간길이가 100m인 교량 건설공사

**해설**

- 유해 · 위험방지계획서 제출대상 공사 중 관광숙박시설은 연면적 5천m$^2$ 이상을 대상으로 한다.

∷ 유해 · 위험방지계획서 제출대상 공사 실필 1901/1802/1102

- 지상높이가 31m 이상인 건축물 또는 인공구조물, 연면적 3만m$^2$ 이상인 건축물 또는 연면적 5천m$^2$ 이상의 문화 및 집회시설(전시장 및 동물원 · 식물원은 제외), 판매시설, 운수시설(고속철도의 역사 및 집배송시설은 제외), 종교시설, 의료시설 중 종합병원, 숙박시설 중 관광숙박시설, 지하도상가 또는 냉동 · 냉장창고시설의 건설 · 개조 또는 해체 공사
- 연면적 5천m$^2$ 이상인 냉동 · 냉장창고시설의 설비공사 및 단열공사
- 최대지간길이가 50m 이상인 교량 건설 등의 공사
- 터널 건설 등의 공사
- 다목적 댐, 발전용 댐 및 저수용량 2천만톤 이상의 용수 전용 댐, 지방상수도 전용 댐 건설 등의 공사
- 깊이 10m 이상인 굴착공사

정답 | 110 ③ 111 ④ 112 ②

0404 / 0601 / 0604 / 0701 / 0904 / 1204 / 1301 / 1702

## 113 Repetitive Learning 1회 2회 3회

철골작업 시 기상조건에 따라 안전상 작업을 중지하여야 하는 경우에 해당되는 기준으로 옳은 것은?

① 강우량이 시간당 5mm 이상인 경우
② 강우량이 시간당 10mm 이상인 경우
③ 풍속이 초당 10m 이상인 경우
④ 강설량이 시간당 20mm 이상인 경우

해설

- 풍속이 초당 10m 이상, 강우량이 시간당 1mm 이상, 강설량이 시간당 1cm 이상인 경우 철골공사 작업을 중지한다.

∷ 철골작업 중지 악천후 기준 실필 1504/1502/1302/0901 실작 1901/1802/1704

- 풍속이 초당 10m 이상인 경우
- 강우량이 시간당 1mm 이상인 경우
- 강설량이 시간당 1cm 이상인 경우

0504

## 114 Repetitive Learning 1회 2회 3회

거푸집 해체에 관한 설명 중 틀린 것은?

① 일반적으로 수평부재의 거푸집은 연직부재의 거푸집보다 빨리 떼어낸다.
② 응력을 거의 받지 않는 거푸집은 24시간이 경과하면 떼어내도 좋다.
③ 라멘, 아치 등의 구조물은 콘크리트의 크리프로 인한 균열을 적게 하기 위하여 가능한 한 거푸집을 오래두어야 한다.
④ 거푸집을 떼어내는 시기는 시멘트의 성질, 콘크리트의 배합, 구조물 종류와 중요성, 부재가 받는 하중, 기온 등을 고려하여 신중하게 정해야 한다.

해설

- 일반적으로 연직부재의 거푸집은 수평부재의 거푸집보다 하중을 받지 않으므로 빨리 떼어낸다.

∷ 거푸집 해체

㉠ 일반원칙

- 일반적으로 연직부재의 거푸집은 수평부재의 거푸집보다 빨리 떼어낸다.
- 응력을 거의 받지 않는 거푸집은 24시간이 경과하면 떼어내도 좋다.
- 라멘, 아치 등의 구조물은 콘크리트의 크리프로 인한 균열을 적게 하기 위하여 가능한 한 거푸집을 오래두어야 한다.
- 거푸집을 떼어내는 시기는 시멘트의 성질, 콘크리트의 배합, 구조물 종류와 중요성, 부재가 받는 하중, 기온 등을 고려하여 신중하게 정해야 한다.

㉡ 검사

- 수직, 수평부재의 존치기간 준수 여부
- 소요의 강도 확보 이전에 지주의 교환 여부
- 거푸집 해체용 압축강도 확인시험 실시 여부

0801

## 115 Repetitive Learning 1회 2회 3회

흙막이 말뚝에 대한 지하수 재해 방지상 유의하여야 할 점으로 틀린 것은?

① 토압, 수압, 적재하중 등에 대하여 계획과 시공 중 관찰 측정한 결과를 비교 검토한다.
② 흙막이 말뚝의 근입 길이를 짧게 하여 히빙현상을 방지한다.
③ 지하수, 복류수 등의 상황을 고려하여 충분한 지수 효과를 갖도록 조치한다.
④ 누수, 출수 등을 조기 발견할 수 있도록 해야 하며, 누수, 출수의 우려가 있을 경우에는 적절한 조치를 취한다.

해설

- 히빙이나 보일링을 막기 위해서는 흙막이 벽의 근입 길이를 깊게 해야 한다.

∷ 흙막이 말뚝 지하수 재해방지 유의사항

- 토압, 수압, 적재하중 등에 대하여 계획과 시공 중 관찰 측정한 결과를 비교 검토한다.
- 흙막이 말뚝의 근입 길이를 깊게 하여 히빙 및 보일링현상을 방지한다.
- 지하수, 복류수 등의 상황을 고려하여 충분한 지수 효과를 갖도록 조치한다.
- 누수, 출수 등을 조기 발견할 수 있도록 해야 하며, 누수, 출수의 우려가 있을 경우에는 적절한 조치를 취한다.

0502

## 116 Repetitive Learning 1회 2회 3회

비계설치 시 벽이음을 하는 가장 중요한 이유는?

① 비계설치의 작업성을 높이기 위하여
② 비계 점검 및 보수의 편의를 위하여
③ 비계의 무너짐을 방지하기 위하여
④ 비계 작업발판의 설치를 위하여



113 ③ 114 ① 115 ② 116 ③ 정답

해설

- 비계에서 벽 고정을 하고 수평재나 가새재와 같은 부재로 연결하는 이유는 수직 및 수평하중에 의한 비계 본체의 변위가 발생하지 않도록 하여 무너짐을 예방하는 데 있다.

**비계의 부재**

㉠ 개요

- 비계에서 벽 고정을 하고 수평재나 가새재와 같은 부재로 연결하는 이유는 수직 및 수평하중에 의한 비계 본체의 변위가 발생하지 않도록 하여 무너짐을 예방하는 데 있다.
- 부재의 종류에는 수직재, 수평재, 가새재, 띠장, 장선 등이 있다.

㉡ 부재의 종류와 특징

- 수직재는 비계의 상부하중을 하부로 전달하는 부재로 비계를 조립할 때 수직으로 세우는 부재를 말한다.
- 수평재는 수직재의 좌굴을 방지하기 위하여 수평으로 연결하는 부재를 말한다.
- 가새재는 비계에 작용하는 비틀림 하중이나 수평하중에 견딜 수 있도록 수평재와 수평재, 수직재와 수직재를 연결하여 고정하는 부재를 말한다.
- 띠장은 비계기둥에 수평으로 설치하는 부재를 말한다.
- 장선은 쌍줄비계에서 띠장 사이에 수평으로 걸쳐 작업발판을 지지하는 가로재를 말한다.

## 117

Repetitive Learning ( 1회 2회 3회 )

토사붕괴의 예방대책으로 틀린 것은?

① 적절한 경사면의 기울기를 계획한다.

② 활동할 가능성이 있는 토석은 제거하여야 한다.

③ 지하수위를 높인다.

④ 말뚝(강관, H형강, 철근콘크리트)을 타입하여 지반을 강화시킨다.

해설

- 지하수위를 높이는 것은 도사붕괴의 원인이 된다.

**토사(석)붕괴에 대한 대책**

- 적절한 경사면의 기울기를 계획한다.
- 활동의 가능성이 있는 토석은 제거한다.
- 말뚝(강관, H형강, 철근콘크리트)을 박아 지반을 강화시킨다.
- 지표수가 침투되지 않도록 배수시키고 지하수위 저하를 위해 수평보링을 시킨다.
- 활동에 의한 붕괴를 방지하기 위해 비탈면 하단을 다진다.

## 118

Repetitive Learning ( 1회 2회 3회 )

콘크리트 타설작업을 하는 경우에 준수해야 할 사항으로 틀린 것은?

① 당일의 작업을 시작하기 전에 해당 작업에 관한 거푸집 동바리 등의 변형·변위 및 지반의 침하 유무 등을 점검하고 이상이 있으면 보수할 것

② 작업 중에는 거푸집 동바리 등의 변형·변위 및 침하 유무 등을 감시할 수 있는 감시자를 배치하여 이상이 있으면 작업을 중지하고 근로자를 대피시킬 것

③ 설계도서상의 콘크리트 양생기간을 준수하여 거푸집 동바리 등을 해체할 것

④ 콘크리트를 타설하는 경우에는 한쪽 면부터 채워질 수 있도록 편심을 발생시켜 타설할 것

해설

- 콘크리트를 타설하는 경우에는 편심이 발생하지 않도록 골고루 분산하여 타설해야 한다.

**콘크리트의 타설작업 시 주의사항** 실적 1901/1804/1801

- 당일의 작업을 시작하기 전에 해당 작업에 관한 거푸집 동바리 등의 변형·변위 및 지반의 침하 유무 등을 점검하고 이상이 있으면 보수할 것
- 작업 중에는 거푸집 동바리 등의 변형·변위 및 침하 유무 등을 감시할 수 있는 감시자를 배치하여 이상이 있으면 작업을 중지하고 근로자를 대피시킬 것
- 콘크리트 타설작업 시 거푸집 붕괴의 위험이 발생할 우려가 있으면 충분한 보강조치를 할 것
- 설계도서상의 콘크리트 양생기간을 준수하여 거푸집 동바리 등을 해체할 것
- 콘크리트를 타설하는 경우에는 편심이 발생하지 않도록 골고루 분산하여 타설할 것

정답 | 117 ③ 118 ④

1202

## 119 ——— Repetitive Learning (1회 2회 3회)

크레인을 사용하여 작업을 하는 경우 준수하여야 하는 사항으로 옳지 않은 것은?

① 인양할 하물을 바닥에서 끌어당기거나 밀어내는 작업을 할 것
② 고정된 물체를 직접 분리 · 제거하는 작업을 하지 아니할 것
③ 미리 근로자의 출입을 통제하여 인양 중인 하물이 작업자의 머리 위로 통과하지 않도록 할 것
④ 인양할 하물이 보이지 아니하는 경우에는 어떠한 동작도 하지 아니할 것

**해설**

- 크레인 작업 시 인양할 하물(荷物)을 바닥에서 끌어당기거나 밀어내는 작업을 하지 않아야 한다.

**크레인 작업 시의 조치사항** 실작 1901/1801/1701/1604/1602/1401

- 인양할 하물(荷物)을 바닥에서 끌어당기거나 밀어내는 작업을 하지 아니할 것
- 유류드럼이나 가스통 등 운반 도중에 떨어져 폭발하거나 누출될 가능성이 있는 위험물 용기는 보관함(또는 보관고)에 담아 안전하게 매달아 운반할 것
- 고정된 물체를 직접 분리 · 제거하는 작업을 하지 아니할 것
- 미리 근로자의 출입을 통제하여 인양 중인 화물이 작업자의 머리 위로 통과하지 않도록 할 것
- 인양할 화물이 보이지 아니하는 경우에는 어떠한 동작도 하지 아니할 것(신호하는 사람에 의하여 작업을 하는 경우는 제외)

1202 / 2201

## 120 ——— Repetitive Learning (1회 2회 3회)

비계의 높이가 2m 이상인 작업 장소에 작업발판을 설치할 경우 준수하여야 할 기준으로 틀린 것은?

① 작업발판의 폭은 30cm 이상으로 할 것
② 발판재료 간의 틈은 3cm 이하로 할 것
③ 추락의 위험성이 있는 장소에는 안전난간을 설치할 것
④ 발판재료는 뒤집히거나 떨어지지 아니하도록 2 이상의 지지물에 연결하거나 고정시킬 것

**해설**

- 작업발판의 폭은 40cm 이상으로 하고, 발판재료 간의 틈은 3cm 이하로 한다.

**작업발판의 구조** 실필 1902/1401 실작 1804

- 발판재료는 작업할 때의 하중을 견딜 수 있도록 견고한 것으로 할 것
- 작업발판의 폭은 40cm 이상으로 하고, 발판재료 간의 틈은 3cm 이하로 할 것
- 선박 및 보트 건조작업의 경우 선박블록 또는 엔진실 등의 좁은 작업공간에 작업발판을 설치하기 위하여 필요하면 작업발판의 폭을 30cm 이상으로 할 수 있고, 걸침비계의 경우 강관기둥 때문에 발판재료 간의 틈을 3cm 이하로 유지하기 곤란하면 5cm 이하로 할 수 있다. 이 경우 그 틈 사이로 물체 등이 떨어질 우려가 있는 곳에는 출입금지 등의 조치를 하여야 한다.
- 추락의 위험이 있는 장소에는 안전난간을 설치할 것
- 작업발판의 지지물은 하중에 의하여 파괴될 우려가 없는 것을 사용할 것
- 작업발판 재료는 뒤집히거나 떨어지지 않도록 둘 이상의 지지물에 연결하거나 고정시킬 것
- 작업발판을 작업에 따라 이동시킬 경우에는 위험방지에 필요한 조치를 할 것



119 ① 120 ① | 정답

MEMO

# 출제문제 분석 2015년 1회

| 구분 | 1과목 | 2과목 | 3과목 | 4과목 | 5과목 | 6과목 | 합계 |
|---|---|---|---|---|---|---|---|
| New유형 | 3 | 1 | 3 | 3 | 4 | 2 | 16 |
| New문제 | 10 | 4 | 13 | 11 | 11 | 8 | 57 |
| 또나온문제 | 6 | 12 | 5 | 7 | 7 | 6 | 43 |
| 자꾸나온문제 | 4 | 4 | 2 | 2 | 2 | 6 | 20 |
| 합계 | 20 | 20 | 20 | 20 | 20 | 20 | 120 |

- New유형은 New문제 중 기존 기출문제와 완전히 다른 유형의 문제를 말합니다.
- New문제는 기존에 출제되지 않은 문제로 이번에 처음 출제되는 문제입니다.
- 또나온문제는 기존에 출제된 적이 1번 있는 문제를 말합니다.
- 자꾸나온문제는 기존에 출제된 적이 2번 이상 있는 문제를 말합니다. 그만큼 중요한 문제입니다.

## 몇 년분의 기출문제를 공부해야 합격할 수 있을까요?

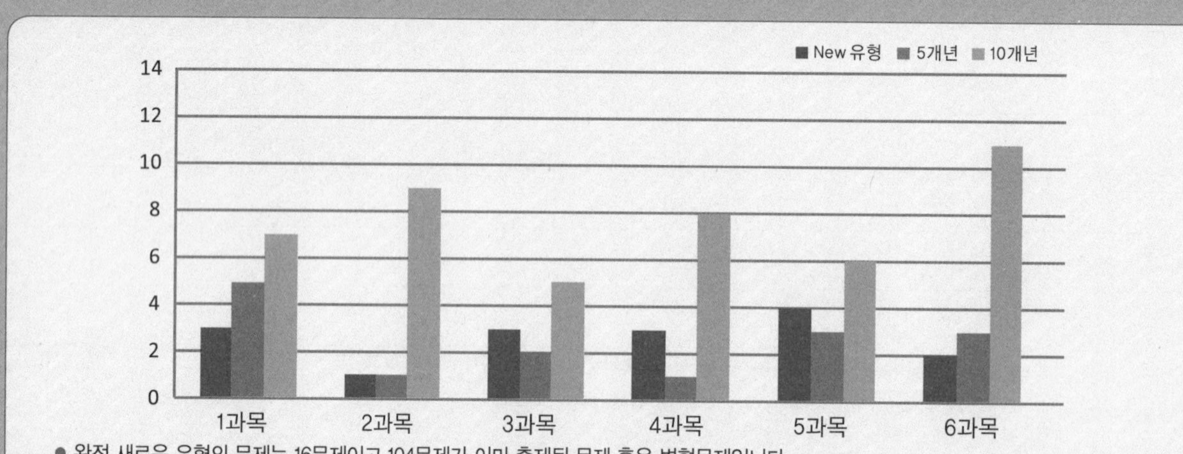


- 완전 새로운 유형의 문제는 16문제이고 104문제가 이미 출제된 문제 혹은 변형문제입니다.
- 5년분(2016~2020) 기출에서 동일문제가 15문항이 출제되었고, 10년분(2011~2020) 기출에서 동일문제가 46문항이 출제되었습니다.

## 실기에 나왔어요!! 외우세요!!!

실기시험은 필답형과 작업형으로 구분되어 있으며 모두 주관식으로 직접 내용을 적어야 합니다. 필기 공부하면서 실기 출제된 내역들은 좀 더 신경써서 암기하실 필요가 있어요. 필기 합격자 발표 난 후 실기시험까지는 5주밖에 여유가 없답니다. 어차피 공부할 것 필기 때 확실하게 해준다면 실기도 단방에 합격할 수 있습니다.

- 총 24개의 해설이 실기 필답형 시험과 연동되어 있습니다.
- 총 17개의 해설이 실기 작업형 시험과 연동되어 있습니다.

## 분석의견

최근 10년분의 기출문제와 답을 반복암기해서는 합격점수인 72점에서 26점이 부족합니다. 평균 정도의 난이도를 보인 회차의 문제로 크게 어렵지 않게 해결 가능한 문제들로 구성되었습니다. 3과목에서 새로운 문제의 비중이 다소 높아 어렵게 느낄 수 있으나 과락 점수 이상만 획득한다면 전체적으로는 어려움 없이 합격점 이상의 점수 획득이 가능한 수준으로 판단됩니다. 합격에 필요한 점수를 획득하기 위해서는 최근 5년분 문제와 핵심이론의 3회독 혹은 최근 10년분 문제와 핵심이론의 2회독 이상의 학습이 필요합니다.

# 2015년 제1회

2015년 3월 8일 필기

15년 1회차 필기시험 합격률 41.2%

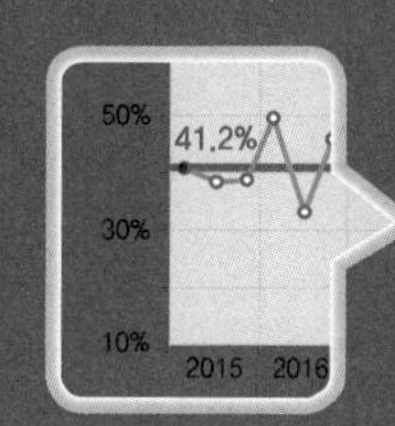


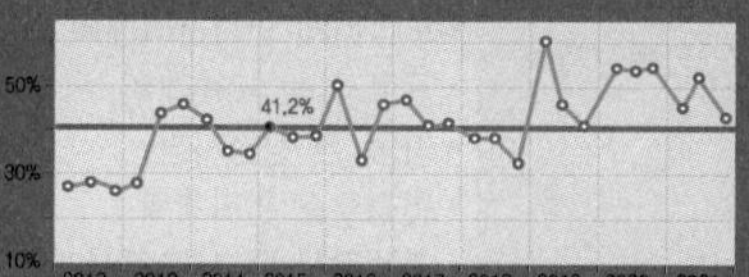


## 1과목 산업안전관리론

2001

### 01

Repetitive Learning (1회 2회 3회)

다음 중 산업안전보건법령상 자율안전확인대상 기계·기구에 해당하지 않는 것은?

① 연삭기 ② 곤돌라
③ 컨베이어 ④ 산업용 로봇

**해설**

- 곤돌라는 의무안전인증대상 기계·기구에 해당한다.

**자율안전확인대상 기계·기구** 실필 1002/0902
실작 1902/1901/1802/1801/1704

| 구분 | 내용 |
|---|---|
| 자율안전 확인대상 기계·기구 | • 연삭기 또는 연마기(휴대용은 제외)<br>• 산업용 로봇<br>• 혼합기<br>• 파쇄기 또는 분쇄기<br>• 식품가공용기계(파쇄·절단·혼합·제면기만 해당)<br>• 컨베이어<br>• 자동차정비용 리프트<br>• 공작기계(선반, 드릴기, 평삭·형삭기, 밀링만 해당)<br>• 고정형 목재가공용 기계<br>(둥근톱, 대패, 루타기, 띠톱, 모떼기 기계만 해당)<br>• 인쇄기<br>• 기압조절실 |
| 자율안전 확인대상 방호장치 | • 아세틸렌 또는 가스집합 용접장치용 안전기<br>• 교류 아크용접기용 자동전격방지기<br>• 롤러기 급정지장치<br>• 연삭기 덮개<br>• 목재가공용 둥근톱 반발예방장치와 날 접촉예방장치<br>• 동력식 수동대패용 칼날 접촉방지장치<br>• 산업용 로봇 안전매트 |
| 자율안전 확인대상 보호구 | • 안전모<br>• 보안경<br>• 보안면<br>• 잠수기(잠수헬멧 및 잠수마스크 포함) |

0804

### 02

Repetitive Learning (1회 2회 3회)

산업안전보건법에 따라 공정안전보고서에 포함되어야 하는 사항 중 공정안전보건자료의 세부내용에 해당하는 것은?

① 공정위험성 평가서
② 안전운전지침서
③ 건물·설비의 배치도
④ 도급업체 안전관리계획

**해설**

- 공정위험성 평가서는 잠재위험에 대한 사고예방 및 피해 최소화 대책의 내용이다.
- 안전운전지침서와 도급업체 안전관리계획은 안전운전계획의 세부내용이다.

**공정안전보고서 세부내용**

| 구분 | 내용 |
|---|---|
| 공정안전자료 | • 취급·저장하고 있거나 취급·저장하려는 유해·위험물질의 종류 및 수량<br>• 유해·위험물질에 대한 물질안전보건자료<br>• 유해·위험설비의 목록 및 사양<br>• 유해·위험설비의 운전방법을 알 수 있는 공정 도면<br>• 각종 건물·설비의 배치도<br>• 폭발위험장소 구분도 및 전기단선도<br>• 위험설비의 안전설계·제작 및 설치 관련 지침서 |
| 공정위험성 평가서 및 잠재위험에 대한 사고예방·피해 최소화 대책 | • 체크리스트(Check list)<br>• 상대위험순위 결정(Dow and Mond indices)<br>• 작업자 실수 분석(HEA)<br>• 사고 예상 질문 분석(What-if)<br>• 위험과 운전 분석(HAZOP)<br>• 이상위험도 분석(FMECA)<br>• 결함수 분석(FTA)<br>• 사건수 분석(ETA)<br>• 원인결과 분석(CCA) |

정답 | 01 ② 02 ③

| | |
|---|---|
| 안전운전계획 | • 안전운전지침서<br>• 설비점검 · 검사 및 보수계획, 유지계획 및 지침서<br>• 안전작업허가<br>• 도급업체 안전관리계획<br>• 근로자 등 교육계획<br>• 가동 전 점검지침<br>• 변경요소 관리계획<br>• 자체감사 및 사고조사계획<br>• 그 밖에 안전운전에 필요한 사항 |
| 비상조치계획 | • 비상조치를 위한 장비 · 인력보유현황<br>• 사고발생 시 각 부서 · 관련 기관과의 비상연락체계<br>• 사고발생 시 비상조치를 위한 조직의 임무 및 수행 절차<br>• 비상조치계획에 따른 교육계획<br>• 주민홍보계획<br>• 그 밖에 비상조치 관련 사항 |

## 03

Repetitive Learning ( 1회 2회 3회 )

다음 중 산업안전보건법령상 안전 · 보건표지의 종류에서 안내표지에 해당하지 않는 것은?

① 들것
② 녹십자표지
③ 비상용기구
④ 귀마개착용

해설

• 귀마개착용은 지시표지의 한 종류이다.

∷ 안내표지 실필 1901/1501/1202/1001

• 비상구 및 피난소, 사람 또는 차량의 통행을 안내할 때 사용된다.
• 흰색(N9.5) 바탕에 녹색(2.5G 4/10) 기본모형으로 표시한다.
• 종류에는 녹십자, 응급구호, 들것, 세안장치, 비상구, 좌측비상구, 우측비상구 등이 있다.

| 녹십자 | 응급구호 | 들것 | 세안장치 |
|---|---|---|---|
| | | | |

| 비상구 | 좌측비상구 | 우측비상구 |
|---|---|---|
| | | |

## 04

Repetitive Learning ( 1회 2회 3회 )

시설물의 안전관리에 관한 특별법에 따라 관리주체는 시설물의 안전 및 유지관리계획을 소관 시설물별로 매년 수립 · 시행하여야 하는데 이때 안전 및 유지관리계획에 반드시 포함되어야 하는 사항으로 볼 수 없는 것은?

① 긴급상황 발생 시 조치체계에 관한 사항
② 안전과 유지관리에 필요한 비용에 관한 사항
③ 보호구 및 방호장치의 적용기준에 관한 사항
④ 안전점검 또는 정밀안전진단 실시계획 및 보수 · 보강계획에 관한 사항

해설

• 시설물의 안전 및 유지관리계획의 세부사항에는 ①, ②, ④ 외에 시설물의 설계 · 시공 · 감리 및 유지관리 등에 관련된 설계도서의 수집 및 보존에 관한 사항 등이 있다.

∷ 시설물의 안전 및 유지관리계획의 세부사항

• 시설물의 적정한 안전과 유지관리를 위한 조직 · 인원 및 장비의 확보에 관한 사항
• 긴급상황 발생 시 조치체계에 관한 사항
• 시설물의 설계 · 시공 · 감리 및 유지관리 등에 관련된 설계도서의 수집 및 보존에 관한 사항
• 안전점검 또는 정밀안전진단의 실시에 관한 사항
• 보수 · 보강 등 유지관리 및 그에 필요한 비용에 관한 사항

## 05

Repetitive Learning ( 1회 2회 3회 )

다음은 재해발생에 관한 이론이다. 각각의 재해발생 이론의 단계를 잘못 나열한 것은?

① Heinrich 이론 : 사회적 환경 및 유전적 요소 → 개인적 결함 → 불안전한 행동 및 불안전한 상태 → 사고 → 재해
② Bird 이론 : 제어(관리)의 부족 → 기본원인(기원) → 직접원인(징후) → 접촉(사고) → 재해(손실)
③ Adams 이론 : 기초원인 → 작전적 에러 → 전술적 에러 → 사고 → 재해
④ Weaver 이론 : 유전과 환경 → 인간의 결함 → 불안전한 행동과 상태 → 사고 → 재해(상해)

해설

• 아담스(Edward Adams)의 재해발생 이론은 관리구조 → 작전적 에러 → 전술적 에러 → 사고 → 재해 순으로 발생한다고 주장했다.



03 ④ 04 ③ 05 ③ | 정답

:: 아담스(Edward Adams)의 재해발생 이론

- 재해의 직접원인은 불행불상에서 발생하거나 방치한 전술적 에러에서 비롯된다는 이론이다.
- 관리구조의 결함 → 작전적 에러 → 전술적 에러 → 사고 → 재해 순으로 발생한다.
- 작전적 에러란 경영자나 감독자의 의지부족이나 행동, 목표설정 미흡 등을 의미한다.
- 전술적 에러란 관리감독자의 실수나 태만, 불행불상의 방치 등을 의미한다.
- 사고발생 매커니즘으로 불안전한 행동과 불안전한 상태가 복합되어 발생한다고 정의하였다.

0704 / 1704

## 06 Repetitive Learning (1회 2회 3회)

점검시기에 따른 안전점검의 종류가 아닌 것은?

① 정기점검
② 수시점검
③ 임시점검
④ 특수점검

**해설**

- 점검시기에 따른 안전점검의 종류에는 정기점검, 수시(일상)점검, 특별점검, 임시점검이 있다.

:: 점검시기에 따른 안전점검의 종류

| | |
|---|---|
| 정기점검 | 1개월 또는 1년 등의 일정한 기간을 정해서 실시하는 안전점검으로 계획점검이라고도 한다. |
| 수시(일상)점검 | 작업장에서 매일 작업자가 작업 전, 중, 후에 시설과 작업동작 등에 대하여 실시하는 안전점검이다. |
| 특별점검 | 기계·기구 또는 설비의 신설, 변경 또는 고장 수리 등 부정기적인 점검을 말하며, 기술적 책임자가 시행하는 안전점검이다. |
| 임시점검 | 정기점검 시이에 특별한 이상이나 징후가 있을 경우 임시로 실시하는 안전점검이다. |

## 07 Repetitive Learning (1회 2회 3회)

다음 중 고무제안전화의 사용장소에 따른 구분에 해당하지 않는 것은?

① 일반용 ② 내유용
③ 내알칼리용 ④ 내진용

**해설**

- 고무제안전화는 사용장소에 따라 일반용, 내유용, 내산용, 내알칼리용, 내산·내알칼리 겸용 안전화가 있다.

:: 고무제안전화

- 물체의 낙하, 충격 또는 날카로운 물체에 의한 찔림 위험으로부터 발을 보호하고 내수성을 겸한 것
- 고무제 안전화의 사용장소에 따른 구분

| 구분 | 사용장소 |
|---|---|
| 일반용 | 일반작업장 |
| 내유용 | 탄화수소류의 윤활유 등을 취급하는 작업장 |

- 그 외에도 내산용, 내알칼리용, 내산·내알칼리 겸용 안전화가 있다.

2102

## 08 Repetitive Learning (1회 2회 3회)

다음 중 하인리히의 사고예방대책 기본원리 5단계에 있어 "시정방법의 선정" 바로 이전 단계에서 행하여지는 사항은?

① 분석·평가
② 안전관리 조직
③ 현상파악
④ 시정책 적용

**해설**

- 시정방법의 선정은 4단계에 해당한다. 이전 단계는 3단계로 분석과 평가의 단계이다.

:: 하인리히의 사고예방의 기본원리 5단계 실필 1802/0804

| 단계 | 단계별 과정 | 필요 조치 |
|---|---|---|
| 1단계 | 안전관리조직과 규정 | • 책임과 권한의 부여<br>• 안전활동 방침 및 계획수립 |
| 2단계 | 사실의 발견으로 현상파악 | • 자료수집<br>• 작업분석과 위험확인<br>• 안전점검·검사 및 조사 실시 |
| 3단계 | 분석을 통한 원인규명 | • 사고보고서 및 현장조사<br>• 인적·물적·환경조건의 분석<br>• 교육 훈련 및 배치 사항 파악<br>• 사고기록 및 관계자료 대조확인 |
| 4단계 | 시정방법의 선정 | • 기술적인 개선<br>• 작업배치의 조정<br>• 교육훈련의 개선 |
| 5단계 | 시정책의 적용 | • 기술(Engineering)적 대책<br>• 교육(Education)적 대책<br>• 관리(Enforcement)적 대책 |

정답 | 06 ④ 07 ④ 08 ①

1001 / 1002 / 1004 / 1104 / 1304 / 1402 / 1604 / 1704 / 1804 / 2001 / 2104 / 2201

## 09 Repetitive Learning (1회 2회 3회)

재해사례연구의 진행단계로 옳은 것은?

① 사실의 확인 → 재해 상황의 파악 → 문제점의 발견 → 문제점의 결정 → 대책의 수립
② 문제점의 발견 → 재해 상황의 파악 → 사실의 확인 → 문제점의 결정 → 대책의 수립
③ 재해 상황의 파악 → 사실의 확인 → 문제점의 발견 → 문제점의 결정 → 대책의 수립
④ 문제점의 발견 → 문제점의 결정 → 재해 상황의 파악 → 사실의 확인 → 대책의 수립

**해설**

- 재해사례연구의 진행단계는 재해 상황의 파악 → 사실의 확인 → 문제점의 발견 → 근본적 문제점의 결정 → 대책수립 순이다.

**재해사례연구의 진행단계**

㉠ 진행순서
- 재해 상황의 파악 → 사실의 확인 → 문제점의 발견 → 근본적 문제점의 결정 → 대책수립 순이다.

㉡ 단계별 특징

| | |
|---|---|
| 재해 상황의 파악 | 사례연구의 전제조건으로서 발생일시 및 장소 등 재해 상황의 주된 항목에 관해서 파악한다. |
| 사실의 확인 | 재해가 발생할 때까지의 경과 중 재해와 관계가 있는 사실 및 재해요인을 객관적으로 확인한다. |
| 문제점의 발견 | 파악된 사실로부터 판단하여 관계법규, 사내규정 등을 적용하여 문제점을 발견한다. |
| 근본적 문제점의 결정 | 재해의 중심이 된 문제점에 관하여 어떤 관리적 책임의 결함이 있는지를 여러 가지 안전보건의 키(Key)에 대하여 분석한다. |
| 대책수립 | 동종 및 유사재해의 방지대책을 구체적, 실현가능하게 수립한다. |

## 10 Repetitive Learning (1회 2회 3회)

다음 중 일반적인 재해조사 항목과 가장 거리가 먼 것은?

① 사고의 형태
② 피해자 가족사항
③ 기인물 및 가해물
④ 불안전한 행동 및 상태

**해설**

- 재해자의 정보에는 체류자격, 직업, 같은 종류 업무 근속기간, 고용형태, 근무형태 등을 조사, 기록한다. 피해자 가족사항은 재해조사 항목에 포함되지 않는다.

**재해조사표 재해관련 작성내용**
- 상해의 종류(골절, 절단, 타박상, 찰과상 등)와 상해 부위
- 휴업예상일수 : 재해발생일을 제외한 3일 이상의 결근 등으로 회사에 출근하지 못한 일수
- 재해발생 개요 : 발생일시, 발생 장소, 재해관련 작업유형, 불안전한 상태와 불안전한 행동(기인물과 가해물)
- 재해발생 원인 : 인적 요인, 설비적 요인, 작업·환경적 요인, 관리적 요인 구분
- 재발방지 계획

1101

## 11 Repetitive Learning (1회 2회 3회)

근로자가 25kg의 제품을 운반하던 중에 발에 떨어져 신체장해등급 14등급의 재해를 당하였다. 재해의 발생 형태, 기인물, 가해물을 모두 올바르게 나타낸 것은?

① 기인물 : 발, 가해물 : 제품, 재해발생형태 : 낙하
② 기인물 : 발, 가해물 : 발, 재해발생형태 : 추락
③ 기인물 : 제품, 가해물 : 제품, 재해발생형태 : 낙하
④ 기인물 : 제품, 가해물 : 발, 재해발생형태 : 낙하

**해설**

- 제품을 운반하다가 떨어뜨렸으므로 제품의 운반작업이 불안전한 상태에 해당한다. 기인물은 제품이다.
- 인체에 직접 충돌한 것은 제품이므로 제품이 가해물이다.
- 재해발생형태는 제품의 낙하로 인한 재해이므로 낙하에 해당한다.

**산업재해의 분석** 실필 1901/1702/1501/1404

| | |
|---|---|
| 기인물 | 재해의 원인이 되는 것으로 주로 불안전한 상태와 관련된다. |
| 가해물 | 사람에 직접 충돌하거나 또는 접촉에 의해서 위해(危害)를 준 물건을 말한다. |
| 사고유형 | 재해의 발생형태를 말한다. |

1704 / 2001

## 12 Repetitive Learning (1회 2회 3회)

위험예지훈련의 4라운드 기법에서 문제점을 발견하고 중요 문제를 결정하는 단계는?

① 현상파악 ② 본질추구
③ 목표설정 ④ 대책수립



09 ③ 10 ② 11 ③ 12 ② 정답

해설

• 문제점을 발견하고 중요 문제를 결정하는 단계인 본질추구는 위험예지훈련 4Round 중 2Round에 해당한다.

:: 위험예지훈련 기초 4Round 기법

| | | |
|---|---|---|
| 1Round | 현상파악<br>(사실의 파악단계) | 전원이 토의를 통하여 위험요인을 발견하는 단계 |
| 2Round | 본질추구<br>(원인탐색 단계) | 위험의 포인트를 결정하여 전원이 지적 확인을 하는 단계 |
| 3Round | 대책수립<br>(대책수립 단계) | 발견된 위험요인을 극복하기 위한 방법을 제시하는 단계 |
| 4Round | 목표설정<br>(행동계획 결정단계) | 나온 대책들을 공감하고 팀의 행동목표를 설정하고 지적 확인하는 단계 |

1104

## 13 Repetitive Learning 1회 2회 3회

다음 중 산업안전보건법령상 안전보건개선계획에 관한 설명으로 틀린 것은?

① 지방고용노동관서의 장은 안전보건개선계획서의 작성 여부를 검토하여 그 결과를 사업주에게 통보하여야 한다.

② 지방고용노동관서의 장은 안전보건개선계획의 작성 여부 검토 결과에 따라 필요하다고 인정하면 해당 계획서의 보완을 명할 수 있다.

③ 안전보건개선계획서에는 시설, 안전・보건관리체제, 안전・보건교육, 산업재해 예방 및 작업환경의 개선을 위하여 필요한 사항이 포함되어야 한다.

④ 안전보건개선계획의 수립・시행명령을 받은 사업주는 고용노동부장관이 정하는 바에 따라 안전보건개선계획서를 작성하여 그 명령을 받은 날부터 30일 이내에 관할 지방고용노동관서의 장에게 제출하여야 한다.

해설

• 안전보건개선계획의 작성 보고기한은 60일 이내이다.

:: 안전보건개선계획 실필 1704/1701/1404/1202/1201

• 고용노동부장관은 다음에 해당하는 사업장으로서 산업재해 예방을 위하여 종합적인 개선조치를 할 필요가 있다고 인정할 때에는 사업주에게 그 사업장, 시설, 그 밖의 사항에 관한 안전보건개선계획의 수립・시행을 명할 수 있다.
  - 산업재해율이 같은 업종 평균 산업재해율의 2배 이상인 사업장
  - 사업주가 안전보건조치의무를 이행하지 아니하여 중대재해가 발생한 사업장
  - 직업병에 걸린 사람이 연간 2명 이상(상시근로자 1천명 이상 사업장의 경우 3명 이상) 발생한 사업장
  - 유해인자의 노출기준을 초과한 사업장
  - 작업환경 불량, 화재・폭발 또는 누출사고 등으로 사회적 물의를 일으킨 사업장
• 고용노동부장관은 필요하다고 인정할 때에는 해당 사업주에게 안전・보건진단을 받아 안전보건개선계획을 수립・제출할 것을 명할 수 있다.
• 안전보건개선계획의 수립・시행명령을 받은 사업주는 고용노동부장관이 정하는 바에 따라 안전보건개선계획서를 작성하여 그 명령을 받은 날부터 60일 이내에 관할 지방고용노동관서의 장에게 제출하여야 한다.
• 사업주는 안전보건개선계획을 수립할 때에는 산업안전보건위원회의 심의를 거쳐야 한다. 다만, 산업안전보건위원회가 설치되어 있지 아니한 사업장의 경우에는 근로자대표의 의견을 들어야 한다.
• 안전보건개선계획서에는 시설, 안전・보건관리체제, 안전・보건교육, 산업재해 예방 및 작업환경의 개선을 위하여 필요한 사항이 포함되어야 한다.
• 사업주와 근로자는 안전보건개선계획을 준수하여야 한다.

0702

## 14 Repetitive Learning 1회 2회 3회

다음 중 산업안전보건법에서 정의하고 있는 "산업재해"의 내용으로 옳은 것은?

① 근로자가 업무에 관계되는 건설물・설비・원재료・가스・증기・분진 등에 의하거나 작업 그 밖의 업무로 인하여 사망 또는 부상하거나 질병에 걸리는 것을 말한다.

② 물질 또는 타인과 접촉하였거나 각종의 물체 및 작업조건에 노출 또는 사람의 작업행동을 인하여 사람이 부상하거나 사망이 수반되는 것을 말한다.

③ 근로자가 산업 활동의 정상적인 업무 진행을 방해하거나 또는 방해를 유발하는 부상 또는 질병이 발생하는 것을 말한다.

④ 근로자가 산업현장에서 결함이 있는 작업조건 및 부적성의 작업방법에 의해 초래되는 계획되지 않은 사건이 일어나는 것을 말한다.

해설

• 산업재해란 근로자가 업무에 관계되는 건설물・설비・원재료・가스・증기・분진 등에 의하거나 작업 또는 그 밖의 업무로 인하여 사망 또는 부상하거나 질병에 걸리는 것을 말한다.

정답 | 13 ④ 14 ①

**산업안전보건법에서 정의한 용어**

- 산업재해란 근로자가 업무에 관계되는 건설물 · 설비 · 원재료 · 가스 · 증기 · 분진 등에 의하거나 작업 또는 그 밖의 업무로 인하여 사망 또는 부상하거나 질병에 걸리는 것을 말한다.
- 사업주란 근로자를 사용하여 사업을 하는 자를 말한다.
- 근로자대표란 근로자의 과반수로 조직된 노동조합이 있는 경우에는 그 노동조합을, 근로자의 과반수로 조직된 노동조합이 없는 경우에는 근로자의 과반수를 대표하는 자를 말한다.
- 작업환경측정이란 작업환경 실태를 파악하기 위하여 해당 근로자 또는 작업장에 대하여 사업주가 측정계획을 수립한 후 시료(試料)를 채취하고 분석 · 평가하는 것을 말한다.
- 안전 · 보건진단이란 산업재해를 예방하기 위하여 잠재적 위험성을 발견하고 그 개선대책을 수립할 목적으로 고용노동부장관이 지정하는 자가 하는 조사 · 평가를 말한다.

## 15

Repetitive Learning (1회 2회 3회)

1년간 연간근로시간이 240,000시간인 사업장에서 4건의 휴업재해가 발생하여 100일의 휴업일수를 기록했다. 이 사업장의 강도율은 약 얼마인가?(단, 근로자 1인당 연간근로일수는 300일이다)

① 0.34
② 34
③ 0.75
④ 0.075

**해설**

- 강도율은 1,000시간의 근로시간에 발생하는 근로손실일수이다.
- 연간근로시간은 주어졌고, 근로손실일수는 휴업일수로 구한다.

근로손실일수 = $100 \times \frac{300}{365} = 82.19$일이다.

- 강도율 = $\frac{82.19}{240,000} \times 1,000 \simeq 0.34$이다.

**강도율(SR : Severity Rate of injury)**

실필 1804/1702/1501/1402/1401/1304/0902/0901

- 재해로 인한 근로손실의 강도를 나타낸 값으로 연간총근로시간에서 1,000시간당 근로손실일수를 의미한다.
- 강도율 = $\frac{\text{근로손실일수}}{\text{연간총근로시간}} \times 1,000$으로 구하고,

평균강도율 = $\frac{\text{강도율}}{\text{도수율}} \times 1,000$으로 구한다.

- 근로자의 근속연수 등이 주어지지 않을 때 평생 근로손실일수는 한 개인이 평생 동안 근로한 시간을 100,000시간으로 볼 때의 근로손실일수이므로 강도율에 100을 곱하여 구한다.

1901

## 16

Repetitive Learning (1회 2회 3회)

다음 중 재해손실비용에 있어 직접손실비용에 해당하지 않는 것은?

① 요양급여
② 직업재활급여
③ 상병보상연금
④ 생산중단손실비용

**해설**

- 생산중단으로 인한 손실비용은 재해로 인해 기업이 입은 손실로 간접비에 해당한다.

**하인리히의 재해손실비용 평가** 실필 1502

- 직접비 : 간접비의 비율은 1 : 4로 계산해 산업재해로 인한 총 손실비용은 직접비(산업재해보상비)의 5배로 계산한다.
- 직접손실비용에는 치료비, 휴업급여, 장해급여, 유족급여, 요양급여, 간병급여, 직업재활급여, 장례비 등이 있다.
- 간접손실비용에는 부상자를 비롯한 직원의 시간손실, 이익의 감소, 생산손실비, 기계, 공구 재료 등의 재산손실 등이 있다.

1104 / 1702

## 17

Repetitive Learning (1회 2회 3회)

산업안전보건법상 산업안전보건위원회의 심의 · 의결사항이 아닌 것은?

① 산업재해 예방계획의 수립에 관한 사항
② 근로자의 건강진단 등 건강관리에 관한 사항
③ 재해자에 관한 치료 및 재해보상에 관한 사항
④ 안전보건관리규정의 작성 및 변경에 관한 사항

**해설**

- 산업안전보건위원회의 심의 · 의결사항에는 ①, ②, ④ 외에 근로자의 안전 · 보건교육에 관한 사항, 작업환경측정 등 작업환경의 점검 및 개선에 관한 사항, 중대재해의 원인 조사 및 재발 방지대책 수립에 관한 사항 등이 있다.

**산업안전보건위원회의 심의 · 의결사항**

- 산업재해 예방계획의 수립에 관한 사항
- 안전보건관리규정의 작성 및 변경에 관한 사항
- 근로자의 안전 · 보건교육에 관한 사항
- 작업환경측정 등 작업환경의 점검 및 개선에 관한 사항
- 근로자의 건강진단 등 건강관리에 관한 사항
- 중대재해의 원인 조사 및 재발 방지대책 수립에 관한 사항
- 산업재해에 관한 통계의 기록 및 유지에 관한 사항
- 유해하거나 위험한 기계 · 기구와 그 밖의 설비를 도입한 경우 안전 · 보건조치에 관한 사항



15 ① 16 ④ 17 ③ 정답

1004 / 1804 / 2102

## 18 Repetitive Learning (1회 2회 3회)

A 사업장에서는 산업재해로 인한 인적·물적 손실을 줄이기 위하여 안전행동 실천운동(5C 운동)을 실시하고자 한다. 다음 중 5C 운동에 해당하지 않는 것은?

① Control ② Correctness
③ Cleaning ④ Checking

**해설**

- 통제관리(Control)가 아니라 정리정돈(Clearance)과 전심전력(Concentration)이어야 한다.

**5C 운동**

- 산업재해로 인한 인적·물적 손실을 줄이기 위하여 실시하는 안전행동 실천운동이다.
- 정리정돈(Clearance), 청소청결(Cleaning), 전심전력(Concentration), 복장단정(Correctness), 점검확인(Checking)을 말한다.
- 근로자의 불안전한 행동으로 인한 재해를 예방하여 쾌적한 작업환경을 이루고 생산성의 향상과 원가절감, 판매촉진과 품질향상을 통해 궁극적으로 인간존중의 이념과 기업이윤을 극대화하는 것을 목표로 한다.

0502

## 19 Repetitive Learning (1회 2회 3회)

안전관리조직 중 Line-staff 조직의 단점에 해당되는 것은?

① 안전정보가 불충분하다.
② 생산부문은 안전에 대한 책임과 권한이 없다.
③ 명령계통과 조언·권고적 참여가 혼동되기 쉽다.
④ 생산부문에 협력하여 안전명령을 전달, 실시하여 안전과 생산을 별도로 취급하기 쉽다.

**해설**

- 라인-스태프(Line-staff)형 조직은 라인과 스태프가 혼합된 조직이어서 명령계통과 안전 관련 스탭의 조언·권고적 참여가 혼동되기 쉽다.

**라인-스태프(Line-staff)형 조직**

㉠ 개요
- 가장 이상적인 조직형태로 1,000명 이상의 대규모 사업장에서 주로 사용된다.
- 라인의 관리·감독자에게도 안전에 관한 책임과 권한이 부여된다.
- 안전계획, 평가 및 조사는 스태프에서, 생산기술의 안전대책은 라인에서 실시한다.

㉡ 장점
- 안전 전문가에 의해 입안된 것을 경영자의 지침으로 명령 실시하므로 정확하고 신속하다.
- 조직원 전원을 자율적으로 안전 활동에 참여시킬 수 있다.
- 라인의 관리, 감독자에게도 안전에 관한 책임과 권한이 부여된다.
- 안전 활동과 생산업무가 유리될 우려가 없기 때문에 균형을 유지할 수 있어 이상적인 조직형태이다.

㉢ 단점
- 명령계통과 조언·권고적 참여가 혼동되기 쉽다.
- 스태프의 월권행위가 발생하는 경우가 있다.
- 라인이 스태프에 의존하거나 스태프를 활용하지 않는 경우가 있다.

0902 / 1804 / 2104

## 20 Repetitive Learning (1회 2회 3회)

T.B.M 활동의 5단계 추진법의 진행순서로 옳은 것은?

① 도입 → 위험예지훈련 → 작업지시 → 점검정비 → 확인
② 도입 → 점검정비 → 작업지시 → 위험예지훈련 → 확인
③ 도입 → 확인 → 위험예지훈련 → 작업지시 → 점검정비
④ 도입 → 작업지시 → 위험예지훈련 → 점검정비 → 확인

**해설**

- TBM 5단계는 도입 – 점검정비 – 작업지시 – 위험예지훈련 – 확인단계를 거친다.

**TBM(Tool Box Meeting) 위험예지훈련** 실필 1804/1404

㉠ 개요
- 현장에서 그때 그 장소의 상황에서 즉응하여 실시하는 위험예지활동으로 즉시즉응법이라고도 한다.
- TBM(Tool Box Meeting)으로 실시하는 위험예지활동이다.
- TBM 5단계는 도입 – 점검정비 – 작업지시 – 위험예지훈련 – 확인단계를 거친다.

㉡ 방법
- 10명 이하의 소수가 적합하며, 시간은 10분 정도 작업을 시작하기 전에 갖는다.
- 사전에 주제를 정하고 자료 등을 준비한다.
- 결론은 가급적 서두르지 않는다.

정답 | 18 ① 19 ③ 20 ②

## 2과목 산업심리 및 교육

### 21

Repetitive Learning 1회 2회 3회

다음 중 스트레스에 대한 설명으로 적합하지 못한 것은?

① 스트레스는 환경의 요구가 지나쳐 개인의 능력한계를 벗어날 때 발생한다.

② 스트레스 요인에는 소음, 진동, 열 등과 같은 환경영향뿐만 아니라 개인적인 심리적 요인들도 포함한다.

③ 사람이 스트레스를 받게 되면 감각기관과 신경이 예민해진다.

④ 역기능 스트레스는 스트레스의 반응이 긍정적이고, 건전한 결과로 나타나는 현상이다.

**해설**

- ④의 설명은 순기능 스트레스에 대한 설명이다.

**스트레스**

㉠ 특징
- 사람이 스트레스를 받게 되면 감각기관과 신경이 예민해진다.
- 스트레스는 환경의 요구가 지나쳐 개인의 능력한계를 벗어날 때 발생한다.
- 스트레스 요인에는 소음, 진동, 열 등과 같은 환경영향뿐만 아니라 개인적인 심리적 요인들도 포함된다.

㉡ 신체반응
- 혈소판이나 혈액응고 인자가 증가한다.
- 더 많은 산소를 얻기 위하여 호흡은 빨라진다.
- 근육이나 뇌, 심장에 더 많은 피를 보내기 위하여 맥박과 혈압은 증가한다.
- 행동을 할 준비를 위해 근육이 긴장하고 정신은 명료해지며 감각기관이 예민해진다.
- 중요한 장기인 뇌, 심장, 근육으로 가는 혈류는 증가한다.

0902

### 22

Repetitive Learning 1회 2회 3회

다음은 교육훈련 프로그램을 만들기 위한 각 단계에 해당하는 내용이다. 가장 우선시 되어야 하는 것은?

① 직무평가를 실시한다.

② 요구분석을 실시한다.

③ 적절한 훈련방법을 파악한다.

④ 종업원이 자신의 직무에 대하여 어떤 생각을 갖고 있는지 조사한다.

**해설**

- 교육훈련 프로그램을 개발하기 위해서는 먼저 교육훈련 프로그램이 어떤 목적과 요구에 의해 필요한지를 조사하는 요구분석에 중점을 두어야 한다.

**교육훈련 프로그램 개발 단계**
- 분석 → 설계 → 개발 → 실행 → 평가단계를 거친다.
- 분석단계에서는 요구분석, 환경분석, 학습자분석, 직무 및 과제 분석 등을 실시한다.

0802 / 1002

### 23

Repetitive Learning 1회 2회 3회

다음 중 산업안전심리의 5대 요소에 속하지 않는 것은?

① 시간 ② 감정

③ 습관 ④ 동기

**해설**

- 산업심리의 5요소에는 동기, 기질, 감정, 습성, 습관이 있다.

**산업안전심리의 5요소**

| 요소 | 내용 |
|---|---|
| 동기 (Motive) | 능동적인 감각에 의한 자극에서 일어난 사고의 결과로서 사람의 마음을 움직이는 원동력이 되는 것이다. |
| 기질 (Temper) | 감정적인 경향이나 반응에 관계되는 성격의 한 측면이다. |
| 감정 (Emotion) | 생활체가 어떤 행동을 할 때 생기는 주관적인 동요를 뜻한다. |
| 습성 (Habits) | 한 종에 속하는 개체의 대부분에서 볼 수 있는 일정한 생활양식으로 본능, 학습, 조건반사 등에 따라 형성된다. |
| 습관 (Custom) | 성장과정을 통해 형성된 특성 등이 무의식중에 습관화된 것으로 동기, 기질, 감정, 습성 등이 영향을 끼친다. |

0302 / 0501 / 1104 / 1804

### 24

Repetitive Learning 

다음 중 단조로운 업무가 장시간 지속될 때 작업자의 감각기능 및 판단능력이 둔화 또는 마비되는 현상은?

① 착각현상

② 망각현상

③ 피로현상

④ 감각차단현상



21 ④ 22 ② 23 ① 24 ④ 정답

해설

- 착각현상은 감각적으로 물리현상을 왜곡하는 지각 오류이다.
- 망각은 경험한 내용이나 학습된 행동을 다시 생각하여 작업에 적용하지 아니하고 방치함으로써 경험의 내용이나 인상이 약해지거나 소멸되는 현상이다.
- 피로현상은 육체적·정신적 피로에 의해 집중력 저하, 기억력감퇴, 수면장애, 근골격계 통증 등이 유발되는 상황을 말한다.

**감각차단현상**

- 단조로운 업무가 장시간 지속될 때 주로 발생한다.
- 작업자의 감각기능 및 판단능력이 둔화 또는 마비되는 현상이다.
- 멍해지는 현상으로 인지과정의 착오를 가져오기 쉽다.

0602 / 1104

## 25 Repetitive Learning 1회 2회 3회

다음 중 데이비스(K. Davis)의 동기부여 이론에서 인간의 "능력(Ability)"을 나타내는 것은?

① 지식(Knowledge) × 기능(Skill)
② 지식(Knowledge) × 태도(Attitude)
③ 기능(Skill) × 상황(Situation)
④ 상황(Situation) × 태도(Attitude)

해설

- 상황(Situation) × 태도(Attitude)는 동기유발이 된다.

**데이비스(K. Davis)의 동기부여 이론**

- 인간의 성과(Human performance) = 능력(Ability) × 동기유발(Motivation)
- 능력(Ability) = 지식(Knowledge) × 기능(Skill)
- 동기유발(Motivation) = 상황(Situation) × 태도(Attitude)

1201 / 1902

## 26 Repetitive Learning 1회 2회 3회

다음 중 산업안전보건법령상 산업안전·보건 관련 교육과정 중 사업 내 안전·보건교육에 있어 교육대상별 교육시간이 올바르게 연결된 것은?

① 일용근로자의 채용 시 교육 : 2시간 이상
② 일용근로자의 작업내용 변경 시 교육 : 1시간 이상
③ 사무직 종사 근로자의 정기교육 : 매분기 2시간 이상
④ 관리감독자의 지위에 있는 사람의 정기교육 : 연간 8시간 이상

해설

- 작업내용 변경 시의 교육시간은 일용근로자 및 근로계약기간이 1주일 이하인 기간제근로자의 경우 1시간 이상, 그 밖의 근로자는 2시간 이상이다.

**안전·보건 교육시간 기준** 실필 1801/1201/0904/0804

| 교육과정 | 교육대상 | | 교육시간 |
|---|---|---|---|
| 정기교육 | 사무직 종사 근로자 | | 매반기 6시간 이상 |
| | 사무직 외의 근로자 | 판매업무에 직접 종사하는 근로자 | 매반기 6시간 이상 |
| | | 판매업무에 직접 종사하는 근로자 외의 근로자 | 매반기 12시간 이상 |
| | 관리감독자 | | 연간 16시간 이상 |
| 채용 시의 교육 | 일용근로자 및 근로계약기간이 1주일 이하인 기간제근로자 | | 1시간 이상 |
| | 근로계약기간이 1주일 초과 1개월 이하인 기간제근로자 | | 4시간 이상 |
| | 그 밖의 근로자 | | 8시간 이상 |
| 작업내용 변경 시의 교육 | 일용근로자 및 근로계약기간이 1주일 이하인 기간제근로자 | | 1시간 이상 |
| | 그 밖의 근로자 | | 2시간 이상 |
| 특별교육 | 일용 및 근로계약기간이 1주일 이하인 기간제근로자 | 타워크레인 신호업무 제외 | 2시간 이상 |
| | | 타워크레인 신호업무 | 8시간 이상 |
| | 일용 및 근로계약기간이 1주일 이하인 기간제근로자 제외 근로자 | | • 16시간 이상(작업전 4시간, 나머지는 3개월 이내 분할 가능)<br>• 단기간 또는 간헐적 작업인 경우에는 2시간 이상 |
| 건설업 기초안전·보건교육 | 건설 일용근로자 | | 4시간 이상 |

1101

## 27 Repetitive Learning 1회 2회 3회

다음 중 산업안전부건법령상 사업 내 안전·보건교육에 있어 "채용 시의 교육 및 작업내용 변경 시의 교육내용"에 해당하지 않는 것은?(단, 기타 산업안전보건법 및 일반관리에 관한 사항은 제외한다)

① 물질안전보건자료에 관한 사항
② 정리정돈 및 청소에 관한 사항
③ 사고 발생 시 긴급조치에 관한 사항
④ 유해·위험 작업환경 관리에 관한 사항

정답 | 25 ① 26 ② 27 ④

해설

- 유해·위험 작업환경 관리에 관한 사항은 관리감독자 및 근로자의 정기안전·보건 교육내용이다.

∷ 채용 시의 교육 및 작업내용 변경 시의 교육내용
- 기계·기구의 위험성과 작업의 순서 및 동선에 관한 사항
- 작업 개시 전 점검에 관한 사항
- 정리정돈 및 청소에 관한 사항
- 사고 발생 시 긴급조치에 관한 사항
- 산업보건 및 직업병 예방에 관한 사항
- 물질안전보건자료에 관한 사항
- 직무스트레스 예방 및 관리에 관한 사항
- 「산업안전보건법」 및 일반관리에 관한 사항

1102 / 2001

## 28 Repetitive Learning (1회 2회 3회)

인간의 동작특성을 외적 조건과 내적 조건으로 구분할 때 다음 중 내적 조건에 해당하는 것은?

① 기온
② 대상물의 크기
③ 경력
④ 대상물의 동적 성질

해설

- 근무경력, 적성, 개성 등의 조건은 인간의 동작특성 중 내적 조건에 해당한다.

∷ 인간의 동작특성
㉠ 내적 조건
- 인간의 동작특성에서 내적 조건에는 경력, 적성, 개성, 개인차, 생리적 조건 등이 있다.

㉡ 외적 조건
- 대상물의 동적 성질에 따른 조건이 있다.
- 높이, 크기, 깊이, 색채(대비, 강조, 재현) 등의 조건이 있다.
- 기온, 습도, 조명, 소음 등의 조건이 있다.

0904

## 29 Repetitive Learning (1회 2회 3회)

다음 중 집단역학에서 소시오메트리(Sociometry)에 관한 설명으로 틀린 것은?

① 구성원 상호 간의 선호도를 기초로 집단 내부의 동태적 상호관계를 분석하는 기법이다.
② 소시오그램은 집단 내의 하위 집단들과 내부의 세부집단과 비세력집단을 구분할 수 없다.
③ 소시오메트리 연구조사에서 수집된 자료들은 소시오그램과 소시오메트릭스 등으로 분석한다.
④ 소시오메트릭스는 소시오그램에서 나타나는 집단 구성원들 간의 관계를 수치에 의하여 계량적으로 분석할 수 있다.

해설

- 소시오그램은 집단 내의 하위 집단들과 내부의 세부집단과 비세력집단을 구분할 수 있고 집단의 실질적인 리더를 발견할 수 있다.

∷ 집단역학에서 소시오메트리(Sociometry)
- 구성원 상호 간의 선호도를 기초로 집단 내부의 동태적 상호관계를 분석하는 기법이다.
- 소시오메트리 연구조사에서 수집된 자료들은 소시오그램과 소시오메트릭스 등으로 분석한다.
- 소시오메트리는 집단 구성원들 간의 공식적 관계가 아닌 비공식적인 관계를 파악하기 위한 방법이다.
- 소시오그램은 집단 내의 하위 집단들과 내부의 세부집단과 비세력집단을 구분할 수 있고 집단 내의 비공식적 관계에 대한 역학관계를 파악할 수 있어 집단의 실질적인 리더를 발견할 수 있다.
- 소시오메트릭스는 소시오그램에서 나타나는 집단 구성원들 간의 관계를 수치에 의하여 계량적으로 분석할 수 있다.

0502

## 30 Repetitive Learning (1회 2회 3회)

다음 중 O.J.T(On the Job Training)의 형태가 아닌 것은?

① 집단토론 ② 직무순환
③ 도제식 교육 ④ 현장 직무교육

해설

- 집단토론법은 Off J.T에 어울리는 토론방법이다.

∷ O.J.T(On the Job Training) 교육 실필 1701
㉠ 개요
- 사업장 내에서 직장 상사가 강사가 되어 실시하는 교육이다.
- 일상 업무를 통해 지식과 기능, 문제해결능력을 향상시키는 데 주목적을 갖는다.
- 가장 중요한 역할을 담당하는 이는 일선현장의 감독자이다.

㉡ 형태
- 코칭
- 직무순환
- 멘토링
- 도제식 교육
- 현장 직무교육



28 ③ 29 ② 30 ① 정답

ⓒ 특징

| | |
|---|---|
| 장점 | • 동기부여가 쉽다.<br>• 개개인에게 적절한 지도훈련이 가능하다.<br>• 직장의 실정에 맞게 실제적 훈련이 가능하다.<br>• 교육을 통한 훈련효과에 의해 상호 신뢰 및 이해도가 높아진다.<br>• 대상자의 개인별 능력에 따라 훈련의 진도를 조정하기가 쉽다.<br>• 교육효과가 업무에 신속히 반영된다.<br>• 훈련에 필요한 업무의 계속성이 끊어지지 않는다. |
| 단점 | • 전문적인 강사가 아니어서 교육이 원만하지 않을 수 있다.<br>• 다수의 대상을 한 번에 통일적인 내용 및 수준으로 교육시킬 수 없다.<br>• 전문적인 고도의 지식 및 기능을 교육하기 힘들다.<br>• 업무와 교육이 병행되는 관계로 훈련에만 전념할 수 없다. |

## 31 Repetitive Learning (1회 2회 3회)

다음 중 구체적 사물을 제시하거나 경험시킴으로써 효과를 보게 되는 학습지도의 원리는?

① 개별화의 원리 ② 사회화의 원리
③ 직관의 원리 ④ 통합의 원리

해설

• 개별화의 원리는 학습자의 요구와 성향, 소질에 맞는 학습의 기회를 주어야 한다는 것을 말한다.
• 사회화의 원리는 공동학습과 같은 협동을 통해서 근로자의 사회화를 돕는 것을 말한다.
• 통합의 원리는 학습자에게 내재되어 있는 모든 능력을 조화롭게 발달시키는 생활중심의 통합교육을 원칙으로 한다는 것을 말한다.

∷ 안전보건교육을 향상시키기 위한 학습지도의 원리

| | |
|---|---|
| 통합 | 학습자에게 내재되어 있는 모든 능력을 조화롭게 발달시키는 생활중심의 통합교육을 원칙으로 한다는 것 |
| 개별화 | 학습자의 요구와 성향, 소질에 맞는 학습의 기회를 주어야 한다는 것 |
| 자기활동 | 학습지도는 내적동기가 유발된 학습을 시켜야 효과적이라는 것 |
| 사회화 | 공동학습과 같은 협동을 통해서 근로자의 사회화를 돕는 것 |
| 직관 | 구체적 사물을 제시하거나 경험시킴으로써 효과를 보게 되는 것 |
| 목적 | 학습자에게 학습목표가 분명히 인식되었을 경우 자발적이고 적극적인 학습을 기대할 수 있다는 것 |

0802

## 32 Repetitive Learning (1회 2회 3회)

신호등이 녹색에서 적색으로 바뀌어도 차가 움직이기까지 아직 시간이 있다고 생각하여 건널목을 건넜을 경우 이는 어떠한 부주의에 속하는가?

① 억측판단 ② 의식의 우회
③ 생략행위 ④ 의식수준의 저하

해설

• 의식의 우회란 작업도중 걱정, 고뇌, 욕구불만 등에 의해서 발생되는 부주의 현상을 말한다.
• 생략행위란 귀찮음을 기피하는 행위로 정해진 규칙을 무시하거나 임시변통하는 행위를 말한다.
• 의식수준의 저하는 혼미한 정신상태에서 심신의 피로나 단조로운 반복작업 시 일어나는 현상을 말한다.

∷ 억측판단

㉠ 정의
- 작업공정 중에 규정된 대로 수행하지 않고 "괜찮다."라고 생각하여 자기 주관대로 추측을 하여 행동한 결과 재해가 발생한 경우를 말한다.

㉡ 억측판단의 배경
- 정보가 불확실할 때
- 희망적인 관측이 있을 때
- 과거에 경험한 선입견이 있을 때
- 귀찮음과 초조함이 교차할 때

0801 / 1902

## 33 Repetitive Learning (1회 2회 3회)

안전교육방법 중 수업의 도입이나 초기단계에 적용하며, 단시간에 많은 내용을 교육하는 경우에 사용되는 방법으로 가장 적절한 것은?

① 시범 ② 강의법
③ 반복법 ④ 토의법

해설

• 강의법은 안전교육방법 중 수업의 도입이나 초기단계에 적용하며, 단시간에 많은 내용을 교육하는 경우에 가장 적절한 방법이다.

∷ 강의식(Lecture method)

㉠ 개요
- 안전교육방법 중 수업의 도입이나 초기단계에 적용하며, 단시간에 많은 내용을 교육하는 경우에 가장 적절한 방법이다.
- 짧은 교육기간에 많은 인원의 대상에게 비교적 많은 내용을 전달하기 위한 교육방법이다.
- 도입, 제시, 적용, 확인단계 중 제시단계에서 가장 많은 시간이 소요된다.

정답 | 31 ③ 32 ① 33 ②

㉡ 특징
- 적은 시간에 많은 내용을 많은 대상에게 교육시킬 수 있어 다른 방법에 비해 경제적이다.
- 전체적인 교육내용을 제시하거나, 새로운 과업 및 작업단위의 도입단계에 유효하다.
- 교육 시간에 대한 조정(계획과 통제)이 용이하다.
- 난해한 문제에 대하여 평이하게 설명이 가능하다.
- 상대적으로 피드백이 부족하다. 즉, 피교육생의 참여가 제약된다.
- 교육 대상 집단 내 수준차로 인해 교육의 효과가 감소할 가능성이 있다.

0702 / 2101

## 34 Repetitive Learning (1회 2회 3회)

학습이론 중 S-R이론에서 조건반사설에 의한 학습이론의 원리에 해당되지 않는 것은?

① 시간의 원리
② 기억의 원리
③ 일관성의 원리
④ 계속성의 원리

해설
- 조건반사에 의한 학습이론의 원리에는 일관성의 원리, 시간의 원리, 강도의 원리, 계속성의 원리가 있다.

파블로프(Pavlov)의 조건반사설(Conditioned reflex theory)
- S-R이론의 대표적인 종류로 행동주의 학습이론에 큰 영향을 미쳤다.
- 동물에게 계속 자극을 주면 반응함으로써 새로운 행동이 발달되는데 인간의 행동 역시 자극에 대한 반응을 통해 학습된다는 이론이다.
- 학습이론의 원리에는 일관성의 원리, 시간의 원리, 강도의 원리, 계속성의 원리가 있다.

0704 / 1904

## 35 Repetitive Learning (1회 2회 3회)

인간관계 메커니즘 중에서 남의 행동이나 판단을 표본으로 하여 그것과 같거나 또는 그것에 가까운 행동 또는 판단을 취하려는 것을 무엇이라 하는가?

① 투사(Projection)
② 암시(Suggestion)
③ 모방(Imitation)
④ 동일화(Identification)

해설
- 투사란 자신의 불만을 해소하기 위해 남에게 뒤집어 씌우는 행위를 말한다.
- 암시란 다른 사람으로부터의 판단이나 행동을 무비판적으로 받아들이는 것을 말한다.
- 동일화는 다른 사람의 행동 양식이나 태도를 자기에게 투입하거나 그와 반대로 다른 사람 가운데서 자기의 행동 양식이나 태도와 비슷한 것을 발견하는 것을 말한다.

모방(Imitation)
- 남의 행동이나 판단을 표본으로 하여 그것과 같거나 또는 그것에 가까운 행동 또는 판단을 취하려는 것을 말한다.

## 36 Repetitive Learning (1회 2회 3회)

작업자의 정신적 피로를 관찰할 수 있는 변화 중 가장 적합하지 않는 것은?

① 대사기능의 변화
② 작업태도의 변화
③ 사고활동의 변화
④ 작업동작경로의 변화

해설
- 대사기능의 변화는 육체적 피로를 관찰할 수 있는 변화이다.

피로의 관찰 대상
- 정신적 피로 : 작업태도의 변화, 사고활동의 변화, 작업동작경로의 변화, 작업자세의 변화 등
- 육체적 피로 : 대사기능의 변화, 반사기능의 변화 등

1104 / 2104

## 37 Repetitive Learning (1회 2회 3회)

다음 중 인간 착오의 메커니즘으로 볼 수 없는 것은?

① 위치의 착오
② 패턴의 착오
③ 느낌의 착오
④ 형(形)의 착오

해설
- 인간 착오의 메커니즘에는 위치, 패턴, 형, 순서, 기억의 착오 등이 있다.

인간 착오의 메커니즘
- 위치의 착오
- 패턴의 착오
- 형의 착오
- 순서의 착오
- 기억의 착오



34 ② 35 ③ 36 ① 37 ③ 정답

## 38

Repetitive Learning (1회 2회 3회)

다음 중 인사선발을 위한 심리검사에서 갖추어야 할 요건으로만 나열된 것은?

① 신뢰도, 대표성　② 대표성, 타당도
③ 신뢰도, 타당도　④ 대표성, 규모성

**해설**

- 인사선발을 위한 심리검사에서 갖춰야 할 요건에는 타당도와 신뢰도가 있다.

**인사선발을 위한 심리검사**

- 타당도와 신뢰도는 인사선발을 위한 심리검사에서 갖춰야 할 요건에 해당한다.
- 타당도는 심리검사의 특징 중 측정하고자 하는 것을 실제로 잘 측정하는지의 여부를 판별하는 것을 말한다.
- 신뢰도는 측정하고자 하는 심리적 개념을 얼마나 일관성 있게 측정하는지의 정도를 말한다.

0402 / 0802

## 39

Repetitive Learning (1회 2회 3회)

다음 중 교육지도방법에 있어 프로그램학습과 거리가 먼 것은?

① Skinner의 조작적 조건형성 원리에 의해 개발된 것으로 자율적 학습이 특징이다.
② 학습내용 습득여부를 즉각적으로 피드백 받을 수 있다.
③ 교재개발에 많은 시간과 노력이 드는 것이 단점이다.
④ 개별학습이므로 훈련시간이 최대한으로 지연된다는 것이 최대 단점이다.

**해설**

- 개별학습이므로 훈련시간의 지연이 최소화된다.

**프로그램 학습법(Programmed self-instruction method)**

㉠ 개요
- Skinner의 조작적 조건형성 원리에 의해 개발된 것으로 자율적 학습이 특징이다.

㉡ 특징

| 구분 | 내용 |
|---|---|
| 장점 | • 학습자의 학습내용 습득여부를 즉각적으로 피드백 받을 수 있다.<br>• 한 강사가 많은 수의 학습자를 지도할 수 있다.<br>• 지능, 학습적성, 학습속도 등 개인차를 충분히 고려할 수 있다.<br>• 매 반응마다 피드백이 주어지기 때문에 학습자가 흥미를 갖는다. |
| 단점 | • 수강생의 사회성이 결여되기 쉽다.<br>• 교재개발에 많은 시간과 노력이 든다. |

0504

## 40

Repetitive Learning (1회 2회 3회)

다음 중 인간의 행동에 영향을 미치는 물리적 성격의 작업조건과 가장 거리가 먼 것은?

① 조명
② 소음
③ 환경
④ 휴식

**해설**

- 휴식은 작업조건과 거리가 멀다.

**인간의 동작특성**

문제 28번의 유형별 핵심이론 참조

# 3과목 인간공학 및 시스템안전공학

1004

## 41

Repetitive Learning (1회 2회 3회)

한 대의 기계를 100시간 동안 연속 사용한 경우 6회의 고장이 발생하였고, 이때의 총 고장수리시간이 15시간이었다. 이 기계의 MTBF(Mean Time Between Failure)는 약 얼마인가?

① 2.51
② 14.17
③ 15.25
④ 16.67

**해설**

- 전체 100시간 중 고장이 나서 수리하는 데 걸린 시간 15시간을 빼고 기계가 운영된 시간은 총 85시간이다. MTBF =85/6에 해당하므로 14.16667이 된다. 즉, 14.17시간이다.

**MTBF(Mean Time Between Failure)**

- 설비보전에서 평균고장간격, 무고장시간의 평균의 의미로 사용한다.
- 고장이 발생하여도 다시 수리를 해서 쓸 수 있는 제품을 대상으로 고장과 고장 사이의 시간 간격을 말한다.
- $\frac{가동시간}{고장건수}$으로 구하며, MTBF = MTTF + MTTR로 구하기도 한다.

정답 | 38 ③ 39 ④ 40 ④ 41 ②

1101

## 42 Repetitive Learning (1회 2회 3회)

다음 중 인간공학적 설계 대상에 해당되지 않은 것은?

① 물건(Objects) ② 기계(Machinery)
③ 환경(Environment) ④ 보전(Maintenance)

해설

• 인간공학은 인간이 사용하는 물건, 설비, 환경의 설계에 인간의 생리적, 심리적인 면에서의 특성이나 한계점을 고려함으로써 인간-기계 시스템의 안전성과 편리성, 효율성을 높이는 학문분야이다.

∷ 인간공학(Ergonomics)

㉠ 개요
- "Ergon(작업) + nomos(법칙) + ics(학문)"이 조합된 단어로 Human factors, Human engineering이라고도 한다.
- 인간의 특성과 한계 능력을 공학적으로 분석, 평가하여 이를 복잡한 체계의 설계에 응용함으로써 효율을 최대로 활용할 수 있도록 하는 학문분야이다.
- 인간이 사용하는 물건, 설비, 환경의 설계에 인간의 생리적, 심리적인 면에서의 특성이나 한계점을 고려함으로써 인간-기계 시스템의 안전성과 편리성, 효율성을 높이는 학문분야이다.

㉡ 적용분야
- 제품설계
- 재해 · 질병 예방
- 장비 · 공구 · 설비의 배치
- 작업장 내 조사 및 연구

## 43 Repetitive Learning (1회 2회 3회)

다음 설명은 어떤 설계 응용원칙을 적용한 사례인가?

| |
|---|
| 제어버튼의 설계에서 조작자와의 거리를 여성의 5백분위수를 이용하여 설계하였다. |

① 극단적 설계원칙 ② 가변적 설계원칙
③ 평균적 설계원칙 ④ 양립적 설계원칙

해설

• 5백분위수라는 의미는 5/100를 만족하는 즉, 극단치를 말한다.

∷ 인체 측정 자료의 응용원칙

| | |
|---|---|
| 최소치수를 이용한 설계 | 선반의 높이, 조종장치까지의 거리, 비상벨의 위치 등 |
| 최대치수를 이용한 설계 | 출입문의 높이, 좌석 간의 거리, 통로의 폭, 와이어로프의 사용중량, 위험구역 울타리 등 |
| 조절식 설계 | 의자의 위치 및 높이, 자동차 운전석 의자의 위치와 높이 등 |
| 평균치를 이용한 설계 | 전동차의 손잡이 높이, 안내데스크, 은행의 접수대 높이, 공원의 벤치 높이 |

1904

## 44 Repetitive Learning (1회 2회 3회)

FT도에 사용되는 다음 기호의 명칭으로 옳은 것은?

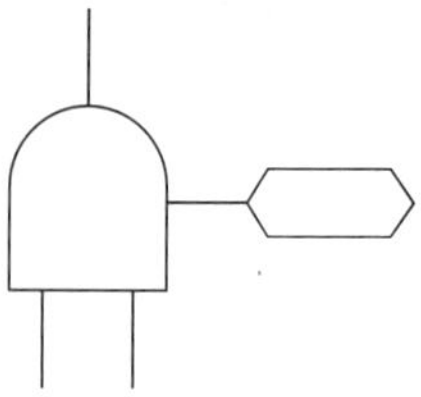

① 부정 게이트 ② 수정기호
③ 위험지속기호 ④ 배타적 OR 게이트

해설

| 부정 게이트 | 수정기호 | 배타적 OR 게이트 |
|---|---|---|
| 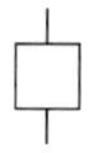 | 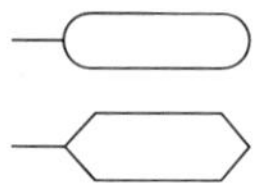 | 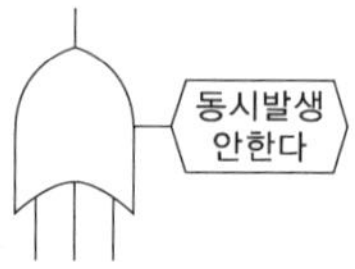  |

∷ 위험지속기호

• 입력현상이 발생하여 어떤 일정 시간이 지속된 후 출력이 발생하는 것을 나타내는 게이트나 기호이다.

• 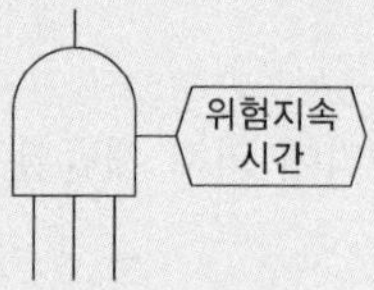

로 표시하며,  기호 안에 지속시간을 지정한다.

## 45 Repetitive Learning (1회 2회 3회)

다음 중 모든 시스템 안전 프로그램에서의 최초단계 해석으로 시스템의 위험요소가 어떤 위험 상태에 있는가를 정성적으로 평가하는 분석방법은?

① PHA ② FHA
③ FMEA ④ FTA

해설

• 결함위험분석(FHA)은 시스템 정의에서부터 시스템 개발단계를 지나 시스템 생산단계 진입 전까지 적용되는 것으로 전체시스템을 여러 개의 서브시스템으로 나누어 특정 서브시스템이 다른 서브시스템이나 전체시스템에 미치는 영향을 분석하는 방법이다.
• 고장형태와 영향분석(FMEA)은 제품 설계와 개발단계에서 고장발생을 최소로 하고자 하는 경우에 유효한 분석기법이다.
• 결함수분석법(FTA)은 연역적 방법으로 재해의 원인을 규명하며, 재해의 정량적 예측이 가능한 분석방법이다.



42 ④ 43 ① 44 ③ 45 ① | 정답

:: 예비위험분석(PHA)

㉠ 개요

- 모든 시스템 안전 프로그램에서의 최초단계 해석으로 시스템의 위험요소가 어떤 위험 상태에 있는가를 정성적으로 평가하는 분석방법이다.
- 시스템을 설계함에 있어 개념형성 단계에서 최초로 시도하는 위험도 분석방법이다.
- 복잡한 시스템을 설계, 가동하기 전의 구상단계에서 시스템의 근본적인 위험성을 평가하는 가장 기초적인 위험도 분석기법이다.
- 위험의 정도를 분류하는 4가지 범주는 파국(Catastrophic), 중대(Critical), 위기-한계(Marginal), 무시가능(Negligible)으로 구분된다.

㉡ 예비위험분석(PHA)의 4가지 범주(MIL-STD-882E)

| | |
|---|---|
| 파국 (Catastrophic) | 작업자의 부상 및 서브시스템의 고장 등으로 시스템 성능이 저하되어 시스템에 심각한 손실을 초래한 상태 |
| 중대 (Critical) | 작업자의 부상 및 시스템의 중대한 손해를 초래하거나 작업자의 생존 및 시스템의 유지를 위하여 즉시 수정 조치를 필요로 하는 상태 |
| 위기-한계 (Marginal) | 작업자의 부상 및 시스템의 중대한 손해를 초래하지 않고 대처 또는 제어할 수 있는 상태 |
| 무시가능 (Negligible) | 시스템의 성능이나 기능, 인원 손실이 전혀 없는 상태 |

## 46 Repetitive Learning (1회 2회 3회)

다음 중 인간의 제어 및 조정능력을 나타내는 법칙인 Fitts' law와 관련된 변수가 아닌 것은?

① 표적의 너비
② 표적의 색상
③ 시작점에서 표적까지의 거리
④ 작업의 난이도(Index of difficulty)

해설

- Fitts의 법칙은 운동시간, 작업의 난이도, 운동거리, 표적과의 거리 등이 변수로 사용된다.

:: Fitts의 법칙

- 인간의 제어 및 조정능력을 나타내는 법칙으로 인간의 손이나 발을 이동시켜 조작장치를 조작하는 데 걸리는 시간을 표적까지의 거리와 표적 크기의 함수로 나타낸다.
- 표적이 작고 이동거리가 길수록 이동시간이 증가한다.
- 자동차 가속 페달과 브레이크 페달 간의 간격, 브레이크 폭 등을 결정하는데 사용할 수 있는 가장 적합한 인간공학 이론이다.
- $MT = a + b(D \cdot W)$로 표시된다. 이때 MT는 운동시간, a와 b는 상수, D는 운동거리, W는 목표물과의 거리이다.

1902

## 47 Repetitive Learning (1회 2회 3회)

다음 중 정성적 표시장치를 설명한 것으로 적절하지 않은 것은?

① 연속적으로 변하는 변수의 대략적인 값이나 변화추세, 변화율 등을 알고자 할 때 사용된다.
② 정성적 표시장치의 근본 자료 자체는 정량적인 것이다.
③ 색채 부호가 부적합한 경우에는 계기판 표시 구간을 형상 부호화하여 나타낸다.
④ 전력계에서와 같이 기계적 혹은 전자적으로 숫자가 표시된다.

해설

- 전자적으로 숫자를 표시하는 표시장치는 정량적 표시장치 중 계수형을 말한다.

:: 정성적 표시장치

- 온도, 압력, 속도와 같이 연속적으로 변화하는 값의 추세, 변화율 등을 그래프나 곡선의 형태로 표현하는 장치이다.
- 정성적 표시장치의 근본 자료 자체는 정량적인 것이다.
- 색채 부호가 부적합한 경우에는 계기판 표시 구간을 형상 부호화하여 나타낸다.
- 비행기 고도의 변화율이나 자동차 시속을 표시할 때 사용된다.
- 색이나 형상을 암호화하여 설계할 때 사용된다.

1201

## 48 Repetitive Learning (1회 2회 3회)

발생확률이 각각 0.05, 0.08인 두 결함사상이 AND조합으로 연결된 시스템을 FTA로 분석하였을 때 이 시스템의 신뢰도는 약 얼마인가?

① 0.004 ② 0.126
③ 0.874 ④ 0.996

해설

- AND연결이므로 두 결함사상의 곱으로 구한다. 0.05 × 0.08 = 0.004이다. 정상사상의 발생확률이 0.004이므로 신뢰도는 1-0.004 = 0.996이 된다.

:: FT도에서 정상(고장)사상 발생확률

㉠ AND(직렬)연결 시

- 사상 A의 발생확률을 $P_A$, 사상 B, 사상 C 발생확률을 $P_B$, $P_C$라 할 때 $P_A = P_B \times P_C$로 구할 수 있다.

㉡ OR(병렬)연결 시

- 사상 A의 발생확률을 $P_A$, 사상 B, 사상 C 발생확률을 $P_B$, $P_C$라 할 때 $P_A = 1-(1-P_B)\times(1-P_C)$로 구할 수 있다.

정답 | 46 ② 47 ④ 48 ④

1804

## 49 ─ Repetitive Learning (1회 2회 3회)

다음 중 일반적인 화학설비에 대한 안전성 평가(Safety assessment) 절차에 있어 안전대책 단계에 해당되지 않는 것은?

① 보전 ② 설비 대책
③ 위험도 평가 ④ 관리적 대책

**해설**

- 위험도 평가는 3단계 정량적 평가에서 이뤄진다.

:: 안전성 평가 6단계

| | |
|---|---|
| 1단계 | 관계 자료의 작성 준비 |
| 2단계 | • 정성적 평가<br>• 설계(공장의 입지조건, 공장 내 배치)와 운전관계에 대한 평가 |
| 3단계 | • 정량적 평가<br>• 취급물질, 용량, 온도, 압력 및 조작을 통한 위험도 평가 |
| 4단계 | • 안전대책수립<br>• 보전, 설비대책과 관리적 대책 |
| 5단계 | 재해정보에 의한 재평가 |
| 6단계 | FTA에 의한 재평가 |

## 50 ─ Repetitive Learning (1회 2회 3회)

다음 중 결함수분석(FTA)에 관한 설명으로 틀린 것은?

① 연역적 방법이다.
② 버텀-업(Bottom-up) 방식이다.
③ 기능적 결함의 원인을 분석하는 데 용이하다.
④ 계량적 데이터가 축적되면 정량적 분석이 가능하다.

**해설**

- 결함수분석법은 하향식(Top-down) 방법을 사용한다.

:: 결함수분석법(FTA)

㉠ 개요
- 연역적 방법으로 원인을 규명하며, 재해의 정량적 예측이 가능한 분석방법이다.
- 하향식(Top-down) 방법을 사용한다.
- 특정 사상에 대해 짧은 시간에 해석이 가능하다.
- 복잡하고 대형화된 시스템을 논리기호를 사용하여 해석한다.
- 간단한 FT도의 작성으로 정성적 해석이 가능하여 비전문가도 잠재위험을 효율적으로 분석할 수 있다.
- 정성적 평가 후 정량적 평가를 실시하며, 정량적으로 재해발생 확률을 구한다.

㉡ 기대효과
- 사고원인 규명의 간편화
- 노력 시간의 절감
- 사고원인 분석의 정량화
- 시스템의 결함 진단

2104

## 51 ─ Repetitive Learning (1회 2회 3회)

프레스기의 안전장치 수명은 지수분포를 따르며 평균수명은 1,000시간이다. 새로 구입한 안전장치가 향후 500시간 동안 고장 없이 작동할 확률(ⓐ)과 이미 1,000시간을 사용한 안전장치가 향후 500시간 이상 견딜 확률(ⓑ)은 각각 얼마인가?

① ⓐ : 0.606, ⓑ : 0.606
② ⓐ : 0.707, ⓑ : 0.707
③ ⓐ : 0.808, ⓑ : 0.808
④ ⓐ : 0.909, ⓑ : 0.909

**해설**

- 평균수명이 1,000시간이라는 것은 고장률이 1/1,000 = 0.001이라는 의미이다.
- 새로 구입한 장치를 500시간 고장 없이 작동할 확률은 지수분포를 따르는 시스템이므로 고장률을 적용하면 $e^{-0.001 \times 500}$ = 0.606531이다.
- 이미 1,000시간을 사용한 안전장치가 향후 500시간 동안 고장 없이 작동할 확률도 $e^{-0.001 \times 500}$ = 0.606531이다.

:: 지수분포를 따르는 부품의 신뢰도
- 고장률이 λ인 시스템이 t시간 지난 후의 신뢰도 $R(t) = e^{-\lambda t}$ 이다.
- 고장까지의 평균시간이 $t_0 \left(= \frac{1}{\lambda_0}\right)$일 때 이 부품을 t시간 동안 사용할 경우의 신뢰도 $R(t) = e^{-\frac{t}{t_0}}$이다.

0502

## 52 ─ Repetitive Learning (1회 2회 3회)

다음 중 인간공학에 있어서 일반적인 인간-기계 체계(Man-machine system)의 구분으로 가장 적합한 것은?

① 인간 체계, 기계 체계, 전기 체계
② 전기 체계, 유압 체계, 내연기관 체계
③ 수동 체계, 반기계 체계, 반자동 체계
④ 자동화 체계, 기계화 체계, 수동 체계



49 ③ 50 ② 51 ① 52 ④ 정답

해설

- 인간-기계 통합 체계의 유형에는 자동화 체계, 기계화 체계, 수동 체계가 있다.

**인간-기계 통합 체계의 유형**

- 인간-기계 통합 체계의 유형에는 자동화 체계, 기계화 체계, 수동 체계가 있다.

| | |
|---|---|
| 자동화 체계 | 인간은 작업계획의 수립, 모니터를 통한 작업 상황 감시, 프로그래밍, 설비보전의 역할을 수행하고 체계(System)가 감지, 정보보관, 정보처리 및 의식결정, 행동을 포함한 모든 임무를 수행하는 체계 |
| 기계화 체계 | 반자동 체계로 운전자의 조종에 의해 기계를 통제하는 융통성이 없는 시스템 체계 |
| 수동 체계 | 인간의 힘을 동력원으로 활용하여 수공구를 사용하는 시스템 형태로 다양성이 있고 융통성이 우수한 체계 |

1301 / 1604 / 1901

## 53 Repetitive Learning (1회 2회 3회)

제조업의 유해·위험방지계획서 제출 대상 사업장에서 제출하여야 하는 유해·위험방지계획서의 첨부서류와 가장 거리가 먼 것은?

① 공사개요서
② 기계·설비의 배치도면
③ 건축물 각 층의 평면도
④ 원재료 및 제품의 취급, 제조 등의 작업방법의 개요

해설

- 공사개요서는 건설업 유해·위험방지계획서 제출 시 첨부서류에 해당한다.

**유해·위험방지계획서의 제출**

- 제출대상 사업장의 규모는 전기 계약용량이 300kW 이상인 사업장이다.
- 건설물·기계·기구 및 설비 등 일체를 설치·이전하거나 그 주요 구조부분을 변경할 때에는 고용노동부장관(한국산업안전보건공단)에게 유해·위험방지계획서를 제출하여야 한다.
- 제조업 유해·위험방지계획서의 제출 시 첨부서류는 건축물 각 층의 평면도, 기계·설비의 개요를 나타내는 서류, 기계·설비의 배치도면, 원재료 및 제품의 취급, 제조 등의 작업방법의 개요 등이다.
- 제조업의 경우는 해당 작업시작 15일 전에 제출한다.
- 건설업의 경우는 공사의 착공 전날까지 제출한다.

## 54 Repetitive Learning (1회 2회 3회)

작업자세로 인한 부하를 분석하기 위하여 인체 주요 관절의 힘과 모멘트를 정역학적으로 분석하려고 할 때, 분석에 반드시 필요한 인체 관련 자료가 아닌 것은?

① 관절 각도
② 관절의 종류
③ 분절(Segment) 무게
④ 분절(Segment) 무게 중심

해설

- 작업자세로 인한 부하 분석을 위한 정역학적 분석 자료에는 관절의 각도와 분절 무게, 분절 무게 중심 등이 있다.

**작업자세에 대한 정역학적 분석**

- 정역학이란 계가 정적으로 평형일 때 계가 주변, 혹은 그 내부에서 상호작용을 하는지 분석하는 것이다.
- 관절에 작용하는 힘, 관절의 각도, 분절의 무게, 분절의 무게 중심, 마찰력 등의 자료가 필요하다.

## 55 Repetitive Learning (1회 2회 3회)

다음 중 광원의 밝기에 비례하고, 거리의 제곱에 반비례하며, 반사체의 반사율과는 상관없이 일정한 값을 갖는 것은?

① 광도
② 휘도
③ 조도
④ 휘광

해설

- 광도는 광원에서 일정한 방향으로의 밝기를 말하며, 단위는 칸델라(cd)를 사용한다.
- 휘도(Luminance)는 단위면적당 표면에서 반사되는 광량(光量)을 말한다.
- 휘광(Glare)은 시야 내의 어떤 광도(光度)로 인하여 불쾌감, 고통, 눈의 피로 또는 시력의 일시적인 감퇴를 초래하는 현상을 말한다.

**조도(照度)**

㉠ 개요

- 조도는 특정 지점에 도달하는 광의 밀도를 말한다.
- 반사체의 반사율과는 상관없이 일정한 값을 갖는다.
- 거리의 제곱에 반비례하고, 광도에 비례하므로 $\frac{\text{광도}}{(\text{거리})^2}$로 구한다.

㉡ 단위

- 단위는 럭스(Lux)를 주로 사용하며, 1Lux는 1cd의 점광원으로부터 1m 떨어진 구면에 비추는 광의 밀도이며, 촛불 1개의 조도이다.
- Candela는 단위시간당 한 발광점으로부터 투광되는 빛의 에너지양이다.

정답 | 53 ① 54 ② 55 ③

## 56

Repetitive Learning 1회 2회 3회

다음 중 HAZOP 기법에서 사용하는 가이드 워드와 그 의미가 잘못 연결된 것은?

① As well as : 성질상의 증가
② More / Less : 정량적인 증가 또는 감소
③ Part of : 성질상의 감소
④ Other than : 기타 환경적인 요인

해설

- Other than은 완전한 대체를 의미한다.

**가이드 워드(Guide words)**

㉠ 개요

- 위험및운전성검토(HAZOP)에서 근로자들의 창조적 사고를 유도하여 조작방법이나 오동작을 개선하기 위해 사용하는 워드이다.
- 공정변수(Process parameter)와 함께 사용하여 비정상상태(Deviation)가 일어날 수 있는 원인을 찾고 결과를 예측함과 동시에 대책을 세우는 데 유용하다.

㉡ 종류

| No / Not | 설계 의도의 완전한 부정 |
|---|---|
| Part of | 성질상의 감소 |
| As well as | 성질상의 증가 |
| More / Less | 양의 증가 혹은 감소로 양과 성질을 함께 표현 |
| Other than | 완전한 대체 |

## 57

Repetitive Learning 1회 2회 3회

다음 중 보통의 기계작업이나 편지 고르기에 가장 적합한 조명수준은?

① 30fc ② 100fc
③ 300fc ④ 500fc

해설

- 보통의 기계작업이나 편지 고르기 등은 100fc, 정밀작업의 경우는 300Lux의 조명이 필요하다.

**근로자가 상시 작업하는 장소의 작업면 조도(照度)** 실필 1002 실작 1804/1802

| 작업 구분 | 조도기준 |
|---|---|
| 초정밀작업 | 750Lux 이상 |
| 정밀작업 | 300Lux 이상 |
| 보통작업 | 150Lux 이상 |
| 그 밖의 작업 | 75Lux 이상 |

## 58

Repetitive Learning 1회 2회 3회

다음 중 정보전달에 있어서 시각적 표시장치보다 청각적 표시장치를 사용하는 것이 바람직한 경우는?

① 정보의 내용이 긴 경우
② 정보의 내용이 복잡한 경우
③ 정보의 내용이 후에 재참조되지 않는 경우
④ 정보의 내용이 즉각적인 행동을 요구하지 않는 경우

해설

- 정보가 후에 재참조되는 경우는 기록으로 남겨져 있는 경우가 좋으므로 시각적 표시장치가 효과적이나 재참조의 필요가 없을 경우는 청각적 표시장치가 효과적이다.

**시각적 표시장치와 청각적 표시장치의 비교**

| 구분 | 내용 |
|---|---|
| 시각적 표시장치 | • 수신 장소의 소음이 심한 경우<br>• 정보가 공간적인 위치를 다룬 경우<br>• 정보의 내용이 복잡하고 긴 경우<br>• 직무상 수신자가 한 곳에 머무르는 경우<br>• 메시지를 추후 참고할 필요가 있는 경우<br>• 정보의 내용이 즉각적인 행동을 요구하지 않는 경우 |
| 청각적 표시장치 | • 수신 장소가 너무 밝거나 암순응이 요구될 때<br>• 정보의 내용이 시간적인 사건을 다루는 경우<br>• 정보의 내용이 간단한 경우<br>• 직무상 수신자가 자주 움직이는 경우<br>• 정보의 내용이 후에 재참조되지 않는 경우<br>• 메시지가 즉각적인 행동을 요구하는 경우 |

0602 / 0804

## 59

Repetitive Learning 1회 2회 3회

다음 중 인간에러(Human error)에 관한 설명으로 틀린 것은?

① Omission error : 필요한 작업 또는 절차를 수행하지 않는 데 기인한 에러
② Commission error : 필요한 작업 또는 절차의 수행지연으로 인한 에러
③ Extraneous error : 불필요한 작업 또는 절차를 수행함으로써 기인한 에러
④ Sequential error : 필요한 작업 또는 절차의 순서 착오로 인한 에러



56 ④ 57 ② 58 ③ 59 ② 정답

해설

- Commission error는 작업 수행 중 작업을 정확하게 수행하지 못해 발생한 에러이다. 수행지연으로 인한 에러는 시간오류(Timing error)에 해당한다.

:: 행위적 관점에서의 휴먼에러 분류(Swain)

| 실행오류 (Commission error) | 작업 수행 중 작업을 정확하게 수행하지 못해 발생한 에러 |
|---|---|
| 생략오류 (Omission error) | 필요한 작업 또는 절차를 수행하지 않는 데 기인한 에러 |
| 불필요한 수행오류 (Extraneous error) | 불필요한 작업 또는 절차를 수행함으로써 발생한 에러 |
| 순서오류 (Sequential error) | 필요한 작업 또는 절차의 순서 착오로 인한 에러 |
| 시간오류 (Timing error) | 필요한 작업 또는 절차의 수행을 지연한 데 기인한 에러 |

## 60 ─ Repetitive Learning (1회 2회 3회)

다음 중 의자를 설계하는 데 있어 적용할 수 있는 일반적인 인간공학적 원칙으로 가장 적절하지 않은 것은?

① 조절을 용이하게 한다.
② 요부전만을 유지할 수 있도록 한다.
③ 등근육의 정적부하를 높이도록 한다.
④ 추간판에 가해지는 압력을 줄일 수 있도록 한다.

해설

- 등근육의 정적부하를 낮추도록 하여야 한다.

:: 인간공학적 의자 설계

㉠ 개요
- 조절식 설계원칙을 적용하도록 한다.
- 자세와 동작에 따라 고려해야 할 인체측정 치수가 달라진다.
- 요부전만(腰部前灣)을 유지한다.
- 추간판(디스크)의 압력과 등근육의 정적부하를 줄인다.
- 자세 고정을 줄인다.
- 여러 사람이 사용하는 의자의 경우 좌면 높이는 오금보다 약간 낮게(5% 오금높이) 유지한다.

㉡ 고려할 사항
- 체중 분포
- 상반신의 안정
- 좌판의 높이(조절식을 기준으로 한다)
- 좌판의 깊이와 폭
(폭은 최대치, 깊이는 최소치를 기준으로 한다)

# 4과목 건설시공학

1004

## 61 ─ Repetitive Learning (1회 2회 3회)

석공사에서 대리석 붙이기에 관한 내용으로 틀린 것은?

① 대리석은 실내보다는 주로 외장용으로 많이 사용한다.
② 대리석 붙이기 연결철물은 10#~20#의 황동쇠선을 사용한다.
③ 대리석 붙이기 최하단은 충격에 쉽게 파손되므로 충진재를 넣는다.
④ 대리석은 시멘트모르타르로 붙이면 알칼리성분에 의하여 변색·오염될 수 있다.

해설

- 석재 중 대리석은 열에 약하고 내구성이 적어 실내장식용으로 주로 사용한다.

:: 대리석
- 주성분은 탄산석회이다.
- 대리석은 산이나 열에 약하고 내구성이 적어 실내장식재, 조각재로 주로 사용한다.
- 대리석 붙이기 연결철물은 10#~20#의 황동쇠선을 사용한다.
- 대리석 붙이기 최하단은 충격에 쉽게 파손되므로 충진재를 넣는다.
- 대리석은 시멘트모르타르로 붙이면 알칼리성분에 의하여 변색·오염될 수 있다.

## 62 ─ Repetitive Learning (1회 2회 3회)

흙막이 붕괴원인 중 히빙(Heaving) 파괴가 일어나는 주원인은?

① 흙막이 벽의 재료 차이
② 지하수의 부력 차이
③ 지하수위의 깊이 차이
④ 흙막이 벽 내·외부 흙의 중량 차이

해설

- 히빙은 흙막이 벽 내외부 흙의 중량 차이, 연약지반에서 굴착면의 융기, 흙막이 벽의 근입장 깊이가 부족할 경우 발생한다.

정답 | 60 ③ 61 ① 62 ④

:: 히빙(Heaving) 실필 1801/1701/1602/1404/1104/0904/0902

㉠ 개요
- 하부 지반이 연약한 연질의 점토지반에서 흙파기 저면선에 대하여 흙막이 바깥에 있는 흙의 중량과 지표 적재하중을 이기지 못하고 흙이 붕괴되어서 흙막이 바깥 흙이 안으로 밀려들어와 불룩하게 되는 현상을 말한다.

㉡ 원인
- 흙막이 벽 내외부 흙의 중량 차이로 발생한다.
- 연약한 점토지반에서 굴착면의 융기 혹은 흙막이 벽의 근입장 깊이가 부족할 경우 발생한다.

2201

## 63 Repetitive Learning (1회 2회 3회)

철골구조의 내화피복에 대한 설명으로 틀린 것은?

① 조적 공법은 용접철망을 부착하여 경량모르타르, 펄라이트모르타르와 플라스터 등을 바름하는 공법이다.

② 뿜칠 공법은 철골표면에 접착제를 혼합한 내화피복재를 뿜어서 내화피복을 한다.

③ 성형판 공법은 내화단열성이 우수한 각종 성형판을 철골 주위에 접착제와 철물 등을 설치하고 그 위에 붙이는 공법으로 주로 기둥과 보의 내화피복에 사용된다.

④ 타설 공법은 아직 굳지 않은 경량콘크리트나 기포모르타르 등을 강재주위에 거푸집을 설치하여 타설한 후 경화시켜 철골을 내화피복하는 공법이다.

해설

- 조적 공법은 벽돌, 시멘트벽돌, 경량콘크리트블록을 시공하는 방법이다. 용접철망을 부착하여 경량모르타르, 펄라이트모르타르와 플라스터 등은 미장 공법의 재료이다.

:: 철골 내화피복 공법의 종류와 사용되는 재료

㉠ 습식 공법
- 타설 공법 – 콘크리트, 경량콘크리트
- 뿜칠 공법 – 석면, 암면
- 미장 공법 – 철망모르타르, 펄라이트모르타르
- 조적 공법 – 벽돌, 시멘트벽돌, 경량콘크리트블록
- 도장 공법 – 내화페인트

㉡ 건식 공법
- 성형판붙임 공법 – ALC석고보드
- 멤브레인 공법 – 석면흡음판

## 64 Repetitive Learning (1회 2회 3회)

CM 제도에 대한 설명으로 틀린 것은?

① 대리인형 CM(CM for fee) 방식은 프로젝트 전반에 걸쳐 발주자의 컨설턴트 역할을 수행한다.

② 시공자형 CM(CM at risk) 방식은 공사관리자의 능력에 의해 사업의 성패가 좌우된다.

③ 대리인형 CM(CM for fee) 방식에 있어서 독립된 공종별 수급자는 공사관리자와 공사계약을 한다.

④ 시공자형 CM(CM at risk) 방식에 있어서 CM조직이 직접 공사를 수행하기도 한다.

해설

- 대리인형 CM은 별도 시공자 등과 직접적인 계약관계를 가지지 않으며 공사결과에 대한 책임도 없다.

:: CM(Construction Management) 제도

㉠ 개요
- 건설사업에서 사업시작부터 종료에 이르기까지 참여하게 되는 다수 조직의 활동을 합리적으로 지휘, 총괄하는 기능 및 활동을 말한다.
- 대리인형 CM(CM for fee)과 시공자형 CM(CM at risk)으로 구분된다.

㉡ 대리인형 CM(CM for fee)
- 발주자의 대리인으로서 설계자 및 시공자와는 직접적인 계약관계 없이 그들의 업무에 대해서 조언하고 평가하는 등 발주자의 컨설턴트 역할을 수행하고 그 대가로 Fee를 받는 계약방식이다.
- 직접 설계자 및 시공자와 계약관계를 갖는 것이 아니므로 공사결과에 대한 책임은 없다.

㉢ 시공자형 CM(CM at risk)
- 시공자 혹은 설계자와 직접 계약을 맺고 공사결과에 대한 책임을 지는 계약형태로 공사관리자의 능력에 의해 사업의 성패가 좌우된다.
- 경우에 따라서는 CM조직이 직접 공사를 수행하기도 한다.

㉣ 특징
- 시공 시 단계별 시공법을 적용할 수 있어 설계 및 시공 기간을 단축시킬 수 있다.
- 설계과정에서 설계가 시공에 미치는 영향을 예측할 수 있어 설계도서의 현실성을 향상시킬 수 있다.
- 기획 및 설계과정에서 발주자와 설계자 간의 의견대립 없이 설계대안 및 특수공법의 적용이 가능하다.
- 건설에 전문적인 지식을 가진 공사관리자가 설계과정부터 참여하여 설계도서의 현실성을 향상시킬 수 있다.
- 설계자와 시공자 사이의 마찰을 감소시킬 수 있다.



63 ① 64 ③ 정답

0501

## 65 Repetitive Learning (1회 2회 3회)

거푸집의 콘크리트 측압에 대한 설명으로 옳은 것은?

① 묽은 콘크리트일수록 측압이 작다.
② 온도가 낮을수록 측압은 작다.
③ 콘크리트의 붓기 속도가 빠를수록 측압이 크다.
④ 거푸집의 강성이 클수록 측압이 작다.

**해설**

- 묽은 콘크리트일수록 측압이 크다.
- 습도가 높을수록 커지고, 온도는 낮을수록 커진다.
- 거푸집의 강성이 클수록 측압은 크다.

**콘크리트 측압** 실필 1104

- 콘크리트의 타설 속도가 빠를수록 측압이 크다.
- 콘크리트 비중이 클수록 측압이 크다.
- 진동기를 사용하면 다짐이 충분해지므로 측압은 커진다.
- 슬럼프(Slump)가 크고, 배합이 좋을수록 크다.
- 거푸집의 수평단면이 클수록 측압은 크다.
- 거푸집의 강성이 클수록 측압은 크다.
- 벽 두께가 두꺼울수록 커진다.
- 습도가 높을수록 커지고, 온도는 낮을수록 커진다.
- 철근량이 적을수록 측압은 커진다.
- 부배합이 빈배합보다 측압이 크다.
- 조강시멘트 등을 활용하면 측압은 작아진다.

2001

## 66 Repetitive Learning (1회 2회 3회)

철골용접이음 후 용접부의 내부결함 검출을 위하여 실시하는 검사로서 빠르고 경제적이어서 현장에서 주로 사용하는 초음파를 이용한 비파괴검사법은?

① MT(Magnetic particle Testing)
② UT(Ultrasonic Testing)
③ RT(Radiography Testing)
④ PT(Liquid penetrant Testing)

**해설**

- 자분탐상검사(Magnetic particle Testing)는 금속표면의 비교적 낮은 부분의 결함을 발견하기 위해 자력을 이용한다.
- 방사선검사(Radiography Testing)는 방사선을 이용하는 검사방식으로 필름의 밀착성이 좋지 않은 건축물에서 검출이 어렵다.
- 침투탐상검사(Liquid penetrant Testing)는 액체의 모세관현상을 이용한다.

**철골용접 비파괴검사**

㉠ 개요
- 강구조 건축물 용접부의 표면결함 및 내부결함을 검출하는 것으로 한다.
- 표면결함은 육안검사와 침투탐상검사 또는 자분탐상검사로 하며, 내부결함은 초음파탐상검사 또는 방사선투과검사로 구분하여 적용한다.

㉡ 표면결함 검사
- 외관(육안)검사는 용접을 한 용접공이나 용접관리 기술자가 하는 것이 원칙이다.
- 침투탐상검사(Liquid penetrant Testing)는 액체의 모세관현상을 이용한다.
- 자분탐상검사(Magnetic particle Testing)는 금속표면의 비교적 낮은 부분의 결함을 발견하기 위해 자력을 이용한다.

㉢ 내부결함 검사
- 방사선검사(Radiography Testing)는 필름의 밀착성이 좋지 않은 건축물에서 검출이 어렵다.
- 초음파탐상검사(Ultrasonic Testing)는 인간의 귀로 들을 수 없는 주파수를 갖는 초음파를 사용하여 결함을 검출하는 방법으로 모재의 결함 및 두께 측정이 가능하고, 빠르고 경제적이어서 현장에서 많이 이용한다.

1202

## 67 Repetitive Learning (1회 2회 3회)

다음과 같은 조건의 굴착기로 2시간 작업할 경우의 작업량은 얼마인가?

| 버켓용량 $0.8m^3$, 싸이클타임 40초, 작업효율 0.8, 굴착계수 0.7, 굴착토의 용적변화계수 1.1 |
|---|

① $128.5m^3$　　② $107.7m^3$
③ $88.7m^3$　　④ $66.5m^3$

**해설**

- 주어진 값을 대입하면 단위시간당 작업량은 $\frac{3,600 \times 0.8 \times 0.7 \times 1.1 \times 0.8}{40} = \frac{1774.08}{40} = 44.352[m^3]$가 된다.

  문제는 2시간 작업량을 구하므로 ×2를 하면 $88.704[m^3]$가 된다.

**굴착 작업량**

- 굴착기의 단위시간당 작업량은 $\frac{3,600 \times 버켓용량 \times 굴착계수 \times 용적변화계수 \times 작업효율}{싸이클타임}$ 로 구한다.(버켓용량의 단위는 $[m^3]$, 싸이클타임의 단위는 [초], 작업량의 단위는 $[m^3]$이다)

정답 | 65 ③ 66 ② 67 ③

1202 / 2001

## 68 Repetitive Learning 1회 2회 3회

흙막이 지지 공법 중 수평버팀대 공법의 장·단점에 대한 내용으로 틀린 것은?

① 토질에 대해 영향을 적게 받는다.
② 가설구조물이 적어 중장비작업이나 토량제거작업의 능률이 좋다.
③ 인근 대지로 공사범위가 넘어가지 않는다.
④ 강재를 전용함에 따라 재료비가 비교적 적게 든다.

**해설**

- 수평버팀대 공법은 버팀대(가설구조물)를 현장에 설치하는 관계로 중장비작업이나 토량제거작업의 능률이 저하된다.

**수평버팀대 공법** 실작 1702/1504

㉠ 개요
- 흙막이 벽의 측압을 수평으로 배치한 버팀대로 받는 공법인 스트러트(SPS) 공법 중 수평버팀대를 사용하는 공법이다.

㉡ 특징
- 토질에 대해 영향을 적게 받는다.
- 인근 대지로 공사범위가 넘어가지 않는다.
- 강재를 전용함에 따라 재료비가 비교적 적게 든다.
- 가설구조물로 인해 중장비작업이나 토량제거작업의 능률이 저하된다.
- 고저차가 있을 경우 균형잡기가 어렵다.

2001

## 69 Repetitive Learning 1회 2회 3회

터널폼에 대한 설명으로 틀린 것은?

① 거푸집의 전용횟수는 약 10회 정도이다.
② 노무 절감, 공기단축이 가능하다.
③ 벽체 및 슬래브 거푸집을 일체로 제작한 거푸집이다.
④ 이 폼의 종류에는 트윈 쉘(Twin shell)과 모노 쉘(Mono shell)이 있다.

**해설**

- 터널폼은 전용성이 우수하여 경제적 전용횟수가 100회 정도이다.

**터널폼(Tunnel Form)**

㉠ 개요
- 벽식 철근콘크리트 구조를 시공할 경우 벽과 바닥의 콘크리트 타설을 한 번에 가능하게 하기 위하여, 벽체용 거푸집과 슬래브 거푸집을 일체로 제작하여 한 번에 설치하고 해체할 수 있도록 한 거푸집이다.
- 아파트, 병원의 병실, 호텔의 객실 등 동일한 형태의 구조물 및 토목공사, 터널 등에 사용된다.
- 종류에는 트윈 쉘(Twin shell)과 모노 쉘(Mono shell)이 있다.

㉡ 특징
- 노무 절감, 공기단축이 가능하다.
- 자재와 원가 절감이 가능하다.
- 거푸집 강성과 전용성(100회)이 우수하다.

1101

## 70 Repetitive Learning 1회 2회 3회

콘크리트블록쌓기에 대한 설명으로 틀린 것은?

① 보강근은 모르타르 또는 그라우트를 사춤하기 전에 배근하고 고정한다.
② 블록은 살 두께가 작은 편을 위로 하여 쌓는다.
③ 인방블록은 창문틀의 좌우 옆 턱에 200mm 이상 물린다.
④ 모서리 등 기준이 되는 부분을 정확하게 쌓은 다음 수평실을 친다.

**해설**

- 살 두께가 두꺼운 쪽을 위로 해야 한다.

**블록쌓기**

- 살 두께가 두꺼운 쪽을 위로 해야 한다.
- 기초 및 바닥면 윗면은 충분히 물축이기를 해야 한다.
- 하루 쌓기의 높이는 6~7켜(1.2~1.5m) 이내를 표준으로 한다.
- 줄눈은 막힌줄눈으로 하고, 줄눈 두께는 10mm가 되게 한다.
- 직교하는 벽은 통줄눈으로 하고, 줄눈에 철근 또는 철망을 넣어 보강하도록 한다.
- 블록벽면에 부득이 줄홈을 파서 배관할 때는 그 자리는 블록의 빈 속까지 모두 모르타르 또는 콘크리트로 채운다.
- 콘크리트용 블록은 물축임을 하지 말아야 한다.
  (단, 모르타르 접촉면에만 물을 축인다)
- 보강근은 모르타르 또는 그라우트를 사춤하기 전에 배근하고 고정한다.
- 인방블록은 창문틀의 좌우 옆 턱에 200mm 이상 물린다.
- 특별한 지정이 없으면 가로 및 세로줄눈의 두께는 10mm로 한다. 치장줄눈을 할 때에는 흙손을 사용하여 줄눈이 완전히 굳기 전에 줄눈파기를 하여 치장줄눈을 바른다.
- 모서리 등 기준이 되는 부분을 정확하게 쌓은 다음 수평실을 친다.
- 블록보강용 메시는 #8~#10철선을 사용하며 블록의 너비보다 한 치수 작은 것을 사용한다.



68 ② 69 ① 70 ② 정답

0802 / 1104

## 71

Repetitive Learning 1회 2회 3회

토공사용 기계로서 흙을 깎으면서 동시에 기체 내에 담아 운반하고 깔기작업을 겸할 수 있으며, 작업거리는 100~1,500m 정도의 중장거리용으로 쓰이는 것은?

① 파워셔블
② 트렌처
③ 캐리올스크레이퍼
④ 그레이더

해설

- 파워셔블은 기계가 위치한 지면보다 높은 곳을 파는 작업에 가장 적합한 굴착기계이다.
- 트렌처는 일정한 폭의 구덩이를 연속으로 파며, 좁고 깊은 도랑파기에 적당한 토공장비이다.
- 그레이더는 2개의 바퀴 축 사이에 회전날이 달려있어 땅을 평평하게 할 때 사용되는 기계이다.

캐리올스크레이퍼(Carryall scraper) 실작 1804/1801/1601

- 토공사용 정지 및 배토장비이다.
- 자체 동력이 아니라 트랙터 등에 의해 견인되어 흙을 깎으면서 동시에 기체 내에 담아 운반하고 깔기작업을 겸할 수 있다.
- 작업거리는 100 ~ 1,500m 정도의 중장거리용으로 사용된다.

## 72

Repetitive Learning 1회 2회 3회

콘크리트 구조물의 보수·보강법 중 구조보강 공법에 해당되지 않는 것은?

① 표면처리 공법
② 주입 공법
③ 강재보강 공법
④ 단면증대 공법

해설

- 표면처리 공법은 보수공법에 해당한다.

콘크리트 구조물의 보수·보강법

㉠ 개요

- 구조물에 작용한 위해요인으로 인해 발생된 손상을 치유하는 것을 보수라고하고, 설계하중을 초과하는 하중 등에 대비하여 구조물의 내하력 등을 증진시키는 것을 보강이라고 한다.
- 콘크리트 구조물의 보수·보강법에는 외장적 보수 공법과 구조보강 공법으로 크게 분류할 수 있다.

㉡ 보수·보강법의 분류

| 구분 | 공법 | 내용 |
|---|---|---|
| 보수 | 표면처리 공법 | 균열의 폭이 작은 경우에 사용하는 공법으로 균열발생 부위에 에폭시수지 등으로 피복하는 공법 |
| | 충진법 | 균열의 폭이 클 경우 균열부위를 절단한 후 보수재를 충진하는 방법 |
| 구조보강 | 주입 공법 | 균열부위에 수지계 또는 시멘트계의 재료를 주입하여 방수성과 내구성을 향상시키는 공법 |
| | 강재보강 공법 | 내력손상된 구조물 주요부위에 보강재를 매입하여 보강하는 공법 |
| | 단면증대 공법 | 처짐이 과도하게 발생되었거나 상부 철근이 부족한 경우 콘크리트 단면을 덧붙여 타설하여 보강하는 공법 |
| | 복합재료 보강 공법 | 강재보강 대신에 가볍고 시공성능이 좋은 탄소섬유시트 및 아라미드섬유시트 등으로 보강하는 공법 |

## 73

Repetitive Learning 1회 2회 3회

원가구성 항목 중 직접공사비에 속하지 않는 것은?

① 외주비
② 노무비
③ 경비
④ 일반관리비

해설

- 직접공사비는 재료비, 노무비, 직접경비(장비비, 외주비, 특허사용료 등)로 구성된다.

공사원가

㉠ 개요

- 공사원가란 공사시설물을 완성하기 위해 시공과정에서 소요되는 재료비, 노무비, 경비의 합계액이다.
- 직접공사비(직접가설비 포함)와 간접공사비로 구분된다.
- 순공사비는 재료비와 공통가설비의 합계액이다.

㉡ 직접공사비

- 직접공사비는 재료비, 노무비, 직접경비로 구분된다.
- 직접경비는 장비비, 외주비, 특허사용료 등으로 구성된다.

㉢ 간접공사비

- 간접공사비는 공통가설비, 현장관리비로 구성된다.

정답 | 71 ③ 72 ① 73 ④

## 74

Repetitive Learning (1회 2회 3회)

흙의 휴식각에 대한 설명으로 틀린 것은?

① 터파기의 경사는 휴식각의 2배 정도로 한다.
② 습윤 상태에서 휴식각은 모래 30~45°, 흙 25~45° 정도이다.
③ 흙의 흘러내림이 자연 정지될 때 흙의 경사면과 수평면이 이루는 각도를 말한다.
④ 흙의 휴식각은 흙의 마찰력, 응집력 등에 관계되나 함수량과는 관계없이 동일하다.

해설

- 흙의 휴식각은 흙의 마찰력, 응집력, 부착력 등과 함수량에 따라 결정된다.

흙의 휴식각(안식각)

- 흙의 흘러내림이 자연 정지(마찰력으로 중력에 대하여 정지)될 때 흙의 경사면과 수평면이 이루는 각도를 말한다.
- 습윤 상태에서 휴식각은 모래 30~45°, 흙 25~45° 정도이다.
- 흙의 휴식각은 흙의 마찰력, 응집력, 부착력 등과 함수량에 따라 결정된다.
- 터파기의 경사는 휴식각의 2배 정도로 한다.

## 75

Repetitive Learning (1회 2회 3회)

한중콘크리트의 제조에 대한 설명으로 틀린 것은?

① 콘크리트의 비빔온도는 기상조건 및 시공조건 등을 고려하여 정한다.
② 재료를 가열하는 경우, 물 또는 골재를 가열하는 것을 원칙으로 하며, 골재는 직접 불꽃에 대어 가열한다.
③ 타설 시의 콘크리트 온도는 5℃ 이상, 20℃ 미만으로 한다.
④ 빙설이 혼입된 골재, 동결상태의 골재는 원칙적으로 비빔에 사용하지 않는다.

해설

- 물을 가열하여 사용하는 것을 원칙으로 하며, 골재를 직접 불꽃에 대어 가열해서는 안 된다.

한중콘크리트

㉠ 개요

- 일 평균기온이 4℃ 이하인 곳에서 동결을 방지하기 위해 시공하는 콘크리트이다.
- 타설 시의 콘크리트 온도는 5℃ 이상, 20℃ 미만으로 한다.

㉡ 특징

- W/C비가 높으면 동해의 원인이 되므로 W/C비는 60% 이하로 낮춰야 한다.
- 물을 가열하여 사용하는 것을 원칙으로 하며, 시멘트는 가열해서는 안 된다.
- AE제, AE감수제 및 고성능 AE감수제 중 어느 한 종류는 반드시 사용한다.
- 빙설이 혼입된 골재는 원칙적으로 비빔에 사용하지 않는다.

## 76

Repetitive Learning (1회 2회 3회)

철골 공사 중 현장에서 보수도장이 필요한 부위에 해당되지 않는 것은?

① 현장용접 부위
② 현장접합 재료의 손상 부위
③ 조립상 표면접합이 되는 면
④ 운반 또는 양중 시 생긴 손상 부위

해설

- 조립에 의해 맞닿는 부분이나 표면접합이 되는 부분은 보수도장이 필요 없다.

현장에서 보수도장이 필요한 부위

- 현장용접 부위
- 현장접합 재료의 손상 부위
- 운반 또는 양중 시 생긴 손상 부위
- 현장접합에 의한 볼트류의 두부, 너트, 와셔

1001 / 1104 / 1904

## 77

Repetitive Learning (1회 2회 3회)

강관 말뚝 지정의 장점에 해당되지 않는 것은?

① 강한 타격에도 견디며 다져진 중간지층의 관통도 가능하다.
② 지지력이 크고 이음이 안전하고 강하며 확실하므로 장척 말뚝에 적당하다.
③ 상부구조와의 결합이 용이하다.
④ 방부력이 뛰어나 내구성이 우수하다.

해설

- 강재말뚝은 재료의 특성상 부식이 발생하므로 부식방지대책을 세워야 한다.



74 ④ 75 ② 76 ③ 77 ④ 정답

:: 강재말뚝의 특징
- 깊은 지지층까지 박을 수 있어 장척 말뚝에 적당하다.
- 휨모멘트에 대한 저항이 크고, 강한 타격에도 견디며 다져진 중간지층의 관통도 가능하다.
- 말뚝의 절단·가공 및 현장접합이 가능하여 소요길이의 조정이 자유롭다.
- 중량이 가볍고, 단면적이 작아 운반 및 시공이 용이하다.
- 상부구조물과의 결합이 용이하다.
- 재료의 특성상 지중에서 부식이 발생하므로 부식방지대책을 세워야 한다.

## 78 Repetitive Learning (1회 2회 3회)

철근콘크리트 공사의 일정계획에 영향을 주는 주요 요인이 아닌 것은?

① 요구 품질 및 정밀도 수준
② 거푸집의 존치기간 및 전용횟수
③ 시공상세도 작성 기간
④ 강우, 강설, 바람 등의 기후 조건

해설
- 철근콘크리트 공사의 일정계획에 영향을 주는 주요 요인에는 ①, ②, ④ 외에 자재의 수급 여건, 건축물의 규모 및 주변상황 등이 있다.

:: 철근콘크리트 공사의 일정계획에 영향을 주는 주요 요인
- 건축물의 규모 및 주변상황
- 자재의 수급 여건
- 요구 품질 및 정밀도 수준
- 거푸집의 존치기간 및 전용횟수
- 강우, 강설, 바람 등의 기후 조건

1804

## 79 Repetitive Learning (1회 2회 3회)

철근 용접이음 방식 중 Cad Welding 이음의 장점이 아닌 것은?

① 실시간 육안검사가 가능하다.
② 기후의 영향이 적고 화재위험이 감소된다.
③ 각종 이형철근에 대한 적용범위가 넓다.
④ 예열 및 냉각이 불필요하고 용접시간이 짧다.

해설
- Cad Welding 이음은 육안검사가 불가능하고, X-Ray 및 방사선 투과법 등의 특수검사 방법이 필요하다.

:: Cad Welding 이음
㉠ 개요
- 철근에 Sleeve를 끼우고 화약과 합금의 혼합물을 넣고 순간폭발에 의해 녹은 합금이 공간을 충전하여 이음을 형성하는 공법이다.

㉡ 특징
- 기후의 영향이 적고 화재위험이 감소한다.
- 각종 이형철근에 대한 적용범위가 넓다.
- 예열 및 냉각이 필요 없고 용접시간이 짧다.
- 육안검사가 불가능하고, X-Ray 및 방사선투과법 등의 특수검사 방법이 필요하다.

1002

## 80 Repetitive Learning (1회 2회 3회)

콘크리트의 진동다짐 진동기의 사용에 대한 설명으로 틀린 것은?

① 진동기는 될 수 있는 대로 수직방향으로 사용한다.
② 묽은 반죽에서 진동다짐은 별 효과가 없다.
③ 진동의 효과는 봉의 직경, 진동수, 진폭 등에 따라 다르며, 진동수가 큰 것일수록 다짐효과가 크다.
④ 진동기는 신속하게 꽂아놓고 신속하게 뽑는다.

해설
- 진동기를 빼낼 때는 서서히 뽑아 구멍이 남지 않도록 하여야 한다.

:: 진동기
㉠ 개요
- 콘크리트 부어넣기에서 콘크리트의 밀실화를 유지시키기 위해 사용하는 기계이다.
- 하층 콘크리트에 10cm 정도 삽입하여 상하층 콘크리트를 일체화시키는 장치이다.

㉡ 사용방법 및 특징
- 진동기를 빼낼 때는 서서히 뽑아 구멍이 남지 않도록 한다.
- 진동기의 선단을 철근·철골·거푸집 등 구조물에 직접적으로 접촉시켜서는 안 된다.
- 유효한 다짐시간은 관찰과 경험에 의하여 결정하는 것이 좋다.
- 진동기의 사용간격은 60cm를 넘지 않도록 한다.
- 진동기는 될 수 있는 대로 수직방향으로 사용한다.
- 진동의 효과는 봉의 직경, 진동수, 진폭 등에 따라 다르며, 진동수가 큰 것일수록 다짐효과가 크다.
- 묽은 반죽에서 진동다짐은 별 효과가 없다.

정답 | 78 ③ 79 ① 80 ④

## 5과목 건설재료학

0504

### 81 Repetitive Learning (1회 2회 3회)

ALC(Autoclaved Lightweight Concrete) 제조 시 기포제로 사용되는 것은?

① 알루미늄 분말
② 플라이애쉬
③ 규산백토
④ 실리카시멘트

**해설**

- ALC(Autoclaved Lightweight Concrete) 제조 시 기포제는 알루미늄 분말이나 알루미늄 페이스트가 주로 사용된다.

**경량기포콘크리트(ALC : Autoclaved Lightweight Concrete)**

㉠ 개요
- 포화증기 양생 경량기포콘크리트로 무수한 기포를 독립적으로 분산시켜 중량을 가볍게 한 기포콘크리트의 일종이다.
- 규산질, 석회질 원료를 주원료로 하여 기포제와 발포제를 첨가하여 만든다.
- 기포제는 알루미늄 분말이나 알루미늄 페이스트가 주로 사용된다.

㉡ 특징
- 현장에서 절단 및 가공이 용이하며 인력으로 취급이 간편하다.
- 경량성, 단열성, 내화성, 흡음·차음성 등에서 우수한 성능을 보인다.
- 보통콘크리트에 비해 비중은 1/4 정도로 경량이며, 중성화의 우려가 높다.
- 다공질이기 때문에 흡수성이 높다.
- 동해에 대한 방수, 방습처리가 필요하고 부서지기 쉽다.
- 압축강도에 비해서 휨강도나 인장강도는 상당히 약하다.
- 강도가 낮아 구조재로서는 부적합하며 주로 비내력벽, 지붕, 바닥재로 사용된다.

1804

### 82 Repetitive Learning (1회 2회 3회)

석재에 관한 설명으로 옳지 않은 것은?

① 석회암은 석질이 치밀하나 내화성이 부족하다.
② 현무암은 석질이 치밀하여 토대석, 석축에 쓰인다.
③ 테라조는 대리석을 종석으로 한 인조석의 일종이다.
④ 화강암은 석회, 시멘트의 원료로 사용된다.

**해설**

- 석회, 시멘트의 원료로 사용되는 것은 석회암이다.

**화강암**

㉠ 개요
- 석영, 장석, 운모로 구성된다.
- 전반적인 색상은 밝은 회백색을 띠나 흑운모, 각섬석, 휘석 등은 검은색을 띠며, 산화철을 포함하면 미홍색을 띤다.
- 외장, 내장, 구조재, 도로포장재, 콘크리트 골재 등에 사용된다.

㉡ 특성
- 마모, 풍화 등에 대한 내구성이 크다.
- 외관이 수려하나 함유광물의 열팽창계수가 달라 내화성이 약해 화재 시 파괴된다.
- 강도가 너무 단단하여 건축용 휨재나 조각 등에는 부적당하다.

### 83 Repetitive Learning (1회 2회 3회)

열가소성 수지 중 내마모성이 있어 우레탄고무, 도료 접착제로 사용되는 수지는?

① 실리콘수지
② 에폭시수지
③ 멜라민수지
④ 폴리우레탄수지

**해설**

- 실리콘수지는 내열성이 크고 발수성을 나타내어 방수제로 쓰이며 저온에서도 탄성이 있어 Gasket, Packing의 원료로 쓰이는 합성수지이다.
- 에폭시수지는 열경화성 합성수지로 내수성, 내약품성, 전기절연성, 접착성이 뛰어나 접착제나 도료로 널리 이용된다.
- 멜라민수지는 멜라민과 포름알데히드로 제조된 순백색 또는 투명백색의 열경화성 수지로, 표면경도가 크고 착색이 자유로우며 내열성이 우수한 수지이다.

**폴리우레탄(Polyurethane)수지**
- 열가소성인 것도 있고 열경화성인 것도 있다.
- 내열성, 내마모성, 내용제성(耐溶劑性), 내약품성이 우수하며, 도료, 접착제, 합성 피혁의 원료 등으로 사용된다.
- 도막방수재 및 실링재로서 이용이 증가하고 있는 합성수지로서 기포성 보온재로도 사용된다.



81 ① 82 ④ 83 ④ | 정답

1204

## 84 ········· Repetitive Learning (1회 2회 3회)

건축 구조재료의 요구 성능에는 역학적 성능, 화학적 성능, 내화성능 등이 있는데 그 중 역학적 성능에 해당되지 않는 것은?

① 내열성
② 강도
③ 강성
④ 내피로성

해설

• 내열성은 열저항성의 개념으로 재료의 물리적 성질에 해당한다.

**재료의 성질**

㉠ 역학적 성질

• 재료의 역학적 성질에는 탄성, 소성, 점성, 인성, 연성, 전성, 강성, 취성, 경도, 내피로성 등이 있다.

| | |
|---|---|
| 탄성(Elasticity) | 외력이 작용하면 변형이 생기지만 외력을 제거하면 원래의 모양으로 돌아가는 성질 |
| 소성(Plasticity) | 외력이 작용하면 변형이 생기고, 외력이 제거되어도 그 변형된 상태를 유지하는 성질 |
| 점성(Viscosity) | 외력에 의한 유동 시 재료 각 부에 저항이 생기는 성질 |
| 인성(Toughness) | 외력을 받으면 변형을 나타내면서도 파괴되지 않고 견디는 성질 |
| 연성(Ductility) | 탄성한계 이상의 외력을 받아도 파괴되지 않고 가늘고 길게 늘어나는 성질 |
| 강성(Stiffness) | 재료가 외력을 받았을 때 변형에 저항하는 성질 |
| 취성(Brittleness) | 유리와 같이 외력에 변형되지 않으나 작은 변형에도 파괴되는 성질 |
| 경도(Hardness) | 재료의 단단한 정도 |
| 내피로성(Fatigue resistance) | 부하가 반복적으로 가해지더라도 이를 견딜 수 있는 성질 |

㉡ 물리적 성질

• 물리적 성질에는 비중, 열전도율, 내열성, 함수율, 흡수율, 비열, 열팽창계수 등이 있다.

| | |
|---|---|
| 비중 | 기준이 되는 물질의 밀도에 대한 상대적인 비 |
| 열전도율 | 온도 차에 의해 열이 전달되는 특성 |
| 내열성 | 열저항성 |

## 85 ········· Repetitive Learning (1회 2회 3회)

1,000℃ 이상의 고온에서도 견디는 섬유로 본래 공업용 가열로의 내화 단열재로 사용되었으나 최근에는 철골의 내화 피복재로 쓰이는 단열재는?

① 펄라이트판  ② 세라믹 파이버
③ 규산칼슘판  ④ 경량기포콘크리트

해설

• 펄라이트판은 천연 유리질인 펄라이트 입자를 성형하여 배관용 단열재로 많이 사용된다.
• 규산칼슘판은 규산질과 석회 분말에 강화섬유를 첨가하여 만든 것으로 선박의 격벽패널, 내화벽 등으로 널리 사용된다.
• 경량기포콘크리트는 규산질, 석회질 원료를 주원료로 하여 기포제와 발포제를 첨가하여 만든 것으로 비내력벽, 지붕, 바닥재로 사용된다.

**단열재의 대표적인 종류와 특성**

| | |
|---|---|
| 세라믹 파이버 | 1,000℃ 이상의 고온에서도 견디는 섬유로 본래 공업용 가열로의 내화 단열재로 사용되었으나 최근에는 철골의 내화 피복재로 쓰인다. |
| 석면(Asbestos) | 사문암 또는 각섬암이 열과 압력을 받아 변질하여 섬유 모양의 결정질이 된 것으로 단열재·보온재 등으로 사용되었으나, 인체 유해성으로 사용이 규제되고 있다. |
| 폴리스티렌수지 | • 발포제로서 보드 상으로 성형하여 단열재로 널리 사용되며 건축벽 타일, 천장재, 전기용품 등에 쓰이는 열가소성 수지이다.<br>• 투명성, 기계적 강도, 내수성은 좋지만 내충격성이 약하며, 발포제를 사용하여 넓은 판으로 만들어 사용한다. |

0602

## 86 ········· Repetitive Learning (1회 2회 3회)

각종 벽돌에 대한 설명 중 틀린 것은?

① 내화벽돌은 내화점토를 원료로 하여 소성한 벽돌로서 내화도는 1,500~2,000℃의 범위이다.
② 다공벽돌은 점토에 톱밥, 겨, 탄가루 등을 혼합, 소성한 것으로 방음, 흡음성이 좋다.
③ 이형벽돌은 형상, 치수가 규격에서 정한 바와 다른 벽돌로서 특수한 구조체에 사용될 목적으로 제조된다.
④ 포도벽돌은 벽돌에 오지물을 칠해 소성한 벽돌로서, 건물의 내·외장 또는 장식물의 치장에 쓰인다.

정답 | 84 ① 85 ② 86 ④

해설

- 벽돌에 오지물을 칠해 소성한 벽돌로서, 건물의 내·외장 또는 장식물의 치장에 쓰이는 것은 오지벽돌이다.

대표적인 벽돌의 종류와 특징

| | |
|---|---|
| 점토벽돌 | • 점토, 고령토 등을 원료로 하여 혼련, 성형, 건조, 소성시켜 만든 벽돌<br>• 형태변화가 자유롭고, 압축강도, 내화성, 풍화작용에 강해 많이 사용된다.<br>• 보통벽돌의 소성온도는 900~1,000℃ 이상이다. |
| 내화벽돌 | 내화점토를 원료로 하여 소성한 벽돌로 내화온도의 범위는 제품에 따라 다르나 대개 1,500~2,000℃이다. |
| 다공벽돌 | 점토에 톱밥, 겨, 탄가루 등을 혼합, 소성한 것으로 방음, 흡음성이 좋다. |
| 이형벽돌 | 형상, 치수가 규격에서 정한 바와 다른 벽돌로서 특수한 구조체에 사용될 목적으로 제조된다. |
| 포도벽돌 | 경질이며 흡습성이 적은 특성이 있으며 도로나 마룻바닥에 까는 두꺼운 벽돌로서 원료로 연와토 등을 쓰고 식염유로 시유 소성한 벽돌이다. |
| 경량벽돌 | 저급점토, 목탄가루, 톱밥 등을 혼합하여 성형 후 소성한 것으로 단열과 방음성이 우수한 벽돌로 구멍벽돌과 다공벽돌이 있다. |
| 오지벽돌 | 벽돌에 오지물을 칠해 소성한 벽돌로서, 건물의 내·외장 또는 장식물의 치장에 쓰인다. |

0804

## 87 Repetitive Learning (1회 2회 3회)

석재에 관한 설명으로 옳지 않은 것은?

① 대리석은 석회암이 변화되어 결정화된 것으로 치밀, 견고하고 외관이 아름답다.
② 화강암은 건축 내·외장재로 많이 쓰이며 견고하고 대형재가 생산되므로 구조재로 사용된다.
③ 응회석은 다공질이고 내화도가 높으므로 특수 장식재나 경량골재, 내화재 등에 사용된다.
④ 안산암은 크롬, 철광으로 된 흑록색의 치밀한 석질의 화성암으로 건축 장식재로 이용된다.

해설

- 크롬, 철광으로 된 흑록색의 치밀한 석질의 화성암으로 건축 장식재로 이용되는 것은 감람석(Serpentine)이다.

안산암

- 안산암은 강도, 경도, 비중이 크며, 내화적이고 석질이 극히 치밀하며, 가공성 및 내화성이 좋다.
- 외부마감재, 비석, 구조용 석재로 널리 쓰인다.

## 88 Repetitive Learning (1회 2회 3회)

점토 제품의 성형에 있어 가장 중요한 성질은?

① 흡수성 ② 점성
③ 가소성 ④ 강성

해설

- 가소성이란 힘을 가하면 변형되고, 힘을 제거하더라도 그 변형된 형상이 남게 되는 성질로 점토의 성형에서 가장 중요한 성질이다.

가소성

- 가소성이란 힘을 가하면 변형되고, 힘을 제거하더라도 그 변형된 형상이 남게 되는 성질로 점토의 성형에서 가장 중요한 성질이다.
- 양질의 점토는 습윤 상태에서 현저한 가소성을 나타내며, 점토 입자가 미세할수록 가소성은 좋아진다.
- 가소성이 너무 큰 경우에는 모래 또는 샤모트 등을 혼합하여 조절한다.

1604

## 89 Repetitive Learning (1회 2회 3회)

소석회에 모래, 해초풀, 여물 등을 혼합하여 바르는 미장재료로서 목조바탕, 콘크리트블록 및 벽돌 바탕 등에 사용되는 것은?

① 회반죽 ② 돌로마이트플라스터
③ 시멘트모르타르 ④ 석고플라스터

해설

- 돌로마이트플라스터는 마그네시아를 다량 함유한 백운석을 구워 소석회와 같이 만드는 미장재료로 바르기 쉽고 경제적인 기경성 재료이다.
- 시멘트모르타르는 시멘트와 모래를 혼합하여 만든 접합체로 벽돌, 타일, 돌 등을 붙일 때 사용한다.
- 석고플라스터는 고온소성의 무수석고에 특별한 화학처리를 한 것으로 킨즈시멘트라고도 불린다.

회반죽

㉠ 개요

- 공기 중의 이산화탄소($CO_2$)와 반응하여 경화되는 대표적인 기경성 재료이다.
- 소석회에 모래, 해초풀, 여물 등을 혼합하여 바르는 미장재료이다.
- 목조바탕, 콘크리트블록 및 벽돌 바탕 등에 사용된다.
- 회반죽 바름에 사용하는 해초풀은 채취 후 1~2년 경과된 것이 좋다.
- 회반죽에 석고를 약간 혼합하면 수축균열을 방지할 수 있는 효과가 있다.



87 ④ 88 ③ 89 ① 정답

㉡ 특징
- 경화건조에 의한 수축률은 미장바름 중 큰 편이다.
- 발생하는 균열은 여물이 분산·경감시킨다.
- 기경성 재료인 만큼 건조에 걸리는 시간이 대단히 길다.

## 90

Repetitive Learning 1회 2회 3회

알루미나시멘트에 관한 설명 중 틀린 것은?

① 강도 발현속도가 매우 빠르다.
② 수화작용 시 발열량이 매우 크다.
③ 매스콘크리트, 수밀콘크리트에 사용된다.
④ 보크사이트와 석회석을 원료로 한다.

해설

- 알루미나시멘트는 보크사이트와 석회석을 원료로 하며 조강포틀랜드시멘트에 사용되는 시멘트이다.

알루미나시멘트
㉠ 개요
- 보크사이트와 석회석을 원료로 하며 조강포틀랜드시멘트에 사용된다.
- 내화성이 풍부하므로 내화용 콘크리트에 적합하다.

㉡ 특징
- 산에 약하고 알칼리에 강한 특성을 갖는다.
- 강도 발현속도가 매우 빠른 특성을 가져 조기강도는 크나 장기강도는 저하되는 단점을 갖는다.
- 수화작용 시 발열량이 매우 커 −10℃의 한중공사에 이용된다.

## 91

Repetitive Learning 1회 2회 3회

멜라민수지 접착제에 관한 설명 중 틀린 것은?

① 내수성이 크다.
② 순백색 또는 투명백색이다.
③ 멜라민과 포름알데히드로 제조된다.
④ 고무나 유리접착에 직당하다.

해설

- 유리와 금속의 접착에는 에폭시수지 접착제가 주로 사용된다.
- 고무는 폴리우레탄수지 접착제가 주로 사용된다.

멜라민수지 접착제(Melamine resin adhesive)
- 멜라민과 포름알데히드로 제조된 순백색 또는 투명백색의 열경화성 수지이다.
- 표면경도가 높고, 내열성, 내약품성, 내수성 및 전기적 성질이 뛰어나다.
- 목재 접착에 적합해 목재합판용 접착제로 적합하나 가격이 비싸 많이 사용되지는 않는다.

## 92

Repetitive Learning 1회 2회 3회

목재의 방부제에 대한 설명 중 틀린 것은?

① PCP는 방부력이 매우 우수하나, 자극적인 냄새가 난다.
② 크레오소트유는 방부성은 우수하나, 악취가 나고 외관이 좋지 않다.
③ 아스팔트는 가열·용해하여 목재에 도포하면 미관이 뛰어나 자주 활용된다.
④ 유성페인트는 방부, 방습효과가 있고, 착색이 자유롭다.

해설

- 아스팔트는 흑색 또는 흑갈색으로 외관이 좋지 않다.

아스팔트
- 가열·용해하여 목재에 도포하면 방부성이 뛰어나다.
- 페인트칠이 불가능하므로 눈에 보이지 않는 곳에 주로 사용한다.

0704 / 0901

## 93

Repetitive Learning 1회 2회 3회

콘크리트 배합 시 시멘트 $1m^3$, 물 2,000L인 경우 물-시멘트비는?(단, 시멘트의 밀도는 $3.15g/cm^3$이다)

① 약 15.7%
② 약 20.5%
③ 약 50.4%
④ 약 63.5%

해설

- 중량 = 밀도 × 부피이고 물의 중량이 2,000L로 표시되므로 시멘트의 중량은 3.15 × 1,000 = 3,150L으로 구할 수 있다.
- 물 − 시멘트비는 $\frac{2,000}{3,150} \times 100 = 63.49$이므로 63.5[%]이다.

정답 | 90 ③ 91 ④ 92 ③ 93 ④

**물-시멘트비**

- 시멘트의 중량 대비 물의 중량을 백분율로 표시한 것이다.
- 콘크리트강도에 가장 큰 영향을 미치는 인자이다.
- 물-시멘트비는 $\frac{\text{물의 중량}}{\text{시멘트의 중량}} \times 100[\%]$로 구한다.
- 시멘트의 부피가 주어질 때는 시멘트의 무게(중량) = 부피 × 밀도(시멘트의 밀도는 3.14)로 구한다.

0602 / 1204

## 94 Repetitive Learning 1회 2회 3회

블론아스팔트를 용제에 녹인 것으로 액상을 하고 있으며 아스팔트방수의 바탕처리재로 이용되는 것은?

① 아스팔트프라이머 ② 아스팔트펠트
③ 아스팔트유제 ④ 피치

해설

- 아스팔트펠트는 목면, 마사, 양모, 폐지 등을 혼합하여 만든 원지에 스트레이트아스팔트를 침투시킨 두루마리 제품으로 흡수성이 크기 때문에 아스팔트방수의 중간층 재료로 이용된다.
- 아스팔트유제란 아스팔트에 유화제와 안정제를 가한 것으로 상온에서 작업이 편리하다.
- 피치는 석유, 석탄공업에서 경유, 중유 및 중유분을 뽑은 나머지로 대부분은 광택이 없는 고체로 연성이 전혀 없는 것이다.

**아스팔트 제품**

| | |
|---|---|
| 아스팔트코팅 (Asphalt coating) | 블론아스팔트(Blown asphalt)를 휘발성 용제에 녹이고 광물 분말 등을 가하여 만든 것으로 방수, 접합부 충전 등에 사용된다. |
| 아스팔트프라이머 (Asphalt primer) | 블론아스팔트를 용제에 녹인 것으로 액상을 하고 있으며 아스팔트방수의 바탕처리재(밀착용)로 이용된다. |
| 아스팔트컴파운드 (Asphalt compound) | 블론아스팔트의 내열성, 내한성 등을 개량하기 위해 동물섬유나 식물섬유를 혼합하여 유동성을 증대시킨 것이다. |
| 아스팔트펠트 (Asphalt felt) | 목면, 마사, 양모, 폐지 등을 혼합하여 만든 원지에 스트레이트아스팔트를 침투시킨 두루마리 제품으로 흡수성이 크기 때문에 아스팔트방수의 중간층 재료로 이용된다. |
| 아스팔트루핑 (Asphalt roofing) | 아스팔트펠트의 양면에 블론아스팔트를 가열·용융시켜 피복한 것이다. |
| 아스팔트그라우트 (Asphalt grout) | 스트레이트아스팔트와 돌가루, 모래를 가열 혼합한 물질로 석재의 고착 및 충전에 사용된다. |

## 95 Repetitive Learning 1회 2회 3회

목재의 일반적 성질에 관한 설명으로 틀린 것은?

① 섬유포화점 이상의 함수상태에서는 함수율의 증감에도 신축을 일으키지 않는다.
② 섬유포화점 이상의 함수상태에서는 함수율이 증가할수록 강도는 감소한다.
③ 기건상태란 통상 대기의 온도·습도와 평형한 목재의 수분 함유 상태를 말한다.
④ 섬유방향에 따라서 전기전도율은 다르다.

해설

- 섬유포화점 이하에서는 함수율의 감소에 따라 목재의 강도가 증가하고 탄성(인성)이 감소하나, 섬유포화점 이상에서는 함수율이 변화해도 목재의 강도가 일정하고 신축을 일으키지도 않는다.

**함수율과 강도**

- 목재가 대기의 온도와 습도에 맞게 평형에 도달한 상태를 의미하는 기건상태의 함수율은 약 15%이다.
- 목재에서 흡착수만이 최대한도로 존재하고 있는 상태인 섬유포화점(Fiber saturation point)의 함수율은 30% 정도이다.
- 섬유포화점 이하에서는 함수율의 감소에 따라 목재의 강도가 증가하고 탄성(인성)이 감소한다.
- 섬유포화점 이상에서는 함수율이 변화하여도 목재의 강도가 일정하고 신축을 일으키지도 않는다.

1801

## 96 Repetitive Learning 1회 2회 3회

수직면으로 도장하였을 경우 도장 직후에 도막이 흘러내리는 현상의 발생 원인과 가장 거리가 먼 것은?

① 얇게 도장하였을 때
② 지나친 희석으로 점도가 낮을 때
③ 저온으로 건조시간이 길 때
④ Airless 도장 시 팁이 크거나 2차압이 낮아 분무가 잘 안 되었을 때

해설

- 얇게 도장하는 것은 흐름(Sagging)에 대한 방지대책에 해당한다.

**흐름(Sagging)**

- 수직면으로 도장했을 때 도장 직후에 도막이 흘러내리는 현상을 말한다.
- 과도한 도장, 과도한 희석제, 배합의 잘못, 저온으로 건조시간이 길 때, Airless 도장 시 팁이 크거나 2차압이 낮아 분무가 잘 안 되었을 때 등에서 발생한다.
- 적절하게 배합된 도료로 숙련된 도장기술을 이용해 도장하는 등의 대책이 필요하다.



94 ① 95 ② 96 ① 정답

## 97

Repetitive Learning 1회 2회 3회

다음 금속 중 방사선 차폐성이 높아 병원의 방사선실 주변에 채용되는 재료는?

① 강판 ② 납
③ 주석 ④ 니켈

해설

- 강판은 강철로 만든 판으로 교량, 차량, 선박 등에 주로 사용된다.
- 주석(Sn)은 인체에 무해하며 유기산에 침식되지 않아 식품 보관용의 용기류에 이용된다.
- 니켈(Ni)은 전연성이 풍부하고 내식성이 크며 청백색 광택이 있는 금속으로 도금이나 합금을 통해 동전의 재료로 사용된다.

납(Pb)의 성질

- 비중이 11.4로 아주 크고 연질이며 전・연성 및 가공성이 풍부하다.
- 융점(327.5℃)이 높으며, 산이나 기타 약액에 대해서는 저항성이 크지만, 알칼리에는 침식된다.
- 방사선 투과도가 낮아서 방사선 차폐용 벽체 및 X선을 사용하는 개소에 방호용으로 사용된다.

## 98

Repetitive Learning 1회 2회 3회

비철금속에 관한 설명 중 옳은 것은?

① 동은 맑은 물에는 침식되지 않으나 해수에는 침식된다.
② 황동은 청동과 비교하여 주조성과 내식성이 더욱 우수하다.
③ 알루미늄은 동에 비해 융점이 높기 때문에 용해주조도가 좋지 않다.
④ 순도가 높은 알루미늄일수록 내식성과 전・연성이 작아진다.

해설

- 황동은 주조성이 청동에 비해 좋으나 내식성은 청동에 비해 떨어진다.
- 알루미늄은 융점이 낮기 때문에 용해주조도는 좋으나 내화성이 부족하다.
- 알루미늄은 불순물이 적을수록 즉, 순도가 높을수록 내식성과 전・연성이 좋아진다.

동(Cu, 구리)의 성질

- 건축용으로는 박판으로 제작하여 지붕재료로 이용되며, 못 등으로도 이용된다.
- 전연성이 풍부하므로 가공하기 쉽고, 전기 및 열전도율이 매우 크다.
- 알칼리성에 약하므로 시멘트 콘크리트 등에 접하는 곳에서 부식의 속도가 빠르므로 주의해야 한다.
- 맑은 물에는 침식되지 않으나 해수 및 암모니아에는 침식된다.
- 건조한 공기 중에서는 산화하지 않으나, 습기가 있거나 탄산가스가 있으면 녹이 발생한다.

## 99

Repetitive Learning 1회 2회 3회

콘크리트에 발생하는 크리프에 대한 설명으로 틀린 것은?

① 시멘트페이스트가 묽을수록 크리프는 크다.
② 작용응력이 클수록 크리프는 크다.
③ 재하재령이 느릴수록 크리프는 크다.
④ 물시멘트비가 클수록 크리프는 크다.

해설

- 재령이 짧을수록 크리프는 증가한다.

콘크리트의 크리프(Creep) 변형

㉠ 개요

- 콘크리트에 지속적인 하중을 가하면 응력의 변화가 없어도 변형이 증가하는 소성변형이 발생하는데 이를 크리프라 한다.
- 크리프는 재하 초기에 증가가 현저하고, 장기화될수록 증가율은 작게 되고 보통 3~4년에 정지한다.
- 크리프는 응력집중을 감소시키고 균열발생의 위험성을 줄이는 효과가 있다.
- 크리프 계수는 $\frac{\text{크리프변형률}}{\text{탄성변형률}}$로 구한다.

㉡ 크리프의 증가원인

|  |  |
|---|---|
| • 시멘트페이스트가 많을수록<br>• 물시멘트비가 클수록<br>• 재령이 짧을수록<br>• 구조부재의 치수가 작을수록<br>• 작용응력이 클수록 | 크리프가 증가한다. |

정답 | 97 ② 98 ① 99 ③

## 100 Repetitive Learning 1회 2회 3회

보통 F.R.P판이라고 하며, 내·외장재, 가구재 등으로 사용되며 구조재로도 사용가능한 것은?

① 아크릴판
② 강화폴리에스테르판
③ 페놀수지판
④ 경질염화비닐판

해설

- 아크릴은 투명도가 높으며 착색이 자유롭고 내충격 강도가 커 채광판, 도어판, 칸막이벽 등에 사용된다.
- 페놀수지는 내열성, 난연성, 전기절연성을 갖는 수지로 항공우주 분야뿐 아니라 다양한 하이테크 산업에서 활용되고 있다.
- 경질염화비닐판은 PVC라고도 하는 열가소성 수지로 내수성, 내화학성이 크고 단단해 판, 펌프, 탱크 등에 다양한 용도로 사용된다.

FRP(Fiber Reinforced Plastics)

- 폴리에스테르강화판 혹은 강화폴리에스테르판이라고도 한다.
- 유리섬유를 폴리에스테르수지에 혼입하여 가압·성형한 판이다.
- 내식성, 내구성, 내산 및 내알칼리성이 좋아 내·외수장재, 가구재, 구조재 등으로 사용한다.

# 6과목 건설안전기술

1101 / 2202

## 101 Repetitive Learning 1회 2회 3회

토사붕괴에 따른 재해를 방지하기 위한 흙막이 지보공 설비가 아닌 것은?

① 흙막이판 ② 말뚝
③ 턴버클 ④ 띠장

해설

- 턴버클은 두 지점 사이를 연결하는 죔 기구로 흙막이 지보공 설비가 아니다.

흙막이 지보공의 조립도

- 흙막이 지보공을 조립하는 경우 미리 조립도를 작성하여 그 조립도에 따라 조립하도록 하여야 한다.
- 조립도는 흙막이판·말뚝·버팀대 및 띠장 등 부재의 배치·치수·재질 및 설치방법과 순서가 명시되어야 한다.

0501 / 0604 / 1801

## 102 Repetitive Learning 1회 2회 3회

달비계의 최대적재하중을 정함에 있어서 활용하는 안전계수의 기준으로 옳은 것은?(단, 곤돌라의 달비계를 제외한다)

① 달기 와이어로프 : 5 이상
② 달기 강선 : 5 이상
③ 달기 체인 : 3 이상
④ 달기 훅 : 5 이상

해설

- 달비계에서의 안전계수는 달기 와이어로프 및 달기 강선은 10 이상, 달기 체인 및 달기 훅은 5 이상, 달기 강대와 달비계의 하부 및 상부 지점은 강재인 경우 2.5 이상, 목재인 경우 5 이상으로 한다.

달비계 안전계수 실필 1201/1102/1101

- 달기 와이어로프 및 달기 강선의 안전계수 : 10 이상
- 달기 체인 및 달기 훅의 안전계수 : 5 이상
- 달기 강대와 달비계의 하부 및 상부 지점의 안전계수 : 강재(鋼材)의 경우 2.5 이상, 목재의 경우 5 이상

2202

## 103 Repetitive Learning 1회 2회 3회

달비계에 사용하는 와이어로프의 사용금지 기준으로 틀린 것은?

① 이음매가 있는 것
② 열과 전기충격에 의해 손상된 것
③ 지름의 감소가 공칭지름의 7%를 초과하는 것
④ 와이어로프의 한 꼬임에서 끊어진 소선의 수가 7% 이상인 것

해설

- 와이어로프의 한 꼬임에서 끊어진 소선(素線)의 수가 10% 이상인 것은 사용금지 대상에 포함되나 7%는 사용가능하다.

달기구 및 크레인 등의 양중기, 항타기, 항발기에서 사용하는 와이어로프의 사용금지 규정 실필 1602/1502/0901 실작 1804/1502

- 이음매가 있는 것
- 와이어로프의 한 꼬임[(스트랜드(Strand)]에서 끊어진 소선(素線)의 수가 10% 이상인 것
- 지름의 감소가 공칭지름의 7%를 초과하는 것
- 꼬인 것
- 심하게 변형되거나 부식된 것
- 열과 전기충격에 의해 손상된 것



100 ② 101 ③ 102 ④ 103 ④ 정답

0604 / 0801 / 1602

## 104 Repetitive Learning 1회 2회 3회

다음 중 양중기에 포함되지 않는 것은?

① 리프트 ② 곤돌라
③ 크레인 ④ 트롤리 컨베이어

해설

- 트롤리 컨베이어는 일정 거리 사이를 자동 및 연속해서 재료나 물건 운반하는 컨베이어의 한 종류로 양중기에 포함되지 않는다.

양중기의 종류 실필 1902/1201

- 크레인(Crane)(호이스트(Hoist) 포함)
- 이동식크레인
- 리프트(이삿짐운반용의 경우 적재하중 0.1톤 이상)
- 곤돌라
- 승강기

1102

## 105 Repetitive Learning 1회 2회 3회

안전난간대에 폭목(Toe board)을 대는 이유는?

① 작업자의 손을 보호하기 위하여
② 작업자의 작업능률을 높이기 위하여
③ 안전난간대의 강도를 높이기 위하여
④ 공구 등 물체가 작업발판에서 지상으로 낙하되지 않도록 하기 위하여

해설

- 폭목은 공구 등 물체가 작업발판에서 지상으로 낙하되지 않도록 하기 위하여 안전난간대에 설치하는 발끝막이판을 말한다.

폭목(Toe board)

- 공구 등 물체가 작업발판에서 지상으로 낙하되지 않도록 하기 위하여 안전난간대에 설치하는 발끝막이판을 말한다.

## 106 Repetitive Learning 1회 2회 3회

흙막이 공법 선정 시 고려사항으로 틀린 것은?

① 흙막이 해체를 고려
② 안전하고 경제적인 공법 선택
③ 차수성이 낮은 공법 선택
④ 지반성상에 적합한 공법 선택

해설

- 지하수에 의한 지반침하를 최소화하기 위해 차수성이 높은 공법을 선택해야 한다.

흙막이(Sheathing) 공법 실필 1301

㉠ 개요
- 흙막이란 지반을 굴착할 때 주위의 지반이 침하나 붕괴하는 것을 방지하기 위해 설치하는 가시설물 등을 말한다.
- 토압이나 수압 등에 저항하는 벽체와 그 지보공 일체를 말한다.
- 지지방식에 의해서 자립 공법, 버팀대식 공법, 어스앵커 공법 등으로 나뉜다.
- 구조방식에 의해서 H-pile 공법, 널말뚝 공법, 지하연속벽 공법, Top down method 공법 등으로 나뉜다.

㉡ 흙막이 공법 선정 시 고려사항
- 흙막이 해체를 고려하여야 한다.
- 안전하고 경제적인 공법을 선택해야 한다.
- 지하수에 의한 지반침하를 최소화하기 위해 차수성이 높은 공법을 선택해야 한다.
- 지반성상에 적합한 공법을 선택해야 한다.

1001 / 1202 / 1401 / 1802

## 107 Repetitive Learning 1회 2회 3회

강풍이 불어올 때 타워크레인의 운전작업을 중지하여야 하는 순간풍속의 기준으로 옳은 것은?

① 순간풍속이 초당 10m 초과
② 순간풍속이 초당 15m 초과
③ 순간풍속이 초당 25m 초과
④ 순간풍속이 초당 30m 초과

해설

- 타워크레인의 운전을 중지해야 하는 경우는 순간풍속이 초당 15미터를 초과할 때이다.

타워크레인 강풍 조치사항

- 순간풍속이 초당 10m 초과 시 : 타워크레인의 설치·수리·점검 또는 해체작업을 중지해야 한다.
- 순간풍속이 초당 15m 초과 시 : 타워크레인의 운전을 중지해야 한다.

1004 / 1901

## 108 Repetitive Learning 1회 2회 3회

다음 중 방망에 표시해야 할 사항이 아닌 것은?

① 제조자명 ② 제조연월
③ 재봉치수 ④ 방망의 신축성

정답 | 104 ④ 105 ④ 106 ③ 107 ② 108 ④

해설

- 추락방호망에 표시해야 하는 사항은 ①, ②, ③ 외에 그물코, 신품인 때의 방망의 강도 등이 있다.

**추락방호망 표시사항** 실작 1704/1604/1504

- 제조자명
- 제조연월
- 재봉치수
- 그물코
- 신품인 때의 방망의 강도

2102

## 109 — Repetitive Learning (1회 2회 3회)

장비가 위치한 지면보다 낮은 장소를 굴착하는 데 적합한 장비는?

① 백호우　② 파워셔블
③ 트럭크레인　④ 진폴

해설

- 파워셔블은 기계가 위치한 지면보다 높은 곳의 땅을 파는 데 적합한 장비이다.
- 트럭크레인은 운반 작업에 편리하고 평면적인 넓은 장소에 기동력 있게 작업할 수 있는 철골용 기계장비이다.
- 진폴은 철제나 나무를 기둥으로 세운 후 윈치나 사람의 힘을 이용해 화물을 인양하는 설비로, 소규모 또는 가이데릭으로 할 수 없는 펜트하우스 등의 돌출부에 쓰이고 중량재료를 달아 올리기에 편리한 철골 세우기용 기계설비이다.

**백호우(Back hoe)**

- 기계가 위치한 지면보다 낮은 장소를 굴착하는 데 적합한 장비이다.
- 지반보다 6m 정도 깊은 경질 지반의 기초파기에 적합한 굴착 기계이다.
- 비교적 굳은 지반 토질의 구멍파기나 도랑파기 작업 및 수중 굴착에 사용하는 장비이다.
- 경사로나 연약지반에서는 타이어식보다 무한궤도식이 안전하다.

## 110 — Repetitive Learning (1회 2회 3회)

히빙(Heaving)현상 방지대책으로 틀린 것은?

① 소단굴착을 실시하여 소단부 흙의 중량이 바닥을 누르게 한다.
② 흙막이 벽체 배면의 지반을 개량하여 흙의 전단강도를 높인다.
③ 부풀어 솟아오르는 바닥면의 토사를 제거한다.
④ 흙막이 벽체의 근입 깊이를 깊게 한다.

해설

- 히빙은 흙막이 벽체 내·외의 토사의 중량 차에 의해 발생하는 것으로 솟아오르는 토사를 제거하는 것으로 히빙을 방지할 수 없으며 임시방편에 불과할 뿐이다.

**히빙(Heaving)** 실필 1801/1701/1602/1404/1104/0904/0902

문제 62번의 유형별 핵심이론 참조

0902

## 111 — Repetitive Learning (1회 2회 3회)

연약 점토지반 개량에 있어 적합하지 않은 공법은?

① 샌드드레인(Sand drain) 공법
② 생석회말뚝(Chemico pile) 공법
③ 페이퍼드레인(Paper drain) 공법
④ 바이브로플로테이션(Vibro flotation) 공법

해설

- 바이브로플로테이션 공법은 진동과 제트의 병용으로 모래 말뚝을 만드는 사질지반의 개량으로 진동다짐 공법이라고도 한다.

**연약지반개량 공법** 실필 1504/1502

㉠ 점토지반 개량

- 함수비가 매우 큰 연약점토지반을 대상으로 한다.

| 구분 | 내용 |
|---|---|
| 압밀(재하) 공법 | 쥐어짜서 강도를 저하시키는 요소를 배제하는 공법 |
| | 여성토(Preloading) 공법, Surcharge 공법, 사면선단재하, 압성토 공법 |
| 고결 공법 | 시멘트나 약액의 주입 또는 동결, 점질토의 가열처리를 통해 강도를 증가시키는 공법 |
| | 생석회말뚝(Chemico pile) 공법, 동결 공법, 소결 공법 |
| 탈수 공법 | 탈수를 통한 압밀을 촉진시켜 강도를 증가시키는 방법 |
| | 페이퍼드레인(Paper drain) 공법, 샌드드레인(Sand drain) 공법, 팩드레인(Pack drain) 공법 |
| 치환 공법 | 연약토를 양질의 조립토로 치환해 지지력을 증대시키는 공법 |
| | 폭파치환, 굴착치환, 활동치환 |

㉡ 사질지반 개량

- 느슨하고 물에 포화된 모래지반을 대상으로 하며 액상현상을 방지한다.
- 다짐말뚝 공법, 바이브로플로테이션 공법, 폭파다짐 공법, 전기충격 공법, 약액주입 공법 등이 있다.



109 ① 110 ③ 111 ④ 정답

## 112

Repetitive Learning (1회 2회 3회)

가설통로를 설치하는 경우 경사는 최대 몇 도 이하로 하여야 하는가?

① 20　　② 25

③ 30　　④ 35

해설

- 가설통로 설치 시 경사는 30° 이하로 하여야 한다.

**가설통로 설치 시 준수기준**

실필 1801/1704/1502/1404/1201 실작 1804/1801/1704

- 높이 8m 이상인 비계다리에서는 7m 이내마다 계단참을 설치한다.
- 수직갱에 가설된 통로의 길이가 15m 이상인 경우에는 10m 이내마다 계단참을 설치한다.
- 경사가 15°를 초과하는 경우에는 미끄러지지 아니하는 구조로 한다.
- 추락할 위험이 있는 장소에는 안전난간을 설치한다.
- 경사로의 폭은 최소 90cm 이상이어야 한다.
- 발판 폭 40cm 이상, 틈 3cm 이하로 한다.
- 경사는 30° 이하로 한다.

1901 / 2202

## 113

Repetitive Learning (1회 2회 3회)

철골건립준비를 할 때 준수하여야 할 사항과 가장 거리가 먼 것은?

① 지상 작업장에서 건립준비 및 기계·기구를 배치할 경우에는 낙하물의 위험이 없는 평탄한 장소를 선정하여 정비하고 경사지에는 작업대나 임시발판 등을 설치하는 등 안전조치를 한 후 작업하여야 한다.

② 건립작업에 다소 지장이 있다 하더라도 수목은 제거하여서는 안 된다.

③ 사용 전에 기계·기구에 대한 정비 및 보수를 철저히 실시하여야 한다.

④ 기계에 부착된 앵커 등 고정장치와 기초구조 등을 확인하여야 한다.

해설

- 건립작업에 지장이 되는 수목은 제거하거나 이설하여야 한다.

**철골 세우기 준비작업 시 준수사항**

- 지상 작업장에서 건립준비 및 기계·기구를 배치할 경우에는 낙하물의 위험이 없는 평탄한 장소를 선정하여 정비하고 경사지에서는 작업대나 임시발판 등을 설치하는 등 안전하게 한 후 작업하여야 한다.
- 건립작업에 지장이 되는 수목은 제거하거나 이설하여야 한다.
- 인근에 건축물 또는 고압선 등이 있는 경우에는 이에 대한 방호조치 및 안전조치를 하여야 한다.
- 사용 전에 기계·기구에 대한 정비 및 보수를 철저히 실시하여야 한다.
- 기계가 계획대로 배치되어 있는지, 윈치는 작업구역을 확인할 수 있는 곳에 있는지, 기계에 부착된 앵커 등 고정장치와 기초구조 등을 확인하여야 한다.

0404 / 1204

## 114

Repetitive Learning (1회 2회 3회)

건축물의 해체공사에 대한 설명으로 틀린 것은?

① 압쇄기와 대형 브레이커(Breaker)는 파워셔블 등에 설치하여 사용한다.

② 철제해머(Hammer)는 크레인 등에 설치하여 사용한다.

③ 핸드브레이커(Hand breaker) 사용 시 수직보다는 경사를 주어 파쇄하는 것이 좋다.

④ 절단톱의 회전날에는 접촉방지 커버를 설치하여야 한다.

해설

- 핸드브레이커로 작업할 때는 브레이커 끝의 부러짐을 방지하기 위하여 작업자세는 하향 수직 방향으로 유지하도록 하여야 한다.

**핸드브레이커(Hand breaker)**

㉠ 개요

- 해체용 장비로서 압축공기, 유압의 급속한 충격력으로 콘크리트 등을 해체할 때 사용한다.
- 작은 부재의 파쇄에 유리하고 소음, 진동 및 분진이 발생되므로 작업원은 보호구를 착용하여야 한다.
- 분진· 소음으로 인해 작업원의 작업시간을 제한하여야 하는 장비이다.

㉡ 사용방법

- 브레이커 끝의 부러짐을 방지하기 위하여 작업자세는 하향 수직 방향으로 유지하도록 하여야 한다.
- 핸드브레이커는 중량이 25~40kgf으로 무겁기 때문에 지반을 잘 정리하고 작업하여야 한다.

정답 | 112 ③　113 ②　114 ③

1204

## 115 Repetitive Learning 1회 2회 3회

건설업 산업안전보건관리비 중 계상비용에 해당되지 않는 것은?

① 외부비계, 작업발판 등의 가설구조물 설치 소요비
② 근로자 건강관리비
③ 건설재해예방 기술지도비
④ 개인보호구 및 안전장구 구입비

**해설**

- 각종 비계, 작업발판, 가설계단·통로, 사다리, 가설울타리 등은 안전시설비를 사용할 수 없다.

∷ 원활한 공사수행을 위해 공사현장에 설치하는 시설물, 장치, 자재 중 안전시설비 사용이 불가능한 항목 실필 1902/1401/1004

- 외부인 출입금지, 공사장 경계표시를 위한 가설울타리
- 각종 비계, 작업발판, 가설계단·통로, 사다리 등
- 절토부 및 성토부 등의 토사유실 방지를 위한 설비
- 작업장 간 상호 연락, 작업 상황 파악 등 통신수단으로 활용되는 통신시설·설비
- 공사 목적물의 품질 확보 또는 건설장비 자체의 운행 감시, 공사 진척상황 확인, 방범 등의 목적을 가진 CCTV 등 감시용 장비
- 단, 비계·통로·계단에 추가 설치하는 추락방지용 안전난간, 사다리 전도방지장치, 틀비계에 별도로 설치하는 안전난간·사다리, 통로의 낙하물방호선반 등은 사용 가능함

## 116 Repetitive Learning 1회 2회 3회

해체공사에 있어서 발생되는 진동공해에 대한 설명으로 틀린 것은?

① 진동수의 범위는 1~90Hz이다.
② 일반적으로 연직진동이 수평진동보다 작다.
③ 진동의 전파거리는 예외적인 것을 제외하면 진동원에서부터 100m 이내이다.
④ 지표에 있어 진동의 크기는 일반적으로 지진의 진도계급이라고 하는 미진에서 강진의 범위에 있다.

**해설**

- 일반적으로 해체공사 시에 연직진동이 수평진동보다 크다.

∷ 해체공사 진동공해

㉠ 개요 및 특징
- 진동수의 범위는 1~90Hz이다.
- 일반적으로 연직진동이 수평진동보다 크다.
- 진동의 전파거리는 예외적인 것을 제외하면 진동원에서부터 100m 이내이다.
- 지표에 있어 진동의 크기는 일반적으로 지진의 진도계급이라고 하는 미진에서 강진의 범위에 있다.

㉡ 방지대책
- 무소음, 무진동 공법의 사용 및 개발
- Pre fab, 건식화 공법의 사용
- 작업시간대 변경

0701 / 1004

## 117 Repetitive Learning 1회 2회 3회

추락방지용 방망 중 그물코의 크기가 5cm인 매듭방망 신품의 인장강도는 최소 몇 kg 이상이어야 하는가?

① 60　② 110
③ 150　④ 200

**해설**

- 매듭방망의 인장강도는 신품의 경우 그물코의 크기가 5cm이면 110kg, 10cm이면 200kg 이상이다.

∷ 신품 방망 인장강도 실필 1804 실작 1602

| 그물코 한변 길이 | 무매듭방망 | 매듭방망 |
|---|---|---|
| 10cm | 240kg 이상(150kg) | 200kg 이상(135kg) |
| 5cm | – | 110kg 이상(60kg) |

단, ( )은 폐기기준이다.

0801

## 118 Repetitive Learning 1회 2회 3회

흙막이공의 파괴 원인 중 하나인 보일링(Boiling) 현상에 관한 설명으로 틀린 것은?

① 지하수위가 높은 지반을 굴착할 때 주로 발생한다.
② 연약 사질토지반에서 주로 발생한다.
③ 시트파일(Sheet pile) 등의 저면에 분사현상이 발생한다.
④ 연약 점토지반에서 굴착면의 융기로 발생한다.



115 ① 116 ② 117 ② 118 ④ 정답

해설

- 보일링(Boiling)은 사질지반에서 나타나는 지반 융기현상이다.

보일링(Boiling) 실필 1901/1804/1701/1601/1504/1502/1002/0904/0901

㉠ 개요

- 사질지반에서 흙막이 벽 배면부의 지하수가 굴착 바닥면으로 모래와 함께 솟아오르는 지반 융기현상이다.
- 지하수위가 높은 연약 사질토지반을 굴착할 때 주로 발생한다.
- 굴착부와 배면의 지하수위의 차이로 인해 주로 발생한다.
- 흙막이 벽의 근입장 깊이가 부족할 경우 발생한다.
- 굴착저면에서 액상화 현상에 기인하여 발생한다.
- 시트파일(Sheet pile) 등의 저면에 분사현상이 발생한다.
- 보일링으로 인해 흙막이 벽의 지지력이 상실된다.

㉡ 대책

- 굴착배면의 지하수위를 낮춘다.
- 토류 벽의 근입 깊이를 깊게 한다.
- 토류 벽 선단에 코어 및 필터층을 설치한다.
- 투수거리를 길게 하기 위한 지수벽을 설치한다.

0602 / 1101

**119** ———— Repetitive Learning (1회 2회 3회)

비계에서 벽 고정을 하고 기둥과 기둥을 수평재나 가새로 연결하는 가장 큰 이유는?

① 작업자의 추락재해를 방지하기 위해
② 좌굴을 방지하기 위해
③ 인장파괴를 방지하기 위해
④ 해체를 용이하게 하기 위해

해설

- 비계에서 벽 고정을 하고 수평재나 가새재와 같은 부재로 연결하는 이유는 수직 및 수평하중에 의한 비계 본체의 변위가 발생하지 않도록 하여 무너짐을 예방하는 데 있다.

비계의 부재

㉠ 개요

- 비계에서 벽 고정을 하고 수평재나 가새재와 같은 부재로 연결하는 이유는 수직 및 수평하중에 의한 비계 본체의 변위가 발생하지 않도록 하여 무너짐을 예방하는 데 있다.
- 부재의 종류에는 수직재, 수평재, 가새재, 띠장, 장선 등이 있다.

㉡ 부재의 종류와 특징

- 수직재는 비계의 상부하중을 하부로 전달하는 부재로 비계를 조립할 때 수직으로 세우는 부재를 말한다.
- 수평재는 수직재의 좌굴을 방지하기 위하여 수평으로 연결하는 부재를 말한다.
- 가새재는 비계에 작용하는 비틀림 하중이나 수평하중에 견딜 수 있도록 수평재와 수평재, 수직재와 수직재를 연결하여 고정하는 부재를 말한다.
- 띠장은 비계기둥에 수평으로 설치하는 부재를 말한다.
- 장선은 쌍줄비계에서 띠장 사이에 수평으로 걸쳐 작업발판을 지지하는 가로재를 말한다.

1904

**120** ———— Repetitive Learning (1회 2회 3회)

차량계 건설기계 작업 시 기계의 정도, 전락 등에 의한 근로자의 위험을 방지하기 위한 유의사항과 거리가 먼 것은?

① 변속기능의 유지
② 갓길의 붕괴 방지
③ 도로의 폭 유지
④ 지반의 부동침하 방지

해설

- 차량계 건설기계가 넘어지거나 굴러떨어져서 근로자가 위험해질 우려가 있는 경우 유도자를 배치하고, 지반의 부동침하 방지, 갓길의 붕괴 방지 및 도로 폭의 유지 등의 조치를 취한다.

차량계 건설기계의 전도방지 조치
실필 1804/1702 실작 1902/1801/1701/1604/1601/1402/1401

- 사업주는 차량계 건설기계를 사용하여 작업할 때에 그 기계가 넘어지거나 굴러떨어짐으로써 근로자가 위험해질 우려가 있는 경우에는 유도하는 사람을 배치하고 지반의 부동침하 방지, 갓길의 붕괴 방지 및 도로 폭의 유지 등 필요한 조치를 하여야 한다.

정답 | 119 ② 120 ①

# 출제문제 분석 2015년 2회

| 구분 | 1과목 | 2과목 | 3과목 | 4과목 | 5과목 | 6과목 | 합계 |
|---|---|---|---|---|---|---|---|
| New유형 | 2 | 1 | 1 | 6 | 3 | 0 | 13 |
| New문제 | 7 | 7 | 8 | 10 | 12 | 7 | 51 |
| 또나온문제 | 7 | 9 | 9 | 8 | 4 | 6 | 43 |
| 자꾸나온문제 | 6 | 4 | 3 | 2 | 4 | 7 | 26 |
| 합계 | 20 | 20 | 20 | 20 | 20 | 20 | 120 |

- New유형은 New문제 중 기존 기출문제와 완전히 다른 유형의 문제를 말합니다.
- New문제는 기존에 출제되지 않은 문제로 이번에 처음 출제되는 문제입니다.
- 또나온문제는 기존에 출제된 적이 1번 있는 문제를 말합니다.
- 자꾸나온문제는 기존에 출제된 적이 2번 이상 있는 문제를 말합니다. 그만큼 중요한 문제입니다.

## 몇 년분의 기출문제를 공부해야 합격할 수 있을까요?

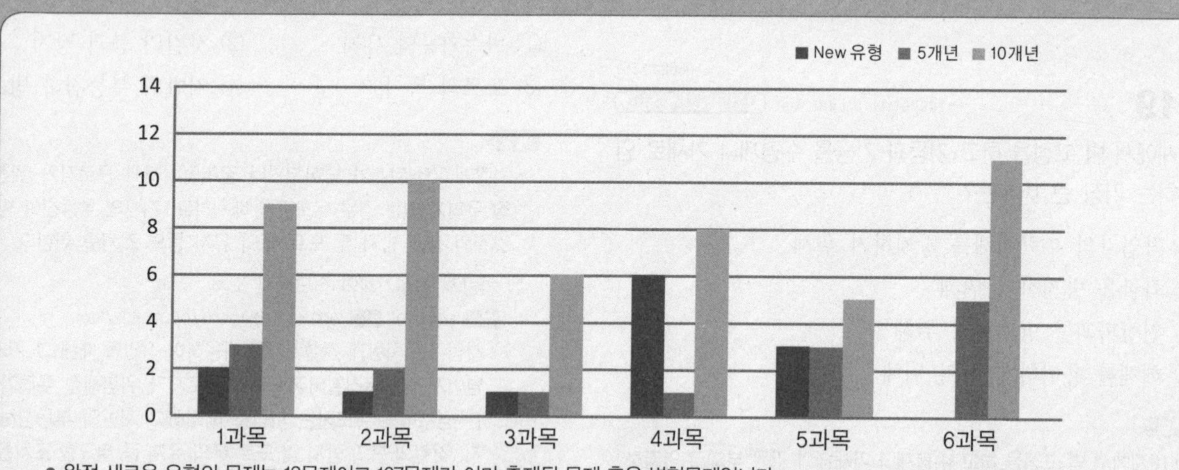


- 완전 새로운 유형의 문제는 13문제이고 107문제가 이미 출제된 문제 혹은 변형문제입니다.
- 5년분(2016~2020) 기출에서 동일문제가 15문항이 출제되었고, 10년분(2011~2020) 기출에서 동일문제가 49문항이 출제되었습니다.

## 실기에 나왔어요!! 외우세요!!!

실기시험은 필답형과 작업형으로 구분되어 있으며 모두 주관식으로 직접 내용을 적어야 합니다. 필기 공부하면서 실기 출제된 내역들은 좀 더 신경써서 암기하실 필요가 있어요. 필기 합격자 발표 난 후 실기시험까지는 5주밖에 여유가 없답니다. 어차피 공부할 것 필기 때 확실하게 해준다면 실기도 단방에 합격할 수 있습니다.

- 총 20개의 해설이 실기 필답형 시험과 연동되어 있습니다.
- 총 8개의 해설이 실기 작업형 시험과 연동되어 있습니다.

## 분석의견

최근 10년분의 기출문제와 답을 반복암기해서는 합격점수인 72점에서 23점이 부족합니다. 전체적으로 기출문제의 비중이 평균 이상으로 분포되었고, 새로운 유형의 문제 역시 13문항으로 평균(15문항)보다 덜 출제되는 등 어렵지 않은 난이도를 보이는 회차의 기출문제입니다. 모든 과목의 기출문제가 과락 점수 이상으로 배치되어 어려움 없이 합격점 이상의 점수 획득이 가능한 수준으로 판단됩니다. 합격에 필요한 점수를 획득하기 위해서는 최근 5년분 문제와 핵심이론의 3회독 혹은 최근 10년분 문제와 핵심이론의 2회독 이상의 학습이 필요합니다.

# 2015년 제2회

2015년 5월 31일 필기

15년 2회차 필기시험
합격률 39.0%

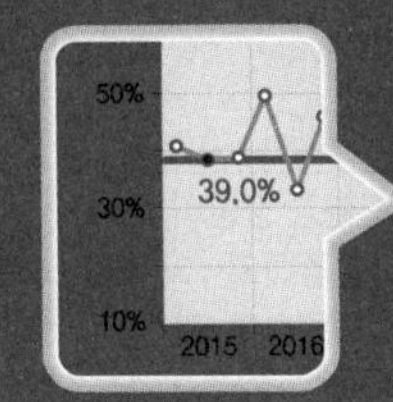


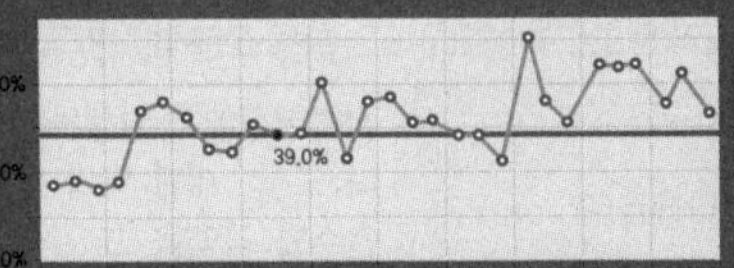


## 1과목 산업안전관리론

0402 / 0702 / 0901

### 01 Repetitive Learning (1회 2회 3회)

사고예방대책의 기본원리 중 시정책의 선정에 관한 사항으로 적절하지 않은 것은?

① 기술적 개선
② 사고조사 및 점검
③ 안전관리 행정 업무의 개선
④ 기술 교육을 위한 훈련의 개선

**해설**

- 사고조사 및 점검은 5단계 중 2단계에 해당하는 사실의 발견단계에서 행하는 세부사항이다.

:: 하인리히의 사고예방의 기본원리 5단계 실필 1802/0804

| 단계 | 단계별 과정 | 필요 조치 |
|---|---|---|
| 1단계 | 안전관리조직과 규정 | • 책임과 권한의 부여<br>• 안전활동 방침 및 계획수립 |
| 2단계 | 사실의 발견으로 현상파악 | • 자료수집<br>• 작업분석과 위험확인<br>• 안전점검 · 검사 및 조사 실시 |
| 3단계 | 분석을 통한 원인규명 | • 사고보고서 및 현장조사<br>• 인적 · 물적 · 환경조건의 분석<br>• 교육 훈련 및 배치 사항 파악<br>• 사고기록 및 관계자료 대조확인 |
| 4단계 | 시정방법의 선정 | • 기술적인 개선<br>• 작업배치의 조정<br>• 교육훈련의 개선 |
| 5단계 | 시정책의 적용 | • 기술(Engineering)적 대책<br>• 교육(Education)적 대책<br>• 관리(Enforcement)적 대책 |

1804

### 02 Repetitive Learning (1회 2회 3회)

산업안전보건법령상 안전 · 보건표지 중 금지표지의 종류에 해당하지 않는 것은?

① 접근금지 ② 차량통행금지
③ 사용금지 ④ 탑승금지

**해설**

- 접근금지, 접촉금지 등에 해당하는 금지표지는 존재하지 않는다.

:: 금지표지 실필 1902/1901/1701/1501/1401/1304/1201/1102/1001/0902

- 정지, 소화설비, 유해행위 금지를 표시할 때 사용된다.
- 흰색(N9.5) 바탕에 빨간색(7.5R 4/14) 기본모형을 사용한다.
- 금연, 출입금지, 보행금지, 차량통행금지, 물체이동금지, 화기금지, 사용금지, 탑승금지 등이 있다.

| 금연 | 출입금지 | 보행금지 | 차량통행금지 |
|---|---|---|---|
| | | | |
| **물체이동금지** | **화기금지** | **사용금지** | **탑승금지** |
| | | | |

0701

### 03 Repetitive Learning (1회 2회 3회)

다음 중 일반적으로 산업재해의 통계적 원인 · 분석 시 활용되는 기법과 가장 거리가 먼 것은?

① 관리도(Control chart)
② 파레토도(Pareto diagram)
③ 특성요인도(Characteristic diagram)
④ FMEA(Failure Mode & Effect Analysis)

정답 | 01 ② 02 ① 03 ④

해설

- 통계에 의한 재해원인 분석방법에는 파레토도, 특성요인도, 클로즈도, 관리도 등이 있다.

통계에 의한 재해원인 분석방법

- 파레토도, 특성요인도, 클로즈분석, 관리도 등이 있다.

| | |
|---|---|
| 파레토(Pareto)도 | 작업현장에서 발생하는 작업 환경 불량이나 고장, 재해 등의 내용을 분류하고 그 건수와 금액을 크기 순으로 나열하여 작성한 그래프 |
| 특성요인도 (Characteristics diagram) | 사실의 확인단계에서 재해의 원인과 결과를 연계하여 상호 관계를 파악하기 위하여 어골상으로 도표화하는 분석방법 |
| 클로즈분석 | 두 가지 이상의 문제에 대한 관계분석 시에 주로 사용하는 분석방법 |
| 관리도 (Control chart) | 산업재해의 분석 및 평가를 위하여 재해 발생건수 등의 추이에 대해 한계선을 설정하여 목표관리를 수행하는 재해통계 분석기법 |

2001

## 04 Repetitive Learning (1회 2회 3회)

다음 중 위험예지훈련의 기법으로 활용하는 브레인스토밍(Brain storming)에 관한 설명으로 틀린 것은?

① 발언은 누구나 자유분방하게 하도록 한다.
② 타인의 아이디어는 수정하여 발언할 수 없다.
③ 가능한 한 무엇이든 많이 발언하도록 한다.
④ 발표된 의견에 대하여는 서로 비판을 하지 않도록 한다.

해설

- 브레인스토밍(Brain-storming) 기법의 4원칙 중에는 타인의 의견을 수정하여 발언하는 것을 허용하는 것이 포함된다.

브레인스토밍(Brain-storming) 기법

㉠ 개요
- 6～12명의 구성원으로 타인의 비판 없이 자유로운 토론을 통하여 다량의 독창적인 아이디어를 이끌어내고, 대안적 해결안을 찾기 위한 집단적 사고기법이다.

㉡ 4원칙
- 가능한 많은 아이디어와 의견을 제시하도록 한다.(대량발언)
- 주제를 벗어난 아이디어도 허용한다.(자유발언)
- 타인의 의견을 수정하여 발언하는 것을 허용한다.(수정발언)
- 절대 타인의 의견에 비판 및 비평하지 않는다.(비판금지)

1901

## 05 Repetitive Learning (1회 2회 3회)

다음과 같은 재해가 발생하였을 경우 재해의 원인분석으로 옳은 것은?

| 건설현장 비계에서 근로자가 마감작업을 하던 중 바닥으로 떨어져 사망하였다. |
|---|

① 기인물 : 비계, 가해물 : 마감작업, 사고유형 : 낙하
② 기인물 : 바닥, 가해물 : 비계, 사고유형 : 추락
③ 기인물 : 비계, 가해물 : 바닥, 사고유형 : 낙하
④ 기인물 : 비계, 가해물 : 바닥, 사고유형 : 추락

해설

- 비계에 제대로 된 안전장치가 마련되지 않아 떨어진 것으로 불안전한 상태에 해당한다. 기인물은 비계이다.
- 인체에 직접 충돌한 것은 바닥이므로 바닥이 가해물이다.
- 사고유형은 비계에서 떨어졌으므로 추락에 해당한다.

산업재해의 분석 실필 1901/1702/1501/1404

| | |
|---|---|
| 기인물 | 재해의 원인이 되는 것으로 주로 불안전한 상태와 관련된다. |
| 가해물 | 사람에 직접 충돌하거나 또는 접촉에 의해서 위해(危害)를 준 물건을 말한다. |
| 사고유형 | 재해의 발생형태를 말한다. |

0304 / 0604

## 06 Repetitive Learning (1회 2회 3회)

다음 중 안전조직을 구성할 때 고려할 사항으로 가장 적합한 것은?

① 회사의 특성과 규모에 부합된 조직으로 설계한다.
② 기업의 규모와 관계 없이 생산조직과 분리된 조직이 되도록 한다.
③ 조직 구성원의 책임과 권한에 대하여 서로 중첩되도록 한다.
④ 안전에 관한 지시나 명령이 작업현장에 전달되기 전에는 스탭의 기능이 반드시 축소되어야 한다.

해설

- 안전조직을 구성할 때는 회사의 특성과 규모에 부합된 조직으로 설계해야 하고, 조직형태가 확정되면 조직을 구성하는 관리자의 권한과 책임을 명확히 해야 한다.



04 ② 05 ④ 06 ① 정답

**안전조직 구성 시 고려사항**
- 회사의 특성과 규모에 부합된 조직으로 설계한다.
- 조직을 구성하는 관리자의 권한과 책임을 명확히 한다.
- 조직의 기능을 충분히 발휘할 수 있도록 제도적 체계가 갖추어져야 한다.

0901

## 07 Repetitive Learning (1회 2회 3회)

다음 중 상해의 종류에 해당하지 않는 것은?

① 찰과상 ② 타박상
③ 중독・질식 ④ 이상온도 노출

**해설**
- 이상온도 노출・접촉이라 함은 고・저온 환경 또는 물체에 노출・접촉된 경우의 산업재해의 형태를 말한다.

**상해의 종류별 분류**

| | |
|---|---|
| 골절 | 뼈가 부러지는 상해 |
| 찰과상 | 스치거나 문질러서 피부가 벗겨진 상해 |
| 창상 | 창, 칼 등에 베인 상해 |
| 자상 | 칼날 등 날카로운 물건에 찔린 상해 |
| 좌상 | 타박상(삐임)이라고도 하며, 피하조직 등 근육부를 다쳐 충격을 받은 부위가 부어오르고 통증이 발생되는 상해 |
| 부종 | 국부의 혈액순환의 이상으로 몸이 퉁퉁 부어오르는 상해 |
| 중독 | 음식, 약물, 가스 등에 의해 중독되는 상해 |
| 화상 | 화재 또는 고온물과의 접촉으로 인한 상해 |

## 08 Repetitive Learning (1회 2회 3회)

다음 중 방진마스크의 일반적인 구조로 적합하지 않은 것은?

① 배기밸브는 방진마스크의 내부와 외부의 압력이 같은 경우 항상 열려 있도록 할 것
② 흡기밸브는 미약한 호흡에 대하여 확실하고 예민하게 작동하도록 할 것
③ 안면부여과식 마스크는 여과재를 안면에 밀착시킬 수 있어야 할 것
④ 머리끈은 적당한 길이 및 탄력성을 갖고 길이를 쉽게 조절할 수 있을 것

**해설**
- 배기밸브는 방진마스크의 내부와 외부의 압력이 같을 경우 항상 닫혀 있도록 해야 한다.

**방진마스크의 일반적인 구조**
- 방진마스크는 쉽게 착용되어야 하고 착용하였을 때 안면부가 안면에 밀착되어 공기가 새지 않을 것
- 흡기밸브는 미약한 호흡에 대하여 확실하고 예민하게 작동하도록 할 것
- 배기밸브는 방진마스크의 내부와 외부의 압력이 같을 경우 항상 닫혀 있도록 할 것. 또한, 약한 호흡 시에도 확실하고 예민하게 작동하여야 하며 외부의 힘에 의하여 손상되지 않도록 덮개 등으로 보호되어 있을 것
- 연결관(격리식에 한한다)은 신축성이 좋아야 하고 여러 모양의 구부러진 상태에서도 통기에 지장이 없을 것
- 머리끈은 적당한 길이 및 탄력성을 갖고 길이를 쉽게 조절할 수 있을 것

0902 / 1204 / 1801 / 2101

## 09 Repetitive Learning (1회 2회 3회)

산업안전보건법상 산업안전보건위원회의 심의・의결사항이 아닌 것은?

① 산업재해 예방계획의 수립에 관한 사항
② 근로자의 건강진단 등 건강관리에 관한 사항
③ 중대재해로 분류되는 산업재해의 원인 조사 및 재발 방지대책의 수립에 관한 사항
④ 안전장치 및 보호구 구입 시의 적격품 여부 확인에 관한 사항

**해설**
- ④는 안전보건관리책임자의 업무 내용에 해당한다.

**산업안전보건위원회의 심의・의결사항**
- 산업재해 예방계획의 수립에 관한 사항
- 안전보건관리규정의 작성 및 변경에 관한 사항
- 근로자의 안전・보건교육에 관한 사항
- 작업환경측정 등 작업환경의 점검 및 개선에 관한 사항
- 근로자의 건강진단 등 건강관리에 관한 사항
- 중대재해의 원인 조사 및 재발 방지대책 수립에 관한 사항
- 산업재해에 관한 통계의 기록 및 유지에 관한 사항
- 유해하거나 위험한 기계・기구와 그 밖의 설비를 도입한 경우 안전・보건조치에 관한 사항

정답 | 07 ④ 08 ① 09 ④

1902

## 10 Repetitive Learning (1회 2회 3회)

다음 중 산업안전보건법령상의 양중기의 종류에 해당하지 않는 것은?

① 호이스트 ② 이동식크레인
③ 곤돌라 ④ 컨베이어

해설

- 컨베이어는 재료 또는 화물을 일정한 구역 간에 자동으로 연속 운반하는 기계장치로 양중기에 해당하지 않는다.

:: 양중기의 종류 실필 1902/1201

- 크레인(Crane)(호이스트(Hoist) 포함)
- 이동식크레인
- 리프트(이삿짐운반용의 경우 적재하중 0.1톤 이상)
- 곤돌라
- 승강기

1901

## 11 Repetitive Learning (1회 2회 3회)

다음 중 재해의 발생 원인을 관리적인 면에서 분류한 것과 가장 관계가 먼 것은?

① 기술적 원인 ② 인적 원인
③ 교육적 원인 ④ 작업관리상 원인

해설

- 인적 원인은 물적 원인과 함께 재해발생의 직접적인 원인으로 관리적인 면에서의 분류와는 거리가 멀다.

:: 재해발생의 간접원인

- 2차원인(기술적, 교육적, 신체적, 정신적 원인)과 기초원인(관리상의 원인과 학교 교육적 원인, 사회적 또는 역사적 원인)으로 구분된다.

| | | |
|---|---|---|
| 2차 원인 | 기술적 원인 | • 건물, 기계장치 설계 불량<br>• 점검, 정비, 보존 불량<br>• 구조 재료의 부적합<br>• 생산공정의 부적절 |
| | 교육적 원인 | • 안전수칙의 오해<br>• 경험훈련의 미숙<br>• 안전지식의 부족<br>• 작업방법 및 유해위험 작업의 교육 불충분 |
| | 신체적 원인 | • 피로<br>• 시력 및 청각 기능 이상<br>• 근육운동의 부적당<br>• 육체적 한계 |
| | 정신적 원인 | • 안전의식의 부족<br>• 주의력 및 판단력 부족<br>• 잘못된 판단<br>• 방심 |
| 기초 원인 | 작업관리상의 원인 | • 작업지시의 부적당<br>• 안전관리 조직의 결함<br>• 안전수칙의 미제정<br>• 작업준비의 불충분<br>• 인원배치의 부적당 |
| | 학교 교육적 원인 | • 재해의 근본 원인 |
| | 사회적 또는 역사적 원인 | |

0701

## 12 Repetitive Learning (1회 2회 3회)

산업안전보건법령상 사업주는 사업장의 안전·보건을 유지하기 위하여 안전·보건관리규정을 작성하여 게시 또는 비치하고 이를 근로자에게 알려야 하는데 이 규정 내에 반드시 포함되어야 할 사항과 가장 거리가 먼 것은?

① 산업재해 사례 및 보상에 관한 사항
② 안전·보건 관리조직과 그 직무에 관한 사항
③ 사고 조사 및 대책 수립에 관한 사항
④ 작업장 보건관리에 관한 사항

해설

- 안전보건관리규정에는 ②, ③, ④ 외에 작업장 안전관리, 안전·보건교육에 관한 사항과 그 밖에 안전·보건에 관한 사항 등을 포함하여야 한다.

:: 안전보건관리규정에 포함되어야 할 사항

- 안전·보건 관리조직과 그 직무에 관한 사항
- 안전·보건교육에 관한 사항
- 작업장 안전관리에 관한 사항
- 작업장 보건관리에 관한 사항
- 사고 조사 및 대책 수립에 관한 사항
- 그 밖에 안전·보건에 관한 사항

0402

## 13 Repetitive Learning (1회 2회 3회)

다음 중 웨버(D.A.Weaver)의 사고발생 도미노 이론에서 "작전적 에러"를 찾아내기 위한 질문의 유형과 가장 거리가 먼 것은?

① What
② Why
③ Where
④ Whether



10 ④ 11 ② 12 ① 13 ③ | 정답

해설

- 웨버는 작전적 에러를 찾기 위해 무엇이, 왜, 그러한지, 아닌지의 과정(What – Why – Whether – process)을 도표화하여 제시하였다.

:: 웨버(D.A Weaver)의 재해발생이론

㉠ 작전적 에러
- 불안전한 상태, 불안전한 행동 등 사고 원인의 배후에는 정책순서, 조직구조, 평가, 관리 등에서 작전적 에러가 반드시 존재하므로 이를 제거하여야 한다고 주장하였다.
- 무엇이, 왜, 그러한지, 아닌지의 과정(What – Why – Whether – process)을 도표화하여 제시하였다.

㉡ 도미노 이론
- 1단계 : 유전과 환경적 요인
- 2단계 : 인간의 결함
- 3단계 : 불안전한 행동 및 상태
- 4단계 : 사고
- 5단계 : 재해

1104

## 14 ——— Repetitive Learning (1회 2회 3회)

전년도 A건설기업의 재해발생으로 인한 산업재해보상보험금의 보상비용이 5천만원이었다. 하인리히 방식을 적용하여 재해손실비용을 산정할 경우 총 재해손실비용은 얼마이겠는가?

① 2억원
② 2억 5천만원
③ 3억원
④ 3억 5천만원

해설

- 총 재해코스트는 직접비와 간접비의 합이다. 산업재해보상보험금은 재해로 인해 피해자에게 지급되는 재해비용이므로 직접비용이다. 직접비가 5천만원이라면 간접비는 그것의 4배인 2억이다. 총 코스트는 5천만원 + 2억원 = 2억 5천만원이다.

:: 하인리히의 재해손실비용 평가 실필 1502

- 직접비 : 간접비의 비율은 1 : 4로 계산해 산업재해로 인한 총 손실비용은 직접비(산업재해보상비)의 5배로 계산한다.
- 직접손실비용에는 치료비, 휴업급여, 장해급여, 유족급여, 요양급여, 간병급여, 직업재활급여, 장례비 등이 있다.
- 간접손실비용에는 부상자를 비롯한 직원의 시간손실, 이익의 감소, 생산손실비, 기계, 공구 재료 등의 재산손실 등이 있다.

1201 / 1304 / 1702

## 15 ——— Repetitive Learning (1회 2회 3회)

시설물의 안전 및 유지관리에 관한 특별법상 안전점검 실시의 구분에 해당하지 않는 것은?

① 정기점검 ② 정밀점검
③ 긴급점검 ④ 임시점검

해설

- 시설물의 안전 및 유지관리에 관한 특별법상 안전점검에는 정기점검, 정밀점검, 긴급점검이 있다.

:: 안전점검의 구분

- 정기안전점검 : 시설물의 상태를 판단하고 시설물이 점검 당시의 사용요건을 만족시키고 있는지 확인할 수 있는 수준의 외관조사를 실시하는 안전점검
- 정밀안전점검 : 시설물의 상태를 판단하고 시설물이 점검 당시의 사용요건을 만족시키고 있는지 확인하며 시설물 주요부재의 상태를 확인할 수 있는 수준의 외관조사 및 측정·시험장비를 이용한 조사를 실시하는 안전점검
- 긴급안전점검 : 시설물의 붕괴·전도 등으로 인한 재난 또는 재해가 발생할 우려가 있는 경우에 시설물의 물리적·기능적 결함을 신속하게 발견하기 위하여 실시하는 점검을 말한다.

## 16 ——— Repetitive Learning (1회 2회 3회)

정해진 기준에 따라 측정·검사를 행하고 정해진 조건하에서 운전시험을 실시하여 그 기계의 전체적인 기능을 판단하고자 하는 점검을 무슨 점검이라 하는가?

① 외관점검 ② 작동점검
③ 기능점검 ④ 종합점검

해설

- 외관점검은 일상점검 시에 주로 행하는 방법으로 외관상 문제가 있는지 여부를 확인하는 것이다.
- 기능점검은 간단한 조작을 행하여 대상기기의 정상적 기능 여부를 확인하는 것이다.
- 작동점검은 안전장치나 누전차단장치 등을 정해진 순서에 의해 작동시켜 정상적으로 작동하는지의 여부를 확인하는 것이다.

:: 점검방법에 따른 점검의 종류

- 외관점검 : 일상점검 시에 주로 행하는 방법으로 외관상 문제가 있는지 여부를 확인
- 기능점검 : 간단한 조작을 행하여 대상기기의 정상적 기능 여부를 확인
- 작동점검 : 안전장치나 누전차단장치 등을 정해진 순서에 의해 작동시켜 정상적으로 작동하는지의 여부를 확인
- 종합점검 : 정해진 기준에 따라 측정·검사를 행하고 정해진 조건하에서 운전시험을 실시하여 그 기계의 전체적인 기능을 확인

정답 | 14 ② 15 ④ 16 ④

1202

## 17 Repetitive Learning (1회 2회 3회)

다음 중 재해조사 시 유의사항과 가장 거리가 먼 것은?

① 사실만을 수집한다.
② 목격자의 증언 사실 이외의 추측의 말은 참고로만 한다.
③ 타인의 의견은 혼란을 초래하므로 사고조사는 1인으로 한다.
④ 조사는 신속하게 행하고, 긴급 조치하여 2차 재해의 방지를 도모한다.

**해설**

- 객관적인 조사를 위하여 조사는 2인 이상이 한다.

**재해조사의 유의사항**

- 피해자에 대한 구급조치를 최우선으로 하고, 2차 재해의 방지를 위해 적정 보호구를 착용한다.
- 가급적 재해 현장이 변형되지 않은 상태에서 신속하게 한다.
- 사실 이외의 추측되는 말은 참고용으로만 활용한다.
- 사람, 기계설비 양면의 재해요인을 모두 도출한다.
- 과거 사고 발생 경향 등을 참고하여 조사한다.
- 객관적 입장에서 재해방지에 우선을 두고 조사하며, 조사는 2인 이상이 한다.

0904 / 1801 / 2201

## 18 Repetitive Learning (1회 2회 3회)

산업안전보건법령상 건설현장에서 사용하는 크레인의 안전검사의 주기로 옳은 것은?

① 최초로 설치한 날부터 1개월마다 실시
② 최초로 설치한 날부터 3개월마다 실시
③ 최초로 설치한 날부터 6개월마다 실시
④ 최초로 설치한 날부터 1년마다 실시

**해설**

- 건설현장에서 사용하는 크레인, 리프트, 곤돌라는 최초로 설치한 날부터 6개월마다 안전검사를 행한다.

**안전검사대상 유해·위험기계의 종류와 검사 주기** 실필 1504/1002

| 안전검사대상 유해·위험기계의 종류 | 검사 주기 |
|---|---|
| 크레인(이동식크레인 및 정격하중 2톤 미만 제외), 리프트(이삿짐운반용 리프트 제외) 및 곤돌라 | 사업장에 설치가 끝난 날부터 3년 이내에 최초 안전검사를 실시하되, 그 이후부터 2년마다(건설현장에서 사용하는 것은 최초로 설치한 날부터 6개월마다) |
| 이동식크레인, 이삿짐운반용 리프트 및 고소작업대 | 신규 등록 이후 3년 이내에 최초 안전검사를 실시하되, 그 이후부터 2년마다 |
| 프레스, 전단기, 압력용기, 국소배기장치(이동식 제외), 산업용 원심기, 화학설비 및 그 부속설비, 건조설비 및 그 부속설비, 롤러기(밀폐형 제외), 사출성형기(형 체결력 294kN 미만은 제외), 컨베이어 및 산업용 로봇 | 사업장에 설치가 끝난 날부터 3년 이내에 최초 안전검사를 실시하되, 그 이후부터 2년마다(공정안전보고서를 제출하여 확인을 받은 압력용기는 4년마다) |

0702 / 1302

## 19 Repetitive Learning (1회 2회 3회)

산업안전보건법령상 고용노동부장관은 산업재해를 예방하기 위하여 필요하다고 인정할 때에 대통령령이 정하는 사업장의 산업재해 발생건수, 재해율 등을 공표할 수 있도록 하였는데 이에 관한 공표 대상 사업장의 기준으로 틀린 것은?

① 연간 산업재해율이 규모별 같은 업종의 평균재해율 이상인 모든 사업장
② 관련법상 중대 산업사고가 발생한 사업장
③ 관련법상 산업재해의 발생에 관한 보고를 최근 3년 이내 2회 이상 하지 아니한 사업장
④ 산업재해로 연간 사망재해자가 2명 이상 발생한 사업장으로서 사망만인율이 규모별 같은 업종의 평균 사망만인율 이상인 사업장

**해설**

- 중대재해가 발생한 사업장으로서 해당 중대재해 발생연도의 연간 산업재해율이 규모별 같은 업종의 평균재해율 이상인 사업장을 대상으로 한다.

**공표대상 사업장**

- 중대재해가 발생한 사업장으로서 해당 중대재해 발생연도의 연간 산업재해율이 규모별 같은 업종의 평균재해율 이상인 사업장
- 산업재해로 인한 사망자가 연간 2명 이상 발생한 사업장
- 사망만인율이 규모별 같은 업종의 평균 사망만인율 이상인 사업장
- 산업재해 발생 사실을 은폐한 사업장
- 산업재해의 발생에 관한 보고를 최근 3년 이내 2회 이상 하지 않은 사업장
- 중대 산업사고가 발생한 사업장



17 ③ 18 ③ 19 ① | 정답

0904 / 1901

## 20 Repetitive Learning 1회 2회 3회

위험예지훈련 4라운드(Round) 중 목표설정 단계의 내용으로 가장 적당한 것은?

① 위험 요인을 찾아내고, 가장 위험한 것을 합의하여 결정한다.
② 가장 우수한 대책에 대하여 합의하고, 행동계획을 결정한다.
③ 브레인스토밍을 실시하여 어떤 위험이 존재하는가를 파악한다.
④ 가장 위험한 요인에 대하여 브레인스토밍 등을 통하여 대책을 세운다.

해설

- 위험예지훈련 4Round 중 최종 4Round는 가장 우수한 대책에 대하여 합의하고, 행동계획을 결정하는 단계이다.

**위험예지훈련 기초 4Round 기법**

| | | |
|---|---|---|
| 1Round | 현상파악<br>(사실의 파악단계) | 전원이 토의를 통하여 위험요인을 발견하는 단계 |
| 2Round | 본질추구<br>(원인탐색 단계) | 위험의 포인트를 결정하여 전원이 지적 확인을 하는 단계 |
| 3Round | 대책수립<br>(대책수립 단계) | 발견된 위험요인을 극복하기 위한 방법을 제시하는 단계 |
| 4Round | 목표설정<br>(행동계획 결정단계) | 나온 대책들을 공감하고 팀의 행동목표를 설정하고 지적 확인하는 단계 |

# 2과목 산업심리 및 교육

0601

## 21 Repetitive Learning 

집단의 응십성이 높아지는 조건에 해당하는 것은?

① 가입하기 쉬울수록
② 집단의 구성원이 많을수록
③ 외부의 위협이 없을수록
④ 함께 보내는 시간이 많을수록

해설

- 집단 구성원들끼리의 상호작용 즉, 함께 보내는 시간이 많을수록 응집력은 높아진다.

**집단 응집력 분석**

㉠ 개요
- 구성원의 상호작용 횟수와 집단의 사기를 나타내는 응집력 지수로 집단의 응집력을 측정한다.

㉡ 특성
- 집단의 응집력이 높으면 구성원 간 사회적 욕구의 만족도가 크다.
- 집단의 응집력이 높으면 상호 간 소통이 원활하다.

1202

## 22 Repetitive Learning 1회 2회 3회

학습평가 도구의 기준 중 "측정의 결과에 대해 누가 보아도 일치되는 의견이 나올 수 있는 성질"은 어떤 특성에 관한 설명인가?

① 타당성 ② 신뢰성
③ 객관성 ④ 실용성

해설

- 타당성은 평가하고자 하는 내용과 일치하는지의 여부를 말한다.
- 실용성은 누구나 쉽게 평가에 사용할 수 있는지의 여부를 말한다.
- 신뢰성은 정확한 결과를 얻을 수 있는지의 여부를 말한다.

**학습평가 도구의 기준**

- 타당성 : 평가하고자 하는 내용과 일치하는지의 여부
- 객관성 : 측정의 결과에 대해 누가 보아도 일치되는 의견이 나올 수 있는지의 여부
- 실용성 : 누구나 쉽게 평가에 사용할 수 있는지의 여부
- 신뢰성 : 정확한 결과를 얻을 수 있는지의 여부

1901

## 23 Repetitive Learning 

학습경험 조식의 원리와 가장 거리가 먼 것은?

① 가능성의 원리
② 계속성의 원리
③ 계열성의 원리
④ 통합성의 원리

해설

- 타일러의 학습경험의 조직 원리에는 계속성의 원리, 계열성의 원리, 통합성의 원리가 있다.

정답 | 20 ② 21 ④ 22 ③ 23 ①

:: 타일러의 학습경험의 조직

㉠ 개요

- 학습경험들이 밀접하게 관련되어 학습경험이 누적되었을 경우 효과를 기대할 수 있다는 논리이다.

㉡ 학습경험 조직의 원리

- 계속성의 원리 – 경험 요소가 계속적으로 반복되도록 조직화해야 한다.
- 계열성의 원리 – 경험의 수준을 갈수록 높여 깊이있고 폭넓은 경험이 되도록 하여야 한다.
- 통합성의 원리 – 학습경험을 횡적으로 연결지어 조화롭게 통합해야 한다.

0304 / 0704 / 0901 / 0904 / 1901 / 2101

## 24 Repetitive Learning (1회 2회 3회)

매슬로우(Maslow)의 욕구위계를 바르게 나열한 것은?

① 생리적 욕구 – 사회적 욕구 – 안전의 욕구 – 인정받으려는 욕구 – 자아실현의 욕구

② 생리적 욕구 – 안전의 욕구 – 사회적 욕구 – 인정받으려는 욕구 – 자아실현의 욕구

③ 안전의 욕구 – 생리적 욕구 – 사회적 욕구 – 인정받으려는 욕구 – 자아실현의 욕구

④ 안전의 욕구 – 생리적 욕구 – 사회적 욕구 – 자아실현의 욕구 – 인정받으려는 욕구

해설

- 매슬로우의 욕구 5단계는 순서대로 생리적, 안전, 사회적, 존경, 자아실현의 욕구이다.

:: 매슬로우(Maslow)의 욕구위계(욕구이론)

㉠ 개요

- 생리적 욕구 – 안전의 욕구 – 사회적 욕구 – 인정받으려는 욕구 – 자아실현의 욕구 순으로 발생한다.
- 행동은 충족되지 않은 욕구에 의해 결정되고 좌우된다.
- 개인의 가장 기본적인 욕구로부터 시작하여 위계상 상위 욕구로 올라가면서 자신의 욕구를 체계적으로 충족시킨다.
- 위계(位階)에서 생존을 위해 기본이 되는 욕구들이 우선적으로 충족되어야 한다. 즉, 하위 단계의 욕구가 충족되어야 더 높은 단계의 욕구가 발생한다.

㉡ 위계의 내용 실필 0901

| 단계별 | 욕구의 명칭 | 설명 | 관리감독자의 능력 |
|---|---|---|---|
| 1단계 | 생리적 욕구 | 인간의 가장 기초적인 욕구에 해당한다. | – |
| 2단계 | 안전의 욕구 | 생존에 대한 욕구에 해당한다. | 기술적 능력 |
| 3단계 | 사회적 욕구 | 가족, 친구 등 애정과 소속에 대한 욕구에 해당한다. | – |
| 4단계 | 인정받으려는 욕구 (존경과 긍지에 대한 욕구) | 명예, 신망, 위신, 지위 등과 관계가 깊다. | 포괄적 능력 |
| 5단계 | 자아실현의 욕구 | 가장 고차원적인 욕구에 해당한다. | 종합적 능력 |

## 25 Repetitive Learning (1회 2회 3회)

휴먼 에러를 행위적 관점에서 분류할 때 해당하지 않는 것은?

① 입력 오류(Input error)

② 순서 오류(Sequential error)

③ 시간지연 오류(Time error)

④ 생략 오류(Omission error)

해설

- 행위적 관점에서 휴먼 에러를 분류하면 실행오류, 생략오류, 불필요한 수행오류, 순서오류, 시간오류 등으로 나눌 수 있다.

:: 행위적 관점에서의 휴먼 에러 분류(Swain)

| 구분 | 설명 |
|---|---|
| 실행오류 (Commission error) | 작업 수행 중 작업을 정확하게 수행하지 못해 발생한 에러 |
| 생략오류 (Omission error) | 필요한 작업 또는 절차를 수행하지 않는데 기인한 에러 |
| 불필요한 수행오류 (Extraneous error) | 불필요한 작업 또는 절차를 수행함으로써 발생한 에러 |
| 순서오류 (Sequential error) | 필요한 작업 또는 절차의 순서 착오로 인한 에러 |
| 시간오류 (Timing error) | 필요한 작업 또는 절차의 수행을 지연한데 기인한 에러 |



24 ② 25 ① 정답

1204

## 26 Repetitive Learning 1회 2회 3회

다음 설명에 해당하는 주의의 특성은?

| 공간적으로 보면 시선의 주시점만 인지하는 기능으로 한 지점에 주의를 집중하면 다른 곳의 주의는 약해진다. |
|---|

① 선택성 ② 방향성
③ 변동성 ④ 일점집중

해설
- 주의의 특징에는 선택성, 방향성, 변동성이 있다.
- 변동성은 주의는 일정하게 유지되는 것이 아니라 일정한 주기로 부주의하는 리듬이 존재한다는 개념을 말한다.
- 선택성은 시각 정보 등을 받아들일 때 주의를 기울이면 시선이 집중되는 곳의 정보는 잘 받아들이나 주변부의 정보는 놓치기 쉬운 것을 말한다.

주의(Attention)의 특징
- 선택성 – 여러 종류의 자극을 자각할 때, 소수의 특정한 것에 한하여 주의가 집중되는 것으로 인간의 주의력은 한계가 있어 여러 작업에 대해 선택적으로 배분된다는 의미로, 시각 정보 등을 받아들일 때 주의를 기울이면 시선이 집중되는 곳의 정보는 잘 받아들이나 주변부의 정보는 놓치기 쉬운 경우에 해당한다.
- 방향성 – 공간적으로 보면 시선의 주시점만 인지하는 기능으로 한 지점에 주의를 집중하면 다른 곳의 주의가 약해지는 성질이다.
- 변동성 – 주의는 일정하게 유지되는 것이 아니라 일정한 주기로 부주의하는 리듬이 존재한다.

0401

## 27 Repetitive Learning 1회 2회 3회

직무수행평가를 위해 개발된 척도 중 척도상의 점수에 그 점수를 설명하는 구체적 직무행동 내용이 제시된 것은?

① 행동기준평정척도(BARS) ② 행동관찰척도(BOS)
③ 행동기술척도(BDS) ④ 행동내용척도(BCS)

해설
- 직무수행평가를 위해 개발된 척도에는 크게 행동기준평정척도(BARS)와 행동관찰척도(BOS)가 있다.
- 행동관찰척도(BOS)란 평가의 기준점으로 제시된 구체적인 행위에 대해 피평가자가 수행한 빈도를 측정하는 평가기법이다.

행동기준평정척도(BARS)
- Behaviorally Anchored Rating Scale로 중요사례를 척도화한 평가기준으로 사용하는 직무수행평가 평정척도이다.
- 척도상의 점수에 그 점수를 설명하는 구체적 직무행동 내용을 제시하여 피평가자를 평가한다.

1204

## 28 Repetitive Learning 1회 2회 3회

다음 중 시청각적 교육방법의 특징과 가장 거리가 먼 것은?

① 교재의 구조화를 기할 수 있다.
② 대규모 수업체제의 구성이 어렵다.
③ 학습의 다양성과 능률화를 기할 수 있다.
④ 학습자에게 공통경험을 형성시켜 줄 수 있다.

해설
- 시청각교육법은 대규모 수업체제에 가장 많이 활용되는 교육방법이다.

시청각교육법
㉠ 개요
- 학습능률을 높이기 위해 시청각 매체를 교육에 적절히 활용하는 교육방법이다.

㉡ 특징
- 교수의 평준화, 교재의 구조화를 기할 수 있다.
- 대규모 수업체제의 구성이 가능하다.
- 학습의 다양성과 능률화를 기할 수 있다.
- 학습자에게 공통경험을 형성시켜 줄 수 있다.

1004

## 29 Repetitive Learning 1회 2회 3회

다음 중 능률과 안전을 위한 기계의 통제수단이 될 수 없는 것은?

① 반응에 의한 통제
② 개폐에 의한 통제
③ 양(量)의 조절에 의한 통제
④ 생산 원가에 의한 통제

해설
- 생산 원가에 의한 통제는 기계의 통제수단을 활용하기 어렵다.

기계의 통제
- 반응에 의한 통제 – 자동경보시스템
- 개폐에 의한 통제 – 불연속 조절노브
- 양의 조절에 의한 통제 – 연속 조절노브

## 30 Repetitive Learning 1회 2회 3회

안전지식교육의 내용이 아닌 것은?

① 재해발생의 원인을 이해시킨다.
② 안전의 5요소에 잠재된 위험을 이해시킨다.
③ 작업에 필요한 법규·규정·기준과 수칙을 습득시킨다.
④ 표준작업방법대로 작업을 행하도록 한다.

정답 | 26 ② 27 ① 28 ② 29 ④ 30 ④

해설

- 표준작업방법대로 작업을 행하도록 하는 것은 안전태도교육의 내용이다.

안전지식교육(안전교육의 제1단계)

- 근로자가 지켜야 할 규정의 숙지를 위한 교육이다.
- 제시방식으로 진행하는 것이 가장 적합하다.
- 재해발생의 원인을 이해시킴으로써 안전의식 향상에 목적을 둔다.
- 안전의 5요소에 잠재된 위험을 이해시킨다.
- 작업에 필요한 안전 관련 법규·규정·기준과 수칙을 습득시킨다.

2101

## 31

Repetitive Learning (1회 2회 3회)

다음은 리더가 가지고 있는 어떤 권력의 예시에 해당하는가?

| 종업원의 바람직하지 않은 행동들에 대해 해고, 임금삭감, 견책 등을 사용하여 처벌한다. |
|---|

① 보상권력
② 강압권력
③ 합법권력
④ 전문권력

해설

- 조직이 리더에게 부여한 권한 중 구성원에 대한 처벌과 관련된 것은 강압적 권한에 해당한다.

리더십 권한

㉠ 조직이 리더에게 부여한 권한
- 합법적 권한 : 군대, 교사, 정부기관 등 합법적 권력이 가지는 권한
- 강압적 권한 : 부하의 처벌, 승진 누락, 봉급의 인상 거부 등 강압적인 힘을 갖는 권한
- 보상적 권한 : 승진, 봉급 인상 등 역할에 대한 보상을 부여하는 권한

㉡ 조직이 리더에게 부여하지 않았지만 조건이 맞을 경우 자발적으로 생성되는 권한
- 위임된 권한 : 목표달성을 위하여 부하 직원들이 상사를 존경하여 상사와 함께 일하고자 할 때 상사에게 부여되는 권한 혹은 지도자 자신이 스스로에게 부여한 권한
- 전문성의 권한 : 전문적 지식을 가진 리더를 부하들이 스스로 따르는 것으로 지도자 자신의 능력에 의해 생성되는 권한
- 준거적 권한 : 리더의 개인적 매력이 중요하며, 매력적인 리더와 함께 하고 싶은 부하들에 의해 조직의 발전이 이뤄진다는 것

0302 / 0404 / 0601

## 32

Repetitive Learning (1회 2회 3회)

작업자 자신이 자기의 부주의 이외에 제반 오류의 원인을 생각함으로써 개선을 하도록 하는 과오원인 제거 기법은?

① TBM ② STOP
③ BS ④ ECR

해설

- 작업자 스스로 자기의 부주의 또는 제반 오류의 원인을 생각하여 개선하도록 하는 제안을 ECR이라 한다.

ECR(Error Cause Removal)

- 작업의 개선을 위한 결함제거 기법이다.
- 작업자 자신이 자기의 부주의 이외에 제반 오류의 원인을 생각함으로써 개선을 하도록 하는 과오원인 제거 기법이다.

1001

## 33

Repetitive Learning (1회 2회 3회)

허세이(Alfred Bay Hershey)의 피로회복법에서 단조로움이나 권태감에 의해 발생되는 피로에 대한 대책으로 가장 적합한 것은?

① 동작의 교대방법 등을 가르친다.
② 불필요한 신체적 마찰을 배제한다.
③ 작업장의 온도·습도·통풍 등을 조절한다.
④ 용의주도한 작업 계획을 수립·이행한다.

해설

- 단조로움이나 권태감에 의한 피로에 대한 대책으로 휴식을 취하거나 동작의 교대방법 등을 가르친다.
- ②는 정신적 긴장에 의한 피로 대책에 해당한다.
- ③은 천재지변에 의한 피로 대책에 해당한다.
- ④는 작업에 의한 피로 대책에 해당한다.

피로의 예방대책

- 정신적 긴장에 의한 피로 – 불필요한 마찰을 배제할 것
- 신체적 긴장에 의한 피로 – 운동에 의해 긴장을 풀 것
- 정신적 노력에 의한 피로 – 휴식이나 양성 훈련을 적절하게 취할 것
- 작업에 의한 피로 – 작업부하를 작게 하고, 작업속도를 적절하게 조정할 것
- 천재지변에 의한 피로 – 온도·습도·통풍을 조절할 것
- 단조로움이나 권태감에 의한 피로 – 휴식을 취하거나 동작의 교대방법 등을 가르칠 것



31 ② 32 ④ 33 ① 정답

## 34

Repetitive Learning 1회 2회 3회

작업을 배우고 싶은 의욕을 갖도록 하는 작업지도교육 단계는?

① 제1단계 : 학습할 준비를 시킨다.
② 제2단계 : 작업을 설명한다.
③ 제3단계 : 작업을 시켜본다.
④ 제4단계 : 가르친 뒤 살펴본다.

**해설**

- 교육훈련 지도단계의 제1단계 도입단계에서 학습할 준비 즉, 동기를 유발시킨다.

**교육훈련 지도방법의 4단계**

- 도입 → 제시 → 적용 → 확인단계를 거친다.

| | | |
|---|---|---|
| 1단계 | 도입 | 구체적인 목표를 제시, 동기유발을 통해 관심과 흥미를 가지게 하고 심신의 여유를 준다. |
| 2단계 | 제시(실연) | 새로운 지식이나 기능을 설명하고 이해, 납득시킨다. |
| 3단계 | 적용(실습) | 피교육자가 공감을 느끼게 하고, 과제를 통해 문제해결하게 하거나 기능을 습득시킨다. |
| 4단계 | 확인(평가) | 피교육자가 교육내용을 충분히 이해했는지를 확인하고 평가한다. |

1101 / 2201

## 35

Repetitive Learning 

직무수행에 대한 예측변인 개발 시 작업표본(Work sample)의 제한점으로 볼 수 없는 것은?

① 주로 기계를 다루는 직무에 효과적이다.
② 훈련생보다 경력자 선발에 적합하다.
③ 실시하는 데 시간과 비용이 많이 든다.
④ 집단검사로 감독의 통제가 요구된다.

**해설**

- 작업표본은 집단검사가 아니라 개인별 작업행동을 관찰할 수 있는 검사이다.

**직무수행에 대한 예측변인 개발 시 작업표본(Work sample)**

㉠ 개요

- 실제 산업 현장의 작업 활동과 매우 유사한 모의 작업 활동 혹은 축소된 형태의 작업 활동이며, 실제 작업이나 직업군에서 사용되는 것과 유사하거나 동일한 과제, 재료, 도구를 포함한 한계가 분명한 직업 활동이다.
- 개인의 직업 적성, 근로자 특성, 직업 흥미 등을 평가한다.

㉡ 제한점

- 주로 기계를 다루거나 육체노동을 하는 직무에 효과적이다.
- 훈련생보다 경력자 선발에 적합하다.
- 실시하는 데 시간과 비용이 많이 든다.
- 동시타당도만 측정이 가능하다.
- 현재 무엇을 할 수 있는지를 평가하는 데는 효과적이나 미래의 잠재력을 평가하는 것은 아니다.

0302 / 0604 / 1301

## 36

Repetitive Learning 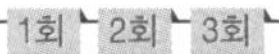

다음 중 성실하며 성공적인 지도자(Leader)의 공통적인 소유 속성과 가장 거리가 먼 것은?

① 강력한 조직능력
② 실패에 대한 자신감
③ 뛰어난 업무수행능력
④ 자신 및 상사에 대한 긍정적인 태도

**해설**

- 성공한 지도자들은 실패에 대한 예견과 두려움을 가진다.

**성공한 지도자(Leader)의 공통적인 속성**

- 강력한 조직능력
- 뛰어난 업무수행능력
- 자신 및 상사에 대한 긍정적인 태도
- 높은 성취 욕구
- 실패에 대한 강한 예견과 두려움
- 부모로부터의 정서적 독립과 현실 지향적

## 37

Repetitive Learning 1회 2회 3회

다음 중 적성배치에 따른 효과와 가장 거리가 먼 것은?

① 자아실현 기회부여 ② 근로의욕의 고취
③ 재해사고의 예방 ④ 표준작업 습관화

**해설**

- 적성배치를 통해 자아실현의 기회 부여로 근무의욕 고취와 재해사고의 예방에 기여하는 효과를 가진다.

**적성배치**

㉠ 개요

- 자아실현의 기회 부여로 근무의욕 고취와 재해사고의 예방에 기여하는 효과를 가진다.
- 부주의에 의한 사고방지대책에 있어 기능 및 작업측면의 대책에 해당한다.

정답 | 34 ① 35 ④ 36 ② 37 ④

ⓛ 고려사항
- 주관적인 감정요소를 배제한다.
- 인사관리의 기준에 원칙을 준수한다.
- 직무평가를 통하여 자격수준을 결정한다.
- 적성검사를 실시하여 개인의 능력을 파악한다.

1002 / 1301 / 1804

## 38 Repetitive Learning (1회 2회 3회)

스트레스에 대하여 반응하는 데 있어서 개인 차이의 이유로 적합하지 않은 것은?

① 성(性)의 차이 ② 강인성의 차이
③ 작업시간의 차이 ④ 자기 존중감의 차이

해설
- 스트레스 반응에 있어서 개인마다 차이가 나는 이유는 개인에게 찾아야 한다. 업무강도나 작업시간 등의 업무에서 개인 차이를 확인하는 것은 힘들다.

:: 스트레스 반응에 있어서 개인차의 이유
- 자기 존중감의 차이
- 성(性)의 차이
- 성격상의 강인성의 차이

## 39 Repetitive Learning (1회 2회 3회)

안전교육의 실시방법 중 토의법의 특징과 가장 거리가 먼 것은?

① 개방적인 의사소통과 협조적인 분위기 속에서 학습자의 적극적 참여가 가능하다.
② 집단 활동의 기술을 개발하고 민주적 태도를 배울 수 있다.
③ 정해진 시간에 많은 학습자를 대상으로 다양한 지식의 동시 전달이 가능하다.
④ 준비와 계획단계뿐만 아니라 진행 과정에서도 많은 시간이 소요된다.

해설
- 정해진 시간에 다양한 지식을 많은 학습자를 대상으로 동시 전달이 가능한 방식은 강의식의 특징이다.

:: 토의식(Discussion method)
㉠ 개요
- 참여자들의 대화를 통해서 교육이 진행되는 교육방식이다.
- 현장의 관리감독자 교육을 위하여 가장 바람직한 교육방식이다.
- 안전교육의 방법 중 전개단계에서 가장 효과적인 수업방법이다.
- 도입, 제시, 적용, 확인단계 중 적용단계에서 가장 많은 시간이 소요된다.
- 알고 있는 지식을 심화시키거나 어떠한 자료에 대해 보다 명료한 생각을 갖도록 하기 위하여 실시하는 교육방법으로 적합하다.
- 피교육생들의 태도를 변화시키고자 할 때, 인원이 토의에 적정할 때, 피교육생들이 토의 주제를 어느 정도 인지하고 있을 때, 피교육생들 간에 학습능력이 비슷한 수준일 때 유용하다.
- 심포지엄(Symposium), 패널 디스커션(Panel discussion), 롤 플레잉(Role playing), 버즈세션(Buzz session), 포럼(Forum) 등이 있다.

ⓛ 특징
- 개방적인 의사소통과 협조적인 분위기 속에서 학습자의 적극적 참여가 가능하다.
- 집단 활동의 기술을 개발하고 민주적 태도를 배울 수 있다.
- 준비와 계획단계뿐만 아니라 진행 과정에서도 많은 시간이 소요된다.

1004 / 1804 / 2202

## 40 Repetitive Learning (1회 2회 3회)

Off Job Training의 특징으로 맞는 것은?

① 개개인에게 적절한 지도훈련이 가능하다.
② 전문가를 강사로 초빙하는 것이 가능하다.
③ 직장의 실정에 맞게 실제적 훈련이 가능하다.
④ 훈련에 필요한 업무의 계속성이 끊어지지 않는다.

해설
- ①, ③, ④는 O.J.T(On the Job Training)의 특징이다.

:: Off J.T(Off the Job Training)
㉠ 개요
- 교육대상자를 대상으로 업무현장 밖에서 하는 집단교육을 말한다.

ⓛ 형태
- 강의
- 사례연구
- 역할연기
- 집단토론



38 ③ 39 ③ 40 ② 정답

ⓒ 특징

| | |
|---|---|
| 장점 | • 교재, 시설 등을 효과적으로 이용할 수 있다.<br>• 업무와 훈련이 동시에 진행되는 것이 아닌 만큼 훈련에만 전념하게 된다.<br>• 외부의 우수한 전문가를 강사로 활용할 수 있다.<br>• 다수의 근로자를 대상으로 일괄적, 조직적, 체계적인 훈련이 가능하다.<br>• 교육생 간 혹은 타 직장의 근로자와 지식이나 경험을 교류할 수 있다. |
| 단점 | • 개인의 안전지도 방법에는 부적당하다.<br>• 교육으로 인해 업무가 중단되는 손실이 발생한다. |

## 3과목 인간공학 및 시스템안전공학

0804 / 2101

### 41 Repetitive Learning (1회 2회 3회)

인간의 위치 동작에 있어 눈으로 보지 않고 손을 수평면상에서 움직이는 경우 짧은 거리는 지나치고, 긴 거리는 못 미치는 경향이 있는데 이를 무엇이라 하는가?

① 사정효과(Range effect)
② 간격효과(Distance effect)
③ 손동작효과(Hand action effect)
④ 반응효과(Reaction effect)

해설

• 사정효과란 작은 오차에는 과잉반응, 큰 오차에는 과소반응하는 인간의 경향성을 말하는 용어이다.

사정효과(Range effect)
• 작은 오차에는 과잉반응, 큰 오차에는 과소반응하는 인간의 경향성을 말하는 용어이다.
• 인간의 위치 동작에 있어 눈으로 보지 않고 손을 수평면상에서 움직이는 경우 짧은 거리는 지나치고, 긴 거리는 못 미치는 경향을 말한다.

1901

### 42 Repetitive Learning (1회 2회 3회)

실린더 블록에 사용하는 가스켓의 수명은 평균 10,000시간이며, 표준편차는 200시간으로 정규분포를 따른다. 사용시간이 9,600시간일 경우 이 가스켓의 신뢰도는 약 얼마인가? (단, 표준정규분포상 $Z_1$=0.8413, $Z_2$=0.9772이다)

① 84.13% ② 88.73%
③ 92.72% ④ 97.72%

해설

• 확률변수 X는 정규분포 $N(10,000, 200^2)$을 따른다.
• 9,600시간은 $\frac{9,600-10,000}{200}=-2$가 나오므로 표준정규분포상 $-Z_2$보다 큰 값을 신뢰도로 한다는 의미이다. 이는 전체에서 $-Z_2$보다 작은 값을 빼면 된다.

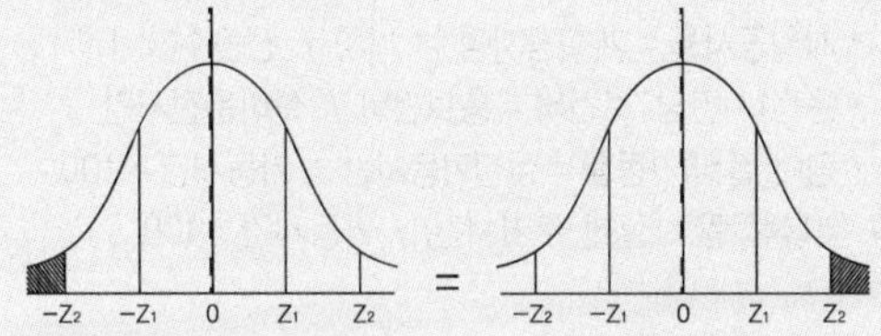


• 정규분포의 특성상 이는 $Z_2$보다 큰 값과 동일한 값이다. $Z_2$의 값이 0.9772이므로 1 − 0.9772 = 0.0228이 된다.
• 신뢰도는 위에서 구한 0.0228을 제외한 부분에 해당하므로 1 − 0.228 = 0.9772이다.

정규분포
• 확률변수 X는 정규분포 N(평균, 표준편차$^2$)을 따른다.
• 구하고자 하는 값을 정규분포상의 값으로 변환하려면 $\frac{\text{대상값}-\text{평균}}{\text{표준편차}}$을 이용한다.

### 43 Repetitive Learning (1회 2회 3회)

다음 중 보전효과의 평가로 설비종합효율을 계산하는 식으로 옳은 것은?

① 설비종합효율 = 속도가동률 × 정미가동률
② 설비종합효율 = 시간가동률 × 성능가동률 × 양품률
③ 설비종합효율 = (부하시간 − 정지시간) / 부하시간
④ 설비종합효율 = 정미가동률 × 시간가동률 × 양품률

정답 | 41 ① 42 ④ 43 ②

해설

- 설비종합효율은 설비의 활용이 어느 정도 효율적으로 이뤄지는지를 평가하는 척도로 시간가동률 × 성능가동률 × 양품률로 구한다.

**보전효과의 평가지표**

㉠ 설비종합효율
- 설비종합효율은 설비의 활용이 어느 정도 효율적으로 이뤄지는지를 평가하는 척도이다.
- 시간가동률 × 성능가동률 × 양품률로 구한다.
- 시간가동률은 정지손실의 크기로 (부하시간 − 정지시간)/부하시간으로 구한다.
- 성능가동률은 성능손실의 크기로 속도가동률 × 정미가동률로 구한다.
- 양품률은 불량손실의 크기를 말한다.

㉡ 기타 평가요소
- 제품단위당 보전비 = 총보전비 / 제품수량
- 설비고장도수율 = 설비고장건수 / 설비가동시간
- 계획공사율 = 계획공사공수(工數) / 전공수(全工數)
- 운전1시간당 보건비 = 총보건비 / 설비운전시간
- 정미(실질)가동률 = 실질가동시간 / 가동시간 × 100 = (생산량 × 실제 주기시간) / 가동시간 × 100

## 44 — Repetitive Learning (1회 2회 3회)

다음 중 청각적 표시장치의 설계에 관한 설명으로 가장 거리가 먼 것은?

① 신호를 멀리 보내고자 할 때에는 낮은 주파수를 사용하는 것이 바람직하다.
② 배경소음의 주파수와 다른 주파수의 신호를 사용하는 것이 바람직하다.
③ 신호가 장애물을 돌아가야 할 때에는 높은 주파수를 사용하는 것이 바람직하다.
④ 경보는 청취자에게 위급 상황에 대한 정보를 제공하는 것이 바람직하다.

해설

- 낮은 주파수는 잡음이 많아 음질이 떨어지지만 장애물을 통과하는 데 좋은 성질을 가진다.

**청각적 표시장치 설계기준**

- 신호는 최소한 0.5 ~ 1초 동안 지속한다.
- 신호는 배경소음의 주파수와 다른 주파수를 이용한다.
- 소음은 양쪽 귀에, 신호는 한쪽 귀에 들리게 한다.
- 경보효과를 높이기 위해서 개시시간이 짧은 고강도 신호를 사용하여 위급상황에 대한 정보를 제공한다.
- 귀는 중음역에 가장 민감하므로 500 ~ 3,000Hz의 진동수를 사용한다.
- 칸막이를 통과하는 신호는 500Hz 이하의 진동수를 사용한다.
- 300m 이상 멀리 보내는 신호는 1,000Hz 이하의 낮은 주파수를 사용한다.

## 45 — Repetitive Learning (1회 2회 3회)

Rasmussen은 행동을 세 가지로 분류하였는데, 그 분류에 해당하지 않는 것은?

① 숙련 기반 행동(Skill-based behavior)
② 지식 기반 행동(Knowledge-based behavior)
③ 경험 기반 행동(Experience-based behavior)
④ 규칙 기반 행동(Rule-based behavior)

해설

- Rasmussen의 휴먼 에러와 관련된 인간행동 분류에는 기능/기술 기반 행동, 지식 기반 행동, 규칙 기반 행동이 있다.

**Rasmussen의 휴먼 에러와 관련된 인간행동 분류**

| 기능/기술 기반 행동 (Skill-based behavior) | 실수(Slip)와 망각(Lapse)으로 구분되는 오류 |
|---|---|
| 지식 기반 행동 (Knowledge-based behavior) | 인지 및 인식의 오류를 예방하기 위해 목표와 관련하여 작동을 계획해야 하는데 특수하고 친숙하지 않은 상황에서 발생하며, 부적절한 분석이나 의사결정을 잘못하여 발생하는 오류 |
| 규칙 기반 행동 (Rule-based behavior) | 잘못된 규칙을 기억하거나 정확한 규칙이라도 상황에 맞지 않게 적용한 경우 발생하는 오류 |



44 ③ 45 ③ | 정답

## 46

Repetitive Learning (1회 2회 3회)

말소리의 질에 대한 객관적 측정 방법으로 명료도 지수를 사용하고 있다. 그림에서와 같은 경우 명료도 지수는 약 얼마인가?

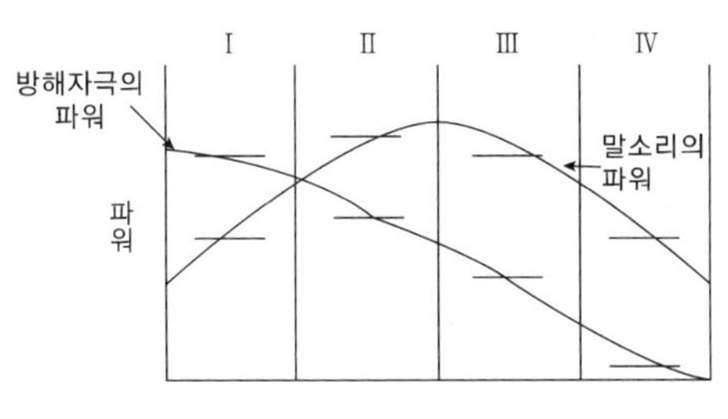


| 말소리(S)/방해자극(N) | 1/2 | 3/2 | 4/1 | 5/1 |
|---|---|---|---|---|
| Log(S/N) | −0.7 | 0.18 | 0.6 | 0.7 |
| 말소리 중요도 가중치 | 1 | 1 | 2 | 1 |

① 0.38　　② 0.68
③ 1.38　　④ 5.68

**해설**

- 음성과 잡음의 데시벨(dB)값에 가중치를 곱하여 더하면 $(-0.7\times1+0.18\times1+0.6\times2+0.7\times1)=-0.7+0.18+1.2+0.7=1.38$이다.

**명료도 지수(Articulation index)**

- 말소리의 질에 대한 객관적 측정 방법으로 통화이해도를 측정하는 지표이다.
- 각 옥타브(Octave)대의 음성과 잡음의 데시벨(dB)값에 가중치를 곱하여 합계를 구한 것이다.

1204 / 1901

## 47

Repetitive Learning (1회 2회 3회)

염산을 취급하는 A 업체에서는 신설 설비에 관한 안전성 평가를 실시해야 한다. 다음 중 정성적 평가단계에 있어 설계와 관련된 주요 진단 항목에 해당하는 것은?

① 공장 내의 배치　　② 제조공정의 개요
③ 재평가 방법 및 계획　　④ 안전·보건교육 훈련계획

**해설**

- 정성적 평가에서 설계관계항목에는 입지조건, 공장 내 배치, 건조물, 소방설비 등이 있다.

**정성적 평가와 정량적 평가항목**

| 구분 | 항목 | 내용 |
|---|---|---|
| 정성적 평가 | 설계관계항목 | 입지조건, 공장 내 배치, 건조물, 소방설비 등 |
| | 운전관계항목 | 원재료, 중간제품, 공정 및 공정기기, 수송, 저장 등 |
| 정량적 평가 | • 수치값으로 표현 가능한 항목들을 대상으로 한다.<br>• 온도, 취급물질, 화학설비용량, 압력, 조작 등을 위험도에 맞게 평가한다. | |

1201

## 48

Repetitive Learning (1회 2회 3회)

다음 중 인간공학을 나타내는 용어로 적절하지 않은 것은?

① Ergonomics
② Human factors
③ Human engineering
④ Customize engineering

**해설**

- 인간공학은 "Ergon(작업) + nomos(법칙) + ics(학문)"이 조합된 단어로 Human factors, Human engineering이라고도 한다.
- Customize engineering은 상품공학에 대한 개념이다.

**인간공학(Ergonomics)**

㉠ 개요
- "Ergon(작업) + nomos(법칙) + ics(학문)"이 조합된 단어로 Human factors, Human engineering이라고도 한다.
- 인간의 특성과 한계 능력을 공학적으로 분석, 평가하여 이를 복잡한 체계의 설계에 응용함으로써 효율을 최대로 활용할 수 있도록 하는 학문분야이다.
- 인간이 사용하는 물건, 설비, 환경의 설계에 인간의 생리적, 심리적인 면에서의 특성이나 한계점을 고려함으로써 인간-기계 시스템의 안전성과 편리성, 효율성을 높이는 학문분야이다.

㉡ 적용분야
- 제품설계
- 재해·질병 예방
- 장비·공구·설비의 배치
- 작업장 내 조사 및 연구

0901 / 1201

## 49

Repetitive Learning (1회 2회 3회)

다음 중 실효온도(Effective Temperature)에 관한 설명으로 틀린 것은?

① 체온계로 입인의 온도를 측정한 값을 기준으로 한다.
② 실제로 감각되는 온도로서 실감온도라고 한다.
③ 온도, 습도 및 공기 유동이 인체에 미치는 열효과를 나타낸 것이다.
④ 상대습도 100%일 때의 건구온도에서 느끼는 것과 동일한 온감이다.

**해설**

- 체온계로 입안의 온도를 측정한 것은 구강체온 측정법이다.

정답 | 46 ③ 47 ① 48 ④ 49 ①

:: 실효온도(ET : Effective Temperature)

- 공조되고 있는 실내 환경을 평가하는 척도로 감각온도, 유효온도라고도 한다.
- 상대습도 100%, 풍속 0m/sec일 때에 느껴지는 온도감각을 말한다.
- 온도, 습도, 기류 등이 인체에 미치는 열효과를 하나의 수치로 통합한 경험적 감각지수이다.
- 실효온도의 종류에는 Oxford 지수, Botsball 지수, 습구 글로브 온도 등이 있다.

0804

**50** Repetitive Learning (1회 2회 3회)

다음 중 시스템 안전계획(SSPP, System Safety Program Plan)에 포함되어야 할 사항으로 가장 거리가 먼 것은?

① 안전조직
② 안전성의 평가
③ 안전자료의 수집과 갱신
④ 시스템의 신뢰성 분석비용

해설

- 시스템 안전 프로그램 계획(SSPP)에 포함되어야 하는 사항으로는 계획의 개요, 안전조직, 계약조건, 시스템 안전기준 및 해석, 안전성 평가, 안전자료의 수집과 갱신, 경과와 결과의 보고 등이 있다.

:: 시스템 안전 프로그램 계획(SSPP)

㉠ 개요
- 시스템 안전 필요 사항을 만족시키기 위해 예정된 안전업무를 설명해 놓은 공식적인 기록을 말한다.

㉡ 포함되어야 할 사항
- 계획의 개요
- 안전조직
- 계약조건
- 시스템 안전기준 및 해석
- 안전성 평가
- 안전자료의 수집과 갱신
- 경과와 결과의 보고

0501

**51** Repetitive Learning (1회 2회 3회)

다음 중 감각적으로 물리현상을 왜곡하는 지각현상에 해당되는 것은?

① 주의산만 ② 착각
③ 피로 ④ 무관심

해설

- 주의산만이란 다른 자극들에 잘 넘어가며, 특정 업무에 집중하지 못하는 성격을 말한다.
- 피로란 업무 등으로 지친 심신의 상태를 말한다.
- 무관심은 어떤 대상에 대하여 끌리는 마음이나 흥미를 못 가지는 것을 말한다.

:: 인간의 다양한 오류모형

| 착각(Illusion) | 감각적으로 물리현상을 왜곡하는 지각 오류 |
|---|---|
| 착오(Mistake) | 상황해석을 잘못하거나 목표를 잘못 이해하고 착각하여 행하는 인간의 실수로 위치, 순서, 패턴, 형상, 기억오류 등 외부적 요인에 의해 나타나는 오류 |
| 실수(Slip) | 의도는 올바른 것이었지만, 행동이 의도한 것과는 다르게 나타나는 오류 |
| 건망증(Lapse) | 일련의 과정에서 일부를 빠뜨리거나 기억의 실패에 의해 발생하는 오류 |
| 위반(Violation) | 정해진 규칙을 알고 있음에도 의도적으로 따르지 않거나 무시한 경우에 발생하는 오류 |

1201

**52** Repetitive Learning (1회 2회 3회)

그림과 같이 FT도에서 활용하는 논리게이트의 명칭으로 옳은 것은?

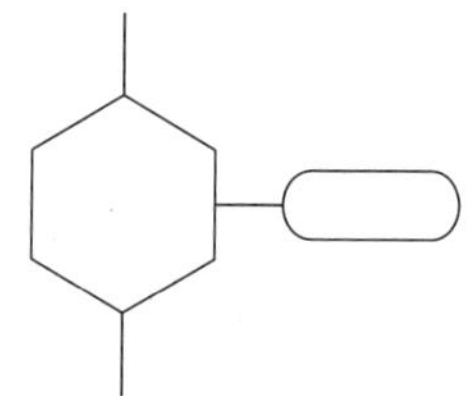

① 억제 게이트
② 제어 게이트
③ 배타적 OR 게이트
④ 우선적 AND 게이트

해설

- 배타적 OR 게이트(Exclusive OR gate)는 OR 게이트의 특별한 경우로 2개 또는 그 이상의 입력이 동시에 존재하는 경우에는 출력이 생기지 않는 게이트이다.
- 우선적 AND 게이트는 AND 게이트의 특별한 경우로 여러 개의 입력사상이 정해진 순서에 따라 순차적으로 발생해야만 결과가 출력된다.



50 ④ 51 ② 52 ① 정답

:: 억제 게이트(Inhibit gate)

- 논리적으로 수정기호의 일종으로 수정기호를 병용하여 게이트 역할을 하는 게이트이다.
- 한 개의 입력사상에 의해 출력사상이 발생하며, 출력사상이 발생되기 전에 입력사상이 특정 조건을 만족하여야 한다.
- 조건부 사건이 발생하는 상황하에서 입력현상이 발생할 때 출력현상이 발생한다.
- 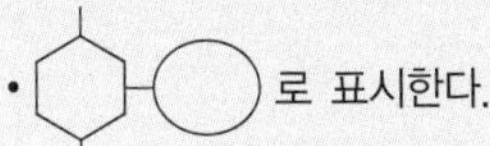 로 표시한다.

2202

## 53 Repetitive Learning (1회 2회 3회)

휴식 중 에너지소비량은 1.5kcal/min이고, 어떤 작업의 평균 에너지소비량이 6kcal/min이라고 할 때 60분간 총 작업시간 내에 포함되어야 하는 휴식시간은 약 몇 분인가? (단, 기초대사를 포함한 작업에 대한 평균 에너지소비량의 상한은 5kcal/min이다)

① 10.3 ② 11.3

③ 12.3 ④ 13.3

**해설**

- 작업 시 에너지 평균 소비량 E가 6이므로 대입하면 $R = 60 \times \frac{6-5}{6-1.5} = \frac{60}{4.5} = 13.33\cdots$이므로 13.3분이다.

:: 휴식시간 산출

- 하루 사람이 내는 에너지는 4,300kcal이고, 기초대사와 휴식에 소요되는 2,300kcal를 뺀 2,000kcal를 8시간(480분)으로 나누면 작업평균 에너지소비량은 분당 약 4kcal가 된다.
- 여기서 작업평균 에너지소비량을 넘어서는 작업을 한 경우에는 일정한 시간마다 휴식이 필요하다.
- 이에 휴식시간 $R = \text{작업시간} \times \frac{E-4}{E-1.5}$ 로 계산한다.
  이때 E는 순 에너지소비량[kcal/분]이고, 4는 작업평균 에너지소비량, 1.5는 휴식 중 에너지소비량이다.

0401

## 54 Repetitive Learning (1회 2회 3회)

인체 계측 중 운전 또는 워드 작업과 같이 인체의 각 부분이 서로 조화를 이루며 움직이는 자세에서의 인체치수를 측정하는 것을 무엇이라 하는가?

① 구조적 치수 ② 정적 치수

③ 외곽 치수 ④ 기능적 치수

**해설**

- 일반적으로 몸의 측정 치수는 구조적 치수(Structural dimension)와 기능적 치수(Functional dimension)로 나눌 수 있으며, 구조적 인체치수는 움직이지 않고 고정된 자세에서 마틴(Martin)식 인체측정기로 측정하는 정적 측정에 해당한다.

:: 인체의 측정

- 일반적으로 몸의 측정 치수는 구조적 치수(Structural dimension)와 기능적 치수(Functional dimension)로 나눌 수 있다.
- 기능적 인체치수는 공간이나 제품의 설계 시 움직이는 몸의 자세를 고려하기 위해 사용되는 인체치수로 동적 측정에 해당한다.
- 구조적 인체치수는 움직이지 않고 고정된 자세에서 마틴(Martin)식 인체측정기로 측정하는 정적 측정에 해당한다.

0601

## 55 Repetitive Learning (1회 2회 3회)

다음 중 복잡한 시스템을 설계, 가동하기 전의 구상단계에서 시스템의 근본적인 위험성을 평가하는 가장 기초적인 위험도 분석기법은?

① 예비위험분석(PHA)

② 결함수분석법(FTA)

③ 운용 안전성 분석(OSA)

④ 고장의 형태와 영향분석(FMEA)

**해설**

- 결함수분석법(FTA)은 연역적 방법으로 재해의 원인을 규명하며, 재해의 정량적 예측이 가능한 분석방법이다.
- 운용 안전성 분석(OSA)은 시스템의 제조, 설치 및 시험단계에서 이루어지는 시스템 안전 분석기법으로 안전 요건을 결정하기 위해 실시한다.
- 고장형태와 영향분석(FMEA)은 제품 설계와 개발단계에서 고장 발생을 최소로 하고자 하는 경우에 유효한 분석기법이다.

:: 예비위험분석(PHA)

㉠ 개요

- 모든 시스템 안전 프로그램에서의 최초단계 해석으로 시스템의 위험요소가 어떤 위험 상태에 있는가를 정성적으로 평가하는 분석방법이다.
- 시스템을 설계함에 있어 개념형성 단계에서 최초로 시도하는 위험도 분석방법이다.
- 복잡한 시스템을 설계, 가동하기 전의 구상단계에서 시스템의 근본적인 위험성을 평가하는 가장 기초적인 위험도 분석기법이다.
- 위험의 정도를 분류하는 4가지 범주는 파국(Catastrophic), 중대(Critical), 위기-한계(Marginal), 무시가능(Negligible)으로 구분된다.

정답 | 53 ④ 54 ④ 55 ①

ⓛ 예비위험분석(PHA)의 4가지 범주(MIL-STD-882E)

| | |
|---|---|
| 파국 (Catastrophic) | 작업자의 부상 및 서브시스템의 고장 등으로 시스템 성능이 저하되어 시스템에 심각한 손실을 초래한 상태 |
| 중대 (Critical) | 작업자의 부상 및 시스템의 중대한 손해를 초래하거나 작업자의 생존 및 시스템의 유지를 위하여 즉시 수정 조치를 필요로 하는 상태 |
| 위기-한계 (Marginal) | 작업자의 부상 및 시스템의 중대한 손해를 초래하지 않고 대처 또는 제어할 수 있는 상태 |
| 무시가능 (Negligible) | 시스템의 성능이나 기능, 인원 손실이 전혀 없는 상태 |

## 56 Repetitive Learning (1회 2회 3회)

다음은 유해·위험방지계획서의 제출에 관한 설명이다. ( ) 안의 내용으로 옳은 것은?

> 산업안전보건법령상 제출대상 사업으로 제조업의 경우 유해·위험방지계획서를 제출하려면 관련 서류를 첨부하여 해당 작업 시작 ( ㉠ )까지, 건설업의 경우 해당 공사의 착공 ( ㉡ )까지 관련 기관에 제출하여야 한다.

① ㉠ : 15일 전, ㉡ : 전날
② ㉠ : 15일 전, ㉡ : 7일 전
③ ㉠ : 7일 전, ㉡ : 전날
④ ㉠ : 7일 전, ㉡ : 3일 전

**해설**

- 유해·위험방지계획서의 제출 기한은 제조업의 경우는 해당 작업 시작 15일 전, 건설업의 경우는 공사의 착공 전날까지 제출한다.

유해·위험방지계획서의 제출
- 제출대상 사업장의 규모는 전기 계약용량이 300kW 이상인 사업장이다.
- 건설물·기계·기구 및 설비 등 일체를 설치·이전하거나 그 주요 구조부분을 변경할 때에는 고용노동부장관(한국산업안전보건공단)에게 유해·위험방지계획서를 제출하여야 한다.
- 첨부서류는 건축물 각 층의 평면도, 기계·설비의 개요를 나타내는 서류, 기계·설비의 배치도면, 원재료 및 제품의 취급, 제조 등의 작업방법의 개요 등이다.
- 제조업의 경우는 해당 작업시작 15일 전에 제출한다.
- 건설업의 경우는 공사의 착공 전날까지 제출한다.

1902

## 57 Repetitive Learning (1회 2회 3회)

다음 중 결함수분석의 기대효과와 가장 관계가 먼 것은?

① 사고원인 규명의 간편화
② 시간에 따른 원인 분석
③ 사고원인 분석의 정량화
④ 시스템의 결함 진단

**해설**

- 결함수분석의 기대효과에는 ①, ③, ④ 외에 노력 시간의 절감 등이 있다.

결함수분석법(FTA)

㉠ 개요
- 연역적 방법으로 원인을 규명하며, 재해의 정량적 예측이 가능한 분석방법이다.
- 하향식(Top-down) 방법을 사용한다.
- 특정 사상에 대해 짧은 시간에 해석이 가능하다.
- 복잡하고 대형화된 시스템을 논리기호를 사용하여 해석한다.
- 간단한 FT도의 작성으로 정성적 해석이 가능하여 비전문가도 잠재위험을 효율적으로 분석할 수 있다.
- 정성적 평가 후 정량적 평가를 실시하며, 정량적으로 재해발생 확률을 구한다.

㉡ 기대효과
- 사고원인 규명의 간편화
- 노력 시간의 절감
- 사고원인 분석의 정량화
- 시스템의 결함 진단

0702 / 1101 / 1804

## 58 Repetitive Learning (1회 2회 3회)

FTA에서 활용하는 최소 컷 셋(Minimal cut sets)에 관한 설명으로 맞는 것은?

① 해당 시스템에 대한 신뢰도를 나타낸다.
② 컷 셋 중에 타 컷 셋을 포함하고 있는 것을 배제하고 남은 컷 셋들을 의미한다.
③ 어느 고장이나 에러를 일으키지 않으면 재해가 일어나지 않는 시스템의 신뢰성이다.
④ 기본사상이 일어나지 않을 때 정상사상(Top event)이 일어나지 않는 기본사상의 집합이다.



56 ① 57 ② 58 ② 정답

해설

- 시스템의 신뢰도를 나타내는 것은 최소 패스 셋에 대한 설명이다.
- 포함되는 기본사상이 일어나지 않았을 때에 정상사상이 일어나지 않는 기본사상의 집합은 패스 셋에 대한 설명이다.

:: 최소 컷 셋(Minimal cut sets)

- 컷 셋 중에 타 컷 셋을 포함하고 있는 것을 배제하고 남은 컷 셋들을 의미한다.
- 사고에 대한 시스템의 약점을 표현한다.
- 정상사상(Top 사상)을 일으키는 최소한의 집합이다.
- 일반적으로 Fussell algorithm을 이용한다.
- 시스템에서 최소 컷 셋의 개수가 늘어나면 위험수준이 높아진다.

1102 / 1904

## 59 Repetitive Learning (1회 2회 3회)

다음 중 동작경제의 원칙에 있어 "신체 사용에 관한 원칙"에 해당하지 않는 것은?

① 두 손의 동작은 동시에 시작해서 동시에 끝나야 한다.
② 손의 동작은 유연하고 연속적인 동작이어야 한다.
③ 공구, 재료 및 제어장치는 사용하기 가까운 곳에 배치해야 한다.
④ 동작이 급작스럽게 크게 바뀌는 직선 동작은 피해야 한다.

해설

- ③은 작업장 배치의 원칙에 해당한다.

:: 동작경제의 원칙

㉠ 개요

- 작업자가 경제적인 동작을 통해 피로도를 감소시키면서도 능률을 향상시키게 하기 위한 원칙이다.
- 신체 사용의 원칙, 작업장 배치의 원칙, 공구 및 설비 디자인의 원칙으로 분류된다.
- 동작을 가급적 조합하여 하나의 동작으로 한다.
- 동작의 수는 줄이고, 동작의 속도는 적당히 한다.

㉡ 원칙의 분류

| 구분 | 내용 |
|---|---|
| 신체 사용의 원칙 | • 두 손의 동작은 동시에 시작해서 동시에 끝나야 한다.<br>• 휴식시간을 제외하고는 양손을 같이 쉬게 해서는 안 된다.<br>• 손의 동작은 유연하고 연속적인 동작이어야 한다.<br>• 동작이 급작스럽게 크게 바뀌는 직선 동작은 피해야 한다.<br>• 두 팔의 동작은 동시에 서로 반대방향으로 대칭적으로 움직이도록 한다. |
| 작업장 배치의 원칙 | • 공구나 재료는 작업동작이 원활하게 수행하도록 그 위치를 정해준다.<br>• 공구, 재료 및 제어장치는 사용하기 가까운 곳에 배치해야 한다. |
| 공구 및 설비 디자인의 원칙 | • 치구나 족답장치를 이용하여 양손이 다른 일을 할 수 있도록 한다.<br>• 공구의 기능을 결합하여 사용하도록 한다. |

0701 / 0802

## 60 Repetitive Learning (1회 2회 3회)

주어진 자극에 대해 인간이 갖는 변화감지역을 표현하는 데에는 웨버(Weber)의 법칙을 이용한다. 이 때 웨버(Weber)비의 관계식으로 옳은 것은?(단, 변화감지역을 $\Delta I$, 표준자극을 $I$라 한다)

① 웨버(Weber)비 = $\dfrac{\Delta I}{I}$

② 웨버(Weber)비 = $\dfrac{I}{\Delta I}$

③ 웨버(Weber)비 = $\Delta I \times I$

④ 웨버(Weber)비 = $\dfrac{\Delta I - I}{\Delta I}$

해설

- Weber비는 기존 자극의 변화를 감지할 수 있는 최소량으로 분별의 질을 나타낸다.

:: 웨버(Weber) 법칙

- 인간이 감지할 수 있는 외부의 물리적 자극 변화의 최소범위는 기준이 되는 자극의 크기에 비례하는 현상을 설명한 이론을 말한다.
- Weber비는 기존 자극의 변화를 감지할 수 있는 최소량으로 분별의 질을 나타낸다.
- 웨버(Weber)의 비 = $\dfrac{\Delta I}{I}$로 구한다.
  (이때, ΔI는 변화감지역을, I는 표준자극을 의미한다)
- Weber비가 작을수록 분별력이 좋다.
- 변화감지역(JND)은 사람이 50%를 검출할 수 있는 자극차원의 최소변화로 값이 작을수록 그 자극차원의 변화를 쉽게 검출할 수 있다.

# 4과목 건설시공학

1201

**61** Repetitive Learning 1회 2회 3회

네모돌을 수평줄눈이 부분적으로만 연속되게 쌓고, 일부 상하 세로줄눈이 통하게 쌓는 돌쌓기 방식을 무엇이라 하는가?

① 완자쌓기
② 마름돌쌓기
③ 막돌쌓기
④ 바른층쌓기

해설

- 마름돌쌓기는 돌면이나 맞댐면을 일정한 모양으로 가공해서 줄눈을 바르게 쌓는 방식이다.
- 막돌쌓기는 맞댐면과는 상관없이 자연석을 비롯한 돌들을 다듬지 않고 쌓는 방식이다.
- 바른층쌓기는 켜마다 수평 및 수직 줄눈을 바르게 형성하면서 쌓는 방식이다.

:: 돌쌓기 방법

- 완자쌓기 – 네모돌을 수평줄눈이 부분적으로만 연속되게 쌓고, 일부 상하 세로줄눈이 통하게 쌓는 돌쌓기 방식이다.
- 마름돌쌓기 – 돌면이나 맞댐면을 일정한 모양으로 가공해서 줄눈을 바르게 쌓는 방식이다.
- 막돌쌓기 – 맞댐면과는 상관없이 자연석을 비롯한 돌들을 다듬지 않고 쌓는 방식이다.
- 바른층쌓기 – 켜마다 수평 및 수직 줄눈을 바르게 형성하면서 쌓는 방식이다.

2202

**62** Repetitive Learning 

건설현장 개설 후 공사착공을 위한 공사계획 수립 시 가장 먼저 해야 할 사항은?

① 현장투입직원조직 편성
② 공정표 작성
③ 실행예산의 편성 및 통제계획
④ 하도급업체 선정

해설

- 건설현장 개설 후 공사착공을 위한 공사계획 수립 시 가장 먼저 현장투입직원조직을 편성한다.

:: 공사계획 수립순서

- 1단계 : 현장투입직원조직 편성 – 가장 먼저 수립되어야 함
- 2단계 : 공정표의 작성 – 공사 착수 전 선행되어야 함
- 3단계 : 실행예산의 편성
- 4단계 : 시공순서 및 시공방법의 계획
- 5단계 : 하도급업체의 선정
- 6단계 : 자재 및 기계·장비 계획
- 7단계 : 재해방지계획 및 품질관리 계획

1002 / 2102

**63** Repetitive Learning 1회 2회 3회

철골 세우기용 기계설비가 아닌 것은?

① 가이데릭 ② 스티프레그데릭
③ 진폴 ④ 드래그라인

해설

- 드래그라인은 크레인형 굴착기계로 굴착과 싣기 등을 수행하는 차량계 건설기계이다.

:: 철골 세우기용 기계설비

- 스티프레그데릭(Stiff leg derrick) – 수평이동이 용이하고 건물의 층수가 적은 긴 평면 또는 당김줄을 마음대로 맬 수 없을 때 유리하며 회전범위가 270°인 기계설비이다.
- 가이데릭(Guy derrick) – 와이어로프에 의해 하물을 인양하는 기계로 360° 회전이 가능하고, 마스트, 붐, 원동기 등으로 구성된다.
- 트럭크레인(Truck crane) – 운반 작업에 편리하고 평면적인 넓은 장소에 기동력 있게 작업할 수 있는 철골용 기계장비이다.
- 진폴(Gin pole) – 철제나 나무를 기둥으로 세운 후 윈치나 사람의 힘을 이용해 하물을 인양하는 설비로, 소규모 또는 가이데릭으로 할 수 없는 펜트하우스 등의 돌출부에 쓰이고 중량재료를 달아 올리기에 편리한 철골 세우기용 기계설비이다.
- 타워크레인(Tower crane) – 주로 대형 공사현장에서 많이 사용되는 인양장비로 주행부가 궤도로 되어있어 작업능률이 좋고 360° 회전이 가능하다.

0601

**64** Repetitive Learning 

기초공사에서 잡석 지정을 하는 목적에 해당되지 않는 것은?

① 구조물의 안정을 유지하게 한다.
② 이완된 지표면을 다진다.
③ 철근의 피복 두께를 확보한다.
④ 버림콘크리트의 양을 절약할 수 있다.



61 ① 62 ① 63 ④ 64 ③ 정답

해설

- 잡석 지정을 하는 목적에는 ①, ②, ④ 외에 기초 또는 바닥 밑의 방습 및 배수처리가 용이하게 하기 위해서 등이 있다.

∷ 잡석 지정

㉠ 개요

- 건물기초를 만들기 전에 여러 건물이 들어설 대지 전체의 지반을 보강함에 있어 기초 콘크리트 타설 시 흙의 혼입을 방지하기 위해 화강암, 안산암 등의 잡석을 이용하는 것을 말한다.

㉡ 목적

- 구조물의 안정을 유지하게 한다.
- 이완된 지표면을 다진다.
- 버림콘크리트의 양을 절약할 수 있다.
- 기초 또는 바닥 밑의 방습 및 배수처리에 이용된다.

## 65

Repetitive Learning (1회 2회 3회)

벽돌쌓기에서 도면 또는 공사시방서에서 정한 바가 없을 때에 적용하는 쌓기법으로 옳은 것은?

① 미식쌓기 ② 영롱쌓기
③ 불식쌓기 ④ 영식쌓기

해설

- 영식쌓기는 켜 단위로 길이쌓기와 마구리쌓기를 번갈아 사용하며 벽이나 모서리 부분에는 반절이나 이오토막을 사용하는 방법으로 가장 튼튼한 방법이고, 별도 쌓기 방법을 지정하지 않을 경우 기본으로 적용하는 벽돌쌓기 방식이다.

∷ 내력벽 쌓기 방법

- 영식쌓기 – 켜 단위로 길이쌓기와 마구리쌓기를 번갈아 사용하며 벽이나 모서리 부분에는 반절이나 이오토막을 사용하는 방법으로 가장 튼튼한 방법이고, 별도 쌓기 방법을 지정하지 않을 경우 기본으로 적용하는 벽돌쌓기 방식이다.
- 화란(네델란드)식쌓기 – 영국식과 동일하게 켜 단위로 길이쌓기와 마구리쌓기를 번갈아 사용하며 쌓지만 벽이나 모서리에 칠오토막을 사용하는 벽돌쌓기 방식이다.
- 미식쌓기 – 치장벽돌을 사용하여 벽체의 앞면 5 ~ 6켜까지는 길이쌓기로 하고 그 위 한 켜는 마구리쌓기로 하여 본 벽돌벽에 물려 쌓는 벽돌쌓기 방식이다.
- 불식쌓기 – 매 켜에 길이쌓기와 마구리쌓기가 번갈아 나오는 방식으로 내부에 통줄눈이 많이 생기지만 외관이 좋아 강도를 크게 요구하지 않는 곳에 주로 사용하는 벽돌쌓기 방식이다.

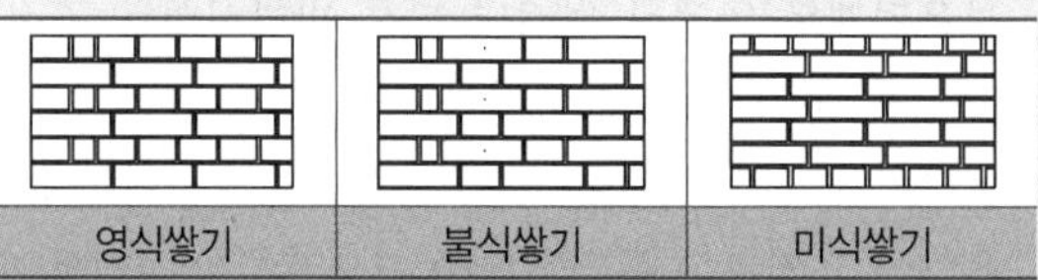

| 영식쌓기 | 불식쌓기 | 미식쌓기 |
|---|---|---|

0804

## 66

Repetitive Learning (1회 2회 3회)

강관틀비계에서 두꺼운 콘크리트판 등의 견고한 기초 위에 설치하게 되는 틀의 기둥관 1개당의 수직하중한도는 얼마인가?

① 16,500N
② 24,500N
③ 32,500N
④ 38,500N

해설

- 2,500kg이므로 2,500×9.8 = 24,500N이 된다.

∷ 강관틀비계의 하중한도

- 틀의 간격이 1.8m일 때는 틀 사이의 하중한도를 400kg으로 하고, 틀의 간격이 1.8m 이내일 때는 그 역비율로 하중한도를 증가할 수 있다.
- 틀의 기둥관 1개당 수직하중의 한도는 틀을 두꺼운 콘크리트판 등의 견고한 기초 위에 설치하게 될 때는 2,500kg으로 한다.

## 67

Repetitive Learning (1회 2회 3회)

콘크리트의 양생에 관한 설명 중 틀린 것은?

① 콘크리트 표면의 건조에 의한 내부콘크리트 중의 수분 증발 방지를 위해 습윤양생을 실시한다.
② 동해를 방지하기 위해 5℃ 이상을 유지한다.
③ 거푸집판이 건조될 우려가 있는 경우에라도 살수는 금하여야 한다.
④ 응결 중 진동 등의 외력을 방지해야 한다.

해설

- 거푸집판이 건조해지지 않도록 콘크리트 타설 전 살수 등을 하여야 한다.

∷ 콘크리트 양생

- 콘크리트 표면의 건조에 의한 내부콘크리트 중의 수분 증발 방지를 위해 습윤양생을 실시한다.
- 동해를 방지하기 위해 5℃ 이상을 유지한다.
- 응결 중 진동 등의 외력을 방지해야 한다.
- 거푸집판이 건조해지지 않도록 콘크리트 타설 전 살수 등을 하여야 한다.
- 양생온도가 높을수록 초기강도는 높지만, 장기강도의 증진율은 작게 되므로 온도관리에 주의를 기울여야 한다.

정답 | 65 ④ 66 ② 67 ③

2102

## 68 Repetitive Learning (1회 2회 3회)

발주자가 직접 설계와 시공에 참여하고 프로젝트 관련자들이 상호 신뢰를 바탕으로 Team을 구성해서 프로젝트의 성공과 상호이익 확보를 공동 목표로 하여 프로젝트를 추진하는 공사 수행 방식은?

① PM(Project Management) 방식
② 파트너링(Partnering) 방식
③ CM(Construction Management) 방식
④ BOT(Build Operate Transfer) 방식

**해설**

- PM 방식은 사업의 기획단계에서 결과물 인도까지의 계획, 통제, 관리에 필요한 사항을 종합적으로 관리하는 기술을 말한다.
- CM 방식은 전문가 집단에 의한 설계와 시공을 통합관리하는 방식이다.
- BOT 방식은 민간수주측이 자본을 대고 준공 후 일정기간 시설물을 운영하여 투자금을 회수하고 차후에 발주자측에 소유권을 이전하는 방식이다.

**프로젝트 수행방식**

- 턴키(Turk-key) 방식 : 모든 요소를 포함한 도급계약 방식으로 건설업자는 대상계획의 기업, 금융, 토지조달, 설계, 시공, 기계기구설치, 시운전 및 조업 지도까지 모든 것을 조달하여 주문자에게 인도하는 방식이다.
- PM(Project Management) 방식 : 사업의 기획단계에서 결과물 인도까지의 계획, 통제, 관리에 필요한 사항을 종합적으로 관리하는 기술을 말한다.
- 파트너링(Partnering) 방식 : 발주자가 직접 설계와 시공에 참여하고 프로젝트 관련자들이 상호 신뢰를 바탕으로 Team을 구성해서 프로젝트의 성공과 상호이익 확보를 공동 목표로 하여 프로젝트를 추진하는 공사수행 방식을 말한다.
- CM(Construction Management) 방식 : 전문가 집단에 의한 설계와 시공을 통합관리하는 방식으로 기획, 설계, 시공, 유지관리의 건설업 전 과정에서 사업수행을 효율적, 경제적으로 수행하기 위해 각 부분 전문가 집단의 통합관리기술을 건축주에게 서비스하는 것으로 발주처와의 계약으로 수행된다.
- BOT(Build Operate Transfer) 방식 : 발주자측이 사업의 공사비를 부담하는 게 아니라 민간수주측이 자본을 대고 준공 후 일정기간 시설물을 운영하여 투자금을 회수하고 차후에 발주자측에 소유권을 이전하는 방식으로 민자고속도로 등이 이에 해당한다.

0501 / 0804 / 1204

## 69 Repetitive Learning (1회 2회 3회)

결함부위로 균열의 집중을 유도하기 위해 균열이 생길 만한 구조물의 부재에 미리 결함부위를 만들어 두는 것을 무엇이라 하는가?

① 신축줄눈 ② 침하줄눈
③ 시공줄눈 ④ 조절줄눈

**해설**

- 신축줄눈(Expansion joint)은 부등침하나 건축물의 수축 등에 생기는 균열이 한 군데로 몰려서 발생하도록 유도하는 이음이다.
- 침하줄눈(Shrinkage joint)은 콘크리트의 건조수축에 의한 인장응력으로 콘크리트의 변형을 방지하기 위한 이음을 말한다.
- 시공줄눈(Construction joint)은 시공과정에서 어쩔 수 없이 생기는 이음부로 계획된 줄눈을 말한다.

**대표적인 콘크리트 줄눈의 종류**

| 종류 | 특징 |
|---|---|
| 시공줄눈 (Construction joint) | 시공과정에서 어쩔 수 없이 생기는 이음부로 계획된 줄눈 |
| 조절줄눈 (Control joint) | 결함부위로 균열의 집중을 유도하기 위해 균열이 생길 만한 구조물의 부재에 미리 결함부위를 만들어 두는 것 |
| 콜드조인트 (Cold joint) | 먼저 타설된 콘크리트와 나중에 타설되는 콘크리트 사이에 완전히 일체화가 되어 있지 않은 이음으로 콘크리트 이어붓기에서 발생되는 의도되지 않은 이음 |
| 미끄럼줄눈 (Sliding joint) | 슬래브나 보가 단순지지방식일 때 자유롭게 미끄러질 수 있도록 한 것으로 이음부의 직각방향에서 하중이 발생될 우려가 있는 곳에 필요한 이음 |

## 70 Repetitive Learning (1회 2회 3회)

벽돌공사에서 한중시공일 때의 보양조치로 가장 타당한 것은?(단, 평균기온이 −7℃ 이하인 경우)

① 내후성이 강한 덮개로 덮어서 조적조를 눈, 비로부터 보호해야 한다.
② 내후성이 강한 덮개로 완전히 덮어서 조적조를 24시간 동안 보호해야 한다.
③ 보온덮개로 완전히 덮거나 다른 방한시설로 조적조를 24시간 동안 보호해야 한다.
④ 울타리와 보조열원, 전기담요, 적외선 발열램프 등을 이용하여 조적조를 동결온도 이상으로 유지하여야 한다.



68 ② 69 ④ 70 ④ 정답

해설

• ①과 ②는 −4 ~ 4℃까지의 보양조치, ③은 −7 ~ −4℃까지의 보양조치이다.

∷ 한중시공 시 보양조치

- 평균기온이 −4 ~ 4℃까지는 눈, 비로부터 최소 24시간 방수시트로 덮어서 보호해야 한다.
- 평균기온이 −7 ~ −4℃까지는 보온덮개 혹은 이에 상응하는 재료로 24시간 보호해야 한다.
- 평균기온이 −7℃ 이하의 경우는 벽돌 쌓은 부위의 온도가 0℃를 유지할 수 있도록 보호막에 열을 공급하거나, 전기담요 혹은 전열 등을 이용하는 방법을 사용하여 벽돌 쌓은 부위를 24시간 보호해야 한다.

2201

## 71 Repetitive Learning (1회 2회 3회)

콘크리트의 측압에 영향을 주는 요소에 대한 설명으로 틀린 것은?

① 콘크리트 타설 속도가 빠를수록 측압은 커진다.
② 콘크리트 온도가 낮으면 경화속도가 느려 측압은 작아진다.
③ 벽 두께가 얇을수록 측압은 작아진다.
④ 콘크리트의 슬럼프값이 클수록 측압은 커진다.

해설

• 콘크리트 측압은 습도가 높을수록 커지고, 온도는 낮을수록 커진다.

∷ 콘크리트 측압 실필 1104

- 콘크리트의 타설 속도가 빠를수록 측압이 크다.
- 콘크리트 비중이 클수록 측압이 크다.
- 진동기를 사용하면 다짐이 충분해지므로 측압은 커진다.
- 슬럼프(Slump)가 크고, 배합이 좋을수록 크다.
- 거푸집의 수평단면이 클수록 측압은 크다.
- 거푸집의 강성이 클수록 측압은 크다.
- 벽 두께가 두꺼울수록 커진다.
- 습도가 높을수록 커지고, 온도는 낮을수록 커진다.
- 철근량이 적을수록 측압은 커진다.
- 부배합이 빈배합보다 측압이 크다.
- 조강시멘트 등을 활용하면 측압은 작아진다.

1104 / 1901

## 72 Repetitive Learning (1회 2회 3회)

지반개량 공법 중 강제압밀 공법에 해당하지 않는 것은?

① 프리로딩 공법 ② 페이퍼드레인 공법
③ 고결 공법 ④ 샌드드레인 공법

해설

• 고결 공법은 지반 속에 응결제를 주입시켜 고결시키는 방법을 말한다.

∷ 지반개량 공법

㉠ 개요

- 흙의 성질을 개선하여 지반 지지력의 증대, 침하의 방지, 수압 및 투수성의 감소 또는 제거를 목적으로 하는 공법을 말한다.
- 크게 흙의 치환, 탈수, 다짐, 배수, 고결 등의 방법을 사용한다.

㉡ 점성토 개량 공법

- 탈수(강제압밀) 공법 − 수위저하 공법, 성토 공법, Sand drain 공법, Paper drain 공법, Plastic board drain 공법, Preloading 공법, 생석회말뚝 공법, 침투압 공법 등이 있다.
- 치환 공법 − 굴착치환 공법, 자중에 의한 압출치환 공법, 폭파에 의한 폭파치환 공법 등이 있다.

㉢ 사질토 개량 공법

- 다짐 공법 − 다짐말뚝 공법, Compozer 공법, Vibro-flotation 공법, 전기충격식 공법, 폭파다짐 공법 등이 있다.
- 배수 공법 − Well point 공법이 있다.
- 고결(응결) 공법 − 약액주입 공법으로 시멘트처리 공법, 석회처리 공법, 심층혼합처리 공법, 기타 공법 등이 있다.

2101

## 73 Repetitive Learning (1회 2회 3회)

철골공사에서 발생할 수 있는 용접불량에 해당되지 않는 것은?

① 스캘럽(Scallop) ② 언더컷(Under cut)
③ 오버랩(Over lap) ④ 피트(Pit)

해설

• 스캘럽(Scallop)은 강구조물에서 용접의 교차에 의해 응력의 집중을 막거나 전주(全周) 용접이 용이하도록 하기 위한 노치(부재 접합을 위해 잘라낸 부분)를 말한다.

∷ 철골공사 용접불량

- 언더컷(Under cut) − 운봉불량, 전류과대, 용접봉의 선택 부적합으로 용접부 부근의 모재가 용접열에 이해 움푹 패인 형상
- 오버랩(Over lap) − 용접전류의 과소, 운봉 및 용접봉 유지각도의 부적절로 용접금속과 모재가 융합되지 않고 겹쳐지는 것을 의미하는 용접불량
- 피트(Pit) − 용접 시 용접금속 내에 흡수된 가스가 표면에 나와 생성된 작은 구멍
- 슬래그(Slag) 감싸들기 − 운봉부족과 전류과소로 용접봉의 피복재가 녹아 용접금속 표면에 부상하여 굳은 슬래그가 용접금속 내에 혼입되어 발생하는 형상
- 공기구멍(Blow hole) − 용접 시 용접금속 내에 흡수된 가스에 의해 그대로 잔류된 기공

정답 | 71 ② 72 ③ 73 ①

• 스패터(Spatter) – 용접봉의 피복재가 녹아 용접금속 표면에 부상하여 굳은 슬래그 혹은 금속입자가 그대로 굳은 형상
• 용입불량 – 운봉속도가 빠르거나 전류가 낮은 경우, 홈의 각도가 좁은 경우 용착금속이 채워지지 않고 홈으로 남게 되는 형상

1904

## 74 Repetitive Learning (1회 2회 3회)

지하수위 저하 공법 중 강제배수 공법이 아닌 것은?

① 표면배수 공법　② 전기침투 공법
③ Well point 공법　④ 진공 Deep well 공법

해설

• 표면배수 공법은 지하수가 아니라 표면수를 배수할 때 사용하는 공법이다.

**지하수위 저하 공법**

㉠ 개요
• 지하수위 저하 공법에는 크게 배수 공법과 지수 공법, 전기침투 공법으로 구분된다.
• 배수 공법에는 웰포인트 공법과 깊은우물 공법, 집수정 공법이 대표적이다.
• 전기침투 공법은 실트 및 점토가 많이 함유된 투수계수가 작은 지방에서 사용되는 방법으로 물이 양극에서 음극으로 향하는 원리를 이용한 공법이다.
• 지수 공법에는 지반고결 공법과 물막이벽 공법, 압기 공법 등이 있다.

㉡ 대표적인 배수 공법
• 웰포인트(Well Point) 공법은 모래질 지반에 웰포인트라 불리는 양수관을 여러 개 박아 지하수위를 일시적으로 저하시키는 공법이다.
• 깊은우물(Deep Well) 공법은 투수성 지반에 지름 0.3~1.5m 정도의 깊은 우물을 굴착하여 유입되는 지하수를 펌프로 양수하여 지하수위를 낮추는 공법이다.
• 집수정(Sump pit) 공법은 집수정을 설치한 후 집수정에 지하수를 고이게 하여 이를 펌프로 배수시키는 공법이다.

## 75 Repetitive Learning (1회 2회 3회)

도급업자의 선정방식 중 공개경쟁입찰에 대한 설명으로 틀린 것은?

① 입찰참가자가 많아지면 사무가 번잡하고 경비가 많이 든다.
② 부적격업자에게 낙찰될 우려가 없다.
③ 담합의 우려가 적다.
④ 경쟁으로 인해 공사비가 절감된다.

해설

• 공개경쟁입찰은 모든 건설사가 제한 없이 참여 가능하므로 부적격자에게 낙찰될 우려가 있다.

**공개경쟁입찰**

㉠ 개요
• 모든 건설사를 제한 없이 참여토록 해, 그 중 가장 유리한 조건의 건설사를 선정하는 방식이다.

㉡ 특징
• 일반 업자에게 균등한 기회를 준다.
• 응찰자가 많으므로 담합의 소지가 적다.
• 경쟁으로 인해 공사비가 절감된다.
• 입찰참가자가 많아지면 사무가 번잡하고 경비가 많이 들고, 부적격업자에게 낙찰될 우려가 있다는 단점을 갖는다.

1104

## 76 Repetitive Learning (1회 2회 3회)

철근콘크리트 공사에서 가스압접을 하는 이점에 해당되지 않는 것은?

① 철근조립부가 단순하게 정리되어 콘크리트 타설이 용이하다.
② 불량부분의 검사가 용이하다.
③ 겹침이음이 없어 경제적이다.
④ 철근의 조직변화가 적다.

해설

• 가스압접은 용접부 검사가 어려우며, 기후의 영향을 받고, 화재의 위험이 있으며 열로 인해 철근의 강도 저하 및 산화가 발생할 수 있는 단점이 있다.

**가스압접**

㉠ 개요
• 철근의 단면을 산소–아세틸렌 불꽃 등을 이용해 가열한 후 기계적 압력을 가해 용접하는 맞댄이음 공법이다.
• 접합온도는 대략 1,200~1,300℃이며, 압접에 소요되는 시간은 1개소에 3~8분 정도 소요된다.

㉡ 일반사항
• 압접 작업은 철근을 완전히 조립하기 전에 행한다.
• 철근의 지름이나 종류는 같은 것을 압접하는 것이 좋다. 지름의 차이는 최대 7mm 이하로 한다.
• 기둥, 보 등의 압접 위치는 한 곳에 집중되지 않게 한다.

㉢ 특징
• 철근조립부가 단순하게 정리되어 콘크리트 타설이 용이하다.
• 겹침이음이 없어 경제적이다.
• 철근의 조직변화가 적다.
• 용접부 검사가 어려우며, 기후의 영향을 받고, 화재의 위험이 있으며 열로 인해 철근의 강도 저하 및 산화가 발생할 수 있다.



74 ① 75 ② 76 ② 정답

1802

## 77 Repetitive Learning (1회 2회 3회)

철골구조의 녹막이 칠 작업을 실시하는 곳은?

① 콘크리트에 매입되지 않는 부분
② 고력볼트 마찰 접합부의 마찰면
③ 폐쇄형 단면을 한 부재의 밀폐된 면
④ 조립상 표면접합이 되는 면

**해설**

- 녹막이 칠을 해야 하는 부분은 리벳 머리 등 콘크리트에 매입되지 않는 부분이다.

**철골의 공장 가공 공정**

㉠ 개요
- 원척도작성 – 본뜨기 – 금매김 – 절단 – 구멍뚫기 – 가조립 – 리벳치기 – 검사 – 녹막이 칠 순으로 진행한다.
- 원척도란 설계도면이나 시방서에 표시된 부재의 길이, 너비 등을 1 : 1로 그린 것을 말한다.
- 금매김은 본판 및 리벳간격을 그린 장척물로 강재면에 강치로 리벳 구멍의 위치, 절단개소 등을 그려 넣는다.
- 절단의 종류에는 전단절단, 톱절단, 가스절단, 플라즈마절단, 레이저절단 등이 있다.
- 구멍뚫기 작업 후 구멍의 위치가 다소 다를 때 구멍을 맞추기 위해 구멍가심(Reaming) 작업을 한다.
- 철골의 공장가공 중 가조립을 할 때 가볼트의 수는 전 리벳 구멍의 1/3 이상이어야 한다.
- 밀 스케일, 스패터 등을 제거한 후 현장운반에 앞서 녹막이 칠을 한다.

㉡ 절단의 종류
- 전단절단 : 강판의 절단 시 사용한다.
- 톱절단 : 철골부재 절단방법 중 가장 정밀한 절단방법으로 앵글커터(Angle cutter), 프릭션 소(Friction saw) 등으로 작업한다.

㉢ 녹막이 칠
- 녹막이 칠을 해야 하는 부분은 리벳 머리 등 콘크리트에 매입되지 않는 부분이다.
- 녹막이 칠을 하지 않아야 하는 부분은 현장용접 부위(용접부에서 양측 100mm 이내), 현장접합 재료의 손상부위, 고력볼트 마찰접합부의 마찰면, 콘크리트에 매립되는 부분, 현장에서 깎기 마무리가 필요한 부분 등이다.

1904 / 2202

## 78 Repetitive Learning (1회 2회 3회)

설계도와 시방서가 명확하지 않거나 또는 설계는 명확하지만 공사비 총액을 산출하기 곤란하고 발주자가 양질의 공사를 기대할 때에 채택될 수 있는 가장 타당한 방식은?

① 실비정산 보수가산식 도급
② 단가 도급
③ 정액 도급
④ 턴키 도급

**해설**

- 공사비 지불방식에 따른 도급방식의 종류에 정액 도급, 단가 도급, 실비정산 보수가산식 도급이 있다.
- 단가 도급은 도급금액을 정함에 있어 우선 공사종류마다 단가를 정하고, 수량에 따라 도급 금액을 산출하는 도급방법을 말한다.
- 정액 도급은 공사비 총액을 확정하고 계약을 하는 방식을 말한다.
- 턴키 도급은 금융, 토지, 설계, 시공, 시운전 등 모든 요소를 포괄한 도급계약방식으로 주문자가 필요로 하는 모든 것을 조달하여 주문자에게 인도하는 방식을 말한다.

**실비정산 보수가산식 도급(Cost plus fee contract)**

㉠ 개요
- 건축주와 건축사, 시공자가 미리 공사에 소요되는 설비와 보수를 협의한 후 건축주는 공사의 진행을 시공자에게 위임하고 시공자는 건축주의 위임을 받아 공사를 진행하고 관련 공사비를 건축주로부터 받아 하도급자에게 지급하고 이에 대해 보수를 받는 방식을 말한다.
- 설계도와 시방서가 명확하지 않거나 또는 설계는 명확하지만 공사비 총액을 산출하기 곤란하고 발주자가 양질의 공사를 기대할 때에 채택될 수 있는 가장 타당한 방식이다.
- 복잡한 변경이 예상되는 공사나 긴급을 요하는 공사로서 설계도서의 완성을 기다리지 않고 착공하는 경우에 적합하다.

㉡ 특징
- 설계와 시공의 중첩이 가능한 단계별 시공이 가능하게 되어 공사기간을 단축할 수 있다.
- 설계변경 및 공사 중 발생되는 돌발상황에 적절히 대처할 수 있다.
- 시공자가 불성실할 경우 공사기간 및 공사비가 급격히 증가할 수 있는 위험성을 내포하고 있다.

| 구분 | 내용 |
|---|---|
| 실비 비율 보수가산식 | 실비와 비율을 가산한 공사비를 지급하는 방식 |
| 실비 한정비율 보수가산식 | 실비를 한정하고 그에 가산된 공사비를 지급하는 방식 |
| 실비 정액 보수가산식 | 실비와 정해진 보수를 가산하여 공사비를 지급하는 방식 |
| 실비 준동률 보수가산식 | 실비를 단계별로 나누어 구간에 따른 보수 비율을 지급하는 방식 |

정답 | 77 ① 78 ①

0601 / 1204

## 79 Repetitive Learning (1회 2회 3회)

철근콘크리트 구조에서 철근의 정착 위치로 틀린 것은?

① 기둥의 주근은 기초에 정착한다.
② 작은 보의 주근은 기둥에 정착한다.
③ 지중 보의 주근은 기초에 정착한다.
④ 벽체의 주근은 기둥 또는 큰 보에 정착한다.

**해설**

- 작은 보의 주근은 큰 보에 정착한다.

∷ 철근의 정착

㉠ 개요
- 정착이란 철근이 힘을 받을 때 뽑힘이나 미끄러짐 변형이 생기지 않도록 응력을 발휘할 수 있게 하는 최소한의 묻힘 깊이를 말한다.
- 철근을 정착하지 않으면 구조체가 큰 외력을 받을 때 철근과 콘크리트가 분리될 수 있다.
- 철근의 정착은 기둥이나 보의 중심을 벗어난 위치에 둔다.

㉡ 정착 위치
- 기둥의 주근은 기초에 정착한다.
- (큰) 보의 주근은 기둥에 정착한다.
- 작은 보의 주근은 큰 보에 정착한다.
- 벽체의 주근은 기둥 또는 큰 보에 정착한다.
- 지중 보의 주근, 철근은 기초 또는 기둥에 정착한다.
- 벽 철근은 기둥과 보 또는 바닥판에 정착한다.
- 바닥철근은 보 또는 벽체에 정착한다.
- 직교하는 단부 보의 밑에 기둥이 없을 때는 상호 간에 정착한다.

㉢ 정착 길이
- 정착 길이는 후크의 중심 간의 거리로, 후크의 길이는 정착 길이에 포함되지 않는다.
- 큰 인장력을 받는 곳일수록 철근의 정착 길이는 길다.
- 압축력 또는 작은 인장력을 받는 곳은 주근 지름의 25배 이상, 큰 인장력을 받는 곳은 40배 이상으로 한다.

1101

## 80 Repetitive Learning (1회 2회 3회)

철근의 정착에 대한 설명 중 틀린 것은?

① 철근을 정착하지 않으면 구조체가 큰 외력을 받을 때 철근과 콘크리트가 분리될 수 있다.
② 큰 인장력을 받는 곳일수록 철근의 정착 길이는 길다.
③ 후크의 길이는 정착 길이에 포함하여 산정한다.
④ 철근의 정착은 기둥이나 보의 중심을 벗어난 위치에 둔다.

**해설**

- 정착 길이는 후크의 중심 간의 거리로, 후크의 길이는 정착 길이에 포함되지 않는다.

∷ 철근의 정착

문제 79번의 유형별 핵심이론∷ 참조

# 5과목 건설재료학

0404 / 1201 / 1904

## 81 Repetitive Learning (1회 2회 3회)

도막방수에 사용되지 않는 재료는?

① 염화비닐 도막재 ② 아크릴고무 도막재
③ 고무아스팔트 도막재 ④ 우레탄고무 도막재

**해설**

- 도막방수에는 우레탄, 아크릴, 고무 아스팔트계 등의 방수재료를 이용한다.

∷ 도막방수
- 도료상태의 방수재를 바탕 면에 여러 번 칠하여 얇은 수지피막을 만들어 방수효과를 얻는 것이다.
- 우레탄, 아크릴, 고무 아스팔트계 등의 방수재료를 이용한다.
- 에멀션형, 용제형, 에폭시계 형태의 방수공법이 있다.

## 82 Repetitive Learning (1회 2회 3회)

목재에 관한 설명으로 틀린 것은?

① 심재가 변재보다 비중, 내후성 및 강도가 크다.
② 섬유포화점은 보통 함수율이 30% 정도일 때를 말한다.
③ 변재는 심재부보다 신축 변형량이 크다.
④ 함수율이 증가하면 압축, 휨, 인장강도가 증가한다.

**해설**

- 함수율이 섬유포화점 이하로 줄어들어야 목재의 각종 강도가 증가한다.

∷ 목재의 구조

㉠ 심재
- 나무의 중심부위를 말한다.
- 오래된 세포들로 구성되며 세포막만 남아 나무를 지탱하는 역할을 한다.
- 수지, 타닌, 리그닌 등의 성분이 침적되어 색깔이 진하게 나타난다.



79 ② 80 ③ 81 ① 82 ④ | 정답

• 수분함량이 적어서 변형이 거의 없다.
• 변재에 비해 비중, 내후성 및 강도가 크고, 신축 변형량이 작다.
• 가구재로 많이 사용된다.

㉡ 변재
• 나무의 바깥부분을 말한다.
• 새로운 세포들로 구성되어 생활기능을 담당하고 있다.
• 수액의 통로이며, 탄수화물 등 양분의 저장소이다.
• 목질이 연하고 수분함량이 많아서 변형이 쉽고 강도가 약하다.

1904

## 83 Repetitive Learning 1회 2회 3회

프리플레이스트콘크리트에 사용되는 골재에 관한 설명 중 틀린 것은?

① 굵은 골재의 최소 치수는 15mm 이상, 굵은 골재의 최대 치수는 부재단면 최소 치수의 1/4 이하, 철근콘크리트의 경우 철근 순간격의 2/3 이하로 하여야 한다.
② 굵은 골재의 최대 치수와 최소 치수와의 차이를 적게 하면 굵은 골재의 실적률이 커지고 주입모르타르의 소요량이 적어진다.
③ 대규모 프리플레이스트콘크리트를 대상으로 할 경우, 굵은 골재의 최소 치수를 크게 하는 것이 효과적이다.
④ 골재의 적절한 입도 분포를 위해 일반적으로 굵은 골재의 최대 치수는 최소 치수의 2~4배 정도로 한다.

해설

• 프리플레이스트콘크리트에서 굵은 골재의 최대 치수와 최소 치수와의 차이를 적게 하면 굵은 골재의 실적률이 작아지고 주입모르타르의 소요량이 많아진다.

**프리플레이스트콘크리트**

㉠ 개요
• 특정한 입도를 가진 굵은 골재를 거푸집에 채워 넣고 그 굵은 골재 사이의 공극에 특수한 모르타르를 적당한 압력으로 주입하여 만드는 콘크리트이다.
• 주로 수중 콘크리트의 타설에 사용된다.

㉡ 골재
• 굵은 골재의 최소 치수는 15mm 이상, 굵은 골재의 최대 치수는 부재단면 최소 치수의 1/4 이하, 철근콘크리트의 경우 철근 순간격의 2/3 이하로 하여야 한다.
• 프리플레이스트콘크리트에서 굵은 골재의 최대 치수와 최소 치수와의 차이를 적게 하면 굵은 골재의 실적률이 작아지고 주입모르타르의 소요량이 많아지므로 굵은 골재의 최대 치수는 최소 치수의 2~4배 정도가 적당하다.
• 대규모 프리플레이스트콘크리트를 대상으로 할 경우, 굵은 골재의 최소 치수를 크게 하는 것이 효과적이다.
• 골재의 적절한 입도 분포를 위해 일반적으로 굵은 골재의 최대 치수는 최소 치수의 2~4배 정도로 한다.

1802

## 84 Repetitive Learning 1회 2회 3회

아스팔트 접착제에 관한 설명으로 옳지 않은 것은?

① 아스팔트 접착제는 아스팔트를 주체로 하여 이에 용제를 가하고 광물질 분말을 첨가한 풀 모양의 접착제이다.
② 아스팔트타일, 시트, 루핑 등의 접착용으로 사용한다.
③ 화학약품에 대한 내성이 크다.
④ 접착성은 양호하지만 습기를 방지하지 못한다.

해설

• 아스팔트 접착제는 화학약품에 대한 내성이 크고 방수성, 접착성, 탄력성, 신축성이 우수하다.

**아스팔트 접착제**
• 아스팔트 접착제는 아스팔트를 주체로 하여 이에 용제를 가하고 광물질 분말을 첨가한 풀 모양의 접착제이다.
• 아스팔트타일, 시트, 루핑 등의 접착용으로 사용한다.
• 화학약품에 대한 내성이 크고 방수성, 접착성, 탄력성, 신축성이 우수하다.

## 85 Repetitive Learning 1회 2회 3회

목재의 가공품 중 펄프를 접착제로 제판하여 양면을 열압 건조시킨 것으로 비중이 0.8 이상이며 수장판으로 사용하는 것은?

① 경질섬유판 ② 파키트리보드
③ 반경질섬유판 ④ 연질섬유판

해설

• 연질섬유판은 비중이 0.4g/$cm^3$ 이하인 섬유판으로 단열, 방음의 목적으로 벽, 천장, 바닥 등에 사용된다.
• 파키트리보드(Parquetry board)는 마루판의 한 종류로 견목재판을 주재료로 제혀쪽매로 하고 표면은 상대패 마감한 판재이다.
• 반경질섬유판은 비중이 0.4 ~ 0.8g/$cm^3$인 섬유판으로 합판, 삭편판의 대용으로 가구 제작에 주로 사용된다.

**경질섬유판(Hard fiber board)**
• 펄프를 접착제로 제판하여 양면을 열압 건조시킨 것이다.
• 비중이 0.8g/$cm^3$ 이상이며 강도가 우수하여 수장판으로 사용한다.

정답 | 83 ② 84 ④ 85 ①

0502 / 0604 / 0701

## 86

Repetitive Learning 1회 2회 3회

강의 열처리 중에서 조직을 개선하고 결정을 미세화하기 위해 800 ~ 1,000℃로 가열하여 소정의 시간까지 유지한 후에 대기 중에서 냉각시키는 처리는?

① 담금질(Quenching)
② 뜨임(Tempering)
③ 불림(Normalizing)
④ 풀림(Annealing)

해설

- 담금질은 강을 강하고 경하게 하기 위해 실시하는 열처리 방법이다.
- 뜨임질은 담금질에 의해 경해진 강에 인성을 부여하는 열처리 방법이다.
- 풀림은 강을 연화하거나 내부응력을 제거하기 위해 설시하는 열처리 방법이다.

∷ 강재의 열처리

- 강재에 기계적, 물리적 성질을 부여하기 위해 가열과 냉각을 시행하는 열적 조작기술이다.
- 열처리 기술에는 담금질, 뜨임, 풀림, 불림 등이 있다.

| | |
|---|---|
| 담금질<br>(Quenching) | 강을 적당한 온도로 가열하여 오스테나이트 조직에 이르게 한 후 마텐자이트 조직으로 변화시키기 위해 급랭시키는 처리 |
| 뜨임<br>(Tempering) | 담금질 한 강에 적당한 인성을 부여하기 위해 적당한 온도까지 가열한 후 다시 냉각시키는 처리 |
| 풀림<br>(Annealing) | 강을 연화하거나 내부응력을 제거할 목적으로 강을 800 ~ 1,000℃로 일정한 시간 가열한 후에 로(爐) 안에서 천천히 냉각시키는 처리 |
| 불림<br>(Normalizing) | 강의 열처리 중에서 조직을 개선하고 결정을 미세화하기 위해 800 ~ 1,000℃로 가열하여 소정의 시간까지 유지한 후에 대기 중에서 냉각시키는 처리 |

## 87

Repetitive Learning 1회 2회 3회

도료의 저장 중 온도의 상승 및 저하의 반복작용에 의해 도료 내에 작은 결정이 무수히 발생하며 도장 시 도막에 좁쌀모양이 생기는 현상은?

① Skinning ② Seeding
③ Bodying ④ Sagging

해설

- 피막(Skinning)은 도료를 저장 중 또는 방치할 때 도료 표면에 피막이 발생하는 현상을 말한다.
- 점도상승(Bodying)은 저장 중인 도료나 바니시, 래커 등의 점도가 상승하는 현상을 말한다.
- 흐름(Sagging)은 수직면으로 도장했을 때 도장 직후에 도막이 흘러내리는 현상을 말한다.

∷ 시딩(Seeding)

- 도료 내에 작은 결정이 무수히 발생하며 도장 시 도막에 좁쌀 모양의 잘 보이지 않는 구멍이 생기는 현상을 말한다.
- 용해불량 도료 및 도료의 여과부족, 도료의 저장 중 온도의 상승 및 저하의 반복작용에 의해 발생한다.
- 도장 시 적정 필터로 여과, 저장기간 내 페인트의 사용, 충분히 교반, 보관 시 주의 등의 대책이 필요하다.

## 88

Repetitive Learning 1회 2회 3회

석재의 명칭에 따른 용도가 틀린 것은?

① 팽창질석 – 단열보온재
② 점판암 – 지붕재
③ 중정석 – X선 차단 콘크리트용 골재
④ 트래버틴(Travertine) – 외부바닥 장식재

해설

- 트래버틴은 갈면 광택이 나서 우아한 실내장식에 주로 사용된다.

∷ 트래버틴(Travertine)

- 대리석의 일종인 변성암으로 황갈색의 반문이 있으며, 탄산석회를 포함한 물에서 침전, 생성된 것이다.
- 석질이 불균일하고 다공질이다.
- 갈면 광택이 나서 특수 내장재로 주로 사용된다.

## 89

Repetitive Learning 1회 2회 3회

굳지 않은 콘크리트의 성질을 표시하는 용어 중 컨시스턴시에 의한 부어넣기의 난이도 정도 및 재료분리에 저항하는 정도를 나타내는 것은?

① 플라스티시티
② 피니셔빌리티
③ 펌퍼빌리티
④ 워커빌리티



86 ③ 87 ② 88 ④ 89 ④ 정답

해설

- 플라스티시티는 성형성을, 피니셔빌리티는 마감성을, 펌퍼빌리티는 펌프용 콘크리트의 워커빌리티를 의미한다.

⁘ 굳지 않은 콘크리트의 성질을 표시하는 용어

| | |
|---|---|
| 워커빌리티 (Workability) | • 시공연도를 표현한다.<br>• 정성적인 것으로 정량적으로 표시하기가 어려우며, 컨시스턴시에 의한 부어넣기의 난이도 정도 및 재료분리에 저항하는 정도를 나타낸다. |
| 컨시스턴시 (Consistency) | • 반죽질기를 말한다.<br>• 주로 수량에 의해서 변화하는 유동성의 정도를 의미한다. |
| 플라스티시티 (Plasticity) | • 성형성을 의미한다.<br>• 거푸집 등의 형상에 순응하여 채우기 쉽고, 분리가 일어나지 않는 성질을 말한다. |
| 피니셔빌리티 (Finishability) | • 마감성을 의미한다.<br>• 마무리하기 쉬운 정도를 말한다. |
| 펌퍼빌리티 (Pumpability) | • 펌프용 콘크리트의 워커빌리티를 판단하는 하나의 척도로 사용된다. |

## 90 — Repetitive Learning (1회 2회 3회)

실리카시멘트(Silica cement)의 특징에 대한 설명으로 틀린 것은?

① 저온에서는 응결이 느려진다.
② 공극 충전 효과가 없어 수밀성 콘크리트를 얻기 어렵다.
③ 콘크리트의 워커빌리티를 좋게 한다.
④ 화학적 저항성이 크므로 주로 단면이 큰 구조물, 해안공사 등에 사용된다.

해설

- 실리카시멘트는 수밀성이 크고 고열에 잘 견딘다.

⁘ 실리카시멘트(Silica cement)

㉠ 개요
- 실리카질의 혼화제를 클링커에 혼합하여 만든 시멘트이다.
- 화학적 저항성이 크므로 주로 단면이 큰 구조물, 해안공사 등에 사용된다.

㉡ 특징
- 저온에서는 응결이 늦고, 초기강도가 작다.
- 수밀성이 크고 고열에 잘 견딘다.
- 블리딩이 감소하고, 워커빌리티와 장기강도가 커진다.
- 건조수축은 약간 증대하지만 화학저항성 및 내수, 내해수성이 우수하다.
- 알칼리골재반응에 의한 팽창의 저지에 유효하다.

0504 / 0802 / 1201 / 2101

## 91 — Repetitive Learning (1회 2회 3회)

석재의 종류와 용도가 잘못 연결된 것은?

① 화산암 – 경량골재
② 화강암 – 콘크리트용 골재
③ 대리석 – 조각재
④ 응회암 – 건축용 구조재

해설

- 건축용 구조재로는 주로 화강암, 안산암, 사암이 사용된다.

⁘ 응회암
- 화산재와 화산진이 쌓여서 만들어진 쇄설성 퇴적암이다.
- 다공질로 중량이 가볍고 가공성, 내화성이 우수하나 동해에 약하다.
- 토목용 석재 등에 사용되며 강도가 작아 건축용 구조재로 적합하지 않다.

## 92 — Repetitive Learning (1회 2회 3회)

KS F 2526에 따른 콘크리트용 골재의 유해물 함유량(질량 백분율 %) 허용값으로 틀린 것은?

① 굵은 골재 기준의 점토덩어리 : 0.25%
② 잔골재 기준의 석탄 및 갈탄(콘크리트의 표면이 중요한 부분) : 3.0%
③ 굵은 골재 기준의 연한 석편 : 5.0%
④ 잔골재 기준의 염화물(NaCl 환산량) : 0.04%

해설

- 콘크리트의 표면이 중요한 부분에서의 석탄 및 갈탄의 함유량 허용값은 잔골재, 굵은 골재 기준 공히 0.5%이다.

⁘ KS F 2526에 따른 콘크리트용 골재의 유해물 함유량 허용값 [질량 백분율 %]

| 유해물 종류 | 함유량 한도 | |
|---|---|---|
| | 잔골재 | 굵은 골재 |
| 점토덩어리 | 1.0 | 0.25 |
| 석탄, 갈탄(외관 중요) | 0.5 | 0.5 |
| 석탄, 갈탄(기타) | 1.0 | 1.0 |
| 염화물(Nacl 환산량) | 0.04 | – |
| 연한 석편 | – | 5.0 |

정답 | 90 ② 91 ④ 92 ②

0802

## 93 Repetitive Learning (1회 2회 3회)

미장공사용 재료에 대한 설명으로 틀린 것은?

① 돌로마이트플라스터는 소석회보다 점성이 낮아 풀이 필요하며 건조수축이 적은 특징이 있다.
② 회반죽 바름은 소석회를 사용한다.
③ 회반죽 바름에 사용하는 해초풀은 채취 후 1~2년 경과된 것이 좋다.
④ 석고플라스터는 경화·건조 시 치수 안정성이 우수하다.

해설

- 돌로마이트플라스터는 소석회에 비해 점성이 높고, 작업성이 좋으며 풀을 사용하지 않으며 경화 시 수축률이 큰 기경성 미장재료이다.

**돌로마이트플라스터**

㉠ 개요
- 돌로마이트를 900 ~ 1,200℃의 고온으로 가열·소성하여 만드는 기경성 미장재료이다.
- 물로 연화하여 사용하지만 대기 중의 이산화탄소(탄산가스)와 반응하여 경화되므로 기경성에 포함된다.

㉡ 특징
- 점성이 높고, 작업성이 좋으며, 응결시간이 길다.
- 회반죽에 비해 조기강도 및 최종강도가 크다.
- 풀을 필요로 하지 않으므로 색깔이 변하거나 냄새가 나지 않는다.
- 건조수축이 커서 균열이 생기기 쉽다.

## 94 Repetitive Learning (1회 2회 3회)

초고층 건축물의 외벽시스템에 적용되고 있는 커튼월의 연결부 줄눈에 사용되는 실링재의 요구 성능으로 틀린 것은?

① 줄눈을 구성하는 각종 부재에 잘 부착하는 것
② 줄눈 주변부에 오염현상을 발생시키지 않는 것
③ 줄눈부의 방수기능을 잘 유지하는 것
④ 줄눈에 발생하는 무브먼트(Movement)에 잘 저항하는 것

해설

- 실링재는 무브먼트에 대한 추종성을 갖춰야 하는데 이는 줄눈에 발생하는 무브먼트(Movement)에 잘 추종하는 것이다.

**실(Seal, 실링)재**

㉠ 개요
- 건축물의 창호나 조인트의 충전재로서 사용되며, 구조물의 수축과 팽창을 고려하여 설계된 줄눈에 수밀성 및 기밀성을 확보하는 재료를 말한다.

㉡ 대표적인 종류와 특성

| | |
|---|---|
| 퍼티(Putty) | 탄산칼슘, 연백, 아연화 등의 충전재를 각종 건성유로 반죽한 것으로 탄성복원력이 거의 없다. |
| 유성 코킹재 | 석면, 탄산칼슘 등의 충전재와 천연유지 등을 혼합한 것을 말하며 접착성, 가소성이 풍부하다. |
| 1액형 실링재 | 경화속도가 빠르고 안전하다. |
| 2액형 실링재 | 휘발성분이 거의 없어 충전 후의 체적변화가 적고 온도변화에 따른 안정성도 우수하다. |
| 아스팔트성 코킹재 | 아스팔트에 광물 분말을 첨가하여 만든 것으로 고온에 녹고 자외선에 약하다. |

㉢ 실링재의 요구 성능
- 접착성 – 줄눈을 구성하는 각종 부재에 잘 부착하는 것
- 내오염성 – 줄눈 주변부에 오염현상을 발생시키지 않는 것
- 수밀성 – 줄눈부의 방수기능을 잘 유지하는 것
- 무브먼트에 대한 추종성 – 줄눈에 발생하는 무브먼트(Movement)에 잘 추종하는 것
- 그 외 시공용이성, 내구성 등이 있다.

## 95 Repetitive Learning (1회 2회 3회)

목재를 방부처리하는 방법 중 가장 간단한 것은?

① 주입법 ② 침지법
③ 도포법 ④ 표면탄화법

해설

- 가장 간단한 방부처리방법은 건조된 목재에 방부용액을 도포하는 방법이다.

**목재의 방부처리법**

㉠ 침지법
- 목재를 방부용액에 담가 공기를 차단하여 방부처리하는 방법이다.
- 방부용액은 주로 크레오소트유를 사용한다.

㉡ 도포법
- 충분히 건조된 목재에 약재를 도포하여 방부처리하는 방법이다.
- 방부용액은 크레오소트유, 아스팔트 방부칠 등이 사용된다.

㉢ 주입법
- 방부용액을 목재에 주입하여 방부처리하는 방법이다.
- 주입하는 방법에 따라 상압주입법, 가압주입법, 생리적 주입법 등이 있다.
- 가압주입법은 압력용기 속에 목재를 넣어서 처리하는 방법으로 신속하고 효과적인 방법이다.
- 방부용액은 크레오소트유, PCP 등이 사용된다.

㉣ 표면탄화법
- 목재의 표면을 태워서 방부처리하는 방법이다.



93 ① 94 ④ 95 ③ 정답

## 96 — Repetitive Learning (1회 2회 3회)

다음 열가소성 수지 중 열변형 온도가 가장 큰 것은?

① 폴리염화비닐(PVC) ② 폴리스티렌(PS)
③ 폴리카보네이트(PC) ④ 폴리에틸렌(PE)

**해설**

- 폴리염화비닐수지는 열가소성 수지로 내수성, 내화학성이 크고 단단해 판, 펌프, 탱크 등에 다양한 용도로 사용된다.
- 폴리스티렌(PS)수지는 발포제로서 보드 상으로 성형하여 단열재로 널리 사용되며 건축물의 천장재, 블라인드 등에 널리 쓰이는 열가소성 수지이다.
- 폴리에틸렌수지는 물보다 가볍고 저온에서도 잘 견디며 내약품성, 전기절연성, 내수성이 우수해 방수・방습 시트, 포장 필름 등에 사용된다.

**폴리카보네이트(PC)**
- 무색투명한 열가소성 플라스틱 중합체이다.
- 투명성, 절연성, 내충격성, 가공성이 우수하여 기계 및 전기제품 및 유리의 대체재로 많이 사용한다.
- 열변형 온도가 140℃ 정도로 열가소성 수지 중 가장 높다.

1801
## 97 — Repetitive Learning (1회 2회 3회)

에너지 절약, 유해물질 저감, 자원의 절약 등을 유도하기 위한 목적으로 건설자재의 환경성에 대한 일정기준을 정하여 제품에 부여하는 인증제도로 옳은 것은?

① 환경표지 ② NEP인증
③ GD마크 ④ KS마크

**해설**

- NEP인증은 최초의 신기술 또는 기존 기술을 개선한 기술이 적용된 신제품을 평가한 신제품(NEP : New Excellent Product) 인증제도를 말한다.
- GD마크는 상품의 외관, 기능, 재료, 경제성 등을 종합적으로 심사하여 디자인의 우수성이 인정된 상품에 마크를 부여하는 제도를 말한다.
- KS마크는 한국산업규격(KS)에 적합한 제품에 부여하는 제품인증제도이다.

**환경표지**
- 제품의 환경성이 개선된 경우 이를 제품에 표시함으로써 소비자에게 알리는 자발적 인증제도로 국내에서는 1992년부터 시행되고 있다.
- 제품의 환경성이란 재료와 제품을 제조・소비・폐기하는 전 과정에서 오염물질이나 온실가스 등을 배출하는 정도 및 자원과 에너지를 소비하는 정도 등 환경에 미치는 영향력의 정도를 말한다.
- 표지는 (친환경 환경부) 로 표시한다.

1801
## 98 — Repetitive Learning (1회 2회 3회)

다음과 같은 특성을 가진 플라스틱의 종류는?

> - 가열하면 연화 또는 융해하여 가소성이 되고, 냉각하면 경화하는 재료이다.
> - 분자구조가 쇄상구조로 이루어져 있다.

① 멜라민수지 ② 아크릴수지
③ 요소수지 ④ 페놀수지

**해설**

- 멜라민수지는 멜라민과 포름알데히드로 제조된 순백색 또는 투명백색의 열경화성 수지로 표면경도가 크고 착색이 자유롭고 내열성이 우수한 수지이다.
- 요소수지는 요소와 포름알데히드로 제조된 내수성이 좋지 않은 열경화성 수지로 접착제, 전기절연재, 도료 등에서 사용한다.
- 페놀수지는 내열성, 난연성, 전기절연성을 갖는 열경화성 수지로 항공우주분야뿐 아니라 다양한 하이테크 산업에서 활용되고 있다.

**아크릴(Acryl)수지**
- 대표적인 열가소성 수지로 유기 글라스(유기유리)라고도 하며, 가열하면 연화 또는 융해하여 가소성을 띠고, 냉각하면 경화하는 재료이다.
- 아세톤・사이안산・메탄올을 원료로 하여 만든다.
- 분자구조가 쇄상구조로 되어있으며, 평판 성형되어 유리(Glass)와 같이 이용되는 경우가 많다.
- 내화학 약품성, 유연성, 내후성, 성형성이 우수하다.
- 착색이 자유롭고 상온에서 절단 가공이 용이하다.
- 광선 및 자외선에 대한 투과성(투명성)이 뛰어나 조명용, 채광판 및 건물의 내・외장재 및 도료로 널리 사용된다.

0404 / 0801
## 99 — Repetitive Learning (1회 2회 3회)

점토에 관한 설명 중 틀린 것은?

① 점토의 색상은 철산화물 또는 석회물질에 의해 나타난다.
② 점토의 가소성은 점토입자가 미세할수록 좋다.
③ 압축강도와 인장강도는 거의 비슷하다.
④ 소성수축은 점토 내 휘발분의 양, 조직, 용융도 등이 영향을 준다.

정답 | 96 ③ 97 ① 98 ② 99 ③

해설

- 점토의 압축강도는 인장강도의 약 5배 정도이다.

:: 점토의 성질

㉠ 개요

- 점토의 주성분은 실리카, 알루미나이다.
- 비중은 일반적으로 2.5 ~ 2.6의 범위이다.
- 압축강도는 인장강도의 약 5배 정도이다.
- 인장강도는 점토의 조직에 관계하며 입자의 크기가 큰 영향을 준다.
- 입도는 보통 $2\mu$ 이하의 미립자나 모래알 정도의 조립을 포함한 것도 있다.
- 기공률은 점토의 입자 간에 존재하는 모공용적으로 입자의 형상, 크기에 관계한다.
- 함수율은 모래가 포함되지 않은 것은 30~100%의 범위이다.
- 색상은 철산화물 또는 석회물질에 의해 나타내며, 철산화물이 많으면 적색이 되고, 석회물질이 많으면 황색을 띠게 된다.
- 점토를 소성하면 용적, 비중 등의 변화가 일어나며 강도가 현저히 증대된다.

㉡ 수축

- 수축은 건조 및 소성 시 일어나며 건조수축은 점토의 조직에 관계하는 이외에 가하는 수량도 영향을 준다.
- 소성수축은 점토 내 휘발분의 양, 조직, 용융도 등이 영향을 준다.
- $Fe_2O_3$ 등의 부성분이 많으면 제품의 건조수축이 크다.

㉢ 가소성

- 양질의 점토는 습윤 상태에서 현저한 가소성을 나타내며, 점토 입자가 미세할수록 가소성은 좋아진다.
- 가소성이 너무 큰 경우에는 모래 또는 샤모트 등을 혼합하여 조절한다.

## 100

Repetitive Learning (1회 2회 3회)

플라스틱 재료의 일반적인 성질에 대한 설명 중 틀린 것은?

① 플라스틱은 일반적으로 투명 또는 백색의 물질이므로 적합한 안료나 염료를 첨가함에 따라 상당히 광범위하게 채색이 가능하다.

② 플라스틱의 내수성 및 내투습성은 극히 양호하며, 가장 좋은 것은 폴리초산비닐이다.

③ 플라스틱은 상호 간 계면접착이 잘 되며, 금속, 콘크리트, 목재, 유리 등 다른 재료에도 잘 부착된다.

④ 플라스틱은 일반적으로 전기절연성이 상당히 양호하다.

해설

- 플라스틱의 내수성 및 내투습성은 폴리초산비닐 등을 제외하면 극히 양호하다.

:: 플라스틱(Plastic)의 특성

㉠ 장점

- 열을 차단하는 효과가 우수하다.
- 빛을 잘 투과시키는 투과성이 좋다.
- 산이나 알칼리 등의 화학약품에 잘 녹지 않는다.
- 고무줄과 같은 성질의 탄성이 있다.
- 가볍고 전기절연성이 좋아 전기가 통하지 않는다.
- 내수성이 좋아 녹슬거나 썩지 않는다.
- 범용성 수지의 경우 가격이 싸다.
- 뛰어난 방수성과 성형성, 비오염성 등을 갖는다.
- 전성, 연성이 크고 유리와 같은 파쇄성이 없다.

㉡ 단점

- 열팽창계수가 크고, 표면의 경도가 낮으며, 표면에 상처가 생기기 쉽다.
- 일반적으로 정전기의 발생량이 많고, 내후성(외부의 영향에 견디는 힘)이 좋지 않고 자외선에 약하다.
- 내화성 및 내마모성이 낮다.
- 플라스틱은 강도와 강성이 약해 구조재로 사용하기 어렵다.
- 플라스틱은 압축(누르는)강도는 높지만 인장(당기는)강도가 낮다.
- 수명이 반영구적이어서 환경오염의 우려가 있다.

# 6과목 건설안전기술

## 101

Repetitive Learning (1회 2회 3회)

콘크리트 타설 시 거푸집 측압에 대한 설명 중 틀린 것은?

① 타설 속도가 빠를수록 측압이 커진다.

② 거푸집의 투수성이 낮을수록 측압은 커진다.

③ 타설 높이가 높을수록 측압이 커진다.

④ 콘크리트의 온도가 높을수록 측압이 커진다.

해설

- 온도가 낮을수록 콘크리트 측압은 커진다.

:: 콘크리트 측압 실필 1104

문제 71번의 유형별 핵심이론 :: 참조



100 ② 101 ④ 정답

1801

## 102 Repetitive Learning (1회 2회 3회)

건설업 산업안전보건관리비 중 안전시설비로 사용할 수 없는 것은?

① 안전통로
② 비계에 추가 설치하는 추락방지용 안전난간
③ 사다리 전도방지장치
④ 통로의 낙하물 방호선반

해설

- 각종 비계, 작업발판, 가설계단·통로, 사다리, 가설울타리 등은 안전시설비를 사용할 수 없다.

원활한 공사수행을 위해 공사현장에 설치하는 시설물, 장치, 자재 중 안전시설비 사용이 불가능한 항목 실필 1902/1401/1004

- 외부인 출입금지, 공사장 경계표시를 위한 가설울타리
- 각종 비계, 작업발판, 가설계단·통로, 사다리 등
- 절토부 및 성토부 등의 토사유실 방지를 위한 설비
- 작업장 간 상호 연락, 작업 상황 파악 등 통신수단으로 활용되는 통신시설·설비
- 공사 목적물의 품질 확보 또는 건설장비 자체의 운행 감시, 공사 진척상황 확인, 방범 등의 목적을 가진 CCTV 등 감시용 장비
- 단, 비계·통로·계단에 추가 설치하는 추락방지용 안전난간, 사다리 전도방지장치, 틀비계에 별도로 설치하는 안전난간·사다리, 통로의 낙하물방호선반 등은 사용 가능함

0501 / 0801 / 0802 / 1102

## 103 Repetitive Learning (1회 2회 3회)

철륜 표면에 다수의 돌기를 붙여 접지면적을 작게 하여 접지압을 증가시킨 롤러로서 고함수비 점성토 지반의 다짐작업에 적합한 롤러는?

① 탠덤롤러
② 로드롤러
③ 타이어롤러
④ 탬핑롤러

해설

- 탠덤롤러(Tandem roller)는 전륜, 후륜 각 1개의 철륜을 가진 롤러로 점성토나 자갈, 쇄석의 다짐, 아스팔트 포장의 마무리에 적합한 롤러이다.
- 로드롤러(Road roller)는 쇠 바퀴를 이용해 다지기하는 롤러이다.
- 타이어롤러(Tire roller)는 고무 타이어를 이용해서 다지기하는 롤러이다.

탬핑롤러(Tamping roller) 실필 1602

- 롤러의 철륜 표면에 돌기를 만들어 부착한 것으로 돌기가 전압층에 매입되어 풍화암을 파쇄하고 흙속의 간극수압을 제거하는 롤러이다.
- 드럼에 붙은 돌기를 이용하여 흙의 깊은 위치를 다지는 데 사용하는 롤러로 고함수비 점성토 지반의 다짐작업에 이용된다.
- 다짐용 전압롤러로 점착력이 큰 진흙다짐에 주로 사용된다.

## 104 Repetitive Learning (1회 2회 3회)

지반조사 중 예비조사 단계에서 흙막이 구조물의 종류에 맞는 형식을 선정하기 위한 조사항목과 거리가 먼 것은?

① 흙막이 벽 축조여부판단 및 굴착에 따른 안정이 충분히 확보될 수 있는지 여부
② 인근 지반의 지반조사 자료나 시공 자료의 수집
③ 기상조건 변동에 따른 영향 검토
④ 주변의 환경(하천, 지표지질, 도로, 교통 등)

해설

- 흙막이 벽 축조여부판단 및 굴착에 따른 안정이 충분히 확보될 수 있는지 여부는 본조사에서 행하는 조사항목이다.

지반조사

㉠ 개요

- 대상 지반의 정보(토질, 지층분포, 지하수위 및 피압수, 암석 및 암반 등 구조물의 계획·설계·시공에 관련된 정보)를 획득하기 위한 방법이다.
- 지반의 특성을 규명하여 관계자에게 제공함으로써 안전하고 효율적인 공사를 할 수 있도록 한다.
- 직접적인 지반조사 방법에는 현장답사, 시험굴조사, 물리탐사, 사운딩, 시추조사, 원위치시험 등이 있다.
- 예비조사, 본조사, 보완조사, 특정조사 등의 단계로 진행한다.

㉡ 예비조사 항목

- 인근 지반의 지반조사 기존자료나 시공 자료수집
- 기상조건 변동에 따른 영향 검토
- 주변의 환경(하천, 지표지질, 도로, 교통 등)
- 인접 구조물의 크기 및 형식, 상황 조사
- 지형이나 우물의 형상 조사
- 물리탐사, 시추 및 시험굴 조사

정답 | 102 ① 103 ④ 104 ①

0802 / 1101 / 1402

## 105 Repetitive Learning (1회 2회 3회)

철골작업을 중지하여야 하는 기준으로 옳은 것은?

① 1시간당 강설량이 1cm 이상인 경우
② 풍속이 초당 15미터 이상인 경우
③ 진도 3 이상의 지진이 발생한 경우
④ 1시간당 강우량이 1cm 이상인 경우

해설

- 풍속이 초당 10m 이상, 강우량이 시간당 1mm 이상, 강설량이 시간당 1cm 이상인 경우 철골공사 작업을 중지한다.

철골작업 중지 악천후 기준 실필 1504/1502/1302/0901 실작 1901/1802/1704

- 풍속이 초당 10m 이상인 경우
- 강우량이 시간당 1mm 이상인 경우
- 강설량이 시간당 1cm 이상인 경우

1104

## 106 Repetitive Learning (1회 2회 3회)

훅걸이용 와이어로프 등이 훅으로부터 벗겨지는 것을 방지하기 위한 장치는?

① 헤지장치
② 권과방지장치
③ 과부하방지장치
④ 턴버클

해설

- 훅 헤지장치는 훅걸이용 와이어로프 등이 훅으로부터 벗겨지는 것을 방지하기 위한 장치이다.

훅 헤지장치

- 훅 헤지장치는 훅걸이용 와이어로프 등이 훅으로부터 벗겨지는 것을 방지하기 위한 장치이다.
- 사업주는 훅걸이용 와이어로프 등이 훅으로부터 벗겨지는 것을 방지하기 위한 장치를 구비한 크레인을 사용하여야 하며, 그 크레인을 사용하여 짐을 운반하는 경우에는 헤지장치를 사용하여야 한다.

2104

## 107 Repetitive Learning (1회 2회 3회)

다음은 타워크레인을 와이어로프로 지지하는 경우 준수해야 할 기준이다. 빈칸에 들어갈 알맞은 내용을 순서대로 옳게 나타낸 것은?

| 와이어로프 설치각도는 수평면에서 ( )도 이내로 하되, 지지점은 ( )개소 이상으로 하고, 같은 각도로 설치할 것 |
|---|

① 45, 4
② 45, 5
③ 60, 4
④ 60, 5

해설

- 와이어로프 설치각도는 수평면에서 60도 이내로 하되, 지지점은 4개소 이상으로 하고, 같은 각도로 설치하여야 한다.

타워크레인의 지지 시 주의사항

- 사업주는 타워크레인을 자립고(自立高)를 초과하는 높이로 설치하는 경우 건축물 등의 벽체에 지지하도록 할 것
- 와이어로프를 고정하기 위한 전용 지지프레임을 사용할 것
- 와이어로프 설치각도는 수평면에서 60도 이내로 하되, 지지점은 4개소 이상으로 하고, 같은 각도로 설치할 것
- 와이어로프와 그 고정부위는 충분한 강도와 장력을 갖도록 설치하고, 와이어로프를 클립·샤클(Shackle) 등의 고정기구를 사용하여 견고하게 고정시켜 풀리지 아니하도록 하며, 사용 중에는 충분한 강도와 장력을 유지하도록 할 것
- 와이어로프가 가공전선(架空電線)에 근접하지 않도록 할 것

0602 / 1904

## 108 Repetitive Learning (1회 2회 3회)

인력 운반작업에 대한 안전 준수사항으로 가장 거리가 먼 것은?

① 보조기구를 효과적으로 사용한다.
② 물건을 들어 올릴 때는 팔과 무릎을 이용하며 척추는 곧게 한다.
③ 긴 물건은 뒤쪽으로 높이고 원통인 물건은 굴려서 운반한다.
④ 무거운 물건은 공동 작업으로 실시한다.



105 ① 106 ① 107 ③ 108 ③ | 정답

해설

- 단독으로 긴 물건을 어깨에 메고 운반할 때에는 화물 앞부분 끝을 어깨에 메고 뒤쪽 끝을 끌면서 운반한다.

∷ 운반작업 시 주의사항 실작 1702/1504

- 운반 시의 시선은 진행방향을 향하고 뒷걸음 운반을 하여서는 안 된다.
- 무거운 물건을 운반할 때 무게 중심이 높은 화물은 인력으로 운반하지 않는다.
- 어깨높이보다 높은 위치에서 화물을 들고 운반하여서는 안 된다.
- 1인당 무게는 25kg 정도가 적당하며, 무리한 운반을 피한다.
- 단독으로 긴 물건을 어깨에 메고 운반할 때에는 화물 앞부분 끝을 어깨에 메고 뒤쪽 끝을 끌면서 운반한다.
- 내려놓을 때는 천천히 내려놓도록 한다.
- 물건을 들어 올릴 때는 팔과 무릎을 이용하며 척추는 곧게 한다.
- 무거운 물건은 공동 작업으로 실시하고, 공동 작업을 할 때는 신호에 따라 작업한다.

0402 / 0601 / 0604 / 2102

## 109 Repetitive Learning 1회 2회 3회

강관틀비계의 벽이음에 대한 조립간격 기준으로 옳은 것은? (단, 높이가 5m 미만인 경우 제외)

① 수직방향 5m, 수평방향 5m 이내
② 수직방향 6m, 수평방향 6m 이내
③ 수직방향 6m, 수평방향 8m 이내
④ 수직방향 8m, 수평방향 6m 이내

해설

- 강관틀비계의 조립 시 벽이음 간격은 수직방향으로 6m, 수평방향으로 8m 이내로 한다.

∷ 강관비계 조립 시의 준수사항

- 강관비계의 조립(벽이음)간격

| 강관비계의 종류 | 조립간격(단위 : m) | |
|---|---|---|
| | 수직방향 | 수평방향 |
| 단관비계 | 5 | 5 |
| 틀비계(높이 5m 미만 제외) | 6 | 8 |

- 강관·통나무 등의 재료를 사용하여 견고한 것으로 할 것
- 인장재(引張材)와 압축재로 구성된 경우에는 인장재와 압축재의 간격을 1미터 이내로 할 것

1201 / 1801 / 2202

## 110 Repetitive Learning 1회 2회 3회

터널공사에서 발파작업 시 안전대책으로 옳지 않은 것은?

① 발파 전 도화선 연결상태, 저항치 조사 등의 목적으로 도통시험 실시 및 발파기의 작동상태에 대한 사전점검 실시
② 모든 동력선은 발원점으로부터 최소한 15m 이상 후방으로 옮길 것
③ 지질, 암의 절리 등에 따라 화약량에 대한 검토 및 시방기준과 대비하여 안전조치 실시
④ 발파용 점화회선은 타 동력선 및 조명회선과 한 곳으로 통합하여 관리

해설

- 발파용 점화회선은 타 동력선 및 조명회선으로부터 분리되어야 한다.

∷ 발파작업 시 안전대책

- 지질, 암의 절리 등에 따라 화약량 검토 및 시방기준과 대비하여 안전조치를 실시해야 한다.
- 화약류를 장진하기 전에 모든 동력선 및 활선은 장진기기로부터 분리시키고 조명회선을 포함한 모든 동력선은 발원점으로부터 최소한 15m 이상 후방으로 옮겨 놓도록 하여야 한다.
- 발파시 안전한 거리 및 위치에서의 대피가 어려울 때에는 전면과 상부를 견고하게 방호한 임시대피장소를 설치하여야 한다.
- 발파용 점화회선은 타 동력선 및 조명회선으로부터 분리되어야 한다.

## 111 Repetitive Learning 1회 2회 3회

건설업 유해·위험방지계획서 제출 시 첨부서류에 해당되지 않는 것은?

① 공사개요서
② 산업안전보건관리비 사용계획
③ 재해발생 위험 시 연락 및 대피방법
④ 특수공사계획

해설

- 특수공사계획은 유해·위험방지계획서 제출 시 첨부서류에 포함되지 않는다.

정답 | 109 ③ 110 ④ 111 ④

∷ 건설업 유해·위험방지계획서 제출 시 첨부서류
실필 1902/1202/0902

| | |
|---|---|
| 공사개요 및 안전보건 관리계획 | • 공사개요서<br>• 공사현장의 주변 현황 및 주변과의 관계를 나타내는 도면(매설물 현황 포함)<br>• 건설물, 사용 기계설비 등의 배치를 나타내는 도면<br>• 전체공정표<br>• 산업안전보건관리비 사용계획<br>• 안전관리 조직표<br>• 재해발생 위험 시 연락 및 대피방법 |

1804

## 112 ———— Repetitive Learning (1회 2회 3회)

추락재해 방지를 위한 방망의 그물코 규격기준으로 옳은 것은?

① 사각 또는 마름모로서 크기가 5cm 이하
② 사각 또는 마름모로서 크기가 10cm 이하
③ 사각 또는 마름모로서 크기가 15cm 이하
④ 사각 또는 마름모로서 크기가 20cm 이하

해설

• 방망의 그물코는 사각 또는 마름모 형상으로서 한 변의 길이(매듭의 중심 간 거리)는 10cm 이하이어야 한다.

∷ 방망의 구조 실필 1604/0901
• 방망은 망, 테두리로프, 달기로프, 시험용사로 구성되어진 것이다.
• 그물코는 사각 또는 마름모 형상으로서 한 변의 길이(매듭의 중심 간 거리)는 10cm 이하이어야 한다.
• 방망의 종류는 매듭방망으로서 매듭은 원칙적으로 단매듭을 한다.

1802 / 2101

## 113 ———— Repetitive Learning (1회 2회 3회)

사면보호 공법 중 구조물에 의한 보호 공법에 해당되지 않는 것은?

① 식생구멍공 ② 블록공
③ 돌쌓기공 ④ 현장타설 콘크리트 격자공

해설

• 구조물에 의한 보호 공법에는 비탈면 녹화, 낙석방지울타리, 격자블록붙이기, 숏크리트, 낙석방지망, 블록공, 돌쌓기 공법 등이 있다.

∷ 식생공
• 건설재해대책의 사면보호 공법 중 하나이다.
• 식물을 생육시켜 그 뿌리로 사면의 표층토를 고정하여 빗물에 의한 침식, 동상, 이완 등을 방지하고, 녹화에 의한 경관조성을 목적으로 시공한다.

1001 / 1102

## 114 ———— Repetitive Learning (1회 2회 3회)

건립 중 강풍에 의한 풍압 등 외압에 대한 내력이 설계에 고려되었는지 확인하여야 하는 철골구조물에 해당하지 않는 것은?

① 이음부가 현장용접인 건물
② 높이 15m인 건물
③ 기둥이 타이플레이트(Tie plate)형인 구조물
④ 구조물의 폭과 높이의 비가 1 : 5인 건물

해설

• 높이가 20m 이상인 구조물에 대해서는 외압에 대한 내력이 설계 시 고려되었는지 확인할 필요가 있으나, 높이 15m인 건물에 대해서는 확인이 필요하지 않다.

∷ 외압에 대한 내력이 설계 시 고려되었는지를 확인해야 하는 구조물 실필 1804/1602/1504/1301/1204/1102/1001/0902 실작 1801
• 높이 20m 이상의 구조물
• 구조물의 폭과 높이의 비가 1 : 4 이상인 구조물
• 단면구조에 현저한 변화가 있는 구조물
• 연면적당 철골량이 50kg/$m^2$ 이하인 구조물
• 기둥이 타이플레이트(Tie plate)형인 구조물
• 이음부가 현장용접인 구조물

## 115 ———— Repetitive Learning (1회 2회 3회)

달비계 와이어로프의 사용금지 기준에 해당하지 않는 것은?

① 와이어로프의 한 꼬임에서 끊어진 소선의 수가 10% 이상인 것
② 지름의 감소가 공칭지름의 7%를 초과하는 것
③ 심하게 변형되거나 부식된 것
④ 균열이 있는 것

해설

• 균열이 있는 것은 달기 체인의 사용금지 대상에 해당한다. 와이어로프의 사용금지 대상에는 균열과는 상관없다.

∷ 달기구 및 크레인 등의 양중기, 항타기, 항발기에서 사용하는 와이어로프의 사용금지 규정 실필 1602/1502/0901 실작 1804/1502
• 이음매가 있는 것
• 와이어로프의 한 꼬임[(스트랜드(Strand)]에서 끊어진 소선(素線)의 수가 10% 이상인 것
• 지름의 감소가 공칭지름의 7%를 초과하는 것
• 꼬인 것
• 심하게 변형되거나 부식된 것
• 열과 전기충격에 의해 손상된 것



112 ② 113 ① 114 ② 115 ④ 정답

0501 / 1201 / 2101

## 116 — Repetitive Learning (1회 2회 3회)

안전계수가 4이고 2,000kg/$cm^2$의 인장강도를 갖는 강선의 최대허용응력은?

① 500kg/$cm^2$
② 1,000kg/$cm^2$
③ 1,500kg/$cm^2$
④ 2,000kg/$cm^2$

해설

- 최대허용응력 $= \frac{인장강도}{안전계수}$이므로 $\frac{2,000}{4} = 500$[kg/$cm^2$]이다.

:: 안전율/안전계수(Safety factor) 실필 1604/1002

- 소재의 파괴강도와 허용되는 응력의 비를 표시한 것이다.
- 안전율은 $\frac{기준강도}{허용응력}$ 또는 $\frac{항복강도}{설계하중}$, $\frac{파괴하중}{최대사용하중}$, $\frac{최대응력}{허용응력}$ 등으로 구한다.
- 응력은 단위면적당 부재에 작용하는 힘을 말하며, 허용응력은 단위면적당 재료가 파괴되지 않으며, 영구적인 변형이 남지 않는 비례 한도 범위 내의 응력을 말한다.
- 기준강도는 재료에 손상을 입힌다고 인정되는 강도를 말한다.
- 강도(기준강도)를 통해 재료의 안전율, 구조 등이 결정된다.
- 연성재료에서는 항복점을 기준강도, 인장강도, 기초강도라고도 한다.

## 117 — Repetitive Learning (1회 2회 3회)

가설통로를 설치하는 경우의 준수해야 할 기준으로 틀린 것은?

① 건설공사에 사용하는 높이 8m 이상인 비계다리에는 5m 이내마다 계단참을 설치할 것
② 수직갱에 가설된 통로의 길이가 15m 이상인 경우에는 10m 이내마다 계단참을 설치할 것
③ 경사가 15°를 초과하는 경우에는 미끄러지지 아니하는 구조로 할 것
④ 추락할 위험이 있는 장소에는 안전난간을 설치할 것

해설

- 높이 8m 이상인 비계다리에서는 7m 이내마다 계단참을 설치한다.

:: 가설통로 설치 시 준수기준 실필 1801/1704/1502/1404/1201 실작 1804/1801/1704

- 높이 8m 이상인 비계다리에서는 7m 이내마다 계단참을 설치한다.
- 수직갱에 가설된 통로의 길이가 15m 이상인 경우에는 10m 이내마다 계단참을 설치한다.
- 경사가 15°를 초과하는 경우에는 미끄러지지 아니하는 구조로 한다.
- 추락할 위험이 있는 장소에는 안전난간을 설치한다.
- 경사로의 폭은 최소 90cm 이상이어야 한다.
- 발판 폭 40cm 이상, 틈 3cm 이하로 한다.
- 경사는 30° 이하로 한다.

1104 / 1201 / 1902

## 118 — Repetitive Learning (1회 2회 3회)

다음은 달비계 또는 높이 5m 이상의 비계를 조립·해체하거나 변경하는 작업을 하는 경우의 준수사항이다. 빈칸에 알맞은 숫자는?

> 비계재료의 연결·해체작업을 하는 경우에는 폭 (　　)cm 이상의 발판을 설치하고 근로자로 하여금 안전대를 사용하도록 하는 등 추락을 방지하기 위한 조치를 할 것

① 15　　② 20
③ 25　　④ 30

해설

- 관리감독자는 달비계 또는 높이 5미터 이상의 비계 등의 조립·해체 및 변경 시 비계재료의 연결·해체작업을 하는 경우에는 폭 20cm 이상의 발판을 설치하고 근로자로 하여금 안전대를 사용하도록 하는 등 추락을 방지하기 위한 조치를 한다.

:: 달비계 또는 높이 5미터 이상의 비계 등의 조립·해체 및 변경 시 관리감독자의 직무수행 내용 실필 1504/1501/1301/1102/1002 실작 1802/1602/1401

- 근로자가 관리감독자의 지휘에 따라 작업하도록 할 것
- 조립·해체 또는 변경의 시기·범위 및 절차를 그 작업에 종사하는 근로자에게 주지시킬 것
- 조립·해체 또는 변경 작업구역에는 해당 작업에 종사하는 근로자가 아닌 사람의 출입을 금지하고 그 내용을 보기 쉬운 장소에 게시할 것
- 비, 눈, 그 밖의 기상상태의 불안정으로 날씨가 몹시 나쁜 경우에는 그 작업을 중지시킬 것
- 비계재료의 연결·해체작업을 하는 경우에는 폭 20cm 이상의 발판을 설치하고 근로자로 하여금 안전대를 사용하도록 하는 등 추락을 방지하기 위한 조치를 할 것
- 재료·기구 또는 공구 등을 올리거나 내리는 경우에는 근로자가 달줄 또는 달포대 등을 사용하게 할 것
- 강관비계 또는 통나무비계를 조립하는 경우 쌍줄로 할 것

정답 | 116 ① 117 ① 118 ②

## 119 Repetitive Learning (1회 2회 3회)

토공기계 중 크램쉘(Clam shell)의 용도에 대해 가장 잘 설명한 것은?

① 단단한 지반에 작업하기 쉽고 작업속도가 빠르며 특히 암반굴착에 적합하다.
② 수면 하의 자갈, 실트 혹은 모래를 굴착하고 준설선에 많이 사용된다.
③ 상당히 넓고 얕은 범위의 점토질 지반 굴착에 적합하다.
④ 기계위치보다 높은 곳의 굴착, 비탈면 절취에 적합하다.

**해설**

- ①은 백호우(Back hoe)에 대한 설명이다.
- ③은 드래그라인(Drag line)에 대한 설명이다.
- ④는 파워셔블(Power shovel)에 대한 설명이다.

**크램쉘(Clam shell)** 실작 1702/1504

- 수면 하의 자갈, 실트 혹은 모래를 굴착하고 준설선에 많이 사용된다.
- 잠함 안의 굴착 및 건축구조물의 기초 등 정해진 범위의 깊은 굴착에 적합하다.
- 수중굴착 공사에 가장 적합한 건설기계이다.

1202

## 120 Repetitive Learning (1회 2회 3회)

다음 중 토사붕괴의 내적 원인인 것은?

① 절토 및 성토 높이 증가
② 사면, 법면의 기울기 증가
③ 토석의 강도 저하
④ 공사에 의한 진동 및 반복 하중 증가

**해설**

- ①, ②, ④는 모두 토사붕괴의 외적 원인에 해당한다.

**토사(석)붕괴 원인** 실필 1501/0901 실작 1604/1602/1501

| 구분 | 내용 |
|---|---|
| 내적 요인 | • 토석의 강도 저하<br>• 절토사면의 토질, 암질 및 절리 상태<br>• 성토사면의 다짐 불량<br>• 점착력의 감소 |
| 외적 요인 | • 작업진동 및 반복하중의 증가<br>• 사면, 법면의 경사 및 기울기의 증가<br>• 절토 및 성토 높이와 지하수위의 증가<br>• 지표수・지하수의 침투에 의한 토사중량의 증가<br>• 지진, 차량, 구조물의 중량과 토사 및 암석의 혼합층 두께의 증가 |



119 ② 120 ③ 정답

MEMO

# 출제문제 분석 2015년 4회

| 구분 | 1과목 | 2과목 | 3과목 | 4과목 | 5과목 | 6과목 | 합계 |
|---|---|---|---|---|---|---|---|
| New유형 | 1 | 2 | 3 | 5 | 5 | 3 | 19 |
| New문제 | 7 | 5 | 10 | 13 | 8 | 10 | 53 |
| 또나온문제 | 8 | 8 | 6 | 4 | 10 | 8 | 44 |
| 자꾸나온문제 | 5 | 7 | 4 | 3 | 2 | 2 | 23 |
| 합계 | 20 | 20 | 20 | 20 | 20 | 20 | 120 |

- New유형은 New문제 중 기존 기출문제와 완전히 다른 유형의 문제를 말합니다.
- New문제는 기존에 출제되지 않은 문제로 이번에 처음 출제되는 문제입니다.
- 또나온문제는 기존에 출제된 적이 1번 있는 문제를 말합니다.
- 자꾸나온문제는 기존에 출제된 적이 2번 이상 있는 문제를 말합니다. 그만큼 중요한 문제입니다.

## 몇 년분의 기출문제를 공부해야 합격할 수 있을까요?

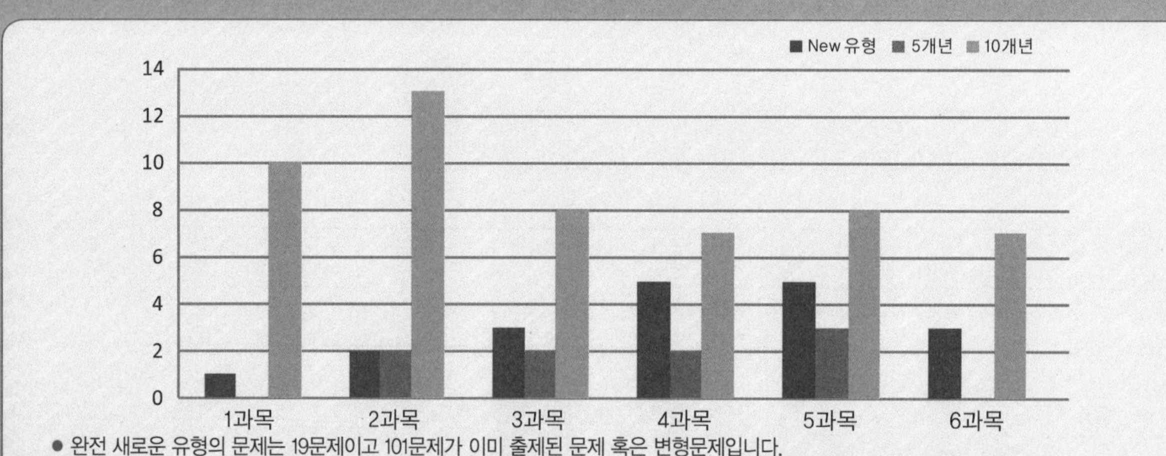


- 완전 새로운 유형의 문제는 19문제이고 101문제가 이미 출제된 문제 혹은 변형문제입니다.
- 5년분(2016~2020) 기출에서 동일문제가 9문항이 출제되었고, 10년분(2011~2020) 기출에서 동일문제가 53문항이 출제되었습니다.

## 실기에 나왔어요!! 외우세요!!!

실기시험은 필답형과 작업형으로 구분되어 있으며 모두 주관식으로 직접 내용을 적어야 합니다. 필기 공부하면서 실기 출제된 내역들은 좀 더 신경써서 암기하실 필요가 있어요. 필기 합격자 발표 난 후 실기시험까지는 5주밖에 여유가 없답니다. 어차피 공부할 것 필기 때 확실하게 해준다면 실기도 단방에 합격할 수 있습니다.

- 총 22개의 해설이 실기 필답형 시험과 연동되어 있습니다.
- 총 14개의 해설이 실기 작업형 시험과 연동되어 있습니다.

## 분석의견

최근 10년분의 기출문제와 답을 반복암기해서는 합격점수인 72점에서 19점이 부족합니다. 새로운 유형의 문제가 19문항으로 평균(15문항)보다 많이 출제되었으나 전체적인 난이도 수준은 평균치 정도 수준에 가까운 통계를 보여주고 있습니다. 최근 5년분 기출(9문항)보다는 그 이전 5년분 기출(44문항)에서 훨씬 많이 출제되었습니다. 과목별로는 4과목에 새로운 유형의 문제가 많이 출제되어 기출비중이 떨어져 배경학습이 필요합니다. 합격에 필요한 점수를 획득하기 위해서는 최근 5년분 문제와 핵심이론의 3회독 혹은 최근 10년분 문제와 핵심이론의 2회독 이상의 학습이 필요합니다.

# 2015년 제4회

2015년 9월 19일 필기

15년 4회차 필기시험
합격률 39.7%

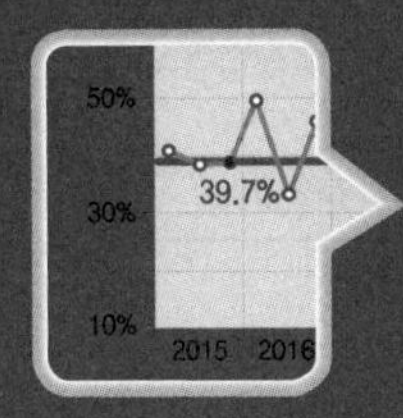

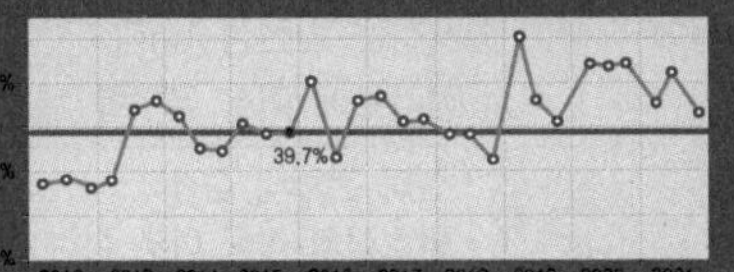

## 1과목 산업안전관리론

0601 / 1302

**01** Repetitive Learning (1회 2회 3회)

다음 중 산업안전보건법령에 따라 건설업 중 유해·위험방지계획서를 작성하여 고용노동부장관에게 제출하여야 하는 공사에 해당하지 않는 것은?

① 터널 건설공사
② 깊이 10m 이상인 굴착공사
③ 최대지간길이가 31m 이상인 교량 건설공사
④ 다목적 댐, 발전용 댐 및 저수용량 2천만톤 이상의 용수 전용 댐, 지방상수도 전용 댐 건설공사

해설

- 최대지간길이와 관련된 교량 건설공사는 31미터가 아니라 50미터 이상인 경우에 유해·위험방지계획서를 작성하여 제출한다.

유해·위험방지계획서 제출대상 공사 실필 1901/1802/1102

- 지상높이가 31m 이상인 건축물 또는 인공구조물, 연면적 3만 $m^2$ 이상인 건축물 또는 연면적 5천$m^2$ 이상의 문화 및 집회시설(전시장 및 동물원·식물원은 제외), 판매시설, 운수시설(고속철도의 역사 및 집배송시설은 제외), 종교시설, 의료시설 중 종합병원, 숙박시설 중 관광숙박시설, 지하도상가 또는 냉동·냉장창고시설의 건설·개조 또는 해체 공사
- 연면적 5천$m^2$ 이상인 냉동·냉장창고시설의 설비공사 및 단열공사
- 최대지간길이가 50m 이상인 교량 건설 등의 공사
- 터널 건설 등의 공사
- 다목적 댐, 발전용 댐 및 저수용량 2천만톤 이상의 용수 전용 댐, 지방상수도 전용 댐 건설 등의 공사
- 깊이 10m 이상인 굴착공사

0702 / 0704 / 1002 / 1302 / 1901

**02** Repetitive Learning (1회 2회 3회)

산업안전보건법령상 산업안전보건위원회의 구성에 있어 사용자위원에 해당되지 않는 것은?

① 안전관리자
② 명예산업안전감독관
③ 해당 사업의 대표자가 지명한 9인 이내 해당 사업장 부서의 장
④ 보건관리자의 업무를 위탁한 경우 대행기관의 해당 사업장 담당자

해설

- 명예산업안전감독관은 근로자위원에 해당한다.

산업안전보건위원회 실필 1704/1401

- 근로자위원은 근로자대표, 명예감독관, 근로자대표가 지명하는 9명 이내의 해당 사업장의 근로자로 구성한다.
- 사용자위원은 대표자, 안전관리자, 보건관리자, 산업보건의, 대표자가 지명하는 9명 이내의 해당 사업장 부서의 장으로 구성하나 상시근로자 50명 이상 100명 이하일 경우 대표자가 지명하는 9명 이내의 해당 사업장 부서의 장은 제외한다.
- 산업안전보건위원회의 위원장은 위원 중에서 호선(互選)한다. 이 경우 근로자위원과 사용자위원 중 각 1명을 공동위원장으로 선출할 수 있다.
- 산업안전보건위원회의 회의는 정기회의와 임시회의로 구분하되, 정기회의는 분기마다 위원장이 소집하며, 임시회의는 위원장이 필요하다고 인정할 때에 소집한다.

1001 / 1904

**03** Repetitive Learning (1회 2회 3회)

다음 중 일상점검 내용을 작업 전, 작업 중, 작업 종료로 구분할 때 "작업 중 점검 내용"으로 볼 수 없는 것은?

① 품질의 이상 유무 ② 안전수칙의 준수 여부
③ 이상소음의 발생 유무 ④ 방호장치의 작동 여부

정답 | 01 ③ 02 ② 03 ④

해설

- 방호장치의 작동 여부 점검은 작업 전 점검사항이다.

**일상점검**

- 작업장에서 매일 작업자가 작업 전, 중, 후에 시설과 작업동작 등에 대하여 실시하는 안전점검이다.
- 작업자가 직접 점검표에 이상 유무를 체크하는 점검이다.

| | |
|---|---|
| 작업 전 | • 설비 본체의 점검<br>• 방호장치 작동 여부 점검<br>• 주변의 정리정돈 상태 점검<br>• 청소 상태 점검 |
| 작업 중 | • 이상소음 발생 여부 점검<br>• 진동 여부 점검<br>• 품질의 이상 유무<br>• 접합부 등의 기름 가스 유출 여부 점검<br>• 안전수칙 준수 여부 |
| 작업 후 | • 기계 청소 상태 점검<br>• 스위치 조작 상태 점검<br>• 환기 상황 점검 |

1002

## 04 Repetitive Learning (1회 2회 3회)

산업안전보건법령상의 안전·보건표지 중 지시표지의 종류가 아닌 것은?

① 안전대착용 ② 귀마개착용
③ 안전복착용 ④ 안전장갑착용

해설

- 지시표지의 종류에는 보안경착용, 안전복착용, 보안면착용, 안전화착용, 귀마개착용, 안전모착용, 안전장갑착용, 방독마스크착용, 방진마스크착용 등이 있다.

**지시표지** 실필 1501

- 특정 행위의 지시 및 사실의 고지에 사용된다.
- 파란색(2.5PB 4/10) 바탕에 흰색(N9.5)의 기본모형을 사용한다.
- 종류에는 보안경착용, 안전복착용, 보안면착용, 안전화착용, 귀마개착용, 안전모착용, 안전장갑착용, 방독마스크착용, 방진마스크착용 등이 있다.

| 보안경착용 | 안전복착용 | 보안면착용 | 안전화착용 | 귀마개착용 |
|---|---|---|---|---|
| | | | | |
| 안전모착용 | 안전장갑착용 | 방독마스크착용 | 방진마스크착용 | |
| | | | | |

## 05 Repetitive Learning (1회 2회 3회)

산업안전보건법령상 안전검사대상 유해·위험기계·기구에 해당하지 않는 것은?

① 리프트 ② 압력용기
③ 곤돌라 ④ 교류 아크용접기

해설

- 교류 아크용접기는 안전검사대상이 아니다.

**안전검사대상 유해·위험기계의 종류와 검사 주기** 실필 1504/1002

| 안전검사대상 유해·위험기계의 종류 | 검사 주기 |
|---|---|
| 크레인(이동식크레인 및 정격하중 2톤 미만 제외), 리프트(이삿짐운반용 리프트 제외) 및 곤돌라 | 사업장에 설치가 끝난 날부터 3년 이내에 최초 안전검사를 실시하되, 그 이후부터 2년마다(건설현장에서 사용하는 것은 최초로 설치한 날부터 6개월마다) |
| 이동식크레인, 이삿짐운반용 리프트 및 고소작업대 | 신규 등록 이후 3년 이내에 최초 안전검사를 실시하되, 그 이후부터 2년마다 |
| 프레스, 전단기, 압력용기, 국소배기장치(이동식 제외), 산업용 원심기, 화학설비 및 그 부속설비, 건조설비 및 그 부속설비, 롤러기(밀폐형 제외), 사출성형기(형 체결력 294kN 미만은 제외), 컨베이어 및 산업용 로봇 | 사업장에 설치가 끝난 날부터 3년 이내에 최초 안전검사를 실시하되, 그 이후부터 2년마다(공정안전보고서를 제출하여 확인을 받은 압력용기는 4년마다) |

0302 / 0702 / 1001 / 1004 / 1604 / 2102

## 06 Repetitive Learning (1회 2회 3회)

무재해 운동의 3원칙 중 잠재적인 위험요인을 발견·해결하기 위하여 전원이 협력하여 각자의 위치에서 의욕적으로 문제해결을 실천하는 것을 의미하는 것은?

① 무의 원칙 ② 선취의 원칙
③ 실천의 원칙 ④ 참가의 원칙

해설

※ 사업장 무재해 운동 인증업무가 2018년 말로 종료됨에 따라 관련 법규가 삭제되어 관련 문제로 대치합니다.

- 무재해 운동의 3원칙에는 무의 원칙, 안전제일(선취)의 원칙, 참가의 원칙이 있다.
- 무의 원칙은 모든 잠재위험요인을 사전에 발견·파악·해결함으로써 근원적으로 산업재해를 없애는 것을 말한다.
- 안전제일(선취)의 원칙은 행동하기 전에 재해를 예방하거나 방지하는 것을 말한다.



04 ① 05 ④ 06 ④ 정답

:: 무재해 운동 3원칙

| | |
|---|---|
| 무(無, Zero)의 원칙 | 모든 잠재위험요인을 사전에 발견 · 파악 · 해결함으로써 근원적으로 산업재해를 없앤다. |
| 안전제일(선취)의 원칙 | 직장의 위험요인을 행동하기 전에 발견 · 파악 · 해결하여 재해를 예방한다. |
| 참가의 원칙 | 작업에 따르는 잠재적인 위험요인을 발견 · 해결하기 위하여 전원이 협력하여 문제해결 운동을 실천한다. |

0404 / 0901 / 1301

## 07 Repetitive Learning (1회 2회 3회)

다음 중 재해사례연구의 진행단계에 있어 제3단계인 "근본적 문제점의 결정에 관한 사항"으로 가장 적합한 것은?

① 사례연구의 전제조건으로서 발생일시 및 장소 등 재해 상황의 주된 항목에 관해서 파악한다.

② 파악된 사실로부터 판단하여 관계법규, 사내규정 등을 적용하여 문제점을 발견한다.

③ 재해가 발생할 때까지의 경과 중 재해와 관계가 있는 사실 및 재해요인으로 알려진 사실을 객관적으로 확인한다.

④ 재해의 중심이 된 문제점에 관하여 어떤 관리적 책임의 결함이 있는지를 여러 가지 안전보건의 키(Key)에 대하여 분석한다.

해설

- ①은 재해 상황의 파악단계에서의 사항이다.
- ②는 문제점의 발견단계에서의 사항이다.
- ③은 사실의 확인단계에서의 사항이다.

:: 재해사례연구의 진행단계

㉠ 진행순서

- 재해 상황의 파악 → 사실의 확인 → 문제점의 발견 → 근본적 문제점의 결정 → 대책수립 순이다.

㉡ 단계별 특징

| | |
|---|---|
| 재해 상황의 파악 | 사례연구의 전제조건으로서 발생일시 및 장소 등 재해 상황의 주된 항목에 관해서 파악한다. |
| 사실의 확인 | 재해가 발생할 때까지의 경과 중 재해와 관계가 있는 사실 및 재해요인을 객관적으로 확인한다. |
| 문제점의 발견 | 파악된 사실로부터 판단하여 관계법규, 사내규정 등을 적용하여 문제점을 발견한다. |
| 근본적 문제점의 결정 | 재해의 중심이 된 문제점에 관하여 어떤 관리적 책임의 결함이 있는지를 여러 가지 안전보건의 키(Key)에 대하여 분석한다. |
| 대책수립 | 동종 및 유사재해의 방지대책을 구체적, 실현가능하게 수립한다. |

## 08 Repetitive Learning (1회 2회 3회)

다음 중 산업안전보건법에서 정의한 용어에 대한 설명으로 틀린 것은?

① "사업주"란 근로자를 사용하여 사업을 하는 자를 말한다.

② "근로자대표"란 근로자와 사업주로 조직된 노동조합이 있는 경우에는 그 노동조합을, 근로자와 사업주로 조직된 노동조합이 없는 경우에는 사업주가 지정한 근로자를 대표하는 자를 말한다.

③ "작업환경측정"이란 작업환경 실태를 파악하기 위하여 해당 근로자 또는 작업장에 대하여 사업주가 측정계획을 수립한 후 시료(試料)를 채취하고 분석 · 평가하는 것을 말한다.

④ "산업재해"란 근로자가 업무에 관계되는 건설물 · 설비 · 원재료 · 가스 · 증기 · 분진 등에 의하거나 작업 또는 그 밖의 업무로 인하여 사망 또는 부상하거나 질병에 걸리는 것을 말한다.

해설

- 근로자대표란 근로자의 과반수로 조직된 노동조합이 있는 경우에는 그 노동조합을, 근로자의 과반수로 조직된 노동조합이 없는 경우에는 근로자의 과반수를 대표하는 자를 말한다.

:: 산업안전보건법에서 정의한 용어

- 산업재해란 근로자가 업무에 관계되는 건설물 · 설비 · 원재료 · 가스 · 증기 · 분진 등에 의하거나 작업 또는 그 밖의 업무로 인하여 사망 또는 부상하거나 질병에 걸리는 것을 말한다.
- 사업주란 근로자를 사용하여 사업을 하는 자를 말한다.
- 근로자대표란 근로자의 과반수로 조직된 노동조합이 있는 경우에는 그 노동조합을, 근로자의 과반수로 조직된 노동조합이 없는 경우에는 근로자의 과반수를 대표하는 자를 말한다.
- 작업환경측정이란 작업환경 실태를 파악하기 위하여 해당 근로자 또는 작업장에 대하여 사업주가 측정계획을 수립한 후 시료(試料)를 채취하고 분석 · 평가하는 것을 말한다.
- 안전 · 보건진단이란 산업재해를 예방하기 위하여 잠재적 위험성을 발견하고 그 개선대책을 수립할 목적으로 고용노동부장관이 지정하는 자가 하는 조사 · 평가를 말한다.

정답 | 07 ④ 08 ②

0404 / 1202

## 09 Repetitive Learning (1회 2회 3회)

안전관리의 수준을 평가하는데 사고가 일어나는 시점을 전후하여 평가를 한다. 다음 중 사고가 일어나기 전의 수준을 평가하는 사전 평가활동에 해당하는 것은?

① 재해율 통계
② 안전활동률 관리
③ 재해손실 비용 산정
④ Safe-T-Score 산정

**해설**

- 사고가 일어나기 전의 안전관리 수준을 평가하는 것은 안전활동률이다.

안전활동률 실필 1601/1101

- 안전관리 활동의 결과를 정량적으로 표시하는 것이다.
- 사고가 일어나기 전의 안전관리 수준을 평가하는 사전 평가에 해당한다.
- 안전활동건수에는 안전개선 권고수, 불안전한 행동 적발수, 안전화의 건수, 안전홍보건수 등이 포함된다.
- 안전활동률은 $\frac{\text{안전활동건수}}{\text{총근로시간}} \times 10^6$으로 구한다.

0802

## 10 Repetitive Learning (1회 2회 3회)

하인리히(H. W. Heinrich)의 사고발생 연쇄성이론에서 "직접원인"은 아담스(E. Adams)의 사고발생 연쇄성이론의 무엇과 일치하는가?

① 작전적 에러
② 전술적 에러
③ 유전적 요소
④ 사회적 환경

**해설**

- 하인리히 사고연쇄반응 이론에서 직접원인은 3단계 불안전한 행동과 상태를 의미한다. 그에 해당하는 아담스의 이론은 전술적 에러이다.

하인리히의 사고연쇄반응 이론과 아담스의 사고연쇄반응 이론의 비교

| | 1단계 | 2단계 | 3단계 | 4단계 | 5단계 |
|---|---|---|---|---|---|
| 하인리히 | 사회적환경과 유전적요소 | 개인적 결함 | 불안전한 행동과 상태 | 사고 | 재해 |
| 아담스 | 관리구조 | 작전적 에러 | 전술적 에러 | 사고 | 상해 |

1902

## 11 Repetitive Learning (1회 2회 3회)

다음 중 시설물의 안전관리에 관한 특별법령상 제시된 등급별 정기점검의 실시 시기로 틀린 것은?

① A등급인 경우 반기에 1회 이상이다.
② B등급인 경우 반기에 1회 이상이다.
③ C등급인 경우 1년에 3회 이상이다.
④ D등급인 경우 1년에 3회 이상이다.

**해설**

- C등급인 경우 정기안전점검은 반기에 1회 이상이다.

안전점검, 정밀안전진단 및 성능평가의 실시 시기

| 안전등급 | 정기안전점검 | 정밀안전점검 | | 정밀안전진단 | 성능평가 |
|---|---|---|---|---|---|
| | | 건축물 | 건축물 외 시설물 | | |
| A등급 | 반기에 1회 이상 | 4년에 1회 이상 | 3년에 1회 이상 | 6년에 1회 이상 | 5년에 1회 이상 |
| B·C 등급 | | 3년에 1회 이상 | 2년에 1회 이상 | 5년에 1회 이상 | |
| D·E 등급 | 1년에 3회 이상 | 2년에 1회 이상 | 1년에 1회 이상 | 4년에 1회 이상 | |

## 12 Repetitive Learning (1회 2회 3회)

다음 중 안전관리조직의 구비조건으로 가장 적합하지 않은 것은?

① 생산라인이나 현장과는 엄격히 분리된 조직이어야 한다.
② 회사의 특성과 규모에 부합되게 조직되어야 한다.
③ 조직을 구성하는 관리자의 책임과 권한이 분명해야 한다.
④ 조직의 기능을 충분히 발휘할 수 있도록 제도적 체계가 갖추어져야 한다.

**해설**

- 생산라인이나 현장과 분리시키는 것은 참모식 안전조직의 특성에 해당하는 것으로 소규모 작업장에서는 경제적으로 비효율적이어서 사용하기 힘들다. 회사의 특성이나 규모에 맞게 안전관리 조직이 구성되어야 한다.

안전조직 구성 시 고려사항

- 회사의 특성과 규모에 부합된 조직으로 설계한다.
- 조직을 구성하는 관리자의 권한과 책임을 명확히 한다.
- 조직의 기능을 충분히 발휘할 수 있도록 제도적 체계가 갖추어져야 한다.



09 ② 10 ② 11 ③ 12 ① 정답

## 13 Repetitive Learning 1회 2회 3회

다음 중 산업현장에서 산업재해가 발생하였을 때의 조치사항을 가장 올바른 순서대로 나열한 것은?

| | |
|---|---|
| ㉠ 현장보존 | ㉡ 피해자의 구조 |
| ㉢ 2차 재해방지 | ㉣ 피재기계의 정지 |
| ㉤ 관계자에게 통보 | ㉥ 피해자의 응급조치 |

① ㉡ → ㉢ → ㉤ → ㉣ → ㉥ → ㉠
② ㉣ → ㉡ → ㉥ → ㉤ → ㉢ → ㉠
③ ㉣ → ㉤ → ㉢ → ㉡ → ㉥ → ㉠
④ ㉤ → ㉢ → ㉣ → ㉡ → ㉥ → ㉠

**해설**

- 일단 재해와 관련된 기계부터 정지시킨 후 재해자 구호에 들어가야 한다. 그렇지 않으면 구조를 위한 인원도 재해에 휘말릴 수 있다.

**재해발생 시 조치사항**

- 재해발생 시 모든 사항에 우선하여 재해자에 대한 응급조치를 취해야 한다.
- 긴급조치 → 재해조사 → 원인분석 → 대책수립의 순을 따른다.
- 긴급조치 과정은 재해발생 기계의 정지 → 재해자의 구조 및 응급조치 → 상급 부서의 보고 → 2차 재해의 방지 → 현장 보존 순으로 진행한다.

2201

## 14 Repetitive Learning 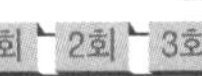

위험예지훈련 진행방법 중 "대책수립"은 몇 라운드에 해당되는가?

① 제1라운드 ② 제2라운드
③ 제3라운드 ④ 제4라운드

**해설**

- 각자의 입장에서 발견된 위험요인을 극복하기 위한 방법을 이야기하는 대책수립단계는 위험예지훈련 4Round 중 3Round에 해당한다.

**위험예시훈련 기초 4Round 기법**

| | | |
|---|---|---|
| 1Round | 현상파악<br>(사실의 파악단계) | 전원이 토의를 통하여 위험요인을 발견하는 단계 |
| 2Round | 본질추구<br>(원인탐색 단계) | 위험의 포인트를 결정하여 전원이 지적 확인을 하는 단계 |
| 3Round | 대책수립<br>(대책수립 단계) | 발견된 위험요인을 극복하기 위한 방법을 제시하는 단계 |
| 4Round | 목표설정<br>(행동계획 결정단계) | 나온 대책들을 공감하고 팀의 행동목표를 설정하고 지적 확인하는 단계 |

1202

## 15 Repetitive Learning 1회 2회 3회

다음 중 재해방지를 위한 대책선정 시 안전대책에 해당하지 않는 것은?

① 경제적 대책 ② 기술적 대책
③ 교육적 대책 ④ 관리적 대책

**해설**

- 재해방지를 위한 대책선정 시 안전대책은 교육적 대책, 기술적 대책, 관리적 대책으로 분류된다.

**하베이(Harvey)의 3E** 실필 1804/0902

㉠ 개요

- 재해예방의 4원칙 중 대책선정의 원칙과 관련된다.
- 재해예방의 5단계 중 제5단계 시정책의 적용에 해당한다.

㉡ 구성

| | |
|---|---|
| 교육(Education)적 대책 | 안전교육 및 훈련 대책 |
| 기술(Engineering)적 대책 | 시설 장비 및 기준의 개선 대책, 안전기준, 안전설계, 작업행정 및 환경설비의 개선 등 |
| 관리(Enforcement)적 대책 | 안전 감독의 철저, 적합한 기준 설정, 규정 및 수칙의 준수, 기준 이해, 경영자 및 관리자의 솔선 수범, 동기부여와 사기향상 |

0904

## 16 Repetitive Learning 1회 2회 3회

다음 중 안전보건관리규정의 작성 시 유의사항으로 틀린 것은?

① 규정된 기준은 법정기준을 상회하여서는 안 된다.
② 관리자의 직무와 권한에 대한 부분은 명확하게 한다.
③ 작성 또는 개정 시 현장의 의견을 충분히 반영시킨다.
④ 정상 및 이상 시의 사고발생에 대한 조치사항을 포함시킨다.

**해설**

- 안전보건관리규정에서 규정된 안전기준은 법정기준을 상회하도록 작성해야 한다.

**안전보건관리규정의 작성 시 유의사항**

- 안전보건관리규정은 해당 사업장에 적용되는 단체협약 및 취업규칙에 반할 수 없다.
- 안전보건관리규정에서 규정된 안전기준은 법정기준을 상회하도록 작성해야 한다.
- 관리자의 직무와 권한에 대한 부분은 명확하게 한다.
- 작성 또는 개정 시 현장의 의견을 충분히 반영시킨다.
- 정상 및 이상 시의 사고발생에 대한 조치사항을 포함시킨다.

정답 | 13 ② 14 ③ 15 ① 16 ①

1001

## 17 Repetitive Learning (1회 2회 3회)

재해의 발생 원인을 기술적 원인, 관리적 원인, 교육적 원인으로 구분할 때 다음 중 기술적 원인과 가장 거리가 먼 것은?

① 생산공정의 부적절
② 구조 재료의 부적합
③ 안전장치의 기능 제거
④ 건설, 설비의 설계 불량

**해설**

• 안전장치의 기능 제거는 교육적 원인에 해당한다.

**재해발생의 간접원인**

• 2차원인(기술적, 교육적, 신체적, 정신적 원인)과 기초원인(관리상의 원인과 학교 교육적 원인, 사회적 또는 역사적 원인)으로 구분된다.

| 구분 | 원인 | 내용 |
|---|---|---|
| 2차 원인 | 기술적 원인 | • 건물, 기계장치 설계 불량<br>• 점검, 정비, 보존 불량<br>• 구조 재료의 부적합<br>• 생산공정의 부적절 |
| | 교육적 원인 | • 안전수칙의 오해<br>• 경험훈련의 미숙<br>• 안전지식의 부족<br>• 작업방법 및 유해위험 작업의 교육 불충분 |
| | 신체적 원인 | • 피로<br>• 시력 및 청각 기능 이상<br>• 근육운동의 부적당<br>• 육체적 한계 |
| | 정신적 원인 | • 안전의식의 부족<br>• 주의력 및 판단력 부족<br>• 잘못된 판단<br>• 방심 |
| 기초 원인 | 작업관리상의 원인 | • 작업지시의 부적당<br>• 안전관리 조직의 결함<br>• 안전수칙의 미제정<br>• 작업준비의 불충분<br>• 인원배치의 부적당 |
| | 학교 교육적 원인 | • 재해의 근본 원인 |
| | 사회적 또는 역사적 원인 | |

1901

## 18 Repetitive Learning (1회 2회 3회)

다음 중 산업안전보건법령상 안전인증대상의 안전화 종류에 해당하지 않는 것은?

① 경화안전화 ② 발등안전화
③ 정전기안전화 ④ 화학물질용안전화

**해설**

• 산업안전보건법령상 안전인증대상의 안전화 종류에는 가죽제안전화, 고무제안전화, 정전기안전화, 발등안전화, 절연화, 절연장화, 화학물질용안전화 등이 있다.

**안전화의 종류**

| 종류 | 성능구분 |
|---|---|
| 가죽제안전화 | 물체의 낙하, 충격 또는 날카로운 물체에 의한 찔림 위험으로부터 발을 보호하기 위한 것 |
| 고무제안전화 | 물체의 낙하, 충격 또는 날카로운 물체에 의한 찔림 위험으로부터 발을 보호하고 내수성을 겸한 것 |
| 정전기안전화 | 물체의 낙하, 충격 또는 날카로운 물체에 의한 찔림 위험으로부터 발을 보호하고 정전기의 인체대전을 방지하기 위한 것 |
| 발등안전화 | 물체의 낙하, 충격 또는 날카로운 물체에 의한 찔림 위험으로부터 발 및 발등을 보호하기 위한 것 |
| 절연화 | 물체의 낙하, 충격 또는 날카로운 물체에 의한 찔림 위험으로부터 발을 보호하고 저압의 전기에 의한 감전을 방지하기 위한 것 |
| 절연장화 | 고압에 의한 감전을 방지 및 방수를 겸한 것 |
| 화학물질용 안전화 | 물체의 낙하, 충격 또는 날카로운 물체에 의한 찔림 위험으로부터 발을 보호하고 화학물질로부터 유해위험을 방지하기 위한 것 |

0604

## 19 Repetitive Learning (1회 2회 3회)

재해코스트 계산방식에 있어 시몬즈법을 사용할 경우 비보험코스트의 항목으로 틀린 사항은?(단, A, B, C, D는 장애 정도별 비보험코스트의 평균치를 의미한다)

① A × 휴업상해건수
② B × 통원상해건수
③ C × 응급조치건수
④ D × 중상해건수

**해설**

• D와 곱해지는 것은 무상해사고건수이다.



17 ③ 18 ① 19 ④ 정답

:: 시몬즈(Simonds)의 재해코스트

㉠ 개요

• 총 재해비용을 보험비용과 비보험비용으로 구분한다.
• 총 재해코스트 = 보험비용 + 비보험비용 = [보험코스트 + (A × 휴업상해건수) + (B × 통원상해건수) + (C × 응급조치건수) + (D × 무상해사고건수)], 이때 A, B, C, D는 재해의 비보험코스트 평균치이다.
• 사망과 영구 전노동불능 상해의 경우는 비보험코스트에 포함시키지 않고 별도 산정한다.

㉡ 비보험코스트 내역

• 소송관계 비용
• 신규작업자에 대한 교육훈련비
• 부상자의 직장 복귀 후 생산 감소로 인한 임금비용
• 재해로 인한 작업중지 임금손실
• 재해로 인한 시간 외 근무 가산임금손실 등

0404 / 0504 / 0604 / 0804

## 20

Repetitive Learning 1회 2회 3회

다음과 같은 재해의 원인분석을 올바르게 나열한 것은?

| 근로자가 운반 작업을 하던 도중에 2층 계단에서 미끄러져 계단을 굴러떨어져 바닥에 머리를 다쳤다. |
|---|

① 가해물 : 계단, 기인물 : 바닥, 재해형태 : 추락
② 가해물 : 바닥, 기인물 : 계단, 재해형태 : 낙하
③ 가해물 : 짐, 기인물 : 계단, 재해형태 : 비래
④ 가해물 : 바닥, 기인물 : 계단, 재해형태 : 전도·전락

해설

• 인체에 직접 충돌한 것은 바닥이므로 바닥이 가해물이다.
• 계단에 제대로 된 안전장치가 마련되지 않아 미끄러진 것으로 불안전한 상태에 해당한다. 기인물은 계단이다.
• 재해의 형태는 계단에서 굴러떨어졌으므로 전도·전락에 해당한다.

:: 산업재해의 분석 실필 1901/1702/1501/1404

| 기인물 | 재해의 원인이 되는 것으로 주로 불안전한 상태와 관련된다. |
|---|---|
| 가해물 | 사람에 직접 충돌하거나 또는 접촉에 의해서 위해(危害)를 준 물건을 말한다. |
| 사고유형 | 재해의 발생형태를 말한다. |

# 2과목 산업심리 및 교육

0304 / 0501 / 0701 / 1201

## 21

Repetitive Learning 1회 2회 3회

부주의 현상 중 심신이 피로하거나 단조로운 작업을 반복할 경우 나타나는 의식수준의 저하현상은 의식수준의 어느 단계에서 발생하는가?

① Phase Ⅰ 이하
② Phase Ⅱ
③ Phase Ⅲ
④ Phase Ⅳ 이상

해설

• Phase Ⅱ는 생리적 상태가 안정을 취하거나 휴식할 때에 해당한다.
• Phase Ⅲ은 정상적인 상태로 신뢰성이 가장 높은 상태의 의식수준에 해당한다.
• Phase Ⅳ는 돌발사태의 발생으로 인하여 주의의 일점 집중 현상이 발생한 단계이다.

:: 인간의 의식레벨

| 단계 | 의식수준 | 설명 |
|---|---|---|
| Phase 0 | 무의식, 실신상태 | 무의식 동작에는 외계의 능력에 대응하는 능력이 어느 정도는 있다. |
| Phase Ⅰ | 이상, 피로 및 단조로움 | 심신이 피로하거나 단조로운 작업을 반복할 경우 나타나는 의식수준의 저하현상이 발생 |
| Phase Ⅱ | 정상, 이완상태 | 생리적 상태가 안정을 취하거나 휴식할 때에 해당 |
| Phase Ⅲ | 정상, 명쾌 | • 중요하거나 위험한 작업을 안전하게 수행하기에 적합<br>• 신뢰성이 가장 높은 상태의 의식수준 |
| Phase Ⅳ | 과긴장 | 돌발사태의 발생으로 인하여 주의의 일점 집중 현상이 일어나는 경우 인간의 의식수준 |

1002 / 1704

## 22

Repetitive Learning 1회 2회 3회

새로운 자료나 교재를 제시하고 문제점을 피교육자로 하여금 제기하게 하거나 그것에 관한 피교육자의 의견을 여러 가지 방법으로 발표하게 하고, 청중과 토론자 간에 활발한 의견 개진과 충돌로 바람직한 합의를 도출해내는 교육 실시방법은?

① 포럼(Forum)
② 심포지엄(Symposium)
③ 패널 디스커션(Panel discussion)
④ 자유 토의법(Free discussion method)

정답 20 ④ 21 ① 22 ①

해설

• 토의식은 심포지엄(Symposium), 패널 디스커션(Panel discussion), 롤 플레잉(Role playing), 버즈세션(Buzz session), 포럼(Forum) 등이 있다.
• 심포지엄(Symposium)은 몇 사람의 전문가에 의하여 과제에 관한 견해를 발표한 뒤에 참가자로 하여금 의견이나 질문을 하게 하여 토의하는 방법이다.
• 패널 디스커션(Panel discussion)은 참가자 앞에서 소수의 전문가들이 과제에 관한 견해를 발표하고 토론한 뒤 참가자 전원이 참가하여 사회자의 사회에 따라 토의하는 방법이다.

∷ 토의법의 종류

| | |
|---|---|
| 포럼(Forum) | 새로운 자료나 교재를 제시하고 문제점을 피교육자로 하여금 제기하게 하거나 그것에 관한 피교육자의 의견을 여러 가지 방법으로 발표하게 하고, 청중과 토론자 간에 활발한 의견 개진과 충돌로 바람직한 합의를 도출해내는 교육 실시방법 |
| 패널 디스커션<br>(Panel discussion) | 참가자 앞에서 소수의 전문가들이 과제에 관한 견해를 발표하고 토론한 뒤 참가자 전원이 참가하여 사회자의 사회에 따라 토의하는 방법 |
| 심포지엄<br>(Symposium) | 몇 사람의 전문가에 의하여 과제에 관한 견해를 발표한 뒤에 참가자로 하여금 의견이나 질문을 하게 하여 토의하는 방법 |
| 롤 플레잉<br>(Role playing) | 집단 심리요법의 하나로서 자기 해방과 타인 체험을 목적으로 하는 체험활동을 통해 대인관계에 있어서의 태도변용이나 통찰력, 자기이해를 목표로 개발된 교육방법 |
| 버즈세션<br>(Buzz session) | 6-6 회의라고도 하며, 6명씩 소집단으로 구분하고, 집단별로 각각의 사회자를 선발하여 6분간씩 자유토의를 행하여 의견을 종합하는 방법 |

0801

## 23 Repetitive Learning (1회 2회 3회)

매슬로우(Maslow)의 욕구이론에 관한 설명으로 틀린 것은?

① 행동은 충족되지 않은 욕구에 의해 결정되고 좌우된다.
② 기본적 욕구는 환경적 또는 후천적인 성질을 지닌다.
③ 개인의 가장 기본적인 욕구로부터 시작하여 위계상 상위 욕구로 올라가면서 자신의 욕구를 체계적으로 충족시킨다.
④ 위계(位階)에서 생존을 위해 기본이 되는 욕구들이 우선적으로 충족되어야 한다.

해설

• 기본적 욕구는 인간이 가지는 기본적인 본능으로 선천적 성질을 지닌다.

∷ 매슬로우(Maslow)의 욕구위계(욕구이론)

㉠ 개요
• 생리적 욕구 – 안전의 욕구 – 사회적 욕구 – 인정받으려는 욕구 – 자아실현의 욕구 순으로 발생한다.
• 행동은 충족되지 않은 욕구에 의해 결정되고 좌우된다.
• 개인의 가장 기본적인 욕구로부터 시작하여 위계상 상위 욕구로 올라가면서 자신의 욕구를 체계적으로 충족시킨다.
• 위계(位階)에서 생존을 위해 기본이 되는 욕구들이 우선적으로 충족되어야 한다. 즉, 하위 단계의 욕구가 충족되어야 더 높은 단계의 욕구가 발생한다.

㉡ 위계의 내용 실필 0901

| 단계별 | 욕구의 명칭 | 설명 | 관리감독자의 능력 |
|---|---|---|---|
| 1단계 | 생리적 욕구 | 인간의 가장 기초적인 욕구에 해당한다. | – |
| 2단계 | 안전의 욕구 | 생존에 대한 욕구에 해당한다. | 기술적 능력 |
| 3단계 | 사회적 욕구 | 가족, 친구 등 애정과 소속에 대한 욕구에 해당한다. | – |
| 4단계 | 인정받으려는 욕구<br>(존경과 긍지에 대한 욕구) | 명예, 신망, 위신, 지위 등과 관계가 깊다. | 포괄적 능력 |
| 5단계 | 자아실현의 욕구 | 가장 고차원적인 욕구에 해당한다. | 종합적 능력 |

## 24 Repetitive Learning (1회 2회 3회)

다음 중 안전태도교육의 내용 및 목표와 가장 거리가 먼 것은?

① 표준 작업 방법의 습관화
② 보호구 취급과 관리자세 확립
③ 방호장치 관리기능 습득
④ 안전에 대한 가치관 형성

해설

• 안전장치(방호장치) 관리기능에 관한 교육은 안전기능교육의 내용이다.



23 ② 24 ③ 정답

:: 안전태도교육(안전교육의 제3단계)

㉠ 개요

- 생활지도, 작업동작지도 등을 통한 안전의 습관화를 위한 교육이다.
- 안전한 작업방법을 알고는 있으나 시행하지 않는 사람에게 직장규율, 안전규율 등을 몸에 익히게 하는 교육이다.
- 안전작업에 대한 몸가짐에 관하여 교육하며 면접이 태도교육에 가장 적합한 교육방법이다.
- 보호구 취급과 관리자세의 확립, 안전에 대한 가치관을 형성하는 교육이다.

㉡ 태도교육 4단계

- 청취한다.(Hearing)
- 이해 및 납득시킨다.(Understand)
- 모범을 보인다.(Example)
- 평가하고 권장한다.(Evaluation)

## 25

Repetitive Learning (1회 2회 3회)

Off-JT(Off the Job Training)와 비교하여 OJT(On the Job Training)의 장점이 아닌 것은?

① 직장의 실정에 맞는 구체적이고 실제적인 지도 교육이 가능하다.

② 동기부여가 쉽다.

③ 훈련에 필요한 업무의 계속성이 끊어지지 않는다.

④ 다수를 대상으로 일괄적으로, 조직적으로 교육할 수 있다.

해설

- ④는 Off J.T의 장점에 해당한다.

:: O.J.T(On the Job Training) 교육 실필 1701

㉠ 개요

- 사업장 내에서 직장 상사가 강사가 되어 실시하는 교육이다.
- 일상 업무를 통해 지식과 기능, 문제해결능력을 향상시키는 데 주목적을 갖는다.
- 가장 중요한 역할을 담당하는 이는 일선현장의 감독자이다.

㉡ 형태

- 코칭
- 직무순환
- 멘토링
- 도제식 교육
- 현장 직무교육

㉢ 특징

| 구분 | 내용 |
|---|---|
| 장점 | • 동기부여가 쉽다.<br>• 개개인에게 적절한 지도훈련이 가능하다.<br>• 직장의 실정에 맞게 실제적 훈련이 가능하다.<br>• 교육을 통한 훈련효과에 의해 상호 신뢰 및 이해도가 높아진다.<br>• 대상자의 개인별 능력에 따라 훈련의 진도를 조정하기가 쉽다.<br>• 교육효과가 업무에 신속히 반영된다.<br>• 훈련에 필요한 업무의 계속성이 끊어지지 않는다. |
| 단점 | • 전문적인 강사가 아니어서 교육이 원만하지 않을 수 있다.<br>• 다수의 대상을 한 번에 통일적인 내용 및 수준으로 교육시킬 수 없다.<br>• 전문적인 고도의 지식 및 기능을 교육하기 힘들다.<br>• 업무와 교육이 병행되는 관계로 훈련에만 전념할 수 없다. |

1004 / 2201

## 26

Repetitive Learning (1회 2회 3회)

다음은 무엇에 관한 설명인가?

> 다른 사람으로부터의 판단이나 행동을 무비판적으로 받아들이는 것

① 모방(Imitation)

② 암시(Suggestion)

③ 투사(Projection)

④ 동일화(Identification)

해설

- 모방이란 남의 행동이나 판단을 표본으로 하여 그것과 같거나 또는 그것에 가까운 행동 또는 판단을 취하려는 것을 말한다.
- 투사란 자신의 불만을 해소하기 위해 남에게 뒤집어 씌우는 행위를 말한다.
- 동일화는 다른 사람의 행동 양식이나 태도를 자기에게 투입하거나 그와 반대로 다른 사람 가운데서 자기의 행동 양식이나 태도와 비슷한 것을 발견하는 것을 말한다.

:: 암시(Suggestion)

- 다른 사람으로부터의 판단이나 행동을 무비판적으로 받아들이는 것을 말한다.

정답 | 25 ④ 26 ②

0904

## 27

Repetitive Learning (1회 2회 3회)

다음 중 교육훈련의 전이 타당도를 높이기 위한 방법과 가장 거리가 먼 것은?

① 훈련상황과 직무상황 간의 유사성을 최소화한다.
② 훈련내용과 직무내용 간에 튼튼한 고리를 만든다.
③ 피훈련자들이 배운 원리를 완전히 이해할 수 있도록 해 준다.
④ 피훈련자들이 훈련에서 배운 기술, 과제 등을 가능한 풍부하게 경험할 수 있도록 해 준다.

해설

- 전이 타당도를 향상시키기 위해서는 훈련상황과 직무상황의 유사성을 최대화시켜야 한다.

교육프로그램의 타당도

㉠ 개요
- 교육프로그램의 타당도를 평가하는 항목에는 전이, 교육, 조직 내, 조직 간 타당도 등이 있다.

㉡ 전이 타당도
- 어떤 교육프로그램의 타당도가 교육에 의해 종업원들의 직무수행이 어느 정도나 향상되었는지를 나타내는 것을 말한다.
- 전이 타당도를 향상시키기 위해서는 훈련상황과 직무상황의 유사성을 최대화시켜야 하며, 내용 간의 튼튼한 고리를 만들어야 한다. 아울러 훈련생들이 원리를 완전히 이해할 수 있도록 해야 하며, 훈련에서 배운 기술, 과제 등을 가능한 풍부하게 경험할 수 있도록 해야 한다.

1004

## 28

Repetitive Learning (1회 2회 3회)

다음 중 직무기술서(Job description)에 포함되어야 하는 내용과 가장 거리가 먼 것은?

① 직무의 직종　② 수행되는 과업
③ 직무수행 방법　④ 작업자에게 요구되는 능력

해설

- 작업자에게 요구되는 능력은 직무명세서에 포함되어야 할 내용이다.

직무기술서

- 특정 직무에 관한 과업, 임무, 책임과 같은 내용을 정리한 문서를 말한다.
- 하나의 직무에 여러 개의 직무기술서가 있을 수 있다.
- 직무의 명칭, 부서, 근무위치, 보고채널, 직무의 내용과 직종, 직무수행 방법, 과업의 종류, 사용하는 설비 및 도구, 기계 등, 직무대상 등을 기술한다.

## 29

Repetitive Learning (1회 2회 3회)

다음 중 안전교육의 기본방향과 가장 거리가 먼 것은?

① 사고 사례 중심의 안전교육
② 안전작업(표준작업)을 위한 안전교육
③ 안전의식 향상을 위한 안전교육
④ 작업량 향상을 위한 안전교육

해설

- 안전교육은 작업량 향상과 거리가 멀다.

안전교육

㉠ 목표
- 작업에 의한 안전행동의 습관화

㉡ 기본방향
- 사고 사례 중심의 안전교육
- 안전작업(표준작업)을 위한 안전교육
- 안전의식 향상을 위한 안전교육

## 30

Repetitive Learning (1회 2회 3회)

다음 중 생체리듬(Biorhythm)의 종류에 해당하지 않는 것은?

① 지적 리듬　② 신체 리듬
③ 감성 리듬　④ 신경 리듬

해설

- 생체리듬의 종류에는 육체적(Physical) 리듬, 지성적(Intellectual) 리듬, 감성적(Sensitivity) 리듬이 있다.

생체리듬(Biorhythm)

㉠ 개요
- 사람의 체온, 혈압, 맥박수, 혈액, 수분, 염분량 등이 시간에 따라 또는 주야에 따라 일정한 형식으로 변화하는 것을 말한다.
- 생체리듬의 종류에는 육체적(Physical) 리듬, 지성적(Intellectual) 리듬, 감성적(Sensitivity) 리듬이 있다.

㉡ 특징
- 생체리듬에서 중요한 점은 낮에는 신체활동이 유리하며, 밤에는 휴식이 더욱 효율적이라는 것이다.
- 체온·혈압·맥박수는 주간에는 상승, 야간에는 저하된다.
- 혈액의 수분과 염분량은 주간에는 감소, 야간에는 증가한다.
- 체중은 주간작업보다 야간작업일 때 더 많이 감소하고, 피로의 자각증상은 주간보다 야간에 더 많이 증가한다.
- 몸이 흥분한 상태일 때는 교감신경이 우세하고 수면을 취하거나 휴식을 할 때는 부교감신경이 우세하다.



27 ① 28 ④ 29 ④ 30 ④ 정답

0502 / 1101

## 31

Repetitive Learning (1회 2회 3회)

다음 중 목표설정이론에서 밝혀진 효과적인 목표의 특징과 가장 거리가 먼 것은?

① 목표는 측정 가능해야 한다.
② 목표는 구체적이어야 한다.
③ 목표는 이상적이어야 한다.
④ 목표는 그 달성에 필요한 시간의 제한을 명시해야 한다.

해설

- 목표설정이론에서 목표는 구체적이고, 측정 가능해야 하며, 어려운 목표로 주는 것이 좋으며, 목표설정과정에서 종업원의 참여가 중요하다.

∷ 목표설정이론(Goal-setting theory)

㉠ 개요
- 에드윈 로크(E.A.Locke)가 주장한 동기부여이론이다.
- 기대이론의 가정을 인지적 쾌락주의라고 비판하면서 인간 행동은 가치와 의도에 의해 결정된다고 주장하였다.
- 목표설정이 집중과 활동을 유발시키고 노력을 유도하며, 인내력과 목표달성을 위한 전략의 개발을 고무시킨다는 이론이다.

㉡ 특징
- 목표는 구체적이고, 측정 가능해야 하며, 어려운 목표로 주는 것이 좋으며, 목표설정과정에서 종업원의 참여가 중요하다.
- 피드백은 스스로 하는 것이 좋으며, 달성에 필요한 시간의 제한을 분명히 하고, 목표달성에 대한 적절한 보상이 주어져야 한다.
- 단순 직무에 적합하다.

0901

## 32

Repetitive Learning (1회 2회 3회)

다음 중 인간의 사회행동에 대한 기본형태와 가장 거리가 먼 것은?

① 도피 ② 협력
③ 대립 ④ 습관

해설

- 사회행동의 기본형태에는 도피, 협력, 대립, 융합 등이 있다.

∷ 인간의 사회행동의 기본형태
- 도피 : 정신병, 자살, 고립
- 협력 : 조력, 분업
- 대립 : 공격, 경쟁
- 융합 : 강제, 타협, 통합

1902

## 33

Repetitive Learning (1회 2회 3회)

리더의 기능수행과 리더로서의 지위 획득 및 유지가 리더 개인의 성격이나 자질에 의존한다는 리더십 이론은?

① 행동이론 ② 상황이론
③ 특성이론 ④ 관리이론

해설

- 특질접근법 혹은 특성이론은 성공적인 리더가 가지는 특성을 연구하는 이론으로 성공적인 리더는 그렇지 않은 리더와는 확연히 다른 신체적, 성격적, 능력적 차이를 가진다는 이론이다.

∷ 특성이론
- 성공적인 리더는 그렇지 않은 리더와는 확연히 다른 신체적, 성격적, 능력적 차이를 가진다는 이론이다.
- 리더의 기능수행과 리더로서의 지위 획득 및 유지가 리더 개인의 성격이나 자질에 의존한다는 리더십 이론이다.

1204

## 34

Repetitive Learning (1회 2회 3회)

소시오메트리(Sociometry)에 관한 설명으로 옳은 것은?

① 구성원 상호 간의 선호도를 기초로 집단 내부의 동태적 상호관계를 분석하는 기법이다.
② 구성원들이 서로에게 매력적으로 끌리어 목표를 효율적으로 달성하는 정도를 도식화한 것이다.
③ 리더십을 인간 중심과 과업 중심으로 나누어 이를 계량화하고, 리더의 행동경향을 표현, 분류하는 기법이다.
④ 리더의 유형을 분류하는 데 있어 리더들이 자기가 싫어하는 동료에 대한 평가를 점수로 환산하여 비교, 분석하는 기법이다.

해설

- ②는 소시오그램에 대한 설명이다.
- ③과 ④는 상황리더십(Situational Leadership) 이론에 대한 설명이다.

∷ 집단역학에서 소시오메트리(Sociometry)
- 구성원 상호 간의 선호도를 기초로 집단 내부의 동태적 상호관계를 분석하는 기법이다.
- 소시오메트리 연구조사에서 수집된 자료들은 소시오그램과 소시오메트릭스 등으로 분석한다.
- 소시오그램은 집단 내의 하위 집단들과 내부의 세부집단과 비세력집단을 구분할 수 있고 집단의 실질적인 리더를 발견할 수 있다.
- 소시오메트릭스는 소시오그램에서 나타나는 집단 구성원들 간의 관계를 수치에 의하여 계량적으로 분석할 수 있다.

정답 | 31 ③ 32 ④ 33 ③ 34 ①

0301 / 1001 / 1204 / 1802 / 2102

## 35

Repetitive Learning 1회 2회 3회

스트레스(Stress)에 영향을 주는 요인 중 환경이나 외적요인에 해당하는 것은?

① 자존심의 손상
② 현실에의 부적응
③ 도전의 좌절과 자만심의 상충
④ 직장에서의 대인관계 갈등과 대립

해설

• ①, ②, ③은 모두 스트레스 요인 중 내적인 요인에 해당한다.

스트레스의 요인

| 내적요인 | 외적요인 |
|---|---|
| • 자존심의 손상<br>• 도전의 좌절과 자만심의 상충<br>• 현실에서의 부적응<br>• 지나친 경쟁심과 출세욕 | • 직장에서의 대인관계 갈등과 대립<br>• 죽음, 질병<br>• 경제적 어려움 |

0804

## 36

Repetitive Learning 1회 2회 3회

집단이 가지는 효과로 두 개 이상의 서로 다른 개체가 힘을 합쳐 둘이 지닌 힘 이상의 효과를 내는 현상은?

① 응집성 효과
② 시너지 효과
③ 자생적 효과
④ 동조 효과

해설

• 집단의 효과에는 동조 효과, 시너지 효과, 견물 효과 등이 있다.
• 동조 효과는 집단의 압력에 의해 다수의 의견을 따르게 되는 현상을 말한다.

집단의 효과

• 동조 효과 – 집단의 압력에 의해 다수의 의견을 따르게 되는 현상
• 시너지 효과 – 두 개 이상의 서로 다른 개체가 힘을 합쳐 둘이 지닌 힘 이상의 효과를 내는 현상
• 견물(見物) 효과 – 개인보다 집단을 더 자랑스럽게 생각하는 현상

1102 / 1902

## 37

Repetitive Learning 1회 2회 3회

심리검사 종류에 관한 설명으로 옳은 것은?

① 기계적성 검사 : 기계를 다루는 데 있어 예민성, 색채 시각, 청각적 예민성을 측정한다.
② 성격 검사 : 인지능력이 직무수행을 얼마나 예측하는지 측정한다.
③ 지능 검사 : 제시된 진술문에 대하여 어느 정도 동의하는지에 관해 응답하고, 이를 척도점수로 측정한다.
④ 신체능력 검사 : 근력, 순발력, 전반적인 신체 조정능력, 체력 등을 측정한다.

해설

• 기계적성 검사는 기계적 원리를 얼마나 이해하고 있는지, 제조 및 생산 직무에 적합한지를 측정한다.
• ②의 설명은 지능 검사에 대한 설명이다.
• ③의 설명은 성격 검사에 대한 설명이다.

심리검사의 종류

• 기계적성 검사 : 기계적 원리를 얼마나 이해하고 있는지, 제조 및 생산 직무에 적합한지를 측정한다.
• 성격 검사 : 제시된 진술문에 대하여 어느 정도 동의하는지에 관해 응답하고, 이를 척도점수로 측정한다.
• 지능 검사 : 인지능력이 직무수행을 얼마나 예측하는지 측정한다.
• 신체능력 검사 : 근력, 순발력, 전반적인 신체 조정능력, 체력 등을 측정한다.

1001 / 1004

## 38

Repetitive Learning 1회 2회 3회

다음 현상이 생기기 쉬운 조건이 아닌 것은?

> 암실 내에서 정지된 작은 광점을 응시하고 있으면 그 광점이 움직이는 것 같이 여러 방향으로 퍼져나가는 것처럼 보이는 현상

① 광점이 작을 것
② 대상이 단순할 것
③ 광의 강도가 클 것
④ 시야의 다른 부분이 어두울 것

해설

• 자동운동이 생기기 쉬운 조건은 광점이 작은 것, 대상이 단순한 것, 광의 강도가 작은 것, 시야의 다른 부분이 어두운 것 등이다.



35 ④ 36 ② 37 ④ 38 ③ 정답

**:: 자동운동**

- 자동운동은 암실 내의 정지된 소광점을 응시하고 있으면 그 광점이 움직이는 것처럼 보이는 현상으로 어두울 때 생기는 착각현상이다.
- 자동운동이 생기기 쉬운 조건은 광점이 작은 것, 대상이 단순한 것, 광의 강도가 작은 것, 시야의 다른 부분이 어두운 것 등이다.

0404 / 1001

## 39 Repetitive Learning (1회 2회 3회)

다음 중 알고 있는 지식을 심화시키거나 어떠한 자료에 대해 보다 명료한 생각을 갖도록 하기 위하여 실시하는 교육방법으로 가장 적합한 것은?

① Lecture method　　② Discussion method
③ Performance method　　④ Project method

**해설**

- 토의식은 참여자들의 대화를 통해서 교육이 진행되는 방식으로 알고 있는 지식을 심화시키거나 어떠한 자료에 대해 보다 명료한 생각을 갖도록 하기 위하여 실시하는 교육방법으로 적합하다.

**:: 토의식(Discussion method)**

㉠ 개요
- 참여자들의 대화를 통해서 교육이 진행되는 교육방식이다.
- 현장의 관리감독자 교육을 위하여 가장 바람직한 교육방식이다.
- 안전교육의 방법 중 전개단계에서 가장 효과적인 수업방법이다.
- 도입, 제시, 적용, 확인단계 중 적용단계에서 가장 많은 시간이 소요된다.
- 알고 있는 지식을 심화시키거나 어떠한 자료에 대해 보다 명료한 생각을 갖도록 하기 위하여 실시하는 교육방법으로 적합하다.
- 피교육생들의 태도를 변화시키고자 할 때, 인원이 토의에 적정할 때, 피교육생들이 토의 주제를 어느 정도 인지하고 있을 때, 피교육생들 간에 학습능력이 비슷한 수준일 때 유용하다.
- 심포지엄(Symposium), 패널 디스커션(Panel discussion), 롤 플레잉(Role playing), 버즈세션(Buzz session), 포럼(Forum) 등이 있다.

㉡ 특징
- 개방적인 의사소통과 협조적인 분위기 속에서 학습자의 적극적 참여가 가능하다.
- 집단 활동의 기술을 개발하고 민주적 태도를 배울 수 있다.
- 준비와 계획단계뿐만 아니라 진행 과정에서도 많은 시간이 소요된다.

0704 / 1102 / 1901

## 40 Repetitive Learning (1회 2회 3회)

관리감독자 훈련(TWI)에 관한 내용이 아닌 것은?

① Job Synergy　　② Job Method
③ Job Relation　　④ Job Instruction

**해설**

- TWI의 교육내용에는 작업지도기법(Job Instruction), 작업개선기법(Job Methods), 인간관계 관리기법(Job Relations), 안전작업 실시방법(Job Safety) 등이 있다.

**:: TWI(Training Within Industry for supervisor)**

- 주로 관리감독자를 대상으로 인간관계를 개선하고 생산성을 향상시키기 위하여 고안된 훈련방법을 말한다.
- 교육내용에는 작업지도기법(JI : Job Instruction), 작업개선기법(JM : Job Methods), 인간관계 관리기법(JR : Job Relations), 안전작업 실시방법(JS : Job Safety) 등이 있다.
- 부하통솔기법은 JRT(Job Relation Training)와 관련 있다.
- 직장 내 부하 직원에 대하여 가르치는 기술은 JIT(Job Instruction Training)와 관련 있다.

# 3과목 인간공학 및 시스템안전공학

0601 / 0801

## 41 Repetitive Learning (1회 2회 3회)

다음 중 국부적 근육활동의 전기적 활성도를 기록하는 방법은?

① 뇌전도(EEG)　　② 심전도(ECG)
③ 안전도(EOG)　　④ 근전도(EMG)

**해설**

- 뇌전도는 뇌의 전기적 활성도를 전기생리학적으로 측정하는 기술이다.
- 심전도는 정해진 시간에 심장의 전기적 활동을 측정하는 기술로 심장박동의 비율과 일정함을 측정한다.
- 안전도는 안구의 움직임에 대한 전위차를 측정하는 기술이다.

**:: EMG(Electromyography) : 근전도 검사**

- 특정 근육에 걸리는 부하를 근육에 발생한 전기적 활성으로 인한 전류값으로 측정하는 방법을 말한다.
- 인간의 생리적 부담 척도 중 육체작업 즉, 국소적 근육 활동의 척도로 가장 적합한 변수이다.
- 간헐적으로 페달을 조작할 때 다리에 걸리는 부하를 평가하기에 적당한 측정변수이다.

정답 | 39 ② 40 ① 41 ④

1904

## 42 Repetitive Learning 1회 2회 3회

기계 시스템은 영구적으로 사용하며, 조작자는 한 시간마다 스위치만 작동하면 되는데 인간오류확률(HEP)은 0.001이다. 2시간에서 4시간까지 인간－기계 시스템의 신뢰도는 약 얼마인가?

① 91.5[%] ② 96.6[%]
③ 98.7[%] ④ 99.8[%]

**해설**

- HEP가 0.001이므로 신뢰도는 0.999이다.
- 시간당 0.999의 신뢰도를 갖는 시스템에서 2시간 동안의 신뢰도는 $0.999^2 = 0.998001\cdots$이므로 99.8%이다.

∷ 직렬계(直烈系)
- 계(系)의 수명은 요소 중 수명이 가장 짧은 것으로 정해진다.
- 정비나 보수로 인해 시스템의 신뢰도 함수가 가장 크게 영향을 받는 구조이다.

1804

## 43 Repetitive Learning 1회 2회 3회

산업안전보건법령에 따라 유해·위험방지계획서 제출 대상 사업장에 해당하는 1차 금속 제조업의 유해·위험방지계획서에 첨부되어야 하는 서류에 해당하지 않는 것은?(단, 그 밖에 고용노동부장관이 정하는 도면 및 서류는 제외한다)

① 기계·설비의 배치도면
② 건축물 각 층의 평면도
③ 위생시설물 설치 및 관리대책
④ 기계·설비의 개요를 나타내는 서류

**해설**

- 제조업 유해·위험방지계획서의 첨부서류에는 ①, ②, ④ 외에 원재료 및 제품의 취급, 제조 등의 작업방법의 개요 등이 있다.

∷ 유해·위험방지계획서의 제출
- 제출대상 사업장의 규모는 전기 계약용량이 300kW 이상인 사업장이다.
- 건설물·기계·기구 및 설비 등 일체를 설치·이전하거나 그 주요 구조부분을 변경할 때에는 고용노동부장관(한국산업안전보건공단)에게 유해·위험방지계획서를 제출하여야 한다.
- 제조업 유해·위험방지계획서의 제출 시 첨부서류는 건축물 각 층의 평면도, 기계·설비의 개요를 나타내는 서류, 기계·설비의 배치도면, 원재료 및 제품의 취급, 제조 등의 작업방법의 개요 등이다.
- 제조업의 경우는 해당 작업시작 15일 전에 제출한다.
- 건설업의 경우는 공사의 착공 전날까지 제출한다.

0402 / 0802 / 1102 / 1901

## 44 Repetitive Learning 1회 2회 3회

다음 중 FTA에서 시스템의 기능을 살리는 데 필요한 최소 요인의 집합을 무엇이라 하는가?

① Critical set
② Minimal gate
③ Minimal path
④ Boolean indicated cut set

**해설**

- FTA에서 시스템의 신뢰도를 표시하는 것으로 시스템의 기능을 살리는 데 필요한 최소한의 요인의 집합을 최소 패스 셋이라 한다.

∷ 최소 패스 셋(Minimal path sets)

㉠ 개요
- FTA에서 시스템의 신뢰도를 표시하는 것이다.
- FTA에서 시스템의 기능을 살리는 데 필요한 최소한의 요인의 집합을 말한다.

㉡ FT도에서 최소 패스 셋 구하는 법
- 최소 패스 셋은 FT도의 결합 게이트들을 반대로(AND ↔ OR) 변환한 후 최소 컷 셋을 구하면 된다.

## 45 Repetitive Learning 1회 2회 3회

시식별에 영향을 미치는 인자 중 자동차를 운전하면서 도로변의 물체를 보는 경우에 주된 영향을 미치는 것은?

① 휘광
② 조도
③ 노출시간
④ 과녁 이동

**해설**

- 시식별에 영향을 주는 요인 중에서 자동차를 운전하면서 도로변의 물체를 보는 경우는 표적물체의 이동이 가장 큰 영향을 미친다.

∷ 인간의 식별기능에 영향을 주는 요인

㉠ 내적요인
- 인간의 개인차

㉡ 외적요인
- 색채의 사용과 조명, 노출시간
- 물체와 배경 간의 대비
- 표적물체나 관측자의 이동
- 대소규격과 주요 세부사항에 대한 공간의 배분



42 ④ 43 ③ 44 ③ 45 ④ 정답

1901

## 46 Repetitive Learning 1회 2회 3회

다음 중 FMEA의 장점이라 할 수 있는 것은?

① 두 가지 이상의 요소가 동시에 고장 나는 경우에 분석이 용이하다.
② 물적, 인적 요소 모두가 분석대상이 된다.
③ 서식이 간단하고 비교적 적은 노력으로 분석이 가능하다.
④ 분석방법에 대한 논리적 배경이 강하다.

**해설**

- FMEA는 동시에 2가지 이상의 요소가 고장 나는 경우 해석이 힘들다.
- FMEA는 해석영역이 물체에 한정되기 때문에 인적 원인(Human error) 해석이 곤란하다.
- FMEA는 구성 요소 간의 상세한 연관관계나 종속성에 대한 정보가 없어 논리적인 배경이 약하다.

**고장형태와 영향분석(FMEA)**

㉠ 개요
- 시스템 안전분석에 이용되는 전형적인 정성적, 귀납적 분석방법으로서, 서식이 간단하고 비교적 적은 노력으로 특별한 훈련 없이 분석이 가능하다는 장점을 가지고 있는 기법이다.
- 제품 설계와 개발단계에서 고장 발생을 최소로 하고자 하는 경우에 유효한 분석기법이다.

㉡ 장점
- 양식이 간단하여 특별한 훈련 없이 비전문가도 해석이 가능하다.
- 전체 요소의 고장을 유형별로 분석할 수 있다.

㉢ 단점
- 해석영역이 물체에 한정되기 때문에 인적 원인(Human error) 해석이 곤란하다.
- 동시에 2가지 이상의 요소가 고장 나는 경우 해석이 힘들다.

1202

## 47 Repetitive Learning 

금속세정작업장에서 실시하는 안전성 평가 단계를 다음과 같이 5가지로 구분할 때 다음 중 4단계에 해당하는 것은?

- 재평가
- 안전대책
- 정량적 평가
- 정성적 평가
- 관계 자료의 작성 준비

① 안전대책 ② 정성적 평가
③ 정량적 평가 ④ 재평가

**해설**

- FTA에 의한 재평가를 제외한 1~5단계까지를 순서대로 배열했을 때 4단계는 안전대책의 수립단계이다.

**안전성 평가 6단계**

| 단계 | 내용 |
|---|---|
| 1단계 | 관계 자료의 작성 준비 |
| 2단계 | • 정성적 평가<br>• 설계(공장의 입지조건, 공장 내 배치)와 운전관계에 대한 평가 |
| 3단계 | • 정량적 평가<br>• 취급물질, 용량, 온도, 압력 및 조작을 통한 위험도 평가 |
| 4단계 | • 안전대책수립<br>• 보전, 설비대책과 관리적 대책 |
| 5단계 | 재해정보에 의한 재평가 |
| 6단계 | FTA에 의한 재평가 |

## 48 Repetitive Learning 1회 2회 3회

다음 중 청각적 표시의 원리를 설명한 것으로 틀린 것은?

① 양립성(Compatibility)이란 가능한 한 사용자가 알고 있거나 자연스러운 신호차원과 코드를 선택하는 것을 말한다.
② 근사성(Approximation)이란 복잡한 정보를 나타내고자 할 때 2단계 신호를 고려하는 것을 말한다.
③ 분리성(Dissociability)이란 주의신호와 지정신호를 분리하여 나타낸 것을 말한다.
④ 검약성(Parsimony)이란 조작자에 대한 입력신호는 꼭 필요한 정보만을 제공하는 것을 말한다.

**해설**

- 분리성(Dissociability)이란 두 가지 이상의 채널을 듣고 있다면 각 채널의 주파수가 분리되어야 한다는 것을 말한다.

**청각적 표시장치의 설계 원리**
- 양립성(Compatibility)이란 가능한 한 사용자가 알고 있거나 자연스러운 신호차원과 코드를 선택하는 것을 말한다.
- 근사성(Approximation)이란 복잡한 정보를 나타내고자 할 때 2단계 신호를 고려하는 것을 말한다.
- 분리성(Dissociability)이란 두 가지 이상의 채널을 듣고 있다면 각 채널의 주파수가 분리되어야 한다는 것을 말한다.
- 검약성(Parsimony)이란 조작자에 대한 입력신호는 꼭 필요한 정보만을 제공하는 것을 말한다.

정답 | 46 ③ 47 ① 48 ③

2001

**49** Repetitive Learning (1회 2회 3회)

다음 중 "MIL-STD-882E"의 위험성 평가 매트릭스(Matrix) 분류에 속하지 않는 것은?

① 전혀 발생하지 않은(Impossible)
② 거의 발생하지 않은(Remote)
③ 가끔 발생하는(Occasional)
④ 자주 발생하는(Frequent)

해설

- MIL-STD-882E의 위험성 평가 매트릭스는 자주 발생, 보통 발생, 가끔 발생, 거의 발생하지 않음, 극히 발생하지 않음으로 구성된다.
- 전혀 발생하지 않은(Impossible)은 차패니스(Chapanis, A)의 위험분석에 포함되는 요소이다.

MIL-STD-882E의 위험성 평가 매트릭스

| 분류 | 발생빈도 |
|---|---|
| 자주 발생(Frequent) | $10^{-1}$ 이상 |
| 보통 발생(Probable) | $10^{-2} \sim 10^{-1}$ |
| 가끔 발생(Occasional) | $10^{-3} \sim 10^{-2}$ |
| 거의 발생하지 않음(Remote) | $10^{-6} \sim 10^{-3}$ |
| 극히 발생하지 않음(Improbable) | $10^{-6}$ 미만 |

0904 / 1902

**50** Repetitive Learning (1회 2회 3회)

인간의 오류모형에서 "알고 있음에도 의도적으로 따르지 않거나 무시한 경우"를 무엇이라 하는가?

① 실수(Slip)
② 위반(Violation)
③ 건망증(Lapse)
④ 착오(Mistake)

해설

- 실수(Slip)는 의도는 올바른 것이었지만, 행동이 의도한 것과는 다르게 나타나는 오류이다.
- 건망증(Lapse)은 일련의 과정에서 일부를 빠뜨리거나 기억의 실패에 의해 발생하는 오류이다.
- 착오(Mistake)는 상황해석을 잘못하거나 목표를 잘못 이해하고 착각하여 행하는 인간의 실수를 말한다.

인간의 다양한 오류모형

| | |
|---|---|
| 착각(Illusion) | 감각적으로 물리현상을 왜곡하는 지각 오류 |
| 착오(Mistake) | 상황해석을 잘못하거나 목표를 잘못 이해하고 착각하여 행하는 인간의 실수로 위치, 순서, 패턴, 형상, 기억오류 등 외부적 요인에 의해 나타나는 오류 |
| 실수(Slip) | 의도는 올바른 것이었지만, 행동이 의도한 것과는 다르게 나타나는 오류 |
| 건망증(Lapse) | 일련의 과정에서 일부를 빠뜨리거나 기억의 실패에 의해 발생하는 오류 |
| 위반(Violation) | 정해진 규칙을 알고 있음에도 의도적으로 따르지 않거나 무시한 경우에 발생하는 오류 |

0301 / 1001 / 1804

**51** Repetitive Learning (1회 2회 3회)

인간이 현존하는 기계를 능가하는 기능이 아닌 것은?(단, 인공지능은 제외한다)

① 원칙을 적용하여 다양한 문제를 해결한다.
② 관찰을 통해서 특수화하고 연역적으로 추리한다.
③ 주위의 이상하거나 예기치 못한 사건들을 감지한다.
④ 어떤 운용방법이 실패할 경우 새로운 다른 방법을 선택할 수 있다.

해설

- 인간은 관찰을 통해서 일반화하여 귀납적 추리를 가능하게 한다.

인간이 기계를 능가하는 조건

- 관찰을 통해서 일반화하여 귀납적 추리를 한다.
- 완전히 새로운 해결책을 도출할 수 있다.
- 원칙을 적용하여 다양한 문제를 해결할 수 있다.
- 상황에 따라 변하는 복잡한 자극 형태를 식별할 수 있다.
- 다양한 경험을 토대로 하여 의사 결정을 한다.
- 주위의 예기치 못한 사건들을 감지하고 처리하는 임기응변 능력이 있다.



49 ① 50 ② 51 ② 정답

1202

## 52 Repetitive Learning (1회 2회 3회)

다음 FT도에서 정상사상(Top event)이 발생하는 최소 컷 셋의 P(T)는 약 얼마인가?(단, 원 안의 수치는 각 사상의 발생확률이다)

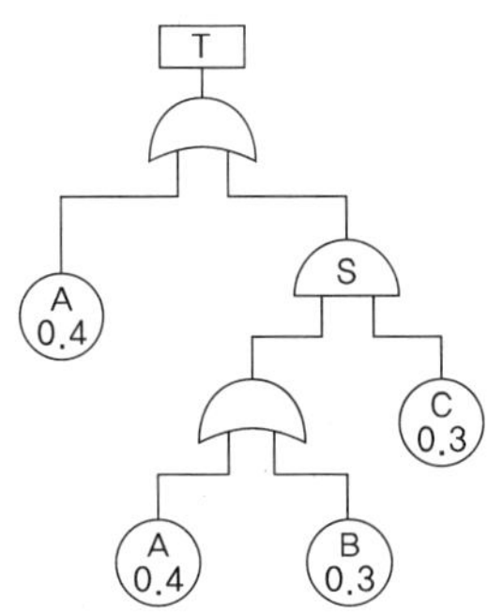


① 0.311　② 0.454

③ 0.504　④ 0.928

**해설**

- 최소 컷 셋의 발생확률을 구하므로 일단 식을 간단히 해서 최소 컷 셋을 구하기로 한다.
- S = (A + B)C 이므로 T = A + (A + B)C이다.
  T = A + AC + BC = A(1 + C) + BC = A + BC이다.(최소 컷 셋)
- BC는 B와 C의 논리곱이므로 P(BC) = 0.09이므로
  T = 1 - (1 - 0.4)(1 - 0.09)가 된다.
  T = 1 - (0.6 × 0.91) = 1 - 0.546 = 0.454가 된다.

**FT도에서 정상(고장)사상 발생확률**

㉠ AND(직렬)연결 시
- 사상 A의 발생확률을 $P_A$, 사상 B, 사상 C 발생확률을 $P_B$, $P_C$라 할 때 $P_A = P_B \times P_C$로 구할 수 있다.

㉡ OR(병렬)연결 시
- 사상 A의 발생확률을 $P_A$, 사상 B, 사상 C 발생확률을 $P_B$, $P_C$라 할 때 $P_A = 1-(1-P_B)\times(1-P_C)$로 구할 수 있다.

2102

## 53 Repetitive Learning (1회 2회 3회)

다음 중 일반적으로 은행의 접수대 높이나 공원의 벤치를 설계할 때 가장 적합한 인체 측정 자료의 응용원칙은?

① 평균치를 이용한 설계

② 최대치수를 이용한 설계

③ 최소치수를 이용한 설계

④ 조절식 설계

**해설**

- 조절식 설계는 의자의 위치 및 높이, 자동차 운전석 의자의 위치와 높이 등에 이용된다.
- 최대치 설계는 출입문의 높이, 좌석 간의 거리, 통로의 폭, 와이어로프의 사용중량, 위험구역 울타리 등에 이용된다.
- 최소치 설계는 선반의 높이, 조종장치까지의 거리, 비상벨의 위치 등에 이용된다.

**인체 측정 자료의 응용원칙**

| 구분 | 내용 |
|---|---|
| 최소치수를 이용한 설계 | 선반의 높이, 조종장치까지의 거리, 비상벨의 위치 등 |
| 최대치수를 이용한 설계 | 출입문의 높이, 좌석 간의 거리, 통로의 폭, 와이어로프의 사용중량, 위험구역 울타리 등 |
| 조절식 설계 | 의자의 위치 및 높이, 자동차 운전석 의자의 위치와 높이 등 |
| 평균치를 이용한 설계 | 전동차의 손잡이 높이, 안내데스크, 은행의 접수대 높이, 공원의 벤치 높이 |

1004 / 1901

## 54 Repetitive Learning (1회 2회 3회)

다음 중 인간-기계 체계(Man-machine system)의 연구 목적으로 가장 적절한 것은?

① 정보 저장의 극대화

② 운전 시 피로의 평준화

③ 시스템 신뢰성의 최소화

④ 안전의 극대화 및 생산능률의 향상

**해설**

- 인간-기계 체계의 목적은 안전의 극대화와 생산능률의 향상에 있다.

**인간-기계 체계**

㉠ 개요
- 인간-기계 체계의 주목적은 안전의 최대화와 능률의 극대화에 있다.
- 인간-기계 체계의 기본기능에는 감지기능, 정보처리 및 의사결정기능, 행동기능, 정보보관기능(4대 기능), 출력기능 등이 있다.

㉡ 인간공학적 설계의 일반적인 원칙
- 인간의 특성을 고려한다.
- 시스템을 인간의 예상과 양립시킨다.
- 표시장치나 제어장치의 중요성, 사용빈도, 사용순서, 기능에 따라 배치하도록 한다.

정답 | 52 ② 53 ① 54 ④

㉢ 인간-기계 시스템의 5대 기능

| 감지기능 | 인체의 눈과 기계의 표시장치와 같은 감지기능 |
|---|---|
| 정보처리 및 의사결정기능 | 회상, 인식, 정리 등을 통한 정보처리 및 의사결정기능 |
| 행동기능 | 정보처리의 결과로 발생하는 조작행위(음성 등) |
| 정보보관기능 | 정보의 저장 및 보관기능으로 위 3가지 기능 모두와 상호작용을 한다. |
| 출력기능 | 시스템에서 의사결정된 사항을 실행에 옮기는 과정 |

0304 / 0904

## 55 Repetitive Learning (1회 2회 3회)

50phon의 기준 음을 들려준 후 70phon의 소리를 듣는다면 작업자는 주관적으로 몇 배의 소리로 인식하는가?

① 1.4배 ② 2배
③ 3배 ④ 4배

**해설**

- 인간이 느끼는 소리는 sone값으로 평가하므로 주어진 phon을 sone값으로 대치하면 50phon$=2^{\frac{50-40}{10}}=2$sone이고, 70phon $=2^{\frac{70-40}{10}}=2^3=8$sone이 된다. 4배이다.

:: sone 값
- 인간이 청각으로 느끼는 소리의 크기를 측정하는 척도 중 하나이다.
- 기준 음에 비해서 몇 배의 크기를 갖느냐는 음의 sone값이 결정한다.
- 1 sone은 40dB의 1,000Hz 순음의 크기로 40phon의 값을 의미한다.
- phon의 값이 주어질 때 sone$=2^{\frac{phon-40}{10}}$으로 구한다.

1901

## 56 Repetitive Learning (1회 2회 3회)

FT도에 사용되는 다음 게이트의 명칭은?

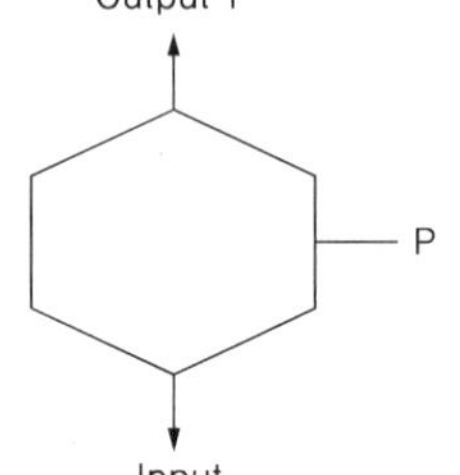


① 부정 게이트
② 배타적 OR 게이트
③ 억제 게이트
④ 우선적 AND 게이트

**해설**

- 부정 게이트는 FT도에서 입력현상의 반대현상이 출력되는 게이트이다.
- 배타적 OR 게이트(Exclusive OR gate)는 OR 게이트의 특별한 경우로 2개 또는 그 이상의 입력이 동시에 존재하는 경우에는 출력이 생기지 않는 게이트이다.
- 우선적 AND 게이트는 AND 게이트의 특별한 경우로 여러 개의 입력사상이 정해진 순서에 따라 순차적으로 발생해야만 결과가 출력된다.

:: 억제 게이트(Inhibit gate)
- 논리적으로 수정기호의 일종으로 수정기호를 병용하여 게이트 역할을 하는 게이트이다.
- 한 개의 입력사상에 의해 출력사상이 발생하며, 출력사상이 발생되기 전에 입력사상이 특정 조건을 만족하여야 한다.
- 조건부 사건이 발생하는 상황하에서 입력현상이 발생할 때 출력현상이 발생한다.
- 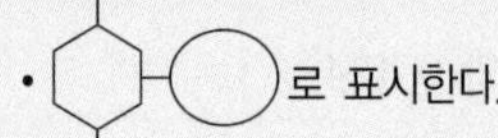로 표시한다.

## 57 Repetitive Learning (1회 2회 3회)

다음 시스템의 신뢰도는?(단, p는 부품 I의 신뢰도를 나타낸다)

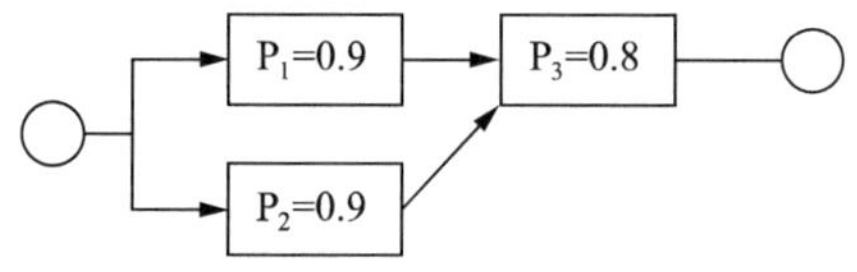


① 97.2[%] ② 94.4[%]
③ 86.4[%] ④ 79.2[%]

**해설**

- 먼저 병렬로 연결된 $(P_1-P_2)$ 시스템의 신뢰도를 구하면 $1-(1-0.9)\times(1-0.9)=1-(0.1\times0.1)=1-0.01=0.99$이다.
- 위의 결과와 나머지 부품과의 직렬연결은 $0.99\times0.8=0.792$이다. 백분율로 표시하면 79.2%가 된다.

:: 시스템의 신뢰도

㉠ AND(직렬)연결 시
- 시스템의 신뢰도($R_s$)는 부품 a, 부품 b 신뢰도를 각각 $R_a$, $R_b$라 할 때 $R_s=R_a\times R_b$로 구할 수 있다.

㉡ OR(병렬)연결 시
- 시스템의 신뢰도($R_s$)는 부품 a, 부품 b 신뢰도를 각각 $R_a$, $R_b$라 할 때 $R_s=1-(1-R_a)\times(1-R_b)$로 구할 수 있다.



55 ④ 56 ③ 57 ④ 정답

0801

## 58

Repetitive Learning 1회 2회 3회

다음 중 시스템의 수명곡선에서 초기고장 기간에 발생하는 고장의 원인으로 볼 수 없는 것은?

① 사용자의 과오
② 빈약한 제조기술
③ 불충분한 품질관리
④ 표준 이하의 재료를 사용

해설

- 초기고장은 불량제조나 생산과정에서의 불충분한 품질관리, 설계미숙, 표준 이하의 재료 사용, 빈약한 제조기술 등으로 생기는 고장이다.

초기고장
- 시스템의 수명곡선(욕조곡선)에서 감소형에 해당한다.
- 불량제조나 생산과정에서의 불충분한 품질관리, 설계미숙, 표준 이하의 재료 사용, 빈약한 제조기술 등으로 생기는 고장이다.
- 기계의 초기결함을 찾아내 고장률을 안정화시키는 기간을 디버깅(Debugging) 기간이라 한다.
- 예방을 위해서는 점검작업이나 시운전이 필요하다.

## 59

Repetitive Learning 1회 2회 3회

다음 중 60 ~ 90Hz 정도에서 나타날 수 있는 전신진동 장해는?

① 두개골 공명 ② 메스꺼움
③ 복부 공명 ④ 안구 공명

해설

- 안구는 60 ~ 90[Hz]에 공명현상을 보인다.

진동과 인간성능
㉠ 개요
- 안정되고 정확한 근육 조절을 요하는 작업은 진동에 의해서 저하된다.
- 반응시간, 감시, 형태식별 등 주로 중앙 신경 처리에 관한 임무는 진동의 영향을 덜 받는다.
- 진동의 영향을 가장 많이 받는 인간 성능은 추적(Tracking) 작업이고, 가장 영향이 적은 작업은 형태식별작업 등이다.

㉡ 주파수대별 공명현상
- 전신 또는 상체의 경우 5[Hz] 이하의 주파수에 심한 영향을 받는다.
- 시력은 10 ~ 25[Hz]의 주파수에 가장 큰 영향을 받는다.
- 머리와 어깨 부위는 20 ~ 30[Hz]에 공명현상을 보인다.
- 안구는 60 ~ 90[Hz]에 공명현상을 보인다.

## 60

Repetitive Learning 1회 2회 3회

다음 중 부품배치의 원칙에 해당하지 않는 것은?

① 희소성의 원칙
② 사용빈도의 원칙
③ 기능별 배치의 원칙
④ 사용순서의 원칙

해설

- 부품은 사용빈도, 중요도, 기능별, 사용순서의 원칙에 의해 배치하도록 한다.

작업장 배치의 원칙
㉠ 개요
- 사용빈도, 중요도, 기능별, 사용순서의 원칙에 의해 배치한다.
- 작업의 흐름에 따라 기계를 배치한다.
- 배치의 3단계는 지역배치 → 건물배치 → 기계배치 순으로 이뤄진다.
- 공장 내외에는 안전한 통로를 두어야 하며, 통로는 선을 그어 작업장과 명확히 구별하도록 한다.
- 비상시에 쉽게 대비할 수 있는 통로를 마련하고 사고 진압을 위한 활동통로가 반드시 마련되어야 한다.

㉡ 원칙
- 중요성의 원칙, 사용빈도의 원칙 – 우선적인 원칙
- 기능별 배치, 사용순서의 원칙 – 부품의 일반적인 위치 내에서의 구체적인 배치 기준

# 4과목 건설시공학

## 61

Repetitive Learning 1회 2회 3회

지반조사에 관한 설명 중 옳지 않은 것은?

① 각종 지반조사를 먼저 실시한 후 기존의 조사 자료와 대조하여 본다.
② 과거 또는 현재의 지층 표면의 변천 사항을 조사한다.
③ 상수면의 위치와 지하 유수 방향을 조사한다.
④ 지하 매설물 유무와 위치를 파악한다.

정답 | 58 ① 59 ④ 60 ① 61 ①

**해설**

- 예비조사에서 가장 먼저 기존 자료를 조사하고, 각종 지반조사는 본조사에서 실시한다.

**지반조사**

㉠ 개요

- 건설공사 대상지반의 지층분포와 토질, 암석 및 암반 등 지반의 공학적 성질을 명확히 파악하여 구조물의 계획, 설계, 시공 및 유지 관리 업무를 수행하는 데 필요한 제반 지반정보를 제공하거나 건설 재료원의 적합성 및 매장량을 확인하기 위하여 실시한다.
- 일반적으로 예비조사, 본조사 및 보완조사 등의 단계별 순서로 진행된다.
- 예비조사에서는 개략적인 지반특성을 파악하기 위해 기존 자료조사, 현장답사, 지형조사, 지하수위조사, 지질도 및 지반동학 관련 지도와 기록, 현장 부근에 대한 기존 현장 조사자료 및 시공 경험, 물리 탐사, 시추 및 시험굴 조사 등을 실시한다.
- 본조사는 부지나 노선 또는 구조물의 위치가 결정된 후 지층의 분포, 공학적인 특성 등 설계정수를 파악하기 위하여 수행하는 조사로 지표지질조사, 물리탐사, 시추조사 및 현장시험, 실내시험 등을 포함한다.

㉡ 조사대상

- 과거 또는 현재의 지층 표면의 변천 사항을 조사한다.
- 상수면의 위치와 지하 유수 방향을 조사한다.
- 지하 매설물 유무와 위치를 파악한다.

1802

## 62 — Repetitive Learning (1회 2회 3회)

대규모 공사 시 한 현장 안에서 여러 지역별로 공사를 분리하여 공사를 발주하는 방식은?

① 공정별 분할 도급
② 공구별 분할 도급
③ 전문공종별 분할 도급
④ 직종별, 공종별 분할 도급

**해설**

- 공종별로 나누면 전문공종별 분할, 작업공정별로 나누면 공정별 분할, 지역별로 나누면 공구별 분할, 총괄도급자가 직영하는 경우는 직종별, 공종별 분할 도급이다.

**공구별 분할 도급**

- 대규모 공사에서 지역별로 공사를 분리하여 발주하는 방식이고 각 공구마다 총괄도급으로 하는 것이 보통이며, 중소업자에게 균등기회를 주고 또 업자 상호 간의 경쟁으로 공사기일 단축, 시공기술향상 및 공사의 높은 성과를 기대할 수 있어 유리한 도급 방법이다.
- 지하철 공사, 고속도로 공사 및 대규모 아파트단지 등의 대규모 공사에서 지역별로 공사를 구분하여 발주하는 도급 방식이다.

0902 / 1804 / 2101

## 63 — Repetitive Learning (1회 2회 3회)

속빈 콘크리트블록의 규격 중 기본블록치수가 아닌 것은?(단, 단위 : mm)

① 390 × 190 × 190
② 390 × 190 × 150
③ 390 × 190 × 100
④ 390 × 190 × 80

**해설**

- 속빈 콘크리트블록의 규격에서 두께는 190, 150, 100mm가 표준으로 정해져 있다.

**속빈 콘크리트블록의 규격(단위 : mm)**

- 이형 블록이란 반토막 블록, 모서리용 블록, 가로근용 블록, 그 밖의 용도에 따라 모양이 다른 블록을 총칭한다.

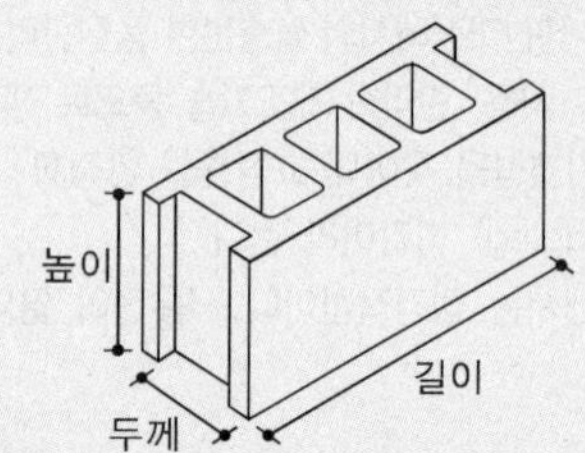


| 모양 | 치수 | | | 허용차 |
|---|---|---|---|---|
| | 길이 | 높이 | 두께 | |
| 기본 블록 | 390 | 190 | 190<br>150<br>100 | ±2 |
| 이형 블록 | 가로근용 블록, 모서리용 블록과 같이 기본 블록과 동일한 크기인 것의 치수 및 허용차는 기본 블록에 준한다. 다만 그 외의 경우 당사자 간 협의에 따른다. | | | |

## 64 — Repetitive Learning (1회 2회 3회)

콘크리트용 골재에 대한 설명 중 옳지 않은 것은?

① 골재는 청정, 견경, 내구성 및 내화성이 있어야 한다.
② 골재에 포함된 부식토, 석탄 등의 유기물은 콘크리트의 경화를 방해하여 콘크리트 강도를 떨어뜨리게 한다.
③ 실트, 점토, 운모 등의 미립분은 골재와 시멘트의 부착을 좋게 한다.
④ 골재의 강도는 콘크리트 중에 경화한 모르타르의 강도 이상이 요구된다.



62 ② 63 ④ 64 ③ | 정답

해설

- 골재에 포함된 부식토, 석탄 등의 유기물은 콘크리트의 경화를 방해하여 콘크리트 강도를 떨어뜨리고 부착을 방해한다.

:: 콘크리트용 골재

㉠ 개요

- 콘크리트나 모르타르를 만들 때 물, 시멘트와 함께 혼합하는 모래, 자갈 및 부순 돌 기타 유사한 재료를 골재라고 한다.

㉡ 요구사항

- 골재의 강도는 콘크리트 중에 경화한 모르타르(시멘트페이스트)의 강도 이상이 요구된다.
- 골재는 밀도가 크고, 청정, 견경, 내화성이 있어야 하며 내구성이 커서 풍화가 잘 되지 않아야 한다.
- 골재에 포함된 부식토, 석탄 등의 유기물은 콘크리트의 경화를 방해하여 콘크리트 강도를 떨어뜨리게 한다.
- 골재의 입형은 편평, 세장하지 않은 구형의 입상이 좋다.

1204

## 65 ─── Repetitive Learning (1회 2회 3회)

고층 건축물 시공 시 적용되는 거푸집에 대한 설명으로 옳지 않은 것은?

① ACS(Automatic Climbing System) 거푸집은 거푸집에 부착된 유압장치 시스템을 이용하여 상승한다.
② ACS(Automatic Climbing System) 거푸집은 초고층 건축물 시공 시 코어 선행 시공에 유리하다.
③ 알루미늄 거푸집의 주요 시공 부위는 내부벽체, 슬래브, 계단실 벽체이며, 슬래브 필러 시스템이 있어서 해체가 간편하다.
④ 알루미늄 거푸집은 녹이 슬지 않는 장점이 있으나 전용횟수가 적다.

해설

- 알루미늄 거푸집은 전용횟수가 높아 고층 건축물 시공 시 경제적인 장점을 갖는다.

:: 알루미늄 거푸집

㉠ 개요

- 알루미늄 거푸집은 거푸집의 프레임 및 패널을 알루미늄 재질로 경량화시킨 거푸집을 말한다.
- 알루미늄 거푸집은 유로폼에 비해 가볍고 강성이 크며 시공정밀도가 우수해 많이 사용된다.
- 주요 시공 부위는 내부벽체, 슬래브, 계단실 벽체이며, 슬래브 필러 시스템이 있어서 해체가 간편하다.

㉡ 장점

- 콘크리트 표면이 미려하다.
- 전용횟수가 높아 고층공사 시 경제적이다.
- 시공정밀도가 우수하다.
- 가볍고 강성이 크다.

㉢ 단점

- 초기 투자비가 많이 소모된다.
- 자재의 정밀성으로 인해 생산성이 저하된다.
- 유능한 기능공을 확보하기 어렵다.

## 66 ─── Repetitive Learning (1회 2회 3회)

토공기계 중 흙의 적재, 운반, 정지의 기능을 가지고 있는 장비로서 일반적으로 중거리 정지공사에 많이 사용되는 장비는?

① 파워셔블
② 캐리올스크레이퍼
③ 앵글도저
④ 탬퍼

해설

- 파워셔블은 기계가 위치한 지면보다 높은 곳을 파는 작업에 가장 적합한 굴착기계이다.
- 앵글도저는 불도저의 한 종류로 배토판이 진행 방향에 대하여 좌우로 각도를 바꿀 수 있다.
- 탬퍼는 도로포장 공사에서 콘크리트 등의 표면을 두드려 다지는 도구이다.

:: 캐리올스크레이퍼(Carryall scraper) 실작 1804/1801/1601

- 토공사용 정지 및 배토장비이다.
- 자체 동력이 아니라 트랙터 등에 의해 견인되어 흙을 깎으면서 동시에 기체 내에 담아 운반하고 깔기 작업을 겸할 수 있다.
- 작업거리는 100 ~ 1,500m 정도의 중장거리용으로 사용된다.

## 67 ─── Repetitive Learning (1회 2회 3회)

철근콘크리트 공사에서 철근과 철근의 순간격은 굵은 골재 최대치수에 최소 몇 배 이상으로 하여야 하는가?

① 1배 ② 4/3배
③ 5/3배 ④ 2배

해설

- 철근의 간격은 굵은 골재 지름의 4/3배 이상으로 한다.

철근의 간격
- 철근의 간격은 최소 25mm 이상이어야 한다.
- 철근의 간격은 철근 지름의 1.5배 이상으로 한다.
- 철근의 간격은 굵은 골재 지름의 4/3배 이상으로 한다.
- 철근 지름과 굵은 골재 지름이 동시에 주어질 경우 큰 값으로 한다.

1004

## 68

Repetitive Learning (1회 2회 3회)

기초굴착 방법 중 굴착 공에 철근망을 삽입하고 콘크리트를 타설하여 말뚝을 형성하는 공법으로 안정액으로 벤토나이트 용액을 사용하고 표층부에서만 케이싱을 사용하는 것은?

① 리버스서큘레이션 공법
② 베노토 공법
③ 심초 공법
④ 어스드릴 공법

해설

- 리버스서큘레이션 공법은 현장타설 말뚝 공법의 한 종류로 굴착 토사와 물 등을 파이프 내부를 통해 역순환시켜 배출하는 공법이다.
- 베노토파일 공법은 토사를 파내면서 해머 그래브를 이용해 케이싱을 말뚝 끝까지 압입하는 방법으로 만드는 말뚝으로 충격 및 진동을 수반한다.
- 심초 공법은 현장말뚝 공법 중 인력으로 굴착하는 공법으로 공벽에 흙막이공을 실시하면서 내부의 토사를 굴착하는 공법이다.

어스드릴(Earth drill) 공법

㉠ 개요
- 굴착 공에 철근망을 삽입하고 콘크리트를 타설하여 말뚝을 형성하는 공법이다.
- 안정액으로 벤토나이트 용액을 사용하고 표층부에서(3m 정도)만 케이싱을 사용하는 공법이다.

㉡ 특징
- 진동소음이 적은 편이다.
- 현장에서 소회전으로 이동이 가능하고, 지하수가 없는 점성토에 적합한 방식이다.
- 기계가 비교적 소형으로 굴착속도가 빠르다.
- Slime 처리가 불확실하여 말뚝의 초기 침하 우려가 있다.

## 69

Repetitive Learning (1회 2회 3회)

밑창콘크리트 지정공사에서 밑창콘크리트 설계기준강도로 옳은 것은?(단, 설계도서에서 별도로 정한 바가 없는 경우)

① 12MPa 이상
② 13.5MPa 이상
③ 14.5MPa 이상
④ 15MPa 이상

해설

- 밑창(버림)콘크리트 지정에서 콘크리트 설계기준강도는 설계도서에서 별도로 정한 바가 없는 경우 15MPa 이상의 것을 두께 5~6cm 정도로 설계한다.

밑창(버림)콘크리트 지정

㉠ 개요
- 건물기초를 만들기 전에 여러 건물이 들어설 대지 전체의 지반을 보강함에 있어 잡석이나 자갈 위에 콘크리트를 평평하게 타설하는 것을 말한다.

㉡ 특징
- 기초부분의 먹매김 또는 저면부를 평탄하게 하기 위해 사용한다.
- 콘크리트 설계기준강도는 설계도서에서 별도로 정한 바가 없는 경우 15MPa 이상의 것을 두께 5~6cm 정도로 설계한다.
- 콘크리트 배합은 1 : 2 : 4~1 : 3 : 6 정도로 한다.
- 기초바닥의 수평을 맞추고 내구성을 강화한다.

## 70

Repetitive Learning (1회 2회 3회)

강재 널말뚝(Steel sheet pile) 공법에 관한 설명으로 옳지 않은 것은?

① 도심지에서는 소음, 진동 때문에 무진동 유압장비에 의해 실시해야 한다.
② 강재 널말뚝에는 U형, Z형, H형, 박스형 등이 있다.
③ 타입 시에는 지반의 체적변형이 작아 항타가 쉽고 이음부는 볼트나 용접접합에 의해서 말뚝의 길이를 자유로이 늘일 수 있다.
④ 비교적 연약지반이며 지하수가 많은 지반에는 적용이 불가능하다.



68 ④ 69 ④ 70 ④ 정답

해설

- 강재 널말뚝(Steel sheet pile) 공법은 차수성이 높아 연약지반에 적합하다.

:: 강재 널말뚝(Steel sheet pile) 공법

㉠ 개요
- 강재 널말뚝을 연속으로 연결하여 벽체를 형성하는 공법으로 시트파일(Sheet pile) 공법이라고도 한다.
- 강재 널말뚝에는 U형, Z형, H형, 박스형 등이 있다.
- 우리나라에서는 큰 토압, 수압에 잘 견디는 라르젠식을 많이 이용한다.

㉡ 특징
- 차수성이 높아 연약지반에 적합하다.
- 관입·철거 시 주변 지반의 침하가 일어나기 쉽다.
- 무소음 설치가 어려우므로 도심지에서는 소음, 진동 때문에 무진동 유압장비에 의해 실시해야 한다.
- 타입 시에는 지반의 체적변형이 작아 항타가 쉽고 이음부는 볼트나 용접접합에 의해서 말뚝의 길이를 자유로이 늘일 수 있다.

㉢ 널말뚝(Sheet pile) 시공 시 주의사항
- 수직으로 박는다.
- 적합한 항타기를 사용하여 한 장씩 또는 두 장씩 박는다.
- 기초파기 바닥면에서 깊이 박히도록 하고 웰포인트 공법 등에 의해 지하수위를 낮춘다.
- 널말뚝 끝부분에서 용수에 의한 토사의 유출이 발생할 수 있으므로 주의한다.

0604 / 1204

## 71 Repetitive Learning ( 1회 2회 3회 )

석재 사용상의 주의사항 중 옳지 않은 것은?

① 동일건축물에는 동일석재로 시공하도록 한다.
② 석재를 다듬어 사용할 때는 그 질이 균질한 것을 사용하여야 한다.
③ 인장 및 휨모멘트를 받는 곳에 보강용으로 사용한다.
④ 외벽, 도로포장용 석재는 연석 사용을 피한다.

해설

- 석재는 압축 및 인장응력에 약하므로 구조재로 사용하려면 직압력재로만 사용하도록 한다.

:: 석재 사용상 주의사항
- 석재를 다듬어 사용할 때는 그 질이 균질한 것을 사용하여야 하며, 동일건축물에는 동일석재로 시공하도록 한다.
- 석재의 최대치수는 운반성, 가공성 등의 제반조건을 고려하여 정해야 한다.
- $1m^3$ 이상 되는 석재는 높은 곳에 사용하지 않는다.
- 되도록 흡수율이 낮은 석재를 사용한다.
- 가공 시 예각은 피한다.
- 외벽, 도로포장용 석재는 연석 사용을 피한다.
- 석재는 압축력을 받는 곳에 사용함이 좋다.
- 석재는 구조재로 사용하려면 직압력재로만 사용하도록 한다.

2101

## 72 Repetitive Learning ( 1회 2회 3회 )

다음 설명에 해당하는 공정표의 종류로 옳은 것은?

| 한 공종의 작업이 하나의 숫자로 표기되고 컴퓨터에 적용하기 용이한 이점 때문에 많이 사용되고 있다. 각 작업은 node로 표기하고 더미의 사용이 불필요하며 화살표는 단순히 작업의 선후관계만을 나타낸다. |
|---|

① 횡선식 공정표
② CPM
③ PDM
④ LOB

해설

- 횡선식 공정표는 공사 종목을 세로로, 날짜를 가로로 잡아 공정을 막대그래프로 표시하고 기성고와 공사 진척 상황을 기입하는 공정표를 말한다.
- CPM(Critical Path Method)은 활동(Activity) 중심으로 일정을 계산하는 공정표로 PDM과 ADM으로 나눈다.
- LOB는 반복작업에서 각 작업조의 생산성을 유지시키면서 그 생산성을 기울기로 하는 직선으로 각 반복작업의 진행을 표시하여 전체공사를 도식화하는 기법이다.

:: 네트워크 공정표의 종류 실필 1202
- PERT(Program Evaluation & Review Technique) – 결합점(Event) 중심으로 일정을 계산하는 공정표
- CPM(Critical Path Method) – 활동(Activity) 중심으로 일정을 계산하는 공정표로 PDM과 ADM으로 나눈다.
- PDM(Precedence Diagram Method) – 결합점(Event) 즉, 노드(Node)에 활동(Activity)를 표시하는 공정표로 화살표는 단순히 작업의 선후관계만을 표시한다.
- ADM(Arrow Diagram Method) – 화살표에 활동(Activity)을 표시하는 공정표

## 73 Repetitive Learning (1회 2회 3회)

가치공학(Value engineering)적 사고방식 중 옳지 않은 것은?

① 풍부한 경험과 직관 위주의 사고
② 기능 중심의 사고
③ 사용자 중심의 사고
④ 생애비용을 고려한 최소의 총비용

해설

- 가치공학적 사고방식에는 ②, ③, ④ 외에 혁신적 사고에 의한 활동이 있다.

**가치공학(Value engineering)**

㉠ 개요
- 품질 및 근본적으로 필요한 특성을 유지하면서 가장 합리적인 방법으로 불필요한 비용을 제거하여 효율적으로 공사를 하도록 하는 것을 말한다.
- 사고의 기본원칙은 $V=\frac{F}{C}$에서 유추한다.

  이때 F는 기능, C는 비용, V는 가치를 의미한다.

㉡ 가치공학적 사고방식
- $V=\frac{F\rightarrow}{C\downarrow}$ : 기능은 유지하면서 비용을 줄이는 것으로 생애비용을 고려한 최소의 총 비용에 해당한다.
- $V=\frac{F\uparrow}{C\downarrow}$ : 기능을 향상시키면서 비용을 줄이는 것으로 혁신적 사고에 의한 활동에 해당한다.
- $V=\frac{F\uparrow}{C\uparrow}$ : 기능을 향상시키면서 비용 또한 늘어나는 것으로 기능 중심의 사고에 해당한다.
- $V=\frac{F\uparrow}{C\rightarrow}$ : 기능을 향상시키면서 비용은 유지하여 사용자를 만족시키는 사용자 중심의 사고에 해당한다.

2202

## 74 Repetitive Learning (1회 2회 3회)

철골 부재 조립 시 구멍의 위치가 다소 다를 때 구멍을 맞추기 위한 작업은?

① 송곳뚫기(Drilling) ② 리밍(Reaming)
③ 펀칭(Punching) ④ 리벳치기(Riveting)

해설

- 구멍뚫기 작업 후 구멍의 위치가 다소 다를 때 구멍을 맞추기 위해 구멍가심(Reaming) 작업을 한다.

**철골의 공장가공 공정**

㉠ 개요
- 원척도작성 – 본뜨기 – 금매김 – 절단 – 구멍뚫기 – 가조립 – 리벳치기 – 검사 – 녹막이 칠 순으로 진행한다.
- 원척도란 설계도면이나 시방서에 표시된 부재의 길이, 너비 등을 1 : 1로 그린 것을 말한다.
- 금매김은 본판 및 리벳간격을 그린 장척물로 강재면에 강치로 리벳 구멍의 위치, 절단개소 등을 그려 넣는다.
- 절단의 종류에는 전단절단, 톱절단, 가스절단, 플라즈마절단, 레이저절단 등이 있다.
- 구멍뚫기 작업 후 구멍의 위치가 다소 다를 때 구멍을 맞추기 위해 구멍가심(Reaming) 작업을 한다.
- 철골의 공장가공 중 가조립을 할 때 가볼트의 수는 전 리벳 구멍의 1/3 이상이어야 한다.
- 밀 스케일, 스패터 등을 제거한 후 현장운반에 앞서 녹막이 칠을 한다.

㉡ 절단의 종류
- 전단절단 : 강판의 절단 시 사용한다.
- 톱절단 : 철골부재 절단방법 중 가장 정밀한 절단방법으로 앵글커터(Angle cutter), 프릭션 소(Friction saw) 등으로 작업한다.

㉢ 녹막이 칠
- 녹막이 칠을 해야 하는 부분은 리벳 머리 등 콘크리트에 매입되지 않는 부분이다.
- 녹막이 칠을 하지 않아야 하는 부분은 현장용접 부위(용접부에서 양측 100mm 이내), 현장접합 재료의 손상부위, 고력볼트 마찰접합부의 마찰면, 콘크리트에 매립되는 부분, 현장에서 깎기 마무리가 필요한 부분 등이다.

## 75 Repetitive Learning (1회 2회 3회)

다음 설명에 해당하는 용접결함으로 옳은 것은?

> A. 용접 시 튀어나온 슬래그가 굳은 현상을 의미하는 것
> B. 용접금속과 모재가 융합되지 않고 겹쳐지는 것을 의미하는 용접불량

① A : 슬래그(Slag) 감싸기, B : 피트(Pit)
② A : 언더컷(Under cut), B : 오버랩(Overlap)
③ A : 피트(Pit), B : 스패터(Spatter)
④ A : 스패터(Spatter), B : 오버랩(Overlap)



73 ① 74 ② 75 ④ 정답

해설

- 슬래그(Slag) 감싸들기는 운봉부족과 전류과소로 용접봉의 피복재가 녹아 용접금속 표면에 부상하여 굳은 슬래그가 용접금속 내에 혼입되어 발생하는 형상이다.
- 피트(Pit)는 용접 시 용접금속 내에 흡수된 가스가 표면에 나와 생성된 작은 구멍을 말한다.
- 언더컷(Under cut)이란 운봉불량, 전류과대, 용접봉의 선택 부적합으로 용접부 부근의 모재가 용접열에 의해 움푹 패인 형상을 말한다.

철골공사 용접불량

- 언더컷(Under cut) – 운봉불량, 전류과대, 용접봉의 선택 부적합으로 용접부 부근의 모재가 용접열에 의해 움푹 패인 형상
- 오버랩(Over lap) – 용접전류의 과소, 운봉 및 용접봉 유지각도의 부적절로 용접금속과 모재가 융합되지 않고 겹쳐지는 것을 의미하는 용접불량
- 피트(Pit) – 용접 시 용접금속 내에 흡수된 가스가 표면에 나와 생성된 작은 구멍
- 슬래그(Slag) 감싸들기 – 운봉부족과 전류과소로 용접봉의 피복재가 녹아 용접금속 표면에 부상하여 굳은 슬래그가 용접금속 내에 혼입되어 발생하는 형상
- 공기구멍(Blow hole) – 용접 시 용접금속 내에 흡수된 가스에 의해 그대로 잔류된 기공
- 스패터(Spatter) – 용접봉의 피복재가 녹아 용접금속 표면에 부상하여 굳은 슬래그 혹은 금속입자가 그대로 굳은 형상
- 용입불량 – 운봉속도가 빠르거나 전류가 낮은 경우, 홈의 각도가 좁은 경우 용착금속이 채워지지 않고 홈으로 남게 되는 형상

2201

## 76 Repetitive Learning (1회 2회 3회)

철근콘크리트 말뚝머리와 기초와의 접합에 대한 설명으로 옳지 않은 것은?

① 두부를 커팅기계로 정리할 경우 본체에 균열이 생김으로 응력손실이 발생하여 설계내력을 상실하게 된다.
② 말뚝머리 길이가 짧은 경우는 기초저면까지 보강하여 시공한다.
③ 말뚝머리 철근은 기초에 30cm 이상의 길이로 정착한다.
④ 말뚝머리와 기초와의 확실한 정착을 위해 파일 앵커링을 시공한다.

해설

- 콘크리트 말뚝의 머리는 파일 커터 등을 사용해서 말뚝본체에 균열 등이 없도록 절단해야 한다.

철근콘크리트 말뚝머리와 기초와의 접합

- 말뚝머리 길이가 짧은 경우는 기초저면까지 보강하여 시공한다.
- 말뚝머리 철근은 기초에 30cm 이상의 길이로 정착한다.
- 말뚝머리와 기초와의 확실한 정착을 위해 파일 앵커링을 시공한다.
- 콘크리트 말뚝의 머리는 파일 커터 등을 사용해서 말뚝본체에 균열 등이 없도록 절단해야 한다.
- 말뚝을 절단할 시 본체에 균열이 생기면 응력이 손실되거나 철근이 발청되어 설계내력을 상실하게 되므로 주의해야 한다.

## 77 Repetitive Learning (1회 2회 3회)

제치장 콘크리트(Exposed concrete)에 관한 설명으로 옳지 않은 것은?

① 구조물에 균열과 이로 인한 백화가 나타난 경우 재시공 및 보수가 쉽다.
② 타설 콘크리트면 자체가 치장이 되게 마무리한 자연 그대로의 콘크리트를 말한다.
③ 재료의 절약은 물론 구조물 자중을 경감할 수 있다.
④ 거푸집이 견고하고 흠이 없도록 정확성을 기해야 하기 때문에 상당한 비용과 노력비가 증대한다.

해설

- 제치장 콘크리트는 구조물에 균열과 이로 인한 백화가 나타난 경우 재시공 및 보수가 어렵다는 단점을 갖는다.

제치장 콘크리트(Exposed concrete)

㉠ 개요
- 마감재료 시공없이 콘크리트 자체의 색상과 질감으로 마감하는 콘크리트를 말한다.
- 타설 콘크리트면 자체가 치장이 되게 마무리한 자연 그대로의 콘크리트를 말한다.
- 환경친화적이어서 최근 많이 사용된다.

㉡ 장점
- 재료의 절약은 물론 구조물 자중을 경감할 수 있다.
- 공기의 단축이 가능하다.

㉢ 단점
- 구조물에 균열과 이로 인한 백화가 나타난 경우 재시공 및 보수가 어렵다
- 거푸집 공사비가 증가한다.
- 전문인력의 수급 및 품질관리가 어렵다.

정답 | 76 ① 77 ①

0902

## 78 Repetitive Learning (1회 2회 3회)

콘크리트 부어넣기에서 진동기를 사용하는 가장 큰 목적은?

① 콘크리트 타설의 용이함
② 콘크리트의 응결, 경화 촉진
③ 콘크리트의 밀실화 유지
④ 콘크리트의 재료 분리 촉진

해설

• 진동기는 콘크리트 부어넣기에서 콘크리트의 밀실화를 유지시키기 위해 사용하는 기계이다.

진동기

㉠ 개요
• 콘크리트 부어넣기에서 콘크리트의 밀실화를 유지시키기 위해 사용하는 기계이다.
• 하층 콘크리트에 10cm 정도 삽입하여 상하층 콘크리트를 일체화시키는 장치이다.

㉡ 사용방법 및 특징
• 진동기를 빼낼 때는 서서히 뽑아 구멍이 남지 않도록 한다.
• 진동기의 선단을 철근·철골·거푸집 등 구조물에 직접적으로 접촉시켜서는 안 된다.
• 유효한 다짐시간은 관찰과 경험에 의하여 결정하는 것이 좋다.
• 진동기의 사용간격은 60cm를 넘지 않도록 한다.
• 진동기는 될 수 있는 대로 수직방향으로 사용한다.
• 진동의 효과는 봉의 직경, 진동수, 진폭 등에 따라 다르며, 진동수가 큰 것일수록 다짐효과가 크다.
• 묽은 반죽에서 진동다짐은 별 효과가 없다.

## 79 Repetitive Learning (1회 2회 3회)

기본벽돌(190×90×57)을 기준으로 1.5B 쌓기할 때 벽돌 2,000매 쌓는 데 필요한 모르타르량으로 옳은 것은?

① $0.35m^3$ ② $0.7m^3$
③ $0.45m^3$ ④ $0.8m^3$

해설

• 기본벽돌(표준형) 1.5B의 경우 1,000매 기준에 0.35가 필요하므로 2,000매는 $0.7[m^3]$가 필요하다.

벽돌쌓기 표준품셈(1,000매 기준)

| 벽두께 \ 구분 | | 모르타르 $[m^3]$ | 시멘트 [kg] | 모래 $[m^3]$ | 조적공 [인] | 보통인부 [인] |
|---|---|---|---|---|---|---|
| 표준형 | 0.5B | 0.25 | 127.5 | 0.275 | 1.8 | 1.0 |
| | 1.0B | 0.33 | 168.3 | 0.363 | 1.6 | 0.9 |
| | 1.5B | 0.35 | 178.5 | 0.385 | 1.4 | 0.8 |
| 기존형 | 0.5B | 0.30 | 153.0 | 0.330 | 2.0 | 1.0 |
| | 1.0B | 0.37 | 188.7 | 0.407 | 1.8 | 0.9 |
| | 1.5B | 0.40 | 204.0 | 0.440 | 1.6 | 0.8 |

0404 / 0602 / 1101 / 1302

## 80 Repetitive Learning (1회 2회 3회)

철골구조의 베이스플레이트를 완전 밀착시키기 위한 기초상부 고름질법에 속하지 않는 것은?

① 고정매입법
② 전면바름법
③ 나중채워넣기중심바름법
④ 나중채워넣기법

해설

• 고정매입법은 앵커볼트 매립방법이다.

현장 철골 세우기

㉠ 개요
• 공장에서 제작된 부재를 가져와 현장 여건에 맞는 건립공법으로 철골을 세우고 접합하는 과정을 말한다.
• 현장에서 철골을 세우는 순서는 계획 및 준비 → 기초 앵커볼트 매립 → 기초상부 고름질 → 철골 세우기 → 볼트 가조립 → 변형바로잡기 → 볼트 본조립 순으로 진행한다.

㉡ 계획 및 준비단계
• 현장 상황에 맞게 자재의 반입, 설치, 양중 등의 설치계획을 세운다.
• 철골제작공장과 반입 시간, 반입 부재 수, 부재 반입의 순서 등을 사전 협의하도록 한다.

㉢ 앵커볼트 매립
• 고정매입법 – 기초 콘크리트 시공 시 앵커볼트를 정확한 위치에 고정시켜 콘크리트를 치면 수정이 어려우므로 정밀하게 시공하여야 한다.
• 가동매입법 – 앵커볼트를 완전히 매입하지 않고 상부에 함석판을 끼우고 콘크리트를 시공한다.
• 나중매입법 – 기초 콘크리트에 앵커볼트를 묻을 구멍을 내두었다가 나중에 고정하는 방법으로 수정이 쉽고 간단하므로 경미한 구조에 이용된다.
• 용접법 – 콘크리트 선반에 앵커가 붙은 철판이나 앵글 등을 시공한 다음 콘크리트를 타설하고 앵커볼트를 용접하여 부착하는 방식이다.

㉣ 기초상부 고름질
• 기초상부는 Base 판을 완전 수평으로 밀착시키기 위해 모르타르를 충전시키며, 모르타르는 충전 후 건조수축이 없는 무수축 모르타르를 사용한다.
• 전면바름(마무리)법, 나중채워넣기중심바름법, 나중채워넣기십자바름법, 나중채워넣기법 등이 있다.



78 ③ 79 ② 80 ① 정답

## 81 Repetitive Learning (1회 2회 3회)

유성페인트나 바니시와 비교한 합성수지 도료의 전반적인 특성에 관한 설명으로 옳지 않은 것은?

① 도막이 단단하지 못한 편이다.
② 건조 시간이 빠른 편이다.
③ 내산, 내알칼리성을 가지고 있다.
④ 방화성이 더 우수한 편이다.

**해설**

- 합성수지 도료는 유성페인트나 바니시와 비교해서 도막이 단단하며 건조시간이 빠르고 방화성이 우수하다.

**합성수지 도료**

- 유화 중합하여 얻은 합성수지에멀젼을 전색제로 하여 만든 도료를 말한다.
- 페놀수지 도료, 멜라민수지 도료, 비닐수지 도료(초산비닐, 염화비닐), 에폭시수지 도료 등이 있다.
- 내산성, 내알칼리성, 내약성이 뛰어나다.
- 도막이 단단하며 건조시간이 빠르고 방화성이 우수하다.

## 82 Repetitive Learning (1회 2회 3회)

다음 각종 금속의 성질에 관한 설명으로 옳지 않은 것은?

① 납은 융점이 높아 가공은 어려우나, 내알칼리성이 커서 콘크리트 중에 매입하여도 침식되지 않는다.
② 주석은 인체에 무해하며 유기산에 침식되지 않는다.
③ 동은 건조한 공기 중에서는 산화하지 않으나, 습기가 있거나 탄산가스가 있으면 녹이 발생한다.
④ 아연은 인장강도나 연신율이 낮기 때문에 열간 가공하여 결정을 미세화하여 가공성을 높일 수 있다.

**해설**

- 납은 산이나 기타 약액에 대해서는 저항성이 크지만, 콘크리트와 같은 알칼리에는 침식된다.

**납(Pb)의 성질**

- 비중이 11.4로 아주 크고 연질이며 전·연성 및 가공성이 풍부하다.
- 융점(327.5℃)이 높으며, 산이나 기타 약액에 대해서는 저항성이 크지만, 알칼리에는 침식된다.
- 방사선 투과도가 낮아서 방사선 차폐용 벽체 및 X선을 사용하는 개소에 방호용으로 사용된다.

2201

## 83 Repetitive Learning (1회 2회 3회)

목재의 결점 중 벌채 시의 충격이나 그 밖의 생리적 원인으로 인하여 세로축에 직각으로 섬유가 절단된 형태를 의미하는 것은?

① 수지낭 ② 미숙재
③ 컴프레션페일러 ④ 옹이

**해설**

- 컴프레션페일러는 침엽수 이상재로 압축 이상재의 결함이라고 한다.

**이상재와 압축 이상재(異常材)의 결함**

㉠ 이상재(異常材)
- 목재의 결점 중 하나로 구조용재로 사용할 수 없는 목재이다.
- 목재가 기울게 자란 편심생장을 한 부분으로 압축 이상재(침엽수)와 인장 이상재(활엽수)가 있다.

㉡ 컴프레션페일러(Compression failure)
- 침엽수 이상재를 말하며, 압축 이상재의 결함이라고도 한다.
- 벌채 시의 충격이나 그 밖의 생리적 원인으로 인하여 세로축에 직각으로 섬유가 절단된 형태를 말한다.

## 84 Repetitive Learning (1회 2회 3회)

목재의 열적 성질에 관한 설명 중 옳지 않은 것은?

① 겉보기비중이 작은 목재일수록 열전도율은 작다.
② 섬유에 평행한 방향의 열전도율이 섬유 직각방향의 열전도율보다 작다.
③ 목재는 불에 타는 난섬이 있으나 열전도율이 낮아 여러 가지 용도로 사용되고 있다.
④ 가벼운 목재일수록 착화되기 쉽다.

**해설**

- 목재의 열전도율은 함수율과 비중에 비례하며, 섬유방향이 섬유의 직각방향보다 더 크다.

**목재의 열적 성질**

- 겉보기비중이 작은 목재일수록 열전도율은 작다.
- 목재는 불에 타는 단점이 있으나 열전도율이 낮아 여러 가지 용도로 사용되고 있다.
- 가벼운 목재일수록 착화되기 쉽다.
- 목재의 열전도율은 함수율과 비중에 비례하며, 섬유방향이 섬유의 직각방향보다 더 크다.

정답 | 81 ① 82 ① 83 ③ 84 ②

1002

## 85

Repetitive Learning (1회 2회 3회)

강(鋼)과 비교한 알루미늄의 특징에 대한 내용 중 옳지 않은 것은?

① 강도가 작다. ② 전기 전도율이 높다.
③ 열팽창률이 작다. ④ 비중이 작다.

해설

- 알루미늄은 강에 비해 열팽창률이 크다.

강(鋼)과 알루미늄의 비교
- 강(鋼)에 비해 강도가 작다.
- 강(鋼)에 비해 전기 전도율이 높다.
- 강(鋼)에 비해 열팽창률이 크다.
- 강(鋼)에 비해 비중이 작다.

0402 / 0701 / 2104

## 86

Repetitive Learning (1회 2회 3회)

역청재료의 침입도 시험에서 중량 100g의 표준 침이 5초 동안에 10mm 관입했다면 이 재료의 침입도는?

① 1 ② 10
③ 100 ④ 1,000

해설

- 침입도는 5초 동안 10mm 관입되었으므로 대입하면 $\frac{10}{0.1}=100$이 된다.

침입도의 계산
- 25℃에서 중량 100g의 표준 침을 5초 동안 눌렀을 때 0.1[mm] 관입할 때 침입도는 1로 계산한다.
- 같은 조건에서 $\frac{\text{관입된 깊이[mm]}}{0.1}$로 구한다.

## 87

Repetitive Learning (1회 2회 3회)

목재의 내화성에 관한 설명 중 옳지 않은 것은?

① 목재의 발화 온도는 450℃ 이상이다.
② 목재의 밀도가 작을수록 착화가 어렵다.
③ 수산화나트륨 도포도 목재의 방화에 효과적이다.
④ 목재의 대단면화는 안전한 목재 방화법이다.

해설

- 목재의 밀도가 작으면 착화가 쉬워진다.

목재의 물리적 성질
- 목재는 화재나 충해에 취약하고 함수율 변화에 따른 신축변형이 크다.
- 목재의 섬유 방향의 강도는 인장>압축>전단 순이다.
- 물속에 담가 둔 목재, 땅속 깊이 묻은 목재 등은 산소부족으로 균의 생육이 정지되고 썩지 않는다.
- 목재가 대기의 온도와 습도에 맞게 평형에 도달한 상태를 의미하는 기건상태의 함수율은 약 15%이다.
- 목재에서 흡착수만이 최대한도로 존재하고 있는 상태인 섬유포화점(Fiber saturation point)의 함수율은 30% 정도이다.
- 목재는 섬유포화점 이상의 함수상태에서는 함수율의 증감에도 불구하고 신축을 일으키지 않는다.
- 목재의 열팽창은 흡습팽창에 비해 영향이 매우 적다.
- 목재는 열전도도가 아주 낮아 여러 가지 보온재료로 사용된다.
- 목재는 250℃ 전후에서 불꽃을 내며 연소하는데 이 온도를 인화점이라고 하고, 450℃ 전후에서 불꽃이 없어도 발화하는데 이 온도를 발화점이라고 한다.

1302 / 2001

## 88

Repetitive Learning (1회 2회 3회)

일반적으로 단열재에 습기나 물기가 침투하면 어떤 현상이 발생하는가?

① 열전도율이 높아져 단열성능이 좋아진다.
② 열전도율이 높아져 단열성능이 나빠진다.
③ 열전도율이 낮아져 단열성능이 좋아진다.
④ 열전도율이 낮아져 단열성능이 나빠진다.

해설

- 단열재는 다공성 재료가 많은데 단열재에 습기나 물기가 침투하면 열전도율이 높아져 단열성능이 떨어진다.

단열재
- ㉠ 개요
  - 열이 흐르는 물체의 전열저항을 크게 하여 열 흐름을 적게 하는 것을 말한다.
  - 단열재는 다공성 재료가 많은데 단열재에 습기나 물기가 침투하면 열전도율이 높아져 단열성능이 떨어진다.
- ㉡ 구비조건
  - 열전도율이 낮고 비중이 작을 것
  - 흡수율이 낮을 것
  - 내화성 및 내부식성이 좋을 것
  - 경제적이고 어느 정도의 기계적인 강도가 있을 것



85 ③ 86 ③ 87 ② 88 ② 정답

0502

## 89

Repetitive Learning 1회 2회 3회

유리섬유를 폴리에스테르수지에 혼입하여 가압·성형한 판으로 내구성이 좋아 내·외수장재로 사용하는 것은?

① 아크릴평판 ② 멜라민치장판
③ 폴리스티렌투명판 ④ 폴리에스테르강화판

해설

- 아크릴은 투명도가 높으며 착색이 자유롭고 내충격 강도가 커 채광판, 도어판, 칸막이벽 등에 사용된다.
- 멜라민치장판은 경도가 크나 내열, 내수성이 부족하여 외장재로는 부적당하며 내장재, 가구재로 사용된다.
- 폴리스티렌수지는 발포제로서 보드 상으로 성형하여 단열재로 널리 사용되며 건축물의 천장재, 블라인드 등에 널리 쓰이는 열가소성 수지이다.

FRP(Fiber Reinforced Plastics)

- 폴리에스테르강화판 혹은 강화폴리에스테르판이라고도 한다.
- 유리섬유를 폴리에스테르수지에 혼입하여 가압·성형한 판이다.
- 내식성, 내구성, 내산 및 내알칼리성이 좋아 내·외수장재, 가구재, 구조재 등으로 사용한다.

1804

## 90

Repetitive Learning 1회 2회 3회

자연에서 용제가 증발해서 표면에 피막이 형성되어 굳는 도료는?

① 유성조합페인트 ② 에폭시수지 도료
③ 알키드수지 ④ 염화비닐수지에나멜

해설

- 유성조합페인트는 보일유와 알키드수지가 주성분으로 내후성과 내수성, 접착성이 우수하며 방청효과가 있어 대형냉동창고 등에 사용한다.
- 에폭시수지 도료는 내산성, 내알칼리성, 내열성이 우수한 합성수지 도료의 한 종류이다.
- 알키드수지 도료는 폴리에스테르수지의 일종으로 내후성, 접착성이 우수하여 페인트, 바니시, 래커 등의 도료로 주로 사용된다.

다양한 도료

| | |
|---|---|
| 염화비닐수지 도료 | 폴리염화비닐을 주성분으로 하는 도료로 자연에서 용제가 증발하여 표면에 피막이 형성되어 굳는 도료 |
| 합성수지 스프레이 코팅제 | 합성수지를 용제에 녹여서 착색제를 혼입하여 만든 재료로 건조가 빠르고 내화학성, 내후성, 내식성 및 치장효과 |
| 합성수지 에멀션페인트 | 용제로 물을 사용하며 다양한 색채가 가능한 외부(마감)용 수성페인트로 콘크리트 면의 도장에 주로 사용 |
| 래커에나멜 | 뉴트로셀룰로오스 등의 천연수지를 이용한 자연 건조형으로 건조속도가 빨라 단시간에 도막이 형성 |
| 클리어래커 | 은폐력이 없는 투명 래커로 목재바탕의 무늬를 살리기에 적합 |
| 징크로메이트(Zincromate) 도료 | 크롬산아연을 안료로 하고, 알키드수지를 전색제로 한 것으로서 알루미늄 녹막이 초벌칠에 적당한 방청도료 |
| 프탈산수지 에나멜 | 석유를 원료로 한 무수프탈산과 글리세린을 반응시킨 것으로 내알칼리성이 매우 약한 특성 |
| 셀락니스 | 무색 투명하고 내후성이 약한 천연 니스(곤충 분비물)로 목공마감재로는 목부의 옹이땜질, 송진막이, 스밈막이 등에 사용 |

## 91

Repetitive Learning 1회 2회 3회

타일의 소지(素地) 중 규산을 화학성분으로 한 석영·수정 등의 광물로서 도자기 속에 넣으면 점성을 제거하는 효과가 있으며, 소지 속에서 미분화하는 것은?

① 고령토
② 점토
③ 규석
④ 납석

해설

- 고령토는 카올린(Kaolin)으로 카올리나이트, 핼로이사이트, 디카이트, 나크라이트 등의 광물로 구성되며, 가소성 점토에 비해 가소성이 떨어지지만 내화도가 높다.
- 점토는 천연의 매우 고운 흙가루를 지칭하는 개념으로 도자기의 원료를 말한다. 물을 가해 반죽하면 가소성을 가지며, 건조시키면 강도를 가지고, 건조시킨 후 적당한 온도로 구우면 소결된다.
- 납석은 미세한 광물이 지방광택을 띠면서 집합된 연질덩이리의 광물로 강열 감량이 적고, 소성수축이 적으며 소결이 잘된다.

규석

- 산화규소($SiO_2$)와 물이 화합한 규산을 화학성분으로 한 석영·수정 등의 광물을 말한다.
- 도자기 속에 넣으면 내화도와 점성을 조절하는 효과가 있다.
- 제철 제강용으로 사용될 때 용융점을 낮추는 데 이용되며, 소지 속에서 미분화한다.

정답 | 89 ④ 90 ④ 91 ③

0802 / 1901

## 92 Repetitive Learning 1회 2회 3회

점토제품에서 SK번호란 무엇을 뜻하는가?

① 소성온도를 표시
② 점토원료를 표시
③ 점토제품의 종류를 표시
④ 점토제품 제법 순서를 표시

해설

- SK번호는 제게르 번호라고도 하며, 소성온도에 따라 붙여지는 번호이다.

SK번호
- 제게루 번호라고도 하며, 소성온도에 따라 붙여지는 번호이다.
- 번호의 값이 클수록 내화도가 높아 고온에 견디는 정도가 좋다.
- 내화벽돌은 SK 26번 이상, 내화점토는 SK 33번 이상을 표준으로 한다.

## 93 Repetitive Learning 1회 2회 3회

건성유에 연백 또는 안료를 더하여 만든 것으로 주로 유성페인트의 바탕 만들기에 사용되는 퍼티는?

① 하도오일 퍼티
② 오일 퍼티
③ 페인트 퍼티
④ 캐슈수지 퍼티

해설

- 하도오일 퍼티는 목재에 재질을 강화시키고 나뭇결을 선명하게 하기 위해 사용하는 목재용 퍼티이다.
- 오일 퍼티는 래커에나멜, 프탈산 수지 에나멜 등의 도장을 할 때 사용하는 퍼티로 건성유와 수지를 더해 만든 것이다.
- 캐슈수지 퍼티는 캐슈 너트 셀유에 페놀을 가한 후 포름알데히드 수지분을 더해 만든 것으로 금속 및 목재에 사용하는 퍼티이다.

퍼티
- 페인트 작업을 하기 전 벽면의 갈라진 부분이나 구멍 난 부분들을 메우는 작업을 말한다.
- 유성페인트의 퍼티에는 건성유에 연백 또는 안료를 더하여 만든 페인트 퍼티를 주로 사용한다.

1301 / 2201

## 94 Repetitive Learning 1회 2회 3회

깬 자갈을 사용한 콘크리트가 동일한 시공연도의 보통콘크리트보다 유리한 점은?

① 시멘트페이스트와의 부착력 증가
② 수밀성 증가
③ 내구성 증가
④ 단위수량 감소

해설

- 쇄석을 골재로 사용할 경우 장점은 부착력이 커져 강도가 높은 콘크리트를 얻을 수 있다.

쇄석을 골재로 사용하는 콘크리트
㉠ 장점
- 쇄석을 이용할 경우 부착력이 커져 강도가 높은 콘크리트를 얻을 수 있다.

㉡ 단점
- 워커빌리티를 나쁘게 하여 모르타르의 양이 증가한다.
- 비경제적이고 콘크리트 치기 작업이 곤란하다.

1004

## 95 Repetitive Learning 1회 2회 3회

시멘트 클링커 화합물에 대한 설명으로 옳지 않은 것은?

① $C_3S$의 양이 많을수록 조강성을 나타낸다.
② $C_2S$의 양이 많을수록 강도의 발현이 서서히 된다.
③ 재령 1년에서 $C_4AF$의 강도는 매우 낮다.
④ 시멘트의 수축률을 감소시키기 위해서는 $C_3A$를 증가시켜야 한다.

해설

- 알루민산3칼슘($C_3A$)을 증가시키면 시멘트의 수축률은 그만큼 더 커진다.

시멘트 클링커 화합물

| 화합물 | 조기 강도 | 장기 강도 | 수화열 | 수축률 |
|---|---|---|---|---|
| 규산3칼슘($C_3S$) | 크다 | 보통 | 보통 | 보통 |
| 알루민산3칼슘($C_3A$) | 크다 | 작다 | 크다 | 크다 |
| 규산2칼슘($C_2S$) | 작다 | 크다 | 작다 | 작다 |
| 알루민산철4칼슘($C_4AF$) | 작다 | 작다 | 작다 | 작다 |



92 ① 93 ③ 94 ① 95 ④ 정답

1802

## 96

Repetitive Learning 1회 2회 3회

건축용 코킹재의 일반적인 특징에 관한 설명으로 옳지 않은 것은?

① 수축률이 크다.
② 내부의 점성이 지속된다.
③ 내산·내알칼리성이 있다.
④ 각종 재료에 접착이 잘 된다.

**해설**

- 코킹재는 신축허용률이 ±10% 이하의 제품을 말하며 그보다 큰 신축허용률을 갖는 제품은 실란트(Sealant)라 한다.

**건축용 코킹재(Caulking)**

㉠ 개요
- 각종 접합부나 갈라진 틈에 대한 수밀 및 기밀작업을 수행하는 물질로 신축허용률 ±10% 이하의 조인트에 사용되어지는 제품을 말한다.
- Oil, Butyl, Acryl 등이 있다.

㉡ 특징
- 수축률이 작다.
- 내부의 점성이 지속된다.
- 내산·내알칼리성이 있다.
- 각종 재료에 접착이 잘 된다.

1802

## 97

Repetitive Learning 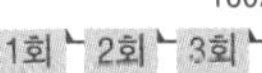

고로슬래그 분말을 혼화재로 사용한 콘크리트의 성질에 관한 설명으로 옳지 않은 것은?

① 초기강도는 낮지만 슬래그의 잠재 수경성 때문에 장기강도는 크다.
② 해수, 하수 등의 화학적 침식에 대한 저항성이 크다.
③ 슬래그 수화에 의한 포졸란 반응으로 공극 충전효과 및 알칼리골재반응 억제효과가 크다.
④ 슬래그를 함유하고 있어 건조수축에 대한 저항성이 크다.

**해설**

- 고로시멘트는 슬래그를 함유하고 있어 건조수축에 대한 저항성이 약하고 중성화를 촉진하는 단점을 갖는다.

**고로시멘트**

㉠ 개요
- 포틀랜드시멘트 클링커에 철 용광로에서 나온 슬래그를 급랭하여 혼합하고 이에 응결시간 조절용 석고를 첨가하여 분쇄한 시멘트이다.
- 팽창균열이 없고 화학저항성이 높아 해수·공장폐수·하수 등에 접하는 콘크리트에 적합하다.

㉡ 특징
- 초기강도는 약간 낮으나 장기강도는 보통포틀랜드시멘트와 같거나 그 이상이 된다.
- 수화열량이 적어 매스콘크리트용으로도 사용가능하다.
- 팽창균열이 없고 화학저항성과 수밀성이 크고 잠재수경성의 성질을 가지고 있다.
- 슬래그 수화에 의한 포졸란 반응으로 공극 충전효과 및 알칼리골재반응 억제효과가 크다.
- 모르타르나 콘크리트의 거푸집을 접하지 않는 자유표면은 경화불량에서 오는 약화현상이 따르기 쉽다.
- 슬래그를 함유하고 있어 건조수축에 대한 저항성이 약하고 중성화를 촉진하는 단점을 갖는다.

## 98

Repetitive Learning 1회 2회 3회

다음 시멘트 중 안전성이 좋고 발열량이 적으며 내침식성, 내구성이 좋아 댐 공사, 방사능 차폐용 등으로 사용되는 것은?

① 조강포틀랜드시멘트
② 보통포틀랜드시멘트
③ 알루미나시멘트
④ 중용열포틀랜드시멘트

**해설**

- 중용열포틀랜드시멘트는 시멘트의 발열량을 저감시킬 목적으로 제조한 포틀랜드시멘트로, 댐 공사, 방사능 차폐용 등 매스콘크리트용으로 사용된다.

**중용열포틀랜드시멘트**
- 시멘트의 발열량을 저감시킬 목적으로 제조한 포틀랜드시멘트이다.
- $C_3S$나 $C_3A$가 적고, 장기강도를 지배하는 $C_2S$를 많이 함유한 시멘트이다.
- 건조수축이 포틀랜드시멘트 중 가장 적고 화학저항성이 크며, 내산성 및 내구성이 좋다.
- 조기강도는 보통포틀랜드시멘트보다 낮으나 장기강도는 같거나 약간 높다.
- 안전성이 좋고 발열량이 적으며 내침식성, 내구성이 좋으나 수화속도가 늦다.
- 댐 공사, 방사능 차폐용 등 매스콘크리트용으로 사용된다.

정답 | 96 ① 97 ④ 98 ④

0402 / 0601 / 1201

## 99 Repetitive Learning (1회 2회 3회)

표면건조 포화상태의 잔골재 500g을 건조시켜 기건상태에서 측정한 결과 460g, 절대건조상태에서 측정한 결과 440g이었다. 흡수율(%)은?

① 8% ② 8.7%
③ 12% ④ 13.6%

해설

- 표건상태의 중량은 500g이며, 절건상태의 중량은 440g이다.
- 흡수율 $= \frac{500-440}{440} = 0.136$으로 13.6[%]이다.

흡수율과 표면수율

㉠ 흡수율
- 흡수율은 흡수량(표면건조상태와 절대건조상태의 중량 차) 대비 절대건조상태의 중량비를 백분율로 나타낸 것이다.
- 흡수율 $= \frac{\text{표면건조상태} - \text{절대건조상태}}{\text{절대건조상태}} \times 100[\%]$이다.

㉡ 표면수율
- 표면수율이란 표면수량(습윤상태와 표건상태의 중량 차) 대비 표면건조상태의 중량비를 백분율로 나타낸 것이다.
- 표면수율 $= \frac{\text{습윤상태} - \text{표면건조상태}}{\text{표면건조상태}} \times 100[\%]$이다.

0501

## 100 Repetitive Learning (1회 2회 3회)

플라스틱 재료에 관한 설명으로 옳지 않은 것은?

① 실리콘수지는 내열성, 내한성이 우수한 수지로 콘크리트의 발수성 방수도료에 적당하다.
② 불포화 폴리에스테르수지는 유리섬유로 보강하여 사용되는 경우가 많다.
③ 아크릴수지는 투명도가 높아 유기유리로 불린다.
④ 멜라민수지는 내수, 내약품성은 우수하나 표면경도가 낮다.

해설

- 멜라민수지는 표면경도가 크고 압축성형한 판은 내장재로 쓰인다.

멜라민수지
- 축합 반응에 의하여 얻어지는 고분자물질에 속하는 플라스틱이다.
- 무색투명하고 착색이 자유롭다.
- 내열성(120~150[℃]), 강도 내수성 등이 우수하다.
- 기계적 강도, 전기적 성질이 우수하다.
- 접착제, 화장판, 벽판, 마감재, 가구재, 천장판, 카운터, 조리대 등에 사용된다.
- 수지는 표면경도가 크고, 압축성형한 판은 내장재로 주로 사용된다.

# 6과목 건설안전기술

1004

## 101 Repetitive Learning (1회 2회 3회)

산업안전보건기준에 관한 규칙에서 규정한 양중기의 종류에 해당하지 않는 것은?

① 이동식크레인
② 승강기
③ 리프트(Lift)
④ 하이랜드(High land)

해설

- 하이랜드는 조랑말 혹은 미국의 도시이름으로 양중기와는 관련이 없다.

양중기의 종류 실필 1902/1201
- 크레인(Crane)(호이스트(Hoist) 포함)
- 이동식크레인
- 리프트(이삿짐운반용의 경우 적재하중 0.1톤 이상)
- 곤돌라
- 승강기

## 102 Repetitive Learning (1회 2회 3회)

다음은 거푸집 동바리 등을 조립하는 경우의 준수사항이다. 빈 칸 안에 알맞은 내용을 순서대로 옳게 나열한 것은?

> • 동바리로 사용하는 파이프 서포트에 대하여는 다음 각목의 정하는 바에 의할 것
> – 높이 3.5m를 초과하는 경우 (　) 이내마다 수평연결재를 (　) 방향으로 만들고 수평연결재의 변위를 방지할 것

① 1m, 1개
② 1m, 2개
③ 2m, 1개
④ 2m, 2개



정답 99 ④ 100 ④ 101 ④ 102 ④

해설

- 동바리로 사용하는 파이프 서포트는 높이가 3.5미터를 초과하는 경우에는 2m 이내마다 수평연결재를 2개 방향으로 설치하여야 한다.

∷ 거푸집 동바리 등의 안전조치 실필 1304 실작 1804/1802/1801/1702/1701/1604/1602/1504/1502/1501/1402

㉠ 공통사항
- 받침목의 사용, 콘크리트 타설, 말뚝박기 등 동바리의 침하를 방지하기 위한 조치를 할 것
- 동바리의 상하 고정 및 미끄러짐 방지 조치를 할 것
- 상부·하부의 동바리가 동일 수직선상에 위치하도록 하여 깔판·받침목에 고정시킬 것
- 개구부 상부에 동바리를 설치하는 경우에는 상부하중을 견딜 수 있는 견고한 받침대를 설치할 것
- U헤드 등의 단판이 없는 동바리의 상단에 멍에 등을 올릴 경우에는 해당 상단에 U헤드 등의 단판을 설치하고, 멍에 등이 전도되거나 이탈되지 않도록 고정시킬 것
- 동바리의 이음은 같은 품질의 재료를 사용할 것
- 강재의 접속부 및 교차부는 볼트·클램프 등 전용철물을 사용하여 단단히 연결할 것
- 거푸집의 형상에 따른 부득이한 경우를 제외하고는 깔판이나 받침목은 2단 이상 끼우지 않도록 할 것
- 깔판이나 받침목을 이어서 사용하는 경우에는 그 깔판·받침목을 단단히 연결할 것

㉡ 동바리로 사용하는 파이프 서포트
- 파이프 서포트를 3개 이상 이어서 사용하지 않도록 할 것
- 파이프 서포트를 이어서 사용하는 경우에는 4개 이상의 볼트 또는 전용철물을 사용하여 이을 것
- 높이가 3.5m를 초과하는 경우 2m 이내마다 수평연결재를 2개 방향으로 설치할 것

## 103 — Repetitive Learning (1회 2회 3회)

터널 출입구 부근의 지반의 붕괴 또는 토석의 낙하에 의하여 근로자가 위험해질 우려가 있을 경우에 위험을 방지하기 위해 필요한 조치에 해당하는 것은?

① 물의 분사　② 보링에 의한 가스제거
③ 흙막이 지보공 설치　④ 감시인의 배치

해설

- 터널 출입구 부근의 지반 붕괴, 토석낙하에 대비한 조치에는 흙막이 지보공이나 방호망을 설치한다.

∷ 터널 출입구 부근 등의 지반 붕괴에 의한 위험의 방지
- 사업주는 터널 등의 건설작업을 할 때에 터널 등의 출입구 부근의 지반의 붕괴나 토석의 낙하에 의하여 근로자가 위험해질 우려가 있는 경우에는 흙막이 지보공이나 방호망을 설치하는 등 위험을 방지하기 위하여 필요한 조치를 하여야 한다.

1101 / 1302

## 104 — Repetitive Learning (1회 2회 3회)

중량물 운반 시 크레인에 매달아 올릴 수 있는 최대 하중으로부터 달아 올리기 기구의 중량에 상당하는 하중을 제외한 하중을 무엇이라 하는가?

① 정격하중　② 적재하중
③ 임계하중　④ 작업하중

해설

- 적재하중은 주로 건축물의 각 실별·바닥별 용도에 따라 그 속에 수용되는 사람과 적재되는 물품 등의 중량으로 인한 수직하중을 말한다.
- 임계하중은 주로 건축물에서 기둥이 좌굴되는 순간까지 견딜 수 있는 최대 축하중을 말한다.
- 작업하중은 주로 콘크리트 타설에서 사용하는 개념으로 작업원, 장비하중, 기타 콘크리트 타설에 필요한 자재 및 공구 등의 시공하중, 충격하중을 모두 합한 하중을 말한다.

∷ 하중 실필 1301/1001
- 정격하중이란 크레인의 권상하중에서 훅, 그래브 또는 버켓 등 달기기구의 하중을 뺀 하중을 말한다. 즉, 중량물 운반 시 크레인에 매달아 올릴 수 있는 최대 하중으로부터 달아 올리기 기구의 중량에 상당하는 하중을 제외한 하중을 말한다.
- 권상하중이란 크레인이 지브의 길이 및 경사각에 따라 들어 올릴 수 있는 최대의 하중을 말한다.

2001

## 105 — Repetitive Learning (1회 2회 3회)

산업안전보건기준에 관한 규칙에 따른 굴착면의 기울기 기준으로 옳지 않은 것은?

① 보통 흙 습지 - 1 : 1.2
② 모래 - 1 : 1.5
③ 풍화암 - 1 : 1.0
④ 연암 - 1 : 1.0

해설

- 모래는 1 : 1.8의 구배를 갖도록 한다.

∷ 굴착면 기울기 기준 실필 1701/1702
실작 1802/1801/1702/1701/1601/1504

| 지반의 종류 | 기울기 |
|---|---|
| 모래 | 1 : 1.8 |
| 연암 및 풍화암 | 1 : 1.0 |
| 경암 | 1 : 0.5 |
| 그 밖의 흙 | 1 : 1.2 |

정답 | 103 ③ 104 ① 105 ②

## 106 Repetitive Learning (1회 2회 3회)

아파트의 외벽 도장 작업 시 추락방지를 위해 주로 수직구명줄에 부착하여 사용하는 보호장구로 옳은 것은?

① 1개걸이 전용 ② 추락방지대
③ 2개걸이 전용 ④ U자 걸이 전용

해설

- 추락방지대를 부착하여 사용하는 안전대는 신체지지의 방법으로 안전그네만을 사용하여야 하며 수직구명줄이 포함되어야 한다.

추락방지대 실작 1601/1501

- 신체의 추락을 방지하기 위해 자동잠김장치를 갖추고 죔줄과 수직구명줄에 연결된 금속장치를 말한다.
- 추락방지대를 부착하여 사용하는 안전대는 신체지지의 방법으로 안전그네만을 사용하여야 하며 수직구명줄이 포함되어야 한다.
- 수직구명줄에서 걸이설비와의 연결부위는 훅 또는 카라비너 등이 장착되어 걸이설비와 확실히 연결되어야 한다.

0702

## 107 Repetitive Learning (1회 2회 3회)

표준관입시험에서 30cm 관입에 필요한 타격횟수(N)가 50 이상일 때 모래의 상대밀도는 어떤 상태인가?

① 몹시 느슨하다. ② 느슨하다.
③ 보통이다. ④ 대단히 조밀하다.

해설

- 타격횟수가 50 이상일 때의 상대밀도는 매우 조밀한 상태이다.

표준관입시험(SPT)

㉠ 개요

- 지반조사의 대표적인 현장시험방법이다.
- 보링 구멍 내에 무게 63.5kg의 해머를 높이 76cm에서 낙하시켜 샘플러를 30cm 관입시키는 데 필요한 타격횟수를 측정하는 시험이다.

㉡ 특징 및 N값

- 필요 타격횟수(N값)로 모래지반의 내부 마찰각을 구할 수 있다.
- 사질지반에 적용하며, 점토지반에서는 편차가 커서 신뢰성이 떨어진다.
- N값과 상대밀도

| N값 | 0 ~ 4 | 4 ~ 10 | 10 ~ 30 | 30 ~ 50 | 50 이상 |
|---|---|---|---|---|---|
| 상대밀도 | 매우 느슨 | 느슨 | 보통 | 조밀 | 매우 조밀 |

0902

## 108 Repetitive Learning (1회 2회 3회)

강관비계(외줄·쌍줄 및 돌출비계)의 벽이음 및 버팀 설치에 관한 기준으로 옳은 것은?

① 인장재와 압축재와의 간격은 70cm 이내로 할 것
② 단관비계의 수직방향 조립간격은 7m 이하로 할 것
③ 틀비계의 수평방향 조립간격은 10m 이하로 할 것
④ 강관·통나무 등의 재료를 사용하여 견고한 것으로 할 것

해설

- 인장재(引張材)와 압축재로 구성된 경우에는 인장재와 압축재의 간격을 1미터 이내로 한다.
- 단관비계의 조립 시 벽이음 간격은 수직방향으로 5m 이내로 한다.
- 틀비계의 수평방향 조립간격은 8m 이내로 한다.

강관비계 조립 시의 준수사항

- 강관비계의 조립(벽이음)간격

| 강관비계의 종류 | 조립간격(단위 : m) | |
|---|---|---|
| | 수직방향 | 수평방향 |
| 단관비계 | 5 | 5 |
| 틀비계(높이 5m 미만 제외) | 6 | 8 |

- 강관·통나무 등의 재료를 사용하여 견고한 것으로 할 것
- 인장재(引張材)와 압축재로 구성된 경우에는 인장재와 압축재의 간격을 1미터 이내로 할 것

## 109 Repetitive Learning (1회 2회 3회)

철골 건립기계 선정 시 사전 검토사항과 가장 거리가 먼 것은?

① 입지조건 ② 인양물 종류
③ 건물형태 ④ 작업 반경

해설

- 철골을 건립하는 경우에 사용되는 기계 선정이므로 인양물은 사전에 검토할 사항에 포함되지는 않는다.

철골 건립기계 선정 시 검토사항

- 입지조건 – 세우기 기계의 출입로, 설치장소, 기계조립에 필요한 면적과 주행통로, 지반지내력, 소음관련 주변상황
- 건물형태 – 건물의 길이 또는 높이 등 건물의 형태
- 작업 반경 및 하중범위 등 – 고정식 건립기계의 경우 기계의 작업반경, 하중범위, 수평거리, 수직높이 등



106 ② 107 ④ 108 ④ 109 ② | 정답

1902

## 110 Repetitive Learning 1회 2회 3회

건립 중 강풍에 의한 풍압 등 외압에 대한 내력이 설계에 고려되었는지 확인하여야 하는 철골구조물이 아닌 것은?

① 높이 20m 이상인 구조물
② 폭과 높이의 비가 1 : 4 이상인 구조물
③ 연면적당 철골량이 60kg/$m^2$ 이상인 구조물
④ 이음부가 현장용접인 구조물

해설

- 연면적당 철골량이 50kg/$m^2$ 이하인 구조물에 대해서는 외압에 대한 내력이 설계 시 고려되었는지 확인할 필요가 있으나, 연면적당 철골량이 60kg/$m^2$ 이상인 구조물에 대해서는 확인이 필요하지 않다.

외압에 대한 내력이 설계 시 고려되었는지를 확인해야 하는 구조물 실필 1804/1602/1504/1301/1204/1102/1001/0902 실작 1801

- 높이 20m 이상의 구조물
- 구조물의 폭과 높이의 비가 1 : 4 이상인 구조물
- 단면구조에 현저한 변화가 있는 구조물
- 연면적당 철골량이 50kg/$m^2$ 이하인 구조물
- 기둥이 타이플레이트(Tie plate)형인 구조물
- 이음부가 현장용접인 구조물

2001

## 111 Repetitive Learning 1회 2회 3회

작업으로 인하여 물체가 떨어지거나 날아올 위험이 있는 경우 필요한 조치와 가장 거리가 먼 것은?

① 투하설비 설치
② 낙하물방지망 설치
③ 수직보호망 설치
④ 출입금지구역 설정

해설

- 투하설비는 작업장에서 높이가 3미터 이상인 장소로부터 물체를 안전하게 투하하기 위해 설치하는 설비로 낙하물에 의한 위험에 대비하기 위한 장치와는 큰 관련이 없다.

낙하물에 의한 위험 방지대책
실필 1901/1602/1601 실작 1902/1804/1802/1801/1602/1601/1404

- 작업으로 인하여 물체가 떨어지거나 날아올 위험이 있는 경우 낙하물방지망, 수직보호망 또는 방호선반의 설치, 출입금지구역의 설정, 보호구의 착용 등 위험을 방지하기 위하여 필요한 조치를 하여야 한다.
- 낙하물방지망 또는 방호선반을 설치하는 경우 높이 10m 이내마다 설치하고, 내민 길이는 벽면으로부터 2m 이상으로 해야 하며, 수평면과의 각도는 20도 이상 30도 이하를 유지한다.

## 112 Repetitive Learning 1회 2회 3회

인접구조물보다 깊은 위치에 근접하여 지하구조물을 건설할 경우에 인접건물의 기초 등을 보호하기 위해 실시하는 기초보강 공법은?

① 어스앵커 공법
② 언더피닝 공법
③ C.I.P 공법
④ 지하연속벽 공법

해설

- 어스앵커 공법은 버팀대 대신 흙막이 벽 배면에 앵커체를 형성하여 인장력에 의해 토압을 지지하는 흙막이 공법이다.
- C.I.P 공법은 지반을 굴착하고 조립된 철근과 조골재를 채우고 콘크리트를 타설하여 현장에서 타설 말뚝을 조성하는 흙막이 공법이다.
- 지하연속벽 공법은 도심지에서 주변에 주요시설물이 있을 때 침하와 변위를 적게 할 수 있는 적당한 흙막이 공법이다.

언더피닝(Under pinning) 공법

- 가설기초의 용량(지지력)과 심도를 증가시키기 위하여 새로운 영구적인 지지력을 첨가하는 것을 말한다. 기존 건물 또는 공작물의 기초나 지정을 보강하거나 또는 거기에 새로운 기초를 삽입하거나 지지면을 더 깊은 지반에 옮겨 안전하게 하기 위한 지반개량 공법이다.
- 기존에 구축된 건축물 가까이에서 건축공사를 실시할 경우 기존 건축물기초의 침하 우려에 대비하여 지반과 기초를 보강하는 공법을 말한다.
- 언더피닝 공법에는 강재말뚝 공법, 약액주입법, 2중 널말뚝 공법, 피트 공법, 차단벽 공법, 웰포인트 공법 등이 있다.

## 113 Repetitive Learning 1회 2회 3회

차량계 건설기계의 전도 등을 방지하기 위한 조치와 거리가 먼 것은?

① 차체에 견고한 낙하물 보호구조를 갖춘다.
② 지반의 부동침하를 방지한다.
③ 갓길의 붕괴를 방지한다.
④ 충분한 도로의 폭을 유지한다.

정답 | 110 ③ 111 ① 112 ② 113 ①

해설

- 차량계 건설기계가 넘어지거나 굴러떨어져서 근로자가 위험해질 우려가 있는 경우 유도자를 배치하고, 지반의 부동침하 방지, 갓길의 붕괴 방지 및 도로 폭의 유지 등의 조치를 취한다.

:: 차량계 건설기계의 전도방지 조치
실필 1804/1702 실작 1902/1801/1701/1604/1601/1402/1401

- 사업주는 차량계 건설기계를 사용하여 작업할 때에 그 기계가 넘어지거나 굴러떨어짐으로써 근로자가 위험해질 우려가 있는 경우에는 유도하는 사람을 배치하고 지반의 부동침하 방지, 갓길의 붕괴 방지 및 도로 폭의 유지 등 필요한 조치를 하여야 한다.

1101

## 114 ——— Repetitive Learning (1회 2회 3회)

그물코 크기가 가로, 세로 각각 10cm인 매듭방망사의 신품에 대해 등속인장시험을 하였을 경우 그 강도가 최소 얼마 이상이어야 하는가?

① 150kg
② 200kg
③ 220kg
④ 240kg

해설

- 매듭방망의 인장강도는 신품의 경우 그물코의 크기가 5cm이면 110kg, 10cm이면 200kg 이상이다.

:: 신품 방망 인장강도 실필 1804 실작 1602

| 그물코 한변 길이 | 무매듭방망 | 매듭방망 |
|---|---|---|
| 10cm | 240kg 이상(150kg) | 200kg 이상(135kg) |
| 5cm | – | 110kg 이상(60kg) |

단, ( )은 폐기기준이다.

0602

## 115 ——— Repetitive Learning (1회 2회 3회)

달비계란 와이어로프 등을 이용하여 상부지점으로부터 작업자가 승강할 수 있는 시설인데, 이 달비계의 작업발판의 폭은 최소 얼마 이상으로 유지하여야 하는가?

① 25cm
② 30cm
③ 35cm
④ 40cm

해설

- 작업발판의 폭은 40cm 이상으로 하고, 발판재료 간의 틈은 3cm 이하로 한다.

:: 작업발판의 구조 실필 1902/1401 실작 1804

- 발판재료는 작업할 때의 하중을 견딜 수 있도록 견고한 것으로 할 것
- 작업발판의 폭은 40cm 이상으로 하고, 발판재료 간의 틈은 3cm 이하로 할 것
- 선박 및 보트 건조작업의 경우 선박블록 또는 엔진실 등의 좁은 작업공간에 작업발판을 설치하기 위하여 필요하면 작업발판의 폭을 30cm 이상으로 할 수 있고, 걸침비계의 경우 강관기둥 때문에 발판재료 간의 틈을 3cm 이하로 유지하기 곤란하면 5cm 이하로 할 수 있다. 이 경우 그 틈 사이로 물체 등이 떨어질 우려가 있는 곳에는 출입금지 등의 조치를 하여야 한다.
- 추락의 위험이 있는 장소에는 안전난간을 설치할 것
- 작업발판의 지지물은 하중에 의하여 파괴될 우려가 없는 것을 사용할 것
- 작업발판 재료는 뒤집히거나 떨어지지 않도록 둘 이상의 지지물에 연결하거나 고정시킬 것
- 작업발판을 작업에 따라 이동시킬 경우에는 위험 방지에 필요한 조치를 할 것

0604 / 2001

## 116 ——— Repetitive Learning (1회 2회 3회)

항타기 및 항발기의 권상용 와이어로프의 사용금지 기준에 해당되지 않는 것은?

① 와이어로프의 한 꼬임에서 끊어진 소선의 수가 8% 이상인 것
② 지름의 감소가 공칭지름의 7%를 초과하는 것
③ 심하게 변형되거나 부식된 것
④ 이음매가 있는 것

해설

- 와이어로프의 한 꼬임에서 끊어진 소선(素線)의 수가 10% 이상인 것은 사용금지 기준에 포함되나 8%는 사용가능하다.

:: 달기구 및 크레인 등의 양중기, 항타기, 항발기에서 사용하는 와이어로프의 사용금지 규정 실필 1602/1502/0901 실작 1804/1502

- 이음매가 있는 것
- 와이어로프의 한 꼬임[(스트랜드(Strand)]에서 끊어진 소선(素線)의 수가 10% 이상인 것
- 지름의 감소가 공칭지름의 7%를 초과하는 것
- 꼬인 것
- 심하게 변형되거나 부식된 것
- 열과 전기충격에 의해 손상된 것



114 ② 115 ④ 116 ① | 정답

1301

## 117 Repetitive Learning (1회 2회 3회)

이동식비계를 조립하여 사용할 때 밑변 최소 폭의 길이가 2m라면 이 비계의 사용가능한 최대 높이는?

① 4m ② 8m

③ 10m ④ 14m

**해설**

- 비계의 최대 높이는 밑변 최소 폭의 4배 이하로 해야 한다.
- 밑변 최소 폭이 2m라면 비계의 최대 높이는 8m가 된다.

**∷ 이동식비계 조립 및 사용 시 준수사항**

실작 1902/1901/1804/1802/1604/1602/1404

- 이동식비계의 바퀴에는 뜻밖의 갑작스러운 이동 또는 전도를 방지하기 위하여 브레이크·쐐기 등으로 바퀴를 고정시킨 다음 비계의 일부를 견고한 시설물에 고정하거나 아웃트리거(Outrigger)를 설치하는 등 필요한 조치를 할 것
- 승강용 사다리는 견고하게 설치할 것
- 비계의 최상부에서 작업을 하는 경우에는 안전난간을 설치할 것
- 작업발판은 항상 수평을 유지하고 작업발판 위에서 안전난간을 딛고 작업을 하거나 받침대 또는 사다리를 사용하여 작업하지 않도록 할 것
- 작업발판의 최대적재하중은 250킬로그램을 초과하지 않도록 할 것
- 비계의 최대 높이는 밑변 최소 폭의 4배 이하로 할 것

## 118 Repetitive Learning (1회 2회 3회)

다음은 강관비계의 구조에 관한 사항이다. 빈 칸에 들어갈 내용을 순서대로 옳게 나열한 것은?

> 띠장 간격은 (　) 이하로 설치하고, 비계기둥의 제일 윗부분으로부터 31m 되는 지점 밑부분의 비계기둥은 (　)의 강관으로 묶어세울 것

① 1.5m, 2개 ② 1.5m, 3개

③ 2.0m, 2개 ④ 2.0m, 3개

**해설**

- 강관비계의 띠장 간격은 2m 이하로 설치하며, 비계기둥의 제일 윗부분으로부터 31m 되는 지점 밑부분의 비계기둥은 2개의 강관으로 묶어세운다.

**∷ 강관비계의 구조** 실필 1302 실작 1902/1901/1802/1801/1701/1504/1401

- 비계기둥의 간격은 띠장 방향에서는 1.85m 이하, 장선(長線) 방향에서는 1.5m 이하로 할 것
- 띠장 간격은 2m 이하로 설치할 것
- 비계기둥의 제일 윗부분으로부터 31m 되는 지점 밑부분의 비계기둥은 2개의 강관으로 묶어세울 것
- 비계기둥 간의 적재하중은 400kg을 초과하지 않도록 할 것

0904 / 2001

## 119 Repetitive Learning (1회 2회 3회)

가설통로의 설치에 관한 기준으로 옳지 않은 것은?

① 일반적으로 경사는 30° 이하로 한다.

② 건설공사에 사용하는 높이 8m 이상의 비계다리에는 7m 이내마다 계단참을 설치하여야 한다.

③ 작업상 부득이한 때에는 필요한 부분에 한하여 안전난간을 임시로 해체할 수 있다.

④ 수직갱에 가설된 통로의 길이가 10m 이상인 때에는 5m 이내마다 계단참을 설치하여야 한다.

**해설**

- 수직갱에 가설된 통로의 길이가 15m 이상인 경우에는 10m 이내마다 계단참을 설치한다.

**∷ 가설통로 설치 시 준수기준**

실필 1801/1704/1502/1404/1201 실작 1804/1801/1704

- 높이 8m 이상인 비계다리에서는 7m 이내마다 계단참을 설치한다.
- 수직갱에 가설된 통로의 길이가 15m 이상인 경우에는 10m 이내마다 계단참을 설치한다.
- 경사가 15°를 초과하는 경우에는 미끄러지지 아니하는 구조로 한다.
- 추락할 위험이 있는 장소에는 안전난간을 설치한다.
- 경사로의 폭은 최소 90cm 이상이어야 한다.
- 발판 폭 40cm 이상, 틈 3cm 이하로 한다.
- 경사는 30° 이하로 한다.

정답 | 117 ② 118 ③ 119 ④

0404 / 0801 / 1204

**120** ——— Repetitive Learning 1회 2회 3회

운반 작업 시 주의사항으로 옳지 않은 것은?

① 단독으로 긴 물건을 어깨에 메고 운반할 때에는 뒤쪽을 위로 올린 상태로 운반한다.

② 운반 시의 시선은 진행방향을 향하고 뒷걸음 운반을 하여서는 안 된다.

③ 무거운 물건을 운반할 때 무게 중심이 높은 화물은 인력으로 운반하지 않는다.

④ 어깨 높이보다 높은 위치에서 화물을 들고 운반하여서는 안 된다.

해설

- 단독으로 긴 물건을 어깨에 메고 운반할 때에는 화물 앞부분 끝을 어깨에 메고 뒤쪽 끝을 끌면서 운반한다.

운반 작업 시 주의사항 실작 1702/1504

- 운반 시의 시선은 진행방향을 향하고 뒷걸음 운반을 하여서는 안 된다.
- 무거운 물건을 운반할 때 무게 중심이 높은 화물은 인력으로 운반하지 않는다.
- 어깨높이보다 높은 위치에서 화물을 들고 운반하여서는 안 된다.
- 1인당 무게는 25kg 정도가 적당하며, 무리한 운반을 피한다.
- 단독으로 긴 물건을 어깨에 메고 운반할 때에는 화물 앞부분 끝을 어깨에 메고 뒤쪽 끝을 끌면서 운반한다.
- 내려놓을 때는 천천히 내려놓도록 한다.
- 물건을 들어 올릴 때는 팔과 무릎을 이용하며 척추는 곧게 한다.
- 무거운 물건은 공동 작업으로 실시하고, 공동 작업을 할 때는 신호에 따라 작업한다.



120 ① 정답

MEMO

# 출제문제 분석 2016년 1회

| 구분 | 1과목 | 2과목 | 3과목 | 4과목 | 5과목 | 6과목 | 합계 |
|---|---|---|---|---|---|---|---|
| New유형 | 1 | 3 | 3 | 4 | 7 | 1 | 19 |
| New문제 | 8 | 8 | 7 | 11 | 15 | 9 | 58 |
| 또나온문제 | 6 | 7 | 9 | 5 | 2 | 8 | 37 |
| 자꾸나온문제 | 6 | 5 | 4 | 4 | 3 | 3 | 25 |
| 합계 | 20 | 20 | 20 | 20 | 20 | 20 | 120 |

- New유형은 New문제 중 기존 기출문제와 완전히 다른 유형의 문제를 말합니다.
- New문제는 기존에 출제되지 않은 문제로 이번에 처음 출제되는 문제입니다.
- 또나온문제는 기존에 출제된 적이 1번 있는 문제를 말합니다.
- 자꾸나온문제는 기존에 출제된 적이 2번 이상 있는 문제를 말합니다. 그만큼 중요한 문제입니다.

## 몇 년분의 기출문제를 공부해야 합격할 수 있을까요?

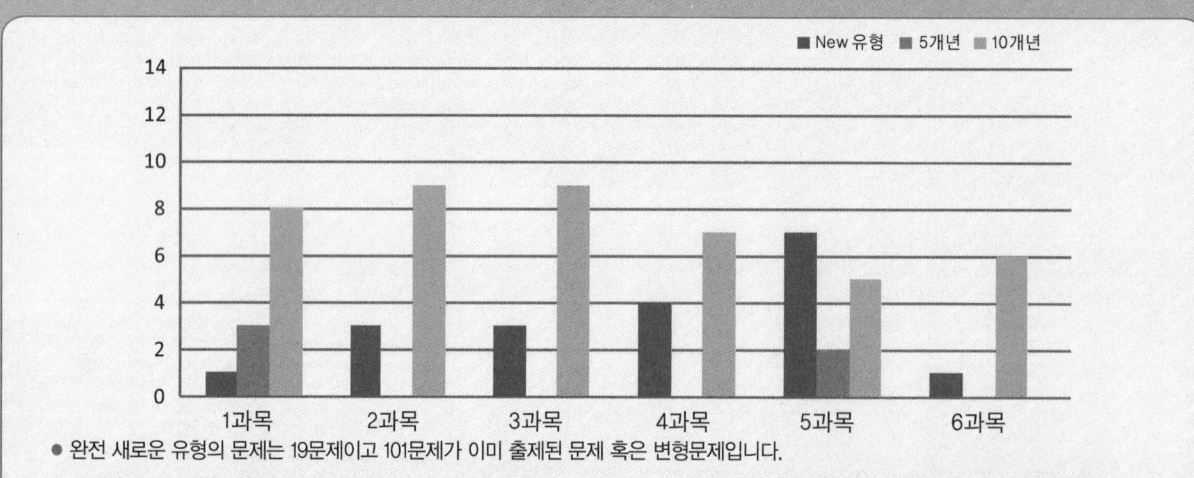


- 완전 새로운 유형의 문제는 19문제이고 101문제가 이미 출제된 문제 혹은 변형문제입니다.
- 5년분(2016~2020) 기출에서 동일문제가 5문항이 출제되었고, 10년분(2011~2020) 기출에서 동일문제가 44문항이 출제되었습니다.

## 실기에 나왔어요!! 외우세요!!!

실기시험은 필답형과 작업형으로 구분되어 있으며 모두 주관식으로 직접 내용을 적어야 합니다. 필기 공부하면서 실기 출제된 내역들은 좀 더 신경써서 암기하실 필요가 있어요. 필기 합격자 발표 난 후 실기시험까지는 5주밖에 여유가 없답니다. 어차피 공부할 것 필기 때 확실하게 해준다면 실기도 단방에 합격할 수 있습니다.

- 총 19개의 해설이 실기 필답형 시험과 연동되어 있습니다.
- 총 9개의 해설이 실기 작업형 시험과 연동되어 있습니다.

## 분석의견

최근 10년분의 기출문제와 답을 반복암기해서는 합격점수인 72점에서 28점이 부족합니다. 새로운 유형(19문항)과 문제(58문항)는 평균(15/53.9문항)보다 많이 출제되었으며, 최근 5년분 및 10년분 기출출제비율 역시 평균보다 낮아 다소 어려운 난이도를 유지하고 있습니다. 특히 5과목은 10년분을 학습해도 동일한 문제가 5문제밖에 나오지를 않아 확실한 배경학습이 없을 경우 과락을 면하기 어려울 것으로 판단됩니다. 합격에 필요한 점수를 획득하기 위해서는 최근 5년분 문제와 핵심이론의 3회독 혹은 최근 10년분 문제와 핵심이론의 2회독 이상의 학습이 필요합니다.

# 2016년 제1회

2016년 3월 6일 필기

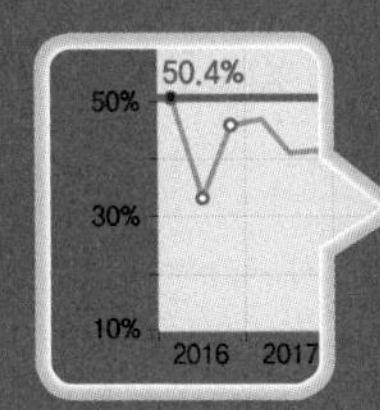

16년 1회차 필기시험
합격률 50.4%


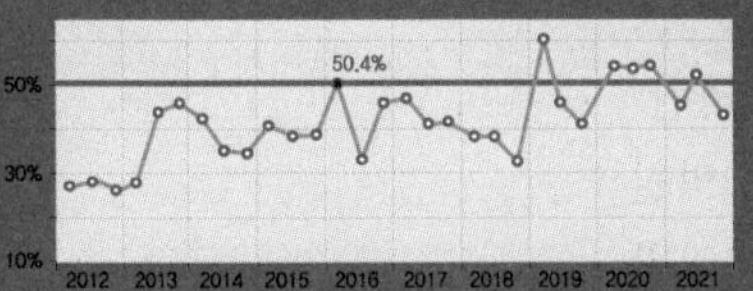


## 1과목 산업안전관리론

0501 / 1804

### 01 Repetitive Learning (1회 2회 3회)

재해의 간접원인 중 기초원인에 해당하는 것은?

① 불안전한 상태　　② 관리적 원인
③ 신체적 원인　　④ 불안전한 행동

**해설**

- 재해발생의 간접원인은 2차원인(기술적, 교육적, 신체적, 정신적 원인)과 기초원인(관리적 원인과 학교 교육적 원인, 사회적 또는 역사적 원인)으로 구분된다.

**재해발생의 간접원인**

- 2차원인(기술적, 교육적, 신체적, 정신적 원인)과 기초원인(관리적 원인과 학교 교육적 원인, 사회적 또는 역사적 원인)으로 구분된다.

| 구분 | 원인 | 내용 |
|---|---|---|
| 2차 원인 | 기술적 원인 | • 건물, 기계장치 설계 불량<br>• 점검, 정비, 보존 불량<br>• 구조 재료의 부적합<br>• 생산공정의 부적설 |
| | 교육적 원인 | • 안전수칙의 오해<br>• 경험훈련의 미숙<br>• 안전지식의 부족<br>• 작업방법 및 유해위험 작업의 교육 불충분 |
| | 신체적 원인 | • 피로<br>• 시력 및 청각 기능 이상<br>• 근육운동의 부적당<br>• 육체적 한계 |
| | 정신적 원인 | • 안전의식의 부족<br>• 주의력 및 판단력 부족<br>• 잘못된 판단<br>• 방심 |
| 기초 원인 | 작업관리상의 원인 | • 작업지시의 부적당<br>• 안전관리 조직의 결함<br>• 안전수칙의 미제정<br>• 작업준비의 불충분<br>• 인원배치의 부적당 |
| | 학교 교육적 원인 | • 재해의 근본 원인 |
| | 사회적 또는 역사적 원인 | |

### 02 Repetitive Learning (1회 2회 3회)

안전점검의 종류 중 주기적으로 일정한 기간을 정하여 일정한 시설이나 물건, 기계 등에 대하여 점검하는 방법을 무엇이라 하는가?

① 정기점검　　② 일상점검
③ 특별점검　　④ 임시점검

**해설**

- 점검시기에 따른 안전점검의 종류에는 정기점검, 수시(일상)점검, 특별점검, 임시점검이 있다.
- 수시(일상)점검은 작업장에서 매일 작업자가 작업 전, 중, 후에 시설과 작업동작 등에 대하여 실시하는 안전점검이다.
- 특별점검은 기계·기구 또는 설비의 신설, 변경 또는 고장 수리 등 부정기적인 점검을 말하며, 기술적 책임자가 시행하는 안전점검이다.

**점검시기에 따른 안전점검의 종류**

| 종류 | 내용 |
|---|---|
| 정기점검 | 1개월 또는 1년 등의 일정한 기간을 정해서 실시하는 안전점검으로 계획점검이라고도 한다. |
| 수시(일상) 점검 | 작업장에서 매일 작업자가 작업 전, 중, 후에 시설과 작업동작 등에 대하여 실시하는 안전점검이다. |
| 특별점검 | 기계·기구 또는 설비의 신설, 변경 또는 고장 수리 등 부정기적인 점검을 말하며, 기술적 책임자가 시행하는 안전점검이다. |
| 임시점검 | 정기점검 사이에 특별한 이상이나 징후가 있을 경우 임시로 실시하는 안전점검이다. |

정답 | 01 ② 02 ①

1201 / 1902

## 03 Repetitive Learning (1회 2회 3회)

산업안전보건법령상 건설업의 경우 공사 금액이 얼마 이상인 사업장에 산업안전보건위원회를 설치·운영하여야 하는가?

① 80억원
② 120억원
③ 150억원
④ 700억원

해설

- 건설업의 경우 공사금액 120억원 이상(토목공사업은 150억원 이상)이면 산업안전보건위원회를 설치하여야 한다.

∷ 산업안전보건위원회를 설치·운영해야 할 사업의 종류 및 규모

| 사업의 종류 | 규모 |
|---|---|
| 건설업 | 공사금액 120억원 이상<br>(토목공사업은 150억원 이상) |

0901

## 04 Repetitive Learning (1회 2회 3회)

직계식 안전조직의 특징이 아닌 것은?

① 명령과 보고가 간단명료하다.
② 안전정보의 수집이 빠르고 전문적이다.
③ 각종 지시 및 조치사항이 신속하게 이루어진다.
④ 안전업무가 생산현장 라인을 통하여 시행된다.

해설

- 안전정보 수집이 빠르고 전문적인 것은 안전전문가를 두고 계획, 조사, 검토 등을 행하는 스탭(Staff)형 안전조직의 특징이다.

∷ 라인(Line)형 안전조직 실필 1901

㉠ 개요
- 직계식이라고도 한다.
- 모든 명령과 안전 관련 업무가 생산계통을 따라 이루어진다.
- 규모가 작은(100명 이하) 사업장에 적합하다.
- 안전관리자가 체계적으로 선임되지 않은 사업장에 알맞은 안전조직 형태이다.

㉡ 특징

| 구분 | 내용 |
|---|---|
| 장점 | • 안전지시나 명령이 신속하다.<br>• 명령과 보고가 간단명료하다. |
| 단점 | • 안전지식과 기술축적이 힘들다.<br>• 안전정보의 수집과 대처가 늦다. |

0502 / 0801

## 05 Repetitive Learning (1회 2회 3회)

산업안전보건법상 산업재해가 발생한 때에 사업주가 기록·보존하여야 하는 사항이 아닌 것은?

① 사업장의 개요 및 근로자의 인적사항
② 재해 발생의 일시 및 장소
③ 재해 발생의 원인 및 과정
④ 재해원인 수사요청 기록 및 근무상황일지

해설

- 재해 발생 시 사업주가 기록·보존하여야 하는 사항에는 ①, ②, ③ 외에 재해 재발방지 계획 등이 있다.

∷ 산업재해 기록·보존 사항 실필 1801
- 사업장의 개요 및 근로자의 인적사항
- 재해 발생의 일시 및 장소
- 재해 발생의 원인 및 과정
- 재해 재발방지 계획

0302

## 06 Repetitive Learning (1회 2회 3회)

재해사례연구법(Accident analysis and control method)에서 활용하는 안전관리 열쇠 중 작업에 관계되는 것이 아닌 것은?

① 적성배치
② 작업순서
③ 이상 시 조치
④ 작업방법 개선

해설

- 적성배치는 인사관리에 관한 사항이다.

∷ 재해사례연구법 중 작업에 관련된 안전관리 Key
- 작업순서
- 이상 시 조치
- 작업방법 개선

## 07 Repetitive Learning (1회 2회 3회)

방독마스크의 선정 방법으로 적합하지 않은 것은?

① 전면형은 되도록 시야가 좁을 것
② 착용자 자신이 스스로 안면과 방독마스크 안면부와의 밀착성 여부를 수시로 확인할 수 있을 것
③ 머리끈은 적당한 길이 및 탄력성을 갖고 길이를 쉽게 조절할 수 있을 것
④ 정화통 내부의 흡착제는 견고하게 충진되고 충격에 의해 외부로 노출되지 않을 것



정답: 03 ② 04 ② 05 ④ 06 ① 07 ①

해설

- 전면형은 호흡 시에 투시부가 흐려지지 않아야 하며, 되도록 시야는 넓은 것(유효시야 70% 이상)이 좋다.

방독마스크 일반구조

- 착용자의 얼굴과 방독마스크의 내면사이의 공간이 너무 크지 않을 것
- 전면형은 호흡 시에 투시부가 흐려지지 않을 것
- 격리식 및 직결식 방독마스크에 있어서는 정화통·흡기밸브·배기밸브 및 머리끈을 쉽게 교환할 수 있고, 착용자 자신이 스스로 안면과 방독마스크 안면부와의 밀착성 여부를 수시로 확인할 수 있을 것
- 방독마스크는 쉽게 착용할 수 있고, 착용하였을 때 안면부가 안면에 밀착되어 공기가 새지 않을 것
- 정화통 내부의 흡착제는 견고하게 충진되고 충격에 의해 외부로 노출되지 않을 것
- 흡기밸브는 미약한 호흡에 대하여 확실하고 예민하게 작동할 것
- 배기밸브는 방독마스크의 내부와 외부의 압력이 같을 경우 항상 닫혀 있어야 하고 미약한 호흡에 대하여 확실하고 예민하게 작동하여야 하며 외부의 힘에 의하여 손상되지 않도록 덮개 등으로 보호되어 있을 것
- 연결관은 신축성이 좋아야 하고 여러 모양의 구부러진 상태에서도 통기에 지장이 없어야 하고 턱이나 팔의 압박이 있는 경우에도 통기에 지장이 없어야 하며 목의 운동에 지장을 주지 않을 정도의 길이를 가질 것
- 머리끈은 적당한 길이 및 탄력성을 갖고 길이를 쉽게 조절할 수 있을 것

0402 / 0702

## 08

Repetitive Learning 1회 2회 3회

산업안전보건법상 조립·해체 작업장 입구에 설치하여야 할 출입금지 표지의 색채로 가장 적당한 것은?

① 바탕 : 노란색, 기본모형 : 검정색, 관련부호 : 검정색, 그림 : 검정색
② 바탕 : 흰색, 기본모형 : 빨간색, 관련부호 : 검정색, 그림 : 검정색
③ 바탕 : 흰색, 기본모형 : 녹색, 관련부호 : 녹색, 그림 : 검정색
④ 바탕 : 파란색, 기본모형 : 빨간색, 관련부호 : 흰색, 그림 : 검정색

해설

- 출입금지는 금지표지에 해당하므로 흰색(N9.5) 바탕에 빨간색(7.5R 4/14) 기본모형을 사용한다.

금지표지 실필 1902/1901/1701/15501/1401/1304/1201/1102/1001/0902

- 정지, 소화설비, 유해행위 금지를 표시할 때 사용된다.
- 흰색(N9.5) 바탕에 빨간색(7.5R 4/14) 기본모형을 사용한다.
- 금연, 출입금지, 보행금지, 차량통행금지, 물체이동금지, 화기금지, 사용금지, 탑승금지 등이 있다.

| 금연 | 출입금지 | 보행금지 | 차량통행금지 |
|---|---|---|---|
| | | | |
| 물체이동금지 | 화기금지 | 사용금지 | 탑승금지 |
| | | | |

0804 / 1004 / 1602

## 09

Repetitive Learning 1회 2회 3회

산업안전보건법상 안전보건개선계획의 수립, 시행명령을 받은 사업주는 고용노동부장관이 정하는 바에 따라 안전계획서를 작성하여 그 명령을 받은 날부터 며칠 이내에 관할 지방고용노동관서의 장에게 제출해야 하는가?

① 15일　　② 30일
③ 45일　　④ 60일

해설

- 안전보건개선계획의 수립·시행명령을 받은 사업주는 안전보건개선계획서를 작성하여 60일 이내에 관할 지방고용노동관서의 장에게 제출하여야 한다.

안전보건개선계획 실필 1704/1701/1404/1202/1201

- 고용노동부장관은 다음에 해당하는 사업장으로서 산업재해 예방을 위하여 종합적인 개선조치를 할 필요가 있다고 인정할 때에는 사업주에게 그 사업장, 시설, 그 밖의 사항에 관한 안전보건개선계획의 수립·시행을 명할 수 있다.
  - 산업재해율이 같은 업종 평균 산업재해율의 2배 이상인 사업장
  - 사업주가 안전보건조치의무를 이행하지 아니하여 중대재해가 발생한 사업장
  - 직업병에 걸린 사람이 연간 2명 이상(상시근로자 1천명 이상 사업장의 경우 3명 이상) 발생한 사업장
  - 유해인자의 노출기준을 초과한 사업장
  - 작업환경 불량, 화재·폭발 또는 누출사고 등으로 사회적 물의를 일으킨 사업장

정답 08 ② 09 ④

- 고용노동부장관은 필요하다고 인정할 때에는 해당 사업주에게 안전·보건진단을 받아 안전보건개선계획을 수립·제출할 것을 명할 수 있다.
- 안전보건개선계획의 수립·시행명령을 받은 사업주는 고용노동부장관이 정하는 바에 따라 안전보건개선계획서를 작성하여 그 명령을 받은 날부터 60일 이내에 관할 지방고용노동관서의 장에게 제출하여야 한다.
- 사업주는 안전보건개선계획을 수립할 때에는 산업안전보건위원회의 심의를 거쳐야 한다. 다만, 산업안전보건위원회가 설치되어 있지 아니한 사업장의 경우에는 근로자대표의 의견을 들어야 한다.
- 안전보건개선계획서에는 시설, 안전·보건관리체제, 안전·보건교육, 산업재해 예방 및 작업환경의 개선을 위하여 필요한 사항이 포함되어야 한다.
- 사업주와 근로자는 안전보건개선계획을 준수하여야 한다.

## 10 — Repetitive Learning (1회 2회 3회)

재해사고 발생 시 정확한 사고원인 파악을 위해 재해조사를 직접 실시하는 자가 아닌 것은?

① 사업주
② 현장 관리감독자
③ 안전관리자
④ 노동조합 간부

해설

- 재해조사를 직접 실시하는 자는 안전보건관리책임자, 안전관리자, 보건관리자, 현장의 관리감독자, 노동조합의 간부 등이며, 사업주는 이의 보고를 받고 노동관서에 보고하며, 근로자에게 관련 정보를 제공한다.

사업주의 의무

- 산업재해 예방을 위한 기준을 지킬 것
- 근로자의 신체적 피로와 정신적 스트레스 등을 줄일 수 있는 쾌적한 작업환경을 조성하고 근로조건을 개선할 것
- 해당 사업장의 안전·보건에 관한 정보를 근로자에게 제공할 것

0802 / 1202 / 2202

## 11 — Repetitive Learning (1회 2회 3회)

건설업 산업안전보건관리비 계상에 관한 관련 규정은 산업재해보상보험법의 적용을 받는 공사 중 총 공사금액이 얼마 이상인 공사에 적용하는가?(단, 고압 또는 특별고압 작업으로 이루어지는 공사와 또는 정보통신 설비공사는 제외한다)

① 2,000만원　② 1억원
③ 120억원　④ 150억원

해설

- 건설업 산업안전보건관리비 계상에 관한 규정은 「산업재해보상보험법」의 적용을 받는 공사 중 총 공사금액 2천만원 이상인 공사에 적용한다.

건설업 산업안전보건관리비 계상에 관한 규정 적용범위

- 건설업 산업안전보건관리비 계상에 관한 규정은 「산업재해보상보험법」의 적용을 받는 공사 중 총 공사금액 2천만원 이상인 공사에 적용한다.

0902 / 1202 / 2102

## 12 — Repetitive Learning (1회 2회 3회)

무재해 운동추진기법 중 팀의 일체감, 연대감을 조성할 수 있고 동시에 대뇌 구피질에 좋은 이미지를 불어 넣어 안전행동을 하도록 하는 방법은?

① 역할 연기(Role playing)
② 터치 앤 콜(Touch and call)
③ 브레인스토밍(Brain storming)
④ TBM(Tool Box Meeting)

해설

※ 사업장 무재해 운동 인증업무가 2018년 말로 종료됨에 따라 관련 법규가 삭제되어 관련 문제로 대치합니다.

- 역할 연기훈련이란 작업 전 5분간 미팅의 시나리오를 작성하여 멤버가 시나리오에 의하여 역할 연기(Role-playing)를 함으로써 체험 학습하는 기법을 말한다.
- 브레인스토밍은 6 ~ 12명의 구성원으로 타인의 비판 없이 자유로운 토론을 통하여 다량의 독창적인 아이디어를 이끌어내고, 대안적 해결안을 찾기 위한 집단적 사고기법이다.
- TBM은 현장에서 그때 그 장소의 상황에서 즉응하여 실시하는 위험예지활동으로 즉시즉응법이라고도 한다.

터치 앤 콜(Touch and call)

- 작업현장에서 팀 전원이 서로의 피부(어깨, 손 등)를 맞대고 팀 행동목표를 지적·확인하는 과정을 말한다.
- 팀의 일체감, 연대감을 조성할 수 있고 동시에 대뇌 구피질에 좋은 이미지를 불어 넣어 안전행동을 하도록 한다.



10 ① 11 ① 12 ② 정답

1104 / 1802

## 13 Repetitive Learning 

산업안전보건법령상 안전인증대상 방호장치에 해당하는 것은?

① 교류 아크용접기용 자동전격방지기
② 동력식 수동대패용 칼날 접촉방지장치
③ 절연용 방호구 및 활선작업용 기구
④ 아세틸렌 용접장치용 또는 가스집합 용접장치용 안전기

**해설**

• 안전인증대상 방호장치에는 프레스 또는 전단기 방호장치, 양중기용 과부하방지장치, 보일러 또는 압력용기 압력방출용 안전밸브, 압력용기 압력방출용 파열판, 절연용 방호구 및 활선작업용 기구, 방폭구조 전기기계·기구 및 부품 등이 있다.

:: 안전인증대상 기계·기구 실필 1004

| 구분 | 기계·기구 |
|---|---|
| 설치·이전하는 경우 안전인증을 받아야 하는 기계·기구 | • 크레인<br>• 리프트<br>• 곤돌라 |
| 주요 구조 부분을 변경하는 경우 안전인증을 받아야 하는 기계·기구 | • 프레스<br>• 전단기 및 절곡기(折曲機)<br>• 크레인<br>• 리프트<br>• 압력용기<br>• 롤러기<br>• 고소(高所)작업대<br>• 곤돌라<br>• 기계톱<br>• 사출성형기(射出成形機) |
| 안전인증대상 방호장치 | • 프레스 또는 전단기 방호장치<br>• 양중기용 과부하방지장치<br>• 보일러 또는 압력용기 압력방출용 안전밸브<br>• 압력용기 압력방출용 파열판<br>• 절연용 방호구 및 활선작업용 기구<br>• 방폭구조 전기기계·기구 및 부품 |

0804

## 14 Repetitive Learning 1회 2회 3회

안전관리는 PDCA 사이클의 4단계를 거쳐 지속적인 관리를 수행하여야 하는데 다음 중 PDCA 사이클의 4단계를 잘못 나타낸 것은?

① P : Plan
② D : Do
③ C : Check
④ A : Analysis

**해설**

• A는 Analysis가 아니라 조치에 해당하는 Action이다.

:: 안전관리사이클(PDCA)

• 계획(Plan) – 목표 달성을 위한 기준
• 실시(Do) – 설정된 계획에 의해 실시
• 검토(Check) – 나타난 결과를 측정, 분석, 비교, 검토
• 조치(Action) – 결과와 계획을 비교하여 차이부분 적절한 조치

## 15 Repetitive Learning 1회 2회 3회

사업장의 안전·보건관리계획 수립 시 기본적인 고려요소로 가장 적절한 것은?

① 대기업의 경우 표준계획서를 작성하여 모든 사업장에 동일하게 적용시킨다.
② 계획의 실시 중에는 변동이 없어야 한다.
③ 계획의 목표는 점진적인 높은 수준으로 한다.
④ 사고발생 후의 수습대책에 중점을 둔다.

**해설**

• 안전보건관리계획은 대기업이라고 하더라도 사업장의 상황에 따라 조정되어야 하며, 실시 중에는 계속적인 업데이트와 업그레이드가 필요하고, 사고의 발생 후가 아니라 사고를 미리 예방하는 데 중점을 둬야 한다.

:: 안전보건관리계획의 개요

• 사업장에서 안전보건관리를 계획적으로 행하기 위해 일정한 기간 동안 작성한 세부 실행계획을 말한다.
• 타 관리계획과 균형이 되어야 한다.
• 법적 기준 이상의 안전보건활동을 전개하기 위해서는 사업과 관련된 법규, 규제 및 기타 이해관계자들의 요구사항을 파악하여야 한다.
• 안전보건의 저해요인을 확실히 파악해야 한다.
• 경영층의 기본방향을 명확하게 근로자에게 나타내야 한다.
• 사업장의 재해발생에 따른 원인 조사 및 재해 통계자료, 각종 점검, 감사 자료를 수집하여야 한다.
• 계획의 목표는 낮은 수준에서 점진적으로 높은 수준으로 적용해 가야 한다.

1101

## 16 Repetitive Learning 1회 2회 3회

재해손실비의 평가방식 중 시몬즈 방식에서 비보험코스트에 반영되는 항목에 해당하지 않는 것은?

① 휴업상해건수　② 통원상해건수
③ 응급조치건수　④ 무손실사고건수

정답 | 13 ③ 14 ④ 15 ③ 16 ④

해설

• 무상해사고는 비보험코스트의 대상이 되나 무손실사고는 비보험코스트의 산정항목에 포함되지 않는다.

:: 시몬즈(Simonds)의 재해코스트

㉠ 개요
- 총 재해비용을 보험비용과 비보험비용으로 구분한다.
- 총 재해코스트 = 보험비용 + 비보험비용 = [보험코스트 + (A × 휴업상해건수) + ( B × 통원상해건수) + (C × 응급조치건수) + (D × 무상해사고건수)] , 이때 A, B, C, D는 재해의 비보험코스트 평균치이다.
- 사망과 영구 전노동불능 상해의 경우는 비보험코스트에 포함시키지 않고 별도 산정한다.

㉡ 비보험코스트 내역
- 소송관계 비용
- 신규작업자에 대한 교육훈련비
- 부상자의 직장 복귀 후 생산 감소로 인한 임금비용
- 재해로 인한 작업중지 임금손실
- 재해로 인한 시간 외 근무 가산임금손실 등

1001

## 17 Repetitive Learning (1회 2회 3회)

무재해 운동 추진기법으로 볼 수 없는 것은?

① 위험예지훈련
② 지적 확인
③ 터치 앤 콜
④ 직무위급도 분석

해설

• 직무위급도 분석은 인간실수확률 추정기법 중 하나이다.

:: 무재해 운동 추진기법
- 지적 확인 – 작업자가 위험작업에 임하여 무재해를 지향하겠다는 뜻을 대상을 가리킨 후 큰 소리로 호칭하면서 안전의식수준을 제고하는 기법이다.
- 터치 앤 콜(Touch and Call) – 작업현장에서 팀 전원이 서로의 피부(어깨, 손 등)를 맞대고 팀 행동목표를 지적 · 확인하는 과정을 말한다.
- 위험예지훈련– TBM – 현장에서 그때 그 장소의 상황에서 즉응하여 실시하는 위험예지활동을 말한다.
- 아차사고사례발굴 및 브레인스토밍 미팅 – 현장에 존재하는 각종 위험(불안전한 행동 및 상태)을 찾고 예방하는 집단활동을 말한다.
- 무재해 소집단 활동 – 직장에서 자주활동을 통해 작업의 위험을 장기적, 단기적으로 해결하여 안전보건을 선취하기 위한 팀활동을 말한다.

## 18 Repetitive Learning (1회 2회 3회)

산업안전보건법령상 중대재해에 해당되지 않는 것은?

① 사망자가 2명 발생한 재해
② 부상자가 동시에 7명 발생한 재해
③ 직업성 질병자가 동시에 11명 발생한 재해
④ 3개월 이상의 요양이 필요한 부상자가 동시에 3명 발생한 재해

해설

• 중대재해는 부상자 또는 직업성 질병자가 동시에 10명 이상 발생한 재해를 말한다.

:: 산업안전보건법령상 중대재해
- 사망자가 1명 이상 발생한 재해
- 3개월 이상의 요양이 필요한 부상자가 동시에 2명 이상 발생한 재해
- 부상자 또는 직업성 질병자가 동시에 10명 이상 발생한 재해

## 19 Repetitive Learning (1회 2회 3회)

하인리히(H.W.Heinrich)의 재해발생과 관련한 도미노 이론에 포함되지 않는 단계는?

① 사고
② 개인적 결함
③ 제어의 부족
④ 사회적 환경 및 유전적 요소

해설

• 하인리히의 사고연쇄반응(도미노) 이론은 사회적 환경 및 유전적 요소 – 개인적인 결함 – 불안전한 행동 및 불안전한 상태 – 사고 – 재해 순으로 진행된다.

:: 하인리히의 사고연쇄반응(도미노) 이론

| 1단계 | 사회적 환경 및 유전적 요소 |
|---|---|
| 2단계 | 개인적인 결함 |
| 3단계 | 불안전한 행동 및 불안전한 상태 |
| 4단계 | 사고 |
| 5단계 | 재해 |



17 ④ 18 ② 19 ③ 정답

1902

## 20 Repetitive Learning (1회 2회 3회)

근로자수가 400명, 주당 45시간씩 연간 50주를 근무하였고, 연간재해건수는 210건으로 근로손실일수가 800일이었다. 이 사업장의 강도율은 약 얼마인가?(단, 근로자의 출근율은 95%로 계산한다)

① 0.42 ② 0.52
③ 0.88 ④ 0.94

**해설**

- 강도율은 1,000시간 동안 발생한 근로손실일수이다.
- 연간총근로시간은 $400 \times 45 \times 50 = 900,000$시간이나 출근율이 95%이므로 연간총근로시간은 855,000시간이 된다.
- 근로손실일수는 800이므로 강도율은 $\frac{800}{855,000} \times 1,000 \simeq 0.94$이다.

**강도율(SR : Severity Rate of injury)**

실필 1804/1702/1501/1402/1401/1304/0902/0901

- 재해로 인한 근로손실의 강도를 나타낸 값으로 연간총근로시간에서 1,000시간당 근로손실일수를 의미한다.
- 강도율 = $\frac{\text{근로손실일수}}{\text{연간총근로시간}} \times 1,000$으로 구하고, 평균강도율 = $\frac{\text{강도율}}{\text{도수율}} \times 1,000$으로 구한다.
- 근로자의 근속연수 등이 주어지지 않을 때 평생 근로손실일수는 한 개인이 평생 동안 근로한 시간을 100,000시간으로 볼 때의 근로손실일수이므로 강도율에 100을 곱하여 구한다.

# 2과목 산업심리 및 교육

1202

## 21 Repetitive Learning (1회 2회 3회)

다음 중 비공식 집단에 관한 설명으로 가장 거리가 먼 것은?

① 비공식 집단은 조직구성원의 태도, 행동 및 생산성에 지대한 영향력을 행사한다.
② 가장 응집력이 강하고 우세한 비공식 집단은 수직적 동료집단이다.
③ 혼합적 혹은 우선적 동료집단은 각기 상이한 부서에 근무하는 직위가 다른 성원들로 구성된다.
④ 비공식 집단은 관리영역 밖에 존재하고 조직도상에 나타나지 않는다.

**해설**

- 가장 응집력이 강하고 우세한 비공식 집단은 수평적 동료집단이다.

**비공식 집단**

- 비공식 집단은 조직구성원의 태도, 행동 및 생산성에 지대한 영향력을 행사한다.
- 비공식 집단은 관리영역 밖에 존재하고 조직도상에 나타나지 않는다.
- 가장 응집력이 강하고 우세한 비공식 집단은 수평적 동료집단이다.
- 혼합적 혹은 우선적 동료집단은 각기 상이한 부서에 근무하는 직위가 다른 성원들로 구성된다.
- 호손 실험(Hawthorne experiment)은 비공식 집단 및 인간관계의 중요성을 확인한 실험이다.

## 22 Repetitive Learning (1회 2회 3회)

다음 중 ATT(American Telephone & Telegram) 교육훈련기법의 내용으로 적절하지 않는 것은?

① 인사관계 ② 고객관계
③ 회의의 주관 ④ 종업원의 향상

**해설**

- ATT는 작업의 감독, 고객관계, 인사관계, 종업원의 향상, 안전, 계획적 감독, 작업계획 및 인원 배치 등을 교육한다.

**ATT(American Telephone & Telegram) 교육훈련기법**

- 미국전신전화회사(ATT)에서 개발한 교육훈련기법으로 강의법과 토의법을 혼용하였다.
- 작업의 감독, 고객관계, 인사관계, 종업원의 향상, 안전, 계획적 감독, 작업계획 및 인원 배치 등을 교육한다.
- 1차 훈련은 1일 8시간씩 2주간 실시, 2차 훈련은 문제가 발생할 때마다 실시한다.

## 23 Repetitive Learning (1회 2회 3회)

다음 중 피로의 검사방법에 있어 인지역치를 이용한 생리적 방법은?

① 광전비색계
② 뇌전도(EEG)
③ 근전도(EMG)
④ 점멸융합주파수(Flicker fusion frequency)

정답 | 20 ④ 21 ② 22 ③ 23 ④

**해설**

- 광전비색계는 생화학적방법으로 혈색소농도를 측정하는 방법이고, 뇌전도(EEG)와 근전도(EMG)는 생리학적 방법이다.

**플리커 현상과 CFF**

㉠ 플리커(Flicker) 현상
- 텔레비전 화면이나 형광등에서 흔들림과 같은 광도의 주기적 변화가 인간의 시각으로 느껴지는 현상을 말한다.

㉡ CFF(Critical Flicker Fusion)
- 임계융합주파수 혹은 점멸융합주파수(Flicker fusion frequency)라고 하는데 깜빡이는 광원이 계속 켜진 것처럼 보일 때의 주파수를 말한다.
- 피로의 검사방법에서 인지역치를 이용한 생리적인 검사방법이다.
- 정신피로의 기준으로 사용되며 피곤할 경우 주파수의 값이 낮아진다.

0602 / 0804 / 2104

## 24 Repetitive Learning (1회 2회 3회)

다음 중 학습목적의 3요소가 아닌 것은?

① 목표(Goal)
② 주제(Subject)
③ 학습정도(Level of learning)
④ 학습방법(Method of learning)

**해설**

- 학습목적은 학습목표, 주제, 정도로 구성된다.

**학습목적의 구성**
- 학습목적 : A을 위해 B를 C한다.
- 학습목표 : A
- 학습주제 : B
- 학습정도 : C

0701 / 1002

## 25 Repetitive Learning (1회 2회 3회)

다음 중 카운슬링(Counseling)의 순서로 가장 올바른 것은?

① 장면 구성 → 내담자와의 대화 → 감정 표출 → 감정의 명확화 → 의견 재분석
② 장면 구성 → 내담자와의 대화 → 의견 재분석 → 감정 표출 → 감정의 명확화
③ 내담자와의 대화 → 장면 구성 → 감정 표출 → 감정의 명확화 → 의견 재분석
④ 내담자와의 대화 → 장면 구성 → 의견 재분석 → 감정 표출 → 감정의 명확화

**해설**

- 카운슬링은 장면 구성 → 내담자와의 대화 → 의견 재분석 → 감정 표출 → 감정의 명확화 순으로 진행한다.

**카운슬링(Counseling) : 상담**
- 의식의 우회에서 오는 부주의를 최소화하기 위한 방법으로 실시되는 안전교육방법이다.
- 개인적 카운슬링 방법으로 직접적인 충고, 설득적 방법, 설명적 방법 등을 사용한다.
- 직접적인 충고는 안전수칙 불이행의 경우 효과적인 카운슬링 기법이다.
- 카운슬링은 장면 구성 → 내담자와의 대화 → 의견 재분석 → 감정 표출 → 감정의 명확화 순으로 진행한다.

0804 / 1301 / 2201

## 26 Repetitive Learning (1회 2회 3회)

사업 내 안전·보건교육에 있어 건설업 일용근로자의 작업내용 변경 시의 최소 교육시간으로 옳은 것은?

① 1시간　② 2시간
③ 3시간　④ 4시간

**해설**

- 작업내용 변경 시의 교육시간은 일용근로자및 근로계약기간이 1주일 이하인 기간제근로자의 경우 1시간 이상이다.

**안전·보건 교육시간 기준** 실필 1801/1201/0904/0804

<table>
<tr><th>교육과정</th><th colspan="2">교육대상</th><th>교육시간</th></tr>
<tr><td rowspan="4">정기교육</td><td colspan="2">사무직 종사 근로자</td><td>매반기 6시간 이상</td></tr>
<tr><td rowspan="2">사무직 외의 근로자</td><td>판매업무에 직접 종사하는 근로자</td><td>매반기 6시간 이상</td></tr>
<tr><td>판매업무에 직접 종사하는 근로자 외의 근로자</td><td>매반기 12시간 이상</td></tr>
<tr><td colspan="2">관리감독자</td><td>연간 16시간 이상</td></tr>
<tr><td rowspan="3">채용 시의 교육</td><td colspan="2">일용근로자 및 근로계약기간이 1주일 이하인 기간제근로자</td><td>1시간 이상</td></tr>
<tr><td colspan="2">근로계약기간이 1주일 초과 1개월 이하인 기간제근로자</td><td>4시간 이상</td></tr>
<tr><td colspan="2">그 밖의 근로자</td><td>8시간 이상</td></tr>
<tr><td rowspan="2">작업내용 변경 시의 교육</td><td colspan="2">일용근로자 및 근로계약기간이 1주일 이하인 기간제근로자</td><td>1시간 이상</td></tr>
<tr><td colspan="2">그 밖의 근로자</td><td>2시간 이상</td></tr>
<tr><td rowspan="3">특별교육</td><td rowspan="2">일용 및 근로계약기간이 1주일 이하인 기간제근로자</td><td>타워크레인 신호업무 제외</td><td>2시간 이상</td></tr>
<tr><td>타워크레인 신호업무</td><td>8시간 이상</td></tr>
<tr><td colspan="2">일용 및 근로계약기간이 1주일 이하인 기간제근로자 제외 근로자</td><td>• 16시간 이상(작업전 4시간, 나머지는 3개월 이내 분할 가능)<br>• 단기간 또는 간헐적 작업인 경우에는 2시간 이상</td></tr>
<tr><td>건설업 기초안전·보건교육</td><td colspan="2">건설 일용근로자</td><td>4시간 이상</td></tr>
</table>



24 ④　25 ②　26 ① | 정답

## 27 Repetitive Learning (1회 2회 3회)

다음 중 부주의에 의한 사고 방지에 있어서 정신적 측면에 대한 대책과 가장 거리가 먼 것은?

① 적응력 향상
② 스트레스 해소
③ 작업의욕 고취
④ 주의력 집중 훈련

해설

- 적응력 향상은 기능 및 작업측면의 대책에 해당한다.

정신적 측면의 부주의에 의한 사고방지 대책
- 스트레스 해소 대책
- 작업의욕 고취
- 주의력 집중 훈련
- 안전의식 제고
- 적성 배치

0801

## 28 Repetitive Learning (1회 2회 3회)

다음 중 허츠버그(Herzberg)가 직무확충의 원리로서 제시한 내용과 거리가 가장 먼 것은?

① 책임을 지고 일하는 동안에는 통제를 추가한다.
② 자신의 일에 대해서 책임을 더 지도록 한다.
③ 직무에서 자유를 제공하기 위하여 부가적 권위를 부여한다.
④ 전문가가 될 수 있도록 전문화된 과제들을 부과한다.

해설

- 직무확충은 직무충실의 다른 표현으로 관리기능 중 계획과 통제기능을 종업원에게 위임하는 것으로 권한과 책임을 부여하는 개념이다.

직무충실(Job Enrichment)
- 직무설계기법의 하나로 관리기능의 일부에 해당하는 계획(Planning)과 통제(Controlling) 기능의 일부를 종업원에게 위임하는 방법을 말한다.
- 종업원들에게 직무에 부가되는 자유와 권위를 부여한다.
- 완전하고 자연스러운 작업 단위를 제공한다.
- 여러 가지 규제를 제거하여 개인적 책임감을 증대시킨다.

1002 / 1302 / 1901

## 29 Repetitive Learning (1회 2회 3회)

다음 중 부주의가 발생하는 경우에 있어 자동차를 운전할 때 신호가 바뀌기 전에 신호가 바뀔 것을 예상하고 자동차를 출발시키는 행동과 관련된 것은?

① 억측판단 ② 근도반응
③ 착시현상 ④ 의식의 우회

해설

- 근도반응이란 가까운 길에 대한 유혹으로 지름길 반응이라고도 한다.
- 착시현상이란 실제로는 그렇지 않지만 인간이 보고 싶은 내용으로 오해하여 나타나는 현상을 말한다.
- 의식의 우회란 작업도중 걱정, 고뇌, 욕구불만 등에 의해서 발생되는 부주의 현상을 말한다.

억측판단
㉠ 정의
- 작업공정 중에 규정된 대로 수행하지 않고 "괜찮다."라고 생각하여 자기 주관대로 추측을 하여 행동한 결과 재해가 발생한 경우를 말한다.

㉡ 억측판단의 배경
- 정보가 불확실할 때
- 희망적인 관측이 있을 때
- 과거에 경험한 선입견이 있을 때
- 귀찮음과 초조함이 교차할 때

1201

## 30 Repetitive Learning (1회 2회 3회)

다음 중 심포지엄(Symposium)에 관한 설명으로 가장 적절한 것은?

① 먼저 사례를 발표하고 문제적 사실들과 그의 상호관계에 대하여 검토하고 대책을 토의하는 방법
② 몇 사람의 전문가에 의하여 과제에 관한 견해를 발표한 뒤에 참가자로 하여금 의견이나 질문을 하게 하여 토의하는 방법
③ 새로운 교재를 제시하고 거기에서의 문제점을 피교육자로 하여금 제기하게 하거나, 의견을 여러 가지 방법으로 발표하게 하고 다시 깊이 파고들어서 토의하는 방법
④ 패널 멤버가 피교육자 앞에서 자유로이 토의하고, 뒤에 피교육자 전원이 참가하여 사회자의 사회에 따라 토의하는 방법

정답 | 27 ① 28 ① 29 ① 30 ②

해설

- ①은 세미나에 대한 설명이다.
- ③은 포럼에 대한 설명이다.
- ④는 패널 디스커션에 대한 설명이다.

토의법의 종류

| | |
|---|---|
| 포럼(Forum) | 새로운 자료나 교재를 제시하고 문제점을 피교육자로 하여금 제기하게 하거나 그것에 관한 피교육자의 의견을 여러 가지 방법으로 발표하게 하고, 청중과 토론자 간에 활발한 의견 개진과 충돌로 바람직한 합의를 도출해내는 교육 실시방법 |
| 패널 디스커션 (Panel discussion) | 참가자 앞에서 소수의 전문가들이 과제에 관한 견해를 발표하고 토론한 뒤 참가자 전원이 참가하여 사회자의 사회에 따라 토의하는 방법 |
| 심포지엄 (Symposium) | 몇 사람의 전문가에 의하여 과제에 관한 견해를 발표한 뒤에 참가자로 하여금 의견이나 질문을 하게 하여 토의하는 방법 |
| 롤 플레잉 (Role playing) | 집단 심리요법의 하나로서 자기 해방과 타인 체험을 목적으로 하는 체험활동을 통해 대인관계에 있어서의 태도변용이나 통찰력, 자기이해를 목표로 개발된 교육방법 |
| 버즈세션 (Buzz session) | 6-6 회의라고도 하며, 6명씩 소집단으로 구분하고, 집단별로 각각의 사회자를 선발하여 6분간씩 자유토의를 행하여 의견을 종합하는 방법 |

1104 / 1902

## 31

Repetitive Learning (1회 2회 3회)

다음 중 합리화의 유형에 있어 자기의 실패나 결함을 다른 대상에게 책임 전가시키는 유형으로, 자신의 잘못에 대해 조상 탓을 하거나 축구 선수가 공을 잘못 찬 후 신발 탓을 하는 등에 해당하는 것은?

① 신포도형
② 투사형
③ 망상형
④ 달콤한 레몬형

해설

- 합리화의 유형에 있어 자기의 실패나 결함을 다른 대상에게 책임 전가시키는 유형을 투사형이라 한다.

투사(Projection)

- 방어적 기제(Defence mechanism)의 대표적인 종류이다.
- 합리화의 유형에 있어 자기의 실패나 결함을 다른 대상에게 책임 전가시키는 유형이다. 자신의 잘못에 대해 조상 탓을 하거나 축구 선수가 공을 잘못 찬 후 신발 탓을 하는 등 자신의 불만을 해소하기 위해 다른 대상에게 잘못을 뒤집어 씌우는 행위를 말한다.

0901

## 32

Repetitive Learning (1회 2회 3회)

다음 중 직무분석 방법으로 가장 적합하지 않은 것은?

① 면접법
② 관찰법
③ 실험법
④ 설문지법

해설

- 직무분석의 방법에는 면접법, 설문지법, 관찰법, 일지작성법, 중요사건법 등이 있다.

직무분석(Job analysis)

㉠ 개요

- 조직에서 특정 직무에 적합한 사람을 선발하기 위해 어떤 특성이 필요한지를 파악하기 위해 직무를 조사하는 활동을 말한다.
- 직무에서 수행하는 과업과 직무를 수행하는 데 요구되는 인적 자질에 의해 직무의 내용을 정의하는 공식적 절차를 말한다.
- 직무분석을 통해서 얻은 정보는 인사선발, 교육 및 훈련, 배치 및 경력개발 등에 활용한다.

㉡ 직무분석 방법

| | |
|---|---|
| 면접법 | 업무에 대한 이해도가 높은 작업자와의 면담을 통하여 직무를 분석하는 방법으로 자료의 수집에 많은 시간과 노력이 들고, 정량화된 정보를 얻기가 힘들다. |
| 설문지법 | 많은 사람들로부터 짧은 시간 내에 정보를 얻을 수 있고, 관찰법이나 면접법과는 달리 양적인 정보를 얻을 수 있다. |
| 관찰법 | 근로자의 작업수행 과정을 상세하게 관찰하는 방법으로 자료의 수집에 많은 시간과 노력이 들고, 정량화된 정보를 얻기가 힘들어 많은 시간이 소요되는 직무에는 적용이 곤란하다. |
| 일지작성법 | 작업수행내역을 일정한 형식에 의해 기록하여 이를 분석하는 방법이다. |
| 중요사건법 (결정적 사건의 기록) | 감독자, 동료 근로자, 그 외의 이 직무를 잘 아는 사람으로부터 성공적이지 못한 근로자와 성공적인 근로자를 구별해 내는 행동을 밝히려는 목적으로 사용된다. |



31 ② 32 ③ 정답

1302

## 33

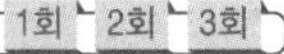

Repetitive Learning (1회 2회 3회)

다음 중 강의법에서 도입단계의 내용으로 적절하지 않은 것은?

① 동기를 유발한다.
② 주제의 단원을 알려준다.
③ 수강생의 주의를 집중시킨다.
④ 핵심이 되는 점을 가르쳐 준다.

**해설**

• 도입단계는 수강생의 주의를 집중시키고, 주제의 단원을 알려주면서 학습동기를 유발시키는 단계이다.

:: 강의식의 구성

• 도입 → 제시 → 적용 → 평가단계를 거친다.

| | |
|---|---|
| 도입단계 | 수강생의 주의를 집중시키고, 주제의 단원을 알려주면서 학습동기를 유발시키는 단계 |
| 제시단계 | 핵심이 되는 점을 알려주고, 질문을 통해 수강생의 반응을 확인하는 단계로 가장 많은 시간이 소요된다. |
| 적용단계 | 실무에 적용하는 방법 등을 연습하는 단계 |
| 평가단계 | 강의를 마무리하는 단계 |

2102

## 34

Repetitive Learning (1회 2회 3회)

다음 중 안전태도교육 과정을 올바른 순서대로 나열한 것은?

① 청취 → 모범 → 이해 → 평가 → 장려 · 처벌
② 청취 → 평가 → 이해 → 모범 → 장려 · 처벌
③ 청취 → 이해 → 모범 → 평가 → 장려 · 처벌
④ 청취 → 평가 → 모범 → 이해 → 장려 · 처벌

**해설**

• 태도교육은 청취 → 이해 및 납득 → 모범 → 평가와 권장 → 장려 및 처벌의 과정을 거친다.

:: 안전태도교육(안전교육의 제3단계)

㉠ 개요

• 생활지도, 작업동작지도 등을 통한 안전의 습관화를 위한 교육이다.
• 안전한 작업방법을 알고는 있으나 시행하지 않는 사람에게 직장규율, 안전규율 등을 몸에 익히게 하는 교육이다.
• 안전작업에 대한 몸가짐에 관하여 교육하며 면접이 태도교육에 가장 적합한 교육방법이다.
• 보호구 취급과 관리자세의 확립, 안전에 대한 가치관을 형성하는 교육이다.

㉡ 태도교육 4단계

• 청취한다.(Hearing)
• 이해 및 납득시킨다.(Understand)
• 모범을 보인다.(Example)
• 평가하고 권장한다.(Evaluation)

1904

## 35

Repetitive Learning (1회 2회 3회)

에빙하우스(Ebbinghaus)의 연구결과 망각률이 50%를 초과하게 되는 최초의 경과시간은?

① 30분
② 1시간
③ 1일
④ 2일

**해설**

• 에빙하우스(Ebbinghaus)의 연구결과 망각률이 50%를 초과하게 되는 최초의 경과시간은 채 1시간이 되지 못한 시간이었다.

:: 에빙하우스 망각률

• 1시간 경과 : 56% 망각
• 24시간 경과 : 67% 망각
• 48시간 경과 : 72% 망각

## 36

Repetitive Learning (1회 2회 3회)

창의력이란 '문제를 해결하기 위하여 정보나 지식을 독특한 방법으로 조합하여 참신하고 유용한 아이디어를 생성해 내는 능력'이다. 창의력을 발휘하려면 3가지 요소가 필요한데 다음 중 이와 관련된 요소가 아닌 것은?

① 진문지식
② 상상력
③ 업무몰입도
④ 내적동기

**해설**

• 업무몰입도는 조직이 지향하는 모습과 개인이 지향하는 모습이 공유되는 부분을 말한다.

:: 창의력

• 문제를 해결하기 위하여 정보나 지식을 독특한 방법으로 조합하여 참신하고 유용한 아이디어를 생성해 내는 능력을 말한다.
• 창의력을 발휘하려면 전문지식, 상상력, 내적동기가 필요하다.

정답 | 33 ④ 34 ③ 35 ② 36 ③

0704

## 37 Repetitive Learning (1회 2회 3회)

다음 중 교육지도의 원칙과 가장 거리가 먼 것은?

① 한 번에 한 가지씩 교육을 실시한다.
② 쉬운 것부터 어려운 것으로 실시한다.
③ 과거부터 현재, 미래의 순서로 실시한다.
④ 적게 사용하는 것에서 많이 사용하는 순서로 실시한다.

해설

- 많이 사용하는 것에서 적게 사용하는 순서로 실시해야 효과를 높일 수 있다.

안전보건교육의 교육지도 원칙

- 피교육자 입장에서의 교육이 되게 한다.
- 동기부여를 위주로 한 교육이 되게 한다.
- 오감을 통한 기능적인 이해를 돕도록 한다.
- 5관을 활용한 교육이 되게 한다.
- 한 번에 한 가지씩 교육을 실시한다.
- 많이 사용하는 것에서 적게 사용하는 순서로 실시한다.
- 과거부터 현재, 미래의 순서로 실시한다.
- 쉬운 것부터 어려운 것 순으로 진행한다.

1904

## 38 Repetitive Learning (1회 2회 3회)

다음 중 작업장에서의 사고예방을 위한 조치로 틀린 것은?

① 모든 사고는 사고 자료가 연구될 수 있도록 철저히 조사되고 자세히 보고되어야 한다.
② 안전의식고취 운동에서의 포스터는 처참한 장면과 함께 부정적인 문구의 사용이 효과적이다.
③ 안전장치는 생산을 방해해서는 안 되고, 그것이 제 위치에 있지 않으면 기계가 작동되지 않도록 설계되어야 한다.
④ 감독자와 근로자는 특수한 기술뿐만 아니라 안전에 대한 태도교육을 받아야 한다.

해설

- 안전의식고취 운동에서의 포스터는 가능한 긍정적인 내용으로 작성되어야 한다.

작업장에서의 사고예방 조치

- 모든 사고는 사고 자료가 연구될 수 있도록 철저히 조사되고 자세히 보고되어야 한다.
- 안전의식고취 운동에서의 포스터는 가능한 긍정적인 내용으로 작성되어야 한다.
- 안전장치는 생산을 방해해서는 안 되고, 그것이 제 위치에 있지 않으면 기계가 작동되지 않도록 설계되어야 한다.
- 감독자와 근로자는 특수한 기술뿐만 아니라 안전에 대한 태도 교육을 받아야 한다.

## 39 Repetitive Learning (1회 2회 3회)

다음 중 리더로서의 일반적인 구비요건과 가장 거리가 먼 것은?

① 화합성 ② 통찰력
③ 개인의 이익 추구성 ④ 정서적 안정성 및 활발성

해설

- 리더의 구비요건에는 ①, ②, ④ 외에 판단력, 집단의 이익 추구성 등이 있다.

리더(Leader)의 구비요건

- 화합성
- 통찰력
- 판단력
- 집단의 이익 추구
- 정서적 안정성 및 활발성

0501 / 0604 / 1101 / 2202

## 40 Repetitive Learning (1회 2회 3회)

다음 중 심리검사의 특징 중 측정하고자 하는 것을 실제로 잘 측정하는지의 여부를 판별하는 것을 무엇이라 하는가?

① 표준화 ② 신뢰성
③ 객관성 ④ 타당성

해설

- 인사선발을 위한 심리검사에서 타당도는 심리검사의 특징 중 측정하고자 하는 것을 실제로 잘 측정하는지의 여부를 판별하는 것을 말한다.

인사선발을 위한 심리검사

- 타당도와 신뢰도는 인사선발을 위한 심리검사에서 갖춰야 할 요건에 해당한다.
- 타당도는 심리검사의 특징 중 측정하고자 하는 것을 실제로 잘 측정하는지의 여부를 판별하는 것을 말한다.
- 신뢰도는 측정하고자 하는 심리적 개념을 얼마나 일관성 있게 측정하는지의 정도를 말한다.



37 ④ 38 ② 39 ③ 40 ④ 정답

## 3과목 인간공학 및 시스템안전공학

**41** Repetitive Learning (1회 2회 3회)

한 대의 기계를 10시간 가동하는 동안 4회의 고장이 발생하였고, 이때의 고장수리시간이 다음 표와 같을 때 MTTR(Mean Time To Repair)은 얼마인가?

| 가동시간(Hour) | 수리시간(Hour) |
|---|---|
| $T_1$ = 2.7 | $T_a$ = 0.1 |
| $T_2$ = 1.8 | $T_b$ = 0.2 |
| $T_3$ = 1.5 | $T_c$ = 0.3 |
| $T_4$ = 2.3 | $T_d$ = 0.3 |

① 0.225시간/회 ② 0.325시간/회
③ 0.425시간/회 ④ 0.525시간/회

해설

- 수리하는 데 걸린 시간의 합은 0.9시간이다. 고장건수가 4회이므로 0.9/4 = 0.225시간이다.

MTTR(Mean Time To Repair)
- 설비보전에서 1회 평균 수리시간의 의미로 사용한다.
- 고장이 발생한 후부터 정상작동까지 걸리는 시간의 평균시간을 말한다.
- $\frac{\text{전체고장시간}}{\text{고장건수}}$[시간/회]로 구한다.

0504

**42** Repetitive Learning (1회 2회 3회)

재해예방 측면에서 시스템의 FT에서 상부측 정상사상의 가장 가까운 쪽에 OR 게이트를 인터록이나 안전장치 등을 활용하여 AND 게이트로 바꿔주면 이 시스템의 재해율에는 어떠한 현상이 나타나겠는가?

① 재해율에는 변화가 없다.
② 재해율의 급격한 증가가 발생한다.
③ 재해율의 급격한 감소가 발생한다.
④ 재해율의 점진적인 증가가 발생한다.

해설

- OR 게이트는 입력이 발생할 경우 출력이 발생하는 데 반해 AND 게이트는 입력이 모두 발생해야만 출력이 발생한다. 즉, 그만큼 오류의 발생가능성이 작다는 것을 의미하므로 재해율의 급격한 감소가 예상된다.

AND 게이트
- 입력사상이 전부 발생하는 경우에만 출력사상이 발생되는 게이트로 논리곱의 관계로 표시된다.
- P(A) = P(B) × P(C)로 표시한다.
- 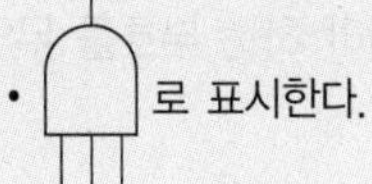 로 표시한다.

**43** Repetitive Learning (1회 2회 3회)

다음 중 인간공학을 기업에 적용할 때의 기대효과로 볼 수 없는 것은?

① 노사 간의 신뢰 저하
② 제품과 작업의 질 향상
③ 작업자의 건강 및 안전 향상
④ 이직률 및 작업손실시간의 감소

해설

- 기업에서 인간공학을 적용하여 근로자의 건강과 안전향상을 노력함으로써 노사 간의 신뢰는 향상된다.

인간공학 기대효과
- 제품과 작업의 질 향상
- 작업자의 건강 및 안전 향상
- 이직률 및 작업손실시간의 감소
- 노사 간의 신뢰 향상

**44** Repetitive Learning (1회 2회 3회)

다음 중 소음에 대한 대책으로 가장 적합하지 않은 것은?

① 소음원의 통제 ② 소음의 격리
③ 소음의 분배 ④ 적절한 배치

해설

- 소음의 분배는 일시적인 미봉책이지 소음대책이라고 보기 힘들다.

제한된 실내 공간에서의 소음대책
- 진동부분의 표면을 줄인다.
- 소음의 전달 경로를 차단한다.
- 벽, 천장, 바닥에 흡음재를 부착한다.
- 소음 발생원을 제거하거나 밀폐한다.
- 저소음 기계로 대체한다.
- 시설기자재를 적절히 배치시킨다.

정답 | 41 ① 42 ③ 43 ① 44 ③

0302 / 0602 / 1002

## 45

Repetitive Learning (1회 2회 3회)

안전·보건표지에서 경고표지는 삼각형, 안내표지는 사각형, 지시표지는 원형 등으로 부호가 고안되어 있다. 이처럼 부호가 이미 고안되어 이를 사용자가 배워야 하는 부호를 무엇이라 하는가?

① 묘사적 부호　② 추상적 부호
③ 임의적 부호　④ 사실적 부호

해설

- 시각적 부호에는 임의적 부호, 묘사적 부호, 추상적 부호가 있다.
- 묘사적 부호는 위험 표지판에 해골과 뼈와 같이 사물이나 행동 수정을 단순하고 정확하게 의미 전달하는 부호를 말한다.
- 추상적 부호는 전달하고자 하는 내용을 도식적으로 압축한 부호 형태를 말한다.

∷ 시각적 부호

- 임의적 부호 : 시각적 부호 중 교통표지판, 안전보건표지 등과 같이 부호가 이미 고안되어 있어 이를 사용자가 배워야 하는 부호를 말한다.
- 묘사적 부호 : 시각적 부호 가운데 위험 표지판에 해골과 뼈와 같이 사물이나 행동 수정을 단순하고 정확하게 의미 전달하는 부호를 말한다.
- 추상적 부호 : 전달하고자 하는 내용을 도식적으로 압축한 부호형태를 말한다.

0902

## 46

Repetitive Learning (1회 2회 3회)

FMEA에서 고장의 발생확률 β가 다음 값의 범위일 경우 고장의 영향으로 옳은 것은?

$$0.10 \le \beta < 1.00$$

① 손실의 영향이 없음
② 실제 손실이 예상됨
③ 실제 손실이 발생됨
④ 손실 발생의 가능성이 있음

해설

- FMEA에서 고장의 발생확률 $\beta$ = 1.00일 때 실제 손실이 발생하고, $\beta$ = 0일 때 영향이 없다.

∷ FMEA 고장 발생확률별 고장의 영향

| 발생확률 | 고장의 영향 |
|---|---|
| $\beta$ = 1.00 | 실제 손실 |
| $0.10 < \beta < 1.00$ | 손실이 예상됨 |
| $0 < \beta \le 0.10$ | 손실 발생 가능성이 있음 |
| $\beta$ = 0 | 영향이 없음 |

## 47

Repetitive Learning (1회 2회 3회)

인간-기계 시스템에서 시스템의 설계를 다음과 같이 구분할 때 제3단계인 기본 설계에 해당되지 않는 것은?

1단계 : 시스템의 목표와 성능 명세 결정
2단계 : 시스템의 정의
3단계 : 기본 설계
4단계 : 인터페이스 설계
5단계 : 보조물 설계
6단계 : 시험 및 평가

① 화면설계　② 작업설계
③ 직무분석　④ 기능할당

해설

- 화면설계는 4단계인 인터페이스 설계에 해당한다.

∷ 인간-기계 시스템의 설계 과정

| | | |
|---|---|---|
| 1단계 | 시스템의 목표와 성능 명세 결정 | 목적 및 존재 이유에 대한 개괄적 표현 |
| 2단계 | 시스템의 정의 | 목표 달성을 위해 필요한 기능의 결정 |
| 3단계 | 기본 설계 | 기능의 할당, 인간성능 요건 명세, 직무분석, 작업설계 |
| 4단계 | 인터페이스 설계 | 작업공간, 화면설계, 표시 및 조종 장치 |
| 5단계 | 보조물 설계 혹은 편의수단 설계 | 성능보조자료, 훈련도구 등 보조물 계획 |
| 6단계 | 평가 | - |

0504 / 0701

## 48

Repetitive Learning (1회 2회 3회)

인간의 생리적 부담 척도 중 국소적 근육 활동의 척도로 가장 적합한 것은?

① 혈압
② 맥박수
③ 근전도
④ 점멸융합주파수

해설

- 혈압은 혈관을 따라 흐르는 혈액이 혈관에 주는 압력으로 생명징후를 측정한다.
- 맥박수는 심장박동에 따라 일어나는 동맥의 주기적인 파동으로 전신운동 및 상태 파악에 적당한 측정변수이다.
- 점멸융합주파수는 중추신경계의 정신적 피로도의 척도를 나타내는 대표적인 측정값이다.



45 ③ 46 ② 47 ① 48 ③ 정답

:: EMG(Electromyography) : 근전도 검사

- 특정 근육에 걸리는 부하를 근육에 발생한 전기적 활성으로 인한 전류값으로 측정하는 방법을 말한다.
- 인간의 생리적 부담 척도 중 육체작업 즉, 국소적 근육 활동의 척도로 가장 적합한 변수이다.
- 간헐적으로 페달을 조작할 때 다리에 걸리는 부하를 평가하기에 적당한 측정변수이다.

0502

## 49 Repetitive Learning (1회 2회 3회)

다음 중 인간 신뢰도(Human Reliability)의 평가방법으로 가장 적합하지 않은 것은?

① HCR ② THERP
③ SLIM ④ FMEA

해설

- FMEA는 시스템이나 서브시스템 위험분석을 위하여 일반적으로 사용되는 전형적인 정성적, 귀납적 분석기법으로 시스템에 영향을 미치는 모든 요소의 고장을 형태별로 분석하여 그 영향을 검토하는 분석기법이다.

:: 인간 신뢰도(Human Reliability) 평가방법

- 인간 신뢰도(Human Reliability) 평가방법에는 OAT, SLIM, HCR, THERP, CES 등이 있다.

| | |
|---|---|
| OAT (Operator Action Tree) | 원자력 발전소 조작자의 인지, 진단 및 의사결정 에러에 초점을 맞춘 인간 신뢰도 평가방법 |
| SLIM (Success Likelihood Index Method) | 인적오류에 영향을 미치는 수행 특성인자의 영향력을 고려하여 오류 확률을 평가하는 방법 |
| HCR (Human Cognitive Reliability) | 사람에 근거한 인지 신뢰도 모형으로 초기 인간 신뢰도 평가방법 |
| THERP (Technique for Human Error Rate Prediction) | 작업자이 직무를 단위동작으로 세분화하고, 각 단위동작의 오류 확률을 평가한 후, 이를 합하여 대상 직무에 대한 오류 확률을 구하는 방법 |

0402 / 0801

## 50 Repetitive Learning (1회 2회 3회)

다음 중 진동의 영향을 가장 많이 받는 인간의 성능은?

① 추적(Tracking) 능력
② 감시(Monitoring) 작업
③ 반응시간(Reaction time)
④ 형태식별(Pattern recognition)

해설

- 진동의 영향을 가장 많이 받는 인간 성능은 추적(Tracking) 작업이고, 가장 영향이 적은 작업은 형태식별작업 등이다.

:: 진동과 인간성능

㉠ 개요

- 안정되고 정확한 근육 조절을 요하는 작업은 진동에 의해서 저하된다.
- 반응시간, 감시, 형태식별 등 주로 중앙 신경 처리에 관한 임무는 진동의 영향을 덜 받는다.
- 진동의 영향을 가장 많이 받는 인간 성능은 추적(Tracking) 작업이고, 가장 영향이 적은 작업은 형태식별작업 등이다.

㉡ 주파수대별 공명현상

- 전신 또는 상체의 경우 5[Hz] 이하의 주파수에 심한 영향을 받는다.
- 시력은 10 ~ 25[Hz]의 주파수에 가장 큰 영향을 받는다.
- 머리와 어깨 부위는 20 ~ 30[Hz]에 공명현상을 보인다.
- 안구는 60 ~ 90[Hz]에 공명현상을 보인다.

0901

## 51 Repetitive Learning (1회 2회 3회)

다음 중 청각적 표시장치보다 시각적 표시장치를 이용하는 경우가 더 유리한 경우는?

① 메시지가 간단한 경우
② 메시지가 추후에 재참조되지 않는 경우
③ 직무상 수신자가 자주 움직이는 경우
④ 메시지가 즉각적인 행동을 요구하지 않는 경우

해설

- 메시지가 즉각적인 행동을 요구하지 않을 경우는 시각적 표시장치로 전송하는 것이 더 효과적이다.

:: 시각적 표시장치와 청각적 표시장치의 비교

| | |
|---|---|
| 시각적 표시장치 | • 수신 장소의 소음이 심한 경우<br>• 정보가 공간적인 위치를 다룬 경우<br>• 정보의 내용이 복잡하고 긴 경우<br>• 직무상 수신자가 한 곳에 머무르는 경우<br>• 메시지를 추후 참고할 필요가 있는 경우<br>• 정보의 내용이 즉각적인 행동을 요구하지 않는 경우 |
| 청각적 표시장치 | • 수신 장소가 너무 밝거나 암순응이 요구될 때<br>• 정보의 내용이 시간적인 사건을 다루는 경우<br>• 정보의 내용이 간단한 경우<br>• 직무상 수신자가 자주 움직이는 경우<br>• 정보의 내용이 후에 재참조되지 않는 경우<br>• 메시지가 즉각적인 행동을 요구하는 경우 |

정답 | 49 ④ 50 ① 51 ④

2102

## 52 Repetitive Learning 1회 2회 3회

다음 중 욕조곡선에서의 고장 형태에서 일정한 형태의 고장률이 나타나는 구간은?

① 초기 고장구간
② 마모 고장구간
③ 피로 고장구간
④ 우발 고장구간

해설

- 수명곡선에서 감소형은 초기고장, 증가형은 마모고장, 유지형은 우발고장에 해당한다.

**우발고장**

- 시스템의 수명곡선(욕조곡선)에서 일정형(Constant failure rate)에 해당한다.
- 사용조건상의 고장을 말하며 고장률이 가장 낮으며 설계강도 이상의 급격한 스트레스가 축적됨으로써 발생되는 예측하지 못한 고장을 말한다.
- 우발적으로 일어나므로 시운전이나 점검작업을 통해 방지가 불가능하다.

1002

## 53 Repetitive Learning 1회 2회 3회

다음 중 FTA(Fault Tree Analysis)에 관한 설명으로 가장 적절한 것은?

① 복잡하고 대형화된 시스템의 신뢰성 분석에는 적절하지 않다.
② 시스템 각 구성요소의 기능을 정상인가 또는 고장인가로 점진적으로 구분 짓는다.
③ "그것이 발생하기 위해서는 무엇이 필요한가?"라는 것은 연역적이다.
④ 사건들을 일련의 이분(Binary) 의사 결정분기들로 모형화한다.

해설

- 결함수분석법(FTA)은 연역적 방법으로 원인을 규명하며, 재해의 정량적 예측이 가능한 분석방법이다.

**결함수분석법(FTA)**

㉠ 개요
- 연역적 방법으로 원인을 규명하며, 재해의 정량적 예측이 가능한 분석방법이다.
- 하향식(Top-down) 방법을 사용한다.
- 특정 사상에 대해 짧은 시간에 해석이 가능하다.
- 복잡하고 대형화된 시스템을 논리기호를 사용하여 해석한다.
- 간단한 FT도의 작성으로 정성적 해석이 가능하여 비전문가도 잠재위험을 효율적으로 분석할 수 있다.
- 정성적 평가 후 정량적 평가를 실시하며, 정량적으로 재해 발생 확률을 구한다.

㉡ 기대효과
- 사고원인 규명의 간편화
- 노력 시간의 절감
- 사고원인 분석의 정량화
- 시스템의 결함 진단

1204 / 1902

## 54 Repetitive Learning 1회 2회 3회

다음 중 산업안전보건법 시행규칙상 유해·위험방지계획서의 제출 기관으로 옳은 것은?

① 대한산업안전협회
② 안전관리대행기관
③ 한국건설기술인협회
④ 한국산업안전보건공단

해설

- 건설물·기계·기구 및 설비 등 일체를 설치·이전하거나 그 주요 구조부분을 변경할 때에는 고용노동부장관(한국산업안전보건공단)에게 유해·위험방지계획서를 제출하여야 한다.

**유해·위험방지계획서의 제출**

- 제출대상 사업장의 규모는 전기 계약용량이 300kW 이상인 사업장이다.
- 건설물·기계·기구 및 설비 등 일체를 설치·이전하거나 그 주요 구조부분을 변경할 때에는 고용노동부장관(한국산업안전보건공단)에게 유해·위험방지계획서를 제출하여야 한다.
- 제조업 유해·위험방지계획서의 제출 시 첨부서류는 건축물 각 층의 평면도, 기계·설비의 개요를 나타내는 서류, 기계·설비의 배치도면, 원재료 및 제품의 취급, 제조 등의 작업방법의 개요 등이다.
- 제조업의 경우는 해당 작업시작 15일 전에 제출한다.
- 건설업의 경우는 공사의 착공 전날까지 제출한다.



52 ④ 53 ③ 54 ④ 정답

## 55

Repetitive Learning 1회 2회 3회

자동차 엔진의 수명이 지수분포를 따르는 경우 신뢰도를 95%로 유지시키면서 8,000시간을 사용하기 위한 적합한 고장률은 약 얼마인가?

① $3.4\times10^{-6}$/시간
② $6.4\times10^{-6}$/시간
③ $8.2\times10^{-6}$/시간
④ $9.5\times10^{-6}$/시간

해설

- 지수분포를 따르는 부품의 신뢰도를 구하는 공식에 대입하면 $0.95 = e^{-8000\lambda}$를 만족하는 고장률 $\lambda$를 구해야 한다.
- $\ln 0.95 = -8,000\lambda$이므로 $\lambda = \frac{\ln 0.95}{8,000} = 6.4\times10^{-6}$이다.

지수분포를 따르는 부품의 신뢰도
- 고장률이 $\lambda$인 시스템이 t시간 지난 후의 신뢰도 $R(t) = e^{-\lambda t}$ 이다.
- 고장까지의 평균시간이 $t_0\left(=\frac{1}{\lambda_0}\right)$일 때 이 부품을 t시간 동안 사용할 경우의 신뢰도 $R(t) = e^{-\frac{t}{t_0}}$이다.

## 56

Repetitive Learning 1회 2회 3회

매직넘버라고도 하며, 인간이 절대식별 시 작업 기억 중에 유지할 수 있는 항목의 최대수를 나타낸 것은?

① $3\pm1$
② $7\pm2$
③ $10\pm1$
④ $20\pm2$

해설

- 밀러의 매직넘버는 7±2이다.

매직넘버(Magic number)
- 인간이 한 자극 차원 내의 자극을 절대적으로 식별할 수 있는 능력을 말한다.
- 인간이 절대식별 시 작업 기억 중에 유지할 수 있는 항목의 최대수는 5가지 미만이다.
- 밀러의 매직넘버는 7±2이다.

1101

## 57

Repetitive Learning 1회 2회 3회

다음 중 중(重)작업의 경우 작업대의 높이로 가장 적절한 것은?

① 허리 높이보다 0 ~ 10cm 정도 낮게
② 팔꿈치 높이보다 10 ~ 20cm 정도 높게
③ 팔꿈치 높이보다 15 ~ 20cm 정도 낮게
④ 어깨 높이보다 30 ~ 40cm 정도 높게

해설

- 서서 하는 작업대의 높이는 팔꿈치를 기준으로 한다.
- 팔꿈치 높이보다 10 ~ 20cm 정도 높게 하는 것은 정밀작업에 해당한다.

서서 하는 작업대 높이
- 서서 하는 작업대의 높이는 높낮이 조절이 가능하여야 하며, 작업대의 높이는 팔꿈치를 기준으로 한다.
- 정밀작업의 경우 팔꿈치 높이보다 약간(5 ~ 20cm) 높게 한다.
- 경작업의 경우 팔꿈치 높이보다 5 ~ 10cm 낮게 한다.
- 중작업의 경우 팔꿈치 높이보다 15 ~ 20cm 낮게 한다.
- 정밀한 작업이나 장기간 수행하여야 하는 작업은 좌식 작업대가 바람직하다.

1202 / 1902 / 2201

## 58

Repetitive Learning 1회 2회 3회

어떤 결함수를 분석하여 Minimal cut set을 구한 결과 다음과 같았다. 각 기본사상의 발생확률을 $q_i$, i=1, 2, 3 이라 할 때 정상사상의 발생확률함수로 옳은 것은?

| $k_1 = [1, 2],\ k_2 = [1, 3],\ k_3 = [2, 3]$ |
|---|

① $q_1q_2 + q_1q_2 - q_2q_3$
② $q_1q_2 + q_1q_3 - q_2q_3$
③ $q_1q_2 + q_1q_3 + q_2q_3 - q_1q_2q_3$
④ $q_1q_2 + q_1q_3 + q_2q_3 - 2q_1q_2q_3$

해설

- 최소 컷 셋을 FT로 표시하면 다음과 같다.

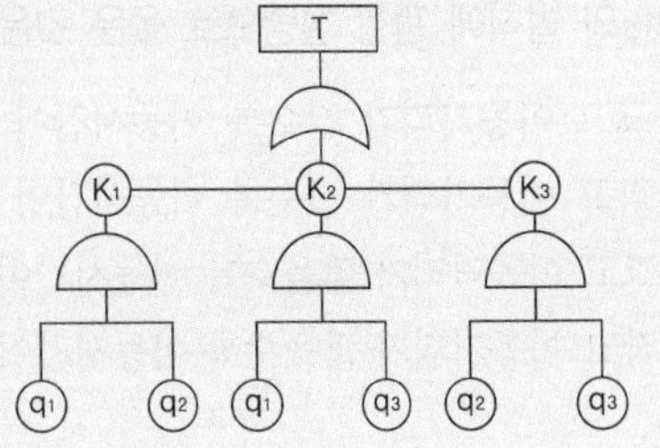


정답 | 55 ② 56 ② 57 ③ 58 ④

- $K_1 = q_1 \cdot q_2$이고, $K_2 = q_1 \cdot q_3$, $K_3 = q_2 \cdot q_3$이다.
- T는 이들을 OR로 연결하였으므로 발생확률에서 OR연결의 경우 $T=1-(1-P(K_1))(1-P(K_2))(1-P(K_3))$이 된다.
- $T=1-(1-q_1q_2)(1-q_1q_3)(1-q_2q_3)$으로 표시된다.
- $(1-q_1q_2)(1-q_1q_3) = 1-q_1q_3-q_1q_2+q_1q_2q_3$이고,
  $(1-q_1q_3-q_1q_2+q_1q_2q_3)(1-q_2q_3)$
  $= 1-q_2q_3-q_1q_3+q_1q_2q_3-q_1q_2+q_1q_2q_3+q_1q_2q_3-q_1q_2q_3$
  $= 1-q_2q_3-q_1q_3-q_1q_2+2(q_1q_2q_3)$이 되므로 이를 대입하면
  $T=1-1+q_2q_3+q_1q_3+q_1q_2-2(q_1q_2q_3)$가 된다.
  이는 $T=q_2q_3+q_1q_3+q_1q_2-2(q_1q_2q_3)$로 정리된다.

**FT도에서 정상(고장)사상 발생확률**

㉠ AND(직렬)연결 시
- 사상 A의 발생확률을 $P_A$, 사상 B, 사상 C 발생확률을 $P_B$, $P_C$라 할 때 $P_A = P_B \times P_C$로 구할 수 있다.

㉡ OR(병렬)연결 시
- 사상 A의 발생확률을 $P_A$, 사상 B, 사상 C 발생확률을 $P_B$, $P_C$라 할 때 $P_A = 1-(1-P_B)\times(1-P_C)$로 구할 수 있다.

0702 / 0801 / 1104 / 2001

## 59

Repetitive Learning (1회 2회 3회)

다음 중 화학설비에 대한 안전성 평가에 있어 정량적 평가항목에 해당되지 않는 것은?

① 공정 ② 취급물질
③ 압력 ④ 화학설비용량

해설
- 공정은 정성적 평가항목 중 운전관계항목에 해당한다.

**정성적 평가와 정량적 평가항목**

| 구분 | | |
|---|---|---|
| 정성적 평가 | 설계관계항목 | 입지조건, 공장 내 배치, 건조물, 소방설비 등 |
| | 운전관계항목 | 원재료, 중간제품, 공정 및 공정기기, 수송, 저장 등 |
| 정량적 평가 | • 수치값으로 표현 가능한 항목들을 대상으로 한다.<br>• 온도, 취급물질, 화학설비용량, 압력, 조작 등을 위험도에 맞게 평가한다. | |

1101

## 60

Repetitive Learning (1회 2회 3회)

다음 중 Fitts의 법칙에 관한 설명으로 옳은 것은?

① 표적이 크고 이동거리가 길수록 이동시간이 증가한다.
② 표적이 작고 이동거리가 길수록 이동시간이 증가한다.
③ 표적이 크고 이동거리가 짧을수록 이동시간이 증가한다.
④ 표적이 작고 이동거리가 짧을수록 이동시간이 증가한다.

해설
- Fitts는 표적이 작고 이동거리가 길수록 이동시간이 증가한다고 주장하였다.

**Fitts의 법칙**
- 인간의 제어 및 조정능력을 나타내는 법칙으로 인간의 손이나 발을 이동시켜 조작장치를 조작하는 데 걸리는 시간을 표적까지의 거리와 표적 크기의 함수로 나타낸다.
- 표적이 작고 이동거리가 길수록 이동시간이 증가한다.
- 자동차 가속 페달과 브레이크 페달 간의 간격, 브레이크 폭 등을 결정하는데 사용할 수 있는 가장 적합한 인간공학 이론이다.
- $MT=a+b(D \cdot W)$로 표시된다. 이때 MT는 운동시간, a와 b는 상수, D는 운동거리, W는 목표물과의 거리이다.

# 4과목 건설시공학

## 61

Repetitive Learning (1회 2회 3회)

철근콘크리트 공사의 염해방지대책으로 옳지 않은 것은?

① 철근 피복 두께를 충분히 확보한다.
② 콘크리트 중의 염소이온을 적게 한다.
③ 수밀콘크리트를 만들고 콜드조인트가 없게 시공한다.
④ 물시멘트비(W/C)가 높은 콘크리트를 타설한다.

해설
- 물–시멘트비를 작게 해야 강도, 내구성, 수밀성이 좋아진다. 즉, 이를 통해서 염해에 대한 저항성이 증가하게 된다.

**철근콘크리트의 염해**

㉠ 개요
- 염해는 콘크리트 내부에 포함된 염분($CaCl_2$)이 철근의 부식을 촉진시켜 구조물에 손상을 입히는 현상을 말한다.

㉡ 염해 대책(부식방지 대책)
- 콘크리트의 염소 이온량을 적게 한다.
- 수지도장 철근을 사용한다.
- 방청제 투입이나 전기제어 방식을 취한다.
- 철근 피복 두께를 충분히 확보한다.
- 수밀콘크리트를 만들고 콜드조인트가 없게 시공한다.
- 물–시멘트비를 최소로 하고 광물질 혼화재를 사용한다.
- pH11 이상의 강알칼리 환경에서는 철근 표면에 부동태막이 생겨 부식을 방지한다.



59 ① 60 ② 61 ④ 정답

1101 / 2102

## 62 Repetitive Learning (1회 2회 3회)

철근콘크리트 공사 중 거푸집 해체를 위한 검사가 아닌 것은?

① 각종 배관슬리브, 매설물, 인서트, 단열재 등 부착 여부
② 수직, 수평부재의 존치기간 준수 여부
③ 소요의 강도 확보 이전에 지주의 교환 여부
④ 거푸집 해체용 압축강도 확인시험 실시 여부

해설

- 각종 배관 슬리브, 매설물, 인서트, 단열재 등 부착 여부는 거푸집 시공 후 검사대상이다.

거푸집 해체를 위한 검사

- 수직, 수평부재의 존치기간 준수 여부
- 소요의 강도 확보 이전에 지주의 교환 여부
- 거푸집 해체용 압축강도 확인시험 실시 여부

## 63 Repetitive Learning (1회 2회 3회)

현대 건축시공의 변화에 따른 특징과 거리가 먼 것은?

① 인공지능 빌딩의 출현
② 건설 시공법의 습식화
③ 도심지 지하 심층화에 따른 신기술 발달
④ 건축 구성재 및 부품의 PC화·규격화

해설

- 최근의 건축경향은 건식재료의 사용과 건식 공법의 이용으로 공장생산화를 촉진시키고 시공효율의 향상과 공사비용의 절감을 추구하고 있다.

현대 건축시공의 변화 특징

- 인공지능 빌딩의 출현
- 건설 시공법 및 건설 재료의 건식화
- 도심지 지하 심층화에 따른 신기술 발달
- 건축 구성재 및 부품의 PC화·규격화
- 건축의 대형화, 다양화, 복합화
- 경영관리의 현대화

2201

## 64 Repetitive Learning (1회 2회 3회)

강재 널말뚝(Steel sheet pile) 공법에 대한 설명으로 옳지 않은 것은?

① 무소음 설치가 어렵다.
② 타입 시에 지반의 체적변형이 작아 항타가 쉽다.
③ 강재 널말뚝에는 U형, Z형, H형 등이 있다.
④ 관입, 철거 시 주변 지반침하가 일어나지 않는다.

해설

- 강재 널말뚝(Steel sheet pile) 공법은 관입·철거 시 주변 지반의 침하가 일어나기 쉽다.

강재 널말뚝(Steel sheet pile) 공법

㉠ 개요
- 강재 널말뚝을 연속으로 연결하여 벽체를 형성하는 공법으로 시트파일(Sheet pile) 공법이라고도 한다.
- 강재 널말뚝에는 U형, Z형, H형, 박스형 등이 있다.
- 우리나라에서는 큰 토압, 수압에 잘 견디는 라르젠식을 많이 이용한다.

㉡ 특징
- 차수성이 높아 연약지반에 적합하다.
- 관입·철거 시 주변 지반의 침하가 일어나기 쉽다.
- 무소음 설치가 어려우므로 도심지에서는 소음, 진동 때문에 무진동 유압장비에 의해 실시해야 한다.
- 타입 시에는 지반의 체적변형이 작아 항타가 쉽고 이음부를 볼트나 용접접합에 의해서 말뚝의 길이를 자유로이 늘일 수 있다.

㉢ 널말뚝(Sheet pile) 시공 시 주의사항
- 수직으로 박는다.
- 적합한 항타기를 사용하여 한 장씩 또는 두 장씩 박는다.
- 기초파기 바닥면에서 깊이 박히도록 하고 웰포인트 공법 등에 의해 지하수위를 낮춘다.
- 널말뚝 끝부분에서 용수에 의한 도사의 유출이 발생할 수 있으므로 주의한다.

2001

## 65 Repetitive Learning (1회 2회 3회)

철골 내화피복 공법의 종류와 사용되는 재료가 올바르게 연결되지 않은 것은?

① 타설 공법 - 경량콘크리트
② 뿜칠 공법 - 암면흡음판
③ 조적 공법 - 경량콘크리트블록
④ 성형판붙임 공법 - ALC판

정답 | 62 ① 63 ② 64 ④ 65 ②

해설

- 뿜칠 공법은 석면이나 뿜칠암면을 시멘트 등과 혼합하여 사용한다. 암면흡음판은 멤브레인 공법의 재료이다.

철골 내화피복 공법의 종류와 사용되는 재료

㉠ 습식 공법
- 타설 공법 – 콘크리트, 경량콘크리트
- 뿜칠 공법 – 석면, 암면
- 미장 공법 – 철망모르타르, 펄라이트모르타르
- 조적 공법 – 벽돌, 시멘트벽돌, 경량콘크리트블록
- 도장 공법 – 내화페인트

㉡ 건식 공법
- 성형판붙임 공법 – ALC석고보드
- 멤브레인 공법 – 석면흡음판, 암면흡음판

0604 / 0904 / 1102

## 66

Repetitive Learning 1회 2회 3회

철골 부재가공 시 절단면의 상태가 가장 양호하게 되는 절단 방법은?

① 전단절단 ② 가스절단
③ 전기아크절단 ④ 톱절단

해설

- 톱절단은 철골부재 절단방법 중 가장 정밀한 절단방법으로 앵글커터(Angle cutter), 프릭션 소(Friction saw) 등으로 작업한다.

철골의 공장 가공 공정

㉠ 개요
- 원척도작성 – 본뜨기 – 금매김 – 절단 – 구멍뚫기 – 가조립 – 리벳치기 – 검사 – 녹막이 칠 순으로 진행한다.
- 원척도란 설계도면이나 시방서에 표시된 부재의 길이, 너비 등을 1 : 1로 그린 것을 말한다.
- 금매김은 본판 및 리벳간격을 그린 장척물로 강재면에 강치로 리벳 구멍의 위치, 절단개소 등을 그려 넣는다.
- 절단의 종류에는 전단절단, 톱절단, 가스절단, 플라즈마절단, 레이저절단 등이 있다.
- 구멍뚫기 작업 후 구멍의 위치가 다소 다를 때 구멍을 맞추기 위해 구멍가심(Reaming) 작업을 한다.
- 철골의 공장가공 중 가조립을 할 때 가볼트의 수는 전 리벳구멍의 1/3 이상이어야 한다.
- 밀 스케일, 스패터 등을 제거한 후 현장운반에 앞서 녹막이 칠을 한다.

㉡ 절단의 종류
- 전단절단 : 강판의 절단 시 사용한다.
- 톱절단 : 철골부재 절단방법 중 가장 정밀한 절단방법으로 앵글커터(Angle cutter), 프릭션 소(Friction saw) 등으로 작업한다.

㉢ 녹막이 칠
- 녹막이 칠을 해야 하는 부분은 리벳 머리 등 콘크리트에 매입되지 않는 부분이다.
- 녹막이 칠을 하지 않아야 하는 부분은 현장용접 부위(용접부에서 양측 100mm 이내), 현장접합 재료의 손상부위, 고력볼트 마찰접합부의 마찰면, 콘크리트에 매립되는 부분, 현장에서 깎기 마무리가 필요한 부분 등이다.

## 67

Repetitive Learning 1회 2회 3회

석축쌓기 공법에 해당하지 않는 것은?

① 건쌓기 ② 메쌓기
③ 찰쌓기 ④ 막쌓기

해설

- 석축쌓기 공법에는 건쌓기, 찰쌓기, 메쌓기, 사춤쌓기 등이 있다.
- 막쌓기는 일정한 형식없이 돌의 생김새에 따라 쌓는 방법으로 석축쌓기 공법에 포함되지 않는다.

석축쌓기

㉠ 개요
- 절토나 성토의 토목공사에서 가장 많이 이뤄지는 공사이다.
- 석축쌓기 공법에는 건쌓기, 찰쌓기, 메쌓기, 사춤쌓기 등이 있다.
- 석축에 신축줄눈을 설치하는 간격은 10 ~ 20m 정도이다.

㉡ 대표적인 종류
- 찰쌓기는 축대를 쌓을 때 돌과 돌 사이에 모르타르를 다져 넣고, 뒤 고임에도 콘크리트를 채워 넣는 방식이다.
- 메쌓기는 모르타르나 콘크리트를 사용하지 않고 돌만으로 쌓는 방식이다.
- 사춤쌓기는 맞댐면만 모르타르콘크리트를 깔고 뒷면은 잡석으로 다짐하는 방식이다.
- 건쌓기는 돌 사이에 뒤고임돌만 다져 넣는 방식이다.

## 68

Repetitive Learning 1회 2회 3회

벽돌공사에 관한 일반적인 주의사항으로 옳지 않은 것은?

① 벽돌은 품질, 등급별로 정리하여 사용하는 순서별로 쌓아둔다.
② 규준틀에 의하여 벽돌나누기를 정확히 하고 토막벽돌이 생기지 않게 한다.
③ 내력벽 쌓기에서는 세워쌓기나 옆쌓기로 쌓는 것이 좋다.
④ 벽돌벽은 균일한 높이로 쌓아 올라간다.



66 ④ 67 ④ 68 ③ | 정답

해설

- 내력벽은 상부 구조물의 하중을 기초에 전달하는 벽으로 세워쌓기나 옆쌓기를 피하는 것이 좋다.

벽돌쌓기 주의사항

- 내화벽돌은 건조 상태에서 시공한다.
- 벽돌은 충분히 물축임을 한 후 쌓는다.
- 하루 벽돌의 쌓는 높이는 1.2m를 표준으로 하고 최대 1.5m 이내로 한다.
- 벽돌은 균일한 높이로 쌓고 굳기 전에 벽돌을 움직이지 않도록 한다.
- 벽돌벽이 블록벽과 서로 직각으로 만날 때는 연결철물을 만들어 블록 3단마다 보강하며 쌓는다.
- 벽돌벽이 콘크리트 기둥과 만날 때는 그 사이에 모르타르를 충전한다.
- 벽돌쌓기는 모서리, 구석 및 중간요소에 먼저 기준쌓기를 하고 나머지 부분을 쌓아 나간다.
- 연속되는 벽면의 일부를 트이게 하여 나중쌓기로 할 때에는 그 부분을 층단 들여쌓기로 한다.
- 모르타르는 벽돌강도와 같은 정도의 것을 쓰고 굳기 시작한 것은 쓰지 않는다.
- 줄눈 사용 모르타르의 강도는 벽돌강도보다 작아서는 안 된다.
- 사춤모르타르는 매 켜마다 하는 것이 좋으나 일반적으로 3~5켜마다 한다.
- 세로줄눈은 통줄눈, 실줄눈이 되지 않도록 한다.
- 벽돌쌓기는 도면 또는 공사시방서에서 정한 바가 없을 때에는 영식쌓기 또는 화란식쌓기로 한다.
- 가로 및 세로줄눈의 너비는 도면 또는 공사시방서에서 정한 바가 없을 때에는 10mm를 표준으로 한다.
- 치장줄눈은 되도록 짧은 시일에 줄눈이 완전히 굳기 전에 하는 것이 좋다.
- 하루 일이 끝날 때에 켜에 차가 나면 층단 들여쌓기로 하여 다음 날의 일과 연결이 쉽게 한다.
- 세로규준틀은 건물의 모서리나 구석에 설치함을 원칙으로 한다.
- 내력벽은 상부 구조물의 하중을 기초에 전달하는 벽으로 세워쌓기나 옆쌓기를 피하는 것이 좋다.

## 69

Repetitive Learning (1회 2회 3회)

지하실 방수공법 중 바깥방수의 단점으로 옳지 않은 것은?

① 하자보수가 용이하다.

② 바탕처리를 따로 만들어야 한다.

③ 안방 수에 비해 비용이 고가이다.

④ 시공방법이 복잡하여 공기가 많이 소요된다.

해설

- 바깥방수는 하자보수를 위해서는 복잡한 공정이 소요되므로 비용이 비싸고 어렵다.

지하실 방수공법의 분류

- 지하실에 사용하는 방수방법에는 구조체의 안에서 하는 안방수와 바깥에서 하는 바깥방수로 구분된다.

| 안방수 | 구분 | 바깥방수 |
|---|---|---|
| 싸다 | 설치/보수비용 | 비싸다 |
| 작을 때 | 수압 | 수압과 관련 없다 |
| 간단해 짧다 | 공기 | 복잡해 길다 |
| 필요 없다 | 바탕만들기 | 별도의 바탕이 필요 |

0801

## 70

Repetitive Learning (1회 2회 3회)

현장타설 콘크리트말뚝 중 외관과 내관의 2중관을 소정의 위치까지 박은 다음, 내관은 빼내고 관내에 콘크리트를 부어 넣고 내관을 넣어 다지며 외관을 서서히 빼 올리면서 콘크리트 구근을 만드는 말뚝은?

① 페데스탈파일

② 시트파일

③ P.I.P파일

④ C.I.P파일

해설

- 시트파일은 강재 널말뚝을 연속으로 연결하여 벽체를 형성하는 공법으로 강재 널말뚝 공법이라고도 한다.
- PIP파일은 스크류 오거로 굴착한 후 흙과 오거를 올리면서 오거 선단을 통해 모르타르를 주입하여 말뚝을 형성하는 공법이다.
- CIP파일은 지하수가 없는 비교적 경질인 지층에서 어스오거로 구멍을 뚫고 그 내부에 철근과 자갈을 채운 후, 미리 삽입해 둔 파이프를 통해 저면에서부터 모르타르를 채워 올라오게 하는 공법이다.

현장타설 콘크리트말뚝 공법(제자리콘크리트말뚝)

㉠ 개요

- 긴 말뚝 박기가 곤란하고 굳은 층이 지하 깊이 있을 경우 지반에 구멍을 내고 그 속에 콘크리트를 부어 만드는 말뚝을 말한다.
- 말뚝(Pile)의 종류에는 페데스탈파일, 레이몬드파일, 심플렉스파일, 컴프레솔파일 등이 있다.
- 말뚝 공법은 어스드릴(Earth drill) 공법, 베노토말뚝(Benoto pile) 공법, 리버스서큘레이션(Reverse circulation pile) 공법, 마이크로파일(Micro pile) 공법 등으로 구분한다.

정답 | 69 ① 70 ①

ⓛ 파일의 종류

- 페데스탈파일(Pedestal pile) – 외관과 내관의 2중관을 소정의 위치까지 박은 다음, 내관은 빼내고 관내에 콘크리트를 부어 넣고 내관을 넣어 다지며 외관을 서서히 빼 올리면서 콘크리트 구근을 만드는 말뚝이다.
- 레이몬드파일(Raymond pile) – 얇은 철판의 외관에 심대를 넣어 소정의 깊이까지 박은 후에 내관(심대)을 빼낸 후, 외관에 콘크리트를 부어 넣어 지중에 콘크리트말뚝을 형성하는 말뚝이다.
- 심플렉스파일(Simplex pile) – 파손을 방지하기 위해 쇠신을 씌운 강관을 소정의 깊이까지 박은 후 관 내에 콘크리트를 부어 무거운 추로 다지면서 강관을 뽑아내어 만드는 말뚝이다.
- 콤프레솔파일(Compressol pile) – 끝이 뾰족한 추로 구멍을 만든 후 콘크리트를 부어 둥근 추로 다져넣은 다음 다시 평편한 추로 단단하게 다져 만드는 말뚝이다.

1901

## 71 Repetitive Learning 1회 2회 3회

보강콘크리트블록조 공사에서 원칙적으로 기초 및 테두리보에서 위층의 테두리보까지 잇지 않고 배근하는 것은?

① 세로근 ② 가로근
③ 철선 ④ 수평횡근

해설

- 벽의 세로근은 원칙적으로 기초·테두리보에서 위층의 테두리보까지 잇지 않고 배근하여 그 정착 길이는 철근 지름(d)의 40배 이상으로 한다.

:: 보강블록조

- 단순조적 블록조와 같은 방법으로 블록공사를 하되 블록의 빈 속을 철근과 콘크리트로 보강하여 내력벽 또는 이에 준하는 장막벽을 구성하는 것을 말한다.
- 철근은 보통 원형철근을 이용하고, 결속선은 0.8mm(BWG #21) 이상의 철선을 달구어 사용한다.
- 보강블록조는 원칙적으로 통줄눈쌓기로 한다.
- 콘크리트용 블록은 물축임을 하지 말아야 한다. (단, 모르타르 접촉면에만 물을 축인다)
- 하루 쌓기의 높이는 6~7켜(1.2~1.5m) 이내를 표준으로 한다.
- 벽의 세로근은 원칙적으로 기초·테두리보에서 위층의 테두리보까지 잇지 않고 배근하여 그 정착 길이는 철근 지름(d)의 40배 이상으로 한다.
- 가로근의 모서리는 서로 40d(d : 철근 지름) 이상으로 정착시키며 단부는 180° 갈고리를 둔다.
- 모르타르 또는 콘크리트의 세로근 피복 두께는 2cm 이상으로 하며 세로근과의 교차부는 모두 결속선으로 결속한다.

0504

## 72 Repetitive Learning 1회 2회 3회

다음 네트워크 공정표에서 결합점 ②에서의 가장 늦은 완료 시각은?

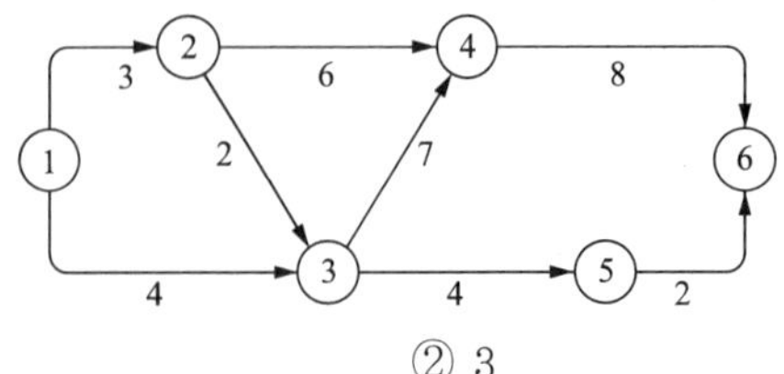


① 2 ② 3
③ 4 ④ 5

해설

- ②에서의 가장 늦은 완료시간은 주공정 20에서 ⑥에서 ②까지의 역으로 작업일수를 빼주면 된다. 8+7+2 = 17이므로 20–17=3이다.

:: 네트워크 공정표 일정계산

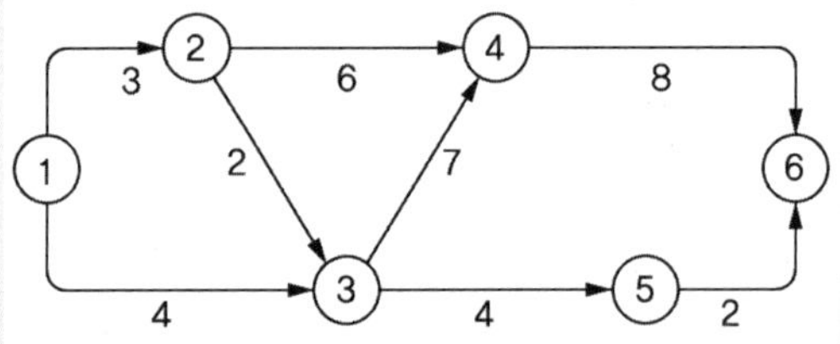


- 주공정 : ①에서 시작하여 가장 시간이 오래 걸리는 경로를 찾는다. ③으로 이동하는데 ②를 거칠 경우 5, 그냥 ③으로 갈 경우 4의 시간이 걸리므로 ①에서는 ②로, ②에서 ④로 가는데 걸리는 시간은 6인데 반해 ③을 거칠 경우 9이므로 ③을 거쳐서 ④로 이동, ④를 거치지 않을 경우 ③에서 ⑤, ⑥으로 가는 방법이 있는데 이 경우 4+2 = 6인데 ④를 거칠 경우 7+8 = 15이므로 ④를 거쳐 ⑥으로 이동하는 것이 가장 많은 시간이 걸린다. 즉, ① → ② → ③ → ④ → ⑥으로 가는 공정이 가장 긴 주공정이 된다.
- 가장 긴 공정의 일정을 더하면 주공정 일수가 된다.
- 특정 결합점에서의 가장 늦은 완료시간은 최종 결합점인 ⑥에서 해당 결합점까지의 경로시간을 빼준다.

## 73 Repetitive Learning 1회 2회 3회

건설현장의 두께가 두꺼운 철골구조물 용접 결함확인을 위한 비파괴검사 중 모재의 결함 및 두께 측정이 가능한 것은?

① 방사선투과검사(Radiographic test)
② 초음파탐상검사(Ultrasonic test)
③ 자기탐상검사(Magnetic particle test)
④ 액체침투탐상검사(Liquid penetration test)



71 ① 72 ② 73 ② 정답

해설

- 방사선검사(Radiography testing)는 방사선을 이용하는 검사방식으로 필름의 밀착성이 좋지 않은 건축물에서 검출이 어렵다.
- 자분탐상검사(Magnetic particle testing)는 금속표면의 비교적 낮은 부분의 결함을 발견하기 위해 자력을 이용한다.
- 침투탐상검사(Liquid penetrant testing)는 액체의 모세관현상을 이용한다.

철골용접 비파괴검사

㉠ 개요

- 강구조 건축물 용접부의 표면결함 및 내부결함을 검출하는 것으로 한다.
- 표면결함은 육안검사와 침투탐상검사 또는 자분탐상검사로 하며, 내부결함은 초음파탐상검사 또는 방사선투과검사로 구분하여 적용한다.

㉡ 표면결함 검사

- 외관(육안)검사는 용접을 한 용접공이나 용접관리 기술자가 하는 것이 원칙이다.
- 침투탐상검사(Liquid penetrant testing)는 액체의 모세관현상을 이용한다.
- 자분탐상검사(Magnetic particle testing)는 금속표면의 비교적 낮은 부분의 결함을 발견하기 위해 자력을 이용한다.

㉢ 내부결함 검사

- 방사선검사(Radiography testing)는 필름의 밀착성이 좋지 않은 건축물에서 검출이 어렵다.
- 초음파탐상검사(Ultrasonic testing)는 인간의 귀로 들을 수 없는 주파수를 갖는 초음파를 사용하여 결함을 검출하는 방법으로 모재의 결함 및 두께 측정이 가능하고, 빠르고 경제적이어서 현장에서 많이 이용한다.

0904 / 1301 / 2201

## 74 Repetitive Learning (1회 2회 3회)

불량품, 결점, 고상 등의 발생건수를 현상과 원인별로 분류하고, 여러 가지 데이터를 항목별로 분류해서 문제의 크기 순서로 나열하여, 그 크기를 막대그래프로 표기한 품질관리 도구는?

① 파레토그램 ② 특성요인도
③ 히스토그램 ④ 체크시트

해설

- 특성요인도는 결과에 어떤 원인이 있는가를 보기 쉽게 나뭇가지 모양으로 나타낸 것이다.
- 히스토그램은 공사 또는 제품의 품질상태가 만족한 상태에 있는가의 여부를 몇 개의 구간으로 나누어 빈도수를 막대그래프 형식으로 표현한 것이다.
- 체크시트는 계수치의 데이터가 분류항목의 어디에 집중되어 있는가를 알아보기 쉽게 나타낸 것이다.

T.Q.C(Total Quality Control) 주요 도구

| 구분 | 내용 |
|---|---|
| 체크시트 | 계수치의 데이터가 분류항목의 어디에 집중되어 있는가를 알아보기 쉽게 나타낸 것 |
| 파레토그램 | 층별 요인이나 특성에 대한 불량점유율을 나타낸 그림으로서 가로축에는 층별 요인이나 특성을, 세로축에는 불량건수나 불량손실금액 등을 표시한 것으로 크기 순서대로 막대그래프 형식으로 표기한 것 |
| 히스토그램 | 공사 또는 제품의 품질상태가 만족한 상태에 있는가의 여부를 몇 개의 구간으로 나누어 빈도수를 막대그래프 형식으로 표현한 것 |
| 산점도 (산포도) | 서로 대응되는 두 개의 짝으로 된 데이터를 그래프 용지에 점으로 얼마나 퍼져있는지를 나타낸 것 |
| 특성요인도 | 결과에 어떤 원인이 있는가를 보기 쉽게 나뭇가지 모양으로 나타낸 것 |

0501 / 1002

## 75 Repetitive Learning (1회 2회 3회)

콘크리트 타설 시 일반적인 주의사항으로 옳지 않은 것은?

① 운반거리가 가까운 곳으로부터 타설을 시작한다.
② 자유낙하 높이를 작게 한다.
③ 콘크리트를 수직으로 낙하한다.
④ 거푸집, 철근에 콘크리트를 충돌시키지 않는다.

해설

- 콘크리트 타설은 운반거리가 먼 곳부터 타설을 시작한다.

콘크리트 타설 시 안전유의사항

- 콘크리트 타설 시에는 기둥, 벽체 → 보 → 슬래브 순으로 타설 순서를 준수해 작업에 임해야 한다.
- 콘크리트를 치는 도중에는 거푸집, 동바리 등의 이상 유무를 확인하여야 한다.
- 타설 시 공동이 발생되지 않도록 밀실하게 부어 넣는다.
- 콘크리트 타설은 운반거리가 먼 곳부터 타설을 시작한다.
- 낙하 높이는 보통 1.5m 이내로 최대 2m를 초과하지 않도록 자유낙하 높이를 최소화한다.
- 진동기 사용 시 지나친 진동은 거푸집 무너짐의 원인이 될 수 있으므로 적절히 사용해야 하며, 거푸집 및 철근에 직접적인 진동을 주지 않도록 주의한다.
- 타설 속도는 하계 1.5m/h, 동계 1.0m/h를 표준으로 한다.
- 부재 간 강성차이가 많은 것과는 조합을 피한다.
- 최상부의 슬래브는 가능하면 이어붓기를 피하고 일시에 전체를 타설하도록 하여야 한다.
- 콘크리트의 재료분리를 방지하기 위하여 횡류, 즉 옆에서 흘려 넣지 않도록 한다.
- 콘크리트 타설 준비 시 콘크리트가 닿았을 때 흡수할 우려가 있는 곳은 미리 습하게 해 두어야 한다.
- 콘크리트를 수직으로 낙하시킨다.

정답 | 74 ① 75 ①

## 76

Repetitive Learning 1회 2회 3회

갱폼(Gang form)의 특징으로 옳지 않은 것은?

① 조립, 분해 없이 설치와 탈형만 함에 따라 인력절감이 가능하다.
② 콘크리트 이음부위(Joint) 감소로 마감이 단순해지고 비용이 절감된다.
③ 경량으로 취급이 용이하다.
④ 제작 장소 및 해체 후 보관 장소가 필요하다.

해설

- 갱폼은 대형으로 인양을 위해서는 별도의 장비가 필요하며, 제작 장소 및 해체 후 보관 장소가 필요한 단점을 갖는다.

갱폼(Gang form) 실작 1704/1701/1601/1504/1401

㉠ 개요
- 동일 모듈이 많은 아파트, 병원, 콘도미니엄, 사무소건물 등에 효과적인 거푸집으로 작은 부재의 분해와 조립을 사용할 때마다 하는 것이 아니라 대형화, 단순화하여 한 번에 설치 및 해체가 가능한 거푸집을 말한다.
- 크게 거푸집과 보강재가 일체로 된 기본 패널, 작업을 위한 작업 발판대 및 수직도 조정과 횡력을 지지하는 빗버팀대로 구성되어 있다.
- 근거리 운반 시에는 공장에서 제작하고 원거리 운반 시에는 현장제작을 원칙으로 한다.
- 경제적인 전용횟수는 30～40회 정도이다.

㉡ 장점
- 타워크레인 등의 시공장비에 의해 한 번에 설치가 가능하다.
- 가설비계공사가 필요없어 공기가 단축되고 인건비가 절약되는 등 가설비의 절약이 가능하다.
- 미장공사를 생략할 수 있다.

㉢ 단점
- 타워크레인, 이동식크레인 같은 양중장비가 필요하며, 기능이 숙련된 기능공이 필요하다.
- 기본계획 및 계획안의 융통성이 없다.
- 공사초기 제작기간이 길고 투자비가 큰 편이다.

## 77

Repetitive Learning 1회 2회 3회

토공사에 사용되는 각종 건설기계에 관한 설명으로 옳은 것은?

① 크램쉘은 협소한 장소의 흙을 퍼 올리는 장비로서, 연약 지반에 적합하다.
② 파워셔블은 위치한 지면보다 낮은 곳의 굴착에 적합하다.
③ 드래그셔블은 버켓으로 토사를 굴착하며 적재하는 기계로서 로더(Loader)라고 불린다.
④ 드래그라인은 좁은 범위의 경질지반 굴착에 적합하다.

해설

- 파워셔블(Power shovel)은 가장 대표적인 굴착용 장비로 기계가 위치한 지면보다 높은 곳의 굴착에 사용된다.
- 드래그셔블(Drag shovel)은 굴착용 장비로 지반보다 낮은 곳의 굴착에 사용되며, 파는 힘이 강력해 경질지반의 굴착에 주로 사용되는 기계로 백호우(Back hoe)라고 불린다.
- 드래그라인(Drag line)은 지면에 기계를 두고 깊이 8m 정도의 연약한 지반의 넓고 깊은 기초 흙 파기를 할 때 주로 사용하는 기계이다.

크램쉘(Clam shell) 실작 1702/1504/1502/1402

- 토공사용 굴착장비이다.
- 위치한 지면보다 낮은 우물통과 같은 협소한 장소에서 사용하는 수직 및 수중굴착 장비이다.
- 토사를 파내는 형식으로 깊은 흙파기용, 흙막이의 버팀대가 있어 좁은 곳, 케이슨(Caisson) 내의 굴착 등에 적합한 장비이다.

1102

## 78

Repetitive Learning 1회 2회 3회

가스압접에 관한 설명 중 옳지 않은 것은?

① 접합온도는 대략 1,200 ~ 1,300℃이다.
② 압접 작업은 철근을 완전히 조립하기 전에 행한다.
③ 철근의 지름이나 종류가 다른 것을 압접하는 것이 좋다.
④ 기둥, 보 등의 압접 위치는 한 곳에 집중되지 않게 한다.

해설

- 철근의 지름이나 종류는 같은 것을 압접하는 것이 좋다. 지름의 차이는 최대 7mm 이하로 한다.

가스압접

㉠ 개요
- 철근의 단면을 산소-아세틸렌 불꽃 등을 이용해 가열한 후 기계적 압력을 가해 용접하는 맞댄이음 공법이다.
- 접합온도는 대략 1,200～1,300℃이며, 압접에 소요되는 시간은 1개소에 3～8분 정도 소요된다.



76 ③ 77 ① 78 ③ 정답

ⓛ 일반사항
- 압접 작업은 철근을 완전히 조립하기 전에 행한다.
- 철근의 지름이나 종류는 같은 것을 압접하는 것이 좋다. 지름의 차이는 최대 7mm 이하로 한다.
- 기둥, 보 등의 압접 위치는 한 곳에 집중되지 않게 한다.

ⓒ 특징
- 철근조립부가 단순하게 정리되어 콘크리트 타설이 용이하다.
- 겹침이음이 없어 경제적이다.
- 철근의 조직변화가 적다.
- 용접부 검사가 어려우며, 기후의 영향을 받고, 화재의 위험이 있으며 열로 인해 철근의 강도 저하 및 산화가 발생할 수 있다.

1202

## 79 — Repetitive Learning (1회 2회 3회)

말뚝 지정 중 강재말뚝에 관한 설명으로 옳지 않은 것은?

① 자재의 이음 부위가 안전하여 소요길이의 조정이 자유롭다.
② 기성콘크리트말뚝에 비해 중량으로 운반이 쉽지 않다.
③ 지중에서의 부식 우려가 높다.
④ 상부구조물과의 결합이 용이하다.

해설
- 강재말뚝은 기성콘크리트말뚝에 비해 중량이 가볍고, 단면적이 작아 운반 및 시공이 용이하다.

강재말뚝의 특징
- 깊은 지지층까지 박을 수 있어 장척 말뚝에 적당하다.
- 휨모멘트에 대한 저항이 크고, 강한 타격에도 견디며 다져진 중간지층의 관통도 가능하다.
- 말뚝의 절단·가공 및 현장접합이 가능하여 소요길이의 조정이 자유롭다.
- 중량이 가볍고, 단면적이 작아 운반 및 시공이 용이하다.
- 상부구조물과의 결합이 용이하다.
- 재료의 특성상 지중에서 부식이 발생하므로 부식방지대책을 세워야 한다.

0801 / 0904

## 80 — Repetitive Learning (1회 2회 3회)

지반의 누수방지 또는 지반개량을 위하여 지반 내부의 틈 또는 굵은 알 사이의 공극에 시멘트페이스트 또는 교질규산염이 생기는 약액 등을 주입하여 흙의 투수성을 저하하는 공법은?

① 샌드드레인 공법　　② 동결 공법
③ 그라우팅 공법　　④ 웰포인트 공법

해설
- 샌드드레인 공법은 연약점토지반에 사용하는 탈수 공법이다.
- 동결 공법은 지반 내 함수층을 임시로 불투수성으로 만드는 공법으로 지반의 압축강도와 전단강도를 증대시킨다.
- 웰포인트 공법은 사질지반의 강제탈수 공법이다.

그라우팅(Grouting) 공법
- 지반의 누수방지 또는 지반개량을 위하여 지반 내부의 틈 또는 굵은 알 사이의 공극에 시멘트페이스트 또는 교질규산염이 생기는 약액 등을 주입하여 흙의 투수성을 저하하는 공법을 말한다.
- 사질토지반에서 흙 입자 사이의 공극을 메우고 고결시켜 지반의 지내력을 증가시킨다.

# 5과목 건설재료학

## 81 — Repetitive Learning (1회 2회 3회)

건축물의 창호나 조인트의 충전재로서 사용되는 실(Seal)재에 대한 설명 중 옳지 않은 것은?

① 퍼티 : 탄산칼슘, 연백, 아연화 등의 충전재를 각종 건성유로 반죽한 것을 말한다.
② 유성 코킹재 : 석면, 탄산칼슘 등의 충전재와 천연유지 등을 혼합한 것을 말하며 접착성, 가소성이 풍부하다.
③ 2액형 실링재 : 휘발성분이 거의 없어 충전 후의 체적변화가 적고 온도변화에 따른 안정성도 우수하다.
④ 아스팔트성 코킹재 : 전색재로서 유지나 수지 대신에 블론아스팔트를 사용한 것으로 고온에 강하다.

정답 79 ② 80 ③ 81 ④

해설

- 아스팔트성 코킹재는 아스팔트에 광물 분말을 첨가하여 만든 것으로 고온에 녹고 자외선에 약하다.

실(Seal, 실링)재

㉠ 개요
- 건축물의 창호나 조인트의 충전재로서 사용되며, 구조물의 수축과 팽창을 고려하여 설계된 줄눈에 수밀성 및 기밀성을 확보하는 재료를 말한다.

㉡ 대표적인 종류와 특성

| 구분 | 특성 |
|---|---|
| 퍼티(Putty) | 탄산칼슘, 연백, 아연화 등의 충전재를 각종 건성유로 반죽한 것으로 탄성복원력이 거의 없다. |
| 유성 코킹재 | 석면, 탄산칼슘 등의 충전재와 천연유지 등을 혼합한 것을 말하며 접착성, 가소성이 풍부하다. |
| 1액형 실링재 | 경화속도가 빠르고 안전하다. |
| 2액형 실링재 | 휘발성분이 거의 없어 충전 후의 체적변화가 적고 온도변화에 따른 안정성도 우수하다. |
| 아스팔트성 코킹재 | 아스팔트에 광물 분말을 첨가하여 만든 것으로 고온에 녹고 자외선에 약하다. |

㉢ 실링재의 요구 성능
- 접착성 – 줄눈을 구성하는 각종 부재에 잘 부착하는 것
- 내오염성 – 줄눈 주변부에 오염현상을 발생시키지 않는 것
- 수밀성 – 줄눈부의 방수기능을 잘 유지하는 것
- 무브먼트에 대한 추종성 – 줄눈에 발생하는 무브먼트(Movement)에 잘 추종하는 것
- 그 외 시공용이성, 내구성 등이 있다.

0902

## 82 Repetitive Learning (1회 2회 3회)

콘크리트용 골재의 요구 성능에 관한 설명으로 옳지 않은 것은?

① 골재의 강도는 경화한 시멘트페이스트 강도보다 클 것
② 골재의 표면은 매끄러울 것
③ 골재의 입형이 둥글고 입도가 고를 것
④ 먼지 또는 유기불순물을 포함하지 않을 것

해설

- 콘크리트용 골재로 너무 매끄러운 것, 납작한 것, 길쭉한 것, 예각으로 된 것은 피하도록 한다.

콘크리트용 골재의 조건
- 강도는 콘크리트 중의 경화시멘트페이스트의 강도 이상일 것
- 공극률이 작은 구형이나 입방체에 가까운 것
- 입형은 너무 매끄러운 것, 납작한 것, 길쭉한 것, 예각으로 된 것은 피하도록 하며, 콘크리트의 유동성을 갖도록 할 것
- 입도는 조립에서 세립까지 연속적으로 균등히 혼합되어 있을 것
- 먼지, 흙, 유기불순물, 염류, 운모, 석탄, 갈탄, 석편 등이 포함되지 않을 것
- 잔골재의 경우 염분의 허용한도는 0.04% 이하여야 한다.

2202

## 83 Repetitive Learning (1회 2회 3회)

블론아스팔트(Blown asphalt)를 휘발성 용제에 녹이고 광물 분말 등을 가하여 만든 것으로 방수, 접합부 충전 등에 쓰이는 아스팔트 제품은?

① 아스팔트코팅(Asphalt coating)
② 아스팔트그라우트(Asphalt grout)
③ 아스팔트시멘트(Asphalt cement)
④ 아스팔트콘크리트(Asphalt concrete)

해설

- 아스팔트그라우트는 스트레이트아스팔트와 돌가루, 모래를 가열 혼합한 물질로 석재의 고착 및 충전에 사용된다.
- 아스팔트시멘트는 고형 상태의 아스팔트를 인화점 이하에서 화기와 충분히 혼합하여 적당하게 물러진 액상으로 도로포장용으로 사용된다.
- 아스팔트콘크리트는 모래, 자갈 등의 골재를 아스팔트를 녹여 결합시킨 혼합물로 도로포장 등에 사용된다.



82 ② 83 ① 정답

**아스팔트 제품**

| | |
|---|---|
| 아스팔트코팅 (Asphalt coating) | 블론아스팔트(Blown asphalt)를 휘발성 용제에 녹이고 광물 분말 등을 가하여 만든 것으로 방수, 접합부 충전 등에 사용된다. |
| 아스팔트프라이머 (Asphalt primer) | 블론아스팔트를 용제에 녹인 것으로 액상을 하고 있으며 아스팔트방수의 바탕처리재(밀착용)로 이용된다. |
| 아스팔트컴파운드 (Asphalt compound) | 블론아스팔트의 내열성, 내한성 등을 개량하기 위해 동물섬유나 식물섬유를 혼합하여 유동성을 증대시킨 것이다. |
| 아스팔트펠트 (Asphalt felt) | 목면, 마사, 양모, 폐지 등을 혼합하여 만든 원지에 스트레이트아스팔트를 침투시킨 두루마리 제품으로 흡수성이 크기 때문에 아스팔트방수의 중간층 재료로 이용된다. |
| 아스팔트루핑 (Asphalt roofing) | 아스팔트펠트의 양면에 블론아스팔트를 가열·용융시켜 피복한 것이다. |
| 아스팔트그라우트 (Asphalt grout) | 스트레이트아스팔트와 돌가루, 모래를 가열 혼합한 물질로 석재의 고착 및 충전에 사용된다. |

## 84

Repetitive Learning (1회 2회 3회)

미장재료의 경화에 대한 설명 중 옳지 않은 것은?

① 회반죽은 공기 중의 탄산가스와의 화학반응으로 경화한다.
② 이수석고($CaSO_4 \cdot 2H_2O$)는 물을 첨가해도 경화하지 않는다.
③ 돌로마이트플라스터는 물과의 화학반응으로 경화한다.
④ 시멘트모르타르는 물과의 화학반응으로 경하한다.

**해설**

- 돌로마이트플라스터는 기경성 재료로 공기 중의 이산화탄소와 반응하여 경화된다.

**미장재료의 구분**

| | |
|---|---|
| 수경성 재료 | • 물을 필요로 하는 미장재료로 지하실과 같이 공기의 유통이 나쁜 장소에서도 사용가능하나.<br>• 시멘트모르타르, 석고플라스터, 인조석바름 등<br>• 장점 : 경화가 빠르고 강도가 크다.<br>• 단점 : 시공이 복잡하고 수축 및 균열이 발생한다. |
| 기경성 재료 | • 이산화탄소와 반응하여 경화되는 미장재료이다.<br>• 회반죽, 흙질, 석회플라스터, 돌로마이트플라스터 등<br>• 장점 : 시공이 용이하다.<br>• 단점 : 경화가 느리고 강도가 작다. |

2001

## 85

Repetitive Learning (1회 2회 3회)

킨즈시멘트 제조 시 무수석고의 경화를 촉진시키기 위해 사용하는 혼화재료는?

① 규산백토
② 플라이애쉬
③ 화산회
④ 백반

**해설**

- 경석고플라스터에서는 경화촉진제로 산성인 백반을 사용하여 금속을 녹슬게 하므로 금속에 사용할 경우 방수처리가 필요하다.

**석고플라스터**

㉠ 개요
- 고온소성의 무수석고를 혼화재, 접착제, 응결시간조절제 등과 혼합한 수경성 미장재료이다.

㉡ 특징
- 비교적 강도가 크고, 부착은 양호하나, 강재를 녹슬게 하는 성분을 포함한다.
- 건조 시 무수축성의 성질을 가져 치수 안정성이 우수하다.
- 여물(Hair)이 필요 없는 미장재료로 내화성이 높고 경화시간이 극히 짧다.
- 물에 용해되는 성질이 있어 물을 사용하는 장소에는 부적합하다.

㉢ 경석고와 소석고의 비교

| | |
|---|---|
| 경석고 | • 석고원석을 고온(500~1,900℃)에서 가열한 후 불순석고를 첨가하여 다시 가열한 것이다.<br>• 경화촉진제로 백반을 사용한다.<br>• 킨즈시멘트라고도 한다.<br>• 경화속도는 느리지만, 경화되면 강도는 더 높다.<br>• 굳기 시작한 것도 다시 사용할 수 있다. |
| 소석고 | • 순수한 석고를 분쇄한 후 가루를 가열(150~190℃), 불순물을 제거한 것이다.<br>• 경석고보다 응결속도가 빠르다.<br>• 굳기 시작하면 다시 사용할 수 없다. |

## 86

Repetitive Learning (1회 2회 3회)

목재 제품 중 합판에 관한 설명으로 옳지 않은 것은?

① 방향에 따른 강도차가 적다.
② 곡면가공을 하여도 균열이 생기지 않는다.
③ 여러 가지 아름다운 무늬를 얻을 수 있다.
④ 함수율 변화에 의한 신축변형이 크다.

정답 | 84 ③ 85 ④ 86 ④

해설

- 합판은 원목에 비해 함수율의 변화에 의한 신축변형이 적다.

합판(Plywood)

㉠ 개요
- 3장 이상의 홀수의 단판(Veneer)을 방향이 직교되게 접착제로 붙여 만든 것이다.
- 뒤틀림이나 변형이 적은 비교적 큰 면적의 평면 재료를 얻을 수 있다.
- 균일한 강도의 재료를 얻을 수 있다.

㉡ 특성
- 방향에 따른 강도차가 적다.
- 곡면가공을 하여도 균열이 생기지 않는다.
- 여러 가지 아름다운 무늬를 얻을 수 있다.
- 함수율 변화에 의한 신축변형이 적고 방향성이 없다.
- 곡면가공을 하여도 균열이 생기지 않는다.
- 표면가공법으로 흡음효과를 낼 수 있고, 의장적 효과도 높일 수 있다.

1904

## 87

Repetitive Learning 

콘크리트 구조물의 강도 보강용 섬유소재로 적당하지 않은 것은?

① 석면섬유
② 유리섬유
③ 탄소섬유
④ 아라미드섬유

해설

- 석면섬유는 내마모성이 커 사용되어 왔지만 발암성분으로 인해 2009년 1월부터 사용이 금지되고 있어 강도 보강용 섬유소재로 적당하지 않다.

콘크리트 강도 보강용 섬유소재
- 콘크리트의 낮은 인장력과 변형력으로 인해 깨지기 쉬운 단점을 보완하기 위해 사용한다.
- 균열을 제어하며, 균열 이후 재료들의 거동을 보완한다.
- 석면섬유는 내마모성이 커 사용되어 왔지만 발암성분으로 인해 2009년 1월부터 사용이 금지되고 있어 강도 보강용 섬유소재로 적당하지 않다.
- 강섬유, 유기폴리머섬유, 유리섬유, 탄소섬유, 나일론섬유, 셀룰로오스섬유, 아라미드섬유 등이 주로 사용된다.

1201

## 88

Repetitive Learning 1회 2회 3회

경량기포콘크리트(Autoclaved Lightweight Concrete)에 관한 설명 중 옳지 않은 것은?

① 단열성이 낮아 결로가 발생한다.
② 강도가 낮아 주로 비내력용으로 사용된다.
③ 내화성능을 일부 보유하고 있다.
④ 다공질이기 때문에 흡수성이 높다.

해설

- ALC는 경량성, 단열성, 내화성, 흡음·차음성 등에서 우수한 성능을 보인다.

경량기포콘크리트(ALC : Autoclaved Lightweight Concrete)

㉠ 개요
- 포화증기 양생 경량기포콘크리트로 무수한 기포를 독립적으로 분산시켜 중량을 가볍게 한 기포콘크리트의 일종이다.
- 규산질, 석회질 원료를 주원료로 하여 기포제와 발포제를 첨가하여 만든다.
- 기포제는 알루미늄 분말이나 알루미늄 페이스트가 주로 사용된다.

㉡ 특징
- 현장에서 절단 및 가공이 용이하며 인력으로 취급이 간편하다.
- 경량성, 단열성, 내화성, 흡음·차음성 등에서 우수한 성능을 보인다.
- 보통콘크리트에 비해 비중은 1/4 정도로 경량이며, 중성화의 우려가 높다.
- 다공질이기 때문에 흡수성이 높다.
- 동해에 대한 방수, 방습처리가 필요하고 부서지기 쉽다.
- 압축강도에 비해서 휨강도나 인장강도는 상당히 약하다.
- 강도가 낮아 구조재로서는 부적합하며 주로 비내력벽, 지붕, 바닥재로 사용된다.

## 89

Repetitive Learning 1회 2회 3회

화강암의 색상에 관한 설명으로 옳지 않은 것은?

① 전반적인 색상은 밝은 회백색이다.
② 흑운모, 각섬석, 휘석 등은 검은색을 띤다.
③ 산화철을 포함하면 미홍색을 띤다.
④ 화강암의 색은 주로 석영에 좌우된다.



87 ① 88 ① 89 ④ 정답

해설

• 화강암의 색은 주로 장석에 의해 좌우된다.

∷ 화강암

㉠ 개요

• 석영, 장석, 운모로 구성된다.
• 전반적인 색상은 밝은 회백색을 띠나 흑운모, 각섬석, 휘석 등은 검은색을 띠며, 산화철을 포함하면 미홍색을 띤다.
• 외장, 내장, 구조재, 도로포장재, 콘크리트 골재 등에 사용된다.

㉡ 특성

• 마모, 풍화 등에 대한 내구성이 크다.
• 외관이 수려하나 함유광물의 열팽창계수가 달라 내화성이 약해 화재 시 파괴된다.
• 강도가 너무 단단하여 건축용 휨재나 조각 등에는 부적당하다.

## 90 Repetitive Learning (1회 2회 3회)

비닐벽지에 관한 설명으로 옳지 않은 것은?

① 시공이 용이하다.
② 오염이 되더라도 청소가 용이하다.
③ 통기성 부족으로 결로의 우려가 있다.
④ 타 벽지에 비해 경제적으로 가격이 비싸다.

해설

• 비닐벽지는 종이벽지에 비해서는 고가이나 천연벽지나 특수벽지보다는 싸다.

∷ 비닐벽지

• 합지벽지에 비닐 코팅막을 입힌 벽지이다.
• 오염이 되더라도 물청소가 가능하고 시공이 용이하다.
• 색상과 디자인이 다양하다.
• 통기성 부족으로 결로의 우려가 있다.

## 91 Repetitive Learning (1회 2회 3회)

금속재료의 일반적 성질에 대한 설명으로 옳지 않은 것은?

① 강도와 탄성계수가 크다.
② 경도 및 내마모성이 크다.
③ 열전도율이 작고 부식성이 크다.
④ 비중이 큰 편이다.

해설

• 금속재료는 열전도율, 전기전도율이 크고 산화되기 쉬우며, 부식성이 크다.

∷ 금속재료의 일반적 성질

• 결정구조를 갖고 있다.
• 강도와 탄성계수가 크다.
• 경도 및 내마모성이 크다.
• 비중이 크며, 내구성이 우수하다.
• 열전도율, 전기전도율이 크고 산화되기 쉬우며, 부식성이 크다.
• 소성가공이 가능(전연성이 풍부)하며, 가공 변형이 쉽다.

0604 / 1104

## 92 Repetitive Learning (1회 2회 3회)

고로시멘트의 특징에 대한 설명으로 옳지 않은 것은?

① 해수에 대한 내식성이 작다.
② 초기강도는 작으나 장기강도는 크다.
③ 잠재수경성의 성질을 가지고 있다.
④ 수화열량이 적어 매스콘크리트용으로 사용이 가능하다.

해설

• 고로시멘트는 해수에 대한 내식성이 커 해수·공장폐수·하수 등에 접하는 콘크리트에 적합하다.

∷ 고로시멘트

㉠ 개요

• 포틀랜드시멘트 클링커에 철 용광로에서 나온 슬래그를 급랭하여 혼합하고 이에 응결시간 조절용 석고를 첨가하여 분쇄한 시멘트이다.
• 팽창균열이 없고 화학저항성이 높아 해수·공장폐수·하수 등에 접하는 콘크리트에 적합하다.

㉡ 특징

• 초기강도는 약간 낮으나 장기강도는 보통포틀랜드시멘트와 같거나 그 이상이 된다.
• 수화열량이 적어 매스콘크리트용으로도 사용가능하다.
• 팽창균열이 없고 화학저항성과 수밀성이 크고 잠재수경성의 성질을 가지고 있다.
• 슬래그 수화에 의한 포졸란 반응으로 공극 충전효과과 및 알칼리골재반응 억제효과가 크다.
• 모르타르나 콘크리트의 거푸집을 접하지 않는 자유표면은 경화불량에서 오는 약화현상이 따르기 쉽다.
• 슬래그를 함유하고 있어 건조수축에 대한 저항성이 약하고 중성화를 촉진하는 단점을 갖는다.

정답 | 90 ④ 91 ③ 92 ①

## 93

Repetitive Learning 1회 2회 3회

마루판 재료 중 파키트리보드를 3 ~ 5장씩 상호 접합하여 각판으로 만들어 방습처리한 것으로 모르타르나 철물을 사용하여 콘크리트 마루바닥용으로 사용되는 것은?

① 파키트리 패널
② 파키트리 블록
③ 플로링 보드
④ 플로링 블록

해설

- 파키트리 패널은 파키트리보드를 4매씩 조합하여 만든 24cm 각판으로 의장이 수려하고 마모성이 작은 마루판재이다.
- 플로어링 보드는 표면을 곱게 대패질하여 마감한 문양이 아름다운 마루판으로 양 측면을 제혀쪽매로 연결한 것이다.
- 플로어링 블록은 플로어링 보드를 여러 장 붙여서 길이와 너비가 같게 제혀쪽매로 옆 대어 만든 정사각형의 블록이다.

파키트리 블록(Parquetry block)

- 마루판 재료 중 파키트리보드를 3 ~ 5장씩 상호 접합하여 각판으로 만들어 방습처리 한 것이다.
- 모르타르나 철물을 사용하여 콘크리트 마루바닥용으로 사용된다.

## 94

Repetitive Learning 1회 2회 3회

스테인리스 강재의 종류 중에서 건축재로 가장 많이 사용되고 내외장과 설비 등 모든 용도에 적합한 것은?

① STS 304
② STS 316
③ STS 430
④ STS 410

해설

- STS 316은 염분이나 유독가스 등으로 인해 부식우려가 있는 곳에 사용된다.
- STS 430은 전자부품, 가스렌지 상판 등에 사용된다.
- STS 410은 가위, 칼, 의료용 기구 등에 사용된다.

STS 304

- 크롬, 니켈, 철 합금으로 대표적인 Austenite계 스테인리스강으로 내식성과 가공성이 우수하여 널리 사용되고 있다.
- 온도에 대해서 안정적이며 연성이 풍부하며 가공성이 양호하다.
- 건축용 내외장과 설비 등 모든 용도에 사용되고 있다.

0501 / 1802

## 95

Repetitive Learning 1회 2회 3회

자갈 시료의 표면수를 포함한 중량이 2,100g이고 표면건조내부포화상태의 중량이 2,090g이며 절대건조상태의 중량이 2,070g이라면 흡수율과 표면수율은 약 몇 %인가?

① 흡수율 : 0.48%, 표면수율 : 0.48%
② 흡수율 : 0.48%, 표면수율 : 1.45%
③ 흡수율 : 0.97%, 표면수율 : 0.48%
④ 흡수율 : 0.97%, 표면수율 : 1.45%

해설

- 습윤상태의 중량이 2,100g이고, 표건상태의 중량은 2,090g이며, 절건상태의 중량은 2,070g이다.
- 흡수율 = $\frac{2,090-2,070}{2,070} = 0.0097$로 0.97[%]이고,

  표면수율 = $\frac{2,100-2,090}{2,090} = 0.0048$로 0.48[%]이다.

흡수율과 표면수율

㉠ 흡수율

- 흡수율은 흡수량(표면건조상태와 절대건조상태의 중량 차) 대비 절대건조상태의 중량비를 백분율로 나타낸 것이다.
- 흡수율 = $\frac{\text{표면건조상태} - \text{절대건조상태}}{\text{절대건조상태}} \times 100$[%]이다.

㉡ 표면수율

- 표면수율이란 표면수량(습윤상태와 표건상태의 중량 차) 대비 표면건조상태의 중량비를 백분율로 나타낸 것이다.
- 표면수율 = $\frac{\text{습윤상태} - \text{표면건조상태}}{\text{표면건조상태}} \times 100$[%]이다.

## 96

Repetitive Learning 1회 2회 3회

녹 방지용 안료와 관계없는 것은?

① 연단
② 징크로메이트
③ 크롬산아연
④ 탄산칼슘

해설

- 탄산칼슘은 아스팔트 및 콘크리트 충진재 및 용광로에서 철 정련시 많이 사용된다.

방청도료

- 금속 표면을 물리적·화학적으로 녹슬지 않도록 방청성을 개선해주는 도료를 말한다.
- 방청도료의 종류에는 광명단(연단), 방청산화철, 알루미늄, 역청질, 워시프라이머, 징크로메이트, 크롬산아연, 규산염 도료 등이 있다.



93 ② 94 ① 95 ③ 96 ④ 정답

## 97

Repetitive Learning (1회 2회 3회)

경량형강에 대한 설명으로 옳지 않은 것은?

① 단면이 작은 얇은 강판을 냉간성형하여 만든 것이다.
② 조립 또는 도장 및 가공 등의 목적으로 축판에 구멍을 뚫어서는 안 된다.
③ 가설구조물 등에 많이 사용된다.
④ 휨내력은 우수하나 판 두께가 얇아 국부좌굴이나 녹막이 등에 주의할 필요가 있다.

해설

- 경량형강은 조립 또는 도장 및 가공 등의 목적으로 현장에서 절단 및 축판에 구멍을 뚫어 사용할 수 있다.

경량형강

㉠ 개요
- 단면이 작은 얇은 강판을 냉간성형하여 만든 것이다.
- 가설구조물 등에 많이 사용된다.

㉡ 특징
- 휨내력은 우수하나 판 두께가 얇아 국부좌굴이나 녹막이 등에 주의할 필요가 있다.
- 복잡한 단면 형상이나 장척의 형강도 제조가능하다.
- 조립 또는 도장 및 가공 등의 목적으로 현장에서 절단 및 축판에 구멍을 뚫어 사용할 수 있다.

## 98

Repetitive Learning (1회 2회 3회)

수성페인트에 합성수지와 유화제를 섞은 페인트는?

① 에멀션페인트 ② 조합페인트
③ 견련페인트 ④ 방청페인트

해설

- 조합페인트는 유성페인트의 한 종류로 현장에서 그대로 사용할 수 있는 페인트를 말한다.
- 견련페인트는 페이스트 형태의 유성페인트로 안료가 많은 것이 특징이며, 보일유를 첨가하여 액상으로 사용한다.
- 방청페인트는 금속에 녹이 스는 것을 최대한 억제해 주는 기능성 페인트이다.

에멀션페인트

- 수성페인트의 일종으로 수성페인트에 합성수지와 유화제를 섞은 것이다.
- 물이 증발하여 수지입자가 굳는 융착건조경화를 한다.
- 주로 건물의 벽의 도장에 사용한다.

## 99

Repetitive Learning (1회 2회 3회)

다음 유리 중 결로 현상의 발생이 가장 적은 것은?

① 보통유리 ② 후판유리
③ 복층유리 ④ 형판유리

해설

- 대기 중의 수분이 물방울로 맺히는 결로방지효과를 가지는 유리는 복층유리이다.

복층유리

- 2장 이상의 판유리와 스페이서를 이용하여 건조한 공기층을 갖도록 만들어진 유리이다.
- 창문을 빠져나가는 열에너지를 최소로 하여 단열효과를 가진다.
- 대기 중의 수분이 물방울로 맺히는 결로방지효과를 가진다.

1002 / 1802 / 2001

## 100

Repetitive Learning (1회 2회 3회)

목재의 방부처리법 중 압력용기 속에 목재를 넣어서 처리하는 방법으로 가장 신속하고 효과적인 것은?

① 침지법 ② 표면탄화법
③ 가압주입법 ④ 생리적 주입법

해설

- 압력탱크에서 압력을 이용하여 약액을 목재에 주입하는 방법은 가압주입법이다.
- 생리적 주입법은 방부용액을 뿌리에 주입하는 방법이다.

목재의 방부처리법

㉠ 침지법
- 목재를 방부용액에 담가 공기를 차단하여 방부처리하는 방법이다.
- 방부용액은 주로 크레오소트유를 사용한다.

㉡ 도포법
- 충분히 건조된 목재에 약재를 도포하여 방부처리하는 방법이다.
- 방부용액은 크레오소트유, 아스팔트 방부칠 등이 사용된다.

㉢ 주입법
- 방부용액을 목재에 주입하여 방부처리하는 방법이다.
- 주입하는 방법에 따라 상압주입법, 가압주입법, 생리적 주입법 등이 있다.
- 가압주입법은 압력용기 속에 목재를 넣어서 처리하는 방법으로 신속하고 효과적인 방법이다.
- 방부용액은 크레오소트유, PCP 등이 사용된다.

㉣ 표면탄화법
- 목재의 표면을 태워서 방부처리하는 방법이다.

정답 | 97 ② 98 ① 99 ③ 100 ③

1102

## 101

Repetitive Learning (1회 2회 3회)

다음 설명에서 제시된 산업안전보건법에서 말하는 고용노동부령으로 정하는 공사에 해당하지 않는 것은?

> 건설업 중 고용노동부령으로 정하는 공사를 착공하려는 사업주는 고용노동부령으로 정하는 자격을 갖춘 자의 의견을 들은 후 유해·위험방지계획서를 작성하여 고용노동부령으로 정하는 바에 따라 고용노동부장관에게 제출하여야 한다.

① 지상높이가 31m인 건축물의 건설·개조 또는 해체
② 최대지간길이가 50m인 교량건설 등의 공사
③ 깊이가 8m인 굴착공사
④ 터널 건설공사

해설

- 유해·위험방지계획서 제출대상 굴착공사는 깊이 10m 이상인 굴착공사이다.

유해·위험방지계획서 제출대상 공사 실필 1901/1802/1102

- 지상높이가 31m 이상인 건축물 또는 인공구조물, 연면적 3만 $m^2$ 이상인 건축물 또는 연면적 5천$m^2$ 이상의 문화 및 집회시설(전시장 및 동물원·식물원은 제외), 판매시설, 운수시설(고속철도의 역사 및 집배송시설은 제외), 종교시설, 의료시설 중 종합병원, 숙박시설 중 관광숙박시설, 지하도상가 또는 냉동·냉장창고시설의 건설·개조 또는 해체 공사
- 연면적 5천$m^2$ 이상인 냉동·냉장창고시설의 설비공사 및 단열공사
- 최대지간길이가 50m 이상인 교량 건설 등의 공사
- 터널 건설 등의 공사
- 다목적 댐, 발전용 댐 및 저수용량 2천만톤 이상의 용수 전용 댐, 지방상수도 전용 댐 건설 등의 공사
- 깊이 10m 이상인 굴착공사

## 102

Repetitive Learning (1회 2회 3회)

근로자의 추락 등의 위험을 방지하기 위한 안전난간의 설치기준으로 옳지 않은 것은?

① 상부 난간대와 중간 난간대는 난간 길이 전체에 걸쳐 바닥면 등과 평행을 유지할 것
② 발끝막이판은 바닥면 등으로부터 20cm 이하의 높이를 유지할 것
③ 난간대는 지름 2.7cm 이상의 금속제 파이프나 그 이상의 강도가 있는 재료일 것
④ 안전난간은 구조적으로 가장 취약한 지점에서 가장 취약한 방향으로 작용하는 100kg 이상의 하중에 견딜 수 있는 튼튼한 구조일 것

해설

- 안전난간의 발끝막이판은 바닥면 등으로부터 10cm 이상의 높이를 유지한다.

안전난간의 구조 및 설치요건 실필 1704/1102/0902 실작 1902/1704/1602/1501

- 상부 난간대, 중간 난간대, 발끝막이판 및 난간기둥으로 구성할 것. 다만, 중간 난간대, 발끝막이판 및 난간기둥은 이와 비슷한 구조와 성능을 가진 것으로 대체할 수 있다.
- 상부 난간대는 바닥면·발판 또는 경사로의 표면으로부터 90cm 이상 지점에 설치하고, 상부 난간대를 120cm 이하에 설치하는 경우에는 중간 난간대는 상부 난간대와 바닥면 등의 중간에 설치하여야 하며, 120cm 이상 지점에 설치하는 경우에는 중간 난간대를 2단 이상으로 균등하게 설치하고 난간의 상하 간격은 60cm 이하가 되도록 한다.
- 발끝막이판은 바닥면 등으로부터 10cm 이상의 높이를 유지할 것. 다만, 물체가 떨어지거나 날아올 위험이 없거나 그 위험을 방지할 수 있는 망을 설치하는 등 필요한 예방 조치를 한 장소는 제외한다.
- 난간기둥은 상부 난간대와 중간 난간대를 견고하게 떠받칠 수 있도록 적정한 간격을 유지한다.
- 상부 난간대와 중간 난간대는 난간 길이 전체에 걸쳐 바닥면 등과 평행을 유지한다.
- 난간대는 지름 2.7cm 이상의 금속제 파이프나 그 이상의 강도가 있는 재료여야 한다.
- 안전난간은 구조적으로 가장 취약한 지점에서 가장 취약한 방향으로 작용하는 100킬로그램 이상의 하중에 견딜 수 있는 튼튼한 구조여야 한다.



101 ③ 102 ② 정답

0402

## 103

Repetitive Learning 1회 2회 3회

차량계 하역운반기계를 사용하는 작업에 있어 고려되어야 할 사항과 가장 거리가 먼 것은?

① 작업지휘자의 배치 ② 유도자의 배치
③ 갓길 붕괴 방지 조치 ④ 안전관리자의 선임

해설

- 차량계 하역 작업 시 기계가 넘어지거나 굴러떨어짐으로써 근로자에게 위험을 미칠 우려가 있는 경우에는 그 기계를 유도하는 사람을 배치하고 지반의 부동침하 방지 및 갓길 붕괴를 방지하기 위한 조치를 하여야 한다.
- 사업주는 차량계 하역운반기계 등에 단위화물의 무게가 100킬로그램 이상인 화물을 싣거나 내리는 경우 작업지휘자를 배치하여야 한다.

:: 차량계 하역 작업 시 고려사항

- 사업주는 차량계 하역운반기계, 차량계 건설기계(최대제한속도가 시속 10킬로미터 이하인 것은 제외한다)를 사용하여 작업을 하는 경우 미리 작업 장소의 지형 및 지반상태 등에 적합한 제한속도를 정하고, 운전자로 하여금 준수하도록 하여야 한다.
- 기계가 넘어지거나 굴러떨어짐(전도·전락)으로써 근로자에게 위험을 미칠 우려가 있는 경우에는 그 기계를 유도하는 사람(유도자)을 배치하고 지반의 부동침하 방지 및 갓길 붕괴를 방지하기 위한 조치를 하여야 한다.
- 차량계 하역운반기계 등의 수리 또는 부속장치의 장착 및 해체작업을 하는 경우 혹은 차량계 하역운반기계 등에 단위화물의 무게가 100킬로그램 이상인 화물을 싣는 작업 또는 내리는 작업을 하는 경우에 해당 작업의 지휘자를 선임하여 준수사항을 준수하게 하여야 한다.
- 사업주는 지게차의 허용하중을 초과하여 사용해서는 아니 되며, 안전한 운행을 위한 유지·관리 및 그 밖의 사항에 대하여 해당 지게차를 제조한 자가 제공하는 제품설명서에서 정한 기준을 준수하여야 한다.

## 104

Repetitive Learning 1회 2회 3회

가설구조물에서 많이 발생하는 중대재해의 유형으로 가장 거리가 먼 것은?

① 무너짐 재해
② 낙하물에 의한 재해
③ 굴착기계와의 접촉에 의한 재해
④ 추락재해

해설

- 가설구조물에서 주로 발생되는 재해에는 압도적으로 추락재해가 많으며 그 외에도 무너짐 재해 및 협착 및 낙하 재해 등이 있다.

:: 가설구조물에서 주로 발생하는 중대재해

- 추락재해 – 가설구조물에서 발생하는 중대재해의 70%에 해당한다.
- 무너짐재해 – 가설구조물에서 발생하는 중대재해의 6%에 해당한다.
- 충돌재해 – 가설구조물에서 발생하는 중대재해의 3%에 해당한다.
- 협착재해 – 가설구조물에서 발생하는 중대재해의 2%에 해당한다.
- 낙하재해 – 가설구조물에서 발생하는 중대재해의 1%에 해당한다.

0501 / 0704

## 105

Repetitive Learning 1회 2회 3회

토석붕괴 방지방법에 대한 설명으로 옳지 않은 것은?

① 말뚝(강관, H형강, 철근콘크리트)을 박아 지반을 강화시킨다.
② 활동의 가능성이 있는 토석을 제거한다.
③ 지표수가 침투되지 않도록 배수시키고 지하수위 저하를 위해 수평보링을 하여 배수시킨다.
④ 활동에 의한 붕괴를 방지하기 위해 비탈면, 법면의 상단을 다진다.

해설

- 활동에 의한 붕괴를 방지하기 위해 비탈면 상단이 아닌 하단을 다져야 한다.

:: 토사(석)붕괴에 대한 대책

- 적절한 경사면의 기울기를 계획한다.
- 활동의 가능성이 있는 토석은 제거한다.
- 말뚝(강관, H형강, 철근콘크리트)을 박아 지반을 강화시킨다.
- 지표수가 침투되지 않도록 배수시키고 지하수위 저하를 위해 수평보링을 시킨다.
- 활동에 의한 붕괴를 방지하기 위해 비탈면 하단을 다진다.

정답 | 103 ④ 104 ③ 105 ④

## 106 Repetitive Learning 1회 2회 3회

콘크리트 타설작업의 안전대책으로 옳지 않은 것은?

① 작업시작 전 거푸집 동바리 등의 변형, 변위 및 지반침하 유무를 점검한다.
② 작업 중 감시자를 배치하여 거푸집 동바리 등의 변형, 변위 유무를 확인한다.
③ 슬래브콘크리트 타설은 한쪽부터 순차적으로 타설하여 붕괴 재해를 방지해야 한다.
④ 설계도서상 콘크리트 양생기간을 준수하여 거푸집 동바리 등을 해체한다.

해설

- 최상부의 슬래브는 가능하면 이어붓기를 피하고 일시에 전체를 타설하도록 하여야 한다.

콘크리트의 타설작업 시 주의사항 실작 1901/1804/1801
- 당일의 작업을 시작하기 전에 해당 작업에 관한 거푸집 동바리 등의 변형·변위 및 지반의 침하 유무 등을 점검하고 이상이 있으면 보수할 것
- 작업 중에는 거푸집 동바리 등의 변형·변위 및 침하 유무 등을 감시할 수 있는 감시자를 배치하여 이상이 있으면 작업을 중지하고 근로자를 대피시킬 것
- 콘크리트 타설작업 시 거푸집 붕괴의 위험이 발생할 우려가 있으면 충분한 보강조치를 할 것
- 설계도서상의 콘크리트 양생기간을 준수하여 거푸집 동바리 등을 해체할 것
- 콘크리트를 타설하는 경우에는 편심이 발생하지 않도록 골고루 분산하여 타설할 것

0502

## 107 Repetitive Learning 1회 2회 3회

터널작업에 있어서 자동경보장치가 설치된 경우에 이 자동경보장치에 대하여 당일의 작업시작 전 점검하여야 할 사항이 아닌 것은?

① 계기의 이상 유무
② 검지부의 이상 유무
③ 경보장치의 작동 상태
④ 환기 또는 조명시설의 이상 유무

해설

- 터널작업 시 자동경보장치 작업시작 전 점검사항에는 계기의 이상 유무, 검지부의 이상 유무, 경보장치의 작동 상태 등이 있다.

터널작업 시 자동경보장치 작업시작 전 점검사항 실작 1901/1704
- 계기의 이상 유무
- 검지부의 이상 유무
- 경보장치의 작동 상태

## 108 Repetitive Learning 1회 2회 3회

외줄비계·쌍줄비계 또는 돌출비계는 벽이음 및 버팀을 설치하여야 하는데 강관비계 중 단관비계로 설치할 때의 조립간격으로 옳은 것은?(단, 수직방향, 수평방향의 순서임)

① 4m, 4m
② 5m, 5m
③ 5.5m, 7.5m
④ 6m, 8m

해설

- 단관비계의 조립 시 벽이음 간격은 수직방향으로 5m, 수평방향으로 5m 이내로 한다.

강관비계 조립 시의 준수사항
- 강관비계의 조립(벽이음)간격

| 강관비계의 종류 | 조립간격(단위 : m) | |
|---|---|---|
| | 수직방향 | 수평방향 |
| 단관비계 | 5 | 5 |
| 틀비계(높이 5m 미만 제외) | 6 | 8 |

- 강관·통나무 등의 재료를 사용하여 견고한 것으로 할 것
- 인장재(引張材)와 압축재로 구성된 경우에는 인장재와 압축재의 간격을 1미터 이내로 할 것

## 109 Repetitive Learning 1회 2회 3회

다음 토공기계 중 굴착기계와 가장 관계있는 것은?

① Clam shell
② Road Roller
③ Shovel loader
④ Belt conveyer

해설

- 로드롤러(Road roller)는 쇠 바퀴를 이용해 다지기하는 기계를 말한다.
- 셔블로더(Shovel loader)는 버켓 등 화물을 적재하는 장치 및 이것을 승강시키는 암(arm)을 구비한 하역장치를 말한다.
- 벨트식컨베이어(Belt conveyer)는 벨트를 이용하여 물체를 연속으로 운반하는 장치이다.

크램쉘(Clam shell) 실작 1702/1504
- 수면 하의 자갈, 실트 혹은 모래를 굴착하고 준설선에 많이 사용된다.
- 잠함 안의 굴착 및 건축구조물의 기초 등 정해진 범위의 깊은 굴착에 적합하다.
- 수중굴착 공사에 가장 적합한 건설기계이다.



106 ③ 107 ④ 108 ② 109 ① 정답

1202

## 110 Repetitive Learning 1회 2회 3회

굴착기계의 운행 시 안전대책으로 옳지 않은 것은?

① 버켓에 사람의 탑승을 허용해서는 안 된다.
② 운전반경 내에 사람이 있을 때 회전은 10rpm 이하의 느린 속도로 하여야 한다.
③ 장비의 주차 시 경사지나 굴착작업장으로부터 충분히 이격시켜 주차한다.
④ 전선이나 구조물 등에 인접하여 붐을 선회해야 될 작업에는 사전에 회전반경, 높이제한 등 방호조치를 강구한다.

해설

- 굴착기계의 작업 장소에 근로자가 아닌 사람의 출입을 금지해야 하며, 만약 작업 반경 내에 사람이 있을 때 회전 및 작업진행을 금지하도록 한다.

:: 굴착기계 운행 시 안전대책

- 버켓에 사람의 탑승을 허용해서는 안 된다.
- 굴착기계의 작업 장소에 근로자가 아닌 사람의 출입을 금지해야 하며, 만약 작업 반경 내에 사람이 있을 때 회전 및 작업진행을 금지하도록 한다.
- 장비의 주차 시 경사지나 굴착작업장으로부터 충분히 이격시켜 주차한다.
- 전선이나 구조물 등에 인접하여 붐을 선회해야 될 작업에는 사전에 회전반경, 높이제한 등 방호조치를 강구한다.
- 전선 밑에서는 주의하여 작업하여야 하며, 전선과 안전장치의 안전간격을 유지하여야 한다.

0304 / 0804

## 111 Repetitive Learning 

점토질 지반의 침하 및 압밀 재해를 막기 위하여 실시하는 지반개량탈수 공법으로 적당하지 않은 것은?

① 샌드드레인 공법
② 생석회 공법
③ 진동 공법
④ 페이퍼드레인 공법

해설

- 바이브로플로테이션 공법은 진동과 제트의 병용으로 모래 말뚝을 만드는 사질지반의 개량으로 진동다짐 공법이라고도 한다.

:: 연약지반개량 공법 실필 1504/1502

㉠ 점토지반 개량

- 함수비가 매우 큰 연약점토지반을 대상으로 한다.

| | |
|---|---|
| 압밀(재하) 공법 | 쥐어짜서 강도를 저하시키는 요소를 배제하는 공법 |
| | 여성토(Preloading) 공법, Surcharge 공법, 사면선단재하, 압성토 공법 |
| 고결 공법 | 시멘트나 약액의 주입 또는 동결, 점질토의 가열처리를 통해 강도를 증가시키는 공법 |
| | 생석회말뚝(Chemico pile) 공법, 동결 공법, 소결 공법 |
| 탈수 공법 | 탈수를 통한 압밀을 촉진시켜 강도를 증가시키는 방법 |
| | 페이퍼드레인(Paper drain) 공법, 샌드드레인(Sand drain) 공법, 팩드레인(Pack drain) 공법 |
| 치환 공법 | 연약토를 양질의 조립토로 치환해 지지력을 증대시키는 공법 |
| | 폭파치환, 굴착치환, 활동치환 |

㉡ 사질지반 개량

- 느슨하고 물에 포화된 모래지반을 대상으로 하며 액상현상을 방지한다.
- 다짐말뚝 공법, 바이브로플로테이션 공법, 폭파다짐 공법, 전기충격 공법, 약액주입 공법 등이 있다.

## 112 Repetitive Learning 1회 2회 3회

사급자재비가 30억, 직접노무비가 35억, 관급자재비가 20억인 빌딩신축공사를 할 경우 계상해야 할 산업안전보건관리비는 얼마인가?(단, 공사종류는 일반건설공사(갑)임)

① 122,450,000원 ② 146,640,000원
③ 153,850,000원 ④ 153,660,000원

해설

- 공사종류가 일반건설공사(갑)이고, 공사금액이 관급 및 사급자재비 + 직접노무비이므로 30+35+20 = 85억이다.
- 공사금액이 50억원 이상이므로 계상기준은 1.97%이다.
- 안전관리비 계상금액은 85억 × 1.97% = 167,450,000원이다.
- 발주자인 관공서에서 자재비 20억원을 제공한 경우 이를 제외한 대상액을 기준으로 계상한 안전관리비의 1.2배를 초과할 수 없으므로 제외하고 계산하면 대상액은 30+35 = 65억이고 안전관리비 계상금액은 65억 × 1.97% × 1.2 = 153,660,000원이다. 안전관리비 계상금액은 이 금액을 초과할 수 없으므로 153,660,000원이 산업안전보건관리비가 된다.

정답 | 110 ② 111 ③ 112 ④

## 안전관리비 계상기준

실필 1704/1604/1602/1504/1302/1204/1201/1104/1102/0904

- 공사종류 및 규모별 안전관리비 계상기준표

| | 5억원 미만 | 5억원 이상 50억원 미만 | | 50억원 이상 |
|---|---|---|---|---|
| | | 비율(X) | 기초액(C) | |
| 일반건설공사(갑) | 2.93% | 1.86% | 5,349,000원 | 1.97% |
| 일반건설공사(을) | 3.09% | 1.99% | 5,499,000원 | 2.10% |
| 중건설공사 | 3.43% | 2.35% | 5,400,000원 | 2.44% |
| 철도·궤도신설공사 | 2.45% | 1.57% | 4,411,000원 | 1.66% |
| 특수 및 기타건설공사 | 1.85% | 1.20% | 3,250,000원 | 1.27% |

- 대상액이 5억원 미만 또는 50억원 이상일 경우에는 대상액에 표에서 정한 비율을 곱한 금액
- 대상액이 5억원 이상 50억원 미만일 때에는 대상액에 별표에서 정한 비율을 곱한 금액에 기초액을 합한 금액
- 대상액이 구분되어 있지 않은 공사는 도급계약 또는 자체사업계획상의 총 공사금액의 70%를 대상액으로 하여 안전관리비를 계상하여야 한다.
- 발주자가 재료를 제공하거나 물품이 완제품의 형태로 제작 또는 납품되어 설치되는 경우에 해당 재료비 또는 완제품의 가액을 대상액에 포함시킬 경우의 안전관리비는 해당 재료비 또는 완제품의 가액을 포함시키지 않은 대상액을 기준으로 계상한 안전관리비의 1.2배를 초과할 수 없다.
- 발주자 또는 자기공사자는 설계변경 등으로 대상액의 변동이 있는 경우에 지체 없이 안전관리비를 조정 계상하여야 한다

## 113 ——— Repetitive Learning (1회 2회 3회)

다음 중 건설재해대책의 사면보호 공법에 해당하지 않는 것은?

① 쉴드공

② 식생공

③ 뿜어붙이기공

④ 블록공

**해설**

- 쉴드 공법은 터널 굴착 방법으로 쉴드(강제의 원통)를 땅속에 압입하여 막장의 토사를 밀면서 전진하면서 쉴드 내부를 굴착하는 방식이다.

### 사면보호 공법 실필 1902/1601 실작 1702/1701/1601/1504/1502/1404

- 안전한 비탈면도 별도의 관리 없이 방치할 경우 침식과 세굴작용으로 인해 장기적으로 붕괴의 위험성이 발생하므로 이를 방지하기 위해 시행하는 보호 공법을 말한다.
- 사면보호 공법의 종류에는 식생공, 피복공, 뿜어붙이기공, 격자틀공, 낙석방호 공법 등이 있다.

1001

## 114 ——— Repetitive Learning (1회 2회 3회)

건물 외부에 낙하물방지망을 설치할 경우 수평면과의 가장 적절한 각도는?

① 5° 이상, 10° 이하 ② 10° 이상, 15° 이하

③ 15° 이상, 20° 이하 ④ 20° 이상, 30° 이하

**해설**

- 낙하물방지망과 수평면의 각도는 20° 이상, 30° 이하를 유지한다.

### 낙하물방지망과 방호선반의 설치기준 실필 1602/1601

실작 1902/1804/1802/1801/1602/1601/1404/1401

- 높이 10m 이내마다 설치한다.
- 내민 길이는 벽면으로부터 2m 이상으로 한다.
- 수평면과의 각도는 20° 이상, 30° 이하를 유지한다.

2201

## 115 ——— Repetitive Learning (1회 2회 3회)

흙막이 벽의 근입 깊이를 깊게 하고, 전면의 굴착부분을 남겨두어 흙의 중량으로 대항하게 하거나, 굴착 예정부분의 일부를 미리 굴착하여 기초콘크리트를 타설하는 등의 대책과 가장 관계 깊은 것은?

① 히빙 현상이 있을 때

② 파이핑 현상이 있을 때

③ 지하수위가 높을 때

④ 굴착 깊이가 깊을 때

**해설**

- 흙막이 벽의 근입 깊이를 깊게 하고, 굴착저면에 토사를 남겨 중력을 가중시키거나, 굴착 예정부의 전단강도를 높이는 것은 히빙의 대책에 해당한다.

### 히빙(Heaving) 실필 1801/1701/1602/1404/1104/0904/0902

㉠ 개요

- 흙막이 벽체 내·외의 토사의 중량 차에 의해 점토지반의 토공사에서 흙막이 밖에 있는 흙이 안으로 밀려 들어와 내측 흙이 부풀어 오르는 현상을 말한다.
- 연약한 점토지반에서 굴착면의 융기 혹은 흙막이 벽의 근입장 깊이가 부족할 경우 발생한다.
- 히빙으로 인해 배면의 토사붕괴, 지보공의 파괴, 굴착저면이 솟아오르는 등의 현상이 발생한다.



113 ① 114 ④ 115 ① 정답

Ⓛ 히빙(Heaving) 예방대책
- 어스앵커를 설치하거나 소단을 두면서 굴착한다.
- 굴착주변을 웰포인트(Well point) 공법과 병행한다.
- 흙막이 벽의 근입심도를 확보한다.
- 지반개량으로 흙의 전단강도를 높인다.
- 굴착주변의 상재하중을 제거하여 토압을 최대한 낮춘다.
- 토류 벽의 배면토압을 경감시킨다.
- 굴착저면에 토사 등 인공중력을 가중시킨다.

2104

## 116 Repetitive Learning (1회 2회 3회)

유해 · 위험방지계획서 제출 시 첨부서류에 해당하지 않는 것은?

① 교통처리계획
② 안전관리 조직표
③ 공사개요서
④ 공사현장의 주변 현황 및 주변과의 관계를 나타내는 도면

해설
- 교통처리계획은 유해 · 위험방지계획서 제출 시 첨부서류에 포함되지 않는다.

:: 건설업 유해 · 위험방지계획서 제출 시 첨부서류 실필 1902/1202/0902

| 공사개요 및 안전보건관리 계획 | • 공사개요서<br>• 공사현장의 주변 현황 및 주변과의 관계를 나타내는 도면(매설물 현황 포함)<br>• 건설물, 사용 기계설비 등의 배치를 나타내는 도면<br>• 전체공정표<br>• 산업안전보건관리비 사용계획<br>• 안전관리 조직표<br>• 재해발생 위험 시 연락 및 대피방법 |
|---|---|

0401

## 117 Repetitive Learning (1회 2회 3회)

철골작업을 중지하여야 하는 조건에 해당되지 않는 것은?

① 풍속이 초당 10m 이상인 경우
② 지진이 진도 4 이상의 경우
③ 강우량이 시간당 1mm 이상의 경우
④ 강설량이 시간당 1cm 이상의 경우

해설
- 풍속이 초당 10m 이상, 강우량이 시간당 1mm 이상, 강설량이 시간당 1cm 이상인 경우 철골공사 작업을 중지한다.

:: 철골작업 중지 악천후 기준 실필 1504/1502/1302/0901 실작 1901/1802/1704
- 풍속이 초당 10m 이상인 경우
- 강우량이 시간당 1mm 이상인 경우
- 강설량이 시간당 1cm 이상인 경우

0701 / 0902 / 1901

## 118 Repetitive Learning (1회 2회 3회)

달비계(곤돌라의 달비계는 제외)의 최대적재하중을 정할 때 사용하는 안전계수의 기준으로 옳은 것은?

① 달기 체인의 안전계수는 10 이상
② 달기 강대와 달비계의 하부 및 상부지점의 안전계수는 목재의 경우 2.5 이상
③ 달기 와이어로프의 안전계수는 5 이상
④ 달기 강선의 안전계수는 10 이상

해설
- 달비계에서의 안전계수는 달기 와이어로프 및 달기 강선은 10 이상, 달기 체인 및 달기 훅은 5 이상, 달기 강대와 달비계의 하부 및 상부 지점은 강재인 경우 2.5 이상, 목재인 경우 5 이상으로 한다.

:: 달비계 안전계수 실필 1201/1102/1101
- 달기 와이어로프 및 달기 강선의 안전계수 : 10 이상
- 달기 체인 및 달기 훅의 안전계수 : 5 이상
- 달기 강대와 달비계의 하부 및 상부 지점의 안전계수 : 강재(鋼材)의 경우 2.5 이상, 목재의 경우 5 이상

정답 | 116 ① 117 ② 118 ④

1304 / 2001

**119** ——— Repetitive Learning 1회 2회 3회

구축물에 안전진단 등 안전성 평가를 실시하여 근로자에게 미칠 위험성을 미리 제거하여야 하는 경우가 아닌 것은?

① 구축물 또는 이와 유사한 시설물의 인근에서 굴착·항타작업 등으로 침하·균열 등이 발생하여 붕괴의 위험이 예상될 경우
② 구조물, 건축물, 그 밖의 시설물이 그 자체의 무게·적설·풍압 또는 그 밖에 부가되는 하중 등으로 붕괴 등의 위험이 있을 경우
③ 화재 등으로 구축물 또는 이와 유사한 시설물의 내력(耐力)이 심하게 저하되었을 경우
④ 구축물의 구조체가 과도한 안전측으로 설계가 되었을 경우

해설

- 구축물에 안전진단 등 안전성 평가를 실시하여 근로자에게 미칠 위험성을 미리 제거하여야 하는 경우는 ①, ②, ③ 외에 구축물 또는 이와 유사한 시설물에 지진, 동해(凍害), 부동침하(不同沈下) 등으로 균열·비틀림 등이 발생하였을 경우와 오랜 기간 사용하지 아니하던 구축물 또는 이와 유사한 시설물을 재사용하게 되어 안전성을 검토하여야 하는 경우 등이 있다.

**구축물 또는 이와 유사한 시설물의 안전성 평가를 통해 위험성을 미리 제거해야 하는 경우** 실필 1902/1602/1302/1204/1101/1004

- 구축물 또는 이와 유사한 시설물의 인근에서 굴착·항타작업 등으로 침하·균열 등이 발생하여 붕괴의 위험이 예상될 경우
- 구축물 또는 이와 유사한 시설물에 지진, 동해(凍害), 부동침하(不同沈下) 등으로 균열·비틀림 등이 발생하였을 경우
- 구조물, 건축물, 그 밖의 시설물이 그 자체의 무게·적설·풍압 또는 그 밖에 부가되는 하중 등으로 붕괴 등의 위험이 있을 경우
- 화재 등으로 구축물 또는 이와 유사한 시설물의 내력(耐力)이 심하게 저하되었을 경우
- 오랜 기간 사용하지 아니하던 구축물 또는 이와 유사한 시설물을 재사용하게 되어 안전성을 검토하여야 하는 경우
- 그 밖의 잠재위험이 예상될 경우

1201

**120** ——— Repetitive Learning 1회 2회 3회

크레인을 사용하여 작업을 하는 때 작업시작 전 점검사항이 아닌 것은?

① 권과방지장치·브레이크·클러치 및 운전장치의 기능
② 방호장치의 이상 유무
③ 와이어로프가 통하고 있는 곳의 상태
④ 주행로의 상측 및 트롤리가 횡행하는 레일의 상태

해설

- 방호장치 기능의 이상 유무는 프레스 등을 사용하여 작업하는 경우 작업시작 전 점검사항이다.

**크레인 작업시작 전 점검사항** 실필 1702/1501/1001

| 구분 | 점검사항 |
|---|---|
| 크레인 | • 권과방지장치·브레이크·클러치 및 운전장치의 기능<br>• 주행로의 상측 및 트롤리(Trolley)가 횡행하는 레일의 상태<br>• 와이어로프가 통하고 있는 곳의 상태 |
| 이동식 크레인 | • 권과방지장치나 그 밖의 경보장치의 기능<br>• 브레이크·클러치 및 조종장치의 기능<br>• 와이어로프가 통하고 있는 곳 및 작업 장소의 지반 상태 |



119 ④ 120 ② 정답

MEMO

# 출제문제 분석 2016년 2회

| 구분 | 1과목 | 2과목 | 3과목 | 4과목 | 5과목 | 6과목 | 합계 |
|---|---|---|---|---|---|---|---|
| New유형 | 1 | 0 | 3 | 5 | 2 | 2 | 13 |
| New문제 | 6 | 6 | 9 | 10 | 11 | 9 | 51 |
| 또나온문제 | 9 | 11 | 8 | 6 | 4 | 6 | 44 |
| 자꾸나온문제 | 5 | 3 | 3 | 4 | 5 | 5 | 25 |
| 합계 | 20 | 20 | 20 | 20 | 20 | 20 | 120 |

- New유형은 New문제 중 기존 기출문제와 완전히 다른 유형의 문제를 말합니다.
- New문제는 기존에 출제되지 않은 문제로 이번에 처음 출제되는 문제입니다.
- 또나온문제는 기존에 출제된 적이 1번 있는 문제를 말합니다.
- 자꾸나온문제는 기존에 출제된 적이 2번 이상 있는 문제를 말합니다. 그만큼 중요한 문제입니다.

## 몇 년분의 기출문제를 공부해야 합격할 수 있을까요?

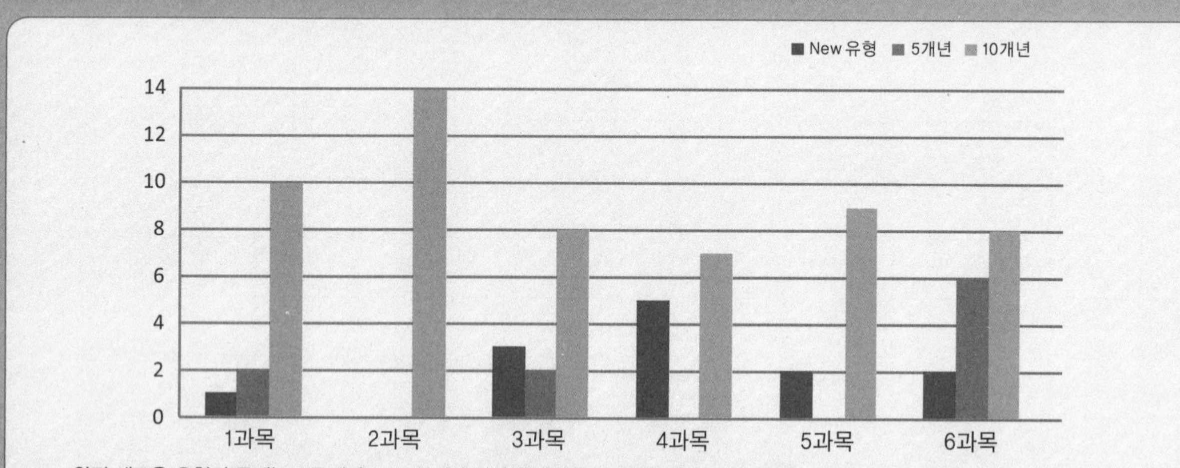


- 완전 새로운 유형의 문제는 13문제이고 107문제가 이미 출제된 문제 혹은 변형문제입니다.
- 5년분(2016~2020) 기출에서 동일문제가 10문항이 출제되었고, 10년분(2011~2020) 기출에서 동일문제가 56문항이 출제되었습니다.

## 실기에 나왔어요!! 외우세요!!!

실기시험은 필답형과 작업형으로 구분되어 있으며 모두 주관식으로 직접 내용을 적어야 합니다. 필기 공부하면서 실기 출제된 내역들은 좀 더 신경써서 암기하실 필요가 있어요. 필기 합격자 발표 난 후 실기시험까지는 5주밖에 여유가 없답니다. 어차피 공부할 것 필기 때 확실하게 해준다면 실기도 단방에 합격할 수 있습니다.

- 총 27개의 해설이 실기 필답형 시험과 연동되어 있습니다.
- 총 9개의 해설이 실기 작업형 시험과 연동되어 있습니다.

## 분석의견

최근 10년분의 기출문제와 답을 반복암기해서는 합격점수인 72점에서 16점이 부족합니다. 새로운 유형 및 문제가 평균보다 덜 출제되었고, 평균 정도의 난이도를 보인 회차의 문제로 크게 어렵지 않게 해결 가능한 문제들로 구성되었습니다. 모든 과목의 기출문제가 과락 점수 이상으로 배치되어 어려움 없이 합격점 이상의 점수 획득이 가능한 수준으로 판단됩니다. 합격에 필요한 점수를 획득하기 위해서는 최근 5년분 문제와 핵심이론의 3회독 혹은 최근 10년분 문제와 핵심이론의 2회독 이상의 학습이 필요합니다.

16년 2회차 필기시험
합격률 33.2%

# 2016년 제2회

2016년 5월 8일 필기

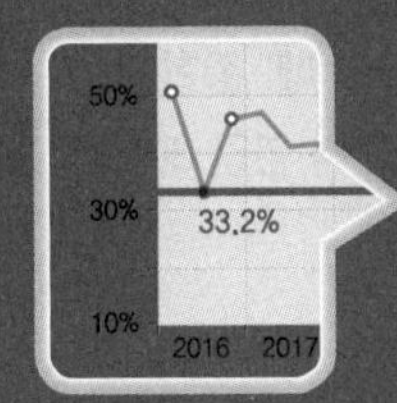


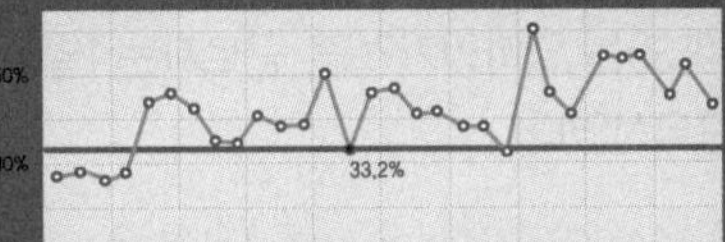


## 1과목 산업안전관리론

0704 / 1901

### 01

Repetitive Learning 1회 2회 3회

무재해 운동 추진의 3대 기둥으로 볼 수 없는 것은?

① 최고경영자의 경영자세
② 노동조합의 협의체 구성
③ 직장 소집단 자주 활동의 활발화
④ 관리감독자에 의한 안전보건의 추진

해설

- 무재해 운동 추진을 위한 3요소에는 경영자의 자세, 안전활동의 라인화, 자주활동의 활성화가 있다.

무재해 운동의 추진을 위한 3요소 실필 1404

| 이념 | 최고경영자의 안전경영자세 |
|---|---|
| 실천 | 안전활동의 라인(Line)화 |
| 기법 | 직장 자주안전활동의 활성화 |

1302

### 02

Repetitive Learning 1회 2회 3회

한 사람, 한 사람이 스스로 위험요인을 발견, 파악하여 단시간에 행동목표를 정하여 지적 확인을 하며, 특히 비정상적인 작업의 안전을 확보하기 위한 위험예지훈련은?

① 삼각 위험예지훈련
② 1인 위험예지훈련
③ 원 포인트 위험예지훈련
④ 자문자답카드 위험예지훈련

해설

- 삼각 위험예지훈련은 빠르고 간편하게 전원이 참여하여 기호나 메모를 이용하여 행동목표를 공유하는 위험예지훈련으로, 쓰거나 말하는 데 익숙하지 않은 작업자를 위해 개발되었다.
- 1인 위험예지훈련은 각자의 위험에 대한 감수성 향상을 도모하기 위하여 실시하는 삼각 및 원포인트 위험예지훈련을 말한다.
- 원 포인트 위험예지훈련은 3 ~ 4명의 적은 인원이 구호로써 짧은 시간에 실시하는 위험예지훈련으로 "이것만은 반드시 한다."로 축소한 위험예지훈련이다.

자문자답카드 위험예지훈련

- 한 사람, 한 사람이 스스로 위험요인을 발견, 파악하여 단시간에 행동목표를 정하여 지적 확인을 하는 위험예지훈련이다.
- 특히 비정상적인 작업의 안전을 확보하기 위해 주로 사용된다.

1004

### 03

Repetitive Learning 1회 2회 3회

산업안전보건법상 안전검사를 받아야 하는 자는 안전검사 신청서를 검사 주기 만료일 며칠 전에 안전검사기관에 제출해야 하는가?(단, 전자문서에 의한 제출을 포함한다)

① 15일
② 30일
③ 45일
④ 60일

해설

- 안전검사를 받아야 하는 자는 안전검사 신청서를 검사 주기 만료일 30일 전에 안전검사기관에 제출하여야 한다.

안전검사의 신청

- 안전검사를 받아야 하는 자는 안전검사 신청서를 검사 주기 만료일 30일 전에 안전검사기관에 제출(전자문서에 의한 제출을 포함한다)하여야 한다.

정답 | 01 ② 02 ④ 03 ②

1201

## 04 Repetitive Learning (1회 2회 3회)

500명의 상시근로자가 있는 사업장에서 1년간 발생한 근로손실일수가 1,200일이고, 이 사업장의 도수율이 9일 때, 종합재해지수(FSI)는 얼마인가?(단, 근로자는 1일 8시간씩 연간 300일을 근무하였다)

① 2.0　② 2.5
③ 2.7　④ 3.0

**해설**

- 종합재해지수를 구하기 위해서는 도수율과 강도율을 알아야 한다. 도수율은 주어졌으므로 강도율을 구한다.
- 연간총근로시간은 $500 \times 8 \times 300 = 1,200,000$시간이다.
- 근로손실일수가 1,200일이므로 강도율 = $\frac{1,200}{1,200,000} \times 1,000 = 1$이다.
- 종합재해지수 = $\sqrt{9 \times 1} = 3$이다.

**종합재해지수** 실필 1901/1802/1301/1201/1004

- 기업 간 재해지수의 종합적인 비교 및 안전성적의 비교를 위해 사용하는 수단이다.
- 재해의 빈도와 상해의 강약도를 혼합하여 집계하는 지표이다.
- 강도율과 도수율(빈도율)의 기하평균이다.
- 종합재해지수 = $\sqrt{빈도율 \times 강도율}$이고, 상해발생률과 상해강도율이 주어질 경우 종합재해지수 = $\sqrt{\frac{빈도율 \times 강도율}{1,000}}$로 구한다.

0401 / 0904

## 05 Repetitive Learning (1회 2회 3회)

하베이(Harvey)가 제창한 3E 대책은 하인리히(Heinrich)의 사고예방대책의 기본원리 5단계 중 어느 단계와 연관이 되는가?

① 조직　② 사실의 발견
③ 분석 및 평가　④ 시정책의 적용

**해설**

- 하베이의 3E[기술(Engineering), 교육(Education), 관리(Enforcement)]는 제5단계 목표달성을 위한 시정책의 적용과 관련이 깊다.

**하베이(Harvey)의 3E** 실필 1804/0902

㉠ 개요

- 재해예방의 4원칙 중 대책선정의 원칙과 관련된다.
- 재해예방의 5단계 중 제5단계 시정책의 적용에 해당한다.

㉡ 구성

| 구분 | 내용 |
|---|---|
| 교육(Education)적 대책 | 안전교육 및 훈련 대책 |
| 기술(Engineering)적 대책 | 시설 장비 및 기준의 개선 대책, 안전기준, 안전설계, 작업행정 및 환경설비의 개선 등 |
| 관리(Enforcement)적 대책 | 안전 감독의 철저, 적합한 기준 설정, 규정 및 수칙의 준수, 기준 이해, 경영자 및 관리자의 솔선수범, 동기부여와 사기향상 |

## 06 Repetitive Learning (1회 2회 3회)

버드(Bird)에 의한 재해발생비율 1 : 10 : 30 : 600 중 10에 해당되는 내용은?

① 중상 및 폐질　② 물적만의 사고
③ 인적만의 사고　④ 물적, 인적 사고

**해설**

- 버드의 재해발생비율에서 1과 10은 물적, 인적 사고를 의미하고, 30은 물적 사고, 600은 위험한 순간에 해당한다.

**버드(Frank Bird)의 1 : 10 : 30 : 600 법칙** 실필 1101

- 중상 : 경상 : 무상해사고 : 무상해무사고가 각각 1 : 10 : 30 : 600인 재해구성 비율을 말한다.
- 총 사고 발생건수 641건을 대상으로 분석했을 때 중상 1, 경상 10, 무상해사고 30, 무상해무사고 600건이 발생했음을 의미한다.

0602 / 1301

## 07 Repetitive Learning (1회 2회 3회)

점검시기에 의한 구분에 있어 안전점검의 종류가 아닌 것은?

① 집중점검　② 수시점검
③ 특별점검　④ 계획점검

**해설**

- 점검시기에 따른 안전점검의 종류에는 정기점검, 수시(일상)점검, 특별점검, 임시점검이 있다.

**점검시기에 따른 안전점검의 종류**

| 구분 | 내용 |
|---|---|
| 정기점검 | 1개월 또는 1년 등의 일정한 기간을 정해서 실시하는 안전점검으로 계획점검이라고도 한다. |
| 수시(일상)점검 | 작업장에서 매일 작업자가 작업 전, 중, 후에 시설과 작업동작 등에 대하여 실시하는 안전점검이다. |
| 특별점검 | 기계·기구 또는 설비의 신설, 변경 또는 고장 수리 등 부정기적인 점검을 말하며, 기술적 책임자가 시행하는 안전점검이다. |
| 임시점검 | 정기점검 사이에 특별한 이상이나 징후가 있을 경우 임시로 실시하는 안전점검이다. |



04 ④ 05 ④ 06 ④ 07 ① | 정답

1101

## 08

Repetitive Learning (1회 2회 3회)

재해사례연구법 중 사실의 확인단계에서 사용하기 가장 적절한 분석기법은?

① 클로즈분석도　② 특성요인도
③ 관리도　④ 파레토도

해설

- 클로즈분석도는 두 가지 이상의 문제에 대한 관계분석 시에 주로 사용하는 분석방법이다.
- 관리도는 재해발생건수 등의 추이를 파악하여 목표관리를 행하는 데 필요한 통계 분석방법이다.
- 파레토도는 통계적 원인분석 방법으로 사고의 유형, 기인물 등 분류 항목을 큰 순서대로 도표화한다.

통계에 의한 재해원인 분석방법

- 파레토도, 특성요인도, 클로즈분석, 관리도 등이 있다.

| | |
|---|---|
| 파레토(Pareto)도 | 작업현장에서 발생하는 작업 환경 불량이나 고장, 재해 등의 내용을 분류하고 그 건수와 금액을 크기 순으로 나열하여 작성한 그래프 |
| 특성요인도 (Characteristics diagram) | 사실의 확인단계에서 재해의 원인과 결과를 연계하여 상호 관계를 파악하기 위하여 어골상으로 도표화하는 분석방법 |
| 클로즈분석 | 두 가지 이상의 문제에 대한 관계분석 시에 주로 사용하는 분석방법 |
| 관리도 (Control chart) | 산업재해의 분석 및 평가를 위하여 재해발생 건수 등의 추이에 대해 한계선을 설정하여 목표관리를 수행하는 재해통계 분석기법 |

1101

## 09

Repetitive Learning (1회 2회 3회)

산업안전보건법상 고용노동부장관이 사업장의 산업재해 발생건수, 재해율 또는 그 순위 등을 공표하여야 하는 사업장이 아닌 것은?

① 중대 산업사고가 발생한 사업장
② 산업재해의 발생에 관한 보고를 최근 2년 이내 1회 이상 하지 않은 사업장
③ 연간 산업재해율이 규모별 같은 업종의 평균재해율 이상인 사업장 중 상위 10% 이내에 해당되는 사업장
④ 산업재해로 연간 사망재해자가 2명 이상 발생한 사업장으로서 사망만인율이 규모별 같은 업종의 평균 사망만인율 이상인 사업장

해설

- 산업재해의 발생에 관한 보고를 최근 3년 이내 2회 이상 하지 않은 사업장은 공표대상에 해당하나 2년 이내에 1회는 해당되지 않는다.

공표대상 사업장

- 중대재해가 발생한 사업장으로서 해당 중대재해 발생연도의 연간 산업재해율이 규모별 같은 업종의 평균재해율 이상인 사업장
- 산업재해로 인한 사망자가 연간 2명 이상 발생한 사업장
- 사망만인율이 규모별 같은 업종의 평균 사망만인율 이상인 사업장
- 산업재해 발생 사실을 은폐한 사업장
- 산업재해의 발생에 관한 보고를 최근 3년 이내 2회 이상 하지 않은 사업장
- 중대 산업사고가 발생한 사업장

## 10

Repetitive Learning (1회 2회 3회)

시설물의 안전관리에 관한 특별법상 안전점검의 구분에 해당하지 않는 것은?

① 특별점검　② 정기점검
③ 정밀점검　④ 긴급점검

해설

- 시설물의 안전 및 유지관리에 관한 특별법상 안전점검에는 정기점검, 정밀점검, 긴급점검이 있다.

안전점검의 구분

- 정기안전점검 : 시설물의 상태를 판단하고 시설물이 점검 당시의 사용요건을 만족시키고 있는지 확인할 수 있는 수준의 외관조사를 실시하는 안전점검
- 정밀안전점검 : 시설물의 상태를 판단하고 시설물이 점검 당시의 사용요건을 만족시키고 있는지 확인하며 시설물 주요부재의 상태를 확인할 수 있는 수준의 외관조사 및 측정·시험장비를 이용한 조사를 실시하는 안전점검
- 긴급안전점검 : 시설물의 붕괴·전도 등으로 인한 재난 또는 재해가 발생할 우려가 있는 경우에 시설물의 물리적·기능적 결함을 신속하게 발견하기 위하여 실시하는 점검을 말한다.

## 11

Repetitive Learning (1회 2회 3회)

재해예방의 4원칙과 거리가 먼 것은?

① 예방가능의 원칙　② 필연발생의 원칙
③ 손실우연의 원칙　④ 대책선정의 원칙

정답 | 08 ② 09 ② 10 ① 11 ②

해설

- 필연발생의 원칙은 없으며, 사고와 원인간의 관계는 필연적이라는 것에서 원인연계의 원칙이 빠졌다.

:: 하인리히의 재해예방 4원칙 실필 1801/1501

| | |
|---|---|
| 대책선정의 원칙 | 사고의 원인을 발견하면 반드시 대책을 세워야 하며, 모든 사고는 대책선정이 가능하다는 원칙 |
| 손실우연의 원칙 | 사고로 인한 손실은 우연적이라는 원칙 |
| 예방가능의 원칙 | 모든 사고는 예방이 가능하다는 원칙 |
| 원인연계의 원칙<br>(원인계기의 원칙) | 사고는 반드시 원인이 있으며 이는 필연적인 인과관계로 작용한다는 원칙 |

0701 / 1201 / 1604 / 1904

## 12 Repetitive Learning (1회 2회 3회)

다음과 같은 재해사례의 분석 내용으로 옳은 것은?

> 작업자가 벽돌을 손으로 운반하던 중 떨어뜨려 벽돌이 발등에 부딪쳐 발을 다쳤다.

① 사고유형 : 낙하, 기인물 : 벽돌, 가해물 : 벽돌
② 사고유형 : 충돌, 기인물 : 손 , 가해물 : 벽돌
③ 사고유형 : 비래, 기인물 : 사람, 가해물 : 벽돌
④ 사고유형 : 추락, 기인물 : 손 , 가해물 : 벽돌

해설

- 인체에 직접 충돌한 것은 벽돌이므로 벽돌이 가해물이다.
- 벽돌을 손으로 운반하다가 떨어뜨렸으므로 벽돌의 운반작업이 불안전한 상태에 해당한다. 기인물은 벽돌이다.
- 벽돌의 낙하로 인한 재해이므로 사고유형은 낙하에 해당한다.

:: 산업재해의 분석 실필 1901/1702/1501/1404

| | |
|---|---|
| 기인물 | 재해의 원인이 되는 것으로 주로 불안전한 상태와 관련된다. |
| 가해물 | 사람에 직접 충돌하거나 또는 접촉에 의해서 위해(危害)를 준 물건을 말한다. |
| 사고유형 | 재해의 발생형태를 말한다. |

0804 / 1004 / 1601

## 13 Repetitive Learning (1회 2회 3회)

산업안전보건법상 안전보건개선계획의 수립, 시행명령을 받은 사업주는 고용노동부장관이 정하는 바에 따라 안전계획서를 작성하여 그 명령을 받은 날부터 며칠 이내에 관할 지방고용노동관서의 장에게 제출해야 하는가?

① 15일　　② 30일
③ 45일　　④ 60일

해설

- 안전보건개선계획의 수립·시행명령을 받은 사업주는 안전보건개선계획서를 작성하여 60일 이내에 관할 지방고용노동관서의 장에게 제출하여야 한다.

:: 안전보건개선계획 실필 1704/1701/1404/1202/1201

- 고용노동부장관은 다음에 해당하는 사업장으로서 산업재해 예방을 위하여 종합적인 개선조치를 할 필요가 있다고 인정할 때에는 사업주에게 그 사업장, 시설, 그 밖의 사항에 관한 안전보건개선계획의 수립·시행을 명할 수 있다.
  - 산업재해율이 같은 업종 평균 산업재해율의 2배 이상인 사업장
  - 사업주가 안전보건조치의무를 이행하지 아니하여 중대재해가 발생한 사업장
  - 직업병에 걸린 사람이 연간 2명 이상(상시근로자 1천명 이상 사업장의 경우 3명 이상) 발생한 사업장
  - 유해인자의 노출기준을 초과한 사업장
  - 작업환경 불량, 화재·폭발 또는 누출사고 등으로 사회적 물의를 일으킨 사업장
- 고용노동부장관은 필요하다고 인정할 때에는 해당 사업주에게 안전·보건진단을 받아 안전보건개선계획을 수립·제출할 것을 명할 수 있다.
- 안전보건개선계획의 수립·시행명령을 받은 사업주는 고용노동부장관이 정하는 바에 따라 안전보건개선계획서를 작성하여 그 명령을 받은 날부터 60일 이내에 관할 지방고용노동관서의 장에게 제출하여야 한다.
- 사업주는 안전보건개선계획을 수립할 때에는 산업안전보건위원회의 심의를 거쳐야 한다. 다만, 산업안전보건위원회가 설치되어 있지 아니한 사업장의 경우에는 근로자대표의 의견을 들어야 한다.
- 안전보건개선계획서에는 시설, 안전·보건관리체제, 안전·보건교육, 산업재해 예방 및 작업환경의 개선을 위하여 필요한 사항이 포함되어야 한다.
- 사업주와 근로자는 안전보건개선계획을 준수하여야 한다.

0804

## 14 Repetitive Learning (1회 2회 3회)

안전관리 조직의 형태 중 참모형 안전조직의 특징으로 가장 거리가 먼 것은?

① 안전을 전담하는 부서가 있다.
② 100명 이하의 기업에 적합하다.
③ 생산 부분은 안전에 대한 책임과 권한이 없다.
④ 생산라인과의 견해 차이로 안전지시가 용이하지 않으며, 안전과 생산을 별개로 취급하기 쉽다.

해설

- 100명 이하의 소기업에 적합한 안전조직은 라인(Line)형 안전조직이다.



12 ① 13 ④ 14 ② 정답

**:: 스탭(Staff)형 안전조직** 실필 1704

㉠ 개요

- 참모식이라고도 한다.
- 안전을 전담하는 부서를 가지며, 생산 부분은 안전에 대한 책임과 권한이 없다.
- 중규모(100명 이상 1,000명 이하) 사업장에 적합하다.
- 안전보건에 관한 전문가를 두고 계획, 조사, 검토 등을 행하는 안전조직 형태이다.
- 테일러(F.W.Taylor)가 제창한 기능형 조직(Functional organization)에서 발전된 조직형태이다.

㉡ 특징

| 장점 | 단점 |
|---|---|
| • 계획입안이 전문화되어 있다.<br>• 안전정보수집이 신속하다.<br>• 경영자에 대한 조언과 자문 역할이 가능하다. | • 안전지시나 명령이 늦다.<br>• 생산라인과의 견해 차이로 안전지시가 용이하지 않으며, 안전과 생산을 별개로 취급하기 쉽다. |

1302 / 1902

## 15 Repetitive Learning 1회 2회 3회

재해손실비의 평가방식 중 시몬즈(Simonds)방식에서 재해의 종류에 관한 설명으로 틀린 것은?

① 무상해사고는 의료조치를 필요로 하지 않는 상해사고를 말한다.

② 휴업상해는 영구 일부노동불능 및 일시 전노동불능 상해를 말한다.

③ 응급조치 상해는 응급조치 또는 8시간 이상의 휴업의료 조치 상해를 말한다.

④ 통원상해는 일시 일부노동불능 및 의사의 통원 조치를 요하는 상해를 말한다.

**해설**

- 응급조치 상해는 20$ 미만의 손실 또는 8시간 미만의 휴업이 되는 의료조치 상해를 말한다.

**:: 시몬즈(Simonds)방식에서 재해의 종류와 세부 내용**

- 무상해사고는 의료조치를 필요로 하지 않는 상해사고를 말한다.
- 응급처치는 20$ 미만의 손실 또는 8시간 미만의 휴업이 되는 의료조치 상해를 말한다.
- 통원상해는 일시 일부노동불능 및 의사의 통원 조치를 요하는 상해를 말한다.
- 휴업상해는 영구 일부노동불능 및 일시 전노동불능 상해를 말한다.

## 16 Repetitive Learning 1회 2회 3회

인간 안전보건관리계획의 초안 작성자로 가장 적합한 사람은?

① 경영자 ② 관리감독자

③ 안전스탭 ④ 근로자대표

**해설**

- 관리감독자는 사실의 발견에 해당하는 사고발생 요인을 확인하고 이를 안전스탭에게 전달하는 역할을 담당한다.
- 최고경영자는 시정책을 적용할 것을 지시하는 역할을 담당한다.

**:: 안전스탭의 역할**

- 생산라인에서 확인한 사고발생 요인을 분석하여 사업장에 맞는 시정책을 기안한다.
- 안전보건관리계획의 초안을 작성하기에 적합하다.

0701

## 17 Repetitive Learning 1회 2회 3회

호흡용 보호구와 각각의 사용 환경에 대한 연결이 옳지 않은 것은?

① 송기마스크 - 산소결핍장소의 분진 및 유독가스

② 공기호흡기 - 산소결핍장소의 분진 및 유독가스

③ 방독마스크 - 산소결핍장소의 유독가스

④ 방진마스크 - 산소결핍장소의 분진

**해설**

- 방독마스크는 산소농도 18% 이상의 유독가스 및 소방작업, 석면 작업 시에 사용한다.

**:: 호흡용 보호구와 사용환경**

- 송기마스크/공기호흡기 - 산소결핍장소의 분진 및 유독가스
- 방진마스크 - 산소결핍장소의 분진
- 방독마스크 - 산소농도 18% 이상의 유독가스 및 소방작업, 석면작업

1002 / 1901

## 18 Repetitive Learning

사고예방대책의 기본원리 5단계 중 3단계의 분석 평가 내용에 해당되는 것은?

① 위험 확인

② 현장 조사

③ 사고 및 활동 기록 검토

④ 기술의 개선 및 인사조정

정답 | 15 ③ 16 ③ 17 ③ 18 ②

해설

• 위험확인과 사고 및 활동기록의 검토는 제2단계(사실의 발견), 기술의 개선 및 인사조정은 제4단계(시정책의 선정) 내용이다.

:: 하인리히의 사고예방의 기본원리 5단계 실필 1802/0804

| 단계 | 단계별 과정 | 필요 조치 |
|---|---|---|
| 1단계 | 안전관리조직과 규정 | • 책임과 권한의 부여<br>• 안전활동 방침 및 계획수립 |
| 2단계 | 사실의 발견으로 현상파악 | • 자료수집<br>• 작업분석과 위험확인<br>• 안전점검·검사 및 조사 실시 |
| 3단계 | 분석을 통한 원인규명 | • 사고보고서 및 현장조사<br>• 인적·물적·환경조건의 분석<br>• 교육 훈련 및 배치 사항 파악<br>• 사고기록 및 관계자료 대조확인 |
| 4단계 | 시정방법의 선정 | • 기술적인 개선<br>• 작업배치의 조정<br>• 교육훈련의 개선 |
| 5단계 | 시정책의 적용 | • 기술(Engineering)적 대책<br>• 교육(Education)적 대책<br>• 관리(Enforcement)적 대책 |

2202

**19** ─ Repetitive Learning (1회 2회 3회)

안전·보건표지의 색채 중 파란색을 사용해야 하는 경우는?

① 주의표지 ② 정지신호
③ 특정 행위의 지시 ④ 차량통행표지

해설

• 지시표지는 파란색(2.5PB 4/10)을 색도의 기준으로 삼는다.

:: 안전·보건표지의 색채, 색도기준 및 용도

실필 1802/1601/1402/1301

| 색채 | 색도기준 | 용도 | 사용례 |
|---|---|---|---|
| 빨간색 | 7.5R 4/14 | 금지 | 정지신호, 소화설비 및 그 장소, 유해행위의 금지 |
| | | 경고 | 화학물질 취급장소에서의 유해·위험경고 |
| 노란색 | 5Y 8.5/12 | 경고 | 화학물질 취급장소에서의 유해·위험경고 이외의 위험경고, 주의표지 또는 기계방호물 |
| 파란색 | 2.5PB 4/10 | 지시 | 특정 행위의 지시 및 사실의 고지 |
| 녹색 | 2.5G 4/10 | 안내 | 비상구 및 피난소, 사람 또는 차량의 통행표지 |
| 흰색 | N9.5 | - | 파란색 또는 녹색에 대한 보조색 |
| 검은색 | N0.5 | - | 문자 및 빨간색 또는 노란색에 대한 보조색 |

0402 / 0701

**20** ─ Repetitive Learning (1회 2회 3회)

작업으로 인하여 물체가 떨어지거나 날아올 위험이 있는 경우에 사업주의 일반적인 조치사항이 아닌 것은?

① 격벽 설치
② 출입금지구역의 설정
③ 방호선반의 설치
④ 낙하물방지망 설치

해설

• 작업으로 인하여 물체가 떨어지거나 날아올 위험이 있는 경우 낙하물방지망, 수직보호망 또는 방호선반의 설치, 출입금지구역의 설정, 보호구의 착용 등 위험을 방지하기 위하여 필요한 조치를 하여야 한다.

:: 낙하물에 의한 위험 방지대책

실필 1901/1602/1601 실작 1902/1804/1802/1801/1602/1601/1404

• 작업으로 인하여 물체가 떨어지거나 날아올 위험이 있는 경우 낙하물방지망, 수직보호망 또는 방호선반의 설치, 출입금지구역의 설정, 보호구의 착용 등 위험을 방지하기 위하여 필요한 조치를 하여야 한다.
• 낙하물방지망 또는 방호선반을 설치하는 경우 높이 10m 이내마다 설치하고, 내민 길이는 벽면으로부터 2m 이상으로 해야 하며, 수평면과의 각도는 20도 이상 30도 이하를 유지한다.

## 2과목 산업심리 및 교육

1102

**21** ─ Repetitive Learning (1회 2회 3회)

리더십을 결정하는 주요한 3가지 요소와 가장 거리가 먼 것은?

① 부하의 특성과 행동
② 리더의 특성과 행동
③ 집단과 집단 간의 관계
④ 리더십이 발생하는 상황의 특성

해설

• 리더십을 결정하는 3가지 요소에는 리더, 부하, 리더십이 발생하는 상황이 있다.

:: 리더십을 결정하는 3가지 요소

• 리더의 특성과 행동
• 부하의 특성과 행동
• 리더십이 발생하는 상황의 특성



19 ③ 20 ① 21 ③ | 정답

0902 / 1201

## 22 Repetitive Learning 1회 2회 3회

실험실 사고 경향성 이론에 관한 설명으로 틀린 것은?

① 어떤 특정한 환경에서 훨씬 더 사고를 일으키기 쉽다.
② 어떠한 사람이 다른 사람보다 사고를 더 잘 일으킨다는 이론이다.
③ 사고를 많이 내는 여러 명의 특성을 측정하여 사고를 예방하는 것이다.
④ 검증하기 위한 효과적인 방법은 다른 기간 동안 같은 사람의 사고기록을 비교하는 것이다.

**해설**

- 경향성 이론이란 어떠한 사람이 다른 사람보다 특정 시점에서 사고를 더 잘 일으킨다는 이론이다.

**사고 경향성 이론**
- 사고는 특정 시점에서 특정한 사람이 반복해서 일으킨다는 이론이다.
- 어떠한 사람이 다른 사람보다 사고를 더 잘 일으킨다는 이론이다.
- 사고를 많이 내는 여러 명의 특성을 측정하여 사고를 예방하는 것이다.
- 검증하기 위한 효과적인 방법은 다른 두 시기 동안에 같은 사람의 사고기록을 비교하는 것이다.

0701 / 0901

## 23 Repetitive Learning 

피로의 측정 방법 중 생리학적 측정에 해당하는 것은?

① 혈액농도 ② 동작분석
③ 대뇌활동 ④ 연속반응시간

**해설**

- 혈액농도는 생화학적 방법, 동작분석과 연속반응시간은 심리학적 방법이다.

**피로의 측정법**
- 생리학적 방법 - 근전도(EMG), 뇌전도(EEG), 반사역치(PSR), 심전도(ECG), 인지역치(청력검사), 융합점멸주파수(Flicker) 등
- 심리학적 방법 - 피부저항(GSR), 정신작업, 동작분석, 변별역치, 행동기록, 연속반응시간, 전신자각 증상 등
- 생화학적 방법 - 혈액검사, 혈색소농도, 혈액수분, 응혈시간, 부신피질 등
- 자각적 방법 - 자각피로도, 자각증상수 등
- 타각적 방법 - 표정, 태도, 동작궤도, 자세 등
- 호흡기능 - 호흡수 등
- 순환기능 - 심박수 등
- 운동기능 - 근전도 등
- 자율신경기능 - 피부전기저항 등

1004

## 24 Repetitive Learning 1회 2회 3회

강의법의 장점으로 볼 수 없는 것은?

① 강의 시간에 대한 조정이 용이하다.
② 학습자의 개성과 능력을 최대화할 수 있다.
③ 난해한 문제에 대하여 평이하게 설명이 가능하다.
④ 다수의 인원에게 동시에 많은 지식과 정보의 전달이 가능하다.

**해설**

- 강의식은 피교육생을 대상으로 일방적으로 강의하는 방법으로 학습자의 개성과 능력을 무시하는 방법이다.

**강의식(Lecture method)**

㉠ 개요
- 안전교육방법 중 수업의 도입이나 초기단계에 적용하며, 단시간에 많은 내용을 교육하는 경우에 가장 적절한 방법이다.
- 짧은 교육기간에 많은 인원의 대상에게 비교적 많은 내용을 전달하기 위한 교육방법이다.
- 도입, 제시, 적용, 확인단계 중 제시단계에서 가장 많은 시간이 소요된다.

㉡ 특징
- 적은 시간에 많은 내용을 많은 대상에게 교육시킬 수 있어 다른 방법에 비해 경제적이다.
- 전체적인 교육내용을 제시하거나, 새로운 과업 및 작업단위의 도입단계에 유효하다.
- 교육 시간에 대한 조정(계획과 통제)이 용이하다.
- 난해한 문제에 대하여 평이하게 설명이 가능하다.
- 상대적으로 피드백이 부족하다. 즉, 피교육생의 참여가 제약된다.
- 교육 대상 집난 내 수준차로 인해 교육의 효과가 감소할 가능성이 있다.

## 25 Repetitive Learning 1회 2회 3회

안전교육의 목적으로 볼 수 없는 것은?

① 생산성 및 품질향상 기여
② 직·간접적 경제적 손실방지
③ 작업자를 산업재해로부터 미연 방지
④ 안전한 태도 습관화를 위한 반복 교육

**해설**

- 안전한 태도 습관화를 위한 반복 교육은 안전교육의 목표이다.

:: 안전교육의 목적

- 물적 요인(설비, 물자), 환경 및 의식 및 행동의 안전화를 기하는 데 있다.
- 재해발생에 필요한 요소들을 교육하여 재해를 방지하기 위해서이다.
- 생산성이나 품질의 향상에 기여하는 데 필요하기 때문이다.
- 작업자에게 안정감을 부여하고 기업에 대한 신뢰감을 부여하기 위해서이다.
- 재해의 발생으로 인한 직접적 및 간접적 경제적 손실을 방지하는 데 있다.

1202

## 26 Repetitive Learning (1회 2회 3회)

인간의 동작에 영향을 주는 요인을 외적 조건과 내적 조건으로 분류할 때 외적 조건에 해당하지 않는 것은?

① 높이, 폭, 길이, 크기 등의 조건
② 근무경력, 적성, 개성 등의 조건
③ 대상물의 동적 성질에 따른 조건
④ 기온, 습도, 조명, 소음 등의 조건

해설

- 근무경력, 적성, 개성 등의 조건은 인간의 동작특성 중 내적 조건에 해당한다.

:: 인간의 동작특성

㉠ 내적 조건
- 경력, 적성, 개성, 개인차, 생리적 조건 등이 있다.

㉡ 외적 조건
- 대상물의 동적 성질에 따른 조건이 있다.
- 높이, 크기, 깊이, 색채(대비, 강조, 재현) 등의 조건이 있다.
- 기온, 습도, 조명, 소음 등의 조건이 있다.

1001

## 27 Repetitive Learning (1회 2회 3회)

교육방법 중 O.J.T(On the Job Training)에 속하지 않는 것은?

① 코칭
② 강의법
③ 직무순환
④ 멘토링

해설

- 강의법은 가장 대표적인 Off J.T의 교육방법으로 O.J.T에는 맞지 않은 교육방법이다.

:: O.J.T(On the Job Training) 교육 실필 1701

㉠ 개요
- 사업장 내에서 직장 상사가 강사가 되어 실시하는 교육이다.
- 일상 업무를 통해 지식과 기능, 문제해결능력을 향상시키는 데 주목적을 갖는다.
- 가장 중요한 역할을 담당하는 이는 일선현장의 감독자이다.

㉡ 형태
- 코칭
- 직무순환
- 멘토링
- 도제식 교육
- 현장 직무교육

㉢ 특징

| 구분 | 내용 |
|---|---|
| 장점 | • 동기부여가 쉽다.<br>• 개개인에게 적절한 지도훈련이 가능하다.<br>• 직장의 실정에 맞게 실제적 훈련이 가능하다.<br>• 교육을 통한 훈련효과에 의해 상호 신뢰 및 이해도가 높아진다.<br>• 대상자의 개인별 능력에 따라 훈련의 진도를 조정하기가 쉽다.<br>• 교육효과가 업무에 신속히 반영된다.<br>• 훈련에 필요한 업무의 계속성이 끊어지지 않는다. |
| 단점 | • 전문적인 강사가 아니어서 교육이 원만하지 않을 수 있다.<br>• 다수의 대상을 한 번에 통일적인 내용 및 수준으로 교육시킬 수 없다.<br>• 전문적인 고도의 지식 및 기능을 교육하기 힘들다.<br>• 업무와 교육이 병행되는 관계로 훈련에만 전념할 수 없다. |

0402 / 0404 / 0904 / 1001

## 28 Repetitive Learning (1회 2회 3회)

산업안전심리의 5대 요소가 아닌 것은?

① 동기(Motive)
② 기질(Temper)
③ 감정(Emotion)
④ 지능(Intelligence)

해설

- 산업심리의 5요소에는 동기, 기질, 감정, 습성, 습관이 있다.

:: 산업안전심리의 5요소

| 요소 | 내용 |
|---|---|
| 동기(Motive) | 능동적인 감각에 의한 자극에서 일어난 사고의 결과로서 사람의 마음을 움직이는 원동력이 되는 것이다. |
| 기질(Temper) | 감정적인 경향이나 반응에 관계되는 성격의 한 측면이다. |
| 감정(Emotion) | 생활체가 어떤 행동을 할 때 생기는 주관적인 동요를 뜻한다. |
| 습성(Habits) | 한 종에 속하는 개체의 대부분에서 볼 수 있는 일정한 생활양식으로 본능, 학습, 조건반사 등에 따라 형성된다. |
| 습관(Custom) | 성장과정을 통해 형성된 특성 등이 무의식중에 습관화된 것으로 동기, 기질, 감정, 습성 등이 영향을 끼친다. |



26 ② 27 ② 28 ④ 정답

0902

## 29 Repetitive Learning (1회 2회 3회)

다음 중 동기이론과 관련 학자의 연결이 잘못된 것은?

① 욕구위계이론 : 매슬로우(Maslow)
② ERG이론 : 알더퍼(Alderfer)
③ 위생-동기이론 : 맥그리거(McGregor)
④ 성취동기이론 : 맥클레랜드(McClelland)

**해설**

- 위생동기이론은 허츠버그(Herzberg)의 이론이다.

**행동과학자와 제 이론**
- 매슬로우(Maslow) – 욕구위계이론
- 맥그리거(P.McGregor) – X·Y이론
- 맥클레랜드(McClelland) – 성취동기이론
- 리커트(R.Likert) – 상호작용 영향력
- 알더퍼(Alderfer) – ERG이론
- 허츠버그(Herzberg) – 위생동기이론

1101 / 2102

## 30 Repetitive Learning (1회 2회 3회)

인간의 적응기제 중 방어적 기제에 해당하는 것은?

① 보상 ② 고립
③ 퇴행 ④ 억압

**해설**

- 고립, 퇴행, 억압, 백일몽 등은 도피기제에 해당한다.

**방어기제(Defence mechanism)** 실필 1502/1204
- 자기의 욕구 불만이나 긴장 등의 약점을 위장하여 자기의 불리한 입장을 보호 또는 방어하려는 기제를 말한다.
- 방어기제에는 합리화(Rationalization), 동일시(Identification), 보상(Compenstion), 투사(Projection), 승화(Sublimation) 등이 있다.

0901

## 31 Repetitive Learning (1회 2회 3회)

다음 용어의 설명 중 맞는 것은?

① 리스크테이킹이란 한 지점에 주의를 집중할 때 다른 곳의 주의가 약해져 발생한 위험을 말한다.
② 부주의란 목적수행을 위한 행동전개과정 중 목적에서 벗어나는 심리적, 신체적 변화의 현상을 말한다.
③ 역할 갈등이란 개인에게 여러 개의 역할 기대가 있을 경우 그 중의 어떤 역할 기대는 불응, 거부하는 것을 말한다.
④ 투사란 다른 사람으로부터의 판단이나 행동에 대하여 무비판적으로 논리적, 사실적 근거 없이 수용하는 것을 말한다.

**해설**

- 리스크테이킹이란 안전태도가 불량한 사람이 작업에 대한 부적절한 태도로 객관적인 위험을 자기 나름대로 판정해서 행동하는 경우를 말한다.
- 역할 갈등이란 조직에서의 요구가 2가지 이상 동시에 발생했을 때의 갈등상황을 말한다.
- 투사란 합리화의 유형으로 자기의 실패나 결함을 다른 대상에게 책임 전가시키는 유형이다. 자기의 잘못에 대해 조상 탓을 하거나 축구선수가 공을 잘못 찬 후 신발 탓을 하는 등에 해당한다.

**부주의**
- 목적수행을 위한 행동전개과정 중 목적에서 벗어나는 심리적, 신체적 변화의 현상을 말한다.
- 불안전한 행위뿐만 아니라 불안전한 상태에도 통용된다.
- 무의식적 행위나 의식의 주변에서 행해지는 행위에서 나타난다.

0902

## 32 Repetitive Learning (1회 2회 3회)

슈퍼(Super, D. E)의 역할이론 중 작업에 대하여 상반된 역할이 기대되는 경우에 해당하는 것은?

① 역할 갈등(Role conflict)
② 역할 연기(Role playing)
③ 역할 조성(Role shaping)
④ 역할 기대(Role expectation)

**해설**

- 역할 연기란 자아탐구의 수단인 동시에 자아실현의 수단이다.
- 역할 조성은 개인에게 여러 개의 역할 기대가 있을 경우 그중 일부에 불응하거나 거부하는 경우 혹은 다른 역할을 위해 다른 일을 구하기도 한다.
- 역할 기대는 직업에 충실한 사람이 자기 역할에 대해 기대하고 감수하기를 바라는 것이다.

정답 | 29 ③ 30 ① 31 ② 32 ①

:: 슈퍼(Super, D. E)의 역할이론

- 역할 연기(Role playing) – 자아탐구의 수단인 동시에 자아실현의 수단이다.
- 역할 기대(Role expectation) – 직업에 충실한 사람은 자기 역할에 대해 기대하고 감수하는 사람이다.
- 역할 갈등(Role conflict) – 작업에 대하여 상반된 역할이 기대되는 경우에 해당하며 원인에는 역할 마찰, 역할 부적합, 역할모호성 등이 있다.
- 역할 조성(Role shaping) – 개인에게 여러 개의 역할 기대가 있을 경우 그중 일부에 불응하거나 거부하는 경우도 있으며, 혹은 다른 역할을 위해 다른 일을 구하기도 한다.

1304

## 33

Repetitive Learning 1회 2회 3회

"예측변인이 준거와 얼마나 관련되어 있느냐"를 나타낸 타당도를 무엇이라 하는가?

① 내용 타당도
② 준거 관련 타당도
③ 수렴 타당도
④ 구성개념 타당도

해설

- 예측변인이 준거와 얼마나 관련되어 있느냐를 나타낸 타당도는 준거 관련 타당도로 공인 타당도와 예언 타당도로 구성된다.

:: 타당성

㉠ 개요
- 심리검사의 특징 중 측정하고자 하는 것을 실제로 잘 측정하는지의 여부를 판별하는 것을 말한다.
- 신뢰도와 함께 인사선발을 위한 심리검사에서 갖춰야 할 요건에 해당한다.

㉡ 준거 관련 타당도(경험 타당도)
- 예측변인이 준거와 얼마나 관련되어 있느냐를 나타낸 타당도를 말한다.
- 시간간격이 없느냐 혹은 있느냐에 따라 공인 타당도와 예언 타당도로 구분한다.

㉢ 합리적 타당도
- 내용 타당도와 구인 타당도로 구분한다.
- 내용 타당도는 검사문항에 대한 전문가의 판단을 구비한 타당도이며, 구인 타당도는 기존 검사와 새로 만든 검사와의 상관관계를 측정한 타당도이다.

1104 / 2104

## 34

Repetitive Learning 1회 2회 3회

프로그램 학습법의 단점에 해당하는 것은?

① 보충학습이 어렵다.
② 수강생의 시간적 활용이 어렵다.
③ 수강생의 사회성이 결여되기 쉽다.
④ 수강생의 개인적인 차이를 조절할 수 없다.

해설

- 교사나 친구 등의 사회적인 관계없이 혼자서 프로그램에 의해 학습하므로 사회성이 결여되기 쉽다.

:: 프로그램 학습법(Programmed self-instruction method)

㉠ 개요
- Skinner의 조작적 조건형성 원리에 의해 개발된 것으로 자율적 학습이 특징이다.

㉡ 특징

| | |
|---|---|
| 장점 | • 학습자의 학습내용 습득여부를 즉각적으로 피드백 받을 수 있다.<br>• 한 강사가 많은 수의 학습자를 지도할 수 있다.<br>• 지능, 학습적성, 학습속도 등 개인차를 충분히 고려할 수 있다.<br>• 매 반응마다 피드백이 주어지기 때문에 학습자가 흥미를 갖는다. |
| 단점 | • 수강생의 사회성이 결여되기 쉽다.<br>• 교재개발에 많은 시간과 노력이 든다. |

## 35

Repetitive Learning 1회 2회 3회

과거의 학습경험을 통하여 학습된 행동이 현재와 미래에 지속되는 것을 무엇이라 하는가?

① 파지
② 기명
③ 재생
④ 재인

해설

- 파지(Retention)는 과거의 학습경험을 통해서 학습된 행동이 현재와 미래에 지속되는 것을 말한다.

:: 기억과정

- 기억과정은 기명 – 파지 – 재생 – 재인의 과정을 거친다.
- 파지(Retention)는 과거의 학습경험을 통해서 학습된 행동이 현재와 미래에 지속되는 것을 말한다.
- 재생은 보존된 인상이 다시 기억으로 떠오르는 것을 말한다.
- 재인(Recognition)은 과거에 경험하였던 것과 비슷한 상태에 부딪혔을 때 기억이 떠오르는 것을 말한다.



33 ② 34 ③ 35 ① 정답

- 중간과정에서 재생과 재인이 되지 않으면 기억은 소멸 즉, 망각되는 것이다.
- 망각은 경험한 내용이나 학습된 행동을 다시 생각하여 작업에 적용하지 아니하고 방치함으로써 경험의 내용이나 인상이 약해지거나 소멸되는 현상을 말한다.

## 36 Repetitive Learning (1회 2회 3회)

주의의 특성으로 볼 수 없는 것은?

① 타당성 ② 변동성
③ 선택성 ④ 방향성

해설

- 주의의 특징에는 선택성, 방향성, 변동성이 있다.

**주의(Attention)의 특징**

- 선택성 – 여러 종류의 자극을 자각할 때, 소수의 특정한 것에 한하여 주의가 집중되는 것으로 인간의 주의력은 한계가 있어 여러 작업에 대해 선택적으로 배분된다는 의미로 시각 정보 등을 받아들일 때 주의를 기울이면 시선이 집중되는 곳의 정보는 잘 받아들이나 주변부의 정보는 놓치기 쉬운 경우에 해당한다.
- 방향성 – 공간적으로 보면 시선의 주시점만 인지하는 기능으로, 한 지점에 주의를 집중하면 다른 곳의 주의가 약해지는 성질이다.
- 변동성 – 주의는 일정하게 유지되는 것이 아니라 일정한 주기로 부주의하는 리듬이 존재한다.

1302

## 37 Repetitive Learning (1회 2회 3회)

인간관계를 효과적으로 맺기 위한 원칙과 가장 거리가 먼 것은?

① 상대방을 있는 그대로 인정한다.
② 상대방에게 지속적인 관심을 보인다.
③ 취미나 오락 등 같거나 유사한 활동에 참여한다.
④ 상대방으로 하여금 당신이 그를 좋아하는 것을 숨긴다.

해설

- 효과적인 인간관계를 위해서는 상대방으로 하여금 당신이 그를 좋아하는 것은 드러내고, 싫어한다면 숨기는 것이 좋다.

**인간관계를 위한 원칙**

- 상대방을 있는 그대로 인정한다.
- 상대방에게 지속적인 관심을 보인다.
- 취미나 오락 등 같거나 유사한 활동에 참여한다.
- 상대방으로 하여금 당신이 그를 좋아하는 것을 알린다.
- 상대방이 필요로 하는 정보를 제공하라.
- 급한 관계 개선을 기대하지 마라.

## 38 Repetitive Learning (1회 2회 3회)

인간의 착오를 일으키는 원인 중 하나인 인지과정의 착오 원인이 아닌 것은?

① 정서적 불안정 ② 감각차단현상
③ 정보량 저장의 한계 ④ 작업조건의 잘못 판단

해설

- 작업조건의 잘못된 판단은 판단과정의 착오에 해당한다.

**착오의 원인별 분류**

㉠ 인지과정의 착오
- 생리적·심리적 능력의 부족
- 감각차단현상
- 정서 불안정
- 정보량 저장의 한계

㉡ 판단과정의 착오
- 능력부족
- 정보부족
- 자기합리화

㉢ 조작과정의 착오
- 기술부족
- 잘못된 정보

## 39 Repetitive Learning (1회 2회 3회)

교육훈련 및 안전교육의 기본원리와 방향을 설명한 것 중 거리가 먼 것은?

① 동기를 부여할 것
② 반복적으로 교육할 것
③ 교육자 중심으로 할 것
④ 쉬운 곳에서 시작하여 어려운 곳으로 유도할 것

해설

- 교육훈련은 교육자 중심이 아니라 피교육자 입장에서의 교육이 되게 하여야 한다.

**안전보건교육의 교육지도 원칙**

- 피교육자 입장에서의 교육이 되게 한다.
- 동기부여를 위주로 한 교육이 되게 한다.
- 오감을 통한 기능적인 이해를 돕도록 한다.
- 5관을 활용한 교육이 되게 한다.
- 한 번에 한 가지씩 교육을 실시한다.
- 많이 사용하는 것에서 적게 사용하는 순서로 실시한다.
- 과거부터 현재, 미래의 순서로 실시한다.
- 쉬운 것부터 어려운 것 순으로 진행한다.

정답 | 36 ① 37 ④ 38 ④ 39 ③

## 40 Repetitive Learning 1회 2회 3회

비공식 집단의 활동 및 특성을 가장 잘 설명하고 있는 것은?

① 대체로 규모가 크다.
② 관리자에 의해 주도된다.
③ 항상 태업이나 생산저하를 조장시킨다.
④ 직접적이고 빈번한 개인 간의 접촉을 필요로 한다.

해설

- 비공식 집단은 규모가 대체로 작고, 조직구성원 스스로 주도하며, 항상 태업이나 생산저하를 조장시키지는 않는다.

비공식 집단
- 비공식 집단은 조직구성원의 태도, 행동 및 생산성에 지대한 영향력을 행사한다.
- 비공식 집단은 관리영역 밖에 존재하고 조직도상에 나타나지 않는다.
- 가장 응집력이 강하고 우세한 비공식 집단은 수평적 동료집단이다.
- 혼합적 혹은 우선적 동료집단은 각기 상이한 부서에 근무하는 직위가 다른 성원들로 구성된다.
- 호손 실험(Hawthorne experiment)은 비공식 집단 및 인간관계의 중요성을 확인한 실험이다.

# 3과목 인간공학 및 시스템안전공학

## 41 Repetitive Learning 1회 2회 3회

다음 중 성격이 다른 정보의 제어 유형은?

① Action ② Selection
③ Setting ④ Data entry

해설

- Setting은 설정값으로 시스템에 초기에 설정한 값을 말한다.

목표달성을 위한 수정과정
- Action, Selection, Data entry는 설정된 목표를 달성하기 위해서 편차를 제거하는 과정에서 수행하는 과정을 말한다.
- Data entry는 데이터나 자료를 설비에서 사용가능하도록 입력하거나 변환하는 제어동작을 말한다.

0904 / 1301

## 42 Repetitive Learning 1회 2회 3회

FTA에서 특정 조합의 기본사상들이 동시에 결함을 발생하였을 때 정상사상을 일으키는 기본사상의 집합을 무엇이라 하는가?

① Cut set ② Error set
③ Path set ④ Success set

해설

- 패스 셋(Path set)은 정상사상(Top event)이 발생하지 않게 하는 기본사상들의 집합을 말한다.

컷 셋(Cut set)
- 시스템의 약점을 표현한 것이다.
- 특정 조합의 기본사상들이 동시에 결함을 발생하였을 때 정상사상을 일으키는 기본사상의 집합을 말한다.

1301 / 1604 / 1902

## 43 Repetitive Learning 1회 2회 3회

FTA에서 사용하는 수정게이트의 종류에서 3개의 입력현상 중 2개가 발생할 경우 출력이 생기는 것은?

① 위험지속기호
② 조합 AND 게이트
③ 배타적 OR 게이트
④ 우선적 AND 게이트

해설

- 위험지속기호는 입력현상이 발생하여 어떤 일정 시간이 지속된 후 출력이 발생하는 것을 나타내는 게이트나 기호이다.
- 배타적 OR 게이트(Exclusive OR gate)는 OR 게이트의 특별한 경우로 2개 또는 그 이상의 입력이 동시에 존재하는 경우에는 출력이 생기지 않는 게이트이다.
- 우선적 AND 게이트는 AND 게이트의 특별한 경우로 여러 개의 입력사상이 정해진 순서에 따라 순차적으로 발생해야만 결과가 출력된다.

조합 AND 게이트
- 3개의 입력현상 중 임의의 시간에 2개의 입력사상이 발생할 경우 출력이 생기는 기호이다.
- (기호)로 표시하며, (육각형) 기호 안에 출력이 2개임이 명시된다.



40 ④ 41 ③ 42 ① 43 ② 정답

2201

## 44 Repetitive Learning (1회 2회 3회)

실내에서 사용하는 습구흑구온도(WBGT: Wet Buld Globe Temperature) 지수는?(단, NWB는 자연습구, GT는 흑구온도, DB는 건구온도이다)

① WBGT = 0.6NWB + 0.4GT
② WBGT = 0.7NWB + 0.3GT
③ WBGT = 0.6NWB + 0.3GT + 0.1DB
④ WBGT = 0.7NWB + 0.2GT + 0.1DB

해설

- 일사가 영향을 미치는 옥외에서는 건구온도인 DB를 반영하지만 옥내에서는 일사의 영향이 없으므로 자연습구와 흑구온도만으로 WBGT가 결정된다.

습구흑구온도(WBGT : Wet Bulb Globe Temperature) 지수

- 건구온도, 습구온도 및 흑구온도에 의해 산출되며, 열중증 예방을 위한 지표로 더위지수라고도 한다.
- 일사가 영향을 미치는 옥외와 일사의 영향이 없는 옥내의 계산식이 다르다.
- 옥내에서 WBGT = 0.7NWB + 0.3GT이다. 이때 NWB는 자연습구, GT는 흑구온도이다.
- 옥외에서 WBGT = 0.7NWB + 0.2GT + 0.1DB이다. 이때 NWB는 자연습구, GT는 흑구온도, DB는 건구온도이다.

0702 / 1902

## 45 Repetitive Learning (1회 2회 3회)

다음 그림과 같이 7개의 기기로 구성된 시스템의 신뢰도는 약 얼마인가?

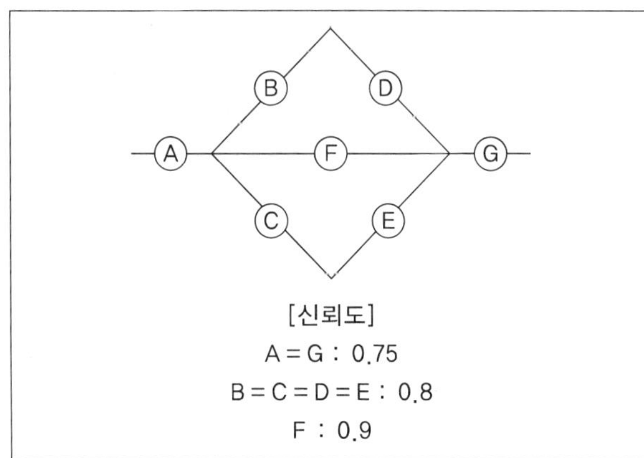


① 0.5427
② 0.6234
③ 0.5552
④ 0.9740

해설

- Ⓑ-Ⓓ는 직렬로 연결되어 있으므로 0.8 × 0.8 = 0.64
- Ⓒ-Ⓔ는 직렬로 연결되어 있으므로 0.8 × 0.8 = 0.64
- Ⓑ-Ⓓ와 Ⓒ-Ⓔ 그리고 Ⓕ는 병렬로 연결되어 있으므로 1 − (1 − 0.64)(1 − 0.64)(1 − 0.9) = 1 − (0.36 × 0.36 × 0.1) = 1 − 0.01296 = 0.98704이다.
- 이제 Ⓐ, 위의 결과, Ⓖ가 직렬 연결되어 있는 것을 계산하면 0.75×0.98704×0.75 = 0.5552이다.

시스템의 신뢰도

㉠ AND(직렬)연결 시

- 시스템의 신뢰도($R_s$)는 부품 a, 부품 b 신뢰도를 각각 $R_a$, $R_b$라 할 때 $R_s = R_a \times R_b$로 구할 수 있다.

㉡ OR(병렬)연결 시

- 시스템의 신뢰도($R_s$)는 부품 a, 부품 b 신뢰도를 각각 $R_a$, $R_b$라 할 때 $R_s = 1-(1-R_a)\times(1-R_b)$로 구할 수 있다.

0802

## 46 Repetitive Learning (1회 2회 3회)

위험및운전성검토(HAZOP)에서 사용되는 가이드 워드 중에서 성질상의 감소를 의미하는 것은?

① Part of
② More less
③ No / Not
④ Other than

해설

- ②는 양의 증가 혹은 감소로 양과 성질을 함께 표현한다.
- ③은 설계 의도의 완전한 부정을 의미한다.
- ④는 완전한 대체를 의미한다.

가이드 워드(Guide words)

㉠ 개요

- 위험및운전성검토(HAZOP)에서 근로자들의 창조적 사고를 유도하여 조작방법이나 오동작을 개선하기 위해 사용하는 워드이다.
- 공정변수(Process parameter)와 함께 사용하여 비정상상태(Deviation)가 일어날 수 있는 원인을 찾고 결과를 예측함과 동시에 대책을 세우는 데 유용하다.

㉡ 종류

| 가이드 워드 | 의미 |
|---|---|
| No / Not | 설계 의도의 완전한 부정 |
| Part of | 성질상의 감소 |
| As well as | 성질상의 증가 |
| More / Less | 양의 증가 혹은 감소로 양과 성질을 함께 표현 |
| Other than | 완전한 대체 |

정답 | 44 ② 45 ③ 46 ①

## 47

Repetitive Learning 1회 2회 3회

인지 및 인식의 오류를 예방하기 위해 목표와 관련하여 작동을 계획해야 하는데 특수하고 친숙하지 않은 상황에서 발생하며, 부적절한 분석이나 의사결정을 잘못하여 발생하는 오류는?

① 기능에 기초한 행동(Skill-based Behavior)
② 규칙에 기초한 행동(Rule-based Behavior)
③ 사고에 기초한 행동(Accident-based Behavior)
④ 지식에 기초한 행동(Knowledge-based Behavior)

**해설**

- Rasmussen의 휴먼 에러와 관련된 인간행동 분류에는 기능/기술 기반 행동, 지식 기반 행동, 규칙 기반 행동이 있다.
- 기능/기술 기반 행동(Skill-based behavior)은 실수(Slip)와 망각(Lapse)으로 구분되는 오류이다.
- 규칙 기반 행동(Rule-based behavior)은 잘못된 규칙을 기억하거나 정확한 규칙이라도 상황에 맞지 않게 적용한 경우 발생하는 오류이다.

**Rasmussen의 휴먼 에러와 관련된 인간행동 분류**

| | |
|---|---|
| 기능/기술 기반 행동 (Skill-based behavior) | 실수(Slip)와 망각(Lapse)으로 구분되는 오류 |
| 지식 기반 행동 (Knowledge-based behavior) | 인지 및 인식의 오류를 예방하기 위해 목표와 관련하여 작동을 계획해야 하는데 특수하고 친숙하지 않은 상황에서 발생하며, 부적절한 분석이나 의사결정을 잘못하여 발생하는 오류 |
| 규칙 기반 행동 (Rule-based behavior) | 잘못된 규칙을 기억하거나 정확한 규칙이라도 상황에 맞지 않게 적용한 경우 발생하는 오류 |

0304 / 0801 / 1701

## 48

Repetitive Learning 1회 2회 3회

그림과 같이 FTA로 분석된 시스템에서 현재 모든 기본사상에 대한 부품이 고장 난 상태이다. 부품 $X_1$부터 부품 $X_5$까지 순서대로 복구한다면 어느 부품을 수리 완료하는 순간부터 시스템은 정상가동이 되겠는가?

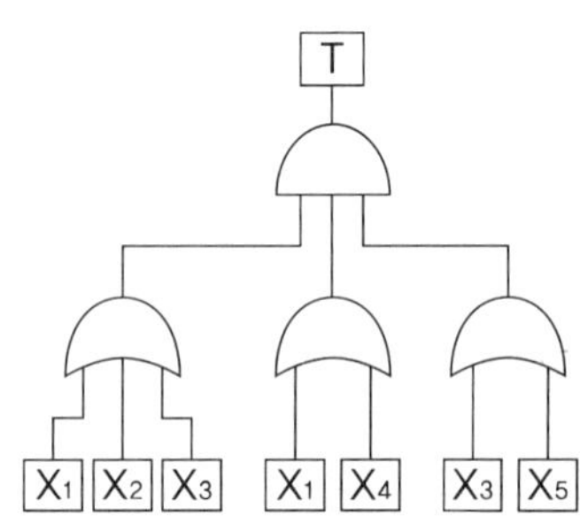


① 부품 $X_2$　　② 부품 $X_3$
③ 부품 $X_4$　　④ 부품 $X_5$

**해설**

- T가 정상가동하려면 AND 게이트이므로 입력 3개가 모두 정상가동해야 한다. 즉, 개별적인 OR 게이트에서의 출력이 정상적으로 발생해야 T는 정상가동한다. $X_1$과 $X_2$가 복구될 경우 첫 번째 OR 게이트와 두 번째 OR 게이트의 신호는 정상화가 되나 마지막 OR 게이트가 동작하지 않아 T는 정상가동되지 않는다.
- $X_3$이 정상화되면 마지막 OR 게이트 역시 정상동작하게 되므로 T는 정상가동된다.

**FT도에서 정상(고장)사상 발생확률**

㉠ AND(직렬)연결 시
- 사상 A의 발생확률을 $P_A$, 사상 B, 사상 C 발생확률을 $P_B$, $P_C$라 할 때 $P_A = P_B \times P_C$로 구할 수 있다.

㉡ OR(병렬)연결 시
- 사상 A의 발생확률을 $P_A$, 사상 B, 사상 C 발생확률을 $P_B$, $P_C$라 할 때 $P_A = 1-(1-P_B)\times(1-P_C)$로 구할 수 있다.

## 49

Repetitive Learning 1회 2회 3회

국내 규정상 1일 노출회수가 100일 때 최대 음압수준이 몇 db(A)를 초과하는 충격소음에 노출되어서는 아니 되는가?

① 110
② 120
③ 130
④ 140



47 ④ 48 ② 49 ④ | 정답

해설

- 충격소음 허용기준에서 하루 100회의 충격소음에 노출되는 경우 140dBA, 하루 1,000회의 충격소음에 노출되는 경우 130dBA, 하루 10,000회의 충격소음에 노출되는 경우 120dBA를 초과하는 충격소음에 노출되어서는 안 된다.

:: 소음 노출기준

㉠ 소음의 허용기준(강렬한 소음작업의 기준)

| 1일 노출시간(hr) | 허용 음압수준(dBA) |
|---|---|
| 8 | 90 |
| 4 | 95 |
| 2 | 100 |
| 1 | 105 |
| 1/2 | 110 |
| 1/4 | 115 |

㉡ 충격소음 허용기준

| 충격소음강도(dBA) | 허용 노출 횟수(회) |
|---|---|
| 140 | 100 |
| 130 | 1,000 |
| 120 | 10,000 |

## 50

Repetitive Learning (1회 2회 3회)

첨단 경보시스템의 고장률은 0이다. 경계의 효과로 조작자 오류율은 0.01t/hr이며, 인간의 실수율은 균질(Homogeneous)한 것으로 가정한다. 또한, 이 시스템의 스위치 조작자는 1시간마다 스위치를 작동해야 하는데 인간오류확률(HEP : Human Error Probability)이 0.001인 경우에 2시간에서 6시간 사이에 인간-기계 시스템의 신뢰도는 약 얼마인가?

① 0.983 ② 0.948

③ 0.957 ④ 0.967

해설

- 조작자 오류율이 0.01이므로 신뢰도는 0.99
- HEP가 0.001이므로 신뢰도는 0.999
- 직렬로 연결된 시스템으로 봐야하므로 총 신뢰도는 $0.99 \times 0.999 = 0.9890$
- 시간당 0.9890의 신뢰도를 갖는 시스템에서 4시간 동안의 신뢰도는 $0.989^4 = 0.9567 \cdots$이다.

:: 직렬계(直烈系)

- 계(系)의 수명은 요소 중 수명이 가장 짧은 것으로 정해진다.
- 정비나 보수로 인해 시스템의 신뢰도 함수가 가장 크게 영향을 받는 구조이다.

## 51

Repetitive Learning (1회 2회 3회)

전신 육체적 작업에 대한 개략적 휴식시간의 산출 공식으로 맞는 것은?(단, R은 휴식시간(분), E는 작업의 에너지소비율(kcal/분)이다)

① $R = E \times \frac{60-4}{E-2}$

② $R = 60 \times \frac{E-4}{E-1.5}$

③ $R = 60 \times (E-4) \times (E-2)$

④ $R = E \times (60-4) \times (E-1.5)$

해설

- 60분간 작업 시 일반적으로 $R = 60 \times \frac{E-4}{E-1.5}$로 구한다.

(단, 이때 E는 특정 작업 시 에너지 평균 소비량이고, 4는 작업에 대한 평균 에너지소비량, 1.5는 휴식 중 에너지소비량이다)

:: 휴식시간 산출

- 하루 사람이 내는 에너지는 4,300kcal이고, 기초대사와 휴식에 소요되는 2,300kcal를 뺀 2,000kcal를 8시간(480분)으로 나누면 작업평균 에너지소비량은 분당 약 4kcal가 된다.
- 여기서 작업평균 에너지소비량을 넘어서는 작업을 한 경우에는 일정한 시간마다 휴식이 필요하다.
- 이에 휴식시간 $R = \text{작업시간} \times \frac{E-4}{E-1.5}$로 계산한다.

이때 E는 순 에너지소비량[kcal/분]이고, 4는 작업평균 에너지소비량, 1.5는 휴식 중 에너지소비량이다.

## 52

Repetitive Learning (1회 2회 3회)

실험실 환경에서 수행하는 인간공학 연구의 장·단점에 대한 실멍으로 맞는 것은?

① 변수의 통제가 용이하다.

② 주위 환경의 간섭에 영향 받기 쉽다.

③ 실험 참가자의 안전을 확보하기가 어렵다.

④ 피실험자의 자연스러운 반응을 기대할 수 있다.

해설

- ②, ③, ④는 모두 현장연구의 장·단점에 해당한다.

정답 | 50 ③ 51 ② 52 ①

:: 실험실 환경 연구

㉠ 개요

- 실제 제품이 사용되는 실제환경과 유사한 환경을 만들고 각종 변수를 조절하면서 수행하는 연구방법이다.

㉡ 특징

- 비용이 절감된다.
- 정확한 자료의 수집이 가능하다.
- 변수의 통제가 쉬워 실험조건의 조절이 용이하다.
- 실험참가자의 안전 확보가 쉽다.
- 피실험자의 자연스러운 반응을 기대하기 어렵다.

## 53

Repetitive Learning (1회 2회 3회)

다음 중 정보의 촉각적 암호화방법으로만 구성된 것은?

① 점자, 진동, 온도

② 초인종, 점멸등, 점자

③ 신호등, 경보음, 점등

④ 연기, 온도, 모스(Morse) 부호

해설

- 초인종, 경보음, 모스 부호 등은 청각적 암호화방법이고, 점멸등, 신호등, 점등, 연기 등은 시각적 암호화방법이다.

:: 촉각적 암호화

- 표면촉감을 이용한 암호화방법 – 점자, 진동, 온도 등
- 형상을 이용한 암호화방법 – 조종장치의 모양
- 크기를 이용한 암호화방법 – 조종장치의 크기

1302

## 54

Repetitive Learning (1회 2회 3회)

화학설비에 대한 안전성 평가방법 중 공장의 입지조건이나 공장 내 배치에 관한 사항은 어느 단계에서 하는가?

① 제1단계 : 관계 자료의 작성 준비

② 제2단계 : 정성적 평가

③ 제3단계 : 정량적 평가

④ 제4단계 : 안전대책

해설

- 공장의 입지조건이나 배치는 2단계 정성적 평가에서 설계관계에 대한 평가에 해당한다.

:: 안전성 평가 6단계

| 단계 | 내용 |
|---|---|
| 1단계 | 관계 자료의 작성 준비 |
| 2단계 | • 정성적 평가<br>• 설계(공장의 입지조건, 공장 내 배치)와 운전관계에 대한 평가 |
| 3단계 | • 정량적 평가<br>• 취급물질, 용량, 온도, 압력 및 조작을 통한 위험도 평가 |
| 4단계 | • 안전대책수립<br>• 보전, 설비대책과 관리적 대책 |
| 5단계 | 재해정보에 의한 재평가 |
| 6단계 | FTA에 의한 재평가 |

1202

## 55

Repetitive Learning (1회 2회 3회)

특정한 목적을 위해 시각적 암호, 부호 및 기호를 의도적으로 사용할 때에 반드시 고려하여야 할 사항과 가장 거리가 먼 것은?

① 검출성

② 판별성

③ 양립성

④ 심각성

해설

- 암호화 시 고려할 사항에는 검출성, 표준화, 변별성, 양립성, 부호의 의미, 다차원 암호 사용가능성 등이 있다.

:: 암호화(Coding)

㉠ 개요

- 원래의 신호 정보를 새로운 형태로 변화시켜 표시하는 것을 말한다.
- 형상, 크기, 색채 등 작업자가 쉽게 기계 및 기구를 식별하도록 암호화한다.

㉡ 암호화 지침

|  |  |
|---|---|
| 검출성 | 감지가 쉬워야 한다. |
| 표준화 | 표준화되어야 한다. |
| 변별성 | 다른 암호 표시와 구별될 수 있어야 한다. |
| 양립성 | 인간의 기대와 모순되지 않아야 한다. |
| 부호의 의미 | 사용자가 그 뜻을 분명히 알 수 있어야 한다. |
| 다차원의 암호 사용가능 | 두 가지 이상의 암호 차원을 조합해서 사용하면 정보전달이 촉진된다. |



53 ① 54 ② 55 ④ 정답

1102 / 1902

## 56 Repetitive Learning (1회 2회 3회)

산업안전보건법에 따라 유해·위험방지계획서의 제출대상 사업은 해당 사업으로서 전기 계약용량이 얼마 이상인 사업을 말하는가?

① 150kW　　② 200kW

③ 300kW　　④ 500kW

**해설**

- 유해·위험방지계획서 제출대상 사업장의 규모는 전기 계약용량이 300kW 이상인 사업장이다.

**:: 유해·위험방지계획서의 제출**

- 제출대상 사업장의 규모는 전기 계약용량이 300kW 이상인 사업장이다.
- 건설물·기계·기구 및 설비 등 일체를 설치·이전하거나 그 주요 구조부분을 변경할 때에는 고용노동부장관(한국산업안전보건공단)에게 유해·위험방지계획서를 제출하여야 한다.
- 첨부서류는 건축물 각 층의 평면도, 기계·설비의 개요를 나타내는 서류, 기계·설비의 배치도면, 원재료 및 제품의 취급, 제조 등의 작업방법의 개요 등이다.
- 제조업의 경우는 해당 작업시작 15일 전에 제출한다.
- 건설업의 경우는 공사의 착공 전날까지 제출한다.

0904

## 57 Repetitive Learning 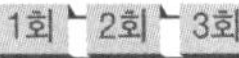

인간공학의 궁극적인 목적과 가장 관계가 깊은 것은?

① 경제성 향상　　② 인간능력의 극대화

③ 설비의 가동률 향상　　④ 안전성 및 효율성 향상

**해설**

- 인간공학은 인간이 사용하는 물건, 설비, 환경의 설계에 인간의 생리적, 심리적인 면에서의 특성이나 한계점을 고려함으로써 인간-기계 시스템의 안전성과 편리성, 효율성을 높이는 학문분야이다.

**:: 인간공학(Ergonomics)**

㉠ 개요

- "Ergon(작업) + nomos(법칙) + ics(학문)"이 조합된 단어로 Human factors, Human engineering이라고도 한다.
- 인간의 특성과 한계 능력을 공학적으로 분석, 평가하여 이를 복잡한 체계의 설계에 응용함으로써 효율을 최대로 활용할 수 있도록 하는 학문분야이다.
- 인간이 사용하는 물건, 설비, 환경의 설계에 인간의 생리적, 심리적인 면에서의 특성이나 한계점을 고려함으로써 인간-기계 시스템의 안전성과 편리성, 효율성을 높이는 학문분야이다.

㉡ 적용분야

- 제품설계
- 재해·질병 예방
- 장비·공구·설비의 배치
- 작업장 내 조사 및 연구

0601

## 58 Repetitive Learning (1회 2회 3회)

여러 사람이 사용하는 의자의 좌면높이는 어떤 기준으로 설계하는 것이 가장 적절한가?

① 5% 오금높이

② 50% 오금높이

③ 75% 오금높이

④ 95% 오금높이

**해설**

- 여러 사람이 사용하는 의자의 경우 좌면의 높이는 오금보다 약간 낮게(5% 오금높이) 유지해야 한다.

**:: 인간공학적 의자 설계**

㉠ 개요

- 조절식 설계원칙을 적용하도록 한다.
- 자세와 동작에 따라 고려해야 할 인체측정 치수가 달라진다.
- 요부전만(腰部前彎)을 유지한다.
- 추간판(디스크)의 압력과 등근육의 정적부하를 줄인다.
- 자세 고정을 줄인다.
- 여러 사람이 사용하는 의자의 경우 좌면 높이는 오금보다 약간 낮게(5% 오금높이) 유지한다.

㉡ 고려할 사항

- 체중 분포
- 상반신의 안정
- 좌판의 높이(조절식을 기준으로 한다)
- 좌판의 깊이와 폭
  (폭은 최대치, 깊이는 최소치를 기준으로 한다)

1304

## 59 Repetitive Learning (1회 2회 3회)

기계설비가 설계 사양대로 성능을 발휘하기 위한 적정 윤활의 원칙이 아닌 것은?

① 적량의 규정

② 주유방법의 통일화

③ 올바른 윤활법의 채용

④ 윤활기간의 올바른 준수

정답 | 56 ③ 57 ④ 58 ① 59 ②

해설

- 적정 윤활의 원칙에서 주유방법은 따로 규정되어 있지 않다. 기계에 적합한 윤활유를 선정하는 것이 포함되어야 한다.

**적정 윤활의 원칙**
- 기계에 적합한 윤활유의 선정
- 적량의 규정
- 올바른 윤활법의 채용
- 윤활기간의 올바른 준수

## 60

Repetitive Learning (1회 2회 3회)

시스템 안전분석 방법 중 예비위험분석(PHA) 단계에서 식별하는 4가지 범주에 속하지 않는 것은?

① 위기 상태　② 무시가능 상태
③ 파국적 상태　④ 예비 조치 상태

해설

- PHA에서 위험의 정도를 분류하는 4가지 범주는 파국(Catastrophic), 중대(Critical), 위기-한계(Marginal), 무시가능(Negligible)으로 구분된다.

**예비위험분석(PHA)**

㉠ 개요
- 모든 시스템 안전 프로그램에서의 최초단계 해석으로 시스템의 위험요소가 어떤 위험 상태에 있는가를 정성적으로 평가하는 분석방법이다.
- 시스템을 설계함에 있어 개념형성 단계에서 최초로 시도하는 위험도 분석방법이다.
- 복잡한 시스템을 설계, 가동하기 전의 구상단계에서 시스템의 근본적인 위험성을 평가하는 가장 기초적인 위험도 분석기법이다.
- 위험의 정도를 분류하는 4가지 범주는 파국(Catastrophic), 중대(Critical), 위기-한계(Marginal), 무시가능(Negligible)으로 구분된다.

㉡ 예비위험분석(PHA)의 4가지 범주(MIL-STD-882E)

| 구분 | 내용 |
|---|---|
| 파국 (Catastrophic) | 작업자의 부상 및 서브시스템의 고장 등으로 시스템 성능이 저하되어 시스템에 심각한 손실을 초래한 상태 |
| 중대 (Critical) | 작업자의 부상 및 시스템의 중대한 손해를 초래하거나 작업자의 생존 및 시스템의 유지를 위하여 즉시 수정 조치를 필요로 하는 상태 |
| 위기-한계 (Marginal) | 작업자의 부상 및 시스템의 중대한 손해를 초래하지 않고 대처 또는 제어할 수 있는 상태 |
| 무시가능 (Negligible) | 시스템의 성능이나 기능, 인원 손실이 전혀 없는 상태 |

# 4과목 건설시공학

## 61

Repetitive Learning (1회 2회 3회)

콘크리트의 시공성과 관계없는 것은?

① 반발경도　② 슬럼프
③ 슬럼프 플로　④ 공기량

해설

- 반발경도는 콘크리트 구조물의 강도를 구할 때 사용하는 방법으로 시공성과는 무관하다.

**콘크리트의 워커빌리티(Workability)**

㉠ 개요
- 재료의 분리를 일으키지 않고 타설, 응결 및 마감 등의 작업이 용이한 정도를 표시하는 콘크리트의 성질로 시공성이라고도 한다.
- 워커빌리티를 측정하는 방법에는 슬럼프 시험, 다짐계수 시험, 슬럼프 플로시험, 미롤딩 시험, VB시험 등이 있다.
- 슬럼프(Slump)는 슬럼프 콘에 콘크리트를 부어넣고 25회 다진 후 콘을 들어 올렸을 때 콘크리트가 가라앉는 높이로 유동성을 나타낸다.
- 슬럼프 플로는 충격을 받은 콘크리트 덩어리의 퍼짐 정도를 측정한 것으로 콘크리트의 유동성과 분리저항성을 나타낸다.
- 반죽질기(Consistency)는 단위수량에 따른 콘크리트의 연도(반죽의 되고 진 정도)를 나타낸 값이다.

㉡ 워커빌리티에 영향을 주는 요인

|  |  |
|---|---|
| 시멘트 | 단위 시멘트의 양이 많을수록, 시멘트의 분말도가 미세할수록 점성이 증가하고 워커빌리티는 향상된다. |
| 골재 | • 입형은 구에 가까울수록 워커빌리티는 좋아지고, 편평할수록 워커빌리티는 나빠진다.<br>• 골재의 최대크기가 작을수록 워커빌리티는 좋아진다. |
| 물 | • 단위수량이 증가하면 골재와 페이스트가 분리되므로 워커빌리티가 나빠진다.<br>• 단위수량이 약 1.2% 증가하면 슬럼프는 10mm 증가한다.<br>• 단위수량이 매우 작으면 유동성이 감소하여 워커빌리티가 저하된다. |
| 혼화재(제) | • AE제, AE감수제 등의 사용은 워커빌리티를 향상시킨다.<br>• 공기량이 1% 증가 시 슬럼프는 약 2% 증가, 단위수량은 3% 감소, 압축강도는 4~6% 감소한다.<br>• Fly-ash, 화산회, 점토 등도 워커빌리티를 향상시킨다. |
| 배합 | • 쇄석의 사용은 워커빌리티를 저하시키므로 쇄석 콘크리트를 사용하는 경우에는 세골재 비율을 높여서 워커빌리티를 향상시킬 필요가 있다.<br>• 비빔시간이 길어질수록 수화작용이 촉진되고 워커빌리티는 저하된다. |



60 ④　61 ①　정답

## 62

Repetitive Learning (1회 2회 3회)

정지 및 배토기계에 해당하지 않는 것은?

① 불도저(Bull dozer) ② 파워셔블(Power shovel)
③ 모터그레이더 ④ 스크레이퍼

해설

- 파워셔블(Power shovel)은 가장 대표적인 굴착용 장비이다.

토공사용 장비

- 굴착용 장비에는 파워셔블(Power shovel), 드래그셔블(Drag shovel), 드래그라인(Drag line), 크램쉘(Clam shell), 트랜처(Trencher) 등이 있다.
- 정지 및 배토장비에는 불도저(Bull dozer), 앵글도저(Angle dozer), 캐리올스크레이퍼(Carryall scraper), 그레이더(Grader) 등이 있다.
- 상차용 장비에는 로더(Loader), 크롤러로더(Crawler loader), 포크리프트(Forklift) 등이 있다.
- 운반용 장비에는 각종 트럭(Truck)류, 엘리베이터(Elevator), 컨베이어(Conveyor) 등이 있다.
- 다짐용 장비에는 진동롤러(Vibrating roller), 탬핑롤러(Tamping roller), 램머(Rammer), 콤팩터(Compactor) 등이 있다.

1302

## 63

Repetitive Learning (1회 2회 3회)

철골공사에서 용접작업 종료 후 용접부의 안전성을 확인하기 위해 실시하는 비파괴검사의 종류에 해당되지 않는 것은?

① 방사선검사 ② 침투탐상검사
③ 반발경도검사 ④ 초음파탐상검사

해설

- 반발경도검사(Rebound hardness testing)는 해머를 시료에 충돌시켜 해머가 시료에서 반발될 때의 에너지로 그 시료의 경도를 결정하는 경도시험으로 용접부 비파괴검사와는 관련이 멀다.

철골용접 비파괴검사

㉠ 개요

- 강구조 건축물 용접부의 표면결함 및 내부결함을 검출하는 것으로 한다.
- 표면결함은 육안검사와 침투탐상검사 또는 자분탐상검사로 하며, 내부결함은 초음파탐상검사 또는 방사선투과검사로 구분하여 적용한다.

㉡ 표면결함 검사

- 외관(육안)검사는 용접을 한 용접공이나 용접관리 기술자가 하는 것이 원칙이다.
- 침투탐상검사(Liquid penetrant testing)는 액체의 모세관 현상을 이용한다.
- 자분탐상검사(Magnetic particle testing)는 금속표면의 비교적 낮은 부분의 결함을 발견하기 위해 자력을 이용한다.

㉢ 내부결함 검사

- 방사선검사(Radiography testing)는 필름의 밀착성이 좋지 않은 건축물에서 검출이 어렵다.
- 초음파탐상검사(Ultrasonic testing)는 인간의 귀로 들을 수 없는 주파수를 갖는 초음파를 사용하여 결함을 검출하는 방법으로 모재의 결함 및 두께 측정이 가능하고, 빠르고 경제적이어서 현장에서 많이 이용한다.

0502 / 1101

## 64

Repetitive Learning (1회 2회 3회)

경량형강과 합판으로 구성되며 표준형태의 거푸집을 변형시키지 않고 조립함으로써 현장제작에 소요되는 인력을 줄여 생산성을 향상시키고 자재의 전용횟수를 증대시키는 목적으로 사용되는 거푸집은?

① 목재패널 ② 합판패널
③ 와플폼 ④ 유로폼

해설

- 목재패널과 합판패널은 거푸집을 구성하는 판형으로 된 부분을 말한다.
- 와플폼은 무량판구조로 보가 없는 특수상자 모양의 기성재 거푸집을 말한다.

유로폼(Euro form)

- 경량형강과 합판으로 구성되며 표준형태의 거푸집을 변형시키지 않고 조립함으로써 현장제작에 소요되는 인력을 줄여 생산성을 향상시키고 자재의 전용횟수를 증대시키는 목적으로 사용되는 거푸집이다.
- 표준형태의 거푸집을 현장에서 수작업으로 만드는 폼이어서 시스템 거푸집에는 포함되지 않는다.
- 합판거푸집에 비해 정밀도가 높고 타 거푸집과의 조합이 대체로 쉽다.

0301 / 0502

## 65

Repetitive Learning (1회 2회 3회)

보강콘크리트블록조에 관한 설명으로 옳지 않은 것은?

① 블록은 살 두께가 두꺼운 쪽을 위로 하여 쌓는다.
② 보강블록은 모르타르, 콘크리트 사춤이 용이하도록 원칙적으로 막힌줄눈쌓기로 한다.
③ 블록 1일 쌓기 높이는 6 ~ 7켜 이하로 한다.
④ 2층 건축물인 경우 세로근은 원칙적으로 기초, 테두리보에서 위층의 테두리보까지 잇지 않고 배근한다.

정답 | 62 ② 63 ③ 64 ④ 65 ②

해설

- 보강블록조는 원칙적으로 통줄눈쌓기로 한다.

:: 보강블록조

- 단순조적 블록조와 같은 방법으로 블록공사를 하되 블록의 빈 속을 철근과 콘크리트로 보강하여 내력벽을 구성하는 것을 말한다.
- 철근은 보통 원형철근을 이용하고, 결속선은 0.8mm(BWG #21) 이상의 철선을 달구어 사용한다.
- 보강블록조는 원칙적으로 통줄눈쌓기로 한다.
- 콘크리트용 블록은 물축임을 하지 말아야 한다. (단, 모르타르 접촉면에만 물을 축인다)
- 하루 쌓기의 높이는 6～7켜(1.2～1.5m) 이내를 표준으로 한다.
- 벽의 세로근은 원칙적으로 기초·테두리보에서 위층의 테두리보까지 잇지 않고 배근하여 그 정착 길이는 철근 지름(d)의 40배 이상으로 한다.
- 가로근의 모서리는 서로 40d(d : 철근 지름) 이상으로 정착시키며 단부는 180° 갈고리를 둔다.
- 모르타르 또는 콘크리트의 세로근 피복 두께는 2cm 이상으로 하며 세로근과의 교차부는 모두 결속선으로 결속한다.

## 66

Repetitive Learning (1회 2회 3회)

철근기둥의 이음부분 면을 절삭가공기를 사용하여 마감하고 충분히 밀착시킨 이음에 해당하는 용어는?

① 밀 스케일(Mill scale) ② 스캘럽(Scallop)
③ 스패터(Spatter) ④ 메탈터치(Metal touch)

해설

- 밀 스케일(Mill Scale)은 압연강재가 냉각될 때 생기는 산화철의 피복을 말한다.
- 스캘럽(Scallop)은 강구조물에서 용접의 교차에 의해 응력의 집중을 막거나 전주(全周) 용접이 용이하도록 하기 위한 노치(부재 접합을 위해 잘라낸 부분)를 말한다.
- 스패터(Spatter)는 용접봉의 피복재가 녹아 용접금속 표면에 부상하여 굳은 슬래그 혹은 금속입자가 그대로 굳은 형상을 말한다.

:: 메탈터치(Metal touch)

㉠ 개요

- 지압접합의 한 방법으로 기둥에 작용하는 압축력 및 휨모멘트를 기둥부재 간 접촉면을 통하여 직접 전달하게 하는 접합방법이다.
- 철근기둥의 이음부분 면을 절삭가공기를 사용하여 마감하고 충분히 밀착시킨 이음을 말한다.

㉡ 특징

- 상하부 기둥의 밀착으로 축력의 50%까지 전달이 가능하다.
- 고력볼트나 용접으로 부재를 연결하는 방법에 비해 구조적으로 안전하다.

1902

## 67

Repetitive Learning (1회 2회 3회)

철근콘크리트 구조의 철근 선조립 공법 순서로 옳은 것은?

① 시공도 - 공장절단 - 가공 - 이음·조립 - 운반 - 현장부재양중 - 이음·조립
② 공장절단 - 시공도 - 가공 - 이음·조립 - 이음·설치 - 운반 - 현장부재양중
③ 시공도 - 가공 - 공장절단 - 운반 - 이음·조립 - 현장부재양중 - 이음·설치
④ 공장절단 - 시공도 - 운반 - 가공 - 이음·조립 - 현장부재양중 - 이음·설치

해설

- 철근 선(先)조립 공법은 시공도 → 공장절단 → 가공 → 이음·조립 → 운반 → 현장부재양중 → 이음·조립 순으로 진행한다.

:: 철근 선(先)조립

- 철근을 기둥, 보 등의 부위별로 공장 또는 현장에서 미리 조립한 상태에서 Unit화된 철근을 현장으로 운반하여 조립하는 공법을 말한다.
- 겹침이음, 가스 압접이음, 기계적이음 등을 사용하여 조립한다.
- 거푸집 공사에 앞서 철근 Unit의 조립을 먼저 진행하는 것으로 조립의 정밀도 및 공정면에서 유리하다.
- 시공도 - 공장절단 - 가공 - 이음·조립 - 운반 - 현장부재양중 - 이음·조립 순으로 진행한다.

0901 / 1204

## 68

Repetitive Learning (1회 2회 3회)

시공의 품질관리를 위하여 사용하는 통계적 도구가 아닌 것은?

① 작업표준 ② 파레토도
③ 관리도 ④ 산포도

해설

- 시공의 품질관리 도구는 체크시트, 파레토그램, 히스토그램, 특성요인도, 산점도, 층별, 관리도 등이 있다.

:: 시공의 품질관리(Quality Control : QC) 7가지 도구

- 현장에서 발생하는 품질이나 원가, 생산량 등의 문제를 해결하는 데 도움이 되는 기초적인 분석도구 7가지를 말한다.
- 체크시트, 파레토그램, 히스토그램, 특성요인도, 산점도, 층별, 관리도가 이에 해당한다.

| 도구의 분류 | 도구 종류 |
|---|---|
| 현상파악 활용도구 | 체크시트, 파레토그램, 히스토그램 |
| 원인분석 활용도구 | 특성요인도, 산점도, 층별 |
| 자료관리 활용도구 | 관리도 |



66 ④ 67 ① 68 ① 정답

1202 / 2104

## 69 Repetitive Learning (1회 2회 3회)

공사계약방식에서 공사실시 방식에 의한 계약제도가 아닌 것은?

① 일식 도급
② 분할 도급
③ 실비정산 보수가산 도급
④ 공동 도급

해설

- 실비정산 보수가산식 도급 방식은 공사비지불방식에 따른 계약제도로 건축주와 건축사, 시공자가 미리 공사에 소요되는 설비와 보수를 협의한 후 건축주는 공사의 진행을 시공자에게 위임하고 시공자는 건축주의 위임을 받아 공사를 진행하고 관련 공사비를 건축주로부터 받아 하도급자에게 지급하고 이에 대해 보수를 받는 방식을 말한다.

:: 공사실시 방식에 의한 계약제도

㉠ 개요
- 공사실시 방식에 의한 계약제도는 도급 혹은 직영공사방식으로 구분되며, 도급 방식은 분할 도급, 공동 도급, 일식 도급으로 분류된다.

㉡ 종류별 특징
- 분할 도급은 전문공종별, 공정별, 공구별 분할 도급으로 나눌 수 있으며 각기 별도의 도급자를 선정하여 재료, 노무, 현장시공업무 일체를 따로 도급계약을 맺는 방식이다.
- 공동 도급이란 대규모 공사에 대하여 여러 개의 건설회사가 공동출자 기업체를 조직하여 도급하는 방식으로 업체 간의 공사수급의 경쟁을 완화하고 위험을 분산시킨다.
- 일식 도급은 한 공사 전부를 도급자에게 맡겨 재료, 노무, 현장시공업무 일체를 일괄하여 시행시키는 방법으로 공사비가 확정되고 책임한계가 명료하며 공사관리가 용이하다.
- 직영공사는 시공사 없이 건축주가 직접 공사하는 것으로 수속이 줄어들고 임기응변처리가 가능한 이점이 있다.

## 70 Repetitive Learning (1회 2회 3회)

말뚝기초 재하시험의 종류가 아닌 것은?

① 표준관입재하시험 ② 동재하시험
③ 수직재하시험 ④ 수평재하시험

해설

- 말뚝기초 재하시험은 정재하시험과 동재하시험으로 구분되며, 정재하시험은 다시 수직재하시험과 수평재하시험으로 구분된다.

:: 말뚝기초 재하시험

㉠ 개요
- 말뚝을 설계하거나 안정성을 확인하기 위해 수행하는 하중시험을 말한다.
- 재실제의 말뚝에 하중을 가해 지지력을 확인하기 때문에 지지력의 결정법으로 많이 사용한다.
- 크게 정재하시험과 동재하시험으로 구분한다.

㉡ 정재하시험
- 수직재하시험과 수평재하시험으로 구분한다.
- 수직재하시험방법에는 고정하중, 인장말뚝, 지중 Anchor 재하시험이 있다.
- 수평재하시험방법에는 쌍둥이말뚝 및 외말뚝 수평재하시험이 있다.

0802

## 71 Repetitive Learning (1회 2회 3회)

기초공사 중 말뚝 지정에 관한 설명으로 옳지 않은 것은?

① 나무말뚝은 소나무, 낙엽송 등 부패에 강한 생나무를 주로 사용한다.
② 기성콘크리트말뚝으로는 심플렉스파일, 컴프레솔파일, 페데스탈파일 등이 있다.
③ 강재말뚝은 중량이 가볍고, 휨 저항이 크며 깊이조절이 가능하다.
④ 무리말뚝의 말뚝 한 개가 받는 지지력은 단일말뚝의 지지력보다 감소되는 것이 보통이다.

해설

- 심플렉스파일, 컴프레솔파일, 페데스탈파일 등은 제자리콘크리트말뚝의 종류이다.

:: 기성콘크리트말뚝

㉠ 개요
- 이미 만들어진 콘크리트말뚝을 타격하여 설치하는 방법으로 상수면과 상관없이 대규모의 중량건물에 주로 사용한다.

㉡ 특징
- 재료의 균질성이 우수하다.
- 자재하중이 크므로 운반과 시공에 각별한 주의가 필요하다.
- 시공과정상의 항타로 인하여 자재균열의 우려가 높고 이음부위에 문제점이 발생한다.

정답 | 69 ③ 70 ① 71 ②

## 72

Repetitive Learning 1회 2회 3회

사질지반일 경우 지반 저부에서 상부를 향하여 흐르는 물의 압력이 모래의 자중 이상으로 되면 모래입자가 심하게 교란되는 현상은?

① 파이핑(Piping)
② 보링(Boring)
③ 보일링(Boiling)
④ 히빙(Heaving)

해설

- 보링(Boring)은 이미 뚫은 구멍의 크기를 넓히는 작업이다.
- 파이핑은 흙막이 벽의 하자 또는 부실공사 등의 요인으로 생긴 틈으로 침투수와 토입자가 배출되는 현상이다.
- 히빙은 연약한 점토지반에서 지반의 강도가 굴착규모에 비해 부족할 경우에 흙이 돌아 나오거나 굴착바닥면이 융기하는 현상이다.

보일링(Boiling) 실필 1901/1804/1701/1601/1504/1502/1002/0904/0901

㉠ 개요
- 투수성이 좋은 사질지반에서 흙막이 벽 뒷면의 수위가 높아서 지하수가 흙막이 벽을 돌아서 모래와 같이 솟아오르는 현상을 말한다.

㉡ 원인
- 지하수위가 높은 연약 사질토지반을 굴착할 때 주로 발생한다.
- 굴착부와 배면의 지하 수위의 차이로 인해 주로 발생한다.
- 흙막이 벽의 근입장 깊이가 부족할 경우 발생한다.
- 굴착저면에서 액상화 현상에 기인하여 발생한다.
- 시트파일(Sheet pile) 등의 저면에 분사현상이 발생한다.

1902

## 73

Repetitive Learning 1회 2회 3회

네트워크 공정표의 주공정(Critical path)에 관한 설명으로 옳지 않은 것은?

① TF가 0(Zero)인 작업을 주공정작업이라 하고, 이들을 연결한 공정을 주공정이라 한다.
② 총 공기는 공사착수에서부터 공사완공까지의 소요시간의 합계이며, 최장시간이 소요되는 경로이다.
③ 주공정은 고정적이거나 절대적인 것이 아니고 공사 진행상황에 따라 가변적이다.
④ 주공정에 대한 공기단축은 불가능하다.

해설

- 주공정에 대한 공기는 공사 진행상황에 따라 가변적이어서 단축이나 연장이 가능하다.

주공정(Critical path)
- 네트워크 공정표에서 개시 결합 전에서 종료 결합점에 이르는 가장 긴 경로를 말한다.
- TF가 0(Zero)인 작업을 주공정작업이라 하고, 이들을 연결한 공정을 주공정이라 한다.
- 총 공기는 공사착수에서부터 공사완공까지의 소요시간의 합계이며, 최장시간이 소요되는 경로이다.
- 주공정은 고정적이거나 절대적인 것이 아니고 공사 진행상황에 따라 가변적이다.

## 74

Repetitive Learning 1회 2회 3회

콘크리트 타설 시 이음부에 관한 설명으로 옳지 않은 것은?

① 보, 바닥슬래브 및 지붕슬래브의 수직 타설 이음부는 스팬의 중앙 부근에 주근과 수평방향으로 설치한다.
② 기둥 및 벽의 수평 타설 이음부는 바닥슬래브, 보의 하단에 설치하거나 바닥슬래브, 보, 기초보의 상단에 설치한다.
③ 콘크리트의 타설 이음면은 레이턴스나 취약한 콘크리트 등을 제거하여 새로 타설하는 콘크리트와 일체가 되도록 처리한다.
④ 타설 이음부의 콘크리트는 살수 등에 의해 습윤시킨다. 다만, 타설 이음면의 물은 콘크리트 타설 전에 고압공기 등에 의해 제거한다.

해설

- 보, 바닥슬래브 및 지붕슬래브의 수직 타설 이음부는 스팬의 중앙 부근에 주근과 수직방향으로 설치한다.

콘크리트 타설 시 이음부
- 보, 바닥슬래브 및 지붕슬래브의 수직 타설 이음부는 스팬의 중앙 부근에 주근과 수직방향으로 설치한다.
- 기둥 및 벽의 수평 타설 이음부는 바닥슬래브, 보의 하단에 설치하거나 바닥슬래브, 보, 기초보의 상단에 설치한다.
- 콘크리트의 타설 이음면은 레이턴스나 취약한 콘크리트 등을 제거하여 새로 타설하는 콘크리트와 일체가 되도록 처리한다.
- 타설 이음부의 콘크리트는 살수 등에 의해 습윤시킨다. 다만, 타설 이음면의 물은 콘크리트 타설 전에 고압공기 등에 의해 제거한다.



72 ③ 73 ④ 74 ① 정답

1104

## 75 Repetitive Learning (1회 2회 3회)

거푸집 조립 시 긴결재로 사용하지 않는 것은?

① 폼타이(Form tie)
② 플랫타이(Flat tie)
③ 철재 동바리(Steel support)
④ 컬럼밴드(Column band)

해설

- 철재 동바리(Steel support)는 동바리의 한 종류로 거푸집을 지지하는 가설부재이다.

긴결재

- 거푸집을 고정하여 작업 중의 콘크리트 측압을 최종적으로 부담하는 것으로 거푸집 널이 벌어지거나 우그러들지 않도록 하는 철선이나 볼트를 말한다.
- 폼타이(Form tie), 플랫타이(Flat tie), 컬럼밴드(Column band) 등이 긴결재에 해당한다.
- 폼타이(Form tie)는 거푸집 패널을 일정한 간격으로 양면을 유지시키고 콘크리트 측압을 지지하는 긴결재로 벽거푸집의 양면을 조여준다.
- 컬럼밴드는 기둥거푸집의 변형을 방지한다.

0401

## 76 Repetitive Learning (1회 2회 3회)

거푸집 측압에 영향을 주는 요인에 관한 설명으로 옳지 않은 것은?

① 콘크리트 타설 속도가 빠를수록 측압이 크다.
② 단면이 클수록 측압이 크다.
③ 슬럼프가 클수록 측압이 크다.
④ 철근량이 많을수록 측압이 크다.

해설

- 철근량이 적을수록 측압은 커진다.

콘크리트 측압 실필 1104

- 콘크리트의 타설 속도가 빠를수록 측압이 크다.
- 콘크리트 비중이 클수록 측압이 크다.
- 진동기를 사용하면 다짐이 충분해지므로 측압은 커진다.
- 슬럼프(Slump)가 크고, 배합이 좋을수록 크다.
- 거푸집의 수평단면이 클수록 측압은 크다.
- 거푸집의 강성이 클수록 측압은 크다.
- 벽 두께가 두꺼울수록 커진다.
- 습도가 높을수록 커지고, 온도는 낮을수록 커진다.
- 철근량이 적을수록 측압은 커진다.
- 부배합이 빈배합보다 측압이 크다.
- 조강시멘트 등을 활용하면 측압은 작아진다.

0901 / 1302

## 77 Repetitive Learning (1회 2회 3회)

수직응력 $\sigma$ = 0.2MPa, 점착력 c = 0.05MPa, 내부마찰각 $\phi$ = 20°의 흙으로 구성된 사면의 전단강도는?

① 0.08MPa ② 0.12MPa
③ 0.16MPa ④ 0.2MPa

해설

- 주어진 값을 식에 대입하면
  전단강도 = 0.05 + 0.2 × tan(20) = 0.1227⋯[Mpa]가 된다.

전단강도

- 흙이나 사면이 무너지거나 부스러질 때 작용하는 힘을 전단강도라고 한다.
- 전단강도에 대응하여 버티는 흙이나 사면의 힘을 전단응력이라고 한다.
- 전단강도는 점착력[Mpa] + 수직응력[Mpa] × tan(내부마찰각도[°])으로 구한다.

## 78 Repetitive Learning (1회 2회 3회)

한 켜는 길이로 쌓고 다음 켜는 마구리쌓기로 하는 것으로 통줄눈이 생기지 않고 모서리 벽 끝에 이오토막을 사용하는 가장 튼튼한 쌓기 방식은?

① 영식쌓기 ② 화란식쌓기
③ 불식쌓기 ④ 미식쌓기

해설

- 화란식쌓기는 켜 단위로 길이쌓기와 마구리쌓기를 번갈아 사용하며 쌓지만 벽이나 모서리에 칠오토막을 사용하는 방식이다.
- 불식쌓기는 매 켜에 길이쌓기와 마구리쌓기가 번갈아 나오는 방식이다.
- 미식쌓기는 벽체의 앞면 5 ~ 6켜까지는 길이쌓기로 하고 그 위 한 켜는 마구리쌓기로 하는 방식이다.

내력벽 쌓기 방법

- 영식쌓기 – 켜 단위로 길이쌓기와 마구리쌓기를 번갈아 사용하며 벽이나 모서리 부분에는 반절이나 이오토막을 사용하는 방법으로 가장 튼튼한 방법이고 별도 쌓기 방법을 지정하지 않을 경우 기본으로 적용하는 벽돌쌓기 방식이다.
- 화란(네델란드)식쌓기 – 영국식과 동일하게 켜 단위로 길이쌓기와 마구리쌓기를 번갈아 사용하며 쌓지만 벽이나 모서리에 칠오토막을 사용하는 벽돌쌓기 방식이다.
- 미식쌓기 – 치장벽돌을 사용하여 벽체의 앞면 5 ~ 6켜까지는 길이쌓기로 하고 그 위 한 켜는 마구리쌓기로 하여 본 벽돌벽에 물려 쌓는 벽돌쌓기 방식이다.

정답 | 75 ③ 76 ④ 77 ② 78 ①

• 불식쌓기 – 매 켜에 길이쌓기와 마구리쌓기가 번갈아 나오는 방식으로 내부에 통줄눈이 많이 생기지만 외관이 좋아 강도를 크게 요구하지 않는 곳에 주로 사용하는 벽돌쌓기 방식이다.

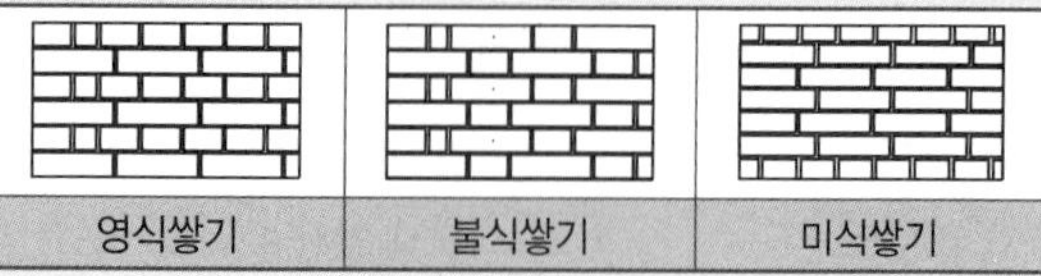

| 영식쌓기 | 불식쌓기 | 미식쌓기 |
|---|---|---|

1304

## 79 — Repetitive Learning (1회 2회 3회)

철골부재 용접 시 주의사항 중 옳지 않은 것은?

① 용접할 모재의 표면에 있는 녹, 페인트, 유분 등은 제거하고 작업한다.

② 기온이 0°C 이하로 될 때에는 용접하지 않도록 한다.

③ 용접 시 발생하는 가스 등으로 질식 또는 중독되지 않도록 환기 또는 기타 필요한 조치를 해야 한다.

④ 용접할 소재는 정확한 시공과 정밀도를 위하여 치수에 여분을 두지 말아야 한다.

**해설**

• 용접할 소재는 수축변형 및 마무리에 대한 고려로서 치수에 여분을 두어야 한다.

**철골부재 용접 시 주의사항**

• 용접할 모재의 표면에 있는 녹, 페인트, 유분 등은 제거하고 작업한다.
• 기온이 0°C 이하로 될 때에는 용접하지 않도록 한다.
• 용접 시 발생하는 가스 등으로 질식 또는 중독되지 않도록 환기 또는 기타 필요한 조치를 해야 한다.
• 용접할 소재는 수축변형 및 마무리에 대한 고려로서 치수에 여분을 두어야 한다.
• 용접으로 인하여 모재에 균열이 생긴 때에는 원칙적으로 모재를 교환한다.
• 용접자세는 부재의 위치를 조절하여 될 수 있는 대로 아래보기로 한다.
• 수축량이 가장 큰 부분부터 최초로 용접하고 수축량이 작은 부분은 최후에 용접한다.

## 80 — Repetitive Learning (1회 2회 3회)

석공사 앵커긴결 공법에 관한 설명으로 옳지 않은 것은?

① 연결철물의 장착을 위한 세트 앵커용 구멍을 45mm 정도로 천공하고 캡을 구조체보다 5mm 정도 깊게 삽입하여 외부의 충격에 대처한다.

② 연결철물용 앵커와 석재는 접착용 에폭시를 사용하여 고정한다.

③ 연결철물은 석재의 상하 및 양단에 설치하여 하부의 것은 지지용으로, 상부의 것은 고정용으로 사용한다.

④ 판석재와 철재가 직접 접촉하는 부분에는 적절한 완충재를 사용한다.

**해설**

• 앵커긴결 공법에서는 철재 Fastener, 촉, 앵커볼트 등으로 판석을 고정한다.

**앵커긴결 공법**

㉠ 개요
• 대표적인 석공사 건식 공법이다.
• 구조체와 판석 사이에 공간을 두고 철재 Fastener, 촉, 앵커볼트 등으로 판석을 고정하는 방법을 사용한다.
• 충격에 약하고 부자재비가 많이 소요되는 단점을 갖는다.

㉡ 설치방법
• 연결철물의 장착을 위한 세트 앵커용 구멍을 45mm 정도로 천공하고 캡을 구조체보다 5mm 정도 깊게 삽입하여 외부의 충격에 대처한다.
• 연결철물은 석재의 상하 및 양단에 설치하여 하부의 것은 지지용으로, 상부의 것은 고정용으로 사용한다.
• 연결철물용 앵커와 석재는 철재 Fastener, 촉 등을 사용하여 고정한다.
• 판석재와 철재가 직접 접촉하는 부분에는 적절한 완충재를 사용한다.



79 ④ 80 ② 정답

0701 / 0902

## 81

Repetitive Learning (1회 2회 3회)

목재의 절대건조비중이 0.45일 때 목재내부의 공극률은 대략 얼마인가?

① 10%　② 30%
③ 50%　④ 70%

해설

- 절대건조비중이 0.45이므로 대입하면 $\left(1-\frac{0.45}{1.54}\right)\times 100 \simeq (1-0.29)\times 100 \simeq 71[\%]$이다.

∷ 공극률

- 목재의 전체 용적에 대한 공극 용적의 비율을 말한다.
- 공극률은 $\left(1-\frac{w}{g}\right)\times 100$으로 구한다. 이때 $w$는 목재의 단위 용적중량[$ton/m^3$] 혹은 절대건조비중, $g$는 목재의 비중(1.54)이다.

## 82

Repetitive Learning (1회 2회 3회)

페놀수지 접착제에 관한 설명으로 옳지 않은 것은?

① 유리나 금속의 접착에 적합하다.
② 내열, 내수성이 우수한 편이다.
③ 기온이 20℃ 이하에서는 충분한 접착력을 발휘하기 어렵다.
④ 완전히 경화하면 저동색을 띤다.

해설

- 유리와 금속의 접착에는 에폭시수지 접착제가 주로 사용된다.

∷ 페놀수지 접착제(Phenolic resin adhesive)

㉠ 개요

- 페놀과 포름알데히드로 제조된 열경화성 수지이다.
- 수용형, 용제형, 분말형 등이 있다.
- 가열가압에 의해 두꺼운 합판도 쉽게 접합할 수 있다.
- 목재, 금속, 유리, 플라스틱 및 이들 이종재(異種材) 간의 접착에 사용되나 유리나 금속 접착에는 적합하지 않다.

㉡ 특징

- 완전히 경화하면 적동색을 띤다.
- 내수, 내열, 내약품성, 내한성, 치수 안정성 등이 우수하다.
- 주로 60～110℃로 가열하여 접합하며, 20℃ 이하에서는 충분한 접착력을 발휘하기 어렵다.

## 83

Repetitive Learning (1회 2회 3회)

미장재료 중 비교적 강도가 크고, 응결시간이 길며 부착은 양호하나, 강재를 녹슬게 하는 성분도 포함하는 것은?

① 돌로마이트플라스터
② 스타코
③ 회반죽
④ 경석고플라스터

해설

- 돌로마이트플라스터는 가소성이 커서 재료 반죽 시 풀이 필요 없으며 경화 시 수축률이 큰 기경성 미장재료이다.
- 회반죽은 소석회에 모래, 해초풀, 여물 등을 혼합하여 바르는 기경성 미장재료이다.

∷ 석고플라스터

㉠ 개요

- 고온소성의 무수석고를 혼화재, 접착제, 응결시간조절제 등과 혼합한 수경성 미장재료이다.

㉡ 특징

- 비교적 강도가 크고, 부착은 양호하나, 강재를 녹슬게 하는 성분을 포함한다.
- 건조 시 무수축성의 성질을 가져 치수 안정성이 우수하다.
- 여물(Hair)이 필요 없는 미장재료로 내화성이 높고 경화시간이 극히 짧다.
- 물에 용해되는 성질이 있어 물을 사용하는 장소에는 부적합하다.

㉢ 경석고와 소석고의 비교

| 구분 | 내용 |
|---|---|
| 경석고 | • 석고원석을 고온(500～1,900℃)에서 가열한 후 불순석고를 첨가하여 다시 가열한 것이다.<br>• 경화촉진제로 백반을 사용한다.<br>• 킨즈시멘트라고도 한다.<br>• 경화속도는 느리지만, 경화되면 강도는 더 높다.<br>• 굳기 시작한 것도 다시 사용할 수 있다. |
| 소석고 | • 순수한 석고를 분쇄한 후 가루를 가열(150～190℃), 불순물을 제거한 것이다.<br>• 경석고보다 응결속도가 빠르다.<br>• 굳기 시작하면 다시 사용할 수 없다. |

## 84

Repetitive Learning (1회 2회 3회)

건축용 접착제에 관한 설명으로 옳지 않은 것은?

① 아교는 내수성이 부족한 편이다.
② 카세인은 우유를 주원료로 하여 만든 접착제이다.
③ 초산비닐수지에멀젼은 목공용으로 사용된다.
④ 에폭시수지는 금속접착제로 적합하지 않다.

정답 | 81 ④　82 ①　83 ④　84 ④

해설

- 에폭시수지 접착제는 만능형 접착제로 특히 금속접착에 적합하다.

∷ 에폭시수지 접착제(Epoxy resin adhesive)

- 주제와 경화제로 이루어진 2성분형이 대부분인 열경화성 수지 접착제이다.
- 금속, 석재, 도자기, 유리, 콘크리트, 플라스틱재 등의 접착에 사용되는 만능형 접착제이다.
- 경화제를 사용하여 만들어지므로 접착할 때 압력을 가할 필요가 없다.
- 급경성으로 내알칼리성, 내산성 등의 내화학성이나 접착력이 크고 내구력, 내수성, 내약품성이 우수한 합성수지 접착제이다.

## 85

Repetitive Learning (1회 2회 3회)

플라스틱 재료에 관한 설명으로 옳지 않은 것은?

① 아크릴수지의 성형 폼은 색조가 선명하고 광택이 있어 아름다우나 내용제성이 약하므로 상처 나기 쉽다.

② 폴리에틸렌수지는 상온에서 유백색의 탄성이 있는 수지로서 얇은 시트로 이용된다.

③ 실리콘수지는 발포제로서 보드 상으로 성형하여 단열재로 널리 사용된다.

④ 염화비닐수지는 P.V.C라고 칭하며 내산, 내알칼리성 및 내후성이 우수하다.

해설

- 발포제로서 보드 상으로 성형하여 단열재로 널리 사용되는 것은 폴리스티렌수지이다.

∷ 실리콘수지

- 열경화성 수지로, 규소수지라고도 한다.
- 내열성, 내한성, 내수성이 우수하고 광범위한 온도(-80～250[℃]의 범위)에서 안정하여 Gasket, Packing의 원료로 사용된다.
- 물을 튀기는 발수성 및 탄성을 가지며 내후성 및 내화학성, 전기절연성, 내후성 등이 아주 우수하다.
- 공업용 페인트, 방수용 재료, 접착제, 도료, 전기절연제 등으로 주로 사용된다.

1204

## 86

Repetitive Learning (1회 2회 3회)

콘크리트의 수밀성에 미치는 요인에 대한 설명 중 옳은 것은?

① 물시멘트비 : 물시멘트비를 크게 할수록 수밀성이 커진다.

② 굵은 골재 최대치수 : 굵은 골재의 최대치수가 클수록 수밀성은 커진다.

③ 양생방법 : 초기재령에서 급격히 건조하면 수밀성은 작아진다.

④ 혼화재료 : AE제를 사용하면 수밀성이 작아진다.

해설

- 물시멘트비는 크게 할수록 수밀성은 작아진다.
- 굵은 골재의 최대치수가 클수록 수밀성은 작아진다.
- AE제 등 혼화재/혼화제를 사용하면 수밀성은 커진다.

∷ 콘크리트의 수밀성

㉠ 개요

- 콘크리트는 기본적으로 물에 접하면 흡수하며, 압력수가 작용할 경우 콘크리트 내부까지 물이 침입하게 되는데 콘크리트가 물의 침투 및 흡수, 투과에 얼마나 저항하는지를 나타낸다.

㉡ 수밀성 요인

| 물-시멘트비 | 적을수록 | 커진다. |
|---|---|---|
| 굵은 골재 최대치수 | 작을수록 | |
| 양생 | 습윤양생이 충분할수록 | |
| 다짐 | 충분할수록 | |
| 혼화재 | 사용할수록 | |

0602 / 1204 / 2201

## 87

Repetitive Learning (1회 2회 3회)

목재 섬유포화점의 함수율은 대략 얼마 정도인가?

① 10% ② 20%

③ 30% ④ 40%

해설

- 목재에서 흡착수만이 최대한도로 존재하고 있는 상태인 섬유포화점(Fiber saturation point)의 함수율은 30% 정도이다.

∷ 목재의 함수율

- 목재가 대기의 온도와 습도에 맞게 평형에 도달한 상태를 의미하는 기건상태의 함수율은 약 15%이다.
- 목재에서 흡착수만이 최대한도로 존재하고 있는 상태인 섬유포화점(Fiber saturation point)의 함수율은 30% 정도이다.
- 목재의 함수율 = $\frac{\text{건조 전의 중량} - \text{건조 후의 중량}}{\text{건조 후의 중량}} \times 100$으로 구한다.



85 ③ 86 ③ 87 ③ 정답

1004

## 88 — Repetitive Learning (1회 2회 3회)

다음 중 외벽용 타일 붙임재료로 가장 적합한 것은?

① 시멘트모르타르　② 아크릴에멀젼
③ 합성고무라텍스　④ 에폭시합성고무라텍스

**해설**

- 시멘트모르타르는 다른 미장재료에 비해 내구성 및 강도가 커 외벽용 타일 붙임재료로 가장 많이 사용되고 있다.

시멘트모르타르
㉠ 개요
- 결합재로 시멘트를 사용하여 모래와 물을 혼합하여 만든 접합체이다.
- 벽돌, 타일, 돌 등을 붙일 때 사용하는 수경성 미장재료이다.

㉡ 특징
- 다른 미장재료에 비해 내구성 및 강도가 커 가장 많이 사용되고 있다.
- 균열이 생기기 쉬우므로 여러 회 나누어서 발라야 한다.
- 강재부식이 없어서 철도, 도로, 지하철의 터널공사에 주로 사용된다.

## 89 — Repetitive Learning (1회 2회 3회)

목재의 물리적인 성질에 관한 설명으로 옳지 않은 것은?

① 목재의 섬유 방향의 강도는 인장 > 압축 > 전단 순이다.
② 목재의 기건 상태에서의 함수율은 13 ~ 17% 정도이다.
③ 보통 사용 상태에서 목재의 흡습팽창은 열팽창에 비해 영향이 적다.
④ 목재의 화재 연화온도는 260℃ 정도이다.

**해설**

- 목재의 열팽창은 흡습팽창에 비해 영향이 매우 적다.

목재의 물리적 성질
- 목재는 화재나 충해에 취약하고 함수율 변화에 따른 신축변형이 크다.
- 목재의 섬유 방향의 강도는 인장 > 압축 > 전단 순이다.
- 물속에 담가 둔 목재, 땅속 깊이 묻은 목재 등은 산소부족으로 균의 생육이 정지되고 썩지 않는다.
- 목재가 대기의 온도와 습도에 맞게 평형에 도달한 상태를 의미하는 기건상태의 함수율은 약 15%이다.
- 목재에서 흡착수만이 최대한도로 존재하고 있는 상태인 섬유포화점(Fiber saturation point)의 함수율은 30% 정도이다.
- 목재는 섬유포화점 이상의 함수상태에서는 함수율의 증감에도 불구하고 신축을 일으키지 않는다.
- 목재의 열팽창은 흡습팽창에 비해 영향이 매우 적다.
- 목재는 열전도도가 아주 낮아 여러 가지 보온재료로 사용된다.
- 목재는 250℃ 전후에서 불꽃을 내며 연소하는데 이 온도를 인화점이라고 하고, 450℃ 전후에서 불꽃이 없어도 발화하는데 이 온도를 발화점이라고 한다.

1104 / 2104

## 90 — Repetitive Learning (1회 2회 3회)

콘크리트 혼화재 중 하나인 플라이애시가 콘크리트에 미치는 작용에 관한 설명으로 옳지 않은 것은?

① 콘크리트 내부의 알칼리성을 감소시키기 때문에 중성화를 촉진시킬 염려가 있다.
② 콘크리트 수화초기 시의 발열량을 감소시키고 장기적으로 시멘트의 석회와 결합하여 장기강도를 증진시키는 효과가 있다.
③ 입자가 구형이므로 유동성이 증가되어 단위수량을 감소시키므로 콘크리트의 워커빌리티의 개선, 펌핑성을 향상시킨다.
④ 알칼리 골재반응에 의한 팽창을 증가시키고 콘크리트의 수밀성을 약화시킨다.

**해설**

- 플라이애시를 사용한 시멘트는 시멘트의 수화열에 의한 균열 발생을 억제하고, 콘크리트의 수밀성을 향상시킨다.

플라이애시
㉠ 개요
- 석탄 화력발전소에서 발생되는 회분으로 굴뚝에서 집진기로 포집한 것이다.
- 시멘트에 첨가하는 혼화재로 알루미나와 실리카로 구성된다.
- 플라이애시를 사용한 시멘트는 초기 수화열이 낮고 장기강도 증진이 커 매스콘크리트용에 적합하다.

㉡ 특징
- 콘크리트의 워커빌리티를 좋게 하고 사용 수량을 감소시킨다.
- 초기 재령의 강도는 다소 작으나 장기 재령의 강도는 증가한다.
- 시멘트의 수화열에 의한 균열 발생을 억제하고, 콘크리트의 수밀성을 향상시킨다.
- 콘크리트 내부의 알칼리성을 감소시키기 때문에 중성화를 촉진시킬 염려가 있다.

정답 | 88 ① 89 ③ 90 ④

## 91 — Repetitive Learning 1회 2회 3회

적외선을 반사하는 도막을 코팅하여 방사율을 낮춘 고단열 유리로 일반적으로 복층유리로 제조되는 것은?

① 로이(Low-E)유리　② 망입유리
③ 강화유리　④ 배강도유리

해설

- 적외선을 반사하는 도막을 코팅하여 단열효과를 최대화시킨 유리는 로이유리이다.

특수유리와 사용 장소

| 종류 | 사용장소 | 종류 | 사용장소 |
|---|---|---|---|
| 강화유리 | 형틀 없는 문 | 무늬유리 | 실내칸막이 |
| 프리즘유리 | 채광용 지붕 | 마판유리 | 쇼윈도의 개구부 |
| 자외선투과 유리 | 병원의 일광욕실 | 망입유리 | 엘리베이터 문, 위험물취급소, 방도용 |
| 복층유리 | 쇼윈도, 녹음실 | 로이유리 | 단열효과 |

## 92 — Repetitive Learning 1회 2회 3회

미장재료로서 내수성 및 강도가 큰 수경성 재료는?

① 소석회　② 시멘트모르타르
③ 진흙　④ 돌로마이트플라스터

해설

- 소석회는 일반적으로 연약하고 비내수성을 갖는 미장재료이다.
- 진흙은 전통적인 한옥에서 주로 사용하는 결합재로 최근의 화학적인 재료들에 비해 아주 연약한 미장재료이다.
- 돌로마이트플라스터는 석고나 소석회에 비해 건조수축이 커서 균열이 생기기 쉽다.

시멘트모르타르

문제 88번의 유형별 핵심이론 참조

## 93 — Repetitive Learning 1회 2회 3회

콘크리트 슬럼프 시험에 관한 설명 중 옳지 않은 것은?

① 슬럼프 콘의 치수는 윗지름 10cm, 밑지름 30cm, 높이가 20cm이다.
② 수밀한 철판을 수평으로 놓고 슬럼프 콘을 놓는다.
③ 혼합한 콘크리트를 1/3씩 3층으로 나누어 채운다.
④ 매 회마다 표준철봉으로 25회 다진다.

해설

- 슬럼프 콘은 윗지름 10cm, 아랫지름 20cm, 높이 30cm로 한다.

슬럼프 시험

㉠ 개요
- 콘크리트의 시공연도(Workability)를 측정하기 위해 실시하는 시험이다.
- 슬럼프값이 높을 경우 콘크리트는 묽은 비빔이다.

㉡ 시험방법과 결과
- 슬럼프 콘은 윗지름 10cm, 아랫지름 20cm, 높이 30cm로 한다.
- 수밀한 철판을 수평으로 놓고 슬럼프 콘을 놓고, 그 안에 혼합한 콘크리트를 1/3씩 3층으로 분할하여 채운다.
- 슬럼프 콘에 콘크리트를 부어넣고 25회 다진 후 콘을 들어 올렸을 때 콘크리트가 가라앉는 높이로 유동성을 나타낸다.
- 결과

| True | Zero | Collapsed | Shear |
|---|---|---|---|
| 균등한 슬럼프 | 완전한 슬럼프 | 무너진 슬럼프 | 전단된 슬럼프 |

## 94 — Repetitive Learning 1회 2회 3회

초고층 인텔리젠트 빌딩이나, 핵융합로 등과 같이 강력한 자기장이 발생할 가능성이 있는 철골 구조물의 강재나, 철근콘크리트용 봉강으로 사용되는 것은?

① 초고장력강　② 비정질(Amorphous)금속
③ 구조용 비자성강　④ 고크롬강

해설

- 초고장력강은 연질의 조직에 경질조직을 첨가해 강도를 높인 것으로 인장강도 60kg/mm$^2$ 이상의 강성을 가진 강을 말한다.
- 비정질(Amorphous)금속은 결정을 이루지 않은 합금으로 강도가 높고 내식성을 가진 새로운 금속을 말한다.
- 고크롬강은 크롬을 9 ~ 12% 정도 포함하는 내열강으로 고온에서의 강도를 높인 새로운 재료로 화력발전 플랜트에서 배관으로 사용한다.

구조용 비자성강

- 건축 구조물에 사용하는 것을 목적으로 비자성 기능성을 부가하여 자기(磁氣)의 누설을 방지하고, 필요한 강도를 제공하는 구조용 강을 말한다.
- 초고층 인텔리젠트 빌딩이나, 핵융합로 등과 같이 강력한 자기장이 발생할 가능성이 있는 철골 구조물의 강재나, 철근콘크리트용 봉강으로 사용된다.



91 ① 92 ② 93 ① 94 ③ 정답

1301

## 95 Repetitive Learning (1회 2회 3회)

다음 미장재료 중 건조 시 무수축성의 성질을 가진 재료는?

① 시멘트모르타르
② 돌로마이트플라스터
③ 회반죽
④ 석고플라스터

해설

- 시멘트모르타르는 시멘트와 모래를 혼합하여 만든 접합체로 벽돌, 타일, 돌 등을 붙일 때 사용하는 수경성 미장재료이다.
- 돌로마이트플라스터는 가소성이 커서 재료 반죽 시 풀이 필요 없으며 경화 시 수축률이 큰 기경성 미장재료이다.
- 회반죽은 소석회에 모래, 해초풀, 여물 등을 혼합하여 바르는 기경성 미장재료이다.

∷ 석고플라스터

문제 83번의 유형별 핵심이론∷ 참조

0701 / 1201

## 96 Repetitive Learning (1회 2회 3회)

보통콘크리트와 비교한 AE콘크리트의 성질에 관한 설명으로 옳지 않은 것은?

① 콘크리트의 워커빌리티가 양호하다.
② 동일 물시멘트비인 경우 압축강도가 높다.
③ 동결 융해에 대한 저항성이 크다.
④ 블리딩 등의 재료분리가 적다.

해설

- 플레인콘크리트와 동일한 물시멘트비의 경우 AE제를 사용한 공기량 1%의 증가에 대해 4～6%의 압축강도가 저하된다.

∷ AE(Air Entrained)제

㉠ 개요
- 공기연행제로 콘크리트의 작업성 및 동결융해 저항성능을 향상시키기 위해 사용하는 첨가제이다.
- AE제를 사용하여 생성된 0.025～0.25mm 정도의 지름을 가진 기포를 Entrained air라 한다.

㉡ 특징
- 블리딩 등의 재료분리가 적어지며, 단위수량이 저감된다.
- 동결융해 저항성의 향상을 위한 AE콘크리트의 최적 공기량은 3～5% 정도이다.
- 플레인콘크리트와 동일한 물시멘트비의 경우 공기량 1%의 증가에 대해 4～6%의 압축강도가 저하된다.

0804 / 1204 / 1904

## 97 Repetitive Learning (1회 2회 3회)

강재의 열처리 방법이 아닌 것은?

① 단조
② 불림
③ 담금질
④ 뜨임질

해설

- 강재의 열처리 기술에는 담금질, 뜨임, 풀림, 불림 등이 있다.
- 단조는 금속을 두들기거나 눌러서 형체를 만드는 금속가공의 한 방법이다.

∷ 강재의 열처리
- 강재에 기계적, 물리적 성질을 부여하기 위해 가열과 냉각을 시행하는 열적 조작기술이다.
- 열처리 기술에는 담금질, 뜨임, 풀림, 불림 등이 있다.

| | |
|---|---|
| 담금질 (Quenching) | 강을 적당한 온도로 가열하여 오스테나이트 조직에 이르게 한 후 마텐자이트 조직으로 변화시키기 위해 급랭시키는 처리 |
| 뜨임 (Tempering) | 담금질 한 강에 적당한 인성을 부여하기 위해 적당한 온도까지 가열한 후 다시 냉각시키는 처리 |
| 풀림 (Annealing) | 강을 연화하거나 내부응력을 제거할 목적으로 강을 800～1,000℃로 일정한 시간 가열한 후에 로(爐) 안에서 천천히 냉각시키는 처리 |
| 불림 (Normalizing) | 강의 열처리 중에서 조직을 개선하고 결정을 미세화하기 위해 800～1,000℃로 가열하여 소정의 시간까지 유지한 후에 대기 중에서 냉각시키는 처리 |

## 98 Repetitive Learning (1회 2회 3회)

장부가 구멍에 들어 끼어 돌게 만든 철물로서 회전창에 사용되는 것은?

① 크레센트 ② 스프링힌지
③ 지도리 ④ 도어체크

해설

- 크레센트는 오르내리창이나 미서기창을 잠그는 데 사용하는 철물이다.
- 스프링힌지는 스프링을 써서 문을 열면 저절로 닫히게 하는 철물이다.
- 도어체크는 도어클로저라고도 하는데 문과 문틀에 장치하여 문을 열면 자동으로 닫히게 하는 장치이다.

정답 | 95 ④ 96 ② 97 ① 98 ③

**창호철물의 종류**

| 종류 | 용도 및 특징 |
|---|---|
| 피벗힌지 (Pivot hinge) | 경첩 대신 촉을 사용하여 여닫이문을 회전시키는 것으로 방화문 등 중량문에 주로 사용한다. |
| 플로어힌지 (Floor hinge) | 문이 자동적으로 닫히게 하는 철물로 경첩으로 유지하기 어려운 무거운 자재 여닫이문에 사용된다. |
| 래버터리힌지 (Lavatory hinge) | 스프링힌지의 일종, 문이 저절로 닫히게 하는 것으로 공중용 화장실 및 공중전화 부스 등에 사용된다. |
| 나이트래치 (Night latch) | 외부에서는 열쇠, 내부에서는 작은 손잡이를 틀어 열 수 있는 실린더장치로 된 것이다. |
| 크레센트 (Crescent) | 오르내리창이나 미서기창을 잠그는 데 사용하는 철물이다. |
| 지도리 | 장부가 구멍에 들어 끼어 돌게 만든 철물로서 회전창, 현관문, 방화문에 사용된다. |
| 도어스톱 | 여닫이문이 열릴 때 문을 고정해주는 철물이다. |
| 도어체크 (도어스토퍼) | 아파트 현관문 등에서 주로 사용하는 철물로 일정한 간격만 문이 열리고 문이 닫힐 때 천천히 닫히게 한다. |

0804 / 1202

## 99 Repetitive Learning

다음 중 시멘트 풍화의 척도로 사용되는 것은?

① 불용해 잔분 ② 강열감량
③ 수정률 ④ 규산율

**해설**

- 풍화의 척도는 시멘트를 900~1,000℃에서 60분의 강열을 했을 때 나타나는 감량인 강열감량(Ignition loss)을 사용한다.

**시멘트의 풍화**

㉠ 개요
- 풍화란 시멘트가 저장 중 공기와 접촉하여 공기 중의 수분 및 이산화탄소를 흡수하면서 나타나는 수화반응이다.
- 풍화의 척도는 시멘트를 900~1,000℃에서 60분의 강열을 했을 때 나타나는 감량인 강열감량(Ignition loss)을 사용한다.

㉡ 풍화의 특징
- 풍화한 시멘트는 강열감량이 증가한다.
- 시멘트가 풍화하면 밀도(비중)가 떨어진다.
- 고온다습한 경우 급속도로 진행된다.
- 초기강도와 압축강도가 작아지며, 내구성이 저하된다.
- 응결이 지연되며, 이상응결이 발생한다.

## 100 Repetitive Learning (1회 2회 3회)

콘크리트에 관한 설명으로 옳지 않은 것은?

① 콘크리트 강도는 대체로 물시멘트비에 의해 결정된다.
② 콘크리트는 장기간 화재를 당해도 결정수를 방출할 뿐이므로 강도상 영향은 없다.
③ 콘크리트는 알칼리성이므로 철근콘크리트의 경우 철근을 방청하는 큰 장점이 있다.
④ 콘크리트는 온도가 내려가면 경화가 늦으므로 동절기에 타설할 경우에는 충분히 양생하여야 한다.

**해설**

- 온도의 증가에 따라 콘크리트의 강도는 낮아지며, 특히 화재진화 과정에서 콘크리트의 냉각은 상당한 강도의 저하로 이어진다.

**콘크리트의 강도**

㉠ 개요
- 일반적인 콘크리트의 강도는 압축강도가 다른 강도에 비해 현저하게 크기 때문에 압축강도를 의미한다.
- 콘크리트 강도는 압축강도〉전단강도〉휨강도〉인장강도 순으로 작아진다.
- 강도를 표시할 때는 표준양생한 재령 28일의 압축강도를 기준으로 한다.

㉡ 콘크리트 강도에 영향을 주는 요인
- 물-시멘트비가 가장 큰 영향을 주는데 물-시멘트비가 작을수록 콘크리트 강도는 커진다.
- 골재의 표면이 매끄러운 것보다 거친 것이 부착력을 좋게 하여 강도를 높여준다.
- 물-시멘트비가 일정할 경우 굵은 골재의 최대치수가 클수록 강도는 작아진다.
- 물-시멘트비가 일정할 경우 공기량이 1% 증가하면 콘크리트 강도는 4~6% 감소한다.

# 6과목 건설안전기술

0604 / 2001

## 101 Repetitive Learning (1회 2회 3회)

콘크리트 타설 시 거푸집 측압에 대한 설명으로 옳지 않은 것은?

① 기온이 높을수록 측압은 크다.
② 타설속도가 클수록 측압은 크다.
③ 슬럼프가 클수록 측압은 크다.
④ 다짐이 과할수록 측압은 크다.



99 ② 100 ② 101 ① 정답

해설

• 온도가 낮을수록 콘크리트 측압은 커진다.

콘크리트 측압 실필 1104

문제 76번의 유형별 핵심이론 참조

1302 / 1904

## 102 Repetitive Learning 1회 2회 3회

단관비계를 조립하는 경우 벽이음 및 버팀을 설치할 때의 수평방향 조립간격 기준으로 옳은 것은?

① 3m

② 5m

③ 6m

④ 8m

해설

• 단관비계의 조립 시 벽이음 간격은 수직방향으로 5m, 수평방향으로 5m 이내로 한다.

강관비계 조립 시의 준수사항

• 강관비계의 조립(벽이음)간격

| 강관비계의 종류 | 조립간격(단위 : m) | |
|---|---|---|
| | 수직방향 | 수평방향 |
| 단관비계 | 5 | 5 |
| 틀비계(높이 5m 미만 제외) | 6 | 8 |

• 강관·통나무 등의 재료를 사용하여 견고한 것으로 할 것

• 인장재(引張材)와 압축재로 구성된 경우에는 인장재와 압축재의 간격을 1미터 이내로 할 것

0504 / 0704

## 103 Repetitive Learning 

항타기 또는 항발기에 사용되는 권상용 와이어로프의 안전계수는 최소 얼마 이상이어야 하는가?

① 3

② 4

③ 5

④ 6

해설

• 항타기 및 항발기에서 사용하는 권상용 와이어로프의 안전계수가 5 이상이 아니면 이를 사용해서는 안 된다.

권상용 와이어로프 실필 0902 실작 1604/1502/1401

㉠ 안전계수

• 항타기 및 항발기에서 사용하는 권상용 와이어로프의 안전계수가 5 이상이 아니면 이를 사용해서는 안 된다.

㉡ 길이 등

• 권상용 와이어로프는 추 또는 해머가 최저의 위치에 있을 때 또는 널말뚝을 빼내기 시작할 때를 기준으로 권상장치의 드럼에 적어도 2회 감기고 남을 수 있는 충분한 길이일 것

• 권상용 와이어로프는 권상장치의 드럼에 클램프·클립 등을 사용하여 견고하게 고정할 것

• 항타기의 권상용 와이어로프에서 추·해머 등과의 연결은 클램프·클립 등을 사용하여 견고하게 할 것

## 104 Repetitive Learning 1회 2회 3회

지표면에서 소정의 위치까지 파내려간 후 구조물을 축조하고 되 메운 후 지표면을 원상태로 복구시키는 공법은?

① NATM 공법 ② 개착식 터널 공법

③ TBM 공법 ④ 침매 공법

해설

• NATM 공법은 터널을 굴진하면서 기존 암반에 콘크리트를 뿜어 붙이고 암벽 군데군데에 구멍을 뚫고 조임쇠를 박아서 파 들어가는 공법이다.

• TBM 공법은 터널을 발파 공법이 아닌 전단면 터널굴착기를 사용하여 암을 압쇄 또는 절삭에 의해 굴착하는 기계식 굴착 공법이다.

• 침매 공법은 육상에서 제작한 구조물을 해상으로 운반하여 이를 바다 밑에 가라앉혀 연결하는 방식의 터널 공법이다.

개착식 공법

• 지표면에서 소정의 위치까지 파 내려간 후 구조물을 축조하고 되 메운 후 지표면을 원상태로 복구시키는 공법으로 지하철 공사 등에서 많이 사용한다.

• 공사 중 지상에 철제 복공판을 설치하여 도로의 기능을 일부 유지할 수 있으며, 비용이 저렴한 장점이 있어 일반적으로 이용되는 방식이다.

2201

## 105 Repetitive Learning 1회 2회 3회

재해사고를 방지하기 위하여 크레인에 설치된 방호장치와 거리가 먼 것은?

① 공기정화장치 ② 비상정지장치

③ 제동장치 ④ 권과방지장치

정답 | 102 ② 103 ③ 104 ② 105 ①

해설

- 공기정화장치는 실내의 작업장 공기를 정화하는 장치로 크레인의 방호장치와는 거리가 멀다.

방호장치의 조정 실필 1702/1501/1404/1101/0904
실작 1902/1804/1802/1702/1601/1501

| | |
|---|---|
| 대상 | • 크레인<br>• 이동식크레인<br>• 리프트<br>• 곤돌라<br>• 승강기 |
| 방호장치 | 과부하방지장치, 권과방지장치(捲過防止裝置), 비상정지장치 및 제동장치, 그 밖의 방호장치[승강기의 파이널 리미트 스위치(Final limit switch), 속도조절기, 출입문 인터 록(Inter lock) 등] |

## 106 — Repetitive Learning 1회 2회 3회

건립 중 강풍에 의한 풍압 등 외압에 대한 내력이 설계에 고려되었는지 확인하여야 하는 철골구조물의 기준으로 옳지 않은 것은?

① 높이 20m 이상의 구조물
② 구조물의 폭과 높이의 비가 1 : 4 이상인 구조물
③ 이음부가 공장 제작인 구조물
④ 연면적당 철골량이 50kg/$m^2$ 이하인 구조물

해설

- 이음부가 공장 제작인 구조물은 외압에 대한 내력이 설계 시 고려되었는지 확인할 필요가 없으며, 이음부가 현장용접인 구조물에 대해서는 확인이 필요하다.

외압에 대한 내력이 설계 시 고려되었는지를 확인해야 하는 구조물 실필 1804/1602/1504/1301/1204/1102/1001/0902 실작 1801

- 높이 20m 이상의 구조물
- 구조물의 폭과 높이의 비가 1 : 4 이상인 구조물
- 단면구조에 현저한 변화가 있는 구조물
- 연면적당 철골량이 50kg/$m^2$ 이하인 구조물
- 기둥이 타이플레이트(Tie plate)형인 구조물
- 이음부가 현장용접인 구조물

## 107 — Repetitive Learning 1회 2회 3회

산업안전보건기준에 관한 규칙에 따른 암반 중 풍화암 굴착 시 굴착면의 기울기 기준으로 옳은 것은?

① 1 : 1.5
② 1 : 1.1
③ 1 : 1.0
④ 1 : 0.5

해설

- 풍화암은 1 : 1.0의 구배를 갖도록 한다.

굴착면 기울기 기준 실필 1701/1702
실작 1802/1801/1702/1701/1601/1504

| 지반의 종류 | 기울기 |
|---|---|
| 모래 | 1 : 1.8 |
| 연암 및 풍화암 | 1 : 1.0 |
| 경암 | 1 : 0.5 |
| 그 밖의 흙 | 1 : 1.2 |

1102 / 1804

## 108 — Repetitive Learning 1회 2회 3회

철골보 인양 시 준수해야 할 사항으로 옳지 않은 것은?

① 인양 와이어로프의 매달기 각도는 양변 60°를 기준으로 한다.
② 클램프로 부재를 체결할 때는 클램프의 정격용량 이상 매달지 않아야 한다.
③ 클램프는 부재를 수평으로 하는 한 곳의 위치에만 사용하여야 한다.
④ 인양 와이어로프는 후크의 중심에 걸어야 한다.

해설

- 철골보 인양 시 클램프는 부재를 수평으로 하여 두 곳의 위치에 사용하여야 하며, 부재 양단방향은 같은 간격이어야 한다.

철골보 인양 시 준수사항

- 인양 와이어로프의 매달기 각도는 양변 60°를 기준으로 2열로 매달고, 와이어 체결 지점은 수평부재의 1/3 지점을 기준하여야 한다.
- 클램프는 부재를 수평으로 하여 두 곳의 위치에 사용하여야 하며, 부재 양단방향은 같은 간격이어야 한다.
- 클램프의 정격용량 이상 매달지 않아야 한다.
- 인양 와이어로프는 훅의 중심에 걸어야 하며, 훅은 용접의 경우 용접장 등 용접규격을 확인하여 인양 시 취성파괴에 의한 탈락을 방지하여야 한다.



106 ③ 107 ③ 108 ③ 정답

1904

## 109 Repetitive Learning (1회 2회 3회)

토질시험 중 액체 상태의 흙이 건조되어 가면서 액성, 소성, 반고체, 고체 상태의 경계선과 관련된 시험의 명칭은?

① 아터버그 한계시험 ② 압밀시험
③ 삼축압축시험 ④ 투수시험

해설

- 압밀이란 압축하중으로 간극수압이 높아져 물이 배출되면서 흙의 간극이 감소하는 현상을 말한다.
- 삼축압축시험이란 흙 시료를 원통 안에 넣고 측압을 가해 전단파괴가 일어날 때의 응력・변형도・공극수압・체적변화 등을 측정하여 흙의 내부마찰각과 점착력을 결정하는 시험으로 현장조건과 유사하게 하는 실내시험이다.
- 투수시험이란 투수성 지반의 설계와 지하수 문제를 확인하기 위해 실내에서 흙의 물리적 성질을 측정하는 시험이다.

⁘ 아터버그 한계(Atterberg limits)

- 흙의 연경도 즉, 함수량에 따른 흙의 상태변화를 표현하는 흙의 성질의 변화한계를 아터버그 한계라 한다.
- 함수비에 따라 세립토의 존재형태는 다양하게(반고체, 소성, 액성) 변화하는데, 각각의 형태가 변화하는 순간의 함수비를 수축한계(고체 → 반고체), 소성한계(반고체 → 소성), 액성한계(소성 → 액체)라 한다.
- 함수비에 따른 수축한계($w_s$), 소성한계($w_p$), 액성한계($w_L$)를 통칭해서 아터버그 한계라고 한다.
- 아터버그 한계는 흙의 거동을 판단하는 데 도움을 준다.
- 자연 함수비가 수축한계($w_s$)에 있을 때 점토지반은 가장 안정적이다.
- 소성지수는 액성한계-소성한계로 소성상태로 유지할 수 있는 함수비의 범위를 말한다.

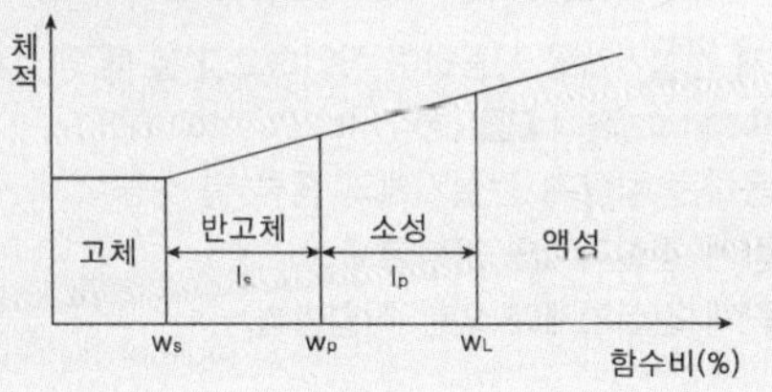


1401 / 1902 / 2104

## 110 Repetitive Learning (1회 2회 3회)

흙막이 가시설 공사 시 사용되는 각 계측기의 설치목적으로 옳지 않은 것은?

① 지표침하계 - 지표면 침하량 측정
② 수위계 - 지반 내 지하수위의 변화 측정
③ 하중계 - 상부 적재하중 변화 측정
④ 지중경사계 - 지중의 수평 변위량 측정

해설

- 하중계(Load cell)는 버팀보 어스앵커(Earth anchor) 등의 실제 축 하중 변화를 측정하는 계측기이다.

⁘ 굴착공사용 계측기기 실작 1901/1804/1801/1604/1602/1601/1501/1404

㉠ 개요

- 개착식 굴착공사에서 설치하는 계측기기에는 기울기(Tilt meter), 지하수위계, 간극수압계, 경사계, 응력계, 변형률계, 하중계 등이 있다.
- 지반붕괴 방지를 위한 계측장치에는 지하수위계, 경사계, 변형률계, 응력계, 하중계 등이 있다.
- 깊이 10.5m 이상의 굴착의 경우 수위계, 경사계, 하중 및 침하계, 응력계에 해당하는 계측기기를 설치하여 흙막이 구조의 안전을 예측하여야 하며, 설치가 불가능할 경우 트랜싯 및 레벨 측량기에 의해 수직・수평 변위 측정을 실시하여야 한다.

㉡ 종류

| 지표침하계 (Surface settlement system) | 지표면의 침하량을 측정하는 기구 |
|---|---|
| 지하수위계 (Water level meter) | 지반 내 지하수위의 변화를 계측하는 기구 |
| 하중계 (Load cell) | 버팀보 어스앵커(Earth anchor) 등의 실제 축 하중 변화를 측정하는 계측기 |
| 지중경사계 (Inclinometer) | 지중의 수평 변위량을 통해 주변 지반의 변형을 측정하는 기계 |
| 건물경사계 (Tiltmeter) | 인접한 구조물에 설치하여 구조물의 경사 및 변형상태를 측정하는 기구 |
| 수직지향각도계 (Inclinometer, 경사계) | 주변 지반, 지층, 기계, 시설 등의 경사도와 변형을 측정하는 기구 |
| 변형률계 (Strain gauge) | 흙막이 가시설의 버팀대(Strut)의 변형을 측정하는 계측기 |

## 111 Repetitive Learning (1회 2회 3회)

구조물 해체방법으로 사용되는 공법이 아닌 것은?

① 압쇄 공법
② 잭 공법
③ 절단 공법
④ 진공 공법

해설

- 압쇄 공법과 잭 공법은 유압을 이용한 유압 공법이다.
- 절단 공법은 연삭기를 이용한 연삭 공법이다.

정답 | 109 ① 110 ③ 111 ④

:: 구조물 해체공법의 구분 실필 1901

| | |
|---|---|
| 기계적 충격 공법 | • 핸드브레이커 공법<br>• 대형 브레이커 공법<br>• 강구(Steel ball) 공법 |
| 연삭 공법 | • 절단 공법<br>• 다이어몬드 와이어 쏘우 공법 |
| 유압 공법 | • 유압식 확대기 공법<br>• 잭 공법<br>• 압쇄 공법 |
| 발파 공법 | 발파 공법 |
| 전기적 발열 공법 | • 직접 철근 가열법<br>• 전자유도 가열법<br>• 고주파 전압법 |
| 제트력 공법 | • 워터젯(Water-jet) 공법<br>• 화염젯 공법 |
| 정적 파쇄재 공법 | 팽창제 이용 공법 |

0604 / 0801 / 1501

## 112 Repetitive Learning (1회 2회 3회)

다음 기계 중 양중기에 포함되지 않는 것은?

① 리프트 ② 곤돌라
③ 크레인 ④ 트롤리 컨베이어

해설

• 트롤리 컨베이어는 일정 거리 사이를 자동 및 연속해서 재료나 물건을 운반하는 컨베이어의 한 종류로 양중기에 포함되지 않는다.

:: 양중기의 종류 실필 1902/1201

• 크레인(Crane)(호이스트(Hoist) 포함)
• 이동식크레인
• 리프트(이삿짐운반용의 경우 적재하중 0.1톤 이상)
• 곤돌라
• 승강기

1301

## 113 Repetitive Learning (1회 2회 3회)

시스템 동바리를 조립하는 경우 수직재와 받침철물 연결부의 겹침 길이 기준으로 옳은 것은?

① 받침철물 전체길이의 1/2 이상
② 받침철물 전체길이의 1/3 이상
③ 받침철물 전체길이의 1/4 이상
④ 받침철물 전체길이의 1/5 이상

해설

• 시스템비계의 수직재와 받침철물의 연결부의 겹침길이는 받침철물 전체길이의 3분의 1 이상이 되도록 한다.

:: 시스템비계의 구조 실필 1402/1401/1104

• 수직재 · 수평재 · 가새재를 견고하게 연결하는 구조가 되도록 할 것
• 비계 밑단의 수직재와 받침철물은 밀착되도록 설치하고, 수직재와 받침철물의 연결부의 겹침길이는 받침철물 전체길이의 3분의 1 이상이 되도록 할 것
• 수평재는 수직재와 직각으로 설치하여야 하며, 체결 후 흔들림이 없도록 견고하게 설치할 것
• 수직재와 수직재의 연결철물은 이탈되지 않도록 견고한 구조로 할 것
• 벽 연결재의 설치간격은 제조사가 정한 기준에 따라 설치할 것

0801

## 114 Repetitive Learning (1회 2회 3회)

차량계 건설기계를 사용하여 작업하고자 할 때 작업계획서에 포함되어야 할 사항에 해당되지 않은 것은?

① 사용하는 차량계 건설기계의 종류 및 성능
② 차량계 건설기계의 운행경로
③ 차량계 건설기계에 의한 작업방법
④ 차량계 건설기계의 유지보수방법

해설

• 차량계 건설기계를 사용하여 작업하고자 할 때 작업계획서에는 사용하는 차량계 건설기계의 종류 및 성능, 차량계 건설기계의 운행경로, 차량계 건설기계에 의한 작업방법 등이 포함되어야 한다.

:: 차량계 건설기계를 사용하여 작업하고자 할 때 작업계획서 내용 실필 1902/1702/1604 실작 1804/1702/1701/1502/1401

• 사용하는 차량계 건설기계의 종류 및 성능
• 차량계 건설기계의 운행경로
• 차량계 건설기계에 의한 작업방법

## 115 Repetitive Learning (1회 2회 3회)

기계가 위치한 지면보다 높은 장소의 땅을 굴착하는 데 적합하며 산지에서의 토공사 및 암반으로부터의 점토질까지 굴착할 수 있는 건설장비의 명칭은?

① 파워셔블 ② 불도저
③ 파일드라이버 ④ 크레인



112 ④ 113 ② 114 ④ 115 ① 정답

해설

- 불도저(Bulldozer)는 무한궤도가 달려 있는 트랙터 앞머리에 블레이드(Blade)를 부착하여 흙의 굴착 압토 및 운반 등의 작업을 하는 토목기계이다.
- 파일드라이버(Pile driver)는 미리 제작되어 있는 말뚝을 박는 기계이다.
- 크레인(Crane)은 하물을 들어 올려 상하·좌우·전후로 운반하는 양중기계이다.

∷ 파워셔블(Power shovel) 실필 1604

- 지면을 굴착하고 선회하여 굴착한 토석을 트럭에 싣는 토공사용 굴착장비이다.
- 장비의 작업면보다 높은 곳(상부)의 흙을 굴착하는 데 사용되는 장비이다.
- 굴착은 디퍼(Dipper)라 불리는 작업장치가 담당한다.

0601 / 0802 / 1201 / 1302 / 1401 / 1901

## 116 Repetitive Learning (1회 2회 3회)

신품의 추락방호망 중 그물코의 크기 10cm인 매듭방망의 인장강도 기준으로 옳은 것은?

① 110kg 이상
② 200kg 이상
③ 360kg 이상
④ 400kg 이상

해설

- 매듭방망의 인장강도는 신품의 경우 그물코의 크기가 5cm이면 110kg, 10cm이면 200kg 이상이다.

∷ 신품 방망 인장강도 실필 1804 실작 1602

| 그물코 한변 길이 | 무매듭방망 | 매듭방망 |
|---|---|---|
| 10cm | 240kg 이상(150kg) | 200kg 이상(135kg) |
| 5cm | − | 110kg 이상(60kg) |

단, ( )은 폐기기준이다.

1204 / 1804 / 2201

## 117 Repetitive Learning (1회 2회 3회)

철골작업 시 철골부재에서 근로자가 수직방향으로 이동하는 경우에 설치하여야 하는 고정된 승강로의 최대 답단 간격은 얼마인가?

① 20cm ② 25cm
③ 30cm ④ 40cm

해설

- 사업주는 근로자가 수직방향으로 이동하는 철골부재(鐵骨部材)에는 답단(踏段) 간격이 30cm 이내인 고정된 승강로를 설치하여야 한다.

∷ 승강로의 설치

- 사업주는 근로자가 수직방향으로 이동하는 철골부재(鐵骨部材)에는 답단(踏段) 간격이 30cm 이내인 고정된 승강로를 설치하여야 하며, 수평방향 철골과 수직방향 철골이 연결되는 부분에는 연결작업을 위하여 작업발판 등을 설치하여야 한다.

0802 / 1804

## 118 Repetitive Learning (1회 2회 3회)

유해·위험방지계획서를 제출해야 할 대상공사로 옳지 않은 것은?

① 터널 건설 등의 공사
② 최대지간길이가 50m 이상인 교량건설 등 공사
③ 다목적 댐, 발전용 댐 및 저수용량 2천만톤 이상의 용수 전용 댐, 지방상수도 전용 댐 건설 등의 공사
④ 깊이가 5m 이상인 굴착공사

해설

- 유해·위험방지계획서 제출대상 굴착공사는 깊이 10m 이상인 굴착공사이다.

∷ 유해·위험방지계획서 제출대상 공사 실필 1901/1802/1102

- 지상높이가 31m 이상인 건축물 또는 인공구조물, 연면적 3만 $m^2$ 이상인 건축물 또는 연면적 5천$m^2$ 이상의 문화 및 집회시설(전시장 및 동물원·식물원은 제외), 판매시설, 운수시설(고속철도의 역사 및 집배송시설은 제외), 종교시설, 의료시설 중 종합병원, 숙박시설 중 관광숙박시설, 지하도상가 또는 냉동·냉장창고시설의 건설·개조 또는 해체 공사
- 연면적 5천$m^2$ 이상인 냉동·냉장창고시설의 설비공사 및 단열공사
- 최대지간길이가 50m 이상인 교량 건설 등의 공사
- 터널 건설 등의 공사
- 다목적 댐, 발전용 댐 및 저수용량 2천만톤 이상의 용수 전용 댐, 지방상수도 전용 댐 건설 등의 공사
- 깊이 10m 이상인 굴착공사

정답 116 ② 117 ③ 118 ④

2201

## 119

Repetitive Learning (1회 2회 3회)

콘크리트 타설작업을 하는 경우에 준수해야 할 사항으로 옳지 않은 것은?

① 당일의 작업을 시작하기 전에 해당 작업에 관한 거푸집 동바리 등의 변형, 변위 및 지반의 침하 유무 등을 점검하고 이상이 있으면 보수할 것
② 작업 중에는 거푸집 동바리 등의 변형, 변위 및 침하 유무 등을 감시할 수 있는 감시자를 배치하여 이상이 있으면 작업을 빠른 시간에 우선 완료하고 근로자를 대피 시킬 것
③ 콘크리트 타설작업 시 거푸집 붕괴의 위험이 발생할 우려가 있으면 충분한 보강조치를 할 것
④ 콘크리트를 타설하는 경우에는 편심이 발생하지 않도록 골고루 분산하여 타설할 것

해설

- 작업 중에는 거푸집 동바리 등의 변형·변위 및 침하 유무 등을 감시할 수 있는 감시자를 배치하여 이상이 있으면 작업을 중지하고 근로자를 우선 대피시켜야 한다.

콘크리트 타설작업 시 주의사항 실작 1901/1804/1801

- 당일의 작업을 시작하기 전에 해당 작업에 관한 거푸집 동바리 등의 변형·변위 및 지반의 침하 유무 등을 점검하고 이상이 있으면 보수할 것
- 작업 중에는 거푸집 동바리 등의 변형·변위 및 침하 유무 등을 감시할 수 있는 감시자를 배치하여 이상이 있으면 작업을 중지하고 근로자를 대피시킬 것
- 콘크리트 타설작업 시 거푸집 붕괴의 위험이 발생할 우려가 있으면 충분한 보강조치를 할 것
- 설계도서상의 콘크리트 양생기간을 준수하여 거푸집 동바리 등을 해체할 것
- 콘크리트를 타설하는 경우에는 편심이 발생하지 않도록 골고루 분산하여 타설할 것

## 120

Repetitive Learning (1회 2회 3회)

산업안전보건관리비의 효율적인 집행을 위하여 고용노동부장관이 정할 수 있는 기준에 해당되지 않는 것은?

① 안전, 보건에 관한 협의체 구성 및 운영
② 공사의 진척정도에 따른 사용기준
③ 사업의 규모별 사용방법 및 구체적인 내용
④ 사업의 종류별 사용방법 및 구체적인 내용

해설

- 산업안전보건관리비의 효율적인 집행을 위해 고용노동부장관이 정한 기준에는 공사의 진척 정도에 따른 사용기준, 사업의 규모별·종류별 사용방법 및 구체적인 내용과 그 밖에 산업안전보건관리비 사용에 필요한 사항이 있다.

산업안전보건관리비의 효율적인 집행을 위한 기준

- 공사의 진척 정도에 따른 사용기준
- 사업의 규모별·종류별 사용방법 및 구체적인 내용
- 그 밖에 산업안전보건관리비 사용에 필요한 사항



119 ② 120 ① 정답

MEMO

# 출제문제 분석 2016년 4회

| 구분 | 1과목 | 2과목 | 3과목 | 4과목 | 5과목 | 6과목 | 합계 |
|---|---|---|---|---|---|---|---|
| New유형 | 1 | 1 | 1 | 6 | 4 | 3 | 16 |
| New문제 | 7 | 5 | 6 | 13 | 7 | 6 | 44 |
| 또나온문제 | 6 | 8 | 9 | 2 | 10 | 8 | 43 |
| 자꾸나온문제 | 7 | 7 | 5 | 5 | 3 | 6 | 33 |
| 합계 | 20 | 20 | 20 | 20 | 20 | 20 | 120 |

- New유형은 New문제 중 기존 기출문제와 완전히 다른 유형의 문제를 말합니다.
- New문제는 기존에 출제되지 않은 문제로 이번에 처음 출제되는 문제입니다.
- 또나온문제는 기존에 출제된 적이 1번 있는 문제를 말합니다.
- 자꾸나온문제는 기존에 출제된 적이 2번 이상 있는 문제를 말합니다. 그만큼 중요한 문제입니다.

## 몇 년분의 기출문제를 공부해야 합격할 수 있을까요?

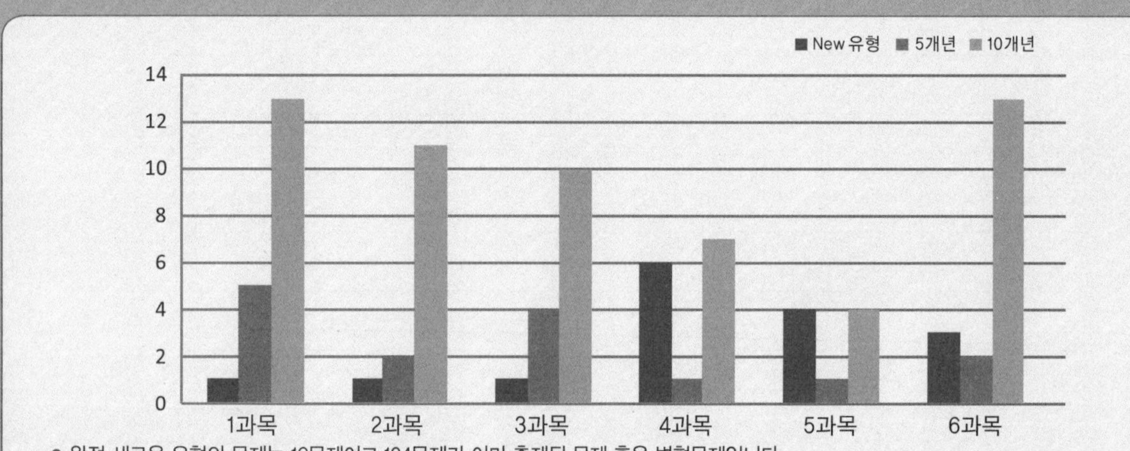


- 완전 새로운 유형의 문제는 16문제이고 104문제가 이미 출제된 문제 혹은 변형문제입니다.
- 5년분(2016～2020) 기출에서 동일문제가 15문항이 출제되었고, 10년분(2011～2020) 기출에서 동일문제가 58문항이 출제되었습니다.

## 실기에 나왔어요!! 외우세요!!!

실기시험은 필답형과 작업형으로 구분되어 있으며 모두 주관식으로 직접 내용을 적어야 합니다. 필기 공부하면서 실기 출제된 내역들은 좀 더 신경써서 암기하실 필요가 있어요. 필기 합격자 발표 난 후 실기시험까지는 5주밖에 여유가 없답니다. 어차피 공부할 것 필기 때 확실하게 해준다면 실기도 단방에 합격할 수 있습니다.

- 총 25개의 해설이 실기 필답형 시험과 연동되어 있습니다.
- 총 5개의 해설이 실기 작업형 시험과 연동되어 있습니다.

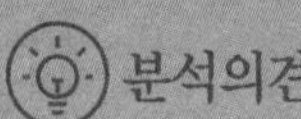

## 분석의견

최근 10년분의 기출문제와 답을 반복암기해서는 합격점수인 72점에서 14점이 부족합니다. 새로운 문제의 비중이 낮고, 기출문제의 비중이 많아 어렵지 않게 해결 가능한 수준의 난이도를 보여주고 있습니다. 과목별로도 큰 편차를 보이지 않고 평이한 수준의 난이도를 보인 만큼 합격에 필요한 점수를 획득하기 위해서는 최근 5년분 문제와 핵심이론의 3회독 혹은 최근 10년분 문제와 핵심이론의 2회독 이상의 학습이 필요합니다.

# 2016년 제4회

2016년 10월 1일 필기

16년 4회차 필기시험
합격률 46.7%

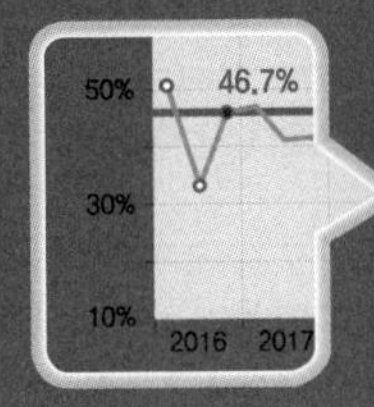


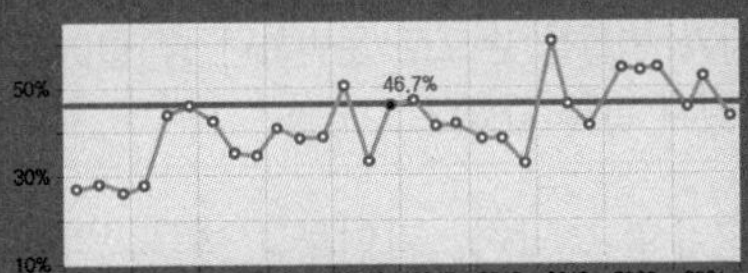


## 1과목 산업안전관리론

1302 / 2201

**01** Repetitive Learning (1회 2회 3회)

1,000명 이상의 대규모 사업장에서 가장 적합한 안전관리조직의 형태는?

① 경영형
② 라인형
③ 스태프형
④ 라인·스태프형

해설

- 근로자 1,000명 이상의 대기업에서 주로 사용하는 안전관리 조직은 라인-스태프(Line-staff)형 조직이다.

라인-스태프(Line-staff)형 조직

㉠ 개요
- 가장 이상적인 조직형태로 1,000명 이상의 대규모 사업장에서 주로 사용된다.
- 라인의 관리·감독자에게도 안전에 관한 책임과 권한이 부여된다.
- 안전계획, 평가 및 조사는 스태프에서, 생산기술의 안전대책은 라인에서 실시한다.

㉡ 장점
- 안전 전문가에 의해 입안된 것을 경영자의 지침으로 명령 실시하므로 정확하고 신속하다.
- 조직원 전원을 자율적으로 안전 활동에 참여시킬 수 있다.
- 라인의 관리, 감독자에게도 안전에 관한 책임과 권한이 부여된다.
- 안전 활동과 생산업무가 유리될 우려가 없기 때문에 균형을 유지할 수 있어 이상적인 조직형태이다.

㉢ 단점
- 명령계통과 조언·권고적 참여가 혼동되기 쉽다.
- 스태프의 월권행위가 발생하는 경우가 있다.
- 라인이 스태프에 의존하거나 스태프를 활용하지 않는 경우가 있다.

1001 / 1002 / 1004 / 1104 / 1304 / 1402 / 1501 / 1704 / 1804 / 2001 / 2104 / 2201

**02** Repetitive Learning (1회 2회 3회)

재해사례연구의 진행단계로 옳은 것은?

① 사실의 확인 → 재해 상황의 파악 → 문제점의 발견 → 문제점의 결정 → 대책의 수립
② 문제점의 발견 → 재해 상황의 파악 → 사실의 확인 → 문제점의 결정 → 대책의 수립
③ 재해 상황의 파악 → 사실의 확인 → 문제점의 발견 → 문제점의 결정 → 대책의 수립
④ 문제점의 발견 → 문제점의 결정 → 재해 상황의 파악 → 사실의 확인 → 대책의 수립

해설

- 재해사례 연구의 진행단계는 재해 상황의 파악 → 사실의 확인 → 문제점의 발견 → 근본적 문제점의 결정 → 대책수립 순이다.

재해사례연구의 진행단계

㉠ 진행순서
- 재해 상황의 파악 → 사실의 확인 → 문제점의 발견 → 근본적 문제점의 결정 → 대책수립 순이다.

㉡ 단계별 특징

| 단계 | 특징 |
|---|---|
| 재해 상황의 파악 | 사례연구의 전제조건으로서 발생일시 및 장소 등 재해 상황의 주된 항목에 관해서 파악한다. |
| 사실의 확인 | 재해가 발생할 때까지의 경과 중 재해와 관계가 있는 사실 및 재해요인을 객관적으로 확인한다. |
| 문제점의 발견 | 파악된 사실로부터 판단하여 관계법규, 사내규정 등을 적용하여 문제점을 발견한다. |
| 근본적 문제점의 결정 | 재해의 중심이 된 문제점에 관하여 어떤 관리적 책임의 결함이 있는지를 여러 가지 안전보건의 키(Key)에 대하여 분석한다. |
| 대책수립 | 동종 및 유사재해의 방지대책을 구체적, 실현가능하게 수립한다. |

정답 | 01 ④ 02 ③

0701 / 1201 / 1602 / 1904

## 03

Repetitive Learning 1회 2회 3회

다음과 같은 재해사례의 분석 내용으로 옳은 것은?

> 작업자가 벽돌을 손으로 운반하던 중 떨어뜨려 벽돌이 발등에 부딪쳐 발을 다쳤다.

① 사고유형 : 낙하, 기인물 : 벽돌, 가해물 : 벽돌
② 사고유형 : 충돌, 기인물 : 손 , 가해물 : 벽돌
③ 사고유형 : 비래, 기인물 : 사람, 가해물 : 벽돌
④ 사고유형 : 추락, 기인물 : 손 , 가해물 : 벽돌

**해설**

- 인체에 직접 충돌한 것은 벽돌이므로 벽돌이 가해물이다.
- 벽돌을 손으로 운반하다가 떨어뜨렸으므로 벽돌의 운반작업이 불안전한 상태에 해당한다. 기인물은 벽돌이다.
- 사고유형은 벽돌의 낙하로 인한 재해이므로 낙하에 해당한다.

∷ 산업재해의 분석 실필 1901/1702/1501/1404

| | |
|---|---|
| 기인물 | 재해의 원인이 되는 것으로 주로 불안전한 상태와 관련된다. |
| 가해물 | 사람에 직접 충돌하거나 또는 접촉에 의해서 위해(危害)를 준 물건을 말한다. |
| 사고유형 | 재해의 발생형태를 말한다. |

1904

## 04

Repetitive Learning 1회 2회 3회

다음에서 설명하는 법칙은 무엇인가?

> 어떤 공장에서 330회의 전도사고가 일어났을 때, 그 가운데 300회는 무상해사고, 29회는 경상, 중상 또는 사망 1회의 비율로 사고가 발생한다.

① 버드 법칙 ② 하인리히 법칙
③ 더글라스 법칙 ④ 자베타키스 법칙

**해설**

- 1 : 29 : 300에 해당하는 하인리히 법칙에 대한 설명이다.

∷ 하인리히의 재해구성 비율 실필 1101

- 중상 : 경상 : 무상해사고가 각각 1 : 29 : 300인 재해구성 비율을 말한다.
- 총 사고 발생건수 330건을 대상으로 분석했을 때 중상 1, 경상 29, 무상해사고 300건이 발생했음을 의미한다.
- 300건의 무상해 재해의 원인 제거를 통해 29건의 경미한 사고와 1건의 중대사고를 예방할 수 있다.

## 05

Repetitive Learning 1회 2회 3회

안전모의 성능시험에 해당하지 않는 것은?

① 내수성시험
② 내전압성시험
③ 난연성시험
④ 압박시험

**해설**

- 안전모의 시험성능 기준에는 내관통성, 충격흡수성, 내전압성, 내수성, 난연성, 턱끈풀림 등이 있다.

∷ 안전모의 시험성능기준

| 항목 | 시험성능기준 |
|---|---|
| 내관통성 | • 관통거리란 모체두께를 포함하여 철제추가 관통한 거리를 말한다.<br>• AE, ABE종 안전모는 관통거리가 9.5mm 이하이고, AB종 안전모는 관통거리가 11.1mm 이하이어야 한다. |
| 충격흡수성 | 최고전달충격력이 4,450N을 초과해서는 안 되며, 모체와 착장체의 기능이 상실되지 않아야 한다. |
| 내전압성 | AE, ABE종 안전모는 교류 20kV에서 1분간 절연파괴 없이 견뎌야 하고, 이때 누설되는 충전전류는 10mA 이하이어야 한다. |
| 내수성 | AE, ABE종 안전모는 질량증가율이 1% 미만이어야 한다. |
| 난연성 | 모체가 불꽃을 내며 5초 이상 연소되지 않아야 한다. |
| 턱끈풀림 | 150N 이상 250N 이하에서 턱끈이 풀려야 한다. |

1004 / 1302 / 2001

## 06

Repetitive Learning 1회 2회 3회

산업안전보건법상 안전보건총괄책임자의 직무에 해당되지 않는 것은?

① 중대재해 발생 시 작업의 중지
② 도급사업 시의 안전 · 보건 조치
③ 해당 사업장 안전교육계획의 수립 및 실시
④ 수급인의 산업안전보건관리비의 집행 감독 및 그 사용에 관한 수급인 간의 협의 · 조정

**해설**

- 사업장의 안전교육계획의 수립 및 실시에 관한 보좌 및 조언 · 지도는 안전관리자의 업무이다.



03 ① 04 ② 05 ④ 06 ③ 정답

:: 안전보건총괄책임자의 직무 실필 1402/1102

- 산업재해가 발생할 급박한 위험이 있을 때 또는 중대재해가 발생하였을 경우 작업의 중지 및 재개
- 도급 시 산업재해 예방조치
- 산업안전보건관리비의 관계수급인 간의 사용에 관한 협의·조정 및 그 집행의 감독
- 안전인증대상기계등과 자율안전확인대상기계등의 사용 여부 확인
- 위험성 평가의 실시에 관한 사항

0302 / 0702 / 1001 / 1004 / 1504 / 2102

## 07

Repetitive Learning (1회 2회 3회)

무재해 운동의 3원칙 중 잠재적인 위험요인을 발견·해결하기 위하여 전원이 협력하여 각자의 위치에서 의욕적으로 문제해결을 실천하는 것을 의미하는 것은?

① 무의 원칙 ② 선취의 원칙
③ 실천의 원칙 ④ 참가의 원칙

해설

- 무재해 운동의 3원칙에는 무의 원칙, 안전제일(선취)의 원칙, 참가의 원칙이 있다.
- 무의 원칙은 모든 잠재위험요인을 사전에 발견·파악·해결함으로써 근원적으로 산업재해를 없애는 것을 말한다.
- 안전제일(선취)의 원칙은 행동하기 전에 재해를 예방하거나 방지하는 것을 말한다.

:: 무재해 운동 3원칙

| | |
|---|---|
| 무(無, Zero)의 원칙 | 모든 잠재위험요인을 사전에 발견·파악·해결함으로써 근원적으로 산업재해를 없앤다. |
| 안전제일(선취)의 원칙 | 직장의 위험요인을 행동하기 전에 발견·파악·해결하여 재해를 예방한다. |
| 참가의 원칙 | 작업에 따르는 잠재적인 위험요인을 발견·해결하기 위하여 전원이 협력하여 문제해결 운동을 실천한다. |

1101 / 1302 / 1402 / 1404 / 1701 / 1704 / 1801 / 1804 / 2102 / 2202

## 08

Repetitive Learning (1회 2회 3회)

산업안전보건법령에 따른 안전보건관리규정을 작성하여야 할 사업의 사업주는 안전보건관리규정을 작성하여야 할 사유가 발생한 날부터 며칠 이내에 작성하여야 하는가?

① 15일 ② 30일
③ 50일 ④ 60일

해설

- 사업주는 안전보건관리규정을 작성하여야 할 사유가 발생한 날부터 30일 이내에 안전보건관리규정을 작성하여야 한다.

:: 안전보건관리규정 실필 1601/1101

- 안전보건관리규정을 작성하여야 할 사업의 종류 및 규모

| 사업의 종류 | 규모 |
|---|---|
| 1. 농업<br>2. 어업<br>3. 소프트웨어 개발 및 공급업<br>4. 컴퓨터 프로그래밍, 시스템 통합 및 관리업<br>5. 정보서비스업<br>6. 금융 및 보험업<br>7. 임대업(부동산 제외) | 상시근로자 300명 이상을 사용하는 사업장 |
| 8. 전문, 과학 및 기술 서비스업 (연구개발업 제외)<br>9. 사업지원 서비스업<br>10. 사회복지 서비스업 | 상시근로자 300명 이상을 사용하는 사업장 |
| 11. 제1호부터 제10호까지의 사업을 제외한 사업 | 상시근로자 100명 이상을 사용하는 사업장 |

- 사업주는 안전보건관리규정을 작성하여야 할 사유가 발생한 날부터 30일 이내에 안전보건관리규정을 작성하여야 한다. 이를 변경할 사유가 발생한 경우에도 또한 같다.
- 사업주는 안전보건관리규정을 작성하거나 변경할 때에는 산업안전보건위원회의 심의·의결을 거쳐야 한다. 다만, 산업안전보건위원회가 설치되어 있지 아니한 사업장의 경우에는 근로자대표의 동의를 받아야 한다.

1004

## 09

Repetitive Learning (1회 2회 3회)

산업안전보건법상 고용노동부장관이 안전·보건진단을 명할 수 있는 사업장이 아닌 것은?

① 2년간 사업장의 연간 산업재해율이 같은 업종의 규모별 평균 산업재해율보다 낮은 사업장
② 사업주가 안전·보건조치의무를 이행하지 아니하여 발생한 중대재해 발생 사업장
③ 안전보건개선계획 수립·시행명령을 받은 사업장
④ 추락·폭발·붕괴 등 재해발생 위험이 현저히 높은 사업장으로서 지방고용노동관서의 장이 안전·보건진단이 필요하다고 인정하는 사업장

정답 | 07 ④ 08 ② 09 ①

해설

- 고용노동부장관이 안전·보건진단을 명할 수 있는 사업장은 산업재해율이 같은 업종 평균 산업재해율의 2배 이상인 사업장이지 다른 곳보다 산업재해율이 낮은 사업장이 될 수 없다.

안전보건개선계획 실필 1704/1701/1404/1202/1201

- 고용노동부장관은 다음에 해당하는 사업장으로서 산업재해 예방을 위하여 종합적인 개선조치를 할 필요가 있다고 인정할 때에는 사업주에게 그 사업장, 시설, 그 밖의 사항에 관한 안전보건개선계획의 수립·시행을 명할 수 있다.
  - 산업재해율이 같은 업종 평균 산업재해율의 2배 이상인 사업장
  - 사업주가 안전보건조치의무를 이행하지 아니하여 중대재해가 발생한 사업장
  - 직업병에 걸린 사람이 연간 2명 이상(상시근로자 1천명 이상 사업장의 경우 3명 이상) 발생한 사업장
  - 유해인자의 노출기준을 초과한 사업장
  - 작업환경 불량, 화재·폭발 또는 누출사고 등으로 사회적 물의를 일으킨 사업장
- 고용노동부장관은 필요하다고 인정할 때에는 해당 사업주에게 안전·보건진단을 받아 안전보건개선계획을 수립·제출할 것을 명할 수 있다.
- 안전보건개선계획의 수립·시행명령을 받은 사업주는 고용노동부장관이 정하는 바에 따라 안전보건개선계획서를 작성하여 그 명령을 받은 날부터 60일 이내에 관할 지방고용노동관서의 장에게 제출하여야 한다.
- 사업주는 안전보건개선계획을 수립할 때에는 산업안전보건위원회의 심의를 거쳐야 한다. 다만, 산업안전보건위원회가 설치되어 있지 아니한 사업장의 경우에는 근로자대표의 의견을 들어야 한다.
- 안전보건개선계획서에는 시설, 안전·보건관리체제, 안전·보건교육, 산업재해 예방 및 작업환경의 개선을 위하여 필요한 사항이 포함되어야 한다.
- 사업주와 근로자는 안전보건개선계획을 준수하여야 한다.

1002

## 10

Repetitive Learning (1회 2회 3회)

산업안전보건법상 공기압축기를 가동하는 때의 작업시작 전 점검내용에 해당하지 않는 것은?

① 윤활유의 상태

② 압력방출장치의 기능

③ 회전부의 덮개 또는 울

④ 비상정지장치 기능의 이상 유무

해설

- 비상정지장치 기능의 이상 유무는 산업용 로봇의 작업시작 전 점검사항에 해당한다.

공기압축기 작업시작 전 점검사항 실필 1304/0901

- 공기저장 압력용기의 외관 상태
- 드레인밸브(Drain valve)의 조작 및 배수
- 압력방출장치의 기능
- 언로드밸브(Unloading valve)의 기능
- 윤활유의 상태
- 회전부의 덮개 또는 울
- 그 밖의 연결 부위의 이상 유무

0902

## 11

Repetitive Learning (1회 2회 3회)

산업안전보건법상 안전·보건 표지 중 지시표지의 보조색은?

① 파란색 ② 흰색

③ 녹색 ④ 노란색

해설

- 지시표지는 파란색(2.5PB 4/10)을 색도의 기준으로 삼으며, 파란색 및 녹색의 보조색은 흰색이다.

안전·보건표지의 색채, 색도기준 및 용도 실필 1802/1601/1402/1301

| 색채 | 색도기준 | 용도 | 사용례 |
|---|---|---|---|
| 빨간색 | 7.5R 4/14 | 금지 | 정지신호, 소화설비 및 그 장소, 유해행위의 금지 |
| | | 경고 | 화학물질 취급장소에서의 유해·위험 경고 |
| 노란색 | 5Y 8.5/12 | 경고 | 화학물질 취급장소에서의 유해·위험 경고 이외의 위험경고, 주의표지 또는 기계방호물 |
| 파란색 | 2.5PB 4/10 | 지시 | 특정 행위의 지시 및 사실의 고지 |
| 녹색 | 2.5G 4/10 | 안내 | 비상구 및 피난소, 사람 또는 차량의 통행표지 |
| 흰색 | N9.5 | – | 파란색 또는 녹색에 대한 보조색 |
| 검은색 | N0.5 | – | 문자 및 빨간색 또는 노란색에 대한 보조색 |



10 ④ 11 ② 정답

1901 / 2201

## 12 Repetitive Learning (1회 2회 3회)

건설기술진흥법상 안전관리계획을 수립해야 하는 건설공사에 해당하지 않는 것은?

① 높이가 21m인 비계를 사용하는 건설공사
② 지하 15m를 굴착하는 건설공사
③ 15층 건축물의 리모델링
④ 항타 및 항발기가 사용되는 건설공사

**해설**

- 안전관리계획을 수립해야 하는 건설공사에 비계를 사용하는 건설공사는 포함되지 않는다.

**안전관리계획을 수립해야 하는 건설공사**
- 원자력시설공사 제외
- 1종 시설물 및 2종 시설물의 건설공사 (유지관리를 위한 건설공사는 제외)
- 지하 10미터 이상을 굴착하는 건설공사
- 폭발물을 사용하는 건설공사로서 20미터 안에 시설물이 있거나 100미터 안에 사육하는 가축이 있어 해당 건설공사로 인한 영향을 받을 것이 예상되는 건설공사
- 10층 이상 16층 미만인 건축물의 건설공사
- 10층 이상인 건축물의 리모델링 또는 해체공사
- 수직증축형 리모델링
- 천공기(높이가 10미터 이상인 것만 해당)가 사용되는 건설공사
- 항타 및 항발기가 사용되는 건설공사
- 타워크레인이 사용되는 건설공사
- 가설구조물을 사용하는 건설공사
- 발주자가 안전관리가 특히 필요하다고 인정하는 건설공사
- 해당 지방자치단체의 조례로 정하는 건설공사 중에서 인·허가기관의 장이 안전관리가 특히 필요하다고 인정하는 건설공사

1301 / 2001

## 13 Repetitive Learning (1회 2회 3회)

산업안전보건법상 사업주의 의무에 해당하지 않는 것은?

① 산업재해 예방을 위한 기준 준수
② 사업장의 안전·보건에 관한 정보를 근로자에게 제공
③ 유해하거나 위험한 기계·기구·설비 및 방호장치·보호구 등의 안전성 평가 및 개선
④ 근로자의 신체적 피로와 정신적 스트레스 등을 줄일 수 있는 쾌적한 작업환경을 조성하고 근로조건을 개선

**해설**

- ③은 정부의 책무이다.

**사업주의 의무**
- 산업재해 예방을 위한 기준을 지킬 것
- 근로자의 신체적 피로와 정신적 스트레스 등을 줄일 수 있는 쾌적한 작업환경을 조성하고 근로조건을 개선할 것
- 해당 사업장의 안전·보건에 관한 정보를 근로자에게 제공할 것

## 14 Repetitive Learning (1회 2회 3회)

재해발생 시 조치순서로 가장 적절한 것은?

① 산업재해발생 → 재해조사 → 긴급처리 → 대책수립 → 원인강구 → 대책실시계획 → 실시 → 평가
② 산업재해발생 → 긴급처리 → 재해조사 → 원인강구 → 대책수립 → 대책실시계획 → 실시 → 평가
③ 산업재해발생 → 재해조사 → 긴급처리 → 원인강구 → 대책수립 → 대책실시계획 → 실시 → 평가
④ 산업재해발생 → 긴급처리 → 재해조사 → 대책수립 → 원인강구 → 대책실시계획 → 실시 → 평가

**해설**

- 재해발생 시 모든 사항에 우선하여 재해자에 대한 응급조치를 취해야 하며, 원인과 대책을 수립하기 위해서는 조사가 선행되어야 한다.

**재해발생 시 조치사항**
- 재해발생 시 모든 사항에 우선하여 재해자에 대한 응급조치를 취해야 한다.
- 긴급조치 → 재해조사 → 원인분석 → 대책수립의 순을 따른다.
- 긴급조치 과정은 재해발생 기계의 정지 → 재해자의 구조 및 응급조치 → 상급 부서의 보고 → 2차 재해의 방지 → 현장 보존 순으로 진행한다.

1001 / 1404 / 1801 / 2001 / 2201

## 15 Repetitive Learning (1회 2회 3회)

재해손실비의 평가방식 중 시몬즈(Simonds) 방식에서 비보험코스트의 산정 항목에 해당하지 않는 것은?

① 사망사고건수
② 무상해사고건수
③ 통원상해건수
④ 응급조치건수

정답 | 12 ① 13 ③ 14 ② 15 ①

해설

- 사망과 영구 전노동불능 상해의 경우는 별도 산정이 필요하므로 비보험코스트의 산정항목에 포함되지 않는다.

**시몬즈(Simonds)의 재해코스트**

㉠ 개요
- 총 재해비용을 보험비용과 비보험비용으로 구분한다.
- 총 재해코스트 = 보험비용 + 비보험비용 = [보험코스트 + (A × 휴업상해건수) + (B × 통원상해건수) + (C × 응급조치건수) + (D × 무상해사고건수)] , 이때 A, B, C, D는 재해의 비보험코스트 평균치이다.
- 사망과 영구 전노동불능 상해의 경우는 비보험코스트에 포함시키지 않고 별도 산정한다.

㉡ 비보험코스트 내역
- 소송관계 비용
- 신규작업자에 대한 교육훈련비
- 부상자의 직장 복귀 후 생산 감소로 인한 임금비용
- 재해로 인한 작업중지 임금손실
- 재해로 인한 시간 외 근무 가산임금손실 등

## 16 Repetitive Learning (1회 2회 3회)

에너지 접촉형태로 분류한 사고유형 중 에너지가 폭주하여 일어나는 유형에 해당하는 것은?

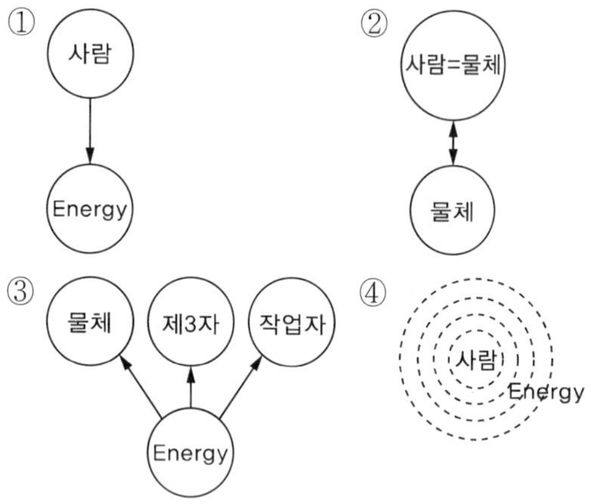


해설

- ①은 에너지 활동구역에 사람이 침입한 경우이다.
- ②는 인체가 에너지에 충돌한 경우이다.
- ③은 에너지가 폭주한 경우이다.
- ④는 대기 중의 인체에 유해한 유독물을 통한 사고이다.

**에너지 접촉형태로 분류한 사고유형**

| 에너지 활동구역에 사람이 침입한 경우 | 인체가 에너지에 충돌한 경우 |
|---|---|
| 사람 → Energy | 사람=물체 ↔ 물체 |
| **에너지가 폭주한 경우** | **대기 중의 인체에 유해한 유독물을 통한 사고** |
| Energy → 물체, 제3자, 작업자 | 사람, Energy |

1104 / 1902

## 17 Repetitive Learning (1회 2회 3회)

다음 설명에 해당하는 위험예지훈련은?

> 작업현장에서 그때 그 장소의 상황에 즉응하여 실시하는 위험예지활동으로서 즉시즉응법이라고도 한다.

① TBM(Tool Box Meeting)
② 원포인트 위험예지훈련
③ 삼각 위험예지훈련
④ 터치 앤 콜(Touch and Call)

해설

- 원포인트 위험예지훈련이란 위험예지훈련 4라운드 중 2, 3, 4라운드를 원포인트로 요약하여 실시하는 훈련이다.
- 삼각 위험예지훈련이란 적은 인원수가 모여 기호와 메모를 이용해 팀의 합의를 만들어내는 TBM의 한 형태이다.
- 터치 앤 콜은 작업현장에서 팀 전원이 각자의 왼손을 맞잡아 원을 만들어 팀 행동목표를 지적 확인하는 것을 말한다.

**TBM(Tool Box Meeting) 위험예지훈련** 실필 1804/1404

㉠ 개요
- 현장에서 그때 그 장소의 상황에서 즉응하여 실시하는 위험예지활동으로 즉시즉응법이라고도 한다.
- TBM(Tool Box Meeting)으로 실시하는 위험예지활동이다.
- TBM 5단계는 도입 – 점검정비 – 작업지시 – 위험예지훈련 – 확인단계를 거친다.

㉡ 방법
- 10명 이하의 소수가 적합하며, 시간은 10분 정도 작업을 시작하기 전에 갖는다.
- 사전에 주제를 정하고 자료 등을 준비한다.
- 결론은 가급적 서두르지 않는다.



16 ③ 17 ① 정답

1901

**18** Repetitive Learning 1회 2회 3회

산업안전보건법상 지방고용노동관서의 장이 사업주에게 안전관리자나 보건관리자를 정수 이상으로 증원하게 하거나 교체하여 임명할 것을 명령할 수 있는 사유에 해당되는 것은?

① 사망재해가 연간 1건 발생한 경우
② 중대재해가 연간 1건 발생한 경우
③ 관리자가 질병의 사유로 3개월 이상 해당 직무를 수행할 수 없게 된 경우
④ 해당 사업장의 연간재해율이 같은 업종의 평균재해율의 1.5배 이상인 경우

해설

- 안전관리자 등의 증원·교체가 필요한 사유는 2(업종의 2배), 2(중대재해 2건), 3(관리자 3개월 직무수행 불가능), 3(화학적 인자로 인한 직업성 질병자 연간 3명)에 따른다.

안전관리자 등의 증원·교체가 필요한 사유 실필 1704/1402/1001

- 해당 사업장의 연간재해율이 같은 업종의 평균재해율의 2배 이상인 경우
- 중대재해가 연간 2건 이상 발생한 경우
- 관리자가 질병이나 그 밖의 사유로 3개월 이상 직무를 수행할 수 없게 된 경우
- 화학적 인자로 인한 직업성 질병자가 연간 3명 이상 발생한 경우

0704 / 0901 / 1401 / 1801

**19** Repetitive Learning 1회 2회 3회

재해예방의 4원칙이 아닌 것은?

① 손실필연의 원칙 ② 원인계기의 원칙
③ 예방가능의 원칙 ④ 대책선정의 원칙

해설

- 손실필연의 원칙은 없으며, 사고로 인한 손실은 우연적이라는 의미에서 손실우연의 원칙이 빠졌다.

하인리히의 재해예방 4원칙 실필 1801/1501

| | |
|---|---|
| 대책선정의 원칙 | 사고의 원인을 발견하면 반드시 대책을 세워야 하며, 모든 사고는 대책선정이 가능하다는 원칙 |
| 손실우연의 원칙 | 사고로 인한 손실은 우연적이라는 원칙 |
| 예방가능의 원칙 | 모든 사고는 예방이 가능하다는 원칙 |
| 원인연계의 원칙 (원인계기의 원칙) | 사고는 반드시 원인이 있으며 이는 필연적인 인과관계로 작용한다는 원칙 |

**20** Repetitive Learning 1회 2회 3회

1년간 연 근로시간이 240,000시간의 공장에서 3건의 휴업재해가 발생하여 219일의 휴업일수를 기록한 경우의 강도율은?(단, 연간 근로일수는 300일이다)

① 750 ② 75
③ 0.75 ④ 0.075

해설

- 강도율은 1,000시간 동안에 발생한 근로손실일수이다.
- 근로손실일수를 구하기 위해 휴업일수를 근로손실일수로 변환한다. 휴업일수가 219일이고, 1년에 300일 일하므로 $219\times\frac{300}{365}$로 구할 수 있다. 180일이다.
- 강도율 = $\frac{180}{240,000}\times 1,000 = 0.75$이다.

강도율(SR : Severity Rate of injury)
실필 0804/1702/1501/1402/1401/1304/0902/0901

- 재해로 인한 근로손실의 강도를 나타낸 값으로 연간총근로시간에서 1,000시간당 근로손실일수를 의미한다.
- 강도율 = $\frac{\text{근로손실일수}}{\text{연간총근로시간}}\times 1,000$으로 구하고,

  평균강도율 = $\frac{\text{강도율}}{\text{도수율}}\times 1,000$으로 구한다.
- 근로자의 근속연수 등이 주어지지 않을 때 평생 근로손실일수는 한 개인이 평생 동안 근로한 시간을 100,000시간으로 볼 때의 근로손실일수이므로 강도율에 100을 곱하여 구한다.

## 2과목 산업심리 및 교육

0302 / 0604 / 0902

**21** Repetitive Learning 1회 2회 3회

작업에 대한 평균 에너지소비량을 분당 5Kcal로 할 경우 휴식시간 R의 산출 공식으로 맞는 것은?(단, E는 작업 시 평균 에너지소비량[kcal/min], 1시간의 휴식시간 중 에너지소비량은 1.5[kcal/min], 총 작업시간은 60분이다)

① $R=\frac{60(E-5)}{E-1.5}$ ② $R=\frac{50(E-5)}{E-1.5}$
③ $R=\frac{60(E-4)}{E-5}$ ④ $R=\frac{50(E-15)}{E-4}$

정답 | 18 ③ 19 ① 20 ③ 21 ①

해설

- 60분간 작업 시 일반적으로 $R=60\times\frac{E-5}{E-1.5}$로 구한다.

(단, 이때 E는 특정 작업 시 에너지 평균 소비량이고, 5는 작업에 대한 평균 에너지소비량, 1.5는 휴식 중 에너지소비량이다)

**휴식시간 산출**

- 하루 사람이 내는 에너지는 4,300kcal이고, 기초대사와 휴식에 소요되는 2,300kcal를 뺀 2,000kcal를 8시간(480분)으로 나누면 작업평균 에너지소비량은 분당 약 4kcal가 된다.
- 여기서 작업평균 에너지소비량을 넘어서는 작업을 한 경우에는 일정한 시간마다 휴식이 필요하다.
- 이에 휴식시간 $R=$ 작업시간$\times\frac{E-4}{E-1.5}$로 계산한다.

이때 E는 순 에너지소비량[kcal/분]이고, 4는 작업평균 에너지소비량, 1.5는 휴식 중 에너지소비량이다.

0502 / 0504 / 0604 / 0801 / 1001 / 1704

## 22

Repetitive Learning (1회 2회 3회)

교육훈련 지도방법의 4단계 순서로 맞는 것은?

① 도입 → 제시 → 적용 → 확인
② 제시 → 도입 → 적용 → 확인
③ 적용 → 제시 → 도입 → 확인
④ 도입 → 적용 → 확인 → 제시

해설

- 교육훈련 지도방법은 도입 → 제시 → 적용 → 확인단계를 거친다.

**교육훈련 지도방법의 4단계**

- 도입 → 제시 → 적용 → 확인단계를 거친다.

| 1단계 | 도입 | 구체적인 목표를 제시, 동기유발을 통해 관심과 흥미를 가지게 하고 심신의 여유를 준다. |
|---|---|---|
| 2단계 | 제시(실연) | 새로운 지식이나 기능을 설명하고 이해, 납득시킨다. |
| 3단계 | 적용(실습) | 피교육자가 공감을 느끼게 하고, 과제를 통해 문제해결하게 하거나 기능을 습득시킨다. |
| 4단계 | 확인(평가) | 피교육자가 교육내용을 충분히 이해했는지를 확인하고 평가한다. |

## 23

Repetitive Learning (1회 2회 3회)

헤드십에 관한 설명 중 맞는 것은?

① 권위주의적이기보다는 민주주의적 지휘형태를 따른다.
② 리더십 중 최고의 통솔력을 발휘하는 리더십이다.
③ 공식적인 규정에 의거하여 권한의 귀속 범위가 결정된다.
④ 전문적 지식을 발휘해 조직 구성원들을 결집시키는 리더십이다.

해설

- 헤드십은 리더와 같이 선출된 지도자가 아니라 조직에 의해 임명된 지도자가 행하는 권한행사로 권위적이고, 책임은 상사가 가지며, 구성원에게 일방적으로 지시하는 리더십을 말한다.

**헤드십(Head-ship)**

㉠ 개요

- 리더와 같이 선출된 지도자가 아니라 조직에 의해 임명된 지도자가 행하는 권한행사를 말한다.

㉡ 특징

- 권한의 근거는 공식적인 법과 규정에 의한다.
- 상사와 부하의 관계는 지배적이고 사회적 간격이 넓다.
- 지휘의 형태는 권위적이다.
- 책임은 부하에 있지 않고 상사에게 있다.

1104

## 24

Repetitive Learning (1회 2회 3회)

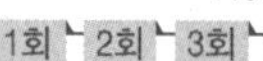

관리 그리드(Managerial grid) 이론에 따른 리더십의 유형 중 과업에는 높은 관심을 보이고 인간관계 유지에는 낮은 관심을 보이는 리더십의 유형은?

① 과업형
② 무기력형
③ 이상형
④ 무관심형

해설

- 과업형은 (9.1)로 표현되는 관리 그리드 이론의 유형으로 생산에 대한 관심은 크지만 인간에 대해서는 무관심한 유형이다.

**관리 그리드(Managerial grid) 이론** 실필 0904

- Blake & Muton에 의해 정리된 리더십 이론이다.
- 리더의 2가지 관심(인간, 생산에 대한 관심)을 축으로 리더십을 분류하였다.
- 이상(Team)형 리더십이 가장 높은 성과를 보여준다고 주장하였다.
- 표현 시 ( ) 안에 앞에는 업무에 대한 관심을, 뒤에는 인간관계에 대한 관심을 표현하고 온점(.)으로 구분한다.

| 높음<br>(9)<br><br>⇑<br>인간에<br>대한<br>관심<br>⇓ | 인기(Country club)형(1.9)<br>• 인간에 대한 관심 지대함<br>• 생산에는 무관심 | | 이상(Team)형(9.9)<br>• 인간에 대한 관심과 생산에 대한 관심이 모두 높음 |
|---|---|---|---|
| | | 중도<br>(Middle of road)형<br>(5.5) | |
| | 무관심<br>(Impoverished)형<br>(1.1)<br>• 인간에 대한 관심과 생산에 대한 관심이 모두 무관심 | | 과업(Task)형(9.1)<br>• 생산에 대한 관심 지대함<br>• 인간에는 무관심 |
| 낮음<br>(1) | ⇐ 생산에 대한 관심 ⇒ | | 높음(9) |

## 25 Repetitive Learning (1회 2회 3회)

Taylor의 과학적 관리와 거리가 먼 것은?

① 시간 - 동작 연구를 적용하였다.
② 생산의 효율성을 상당히 향상시켰다.
③ 인간중심의 관점으로 일을 재설계한다.
④ 인센티브를 도입함으로써 작업자들을 동기화시킬 수 있다.

해설

• 과학적 관리법은 작업을 과업단위로 분류하고 과업에 적합한 작업자를 선발하여 수행하는 과업중심의 과학적 관리법이다.

**과학적 관리법(Scientific management)**

- 테일러(Taylor)에 의해 창안된 과업수행의 분석과 혼합에 대한 이론이다.
- 작업을 과업단위로 분류하고 과업에 적합한 작업자를 선발하여 수행하는 과업중심의 과학적 관리법이다.
- 시간-동작 연구를 적용하였다.
- 시간과 동작 연구를 통한 개선점은 근로자들에게 작업수행의 표준화, 지침으로 교육하게 한다.
- 생산의 효율성을 상당히 향상시켰다.
- 인센티브(차별적 성과급제)를 도입함으로써 작업자들을 동기화시킬 수 있다.

0504 / 0702 / 1102

## 26 Repetitive Learning (1회 2회 3회)

교육방법 중 하나인 사례연구법의 장점으로 볼 수 없는 것은?

① 의사소통 기술이 향상된다.
② 무의식적인 내용의 표현 기회를 준다.
③ 문제를 다양한 관점에서 바라보게 된다.
④ 강의법에 비해 현실적인 문제에 대한 학습이 가능하다.

해설

• 사례연구법은 사례를 중심으로 연구하므로 무의식적인 내용의 표현 기회는 거의 없다.

**사례연구법(Case method)**

㉠ 개요
- 먼저 사례를 발표하고 문제적 사실들과 그의 상호 관계에 대하여 검토하고 대책을 토의하는 방법을 말한다.
- 사례 해결에 직접 참가하여 해결과정에서 판단력을 개발하는 교육방법을 말한다.

㉡ 특징
- 흥미를 유발하여 학습동기를 북돋울 수 있다.
- 의사소통 기술이 향상된다.
- 문제를 다양한 관점에서 바라보게 된다.
- 강의법에 비해 현실적인 문제에 대한 학습이 가능하다.

0501

## 27 Repetitive Learning (1회 2회 3회)

교육훈련 평가의 목적과 관계가 가장 먼 것은?

① 문제해결을 위하여
② 작업자의 적정배치를 위하여
③ 지도 방법을 개선하기 위하여
④ 학습지도를 효과적으로 하기 위하여

해설

• 교육훈련 평가는 작업자의 적정배치 및 지도 방법을 개선하고, 학습지도를 효과적으로 하기 위하여 수행한다.

**교육훈련 평가**

- 교육훈련 평가는 작업자의 적정배치 및 지도 방법을 개선하고, 학습지도를 효과적으로 하기 위하여 수행한다.
- 교육평가의 5요건은 확실성, 신뢰성, 간이성, 객관성, 경제성으로 구성된다.
- 교육훈련 평가는 반응단계 → 학습단계 → 행동단계 → 결과단계의 순으로 진행된다.

정답 | 25 ③ 26 ② 27 ①

0304 / 0601

**28** Repetitive Learning 1회 2회 3회

레빈(Lewin)은 인간의 행동관계를 $B=f(P \cdot E)$라는 공식으로 설명하였다. 여기서 B가 나타내는 뜻으로 맞는 것은?

① 인간의 개념
② 안전 동기부여
③ 인간의 행동
④ 인간 주변의 환경

해설

- $B$는 인간의 행동(Behavior)을 말한다.

레빈(Lewin.K)의 법칙

- 행동 $B=f(P \cdot E)$로 이루어진다. 즉, 인간의 행동($B$)은 개인($P$)과 환경($E$)의 상호 함수관계에 있다고 할 수 있다.
- $B$는 인간의 행동(Behavior)을 말한다.
- $f$는 동기부여를 포함한 함수(Function)이다.
- $P$는 Person 즉, 개체(소질)로 연령, 지능, 경험 등을 의미한다.
- $E$는 Environment 즉, 심리적 환경(인간관계, 작업환경 - 조명, 소음, 온도 등)을 의미한다.

0802

**29** Repetitive Learning 1회 2회 3회

학습전이가 일어나기 가장 쉽고, 좋은 상황은?

① 정보가 많은 대단위로 제시될 때
② 훈련 상황이 실제 작업 장면과 유사할 때
③ 한 가지가 아닌 다양한 훈련기법이 사용될 때
④ "사람 - 직무 - 조직"을 분리시키기 위한 조치들을 시행할 때

해설

- 학습전이란 훈련 기간에 학습된 내용이 실무 상황으로 옮겨져서 사용되는 것을 의미하는데 훈련 상황이 가급적 실제 상황과 유사할수록 전이효과는 높아진다.

학습전이(Transference)

- 학습전이란 훈련 기간에 학습된 내용이 실무 상황으로 옮겨져서 사용되는 정도이다.
- 훈련 상황이 가급적 실제 상황과 유사할수록 전이효과는 높아진다.
- 실제 직무수행에서 훈련된 행동이 나타날 때 보상이 따르면 전이효과는 높아진다.
- 학습전이의 조건에는 학습정도, 학습자의 태도, 학습자의 지능, 유의성, 시간적 간격 등이 있다.

0402 / 1102

**30** Repetitive Learning 1회 2회 3회

다음과 같은 학습의 원칙을 지니고 있는 훈련기법은?

| 관찰에 의한 학습, 실행에 의한 학습, 피드백에 의한 학습 분석과 개념화를 통한 학습 |
|---|

① 역할연기법
② 사례연구법
③ 유사실험법
④ 프로그램 학습법

해설

- 사례연구법은 개인이나 집단, 또는 기관 등을 하나의 단위로 택하여 일정한 사례에 대한 검토를 통해 그 특수성을 정밀하게 연구·조사하는 연구방법이다.
- 유사실험법은 모의법이라고도 하며, 교육방법 중 실제의 장면이나 상태와 극히 유사한 사례를 인위적으로 만들어 그 속에서 학습하도록 하는 교육방법을 말한다.
- 프로그램 학습법은 학생이 자기 학습속도에 따라 프로그램 자료를 가지고 단독으로 학습하도록 하는 교육방법이다.

역할연기법(Role playing)

㉠ 개요
- 집단 심리요법의 하나로서 자기 해방과 타인 체험을 목적으로 하는 체험활동을 통해 대인관계에 있어서의 태도변용이나 통찰력, 자기이해를 목표로 개발된 교육기법이다.
- 참가자에게 흥미와 체험감을 주며, 아는 것과 행동하는 것 사이의 차이를 인식시켜 줄 수 있는 교육방법이다.
- 높은 수준의 의사 결정에 대한 훈련에는 효과를 기대할 수 없다.

㉡ 특징
- 관찰에 의한 학습
- 실행에 의한 학습
- 피드백에 의한 학습 분석과 개념화를 통한 학습

㉢ 장점
- 흥미를 갖고, 문제에 적극적으로 참가한다.
- 문제의 배경에 대하여 통찰하는 능력을 높임으로써 감수성이 향상된다.
- 자기의 태도에 반성과 창조성이 생긴다.
- 의견 발표에 자신이 생기고, 고찰력이 풍부해진다.



28 ③ 29 ② 30 ① 정답

0802 / 2102

## 31 Repetitive Learning (1회 2회 3회)

Off J.T(Off the Job Training)의 특징이 아닌 것은?

① 우수한 강사를 확보할 수 있다.
② 교재, 시설 등을 효과적으로 이용할 수 있다.
③ 개개인의 능력 및 적성에 적합한 세부교육이 가능하다.
④ 다수의 대상자를 일괄적, 체계적으로 교육을 시킬 수 있다.

**해설**

- 개개인의 능력 및 적성에 적합한 세부교육이 가능한 것은 O.J.T (On the Job Training)의 특징이다.

**Off J.T(Off the Job Training)**

㉠ 개요
- 교육대상자를 대상으로 업무현장 밖에서 하는 집단교육을 말한다.

㉡ 형태
- 강의
- 사례연구
- 역할연기
- 집단토론

㉢ 특징

| 구분 | 내용 |
|---|---|
| 장점 | • 교재, 시설 등을 효과적으로 이용할 수 있다.<br>• 업무와 훈련이 동시에 진행되는 것이 아닌 만큼 훈련에만 전념하게 된다.<br>• 외부의 우수한 전문가를 강사로 활용할 수 있다.<br>• 다수의 근로자를 대상으로 일괄적, 조직적, 체계적인 훈련이 가능하다.<br>• 교육생 간 혹은 타 직장의 근로자와 지식이나 경험을 교류할 수 있다. |
| 단점 | • 개인의 안전지도 방법에는 부적당하다.<br>• 교육으로 인해 업무가 중단되는 손실이 발생한다. |

0304 / 1002

## 32 Repetitive Learning (1회 2회 3회)

재해빈발자 중 기능의 부족이나 환경에 익숙하지 못하기 때문에 재해가 자주 발생되는 사람을 의미하는 것은?

① 상황성 누발자　② 습관성 누발자
③ 소질성 누발자　④ 미숙성 누발자

**해설**

- 상황성 누발자란 작업이 어렵거나 설비의 결함, 심신의 근심 때문에 재해를 자주 겪은 사람을 말한다.
- 습관성 누발자란 경험에 의하여 겁을 심하게 먹거나 신경과민이 되는 사람으로 재해를 자주 겪은 사람을 말한다.
- 소질성 누발자란 개인적 잠재요인이나 개인의 특수한 성격으로 인해 재해를 자주 겪은 사람을 말한다.

**재해빈발자**

| 구분 | 내용 |
|---|---|
| 미숙성 누발자 | 기능의 부족이나 환경에 익숙하지 못하기 때문에 재해를 자주 겪은 사람 |
| 상황성 누발자 | 작업이 어렵거나 설비의 결함, 심신의 근심 때문에 재해를 자주 겪은 사람 |
| 습관성 누발자 | 경험에 의하여 겁을 심하게 먹거나 신경과민이 되는 사람으로 재해를 자주 겪은 사람 |
| 소질성 누발자 | 개인적 잠재요인이나 개인의 특수한 성격으로 인해 재해를 자주 겪은 사람 |

1204 / 2202

## 33 Repetitive Learning (1회 2회 3회)

산업안전보건법령상 사업 내 안전·보건교육에 있어 특별안전·보건교육 대상 작업에 해당하지 않는 것은?

① 굴착면의 높이가 5m 되는 암석의 굴착작업
② 5m인 구축물을 대상으로 콘크리트 파쇄기를 사용하여 하는 파쇄작업
③ 흙막이 지보공의 보강 또는 동바리를 설치하거나 해체하는 작업
④ 휴대용 목재가공기계를 3대 보유한 사업장에서 해당 기계로 하는 작업

**해설**

- 목재가공용 기계를 5대 이상 보유한 사업장의 경우 해당 기계로 하는 작업의 경우는 특별 안전·보건교육 대상 작업에 해당한다. 3대는 5대 미만이므로 특별 안전·보건교육 대상 작업에 해당하지 않는다.

**목재가공용 기계를 5대 이상 보유한 사업장의 경우 해당 기계로 하는 작업의 경우 특별 안전·보건교육 내용**
- 목재가공용 기계의 특성과 위험성에 관한 사항
- 방호장치의 종류와 구조 및 취급에 관한 사항
- 안전기준에 관한 사항
- 안전작업방법 및 목재 취급에 관한 사항
- 그 밖에 안전·보건관리에 필요한 사항

1204 / 1404

## 34 Repetitive Learning (1회 2회 3회)

운동의 시지각이 아닌 것은?

① 자동운동(自動運動)
② 유도운동(誘導運動)
③ 항상운동(恒常運動)
④ 가현운동(假現運動)

정답 | 31 ③ 32 ④ 33 ④ 34 ③

해설

- 운동의 시지각에는 자동운동, 유도운동, 가현운동 등이 있다.

∷ 운동의 시지각
- 자동운동, 유도운동, 가현운동 등이 있다.
- 자동운동은 암실 내의 정지된 소광점을 응시하고 있으면 그 광점이 움직이는 것처럼 보이는 현상으로 어두울 때 생기는 착각현상이다.
- 유도운동은 인간의 착각현상 중에서 실제로 움직이지 않는 것이 어느 기준의 이동에 의하여 움직이는 것처럼 느껴지는 현상을 말한다.
- 가현운동은 객관적으로 정지하고 있는 대상물이 급속히 나타난다든가 소멸하는 것으로 인하여 일어나는 운동으로 마치 대상물이 운동하는 것처럼 인식되는 현상을 말한다.

## 35

Repetitive Learning (1회 2회 3회)

시각 정보 등을 받아들일 때 주의를 기울이면 시선이 집중되는 곳의 정보는 잘 받아들이나 주변부의 정보는 놓치기 쉬운 것은 주의력의 어떤 특성과 관련이 있는가?

① 주의의 선택성
② 주의의 변동성
③ 주의의 방향성
④ 주의의 시분할성

해설

- 주의의 특징에는 선택성, 방향성, 변동성이 있다.
- 변동성은 주의는 일정하게 유지되는 것이 아니라 일정한 주기로 부주의하는 리듬이 존재한다는 개념을 말한다.
- 방향성은 공간적으로 보면 시선의 주시점만 인지하는 기능으로 한 지점에 주의를 집중하면 다른 곳의 주의가 약해지는 성질을 말한다.

∷ 주의(Attention)의 특징
- 선택성 – 여러 종류의 자극을 자각할 때, 소수의 특정한 것에 한하여 주의가 집중되는 것으로 인간의 주의력은 한계가 있어 여러 작업에 대해 선택적으로 배분된다는 의미로 시각 정보 등을 받아들일 때 주의를 기울이면 시선이 집중되는 곳의 정보는 잘 받아들이나 주변부의 정보는 놓치기 쉬운 경우에 해당한다.
- 방향성 – 공간적으로 보면 시선의 주시점만 인지하는 기능으로 한 지점에 주의를 집중하면 다른 곳의 주의가 약해지는 성질이다.
- 변동성 – 주의는 일정하게 유지되는 것이 아니라 일정한 주기로 부주의하는 리듬이 존재한다.

1204

## 36

Repetitive Learning (1회 2회 3회)

인간이 충족시키고자 추구하는 욕구에 있어 가장 강력한 욕구는?

① 안전의 욕구　　② 생리적 욕구
③ 자아실현의 욕구　　④ 애정 및 귀속의 욕구

해설

- 매슬로우는 인간의 가장 기초적인 욕구이면서 강력한 욕구를 생리적 욕구로 보았다.

∷ 매슬로우(Maslow)의 욕구위계(욕구이론)

㉠ 개요
- 생리적 욕구 – 안전의 욕구 – 사회적 욕구 – 인정받으려는 욕구 – 자아실현의 욕구 순으로 발생한다.
- 행동은 충족되지 않은 욕구에 의해 결정되고 좌우된다.
- 개인의 가장 기본적인 욕구로부터 시작하여 위계상 상위 욕구로 올라가면서 자신의 욕구를 체계적으로 충족시킨다.
- 위계(位階)에서 생존을 위해 기본이 되는 욕구들이 우선적으로 충족되어야 한다. 즉, 하위 단계의 욕구가 충족되어야 더 높은 단계의 욕구가 발생한다.

㉡ 위계의 내용 실필 0901

| 단계별 | 욕구의 명칭 | 설명 | 관리감독자의 능력 |
|---|---|---|---|
| 1단계 | 생리적 욕구 | 인간의 가장 기초적인 욕구에 해당한다. | – |
| 2단계 | 안전의 욕구 | 생존에 대한 욕구에 해당한다. | 기술적 능력 |
| 3단계 | 사회적 욕구 | 가족, 친구 등 애정과 소속에 대한 욕구에 해당한다. | – |
| 4단계 | 인정받으려는 욕구 (존경과 긍지에 대한 욕구) | 명예, 신망, 위신, 지위 등과 관계가 깊다. | 포괄적 능력 |
| 5단계 | 자아실현의 욕구 | 가장 고차원적인 욕구에 해당한다. | 종합적 능력 |

1302

## 37

Repetitive Learning 

작업장의 정리정돈 태만 등 생략행위를 유발하는 심리적 요인에 해당하는 것은?

① 폐합의 요인　　② 간결성의 원리
③ Risk taking의 원리　　④ 주의의 일점집중 현상



35 ① 36 ② 37 ② 정답

해설

- 최소의 에너지에 의해 어떤 목적에 다다르도록 하는 경향으로 착각, 착오, 생략, 단락 등의 심리적 요인이 되는 것은 간결성의 원리이다.

:: 게슈탈트 심리학과 작업장

- 폐합의 원리 – 완성되지 않은 형태를 완성시켜 인지하는 것으로 작업장 공구들을 정리정돈 하는 데서 찾을 수 있다.
- 간결성의 원리 – 특정 대상을 가능한 가장 단순하고 간결하게 인지하는 것으로 작업장 정리정돈을 생략하려는 데서 찾을 수 있다.

1304

## 38

Repetitive Learning (1회 2회 3회)

안전태도교육의 특징으로 적절하지 않은 것은?

① 청취한다.
② 모범을 보인다.
③ 권장, 평가한다.
④ 벌을 주지 않고 칭찬만 한다.

해설

- 태도교육은 청취 → 이해 및 납득 → 모범 → 평가와 권장 → 장려 및 처벌의 과정을 거친다.

:: 안전태도교육(안전교육의 제3단계)

㉠ 개요

- 생활지도, 작업동작지도 등을 통한 안전의 습관화를 위한 교육이다.
- 안전한 작업방법을 알고는 있으나 시행하지 않는 사람에게 직장규율, 안전규율 등을 몸에 익히게 하는 교육이다.
- 안전작업에 대한 몸가짐에 관하여 교육하며 면접이 태도교육에 가장 적합한 교육방법이다.
- 보호구 취급과 관리자세의 확립, 안전에 대한 가치관을 형성하는 교육이다.

㉡ 태도교육 4단계

- 청취한다.(Hearing)
- 이해 및 납득시킨다.(Understand)
- 모범을 보인다.(Example)
- 평가하고 권장한다.(Evaluation)

## 39

Repetitive Learning (1회 2회 3회)

Maslow의 욕구위계와 Alderfer의 욕구위계에 대한 설명으로 틀린 것은?

① Maslow의 욕구위계 중 가장 상위에 있는 욕구는 자아실현의 욕구이다.
② Maslow는 욕구의 위계성을 강조하여, 하위의 욕구가 충족된 후에 상위욕구가 생긴다고 주장하였다.
③ Alderfer는 Maslow와 달리 여러 개의 욕구가 동시에 활성화될 수 있다고 주장하였다.
④ Alderfer의 생존욕구는 Maslow의 생리적 욕구, 물리적 안전, 그리고 대인관계에서의 안전의 개념과 유사하다.

해설

- Maslow의 대인관계에서의 안전은 사회적 욕구에 해당하므로 이는 알더퍼의 관계 욕구(R)와 관련된다.

:: 허츠버그의 위생–동기이론, 매슬로우의 욕구 5단계 이론, 맥그리거의 X · Y이론, 알더퍼 ERG이론의 상호관계 실필 0901

| | 매슬로우 욕구단계론 | 허츠버그 위생동기이론 | 맥그리거 X · Y이론 | 알더퍼 ERG이론 |
|---|---|---|---|---|
| 제5단계 | 자아실현의 욕구 | 동기 요인 | Y이론 | 성장 욕구(G) |
| 제4단계 | 인정받으려는 욕구 | | | 관계 욕구(R) |
| 제3단계 | 사회적 욕구 | 위생 요인 | X이론 | |
| 제2단계 | 안전 욕구 | | | 생존 욕구(E) |
| 제1단계 | 생리적욕구 | | | |

## 40

Repetitive Learning (1회 2회 3회)

조직에서 의사소통망은 조직 내의 구성원들 간에 정보를 교환하는 경로구조를 의미하는데, 이 의사소통망의 유형이 아닌 것은?

① 원형　② X자형
③ 사슬형　④ 수레바퀴형

해설

- 의사소통망의 유형에는 원형, 사슬형, 라인형, 수레바퀴형이 있다.

:: 의사소통

| | | |
|---|---|---|
| 구성요소 | • 채널<br>• 수신자 | • 메시지<br>• 발신자 |
| 소통망 | • 원형<br>• 라인형 | • 사슬형<br>• 수레바퀴형 |

0301

## 41

Repetitive Learning (1회 2회 3회)

정신작업의 생리적 척도가 아닌 것은?

① EEG ② EMG
③ 심박수 ④ 부정맥

해설

- EMG는 근전도 검사로 인간의 생리적 부담 척도 중 국소적 근육 활동의 척도로 가장 적합한 변수이다.

생리적 척도
- 인간-기계 시스템을 평가하는 데 사용하는 인간기준 척도 중 하나이다.
- 중추신경계 활동에 관여하므로 그 활동 및 징후를 측정할 수 있다.
- 정신적 작업부하 척도 가운데 직무수행 중에 계속해서 자료를 수집할 수 있고, 부수적인 활동이 필요 없는 장점을 가진 척도이다.
- 정신작업의 생리적 척도는 EEG(수면뇌파), 심박수, 부정맥, 점멸융합주파수, J.N.D(Just-Noticeable Difference) 등을 통해 확인할 수 있다.
- 육체작업의 생리적 척도는 EMG(근전도), 맥박수, 산소소비량, 폐활량, 작업량 등을 통해 확인할 수 있다.

1201

## 42

Repetitive Learning (1회 2회 3회)

화학설비의 안전성 평가단계 중 "관계 자료의 작성 준비"에 있어 관계 자료의 조사항목과 가장 관계가 먼 것은?

① 온도, 압력 ② 화학설비 배치도
③ 공정기기 목록 ④ 입지에 관한 도표

해설

- 화학설비 안전성 평가의 첫 번째 단계는 관계 자료의 작성 준비 단계로 공장입지 및 각종 설비의 배치 등에 대한 자료를 준비하며, 온도와 압력은 3단계의 정량적 평가항목에 해당한다.

관계자료 조사항목
- 입지에 관한 도표
- 공정기기 목록
- 화학설비 배치도
- 공정계통도
- 기계실, 전기실, 건조물의 평면도, 단면도, 입면도
- 제조공정의 개요 및 화학반응 등

2102

## 43

Repetitive Learning (1회 2회 3회)

인간공학 연구방법 중 실제의 제품이나 시스템이 추구하는 특성 및 수준이 달성되는지를 비교하고 분석하는 것은 어떤 연구에 속하는가?

① 조사연구
② 실험연구
③ 분석연구
④ 평가연구

해설

- 인간공학의 연구방법에는 묘사연구, 실험연구, 평가연구 등이 있다.
- 실험연구는 작업 성능에 대한 시뮬레이션으로 실험조건을 조절하기 용이하다.

인간공학 연구방법
- 묘사(Descriptive)연구 – 인간기준을 사용한 현장 연구로 현실적인 작업변수를 설정하여 사용가능하여 일반화가 가능한 장점을 갖는다.
- 실험(Experimental)연구 – 작업 성능에 대한 시뮬레이션으로 실험조건을 조절하기 용이하다.
- 평가(Evaluation)연구 – 실제의 제품이나 시스템이 추구하는 특성 및 수준이 달성되는지를 비교하고 분석한다.

0504

## 44

Repetitive Learning (1회 2회 3회)

인간의 눈의 부위 중에서 실제로 빛을 수용하여 두뇌로 전달하는 역할을 하는 부분은?

① 망막
② 각막
③ 눈동자
④ 수정체

해설

- 각막은 안구 표면의 투명한 막으로 외부로부터 눈을 보호한다.
- 눈동자는 동공이라고 하며, 홍채의 중심에 위치한 원 모양의 빈 공간으로서 이 부분을 통해 외부의 빛이 망막까지 전해진다.
- 수정체는 눈 안에 있는 양면이 볼록한 렌즈 형태의 투명한 조직으로 빛이 통과할 때 빛을 모아주는 역할을 한다.



41 ② 42 ① 43 ④ 44 ① 정답

**눈의 구조**

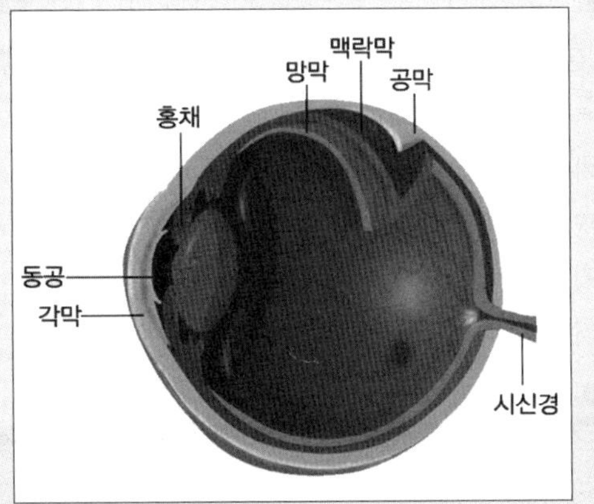


- 각막 : 안구 표면의 투명한 막으로 외부로부터 눈을 보호한다.
- 맥락막 : 0.2 ~ 0.5mm 의 두께가 얇은 암흑갈색의 막으로 색소세포가 있어 암실처럼 빛을 차단하면서 망막 내면을 덮고 있다.
- 수정체 : 눈 안에 있는 양면이 볼록한 렌즈 형태의 투명한 조직으로 빛이 통과할 때 빛을 모아주는 역할을 한다.
- 공막 : 안구를 싸고 있는 흰색 막으로 눈의 흰자위에 해당하는 부분이다. 안구를 보호하면서 움직이는 근육을 가지고 있다.
- 망막 : 안구의 가장 안쪽을 덮고 있는 신경조직으로 빛에 대한 정보를 전기적 정보로 전환하여 뇌로 전달하는 역할을 한다.
- 중심와 : 망막의 중심부에 위치하여 상의 초점이 맺히는 부분으로 색채의 지각을 담당하는 추상체가 밀집한 부분이다.

## 45

Repetitive Learning (1회 2회 3회)

운용위험분석(OHA)의 내용으로 틀린 것은?

① 위험 혹은 안전장치의 제공, 안전방호구를 제거하기 위한 설계변경이 준비되어야 한다.

② 운용위험분석(OHA)은 일반적으로 결함위험분석(FHA)이나 예비위험분석(PHA)보다 복잡하다.

③ 운용위험분석(OHA)은 시스템이 저장되고 실행됨에 따라 발생하는 작동시스템의 기능 등의 위험에 초점을 맞춘다.

④ 안전의 기본적 관련사항으로 시스템의 서비스, 훈련, 취급, 저장, 수송하기 위한 특수한 절차가 준비되어야 한다.

해설

- 운용위험분석(OHA)은 일반적으로 결함위험분석(FHA)이나 예비위험분석(PHA)보다 복잡하지 않다.

**운용위험분석(OHA : Operating Hazard Analysis)**

㉠ 개요

- 시스템이 저장되어 이동되고 실행됨에 따라 발생하는 작동시스템의 기능이나 과업, 활동으로부터 발생되는 위험에 초점을 맞춘 위험분석 방법이다.
- 시스템의 정의 및 개발 단계에서 실행한다.
- 운용 및 지원 위험분석(O&SHA)방법은 생산, 보전, 시험, 운반, 저장, 비상탈출 등에 사용되는 인원, 설비에 관하여 위험을 동정(同定)하고 제어하며, 그들의 안전요건을 결정하기 위하여 실시하는 분석기법이다.

㉡ 내용

- 위험 혹은 안전장치의 제공, 안전방호구를 제거하기 위한 설계변경이 준비되어야 한다.
- 안전의 기본적 관련사항으로 시스템의 서비스, 훈련, 취급, 저장, 수송하기 위한 특수한 절차가 준비되어야 한다.

## 46

Repetitive Learning (1회 2회 3회)

소음에 의한 청력 손실이 가장 크게 나타나는 주파수대는?

① 2,000Hz　　② 10,000Hz
③ 4,000Hz　　④ 20,000Hz

해설

- 역치변화가 큰 4,000Hz 주파수에서 소음에 의한 청력손실이 가장 크게 나타나 검사음으로 사용한다.

**소음노출로 인한 청력 손실**

- 2,400 ~ 4,800Hz 범위의 소음이 청력에 가장 나쁜 영향을 미친다.
- 청력손실의 정도와 노출된 소음수준은 비례관계가 있다.
- 약한 소음에 대해서는 노출기간과 청력손실 간에 관계가 없다.
- 강한 소음에 대해서는 노출기간에 따라 청력손실도 증가한다.

1301 / 1501 / 1901

## 47

Repetitive Learning (1회 2회 3회)

제조업의 유해·위험방지계획서 제출 대상 사업장에서 제출하여야 하는 유해·위험방지계획서의 첨부서류와 가장 거리가 먼 것은?

① 공사개요서

② 기계·설비의 배치도면

③ 건축물 각 층의 평면도

④ 원재료 및 제품의 취급, 제조 등의 작업방법의 개요

정답 | 45 ② 46 ③ 47 ①

해설

- 공사개요서는 건설업 유해·위험방지계획서 제출 시 첨부서류에 해당한다.

**유해·위험방지계획서의 제출**

- 제출대상 사업장의 규모는 전기 계약용량이 300kW 이상인 사업장이다.
- 건설물·기계·기구 및 설비 등 일체를 설치·이전하거나 그 주요 구조부분을 변경할 때에는 고용노동부장관(한국산업안전보건공단)에게 유해·위험방지계획서를 제출하여야 한다.
- 제조업 유해·위험방지계획서의 제출 시 첨부서류는 건축물 각 층의 평면도, 기계·설비의 개요를 나타내는 서류, 기계·설비의 배치도면, 원재료 및 제품의 취급, 제조 등의 작업방법의 개요 등이다.
- 제조업의 경우는 해당 작업시작 15일 전에 제출한다.
- 건설업의 경우는 공사의 착공 전날까지 제출한다.

1201

## 48 Repetitive Learning (1회 2회 3회)

체계 설계 과정의 주요 단계가 다음과 같을 때 인간·하드웨어·소프트웨어의 기능 할당, 인간성능 요건 명세, 직무분석, 작업설계 등의 활동을 하는 단계는?

| | |
|---|---|
| • 목표 및 성능 명세 결정 | • 체계의 정의 |
| • 기본 설계 | • 계면 설계 |
| • 촉진물 설계 | • 시험 및 평가 |

① 계면 설계 ② 체계의 정의
③ 기본 설계 ④ 촉진물 설계

해설

- 계면 설계 단계는 4단계로 작업공간, 화면설계, 표시 및 조종장치 등의 설계단계이다.
- 체계의 정의 단계는 2단계로 목표 달성을 위해 필요한 기능의 결정단계이다.
- 촉진물 설계 단계는 5단계로 성능보조자료, 훈련도구 등 보조물 계획단계이다.

**인간-기계 시스템의 설계 과정**

| | | |
|---|---|---|
| 1단계 | 시스템의 목표와 성능 명세 결정 | 목적 및 존재 이유에 대한 개괄적 표현 |
| 2단계 | 시스템의 정의 | 목표 달성을 위해 필요한 기능의 결정 |
| 3단계 | 기본 설계 | 기능의 할당, 인간성능 요건 명세, 직무분석, 작업설계 |
| 4단계 | 인터페이스 설계 | 작업공간, 화면설계, 표시 및 조종장치 |
| 5단계 | 보조물 설계 혹은 편의수단 설계 | 성능보조자료, 훈련도구 등 보조물 계획 |
| 6단계 | 평가 | – |

1004 / 1401

## 49 Repetitive Learning (1회 2회 3회)

은행창구나 슈퍼마켓의 계산대를 설계하는 데 가장 적합한 인체 측정 자료의 응용원칙은?

① 가변적(조절식) 설계원칙
② 평균치를 이용한 설계원칙
③ 최소 집단치를 이용한 설계원칙
④ 최대 집단치를 이용한 설계원칙

해설

- 조절식 설계는 의자의 위치 및 높이, 자동차 운전석 의자의 위치와 높이 등에 이용된다.
- 최대치 설계는 출입문의 높이, 좌석 간의 거리, 통로의 폭, 와이어로프의 사용중량, 위험구역 울타리 등에 이용된다.
- 최소치 설계는 선반의 높이, 조종장치까지의 거리, 비상벨의 위치 등에 이용된다.

**인체 측정 자료의 응용원칙**

| | |
|---|---|
| 최소치수를 이용한 설계 | 선반의 높이, 조종장치까지의 거리, 비상벨의 위치 등 |
| 최대치수를 이용한 설계 | 출입문의 높이, 좌석 간의 거리, 통로의 폭, 와이어로프의 사용중량, 위험구역 울타리 등 |
| 조절식 설계 | 의자의 위치 및 높이, 자동차 운전석 의자의 위치와 높이 등 |
| 평균치를 이용한 설계 | 전동차의 손잡이 높이, 안내데스크, 은행의 접수대 높이, 공원의 벤치 높이 |

0501 / 0701

## 50 Repetitive Learning (1회 2회 3회)

단순반복작업으로 인하여 발생되는 건강장애 즉, CTDs의 발생요인이 아닌 것은?

① 긴 작업주기 ② 과도한 힘의 요구
③ 장시간의 진동 ④ 부적합한 작업자세

해설

- 주기가 길다는 것은 반복되는 시간과의 간격이 멀다는 의미로 반복 작업이라고 보기 힘들다. CTDs의 발생요인이 되려면 작업주기가 짧은 즉, 반복되는 동작이어야 한다.

**근골격계 질환**

- 단순반복작업 또는 인체에 과도한 부담을 주는 작업량·작업속도·작업강도 및 작업장 구조 등에 따라 노동부장관이 고시하는 작업을 말한다.
- 반복적인 동작, 부적절한 작업자세, 무리한 힘의 사용, 날카로운 면과의 신체접촉, 진동 및 온도 등의 요인에 의하여 목, 어깨, 허리, 상·하지의 신경·근육 및 그 주변조직 등에 나타나는 질환을 말한다.



48 ③ 49 ② 50 ① 정답

## 51

Repetitive Learning 1회 2회 3회

그림과 같이 여러 구성요소가 직렬과 병렬로 혼합 연결되어 있을 때, 시스템의 신뢰도는 약 얼마인가?(단, 숫자는 각 구성요소의 신뢰도이다)

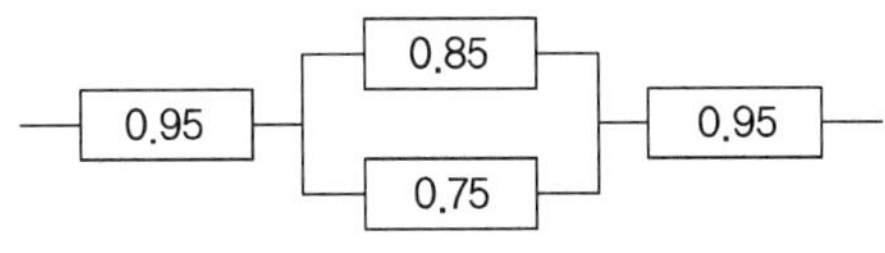


① 0.741　　② 0.812
③ 0.869　　④ 0.904

**해설**

- 먼저 병렬로 연결된 시스템의 신뢰도를 구하면 $1-(1-0.85)\times(1-0.75)=1-(0.15\times0.25)=1-0.0375=0.9625$가 된다.
- 위의 결과와 나머지 부품과의 직렬연결은 $0.95\times0.9625\times0.95=0.868656$이다.

**:: 시스템의 신뢰도**

㉠ AND(직렬)연결 시
- 시스템의 신뢰도($R_s$)는 부품 a, 부품 b 신뢰도를 각각 $R_a$, $R_b$라 할 때 $R_s=R_a\times R_b$로 구할 수 있다.

㉡ OR(병렬)연결 시
- 시스템의 신뢰도($R_s$)는 부품 a, 부품 b 신뢰도를 각각 $R_a$, $R_b$라 할 때 $R_s=1-(1-R_a)\times(1-R_b)$로 구할 수 있다.

1401

## 52

Repetitive Learning 1회 2회 3회

다음 중 FT의 작성방법에 관한 설명으로 틀린 것은?

① 정성·정량적으로 해석·평가하기 전에는 FT를 간소화해야 한다.
② 정상(Top)사상과 기본사상과의 관계는 논리게이트를 이용해 도해한다.
③ FT를 작성하려면, 먼저 분석대상 시스템을 완전히 이해하여야 한다.
④ FT 작성을 쉽게 하기 위해서는 정상(Top)사상을 최대한 광범위하게 정의한다.

**해설**

- FT 작성의 첫 번째 단계는 정상(Top)사상의 선정이다. 이의 선정이 정확해야 분석결과에 신뢰성이 부여된다. 정상사상을 광범위하게 정의할 경우 원하는 분석을 하기 힘들다.

**:: 결함수분석(FTA)에 의한 재해사례의 연구 순서**

| 단계 | 내용 |
|---|---|
| 1단계 | 정상(Top)사상의 선정 |
| 2단계 | 사상마다 재해원인 및 요인 규명 |
| 3단계 | FT(Fault Tree)도 작성 |
| 4단계 | 개선계획의 작성 |
| 5단계 | 개선안 실시계획 |

0804 / 2202

## 53

Repetitive Learning 1회 2회 3회

그림과 같은 FT도에 대한 최소 컷 셋(Minimal cut sets)으로 맞는 것은?(단, Fussell의 알고리즘을 따른다)

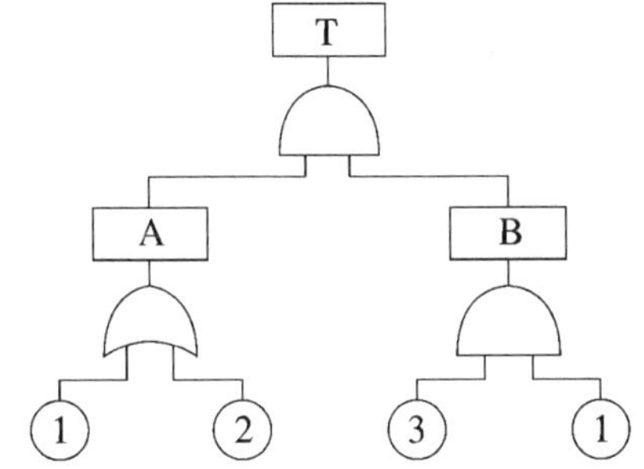


① {1, 2}
② {1, 3}
③ {2, 3}
④ {1, 2, 3}

**해설**

- A는 OR 게이트이므로 (①+②), B는 AND 게이트이므로 (①③)이다.
- T는 A와 B의 AND 연산이므로 (①+②)(①③)로 표시된다.
- FT도를 간략화시키면
  (①+②)①③ = ①③ + ①②③ = ①③(1+②) = ①③이 된다.
  (∵ 1+② = 1이므로)

**:: 최소 컷 셋(Minimal cut sets)**

- 컷 셋 중에 타 컷 셋을 포함하고 있는 것을 배제하고 남은 컷 셋들을 의미한다.
- 사고에 대한 시스템의 약점을 표현한다.
- 정상사상(Top 사상)을 일으키는 최소한의 집합이다.
- 일반적으로 Fussell algorithm을 이용한다.
- 시스템에서 최소 컷 셋의 개수가 늘어나면 위험수준이 높아진다.

정답 | 51 ③ 52 ④ 53 ②

## 54

Repetitive Learning (1회 2회 3회)

다음 설명에 해당하는 인간의 오류모형은?

> 상황이나 목표의 해석은 정확하나 의도와는 다른 행동을 한 경우

① 실수(Slip) ② 착오(Mistake)
③ 위반(Violation) ④ 건망증(Lapse)

**해설**

- 착오(Mistake)는 상황해석을 잘못하거나 목표를 잘못 이해하고 착각하여 행하는 인간의 실수를 말한다.
- 건망증(Lapse)은 일련의 과정에서 일부를 빠뜨리거나 기억의 실패에 의해 발생하는 오류이다.
- 위반(Violation)은 규칙을 알고 있음에도 의도적으로 따르지 않거나 무시한 경우에 발생하는 오류이다.

**인간의 다양한 오류모형**

| | |
|---|---|
| 착각(Illusion) | 감각적으로 물리현상을 왜곡하는 지각 오류 |
| 착오(Mistake) | 상황해석을 잘못하거나 목표를 잘못 이해하고 착각하여 행하는 인간의 실수로 위치, 순서, 패턴, 형상, 기억오류 등 외부적 요인에 의해 나타나는 오류 |
| 실수(Slip) | 의도는 올바른 것이었지만, 행동이 의도한 것과는 다르게 나타나는 오류 |
| 건망증(Lapse) | 일련의 과정에서 일부를 빠뜨리거나 기억의 실패에 의해 발생하는 오류 |
| 위반(Violation) | 정해진 규칙을 알고 있음에도 의도적으로 따르지 않거나 무시한 경우에 발생하는 오류 |

1101 / 1204 / 1304 / 2104

## 55

Repetitive Learning (1회 2회 3회)

결함수분석(FTA)에 의한 재해사례의 연구 순서가 다음과 같을 때 올바른 순서대로 나열한 것은?

> ㉠ FT(Fault Tree)도 작성
> ㉡ 개선안 실시계획
> ㉢ 톱사상의 선정
> ㉣ 사상마다 재해원인 및 요인 규명
> ㉤ 개선계획 작성

① ㉣ → ㉤ → ㉢ → ㉠ → ㉡
② ㉡ → ㉣ → ㉢ → ㉤ → ㉠
③ ㉢ → ㉣ → ㉠ → ㉤ → ㉡
④ ㉤ → ㉢ → ㉡ → ㉠ → ㉣

**해설**

- 결함수분석에서 가장 먼저 실시하는 것은 정상(Top)사상의 선정이다.

**결함수분석(FTA)에 의한 재해사례의 연구 순서**
문제 52번의 유형별 핵심이론 참조

1202

## 56

Repetitive Learning (1회 2회 3회)

경보사이렌으로부터 10m 떨어진 곳에서 음압수준이 140dB이면 100m 떨어진 곳에서 음의 강도는 얼마인가?

① 100dB ② 110dB
③ 120dB ④ 140dB

**해설**

- $dB_2 = dB_1 - 20\log\left(\frac{P_2}{P_1}\right)$에서 $dB_1$=140, $P_1$= 10, $P_2$=100를 대입하면 $dB_2 = 140 - 20\log\left(\frac{100}{10}\right)$이다. 140−20 = 120이다.

**음압수준**

- 음압(Sound pressure)은 물리적으로 측정한 음의 크기를 말한다.
- 소음원으로부터 $P_1$만큼 떨어진 위치에서 음압수준이 $dB_1$일 경우 $P_2$만큼 떨어진 위치에서의 음압수준은 $dB_2 = dB_1 - 20\log\left(\frac{P_2}{P_1}\right)$로 구한다.
- 소음원으로부터 거리와 음압수준은 역비례한다.

1301 / 1602 / 1902

## 57

Repetitive Learning (1회 2회 3회)

FTA에서 사용하는 수정게이트의 종류에서 3개의 입력현상 중 2개가 발생할 경우 출력이 생기는 것은?

① 위험지속기호 ② 조합 AND 게이트
③ 배타적 OR 게이트 ④ 우선적 AND 게이트

**해설**

- 위험지속기호는 입력현상이 발생하여 어떤 일정 시간이 지속된 후 출력이 발생하는 것을 나타내는 게이트나 기호이다.
- 배타적 OR 게이트(Exclusive OR gate)는 OR 게이트의 특별한 경우로 2개 또는 그 이상의 입력이 동시에 존재하는 경우에는 출력이 생기지 않는 게이트이다.
- 우선적 AND 게이트는 AND 게이트의 특별한 경우로 여러 개의 입력사상이 정해진 순서에 따라 순차적으로 발생해야만 결과가 출력된다.



54 ① 55 ③ 56 ③ 57 ② 정답

**조합 AND 게이트**

- 3개의 입력현상 중 임의의 시간에 2개의 입력사상이 발생할 경우 출력이 생기는 기호이다.
- 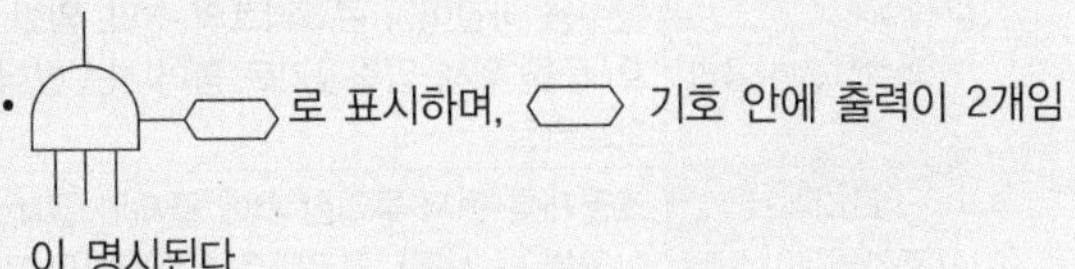 로 표시하며, ⬭ 기호 안에 출력이 2개임이 명시된다.

## 58

Repetitive Learning (1회 2회 3회)

착석식 작업대의 높이 설계를 할 경우에 고려해야 할 사항과 관계가 먼 것은?

① 대퇴 여유　② 작업대의 두께

③ 의자의 높이　④ 작업대의 형태

**해설**

- 착석식 작업대의 높이 설계를 할 경우 고려해야 할 사항에는 ①, ②, ③ 외에 작업의 성질 등이 있다.

**착석식 작업대의 높이 설계를 할 경우 고려해야 할 사항**

- 대퇴 여유
- 의자의 높이
- 작업대의 두께
- 작업의 성질

1102

## 59

Repetitive Learning (1회 2회 3회)

기업에서 보전효과 측정을 위해 일반적으로 사용되는 평가요소를 잘못 나타낸 것은?

① 제품단위당보전비 = 총보전비 / 제품수량

② 설비고장도수율 = 설비가동시간 / 설비고장건수

③ 계획공사율 = 계획공사공수(工數) / 전공수(全工數))

④ 운전1시간당 보건비 = 총보건비 / 설비운전시간

**해설**

- 설비고장도수율은 설비고장건수 / 설비가동시간으로 구한다.

**보전효과의 평가지표**

㉠ 설비종합효율

- 설비종합효율은 설비의 활용이 어느 정도 효율적으로 이뤄지는지를 평가하는 척도이다.
- 시간가동률 × 성능가동률 × 양품률로 구한다.
- 시간가동률은 정지손실의 크기로 (부하시간-정지시간) / 부하시간으로 구한다.
- 성능가동률은 성능손실의 크기로 속도가동률 × 정미가동률로 구한다.
- 양품률은 불량손실의 크기를 말한다.

㉡ 기타 평가요소

- 제품단위당 보전비 = 총보전비 / 제품수량
- 설비고장도수율 = 설비고장건수 / 설비가동시간
- 계획공사율 = 계획공사공수(工數) / 전공수(全工數))
- 운전1시간당 보건비 = 총보건비 / 설비운전시간
- 정미(실질)가동률 = 실질가동시간 / 가동시간 × 100 = (생산량 × 실제 주기시간) / 가동시간 × 100

1001

## 60

Repetitive Learning (1회 2회 3회)

실내 면(面)의 추천 반사율이 가장 높은 것은?

① 벽

② 가구

③ 바닥

④ 천장

**해설**

- 옥내 조명에서 최적 반사율의 크기는 바닥 < 가구 < 벽 < 천장 순으로 커진다.

**실내 면 반사율**

㉠ 개요

- 빛을 포함한 여러 종류의 복사파가 물체의 표면에서 어느 정도 반사되는지를 나타낸다.
- 반사율 $= \frac{광도}{조도} \times 100$으로 구한다.
- 옥내 조명에서 최적 반사율의 크기는 바닥 < 가구 < 벽 < 천장 순으로 커진다.
- 반사율이 각각 $L_a, L_b$ 인 두 물체의 대비는 $\frac{L_a - L_b}{L_a} \times 100$으로 구한다.

㉡ 실내 면의 추천 반사율

| 천장 | 80 ~ 90% |
|---|---|
| 벽 | 40 ~ 60% |
| 가구 및 사무용 기기 | 25 ~ 45% |
| 바닥 | 20 ~ 40% |

1304

## 61

Repetitive Learning (1회 2회 3회)

특수콘크리트에 관한 설명 중 옳지 않은 것은?

① 한중콘크리트는 동해를 받지 않도록 시멘트를 가열하여 사용한다.
② 경량콘크리트는 자중이 적고, 단열효과가 우수하다.
③ 중량콘크리트는 방사선 차폐용으로 사용된다.
④ 매스콘크리트는 수화열이 적은 시멘트를 사용한다.

**해설**

• 한중콘크리트는 동결방지를 위해 시공하는 콘크리트로 물과 골재는 가열하지만 시멘트는 가열해서는 안 된다.

:: 특수콘크리트의 종류

㉠ 특수 환경에 의한 분류

| 구분 | 내용 |
|---|---|
| 한중 콘크리트 | • 일 평균기온이 4℃ 이하인 곳에서 동결을 방지하기 위해 시공하는 콘크리트<br>• 물을 가열하여 사용하는 것을 원칙으로 하며, 시멘트는 가열해서는 안 된다. |
| 서중 콘크리트 | • 일 평균기온이 25℃, 최고온도가 30℃를 초과하는 시기 및 장소에서 사용하는 콘크리트<br>• 골재와 물은 가능한 저온상태에서 사용하고, 온도상승으로 동일 슬럼프를 얻기 위한 단위수량이 증가한다. |
| 해양 콘크리트 | 파도 및 해수의 작용을 받는 구조물에 사용하는 콘크리트 |
| 수중 콘크리트 | 담수, 해수 등 수중에 타설하는 콘크리트 |
| 루나 콘크리트 | 달기지 건설 추진을 위해 극심한 온도변화, 태양풍, 대기의 압력 등을 고려하여 만든 콘크리트 |

㉡ 특수 재료에 의한 분류

| 구분 | 내용 |
|---|---|
| 경량 콘크리트 | 콘크리트의 중량 감소를 위해 사용하는 콘크리트 |
| 중량 콘크리트 | 방사선 차폐 등을 목적으로 만든 밀도가 높은 콘크리트(차폐용 콘크리트) |
| 매스 콘크리트 | 부재의 단면치수가 80cm 이상일 때 타설하는 콘크리트 |
| 수밀 콘크리트 | 콘크리트 자체의 밀도를 높여 물의 침투와 산, 알칼리, 해수 및 동결융해의 저항성이 큰 콘크리트 |
| 섬유보강 콘크리트 | • 인장강도와 균열에 대한 저항성을 높이고 인성을 개선시킬 목적으로 콘크리트에 섬유를 보강한 콘크리트<br>• 섬유 혼입률이 큰 경우에 단위수량, 잔골재율이 크게 되고 블리딩 또는 재료분리가 일어나기 쉽다. |

㉢ 특수 공법에 의한 분류

| 구분 | 내용 |
|---|---|
| 유동화 콘크리트 | 콘크리트에 유동화제를 첨가하여 유동성을 증대시킨 콘크리트 |
| Shotcrete 공법 | 방수용 마감이나 콘크리트의 수리, 암반 보호 등을 위해 압축공기로 뿜어내는 방식의 모르타르 |
| 프리팩트(프리플레이스트) 콘크리트 | 조골재를 먼저 투입한 후에 골재와 골재 사이 빈틈에 시멘트모르타르를 주입하여 제작하는 방식의 콘크리트 |

2001

## 62

Repetitive Learning (1회 2회 3회)

벽돌벽 두께 1.0B, 벽 높이 2.5m, 길이 8m인 벽면에 소요되는 점토벽돌의 매수는 얼마인가?(단, 규격은 190×90×57mm, 할증은 3%로 하며, 소수점 이하 결과는 올림하여 정수 매로 표기)

① 2,980매
② 3,070매
③ 3,278매
④ 3,542매

**해설**

• 벽돌벽의 두께가 1.0B이므로 $m^2$당 필요한 벽돌수는 149장이다. 높이가 2.5m, 길이가 8m이므로 $2.5\times8\times149\times1.03=3069.4$장이 필요하다.

:: 벽돌 소요량 계산

• 벽의 두께를 0.5B로 할 경우 $1m^2$의 벽을 만들 때 소요되는 벽돌의 수는, $1m^2$은 $1,000,000mm^2$이므로 1,000,000 ÷{(190+10)×(57+10)} = $\frac{1,000,000}{13,400}=74.626\cdots$이므로 75장이 필요하다.

• 벽의 두께를 1.0B로 할 경우 $1m^2$의 벽을 만들 때 소요되는 벽돌의 수는, $1m^2$은 $1,000,000mm^2$이므로 1,000,000 ÷ {(90+10)×(57+10)} = $\frac{1,000,000}{6,700}=149.253\cdots$이므로 149장이 필요하다.

• 벽을 세우는 데 필요한 벽돌수는 벽의 높이×길이×$m^2$당 필요한 벽돌수×(1+할증률)로 구한다.



61 ① 62 ② 정답

## 63

Repetitive Learning 1회 2회 3회

순환수와 함께 지반을 굴착하고 배출시키면서 공 내에 철근망을 삽입, 콘크리트를 타설하여 말뚝기초를 형성하는 현장타설 말뚝 공법은?

① S.I.P(Soil cement Injected Pile)
② D.R.A(Double Rod Auger)
③ R.C.D(Reverse Circulation Drill)
④ S.I.G(Super Injection Grouting)

해설

- SIP 공법은 깊은 기초 공법으로 오거로 천공하며 굴진 시 오거비트를 통해 시멘트와 벤토나이트 용액을 주입하며 공벽을 보호하면서 굴착한 후 기성말뚝을 공의 내부에 압입한 후 해머에 의해 타입시키는 공법이다.
- DRA 공법은 소음 및 진동을 최소화한 공법으로 외측오거와 내측오거가 상호 역회전하며 지반을 천공한다.
- SIG 공법은 공기와 물의 힘으로 지반을 굴착한 후 고화재를 충진하는 치환 공법이다.

리버스서큘레이션(Reverse Circulation Drill : R.C.D) 공법

㉠ 개요
- 굴착 구멍과 저수 탱크 사이에 물을 강제로 순환시켜 공벽을 무너지지 않게 하면서 특수 비트의 회전을 통해 굴착한 흙을 드릴 파이프(Drill pipe)를 통해 물과 함께 배출하는 공법으로 드릴 로드 끝에서 물을 빨아올리면서 말뚝 구멍을 굴착한다.
- 순환수와 함께 지반을 굴착하고 배출시키면서 공 내에 철근망을 삽입, 콘크리트를 타설하여 말뚝기초를 형성하는 현장타설 말뚝 공법이다.
- 점토, 실트층 등에 주로 사용한다.

㉡ 특징
- 유연한 지반부터 안반까지 굴착할 수 있다.
- 시공심도는 30 ~ 70m 정도까지 가능하다.
- 시공직경은 0.8 ~ 3m 정도이다.
- 수압에 의해 공벽면을 안정시킨다.
- 세사층 굴착이 가능하나 드릴파이프 직경보다 큰 호박돌이 존재할 경우 굴착이 곤란하다.

## 64

Repetitive Learning 1회 2회 3회

지정 및 기초공사 용어에 관한 설명으로 옳지 않은 것은?

① 드레인 재료 : 지반개량을 목적으로 간극수 유출을 촉진하는 수로로서의 역할을 하는 재료
② 슬라임 : 지반을 천공할 때 천공벽 또는 공저에 모인 침전물
③ 히빙 : 굴착면 저면이 부풀어 오르는 현상
④ 원위치 시험 : 현지의 지반과 유사한 지반에서 행하는 시험

해설

- 원위치 시험은 현장의 지표 또는 보링공을 이용하여 Sampling 없이 직접 현장에서 측정하는 시험을 말한다.

지정 및 기초공사 용어
- 드레인 재료 : 지반개량을 목적으로 간극수 유출을 촉진하는 수로로서의 역할을 하는 재료를 말한다.
- 슬라임 : 지반을 천공할 때 천공벽 또는 공저에 모인 침전물을 말한다.
- 히빙 : 굴착면 저면이 부풀어 오르는 현상을 말한다.
- 보일링(Boiling) : 투수성이 좋은 사질지반에서 흙막이 벽 뒷면의 수위가 높아서 지하수가 흙막이 벽을 돌아서 모래와 같이 솟아오르는 현상
- 파이핑(Piping) : 흙막이에 대한 수밀성이 불량하여 널말뚝의 틈새로 물과 토사가 흘러들어, 기초저면의 모래지반을 들어올리는 현상
- 원위치 시험 : 현장의 지표 또는 보링공을 이용하여 Sampling 없이 직접 현장에서 측정하는 시험을 말한다.

1304

## 65

Repetitive Learning 1회 2회 3회

폼타이, 컬럼밴드 등을 의미하며, 거푸집을 고정하여 작업 중의 콘크리트 측압을 최종적으로 부담하는 것은?

① 박리제 ② 간격재
③ 격리재 ④ 긴결재

해설

- 박리제(Form oil)는 거푸집의 해체를 용이하게 하기 위해 바르는 기름류를 말한다.
- 간격재(Spacer)는 철근과 거푸집의 간격을 일정하게 유지시켜 철근의 피복 두께를 일정하게 하는 것을 말한다.
- 격리재(Separator)는 철판제, 철근제, 파이프제 또는 모르타르제를 사용하여 거푸집 상호 간의 간격을 유지하는 것을 말한다.

긴결재
- 거푸집을 고정하여 작업 중의 콘크리트 측압을 최종적으로 부담하는 것으로 거푸집 널이 벌어지거나 우그러들지 않도록 하는 철선이나 볼트를 말한다.
- 폼타이(Form tie), 플랫타이(Flat tie), 컬럼밴드(Column band) 등이 긴결재에 해당한다.
- 폼타이(Form tie)는 거푸집 패널을 일정한 간격으로 양면을 유지시키고 콘크리트 측압을 지지하는 긴결재로 벽거푸집의 양면을 조여준다.
- 컬럼밴드는 기둥거푸집의 변형을 방지한다.

정답 | 63 ③ 64 ④ 65 ④

## 66

Repetitive Learning 1회 2회 3회

지반보다 높은 곳의 굴착에 적합하며, 굴착은 디퍼(Dipper)가 행하는 토공사용 기계로 적합한 것은?

① 불도저(Bull dozer)
② 크램쉘(Clam shell)
③ 스크레이퍼(Scraper)
④ 파워셔블(Power shovel)

해설

- 불도저는 무한궤도가 달려 있는 트랙터 앞머리에 블레이드(Blade)를 부착하여 흙의 굴착 압토 및 운반 등의 작업을 하는 토목기계이다.
- 크램쉘은 위치한 지면보다 낮은 우물통과 같은 협소한 장소에서 사용하는 수직 및 수중굴착 장비이다.
- 스크레이퍼는 굴착, 싣기, 운반, 흙깔기 등의 작업을 하나의 기계로서 연속적으로 행할 수 있는 차량계 건설기계이다.

:: 파워셔블(Power shovel) 실필 1604
- 지면을 굴착하고 선회하여 굴착한 토석을 트럭에 싣는 토공사용 굴착장비이다.
- 장비의 작업면보다 높은 곳(상부)의 흙을 굴착하는 데 사용되는 장비이다.
- 굴착은 디퍼(Dipper)라 불리는 작업장치가 담당한다.

## 67

Repetitive Learning 1회 2회 3회

모재 표면 위에 플럭스를 살포하여, 플러스 속에 용접봉을 꽂아 넣는 자동 아크용접은?

① 일렉트로 슬래그(Electro slag) 용접
② 서브머지드 아크(Submerged arc) 용접
③ 피복 아크 용접
④ $CO_2$ 아크 용접

해설

- 일렉트로 슬래그(Electro slag) 용접은 전류의 저항열을 이용하여 연속주조방식에 의한 단층 상진 용접을 하는 것을 말한다.
- 피복 아크 용접은 피복 아크 용접봉과 피 용접물 사이에 아크를 발생시켜 그 에너지를 이용하는 용접방법이다.
- $CO_2$ 아크 용접은 불활성 가스 대신 경제적인 탄산가스를 이용하여 수행하는 용접방법이다.

:: 서브머지드 아크(Submerged arc) 용접
- 모재 표면 위에 플럭스를 살포하여, 플럭스 속에 용접봉을 꽂아 넣는 자동 아크용접법이다.
- 아크에 접촉한 플럭스가 용융하여 용접금속을 보호한다.
- 대직경 와이어에 대전류를 보내 고능률의 용접이 가능하다.

## 68

Repetitive Learning 1회 2회 3회

네트워크 공정표의 용어에 관한 설명으로 옳지 않은 것은?

① Event : 작업의 결합점, 개시점 또는 종료점
② Activity : 네트워크 중 둘 이상의 작업을 잇는 경로
③ Slack : 결합점이 가지는 여유시간
④ Float : 작업의 여유시간

해설

- 액티비티(Activity)는 프로젝트를 구성하는 단위 작업을 의미한다.

:: 네트워크 공정표의 용어
- 크리티컬 패스(Critical path) : 개시 결합 전에서 종료 결합점에 이르는 가장 긴 경로
- 더미(Dummy) : 작업이나 시간의 요소가 없는 작업의 순서 관계
- 플로트(Float) : 작업의 여유시간
- 디펜던트 플로트(Dependent float) : 후속작업의 토탈 플로트에 영향을 주는 플로트
- 슬랙(Slack) : 결합점이 가지는 여유시간
- 이벤트(Event) : 작업의 결합점, 개시점 또는 종료점
- 액티비티(Activity) : 프로젝트를 구성하는 단위 작업

0901 / 1002 / 2201

## 69

Repetitive Learning 1회 2회 3회

소규모 건축물의 구조기준에 따라 조적조로 담을 쌓을 경우 최대 높이 기준으로 옳은 것은?

① 2m 이하
② 2.5m 이하
③ 3m 이하
④ 3.5m 이하

해설

- 조적조 구조 담의 높이는 3미터 이하로 한다.

:: 조적조 구조의 담
- 높이는 3미터 이하로 한다.
- 담의 두께는 190mm 이상으로 한다.
- 담의 길이 2m 이내마다 담의 벽면으로부터 그 부분의 담의 두께 이상 튀어나온 버팀벽을 설치하거나, 담의 길이 4미터 이내마다 담의 벽면으로부터 그 부분의 담의 두께의 1.5배 이상 튀어나온 버팀벽을 설치한다.



66 ④ 67 ② 68 ② 69 ③ | 정답

## 70

Repetitive Learning 1회 2회 3회

철골 내화피복 공법 중 습식 공법이 아닌 것은?

① 타설 공법
② 미장 공법
③ 뿜칠 공법
④ 성형판붙임 공법

**해설**

• 성형판붙임 공법은 건식 공법에 해당한다.

**철골구조의 내화피복 공법**

㉠ 개요

• 철골을 화재열로부터 보호하고, 일정시간 강재의 온도 상승을 막아 내력저하를 방지하는 구조재를 보호하기 위해 실시하는 공법이다.
• 내화피복 공법은 습식 공법, 건식 공법, 합성 공법, 복합 공법으로 구분한다.

㉡ 분류와 종류

| 구분 | 종류 |
|---|---|
| 습식 공법 | 타설 공법, 뿜칠 공법, 미장 공법, 조적 공법, 도장 공법 등 |
| 건식 공법 | 성형판붙임 공법, 멤브레인 공법 |
| 합성 공법 | 이종재료적층 공법, 이질재료접합 공법 |
| 복합 공법 | 외벽ALC패널, 천장멤브레인 공법 |

㉡ 건식 공법 일반 주의사항

• 촉구멍 깊이는 기준보다 2mm 이상 더 깊이 천공한다.
• 석재는 두께 30mm 이상을 사용한다.
• 모든 구조재 또는 트러스 철물은 반드시 녹막이 처리한다.
• 석재의 하부는 지지용으로, 석재의 상부는 고정용으로 설치한다.
• 석재의 건식 붙임에 사용되는 모든 구조재 또는 긴결 철물은 녹막이 처리를 한다.
• 석재의 색상, 석질, 가공형상, 마감 정도, 물리적 성질 등이 동일한 것으로 한다.
• 건식 석재 붙임에 사용되는 앵커볼트, 너트, 와셔 등은 스테인레스를 사용한다.
• 화강석 특유의 무늬를 제외한 눈에 띄는 반점 등을 제거한다.
• 하지철물의 부식문제와 내부단열재 설치문제 등이 나타날 수 있다.
• 실런트(Sealant) 유성분에 의한 석재면의 오염문제는 비오염성 실런트로 대체하거나, Open joint 공법으로 대체하기도 한다.
• 실런트(Sealant) 시공 시 경화시간, 기상조건에 따른 영향을 받아 오염이나 누수의 우려가 있으므로 정밀 시공이 요구된다.
• 강재트러스지지 공법 등 건식 공법은 시공정밀도가 우수하고, 작업능률이 개선되며, 공기단축이 가능하다.

## 71

Repetitive Learning 

석공사 건식 공법의 종류가 아닌 것은?

① 앵커긴결 공법
② 개량압착공법
③ 강재트러스지지 공법
④ GPC 공법

**해설**

• 석공사 건식 공법에는 앵커긴결 공법, 강재트러스지지 공법, GPC 공법, Open joint 공법 등이 있다.

**석공사 건식 공법**

㉠ 개요

• 앵커긴결 공법, 강재트러스지지 공법, GPC 공법, Open joint 공법 등이 있다.
• 시공이 용이하고, 경제적이다.
• 얇은 두께의 판재를 시공할 수 있어 주택 또는 소형 건물에 적용된다.

## 72

Repetitive Learning 1회 2회 3회

경량철골공사에서 녹막이도장에 관한 설명으로 옳지 않은 것은?

① 경량 철골구조물에 이용되는 강재는 판 두께가 얇아서 녹막이 조치가 불필요하다.
② 강재는 물의 고임에 의해 부식될 수 있기 때문에 부재 배치에 충분히 주의하고, 필요에 따라 물구멍을 설치하는 등 부재를 건조상태로 유지한다.
③ 녹막이도장의 도막은 노화, 타격 등에 의한 화학적, 기계적 열화에 따라 재도장을 할 수 있다.
④ 재도장이 곤란한 건축물 및 녹이 발생하기 쉬운 환경에 있는 건축물의 녹막이는 녹막이 용융아연도금을 활용한다.

정답 | 70 ④ 71 ② 72 ①

해설

- 강재의 경우 판 두께와 상관없이 녹막이 조치가 필요하다.

**경량철골공사에서 녹막이도장**

- 강재의 경우 판 두께와 상관없이 녹막이 조치가 필요하다.
- 강재는 물의 고임에 의해 부식될 수 있기 때문에 부재배치에 충분히 주의하고, 필요에 따라 물구멍을 설치하는 등 부재를 건조상태로 유지한다.
- 녹막이도장의 도막은 노화, 타격 등에 의한 화학적, 기계적 열화에 따라 재도장을 할 수 있다.
- 재도장이 곤란한 건축물 및 녹이 발생하기 쉬운 환경에 있는 건축물의 녹막이는 녹막이 용융아연도금을 활용한다.

1201 / 1504

## 73 Repetitive Learning (1회 2회 3회)

대규모 공사에서 지역별로 공사를 분리하여 발주하는 방식이며 공사기일단축, 시공기술향상 및 공사의 높은 성과를 기대할 수 있어 유리한 도급 방법은?

① 전문공종별 분할 도급
② 공정별 분할 도급
③ 공구별 분할 도급
④ 직종별 공종별 분할 도급

해설

- 공종별로 나누면 전문공종별 분할, 작업공정별로 나누면 공정별 분할, 지역별로 나누면 공구별 분할, 총괄도급자가 직영하는 경우는 직종별 공종별 분할 도급이다.

**공구별 분할 도급**

- 대규모 공사에서 지역별로 공사를 분리하여 발주하는 방식이고 각 공구마다 총괄도급으로 하는 것이 보통이며, 중소업자에게 균등기회를 주고 또 업자 상호 간의 경쟁으로 공사기일 단축, 시공기술향상 및 공사의 높은 성과를 기대할 수 있어 유리한 도급 방법이다.
- 지하철 공사, 고속도로 공사 및 대규모 아파트단지 등의 대규모 공사에서 지역별로 공사를 구분하여 발주하는 도급 방식이다.

0402 / 0902

## 74 Repetitive Learning (1회 2회 3회)

일반적으로 사질지반의 지하수위를 낮추기 위해 이용하는 것으로 펌프를 통해 강제로 지하수를 뽑아내는 공법은?

① 웰포인트 공법 ② 샌드드레인 공법
③ 치환 공법 ④ 주입 공법

해설

- 샌드드레인 공법은 연약점토지반에 사용하는 탈수 공법이다.
- 치환 공법은 연약토를 양질의 재료로 치환해 줌으로써 지반을 개량하는 공법이다.
- 주입 공법은 지반 내에 주입관을 삽입, 화학약액을 지중에 충진하여 Gel time이 경과한 후 지반을 고결하는 공법이다.

**웰포인트(Well point) 공법**

㉠ 개요
- 모래질 지반에 웰포인트라 불리는 양수관을 여러 개 박아 지하수위를 일시적으로 저하시키는 지하수위 저하 공법이다.
- 배수에 의한 연약 지반의 안정공법에서 지름 3~5cm 정도의 파이프 끝에 여과기를 달아 1~3m 간격으로 때려 박고, 이를 굵은 파이프에 수평으로 연결하여 진공으로 물을 빨아냄으로써 지하수위를 저하시키는 공법이다.

㉡ 특징
- 인접지반의 침하를 야기시키기 쉽다.
- 흙막이의 토압이 경감된다.
- 흙의 전단저항이 증가된다.
- 인접지 침하의 우려에 따른 주의가 필요하다.

## 75 Repetitive Learning (1회 2회 3회)

콘크리트 타설 후 블리딩 현상으로 콘크리트 표면에 물과 함께 떠오르는 미세한 물질은 무엇인가?

① 피이닝(Peening)
② 블로우 홀(Blow hole)
③ 레이턴스(Laitance)
④ 버블시트(Bubble sheet)

해설

- 피이닝(Peening)은 금속의 표면을 작은 망치로 처 두들겨서 표면에 압축잔류 응력을 갖게 하는 작업을 말한다.
- 공기구멍(Blow hole)은 용접 시 용접금속 내에 흡수된 가스에 의해 그대로 잔류된 기공으로 용접불량의 한 종류이다.
- 버블시트(Bubble sheet)는 한중콘크리트 시공 시 초기 동해 방지, 소요강도 확보를 위해 다중에어캡 구조인 버블시트를 타설된 콘크리트 포면에 피복하여 양생하는 것을 말한다.

**레이턴스(Laitance)**

- 콘크리트 타설 후 블리딩 현상으로 콘크리트 표면에 물과 함께 떠오르는 미세한 물질을 말한다.
- 부착력을 약화시키고, 수밀성을 나쁘게 한다.



73 ③ 74 ① 75 ③ 정답

## 76 Repetitive Learning 1회 2회 3회

착공단계에서의 공사계획을 수립할 때 우선 고려하지 않아도 되는 것은?

① 현장 직원의 조직편성
② 예정 공정표의 작성
③ 시공 상세도의 작성
④ 실행예산편성

해설

- 시공 상세도는 설계서의 내용 및 현장조건에 대하여 검토한 결과를 반영하여 공사착수 15일 전까지 작성하면 되는 서류로 공사계획 수립 시 고려사항이 아니다.

**공사계획 수립순서**

- 1단계 : 현장투입직원조직 편성 – 가장 먼저 수립되어야 함
- 2단계 : 공정표의 작성 – 공사 착수 전 선행되어야 함
- 3단계 : 실행예산의 편성
- 4단계 : 시공순서 및 시공방법의 계획
- 5단계 : 하도급업체의 선정
- 6단계 : 자재 및 기계·장비 계획
- 7단계 : 재해방지계획 및 품질관리 계획

## 77 Repetitive Learning 1회 2회 3회

AE제의 사용목적과 가장 거리가 먼 것은?

① 초기강도 및 경화속도의 증진
② 동결융해 저항성의 증대
③ 워커빌리티 개선으로 시공이 용이
④ 내구성 및 수밀성의 증대

해설

- 초기강도 및 경화속도의 증진을 위해서는 경화촉진제를 사용한다.

**AE(Air Entrained)제**

㉠ 개요

- 공기연행제로 콘크리트의 작업성 및 동결융해 저항성능을 향상시키기 위해 사용하는 첨가제이다.
- AE제를 사용하여 생성된 0.025 ~ 0.25mm 정도의 지름을 가진 기포를 Entrained air라 한다.

㉡ 특징

- 블리딩 등의 재료분리가 적어지며, 단위수량이 저감된다.
- 동결융해 저항성의 향상을 위한 AE콘크리트의 최적 공기량은 3 ~ 5% 정도이다.
- 플레인콘크리트와 동일한 물시멘트비의 경우 공기량 1%의 증가에 대해 4 ~ 6%의 압축강도가 저하된다.

0702 / 1104

## 78 Repetitive Learning 1회 2회 3회

흙막이 공법 중 슬러리월(Slurry wall) 공법에 관한 설명으로 옳지 않은 것은?

① 진동, 소음이 적다.
② 인접건물의 경계선까지 시공이 가능하다.
③ 차수효과가 양호하다.
④ 기계, 부대설비가 소형이어서 소규모 현장의 시공에 적당하다.

해설

- 지하연속벽 공법은 공사용 특수장비 및 플랜트 시설이 크고 복잡하여 일정규모(400평) 이상의 대지에 적합하다.

**지하연속벽(Slurry wall) 공법**

㉠ 개요

- 지반 굴착 시 벤토나이트 안정액을 사용하여 지반의 붕괴를 방지하면서 굴착하고 그 속에 철근망을 넣고 콘크리트를 타설하여 연속으로 콘크리트 흙막이 벽을 설치하는 공법이다.
- 흙막이 벽 및 물막이 벽의 기능도 갖고 있다.
- 영구 지하 벽이나 깊은 기초로 활용하기도 한다.
- 가이드월 설치 → 굴착 → 슬라임 제거 → 인터록킹파이프 설치 → 지상조립 철근 삽입 → 콘크리트 타설 → 인터록킹 파이프 제거 순으로 진행한다.

㉡ 특징

- 흙막이 벽 자체의 강도, 강성이 우수하기 때문에 연약지반의 변형 및 이면침하를 최소한으로 억제할 수 있다.
- 시공 시 소음, 진동이 작다.
- 인접건물의 경계선까지 시공이 가능하다.
- 차수효과가 양호하다.
- 경질 또는 연약지반에도 적용가능하다.
- 벽 두께를 자유로이 설계할 수 있다.
- 다른 흙막이 벽에 비해 공사비가 많이 들고 장비가 고가이다.

1904

## 79 Repetitive Learning 1회 2회 3회

슬래브에서 4변 고정인 경우 철근배근을 가장 많이 하여야 하는 부분은?

① 단변 방향의 주간대
② 단변 방향의 주열대
③ 장변 방향의 주간대
④ 장변 방향의 주열대

정답 | 76 ③ 77 ① 78 ④ 79 ②

해설

- 철근의 배근은 단변 주열대 > 단변 주간대 > 장변 주열대 > 장변 주간대 순으로 한다.

**슬래브 철근배근 순서**

- 주열대란 평판 슬래브 구조의 설계에서 보로 간주하는 주열을 포함하는 일정폭 범위의 슬래브를 말한다.
- 주간대란 정방형 또는 구형 슬래브의 중앙 부분으로 기둥부분을 포함하지 않는 부분을 말한다.

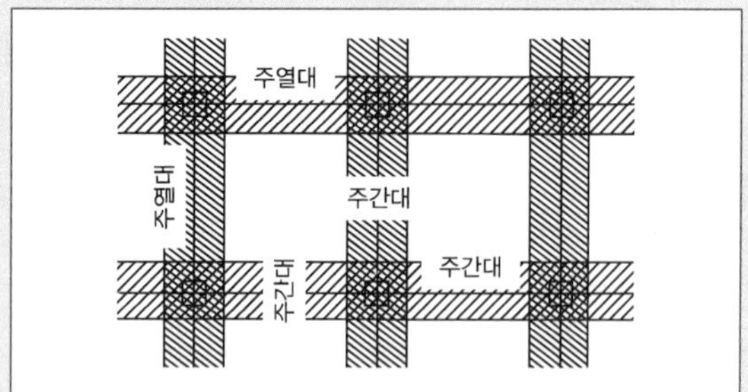


- 철근의 배근은 단변 주열대 > 단변 주간대 > 장변 주열대 > 장변 주간대 순으로 한다.

## 80

Repetitive Learning (1회 2회 3회)

다음 중 시스템 거푸집이 아닌 것은?

① 터널폼
② 슬립폼
③ 유로폼
④ 슬라이딩폼

해설

- 유로폼(Euro form)은 공장에서 경량형강과 합판을 사용하여 벽판이나 바닥판용 거푸집을 제작한 것으로 현장에서 못을 쓰지 않고 간단히 조립할 수 있는 거푸집이나, 현장에서 수작업으로 만드는 폼이어서 시스템 거푸집에는 포함되지 않는다.

**시스템 거푸집**

- 기존과 달리 각 부위별 거푸집을 지상에서 미리 제작한 후 설치장소에서는 조립만 하고, 해체 후 다른 공사현장에서 계속 사용가능한 거푸집을 말한다.
- 슬라이딩폼(Sliding form), 갱폼(Gang form), 터널폼(Tunnel form), 와플폼(Waffle form), 클라이밍폼(Climbing form), 플라잉폼(Flying form), 트래블링폼(Travelling form) 등이 이에 해당한다.

# 5과목 건설재료학

## 81

Repetitive Learning (1회 2회 3회)

목재의 섬유방향 강도에 대한 일반적인 대소관계를 옳게 표기한 것은?

① 압축강도 > 휨강도 > 인장강도 > 전단강도
② 전단강도 > 인장강도 > 압축강도 > 휨강도
③ 인장강도 > 휨강도 > 압축강도 > 전단강도
④ 휨강도 > 압축강도 > 인장강도 > 전단강도

해설

- 목재에서 같은 방향에서의 강도는 인장강도 > 휨강도 > 압축강도 > 전단강도의 순이다.

**목재의 강도**

- 생나무에 비해 기건재(함수율 15%)는 1.5배, 전건재(함수율 0%)는 3배 이상 강도가 크다.
- 비중이 클수록, 변재보다 심재의 강도가 크다.
- 흠이 있으면 강도가 떨어진다.
- 전단강도를 제외한 목재의 강도는 가력방향이 섬유방향일 때 가장 강하고, 섬유방향과 직각일 때 가장 약하다.
- 목재의 경도는 면 중에서 마구리면이 약간 크고 곧은결 면과 널결 면은 별로 차이가 없다.
- 일반적인 강도는 인장강도 > 휨강도 > 압축강도 > 전단강도의 순이다.

0701 / 0904

## 82

Repetitive Learning (1회 2회 3회)

콘크리트의 방수성, 내약품성, 변형성능의 향상을 목적으로 다량의 고분자재료를 혼입시킨 시멘트는?

① 내황산염포틀랜드시멘트
② 초속경시멘트
③ 폴리머시멘트
④ 알루미나시멘트

해설

- 내황산염포틀랜드시멘트는 황산염에 대한 저항성을 높이기 위해 $C_3A$의 함유량을 4% 이하로 한 시멘트이다.
- 초속경시멘트는 재령 1~2시간 안에 콘크리트 압축강도가 20MPa에 도달하는 시멘트이다.
- 알루미나시멘트는 보크사이트와 석회석을 원료로 하며 조강포틀랜드시멘트에 사용되는 시멘트이다.



80 ③ 81 ③ 82 ③ 정답

:: 폴리머시멘트
- 실리카와 석회 등을 혼합하여 제조한 포틀랜드시멘트에 생고무나 인조고무 등을 첨가하여 만든 시멘트를 말한다.
- 콘크리트의 방수성, 내약품성, 변형성능의 향상을 목적으로 다량의 고분자재료를 혼입시킨 시멘트이다.

## 83 — Repetitive Learning (1회 2회 3회)

점토제품 시공 후 발생하는 백화에 관한 설명으로 옳지 않은 것은?

① 타일 등의 시유 소성한 제품은 시멘트 중의 경화체가 백화의 주된 요인이 된다.
② 작업성이 나쁠수록 모르타르의 수밀성이 저하되어 투수성이 커지게 되고, 투수성이 커지면 백화 발생이 커지게 된다.
③ 점토제품의 흡수율이 크면 모르타르 중의 함유수를 흡수하여 백화 발생을 억제한다.
④ 물시멘트비가 크게 되면 잉여수가 증대되고, 이 잉여수가 증발할 때 가용 성분의 용출을 발생시켜 백화 발생의 원인이 된다.

**해설**
- 점토제품의 흡수율이 크면 백화 발생이 더욱 많아지므로 흡수율이 작은 벽돌이나 타일을 사용해야 한다.

:: 백화(Efflorescence)현상
㉠ 개요
- 모르타르 및 콘크리트 중의 알칼리 및 칼슘 성분이 밖으로 흘러나와 공기 중의 탄산가스와 반응하여 경화체 표면에 하얀색으로 침전되는 현상을 말한다.
- 저온, 다습, 적당한 바람, 그늘 등에 의해 발생한다.

㉡ 방지대책
- 10[%] 이하의 흡수율을 가진 소성이 잘 된 벽돌을 사용한다.
- 벽돌면 상부 및 벽면의 돌출 부분에 빗물막이나 차양, 루버 등을 설치해 빗물이 벽체에 직접 흘러내리지 않게 한다.
- 쌓기 후 전용발수제를 발라 벽면에 수분흡수를 방지하거나 벽면에 빗물이 스며들지 못하도록 실리콘을 뿜칠한다.
- 줄눈으로 비가 새어들지 않도록 줄눈 모르타르에 방수제를 혼합한다.
- 파라핀 도료를 발라 염류가 나오는 것을 방지한다.
- 재료배합 시 물-시멘트비(W/C)를 감소시키고 조립률이 큰 모래를 사용한다.
- 분말도가 큰 시멘트를 사용한다.

## 84 — Repetitive Learning (1회 2회 3회)

소석회에 모래, 해초풀, 여물 등을 혼합하여 바르는 미장재료로서 목조바탕, 콘크리트블록 및 벽돌 바탕 등에 사용되는 것은?

① 회반죽 ② 돌로마이트플라스터
③ 시멘트모르타르 ④ 석고플라스터

**해설**
- 돌로마이트플라스터는 마그네시아를 다량 함유한 백운석을 구워 소석회와 같이 만드는 미장재료로 바르기 쉽고 경제적인 기경성 재료이다.
- 시멘트모르타르는 시멘트와 모래를 혼합하여 만든 접합체로 벽돌, 타일, 돌 등을 붙일 때 사용한다.
- 석고플라스터는 고온소성의 무수석고를 특별한 화학처리를 한 것으로 킨즈시멘트라고도 불린다.

:: 회반죽
㉠ 개요
- 공기 중의 이산화탄소($CO_2$)와 반응하여 경화되는 대표적인 기경성 재료이다.
- 소석회에 모래, 해초풀, 여물 등을 혼합하여 바르는 미장재료이다.
- 목조바탕, 콘크리트블록 및 벽돌 바탕 등에 사용된다.
- 회반죽 바름에 사용하는 해초풀은 채취 후 1~2년 경과된 것이 좋다.
- 회반죽에 석고를 약간 혼합하면 수축균열을 방지할 수 있는 효과가 있다.

㉡ 특징
- 경화건조에 의한 수축률은 미장바름 중 큰 편이다.
- 발생하는 균열은 여물이 분산·경감시킨다.
- 기경성 재료인 만큼 건조에 걸리는 시간이 대단히 길다.

## 85 — Repetitive Learning (1회 2회 3회)

목재의 결점에 해당되지 않는 것은?

① 옹이 ② 수심
③ 껍질박이 ④ 지선

**해설**
- 수심은 목재 중앙부의 유연한 조직으로 나이테 동심원의 중심을 말한다.

정답 | 83 ③ 84 ① 85 ②

**목재의 결점**

- 옹이(Kont)는 나무의 줄기에서 뻗어 나온 가지로 인한 흠으로, 목재의 압축강도를 감소시킨다.
- 껍질박이는 수피가 상처를 받아 아물 때 속으로 말려들어간 부분이다.
- 지선은 목재 내부에서 수지(송진 등)가 흘러나와 생긴 흠이다.
- 압축 이상재(異常材)의 결함(Compression failure)은 벌채 시의 충격이나 그 밖의 생리적 원인으로 인하여 세로축에 직각으로 섬유가 절단된 형태를 말한다.

## 86 Repetitive Learning (1회 2회 3회)

경량콘크리트의 골재로서 슬래그(Slag)를 사용하기 전 물축임하는 이유로 가장 적당한 것은?

① 시멘트모르타르와의 접착력을 좋게 하기 위해
② 유기 불순물이나 진흙을 씻어 내기 위해
③ 콘크리트의 자체 무게를 줄이기 위해
④ 시멘트가 수화하는 데 필요한 수량을 확보하기 위해

**해설**

- 경량콘크리트 골재로 슬래그를 사용하기 전 물축임을 하는 이유는 시멘트의 수화작용을 위해서이다.

**수화작용(Hydration)**

- 시멘트의 주요 화합물들이 물 분자와 화학적 결합을 이루어 수화물이 되는 화학적 반응을 말한다.
- 수화작용으로 인해 물-시멘트비는 콘크리트를 생산하는 데 가장 중요한 요인이 된다.

0601 / 0904

## 87 Repetitive Learning (1회 2회 3회)

다음 중 목재의 건조 목적이 아닌 것은?

① 전기절연성의 감소
② 목재수축에 의한 손상 방지
③ 목재강도의 증가
④ 균류에 의한 부식 방지

**해설**

- 목재를 건조시키면 전기절연성은 증가한다.

**목재의 건조 목적**

- 목재수축에 의한 손상 방지
- 목재강도 및 내구성 증가
- 균류에 의한 부식 방지 및 충해 예방
- 전기 및 열 절연성의 증가
- 변색 및 충해의 방지
- 중량의 경감

## 88 Repetitive Learning (1회 2회 3회)

미장용 혼화재료 중 착색을 목적으로 하는 착색재에 속하지 않는 것은?

① 염화칼슘
② 합성산화철
③ 카본블랙
④ 이산화망간

**해설**

- 염화칼슘은 응결을 촉진시켜 미장재료의 조기강도를 크게 하는 촉진제에 해당한다.

**착색재**

- 합성산화철, 카본블랙, 이산화망간, 산화크롬 등이 주로 사용된다.

| 착색제 | 색깔 | 착색제 | 색깔 |
|---|---|---|---|
| 제2산화철 | 빨강 | 카본블랙 | 검정 |
| 크롬산바륨 | 노랑 | 산화크롬 | 초록 |
| 이산화망간 | 갈색 | | |

## 89 Repetitive Learning (1회 2회 3회)

서중콘크리트 타설 시 슬럼프 저하나 수분의 급격한 증발 등의 우려가 있다. 이러한 문제점을 해결하기 위한 재료상 대책으로 옳은 것은?

① 단위수량을 증가시킨다.
② 고온의 시멘트를 사용한다.
③ 콘크리트의 운반 및 부어넣는 시간을 되도록 길게 한다.
④ 혼화재료는 AE감수제 지연형을 사용한다.

**해설**

- 타설 시 슬럼프 저하나 수분의 급격한 증발을 막기 위한 표면활성제는 공사시방서에 정한 바가 없을 때에는 AE감수제 지연형 등을 사용한다.

**서중콘크리트**

㉠ 개요

- 일 평균기온이 25℃, 최고온도가 30℃를 초과하는 시기 및 장소에서 사용하는 콘크리트를 말한다.
- 골재와 물은 가능한 저온상태에서 사용하고, 온도상승으로 동일 슬럼프를 얻기 위한 단위수량이 증가한다.



86 ④ 87 ① 88 ① 89 ④ | 정답

ⓛ 주의사항

- 시멘트는 고온의 것을 사용하지 않아야 하고 골재 및 물은 가능한 한 낮은 온도의 것을 사용한다.
- 타설 시 슬럼프 저하나 수분의 급격한 증발을 막기 위한 표면활성제는 공사시방서에 정한 바가 없을 때에는 AE감수제 지연형 등을 사용한다.
- 콘크리트를 부어 넣은 후 수분의 급격한 증발이나 직사광선에 의한 온도 상승을 막고 습윤상태가 유지되도록 양생한다.
- 거푸집 해체는 타설 후 72시간이 경과한 다음 실시하며, 해체 후에도 양생포를 씌워 7일 이상 습윤상태를 유지시킨다.

## 90

Repetitive Learning (1회 2회 3회)

상온에서 인장강도가 3,600kg/$cm^2$인 강재가 500℃로 가열되었을 때 강재의 인장강도는 얼마 정도인가?

① 약 1,200kg/$cm^2$　　② 약 1,800kg/$cm^2$
③ 약 2,400kg/$cm^2$　　④ 약 3,600kg/$cm^2$

**해설**

- 강재의 인장강도는 500℃ 정도에서 상온 강도의 1/2, 600℃ 정도에서 상온 강도의 약 1/3이 되어야 하므로 대입하면 $3,600 \times \frac{1}{2} = 1,800$[kg/$cm^2$]가 되어야 한다.

**강재의 온도에 따른 기계적 성질**

- 200 ~ 300℃에서 신율, 단면수축률은 최소, 인장강도는 최대로 된다.
- 인장강도는 500℃ 정도에서 상온 강도의 약 1/2로 된다.
- 인장강도는 600℃ 정도에서 상온 강도의 약 1/3로 된다.

1102

## 91

Repetitive Learning 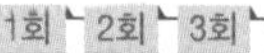

목재의 절대건조비중이 0.8일 때 이 목재의 공극률은?

① 약 42%　　② 약 48%
③ 약 52%　　④ 약 58%

**해설**

- 절대건조비중이 0.8이므로 내입하면 $(1-\frac{0.8}{1.54}) \times 100 \simeq (1-0.52) \times 100 \simeq 48$[%]이다.

**공극률**

- 목재의 전체 용적에 대한 공극 용적의 비율을 말한다.
- 공극률은 $\left(1-\frac{w}{g}\right) \times 100$으로 구한다. 이때 $w$는 목재의 단위 용적중량[ton/$m^3$] 혹은 절대건조비중, $g$는 목재의 비중(1.54)이다.

0304 / 0901 / 1204

## 92

Repetitive Learning (1회 2회 3회)

골재의 함수상태에 관한 설명으로 옳지 않은 것은?

① 유효흡수량이란 절건상태와 기건상태의 골재 내에 함유된 수량의 차를 말한다.
② 함수량이란 습윤상태의 골재의 내외에 함유하는 전체 수량을 말한다.
③ 흡수량이란 표면건조 내부포수상태의 골재 중에 포함하는 수량을 말한다.
④ 표면수량이란 함수량과 흡수량의 차를 말한다.

**해설**

- 유효흡수량이란 표건상태의 수량에서 기건상태의 수량을 뺀 것이고, 절건상태와 기건상태의 골재 내에 함유된 수량과의 차는 기건함수량이다.

**골재의 함수상태**

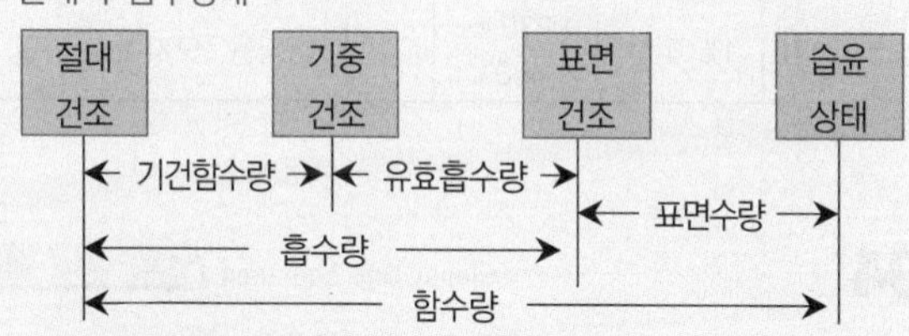


㉠ 골재의 함수상태

| | |
|---|---|
| 절대건조상태 | 건조로에서 건조시킨 상태로 함수율이 0인 상태 |
| 공기 중 건조상태 | 실내에 방치한 경우 골재입자의 표면과 내부의 일부가 건조한 상태 |
| 표면건조상태 | 골재입자의 표면에 물은 없으나 내부의 공극에는 물이 꽉 차 있는 상태 |
| 습윤상태 | 골재입자의 내부에 물이 채워져 있고, 표면에도 물이 부착되어 있는 상태 |

ⓛ 관련 수량

| | |
|---|---|
| 함수량 | 습윤상태의 골재의 내외에 함유하는 전체수량으로 습윤상태의 수량에서 절건상태의 수량을 뺀 것 |
| 흡수량 | 표면건조 내부포수상태의 골재 중에 포함하는 수량 |
| 표면수량 | 함수량과 흡수량의 차로 습윤상태의 수량에서 표건상태의 수량을 뺀 것 |
| 기건함수량 | 기건상태의 수량에서 절건상태의 수량을 뺀 것 |
| 유효흡수량 | 표건상태의 수량에서 기건상태의 수량을 뺀 것 |

정답 | 90 ② 91 ② 92 ①

0501

## 93

Repetitive Learning 1회 2회 3회

소재의 질에 의한 타일의 구분에서 흡수율이 가장 낮은 것은?

① 토기질 타일　　② 석기질 타일
③ 자기질 타일　　④ 도기질 타일

**해설**

- 흡수율이 낮은 것부터 나열하면 자기질 < 석기질 < 도기질 < 토기질 순이다.

**소재의 질에 의한 타일의 구분**

| 구분 | 흡수율 | 소성온도 | 강도 | 용도 |
|---|---|---|---|---|
| 토기 | 20% 이상 | 1,000℃ 이하 | 약 | 기와, 토관 |
| 도기 | 10% | 1,100 ~ 1,200℃ | 약 | 실내 벽용, 테라코타 |
| 석기 | 5% 내외 | 1,300℃ 내외 | 중 | 외부 바닥용, 클링커 타일 |
| 자기 | 1% 이하 | 1,230 ~ 1,460℃ | 강 | 바닥용, 모자이크 타일 |

0704

## 94

Repetitive Learning 

에폭시수지에 대한 설명 중 틀린 것은?

① 에폭시수지 접착제는 급경성으로 내알칼리성 등의 내화학성이나 접착력이 크다.
② 에폭시수지 접착제는 금속, 석재, 도자기, 글라스, 콘크리트, 플라스틱재 등의 접착에 모두 사용된다.
③ 에폭시수지 도료는 충격 및 마모에 약해 내부 방청용으로 사용된다.
④ 경화 시 휘발성이 없으므로 용적의 감소가 극히 적다.

**해설**

- 에폭시수지 도료는 내부식성, 내약품성, 내충격성이 뛰어나고 수명이 영구적이며 야외적재 시에도 도장의 변색, 탈색이 거의 없다.

**에폭시수지**

- 대표적인 열경화성 수지이다.
- 기본 점성이 크며 내수성, 내약품성, 전기절연성, 접착성이 뛰어나다.
- 제품의 최고 사용온도는 80[℃] 정도이다.
- 도막의 밀착성이 매우 좋은 특징을 갖는다.
- 알루미늄과 같은 경금속의 접착에 가장 좋은 수지로 금속, 유리, 플라스틱, 도자기 등에 우수한 접착력을 나타내므로 접착제나 도료로 널리 이용된다.
- 경화시간이 길고 경화할 때 휘발물의 발생이 없고, 경화제와 섞어 사용해야 한다.

## 95

Repetitive Learning 1회 2회 3회

건물의 외장용 도료로 가장 적합하지 않은 것은?

① 유성페인트
② 수성페인트
③ 페놀수지 도료
④ 유성바니시

**해설**

- 건물의 외장용 도료로 가장 많이 사용되는 것은 유성페인트, 수성페인트, 합성수지 에멀션페인트, 페놀수지 도료 등이다.

**유성바니시**

- 수지를 지방유와 가열융합하고, 건조제를 첨가한 다음 용제를 사용하여 희석한 것이다.
- 광택이 있고 강인하며 내구·내수성이 큰 도장재료이다.
- 도장공사에 사용하는 투명도료로 건물의 외장용으로는 적합하지 않다.

## 96

Repetitive Learning 1회 2회 3회

다음 도료 중 광택이 없는 것은?

① 수성페인트
② 유성페인트
③ 래커
④ 에나멜페인트

**해설**

- 유성페인트, 래커, 에나멜페인트는 모두 각각의 신나를 사용하는 유성페인트 계열로 광택을 가진다.

**수성페인트**

㉠ 개요
- 안료를 물에 용해하여 수용성 교착제와 혼합한 분말 상태의 도료를 말한다.
- 바르고 나면 물이 증발하고, 표면에 남은 합성수지가 도막을 형성한다.
- 모르타르, 콘크리트 바탕, 목재, 벽지 등에 주로 사용한다.

㉡ 특징
- 굳은 뒤에는 물에 용해되지 않는다.
- 독성이 없으며, 바르기 쉬우며 빨리 건조된다.
- 내구성이나 내수성이 약하며, 광택이 없다.



93 ③　94 ③　95 ④　96 ①　정답

0502 / 1904 / 2201

## 97

Repetitive Learning 1회 2회 3회

각 창호철물에 대한 설명 중 옳지 않은 것은?

① 피벗힌지(Pivot hinge) : 경첩 대신 축을 사용하여 여닫이문을 회전시킨다.

② 나이트래치(Night latch) : 외부에서는 열쇠, 내부에서는 작은 손잡이를 틀어 열 수 있는 실린더장치로 된 것이다.

③ 크레센트(Crescent) : 여닫이문의 상·하단에 붙여 경첩과 같은 역할을 한다.

④ 래버터리힌지(Lavatory hinge) : 스프링힌지의 일종으로 공중용 화장실 등에 사용된다.

**해설**

- 크레센트는 오르내리창이나 미서기창을 잠그는 데 사용하는 철물이다.

**창호철물의 종류**

| 종류 | 용도 및 특징 |
|---|---|
| 피벗힌지 (Pivot hinge) | 경첩 대신 축을 사용하여 여닫이문을 회전시키는 것으로 방화문 등 중량문에 주로 사용한다. |
| 플로어힌지 (Floor hinge) | 문이 자동적으로 닫히게 하는 철물로 경첩으로 유지하기 어려운 무거운 자재 여닫이문에 사용된다. |
| 래버터리힌지 (Lavatory hinge) | 스프링힌지의 일종, 문이 저절로 닫히게 하는 것으로 공중용 화장실 및 공중전화 부스 등에 사용된다. |
| 나이트래치 (Night latch) | 외부에서는 열쇠, 내부에서는 작은 손잡이를 틀어 열 수 있는 실린더장치로 된 것이다. |
| 크레센트 (Crescent) | 오르내리창이나 미서기창을 잠그는 데 사용하는 철물이다. |
| 지도리 | 장부가 구멍에 들어 끼어 돌게 만든 철물로서 회전창, 현관문, 방화문에 사용된다. |
| 도어스톱 | 여닫이문이 열릴 때 문을 고정해주는 철물이다. |
| 도어체크 (도어스토퍼) | 아파트 현관문 등에서 주로 사용하는 철물로 일정한 간격만 문이 열리고 문이 닫힐 때 천천히 닫히게 한다. |

## 98

Repetitive Learning 1회 2회 3회

프리즘(Prism)판 유리는 어느 용도에 가장 적합한가?

① 지하실 채광용 ② 방도용

③ 흡음용 ④ 방화용

**해설**

- 방도용으로 사용하는 유리는 망입유리이다.
- 흡음용으로 사용하는 유리는 복층유리이다.
- 방화용으로 사용하는 유리는 방화유리, 세라믹글라스 등이다.

**특수유리와 사용장소**

| 종류 | 사용장소 | 종류 | 사용장소 |
|---|---|---|---|
| 강화유리 | 형틀 없는 문 | 무늬유리 | 실내칸막이 |
| 프리즘유리 | 채광용 지붕 | 마판유리 | 쇼윈도의 개구부 |
| 자외선투과 유리 | 병원의 일광욕실 | 망입유리 | 엘리베이터 문, 위험물취급소, 방도용 |
| 복층유리 | 쇼윈도, 녹음실 | 로이유리 | 단열효과 |

## 99

Repetitive Learning 1회 2회 3회

리녹신에 수지, 고무물질, 코르크분말 등을 섞어 마포(Hemp cloth) 등에 발라 두꺼운 종이모양으로 압면·성형한 제품은?

① 스펀지시트

② 리놀륨

③ 비닐시트

④ 아스팔트타일

**해설**

- 스펀지시트는 다공성이 있는 해면상의 다공질물질을 판 모양으로 만든 것으로 천연고무나 합성수지로 만든다.
- 비닐시트는 염화비닐수지를 주성분으로 충전재, 안료를 가하여 롤 성형한 바닥재로 유연하여 보행감이 좋고 마모가 더디다.
- 아스팔트타일은 아스팔트에 석면·안료 등을 가하여 가열한 후 시트 모양으로 입연한 뒤 타일모양으로 만든 것으로 가격이 싸다.

**리놀륨(Linoleum)**

- 아마인유의 산화물인 리녹신에 수지, 고무물질, 코르크분말 등을 섞어 마포(Hemp cloth) 등에 발라 두꺼운 종이모양으로 압면·성형한 제품이다.
- 내유성, 탄력성, 내구성이 강하나, 내알칼리성, 내마모성, 내수성이 약하다.
- 청소가 쉬워 바닥재(유지계)로 많이 이용된다.

1902 / 2001

## 100

Repetitive Learning 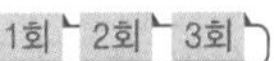

콘크리트의 건조수축에 관한 설명으로 옳지 않은 것은?

① 시멘트의 제조성분에 따라 수축량이 다르다.

② 골재의 성질에 따라 수축량이 다르다.

③ 시멘트양의 다소에 따라 수축량이 다르다.

④ 된 비빔일수록 수축량이 많다.

**해설**

- 단위수량은 가장 큰 영향을 미치는 인자로 콘크리트의 건조수축을 적게 하기 위해서 배합 시 가능한 한 단위수량을 적게 한다.

**콘크리트의 건조수축 인자**

- 가장 큰 영향을 미치는 인자로 콘크리트의 건조수축을 적게 하기 위해서 배합 시 가능한 한 단위수량을 적게 한다.
- 콘크리트의 습윤양생기간은 건조수축에 큰 영향을 미치지 않는다.
- 시멘트의 화학성분이나 분말도 및 시멘트양에 따라 건조수축량은 변화한다.
- 사암이나 점판암을 골재로 이용한 콘크리트는 수축량이 크고, 석영, 석회암을 이용한 것은 적다.
- 골재 중에 포함된 미립분이나 점토, 실트는 일반적으로 건조수축을 증대시킨다.

# 6과목 건설안전기술

1104

## 101

Repetitive Learning 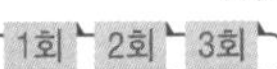

흙속의 전단응력을 증대시키는 원인이 아닌 것은?

① 굴착에 의한 흙의 일부 제거

② 지진, 폭파에 의한 진동

③ 함수비의 감소에 따른 흙의 단위체적 중량의 감소

④ 외력의 작용

**해설**

- 함수비의 감소에 따른 흙의 단위체적 중량의 감소는 전단응력을 감소시키는 요인이 된다.

**전단응력**

㉠ 개요

- 전단응력이란 지반 자체의 중량 또는 외력에 의하여 지반 내의 각 지점에 생기는 응력의 크기가 일정 한도를 넘어 지반 내부의 한 면을 따라 미끄러지면서 생기는 힘에 대응하는 응력을 말한다.

㉡ 전단응력을 증대시키는 원인

- 자연 또는 인공에 의한 지하공동의 형성
- 지진, 폭파에 의한 진동 발생
- 균열 내에 작용하는 수압증가

## 102

Repetitive Learning 1회 2회 3회

차량계 하역운반기계를 사용하여 작업을 할 때에 그 기계의 전도 또는 전락 등에 의한 근로자의 위험을 방지하기 위해 취해야 할 조치와 거리가 먼 것은?

① 갓길의 붕괴방지

② 지반의 침하방지

③ 유도자 배치

④ 브레이크 및 클러치 등의 기능 점검

**해설**

- 차량계 하역 작업 시 기계가 넘어지거나 굴러떨어짐으로써 근로자에게 위험을 미칠 우려가 있는 경우에는 그 기계를 유도하는 사람을 배치하고 지반의 부동침하 방지 및 갓길 붕괴를 방지하기 위한 조치를 하여야 한다.

**차량계 하역 작업 시 고려사항**

- 사업주는 차량계 하역운반기계, 차량계 건설기계(최대제한속도가 시속 10킬로미터 이하인 것은 제외한다)를 사용하여 작업을 하는 경우 미리 작업 장소의 지형 및 지반상태 등에 적합한 제한속도를 정하고, 운전자로 하여금 준수하도록 하여야 한다.
- 기계가 넘어지거나 굴러떨어짐(전도·전락)으로써 근로자에게 위험을 미칠 우려가 있는 경우에는 그 기계를 유도하는 사람(유도자)을 배치하고 지반의 부동침하 방지 및 갓길 붕괴를 방지하기 위한 조치를 하여야 한다.
- 차량계 하역운반기계 등의 수리 또는 부속장치의 장착 및 해체작업을 하는 경우 혹은 차량계 하역운반기계 등에 단위화물의 무게가 100킬로그램 이상인 화물을 싣는 작업 또는 내리는 작업을 하는 경우에 해당 작업의 지휘자를 선임하여 준수사항을 준수하게 하여야 한다.
- 사업주는 지게차의 허용하중을 초과하여 사용해서는 아니 되며, 안전한 운행을 위한 유지·관리 및 그 밖의 사항에 대하여 해당 지게차를 제조한 자가 제공하는 제품설명서에서 정한 기준을 준수하여야 한다.



100 ④ 101 ③ 102 ④ 정답

1104

## 103

Repetitive Learning 1회 2회 3회

동바리로 사용하는 파이프 서포트에서 높이 2m 이내마다 수평연결재를 2개 방향으로 연결해야 하는 경우에 해당하는 파이프 서포트 설치높이 기준은?

① 높이 2m 초과 시
② 높이 2.5m 초과 시
③ 높이 3m 초과 시
④ 높이 3.5m 초과 시

해설

- 동바리로 사용하는 파이프 서포트는 높이가 3.5미터를 초과하는 경우에는 2m 이내마다 수평연결재를 2개 방향으로 설치하여야 한다.

거푸집 동바리 등의 안전조치 실필 1304 실작 1804/1802/1801/1702/1701/1604/1602/1504/1502/1501/1402

㉠ 공통사항
- 받침목의 사용, 콘크리트 타설, 말뚝박기 등 동바리의 침하를 방지하기 위한 조치를 할 것
- 동바리의 상하 고정 및 미끄러짐 방지 조치를 할 것
- 상부·하부의 동바리가 동일 수직선상에 위치하도록 하여 깔판·받침목에 고정시킬 것
- 개구부 상부에 동바리를 설치하는 경우에는 상부하중을 견딜 수 있는 견고한 받침대를 설치할 것
- U헤드 등의 단판이 없는 동바리의 상단에 멍에 등을 올릴 경우에는 해당 상단에 U헤드 등의 단판을 설치하고, 멍에 등이 전도되거나 이탈되지 않도록 고정시킬 것
- 동바리의 이음은 같은 품질의 재료를 사용할 것
- 강재의 접속부 및 교차부는 볼트·클램프 등 전용철물을 사용하여 단단히 연결할 것
- 거푸집의 형상에 따른 부득이한 경우를 제외하고는 깔판이나 받침목은 2단 이상 끼우지 않도록 할 것
- 깔판이나 받침목을 이어서 사용하는 경우에는 그 깔판·받침목을 단단히 연결할 것

㉡ 동바리로 사용하는 파이프 서포트
- 파이프 서포트를 3개 이상 이어서 사용하지 않도록 할 것
- 파이프 서포트를 이어서 사용하는 경우에는 4개 이상의 볼트 또는 전용철물을 사용하여 이을 것
- 높이가 3.5m를 초과하는 경우 2m 이내마다 수평연결재를 2개 방향으로 설치할 것

㉢ 동바리로 사용하는 강관틀의 경우
- 강관틀과 강관틀 사이에 교차가새를 설치할 것
- 최상단 및 5단 이내마다 동바리의 측면과 틀면의 방향 및 교차가새의 방향에서 5개 이내마다 수평연결재를 설치하고 수평연결재의 변위를 방지할 것
- 최상단 및 5단 이내마다 동바리의 틀면의 방향에서 양단 및 5개틀 이내마다 교차가새의 방향으로 띠장틀을 설치할 것

2202

## 104

Repetitive Learning 1회 2회 3회

항타기 또는 항발기의 사용 시 준수사항으로 옳지 않은 것은?

① 해머의 운동에 의하여 공기호스와 해머의 접속부가 파손되거나 벗겨지는 것을 방지하기 위하여 그 접속부가 아닌 부위를 선정하여 공기호스를 해머에 고정시킬 것
② 공기를 차단하는 장치를 작업지휘자가 쉽게 조작할 수 있는 위치에 설치할 것
③ 항타기 또는 항발기의 권상장치의 드럼에 권상용 와이어로프가 꼬인 경우에는 와이어로프에 하중을 걸어서는 아니 된다.
④ 항타기 또는 항발기의 권상장치에 하중을 건 상태로 정지하여 두는 경우에는 쐐기장치 또는 역회전 방지용 브레이크를 사용하여 제동하는 등 확실하게 정지시켜 두어야 한다.

해설

- 공기를 차단하는 장치를 해머의 운전자가 쉽게 조작할 수 있는 위치에 설치해야 한다.

항타기 또는 항발기의 사용 시 준수사항
- 해머의 운동에 의하여 공기호스와 해머의 접속부가 파손되거나 벗겨지는 것을 방지하기 위하여 그 접속부가 아닌 부위를 선정하여 공기호스를 해머에 고정시켜야 한다.
- 공기를 차단하는 장치를 해머의 운전자가 쉽게 조작할 수 있는 위치에 설치해야 한다.
- 항타기나 항발기의 권상장치의 드럼에 권상용 와이어로프가 꼬인 경우에는 와이어로프에 하중을 걸어서는 아니 된다.
- 항타기나 항발기의 권상장치에 하중을 건 상태로 정지하여 두는 경우에는 쐐기장치 또는 역회전방지용 브레이크를 사용하여 제동하는 등 확실하게 정지시켜 두어야 한다.

0902

## 105

Repetitive Learning 1회 2회 3회

물이 결빙되는 위치로 지속적으로 유입되는 조건에서 온도가 하강함에 따라 토중수가 얼어 생성된 결빙크기가 계속 커져 지표면이 부풀어 오르는 현상은?

① 압밀침하(Consolidation settlement)
② 연화(Frost boil)
③ 동상(Frost heave)
④ 지반경화(Hardening)

정답 | 103 ④ 104 ② 105 ③

해설

- 압밀침하란 포화된 점토층이 하중을 받음으로써 오랜 시간에 걸쳐 간극수가 빠져나감과 동시에 침하가 발생하는 현상을 말한다.
- 연화란 동결된 지반이 기온 상승으로 녹기 시작하여 녹은 물이 적절하게 배수되지 않을 때, 녹은 흙의 함수비가 얼기 전보다 훨씬 증가하여 지반이 연약해지고 강도가 떨어지는 현상을 말한다.
- 지반경화란 연약지반에 연약지반보강공법 등을 통하여 지반을 개량하여 경화시키는 작업을 말한다.

**동상(Frost heave)** 실필 1802/1801/1702/1402/1401/1304/0904

㉠ 개요
- 온도가 하강하거나 물이 결빙되는 위치로 유입됨에 따라 토중수가 얼어 부피가 약 9% 정도 증대하게 됨으로써 지표면이 부풀어 오르는 현상을 말한다.
- 흙의 동상현상에 영향을 미치는 인자에는 동결지속시간, 모관 상승고의 크기, 흙의 투수성 등이 있다.

㉡ 흙의 동상방지 대책
- 동결되지 않는 흙으로 치환하거나 흙속에 단열재를 매입한다.
- 지하수위를 낮춘다.
- 지표의 흙을 화학약품 처리하여 동결온도를 낮춘다.
- 모관수의 상승을 차단하기 위하여 지하수위 상층에 조립토층을 설치한다.

0302 / 0604 / 1001

## 106 Repetitive Learning 1회 2회 3회

사업주는 리프트를 조립 또는 해체작업을 하는 경우 작업을 지휘하는 자를 선임하여야 한다. 이 때 작업을 지휘하는 자가 이행하여야 할 사항으로 가장 거리가 먼 것은?

① 작업방법과 근로자의 배치를 결정하고 해당 작업을 지휘하는 일
② 재료의 결함유무 또는 기구 및 공구의 기능을 점검하고 불량품을 제거하는 일
③ 운전방법 또는 고장 났을 때의 처치방법 등을 근로자에게 주지시키는 일
④ 작업 중 안전대 등 보호구의 착용상황을 감시하는 일

해설

- 리프트 작업 지휘자는 작업방법과 근로자의 배치를 결정하고 해당 작업을 지휘하며, 재료의 결함 유무 또는 기구 및 공구의 기능을 점검하고 불량품을 제거하고 작업 중 안전대 등 보호구의 착용 상황을 감시하는 일을 수행한다.

**리프트 작업 지휘자의 업무**
- 작업방법과 근로자의 배치를 결정하고 해당 작업을 지휘하는 일
- 재료의 결함 유무 또는 기구 및 공구의 기능을 점검하고 불량품을 제거하는 일
- 작업 중 안전대 등 보호구의 착용 상황을 감시하는 일

0602 / 1204

## 107 Repetitive Learning 1회 2회 3회

최고 51m 높이의 강관비계를 세우려고 한다. 지상에서 몇 미터까지의 비계기둥을 2개로 묶어 세워야 하는가?

① 10m ② 20m
③ 31m ④ 51m

해설

- 비계기둥의 제일 윗부분으로부터 31m 되는 지점 밑부분의 비계기둥은 2개의 강관으로 묶어세우므로 지상에서는 51-31=20미터 지점까지 묶어 세워야 한다.

**강관비계의 구조** 실필 1302 실작 1902/1901/1802/1801/1701/1504/1401
- 비계기둥의 간격은 띠장 방향에서는 1.85m 이하, 장선(長線) 방향에서는 1.5m 이하로 할 것
- 띠장 간격은 2m 이하로 설치할 것
- 비계기둥의 제일 윗부분으로부터 31m 되는 지점 밑부분의 비계기둥은 2개의 강관으로 묶어세울 것
- 비계기둥 간의 적재하중은 400kg을 초과하지 않도록 할 것

0701

## 108 Repetitive Learning 1회 2회 3회

대상액 50억원 이상의 공사종류에 따른 산업안전보건관리비 계상기준으로 옳지 않은 것은?

① 일반건설공사(갑) : 1.97%
② 일반건설공사(을) : 2.10%
③ 중건설공사 : 2.44%
④ 철도・궤도신설공사 : 1.27%

해설

- 대상액 50억원 이상인 철도・궤도신설공사의 산업안전보건관리비 계상기준은 1.66%이다.

**안전관리비 계상기준**
실필 1704/1604/1602/1504/1302/1204/1201/1104/1102/0904
- 공사종류 및 규모별 안전관리비 계상기준표

| | 5억원 미만 | 5억원 이상 50억원 미만 | | 50억원 이상 |
|---|---|---|---|---|
| | | 비율(X) | 기초액(C) | |
| 일반건설공사(갑) | 2.93% | 1.86% | 5,349,000원 | 1.97% |
| 일반건설공사(을) | 3.09% | 1.99% | 5,499,000원 | 2.10% |
| 중건설공사 | 3.43% | 2.35% | 5,400,000원 | 2.44% |
| 철도・궤도신설공사 | 2.45% | 1.57% | 4,411,000원 | 1.66% |
| 특수및기타건설공사 | 1.85% | 1.20% | 3,250,000원 | 1.27% |



106 ③ 107 ② 108 ④ 정답

- 대상액이 5억원 미만 또는 50억원 이상일 경우에는 대상액에 표에서 정한 비율을 곱한 금액
- 대상액이 5억원 이상 50억원 미만일 때에는 대상액에 별표에서 정한 비율을 곱한 금액에 기초액을 합한 금액
- 대상액이 구분되어 있지 않은 공사는 도급계약 또는 자체사업계획상의 총 공사금액의 70%를 대상액으로 하여 안전관리비를 계상하여야 한다.
- 발주자가 재료를 제공하거나 물품이 완제품의 형태로 제작 또는 납품되어 설치되는 경우에 해당 재료비 또는 완제품의 가액을 대상액에 포함시킬 경우의 안전관리비는 해당 재료비 또는 완제품의 가액을 포함시키지 않은 대상액을 기준으로 계상한 안전관리비의 1.2배를 초과할 수 없다.
- 발주자 또는 자기공사자는 설계변경 등으로 대상액의 변동이 있는 경우에 지체 없이 안전관리비를 조정 계상하여야 한다.

## 109

Repetitive Learning 1회 2회 3회

달비계용 달기 체인의 사용금지기준으로 옳지 않은 것은?

① 달기 체인의 길이가 달기 체인이 제조된 때의 길이의 3%를 초과한 것
② 링의 단면지름이 달기 체인이 제조된 때의 해당 링의 지름의 10%를 초과하여 감소한 것
③ 균열이 있는 것
④ 심하게 변형된 것

해설

- 달기 체인의 길이가 달기 체인이 제조된 때의 길이의 5%를 초과한 것은 사용금지 대상에 해당하나 3%는 사용가능하다.

늘어난 달기 체인의 사용 금지 실필 1104

- 달기 체인의 길이가 달기 체인이 제조된 때의 길이의 5%를 초과한 것
- 링의 단면시름이 달기 체인이 제조된 때의 해당 링의 지름의 10%를 초과하여 감소한 것
- 균열이 있거나 심하게 변형된 것

## 110

Repetitive Learning 1회 2회 3회

위험성 평가에 활용하는 안전보건정보에 해당되지 않는 것은?

① 사업장 근로자수와 금년 퇴직자수
② 작업표준, 작업절차 등에 관한 정보
③ 기계·기구, 설비 등의 사양서
④ 물질안전보건자료(MSDS)

해설

- 위험성 평가에 활용하는 안전보건정보에는 사업장에서의 유해·위험요인에 관련된 자료를 말하며, 사업장 근로자수나 퇴직자수는 해당되지 않는다.

위험성 평가

㉠ 개요

- 유해·위험요인을 파악하고 해당 유해·위험요인에 의한 부상 또는 질병의 발생가능성과 중대성을 추정·결정하고 감소대책을 수립하여 실행하는 일련의 과정을 말한다.

㉡ 평가에 활용하는 안전보건정보

- 작업표준, 작업절차 등에 관한 정보
- 기계·기구, 설비 등의 사양서, 물질안전보건자료(MSDS) 등의 유해·위험요인에 관한 정보
- 기계·기구, 설비 등의 공정 흐름과 작업 주변의 환경에 관한 정보
- 같은 장소에서 사업의 일부 또는 전부를 도급을 주어 행하는 작업이 있는 경우 혼재
- 작업의 위험성 및 작업 상황 등에 관한 정보(재해사례, 재해통계, 작업환경측정 및 근로자 건강진단 결과 등)

0901 / 1902

## 111

Repetitive Learning 

안전대의 종류는 사용구분에 따라 벨트식과 안전그네식으로 구분되는데 이 중 안전그네식에만 적용하는 것은?

① 추락방지대, 안전블록
② 1개걸이용, U자걸이용
③ 1개걸이용, 추락방지대
④ U자걸이용, 안전블록

해설

- 추락방지대와 안전블록은 안전그네식에만 사용된다.

안전그네식 적용 부품 실작 1501

- 추락방지대와 안전블록은 안전그네식에만 사용된다.
- 추락방지대란 신체의 추락을 방지하기 위해 자동잠김장치를 갖추고 죔줄과 수직구명줄에 연결된 금속장치를 말한다.
- 안전블록이란 안전그네와 연결하여 추락발생 시 추락을 억제할 수 있는 자동잠김장치가 갖추어져 있고 죔줄이 자동적으로 수축되는 장치를 말한다.

정답 | 109 ① 110 ① 111 ①

1104 / 1901

## 112 Repetitive Learning 1회 2회 3회

구축물이 풍압·지진 등에 의하여 붕괴 또는 전도하는 위험을 예방하기 위한 조치와 가장 거리가 먼 것은?

① 설계도서에 따라 시공했는지 확인
② 건설공사 시방서에 따라 시공했는지 확인
③ 「건축물의 구조기준 등에 관한 규칙」에 따른 구조기준을 준수했는지 확인
④ 보호구 및 방호장치의 성능검정 합격품을 사용했는지 확인

해설

- 구축물 또는 이와 유사한 시설물 등의 안전유지 조치에는 설계도서, 시방서, 법규에 따른 구조기준을 준수했는지의 여부를 확인한다.

구축물 또는 이와 유사한 시설물 등의 안전 유지조치
- 설계도서에 따라 시공했는지 확인
- 건설공사 시방서(示方書)에 따라 시공했는지 확인
- 「건축물의 구조기준 등에 관한 규칙」에 따른 구조기준을 준수했는지 확인

## 113 Repetitive Learning 1회 2회 3회

산업안전보건관리비 사용과 관련하여 산업안전보건법령에 따른 재해예방 전문 지도기관의 지도를 받아야 하는 경우는?(단, 재해예방 전문 지도기관의 지도를 필요로 하는 산업안전보건법령상 공사금액기준을 만족한 것으로 가정)

① 공사기간이 3개월 이상인 공사
② 육지와 연결되지 아니한 섬 지역(제주특별자치도 제외)에서 이루어지는 공사
③ 안전관리자의 자격을 가진 사람을 선임하여 안전관리자의 업무만을 전담하도록 하는 공사
④ 유해·위험방지계획서를 제출하여야 하는 공사

해설

- 공사기간이 3개월 미만인 공사에 한해 재해예방 전문 지도기관의 지도를 받지 않아도 된다.

재해예방 전문 지도기관의 지도를 받지 않아도 되는 공사 실필 1001
- 공사기간이 3개월 미만인 공사
- 육지와 연결되지 아니한 섬 지역(제주특별자치도는 제외한다)에서 이루어지는 공사
- 사업주가 안전관리자의 자격을 가진 사람을 선임하여 안전관리자의 업무만을 전담하도록 하는 공사

0304 / 0501 / 0702 / 0902

## 114 Repetitive Learning 1회 2회 3회

본 터널(Main tunnel)을 시공하기 전에 터널에서 약간 떨어진 곳에 지질조사, 환기, 배수, 운반 등의 상태를 알아보기 위하여 설치하는 터널은?

① 파일럿(Pilot) 터널 ② 프리패브(Prefab) 터널
③ 사이드(Side) 터널 ④ 실드(Shield) 터널

해설

- 프리패브(Prefab)는 건축방식의 하나로 공장에서 외벽과 내장제 시공까지 끝낸 박스형태의 구조물을 만들어 현장으로 옮긴 후 기초공사와 설비 등의 마감공사만으로 건물을 건축하는 공법을 말한다.
- 실드(Shield)터널 공법이란 터널 공법의 하나로 지반 내에 실드(Shield)라 부르는 강재 원통모양의 실드(Shield)를 이용해 터널을 구축하는 공법을 말한다.

파일럿(Pilot) 터널
- 본 터널(Main tunnel)을 시공하기 전에 터널에서 약간 떨어진 곳에 지질조사, 환기, 배수, 운반 등의 상태를 알아보기 위하여 설치하는 터널을 말한다.
- 본 터널의 굴진 전에 사전에 굴착하는 본 터널 단면 내나 본 터널 주변의 단면 밖에 굴착하는 작은 직경의 터널을 말한다.

0801 / 1402

## 115 Repetitive Learning 1회 2회 3회

콘크리트의 측압에 관한 설명으로 옳은 것은?

① 거푸집 수밀성이 크면 측압은 작다.
② 철근의 양이 적으면 측압은 작다.
③ 외기의 온도가 낮을수록 측압은 크다.
④ 부어넣기 속도가 빠르면 측압은 작아진다.

해설

- 거푸집 수밀성이 크면 측압은 크다.
- 철근량이 적을수록 측압은 커진다.
- 콘크리트의 부어넣기 속도가 빠를수록 측압이 크다.

콘크리트 측압 실필 1104
- 콘크리트의 타설 속도가 빠를수록 측압이 크다.
- 콘크리트 비중이 클수록 측압이 크다.
- 진동기를 사용하면 다짐이 충분해지므로 측압은 커진다.
- 슬럼프(Slump)가 크고, 배합이 좋을수록 크다.
- 거푸집의 수평단면이 클수록 측압은 크다.
- 거푸집의 강성이 클수록 측압은 크다.
- 벽 두께가 두꺼울수록 측압은 커진다.
- 습도가 높을수록 측압은 커지고, 온도가 낮을수록 측압은 커진다.
- 철근량이 적을수록 측압은 커진다.
- 부배합이 빈배합보다 측압이 크다.
- 조강시멘트 등을 활용하면 측압은 작아진다.



112 ④ 113 ① 114 ① 115 ③ 정답

1102

## 116 Repetitive Learning 1회 2회 3회

연약지반에서 발생하는 히빙(Heaving)현상에 관한 설명 중 옳지 않은 것은?

① 저면에 액상화 현상이 나타난다.
② 배면의 토사가 붕괴된다.
③ 지보공이 파괴된다.
④ 굴착저면이 솟아오른다.

**해설**

• 저면이 액상화되면 보일링이 발생하며 액상화는 히빙과는 관련이 없다.

:: 히빙(Heaving) 실필 1801/1701/1602/1404/1104/0904/0902

㉠ 개요
- 흙막이 벽체 내·외의 토사의 중량 차에 의해 점토지반의 토공사에서 흙막이 밖에 있는 흙이 안으로 밀려 들어와 내측 흙이 부풀어 오르는 현상을 말한다.
- 연약한 점토지반에서 굴착면의 융기 혹은 흙막이 벽의 근입장 깊이가 부족할 경우 발생한다.
- 히빙으로 인해 배면의 토사붕괴, 지보공의 파괴, 굴착저면이 솟아오르는 등의 현상이 발생한다.

㉡ 히빙(Heaving) 예방대책
- 어스앵커를 설치하거나 소단을 두면서 굴착한다.
- 굴착주변을 웰포인트(Well point) 공법과 병행한다.
- 흙막이 벽의 근입심도를 확보한다.
- 지반개량으로 흙의 전단강도를 높인다.
- 굴착주변의 상재하중을 제거하여 토압을 최대한 낮춘다.
- 토류 벽의 배면토압을 경감시킨다.
- 굴착저면에 토사 등 인공중력을 가중시킨다.

## 117 Repetitive Learning 1회 2회 3회

산업안전보건법령에서 규정하고 있는 차량계 건설기계에 해당되지 않는 것은?

① 불도저 ② 어스드릴
③ 타워크레인 ④ 콘크리트펌프카

**해설**

• 타워크레인은 양중기계이다.

:: 차량계 건설기계

• 차량계 건설기계란 동력원을 사용하여 특정되지 아니한 장소로 스스로 이동할 수 있는 건설기계를 말한다.
• 종류에는 도저형 건설기계(불도저, 스트레이트도저, 틸트도저, 앵글도저, 버켓도저 등), 모터그레이더, 로더, 스크레이퍼, 크레인형 굴착기계(크램쉘, 드래그라인 등), 굴착기, 항타기 및 항발기, 천공용 건설기계(어스드릴, 어스오거, 크롤러드릴, 점보드릴 등), 지반 압밀침하용 건설기계(샌드드레인머신, 페이퍼드레인머신, 팩드레인머신 등), 지반 다짐용 건설기계(타이어롤러, 매커덤롤러, 탠덤롤러 등), 준설용 건설기계(버켓준설선, 그래브준설선, 펌프준설선 등), 콘크리트펌프카, 덤프트럭, 콘크리트믹서트럭, 도로포장용 건설기계(아스팔트살포기, 콘크리트살포기, 아스팔트피니셔, 콘크리트피니셔 등) 등이 있다.

0504 / 0701 / 1101

## 118 Repetitive Learning 1회 2회 3회

토류 벽의 붕괴예방에 관한 조치 중 옳지 않은 것은?

① 웰포인트(Well point) 공법 등에 의해 수위를 저하시킨다.
② 근입 깊이를 가급적 짧게 한다.
③ 어스앵커(Earth anchor) 시공을 한다.
④ 토류 벽 인접지반에 중량물 적치를 피한다.

**해설**

• 근입장 깊이가 부족할 경우 보일링이나 히빙 등 지반의 이상현상이 발생하게 되어 토류 벽의 붕괴를 초래한다.

:: 토류 벽의 붕괴예방
- 웰포인트(Well point) 공법 등에 의해 수위를 저하시킨다.
- 근입 깊이를 가급적 길게 한다.
- 어스앵커(Earth anchor) 시공을 한다.
- 토류 벽 인접지반에 중량물 적치를 피한다.

1304

## 119 Repetitive Learning 1회 2회 3회

관리감독자의 유해·위험 방지 업무에서 달비계 또는 높이 5m 이상의 비계를 조립·해체하거나 변경하는 작업과 관련된 직무수행 내용과 가장 거리가 먼 것은?

① 재료의 결함 유무를 점검하고 불량품을 제거하는 일
② 기구·공구·안전대 및 안전모 등의 기능을 점검하고 불량품을 제거하는 일
③ 작업방법 및 근로자 배치를 결정하고 작업 진행 상태를 감시하는 일
④ 작업에 종사하는 근로자의 보안경 및 안전장갑의 착용 상황을 감시하는 일

정답 | 116 ① 117 ③ 118 ② 119 ④

해설

- 작업에 종사하는 근로자의 보안경 및 안전장갑의 착용 상황을 감시하는 일은 아세틸렌 용접장치를 사용하는 금속의 용접·용단 또는 가열작업 시의 관리감독자의 유해·위험 방지 업무에 해당한다.

⁘ 달비계 또는 높이 5미터 이상의 비계 등의 조립·해체 및 변경 시 관리감독자의 직무수행 내용 실필 1504/1501/1301/1102/1002 실작 1802/1602/1401

- 근로자가 관리감독자의 지휘에 따라 작업하도록 할 것
- 조립·해체 또는 변경의 시기·범위 및 절차를 그 작업에 종사하는 근로자에게 주지시킬 것
- 조립·해체 또는 변경 작업구역에는 해당 작업에 종사하는 근로자가 아닌 사람의 출입을 금지하고 그 내용을 보기 쉬운 장소에 게시할 것
- 비, 눈, 그 밖의 기상상태의 불안정으로 날씨가 몹시 나쁜 경우에는 그 작업을 중지시킬 것
- 비계재료의 연결·해체작업을 하는 경우에는 폭 20cm 이상의 발판을 설치하고 근로자로 하여금 안전대를 사용하도록 하는 등 추락을 방지하기 위한 조치를 할 것
- 재료·기구 또는 공구 등을 올리거나 내리는 경우에는 근로자가 달줄 또는 달포대 등을 사용하게 할 것
- 강관비계 또는 통나무비계를 조립하는 경우 쌍줄로 할 것

0602 / 0901 / 1402 / 1902 / 2001

**120** Repetitive Learning 1회 2회 3회

가설계단 및 계단참을 설치하는 경우 매 $m^2$당 몇 kg 이상의 하중에 견딜 수 있는 강도를 가진 구조로 설치하여야 하는가?

① 200kg

② 300kg

③ 400kg

④ 500kg

해설

- 사업주는 계단 및 계단참을 설치하는 경우 매 $m^2$당 500킬로그램 이상의 하중에 견딜 수 있는 강도를 가진 구조로 설치하여야 한다.

⁘ 계단의 강도 실필 1504/1204 실작 1901/1801/1704/1702/1504/1502/1404

- 사업주는 계단 및 계단참을 설치하는 경우 매 $m^2$당 500킬로그램 이상의 하중에 견딜 수 있는 강도를 가진 구조로 설치하여야 하며, 안전율은 4 이상으로 하여야 한다.
- 사업주는 계단 및 승강구 바닥을 구멍이 있는 재료로 만드는 경우 렌치나 그 밖의 공구 등이 낙하할 위험이 없는 구조로 하여야 한다.

MEMO

# 출제문제 분석 2017년 1회

| 구분 | 1과목 | 2과목 | 3과목 | 4과목 | 5과목 | 6과목 | 합계 |
|---|---|---|---|---|---|---|---|
| New유형 | 1 | 3 | 2 | 6 | 2 | 1 | 15 |
| New문제 | 10 | 6 | 14 | 14 | 14 | 10 | 68 |
| 또나온문제 | 6 | 7 | 4 | 3 | 4 | 8 | 32 |
| 자꾸나온문제 | 4 | 7 | 2 | 3 | 2 | 2 | 20 |
| 합계 | 20 | 20 | 20 | 20 | 20 | 20 | 120 |

- New유형은 New문제 중 기존 기출문제와 완전히 다른 유형의 문제를 말합니다.
- New문제는 기존에 출제되지 않은 문제로 이번에 처음 출제되는 문제입니다.
- 또나온문제는 기존에 출제된 적이 1번 있는 문제를 말합니다.
- 자꾸나온문제는 기존에 출제된 적이 2번 이상 있는 문제를 말합니다. 그만큼 중요한 문제입니다.

## 몇 년분의 기출문제를 공부해야 합격할 수 있을까요?

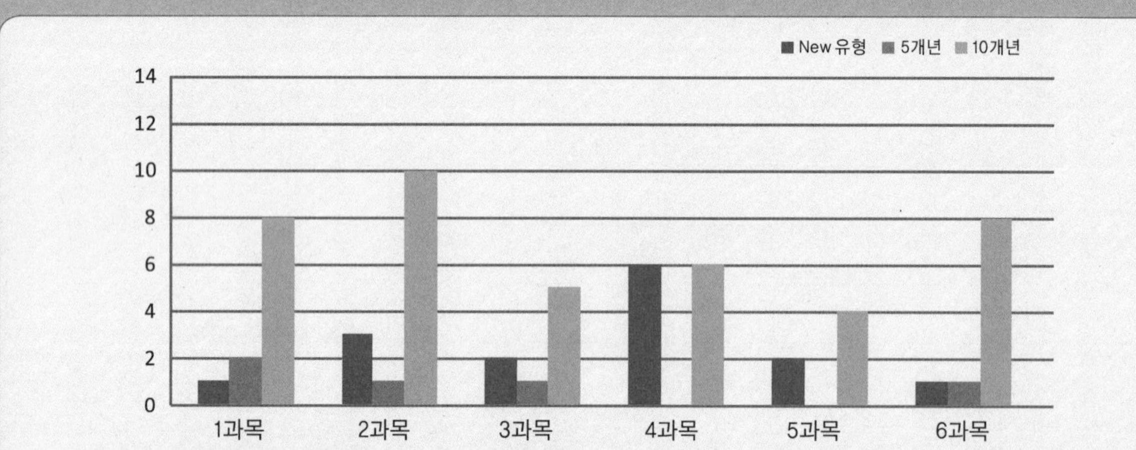


- 완전 새로운 유형의 문제는 15문제이고 105문제가 이미 출제된 문제 혹은 변형문제입니다.
- 5년분(2016～2020) 기출에서 동일문제가 5문항이 출제되었고, 10년분(2011～2020) 기출에서 동일문제가 41문항이 출제되었습니다.

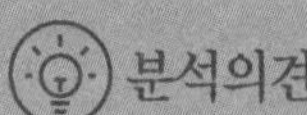

## 실기에 나왔어요!! 외우세요!!!

실기시험은 필답형과 작업형으로 구분되어 있으며 모두 주관식으로 직접 내용을 적어야 합니다. 필기 공부하면서 실기 출제된 내역들은 좀 더 신경써서 암기하실 필요가 있어요. 필기 합격자 발표 난 후 실기시험까지는 5주밖에 여유가 없답니다. 어차피 공부할 것 필기 때 확실하게 해준다면 실기도 단방에 합격할 수 있습니다.

- 총 26개의 해설이 실기 필답형 시험과 연동되어 있습니다.
- 총 10개의 해설이 실기 작업형 시험과 연동되어 있습니다.

## 분석의견

최근 10년분의 기출문제와 답을 반복암기해서는 합격점수인 72점에서 31점이 부족합니다. 새로운 문제의 비중이 큰 만큼 생소한 문제들이 많은 것으로 보이나 실제 새로운 유형은 평균과 비슷한 수준이어서 배경학습만 충분히 수행한다면 그렇게 어렵지 않은 난이도를 보여줍니다. 동일한 기출문제의 출제비중은 낮은 관계로 문제와 답만을 암기할 경우 합격점수 획득에 어려움이 있을 수 있는 수준의 문제들입니다. 합격에 필요한 점수를 획득하기 위해서는 최근 5년분 문제와 핵심이론의 3회독 혹은 최근 10년분 문제와 핵심이론의 2회독 이상의 학습이 필요합니다.

# 2017년 제1회

17년 1회차 필기시험
합격률 48.0%

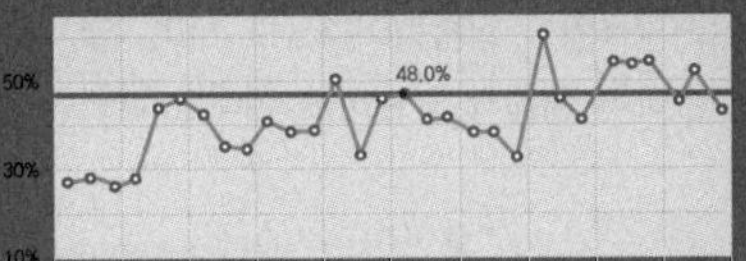


2017년 3월 5일 필기

## 1과목 산업안전관리론

1204

### 01 Repetitive Learning (1회 2회 3회)

재해발생의 주요원인 중 불안전한 행동에 해당하지 않는 것은?

① 불안전한 속도 조작
② 안전장치 기능 제거
③ 보호구 미착용 후 작업
④ 결함 있는 기계설비 및 장비

해설

• 결함 있는 기계설비 및 장비는 재해발생 원인 중 불안전한 상태(물적 원인)에 해당한다.

재해발생의 직접원인

| 구분 | 내용 |
|---|---|
| 인적 원인<br>(불안전한 행동) | • 위험장소 접근<br>• 안전장치기능 제거<br>• 불안전한 속도 조작<br>• 위험물 취급 부주의<br>• 보호구 미착용<br>• 작업자와의 연락 불충분 |
| 물적 원인<br>(불안전한 상태) | • 물(物) 자체의 결함<br>• 주변 환경의 미정리<br>• 생산 공정의 결함<br>• 물(物)의 배치 및 작업장소의 불량<br>• 방호장치의 결함 |

1101

### 02 Repetitive Learning (1회 2회 3회)

산업안전보건법령상 안전·보건표지 중 색채와 색도 기준의 연결이 옳은 것은?(단, 색도기준은 "색상 명도/채도" 순서이다)

① 흰색 : N0.5
② 녹색 : 5G 5.5/6
③ 빨간색 : 5R 4/12
④ 파란색 : 2.5PB 4/10

해설

• 빨간색은 7.5R 4/14이고, 녹색은 2.5G 4/10, 흰색은 N9.5이다.

안전·보건표지의 색채, 색도기준 및 용도

실필 1301/1402/1601/1802

| 색채 | 색도기준 | 용도 | 사용례 |
|---|---|---|---|
| 빨간색 | 7.5R 4/14 | 금지 | 정지신호, 소화설비 및 그 장소, 유해행위의 금지 |
| | | 경고 | 화학물질 취급장소에서의 유해·위험경고 |
| 노란색 | 5Y 8.5/12 | 경고 | 화학물질 취급장소에서의 유해·위험경고 이외의 위험경고, 주의표지 또는 기계방호물 |
| 파란색 | 2.5PB 4/10 | 지시 | 특정 행위의 지시 및 사실의 고지 |
| 녹색 | 2.5G 4/10 | 안내 | 비상구 및 피난소, 사람 또는 차량의 통행표지 |
| 흰색 | N9.5 | – | 파란색 또는 녹색에 대한 보조색 |
| 검은색 | N0.5 | – | 문자 및 빨간색 또는 노란색에 대한 보조색 |

1201 / 2102

### 03 Repetitive Learning (1회 2회 3회)

산업재해의 발생형태에 따른 분류 중 단순연쇄형에 해당하는 것은?(단, ○는 재해발생의 각종 요소를 나타낸다)

①
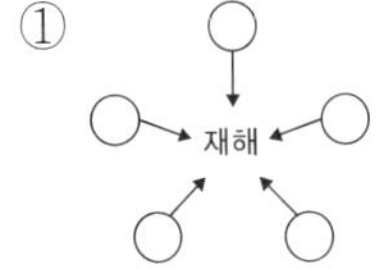


②

③
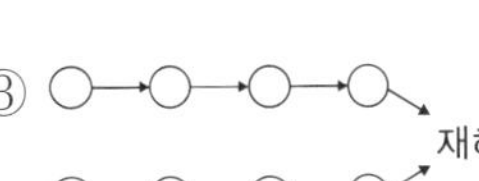


④
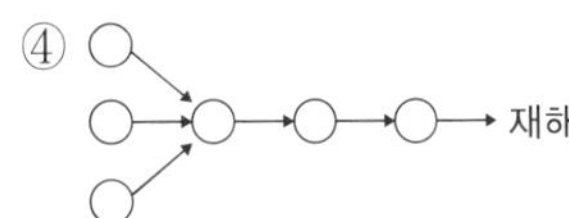

해설

- ①은 단순자극형(집중형), ②는 단순연쇄형, ③은 복합연쇄형, ④는 복합형의 형태이다.

:: 재해의 발생형태

- 단순자극형 : 집중형이라고도 하며, 일시적으로 재해요인이 집중하여 재해가 발생하는 형태를 말한다.

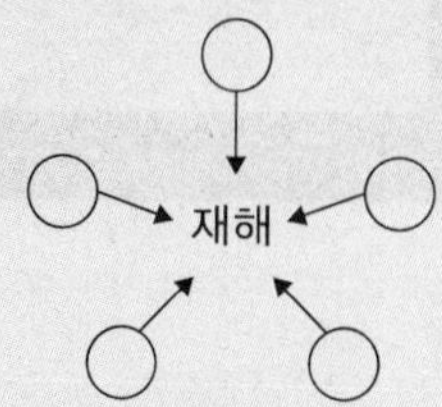


〈단순자극형, 집중형〉

- 연쇄형 : 하나의 사고요인이 또 다른 사고요인을 불러일으켜 재해가 발생하는 형태를 말한다.

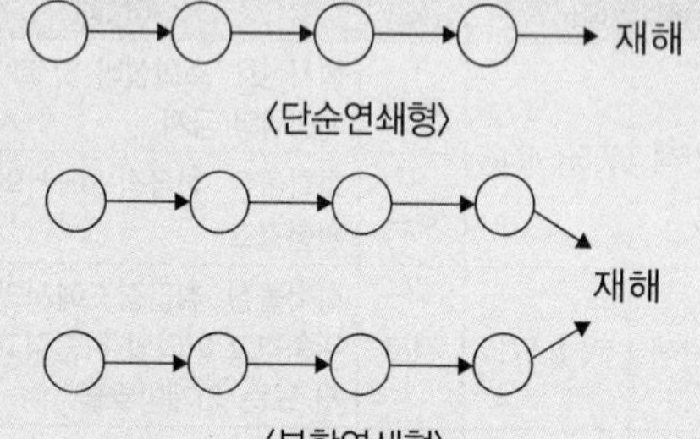


〈복합연쇄형〉

- 복합형 : 집중형과 연쇄형이 결합된 재해 발생형태를 말한다.

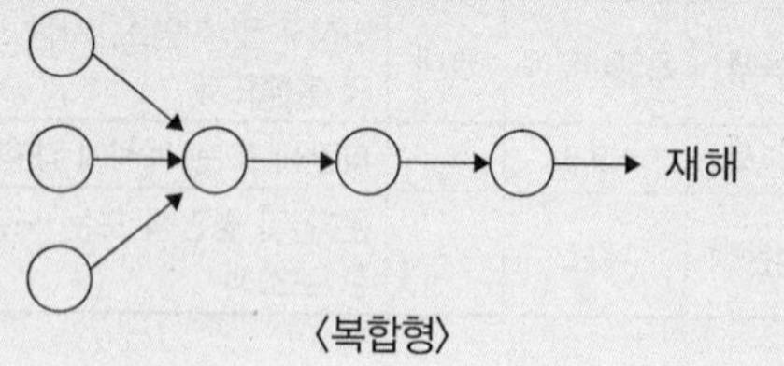


〈복합형〉

0801 / 1102 / 1204

## 04 Repetitive Learning 1회 2회 3회

버드(Frank Bird)의 새로운 도미노 이론으로 연결이 옳은 것은?

① 제어의 부족 → 기본원인 → 직접원인 → 사고 → 상해
② 관리구조 → 작전적 에러 → 전술적 에러 → 사고 → 상해
③ 유전과 환경 → 인간의 결함 → 불안전한 행동 및 상태 → 재해 → 상해
④ 유전적 요인 및 사회적 환경 → 개인적 결함 → 불안전한 행동 및 상태 → 사고 → 상해

해설

- 버드는 재해발생의 근원적 원인은 관리의 부족에 있다고 정의한다.

:: 버드(Bird)의 신연쇄성 이론

㉠ 개요

- 신도미노 이론이라고도 한다.
- 재해발생의 근원적 원인은 관리의 부족에 있다고 정의한다.
- 재해발생의 기본원인은 개인적 요인 및 작업상의 요인에 있다고 주장한다.
- 재해의 직접원인을 징후라 하고 불안전한 행동 및 상태에서 비롯된다고 한다.

㉡ 단계

| 1단계 | 관리의 부족 |
|---|---|
| 2단계 | 개인적 요인, 작업상의 요인 |
| 3단계 | 불안전한 행동 및 상태 |
| 4단계 | 사고 |
| 5단계 | 재해 |

## 05 Repetitive Learning 1회 2회 3회

방독마스크 정화통의 종류와 외부 측면 색상의 연결이 옳은 것은?

① 유기화합물용 – 노란색
② 할로겐용 – 회색
③ 아황산용 – 녹색
④ 암모니아용 – 갈색

해설

- 유기화합물용 방독마스크 정화통의 외부 측면 표시 색은 갈(흑)색이다.
- 아황산용 방독마스크 정화통의 외부 측면 표시 색은 노란색이다.
- 암모니아용 방독마스크 정화통의 외부 측면 표시 색은 녹색이다.

:: 정화통

| 종류 | 기호 | 시험가스 | 정화통흡수제 | 표시 색 |
|---|---|---|---|---|
| 유기화합물용 정화통 | C | 시클로헥산 ($C_6H_{12}$) | 활성탄 | 갈(흑)색 |
| 할로겐용 정화통 | A | 염소가스 또는 증기($Cl_2$) | 소다라임, 활성탄 | 회색 |
| 황화수소용 정화통 | K | 황화수소가스 ($H_2S$) | 금속염류, 알칼리제재 | |
| 시안화수소용 정화통 | – | 시안화수소가스 (HCN) | 산화금속, 알칼리제재 | |

| 아황산용 정화통 | I | 아황산가스 ($SO_2$) | 산화금속, 알칼리제재 | 노란색 |
|---|---|---|---|---|
| 암모니아용 정화통 | H | 암모니아가스 ($NH_3$) | 큐프라마이트 | 녹색 |
| 일산화탄소용 정화통 | E | 일산화탄소 (CO) | 호프카라이트, 방습제 | 적색 |
| 복합용 및 겸용의 정화통 | – | • 복합용의 경우 해당가스 모두 표시(2층 분리)<br>• 겸용의 경우 백색과 해당 가스 모두 표시(2층 분리) | | |

※ 증기밀도가 낮은 유기화합물 정화통의 경우 색상표시 및 화학물질명 또는 화학기호를 표기

0304 / 0604

## 06 Repetitive Learning (1회 2회 3회)

위험예지훈련 4R 방식 중 위험의 포인트를 결정하여 지적·확인하는 단계로 옳은 것은?

① 1단계 : 현상파악 ② 2단계 : 본질추구
③ 3단계 : 대책수립 ④ 4단계 : 목표설정

해설

• 위험의 포인트를 지적·확인하는 것은 문제점을 발견하는 것으로 위험예지훈련 4Round 중 2Round에 해당하는 본질추구를 말한다.

위험예지훈련 기초 4Round 기법

| 1Round | 현상파악 (사실의 파악단계) | 전원이 토의를 통하여 위험요인을 발견하는 단계 |
|---|---|---|
| 2Round | 본질추구 (원인탐색 단계) | 위험의 포인트를 결정하여 전원이 지적·확인을 하는 단계 |
| 3Round | 대책수립 (대책수립 단계) | 발견된 위험요인을 극복하기 위한 방법을 제시하는 단계 |
| 4Round | 목표설정 (행동계획 결정단계) | 나온 대책들을 공감하고 팀의 행동목표를 설정하고 지적·확인하는 단계 |

## 07 Repetitive Learning (1회 2회 3회)

매슬로우의 욕구 5단계 이론 중 2단계에 해당하는 것은?

① 생리적 욕구
② 사회적(애정적) 욕구
③ 안전에 대한 욕구
④ 존경과 긍지에 대한 욕구

해설

• 2단계는 기본적인 생존욕구를 충족한 후 외부의 위험으로부터 자신을 보존하려는 욕구에 해당한다.

매슬로우(Maslow)의 욕구위계(욕구이론) 실필 0901

㉠ 개요

• 생리적 욕구 – 안전의 욕구 – 사회적 욕구 – 인정받으려는 욕구 – 자아실현의 욕구 순으로 발생한다.
• 행동은 충족되지 않은 욕구에 의해 결정되고 좌우된다.
• 개인의 가장 기본적인 욕구로부터 시작하여 위계상 상위 욕구로 올라가면서 자신의 욕구를 체계적으로 충족시킨다.
• 위계(位階)에서 생존을 위해 기본이 되는 욕구들이 우선적으로 충족되어야 한다. 즉, 하위 단계의 욕구가 충족되어야 더 높은 단계의 욕구가 발생한다.

㉡ 위계의 내용

| 단계별 | 욕구의 명칭 | 설명 | 관리감독자의 능력 |
|---|---|---|---|
| 1단계 | 생리적 욕구 | 인간의 가장 기초적인 욕구에 해당한다. | – |
| 2단계 | 안전의 욕구 | 생존에 대한 욕구에 해당한다. | 기술적 능력 |
| 3단계 | 사회적 욕구 | 가족, 친구 등 애정과 소속에 대한 욕구에 해당한다. | – |
| 4단계 | 인정받으려는 욕구(존경과 긍지에 대한 욕구) | 명예, 신망, 위신, 지위 등과 관계가 깊다. | 포괄적 능력 |
| 5단계 | 자아실현의 욕구 | 가장 고차원적인 욕구에 해당한다. | 종합적 능력 |

## 08 Repetitive Learning (1회 2회 3회)

산업재해의 발생빈도를 나타내는 것으로 연간총근로시간 합계 100만 시간당 재해발생건수에 해당되는 것은?

① 도수율 ② 강도율
③ 연천인율 ④ 종합재해지수

해설

• 도수율은 1,000,000시간의 근로시간 동안 발생하는 재해의 건수이다.

도수율(FR : Frequency Rate of injury) 실필 1804/1401/1304/0902

• 빈도율이라고도 하며, 100만 시간당 재해발생건수를 나타낸다.
• 도수율 = $\frac{\text{연간재해건수}}{\text{연간총근로시간}} \times 10^6$으로 구하며,
환산도수율 = 도수율 × $\frac{\text{총근로시간}}{1,000,000}$이다.

정답 | 06 ② 07 ③ 08 ①

1004 / 2101

## 09

Repetitive Learning 1회 2회 3회

재해손실비 중 직접비가 아닌 것은?

① 휴업 보상비　　② 요양 보상비
③ 장의비　　④ 영업손실비

해설

- 영업손실비는 재해로 인해 기업이 입은 손실로 간접비에 해당한다.

**하인리히의 재해손실비용 평가** 실필 1502

- 직접비 : 간접비의 비율은 1 : 4로 계산해 산업재해로 인한 총 손실비용은 직접비(산업재해보상비)의 5배로 계산한다.
- 직접손실비용에는 치료비, 휴업급여, 장해급여, 유족급여, 요양급여, 간병급여, 직업재활급여, 장례비 등이 있다.
- 간접손실비용에는 부상자를 비롯한 직원의 시간손실, 이익의 감소, 생산손실비, 기계, 공구 재료 등의 재산손실 등이 있다.

## 10

Repetitive Learning 1회 2회 3회

연평균 근로자수가 500명인 사업장에 1년간 3명의 사상자가 발생한 경우 이 작업장의 연천인율은?

① 4　　② 5
③ 6　　④ 7

해설

- 연천인율은 근로자 1,000명당 발생한 재해자수이다.
- 연천인율 $= \frac{3}{500} \times 1,000 = 6$이 된다.

**연천인율** 실필 1804

- 1년간 평균 근로자 1,000명당 재해자의 수를 나타낸다.
- 연천인율 $= \frac{\text{연간재해자수}}{\text{연평균근로자수}} \times 1,000$으로 구한다.
- 근로자 1명이 연평균 2,400시간을 일한다는 것을 가정할 때 연천인율은 도수율×2.4로도 구할 수 있다.

## 11

Repetitive Learning 1회 2회 3회

안전관리조직의 형태 중 라인-스태프형에 대한 설명으로 옳은 것은?

① 1,000명 이상의 대규모 사업장에 적합하다.
② 명령과 보고가 상하관계로 간단명료하다.
③ 안전에 대한 전문적인 지식이나 정보가 불충분하다.
④ 생산부분은 안전에 대한 책임과 권한이 없다.

해설

- 생산부분이 안전에 대한 책임과 권한이 없으므로, 안전과 생산이 별도로 취급되기 쉬운 것은 스태프형 조직의 특징이다.
- 명령과 보고가 상하관계로 존재해 간단명료하고, 안전에 대한 전문적인 지식이나 정보가 불충분한 것은 라인형 조직의 특징이다.

**라인-스태프(Line-staff)형 조직**

㉠ 개요
- 가장 이상적인 조직형태로 1,000명 이상의 대규모 사업장에서 주로 사용된다.
- 라인의 관리·감독자에게도 안전에 관한 책임과 권한이 부여된다.
- 안전계획, 평가 및 조사는 스태프에서, 생산기술의 안전대책은 라인에서 실시한다.

㉡ 장점
- 안전 전문가에 의해 입안된 것을 경영자의 지침으로 명령 실시하므로 정확하고 신속하다.
- 조직원 전원을 자율적으로 안전 활동에 참여시킬 수 있다.
- 라인의 관리, 감독자에게도 안전에 관한 책임과 권한이 부여된다.
- 안전 활동과 생산업무가 유리될 우려가 없기 때문에 균형을 유지할 수 있어 이상적인 조직형태이다.

㉢ 단점
- 명령계통과 조언·권고적 참여가 혼동되기 쉽다.
- 스태프의 월권행위가 발생하는 경우가 있다.
- 라인이 스태프에 의존하거나 스태프를 활용하지 않는 경우가 있다.

## 12

Repetitive Learning 1회 2회 3회

중대재해 발생사실을 알게 된 경우 지체없이 관할 지방고용노동관서의 장에게 보고해야 하는 사항이 아닌 것은?(단, 천재지변 등 부득이한 사유가 발생한 경우는 제외한다)

① 발생 개요　　② 피해 상황
③ 조치 및 전망　　④ 재해손실비용

해설

- 재해손실비용은 중대재해 보고 시 보고내용에 포함되지 않는다.

**중대재해의 보고**

㉠ 사업주는 중대재해가 발생한 사실을 알게 된 경우에는 관할 지방고용노동관서의 장에게 전화·팩스, 또는 그밖에 적절한 방법으로 보고하여야 한다.

㉡ 보고 내용
- 발생 개요 및 피해 상황
- 조치 및 전망
- 그 밖의 중요한 사항



09 ④　10 ③　11 ①　12 ④ | 정답

0601

## 13 Repetitive Learning (1회 2회 3회)

무재해 운동 기본이념의 3원칙이 아닌 것은?

① 무의 원칙 ② 상황의 원칙
③ 참가의 원칙 ④ 선취의 원칙

해설

- 무재해 운동의 3원칙에는 무의 원칙, 안전제일(선취)의 원칙, 참가의 원칙이 있다.

무재해 운동 3원칙

| | |
|---|---|
| 무(無, Zero)의 원칙 | 모든 잠재위험요인을 사전에 발견·파악·해결함으로써 근원적으로 산업재해를 없앤다. |
| 안전제일(선취)의 원칙 | 직장의 위험요인을 행동하기 전에 발견·파악·해결하여 재해를 예방한다. |
| 참가의 원칙 | 작업에 따르는 잠재적인 위험요인을 발견·해결하기 위하여 전원이 협력하여 문제해결 운동을 실천한다. |

1101 / 2102

## 14 Repetitive Learning (1회 2회 3회)

산업안전보건법령상 안전인증대상 기계·기구 등에 해당하지 않는 것은?

① 크레인 ② 곤돌라
③ 컨베이어 ④ 사출성형기

해설

- 안전인증대상 기계·기구에는 프레스, 전단기 및 절곡기, 크레인, 리프트, 압력용기, 롤러기, 고소작업대, 곤돌라, 기계톱, 사출성형기 등이 있다.

안전인증대상 기계·기구 실필 1004

| | |
|---|---|
| 설치·이전하는 경우 안전인증을 받아야 하는 기계·기구 | • 크레인<br>• 리프트<br>• 곤돌라 |
| 주요 구조 부분을 변경하는 경우 안전인증을 받아야 하는 기계·기구 | • 프레스<br>• 전단기 및 절곡기(折曲機)<br>• 크레인<br>• 리프트<br>• 압력용기<br>• 롤러기<br>• 고소(高所)작업대<br>• 곤돌라<br>• 기계톱<br>• 사출성형기(射出成形機) |
| 안전인증대상 방호장치 | • 프레스 또는 전단기 방호장치<br>• 양중기용 과부하방지장치<br>• 보일러 또는 압력용기 압력방출용 안전밸브<br>• 압력용기 압력방출용 파열판<br>• 절연용 방호구 및 활선작업용 기구<br>• 방폭구조 전기기계·기구 및 부품 |

0901 / 1404

## 15 Repetitive Learning (1회 2회 3회)

산업안전보건기준에 관한 규칙에 따른 고소작업대를 사용하여 작업을 할 때 작업시작 전 점검사항에 해당하지 않는 것은?

① 작업면의 기울기 또는 요철 유무
② 아웃트리거 또는 바퀴의 이상 유무
③ 충전장치를 포함한 홀더 등의 결합상태의 이상 유무
④ 비상정지장치 및 비상하강방지장치 기능의 이상 유무

해설

- 충전장치를 포함한 홀더 등의 결합상태의 이상 유무는 구내운반차를 사용하여 작업을 할 때 작업시작 전 점검사항에 해당한다.

고소작업대 작업시작 전 점검사항

- 비상정지장치 및 비상하강방지장치 기능의 이상 유무
- 과부하방지장치의 작동 유무
  (와이어로프 또는 체인구동방식의 경우)
- 아웃트리거 또는 바퀴의 이상 유무
- 작업면의 기울기 또는 요철 유무
- 활선작업용 장치의 경우 홈·균열·파손 등 그 밖의 손상 유무

## 16 Repetitive Learning (1회 2회 3회)

산업안전보건기준에 관한 규칙에 따른 근로자가 상시 작업하는 장소의 작업면의 최소 조도기준으로 옳은 것은?(단, 갱내 작업장과 감광재료를 취급하는 작업장은 제외한다)

① 초정밀작업 : 1,000럭스 이상
② 정밀작업 : 500럭스 이상
③ 보통작업 : 150럭스 이상
④ 그 밖의 작업 : 50럭스 이상

정답 | 13 ② 14 ③ 15 ③ 16 ③

해설

- 초정밀작업은 750Lux, 정밀작업은 300Lux, 보통작업은 150Lux, 그 밖의 작업은 75Lux 이상이 되어야 한다.

:: 근로자가 상시 작업하는 장소의 작업면 조도(照度) 실필 1002 실작 1804/1802

| 작업 구분 | 조도기준 |
|---|---|
| 초정밀작업 | 750Lux 이상 |
| 정밀작업 | 300Lux 이상 |
| 보통작업 | 150Lux 이상 |
| 그 밖의 작업 | 75Lux 이상 |

## 17

Repetitive Learning 1회 2회 3회

사고예방대책의 기본원리 5단계 중 제2단계는?

① 안전조직 ② 사실의 발견
③ 분석 평가 ④ 시정책 적용

해설

- 안전조직은 1단계, 분석 평가는 3단계, 시정책의 적용은 5단계에 해당한다.

:: 하인리히의 사고예방의 기본원리 5단계 실필 1802/0804

| 단계 | 단계별 과정 | 필요 조치 |
|---|---|---|
| 1단계 | 안전관리조직과 규정 | • 책임과 권한의 부여<br>• 안전활동 방침 및 계획수립 |
| 2단계 | 사실의 발견으로 현상파악 | • 자료수집<br>• 작업분석과 위험확인<br>• 안전점검·검사 및 조사 실시 |
| 3단계 | 분석을 통한 원인규명 | • 사고보고서 및 현장조사<br>• 인적·물적·환경조건의 분석<br>• 교육 훈련 및 배치 사항 파악<br>• 사고기록 및 관계자료 대조확인 |
| 4단계 | 시정방법의 선정 | • 기술적인 개선<br>• 작업배치의 조정<br>• 교육훈련의 개선 |
| 5단계 | 시정책의 적용 | • 기술(Engineering)적 대책<br>• 교육(Education)적 대책<br>• 관리(Enforcement)적 대책 |

## 18

Repetitive Learning 1회 2회 3회

산업안전보건법령상 해당 사업장의 연간재해율이 같은 업종의 평균재해율의 2배 이상인 경우 사업주에게 관리자를 정수 이상으로 증원하게 하거나 교체하여 임명할 것을 명할 수 있는 자는?

① 시·도지사 ② 고용노동부장관
③ 국토교통부장관 ④ 지방고용노동관서의 장

해설

- 산업안전보건법령상 지방고용노동관서의 장이 사업주에게 안전관리자의 증원 및 교체를 명한다.

:: 안전관리자 등의 증원·교체가 필요한 사유 실필 1704/1402/1001

- 해당 사업장의 연간재해율이 같은 업종의 평균재해율의 2배 이상인 경우
- 중대재해가 연간 2건 이상 발생한 경우
- 관리자가 질병이나 그 밖의 사유로 3개월 이상 직무를 수행할 수 없게 된 경우
- 화학적 인자로 인한 직업성 질병자가 연간 3명 이상 발생한 경우

1101 / 1302 / 1402 / 1404 / 1604 / 1704 / 1801 / 1804 / 2102 / 2202

## 19

Repetitive Learning 1회 2회 3회

산업안전보건법령에 따른 안전보건관리규정을 작성하여야 할 사업의 사업주는 안전보건관리규정을 작성하여야 할 사유가 발생한 날부터 며칠 이내에 작성하여야 하는가?

① 15일 ② 30일
③ 50일 ④ 60일

해설

- 사업주는 안전보건관리규정을 작성하여야 할 사유가 발생한 날부터 30일 이내에 안전보건관리규정을 작성하여야 한다.

:: 안전보건관리규정 실필 1601/1101

- 안전보건관리규정을 작성하여야 할 사업의 종류 및 규모

| 사업의 종류 | 규모 |
|---|---|
| 1. 농업<br>2. 어업<br>3. 소프트웨어 개발 및 공급업<br>4. 컴퓨터 프로그래밍, 시스템 통합 및 관리업<br>5. 정보서비스업<br>6. 금융 및 보험업<br>7. 임대업(부동산 제외)<br>8. 전문, 과학 및 기술 서비스업 (연구개발업 제외)<br>9. 사업지원 서비스업<br>10. 사회복지 서비스업 | 상시근로자 300명 이상을 사용하는 사업장 |
| 11. 제1호부터 제10호까지의 사업을 제외한 사업 | 상시근로자 100명 이상을 사용하는 사업장 |

- 사업주는 안전보건관리규정을 작성하여야 할 사유가 발생한 날부터 30일 이내에 안전보건관리규정을 작성하여야 한다. 이를 변경할 사유가 발생한 경우에도 또한 같다.
- 사업주는 안전보건관리규정을 작성하거나 변경할 때에는 산업안전보건위원회의 심의·의결을 거쳐야 한다. 다만, 산업안전보건위원회가 설치되어 있지 아니한 사업장의 경우에는 근로자대표의 동의를 받아야 한다.



17 ② 18 ④ 19 ② 정답

## 20

Repetitive Learning (1회 2회 3회)

산업안전보건법령상 시스템 통합 및 관리업의 경우 안전보건관리규정을 작성해야 할 사업의 규모로 옳은 것은?

① 상시근로자 10명 이상을 사용하는 사업장
② 상시근로자 50명 이상을 사용하는 사업장
③ 상시근로자 100명 이상을 사용하는 사업장
④ 상시근로자 300명 이상을 사용하는 사업장

**해설**

- 시스템 통합 및 관리업은 별도로 지정한 10개 사업장에 해당하므로 상시근로자 300명 이상일 경우 안전보건관리규정을 작성하여야 한다.

∷ 안전보건관리규정 실필 1601/1101

문제 19번의 유형별 핵심이론 ∷ 참조

# 2과목 산업심리 및 교육

0502

## 21

Repetitive Learning 

집중발상법(Brain storming)의 기본 규칙들 중 틀린 것은?

① 아이디어는 많을수록 좋다.
② 떠오르는 아이디어는 어떤 것이든 관계없이 표현토록 한다.
③ 아이디어 산출과정에서 모든 아이디어는 어떤 방식으로든 평가해야 한다.
④ 구성원들은 가능한 한 다른 사람의 아이디어를 수정하고 확장하려고 노력해야 한다.

**해설**

- 집중발상법에서 타인의 의견은 비판 및 비평하지 않는 것을 원칙으로 한다.

∷ 집중발상법(Brain storming)

㉠ 개요
- 하나의 주제에 대하여 다수가 자유롭게 회의를 통해서 아이디어를 전개시키는 방법으로 아이디어 발상 기법의 한 종류이다.
- 지정된 표현방식을 벗어나 자유롭게 의견을 제시한다.

㉡ 4원칙
- 가능한 많은 아이디어와 의견을 제시하도록 한다.
- 주제를 벗어난 아이디어도 허용한다.
- 타인의 의견을 수정하여 발언하는 것을 허용한다.
- 절대 타인의 의견을 비판 및 비평하지 않는다.

0501 / 0604

## 22

Repetitive Learning (1회 2회 3회)

교육에 있어서 학습평가의 기본 기준에 해당되지 않는 것은?

① 타당도 ② 신뢰도
③ 주관도 ④ 실용도

**해설**

- 학습평가의 기본 기준에는 타당도, 신뢰도, 실용도, 객관성 등이 있다.

∷ 학습평가의 기본 기준

| | |
|---|---|
| 타당도 | 평가하고자 하는 것을 얼마나 충실하게 반영하였는가의 정도 |
| 신뢰도 | 얼마나 정확하게 평가하였는가의 정도 (일관성과 안정성) |
| 실용도 | 경비, 시간, 노력 등을 적게 들이고 목적을 달성할 수 있는지의 정도 |
| 객관성 | 얼마나 객관적으로 공정하게 평가하였는가의 정도 |

0304

## 23

Repetitive Learning (1회 2회 3회)

동기유발(Motivation) 방법이 아닌 것은?

① 결과의 지식을 알려준다.
② 안전의 참 가치를 인식시킨다.
③ 상벌제도를 효과적으로 활용한다.
④ 동기유발의 수준을 최대로 높인다.

**해설**

- 동기유발 방법에는 ①, ②, ③ 외에 호기심을 자극하거나, 성취감을 느끼게 해 주는 등의 방법이 있다.

∷ 동기유발 방법
- 목표를 분명히 제시하고 호기심을 자극한다.
- 성공감 혹은 성취감을 느끼도록 한다.
- 상벌제도를 효과적으로 활용한다.
- 안전의 참 가치를 인식시킨다.
- 결과의 지식을 알려준다.

정답 | 20 ④ 21 ③ 22 ③ 23 ④

0401 / 1301

## 24

강의법에 관한 설명으로 맞는 것은?

① 학생들의 참여가 제약된다.
② 일부의 교과에만 적용이 가능하다.
③ 학급 인원수의 크기에 제약을 받는다.
④ 수업의 중간이나 마지막 단계에 적용한다.

해설

- 강의식은 피교육생을 대상으로 일방적으로 강의하는 방법으로 피교육자의 참여가 제약되는 단점이 있다.

**강의식(Lecture method)**

㉠ 개요
- 안전교육방법 중 수업의 도입이나 초기단계에 적용하며, 단시간에 많은 내용을 교육하는 경우에 가장 적절한 방법이다.
- 짧은 교육기간에 많은 인원의 대상에게 비교적 많은 내용을 전달하기 위한 교육방법이다.
- 도입, 제시, 적용, 확인단계 중 제시단계에서 가장 많은 시간이 소요된다.

㉡ 특징
- 적은 시간에 많은 내용을 많은 대상에게 교육시킬 수 있어 다른 방법에 비해 경제적이다.
- 전체적인 교육내용을 제시하거나, 새로운 과업 및 작업단위의 도입단계에 유효하다.
- 교육 시간에 대한 조정(계획과 통제)이 용이하다.
- 난해한 문제에 대하여 평이하게 설명이 가능하다.
- 상대적으로 피드백이 부족하다. 즉, 피교육생의 참여가 제약된다.
- 교육 대상 집단 내 수준차로 인해 교육의 효과가 감소할 가능성이 있다.

1904

## 25

산업안전보건법령상 일용직 근로자 및 근로계약기간이 1개월 이하인 기간제근로자를 제외한 근로자 신규 채용 시 실시해야 하는 안전·보건교육 시간으로 맞는 것은?

① 8시간 이상
② 매분기 3시간
③ 16시간 이상
④ 매분기 6시간

해설

- 근로자 신규 채용 시 교육시간은 일용근로자 및 근로계약기간이 1주일 이하인 기간제근로자의 경우 1시간 이상, 근로계약기간이 1주일 초과 1개월 이하인 기간제근로자의 경우 4시간 이상, 그 밖의 근로자의 경우 8시간 이상이다.

**안전·보건 교육시간 기준** 실필 1801/1201/0904/0804

<table>
<tr><th>교육과정</th><th colspan="2">교육대상</th><th>교육시간</th></tr>
<tr><td rowspan="4">정기교육</td><td colspan="2">사무직 종사 근로자</td><td>매반기 6시간 이상</td></tr>
<tr><td rowspan="2">사무직 외의 근로자</td><td>판매업무에 직접 종사하는 근로자</td><td>매반기 6시간 이상</td></tr>
<tr><td>판매업무에 직접 종사하는 근로자 외의 근로자</td><td>매반기 12시간 이상</td></tr>
<tr><td colspan="2">관리감독자</td><td>연간 16시간 이상</td></tr>
<tr><td rowspan="3">채용 시의 교육</td><td colspan="2">일용근로자 및 근로계약기간이 1주일 이하인 기간제근로자</td><td>1시간 이상</td></tr>
<tr><td colspan="2">근로계약기간이 1주일 초과 1개월 이하인 기간제근로자</td><td>4시간 이상</td></tr>
<tr><td colspan="2">그 밖의 근로자</td><td>8시간 이상</td></tr>
<tr><td rowspan="2">작업내용 변경 시의 교육</td><td colspan="2">일용근로자 및 근로계약기간이 1주일 이하인 기간제근로자</td><td>1시간 이상</td></tr>
<tr><td colspan="2">그 밖의 근로자</td><td>2시간 이상</td></tr>
<tr><td rowspan="3">특별교육</td><td rowspan="2">일용 및 근로계약기간이 1주일 이하인 기간제근로자</td><td>타워크레인 신호업무 제외</td><td>2시간 이상</td></tr>
<tr><td>타워크레인 신호업무</td><td>8시간 이상</td></tr>
<tr><td colspan="2">일용 및 근로계약기간이 1주일 이하인 기간제근로자 제외 근로자</td><td>• 16시간 이상(작업전 4시간, 나머지는 3개월 이내 분할 가능)<br>• 단기간 또는 간헐적 작업인 경우에는 2시간 이상</td></tr>
<tr><td>건설업 기초안전·보건교육</td><td colspan="2">건설 일용근로자</td><td>4시간 이상</td></tr>
</table>

1301

## 26

이상적인 상황하에서 방어적인 행동 특징을 보이는 집단행동은?

① 군중　　② 패닉
③ 모브　　④ 심리적 전염

해설

- 군중이란 공통된 규범이나 조직성 없이 우연히 조직된 인간의 일시적 집합을 말한다.
- 모브는 공격적인 군중의 집단행동이다.
- 심리적 전염은 다른 사람이나 집단의 유행을 따라하는 행위를 말한다.



24 ① 25 ① 26 ② 정답

⁘ 집단행동의 구분
㉠ 통제적 집단행동
- 관습
- 유행
- 제도적 행동

㉡ 비통제적 집단행동
- 모브 – 공격적인 군중의 집단행동
- 패닉 – 이상적인 상황하에서 방어적인 행동 특징을 보이는 집단행동
- 모방 – 남들을 그대로 따라하는 행위
- 심리적 전염 – 다른 사람이나 집단의 유행을 따라하는 행위

0804 / 1001

**27** Repetitive Learning (1회 2회 3회)

인간의 행동에 대하여 심리학자 레빈(K.Lewin)은 다음과 같은 식으로 표현했다. 이때 각 요소에 대한 내용으로 틀린 것은?

$$B=f(P \cdot E)$$

① $B$ : Behavior(행동) ② $f$ : Function(함수관계)
③ $P$ : Person(개체) ④ $E$ : Engineering(기술)

해설
- $E$는 Environment 즉, 심리적 환경(인간관계, 작업환경 – 조명, 소음, 온도 등)을 의미한다.

⁘ 레빈(Lewin.K)의 법칙
- 행동 $B=f(P \cdot E)$로 이루어진다. 즉, 인간의 행동($B$)은 개인($P$)과 환경($E$)의 상호 함수관계에 있다고 할 수 있다.
- $B$는 인간의 행동(Behavior)을 말한다.
- $f$는 동기부여를 포함한 함수(Function)이다.
- $P$는 Person 즉, 개체(소질)로 연령, 지능, 경험 등을 의미한다.
- $E$는 Environment 즉, 심리적 환경(인간관계, 작업환경 – 조명, 소음, 온도 등)을 의미한다.

**28** Repetitive Learning (1회 2회 3회)

피로 단계 중 이상발한, 구갈, 두통, 탈력감이 있고, 특히 관절이나 근육통이 수반되어 신체를 움직이기 귀찮아지는 단계는?

① 잠재기 ② 현재기
③ 진행기 ④ 축적피로기

해설
- 피로의 단계 중 2단계에 해당하는 것으로 현재 피로가 쌓이면서 신체의 반응이 나타나기 시작한 단계이다.

⁘ 피로의 단계
- 잠재기 → 현재기 → 진행기 → 축적피로기로 진행된다.

| 단계 | 내용 |
|---|---|
| 잠재기 | 외관상 작업능률의 저하가 관측되는 시기로 지각적으로는 느끼기 힘든 단계 |
| 현재기 | 이상발한, 구갈, 두통, 탈력감이 있고, 특히 관절이나 근육통이 수반되어 신체를 움직이기 귀찮아지는 단계 |
| 진행기 | 현재기의 피로 증상이 있음에도 불구하고 휴식 없이 작업을 계속할 경우 진행되는 회복이 힘든 단계 |
| 축적피로기 | 계속 반복되는 피로의 진행으로 피로가 만성적으로 축적되어 질병이 되는 단계 |

2001

**29** Repetitive Learning (1회 2회 3회)

판단과정에서의 착오 원인이 아닌 것은?

① 능력부족
② 정보부족
③ 감각차단
④ 자기합리화

해설
- 감각차단은 인지과정의 착오에 해당한다.

⁘ 착오의 원인별 분류
㉠ 인지과정의 착오
- 생리적·심리적 능력의 부족
- 감각 차단 현상
- 정서 불안정
- 정보량 저장의 한계

㉡ 판단과정의 착오
- 능력부족
- 정보부족
- 자기합리화

㉢ 조작과정의 착오
- 기술부족
- 잘못된 정보

정답 | 27 ④ 28 ② 29 ③

0404 / 0601 / 0901

## 30 Repetitive Learning 1회 2회 3회

안전교육 지도방법 중 O.J.T(On the Job Training)의 장점이 아닌 것은?

① 동기부여가 쉽다.
② 교육효과가 업무에 신속히 반영된다.
③ 다수의 대상자를 일괄적이고 조직적으로 교육할 수 있다.
④ 직장의 실태에 맞춘 구체적이고 실제적인 교육이 가능하다.

**해설**

- ③은 Off J.T의 장점에 해당한다.

∷ O.J.T(On the Job Training) 교육 실필 1701

㉠ 개요
- 사업장 내에서 직장 상사가 강사가 되어 실시하는 교육이다.
- 일상 업무를 통해 지식과 기능, 문제해결능력을 향상시키는 데 주목적을 갖는다.
- 가장 중요한 역할을 담당하는 이는 일선현장의 감독자이다.

㉡ 형태
- 코칭
- 직무순환
- 멘토링
- 도제식 교육
- 현장 직무교육

㉢ 특징

| 구분 | 내용 |
|---|---|
| 장점 | • 동기부여가 쉽다.<br>• 개개인에게 적절한 지도훈련이 가능하다.<br>• 직장의 실정에 맞게 실제적 훈련이 가능하다.<br>• 교육을 통한 훈련효과에 의해 상호 신뢰 및 이해도가 높아진다.<br>• 대상자의 개인별 능력에 따라 훈련의 진도를 조정하기가 쉽다.<br>• 교육효과가 업무에 신속히 반영된다.<br>• 훈련에 필요한 업무의 계속성이 끊어지지 않는다. |
| 단점 | • 전문적인 강사가 아니어서 교육이 원만하지 않을 수 있다.<br>• 다수의 대상을 한 번에 통일적인 내용 및 수준으로 교육시킬 수 없다.<br>• 전문적인 고도의 지식 및 기능을 교육하기 힘들다.<br>• 업무와 교육이 병행되는 관계로 훈련에만 전념할 수 없다. |

0701

## 31 Repetitive Learning 1회 2회 3회

성공적인 리더가 가지는 중요한 관리기술이 아닌 것은?

① 매 순간 신속하게 의사결정을 한다.
② 집단의 목표를 구성원과 함께 정한다.
③ 구성원이 집단과 어울리도록 협조한다.
④ 자신이 아니라 집단에 대해 많은 관심을 가진다.

**해설**

- 의사결정을 신속하게 하는 것이 리더가 가져야 할 구비요건은 아니다.

∷ 리더(Leader)의 구비요건
- 화합성
- 통찰력
- 판단력
- 집단의 이익 추구
- 정서적 안정성 및 활발성

1301

## 32 Repetitive Learning 1회 2회 3회

프로그램 학습법(Programmed self-instruction method)의 장점이 아닌 것은?

① 학습자의 사회성을 높이는 데 유리하다.
② 한 강사가 많은 수의 학습자를 지도할 수 있다.
③ 지능, 학습적성, 학습속도 등 개인차를 충분히 고려할 수 있다.
④ 매 반응마다 피드백이 주어지기 때문에 학습자가 흥미를 갖는다.

**해설**

- 교사나 친구 등의 사회적인 관계없이 혼자서 프로그램에 의해 학습하므로 사회성이 결여되기 쉽다.

∷ 프로그램 학습법(Programmed self-instruction method)

㉠ 개요
- Skinner의 조작적 조건형성 원리에 의해 개발된 것으로 자율적 학습이 특징이다.

㉡ 특징

| 구분 | 내용 |
|---|---|
| 장점 | • 학습자의 학습내용 습득여부를 즉각적으로 피드백 받을 수 있다.<br>• 한 강사가 많은 수의 학습자를 지도할 수 있다.<br>• 지능, 학습적성, 학습속도 등 개인차를 충분히 고려할 수 있다.<br>• 매 반응마다 피드백이 주어지기 때문에 학습자가 흥미를 갖는다. |
| 단점 | • 수강생의 사회성이 결여되기 쉽다.<br>• 교재개발에 많은 시간과 노력이 든다. |

30 ③ 31 ① 32 ① | 정답

1302 / 2202

## 33 Repetitive Learning 1회 2회 3회

생체리듬에 관한 설명으로 틀린 것은?

① 각각의 리듬이 (-)로 최대인 점이 위험일이다.
② 육체적 리듬은 "P"로 나타내며, 23일을 주기로 반복된다.
③ 감성적 리듬은 "S"로 나타내며, 28일을 주기로 반복된다.
④ 지성적 리듬은 "I"로 나타내며, 33일을 주기로 반복된다.

해설

- 위험일이란 안정기(+)와 불안정기(-)의 교차점을 말한다.

:: 생체리듬(Biorhythm)의 분류

- 육체 리듬(P)의 주기는 23일이며, 식욕, 활동력, 지구력과 관련된다.
- 감성적 리듬(S)의 주기는 28일이며, 주의력, 예감과 관련된다.
- 지성적 리듬(I)의 주기는 33일이며, 지성적 사고능력(상상력, 판단력, 추리능력)과 관련된다.
- 안정기(+)와 불안정기(-)의 교차점을 위험일이라 한다.

0804 / 1104

## 34 Repetitive Learning 1회 2회 3회

부주의 발생의 외적 조건에 해당되지 않는 것은?

① 의식의 우회
② 높은 작업강도
③ 작업순서의 부적당
④ 주위 환경조건의 불량

해설

- 의식의 우회는 가장 대표적인 부주의 발생의 내적요인이다.

:: 부주의 발생의 내적요인과 대책

- 의식의 우회 – 카운슬링
- 소질적 문제 – 적성에 따른 배치
- 경험·미경험 – 교육 및 훈련

0504

## 35 Repetitive Learning 1회 2회 3회

스트레스의 개인적 원인 중 한 직무의 역할 수행이 다른 역할과 모순되는 현상을 무엇이라고 하는가?

① 역할 연기
② 역할 기대
③ 역할 조성
④ 역할 갈등

해설

- 직무 스트레스 역할 관련 요인에는 역할 갈등, 역할모호성, 역할 과부하 등이 있다.
- 역할 과부하는 역할 수행자에 대한 요구가 개인의 능력을 초과하거나 자신이 믿는 것보다 어떤 일을 보다 급하게 하거나 부주의하게 만드는 상황을 말한다.
- 역할모호성은 업무의 담당이나 개인의 역할이 명확하게 지정되지 않았을 때 발생하는 상황을 말한다.

:: 직무 스트레스 역할 관련 요인

- 역할 갈등 – 조직에서의 요구가 2가지 이상 동시에 발생했을 때의 갈등상황을 말한다.
- 역할모호성 – 업무의 담당이나 개인의 역할이 명확하게 지정되지 않았을 때 발생하는 상황을 말한다.
- 역할 과부하 – 역할 수행자에 대한 요구가 개인의 능력을 초과하거나 자신이 믿는 것보다 어떤 일을 보다 급하게 하거나 부주의하게 만드는 상황을 말한다.

2201

## 36 Repetitive Learning 1회 2회 3회

인간은 지각과정에서 자극의 정보를 조직화하는 과정을 거치게 된다. 시각정보의 조직화를 의미하는 용어는?

① 유추(Analogy)
② 게슈탈트(Gestalt)
③ 인지(Cognition)
④ 근접성(Proximity)

해설

- 게슈탈트(Gestalt)는 독일어로 형태나 형상을 의미하는데 시각성보의 조식화를 의미하는 용어로 사용한다.

:: 게슈탈트(Gestalt)의 지각집단화

- 인간은 지각과정에서 자극의 정보를 조직화하는 과정을 거치는 것을 말한다. 시각정보의 조직화를 의미한다.
- 유사성의 원리 : 모양, 크기, 색상 등이 유사한 시각요소들이 그룹을 지어 하나의 패턴으로 보이려는 경향을 말한다.
- 근접성의 원리 : 서로 가까이 있는 것들끼리 하나의 집단처럼 보이는 경향을 말한다.
- 연속성의 원리 : 연속된 것들끼리 하나의 집단처럼 보이는 경향을 말한다.
- 폐쇄성의 원리 : 불완전한 것(열려있는)들을 완전한 것(닫힌 것, 연결된 것)으로 보려는 경향을 말한다.
- 단순성의 원리 : 주어진 조건에서 가장 단순한 쪽으로 인식하는 경향을 말한다.

정답 | 33 ① 34 ① 35 ④ 36 ②

## 37

Repetitive Learning (1회 2회 3회)

교육의 본질적 면에서 본 교육의 기능과 관련이 없는 것은?

① 사회적 기능
② 보수적 기능
③ 개인 완성으로서의 기능
④ 문화전달과 창조적 기능

해설

- 교육의 본질적 면에서의 교육의 기능에는 ①, ③, ④ 외에 가치형성의 기능으로서의 교육이 있다.

교육의 본질적 기능
- 사회적 기능
- 가치형성의 기능
- 개인 완성으로서의 기능
- 문화전달과 창조적 기능

1202 / 1204 / 1302 / 1801 / 1804 / 2104

## 38

Repetitive Learning (1회 2회 3회)

산업안전보건법령상 사업 내 안전·보건교육 중 건설업 일용근로자에 대한 건설업 기초안전·보건교육의 교육시간으로 맞는 것은?

① 1시간
② 2시간
③ 3시간
④ 4시간

해설

- 건설업 일용근로자에 대한 건설업 기초안전·보건교육의 교육시간은 4시간이다.

안전·보건 교육시간 기준 실필 1801/1201/0904/0804
문제 25번의 유형별 핵심이론 참조

1201

## 39

Repetitive Learning (1회 2회 3회)

시행착오설에 의한 학습법칙에 해당하는 것은?

① 시간의 법칙
② 계속성의 법칙
③ 일관성의 법칙
④ 준비성의 법칙

해설

- 시행착오설에 의한 학습법칙에는 연습의 법칙, 효과의 법칙, 준비성의 법칙 등이 있다.

손다이크(Thorndike)의 시행착오설에 의한 학습법칙
- S-R이론의 대표적인 종류 중 하나로 학습을 자극(Stimulus)에 의한 반응(Response)으로 파악한다.
- 맹목적 시행을 반복하는 가운데 자극과 반응이 결합하여 행동하는 것을 말한다.
- 학습법칙에는 연습의 법칙, 효과의 법칙, 준비성의 법칙 등이 있다.

0901 / 1204

## 40

Repetitive Learning (1회 2회 3회)

직무에 적합한 근로자를 위한 심리검사는 합리적 타당성을 갖추어야 한다. 이러한 합리적 타당성을 얻는 방법으로만 나열된 것은?

① 구인 타당도, 공인 타당도
② 구인 타당도, 내용 타당도
③ 예언적 타당도, 공인 타당도
④ 예언적 타당도, 안면 타당도

해설

- 합리적 타당도는 내용 타당도와 구인 타당도로 구성된다.

타당성
- ㉠ 개요
  - 심리검사의 특징 중 측정하고자 하는 것을 실제로 잘 측정하는지의 여부를 판별하는 것을 말한다.
  - 신뢰도와 함께 인사선발을 위한 심리검사에서 갖춰야 할 요건에 해당한다.
- ㉡ 준거 관련 타당도(경험 타당도)
  - 예측변인이 준거와 얼마나 관련되어 있느냐를 나타낸 타당도를 말한다.
  - 시간간격이 없느냐 혹은 있느냐에 따라 공인 타당도와 예언 타당도로 구분한다.
- ㉢ 합리적 타당도
  - 내용 타당도와 구인 타당도로 구분한다.
  - 내용 타당도는 검사문항에 대한 전문가의 판단을 구비한 타당도이며, 구인 타당도는 기존 검사와 새로 만든 검사와의 상관관계를 측정한 타당도이다.



37 ② 38 ④ 39 ④ 40 ② 정답

## 3과목 인간공학 및 시스템안전공학

**41** Repetitive Learning 1회 2회 3회

설비보전에서 평균 수리시간의 의미로 맞는 것은?

① MTTR
② MTBF
③ MTTF
④ MTBP

해설

- MTBF는 설비보전에서 평균고장간격, 무고장시간의 평균의 의미로 사용한다.
- MTTF는 설비보전에서 평균작동시간, 고장까지의 평균시간을 의미한다.

MTTR(Mean Time To Repair)
- 설비보전에서 1회 평균 수리시간의 의미로 사용한다.
- 고장이 발생한 후부터 정상작동까지 걸리는 시간의 평균시간을 말한다.
- $\frac{\text{전체고장시간}}{\text{고장건수}}$[시간/회]로 구한다.

**42** Repetitive Learning 1회 2회 3회

시스템이 저장되어 이동되고 실행됨에 따라 발생하는 작동시스템의 기능이나 과업, 활동으로부터 발생되는 위험에 초점을 맞춘 위험분석 차트는?

① 결함수분석(FTA : Fault Tree Analysis)
② 사상수분석(ETA : Event Tree Analysis)
③ 결함위험분석(FHA : Fault Hazard Analysis)
④ 운용위험분석(OHA : Operating Hazard Analysis)

해설

- 사건수분석(ETA)은 설비의 설계 단계에서부터 사용 단계까지의 각 단계에서 위험을 분석하는 귀납적, 정량적 분석방법이다.
- 결함수분석법(FTA)은 연역적 방법으로 재해의 원인을 규명하며, 재해의 정량적 예측이 가능한 분석방법이다.
- 결함위험분석(FHA)은 시스템 정의에서부터 시스템 개발단계를 지나 시스템 생산단계 진입 전까지 적용되는 것으로 전체시스템을 여러 개의 서브시스템으로 나누어 특정 서브시스템이 다른 서브시스템이나 전체시스템에 미치는 영향을 분석하는 방법이다.

운용위험분석(OHA : Operating Hazard Analysis)
㉠ 개요
- 시스템이 저장되어 이동되고 실행됨에 따라 발생하는 작동시스템의 기능이나 과업, 활동으로부터 발생되는 위험에 초점을 맞춘 위험분석 방법이다.
- 시스템의 정의 및 개발 단계에서 실행한다.
- 운용 및 지원 위험분석(O&SHA)방법은 생산, 보전, 시험, 운반, 저장, 비상탈출 등에 사용되는 인원, 설비에 관하여 위험을 동정(同定)하고 제어하며, 그들의 안전요건을 결정하기 위하여 실시하는 분석기법이다.

㉡ 내용
- 위험 혹은 안전장치의 제공, 안전방호구를 제거하기 위한 설계변경이 준비되어야 한다.
- 안전의 기본적 관련사항으로 시스템의 서비스, 훈련, 취급, 저장, 수송하기 위한 특수한 절차가 준비되어야 한다.

**43** Repetitive Learning 1회 2회 3회

의자 설계에 대한 조건 중 틀린 것은?

① 좌판의 깊이는 작업자의 등이 등받이에 닿을 수 있도록 설계한다.
② 좌판은 엉덩이가 앞으로 미끄러지지 않는 재질과 구조로 설계한다.
③ 좌판의 넓이는 작은 사람에게 적합하도록, 깊이는 큰 사람에게 적합하도록 설계한다.
④ 등받이는 충분한 넓이를 가지고 요추 부위부터 어깨 부위까지 편안하게 지지하도록 설계한다.

해설

- 좌판의 폭은 큰 사람을 기준으로, 깊이는 작은 사람을 기준으로 결정한다.

인간공학적 의자 설계
㉠ 개요
- 조절식 설계원칙을 적용하도록 한다.
- 자세와 동작에 따라 고려해야 할 인체측정 치수가 달라진다.
- 요부전만(腰部前灣)을 유지한다.
- 추간판(디스크)의 압력과 등근육의 정적부하를 줄인다.
- 자세 고정을 줄인다.
- 여러 사람이 사용하는 의자의 경우 좌면 높이는 오금보다 약간 낮게(5% 오금높이) 유지한다.

정답 | 41 ① 42 ④ 43 ③

㉡ 고려할 사항
- 체중 분포
- 상반신의 안정
- 좌판의 높이(조절식을 기준으로 한다)
- 좌판의 깊이와 폭
(폭은 최대치, 깊이는 최소치를 기준으로 한다)

1102

## 44

Repetitive Learning 1회 2회 3회

산업안전보건법령상 유해·위험방지계획서 제출대상 사업은 기계 및 기구를 제외한 금속가공제품 제조업으로서 전기 계약용량이 얼마 이상인 사업을 말하는가?

① 50[kW] ② 100[kW]
③ 200[kW] ④ 300[kW]

해설

- 유해·위험방지계획서 제출대상 사업장의 규모는 전기 계약용량이 300kW 이상인 사업장이다.

유해·위험방지계획서의 제출
- 제출대상 사업장의 규모는 전기 계약용량이 300kW 이상인 사업장이다.
- 건설물·기계·기구 및 설비 등 일체를 설치·이전하거나 그 주요 구조부분을 변경할 때에는 고용노동부장관(한국산업안전보건공단)에게 유해·위험방지계획서를 제출하여야 한다.
- 첨부서류는 건축물 각 층의 평면도, 기계·설비의 개요를 나타내는 서류, 기계·설비의 배치도면, 원재료 및 제품의 취급, 제조 등의 작업방법의 개요 등이다.
- 제조업의 경우는 해당 작업시작 15일 전에 제출한다.
- 건설업의 경우는 공사의 착공 전날까지 제출한다.

## 45

Repetitive Learning 1회 2회 3회

통화이해도를 측정하는 지표로서, 각 옥타브(Octave) 대의 음성과 잡음의 데시벨(dB)값에 가중치를 곱하여 합계를 구하는 것을 무엇이라 하는가?

① 명료도 지수 ② 통화 간섭 수준
③ 이해도 점수 ④ 소음 기준 곡선

해설

- 통화 간섭 수준은 통화 이해도에 영향을 주는 잡음의 영향을 추정하는 지수이다.

명료도 지수(Articulation index)
- 말소리의 질에 대한 객관적 측정 방법으로 통화이해도를 측정하는 지표이다.
- 각 옥타브(Octave) 대의 음성과 잡음의 데시벨(dB)값에 가중치를 곱하여 합계를 구한 것이다.

## 46

Repetitive Learning 1회 2회 3회

반사경 없이 모든 방향으로 빛을 발하는 점광원에서 5[m] 떨어진 곳의 조도가 120[lux]라면 2[m] 떨어진 곳의 조도는?

① 150[lux] ② 192.2[lux]
③ 750[lux] ④ 3,000[lux]

해설

- 5m 떨어진 곳의 조도가 120Lux이므로
광도$= 120\times(5)^2 = 120\times 25 = 3,000$[cd]이다.
- 2m 떨어진 곳의 조도는
$3,000 = x\times(2)^2 = x = \frac{3,000}{4} = 750$이 된다.

조도(照度)

㉠ 개요
- 조도는 특정 지점에 도달하는 광의 밀도를 말한다.
- 반사체의 반사율과는 상관없이 일정한 값을 갖는다.
- 거리의 제곱에 반비례하고, 광도에 비례하므로 $\frac{\text{광도}}{(\text{거리})^2}$로 구한다.

㉡ 단위
- 단위는 럭스(Lux)를 주로 사용하며, 1Lux는 1cd의 점광원으로부터 1m 떨어진 구면에 비추는 광의 밀도이며, 촛불 1개의 조도이다.
- Candela는 단위시간당 한 발광점으로부터 투광되는 빛의 에너지양이다.

## 47

Repetitive Learning 1회 2회 3회

조종장치의 우발작동을 방지하는 방법 중 틀린 것은?

① 오목한 곳에 둔다.
② 조종장치를 덮거나 방호해서는 안 된다.
③ 작동을 위해서 힘이 요구되는 조종장치에는 저항을 제공한다.
④ 순서적 작동이 요구되는 작업일 때 순서를 지나치지 않도록 잠김장치를 설치한다.

해설

- 필요할 경우 조종장치를 덮거나 방호장치를 설치함으로써 우발작동을 방지할 필요가 있다.

조종장치의 우발작동 방지법
- 오목한 곳에 둔다.
- 작동을 위해서 힘이 요구되는 조종장치에는 저항을 제공한다.
- 순서적 작동이 요구되는 작업일 때 순서를 지나치지 않도록 잠김장치를 설치한다.
- 조종장치를 덮거나 방호장치를 설치함으로써 우발작동을 방지할 필요가 있다.



44 ④ 45 ① 46 ③ 47 ② | 정답

## 48

Repetitive Learning 1회 2회 3회

건구온도 30[℃], 습구온도 35[℃]일 때의 옥스퍼드(Oxford) 지수는 얼마인가?

① 20.75[℃] ② 24.58[℃]
③ 32.78[℃] ④ 34.25[℃]

**해설**

- $0.85 \times 35 + 0.15 \times 30 = 29.75 + 4.5 = 34.25$℃이다.

**Oxford 지수**

- 습구온도와 건구온도의 가중 평균치로 습건지수라고도 한다.
- Oxford 지수는 0.85 × 습구온도 + 0.15 × 건구온도로 구한다.

## 49

Repetitive Learning 1회 2회 3회

프레스에 설치된 안전장치의 수명은 지수분포를 따르며 평균수명은 100시간이다. 새로 구입한 안전장치가 50시간 동안 고장 없이 작동할 확률(A)과 이미 100시간을 사용한 안전장치가 앞으로 100시간 이상 견딜 확률(B)은 약 얼마인가?

① A : 0.368, B : 0.368
② A : 0.607, B : 0.368
③ A : 0.368, B : 0.607
④ A : 0.607, B : 0.607

**해설**

- 평균수명이 100시간이라는 것은 고장률이 1/100 = 0.01이라는 의미이다.
- 새로 구입한 장치를 50시간 고장 없이 작동할 확률은 지수분포를 따르는 시스템이므로 고장률을 적용하면 $e^{-0.01 \times 50} = 0.606531$이다.
- 이미 100시간을 사용한 안전장치가 향후 100시간 동안 고장 없이 작동할 확률은 $e^{-0.01 \times 100} = 0.367879$이다.

**지수분포를 따르는 부품의 신뢰도**

- 고장률이 λ인 시스템이 t시간 지난 후의 신뢰도 $R(t) = e^{-\lambda t}$ 이다.
- 고장까지의 평균시간이 $t_0\left(=\frac{1}{\lambda_0}\right)$일 때 이 부품을 t시간 동안 사용할 경우의 신뢰도 $R(t) = e^{-\frac{t}{t_0}}$ 이다.

0604 / 1204

## 50

Repetitive Learning 1회 2회 3회

다음 FT도에서 최소 컷 셋을 올바르게 구한 것은?

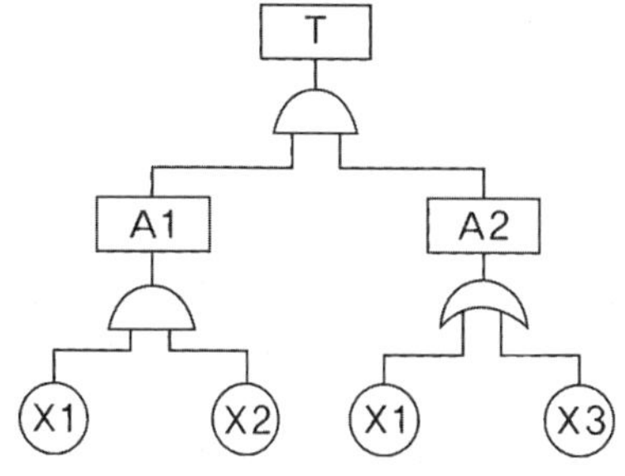


① $(X_1, X_2)$ ② $(X_1, X_2, X_3)$
③ $(X_1, X_3)$ ④ $(X_2, X_3)$

**해설**

- A1은 AND 게이트이므로 $(X_1 X_2)$, A2는 OR 게이트이므로 $(X_1+X_3)$이다.
- T는 A1과 A2의 AND 연산이므로 $(X_1 X_2)(X_1+X_3)$로 표시된다.
- $(X_1 X_2)(X_1+X_3) = X_1 X_1 X_2 + X_1 X_2 X_3$
  $= X_1 X_2 (1+X_3)$
  $= X_1 X_2$
- 최소 컷 셋은 $\{X_1, X_2\}$이다.

**최소 컷 셋(Minimal cut sets)**

- 컷 셋 중에 타 컷 셋을 포함하고 있는 것을 배제하고 남은 컷 셋들을 의미한다.
- 사고에 대한 시스템의 약점을 표현한다.
- 정상사상(Top 사상)을 일으키는 최소한의 집합이다.
- 일반적으로 Fussell algorithm을 이용한다.
- 시스템에서 최소 컷 셋의 개수가 늘어나면 위험수준이 높아진다.

## 51

Repetitive Learning 1회 2회 3회

육체작업의 생리학적 부하측정 척도가 아닌 것은?

① 맥박수 ② 산소소비량
③ 근전도 ④ 점멸융합주파수

**해설**

- 점멸융합주파수는 시각적 혹은 청각적으로 주어지는 계속적인 자극을 연속적으로 느끼게 되는 주파수를 말하는데 정신적 피로를 나타내는 대표적인 척도이다.

**생리적 척도**

- 인간-기계 시스템을 평가하는 데 사용하는 인간기준 척도 중 하나이다.
- 중추신경계 활동에 관여하므로 그 활동 및 징후를 측정할 수 있다.
- 정신적 작업부하 척도 가운데 직무수행 중에 계속해서 자료를 수집할 수 있고, 부수적인 활동이 필요 없는 장점을 가진 척도이다.
- 정신작업의 생리적 척도는 EEG(수면뇌파), 심박수, 부정맥, 점멸융합주파수, J.N.D(Just-Noticeable Difference) 등을 통해 확인할 수 있다.
- 육체작업의 생리적 척도는 EMG(근전도), 맥박수, 산소소비량, 폐활량, 작업량 등을 통해 확인할 수 있다.

## 52

Repetitive Learning 1회 2회 3회

화학설비의 안전성 평가의 5단계 중 제2단계에 속하는 것은?

① 작성 준비
② 정량적 평가
③ 안전대책
④ 정성적 평가

**해설**

- 자료의 준비 이후에 평가가 들어가는데 정성적 평가가 정량적 평가보다 먼저 수행된다.

**안전성 평가 6단계**

| 단계 | 내용 |
|---|---|
| 1단계 | 관계 자료의 작성 준비 |
| 2단계 | • 정성적 평가<br>• 설계(공장의 입지조건, 공장 내 배치)와 운전관계에 대한 평가 |
| 3단계 | • 정량적 평가<br>• 취급물질, 용량, 온도, 압력 및 조작을 통한 위험도 평가 |
| 4단계 | • 안전대책수립<br>• 보전, 설비대책과 관리적 대책 |
| 5단계 | 재해정보에 의한 재평가 |
| 6단계 | FTA에 의한 재평가 |

## 53

Repetitive Learning 1회 2회 3회

작업자가 용이하게 기계・기구를 식별하도록 암호화(Coding)를 한다. 암호화 방법이 아닌 것은?

① 강도 ② 형상
③ 크기 ④ 색채

**해설**

- 형상, 크기, 색채 등 작업자가 쉽게 기계 및 기구를 식별하도록 암호화한다.

**암호화(Coding)**

㉠ 개요
- 원래의 신호 정보를 새로운 형태로 변화시켜 표시하는 것을 말한다.
- 형상, 크기, 색채 등 작업자가 쉽게 기계 및 기구를 식별하도록 암호화한다.

㉡ 암호화 지침

| | |
|---|---|
| 검출성 | 감지가 쉬워야 한다. |
| 표준화 | 표준화되어야 한다. |
| 변별성 | 다른 암호 표시와 구별될 수 있어야 한다. |
| 양립성 | 인간의 기대와 모순되지 않아야 한다. |
| 부호의 의미 | 사용자가 그 뜻을 분명히 알 수 있어야 한다. |
| 다차원의 암호 사용가능 | 두 가지 이상의 암호 차원을 조합해서 사용하면 정보전달이 촉진된다. |

## 54

Repetitive Learning 1회 2회 3회

시스템 분석 및 설계에 있어서 인간공학의 가치와 가장 거리가 먼 것은?

① 훈련비용의 절감
② 인력 이용률의 향상
③ 생산 및 보전의 경제성 감소
④ 사고 및 오용으로부터의 손실 감소

**해설**

- 시스템 분석 및 설계에서 인간공학을 적용할 경우 생산 및 보전에 있어서 경제성은 증대된다.

**시스템 분석 및 설계에 있어서 인간공학의 가치**

- 훈련비용의 절감
- 인력 이용률의 향상
- 사고 및 오용으로부터의 손실 감소
- 성능의 향상
- 사용자의 수용도 향상



52 ④ 53 ① 54 ③ 정답

1204 / 2104

## 55 Repetitive Learning (1회 2회 3회)

FT도에 사용되는 다음 기호의 명칭으로 옳은 것은?

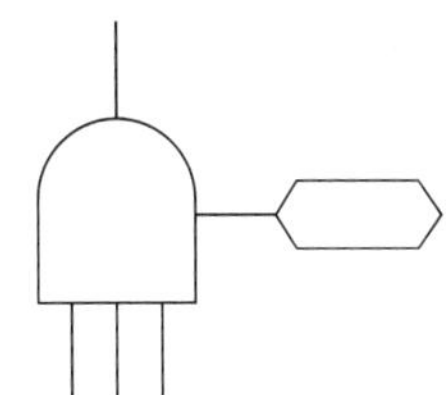

① 억제 게이트
② 조합 AND 게이트
③ 부정 게이트
④ 배타적 OR 게이트

**해설**

| 억제 게이트 | 부정 게이트 | 배타적 OR 게이트 |
|---|---|---|
| | | 동시발생 안한다 |

**조합 AND 게이트**

- 3개의 입력현상 중 임의의 시간에 2개의 입력사상이 발생할 경우 출력이 생기는 기호이다.
- 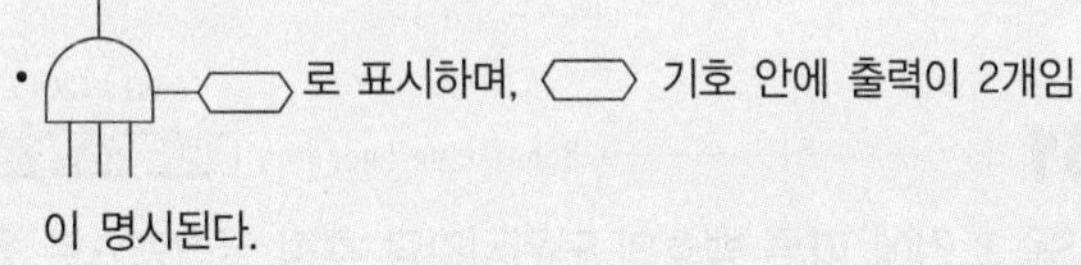 로 표시하며, ⬭ 기호 안에 출력이 2개임 이 명시된다.

## 56 Repetitive Learning (1회 2회 3회)

일반적으로 위험(Risk)은 3가지 기본요소로 표현되며 3요소(Triplets)로 정의된다. 3요소에 해당되지 않는 것은?

① 사고 시나리오(S)
② 사고발생확률($P_i$)
③ 시스템 불이용도($Q_i$)
④ 파급효과 또는 손실($X_i$)

**해설**

- 위험의 3가지 기본요소(Triplets)는 사고 시나리오, 사고발생확률, 파급효과 또는 손실이다.

**위험(Risk)**

- 위험이란 조직 본연의 목적을 달성하는 데 영향을 줄 수 있는 각종 불확실한 사건과 사고를 말한다.
- 위험률은 사고발생빈도×사고로 인한 피해(손실, 사고의 크기 등)로 구한다.
- 위험도를 정량적으로 파악하기 위해서는 위험대상의 가능한 사고 시나리오를 파악하고, 각 시나리오의 불확실성과 그로 인한 파급효과를 계산해야 한다.
- 위험의 3가지 기본요소(Triplets)는 사고 시나리오, 사고발생확률, 파급효과 또는 손실을 들 수 있다.

0304 / 0801 / 1602

## 57 Repetitive Learning (1회 2회 3회)

그림과 같이 FTA로 분석된 시스템에서 현재 모든 기본사상에 대한 부품이 고장 난 상태이다. 부품 $X_1$부터 부품 $X_5$까지 순서대로 복구한다면 어느 부품을 수리 완료하는 순간부터 시스템은 정상가동이 되겠는가?

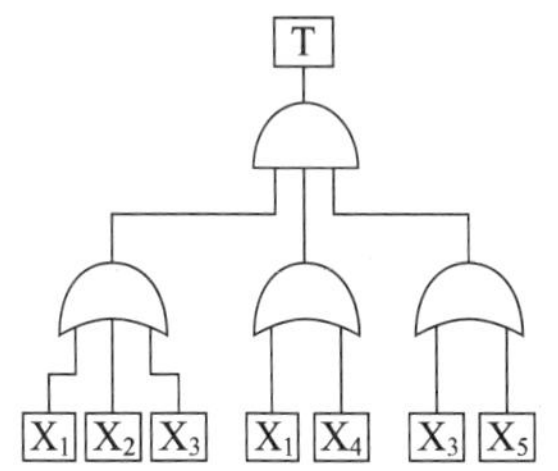


① 부품 $X_2$　　② 부품 $X_3$
③ 부품 $X_4$　　④ 부품 $X_5$

**해설**

- T가 정상가동하려면 AND 게이트이므로 입력 3개가 모두 정상가동해야 한다. 즉, 개별적인 OR 게이트에서의 출력이 정상적으로 발생해야 T는 정상가동한다. $X_1$과 $X_2$가 복구될 경우 첫 번째 OR 게이트와 두 번째 OR 게이트의 신호는 정상화가 되나 마지막 OR 게이트가 동작하지 않아 T는 정상가동되지 않는다.
- $X_3$이 정상화되면 마지막 OR 게이트 역시 정상동작하게 되므로 T는 정상가동된다.

**FT도에서 정상(고장)사상 발생확률**

㉠ AND(직렬)연결 시
- 사상 A의 발생확률을 $P_A$, 사상 B, 사상 C 발생확률을 $P_B$, $P_C$라 할 때 $P_A = P_B \times P_C$로 구할 수 있다.

㉡ OR(병렬)연결 시
- 사상 A의 발생확률을 $P_A$, 사상 B, 사상 C 발생확률을 $P_B$, $P_C$라 할 때 $P_A = 1-(1-P_B)\times(1-P_C)$로 구할 수 있다.

정답 | 55 ② 56 ③ 57 ②

1301

## 58 Repetitive Learning (1회 2회 3회)

자동화시스템에서 인간의 기능으로 적절하지 않은 것은?

① 설비보전
② 작업계획 수립
③ 조종장치로 기계를 통제
④ 모니터로 작업 상황 감시

해설

• 조종장치로 기계를 통제하는 것은 기계화 시스템의 설명이다.

∷ 인간-기계 통합 체계의 유형

• 인간-기계 통합 체계의 유형에는 자동화 체계, 기계화 체계, 수동 체계가 있다.

| | |
|---|---|
| 자동화 체계 | 인간은 작업계획의 수립, 모니터를 통한 작업 상황 감시, 프로그래밍, 설비보전의 역할을 수행하고 체계(System)가 감지, 정보보관, 정보처리 및 의식결정, 행동을 포함한 모든 임무를 수행하는 체계 |
| 기계화 체계 | 반자동 체계로 운전자의 조종에 의해 기계를 통제하는 융통성이 없는 시스템 체계 |
| 수동 체계 | 인간의 힘을 동력원으로 활용하여 수공구를 사용하는 시스템 형태로 다양성이 있고 융통성이 우수한 체계 |

## 59 Repetitive Learning (1회 2회 3회)

일반적으로 보통 작업자의 정상적인 시선으로 가장 적합한 것은?

① 수평선을 기준으로 위쪽 5[°] 정도
② 수평선을 기준으로 위쪽 15[°] 정도
③ 수평선을 기준으로 아래쪽 5[°] 정도
④ 수평선을 기준으로 아래쪽 15[°] 정도

해설

• 보통 작업자의 정상 시선은 수평선 기준으로 아래쪽 10 ~ 15° 정도이다.

∷ 영상표시단말기 취급 근로자의 시선

• 화면상단과 눈높이가 일치할 정도로 한다.
• 작업 화면상의 시야는 수평선상으로부터 아래로 10도 이상 15도 이하에 오도록 하며 화면과 근로자의 눈과의 거리(시거리 : Eye-screen distance)는 40cm 이상을 확보할 것

0702 / 2001

## 60 Repetitive Learning (1회 2회 3회)

손이나 특정 신체부위에 발생하는 누적손상장애(CTDs)의 발생인자와 가장 거리가 먼 것은?

① 무리한 힘 ② 다습한 환경
③ 장시간의 진동 ④ 반복도가 높은 작업

해설

• 다습한 작업환경은 근골격계 질환과 거리가 멀다.

∷ 근골격계 질환

• 단순반복작업 또는 인체에 과도한 부담을 주는 작업량・작업속도・작업강도 및 작업장 구조 등에 따라 노동부장관이 고시하는 작업을 말한다.
• 반복적인 동작, 부적절한 작업자세, 무리한 힘의 사용, 날카로운 면과의 신체접촉, 진동 및 온도 등의 요인에 의하여 목, 어깨, 허리, 상・하지의 신경・근육 및 그 주변조직 등에 나타나는 질환을 말한다.

# 4과목 건설시공학

0601 / 1201 / 2101

## 61 Repetitive Learning (1회 2회 3회)

다음 조건에 따른 백호의 단위시간당 추정 굴착량으로 옳은 것은?

| 버켓용량 $0.5m^3$, 사이클타임 20초, 작업효율 0.9, 굴착계수 0.7, 굴착토의 용적변화계수 1.25 |
|---|

① $94.5[m^3]$ ② $80.5[m^3]$
③ $76.3[m^3]$ ④ $70.9[m^3]$

해설

• 주어진 값을 대입하면

$\frac{3,600\times0.5\times0.7\times1.25\times0.9}{20}=\frac{1417.5}{20}=70.875[m^3]$가 된다.

∷ 굴착 작업량

• 굴착기의 단위시간당 작업량은

$\frac{3,600\times 버켓용량\times 굴착계수\times 용적변화계수\times 작업효율}{싸이클타임}$

로 구한다.(버켓용량의 단위는 $[m^3]$, 싸이클타임의 단위는 [초], 작업량의 단위는 $[m^3]$이다)



58 ③ 59 ④ 60 ② 61 ④ 정답

1301

## 62 Repetitive Learning (1회 2회 3회)

철근을 피복하는 이유와 가장 거리가 먼 것은?

① 철근의 순간격 유지
② 철근의 좌굴방지
③ 철근과 콘크리트의 부착응력 확보
④ 화재, 중성화 등으로부터 철근 보호

**해설**

- 철근을 피복하는 이유는 철근의 부식방지, 내화성 및 내구성 확보, 골재의 유동성 확보, 구조내력 및 부착력의 확보 등에 있다.

철근의 피복 두께

- 피복 두께란 철근 표면에서 이를 감싸고 있는 콘크리트 표면까지의 두께를 말한다.
- 철근의 부식방지, 내화성 및 내구성 확보, 골재의 유동성 확보, 구조내력 및 부착력의 확보를 위해 철근 두께를 유지하여야 한다.

## 63 Repetitive Learning (1회 2회 3회)

철근콘크리트 공사에 있어서 철근이 D19, 굵은 골재의 최대 치수는 25mm일 때 철근과 철근의 순간격으로 옳은 것은?

① 37.5mm 이상
② 33.3mm 이상
③ 29.5mm 이상
④ 27.8mm 이상

**해설**

- 굵은 골재의 지름(25mm)과 철근의 지름(19mm)이 동시에 주어졌으므로 각각의 철근의 간격을 구하면 25×4/3=33.3, 19×1.5=28.5이다. 이 경우 철근의 간격은 둘 중에 큰 값인 33.3mm 이상이어야 한다.

철근의 간격

- 철근의 간격은 최소 25mm 이상이어야 한다.
- 철근의 간격은 철근 지름의 1.5배 이상으로 한다.
- 철근의 간격은 굵은 골재 지름의 4/3배 이상으로 한다.
- 철근 지름과 굵은 골재 지름이 동시에 주어질 경우 큰 값으로 한다.

## 64 Repetitive Learning (1회 2회 3회)

석재 사용상 주의사항으로 옳지 않은 것은?

① 압축 및 인장응력을 크게 받는 곳에 사용한다.
② 석재는 중량이 크고 운반에 제한이 따르므로 최대 치수를 정한다.
③ 되도록 흡수율이 낮은 석재를 사용한다.
④ 가공 시 예각은 피한다.

**해설**

- 석재는 압축 및 인장응력에 약하므로 구조재로 사용하려면 직압력재로만 사용하도록 한다.

석재 사용상 주의사항

- 석재를 다듬어 사용할 때는 그 질이 균질한 것을 사용하여야 하며, 동일건축물에는 동일석재로 시공하도록 한다.
- 석재의 최대치수는 운반성, 가공성 등의 제반조건을 고려하여 정해야 한다.
- $1m^3$ 이상 되는 석재는 높은 곳에 사용하지 않는다.
- 되도록 흡수율이 낮은 석재를 사용한다.
- 가공 시 예각은 피한다.
- 외벽, 도로포장용 석재는 연석 사용을 피한다.
- 석재는 압축력을 받는 곳에 사용함이 좋다.
- 석재는 구조재로 사용하려면 직압력재로만 사용하도록 한다.

## 65 Repetitive Learning (1회 2회 3회)

콘크리트 공사용 재료의 취급 및 저장에 관한 설명으로 옳지 않은 것은?

① 시멘트는 종류별로 구분하여 풍화되지 않도록 저장한다.
② 골재는 잔골재, 굵은 골재 및 각 종류별로 저장하고, 먼지, 흙 등의 유해물의 혼입을 막도록 한다.
③ 골재는 잔·굵은 입자가 잘 분리되도록 취급하고, 물빠짐이 좋은 장소에 저장한다.
④ 혼화재료는 품질의 변화가 일어나지 않도록 저장하고 또한 종류별로 저장한다.

**해설**

- 골재는 대소의 알이 분리되지 않도록 하여야 한다.

정답 | 62 ① 63 ② 64 ① 65 ③

:: 골재의 저장

- 잔골재 및 굵은 골재에 있어 종류와 입도가 다른 골재는 각각 구분하여 따로 따로 저장한다. 특히, 원석의 종류나 제조 방법이 다른 부순 모래는 분리하여 저장한다.
- 골재의 받아들이기, 저장 및 취급에 있어서는 대소의 알이 분리하지 않도록, 먼지, 잡물 등이 혼입되지 않도록, 또 굵은 골재의 경우에는 골재 알이 부서지지 않도록 설비를 정비하고 취급작업에 주의한다.
- 골재의 저장설비에는 적당한 배수시설을 설치하고, 그 용량을 적절히 하여 표면수가 균일한 골재를 사용할 수 있도록, 또 받아들인 골재를 시험한 후에 사용할 수 있도록 한다.
- 겨울에 동결되어 있는 골재나 빙설이 혼입되어 있는 골재를 그대로 사용하지 않도록 적절한 방지 대책을 수립하고 골재를 저장한다.
- 여름철에는 적당한 상옥시설을 하거나 살수를 하는 등 고온 상승방지를 위한 적절한 시설을 하여 저장한다.

## 66

Repetitive Learning (1회 2회 3회)

철골부재 절단방법 중 가장 정밀한 절단방법으로 앵글커터(Angle cutter) 등으로 작업하는 것은?

① 가스절단 ② 전단절단
③ 톱절단 ④ 전기절단

해설

- 톱절단은 철골부재 절단방법 중 가장 정밀한 절단방법으로 앵글커터(Angle cutter), 프릭션 소(Friction saw) 등으로 작업한다.

:: 철골의 공장 가공 공정

㉠ 개요
- 원척도작성 – 본뜨기 – 금매김 – 절단 – 구멍뚫기 – 가조립 – 리벳치기 – 검사 – 녹막이 칠 순으로 진행한다.
- 원척도란 설계도면이나 시방서에 표시된 부재의 길이, 너비 등을 1 : 1로 그린 것을 말한다.
- 금매김은 본판 및 리벳간격을 그린 장척물로 강재면에 강치로 리벳 구멍의 위치, 절단개소 등을 그려 넣는다.
- 절단의 종류에는 전단절단, 톱절단, 가스절단, 플라즈마절단, 레이저절단 등이 있다.
- 구멍뚫기 작업 후 구멍의 위치가 다소 다를 때 구멍을 맞추기 위해 구멍가심(Reaming) 작업을 한다.
- 철골의 공장가공 중 가조립을 할 때 가볼트의 수는 전 리벳 구멍의 1/3 이상이어야 한다.
- 밀 스케일, 스패터 등을 제거한 후 현장운반에 앞서 녹막이 칠을 한다.

㉡ 절단의 종류
- 전단절단 : 강판의 절단 시 사용한다.
- 톱절단 : 철골부재 절단방법 중 가장 정밀한 절단방법으로 앵글커터(Angle cutter), 프릭션 소(Friction saw) 등으로 작업한다.

㉢ 녹막이 칠
- 녹막이 칠을 해야 하는 부분은 리벳 머리 등 콘크리트에 매입되지 않는 부분이다.
- 녹막이 칠을 하지 않아야 하는 부분은 현장용접 부위(용접부에서 양측 100mm 이내), 현장접합 재료의 손상부위, 고력볼트 마찰접합부의 마찰면, 콘크리트에 매립되는 부분, 현장에서 깎기 마무리가 필요한 부분 등이다.

2201

## 67

Repetitive Learning (1회 2회 3회)

다음 모살용접(Fillet welding)의 단면상 이론 목두께에 해당하는 것은?

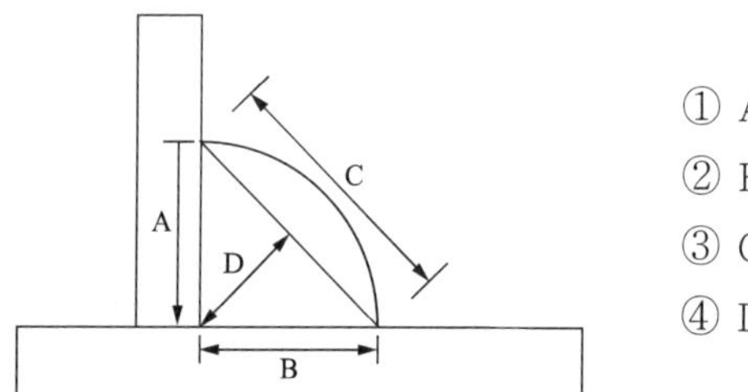


① A
② B
③ C
④ D

해설

- A는 모살사이즈, B는 다리 길이이고, 이론 목두께는 유효 목두께라고도 한다.

:: 모살용접(Fillet welding)

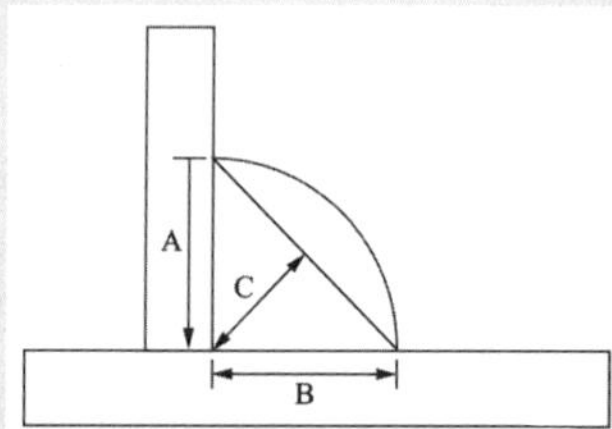


- 형강의 판재를 개선하지 않고 용접하거나 플레이트 두께가 너무 얇아 개선이 어려운 경우 혹은 보강 Plate 등에 적용하는 용접법이다.
- 응력전달이 용착금속에 의해 이뤄지므로 용접살의 목두께가 중요하며 유효목두께(C)는 모살사이즈(A)의 0.7배로 한다.
- 모살용접의 유효면적은 유효길이에 유효목두께(C)를 곱한 것으로 한다.
- 모살용접의 유효길이는 모살용접의 총길이에서 2배의 모살사이즈를 공제한 값으로 해야 한다.
- 구멍모살과 슬롯 모살용접의 유효길이는 목두께의 중심을 잇는 용접 중심선의 길이로 한다.



66 ③ 67 ④ | 정답

## 68

Repetitive Learning (1회 2회 3회)

일반적인 공사의 시공속도에 관한 설명으로 옳지 않은 것은?

① 시공속도를 느리게 할수록 직접비는 증가된다.
② 급속공사를 강행할수록 품질은 나빠진다.
③ 시공속도는 간접비와 직접비의 합이 최소가 되도록 함이 가장 적절하다.
④ 시공속도를 빠르게 할수록 간접비는 감소된다.

해설

- 시공속도를 느리게 할수록 간접비는 증가되고, 빠르게 하면 간접비는 감소된다.

시공속도

- 시공속도를 느리게 할수록 간접비는 증가되고, 빠르게 하면 간접비는 감소된다.
- 시공속도가 빨라 공기가 단축될수록 직접비는 증가한다.
- 급속공사를 강행할수록 품질은 나빠진다.
- 가장 적절한 시공속도는 간접비와 직접비의 합이 최소가 되도록 하는 지점이며, 이를 최적시공속도 혹은 경제적 시공속도라 한다.

## 69

Repetitive Learning (1회 2회 3회)

철골공사에서 베이스플레이트 설치기준에 관한 설명으로 옳지 않은 것은?

① 이동식 공법에 사용하는 모르타르는 무수축 모르타르로 한다.
② 앵커볼트 설치 시 베이스플레이트 위치의 콘크리트는 설계도면 레벨보다 30mm ~ 50mm 낮게 타설한다.
③ 베이스플레이트 설치 후 그라우팅 처리한다.
④ 베이스 모르타르의 양생은 철골 설치 전 1일 정도면 충분하다.

해설

- 베이스 모르타르는 철골 설치 전 3일 이상 양생하여야 한다.

베이스플레이트 설치기준

- 이동식 공법에 사용하는 모르타르는 무수축 모르타르로 한다.
- 모르타르의 두께는 30mm 이상 50mm 이내로 한다.
- 모르타르의 크기는 200mm 각 또는 직경 200mm 이상으로 한다.
- 앵커볼트 설치 시 베이스플레이트 위치의 콘크리트는 설계도면 레벨보다 30mm ~ 50mm 낮게 타설한다.
- 베이스플레이트 설치 후 그라우팅 처리한다.
- 베이스 모르타르는 철골 설치 전 3일 이상 양생하여야 한다.

0701 / 1201

## 70

Repetitive Learning (1회 2회 3회)

특수 거푸집 가운데 무량판구조 또는 평판구조와 가장 관계가 깊은 거푸집은?

① 와플폼 ② 슬라이딩폼
③ 메탈폼 ④ 갱폼

해설

- 슬라이딩폼은 수평, 수직적으로 반복되는 구조물을 시공 이음 없이 균일하게 시공하기 위해 만든 작업발판 일체형 거푸집을 말한다.
- 메탈폼은 강제 거푸집으로 규격이 통일된 주택 등을 만드는 데 사용되는 재사용 가능한 거푸집을 말한다.
- 갱폼은 주로 고층 아파트에서와 같이 평면상 상/하부 동일 단면 구조물에서 사용하는 작업발판 일체형 대형 거푸집을 말한다.

와플폼(Waffle form)

- 무량판구조 또는 평판구조에서 벌집모양의 특수상자 형태의 기성재 거푸집을 말한다.
- 2방향 장선 바닥판 구조를 만드는 거푸집이다.

1004 / 1202 / 2001

## 71

Repetitive Learning (1회 2회 3회)

네트워크 공정표에서 후속작업의 가장 빠른 개시시간(EST)에 영향을 주지 않는 범위 내에서 한 작업이 가질 수 있는 여유시간을 의미하는 것은?

① 전체여유(TF)
② 자유여유(FF)
③ 간섭여유(IF)
④ 종속여유(DF)

해설

- 요소작업 여유에는 전체여유, 자유여유, 간섭여유가 있다.
- 전체여유는 특정 요소에서 지연이 발생되더라도 전체 공기에 영향을 미치지 않는 최대 지연 허용시간을 말한다.
- 간섭여유는 전체여유와 자유여유의 차이를 말한다.

요소작업 여유(Float)

- 전체여유(TF : Total Float)는 특정 요소에서 지연이 발생되더라도 전체 공기에 영향을 미치지 않는 최대 지연 허용시간을 말한다.
- 자유여유(FF : Free Float)는 후속작업의 가장 빠른 개시시간(EST)에 영향을 주지 않는 범위 내에서 한 작업이 가질 수 있는 여유시간을 말한다.
- 간섭여유(IF : Interfering Float)는 전체여유와 자유여유의 차이를 말한다.

정답 | 68 ① 69 ④ 70 ① 71 ②

## 72

Repetitive Learning 1회 2회 3회

ALC 블록공사에 관한 내용으로 옳지 않은 것은?

① 쌓기 모르타르는 교반기를 사용하여 배합하며, 1시간 이내에 사용해야 한다.
② 줄눈의 두께는 3 ~ 5mm 정도로 한다.
③ 하루 쌓기 높이는 1.8m를 표준으로 하며, 최대 2.4m 이내로 한다.
④ 연속되는 벽면의 일부를 트이게 하여 나중쌓기로 할 경우 그 부분을 층단 떼어쌓기로 한다.

해설

- 줄눈의 두께는 1 ~ 3mm 정도로 한다.

ALC(Autoclaved Lightweight Concrete)

㉠ 개요
- 석회질, 규산질 원료와 기포제 및 혼화제를 주원료로 물과 혼합하고, 고온고압(180℃, 1.0 MPa)의 증기양생 과정을 거쳐 경량성, 단열성, 내화성 및 시공성이 우수한 블록을 말한다.
- 건축물 또는 공작물 등의 외벽, 칸막이벽 등으로 사용하는 공사이다.

㉡ 특징
- 다공질로 흡수율이 높고 강도가 작으며, 동결융해저항이 낮다.
- 열전도율은 보통콘크리트의 약 1/10로서 단열성이 우수하다.
- 불연재인 동시에 내화재료이다.
- 건조수축률이 작으므로 균열 발생이 적다.
- 절건비중이 1/4의 경량으로 인력에 의한 취급이 가능하고, 필요에 따라 현장에서 절단 및 가공이 용이하다.
- 흡음, 차음성이 크며, 시공성이 우수하다.
- 내진성능이 떨어진다.

㉢ 쌓기 일반사항
- 하루 쌓기 높이는 1.8m를 표준으로 하며, 최대 2.4m 이내로 한다.
- 슬래브나 방습턱 위에 고름 모르타르를 10 ~ 20mm 두께로 깐 후 첫 단 블록을 올려놓고 고무망치 등을 이용하여 수평을 잡는다.
- 쌓기 모르타르는 교반기를 사용하여 배합하며 1시간 이내에 사용해야 한다.
- 줄눈의 두께는 1 ~ 3mm 정도로 한다.
- 블록 상·하단의 겹침길이는 블록길이의 1/3 ~ 1/2을 원칙으로 하고 100mm 이상으로 한다.
- 연속되는 벽면의 일부를 트이게 하여 나중쌓기로 할 경우 그 부분을 층단 떼어쌓기로 한다.

1304

## 73

Repetitive Learning 1회 2회 3회

탑다운(Top-down) 공법에 관한 설명으로 옳지 않은 것은?

① 역타 공법이라고도 한다.
② 굴토작업이 슬래브 하부에서 진행되므로 작업능률 및 작업환경 조건이 개선되며, 공사비가 절감된다.
③ 건물의 지하구조체에 시공이음이 많아 건물방수에 대한 우려가 크다.
④ 지상과 지하를 동시에 시공할 수 있으므로 공기를 절감할 수 있다.

해설

- 굴토작업이 슬래브 하부에서 진행되므로 작업능률 및 작업환경 조건이 저하된다.

탑다운(Top down) 공법 실필 1502/1004/1001

㉠ 개요
- 역타 공법이라고도 하며, 지하 터파기와 지상의 구조체 공사를 병행하여 시공하는 공법을 말한다.

㉡ 특징
- 지상과 지하를 동시에 시공할 수 있으므로 공기를 절감할 수 있다.
- 지하연속벽을 본 구조물의 벽체로 이용한다.
- 지하 굴착 시 소음 및 분진을 방지할 수 있다.
- 굴토작업이 슬래브 하부에서 진행되므로 작업능률 및 작업환경 조건이 저하된다.
- 건물의 지하구조체에 시공이음이 많아 건물방수에 대한 우려가 크다.

## 74

Repetitive Learning 1회 2회 3회

건설공사 현장의 철근 재료실험항목에 속하지 않는 것은?

① 압축강도시험 ② 인장강도시험
③ 휨시험 ④ 연신율시험

해설

- 철근콘크리트 구조는 철근은 인장력에, 콘크리트는 압축력에 저항하는 구조로 압축강도시험은 콘크리트에 행한다.

철근의 재료시험
- 철근의 역학적 성질은 탄성계수, 항복강도, 인장강도, 연신율 등이며 주로 인장시험 및 굽힘시험으로 평가한다.
- 철근의 탄성계수는 탄성범위 안에서 응력-변형률 곡선의 기울기로 구한다.



72 ② 73 ② 74 ① 정답

## 75

Repetitive Learning (1회 2회 3회)

직영공사에 관한 설명으로 옳은 것은?

① 직영으로 운영하므로 공사비가 감소된다.
② 의사소통이 원활하므로 공사기간이 단축된다.
③ 특수한 상황에 비교적 신속하게 대처할 수 있다.
④ 입찰이나 계약 등 복잡한 수속이 필요하다.

해설

- 직영공사는 시공사 없이 건축주가 직접 공사하는 것으로 수속이 줄어들고 임기응변처리가 가능한 이점이 있으나 전문업체 시공이 아닌 만큼 공사비가 늘어날 수 있고, 공사기간이 길어진다.

직영공사
- 직영공사는 시공사 없이 건축주가 직접 공사하는 것을 말한다.
- 공사 관련 수속이 줄어들고 임기응변처리가 가능한 이점이 있다.
- 공사비가 늘어날 수 있고, 공사기간이 길어지는 단점이 있다.

## 76

Repetitive Learning (1회 2회 3회)

지하 흙막이 벽을 시공할 때 말뚝 구멍을 하나 걸러 뚫고 콘크리트를 부어넣은 후 다시 그 사이를 뚫어 콘크리트를 부어넣어 말뚝을 만드는 공법은?

① 배노토 공법
② 어스드릴 공법
③ 칼웰드 공법
④ 이코스파일 공법

해설

- 배노토 공법은 케이싱을 지반에 압입해 가면서 관 내부 토사를 특수한 버켓으로 굴착 배토하는 현장타설 콘크리트말뚝 공법이다.
- 어스드릴 공법은 굴착 공에 철근망을 삽입하고 콘크리트를 타설하여 말뚝을 형성하는 공법이다.
- 칼웰드 공법은 어스드릴 공법의 다른 이름이다.

이코스파일 공법(Icos pile method)
- 제자리콘크리트말뚝박기 공법 중 지수벽(止水壁)을 만드는 공법이다.
- 말뚝 구멍을 하나 걸러서 뚫고 콘크리트를 부어 넣어 만들고 말뚝과 말뚝 사이에 다음 말뚝 구멍을 뚫어 흙막이 벽을 만드는 공법이다.
- 도시 소음방지 또는 근접건물의 침하우려 시 유효한 공법이다.
- 굴착 벽면의 붕괴방지 및 지하수 유입방지를 위해 벤토나이트 용액을 안정액으로 사용한다.

## 77

Repetitive Learning (1회 2회 3회)

지정공사 시 사용되는 모래의 장기허용 압축강도의 범위로 옳은 것은?

① 장기 허용압축강도 10 ~ 20[$t/m^2$]
② 장기 허용압축강도 20 ~ 40[$t/m^2$]
③ 장기 허용압축강도 40 ~ 60[$t/m^2$]
④ 장기 허용압축강도 60 ~ 80[$t/m^2$]

해설

- 모래 지정에 사용되는 모래의 장기 허용압축강도는 20 ~ 40[$t/m^2$]로 한다.

모래 지정
㉠ 개요
- 건물기초를 만들기 전에 여러 건물이 들어설 대지 전체의 지반을 보강함에 있어 지반이 연약하고 2m 이내에 굳은 지층이 있을 때 지반을 파내고 모래를 물다짐한 지정을 말한다.

㉡ 특징
- 두께 30cm를 넘을 때에는 30cm마다 충분히 물다짐을 하도록 한다.
- 모래의 장기 허용압축강도는 20 ~ 40[$t/m^2$]로 한다.

1301

## 78

Repetitive Learning (1회 2회 3회)

조적공사 시 점토벽돌 외부에 발생하는 백화현상을 방지하기 위한 대책이 아닌 것은?

① 10[%] 이하의 흡수율을 가진 양질의 벽돌을 사용한다.
② 벽돌면 상부에 빗물막이를 설치한다.
③ 쌓기 후 전용발수제를 발라 벽면에 수분흡수를 방지한다.
④ 염분을 함유한 모래나 석회질이 섞인 모래를 사용한다.

해설

- 석회성분이 탄산가스와 반응하면 탄산칼슘이 만들어져 벽돌 외부에 백화가 더욱 심해지고 자국이 영원히 남게 된다.

백화(Efflorescence)현상
㉠ 개요
- 모르타르 및 콘크리트 중의 알칼리 및 칼슘 성분이 밖으로 흘러나와 공기 중의 탄산가스와 반응하여 경화체 표면에 하얀색으로 침전되는 현상을 말한다.
- 저온, 다습, 적당한 바람, 그늘 등에 의해 발생한다.

정답 | 75 ③ 76 ④ 77 ② 78 ④

ⓛ 방지대책
- 10[%] 이하의 흡수율을 가진 소성이 잘 된 벽돌을 사용한다.
- 벽돌면 상부 및 벽면의 돌출 부분에 빗물막이나 차양, 루버 등을 설치해 빗물이 벽체에 직접 흘러내리지 않게 한다.
- 쌓기 후 전용발수제를 발라 벽면에 수분흡수를 방지하거나 벽면에 빗물이 스며들지 못하도록 실리콘을 뿜칠한다.
- 줄눈으로 비가 새어들지 않도록 줄눈 모르타르에 방수제를 혼합한다.
- 파라핀 도료를 발라 염류가 나오는 것을 방지한다.
- 재료배합 시 물-시멘트비(W/C)를 감소시키고 조립률이 큰 모래를 사용한다.
- 분말도가 큰 시멘트를 사용한다.

2102

## 79 Repetitive Learning (1회 2회 3회)

기초의 종류에 관한 설명으로 옳은 것은?

① 온통기초 - 기둥 하나에 기초판이 하나인 기초
② 복합기초 - 2개 이상의 기둥을 1개의 기초판으로 받치게 한 기초
③ 독립기초 - 조적조의 벽 기초, 철근콘크리트의 연결기초
④ 연속기초 - 건물 하부 전체 또는 지하실 전체를 기초판으로 하는 기초

해설
- 온통기초는 건물 하부 전체 또는 지하실 전체를 기초판으로 하는 기초이다.
- 독립기초는 기둥 하나에 기초판이 하나인 기초이다.
- 연속기초는 조적조의 벽 기초, 철근콘크리트의 연결기초이다.

:: 기초
㉠ 개요
- 건물을 지탱하고 지반에 안정시키기 위해 건물의 하부에 구축한 구조물을 말한다.
- 건물의 하중을 지반에 고정시키고, 침하・경사・이동・변형 등의 훼손이 일어나지 않도록 한다.
- 기초슬래브의 형식에 따라 독립기초, 복합기초, 연속기초, 온통기초로 구분한다.

ⓛ 기초의 분류
- 독립기초 : 기둥 하나에 기초판이 하나인 기초이다.
- 복합기초 : 2개 이상의 기둥을 1개의 기초판으로 받치게 한 기초이다.
- 연속기초 : 조적조의 벽 기초, 철근콘크리트의 연결기초이다.
- 온통기초 : 건물 하부 전체 또는 지하실 전체를 기초판으로 하는 기초이다.

## 80 Repetitive Learning (1회 2회 3회)

지하 합판거푸집에서 측압에 대비하여 버팀대를 삼각형으로 일체화한 공법은?

① 1회용 리브라스 거푸집
② 와플 거푸집(Waffle form)
③ 무폼타이 거푸집(Tie-less formwork)
④ 단열 거푸집

해설
- 무폼타이 거푸집은 폼타이 설치작업이 어려운 현장이나 콘크리트 타설 후 폼타이용 철물이 부식되는 경우의 문제점을 해결하기 위한 공법이다.

:: 무폼타이 거푸집(Tie-less formwork)
- 지하 합판거푸집에서 측압에 대비하여 버팀대(브레이스 프레임)를 삼각형으로 일체화한 거푸집 공법이다.
- 폼타이 설치작업이 어려운 현장이나 콘크리트 타설 후 폼타이용 철물이 부식되는 경우의 문제점을 해결하기 위한 공법이다.

# 5과목 건설재료학

## 81 Repetitive Learning (1회 2회 3회)

목재의 성질에 관한 설명으로 옳지 않은 것은?

① 물속에 담가 둔 목재, 땅속 깊이 묻은 목재 등은 산소부족으로 균의 생육이 정지되고 썩지 않는다.
② 목재의 함유수분 중 자유수는 목재의 물리적 또는 기계적 성질에 많은 영향을 끼친다.
③ 목재는 열전도도가 아주 낮아 여러 가지 보온재료로 사용된다.
④ 목재는 섬유포화점 이상의 함수상태에서는 함수율의 증감에도 불구하고 신축을 일으키지 않는다.

해설
- 목재의 함유수분은 자유수와 결합수로 구분되는데 목재 벌목 시부터 증발하는 것이 자유수로 섬유포화점 이상의 함수율 상태의 수분이동에 해당하므로 목재의 물리적 성질(강도 및 신축 등)에 거의 영향을 미치지 않는다.

:: 목재의 물리적 성질
- 목재는 화재나 충해에 취약하고 함수율 변화에 따른 신축변형이 크다.
- 목재의 섬유 방향의 강도는 인장 > 압축 > 전단 순이다.
- 물속에 담가 둔 목재, 땅속 깊이 묻은 목재 등은 산소부족으로 균의 생육이 정지되고 썩지 않는다.



79 ② 80 ③ 81 ② 정답

- 목재가 대기의 온도와 습도에 맞게 평형에 도달한 상태를 의미하는 기건상태의 함수율은 약 15%이다.
- 목재에서 흡착수만이 최대한도로 존재하고 있는 상태인 섬유포화점(Fiber saturation point)의 함수율은 30% 정도이다.
- 목재는 섬유포화점 이상의 함수상태에서는 함수율의 증감에도 불구하고 신축을 일으키지 않는다.
- 목재의 열팽창은 흡습팽창에 비해 영향이 매우 적다.
- 목재는 열전도도가 아주 낮아 여러 가지 보온재료로 사용된다.
- 목재는 250℃ 전후에서 불꽃을 내며 연소하는데 이 온도를 인화점이라고 하고, 450℃ 전후에서 불꽃이 없어도 발화하는데 이 온도를 발화점이라고 한다.

## 82 Repetitive Learning (1회 2회 3회)

점토의 공학적 특성에 관한 설명으로 옳지 않은 것은?

① 인장강도는 점토의 조직에 관계하며 입자의 크기가 큰 영향을 준다.
② 점토제품의 색상은 철산화물 또는 석회질물질에 의해 나타난다.
③ 점토를 가공 소성하여 냉각하면 금속성의 강성을 나타낸다.
④ 사질점토는 적갈색으로 내화성이 높은 특성이 있다.

**해설**

- 사질점토는 적갈색이나 용해되기 쉬운 특성을 가져 내화성이 낮다.

**점토의 성질**

㉠ 개요
- 점토의 주성분은 실리카, 알루미나이다.
- 비중은 일반적으로 2.5 ~ 2.6의 범위이다.
- 압축강도는 인장강도의 약 5배 정도이다.
- 인장강도는 점토의 조직에 관계하며 입자의 크기가 큰 영향을 준다.
- 입도는 보통 $2\mu$ 이하의 미립자나 모래알 정도의 조립을 포함한 것도 있다.
- 기공률은 점토의 입자 간에 존재하는 모공용적으로 입자의 형상, 크기에 관계한다.
- 함수율은 모래가 포함되지 않은 것은 30 ~ 100%의 범위이다.
- 색상은 철산화물 또는 석회물질에 의해 나타내며, 철산화물이 많으면 적색이 되고, 석회물질이 많으면 황색을 띠게 된다.
- 점토를 소성하면 용적, 비중 등의 변화가 일어나며 강도가 현저히 증대된다.

㉡ 수축
- 수축은 건조 및 소성 시 일어나며 건조수축은 점토의 조직에 관계하는 이외에 가하는 수량도 영향을 준다.
- 소성수축은 점토 내 휘발분의 양, 조직, 용융도 등이 영향을 준다.
- $Fe_2O_3$ 등의 부성분이 많으면 제품의 건조수축이 크다.

㉢ 가소성
- 양질의 점토는 습윤 상태에서 현저한 가소성을 나타내며, 점토 입자가 미세할수록 가소성은 좋아진다.
- 가소성이 너무 큰 경우에는 모래 또는 샤모트 등을 혼합하여 조절한다.

## 83 Repetitive Learning (1회 2회 3회)

주제와 경화제로 이루어진 2성분형이 대부분으로 금속, 플라스틱, 도자기, 콘크리트의 접합에 이용되고 내구력, 내수성, 내약품성이 매우 우수하여 만능형 접착제로 불리는 것은?

① 에폭시수지 접착제
② 페놀수지 접착제
③ 아크릴수지 접착제
④ 폴리에스테르수지 접착제

**해설**

- 페놀수지 접착제는 목재, 금속, 유리, 플라스틱 및 이들 이종재(異種材) 간의 접착에 사용되나 유리나 금속 접착에는 적합하지 않다.
- 폴리에스테르수지 접착제는 내수성, 내약품성, 열안정성이 우수하고, 경화가 빠르고 접착력이 커 석재 등의 접착에 이용된다.
- 아크릴수지 접착제는 주제와 경화제 그리고 압착을 통해 접착시키는 접착제로 내약품성, 내구성이 우수해 구조용 접착제로 사용된다.

**에폭시수지 접착제(Epoxy resin adhesive)**
- 주제와 경화제로 이루어진 2성분형이 대부분인 열경화성 수지 접착제이다.
- 금속, 석재, 도자기, 유리, 콘크리트, 플라스틱재 등의 접착에 사용되는 만능형 접착제이다.
- 경화제를 사용하여 만들어지므로 접착할 때 압력을 가할 필요가 없다.
- 급경성으로 내알칼리성, 내산성 등의 내화학성이나 접착력이 크고 내구력, 내수성, 내약품성이 우수한 합성수지 접착제이다.

정답 | 82 ④ 83 ①

0802

## 84 Repetitive Learning (1회 2회 3회)

건축용 뿜칠 마감재의 조성에 관한 설명 중 옳지 않은 것은?

① 안료 : 내알칼리성, 내후성, 착색력, 색조의 안정
② 유동화제 : 재료를 유동화시키는 재료(물이나 유기용제 등)
③ 골재 : 치수안정성을 향상시키고 흡음성, 단열성 등의 성능개선(모래, 석분, 펄프입자, 질석 등)
④ 결합재 : 바탕재의 강도를 유지하기 위한 재료(골재, 시멘트 등)

**해설**

- 결합재는 물리적, 화학적으로 고체화하여 뿜칠의 주체가 되는 재료로 시멘트, 합성수지 등이 있다.

뿜칠 마감재의 조성

| | |
|---|---|
| 안료 | 내알칼리성, 내후성, 착색력, 색조의 안정 |
| 유동화제 | 재료를 유동화시키는 재료(물이나 유기용제 등) |
| 골재 | 치수안정성을 향상시키고 흡음성, 단열성 등의 성능개선(모래, 석분, 펄프입자, 질석 등) |
| 결합재 | 물리적, 화학적으로 고체화하여 뿜칠의 주체가 되는 재료(시멘트, 합성수지 등) |

1204

## 85 Repetitive Learning (1회 2회 3회)

어떤 재료의 초기 탄성 변형량이 2.0cm이고 크리프(Creep) 변형량이 4.0cm라면 이 재료의 크리프 계수는 얼마인가?

① 0.5　　② 1.0
③ 2.0　　④ 4.0

**해설**

- 탄성 변형량과 크리프 변형량이 주어졌으므로 대입하면 크리프 계수는 $\frac{4.0}{2.0}=2.0$이 된다.

콘크리트의 크리프(Creep) 변형

㉠ 개요

- 콘크리트에 지속적인 하중을 가하면 응력의 변화가 없어도 변형이 증가하는 소성변형이 발생하는데 이를 크리프라 한다.
- 크리프는 재하 초기에 증가가 현저하고, 장기화될수록 증가율은 작게 되고 보통 3 ~ 4년에 정지한다.
- 크리프는 응력집중을 감소시키고 균열발생의 위험성을 줄이는 효과가 있다.
- 크리프 계수는 $\frac{\text{크리프 변형률}}{\text{탄성 변형률}}$로 구한다.

㉡ 크리프의 증가원인

| | |
|---|---|
| • 시멘트페이스트가 많을수록<br>• 물시멘트비가 클수록<br>• 재령이 짧을수록<br>• 구조부재의 치수가 작을수록<br>• 작용응력이 클수록 | 크리프가 증가한다. |

0701 / 1301

## 86 Repetitive Learning (1회 2회 3회)

재료의 기계적 성질 중 작은 변형에도 파괴되는 성질을 무엇이라 하는가?

① 강성　　② 소성
③ 탄성　　④ 취성

**해설**

- 강성은 재료가 외력을 받았을 때 변형에 저항하는 성질을 말한다.
- 소성은 외력이 작용하면 변형이 생기고, 외력이 제거되어도 그 변형된 상태를 유지하는 성질을 말한다.
- 탄성은 외력이 작용하면 변형이 생기지만 외력을 제거하면 원래의 모양으로 돌아가는 성질을 말한다.

재료의 성질

㉠ 역학적 성질

- 재료의 역학적 성질에는 탄성, 소성, 점성, 인성, 연성, 전성, 강성, 취성, 경도, 내피로성 등이 있다.

| | |
|---|---|
| 탄성 (Elasticity) | 외력이 작용하면 변형이 생기지만 외력을 제거하면 원래의 모양으로 돌아가는 성질 |
| 소성 (Plasticity) | 외력이 작용하면 변형이 생기고, 외력이 제거되어도 그 변형된 상태를 유지하는 성질 |
| 점성 (Viscosity) | 외력에 의한 유동 시 재료 각 부에 저항이 생기는 성질 |
| 인성 (Toughness) | 외력을 받으면 변형을 나타내면서도 파괴되지 않고 견디는 성질 |
| 연성 (Ductility) | 탄성한계 이상의 외력을 받아도 파괴되지 않고 가늘고 길게 늘어나는 성질 |
| 강성 (Stiffness) | 재료가 외력을 받았을 때 변형에 저항하는 성질 |
| 취성 (Brittleness) | 유리와 같이 외력에 변형되지 않으나 작은 변형에도 파괴되는 성질 |
| 경도 (Hardness) | 재료의 단단한 정도 |
| 내피로성 (Fatigue resistance) | 부하가 반복적으로 가해지더라도 이를 견딜 수 있는 성질 |



84 ④ 85 ③ 86 ④ 정답

㉡ 물리적 성질

- 물리적 성질에는 비중, 열전도율, 내열성, 함수율, 흡수율, 비열, 열팽창계수 등이 있다.

| 비중 | 기준이 되는 물질의 밀도에 대한 상대적인 비 |
|---|---|
| 열전도율 | 온도 차에 의해 열이 전달되는 특성 |
| 내열성 | 열저항성 |

## 87

Repetitive Learning ( 1회 2회 3회 )

서중콘크리트에 대한 설명으로 옳지 않은 것은?

① 시멘트는 고온의 것을 사용하지 않아야 하고 골재 및 물은 가능한 한 낮은 온도의 것을 사용한다.
② 표면활성제는 공사시방서에 정한 바가 없을 때에는 AE 감수제 지연형 등을 사용한다.
③ 콘크리트를 부어 넣은 후 수분의 급격한 증발이나 직사광선에 의한 온도 상승을 막고 습윤상태가 유지되도록 양생한다.
④ 거푸집 해체 시기 검토를 위하여 적산온도를 활용한다.

**해설**

- 거푸집 해체 시기 검토를 위해 적산온도를 활용하는 것은 한중콘크리트에 대한 설명이다.

:: 서중콘크리트

㉠ 개요

- 일 평균기온이 25℃, 최고온도가 30℃를 초과하는 시기 및 장소에서 사용하는 콘크리트를 말한다.
- 골재와 물은 가능한 저온상태에서 사용하고, 온도상승으로 동일 슬럼프를 얻기 위한 단위수량이 증가한다.

㉡ 주의사항

- 시멘트는 고온의 것을 사용하지 않아야 하고 골재 및 물은 가능한 한 낮은 온도의 것을 사용한다.
- 타설 시 슬럼프 저하나 수분의 급격한 증발을 막기 위한 표면활성제는 공사시방서에 정한 바가 없을 때에는 AE감수제 지연형 등을 사용한다.
- 콘크리트를 부어 넣은 후 수분의 급격한 증발이나 직사광선에 의한 온도 상승을 막고 습윤상태가 유지되도록 양생한다.
- 거푸집 해체는 타설 후 72시간이 경과한 다음 실시하며, 해체 후에도 양생포를 씌워 7일 이상 습윤상태를 유지시킨다.

## 88

Repetitive Learning ( 1회 2회 3회 )

유성 목재방부제로서 악취가 나고, 흑갈색으로 외관이 미려하지 않아 토대, 기둥 등에 이용되는 것은?

① 크레오소트오일 ② 황산동 1[%] 용액
③ 염화아연 4[%] 용액 ④ 불화소다 2[%] 용액

**해설**

- 가장 대표적인 목재용 유성 방부제로 방부성이 우수하나 악취가 나고 흑갈색 외관인 것은 크레오소트오일이다.
- 황산동(1%), 염화아연(4%), 불화소다(2%)는 유성이 아니라 수용성 방부제이다.

:: 크레오소트유(Creosote oil)

- 대표적인 목재용 유성 방부제이다.
- 독성이 적고 방부성이 우수하다.
- 자극적인 악취가 나고, 흑갈색으로 외관이 불미하다.
- 주로 눈에 보이지 않는 토대, 기둥, 도리 등에 사용한다.

0802 / 1001

## 89

Repetitive Learning ( 1회 2회 3회 )

포틀랜드시멘트 클링커에 철 용광로에서 나온 슬래그를 급랭하여 혼합하고 이에 응결시간 조절용 석고를 첨가하여 분쇄한 것으로, 수화열량이 적어 매스콘크리트용으로도 사용할 수 있는 시멘트는?

① 알루미나시멘트 ② 보통포틀랜드시멘트
③ 조강시멘트 ④ 고로시멘트

**해설**

- 알루미나시멘트는 보크사이트와 석회석을 원료로 하며 조강포틀랜드시멘트에 사용되는 시멘트이다.
- 보통포틀랜드시멘트는 석회(CaO)와 점토를 주성분으로 실리카($SiO_2$), 알루미나($Al_2O_3$), 산화철($Fe_2O_3$) 등을 첨가하여 만든 가장 많이 사용되는 시멘트이다.
- 조강포틀랜드시멘트는 높은 수화열로 단면이 큰 구조물에 적합하지 않으며, 긴급공사, 동절기 한중공사에 주로 사용된다.

:: 고로시멘트

㉠ 개요

- 포틀랜드시멘트 클링커에 철 용광로에서 나온 슬래그를 급랭하여 혼합하고 이에 응결시간 조절용 석고를 첨가하여 분쇄한 시멘트이다.
- 팽창균열이 없고 화학저항성이 높아 해수·공장폐수·하수 등에 접하는 콘크리트에 적합하다.

정답 | 87 ④ 88 ① 89 ④

㉡ 특징
- 초기강도는 약간 낮으나 장기강도는 보통포틀랜드시멘트와 같거나 그 이상이 된다.
- 수화열량이 적어 매스콘크리트용으로도 사용가능하다.
- 팽창균열이 없고 화학저항성과 수밀성이 크고 잠재수경성의 성질을 가지고 있다.
- 슬래그 수화에 의한 포졸란 반응으로 공극 충전효과 및 알칼리골재반응 억제효과가 크다.
- 모르타르나 콘크리트의 거푸집을 접하지 않는 자유표면은 경화불량에서 오는 약화현상이 따르기 쉽다.
- 슬래그를 함유하고 있어 건조수축에 대한 저항성이 약하고 중성화를 촉진하는 단점을 갖는다.

㉢ 경석고와 소석고의 비교

| | |
|---|---|
| 경석고 | • 석고원석을 고온(500～1,900℃)에서 가열한 후 불순석고를 첨가하여 다시 가열한 것이다.<br>• 경화촉진제로 백반을 사용한다.<br>• 킨즈시멘트라고도 한다.<br>• 경화속도는 느리지만, 경화되면 강도는 더 높다.<br>• 굳기 시작한 것도 다시 사용할 수 있다. |
| 소석고 | • 순수한 석고를 분쇄한 후 가루를 가열(150～190℃), 불순물을 제거한 것이다.<br>• 경석고보다 응결속도가 빠르다.<br>• 굳기 시작하면 다시 사용할 수 없다. |

## 90

Repetitive Learning (1회 2회 3회)

다음 미장재료 중 여물(Hair)이 필요 없는 것은?

① 돌로마이트플라스터
② 경석고플라스터
③ 회반죽
④ 회사벽

해설

- 돌로마이트플라스터는 풀을 필요로 하지 않으나 초벌 및 재벌에 백모짚여물, 정벌에 삼여물을 플라스터 25kg에 대하여 600g씩 넣어서 비벼 사용한다.
- 회반죽은 소석회에 모래, 해초풀, 여물 등을 혼합하여 바르는 미장재료이다.
- 회사벽은 석회죽에 모래, 시멘트, 여물 등을 섞어서 사용하는 기경성 미장재료이다.

∷ 석고플라스터

㉠ 개요
- 고온소성의 무수석고를 혼화재, 접착제, 응결시간조절제 등과 혼합한 수경성 미장재료이다.

㉡ 특징
- 비교적 강도가 크고, 부착은 양호하나, 강재를 녹슬게 하는 성분을 포함한다.
- 건조 시 무수축성의 성질을 가져 치수 안정성이 우수하다.
- 여물(Hair)이 필요 없는 미장재료로 내화성이 높고 경화시간이 극히 짧다.
- 물에 용해되는 성질이 있어 물을 사용하는 장소에는 부적합하다.

## 91

Repetitive Learning (1회 2회 3회)

시멘트의 성질에 관한 설명 중 옳지 않은 것은?

① 포틀랜드시멘트의 3가지 주요 성분은 실리카($SiO_2$), 알루미나($Al_2O_3$), 석회($CaO$)이다.
② 시멘트는 응결경화 시 수축성 균열이 생겨 변형이 일어난다.
③ 슬래그의 함유량이 많은 고로시멘트는 수화열의 발생량이 많다.
④ 시멘트의 응결 및 강도 증진은 분말도가 클수록 빨라진다.

해설

- 슬래그의 함유량이 많은 고로시멘트는 포틀랜드시멘트에 비해 수화열이 낮아 균열을 예방할 수 있어 대형 구조물 공사에 유리하다.

∷ 일반적인 시멘트의 성질
- 분말도는 시멘트의 성능 중 수화반응, 블리딩, 초기강도 등에 크게 영향을 준다.
- 시멘트의 수화반응속도에 영향을 주는 요인은 재령, 온도, 혼화제 등이다.
- 시멘트의 안정성 측정법으로 오토클레이브 팽창도 시험 방법이 있다.
- 시멘트의 비중은 소성온도나 성분에 의하여 다르며, 동일 시멘트인 경우에 풍화한 것일수록 작아진다.
- 시멘트의 응결시간은 분말도가 미세한 것일수록, 또 수량이 적고 온도가 높을수록 짧아진다.



90 ② 91 ③ 정답

0704

## 92

Repetitive Learning 1회 2회 3회

미장공사의 바탕조건으로 옳지 않은 것은?

① 미장층보다 강도는 크지만 강성은 작을 것
② 미장층과 유해한 화학반응을 하지 않을 것
③ 미장층의 경화, 건조에 지장을 주지 않을 것
④ 미장층의 시공에 적합한 흡수성을 가질 것

해설

• 미장바탕은 미장층보다 강도나 강성이 커야 한다.

미장바탕

㉠ 개요

• 미장바탕이란 모르타르, 플라스터, 회반죽 등 미장재료를 바르기 위한 구조체 표면 또는 졸대, 기타의 것 등을 엮어 만든 면을 말한다.
• 와이어라스(Wire lath)는 아연도금한 굵은 철선을 엮어 그물처럼 만든 철망으로 천장·벽 등의 미장바탕에 사용한다.
• 메탈라스(Metal lath)는 얇은 강판에 마름모꼴의 구멍을 연속적으로 뚫어 그물처럼 만든 것으로 천장·벽 등의 미장바탕에 사용한다.

㉡ 미장바탕의 일반적인 조건

• 미장층보다 강도나 강성이 클 것
• 미장층과 유효한 접착강도를 얻을 수 있을 것
• 미장층의 경화, 건조에 지장을 주지 않을 것
• 미장층과 유해한 화학반응을 하지 않을 것

## 93

Repetitive Learning 1회 2회 3회

목재의 역학적 성질에서 가력방향이 섬유와 평행할 경우, 목재의 강도 중 크기가 가장 작은 것은?

① 압축강도
② 휨강도
③ 인장강도
④ 전단강도

해설

• 목재에 주어지는 가력방향이 일정한 경우 강도는 인장강도 > 휨강도 > 압축강도 > 전단강도의 순이다.

목재의 강도

• 생나무에 비해 기건재(함수율 15%)는 1.5배, 전건재(함수율 0%)는 3배 이상 강도가 크다.
• 비중이 클수록, 변재보다 심재의 강도가 크다.
• 흠이 있으면 강도가 떨어진다.
• 전단강도를 제외한 목재의 강도는 가력방향이 섬유방향일 때 가장 강하고, 섬유방향과 직각일 때 가장 약하다.
• 목재의 경도는 면 중에서 마구리면이 약간 크고 곧은결 면과 널결 면은 별로 차이가 없다.
• 일반적인 강도는 인장강도 > 휨강도 > 압축강도 > 전단강도의 순이다.

## 94

Repetitive Learning 1회 2회 3회

석재의 일반적인 성질에 관한 설명으로 옳지 않은 것은?

① 화강암의 내구연한은 75 ~ 200년 정도로서 다른 석재에 비하여 비교적 수명이 길다.
② 흡수율은 동결과 융해에 대한 내구성의 지표가 된다.
③ 인장강도는 압축강도의 1/10 ~ 1/30 정도이다.
④ 비중이 클수록 강도가 크며, 공극률이 클수록 내화성이 작다.

해설

• 내화성은 공극률이 클수록 크다.

석재의 일반적 성질

• 내구성, 내화학성, 내마모성이 우수하다.
• 석재의 강도는 보통 압축강도를 말하며 구조용으로 사용할 경우 압축력을 받는 부분에 사용해야 한다.
• 석재의 강도는 비중에 비례하며, 비중이 클수록 강도는 커진다.
• 인장강도는 압축강도에 비해 매우 작다. (압축강도의 1/10 ~ 1/30 정도)
• 석재의 함수율이 높을수록 강도가 저하된다.
• 흡수율은 동결과 융해에 대한 내구성의 지표가 된다.
• 같은 종류의 석재라도 산지나 조직에 따라 다양한 외관과 색조를 나타낸다.
• 석재의 공극률이란 암석의 총 부피에 대한 공극 부피의 비로, 공극률이 크면 흡수율이 크고 흡수에 의한 동결융해 반복으로 동해하기 쉬우며, 내구성이 작으나 내화성은 크다.

정답 | 92 ① 93 ④ 94 ④

## 95

Repetitive Learning 1회 2회 3회

합성수지계 접착제 중 내수성이 가장 좋지 않은 접착제는?

① 에폭시수지 접착제
② 초산비닐수지 접착제
③ 멜라민수지 접착제
④ 요소수지 접착제

해설

- 에폭시수지 접착제는 급경성으로 내알칼리성, 내산성 등의 내화학성이나 접착력이 크고 내구력, 내수성, 내약품성이 우수하다.
- 멜라민수지 접착제는 표면경도가 높고, 내열성, 내약품성, 내수성 및 전기적 성질이 뛰어난 접착제로 목재접착에 적합하다.
- 요소수지 접착제는 요소와 포름알데히드로 제조된 무색투명한 열경화성 수지 접착제로 내수성이 부족하고 값이 저렴하다.

초산비닐수지 접착제(Polyvinyl acetate resin)

- 가열하지 않아도 경화되는 열가소성 수지이다.
- 내수성과 내열성이 좋지 않은 접착제로 목공용으로 주로 사용된다.

## 96

Repetitive Learning 1회 2회 3회

발포제로서 보드 상으로 성형하여 단열재로 널리 사용되며 건축물의 천장재, 블라인드 등에 널리 쓰이는 열가소성 수지는?

① 알키드수지 ② 요소수지
③ 폴리스티렌수지 ④ 실리콘수지

해설

- 알키드수지는 폴리에스테르수지의 일종으로 페인트, 바니시, 래커 등의 도료로 주로 사용된다.
- 요소수지는 요소와 포름알데히드로 제조된 내수성이 좋지 않은 열경화성 수지로 접착제, 전기절연재, 도료 등에서 사용한다.
- 실리콘수지는 내열성이 크고 발수성을 나타내어 방수제로 쓰이며 저온에서도 탄성이 있어 Gasket, Packing의 원료로 쓰이는 합성수지이다.

폴리스티렌(Polystyrene)수지

- 열가소성 수지로 벤젠과 에틸렌으로부터 제조된 수지이다.
- 플라스틱 중에서 가장 가공하기 쉽고 내약품성이 좋고, 높은 굴절률을 가진 수지이다.
- 전기절연 재료로 사용되며, 발포제품은 저온 단열재로 많이 사용된다.
- 건축물의 천장재, 블라인드, 도막방수재 및 실링재로 사용이 늘어나고 있다.

## 97

Repetitive Learning 1회 2회 3회

각종 혼화재료에 관한 설명으로 옳지 않은 것은?

① 플라이애시는 콘크리트의 장기강도를 증진하는 효과는 있으나 수밀성은 감소한다.
② 감수제를 이용하여 시멘트의 분산작용의 효과를 얻을 수 있다.
③ 염화칼슘은 경화촉진을 목적으로 이용되는 혼화제이다.
④ 발포제는 시멘트에 혼입시켜 화학반응에 의해 발생하는 가스를 이용하여 기포를 발생시키는 혼화제이다.

해설

- 플라이애시를 사용한 시멘트는 시멘트의 수화열에 의한 균열 발생을 억제하고, 콘크리트의 수밀성을 향상시킨다.

플라이애시

㉠ 개요
- 석탄 화력발전소에서 발생되는 회분으로 굴뚝에서 집진기로 포집한 것이다.
- 시멘트에 첨가하는 혼화재로 알루미나와 실리카로 구성된다.
- 플라이애시를 사용한 시멘트는 초기 수화열이 낮고 장기강도 증진이 커 매스콘크리트용에 적합하다.

㉡ 특징
- 콘크리트의 워커빌리티를 좋게 하고 사용 수량을 감소시킨다.
- 초기 재령의 강도는 다소 작으나 장기 재령의 강도는 증가한다.
- 시멘트의 수화열에 의한 균열 발생을 억제하고, 콘크리트의 수밀성을 향상시킨다.
- 콘크리트 내부의 알칼리성을 감소시키기 때문에 중성화를 촉진시킬 염려가 있다.

## 98

Repetitive Learning 1회 2회 3회

은백색의 굳은 금속원소로서 불순물이 포함되면 강해지는 경향이 있으며, 스테인리스강보다 우수한 내식성을 갖는 합금은?

① 티타늄과 그 합금 ② 연과 그 합금
③ 주석과 그 합금 ④ 니켈과 그 합금

해설

- 납(Pb, 연)은 비중이 아주 크고 전연성이 풍부한 금속으로 방사선 투과도가 낮아 방사성 차폐용으로 주로 사용된다.
- 주석(Sn)은 인체에 무해하며 유기산에 침식되지 않아 식품 보관용의 용기류에 이용된다.
- 니켈(Ni)은 전연성이 풍부하고 내식성이 크며 청백색 광택이 있는 금속으로 도금이나 합금을 통해 동전의 재료로 사용된다.



95 ② 96 ③ 97 ① 98 ① 정답

**티타늄(Ti)**
- 반응성이 강해서 공기 중의 산소와 결합하여 산화티타늄의 얇은 막을 형성한다.
- 질량 대 강도의 비가 가장 큰 금속으로 항공기 동체나 항공기 부품을 만드는데 사용된다.
- 은백색의 굳은 금속원소로서 불순물이 포함되면 강해지는 경향이 있으며, 스테인리스강보다 우수한 내식성을 갖는다.

1302

## 99 ─ Repetitive Learning (1회 2회 3회)

비철금속의 성질 또는 용도에 관한 설명 중 옳지 않은 것은?

① 동은 전연성이 풍부하므로 가공하기 쉽다.
② 납은 산이나 알칼리에 강하므로 콘크리트에 침식되지 않는다.
③ 아연은 이온화 경향이 크고 철에 의해 침식된다.
④ 대부분의 구조용 특수강은 니켈을 함유한다.

**해설**
- 납은 산이나 기타 약액에 대해서는 저항성이 크지만, 콘크리트와 같은 알칼리에는 침식된다.

**납(Pb)의 성질**
- 비중이 11.4로 아주 크고 연질이며 전·연성 및 가공성이 풍부하다.
- 융점(327.5℃)이 높으며, 산이나 기타 약액에 대해서는 저항성이 크지만, 알칼리에는 침식된다.
- 방사선 투과도가 낮아서 방사선 차폐용 벽체 및 X선을 사용하는 개소에 방호용으로 사용된다.

## 100 ─ Repetitive Learning (1회 2회 3회)

한중콘크리트에 관한 설명으로 옳지 않은 것은?(단, 콘크리트 표준시방서 기준)

① 한중콘크리트에는 공기연행 콘크리트를 사용하는 것을 원칙으로 한다.
② 단위수량은 초기 동해를 적게 하기 위하여 소요의 워커빌리티를 유지할 수 있는 범위 내에서 되도록 적게 정하여야 한다.
③ 물-결합재 비는 원칙적으로 50% 이하로 하여야 한다.
④ 배합강도 및 물-결합재 비는 적산온도 방식에 의해 결정할 수 있다.

**해설**
- 한중콘크리트의 물-결합재 비는 원칙적으로 60% 이하로 하여야 한다.

**한중콘크리트**

㉠ 개요
- 일 평균기온이 4℃ 이하인 곳에서 동결을 방지하기 위해 시공하는 콘크리트를 말한다.
- 물을 가열하여 사용하는 것을 원칙으로 하며, 시멘트는 가열해서는 안 된다.

㉡ 표준시방서상의 배합 일반사항
- 한중콘크리트에는 공기연행 콘크리트를 사용하는 것을 원칙으로 한다.
- 단위수량은 초기 동해를 적게 하기 위하여 소요의 워커빌리티를 유지할 수 있는 범위 내에서 되도록 적게 정하여야 한다.
- 물-결합재 비는 원칙적으로 60% 이하로 하여야 한다.
- 배합강도 및 물-결합재 비는 적산온도 방식에 의해 결정할 수 있다.
- 압축강도가 5N/$mm^2$에 이를 때까지 구조물의 어느 부분도 0℃ 이하로 되지 않도록 관리한다.

# 6과목 건설안전기술

## 101 ─ Repetitive Learning (1회 2회 3회)

산업안전보건관리비 계상 및 사용기준에 따른 공사 종류별 계상기준으로 옳은 것은?(단, 철도·궤도신설공사이고, 대상액이 5억원 미만인 경우)

① 1.85%
② 2.45%
③ 3.09%
④ 3.43%

**해설**
- 공사종류가 철도·궤도신설공사이고, 대상액이 5억원 미만이라면 계상기준은 2.45%이다.

정답 | 99 ② 100 ③ 101 ②

### 안전관리비 계상기준

실필 1704/1604/1602/1504/1302/1204/1201/1104/1102/0904

• 공사종류 및 규모별 안전관리비 계상기준표

| | 5억원 미만 | 5억원 이상 50억원 미만 | | 50억원 이상 |
|---|---|---|---|---|
| | | 비율(X) | 기초액(C) | |
| 일반건설공사(갑) | 2.93% | 1.86% | 5,349,000원 | 1.97% |
| 일반건설공사(을) | 3.09% | 1.99% | 5,499,000원 | 2.10% |
| 중건설공사 | 3.43% | 2.35% | 5,400,000원 | 2.44% |
| 철도·궤도신설공사 | 2.45% | 1.57% | 4,411,000원 | 1.66% |
| 특수 및 기타건설공사 | 1.85% | 1.20% | 3,250,000원 | 1.27% |

• 대상액이 5억원 미만 또는 50억원 이상일 경우에는 대상액에 표에서 정한 비율을 곱한 금액
• 대상액이 5억원 이상 50억원 미만일 때에는 대상액에 별표에서 정한 비율을 곱한 금액에 기초액을 합한 금액
• 대상액이 구분되어 있지 않은 공사는 도급계약 또는 자체사업계획상의 총 공사금액의 70%를 대상액으로 하여 안전관리비를 계상하여야 한다.
• 발주자가 재료를 제공하거나 물품이 완제품의 형태로 제작 또는 납품되어 설치되는 경우에 해당 재료비 또는 완제품의 가액을 대상액에 포함시킬 경우의 안전관리비는 해당 재료비 또는 완제품의 가액을 포함시키지 않은 대상액을 기준으로 계상한 안전관리비의 1.2배를 초과할 수 없다.
• 발주자 또는 자기공사자는 설계변경 등으로 대상액의 변동이 있는 경우에 지체 없이 안전관리비를 조정 계상하여야 한다.

## 102 — Repetitive Learning (1회 2회 3회)

지반조사의 목적에 해당되지 않는 것은?

① 토질의 성질 파악
② 지층의 분포 파악
③ 지하수위 및 피압수 파악
④ 구조물의 편심에 의한 적절한 침하 유도

**해설**

• 지반조사는 대상 지반의 정보(토질, 지층분포, 지하수위 및 피압수, 암석 및 암반 등 구조물의 계획·설계·시공에 관련된 정보)를 획득하기 위한 방법으로 지반의 특성을 규명하여 관계자에게 제공함으로써 안전하고 효율적인 공사를 할 수 있도록 한다.

### 지반조사

㉠ 개요
• 대상 지반의 정보(토질, 지층분포, 지하수위 및 피압수, 암석 및 암반 등 구조물의 계획·설계·시공에 관련된 정보)를 획득하기 위한 방법이다.
• 지반의 특성을 규명하여 관계자에게 제공함으로써 안전하고 효율적인 공사를 할 수 있도록 한다.
• 직접적인 지반조사 방법에는 현장답사, 시험굴조사, 물리탐사, 사운딩, 시추조사, 원위치시험 등이 있다.
• 예비조사, 본조사, 보완조사, 특정조사 등의 단계로 진행한다.

㉡ 예비조사 항목
• 인근 지반의 지반조사 기존자료나 시공 자료수집
• 기상조건 변동에 따른 영향 검토
• 주변의 환경(하천, 지표지질, 도로, 교통 등)
• 인접 구조물의 크기 및 형식, 상황 조사
• 지형이나 우물의 형상 조사
• 물리탐사, 시추 및 시험굴조사

1104 / 2001

## 103 — Repetitive Learning (1회 2회 3회)

크레인의 운전실 또는 운전대를 통하는 통로의 끝과 건설물 등의 벽체의 간격은 최대 얼마 이하로 하여야 하는가?

① 0.2m
② 0.3m
③ 0.4m
④ 0.5m

**해설**

• 크레인의 운전실 또는 운전대를 통하는 통로의 끝과 건설물 등의 벽체의 간격, 크레인 거더(Girder)의 통로 끝과 크레인 거더의 간격, 크레인 거더의 통로로 통하는 통로의 끝과 건설물 등의 벽체의 간격은 모두 0.3m 이하로 하여야 한다.

### 크레인 관련 건설물 등의 벽체와 통로의 간격 등

| | |
|---|---|
| 0.6m 이상 | 주행크레인 또는 선회 크레인과 건설물 또는 설비와의 사이의 통로 폭 |
| 0.4m 이상 | 주행크레인 또는 선회 크레인과 건설물 또는 설비와의 사이의 통로 중 건설물의 기둥에 접촉하는 부분 |
| 0.3m 이하 | • 크레인의 운전실 또는 운전대를 통하는 통로의 끝과 건설물 등의 벽체의 간격<br>• 크레인 거더(Girder)의 통로 끝과 크레인 거더의 간격<br>• 크레인 거더의 통로로 통하는 통로의 끝과 건설물 등의 벽체의 간격 |



102 ④ 103 ② 정답

## 104 Repetitive Learning (1회 2회 3회)

그물코의 크기가 10[cm]인 매듭없는 방망사 신품의 인장강도는 최소 얼마 이상이어야 하는가?

① 240kg
② 320kg
③ 400kg
④ 500kg

해설

- 매듭없는 방망의 인장강도는 신품의 경우 그물코의 크기가 10cm이면 240kg 이상이다.

신품 방망 인장강도 실필 1804 실작 1602

| 그물코 한변 길이 | 무매듭방망 | 매듭방망 |
|---|---|---|
| 10cm | 240kg 이상(150kg) | 200kg 이상(135kg) |
| 5cm | – | 110kg 이상(60kg) |

단, ( )은 폐기기준이다.

## 105 Repetitive Learning (1회 2회 3회)

유해·위험방지계획서를 제출하려고 할 때 그 첨부서류와 가장 거리가 먼 것은?

① 공사개요서
② 산업안전보건관리비 작성요령
③ 전체공정표
④ 재해발생 위험 시 연락 및 대피방법

해설

- 산업안전보건관리비 작성요령이 아니라 산업안진보건관리비 사용계획이 되어야 한다.

건설업 유해·위험방지계획서 제출 시 첨부서류
실필 1902/1202/0902

| | |
|---|---|
| 공사개요 및 안전보건 관리계획 | • 공사개요서<br>• 공사현장의 주변 현황 및 주변과의 관계를 나타내는 도면(매설물 현황 포함)<br>• 건설물, 사용 기계설비 등의 배치를 나타내는 도면<br>• 전체공정표<br>• 산업안전보건관리비 사용계획<br>• 안전관리 조직표<br>• 재해발생 위험 시 연락 및 대피방법 |

## 106 Repetitive Learning (1회 2회 3회)

흙막이 공법을 흙막이 지지방식에 의한 분류와 구조방식에 의한 분류로 나눌 때 다음 중 지지방식에 의한 분류에 해당하는 것은?

① 수평버팀대식 흙막이 공법
② H-pile 공법
③ 지하연속벽 공법
④ Top down method 공법

해설

- 흙막이 공법은 지지방식에 의해서 자립 공법, 버팀대식 공법, 어스앵커 공법 등으로 나뉜다.
- H-pile 공법, 지하연속벽 공법, Top down method 공법은 구조방식에 의한 분류에 해당한다.

흙막이(Sheathing) 공법 실필 1301

㉠ 개요
- 흙막이란 지반을 굴착할 때 주위의 지반이 침하나 붕괴하는 것을 방지하기 위해 설치하는 가시설물 등을 말한다.
- 토압이나 수압 등에 저항하는 벽체와 그 지보공 일체를 말한다.
- 지지방식에 의해서 자립 공법, 버팀대식 공법, 어스앵커 공법 등으로 나뉜다.
- 구조방식에 의해서 H-pile 공법, 널말뚝 공법, 지하연속벽 공법, Top down method 공법 등으로 나뉜다.

㉡ 흙막이 공법 선정 시 고려사항
- 흙막이 해체를 고려하여야 한다.
- 안전하고 경제적인 공법을 선택해야 한다.
- 지하수에 의한 지반침하를 최소화하기 위해 차수성이 높은 공법을 선택해야 한다.
- 지반성상에 적합한 공법을 선택해야 한다.

## 107 Repetitive Learning (1회 2회 3회)

다음 중 차량계 건설기계에 속하지 않는 것은?

① 불도저
② 스크레이퍼
③ 타워크레인
④ 항타기

정답 | 104 ① 105 ② 106 ① 107 ③

해설

• 타워크레인은 양중기계이다.

∷ 차량계 건설기계

- 차량계 건설기계란 동력원을 사용하여 특정되지 아니한 장소로 스스로 이동할 수 있는 건설기계를 말한다.
- 종류에는 도저형 건설기계(불도저, 스트레이트도저, 틸트도저, 앵글도저, 버켓도저 등), 모터그레이더, 로더, 스크레이퍼, 크레인형 굴착기계(크램쉘, 드래그라인 등), 굴착기, 항타기 및 항발기, 천공용 건설기계(어스드릴, 어스오거, 크롤러드릴, 점보드릴 등), 지반 압밀침하용 건설기계(샌드드레인머신, 페이퍼드레인머신, 팩드레인머신 등), 지반 다짐용 건설기계(타이어롤러, 매커덤롤러, 탠덤롤러 등), 준설용 건설기계(버켓준설선, 그래브준설선, 펌프준설선 등), 콘크리트펌프카, 덤프트럭, 콘크리트믹서트럭, 도로포장용 건설기계(아스팔트살포기, 콘크리트살포기, 아스팔트피니셔, 콘크리트피니셔 등) 등이 있다.

1901

## 108 —— Repetitive Learning 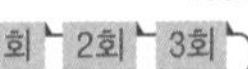

달비계를 설치할 때 작업발판의 폭은 최소 얼마 이상으로 하여야 하는가?

① 30cm ② 40cm

③ 50cm ④ 60cm

해설

• 작업발판의 폭은 40cm 이상으로 하고, 발판재료 간의 틈은 3cm 이하로 한다.

∷ 작업발판의 구조 실필 1902/1401 실작 1804

- 발판재료는 작업할 때의 하중을 견딜 수 있도록 견고한 것으로 할 것
- 작업발판의 폭은 40cm 이상으로 하고, 발판재료 간의 틈은 3cm 이하로 할 것
- 선박 및 보트 건조작업의 경우 선박블록 또는 엔진실 등의 좁은 작업공간에 작업발판을 설치하기 위하여 필요하면 작업발판의 폭을 30cm 이상으로 할 수 있고, 걸침비계의 경우 강관기둥 때문에 발판재료 간의 틈을 3cm 이하로 유지하기 곤란하면 5cm 이하로 할 수 있다. 이 경우 그 틈 사이로 물체 등이 떨어질 우려가 있는 곳에는 출입금지 등의 조치를 하여야 한다.
- 추락의 위험이 있는 장소에는 안전난간을 설치할 것
- 작업발판의 지지물은 하중에 의하여 파괴될 우려가 없는 것을 사용할 것
- 작업발판 재료는 뒤집히거나 떨어지지 않도록 둘 이상의 지지물에 연결하거나 고정시킬 것
- 작업발판을 작업에 따라 이동시킬 경우에는 위험 방지에 필요한 조치를 할 것

0901 / 2001

## 109 —— Repetitive Learning 1회 2회 3회

흙막이 지보공을 설치하였을 때 정기적으로 점검하여 이상 발견 시 즉시 보수하여야 할 사항이 아닌 것은?

① 굴착 깊이의 정도

② 버팀대 긴압의 정도

③ 부재의 접속부・부착부 및 교차부의 상태

④ 부재의 손상・변형・부식・변위 및 탈락의 유무와 상태

해설

• 흙막이 지보공을 설치하였을 때에 정기적으로 점검하고 이상을 발견하면 즉시 보수하여야 할 사항에는 ②, ③, ④ 외에 침하의 정도가 있다.

∷ 흙막이 지보공을 설치하였을 때에 정기적으로 점검하고 이상을 발견하면 즉시 보수하여야 할 사항 실작 1901/1802/1601

- 부재의 손상・변형・부식・변위 및 탈락의 유무와 상태
- 버팀대의 긴압(緊壓)의 정도
- 부재의 접속부・부착부 및 교차부의 상태
- 침하의 정도

1302

## 110 —— Repetitive Learning 1회 2회 3회

다음은 강관을 사용하여 비계를 구성하는 경우에 대한 내용이다. 다음 (      ) 안에 들어갈 내용으로 옳은 것은?

| 비계기둥의 간격은 띠장 방향에서는 (      ), 장선 방향에서는 1.5[m] 이하로 할 것 |
|---|

① 1.2m 이하 ② 1.2m 이상

③ 1.85m 이하 ④ 1.85m 이상

해설

• 강관비계의 비계기둥 간격은 띠장 방향에서는 1.85m 이하, 장선(長線) 방향에서는 1.5m 이하로 한다.

∷ 강관비계의 구조 실필 1302 실작 1802/1801/1701/1504

- 비계기둥의 간격은 띠장 방향에서는 1.85m 이하, 장선(長線) 방향에서는 1.5m 이하로 할 것
- 띠장 간격은 2m 이하로 설치할 것
- 비계기둥의 제일 윗부분으로부터 31m 되는 지점 밑부분의 비계기둥은 2개의 강관으로 묶어세울 것
- 비계기둥 간의 적재하중은 400kg을 초과하지 않도록 할 것



108 ② 109 ① 110 ③ 정답

## 111

Repetitive Learning (1회 2회 3회)

산소결핍이라 함은 공기 중 산소농도가 몇 %[%] 미만일 때를 의미하는가?

① 20%

② 18%

③ 15%

④ 10%

해설

- 산소결핍이란 공기 중의 산소농도가 18% 미만인 상태를 말한다.

산소결핍 실작 1901/1804/1702/1701/1601/1504/1402/1401

㉠ 개요

- 산소결핍이란 공기 중의 산소농도가 18% 미만인 상태를 말한다.
- 적정공기란 산소농도의 범위가 18% 이상 23.5% 미만, 이산화탄소의 농도가 1.5% 미만, 황화수소의 농도가 10피피엠 미만인 수준의 공기를 말한다.

㉡ 산소결핍에 의한 재해의 예방대책

- 작업시작 전 산소농도를 측정한다.
- 공기호흡기 등의 필요한 보호구를 작업 전에 점검한다.
- 산소결핍장소에서는 공기호흡용 보호구를 착용한다.

1304

## 112

Repetitive Learning (1회 2회 3회)

크레인 등 건설장비의 가공전선로 접근 시 안전대책으로 거리가 먼 것은?

① 안전 이격거리를 유지하고 작업한다.

② 장비의 조립, 준비 시부터 가공전선로에 대한 감전 방지 수단을 강구한다.

③ 장비 사용 현장의 장애물, 위험물 등을 점검 후 작업계획을 수립한다.

④ 장비를 가공전선로 밑에 보관한다.

해설

- 가공전선로 아래는 대단히 위험하므로 장비 등을 보관해서는 안 된다.

차량 및 기계장비의 가공전선로 접근 시 안전대책

- 접근제한거리를 유지하고 작동시켜야 한다.
- 작업자는 정격전압에 적합한 보호장구를 착용하여야 한다.
- 지상의 작업자는 충전전로에 근접되어 있는 차량이나 기계장치 또는 그 어떠한 부착물과도 접촉하여서는 안 된다.
- 접지된 차량이나 기계장비가 충전된 가공선로에 접근할 위험이 있는 경우, 지상에서 작업하는 작업자는 접지점 부근에 있어서는 안 된다.
- 장비의 조립, 준비 시부터 가공전선로에 대한 감전 방지 수단을 강구한다.
- 장비 사용 현장의 장애물, 위험물 등을 점검 후 작업계획을 수립한다.

## 113

Repetitive Learning (1회 2회 3회)

크레인을 사용하여 작업을 할 때 작업시작 전에 점검하여야 하는 사항에 해당하지 않는 것은?

① 권과방지장치·브레이크·클러치 및 운전장치의 기능

② 주행로의 상측 및 트롤리가 횡행하는 레일의 상태

③ 와이어로프가 통하고 있는 곳의 상태

④ 압력방출장치의 기능

해설

- 압력방출장치의 기능은 공기압축기를 가동하는 작업을 시작하기 전에 점검할 사항이다.

크레인 작업시작 전 점검사항 실필 1702/1501/1001

| 구분 | 점검사항 |
|---|---|
| 크레인 | • 권과방지장치·브레이크·클러치 및 운전장치의 기능<br>• 주행로의 상측 및 트롤리(Trolley)가 횡행하는 레일의 상태<br>• 와이어로프가 통하고 있는 곳의 상태 |
| 이동식 크레인 | • 권과방지장치나 그 밖의 경보장치의 기능<br>• 브레이크·클러치 및 조종장치의 기능<br>• 와이어로프가 통하고 있는 곳 및 작업 장소의 지반상태 |

0601 / 0701 / 2001

## 114

Repetitive Learning (1회 2회 3회)

굴착과 싣기를 동시에 할 수 있는 토공기계가 아닌 것은?

① Power shovel

② Tractor shovel

③ Back hoe

④ Motor grader

해설

- 백호우와 셔블계 건설기계(파워셔블, 트랙터 셔블 등)는 굴착과 함께 싣기가 가능한 토공기계이다.

:: 모터그레이더(Motor grader) 실작 1801/1602/1501

- 자체 동력으로 움직이는 그레이더로 2개의 바퀴 축 사이에 회전날이 달려있어 땅을 평평하게 할 때 사용되는 기계이다.
- 스캐리파이어(Scarifier), 배토판 등으로 구성되어 있다.
- 정지작업, 자갈길의 유지 보수, 도로 건설 시 측구 굴착, 초기 제설 등에 적합한 기계이다.

0601 / 0902

## 115 Repetitive Learning (1회 2회 3회)

콘크리트 타설 시 거푸집 측압에 영향을 미치는 인자들에 관한 설명으로 옳지 않은 것은?

① 슬럼프가 클수록 작다.
② 타설 속도가 빠를수록 크다.
③ 거푸집 속의 콘크리트 온도가 낮을수록 크다.
④ 콘크리트의 타설 높이가 높을수록 크다.

해설

- 슬럼프(Slump)가 크고, 배합이 좋을수록 콘크리트 측압은 크다.

:: 콘크리트 측압 실필 1104

- 콘크리트의 타설 속도가 빠를수록 측압이 크다.
- 콘크리트 비중이 클수록 측압이 크다.
- 진동기를 사용하면 다짐이 충분해지므로 측압은 커진다.
- 슬럼프(Slump)가 크고, 배합이 좋을수록 크다.
- 거푸집의 수평단면이 클수록 측압은 크다.
- 거푸집의 강성이 클수록 측압은 크다.
- 벽 두께가 두꺼울수록 측압은 커진다.
- 습도가 높을수록 측압은 커지고, 온도가 낮을수록 측압은 커진다.
- 철근량이 적을수록 측압은 커진다.
- 부배합이 빈배합보다 측압이 크다.
- 조강시멘트 등을 활용하면 측압은 작아진다.

## 116 Repetitive Learning (1회 2회 3회)

작업발판 및 통로의 끝이나 개구부로서 근로자가 추락할 위험이 있는 장소에서 난간 등의 설치가 매우 곤란하거나 작업의 필요상 임시로 난간 등을 해체하여야 하는 경우에 설치하여야 하는 것은?

① 구명구　　② 수직보호망
③ 안전방망　　④ 석면포

해설

- 사업주는 난간 등을 설치하는 것이 매우 곤란하거나 작업의 필요상 임시로 난간 등을 해체하여야 하는 경우 안전방망(추락방호망)을 설치하여야 한다.

:: 개구부 등의 방호조치 실필 1201 실작 1804/1801/1602/1504/1402

- 사업주는 작업발판 및 통로의 끝이나 개구부로서 근로자가 추락할 위험이 있는 장소에는 안전난간, 울타리, 수직형 추락방호망 또는 덮개 등의 방호조치를 충분한 강도를 가진 구조로 튼튼하게 설치하여야 하며, 덮개를 설치하는 경우에는 뒤집히거나 떨어지지 않도록 설치하여야 한다. 이 경우 어두운 장소에서도 알아볼 수 있도록 개구부임을 표시하여야 한다.
- 사업주는 난간 등을 설치하는 것이 매우 곤란하거나 작업의 필요상 임시로 난간 등을 해체하여야 하는 경우 추락방호망을 설치하여야 한다. 다만, 추락방호망을 설치하기 곤란한 경우에는 근로자에게 안전대를 착용하도록 하는 등 추락할 위험을 방지하기 위하여 필요한 조치를 하여야 한다.

1204

## 117 Repetitive Learning (1회 2회 3회)

건설공사 시공단계에 있어서 안전관리의 문제점에 해당되는 것은?

① 발주자의 조사, 설계 발주능력의 미흡
② 용역자의 조사, 설계능력 부실
③ 발주자의 감독 소홀
④ 사용자의 시설 운영관리 능력 부족

해설

- 최근 들어 건설공사 시공단계에 발주자의 감독 책임 및 역할을 강조하고 있어 발주자와 설계자의 책임 및 역할이 추가되었다.

:: 全생애주기형 안전관리체계

- 시공단계의 안전관리 체계에 발주자와 설계자의 책임 및 역할을 추가
- 현행 시공단계 중심의 안전관리 체계를 설계·착공·시공·준공단계를 아우르도록 개선

1402 / 2101

## 118 Repetitive Learning (1회 2회 3회)

흙의 투수계수에 영향을 주는 인자에 관한 설명으로 옳지 않은 것은?

① 공극비 : 공극비가 클수록 투수계수는 작다.
② 포화도 : 포화도가 클수록 투수계수는 크다.
③ 유체의 점성계수 : 점성계수가 클수록 투수계수는 작다.
④ 유체의 밀도 : 유체의 밀도가 클수록 투수계수는 크다.



115 ①　116 ③　117 ③　118 ① 정답

해설

• 투수계수는 흙 입자 크기의 제곱, 공극비의 세제곱에 비례한다.

∷ 흙의 투수계수

㉠ 개요

• 흙속에 스며드는 물의 통과 용이성을 보여주는 수치값이다.
• 투수계수는 현장시험을 통하여 구할 수 있다.
• 투수계수가 크면 투수량이 많다.
• 투수계수 $k = D_s^2 \times \frac{\gamma_w}{\mu} \times \frac{e^3}{1+e} \times C$로 구한다.

($D_s$ : 흙 입자의 크기, $\gamma_w$ : 물의 단위중량, $\mu$ : 물의 점성계수, e : 공극비, C : 흙 입자의 형상)

㉡ 특징

• 투수계수는 흙 입자 크기의 제곱, 공극비의 세제곱에 비례한다.
• 공극비의 크기가 클수록, 포화도가 클수록 투수계수는 증가한다.
• 유체의 밀도 및 농도, 물의 온도가 높을수록 투수계수는 크다.
• 유체의 점성계수는 투수계수와 반비례하여 점성계수가 클수록 투수계수는 작아진다.

0802

## 119 Repetitive Learning (1회 2회 3회)

항타기 및 항발기에 관한 설명으로 옳지 않은 것은?

① 무너짐 방지를 위해 시설 또는 가설물 등에 설치하는 때에는 그 내력을 확인하고 내력이 부족하면 그 내력을 보강해야 한다.
② 와이어로프의 한 꼬임에서 끊어진 소선(필러선을 제외한다)의 수가 10% 이상인 것은 권상용 와이어로프로 사용을 금한다.
③ 지름 감소가 공칭지름의 7[%]를 초과하는 것은 권상용 와이어로프로 사용을 금한다.
④ 권상용 와이어로프의 안전계수가 4 이상이 아니면 이를 사용하여서는 아니 된다.

해설

• 항타기 및 항발기에서 사용하는 권상용 와이어로프의 안전계수가 5 이상이 아니면 이를 사용해서는 안 된다.

∷ 권상용 와이어로프 실필 0902 실작 1604/1502/1401

㉠ 안전계수

• 항타기 및 항발기에서 사용하는 권상용 와이어로프의 안전계수가 5 이상이 아니면 이를 사용해서는 안 된다.

㉡ 길이 등

• 권상용 와이어로프는 추 또는 해머가 최저의 위치에 있을 때 또는 널말뚝을 빼내기 시작할 때를 기준으로 권상장치의 드럼에 적어도 2회 감기고 남을 수 있는 충분한 길이일 것
• 권상용 와이어로프는 권상장치의 드럼에 클램프·클립 등을 사용하여 견고하게 고정할 것
• 항타기의 권상용 와이어로프에서 추·해머 등과의 연결은 클램프·클립 등을 사용하여 견고하게 할 것

## 120 Repetitive Learning (1회 2회 3회)

풍화암의 굴착면 붕괴에 따른 재해를 예방하기 위한 굴착면의 적정한 기울기 기준은?

① 1 : 1.5
② 1 : 1.0
③ 1 : 0.8
④ 1 : 0.5

해설

• 풍화암은 1 : 1.0의 구배를 갖도록 한다.

∷ 굴착면 기울기 기준 실필 1701/1702

실작 1802/1801/1702/1701/1601/1504

| 지반의 종류 | 기울기 |
|---|---|
| 모래 | 1 : 1.8 |
| 연암 및 풍화암 | 1 : 1.0 |
| 경암 | 1 : 0.5 |
| 그 밖의 흙 | 1 : 1.2 |

정답 | 119 ④ 120 ②

# 출제문제 분석 2017년 2회

| 구분 | 1과목 | 2과목 | 3과목 | 4과목 | 5과목 | 6과목 | 합계 |
|---|---|---|---|---|---|---|---|
| New유형 | 0 | 2 | 3 | 4 | 4 | 2 | 15 |
| New문제 | 6 | 6 | 8 | 14 | 14 | 14 | 62 |
| 또나온문제 | 9 | 9 | 10 | 4 | 3 | 4 | 39 |
| 자꾸나온문제 | 5 | 5 | 2 | 2 | 3 | 2 | 19 |
| 합계 | 20 | 20 | 20 | 20 | 20 | 20 | 120 |

- New유형은 New문제 중 기존 기출문제와 완전히 다른 유형의 문제를 말합니다.
- New문제는 기존에 출제되지 않은 문제로 이번에 처음 출제되는 문제입니다.
- 또나온문제는 기존에 출제된 적이 1번 있는 문제를 말합니다.
- 자꾸나온문제는 기존에 출제된 적이 2번 이상 있는 문제를 말합니다. 그만큼 중요한 문제입니다.

## 몇 년분의 기출문제를 공부해야 합격할 수 있을까요?

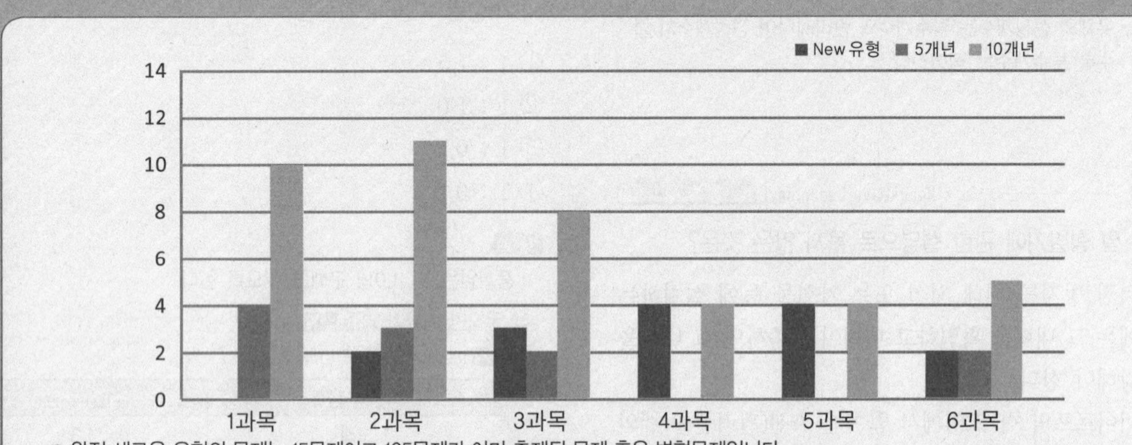


- 완전 새로운 유형의 문제는 15문제이고 105문제가 이미 출제된 문제 혹은 변형문제입니다.
- 5년분(2016~2020) 기출에서 동일문제가 11문항이 출제되었고, 10년분(2011~2020) 기출에서 동일문제가 42문항이 출제되었습니다.

## 실기에 나왔어요!! 외우세요!!!

실기시험은 필답형과 작업형으로 구분되어 있으며 모두 주관식으로 직접 내용을 적어야 합니다. 필기 공부하면서 실기 출제된 내역들은 좀 더 신경써서 암기하실 필요가 있어요. 필기 합격자 발표 난 후 실기시험까지는 5주밖에 여유가 없답니다. 어차피 공부할 것 필기 때 확실하게 해준다면 실기도 단방에 합격할 수 있습니다.

- 총 25개의 해설이 실기 필답형 시험과 연동되어 있습니다.
- 총 10개의 해설이 실기 작업형 시험과 연동되어 있습니다.

## 분석의견

최근 10년분의 기출문제와 답을 반복암기해서는 합격점수인 72점에서 30점이 부족합니다. 새로운 문제의 비중이 큰 만큼 생소한 문제들이 많은 것으로 보이나 실제 새로운 유형은 평균과 비슷한 수준이어서 배경학습만 충분히 수행한다면 그렇게 어렵지 않은 난이도를 보여줍니다. 동일한 기출문제의 출제비중은 낮은 관계로 문제와 답만을 암기할 경우 합격점수 획득에 어려움이 있을 수 있는 수준의 문제들입니다. 합격에 필요한 점수를 획득하기 위해서는 최근 5년분 문제와 핵심이론의 3회독 혹은 최근 10년분 문제와 핵심이론의 2회독 이상의 학습이 필요합니다.

# 2017년 제2회

2017년 5월 7일 필기

17년 2회차 필기시험

합격률 41.9%

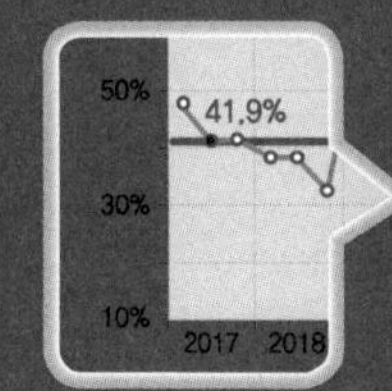


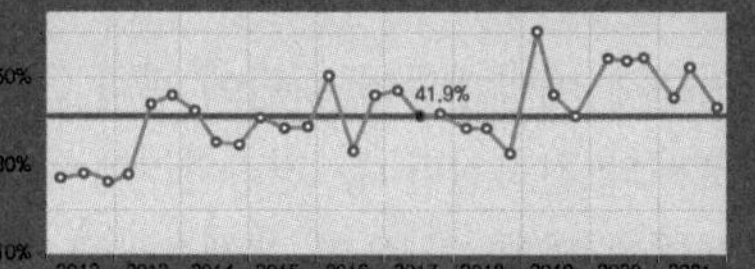


## 1과목 산업안전관리론

0902

### 01 Repetitive Learning (1회 2회 3회)

산업안전보건법령상 안전·보건표지의 종류 중 금지표지에 해당하지 않는 것은?

① 탑승금지
② 금연
③ 사용금지
④ 접촉금지

**해설**

- 접근금지, 접촉금지 등에 해당하는 금지표지는 존재하지 않는다.

:: 금지표지 실필 1902/1901/1701/1501/1401/1304/1201/1102/1001/0902
- 정지, 소화설비, 유해행위 금지를 표시할 때 사용된다.
- 흰색(N9.5) 바탕에 빨간색(7.5R 4/14) 기본모형을 사용한다.
- 금연, 출입금지, 보행금지, 차량통행금지, 물체이동금지, 화기금지, 사용금지, 탑승금지 등이 있다.

| 금연 | 출입금지 | 보행금지 | 차량통행금지 |
|---|---|---|---|
| 물체이동금지 | 화기금지 | 사용금지 | 탑승금지 |

### 02 Repetitive Learning (1회 2회 3회)

산업안전보건법령상 안전검사대상 유해·위험기계 등의 기준 중 틀린 것은?

① 롤러기(밀폐형 구조는 제외)
② 국소배기장치(이동식은 제외)
③ 사출성형기(형 체결력 294kN 미만은 제외)
④ 크레인(정격하중이 2톤 이상인 것은 제외)

**해설**

- 정격하중이 2톤 미만의 크레인은 제외된다.

:: 안전검사대상 유해·위험기계의 종류와 검사 주기 실필 1504/1002

| 안전검사대상 유해·위험기계의 종류 | 검사 주기 |
|---|---|
| 크레인(이동식크레인 및 정격하중 2톤 미만 제외), 리프트(이삿짐운반용 리프트 제외) 및 곤돌라 | 사업장에 설치가 끝난 날부터 3년 이내에 최초 안전검사를 실시하되, 그 이후부터 2년마다(건설현장에서 사용하는 것은 최초로 설치한 날부터 6개월마다) |
| 이동식크레인, 이삿짐운반용 리프트 및 고소작업대 | 신규 등록 이후 3년 이내에 최초 안전검사를 실시하되, 그 이후부터 2년마다 |
| 프레스, 전단기, 압력용기, 국소배기장치(이동식 제외), 산업용 원심기, 화학설비 및 그 부속설비, 건조설비 및 그 부속설비, 롤러기(밀폐형 제외), 사출성형기(형 체결력 294kN 미만은 제외), 컨베이어 및 산업용 로봇 | 사업장에 설치가 끝난 날부터 3년 이내에 최초 안전검사를 실시하되, 그 이후부터 2년마다(공정안전보고서를 제출하여 확인을 받은 압력용기는 4년마다) |

정답 | 01 ④ 02 ④

1104 / 1501

## 03 Repetitive Learning 1회 2회 3회

산업안전보건법상 산업안전보건위원회의 심의·의결 사항이 아닌 것은?

① 산업재해 예방계획의 수립에 관한 사항
② 근로자의 건강진단 등 건강관리에 관한 사항
③ 재해자에 관한 치료 및 재해보상에 관한 사항
④ 안전보건관리규정의 작성 및 변경에 관한 사항

**해설**

- 산업안전보건위원회의 심의·의결사항에는 ①, ②, ④ 외에 근로자의 안전·보건교육에 관한 사항, 작업환경측정 등 작업환경의 점검 및 개선에 관한 사항, 중대재해의 원인 조사 및 재발 방지대책 수립에 관한 사항 등이 있다.

**산업안전보건위원회의 심의·의결사항**

- 산업재해 예방계획의 수립에 관한 사항
- 안전보건관리규정의 작성 및 변경에 관한 사항
- 근로자의 안전·보건교육에 관한 사항
- 작업환경측정 등 작업환경의 점검 및 개선에 관한 사항
- 근로자의 건강진단 등 건강관리에 관한 사항
- 중대재해의 원인 조사 및 재발 방지대책 수립에 관한 사항
- 산업재해에 관한 통계의 기록 및 유지에 관한 사항
- 유해하거나 위험한 기계·기구와 그 밖의 설비를 도입한 경우 안전·보건조치에 관한 사항

1201 / 1304 / 1502

## 04 Repetitive Learning

시설물의 안전 및 유지관리에 관한 특별법상 안전점검 실시의 구분에 해당하지 않는 것은?

① 정기점검
② 정밀점검
③ 긴급점검
④ 임시점검

**해설**

- 시설물의 안전 및 유지관리에 관한 특별법상 안전점검에는 정기점검, 정밀점검, 긴급점검이 있다.

**안전점검의 구분**

- 정기안전점검 : 시설물의 상태를 판단하고 시설물이 점검 당시의 사용요건을 만족시키고 있는지 확인할 수 있는 수준의 외관조사를 실시하는 안전점검
- 정밀안전점검 : 시설물의 상태를 판단하고 시설물이 점검 당시의 사용요건을 만족시키고 있는지 확인하며 시설물 주요부재의 상태를 확인할 수 있는 수준의 외관조사 및 측정·시험장비를 이용한 조사를 실시하는 안전점검
- 긴급안전점검 : 시설물의 붕괴·전도 등으로 인한 재난 또는 재해가 발생할 우려가 있는 경우에 시설물의 물리적·기능적 결함을 신속하게 발견하기 위하여 실시하는 점검을 말한다.

## 05 Repetitive Learning 1회 2회 3회

무재해 운동을 추진하기 위한 중요한 세 개의 기둥에 해당하지 않는 것은?

① 본질추구
② 소집단 자주활동의 활성화
③ 최고경영자의 경영자세
④ 관리감독자(Line)의 적극적 추진

**해설**

- 무재해 운동 추진을 위한 3요소에는 경영자의 자세, 안전활동의 라인화, 자주활동의 활성화가 있다.

**무재해 운동의 추진을 위한 3요소** 실필 1404

| 이념 | 최고경영자의 안전경영자세 |
|---|---|
| 실천 | 안전활동의 라인(Line)화 |
| 기법 | 직장 자주안전활동의 활성화 |

## 06 Repetitive Learning 1회 2회 3회

객관적인 위험을 작업자 나름대로 판정하여 위험을 수용하고 행동에 옮기는 것은?

① Risk assessment
② Risk taking
③ Risk control
④ Risk playing



03 ③ 04 ④ 05 ① 06 ② | 정답

해설

- Risk assessment는 위험도분석으로 위험요소를 발견하고 이를 평가 분석하는 과정을 말한다.
- Risk control은 리스크 제어를 말하는데 리스크의 처리방법의 한 가지로 상정되는 리스크를 최대한 적게 하는 방법이다.

위험(Risk)

- 위험이란 조직 본연의 목적을 달성하는 데 영향을 줄 수 있는 각종 불확실한 사건과 사고를 말한다.
- 위험률은 사고발생빈도(발생확률)×사고로 인한 피해(손실, 사고의 크기 등)로 구한다.
- 위험의 3가지 기본요소(Triplets)는 사고 시나리오, 사고발생 확률, 파급효과 또는 손실을 들 수 있다.
- Risk taking이란 객관적인 위험을 작업자 나름대로 판정하여 위험을 수용하고 행동에 옮기는 것을 말한다.

## 07

Repetitive Learning (1회 2회 3회)

산업안전보건법상 사업주의 의무에 해당하는 것은?

① 산업안전·보건정책의 수립·집행·조정 및 통제
② 사업장에 대한 재해 예방 지원 및 지도
③ 산업재해에 관한 조사 및 통계의 유지·관리
④ 해당 사업장의 안전·보건에 관한 정보를 근로자에게 제공

해설

- 사업주는 해당 사업장의 안전·보건에 관한 정보를 근로자에게 제공하여야 한다.

사업주의 의무

- 산업재해 예방을 위한 기준을 지킬 것
- 근로자의 신체적 피로와 정신적 스트레스 등을 줄일 수 있는 쾌적한 작업환경을 조성하고 근로조건을 개선할 것
- 해당 사업장의 안전·보건에 관한 정보를 근로자에게 제공할 것

0901 / 1101

## 08

Repetitive Learning (1회 2회 3회)

A사업장에서 무상해, 무사고 위험순간이 300건 발생하였다면 버드(Frank Bird)의 재해구성 비율에 따르면 경상은 몇 건이 발생하겠는가?

① 5 ② 10
③ 15 ④ 20

해설

- 무상해, 무사고 고장이 300건 발생할 경우 중상이나 직업성 질병은 0.5건, 경상은 5건, 물적손실사고는 15건이 발생할 수 있다.

버드(Frank Bird)의 1 : 10 : 30 : 600 법칙 실필 1101

- 중상 : 경상 : 무상해사고 : 무상해무사고가 각각 1 : 10 : 30 : 600인 재해구성 비율을 말한다.
- 총 사고 발생건수 641건을 대상으로 분석했을 때 중상 1, 경상 10, 무상해사고 30, 무상해무사고 600건이 발생했음을 의미한다.

## 09

Repetitive Learning (1회 2회 3회)

산업안전보건법령상 안전관리자의 업무가 아닌 것은?

① 해당 사업장 안전교육계획의 수립 및 안전교육 실시에 관한 보좌 및 조언·지도
② 사업장 순회점검·지도 및 조치의 건의
③ 법 또는 법에 따른 명령으로 정한 안전에 관한 사항의 이행에 관한 보좌 및 조언·지도
④ 작업장 내에서 사용되는 전체 환기장치 및 국소배기장치 등에 관한 설비의 점검과 작업방법의 공학적 개선에 관한 보좌 및 조언·지도

해설

- ④는 보건관리자의 업무에 해당한다.

안전관리자의 업무 실필 1704/1001/0804

- 산업안전보건위원회 또는 안전·보건에 관한 노사협의체에서 심의·의결한 업무와 사업장의 안전보건관리규정 및 취업규칙에서 정한 업무
- 안전인증대상 기계·기구 등과 자율안전확인대상 기계·기구 등 구입 시 적격품의 선정에 관한 보좌 및 조언·지도
- 위험성 평가에 관한 보좌 및 조언·지도
- 해당 사업장 안전교육계획의 수립 및 안전교육 실시에 관한 보좌 및 조언·지도
- 사업장 순회전검·지도 및 조치의 건의
- 산업재해 발생의 원인 조사·분석 및 재발 방지를 위한 기술적 보좌 및 조언·지도
- 산업재해에 관한 통계의 유지·관리·분석을 위한 보좌 및 조언·지도
- 안전에 관한 사항의 이행에 관한 보좌 및 조언·지도
- 업무수행 내용의 기록·유지
- 그 밖에 안전에 관한 사항으로서 고용노동부장관이 정하는 사항

정답 | 07 ④ 08 ① 09 ④

0901 / 1302

## 10 Repetitive Learning (1회 2회 3회)

보행 중 작업자가 바닥에 미끄러지면서 주변의 상자와 머리를 부딪침으로써 머리에 상처를 입은 경우 이 사고의 기인물은?

① 바닥
② 상자
③ 머리
④ 바닥과 상자

해설

- 인체에 직접 충돌한 것은 주변의 상자이므로 상자가 가해물이다.
- 바닥에 미끄러지면서 사고가 발생했으므로 바닥이 불안전한 상태에 해당한다. 기인물은 바닥이다.
- 재해의 형태는 미끄러지면서 부딪쳐서 발생한 사고이므로 충돌에 해당한다.

∷ 산업재해의 분석 실필 1901/1702/1501/1404

| | |
|---|---|
| 기인물 | 재해의 원인이 되는 것으로 주로 불안전한 상태와 관련된다. |
| 가해물 | 사람에 직접 충돌하거나 또는 접촉에 의해서 위해(危害)를 준 물건을 말한다. |
| 사고유형 | 재해의 발생형태를 말한다. |

0402

## 11 Repetitive Learning (1회 2회 3회)

산업안전보건법령상 산업재해가 발생하였을 때에 사업주가 기록·보존하여야 하는 사항이 아닌 것은?

① 피해상황
② 재해발생의 일시 및 장소
③ 재해발생의 원인 및 과정
④ 재해 재발방지 계획

해설

- 재해 발생 시 사업주가 기록·보존하여야 하는 사항에는 ②, ③, ④ 외에 사업장의 개요 및 근로자의 인적사항 등이 있다.

∷ 산업재해 기록·보존 사항 실필 1801

- 사업장의 개요 및 근로자의 인적사항
- 재해 발생의 일시 및 장소
- 재해 발생의 원인 및 과정
- 재해 재발방지 계획

1202

## 12 Repetitive Learning (1회 2회 3회)

추락 및 감전 위험방지용 안전모의 성능기준 중 일반구조 기준으로 틀린 것은?

① 턱끈의 폭은 10mm 이상일 것
② 안전모의 수평간격은 1mm 이내일 것
③ 안전모는 모체, 착장체 및 턱끈을 가질 것
④ 안전모의 착용높이는 85mm 이상이고 외부수직거리는 80mm 미만일 것

해설

- 안전모의 수평간격은 5mm 이상이어야 한다.

∷ 안전모의 일반구조

- 안전모는 모체, 착장체 및 턱끈을 가질 것
- 착장체의 머리고정대는 착용자의 머리부위에 적합하도록 조절할 수 있을 것
- 착장체의 구조는 착용자의 머리에 균등한 힘이 분배되도록 할 것
- 모체, 착장체 등 안전모의 부품은 착용자에게 상해를 줄 수 있는 날카로운 모서리 등이 없을 것
- 턱끈은 사용 중 탈락되지 않도록 확실히 고정되는 구조일 것
- 안전모의 착용높이는 85mm 이상이고 외부수직거리는 80mm 미만일 것
- 안전모의 내부수직거리는 25mm 이상 50mm 미만일 것
- 안전모의 수평간격은 5mm 이상일 것
- 머리받침끈이 섬유인 경우에는 각각의 폭이 15mm 이상이어야 하며, 교차지점 중심으로부터 방사되는 끈폭의 총합은 72mm 이상일 것
- 턱끈의 폭은 10mm 이상일 것

0604

## 13 Repetitive Learning (1회 2회 3회)

재해발생의 원인 중 간접원인에 해당되지 않는 것은?

① 기술적 원인
② 불안전한 상태
③ 관리적인 원인
④ 교육적 원인

해설

- 재해발생의 간접원인에는 기술적 원인, 교육적 원인, 작업관리상의 원인, 정신적 원인, 신체적 원인 등이 있다.



10 ① 11 ① 12 ② 13 ② 정답

⁘ 재해발생의 직접원인

| | |
|---|---|
| 인적 원인<br>(불안전한 행동) | • 위험장소 접근<br>• 안전장치기능 제거<br>• 불안전한 속도 조작<br>• 위험물 취급 부주의<br>• 보호구 미착용<br>• 작업자와의 연락 불충분 |
| 물적 원인<br>(불안전한 상태) | • 물(物) 자체의 결함<br>• 주변 환경의 미정리<br>• 생산 공정의 결함<br>• 물(物)의 배치 및 작업장소의 불량<br>• 방호장치의 결함 |

1102

## 14 Repetitive Learning (1회 2회 3회)

산업안전보건법령상 산업안전보건위원회 사용자위원의 구성 기준으로 틀린 것은?(단, 상시근로자 100명 이상을 사용하는 사업장이다)

① 안전관리자 1명
② 명예산업안전감독관 1명
③ 해당 사업의 대표자
④ 해당 사업의 대표자가 지명하는 9명 이내의 해당 사업장 부서의 장

해설

• 명예산업안전감독관은 근로자위원에 포함된다.

⁘ 산업안전보건위원회 실필 1704/1401

- 근로자위원은 근로자대표, 명예감독관, 근로자대표가 지명하는 9명 이내의 해당 사업장의 근로자로 구성한다.
- 사용자위원은 대표자, 안전관리자, 보건관리자, 산업보건의, 대표자가 지명하는 9명 이내의 해당 사업장 부서의 장으로 구성하나 상시근로자 50명 이상 100명 이하일 경우 대표자가 지명하는 9명 이내의 해당 사업장 부서의 장은 제외한다.
- 산업안전보건위원회의 위원장은 위원 중에서 호선(互選)한다. 이 경우 근로자위원과 사용자위원 중 각 1명을 공동위원장으로 선출할 수 있다.
- 산업안전보건위원회의 회의는 정기회의와 임시회의로 구분하되, 정기회의는 분기마다 위원장이 소집하며, 임시회의는 위원장이 필요하다고 인정할 때에 소집한다.

1301

## 15 Repetitive Learning (1회 2회 3회)

재해손실비 평가방식 중 하인리히 방식에 있어 간접비에 해당되지 않는 것은?

① 시설복구비용
② 교육훈련비용
③ 장의비용
④ 생산손실비용

해설

• 장의비용은 재해로 인해 피해자에게 지급되는 비용으로 직접비에 해당한다.

⁘ 하인리히의 재해손실비용 평가 실필 1502

- 직접비 : 간접비의 비율은 1 : 4로 계산해 산업재해로 인한 총 손실비용은 직접비(산업재해보상비)의 5배로 계산한다.
- 직접손실비용에는 치료비, 휴업급여, 장해급여, 유족급여, 요양급여, 간병급여, 직업재활급여, 장례비 등이 있다.
- 간접손실비용에는 부상자를 비롯한 직원의 시간손실, 이익의 감소, 생산손실비, 기계, 공구 재료 등의 재산손실 등이 있다.

0404 / 0602 / 1002 / 1401

## 16 Repetitive Learning (1회 2회 3회)

위험예지훈련 4라운드 기법 진행방법 중 본질추구는 몇 라운드에 해당되는가?

① 제1라운드
② 제2라운드
③ 제3라운드
④ 제4라운드

해설

• 문제점을 발견하고 중요 문제를 결정하는 단계인 본질추구는 위험예지훈련 4Round 중 2Round에 해당한다.

⁘ 위험예지훈련 기초 4Round 기법

| | | |
|---|---|---|
| 1Round | 현실파악<br>(사실의 파악단계) | 전원이 토의를 통하여 위험요인을 발견하는 단계 |
| 2Round | 본질추구<br>(원인탐색 단계) | 위험의 포인트를 결정하여 전원이 지적 확인을 하는 단계 |
| 3Round | 대책수립<br>(대책수립 단계) | 발견된 위험요인을 극복하기 위한 방법을 제시하는 단계 |
| 4Round | 목표설정<br>(행동계획 결정단계) | 나온 대책들을 공감하고 팀의 행동목표를 설정하고 지적 확인하는 단계 |

정답 | 14 ② 15 ③ 16 ②

## 17 Repetitive Learning (1회 2회 3회)

연평균 근로자수가 1,100명인 사업장에서 한 해 동안 17명의 사상자가 발생하였을 경우 연천인율은 약 얼마인가?(단, 근로자가 1일 8시간, 연간 250일을 근무하였다)

① 7.73 ② 13.24

③ 15.45 ④ 18.55

**해설**

- 연천인율은 근로자 1,000명당 발생한 재해자수이다.
- 연천인율 $= \frac{17}{1,100} \times 1,000 \simeq 15.45$가 된다.

**연천인율** 실필 1804

- 1년간 평균 근로자 1,000명당 재해자의 수를 나타낸다.
- 연천인율 $= \frac{\text{연간재해자수}}{\text{연평균근로자수}} \times 1,000$으로 구한다.
- 근로자 1명이 연평균 2,400시간을 일한다는 것을 가정할 때 연천인율은 도수율×2.4로도 구할 수 있다.

0502

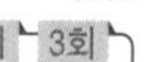

## 18 Repetitive Learning (1회 2회 3회)

산업안전보건법령상 안전·보건표지 속에 그림 또는 부호의 크기는 안전·보건표지의 크기와 비례하여야 하며, 안전·보건표지 전체 규격의 최소 몇 % 이상이어야 하는가?

① 10 ② 20

③ 30 ④ 40

**해설**

- 안전·보건표지 속의 그림 또는 부호의 크기는 전체 규격의 30% 이상이 되어야 한다.

**안전·보건표지의 제작**

- 안전·보건표지는 그 표시내용을 근로자가 빠르고 쉽게 알아볼 수 있는 크기로 제작하여야 한다.
- 안전·보건표지 속의 그림 또는 부호의 크기는 안전·보건표지의 크기와 비례하여야 하며, 안전·보건표지 전체 규격의 30% 이상이 되어야 한다.
- 야간에 필요한 안전·보건표지는 야광물질을 사용하는 등 쉽게 알아볼 수 있도록 제작하여야 한다.

0304

## 19 Repetitive Learning (1회 2회 3회)

테일러(F.W.Taylor)가 제창한 기능형 조직(Functional organization)에서 발전된 조직의 중규모(100인~500인) 사업장에서 적합한 안전관리 조직의 유형은?

① 라인형 ② 스탭형

③ 라인-스탭형 ④ 프로젝트형

**해설**

- 테일러에 의해 제창되고 중규모 사업장에 적합한 안전조직은 스탭(Staff)형 안전조직이다.

**스탭(Staff)형 안전조직** 실필 1704

㉠ 개요

- 참모식이라고도 한다.
- 안전을 전담하는 부서를 가지며, 생산 부분은 안전에 대한 책임과 권한이 없다.
- 중규모(100명 이상 1,000명 이하) 사업장에 적합하다.
- 안전보건에 관한 전문가를 두고 계획, 조사, 검토 등을 행하는 안전조직 형태이다.
- 테일러(F.W.Taylor)가 제창한 기능형 조직(Functional organization)에서 발전된 조직형태이다.

㉡ 특징

| 장점 | 단점 |
|---|---|
| • 계획입안이 전문화되어 있다.<br>• 안전정보수집이 신속하다.<br>• 경영자에 대한 조언과 자문 역할이 가능하다. | • 안전지시나 명령이 늦다.<br>• 생산라인과의 견해 차이로 안전지시가 용이하지 않으며, 안전과 생산을 별개로 취급하기 쉽다. |

1404

## 20 Repetitive Learning (1회 2회 3회)

재해의 통계적 원인분석 방법 중 다음에서 설명하는 것은?

> 2개 이상의 문제관계를 분석하는 데 사용하는 것으로 데이터를 집계하고, 표로 표시하여 요인별 결과 내역을 교차한 그림을 작성, 분석하는 방법

① 파레토도(Pareto diagram)

② 특성요인도(Cause and effect diagram)

③ 관리도(Control diagram)

④ 클로즈도(Close diagram)



17 ③ 18 ③ 19 ② 20 ④ | 정답

해설

- 파레토도는 통계적 원인분석 방법으로 사고의 유형, 기인물 등 분류 항목을 큰 순서대로 도표화한다.
- 특성요인도는 재해라고 하는 결과에 미치게 하는 원인요소와의 관계를 상호의 인과관계만으로 결부시켜 도표화하는 분석방법이다.
- 관리도는 재해발생건수 등의 추이를 파악하여 목표관리를 행하는 데 필요한 통계 분석방법이다.

**통계에 의한 재해원인 분석방법**

- 파레토도, 특성요인도, 클로즈분석, 관리도 등이 있다.

| | |
|---|---|
| 파레토(Pareto)도 | 작업현장에서 발생하는 작업 환경 불량이나 고장, 재해 등의 내용을 분류하고 그 건수와 금액을 크기 순으로 나열하여 작성한 그래프 |
| 특성요인도 (Characteristics diagram) | 사실의 확인단계에서 재해의 원인과 결과를 연계하여 상호 관계를 파악하기 위하여 어골상으로 도표화하는 분석방법 |
| 클로즈분석 | 두 가지 이상의 문제에 대한 관계분석 시에 주로 사용하는 분석방법 |
| 관리도 (Control chart) | 산업재해의 분석 및 평가를 위하여 재해발생 건수 등의 추이에 대해 한계선을 설정하여 목표관리를 수행하는 재해통계 분석기법 |

## 2과목 산업심리 및 교육

0504

### 21 Repetitive Learning 1회 2회 3회

생리적 피로와 심리적 피로에 대한 설명으로 틀린 것은?

① 심리적 피로와 생리적 피로는 항상 동반해서 발생한다.
② 심리적 피로는 계속되는 작업에서 수행감소를 주관적으로 지각하는 것을 의미한다.
③ 생리적 피로는 근육조직의 산소고갈로 발생하는 신체능력 감소 및 생리적 손상이다.
④ 작업 수행이 감소하더라도 피로를 느끼지 않을 수 있고, 수행이 잘 되더라도 피로를 느낄 수 있다.

해설

- 심리적 피로는 정신적인 스트레스 등에 의한 피로이며, 생리적 피로는 육체적 과로 등으로 인한 피로로 항상 동반하지 않는다.

**생리적 피로와 심리적 피로**

㉠ 생리적 피로
- 생활의 변화에 신체가 적응하지 못하거나 근육조직의 산소고갈로 발생하는 신체능력 감소 및 생리적 손상이다.
- 육체노동을 심하게 하는 생산현장의 근로자가 주로 생리적 피로에 해당한다.

㉡ 심리적 피로
- 계속되는 작업에서 수행감소를 주관적으로 지각하는 것을 의미한다.
- 작업 수행이 감소하더라도 피로를 느끼지 않을 수 있고, 수행이 잘 되더라도 피로를 느낄 수 있다.
- 직장인이 겪는 만성피로가 주로 심리적 피로에 해당한다.

### 22 Repetitive Learning 1회 2회 3회

인간의 생리적 욕구에 대한 의식적 통제가 어려운 것부터 차례대로 나열한 것 중 맞는 것은?

① 안전의 욕구 → 해갈의 욕구 → 배설의 욕구 → 호흡의 욕구
② 호흡의 욕구 → 안전의 욕구 → 해갈의 욕구 → 배설의 욕구
③ 배설의 욕구 → 호흡의 욕구 → 안전의 욕구 → 해갈의 욕구
④ 해갈의 욕구 → 안전의 욕구 → 호흡의 욕구 → 배설의 욕구

해설

- 인간의 생리적 욕구에서 의식적 통제가 어려운 것부터 나열하면 호흡 → 안전 → 해갈 → 배설 순이다.

**매슬로우(Maslow)의 욕구위계(욕구이론)** 실필 0901

㉠ 개요
- 생리적 욕구 – 안전의 욕구 – 사회적 욕구 – 인정받으려는 욕구 – 자아실현의 욕구 순으로 발생한다.
- 행동은 충족되지 않은 욕구에 의해 결정되고 좌우된다.
- 개인의 가장 기본적인 욕구로부터 시작하여 위계상 상위 욕구로 올라가면서 자신의 욕구를 체계적으로 충족시킨다.
- 위계(位階)에서 생존을 위해 기본이 되는 욕구들이 우선적으로 충족되어야 한다. 즉, 하위 단계의 욕구가 충족되어야 더 높은 단계의 욕구가 발생한다.

정답 | 21 ① 22 ②

ⓛ 위계의 내용

| 단계별 | 욕구의 명칭 | 설명 | 관리감독자의 능력 |
|---|---|---|---|
| 1단계 | 생리적 욕구 | 인간의 가장 기초적인 욕구에 해당한다. | - |
| 2단계 | 안전의 욕구 | 생존에 대한 욕구에 해당한다. | 기술적 능력 |
| 3단계 | 사회적 욕구 | 가족, 친구 등 애정과 소속에 대한 욕구에 해당한다. | - |
| 4단계 | 인정받으려는 욕구 (존경과 긍지에 대한 욕구) | 명예, 신망, 위신, 지위 등과 관계가 깊다. | 포괄적 능력 |
| 5단계 | 자아실현의 욕구 | 가장 고차원적인 욕구에 해당한다. | 종합적 능력 |

1401

## 23

Repetitive Learning 1회 2회 3회

정신상태 불량으로 일어나는 안전사고요인 중 개성적 결함요소에 해당하는 것은?

① 극도의 피로
② 과도한 자존심
③ 근육운동의 부적합
④ 육체적 능력의 초과

해설

• 사고요인 중 개성적 결함요인에는 도전적인 성격이나 다혈질 및 인내심 부족, 과도한 집착력과 자존심, 자만심 등이 있다.

사고요인 중 개성적 결함요인
- 도전적인 성격
- 다혈질 및 인내심 부족
- 과도한 집착력
- 지나친 자존심과 자만심 등

0302 / 0602 / 1001

## 24

Repetitive Learning 1회 2회 3회

안전·보건교육의 목적이 아닌 것은?

① 행동의 안전화
② 작업환경의 안전화
③ 의식의 안전화
④ 노무관리의 적정화

해설

• 안전·보건교육의 목적에는 ①, ②, ③ 외에 설비와 물자의 안전화 등이 있다.

안전·보건교육의 목적
- 행동의 안전화
- 작업환경의 안전화
- 의식(인간정신)의 안전화
- 설비와 물자의 안전화

## 25

Repetitive Learning 1회 2회 3회

안전교육의 형태와 방법 중 Off J.T(Off the Job Training)의 특징이 아닌 것은?

① 외부의 전문가를 강사로 초청할 수 있다.
② 다수의 근로자에게 조직적 훈련이 가능하다.
③ 공통된 대상자를 대상으로 일관적으로 교육할 수 있다.
④ 업무 및 사내의 특성에 맞춘 구체적이고 실제적인 지도교육이 가능하다.

해설

• 업무 및 사내의 특성에 맞춘 구체적이고 실제적인 지도교육이 가능한 것은 O.J.T(On the Job Training)의 특징이다.

Off J.T(Off the Job Training)

㉠ 개요
- 교육대상자를 대상으로 업무현장 밖에서 하는 집단교육을 말한다.

㉡ 형태
- 강의
- 사례연구
- 역할연기
- 집단토론

㉢ 특징

| 구분 | 내용 |
|---|---|
| 장점 | • 교재, 시설 등을 효과적으로 이용할 수 있다.<br>• 업무와 훈련이 동시에 진행되는 것이 아닌 만큼 훈련에만 전념하게 된다.<br>• 외부의 우수한 전문가를 강사로 활용할 수 있다.<br>• 다수의 근로자를 대상으로 일괄적, 조직적, 체계적인 훈련이 가능하다.<br>• 교육생 간 혹은 타 직장의 근로자와 지식이나 경험을 교류할 수 있다. |
| 단점 | • 개인의 안전지도 방법에는 부적당하다.<br>• 교육으로 인해 업무가 중단되는 손실이 발생한다. |



23 ② 24 ④ 25 ④ 정답

1201

## 26

Repetitive Learning 1회 2회 3회

리더십의 권한에 있어 조직이 리더에게 부여하는 권한이 아닌 것은?

① 위임된 권한
② 강압적 권한
③ 보상적 권한
④ 합법적 권한

**해설**

- 위임된 권한, 전문성의 권한, 준거적 권한은 조직이 리더에게 부여한 권한이라고 볼 수 없다.

**리더십 권한**

㉠ 조직이 리더에게 부여한 권한
- 합법적 권한 : 군대, 교사, 정부기관 등 합법적 권력이 가지는 권한
- 강압적 권한 : 부하의 처벌, 승진 누락, 봉급의 인상 거부 등 강압적인 힘을 갖는 권한
- 보상적 권한 : 승진, 봉급 인상 등 역할에 대한 보상을 부여하는 권한

㉡ 조직이 리더에게 부여하지 않았지만 조건이 맞을 경우 자발적으로 생성되는 권한
- 위임된 권한 : 목표달성을 위하여 부하 직원들이 상사를 존경하여 상사와 함께 일하고자 할 때 상사에게 부여되는 권한 혹은 지도자 자신이 스스로에게 부여한 권한
- 전문성의 권한 : 전문적 지식을 가진 리더를 부하들이 스스로 따르는 것으로 지도자 자신의 능력에 의해 생성되는 권한
- 준거적 권한 : 리더의 개인적 매력이 중요하며, 매력적인 리더와 함께 하고 싶은 부하들에 의해 조직의 발전이 이뤄진다는 것

1402

## 27

Repetitive Learning 

통제적 집단행동과 관련성이 없는 것은?

① 관습
② 유행
③ 패닉
④ 제도적 행동

**해설**

- 패닉은 이상적인 상황 하에서 방어적인 행동 특징을 보이는 비통제적 집단행동이다.

**집단행동의 구분**

㉠ 통제적 집단행동
- 관습
- 유행
- 제도적 행동

㉡ 비통제적 집단행동
- 모브 – 공격적인 군중의 집단행동
- 패닉 – 이상적인 상황 하에서 방어적인 행동 특징을 보이는 집단행동
- 모방 – 남들을 그대로 따라하는 행위
- 심리적 전염 – 다른 사람이나 집단의 유행을 따라하는 행위

0902

## 28

Repetitive Learning 1회 2회 3회

강의법에 대한 장점으로 볼 수 없는 것은?

① 피교육자의 참여도가 높다.
② 전체적인 교육내용을 제시하는 데 적합하다.
③ 짧은 시간 내에 많은 양의 교육이 가능하다.
④ 새로운 과업 및 작업단위의 도입단계에 유효하다.

**해설**

- 강의식은 피교육생을 대상으로 일방적으로 강의하는 방법으로 피교육자의 참여가 제약되는 단점이 있다.

**강의식(Lecture method)**

㉠ 개요
- 안전교육방법 중 수업의 도입이나 초기단계에 적용하며, 단시간에 많은 내용을 교육하는 경우에 가장 적절한 방법이다.
- 짧은 교육기간에 많은 인원의 대상에게 비교적 많은 내용을 전달하기 위한 교육방법이다.
- 도입, 제시, 적용, 확인단계 중 제시단계에서 가장 많은 시간이 소요된다.

㉡ 특징
- 적은 시간에 많은 내용을 많은 대상에게 교육시킬 수 있어 다른 방법에 비해 경제적이다.
- 전체적인 교육내용을 제시하거나, 새로운 과업 및 작업단위의 도입단계에 유효하다.
- 교육 시간에 대한 조정(계획과 통제)이 용이하다.
- 난해한 문제에 대하여 평이하게 설명이 가능하다.
- 상대적으로 피드백이 부족하다. 즉, 피교육생의 참여가 제약된다.
- 교육 대상 집단 내 수준차로 인해 교육의 효과가 감소할 가능성이 있다.

정답 | 26 ① 27 ③ 28 ①

1004

## 29

Repetitive Learning 1회 2회 3회

의사소통 과정의 4가지 구성요소에 해당하지 않는 것은?

① 채널　② 효과
③ 메시지　④ 수신자

해설

- 의사소통의 4가지 구성요소는 채널, 메시지, 수신자, 발신자이다.

∷ 의사소통

| | | |
|---|---|---|
| 구성요소 | • 채널<br>• 수신자 | • 메시지<br>• 발신자 |
| 소통망 | • 원형<br>• 라인형 | • 사슬형<br>• 수레바퀴형 |

0802

## 30

Repetitive Learning 1회 2회 3회

허츠버그(Herzberg)의 욕구이론 중 위생요인이 아닌 것은?

① 임금　② 승진
③ 존경　④ 지위

해설

- 존경은 직무만족과 관련된 것으로 동기요인에 해당한다.

∷ 허츠버그(Herzberg)의 2요인(위생 · 동기)이론 실필 0901

- 직무수행 중 생산능력의 증대를 가져올 수 있는 요인은 크게 위생요인과 동기요인이 있다.
- 위생요인은 직무불만족과 관련된 요인으로 임금수준, 작업환경(조건), 배고픔, 호기심, 애정, 감독형태, 관리규칙 등이 이에 해당한다.
- 동기요인은 직무만족과 관련된 요인으로 책임감, 성취감, 자기발전, 권력, 인정, 자율성과 권한의 위임, 작업 그 자체, 일의 내용 등이 이에 해당한다.

## 31

Repetitive Learning 1회 2회 3회

안전교육의 내용을 지식교육, 기능교육 및 태도교육 순서로 구분하여 맞게 나열한 것은?

① 시청각교육 – 안전작업 동작지도 – 현장실습교육
② 현장실습교육 – 안전작업 동작지도 – 시청각교육
③ 안전작업 동작지도 – 시청각교육 – 현장실습교육
④ 시청각교육 – 현장실습교육 – 안전작업 동작지도

해설

- 지식교육은 시청각교육, 기능교육은 현장실습교육, 태도교육은 안전작업 동작지도교육이 가장 적합하다.

∷ 안전보건교육의 각 단계별 교육방법

- 1단계 – 안전지식교육 – 제시방법으로 시청각교육
- 2단계 – 안전기능교육 – 시범식 교육으로 현장실습교육
- 3단계 – 안전태도교육 – 면접 및 안전작업 동작지도교육

0501 / 0704 / 1301

## 32

Repetitive Learning 1회 2회 3회

교육지도의 효율성을 높이는 원리인 훈련전이(Transfer of training)에 관한 설명으로 틀린 것은?

① 훈련 상황이 가급적 실제 상황과 유사할수록 전이효과는 높아진다.
② 훈련전이란 훈련 기간에 학습된 내용이 실무 상황으로 옮겨져서 사용되는 정도이다.
③ 실제 직무수행에서 훈련된 행동이 나타날 때 보상이 따르면 전이효과는 높아진다.
④ 훈련생은 훈련과정에 대해서 사전정보가 없을수록 왜곡된 반응을 보이지 않는다.

해설

- 훈련생은 훈련과정에 대해서 사전정보가 없을수록 왜곡된 반응을 더 많이 보이게 된다.

∷ 학습전이(Transference)

- 훈련전이란 훈련 기간에 학습된 내용이 실무 상황으로 옮겨져서 사용되는 정도이다.
- 훈련 상황이 가급적 실제 상황과 유사할수록 전이효과는 높아진다.
- 실제 직무수행에서 훈련된 행동이 나타날 때 보상이 따르면 전이효과는 높아진다.
- 학습전이의 조건에는 학습정도, 학습자의 태도, 학습자의 지능, 유의성, 시간적 간격 등이 있다.



29 ② 30 ③ 31 ④ 32 ④ 정답

## 33 Repetitive Learning (1회 2회 3회)

강의법 교육과 비교하여 모의법(Simulation method) 교육의 특징으로 맞는 것은?

① 시간의 소비가 거의 없다.
② 시설의 유지비가 저렴하다.
③ 학생 대비 교사의 비율이 적다.
④ 단위시간당 교육비가 많이 든다.

**해설**

- 모의법은 시간 및 유지비의 소모가 많다는 단점을 갖는다.

**모의법(Simulation method) 교육**

㉠ 개요
- 실제 상황을 인위적으로 재구성하여 그 속에서 학습토록 하는 교육방법을 말한다.
- 실제 현장에서는 위험해서 교육이 힘들 경우 비슷한 상황을 모의적으로 만들어서 교육하는 것을 말한다.

㉡ 특징
- 시간의 소비가 많다.
- 시설의 유지비가 많이 든다.
- 학생 대비 교사의 비율이 높다.
- 단위시간당 교육비가 많이 든다.

1204 / 1304

## 34 Repetitive Learning (1회 2회 3회)

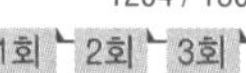

의식수준이 정상적 상태이지만 생리적 상데가 인징을 취하거나 휴식할 때에 해당하는 것은?

① phase Ⅰ
② phase Ⅱ
③ phase Ⅲ
④ phase Ⅳ

**해설**

- Phase Ⅰ은 생리적 상태가 피로하고 단조로울 때에 해당한다.
- Phase Ⅲ은 정상적인 상태로 신뢰성이 가장 높은 상태의 의식수준에 해당한다.
- Phase Ⅳ는 돌발사태의 발생으로 인하여 주의의 일점 집중 현상이 발생한 단계이다.

**인간의 의식레벨**

| 단계 | 의식수준 | 설명 |
|---|---|---|
| Phase 0 | 무의식, 실신상태 | 무의식 동작에는 외계의 능력에 대응하는 능력이 어느 정도는 있다. |
| Phase Ⅰ | 이상, 피로 및 단조로움 | 심신이 피로하거나 단조로운 작업을 반복할 경우 나타나는 의식수준의 저하현상이 발생 |
| Phase Ⅱ | 정상, 이완상태 | 생리적 상태가 안정을 취하거나 휴식할 때에 해당 |
| Phase Ⅲ | 정상, 명쾌 | • 중요하거나 위험한 작업을 안전하게 수행하기에 적합<br>• 신뢰성이 가장 높은 상태의 의식수준 |
| Phase Ⅳ | 과긴장 | 돌발사태의 발생으로 인하여 주의의 일점 집중 현상이 일어나는 경우 인간의 의식수준 |

## 35 Repetitive Learning (1회 2회 3회)

라스무센의 정보처리모형은 원인 차원의 휴먼 에러 분류에 적용되고 있다. 이 모형에서 정의하고 있는 인간의 행동 단계 중 다음의 특징을 갖는 것은?

- 생소하거나 특수한 상황에서 발생하는 행동이다.
- 부적절한 추론이나 의사결정에 의해 오류가 발생한다.

① 규칙 기반 행동 ② 인지 기반 행동
③ 지식 기빈 행동 ④ 숙련 기반 행동

**해설**

- Rasmussen의 인간행동 분류에는 숙련, 지식, 규칙 기반 행동이 있다.
- 숙련 기반 행동은 실수와 망각으로 오류를 구분한다.
- 규칙 기반 행동은 잘못된 규칙을 기억하거나 정확한 규칙이라도 상황에 맞지 않게 적용한 경우 오류가 발생한다.

**Rasmussen의 휴먼 에러와 관련된 인간행동 분류**

- 숙련 기반 행동(Skill-based behavior) : 실수(Slip)와 망각(Lapse)으로 구분되는 오류
- 지식 기반 행동(Knowledge-based behavior) : 특수하고 생소한 상황에서 발생하는 행동으로 부적절한 추론이나 의사결정을 잘못하여 발생하는 오류
- 규칙 기반 행동(Rule-based behavior) : 잘못된 규칙을 기억하거나 정확한 규칙이라도 상황에 맞지 않게 적용한 경우 발생하는 오류

정답 | 33 ④ 34 ② 35 ③

0304 / 0701 / 0901

## 36

Repetitive Learning 1회 2회 3회

교육의 3 요소 중에서 "교육의 매개체"에 해당하는 것은?

① 강사
② 선배
③ 교재
④ 수강생

해설

- 매개체는 교육자료, 교재, 교육내용 등을 의미한다.

교육의 3대 요소
- 주체 – 강사
- 객체(대상) – 교육생
- 매개체 – 교육자료, 교재, 교육내용 등

1102 / 1404 / 2102

## 37

Repetitive Learning 1회 2회 3회

교육지도의 5단계가 다음과 같을 때 올바르게 나열한 것은?

> ㉮ 가설의 설정
> ㉯ 결론
> ㉰ 원리의 제시
> ㉱ 관련된 개념의 분석
> ㉲ 자료의 평가

① ㉰ → ㉱ → ㉮ → ㉲ → ㉯
② ㉮ → ㉰ → ㉱ → ㉲ → ㉯
③ ㉰ → ㉮ → ㉲ → ㉱ → ㉯
④ ㉮ → ㉰ → ㉲ → ㉱ → ㉯

해설

- 듀이의 5단계 사고과정을 거친 후 이를 정리한 교육지도는 원리의 제시 → 관련된 개념의 분석 → 가설의 설정 → 자료의 평가 → 결론 순으로 구체화된다.

존 듀이(Jone Dewey)의 5단계 사고과정
- 시사(Suggestion) → 지식화(Intellectualization) → 가설(Hypothesis)을 설정 → 추론(Reasoning) → 행동에 의하여 가설 검토 순으로 진행된다.
- 듀이의 5단계 사고과정을 거친 후 이를 정리한 교육지도는 원리의 제시 → 관련된 개념의 분석 → 가설의 설정 → 자료의 평가 → 결론 순으로 구체화된다.

1302

## 38

Repetitive Learning 1회 2회 3회

부주의에 의한 사고방지대책에 있어 기능 및 작업측면의 대책에 해당하는 것은?

① 적성배치
② 안전의식의 제고
③ 주의력 집중 훈련
④ 작업환경과 설비의 안전화

해설

- 부주의에 의한 사고방지대책에 있어 기능 및 작업측면의 대책에서 적성배치는 매우 중요하다.

적성배치
㉠ 개요
  - 자아실현의 기회 부여로 근무의욕 고취와 재해사고의 예방에 기여하는 효과를 가진다.
  - 부주의에 의한 사고방지대책에 있어 기능 및 작업측면의 대책에 해당한다.

㉡ 고려사항
  - 주관적인 감정요소를 배제한다.
  - 인사관리의 기준에 원칙을 준수한다.
  - 직무평가를 통하여 자격수준을 결정한다.
  - 적성검사를 실시하여 개인의 능력을 파악한다.

## 39

Repetitive Learning 1회 2회 3회

직업의 적성 가운데 사무적 적성에 해당하는 것은?

① 기계적 이해
② 공간의 시각화
③ 손과 팔의 솜씨
④ 지각의 정확도

해설

- 사무적 적성에는 지능, 지각의 속도, 지각의 정확도 등이 있다.

직업의 적성
㉠ 사무적 적성
  - 지능
  - 지각의 속도
  - 지각의 정확도

㉡ 기계적 적성
  - 기계적 이해
  - 공간의 시각화
  - 손과 팔의 솜씨



36 ③ 37 ① 38 ① 39 ④ | 정답

0804

## 40 —— Repetitive Learning 

집단구성원에 의해 선출된 지도자의 지위·임무는?

① 헤드십(Headship)
② 리더십(Leadership)
③ 멤버십(Membership)
④ 매니저십(Managership)

해설

- 집단구성원에 의해 선출된 지도자의 지위·임무를 리더십이라고 한다.

**리더십(Leadership)**

㉠ 개요
- 어떤 특정한 목표달성을 위해 조직에서 행사되는 영향력을 말한다.
- 리더십의 특성조건에는 혁신적 능력, 표현능력, 대인적 숙련 등을 들 수 있다.
- 특성이론이란 성공적인 리더가 가지는 특성을 연구하는 이론이다.
- 의사결정 방법에 따라 권위형, 민주형, 자유방임형으로 크게 구분된다.

㉡ 의사결정 방법에 따른 리더십의 구분

| | |
|---|---|
| 권위형 | • 업무를 중심에 놓는다.(직무 중심적)<br>• 리더가 독단적으로 의사를 결정하고 관리한다.<br>• 하향 지시위주로 조직이 운영된다. |
| 민주형 | • 인간관계를 중심에 놓는다.(부하 중심적)<br>• 조직원의 적극적인 참여와 자율성을 강조한다.<br>• 조직원의 창의성을 개발할 수 있다. |
| 자유방임형 | • 리더십의 의미를 찾기 힘들다.<br>• 방치, 무관심, 무질서 등의 특징을 가진다.<br>• 낭비와 파손품이 많다.<br>• 개선이 강하고 연대감이 없다. |

# 3과목 인간공학 및 시스템안전공학

1304

## 41 —— Repetitive Learning 

다음 설명 중 (  ) 안에 알맞은 용어가 올바르게 짝지어진 것은?

> ( ㉠ ) : FTA와 동일의 논리적 방법을 사용하여 관리, 설계, 생산, 보전 등에 대한 넓은 범위에 걸쳐 안전성을 확보하려는 시스템안전 프로그램
> ( ㉡ ) : 사고 시나리오에서 연속된 사건들의 발생경로를 파악하고 평가하기 위한 귀납적이고 정량적인 시스템 안전 프로그램

① ㉠ : PHA, ㉡ : ETA
② ㉠ : ETA, ㉡ : MORT
③ ㉠ : MORT, ㉡ : ETA
④ ㉠ : MORT, ㉡ : PHA

해설

- PHA(Preliminary Hazard Analysis)는 초기의 단계에서 시스템 내의 위험요소가 어떠한 위험상태에 있는가를 정성적 평가하는 것이다.

**사건수분석(Event Tree Analysis : ETA)**
- 디시전 트리(Decision Tree)를 재해사고의 분석에 이용한 경우의 분석법이다.
- 설비의 설계 단계에서부터 사용단계까지의 각 단계에서 위험을 분석하는 귀납적, 정량적 분석방법이다.
- 사고 시나리오에서 연속된 사건들의 발생경로를 파악하고 평가하기 위한 시스템안전 프로그램이다.
- 대응시점에서 성공확률과 실패확률의 합은 항상 1이 되어야 한다.

**MORT**
- 원자력 산업의 고도 안전 달성을 위해 개발된 연역적 분석기법이다.
- 논리기법을 이용하여 관리, 설계, 생산, 보전 등 광범위한 안전을 도모하기 위하여 개발된 분석기법이다.

## 42 Repetitive Learning (1회 2회 3회)

고령자의 정보처리 과업을 설계할 경우 지켜야 할 지침으로 틀린 것은?

① 표시신호를 더 크게 하거나 밝게 한다.

② 개념, 공간, 운동 양립성을 높은 수준으로 유지한다.

③ 정보처리 능력에 한계가 있으므로 시분할 요구량을 늘린다.

④ 제어표시장치를 설계할 때 불필요한 세부내용을 줄인다.

**해설**

- 시분할 요구량이란 단위시간당 처리요구량을 의미하는데 고령자의 경우 시분할 요구량을 줄여야 한다.

**고령자의 정보처리 과업 설계 시 지침**

- 고령자의 시각기능 저하를 고려하여 표시 신호를 더 크게 하거나 밝게 한다.
- 고령자의 반응속도를 고려하여 개념, 공간, 운동 양립성을 높은 수준으로 유지한다.
- 고령자의 정보처리 능력을 고려하여 시분할 요구량을 줄인다.
- 고령자의 집중도를 고려하여 제어표시장치를 설계할 때 불필요한 세부내용을 줄인다.

## 43 Repetitive Learning (1회 2회 3회)

신호검출이론에 대한 설명으로 틀린 것은?

① 신호와 소음을 쉽게 식별할 수 없는 상황에 적용된다.

② 일반적인 상황에서 신호 검출을 간섭하는 소음이 있다.

③ 통제된 실험실에서 얻은 결과를 현장에 그대로 적용 가능하다.

④ 긍정(Hit), 허위(False alarm), 누락(Miss), 부정(Correct rejection)의 네 가지 결과로 나눌 수 있다.

**해설**

- 통제된 실험실에서 얻은 결과는 현장에 그대로 적용할 수 없다.

**신호검출이론(Signal detection theory)**

㉠ 개요

- 불확실한 상황에서 선택하게 하는 방법으로 신호의 탐지는 관찰자의 반응편향과 민감도에 달려있다고 주장하는 이론이다.
- 일반적으로 신호 검출 시 이를 간섭하는 소음이 있고, 신호와 소음을 쉽게 식별할 수 없는 상황에 신호검출이론이 적용된다.
- 긍정(Hit), 허위(False alarm), 누락(Miss), 부정(Correct rejection)의 네 가지 결과로 나눌 수 있다.
- 신호검출이론은 품질관리, 통신이론, 의학처방 및 심리학, 법정에서의 판정 등 다양하게 활용되고 있다.

㉡ 반응편향 $\beta$

- 반응편향 $\beta = \dfrac{\text{신호의 길이}}{\text{소음의 길이}}$로 구한다.
- 신호검출이론에서 두 개의 정규분포 곡선이 교차하는 부분에 있는 기준점 $\beta$는 신호의 길이와 소음의 길이가 같으므로 1의 값을 가진다.

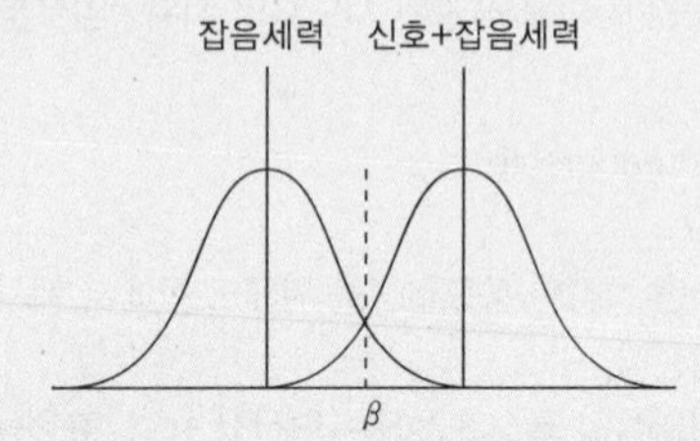


1201

## 44 Repetitive Learning (1회 2회 3회)

결함수분석법에서 Path set에 관한 설명으로 맞는 것은?

① 시스템의 약점을 표현한 것이다.

② Top사상을 발생시키는 조합이다.

③ 시스템이 고장 나지 않도록 하는 사상의 조합이다.

④ 시스템 고장을 유발시키는 필요불가결한 기본사상들의 집합이다.

**해설**

- 시스템의 약점을 표현하고, Top사상을 발생시키는 조합은 컷 셋(Cut set)이고, Fussell algorithm을 이용하여 구하는 것은 최소 컷 셋(Minimal cut sets)이다.

**패스 셋(Path set)**

- 일정 조합 안에 포함되어 있는 기본사상들이 모두 발생하지 않으면 틀림없이 정상사상(Top event)이 발생되지 않는 조합으로 정상사상(Top event)이 발생하지 않게 하는 기본사상들의 집합을 말한다.
- 시스템이 고장 나지 않도록 하는 사상, 시스템의 기능을 살리는 데 필요한 최소 요인의 집합이다.
- 속에 포함되는 기본사상이 일어나지 않았을 때에 처음으로 정상사상이 일어나지 않는 기본사상의 집합이다.
- 성공수(Success tree)의 정상사상을 발생시키는 기본사상들의 최소집합을 시스템 신뢰도 측면에서 Path set이라 한다.



42 ③ 43 ③ 44 ③ 정답

1304

## 45 Repetitive Learning 1회 2회 3회

산업안전보건법상 유해·위험방지계획서를 제출한 사업주는 건설공사 중 얼마 이내마다 관련법에 따라 유해·위험방지계획서 내용과 실제공사 내용이 부합하는지의 여부 등을 확인받아야 하는가?

① 1개월 ② 3개월
③ 6개월 ④ 12개월

해설

- 건설공사 중 6개월 이내마다 유해·위험방지계획서의 내용과 실제공사 내용이 부합하는지 여부 등을 확인받아야 한다.

∷ 유해·위험방지계획서 내용과 실제공사 내용이 부합하는지의 여부 등을 확인

- 유해·위험방지계획서를 제출한 사업주는 해당 건설물·기계·기구 및 설비의 시운전단계에서, 건설공사 중 6개월 이내마다 유해·위험방지계획서의 내용과 실제공사 내용이 부합하는지 여부, 유해·위험방지계획서 변경내용의 적정성, 추가적인 유해·위험요인의 존재 여부를 확인받아야 한다.

1201 / 1404

## 46 Repetitive Learning 1회 2회 3회

다음 설명에 해당하는 설비보전방식의 유형은?

> 설비보전 정보와 신기술을 기초로 신뢰성, 조작성, 보전성, 안전성, 경제성 등이 우수한 설비의 선정, 조달 또는 설계를 통하여 궁극적으로 설비의 설계, 제작단계에서 보전활동이 불필요한 체제를 목표로 한 설비보전방법을 말한다.

① 개량보전 ② 보전예방
③ 사후보전 ④ 일상보전

해설

- 개량보전이란 설비의 고장 시에 수리뿐만 아니라 개선된 부품의 교체 등을 통하여 설비의 열화, 마모의 방지와 수명의 연장을 동시에 추구하는 방법이다.
- 사후보전이란 고장 또는 유해한 성능저하가 발생된 뒤에 수리를 하는 보전방법을 말한다.
- 일상보전이란 설비의 열화를 방지하고 그 진행을 지연시켜 수명을 연장하기 위한 설비의 점검, 청소, 주유 및 교체 등의 활동을 뜻한다.

∷ 보전예방(Maintenance prevention)

- 설계단계에서부터 보전이 불필요한 설비를 설계하는 것을 말한다.
- 궁극적으로는 설비의 설계, 제작단계에서 보전 활동이 불필요한 체계를 목표로 하는 보전방식을 말한다.

## 47 Repetitive Learning 1회 2회 3회

그림과 같은 시스템의 전체 신뢰도는 약 얼마인가?(단, 네모 안의 수치는 각 구성요소의 신뢰도이다)

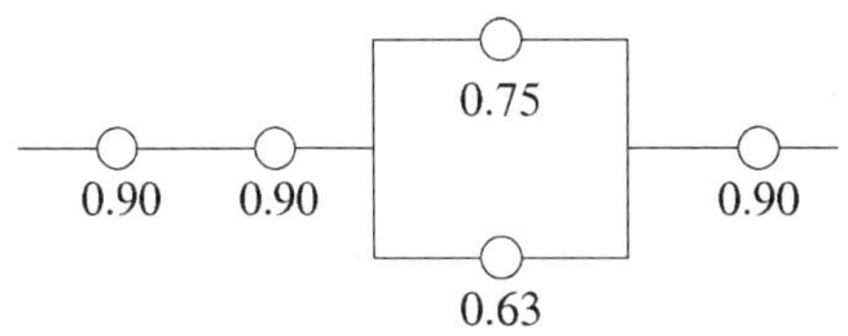


① 0.5275 ② 0.6616
③ 0.7575 ④ 0.8516

해설

- 먼저 병렬로 연결된 시스템의 신뢰도를 구하면 $1-(1-0.75)\times(1-0.63)=1-(0.25\times0.37)=1-0.0925=0.9075$가 된다.
- 위의 결과와 나머지 부품과의 직렬연결은 $0.90\times0.90\times0.9075\times0.90=0.661568$이다.

∷ 시스템의 신뢰도

㉠ AND(직렬)연결 시
- 시스템의 신뢰도($R_s$)는 부품 a, 부품 b 신뢰도를 각각 $R_a$, $R_b$라 할 때 $R_s=R_a\times R_b$로 구할 수 있다.

㉡ OR(병렬)연결 시
- 시스템의 신뢰도($R_s$)는 부품 a, 부품 b 신뢰도를 각각 $R_a$, $R_b$라 할 때 $R_s=1-(1-R_a)\times(1-R_b)$로 구할 수 있다.

## 48 Repetitive Learning 1회 2회 3회

근섬유의 직경이 작아서 큰 힘을 발휘하지 못하지만 장시간 지속시키고 피로가 쉽게 발생하지 않는 골격근의 근섬유는 무엇인가?

① Type S 근섬유
② Type Ⅱ 근섬유
③ Type F 근섬유
④ Type Ⅲ 근섬유

해설

- 근섬유는 Type Ⅰ(Type S), Type Ⅱ, Type F로 구분된다.
- Type Ⅱ 근섬유는 큰 힘을 낼 수 있지만 피로가 쉽게 발생하는 근섬유이다.
- Type F 근섬유는 큰 힘과 동시에 오래도록 활동이 가능한 근섬유이다.

정답 | 45 ③ 46 ② 47 ② 48 ①

:: 골격근의 근섬유

- 근섬유는 Type Ⅰ(Type S), Type Ⅱ, Type F로 구분된다.
- Type Ⅰ(Type S) 근섬유는 근섬유의 직경이 작아서 큰 힘을 발휘하지 못하지만 장시간 지속시키고 피로가 쉽게 발생하지 않는 근섬유이다.
- Type Ⅱ 근섬유는 큰 힘을 낼 수 있지만 피로가 쉽게 발생하는 근섬유이다.
- Type F 근섬유는 큰 힘과 동시에 오래도록 활동이 가능한 근섬유이다.

0804 / 1402

## 49 Repetitive Learning (1회 2회 3회)

결함수분석법(FTA)에서의 미니멀 컷 셋과 미니멀 패스 셋에 관한 설명으로 맞는 것은?

① 미니멀 컷 셋은 시스템의 신뢰성을 표시하는 것이다.
② 미니멀 패스 셋은 시스템의 위험성을 표시하는 것이다.
③ 미니멀 패스 셋은 시스템의 고장을 발생시키는 최소의 패스 셋이다.
④ 미니멀 컷 셋은 정상사상(Top event)을 일으키기 위한 최소한의 컷 셋이다.

해설

- 시스템의 신뢰성을 표시하는 것은 미니멀 패스 셋이다.
- 시스템의 위험성, 시스템의 고장을 발생시키는 최소의 컷 셋은 미니멀 컷 셋에 대한 설명이다.

:: 최소 컷 셋(Minimal cut sets)

- 컷 셋 중에 타 컷 셋을 포함하고 있는 것을 배제하고 남은 컷 셋들을 의미한다.
- 사고에 대한 시스템의 약점을 표현한다.
- 정상사상(Top 사상)을 일으키는 최소한의 집합이다.
- 일반적으로 Fussell algorithm을 이용한다.
- 시스템에서 최소 컷 셋의 개수가 늘어나면 위험수준이 높아진다.

## 50 Repetitive Learning (1회 2회 3회)

인간-기계 시스템에 관한 내용으로 틀린 것은?

① 인간 성능의 고려는 개발의 첫 단계에서부터 시작되어야 한다.
② 기능 할당 시에 인간 기능에 대한 초기의 주의가 필요하다.
③ 평가 초점은 인간 성능의 수용가능한 수준이 되도록 시스템을 개선하는 것이다.
④ 인간-컴퓨터 인터페이스 설계는 인간보다 기계의 효율이 우선적으로 고려되어야 한다.

해설

- 인간-기계 시스템에서 인간공학적 설계가 되어야 하며, 이는 기계적 효율이나 성능이 아니라 인간의 특성과 한계점을 고려하여 작업을 설계하는 것이다.

:: 인간-기계 체계

㉠ 개요
- 인간-기계 체계의 주목적은 안전의 최대화와 능률의 극대화에 있다.
- 인간-기계 체계의 기본기능에는 감지기능, 정보처리 및 의사결정기능, 행동기능, 정보보관기능(4대 기능), 출력기능 등이 있다.

㉡ 인간공학적 설계의 일반적인 원칙
- 인간의 특성을 고려한다.
- 시스템을 인간의 예상과 양립시킨다.
- 표시장치나 제어장치의 중요성, 사용빈도, 사용순서, 기능에 따라 배치하도록 한다.

㉢ 인간-기계 시스템의 5대 기능

| 감지기능 | 인체의 눈과 기계의 표시장치와 같은 감지기능 |
|---|---|
| 정보처리 및 의사결정기능 | 회상, 인식, 정리 등을 통한 정보처리 및 의사결정기능 |
| 행동기능 | 정보처리의 결과로 발생하는 조작행위(음성 등) |
| 정보보관기능 | 정보의 저장 및 보관기능으로 위 3가지 기능 모두와 상호작용을 한다. |
| 출력기능 | 시스템에서 의사결정된 사항을 실행에 옮기는 과정 |

0802 / 2001

## 51 Repetitive Learning (1회 2회 3회)

반사율이 85%, 글자의 밝기가 400cd/$m^2$인 VDT화면에 350 lx의 조명이 있다면 대비는 약 얼마인가?

① -2.8
② -4.2
③ -5.0
④ -6.0



49 ④ 50 ④ 51 ② 정답

**해설**

- 글자의 밝기가 400cd/m$^2$라는 것은 휘도의 개념이다. 즉, 광원에서 1m 떨어진 곳 범위 내에서의 반사된 빛을 포함한 빛의 밝기를 의미한다.
- 반사율이 85%, 350lx의 조명이 있을 때 휘도는 $\frac{0.85\times350}{\pi\times1^2}=94.745$cd/m$^2$이다.
- 전체 공간의 휘도 $= 94.7+400=494.7$[cd/m$^2$]이다.
- 대비 $=\frac{94.7-494.7}{94.7}=-4.223$이다.

**휘도(Luminance)**

- 휘도는 광원에서 1m 떨어진 곳 범위 내에서의 반사된 빛을 포함한 빛의 밝기를 의미한다.
- 휘도의 단위는 cd/m$^2$를 사용한다.
- 휘도 $=\frac{\text{반사율}\times\text{조도}}{\text{면적}}$[cd/m$^2$]로 구한다.
- 면적이 주어지지 않을 때 휘도 = 반사율 × 소요조명으로도 구한다.
- 휘도가 각각 $L_a, L_b$ 인 두 조명의 휘도 대비는 $\frac{L_a-L_b}{L_a}\times100$으로 구한다.

0302

## 52

Repetitive Learning (1회 2회 3회)

자극과 반응의 실험에서 자극 A가 나타날 경우 1로 반응하고 자극 B가 나타날 경우 2로 반응하는 것으로 하고, 100회 반복하여 표와 같은 결과를 얻었다. 제대로 전달된 정보량을 계산하면 약 얼마인가?

| 자극 \ 반응 | 1 | 2 |
|---|---|---|
| A | 50 | − |
| B | 10 | 40 |

① 0.610　② 0.871
③ 1.000　④ 1.361

**해설**

- 힉-하이만 법칙에 따라 자극 A와 B가 주어질 때의 정보량과 반응 1, 2가 나타날 때의 정보량의 합에서 자극과 반응이 결합된 정보량을 빼면 전달된 정보량을 구할 수 있다.
- 먼저 자극 A와 B가 주어질 때의 정보량으로 A는 50, B는 50이 주어졌으므로 확률은 0.5, 0.5이고 정보량은 각각 1, 1이므로 정보량의 합은 0.5+0.5=1이다.
- 반응 1과 반응 2가 발생할 때의 정보량은 반응 1은 60회로 확률은 0.6, 반응 2의 확률은 0.4이다.
  정보량은 $0.74\left(\log_2\frac{1}{0.6}\right)$, $1.32\left(\log_2\frac{1}{0.4}\right)$이므로 정보량의 합은 0.6×0.74+0.4×1.32 = 0.44+0.53 = 0.970이다.
- 자극과 반응이 결합된 정보량은 자극 A_반응 1의 확률은 0.5, 자극 B_반응 1의 확률은 0.1, 자극 B_반응 2의 확률은 0.4이다.
  정보량은 각각 $1\left(\log_2\frac{1}{0.5}\right)$, $3.32\left(\log_2\frac{1}{0.1}\right)$, $1.32\left(\log_2\frac{1}{0.4}\right)$이므로 총 정보량은 0.5×1 + 0.1×3.32 + 0.4×1.32 = 1.360이다.
- 자극의 정보량 1, 반응의 정보량 0.972의 합은 1.972이고, 여기서 자극과 반응이 결합된 정보량 1.36을 빼주면 1.97−1.36 = 0.610이 된다.

**Hick-hyman 법칙**

- 운전원이 신호를 보고 어떤 장치를 조작해야 할지를 결정하기까지 걸리는 시간을 예측할 수 있다.
- 예상치 못한 자극에 대한 일반적인 반응시간은 대안이 2배 증가할 때마다 약 0.15초(150ms) 정도가 증가한다.
- 선택반응시간은 자극 정보량의 선형함수로 $RT=a+b\cdot T(S:R)$로 구한다.
  이때 전달된 정보 $T(S:R)=H(S)+H(R)-H(S,R)$이고 $H(S)$는 자극정보, $H(R)$은 반응정보, $H(S,R)$은 자극, 반응의 결합정보이다.

## 53

Repetitive Learning (1회 2회 3회)

의자 설계의 인간공학적 원리로 틀린 것은?

① 쉽게 조절할 수 있도록 한다.
② 추간판의 압력을 줄일 수 있도록 한다.
③ 등근육의 정적부하를 줄일 수 있도록 한다.
④ 고정된 자세로 장시간 유지할 수 있도록 한다.

**해설**

- 자세의 고정을 줄여야 한다.

**인간공학적 의자 설계**

㉠ 개요

- 조절식 설계원칙을 적용하도록 한다.
- 자세와 동작에 따라 고려해야 할 인체측정 치수가 달라진다.
- 요부전만(腰部前灣)을 유지한다.
- 추간판(디스크)의 압력과 등근육의 정적부하를 줄인다.
- 자세 고정을 줄인다.
- 여러 사람이 사용하는 의자의 경우 좌면 높이는 오금보다 약간 낮게(5% 오금높이) 유지한다.

정답 | 52 ① 53 ④

㉡ 고려할 사항
- 체중 분포
- 상반신의 안정
- 좌판의 높이(조절식을 기준으로 한다)
- 좌판의 깊이와 폭
  (폭은 최대치, 깊이는 최소치를 기준으로 한다)

1304

## 54 Repetitive Learning

A 제지회사의 유아용 화장지 생산 공정에서 작업자의 불안전한 행동을 유발하는 상황이 자주 발생하고 있다. 이를 해결하기 위한 개선의 ECRS에 해당하지 않는 것은?

① Combine ② Standard
③ Eliminate ④ Rearrange

**해설**

- Standard가 아니라 단순화(Simplify)가 되어야 한다.

∷ 작업방법 개선의 ECRS

| E | 제거(Eliminate) | 불필요한 작업요소 제거 |
|---|---|---|
| C | 결합(Combine) | 작업요소의 결합 |
| R | 재배치(Rearrange) | 작업순서의 재배치 |
| S | 단순화(Simplify) | 작업요소의 단순화 |

0701

## 55 Repetitive Learning 1회 2회 3회

병렬 시스템에 대한 특성이 아닌 것은?

① 요소의 수가 많을수록 고장의 기회는 줄어든다.
② 요소의 중복도가 늘어날수록 시스템의 수명은 길어진다.
③ 요소의 어느 하나라도 정상이면 시스템은 정상이다.
④ 시스템의 수명은 요소 중에서 수명이 가장 짧은 것으로 정해진다.

**해설**

- 병렬계는 요소의 전부가 고장이 발생하여야 계(系)가 고장이 발생하므로 계의 수명은 요소 중 수명이 가장 긴 것으로 정해진다.

∷ 병렬계
- 요소의 수가 많을수록 계(系)의 신뢰도는 높아진다.
- 요소의 수가 많을수록 계(系)의 수명이 길어진다.
- 요소의 전부가 고장이 발생하여야 계(系)가 고장이 발생하므로 계의 수명은 요소 중 수명이 가장 긴 것으로 정해진다.

## 56 Repetitive Learning 1회 2회 3회

부품에 고장이 있더라도 플레이너 공작기계를 가장 안전하게 운전할 수 있는 방법은?

① Fail-soft ② Fail-active
③ Fail-passive ④ Fail-operational

**해설**

- 페일 세이프를 기능적으로 크게 Fail passive, Fail active, Fail operational로 구분할 수 있다.
- Fail passive는 부품이 고장 나면 에너지를 최저화 즉, 기계가 정지하는 방향으로 전환되는 것을 말한다.
- Fail active는 부품이 고장 나면 경보를 울리면서 기계를 안전하게 정지할 수 있게 잠시 동안 운전이 가능한 것을 말한다.

∷ 페일 세이프(Fail safe)

㉠ 개요
- 조작상의 과오로 기계나 그 부품에 고장이나 기능 불량이 생겨도 항상 안전하게 작동하는 구조와 기능, 설계방법을 말한다.
- 인간 또는 기계가 동작상의 실패가 있어도 사고를 발생시키지 않도록 통제하는 설계방법을 말한다.
- 기계에 고장이 발생하더라도 일정 기간 동안 기계의 기능이 계속되어 재해로 발전되는 것을 방지하는 것을 말한다.

㉡ 기능 3분류

| Fail passive | 부품이 고장 나면 에너지를 최저화 즉, 기계가 정지하는 방향으로 전환되는 것 |
|---|---|
| Fail active | 부품이 고장 나면 경보를 울리면서 잠시 동안 운전 가능한 것 |
| Fail operational | 부품이 고장 나더라도 보수가 이뤄질 때까지 안전한 기능을 유지하는 것 |

2102

## 57 Repetitive Learning 1회 2회 3회

FTA에서 사용하는 다음 사상기호에 대한 설명으로 맞는 것은?

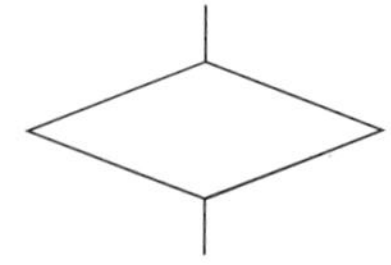

① 시스템 분석에서 좀 더 발전시켜야 하는 사상
② 시스템의 정상적인 가동상태에서 일어날 것이 기대되는 사상
③ 불충분한 자료로 결론을 내릴 수 없어 더 이상 전개할 수 없는 사상
④ 주어진 시스템의 기본사상으로 고장원인이 분석되었기 때문에 더 이상 분석할 필요 없는 사상



54 ② 55 ④ 56 ④ 57 ③ | 정답

해설

- ②는 정상사상, ④는 기본사상에 대한 설명이다.

**생략사상(Undeveloped event)**

- 불충분한 자료로 결론을 내릴 수 없어 더 이상 전개할 수 없는 사상을 말한다.
- 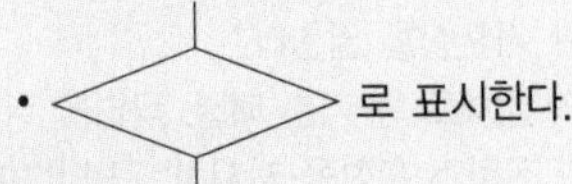 로 표시한다.

0704

## 58

Repetitive Learning 1회 2회 3회

자극-반응 조합의 관계에서 인간의 기대와 모순되지 않는 성질을 무엇이라 하는가?

① 양립성 ② 적응성
③ 변별성 ④ 신뢰성

해설

- 인간의 기대에 모순되지 않는 성질을 양립성(Compatibility)이라고 한다.

**양립성(Compatibility)**

㉠ 개요

- 인간의 기대하는 바와 자극 또는 반응들이 일치하는 관계를 말하는데 양립성이 적을수록 정보처리에서 재코드화 과정은 많아진다.
- 양립성의 효과가 크면 클수록, 코딩의 시간이나 반응의 시간은 짧아진다.
- 양립성의 종류에는 운동양립성, 공간양립성, 개념양립성, 양식양립성 등이 있다.

㉡ 양립성의 종류와 개념

| 구분 | 개념 |
|---|---|
| 공간(Spatial) 양립성 | • 표시장치와 이에 대응하는 조종장치의 위치가 인간의 기대에 모순되지 않는 것<br>• 왼쪽 표시장치와 관련된 조종장치는 왼쪽에, 오른쪽 표시장치에 관련된 조종장치는 오른쪽에 위치하는 것 |
| 운동(Movement) 양립성 | 조종장치의 조작방향에 따라서 기계장치나 자동차 등이 움직이는 것 |
| 개념(Conceptual) 양립성 | • 인간이 가지는 개념과 일치하게 하는 것<br>• 적색 수도꼭지는 온수, 청색 수도꼭지는 냉수를 의미하는 것이나 위험신호는 빨간색, 주의신호는 노란색, 안전신호는 파란색으로 표시하는 것 |
| 양식(Modality) 양립성 | 문화적 관습에 의해 생기는 양립성 혹은 직무에 관련된 자극과 이에 대한 응답 등으로 청각적 자극 제시와 이에 대한 음성응답 과업에서 갖는 양립성 |

1004 / 2001

## 59

Repetitive Learning 1회 2회 3회

적절한 온도의 작업환경에서 추운 환경으로 변할 때, 우리의 신체가 수행하는 조절작용이 아닌 것은?

① 발한(發汗)이 시작된다.
② 피부의 온도가 내려간다.
③ 직장온도가 약간 올라간다.
④ 혈액의 많은 양이 몸의 중심부를 순환한다.

해설

- 발한(發汗)이 시작하는 것은 추운 곳에 있다가 더운 환경으로 변했을 때 나타나는 조절작용이다.

**적정온도에서 추운 환경으로 변화**

- 직장의 온도가 올라간다.
- 피부의 온도가 내려간다.
- 몸이 떨리고 소름이 돋는다.
- 피부를 경유하는 혈액 순환량이 감소하고 많은 양의 혈액은 주로 몸의 중심부를 순환한다.

1004

## 60

Repetitive Learning 1회 2회 3회

시각적 부호의 유형과 내용으로 틀린 것은?

① 임의적 부호 – 주의를 나타내는 삼각형
② 명시적 부호 – 위험표지판의 해골과 뼈
③ 묘사적 부호 – 보도 표지판의 걷는 사람
④ 추상적 부호 – 별자리를 나타내는 12궁도

해설

- 명시적 부호는 없으며 위험표지판의 해골과 뼈는 묘사적 부호의 대표적인 예이다.

**시각적 부호**

- 임의적 부호 : 시각적 부호 중 교통표지판, 안전보건표지 등과 같이 부호가 이미 고안되어 있어 이를 사용자가 배워야 하는 부호를 말한다.
- 묘사적 부호 : 시각적 부호 기운데 위험 표지판에 해골과 뼈와 같이 사물이나 행동 수정을 단순하고 정확하게 의미를 전달하는 부호를 말한다.
- 추상적 부호 : 전달하고자 하는 내용을 도식적으로 압축한 부호형태를 말한다.

정답 | 58 ① 59 ① 60 ②

0501

## 61

Repetitive Learning 1회 2회 3회

토공사용 장비에 해당되지 않는 것은?

① 로더(Loader)
② 파워셔블(Power shovel)
③ 가이데릭(Guy derrick)
④ 크림쉘(Clamshell)

해설

- 가이데릭(Guy derrick)은 와이어로프에 의해 하물을 인양하는 양중기로 토공사용 장비에 포함되지 않는다.

**토공사용 장비**

- 굴착용 장비에는 파워셔블(Power shovel), 드래그셔블(Drag shovel), 드래그라인(Drag line), 크램쉘(Clam shell), 트랜처(Trencher) 등이 있다.
- 정지 및 배토장비에는 불도저(Bull dozer), 앵글도저(Angle dozer), 캐리올스크레이퍼(Carryall scraper), 그레이더(Grader) 등이 있다.
- 상차용 장비에는 로더(Loader), 크롤러로더(Crawler loader), 포크리프트(Forklift) 등이 있다.
- 운반용 장비에는 각종 트럭(Truck)류, 엘리베이터(Elevator), 컨베이어(Conveyor) 등이 있다.
- 다짐용 장비에는 진동롤러(Vibrating roller), 탬핑롤러(Tamping roller), 램머(Rammer), 콤팩터(Compactor) 등이 있다.

## 62

Repetitive Learning 1회 2회 3회

갱폼(Gang form)에 관한 설명으로 옳지 않은 것은?

① 타워크레인, 이동식크레인 같은 양중장비가 필요하다.
② 벽과 바닥의 콘크리트 타설을 한 번에 가능하게 하기 위하여 벽체 및 슬래브 거푸집을 일체로 제작한다.
③ 공사초기 제작기간이 길고 투자비가 큰 편이다.
④ 경제적인 전용횟수는 30 ~ 40회 정도이다.

해설

- 갱폼은 벽체용 거푸집만을 의미한다. 벽체용 거푸집과 슬래브 거푸집을 일체로 제작하여 한 번에 설치하고 해체할 수 있도록 한 거푸집은 터널폼이다.

**갱폼(Gang form)** 실작 1704/1701/1601/1504/1401

㉠ 개요
- 동일 모듈이 많은 아파트, 병원, 콘도미니엄, 사무소건물 등에 효과적인 거푸집으로 작은 부재의 분해와 조립을 사용할 때마다 하는 것이 아니라 대형화, 단순화하여 한 번에 설치 및 해체가 가능한 거푸집을 말한다.
- 크게 거푸집과 보강재가 일체로 된 기본 패널, 작업을 위한 작업 발판대 및 수직도 조정과 횡력을 지지하는 빗버팀대로 구성되어 있다.
- 근거리 운반 시에는 공장에서 제작하고 원거리 운반 시에는 현장제작을 원칙으로 한다.
- 경제적인 전용횟수는 30 ~ 40회 정도이다.

㉡ 장점
- 타워크레인 등의 시공장비에 의해 한 번에 설치가 가능하다.
- 가설비계공사가 필요없어 공기가 단축되고 인건비가 절약되는 등 가설비의 절약이 가능하다.
- 미장공사를 생략할 수 있다.

㉢ 단점
- 타워크레인, 이동식크레인 같은 양중장비가 필요하며, 기능이 숙련된 기능공이 필요하다.
- 기본계획 및 계획안의 융통성이 없다.
- 공사초기 제작기간이 길고 투자비가 큰 편이다.

0804

## 63

Repetitive Learning 1회 2회 3회

주문받은 건설업자가 대상 계획의 기업, 금융 토지조달, 설계, 시공 등을 포괄하는 도급계약방식을 무엇이라 하는가?

① 실비정산 보수가산 도급 ② 정액 도급
③ 공동 도급 ④ 턴키 도급

해설

- 실비정산 보수가산식 도급은 건축주와 건축사, 시공자가 미리 공사에 소요되는 설비와 보수를 협의한 후 건축주는 공사의 진행을 시공자에게 위임하고 시공자는 건축주의 위임을 받아 공사를 진행하고 관련 공사비를 건축주로부터 받아 하도급자에게 지급하고 이에 대해 보수를 받는 방식을 말한다.
- 정액 도급은 공사비 총액을 확정하고 계약을 하는 방식을 말한다.
- 공동 도급이란 여러 개의 건설회사가 공동출자 기업체를 조직하여 도급하는 방식이다.

**설계시공일괄입찰도급(턴키 도급, Turn-key base)**

- 금융, 토지, 설계, 시공, 시운전 등 모든 요소를 포괄한 도급계약방식으로 주문자가 필요로 하는 모든 것을 조달하여 주문자에게 인도하는 방식을 말한다.
- 공사비의 절감과 공기단축이 가능하나 공사의 품질이 저하될 우려가 있다.



61 ③ 62 ② 63 ④ 정답

2101

## 64

Repetitive Learning (1회 2회 3회)

시공의 품질관리를 위한 7가지 도구에 해당되지 않는 것은?

① 파레토그램
② LOB기법
③ 특성요인도
④ 체크시트

해설

• LOB기법은 반복작업에서 각 작업조의 생산성을 유지시키면서 그 생산성을 기울기로 하는 직선으로 각 반복작업의 진행을 표시하여 전체공사를 도식화하는 기법이다.

∷ 시공의 품질관리(Quality Control : QC) 7가지 도구

• 현장에서 발생하는 품질이나 원가, 생산량 등의 문제를 해결하는 데 도움이 되는 기초적인 분석도구 7가지를 말한다.
• 체크시트, 파레토그램, 히스토그램, 특성요인도, 산점도, 층별, 관리도가 이에 해당한다.

| 도구의 분류 | 도구 종류 |
|---|---|
| 현상파악 활용도구 | 체크시트, 파레토그램, 히스토그램 |
| 원인분석 활용도구 | 특성요인도, 산점도, 층별 |
| 자료관리 활용도구 | 관리도 |

ⓛ 입찰방식

| | |
|---|---|
| 특명입찰 | • 입찰과정을 생략하고 건축주가 단일 업자를 선정하여 발주하는 방식<br>• 수의계약이라고도 함 |
| 공개경쟁 입찰 | • 참가자를 공모하고 자격이 되는 회사를 모두 입찰에 참여시키는 방식<br>• 경쟁으로 공사비 절감되고 대형회사의 독점을 방지할 수 있을 뿐 아니라 담합이 어려워지는 장점이 있는 반면 부적격자가 낙찰될 수 있는 단점을 가짐 |
| 지명경쟁 입찰 | 공개경쟁입찰의 문제점인 부적격자의 낙찰을 방지하기 위해 공사에 적합한 업자를 선정하여 입찰에 참여하게 하는 방법이나 담합의 우려가 있다. |
| 부대입찰 | • 하도급업체를 보호하기 위하여 발주자가 입찰자로 하여금 입찰내역서상에 동 입찰금액을 구성하는 공사 중 하도급 할 공종, 하도급금액 등 하도급에 관한 사항을 기재하여 입찰서와 함께 제출하도록 하는 방식<br>• 덤핑을 막고 계열화를 유도 가능 |
| 대안입찰 | 설계된 내용보다 공사비를 적게 하면서 성능이 같거나 더 좋은 방안을 시공자로 하여금 제시하게 하는 입찰방식 |

0802 / 0904

## 65

Repetitive Learning (1회 2회 3회)

건설공사의 입찰 및 계약의 순서로 옳은 것은?

① 입찰통지 → 입찰 → 개찰 → 낙찰 → 현장설명 → 계약
② 입찰통지 → 현장설명 → 입찰 → 개찰 → 낙찰 → 계약
③ 입찰통지 → 입찰 → 현찰설명 → 개찰 → 낙찰 → 계약
④ 현장설명 → 입찰통지 → 입찰 → 개찰 → 낙찰 → 계약

해설

• 입찰 및 계약의 순서는 입찰공고 → 참가 등록 → 설계도서 배부 → 현장설명 및 질의응답 → 적산 및 견적기간 → 입찰등록 → 입찰 → 개찰 → 낙찰 → 계약의 순서를 따른다.

∷ 건설공사의 입찰

㉠ 개요

• 입찰 및 계약의 순서는 입찰공고 → 참가 등록 → 설계도서 배부 → 현장설명 및 질의응답 → 적산 및 견적기간 → 입찰등록 → 입찰 → 개찰 → 낙찰 → 계약의 순서를 따른다.
• 입찰방식에는 특명입찰, 공개경쟁입찰, 지명경쟁입찰, 부대입찰, 대인입찰 등의 방법이 있다.

## 66

Repetitive Learning (1회 2회 3회)

거푸집의 강도 및 강성에 대한 구조계산 시 고려할 사항과 가장 거리가 먼 것은?

① 동바리 자중
② 작업하중
③ 콘크리트 측압
④ 콘크리트 자중

해설

• 동바리는 거푸집을 지지하는 가설부재로 동바리의 자중은 거푸집의 강도와 강성에 영향을 미치지 않는다.

∷ 거푸집의 강도 및 강성에 대한 구조계산 시 고려할 사항

• 작업하중
• 콘크리트 측압
• 콘크리트 자중
• 콘크리트 시공 시 수평하중
• 콘크리트 시공 시 수직하중

정답 | 64 ② 65 ② 66 ①

## 67

1101

Repetitive Learning 1회 2회 3회

다음 중 철골구조의 내화피복 공법이 아닌 것은?

① 락울(Rock wool)뿜칠 공법
② 성형판붙임 공법
③ 콘크리트타설 공법
④ 메탈라스(Metal lath) 공법

해설

- 메탈라스(Metal lath)는 매입형 일체식 거푸집을 말한다.

∷ 철골구조의 내화피복 공법

㉠ 개요

- 철골을 화재열로부터 보호하고, 일정시간 강재의 온도 상승을 막아 내력저하를 방지하는 구조재를 보호하기 위해 실시하는 공법이다.
- 내화피복 공법은 습식 공법, 건식 공법, 합성 공법, 복합 공법으로 구분한다.

㉡ 분류와 종류

| | |
|---|---|
| 습식 공법 | 타설 공법, 뿜칠 공법, 미장 공법, 조적 공법, 도장 공법 등 |
| 건식 공법 | 성형판붙임 공법, 멤브레인 공법 |
| 합성 공법 | 이종재료적층 공법, 이질재료접합 공법 |
| 복합 공법 | 외벽ALC패널, 천장멤브레인 공법 |

## 68

Repetitive Learning 1회 2회 3회

리버스서큘레이션 드릴(RCD) 공법의 특징으로 옳지 않은 것은?

① 드릴 로드 끝에서 물을 빨아올리면서 말뚝 구멍을 굴착하는 공법이다.
② 지름 0.8 ~ 3.0m, 심도 60m 이상의 말뚝을 형성한다.
③ 시공 시 소량의 물로 가능하며, 해상작업이 불가능하다.
④ 세사층 굴착이 가능하나 드릴파이프 직경보다 큰 호박돌이 존재할 경우 굴착이 곤란하다.

해설

- 리버스서큘레이션 공법은 수압에 의해 공벽면을 안정시키는 공법으로 해상작업이 가능하다.

∷ 리버스서큘레이션(Reverse Circulation Drill : R.C.D) 공법

㉠ 개요

- 굴착 구멍과 저수 탱크 사이에 물을 강제로 순환시켜 공벽을 무너지지 않게 하면서 특수 비트의 회전을 통해 굴착한 흙을 드릴 파이프(Drill pipe)를 통해 물과 함께 배출하는 공법으로 드릴 로드 끝에서 물을 빨아올리면서 말뚝구멍을 굴착한다.
- 순환수와 함께 지반을 굴착하고 배출시키면서 공 내에 철근망을 삽입, 콘크리트를 타설하여 말뚝기초를 형성하는 현장타설 말뚝 공법이다.
- 점토, 실트층 등에 주로 사용한다.

㉡ 특징

- 유연한 지반부터 암반까지 굴착할 수 있다.
- 시공심도는 30 ~ 70m 정도까지 가능하다.
- 시공직경은 0.8 ~ 3m 정도이다.
- 수압에 의해 공벽면을 안정시킨다.
- 세사층 굴착이 가능하나 드릴파이프 직경보다 큰 호박돌이 존재할 경우 굴착이 곤란하다.

## 69

Repetitive Learning 1회 2회 3회

토류구조물의 각 부재와 인근 구조물의 각 등의 응력변화를 측정하여 이상변형을 파악하는 계측기는?

① 경사계(Inclinometer)
② 변형률계(Strain gauge)
③ 간극수압계(Piezometer)
④ 진동측정계(Vibrometer)

해설

- 경사계(Inclinometer)는 주변 지반, 지층, 기계, 시설 등의 경사도와 변형을 측정하는 기구이다.
- 간극수압계(Piezometer)는 굴착공사에 따른 간극수압의 변화를 측정하는 기구이다.
- 진동측정계(Vibrometer)는 진동을 측정하는 기구이다.

∷ 변형률계(Strain gauge)

- 흙막이 가시설의 버팀대(Strut)의 변형을 측정하는 계측기이다.
- 토류구조물의 각 부재와 인근 구조물의 각, 흙막이 벽 버팀대의 응력변화를 측정하여 이상변화파악 및 대책을 수립하는 데 사용되는 계측기이다.



67 ④ 68 ③ 69 ② 정답

2001

## 70

Repetitive Learning (1회 2회 3회)

지정에 관한 설명으로 옳지 않은 것은?

① 잡석 지정-기초 콘크리트 타설 시 흙의 혼입을 방지하기 위해 사용한다.
② 모래 지정-지반이 단단하며 건물이 경량일 때 사용한다.
③ 자갈 지정-굳은 지반에 사용되는 지정이다.
④ 밑창콘크리트 지정-잡석이나 자갈 위 기초부분의 먹매김을 위해 사용한다.

해설

- 모래 지정은 지반이 연약하고 2m 이내에 굳은 지층이 있을 때 지반을 파내고 모래를 물다짐한 지정이다.

:: 지정

㉠ 개요
- 건물기초를 만들기 전에 여러 건물이 들어설 대지 전체의 지반을 보강하는 것을 말한다.
- 잡석이나 모래, 자갈, 밑창콘크리트, 긴 주춧돌 등을 사용하는 보통지정과 말뚝을 이용하는 말뚝지정으로 구분한다.

㉡ 보통지정
- 잡석 지정 : 기초 콘크리트 타설 시 흙의 혼입을 방지하기 위해 화강암, 안산암 등의 잡석을 이용해 만든다.
- 모래 지정 : 지반이 연약하고 2m 이내에 굳은 지층이 있을 때 지반을 파내고 모래를 물다짐한 지정이다.
- 자갈 지정 : 잡석 대신 모래를 섞은 자갈을 다지는 지정으로 굳은 지반에 사용된다.
- 밑창(버림)콘크리트 지정 : 잡석이나 자갈 위 기초부분의 먹매김 또는 저면부를 평탄하게 하기 위해 사용한다.
- 긴 주춧돌 지정 : 잡석이나 자갈지정 위에 긴 주춧돌을 묻은 다음 콘크리트를 채우는 지정으로 지반이 깊고 말뚝을 사용할 수 없을 때 사용한다.

## 71

Repetitive Learning (1회 2회 3회)

"슬래브 및 보의 밑면" 부재를 대상으로 콘크리트 압축강도를 시험할 경우 거푸집널의 해체가 가능한 콘크리트 압축강도의 기준으로 옳은 것은?(단, 콘크리트표준시방서 기준)

① 설계기준압축강도의 3/4배 이상 또한, 최소 5MPa 이상
② 설계기준압축강도의 2/3배 이상 또한, 최소 5MPa 이상
③ 설계기준압축강도의 3/4배 이상 또한, 최소 14MPa 이상
④ 설계기준압축강도의 2/3배 이상 또한, 최소 14MPa 이상

해설

- 거푸집널의 해체가 가능한 콘크리트 압축강도의 기준은 슬래브 및 보의 밑면, 아치 내면(단층)은 설계기준 압축강도의 2/3배 이상 또한, 최소 14MPa 이상이고, 다층구조일 경우는 설계기준 압축강도 이상이 되어야 한다.

:: 콘크리트의 압축강도를 시험할 경우 거푸집널의 해체 시기

| 부재 | | 콘크리트 압축강도($f_{cu}$) |
|---|---|---|
| 확대기초, 보, 기둥 등의 측면 | | 5MPa 이상 |
| 슬래브 및 보의 밑면, 아치 내면 | 단층구조 | 설계기준 압축강도의 2/3배 이상 또한, 최소 14MPa 이상 |
| | 다층구조 | 설계기준 압축강도 이상 |

## 72

Repetitive Learning (1회 2회 3회)

벽돌공사에 관한 설명으로 옳은 것은?

① 연속되는 벽면의 일부를 트이게 하여 나중쌓기로 할 때에는 그 부분을 층단 들여쌓기로 한다.
② 모르타르는 벽돌강도 이하의 것을 사용한다.
③ 1일 쌓기 높이는 1.5m ~ 3.0m를 표준으로 한다.
④ 세로줄눈은 통줄눈이 구조적으로 우수하다.

해설

- 모르타르는 벽돌강도와 같은 정도의 것을 쓰고 굳기 시작한 것은 쓰지 않는다.
- 하루 벽돌의 쌓는 높이는 1.2m를 표준으로 하고 최대 1.5m 이내로 한다.
- 세로줄눈은 통줄눈, 실줄눈이 되지 않도록 한다.

:: 벽돌쌓기 주의사항

- 내화벽돌은 건조 상태에서 시공한다.
- 벽돌은 충분히 물축임을 한 후 쌓는다.
- 하루 벽돌의 쌓는 높이는 1.2m를 표준으로 하고 최대 1.5m 이내로 한다.
- 벽돌은 균일한 높이로 쌓고 굳기 전에 벽돌을 움직이지 않도록 한다.
- 벽돌벽이 블록벽과 서로 직각으로 만날 때는 연결철물을 만들어 블록 3단마다 보강하며 쌓는다.
- 벽돌벽이 콘크리트 기둥과 만날 때는 그 사이에 모르타르를 충전한다.
- 벽돌쌓기는 모서리, 구석 및 중간요소에 먼저 기준쌓기를 하고 나머지 부분을 쌓아 나간다.
- 연속되는 벽면의 일부를 트이게 하여 나중쌓기로 할 때에는 그 부분을 층단 들여쌓기로 한다.
- 모르타르는 벽돌강도와 같은 정도의 것을 쓰고 굳기 시작한 것은 쓰지 않는다.

정답 | 70 ② 71 ④ 72 ①

- 줄눈 사용 모르타르의 강도는 벽돌강도보다 작아서는 안 된다.
- 사춤모르타르는 매 켜마다 하는 것이 좋으나 일반적으로 3 ~ 5켜마다 한다.
- 세로줄눈은 통줄눈, 실줄눈이 되지 않도록 한다.
- 벽돌쌓기는 도면 또는 공사시방서에서 정한 바가 없을 때에는 영식쌓기 또는 화란식쌓기로 한다.
- 가로 및 세로줄눈의 너비는 도면 또는 공사시방서에서 정한 바가 없을 때에는 10mm를 표준으로 한다.
- 치장줄눈은 되도록 짧은 시일에 줄눈이 완전히 굳기 전에 하는 것이 좋다.
- 하루 일이 끝날 때에 켜에 차가 나면 층단 들여쌓기로 하여 다음 날의 일과 연결이 쉽게 한다.
- 세로규준틀은 건물의 모서리나 구석에 설치함을 원칙으로 한다.
- 내력벽은 상부 구조물의 하중을 기초에 전달하는 벽으로, 세워쌓기나 옆쌓기를 피하는 것이 좋다.

0804 / 1304

## 73 Repetitive Learning (1회 2회 3회)

ALC의 특징에 관한 설명으로 옳지 않은 것은?

① 흡수율이 낮은 편이며 동해에 대해 방수·방습처리가 불필요하다.

② 열전도율은 보통콘크리트의 약 1/10 정도로 단열성이 우수하다.

③ 건조수축률이 작으므로 균열 발생이 적다.

④ 경량으로 인력에 의한 취급이 가능하고, 필요에 따라 현장에서 절단 및 가공이 용이하다.

해설

- 다공질로 흡수율이 높고 강도가 작으며, 동결융해저항이 낮다.

∷ ALC(Autoclaved Lightweight Concrete)

㉠ 개요
- 석회질, 규산질 원료와 기포제 및 혼화제를 주원료로 물과 혼합하고, 고온고압(180 ℃, 1.0 MPa)의 증기양생 과정을 거쳐 경량성, 단열성, 내화성 및 시공성이 우수한 블록을 말한다.
- 건축물 또는 공작물 등의 외벽, 칸막이벽 등으로 사용하는 공사이다.

㉡ 특징
- 다공질로 흡수율이 높고 강도가 작으며, 동결융해저항이 낮다.
- 열전도율은 보통콘크리트의 약 1/10로서 단열성이 우수하다.
- 불연재인 동시에 내화재료이다.
- 건조수축률이 작으므로 균열 발생이 적다.
- 절건비중이 1/4의 경량으로 인력에 의한 취급이 가능하고, 필요에 따라 현장에서 절단 및 가공이 용이하다.
- 흡음, 차음성이 크며, 시공성이 우수하다.
- 내진성능이 떨어진다.

㉢ 쌓기 일반사항
- 하루 쌓기 높이는 1.8m를 표준으로 하며, 최대 2.4m 이내로 한다.
- 슬래브나 방습턱 위에 고름 모르타르를 10 ~ 20mm 두께로 깐 후 첫 단 블록을 올려놓고 고무망치 등을 이용하여 수평을 잡는다.
- 쌓기 모르타르는 교반기를 사용하여 배합하며 1시간 이내에 사용해야 한다.
- 줄눈의 두께는 1 ~ 3mm 정도로 한다.
- 블록 상·하단의 겹침길이는 블록길이의 1/3 ~ 1/2을 원칙으로 하고 100mm 이상으로 한다.
- 연속되는 벽면의 일부를 트이게 하여 나중쌓기로 할 경우 그 부분을 층단 떼어쌓기로 한다.

## 74 Repetitive Learning (1회 2회 3회)

콘크리트 충전강관구조(CFT)에 관한 설명으로 옳지 않은 것은?

① 일반형강에 비하여 국부좌굴에 불리하다.

② 콘크리트 충전 시 내부의 콘크리트와 외부 강관의 역학적 거동에서 합성구조라 볼 수 있다.

③ 콘크리트 충전 시 별도의 거푸집이 필요하지 않다.

④ 접합부 용접기술이 발달한 일본 등에서 활성화되어 있다.

해설

- 콘크리트 충전강관구조는 강관 내부에 충전된 콘크리트로 인해 강관기둥의 국부좌굴 및 횡 비틀림에 대한 보강효과를 가져다준다.

∷ 콘크리트 충전강관구조(CFT : Concrete Filled steel Tube)
- 폐단면 강관(원형강관 또는 각형강관)에 콘크리트를 채워 넣어 강관과 콘크리트를 일체화시킴으로써 부재내력 및 강성을 증가시킨 합성기둥을 말한다.
- 콘크리트 충전 시 별도의 거푸집이 필요하지 않다.
- 접합부 용접기술이 발달한 일본 등에서 활성화되어 있다.
- 강관 내부에 충전된 콘크리트로 인해 강관기둥의 국부좌굴 및 횡 비틀림에 대한 보강효과를 가져다준다.

## 75 Repetitive Learning (1회 2회 3회)

돌붙임 앵커 긴결공법 중 파스너 설치방식이 아닌 것은?

① 논그라우팅 싱글파스너 방식

② 논그라우팅 더블파스너 방식

③ 그라우팅 더블파스너 방식

④ 그라우팅 트리플파스너 방식



73 ① 74 ① 75 ④ 정답

해설

- 돌붙임 앵커 긴결공법 중 파스너 설치방식에는 논그라우팅 싱글파스너, 논그라우팅 더블파스너, 그라우팅 더블파스너 방식이 있다.

:: 돌붙임 앵커 긴결공법 중 파스너 설치방식

| | Single fastener | Double fastener |
|---|---|---|
| 종류 | 논그라우팅 | 그라우팅, 논그라우팅 |
| 특징 | 오차조정이 어려움 | 오차조정이 쉬움<br>가장 많이 사용되는 방식 |

2104

## 76 Repetitive Learning (1회 2회 3회)

철골공사에서 용접 결함을 뜻하지 않는 것은?

① 피트(Pit)
② 블로우 홀(Blow hole)
③ 오버랩(Over lap)
④ 가우징(Gouging)

해설

- 가우징(Gouging)은 강구조물의 공장 시공법의 하나로 가스와 산소불꽃 등을 이용해 금속면에 깊은 홈을 파는 방법을 말한다.

:: 철골공사 용접불량

- 언더컷(Under cut) – 운봉불량, 전류과대, 용접봉의 선택 부적합으로 용접부 부근의 모재가 용접열에 의해 움푹 패인 형상
- 오버랩(Over lap) – 용접전류의 과소, 운봉 및 용접봉 유지각도의 부적절로 용접금속과 모재가 융합되지 않고 겹쳐지는 것을 의미하는 용접불량
- 피트(Pit) – 용접 시 용접금속 내에 흡수된 가스가 표면에 나와 생성된 작은 구멍
- 슬래그(Slag) 감싸들기 – 운봉부족과 전류과소로 용접봉의 피복재가 녹아 용접금속 표면에 부상하여 굳은 슬래그가 용접금속 내에 혼입되어 발생하는 형상
- 공기구멍(Blow hole) – 용접 시 용접금속 내에 흡수된 가스에 의해 그대로 잔류된 기공
- 스패터(Spatter) – 용접봉의 피복재가 녹아 용접금속 표면에 부상하여 굳은 슬래그 혹은 금속입자가 그대로 굳은 형상
- 용입불량 – 운봉속도가 빠르거나 전류가 낮은 경우, 홈의 각도가 좁은 경우 용착금속이 채워지지 않고 홈으로 남게 되는 형상

## 77 Repetitive Learning (1회 2회 3회)

다음 [보기]의 블록쌓기 시공순서로 옳은 것은?

A. 접착면 청소
B. 세로 규준틀 설치
C. 규준 쌓기
D. 중간부 쌓기
E. 줄눈 누르기 및 파기
F. 치장줄눈

① A–D–B–C–F–E
② A–B–D–C–F–E
③ A–C–B–D–E–F
④ A–B–C–D–E–F

해설

- 일반적인 블록(벽돌)쌓기는, 접착면 청소 → 물축이기 → 세로 규준틀 설치 → 규준 쌓기 → 중간부 쌓기 → 줄눈 누르기 및 파기 → 치장줄눈 → 보양의 순으로 진행한다.

:: 블록쌓기 순서

- 블록공사 전 과정은, 시공도 작성 → 규준틀 작성 → 가설형틀 설치 → 블록의 선별 및 마름질하기 → 블록나누기 → 비계발판 설치 순으로 진행한다.
- 일반적인 블록(벽돌)쌓기는, 접착면 청소 → 물축이기 → 세로 규준틀 설치 → 규준 쌓기 → 중간부 쌓기 → 줄눈 누르기 및 파기 → 치장줄눈 → 보양의 순으로 진행한다.

1202

## 78 Repetitive Learning (1회 2회 3회)

흙에 접하거나 옥외공기에 직접 노출되는 현장치기 콘크리트로서 D16 이하 철근의 최소 피복 두께는?

① 20mm ② 40mm
③ 60mm ④ 80mm

해설

- D16 이하의 철근, 지름 16mm 이하의 철선의 최소 피복 두께는 40mm 이다.

:: 철근 피복

㉠ 피복 두께

- 피복 두께는 기후나 기타 외부요인으로부터 철근을 보호하기 위한 것으로, 부재의 최외단에 배치된 철근 표면으로부터 콘크리트 표면까지의 최단거리를 말한다.
- 피복 두께가 적을 경우 철근과 콘크리트가 분리되는 부착파괴가 발생한다.

정답 | 76 ④ 77 ④ 78 ②

ⓛ 최소 피복 기준

- 수중에서 치는 콘크리트 : 100mm
- 흙에 접하여 콘크리트를 친 후 영구히 흙에 묻혀있는 콘크리트 : 80mm
- 흙에 접하거나 옥외의 공기에 직접 노출되는 콘크리트

| D29 이상의 철근 | 60mm |
|---|---|
| D25 이하의 철근 | 50mm |
| D16 이하의 철근, 지름 16mm 이하의 철선 | 40mm |

- 옥외의 공기나 흙에 직접 접하지 않는 콘크리트

| 슬래브, 벽체, 장선 | D35 초과하는 철근 | 40mm |
|---|---|---|
| | D35 이하의 철근 | 20mm |
| 보, 기둥 | | 40mm |
| 쉘, 철판부재 | | 20mm |

## 79

Repetitive Learning (1회 2회 3회)

지반조사의 방법에 해당되지 않는 것은?

① 보링(Boring)
② 사운딩(Sounding)
③ 언더피닝(Under pinning)
④ 샘플링(Sampling)

해설

- 언더피닝(Underpinning)은 가설기초의 용량(지지력)과 심도를 증가시키기 위하여 새로운 영구적인 지지력을 첨가하는 것을 말한다. 기존 건물 또는 공작물의 기초나 지정을 보강하거나 또는 거기에 새로운 기초를 삽입하거나 지지면을 더 깊은 지반에 옮겨 안전하게 하기 위한 지반개량 공법이다.

:: 지반조사의 방법

- 지하탐사법 – 탐사간(쇠꽂이 찔러보기), 짚어보기, 터파보기, 물리적 탐사법(전기저항식, 탄성파식, 강제진동식) 등이 있다.
- 보링(Boring) – 부지 내에 3개소 이상 30m 정도의 간격으로 수직구멍을 철관으로 굴착하여 채취한 토사를 측정하는 방법으로 오거보링, 수세식보링, 충격식보링, 회전식보링 등이 있다.
- 관입저항시험(Sounding) – 보링구멍을 이용하거나 직접 시험기를 주입하여 흙의 저항 및 물리적 성질을 측정하는 방법으로 표준관입시험, Vane test, Cone 관입시험 등이 이에 해당한다.
- 샘플링(Sampling) – 연약지반에서 자연상태의 역학적인 성질을 파악하기 위해 자연상태의 불교란 시료를 채취하여 측정하는 방법이다.
- 지내력시험(Loading test) – 하중을 얹어서 침하량을 측정하여 하중·침하량 곡선에서 허용지내력을 측정하는 방법이다.

## 80

Repetitive Learning (1회 2회 3회)

철골용접 부위의 비파괴검사에 관한 설명으로 옳지 않은 것은?

① 방사선검사는 필름의 밀착성이 좋지 않은 건축물에서도 검출이 우수하다.
② 침투탐상검사는 액체의 모세관현상을 이용한다.
③ 초음파탐상검사는 인간의 귀로 들을 수 없는 주파수를 갖는 초음파를 사용하여 결함을 검출하는 방법이다.
④ 외관검사는 용접을 한 용접공이나 용접관리 기술자가 하는 것이 원칙이다.

해설

- 방사선검사(Radiography testing)는 필름의 밀착성이 좋지 않은 건축물에서 검출이 어렵다.

:: 철골용접 비파괴검사

㉠ 개요

- 강구조 건축물 용접부의 표면결함 및 내부결함을 검출하는 것으로 한다.
- 표면결함은 육안검사와 침투탐상검사 또는 자분탐상검사로 하며, 내부결함은 초음파탐상검사 또는 방사선투과검사로 구분하여 적용한다.

㉡ 표면결함 검사

- 외관(육안)검사는 용접을 한 용접공이나 용접관리 기술자가 하는 것이 원칙이다.
- 침투탐상검사(Liquid penetrant testing)는 액체의 모세관현상을 이용한다.
- 자분탐상검사(Magnetic particle testing)는 금속표면의 비교적 낮은 부분의 결함을 발견하기 위해 자력을 이용한다.

㉢ 내부결함 검사

- 방사선검사(Radiography testing)는 필름의 밀착성이 좋지 않은 건축물에서 검출이 어렵다.
- 초음파탐상검사(Ultrasonic testing)는 인간의 귀로 들을 수 없는 주파수를 갖는 초음파를 사용하여 결함을 검출하는 방법으로 모재의 결함 및 두께 측정이 가능하고, 빠르고 경제적이어서 현장에서 많이 이용한다.



79 ③ 80 ① | 정답

## 5과목 건설재료학

### 81 Repetitive Learning (1회 2회 3회)

다음 중 내열성이 좋아서 내열식기에 사용하기에 가장 적합한 유리는?

① 소다석회유리 ② 칼륨 연유리
③ 붕규산 유리 ④ 물유리

**해설**

- 소다석회유리는 가장 일반적인 형태의 유리로 소다, 석회, 규산을 주성분으로 한 유리이다.
- 칼륨 연유리는 납으로 된 유리로 방사선 누출이 있을 수 있는 병원이나 연구소 등에서 시야확보를 위한 표시창으로 사용된다.
- 물유리는 액체로 된 유리 혹은 물에 녹은 유리로 방수성과 불연성을 이용해 건축재료로 사용된다.

붕규산 유리(Borosilicate glass)
- 실리카와 산화붕소($B_2O_3$)를 주원료로 한 유리이다.
- 내열성 및 화학적 내구성이 좋아 내열식기로 사용하기에 적합하다.

### 82 Repetitive Learning (1회 2회 3회)

철재의 표면 부식방지 처리법으로 옳지 않은 것은?

① 유성페인트, 광명단을 도포
② 시멘트모르타르로 피복
③ 마그네시아시멘트모르타르로 피복
④ 아스팔트, 콜타르를 노포

**해설**

- 마그네시아시멘트보르타르는 물에 약하고 습기가 차며 고온에 약하고 철재를 녹슬게 하는 결점이 있어 철의 방식용으로는 알맞지 않다.

철강의 부식 및 방식
- ㉠ 부식
  - 철강의 표면은 대기 중의 습기나 탄산가스와 반응하여 녹을 발생시킨다.
  - 공기나 탄산가스가 적은 땅속에서는 대기 중보다도 오히려 부식이 적다.
  - 일반적으로 pH 4.5를 경계로 산성 쪽에서는 부식이 빠르고, 알칼리 쪽에서는 부식이 느리다.
- ㉡ 방식
  - 부식의 원인인 물과 산소를 차단하기 위해 철 표면에 기름칠이나 페인트칠(유성페인트, 광명단 등), 시멘트모르타르, 아스팔트, 콜타르를 도포한다.
  - 아연 및 주석도금을 통해 방식하는 방법 중 아연피복은 대기 중에서 상당히 내구력이 있다.
  - 철보다 반응성이 큰 금속을 연결하거나 부착하여 해당 금속이 먼저 부식되도록 하여 철을 보호한다.

0302 / 1004

### 83 Repetitive Learning (1회 2회 3회)

내화벽돌의 내화도의 범위로 가장 적절한 것은?

① 500 ~ 1,000℃
② 1,500 ~ 2,000℃
③ 2,500 ~ 3,000℃
④ 3,500 ~ 4,000℃

**해설**

- 내화벽돌의 내화온도의 범위는 제품에 따라 다르나 대개 1,500 ~ 2,000℃이다.

내화벽돌
- 내화벽돌은 내화점토를 원료로 하여 소성한 벽돌이다.
- 내화벽돌의 내화온도의 범위는 제품에 따라 다르나 대개 1,500 ~ 2,000℃이다.
- 규격치수는 표준형 점토벽돌과 다르며 약간 크며 보통형 벽돌의 치수는 230×114×65mm이다.
- 내화벽돌은 세게르콘 26 이상의 내화도를 가진 것이다.
- 비중이 보통 점토벽돌보다 높은 편이다.

### 84 Repetitive Learning (1회 2회 3회)

굳지 않은 콘크리트의 성질을 표시한 용어가 아닌 것은?

① 워커빌리티(Workability)
② 펌퍼빌리티(Pumpability)
③ 플라스티시티(Plasticity)
④ 크리프(Creep)

정답 | 81 ③ 82 ③ 83 ② 84 ④

해설

- 크리프(Creep)는 콘크리트에 일정한 하중을 장기간 가하면 하중의 증가 없이도 변형이 시간에 따라 증가하는데 그 변형을 말하며 굳은 콘크리트의 성질을 표시하는 용어이다.

굳지 않은 콘크리트의 성질을 표시하는 용어

| | |
|---|---|
| 워커빌리티 (Workability) | • 시공연도를 표현한다.<br>• 정성적인 것으로 정량적으로 표시하기가 어려우며, 컨시스턴시에 의한 부어넣기의 난이도 정도 및 재료분리에 저항하는 정도를 나타낸다. |
| 컨시스턴시 (Consistency) | • 반죽질기를 말한다.<br>• 주로 수량에 의해서 변화하는 유동성의 정도를 의미한다. |
| 플라스티시티 (Plasticity) | • 성형성을 의미한다.<br>• 거푸집 등의 형상에 순응하여 채우기 쉽고, 분리가 일어나지 않는 성질을 말한다. |
| 피니셔빌리티 (Finishability) | • 마감성을 의미한다.<br>• 마무리하기 쉬운 정도를 말한다. |
| 펌퍼빌리티 (Pumpability) | • 펌프용 콘크리트의 워커빌리티를 판단하는 하나의 척도로 사용된다. |

0804 / 1002 / 1204 / 2201

## 85 Repetitive Learning (1회 2회 3회)

목재를 작은 조각으로 하여 충분히 건조시킨 후 합성수지와 같은 유기질의 접착제를 첨가하여 열압 제판한 목재 가공품은?

① 섬유판(Fiber board)
② 파티클보드(Particle board)
③ 코르크판(Cork board)
④ 집성목재(Glulam)

해설

- 섬유판은 식물질 원료를 펄프화하여 인공적으로 성형 제조한 목재로 텍스(Tex)라고도 한다.
- 코르크판은 유공판으로 단열성·흡음성 등이 있어 천장 등에 흡음재로 사용된다.
- 집성목재는 소판이나 소각재의 부산물 등을 이용하여 접착, 접합에 의해 소요 형상의 인공목재를 제조할 수 있는 것이다.

파티클보드(Particle board)
- 칩보드라고도 한다.
- 목재 또는 기타 식물질을 작은 조각으로 하여 충분히 건조시킨 후 합성수지 접착제와 같은 유기질 접착제를 첨가하여 열압 제조한 판상제품을 말한다.

1001

## 86 Repetitive Learning (1회 2회 3회)

자갈의 절대건조상태 질량이 400g, 습윤상태 질량이 413g, 표면건조내부포수상태 질량이 410g일 때, 흡수율은 몇 %인가?

① 2.5%　② 1.5%
③ 1.25%　④ 0.75%

해설

- 표건상태의 중량은 410g이며, 절건상태의 중량은 400g이다.
- 흡수율 = $\frac{410-400}{400}$ = 0.025로 2.5[%]이다.

흡수율과 표면수율
㉠ 흡수율
- 흡수율은 흡수량(표면건조상태와 절대건조상태의 중량 차) 대비 절대건조상태의 중량비를 백분율로 나타낸 것이다.
- 흡수율 = $\frac{\text{표면건조상태} - \text{절대건조상태}}{\text{절대건조상태}} \times 100[\%]$이다.

㉡ 표면수율
- 표면수율이란 표면수량(습윤상태와 표건상태의 중량 차) 대비 표면건조상태의 중량비를 백분율로 나타낸 것이다.
- 표면수율 = $\frac{\text{습윤상태} - \text{표면건조상태}}{\text{표면건조상태}} \times 100[\%]$이다.

2201

## 87 Repetitive Learning (1회 2회 3회)

건축재료의 요구성능 중 마감재료에서 필요성이 가장 적은 항목은?

① 화학적 성능　② 역학적 성능
③ 내구성능　④ 방화·내화성능

해설

- 역학적 성능은 구조재료에 필요한 성능이다.

마감재료
㉠ 개요
- 구조물을 보호하고 기능에 적합하도록 장식하는 재료를 말한다.
- 건물 내외부의 피복, 단열성, 방수성, 흡음성을 고려한 미적감각을 표현한다.

㉡ 요구성능
- 물리적 성능
- 화학적 성능
- 내구성능
- 방화 및 내화성능



85 ② 86 ① 87 ② | 정답

## 88

Repetitive Learning (1회 2회 3회)

시멘트의 분말도에 관한 설명으로 옳지 않은 것은?

① 시멘트 분말도의 측정은 블레인시험으로 행한다.
② 비표면적으로 클수록 초기강도의 발현이 빠르다.
③ 분말도가 지나치게 크면 풍화되기 쉽다.
④ 분말도가 큰 시멘트일수록 수화열이 낮다.

해설

- 분말도가 클수록 물에 접촉하는 면적이 커지므로 수화작용이 촉진되어 열의 발생이 많아진다.

∷ 시멘트의 분말도

㉠ 개요
- 비표면적으로 시멘트 입자의 굵고 가는 정도를 나타낸다.
- 분말도는 시멘트의 성능 중 수화반응, 블리딩, 초기강도 등에 크게 영향을 준다.
- 시멘트 분말도의 시험방법에는 체분석법, 피크노메타법, 브레인법 등이 있다.

㉡ 분말도가 클수록 = 분말이 미세할수록
- 물에 접촉하는 면적이 커지므로 수화작용이 촉진되어 콘크리트의 초기강도가 커지고 그 이후의 강도도 증가한다.
- 열의 발생도 많아지고, 시멘트페이스트의 점성과 워커빌리티 및 수밀성이 향상된다.
- 컨시스턴시와 블리딩은 작아진다.
- 너무 커지면 풍화되기 쉽고 또한 사용 후 균열이 발생하기 쉽다.

## 89

Repetitive Learning (1회 2회 3회)

골재의 단위용적질량을 계산할 때 골재는 어느 상태를 기준으로 하는가?(단, 굵은 골재가 아닌 경우)

① 습윤상태
② 기건상태
③ 절대건조상태
④ 표면건조내부포수상태

해설

- 골재의 단위용적중량을 계산할 때는 절대건조상태의 골재의 비중을 기준으로 한다.

∷ 골재의 실적률

㉠ 개요
- 용기에 채운 절대건조상태의 골재의 비중 대비 단위용적중량의 백분율을 말한다.
- 실적률은 $\dfrac{\text{단위용적중량}}{\text{절대건조상태의 골재의 비중}} \times 100[\%]$로 구한다.
- 골재입형의 양부를 평가하는 지표이다.
- 부순 자갈의 실적률은 그 입형 때문에 강자갈의 실적률보다 작다.

㉡ 특징
- 실적률이 큰 골재를 사용하면 시멘트페이스트 양이 적게 든다.
- 콘크리트의 내구성과 강도가 증가한다.
- 콘크리트의 밀도가 커지면 투수성, 흡습성의 감소를 기대할 수 있다.
- 건조수축 및 수화열이 감소된다.

0402 / 0804

## 90

Repetitive Learning (1회 2회 3회)

급경성으로 내알칼리성 등의 내화학성이나 접착력이 크고 내수성이 우수한 합성수지 접착제로 금속, 석재, 도자기, 유리, 콘크리트, 플라스틱재 등의 접착에 사용되는 것은?

① 에폭시수지 접착제
② 멜라민수지 접착제
③ 요소수지 접착제
④ 폴리에스테르수지 접착제

해설

- 멜라민수지 접착제는 표면경도가 높고, 내열성, 내약품성, 내수성 및 전기적 성질이 뛰어난 접착제로 목재접착에 적합하다.
- 요소수지 접착제는 요소와 포름알데히드로 제조된 무색투명한 열경화성 수지 접착제로 내수성이 부족하고 값이 저렴하다.
- 폴리에스테르수지 접착제는 내수성, 내약품성, 열안정성이 우수하고, 경화가 빠르고 접착력이 커 석재 등의 접착에 이용된다.

∷ 에폭시수지 접착제(Epoxy resin adhesive)
- 주제와 경화제로 이루어진 2성분형이 대부분인 열경화성 수지 접착제이다.
- 금속, 석재, 도자기, 유리, 콘크리트, 플라스틱재 등의 접착에 사용되는 만능형 접착제이다.
- 경화제를 사용하여 만들어지므로 접착할 때 압력을 가할 필요가 없다.
- 급경성으로 내알칼리성, 내산성 등의 내화학성이나 접착력이 크고 내구력, 내수성, 내약품성이 우수한 합성수지 접착제이다.

정답 | 88 ④ 89 ③ 90 ①

## 91
Repetitive Learning 1회 2회 3회

목재의 일반적 성질에 관한 설명으로 틀린 것은?

① 섬유포화점 이상의 함수상태에서는 함수율 증감에도 신축을 일으키지 않는다.
② 섬유포화점 이상의 함수상태에서는 함수율이 증가할수록 강도는 감소한다.
③ 기건상태란 통상 대기의 온도·습도와 평형한 목재의 수분 함유 상태를 말한다.
④ 비닐수지 접착제는 값이 저렴하여 작업성이 좋으며, 에멀젼형은 카세인의 대용품으로 사용된다.

해설

- 섬유포화점 이하에서는 함수율의 감소에 따라 목재의 강도가 증가하고 탄성(인성)이 감소하나, 섬유포화점 이상에서는 함수율이 변화해도 목재의 강도가 일정하고 신축을 일으키지도 않는다.

함수율과 강도
- 목재가 대기의 온도와 습도에 맞게 평형에 도달한 상태를 의미하는 기건상태의 함수율은 약 15%이다.
- 목재에서 흡착수만이 최대한도로 존재하고 있는 상태인 섬유포화점(Fiber saturation point)의 함수율은 30% 정도이다.
- 섬유포화점 이하에서는 함수율의 감소에 따라 목재의 강도가 증가하고 탄성(인성)이 감소한다.
- 섬유포화점 이상에서는 함수율이 변화하여도 목재의 강도가 일정하고 신축을 일으키지도 않는다.

## 92
Repetitive Learning 1회 2회 3회

다음 각 접착제에 관한 설명으로 옳지 않은 것은?

① 패놀수지 접착제는 용제형과 에멀젼형이 있고, 멜라민, 초산비닐 등과 공중합시킨 것도 있다.
② 요소수지 접착제는 내열성이 200℃이고 내수성이 매우 크며 전기절연성도 우수하다.
③ 멜라민수지 접착제는 열경화성 수지 접착제로 내수성이 우수하여 내수합판용으로 사용된다.
④ 비닐수지 접착제는 값이 저렴하여 작업성이 좋으며, 에멀젼형은 카세인의 대용품으로 사용된다.

해설

- 요소수지 접착제는 다른 접착제와 비교하여 내수성이 부족하고 값이 저렴하다.

요소수지 접착제(Urea resin adhesive)
- 요소와 포름알데히드로 제조된 무색투명한 열경화성 수지이다.
- 목재접합, 합판제조 등에 사용된다.
- 다른 접착제와 비교하여 내수성이 부족하고 값이 저렴하다.

## 93
Repetitive Learning 1회 2회 3회

콘크리트의 워커빌리티에 영향을 주는 인자에 관한 설명으로 옳지 않은 것은?

① 골재의 입도가 적당하면 워커빌리티가 좋다.
② 시멘트의 성질에 따라 워커빌리티가 달라진다.
③ 단위수량이 증가할수록 재료분리를 예방할 수 있다.
④ AE제를 혼입하면 워커빌리티가 좋게 된다.

해설

- 단위수량을 너무 증가시키면 재료분리가 생기기 쉽기 때문에 워커빌리티가 좋아진다고 볼 수 없다.

워커빌리티(Workability)

㉠ 개요
- 시공연도라고도 하며, 컨시스턴시에 의한 부어넣기의 난이도 정도 및 재료분리에 저항하는 정도를 나타낸다.

㉡ 특징
- 깬 자갈이나 깬 모래를 사용하면 워커빌리티가 나빠진다.
- 잔골재를 크게 하고 단위수량을 크게 하면 워커빌리티가 좋아진다.
- 단위수량을 너무 증가시키면 재료분리가 생기기 쉽기 때문에 워커빌리티가 좋아진다고 볼 수 없다.
- 과도하게 비빔시간이 길면 시멘트의 수화를 촉진하여 워커빌리티가 나빠진다.
- AE제를 혼입하면 워커빌리티가 좋아진다.

1302

## 94
Repetitive Learning 1회 2회 3회

강의 가공과 처리에 관한 설명으로 옳지 않은 것은?

① 소정의 성질을 얻기 위해 가열과 냉각을 조합 반복하여 행한 조작을 열처리라고 한다.
② 열처리에는 단조, 불림, 풀림 등의 처리방식이 있다.
③ 압연은 구조용 강재의 가공에 주로 쓰인다.
④ 압출가공은 재료의 움직이는 방향에 따라 전방압출과 후방압출로 분류할 수 있다.

해설

- 강재의 열처리 기술에는 담금질, 뜨임, 풀림, 불림 등이 있다.
- 단조는 금속을 두들기거나 눌러서 형체를 만드는 금속가공의 한 방법이다.



91 ② 92 ② 93 ③ 94 ② 정답

## 강재의 열처리

- 강재에 기계적, 물리적 성질을 부여하기 위해 가열과 냉각을 시행하는 열적 조작기술이다.
- 열처리 기술에는 담금질, 뜨임, 풀림, 불림 등이 있다.

| | |
|---|---|
| 담금질 (Quenching) | 강을 적당한 온도로 가열하여 오스테나이트 조직에 이르게 한 후 마텐자이트 조직으로 변화시키기 위해 급랭시키는 처리 |
| 뜨임 (Tempering) | 담금질 한 강에 적당한 인성을 부여하기 위해 적당한 온도까지 가열한 후 다시 냉각시키는 처리 |
| 풀림 (Annealing) | 강을 연화하거나 내부응력을 제거할 목적으로 강을 800 ~ 1,000℃로 일정한 시간 가열한 후에 로(爐) 안에서 천천히 냉각시키는 처리 |
| 불림 (Normalizing) | 강의 열처리 중에서 조직을 개선하고 결정을 미세화하기 위해 800 ~ 1,000℃로 가열하여 소정의 시간까지 유지한 후에 대기 중에서 냉각시키는 처리 |

## 95 — Repetitive Learning (1회 2회 3회)

구조용 집성재의 품질기준에 따른 구조용 집성재의 접착강도 시험에 해당되지 않는 것은?

① 침지 박리 시험
② 블록 전단 시험
③ 삶음 박리 시험
④ 할렬 인장 시험

**해설**

- 구조용 집성재의 접착강도 시험은 침지 박리 시험, 삶음 박리 시험, 감압 가압 시험, 블록 전단 시험이 있다.

### 구조용 집성재의 접착강도 시험

- 침지 박리 시험 : 시험편을 상온수에서 24시간 침지 후 70±3℃의 항온 건조기에서 24시간 건조한 후 측정한다.
- 삶음 박리 시험 : 시험편을 끓는 물속과 상온에서 침지시킨 후 건조기에서 건조시킨 후의 함수율을 측정한다.
- 블록 전단 시험 : 강도시험기를 이용하여 일정한 속도와 하중으로 시험 실시한다.
- 감압 가압 시험 : 시험편을 상온수에서 침지하여 감압한 후 다시 가압하는 것을 반복한 후 건조기에서 건조시킨 후의 함수율을 측정한다.

## 96 — Repetitive Learning (1회 2회 3회)

매스콘크리트의 균열을 방지 또는 감소시키기 위한 대책으로 옳은 것은?

① 중용열포틀랜드시멘트를 사용한다.
② 수밀하게 타설하기 위해 슬럼프값은 될 수 있는 한 크게 한다.
③ 혼화제로서 조기 강도발현을 위해 응결경화촉진제를 사용한다.
④ 골재치수를 작게 함으로써 시멘트양을 증가시켜 고강도화를 꾀한다.

**해설**

- 매스콘크리트의 균열을 방지하기 위해서는 슬럼프값은 작아야 하고, 혼화제로는 응결시간 지연을 위한 고성능 감수제를 사용해야 하며, 골재의 치수를 크게, 단위 시멘트양을 적게 해야 한다.

### 매스콘크리트

㉠ 개요

- 부재의 단면치수가 80cm 이상일 때 타설하는 콘크리트로 구조물 시공 시 연속 층 타설 공법을 사용하는 콘크리트이다.
- 콘크리트의 구조물 크기가 커 수화열로 인한 균열에 대비하여야 한다.

㉡ 균열방지대책

- 저발열성 시멘트(저열포틀랜드 및 중용열포틀랜드시멘트 등)를 사용한다.
- 파이프쿨링을 한다.
- 골재의 치수를 크게 하며, 굵은 골재의 양을 많이 한다.
- 단위 시멘트양을 적게 하고, 물시멘트비를 낮춘다.
- 포졸란계 혼화재를 사용한다.
- 온도균열지수에 의한 균열발생을 검토한다.

2001 / 2101 / 2102

## 97 — Repetitive Learning (1회 2회 3회)

KS L 4201에 따른 점토벽돌 1종의 압축강도는 최소 얼마 이상인가?

① 15.62MPa
② 18.55MPa
③ 20.59MPa
④ 24.50MPa

**해설**

- 1종의 경우 압축강도는 24.50[MPa] 이상이고, 흡수율은 10[%] 이하이다.

정답 | 95 ④ 96 ① 97 ④

:: 점토벽돌

- 품질기준은 KS L 4201에서 규정한다.
- 점토벽돌의 종류는 품질에 따라 크게 미장벽돌과 유약 벽돌로 구분할 수 있다.
- 보통벽돌의 소성온도는 900 ~ 1,000℃ 이상이다.
- 점토벽돌이 적색 또는 적갈색을 띠는 것은 점토 중에 포함된 산화철(FeO)분에 기인한다.
- 벽돌의 품질

| 품질 | 종류 | |
|---|---|---|
| | 1종 | 2종 |
| 흡수율[%] | 10 이하 | 15 이하 |
| 압축강도[MPa] | 24.50 | 14.70 |

- 벽돌의 치수 및 허용차[단위 : mm]

| 항목 | 구분 | | |
|---|---|---|---|
| | 길이 | 너비 | 두께 |
| 치수 | 190<br>205 | 90<br>90 | 57<br>75 |
| 허용차 | ±5.0 | ±3.0 | ±2.5 |

## 98 Repetitive Learning (1회 2회 3회)

풀 또는 여물을 사용하지 않고 물로 연화하여 사용하는 것으로 공기 중의 탄산가스와 결합하여 경화하는 미장재료는?

① 회반죽 ② 돌로마이트플라스터
③ 혼합 석고플라스터 ④ 보드용 석고플라스터

해설

- 돌로마이트플라스터는 풀을 사용하지 않으며, 물로 연화하여 사용하지만 공기 중의 이산화탄소와 결합하여 경화되는 기경성 미장재료이다.

:: 돌로마이트플라스터

㉠ 개요
- 돌로마이트를 900 ~ 1,200℃의 고온으로 가열·소성하여 만드는 기경성 미장재료이다.
- 물로 연화하여 사용하지만 대기 중의 이산화탄소(탄산가스)와 반응하여 경화되므로 기경성에 포함된다.

㉡ 특징
- 점성이 높고, 작업성이 좋으며, 응결시간이 길다.
- 회반죽에 비해 조기강도 및 최종강도가 크다.
- 풀을 필요로 하지 않으므로 색깔이 변하거나 냄새가 나지 않는다.
- 건조수축이 커서 균열이 생기기 쉽다.

0404

## 99 Repetitive Learning (1회 2회 3회)

목재의 심재와 변재를 비교한 설명 중 옳지 않은 것은?

① 심재가 변재보다 다량의 수액을 포함하고 있어 비중이 작다.
② 심재가 변재보다 신축이 적다.
③ 심재가 변재보다 내후성, 내구성이 크다.
④ 일반적으로 심재가 변재보다 강도가 크다.

해설

- 심재는 변재보다 수분의 양은 적지만 비중은 크다.

:: 목재의 구조

㉠ 심재
- 나무의 중심부위를 말한다.
- 오래된 세포들로 구성되며 세포막만 남아 나무를 지탱하는 역할을 한다.
- 수지, 타닌, 리그닌 등의 성분이 침적되어 색깔이 진하게 나타난다.
- 수분함량이 적어서 변형이 거의 없다.
- 변재에 비해 비중, 내후성 및 강도가 크고, 신축 변형량이 작다.
- 가구재로 많이 사용된다.

㉡ 변재
- 나무의 바깥부분을 말한다.
- 새로운 세포들로 구성되어 생활기능을 담당하고 있다.
- 수액의 통로이며, 탄수화물 등 양분의 저장소이다.
- 목질이 연하고 수분함량이 많아서 변형이 쉽고 강도가 약하다.

## 100 Repetitive Learning (1회 2회 3회)

다음 벽지에 관한 설명으로 옳은 것은?

① 종이벽지는 자연적 감각 및 방음효과가 우수하다.
② 비닐벽지는 물청소가 가능하고 시공이 용이하며, 색상과 디자인이 다양하다.
③ 직물벽지는 벽지 표면을 코팅 처리함으로써 내오염, 내수, 내마찰성이 우수하다.
④ 초경벽지는 먼지를 많이 흡수하고 퇴색하기 쉽지만 단열 효과 및 통기성이 우수하다.



98 ② 99 ① 100 ② 정답

해설

- 종이벽지는 종이 위에 무늬와 색상을 프린트한 경제적이고 시공하기 편리한 벽지이다.
- 직물벽지는 실을 뽑아 직기에 제직을 거친 벽지로 부드러운 느낌과 다양한 패턴과 디자인이 우수하다.
- 초경벽지는 우리나라 고유의 전통 민속공예벽지로 자연적인 감각과 방음효과가 우수하다.

∷ 비닐벽지

- 합지벽지에 비닐 코팅막을 입힌 벽지이다.
- 오염이 되더라도 물청소가 가능하고 시공이 용이하다.
- 색상과 디자인이 다양하다.
- 통기성 부족으로 결로의 우려가 있다.

## 6과목 건설안전기술

1001

### 101 Repetitive Learning (1회 2회 3회)

로드(Rod)·유압잭(Jack) 등을 이용하여 거푸집을 연속적으로 이동시키면서 콘크리트를 타설할 때 사용되는 것으로 Silo 공사 등에 적합한 거푸집은?

① 메탈폼
② 슬라이딩폼
③ 와플폼
④ 페코빔

해설

- 메탈폼(Metal form)은 강제 거푸집을 사용하는 건설방법을 말한다.
- 와플폼은 무량판구조에 사용되는 상자모양의 장선 슬래브의 장선이 직교하는 구조로 된 기성거푸집을 말한다.
- 페코빔은 지주 없이 수평 지지보를 걸쳐 거푸집을 지지하는 무지주 공법에 해당한다.

∷ 슬라이딩폼 실작 1604/1401

- 수평 및 수직으로 반복된 구조물을 시공이음 없이 균일하게 시공하기 위해 사용되는 거푸집의 종류이다.
- 로드(Rod)·유압잭(Jack) 등을 이용하여 거푸집을 연속적으로 이동시키면서 콘크리트를 타설할 때 사용된다.
- 원자력 발전소의 원자로격납용기(Containment vessel), Silo 공사 등에 적합한 거푸집이다.

### 102 Repetitive Learning (1회 2회 3회)

가설통로의 구조에 관한 기준으로 옳지 않은 것은?

① 경사가 15°를 초과하는 경우에는 미끄러지지 아니하는 구조로 할 것
② 경사는 20° 이하로 할 것
③ 추락의 위험이 있는 장소에는 안전난간을 설치할 것
④ 수직갱에 가설된 통로의 길이가 15m 이상인 경우에는 10m 이내마다 계단참을 설치할 것

해설

- 가설통로 설치 시 경사는 30° 이하로 하여야 한다.

∷ 가설통로 설치 시 준수기준 실필 1801/1704/1502/1404/1201 실작 1804/1801/1704

- 높이 8m 이상인 비계다리에서는 7m 이내마다 계단참을 설치한다.
- 수직갱에 가설된 통로의 길이가 15m 이상인 경우에는 10m 이내마다 계단참을 설치한다.
- 경사가 15°를 초과하는 경우에는 미끄러지지 아니하는 구조로 한다.
- 추락할 위험이 있는 장소에는 안전난간을 설치한다.
- 경사로의 폭은 최소 90cm 이상이어야 한다.
- 발판 폭 40cm 이상, 틈 3cm 이하로 한다.
- 경사는 30° 이하로 한다.

### 103 Repetitive Learning (1회 2회 3회)

타워크레인을 자립고(自立高)를 초과하는 높이로 설치할 때 지지벽체가 없어 와이어로프로 시지하는 경우의 준수사항으로 옳지 않은 것은?

① 와이어로프를 고정하기 위한 전용 지지프레임을 사용할 것
② 와이어로프 설치각도는 수평면에서 60° 이내로 하되, 지지점은 4개소 이상으로 하고, 같은 각도로 설치할 것
③ 와이어로프와 그 고정부위는 충분한 강도와 장력을 갖도록 설치하되, 와이어로프를 클립·샤클(Shackle) 등의 기구를 사용하여 고정하지 않도록 유의할 것
④ 와이어로프가 가공전선(架空電線)에 근접하지 않도록 할 것

해설

- 와이어로프를 클립·샤클(Shackle) 등의 고정기구를 사용하여 견고하게 고정시켜 풀리지 아니하도록 하여야 한다.

:: 타워크레인의 지지 시 주의사항

- 사업주는 타워크레인을 자립고(自立高)를 초과하는 높이로 설치하는 경우 건축물 등의 벽체에 지지하도록 할 것
- 와이어로프를 고정하기 위한 전용 지지프레임을 사용할 것
- 와이어로프 설치각도는 수평면에서 60도 이내로 하되, 지지점은 4개소 이상으로 하고, 같은 각도로 설치할 것
- 와이어로프와 그 고정부위는 충분한 강도와 장력을 갖도록 설치하고, 와이어로프를 클립·샤클(Shackle) 등의 고정기구를 사용하여 견고하게 고정시켜 풀리지 아니하도록 하며, 사용 중에는 충분한 강도와 장력을 유지하도록 할 것
- 와이어로프가 가공전선(架空電線)에 근접하지 않도록 할 것

## 104 Repetitive Learning (1회 2회 3회)

동바리로 사용하는 파이프 서포트는 최대 몇 개 이상 이어서 사용하지 않아야 하는가?

① 2개 ② 3개
③ 4개 ④ 5개

해설

- 동바리로 사용하는 파이프 서포트를 3개 이상 이어서 사용하지 않도록 하여야 한다.

:: 거푸집 동바리 등의 안전조치 실필 1304 실작 1804/1802/1801/1702/1701/1604/1602/1504/1502/1501/1402

㉠ 공통사항

- 받침목의 사용, 콘크리트 타설, 말뚝박기 등 동바리의 침하를 방지하기 위한 조치를 할 것
- 동바리의 상하 고정 및 미끄러짐 방지 조치를 할 것
- 상부·하부의 동바리가 동일 수직선상에 위치하도록 하여 깔판·받침목에 고정시킬 것
- 개구부 상부에 동바리를 설치하는 경우에는 상부하중을 견딜 수 있는 견고한 받침대를 설치할 것
- U헤드 등의 단판이 없는 동바리의 상단에 멍에 등을 올릴 경우에는 해당 상단에 U헤드 등의 단판을 설치하고, 멍에 등이 전도되거나 이탈되지 않도록 고정시킬 것
- 동바리의 이음은 같은 품질의 재료를 사용할 것
- 강재의 접속부 및 교차부는 볼트·클램프 등 전용철물을 사용하여 단단히 연결할 것
- 거푸집의 형상에 따른 부득이한 경우를 제외하고는 깔판이나 받침목은 2단 이상 끼우지 않도록 할 것
- 깔판이나 받침목을 이어서 사용하는 경우에는 그 깔판·받침목을 단단히 연결할 것

㉡ 동바리로 사용하는 파이프 서포트

- 파이프 서포트를 3개 이상 이어서 사용하지 않도록 할 것
- 파이프 서포트를 이어서 사용하는 경우에는 4개 이상의 볼트 또는 전용철물을 사용하여 이을 것
- 높이가 3.5m를 초과하는 경우 2m 이내마다 수평연결재를 2개 방향으로 설치할 것

## 105 Repetitive Learning (1회 2회 3회)

다음 설명에 해당하는 안전대와 관련된 용어로 옳은 것은? (단, 보호구 안전인증고시 기준)

| 신체지지의 목적으로 전신에 착용하는 띠 모양의 것으로서 상체 등 신체 일부분만 지지하는 것은 제외한다. |
|---|

① 안전그네 ② 벨트
③ 죔줄 ④ 버클

해설

- 안전그네란 신체지지의 목적으로 전신에 착용하는 띠 모양의 것을 말한다.

:: 안전대 관련 용어

| 벨트 | 신체지지의 목적으로 허리에 착용하는 띠 모양의 부품 |
|---|---|
| 안전그네 | 신체지지의 목적으로 전신에 착용하는 띠 모양의 것으로서 상체 등 신체 일부분만 지지하는 것은 제외 |
| 죔줄 | 벨트 또는 안전그네를 구명줄 또는 구조물 등 그 밖의 걸이설비와 연결하기 위한 줄모양의 부품 |
| 버클 | 벨트 또는 안전그네를 신체에 착용하기 위해 그 끝에 부착한 금속장치 |

0704 / 1404

## 106 Repetitive Learning (1회 2회 3회)

말비계를 조립하여 사용할 때의 준수사항으로 옳지 않은 것은?

① 지주부재의 하단에는 미끄럼 방지장치를 한다.
② 지주부재와 수평면의 기울기는 75° 이하로 한다.
③ 말비계의 높이가 2m를 초과할 경우에는 작업발판의 폭을 30cm 이상으로 한다.
④ 지주부재와 지주부재의 사이를 고정시키는 보조부재를 설치한다.



104 ② 105 ① 106 ③ 정답

해설

- 말비계의 높이가 2m를 초과하는 경우에는 작업발판의 폭을 40cm 이상으로 한다.

⁘ 말비계 조립 시 준수사항 실작 1902/1804/1802/1801

- 지주부재(支柱部材)의 하단에는 미끄럼 방지장치를 하고, 근로자가 양측 끝부분에 올라서서 작업하지 않도록 할 것
- 지주부재와 수평면의 기울기를 75도 이하로 하고, 지주부재와 지주부재 사이를 고정시키는 보조부재를 설치할 것
- 말비계의 높이가 2m를 초과하는 경우에는 작업발판의 폭을 40cm 이상으로 할 것

## 107 Repetitive Learning (1회 2회 3회)

양중기에 사용하는 와이어로프 화물의 하중을 직접 지지하는 달기 와이어로프 또는 달기 체인의 안전계수 기준은?

① 3 이상 ② 4 이상
③ 5 이상 ④ 10 이상

해설

- 화물의 하중을 직접 지지하는 경우 양중기의 달기 와이어로프 또는 달기 체인의 안전계수는 5 이상이어야 한다.

⁘ 양중기에서의 달기구 안전계수 실필 1902/1702/1501/1202 실작 1401/1604

- 근로자가 탑승하는 운반구를 지지하는 달기 와이어로프 또는 달기 체인의 경우 : 10 이상
- 화물의 하중을 직접 지지하는 달기 와이어로프 또는 달기 체인의 경우 : 5 이상
- 훅, 샤클, 클램프, 리프팅 빔의 경우 : 3 이상
- 고리걸이 훅 또는 샤클의 안전계수가 사용되는 달기 와이어로프 또는 달기 체인의 안전계수와 같은 값 이상의 것을 사용하여야 한다.
- 그 밖의 경우 : 4 이상

## 108 Repetitive Learning (1회 2회 3회)

흙막이 지보공의 안전조치로 옳지 않은 것은?

① 굴착배면에 배수로 미설치
② 지하매설물에 대한 조사 실시
③ 조립도의 작성 및 작업순서 준수
④ 흙막이 지보공에 대한 조사 및 점검 철저

해설

- 굴착배면에 배수로를 설치하지 않으면 토사의 붕괴 등이 일어날 가능성이 커진다.

⁘ 흙막이 지보공의 안전조치

- 굴착배면에 배수로 설치
- 지하매설물에 대한 조사 실시
- 조립도의 작성 및 작업순서 준수
- 흙막이 지보공에 대한 조사 및 점검 철저

1104

## 109 Repetitive Learning (1회 2회 3회)

흙막이 계측기의 종류 중 주변 지반의 변형을 측정하는 기계는?

① Tiltmeter ② Inclinometer
③ Strain gauge ④ Load cell

해설

- 건물경사계(Tiltmeter)는 인접한 구조물에 설치하여 구조물의 경사 및 변형상태를 측정하는 기구를 말한다.
- 변형률계(Strain gauge)는 흙막이 가시설의 버팀대(Strut)의 변형을 측정하는 계측기이다.
- 하중계(Load cell)는 버팀보 어스앵커(Earth anchor) 등의 실제 축 하중 변화를 측정하는 계측기이다.

⁘ 굴착공사용 계측기기 실작 1901/1804/1801/1604/1602/1601/1501/1404

㉠ 개요

- 개착식 굴착공사에서 설치하는 계측기기에는 기울기(Tiltmeter), 지하수위계, 간극수압계, 경사계, 응력계, 변형률계, 하중계 등이 있다.
- 지반붕괴 방지를 위한 계측장치에는 지하수위계, 경사계, 변형률계, 응력계, 하중계 등이 있다.
- 깊이 10.5m 이상의 굴착의 경우 수위계, 경사계, 하중 및 침하계, 응력계에 해당하는 계측기기를 설치하여 흙막이 구조의 안전을 예측하여야 하며, 설치가 불가능할 경우 트랜싯 및 레벨 측량기에 의해 수직·수평 변위 측정을 실시하여야 한다.

㉡ 종류

| | |
|---|---|
| 지표침하계 (Surface settlement system) | 지표면의 침하량을 측정하는 기구 |
| 지하수위계 (Water level meter) | 지반 내 지하수위의 변화를 계측하는 기구 |
| 하중계 (Load cell) | 버팀보 어스앵커(Earth anchor) 등의 실제 축 하중 변화를 측정하는 계측기 |
| 지중경사계 (Inclinometer) | 지중의 수평 변위량을 통해 주변 지반의 변형을 측정하는 기계 |
| 건물경사계 (Tiltmeter) | 인접한 구조물에 설치하여 구조물의 경사 및 변형상태를 측정하는 기구 |

정답 | 107 ③ 108 ① 109 ②

| 수직지향각도계 (Inclinometer, 경사계) | 주변 지반, 지층, 기계, 시설 등의 경사도와 변형을 측정하는 기구 |
|---|---|
| 변형률계 (Strain gauge) | 흙막이 가시설의 버팀대(Strut)의 변형을 측정하는 계측기 |

1104

## 110 Repetitive Learning (1회 2회 3회)

화물취급작업과 관련한 위험방지를 위해 조치하여야 할 사항으로 옳지 않은 것은?

① 작업장 및 통로의 위험한 부분에는 안전하게 작업할 수 있는 조명을 유지할 것
② 차량 등에서 화물을 내리는 작업을 하는 경우에 해당 작업에 종사하는 근로자에게 쌓여 있는 화물 중간에서 화물을 빼내도록 하지 말 것
③ 육상에서의 통로 및 작업장소로서 다리 또는 선거 갑문을 넘는 보도 등의 위험한 부분에는 안전난간 또는 울타리 등을 설치할 것
④ 부두 또는 안벽의 선을 따라 통로를 설치하는 경우에는 폭을 50cm 이상으로 할 것

해설

- 부두 또는 안벽의 선을 따라 통로를 설치하는 경우에는 폭을 90cm 이상으로 하여야 한다.

**하역작업장의 조치기준**

- 작업장 및 통로의 위험한 부분에는 안전하게 작업할 수 있는 조명을 유지할 것
- 부두 또는 안벽의 선을 따라 통로를 설치하는 경우에는 폭을 90cm 이상으로 할 것
- 육상에서의 통로 및 작업 장소로서 다리 또는 선거(船渠)의 갑문(閘門)을 넘는 보도(步道) 등의 위험한 부분에는 안전난간 또는 울타리 등을 설치할 것

## 111 Repetitive Learning (1회 2회 3회)

건설현장에 설치하는 사다리식 통로의 설치기준으로 옳지 않은 것은?

① 발판과 벽과의 사이는 15cm 이상의 간격을 유지할 것
② 발판의 간격은 일정하게 할 것
③ 사다리의 상단은 걸쳐놓은 지점으로부터 60cm 이상 올라가도록 할 것
④ 부두 또는 안벽의 선을 따라 통로를 설치하는 경우에는 폭을 50cm 이상으로 할 것

해설

- 부두 또는 안벽의 선을 따라 통로를 설치하는 경우에는 폭을 90cm 이상으로 하여야 한다.

**사다리식 통로의 구조** 실필 1602

- 견고한 구조로 할 것
- 심한 손상·부식 등이 없는 재료를 사용할 것
- 발판의 간격은 일정하게 할 것
- 발판과 벽과의 사이는 15cm 이상의 간격을 유지할 것
- 폭은 30cm 이상으로 할 것
- 사다리가 넘어지거나 미끄러지는 것을 방지하기 위한 조치를 할 것
- 사다리의 상단은 걸쳐놓은 지점으로부터 60cm 이상 올라가도록 할 것
- 사다리식 통로의 길이가 10미터 이상인 경우에는 5미터 이내마다 계단참을 설치할 것
- 사다리식 통로의 기울기는 75도 이하로 할 것. 다만, 고정식 사다리식 통로의 기울기는 90도 이하로 하고, 그 높이가 7미터 이상인 경우에는 바닥으로부터 높이가 2.5미터 되는 지점부터 등받이울을 설치할 것
- 접이식 사다리 기둥은 사용 시 접혀지거나 펼쳐지지 않도록 철물 등을 사용하여 견고하게 조치할 것
- 부두 또는 안벽의 선을 따라 통로를 설치하는 경우에는 폭을 90cm 이상으로 할 것

0404 / 0601 / 0604 / 0701 / 0904 / 1204 / 1301 / 1404

## 112 Repetitive Learning (1회 2회 3회)

철골작업 시 기상조건에 따라 안전상 작업을 중지하여야 하는 경우에 해당되는 기준으로 옳은 것은?

① 강우량이 시간당 5mm 이상인 경우
② 강우량이 시간당 10mm 이상인 경우
③ 풍속이 초당 10m 이상인 경우
④ 강설량이 시간당 20mm 이상인 경우

해설

- 풍속이 초당 10m 이상, 강우량이 시간당 1mm 이상, 강설량이 시간당 1cm 이상인 경우 철골공사 작업을 중지한다.

**철골작업 중지 악천후 기준** 실필 1504/1502/1302/0901 실작 1901/1802/1704

- 풍속이 초당 10m 이상인 경우
- 강우량이 시간당 1mm 이상인 경우
- 강설량이 시간당 1cm 이상인 경우



110 ④ 111 ④ 112 ③ | 정답

2001

## 113 Repetitive Learning (1회 2회 3회)

공정률이 65%인 건설현장의 경우 공사 진척에 따른 산업안전보건관리비의 최소 사용기준으로 옳은 것은?

① 40% 이상
② 50% 이상
③ 60% 이상
④ 70% 이상

해설

• 공사 진척에 따른 안전관리비 사용기준에서 공정률 65%는 50 ~ 70% 범위 내에 포함되므로 산업안전보건관리비 사용기준은 50% 이상이다.

공사 진척에 따른 안전관리비 사용기준 실필 1604/1304/0902

| 공정률 | 50% 이상 70% 미만 | 70% 이상 90% 미만 | 90% 이상 |
|---|---|---|---|
| 사용기준 | 50% 이상 | 70% 이상 | 90% 이상 |

## 114 Repetitive Learning (1회 2회 3회)

항타기 또는 항발기의 권상용 와이어로프의 사용 금지기준에 해당하지 않는 것은?

① 이음매가 없는 것
② 지름의 감소가 공칭지름의 7%를 초과하는 것
③ 꼬인 것
④ 열과 전기충격에 의해 손상된 것

해설

• 이음매가 있는 것은 사용금지 기준에 포함되나 이음매가 없으면 사용가능하다.

달기구 및 크레인 등의 양중기, 항타기, 항발기에서 사용하는 와이어로프의 사용금지 규정 실필 1602/1502/0901 실작 1804/1502

• 이음매가 있는 것
• 와이어로프의 한 꼬임[(스트랜드(Strand)]에서 끊어진 소선(素線)의 수가 10% 이상인 것
• 지름의 감소가 공칭지름의 7%를 초과하는 것
• 꼬인 것
• 심하게 변형되거나 부식된 것
• 열과 전기충격에 의해 손상된 것

## 115 Repetitive Learning (1회 2회 3회)

설치·이전하는 경우 안전인증을 받아야 하는 기계·기구에 해당되지 않는 것은?

① 크레인
② 리프트
③ 곤돌라
④ 고소작업대

해설

• 설치·이전하는 경우 안전인증을 받아야 하는 기계·기구에는 크레인, 리프트, 곤돌라 등이 있다.

안전인증대상 기계·기구 등 실필 1004

• 설치·이전하는 경우 안전인증을 받아야 하는 기계·기구에는 크레인, 리프트, 곤돌라 등이 있다.
• 주요 구조 부분을 변경하는 경우 안전인증을 받아야 하는 기계·기구에는 프레스, 전단기 및 절곡기(折曲機), 크레인, 리프트, 압력용기, 롤러기, 사출성형기(射出成形機), 고소(高所) 작업대, 곤돌라, 기계톱 등이 있다.

2101

## 116 Repetitive Learning (1회 2회 3회)

터널공사의 전기발파작업에 관한 설명으로 옳지 않은 것은?

① 전선은 점화하기 전에 화약류를 충진한 장소로부터 30m 이상 떨어진 안전한 장소에서 도통시험 및 저항시험을 하여야 한다.
② 점화는 충분한 허용량을 갖는 발파기를 사용하고 규정된 스위치를 반드시 사용하여야 한다.
③ 발파 후 발파기와 발파모선의 연결을 유지한 채 그 단부를 절연시킨다.
④ 점화는 선임된 발파책임자가 행하고 발파기의 핸들을 점화할 때 외에는 시건장치를 하거나 모선을 분리하여야 하며 발파책임자의 엄중한 관리하에 두어야 한다.

해설

• 발파 후 즉시 발파모선을 발파기로부터 분리하고 그 단부를 절연시킨 후 재점화가 되지 않도록 하여야 한다.

정답 | 113 ② 114 ① 115 ④ 116 ③

:: 전기발파 시 준수사항

- 미지전류의 유무에 대하여 확인하고 미지전류가 0.01A 이상일 때에는 전기발파를 하지 않아야 한다.
- 전기발파기는 충분한 기동이 있는지의 여부를 사전에 점검하여야 한다.
- 도통시험기는 소정의 저항치가 나타나는지를 사전에 점검하여야 한다.
- 약포에 뇌관을 장치할 때에는 반드시 전기뇌관의 저항을 측정하여 소정의 저항치에 대하여 오차가 ±0.1Ω 이내에 있는가를 확인하여야 한다.
- 발파모선의 배선에 있어서는 점화장소를 발파현장에서 충분히 떨어져 있는 장소로 하고 물기나 철관, 궤도 등이 없는 장소를 택하여야 한다.
- 점화장소는 발파현장이 잘 보이는 곳이어야 하며 충분히 떨어져 있는 안전한 장소로 택하여야 한다.
- 전선은 점화하기 전에 화약류를 장전한 장소로부터 30m 이상 떨어진 안전한 장소에서 도통시험 및 저항시험을 하여야 한다.
- 점화는 충분한 허용량을 갖는 발파기를 사용하고 규정된 스위치를 반드시 사용하여야 한다.
- 점화는 선임된 발파책임자가 행하고 발파기의 핸들을 점화할 때 외에는 시건장치를 하거나 모선을 분리하여야 하며 발파책임자의 엄중한 관리하에 두어야 한다.
- 발파 후 즉시 발파모선을 발파기로부터 분리하고 그 단부를 절연시킨 후 재점화가 되지 않도록 하여야 한다.
- 발파 후 30분 이상 경과한 후가 아니면 발파장소에 접근하지 않아야 한다.

0704

## 117 Repetitive Learning (1회 2회 3회)

건설업의 산업안전보건관리비 사용항목에 해당되지 않는 것은?

① 안전시설비　　② 근로자 건강관리비
③ 운반기계 수리비　　④ 안전진단비

**해설**

- 운반기계 수리비는 산업안전보건관리비로 사용할 수 없다.

:: 건설업 산업안전보건관리비 사용항목 실필 1002

- 안전관리자 등의 인건비 및 각종 업무 수당 등
- 안전시설비 등
- 개인보호구 및 안전장구 구입비 등
- 사업장의 안전진단비
- 안전보건교육비 및 행사비 등
- 근로자의 건강관리비 등
- 기술지도비
- 본사(안전전담부서) 사용비

2101

## 118 Repetitive Learning (1회 2회 3회)

거푸집 동바리 등을 조립 또는 해체하는 작업을 하는 경우의 준수사항으로 옳지 않은 것은?

① 재료, 기구 또는 공구 등을 올리거나 내리는 경우에는 근로자로 하여금 달줄·달포대 등의 사용을 금하도록 할 것
② 낙하·충격에 의한 돌발적 재해를 방지하기 위하여 버팀목을 설치하고 거푸집 동바리 등을 인양장비에 매단 후에 작업을 하도록 하는 등 필요한 조치를 할 것
③ 비, 눈 그 밖의 기상상태의 불안정으로 날씨가 몹시 나쁜 경우에는 그 작업을 중지할 것
④ 해당 작업을 하는 구역에는 관계 근로자가 아닌 사람의 출입을 금지할 것

**해설**

- 재료, 기구 또는 공구 등을 올리거나 내리는 경우에는 근로자로 하여금 달줄·달포대 등을 사용하도록 하여야 한다.

:: 거푸집 동바리의 조립·해체 등 작업 시의 준수사항 실필 1404 실작 1902/1702/1701/1604/1602/1504/1501/1404/1402

- 해당 작업을 하는 구역에는 관계 근로자가 아닌 사람의 출입을 금지할 것
- 비, 눈, 그 밖의 기상상태의 불안정으로 날씨가 몹시 나쁜 경우에는 그 작업을 중지할 것
- 재료, 기구 또는 공구 등을 올리거나 내리는 경우에는 근로자로 하여금 달줄·달포대 등을 사용하도록 할 것
- 낙하·충격에 의한 돌발적 재해를 방지하기 위하여 버팀목을 설치하고 거푸집 동바리 등을 인양장비에 매단 후에 작업을 하도록 하는 등 필요한 조치를 할 것
- 양중기로 철근을 운반할 경우에는 두 군데 이상 묶어서 수평으로 운반할 것
- 작업위치의 높이가 2m 이상일 경우에는 작업발판을 설치하거나 안전대를 착용하게 하는 등 위험 방지를 위하여 필요한 조치를 할 것



117 ③ 118 ① 정답

1902

## 119 Repetitive Learning (1회 2회 3회)

차량계 하역운반기계 등에 화물을 적재하는 경우에 준수해야 할 사항으로 옳지 않은 것은?

① 하중이 한쪽으로 치우치도록 하여 공간상 효율적으로 적재할 것
② 구내운반차 또는 화물자동차의 경우 화물의 붕괴 또는 낙하에 의한 위험을 방지하기 위하여 화물에 로프를 거는 등 필요한 조치를 할 것
③ 운전자의 시야를 가리지 않도록 화물을 적재할 것
④ 화물을 적재하는 경우 최대적재량을 초과하지 않는 것

해설

- 화물적재 시 하중이 한쪽으로 치우치지 않도록 적재하여야 한다.

화물적재 시의 준수사항 실필 1604/1004 실작 1804/1802/1504

- 하중이 한쪽으로 치우치지 않도록 적재할 것
- 구내운반차 또는 화물자동차의 경우 화물의 붕괴 또는 낙하에 의한 위험을 방지하기 위하여 화물에 로프를 거는 등 필요한 조치를 할 것
- 운전자의 시야를 가리지 않도록 화물을 적재할 것
- 화물을 적재하는 경우에는 최대적재량을 초과하지 않을 것

## 120 Repetitive Learning (1회 2회 3회)

유해·위험방지계획서 첨부서류에 해당되지 않는 것은?

① 안전관리를 위한 교육자료
② 안전관리 조직표
③ 건설물, 사용 기계설비 등의 배치를 나타내는 도면
④ 재해발생 위험 시 연락 및 대피방법

해설

- 안전관리를 위한 교육자료가 아니라 안전관리 조직표 및 안전보건교육계획이 되어야 한다.

건설업 유해·위험방지계획서 제출 시 첨부서류

실필 1902/1202/0902

| | |
|---|---|
| 공사개요 및 안전보건관리 계획 | • 공사개요서<br>• 공사현장의 주변 현황 및 주변과의 관계를 나타내는 도면(매설물 현황 포함)<br>• 건설물, 사용 기계설비 등의 배치를 나타내는 도면<br>• 전체공정표<br>• 산업안전보건관리비 사용계획<br>• 안전관리 조직표<br>• 재해발생 위험 시 연락 및 대피방법 |

정답 | 119 ① 120 ①

# 출제문제 분석 2017년 4회

| 구분 | 1과목 | 2과목 | 3과목 | 4과목 | 5과목 | 6과목 | 합계 |
|---|---|---|---|---|---|---|---|
| New유형 | 0 | 2 | 2 | 4 | 4 | 2 | 14 |
| New문제 | 8 | 5 | 11 | 11 | 17 | 7 | 59 |
| 또나온문제 | 7 | 7 | 7 | 5 | 2 | 6 | 34 |
| 자꾸나온문제 | 5 | 8 | 2 | 4 | 1 | 7 | 27 |
| 합계 | 20 | 20 | 20 | 20 | 20 | 20 | 120 |

- New유형은 New문제 중 기존 기출문제와 완전히 다른 유형의 문제를 말합니다.
- New문제는 기존에 출제되지 않은 문제로 이번에 처음 출제되는 문제입니다.
- 또나온문제는 기존에 출제된 적이 1번 있는 문제를 말합니다.
- 자꾸나온문제는 기존에 출제된 적이 2번 이상 있는 문제를 말합니다. 그만큼 중요한 문제입니다.

## 몇 년분의 기출문제를 공부해야 합격할 수 있을까요?

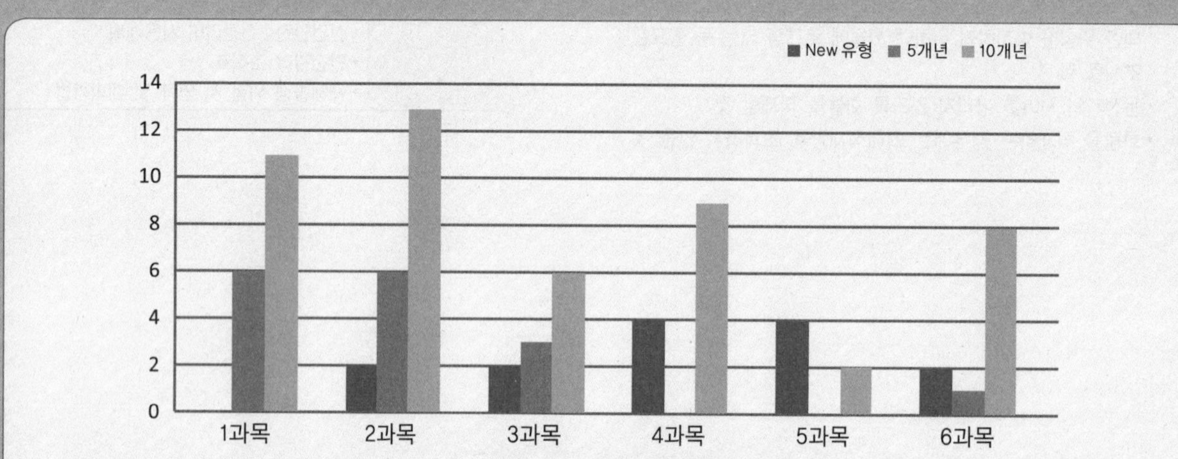


- 완전 새로운 유형의 문제는 14문제이고 106문제가 이미 출제된 문제 혹은 변형문제입니다.
- 5년분(2016～2020) 기출에서 동일문제가 16문항이 출제되었고, 10년분(2011～2020) 기출에서 동일문제가 49문항이 출제되었습니다.

## 실기에 나왔어요!! 외우세요!!!

실기시험은 필답형과 작업형으로 구분되어 있으며 모두 주관식으로 직접 내용을 적어야 합니다. 필기 공부하면서 실기 출제된 내역들은 좀 더 신경써서 암기하실 필요가 있어요. 필기 합격자 발표 난 후 실기시험까지는 5주밖에 여유가 없답니다. 어차피 공부할 것 필기 때 확실하게 해준다면 실기도 단방에 합격할 수 있습니다.

- 총 25개의 해설이 실기 필답형 시험과 연동되어 있습니다.
- 총 13개의 해설이 실기 작업형 시험과 연동되어 있습니다.

## 분석의견

최근 10년분의 기출문제와 답을 반복암기해서는 합격점수인 72점에서 23점이 부족합니다. 새로운 문제의 비중이 큰 만큼 생소한 문제들이 많은 것으로 보이나 실제 새로운 유형은 평균보다 낮은 수준이어서 배경학습만 충분히 수행한다면 그렇게 어렵지 않은 난이도를 보여줍니다. 5과목에서 기출문제의 비중이 10년분 기출문제를 학습하더라도 2문항에 불과해 과목 과락을 주의할 필요가 있습니다. 합격에 필요한 점수를 획득하기 위해서는 최근 5년분 문제와 핵심이론의 3회독 혹은 최근 10년분 문제와 핵심이론의 2회독 이상의 학습이 필요합니다.

# 2017년 제4회

2017년 9월 23일 필기

17년 4회차 필기시험
합격률 42.3%

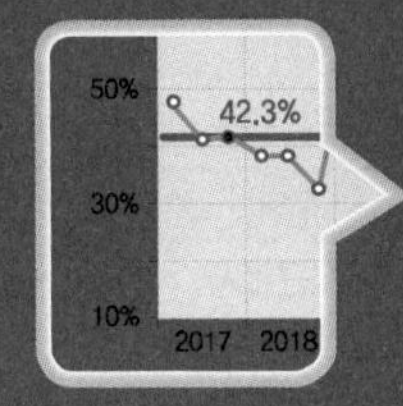


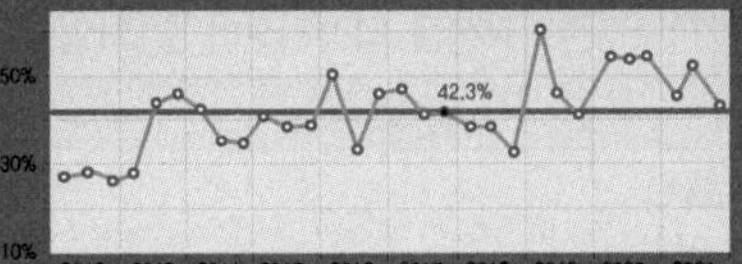


## 1과목 산업안전관리론

1901

### 01 Repetitive Learning (1회 2회 3회)

100인 이하의 소규모 사업장에 적합한 안전 보건관리 조직의 형태는?

① 라인(Line)형
② 스탭(Staff)형
③ 라운드(Round)형
④ 라인-스탭(Line-Staff)의 복합형

해설

- 소규모는 라인형, 중규모는 스탭형, 대규모는 라인-스탭형이 적합하다.

라인(Line)형 안전조직 실필 1901

㉠ 개요
- 직계식이라고도 한다.
- 모든 명령과 안전 관련 업무가 생산계통을 따라 이루어진다.
- 규모가 작은(100명 이하) 사업장에 적합하다.
- 안전관리자가 체계적으로 선임되지 않은 사업장에 알맞은 안전조직 형태이다.

㉡ 특징

| | |
|---|---|
| 장점 | • 안전지시나 명령이 신속하다.<br>• 명령과 보고가 간단명료하다. |
| 단점 | • 안전지식과 기술축적이 힘들다.<br>• 안전정보의 수집과 대처가 늦다. |

### 02 Repetitive Learning (1회 2회 3회)

물체의 낙하 또는 비래에 의한 위험을 방지 또는 경감하고, 머리부위 감전에 의한 위험을 방지하기 위한 안전모의 종류(기호)로 옳은 것은?

① A
② AE
③ AB
④ ABE

해설

- 내전압성을 갖춘 안전모 중 추락까지 방지할 수 있는 것은 ABE형, 낙하와 비래만 언급되는 경우는 AE형 안전모이다.

안전모의 종류 실필 1902/1504

| 종류(기호) | 사용구분 | 비고 |
|---|---|---|
| AB | 물체의 낙하 또는 비래 및 추락에 의한 위험을 방지 또는 경감시키기 위한 것 | |
| AE | 물체의 낙하 또는 비래에 의한 위험을 방지 또는 경감하고, 머리부위 감전에 의한 위험을 방지하기 위한 것 | 내전압성 : 7,000V 이하의 전압에 견디는 것 |
| ABE | 물체의 낙하 또는 비래 및 추락에 의한 위험을 방지 또는 경감하고, 머리부위 감전에 의한 위험을 방지하기 위한 것 | |

1101 / 1302 / 1402 / 1404 / 1604 / 1701 / 1801 / 1804 / 2102 / 2202

### 03 Repetitive Learning (1회 2회 3회)

산업안전보건법령에 따른 안전보건관리규정을 작성하여야 할 사업의 사업주는 안전보건관리규정을 작성하여야 할 사유가 발생한 날부터 며칠 이내에 작성하여야 하는가?

① 15일
② 30일
③ 50일
④ 60일

해설

- 사업주는 안전보건관리규정을 작성하여야 할 사유가 발생한 날부터 30일 이내에 안전보건관리규정을 작성하여야 한다.

:: 안전보건관리규정 실필 1601/1101

- 안전보건관리규정을 작성하여야 할 사업의 종류 및 규모

| 사업의 종류 | 규모 |
|---|---|
| 1. 농업<br>2. 어업<br>3. 소프트웨어 개발 및 공급업<br>4. 컴퓨터 프로그래밍, 시스템 통합 및 관리업<br>5. 정보서비스업<br>6. 금융 및 보험업<br>7. 임대업(부동산 제외)<br>8. 전문, 과학 및 기술 서비스업 (연구개발업 제외)<br>9. 사업지원 서비스업<br>10. 사회복지 서비스업 | 상시근로자 300명 이상을 사용하는 사업장 |
| 11. 제1호부터 제10호까지의 사업을 제외한 사업 | 상시근로자 100명 이상을 사용하는 사업장 |

- 사업주는 안전보건관리규정을 작성하여야 할 사유가 발생한 날부터 30일 이내에 안전보건관리규정을 작성하여야 한다. 이를 변경할 사유가 발생한 경우에도 또한 같다.
- 사업주는 안전보건관리규정을 작성하거나 변경할 때에는 산업안전보건위원회의 심의·의결을 거쳐야 한다. 다만, 산업안전보건위원회가 설치되어 있지 아니한 사업장의 경우에는 근로자대표의 동의를 받아야 한다.

1001 / 1002 / 1004 / 1104 / 1304 / 1402 / 1501 / 1604 / 1804 / 2001 / 2104 / 2201

## 04

Repetitive Learning (1회 2회 3회)

재해사례연구의 진행단계로 옳은 것은?

① 사실의 확인 → 재해 상황의 파악 → 문제점의 발견 → 문제점의 결정 → 대책의 수립

② 문제점의 발견 → 재해 상황의 파악 → 사실의 확인 → 문제점의 결정 → 대책의 수립

③ 재해 상황의 파악 → 사실의 확인 → 문제점의 발견 → 문제점의 결정 → 대책의 수립

④ 문제점의 발견 → 문제점의 결정 → 재해 상황의 파악 → 사실의 확인 → 대책의 수립

해설

- 재해사례연구의 진행단계는 재해 상황의 파악 → 사실의 확인 → 문제점의 발견 → 근본적 문제점의 결정 → 대책수립 순이다.

:: 재해사례연구의 진행단계

㉠ 진행순서
- 재해 상황의 파악 → 사실의 확인 → 문제점의 발견 → 근본적 문제점의 결정 → 대책수립 순이다.

㉡ 단계별 특징

| | |
|---|---|
| 재해 상황의 파악 | 사례연구의 전제조건으로서 발생일시 및 장소 등 재해 상황의 주된 항목에 관해서 파악한다. |
| 사실의 확인 | 재해가 발생할 때까지의 경과 중 재해와 관계가 있는 사실 및 재해요인을 객관적으로 확인한다. |
| 문제점의 발견 | 파악된 사실로부터 판단하여 관계법규, 사내규정 등을 적용하여 문제점을 발견한다. |
| 근본적 문제점의 결정 | 재해의 중심이 된 문제점에 관하여 어떤 관리적 책임의 결함이 있는지를 여러 가지 안전보건의 키(Key)에 대하여 분석한다. |
| 대책수립 | 동종 및 유사재해의 방지대책을 구체적, 실현가능하게 수립한다. |

1101

## 05

Repetitive Learning (1회 2회 3회)

재해예방의 4원칙에 대한 설명으로 틀린 것은?

① 재해발생에는 반드시 손실을 수반한다.

② 재해의 발생은 반드시 그 원인이 존재한다.

③ 재해예방을 위한 가능한 안전대책은 반드시 존재한다.

④ 재해는 원칙적으로 원인만 제거되면 예방이 가능하다.

해설

- 재해와 손실은 우연적이다.

:: 하인리히의 재해예방 4원칙 실필 1801/1501

| | |
|---|---|
| 대책선정의 원칙 | 사고의 원인을 발견하면 반드시 대책을 세워야 하며, 모든 사고는 대책선정이 가능하다는 원칙 |
| 손실우연의 원칙 | 사고로 인한 손실은 우연적이라는 원칙 |
| 예방가능의 원칙 | 모든 사고는 예방이 가능하다는 원칙 |
| 원인연계의 원칙 (원인계기의 원칙) | 사고는 반드시 원인이 있으며 이는 필연적인 인과관계로 작용한다는 원칙 |



04 ③ 05 ① 정답

1404 / 2102

## 06

Repetitive Learning (1회 2회 3회)

산업안전보건법상 산업안전보건위원회의 심의·의결사항이 아닌 것은?

① 안전보건관리규정의 작성 및 변경에 관한 사항
② 작업환경측정 등 작업환경의 점검 및 개선에 관한 사항
③ 사업장 경영체계 구성 및 운영에 관한 사항
④ 유해하거나 위험한 기계·기구와 그 밖의 설비를 도입한 경우 안전·보건조치에 관한 사항

해설

- 산업안전보건위원회는 산업안전·보건에 관한 중요 사항을 심의·의결하기 위하여 노사가 동수로 구성하는 조직으로, 사업장 경영체계의 구성 및 운영과는 관련이 없다.

산업안전보건위원회의 심의·의결사항
- 산업재해 예방계획의 수립에 관한 사항
- 안전보건관리규정의 작성 및 변경에 관한 사항
- 근로자의 안전·보건교육에 관한 사항
- 작업환경측정 등 작업환경의 점검 및 개선에 관한 사항
- 근로자의 건강진단 등 건강관리에 관한 사항
- 중대재해의 원인 조사 및 재발 방지대책 수립에 관한 사항
- 산업재해에 관한 통계의 기록 및 유지에 관한 사항
- 유해하거나 위험한 기계·기구와 그 밖의 설비를 도입한 경우 안전·보건조치에 관한 사항

## 07

Repetitive Learning (1회 2회 3회)

산업안전보건법령상 고용노동부장관이 사업주에게 안전·보건진단을 받아 안전보건개선계획을 수립·제출하도록 명할 수 있는 사업장의 기준 중 틀린 것은?

① 작업환경 불량, 화재·폭발 또는 누출사고 등으로 사회적 물의를 일으킨 사업장
② 산업재해율이 같은 업종 평균 산업재해율의 2배 이상인 사업장
③ 유해인자의 노출기준을 초과한 사업장 중 중대재해(사업주가 안전·보건조치의무를 이행하지 아니하여 발생한 중대재해만 해당) 발생 사업장
④ 상시근로자 1천명 이상 사업장의 경우 직업병에 걸린 사람이 연간 2명 이상 발생한 사업장

해설

- 일반적인 사업장은 직업병에 연간 2명 이상 발생하면 안전보건개선계획 대상이 되지만 1천명 이상의 사업장에서는 연간 3명 이상이어야 한다.

안전보건개선계획 실필 1704/1701/1404/1202/1201
- 고용노동부장관은 다음에 해당하는 사업장으로서 산업재해 예방을 위하여 종합적인 개선조치를 할 필요가 있다고 인정할 때에는 사업주에게 그 사업장, 시설, 그 밖의 사항에 관한 안전보건개선계획의 수립·시행을 명할 수 있다.
  - 산업재해율이 같은 업종 평균 산업재해율의 2배 이상인 사업장
  - 사업주가 안전보건조치의무를 이행하지 아니하여 중대재해가 발생한 사업장
  - 직업병에 걸린 사람이 연간 2명 이상(상시근로자 1천명 이상 사업장의 경우 3명 이상) 발생한 사업장
  - 유해인자의 노출기준을 초과한 사업장
  - 작업환경 불량, 화재·폭발 또는 누출사고 등으로 사회적 물의를 일으킨 사업장
- 고용노동부장관은 필요하다고 인정할 때에는 해당 사업주에게 안전·보건진단을 받아 안전보건개선계획을 수립·제출할 것을 명할 수 있다.
- 안전보건개선계획의 수립·시행명령을 받은 사업주는 고용노동부장관이 정하는 바에 따라 안전보건개선계획서를 작성하여 그 명령을 받은 날부터 60일 이내에 관할 지방고용노동관서의 장에게 제출하여야 한다.
- 사업주는 안전보건개선계획을 수립할 때에는 산업안전보건위원회의 심의를 거쳐야 한다. 다만, 산업안전보건위원회가 설치되어 있지 아니한 사업장의 경우에는 근로자대표의 의견을 들어야 한다.
- 안전보건개선계획서에는 시설, 안전·보건관리체제, 안전·보건교육, 산업재해 예방 및 작업환경의 개선을 위하여 필요한 사항이 포함되어야 한다.
- 사업주와 근로자는 안전보건개선계획을 준수하여야 한다.

## 08

Repetitive Learning (1회 2회 3회)

산업안전보건법령상 안전검사대상 유해·위험기계 등이 아닌 것은?

① 압력용기
② 원심기(산업용)
③ 국소배기장치(이동식)
④ 크레인(정격하중이 2톤 이상인 것)

정답 | 06 ③ 07 ④ 08 ③

해설

• 국소배기장치 중 이동식은 안전검사대상에서 제외된다.

∷ 안전검사대상 유해 · 위험기계의 종류와 검사 주기 실필 1504/100

| 안전검사대상 유해 · 위험기계의 종류 | 검사 주기 |
|---|---|
| 크레인(이동식크레인 및 정격하중 2톤 미만 제외), 리프트(이삿짐운반용 리프트 제외) 및 곤돌라 | 사업장에 설치가 끝난 날부터 3년 이내에 최초 안전검사를 실시하되, 그 이후부터 2년마다(건설현장에서 사용하는 것은 최초로 설치한 날부터 6개월마다) |
| 이동식크레인, 이삿짐운반용 리프트 및 고소작업대 | 신규 등록 이후 3년 이내에 최초 안전검사를 실시하되, 그 이후부터 2년마다 |
| 프레스, 전단기, 압력용기, 국소배기장치(이동식 제외), 산업용 원심기, 화학설비 및 그 부속설비, 건조설비 및 그 부속설비, 롤러기(밀폐형 제외), 사출성형기(형 체결력 294kN 미만은 제외), 컨베이어 및 산업용 로봇 | 사업장에 설치가 끝난 날부터 3년 이내에 최초 안전검사를 실시하되, 그 이후부터 2년마다(공정안전보고서를 제출하여 확인을 받은 압력용기는 4년마다) |

1301

## 09 Repetitive Learning 1회 2회 3회

산업안전보건법령상 다음 그림에 해당하는 안전 · 보건표지의 명칭으로 옳은 것은?

① 접근금지
② 이동금지
③ 보행금지
④ 출입금지

해설

• 접근금지, 접촉금지 등에 해당하는 금지표지는 존재하지 않는다.

∷ 금지표지 실필 1902/1901/1701/1501/1401/1304/1201/1102/1001/0902

• 정지, 소화설비, 유해행위 금지를 표시할 때 사용된다.
• 흰색(N9.5) 바탕에 빨간색(7.5R 4/14) 기본모형을 사용한다.
• 금연, 출입금지, 보행금지, 차량통행금지, 물체이동금지, 화기금지, 사용금지, 탑승금지 등이 있다.

| 금연 | 출입금지 | 보행금지 | 차량통행금지 |
|---|---|---|---|
| | | | |
| 물체이동금지 | 화기금지 | 사용금지 | 탑승금지 |
| | | | |

0704 / 1501

## 10 Repetitive Learning 1회 2회 3회

점검시기에 따른 안전점검의 종류가 아닌 것은?

① 정기점검 ② 수시점검
③ 임시점검 ④ 특수점검

해설

• 점검시기에 따른 안전점검의 종류에는 정기점검, 수시(일상)점검, 특별점검, 임시점검이 있다.

∷ 점검시기에 따른 안전점검의 종류

| 정기점검 | 1개월 또는 1년 등의 일정한 기간을 정해서 실시하는 안전점검으로 계획점검이라고도 한다. |
|---|---|
| 수시(일상)점검 | 작업장에서 매일 작업자가 작업 전, 중, 후에 시설과 작업동작 등에 대하여 실시하는 안전점검이다. |
| 특별점검 | 기계 · 기구 또는 설비의 신설, 변경 또는 고장 수리 등 부정기적인 점검을 말하며, 기술적 책임자가 시행하는 안전점검이다. |
| 임시점검 | 정기점검 사이에 특별한 이상이나 징후가 있을 경우 임시로 실시하는 안전점검이다. |

## 11 Repetitive Learning 1회 2회 3회

버드의 재해구성 비율 이론에 따라 중상이 5건 발생한 경우 경상이 발생할 건수는?

① 150 ② 145
③ 100 ④ 50

해설

• 중상이 5건이라면, 1 : 10 : 30 : 600의 비율에 따라 5 : 50 : 150 : 3,000이 되므로 경상은 50건이 발생할 수 있다.

∷ 버드(Frank Bird)의 1 : 10 : 30 : 600 법칙 실필 1101

• 중상 : 경상 : 무상해사고 : 무상해무사고가 각각 1 : 10 : 30 : 600인 재해구성 비율을 말한다.
• 총 사고 발생건수 641건을 대상으로 분석했을 때 중상 1, 경상 10, 무상해사고 30, 무상해무사고 600건이 발생했음을 의미한다.

0604

## 12 Repetitive Learning 1회 2회 3회

연평균 200명의 근로자가 작업하는 사업장에서 연간 8건의 재해가 발생하여 사망이 1명, 50일의 요양이 필요한 인원이 1명 있었다면 이때의 강도율은?(단, 1인당 연간근로시간은 2,400시간으로 한다)

① 13.61 ② 15.71
③ 17.61 ④ 19.71



09 ③ 10 ④ 11 ④ 12 ② 정답

해설

- 강도율은 1,000시간 동안 발생한 근로손실일수이다.
- 연간총근로시간은 $200 \times 2,400 = 480,000$시간이다.
- 근로손실일수는 사망 1인당 7,500일이며,
  요양 50일은 $50 \times \frac{300}{365} \simeq 41.10$이므로 7,541.10이 된다.
- 강도율 $= \frac{7,541.10}{480,000} \times 1,000 \simeq 15.71$이 된다.

:: 강도율(SR : Severity Rate of injury)
실필 1804/1702/1501/1402/1401/1304/0902/0901

- 재해로 인한 근로손실의 강도를 나타낸 값으로 연간총근로시간에서 1,000시간당 근로손실일수를 의미한다.
- 강도율 $= \frac{\text{근로손실일수}}{\text{연간총근로시간}} \times 1,000$으로 구하고,
  평균강도율 $= \frac{\text{강도율}}{\text{도수율}} \times 1,000$으로 구한다.
- 근로자의 근속연수 등이 주어지지 않을 때 평생 근로손실일수는 한 개인이 평생 동안 근로한 시간을 100,000시간으로 볼 때의 근로손실일수이므로 강도율에 100을 곱하여 구한다.

1202

## 13 ─── Repetitive Learning (1회 2회 3회)

하인리히의 재해손실비의 평가방식에 있어서 간접비에 해당하지 않는 것은?

① 사망 시 장의비용
② 신규직원 섭외비용
③ 재해로 인한 본인의 시간손실비용
④ 시설복구로 소비된 재산손실비용

해설

- 장의비용은 재해로 인해 피해자에게 지급되는 비용으로 직접비에 해당한다.

:: 하인리히의 재해손실비용 평가 실필 1502

- 직접비 : 간접비의 비율은 1 : 4로 계산해 산업재해로 인한 총손실비용은 직접비(산업재해보상비)의 5배로 계산한다.
- 직접손실비용에는 치료비, 휴업급여, 장해급여, 유족급여, 요양급여, 간병급여, 직업재활급여, 장례비 등이 있다.
- 간접손실비용에는 부상자를 비롯한 식원의 시간손실, 이익의 감소, 생산손실비, 기계, 공구 재료 등의 재산손실 등이 있다.

## 14 ─── Repetitive Learning (1회 2회 3회)

산업안전보건법령상 안전관리자가 수행하여야 할 업무가 아닌 것은?

① 안전 · 보건에 관한 노사협의체에서 심의 · 의결한 업무
② 해당 사업장 안전교육계획의 수립 및 안전교육 실시에 관한 보좌 및 조언 · 지도
③ 산업재해에 관한 통계의 유지 · 관리 · 분석을 위한 보좌 및 조언 · 지도
④ 지휘 · 감독하는 작업과 관련된 기계 · 기구 또는 설비의 안전 · 보건 점검 및 이상 유무의 확인

해설

- ④는 관리감독자의 업무 내용이다.

:: 안전관리자의 업무 실필 1704/1001/0804

- 산업안전보건위원회 또는 안전 · 보건에 관한 노사협의체에서 심의 · 의결한 업무와 사업장의 안전보건관리규정 및 취업규칙에서 정한 업무
- 안전인증대상 기계 · 기구 등과 자율안전확인대상 기계 · 기구 등 구입 시 적격품의 선정에 관한 보좌 및 조언 · 지도
- 위험성 평가에 관한 보좌 및 조언 · 지도
- 해당 사업장 안전교육계획의 수립 및 안전교육 실시에 관한 보좌 및 조언 · 지도
- 사업장 순회점검 · 지도 및 조치의 건의
- 산업재해 발생의 원인 조사 · 분석 및 재발 방지를 위한 기술적 보좌 및 조언 · 지도
- 산업재해에 관한 통계의 유지 · 관리 · 분석을 위한 보좌 및 조언 · 지도
- 안전에 관한 사항의 이행에 관한 보좌 및 조언 · 지도
- 업무수행 내용의 기록 · 유지
- 그 밖에 안전에 관한 사항으로서 고용노동부장관이 정하는 사항

1501 / 2001

## 15 ─── Repetitive Learning (1회 2회 3회)

위험예지훈련의 4라운드 기법에서 문제점을 발견하고 중요문제를 결정하는 단계는?

① 현상파악 ② 본질추구
③ 목표설정 ④ 대책수립

해설

- 문제점을 발견하고 중요 문제를 결정하는 단계인 본질추구는 위험예지훈련 4Round 중 2Round에 해당한다.

정답 | 13 ① 14 ④ 15 ②

**위험예지훈련 기초 4Round 기법**

| | | |
|---|---|---|
| 1Round | 현상파악<br>(사실의 파악단계) | 전원이 토의를 통하여 위험요인을 발견하는 단계 |
| 2Round | 본질추구<br>(원인탐색 단계) | 위험의 포인트를 결정하여 전원이 지적 확인을 하는 단계 |
| 3Round | 대책수립<br>(대책수립 단계) | 발견된 위험요인을 극복하기 위한 방법을 제시하는 단계 |
| 4Round | 목표설정<br>(행동계획 결정단계) | 나온 대책들을 공감하고 팀의 행동목표를 설정하고 지적 확인하는 단계 |

## 16 Repetitive Learning (1회 2회 3회)

산업안전보건법령상 사업장의 산업재해 발생 건수, 재해율 또는 그 순위를 공표하여야 하는 공표대상 사업장의 기준 중 틀린 것은?(단, 고용노동부장관이 산업재해를 예방하기 위하여 필요하다고 인정할 때이다)

① 중대 산업사고가 발생한 사업장
② 산업재해의 발생에 관한 보고를 최근 3년 이내 2회 이상 하지 않은 사업장
③ 중대재해가 발생한 사업장으로서 해당 중대재해 발생연도의 연간 산업재해율이 규모별 같은 업종의 평균재해율 이상인 사업장 중 상위 20% 이내에 해당되는 사업장
④ 산업재해로 연간 사망재해자가 2명 이상 발생한 사업장으로서 사망만인율이 규모별 같은 업종의 평균 사망만인율 이상인 사업장

**해설**

- 중대재해가 발생한 사업장으로서 해당 중대재해 발생연도의 연간 산업재해율이 규모별 같은 업종의 평균재해율 이상인 사업장을 대상으로 한다.

**공표대상 사업장**

- 중대재해가 발생한 사업장으로서 해당 중대재해 발생연도의 연간 산업재해율이 규모별 같은 업종의 평균재해율 이상인 사업장
- 산업재해로 인한 사망자가 연간 2명 이상 발생한 사업장
- 사망만인율이 규모별 같은 업종의 평균 사망만인율 이상인 사업장
- 산업재해 발생 사실을 은폐한 사업장
- 산업재해의 발생에 관한 보고를 최근 3년 이내 2회 이상 하지 않은 사업장
- 중대 산업사고가 발생한 사업장

0501 / 1002

## 17 Repetitive Learning (1회 2회 3회)

재해사례연구의 주된 목적 중 틀린 것은?

① 재해요인을 체계적으로 규명하여 이에 대한 대책을 세우기 위함
② 재해요인을 조사하여 책임 소재를 명확히 하기 위함
③ 재해 방지의 원칙을 습득해서 이것을 일상 안전 보건활동에 실천하기 위함
④ 참가자의 안전보건활동에 관한 견해나 생각을 깊게 하고, 태도를 바꾸게 하기 위함

**해설**

- 재해요인을 조사하는 것은 책임 소재의 규명보다는 재해의 발생 원인을 찾아내어 동종 및 유사재해의 재발을 방지하기 위해서이다.

**재해사례연구**

㉠ 연구 목적
- 재해요인을 체계적으로 규명하여 이에 대한 대책을 세우기 위해서이다.
- 재해 방지의 원칙을 습득해서 이것을 일상 안전 보건활동에 실천하기 위해서이다.
- 참가자의 안전보건활동에 관한 견해나 생각을 깊게 하고, 태도를 바꾸게 하기 위해서이다.

㉡ 연구 내용
- 신뢰성 있는 자료수집이 있어야 한다.
- 현장 사실을 분석하여 논리적이어야 한다.
- 재해사례연구의 기준으로는 법규, 사내규정, 작업표준 등이 있다.

0301 / 0704 / 0801 / 1302

## 18 Repetitive Learning (1회 2회 3회)

사고의 용어 중 Near accident에 대한 설명으로 옳은 것은?

① 사고가 일어나더라도 손실을 수반하지 않는 경우
② 사고가 일어날 경우 인적재해가 발생하는 경우
③ 사고가 일어날 경우 물적재해가 발생하는 경우
④ 사고가 일어나더라도 일정 비용 이하의 손실만 수반하는 경우

**해설**

- Near accident는 인적·물적 피해가 모두 발생하지 않은 사고로 무상해무사고(위험한 순간)를 뜻한다.



16 ③ 17 ② 18 ① | 정답

**Near accident**
- 아차사고라고도 한다.
- 사고가 일어나더라도 손실을 수반하지 않는 경우를 말한다.
- 인적·물적 피해가 모두 발생하지 않은 사고로 무상해무사고(위험한 순간)를 뜻한다.
- Near accident가 자주 반복되다 보면 사고가 발생할 확률이 높아진다.

2102

## 19 Repetitive Learning (1회 2회 3회)

작업자가 불안전한 작업대에서 작업 중 추락하여 지면에 머리를 부딪쳐 다친 경우의 기인물과 가해물로 옳은 것은?

① 기인물 – 지면, 가해물 – 작업대
② 기인물 – 지면, 가해물 – 지면
③ 기인물 – 작업대, 가해물 – 작업대
④ 기인물 – 작업대, 가해물 – 지면

**해설**
- 인체에 직접 충돌한 것은 지면이므로 지면이 가해물이다.
- 불안전한 작업대에서 작업하다 추락하였으므로 작업대가 불안전한 상태에 해당한다. 기인물은 작업대이다.
- 재해의 형태는 추락하였으므로 추락에 해당한다.

**산업재해의 분석** 실필 1901/1702/1501/1404

| 구분 | 내용 |
|---|---|
| 기인물 | 재해의 원인이 되는 것으로 주로 불안전한 상태와 관련된다. |
| 가해물 | 사람에 직접 충돌하거나 또는 접촉에 의해서 위해(危害)를 준 물건을 말한다. |
| 사고유형 | 재해의 발생형태를 말한다. |

1404

## 20 Repetitive Learning 

무재해 운동의 기본이념 3원칙이 아닌 것은?

① 무의 원칙 ② 관리의 원칙
③ 참가의 원칙 ④ 선취의 원칙

**해설**
- 무재해 운동의 3원칙에는 무의 원칙, 안전제일(선취)의 원칙, 참가의 원칙이 있다.

**무재해 운동 3원칙**

|  |  |
|---|---|
| 무(無, Zero)의 원칙 | 모든 잠재위험요인을 사전에 발견·파악·해결함으로써 근원적으로 산업재해를 없앤다. |
| 안전제일(선취)의 원칙 | 직장의 위험요인을 행동하기 전에 발견·파악·해결하여 재해를 예방한다. |
| 참가의 원칙 | 작업에 따르는 잠재적인 위험요인을 발견·해결하기 위하여 전원이 협력하여 문제해결 운동을 실천한다. |

# 2과목 산업심리 및 교육

## 21 Repetitive Learning (1회 2회 3회)

생체리듬과 피로에 관한 설명 중 틀린 것은?

① 생체상의 변화는 하루 중에 일정한 시간간격을 두고 교환된다.
② 인간의 생체리듬은 낮에는 체온, 혈압, 맥박수 등이 상승하고 밤에는 저하된다.
③ 생체리듬에서 중요한 점은 낮에는 신체활동이 유리하며, 밤에는 휴식이 더욱 효율적이라는 것이다.
④ 몸이 흥분한 상태일 때는 부교감신경이 우세하고 수면을 취하거나 휴식을 할 때는 교감신경이 우세하다.

**해설**
- 몸이 흥분한 상태일 때는 교감신경이 우세하고 수면을 취하거나 휴식을 할 때는 부교감신경이 우세하다.

**생체리듬(Biorhythm)**

㉠ 개요
- 사람의 체온, 혈압, 맥박수, 혈액, 수분, 염분량 등이 시간에 따라 또는 주야에 따라 일정한 형식으로 변화하는 것을 말한다.
- 생체리듬의 종류에는 육체적(Physical) 리듬, 지성적(Intellectual) 리듬, 감성적(Sensitivity) 리듬이 있다.

㉡ 특징
- 생체리듬에서 중요한 점은 낮에는 신체활동이 유리하며, 밤에는 휴식이 더욱 효율적이라는 것이다.
- 체온·혈압·맥박수는 주간에는 상승, 야간에는 저하된다.
- 혈액의 수분과 염분량은 주간에는 감소, 야간에는 증가한다.
- 체중은 주간작업보다 야간작업일 때 더 많이 감소하고, 피로의 자각증상은 주간보다 야간에 더 많이 증가한다.
- 몸이 흥분한 상태일 때는 교감신경이 우세하고 수면을 취하거나 휴식을 할 때는 부교감신경이 우세하다.

0804

## 22 Repetitive Learning (1회 2회 3회)

맥그리거(Douglas McGregor)의 X·Y이론에서 Y이론에 관한 설명으로 틀린 것은?

① 인간은 서로 신뢰하는 관계를 가지고 있다.
② 인간은 문제해결에 많은 상상력과 재능이 있다.
③ 인간은 스스로의 일을 책임 하에 자주적으로 행한다.
④ 인간은 원래부터 강제 통제하고 방향을 제시할 때 적절한 노력을 한다.

정답 | 19 ④ 20 ② 21 ④ 22 ④

해설

- Y이론은 선진국형 모델로 성선설을 전제로 출발한다. 인간을 강제로 통제하는 것은 X이론에 대한 설명이다.

맥그리거(McGregor)의 X · Y이론

㉠ 개요

- 인간과 직무의 관계에 대한 기본적인 가정을 X이론과 Y이론이라는 가설로 나눈 것이다.
- X이론은 인간의 본성이 일을 싫어하고, 무관심하며, 책임을 회피하므로 당근과 채찍을 동원하여 강제할 필요가 있다는 이론이다.
- Y이론은 인간의 본성이 일을 좋아하고, 책임감이 강하며, 선하므로 그들을 자율적, 민주적으로 대해야 창조적인 성과를 얻을 수 있다는 이론이다.

㉡ X이론과 Y이론의 관리 처방 비교

| X이론(후진국형, 성악설) | Y이론(선진국형, 성선설) |
|---|---|
| • 경제적 보상체제의 강화<br>• 권위주의적 리더십의 확립<br>• 면밀한 감독과 엄격한 통제<br>• 상부 책임제도의 강화 | • 분권화와 권한의 위임<br>• 목표에 의한 관리<br>• 직무확장<br>• 인간관계 관리방식<br>• 책임감과 창조력 |

0802 / 1004 / 1404 / 2101

## 23

Repetitive Learning (1회 2회 3회)

다음 설명에 해당하는 안전교육방법은?

> ATP라고도 하며, 당초 일부회사의 톱매니지먼트(Top management)에 대하여만 행하여졌으나, 그 후 널리 보급되었으며, 정책의 수립, 조직, 통제 및 운영 등의 교육내용을 다룬다.

① TWI(Training Within Industry)

② CCS(Civil Communication Section)

③ MTP(Management Training Program)

④ ATT(American Telephone & Telegram Co)

해설

- TWI는 일선 관리감독자를 대상으로 인간관계를 개선하고 생산성을 향상시키기 위하여 고안된 훈련방법을 말한다.
- MTP는 TWI보다 상위의 관리자 양성을 위한 정형훈련으로 관리자의 업무관리능력 및 동기부여 능력을 육성하고자 실시한다.
- ATT는 대상계층이 한정되지 않은 정형교육으로 하루 8시간씩 2주간 실시하는 토의식 교육이다.

CCS(Civil Communication Section)

- ATP(Admininstration Training Program)라고도 하며, 당초 일부회사의 톱매니지먼트(Top management)에 대하여만 행하여졌으나, 그 후 널리 보급되었다.
- 정책의 수립, 조직, 통제 및 운영 등의 교육내용을 다룬다.

0902 / 2102

## 24

Repetitive Learning (1회 2회 3회)

참가자 앞에서 소수의 전문가들이 과제에 관한 견해를 발표하고 토론한 뒤 참가자 전원이 참가하여 사회자의 사회에 따라 토의하는 방법은?

① 포럼　　② 심포지엄

③ 패널 디스커션　　④ 버즈세션

해설

- 포럼은 새로운 자료나 교재가 제시되어야 한다.
- 심포지엄(Symposium)은 몇 사람의 전문가에 의하여 과제에 관한 견해를 발표한 뒤에 참가자로 하여금 의견이나 질문을 하게 하여 토의하는 방법이다.
- 버즈세션은 6명씩 소집단으로 구분하고, 집단별로 6분씩 자유토의를 행하여 의견을 종합하는 방식으로 6-6회의라고도 한다.

토의법의 종류

| 구분 | 내용 |
|---|---|
| 포럼(Forum) | 새로운 자료나 교재를 제시하고 문제점을 피교육자로 하여금 제기하게 하거나 그것에 관한 피교육자의 의견을 여러 가지 방법으로 발표하게 하고, 청중과 토론자 간에 활발한 의견 개진과 충돌로 바람직한 합의를 도출해내는 교육 실시방법 |
| 패널 디스커션(Panel discussion) | 참가자 앞에서 소수의 전문가들이 과제에 관한 견해를 발표하고 토론한 뒤 참가자 전원이 참가하여 사회자의 사회에 따라 토의하는 방법 |
| 심포지엄(Symposium) | 몇 사람의 전문가에 의하여 과제에 관한 견해를 발표한 뒤에 참가자로 하여금 의견이나 질문을 하게 하여 토의하는 방법 |
| 롤 플레잉(Role playing) | 집단 심리요법의 하나로서 자기 해방과 타인 체험을 목적으로 하는 체험활동을 통해 대인관계에 있어서의 태도변용이나 통찰력, 자기이해를 목표로 개발된 교육방법 |
| 버즈세션(Buzz session) | 6-6 회의라고도 하며, 6명씩 소집단으로 구분하고, 집단별로 각각의 사회자를 선발하여 6분간씩 자유토의를 행하여 의견을 종합하는 방법 |

## 25

Repetitive Learning (1회 2회 3회)

시간 연구를 통해서 근로자들에게 차별성과급제를 적용하면 효율적이라고 주장한 과학적 관리법의 창시자는?

① 게젤(A.L.Gesell)　　② 테일러(F.Taylor)

③ 웩슬러(D.Wechsler)　　④ 샤인(Edgar H. Schein)



23 ② 24 ③ 25 ② 정답

해설

- 과학적 관리법은 테일러(Taylor)에 의해 창안된 과업수행의 분석과 혼합에 대한 이론이다.

∷ 과학적 관리법(Scientific management)
- 테일러(Taylor)에 의해 창안된 과업수행의 분석과 혼합에 대한 이론이다.
- 작업을 과업단위로 분류하고 과업에 적합한 작업자를 선발하여 수행하는 과업중심의 과학적 관리법이다.
- 시간 - 동작 연구를 적용하였다.
- 시간과 동작 연구를 통한 개선점은 근로자들에게 작업수행의 표준화, 지침으로 교육하게 한다.
- 생산의 효율성을 상당히 향상시켰다.
- 인센티브(차별적 성과급제)를 도입함으로써 작업자들을 동기화시킬 수 있다.

0702 / 1202

## 26 ── Repetitive Learning (1회 2회 3회)

상황성 누발자의 재해유발 원인으로 가장 적절한 것은?

① 소심한 성격 ② 주의력의 산만
③ 기계설비의 결함 ④ 침착성 및 도덕성의 결여

해설

- 상황성 누발자는 작업의 어려움, 기계설비의 결함, 심신의 근심, 환경상 주의력 집중이 곤란해 재해를 유발시킨다.

∷ 상황성 누발자

㉠ 개요
- 상황성 누발자란 작업이 어렵거나 설비의 결함, 심신의 근심 때문에 재해를 여러 번 겪은 사람을 말한다.

㉡ 재해유발 원인
- 작업이 어렵기 때문
- 기계설비에 결함이 있기 때문
- 심신에 근심이 있기 때문
- 환경상 주의력의 집중이 혼란되기 때문

## 27 ── Repetitive Learning (1회 2회 3회)

직무동기 이론 중 기대이론에서 성과를 나타냈을 때 보상이 있을 것이라는 수단성을 높이려면 유의하여야 할 점이 있는데, 이에 해당하지 않는 것은?

① 보상의 약속을 철저히 지킨다.
② 신뢰할 만한 성과의 측정방법을 사용한다.
③ 보상에 대한 객관적인 기준을 사전에 명확히 제시한다.
④ 직무수행을 위한 충분한 정보와 자원을 공급받는다.

해설

- 수단성은 도구성의 다른 이름이다. 성과와 보상에 대한 개념이 아닌 것을 찾으면 된다.

∷ 기대이론

㉠ 개요
- 브룸(V.H.Vroom)이 주장한 동기부여이론이다.
- 개인에게 동기를 부여하려면 그가 바라는 목표와 그 목표에 이르는 중간 수단들과의 연결의 확률이 높아야 한다는 것을 강조하였다.
- 유인가(Valence), 도구성(Instrumentality), 기대(Expectancy)로 구성된다.

㉡ 구성요소
- 유인가(Valence)는 보상이 얼마나 매력적인지를 의미한다.
- 도구성(Instrumentality)은 성과에 따라 보상이 주어질 가능성을 의미한다.
- 기대(Expectancy)는 개인의 노력이 성과로 이어질 확률을 의미한다.

## 28 ── Repetitive Learning (1회 2회 3회)

지도자(Leader)의 권한 중 지도자 자신에 의해 생성되는 권한은?

① 보상적 권한 ② 합법적 권한
③ 강압적 권한 ④ 전문성의 권한

해설

- 전문성의 권한은 리더의 능력에 의해 생성되는 권한인 반면, 위임된 권한은 리더 자신이 직접 자신에게 부여한 권한이다.

∷ 리더십 권한

㉠ 조직이 리더에게 부여한 권한
- 합법적 권한 : 군대, 교사, 정부기관 등 합법적 권력이 가지는 권한
- 강압적 권한 : 부하의 처벌, 승진 누락, 봉급의 인상 거부 등 강압적인 힘을 갖는 권한
- 보상적 권한 : 승진, 봉급 인상 등 역할에 대한 보상을 부여하는 권한

㉡ 조직이 리더에게 부여하지 않았지만 조건이 맞을 경우 자발적으로 생성되는 권한
- 위임된 권한 : 목표달성을 위하여 부하 직원들이 상사를 존경하여 상사와 함께 일하고자 할 때 상사에게 부여되는 권한 혹은 지도자 자신이 스스로에게 부여한 권한
- 전문성의 권한 : 전문적 지식을 가진 리더를 부하들이 스스로 따르는 것으로 지도자 자신의 능력에 의해 생성되는 권한
- 준거적 권한 : 리더의 개인적 매력이 중요하며, 매력적인 리더와 함께 하고 싶은 부하들에 의해 조직의 발전이 이뤄진다는 것

정답 | 26 ③ 27 ④ 28 ④

1104

## 29 Repetitive Learning (1회 2회 3회)

안전보건교육을 향상시키기 위한 학습지도의 원리에 해당하지 않는 것은?

① 통합의 원리
② 동기유발의 원리
③ 개별화의 원리
④ 자기활동의 원리

해설

• 안전보건교육을 향상시키기 위한 학습지도의 원리에는 통합의 원리, 개별화의 원리, 자기활동의 원리, 사회화의 원리, 직관의 원리, 목적의 원리 등이 있다.

∷ 안전보건교육을 향상시키기 위한 학습지도의 원리

| | |
|---|---|
| 통합 | 학습자에게 내재되어 있는 모든 능력을 조화롭게 발달시키는 생활중심의 통합교육을 원칙으로 한다는 것 |
| 개별화 | 학습자의 요구와 성향, 소질에 맞는 학습의 기회를 주어야 한다는 것 |
| 자기활동 | 학습지도는 내적동기가 유발된 학습을 시켜야 효과적이라는 것 |
| 사회화 | 공동학습과 같은 협동을 통해서 근로자의 사회화를 돕는 것 |
| 직관 | 구체적 사물을 제시하거나 경험시킴으로써 효과를 보게 되는 것 |
| 목적 | 학습자에게 학습목표가 분명히 인식되었을 경우 자발적이고 적극적인 학습을 기대할 수 있다는 것 |

0502 / 0504 / 0604 / 0801 / 1001 / 1604

## 30 Repetitive Learning (1회 2회 3회)

교육훈련 지도방법의 4단계 순서로 맞는 것은?

① 도입 → 제시 → 적용 → 확인
② 제시 → 도입 → 적용 → 확인
③ 적용 → 제시 → 도입 → 확인
④ 도입 → 적용 → 확인 → 제시

해설

• 교육훈련 지도방법은 도입 → 제시 → 적용 → 확인단계를 거친다.

∷ 교육훈련 지도방법의 4단계

• 도입 → 제시 → 적용 → 확인단계를 거친다.

| | | |
|---|---|---|
| 1단계 | 도입 | 구체적인 목표를 제시, 동기유발을 통해 관심과 흥미를 가지게 하고 심신의 여유를 준다. |
| 2단계 | 제시(실연) | 새로운 지식이나 기능을 설명하고 이해, 납득시킨다. |
| 3단계 | 적용(실습) | 피교육자가 공감을 느끼게 하고, 과제를 통해 문제해결하게 하거나 기능을 습득시킨다. |
| 4단계 | 확인(평가) | 피교육자가 교육내용을 충분히 이해했는지를 확인하고 평가한다. |

1002 / 1504

## 31 Repetitive Learning (1회 2회 3회)

새로운 자료나 교재를 제시하고 문제점을 피교육자로 하여금 제기하게 하거나 그것에 관한 피교육자의 의견을 여러 가지 방법으로 발표하게 하고, 청중과 토론자 간에 활발한 의견 개진과 충돌로 바람직한 합의를 도출해내는 교육 실시방법은?

① 포럼(Forum)
② 심포지엄(Symposium)
③ 패널 디스커션(Panel discussion)
④ 자유 토의법(Free discussion method)

해설

• 토의식은 심포지엄(Symposium), 패널 디스커션(Panel discussion), 롤 플레잉(Role playing), 버즈세션(Buzz session), 포럼(Forum) 등이 있다.
• 심포지엄(Symposium)은 몇 사람의 전문가에 의하여 과제에 관한 견해를 발표한 뒤에 참가자로 하여금 의견이나 질문을 하게 하여 토의하는 방법이다.
• 패널 디스커션(Panel Discussion)은 참가자 앞에서 소수의 전문가들이 과제에 관한 견해를 발표하고 토론한 뒤 참가자 전원이 참가하여 사회자의 사회에 따라 토의하는 방법이다.

∷ 토의법의 종류

문제 24번의 유형별 핵심이론∷ 참조

0701 / 1302

## 32 Repetitive Learning (1회 2회 3회)

조직에 있어 구성원들의 역할에 대한 기대와 행동은 항상 일치하지는 않는다. 역할 기대와 실제 역할 행동 간에 차이가 생기면 역할 갈등이 발생하는데, 역할 갈등의 원인으로 가장 거리가 먼 것은?

① 역할 마찰　　② 역할 민첩성
③ 역할 부적합　　④ 역할모호성



29 ② 30 ① 31 ① 32 ② 정답

해설

- 역할 갈등(Role conflict)은 작업에 대하여 상반된 역할이 기대되는 경우에 해당하며 원인에는 역할 마찰, 역할 부적합, 역할모호성 등이 있다.

슈퍼(Super, D. E)의 역할이론

- 역할 연기(Role playing) – 자아탐구의 수단인 동시에 자아실현의 수단이다.
- 역할 기대(Role expectation) – 직업에 충실한 사람은 자기역할에 대해 기대하고 감수하는 사람이다.
- 역할 갈등(Role conflict) – 작업에 대하여 상반된 역할이 기대되는 경우에 해당하며 원인에는 역할 마찰, 역할 부적합, 역할모호성 등이 있다.
- 역할 조성(Role shaping) – 개인에게 여러 개의 역할 기대가 있을 경우 그중 일부에 불응하거나 거부하는 경우도 있으며, 혹은 다른 역할을 위해 다른 일을 구하기도 한다.

1102 / 2104

## 33 Repetitive Learning (1회 2회 3회)

허츠버그(Herzberg)의 2요인 이론 중 동기요인(Motivator)에 해당하지 않는 것은?

① 성취
② 작업조건
③ 인정
④ 작업자체

해설

- 작업조건은 직무불만족과 관련된 요인으로 위생요인에 해당한다.

허츠버그(Herzberg)의 2요인(위생 · 동기)이론 실필 0901

- 직무수행 중 생산능력의 증대를 가져올 수 있는 요인은 크게 위생요인과 동기요인이 있다.
- 위생요인은 직무불만족과 관련된 요인으로 임금수준, 작업환경(조건), 배고픔, 호기심, 애정, 감독형태, 관리규칙 등이 이에 해당한다.
- 동기요인은 직무만족과 관련된 요인으로 책임감, 성취감, 자기발전, 권력, 인정, 자율성과 권한의 위임, 작업 그 자체, 일의 내용 등이 이에 해당한다.

0504 / 1002 / 1304 / 2104

## 34 Repetitive Learning (1회 2회 3회)

O.J.T(On the Job Training)의 장점이 아닌 것은?

① 직장의 실정에 맞게 실제적 훈련이 가능하다.
② 대상자의 개인별 능력에 따라 훈련의 진도를 조정하기가 쉽다.
③ 교육훈련 대상자가 교육훈련에만 몰두할 수 있어 학습효과가 높다.
④ 교육을 통한 훈련효과에 의해 상호 신뢰이해도가 높아진다.

해설

- ③은 Off J.T의 장점에 해당한다.

O.J.T(On the Job Training) 교육 실필 1701

㉠ 개요
- 사업장 내에서 직장 상사가 강사가 되어 실시하는 교육이다.
- 일상 업무를 통해 지식과 기능, 문제해결능력을 향상시키는 데 주목적을 갖는다.
- 가장 중요한 역할을 담당하는 이는 일선현장의 감독자이다.

㉡ 형태
- 코칭
- 직무순환
- 멘토링
- 도제식 교육
- 현장 직무교육

㉢ 특징

| 구분 | 내용 |
|---|---|
| 장점 | • 동기부여가 쉽다.<br>• 개개인에게 적절한 지도훈련이 가능하다.<br>• 직장의 실정에 맞게 실제적 훈련이 가능하다.<br>• 교육을 통한 훈련효과에 의해 상호 신뢰 및 이해도가 높아진다.<br>• 대상자의 개인별 능력에 따라 훈련의 진도를 조정하기가 쉽다.<br>• 교육효과가 업무에 신속히 반영된다.<br>• 훈련에 필요한 업무의 계속성이 끊어지지 않는다. |
| 단점 | • 전문적인 강사가 아니어서 교육이 원만하지 않을 수 있다.<br>• 다수의 대상을 한 번에 통일적인 내용 및 수준으로 교육시킬 수 없다.<br>• 전문적인 고도의 지식 및 기능을 교육하기 힘들다.<br>• 업무와 교육이 병행되는 관계로 훈련에만 전념할 수 없다. |

## 35 Repetitive Learning (1회 2회 3회)

교육 전용 시설 또는 그 밖에 교육을 실시하기에 적합한 시설에서 실시하는 교육 방법은?

① 집합교육
② 통신교육
③ 현장교육
④ On-line 교육

정답 | 33 ② 34 ③ 35 ①

해설

- 통신교육은 우편을 이용한 교육이다.
- On-line 교육은 인터넷을 이용한 교육이다.
- 현장교육은 작업현장에서 이뤄지는 교육이다.

**집합교육**

- 지정된 교육장에 교육생을 모두 모아 교육을 실시하는 것을 말한다.
- 교육 전용 시설 또는 그 밖에 교육을 실시하기에 적합한 시설에서 실시하는 교육 방법이다.

1101

## 36 Repetitive Learning (1회 2회 3회)

인간의 심리 중에는 안전수단이 생략되어 불안전 행위를 나타내는 경우가 있다. 안전수단이 생략되는 경우가 아닌 것은?

① 작업규율이 엄할 때 ② 의식과잉이 있을 때
③ 주변의 영향이 있을 때 ④ 피로하거나 과로했을 때

해설

- 작업규율이 엄할 때는 안전수단에 대해서도 더욱 신경을 쓰므로 생략되는 경우가 흔치 않다.

**안전수단이 생략되는 경우**

- 작업규율이 느슨할 때
- 의식과잉
- 피로, 과로
- 소음, 조명 등 주변 환경의 영향이 큰 경우

1004 / 1402

## 37 Repetitive Learning (1회 2회 3회)

인간이 환경을 지각(Perception)할 때 가장 먼저 일어나는 요인은?

① 해석 ② 기대
③ 선택 ④ 조직화

해설

- 인간이 환경의 자극을 지각할 때, 선택 → 조직화 → 해석 → 행동의 단계를 거친다.

**인간의 환경 지각(Perception) 과정**

- 인간이 환경의 자극을 지각할 때, 선택 → 조직화 → 해석 → 행동의 단계를 거친다.
- 선택은 지각의 첫 번째 과정으로 인간이 환경의 상황이나 자극을 감지하는 것을 말한다.
- 조직화는 지각된 자극이나 상황을 의미있는 모양으로 만드는 과정을 말한다.
- 해석은 조직화된 지각을 자기의 목적에 부합되게 의미를 부여하는 과정을 말한다.

1404

## 38 Repetitive Learning (1회 2회 3회)

부주의에 의한 사고방지 대책 중 정신적 대책과 가장 거리가 먼 것은?

① 적성배치 ② 주의력 집중훈련
③ 표준작업의 습관화 ④ 스트레스 해소 대책

해설

- 적성배치는 정신적 대책과 기능 및 작업측면의 대책에 공통적으로 해당하나 표준작업의 습관화는 정신적 대책이 아니라 기능 및 작업측면의 대책에 해당한다.

**정신적 측면의 부주의에 의한 사고방지 대책**

- 스트레스 해소 대책
- 작업의욕 고취
- 주의력 집중 훈련
- 안전의식 제고
- 적성 배치

0502 / 0801

## 39 Repetitive Learning (1회 2회 3회)

Skinner의 학습이론은 강화이론이라고 한다. 강화에 대한 설명으로 틀린 것은?

① 처벌은 더 강한 처벌에 의해서만 그 효과가 지속되는 부작용이 있다.
② 부분강화에 의하면 학습은 서서히 진행되지만, 빠른 속도로 학습효과가 사라진다.
③ 부적강화란 반응 후 처벌이나 비난 등의 해로운 자극이 주어져서 반응발생률이 감소하는 것이다.
④ 정적강화란 반응 후 음식이나 칭찬 등의 이로운 자극을 주었을 때 반응발생률이 높아지는 것이다.

해설

- ②는 연속강화에 대한 설명이다.

**강화이론(Reinforcement theory)**

㉠ 개요

- Skinner가 주장한 학습동기이론이다.
- 인간의 동기에 대한 이론 중 자극, 반응, 보상의 세 가지 핵심변인을 가지고 있으며, 표출된 행동에 따라 보상을 주는 방식에 기초한 동기이론이다.
- '종업원들의 수행을 높이기 위해서는 보상이 필요하다.'는 주장과 관련된다.



36 ① 37 ③ 38 ③ 39 ② 정답

ⓛ 강화

- 처벌은 더 강한 처벌에 의해서만 그 효과가 지속되는 부작용이 있다.
- 연속강화에 의한 학습은 서서히 진행되지만, 빠른 속도로 학습효과가 사라진다.
- 부분강화란 강화를 주는 데 일관성이 없으며, 바람직한 행동이 형성된 후에는 효과적이다. 연속강화에 비해 지속성에 있어서 효과적이다.
- 부적강화란 반응 후 처벌이나 비난 등의 해로운 자극이 주어져서 반응발생률이 감소하는 것이다.
- 정적강화란 반응 후 음식이나 칭찬 등의 이로운 자극을 주었을 때 반응발생률이 높아지는 것이다.

1402

## 40 Repetitive Learning 1회 2회 3회

착오의 원인에 있어 인지과정의 착오에 속하는 것은?

① 합리화의 부족
② 환경조건 불비
③ 작업자의 기능 미숙
④ 생리적·심리적 능력의 부족

해설

- 합리화의 부족, 환경조건 불비는 판단과정의 착오, 작업자의 기능 미숙은 조치과정의 착오에 해당한다.

착오의 원인별 분류

㉠ 인지과정의 착오
- 생리적·심리적 능력의 부족
- 감각 차단 현상
- 정서 불안정
- 정보량 저장의 한계

ⓛ 판단과정의 착오
- 능력부족
- 정보부족
- 자기합리화

ⓒ 조작과정의 착오
- 기술부족
- 잘못된 정보

# 3과목 인간공학 및 시스템안전공학

1301 / 2001

## 41 Repetitive Learning 1회 2회 3회

컷 셋과 패스 셋에 관한 설명으로 맞는 것은?

① 동일한 시스템에서 패스 셋의 개수와 컷 셋의 개수는 같다.
② 패스 셋은 동시에 발생했을 때 정상사상을 유발하는 사상들의 집합이다.
③ 일반적으로 시스템에서 최소 컷 셋의 개수가 늘어나면 위험 수준이 높아진다.
④ 최소 컷 셋은 어떤 고장이나 실수를 일으키지 않으면 재해는 일어나지 않는다고 하는 것이다.

해설

- 동일한 시스템이라도 패스 셋과 컷 셋의 개수는 다를 수 있다.
- 결함이 발생했을 때 정상사상을 일으키는 기본사상의 집합은 컷 셋에 대한 설명이다.
- 최소 컷 셋은 사고에 대한 시스템의 약점을 표현한다.

최소 컷 셋(Minimal cut sets)
- 컷 셋 중에 타 컷 셋을 포함하고 있는 것을 배제하고 남은 컷 셋들을 의미한다.
- 사고에 대한 시스템의 약점을 표현한다.
- 정상사상(Top 사상)을 일으키는 최소한의 집합이다.
- 일반적으로 Fussell algorithm을 이용한다.
- 시스템에서 최소 컷 셋의 개수가 늘어나면 위험수준이 높아진다.

0504

## 42 Repetitive Learning 1회 2회 3회

그림과 같은 압력탱크 용기에 연결된 두 개의 안전밸브의 신뢰도를 구하고자 한다. 2개의 밸브 중 하나만 작동되어도 안전하다고 하고, 안전밸브 하나의 신뢰도를 r이라 할 때 안전밸브 전체의 신뢰도는?

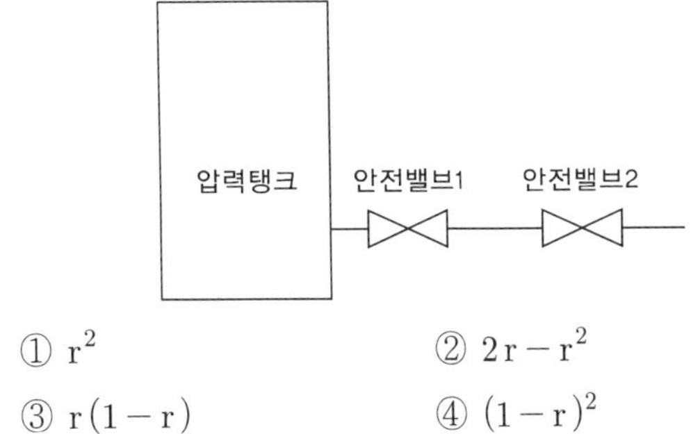


① $r^2$
② $2r - r^2$
③ $r(1-r)$
④ $(1-r)^2$

해설

- 경우의 수는 모두 4가지이다.
- 그 중 2개의 밸브 중 하나만이라도 작동하여 안전한 경우는 3가지로 (불량, 안전), (안전, 불량), (안전, 안전)의 경우이다. 각각 경우의 신뢰도를 구하면 (1-r)×r, r×(1-r), r×r 이다. 모두 더하면 $r-r^2+r-r^2+r^2 = 2r-r^2$이다.

**시스템의 신뢰도**

㉠ AND(직렬)연결 시

- 시스템의 신뢰도($R_s$)는 부품 a, 부품 b 신뢰도를 각각 $R_a$, $R_b$라 할 때 $R_s = R_a \times R_b$로 구할 수 있다.

㉡ OR(병렬)연결 시

- 시스템의 신뢰도($R_s$)는 부품 a, 부품 b 신뢰도를 각각 $R_a$, $R_b$라 할 때 $R_s = 1-(1-R_a)\times(1-R_b)$로 구할 수 있다.

## 43

Repetitive Learning 1회 2회 3회

위험관리단계에서 발생빈도보다는 손실에 중점을 두며, 기업 간 의존도, 한 가지 사고가 여러 가지 손실을 수반하는 것에 대해 유의하여 안전에 미치는 영향의 강도를 평가하는 단계는?

① 위험의 파악단계
② 위험의 처리단계
③ 위험의 분석 및 평가단계
④ 위험의 발견, 확인, 측정방법단계

해설

- 위험의 분석 및 평가단계는 위해요인을 식별하고 위험을 산정하기 위하여 가용 정보를 체계적으로 활용하며, 위험기준과 추정된 위험을 비교하는 과정으로 발생빈도보다 손실에 중점을 두는 단계이다.

**위험의 분석 및 평가단계**

- 안전에 미치는 영향의 강도를 평가하는 단계이다.
- 발생의 빈도보다는 손실의 규모에 중점을 둔다.
- 한 가지의 사고가 여러 가지 손실을 수반하는지 확인한다.
- 기업 간의 의존도는 어느 정도인지 점검한다.

## 44

Repetitive Learning 1회 2회 3회

위험상황을 해결하기 위한 위험처리기술에 해당하지 않는 것은?

① Combine(결합)
② Reduction(위험감축)
③ Simplify(작업의 단순화)
④ Rearrange(작업순서의 변경 및 재배열)

해설

- Reduction(위험감축) 대신에 불필요한 작업요소를 제거(Eliminate)하는 기술이 필요하다.

**작업방법 개선의 ECRS**

| | | |
|---|---|---|
| E | 제거(Eliminate) | 불필요한 작업요소 제거 |
| C | 결합(Combine) | 작업요소의 결합 |
| R | 재배치(Rearrange) | 작업순서의 재배치 |
| S | 단순화(Simplify) | 작업요소의 단순화 |

## 45

Repetitive Learning 1회 2회 3회

PCB 납땜작업을 하는 작업자가 8시간 근무시간을 기준으로 수행하고 있고, 대사량을 측정한 결과 분당 산소소비량이 1.3L/min으로 측정되었다. Murrell 방식을 적용하여 이 작업자의 노동활동에 대한 설명으로 틀린 것은?

① 납땜 작업의 분당 에너지소비량은 6.5 kcal/min이다.
② 작업자는 NIOSH가 권장하는 평균 에너지소비량을 따른다.
③ 작업자는 8시간의 작업시간 중 이론적으로 144분의 휴식시간이 필요하다.
④ 납땜작업을 시작할 때 발생한 작업자의 산소결핍은 작업이 끝나야 해소된다.

해설

- 산소 1L당 에너지소비량은 5kcal/min이고 분당 산소소비량이 1.3 L/min이므로, 분당 에너지소비량은 1. 3× 5 = 6.5kcal/min이다.
- NIOSH에서는 1일 8시간 작업자의 경우 남자일 경우 5kcal/min, 여자는 3.5kcal/min를 초과하지 않도록 권장하고 있으나 6.5kcal/min의 에너지 소비를 하고 있으므로 권장치를 초과하여 작업하고 있다.
- 8시간의 작업시간 중 휴식시간은
$R = 480 \times \frac{6.5-5}{6.5-1.5} = \frac{480\times1.5}{5} = 144$분이 필요하다.

**NIOSH 권장 평균 에너지소비량**

- 8시간 계속 작업 시 남자는 5kcal/min, 여자는 3.5kcal/min를 초과하지 않도록 권장하고 있다.
- 4시간 계속 작업 시 남자는 6.25kcal/min, 여자는 4.2kcal/min를 초과하지 않도록 권장하고 있다.
- 1시간 이하의 간헐작업 시 남자는 9kcal/min, 여자는 6.5kcal/min를 초과하지 않도록 권장하고 있다.



43 ③ 44 ② 45 ② 정답

**Murrel의 권장 평균 에너지량**

- 총 에너지 = 표준 에너지소비량 × 작업시간
  = 작업에너지 + 휴식에너지
- 표준 에너지소비량은 남자의 경우 5kcal/min, 여자의 경우 3.5kcal/min이다.

**작업 중 휴식시간**

- 휴식시간

$$R = \frac{\text{작업시간[분]} \times (E - \text{작업에 대한 분당 평균 에너지소비량})}{E - \text{휴식시간 중 분당 평균 에너지소비량}}$$

으로 구한다.

- 이 때 E는 특정 작업 시 소모되는 에너지소비량[kcal/min]이다.

## 46 Repetitive Learning (1회 2회 3회)

인체측정에 대한 설명으로 맞는 것은?

① 신체측정은 동적측정과 정적측정이 있다.
② 인체측정학은 신체의 생화학적 특징을 다룬다.
③ 자세에 따른 신체치수의 변화는 없다고 가정한다.
④ 측정항목에는 주로 무게, 직경, 두께, 길이 등이 포함된다.

해설

- 신체의 측정은 동적(기능적)측정과 정적(구조적)측정으로 구분된다.

**인체의 측정**

- 일반적으로 몸의 측정 치수는 구조적 치수(Structural dimension)와 기능적 치수(Functional dimension)로 나눌 수 있다.
- 기능적 인체치수는 공간이나 제품의 설계 시 움직이는 몸의 자세를 고려하기 위해 사용되는 인체치수로 동적 측정에 해당한다.
- 구조적 인체치수는 움직이지 않고 고정된 자세에서 마틴(Martin)식 인체측정기로 측정하는 정적측정에 해당한다.

## 47 Repetitive Learning (1회 2회 3회)

A 자동차에서 근무하는 K씨는 지게차로 철강판을 하역하는 업무를 한다. 지게차 운전으로 K씨에게 노출된 직업성 질환의 위험 요인과 동일한 위험 진동에 노출된 작업자는?

① 연마기 작업자
② 착암기 작업자
③ 진동 수공구 작업자
④ 대형운송차량 운전자

해설

- 지게차 운전은 전신진동에 노출된 작업자이다. 보기 중에서 전신진동에 노출된 작업자는 대형운송차량의 운전자이다.
- 연마기, 착암기, 진동 수공구 작업자는 국소진동에 노출된 작업자이다.

**진동과 인간성능**

㉠ 개요

- 안정되고 정확한 근육 조절을 요하는 작업은 진동에 의해서 저하된다.
- 반응시간, 감시, 형태식별 등 주로 중앙 신경 처리에 관한 임무는 진동의 영향을 덜 받는다.
- 진동의 영향을 가장 많이 받는 인간 성능은 추적(Tracking) 작업이고, 가장 영향이 적은 작업은 형태식별작업 등이다.

㉡ 주파수대별 공명현상

- 전신 또는 상체의 경우 5[Hz] 이하의 주파수에 심한 영향을 받는다.
- 시력은 10 ~ 25[Hz]의 주파수에 가장 큰 영향을 받는다.
- 머리와 어깨 부위는 20 ~ 30[Hz]에 공명현상을 보인다.
- 안구는 60 ~ 90[Hz]에 공명현상을 보인다.

1202

## 48 Repetitive Learning (1회 2회 3회)

건습구온도계에서 건구온도가 24℃이고 습구온도가 20℃일 때, Oxford 지수는 얼마인가?

① 20.6℃ ② 21.0℃
③ 23.0℃ ④ 23.4℃

해설

- $0.85 \times 20 + 0.15 \times 24 = 17 + 3.6 = 20.6$℃이다.

**Oxford 지수**

- 습구온도와 건구온도의 가중 평균치로 습건지수라고도 한다.
- Oxford 지수는 0.85 × 습구온도 + 0.15 × 건구온도로 구한다.

## 49 Repetitive Learning (1회 2회 3회)

사무실 의자나 책상에 적용할 인체 측정 자료의 설계 원칙으로 가장 적합한 것은?

① 평균치 설계
② 조절식 설계
③ 최대치 설계
④ 최소치 설계

정답 | 46 ① 47 ④ 48 ① 49 ②

해설

- 평균치 설계는 전동차의 손잡이 높이, 안내데스크, 은행의 접수대 높이, 공원의 벤치 높이 등에 이용된다.
- 최대치 설계는 출입문의 높이, 좌석 간의 거리, 통로의 폭, 와이어로프의 사용중량, 위험구역 울타리 등에 이용된다.
- 최소치 설계는 선반의 높이, 조종장치까지의 거리, 비상벨의 위치 등에 이용된다.

인체 측정 자료의 응용원칙

| | |
|---|---|
| 최소치수를 이용한 설계 | 선반의 높이, 조종장치까지의 거리, 비상벨의 위치 등 |
| 최대치수를 이용한 설계 | 출입문의 높이, 좌석 간의 거리, 통로의 폭, 와이어로프의 사용중량, 위험구역 울타리 등 |
| 조절식 설계 | 의자의 위치 및 높이, 자동차 운전석 의자의 위치와 높이 등 |
| 평균치를 이용한 설계 | 전동차의 손잡이 높이, 안내데스크, 은행의 접수대 높이, 공원의 벤치 높이 |

인간공학(Ergonomics)

㉠ 개요

- "Ergon(작업) + nomos(법칙) + ics(학문)"이 조합된 단어로 Human factors, Human engineering이라고도 한다.
- 인간의 특성과 한계 능력을 공학적으로 분석, 평가하여 이를 복잡한 체계의 설계에 응용함으로써 효율을 최대로 활용할 수 있도록 하는 학문분야이다.
- 인간이 사용하는 물건, 설비, 환경의 설계에 인간의 생리적, 심리적인 면에서의 특성이나 한계점을 고려함으로써 인간-기계 시스템의 안전성과 편리성, 효율성을 높이는 학문분야이다.

㉡ 적용분야

- 제품설계
- 재해 · 질병 예방
- 장비 · 공구 · 설비의 배치
- 작업장 내 조사 및 연구

0304 / 1404

## 50

Repetitive Learning (1회 2회 3회)

인간공학의 정의로 가장 적합한 것은?

① 인간의 과오가 시스템에 미치는 영향을 최대화하기 위한 학문분야

② 인간, 기계, 물자, 환경으로 구성된 복잡한 체계의 효율을 최대로 활용하기 위한 학문분야

③ 인간의 특성과 한계 능력을 분석, 평가하여 이를 복잡한 체계의 설계에 응용하여 효율을 최대로 활용할 수 있도록 하는 학문분야

④ 인간, 기계, 물자, 환경으로 구성된 복잡한 체계의 효율을 최대로 활용하기 위하여 인간의 생리적, 심리적 조건을 시스템에 맞추는 학문분야

해설

- 인간공학은 인간이 사용하는 물건, 설비, 환경의 설계에 인간의 생리적, 심리적인 면에서의 특성이나 한계점을 고려함으로써 인간-기계 시스템의 안전성과 편리성, 효율성을 높이는 학문분야이다.

## 51

Repetitive Learning (1회 2회 3회)

기계를 10,000시간 작동시키는 동안 부품에서 3번의 고장이 발생하였다. 3번의 수리를 하는 동안 6시간의 시간이 소요되었다면 가용도는 약 얼마인가?

① 0.9994 ② 0.9995

③ 0.9996 ④ 0.9997

해설

- MTBF 즉, 실제운용시간은 9,994시간이고, 총 운용시간은 10,000시간이다. 가용도 = $\frac{9,994}{10,000} = 0.9994$이다.

설비의 가동성

- 가동률이라고도 하며, 특정 설비가 정상적으로 작동하여 그 설치목적을 수행하는 비율을 말한다.
- $\frac{\text{MTBF}}{\text{MTBF}+\text{MTTR}} = \frac{\text{평균고장간격}}{\text{평균고장간격}+\text{평균수리시간}}$

  $= \frac{\text{실질가동시간}}{\text{총 운용시간}}$으로 구한다.



50 ③ 51 ① 정답

## 52 — Repetitive Learning 1회 2회 3회

중복사상이 있는 FT(Fault Tree)에서 모든 컷 셋(Cut set)을 구한 경우에 최소 컷 셋(Minimal cut set)의 설명으로 맞는 것은?

① 모든 컷 셋이 바로 최소 컷 셋이다.
② 모든 컷 셋에서 중복되는 컷 셋만이 최소 컷 셋이다.
③ 최소 컷 셋은 시스템의 고장을 방지하는 기본 고장들의 집합이다.
④ 중복되는 사상의 컷 셋 중 다른 컷 셋에 포함되는 셋을 제거한 컷 셋과 중복되지 않는 사상의 컷 셋을 합한 것이 최소 컷 셋이다.

**해설**

- 컷 셋 중에 타 컷 셋을 포함하고 있는 중복되는 것을 배제하고 남은 컷 셋이 최소 컷 셋이다.
- 최소 컷 셋은 정상사상(Top사상)을 일으키는 최소한의 집합이다.

∷ 최소 컷 셋(Minimal cut sets)
문제 41번의 유형별 핵심이론∷ 참조

0802
## 53 — Repetitive Learning 1회 2회 3회

위험도분석(CA, Criticality Analysis)에서 설비고장에 따른 위험도를 4가지로 분류하고 있다. 이 중 생명의 상실로 이어질 염려가 있는 고장의 분류에 해당하는 것은?

① Category Ⅰ ② Category Ⅱ
③ Category Ⅲ ④ Category Ⅳ

**해설**

- Category 1이 가장 치명도가 높은 분류이고 Category 4는 아무런 영향이 없는 것을 의미한다.

∷ 위험도분석(CA, Criticality Analysis)

㉠ 개요
- 항공기의 안정성 평가에 널리 사용되는 기법이다.
- 각 중요 부품의 고장률, 운용형태, 보정계수, 사용시간비율 등을 고려하여 정량적, 귀납적으로 부품의 위험도를 평가하는 분석기법이다.
- 위험분석기법 중 높은 고장 등급을 갖고 고장모드가 기기 전체의 고장에 어느 정도 영향을 주는가를 정량적으로 평가하는 해석기법이다.

㉡ 치명도 분류

| Category 1 | 생명 또는 가옥의 상실 |
|---|---|
| Category 2 | 사명 수행의 실패 |
| Category 3 | 활동의 지연 |
| Category 4 | 영향 없음 |

## 54 — Repetitive Learning 1회 2회 3회

"원래의 신호 정보를 새로운 형태로 변화시켜 표시하는 것"은 어떤 것의 정의인가?

① 차원
② 표시양식
③ 코딩
④ 묘사정보

**해설**

- 원래의 신호 정보를 새로운 형태로 변화시켜 표시하는 것을 암호화(Coding)라고 한다.

∷ 암호화(Coding)

㉠ 개요
- 원래의 신호 정보를 새로운 형태로 변화시켜 표시하는 것을 말한다.
- 형상, 크기, 색채 등 작업자가 쉽게 기계 및 기구를 식별하도록 암호화한다.

㉡ 암호화 지침

| 검출성 | 감지가 쉬워야 한다. |
|---|---|
| 표준화 | 표준화되어야 한다. |
| 변별성 | 다른 암호 표시와 구별될 수 있어야 한다. |
| 양립성 | 인간의 기대와 모순되지 않아야 한다. |
| 부호의 의미 | 사용자가 그 뜻을 분명히 알 수 있어야 한다. |
| 다차원의 암호 사용가능 | 두 가지 이상의 암호 차원을 조합해서 사용하면 정보전달이 촉진된다. |

1402 / 2202
## 55 — Repetitive Learning 1회 2회 3회

인간-기계 시스템을 3가지로 분류한 설명으로 틀린 것은?

① 자동 시스템에서는 인간요소를 고려하여야 한다.
② 기계 시스템에서는 동력기계화 체계와 고도로 통합된 부품으로 구성된다.
③ 자동 시스템에서 인간은 감시, 정비유지, 프로그램 등의 작업을 담당한다.
④ 수동 시스템에서 기계는 동력원을 제공하고 인간의 통제 하에서 제품을 생산한다.

**해설**

- 수동 시스템에서는 인간의 힘을 동력원으로 사용한다. ④의 설명은 기계화 시스템을 의미한다.

정답 | 52 ④ 53 ① 54 ③ 55 ④

∷ 인간-기계 통합 체계의 유형

- 인간-기계 통합 체계의 유형에는 자동화 체계, 기계화 체계, 수동 체계가 있다.

| | |
|---|---|
| 자동화 체계 | 인간은 작업계획의 수립, 모니터를 통한 작업 상황 감시, 프로그래밍, 설비보전의 역할을 수행하고 체계(System)가 감지, 정보보관, 정보처리 및 의식결정, 행동을 포함한 모든 임무를 수행하는 체계 |
| 기계화 체계 | 반자동 체계로 운전자의 조종에 의해 기계를 통제하는 융통성이 없는 시스템 체계 |
| 수동 체계 | 인간의 힘을 동력원으로 활용하여 수공구를 사용하는 시스템 형태로 다양성이 있고 융통성이 우수한 체계 |

0704 / 1401

**56** Repetitive Learning (1회 2회 3회)

인간의 과오를 정량적으로 평가하기 위한 기법으로서 인간의 과오율 추정법 등 5개의 스텝으로 되어 있는 기법은?

① FTA ② FMEA
③ THERP ④ MORT

해설

- FTA는 연역적 방법으로 원인을 규명하며, 재해의 정량적 예측이 가능한 분석방법이다.
- FMEA는 제품 설계와 개발단계에서 고장 발생을 최소로 하고자 하는 경우에 유효한 분석기법이다.
- MORT는 관리, 설계, 생산, 보전 등의 넓은 범위의 안전성을 검토하기 위한 기법이다.

∷ THERP(Technique for Human Error Rate Prediction)

- 인간오류율예측기법이라고도 하는 대표적인 인간실수확률에 대한 추정기법이다.
- 사고원인 가운데 인간의 과오에 기인된 원인 분석, 확률을 계산함으로써 제품의 결함을 감소시키고, 인간공학적 대책을 수립하는데 사용되는 분석기법이다.
- 인간의 과오를 정량적으로 평가하기 위한 기법으로서 인간의 과오율 추정법 등 5개의 스텝으로 되어 있다.

1202 / 2001

**57** Repetitive Learning (1회 2회 3회)

산업안전보건법령상 유해·위험방지계획서를 제출할 때에는 사업장별로 관련 서류를 첨부하여 해당 작업시작 며칠 전까지 해당기관에 제출하여야 하는가?

① 7일 ② 15일
③ 30일 ④ 60일

해설

- 유해·위험방지계획서의 제출 기한은 제조업의 경우는 해당 작업 시작 15일 전, 건설업의 경우는 공사의 착공 전날까지 제출한다.

∷ 유해·위험방지계획서의 제출

- 제출대상 사업장의 규모는 전기 계약용량이 300kW 이상인 사업장이다.
- 건설물·기계·기구 및 설비 등 일체를 설치·이전하거나 그 주요 구조부분을 변경할 때에는 고용노동부장관(한국산업안전보건공단)에게 유해·위험방지계획서를 제출하여야 한다.
- 첨부서류는 건축물 각 층의 평면도, 기계·설비의 개요를 나타내는 서류, 기계·설비의 배치도면, 원재료 및 제품의 취급, 제조 등의 작업방법의 개요 등이다.
- 제조업의 경우는 해당 작업시작 15일 전에 제출한다.
- 건설업의 경우는 공사의 착공 전날까지 제출한다.

0804

**58** Repetitive Learning (1회 2회 3회)

FTA에 사용되는 논리 게이트 중 여러 개의 입력 사상이 정해진 순서에 따라 순차적으로 발생해야만 결과가 출력되는 것은?

① 억제 게이트 ② 조합 AND 게이트
③ 배타적 OR 게이트 ④ 우선적 AND 게이트

해설

- 억제 게이트는 조건부 사건이 발생된 상황에서 입력이 발생할 때 출력이 발생되는 게이트이다.
- 조합 AND 게이트는 3개의 입력현상 중 임의의 시간에 2개의 입력사상이 발생할 경우 출력이 생긴다.
- 배타적 OR 게이트(Exclusive OR gate)는 OR 게이트의 특별한 경우로 2개 또는 그 이상의 입력이 동시에 존재하는 경우에는 출력이 생기지 않는 게이트이다.

∷ 우선적 AND 게이트

- AND 게이트의 특별한 경우로 여러 개의 입력 사상이 정해진 순서에 따라 순차적으로 발생해야만 결과가 출력된다.
- 입력현상 중에서 어떤 현상이 다른 현상보다 먼저 일어난 때에 출력현상이 생기는 수정 게이트이다.
- 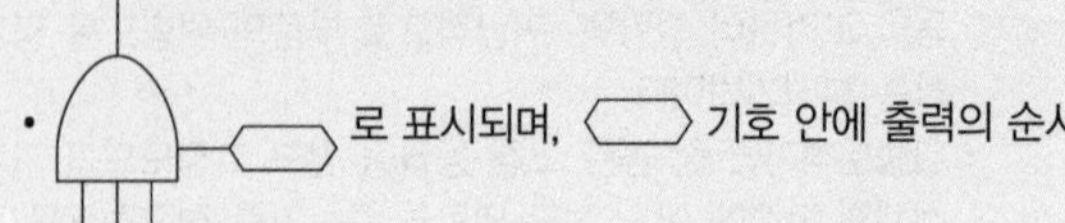 로 표시되며, 기호 안에 출력의 순서를 지정한다.



56 ③ 57 ② 58 ④ | 정답

## 59

Repetitive Learning 1회 2회 3회

좋은 코딩 시스템의 요건에 해당하지 않는 것은?

① 코드의 검출성
② 코드의 식별성
③ 코드의 표준화
④ 단순차원 코드의 사용

해설

- 암호화 시 2가지 이상의 다차원으로 암호화할 경우 정보전달이 촉진된다.

:: 암호화(Coding)
문제 54번의 유형별 핵심이론 :: 참조

## 60

Repetitive Learning 1회 2회 3회

화학물 취급회사의 안전담당자 최OO는 화재 발생 시 대피안내방송을 음성 합성기로 전달하고자 한다. 최OO가 활용할 수 있는 음성 합성 체계유형에 대한 설명으로 맞는 것은?

① 최OO는 경고안내문을 낭독하는 본인의 실제 음성 파형을 모형화하는 음성 정수화 방법을 활용할 수 있다.
② 최OO는 경고안내문을 낭독할 때, 본인 음성의 질을 가장 우수하게 합성할 수 있는 불규칙에 의한 합성법을 활용할 수 있다.
③ 최OO는 발음모형의 적절한 모수들을 경고안내문을 낭독 시 본인이 실제 발음할 때에 결정하는 분석-합성에 의한 합성법을 적용할 수 있다.
④ 최OO는 규칙에 의한 합성법을 사용하여 경고안내문을 낭독하는 본인의 실제 음성으로부터 발음모형 모수들의 변화를 암호화할 수 있다.

해설

- 음성 합성 체계유형에는 본인의 음성을 모형화하는 음성 정수화 방법 혹은 기존 성우 등이 녹음하여 저장한 음성DB를 활용하여 원고의 내용대로 음성을 합성하는 방법 등이 있다.

:: 음성 합성 체계유형
- 실제 음성을 모형화하는 음성 정수화(양자화) 방법
- 기존 성우 등이 녹음하여 저장한 음성DB를 활용하여 원고의 내용대로 음성을 합성하는 방법 등이 있다.

# 4과목 건설시공학

0902

## 61

Repetitive Learning 1회 2회 3회

철공공사의 모살용접에 관한 설명으로 옳지 않은 것은?

① 모살용접의 유효면적은 유효길이에 유효목두께를 곱한 것으로 한다.
② 모살용접의 유효길이는 모살용접의 총길이에서 2배의 모살사이즈를 공제한 값으로 해야 한다.
③ 모살용접의 유효목두께는 모살사이즈의 0.3배로 한다.
④ 구멍모살과 슬롯 모살용접의 유효길이는 목두께의 중심을 잇는 용접 중심선의 길이로 한다.

해설

- 응력전달이 용착금속에 의해 이뤄지므로 용접살의 목두께가 중요하며 유효목두께는 모살사이즈의 0.7배로 한다.

:: 모살용접(Fillet welding)
- 형강의 판재를 개선하지 않고 용접하거나 플레이트 두께가 너무 얇아 개선이 어려운 경우 혹은 보강 Plate 등에 적용하는 용접법이다.
- 응력전달이 용착금속에 의해 이뤄지므로 용접살의 목두께가 중요하며 유효목두께는 모살사이즈의 0.7배로 한다.
- 모살용접의 유효면적은 유효길이에 유효목두께를 곱한 것으로 한다.
- 모살용접의 유효길이는 모살용접의 총길이에서 2배의 모살사이즈를 공제한 값으로 해야 한다.
- 구멍모살과 슬롯 모살용접의 유효길이는 목두께의 중심을 잇는 용접 중심선의 길이로 한다.

2201

## 62

Repetitive Learning 1회 2회 3회

네트워크 공정표에 사용되는 용어에 관한 설명으로 옳지 않은 것은?

① 크리티컬 패스(Critical path) : 개시 결합 전에서 종료 결합점에 이르는 가장 긴 경로
② 더미(Dummy) : 결합점이 가지는 여유시간
③ 플로트(Float) : 작업의 여유시간
④ 디펜던트 플로트(Dependent float) : 후속작업의 토탈 플로트에 영향을 주는 플로트

정답 | 59 ④ 60 ① 61 ③ 62 ②

해설

- 더미는 작업의 순서관계를 의미하며, 결합점이 가지는 여유시간은 슬랙(Slack)에 대한 설명이다.

**네트워크 공정표의 용어**

- 크리티컬 패스(Critical path) : 개시 결합 전에서 종료 결합점에 이르는 가장 긴 경로
- 더미(Dummy) : 작업이나 시간의 요소가 없는 작업의 순서 관계
- 플로트(Float) : 작업의 여유시간
- 디펜던트 플로트(Dependent float) : 후속작업의 토탈 플로트에 영향을 주는 플로트
- 슬랙(Slack) : 결합점이 가지는 여유시간
- 이벤트(Event) : 작업의 결합점, 개시점 또는 종료점
- 액티비티(Activity) : 프로젝트를 구성하는 단위 작업

## 63

Repetitive Learning (1회 2회 3회)

철골공사에서 강재의 기계적 성질, 화학성분, 외관 및 치수공차 등 재원과 제조회사 확인으로 제품의 품질확보를 위해 공인된 시험기관에서 발행하는 검사증명서는?

① Mill sheet

② Full size drawing

③ 표준 시방서

④ Shop drawing

해설

- Full size drawing이란 현치도를 말하며 실물과 같은 치수로 그리는 도면이다.
- 표준시방서는 시설물의 안전 및 공사시행의 적정성과 품질확보 등을 위하여 시설물별로 정한 표준적인 시공기준을 명시한 시방서이다.
- Shop drawing이란 시공 상세도로 공사 수급자, 하도급업자, 제조업자, 공급업자 등이 관련공사 부분을 설명하기 위해 작성하는 도면, 도표, 계획공정, Data 등을 말한다.

**Mill sheet(Mill certificate)**

- 강재의 제조회사에서 발행하는 품질보증서이다.
- 제품에 대한 정보기록증, 철강회사에서 만들어낸 정품에 한해 나오는 증서이다.
- 강재의 기계적 성질, 화학성분, 외관 및 치수공차 등 재원과 제조회사 확인으로 제품의 품질확보를 위해 공인된 시험기관에서 발행하는 검사증명서이다.

2001

## 64

Repetitive Learning (1회 2회 3회)

철근이음에 관한 설명으로 옳지 않은 것은?

① 철근의 이음부는 구조내력상 취약점이 되는 곳이다.

② 이음 위치는 되도록 응력이 큰 곳을 피하도록 한다.

③ 이음이 한 곳에 집중되지 않도록 엇갈리게 교대로 분산시켜야 한다.

④ 응력 전달이 원활하도록 한 곳에서 철근 수의 반 이상을 이어야 한다.

해설

- 한 곳에서 철근 수의 반 이상을 이어서는 안 된다.

**철근의 이음** 실작 1502

㉠ 이음 시 주의사항

- 철근의 이음부는 구조내력상 취약점이 되는 곳이므로 주의를 기울이도록 한다.
- 이음 위치는 되도록 응력이 큰 곳을 피하도록 한다.
- 이음이 한 곳에 집중되지 않도록 엇갈리게 교대로 분산시켜야 한다.
- 한 곳에서 철근 수의 반 이상을 이어서는 안 된다.
- 철근의 이음길이 허용오차는 소정 길이의 10% 이내가 되게 한다.

㉡ 이음방법

- 철근의 이음방법에는 겹침이음, 용접이음, 기계식이음(나사이음, 슬리브압착이음 및 슬리브충진이음), 가스압접 등이 있다.

1304

## 65

Repetitive Learning (1회 2회 3회)

벽돌치장면의 청소방법 중 옳지 않은 것은?

① 벽돌치장면에 부착된 모르타르 등의 오염은 물과 솔을 사용하여 제거하며 필요에 따라 온수를 사용하는 것이 좋다.

② 세제세척은 물 또는 온수에 중성세제를 사용하여 세정한다.

③ 산세척은 다른 방법으로 오염물을 제거하기 곤란한 장소에 적용하고, 그 범위는 가능한 작게 한다.

④ 산세척은 오염물을 제거한 후 물세척을 하지 않는 것이 좋다.

해설

- 산세척으로 오염물을 제거한 후에는 즉시 충분히 물세척을 반복한다.



63 ① 64 ④ 65 ④ 정답

**벽돌치장면의 청소**

㉠ 물세척

- 벽돌치장면에 부착된 모르타르 등의 오염은 물과 브러시를 사용하여 제거한다. 필요에 따라 온수를 사용하는 것이 좋다.

㉡ 세제세척

- 오염물이 떨어진 것은 물 또는 온수에 중성세제를 사용하여 세정한다.

㉢ 산세척

- 산세척은 모르타르와 매입 철물을 부식하는 것이 있기 때문에, 일반적으로 사용하지 않는다. 특히 수평부재와 부재 수평부 등의 물이 고여 있는 장소에 대해서는 하지 않는다.
- 산세척은 다른 방법으로 오염물을 제거하기 곤란한 장소에 채용하고, 그 범위는 가능한 적게 한다.
- 부득이 산세척을 실시하는 경우는 담당원 입회하에 매입 철물 등의 금속부를 적절히 보양하고, 벽돌을 표면수가 안정하게 잔류하도록 물 축임한 후에 3% 이하의 묽은 염산(30배 희석액)을 사용하여 실시한다.
- 오염물을 제거한 후에는 즉시 충분히 물세척을 반복한다.

0901 / 0904

## 66 — Repetitive Learning (1회 2회 3회)

공동 도급 방식(Joint venture contract)의 장점에 해당하지 않는 것은?

① 위험의 분산
② 시공의 확실성
③ 기술 자본의 증대
④ 이윤 증대

**해설**

- 공동 도급 방식은 1개 회사에서 진행하는 일식공사에 비해 공사경비가 증대될 수 있어 이윤이 증대할 가능성은 거의 없다.

**공동 도급 방식(Joint venture contract)**

㉠ 개요

- 1개 회사가 단독으로 도급을 수행하기에는 규모가 클 경우 또는 복수 공사일 때 2개 이상의 회사가 임시로 결합하여 연대책임으로 공사를 하고 공사 완성 후 해산하는 방식을 말한다.

㉡ 장점

- 각 회사의 상호신뢰와 협조로써 긍정적인 효과를 거둘 수 있다.
- 공사의 진행이 수월하며 위험부담이 분산된다.
- 2 이상의 도급자가 공동으로 기업체를 만들기 때문에 자금부담이 경감된다.
- 신기술 및 신공법을 적용할 경우 상호기술의 확충 및 새로운 경험을 얻을 수 있다.
- 주문자로서는 시공의 확실성을 기대할 수 있다.

㉢ 단점

- 공동 도급 구성원 상호 간의 이해충돌이 발생가능하며, 현장관리가 곤란하다.
- 공사경비가 증대될 수 있다.
- 책임소재가 불명확할 수 있다.

## 67 — Repetitive Learning (1회 2회 3회)

지내력시험을 한 결과 침하곡선이 그림과 같이 항복 상황을 나타냈을 때 이 지반의 단기하중에 대한 허용지내력은 얼마인가?(단, 허용지내력은 $m^2$당 하중의 단위를 기준으로 함)

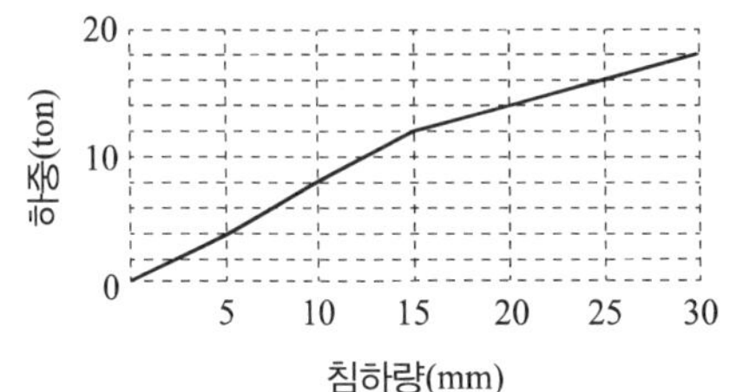


① 6 $ton/m^2$
② 7 $ton/m^2$
③ 12 $ton/m^2$
④ 14 $ton/m^2$

**해설**

- 침하곡선이 항복상태가 되는 지내력도는 $12t/m^2$이다. 이 때 단기하중에 대한 허용지내력은 $12t/m^2$이며, 장기하중에 대한 허용지내력은 단기하중에 대한 허용지내력의 1/2에 해당하므로 $6t/m^2$가 된다.

**평판재하시험**

㉠ 개요

- 지반지내력시험 중 정방형, 원형으로 된 재하판으로 설계지내력을 확인하는 현장실험방법이다.

㉡ 측정방법

- 시험은 예정 기초 저면에서 행한다.
- 매회의 재하는 1t 이하 또는 예정파괴하중의 1/5 이하로 한다.
- 총 침하량이 20mm 이하일 때 침하를 정지하고 하중을 구하여 단기 허용지내력을 구한다.
- 침하의 증가량이 2시간에 약 0.1mm 비율 이하가 될 때 침하가 정지한 것으로 본다.
- 장기하중에 대한 허용지내력은 단기하중 허용지내력의 절반이다.
- 재하판은 정방형 또는 원형으로 면적 $0.2m^2$의 것을 표준으로 한다.

## 68 — Repetitive Learning (1회 2회 3회)

CIP(Cast In Place prepacked pile) 공법에 관한 설명으로 옳지 않은 것은?

① 주열식 강성체로서 토류 벽 역할을 한다.
② 소음 및 진동이 적다.
③ 협소한 장소에는 시공이 불가능하다.
④ 굴착을 깊게 하면 수직도가 떨어진다.

해설

- CIP(Cast In Place prepacked pile) 공법은 협소한 장소에도 시공이 가능하다.

:: CIP(Cast In Place prepacked pile) 공법

㉠ 개요
- Prepacked pile 공법은 특정 위치에 구멍을 뚫고 콘크리트 또는 주위의 흙을 이용해서 만드는 제자리 말뚝을 말한다.
- 기초 지정공사, 흙막이 벽, 차수벽 등의 목적으로 사용하는 공법이다.

㉡ 특징
- 주열식 강성체로서 토류 벽 역할을 한다.
- 소음 및 진동이 적고 공사비가 적게 든다.
- 협소한 장소에도 시공이 가능하다.
- 굴착을 깊게 하면 수직도가 떨어진다.

1302 / 2202

## 69 — Repetitive Learning (1회 2회 3회)

기성콘크리트말뚝에 표기된 PHC-A・450-12의 각 기호에 대한 설명으로 옳지 않은 것은?

① PHC - 원심력 고강도 프리스트레스트 콘크리트말뚝
② A - A종
③ 450 - 말뚝바깥지름
④ 12 - 말뚝삽입 간격

해설

- 말뚝의 표기 기호는 "PHC - 종별 - 말뚝바깥지름 - 말뚝길이" 형식을 사용하므로 12는 말뚝삽입 간격이 아니라 말뚝의 길이가 되어야 한다.

:: 원심력 고강도 프리스트레스트 콘크리트말뚝(PHC 말뚝)

실작 1502

㉠ 개요
- 고강도콘크리트에 프리스트레스를 도입하여 제조한 말뚝으로 Pretensioned spun High strength Concrete piles를 말한다.
- 강성이 우수하고 안전하여 용접식 이음방법을 주로 사용한다.
- 말뚝의 표기기호는 "PHC - 종별 - 말뚝바깥지름 - 말뚝길이" 형식을 사용한다.

㉡ 특징
- 콘크리트의 설계기준강도가 78.5Mpa로 종래 PC 파일의 강도보다 대폭 크다.
- 강재는 특수 PC 강선을 사용한다.
- 견고한 지반까지 항타가 가능하며 지지력 증강에 효과적이다.
- 건조수축이 적고 내약품성이 뛰어나며 경제적이다.

## 70 — Repetitive Learning (1회 2회 3회)

기계를 설치한 지반보다 낮은 장소, 넓은 범위의 굴착이 가능하며 주로 수로, 골재채취용으로 많이 사용되는 토공사용 굴착기계는?

① 모터그레이더(Motor grader)
② 파워셔블(Power shovel)
③ 크램쉘(Clam shell)
④ 드래그라인(Drag line)

해설

- 그레이더는 2개의 바퀴 축 사이에 회전날이 달려있어 땅을 평평하게 할 때 사용되는 기계이다.
- 파워셔블은 기계가 위치한 지면보다 높은 곳을 파는 작업에 가장 적합한 굴착기계이다.
- 크램쉘은 위치한 지면보다 낮은 우물통과 같은 협소한 장소에서 사용하는 수직 및 수중굴착 장비이다.

:: 드래그라인(Drag line)
- 토공사용 굴착장비이다.
- 지면에 기계를 두고 깊이 8m 정도의 연약한 지반의 넓고 깊은 기초 흙 파기를 할 때 주로 사용하는 기계이다.
- 기계를 설치한 지반보다 낮은 장소, 넓은 범위의 굴착이 가능하며 주로 수로, 골재채취용으로 많이 사용되는 토공사용 굴착기계이다.

1302

## 71 — Repetitive Learning (1회 2회 3회)

거푸집 구조설계 시 고려해야 하는 연직하중에서 무시해도 되는 요소는?

① 작업하중
② 거푸집 중량
③ 콘크리트 자중
④ 충격하중



68 ③ 69 ④ 70 ④ 71 ② 정답

해설

- 거푸집 중량은 40kg/$m^2$ 정도로 미미하므로 일반적으로 연직하중에서 무시한다.

:: 거푸집 동바리에 작용되는 연직하중
- 연직하중 W = 고정하중 + 충격하중 + 작업하중이다.
- 고정하중은 철근콘크리트와 거푸집의 무게를 합한 하중을 말하지만 거푸집의 무게는 40kg/$m^2$으로 무시하고 콘크리트 단위중량(kgf/$m^3$) × 슬래브 두께(m)로 구한다.
- 충격하중 = 0.5 × 콘크리트 단위중량(kgf/$m^3$) × 슬래브 두께(m)로 구한다.
- 작업하중은 작업원, 경량의 장비하중, 그 밖의 콘크리트 타설에 필요한 자재 및 공구 등의 시공(작업)하중으로 150kgf/$m^2$(2.5kN/$m^2$)로 계산한다.
- 연직하중 W = (콘크리트 단위중량 × 슬래브 두께) + 0.5(콘크리트 단위중량 × 슬래브 두께) + 150 = 1.5(콘크리트 단위중량 × 슬래브 두께) + 150[kgf/$m^3$]이다.

ⓛ 건식 공법 일반 주의사항
- 촉구멍 깊이는 기준보다 2mm 이상 더 깊이 천공한다.
- 석재는 두께 30mm 이상을 사용한다.
- 모든 구조재 또는 트러스 철물은 반드시 녹막이 처리한다.
- 석재의 하부는 지지용으로, 석재의 상부는 고정용으로 설치한다.
- 석재의 건식 붙임에 사용되는 모든 구조재 또는 긴결 철물은 녹막이 처리를 한다.
- 석재의 색상, 석질, 가공형상, 마감 정도, 물리적 성질 등이 동일한 것으로 한다.
- 건식 석재 붙임에 사용되는 앵커볼트, 너트, 와셔 등은 스테인레스를 사용한다.
- 화강석 특유의 무늬를 제외한 눈에 띄는 반점 등을 제거한다.
- 하지철물의 부식문제와 내부단열재 설치문제 등이 나타날 수 있다.
- 실런트(Sealant) 유성분에 의한 석재면의 오염문제는 비오염성 실런트로 대체하거나, Open joint 공법으로 대체하기도 한다.
- 실런트(Sealant) 시공 시 경화시간, 기상조건에 따른 영향을 받아 오염이나 누수의 우려가 있으므로 정밀 시공이 요구된다.
- 강재트러스지지 공법 등 건식 공법은 시공정밀도가 우수하고, 작업능률이 개선되며, 공기단축이 가능하다.

## 72

Repetitive Learning 1회 2회 3회

건식 석재공사에 관한 설명으로 옳지 않은 것은?

① 촉구멍 깊이는 기준보다 2mm 이상 더 깊이 천공한다.
② 석재는 두께 30mm 이상을 사용한다.
③ 석재의 하부는 고정용으로, 석재의 상부는 지지용으로 설치한다.
④ 모든 구조재 또는 트러스 철물은 반드시 녹막이 처리한다.

해설

- 석재의 하부는 지지용으로, 석재의 상부는 고정용으로 설치한다.

:: 석공사 건식 공법

㉠ 개요
- 앵커긴결 공법, 강재트러스지지 공법, GPC 공법, Open joint 공법 등이 있다.
- 시공이 용이하고, 경제적이다.
- 얇은 두께의 판재를 시공할 수 있어 주택 또는 소형 건물에 적용된다.

2101

## 73

Repetitive Learning 1회 2회 3회

슬라이딩폼(Sliding form)에 관한 설명으로 옳지 않은 것은?

① 1일 5~10m 정도 수직시공이 가능하므로 시공속도가 빠르다.
② 타설작업과 마감작업을 병행할 수 없어 공정이 복잡하다.
③ 구조물 형태에 따른 사용 제약이 있다.
④ 형상 및 치수가 정확하며 시공오차가 적다.

해설

- 슬라이딩폼(Sliding form)은 마감작업이 동시에 진행되므로 공정이 단순화된다.

:: 슬라이딩폼(Sliding form) 실작 1604/1401

㉠ 개요
- 수평 및 수직으로 반복된 구조물을 시공이음 없이 균일하게 시공하기 위해 사용되는 거푸집의 종류이다.
- 로드(Rod) · 유압잭(Jack) 등을 이용하여 거푸집을 연속적으로 이동시키면서 콘크리트를 타설할 때 사용된다.
- 원자력 발전소의 원자로격납용기(Containment vessel), Silo 공사 등에 적합한 거푸집이다.

정답 | 72 ③ 73 ②

㉡ 특징
- 1일 5~10m 정도 수직시공이 가능하도록 시공속도가 빠르다.
- 마감작업이 동시에 진행되므로 공정이 단순화된다.
- 구조물 형태에 따른 사용 제약이 있다.
- 형상 및 치수가 정확하며 시공오차가 적다.

## 74

Repetitive Learning (1회 2회 3회)

콘크리트의 배합설계에 있어 구조물의 종류가 무근콘크리트인 경우 굵은 골재의 최대치수로 옳은 것은?

① 30mm, 부재 최소치수의 1/4을 초과해서는 안 됨
② 35mm, 부재 최소치수의 1/4을 초과해서는 안 됨
③ 40mm, 부재 최소치수의 1/4을 초과해서는 안 됨
④ 50mm, 부재 최소치수의 1/4을 초과해서는 안 됨

해설

- 무근콘크리트는 버림콘크리트, 밑창콘크리트 등 철근 및 철망으로 보강하지 않는 콘크리트로 굵은 골재의 최대치수는 40mm, 부재 최소치수의 1/4을 초과해서는 안 된다.

굵은 골재의 최대치수
- 거푸집 양 측면 사이의 최소 거리의 1/5
- 슬래브 두께의 1/3
- 개별 철근, 다발 철근, 긴장재 또는 덕트 사이 최소 순간격의 3/4
- 05010.9(굵은 골재의 최대치수)

| 구조물의 종류 | 굵은 골재의 최대치수(mm) |
|---|---|
| 일반적인 경우 | 20 또는 25 |
| 단면이 큰 경우 | 40 |
| 무근콘크리트 | 40<br>부재 최소치수의 1/4을 초과해서는 안 됨 |

0801 / 1201

## 75

Repetitive Learning (1회 2회 3회)

철근의 이음방법에 해당되지 않는 것은?

① 겹침이음 ② 병렬이음
③ 기계식이음 ④ 용접이음

해설

- 철근의 이음방법에는 겹침이음, 용접이음, 기계식이음(나사이음, 슬리브압착이음 및 슬리브충진이음), 가스압접 등이 있다.

철근의 이음 실작 1502
문제 64번의 유형별 핵심이론 참조

## 76

Repetitive Learning (1회 2회 3회)

콘크리트블록에서 A종 블록의 압축강도 기준은?

① 2 $N/mm^2$ 이상 ② 4 $N/mm^2$ 이상
③ 6 $N/mm^2$ 이상 ④ 8 $N/mm^2$ 이상

해설

- A종 블록의 기건비중은 1.7 미만이고, 전단면적에 대한 압축강도는 $4N/mm^2$ 이상이어야 한다.

압축강도 및 흡수율 기준

| 구분 | 기건비중 | 전단면적에 대한 압축강도 [$N/mm^2$] | 흡수율 [%] | 투수성 [$ml/m^2 \cdot h$] |
|---|---|---|---|---|
| A종 블록 | 1.7 미만 | 4 이상 | – | – |
| B종 블록 | 1.9 미만 | 6 이상 | – | – |
| C종 블록 | – | 8 이상 | 10 이하 | 300 이하 |

0901 / 1104

## 77

Repetitive Learning (1회 2회 3회)

철골작업 중 녹막이 칠을 피해야 할 부위에 해당하지 않는 것은?

① 콘크리트에 매립되는 부분
② 현장에서 깎기 마무리가 필요한 부분
③ 현장용접 예정부위에 인접하는 양측 50cm 이내
④ 고력볼트 마찰접합부의 마찰면

해설

- 녹막이 칠을 하지 않아야 하는 부분은 현장용접 부위로 용접부에서 양측 100mm 이내이다.

철골의 공장 가공 공정
㉠ 개요
- 원척도작성 – 본뜨기 – 금매김 – 절단 – 구멍뚫기 – 가조립 – 리벳치기 – 검사 – 녹막이 칠 순으로 진행한다.
- 원척도란 설계도면이나 시방서에 표시된 부재의 길이, 너비 등을 1 : 1로 그린 것을 말한다.
- 금매김은 본판 및 리벳간격을 그린 장척물로 강재면에 강치로 리벳 구멍의 위치, 절단개소 등을 그려 넣는다.
- 절단의 종류에는 전단절단, 톱절단, 가스절단, 플라즈마절단, 레이저절단 등이 있다.
- 구멍뚫기 작업 후 구멍의 위치가 다소 다를 때 구멍을 맞추기 위해 구멍가심(Reaming) 작업을 한다.
- 철골의 공장가공 중 가조립을 할 때 가볼트의 수는 전 리벳 구멍의 1/3 이상이어야 한다.
- 밀 스케일, 스패터 등을 제거한 후 현장운반에 앞서 녹막이 칠을 한다.



74 ③ 75 ② 76 ② 77 ③ 정답

㉡ 절단의 종류
- 전단절단 : 강판의 절단 시 사용한다.
- 톱절단 : 철골부재 절단방법 중 가장 정밀한 절단방법으로 앵글커터(Angle cutter), 프릭션 소(Friction saw) 등으로 작업한다.

㉢ 녹막이 칠
- 녹막이 칠을 해야 하는 부분은 리벳 머리 등 콘크리트에 매입되지 않는 부분이다.
- 녹막이 칠을 하지 않아야 하는 부분은 현장용접 부위(용접부에서 양측 100mm 이내), 현장접합 재료의 손상부위, 고력볼트 마찰접합부의 마찰면, 콘크리트에 매립되는 부분, 현장에서 깎기 마무리가 필요한 부분 등이다.

0802 / 1004

## 78 Repetitive Learning (1회 2회 3회)

다음 각 도급공사에 관한 설명으로 옳지 않은 것은?

① 분할 도급은 전문공종별, 공정별, 공구별 분할 도급으로 나눌 수 있으며 이 경우 재료는 건축주가 직접 조달하여 지급하고 노무만을 도급하는 것이다.
② 공동 도급이란 대규모 공사에 대하여 여러 개의 건설회사가 공동출자 기업체를 조직하여 도급하는 방식이다.
③ 공구별 분할 도급은 대규모 공사에서 지역별로 분리하여 발주하는 방식이다.
④ 일식 도급은 한 공사 전부를 도급자에게 맡겨 재료, 노무, 현장시공업무 일체를 일괄하여 시행시키는 방법이다.

해설
- 분할 도급은 각기 별도의 도급자를 선정하여 재료, 노무, 현장시공업무 일체를 따로 도급계약을 맺는 방식이다.

도급공사의 종류
- 분할 도급은 전문공종별, 공정별, 공구별 분할 도급으로 나눌 수 있으며 각기 별도의 도급자를 선정하여 재료, 노무, 현장시공업무 일체를 따로 도급계약을 맺는 방식이다.
- 공동 도급이란 대규모 공사에 대하여 여러 개의 건설회사가 공동출자 기업체를 조직하여 도급하는 방식으로 업체 간의 공사수급의 경쟁을 완화하고 위험을 분산시킨다.
- 일식 도급은 한 공사 전부를 도급자에게 맡겨 재료, 노무, 현장시공업무 일체를 일괄하여 시행시키는 방법으로 공사비가 확정되고 책임한계가 명료하며 공사관리가 용이하다.
- 직영공사는 시공사 없이 건축주가 직접 공사하는 것으로 수속이 줄어들고 임기응변처리가 가능한 이점이 있다.

## 79 Repetitive Learning (1회 2회 3회)

레디믹스트 콘크리트 운반 차량에 특수보온시설을 하여야 할 외기온도 기준으로 옳은 것은?

① 30℃ 이상 또는 0℃ 이하
② 30℃ 이상 또는 -2℃ 이하
③ 25℃ 이상 또는 0℃ 이하
④ 25℃ 이상 또는 -2℃ 이하

해설
- 외기온도가 30℃ 이상 또는 0℃ 이하일 경우 레디믹스트 콘크리트 차량에 특수 보온 및 보양시설을 하여야 한다.

레디믹스트 콘크리트 일반사항
- 레디믹스트 콘크리트란 정비된 콘크리트 제조 설비를 갖춘 공장으로부터 구입자에게 배달되는 지점에 있어서의 품질을 지시하여 구입할 수 있는 굳지 않은 콘크리트를 말한다.
- 레미콘의 품질은 KS F 4009의 규격에 적합한 레디믹스트 콘크리트로서 레미콘 공장에서 비비기 시작하여 현장 도착 타설 끝나는 시간 한도는 90분 이내를 원칙으로 한다. 또한 외기온도 기준 25℃ 이상일 때는 60분 이내로 하고 30℃ 이상일 경우 감독원의 지시가 있거나 별도 보양, 양생대책이 없는 한 중지하여야 한다.
- 외기온도가 30℃ 이상 또는 0℃ 이하일 경우 차량에 특수 보온 및 보양시설을 하여야 한다.

1002

## 80 Repetitive Learning (1회 2회 3회)

다음 기초의 종류 중 기초슬래브의 형식에 따른 분류가 아닌 것은?

① 직접기초 ② 복합기초
③ 독립기초 ④ 줄기초

해설
- 기초슬래브의 형식에 따라 독립기초, 복합기초, 연속기초, 온통기초로 구분한다.

기초

㉠ 개요
- 건물을 지탱하고 지반에 안정시키기 위해 건물의 하부에 구축한 구조물을 말한다.
- 건물의 하중을 지반에 고정시키고, 침하·경사·이동·변형 등의 훼손이 일어나지 않도록 한다.
- 기초슬래브의 형식에 따라 독립기초, 복합기초, 연속기초, 온통기초로 구분한다.
- 지정형식에 따라 직접기초, 말뚝기초, 피어기초, 잠함기초 등으로 구분한다.

정답 | 78 ① 79 ① 80 ①

㉡ 기초슬래브 형식에 따른 분류
- 독립기초 : 기둥 하나에 기초판이 하나인 기초이다.
- 복합기초 : 2개 이상의 기둥을 1개의 기초판으로 받치게 한 기초이다.
- 연속기초 : 조적조의 벽 기초, 철근콘크리트의 연결기초이다.
- 온통기초 : 건물 하부 전체 또는 지하실 전체를 기초판으로 하는 기초이다.

## 5과목 건설재료학

### 81 Repetitive Learning (1회 2회 3회)

콘크리트의 열적성질 및 내구성에 관한 설명으로 옳지 않은 것은?

① 콘크리트의 열팽창계수는 상온의 범위에서 $1\times10^{-5}$/℃ 전후이며 500℃에 이르면 가열 전에 비하여 약 40%의 강도발현을 나타낸다.
② 콘크리트의 내동해성을 확보하기 위해서는 흡수율이 적은 골재를 이용하는 것이 좋다.
③ 콘크리트에 염화물이온이 일정량 이상 존재하면 철근표면의 부동태피막이 파괴되어 철근부식을 유발하기 쉽다.
④ 공기량이 동일한 경우 경화콘크리트의 기포간극계수가 작을수록 내동해성은 저하된다.

해설
- 공기량이 동일한 경우 경화콘크리트의 기포간극계수가 작을수록 물의 이동거리가 짧아져 이동압이 감소하므로 내동해성은 증가된다.

:: 콘크리트의 열적성질 및 내구성
- 콘크리트의 열팽창계수는 상온의 범위에서 $1\times10^{-5}$/℃ 전후이며 500℃에 이르면 가열 전에 비하여 약 40%의 강도발현을 나타낸다.
- 콘크리트의 내동해성을 확보하기 위해서는 흡수율이 적은 골재를 이용하는 것이 좋다.
- 콘크리트에 염화물이온이 일정량 이상 존재하면 철근표면의 부동태피막이 파괴되어 철근부식을 유발하기 쉽다.
- 공기량이 동일한 경우 경화콘크리트의 기포간극계수가 작을수록 물의 이동거리가 짧아져 이동압이 감소하므로 내동해성은 증가된다.

### 82 Repetitive Learning (1회 2회 3회)

콘크리트의 유동성 증대를 목적으로 사용하는 유동화제의 주성분이 아닌 것은?

① 나프탈렌설폰산염계 축합물
② 폴리알킬아릴설폰산염계 축합물
③ 멜라민설폰산염계 축합물
④ 변성 리그닌설폰산계 축합물

해설
- 폴리알킬아릴설폰산계 축합물은 감수제의 주성분에 해당한다.

:: 유동화 콘크리트
㉠ 개요
- 콘크리트에 분산성능이 높은 유동화제를 첨가하여 유동성을 증대시킨 콘크리트를 말한다.
- 유동화제의 주성분은 나프탈렌설폰산염계 축합물, 멜라민설폰산염계 축합물, 변성 리그닌설폰산계 축합물 등이 있다.
- 구조물의 형태가 복잡한 경우 슬럼프가 큰 시공성이 좋은 콘크리트가 필요한데 이때 사용하는 슬럼프값은 적지만 시공성이 우수한 콘크리트이다.

㉡ 특징
- 높은 강도, 내구성, 수밀성을 갖는 콘크리트를 얻을 수 있다.
- 블리딩이 감소되며, 건조수축이 통상의 묽은 비빔콘크리트보다 적게 된다.
- 초기강도는 증대하고 장기강도가 감소된다.

### 83 Repetitive Learning (1회 2회 3회)

콘크리트의 중성화에 관한 설명으로 옳지 않은 것은?

① 콘크리트 중의 수산화석회가 탄산가스에 의해서 중화되는 현상이다.
② 물시멘트비가 크면 클수록 중성화의 진행속도는 빠르다.
③ 중성화되면 콘크리트는 알칼리성이 된다.
④ 중성화되면 콘크리트 내 철근은 녹이 슬기 쉽다.

해설
- 중성화는 알칼리성을 가진 콘크리트가 알칼리성을 상실하여 중성화되는 현상이다.



81 ④ 82 ② 83 ③ 정답

**콘크리트의 중성화**

㉠ 개요

- 콘크리트 중의 수산화석회가 탄산가스에 의해서 중화되어 알칼리성을 상실하게 되는 현상이다.
  ($Ca(OH)_2 + CO_2 \rightarrow CaCO_3 + H_2O \uparrow$)
- 중성화가 진행되어도 콘크리트의 강도, 기타의 물리적 성질은 거의 변하지 않는다.
- 중성화는 콘크리트 내 철근의 부식을 촉진시킨다.
- 중성화 속도는 물시멘트비가 적을수록 늦다.

㉡ 저감 대책

- 물–시멘트비(W/C)를 낮춘다.
- 단위 시멘트양을 증대시킨다.
- AE감수제나 고성능감수제를 사용한다.

## 84

Repetitive Learning (1회 2회 3회)

열가소성 수지 제품은 전기절연성, 가공성이 우수하며 발포제품은 저온 단열재로서 널리 쓰이는 것은?

① 폴리스티렌수지
② 폴리프로필렌수지
③ 폴리에틸렌수지
④ ABS수지

해설

- 폴리프로필렌수지는 비중(0.9)이 낮고 내수성, 내열성, 내마모성, 내약품성과 전기특성이 우수한 열가소성 수지로 필름, 전기관련 제품 등에 사용된다.
- 폴리에딜렌수지는 물보다 가볍고 저온에서도 잘 견디며 내약품성, 전기절연성, 내수성이 우수해 방수・방습 시트, 포장 필름 등에 사용된다.

**폴리스티렌(Polystyrene)수지**

- 열가소성 수지로 벤젠과 에틸렌으로부터 제조된 수지이다.
- 플라스틱 중에서 가장 가공하기 쉽고 내약품성이 좋고, 높은 굴절률을 가진 수지이다.
- 전기절연 재료로 사용되며, 발포제품은 저온 단열재로 많이 사용된다.
- 건축물의 천장재, 블라인드, 도막방수재 및 실링재로 사용이 늘어나고 있다.

## 85

Repetitive Learning (1회 2회 3회)

플라스틱 제품 중 비닐 레더(Vinyl leather)에 관한 설명으로 옳지 않은 것은?

① 색채, 모양, 무늬 등을 자유롭게 할 수 있다.
② 면포로 된 것은 찢어지지 않고 튼튼하다.
③ 두께는 0.5 ~ 1mm이고, 길이는 10m 두루마리로 만든다.
④ 커튼, 테이블크로스, 방수막으로 사용된다.

해설

- 커튼, 테이블크로스, 방수막에는 주로 자기점착성필름(EVA)을 사용한다.

**비닐 레더(Vinyl leather)**

- PVC로 만든 인조피혁을 말한다.
- 면이나 마를 바탕으로 하여 염화비닐을 도장한 것이다.
- 내열성이 낮아 연화수축되는 성질을 갖는다.
- 가방, 신발, 가구나 차량 시트용으로 주로 사용된다.

## 86

Repetitive Learning (1회 2회 3회)

목재용 유성 방부제의 대표적인 것으로 방부성이 우수하나, 악취가 나고 흑갈색으로 외관이 불미하여 눈에 보이지 않는 토대, 기둥, 도리 등에 이용되는 것은?

① 유성페인트
② 크레오소트오일
③ 염화아연 4% 용액
④ 불화소다 2% 용액

해설

- 가장 대표적인 목재용 유성 방부제로 방부성이 우수하나 악취가 나고 흑갈색 외관인 것은 크레오소트오일이다.
- 황산동(1%), 염화아연(4%), 불화소다(2%)는 유성이 아니라 수용성 방부제이다.

**크레오소트유(Creosote oil)**

- 대표적인 목재용 유성 방부제이다.
- 독성이 적고 방부성이 우수하다.
- 자극적인 악취가 나고, 흑갈색으로 외관이 불미하다.
- 주로 눈에 보이지 않는 토대, 기둥, 도리 등에 사용한다.

정답 | 84 ① 85 ④ 86 ②

0801

## 87

Repetitive Learning 1회 2회 3회

미장공사에서 사용되는 바름재료 중 여물에 관한 설명으로 옳지 않은 것은?

① 바름에 있어서 재료에 끈기를 주어 흘러내림을 방지한다.
② 흙손질을 용이하게 하는 효과가 있다.
③ 바름 중에는 보수성을 향상시키고, 바름 후에는 건조에 따라 생기는 균열을 방지한다.
④ 여물의 섬유는 질기고 굵으며 색이 짙고 빳빳한 것일수록 양질의 제품이다.

**해설**

• 섬유가 굵고, 색이 짙고, 빳빳한 것은 품질이 떨어지는 여물이다.

여물(Hair)

㉠ 개요
- 미장재료에 혼입하여 균열방지용으로 사용되는 섬유질의 재료로 보강재료에 해당한다.
- 양질의 제품은 여물의 섬유가 질기고, 가늘고, 부드럽고 흰색일수록 좋다.

㉡ 특징
- 바름에 있어서 재료에 끈기를 주어 흘러내림을 방지한다.
- 흙손질을 용이하게 하는 효과가 있다.
- 바름 중에는 보수성을 향상시키고, 바름 후에는 건조에 따라 생기는 균열을 방지한다.

## 88

Repetitive Learning 1회 2회 3회

도장공사에 사용되는 유성도료에 관한 설명으로 옳지 않은 것은?

① 아마인유 등의 건조성 지방유를 가열 연화시켜 건조제를 첨가한 것을 보일유라 한다.
② 보일유와 안료를 혼합한 것이 유성페인트이다.
③ 유성페인트는 내알칼리성이 우수하다.
④ 유성페인트는 내후성이 우수하다.

**해설**

• 유성페인트는 건조가 느리고, 경도, 내수성 및 내알칼리성이 좋지 않다.

유성페인트

㉠ 개요
- 가장 보편적으로 많이 사용하는 도료로 전용 신나와 희석해서 사용한다.
- 보일유(아마인유 등의 건조성 지방유를 가열 연화시켜 건조제를 첨가한 것)와 안료를 혼합한 것을 말한다.

㉡ 특징
- 건조가 느리고, 경도, 내수성, 내알칼리성이 좋지 않다.
- 도막은 견고하나 바탕의 재질을 살릴 수 없다.
- 내후성이 우수하며, 가격이 저렴하다.

0504 / 0904

## 89

Repetitive Learning 1회 2회 3회

목재의 강도에 관한 설명으로 옳지 않은 것은?

① 목재의 건조는 중량을 경감시키지만 강도에는 영향을 끼치지 않는다.
② 벌목의 계절은 목재의 강도에 영향을 끼친다.
③ 일반적으로 응력의 방향이 섬유방향에 평행인 경우 압축강도가 인장강도보다 작다.
④ 섬유포화점 이하에서는 함수율 감소에 따라 강도가 증대한다.

**해설**

• 섬유포화점 이하에서는 함수율의 감소에 따라 목재는 강도가 증가하고 탄성(인성)이 감소한다.

목재의 강도
- 생나무에 비해 기건재(함수율 15%)는 1.5배, 전건재(함수율 0%)는 3배 이상 강도가 크다.
- 비중이 클수록, 변재보다 심재의 강도가 크다.
- 흠이 있으면 강도가 떨어진다.
- 전단강도를 제외한 목재의 강도는 가력방향이 섬유방향일 때 가장 강하고, 섬유방향과 직각일 때 가장 약하다.
- 목재의 경도는 면 중에서 마구리면이 약간 크고 곧은결 면과 널결 면은 별로 차이가 없다.
- 일반적인 강도는 인장강도 > 휨강도 > 압축강도 > 전단강도의 순이다.



87 ④ 88 ③ 89 ① 정답

## 90

Repetitive Learning (1회 2회 3회)

목재의 치수표시로 제재치수(Dressed size)와 마무리 치수(Finishing size)에 관한 설명으로 옳은 것은?

① 창호재와 가구재 치수는 제재치수로 한다.
② 구조재는 단면을 표시한 지정치수에 측기가 없으면 마무리 치수로 한다.
③ 제재치수는 제재된 목재의 실제 치수를 말한다.
④ 수장재는 단면을 표시한 지정치수에 측기가 없으면 마무리 치수로 한다.

해설

- 창호재와 가구재는 마무리 치수로 한다.
- 구조재와 수장재는 단면을 표시한 지정치수에 측기가 없으면 제재치수로 한다.

목재의 치수

㉠ 제재치수
- 제재소에서 톱으로 제재한 목재의 실제 치수를 말한다.
- 구조재, 수장재에서 사용된다.
- 제재정치수는 제재치수에 의해 잘려진 목재를 지정한 치수대로 한 것을 말한다.

㉡ 마무리치수
- 대패 등을 이용해 정해진 치수에 맞게 마무리한 치수를 말한다.
- 창호재, 가구재에서 사용된다.
- 일반적으로 필요한 부재는 마무리 치수에 비해 3~5mm 정도 여유있게 큰 것을 준비한다.

## 91

Repetitive Learning (1회 2회 3회)

재료배합 시 간수($MgCl_2$)를 사용하여 백화현상이 많이 발생되는 재료는?

① 돌로마이트플라스터 ② 무수석고
③ 마그네시아시멘트 ④ 실리카시멘트

해설

- 돌로마이트플라스터는 석고나 소석회에 비해 건조수축이 커서 균열이 생기기 쉽다.
- 무수석고는 경화가 늦기 때문에 경화촉진제를 필요로 하는 수경성 미장재료이다.
- 실리카시멘트는 실리카질의 혼화제를 클링커에 혼합하여 만든 시멘트로 화학적 저항성이 크므로 주로 단면이 큰 구조물, 해안공사 등에 사용된다.

마그네시아시멘트
- 산화마그네슘과 염화마그네슘($MgCl_2$)을 섞은 것으로 기경성 시멘트이다.
- 습기나 수분에 약하고 저온 및 고온에 약하다.
- 재료배합 시 간수($MgCl_2$)를 사용하여 백화현상이 많이 발생한다.
- 경화 후 발즙하여 철물을 부식시키고 균열을 발생하게 한다.

## 92

Repetitive Learning (1회 2회 3회)

중용열포틀랜드시멘트에 관한 설명으로 옳지 않은 것은?

① $C_3S$나 $C_3A$가 적고, 장기강도를 지배하는 $C_2S$를 많이 함유한 시멘트이다.
② 내황산염성이 작기 때문에 댐 공사에는 사용이 불가능하다.
③ 수화속도를 지연시켜 수화열을 작게 한 시멘트이다.
④ 건조수축이 작고 건축용 매스콘크리트에 사용된다.

해설

- 중용열포틀랜드시멘트는 시멘트의 발열량을 저감시킬 목적으로 제조한 포틀랜드시멘트로, 댐 공사, 방사능 차폐용 등 매스콘크리트용으로 사용된다.

중용열포틀랜드시멘트
- 시멘트의 발열량을 저감시킬 목적으로 제조한 포틀랜드시멘트이다.
- $C_3S$나 $C_3A$가 적고, 장기강도를 지배하는 $C_2S$를 많이 함유한 시멘트이다.
- 건조수축이 포틀랜드시멘트 중 가장 적고 화학저항성이 크며, 내산성 및 내구성이 좋다.
- 조기강도는 보통포틀랜드시멘트보다 낮으나 장기강도는 같거나 약간 높다.
- 안전성이 좋고 발열량이 적으며 내침식성, 내구성이 좋으나 수화속도가 늦다.
- 댐 공사, 방사능 차폐용 등 매스콘크리트용으로 사용된다.

## 93

Repetitive Learning (1회 2회 3회)

다음 중 도장공사에 사용되는 투명도료는?

① 오일바니시
② 에나멜페인트
③ 래커에나멜
④ 합성수지페인트

정답 90 ③ 91 ③ 92 ② 93 ①

해설

- 에나멜페인트는 유성바니시를 비히클로하여 안료를 첨가한 것으로 도막이 견고할 뿐만 아니라 광택도 좋으나 바탕의 재질을 살릴 수 없다.
- 래커에나멜은 래커신나를 희석제로 사용하며, 에나멜페인트와 달리 투명색도 사용가능한 유성페인트의 한 종류이다.
- 합성수지페인트는 알키드수지와 안료를 섞은 도료로 도장물의 표면색의 은폐력과 내후성이 좋은 도료이다.

∷ 유성바니시

- 수지를 지방유와 가열융합하고, 건조제를 첨가한 다음 용제를 사용하여 희석한 대표적인 오일바니시이다.
- 광택이 있고 강인하며 내구·내수성이 큰 도장재료이다.
- 도장공사에 사용하는 투명도료로 건물의 외장용으로는 적합하지 않다.

0904

## 94 Repetitive Learning (1회 2회 3회)

알루미늄 창호의 특징으로 가장 거리가 먼 것은?

① 공작이 자유롭고 기밀성이 우수하다.
② 도장 등 색상이 자유도가 있다.
③ 이종금속과 접촉하면 부식되고 알칼리에 약하다.
④ 내화성이 높아 방화문으로 주로 사용된다.

해설

- 알루미늄은 내화성이 떨어진다.

∷ 알루미늄의 특성

- 열, 전기전도성이 동 다음으로 크고, 반사율도 높다.
- 융점은 약 659℃ 정도로 낮아 용해주조도는 좋으나 내화성이 부족하다.
- 비중은 철의 약 1/3 정도인 2.7로 경량이다.
- 순도가 높은 알루미늄은 맑은 물에 대해 내식성이 크고 전연성이 크다.
- 연질이고 강도가 낮으며, 응력-변형곡선은 강재와 같이 명확한 항복점이 없다.
- 알루미늄은 상온에서 판, 선으로 압연가공하면 경도와 인장강도가 증가하고 연신율이 감소한다.
- 산과 알칼리에 약하고, 콘크리트나 강판에 접촉하면 부식되기 쉽다.
- 알칼리나 해수에 침식되기 쉬우므로 해안가 공사 시 특히 주의해야 한다.
- 알루미늄의 부식률은 대기 중의 습도와 염분함유량, 불순물의 양과 질 등에 관계되며 0.08mm/년 정도이다.

## 95 Repetitive Learning (1회 2회 3회)

굵은 골재의 단위용적중량이 1.7kg/L, 절건밀도가 2.65g/$\mathrm{cm}^3$일 때, 이 골재의 공극률은?

① 25%　　② 28%
③ 36%　　④ 42%

해설

- 골재의 비중이 2.65이고, 단위용적중량은 1.7이다.
- 대입하면 $\left(1-\dfrac{1.7}{2.65}\right)\times 100=35.85$이므로 36[%]가 된다.

∷ 공극률

- 일정한 용기를 채운 골재 사이의 전체 빈틈 용적의 그 용기 전체의 용적에 대한 백분율을 표시한 것이다.
- 공극률은 $\left(1-\dfrac{w}{g}\right)\times 100$으로 구한다. 이때 $w$는 골재의 단위용적중량[ton/$\mathrm{m}^3$]이고, $g$는 골재의 비중이다.

## 96 Repetitive Learning (1회 2회 3회)

금속재의 방식 방법으로 옳지 않은 것은?

① 상이한 금속은 두 금속을 인접 또는 접촉시켜 사용한다.
② 균질의 것을 선택하고 사용할 때 큰 변형을 주지 않는다.
③ 표면을 평활, 청결하게 하고 가능한 한 건조상태로 유지한다.
④ 큰 변형을 준 것은 가능한 한 풀림하여 사용한다.

해설

- 금속 부식을 방지하기 위해서 가능한 한 이종 금속은 이를 인접, 접속시켜 사용하지 않도록 한다.

∷ 금속 부식

㉠ 개요
- 금속의 산화과정을 말한다.
- 부식은 한 금속 조각이 다른 부분과의 접촉 시 전자의 이동에 의해 발생한다.

㉡ 부식방지대책
- 가능한 한 이종 금속은 이를 인접, 접속시켜 사용하지 않을 것
- 균질한 것을 선택하고 사용할 때 큰 변형을 주지 않도록 할 것
- 큰 변형을 준 것은 가능한 한 풀림하여 사용할 것
- 표면을 평활, 청결하게 하고 가능한 건조상태로 유지할 것
- 부분적인 녹은 즉시 제거할 것



94 ④ 95 ③ 96 ① 정답

## 97 Repetitive Learning (1회 2회 3회)

미장재료 중 고온소성의 무수석고를 특별한 화학처리를 한 것으로 킨즈시멘트라고도 불리는 것은?

① 경석고플라스터
② 혼합석고플라스터
③ 보드용 플라스터
④ 돌로마이트플라스터

해설

- 혼합석고플라스터는 약알칼리성을 띠며, 부착강도가 약한 특징을 갖는 석고플라스터이다.
- 보드용 플라스터는 약산성을 띠며, 바탕과의 부착강도가 강한 특징을 갖는 석고플라스터이다.
- 돌로마이트플라스터는 가소성이 커서 재료 반죽 시 풀이 필요 없으며 경화 시 수축률이 큰 기경성 미장재료이다.

∷ 석고플라스터

㉠ 개요
- 고온소성의 무수석고를 혼화재, 접착제, 응결시간조절제 등과 혼합한 수경성 미장재료이다.

㉡ 특징
- 비교적 강도가 크고, 부착은 양호하나, 강재를 녹슬게 하는 성분을 포함한다.
- 건조 시 무수축성의 성질을 가져 치수 안정성이 우수하다.
- 여물(Hair)이 필요 없는 미장재료로 내화성이 높고 경화시간이 극히 짧다.
- 물에 용해되는 성질이 있어 물을 사용하는 장소에는 부적합하다.

㉢ 경석고와 소석고의 비교

| 구분 | 내용 |
|---|---|
| 경석고 | • 석고원석을 고온(500 ~ 1,900℃)에서 가열한 후 불순석고를 첨가하여 다시 가열한 것이다.<br>• 경화촉진제로 백반을 사용한다.<br>• 킨즈시멘트라고도 한다.<br>• 경화속도는 느리지만, 경화되면 강도는 더 높다.<br>• 굳기 시작한 것도 다시 사용할 수 있다. |
| 소석고 | • 순수한 석고를 분쇄한 후 가루를 가열(150 ~190℃), 불순물을 제거한 것이다.<br>• 경석고보다 응결속도가 빠르다.<br>• 굳기 시작하면 다시 사용할 수 없다. |

## 98 Repetitive Learning (1회 2회 3회)

합성수지에 관한 설명으로 옳지 않은 것은?

① 투광률이 비교적 큰 것이 있어 유리대용의 효과를 가진 것이 있다.
② 착색이 자유로우며 형태와 표면이 매끈하고 미관이 좋다.
③ 흡수율, 투수율이 작으므로 방수효과가 좋다.
④ 경도가 높아서 마멸되기 쉬운 곳에 사용하면 효과적이다.

해설

- 합성수지는 경도가 낮아 상처가 생기기 쉽다.

∷ 플라스틱(Plastic)의 특성

㉠ 장점
- 열을 차단하는 효과가 우수하다.
- 빛을 잘 투과시키는 투과성이 좋다.
- 산이나 알칼리 등의 화학약품에 잘 녹지 않는다.
- 고무줄과 같은 성질의 탄성이 있다.
- 가볍고 전기절연성이 좋아 전기가 통하지 않는다.
- 내수성이 좋아 녹슬거나 썩지 않는다.
- 범용성 수지의 경우 가격이 싸다.
- 뛰어난 방수성과 성형성, 비오염성 등을 갖는다.
- 전성, 연성이 크고 유리와 같은 파쇄성이 없다.

㉡ 단점
- 열팽창계수가 크고, 표면의 경도가 낮으며, 표면에 상처가 생기기 쉽다.
- 일반적으로 정전기의 발생량이 많고, 내후성(외부의 영향에 견디는 힘)이 좋지 않고 자외선에 약하다.
- 내화성 및 내마모성이 낮다.
- 플라스틱은 강도와 강성이 약해 구조재로 사용하기 어렵다.
- 플라스틱은 압축(누르는)강도는 높지만 인장(당기는)강도가 낮다.
- 수명이 반영구적이어서 환경오염의 우려가 있다.

## 99 Repetitive Learning (1회 2회 3회)

목재의 용적변화, 팽창수축에 관한 설명으로 옳지 않은 것은?

① 변재는 일반적으로 심재보다 용적변화가 크다.
② 비중이 큰 목재일수록 팽창 수축이 적다.
③ 연륜에 접선 방향(널결)이 연륜에 직각 방향(곧은결)보다 수축이 크다.
④ 급속하게 건조된 목재는 완만히 건조된 목재보다 수축이 크다.

정답 | 97 ① 98 ④ 99 ②

해설

- 비중이 큰 목재일수록 팽창 수축이 크다.

∷ 목재의 신축
- 곧은결 폭보다 널결 폭이 신축의 정도가 크다.
- 목재의 밀도가 클수록 신축이 크다.
- 섬유 방향은 거의 수축하지 않는다.
- 변재는 심재보다 수축률 및 팽창률이 일반적으로 크고 강도가 작다.
- 급속하게 건조된 목재가 천천히 건조된 목재보다 신축이 크다.
- 수종에 따라 수축률 및 팽창률에 상당한 차이가 있다.
- 수축이 과도하거나 고르지 못하면 할열, 비틀림 등이 생긴다.

## 100 ——— Repetitive Learning (1회 2회 3회)

다음 미장재료 중 시공 후 강재의 초기 부식을 유발하는 재료와 가장 거리가 먼 것은?

① 마그네시아시멘트
② 시멘트모르타르
③ 경석고플라스터
④ 보드용 석고플라스터

해설

- 마그네시아시멘트는 산화마그네슘과 염화마그네슘을 섞은 것으로 경화 후 발즙하여 철물을 부식시키고 균열을 발생하게 한다.
- 경석고플라스터는 산성재료로 강재와 접촉하면 부식을 유발시킨다.
- 보드용 플라스터는 혼합석고플라스터보다 소석고의 함유량을 많게 한 것으로 약산성을 띠며 철물을 부식시키므로 사용하는 철물에 녹막이 처리 등이 필요하다.

∷ 시멘트모르타르
㉠ 개요
- 결합재로 시멘트를 사용하여 모래와 물을 혼합하여 만든 접합체이다.
- 벽돌, 타일, 돌 등을 붙일 때 사용하는 수경성 미장재료이다.

㉡ 특징
- 다른 미장재료에 비해 내구성 및 강도가 커 가장 많이 사용되고 있다.
- 균열이 생기기 쉬우므로 여러 회 나누어서 발라야 한다.
- 강재부식이 없어서 철도, 도로, 지하철의 터널공사에 주로 사용된다.

# 6과목 건설안전기술

## 101 ——— Repetitive Learning (1회 2회 3회)

강관비계 조립 시 준수사항으로 옳지 않은 것은?

① 비계기둥에는 미끄러지거나 침하하는 것을 방지하기 위하여 밑받침 철물을 사용하거나 깔판·받침목 등을 사용하여 밑둥잡이를 설치하는 등의 조치를 할 것
② 강관의 접속부 또는 교차부(交叉部)는 적합한 부속철물을 사용하여 접속하거나 단단히 묶을 것
③ 교차가새의 설치를 금하고 한 방향 가새로 설치할 것
④ 가공전로(架空電路)에 근접하여 비계를 설치하는 경우에는 가공전로를 이설(移設)하거나 가공전로에 절연용 방호구를 장착하는 등 가공전로와의 접촉을 방지하기 위한 조치를 할 것

해설

- 교차가새로 보강해야 한다.

∷ 강관비계 조립 시 준수사항 실필 1901
실작 1902/1901/1801/1701/1504/1401
- 비계기둥에는 미끄러지거나 침하하는 것을 방지하기 위하여 밑받침 철물을 사용하거나 깔판·받침목 등을 사용하여 밑둥잡이를 설치하는 등의 조치를 할 것
- 강관의 접속부 또는 교차부(交叉部)는 적합한 부속철물을 사용하여 접속하거나 단단히 묶을 것
- 교차가새로 보강할 것
- 외줄비계·쌍줄비계 또는 돌출비계에 대해서는 벽이음 및 버팀을 설치할 것

0901 / 1004 / 1202

## 102 ——— Repetitive Learning (1회 2회 3회)

철골공사 시 구조물의 건립 후에 가설부재나 부품을 부착하는 것은 고소 작업 등 위험한 작업이 수반됨에 따라 사전안전성 확보를 위해 미리 공작도에 반영하여야 하는 항목이 있는데 이에 해당하지 않는 것은?

① 주변 고압전주
② 외부비계받이
③ 기둥 승강용 트랩
④ 방망 설치용 부재

해설

- 철골공사 시 사전안전성 확보를 위해 공작도에 반영하여야 할 사항에 주변의 고압전주는 해당하지 않는다.



100 ② 101 ③ 102 ① 정답

:: 철골공사 시 사전안전성 확보를 위해 공작도에 반영하여야 할 사항
- 외부비계 및 화물승강설비용 브라켓
- 기둥 승강용 트랩
- 사다리 걸이용 부재
- 구명줄 설치용 고리
- 세우기에 필요한 와이어로프 걸이용 고리
- 안전난간 설치용 부재
- 기둥 및 보 중앙의 안전대 설치용 고리
- 달대비계 및 작업발판 설치용 부재
- 방망 설치용 부재
- 비계 연결용 부재
- 방호선반 설치용 부재
- 양중기 설치용 보강재

0601 / 2201

## 103 Repetitive Learning (1회 2회 3회)

유해·위험방지계획서 제출 시 첨부서류가 아닌 것은?

① 공사현장의 주변 현황 및 주변과의 관계를 나타내는 도면
② 공사개요서
③ 전체공정표
④ 작업인부의 배치를 나타내는 도면 및 서류

해설

- 유해·위험방지계획서의 첨부서류에는 ①, ②, ③ 외에 공사개요서, 건설물 및 사용 기계설비 등의 배치를 나타내는 도면, 산업안전보건관리비 사용계획, 재해 발생 위험 시 연락 및 대피방법 등이 있다.

:: 건설업 유해·위험방지계획서 제출 시 첨부서류

실필 1902/1202/0902

| 구분 | 내용 |
|---|---|
| 공사개요 및 안전보건 관리계획 | • 공사개요서<br>• 공사현장의 주변 현황 및 주변과의 관계를 나타내는 도면(매설물 현황 포함)<br>• 건설물, 사용 기계설비 등의 배치를 나타내는 도면<br>• 전체공정표<br>• 산업안전보건관리비 사용계획<br>• 안전관리 조직표<br>• 재해발생 위험 시 연락 및 대피방법 |

1002

## 104 Repetitive Learning (1회 2회 3회)

표준 안전난간의 설치 장소가 아닌 것은?

① 흙막이 지보공의 상부 ② 중량물 취급 개구부
③ 작업대 ④ 리프트 입구

해설

- 표준 안전난간의 설치 장소는 흙막이 지보공의 상부, 중량물 취급 개구부, 작업대 외에도 가설계단의 통로 등 근로자가 추락할 위험이 있는 곳이다.

:: 표준 안전난간
- 표준 안전난간은 건설재해인 추락사고 방지를 위해 가장 안전하고 적합한 기준에 입각하여 설치한 난간을 말한다.
- 표준 안전난간의 설치 장소는 흙막이 지보공의 상부, 중량물 취급 개구부, 작업대 외에도 가설계단의 통로 등 근로자가 추락할 위험이 있는 곳이다.

0604 / 2102

## 105 Repetitive Learning (1회 2회 3회)

토공 작업 시 굴착과 싣기를 동시에 할 수 있는 토공장비가 아닌 것은?

① 모터그레이더(Motor grader)
② 파워셔블(Power shovel)
③ 백호우(Back hoe)
④ 트랙터셔블(Tractor shovel)

해설

- 백호우와 셔블계 건설기계(파워셔블, 트랙터셔블 등)는 굴착과 함께 싣기가 가능한 토공기계이다.

:: 모터그레이더(Motor grader) 실작 1801/1602/1501
- 자체 동력으로 움직이는 그레이더로 2개의 바퀴 축 사이에 회전날이 달려있어 땅을 평평하게 할 때 사용되는 기계이다.
- 스캐리파이어(Scarifier), 배토판 등으로 구성되어 있다.
- 정지작업, 자갈길의 유지 보수, 도로 건설 시 측구 굴착, 초기 제설 등에 적합한 기계이다.

## 106 Repetitive Learning (1회 2회 3회)

건설현장에서 사용되는 작업발판 일체형 거푸집의 종류에 해당되지 않는 것은?

① 갱폼(Gang form)
② 슬립폼(Slip form)
③ 클라이밍폼(Climbing form)
④ 테이블폼(Table form)

해설

- 작업발판 일체형 거푸집의 종류에는 갱폼(Gang form), 슬립폼(Slip form), 클라이밍폼(Climbing form), 터널라이닝폼(Tunnel lining form) 등이 있다.

정답 | 103 ④ 104 ④ 105 ① 106 ④

:: 작업발판 일체형 거푸집 실필 1102

- 작업발판 일체형 거푸집은 거푸집의 설치·해체, 철근 조립, 콘크리트 타설, 콘크리트 면 처리 작업 등을 위하여 거푸집을 작업발판과 일체로 제작하여 사용하는 거푸집을 말한다.
- 종류에는 갱폼(Gang form), 슬립폼(Slip form), 클라이밍폼(Climbing form), 터널라이닝폼(Tunnel lining form), 그 밖에 거푸집과 작업발판이 일체로 제작된 거푸집 등이 있다.

0304 / 1201

## 107 — Repetitive Learning (1회 2회 3회)

차량계 하역운반기계, 차량계 건설기계의 안전조치사항 중 옳지 않은 것은?

① 최대제한속도가 시속 10km를 초과하는 차량계 건설기계를 사용하여 작업을 하는 경우 미리 작업장소의 지형 및 지반상태 등에 적합한 제한속도를 정하고, 운전자로 하여금 준수하도록 할 것

② 차량계 건설기계의 운전자가 운전위치를 이탈하는 경우 해당 운전자로 하여금 포크 및 버켓 등의 하역장치를 가장 높은 위치에 두도록 할 것

③ 차량계 하역운반기계 등에 화물을 적재하는 경우 하중이 한쪽으로 치우치지 않도록 적재할 것

④ 차량계 건설기계를 사용하여 작업을 하는 경우 승차석이 아닌 위치에 근로자를 탑승시키지 말 것

해설

- 차량계 하역운반기계의 운전자가 운전위치 이탈 시 포크, 버켓, 디퍼 등의 장치는 가장 낮은 위치 또는 지면에 내려 두어야 한다.

:: 운전위치 이탈 시의 조치 실필 1602

- 포크, 버켓, 디퍼 등의 장치를 가장 낮은 위치 또는 지면에 내려 둘 것
- 원동기를 정지시키고 브레이크를 확실히 거는 등 갑작스러운 주행이나 이탈을 방지하기 위한 조치를 할 것
- 운전석을 이탈하는 경우에는 시동키를 운전대에서 분리시킬 것. 다만, 운전석에 잠금장치를 하는 등 운전자가 아닌 사람이 운전하지 못하도록 조치한 경우에는 그러하지 아니하다.

## 108 — Repetitive Learning (1회 2회 3회)

항만하역작업에서의 선박승강설비 설치기준으로 옳지 않은 것은?

① 200톤급 이상의 선박에서 하역작업을 하는 경우에 근로자들이 안전하게 오르내릴 수 있는 현문(舷門) 사다리를 설치하여야 한다.

② 현문 사다리는 견고한 재료로 제작된 것으로 너비는 55cm 이상이어야 한다.

③ 현문 사다리의 양측에는 82cm 이상의 높이로 방책을 설치하여야 한다.

④ 현문 사다리는 근로자의 통행에만 사용하여야 하며, 화물용 발판 또는 화물용 보판으로 사용하도록 해서는 아니 된다.

해설

- 현문 사다리를 설치해야 하는 경우는 300톤급 이상의 선박에서 하역작업을 하는 경우이다.

:: 선박승강설비의 설치

- 사업주는 300톤급 이상의 선박에서 하역작업을 하는 경우에 근로자들이 안전하게 오르내릴 수 있는 현문(舷門) 사다리를 설치하여야 하며, 이 사다리 밑에 안전망을 설치하여야 한다.
- 현문 사다리는 견고한 재료로 제작된 것으로 너비는 55cm 이상이어야 하고, 양측에 82cm 이상의 높이로 방책을 설치하여야 하며, 바닥은 미끄러지지 않도록 적합한 재질로 처리되어야 한다.
- 현문 사다리는 근로자의 통행에만 사용하여야 하며, 화물용 발판 또는 화물용 보판으로 사용하도록 해서는 아니 된다.

0601 / 2104

## 109 — Repetitive Learning (1회 2회 3회)

흙막이 지보공을 설치하였을 때에 정기적으로 점검하고 이상을 발견하면 즉시 보수하여야 하는 사항과 거리가 먼 것은?

① 부재의 손상·변형·부식·변위 및 탈락의 유무와 상태

② 부재의 접속부·부착부 및 교차부의 상태

③ 침하의 정도

④ 설계상 부재의 경제성 검토

해설

- 흙막이 지보공을 설치하였을 때에 정기적으로 점검하고 이상을 발견하면 즉시 보수하여야 할 사항에는 ①, ②, ③ 외에 버팀대의 긴압(緊壓)의 정도가 있다.



107 ② 108 ① 109 ④ | 정답

**:: 흙막이 지보공을 설치하였을 때에 정기적으로 점검하고 이상을 발견하면 즉시 보수하여야 할 사항** 실작 1901/1802/1601

- 부재의 손상・변형・부식・변위 및 탈락의 유무와 상태
- 버팀대의 긴압(緊壓)의 정도
- 부재의 접속부・부착부 및 교차부의 상태
- 침하의 정도

2101

## 110 — Repetitive Learning (1회 2회 3회)

공사 진척에 따른 공정률이 다음과 같을 때 안전관리비 사용기준으로 옳은 것은?(단, 공정률은 기성공정률을 기준으로 함)

| 공정률 : 70% 이상, 90% 미만 |
|---|

① 50% 이상　　② 60% 이상
③ 70% 이상　　④ 80% 이상

**해설**

- 공사 진척에 따른 안전관리비 사용기준에서 공정률 70 ~ 90%일 때의 산업안전보건관리비 사용기준은 70% 이상이다.

**:: 공사 진척에 따른 안전관리비 사용기준** 실필 1604/1304/0902

| 공정률 | 50% 이상<br>70% 미만 | 70% 이상<br>90% 미만 | 90% 이상 |
|---|---|---|---|
| 사용기준 | 50% 이상 | 70% 이상 | 90% 이상 |

0802 / 1301 / 1401 / 1802 / 1901 / 2102

## 111 — Repetitive Learning 

부두・안벽 등 하역작업을 하는 장소에서 부두 또는 안벽의 선을 따라 통로를 설치하는 경우에는 그 폭을 최소 얼마 이상으로 하여야 하는가?

① 80cm　　② 90cm
③ 100cm　　④ 120cm

**해설**

- 부두 또는 안벽의 선을 따라 통로를 설치하는 경우에는 폭을 90cm 이상으로 하여야 한다.

**:: 하역작업장의 조치기준**

- 작업장 및 통로의 위험한 부분에는 안전하게 작업할 수 있는 조명을 유지할 것
- 부두 또는 안벽의 선을 따라 통로를 설치하는 경우에는 폭을 90cm 이상으로 할 것
- 육상에서의 통로 및 작업 장소로서 다리 또는 선거(船渠)의 갑문(閘門)을 넘는 보도(步道) 등의 위험한 부분에는 안전난간 또는 울타리 등을 설치할 것

0301 / 0801 / 0804 / 1302

## 112 — Repetitive Learning (1회 2회 3회)

토사붕괴의 외적 원인으로 볼 수 없는 것은?

① 사면, 법면의 경사 증가
② 절토 및 성토 높이의 증가
③ 토사의 강도 저하
④ 공사에 의한 진동 및 반복하중의 증가

**해설**

- 토석의 강도 저하는 토사붕괴의 내적 원인에 해당한다.

**:: 토사(석)붕괴 원인** 실필 1501/0901 실작 1604/1602/1501

| 구분 | 원인 |
|---|---|
| 내적 요인 | • 토석의 강도 저하<br>• 절토사면의 토질, 암질 및 절리 상태<br>• 성토사면의 다짐 불량<br>• 점착력의 감소 |
| 외적 요인 | • 작업진동 및 반복하중의 증가<br>• 사면, 법면의 경사 및 기울기의 증가<br>• 절토 및 성토 높이와 지하수위의 증가<br>• 지표수・지하수의 침투에 의한 토사중량의 증가<br>• 지진, 차량, 구조물의 중량과 토사 및 암석의 혼합층 두께의 증가 |

1201

## 113 — Repetitive Learning (1회 2회 3회)

다음은 말비계를 조립하여 사용하는 경우에 관한 준수사항이다. ( ) 안에 들어갈 내용으로 옳은 것은?

> • 지주부재와 수평면의 기울기를 ( A )° 이하로 하고 지주부재와 지주부재 사이를 고정시키는 보조부재를 설치할 것
> • 말비계의 높이가 2m를 초과하는 경우에는 작업발판의 폭을 ( B )cm 이상으로 할 것

① A : 75, B : 30　　② A : 75, B : 40
③ A : 85, B : 30　　④ A : 85, B : 40

**해설**

- 말비계 조립 시 지주부재와 수평면의 기울기를 75도 이하로 해야 하며, 말비계의 높이가 2m를 초과하는 경우에는 작업발판의 폭을 40cm 이상으로 한다.

**:: 말비계 조립 시 준수사항** 실작 1902/1804/1802/1801

- 지주부재(支柱部材)의 하단에는 미끄럼 방지장치를 하고, 근로자가 양측 끝부분에 올라서서 작업하지 않도록 할 것
- 지주부재와 수평면의 기울기를 75도 이하로 하고, 지주부재와 지주부재 사이를 고정시키는 보조부재를 설치할 것
- 말비계의 높이가 2m를 초과하는 경우에는 작업발판의 폭을 40cm 이상으로 할 것

정답 | 110 ③　111 ②　112 ③　113 ②

## 114

Repetitive Learning (1회 2회 3회)

지반의 종류가 다음과 같을 때 굴착면의 기울기 기준으로 옳은 것은?

| 보통 흙 : 습지 |
|---|

① 1 : 1.0
② 1 : 1.2
③ 1 : 1.8
④ 1 : 0.5

해설

• 보통 흙 습지는 그 밖의 흙에 해당하므로 1 : 1.2의 구배를 갖춰야 한다.

굴착면 기울기 기준 실필 1701/1702

실작 1802/1801/1702/1701/1601/1504

| 지반의 종류 | 기울기 |
|---|---|
| 모래 | 1 : 1.8 |
| 연암 및 풍화암 | 1 : 1.0 |
| 경암 | 1 : 0.5 |
| 그 밖의 흙 | 1 : 1.2 |

## 115

Repetitive Learning (1회 2회 3회)

시스템비계를 사용하여 비계를 구성하는 경우의 준수사항으로 옳지 않은 것은?

① 수직재 · 수평재 · 가새재를 견고하게 연결하는 구조가 되도록 할 것
② 비계 밑단의 수직재와 받침철물은 밀착되도록 설치하고, 수직재와 받침철물의 연결부의 겹침 길이는 받침철물 전체길이의 4분의 1 이상이 되도록 할 것
③ 수평재는 수직재와 직각으로 설치하여야 하며, 체결 후 흔들림이 없도록 견고하게 설치할 것
④ 수직재와 수직재의 연결철물은 이탈되지 않도록 견고한 구조로 할 것

해설

• 시스템비계의 수직재와 받침철물의 연결부의 겹침 길이는 받침철물 전체길이의 3분의 1 이상이 되도록 한다.

시스템비계의 구조 실필 1402/1401/1104

• 수직재 · 수평재 · 가새재를 견고하게 연결하는 구조가 되도록 할 것
• 비계 밑단의 수직재와 받침철물은 밀착되도록 설치하고, 수직재와 받침철물의 연결부의 겹침 길이는 받침철물 전체길이의 3분의 1 이상이 되도록 할 것
• 수평재는 수직재와 직각으로 설치하여야 하며, 체결 후 흔들림이 없도록 견고하게 설치할 것
• 수직재와 수직재의 연결철물은 이탈되지 않도록 견고한 구조로 할 것
• 벽 연결재의 설치간격은 제조사가 정한 기준에 따라 설치할 것

## 116

Repetitive Learning (1회 2회 3회)

발파작업 시 폭발, 붕괴재해예방을 위해 준수하여야 할 사항으로 옳지 않은 것은?

① 발파공의 장전구는 마찰, 충격에 강한 강봉을 사용한다.
② 화약이나 폭약을 장전하는 경우에는 화기를 사용하거나 흡연을 하지 않도록 한다.
③ 발파공의 충진재료는 점토, 모래 등 발화성 또는 인화성의 위험이 없는 재료를 사용한다.
④ 얼어붙은 다이나마이트를 화기에 접근시키지 않는다.

해설

• 장전구(裝塡具)는 마찰 · 충격 · 정전기 등에 의한 폭발의 위험이 없는 안전한 것을 사용할 것

발파의 작업기준

• 얼어붙은 다이나마이트는 화기에 접근시키거나 그 밖의 고열물에 직접 접촉시키는 등 위험한 방법으로 융해되지 않도록 할 것
• 화약이나 폭약을 장전하는 경우에는 그 부근에서 화기를 사용하거나 흡연을 하지 않도록 할 것
• 장전구(裝塡具)는 마찰 · 충격 · 정전기 등에 의한 폭발의 위험이 없는 안전한 것을 사용할 것
• 발파공의 충진재료는 점토 · 모래 등 발화성 또는 인화성의 위험이 없는 재료를 사용할 것
• 점화 후 장전된 화약류가 폭발하지 아니한 경우 또는 장전된 화약류의 폭발 여부를 확인하기 곤란한 전기뇌관에 의한 경우에는 발파모선을 점화기에서 떼어 그 끝을 단락시켜 놓는 등 재점화되지 않도록 조치하고 그때부터 5분 이상 경과한 후가 아니면 화약류의 장전장소에 접근시키지 않도록 하며, 전기뇌관 외의 것에 의한 경우에는 점화한 때부터 15분 이상 경과한 후가 아니면 화약류의 장전장소에 접근시키지 않도록 할 것
• 전기뇌관에 의한 발파의 경우 점화하기 전에 화약류를 장전한 장소로부터 30미터 이상 떨어진 안전한 장소에서 전선에 대하여 저항측정 및 도통(導通)시험을 할 것



114 ② 115 ② 116 ① 정답

2202

## 117 Repetitive Learning (1회 2회 3회)

가설통로를 설치하는 경우 준수해야 할 기준으로 옳지 않은 것은?

① 경사는 30° 이하로 할 것
② 경사가 25°를 초과하는 경우에는 미끄러지지 아니하는 구조로 할 것
③ 건설공사에 사용하는 높이 8m 이상인 비계다리에는 7m 이내마다 계단참을 설치할 것
④ 수직갱에 가설된 통로의 길이가 15m 이상인 때에는 10m 이내마다 계단참을 설치할 것

**해설**

- 경사가 15°를 초과하는 경우에는 미끄러지지 아니하는 구조로 해야 한다.

**가설통로 설치 시 준수기준** 실필 1801/1704/1502/1404/1201 실작 1804/1801/1704

- 높이 8m 이상인 비계다리에서는 7m 이내마다 계단참을 설치한다.
- 수직갱에 가설된 통로의 길이가 15m 이상인 경우에는 10m 이내마다 계단참을 설치한다.
- 경사가 15°를 초과하는 경우에는 미끄러지지 아니하는 구조로 한다.
- 추락할 위험이 있는 장소에는 안전난간을 설치한다.
- 경사로의 폭은 최소 90cm 이상이어야 한다.
- 발판 폭 40cm 이상, 틈 3cm 이하로 한다.
- 경사는 30° 이하로 한다.

0504 / 0804 / 1204

## 118 Repetitive Learning (1회 2회 3회)

구축하고자 하는 지하구조물이 인접구조물보다 깊은 위치에 근접하여 건설할 경우에 주변지반과 인접건축물 기초의 침하에 대한 우려 때문에 실시하는 기초보강 공법은?

① H-말뚝토류판 공법 ② S.C.W 공법
③ 지하연속벽 공법 ④ 언더피닝 공법

**해설**

- H-말뚝토류판 공법은 H형강을 박은 후 삽입·굴착하면서 토류판을 사이에 설치하여 흙막이 벽체를 형성하는 공법이다.
- S.C.W 공법은 토사에 시멘트 용액을 주입하여 연속벽을 조성하고 그 벽체 내에 H-말뚝을 삽입하여 토류 벽을 형성하는 공법이다.
- 지하연속벽 공법은 도심지에서 주변에 주요시설물이 있을 때 침하와 변위를 적게 할 수 있는 적당한 흙막이 공법이다.

**언더피닝(Under pinning) 공법**

- 가설기초의 용량(지지력)과 심도를 증가시키기 위하여 새로운 영구적인 지지력을 첨가하는 것을 말한다. 기존 건물 또는 공작물의 기초나 지정을 보강하거나 또는 거기에 새로운 기초를 삽입하거나 지지면을 더 깊은 지반에 옮겨 안전하게 하기 위한 지반개량 공법이다.
- 기존에 구축된 건축물 가까이에서 건축공사를 실시할 경우 기존 건축물기초의 침하 우려에 대비하여 지반과 기초를 보강하는 공법을 말한다.
- 언더피닝 공법에는 강재말뚝 공법, 약액주입법, 2중 널말뚝 공법, 피트 공법, 차단벽 공법, 웰포인트 공법 등이 있다.

0401

## 119 Repetitive Learning (1회 2회 3회)

화물의 하중을 직접 지지하는 경우 양중기의 와이어로프에 대한 최대허용하중은?(단, 1줄걸이 기준)

① 최대허용하중 $= \frac{\text{절단하중}}{2}$

② 최대허용하중 $= \frac{\text{절단하중}}{3}$

③ 최대허용하중 $= \frac{\text{절단하중}}{4}$

④ 최대허용하중 $= \frac{\text{절단하중}}{5}$

**해설**

- 안전계수 $= \frac{\text{절단하중}}{\text{허용하중}}$이므로 허용하중 $= \frac{\text{절단하중}}{\text{안전계수}}$이다. 안전계수는 화물의 하중을 직접 지지하는 경우 5이므로 대입하면 된다.

**양중기에서의 달기구 안전계수** 실필 1902/1702/1501/1202 실작 1604/1401

- 근로자가 탑승하는 운반구를 지지하는 달기 와이어로프 또는 달기 체인의 경우 : 10 이상
- 화물의 하중을 직접 지지하는 달기 와이어로프 또는 달기 체인의 경우 : 5 이상
- 훅, 샤클, 클램프, 리프팅 빔의 경우 : 3 이상
- 고리걸이 훅 또는 샤클의 안전계수가 사용되는 달기 와이어로프 또는 달기 체인의 안전계수와 같은 값 이상의 것을 사용하여야 한다.
- 그 밖의 경우 : 4 이상

정답 | 117 ② 118 ④ 119 ④

0302 / 0701

## 120

Repetitive Learning 1회 2회 3회

건립 중 강풍에 의한 풍압 등 외압에 대한 내력이 설계에 고려되었는지 확인하여야 할 철골구조물이 아닌 것은?

① 구조물의 폭과 높이의 비가 1 : 4 이상인 구조물
② 이음부가 현장용접인 구조물
③ 높이 10m 이상의 구조물
④ 단면구조에 현저한 차이가 있는 구조물

해설

- 높이가 20m 이상인 구조물에 대해서는 외압에 대한 내력이 설계 시 고려되었는지 확인할 필요가 있으나, 높이 10m인 건물에 대해서는 확인이 필요하지 않다.

외압에 대한 내력이 설계 시 고려되었는지를 확인해야 하는 구조물 실필 1804/1602/1504/1301/1204/1102/1001/0902 실작 1801

- 높이 20m 이상의 구조물
- 구조물의 폭과 높이의 비가 1 : 4 이상인 구조물
- 단면구조에 현저한 변화가 있는 구조물
- 연면적당 철골량이 50kg/$m^2$ 이하인 구조물
- 기둥이 타이플레이트(Tie plate)형인 구조물
- 이음부가 현장용접인 구조물



120 ③ 정답

MEMO

# 출제문제 분석 2018년 1회

| 구분 | 1과목 | 2과목 | 3과목 | 4과목 | 5과목 | 6과목 | 합계 |
|---|---|---|---|---|---|---|---|
| New유형 | 1 | 1 | 1 | 4 | 0 | 3 | 10 |
| New문제 | 5 | 7 | 12 | 9 | 8 | 12 | 53 |
| 또나온문제 | 8 | 7 | 5 | 7 | 10 | 5 | 42 |
| 자꾸나온문제 | 7 | 6 | 3 | 4 | 2 | 3 | 25 |
| 합계 | 20 | 20 | 20 | 20 | 20 | 20 | 120 |

- New유형은 New문제 중 기존 기출문제와 완전히 다른 유형의 문제를 말합니다.
- New문제는 기존에 출제되지 않은 문제로 이번에 처음 출제되는 문제입니다.
- 또나온문제는 기존에 출제된 적이 1번 있는 문제를 말합니다.
- 자꾸나온문제는 기존에 출제된 적이 2번 이상 있는 문제를 말합니다. 그만큼 중요한 문제입니다.

## 몇 년분의 기출문제를 공부해야 합격할 수 있을까요?

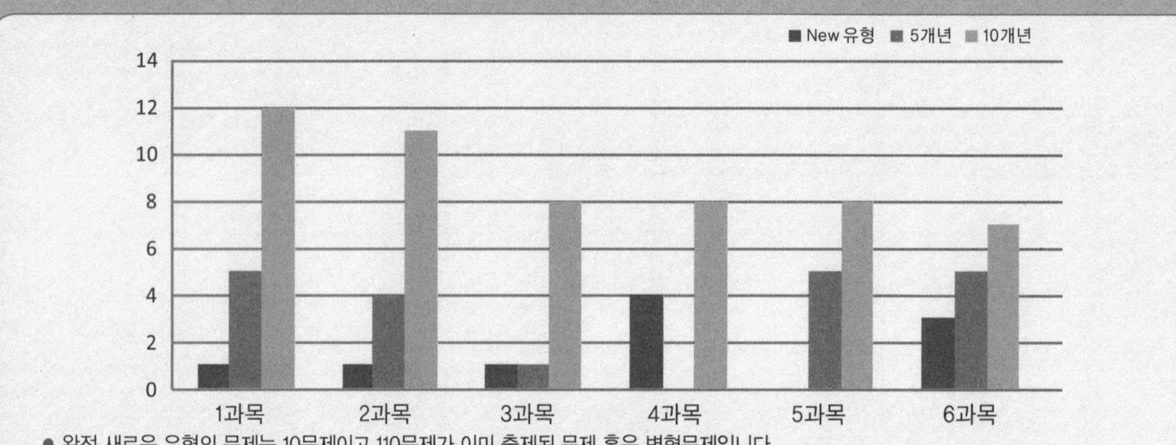


- 완전 새로운 유형의 문제는 10문제이고 110문제가 이미 출제된 문제 혹은 변형문제입니다.
- 5년분(2016~2020) 기출에서 동일문제가 20문항이 출제되었고, 10년분(2011~2020) 기출에서 동일문제가 54문항이 출제되었습니다.

## 실기에 나왔어요!! 외우세요!!!

실기시험은 필답형과 작업형으로 구분되어 있으며 모두 주관식으로 직접 내용을 적어야 합니다. 필기 공부하면서 실기 출제된 내역들은 좀 더 신경써서 암기하실 필요가 있어요. 필기 합격자 발표 난 후 실기시험까지는 5주밖에 여유가 없답니다. 어차피 공부할 것 필기 때 확실하게 해준다면 실기도 단방에 합격할 수 있습니다.

- 총 22개의 해설이 실기 필답형 시험과 연동되어 있습니다.
- 총 8개의 해설이 실기 작업형 시험과 연동되어 있습니다.

## 분석의견

최근 10년분의 기출문제와 답을 반복암기해서는 합격점수인 72점에서 18점이 부족합니다. 기출문제만으로도 충분히 과락점수 이상을 확보할 수 있어 어렵지 않은 회차입니다. 예년과 크게 차이 나지 않는 수준의 난이도를 보이고 있으며, 기출문제의 출제 비중이 높아 다소 쉽게 느껴질 수 있는 난이도를 갖는 회차입니다. 합격에 필요한 점수를 획득하기 위해서는 최근 5년분 문제와 핵심이론의 3회독 혹은 최근 10년분 문제와 핵심이론의 2회독 이상의 학습이 필요합니다.

# 2018년 제1회

2018년 3월 4일 필기

18년 1회차 필기시험
합격률 39.4%

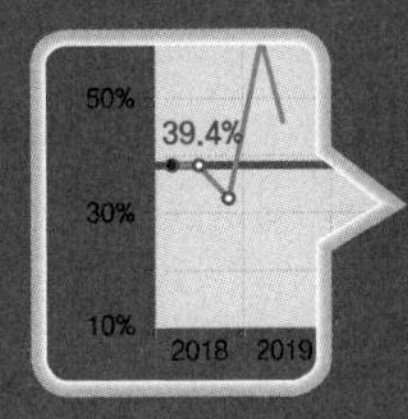


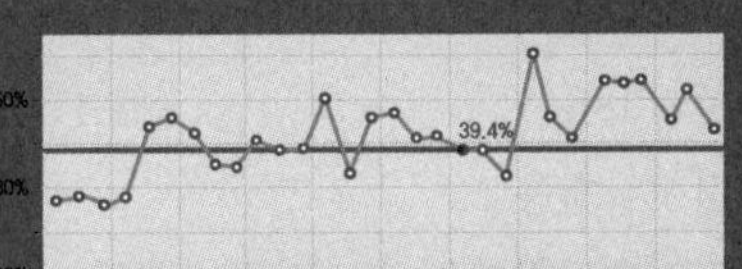

## 1과목 산업안전관리론

0704 / 0901 / 1401 / 1604

### 01

Repetitive Learning (1회 2회 3회)

재해예방의 4원칙이 아닌 것은?

① 손실필연의 원칙　② 원인계기의 원칙
③ 예방가능의 원칙　④ 대책선정의 원칙

**해설**

- 손실필연의 원칙은 없으며, 사고로 인한 손실은 우연적이라는 의미에서 손실우연의 원칙이 빠졌다.

하인리히의 재해예방 4원칙 실필 1801/1501

| | |
|---|---|
| 대책선정의 원칙 | 사고의 원인을 발견하면 반드시 대책을 세워야 하며, 모든 사고는 대책선정이 가능하다는 원칙 |
| 손실우연의 원칙 | 사고로 인한 손실은 우연적이라는 원칙 |
| 예방가능의 원칙 | 모든 사고는 예방이 가능하다는 원칙 |
| 원인연계의 원칙 (원인계기의 원칙) | 사고는 반드시 원인이 있으며 이는 필연적인 인과관계로 작용한다는 원칙 |

### 02

Repetitive Learning (1회 2회 3회)

안전대의 완성품 및 각 부품의 동하중 시험 성능기준 중 충격흡수장치의 최대전달충격력은 몇 이하이어야 하는가?

① 6　② 7.84
③ 11.28　④ 5

**해설**

- 벨트식, 안전그네식, 안전블록, 충격흡수장치 등의 최대전달충격력은 6.0kN 이하이어야 한다.

충격흡수장치의 동하중 성능시험 기준

- 충격흡수장치란 추락 시 신체에 가해지는 충격하중을 완화시키는 기능을 갖는 죔줄에 연결되는 부품을 말한다.
- 최대전달충격력이란 동하중시험 시 시험몸통 또는 시험추가 추락하였을 때 로드셀에 의해 측정된 최고 하중으로 6.0kN 이하이어야 한다.
- 감속거리란 추락하는 동안 전달충격력이 생기는 지점에서의 착용자의 D링 등 체결지점과 완전히 정지에 도달하였을 때의 D링 등 체결지점과의 수직거리를 말하며 1,000mm 이하이어야 한다.

### 03

Repetitive Learning (1회 2회 3회)

재해발생의 주요원인 중 불안전한 행동이 아닌 것은?

① 권한 없이 행한 조작
② 보호구 미착용
③ 안전장치의 기능 제거
④ 숙련도 부족

**해설**

- 숙련도 부족은 재해발생의 간접원인 중 교육적 원인에 해당한다.

재해발생의 직접원인

| | |
|---|---|
| 인적 원인 (불안전한 행동) | • 위험장소 접근<br>• 안전장치기능 제거<br>• 불안전한 속도 조작<br>• 위험물 취급 부주의<br>• 보호구 미착용<br>• 작업자와의 연락 불충분 |
| 물적 원인 (불안전한 상태) | • 물(物) 자체의 결함<br>• 주변 환경의 미정리<br>• 생산 공정의 결함<br>• 물(物)의 배치 및 작업장소의 불량<br>• 방호장치의 결함 |

정답 | 01 ① 02 ① 03 ④

0801

## 04 — Repetitive Learning (1회 2회 3회)

산업안전보건법령상 안전·보건표지의 종류 중 지시표지의 종류가 아닌 것은?

① 보안경착용
② 안전장갑착용
③ 방진마스크착용
④ 방열복착용

**해설**

- 지시표지의 종류에는 보안경착용, 안전복착용, 보안면착용, 안전화착용, 귀마개착용, 안전모착용, 안전장갑착용, 방독마스크착용, 방진마스크착용 등이 있다.

**지시표지** 실필 1501
- 특정 행위의 지시 및 사실의 고지에 사용된다.
- 파란색(2.5PB 4/10) 바탕에 흰색(N9.5)의 기본모형을 사용한다.
- 종류에는 보안경착용, 안전복착용, 보안면착용, 안전화착용, 귀마개착용, 안전모착용, 안전장갑착용, 방독마스크착용, 방진마스크착용 등이 있다.

| 보안경착용 | 안전복착용 | 보안면착용 | 안전화착용 | 귀마개착용 |
|---|---|---|---|---|
| | | | | |
| 안전모착용 | 안전장갑 착용 | 방독마스크 착용 | 방진마스크 착용 | |
| | | | | |

1302

## 05 — Repetitive Learning (1회 2회 3회)

산업안전보건법령상 안전인증대상 기계·기구 등에 해당하지 않는 것은?

① 곤돌라
② 고소작업대
③ 활선작업용 기구
④ 교류 아크용접기용 자동전격방지기

**해설**

- 곤돌라와 고소작업대는 안전인증대상 기계·기구에 해당하며, 활선작업용 기구는 안전인증대상 방호장치에 해당한다.

**안전인증대상 기계·기구** 실필 1004

| | |
|---|---|
| 설치·이전하는 경우 안전인증을 받아야 하는 기계·기구 | • 크레인<br>• 리프트<br>• 곤돌라 |
| 주요 구조 부분을 변경하는 경우 안전인증을 받아야 하는 기계·기구 | • 프레스<br>• 전단기 및 절곡기(折曲機)<br>• 크레인<br>• 리프트<br>• 압력용기<br>• 롤러기<br>• 고소(高所)작업대<br>• 곤돌라<br>• 기계톱<br>• 사출성형기(射出成形機) |
| 안전인증대상 방호장치 | • 프레스 또는 전단기 방호장치<br>• 양중기용 과부하방지장치<br>• 보일러 또는 압력용기 압력방출용 안전밸브<br>• 압력용기 압력방출용 파열판<br>• 절연용 방호구 및 활선작업용 기구<br>• 방폭구조 전기기계·기구 및 부품 |

1101

## 06 — Repetitive Learning (1회 2회 3회)

안전보건관리조직 중 라인·스태프(Line·Staff)의 복합형 조직의 특징으로 옳은 것은?

① 명령계통과 조언·권고적 참여가 혼동되기 쉽다.
② 생산부분은 안전에 대한 책임과 권한이 없다.
③ 안전에 대한 정보가 불충분하다.
④ 안전과 생산을 별도로 취급하기 쉽다.

**해설**

- 생산부분이 안전에 대한 책임과 권한이 없으므로, 안전과 생산이 별도로 취급되기 쉬운 것은 스태프형 조직의 특징이다.
- 안전에 대한 정보획득이 어렵고 불충분한 것은 라인형 조직의 특징이다.

**라인-스태프(Line-staff)형 조직**

㉠ 개요
- 가장 이상적인 조직형태로 1,000명 이상의 대규모 사업장에서 주로 사용된다.
- 라인의 관리·감독자에게도 안전에 관한 책임과 권한이 부여된다.
- 안전계획, 평가 및 조사는 스태프에서, 생산기술의 안전대책은 라인에서 실시한다.



04 ④ 05 ④ 06 ① | 정답

ⓛ 장점
- 안전 전문가에 의해 입안된 것을 경영자의 지침으로 명령 실시하므로 정확하고 신속하다.
- 조직원 전원을 자율적으로 안전 활동에 참여시킬 수 있다.
- 라인의 관리, 감독자에게도 안전에 관한 책임과 권한이 부여된다.
- 안전 활동과 생산업무가 유리될 우려가 없기 때문에 균형을 유지할 수 있어 이상적인 조직형태이다.

ⓒ 단점
- 명령계통과 조언·권고적 참여가 혼동되기 쉽다.
- 스태프의 월권행위가 발생하는 경우가 있다.
- 라인이 스태프에 의존하거나 스태프를 활용하지 않는 경우가 있다.

0904 / 1502 / 2201

## 07 Repetitive Learning 1회 2회 3회

산업안전보건법령상 건설현장에서 사용하는 크레인의 안전검사의 주기로 옳은 것은?

① 최초로 설치한 날부터 1개월마다 실시
② 최초로 설치한 날부터 3개월마다 실시
③ 최초로 설치한 날부터 6개월마다 실시
④ 최초로 설치한 날부터 1년마다 실시

**해설**

- 건설현장에서 사용하는 크레인, 리프트, 곤돌라는 최초로 설치한 날부터 6개월마다 안전검사를 행한다.

안전검사대상 유해·위험기계의 종류와 검사 주기 실필 1002/1504

| 안전검사대상 유해·위험기계의 종류 | 검사 주기 |
|---|---|
| 크레인(이동식크레인 및 정격하중 2톤 미만 제외), 리프트(이삿짐운반용 리프트 제외) 및 곤돌라 | 사업장에 설치가 끝난 날부터 3년 이내에 최초 안전검사를 실시하되, 그 이후부터 2년마다(건설현장에서 사용하는 것은 최초로 설치한 날부터 6개월마다) |
| 이동식크레인, 이삿짐운반용 리프트 및 고소작업대 | 신규 등록 이후 3년 이내에 최초 안전검사를 실시하되, 그 이후부터 2년마다 |
| 프레스, 전단기, 압력용기, 국소배기장치(이동식 제외), 산업용 원심기, 화학설비 및 그 부속설비, 건조설비 및 그 부속설비, 롤러기(밀폐형 제외), 사출성형기(형 체결력 294kN 미만은 제외), 컨베이어 및 산업용 로봇 | 사업장에 설치가 끝난 날부터 3년 이내에 최초 안전검사를 실시하되, 그 이후부터 2년마다(공정안전보고서를 제출하여 확인을 받은 압력용기는 4년마다) |

1001 / 1404 / 1604 / 2001 / 2201

## 08 Repetitive Learning 1회 2회 3회

재해손실비의 평가방식 중 시몬즈(Simonds) 방식에서 비보험코스트의 산정 항목에 해당하지 않는 것은?

① 사망사고건수
② 무상해사고건수
③ 통원상해건수
④ 응급조치건수

**해설**

- 사망과 영구 전노동불능 상해의 경우는 별도 산정이 필요하므로 비보험코스트의 산정항목에 포함되지 않는다.

시몬즈(Simonds)의 재해코스트

㉠ 개요
- 총 재해비용을 보험비용과 비보험비용으로 구분한다.
- 총 재해코스트 = 보험비용 + 비보험비용 = [보험코스트 + (A × 휴업상해건수) + (B × 통원상해건수) + (C × 응급조치건수) + (D × 무상해사고건수)], 이때 A, B, C, D는 재해의 비보험코스트 평균치이다.
- 사망과 영구 전노동불능 상해의 경우는 비보험코스트에 포함시키지 않고 별도 산정한다.

ⓛ 비보험코스트 내역
- 소송관계 비용
- 신규작업자에 대한 교육훈련비
- 부상자의 직장 복귀 후 생산 감소로 인한 임금비용
- 재해로 인한 작업중지 임금손실
- 재해로 인한 시간 외 근무 가산임금손실 등

0301 / 0601 / 0701 / 1301

## 09 Repetitive Learning

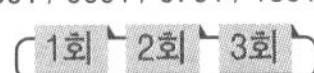


아담스(Adams)의 재해 발생과정 이론의 단계별 순서로 옳은 것은?

① 관리구조 결함→ 전술적 에러→ 작전적 에러→ 사고→ 재해
② 관리구조 결함→ 작전적 에러→ 전술적 에러→ 사고→ 재해
③ 전술적 에러→ 관리구조 결함→ 작전적 에러→ 사고→ 재해
④ 작전적 에러→ 관리구조 결함→ 전술적 에러→ 사고→ 재해

정답 | 07 ③ 08 ① 09 ②

해설

- 아담스(Edward Adams)의 재해발생이론은 관리구조 → 작전적 에러 → 전술적 에러 → 사고 → 재해 순으로 발생한다고 주장했다.

:: 아담스(Edward Adams)의 재해발생이론

- 재해의 직접원인은 불행불상에서 발생하거나 방치한 전술적 에러에서 비롯된다는 이론이다.
- 관리구조의 결함 → 작전적 에러 → 전술적 에러 → 사고 → 재해 순으로 발생한다.
- 작전적 에러란 경영자나 감독자의 의지부족이나 행동, 목표설정 미흡 등을 의미한다.
- 전술적 에러란 관리감독자의 실수나 태만, 불행불상의 방치 등을 의미한다.
- 사고발생 매커니즘으로 불안전한 행동과 불안전한 상태가 복합되어 발생한다고 정의하였다.

## 10

Repetitive Learning (1회 2회 3회)

사고예방대책의 기본원리 5단계 중 2단계의 조치사항이 아닌 것은?

① 자료수집
② 제도적인 개선안
③ 점검, 검사 및 조사 실시
④ 작업분석, 위험확인

해설

- 제도적인 개선안은 5단계 중 4단계에 해당하는 시정책의 선정단계에서 행하는 세부사항이다.

:: 하인리히의 사고예방의 기본원리 5단계 실필 1802/0804

| 단계 | 단계별 과정 | 필요 조치 |
|---|---|---|
| 1단계 | 안전관리조직과 규정 | • 책임과 권한의 부여<br>• 안전활동 방침 및 계획수립 |
| 2단계 | 사실의 발견으로 현상파악 | • 자료수집<br>• 작업분석과 위험확인<br>• 안전점검·검사 및 조사 실시 |
| 3단계 | 분석을 통한 원인규명 | • 사고보고서 및 현장조사<br>• 인적·물적·환경조건의 분석<br>• 교육 훈련 및 배치 사항 파악<br>• 사고기록 및 관계자료 대조확인 |
| 4단계 | 시정방법의 선정 | • 기술적인 개선<br>• 작업배치의 조정<br>• 교육훈련의 개선 |
| 5단계 | 시정책의 적용 | • 기술(Engineering)적 대책<br>• 교육(Education)적 대책<br>• 관리(Enforcement)적 대책 |

1202

## 11

Repetitive Learning (1회 2회 3회)

산업안전보건법령상 건설업 중 고용노동부령으로 정하는 자격을 갖춘 자의 의견을 들은 후 유해·위험방지계획서를 작성하여 고용노동부장관에게 제출하여야 하는 대상 사업장의 기준 중 다음 (  ) 안에 알맞은 것은?

> 연면적 (  )$m^2$ 이상인 냉동·냉장창고 시설의 설비공사 및 단열공사

① 3,000　② 5,000
③ 7,000　④ 10,000

해설

- 냉동·냉장창고시설의 설비공사 및 단열공사는 연면적 5천$m^2$ 이상인 경우 유해·위험방지계획서를 작성하여 제출한다.

:: 유해·위험방지계획서 제출대상 공사 실필 1901/1802/1102

- 지상높이가 31m 이상인 건축물 또는 인공구조물, 연면적 3만$m^2$ 이상인 건축물 또는 연면적 5천$m^2$ 이상의 문화 및 집회시설(전시장 및 동물원·식물원은 제외), 판매시설, 운수시설(고속철도의 역사 및 집배송시설은 제외), 종교시설, 의료시설 중 종합병원, 숙박시설 중 관광숙박시설, 지하도상가 또는 냉동·냉장창고시설의 건설·개조 또는 해체 공사
- 연면적 5천$m^2$ 이상인 냉동·냉장창고시설의 설비공사 및 단열공사
- 최대지간길이가 50m 이상인 교량 건설 등의 공사
- 터널 건설 등의 공사
- 다목적 댐, 발전용 댐 및 저수용량 2천만톤 이상의 용수 전용 댐, 지방상수도 전용 댐 건설 등의 공사
- 깊이 10m 이상인 굴착공사

1301

## 12

Repetitive Learning (1회 2회 3회)

시설물의 안전관리에 관한 특별법상 국토교통부장관은 시설물이 안전하게 유지관리될 수 있도록 하기 위하여 몇 년마다 시설물의 안전 및 유지관리에 관한 기본계획을 수립·시행하여야 하는가?

① 1년　② 2년
③ 3년　④ 5년

해설

- 국토교통부장관은 시설물이 안전하게 유지 관리될 수 있도록 하기 위하여 5년마다 시설물의 안전 및 유지관리에 관한 기본계획을 수립·시행하여야 한다.



10 ② 11 ② 12 ④ 정답

:: 시설물의 안전 및 유지관리 기본계획의 수립·시행

㉠ 시행주기 : 국토교통부장관은 시설물이 안전하게 유지 관리될 수 있도록 하기 위하여 5년마다 시설물의 안전 및 유지관리에 관한 기본계획을 수립·시행하여야 한다.

㉡ 기본계획에 포함되어야 할 사항

- 시설물의 안전 및 유지관리에 관한 기본목표 및 추진방향에 관한 사항
- 시설물의 안전 및 유지관리체계의 개발, 구축 및 운영에 관한 사항
- 시설물의 안전 및 유지관리에 관한 정보체계의 구축·운영에 관한 사항
- 시설물의 안전 및 유지관리에 필요한 기술의 연구·개발에 관한 사항
- 시설물의 안전 및 유지관리에 필요한 인력의 양성에 관한 사항
- 그 밖에 시설물의 안전 및 유지관리에 관하여 대통령령으로 정하는 사항

0902 / 1204 / 1502 / 2101

## 13

Repetitive Learning (1회 2회 3회)

산업안전보건법상 산업안전보건위원회의 심의·의결사항이 아닌 것은?

① 산업재해 예방계획의 수립에 관한 사항
② 근로자의 건강진단 등 건강관리에 관한 사항
③ 중대재해로 분류되는 산업재해의 원인 조사 및 재발 방지대책의 수립에 관한 사항
④ 안전장치 및 보호구 구입 시의 적격품 여부 확인에 관한 사항

해설

- ④는 안전보건관리책임자의 업무 내용에 해당한다.

:: 산업안전보건위원회의 심의·의결사항

- 산업재해 예방계획의 수립에 관한 사항
- 안전보건관리규정의 작성 및 변경에 관한 사항
- 근로자의 안전·보건교육에 관한 사항
- 작업환경측정 등 작업환경의 점검 및 개선에 관한 사항
- 근로자의 건강진단 등 건강관리에 관한 사항
- 중대재해의 원인 조사 및 재발 방지대책 수립에 관한 사항
- 산업재해에 관한 통계의 기록 및 유지에 관한 사항
- 유해하거나 위험한 기계·기구와 그 밖의 설비를 도입한 경우 안전·보건조치에 관한 사항

0802 / 1904

## 14

Repetitive Learning (1회 2회 3회)

재해의 원인분석방법 중 통계적 원인분석 방법으로 사고의 유형, 기인물 등 분류 항목을 큰 순서대로 도표화하는 것은?

① 특성요인도
② 클로즈도
③ 파레토도
④ 관리도

해설

- 특성요인도는 재해라고 하는 결과에 미치게 하는 원인요소와의 관계를 상호의 인과관계만으로 결부시켜 도표화하는 분석방법이다.
- 클로즈도는 두 가지 이상의 문제에 대한 관계분석 시에 주로 사용하는 분석방법이다.
- 관리도는 재해발생건수 등의 추이를 파악하여 목표관리를 행하는 데 필요한 통계 분석방법이다.

:: 통계에 의한 재해원인 분석방법

- 파레토도, 특성요인도, 클로즈분석, 관리도 등이 있다.

| 구분 | 내용 |
|---|---|
| 파레토(Pareto)도 | 작업현장에서 발생하는 작업 환경 불량이나 고장, 재해 등의 내용을 분류하고 그 건수와 금액을 크기 순으로 나열하여 작성한 그래프 |
| 특성요인도 (Characteristics diagram) | 사실의 확인단계에서 재해의 원인과 결과를 연계하여 상호 관계를 파악하기 위하여 어골상으로 도표화하는 분석방법 |
| 클로즈분석 | 두 가지 이상의 문제에 대한 관계분석 시에 주로 사용하는 분석방법 |
| 관리도 (Control chart) | 산업재해의 분석 및 평가를 위하여 재해발생건수 등의 추이에 대해 한계선을 설정하여 목표관리를 수행하는 재해통계 분석기법 |

## 15

Repetitive Learning (1회 2회 3회)

재해발생의 간접 원인 중 2차원인이 아닌 것은?

① 안전 교육적 원인
② 신체적 원인
③ 학교 교육적 원인
④ 정신적 원인

해설

- 재해발생의 간접원인은 2차원인(기술적, 교육적, 신체적, 정신적 원인)과 기초원인(관리적 원인과 학교 교육적 원인, 사회적 또는 역사적 원인)으로 구분된다.

정답 | 13 ④ 14 ③ 15 ③

⁘ 재해발생의 간접원인

- 2차원인(기술적, 교육적, 신체적, 정신적 원인)과 기초원인(관리상의 원인과 학교 교육적 원인, 사회적 또는 역사적 원인)으로 구분된다.

| | | |
|---|---|---|
| 2차 원인 | 기술적 원인 | • 건물, 기계장치 설계 불량<br>• 점검, 정비, 보존 불량<br>• 구조 재료의 부적합<br>• 생산공정의 부적절 |
| | 교육적 원인 | • 안전수칙의 오해<br>• 경험훈련의 미숙<br>• 안전지식의 부족<br>• 작업방법 및 유해위험 작업의 교육 불충분 |
| | 신체적 원인 | • 피로<br>• 시력 및 청각 기능 이상<br>• 근육운동의 부적당<br>• 육체적 한계 |
| | 정신적 원인 | • 안전의식의 부족<br>• 주의력 및 판단력 부족<br>• 잘못된 판단<br>• 방심 |
| 기초 원인 | 작업관리상의 원인 | • 작업지시의 부적당<br>• 안전관리 조직의 결함<br>• 안전수칙의 미제정<br>• 작업준비의 불충분<br>• 인원배치의 부적당 |
| | 학교 교육적 원인 | • 재해의 근본 원인 |
| | 사회적 또는 역사적 원인 | |

0901 / 1304

**16** ——— Repetitive Learning (1회 2회 3회)

안전관리에 있어 5C 운동(안전행동 실천운동)이 아닌 것은?

① 정리정돈(Clearance)
② 통제관리(Control)
③ 청소청결(Cleaning)
④ 전심전력(Concentration)

해설

- 통제관리(Control)가 아니라 점검확인(Checking)과 복장단정(Correctness)이어야 한다.

⁘ 5C 운동

- 산업재해로 인한 인적·물적 손실을 줄이기 위하여 실시하는 안전행동 실천운동이다.
- 정리정돈(Clearance), 청소청결(Cleaning), 전심전력(Concentration), 복장단정(Correctness), 점검확인(Checking)을 말한다.
- 근로자의 불안전한 행동으로 인한 재해를 예방하여 쾌적한 작업환경을 이루고 생산성의 향상과 원가절감, 판매촉진과 품질 향상을 통해 궁극적으로 인간존중의 이념과 기업이윤을 극대화하는 것을 목표로 한다.

1101 / 1302 / 1402 / 1404 / 1604 / 1701 / 1704 / 1804 / 2102 / 2202

**17** ——— Repetitive Learning (1회 2회 3회)

산업안전보건법령에 따른 안전보건관리규정을 작성하여야 할 사업의 사업주는 안전보건관리규정을 작성하여야 할 사유가 발생한 날부터 며칠 이내에 작성하여야 하는가?

① 15일 ② 30일
③ 50일 ④ 60일

해설

- 사업주는 안전보건관리규정을 작성하여야 할 사유가 발생한 날부터 30일 이내에 안전보건관리규정을 작성하여야 한다.

⁘ 안전보건관리규정 실필 1601/1101

- 안전보건관리규정을 작성하여야 할 사업의 종류 및 규모

| 사업의 종류 | 규모 |
|---|---|
| 1. 농업<br>2. 어업<br>3. 소프트웨어 개발 및 공급업<br>4. 컴퓨터 프로그래밍, 시스템 통합 및 관리업<br>5. 정보서비스업<br>6. 금융 및 보험업<br>7. 임대업(부동산 제외)<br>8. 전문, 과학 및 기술 서비스업 (연구개발업 제외)<br>9. 사업지원 서비스업<br>10. 사회복지 서비스업 | 상시근로자 300명 이상을 사용하는 사업장 |
| 11. 제1호부터 제10호까지의 사업을 제외한 사업 | 상시근로자 100명 이상을 사용하는 사업장 |

- 사업주는 안전보건관리규정을 작성하여야 할 사유가 발생한 날부터 30일 이내에 안전보건관리규정을 작성하여야 한다. 이를 변경할 사유가 발생한 경우에도 또한 같다.
- 사업주는 안전보건관리규정을 작성하거나 변경할 때에는 산업안전보건위원회의 심의·의결을 거쳐야 한다. 다만, 산업안전보건위원회가 설치되어 있지 아니한 사업장의 경우에는 근로자대표의 동의를 받아야 한다.



16 ② 17 ② 정답

1202

## 18

Repetitive Learning ( 1회 2회 3회 )

강도율 1.25, 도수율 10인 사업장의 평균강도율은?

① 8　　② 10

③ 12.5　　④ 125

해설

- 평균강도율은 $\frac{강도율}{도수율} \times 1,000$이므로 대입하면

$\frac{1.25}{10} \times 1,000 = 125$이다.

강도율(SR : Severity Rate of injury)

실필 1804/1702/1501/1402/1401/1304/0902/0901

- 재해로 인한 근로손실의 강도를 나타낸 값으로 연간총근로시간에서 1,000시간당 근로손실일수를 의미한다.
- 강도율 = $\frac{근로손실일수}{연간총근로시간} \times 1,000$으로 구하고,

  평균강도율 = $\frac{강도율}{도수율} \times 1,000$으로 구한다.
- 근로자의 근속연수 등이 주어지지 않을 때 평생 근로손실일수는 한 개인이 평생 동안 근로한 시간을 100,000시간으로 볼 때의 근로손실일수이므로 강도율에 100을 곱하여 구한다.

0601 / 2201

## 19

Repetitive Learning ( 1회 2회 3회 )

산업안전보건법상 안전·보건표지의 종류와 형태 기준 중 안내표지의 종류가 아닌 것은?

① 금연

② 들것

③ 비상용기구

④ 세안장치

해설

- 금연은 금지표지에 해당한다.

안내표지 실필 1901/1501/1202/1001

- 비상구 및 피난소, 사람 또는 차량의 통행을 안내할 때 사용된다.
- 흰색(N9.5) 바탕에 녹색(2.5G 4/10) 기본모형으로 표시한다.
- 종류에는 녹십자, 응급구호, 들것, 세안장치, 비상구, 좌측비상구, 우측비상구 등이 있다.

| 녹십자 | 응급구호 | 들것 | 세안장치 |
|---|---|---|---|
| | | | |

| 비상구 | 좌측비상구 | 우측비상구 |
|---|---|---|
| | | |

0804

## 20

Repetitive Learning ( 1회 2회 3회 )

산업안전보건법령상 안전관리자가 수행하여야 할 업무가 아닌 것은?(단, 그 밖에 안전에 관한 사항으로서 고용노동부장관이 정하는 사항은 제외한다)

① 사업장 순회점검·지도 및 조치의 건의

② 해당 사업장 안전교육계획의 수립 및 안전교육 실시에 관한 보좌 및 조언·지도

③ 산업재해 발생의 원인 조사·분석 및 재발방지를 위한 기술적 보좌 및 조언·지도

④ 해당 작업장의 정리·정돈 및 통로확보에 대한 확인·감독

해설

- ④는 관리감독자의 업무 내용이다.

안전관리자의 업무 실필 1704/1001/0804

- 산업안전보건위원회 또는 안전·보건에 관한 노사협의체에서 심의·의결한 업무와 사업장의 안전보건관리규정 및 취업규칙에서 정한 업무
- 안전인증대상 기계·기구 등과 자율안전확인대상 기계·기구 등 구입 시 적격품의 선정에 관한 보좌 및 조언·지도
- 위험성 평가에 관한 보좌 및 조언·지도
- 해당 사업장 안전교육계획의 수립 및 안전교육 실시에 관한 보좌 및 조언·지도
- 사업장 순회점검·지도 및 조치의 건의
- 산업재해 발생의 원인 조사·분석 및 재발 방지를 위한 기술적 보좌 및 조언·지도
- 산업재해에 관한 통계의 유지·관리·분석을 위한 보좌 및 조언·지도
- 안전에 관한 사항의 이행에 관한 보좌 및 조언·지도
- 업무수행 내용의 기록·유지
- 그 밖에 안전에 관한 사항으로서 고용노동부장관이 정하는 사항

정답 | 18 ④ 19 ① 20 ④

## 2과목 산업심리 및 교육

1102

**21** Repetitive Learning (1회 2회 3회)

맥그리거(McGregor)의 X · Y이론 중 X이론에 해당하는 것은?

① 성선설
② 상호 신뢰감
③ 고차원적 욕구
④ 명령 통제에 의한 관리

해설

- 상호 신뢰감, 고차원적인 욕구, 성선설은 분권화와 권한의 위임에 해당하는 선진국형 이론인 Y이론에 적합한 개념이다.

맥그리거(McGregor)의 X · Y이론

㉠ 개요

- 인간과 직무의 관계에 대한 기본적인 가정을 X이론과 Y이론이라는 가설로 나눈 것이다.
- X이론은 인간의 본성이 일을 싫어하고, 무관심하며, 책임을 회피하므로 당근과 채찍을 동원하여 강제할 필요가 있다는 이론이다.
- Y이론은 인간의 본성이 일을 좋아하고, 책임감이 강하며, 선하므로 그들을 자율적, 민주적으로 대해야 창조적인 성과를 얻을 수 있다는 이론이다.

㉡ X이론과 Y이론의 관리 처방 비교

| X이론(후진국형, 성악설) | Y이론(선진국형, 성선설) |
|---|---|
| • 경제적 보상체제의 강화<br>• 권위주의적 리더십의 확립<br>• 면밀한 감독과 엄격한 통제<br>• 상부 책임제도의 강화 | • 분권화와 권한의 위임<br>• 목표에 의한 관리<br>• 직무확장<br>• 인간관계 관리방식<br>• 책임감과 창조력 |

1101 / 1201 / 1302 / 2202

**22** Repetitive Learning (1회 2회 3회)

교육훈련 평가의 4단계를 맞게 나열한 것은?

① 반응단계 → 학습단계 → 행동단계 → 결과단계
② 반응단계 → 행동단계 → 학습단계 → 결과단계
③ 학습단계 → 반응단계 → 행동단계 → 결과단계
④ 학습단계 → 행동단계 → 반응단계 → 결과단계

해설

- 교육훈련 평가는, 반응단계 → 학습단계 → 행동단계 → 결과단계의 순으로 진행된다.

교육훈련 평가

- 교육훈련 평가는 작업자의 적정배치 및 지도 방법을 개선하고, 학습지도를 효과적으로 하기 위하여 수행한다.
- 교육평가의 5요건은 확실성, 신뢰성, 간이성, 객관성, 경제성으로 구성된다.
- 교육훈련 평가는, 반응단계 → 학습단계 → 행동단계 → 결과단계의 순으로 진행된다.

0704 / 1201 / 2102

**23** Repetitive Learning (1회 2회 3회)

호손 실험(Hawthorne experiment)의 결과 작업자의 작업능률에 영향을 미치는 주요원인으로 밝혀진 것은?

① 인간관계 ② 작업조건
③ 작업환경 ④ 생산기술

해설

- 호손 실험을 통해서 생산성은 사원들의 태도, 감독자, 비공식 집단의 중요성 등 인간관계와 관련한 요소들이 복잡하게 영향을 미친다는 것을 확인하였다.

호손 실험(Hawthorne experiment)

- 산업심리학이 발전하던 1920년대에 시작된 일련의 연구로 원래 조명도와 생산성의 관계를 밝히려고 시작되었다.
- 조명을 밝히면 처음에는 생산량은 증가하나 이후에는 조명과 상관관계가 거의 없이 생산량이 증가하였다.
- 결과적으로 생산성에는 사원들의 태도, 감독자, 비공식 집단의 중요성 등 인간관계와 관련한 요소들이 복잡하게 영향을 미친다는 것을 확인하였다.

**24** Repetitive Learning (1회 2회 3회)

인간의 오류 모형에서 착오(Mistake)의 발생원인 및 특성에 해당하는 것은?

① 목표와 결과의 불일치로 쉽게 발견된다.
② 주의 산만이나 주의 결핍에 의해 발생할 수 있다.
③ 상황을 잘못 해석하거나 목표에 대한 이해가 부족한 경우 발생한다.
④ 목표 해석은 제대로 하였으나 의도와 다른 행동을 하는 경우 발생한다.



21 ④ 22 ① 23 ① 24 ③ 정답

해설

- ①은 착각에 대한 설명이다.
- ②는 부주의에 대한 설명이다.
- ④는 실수(Slip)에 대한 설명이다.

착오(Mistake)

- 상황해석을 잘못하거나 틀린 목표를 착각하여 행하는 인간의 실수를 말한다.
- 낮은 수준의 수행 경험과 높은 수준의 주의 과제 요구에 기인하여 일어나는 부정확한 수행을 말한다.

## 25 Repetitive Learning (1회 2회 3회)

안전교육의 방법 중 전개단계에서 가장 효과적인 수업방법은?

① 토의법 ② 시범
③ 강의법 ④ 자율학습법

해설

- 토의식은 참여자들의 대화를 통해서 교육이 진행되는 방식으로 안전교육의 방법 중 전개단계에서 가장 효과적인 수업방법이다.

토의식(Discussion method)

㉠ 개요
- 참여자들의 대화를 통해서 교육이 진행되는 교육방식이다.
- 현장의 관리감독자 교육을 위하여 가장 바람직한 교육방식이다.
- 안전교육의 방법 중 전개단계에서 가장 효과적인 수업방법이다.
- 도입, 제시, 적용, 확인단계 중 적용단계에서 가장 많은 시간이 소요된다.
- 알고 있는 지식을 심화시키거나 어떠한 자료에 대해 보다 명료한 생각을 갖도록 하기 위하여 실시하는 교육방법으로 적합하다.
- 피교육생들의 태도를 변화시키고자 할 때, 인원이 토의에 적정할 때, 피교육생들이 토의 주제를 어느 정도 인지하고 있을 때, 피교육생들 간에 학습능력이 비슷한 수준일 때 유용하다.
- 심포지엄(Symposium), 패널 디스커션(Panel discussion), 롤 플레잉(Role playing), 버즈세션(Buzz session), 포럼(Forum) 등이 있다.

㉡ 특징
- 개방적인 의사소통과 협조적인 분위기 속에서 학습자의 적극적 참여가 가능하다.
- 집단 활동의 기술을 개발하고 민주적 태도를 배울 수 있다.
- 준비와 계획단계뿐만 아니라 진행 과정에서도 많은 시간이 소요된다.

## 26 Repetitive Learning (1회 2회 3회)

부주의의 현상 중 의식의 우회에 대한 원인으로 가장 적절한 것은?

① 특수한 질병
② 단조로운 작업
③ 작업도중의 걱정, 고뇌, 욕구불만
④ 자극이 너무 약하거나 너무 강할 때

해설

- 의식의 우회는 작업도중 걱정, 고뇌, 욕구불만 등에 의해서 발생되는 부주의 현상으로 상담-카운슬링(Counseling)이 필요한 경우이다.

의식의 우회

- 작업도중 걱정, 고뇌, 욕구불만 등에 의해서 발생되는 부주의 현상을 말한다.
- 부주의 발생의 가장 대표적인 내적 조건이다.
- 부주의 발생에 대한 대책으로 상담-카운슬링(Counseling)이 필요한 경우이다.

## 27 Repetitive Learning (1회 2회 3회)

학습지도의 형태 중 토의법의 유형에 해당되지 않는 것은?

① 포럼 ② 구안법
③ 버즈세션 ④ 패널 디스커션

해설

- 토의식은 심포지엄(Symposium), 패널 디스커션(Panel discussion), 롤 플레잉(Role playing), 버즈세션(Buzz session), 포럼(Forum) 등이 있다.
- 구안법은 스스로 계획을 세워 수행하는 학습활동을 말한다.

토의식(Discussion method)

문제 25번의 유형별 핵심이론 참조

0501

## 28 Repetitive Learning (1회 2회 3회)

이용 가능한 정보나 기술에 관한 정보원으로서의 역할을 수행하는 리더의 유형에 해당하는 것은?

① 집행자로서의 리더
② 전문가로서의 리더
③ 집단대표로서의 리더
④ 개개인의 책임대행자로서의 리더

정답 | 25 ① 26 ③ 27 ② 28 ②

해설

- 집행자로서의 리더는 집단 내에서 최고의 결정 및 실행자로서의 역할을 수행하는 사람을 말한다.
- 집단대표로서의 리더는 집단을 대표하여 집단의 요구와 외부의 요구를 절충하는 역할을 수행하는 사람을 말한다.
- 개개인의 책임대행자로서의 리더는 집단 구성원 각자가 하게되는 행동이나 결정에 대한 책임을 지는 사람을 말한다.

**리더의 유형**

- 집행자로서의 리더는 집단 내에서 최고의 결정 및 실행자로서의 역할을 수행하는 사람을 말한다.
- 전문가로서의 리더는 이용 가능한 정보나 기술에 관한 정보원으로서의 역할을 수행하는 사람을 말한다.
- 집단대표로서의 리더는 집단을 대표하여 집단의 요구와 외부의 요구를 절충하는 역할을 수행하는 사람을 말한다.
- 모범자로서의 리더는 모범을 보임으로써 집단의 구성원에게 행동지침을 전달하는 사람을 말한다.
- 집단의 상징으로서의 리더는 외부와 구별되는 집단의 특징을 보여주는 사람을 말한다.
- 개개인의 책임대행자로서의 리더는 집단 구성원 각자가 하게 되는 행동이나 결정에 대한 책임을 지는 사람을 말한다.
- 희생양으로서의 리더는 구성원의 욕구가 좌절되거나 구성원이 실망할 경우 공격의 대상이 되는 사람을 말한다.

## 29 Repetitive Learning 1회 2회 3회

학습목적의 3요소가 아닌 것은?

① 목표　　② 학습성과
③ 주제　　④ 학습정도

해설

- 학습성과는 학습목적을 세분하여 구체적으로 결정한 것을 말한다.

**학습목적의 구성**

- 학습목적 : A를 위해 B를 C한다.
- 학습목표 : A
- 학습주제 : B
- 학습정도 : C

1202 / 1204 / 1302 / 1701 / 1804 / 2104

## 30 Repetitive Learning 1회 2회 3회

산업안전보건법령상 사업 내 안전·보건교육 중 건설업 일용근로자에 대한 건설업 기초안전·보건교육의 교육시간으로 맞는 것은?

① 1시간　　② 2시간
③ 3시간　　④ 4시간

해설

- 건설업 일용근로자에 대한 건설업 기초안전·보건교육의 교육시간은 4시간이다.

**안전·보건 교육시간 기준** 실필 1801/1201/0904/0804

<table>
<tr><th>교육과정</th><th colspan="2">교육대상</th><th>교육시간</th></tr>
<tr><td rowspan="4">정기교육</td><td colspan="2">사무직 종사 근로자</td><td>매반기 6시간 이상</td></tr>
<tr><td rowspan="2">사무직 외의 근로자</td><td>판매업무에 직접 종사하는 근로자</td><td>매반기 6시간 이상</td></tr>
<tr><td>판매업무에 직접 종사하는 근로자 외의 근로자</td><td>매반기 12시간 이상</td></tr>
<tr><td colspan="2">관리감독자</td><td>연간 16시간 이상</td></tr>
<tr><td rowspan="3">채용 시의 교육</td><td colspan="2">일용근로자 및 근로계약기간이 1주일 이하인 기간제근로자</td><td>1시간 이상</td></tr>
<tr><td colspan="2">근로계약기간이 1주일 초과 1개월 이하인 기간제근로자</td><td>4시간 이상</td></tr>
<tr><td colspan="2">그 밖의 근로자</td><td>8시간 이상</td></tr>
<tr><td rowspan="2">작업내용 변경 시의 교육</td><td colspan="2">일용근로자 및 근로계약기간이 1주일 이하인 기간제근로자</td><td>1시간 이상</td></tr>
<tr><td colspan="2">그 밖의 근로자</td><td>2시간 이상</td></tr>
<tr><td rowspan="3">특별교육</td><td rowspan="2">일용 및 근로계약기간이 1주일 이하인 기간제근로자</td><td>타워크레인 신호업무 제외</td><td>2시간 이상</td></tr>
<tr><td>타워크레인 신호업무</td><td>8시간 이상</td></tr>
<tr><td colspan="2">일용 및 근로계약기간이 1주일 이하인 기간제근로자 제외 근로자</td><td>• 16시간 이상(작업전 4시간, 나머지는 3개월 이내 분할 가능)<br>• 단기간 또는 간헐적 작업인 경우에는 2시간 이상</td></tr>
<tr><td>건설업 기초안전·보건 교육</td><td colspan="2">건설 일용근로자</td><td>4시간 이상</td></tr>
</table>

1101 / 1404

## 31 Repetitive Learning

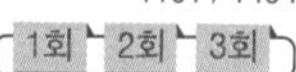


안전사고와 관련하여 소질적 사고요인이 아닌 것은?

① 지능
② 작업자세
③ 성격
④ 시각기능

해설

- 작업자세는 정신적 피로로 인한 관찰대상에 해당한다.

**소질적 사고요인**

- 지능 : 지능단계가 낮을수록 혹은 높을수록 사고발생률은 높다.
- 성격 : 결함있는 성격의 보유자일수록 사고발생률은 높다.
- 시각기능 : 시각기능에 결함이 있는 자일수록 사고발생률은 높다.



29 ②　30 ④　31 ② 정답

0804 / 1202

## 32

안전교육방법 중 Off J.T(Off the Job Training) 교육의 특징이 아닌 것은?

① 훈련에만 전념하게 된다.
② 전문가를 강사로 활용할 수 있다.
③ 개개인에게 적절한 지도훈련이 가능하다.
④ 다수의 근로자에게 조직적 훈련이 가능하다.

해설

- 개개인에게 맞는 적절한 지도훈련이 가능한 것은 O.J.T(On the Job Training)의 특징이다.

Off J.T(Off the Job Training)

㉠ 개요
- 교육대상자를 대상으로 업무현장 밖에서 하는 집단교육을 말한다.

㉡ 형태
- 강의
- 사례연구
- 역할연기
- 집단토론

㉢ 특징

| | |
|---|---|
| 장점 | • 교재, 시설 등을 효과적으로 이용할 수 있다.<br>• 업무와 훈련이 동시에 진행되는 것이 아닌 만큼 훈련에만 전념하게 된다.<br>• 외부의 우수한 전문가를 강사로 활용할 수 있다.<br>• 다수의 근로자를 대상으로 일괄적, 조직적, 체계적인 훈련이 가능하다.<br>• 교육생 간 혹은 타 직장의 근로자와 지식이나 경험을 교류할 수 있다. |
| 단점 | • 개인의 안전지도 방법에는 부적당하다.<br>• 교육으로 인해 업무가 중단되는 손실이 발생한다. |

1301

## 33

다른 사람의 행동 양식이나 태도를 자기에게 투입하거나 그와 반대로 다른 사람 가운데서 자기의 행동 양식이나 태도와 비슷한 것을 발견하는 것을 무엇이라 하는가?

① 모방(Imitation)
② 투사(Projection)
③ 암시(Suggestion)
④ 동일시(Identification)

해설

- 모방이란 남의 행동이나 판단을 표본으로 하여 그것과 같거나 또는 그것에 가까운 행동 또는 판단을 취하려는 것을 말한다.
- 투사란 자신의 불만을 해소하기 위해 남에게 뒤집어 씌우는 행위를 말한다.
- 암시란 다른 사람으로부터의 판단이나 행동을 무비판적으로 받아들이는 것을 말한다.

동일시(Identification)
- 방어적 기제(Defence mechanism)의 대표적인 종류이다.
- 다른 사람의 행동 양식이나 태도를 자기에게 투입하거나 그와 반대로 다른 사람 가운데서 자기의 행동 양식이나 태도와 비슷한 것을 발견하는 것을 말한다.
- 대표적인 예) "아버지의 성공을 자랑하며 자신의 목에 힘이 들어가 있다."

0704 / 1302

## 34

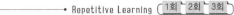

Repetitive Learning 1회 2회 3회

시행착오설에 의한 학습법칙에 해당하지 않는 것은?

① 효과의 법칙
② 일관성의 법칙
③ 연습의 법칙
④ 준비성의 법칙

해설

- 일관성의 법칙은 파블로프의 조건반사설에는 포함되나 손다이크의 시행착오설에는 포함되지 않는다.

손다이크(Thorndike)의 시행착오설에 의한 학습법칙
- S-R이론의 대표적인 종류 중 하나로 학습을 자극(Stimulus)에 의한 반응(Response)으로 파악한다.
- 맹목적 시행을 반복하는 가운데 자극과 반응이 결합하여 행동하는 것을 말한다.
- 학습법칙에는 연습의 법칙, 효과의 법칙, 준비성의 법칙 등이 있다.

1401 / 2001

## 35

적성검사의 종류 중 시각적 판단검사의 세부검사 내용에 해당하지 않는 것은?

① 회전검사
② 형태비교검사
③ 공구판단검사
④ 명칭판단검사

정답 | 32 ③ 33 ④ 34 ② 35 ①

해설

• 회전검사는 기구를 이용한 손재치를 확인하는 검사이다.

:: 지필검사를 활용한 적성검사의 종목과 적성요인

| 적성검사종목 | 적성요인 |
|---|---|
| 공구비교검사, 형태비교검사 | 형태지각 |
| 명칭비교검사 | 사무지각 |
| 계산검사, 산수응용검사 | 수리능력 |
| 어의검사 | 언어능력 |
| 평면도검사, 입체도판단검사 | 공간판단력 |
| 종선기입검사, 타점속도검사, 표식검사 | 운동조절 |

1204

## 36 Repetitive Learning (1회 2회 3회)

피로의 증상과 가장 거리가 먼 것은?

① 식욕의 증대
② 불쾌감의 증가
③ 흥미의 상실
④ 작업 능률의 감퇴

해설

• 피로로 식욕은 감소되지 증대되지는 않는다.

:: 피로의 증상
- 식욕의 감소
- 불쾌감의 증가
- 흥미의 상실
- 작업 능률의 감퇴

1401

## 37 Repetitive Learning (1회 2회 3회)

직업 적성검사에 대한 설명으로 틀린 것은?

① 적성검사는 작업행동을 예언하는 것을 목적으로도 사용한다.
② 직업 적성검사는 직무 수행에 필요한 잠재적인 특수능력을 측정하는 도구이다.
③ 직업 적성검사를 이용하여 훈련 및 승진대상자를 평가하는 데 사용할 수 있다.
④ 직업 적성은 단기적 집중 직업훈련을 통해서 개발이 가능하므로 신중하게 사용해야 한다.

해설

• 직업 적성은 단기적인 훈련이 아니라 장기적인 직업훈련을 통해서 개발이 가능하다.

:: 직업 적성검사
- 적성검사는 작업행동을 예언하는 것을 목적으로도 사용한다.
- 직업 적성검사는 직무 수행에 필요한 잠재적인 특수능력을 측정하는 도구이다.
- 직업 적성검사를 이용하여 훈련 및 승진대상자를 평가하는 데 사용할 수 있다.

## 38 Repetitive Learning (1회 2회 3회)

인간의 행동은 내적요인과 외적요인이 있다. 지각선택에 영향을 미치는 외적요인이 아닌 것은?

① 대비(Contrast)
② 재현(Repetition)
③ 강조(Intensity)
④ 개성(Personality)

해설

• 근무경력, 적성, 개성 등의 조건은 인간의 동작특성 중 내적 조건에 해당한다.

:: 인간의 동작특성

㉠ 내적 조건
- 인간의 동작특성에서 내적 조건에는 경력, 적성, 개성, 개인차, 생리적 조건 등이 있다.

㉡ 외적 조건
- 대상물의 동적 성질에 따른 조건이 있다.
- 높이, 크기, 깊이, 색채(대비, 강조, 재현) 등의 조건이 있다.
- 기온, 습도, 조명, 소음 등의 조건이 있다.

## 39 Repetitive Learning (1회 2회 3회)

헤드십의 특성에 관한 설명 중 맞는 것은?

① 민주적 리더십을 발휘하기 쉽다.
② 책임귀속이 상사와 부하 모두에게 있다.
③ 권한 근거가 공식적인 법과 규정에 의한 것이다.
④ 구성원의 동의를 통하여 발휘하는 리더십이다.

36 ① 37 ④ 38 ④ 39 ③ | 정답

해설

- 헤드십은 리더와 같이 선출된 지도자가 아니라 조직에 의해 임명된 지도자가 행하는 권한행사로 권위적이고, 책임은 상사가 가지며, 구성원에게 일방적으로 지시하는 리더십을 말한다.

헤드십(Head-ship)

㉠ 개요

- 리더와 같이 선출된 지도자가 아니라 조직에 의해 임명된 지도자가 행하는 권한행사를 말한다.

㉡ 특징

- 권한의 근거는 공식적인 법과 규정에 의한다.
- 상사와 부하의 관계는 지배적이고 사회적 간격이 넓다.
- 지휘의 형태는 권위적이다.
- 책임은 부하에 있지 않고 상사에게 있다.

0601

**40** Repetitive Learning (1회 2회 3회)

집단 안전교육과 개별 안전교육 및 안전교육을 위한 카운슬링 등 3가지 안전교육 방법 중 개별 안전교육 방법에 해당되는 것이 아닌 것은?

① 일을 통한 안전교육
② 상급자에 의한 안전교육
③ 문답방식에 의한 안전교육
④ 안전기능 교육의 추가지도

해설

- 문답방식에 의한 안전교육은 카운슬링 방법에 해당한다.

개별 안전교육

- OJT 형식을 빌어 현장에서 실습을 통해 진행하는 교육을 말한다.
- 일상 업무를 통한 안전교육으로 상급자에 의해 진행된다.
- 안전기능 교육의 추가적인 지도가 가능하다.

## 3과목 인간공학 및 시스템안전공학

2101

**41** Repetitive Learning (1회 2회 3회)

동작경제의 원칙에 해당하지 않는 것은?

① 공구의 기능을 각각 분리하여 사용하도록 한다.
② 두 팔의 동작은 동시에 서로 반대방향으로 대칭적으로 움직이도록 한다.
③ 공구나 재료는 작업동작이 원활하게 수행되도록 그 위치를 정해준다.
④ 가능하다면 쉽고도 자연스러운 리듬이 작업동작에 생기도록 작업을 배치한다.

해설

- 공구 및 설비 디자인의 원칙에서 공구의 기능을 결합하여 사용하도록 한다.

동작경제의 원칙

㉠ 개요

- 작업자가 경제적인 동작을 통해 피로도를 감소시키면서도 능률을 향상시키게 하기 위한 원칙이다.
- 신체 사용의 원칙, 작업장 배치의 원칙, 공구 및 설비 디자인의 원칙으로 분류된다.
- 동작을 가급적 조합하여 하나의 동작으로 한다.
- 동작의 수는 줄이고, 동작의 속도는 적당히 한다.

㉡ 원칙의 분류

| 구분 | 내용 |
|---|---|
| 신체 사용의 원칙 | • 두 손의 동작은 동시에 시작해서 동시에 끝나야 한다.<br>• 휴식시간을 제외하고는 양손을 같이 쉬게 해서는 안 된다.<br>• 손의 동작은 유연하고 연속적인 동작이어야 한다.<br>• 동작이 급작스럽게 크게 바뀌는 직선 동작은 피해야 한다.<br>• 두 팔의 동작은 동시에 서로 반대방향으로 대칭적으로 움직이도록 한다. |
| 작업장 배치의 원칙 | • 공구나 재료는 작업동작이 원활하게 수행하도록 그 위치를 정해준다.<br>• 공구, 재료 및 제어장치는 사용하기 가까운 곳에 배치해야 한다. |
| 공구 및 설비 디자인의 원칙 | • 치구나 족답장치를 이용하여 양손이 다른 일을 할 수 있도록 한다.<br>• 공구의 기능을 결합하여 사용하도록 한다. |

## 42

Repetitive Learning 1회 2회 3회

다음 시스템의 신뢰도는 얼마인가?(단, 각 요소의 신뢰도는 a, b가 각 0.8, c, d가 각 0.6이다)

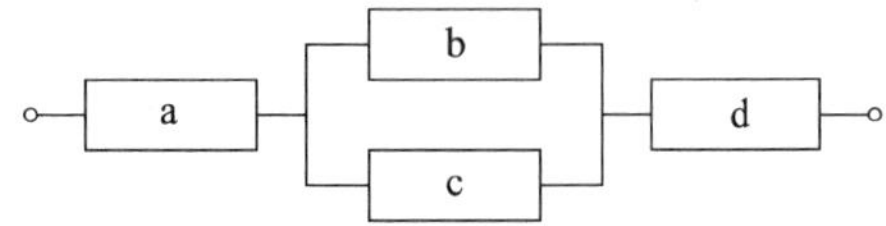


① 0.2245

② 0.3754

③ 0.4416

④ 0.5756

**해설**

- 먼저 병렬로 연결된 시스템의 신뢰도를 구하면 $1-(1-0.8)\times(1-0.6)=1-(0.2\times0.4)=1-0.08=0.92$가 된다.
- 위의 결과와 나머지 부품과의 직렬연결은 $0.8\times0.92\times0.6=0.4416$이다.

**:: 시스템의 신뢰도**

㉠ AND(직렬)연결 시

- 시스템의 신뢰도($R_s$)는 부품 a, 부품 b 신뢰도를 각각 $R_a$, $R_b$라 할 때 $R_s=R_a\times R_b$로 구할 수 있다.

㉡ OR(병렬)연결 시

- 시스템의 신뢰도($R_s$)는 부품 a, 부품 b 신뢰도를 각각 $R_a$, $R_b$라 할 때 $R_s=1-(1-R_a)\times(1-R_b)$로 구할 수 있다.

2104

## 43

Repetitive Learning 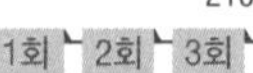

FMEA의 특징에 대한 설명으로 틀린 것은?

① 서브시스템 분석 시 FTA보다 효과적이다.

② 시스템 해석기법은 정성적·귀납적 분석법 등에 사용된다.

③ 각 요소 간 영향 해석이 어려워 2가지 이상 동시 고장은 해석이 곤란하다.

④ 양식이 비교적 간단하고 적은 노력으로 특별한 훈련 없이 해석이 가능하다.

**해설**

- 서브시스템 분석의 경우 FMEA보다 FTA를 하는 것이 더 실제적인 방법이다.

**:: 고장형태와 영향분석(FMEA)**

㉠ 개요

- 시스템 안전분석에 이용되는 전형적인 정성적, 귀납적 분석 방법으로서, 서식이 간단하고 비교적 적은 노력으로 특별한 훈련 없이 분석이 가능하다는 장점을 가지고 있는 기법이다.
- 제품 설계와 개발단계에서 고장 발생을 최소로 하고자 하는 경우에 유효한 분석기법이다.

㉡ 장점

- 양식이 간단하여 특별한 훈련 없이 비전문가도 해석이 가능하다.
- 전체요소의 고장을 유형별로 분석할 수 있다.

㉢ 단점

- 해석영역이 물체에 한정되기 때문에 인적 원인(Human error) 해석이 곤란하다.
- 동시에 2가지 이상의 요소가 고장 나는 경우 해석이 힘들다.

## 44

Repetitive Learning 1회 2회 3회

기계설비 고장 유형 중 기계의 초기결함을 찾아내 고장률을 안정시키는 기간은?

① 마모고장 기간

② 우발고장 기간

③ 에이징(Aging) 기간

④ 디버깅(Debugging) 기간

**해설**

- 초기고장기간에 기계의 초기결함을 찾아내 고장률을 안정화시키는 기간을 디버깅(Debugging) 기간이라 한다.

**:: 초기고장**

- 시스템의 수명곡선(욕조곡선)에서 감소형에 해당한다.
- 불량제조나 생산과정에서의 불충분한 품질관리, 설계미숙, 표준이하의 재료 사용, 빈약한 제조기술 등으로 생기는 고장이다.
- 기계의 초기결함을 찾아내 고장률을 안정화시키는 기간을 디버깅(Debugging) 기간이라 한다.
- 예방을 위해서는 점검작업이나 시운전이 필요하다.



42 ③ 43 ① 44 ④ 정답

0502 / 1004

## 45 Repetitive Learning (1회 2회 3회)

동작의 합리화를 위한 물리적 조건으로 적절하지 않는 것은?

① 고유 진동을 이용한다.
② 접촉면적을 크게 한다.
③ 대체로 마찰력을 감소시킨다.
④ 인체표면에 가해지는 힘을 적게 한다.

해설

• 접촉면적을 크게 하면 그만큼 부하가 발생한다. 동작의 합리화를 위해서는 접촉면적을 작게 해야 한다.

:: 동작경제의 원칙
문제 41번의 유형별 핵심이론 :: 참조

0702 / 0904 / 2202

## 46 Repetitive Learning (1회 2회 3회)

경계 및 경보신호의 설계지침으로 틀린 것은?

① 주의를 환기시키기 위하여 변조된 신호를 사용한다.
② 배경소음의 진동수와 다른 진동수의 신호를 사용한다.
③ 귀는 중음역에 민감하므로 500 ~ 3,000Hz의 진동수를 사용한다.
④ 300m 이상의 장거리용으로는 1,000Hz를 초과하는 진동수를 사용한다.

해설

• 300m 이상 멀리 보내는 신호는 1,000Hz 이하의 낮은 주파수를 사용한다.

:: 청각적 표시장치 설계기준
- 신호는 최소한 0.5 ~ 1초 동안 지속한다.
- 신호는 배경소음의 주파수와 다른 주파수를 이용한다.
- 소음은 양쪽 귀에, 신호는 한쪽 귀에 들리게 한다.
- 경보효과를 높이기 위해서 개시시간이 짧은 고감도 신호를 사용하여 위급상황에 대한 정보를 제공한다.
- 귀는 중음역에 가장 민감하므로 500 ~ 3,000Hz의 진동수를 사용한다.
- 칸막이를 통과하는 신호는 500Hz 이하의 진동수를 사용한다.
- 300m 이상 멀리 보내는 신호는 1,000Hz 이하의 낮은 주파수를 사용한다.

## 47 Repetitive Learning (1회 2회 3회)

휴먼 에러 예방대책 중 인적 요인에 대한 대책이 아닌 것은?

① 설비 및 환경개선
② 소집단 활동의 활성화
③ 작업에 대한 교육 및 훈련
④ 전문 인력의 적재적소 배치

해설

• 설비 및 환경의 개선은 물적 요인에 대한 대책에 해당한다.

:: 휴먼 에러 예방대책
㉠ 인적 요인
- 확실한 업무 인수인계
- 소집단 활동의 활성화
- 작업에 대한 교육 및 훈련
- 전문 인력의 적재적소 배치

㉡ 물적 요인
- 설비 및 환경개선
- 기기 및 밸브 등의 배치, 표시, 표식의 확실한 구분

## 48 Repetitive Learning (1회 2회 3회)

운동관계의 양립성을 고려하여 동목(Moving scale)형 표시장치를 바람직하게 설계한 것은?

① 눈금과 손잡이가 같은 방향으로 회전하도록 설계한다.
② 눈금의 숫자는 우측으로 감소하도록 설계한다.
③ 꼭지의 시계 방향 회전이 지시치를 감소시키도록 설계한다.
④ 위의 세 가지 요건을 동시에 만족시키도록 설계한다.

해설

• 양립성을 고려한다면 인간의 기대와 같아야 한다. 즉 눈금과 손잡이가 같은 방향으로 회전해야 한다.

:: 양립성(Compatibility)
㉠ 개요
- 인간의 기대하는 바와 자극 또는 반응들이 일치하는 관계를 말하는데 양립성이 적을수록 정보처리에서 재코드화 과정은 많아진다.
- 양립성의 효과가 크면 클수록, 코딩의 시간이나 반응의 시간은 짧아진다.
- 양립성의 종류에는 운동양립성, 공간양립성, 개념양립성, 양식양립성 등이 있다.

정답 | 45 ② 46 ④ 47 ① 48 ①

ⓒ 양립성의 종류와 개념

| | |
|---|---|
| 공간<br>(Spatial)<br>양립성 | • 표시장치와 이에 대응하는 조종장치의 위치가 인간의 기대에 모순되지 않는 것<br>• 왼쪽 표시장치와 관련된 조종장치는 왼쪽에, 오른쪽 표시장치에 관련된 조종장치는 오른쪽에 위치하는 것 |
| 운동<br>(Movement)<br>양립성 | 조종장치의 조작방향에 따라서 기계장치나 자동차 등이 움직이는 것 |
| 개념<br>(Conceptual)<br>양립성 | • 인간이 가지는 개념과 일치하게 하는 것<br>• 적색 수도꼭지는 온수, 청색 수도꼭지는 냉수를 의미하는 것이나 위험신호는 빨간색, 주의신호는 노란색, 안전신호는 파란색으로 표시하는 것 |
| 양식<br>(Modality)<br>양립성 | 문화적 관습에 의해 생기는 양립성 혹은 직무에 관련된 자극과 이에 대한 응답 등으로 청각적 자극 제시와 이에 대한 음성응답 과업에서 갖는 양립성 |

## 49 Repetitive Learning (1회 2회 3회)

에너지대사율(RMR)에 대한 설명으로 틀린 것은?

① RMR = 운동대사량 / 기초대사량
② 보통 작업 시 RMR은 4~7임
③ 가벼운 작업 시 RMR은 0~2임
④ RMR = (운동 시 산소소모량−안정 시 산소소모량) / 기초대사량 산소소비량

**해설**

• 보통작업은 중(中)작업으로 2 ~ 4RMR에 해당한다.

⁘ 사무작업 에너지대사율(RMR : Relative Metabolic Rate)

㉠ 개요

• RMR은 특정 작업을 수행하는 데 있어 작업자의 생리적 부하를 계측하는 지표이다.
• 주로 동적 근력작업이나 정적 근력작업의 강도를 측정하여 연속작업이 가능한 시간을 예측하기 위해 사용한다.
• $\text{RMR} = \dfrac{\text{운동대사량}}{\text{기초대사량}}$

$= \dfrac{\text{운동 시 산소소모량} - \text{안정 시 산소소모량}}{\text{기초대사량(산소소비량)}}$ 으로 구한다.

• RMR이 커지는 데 따라 작업 지속시간이 짧아진다.

ⓒ 작업강도 구분

| 작업구분 | RMR | 작업 종류 등 |
|---|---|---|
| 중(重)작업 | 4~7 | 일반적인 전신노동, 힘이나 동작속도가 큰 작업 |
| 중(中)작업 | 2~4 | 손・상지 작업, 힘・동작속도가 작은 작업 |
| 경(輕)작업 | 0~2 | 손가락이나 팔로 하는 가벼운 작업 |

## 50 Repetitive Learning (1회 2회 3회)

일반적으로 작업장에서 구성요소를 배치할 때, 공간의 배치 원칙에 속하지 않는 것은?

① 사용빈도의 원칙 ② 중요도의 원칙
③ 공정개선의 원칙 ④ 기능성의 원칙

**해설**

• 작업장 배치는 사용빈도, 중요도, 기능별, 사용순서의 원칙에 의해 배치한다.

⁘ 작업장 배치의 원칙

㉠ 개요

• 사용빈도, 중요도, 기능별, 사용순서의 원칙에 의해 배치한다.
• 작업의 흐름에 따라 기계를 배치한다.
• 배치의 3단계는 지역배치 → 건물배치 → 기계배치 순으로 이뤄진다.
• 공장 내외에는 안전한 통로를 두어야 하며, 통로는 선을 그어 작업장과 명확히 구별하도록 한다.
• 비상시에 쉽게 대비할 수 있는 통로를 마련하고 사고 진압을 위한 활동통로가 반드시 마련되어야 한다.

ⓒ 원칙

• 중요성의 원칙, 사용빈도의 원칙 − 우선적인 원칙
• 기능별 배치, 사용순서의 원칙 − 부품의 일반적인 위치 내에서의 구체적인 배치 기준

1404

## 51 Repetitive Learning (1회 2회 3회)

산업안전보건법령상 유해하거나 위험한 장소에서 사용하는 기계・기구 및 설비를 설치・이전하는 경우 유해・위험방지 계획서를 작성, 제출하여야 하는 대상이 아닌 것은?

① 화학설비 ② 금속 용해로
③ 건조설비 ④ 전기용접장치



49 ② 50 ③ 51 ④ 정답

해설

- 유해·위험방지계획서 제출 대상 기계·기구 및 설비에는 ①, ②, ③ 외에 가스집합 용접장치와 허가대상·관리대상 유해물질 및 분진작업 관련 설비 등이 있다.

유해·위험방지계획서 제출 대상 기계·기구 및 설비

실필 1802/1102

- 금속이나 그 밖의 광물의 용해로
- 화학설비
- 건조설비
- 가스집합 용접장치
- 허가대상·관리대상 유해물질 및 분진작업 관련 설비

1302

## 52 Repetitive Learning (1회 2회 3회)

정량적 표시장치에 관한 설명으로 맞는 것은?

① 정확한 값을 읽어야 하는 경우 일반적으로 디지털보다 아날로그 표시장치가 유리하다.
② 동목(Moving scale)형 아날로그 표시장치는 표시장치의 면적을 최소화할 수 있는 장점이 있다.
③ 연속적으로 변화하는 양을 나타내는 데에는 일반적으로 아날로그보다 디지털 표시장치가 유리하다.
④ 동침(Moving pointer)형 아날로그 표시장치는 바늘의 진행 방향과 증감속도에 대한 인식적인 암시 신호를 얻는 것이 불가능한 단점이 있다.

해설

- 정확한 값을 읽어야 한다면 디지털 표시장치가 유리하다.
- 연속적으로 변화하는 양은 아날로그 표시장치가 유리하다.
- 동침형은 측정값의 변화방향이나 변화속도를 나타내는 데 유리한 표시장치이다.

정량적(동적) 표시장치

| 정목 동침형 | 아날로그 | 눈금이 고정되고 지침이 움직이는 방식이다. 미세한 조정이나 움직임이 가능하다. |
|---|---|---|
| 정침 동목형 | | 지침이 고정되고 눈금이 움직이는 방식이다. 표시장치의 면적을 최소화할 수 있다. |
| 계수형 | 디지털 | 양을 전자적인 숫자값으로 표시하는 방식이다. 정확성이 높다. |

0901

## 53 Repetitive Learning (1회 2회 3회)

신뢰성과 보전성 개선을 목적으로 한 효과적인 보전기록자료에 해당하는 것은?

① 자재관리표 ② 주유지시서
③ 재고관리표 ④ MTBF분석표

해설

- MTBF분석표 외에도 설비이력카드, 고장원인대책표 등이 신뢰성과 보전성 개선을 위한 보전기록자료로 활용된다.

신뢰성과 보전성 개선을 목적으로 한 보전기록 자료의 종류

| 설비이력카드 | 설비 대상 물품과 설비를 실시한 일자, 이력 내용, 비고 등을 기록한 카드 |
|---|---|
| MTBF분석표 | 설비의 고장건수, 고장정지시간, 보전내역 등을 기록한 카드 |
| 고장원인대책표 | 설비의 고장과 원인 그리고 대처방안을 기록한 양식 |

1102

## 54 Repetitive Learning (1회 2회 3회)

FTA(Fault Tree Analysis)에 사용되는 논리기호와 명칭이 올바르게 연결된 것은?

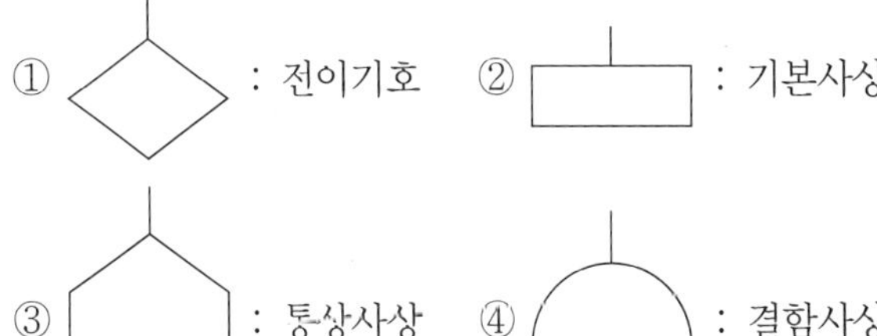

① : 전이기호 ② : 기본사상
③ : 통상사상 ④ : 결함사상

해설

- ①은 생략사상, ②는 결함사상, ④는 기본사상이다.

통상사상(External event)

- 일반적으로 발생이 예상되는, 시스템의 정상적인 가동상태에서 일어날 것이 기대되는 사상을 말한다.
- 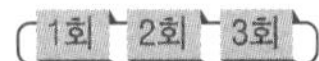로 표시한다.

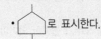

## 55 ──── Repetitive Learning (1회 2회 3회)

들기 작업 시 요통재해예방을 위하여 고려할 요소와 가장 거리가 먼 것은?

① 들기 빈도　② 작업자 신장
③ 손잡이 형상　④ 허리 비대칭 각도

**해설**

- 들기 작업 시 요통재해예방을 위하여 고려할 요소에는 ①, ③, ④ 외에 크기, 모양 등 작업 대상물의 특성과 인양 높이 등이 있다.

**::** 들기 작업 시 요통재해예방을 위하여 고려할 요소

- 손잡이 형상
- 허리 비대칭 각도
- 들기 방법 및 빈도
- 크기, 모양 등 작업 대상물의 특성과 인양 높이

## 56 ──── Repetitive Learning (1회 2회 3회)

다음 시스템에 대하여 톱사상(Top event)에 도달할 수 있는 최소 컷 셋(Minimal cut sets)을 구할 때 올바른 집합은?(단, $X_2$, $X_3$, $X_4$는 각 부품의 고장확률을 의미하며 집합 $\{X_1, X_2\}$는 $X_1$부품과 $X_2$부품이 동시에 고장 나는 경우를 의미한다)

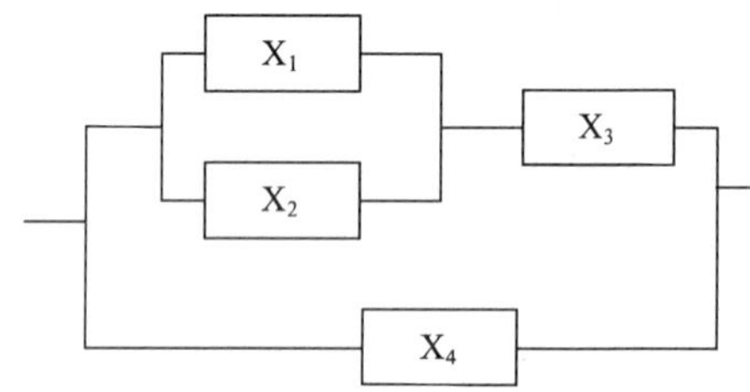


① $\{X_1, X_2\}$, $\{X_3, X_4\}$
② $\{X_1, X_3\}$, $\{X_2, X_4\}$
③ $\{X_1, X_2, X_4\}$, $\{X_3, X_4\}$
④ $\{X_1, X_3, X_4\}$, $\{X_2, X_3, X_4\}$

**해설**

- 정상사상(Top event)을 일으키는 최소한의 컷 셋 즉, 최소 컷 셋을 구하는 문제이다.
- 약속에 의해 집합 $\{X_1, X_2\}$는 $X_1$번 부품과 $X_2$번 부품이 동시에 고장 나는 경우를 의미한다.
- 병렬회로이므로 $X_1$,$X_2$,$X_3$와 $X_4$ 구분된 둘 모두가 불량이 되어야만 고장이 나므로 고장 나는 최소한의 컷 셋에 반드시 $X_4$는 포함되어야 한다.($X_4$가 고장이 아니라면 $X_1$, $X_2$, $X_3$가 어떻게 되든지 X4로 전류가 흘러 고장이 발생되지 않는다)
- $X_1$, $X_2$, $X_3$로 연결된 회로에서 최소한으로 불량이 되는 조건은 $X_1$, $X_2$가 모두 고장이거나 $X_3$이 고장인 경우이다.
- 따라서 $\{X_1, X_2, X_4\}$ $\{X_3, X_4\}$의 경우가 최소한의 컷 셋이 된다.

**::** FT도에서 정상(고장)사상 발생확률

㉠ AND(직렬)연결 시

- 사상 A의 발생확률을 $P_A$, 사상 B, 사상 C 발생확률을 $P_B$, $P_C$라 할 때 $P_A = P_B \times P_C$로 구할 수 있다.

㉡ OR(병렬)연결 시

- 사상 A의 발생확률을 $P_A$, 사상 B, 사상 C 발생확률을 $P_B$, $P_C$라 할 때 $P_A = 1-(1-P_B)\times(1-P_C)$로 구할 수 있다.

0301 / 0401 / 0402 / 0601 / 0704 / 0801 / 1002 / 1902

## 57 ──── Repetitive Learning (1회 2회 3회)

보기의 실내 면에서 빛의 반사율이 낮은 곳에서부터 높은 순서대로 나열한 것은?

| A : 바닥　B : 천장　C : 가구　D : 벽 |
|---|

① A < B < C < D
② A < C < B < D
③ A < C < D < B
④ A < D < C < B

**해설**

- 옥내 조명에서 최적 반사율의 크기는 바닥 < 가구 < 벽 < 천장 순으로 커진다.

**::** 실내 면 반사율

㉠ 개요

- 빛을 포함한 여러 종류의 복사파가 물체의 표면에서 어느 정도 반사되는지를 나타낸다.
- 반사율 $= \frac{광도}{조도} \times 100$으로 구한다.
- 옥내 조명에서 최적 반사율의 크기는 바닥 < 가구 < 벽 < 천장 순으로 커진다.
- 반사율이 각각 $L_a$, $L_b$ 인 두 물체의 대비는 $\frac{L_a - L_b}{L_a} \times 100$으로 구한다.

㉡ 실내 면의 추천 반사율

| 천장 | 80 ~ 90% |
|---|---|
| 벽 | 40 ~ 60% |
| 가구 및 사무용 기기 | 25 ~ 45% |
| 바닥 | 20 ~ 40% |



55 ② 56 ③ 57 ③ | 정답

2104

## 58 Repetitive Learning (1회 2회 3회)

HAZOP 기법에서 사용하는 가이드 워드와 그 의미가 잘못 연결된 것은?

① Other than : 기타 환경적인 요인
② No / Not : 디자인 의도의 완전한 부정
③ Reverse : 디자인 의도의 논리적 반대
④ More / Less : 정량적인 증가 또는 감소

**해설**

• Other than은 완전한 대체를 의미한다.

**가이드 워드(Guide words)**

㉠ 개요

• 위험및운전성검토(HAZOP)에서 근로자들의 창조적 사고를 유도하여 조작방법이나 오동작을 개선하기 위해 사용하는 워드이다.
• 공정변수(Process parameter)와 함께 사용하여 비정상상태(Deviation)가 일어날 수 있는 원인을 찾고 결과를 예측함과 동시에 대책을 세우는 데 유용하다.

㉡ 종류

| | |
|---|---|
| No / Not | 설계 의도의 완전한 부정 |
| Part of | 성질상의 감소 |
| As well as | 성질상의 증가 |
| More / Less | 양의 증가 혹은 감소로 양과 성질을 함께 표현 |
| Other than | 완전한 대체 |

2201

## 59 Repetitive Learning (1회 2회 3회)

A사의 안전관리자는 자사 화학 설비의 안전성 평가를 위해 제2단계인 정성적 평가를 진행하기 위하여 평가항목 대상을 분류하였다. 주요 평가항목 중에서 설계관계항목이 아닌 것은?

① 건조물
② 공장 내 배치
③ 입지조건
④ 원재료, 중간제품

**해설**

• 공장의 입지조건이나 배치 및 건조물은 2단계 정성적 평가에서 설계관계에 대한 평가요소인 데 반해 원재료와 중간제품은 운전관계에 대한 평가요소에 해당한다.

**정성적 평가와 정량적 평가항목**

| | | |
|---|---|---|
| 정성적 평가 | 설계관계항목 | 입지조건, 공장 내 배치, 건조물, 소방설비 등 |
| | 운전관계항목 | 원재료, 중간제품, 공정 및 공정기기, 수송, 저장 등 |
| 정량적 평가 | • 수치값으로 표현 가능한 항목들을 대상으로 한다.<br>• 온도, 취급물질, 화학설비용량, 압력, 조작 등을 위험도에 맞게 평가한다. | |

1102

## 60 Repetitive Learning (1회 2회 3회)

반사율이 60%인 작업 대상물에 대하여 근로자가 검사작업을 수행할 때 휘도(Luminance)가 90fL이라면 이 작업에서의 소요조명(fc)은 얼마인가?

① 75
② 150
③ 200
④ 300

**해설**

• 면적의 개념이 주어지지 않을 때는 휘도 = 반사율 × 소요조명으로도 구할 수 있다.
• 소요조명 = $\frac{휘도}{반사율}$가 되므로 $\frac{90}{0.6}=150$이 된다.

**휘도(Luminance)**

• 휘도는 광원에서 1m 떨어진 곳 범위 내에서의 반사된 빛을 포함한 빛의 밝기를 의미한다.
• 휘도의 단위는 cd/$m^2$를 사용한다.
• 휘도 = $\frac{반사율 \times 조도}{면적}$[cd/$m^2$]로 구한다.
• 면적이 주어지지 않을 때 휘도 = 반사율 × 소요조명으로도 구한다.
• 휘도가 각각 $L_a, L_b$ 인 두 조명의 휘도 대비는 $\frac{L_a - L_b}{L_a} \times 100$으로 구한다.

정답 | 58 ① 59 ④ 60 ②

# 4과목 건설시공학

0504

## 61 Repetitive Learning (1회 2회 3회)

건설공사의 시공계획 수립 시 작성할 필요가 없는 것은?

① 현치도 ② 공정표
③ 실행예산의 편성 및 조정 ④ 재해방지계획

**해설**

- 현치도는 실물크기의 도면으로 주로 비정형건축물을 위한 도면이다. 최근에는 일부 목구조분야에서만 활용되는 것으로 시공계획 수립 시 고려사항에 해당하지 않는다.

공사계획 수립순서
- 1단계 : 현장투입직원조직 편성 – 가장 먼저 수립되어야 함
- 2단계 : 공정표의 작성 – 공사 착수 전 선행되어야 함
- 3단계 : 실행예산의 편성
- 4단계 : 시공순서 및 시공방법의 계획
- 5단계 : 하도급업체의 선정
- 6단계 : 자재 및 기계·장비 계획
- 7단계 : 재해방지계획 및 품질관리 계획

1301

## 62 Repetitive Learning (1회 2회 3회)

콘크리트 구조물의 품질관리에서 활용되는 비파괴검사 방법과 가장 거리가 먼 것은?

① 슈미트해머법 ② 방사선투과법
③ 초음파법 ④ 자기분말탐상법

**해설**

- 자기분말탐상법은 자성체 표면 균열을 검출할 때 사용하는 방법으로 콘크리트 구조물은 비자성체로 알맞지 않은 방법이다.

콘크리트 구조물에 대한 비파괴시험의 종류와 특성

| 구분 | 특성 |
|---|---|
| Core 채취법 | 타설된 콘크리트에서 시험대상 코어를 채취하여 시험 |
| 슈미트 해머테스트 | 콘크리트 표면 타격 시 반발경도를 통해 강도 추정 |
| 탄성파시험 | 초음파의 반사파 파형을 분석하여 결함 및 균열 검사 |
| 초음파시험 | 물질에 대한 전달음의 고유특성을 이용해 강도 추정 |
| 방사선투과법 | 방사선을 투과하여 콘크리트의 밀도, 철근위치 등을 추정 |
| 인발법 | 콘크리트 속에 포함된 철근의 인발내력을 통해 강도 추정 |

## 63 Repetitive Learning (1회 2회 3회)

시트파일(Steel sheet pile) 공법의 주된 이점이 아닌 것은?

① 타입 시 지반의 체적 변형이 커서 항타가 어렵다.
② 용접접합 등에 의해 파일의 길이연장이 가능하다.
③ 몇 회씩 재사용이 가능하다.
④ 적당한 보호처리를 하면 물 위나 아래에서 수명이 길다.

**해설**

- 강재 널말뚝(Steel sheet pile) 공법은 타입 시에는 지반의 체적 변형이 작아 항타가 쉽다.

강재 널말뚝(Steel sheet pile) 공법

㉠ 개요
- 강재 널말뚝을 연속으로 연결하여 벽체를 형성하는 공법으로 시트파일(Sheet pile) 공법이라고도 한다.
- 강재 널말뚝에는 U형, Z형, H형, 박스형 등이 있다.
- 우리나라에서는 큰 토압, 수압에 잘 견디는 라르젠식을 많이 이용한다.

㉡ 특징
- 차수성이 높아 연약지반에 적합하다.
- 관입·철거 시 주변 지반의 침하가 일어나기 쉽다.
- 무소음 설치가 어려우므로 도심지에서는 소음, 진동 때문에 무진동 유압장비에 의해 실시해야 한다.
- 타입 시에는 지반의 체적변형이 작아 항타가 쉽고 이음부를 볼트나 용접접합에 의해서 말뚝의 길이를 자유로이 늘일 수 있다.

㉢ 널말뚝(Sheet pile) 시공 시 주의사항
- 수직으로 박는다.
- 적합한 항타기를 사용하여 한 장씩 또는 두 장씩 박는다.
- 기초파기 바닥면에서 깊이 박히도록 하고 웰포인트 공법 등에 의해 지하수위를 낮춘다.
- 널말뚝 끝부분에서 용수에 의한 토사의 유출이 발생할 수 있으므로 주의한다.

## 64 Repetitive Learning (1회 2회 3회)

흙의 함수율을 구하기 위한 식으로 옳은 것은?

① (물의 용적 / 토립자의 용적) × 100(%)
② (물의 중량 / 토립자의 중량) × 100(%)
③ (물의 용적 / 전체의 용적) × 100(%)
④ (물의 중량 / 흙 전체의 중량) × 100(%)

**해설**

- 흙의 함수율은 흙 시료 전체의 중량 대비 물의 중량을 백분율로 나타낸 것을 말한다.



61 ① 62 ④ 63 ① 64 ④ 정답

**흙의 함수율**

- 흙 시료 전체의 중량 대비 물의 중량을 백분율로 나타낸 것을 말한다.
- 함수율은

$$\frac{\text{물의 중량}}{\text{토립자}+\text{물의 중량}}\times 100=\frac{\text{물의 중량}}{\text{물을 포함한 흙 전체의 중량}}\times 100$$

으로 구한다.

0602

## 65 Repetitive Learning (1회 2회 3회)

블록의 하루 쌓기 높이는 최대 얼마를 표준으로 하는가?

① 1.5m 이내　② 1.7m 이내
③ 1.9m 이내　④ 2.1m 이내

**해설**

- 하루 쌓기의 높이는 6~7켜(1.2~1.5m) 이내를 표준으로 한다.

**블록쌓기**

- 살 두께가 두꺼운 쪽을 위로 해야 한다.
- 기초 및 바닥면 윗면은 충분히 물축이기를 해야 한다.
- 하루 쌓기의 높이는 6~7켜(1.2~1.5m) 이내를 표준으로 한다.
- 줄눈은 막힌줄눈으로 하고, 줄눈 두께는 10mm가 되게 한다.
- 직교하는 벽은 통줄눈으로 하고, 줄눈에 철근 또는 철망을 넣어 보강하도록 한다.
- 블록벽면에 부득이 줄홈을 파서 배관할 때는 그 자리는 블록의 빈 속까지 모두 모르타르 또는 콘크리트로 채운다.
- 콘크리트용 블록은 물축임을 하지 말아야 한다. (단, 모르타르 접촉면에만 물을 축인다)
- 보강근은 모르타르 또는 그라우트를 사춤하기 전에 배근하고 고정한다.
- 인방블록은 창문틀의 좌우 옆 턱에 200mm 이상 물린다.
- 특별한 지정이 없으면 가로 및 세로줄눈의 두께는 10mm로 한다. 치장줄눈을 할 때에는 흙손을 사용하여 줄눈이 완전히 굳기 전에 줄눈파기를 하여 치장줄눈을 바른다.
- 모서리 등 기준이 되는 부분을 정확하게 쌓은 다음 수평실을 친다.
- 블록보강용 메시는 #8~#10철선을 사용하며 블록의 너비보다 한 치수 작은 것을 사용한다.

1204

## 66 Repetitive Learning (1회 2회 3회)

경량형강공사에 사용되는 부재 중 지붕에서 지붕내력을 받는 경사진 구조부재로서 트러스와 달리 하현재가 없는 것은?

① 스터드　② 윈드 칼럼
③ 아웃트리거　④ 래프터

**해설**

- 스터드(Stud)는 벽체의 수직 구조요소로 수직하중을 지지하거나 수평하중을 전달하는 부재이다.
- 윈드 칼럼(Wind column)은 건물 외부 마감재를 지지하는 가로부재인 Girth를 지탱하는 수직재이다.
- 아웃트리거(Outrigger)는 트럭크레인, 휠 크레인에 장착하여 기중기 작업 시의 안정성을 높여주는 장치를 말한다.

**경량형강공사의 부재**

- 래프터(Rafter)는 경량형강공사에 사용되는 부재 중 지붕에서 지붕내력을 받는 경사진 구조부재로서 트러스와 달리 하현재가 없는 것을 말한다.
- 스터드(Stud)는 벽체의 수직 구조요소로 수직하중을 지지하거나 수평하중을 전달하는 부재이다.
- 헤더(Header)는 내력을 받는 벽의 개구부 위에 설치되는 수평방향의 구조적 프레임부재로 상부의 하중을 개구부 옆의 수직부재에 전달한다.
- 브레이싱(Bracing)은 구조 프레임의 처짐 또는 뒤틀림을 막기 위해 끼워서 보강하는 대각선 부재를 말한다.

## 67 Repetitive Learning (1회 2회 3회)

벽돌쌓기 시 일반사항에 관한 설명으로 옳지 않은 것은?

① 가로 및 세로줄눈의 너비는 도면 또는 공사시방서에서 정한 바가 없을 때에는 10mm를 표준으로 한다.
② 벽돌쌓기는 도면 또는 공사시방서에서 정한 바가 없을 때에는 영식쌓기 또는 화란식쌓기로 한다.
③ 세로줄눈은 통줄눈이 되도록 유도하여 미관을 향상시키도록 한다.
④ 벽돌벽이 블록벽과 서로 직각으로 만날 때에는 연결철물을 만들어 블록 3단마다 보강하여 쌓는다.

**해설**

- 세로줄눈은 통줄눈, 실줄눈이 되지 않도록 한다.

**벽돌쌓기 주의사항**

- 내화벽돌은 건조 상태에서 시공한다.
- 벽돌은 충분히 물축임을 한 후 쌓는다.
- 하루 벽돌의 쌓는 높이는 1.2m를 표준으로 하고 최대 1.5m 이내로 한다.
- 벽돌은 균일한 높이로 쌓고 굳기 전에 벽돌을 움직이지 않도록 한다.
- 벽돌벽이 블록벽과 서로 직각으로 만날 때는 연결철물을 만들어 블록 3단마다 보강하며 쌓는다.
- 벽돌벽이 콘크리트 기둥과 만날 때는 그 사이에 모르타르를 충전한다.

정답 | 65 ① 66 ④ 67 ③

- 벽돌쌓기는 모서리, 구석 및 중간요소에 먼저 기준쌓기를 하고 나머지 부분을 쌓아 나간다.
- 연속되는 벽면의 일부를 트이게 하여 나중쌓기로 할 때에는 그 부분을 층단 들여쌓기로 한다.
- 모르타르는 벽돌강도와 같은 정도의 것을 쓰고 굳기 시작한 것은 쓰지 않는다.
- 줄눈 사용 모르타르의 강도는 벽돌강도보다 작아서는 안 된다.
- 사춤모르타르는 매 켜마다 하는 것이 좋으나 일반적으로 3 ~ 5켜마다 한다.
- 세로줄눈은 통줄눈, 실줄눈이 되지 않도록 한다.
- 벽돌쌓기는 도면 또는 공사시방서에서 정한 바가 없을 때에는 영식쌓기 또는 화란식쌓기로 한다.
- 가로 및 세로줄눈의 너비는 도면 또는 공사시방서에서 정한 바가 없을 때에는 10mm를 표준으로 한다.
- 치장줄눈은 되도록 짧은 시일에 줄눈이 완전히 굳기 전에 하는 것이 좋다.
- 하루 일이 끝날 때에 켜에 차가 나면 층단 들여쌓기로 하여 다음 날의 일과 연결이 쉽게 한다.
- 세로규준틀은 건물의 모서리나 구석에 설치함을 원칙으로 한다.
- 내력벽은 상부 구조물의 하중을 기초에 전달하는 벽으로 세워쌓기나 옆쌓기를 피하는 것이 좋다.

## 68

Repetitive Learning 1회 2회 3회

비산먼지 발생사업 신고 적용대상 규모기준으로 옳은 것은?

① 건축물 축조공사로 연면적 $1,000m^2$ 이상

② 굴정공사로 총연장 300m 이상 또는 굴착토사량 $300m^3$ 이상

③ 토공사/정지공사로 공사면적 합계 $1,500m^2$ 이상

④ 토목공사로 구조물 용적 합계 $2,000m^3$ 이상

해설

- 비산먼지 발생사업 신고 적용대상 규모기준에서 굴정공사는 총연장 200미터 이상 또는 굴착토사량 $200m^3$ 이상이다.
- 비산먼지 발생사업 신고 적용대상 규모기준에서 토공사/정지공사는 공사면적의 합계가 $1,000m^2$ 이상이다.
- 비산먼지 발생사업 신고 적용대상 규모기준에서 토목공사는 구조물의 용적 합계가 $1,000m^3$ 이상이다.

∷ 건설업 비산먼지 발생사업

- 건축물축조공사(건축물의 증·개축 및 재축을 포함하며, 연면적 $1,000m^2$ 이상인 공사만 해당한다. 단, 굴정공사는 총연장 200m 이상 또는 굴착토사량 $200m^3$ 이상인 공사만 해당한다)
- 토목공사(구조물의 용적 합계가 $1,000m^3$ 이상이거나 공사면적이 $1,000m^2$ 이상 또는 총연장이 200m 이상인 공사만 해당한다)
- 조경공사(면적의 합계가 $5,000m^2$ 이상인 공사만 해당한다)
- 지반조성공사 중 건축물해체공사(연면적이 $3,000m^2$ 이상인 공사만 해당한다), 토공사 및 정지공사(공사면적의 합계가 $1,000m^2$ 이상인 공사만 해당하되, 농지정리를 위한 공사는 제외한다)

## 69

Repetitive Learning 1회 2회 3회

말뚝박기 기계 중 디젤해머(Diesel hammer)에 관한 설명으로 옳지 않은 것은?

① 타격정밀도가 높다.

② 타격 시의 압축·폭발 타격력을 이용하는 공법이다.

③ 타격 시의 소음이 작아 도심지 공사에 적용된다.

④ 램의 낙하 높이 조정이 곤란하다.

해설

- 디젤해머는 소음이 심해 사용이 점차 제한되고 있는 추세이다.

∷ 디젤해머(Diesel hammer)

- 항타기용 기계로 기성콘크리트말뚝을 타입하는 기구이다.
- 타격 시의 압축·폭발 타격력을 이용하는 장치이다.
- 소음이 심해 사용이 점차 제한되고 있는 추세이다.
- 램의 낙하 높이 조정이 곤란하다.

## 70

Repetitive Learning 1회 2회 3회

상하기복형으로 협소한 공간에서 작업이 용이하고 장애물이 있을 때 효과적인 장비로서 초고층 건축물 공사에 많이 사용되는 장비는?

① 호이스트카　　② 타워크레인

③ 러핑크레인　　④ 데릭

해설

- 호이스트카는 비교적 소형의 화물을 들어 옮기는 장치로 수직과 수평으로 움직일 수 있는 양중장치이다.
- 타워크레인은 높은 철탑 위에 빔을 T자형으로 결부한 크레인으로 건설현장에 주로 사용한다.
- 데릭은 데릭 크레인의 약칭으로 화물을 선창에 쌓거나 배에 실을 때 이용되는 양중장치이다.



68 ① 69 ③ 70 ③ 정답

:: 러핑크레인(Luffing crane)
- 상하기복형으로 협소한 공간에서 작업이 용이하고 장애물이 있을 때 효과적인 장비로 도심지 초고층 건물의 건축공사에 주로 사용한다.
- 사장교에서 주탑 시공을 완료한 이후 케이블 설치 용도로 타워크레인을 대신해 사용하는 소형 크레인이다.

## 71

Repetitive Learning (1회 2회 3회)

해체 및 이동에 편리하도록 제작된 수평 활동 시스템 거푸집으로서 터널, 교량, 지하철 등에 주로 적용되는 거푸집은?

① 유로폼(Euro form)
② 트래블링폼(Traveling form)
③ 와플폼(Waffle form)
④ 갱폼(Gang form)

해설
- 유로폼은 경량형강과 합판으로 구성되며 표준형태의 거푸집을 변형시키지 않고 조립하게 만든 거푸집을 말한다.
- 와플폼은 무량판구조로 보가 없는 특수상자 모양의 기성재 거푸집을 말한다.
- 갱폼은 주로 고층 아파트에서와 같이 평면상 상/하부 동일 단면 구조물에서 사용하는 작업발판 일체형 대형 거푸집을 말한다.

:: 트래블링폼(Travelling form)
- 해체 및 이동에 편리하도록 제작된 수평 활동 시스템 거푸집(이동거푸집공법)이다.
- 거푸집 전체를 그대로 떼어 다음 장소로 이동시켜 사용가능한 거푸집이다.
- 터널, 교량, 지하철, 건축분야에서 쉘, 아치, 돔 같은 건축물 등에 주로 적용된다.

1204 / 2202

## 72

Repetitive Learning (1회 2회 3회)

외관 검사 결과 불합격된 철근 가스압접 이음부의 조치 내용으로 옳지 않은 것은?

① 심하게 구부러졌을 때는 재가열하여 수정한다.
② 압접면의 엇갈림이 규정값을 초과했을 때는 재가열하여 수정한다.
③ 형태가 심하게 불량하거나 또는 압접부에 유해하다고 인정되는 결함이 생긴 경우는 압접부를 잘라내고 재압접한다.
④ 철근중심축의 편심량이 규정값을 초과했을 때는 압접부를 떼어내고 재압접한다.

해설
- 압접면의 엇갈림이 규정값을 초과했을 때는 압접부를 잘라내고 재압접한다.

:: 불량 압접의 조치
- 심하게 구부러졌을 때는 재가열하여 수정한다.
- 압접면의 엇갈림이 규정값을 초과했을 때는 압접부를 잘라내고 재압접한다.
- 압접부 지름 또는 길이가 규정값 미만일 때는 재가열하여 수정한다.
- 형태가 심하게 불량하거나 또는 압접부에 유해하다고 인정되는 결함이 생긴 경우는 압접부를 잘라내고 재압접한다.
- 철근중심축의 편심량이 규정값을 초과했을 때는 압접부를 떼어내고 재압접한다.

0704 / 0904

## 73

Repetitive Learning (1회 2회 3회)

보링방법 중 연속적으로 시료를 채취할 수 있어 지층의 변화를 비교적 정확히 알 수 있는 것은?

① 수세식보링
② 충격식보링
③ 회전식보링
④ 압입식보링

해설
- 보링방법에는 회전식보링, 오거보링, 수세식보링, 충격식보링 등이 있다.
- 수세식보링은 이중관을 이용하며 분사한 물과 함께 배출된 흙탕물의 침전상태로 토질을 판단하는 방법이다.
- 충격식보링은 충격날을 이용하여 굴착하며 경질지반에 주로 사용된다.

:: 보링(Boring)

㉠ 개요
- 부지 내에 3개소 이상 30m 정도의 간격으로 수직구멍을 철관으로 굴착하여 채취한 토사를 측정하는 방법을 말한다.
- 회전식보링, 오거보링, 수세식보링, 충격식보링 등이 있다.

㉡ 종류
- 회전식보링 – 드릴로드와 비트를 이용하여 연속적으로 시료를 채취할 수 있어 지층의 변화를 비교적 정확히 알 수 있다.
- 오거보링 – 나선형의 송곳을 이용하며 깊이 10m 이내의 보링에 주로 사용된다.
- 수세식보링 – 이중관을 이용하며 분사한 물과 함께 배출된 흙탕물의 침전상태로 토질을 판단하는 방법이다.
- 충격식보링 – 충격날을 이용하여 굴착하며 경질지반에 주로 사용된다.

정답 | 71 ② 72 ② 73 ③

0402 / 0802 / 1004 / 1202

## 74 Repetitive Learning (1회 2회 3회)

철골보와 콘크리트 슬래브를 연결하는 전단연결재(Shear connector)의 역할을 하는 부재의 명칭은?

① 리인포싱바(Reinforcing bar)
② 턴버클(Turn buckle)
③ 메탈서포트(Metal support)
④ 스터드(Stud)

해설

- 리인포싱바(Reinforcing bar)는 콘크리트 내에 매립되어 콘크리트 부재를 보강하는 철근을 말한다.
- 턴버클(Turn buckle)은 양단에 우나사와 좌나사를 대고 나사봉은 너트의 회전에 의해 긴장을 조정할 수 있는 선재의 긴장용 철물을 말한다.
- 메탈서포트(Metal support)는 콘크리트 타설 중에 철근이 제자리에 안전하게 위치하도록 하는 철근 서포트를 말한다.

:: 스터드(Stud)볼트
- 합성보에서 철골보와 콘크리트 슬래브를 연결하는 전단연결재(Shear connector)의 역할을 하는 부재이다.
- 벽의 측부재(軸部材)의 하나로 벽면에서 걸리는 힘을 주가구(主架構)에 전달하는 역할을 한다.

2101

## 75 Repetitive Learning (1회 2회 3회)

다음은 표준시방서에 따른 철근의 이음에 관한 내용이다. 빈칸에 공통으로 들어갈 내용으로 옳은 것은?

| ( )를 초과하는 철근은 겹침이음을 할 수 없다. 다만, 서로 다른 크기의 철근을 압축부에서 겹침이음하는 경우 ( ) 이하의 철근과 ( )를 초과하는 철근은 겹침이음을 할 수 있다. |
|---|

① D25　② D29
③ D32　④ D35

해설

- D35를 초과하는 철근은 겹침이음을 할 수 없으나 서로 다른 크기의 철근을 압축부에서 겹침이음하는 경우 D35 이하의 철근과 D35를 초과하는 철근은 겹침이음을 할 수 있다.

:: 철근의 이음 시 주의사항
- 원형철근 28mm, 이형철근 D29 이상은 원칙적으로 겹침이음을 하지 않는다.
- 콘크리트 표준시방서 및 콘크리트 구조설계기준에 의하면 D35를 초과하는 철근은 겹침이음을 할 수 없다고 규정한다. 다만, 서로 다른 크기의 철근을 압축부에서 겹침이음하는 경우 D35 이하의 철근과 D35를 초과하는 철근은 겹침이음을 할 수 있다.

0902

## 76 Repetitive Learning (1회 2회 3회)

건축주가 시공회사의 신용, 자산, 공사경력, 보유기술 등을 고려하여 그 공사에 가장 적격한 단일 업체에게 입찰시키는 방법은?

① 일반공개입찰
② 특명입찰
③ 지명경쟁입찰
④ 대안입찰

해설

- 건축주가 단일 업체에게 입찰시키는 방법은 수의계약에 해당한다.

:: 건설공사의 입찰

㉠ 개요
- 입찰 및 계약의 순서는, 입찰공고 → 참가 등록 → 설계도서 배부 → 현장설명 및 질의응답 → 적산 및 견적기간 → 입찰등록 → 입찰 → 개찰 → 낙찰 → 계약의 순서를 따른다.
- 입찰방식에는 특명입찰, 공개경쟁입찰, 지명경쟁입찰, 부대입찰, 대안입찰 등의 방법이 있다.

㉡ 입찰방식

| 구분 | 내용 |
|---|---|
| 특명입찰 | • 입찰과정을 생략하고 건축주가 단일 업자를 선정하여 발주하는 방식<br>• 수의계약이라고도 함 |
| 공개경쟁입찰 | • 참가자를 공모하고 자격이 되는 회사를 모두 입찰에 참여시키는 방식<br>• 경쟁으로 공사비 절감되고 대형회사의 독점을 방지할 수 있을 뿐 아니라 담합이 어려워지는 장점이 있는 반면 부적격자가 낙찰될 수 있는 단점을 가짐 |
| 지명경쟁입찰 | 공개경쟁입찰의 문제점인 부적격자의 낙찰을 방지하기 위해 공사에 적합한 업자를 선정하여 입찰에 참여하게 하는 방법이나 담합의 우려가 있다. |
| 부대입찰 | • 하도급업체를 보호하기 위하여 발주자가 입찰자로 하여금 입찰내역서상에 동 입찰금액을 구성하는 공사 중 하도급 할 공종, 하도급금액 등 하도급에 관한 사항을 기재하여 입찰서와 함께 제출하도록 하는 방식<br>• 덤핑을 막고 계열화를 유도 가능 |
| 대안입찰 | 설계된 내용보다 공사비를 적게하면서 성능이 같거나 더 좋은 방안을 시공자로 하여금 제시하게 하는 입찰방식 |



74 ④　75 ④　76 ② 정답

## 77
Repetitive Learning 1회 2회 3회

프리팩트말뚝공사 중 CIP(Cast In Place pile)말뚝의 강성을 확보하기 위한 방법이 아닌 것은?

① 구멍에 삽입하는 철근의 조립은 원형철근조립으로 당초 설계치수보다 작게 하여 콘크리트 타설을 쉽게 하여야 한다.
② 공벽붕괴방지를 위한 케이싱을 설치하고 구멍을 뚫어야 하며, 콘크리트 타설 후에 양생되기 전에 인발한다.
③ 구멍깊이는 풍화암 이하까지 뚫어 말뚝선단이 충분한 지지력이 나오도록 시공한다.
④ 콘크리트 타설 시 재료분리가 발생하지 않도록 한다.

**해설**

- 설계치수보다 작게 하면 작업은 간단해지지만 말뚝의 강성 확보가 어려워진다.

**CIP파일(Cast In Place prepacked pile)**

㉠ 개요
- 지하수가 없는 비교적 경질인 지층에서 어스오거로 구멍을 뚫고 그 내부에 철근과 자갈을 채운 후, 미리 삽입해 둔 파이프를 통해 저면에서부터 모르타르를 채워 올라오게 하는 공법이다.
- 작업순서는 지반굴착 → 철근망의 삽입 → 골재의 충전 → 모르타르의 주입 순이다.

㉡ 말뚝의 강성을 확보하는 방법
- 공벽붕괴방지를 위한 케이싱을 설치하고 구멍을 뚫어야 하며, 콘크리트 타설 후에 양생되기 전에 인발한다.
- 구멍깊이는 풍화암 이하까지 뚫어 말뚝선단이 충분한 지지력이 나오도록 시공한다.
- 콘크리트 타설 시 재료분리가 발생하지 않도록 한다.

0702

## 78
Repetitive Learning 1회 2회 3회

수평이동이 가능하여 건물의 층수가 적은 긴 평면에 사용되며 회전범위가 270°인 특징을 갖고 있는 철골 세우기용 장비는?

① 가이데릭(Guy derrick)
② 스티프레그데릭(Stiff-leg derrick)
③ 트럭크레인(Truck crane)
④ 플레이트스트레이닝롤(Plate straining roll)

**해설**

- 가이데릭은 와이어로프에 의해 하물을 인양하는 기계로 360° 회전이 가능하고, 마스트, 붐, 원동기 등으로 구성된다.
- 트럭크레인은 운반 작업에 편리하고 평면적인 넓은 장소에 기동력 있게 작업할 수 있다.
- 플레이트스트레이닝롤은 철골공사에서 강판의 변형을 바로잡기 위해 사용하는 장비이다.

**철골 세우기용 기계설비**

- 스티프레그데릭(Stiff leg derrick) – 수평이동이 용이하고 건물의 층수가 적은 긴 평면 또는 당김줄을 마음대로 맬 수 없을 때 유리하며 회전범위가 270°인 기계설비이다.
- 가이데릭(Guy derrick) – 와이어로프에 의해 하물을 인양하는 기계로 360° 회전이 가능하고, 마스트, 붐, 원동기 등으로 구성된다.
- 트럭크레인(Truck crane) – 운반 작업에 편리하고 평면적인 넓은 장소에 기동력 있게 작업할 수 있는 철골용 기계장비이다.
- 진폴(Gin pole) – 철제나 나무를 기둥으로 세운 후 윈치나 사람의 힘을 이용해 하물을 인양하는 설비로 소규모 또는 가이데릭으로 할 수 없는 펜트하우스 등의 돌출부에 쓰이고 중량재료를 달아 올리기에 편리한 철골 세우기용 기계설비이다.
- 타워크레인(Tower crane) – 주로 대형 공사현장에서 많이 사용되는 인양장비로 주행부가 궤도로 되어있어 작업능률이 좋고 360° 회전이 가능하다.

1101 / 1304

## 79
Repetitive Learning 1회 2회 3회

콘크리트의 재료로 사용되는 골재에 관한 설명으로 옳지 않은 것은?

① 골재는 밀도가 크고, 내구성이 커서 풍화가 잘 되지 않아야 한다.
② 콘크리트나 모르타르를 만들 때 물, 시멘트와 함께 혼합하는 모래, 자갈 및 부순 돌 기타 유사한 재료를 골재라고 한다.
③ 콘크리트 중 골재가 차지하는 용적은 절대용적으로 50%를 넘지 않도록 한다.
④ 일반적으로 골재의 강도는 시멘트페이스트 강도 이상이 되어야 한다.

정답 | 77 ① 78 ② 79 ③

해설

- 콘크리트 중 골재가 차지하는 용적은 70~80%에 해당한다.

**콘크리트용 골재**

㉠ 개요
- 콘크리트나 모르타르를 만들 때 물, 시멘트와 함께 혼합하는 모래, 자갈 및 부순 돌 기타 유사한 재료를 골재라고 한다.

㉡ 요구사항
- 골재의 강도는 콘크리트 중에 경화한 모르타르(시멘트페이스트)의 강도 이상이 요구된다.
- 골재는 밀도가 크고, 청정, 견경, 내화성이 있어야 하며 내구성이 커서 풍화가 잘 되지 않아야 한다.
- 골재에 포함된 부식토, 석탄 등의 유기물은 콘크리트의 경화를 방해하여 콘크리트 강도를 떨어뜨리게 한다.
- 골재의 입형은 편평, 세장하지 않은 구형의 입상이 좋다.

0402 / 1201 / 2201

## 80

Repetitive Learning (1회 2회 3회)

석재붙임을 위한 앵커긴결 공법에서 일반적으로 사용하지 않는 재료는?

① 앵커
② 볼트
③ 연결철물
④ 모르타르

해설

- 앵커긴결 공법에서는 철재 Fastener, 촉, 앵커볼트 등으로 판석을 고정한다.

**앵커긴결 공법**

㉠ 개요
- 대표적인 석공사 건식 공법이다.
- 구조체와 판석 사이에 공간을 두고 철재 Fastener, 촉, 앵커볼트 등으로 판석을 고정하는 방법을 사용한다.
- 충격에 약하고 부자재비가 많이 소요되는 단점을 갖는다.

㉡ 설치방법
- 연결철물의 장착을 위한 세트 앵커용 구멍을 45mm 정도로 천공하고 캡을 구조체보다 5mm 정도 깊게 삽입하여 외부의 충격에 대처한다.
- 연결철물은 석재의 상하 및 양단에 설치하여 하부의 것은 지지용으로, 상부의 것은 고정용으로 사용한다.
- 연결철물용 앵커와 석재는 철재 Fastener, 촉 등을 사용하여 고정한다.
- 판석재와 철재가 직접 접촉하는 부분에는 적절한 완충재를 사용한다.

# 5과목 건설재료학

1502

## 81

Repetitive Learning (1회 2회 3회)

다음과 같은 특성을 가진 플라스틱의 종류는?

- 가열하면 연화 또는 융해하여 가소성이 되고, 냉각하면 경화하는 재료이다.
- 분자구조가 쇄상구조로 이루어져 있다.

① 멜라민수지
② 아크릴수지
③ 요소수지
④ 페놀수지

해설

- 멜라민수지는 멜라민과 포름알데히드로 제조된 순백색 또는 투명백색의 열경화성 수지로 표면경도가 크고 착색이 자유롭고 내열성이 우수한 수지이다.
- 요소수지는 요소와 포름알데히드로 제조된 내수성이 좋지 않은 열경화성 수지로 접착제, 전기절연재, 도료 등에서 사용한다.
- 페놀수지는 내열성, 난연성, 전기절연성을 갖는 열경화성 수지로 항공우주분야뿐 아니라 다양한 하이테크 산업에서 활용되고 있다.

**아크릴(Acryl)수지**
- 대표적인 열가소성 수지로 유기 글라스(유기유리)라고도 하며, 가열하면 연화 또는 융해하여 가소성을 띠고, 냉각하면 경화하는 재료이다.
- 아세톤·사이안산·메탄올을 원료로 하여 만든다.
- 분자구조가 쇄상구조로 되어있으며, 평판 성형되어 유리(Glass)와 같이 이용되는 경우가 많다.
- 내화학 약품성, 유연성, 내후성, 성형성이 우수하다.
- 착색이 자유롭고 상온에서 절단 가공이 용이하다.
- 광선 및 자외선에 대한 투과성(투명성)이 뛰어나 조명용, 채광판 및 건물의 내·외장재 및 도료로 널리 사용된다.

1202

## 82

Repetitive Learning (1회 2회 3회)

경질이며 흡습성이 적은 특성이 있으며 도로나 마룻바닥에 까는 두꺼운 벽돌로서 원료로 연와토 등을 쓰고 식염유로 시유소성한 벽돌은?

① 검정벽돌
② 광재벽돌
③ 날벽돌
④ 포도벽돌



80 ④ 81 ② 82 ④ 정답

해설

- 검정벽돌은 진흙을 빚어 소성 시 불완전 연소시켜 빛깔을 검게 만든 벽돌로 실내치장용으로 사용한다.
- 광재벽돌은 광재에 석회를 반죽하여 경화시킨 벽돌로 방사선 차폐용으로 사용한다.
- 날벽돌은 굽지 않은 날 흙의 벽돌로 강도는 낮으나 열용량이 커 단열성능이 높고 실내의 습도조절에 유리한 특성을 갖는 벽돌이다.

대표적인 벽돌의 종류와 특징

| 구분 | 특징 |
|---|---|
| 점토벽돌 | • 점토, 고령토 등을 원료로 하여 혼련, 성형, 건조, 소성시켜 만든 벽돌<br>• 형태변화가 자유롭고, 압축강도, 내화성, 풍화작용에 강해 많이 사용된다.<br>• 보통벽돌의 소성온도는 900～1,000℃ 이상이다. |
| 내화벽돌 | 내화점토를 원료로 하여 소성한 벽돌로 내화온도의 범위는 제품에 따라 다르나 대개 1,500～2,000℃이다. |
| 다공벽돌 | 점토에 톱밥, 겨, 탄가루 등을 혼합, 소성한 것으로 방음, 흡음성이 좋다. |
| 이형벽돌 | 형상, 치수가 규격에서 정한 바와 다른 벽돌로서 특수한 구조체에 사용될 목적으로 제조된다. |
| 포도벽돌 | 경질이며 흡습성이 적은 특성이 있으며 도로나 마룻바닥에 까는 두꺼운 벽돌로서 원료로 연와토 등을 쓰고 식염유로 시유 소성한 벽돌이다. |
| 경량벽돌 | 저급점토, 목탄가루, 톱밥 등을 혼합하여 성형 후 소성한 것으로 단열과 방음성이 우수한 벽돌로 구멍벽돌과 다공벽돌이 있다. |
| 오지벽돌 | 벽돌에 오지물을 칠해 소성한 벽돌로서, 건물의 내·외장 또는 장식물의 치장에 쓰인다. |

## 83

Repetitive Learning 1회 2회 3회

건물 바닥용 제품에 해당되지 않는 것은?

① 염화비닐타일
② 아스팔트타일
③ 시멘트사이딩보드
④ 리놀륨

해설

- 염화비닐타일은 비닐수지계, 아스팔트타일은 아스팔트계, 리놀륨은 유지계 바닥마감재이다.
- 시멘트사이딩보드는 단면에 텍스처 처리가 된 강화섬유 시멘트 판재로 전원주택 등의 외장재로 많이 사용된다.

바닥마감재의 분류와 특징

| 구분 | 특징 |
|---|---|
| 유지계 | • 내유성이 우수하고 탄력성이 있으나 내알칼리성, 내마모성, 내수성이 약하다.<br>• 리놀륨, 리노타일 |
| 고무계 | • 내마모성이 우수하고 내소성이 있다.<br>• 고무타일시트 |
| 비닐수지계 | • 촉감, 탄력이 좋고 내화학성이 있다.<br>• 비닐바닥시트, 비닐바닥타일 |
| 아스팔트계 | • 내열성, 내마모성, 내유성이 떨어지나 내수, 내습, 내산성이 좋다.<br>• 아스팔트타일, 구마론인덴수지타일 |

## 84

Repetitive Learning 1회 2회 3회

ALC(Autoclaved Lightweight Concrete)에 관한 설명으로 옳지 않은 것은?

① 규산질, 석회질 원료를 주원료로 하여 기포제와 발포제를 첨가하여 만든다.
② 경량이며 내화성이 상대적으로 우수하다.
③ 별도의 마감 없이도 수분이 차단되어 주로 외벽에 사용된다.
④ 동일용도의 건축자재 중 상대적으로 우수한 단열성능을 가지고 있다.

해설

- ALC는 흡수성이 높고 동해에 약해 외벽으로 사용하기에 적합하지 않다.

경량기포콘크리트(ALC : Autoclaved Lightweight Concrete)

㉠ 개요

- 포화증기 양생 경량기포콘크리트로 무수한 기포를 독립적으로 분산시켜 중량을 가볍게 한 기포콘크리트의 일종이다.
- 규산질, 석회질 원료를 주원료로 하여 기포제와 발포제를 첨가하여 만든다.
- 기포제는 알루미늄 분말이나 알루미늄 페이스트가 주로 사용된다.

정답 83 ③ 84 ③

ⓛ 특징

- 현장에서 절단 및 가공이 용이하며 인력으로 취급이 간편하다.
- 경량성, 단열성, 내화성, 흡음·차음성 등에서 우수한 성능을 보인다.
- 보통콘크리트에 비해 비중은 1/4 정도로 경량이며, 중성화의 우려가 높다.
- 다공질이기 때문에 흡수성이 높다.
- 동해에 대한 방수, 방습처리가 필요하고 부서지기 쉽다.
- 압축강도에 비해서 휨강도나 인장강도는 상당히 약하다.
- 강도가 낮아 구조재로서는 부적합하며 주로 비내력벽, 지붕, 바닥재로 사용된다.

## 85

Repetitive Learning (1회 2회 3회)

도막방수재 및 실링재로서 이용이 증가하고 있는 합성수지로서 기포성 보온재로도 사용되는 것은?

① 실리콘수지 ② 폴리우레탄수지
③ 폴리에틸렌수지 ④ 멜라민수지

해설

- 실리콘수지는 내열성이 크고 발수성을 나타내어 방수제로 쓰이며 저온에서도 탄성이 있어 Gasket, Packing의 원료로 쓰이는 합성수지이다.
- 폴리에틸렌수지는 물보다 가볍고 저온에서도 잘 견디며 내약품성, 전기절연성, 내수성이 우수해 방수·방습 시트, 포장 필름 등으로 사용된다.
- 멜라민수지는 멜라민과 포름알데히드로 제조된 순백색 또는 투명백색의 열경화성 수지로, 표면경도가 크고 착색이 자유로우며 내열성이 우수한 수지이다.

폴리우레탄(Polyurethane)수지

- 열가소성인 것도 있고 열경화성인 것도 있다.
- 내열성, 내마모성, 내용제성(耐溶劑性), 내약품성이 우수하며, 도료, 접착제, 합성 피혁의 원료 등으로 사용된다.
- 도막방수재 및 실링재로서 이용이 증가하고 있는 합성수지로서 기포성 보온재로도 사용된다.

0704

## 86

Repetitive Learning (1회 2회 3회)

건설용 강재(철근 등)의 재료시험 항목에서 일반적으로 제외되는 것은?

① 압축강도 시험 ② 인장강도 시험
③ 굽힘 시험 ④ 연신율 시험

해설

- 연강은 압축한계가 인장시험 결과와 일치하므로 별도의 압축강도 시험을 하지 않으며, 일반적인 시험 항목은 인장강도, 연신율, 휨 시험이다.

압축강도 시험

- 압축력에 대한 재료의 저항력인 항압력을 시험하는 것이다.
- 압축강도는 취성재료에서 잘 나타난다.
- 연강은 압축한계가 인장시험 결과와 일치하므로 별도의 압축강도 시험을 하지 않는다.

1201

## 87

Repetitive Learning (1회 2회 3회)

알루미늄의 특성으로 옳지 않은 것은?

① 순도가 높을수록 내식성이 좋지 않다.
② 알칼리나 해수에 침식되기 쉽다.
③ 콘크리트에 접하거나 흙 중에 매몰된 경우에 부식되기 쉽다.
④ 내화성이 부족하다.

해설

- 순도가 높을수록 내식성이 좋다.

알루미늄의 특성

- 열, 전기전도성이 동 다음으로 크고, 반사율도 높다.
- 융점은 약 659℃ 정도로 낮아 용해주조도는 좋으나 내화성이 부족하다.
- 비중은 철의 약 1/3 정도인 2.7로 경량이다.
- 순도가 높은 알루미늄은 맑은 물에 대해 내식성이 크고 전연성이 크다.
- 연질이고 강도가 낮으며, 응력-변형곡선은 강재와 같이 명확한 항복점이 없다.
- 알루미늄은 상온에서 판, 선으로 압연가공하면 경도와 인장강도가 증가하고 연신율이 감소한다.
- 산과 알칼리에 약하고, 콘크리트나 강판에 접촉하면 부식되기 쉽다.
- 알칼리나 해수에 침식되기 쉬우므로 해안가 공사 시 특히 주의해야 한다.
- 알루미늄의 부식률은 대기 중의 습도와 염분함유량, 불순물의 양과 질 등에 관계되며 0.08mm/년 정도이다.



85 ② 86 ① 87 ① 정답

## 88

Repetitive Learning 1회 2회 3회

콘크리트용 골재의 요구품질에 관한 조건으로 옳지 않은 것은?

① 시멘트페이스트 이상의 강도를 가진 단단하고 강한 것
② 운모가 함유된 것
③ 연속적인 입도분포를 가진 것
④ 표면이 거칠고 구형에 가까운 것

해설

- 운모는 납작한 판상의 결정구조로 골재의 표면에 밀착될 경우 시멘트 풀과의 부착을 해치며, 콘크리트 표면에 손상을 주기 때문에 점토, 침니 등과 같이 콘크리트의 강도, 내구성, 안정성 등을 해치는 유해물질로 분류한다.

**콘크리트용 골재의 조건**

- 강도는 콘크리트 중의 경화시멘트페이스트의 강도 이상일 것
- 공극률이 작은 구형이나 입방체에 가까운 것
- 입형은 너무 매끄러운 것, 납작한 것, 길쭉한 것, 예각으로 된 것은 피하도록 하며, 콘크리트의 유동성을 갖도록 할 것
- 입도는 조립에서 세립까지 연속적으로 균등히 혼합되어 있을 것
- 먼지, 흙, 유기불순물, 염류, 운모, 석탄, 갈탄, 석편 등이 포함되지 않을 것
- 잔골재의 경우 염분의 허용한도는 0.04% 이하여야 한다.

0401 / 0802

## 89

Repetitive Learning 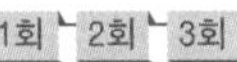

아스팔트루핑의 생산에 사용되는 아스팔트는?

① 록아스팔트 ② 유제아스팔트
③ 컷백아스팔트 ④ 블론아스팔트

해설

- 록아스팔트는 다공성 석회암과 사암에 아스팔트가 스며들어 생긴 것으로 잘게 부수어 도로포장에 주로 사용한다.
- 유제아스팔트는 아스팔트를 미세한 입자로 만들어 물에 분산시킨 것으로 분산상태를 유지하기 위해 유화제를 필요로 한다.
- 컷백아스팔트는 도로포장 아스팔트인 아스팔트시멘트의 가열사용 및 골재와 혼합사용해야 하는 단점을 개선한 아스팔트이다.

**블론아스팔트(Blown asphalt)**

- 석유아스팔트를 220 ~ 250℃의 고온에서 공기를 불어넣어 산화 및 중·축합 반응을 일으켜 만든 탄성력이 큰 아스팔트이다.
- 스트레이트아스팔트에 비해 내열성이 우수하고 충격저항성이 강하며, 온도에 덜 민감하다.
- 아스팔트루핑의 생산에 사용된다.

## 90

Repetitive Learning 1회 2회 3회

1종 점토벽돌의 흡수율 기준으로 옳은 것은?

① 5% 이하 ② 10% 이하
③ 12% 이하 ④ 15% 이하

해설

- 1종의 경우 압축강도는 24.50[$N/mm^2$] 이상이고, 흡수율은 10[%] 이하이다.

**점토벽돌**

- 품질기준은 KS L 4201에서 규정한다.
- 점토벽돌의 종류는 품질에 따라 크게 미장벽돌과 유약 벽돌로 구분할 수 있다.
- 보통벽돌의 소성온도는 900 ~ 1,000℃ 이상이다.
- 점토벽돌이 적색 또는 적갈색을 띠는 것은 점토 중에 포함된 산화철(FeO)분에 기인한다.
- 벽돌의 품질

| 품질 | 종류 | |
|---|---|---|
| | 1종 | 2종 |
| 흡수율[%] | 10 이하 | 15 이하 |
| 압축강도[MPa] | 24.50 | 14.70 |

- 벽돌의 치수 및 허용차[단위 : mm]

| 항목 | 구분 | | |
|---|---|---|---|
| | 길이 | 너비 | 두께 |
| 치수 | 190<br>205 | 90<br>90 | 57<br>75 |
| 허용차 | ±5.0 | ±3.0 | ±2.5 |

2202

## 91

Repetitive Learning 

골재의 함수상태에서 유효흡수량의 정의로 옳은 것은?

① 습윤상태와 절대건조상태의 수량의 차이
② 표면건조 포화상태와 기건상태의 수량의 차이
③ 기건상태와 절대건조상태의 수량의 차이
④ 습윤상태와 표면건조 포화상태의 수량의 차이

해설

- 유효흡수량이란 표건상태의 수량에서 기건상태의 수량을 뺀 것이고, 절건상태와 기건상태의 골재 내에 함유된 수량과의 차는 기건함수량이다.

정답 | 88 ② 89 ④ 90 ② 91 ②

**골재의 함수상태**

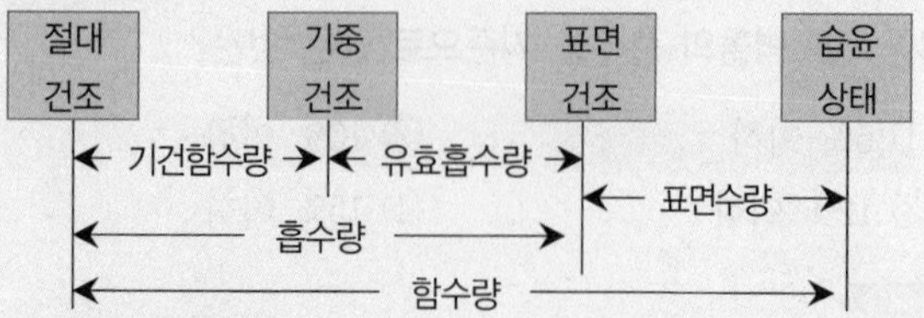


㉠ 골재의 함수상태

| | |
|---|---|
| 절대건조상태 | 건조로에서 건조시킨 상태로 함수율이 0인 상태 |
| 공기 중 건조상태 | 실내에 방치한 경우 골재입자의 표면과 내부의 일부가 건조한 상태 |
| 표면건조상태 | 골재입자의 표면에 물은 없으나 내부의 공극에는 물이 꽉 차 있는 상태 |
| 습윤상태 | 골재입자의 내부에 물이 채워져 있고, 표면에도 물이 부착되어 있는 상태 |

㉡ 관련 수량

| | |
|---|---|
| 함수량 | 습윤상태의 골재의 내외에 함유하는 전체수량으로 습윤상태의 수량에서 절건상태의 수량을 뺀 것 |
| 흡수량 | 표면건조 내부포수상태의 골재 중에 포함하는 수량 |
| 표면수량 | 함수량과 흡수량의 차로 습윤상태의 수량에서 표건상태의 수량을 뺀 것 |
| 기건함수량 | 기건상태의 수량에서 절건상태의 수량을 뺀 것 |
| 유효흡수량 | 표건상태의 수량에서 기건상태의 수량을 뺀 것 |

1401 / 1402 / 2104

## 92

Repetitive Learning 

콘크리트의 블리딩 현상에 의한 성능저하와 가장 거리가 먼 것은?

① 골재와 시멘트페이스트의 부착력 저하
② 철근과 시멘트페이스트의 부착력 저하
③ 콘크리트의 수밀성 저하
④ 콘크리트의 응결성 저하

**해설**

• 블리딩 현상은 콘크리트가 응결이 시작되기 전에 침하하는 성질로 응결성과는 큰 관련이 없다.

**블리딩**

㉠ 개요

• 재료 분리현상의 일종으로 시멘트페이스트와 물이 분리되어 일부의 물이 미세한 물질과 함께 콘크리트 상부에 모이는 현상을 말한다.
• 침강균열의 원인으로 작용하고, 상부의 콘크리트를 다공질로 만들어 품질을 저하시키며, 수밀성과 내구성을 저하시킨다.
• 블리딩으로 모인 물이 증발하고 남은 백색의 미세한 물질을 레이턴스라고 한다.

㉡ 성능저하

• 레이턴스 발생으로 골재와 시멘트페이스트의 부착력 저하
• 철근 하부의 공극으로 인해 철근과 시멘트페이스트의 부착력 저하
• 콘크리트의 수밀성 저하

## 93

Repetitive Learning 1회 2회 3회

목재 및 기타 식물의 섬유질소편에 합성수지접착제를 도포하여 가열압착 성형한 판상제품은?

① 합판
② 시멘트 목질판
③ 집성목재
④ 파티클보드

**해설**

• 합판은 목재를 얇게 절삭한 단판에 접착제를 사용해 홀수매가 되도록 붙이되 인접한 판간의 목리가 서로 직교하도록 구성해 제조한 판형제품을 말한다.
• 시멘트 목질판은 섬유와 시멘트를 혼합하여 만든 보드이다.
• 집성목재는 소판이나 소각재의 부산물 등을 이용하여 접착, 접합에 의해 소요 형상의 인공목재를 제조할 수 있는 것이다.

**파티클보드(Particle board)**

• 칩보드라고도 한다.
• 목재 또는 기타 식물질을 작은 조각으로 하여 충분히 건조시킨 후 합성수지 접착제와 같은 유기질 접착제를 첨가하여 열압 제조한 판상제품을 말한다.

0402

## 94

Repetitive Learning 1회 2회 3회

강재 탄소의 함유량이 0%에서 0.8%로 증가함에 따른 제반물성 변화에 대한 설명으로 옳지 않은 것은?

① 인장강도는 증가한다.
② 항복점은 커진다.
③ 신율은 증가한다.
④ 경도는 증가한다.



92 ④ 93 ④ 94 ③ 정답

해설

- 탄소함유량이 많아지면 비중, 인성, 연성, 연신율, 열전도율이 감소한다.

∷ 강(鋼)의 탄소함유량
  ㉠ 탄소함유량 증가에 따른 물성의 변화(0%에서 0.8%까지)
  - 균열이 생길 수 있다.
  - 강도와 경도, 비열과 전기저항, 항복점은 증가한다.
  - 전성과 용접성이 나빠진다.
  - 비중, 인성, 연성, 연신율, 열전도율이 감소한다.

  ㉡ 탄소함유량 증가에 따른 물성의 변화(0.8% 이상)
  - 경도 및 인장강도가 최대일 경우의 탄소함유량은 0.8~1.0%까지이다.
  - 탄소함유량이 0.8% 이상이 되면 강도와 경도 및 인장강도가 저하된다.

1502

## 95 —— Repetitive Learning (1회 2회 3회)

에너지절약, 유해물질 저감, 자원의 절약 등을 유도하기 위한 목적으로 건설자재의 환경성에 대한 일정기준을 정하여 제품에 부여하는 인증제도로 옳은 것은?

① 환경표지
② NEP인증
③ GD마크
④ KS마크

해설

- NEP인증은 최초의 신기술 또는 기존 기술을 개선한 기술이 적용된 신제품을 평가한 신제품(NEP : New Excellent Product) 인증제도를 말한다.
- GD마크는 상품의 외관, 기능, 재료, 경제성 등을 종합적으로 심사하여 디자인의 우수성이 인정된 상품에 마크를 부여하는 제도를 말한다.
- KS마크는 한국산업규격(KS)에 적합한 제품에 부여하는 제품인증제도이다.

∷ 환경표지
  - 제품의 환경성이 개선된 경우 이를 제품에 표시함으로써 소비자에게 알리는 자발석 인증제도로 국내에서는 1992년부터 시행되고 있다.
  - 제품의 환경성이란 재료와 제품을 제조·소비·폐기하는 전 과정에서 오염물질이나 온실가스 등을 배출하는 정도 및 자원과 에너지를 소비하는 정도 등 환경에 미치는 영향력의 정도를 말한다.
  - 표지는 

로 표시한다.

1004

## 96 —— Repetitive Learning (1회 2회 3회)

석재 시공 시 유의하여야 할 사항으로 옳지 않은 것은?

① 외벽 특히 콘크리트 표면 첨부용 석재는 연석을 사용하여야 한다.
② 동일건축물에는 동일석재로 시공하도록 한다.
③ 석재를 구조재로 사용할 경우 직압력재로 사용하여야 한다.
④ 중량이 큰 것은 높은 곳에 사용하지 않도록 한다.

해설

- 외벽 특히 콘크리트표면 첨부용 석재는 연석을 피해야 한다.

∷ 석재 사용 시 주의사항
  - 석재를 다듬어 사용할 때는 그 질이 균질한 것을 사용하여야 하며, 동일건축물에는 동일석재로 시공하도록 한다.
  - 석재의 최대치수는 운반성, 가공성 등의 제반조건을 고려하여 정해야 한다.
  - $1m^3$ 이상 되는 석재는 높은 곳에 사용하지 않는다.
  - 되도록 흡수율이 낮은 석재를 사용한다.
  - 가공 시 예각은 피한다.
  - 외벽, 도로포장용 석재는 연석 사용을 피한다.
  - 석재는 압축력을 받는 곳에 사용함이 좋다.
  - 석재는 구조재로 사용하려면 직압력재로만 사용하도록 한다.

1501

## 97 —— Repetitive Learning (1회 2회 3회)

수직면으로 도장하였을 경우 도장 직후에 도막이 흘러내리는 현상의 발생 원인과 가장 거리가 먼 것은?

① 얇게 도장하였을 때
② 지나친 희석으로 점도가 낮을 때
③ 저온으로 건조시간이 길 때
④ Airless 도장 시 팁이 크거나 2차압이 낮아 분무가 잘 안 되었을 때

해설

- 얇게 도장하는 것은 흐름(Sagging)에 대한 방지대책에 해당한다.

∷ 흐름(Sagging)
  - 수직면으로 도장했을 때 도장 직후에 도막이 흘러내리는 현상을 말한다.
  - 과도한 도장, 과도한 희석제, 배합의 잘못, 저온으로 건조시간이 길 때, Airless 도장 시 팁이 크거나 2차압이 낮아 분무가 잘 안 되었을 때 등에서 발생한다.
  - 적절하게 배합된 도료로 숙련된 도장기술을 이용해 도장하는 등의 대책이 필요하다.

정답 | 95 ① 96 ① 97 ①

1404

## 98

Repetitive Learning (1회 2회 3회)

콘크리트의 워커빌리티(Workability)에 관한 설명으로 옳지 않은 것은?

① 과도하게 비빔시간이 길면 시멘트의 수화를 촉진하여 워커빌리티가 나빠진다.
② 단위수량을 너무 증가시키면 재료분리가 생기기 쉽기 때문에 워커빌리티가 좋아진다고 볼 수 없다.
③ AE제를 혼입하면 워커빌리티가 좋아진다.
④ 깬 자갈이나 깬 모래를 사용할 경우, 잔골재율을 작게 하고 단위수량을 감소시키면 워커빌리티가 좋아진다.

해설

- 깬 자갈이나 깬 모래를 사용하면 워커빌리티가 나빠지며, 잔골재를 크게 하고 단위수량을 크게 해야 워커빌리티가 좋아진다.

**워커빌리티(Workability)**

㉠ 개요
- 시공연도라고도 하며, 컨시스턴시에 의한 부어넣기의 난이도 정도 및 재료분리에 저항하는 정도를 나타낸다.
- 콘크리트 강도 변화를 가장 적게주면서 시공연도를 조절하는 방법은 모래와 자갈의 양을 증감시키는 것이다.

㉡ 특징
- 깬 자갈이나 깬 모래를 사용하면 워커빌리티가 나빠진다.
- 잔골재를 크게 하고 단위수량을 크게 하면 워커빌리티가 좋아진다.
- 단위수량을 너무 증가시키면 재료분리가 생기기 쉽기 때문에 워커빌리티가 좋아진다고 볼 수 없다.
- 과도하게 비빔시간이 길면 시멘트의 수화를 촉진하여 워커빌리티가 나빠진다.
- AE제를 혼입하면 워커빌리티가 좋아진다.

## 99

Repetitive Learning (1회 2회 3회)

에폭시수지 접착제에 관한 설명으로 옳지 않은 것은?

① 비스페놀과 에피클로로하이드린의 반응에 의해 얻을 수 있다.
② 내수성, 내습성, 전기절연성이 우수하다.
③ 접착제의 성능을 지배하는 것은 경화제라고 할 수 있다.
④ 피막이 단단하지 못하나 유연성이 매우 우수하다.

해설

- 에폭시수지 접착제는 내구성이 우수하고 피막이 단단하나 유연성이 다소부족한 접착제이다.

**에폭시수지 접착제(Epoxy resin adhesive)**

- 주제와 경화제로 이루어진 2성분형이 대부분인 열경화성 수지 접착제이다.
- 금속, 석재, 도자기, 유리, 콘크리트, 플라스틱재 등의 접착에 사용되는 만능형 접착제이다.
- 경화제를 사용하여 만들어지므로 접착할 때 압력을 가할 필요가 없다.
- 급경성으로 내알칼리성, 내산성 등의 내화학성이나 접착력이 크고 내구력, 내수성, 내약품성이 우수한 합성수지 접착제이다.

0302

## 100

Repetitive Learning (1회 2회 3회)

목재에서 흡착수만이 최대한도로 존재하고 있는 상태인 섬유포화점(Fiber saturation point)의 함수율은 중량비로 몇 % 정도인가?

① 15% 정도　② 20% 정도
③ 30% 정도　④ 40% 정도

해설

- 목재에서 흡착수만이 최대한도로 존재하고 있는 상태인 섬유포화점(Fiber saturation point)의 함수율은 30% 정도이다.

**목재의 함수율**

- 목재가 대기의 온도와 습도에 맞게 평형에 도달한 상태를 의미하는 기건상태의 함수율은 약 15%이다.
- 목재에서 흡착수만이 최대한도로 존재하고 있는 상태인 섬유포화점(Fiber saturation point)의 함수율은 30% 정도이다.
- 목재의 함수율 $= \frac{\text{건조 전의 중량} - \text{건조 후의 중량}}{\text{건조 후의 중량}} \times 100$ 으로 구한다.



98 ④　99 ④　100 ③ | 정답

## 6과목 건설안전기술

2101 / 2104

**101** Repetitive Learning (1회 2회 3회)

강관을 사용하여 비계를 구성하는 경우 준수해야 할 사항으로 옳지 않은 것은?

① 비계기둥의 간격은 띠장 방향에서는 1.85m 이하, 장선(長線) 방향에서는 1.5m 이하로 할 것
② 띠장 간격은 2m 이하로 설치할 것
③ 비계기둥의 제일 윗부분으로부터 31m되는 지점 밑 부분의 비계기둥은 3개의 강관으로 묶어세울 것
④ 비계기둥 간의 적재하중은 400kg을 초과하지 않도록 할 것

해설

- 비계기둥의 제일 윗부분으로부터 31m 되는 지점 밑부분의 비계기둥은 2개의 강관으로 묶어세운다.

강관비계의 구조 실필 1302 실작 1902/1901/1802/1801/1701/1504/1401

- 비계기둥의 간격은 띠장 방향에서는 1.85m 이하, 장선(長線) 방향에서는 1.5m 이하로 할 것
- 띠장 간격은 2m 이하로 설치할 것
- 비계기둥의 제일 윗부분으로부터 31m 되는 지점 밑부분의 비계기둥은 2개의 강관으로 묶어세울 것
- 비계기둥 간의 적재하중은 400kg을 초과하지 않도록 할 것

2104

**102** Repetitive Learning (1회 2회 3회)

이동식비계 조립 및 사용 시 준수사항으로 옳지 않은 것은?

① 비계의 최상부에서 작업을 하는 경우에는 안전난간을 설치할 것
② 승강용 사다리는 견고하게 설치할 것
③ 작업발판은 항상 수평을 유지하고 작업발판 위에서 작업을 위한 거리가 부족할 경우에는 받침대 또는 사다리를 사용할 것
④ 작업발판의 최대적재하중은 250kg을 초과하지 않도록 할 것

해설

- 작업발판은 항상 수평을 유지하고 작업발판 위에서 안전난간을 딛고 작업을 하거나 받침대 또는 사다리를 사용하여 작업하지 않도록 하여야 한다.

이동식비계 조립 및 사용 시 준수사항
실작 1902/1901/1804/1802/1604/1602/1404

- 이동식비계의 바퀴에는 뜻밖의 갑작스러운 이동 또는 전도를 방지하기 위하여 브레이크·쐐기 등으로 바퀴를 고정시킨 다음 비계의 일부를 견고한 시설물에 고정하거나 아웃트리거(Outrigger)를 설치하는 등 필요한 조치를 할 것
- 승강용 사다리는 견고하게 설치할 것
- 비계의 최상부에서 작업을 하는 경우에는 안전난간을 설치할 것
- 작업발판은 항상 수평을 유지하고 작업발판 위에서 안전난간을 딛고 작업을 하거나 받침대 또는 사다리를 사용하여 작업하지 않도록 할 것
- 작업발판의 최대적재하중은 250킬로그램을 초과하지 않도록 할 것
- 비계의 최대 높이는 밑변 최소 폭의 4배 이하로 할 것

2101

**103** Repetitive Learning (1회 2회 3회)

미리 작업장소의 지형 및 지반상태 등에 적합한 제한속도를 정하지 않아도 되는 차량계 건설기계의 속도 기준은?

① 최대제한속도가 10km/h 이하
② 최대제한속도가 20km/h 이하
③ 최대제한속도가 30km/h 이하
④ 최대제한속도가 40km/h 이하

해설

- 최대제한속도가 시속 10킬로미터 이하인 경우를 제외하고는 차량계 건설기계를 사용하여 작업을 하는 경우 미리 작업 장소의 지형 및 지반상태 등에 적합한 제한속도를 정하고, 운전자로 하여금 준수하도록 하여야 한다.

제한속도의 지정

- 사업주는 차량계 하역운반기계, 차량계 건설기계(최대제한속도가 시속 10킬로미터 이하인 것은 제외)를 사용하여 작업을 하는 경우 미리 작업 장소의 지형 및 지반상태 등에 적합한 제한속도를 정하고, 운전자로 하여금 준수하도록 하여야 한다.
- 사업주는 궤도작업차량을 사용하는 작업, 입환기로 입환작업을 하는 경우에 작업에 적합한 제한속도를 정하고, 운전자로 하여금 준수하도록 하여야 한다.

정답 | 101 ③ 102 ③ 103 ①

1201 / 1502 / 2202

## 104 — Repetitive Learning (1회 2회 3회)

터널공사에서 발파작업 시 안전대책으로 옳지 않은 것은?

① 발파 전 도화선 연결상태, 저항치 조사 등의 목적으로 도통시험 실시 및 발파기의 작동상태에 대한 사전점검 실시
② 모든 동력선은 발원점으로부터 최소한 15m 이상 후방으로 옮길 것
③ 지질, 암의 절리 등에 따라 화약량에 대한 검토 및 시방기준과 대비하여 안전조치 실시
④ 발파용 점화회선은 타 동력선 및 조명회선과 한 곳으로 통합하여 관리

**해설**

- 발파용 점화회선은 타 동력선 및 조명회선으로부터 분리되어야 한다.

**발파작업 시 안전대책**
- 지질, 암의 절리 등에 따라 화약량 검토 및 시방기준과 대비하여 안전조치를 실시해야 한다.
- 화약류를 장진하기 전에 모든 동력선 및 활선은 장진기기로부터 분리시키고 조명회선을 포함한 모든 동력선은 발원점으로부터 최소한 15m 이상 후방으로 옮겨 놓도록 하여야 한다.
- 발파시 안전한 거리 및 위치에서의 대피가 어려울 때에는 전면과 상부를 견고하게 방호한 임시대피장소를 설치하여야 한다.
- 발파용 점화회선은 타 동력선 및 조명회선으로부터 분리되어야 한다.

## 105 — Repetitive Learning (1회 2회 3회)

건립 중 강풍에 의한 풍압 등 외압에 대한 내력이 설계에 고려되었는지 확인하여야 하는 철골 구조물이 아닌 것은?

① 단면이 일정한 구조물
② 기둥이 타이플레이트형인 구조물
③ 이음부가 현장용접인 구조물
④ 구조물의 폭과 높이의 비가 1 : 4 이상인 구조물

**해설**

- 단면구조에 현저한 변화가 있는 구조물에 대해서는 외압에 대한 내력이 설계 시 고려되었는지 확인할 필요가 있으나, 단면이 일정한 구조물에 대해서는 확인이 필요하지 않다.

**외압에 대한 내력이 설계 시 고려되었는지를 확인해야 하는 구조물** 실필 1804/1602/1504/1301/1204/1102/1001/0902 실작 1801
- 높이 20m 이상의 구조물
- 구조물의 폭과 높이의 비가 1 : 4 이상인 구조물
- 단면구조에 현저한 변화가 있는 구조물
- 연면적당 철골량이 50kg/$m^2$ 이하인 구조물
- 기둥이 타이플레이트(Tie plate)형인 구조물
- 이음부가 현장용접인 구조물

## 106 — Repetitive Learning (1회 2회 3회)

화물운반하역 작업 중 걸이작업에 관한 설명으로 옳지 않은 것은?

① 와이어로프 등은 크레인의 후크 중심에 걸어야 한다.
② 인양 물체의 안정을 위하여 2줄걸이 이상을 사용하여야 한다.
③ 매다는 각도는 60° 이상으로 하여야 한다.
④ 근로자를 매달린 물체 위에 탑승시키지 않아야 한다.

**해설**

- 줄걸이 작업에서는 매다는 각도를 60° 이내로 하여야 한다.

**화물운반하역 걸이작업**
- 와이어로프 등은 크레인의 후크 중심에 걸어야 한다.
- 인양 물체의 안정을 위하여 2줄걸이 이상을 사용하여야 한다.
- 매다는 각도를 60° 이내로 하여야 한다.
- 근로자를 매달린 물체 위에 탑승시키지 않아야 한다.

## 107 — Repetitive Learning (1회 2회 3회)

타워크레인을 와이어로프로 지지하는 경우에 준수해야 할 사항으로 옳지 않은 것은?

① 와이어로프를 고정하기 위한 전용 지지프레임을 사용할 것
② 와이어로프 설치각도는 수평면에서 60° 이상으로 하되, 지지점은 4개소 미만으로 할 것
③ 와이어로프와 그 고정부위는 충분한 강도와 장력을 갖도록 설치할 것
④ 와이어로프가 가공전선에 근접하지 않도록 할 것



정답: 104 ④ 105 ① 106 ③ 107 ②

해설

- 와이어로프 설치각도는 수평면에서 60도 이내로 하되, 지지점은 4개소 이상으로 하고, 같은 각도로 설치하여야 한다.

∷ 타워크레인의 지지 시 주의사항

- 사업주는 타워크레인을 자립고(自立高)를 초과하는 높이로 설치하는 경우 건축물 등의 벽체에 지지하도록 할 것
- 와이어로프를 고정하기 위한 전용 지지프레임을 사용할 것
- 와이어로프 설치각도는 수평면에서 60도 이내로 하되, 지지점은 4개소 이상으로 하고, 같은 각도로 설치할 것
- 와이어로프와 그 고정부위는 충분한 강도와 장력을 갖도록 설치하고, 와이어로프를 클립·샤클(Shackle) 등의 고정기구를 사용하여 견고하게 고정시켜 풀리지 아니하도록 하며, 사용 중에는 충분한 강도와 장력을 유지하도록 할 것
- 와이어로프가 가공전선(架空電線)에 근접하지 않도록 할 것

1004 / 2104

## 108 Repetitive Learning (1회 2회 3회)

작업 중이던 미장공이 상부에서 떨어지는 공구에 의해 상해를 입었다면 어느 부분에 대한 결함이 있었겠는가?

① 작업대 설치 ② 작업방법
③ 낙하물 방지시설 설치 ④ 비계설치

해설

- 작업으로 인하여 물체가 떨어지거나 날아올 위험이 있는 경우 낙하물방지망, 수직보호망 또는 방호선반의 설치, 출입금지구역의 설정, 보호구의 착용 등 위험을 방지하기 위하여 필요한 조치를 하여야 한다.

∷ 낙하물에 의한 위험 방지대책

실필 1901/1602/1601 실작 1902/1804/1802/1801/1602/1601/1404

- 작업으로 인하여 물체가 떨어지거나 날아올 위험이 있는 경우 낙하물방지망, 수직보호망 또는 방호선반의 설치, 출입금지구역의 설정, 보호구의 착용 등 위험을 방지하기 위하여 필요한 조치를 하여야 한다.
- 낙하물방지망 또는 방호선반을 설치하는 경우 높이 10m 이내마다 설치하고, 내민 길이는 벽면으로부터 2m 이상으로 해야 하며, 수평면과의 각도는 20도 이상 30도 이하를 유지한다.

## 109 Repetitive Learning (1회 2회 3회)

유해·위험 방지를 위한 방호조치를 하지 아니하고는 양도, 대여, 설치 또는 사용에 제공하거나, 양도·대여를 목적으로 진열해서는 아니 되는 기계·기구에 해당하지 않는 것은?

① 지게차 ② 공기압축기
③ 원심기 ④ 덤프트럭

해설

- 방호조치 없이 양도, 대여, 설치, 사용할 수 없는 기계·기구에는 예초기, 원심기, 공기압축기, 금속절단기, 지게차, 포장기계 등이 있다.

∷ 유해·위험 방지를 위한 방호조치를 하지 아니하고는 양도, 대여, 설치 또는 사용에 제공하거나, 양도·대여를 목적으로 진열해서는 아니 되는 기계·기구

- 예초기, 원심기, 공기압축기, 금속절단기, 지게차, 포장기계(진공포장기, 랩핑기) 등은 유해·위험 방지를 위한 방호조치를 하지 아니하고는 양도, 대여, 설치 또는 사용에 제공하거나, 양도·대여를 목적으로 진열해서는 아니 되는 기계·기구이다.

0501 / 0604 / 1501

## 110 Repetitive Learning (1회 2회 3회)

달비계의 최대적재하중을 정함에 있어서 활용하는 안전계수의 기준으로 옳은 것은?(단, 곤돌라의 달비계를 제외한다)

① 달기 와이어로프 : 5 이상
② 달기 강선 : 5 이상
③ 달기 체인 : 3 이상
④ 달기 훅 : 5 이상

해설

- 달비계에서의 안전계수는 달기 와이어로프 및 달기 강선은 10 이상, 달기 체인 및 달기 훅은 5 이상, 달기 강대와 달비계의 하부 및 상부 지점은 강재인 경우 2.5 이상, 목재인 경우 5 이상으로 한다.

∷ 달비계 안전계수 실필 1201/1102/1101

- 달기 와이어로프 및 달기 강선의 안전계수 : 10 이상
- 달기 체인 및 달기 훅의 안전계수 : 5 이상
- 달기 강대와 달비계의 하부 및 상부 지점의 안전계수 : 강재(鋼材)의 경우 2.5 이상, 목재의 경우 5 이상

2202

## 111 Repetitive Learning (1회 2회 3회)

사업의 종류가 건설업이고, 공사금액이 850억원일 경우 산업안전보건법령에 따른 안전관리자를 최소 몇 명 이상 두어야 하는가?(단, 전체 공사기간을 100으로 할 때 공사 전·후 15에 해당하는 경우는 고려하지 않는다)

① 1명 이상 ② 2명 이상
③ 3명 이상 ④ 4명 이상

정답 | 108 ③ 109 ④ 110 ④ 111 ②

해설

- 공사금액이 800억원 이상이면서 1,500억원 미만이므로 안전관리자의 수는 2명 이상이어야 한다.

건설업 안전관리자의 수 실필 1801/1302

| 공사금액 | 인원 |
|---|---|
| 공사금액 50억원 이상 800억원 미만 | 1명 |
| 공사금액 800억원 이상 1,500억원 미만 | 2명 |
| 공사금액 1,500억원 이상 2,200억원 미만 | 3명 |
| 공사금액 2,200억원 이상 3,000억원 미만 | 4명 |
| 공사금액 3,000억원 이상 3,900억원 미만 | 5명 |
| 공사금액 3,900억원 이상 4,900억원 미만 | 6명 |
| 공사금액 4,900억원 이상 6,000억원 미만 | 7명 |
| 공사금액 6,000억원 이상 7,200억원 미만 | 8명 |
| 공사금액 7,200억원 이상 8,500억원 미만 | 9명 |
| 공사금액 8,500억원 이상 1조원 미만 | 10명 |
| 1조원 이상 | 11명 |

0704

## 112 Repetitive Learning (1회 2회 3회)

이동식크레인을 사용하여 작업을 할 때 작업시작 전 점검사항이 아닌 것은?

① 주행로의 상측 및 트롤리(Trolley)가 횡행하는 레일의 상태
② 권과방지장치나 그 밖의 경보장치의 기능
③ 브레이크·클러치 및 조종장치의 기능
④ 와이어로프가 통하고 있는 곳 및 작업장소의 지반상태

해설

- 주행로의 상측 및 트롤리(Trolley)가 횡행하는 레일의 상태는 이동식크레인이 아닌 일반 크레인의 작업시작 전 점검사항이다.

크레인 작업시작 전 점검사항 실필 1702/1501/1001

| 구분 | 점검사항 |
|---|---|
| 크레인 | • 권과방지장치·브레이크·클러치 및 운전장치의 기능<br>• 주행로의 상측 및 트롤리(Trolley)가 횡행하는 레일의 상태<br>• 와이어로프가 통하고 있는 곳의 상태 |
| 이동식 크레인 | • 권과방지장치나 그 밖의 경보장치의 기능<br>• 브레이크·클러치 및 조종장치의 기능<br>• 와이어로프가 통하고 있는 곳 및 작업 장소의 지반상태 |

0504 / 0904 / 1202 / 1404

## 113 Repetitive Learning (1회 2회 3회)

선박에서 하역작업 시 근로자들이 안전하게 오르내릴 수 있는 현문 사다리 및 안전망을 설치하여야 하는 것은 선박이 최소 몇 톤급 이상일 경우인가?

① 500톤급 ② 300톤급
③ 200톤급 ④ 100톤급

해설

- 현문 사다리를 설치해야 하는 경우는 300톤급 이상의 선박에서 하역작업을 하는 경우이다.

선박승강설비의 설치

- 사업주는 300톤급 이상의 선박에서 하역작업을 하는 경우에 근로자들이 안전하게 오르내릴 수 있는 현문(舷門) 사다리를 설치하여야 하며, 이 사다리 밑에 안전망을 설치하여야 한다.
- 현문 사다리는 견고한 재료로 제작된 것으로 너비는 55cm 이상이어야 하고, 양측에 82cm 이상의 높이로 방책을 설치하여야 하며, 바닥은 미끄러지지 않도록 적합한 재질로 처리되어야 한다.
- 현문 사다리는 근로자의 통행에만 사용하여야 하며, 화물용 발판 또는 화물용 보판으로 사용하도록 해서는 아니 된다.

1502

## 114 Repetitive Learning (1회 2회 3회)

건설업 산업안전보건관리비 중 안전시설비로 사용할 수 없는 것은?

① 안전통로
② 비계에 추가 설치하는 추락방지용 안전난간
③ 사다리 전도방지장치
④ 통로의 낙하물 방호선반

해설

- 각종 비계, 작업발판, 가설계단·통로, 사다리, 가설울타리 등은 안전시설비를 사용할 수 없다.

원활한 공사수행을 위해 공사현장에 설치하는 시설물, 장치, 자재 중 안전시설비 사용이 불가능한 항목 실필 1902/1401/1004

- 외부인 출입금지, 공사장 경계표시를 위한 가설울타리
- 각종 비계, 작업발판, 가설계단·통로, 사다리 등
- 절토부 및 성토부 등의 토사유실 방지를 위한 설비
- 작업장 간 상호 연락, 작업 상황 파악 등 통신수단으로 활용되는 통신시설·설비
- 공사 목적물의 품질 확보 또는 건설장비 자체의 운행 감시, 공사 진척상황 확인, 방법 등의 목적을 가진 CCTV 등 감시용 장비
- 단, 비계·통로·계단에 추가 설치하는 추락방지용 안전난간, 사다리 전도방지장치, 틀비계에 별도로 설치하는 안전난간·사다리, 통로의 낙하물방호선반 등은 사용 가능함



112 ① 113 ② 114 ① 정답

1202

## 115 Repetitive Learning (1회 2회 3회)

흙막이 지보공을 조립하는 경우 조립도를 작성하여야 하는데 이 조립도에 명시되어야 할 사항과 가장 거리가 먼 것은?

① 부재의 배치 ② 부재의 치수
③ 부재의 긴압 정도 ④ 설치방법과 순서

해설

- 조립도는 흙막이판·말뚝·버팀대 및 띠장 등 부재의 배치·치수·재질 및 설치방법과 순서가 명시되어야 한다.

:: 흙막이 지보공의 조립도

- 흙막이 지보공을 조립하는 경우 미리 조립도를 작성하여 그 조립도에 따라 조립하도록 하여야 한다.
- 조립도는 흙막이판·말뚝·버팀대 및 띠장 등 부재의 배치·치수·재질 및 설치방법과 순서가 명시되어야 한다.

## 116 Repetitive Learning (1회 2회 3회)

다음 보기의 ( ) 안에 알맞은 내용은?

> 동바리로 사용하는 파이프 서포트의 높이가 ( )m를 초과하는 경우에는 높이 2m 이내마다 수평연결재를 2개 방향으로 만들고 수평연결재의 변위를 방지할 것

① 3 ② 3.5
③ 4 ④ 4.5

해설

- 동바리로 사용하는 파이프 서포트는 높이가 3.5미터를 초과하는 경우에는 2m 이내마다 수평연결재를 2개 방향으로 설치하여야 한다.

:: 거푸집 동바리 등의 안전조치 실필 1304 실작 1804/1802/1801/1702/1701/1604/1602/1504/1502/1501/1402

㉠ 공통사항
- 받침목의 사용, 콘크리트 타설, 말뚝박기 등 동바리의 침하를 방지하기 위한 조치를 할 것
- 동바리의 상하 고정 및 미끄러짐 방지 조치를 할 것
- 상부·하부의 동바리가 동일 수직선상에 위치하도록 하여 깔판·받침목에 고정시킬 것
- 개구부 상부에 동바리를 설치하는 경우에는 상부하중을 견딜 수 있는 견고한 받침대를 설치할 것
- U헤드 등의 단판이 없는 동바리의 상단에 멍에 등을 올릴 경우에는 해당 상단에 U헤드 등의 단판을 설치하고, 멍에 등이 전도되거나 이탈되지 않도록 고정시킬 것
- 동바리의 이음은 같은 품질의 재료를 사용할 것
- 강재의 접속부 및 교차부는 볼트·클램프 등 전용철물을 사용하여 단단히 연결할 것
- 거푸집의 형상에 따른 부득이한 경우를 제외하고는 깔판이나 받침목은 2단 이상 끼우지 않도록 할 것
- 깔판이나 받침목을 이어서 사용하는 경우에는 그 깔판·받침목을 단단히 연결할 것

㉡ 동바리로 사용하는 파이프 서포트
- 파이프 서포트를 3개 이상 이어서 사용하지 않도록 할 것
- 파이프 서포트를 이어서 사용하는 경우에는 4개 이상의 볼트 또는 전용철물을 사용하여 이을 것
- 높이가 3.5m를 초과하는 경우 2m 이내마다 수평연결재를 2개 방향으로 설치할 것

㉢ 동바리로 사용하는 강관틀의 경우
- 강관틀과 강관틀 사이에 교차가새를 설치할 것
- 최상단 및 5단 이내마다 동바리의 측면과 틀면의 방향 및 교차가새의 방향에서 5개 이내마다 수평연결재를 설치하고 수평연결재의 변위를 방지할 것
- 최상단 및 5단 이내마다 동바리의 틀면의 방향에서 양단 및 5개틀 이내마다 교차가새의 방향으로 띠장틀을 설치할 것

## 117 Repetitive Learning (1회 2회 3회)

경암 구역을 다음 그림과 같이 굴착하고자 한다. 굴착면의 기울기를 1 : 0.5로 하고자 할 경우 L의 길이로 옳은 것은?

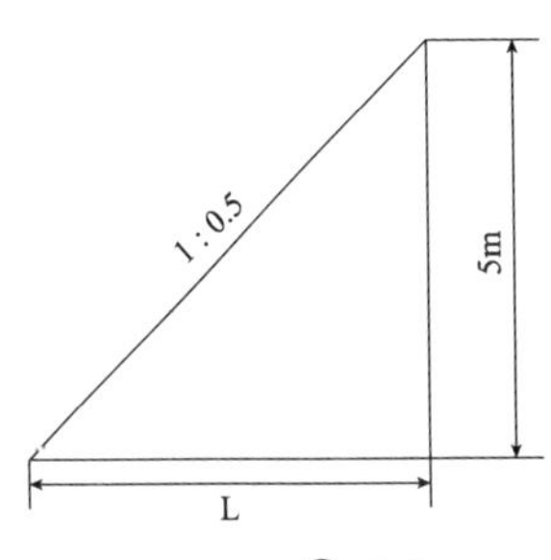


① 2m ② 2.5m
③ 5m ④ 10m

해설

- 경암 구역의 굴착면 기울기는 1 : 0.5이므로 높이가 5m이면 폭은 1/2인 2.5m가 되어야 한다.

:: 굴착면 기울기 기준 실필 1701/1702
실작 1802/1801/1702/1701/1601/1504

| 지반의 종류 | 기울기 |
|---|---|
| 모래 | 1 : 1.8 |
| 연암 및 풍화암 | 1 : 1.0 |
| 경암 | 1 : 0.5 |
| 그 밖의 흙 | 1 : 1.2 |

정답 | 115 ③ 116 ② 117 ②

## 118 Repetitive Learning (1회 2회 3회)

거푸집 동바리 등을 조립하는 경우에 준수하여야 할 사항으로 옳지 않은 것은?

① 받침목의 사용, 콘크리트 타설, 말뚝박기 등 동바리의 침하를 방지하기 위한 조치를 할 것
② 개구부 상부에 동바리를 설치하는 경우에는 상부하중을 견딜 수 있는 견고한 받침대를 설치할 것
③ 거푸집의 형상에 따른 부득이한 경우를 제외하고는 깔판이나 받침목은 2단 이상 끼우지 않도록 할 것
④ 상부·하부의 동바리가 동일 수평선상에 위치하도록 하여 깔판·받침목에 고정시킬 것

**해설**

- 상부·하부의 동바리가 동일 수직선상에 위치하도록 하여 깔판·받침목에 고정시켜야 한다.

:: 거푸집 동바리 등의 안전조치 실필 1304 실작 1804/1802/1801/1702/1701/1604/1602/1504/1502/1501/1402
문제 116번의 유형별 핵심이론 :: 참조

1401

## 119 Repetitive Learning (1회 2회 3회)

터널붕괴를 방지하기 위한 지보공에 대한 점검사항과 가장 거리가 먼 것은?

① 부재의 긴압 정도
② 부재의 손상·변형·부식·변위·탈락의 유무 및 상태
③ 기둥침하의 유무 및 상태
④ 경보장치의 작동 상태

**해설**

- 지보공 설치 시 붕괴 등의 방지를 위한 수시점검사항에는 ①, ②, ③ 외에 부재의 접속부 및 교차부의 상태 등이 있다.

:: 지보공 설치 시 붕괴 등의 방지를 위한 수시점검사항
- 부재의 손상·변형·부식·변위·탈락의 유무 및 상태
- 부재의 긴압 정도
- 부재의 접속부 및 교차부의 상태
- 기둥침하의 유무 및 상태

## 120 Repetitive Learning (1회 2회 3회)

터널 등의 건설작업을 하는 경우에 낙반 등에 의하여 근로자가 위험해질 우려가 있는 경우에 필요한 조치와 가장 거리가 먼 것은?

① 터널 지보공을 설치한다.
② 록볼트를 설치한다.
③ 환기, 조명시설을 설치한다.
④ 부석을 제거한다.

**해설**

- 낙반 등에 의한 위험의 방지 조치에는 터널 지보공의 설치, 록볼트의 설치, 부석의 제거 등이 있다.

:: 낙반 등에 의한 위험의 방지 실작 1804
- 터널 지보공 설치
- 록볼트의 설치
- 부석(浮石)의 제거



118 ④ 119 ④ 120 ③ 정답

MEMO

# 출제문제 분석 2018년 2회

| 구분 | 1과목 | 2과목 | 3과목 | 4과목 | 5과목 | 6과목 | 합계 |
|---|---|---|---|---|---|---|---|
| New유형 | 2 | 1 | 5 | 2 | 4 | 3 | 17 |
| New문제 | 11 | 9 | 12 | 6 | 8 | 6 | 52 |
| 또나온문제 | 5 | 3 | 7 | 9 | 4 | 6 | 34 |
| 자꾸나온문제 | 4 | 8 | 1 | 5 | 8 | 8 | 34 |
| 합계 | 20 | 20 | 20 | 20 | 20 | 20 | 120 |

- New유형은 New문제 중 기존 기출문제와 완전히 다른 유형의 문제를 말합니다.
- New문제는 기존에 출제되지 않은 문제로 이번에 처음 출제되는 문제입니다.
- 또나온문제는 기존에 출제된 적이 1번 있는 문제를 말합니다.
- 자꾸나온문제는 기존에 출제된 적이 2번 이상 있는 문제를 말합니다. 그만큼 중요한 문제입니다.

## 몇 년분의 기출문제를 공부해야 합격할 수 있을까요?

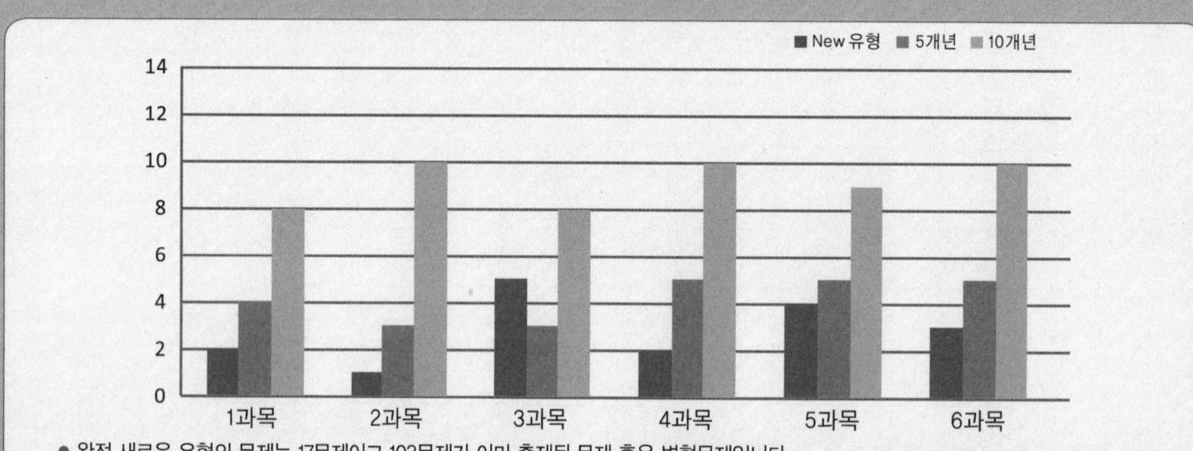


- 완전 새로운 유형의 문제는 17문제이고 103문제가 이미 출제된 문제 혹은 변형문제입니다.
- 5년분(2016～2020) 기출에서 동일문제가 25문항이 출제되었고, 10년분(2011～2020) 기출에서 동일문제가 55문항이 출제되었습니다.

## 실기에 나왔어요!! 외우세요!!!

실기시험은 필답형과 작업형으로 구분되어 있으며 모두 주관식으로 직접 내용을 적어야 합니다. 필기 공부하면서 실기 출제된 내역들은 좀 더 신경써서 암기하실 필요가 있어요. 필기 합격자 발표 난 후 실기시험까지는 5주밖에 여유가 없답니다. 어차피 공부할 것 필기 때 확실하게 해준다면 실기도 단방에 합격할 수 있습니다.

- 총 15개의 해설이 실기 필답형 시험과 연동되어 있습니다.
- 총 9개의 해설이 실기 작업형 시험과 연동되어 있습니다.

## 분석의견

최근 10년분의 기출문제와 답을 반복암기해서는 합격점수인 72점에서 17점이 부족합니다. 전체적으로 2회 이상 출제된 문제가 평균적으로 27문항 정도로 분포되는데 당 회차의 경우 34문항이나 출제되어 수험생의 입장에서는 낯익은 문제들이 많아 어렵지 않다고 판단할 만한 난이도를 보이는 회차의 기출문제입니다. 다만 새로운 유형의 경우 평균보다 다소 많이 출제되어 생소한 문제들이 많았으나 기출문제의 비중이 높아 크게 어려움없이 합격점수를 획득가능한 회차라고 판단됩니다. 합격에 필요한 점수를 획득하기 위해서는 최근 5년분 문제와 핵심이론의 3회독 혹은 최근 10년분 문제와 핵심이론의 2회독 이상의 학습이 필요합니다.

# 2018년 제2회

2018년 4월 28일 필기

18년 2회차 필기시험

합격률 39.3%

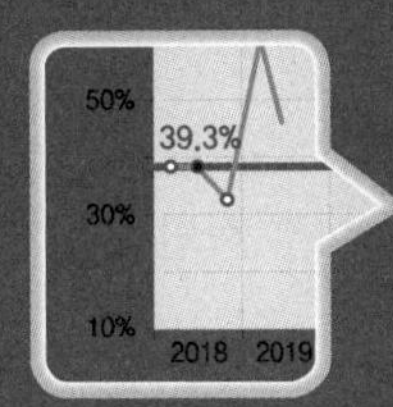


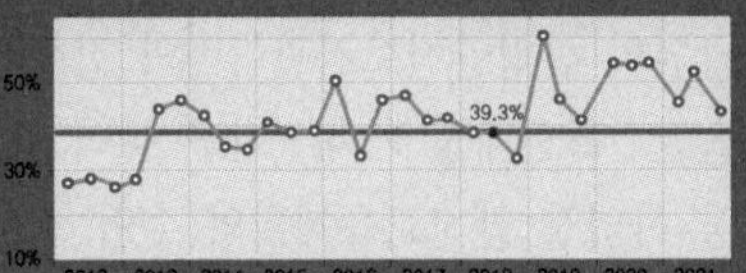


## 1과목 산업안전관리론

### 01

Repetitive Learning (1회 2회 3회)

산업안전보건법령상 안전·보건에 관한 노사협의체 구성의 근로자위원으로 구성기준 중 틀린 것은?

① 근로자대표가 지명하는 안전관리자 1명
② 근로자대표가 지명하는 명예감독관 1명
③ 도급 또는 하도급 사업을 포함한 전체 사업의 근로자대표
④ 공사금액이 20억원 이상인 도급 또는 하도급 사업의 근로자대표

해설

• 명예감독관이 위촉되어 있지 아니한 경우에는 근로자대표가 지명하는 안전관리자가 아니라 해당 사업장 근로자 1명을 근로자위원으로 구성할 수 있다.

:: 안전·보건에 관한 노사협의체 실필 1301

㉠ 설치대상 : 공사금액이 120억원(토목공사업은 150억원) 이상인 건설업을 말한다.

㉡ 구성

| | |
|---|---|
| 근로자 위원 | • 도급 또는 하도급 사업을 포함한 전체 사업의 근로자대표<br>• 근로자대표가 지명하는 명예산업안전감독관 1명. 다만, 명예산업안전감독관이 위촉되어 있지 아니한 경우에는 근로자대표가 지명하는 해당 사업장 근로자 1명<br>• 공사금액이 20억원 이상인 공사의 관계수급인의 각 근로자대표 |
| 사용자 위원 | • 도급 또는 하도급 사업을 포함한 전체 사업의 대표자<br>• 안전관리자 1명<br>• 보건관리자 1명(보건관리자 선임대상 건설업으로 한정)<br>• 공사금액이 20억원 이상인 공사의 관계수급인의 각 대표자 |

노사협의체의 근로자위원과 사용자위원은 합의를 통해 노사협의체에 공사금액이 20억원 미만인 공사의 관계수급인 및 관계수급인 근로자대표를 위원으로 위촉할 수 있다.

㉢ 운영

• 노사협의체의 회의는 정기회의와 임시회의로 구분하되, 정기회의는 2개월마다 노사협의체의 위원장이 소집하며, 임시회의는 위원장이 필요하다고 인정할 때에 소집한다.

1201 / 1404 / 2003 / 2101

### 02

Repetitive Learning 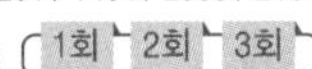

다음 중 산업안전보건법령상 사업주는 고용노동부장관이 정하는 바에 따라 해당 공사를 위하여 계상된 산업안전보건관리비의 사용명세는 공사종료 후 얼마 동안 보존하여야 하는가?

① 6개월
② 1년
③ 2년
④ 3년

해설

• 사업주는 산업안전보건관리비 사용명세서를 매월 작성하고 공사종료 후 1년간 보존하여야 한다.

:: 산업안전보건관리비 사용명세서의 보존기간

• 사업주는 고용노동부장관이 정하는 바에 따라 해당 공사를 위하여 계상된 산업안전보건관리비를 그가 사용하는 근로자와 그의 수급인이 사용하는 근로자의 산업재해 및 건강장해 예방에 사용하고 그 사용명세서를 매월 작성하고 공사 종료 후 1년간 보존하여야 한다.

정답 | 01 ① 02 ②

## 03 — Repetitive Learning 1회 2회 3회

산업안전보건법령상 안전보건총괄책임자의 직무가 아닌 것은?

① 위험성 평가의 실시에 관한 사항
② 수급인의 산업안전보건관리비의 집행 감독
③ 자율안전확인대상 기계・기구 등의 사용 여부 확인
④ 해당 사업장 안전교육계획의 수립

**해설**

- 사업장의 안전교육계획의 수립 및 실시에 관한 보좌 및 조언・지도는 안전관리자의 업무이다.

**안전보건총괄책임자의 직무** 실필 1402/1102

- 산업재해가 발생할 급박한 위험이 있을 때 또는 중대재해가 발생하였을 경우 작업의 중지 및 재개
- 도급 시 산업재해 예방조치
- 산업안전보건관리비의 관계수급인 간의 사용에 관한 협의・조정 및 그 집행의 감독
- 안전인증대상기계등과 자율안전확인대상기계등의 사용 여부 확인
- 위험성 평가의 실시에 관한 사항

## 04 — Repetitive Learning 1회 2회 3회

재해예방의 4원칙이 아닌 것은?

① 손실우연의 법칙
② 예방교육의 원칙
③ 원인계기의 원칙
④ 예방가능의 원칙

**해설**

- 예방교육의 원칙은 없으며, 모든 사고는 대책선정이 가능하다는 대책선정의 원칙이 빠졌다.

**하인리히의 재해예방 4원칙** 실필 1801/1501

| | |
|---|---|
| 대책선정의 원칙 | 사고의 원인을 발견하면 반드시 대책을 세워야 하며, 모든 사고는 대책선정이 가능하다는 원칙 |
| 손실우연의 원칙 | 사고로 인한 손실은 우연적이라는 원칙 |
| 예방가능의 원칙 | 모든 사고는 예방이 가능하다는 원칙 |
| 원인연계의 원칙<br>(원인계기의 원칙) | 사고는 반드시 원인이 있으며 이는 필연적인 인과관계로 작용한다는 원칙 |

## 05 — Repetitive Learning 1회 2회 3회

강도율의 근로손실일수 산정기준에 대한 설명으로 옳은 것은?

① 사망, 영구 전노동불능의 근로손실일수는 7,500일이다.
② 사망, 영구 전노동불능 상해 신체장해등급은 1~2등급이다.
③ 영구 일부노동불능 신체장해등급은 3~14등급이다.
④ 일시 전노동불능은 휴업일수에 280/365을 곱한다.

**해설**

- 영구 전노동불능 상해의 신체장해등급은 1~3등급이다.
- 영구 일부노동불능 상해는 신체의 일부가 영구히 노동기능을 상실한 부상으로 신체장해등급 4~14등급을 말한다.
- 일시 전노동불능 상해는 의사의 진단으로 일정기간 노동에 종사할 수 없는 상해로 신체 장애가 남지 않는 휴업재해를 말하며 이의 근로손실일수로의 전환은 $\frac{\text{연근무일}}{\text{365(1년)}}$을 곱하여 구한다.

**산업재해의 정도를 부상의 결과로 생긴 노동기능 저하의 정도에 따라 구분하는 방법**

- 영구 전노동불능 상해의 신체장해등급은 1~3등급이다.
- 영구 일부노동불능 상해는 신체의 일부가 영구히 노동기능을 상실한 부상으로 신체장해등급 4~14등급을 말한다.
- 일시 전노동불능 상해는 의사의 진단으로 일정기간 노동에 종사할 수 없는 상해로 신체 장애가 남지 않는 휴업재해를 말하며 이의 근로손실일수로의 전환은 $\frac{\text{연근무일}}{\text{365(1년)}}$을 곱하여 구한다.
- 장해등급별 근로손실일수

| 구분 | 사망 | 신체장해등급 | | | | | | | | | | | |
|---|---|---|---|---|---|---|---|---|---|---|---|---|---|
| | | 1~3 | 4 | 5 | 6 | 7 | 8 | 9 | 10 | 11 | 12 | 13 | 14 |
| 근로손실일수 | 7500 | 7500 | 5500 | 4000 | 3000 | 2200 | 1500 | 1000 | 600 | 400 | 200 | 100 | 50 |

## 06 — Repetitive Learning 1회 2회 3회

버드(Bird)의 신연쇄성 이론의 재해발생과정 중 직접원인의 징후로 불안전한 행동과 불안전한 상태는 몇 단계인가?

① 1단계 ② 2단계
③ 3단계 ④ 4단계

**해설**

- 버드의 도미노 이론에서 기본원인은 2단계, 직접원인은 3단계이다.



03 ④ 04 ② 05 ① 06 ③ 정답

⁘ 버드(Bird)의 신연쇄성 이론

㉠ 개요

- 신도미노 이론이라고도 한다.
- 재해발생의 근원적 원인은 관리의 부족에 있다고 정의한다.
- 재해발생의 기본원인은 개인적 요인 및 작업상의 요인에 있다고 주장한다.
- 재해의 직접원인을 징후라 하고 불안전한 행동 및 상태에서 비롯된다고 한다.

㉡ 단계

| | |
|---|---|
| 1단계 | 관리의 부족 |
| 2단계 | 개인적 요인, 작업상의 요인 |
| 3단계 | 불안전한 행동 및 상태 |
| 4단계 | 사고 |
| 5단계 | 재해 |

1902

## 07 Repetitive Learning 

산업안전보건법령상 안전검사대상 유해·위험기계 등이 아닌 것은?

① 리프트
② 전단기
③ 압력용기
④ 밀폐형 구조 롤러기

**해설**

- 롤러기에서 밀폐형은 안전검사대상에서 제외된다.

⁘ 안전검사대상 유해·위험기계의 종류와 검사 주기 실필 1504/1002

| 안전검사대상 유해·위험기계의 종류 | 검사 주기 |
|---|---|
| 크레인(이동식크레인 및 정격하중 2톤 미만 제외), 리프트(이삿짐운반용 리프트 제외) 및 곤돌리 | 사업장에 설치가 끝난 날부터 3년 이내에 최초 안전검사를 실시하되, 그 이후부터 2년마다(건설현장에서 시용히는 것은 최초로 설치한 날부터 6개월마다) |
| 이동식크레인, 이삿짐운반용 리프트 및 고소작업대 | 신규 등록 이후 3년 이내에 최초 안전검사를 실시하되, 그 이후부터 2년마다 |
| 프레스, 전단기, 압력용기, 국소배기장치(이동식 제외), 산업용 원심기, 화학설비 및 그 부속설비, 건조설비 및 그 부속설비, 롤러기(밀폐형 제외), 사출성형기(형 체결력 294kN 미만은 제외), 컨베이어 및 산업용 로봇 | 사업장에 설치가 끝난 날부터 3년 이내에 최초 안전검사를 실시하되, 그 이후부터 2년마다(공정안전보고서를 제출하여 확인을 받은 압력용기는 4년마다) |

1101

## 08 Repetitive Learning 1회 2회 3회

중대 건설현장사고 발생 시 건설기술진흥법에 따라 건설사고조사위원회를 구성할 경우 위원회는 위원장 1인을 포함하여 몇 명 이내의 위원으로 구성하여야 하는가?

① 9명 ② 10명
③ 11명 ④ 12명

**해설**

- 건설사고조사위원회는 위원장 1명을 포함한 12명 이내의 위원으로 구성한다.

⁘ 건설사고조사위원회

- 건설사고조사위원회는 위원장 1명을 포함한 12명 이내의 위원으로 구성한다.
- 건설사고조사위원회의 위원은 국토교통부장관, 발주청 또는 인·허가기관의 장이 임명하거나 위촉한다.
- 건설사고조사위원회 위원 대상은 건설공사 업무와 관련된 공무원, 건설공사 업무와 관련된 단체 및 연구기관 등의 임직원, 건설공사 업무에 관한 학식과 경험이 풍부한 사람 등이다.
- 위원의 임기는 2년으로 하며, 위원의 사임 등으로 새로 위촉된 위원의 임기는 전임위원 임기의 남은 기간으로 한다.

0502 / 2104

## 09 Repetitive Learning 1회 2회 3회

맥그리거의 X·Y이론 중 X이론의 관리 처방에 해당되는 것은?

① 자체평가제도의 활성화
② 분권화와 권한의 위임
③ 권위주의적 리더십의 확립
④ 조직구조의 평면화

**해설**

- ①, ②, ④는 모두 선진국형에 해당하는 Y이론의 관리 처방이다.

⁘ 맥그리거(McGregor)의 X·Y이론

㉠ 개요

- 인간과 직무의 관계에 대한 기본적인 가정을 X이론과 Y이론이라는 가설로 나눈 것이다.
- X이론은 인간의 본성이 일을 싫어하고, 무관심하며, 책임을 회피하므로 당근과 채찍을 동원하여 강제할 필요가 있다는 이론이다.
- Y이론은 인간의 본성이 일을 좋아하고, 책임감이 강하며, 선하므로 그들을 자율적, 민주적으로 대해야 창조적인 성과를 얻을 수 있다는 이론이다.

정답 | 07 ④ 08 ④ 09 ③

㉡ X이론과 Y이론의 관리 처방 비교

| X이론(후진국형, 성악설) | Y이론(선진국형, 성선설) |
|---|---|
| • 경제적 보상체제의 강화<br>• 권위주의적 리더십의 확립<br>• 면밀한 감독과 엄격한 통제<br>• 상부 책임제도의 강화 | • 분권화와 권한의 위임<br>• 목표에 의한 관리<br>• 직무확장<br>• 인간관계 관리방식<br>• 책임감과 창조력 |

## 10

Repetitive Learning (1회 2회 3회)

산업안전보건법령상 재해발생 원인 중 설비적 요인이 아닌 것은?

① 기계·설비의 설계상 결함
② 방호장치의 불량
③ 작업표준화의 부족
④ 작업환경 조건의 불량

해설

• 작업환경 조건의 불량은 산업재해 조사표상의 작업·환경적 요인에 해당한다.

:: 산업재해 조사표상의 재해발생 원인의 분류

| 인적 요인 | 무의식 행동, 착오, 피로, 연령, 커뮤니케이션 등 |
|---|---|
| 설비적 요인 | 기계·설비의 설계상 결함, 방호장치의 불량, 작업표준화의 부족, 점검·정비의 부족 등 |
| 작업·환경적 요인 | 작업정보의 부적절, 작업자세·동작의 결함, 작업방법의 부적절, 작업환경 조건의 불량 등 |
| 관리적 요인 | 관리조직의 결함, 규정·매뉴얼의 불비·불철저, 안전교육의 부족, 지도감독의 부족 등 |

## 11

Repetitive Learning (1회 2회 3회)

산소가 결핍되어 있는 장소에서 사용하는 마스크는?

① 방진마스크　② 송기마스크
③ 방독마스크　④ 특급 방진마스크

해설

• 산소결핍 작업 시에는 송기마스크나 공기호흡기를 사용하여야 한다.

:: 호흡용 보호구와 사용환경

• 송기마스크/공기호흡기 - 산소결핍장소의 분진 및 유독가스
• 방진마스크 - 산소결핍장소의 분진
• 방독마스크 - 산소농도 18% 이상의 유독가스 및 소방작업, 석면작업

## 12

Repetitive Learning (1회 2회 3회)

산업안전보건법령상 안전·보건진단을 받아 안전보건개선계획을 수립·제출하도록 명할 수 있는 사업장이 아닌 것은?

① 근로자가 안전수칙을 준수하지 않아 중대재해가 발생한 사업장
② 산업재해율이 같은 업종 평균 산업재해율의 2배 이상인 사업장
③ 작업환경 불량, 화재·폭발 또는 누출사고 등으로 사회적 물의를 일으킨 사업장
④ 직업병에 걸린 사람이 연간 2명 이상(상시근로자 1천명 이상 사업장의 경우 3명 이상) 발생한 사업장

해설

• 고용노동부장관은 사업주가 안전보건조치의무를 이행하지 아니하여 중대재해가 발생한 사업장은 안전보건개선계획 수립 및 제출 대상이 되나, 근로자가 안전수칙을 준수하지 않아 중대재해가 발생한 사업장은 안전보건개선계획 수립 및 제출 대상이 아니다.

:: 안전보건개선계획 실필 1704/1701/1404/1202/1201

• 고용노동부장관은 다음에 해당하는 사업장으로서 산업재해 예방을 위하여 종합적인 개선조치를 할 필요가 있다고 인정할 때에는 사업주에게 그 사업장, 시설, 그 밖의 사항에 관한 안전보건개선계획의 수립·시행을 명할 수 있다.
  - 산업재해율이 같은 업종 평균 산업재해율의 2배 이상인 사업장
  - 사업주가 안전보건조치의무를 이행하지 아니하여 중대재해가 발생한 사업장
  - 직업병에 걸린 사람이 연간 2명 이상(상시근로자 1천명 이상 사업장의 경우 3명 이상) 발생한 사업장
  - 유해인자의 노출기준을 초과한 사업장
  - 작업환경 불량, 화재·폭발 또는 누출사고 등으로 사회적 물의를 일으킨 사업장
• 고용노동부장관은 필요하다고 인정할 때에는 해당 사업주에게 안전·보건진단을 받아 안전보건개선계획을 수립·제출할 것을 명할 수 있다.
• 안전보건개선계획의 수립·시행명령을 받은 사업주는 고용노동부장관이 정하는 바에 따라 안전보건개선계획서를 작성하여 그 명령을 받은 날부터 60일 이내에 관할 지방고용노동관서의 장에게 제출하여야 한다.
• 사업주는 안전보건개선계획을 수립할 때에는 산업안전보건위원회의 심의를 거쳐야 한다. 다만, 산업안전보건위원회가 설치되어 있지 아니한 사업장의 경우에는 근로자대표의 의견을 들어야 한다.
• 안전보건개선계획서에는 시설, 안전·보건관리체제, 안전·보건교육, 산업재해 예방 및 작업환경의 개선을 위하여 필요한 사항이 포함되어야 한다.
• 사업주와 근로자는 안전보건개선계획을 준수하여야 한다.



10 ④　11 ②　12 ① | 정답

0501 / 1301

## 13 ―――― Repetitive Learning 1회 2회 3회

안전보건관리조직에 있어 100명 미만의 조직에 적합하며, 안전에 관한 지시나 조치가 철저하고 빠르게 전달되나 전문적인 지식과 기술이 부족한 조직의 형태는?

① 라인-스탭형(Line-staff) ② 스탭형(Staff)
③ 라인형(Line) ④ 관리형(Manage)

**해설**

- 라인형 안전조직은 안전관리자를 두지 않고 생산계통에서 안전 업무를 수행하므로 참모식 조직에 비해 경제적이나 안전정보에 대한 수집과 대처가 늦은 단점을 갖는다.

**라인(Line)형 안전조직** 실필 1901

㉠ 개요
- 직계식이라고도 한다.
- 모든 명령과 안전 관련 업무가 생산계통을 따라 이루어진다.
- 규모가 작은(100명 이하) 사업장에 적합하다.
- 안전관리자가 체계적으로 선임되지 않은 사업장에 알맞은 안전조직 형태이다.

㉡ 특징

| 장점 | • 안전지시나 명령이 신속하다.<br>• 명령과 보고가 간단명료하다. |
|---|---|
| 단점 | • 안전지식과 기술축적이 힘들다.<br>• 안전정보의 수집과 대처가 늦다. |

2101

## 14 ―――― Repetitive Learning 

재해발생의 간접원인 중 교육적 원인이 아닌 것은?

① 안전수칙의 오해
② 경험훈련의 미숙
③ 안전지식의 부족
④ 작업지시 부적당

**해설**

- 작업지시의 부적당은 기초원인 중 작업관리상의 원인에 해당한다.

**재해발생의 간접원인**

- 2차원인(기술적, 교육적, 신체적, 정신적 원인)과 기초원인(관리상의 원인과 학교 교육적 원인, 사회적 또는 역사적 원인)으로 구분된다.

| | | |
|---|---|---|
| 2차 원인 | 기술적 원인 | • 건물, 기계장치 설계 불량<br>• 점검, 정비, 보존 불량<br>• 구조 재료의 부적합<br>• 생산공정의 부적절 |
| | 교육적 원인 | • 안전수칙의 오해<br>• 경험훈련의 미숙<br>• 안전지식의 부족<br>• 작업방법 및 유해위험 작업의 교육 불충분 |
| | 신체적 원인 | • 피로<br>• 시력 및 청각 기능 이상<br>• 근육운동의 부적당<br>• 육체적 한계 |
| | 정신적 원인 | • 안전의식의 부족<br>• 주의력 및 판단력 부족<br>• 잘못된 판단<br>• 방심 |
| 기초 원인 | 작업관리상의 원인 | • 작업지시의 부적당<br>• 안전관리 조직의 결함<br>• 안전수칙의 미제정<br>• 작업준비의 불충분<br>• 인원배치의 부적당 |
| | 학교 교육적 원인 | • 재해의 근본 원인 |
| | 사회적 또는 역사적 원인 | |

1104 / 1601

## 15 ―――― Repetitive Learning 1회 2회 3회

산업안전보건법령상 안전인증대상 방호장치에 해당하는 것은?

① 교류 아크용접기용 자동전격방지기
② 동력식 수동대패용 칼날 접촉방지장치
③ 절연용 방호구 및 활선작업용 기구
④ 아세틸렌 용접장치용 또는 가스집합 용접장치용 안전기

**해설**

- 안전인증대상 방호장치에는 프레스 또는 전단기 방호장치, 양중기용 과부하방지장치, 보일러 또는 압력용기 압력방출용 안전밸브, 압력용기 압력방출용 파열판, 절연용 방호구 및 활선작업용 기구, 방폭구조 전기기계·기구 및 부품 등이 있다.

**안전인증대상 기계·기구** 실필 1004

| 설치·이전하는 경우 안전인증을 받아야 하는 기계·기구 | • 크레인<br>• 리프트<br>• 곤돌라 |
|---|---|

| 주요 구조 부분을 변경하는 경우 안전인증을 받아야 하는 기계·기구 | • 프레스<br>• 전단기 및 절곡기(折曲機)<br>• 크레인<br>• 리프트<br>• 압력용기<br>• 롤러기<br>• 고소(高所)작업대<br>• 곤돌라<br>• 기계톱<br>• 사출성형기(射出成形機) |
|---|---|
| 안전인증대상 방호장치 | • 프레스 또는 전단기 방호장치<br>• 양중기용 과부하방지장치<br>• 보일러 또는 압력용기 압력방출용 안전밸브<br>• 압력용기 압력방출용 파열판<br>• 절연용 방호구 및 활선작업용 기구<br>• 방폭구조 전기기계·기구 및 부품 |

## 16

1402 Repetitive Learning 1회 2회 3회

산업안전보건기준에 관한 기준에 따른 크레인, 이동식크레인, 리프트를 사용하여 작업을 할 때 작업시작 전에 공통적으로 점검해야 하는 사항은?

① 바퀴의 이상 유무
② 전선 및 접속부 상태
③ 브레이크 및 클러치의 기능
④ 작업면의 기울기 또는 요철 유무

해설

• 크레인, 이동식크레인, 리프트 사용 시 공통적인 작업시작 전 점검사항에는 브레이크 및 클러치의 기능과 와이어로프가 통하고 있는 곳의 상태이다.

:: 크레인을 사용하여 작업을 하는 경우 작업시작 전 점검사항 실필 1702/1501/1001

• 권과방지장치·브레이크·클러치 및 운전장치의 기능
• 주행로의 상측 및 트롤리(Trolley)가 횡행하는 레일의 상태
• 와이어로프가 통하고 있는 곳의 상태

:: 리프트를 사용하여 작업을 하는 경우 작업시작 전 점검사항

• 방호장치·브레이크 및 클러치의 기능
• 와이어로프가 통하고 있는 곳의 상태

:: 이동식크레인을 사용하여 작업을 하는 경우 작업시작 전 점검사항 실필 1902

• 권과방지장치나 그 밖의 경보장치의 기능
• 브레이크·클러치 및 조종장치의 기능
• 와이어로프가 통하고 있는 곳 및 작업장소의 지반상태

## 17

Repetitive Learning 1회 2회 3회

안전·보건표지의 종류 중 응급구호 표지의 분류로 옳은 것은?

① 경고표지 ② 지시표지
③ 금지표지 ④ 안내표지

해설

• 응급구호 표지는 안내표지에 속한다.

:: 안전·보건표지

| 금지표지 | 출입금지, 보행금지, 차량통행금지, 사용금지, 금연·화기금지, 물체이동금지 등 |
|---|---|
| 경고표지 | 인화성물질경고, 산화성물질경고, 폭발물경고, 독극물경고, 부식성물질경고, 방사성물질경고, 고압전기경고, 매달린물체경고, 낙하물경고, 고온경고, 저온경고, 몸균형상실경고, 위험장소경고 등 |
| 지시표지 | 보안경착용, 방독마스크착용, 방진마스크착용, 보안면착용, 안전모착용, 안전복착용 등 |
| 안내표지 | 녹십자표지, 응급구호표지, 들것, 세안장치, 비상구, 좌측비상구, 우측비상구 등 |
| 출입금지표지 | 허가대상유해물질취급, 석면취급및해체·제거, 금지유해물질취급 등 |

## 18

1002 Repetitive Learning 1회 2회 3회

재해손실비의 산정방식 중 버드(Frank Bird) 방식의 구성 비율로 옳은 것은?(단, 구성은 보험비 : 비보험 재산비용 : 기타 재산비용이다)

① 1 : 5 ~ 50 : 1 ~ 3
② 1 : 1 ~ 3 : 7 ~ 15
③ 1 : 1 ~ 10 : 1 ~ 5
④ 1 : 2 ~ 10 : 5 ~ 50

해설

• 버드(Frank Bird)의 재해손실비의 산정방식에서 보험비 : 비보험 재산비용 : 기타재산비용의 비는 1 : 5 ~ 50 : 1 ~ 3로 구성한다.

:: 버드(Frank Bird)의 재해손실비의 산정방식

• 총 재해손실비를 보험비, 비보험 재산비용, 기타재산비용으로 구분하였다.
• 보험비 : 비보험 재산비용 : 기타재산비용을 1 : 5 ~ 50 : 1 ~ 3으로 구성한다.



16 ③ 17 ④ 18 ① 정답

1301 / 1902

## 19 ─ Repetitive Learning (1회 2회 3회)

위험예지훈련에 대한 설명으로 틀린 것은?

① 직장이나 작업의 상황 속 잠재 위험요인을 도출한다.
② 직장 내에서 최대 인원의 단위로 토의하고 생각하며 이해한다.
③ 행동하기에 앞서 해결하는 것을 습관화하는 훈련이다.
④ 위험의 포인트나 중점실시 사항을 지적 확인한다.

해설

- 3~4명 정도의 소규모 팀 단위로 구성한다.

위험예지훈련
㉠ 개요
- 3~4명 정도의 소규모 팀 단위로 구성하여 진행한다.
- 직장의 팀워크로 안전을 전원이 빨리 올바르게 선취하는 훈련이다.
- 정해진 내용의 교육보다는 전원의 대화방식으로 진행한다.
- 짧은 시간 안에 모두의 공감을 얻어 공통의 행동목표를 설정한다.

㉡ 원칙
- 자유자재로 변하는 아이디어를 개발한다.
- 아이디어의 수는 하찮은 것일지라도 많을수록 좋다.
- 개발한 아이디어에 대해서는 절대로 비판을 하지 않는다.
- 개발한 아이디어를 힌트로 연결하여 다른 아이디어를 개발할 수 있다.

1101 / 1402

## 20 ─ Repetitive Learning (1회 2회 3회)

재해조사 시 유의사항으로 틀린 것은?

① 조사는 현장이 변경되기 전에 실시한다.
② 목격자 증언 이외의 추측의 말은 참고로만 한다.
③ 사람과 설비 양면의 재해요인을 모두 도출한다.
④ 조사는 혼란을 방지하기 위하여 단독으로 실시한다.

해설

- 객관적인 조사를 위하여 조사는 2인 이상이 한다.

재해조사의 유의사항
- 피해자에 대한 구급조치를 최우선으로 하고, 2차 재해의 방지를 위해 적정 보호구를 착용한다.
- 가급적 재해 현장이 변형되지 않은 상태에서 신속하게 한다.
- 사실 이외의 추측되는 말은 참고용으로만 활용한다.
- 사람, 기계설비 양면의 재해요인을 모두 도출한다.
- 과거 사고 발생 경향 등을 참고하여 조사한다.
- 객관적 입장에서 재해방지에 우선을 두고 조사하며, 조사는 2인 이상이 한다.

# 2과목 산업심리 및 교육

0301 / 0801

## 21 ─ Repetitive Learning (1회 2회 3회)

안전태도교육의 기본과정으로 볼 수 없는 것은?

① 강요한다.
② 모범을 보인다.
③ 평가를 한다.
④ 이해 · 납득시킨다.

해설

- 태도교육은 청취 → 이해 및 납득 → 모범 → 평가와 권장 → 장려 및 처벌의 과정을 거친다.

안전태도교육(안전교육의 제3단계)
㉠ 개요
- 생활지도, 작업동작지도 등을 통한 안전의 습관화를 위한 교육이다.
- 안전한 작업방법을 알고는 있으나 시행하지 않는 사람에게 직장규율, 안전규율 등을 몸에 익히게 하는 교육이다.
- 안전작업에 대한 몸가짐에 관하여 교육하며 면접이 태도교육에 가장 적합한 교육방법이다.
- 보호구 취급과 관리자세의 확립, 안전에 대한 가치관을 형성하는 교육이다.

㉡ 태도교육 4단계
- 청취한다.(Hearing)
- 이해 및 납득시킨다.(Understand)
- 모범을 보인다.(Example)
- 평가하고 권장한다.(Evaluation)

## 22 ─ Repetitive Learning (1회 2회 3회)

안전교육 중 지식교육의 교육내용이 아닌 것은?

① 안전규정 숙지를 위한 교육
② 안전장치(방호장치) 관리기능에 관한 교육
③ 기능 · 태도교육에 필요한 기초지식 주입을 위한 교육
④ 안전의식의 향상 및 안전에 대한 책임감 주입을 위한 교육

해설

- 안전장치(방호장치) 관리기능에 관한 교육은 안전기능교육의 내용이다.

정답 | 19 ② 20 ④ 21 ① 22 ②

∷ 안전지식교육(안전교육의 제1단계)

- 근로자가 지켜야 할 규정의 숙지를 위한 교육이다.
- 제시방식으로 진행하는 것이 가장 적합하다.
- 재해발생의 원인을 이해시킴으로써 안전의식 향상에 목적을 둔다.
- 안전의 5요소에 잠재된 위험을 이해시킨다.
- 작업에 필요한 안전 관련 법규 · 규정 · 기준과 수칙을 습득시킨다.

1004 / 1202

## 23 Repetitive Learning (1회 2회 3회)

강의식 교육에 있어 일반적으로 가장 많은 시간이 소요되는 단계는?

① 도입 ② 제시
③ 적용 ④ 확인

해설

- 강의식은 도입, 제시, 적용, 확인단계 중 제시단계에서 가장 많은 시간이 소요된다.

∷ 강의식(Lecture method)

㉠ 개요
- 안전교육방법 중 수업의 도입이나 초기단계에 적용하며, 단시간에 많은 내용을 교육하는 경우에 가장 적절한 방법이다.
- 짧은 교육기간에 많은 인원의 대상에게 비교적 많은 내용을 전달하기 위한 교육방법이다.
- 도입, 제시, 적용, 확인단계 중 제시단계에서 가장 많은 시간이 소요된다.

㉡ 특징
- 적은 시간에 많은 내용을 많은 대상에게 교육시킬 수 있어 다른 방법에 비해 경제적이다.
- 전체적인 교육내용을 제시하거나, 새로운 과업 및 작업단위의 도입단계에 유효하다.
- 교육 시간에 대한 조정(계획과 통제)이 용이하다.
- 난해한 문제에 대하여 평이하게 설명이 가능하다.
- 상대적으로 피드백이 부족하다. 즉, 피교육생의 참여가 제약된다.
- 교육 대상 집단 내 수준차로 인해 교육의 효과가 감소할 가능성이 있다.

1102

## 24 Repetitive Learning (1회 2회 3회)

안전교육의 목적과 가장 거리가 먼 것은?

① 환경의 안전화 ② 경험의 안전화
③ 인간정신의 안전화 ④ 설비와 물자의 안전화

해설

- 안전 · 보건교육의 목적에는 ①, ③, ④ 외에 작업환경의 안전화 등이 있다.

∷ 안전 · 보건교육의 목적

- 행동의 안전화
- 작업환경의 안전화
- 의식(인간정신)의 안전화
- 설비와 물자의 안전화

## 25 Repetitive Learning (1회 2회 3회)

스트레스에 대한 설명으로 틀린 것은?

① 사람이 스트레스를 받게 되면 감각기관과 신경이 예민해진다.
② 스트레스 수준이 증가할수록 수행성과는 일정하게 감소한다.
③ 스트레스는 환경의 요구가 지나쳐 개인의 능력한계를 벗어날 때 발생한다.
④ 스트레스 요인에는 소음, 진동, 열 등과 같은 환경영향뿐만 아니라 개인적인 심리적 요인들도 포함된다.

해설

- 스트레스 수준과 수행성과 간의 관계는 역U자형을 취하므로 일정한 스트레스는 수행성과를 향상시키지만 과도한 스트레스는 수행성과에 악영향을 줄 수 있다.

∷ 스트레스

㉠ 특징
- 사람이 스트레스를 받게 되면 감각기관과 신경이 예민해진다.
- 스트레스는 환경의 요구가 지나쳐 개인의 능력한계를 벗어날 때 발생한다.
- 스트레스 요인에는 소음, 진동, 열 등과 같은 환경영향뿐만 아니라 개인적인 심리적 요인들도 포함된다.

㉡ 신체반응
- 혈소판이나 혈액응고 인자가 증가한다.
- 더 많은 산소를 얻기 위하여 호흡은 빨라진다.
- 근육이나 뇌, 심장에 더 많은 피를 보내기 위하여 맥박과 혈압은 증가한다.
- 행동을 할 준비를 위해 근육이 긴장하고 정신은 명료해지며 감각기관이 예민해진다.
- 중요한 장기인 뇌, 심장, 근육으로 가는 혈류는 증가한다.



23 ② 24 ② 25 ② 정답

2104

## 26 Repetitive Learning (1회 2회 3회)

인간의 주의력은 다양한 특성을 지니고 있는 것으로 알려져 있다. 주의력의 특성과 그에 대한 설명으로 맞는 것은?

① 지속성 : 인간의 주의력은 2시간 이상 지속된다.
② 변동성 : 인간의 주의 집중은 내향과 외향의 변동이 반복된다.
③ 방향성 : 인간의 주의력을 집중하는 방향은 상하 좌우에 따라 영향을 받는다.
④ 선택성 : 인간의 주의력은 한계가 있어 여러 작업에 대해 선택적으로 배분된다.

**해설**

- 주의의 특징에는 선택성, 방향성, 변동성이 있다.
- 변동성은 주의는 일정하게 유지되는 것이 아니라 일정한 주기로 부주의하는 리듬이 존재한다는 개념을 말한다.
- 방향성은 공간적으로 보면 시선의 주시점만 인지하는 기능으로 한 지점에 주의를 집중하면 다른 곳의 주의가 약해지는 성질을 말한다.

**주의(Attention)의 특징**

- 선택성 – 여러 종류의 자극을 자각할 때, 소수의 특정한 것에 한하여 주의가 집중되는 것으로 인간의 주의력은 한계가 있어 여러 작업에 대해 선택적으로 배분된다는 의미로 시각 정보 등을 받아들일 때 주의를 기울이면 시선이 집중되는 곳의 정보는 잘 받아들이나 주변부의 정보는 놓치기 쉬운 경우에 해당한다.
- 방향성 – 공간적으로 보면 시선의 주시점만 인지하는 기능으로 한 지점에 주의를 집중하면 다른 곳의 주의가 약해지는 성질이다.
- 변동성 – 주의는 일정하게 유지되는 것이 아니라 일정한 주기로 부주의하는 리듬이 존재한다.

## 27 Repetitive Learning (1회 2회 3회)

교육 및 훈련 방법 중 다음의 특징이 갖는 방법은?

- 다른 방법에 비해 경제적이다.
- 교육 대상 집단 내 수준차로 인해 교육의 효과가 감소할 가능성이 있다.
- 상대적으로 피드백이 부족하다.

① 강의법
② 사례연구법
③ 세미나법
④ 감수성 훈련

**해설**

- 강의법은 안전교육방법 중 수업의 도입이나 초기단계에 적용하며, 단시간에 많은 내용을 교육하는 경우에 가장 적절한 방법이다.

**강의식(Lecture method)**

문제 23번의 유형별 핵심이론 참조

0902

## 28 Repetitive Learning (1회 2회 3회)

생체리듬(Biorhythm)에 대한 설명으로 맞는 것은?

① 각각의 리듬이 (−)에서의 최저점에 이르렀을 때를 위험일이라 한다.
② 감성적 리듬은 영문으로 S라 표시하며, 23일을 주기로 반복된다.
③ 육체적 리듬은 영문으로 P라 표시하며, 28일을 주기로 반복된다.
④ 지성적 리듬은 영문으로 I라 표시하며, 33일을 주기로 반복된다.

**해설**

- 안정기(+)와 불안정기(−)의 교차점을 위험일이라 한다.
- 감성적 리듬(S)의 주기는 28일이며, 주의력, 예감과 관련된다.
- 육체적 리듬(P)의 주기는 23일이며, 식욕, 활동력, 지구력과 관련된다.

**생체리듬(Biorhythm)의 분류**

- 육체적 리듬(P)의 주기는 23일이며, 식욕, 활동력, 지구력과 관련된다.
- 감성적 리듬(S)의 주기는 28일이며, 주의력, 예감과 관련된다.
- 지성적 리듬(I)의 주기는 33일이며, 지성적 사고능력(상상력, 판단력, 추리능력)과 관련된다.
- 안정기(+)와 불안정기(−)의 교차점을 위험일이라 한다.

1302 / 2201

## 29 Repetitive Learning (1회 2회 3회)

어떤 과업을 성취할 수 있는 자신의 능력에 대한 스스로의 믿음을 무엇이라 하는가?

① 자기통제(Self-control)
② 자아존중감(Self-esteem)
③ 자기효능감(Self-efficacy)
④ 통제소재(Locus of control)

정답 | 26 ④ 27 ① 28 ④ 29 ③

해설

- 자기통제란 큰 목표 등을 위해 자신의 감정이나 욕망을 통제하는 것을 말한다.
- 자아존중감은 자신에 대한 광범위하고 포괄적인 평가로 자신의 가치와 능력을 믿는 마음을 말한다.
- 통제소재란 자신의 행동이나 감정을 조절하는 키를 자신의 내부에 혹은 외부에 두는지를 결정하는 경향을 말한다.

**자기효능감(Self-efficacy)**
- 자아효능감이라고도 한다.
- 자신에게 주어진 과제를 성공적으로 수행하거나 상황을 잘 극복할 수 있다는 신념이나 기대를 말한다.

## 30

Repetitive Learning (1회 2회 3회)

인간본성을 파악하여 동기유발로 산업재해를 방지하기 위한 맥그리거의 X·Y이론에서 Y이론의 가정으로 틀린 것은?

① 목적에 투신하는 것은 성취와 관련된 보상과 함수관계에 있다.
② 근로에 육체적, 정신적 노력을 쏟는 것은 놀이나 휴식만큼 자연스럽다.
③ 대부분 사람들은 조건만 적당하면 책임뿐만 아니라 그것을 추구할 능력이 있다.
④ 현대 산업사회에서 인간은 게으르고 태만하며, 수동적이고 남의 지배받기를 즐긴다.

해설

- Y이론은 선진국형으로 인간에게 책임감과 창조력이 있으므로 권한의 위임을 통해서 더욱 성숙된 결과 획득이 가능하다는 논리이다.

**맥그리거(McGregor)의 X·Y이론**
문제 9번의 유형별 핵심이론 참조

## 31

Repetitive Learning (1회 2회 3회)

리더십에 대한 연구 방법 중 통솔력이 리더 개인의 특별한 성격과 자질에 의존한다고 설명하는 이론은?

① 특질접근법
② 상황접근법
③ 행동접근법
④ 제한된 특질접근법

해설

- 특질접근법 혹은 특성이론은 성공적인 리더가 가지는 특성을 연구하는 이론으로 성공적인 리더는 그렇지 않은 리더와는 확연히 다른 신체적, 성격적, 능력적 차이를 가진다는 이론이다.

**특질(특성)접근법**
- 통솔력이 리더 개인의 특별한 성격과 자질(동기, 가치관, 능력)에 의존한다고 설명하는 이론이다.
- 리더가 가진 특성이 리더십의 효율성을 좌우하므로 리더의 특성이 매우 중요하다고 강조하는 접근법이다.
- 위인이론(The great man theory)이라고도 한다.

0504 / 1404

## 32

Repetitive Learning (1회 2회 3회)

심리검사의 구비 요건이 아닌 것은?

① 표준화
② 신뢰성
③ 규격화
④ 타당성

해설

- 심리검사의 구비 요건에는 표준화, 신뢰성, 타당성, 객관성 등이 있다.

**심리검사의 구비 요건**
- 표준화 – 검사관리 조건과 절차의 일관성과 통일성을 말한다.
- 신뢰성 – 측정하고자 하는 심리적 개념을 얼마나 일관성 있게 측정하는지의 정도를 말한다.
- 타당성 – 심리검사의 특징 중 측정하고자 하는 것을 실제로 잘 측정하는지의 여부를 판별하는 것을 말한다.
- 객관성 – 측정의 결과에 대해 누가 보아도 일치되는 의견이 나올 수 있도록 하는 성질을 말한다.

0901 / 0904 / 1304

## 33

Repetitive Learning (1회 2회 3회)

교육심리학에 있어 일반적으로 기억과정의 순서를 나열한 것으로 맞는 것은?

① 파지 → 재생 → 재인 → 기명
② 파지 → 재생 → 기명 → 재인
③ 기명 → 파지 → 재생 → 재인
④ 기명 → 파지 → 재인 → 재생



30 ④ 31 ① 32 ③ 33 ③ 정답

해설

• 기억과정은 기명 – 파지 – 재생 – 재인의 과정을 거친다.

▪ 기억과정

• 기억과정은 기명 – 파지 – 재생 – 재인의 과정을 거친다.
• 파지(Retention)는 과거의 학습경험을 통해서 학습된 행동이 현재와 미래에 지속되는 것을 말한다.
• 재생은 보존된 인상이 다시 기억으로 떠오르는 것을 말한다.
• 재인(Recognition)은 과거에 경험하였던 것과 비슷한 상태에 부딪혔을 때 기억이 떠오르는 것을 말한다.
• 중간과정에서 재생과 재인이 되지 않으면 기억은 소멸 즉, 망각되는 것이다.
• 망각은 경험한 내용이나 학습된 행동을 다시 생각하여 작업에 적용하지 아니하고 방치함으로써 경험의 내용이나 인상이 약해지거나 소멸되는 현상을 말한다.

2102

## 34 Repetitive Learning 

엔드라고지 모델에 기초한 학습자로서의 성인의 특징과 가장 거리가 먼 것은?

① 성인들은 타인 주도적 학습을 선호한다.
② 성인들은 과제 중심적으로 학습하고자 한다.
③ 성인들은 다양한 경험을 가지고 학습에 참여한다.
④ 성인들은 왜 배워야 하는지에 대해 알고자 하는 욕구를 가지고 있다.

해설

• 엔드라고지 모델에서 성인은 과제 중심, 자기 주도, 다양한 경험, 알고자 하는 욕구를 가진 학습자로 판단한다.

▪ 엔드라고지(Andragogy) 모델

㉠ 개요
• 페다고지 학습모형(교사 중심의 학습)이 성인교육에 적절하지 않다는 의미로 사용된 용어이다.

㉡ 성인의 특징
• 성인들은 과제 중심적으로 학습하고자 한다.
• 성인들은 자기 주도적으로 학습하고자 한다.
• 성인들은 많은 다양한 경험을 가지고 학습에 참여한다.
• 성인들은 왜 배워야 하는지에 대해 알고자 하는 욕구를 가지고 있다.

0301 / 1001 / 1204 / 1504 / 2102

## 35 Repetitive Learning 1회 2회 3회

스트레스(Stress)에 영향을 주는 요인 중 환경이나 외적요인에 해당하는 것은?

① 자존심의 손상
② 현실에의 부적응
③ 도전의 좌절과 자만심의 상충
④ 직장에서의 대인관계 갈등과 대립

해설

• ①, ②, ③은 모두 스트레스 요인 중 내적인 요인에 해당한다.

▪ 스트레스의 요인

| 내적요인 | 외적요인 |
|---|---|
| • 자존심의 손상<br>• 도전의 좌절과 자만심의 상충<br>• 현실에서의 부적응<br>• 지나친 경쟁심과 출세욕 | • 직장에서의 대인관계 갈등과 대립<br>• 죽음, 질병<br>• 경제적 어려움 |

0401 / 0702 / 0902

## 36 Repetitive Learning 1회 2회 3회

하버드 학파의 학습지도법에 해당하지 않는 것은?

① 지시(Order)
② 준비(Preparation)
③ 교시(Presentation)
④ 총괄(Generalization)

해설

• 하버드 학파의 5단계 교수법은 준비, 교시, 연합, 총괄, 응용시키는 사고과정의 기술교육 진행방법이다.

▪ 하버드 학파(Havard school)의 학습지도법 5단계

• 1단계 : 준비(Preparation) • 2단계 : 교시(Presentation)
• 3단계 : 연합(Association) • 4단계 : 총괄(Generalization)
• 5단계 : 응용(Application)

2201

## 37 Repetitive Learning 1회 2회 3회

대상물에 대해 지름길을 사용하여 판단할 때 발생하는 지각의 오류가 아닌 것은?

① 후광 효과 ② 최근 효과
③ 결론 효과 ④ 초두 효과

해설

- 지각의 오류와 관련된 인간의 경향성을 나타내는 용어에는 후광효과, 최신 효과, 단순노출 효과, 관대화 효과, 초두 효과 등이 있다.

인간의 경향성(지각의 오류) 관련 용어

| 후광효과 | 한 가지 특성에 기초하여 그 사람의 모든 측면을 판단하는 인간의 경향성 |
|---|---|
| 최신효과 | 가장 최근의 인상으로 그 사람을 판단하는 인간의 경향성 |
| 단순노출 효과 | 계속된 만남을 통해서 호감을 갖게되는 인간의 경향성 |
| 관대화 효과 | 타인을 평가함에 있어 관대하게 평가하려는 경향성 |
| 초두효과 | 첫인상을 가장 중요하게 판단하는 경향성 |
| 엄격화 효과 | 피평가자의 실제 업적이나 능력을 낮게 평가하는 경향성 |
| 중앙집중 효과 | 피평가자들을 모두 중간점수로 평가하려는 경향성 |

0601 / 1301

## 38 Repetitive Learning (1회 2회 3회)

피로의 측정법이 아닌 것은?

① 생리적 방법　② 심리학적 방법
③ 물리학적 방법　④ 생화학적 방법

해설

- 인간의 피로는 물리학적 방법으로 측정하거나 설명하기 힘들다.

피로의 측정법

- 생리학적 방법 – 근전도(EMG), 뇌전도(EEG), 반사역치(PSR), 심전도(ECG), 인지역치(청력검사), 융합점멸주파수(Flicker) 등
- 심리학적 방법 – 피부저항(GSR), 정신작업, 동작분석, 변별역치, 행동기록, 연속반응시간, 전신자각 증상 등
- 생화학적 방법 – 혈액검사, 혈색소농도, 혈액수분, 응혈시간, 부신피질 등
- 자각적 방법 – 자각피로도, 자각증상수 등
- 타각적 방법 – 표정, 태도, 동작궤도, 자세 등
- 호흡기능 – 호흡수 등
- 순환기능 – 심박수 등
- 운동기능 – 근전도 등
- 자율신경기능 – 피부전기저항 등

## 39 Repetitive Learning (1회 2회 3회)

NIOSH의 직무 스트레스 모형에서 각 요인의 세부 항목으로 연결이 틀린 것은?

① 작업요인 – 작업속도
② 조직요인 – 교대근무
③ 환경요인 – 조명, 소음
④ 완충작용요인 – 대응능력

해설

- 교대근무는 작업요인에 해당한다.

미국 국립산업안전보건연구원(NIOSH)의 직무스트레스 모형

| 작업요인 | 조직요인 | 환경요인 |
|---|---|---|
| • 업무부하<br>• 작업속도/과정에 대한 통제<br>• 교대근무 | • 역할모호성/갈등<br>• 역할요구(과중)<br>• 관리유형<br>• 의사결정참여<br>• 경력/직무안정성<br>• 고용의 불확실성 | • 소음<br>• 열냉기<br>• 환기불량/부적절한 조명 |

0401 / 0801 / 0802 / 1401

## 40 Repetitive Learning (1회 2회 3회)

조직이 리더에게 부여하는 권한으로 볼 수 없는 것은?

① 합법적 권한
② 강압적 권한
③ 보상적 권한
④ 전문성의 권한

해설

- 위임된 권한, 전문성의 권한, 준거적 권한은 조직이 리더에게 부여한 권한이라고 볼 수 없다.

리더십 권한

㉠ 조직이 리더에게 부여한 권한
- 합법적 권한 : 군대, 교사, 정부기관 등 합법적 권력이 가지는 권한
- 강압적 권한 : 부하의 처벌, 승진 누락, 봉급의 인상 거부 등 강압적인 힘을 갖는 권한
- 보상적 권한 : 승진, 봉급 인상 등 역할에 대한 보상을 부여하는 권한

㉡ 조직이 리더에게 부여하지 않았지만 조건이 맞을 경우 자발적으로 생성되는 권한
- 위임된 권한 : 목표달성을 위하여 부하 직원들이 상사를 존경하여 상사와 함께 일하고자 할 때 상사에게 부여되는 권한 혹은 지도자 자신이 스스로에게 부여한 권한
- 전문성의 권한 : 전문적 지식을 가진 리더를 부하들이 스스로 따르는 것으로 지도자 자신의 능력에 의해 생성되는 권한
- 준거적 권한 : 리더의 개인적 매력이 중요하며, 매력적인 리더와 함께 하고 싶은 부하들에 의해 조직의 발전이 이뤄진다는 것



38 ③　39 ②　40 ④ 정답

## 3과목 인간공학 및 시스템안전공학

### 41

Repetitive Learning (1회 2회 3회)

음향기기 부품 생산공장에서 안전업무를 담당하는 ○○○ 대리는 공장 내부에 경보등을 설치하는 과정에서 도움이 될 만한 몇 가지 지식을 적용하고자 한다. 적용 지식 중 맞는 것은?

① 신호 대 배경의 휘도대비가 작을 때는 백색신호가 효과적이다.

② 광원의 노출시간이 1초보다 작으면 광속발산도는 작아야 한다.

③ 표적의 크기가 커짐에 따라 광도의 역치가 안정되는 노출시간은 증가한다.

④ 배경광 중 점멸 잡음광의 비율이 10% 이상이면 점멸등은 사용하지 않는 것이 좋다.

**해설**

- 휘도대비가 작을 때는 주변배경과 휘도의 차가 큰 색깔의 신호를 사용하는 것이 효과적이다.
- 광원의 노출시간이 작으면 광속발산도가 커야 주의를 끌 수 있다.
- 표적의 크기가 크면 광도의 역치가 안정되는 노출시간은 짧아진다.

**경보등 설계 및 설치 과정**

- 붉은색 초당 3∼10회의 점멸속도로 0.05초 이상 지속되도록 설계한다.
- 배경보다 2배 이상의 밝기를 사용하며, 일반적으로 경고등은 하나를 사용하고 사용자의 정상시선 안에 설치한다.
- 휘도대비(Contrast)는 대상물과 주변의 휘도를 대비시키는 것이고, 경보등은 작업자의 주의를 끌어야 하므로 휘도대비가 커야 한다. 휘도대비가 작을 때는 주변배경과 휘도의 차가 큰 색깔의 신호를 사용하는 것이 효과적이다.
- 광속발산도(Luminous emittance)는 빛을 발산하는 면에서의 광속의 밀도로 광원의 노출시간이 작으면 광속발산도가 커야 주의를 끌 수 있다.
- 광도의 역치(Threshold)는 시각기관에 흥분을 일으키는 최소한의 자극의 크기로, 표적의 크기가 크면 광도의 역치가 안정되는 노출시간이 짧아진다.
- 배경광 중 점멸 잡음광의 비율이 10% 이상이면 점멸등은 사용하지 않는 것이 좋다.

### 42

Repetitive Learning (1회 2회 3회)

제한된 실내 공간에서 소음문제의 음원에 관한 대책이 아닌 것은?

① 저소음 기계로 대체한다.

② 소음 발생원을 밀폐한다.

③ 방음 보호구를 착용한다.

④ 소음 발생원을 제거한다.

**해설**

- 방음 보호구를 착용하는 것은 음원에 관한 대책이 아니라 작업자의 임시적, 개인적 대책에 해당한다.

**제한된 실내 공간에서의 소음 대책**

- 진동부분의 표면을 줄인다.
- 소음의 전달 경로를 차단한다.
- 벽, 천장, 바닥에 흡음재를 부착한다.
- 소음 발생원을 제거하거나 밀폐한다.
- 저소음 기계로 대체한다.
- 시설기자재를 적절히 배치시킨다.

1004

### 43

Repetitive Learning (1회 2회 3회)

FMEA에서 고장 평점을 결정하는 5가지 평가요소에 해당하지 않는 것은?

① 생산능력의 범위

② 고장발생의 빈도

③ 고장방지의 가능성

④ 영향을 미치는 시스템의 범위

**해설**

- ②, ③, ④ 외 FMEA에서 고장 평점을 결정하는 5가지 평가요소에는 기능적 고장의 중요도와 신규설계 여부가 있다.

**FMEA의 고장 평점 결정 5가지 평가요소**

- 기능적 고장의 중요도
- 영향을 미치는 시스템의 범위
- 고장의 발생 빈도
- 고장방지의 가능성
- 신규설계 여부

정답 | 41 ④ 42 ③ 43 ①

## 44

Repetitive Learning (1회 2회 3회)

다음 그림과 같은 직·병렬 시스템의 신뢰도는?(단, 병렬 각 구성요소의 신뢰도는 R이고, 직렬 구성요소의 신뢰도는 M이다)

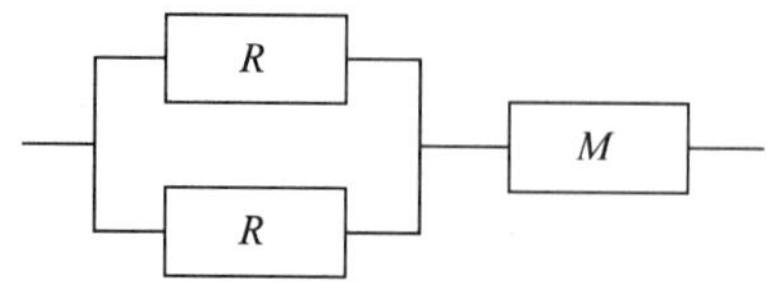


① $MR^3$ ② $R^2(1-MR)$

③ $M(R^2+R)-1$ ④ $M(2R-R^2)$

**해설**

- 먼저 병렬로 연결된 시스템의 신뢰도를 구하면 $1-(1-R)\times(1-R)=1-(1-2R+R^2)=2R-R^2$ 이 된다.
- 위의 결과와 M과의 직렬연결은 $(2R-R^2)\times M=M(2R-R^2)$이다.

**시스템의 신뢰도**

㉠ AND(직렬)연결 시
- 시스템의 신뢰도($R_s$)는 부품 a, 부품 b 신뢰도를 각각 $R_a$, $R_b$라 할 때 $R_s=R_a\times R_b$로 구할 수 있다.

㉡ OR(병렬)연결 시
- 시스템의 신뢰도($R_s$)는 부품 a, 부품 b 신뢰도를 각각 $R_a$, $R_b$라 할 때 $R_s=1-(1-R_a)\times(1-R_b)$로 구할 수 있다.

2101

## 45

Repetitive Learning (1회 2회 3회)

시스템의 수명 및 신뢰성에 관한 설명으로 틀린 것은?

① 병렬설계 및 디레이팅 기술로 시스템의 신뢰성을 증가시킬 수 있다.

② 직렬시스템에서는 부품들 중 최소 수명을 갖는 부품에 의해 시스템 수명이 정해진다.

③ 수리가 가능한 시스템의 평균 수명(MTBF)은 평균 고장률(λ)과 정비례 관계가 성립한다.

④ 수리가 불가능한 구성요소로 병렬구조를 갖는 설비는 중복도가 늘어날수록 시스템 수명이 길어진다.

**해설**

- 수리가 가능한 시스템의 평균 수명(MTBF)은 평균 고장률(λ)과 역비례 관계가 성립한다.

**시스템의 수명 및 신뢰성**

- 병렬설계 및 디레이팅 기술로 시스템의 신뢰성을 증가시킬 수 있다.
- 직렬시스템에서는 부품들 중 최소 수명을 갖는 부품에 의해 시스템 수명이 정해진다.
- 병렬시스템에서는 부품들 중 최대 수명을 갖는 부품에 의해 시스템 수명이 정해진다.
- 수리가 가능한 시스템의 평균 수명(MTBF)은 평균 고장률(λ)과 역비례 관계가 성립한다.
- 수리가 불가능한 구성요소로 병렬구조를 갖는 설비는 중복도가 늘어날수록 시스템 수명이 길어진다.

## 46

Repetitive Learning (1회 2회 3회)

A회사에서는 새로운 기계를 설계하면서 레버를 위로 올리면 압력이 올라가도록 하고, 오른쪽 스위치를 눌렀을 때 오른쪽 전등이 켜지도록 하였다면, 이것은 각각 어떤 유형의 양립성을 고려한 것인가?

① 레버 – 공간양립성, 스위치 – 개념양립성

② 레버 – 운동양립성, 스위치 – 개념양립성

③ 레버 – 개념양립성, 스위치 – 운동양립성

④ 레버 – 운동양립성, 스위치 – 공간양립성

**해설**

- 조종장치의 움직임 방향에 따라 압력이 올라가므로 운동양립성이고, 조종장치의 위치 또는 배열에 맞게 출력장치 역시 동작하였으므로 공간양립성이다.

**양립성(Compatibility)**

㉠ 개요
- 인간의 기대하는 바와 자극 또는 반응들이 일치하는 관계를 말하는데 양립성이 적을수록 정보처리에서 재코드화 과정은 많아진다.
- 양립성의 효과가 크면 클수록, 코딩의 시간이나 반응의 시간은 짧아진다.
- 양립성의 종류에는 운동양립성, 공간양립성, 개념양립성, 양식양립성 등이 있다.

㉡ 양립성의 종류와 개념

| | |
|---|---|
| 공간(Spatial) 양립성 | • 표시장치와 이에 대응하는 조종장치의 위치가 인간의 기대에 모순되지 않는 것<br>• 왼쪽 표시장치와 관련된 조종장치는 왼쪽에, 오른쪽 표시장치에 관련된 조종장치는 오른쪽에 위치하는 것 |



44 ④ 45 ③ 46 ④ | 정답

| | |
|---|---|
| 운동 (Movement) 양립성 | 조종장치의 조작방향에 따라서 기계장치나 자동차 등이 움직이는 것 |
| 개념 (Conceptual) 양립성 | • 인간이 가지는 개념과 일치하게 하는 것<br>• 적색 수도꼭지는 온수, 청색 수도꼭지는 냉수를 의미하는 것이나 위험신호는 빨간색, 주의신호는 노란색, 안전신호는 파란색으로 표시하는 것 |
| 양식 (Modality) 양립성 | 문화적 관습에 의해 생기는 양립성 혹은 직무에 관련된 자극과 이에 대한 응답 등으로 청각적 자극 제시와 이에 대한 음성응답 과업에서 갖는 양립성 |

1302

## 47 Repetitive Learning 1회 2회 3회

현재 시험문제와 같이 4지 택일형 문제의 정보량은 얼마인가?

① 2 bit ② 4 bit
③ 2 byte ④ 4 byte

해설

• 대안이 4개인 경우이므로 $\log_2 4 = \log_2 2^2 = 2\log_2 2 = 2$ bit이다.

정보량

• 대안이 n개인 경우의 정보량은 $\log_2 n$으로 구한다.
• 특정 안이 발생할 확률이 $p(x)$라면 정보량은 $\log_2 \frac{1}{p(x)}$로 구한다.
• 여러 안이 발생할 총 정보량은 [개별 확률 × 개별 정보량의 합]과 같다.

## 48 Repetitive Learning 1회 2회 3회

사업장에서 인간공학의 적용분야로 가장 거리가 먼 것은?

① 제품설계
② 설비의 고장률
③ 재해 · 질병 예방
④ 장비 · 공구 · 설비의 배치

해설

• 설비의 고장률은 설비자체의 기술적인 문제로 인간공학이 개입하기 어렵다.

인간공학(Ergonomics)

㉠ 개요
• "Ergon(작업) + nomos(법칙) + ics(학문)"이 조합된 단어로 Human factors, Human engineering이라고도 한다.
• 인간의 특성과 한계 능력을 공학적으로 분석, 평가하여 이를 복잡한 체계의 설계에 응용함으로써 효율을 최대로 활용할 수 있도록 하는 학문분야이다.
• 인간이 사용하는 물건, 설비, 환경의 설계에 인간의 생리적, 심리적인 면에서의 특성이나 한계점을 고려함으로써 인간-기계 시스템의 안전성과 편리성, 효율성을 높이는 학문분야이다.

㉡ 적용분야
• 제품설계
• 재해 · 질병 예방
• 장비 · 공구 · 설비의 배치
• 작업장 내 조사 및 연구

1401

## 49 Repetitive Learning 1회 2회 3회

음성통신에 있어 소음환경과 관련하여 성격이 다른 지수는?

① AI(Articulation Index) : 명료도 지수
② MAMA(Minimum Audible Movement Angle) : 최소가청각도
③ PSIL(Preferred-Octave Speech Interference Level) : 음성간섭수준
④ PNC(Preferred Noise Criteria Curves) : 선호 소음판단 기준곡선

해설

• 최소가청운동각도(MAMA : Minimum Audible Movement Angle)는 청각신호의 위치를 식별 시 사용하는 척도이다.

소음환경과 관련된 지수

| | |
|---|---|
| AI (Articulation Index) | 신호 대 잡음비를 기반으로 한 명료도 지수이다. |
| PNC (Preferred Noise Criteria Curves) | 실내소음 평가지수이다. |
| PSIL (Preferred-Octave Speech Interference Level) | 우선회화 방해레벨의 개념으로 소음에 대한 상호대화를 방해하는 기준이다. |

**50** ——— Repetitive Learning (1회 2회 3회)

안전교육을 받지 못한 신입직원이 작업 중 전극을 반대로 끼우려고 시도했으나, 플러그의 모양이 반대로는 끼울 수 없도록 설계되어 있어서 사고를 예방할 수 있었다. 작업자가 범한 오류와 이와 같은 사고 예방을 위해 적용된 안전설계 원칙으로 가장 적합한 것은?

① 누락(omission) 오류, Fail safe 설계원칙
② 누락(omission) 오류, Fool proof 설계원칙
③ 작위(commission) 오류, Fail safe 설계원칙
④ 작위(commission) 오류, Fool proof 설계원칙

해설

• 부정확한 수행으로 인한 오류는 실행오류(Commission error)에 해당하고, 이를 사전에 예방한 것은 인간 실수를 예방한 것이므로 풀 프루프(Fool proof) 설계원칙에 해당한다.

:: 행위적 관점에서의 휴먼 에러 분류(Swain)

| | |
|---|---|
| 실행오류 (Commission error) | 작업 수행 중 작업을 정확하게 수행하지 못해 발생한 에러 |
| 생략오류 (Omission error) | 필요한 작업 또는 절차를 수행하지 않는데 기인한 에러 |
| 불필요한 수행오류 (Extraneous error) | 불필요한 작업 또는 절차를 수행함으로써 발생한 에러 |
| 순서오류 (Sequential error) | 필요한 작업 또는 절차의 순서 착오로 인한 에러 |
| 시간오류 (Timing error) | 필요한 작업 또는 절차의 수행을 지연한데 기인한 에러 |

1104 / 1404

**51** ——— Repetitive Learning 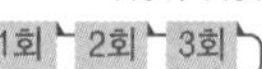

결함수분석법(FTA)의 특징으로 볼 수 없는 것은?

① Top down 형식
② 특정 사상에 대한 해석
③ 정성적 해석의 불가능
④ 논리기호를 사용한 해석

해설

• 결함수분석법은 정성적 평가 후 정량적 평가를 실시하며, 정량적으로 재해발생 확률을 구한다.

:: 결함수분석법(FTA)

㉠ 개요
• 연역적 방법으로 원인을 규명하며, 재해의 정량적 예측이 가능한 분석방법이다.
• 하향식(Top-down) 방법을 사용한다.
• 특정 사상에 대해 짧은 시간에 해석이 가능하다.
• 복잡하고 대형화된 시스템을 논리기호를 사용하여 해석한다.
• 간단한 FT도의 작성으로 정성적 해석이 가능하여 비전문가도 잠재위험을 효율적으로 분석할 수 있다.
• 정성적 평가 후 정량적 평가를 실시하며, 정량적으로 재해발생 확률을 구한다.

㉡ 기대효과
• 사고원인 규명의 간편화
• 노력 시간의 절감
• 사고원인 분석의 정량화
• 시스템의 결함 진단

1101

**52** ——— Repetitive Learning (1회 2회 3회)

작업장 배치 시 유의사항으로 적절하지 않은 것은?

① 작업의 흐름에 따라 기계를 배치한다.
② 생산효율 증대를 위해 기계설비 주위에 재료나 반제품을 충분히 놓아둔다.
③ 공장 내외는 안전한 통로를 두어야 하며, 통로는 선을 그어 작업장과 명확히 구별하도록 한다.
④ 비상시에 쉽게 대비할 수 있는 통로를 마련하고 사고 진압을 위한 활동통로가 반드시 마련되어야 한다.

해설

• 기계설비의 주위에는 작업안전을 위해 제품이나 반제품을 쌓아 두어서는 안 된다.

:: 작업장 배치의 원칙

㉠ 개요
• 사용빈도, 중요도, 기능별, 사용순서의 원칙에 의해 배치한다.
• 작업의 흐름에 따라 기계를 배치한다.
• 배치의 3단계는
지역배치 → 건물배치 → 기계배치 순으로 이뤄진다.
• 공장 내외에는 안전한 통로를 두어야 하며, 통로는 선을 그어 작업장과 명확히 구별하도록 한다.
• 비상시에 쉽게 대비할 수 있는 통로를 마련하고 사고 진압을 위한 활동통로가 반드시 마련되어야 한다.

㉡ 원칙
• 중요성의 원칙, 사용빈도의 원칙 - 우선적인 원칙
• 기능별 배치, 사용순서의 원칙 - 부품의 일반적인 위치 내에서의 구체적인 배치 기준



50 ④ 51 ③ 52 ② | 정답

1402

## 53 Repetitive Learning 1회 2회 3회

산업안전보건법령에 따라 제조업 등 유해·위험방지계획서를 작성하고자 할 때 관련 규정에 따라 1명 이상 포함시켜야 하는 사람의 자격으로 적합하지 않은 것은?

① 한국산업안전보건공단이 실시하는 관련 교육(유해·위험방지계획서 작성과 관련된 교육과정, 공정안전보고서 작성과 관련된 교육과정)을 8시간 이수한 사람
② 기계, 재료, 화학, 전기, 전자, 안전관리 또는 환경분야 기술사 자격을 취득한 사람
③ 관련분야 기사 자격을 취득한 사람으로서 해당 분야에서 3년 이상 근무한 경력이 있는 사람
④ 기계안전, 전기안전, 화공안전분야의 산업안전지도사 또는 산업보건지도사 자격을 취득한 사람

해설

- 한국산업안전보건공단이 실시하는 관련교육을 20시간 이상 이수한 사람이어야 한다.

:: 유해·위험방지계획서 작성 시 포함시켜야 하는 사람
- 한국산업안전보건공단이 실시하는 관련교육을 20시간 이상 이수한 사람
- 기계, 재료, 화학, 전기·전자, 안전관리 또는 환경분야 기술사 자격을 취득한 사람
- 기계, 재료, 화학, 전기·전자, 안전관리 또는 환경분야 기사 자격을 취득한 사람으로서 해당 분야에서 3년 이상 근무한 경력이 있는 사람
- 기계, 재료, 화학, 전기·전자, 안전관리 또는 환경분야 산업기사 자격을 취득한 사람으로서 해당 분야에서 5년 이상 근무한 경력이 있는 사람
- 기계안전·전기안전·화공안전분야의 산업안전지도사 또는 산업보건지도사 자격을 취득한 사람
- 대학 및 산업대학을 졸업한 후 해당 분야에서 5년 이상 근무한 경력이 있는 사람 또는 전문대학을 졸업한 후 해당 분야에서 7년 이상 근무한 경력이 있는 사람
- 전문계 고등학교 또는 이와 같은 수준 이상의 학교를 졸업하고 해당 분야에서 9년 이상 근무한 경력이 있는 사람

0902

## 54 Repetitive Learning 1회 2회 3회

인간이 기계와 비교하여 정보처리 및 결정의 측면에서 상대적으로 우수한 것은?(단, 인공지능은 제외한다)

① 연역적 추리
② 정량적 정보처리
③ 관찰을 통한 일반화
④ 정보의 신속한 보관

해설

- 인간은 관찰을 통해서 일반화하여 귀납적 추리를 가능하게 한다.

:: 인간이 기계를 능가하는 조건
- 관찰을 통해서 일반화하여 귀납적 추리를 한다.
- 완전히 새로운 해결책을 도출할 수 있다.
- 원칙을 적용하여 다양한 문제를 해결할 수 있다.
- 상황에 따라 변하는 복잡한 자극 형태를 식별할 수 있다.
- 다양한 경험을 토대로 하여 의사 결정을 한다.
- 주위의 예기치 못한 사건들을 감지하고 처리하는 임기응변 능력이 있다.

## 55 Repetitive Learning 1회 2회 3회

스트레스에 반응하는 신체의 변화로 맞는 것은?

① 혈소판이나 혈액응고 인자가 증가한다.
② 더 많은 산소를 얻기 위해 호흡이 느려진다.
③ 중요한 장기인 뇌·심장·근육으로 가는 혈류가 감소한다.
④ 상황 판단과 빠른 행동 대응을 위해 감각기관은 매우 둔감해진다.

해설

- 스트레스를 받으면 호흡은 빨라지고, 중요 장기로의 혈류는 증가하고, 감각기관은 예민해진다.

:: 스트레스에 따른 신체반응
- 혈소판이나 혈액응고 인자가 증가한다.
- 더 많은 산소를 얻기 위하여 호흡은 빨라진다.
- 근육이나 뇌, 심장에 더 많은 피를 보내기 위하여 맥박과 혈압은 증가한다.
- 행동을 할 준비를 위해 근육이 긴장한다.
- 상황판단과 빠른 행동을 위해 정신이 명료해지고 감각기관이 예민해진다.
- 중요한 장기인 뇌, 심장, 근육으로 가는 혈류는 증가한다.

정답 | 53 ① 54 ③ 55 ①

## 56

Repetitive Learning 1회 2회 3회

다음의 FT도에서 사상 A의 발생확률 값은?

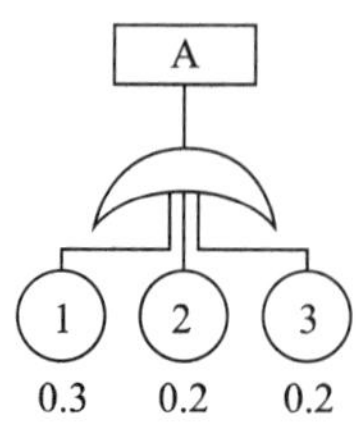


① 게이트 기호가 OR이므로 0.012
② 게이트 기호가 AND이므로 0.012
③ 게이트 기호가 OR이므로 0.552
④ 게이트 기호가 AND이므로 0.552

**해설**

- OR연결이므로 A= 1-(1-0.3)(1-0.2)(1-0.2)이므로 A = 1-(0.7×0.8×0.8) = 1-0.448 = 0.552이다.

⁘ FT도에서 정상(고장)사상 발생확률
㉠ AND(직렬)연결 시
- 사상 A의 발생확률을 $P_A$, 사상 B, 사상 C 발생확률을 $P_B$, $P_C$라 할 때 $P_A = P_B \times P_C$로 구할 수 있다.

㉡ OR(병렬)연결 시
- 사상 A의 발생확률을 $P_A$, 사상 B, 사상 C 발생확률을 $P_B$, $P_C$라 할 때 $P_A = 1-(1-P_B)\times(1-P_C)$로 구할 수 있다.

## 57

Repetitive Learning 1회 2회 3회

작업공간의 포락면(包絡面)에 대한 설명으로 맞는 것은?

① 개인이 그 안에서 일하는 일차원 공간이다.
② 작업복 등은 포락면에 영향을 미치지 않는다.
③ 가장 작은 포락면은 몸통을 움직이는 공간이다.
④ 작업의 성질에 따라 포락면의 경계가 달라진다.

**해설**

- 작업공간의 포락면이란 앉아서 작업하는 데 사용하는 공간으로 작업의 성질에 따라 포락면의 경계는 달라진다.

⁘ 작업공간의 포락면(包絡面)(Work space envelope)
- 한 장소에 앉아서 작업하는 데 사용하는 공간을 말한다.
- 작업의 성질에 따라 포락면의 경계가 달라질 수 있다.

## 58

Repetitive Learning 1회 2회 3회

인간실수확률에 대한 추정기법으로 가장 적절하지 않은 것은?

① CIT(Critical Incident Technique) : 위급사건기법
② FMEA(Failure Mode and Effect Analysis) : 고장형태 영향분석
③ TCRAM(Task Criticality Rating Analysis Method) : 직무위급도 분석법
④ THERP(Technique for Human Error Rate Prediction) : 인간 실수율 예측기법

**해설**

- FMEA는 시스템이나 서브시스템 위험분석을 위하여 일반적으로 사용되는 전형적인 정성적, 귀납적 분석기법으로 시스템에 영향을 미치는 모든 요소의 고장을 형태별로 분석하여 그 영향을 검토하는 분석기법이다.

⁘ 인간실수확률에 대한 추정기법의 종류

| | |
|---|---|
| Critical Incident Technique(CIT) | 위급사건기법 - 면접법 |
| Task Criticality Rating Analysis Method(TCRAM) | 직무위급도 분석법 |
| Technique for Human Error Rate Prediction(THERP) | 인간 실수율 예측기법 |
| Human Error Rate Bank(HERB) | 인간실수 자료은행 |
| Human Error Simulator(HES) | 인간실수 모의실험 |
| Operator Action Tree(OAT) | 조작자 행동 나무 |
| Fault Tree Analysis(FTA) | 간헐적 사건의 결함나무 분석 |

## 59

Repetitive Learning 1회 2회 3회

입력 B1과 B2의 어느 한쪽이 일어나면 출력 A가 생기는 경우를 논리합의 관계라 한다. 이때 입력과 출력 사이에는 무슨 게이트로 연결되는가?

① OR 게이트 ② 억제 게이트
③ AND 게이트 ④ 부정 게이트

**해설**

- 억제 게이트는 조건부 사건이 발생된 상황에서 입력이 발생할 때 출력이 발생되는 게이트이다.
- AND 게이트는 논리곱 관계를 의미한다.
- 부정 게이트는 논리부정 관계를 의미한다.



56 ③ 57 ④ 58 ② 59 ① 정답

:: OR 게이트

- 입력의 사상 중 어느 하나라도 입력이 있으면 출력이 발생하는 게이트로 논리합의 관계를 표시한다.
- (OR 게이트 기호)로 표시한다.

1104

## 60 Repetitive Learning (1회 2회 3회)

어떤 소리가 1,000Hz, 60dB인 음과 같은 높이임에도 4배 더 크게 들린다면, 이 소리의 음압수준은 얼마인가?

① 70dB ② 80dB
③ 90dB ④ 100dB

해설

- 기준음을 60dB로 했을 때의 4배(sone값)이므로

phon 값을 구하면 $4=2^{\frac{phon-60}{10}}$ 이 되므로

$\frac{phon-60}{10}=2$가 되어야 하므로 phon 값은 80이 되어야 한다.

:: sone 값

- 인간이 청각으로 느끼는 소리의 크기를 측정하는 척도 중 하나이다.
- 기준 음에 비해서 몇 배의 크기를 갖느냐는 음의 sone값이 결정한다.
- 1 sone은 40dB의 1,000Hz 순음의 크기로 40phon의 값을 의미한다.
- phon의 값이 주어질 때 sone $=2^{\frac{phon-40}{10}}$ 으로 구한다.

# 4과목 건설시공학

## 61 Repetitive Learning (1회 2회 3회)

수평, 수직적으로 반복된 구조물을 시공 이음 없이 균일한 형상으로 시공하기 위하여 요크(Yoke), 로드(Rod), 유압잭(Jack)을 이용하여 거푸집을 연속적으로 이동시키면서 콘크리트를 타설할 수 있는 시스템거푸집은?

① 슬라이딩폼 ② 갱폼
③ 터널폼 ④ 트래블링폼

해설

- 갱폼은 주로 고층 아파트에서와 같이 평면상 상/하부 동일 단면 구조물에서 사용하는 작업발판 일체형 대형 거푸집을 말한다.
- 터널폼은 벽식 철근콘크리트 구조를 시공할 때 벽과 바닥의 콘크리트 타설을 한 번에 가능하게 하기 위한 작업발판 일체형 거푸집을 말한다.
- 트래블링폼은 터널 등에서 연속하여 콘크리트 타설이 가능하도록 기계적 장치를 이용해 수평으로 이동 가능한 대형 거푸집이다.

:: 슬라이딩폼(Sliding form) 실작 1604/1401

㉠ 개요

- 수평 및 수직으로 반복된 구조물을 시공이음 없이 균일하게 시공하기 위해 사용되는 거푸집의 종류이다.
- 로드(Rod) · 유압잭(Jack) 등을 이용하여 거푸집을 연속적으로 이동시키면서 콘크리트를 타설할 때 사용된다.
- 원자력 발전소의 원자로격납용기(Containment vessel), Silo 공사 등에 적합한 거푸집이다.

㉡ 특징

- 1일 5~10m 정도 수직시공이 가능하도록 시공속도가 빠르다.
- 마감작업이 동시에 진행되므로 공정이 단순화된다.
- 구조물 형태에 따른 사용 제약이 있다.
- 형상 및 치수가 정확하며 시공오차가 적다.

0402

## 62 Repetitive Learning (1회 2회 3회)

다음 중 철골 세우기용 기계가 아닌 것은?

① Stiff leg derrick ② Guy derrick
③ Penumatic hammer ④ Truck crane

해설

- Penumatic hammer는 공기압을 이용하는 해머로 건물해체용 장비의 한 종류이다.

:: 철골 세우기용 기계설비

- 스티프레그데릭(Stiff leg derrick) – 수평이동이 용이하고 건물의 층수가 적은 긴 평면 또는 당김줄을 마음대로 맬 수 없을 때 유리하며 회전범위가 270°인 기계설비이다.
- 가이데릭(Guy derrick) – 와이어로프에 의해 하물을 인양하는 기계로 360° 회전이 가능하고, 마스트, 붐, 원동기 등으로 구성된다.
- 트럭크레인(Truck crane) – 운반 작업에 편리하고 평면적인 넓은 장소에 기동력 있게 작업할 수 있는 철골용 기계장비이다.
- 진폴(Gin pole) – 철제나 나무를 기둥으로 세운 후 윈치나 사람의 힘을 이용해 하물을 인양하는 설비로 소규모 또는 가이데릭으로 할 수 없는 펜트하우스 등의 돌출부에 쓰이고 중량재료를 달아 올리기에 편리한 철골 세우기용 기계설비이다.
- 타워크레인(Tower crane) – 주로 대형 공사현장에서 많이 사용되는 인양장비로 주행부가 궤도로 되어있어 작업능률이 좋고 360° 회전이 가능하다.

정답 | 60 ② 61 ① 62 ③

## 63 Repetitive Learning (1회 2회 3회)

콘크리트의 수화작용 및 워커빌리티에 영향을 미치는 요소에 관한 설명으로 옳지 않은 것은?

① 시멘트의 분말도가 클수록 수화작용이 빠르다.
② 단위수량을 증가시킬수록 재료분리가 감소하여 워커빌리티가 좋아진다.
③ 비빔시간이 길어질수록 수화작용을 촉진시켜 워커빌리티가 저하된다.
④ 쇄석의 사용은 워커빌리티를 저하시킨다.

해설

- 단위수량(물)을 증가시키면 골재와 페이스트가 분리를 일으키고, 블리딩(Bleeding)의 양이 증가하여 건조수축에 의한 균열의 가능성이 커져 워커빌리티 및 콘크리트의 품질을 저하시킨다.

콘크리트의 워커빌리티(Workability)

㉠ 개요
- 재료의 분리를 일으키지 않고 타설, 응결 및 마감 등의 작업이 용이한 정도를 표시하는 콘크리트의 성질로 시공성이라고도 한다.
- 워커빌리티를 측정하는 방법에는 슬럼프 시험, 다짐계수 시험, 슬럼프 플로시험, 미롤링 시험, VB시험 등이 있다.
- 슬럼프(Slump)는 슬럼프 콘에 콘크리트를 부어넣고 25회 다진 후 콘을 들어 올렸을 때 콘크리트가 가라앉는 높이로 유동성을 나타낸다.
- 슬럼프 플로는 충격을 받은 콘크리트 덩어리의 퍼짐 정도를 측정한 것으로 콘크리트의 유동성과 분리저항성을 나타낸다.
- 반죽질기(Consistency)는 단위수량에 따른 콘크리트의 연도를 나타낸 값이다.

㉡ 워커빌리티에 영향을 주는 요인

| | |
|---|---|
| 시멘트 | 단위 시멘트의 양이 많을수록, 시멘트의 분말도가 미세할수록 점성이 증가하고 워커빌리티는 향상된다. |
| 골재 | • 입형은 구에 가까울수록 워커빌리티는 좋아지고, 편평할수록 워커빌리티는 나빠진다.<br>• 골재의 최대크기가 작을수록 워커빌리티는 좋아진다. |
| 물 | • 단위수량이 증가하면 골재와 페이스트가 분리되므로 워커빌리티가 나빠진다.<br>• 단위수량이 약 1.2% 증가하면 슬럼프는 10mm 증가한다.<br>• 단위수량이 매우 작으면 유동성이 감소하여 워커빌리티가 저하된다. |
| 혼화재(제) | • AE제, AE감수제 등의 사용은 워커빌리티를 향상시킨다.<br>• 공기량이 1% 증가 시 슬럼프는 약 2% 증가, 단위수량은 3% 감소, 압축강도는 4～6% 감소한다.<br>• Fly-ash, 화산회, 점토 등도 워커빌리티를 향상시킨다. |
| 배합 | • 쇄석의 사용은 워커빌리티를 저하시키므로 쇄석 콘크리트를 사용하는 경우에는 세골재 비율을 높여서 워커빌리티를 향상시킬 필요가 있다.<br>• 비빔시간이 길어질수록 수화작용이 촉진되고 워커빌리티는 저하된다. |

1502

## 64 Repetitive Learning (1회 2회 3회)

철골구조의 녹막이 칠 작업을 실시하는 곳은?

① 콘크리트에 매입되지 않는 부분
② 고력볼트 마찰 접합부의 마찰면
③ 폐쇄형 단면을 한 부재의 밀폐된 면
④ 조립상 표면접합이 되는 면

해설

- 녹막이 칠을 해야 하는 부분은 리벳 머리 등 콘크리트에 매입되지 않는 부분이다.

철골의 공장 가공 공정

㉠ 개요
- 원척도작성 – 본뜨기 – 금매김 – 절단 – 구멍뚫기 – 가조립 – 리벳치기 – 검사 – 녹막이 칠 순으로 진행한다.
- 원척도란 설계도면이나 시방서에 표시된 부재의 길이, 너비 등을 1 : 1로 그린 것을 말한다.
- 금매김은 본판 및 리벳간격을 그린 장척물로 강재면에 강치로 리벳 구멍의 위치, 절단개소 등을 그려 넣는다.
- 절단의 종류에는 전단절단, 톱절단, 가스절단, 플라즈마절단, 레이저절단 등이 있다.
- 구멍뚫기 작업 후 구멍의 위치가 다소 다를 때 구멍을 맞추기 위해 구멍가심(Reaming) 작업을 한다.
- 철골의 공장가공 중 가조립을 할 때 가볼트의 수는 전 리벳 구멍의 1/3 이상이어야 한다.
- 밀 스케일, 스패터 등을 제거한 후 현장운반에 앞서 녹막이 칠을 한다.

㉡ 절단의 종류
- 전단절단 : 강판의 절단 시 사용한다.
- 톱절단 : 철골부재 절단방법 중 가장 정밀한 절단방법으로 앵글커터(Angle cutter), 프릭션 소(Friction saw) 등으로 작업한다.



63 ② 64 ① 정답

ⓒ 녹막이 칠
- 녹막이 칠을 해야 하는 부분은 리벳 머리 등 콘크리트에 매입되지 않는 부분이다.
- 녹막이 칠을 하지 않아야 하는 부분은 현장용접 부위(용접부에서 양측 100mm 이내), 현장접합 재료의 손상부위, 고력볼트 마찰접합부의 마찰면, 콘크리트에 매립되는 부분, 현장에서 깎기 마무리가 필요한 부분 등이다.

0402 / 0504 / 0704

## 65 ——— Repetitive Learning (1회 2회 3회)

조적조의 벽체 상부에 철근콘크리트 테두리보를 설치하는 가장 중요한 이유는?

① 벽체에 개구부를 설치하기 위하여
② 조적조의 벽체와 일체가 되어 건물의 강도를 높이고 하중을 균등하게 전달하기 위하여
③ 조적조의 벽체의 수직하중을 특정 부위에 집중시키고 벽돌 수량을 절감하기 위하여
④ 상층부 조적조 시공을 편리하게 하기 위하여

해설
- 철근콘크리트 테두리보는 조적조의 벽체와 일체가 되어 건물의 강도를 높이고 하중을 균등하게 전달하기 위하여 철골 또는 철근·콘크리트 구조로 설치한다.

철근콘크리트 테두리보의 설치
- 조적조의 벽체와 일체가 되어 건물의 강도를 높이고 하중을 균등하게 전달하기 위하여 설치한다.
- 테두리보는 철골 또는 철근·콘크리트 구조로 한다.
- 테두리보의 폭은 조적벽체 두께 이상으로 하고, 춤은 테두리보 폭의 1.5배 또는 30cm 이상으로 한다.

## 66 ——— Repetitive Learning (1회 2회 3회)

LOB(Line Of Balance) 기법을 옳게 설명한 것은?

① 세로축에 작업명을 순서에 따라 배열하고 가로축에 날짜를 표기한 다음, 각 작업의 시작과 끝을 연결한 횡선의 길이로 작업 길이를 표시한 기법
② 종래의 건축공사에 있어서 낭비요인을 배제하고, 작업의 고밀도화와 인원, 기계, 자재의 효율화를 꾀함으로써 공기의 단축과 원가절감을 이루는 기법
③ 반복작업에서 각 작업조의 생산성을 유지시키면서 그 생산성을 기울기로 하는 직선으로 각 반복작업의 진행을 표시하여 전체공사를 도식화하는 기법
④ 공구별로 직렬 연결된 작업을 다수 반복하여 사용하는 기법

해설
- ①은 바 차트에 대한 설명이다.
- ②는 공정·자원 통합관리의 일반적인 목적에 해당한다.
- ④는 TACT 공정기법

LOB(Line Of Balance) 기법
- 조립라인의 일정을 통제하기 위해 만든 그래픽 기법으로 일정통제 균형성 기법이라고도 한다.
- 반복작업에서 각 작업조의 생산성을 유지시키면서 그 생산성을 기울기로 하는 직선으로 각 반복작업의 진행을 표시하여 전체공사를 도식화하는 기법이다.

0301 / 1302

## 67 ——— Repetitive Learning (1회 2회 3회)

건축시공계획수립에 있어 우선순위에 따른 고려사항으로 가장 거리가 먼 것은?

① 공종별 재료량 및 품셈
② 재해방지대책
③ 공정표 작성
④ 원척도(原尺圖)의 제작

해설
- 원척도는 시공현장의 현장감독원과 감리자가 협의하는 사항으로 시공계획 수립 시 고려사항에 해당하지 않는다.

공사계획 수립순서
- 1단계 : 현장투입직원조직 편성 – 가장 먼저 수립되어야 함
- 2단계 : 공정표의 작성 – 공사 착수 전 선행되어야 함
- 3단계 : 실행예산의 편성
- 4단계 : 시공순서 및 시공방법의 계획
- 5단계 : 하도급업체의 선정
- 6단계 : 자재 및 기계·장비 계획
- 7단계 : 재해방지계획 및 품질관리 계획

정답 | 65 ② 66 ③ 67 ④

1402 / 2102

## 68

철근의 피복 두께 확보 목적과 가장 거리가 먼 것은?

① 내화성 확보　　② 내구성 확보
③ 구조내력의 확보　　④ 블리딩 현상 방지

해설

• 철근을 피복하는 이유는 철근의 부식방지, 내화성 및 내구성 확보, 골재의 유동성 확보, 구조내력 및 부착력의 확보 등에 있다.

철근의 피복 두께
- 피복 두께란 철근 표면에서 이를 감싸고 있는 콘크리트 표면까지의 두께를 말한다.
- 철근의 부식방지, 내화성 및 내구성 확보, 골재의 유동성 확보, 구조내력 및 부착력의 확보를 위해 철근 두께를 유지하여야 한다.

1402 / 2101

## 69

지반개량 지정공사 중 응결공법이 아닌 것은?

① 플라스틱드레인 공법　　② 시멘트처리 공법
③ 석회처리 공법　　④ 심층혼합처리 공법

해설

• 플라스틱드레인 공법은 투수성이 좋은 부직포와 플라스틱 압출제품을 접착시켜 연약지반의 간극수를 신속하게 배출시키는 탈수공법에 속한다.

지반개량 공법

㉠ 개요
- 흙의 성질을 개선하여 지반 지지력의 증대, 침하의 방지, 수압 및 투수성의 감소 또는 제거를 목적으로 하는 공법을 말한다.
- 크게 흙의 치환, 탈수, 다짐, 배수, 고결 등의 방법을 사용한다.

㉡ 점성토 개량 공법
- 탈수(강제압밀) 공법 – 수위저하 공법, 성토 공법, Sand drain 공법, Paper drain 공법, Plastic board drain 공법, Preloading 공법, 생석회말뚝 공법, 침투압 공법 등이 있다.
- 치환 공법 – 굴착치환 공법, 자중에 의한 압출치환 공법, 폭파에 의한 폭파치환 공법 등이 있다.

㉢ 사질토 개량 공법
- 다짐 공법 – 다짐말뚝 공법, Compozer 공법, Vibro-flotation 공법, 전기충격식 공법, 폭파다짐 공법 등이 있다.
- 배수 공법 – Well point 공법이 있다.
- 고결(응결) 공법 – 약액주입 공법으로 시멘트처리 공법, 석회처리 공법, 심층혼합처리 공법, 기타 공법 등이 있다.

1102 / 1401 / 2104

## 70

Repetitive Learning (1회 2회 3회)

피어 기초공사에 관한 설명으로 옳지 않은 것은?

① 중량구조물을 설치하는 데 있어서 지반이 연약하거나 말뚝으로도 수직지지력이 부족하고 그 시공이 불가능한 경우와 기조지반의 교란을 최소화해야 할 경우에 채용한다.
② 굴착된 흙을 직접 탐사할 수 있고 지지층의 상태를 확인할 수 있다.
③ 무진동, 무소음 공법이며, 여타 기초형식에 비하여 공기 및 비용이 적게 소요된다.
④ 피어 기초를 채용한 국내의 초고층 건축물에는 63빌딩이 있다.

해설

• 기후의 영향을 많이 받으며, 기후가 악조건일 경우 공기가 길어지고 비용이 많이 소요된다.

피어(Pier) 기초공사

㉠ 개요
- 피어 기초란 구조물의 하중을 단단한 지반에 전달하기 위하여 수직공을 굴착하고 그 수직공에 트레미관을 이용하여 콘크리트를 타설하여 만들어진 기초를 말한다.
- 무소음, 무진동 공법으로 히빙이나 진동을 일으키지 않아 시가지 공사에 적합하다.
- 피어 기초를 채용한 국내의 초고층 건축물에는 63빌딩이 있다.
- 중량구조물을 설치하는 데 있어서 지반이 연약하거나 말뚝으로도 수직지지력이 부족하고 그 시공이 불가능한 경우와 기조지반의 교란을 최소화해야 할 경우에 채용한다.
- 굴착된 흙을 직접 탐사할 수 있고 지지층의 상태를 확인할 수 있다.
- 공벽의 붕괴를 방지하기 위해 벤토나이트 안정액을 주입한다.
- 기후의 영향을 많이 받으며, 기후가 악조건일 경우 공기가 길어지고 비용이 많이 소요된다.

㉡ 관련용어
- 교각(Pier)은 교량의 하부 구조로 교량 거더를 지지하고 교량 거더로부터의 하중을 하방 지반으로 전달하는 구조물을 말한다.
- 케이싱(Casing)은 현장치기 콘크리트말뚝 등에서 굴착 구멍이 붕괴되지 않도록 구멍의 전장 혹은 상부에 넣는 강관으로 Benoto 공법에서 많이 이용한다.



68 ④ 69 ① 70 ③ 정답

## 71

Repetitive Learning 1회 2회 3회

벽돌쌓기에 관한 설명으로 옳지 않은 것은?

① 붉은 벽돌은 쌓기 전 벽돌을 완전히 건조시켜야 한다.
② 하루 벽돌의 쌓는 높이는 1.2m를 표준으로 하고 최대 1.5m 이내로 한다.
③ 벽돌벽이 블록벽과 서로 직각으로 만날 때는 연결철물을 만들어 블록 3단마다 보강하며 쌓는다.
④ 연속되는 벽면의 일부를 트이게 하여 나중쌓기로 할 때에는 그 부분을 층단 들여쌓기로 한다.

해설

- 벽돌은 충분히 물축임을 한 후 쌓는다.

**벽돌쌓기 주의사항**

- 내화벽돌은 건조 상태에서 시공한다.
- 벽돌은 충분히 물축임을 한 후 쌓는다.
- 하루 벽돌의 쌓는 높이는 1.2m를 표준으로 하고 최대 1.5m 이내로 한다.
- 벽돌은 균일한 높이로 쌓고 굳기 전에 벽돌을 움직이지 않도록 한다.
- 벽돌벽이 블록벽과 서로 직각으로 만날 때는 연결철물을 만들어 블록 3단마다 보강하며 쌓는다.
- 벽돌벽이 콘크리트 기둥과 만날 때는 그 사이에 모르타르를 충전한다.
- 벽돌쌓기는 모서리, 구석 및 중간요소에 먼저 기준쌓기를 하고 나머지 부분을 쌓아 나간다.
- 연속되는 벽면의 일부를 트이게 하여 나중쌓기로 할 때에는 그 부분을 층단 들여쌓기로 한다.
- 모르타르는 벽돌강도와 같은 정도의 것을 쓰고 굳기 시작한 것은 쓰지 않는다.
- 줄눈 사용 모르타르의 강도는 벽돌강도보다 작아서는 안 된다.
- 사춤모르타르는 매 커마다 하는 것이 좋으나 일반적으로 3 ~ 5켜마다 한다.
- 세로줄눈은 통줄눈, 실줄눈이 되지 않도록 한다.
- 벽돌쌓기는 도면 또는 공사시방서에서 정한 바가 없을 때에는 영식쌓기 또는 화란식쌓기로 한다.
- 가로 및 세로줄눈의 너비는 도면 또는 공사시방서에서 정한 바가 없을 때에는 10mm를 표준으로 한다.
- 치장줄눈은 되도록 짧은 시일에 줄눈이 완전히 굳기 전에 하는 것이 좋다.
- 하루 일이 끝날 때에 켜에 차가 나면 층단 들여쌓기로 하여 다음 날의 일과 연결이 쉽게 한다.
- 세로규준틀은 건물의 모서리나 구석에 설치함을 원칙으로 한다.
- 내력벽은 상부 구조물의 하중을 기초에 전달하는 벽으로 세워쌓기나 옆쌓기를 피하는 것이 좋다.

## 72

Repetitive Learning 1회 2회 3회

거푸집 해체 시 확인해야 할 사항이 아닌 것은?

① 거푸집의 내공 치수
② 수직, 수평부재의 존치기간 준수 여부
③ 소요강도 확보 이전에 지주의 교환 여부
④ 거푸집 해체용 압축강도 확인시험 실시 여부

해설

- 내공 치수란 터널 등에서 사용하는 복공 안쪽의 치수로 거푸집 해체 시 확인사항과는 거리가 멀다.

**거푸집 해체를 위한 검사**

- 수직, 수평부재의 존치기간 준수 여부
- 소요의 강도 확보 이전에 지주의 교환 여부
- 거푸집 해체용 압축강도 확인시험 실시 여부

0704

## 73

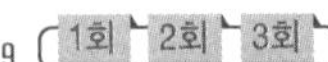
Repetitive Learning 1회 2회 3회

KS L 5201에 정의된 포틀랜드시멘트의 종류가 아닌 것은?

① 고로포틀랜드시멘트
② 조강포틀랜드시멘트
③ 저열포틀랜드시멘트
④ 중용열포틀랜드시멘트

해설

- 포틀랜드시멘트의 종류에는 보통포틀랜드시멘트, 중용열포틀랜드시멘트, 조강포틀랜드시멘트, 저열포틀랜드시멘트, 내황산염포틀랜드시멘트 등이 있다.

**포틀랜드시멘트(Portland cement)**

- 포틀랜드시멘트는 실리카, 알루미나, 산화철 및 석회를 혼합하여 사용한다.
- 성분구성

| CaO | $SiO_2$ | $Al_2O_3$ | $Fe_2O_3$ | MgO |
|---|---|---|---|---|
| 60 ~ 67% | 17 ~ 25% | 3 ~ 8% | 0.5 ~ 6% | 0.1 ~ 4% |

- 종류에는 보통포틀랜드시멘트, 중용열포틀랜드시멘트, 조강포틀랜드시멘트, 저열포틀랜드시멘트, 내황산염포틀랜드시멘트 등이 있다.

정답 | 71 ① 72 ① 73 ①

1102

## 74

Repetitive Learning 1회 2회 3회

지수 흙막이 벽으로 말뚝 구멍을 하나 걸름으로 뚫고 콘크리트를 타설하여 만든 후, 말뚝과 말뚝 사이에 다음 말뚝구멍을 뚫어 흙막이 벽을 완성하는 공법은?

① 어스드릴 공법(Earth drill method)
② CIP말뚝 공법(Cast-In-Place pile method)
③ 콤프레솔파일 공법(Compressol pile method)
④ 이코스파일 공법(Icos pile method)

**해설**

- 어스드릴 공법은 굴착 공에 철근망을 삽입하고 콘크리트를 타설하여 말뚝을 형성하는 공법이다.
- CIP파일은 지하수가 없는 비교적 경질인 지층에서 어스오거로 구멍을 뚫고 그 내부에 철근과 자갈을 채운 후, 미리 삽입해 둔 파이프를 통해 저면에서부터 모르타르를 채워 올라오게 하는 공법이다.
- 콤프레솔파일(Compressol pile) 공법은 끝이 뾰족한 추로 구멍을 만든 후 콘크리트를 부어 둥근 추로 다져넣은 다음 다시 평편한 추로 단단하게 다져 말뚝을 만드는 공법이다.

**이코스파일 공법(Icos pile method)**
- 제자리콘크리트말뚝박기 공법 중 지수벽(止水壁)을 만드는 공법이다.
- 말뚝 구멍을 하나 걸러서 뚫고 콘크리트를 부어 넣어 만들고 말뚝과 말뚝 사이에 다음 말뚝 구멍을 뚫어 흙막이 벽을 만드는 공법이다.
- 도시 소음방지 또는 근접건물의 침하우려 시 유효한 공법이다.
- 굴착 벽면의 붕괴방지 및 지하수 유입방지를 위해 벤토나이트 용액을 안정액으로 사용한다.

## 75

Repetitive Learning 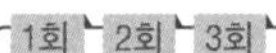

다음 중 공기량 측정기에 해당하는 것은?

① 리바운드 기록지(Rebound check sheet)
② 디스펜서(Dispenser)
③ 워싱턴 미터(Washington meter)
④ 이넌데이터(Inundator)

**해설**

- 리바운드 기록지(Rebound check sheet)는 말뚝항타 시에 최대 침하량과 관입량과의 차를 기록하는 양식이다.
- 디스펜서(Dispenser)는 AE제 용액의 계량 장치로, 부피를 계량하는 것이다.
- 이넌데이터(Inundator)는 모래용적 계량장치이다.

**워싱턴 미터(Washington meter)**
- 콘크리트 내 공기량을 측정하는 장치이다.
- 보일(Boyle)의 법칙을 이용하여 굳지 않은 콘크리트의 공기함 유량을 압력의 감소에 의해 시험하는 방법이다.

0402 / 0601

## 76

Repetitive Learning 1회 2회 3회

보통콘크리트와 비교한 경량콘크리트의 특징이 아닌 것은?

① 자중이 작고 건물중량이 경감된다.
② 강도가 작은 편이다.
③ 건조수축이 작다.
④ 내화성이 크고 열전도율이 작으며 방음효과가 크다.

**해설**

- 경량콘크리트는 시공이 복잡하며, 건조수축이 크고 중성화가 빠른 단점을 갖는다.

**경량콘크리트**

㉠ 개요
- 콘크리트의 단위중량을 줄여 단면과 기초의 크기를 축소하고 이를 통해 구조물의 효용성을 높이며 단열·방음성 등을 개선하기 위해 개발된 콘크리트를 말한다.
- 단위 용적 중량 2.0t/㎥ 이하의 콘크리트를 말한다.
- 경량콘크리트의 종류에는 경량골재콘크리트, 경량기포콘크리트, 다공질콘크리트, 톱밥콘크리트, 신더콘크리트 등이 있다.

㉡ 특징
- 자중이 작고 건물중량이 경감된다.
- 강도가 작은 편이다.
- 내화성이 크고 열전도율이 작으며 방음효과가 크다.
- 시공이 복잡하며, 건조수축이 크고 중성화가 빠른 단점을 갖는다.

1004

## 77

Repetitive Learning 

주변 건물이나 옹벽, 철탑 등 터파기 주위의 주요 구조물에 설치하여 구조물의 경사 변형상태를 측정하는 장비는?

① Piezometer
② Tiltmeter
③ Load cell
④ Strain gauge



74 ④ 75 ③ 76 ③ 77 ② 정답

해설

- 간극수압계(Piezometer)는 굴착공사에 따른 간극수압의 변화를 측정하는 기구이다.
- 하중계(Load cell)는 버팀보 어스앵커(Earth anchor) 등의 실제 축 하중 변화를 측정하는 계측기구이다.
- 변형률계(Strain gauge)는 흙막이 가시설의 버팀대(Strut)의 변형을 측정하는 계측기구이다.

건물경사계(Tiltmeter)

- 토공사 시 구조물의 안전진단에 사용하는 현장 계측장비이다.
- 주변 건물이나 옹벽, 철탑 등 터파기 주위의 주요 구조물에 설치하여 구조물의 경사, 변형상태를 측정하는 장비이다.

1504

## 78

Repetitive Learning 1회 2회 3회

대규모 공사 시 한 현장 안에서 여러 지역별로 공사를 분리하여 공사를 발주하는 방식은?

① 공정별 분할 도급 ② 공구별 분할 도급
③ 전문공종별 분할 도급 ④ 직종별, 공종별 분할 도급

해설

- 공종별로 나누면 전문공종별 분할, 작업공정별로 나누면 공정별 분할, 지역별로 나누면 공구별 분할, 총괄도급자가 직영하는 경우는 직종별, 공종별 분할 도급이다.

공구별 분할 도급

- 대규모 공사에서 지역별로 공사를 분리하여 발주하는 방식이고 각 공구마다 총괄도급으로 하는 것이 보통이며, 중소업자에게 균등기회를 주고 또 업자 상호 간의 경쟁으로 공사기일 단축, 시공기술향상 및 공사의 높은 성과를 기대할 수 있어 유리한 도급 방법이다.
- 지하철 공사, 고속도로 공사 및 대규모 아파트단지 등의 대규모 공사에서 지역별로 공사를 구분하여 발주하는 도급 방식이다.

0502 / 0801 / 1004 / 2104

## 79

Repetitive Learning 1회 2회 3회

기존에 구축된 건축물 가까이에서 건축공사를 실시할 경우 기존 건축물의 지반과 기초를 보강하는 공법은?

① 리버스서큐레이션 공법 ② 슬러리월 공법
③ 언더피닝 공법 ④ 탑다운 공법

해설

- 리버스서큘레이션 공법은 현장타설 말뚝 공법의 한 종류로 굴착토사와 물 등을 파이프 내부를 통해 역순환시켜 배출하는 공법이다.
- 슬러리월 공법은 지하연속벽 공법으로 지하연속벽을 흙막이 벽으로 하여 굴착하면서 구조체를 형성해가는 공법이다.
- 탑다운 공법은 역타 공법이라고도 하며, 지하 터파기와 지상의 구조체 공사를 병행하여 시공하는 공법을 말한다.

언더피닝(Underpinning) 공법

- 가설기초의 용량(지지력)과 심도를 증가시키기 위하여 새로운 영구적인 지지력을 첨가하는 것을 말한다. 기존 건물 또는 공작물의 기초나 지정을 보강하거나 또는 거기에 새로운 기초를 삽입하거나 지지면을 더 깊은 지반에 옮겨 안전하게 하기 위한 지반개량 공법이다.
- 기존에 구축된 건축물 가까이에서 건축공사를 실시할 경우 기존 건축물기초의 침하 우려에 대비하여 지반과 기초를 보강하는 공법을 말한다.
- 언더피닝 공법에는 강재말뚝 공법, 약액주입법, 2중 널말뚝 공법, 피트 공법, 차단벽 공법, 웰포인트 공법 등이 있다.

1302

## 80

Repetitive Learning 1회 2회 3회

공동 도급 방식의 장점에 관한 설명으로 옳지 않은 것은?

① 각 회사의 상호신뢰와 협조로써 긍정적인 효과를 거둘 수 있다.
② 공사의 진행이 수월하며 위험부담이 분산된다.
③ 기술의 확충, 강화 및 경험의 증대 효과를 얻을 수 있다.
④ 시공이 우수하고 공사비를 절약할 수 있다.

해설

- 공동 도급 방식은 1개 회사에서 진행하는 일식공사에 비해 공사 경비가 증대될 수 있다.

공동 도급 방식(Joint venture contract)

㉠ 개요

- 1개 회사가 단독으로 도급을 수행하기에는 규모가 클 경우 또는 복수 공사일 때 2개 이상의 회사가 임시로 결합하여 연대책임으로 공사를 하고 공사 완성 후 해산하는 방식을 말한다.

㉡ 장점

- 각 회사의 상호신뢰와 협조로써 긍정적인 효과를 거둘 수 있다.
- 공사의 진행이 수월하며 위험부담이 분산된다.
- 2 이상의 도급자가 공동으로 기업체를 만들기 때문에 자금부담이 경감된다.
- 신기술 및 신공법을 적용할 경우 상호기술의 확충 및 새로운 경험을 얻을 수 있다.
- 주문자로서는 시공의 확실성을 기대할 수 있다.

㉢ 단점

- 공동 도급 구성원 상호 간의 이해충돌이 발생가능하며, 현장관리가 곤란하다.
- 공사경비가 증대될 수 있다.
- 책임소재가 불명확할 수 있다.

정답 78 ② 79 ③ 80 ④

## 5과목 건설재료학

### 81

Repetitive Learning (1회 2회 3회)

다음 각 미장재료에 관한 설명으로 옳지 않은 것은?

① 생석회에 물을 첨가하면 소석회가 된다.
② 돌로마이트플라스터는 응결기간이 짧으므로 지연제를 첨가한다.
③ 회반죽은 소석회에서 모래, 해초풀, 여물 등을 혼합한 것이다.
④ 반수석고는 가수 후 20~30분에 급속 경화한다.

해설

• 돌로마이트플라스터는 점성이 높고, 작업성이 좋으며, 응결시간이 길어 바르기 편한 특성을 갖는다.

:: 돌로마이트플라스터

㉠ 개요
• 돌로마이트를 900 ~ 1,200℃의 고온으로 가열 · 소성하여 만드는 기경성 미장재료이다.
• 물로 연화하여 사용하지만 대기 중의 이산화탄소(탄산가스)와 반응하여 경화되므로 기경성에 포함된다.

㉡ 특징
• 점성이 높고, 작업성이 좋으며, 응결시간이 길다.
• 회반죽에 비해 조기강도 및 최종강도가 크다.
• 풀을 필요로 하지 않으므로 색깔이 변하거나 냄새가 나지 않는다.
• 건조수축이 커서 균열이 생기기 쉽다.

1502

### 82

Repetitive Learning (1회 2회 3회)

아스팔트 접착제에 관한 설명으로 옳지 않은 것은?

① 아스팔트 접착제는 아스팔트를 주체로 하여 이에 용제를 가하고 광물질 분말을 첨가한 풀 모양의 접착제이다.
② 아스팔트타일, 시트, 루핑 등의 접착용으로 사용한다.
③ 화학약품에 대한 내성이 크다.
④ 접착성은 양호하지만 습기를 방지하지 못한다.

해설

• 아스팔트 접착제는 화학약품에 대한 내성이 크고 방수성, 접착성, 탄력성, 신축성이 우수하다.

:: 아스팔트 접착제

• 아스팔트 접착제는 아스팔트를 주체로 하여 이에 용제를 가하고 광물질 분말을 첨가한 풀 모양의 접착제이다.
• 아스팔트타일, 시트, 루핑 등의 접착용으로 사용한다.
• 화학약품에 대한 내성이 크고 방수성, 접착성, 탄력성, 신축성이 우수하다.

0602

### 83

Repetitive Learning (1회 2회 3회)

다음 각 비철금속에 관한 설명으로 옳지 않은 것은?

① 알루미늄 : 융점이 낮기 때문에 용해주조도는 좋으나 내화성이 부족하다.
② 납 : 비중이 11.4로 아주 크고 연질이며 전 · 연성이 크다.
③ 구리 : 건조한 공기 중에서는 산화하지 않으나, 습기가 있거나 탄산가스가 있으면 녹이 발생한다.
④ 주석 : 주조성 · 단조성은 좋지 않으나 인장강도가 커서 선재(線材)로 주로 사용된다.

해설

• 주석은 전 · 연성 및 주조성, 단조성이 뛰어나 얇은 판을 만들기 쉬우나, 인장강도가 매우 나쁘다.

:: 주석(Sn)

• 인체에 무해하며 유기산에 침식되지 않아 식품 보관용의 용기류에 이용된다.
• 강산, 강알칼리에는 침식하지만 중성에는 내식성을 갖는다.
• 전 · 연성 및 주조성, 단조성이 뛰어나 얇은 판을 만들기 쉽다.
• 인장강도가 매우 나쁘다.

1504

### 84

Repetitive Learning (1회 2회 3회)

건축용 코킹재의 일반적인 특징에 관한 설명으로 옳지 않은 것은?

① 수축률이 크다.
② 내부의 점성이 지속된다.
③ 내산 · 내알칼리성이 있다.
④ 각종 재료에 접착이 잘 된다.



81 ② 82 ④ 83 ④ 84 ① | 정답

해설

- 코킹재는 신축허용률이 ±10% 이하의 제품을 말하며 그보다 큰 신축허용률을 갖는 제품은 실란트(Sealant)라 한다.

∷ 건축용 코킹재(Caulking)

㉠ 개요
- 각종 접합부나 갈라진 틈에 대한 수밀 및 기밀작업을 수행하는 물질로 신축허용률 ±10% 이하의 조인트에 사용되는 제품을 말한다.
- Oil, Butyl, Acryl 등이 있다.

㉡ 특징
- 수축률이 작다.
- 내부의 점성이 지속된다.
- 내산·내알칼리성이 있다.
- 각종 재료에 접착이 잘 된다.

1504

## 85 Repetitive Learning (1회 2회 3회)

고로슬래그 분말을 혼화재로 사용한 콘크리트의 성질에 관한 설명으로 옳지 않은 것은?

① 초기강도는 낮지만 슬래그의 잠재 수경성 때문에 장기강도는 크다.
② 해수, 하수 등의 화학적 침식에 대한 저항성이 크다.
③ 슬래그 수화에 의한 포졸란 반응으로 공극 충전효과 및 알칼리골재반응 억제효과가 크다.
④ 슬래그를 함유하고 있어 건조수축에 대한 저항성이 크다.

해설

- 고로시멘트는 슬래그를 함유하고 있어 건조수축에 대한 저항성이 약하고 중성화를 촉진하는 단점을 갖는다.

∷ 고로시멘트

㉠ 개요
- 포틀랜드시멘트 클링커에 철 용광로에서 나온 슬래그를 급랭하여 혼합하고 이에 응결시간 조절용 석고를 첨가하여 분쇄한 시멘트이다.
- 팽창균열이 없고 화학저항성이 높아 해수·공장폐수·하수 등에 접하는 콘크리트에 적합하다.

㉡ 특징
- 초기강도는 약간 낮으나 장기강도는 보통포틀랜드시멘트와 같거나 그 이상이 된다.
- 수화열량이 적어 매스콘크리트용으로도 사용가능하다.
- 팽창균열이 없고 화학저항성과 수밀성이 크고 잠재수경성의 성질을 가지고 있다.
- 슬래그 수화에 의한 포졸란 반응으로 공극 충전효과 및 알칼리골재반응 억제효과가 크다.
- 모르타르나 콘크리트의 거푸집을 접하지 않는 자유표면은 경화불량에서 오는 약화현상이 따르기 쉽다.
- 슬래그를 함유하고 있어 건조수축에 대한 저항성이 약하고 중성화를 촉진하는 단점을 갖는다.

0901 / 1301

## 86 Repetitive Learning (1회 2회 3회)

목재 조직에 관한 설명으로 옳지 않은 것은?

① 추재의 세포막은 춘재의 세포막보다 두껍고 조직이 치밀하다.
② 변재는 심재보다 수축이 크다.
③ 변재는 수심의 주위에 둘러져 있는 생활기능이 줄어든 세포의 집합이다.
④ 침엽수의 수지구는 수지의 분비, 이동, 저장의 역할을 한다.

해설

- 변재는 수심의 주위에 둘러져 있는 생활기능을 담당하는 세포의 집합이다.

∷ 목재의 구조

㉠ 심재
- 나무의 중심부위를 말한다.
- 오래된 세포들로 구성되며 세포막만 남아 나무를 지탱하는 역할을 한다.
- 수지, 타닌, 리그닌 등의 성분이 침적되어 색깔이 진하게 나타난다.
- 수분함량이 적어서 변형이 거의 없다.
- 변재에 비해 비중, 내후성 및 강도가 크고, 신축 변형량이 작다.
- 가구재로 많이 사용된다.

㉡ 변재
- 나무의 바깥부분을 말한다.
- 새로운 세포들로 구성되어 생활기능을 담당하고 있다.
- 수액의 통로이며, 탄수화물 등 양분의 저장소이다.
- 목질이 연하고 수분함량이 많아서 변형이 쉽고 강도가 약하다.

## 87

Repetitive Learning 1회 2회 3회

다음 중 도료의 건조제로 사용되지 않는 것은?

① 리사지 ② 나프타
③ 연단 ④ 이산화망간

해설

- 나프타는 건조제가 아니라 콜타르 증류품으로 희석제(휘발성 용제)로 사용된다.

건조제(Dryer)

㉠ 개요

- 수지에 가하여 산화 또는 중합을 촉진시켜 건조시간을 단축시키는 보조재료를 말한다.
- 건조제는 상온에서 기름에 용해되는 건조제와 가열하여 기름에 용해되는 건조제로 구분할 수 있다.

㉡ 건조제의 구분과 종류

- 상온에서 기름에 용해되는 건조제에는 리사지, 연단, 초산염, 이산화망간, 분산망간, 수산망간 등이 있다.
- 가열하여 기름에 용해되는 건조제에는 연, 망간, 코발트의 수지판 또는 지방산의 염류 등이 있다.

0304 / 0604

## 88

Repetitive Learning 1회 2회 3회

미장바탕이 갖추어야 할 조건에 관한 설명으로 옳지 않은 것은?

① 미장층보다 강도, 강성이 작을 것
② 미장층과 유효한 접착강도를 얻을 수 있을 것
③ 미장층의 경화, 건조에 지장을 주지 않을 것
④ 미장층과 유해한 화학반응을 하지 않을 것

해설

- 미장바탕은 미장층보다 강도나 강성이 커야 한다.

미장바탕

㉠ 개요

- 미장바탕이란 모르타르, 플라스터, 회반죽 등 미장재료를 바르기 위한 구조체 표면 또는 졸대, 기타의 것 등을 엮어 만든 면을 말한다.
- 와이어라스(Wire lath)는 아연도금한 굵은 철선을 엮어 그물처럼 만든 철망으로 천장·벽 등의 미장바탕에 사용한다.
- 메탈라스(Metal lath)는 얇은 강판에 마름모꼴의 구멍을 연속적으로 뚫어 그물처럼 만든 것으로 천장·벽 등의 미장바탕에 사용한다.

㉡ 미장바탕의 일반적인 조건

- 미장층보다 강도나 강성이 클 것
- 미장층과 유효한 접착강도를 얻을 수 있을 것
- 미장층의 경화, 건조에 지장을 주지 않을 것
- 미장층과 유해한 화학반응을 하지 않을 것

## 89

Repetitive Learning 1회 2회 3회

다음 중 점토로 만든 제품이 아닌 것은?

① 경량벽돌 ② 테라코타
③ 위생도기 ④ 파키트리 패널

해설

- 파키트리 패널은 두께 15mm의 경목재판을 4매씩 조합하여 만든 24cm 각판으로 목재마루판재를 말한다.

점토제품의 종류

- 타일류에는 토기타일, 도기타일, 석기타일, 자기타일 등이 있다.
- 벽돌류에는 점토벽돌, 내화벽돌, 경량벽돌 등이 있다.
- 점토반죽을 조각형틀로 찍어낸 점토소성제품인 테라코타가 있다.
- 세라믹 제품, 연질타일계 바닥재, 토관 및 도관, 위생도기 등이 있다.

0304 / 0702 / 1001 / 1202

## 90

Repetitive Learning 1회 2회 3회

비중이 크고 연성이 크며, 방사선실의 방사선 차폐용으로 사용되는 금속재료는?

① 주석
② 납
③ 철
④ 크롬

해설

- 주석(Sn)은 인체에 무해하며 유기산에 침식되지 않아 식품 보관용의 용기류에 이용된다.
- 철(Fe)은 백색의 광택을 지닌 금속으로 싸고 성형이 쉬우나 습기에 부식되는 성질을 가진 가장 널리 사용하는 금속이다.
- 크롬(Cr)은 스테인레스 강을 합금할 때 사용되며, 값이 싸고 내식성이 좋아 칼, 냄비, 외과용 기구 등에 널리 사용된다.

납(Pb)의 성질

- 비중이 11.4로 아주 크고 연질이며 전·연성 및 가공성이 풍부하다.
- 융점(327.5℃)이 높으며, 산이나 기타 약액에 대해서는 저항성이 크지만, 알칼리에는 침식된다.
- 방사선 투과도가 낮아서 방사선 차폐용 벽체 및 X선을 사용하는 개소에 방호용으로 사용된다.



87 ② 88 ① 89 ④ 90 ② 정답

## 91 Repetitive Learning (1회 2회 3회)

목재의 화재 시 온도별 대략적인 상태변화에 관한 설명으로 옳지 않은 것은?

① 100℃ 이상 : 분자 수준에서 분해
② 100 ~ 150℃ : 열 발생률이 커지고 불이 잘 꺼지지 않게 됨
③ 200℃ 이상 : 빠른 열분해
④ 260 ~ 350℃ : 열분해 가속화

**해설**

- 100 ~ 150℃는 목재의 가열 단계이다.

**목재의 화재 시 온도별 대략적인 상태변화**

- 100℃ 이상 : 분자 수준에서 분해
- 100 ~ 150℃ : 목재의 가열
- 200℃ 이상 : 빠른 열분해
- 260 ~ 350℃ : 열분해 가속화
- 420 ~ 470℃ : 탄화종료 및 발화

0501 / 1601

## 92 Repetitive Learning 

자갈 시료의 표면수를 포함한 중량이 2,100g이고 표면건조내부포화상태의 중량이 2,090g이며 절대건조상태의 중량이 2,070g이라면 흡수율과 표면수율은 약 몇 %인가?

① 흡수율 : 0.48%, 표면수율 : 0.48%
② 흡수율 : 0.48%, 표면수율 : 1.45%
③ 흡수율 : 0.97%, 표면수율 : 0.48%
④ 흡수율 : 0.97%, 표면수율 : 1.45%

**해설**

- 습윤상태의 중량이 2,100g이고, 표건상태의 중량은 2,090g이며, 절건상태의 중량은 2,070g이다.
- 흡수율 = $\frac{2,090-2,070}{2,070} = 0.0097$로 0.97[%]이고,

  표면수율 = $\frac{2,100-2,090}{2,090} = 0.0048$로 0.48[%]이다.

**흡수율과 표면수율**

㉠ 흡수율

- 흡수율은 흡수량(표면건조상태와 절대건조상태의 중량 차) 대비 절대건조상태의 중량비를 백분율로 나타낸 것이다.
- 흡수율 = $\frac{\text{표면건조상태} - \text{절대건조상태}}{\text{절대건조상태}} \times 100$[%]이다.

㉡ 표면수율

- 표면수율이란 표면수량(습윤상태와 표건상태의 중량 차) 대비 표면건조상태의 중량비를 백분율로 나타낸 것이다.
- 표면수율 = $\frac{\text{습윤상태} - \text{표면건조상태}}{\text{표면건조상태}} \times 100$[%]이다.

## 93 Repetitive Learning (1회 2회 3회)

다음 중 콘크리트의 비파괴시험에 해당되지 않는 것은?

① 방사선투과시험
② 초음파시험
③ 침투탐상시험
④ 표면경도시험

**해설**

- 침투탐상법은 용접부의 검사에 적용하는 시험으로 강구조물의 비파괴 시험방법이다.

**콘크리트의 비파괴시험**

- 구조물에 손상을 주지 않고 콘크리트의 품질을 평가하는 방법을 말한다.
- 강도, 균열깊이, 철근의 배근상태, 철근의 부식여부, 탄산화, 염화물의 함유량 등을 파악할 수 있다.
- 반발경도법(압축강도), 인발법(강도), 초음파속도법(강도), 초음파시험(균열깊이), 방사선투과시험(균열 및 골재분포) 등이 있다.

2202

## 94 Repetitive Learning (1회 2회 3회)

플라이애시시멘트에 관한 설명으로 옳은 것은?

① 워커빌리티가 나쁘다.
② 화력발전소 등에서 완전연소한 미분탄의 회분과 포틀랜드시멘트를 혼합한 것이다.
③ 재령 1~2시간 안에 콘크리트 압축강도가 20MPa에 도달할 수 있다.
④ 용광로의 선철제작 부산물을 급랭시키고 파쇄하여 시멘트와 혼합한 것이다.

**정답** | 91 ② 92 ③ 93 ③ 94 ②

해설

- 플라이애시시멘트는 보통포틀랜드시멘트와 비교할 때 워커빌리티가 좋고, 장기강도가 높으며, 화학저항성과 수밀성이 크다.
- 재령 1~2시간 안에 콘크리트 압축강도가 20MPa에 도달하는 것은 초속경시멘트 혹은 제트시멘트이다.
- 용광로의 선철제작 부산물을 급랭시키고 파쇄하여 시멘트와 혼합한 것은 고로시멘트이다.

:: 플라이애시

㉠ 개요

- 석탄 화력발전소에서 발생되는 회분으로 굴뚝에서 집진기로 포집한 것이다.
- 시멘트에 첨가하는 혼화재로 알루미나와 실리카로 구성된다.
- 플라이애시를 사용한 시멘트는 초기 수화열이 낮고 장기강도 증진이 커 매스콘크리트용에 적합하다.

㉡ 특징

- 콘크리트의 워커빌리티를 좋게 하고 사용 수량을 감소시킨다.
- 초기 재령의 강도는 다소 작으나 장기 재령의 강도는 증가한다.
- 시멘트의 수화열에 의한 균열 발생을 억제하고, 콘크리트의 수밀성을 향상시킨다.
- 콘크리트 내부의 알칼리성을 감소시키기 때문에 중성화를 촉진시킬 염려가 있다.

## 95

Repetitive Learning 1회 2회 3회

지붕 및 일반바닥에 가장 일반적으로 사용되는 것으로 주제와 경화제를 일정 비율 혼합하여 사용하는 2성분형과 주제와 경화제가 이미 혼합된 1성분형으로 나누어지는 도막방수재는?

① 우레탄고무계 도막재 ② FRP 도막재
③ 고무아스팔트계 도막재 ④ 클로로프렌고무계 도막재

해설

- FRP 도막재는 연질 폴리에스테르수지와 유리섬유 혹은 섬유강화플라스틱을 기본으로 만든 도막방수재이다.
- 고무아스팔트계 도막재는 천연 및 합성고무와 아스팔트로 만든 고농도 고무화 아스팔트로 고형분 농도에 따라 일반형과 고농도형으로 구분된다.
- 클로로프렌고무계 도막재는 클로로프렌 고무와 충전제, 안정제 등을 반죽한 후 유기용제에 녹여 바르는 1성분형의 도막방수재이다.

:: 우레탄고무계 도막재

- 폴리우레탄을 주원료로 하는 주제와 경화제를 일정 비율 혼합하여 사용하는 2성분형과 주제와 경화제가 이미 혼합된 1성분형으로 나누어지는 도막방수재로 일반적으로 2성분형이 이용된다.
- 우레탄수지를 바탕 모르타르나 콘크리트 면에 도포하여 도막방수층을 만드는데 탄력성 및 방수 성능이 우수하다.
- 지붕 및 일반바닥에 가장 일반적으로 사용된다.

0504 / 0704

## 96

Repetitive Learning 1회 2회 3회

방수공사에서 쓰이는 아스팔트의 양부(良否)를 판별하는 주요 성질과 거리가 먼 것은?

① 마모도 ② 침입도
③ 신도(伸度) ④ 연화점

해설

- 아스팔트의 양부를 판별하는 주요성질에는 침입도, 연화점, 신도, 감온성 등이 있다.

:: 아스팔트의 물리적 성질

㉠ 개요

- 아스팔트의 물리적 성질(침입도, 점도, 경도, 연신도)에 가장 큰 영향을 주는 것은 온도이다.
- 방수용 아스팔트의 양부를 판별하는 주요 성질이다.

| | |
|---|---|
| 침입도 (Penetration) | 아스팔트의 컨시스턴시, 견고성 정도를 평가하는 것이다. |
| 연화점 | 아스팔트를 가열했을 때 연해져 유동성이 생기는 온도를 말한다. |
| 신도(伸度) | 아스팔트의 늘어나는 정도를 말한다. |
| 감온성 | 아스팔트의 온도에 의한 반죽질기가 변화하는 정도 |

㉡ 일반사항

- 아스팔트를 용융시키는 온도는 아스팔트의 연화점에 140℃를 더한 것을 최고한도로 한다.
- 아스팔트프라이머를 도포하고 건조한 후 아스팔트루핑의 붙임작업을 행한다.
- 한냉지에서 사용하는 방수공사용 아스팔트의 침입도는 큰 쪽이 좋다.
- 아스팔트의 침입도와 연화점은 서로 반비례하는 관계를 가진다.

1002 / 1601 / 2001

## 97

Repetitive Learning 1회 2회 3회

목재의 방부처리법 중 압력용기 속에 목재를 넣어서 처리하는 방법으로 가장 신속하고 효과적인 것은?

① 침지법 ② 표면탄화법
③ 가압주입법 ④ 생리적 주입법

해설

- 압력탱크에서 압력을 이용하여 약액을 목재에 주입하는 방법은 가압주입법이다.
- 생리적 주입법은 방부용액을 뿌리에 주입하는 방법이다.



95 ① 96 ① 97 ③ 정답

:: 목재의 방부처리법

㉠ 침지법

- 목재를 방부용액에 담가 공기를 차단하여 방부처리하는 방법이다.
- 방부용액은 주로 크레오소트유를 사용한다.

㉡ 도포법

- 충분히 건조된 목재에 약재를 도포하여 방부처리하는 방법이다.
- 방부용액은 크레오소트유, 아스팔트 방부칠 등이 사용된다.

㉢ 주입법

- 방부용액을 목재에 주입하여 방부처리하는 방법이다.
- 주입하는 방법에 따라 상압주입법, 가압주입법, 생리적 주입법 등이 있다.
- 가압주입법은 압력용기 속에 목재를 넣어서 처리하는 방법으로 신속하고 효과적인 방법이다.
- 방부용액은 크레오소트유, PCP 등이 사용된다.

㉣ 표면탄화법

- 목재의 표면을 태워서 방부처리하는 방법이다.

## 98 —— Repetitive Learning (1회 2회 3회)

다음 중 특수유리와 사용 장소의 조합이 적절하지 않은 것은?

① 진열용 창 – 무늬유리
② 병원의 일광욕실 – 자외선투과유리
③ 채광용 지붕 – 프리즘유리
④ 형틀 없는 문 – 강화유리

**해설**

- 진열용 창은 복층유리로 만든다.
- 무늬유리는 실내 칸막이 등에 사용된다.

:: 특수유리와 사용 장소

| 종류 | 사용장소 | 종류 | 사용장소 |
|---|---|---|---|
| 강화유리 | 형틀 없는 문 | 무늬유리 | 실내칸막이 |
| 프리즘유리 | 채광용 지붕 | 마판유리 | 쇼윈도의 개구부 |
| 자외선투과유리 | 병원의 일광욕실 | 망입유리 | 엘리베이터 문, 위험물취급소, 방도용 |
| 복층유리 | 쇼윈도, 녹음실 | 로이유리 | 단열효과 |

0304 / 0901

## 99 —— Repetitive Learning (1회 2회 3회)

양질의 도토 또는 장석분을 원료로 하며, 흡수율이 1% 이하로 거의 없고 소성온도가 약 1,230 ~ 1,460℃인 점토 제품은?

① 토기　　② 석기
③ 자기　　④ 도기

**해설**

- 점토제품의 소성온도는 토기 < 도기 < 석기 < 자기 순으로 높아진다.

:: 자기

- 양질의 도토 또는 장석분을 원료로 하며, 두드리면 청음이 나며 백색으로 투광성을 갖는 제품이다.
- 점토제품 중 가장 높은 온도(1,230 ~ 1,460℃)에서 소성되며, 경도와 강도가 가장 크다.
- 흡수율은 1% 이하로 거의 없다.
- 모자이크 타일, 위생도기 등에 주로 사용된다.

1002 / 1301

## 100 —— Repetitive Learning (1회 2회 3회)

콘크리트의 종류 중 방사선 차폐용으로 주로 사용되는 것은?

① 경량콘크리트
② 한중콘크리트
③ 매스콘크리트
④ 중량콘크리트

**해설**

- 경량콘크리트는 콘크리트의 중량 감소를 위해 사용하는 콘크리트이다.
- 한중콘크리트는 일 평균기온이 4℃ 이하인 곳에서 동결을 방지하기 위해 시공하는 콘크리트이다.
- 매스콘크리트는 부재의 단면치수가 80cm 이상일 때 타설하는 콘크리트이다.

:: 특수콘크리트의 종류

㉠ 특수 환경에 의한 분류

| 구분 | 내용 |
|---|---|
| 한중 콘크리트 | • 일 평균기온이 4℃ 이하인 곳에서 동결을 방지하기 위해 시공하는 콘크리트<br>• 물을 가열하여 사용하는 것을 원칙으로 하며, 시멘트는 가열해서는 안 된다. |
| 서중 콘크리트 | • 일 평균기온이 25℃, 최고온도가 30℃를 초과하는 시기 및 장소에서 사용하는 콘크리트<br>• 골재와 물은 가능한 저온상태에서 사용하고, 온도상승으로 동일 슬럼프를 얻기 위한 단위수량이 증가한다. |
| 해양 콘크리트 | 파도 및 해수의 작용을 받는 구조물에 사용하는 콘크리트 |
| 수중 콘크리트 | 담수, 해수 등 수중에 타설하는 콘크리트 |
| 루나 콘크리트 | 달기지 건설 추진을 위해 극심한 온도변화, 태양풍, 대기의 압력 등을 고려하여 만든 콘크리트 |

정답 | 98 ① 99 ③ 100 ④

ⓒ 특수 재료에 의한 분류

| | |
|---|---|
| 경량 콘크리트 | 콘크리트의 중량 감소를 위해 사용하는 콘크리트 |
| 중량 콘크리트 | 방사선 차폐 등을 목적으로 만든 밀도가 높은 콘크리트(차폐용 콘크리트) |
| 매스 콘크리트 | 부재의 단면치수가 80cm 이상일 때 타설하는 콘크리트 |
| 수밀 콘크리트 | 콘크리트 자체의 밀도를 높여 물의 침투와 산, 알칼리, 해수 및 동결융해의 저항성이 큰 콘크리트 |
| 섬유보강 콘크리트 | • 인장강도와 균열에 대한 저항성을 높이고 인성을 개선시킬 목적으로 콘크리트에 섬유를 보강한 콘크리트<br>• 섬유 혼입률이 큰 경우에 단위수량, 잔골재율이 크게 되고 블리딩 또는 재료분리가 일어나기 쉽다. |

ⓒ 특수 공법에 의한 분류

| | |
|---|---|
| 유동화 콘크리트 | 콘크리트에 유동화제를 첨가하여 유동성을 증대시킨 콘크리트 |
| Shotcrete 공법 | 방수용 마감이나 콘크리트의 수리, 암반 보호 등을 위해 압축공기로 뿜어내는 방식의 모르타르 |
| 프리팩트(프리플레이스트) 콘크리트 | 조골재를 먼저 투입한 후에 골재와 골재 사이 빈틈에 시멘트모르타르를 주입하여 제작하는 방식의 콘크리트 |

## 6과목 건설안전기술

### 101

Repetitive Learning 1회 2회 3회

다음은 산업안전보건법령에 따른 달비계를 설치하는 경우에 준수해야 할 사항이다. ( )에 들어갈 내용으로 옳은 것은?

> 작업발판은 폭을 ( ) 이상으로 하고, 틈새가 없도록 할 것

① 15cm
② 20cm
③ 40cm
④ 60cm

**해설**

• 작업발판의 폭은 40cm 이상으로 하고, 발판재료 간의 틈은 3cm 이하로 한다.

작업발판의 구조 실필 1902/1401 실작 1804

• 발판재료는 작업할 때의 하중을 견딜 수 있도록 견고한 것으로 할 것
• 작업발판의 폭은 40cm 이상으로 하고, 발판재료 간의 틈은 3cm 이하로 할 것
• 선박 및 보트 건조작업의 경우 선박블록 또는 엔진실 등의 좁은 작업공간에 작업발판을 설치하기 위하여 필요하면 작업발판의 폭을 30cm 이상으로 할 수 있고, 걸침비계의 경우 강관기둥 때문에 발판재료 간의 틈을 3cm 이하로 유지하기 곤란하면 5cm 이하로 할 수 있다. 이 경우 그 틈 사이로 물체 등이 떨어질 우려가 있는 곳에는 출입금지 등의 조치를 하여야 한다.
• 추락의 위험이 있는 장소에는 안전난간을 설치할 것
• 작업발판의 지지물은 하중에 의하여 파괴될 우려가 없는 것을 사용할 것
• 작업발판 재료는 뒤집히거나 떨어지지 않도록 둘 이상의 지지물에 연결하거나 고정시킬 것
• 작업발판을 작업에 따라 이동시킬 경우에는 위험 방지에 필요한 조치를 할 것

### 102

Repetitive Learning 1회 2회 3회

개착식 흙막이 벽의 계측 내용에 해당되지 않는 것은?

① 경사 측정
② 지하수위 측정
③ 변형률 측정
④ 내공변위 측정

**해설**

• 내공변위 측정은 터널 내부의 붕괴를 예측하기 위한 방법이다.

굴착공사용 계측기기 실작 1901/1804/1801/1604/1602/1601/1501/1404

㉠ 개요

• 개착식 굴착공사에서 설치하는 계측기기에는 기울기(Tilt meter), 지하수위계, 간극수압계, 경사계, 응력계, 변형률계, 하중계 등이 있다.
• 지반붕괴 방지를 위한 계측장치에는 지하수위계, 경사계, 변형률계, 응력계, 하중계 등이 있다.
• 깊이 10.5m 이상의 굴착의 경우 수위계, 경사계, 하중 및 침하계, 응력계에 해당하는 계측기기를 설치하여 흙막이 구조의 안전을 예측하여야 하며, 설치가 불가능할 경우 트랜싯 및 레벨 측량기에 의해 수직·수평 변위 측정을 실시하여야 한다.



101 ③ 102 ④ 정답

ⓛ 종류

| | |
|---|---|
| 지표침하계 (Surface settlement system) | 지표면의 침하량을 측정하는 기구 |
| 지하수위계 (Water level meter) | 지반 내 지하수위의 변화를 계측하는 기구 |
| 하중계 (Load cell) | 버팀보 어스앵커(Earth anchor) 등의 실제 축 하중 변화를 측정하는 계측기 |
| 지중경사계 (Inclinometer) | 지중의 수평 변위량을 통해 주변 지반의 변형을 측정하는 기계 |
| 건물경사계 (Tiltmeter) | 인접한 구조물에 설치하여 구조물의 경사 및 변형상태를 측정하는 기구 |
| 수직지향각도계 (Inclinometer, 경사계) | 주변 지반, 지층, 기계, 시설 등의 경사도와 변형을 측정하는 기구 |
| 변형률계 (Strain gauge) | 흙막이 가시설의 버팀대(Strut)의 변형을 측정하는 계측기 |

0402 / 0801

## 103 — Repetitive Learning 1회 2회 3회

추락의 위험이 있는 개구부에 대한 방호조치와 거리가 먼 것은?

① 안전난간, 울타리, 수직형 추락방망 등으로 방호조치를 한다.

② 충분한 강도를 가진 구조의 덮개를 뒤집히거나 떨어지지 않도록 설치한다.

③ 어두운 장소에서도 식별이 가능한 개구부 주의 표지를 부착한다.

④ 폭 30cm 이상의 발판을 설치한다.

**해설**

- 발판은 개구부의 방호조치와 상관이 없다.

∷ 개구부 등의 방호조치 **실필** 1201 **실작** 1804/1801/1602/1504/1402

- 사업주는 작업발판 및 통로의 끝이나 개구부로서 근로자가 추락할 위험이 있는 장소에는 안전난간, 울타리, 수직형 추락방호망 또는 덮개 등의 방호조치를 충분한 강도를 가진 구조로 튼튼하게 설치하여야 하며, 덮개를 설치하는 경우에는 뒤집히거나 떨어지지 않도록 설치하여야 한다. 이 경우 어두운 장소에서도 알아볼 수 있도록 개구부임을 표시하여야 한다.
- 사업주는 난간 등을 설치하는 것이 매우 곤란하거나 작업의 필요상 임시로 난간 등을 해체하여야 하는 경우 추락방호망을 설치하여야 한다. 다만, 추락방호망을 설치하기 곤란한 경우에는 근로자에게 안전대를 착용하도록 하는 등 추락할 위험을 방지하기 위하여 필요한 조치를 하여야 한다.

## 104 — Repetitive Learning 1회 2회 3회

로프길이 2m의 안전대를 착용한 근로자가 추락으로 인한 부상을 당하지 않기 위한 지면으로부터 안전대 고정점까지의 높이(H)의 기준으로 옳은 것은?(단, 로프의 신율 30%, 근로자의 신장 180cm)

① H > 1.5m

② H > 2.5m

③ H > 3.5m

④ H > 4.5m

**해설**

- 로프의 길이 2m, 로프의 신장률이 30%이므로 신장길이는 $2m \times 0.3 = 0.6m$이고, 근로자의 신장은 1.8m이므로 대입하면 $h = 2 + (2 \times 0.3) + 1.8/2 = 2 + 0.6 + 0.9 = 3.5m$이다.

∷ 추락 시 로프의 지지점에서 최하단까지의 거리

- 추락 시에 로프를 지지한 위치에서 신체의 최하사점까지의 거리를 h라 하면, h=로프의 길이+로프의 신장길이+작업자 키의 1/2이 된다.
- 추락 시 로프의 지지점에서 최하단까지의 거리는 로프를 지지한 위치에서 바닥면까지의 거리보다 작아야 한다.

1502 / 2101

## 105 — Repetitive Learning 1회 2회 3회

사면보호 공법 중 구조물에 의한 보호 공법에 해당되지 않는 것은?

① 식생구멍공

② 블록공

③ 돌쌓기공

④ 현장타설 콘크리트 격자공

**해설**

- 구조물에 의한 보호 공법에는 비탈면 녹화, 낙석방지울타리, 격자블록붙이기, 숏크리트, 낙석방지망, 블록공, 돌쌓기 공법 등이 있다.

∷ 식생공

- 건설재해대책의 사면보호 공법 중 하나이다.
- 식물을 생육시켜 그 뿌리로 사면의 표층토를 고정하여 빗물에 의한 침식, 동상, 이완 등을 방지하고, 녹화에 의한 경관조성을 목적으로 시공한다.

**정답** | 103 ④ 104 ③ 105 ①

1201 / 1401 / 2101

## 106 Repetitive Learning (1회 2회 3회)

터널 지보공을 조립하거나 변경하는 경우에 조치하여야 하는 사항으로 옳지 않은 것은?

① 목재의 터널 지보공은 그 터널 지보공의 각 부재에 작용하는 긴압 정도를 체크하여 그 정도가 최대한 차이나도록 한다.
② 강(鋼)아치 지보공의 조립은 연결볼트 및 띠장 등을 사용하여 주재 상호 간을 튼튼하게 연결할 것
③ 기둥에는 침하를 방지하기 위하여 받침목을 사용하는 등의 조치를 할 것
④ 주재(主材)를 구성하는 1세트의 부재는 동일 평면 내에 배치할 것

해설

- 목재의 터널 지보공은 그 터널 지보공의 각 부재의 긴압 정도가 균등하게 되도록 하여야 한다.

:: 터널 지보공 조립 또는 변경 시의 조치사항

- 주재(主材)를 구성하는 1세트의 부재는 동일 평면 내에 배치할 것
- 목재의 터널 지보공은 그 터널 지보공의 각 부재의 긴압 정도가 균등하게 되도록 할 것
- 기둥에는 침하를 방지하기 위하여 받침목을 사용하는 등의 조치를 할 것
- 강아치 지보공 및 목재 지주식 지보공 외의 터널 지보공에 대해서는 터널 등의 출입구 부분에 받침대를 설치할 것

| | |
|---|---|
| 강(鋼)아치 지보공의 조립 시 준수사항 | • 조립간격은 조립도에 따를 것<br>• 주재가 아치작용을 충분히 할 수 있도록 쐐기를 박는 등 필요한 조치를 할 것<br>• 연결볼트 및 띠장 등을 사용하여 주재 상호 간을 튼튼하게 연결할 것<br>• 터널 등의 출입구 부분에는 받침대를 설치할 것<br>• 낙하물이 근로자에게 위험을 미칠 우려가 있는 경우에는 널판 등을 설치할 것 |
| 목재 지주식 지보공 조립 시 준수사항 | • 주기둥은 변위를 방지하기 위하여 쐐기 등을 사용하여 지반에 고정시킬 것<br>• 양끝에는 받침대를 설치할 것<br>• 터널 등의 목재 지주식 지보공에 세로방향의 하중이 걸림으로써 넘어지거나 비틀어질 우려가 있는 경우에는 양끝 외의 부분에도 받침대를 설치할 것<br>• 부재의 접속부는 꺾쇠 등으로 고정시킬 것 |

0401 / 1402

## 107 Repetitive Learning (1회 2회 3회)

압쇄기를 사용하여 건물해체 시 그 순서로 가장 타당한 것은?

| A : 보, B : 기둥, C : 슬래브, D : 벽체 |
|---|

① A → B → C → D ② A → C → B → D
③ C → A → D → B ④ D → C → B → A

해설

- 압쇄기를 이용한 건물 해체 시 슬래브 – 보 – 벽체 – 기둥 순으로 해체한다.

:: 압쇄기를 사용한 건물 해체

- 유압식 파워셔블에 부착하여 콘크리트 등에 강력한 압축력을 가해 파쇄하는 방법이다.
- 사전에 압쇄기가 설치되는 지반 또는 구조물 슬래브에 대한 안전성을 확인하고 위험이 예상되는 경우 침하로 인한 중기의 전도방지 또는 붕괴 위험요인을 사전에 제거토록 조치하여야 한다.
- 상층에서 하층으로 작업해야 한다.
- 건물 해체 시에는 슬래브 – 보 – 벽체 – 기둥 순으로 해체한다.

## 108 Repetitive Learning (1회 2회 3회)

유해·위험방지계획서 제출대상 공사로 볼 수 없는 것은?

① 지상 높이가 31m 이상인 건축물의 건설공사
② 터널 건설공사
③ 깊이 10m 이상인 굴착공사
④ 교량의 전체길이가 40m 이상인 교량공사

해설

- 유해·위험방지계획서 제출대상 공사의 규모 기준에서 교량 건설 등의 공사의 경우 최대지간길이가 50m 이상이어야 한다.

:: 유해·위험방지계획서 제출대상 공사 실필 1901/1802/1102

- 지상높이가 31m 이상인 건축물 또는 인공구조물, 연면적 3만 $m^2$ 이상인 건축물 또는 연면적 5천$m^2$ 이상의 문화 및 집회시설(전시장 및 동물원·식물원은 제외), 판매시설, 운수시설(고속철도의 역사 및 집배송시설은 제외), 종교시설, 의료시설 중 종합병원, 숙박시설 중 관광숙박시설, 지하도상가 또는 냉동·냉장창고시설의 건설·개조 또는 해체 공사
- 연면적 5천$m^2$ 이상인 냉동·냉장창고시설의 설비공사 및 단열공사
- 최대지간길이가 50m 이상인 교량 건설 등의 공사
- 터널 건설 등의 공사
- 다목적 댐, 발전용 댐 및 저수용량 2천만톤 이상의 용수 전용 댐, 지방상수도 전용 댐 건설 등의 공사
- 깊이 10m 이상인 굴착공사



106 ① 107 ③ 108 ④ 정답

2201

## 109 Repetitive Learning (1회 2회 3회)

건설업 산업안전보건관리비 계상 및 사용기준에 따른 안전관리비의 개인보호구 및 안전장구 구입비 항목에서 안전관리비로 사용이 가능한 경우는?

① 안전·보건관리자가 선임되지 않은 현장에서 안전·보건업무를 담당하는 현장관계자용 무전기, 카메라, 컴퓨터, 프린터 등 업무용 기기
② 혹한·혹서에 장기간 노출로 인해 건강장해를 일으킬 우려가 있는 경우 특정 근로자에게 지급되는 기능성 보호 장구
③ 근로자에게 일률적으로 지급하는 보냉·보온장구
④ 감리원이나 외부에서 방문하는 인사에게 지급하는 보호구

해설

- 혹한·혹서에 장기간 노출로 인해 건강장해를 일으킬 우려가 있는 경우 특정 근로자에게 지급하는 기능성 보호 장구는 안전관리비로 사용이 가능하다.

개인보호구 및 안전장구 구입비 항목에서 안전관리비로 사용이 불가능한 내역

- 안전·보건관리자가 선임되지 않은 현장에서 안전·보건업무를 담당하는 현장관계자용 무전기, 카메라, 컴퓨터, 프린터 등 업무용 기기
- 근로자 보호 목적으로 보기 어려운 피복, 장구, 용품 등
  - 작업복, 방한복, 면장갑, 코팅장갑 등
  - 근로자에게 일률적으로 지급하는 보냉·보온장구(핫팩, 장갑, 아이스조끼, 아이스팩 등을 말한다) 구입비
  - 다만, 혹한·혹서에 장기간 노출로 인해 건강장해를 일으킬 우려가 있는 경우 특정 근로자에게 지급하는 기능성 보호 장구는 사용 가능함
- 감리원이나 외부에서 방문하는 인사에게 지급하는 보호구

0302

## 110 Repetitive Learning (1회 2회 3회)

철골기둥, 빔 및 트러스 등의 철골구조물을 일체화 또는 지상에서 조립하는 이유로 가장 타당한 것은?

① 고소작업의 감소
② 화기사용의 감소
③ 구조체 강성 증가
④ 운반물량의 감소

해설

- 철골기둥과 빔을 일체 구조화하거나 지상에서 조립하는 이유는 고소작업의 감소를 통해 추락재해를 사전에 예방하기 위한 근본적인 대책이다.

추락재해 예방대책 실작 1802/1601

- 안전모 등 개인보호구 착용 철저
- 안전난간 및 작업발판 설치
- 안전대 부착설비 설치
- 고소작업의 감소를 위해 철골구조물의 일체화 및 지상 조립
- 추락방호망의 설치

0401 / 0904

## 111 Repetitive Learning (1회 2회 3회)

강관틀비계를 조립하여 사용하는 경우 준수해야 하는 사항으로 옳지 않은 것은?

① 길이가 띠장 방향으로 4m 이하이고 높이가 10m를 초과하는 경우에는 10m 이내마다 띠장 방향으로 버팀기둥을 설치할 것
② 높이가 20m를 초과하거나 중량물의 적재를 수반하는 작업을 할 경우에는 주틀 간의 간격을 1.8m 이하로 할 것
③ 주틀 간에 교차가새를 설치하고 최상층 및 10층 이내마다 수평재를 설치할 것
④ 수직방향으로 6m, 수평방향으로 8m 이내마다 벽이음을 할 것

해설

- 강관틀비계 조립 시 주틀 간에 교차가새를 설치하고 최상층 및 5층 이내마다 수평재를 설치한다.

강관틀비계 조립 시 준수사항

- 비계기둥의 밑둥에는 밑받침 철물을 사용하여야 하며 밑받침에 고저차(高低差)가 있는 경우에는 조절형 밑받침 철물을 사용하여 각각의 강관틀비계가 항상 수평 및 수직을 유지하도록 할 것
- 높이가 20m를 초과하거나 중량물의 적재를 수반하는 작업을 할 경우에는 주틀 간의 간격을 1.8m 이하로 할 것
- 주틀 간에 교차가새를 설치하고 최상층 및 5층 이내마다 수평재를 설치할 것
- 수직방향으로 6m, 수평방향으로 8m 이내마다 벽이음을 할 것
- 길이가 띠장 방향으로 4m 이하이고 높이가 10m를 초과하는 경우에는 10m 이내마다 띠장 방향으로 버팀기둥을 설치할 것

정답 | 109 ② 110 ① 111 ③

0304

## 112 Repetitive Learning 1회 2회 3회

말비계를 조립하여 사용하는 경우에 지주부재와 수평면의 기울기는 최대 몇 도 이하로 하여야 하는가?

① 30°  ② 45°
③ 60°  ④ 75°

해설

- 말비계 조립 시 지주부재와 수평면의 기울기를 75도 이하로 한다.

말비계 조립 시 준수사항 실작 1902/1804/1802/1801
- 지주부재(支柱部材)의 하단에는 미끄럼 방지장치를 하고, 근로자가 양측 끝부분에 올라서서 작업하지 않도록 할 것
- 지주부재와 수평면의 기울기를 75도 이하로 하고, 지주부재와 지주부재 사이를 고정시키는 보조부재를 설치할 것
- 말비계의 높이가 2m를 초과하는 경우에는 작업발판의 폭을 40cm 이상으로 할 것

0901 / 1301

## 113 Repetitive Learning 1회 2회 3회

가설통로의 설치기준으로 옳지 않은 것은?

① 추락할 위험이 있는 장소에는 안전난간을 설치할 것
② 경사가 10°를 초과하는 경우에는 미끄러지지 아니하는 구조로 할 것
③ 경사는 30° 이하로 할 것
④ 건설공사에 사용하는 높이 8m 이상인 비계다리에는 7m 이내마다 계단참을 설치할 것

해설

- 경사가 15°를 초과하는 경우에는 미끄러지지 아니하는 구조로 해야 한다.

가설통로 설치 시 준수기준 실필 1801/1704/1502/1404/1201
실작 1804/1801/1704
- 높이 8m 이상인 비계다리에서는 7m 이내마다 계단참을 설치한다.
- 수직갱에 가설된 통로의 길이가 15m 이상인 경우에는 10m 이내마다 계단참을 설치한다.
- 경사가 15°를 초과하는 경우에는 미끄러지지 아니하는 구조로 한다.
- 추락할 위험이 있는 장소에는 안전난간을 설치한다.
- 경사로의 폭은 최소 90cm 이상이어야 한다.
- 발판 폭 40cm 이상, 틈 3cm 이하로 한다.
- 경사는 30° 이하로 한다.

1001 / 1202 / 1401 / 1501

## 114 Repetitive Learning 1회 2회 3회

강풍이 불어올 때 타워크레인의 운전작업을 중지하여야 하는 순간풍속의 기준으로 옳은 것은?

① 순간풍속이 초당 10m 초과
② 순간풍속이 초당 15m 초과
③ 순간풍속이 초당 25m 초과
④ 순간풍속이 초당 30m 초과

해설

- 타워크레인의 운전을 중지해야하는 경우는 순간풍속이 초당 15미터를 초과할 때이다.

타워크레인 강풍 조치사항
- 순간풍속이 초당 10m 초과 시 : 타워크레인의 설치·수리·점검 또는 해체작업을 중지해야 한다.
- 순간풍속이 초당 15m 초과 시 : 타워크레인의 운전을 중지해야 한다.

1101

## 115 Repetitive Learning 1회 2회 3회

차량계 건설기계를 사용하여 작업할 때에 그 기계가 넘어지거나 굴러떨어짐으로써 근로자가 위험해질 우려가 있는 경우에 조치하여야 할 사항과 거리가 먼 것은?

① 갓길의 붕괴 방지
② 작업반경 유지
③ 지반의 부동침하 방지
④ 도로 폭의 유지

해설

- 차량계 건설기계가 넘어지거나 굴러떨어져서 근로자가 위험해질 우려가 있는 경우 유도자를 배치하고, 지반의 부동침하 방지, 갓길의 붕괴 방지 및 도로 폭의 유지 등의 조치를 취한다.

차량계 건설기계의 전도방지 조치
실필 1804/1702 실작 1902/1801/1701/1604/1601/1402/1401
- 사업주는 차량계 건설기계를 사용하여 작업할 때에 그 기계가 넘어지거나 굴러떨어짐으로써 근로자가 위험해질 우려가 있는 경우에는 유도하는 사람을 배치하고 지반의 부동침하 방지, 갓길의 붕괴 방지 및 도로 폭의 유지 등 필요한 조치를 하여야 한다.



112 ④ 113 ② 114 ② 115 ② 정답

0602

## 116 — Repetitive Learning (1회 2회 3회)

지반에서 나타나는 보일링(Boiling) 현상의 직접적인 원인으로 볼 수 있는 것은?

① 굴착부와 배면부의 지하수위의 수두차
② 굴착부와 배면부의 흙의 중량 차
③ 굴착부와 배면부의 흙의 함수비차
④ 굴착부와 배면부의 흙의 토압차

**해설**

- 보일링 현상은 굴착부와 배면의 지하수위의 차이로 인해 주로 발생한다.

**보일링(Boiling)** 실필 1901/1804/1701/1601/1504/1502/1002/0904/0901

㉠ 개요
- 사질지반에서 흙막이 벽 배면부의 지하수가 굴착 바닥면으로 모래와 함께 솟아오르는 지반 융기현상이다.
- 지하수위가 높은 연약 사질토 지반을 굴착할 때 주로 발생한다.
- 굴착부와 배면의 지하수위의 차이로 인해 주로 발생한다.
- 흙막이 벽의 근입장 깊이가 부족할 경우 발생한다.
- 굴착저면에서 액상화 현상에 기인하여 발생한다.
- 시트파일(Sheet pile) 등의 저면에 분사현상이 발생한다.
- 보일링으로 인해 흙막이 벽의 지지력이 상실된다.

㉡ 대책
- 굴착배면의 지하수위를 낮춘다.
- 토류 벽의 근입 깊이를 깊게 한다.
- 토류 벽 선단에 코어 및 필터층을 설치한다.
- 투수거리를 길게 하기 위한 지수벽을 설치한다.

0802 / 1301 / 1401 / 1704 / 1901 / 2102

## 117 — Repetitive Learning

부두·안벽 등 하역작업을 하는 장소에서 부두 또는 안벽의 선을 따라 통로를 설치하는 경우에는 그 폭을 최소 얼마 이상으로 하여야 하는가?

① 80cm ② 90cm
③ 100cm ④ 120cm

**해설**

- 부두 또는 안벽의 선을 따라 통로를 설치하는 경우에는 폭을 90cm 이상으로 하여야 한다.

**하역작업장의 조치기준**
- 작업장 및 통로의 위험한 부분에는 안전하게 작업할 수 있는 조명을 유지할 것
- 부두 또는 안벽의 선을 따라 통로를 설치하는 경우에는 폭을 90cm 이상으로 할 것
- 육상에서의 통로 및 작업 장소로서 다리 또는 선거(船渠)의 갑문(閘門)을 넘는 보도(步道) 등의 위험한 부분에는 안전난간 또는 울타리 등을 설치할 것

## 118 — Repetitive Learning (1회 2회 3회)

흙의 간극비를 나타낸 식으로 옳은 것은?

① $\dfrac{\text{공기}+\text{물의 체적}}{\text{흙}+\text{물의 체적}}$ ② $\dfrac{\text{공기}+\text{물의 체적}}{\text{흙의 체적}}$

③ $\dfrac{\text{물의 체적}}{\text{물}+\text{흙의 체적}}$ ④ $\dfrac{\text{공기}+\text{물의 체적}}{\text{공기}+\text{흙}+\text{물의 체적}}$

**해설**

- 흙의 간극비(공극비)는 토양에서 간극(공극)의 부피비율이다.

**흙의 간극비(공극비)**
- 토양에서 간극(공극)의 부피비율을 말한다.
- $\dfrac{\text{공기}+\text{물의 체적}}{\text{흙의 체적}}$으로 구한다.
- 간극비(공극비)의 크기가 클수록 투수계수는 증가한다.

1101 / 1302 / 2201

## 119 — Repetitive Learning (1회 2회 3회)

취급·운반의 원칙으로 옳지 않은 것은?

① 곡선 운반을 할 것
② 운반 작업을 집중하여 시킬 것
③ 생산을 최고로 하는 운반을 생각할 것
④ 연속 운반을 할 것

**해설**

- 이동 운반 시 목적지까지 직선으로 운반하는 것을 원칙으로 한다.

정답 | 116 ① 117 ② 118 ② 119 ①

**:: 운반의 원칙과 조건**

㉠ 운반의 5원칙
- 이동되는 운반은 직선으로 할 것
- 연속으로 운반을 행할 것
- 효율(생산성)을 최고로 높일 것
- 자재 운반을 집중화할 것
- 가능한 수작업을 없앨 것

㉡ 운반의 3조건
- 운반거리는 극소화할 것
- 손이 가지 않는 작업 방법으로 할 것
- 운반은 기계화 작업으로 할 것

1004 / 1302

## 120 ──── Repetitive Learning (1회 2회 3회)

콘크리트 타설작업 시 안전에 대한 유의사항으로 옳지 않은 것은?

① 콘크리트를 치는 도중에는 지보공 · 거푸집 등의 이상 유무를 확인한다.

② 높은 곳으로부터 콘크리트를 타설할 때는 호퍼로 받아 거푸집 내에 꽂아 넣는 슈트를 통해서 부어 넣어야 한다.

③ 진동기를 가능한 한 많이 사용할수록 거푸집에 작용하는 측압상 안전하다.

④ 콘크리트를 한 곳에만 치우쳐서 타설하지 않도록 주의한다.

**해설**

- 진동기 사용 시 지나친 진동은 거푸집 무너짐의 원인이 될 수 있으므로 적절히 사용해야 한다.

**:: 콘크리트의 타설작업 시 주의사항** 실작 1901/1804/1801
- 당일의 작업을 시작하기 전에 해당 작업에 관한 거푸집 동바리 등의 변형 · 변위 및 지반의 침하 유무 등을 점검하고 이상이 있으면 보수할 것
- 작업 중에는 거푸집 동바리 등의 변형 · 변위 및 침하 유무 등을 감시할 수 있는 감시자를 배치하여 이상이 있으면 작업을 중지하고 근로자를 대피시킬 것
- 콘크리트 타설작업 시 거푸집 붕괴의 위험이 발생할 우려가 있으면 충분한 보강조치를 할 것
- 설계도서상의 콘크리트 양생기간을 준수하여 거푸집 동바리 등을 해체할 것
- 콘크리트를 타설하는 경우에는 편심이 발생하지 않도록 골고루 분산하여 타설할 것



120 ③ 정답

MEMO

# 출제문제 분석 2018년 4회

| 구분 | 1과목 | 2과목 | 3과목 | 4과목 | 5과목 | 6과목 | 합계 |
|---|---|---|---|---|---|---|---|
| New유형 | 0 | 2 | 1 | 4 | 2 | 2 | 11 |
| New문제 | 10 | 6 | 9 | 11 | 12 | 9 | 57 |
| 또나온문제 | 4 | 5 | 6 | 6 | 7 | 3 | 31 |
| 자꾸나온문제 | 6 | 9 | 5 | 3 | 1 | 8 | 32 |
| 합계 | 20 | 20 | 20 | 20 | 20 | 20 | 120 |

- New유형은 New문제 중 기존 기출문제와 완전히 다른 유형의 문제를 말합니다.
- New문제는 기존에 출제되지 않은 문제로 이번에 처음 출제되는 문제입니다.
- 또나온문제는 기존에 출제된 적이 1번 있는 문제를 말합니다.
- 자꾸나온문제는 기존에 출제된 적이 2번 이상 있는 문제를 말합니다. 그만큼 중요한 문제입니다.

## 몇 년분의 기출문제를 공부해야 합격할 수 있을까요?

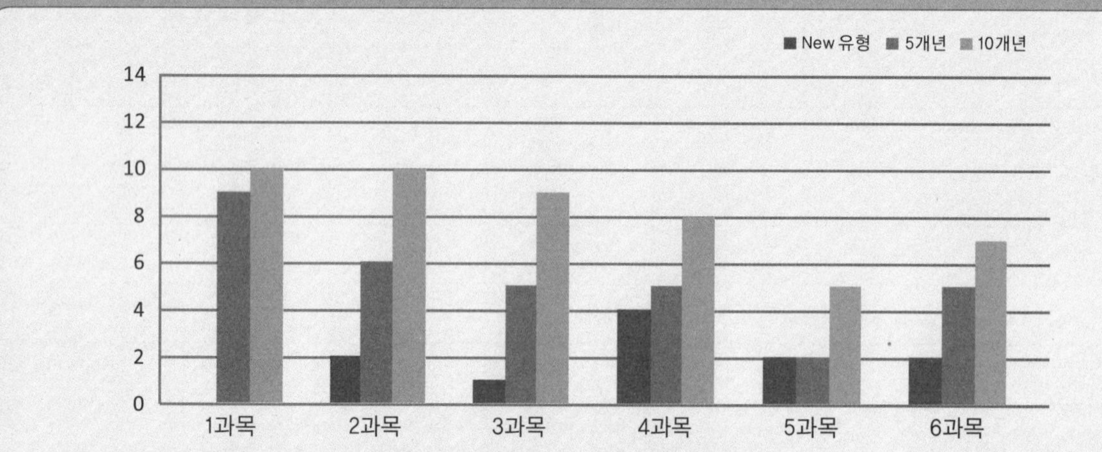


- 완전 새로운 유형의 문제는 11문제이고 109문제가 이미 출제된 문제 혹은 변형문제입니다.
- 5년분(2016~2020) 기출에서 동일문제가 32문항이 출제되었고, 10년분(2011~2020) 기출에서 동일문제가 49문항이 출제되었습니다.

## 실기에 나왔어요!! 외우세요!!!

실기시험은 필답형과 작업형으로 구분되어 있으며 모두 주관식으로 직접 내용을 적어야 합니다. 필기 공부하면서 실기 출제된 내역들은 좀 더 신경써서 암기하실 필요가 있어요. 필기 합격자 발표 난 후 실기시험까지는 5주밖에 여유가 없답니다. 어차피 공부할 것 필기 때 확실하게 해준다면 실기도 단방에 합격할 수 있습니다.

- 총 27개의 해설이 실기 필답형 시험과 연동되어 있습니다.
- 총 10개의 해설이 실기 작업형 시험과 연동되어 있습니다.

## 분석의견

최근 10년분의 기출문제와 답을 반복암기해서는 합격점수인 72점에서 23점이 부족합니다. 기출문제만으로도 충분히 과락점수 이상을 확보할 수 있어 어렵지 않은 회차입니다. 새로운 문제가 다소 많으나 기존 기출문제의 변형문제들로 구성되어 배경이론 학습에 부족함이 없을 경우는 큰 어려움이 없는 난이도의 시험입니다. 합격에 필요한 점수를 획득하기 위해서는 최근 5년분 문제와 핵심이론의 3회독 혹은 최근 10년분 문제와 핵심이론의 2회독 이상의 학습이 필요합니다.

# 2018년 제4회

2018년 9월 15일 필기

18년 4회차 필기시험

합격률 32.9%

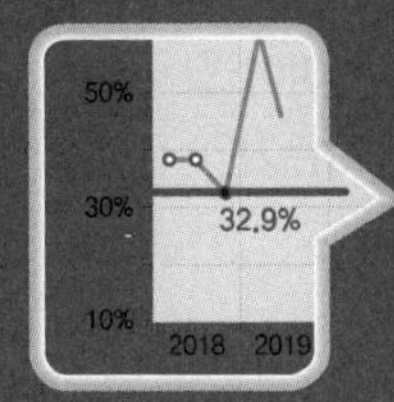

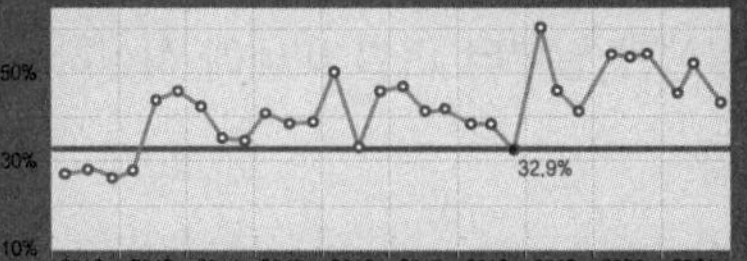

## 1과목 산업안전관리론

1404

**01** Repetitive Learning 1회 2회 3회

산업안전보건법령에 따른 안전인증기준에 적합한지를 확인하기 위하여 안전인증기관이 하는 심사의 종류가 아닌 것은?

① 서면심사 ② 예비심사

③ 제품심사 ④ 완성심사

해설

- 안전인증심사의 종류에는 예비심사, 서면심사, 기술능력 및 생산체계 심사, 제품심사가 있다.

안전인증심사의 종류

- 예비심사 : 기계·기구 및 방호장치·보호구가 유해·위험한 기계·기구·설비 등인지를 확인하는 심사
- 서면심사 : 유해·위험한 기계·기구·설비 등의 종류별 또는 형식별 설계도면 등 유해·위험한 기계·기구·설비 등의 제품기술과 관련된 문서가 안전인증기준에 적합한지에 대한 심사
- 기술능력 및 생산체계 심사 : 유해·위험한 기계·기구·설비 등의 안전성능을 지속적으로 유지·보증하기 위하여 사업장에서 갖추어야 할 기술능력과 생산체계가 안전인증기준에 적합한지에 대한 심사
- 제품심사 : 유해·위험한 기계·기구·설비 등이 서면심사 내용과 일치하는지 여부와 유해·위험한 기계·기구·설비 등의 안전에 관한 성능이 안전인증기준에 적합한지 여부에 대한 심사

2102

**02** Repetitive Learning 

건설기술진흥법령에 따른 건설사고조사위원회의 구성 기준 중 다음 ( ) 안에 알맞은 것은?

> 건설사고조사위원회는 위원장 1명을 포함한 ( )명 이내의 위원으로 구성한다.

① 12 ② 11

③ 10 ④ 9

해설

- 건설사고조사위원회는 위원장 1명을 포함한 12명 이내의 위원으로 구성한다.

건설사고조사위원회

- 건설사고조사위원회는 위원장 1명을 포함한 12명 이내의 위원으로 구성한다.
- 건설사고조사위원회의 위원은 국토교통부장관, 발주청 또는 인·허가기관의 장이 임명하거나 위촉한다.
- 건설사고조사위원회 위원 대상은 건설공사 업무와 관련된 공무원, 건설공사 업무와 관련된 단체 및 연구기관 등의 임직원, 건설공사 업무에 관한 학식과 경험이 풍부한 사람 등이다.
- 위원의 임기는 2년으로 하며, 위원의 사임 등으로 새로 위촉된 위원의 임기는 전임위원 임기의 남은 기간으로 한다.

1401

**03** Repetitive Learning 1회 2회 3회

보호구 안전인증 고시에 따른 인진블록이 부착된 안전대의 구조기준 중 안전블록의 줄은 와이어로프인 경우 최소지름이 몇 mm 이상이어야 하는가?

① 2 ② 4

③ 8 ④ 10

해설

- 안전블록의 와이어로프 최소지름은 4mm 이상이어야 한다.

안전블록이 부착된 안전대의 구조

- 안전블록이란 안전그네와 연결하여 추락발생 시 추락을 억제할 수 있는 자동잠김장치가 갖추어져 있고 죔줄이 자동적으로 수축되는 장치를 말한다.
- 안전블록을 부착하여 사용하는 안전대는 신체지지의 방법으로 안전그네만을 사용한다.
- 안전블록은 정격 사용 길이가 명시되어야 한다.
- 안전블록의 줄은 합성섬유로프, 웨빙(Webbing), 와이어로프이어야 하며, 와이어로프인 경우 최소지름이 4mm 이상이어야 한다.

정답 01 ④ 02 ① 03 ②

1101 / 1302 / 1402 / 1404 / 1604 / 1701 / 1704 / 1801 / 2102 / 2202

## 04

Repetitive Learning 1회 2회 3회

산업안전보건법령에 따른 안전보건관리규정을 작성하여야 할 사업의 사업주는 안전보건관리규정을 작성하여야 할 사유가 발생한 날부터 며칠 이내에 작성하여야 하는가?

① 15일 ② 30일
③ 50일 ④ 60일

**해설**

- 사업주는 안전보건관리규정을 작성하여야 할 사유가 발생한 날부터 30일 이내에 안전보건관리규정을 작성하여야 한다.

**안전보건관리규정** 실필 1601/1101

- 안전보건관리규정을 작성하여야 할 사업의 종류 및 규모

| 사업의 종류 | 규모 |
|---|---|
| 1. 농업<br>2. 어업<br>3. 소프트웨어 개발 및 공급업<br>4. 컴퓨터 프로그래밍, 시스템 통합 및 관리업<br>5. 정보서비스업<br>6. 금융 및 보험업<br>7. 임대업(부동산 제외)<br>8. 전문, 과학 및 기술 서비스업 (연구개발업 제외)<br>9. 사업지원 서비스업<br>10. 사회복지 서비스업 | 상시근로자 300명 이상을 사용하는 사업장 |
| 11. 제1호부터 제10호까지의 사업을 제외한 사업 | 상시근로자 100명 이상을 사용하는 사업장 |

- 사업주는 안전보건관리규정을 작성하여야 할 사유가 발생한 날부터 30일 이내에 안전보건관리규정을 작성하여야 한다. 이를 변경할 사유가 발생한 경우에도 또한 같다.
- 사업주는 안전보건관리규정을 작성하거나 변경할 때에는 산업안전보건위원회의 심의·의결을 거쳐야 한다. 다만, 산업안전보건위원회가 설치되어 있지 아니한 사업장의 경우에는 근로자대표의 동의를 받아야 한다.

0501 / 1601

## 05

Repetitive Learning 

재해의 간접원인 중 기초원인에 해당하는 것은?

① 불안전한 상태
② 관리적 원인
③ 신체적 원인
④ 불안전한 행동

**해설**

- 재해발생의 간접원인은 2차원인(기술적, 교육적, 신체적, 정신적 원인)과 기초원인(관리적 원인과 학교 교육적 원인, 사회적 또는 역사적 원인)으로 구분된다.

**재해발생의 간접원인**

- 2차원인(기술적, 교육적, 신체적, 정신적 원인)과 기초원인(관리상의 원인과 학교 교육적 원인, 사회적 또는 역사적 원인)으로 구분된다.

| 구분 | 원인 | 내용 |
|---|---|---|
| 2차 원인 | 기술적 원인 | • 건물, 기계장치 설계 불량<br>• 점검, 정비, 보존 불량<br>• 구조 재료의 부적합<br>• 생산공정의 부적절 |
| | 교육적 원인 | • 안전수칙의 오해<br>• 경험훈련의 미숙<br>• 안전지식의 부족<br>• 작업방법 및 유해위험 작업의 교육 불충분 |
| | 신체적 원인 | • 피로<br>• 시력 및 청각 기능 이상<br>• 근육운동의 부적당<br>• 육체적 한계 |
| | 정신적 원인 | • 안전의식의 부족<br>• 주의력 및 판단력 부족<br>• 잘못된 판단<br>• 방심 |
| 기초 원인 | 작업관리상의 원인 | • 작업지시의 부적당<br>• 안전관리 조직의 결함<br>• 안전수칙의 미제정<br>• 작업준비의 불충분<br>• 인원배치의 부적당 |
| | 학교 교육적 원인 | • 재해의 근본 원인 |
| | 사회적 또는 역사적 원인 | |

1004 / 1501 / 2102

## 06

Repetitive Learning 

A 사업장에서는 산업재해로 인한 인적·물적 손실을 줄이기 위하여 안전행동 실천운동(5C 운동)을 실시하고자 한다. 다음 중 5C 운동에 해당하지 않는 것은?

① Control
② Correctness
③ Cleaning
④ Checking



04 ② 05 ② 06 ① 정답

해설

- 통제관리(Control)가 아니라 정리정돈(Clearance)과 전심전력(Concentration)이어야 한다.

5C 운동

- 산업재해로 인한 인적·물적 손실을 줄이기 위하여 실시하는 안전행동 실천운동이다.
- 정리정돈(Clearance), 청소청결(Cleaning), 전심전력(Concentration), 복장단정(Correctness), 점검확인(Checking)을 말한다.
- 근로자의 불안전한 행동으로 인한 재해를 예방하여 쾌적한 작업환경을 이루고 생산성의 향상과 원가절감, 판매촉진과 품질 향상을 통해 궁극적으로 인간존중의 이념과 기업이윤을 극대화하는 것을 목표로 한다.

## 07

Repetitive Learning 1회 2회 3회

산업안전보건법령에 따른 안전·보건표지의 종류별 해당 색채기준 중 틀린 것은?

① 금연 : 바탕은 흰색, 기본모형은 검은색, 관련부호 및 그림은 빨간색
② 인화성물질경고 : 바탕은 무색, 기본모형은 빨간색(검은색도 가능)
③ 보안경착용 : 바탕은 파란색, 관련그림은 흰색
④ 고압전기경고 : 바탕은 노란색, 기본모형 관련부호 및 그림은 검은색

해설

- 금연은 금지표지이므로 빨간색(7.5R 4/14)을 색도의 기준으로 삼으며, 보조색은 검은색으로 한다.

안전·보건표지의 색채, 색도기준 및 용도 실필 1802/1601/1402/1301

| 색채 | 색도기준 | 용도 | 사용례 |
|---|---|---|---|
| 빨간색 | 7.5R 4/14 | 금지 | 정지신호, 소화설비 및 그 장소, 유해행위의 금지 |
| | | 경고 | 화학물질 취급장소에서의 유해·위험 경고 |
| 노란색 | 5Y 8.5/12 | 경고 | 화학물질 취급장소에서의 유해·위험경고 이외의 위험경고, 주의표지 또는 기계방호물 |
| 파란색 | 2.5PB 4/10 | 지시 | 특정 행위의 지시 및 사실의 고지 |
| 녹색 | 2.5G 4/10 | 안내 | 비상구 및 피난소, 사람 또는 차량의 통행표지 |
| 흰색 | N9.5 | – | 파란색 또는 녹색에 대한 보조색 |
| 검은색 | N0.5 | – | 문자 및 빨간색 또는 노란색에 대한 보조색 |

2202

## 08

Repetitive Learning 1회 2회 3회

시설물의 안전 및 유지관리에 관한 특별법령에 따른 안전등급별 정기안전점검 및 정밀안전진단의 실시 시기 기준 중 다음 (　) 안에 알맞은 것은?

| 안전등급 | 정기안전점검 | 정밀안전진단 |
|---|---|---|
| A등급 | ( ㉠ ) 이상 | ( ㉡ )년에 1회 이상 |

① ㉠ 반기에 1회, ㉡ 6
② ㉠ 반기에 1회, ㉡ 4
③ ㉠ 1년에 3회, ㉡ 6
④ ㉠ 1년에 3회, ㉡ 4

해설

- A등급인 경우 정기안전점검은 반기에 1회 이상, 정밀안전진단은 6년에 1회 이상이다.

안전점검, 정밀안전진단 및 성능평가의 실시 시기

| 안전등급 | 정기안전점검 | 정밀안전점검 | | 정밀안전진단 | 성능평가 |
|---|---|---|---|---|---|
| | | 건축물 | 건축물 외 시설물 | | |
| A등급 | 반기에 1회 이상 | 4년에 1회 이상 | 3년에 1회 이상 | 6년에 1회 이상 | 5년에 1회 이상 |
| B·C 등급 | | 3년에 1회 이상 | 2년에 1회 이상 | 5년에 1회 이상 | |
| D·E 등급 | 1년에 3회 이상 | 2년에 1회 이상 | 1년에 1회 이상 | 4년에 1회 이상 | |

## 09

Repetitive Learning 1회 2회 3회

산업안전보건법령에 따른 건설업 중 유해·위험방지계획서를 작성하여 고용노동부장관에게 제출하여야 하는 공사의 기준 중 틀린 것은?

① 연면적 5,000$m^2$ 이상의 냉동·냉장창고 시설의 설비공사 및 단열공사
② 깊이 10m 이상인 굴착공사
③ 저수용량 2,000만톤 이상의 용수 전용 댐 공사
④ 최대지간길이가 31m 이상인 교량 건설공사

정답 07 ① 08 ① 09 ④

해설

- 최대지간길이와 관련된 교량건설 공사는 31m가 아니라 50m 이상인 경우에 유해·위험방지계획서를 작성하여 제출한다.

유해·위험방지계획서 제출대상 공사 실필 1901/1802/1102

- 지상높이가 31m 이상인 건축물 또는 인공구조물, 연면적 3만$m^2$ 이상인 건축물 또는 연면적 5천$m^2$ 이상의 문화 및 집회시설(전시장 및 동물원·식물원은 제외), 판매시설, 운수시설(고속철도의 역사 및 집배송시설은 제외), 종교시설, 의료시설 중 종합병원, 숙박시설 중 관광숙박시설, 지하도상가 또는 냉동·냉장창고시설의 건설·개조 또는 해체 공사
- 연면적 5천$m^2$ 이상인 냉동·냉장창고시설의 설비공사 및 단열공사
- 최대지간길이가 50m 이상인 교량 건설 등의 공사
- 터널 건설 등의 공사
- 다목적 댐, 발전용 댐 및 저수용량 2천만톤 이상의 용수 전용 댐, 지방상수도 전용 댐 건설 등의 공사
- 깊이 10m 이상인 굴착공사

## 10

Repetitive Learning (1회 2회 3회)

재해발생건수 등의 추이를 파악하여 목표관리를 행하는 데 필요한 월별 재해발생건수를 그래프화하여 관리선을 설정관리하는 통계분석방법은?

① 파레토도 ② 특성요인도
③ 클로즈도 ④ 관리도

해설

- 파레토도는 통계적 원인분석방법으로 사고의 유형, 기인물 등 분류 항목을 큰 순서대로 도표화한다.
- 특성요인도는 재해라고 하는 결과에 미치게 하는 원인요소와의 관계를 상호의 인과관계만으로 결부시켜 도표화하는 분석방법이다.
- 클로즈도는 두 가지 이상의 문제에 대한 관계분석 시에 주로 사용하는 분석방법이다.

통계에 의한 재해원인 분석방법

- 파레토도, 특성요인도, 클로즈분석, 관리도 등이 있다.

| 구분 | 내용 |
|---|---|
| 파레토(Pareto)도 | 작업현장에서 발생하는 작업 환경 불량이나 고장, 재해 등의 내용을 분류하고 그 건수와 금액을 크기 순으로 나열하여 작성한 그래프 |
| 특성요인도(Characteristics diagram) | 사실의 확인단계에서 재해의 원인과 결과를 연계하여 상호 관계를 파악하기 위하여 어골상으로 도표화하는 분석방법 |
| 클로즈분석 | 두 가지 이상의 문제에 대한 관계분석 시에 주로 사용하는 분석방법 |
| 관리도(Control chart) | 산업재해의 분석 및 평가를 위하여 재해발생건수 등의 추이에 대해 한계선을 설정하여 목표관리를 수행하는 재해통계 분석기법 |

## 11

Repetitive Learning (1회 2회 3회)

산업안전보건법령에 따른 안전보건총괄책임자지정 대상사업 기준 중 다음 ( ) 안에 알맞은 것은?(단, 선박 및 보트 건조업, 1차 금속 제조업 및 토사석 광업의 경우이다)

> 수급인에게 고용된 근로자를 포함한 상시근로자가 ( ㉠ )명 이상인 사업 및 수급인의 공사금액을 포함한 해당 공사의 총 공사금액이 ( ㉡ )억원 이상인 건설업

① ㉠ 50, ㉡ 10 ② ㉠ 50, ㉡ 20
③ ㉠ 100, ㉡ 10 ④ ㉠ 100, ㉡ 20

해설

- 선박 및 보트 건조업, 1차 금속 제조업 및 토사석 광업인 경우 상시근로자가 50명 이상인 경우 그리고 건설업의 경우 총 공사금액이 20억원 이상인 경우 안전보건총괄책임자를 지정하여야 한다.

안전보건총괄책임자 지정대상 사업 실필 1801

- 수급인에게 고용된 근로자를 포함한 상시근로자가 100명 이상인 사업
- 수급인에게 고용된 근로자를 포함한 상시근로자가 50명 이상인 선박 및 보트 건조업
- 수급인에게 고용된 근로자를 포함한 상시근로자가 50명 이상인 1차 금속 제조업 및 토사석 광업
- 수급인의 공사금액을 포함한 해당 공사의 총 공사금액이 20억원 이상인 건설업

## 12

Repetitive Learning (1회 2회 3회)

산업안전보건법령에 따른 지방고용노동관서의 장이 사업주에게 안전관리자·보건관리자 또는 안전보건관리담당자를 정수 이상으로 증원하게 하거나 교체하여 임명할 것을 명할 수 있는 기준 중 다음 ( ) 안에 알맞은 것은?

> - 해당 사업장의 연간재해율이 같은 업종의 평균재해율의 ( ㉠ )배 이상인 경우
> - 중대재해가 연간 ( ㉡ )건 이상 발생한 경우
> - 관리자가 질병이나 그 밖의 사유로 ( ㉢ )개월 이상 직무를 수행할 수 없게 된 경우

① ㉠ 3, ㉡ 3, ㉢ 2
② ㉠ 3, ㉡ 2, ㉢ 3
③ ㉠ 2, ㉡ 3, ㉢ 2
④ ㉠ 2, ㉡ 2, ㉢ 3



10 ④ 11 ② 12 ④ 정답

해설

- 안전관리자 등의 증원·교체가 필요한 사유는 2(업종의 2배), 2(중대재해 2건), 3(관리자 3개월 직무수행 불가능), 3(화학적 인자로 인한 직업성 질병자 연간 3명)에 따른다.

**안전관리자 등의 증원·교체가 필요한 사유** 실필 1704/1402/1001

- 해당 사업장의 연간재해율이 같은 업종의 평균재해율의 2배 이상인 경우
- 중대재해가 연간 2건 이상 발생한 경우
- 관리자가 질병이나 그 밖의 사유로 3개월 이상 직무를 수행할 수 없게 된 경우
- 화학적 인자로 인한 직업성 질병자가 연간 3명 이상 발생한 경우

0902 / 1501 / 2104

## 13 Repetitive Learning (1회 2회 3회)

T.B.M 활동의 5단계 추진법의 진행순서로 옳은 것은?

① 도입 → 위험예지훈련 → 작업지시 → 점검정비 → 확인
② 도입 → 점검정비 → 작업지시 → 위험예지훈련 → 확인
③ 도입 → 확인 → 위험예지훈련 → 작업지시 → 점검정비
④ 도입 → 작업지시 → 위험예지훈련 → 점검정비 → 확인

해설

- TBM 5단계는, 도입 – 점검정비 – 작업지시 – 위험예지훈련 – 확인단계를 거친다.

**TBM(Tool Box Meeting) 위험예지훈련** 실필 1804/1404

㉠ 개요
- 현장에서 그때 그 장소의 상황에서 즉응하여 실시하는 위험예지활동으로 즉시즉응법이라고도 한다.
- TBM(Tool Box Meeting)으로 실시하는 위험예지활동이다.
- TBM 5단계는, 도입 – 점검정비 – 작업지시 – 위험예지훈련 – 확인단계를 거친다.

㉡ 방법
- 10명 이하의 소수가 적합하며, 시간은 10분 정도 작업을 시작하기 전에 갖는다.
- 사전에 주제를 정하고 자료 등을 준비한다.
- 결론은 가급적 서두르지 않는다.

## 14 Repetitive Learning (1회 2회 3회)

산업안전보건기준에 관한 규칙에 따른 이동식크레인을 사용하여 작업을 할 때 작업시작 전 점검사항이 아닌 것은?

① 권과방지장치나 그 밖의 경보장치의 기능
② 브레이크·클러치 및 조종장치의 기능
③ 주행로의 상측 및 트롤리가 횡행하는 레일의 상태
④ 와이어로프가 통하고 있는 곳 및 작업장소의 지반상태

해설

- 주행로의 상측 및 트롤리(Trolley)가 횡행하는 레일의 상태는 크레인을 사용하여 작업을 하는 경우 작업시작 전 점검사항이다.

**이동식크레인을 사용하여 작업을 하는 경우 작업시작 전 점검사항** 실필 1902

- 권과방지장치나 그 밖의 경보장치의 기능
- 브레이크·클러치 및 조종장치의 기능
- 와이어로프가 통하고 있는 곳 및 작업장소의 지반상태

1001 / 1002 / 1004 / 1104 / 1304 / 1402 / 1501 / 1604 / 1704 / 2001 / 2104 / 2201

## 15 Repetitive Learning (1회 2회 3회)

재해사례연구의 진행단계로 옳은 것은?

① 사실의 확인 → 재해 상황의 파악 → 문제점의 발견 → 문제점의 결정 → 대책의 수립
② 문제점의 발견 → 재해 상황의 파악 → 사실의 확인 → 문제점의 결정 → 대책의 수립
③ 재해 상황의 파악 → 사실의 확인 → 문제점의 발견 → 문제점의 결정 → 대책의 수립
④ 문제점의 발견 → 문제점의 결정 → 재해 상황의 파악 → 사실의 확인 → 대책의 수립

해설

- 재해사례연구의 진행단계는 재해 상황의 파악 → 사실의 확인 → 문제점의 발견 → 근본적 문제점의 결정 → 대책수립 순이다.

**재해사례연구의 진행단계**

㉠ 진행순서
- 재해 상황의 파악 → 사실의 확인 → 문제점의 발견 → 근본적 문제점의 결정 → 대책수립 순이다.

㉡ 단계별 특징

| 단계 | 특징 |
|---|---|
| 재해 상황의 파악 | 사례연구의 전제조건으로서 발생일시 및 장소 등 재해 상황의 주된 항목에 관해서 파악한다. |
| 사실의 확인 | 재해가 발생할 때까지의 경과 중 재해와 관계가 있는 사실 및 재해요인을 객관적으로 확인한다. |
| 문제점의 발견 | 파악된 사실로부터 판단하여 관계법규, 사내규정 등을 적용하여 문제점을 발견한다. |
| 근본적 문제점의 결정 | 재해의 중심이 된 문제점에 관하여 어떤 관리적 책임의 결함이 있는지를 여러 가지 안전보건의 키(Key)에 대하여 분석한다. |
| 대책수립 | 동종 및 유사재해의 방지대책을 구체적, 실현가능하게 수립한다. |

정답 | 13 ② 14 ③ 15 ③

0402 / 1401

## 16

Repetitive Learning (1회 2회 3회)

산업안전보건법령에 따른 안전·보건표지의 기본모형 중 다음 기본모형의 표시사항으로 옳은 것은?(단, 색도기준은 2.5PB 4/10이다)

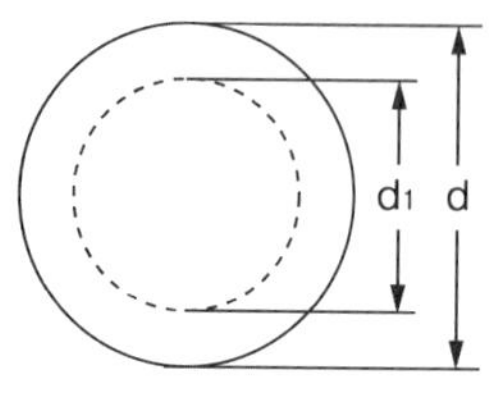


① 금지 ② 경고
③ 지시 ④ 안내

**해설**

- 표지의 도형이 둥근원형은 지시표지이다.

**안전·보건표지의 기본모형**

- 점선 안쪽에는 표시사항과 관련된 부호 또는 그림을 그린다.

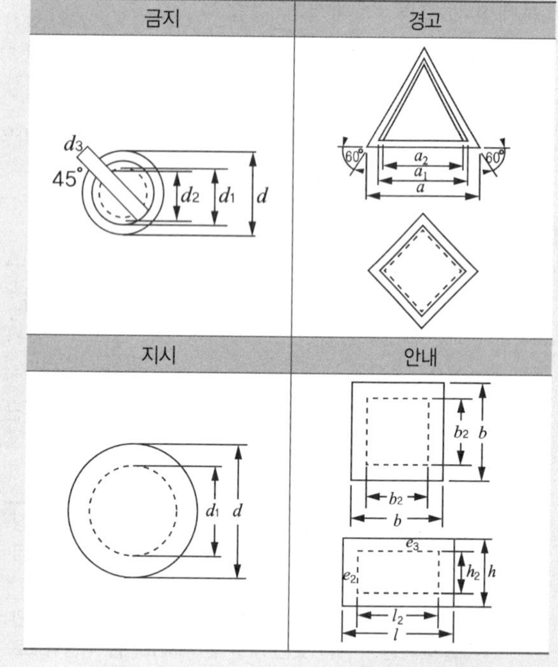


1502

## 17

Repetitive Learning (1회 2회 3회)

산업안전보건법령상 안전·보건표지 중 금지표지의 종류에 해당하지 않는 것은?

① 접근금지 ② 차량통행금지
③ 사용금지 ④ 탑승금지

**해설**

- 접근금지, 접촉금지 등에 해당하는 금지표지는 존재하지 않는다.

**금지표지** 실필 1902/1901/1701/1501/1401/1304/1201/1102/1001/0902

- 정지, 소화설비, 유해행위 금지를 표시할 때 사용된다.
- 흰색(N9.5) 바탕에 빨간색(7.5R 4/14) 기본모형을 사용한다.
- 금연, 출입금지, 보행금지, 차량통행금지, 물체이동금지, 화기금지, 사용금지, 탑승금지 등이 있다.

| 금연 | 출입금지 | 보행금지 | 차량통행금지 |
|---|---|---|---|
| 물체이동금지 | 화기금지 | 사용금지 | 탑승금지 |

1304

## 18

Repetitive Learning (1회 2회 3회)

연평균 상시근로자 수가 500명인 사업장에서 36건의 재해가 발생한 경우 근로자 한 사람이 이 사업장에서 평생 근무할 경우, 근로자에게 발생할 수 있는 재해는 몇 건으로 추정되는가?(단, 근로자는 평생 40년을 근무하며, 평생잔업시간은 4,000시간이고, 1일 8시간씩 연간 300일을 근무한다)

① 2건 ② 3건
③ 4건 ④ 5건

**해설**

- 연간총근로시간은 $8 \times 300 \times 500 = 1,200,000$시간이다.
- 도수율은 $\frac{36}{1,200,000} \times 1,000,000 = 30$이다.
- 평생근무시간은 $40 \times 8 \times 300 + 4,000 = 100,000$시간이다.
- 도수율은 1백만 시간 동안에 발생하는 재해의 건수이므로 $30 \times \frac{100,000}{1,000,000} = 3$이다.

**도수율(FR : Frequency Rate of injury)** 실필 1804/1401/1304/0902

- 빈도율이라고도 하며, 100만 시간당 재해발생건수를 나타낸다.
- 도수율 $= \frac{\text{연간재해건수}}{\text{연간총근로시간}} \times 10^6$으로 구하며,

  환산도수율은 도수율 $\times \frac{\text{총근로시간}}{1,000,000}$이다.



16 ③ 17 ① 18 ② 정답

## 19 —— Repetitive Learning (1회 2회 3회)

산업안전보건법령에 따른 안전·보건에 관한 노사협의체의 사용자위원 구성기준 중 틀린 것은?

① 해당 사업의 대표자
② 안전관리자 1명
③ 공사금액이 20억원 이상인 도급 또는 하도급 사업의 사업주
④ 근로자대표가 지명하는 명예산업안전감독관 1명

**해설**

• 근로자대표가 지명하는 명예산업안전감독관은 근로자위원에 포함된다.

∷ 안전·보건에 관한 노사협의체 실필 1301

㉠ 설치대상 : 공사금액이 120억원(토목공사업은 150억원) 이상인 건설업을 말한다.

㉡ 구성

| | |
|---|---|
| 근로자 위원 | • 도급 또는 하도급 사업을 포함한 전체 사업의 근로자대표<br>• 근로자대표가 지명하는 명예산업안전감독관 1명. 다만, 명예산업안전감독관이 위촉되어 있지 아니한 경우에는 근로자대표가 지명하는 해당 사업장 근로자 1명<br>• 공사금액이 20억원 이상인 공사의 관계수급인의 각 근로자대표 |
| 사용자 위원 | • 도급 또는 하도급 사업을 포함한 전체 사업의 대표자<br>• 안전관리자 1명<br>• 보건관리자 1명(보건관리자 선임대상 건설업으로 한정)<br>• 공사금액이 20억원 이상인 공사의 관계수급인의 각 대표자 |
| 노사협의체의 근로자위원과 사용자위원은 합의를 통해 노사협의체에 공사금액이 20억원 미만인 공사의 관계수급인 및 관계수급인 근로자대표를 위원으로 위촉할 수 있다. | |

## 20 —— Repetitive Learning (1회 2회 3회)

아담스(Edward Adams)의 사고 연쇄이론의 단계로 옳은 것은?

① 사회적 환경 및 유전적 요소 → 개인적 결함 → 불안전 행동 및 상태 → 사고 → 상해
② 통제의 부족 → 기본원인 → 직접원인 → 사고 → 상해
③ 관리구조 결함 → 작전적 에러 → 전술적 에러 → 사고 → 상해
④ 안전정책과 결정 → 불안전 행동 및 상태 → 물질에너지 기준이탈 → 사고 → 상해

**해설**

• ①은 Heinrich 이론, ②는 Bird 이론, ④는 Zabetakis 이론이다.

∷ 아담스(Edward Adams)의 재해발생이론

• 재해의 직접원인은 불행불상에서 발생하거나 방치한 전술적 에러에서 비롯된다는 이론이다.
• 관리구조의 결함 → 작전적 에러 → 전술적 에러 → 사고 → 재해 순으로 발생한다.
• 작전적 에러란 경영자나 감독자의 의지부족이나 행동, 목표설정 미흡 등을 의미한다.
• 전술적 에러란 관리감독자의 실수나 태만, 불행불상의 방치 등을 의미한다.
• 사고발생 매커니즘으로 불안전한 행동과 불안전한 상태가 복합되어 발생한다고 정의하였다.

# 2과목 산업심리 및 교육

1004

## 21 —— Repetitive Learning (1회 2회 3회)

맥그리거(McGregor)의 X·Y이론에 있어 X이론의 관리 처방으로 적절하지 않은 것은?

① 자체평가제도의 활성화
② 경제적 보상체제의 강화
③ 권위주의적 리더십의 확립
④ 면밀한 감독과 엄격한 통제

**해설**

• 자체평가제도는 책임감을 강조한 것으로 선진국형에 해당하는 Y이론의 관리 처방에 해당한다.

∷ 맥그리거(McGregor)의 X·Y이론

㉠ 개요

• 인간과 직무의 관계에 대한 기본적인 가정을 X이론과 Y이론이라는 가설로 나눈 것이다.
• X이론은 인간의 본성이 일을 싫어하고, 무관심하며, 책임을 회피하므로 당근과 채찍을 동원하여 강제할 필요가 있다는 이론이다.
• Y이론은 인간의 본성이 일을 좋아하고, 책임감이 강하며, 선하므로 그들을 자율적, 민주적으로 대해야 창조적인 성과를 얻을 수 있다는 이론이다.

㉡ X이론과 Y이론의 관리 처방 비교

| X이론(후진국형, 성악설) | Y이론(선진국형, 성선설) |
|---|---|
| • 경제적 보상체제의 강화<br>• 권위주의적 리더십의 확립<br>• 면밀한 감독과 엄격한 통제<br>• 상부 책임제도의 강화 | • 분권화와 권한의 위임<br>• 목표에 의한 관리<br>• 직무확장<br>• 인간관계 관리방식<br>• 책임감과 창조력 |

정답 | 19 ④ 20 ③ 21 ①

0402

## 22 Repetitive Learning 1회 2회 3회

운동에 대한 착각현상이 아닌 것은?

① 자동운동(自動運動) ② 항상운동(恒常運動)
③ 유도운동(誘導運動) ④ 가현운동(假現運動)

해설

• 운동의 시지각에는 자동운동, 유도운동, 가현운동 등이 있다.

**운동의 시지각**

- 자동운동, 유도운동, 가현운동 등이 있다.
- 자동운동은 암실 내의 정지된 소광점을 응시하고 있으면 그 광점이 움직이는 것처럼 보이는 현상으로 어두울 때 생기는 착각현상이다.
- 유도운동은 인간의 착각현상 중에서 실제로 움직이지 않는 것이 어느 기준의 이동에 의하여 움직이는 것처럼 느껴지는 현상을 말한다.
- 가현운동은 객관적으로 정지하고 있는 대상물이 급속히 나타난다든가 소멸하는 것으로 인하여 일어나는 운동으로 마치 대상물이 운동하는 것처럼 인식되는 현상을 말한다.

0902

## 23 Repetitive Learning 1회 2회 3회

다음 중에서 개인적 차원에서의 스트레스 관리대책으로 관계가 먼 것은?

① 긴장 이완법 ② 직무 재설계
③ 적절한 운동 ④ 적절한 시간관리

해설

• 직무 재설계는 회사 및 조직적 차원의 스트레스 관리대책이다.

**개인적 스트레스 관리대책**

- 긴장 이완법
- 적절한 시간관리
- 적절한 운동

## 24 Repetitive Learning 1회 2회 3회

일반적인 교육지도의 원칙 중 가장 거리가 먼 것은?

① 반복적으로 교육할 것
② 학습자 중심으로 교육할 것
③ 어려운 것에서 시작하여 쉬운 것으로 유도할 것
④ 강조하고 싶은 사항에 대해 강한 인상을 심어줄 것

해설

• 교육훈련은 쉬운 것부터 어려운 것 순으로 진행해야 효과를 높일 수 있다.

**안전보건교육의 교육지도 원칙**

- 피교육자 입장에서의 교육이 되게 한다.
- 동기부여를 위주로 한 교육이 되게 한다.
- 오감을 통한 기능적인 이해를 돕도록 한다.
- 5관을 활용한 교육이 되게 한다.
- 한 번에 한 가지씩 교육을 실시한다.
- 많이 사용하는 것에서 적게 사용하는 순서로 실시한다.
- 과거부터 현재, 미래의 순서로 실시한다.
- 쉬운 것부터 어려운 것 순으로 진행한다.

## 25 Repetitive Learning 1회 2회 3회

산업심리의 5대 요소에 해당하지 않는 것은?

① 습관 ② 규범
③ 기질 ④ 동기

해설

• 산업심리의 5요소에는 동기, 기질, 감정, 습성, 습관이 있다.

**산업안전심리의 5요소**

| 구분 | 내용 |
|---|---|
| 동기 (Motive) | 능동적인 감각에 의한 자극에서 일어난 사고의 결과로서 사람의 마음을 움직이는 원동력이 되는 것이다. |
| 기질 (Temper) | 감정적인 경향이나 반응에 관계되는 성격의 한 측면이다. |
| 감정 (Emotion) | 생활체가 어떤 행동을 할 때 생기는 주관적인 동요를 뜻한다. |
| 습성 (Habits) | 한 종에 속하는 개체의 대부분에서 볼 수 있는 일정한 생활양식으로 본능, 학습, 조건반사 등에 따라 형성된다. |
| 습관 (Custom) | 성장과정을 통해 형성된 특성 등이 무의식중에 습관화된 것으로 동기, 기질, 감정, 습성 등이 영향을 끼친다. |

2202

## 26 Repetitive Learning 1회 2회 3회

호손(Hawthorne) 실험에서 작업자의 작업능률에 영향을 미치는 주요한 요인은 무엇인가?

① 작업 조건
② 생산 기술
③ 임금 수준
④ 인간관계



22 ② 23 ② 24 ③ 25 ② 26 ④ 정답

해설

- 호손 실험을 통해서 생산성은 사원들의 태도, 감독자, 비공식 집단의 중요성 등 인간관계와 관련한 요소들이 복잡하게 영향을 미친다는 것을 확인하였다.

∷ 호손 실험(Hawthorne experiment)

- 산업심리학이 발전하던 1920년대에 시작된 일련의 연구로 원래 조명도와 생산성의 관계를 밝히려고 시작되었다.
- 조명을 밝히면 처음에는 생산량은 증가하나 이후에는 조명과 상관관계가 거의 없이 생산량이 증가하였다.
- 결과적으로 생산성에는 사원들의 태도, 감독자, 비공식 집단의 중요성 등 인간관계와 관련한 요소들이 복잡하게 영향을 미친다는 것을 확인하였다.

## 27

Repetitive Learning (1회 2회 3회)

작업 시의 정보 회로를 나열한 것으로 맞는 것은?

① 표시 → 감각 → 지각 → 판단 → 응답 → 출력 → 조작
② 응답 → 판단 → 표시 → 감각 → 지각 → 출력 → 조작
③ 감각 → 지각 → 판단 → 응답 → 표시 → 조작 → 출력
④ 지각 → 표시 → 감각 → 판단 → 조작 → 응답 → 출력

해설

- 인간의 정보처리 과정은, 표시 → 감각 → 지각 → 판단 → 응답 → 출력 → 조작 순으로 진행한다.

∷ 인간의 정보처리 과정

- 인간의 정보처리 과정은, 표시 → 감각 → 지각 → 판단 → 응답 → 출력 → 조작 순으로 진행한다.
- 감각이란 감각기관을 통하여 자극이 인간의 지각세계로 들어오는 것을 말한다.
- 지각이란 인간이 주변 환경과 관련된 정보에 의미를 부여하고 해석하는 과정을 말한디.
- 판단과정을 통해 인간은 정보처리를 수행한다.
- 응답 및 출력을 통해 의사결정을 통해 결정된 내용의 반응을 선택한다.
- 결정된 내용을 각종 장치 등의 조작으로 나타낸다.

1304 / 2104

## 28

Repetitive Learning (1회 2회 3회)

다음 중 파악하고자 하는 연구과제에 대해 언어를 매개로 구조화된 질의응답을 통하여 교육하는 기법은?

① 면접(Interview)
② 카운슬링(Counseling)
③ CCS(Civil Communication Section)
④ ATT(American Telephone & Telegram Co)

해설

- 카운슬링은 의식의 우회에서 오는 부주의를 최소화하기 위한 방법으로 실시되는 안전교육방법이다.
- CCS는 ATP라고도 하며, 최고경영자를 위한 교육으로 실시된 것으로 매주 4일, 하루 4시간씩 8주간 진행하는 교육이다.
- ATT는 대상계층이 한정되지 않은 정형교육으로 하루 8시간씩 2주간 실시하는 토의식 교육이다.

∷ 면접(Interview)

- 파악하고자 하는 연구과제에 대해 언어를 매개로 구조화된 질의응답을 통하여 교육하는 기법을 말한다.
- 업무에 대한 이해도가 높은 작업자와 면담하는 방법으로 자료의 수집에 많은 시간과 노력이 들고, 정량화된 정보를 얻기가 힘들다.

0501 / 0802

## 29

Repetitive Learning (1회 2회 3회)

레빈(Lewin)의 행동법칙 $B=f(P \cdot E)$에서 E가 의미하는 것은?(단, $B$는 인간의 행동, $P$는 개체를 의미한다)

① Energy　② Education
③ Environment　④ Engineering

해설

- $E$는 Environment 즉, 심리적 환경(인간관계, 작업환경 - 조명, 소음, 온도 등)을 의미한다.

∷ 레빈(Lewin.K)의 법칙

- 행동 $B=f(P \cdot E)$로 이루어진다. 즉, 인간의 행동($B$)은 개인($P$)과 환경($E$)의 상호 함수관계에 있다고 할 수 있다.
- $B$는 인간의 행동(Behavior)을 말한다.
- $f$는 동기부여를 포함한 함수(Function)이다.
- $P$는 Person 즉, 개체(소질)로 연령, 지능, 경험 등을 의미한다.
- $E$는 Environment 즉, 심리적 환경(인간관계, 작업환경 - 조명, 소음, 온도 등)을 의미한다.

0801 / 1404

## 30

Repetitive Learning (1회 2회 3회)

교육방법 중 토의법이 효과적으로 활용되는 경우가 아닌 것은?

① 피교육생들의 태도를 변화시키고자 할 때
② 인원이 토의를 할 수 있는 적정 수준일 때
③ 피교육생들 간에 학습능력의 차이가 클 때
④ 피교육생들이 토의 주제를 어느 정도 인지하고 있을 때

정답 | 27 ① 28 ① 29 ③ 30 ③

해설

- 피교육생들 간에 학습능력의 차이가 클 때는 토의식으로 교육이 진행되면 학습능력이 우수한 사람들에 의해 일방적으로 교육이 끌려갈 우려가 있다.

**토의식(Discussion method)**

㉠ 개요

- 참여자들의 대화를 통해서 교육이 진행되는 교육방식이다.
- 현장의 관리감독자 교육을 위하여 가장 바람직한 교육방식이다.
- 안전교육의 방법 중 전개단계에서 가장 효과적인 수업방법이다.
- 도입, 제시, 적용, 확인단계 중 적용단계에서 가장 많은 시간이 소요된다.
- 알고 있는 지식을 심화시키거나 어떠한 자료에 대해 보다 명료한 생각을 갖도록 하기 위하여 실시하는 교육방법으로 적합하다.
- 피교육생들의 태도를 변화시키고자 할 때, 인원이 토의에 적정할 때, 피교육생들이 토의 주제를 어느 정도 인지하고 있을 때, 피교육생들 간에 학습능력이 비슷한 수준일 때 유용하다.
- 심포지엄(Symposium), 패널 디스커션(Panel discussion), 롤 플레잉(Role playing), 버즈세션(Buzz session), 포럼(Forum) 등이 있다.

㉡ 특징

- 개방적인 의사소통과 협조적인 분위기 속에서 학습자의 적극적 참여가 가능하다.
- 집단 활동의 기술을 개발하고 민주적 태도를 배울 수 있다.
- 준비와 계획단계뿐만 아니라 진행 과정에서도 많은 시간이 소요된다.

## 31

Repetitive Learning 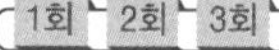


직무평가의 방법에 해당되지 않는 것은?

① 서열법
② 분류법
③ 투사법
④ 요소비교법

해설

- 직무평가의 방법에는 서열법, 요소비교법, 분류법, 점수법 등이 있다.

**직무평가(Job evaluation)**

- 조직 내에서 각 직무마다 임금수준을 결정하기 위해 직무들의 상대적 가치를 조사하는 것을 말한다.
- 방법에는 서열법, 요소비교법, 분류법, 점수법 등이 있다.

0802 / 0804 / 2104

## 32

Repetitive Learning 1회 2회 3회

새로운 자료나 교재를 제시하고, 거기에서의 문제점을 피교육자로 하여금 제기하게 하거나, 의견을 여러 가지 방법으로 발표하게 하고, 다시 깊게 파고들어서 토의하는 방법은?

① 포럼(Forum)
② 심포지엄(Symposium)
③ 버즈세션(Buzz session)
④ 패널 디스커션(Panel discussion)

해설

- 심포지엄은 몇 사람의 전문가에 의하여 과제에 관한 견해를 발표한 뒤에 참가자로 하여금 의견이나 질문을 하게 하여 토의하는 방법이다.
- 버즈세션은 6명씩 소집단으로 구분하고, 집단별로 각각의 사회자를 선발하여 6분간씩 자유토의를 행하여 의견을 종합하는 방법이다.
- 패널 디스커션은 참가자 앞에서 소수의 전문가들이 과제에 관한 견해를 발표하고 토론한 뒤 참가자 전원이 참가하여 사회자의 사회에 따라 토의하는 방법이다.

**토의법의 종류**

| | |
|---|---|
| 포럼 (Forum) | 새로운 자료나 교재를 제시하고 문제점을 피교육자로 하여금 제기하게 하거나 그것에 관한 피교육자의 의견을 여러 가지 방법으로 발표하게 하고, 청중과 토론자 간에 활발한 의견 개진과 충돌로 바람직한 합의를 도출해내는 교육 실시방법 |
| 패널 디스커션 (Panel discussion) | 참가자 앞에서 소수의 전문가들이 과제에 관한 견해를 발표하고 토론한 뒤 참가자 전원이 참가하여 사회자의 사회에 따라 토의하는 방법 |
| 심포지엄 (Symposium) | 몇 사람의 전문가에 의하여 과제에 관한 견해를 발표한 뒤에 참가자로 하여금 의견이나 질문을 하게 하여 토의하는 방법 |
| 롤 플레잉 (Role playing) | 집단 심리요법의 하나로서 자기 해방과 타인 체험을 목적으로 하는 체험활동을 통해 대인관계에 있어서의 태도변용이나 통찰력, 자기이해를 목표로 개발된 교육방법 |
| 버즈세션 (Buzz session) | 6-6 회의라고도 하며, 6명씩 소집단으로 구분하고, 집단별로 각각의 사회자를 선발하여 6분간씩 자유토의를 행하여 의견을 종합하는 방법 |



31 ③ 32 ① 정답

## 33
Repetitive Learning 1회 2회 3회

학습의 전이란 학습한 결과가 다른 학습이나 반응에 영향을 주는 것을 의미한다. 이 전이의 이론에 해당하지 않는 것은?

① 일반화설 ② 동일요소설
③ 형태이조설 ④ 태도요인설

**해설**

- 학습전이의 이론에는 일반화설, 형식도야설, 동일요소설, 형태이조설, 학습하는 방식의 학습설 등이 있다.

**학습전이의 이론**

- 학습전이의 이론에는 일반화설, 형식도야설, 동일요소설, 형태이조설, 학습하는 방식의 학습설 등이 있다.

| 구분 | 내용 |
|---|---|
| 일반화설(동일원리설) | 두 개의 상이한 학습사이에 놓여 있는 일반적 원리가 비슷할 때 전이가 일어난다는 이론이다. |
| 형식도야설 | 일반능력이나 기본능력 등 형식만 잘 훈련되면 그 효과는 여러 가지 분야에 걸쳐서 일반적으로 전이된다는 이론이다. |
| 동일요소설 | 선행학습과 후행학습 사이에 동일한 요소가 있을 때에만 전이가 가능하다는 이론이다. |
| 형태이조설 | 어떤 장면이나 자료의 역학적 관계가 발견되거나 이해될 때 그것이 다른 학습에도 전이된다는 이론이다. |
| 학습하는 방식의 학습설 | 꾸준하게 학습이 되풀이되면 미경험한 문제일지라도 정확한 반응이 가능해진다는 이론이다. |

0804 / 1304

## 34
Repetitive Learning 1회 2회 3회

기술교육의 진행방법 중 듀이(John Dewey)의 5단계 사고과정에 속하지 않는 것은?

① 응용시킨다.(Application)
② 시사를 받는다.(Suggestion)
③ 가설을 설정한다.(Hypothesis)
④ 머리로 생각한다.(Intellectualization)

**해설**

- 듀이의 5단계 사고 과정은, 시사 → 지식화 → 가설을 설정 → 추론 → 행동에 의한 가설 검토 순으로 진행된다.

**존 듀이(Jone Dewey)의 5단계 사고과정**

- 시사(Suggestion) → 지식화(Intellectualization) → 가설(Hypothesis)을 설정 → 추론(Reasoning) → 행동에 의하여 가설 검토 순으로 진행된다.
- 듀이의 5단계 사고과정을 거친 후 이를 정리한 교육지도는 원리의 제시 → 관련된 개념의 분석 → 가설의 설정 → 자료의 평가 → 결론 순으로 구체화된다.

0302 / 1401

## 35
Repetitive Learning 1회 2회 3회

다음 중 현장의 관리감독자 교육을 위하여 가장 바람직한 교육방식은?

① 강의식(Lecture method)
② 토의식(Discussion method)
③ 시범(Demonstration method)
④ 자율식(Self-instruction method)

**해설**

- 토의식은 참여자들의 대화를 통해서 교육이 진행되는 방식으로 현장의 관리감독자 교육을 위하여 가장 바람직한 교육방식이다.

**토의식(Discussion method)**

문제 30번의 유형별 핵심이론 참조

0302 / 0501 / 1104 / 1501

## 36

Repetitive Learning 1회 2회 3회

다음 중 단조로운 업무가 장시간 지속될 때 작업자의 감각기능 및 판단능력이 둔화 또는 마비되는 현상은?

① 착각현상
② 망각현상
③ 피로현상
④ 감각차단현상

**해설**

- 착각현상은 감각적으로 물리현상을 왜곡하는 지각 오류이다.
- 망각은 경험한 내용이나 학습된 행동을 다시 생각하여 작업에 적용하지 아니하고 방치함으로써 경험의 내용이나 인상이 약해지거나 소멸되는 현상이다.
- 피로현상은 육체적·정신적 피로에 의해 집중력 저하, 기억력감퇴, 수면장애, 근골격계 통증 등이 유발되는 상황을 말한다.

**감각차단현상**

- 단조로운 업무가 장시간 지속될 때 주로 발생한다.
- 작업자의 감각기능 및 판단능력이 둔화 또는 마비되는 현상이다.
- 멍해지는 현상으로 인지과정의 착오를 가져오기 쉽다.

정답 | 33 ④ 34 ① 35 ② 36 ④

1202 / 1204 / 1302 / 1701 / 1801 / 2104

## 37 ― Repetitive Learning (1회 2회 3회)

산업안전보건법령상 사업 내 안전·보건교육 중 건설업 일용근로자에 대한 건설업 기초안전·보건교육의 교육시간으로 맞는 것은?

① 1시간　② 2시간
③ 3시간　④ 4시간

**해설**

- 건설업 일용근로자에 대한 건설업 기초안전·보건교육의 교육시간은 4시간이다.

안전·보건 교육시간 기준 실필 1801/1201/0904/0804

| 교육과정 | 교육대상 | | 교육시간 |
|---|---|---|---|
| 정기교육 | 사무직 종사 근로자 | | 매반기 6시간 이상 |
| | 사무직 외의 근로자 | 판매업무에 직접 종사하는 근로자 | 매반기 6시간 이상 |
| | | 판매업무에 직접 종사하는 근로자 외의 근로자 | 매반기 12시간 이상 |
| | 관리감독자 | | 연간 16시간 이상 |
| 채용 시의 교육 | 일용근로자 및 근로계약기간이 1주일 이하인 기간제근로자 | | 1시간 이상 |
| | 근로계약기간이 1주일 초과 1개월 이하인 기간제근로자 | | 4시간 이상 |
| | 그 밖의 근로자 | | 8시간 이상 |
| 작업내용 변경 시의 교육 | 일용근로자 및 근로계약기간이 1주일 이하인 기간제근로자 | | 1시간 이상 |
| | 그 밖의 근로자 | | 2시간 이상 |
| 특별교육 | 일용 및 근로계약기간이 1주일 이하인 기간제근로자 | 타워크레인 신호업무 제외 | 2시간 이상 |
| | | 타워크레인 신호업무 | 8시간 이상 |
| | 일용 및 근로계약기간이 1주일 이하인 기간제근로자 제외 근로자 | | • 16시간 이상(작업전 4시간, 나머지는 3개월 이내 분할 가능)<br>• 단기간 또는 간헐적 작업인 경우에는 2시간 이상 |
| 건설업 기초안전·보건교육 | 건설 일용근로자 | | 4시간 이상 |

1004 / 1502 / 2202

## 38 ― Repetitive Learning 

Off the Job Training의 특징으로 맞는 것은?

① 개개인에게 적절한 지도훈련이 가능하다.
② 전문가를 강사로 초빙하는 것이 가능하다.
③ 직장의 실정에 맞게 실제적 훈련이 가능하다.
④ 훈련에 필요한 업무의 계속성이 끊어지지 않는다.

**해설**

- ①, ③, ④는 O.J.T(On the Job Training)의 특징이다.

Off J.T(Off the Job Training)

㉠ 개요
- 교육대상자를 대상으로 업무현장 밖에서 하는 집단교육을 말한다.

㉡ 형태
- 강의
- 사례연구
- 역할연기
- 집단토론

㉢ 특징

| 구분 | 내용 |
|---|---|
| 장점 | • 교재, 시설 등을 효과적으로 이용할 수 있다.<br>• 업무와 훈련이 동시에 진행되는 것이 아닌 만큼 훈련에만 전념하게 된다.<br>• 외부의 우수한 전문가를 강사로 활용할 수 있다.<br>• 다수의 근로자를 대상으로 일괄적, 조직적, 체계적인 훈련이 가능하다.<br>• 교육생 간 혹은 타 직장의 근로자와 지식이나 경험을 교류할 수 있다. |
| 단점 | • 개인의 안전지도 방법에는 부적당하다.<br>• 교육으로 인해 업무가 중단되는 손실이 발생한다. |

1002 / 1301 / 1502

## 39 ― Repetitive Learning (1회 2회 3회)

스트레스에 대하여 반응하는 데 있어서 개인 차이의 이유로 적합하지 않은 것은?

① 성(性)의 차이　② 강인성의 차이
③ 작업시간의 차이　④ 자기 존중감의 차이

**해설**

- 스트레스 반응에 있어서 개인마다 차이가 나는 이유는 개인에게 찾아야한다. 업무강도나 작업시간 등의 업무에서 개인 차이를 확인하는 것은 힘들다.

스트레스 반응에 있어서 개인차의 이유
- 자기 존중감의 차이
- 성(性)의 차이
- 성격상의 강인성의 차이

0601

## 40 ― Repetitive Learning (1회 2회 3회)

리더십의 유형을 지휘 형태에 따라 구분할 때, 이에 해당하지 않는 것은?

① 권위적 리더십　② 민주적 리더십
③ 방임적 리더십　④ 경쟁적 리더십



37 ④　38 ②　39 ③　40 ④ | 정답

해설

- 리더십의 유형을 지휘 형태에 따라 구분하면 권위적(독재형), 민주적, 자유방임형 리더십으로 구분할 수 있다.

리더십(Leadership)

㉠ 개요

- 어떤 특정한 목표달성을 위해 조직에서 행사되는 영향력을 말한다.
- 리더십의 특성조건에는 혁신적 능력, 표현능력, 대인적 숙련 등을 들 수 있다.
- 특성이론이란 성공적인 리더가 가지는 특성을 연구하는 이론이다.
- 의사결정 방법에 따라 권위형, 민주형, 자유방임형으로 크게 구분된다.

㉡ 의사결정 방법에 따른 리더십의 구분

| | |
|---|---|
| 권위형 | • 업무를 중심에 놓는다.(직무 중심적)<br>• 리더가 독단적으로 의사를 결정하고 관리한다.<br>• 하향 지시위주로 조직이 운영된다. |
| 민주형 | • 인간관계를 중심에 놓는다.(부하 중심적)<br>• 조직원의 적극적인 참여와 자율성을 강조한다.<br>• 조직원의 창의성을 개발할 수 있다. |
| 자유 방임형 | • 리더십의 의미를 찾기 힘들다.<br>• 방치, 무관심, 무질서 등의 특징을 가진다.<br>• 낭비와 파손품이 많다.<br>• 개성이 강하고 연대감이 없다. |

## 3과목 인간공학 및 시스템안전공학

2201

### 41 Repetitive Learning (1회 2회 3회)

예비위험분석(PHA)에서 식별된 사고의 범주로 부적절한 것은?

① 중대(Critical) ② 한계적(Marginal)
③ 파국적(Catastrophic) ④ 수용가능(Acceptable)

해설

- PHA에서 위험의 정도를 분류하는 4가지 범주는 파국(Catastrophic), 중대(Critical), 위기-한계(Marginal), 무시가능(Negligible)으로 구분된다.

예비위험분석(PHA)

㉠ 개요

- 모든 시스템 안전 프로그램에서의 최초단계 해석으로 시스템의 위험요소가 어떤 위험 상태에 있는가를 정성적으로 평가하는 분석방법이다.
- 시스템을 설계함에 있어 개념형성 단계에서 최초로 시도하는 위험도 분석방법이다.
- 복잡한 시스템을 설계, 가동하기 전의 구상단계에서 시스템의 근본적인 위험성을 평가하는 가장 기초적인 위험도 분석기법이다.
- 위험의 정도를 분류하는 4가지 범주는 파국(Catastrophic), 중대(Critical), 위기-한계(Marginal), 무시가능(Negligible)으로 구분된다.

㉡ 예비위험분석(PHA)의 4가지 범주(MIL-STD-882E)

| | |
|---|---|
| 파국 (Catastrophic) | 작업자의 부상 및 서브시스템의 고장 등으로 시스템 성능이 저하되어 시스템에 심각한 손실을 초래한 상태 |
| 중대 (Critical) | 작업자의 부상 및 시스템의 중대한 손해를 초래하거나 작업자의 생존 및 시스템의 유지를 위하여 즉시 수정 조치를 필요로 하는 상태 |
| 위기-한계 (Marginal) | 작업자의 부상 및 시스템의 중대한 손해를 초래하지 않고 대처 또는 제어할 수 있는 상태 |
| 무시가능 (Negligible) | 시스템의 성능이나 기능, 인원 손실이 전혀 없는 상태 |

### 42 Repetitive Learning (1회 2회 3회)

인체의 관절 중 경첩관절에 해당하는 것은?

① 손목관절 ② 엉덩관절
③ 어깨관절 ④ 팔꿉관절

해설

- 팔꿈치와 무릎, 손가락뼈사이 관절 등이 대표적인 경첩관절에 해당한다.

경첩관절

- 팔꿈치처럼 하나의 축을 따라 구부리고 펼 수 있는 관절을 말한다.
- 굽힘과 폄 동작이 가능하다.
- 팔꿈치와 무릎, 손가락뼈사이 관절 등이 대표적인 경첩관절에 해당한다.

1002 / 1204

### 43 Repetitive Learning (1회 2회 3회)

작업설계(Job design) 시 철학적으로 고려해야 할 사항 중 작업만족도(Job satisfaction)를 얻기 위한 수단으로 볼 수 없는 것은?

① 작업감소(Job reduce)
② 작업순환(Job rotation)
③ 작업확대(Job enlargement)
④ 작업윤택화(Job enrichment)

해설

- 작업이 감소한다고 해서 작업만족도를 얻을 수는 없다.

:: 작업설계(Job design) 시 작업만족도(Job satisfaction)를 위한 고려사항

| | |
|---|---|
| 작업윤택화 (Job enrichment) | 동일한 작업에 각기 다른 과업들을 병합하는 것으로 다른 사람들이 수행하는 과업들 포함 |
| 작업확대 (Job enlargement) | 재량권이나 의사결정을 확대하여 작업자들이 상급자들이 갖던 의무의 일부를 취할 수 있게 하는 것 |
| 작업순환 (Job rotation) | 조직단위 간 연결을 강조하는 것으로 주기적으로 다른 사람의 업무를 수행하도록 하는 것 |

## 44

Repetitive Learning (1회 2회 3회)

습구온도가 23℃이며, 건구온도가 31℃일 때의 Oxford 지수(건습지수)는 얼마인가?

① 2.42℃ ② 2.98℃
③ 24.2℃ ④ 29.8℃

해설

- 0.85 × 23 + 0.15 × 31 = 19.55 + 4.65 = 24.2℃이다.

:: Oxford 지수

- 습구온도와 건구온도의 가중 평균치로 습건지수라고도 한다.
- Oxford 지수는 0.85×습구온도+0.15×건구온도로 구한다.

## 45

Repetitive Learning (1회 2회 3회)

수공구 설계의 기본원리로 틀린 것은?

① 양손잡이를 모두 고려하여 설계한다.
② 손바닥 부위에 압박을 주는 손잡이 형태로 설계한다.
③ 손잡이의 길이는 95% 남성의 손 폭을 기준으로 한다.
④ 동력공구 손잡이는 최소 두 손가락 이상으로 작동하도록 설계한다.

해설

- 조직에 가해지는 압력을 피하도록 설계한다.

:: 수공구의 일반적인 설계 원칙

- 손목은 곧게 유지되도록 설계한다.
- 반복적인 손가락 동작을 피하도록 설계한다.
- 손잡이는 접촉면적을 가능하면 크게 한다.
- 조직에 가해지는 압력을 피하도록 설계한다.
- 공구의 무게를 줄이고 사용 시 무게 균형이 유지되도록 한다.
- 정밀 작업용 수공구의 손잡이는 직경 5～12mm가 적당하다.
- 일반적으로 손잡이의 길이는 95%tile 남성의 손 폭을 기준으로 한다.
- 힘을 요하는 수공구의 손잡이는 직경 50～60mm가 적당하다.
- 동력공구의 손잡이는 두 손가락 이상으로 작동하도록 한다.

1201

## 46

Repetitive Learning (1회 2회 3회)

결함위험분석(FHA, Fault Hazard Analysis)의 적용단계로 가장 적절한 것은?

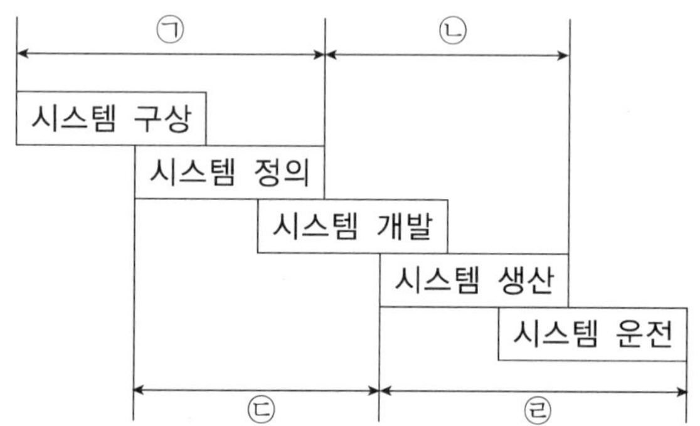


① ㉠
② ㉡
③ ㉢
④ ㉣

해설

- 결함위험분석(FHA)은 시스템 정의에서부터 시스템 개발단계를 지나 시스템 생산단계 진입 전까지 적용된다.

:: 결함위험분석(FHA)

- 복잡한 전체시스템을 여러 개의 서브시스템으로 나누어 제작하는 경우 서브시스템이 다른 서브시스템이나 전체시스템에 미치는 영향을 분석하는 방법이다.
- 수리적 해석방법으로 정성적 방식을 사용한다.
- 시스템 정의에서부터 시스템 개발단계를 지나 시스템 생산단계 진입 전까지 적용된다.

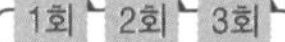
1402

## 47

Repetitive Learning (1회 2회 3회)

중이소골(Ossicle)이 고막의 진동을 내이의 난원창(Oval window)에 전달하는 과정에서 음파의 압력은 어느 정도 증폭되는가?

① 2배 ② 12배
③ 22배 ④ 220배

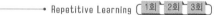

44 ③ 45 ② 46 ③ 47 ③ 정답

해설

- 이소골은 소리를 내이로 전달하는 과정에서 음파의 압력을 22배 정도 증폭해서 전달한다.

**소리의 전달**

- 중이에 위치한 이소골(Ossicle)이 고막의 진동을 내이의 난원창(Oval window)에 전달한다.
- 이소골은 소리를 내이로 전달하는 과정에서 음파의 압력을 22배 정도 증폭해서 전달한다.
- 난원창은 이소골의 등골과 연결되어 소리의 자극을 전달하는 역할을 담당한다.

1504

## 48

Repetitive Learning (1회 2회 3회)

산업안전보건법령에 따라 유해·위험방지계획서 제출 대상 사업장에 해당하는 1차 금속 제조업의 유해·위험방지계획서에 첨부되어야 하는 서류에 해당하지 않는 것은?(단, 그 밖에 고용노동부장관이 정하는 도면 및 서류는 제외한다)

① 기계·설비의 배치도면
② 건축물 각 층의 평면도
③ 위생시설물 설치 및 관리대책
④ 기계·설비의 개요를 나타내는 서류

해설

- 제조업 유해·위험방지계획서의 첨부서류에는 ①, ②, ④ 외에 원재료 및 제품의 취급, 제조 등의 작업방법의 개요 등이 있다.

**유해·위험방지계획서의 제출**

- 제출대상 사업장의 규모는 전기 계약용량이 300kW 이상인 사업장이다.
- 건설물·기계·기구 및 설비 등 일체를 설치·이전하거나 그 주요 구조부분을 변경할 때에는 고용노동부장관(한국산업안전보건공단)에게 유해·위험방지계획서를 제출하여야 한다.
- 제조업 유해·위험방지계획서의 제출 시 첨부서류는 건축물 각 층의 평면도, 기계·설비의 개요를 나타내는 서류, 기계·설비의 배치도면, 원재료 및 제품의 취급, 제조 등의 작업방법의 개요 등이다.
- 제조업의 경우는 해당 작업시작 15일 전에 제출한다.
- 건설업의 경우는 공사의 착공 전날까지 제출한다.

## 49

Repetitive Learning (1회 2회 3회)

조도에 관련된 척도 및 용어 정의로 틀린 것은?

① 조도는 거리가 증가할 때 거리의 제곱에 반비례한다.
② Candela는 단위시간당 한 발광점으로부터 투광되는 빛의 에너지양이다.
③ Lux는 1cd의 점광원으로부터 1m 떨어진 구면에 비추는 광의 밀도이다.
④ Lambert는 완전 발산 및 반사하는 표면에 표준 촛불로 1m 거리에서 조명될 때 조도와 같은 광도이다.

해설

- Lambert는 휘도의 단위로 $1cm^2$당 1lumen 혹은 $\frac{1}{\pi}$cd에 해당하는 밝기를 말한다.

**조도(照度)**

㉠ 개요
- 조도는 특정 지점에 도달하는 광의 밀도를 말한다.
- 반사체의 반사율과는 상관없이 일정한 값을 갖는다.
- 거리의 제곱에 반비례하고, 광도에 비례하므로 $\frac{광도}{(거리)^2}$로 구한다.

㉡ 단위
- 단위는 럭스(Lux)를 주로 사용하며, 1Lux는 1cd의 점광원으로부터 1m 떨어진 구면에 비추는 광의 밀도이며, 촛불 1개의 조도이다.
- Candela는 단위시간당 한 발광점으로부터 투광되는 빛의 에너지양이다.

0702 / 1101 / 1502

## 50

Repetitive Learning (1회 2회 3회)

FTA에서 활용하는 최소 컷 셋(Minimal cut sets)에 관한 설명으로 맞는 것은?

① 해당 시스템에 대한 신뢰도를 나타낸다.
② 컷 셋 중에 타 컷 셋을 포함하고 있는 것을 배제하고 남은 컷 셋들을 의미한다.
③ 어느 고장이나 에러를 일으키지 않으면 재해가 일어나지 않는 시스템의 신뢰성이다.
④ 기본사상이 일어나지 않을 때 정상사상(Top event)이 일어나지 않는 기본사상의 집합이다.

해설

- 시스템의 신뢰도를 나타내는 것은 최소 패스 셋에 대한 설명이다.
- 포함되는 기본사상이 일어나지 않았을 때에 정상사상이 일어나지 않는 기본사상의 집합은 패스 셋에 대한 설명이다.

정답 | 48 ③ 49 ④ 50 ②

∷ 최소 컷 셋(Minimal cut sets)

- 컷 셋 중에 타 컷 셋을 포함하고 있는 것을 배제하고 남은 컷 셋들을 의미한다.
- 사고에 대한 시스템의 약점을 표현한다.
- 정상사상(Top 사상)을 일으키는 최소한의 집합이다.
- 일반적으로 Fussell algorithm을 이용한다.
- 시스템에서 최소 컷 셋의 개수가 늘어나면 위험수준이 높아진다.

0301 / 1001 / 1504

## 51 Repetitive Learning (1회 2회 3회)

인간이 현존하는 기계를 능가하는 기능이 아닌 것은?(단, 인공지능은 제외한다)

① 원칙을 적용하여 다양한 문제를 해결한다.
② 관찰을 통해서 특수화하고 연역적으로 추리한다.
③ 주위의 이상하거나 예기치 못한 사건들을 감지한다.
④ 어떤 운용방법이 실패할 경우 새로운 다른 방법을 선택할 수 있다.

해설

- 인간은 관찰을 통해서 일반화하여 귀납적 추리를 가능하게 한다.

∷ 인간이 기계를 능가하는 조건

- 관찰을 통해서 일반화하여 귀납적 추리를 한다.
- 완전히 새로운 해결책을 도출할 수 있다.
- 원칙을 적용하여 다양한 문제를 해결할 수 있다.
- 상황에 따라 변하는 복잡한 자극 형태를 식별할 수 있다.
- 다양한 경험을 토대로 하여 의사 결정을 한다.
- 주위의 예기치 못한 사건들을 감지하고 처리하는 임기응변 능력이 있다.

## 52 Repetitive Learning (1회 2회 3회)

100분 동안 8kcal/min으로 수행되는 삽질작업을 하는 40세의 남성 근로자에게 제공되어야 할 적합한 휴식시간은 얼마인가?(단, Murrel의 공식 적용)

① 10.00분 ② 46.15분
③ 51.77분 ④ 85.71분

해설

- Murrel은 남자의 경우 기초대사를 포함한 작업에 대한 평균 에너지 소비량의 상한을 5kcal/min로 하였다.
- 작업 시 에너지 평균 소비량 E가 8이므로 대입하면

$R=100\times\frac{8-5}{8-1.5}=\frac{300}{6.5}=46.154\cdots$ 이므로 46.15분이다.

∷ 휴식시간 산출

- 하루 사람이 내는 에너지는 4,300kcal이고, 기초대사와 휴식에 소요되는 2,300kcal를 뺀 2,000kcal를 8시간(480분)으로 나누면 작업평균 에너지소비량은 분당 약 4kcal가 된다.
- 여기서 작업평균 에너지소비량을 넘어서는 작업을 한 경우에는 일정한 시간마다 휴식이 필요하다.
- 이에 휴식시간 $R=\text{작업시간}\times\frac{E-4}{E-1.5}$ 로 계산한다.

이때 E는 순 에너지소비량[kcal/분]이고, 4는 작업평균 에너지소비량, 1.5는 휴식 중 에너지소비량이다.

0602 / 0902

## 53 Repetitive Learning (1회 2회 3회)

FTA에 의한 재해사례연구 순서에서 가장 먼저 실시하여야 하는 상황은?

① FT도의 작성
② 개선계획의 작성
③ 톱(Top)사상의 선정
④ 사상의 재해 원인의 규명

해설

- 결함수분석에서 가장 먼저 실시하는 것은 정상(Top)사상의 선정이다.

∷ 결함수분석(FTA)에 의한 재해사례의 연구 순서

| 단계 | 내용 |
|---|---|
| 1단계 | 정상(Top)사상의 선정 |
| 2단계 | 사상마다 재해원인 및 요인 규명 |
| 3단계 | FT(Fault Tree)도 작성 |
| 4단계 | 개선계획의 작성 |
| 5단계 | 개선안 실시계획 |

0701

## 54 Repetitive Learning (1회 2회 3회)

양립성의 종류에 해당하지 않는 것은?

① 기능양립성
② 운동양립성
③ 공간양립성
④ 개념양립성

해설

- 양립성의 종류에는 개념양립성, 운동양립성, 공간양립성, 양식양립성 등이 있다.



51 ② 52 ② 53 ③ 54 ① | 정답

:: 양립성(Compatibility)

㉠ 개요

- 인간의 기대하는 바와 자극 또는 반응들이 일치하는 관계를 말하는데 양립성이 적을수록 정보처리에서 재코드화 과정은 많아진다.
- 양립성의 효과가 크면 클수록, 코딩의 시간이나 반응의 시간은 짧아진다.
- 양립성의 종류에는 운동양립성, 공간양립성, 개념양립성, 양식양립성 등이 있다.

㉡ 양립성의 종류와 개념

| | |
|---|---|
| 공간(Spatial) 양립성 | • 표시장치와 이에 대응하는 조종장치의 위치가 인간의 기대에 모순되지 않는 것<br>• 왼쪽 표시장치와 관련된 조종장치는 왼쪽에, 오른쪽 표시장치에 관련된 조종장치는 오른쪽에 위치하는 것 |
| 운동(Movement) 양립성 | 조종장치의 조작방향에 따라서 기계장치나 자동차 등이 움직이는 것 |
| 개념(Conceptual) 양립성 | • 인간이 가지는 개념과 일치하게 하는 것<br>• 적색 수도꼭지는 온수, 청색 수도꼭지는 냉수를 의미하는 것이나 위험신호는 빨간색, 주의신호는 노란색, 안전신호는 파란색으로 표시하는 것 |
| 양식(Modality) 양립성 | 문화적 관습에 의해 생기는 양립성 혹은 직무에 관련된 자극과 이에 대한 응답 등으로 청각적 자극 제시와 이에 대한 음성응답 과업에서 갖는 양립성 |

**55** Repetitive Learning 1회 2회 3회

원사력 발전소 운전에서 발생 가능한 인간오류 중 성격이 다른 것은?

① 조작자가 표지(Label)를 잘못 읽어 틀린 스위치를 선택하였다.

② 조작자가 극도로 높은 압력 발생 이후 처음 60초 이내에 올바르게 행동하지 못하였다.

③ 조작자는 절차적 단계 중 마지막 점검목록인 수동 점검 밸브를 적절한 형태로 복귀시키지 않았다.

④ 조작자가 하나의 절차적 단계에서 2개의 긴밀하게 결부된 밸브 중에서 하나를 올바르게 조작하지 못하였다.

해설

- ①, ②, ④는 작업을 정확하게 수행하지 못하여 발생한 실행(Commission) 오류에 해당하지만, ③은 필요한 작업 또는 절차를 수행하지 않은데서 비롯된 생략(Omission)오류에 해당한다.

:: 행위적 관점에서의 휴먼 에러 분류(Swain)

| | |
|---|---|
| 실행오류 (Commission error) | 작업 수행 중 작업을 정확하게 수행하지 못해 발생한 에러 |
| 생략오류 (Omission error) | 필요한 작업 또는 절차를 수행하지 않는데 기인한 에러 |
| 불필요한 수행오류 (Extraneous error) | 불필요한 작업 또는 절차를 수행함으로써 발생한 에러 |
| 순서오류 (Sequential error) | 필요한 작업 또는 절차의 순서 착오로 인한 에러 |
| 시간오류 (Timing error) | 필요한 작업 또는 절차의 수행을 지연한데 기인한 에러 |

0402 / 0801 / 1304

**56** Repetitive Learning 1회 2회 3회

다음 중 불 대수 관계식으로 틀린 것은?

① $A(A+B)=A$

② $\overline{A \cdot B}=\overline{A}+\overline{B}$

③ $A+\overline{A}\cdot B=A+B$

④ $A+B=\overline{A}\cdot\overline{B}$

해설

- $A+B=\overline{A}\cdot\overline{B}$가 아니라 $\overline{A\cdot B}=\overline{A}+\overline{B}$가 되어야 한다.

:: 불(Bool) 대수의 정리

| | |
|---|---|
| • $A\cdot A=A$ | • $A+A=A$ |
| • $A\cdot 0=0$ | • $A+1=1$ |
| • $A\cdot\overline{A}=0$ | • $A+\overline{A}=1$ |
| • $\overline{A\cdot B}=\overline{A}+\overline{B}$ | • $\overline{A+B}=\overline{A}\cdot\overline{B}$ |
| • $A+\overline{A}\cdot B=A+B$ | • $A(A+B)=A+AB=A$ |

**57** Repetitive Learning 1회 2회 3회

부품성능이 시스템 목표달성의 긴요도에 따라 우선순위를 설정하는 부품배치 원칙에 해당하는 것은?

① 중요성의 원칙　② 사용빈도의 원칙

③ 사용순서의 원칙　④ 기능별 배치의 원칙

정답 | 55 ③ 56 ④ 57 ①

해설

- 부품배치의 원칙 중 우선적인 원칙은 중요성의 원칙과 사용빈도의 원칙이다. 그 중에서 목표달성의 긴요도에 따른 우선순위를 배치할 때는 중요성의 원칙을 적용한다.

**작업장 배치의 원칙**

㉠ 개요
- 사용빈도, 중요도, 기능별, 사용순서의 원칙에 의해 배치한다.
- 작업의 흐름에 따라 기계를 배치한다.
- 배치의 3단계는
  지역배치 → 건물배치 → 기계배치 순으로 이뤄진다.
- 공장 내외에는 안전한 통로를 두어야 하며, 통로는 선을 그어 작업장과 명확히 구별하도록 한다.
- 비상시에 쉽게 대비할 수 있는 통로를 마련하고 사고 진압을 위한 활동통로가 반드시 마련되어야 한다.

㉡ 원칙
- 중요성의 원칙, 사용빈도의 원칙 – 우선적인 원칙
- 기능별 배치, 사용순서의 원칙 – 부품의 일반적인 위치 내에서의 구체적인 배치 기준

1501

## 58 Repetitive Learning (1회 2회 3회)

다음 중 일반적인 화학설비에 대한 안전성 평가(Safety assessment) 절차에 있어 안전대책 단계에 해당되지 않는 것은?

① 보전
② 설비대책
③ 위험도 평가
④ 관리적 대책

해설

- 위험도 평가는 3단계 정량적 평가에서 이뤄진다.

**안전성 평가 6단계**

| 단계 | 내용 |
|---|---|
| 1단계 | 관계 자료의 작성 준비 |
| 2단계 | • 정성적 평가<br>• 설계(공장의 입지조건, 공장 내 배치)와 운전관계에 대한 평가 |
| 3단계 | • 정량적 평가<br>• 취급물질, 용량, 온도, 압력 및 조작을 통한 위험도 평가 |
| 4단계 | • 안전대책수립<br>• 보전, 설비대책과 관리적 대책 |
| 5단계 | 재해정보에 의한 재평가 |
| 6단계 | FTA에 의한 재평가 |

## 59 Repetitive Learning (1회 2회 3회)

형광등과 물체의 거리가 50cm이고, 광도가 30fL일 때, 반사율은 얼마인가?

① 12%　② 25%
③ 35%　④ 42%

해설

- 광도가 주어졌고 거리가 주어졌으므로 조도를 구한다.
- 조도는 $\frac{30}{0.5^2}=120$이 된다.
- 반사율 $=\frac{광도}{조도}\times 100$이고, 대입하면 $\frac{30}{120}\times 100$이므로 25%이다.

**조도(照度)**
문제 49번의 유형별 핵심이론 참조

0304 / 2102

## 60 Repetitive Learning (1회 2회 3회)

시스템 수명주기에 있어서 예비위험분석(PHA)이 이루어지는 단계에 해당하는 것은?

① 구상단계　② 점검단계
③ 운전단계　④ 생산단계

해설

- 예비위험분석(PHA)은 복잡한 시스템을 설계, 가동하기 전의 구상단계에서 시스템의 근본적인 위험성을 평가하는 가장 기초적인 위험도 분석기법이다.

**예비위험분석(PHA)**
문제 41번의 유형별 핵심이론 참조

# 4과목 건설시공학

## 61 Repetitive Learning (1회 2회 3회)

철근콘크리트 구조물(5 ~ 6층)을 대상으로 한 벽, 지하외벽의 철근 고임대 및 간격재의 배치 표준으로 옳은 것은?

① 상단은 보 밑에서 0.5m
② 중단은 상단에서 2.0m 이내
③ 횡 간격은 0.5m 정도
④ 단부는 2.0m 이내



58 ③ 59 ② 60 ① 61 ① 정답

해설

- 중단은 상단에서 1.5m 내외가 되어야 한다.
- 횡 간격은 1.5m 내외가 되어야 한다.
- 단부는 1.5m 이내이어야 한다.

철근 고임대 및 간격재의 수량배치간격

| 부위 | 철근 고임대 및 간격재의 수량배치간격 |
|---|---|
| 슬래브 | • 상/하단근 각각 가로, 세로 1m 이내<br>• 각 단부는 첫 번째 철근에 설치 |
| 보 | • 간격 : 1.5m 이내, 단부는 0.9m 이내 |
| 기둥 | • 상단 : 제1단 띠철근에 설치<br>• 중단 : 상단에서 1.5m 이내<br>• 기둥폭 1m 까지 2개, 1m 이상 시 3개 설치 |
| 벽체 | • 상단 : 보 밑에서 0.5m 내외<br>• 중단 : 상단에서 1.5m 내외<br>• 횡 간격 : 1.5m 내외<br>• 개구부 주위는 각 변에 2개소 설치 (단변의 길이가 1.5m 이상일 경우 3개소 설치) |

0401 / 0804 / 1104 / 2201

## 62

Repetitive Learning 1회 2회 3회

공사관리계약(Construction Management Contract)방식의 장점이 아닌 것은?

① 시공 시 단계별 시공법을 적용할 수 있어 설계 및 시공기간을 단축시킬 수 있다.

② 설계과정에서 설계가 시공에 미치는 영향을 예측할 수 있어 설계도서의 현실성을 향상시킬 수 있다.

③ 기획 및 설계과정에서 발주자와 설계자 간의 의견대립 없이 설계대안 및 특수공법의 적용이 가능하다.

④ 대리인형 CM(CM for fee)방식은 공사비와 품질에 직접적인 책임을 지는 공사관리계약방식이다.

해설

- 대리인형 CM방식은 설계자 및 시공자와는 직접적인 계약관계 없이 발주자의 컨설턴트 역할을 수행하고 그 대가로 Fee를 받는 계약방식이다.
- 공사비와 품질에 직접적인 책임을 지는 공사관리계약방식은 시공자형 CM방식이다.

CM(Construction Management) 제도

㉠ 개요

- 건설사업에서 사업시작부터 종료에 이르기까지 참여하게 되는 다수 조직의 활동을 합리적으로 지휘, 총괄하는 기능 및 활동을 말한다.
- 대리인형 CM(CM for fee)과 시공자형 CM(CM at risk)으로 구분된다.

㉡ 대리인형 CM(CM for fee)

- 발주자의 대리인으로서 설계자 및 시공자와는 직접적인 계약관계 없이 그들의 업무에 대해서 조언하고 평가하는 등 발주자의 컨설턴트 역할을 수행하고 그 대가로 Fee를 받는 계약방식이다.
- 직접 설계자 및 시공자와 계약관계를 갖는 것이 아니므로 공사결과에 대한 책임은 없다.

㉢ 시공자형 CM(CM at risk)

- 시공자 혹은 설계자와 직접 계약을 맺고 공사결과에 대한 책임을 지는 계약형태로 공사관리자의 능력에 의해 사업의 성패가 좌우된다.
- 경우에 따라서는 CM조직이 직접 공사를 수행하기도 한다.

㉣ 특징

- 시공 시 단계별 시공법을 적용할 수 있어 설계 및 시공 기간을 단축시킬 수 있다.
- 설계과정에서 설계가 시공에 미치는 영향을 예측할 수 있어 설계도서의 현실성을 향상시킬 수 있다.
- 기획 및 설계과정에서 발주자와 설계자 간의 의견대립 없이 설계대안 및 특수공법의 적용이 가능하다.
- 건설에 전문적인 지식을 가진 공사관리자가 설계과정부터 참여하여 설계도서의 현실성을 향상시킬 수 있다.
- 설계자와 시공자 사이의 마찰을 감소시킬 수 있다.

## 63

Repetitive Learning 1회 2회 3회

발주자가 수급자에게 위탁하지 않고 직영공사로 공사를 수행하기에 가장 부적합한 공사는?

① 공사 중 설계변경이 빈번한 공사

② 아주 중요한 시설물공사

③ 군비밀상 부득이 한 공사

④ 공사현장 관리가 비교적 복잡한 공사

해설

- 직영공사는 전문업체가 아니라 건축주가 직접 공사하는 만큼 공사현장 관리가 복잡할 경우 관리가 부실해질 수 있다.

직영공사

- 직영공사는 시공사 없이 건축주가 직접 공사하는 것을 말한다.
- 공사 관련 수속이 줄어들고 임기응변처리가 가능한 이점이 있다.
- 공사비가 늘어날 수 있고, 공사기간이 길어지는 단점이 있다.

정답 | 62 ④ 63 ④

1404

## 64

Repetitive Learning (1회 2회 3회)

콘크리트 타설 후 진동다짐에 대한 설명으로 틀린 것은?

① 진동기는 하층 콘크리트에 10cm 정도 삽입하여 상하층 콘크리트를 일체화시킨다.

② 진동기는 가능한 연직방향으로 찔러 넣는다.

③ 진동기를 빼낼 때는 서서히 뽑아 구멍이 남지 않도록 한다.

④ 된비빔 콘크리트의 경우 구조체의 철근에 진동을 주어 진동효과를 좋게 한다.

**해설**

- 진동기의 선단을 철근·철골·거푸집 등 구조물에 직접적으로 접촉시켜서는 안 된다.

**진동기**

㉠ 개요
- 콘크리트 부어넣기에서 콘크리트의 밀실화를 유지시키기 위해 사용하는 기계이다.
- 하층 콘크리트에 10cm 정도 삽입하여 상하층 콘크리트를 일체화시키는 장치이다.

㉡ 사용방법 및 특징
- 진동기를 빼낼 때는 서서히 뽑아 구멍이 남지 않도록 한다.
- 진동기의 선단을 철근·철골·거푸집 등 구조물에 직접적으로 접촉시켜서는 안 된다.
- 유효한 다짐시간은 관찰과 경험에 의하여 결정하는 것이 좋다.
- 진동기의 사용간격은 60cm를 넘지 않도록 한다.
- 진동기는 될 수 있는 대로 수직방향으로 사용한다.
- 진동의 효과는 봉의 직경, 진동수, 진폭 등에 따라 다르며, 진동수가 큰 것일수록 다짐효과가 크다.
- 묽은 반죽에서 진동다짐은 별 효과가 없다.

## 65

Repetitive Learning (1회 2회 3회)

철근콘크리트 보강블록공사에 관한 설명으로 옳지 않은 것은?

① 보강블록조 쌓기에서 세로줄눈은 막힌줄눈으로 하는 것이 좋다.

② 블록을 쌓을 때 지나치게 물축이기하면 팽창수축으로 벽체에 균열이 생기기 쉬우므로, 접착면에 적당히 물축여 모르타르 경화강도에 지장이 없도록 한다.

③ 보강블록공사 시 철근은 굵은 것보다 가는 철근을 많이 넣는 것이 좋다.

④ 벽체를 일체화시키기 위한 철근콘크리트조의 테두리보의 춤은 내력벽 두께의 1.5배 이상으로 한다.

**해설**

- 보강블록조는 원칙적으로 통줄눈쌓기로 한다.

**보강블록조**

- 단순조적 블록조와 같은 방법으로 블록공사를 하되 블록의 빈 속을 철근과 콘크리트로 보강하여 내력벽을 구성하는 것을 말한다.
- 철근은 보통 원형철근을 이용하고, 결속선은 0.8mm(BWG #21) 이상의 철선을 달구어 사용한다.
- 보강블록조는 원칙적으로 통줄눈쌓기로 한다.
- 콘크리트용 블록은 물축임을 하지 말아야 한다. (단, 모르타르 접촉면에만 물을 축인다)
- 하루 쌓기의 높이는 6~7켜(1.2~1.5m) 이내를 표준으로 한다.
- 벽의 세로근은 원칙적으로 기초·테두리보에서 위층의 테두리보까지 잇지 않고 배근하여 그 정착 길이는 철근 지름(d)의 40배 이상으로 한다.
- 가로근의 모서리는 서로 40d(d : 철근 지름) 이상으로 정착시키며 단부는 180° 갈고리를 둔다.
- 모르타르 또는 콘크리트의 세로근 피복 두께는 2cm 이상으로 하며 세로근과의 교차부는 모두 결속선으로 결속한다.

## 66

Repetitive Learning (1회 2회 3회)

강재 중 SN 355 B에서 각 기호의 의미를 잘못 나타낸 것은?

① S : Steel

② N : 일반구조용 압연강재

③ 355 : 최저 항복강도 355N/$mm^2$

④ B : 용접성에 있어 중간 정도의 품질

**해설**

- N은 건축구조용 압연강재를 말한다.
- 일반구조용 압연강재는 SS(Steel for Structure)로 표기한다.

**강재의 표기방법**

- 용도표기기호 + 최저항복강도 + 기타특성 등을 표기한다.
- 용도표기기호는 SS(일반구조용), SM(용접구조용), SN(건축구조용) 등으로 구분한다.
- 최저항복강도는 숫자로 표기되며, 단위는 [N/$mm^2$]이다.
- 기타특성으로는 용접성, 충격성, 샤르피 흡수에너지 등을 구분하도록 한다.



64 ④ 65 ① 66 ② 정답

## 67

Repetitive Learning 1회 2회 3회

다음 중 깊은 기초지정에 해당되는 것은?

① 잡석 지정
② 피어기초 지정
③ 밑창콘크리트 지정
④ 긴 주춧돌 지정

**해설**

- ①, ③, ④는 모두 보통지정에 해당한다.

**깊은 기초(Deep foundation)**

㉠ 개요

- 기초 슬래브 하부의 지층이 하중을 지지할 수 없을 경우 깊은 지중에 위치한 굳은 지층에 말뚝이나 피어 등을 이용해 하중을 전달시키는 것을 말한다.
- 기초 폭에 대한 기초의 근입깊이의 비가 4보다 큰 경우에 해당한다.

㉡ 분류와 종류

| | |
|---|---|
| 하중지지 형태에 따라 | • 선단지지말뚝<br>• 마찰말뚝 |
| 말뚝의 형태에 따라 | • 말뚝기초<br>• 피어기초<br>• 케이슨기초 |

1302

## 68

Repetitive Learning 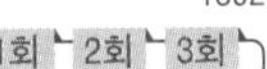

콘크리트 골재의 비중에 따른 분류로서 초경량골재에 해당하는 것은?

① 중정석　　② 퍼라이트
③ 강모래　　④ 부순 자갈

**해설**

- 중정석은 중량골재에 해당한다.
- 강모래와 부순 자갈은 보통골재에 해당한다.

**비중에 따른 콘크리트 골재의 분류**

- 초경량골재, 경량골재, 보통골재, 중량골재로 구분된다.
- 초경량골재의 가장 대표적인 종류는 퍼라이트이다.
- 경량골재는 절건비중이 2.0 이하인 것으로 천연경량골재, 인공경량골재, 부산물경량골재 등이 있다.

| | |
|---|---|
| 천연경량골재 | 경석 화산자갈, 응회암, 용암 등 |
| 인공경량골재 | 팽창성 혈암, 팽창성 점토, 플라이애쉬 등 |
| 부산물경량골재 | 팽창 슬래그, 석탄 찌꺼기 등 |

- 보통골재는 절건비중이 2.4 ~ 2.6 정도인 것으로 천연골재, 인공골재, 부산물골재 등이 있다.

| | |
|---|---|
| 천연골재 | 강모래, 강자갈, 산모래, 산자갈, 바다모래, 바다자갈, 일반모래, 일반자갈 |
| 인공골재 | 부순 돌, 부순 자갈, 부순 모래 |
| 부산물골재 | 고로슬래그 골재, 동슬래그 골재 |

- 중량골재는 원자로, 방사선 등의 차폐효과를 위한 콘크리트에 사용되는 갈철광, 자철광, 중정석, 철편 등과 같이 비중이 큰 골재를 말한다.

1301

## 69

Repetitive Learning 1회 2회 3회

철골부재 공장제작에서 강재의 절단방법으로 옳지 않은 것은?

① 기계절단법　　② 가스절단법
③ 로터리 베니어 절단법　　④ 프라즈마절단법

**해설**

- 로터리 베니어 절단법은 합판의 절단법이다.

**철골의 공장 가공 공정**

㉠ 개요

- 원척도작성－본뜨기－금매김－절단－구멍뚫기－가조립－리벳치기－검사－녹막이 칠 순으로 진행한다.
- 원척도란 설계도면이나 시방서에 표시된 부재의 길이, 너비 등을 1 : 1로 그린 것을 말한다.
- 금매김은 본판 및 리벳간격을 그린 장척물로 강재면에 강치로 리벳 구멍의 위치, 절단개소 등을 그려 넣는다.
- 절단의 종류에는 전단절단, 톱절단, 가스절단, 플라즈마절단, 레이저절단 등이 있다.
- 구멍뚫기 작업 후 구멍의 위치가 다소 다를 때 구멍을 맞추기 위해 구멍가심(Reaming) 작업을 한다.
- 철골의 공장 가공 중 가조립을 할 때 가볼트의 수는 전 리벳 구멍의 1/3 이상이어야 한다.
- 밀 스케일, 스패터 등을 제거한 후 현장운반에 앞서 녹막이 칠을 한다.

㉡ 절단의 종류

- 전단절단 : 강판의 절단 시 사용한다.
- 톱절단 : 철골부재 절단방법 중 가장 정밀한 절단방법으로 앵글커터(Angle cutter), 프릭션 소(Friction saw) 등으로 작업한다.

㉢ 녹막이 칠

- 녹막이 칠을 해야 하는 부분은 리벳 머리 등 콘크리트에 매입되지 않는 부분이다.
- 녹막이 칠을 하지 않아야 하는 부분은 현장용접 부위(용접부에서 양측 100mm 이내), 현장접합 재료의 손상부위, 고력볼트 마찰접합부의 마찰면, 콘크리트에 매립되는 부분, 현장에서 깎기 마무리가 필요한 부분 등이다.

정답 | 67 ② 68 ② 69 ③

## 70 Repetitive Learning (1회 2회 3회)

자연상태로서의 흙의 강도가 1MPa이고, 이긴상태로의 강도는 0.2MPa라면 이 흙의 예민비는?

① 0.2 ② 2
③ 5 ④ 10

해설

- 주어진 값을 식에 대입하면 $\frac{1}{0.2}=5$가 된다.

:: 흙의 예민비(Sensitivity ratio)

㉠ 개요
- 흙의 이김에 의해서 약해지는 정도를 표시하는 비를 말한다.
- $\frac{\text{자연시료(불교란시료)의 강도}}{\text{이긴시료(교란시료)의 강도}}$로 구한다.

㉡ 지질에 따른 예민비
- 점토질 지반에서 점토를 이기면 자연상태의 강도보다 작아지므로 예민비는 보통 1 이상이며, 점토질 흙을 다지려면 전압식 다짐을 해야한다.
- 사질 지반에서 모래를 이기면 자연상태의 강도보다 커지므로 예민비는 보통 1보다 작으며, 사질 흙을 다지려면 진동식 다짐을 해야한다.

0902 / 1402 / 2202

## 71 Repetitive Learning (1회 2회 3회)

철골공사의 용접접합에서 플럭스(Flux)를 옳게 설명한 것은?

① 용접 시 용접봉의 피복제 역할을 하는 분말상의 재료
② 압연강판의 층 사이에 균열이 생기는 현상
③ 용접작업의 종단부에 임시로 붙이는 보조판
④ 용접부에 생기는 미세한 구멍

해설

- 압연강판의 층 사이에 균열이 생기는 현상은 라멜라티어링 현상이라고 한다.
- 용접작업의 종단부에 임시로 붙이는 보조판은 엔드탭이라고 한다.
- 용접부에 생기는 미세한 구멍은 위핑 홀이다.

:: 플럭스(Flux)
- 철골용접에서 자동용접 시 용접봉의 피복제 역할을 하는 분말상의 재료를 말한다.
- 금속 또는 합금을 용해할 때 금속의 표면의 산화나 흡수를 방지하기 위해 용해한 염류에 의한 얇은 층을 만드는 혼합염을 말한다.

## 72 Repetitive Learning (1회 2회 3회)

흙막이공사의 공법에 관한 설명으로 옳은 것은?

① 지하연속벽(Slurry wall) 공법은 인접건물의 근접시공은 어려우나 수평방향의 연속성이 확보된다.
② 어스앵커 공법은 지하 매설물 등으로 시공이 어려울 수 있으나 넓은 작업장 확보가 가능하다.
③ 버팀대(Strut) 공법은 가설구조물을 설치하지만 토량 제거작업의 능률이 향상된다.
④ 강재 널말뚝(Steel sheet pile) 공법은 철재판재를 사용하므로 수밀성이 부족하다.

해설

- 지하연속벽 공법은 인접건물의 경계선까지 시공이 가능하다.
- 버팀대 공법은 버팀대(가설구조물)를 현장에 설치하는 관계로 중장비작업이나 토량제거작업의 능률이 저하된다.
- 강재 널말뚝 공법은 강재 널말뚝을 연속으로 연결하여 벽체를 형성하는 공법으로 차수성 및 수밀성이 높아 연약지반에 적합하다.

:: 어스앵커 공법 실필 1502 실작 1902/1804/1801/1604/1602/1601

㉠ 개요
- 널말뚝 후면부를 천공하고 인장재를 삽입하여 경질지반에 정착시킴으로써 흙막이널을 지지시키는 공법이다.

㉡ 특징
- 앵커체가 각각의 구조체이므로 적용성이 좋다.
- 작업능률이 좋으며 토공사 범위를 한 번에 시공할 수 있다.
- 앵커에 프리스트레스를 주기 때문에 흙막이 벽의 변형을 방지하고 주변 지반의 침하를 최소한으로 억제할 수 있다.
- 본 구조물의 바닥과 기둥의 위치에 관계없이 앵커를 설치할 수도 있다.
- 널말뚝 후면부를 천공하고 인장재를 삽입하는 방식인 관계로 인근구조물이나 지중매설물에 따라 시공이 곤란할 수 있다.

㉢ 구조
- Angle Bracket – 브라켓으로 흙막이 벽과 어스앵커를 연결하는 역할을 담당한다.
- Sheath – 피복부위로 흙과의 마찰이 없도록 하는 역할을 담당한다.
- Packer – 정착부 Grout 밀봉을 목적으로 설치한다.
- Anchor Head – 앵커 두부는 지압판, 정착구, 대좌로 구성되어 천공의 각도를 유도하고 강선을 고정한다.



70 ③ 71 ① 72 ② | 정답

0402

## 73 Repetitive Learning (1회 2회 3회)

콘크리트 측압에 관한 설명으로 옳지 않은 것은?

① 콘크리트의 비중이 클수록 측압이 크다.
② 외기의 온도가 낮을수록 측압은 크다.
③ 거푸집의 강성이 작을수록 측압이 크다.
④ 진동다짐의 정도가 클수록 측압이 크다.

해설

- 거푸집의 강성이 클수록 측압은 크다.

콘크리트 측압 실필 1104
- 콘크리트의 타설 속도가 빠를수록 측압이 크다.
- 콘크리트 비중이 클수록 측압이 크다.
- 진동기를 사용하면 다짐이 충분해지므로 측압은 커진다.
- 슬럼프(Slump)가 크고, 배합이 좋을수록 크다.
- 거푸집의 수평단면이 클수록 측압은 크다.
- 거푸집의 강성이 클수록 측압은 크다.
- 벽 두께가 두꺼울수록 커진다.
- 습도가 높을수록 커지고, 온도는 낮을수록 커진다.
- 철근량이 적을수록 측압은 커진다.
- 부배합이 빈배합보다 측압이 크다.
- 조강시멘트 등을 활용하면 측압은 작아진다.

1404 / 2202

## 74 Repetitive Learning (1회 2회 3회)

지반개량 공법 중 동다짐(Dynamic compaction) 공법의 특징으로 옳지 않은 것은?

① 시공 시 지반진동에 의한 공해문제가 발생하기도 한다.
② 지반 내에 암괴 등의 장애물이 있으면 적용이 불가능하다.
③ 특별한 약품이나 자재를 필요로 하지 않는다.
④ 깊은 심도의 지반개량에 대해서는 초대형 장비가 필요하다.

해설

- 동다짐(Dynamic compaction) 공법은 지반 내에 암괴 등의 장애물이 있어도 적용이 가능하다.

동다짐(Dynamic compaction) 공법

㉠ 개요
- 크레인에 달린 추를 자유낙하시켜 지표면에 충격을 줌으로써 지반의 다짐효과 및 침하를 방지하는 지반개량 공법이다.
- 충격에너지 W파(표면파), S파(전단파), P파(압축파)를 이용한다.

㉡ 특징
- 지반 내에 암괴 등의 장애물이 있어도 적용이 가능하다.
- 특별한 약품이나 자재를 필요로 하지 않는다.
- 깊은 심도의 지반개량에 대해서는 초대형 장비가 필요하다.
- 시공 시 소음, 분진이 발생하며, 지반진동에 의한 공해문제가 발생하기도 한다.

## 75 Repetitive Learning (1회 2회 3회)

연약한 점토지반에서 지반의 강도가 굴착규모에 비해 부족할 경우에 흙이 돌아 나오거나 굴착바닥면이 융기하는 현상은?

① 히빙 ② 보일링
③ 파이핑 ④ 틱소트로피

해설

- 보일링은 사질지반에서 흙막이 벽 뒷면의 수위가 높아서 지하수가 흙막이 벽을 돌아서 모래와 같이 솟아오르는 현상을 말한다.
- 파이핑은 흙막이 벽의 하자 또는 부실공사 등의 요인으로 생긴 틈으로 침투수와 토입자가 배출되는 현상이다.
- 틱소트로피는 점성토가 시간의 경과에 따라 강도를 회복하는 현상을 말한다.

히빙(Heaving) 실필 1801/1701/1602/1404/1104/0904/0902

㉠ 개요
- 하부 지반이 연약한 연질의 점토지반에서 흙파기 저면선에 대하여 흙막이 바깥에 있는 흙의 중량과 지표 적재하중을 이기지 못하고 흙이 붕괴되어서 흙막이 바깥 흙이 안으로 밀려들어와 불룩하게 되는 현상을 말한다.

㉡ 원인
- 흙막이 벽 내외부 흙의 중량 차이로 발생한다.
- 연약한 점토지반에서 굴착면의 융기 혹은 흙막이 벽의 근입장 깊이가 부족할 경우 발생한다.

1501

## 76 Repetitive Learning (1회 2회 3회)

철근 용접이음 방식 중 Cad welding 이음의 장점이 아닌 것은?

① 실시간 육안검사가 가능하다.
② 기후의 영향이 적고 화재위험이 감소된다.
③ 각종 이형철근에 대한 적용범위가 넓다.
④ 예열 및 냉각이 불필요하고 용접시간이 짧다.

정답 | 73 ③ 74 ② 75 ① 76 ①

해설

- Cad welding 이음은 육안검사가 불가능하고, X-ray 및 방사선 투과법 등의 특수검사 방법이 필요하다.

**Cad welding 이음**

㉠ 개요

- 철근에 Sleeve를 끼우고 화약과 합금의 혼합물을 넣고 순간폭발에 의해 녹은 합금이 공간을 충전하여 이음을 형성하는 공법이다.

㉡ 특징

- 기후의 영향이 적고 화재위험이 감소한다.
- 각종 이형철근에 대한 적용범위가 넓다.
- 예열 및 냉각이 필요 없고 용접시간이 짧다.
- 육안검사가 불가능하고, X-ray 및 방사선투과법 등의 특수검사 방법이 필요하다.

2202

## 77 Repetitive Learning 1회 2회 3회

벽돌쌓기법 중에서 마구리를 세워 쌓는 방식으로 옳은 것은?

① 옆세워쌓기 ② 허튼쌓기
③ 영롱쌓기 ④ 길이쌓기

해설

- 허튼쌓기는 막쌓기를 말하며, 줄눈을 맞추지 않고 불규칙하게 쌓는 방법을 말한다.
- 영롱쌓기는 벽돌을 쌓을 때 가운데 빈 부분을 남기고 쌓는 방법을 말한다.
- 길이쌓기는 벽돌의 길이가 벽 표면에 보이게 쌓는 방법을 말한다.

**벽돌쌓기법**

| 길이쌓기 | |
|---|---|
| | 벽돌의 길이가 벽 표면에 보이게 쌓는 방법 |
| 옆세워쌓기 | |
| | 마구리에 해당하는 벽돌의 짧은 면을 세운 것이 벽 표면에 보이게 쌓는 방법 |
| 마구리쌓기 | |
| | 마구리에 해당하는 벽돌의 짧은 면을 눕힌 모습이 벽 표면에 보이게 쌓는 방법 |
| 길이세워쌓기 | |
| | 벽돌을 수직으로 세워서 쌓은 것이 보이게 하는 방법 |

0902 / 1504 / 2101

## 78 Repetitive Learning 1회 2회 3회

속빈 콘크리트블록의 규격 중 기본블록치수가 아닌 것은?(단, 단위 : mm)

① 390 × 190 × 190 ② 390 × 190 × 150
③ 390 × 190 × 100 ④ 390 × 190 × 80

해설

- 속빈 콘크리트블록의 규격에서 두께는 190, 150, 100mm가 표준으로 정해져 있다.

**속빈 콘크리트블록의 규격(단위 : mm)**

- 이형 블록이란 반토막 블록, 모서리용 블록, 가로근용 블록, 그 밖의 용도에 따라 모양이 다른 블록을 총칭한다.

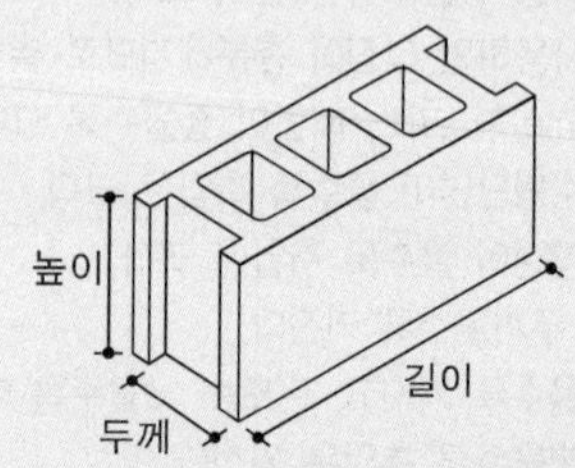


| 모양 | 치수 | | | 허용차 |
|---|---|---|---|---|
| | 길이 | 높이 | 두께 | |
| 기본 블록 | 390 | 190 | 190<br>150<br>100 | ±2 |
| 이형 블록 | 가로근용 블록, 모서리용 블록과 같이 기본 블록과 동일한 크기인 것의 치수 및 허용차는 기본 블록에 준한다. 다만 그 외의 경우 당사자 간 협의에 따른다. | | | |

0902 / 1004

## 79 Repetitive Learning 1회 2회 3회

당해 공사의 특수한 조건에 따라 표준시방서에 대하여 추가, 변경, 삭제를 규정한 시방서는?

① 안내시방서
② 특기시방서
③ 자료시방서
④ 공사시방서

해설

- 안내시방서는 안내시설 등의 설치 공사에 필요한 시공 기준을 기재한 시방서이다.
- 공사시방서는 특정 공사에 맞게 공사 수행을 위한 시공방법, 품질관리, 환경관리 등에 관한 사항을 정한 시방서이다.



77 ① 78 ④ 79 ② 정답

**시방서(Specification)**

㉠ 개요

- 각종 건설공사 등에 대한 표준안, 규정을 설명한 것이다.
- 재료의 품질, 공사의 방법과 질, 시험방법 등 설계도에 기재할 수 없는 사항을 간단명료하게 표시한 것이다.
- 표준시방서, 일반시방서, 공사시방서, 특기시방서, 안내시방서 등이 있다.

㉡ 종류

- 표준시방서 : 건설교통부에서 모든 공사의 공통적인 사항을 정한 표준적인 시공기준을 명시한 시방서이다.
- 일반시방서 : 공사일정 등 공사 전반에 대한 비기술적인 사항을 정한 시방서이다.
- 공사시방서 : 특정 공사에 맞게 공사 수행을 위한 시공방법, 품질관리, 환경관리 등에 관한 사항을 정한 시방서이다.
- 특기시방서 : 해당 공사의 특수한 조건에 따라 표준시방서에 대하여 추가, 변경, 삭제를 규정한 시방서이다.

㉢ 시방서 기재사항

- 일반사항 : 운반, 보관, 취급방법, 공정계획, 유지관리 장비 및 기재, 타 공정과의 협력작업 등
- 재료에 관한 사항 : 사용재료의 품질과 품질시험방법 등
- 시공에 관한 사항 : 각 부위별 시공방법, 제조업자 현장지원방안 등

㉣ 작성원칙

- 시공자가 정확하게 시공하도록 설계자의 의도를 상세히 기술한다.
- 공사 전반에 대한 지침을 세밀하고 간단명료하게 서술한다.
- 도면과 시방서와의 차이가 있을 때 감독기술자의 지시에 따른다.
- 재료의 성능, 성질, 품질의 허용 범위, 공법의 정밀도와 마무리 정도 등을 명확하게 규명한다.
- 시방서의 작성순서는 공사 진행순서와 일치하도록 한다.
- 서류의 우선순위는 공사시방서 > 설계도면 > 전문시방서 > 표준시방서 > 산출내역서 > 상세 시공도 > 관계법령의 유권해석 > 지시사항 순으로 해석한다.

2101

## 80

Repetitive Learning ( 1회 2회 3회 )

공사계약 중 재계약 조건이 아닌 것은?

① 설계도면 및 시방서(Specification)의 중대결함 및 오류에 기인한 경우

② 계약상 현장조건 및 시공조건이 상이(Difference)한 경우

③ 계약사항에 중대한 변경이 있는 경우

④ 정당한 이유 없이 공사를 착수하지 않은 경우

**해설**

- 정당한 이유 없이 공사를 착수하지 않거나, 공사 중단 또는 공사 지연으로 인해 약정된 공사 기한 내에 완공이 불가능하다는 것이 명백한 경우에는 계약해지의 사유가 된다.

**공사계약 중 재계약 조건**

- 설계도면 및 시방서(Specification)의 중대결함 및 오류에 기인한 경우
- 계약상 현장조건 및 시공조건이 상이(Difference)한 경우
- 계약사항에 중대한 변경이 있는 경우

# 5과목 건설재료학

1201

## 81

Repetitive Learning 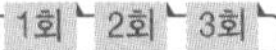

강재의 인장강도가 최대로 될 경우의 탄소함유량의 범위로 가장 가까운 것은?

① 0.04 ~ 0.2%

② 0.2 ~ 0.5%

③ 0.8 ~ 1.0%

④ 1.2 ~ 1.5%

**해설**

- 경도 및 인장강도가 최대일 경우의 탄소함유량은 0.8 ~ 1.0%까지이다.

**강(鋼)의 탄소함유량**

㉠ 탄소함유량 증가에 따른 물성의 변화(0%에서 0.8%까지)

- 균열이 생길 수 있다.
- 강도와 경도, 비열과 전기저항, 항복점은 증가한다.
- 진성과 용접성이 나빠진다.
- 비중, 인성, 연성, 연신율, 열전도율이 감소한다.

㉡ 탄소함유량 증가에 따른 물성의 변화(0.8% 이상)

- 경도 및 인장강도가 최대일 경우의 탄소함유량은 0.8 ~ 1.0%까지이다.
- 탄소함유량이 0.8% 이상이 되면 강도와 경도 및 인장강도가 저하된다.

2102

## 82 Repetitive Learning 1회 2회 3회

아스팔트방수시공을 할 때 바탕재와의 밀착용으로 사용하는 것은?

① 아스팔트컴파운드
② 아스팔트모르타르
③ 아스팔트프라이머
④ 아스팔트루핑

해설

• 블론아스팔트를 용제에 녹인 것으로 액상을 하고 있으며 아스팔트방수의 바탕처리재(밀착용)로 사용하는 것은 아스팔트프라이머이다.

아스팔트 제품

| | |
|---|---|
| 아스팔트코팅 (Asphalt coating) | 블론아스팔트(Blown asphalt)를 휘발성 용제에 녹이고 광물 분말 등을 가하여 만든 것으로 방수, 접합부 충전 등에 사용된다. |
| 아스팔트프라이머 (Asphalt primer) | 블론아스팔트를 용제에 녹인 것으로 액상을 하고 있으며 아스팔트방수의 바탕처리재(밀착용)로 이용된다. |
| 아스팔트컴파운드 (Asphalt compound) | 블론아스팔트의 내열성, 내한성 등을 개량하기 위해 동물섬유나 식물섬유를 혼합하여 유동성을 증대시킨 것이다. |
| 아스팔트펠트 (Asphalt felt) | 목면, 마사, 양모, 폐지 등을 혼합하여 만든 원지에 스트레이트아스팔트를 침투시킨 두루마리 제품으로 흡수성이 크기 때문에 아스팔트방수의 중간층 재료로 이용된다. |
| 아스팔트루핑 (Asphalt roofing) | 아스팔트펠트의 양면에 블론아스팔트를 가열・용융시켜 피복한 것이다. |
| 아스팔트그라우트 (Asphalt grout) | 스트레이트아스팔트와 돌가루, 모래를 가열 혼합한 물질로 석재의 고착 및 충전에 사용된다. |

1501

## 83 Repetitive Learning 1회 2회 3회

석재에 관한 설명으로 옳지 않은 것은?

① 석회암은 석질이 치밀하나 내화성이 부족하다.
② 현무암은 석질이 치밀하여 토대석, 석축에 쓰인다.
③ 테라조는 대리석을 종석으로 한 인조석의 일종이다.
④ 화강암은 석회, 시멘트의 원료로 사용된다.

해설

• 석회, 시멘트의 원료로 사용되는 것은 석회암이다.

화강암

㉠ 개요
• 석영, 장석, 운모로 구성된다.
• 전반적인 색상은 밝은 회백색을 띠나 흑운모, 각섬석, 휘석 등은 검은색을 띠며, 산화철을 포함하면 미홍색을 띤다.
• 외장, 내장, 구조재, 도로포장재, 콘크리트 골재 등에 사용된다.

㉡ 특성
• 마모, 풍화 등에 대한 내구성이 크다.
• 외관이 수려하나 함유광물의 열팽창계수가 달라 내화성이 약해 화재 시 파괴된다.
• 강도가 너무 단단하여 건축용 휨재나 조각 등에는 부적당하다.

1102

## 84 Repetitive Learning 1회 2회 3회

콘크리트에 사용되는 신축이음(Expansion joint)재료에 요구되는 성능 조건이 아닌 것은?

① 콘크리트의 수축에 순응할 수 있는 탄성
② 콘크리트의 팽창에 대한 저항성
③ 우수한 내구성 및 내부식성
④ 콘크리트 이음 사이의 충분한 수밀성

해설

• 신축이음은 콘크리트의 팽창에 대한 변위를 흡수하는 성질을 가져야 한다.

신축이음(Expansion joint)

㉠ 개요
• 구조물의 온도변화에 따른 팽창・수축 혹은 부동침하・진동 등에 의해 균열발생이 예상되는 위치에 설치하는 균열방지를 위한 조인트(Joint)이다.
• 구조체의 단면을 완전히 분리시키므로 분리줄눈(Isolation joint)이라고도 한다.

㉡ 신축이음 재료에 요구되는 성능조건
• 콘크리트의 팽창에 대한 변위 흡수성
• 콘크리트의 수축에 순응할 수 있는 탄성
• 콘크리트에 잘 접착하는 접착성
• 콘크리트 이음 사이의 충분한 수밀성
• 우수한 내구성 및 내부식성



82 ③ 83 ④ 84 ② 정답

## 85

Repetitive Learning (1회 2회 3회)

다음 제품의 품질시험으로 옳지 않은 것은?

① 기와 : 흡수율과 인장강도
② 타일 : 흡수율
③ 벽돌 : 흡수율과 압축강도
④ 내화벽돌 : 내화도

해설

- 기와는 흡수율과 휨파괴하중으로 품질시험을 치른다.(KSF 3510)

점토제품의 품질시험

| | |
|---|---|
| 기와 | 흡수율과 휨파괴하중 |
| 타일 | 흡수율 |
| 벽돌 | 흡수율과 압축강도 |
| 내화벽돌 | 내화도 |

0301 / 0601 / 0804 / 2202

## 86

Repetitive Learning (1회 2회 3회)

절대건조밀도가 2.6g/$cm^3$이고, 단위용적질량이 1,750kg/$m^3$인 굵은 골재의 공극률은?

① 30.5%　　② 32.7%
③ 34.7%　　④ 36.2%

해설

- 골재의 비중이 2.6이고, 단위용적중량[ton/$m^3$]은 1.75[ton/$m^3$]이다.
- 대입하면 $\left(1-\frac{1.75}{2.6}\right)\times 100 = 32.69$이므로 32.7[%]가 된다.

공극률

- 일정한 용기를 채운 골재 사이의 전체 빈틈 용적의 그 용기 전체의 용적에 대한 백분율을 표시한 것이다.
- 공극률은 $\left(1-\frac{w}{g}\right)\times 100$으로 구한다. 이때 $w$는 골재의 단위용적중량[ton/$m^3$]이고, $g$는 골재의 비중이다.

## 87

Repetitive Learning (1회 2회 3회)

유리섬유를 폴리에스테르수지에 혼입하여 가압·성형한 판으로 내구성이 좋아 내·외 수장재로 사용하는 것은?

① 아크릴평판　　② 멜라민치장판
③ 폴리스티렌투명판　　④ 폴리에스테르강화판

해설

- 아크릴은 투명도가 높으며 착색이 자유롭고 내충격 강도가 커 채광판, 도어판, 칸막이벽 등에 사용된다.
- 멜라민치장판은 경도가 크나 내열, 내수성이 부족하여 외장재로는 부적당하며 내장재, 가구재로 사용된다.
- 폴리스티렌(PS)수지는 발포제로서 보드 상으로 성형하여 단열재로 널리 사용되며 건축물의 천장재, 블라인드 등에 널리 쓰이는 열가소성 수지이다.

FRP(Fiber Reinforced Plastics)

- 폴리에스테르강화판 혹은 강화폴리에스테르판이라고도 한다.
- 유리섬유를 폴리에스테르수지에 혼입하여 가압·성형한 판이다.
- 내식성, 내구성, 내산 및 내알칼리성이 좋아 내·외 수장재, 가구재, 구조재 등으로 사용한다.

## 88

Repetitive Learning (1회 2회 3회)

점토에 관한 설명으로 옳지 않은 것은?

① 가소성은 점토입자가 클수록 좋다.
② 소성된 점토제품의 색상은 철화합물, 망간화합물, 소성온도 등에 의해 나타난다.
③ 저온으로 소성된 제품은 화학변화를 일으키기 쉽다.
④ $Fe_2O_3$ 등의 성분이 많으면 건조수축이 커서 고급 도자기 원료로 부적합하다.

해설

- 양질의 점토는 습윤 상태에서 현저한 가소성을 나타내며, 점토입자가 미세할수록 가소성은 좋아진다.

점토의 성질

㉠ 개요
- 점토의 주성분은 실리카, 알루미나이다.
- 비중은 일반적으로 2.5～2.6의 범위이다.
- 압축강도는 인장강도의 약 5배 정도이다.
- 인장강도는 점토의 조직에 관계하며 입자의 크기가 큰 영향을 준다.
- 입도는 보통 2$\mu$ 이하의 미립자나 모래알 정도의 조립을 포함한 것도 있다.

정답 | 85 ① 86 ② 87 ④ 88 ①

- 기공률은 점토의 입자 간에 존재하는 모공용적으로 입자의 형상, 크기에 관계한다.
- 함수율은 모래가 포함되지 않은 것은 30 ~ 100%의 범위이다.
- 색상은 철산화물 또는 석회물질에 의해 나타내며, 철산화물이 많으면 적색이 되고, 석회물질이 많으면 황색을 띠게 된다.
- 점토를 소성하면 용적, 비중 등의 변화가 일어나며 강도가 현저히 증대된다.

㉡ 수축
- 수축은 건조 및 소성 시 일어나며 건조수축은 점토의 조직에 관계하는 이외에 가하는 수량도 영향을 준다.
- 소성수축은 점토 내 휘발분의 양, 조직, 용융도 등이 영향을 준다.
- $Fe_2O_3$ 등의 부성분이 많으면 제품의 건조수축이 크다.

㉢ 가소성
- 양질의 점토는 습윤 상태에서 현저한 가소성을 나타내며, 점토 입자가 미세할수록 가소성은 좋아진다.
- 가소성이 너무 큰 경우에는 모래 또는 샤모트 등을 혼합하여 조절한다.

## 89

Repetitive Learning (1회 2회 3회)

돌로마이트플라스터에 관한 설명으로 옳지 않은 것은?

① 건조수축에 대한 저항성이 크다.
② 소석회에 비해 점성이 높고 작업성이 좋다.
③ 변색, 냄새, 곰팡이가 없으며 보수성이 크다.
④ 회반죽에 비해 조기강도 및 최종강도가 크다.

해설

- 건조수축이 커서 균열이 생기기 쉽다.

:: 돌로마이트플라스터

㉠ 개요
- 돌로마이트를 900 ~ 1,200℃의 고온으로 가열·소성하여 만드는 기경성 미장재료이다.
- 물로 연화하여 사용하지만 대기 중의 이산화탄소(탄산가스)와 반응하여 경화되므로 기경성에 포함된다.

㉡ 특징
- 점성이 높고, 작업성이 좋으며, 응결시간이 길다.
- 회반죽에 비해 조기강도 및 최종강도가 크다.
- 풀을 필요로 하지 않으므로 색깔이 변하거나 냄새가 나지 않는다.
- 건조수축이 커서 균열이 생기기 쉽다.

## 90

Repetitive Learning (1회 2회 3회)

평판성형되어 유리대체재로서 사용되는 것으로 유기질 유리라고 불리는 것은?

① 아크릴수지
② 페놀수지
③ 폴리에틸렌수지
④ 요소수지

해설

- 페놀수지는 내열성, 난연성, 전기절연성을 갖는 열경화성 수지로 항공우주분야뿐 아니라 다양한 하이테크 산업에서 활용되고 있다.
- 폴리에틸렌수지는 물보다 가볍고 저온에서도 잘 견디며 내약품성, 전기절연성, 내수성이 우수해 방수·방습 시트, 포장 필름 등에 사용된다.
- 요소수지는 요소와 포름알데히드로 제조된 내수성이 좋지 않은 열경화성 수지로 접착제, 전기절연재, 도료 등에서 사용한다.

:: 아크릴(Acryl)수지
- 대표적인 열가소성 수지로 유기 글라스(유기유리)라고도 하며, 가열하면 연화 또는 융해하여 가소성을 띠고, 냉각하면 경화하는 재료이다.
- 아세톤·사이안산·메탄올을 원료로 하여 만든다.
- 분자구조가 쇄상구조로 되어있으며, 평판 성형되어 유리(Glass)와 같이 이용되는 경우가 많다.
- 내화학 약품성, 유연성, 내후성, 성형성이 우수하다.
- 착색이 자유롭고 상온에서 절단 가공이 용이하다.
- 광선 및 자외선에 대한 투과성(투명성)이 뛰어나 조명용, 채광판 및 건물의 내·외장재 및 도료로 널리 사용된다.

1504

## 91

Repetitive Learning (1회 2회 3회)

자연에서 용제가 증발해서 표면에 피막이 형성되어 굳는 도료는?

① 유성조합페인트
② 에폭시수지 도료
③ 알키드수지
④ 염화비닐수지에나멜

해설

- 유성조합페인트는 보일유와 알키드수지가 주성분으로 내후성과 내수성, 접착성이 우수하며 방청효과가 있어 대형냉동창고 등에 사용한다.
- 에폭시수지 도료는 내산성, 내알칼리성, 내열성이 우수한 합성수지 도료의 한 종류이다.
- 알키드수지 도료는 폴리에스테르수지의 일종으로 내후성, 접착성이 우수하여 페인트, 바니시, 래커 등의 도료로 주로 사용된다.



89 ① 90 ① 91 ④ 정답

**다양한 도료**

| | |
|---|---|
| 염화비닐수지 도료 | 폴리염화비닐을 주성분으로 하는 도료로 자연에서 용제가 증발하여 표면에 피막이 형성되어 굳는 도료 |
| 합성수지 스프레이 코팅제 | 합성수지를 용제에 녹여서 착색제를 혼입하여 만든 재료로 건조가 빠르고 내화학성, 내후성, 내식성 및 치장효과 |
| 합성수지 에멀션페인트 | 용제로 물을 사용하며 다양한 색채가 가능한 외부(마감)용 수성페인트로 콘크리트 면의 도장에 주로 사용 |
| 래커에나멜 | 뉴트로셀룰로오스 등의 천연수지를 이용한 자연건조형으로 건조속도가 빨라 단시간에 도막이 형성 |
| 클리어래커 | 은폐력이 없는 투명 래커로 목재바탕의 무늬를 살리기에 적합 |
| 징크로메이트(Zincromate) 도료 | 크롬산아연을 안료로 하고, 알키드수지를 전색제로 한 것으로서 알루미늄 녹막이 초벌칠에 적당한 방청도료 |
| 프탈산수지 에나멜 | 석유를 원료로 한 무수프탈산과 글리세린을 반응시킨 것으로 내알칼리성이 매우 약한 특성 |
| 셀락니스 | 무색 투명하고 내후성이 약한 천연 니스(곤충분비물)로 목공마감재로는 목부의 옹이땜질, 송진막이, 스밈막이 등에 사용 |

## 92

Repetitive Learning (1회 2회 3회)

콘크리트의 성질을 개선하기 위해 사용하는 각종 혼화제의 작용에 포함되지 않는 것은?

① 기포작용
② 분산작용
③ 건조작용
④ 습윤작용

**해설**

- 기포작용은 주로 AE제가, 분산 및 습윤작용은 감수제 및 고성능 감수제가 그 역할을 주로 수행한다.

**혼화제의 계면활성 작용**

- 표면 활성제는 기름에 녹기 쉽고 물에 녹기 어려운 성질의 소수기와 물에 잘 녹고 기름에 녹기 어려운 성질의 친수기로 구성된다.
- 혼화제가 수행하는 계면활성 작용에는 기포작용, 분산작용, 습윤작용 등이 있다.
- 기포작용은 주로 AE제가, 분산 및 습윤작용은 감수제 및 고성능 감수제가 그 역할을 주로 수행한다.

## 93

Repetitive Learning (1회 2회 3회)

목재의 심재와 변재에 관한 설명으로 옳지 않은 것은?

① 변재는 심재 외측과 수피 내측 사이에 있는 생활세포의 집합이다.
② 심재는 수액의 통로이며 양분의 저장소이다.
③ 심재는 변재보다 단단하며 강도가 크고 신축 등 변형이 적다.
④ 심재의 색깔은 짙으며 변재의 색깔은 비교적 엷다.

**해설**

- 수액의 통로이며, 탄수화물 등 양분의 저장소는 변재에 대한 설명이다.

**목재의 구조**

㉠ 심재
- 나무의 중심부위를 말한다.
- 오래된 세포들로 구성되며 세포막만 남아 나무를 지탱하는 역할을 한다.
- 수지, 타닌, 리그닌 등의 성분이 침적되어 색깔이 진하게 나타난다.
- 수분함량이 적어서 변형이 거의 없다.
- 변재에 비해 비중, 내후성 및 강도가 크고, 신축 변형량이 작다.
- 가구재로 많이 사용된다.

㉡ 변재
- 나무의 바깥부분을 말한다.
- 새로운 세포들로 구성되어 생활기능을 담당하고 있다.
- 수액의 통로이며, 탄수화물 등 양분의 저장소이다.
- 목질이 연하고 수분함량이 많아서 변형이 쉽고 강도가 약하다.

## 94

Repetitive Learning (1회 2회 3회)

다음 중 이온화 경향이 가장 큰 금속은?

① Mg
② Al
③ Fe
④ Cu

**해설**

- 보기의 금속을 이온화 경향이 큰 금속부터 나열하면 Mg > Al > Fe > Cu 순이다.

정답 | 92 ③ 93 ② 94 ①

:: 이온화 경향

- 용액 속에서 원소의 이온이 되기 쉬운 정도를 표시하는 것이다.
- 산화환원반응이 일어날 때 환원된 원소보다 산화된 원소쪽이 이온화 경향이 더 커진다.
- 대표적인 금속의 이온화 경향의 순서는, 리튬 > 세슘 > 칼륨 > 칼슘 > 나트륨 > 마그네슘 > 알루미늄 > 티타늄 > 아연 > 철 > 니켈 > 주석 > 납 > 구리 순이다.

0302

## 95 — Repetitive Learning (1회 2회 3회)

콘크리트 공기량에 관한 설명으로 옳지 않은 것은?

① AE 콘크리트의 공기량은 보통 3 ~ 6%를 표준으로 한다.
② 콘크리트를 진동시키면 공기량이 감소한다.
③ 콘크리트의 온도가 높으면 공기량이 줄어든다.
④ 비빔시간이 길면 길수록 공기량은 증가한다.

해설

- 비빔시간이 길면 길수록 공기량은 감소한다.

:: 콘크리트 공기량

㉠ 개요

- 콘크리트 내 공기는 콘크리트의 유동성을 증가시키고, 워커빌리티를 개선한다.
- 콘크리트 내 공기는 동결융해 저항성을 개선시킨다.
- AE 콘크리트의 공기량은 보통 4%를 표준으로 한다.
- 물-시멘트비가 일정할 경우 공기량이 1% 증가하면 콘크리트 강도는 4 ~ 6% 감소한다.

㉡ 공기량 증감 요인

- AE제 사용량에 비례하여 증가한다.
- 단위 시멘트양 및 분말도가 클수록 공기량은 감소한다.
- 콘크리트를 진동시키면 공기량이 감소한다.
- 콘크리트의 온도가 높으면 공기량이 감소한다.
- 비빔시간이 길면 길수록 공기량은 감소한다.

0901

## 96 — Repetitive Learning (1회 2회 3회)

내화벽돌의 주원료 광물에 해당되는 것은?

① 형석
② 방해석
③ 활석
④ 납석

해설

- 내화벽돌은 주원료의 종류에 따라 규석벽돌, 납석벽돌, 점토질벽돌 등이 있다.

:: 내화벽돌

- 내화벽돌은 내화점토를 원료로 하여 소성한 벽돌이다.
- 내화벽돌의 내화온도의 범위는 제품에 따라 다르나 대개 1,500 ~ 2,000℃이다.
- 규격치수는 표준형 점토벽돌과 다르며 약간 크며 보통형 벽돌의 치수는 230×114×65mm이다.
- 내화벽돌은 세게르콘 26 이상의 내화도를 가진 것이다.
- 비중이 보통 점토벽돌보다 높은 편이다.

## 97 — Repetitive Learning (1회 2회 3회)

목재의 강도 중에서 가장 작은 것은?

① 섬유방향의 인장강도
② 섬유방향의 압축강도
③ 섬유 직각방향의 인장강도
④ 섬유방향의 휨강도

해설

- 목재에 주어지는 가력방향이 섬유방향일 경우는, 인장강도 > 휨강도 > 압축강도 > 전단강도의 순이나 섬유방향이 직각인 경우가 포함되므로 섬유 직각방향의 인장강도가 가장 작다.

:: 목재의 강도

- 생나무에 비해 기건재(함수율 15%)는 1.5배, 전건재(함수율 0%)는 3배 이상 강도가 크다.
- 비중이 클수록, 변재보다 심재의 강도가 크다.
- 흠이 있으면 강도가 떨어진다.
- 전단강도를 제외한 목재의 강도는 가력방향이 섬유방향일 때 가장 강하고, 섬유방향과 직각일 때 가장 약하다.
- 목재의 경도는 면 중에서 마구리면이 약간 크고 곧은결 면과 널결 면은 별로 차이가 없다.
- 일반적인 강도는
인장강도 > 휨강도 > 압축강도 > 전단강도의 순이다.



95 ④ 96 ④ 97 ③ 정답

## 98 Repetitive Learning 1회 2회 3회

금속재료의 녹막이를 위하여 사용하는 바탕칠 도료는?

① 알루미늄페인트
② 광명단
③ 에나멜페인트
④ 실리콘페인트

해설

- 알루미늄페인트는 유성에나멜페인트의 일종으로 금속 알루미늄 분말과 유성바니시로 구성되어 분리가 적고 솔질이 용이한 특성을 갖는다.
- 에나멜페인트는 유성페인트의 한 종류로 햇빛에 약하고 내구성이 떨어지지만 광택이 좋고 건조가 빨라 주로 내부용으로 사용한다.
- 실리콘페인트는 무기질의 실리카를 주원료로 제조된 것으로 내후성, 내구성 등이 우수한 페인트이다.

방청도료

- 금속 표면을 물리적·화학적으로 녹슬지 않도록 방청성을 개선해주는 도료를 말한다.
- 방청도료의 종류에는 광명단(연단), 방청산화철, 알미늄, 역청질, 워시프라이머, 징크로메이트, 크롬산아연, 규산염 도료 등이 있다.

0504

## 99 Repetitive Learning 1회 2회 3회

바닥용으로 사용되는 모자이크 타일의 재질로서 가장 적당한 것은?

① 도기질
② 자기질
③ 석기질
④ 토기질

해설

- 바닥용으로 사용되는 것은 강도가 높아야 하며, 모자이크 타일의 재료로는 주로 자기질이 사용된다.

소재의 질에 의한 타일의 구분

| 구분 | 흡수율 | 소성온도 | 강도 | 용도 |
|---|---|---|---|---|
| 토기 | 20% 이상 | 1,000℃ 이하 | 약 | 기와, 토관 |
| 도기 | 10% | 1,100～1,200℃ | 약 | 실내 벽용, 테라코타 |
| 석기 | 5% 내외 | 1,300℃ 내외 | 중 | 외부 바닥용, 클링커 타일 |
| 자기 | 1% 이하 | 1,230～1,460℃ | 강 | 바닥용, 모자이크 타일 |

## 100 Repetitive Learning 1회 2회 3회

시멘트의 분말도가 높을수록 나타나는 성질변화에 관한 설명으로 옳은 것은?

① 시멘트 입자 표면적의 증대로 수화반응이 늦다.
② 풍화작용에 대하여 내구적이다.
③ 건조수축이 적다.
④ 초기강도 발현이 빠르다.

해설

- 분말도가 클수록 물에 접촉하는 면적이 커지므로 수화작용이 촉진되어 콘크리트의 초기강도가 커지고 그 이후의 강도도 증가한다.

시멘트의 분말도

㉠ 개요
- 비표면적으로 시멘트 입자의 굵고 가는 정도를 나타낸다.
- 분말도는 시멘트의 성능 중 수화반응, 블리딩, 초기강도 등에 크게 영향을 준다.
- 시멘트 분말도의 시험방법에는 체분석법, 피크노메타법, 브레인법 등이 있다.

㉡ 분말도가 클수록 = 분말이 미세할수록
- 물에 접촉하는 면적이 커지므로 수화작용이 촉진되어 콘크리트의 초기강도가 커지고 그 이후의 강도도 증가한다.
- 열의 발생도 많아지고, 시멘트페이스트의 점성과 워커빌리티 및 수밀성이 향상된다.
- 컨시스턴시와 블리딩은 작아진다.
- 너무 커지면 풍화되기 쉽고 또한 사용 후 균열이 발생하기 쉽다.

정답 98 ② 99 ② 100 ④

1102 / 1602

## 101 Repetitive Learning (1회 2회 3회)

철골보 인양 시 준수해야 할 사항으로 옳지 않은 것은?

① 인양 와이어로프의 매달기 각도는 양변 60°를 기준으로 한다.

② 클램프로 부재를 체결할 때는 클램프의 정격용량 이상 매달지 않아야 한다.

③ 클램프는 부재를 수평으로 하는 한 곳의 위치에만 사용하여야 한다.

④ 인양 와이어로프는 후크의 중심에 걸어야 한다.

해설

- 철골보 인양 시 클램프는 부재를 수평으로 하여 두 곳의 위치에 사용하여야 하며, 부재 양단방향은 같은 간격이어야 한다.

철골보 인양 시 준수사항

- 인양 와이어로프의 매달기 각도는 양변 60°를 기준으로 2열로 매달고, 와이어 체결 지점은 수평부재의 1/3 지점을 기준하여야 한다.
- 클램프는 부재를 수평으로 하여 두 곳의 위치에 사용하여야 하며, 부재 양단방향은 같은 간격이어야 한다.
- 클램프의 정격용량 이상 매달지 않아야 한다.
- 인양 와이어로프는 훅의 중심에 걸어야 하며, 훅은 용접의 경우 용접장 등 용접규격을 확인하여 인양 시 취성파괴에 의한 탈락을 방지하여야 한다.

0502 / 0602 / 0902 / 0904 / 1001 / 1304 / 1401 / 2201

## 102 Repetitive Learning (1회 2회 3회)

옥외에 설치되어 있는 주행크레인에 대하여 이탈방지장치를 작동시키는 등 그 이탈을 방지하기 위한 조치를 하여야 하는 순간풍속에 대한 기준으로 옳은 것은?

① 순간풍속이 초당 10m를 초과하는 바람이 불어올 우려가 있는 경우

② 순간풍속이 초당 20m를 초과하는 바람이 불어올 우려가 있는 경우

③ 순간풍속이 초당 30m를 초과하는 바람이 불어올 우려가 있는 경우

④ 순간풍속이 초당 40m를 초과하는 바람이 불어올 우려가 있는 경우

해설

- 주행크레인에 이탈방지를 위한 조치를 하는 것은 순간풍속 초당 30미터를 초과하는 바람이 불 때이다.

폭풍에 대비한 이탈방지조치 실필 1801/1402

- 사업주는 순간풍속이 초당 30미터를 초과하는 바람이 불어올 우려가 있는 경우 옥외에 설치되어 있는 주행크레인에 대하여 이탈방지장치를 작동시키는 등 이탈방지를 위한 조치를 하여야 한다.

## 103 Repetitive Learning (1회 2회 3회)

깊이 10m 이내에 있는 연약점토의 전단강도를 구하기 위한 가장 적당한 시험은?

① 베인시험 ② 표준관입시험
③ 평판재하시험 ④ 블레인시험

해설

- 10m 이내의 연약한 점토지반의 점착력 조사에는 베인테스트가 주로 사용된다.

베인테스트(Vane Test)

- 로드 선단에 +자형 날개(Vane)를 부착한 후 이를 지중에 박아 회전시키면서 점토지반의 점착력을 판별하는 시험이다.
- 10m 이내의 연약한 점토지반의 점착력 조사에 주로 사용된다.
- 전단강도 = $\frac{회전력}{베인상수}$으로 구한다.

## 104 Repetitive Learning (1회 2회 3회)

강관비계를 사용하여 비계를 구성하는 경우 준수해야 할 기준으로 옳지 않은 것은?

① 비계기둥의 간격은 띠장 방향에서는 1.85m 이하, 장선(長線) 방향에서는 1.5m 이하로 할 것

② 띠장 간격은 2m 이하로 설치할 것

③ 비계기둥의 제일 윗부분으로부터 31m되는 지점 밑부분의 비계기둥은 2개의 강관으로 묶어 세울 것

④ 비계기둥 간의 적재하중은 600kg을 초과하지 않도록 할 것



101 ③ 102 ③ 103 ① 104 ④ 정답

해설

- 강관비계의 비계기둥 간 적재하중은 400kg을 초과하지 않도록 한다.

강관비계의 구조 실필 1302 실작 1902/1901/1802/1801/1701/1504/1401

- 비계기둥의 간격은 띠장 방향에서는 1.85m 이하, 장선(長線) 방향에서는 1.5m 이하로 할 것
- 띠장 간격은 2m 이하로 설치할 것
- 비계기둥의 제일 윗부분으로부터 31m 되는 지점 밑부분의 비계기둥은 2개의 강관으로 묶어세울 것
- 비계기둥 간의 적재하중은 400kg을 초과하지 않도록 할 것

## 105 Repetitive Learning (1회 2회 3회)

가설통로를 설치하는 경우 준수해야 할 기준으로 옳지 않은 것은?

① 견고한 구조로 할 것

② 경사는 30° 이하로 할 것

③ 추락할 위험이 있는 장소에는 안전난간을 설치할 것

④ 건설공사에 사용하는 높이 8m 이상인 비계다리에는 4m 이내마다 계단참을 설치할 것

해설

- 높이 8m 이상인 비계다리에서는 7m 이내마다 계단참을 설치한다.

가설통로 설치 시 준수기준 실필 1801/1704/1502/1404/1201 실작 1804/1801/1704

- 높이 8m 이상인 비계다리에서는 7m 이내마다 계단참을 설치한다.
- 수직갱에 가설된 통로의 길이가 15m 이상인 경우에는 10m 이내마다 계단참을 설치한다.
- 경사가 15°를 초과하는 경우에는 미끄러지지 아니하는 구조로 한다.
- 추락할 위험이 있는 장소에는 안전난간을 설치한다.
- 경사로의 폭은 최소 90cm 이상이어야 한다.
- 발판 폭 40cm 이상, 틈 3cm 이하로 한다.
- 경사는 30° 이하로 한다.

## 106 Repetitive Learning (1회 2회 3회)

버팀보, 앵커 등의 축하중 변화상태를 측정하여 이들 부재의 지지효과 및 그 변화추이를 파악하는 데 사용되는 계측기기는?

① Water level meter

② Load cell

③ Piezometer

④ Strain gauge

해설

- Water level meter는 지하수위계로 지반 내 지하수위의 변화를 계측하는 기구이다.
- Piezometer는 간극수압계로 굴착공사에 따른 간극수압의 변화를 측정하는 기구이다.
- Strain gauge는 변형률계로 흙막이 가시설의 버팀대(Strut)의 변형을 측정하는 계측기이다.

굴착공사용 계측기기 실작 1901/1804/1801/1604/1602/1601/1501/1404

㉠ 개요

- 개착식 굴착공사에서 설치하는 계측기기에는 기울기(Tilt meter), 지하수위계, 간극수압계, 경사계, 응력계, 변형률계, 하중계 등이 있다.
- 지반붕괴 방지를 위한 계측장치에는 지하수위계, 경사계, 변형률계, 응력계, 하중계 등이 있다.
- 깊이 10.5m 이상의 굴착의 경우 수위계, 경사계, 하중 및 침하계, 응력계에 해당하는 계측기기를 설치하여 흙막이 구조의 안전을 예측하여야 하며, 설치가 불가능할 경우 트랜싯 및 레벨 측량기에 의해 수직·수평 변위 측정을 실시하여야 한다.

㉡ 종류

|  |  |
|---|---|
| 지표침하계 (Surface settlement system) | 지표면의 친하량을 측정하는 기구 |
| 지하수위계 (Water level meter) | 지반 내 지하수위의 변화를 계측하는 기구 |
| 하중계 (Load cell) | 버팀보 어스앵커(Earth anchor) 등의 실제 축 하중 변화를 측정하는 계측기 |
| 지중경사계 (Inclinometer) | 지중의 수평 변위량을 통해 주변 지반의 변형을 측정하는 기계 |
| 건물경사계 (Tiltmeter) | 인접한 구조물에 설치하여 구조물의 경사 및 변형상태를 측정하는 기구 |
| 수직지향각도계 (Inclinometer, 경사계) | 주변 지반, 지층, 기계, 시설 등의 경사도와 변형을 측정하는 기구 |
| 변형률계 (Strain gauge) | 흙막이 가시설의 버팀대(Strut)의 변형을 측정하는 계측기 |

정답 | 105 ④ 106 ②

## 107

Repetitive Learning 1회 2회 3회

차량계 하역운반기계를 사용하여 작업을 할 때 기계의 전도, 전락에 의해 근로자에게 위험을 미칠 우려가 있는 경우에 사업주가 조치하여야 할 사항 중 옳지 않은 것은?

① 운전자의 시야를 살짝 가리는 정도로 화물을 적재
② 하역운반기계를 유도하는 사람을 배치
③ 지반의 부동침하방지 조치
④ 갓길의 붕괴를 방지하기 위한 조치

해설

- 화물적재 시 운전자의 시야를 가리지 않도록 화물을 적재하여야 한다.

**차량계 하역 작업 시 고려사항**

- 사업주는 차량계 하역운반기계, 차량계 건설기계(최대제한속도가 시속 10킬로미터 이하인 것은 제외한다)를 사용하여 작업을 하는 경우 미리 작업 장소의 지형 및 지반상태 등에 적합한 제한속도를 정하고, 운전자로 하여금 준수하도록 하여야 한다.
- 기계가 넘어지거나 굴러떨어짐(전도·전락)으로써 근로자에게 위험을 미칠 우려가 있는 경우에는 그 기계를 유도하는 사람(유도자)을 배치하고 지반의 부동침하 방지 및 갓길 붕괴를 방지하기 위한 조치를 하여야 한다.
- 차량계 하역운반기계 등의 수리 또는 부속장치의 장착 및 해체작업을 하는 경우 혹은 차량계 하역운반기계 등에 단위화물의 무게가 100킬로그램 이상인 화물을 싣는 작업 또는 내리는 작업을 하는 경우에 해당 작업의 지휘자를 선임하여 준수사항을 준수하게 하여야 한다.
- 사업주는 지게차의 허용하중을 초과하여 사용해서는 아니 되며, 안전한 운행을 위한 유지·관리 및 그 밖의 사항에 대하여 해당 지게차를 제조한 자가 제공하는 제품설명서에서 정한 기준을 준수하여야 한다.

## 108

Repetitive Learning 1회 2회 3회

근로자의 위험방지를 위해 철골작업을 중지하여야 하는 기준으로 옳은 것은?

① 풍속이 초당 1m 이상인 경우
② 강우량이 시간당 1cm 이상인 경우
③ 강설량이 시간당 1cm 이상인 경우
④ 10분간 평균풍속이 초당 5m 이상인 경우

해설

- 풍속이 초당 10m 이상, 강우량이 시간당 1mm 이상, 강설량이 시간당 1cm 이상인 경우 철골공사 작업을 중지한다.

**철골작업 중지 악천후 기준** 실필 1504/1502/1302/0901 실작 1901/1802/1704

- 풍속이 초당 10m 이상인 경우
- 강우량이 시간당 1mm 이상인 경우
- 강설량이 시간당 1cm 이상인 경우

1204 / 1602 / 2201

## 109

Repetitive Learning 1회 2회 3회

철골작업 시 철골부재에서 근로자가 수직방향으로 이동하는 경우에 설치하여야 하는 고정된 승강로의 최대 답단 간격은 얼마인가?

① 20cm
② 25cm
③ 30cm
④ 40cm

해설

- 사업주는 근로자가 수직방향으로 이동하는 철골부재(鐵骨部材)에는 답단(踏段) 간격이 30cm 이내인 고정된 승강로를 설치하여야 한다.

**승강로의 설치**

- 사업주는 근로자가 수직방향으로 이동하는 철골부재(鐵骨部材)에는 답단(踏段) 간격이 30cm 이내인 고정된 승강로를 설치하여야 하며, 수평방향 철골과 수직방향 철골이 연결되는 부분에는 연결작업을 위하여 작업발판 등을 설치하여야 한다.

2202

## 110

Repetitive Learning 1회 2회 3회

거푸집 동바리의 침하를 방지하기 위한 직접적인 조치와 가장 거리가 먼 것은?

① 받침목의 사용
② 수평연결재의 사용
③ 콘크리트의 타설
④ 말뚝박기

해설

- 받침목의 사용, 콘크리트 타설, 말뚝박기 등 동바리의 침하를 방지하기 위한 조치를 해야 한다.



107 ① 108 ③ 109 ③ 110 ② 정답

**거푸집 동바리 등의 안전조치** 실필 1304 실작 1804/1802/1801/1702/1701/1604/1602/1504/1502/1501/1402

㉠ 공통사항
- 받침목의 사용, 콘크리트 타설, 말뚝박기 등 동바리의 침하를 방지하기 위한 조치를 할 것
- 동바리의 상하 고정 및 미끄러짐 방지 조치를 할 것
- 상부·하부의 동바리가 동일 수직선상에 위치하도록 하여 깔판·받침목에 고정시킬 것
- 개구부 상부에 동바리를 설치하는 경우에는 상부하중을 견딜 수 있는 견고한 받침대를 설치할 것
- U헤드 등의 단판이 없는 동바리의 상단에 멍에 등을 올릴 경우에는 해당 상단에 U헤드 등의 단판을 설치하고, 멍에 등이 전도되거나 이탈되지 않도록 고정시킬 것
- 동바리의 이음은 같은 품질의 재료를 사용할 것
- 강재의 접속부 및 교차부는 볼트·클램프 등 전용철물을 사용하여 단단히 연결할 것
- 거푸집의 형상에 따른 부득이한 경우를 제외하고는 깔판이나 받침목은 2단 이상 끼우지 않도록 할 것
- 깔판이나 받침목을 이어서 사용하는 경우에는 그 깔판·받침목을 단단히 연결할 것

㉡ 동바리로 사용하는 파이프 서포트
- 파이프 서포트를 3개 이상 이어서 사용하지 않도록 할 것
- 파이프 서포트를 이어서 사용하는 경우에는 4개 이상의 볼트 또는 전용철물을 사용하여 이을 것
- 높이가 3.5m를 초과하는 경우 2m 이내마다 수평연결재를 2개 방향으로 설치할 것

## 111

Repetitive Learning (1회 2회 3회)

건설업 산업안전보건관리비 계상에 관한 설명으로 옳지 않은 것은?

① 재료비와 직접노무비의 합계액을 계상대상으로 한다.
② 안전관리비 계상기준은 산업재해보상보험법의 적용을 받는 공사 중 총 공사금액 2천만원 이상인 공사에 적용한다.
③ 발주자 또는 자기공사자는 설계변경 등으로 대상액의 변동이 있는 경우라도 특별한 경우를 제외하고는 안전관리비를 조정 계상하지 않는다.
④ 「전기공사업법」 제2조에 따른 전기공사로서 저압·고압 또는 특별고압 작업으로 이루어지는 공사로서 단가계약에 의하여 행하는 공사에 대하여는 총계약금액을 기준으로 적용한다.

해설
- 발주자 또는 자기공사자는 설계변경 등으로 대상액의 변동이 있는 경우에 지체 없이 안전관리비를 조정 계상하여야 한다.

**안전관리비 계상기준**

실필 1704/1604/1602/1504/1302/1204/1201/1104/1102/0904

- 공사종류 및 규모별 안전관리비 계상기준표

| | 5억원 미만 | 5억원 이상 50억원 미만 | | 50억원 이상 |
|---|---|---|---|---|
| | | 비율(X) | 기초액(C) | |
| 일반건설공사(갑) | 2.93% | 1.86% | 5,349,000원 | 1.97% |
| 일반건설공사(을) | 3.09% | 1.99% | 5,499,000원 | 2.10% |
| 중건설공사 | 3.43% | 2.35% | 5,400,000원 | 2.44% |
| 철도·궤도신설공사 | 2.45% | 1.57% | 4,411,000원 | 1.66% |
| 특수및기타건설공사 | 1.85% | 1.20% | 3,250,000원 | 1.27% |

- 대상액이 5억원 미만 또는 50억원 이상일 경우에는 대상액에 표에서 정한 비율을 곱한 금액
- 대상액이 5억원 이상 50억원 미만일 때에는 대상액에 별표에서 정한 비율을 곱한 금액에 기초액을 합한 금액
- 대상액이 구분되어 있지 않은 공사는 도급계약 또는 자체사업계획상의 총 공사금액의 70%를 대상액으로 하여 안전관리비를 계상하여야 한다.
- 발주자가 재료를 제공하거나 물품이 완제품의 형태로 제작 또는 납품되어 설치되는 경우에 해당 재료비 또는 완제품의 가액을 대상액에 포함시킬 경우의 안전관리비는 해당 재료비 또는 완제품의 가액을 포함시키지 않은 대상액을 기준으로 계상한 안전관리비의 1.2배를 초과할 수 없다.
- 발주자 또는 자기공사자는 설계변경 등으로 대상액의 변동이 있는 경우에 지체 없이 안전관리비를 조정 계상하여야 한다.

0504 / 0702 / 1304

## 112

Repetitive Learning (1회 2회 3회)

사다리식 통로 설치 시 사다리식 통로의 길이가 10m 이상인 경우에는 몇 m 이내마다 계단참을 설치해야 하는가?

① 5m
② 7m
③ 9m
④ 10m

해설
- 사다리식 통로의 길이가 10미터 이상인 경우에는 5미터 이내마다 계단참을 설치하여야 한다.

정답 | 111 ③ 112 ①

∷ 사다리식 통로의 구조 실필 1602

- 견고한 구조로 할 것
- 심한 손상·부식 등이 없는 재료를 사용할 것
- 발판의 간격은 일정하게 할 것
- 발판과 벽과의 사이는 15cm 이상의 간격을 유지할 것
- 폭은 30cm 이상으로 할 것
- 사다리가 넘어지거나 미끄러지는 것을 방지하기 위한 조치를 할 것
- 사다리의 상단은 걸쳐놓은 지점으로부터 60cm 이상 올라가도록 할 것
- 사다리식 통로의 길이가 10미터 이상인 경우에는 5미터 이내마다 계단참을 설치할 것
- 사다리식 통로의 기울기는 75도 이하로 할 것. 다만, 고정식 사다리식 통로의 기울기는 90도 이하로 하고, 그 높이가 7미터 이상인 경우에는 바닥으로부터 높이가 2.5미터 되는 지점부터 등받이울을 설치할 것
- 접이식 사다리 기둥은 사용 시 접혀지거나 펼쳐지지 않도록 철물 등을 사용하여 견고하게 조치할 것

∷ 무너짐의 방지 실작 1504

- 연약한 지반에 설치하는 경우에는 아웃트리거·받침 등 지지구조물의 침하를 방지하기 위하여 깔판·받침목 등을 사용할 것
- 시설 또는 가설물 등에 설치하는 경우에는 그 내력을 확인하고 내력이 부족하면 그 내력을 보강할 것
- 아웃트리거·받침 등 지지구조물이 미끄러질 우려가 있는 경우에는 말뚝 또는 쐐기 등을 사용하여 해당 지지구조물을 고정시킬 것
- 궤도 또는 차로 이동하는 항타기 또는 항발기에 대해서는 불시에 이동하는 것을 방지하기 위하여 레일 클램프(rail clamp) 및 쐐기 등으로 고정시킬 것
- 상단 부분은 버팀대·버팀줄로 고정하여 안정시키고, 그 하단 부분은 견고한 버팀·말뚝 또는 철골 등으로 고정시킬 것

0601 / 0804 / 2003 / 2104

## 113 Repetitive Learning (1회 2회 3회)

동력을 사용하는 항타기 또는 항발기의 무너짐을 방지하기 위한 사항으로 옳지 않은 것은?

① 연약한 지반에 설치할 때에는 아웃트리거·받침 등 지지구조물의 침하를 방지하기 위하여 깔판·받침목 등을 사용한다.

② 상단 부분은 버팀대·버팀줄로 고정하여 안정시키고, 그 하단 부분은 견고한 버팀·말뚝 또는 철골 등으로 고정시킬 것

③ 시설 또는 가설물 등에 설치하는 경우에는 그 내력을 확인하고 내력이 부족하면 그 내력을 보강할 것

④ 궤도 또는 차로 이동하는 항타기 또는 항발기에 대해서는 불시에 이동하는 것을 방지하기 위하여 아웃트리거나 받침 등으로 고정시켜야 한다.

해설

- 궤도 또는 차로 이동하는 항타기 또는 항발기에 대해서는 불시에 이동하는 것을 방지하기 위하여 레일 클램프(rail clamp) 및 쐐기 등으로 고정시켜야 한다.

## 114 Repetitive Learning (1회 2회 3회)

구조물의 해체작업 시 해체 작업계획서에 포함하여야 할 사항으로 옳지 않은 것은?

① 해체의 방법 및 해체순서 도면

② 해체물의 처분계획

③ 주변 민원 처리계획

④ 사업장 내 연락방법

해설

- 주변 민원 처리계획은 구조물 해체계획 시 포함되어야 하는 사항에 해당하지 않는다.

∷ 구조물의 해체 작업 시 해체 작업계획서 내용

실필 1602/1101 실작 1902/1901/1704/1702/1601/1501/1404

- 해체의 방법 및 해체 순서도면
- 가설설비·방호설비·환기설비 및 살수·방화설비 등의 방법
- 사업장 내 연락방법
- 해체물의 처분계획
- 해체작업용 기계·기구 등의 작업계획서
- 해체작업용 화약류 등의 사용계획서
- 그 밖에 안전·보건에 관련된 사항



113 ④ 114 ③ | 정답

0604

## 115 Repetitive Learning 1회 2회 3회

터널 굴착작업 작업계획서에 포함해야 할 사항으로 가장 거리가 먼 것은?

① 암석의 분할방법
② 터널지보공 및 복공(覆工)의 시공방법
③ 용수(湧水)의 처리방법
④ 환기 또는 조명시설을 설치할 때에는 그 방법

해설

- 암석의 분할방법은 채석작업을 하는 경우의 시공계획에 포함되어야 할 사항으로 터널 굴착과는 관련없다.

:: 터널 굴착작업을 하는 때 사전조사 및 작업계획서 내용
실필 1301/0904 실작 1902/1901/1804/1802/1801/1701/1604/1601/1504/1501/1404/1402/1401

㉠ 사전조사 내용
- 보링(Boring) 등 적절한 방법으로 낙반·출수(出水) 및 가스 폭발 등으로 인한 근로자의 위험을 방지하기 위하여 미리 지형·지질 및 지층상태 조사

㉡ 작업계획서 내용
- 굴착의 방법
- 터널지보공 및 복공(覆工)의 시공방법과 용수(湧水)의 처리방법
- 환기 또는 조명시설을 설치할 때에는 그 방법

0301

## 116 Repetitive Learning 1회 2회 3회

콘크리트 타설 시 거푸집이 받는 측압에 관한 설명으로 옳지 않은 것은?

① 대기의 온도가 높을수록 크다.
② 슬럼프(Slump)가 클수록 크다.
③ 타설속도가 빠를수록 크다.
④ 거푸집의 강성이 클수록 크다.

해설

- 습도가 높을수록 측압은 커지고, 온도는 낮을수록 측압은 커진다.

:: 콘크리트 측압 실필 1104
문제 73번의 유형별 핵심이론 :: 참조

1502

## 117 Repetitive Learning 1회 2회 3회

추락재해 방지를 위한 방망의 그물코 규격 기준으로 옳은 것은?

① 사각 또는 마름모로서 크기가 5cm 이하
② 사각 또는 마름모로서 크기가 10cm 이하
③ 사각 또는 마름모로서 크기가 15cm 이하
④ 사각 또는 마름모로서 크기가 20cm 이하

해설

- 방망의 그물코는 사각 또는 마름모 형상으로서 한 변의 길이(매듭의 중심 간 거리)는 10cm 이하이어야 한다.

:: 방망의 구조 실필 0901/1604
- 방망은 망, 테두리로프, 달기 로프, 시험용사로 구성되어진 것이다.
- 그물코는 사각 또는 마름모 형상으로서 한 변의 길이(매듭의 중심 간 거리)는 10cm 이하이어야 한다.
- 방망의 종류는 매듭방망으로서 매듭은 원칙적으로 단매듭을 한다.

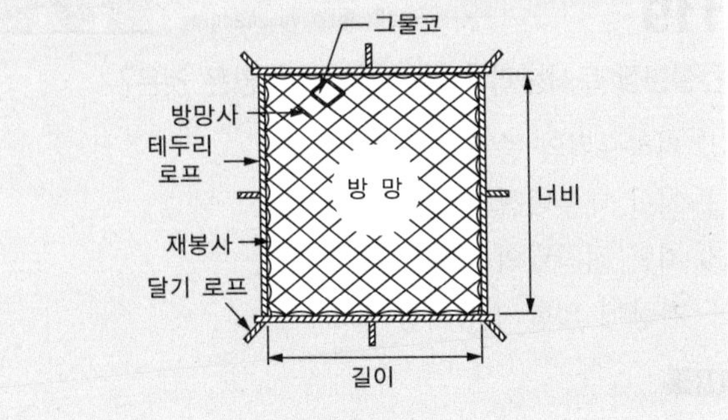


0802 / 1602

## 118 Repetitive Learning 1회 2회 3회

유해·위험방지계획서를 제출해야 할 대상 공사로 옳지 않은 것은?

① 터널 건설 등의 공사
② 최대지간길이가 50m 이상인 교량건설 등 공사
③ 다목적 댐, 발전용 댐 및 저수용량 2천만톤 이상의 용수 전용 댐, 지방상수도 전용 댐 건설 등의 공사
④ 깊이가 5m 이상인 굴착공사

정답 | 115 ① 116 ① 117 ② 118 ④

해설

- 유해·위험방지계획서 제출대상 굴착공사는 깊이 10m 이상인 굴착공사이다.

유해·위험방지계획서 제출대상 공사 실필 1901/1802/1102

- 지상높이가 31m 이상인 건축물 또는 인공구조물, 연면적 3만 $m^2$ 이상인 건축물 또는 연면적 5천$m^2$ 이상의 문화 및 집회시설(전시장 및 동물원·식물원은 제외), 판매시설, 운수시설(고속철도의 역사 및 집배송시설은 제외), 종교시설, 의료시설 중 종합병원, 숙박시설 중 관광숙박시설, 지하도상가 또는 냉동·냉장창고시설의 건설·개조 또는 해체 공사
- 연면적 5천$m^2$ 이상인 냉동·냉장창고시설의 설비공사 및 단열공사
- 최대지간길이가 50m 이상인 교량 건설 등의 공사
- 터널 건설 등의 공사
- 다목적 댐, 발전용 댐 및 저수용량 2천만톤 이상의 용수 전용 댐, 지방상수도 전용 댐 건설 등의 공사
- 깊이 10m 이상인 굴착공사

0702 / 1002

## 119 Repetitive Learning 1회 2회 3회

건설현장 토사붕괴의 원인으로 옳지 않은 것은?

① 지하수위의 증가
② 지반 내부마찰각의 증가
③ 지반 점착력의 감소
④ 차량에 의한 진동하중 증가

해설

- 내부마찰각이란 흙 입자에 작용하는 수직응력과 전단응력의 관계 직선이 수평을 이루는 각도를 말하는데, 일반적으로 내부마찰각이 증가한다는 것은 흙의 다짐이 단단해진다는 의미이므로 토사붕괴의 원인이 될 수 없다.

토사(석)붕괴 원인 실필 1501/0901 실작 1604/1602/1501

| 구분 | 내용 |
|---|---|
| 내적 요인 | • 토석의 강도 저하<br>• 절토사면의 토질, 암질 및 절리 상태<br>• 성토사면의 다짐 불량<br>• 점착력의 감소 |
| 외적 요인 | • 작업진동 및 반복하중의 증가<br>• 사면, 법면의 경사 및 기울기의 증가<br>• 절토 및 성토 높이와 지하수위의 증가<br>• 지표수·지하수의 침투에 의한 토사중량의 증가<br>• 지진, 차량, 구조물의 중량과 토사 및 암석의 혼합층 두께의 증가 |

0901 / 1304

## 120 Repetitive Learning 1회 2회 3회

굴착공사에서 경사면의 안정성을 확인하기 위한 검토 사항에 해당되지 않는 것은?

① 지질조사
② 토질시험
③ 풍화의 정도
④ 경보장치 작동상태

해설

- 경사면의 안정성 검토사항과 경보장치 작동상태는 관련이 없다.

경사면의 안정성 검토사항

- 지질조사 : 층별 또는 경사면의 구성 토질구조
- 토질시험 : 최적함수비, 삼축압축강도, 전단시험, 점착도 등의 시험
- 사면붕괴 이론적 분석 : 원호활절법, 유한요소법 해석
- 과거의 붕괴된 사례 유무
- 토층의 방향과 경사면의 상호관련성
- 단층, 파쇄대의 방향 및 폭
- 풍화의 정도
- 용수의 상황



119 ② 120 ④ 정답

MEMO

# 출제문제 분석 2019년 1회

| 구분 | 1과목 | 2과목 | 3과목 | 4과목 | 5과목 | 6과목 | 합계 |
|---|---|---|---|---|---|---|---|
| New유형 | 0 | 3 | 2 | 5 | 6 | 1 | 17 |
| New문제 | 1 | 6 | 9 | 6 | 12 | 9 | 43 |
| 또나온문제 | 10 | 6 | 7 | 9 | 5 | 4 | 41 |
| 자꾸나온문제 | 9 | 8 | 4 | 5 | 3 | 7 | 36 |
| 합계 | 20 | 20 | 20 | 20 | 20 | 20 | 120 |

- New유형은 New문제 중 기존 기출문제와 완전히 다른 유형의 문제를 말합니다.
- New문제는 기존에 출제되지 않은 문제로 이번에 처음 출제되는 문제이거나 기존 출제된 문제의 변형된 형태입니다.
- 또나온문제는 기존에 출제된 적이 1번 있는 문제를 말합니다.
- 자꾸나온문제는 기존에 출제된 적이 2번 이상 있는 문제를 말합니다. 그만큼 중요한 문제입니다.

## 몇 년분의 기출문제를 공부해야 합격할 수 있을까요?

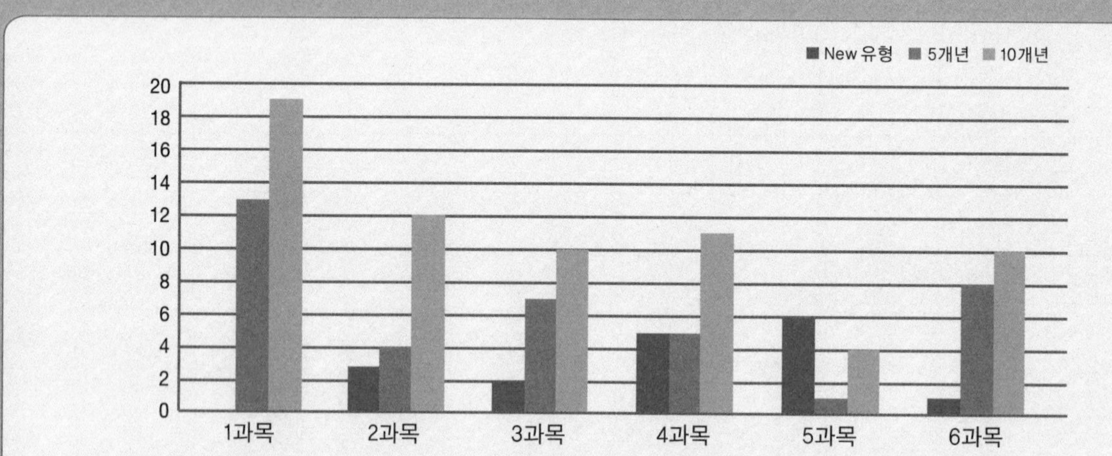


- 완전 새로운 유형의 문제는 17문제이고 103문제가 이미 출제된 문제 혹은 변형문제입니다.
- 5년분(2016～2020) 기출에서 동일문제가 38문항이 출제되었고, 10년분(2011～2020) 기출에서 동일문제가 66문항이 출제되었습니다.

## 실기에 나왔어요!! 외우세요!!!

실기시험은 필답형과 작업형으로 구분되어 있으며 모두 직접 주관식으로 내용을 적어야 합니다. 필기공부하면서 실기 출제된 내역들은 좀 더 신경써서 암기하실 필요가 있어요. 필기 합격자 발표 난 후 실기시험까지는 5주밖에 여유가 없답니다. 어차피 공부할 것 필기 때 확실하게 해준다면 실기도 단방에 합격할 수 있습니다.

- 총 24개의 해설이 실기 필답형 시험과 연동되어 있습니다.
- 총 6개의 해설이 실기 작업형 시험과 연동되어 있습니다.

## 분석의견

최근 10년분의 기출문제와 답을 반복암기해서는 합격점수인 72점에서 6점이 부족합니다. 전체적인 난이도의 경우는 최근의 시험들 중에서 다소 쉽게 출제된 회차입니다. 1과목은 새로운 유형이 하나도 나오지 않았으며, 10년분 기출과 19문제나 중복문제로 출제되어 아주 쉬웠으나, 반대로 5과목은 새로운 유형의 문제가 6문제나 출제되었고 10년분 기출을 모두 외워도 4문제만이 중복문제여서 과목과락을 걱정해야 할 정도로 난이도의 편차가 심한 시험이었습니다. 합격에 필요한 점수를 획득하기 위해서는 최근 5년분 문제와 핵심이론의 3회독 혹은 최근 10년분 문제와 핵심이론의 2회독 이상의 학습이 필요합니다.

# 2019년 제1회

2019년 3월 3일 필기

19년 1회차 필기시험
합격률 60.9%

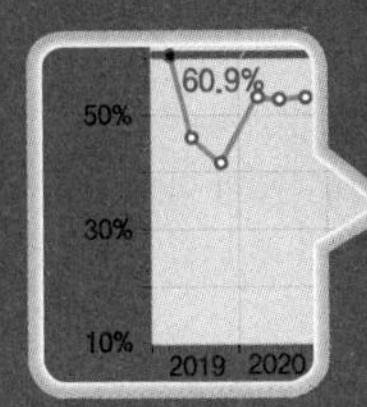

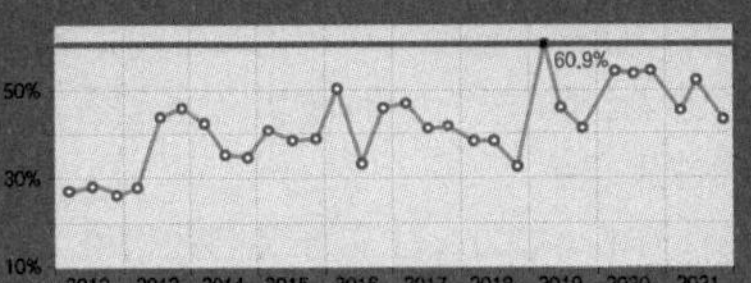

## 1과목 산업안전관리론

1604 / 2201

**01** Repetitive Learning (1회 2회 3회)

건설기술진흥법상 안전관리계획을 수립해야 하는 건설공사에 해당하지 않는 것은?

① 15층 건축물의 리모델링
② 지하 15m를 굴착하는 건설공사
③ 항타 및 항발기가 사용되는 건설공사
④ 높이가 21m인 비계를 사용하는 건설공사

**해설**

- 안전관리계획을 수립해야 하는 건설공사에 비계를 사용하는 건설공사는 포함되지 않는다.

안전관리계획을 수립해야 하는 건설공사

- 원자력시설공사 제외
- 1종 시설물 및 2종 시설물의 건설공사(유지관리를 위한 건설공사는 제외)
- 지하 10미터 이상을 굴착하는 건설공사
- 폭발물을 사용하는 건설공사로서 20미터 안에 시설물이 있거나 100미터 안에 사육하는 가축이 있어 해당 건설공사로 인한 영향을 받을 것이 예상되는 건설공사
- 10층 이상 16층 미만인 건축물의 건설공사
- 10층 이상인 건축물의 리모델링 또는 해체공사
- 수직증축형 리모델링
- 천공기(높이가 10미터 이상인 것만 해당한다)가 사용되는 건설공사
- 항타 및 항발기가 사용되는 건설공사
- 타워크레인이 사용되는 건설공사
- 가설구조물을 사용하는 건설공사
- 발주자가 안전관리가 특히 필요하다고 인정하는 건설공사
- 해당 지방자치단체의 조례로 정하는 건설공사 중에서 인·허가기관의 장이 안전관리가 특히 필요하다고 인정하는 건설공사

0704 / 1602

**02** Repetitive Learning (1회 2회 3회)

무재해 운동 추진의 3대 기둥으로 볼 수 없는 것은?

① 최고경영자의 경영자세
② 노동조합의 협의체 구성
③ 직장 소집단 자주활동의 활발화
④ 관리감독자에 의한 안전보건의 추진

**해설**

- 무재해 운동 추진을 위한 3요소에는 경영자의 자세, 안전활동의 라인화, 자주활동의 활성화가 있다.

무재해 운동의 추진을 위한 3요소 실필 1404

| | |
|---|---|
| 이 념 | 최고경영자의 안전경영자세 |
| 실 천 | 안전활동의 라인(Line)화 |
| 기 법 | 직장 자주안전활동의 활성화 |

1604

**03** Repetitive Learning (1회 2회 3회)

산업안전보건법상 지방고용노동관서의 장이 사업주에게 안전관리자나 보건관리자를 정수 이상으로 증원하게 하거나 교체하여 임명할 것을 명령할 수 있는 사유에 해당되는 것은?

① 사망재해가 연간 1건 발생한 경우
② 중대재해가 연간 1건 발생한 경우
③ 관리자가 질병의 사유로 3개월 이상 해당 직무를 수행할 수 없게 된 경우
④ 해당 사업장의 연간 재해율이 같은 업종의 평균재해율의 1.5배 이상인 경우

정답 | 01 ④ 02 ② 03 ③

해설

- 안전관리자 등의 증원·교체가 필요한 사유는 2(업종의 2배), 2(중대재해 2건), 3(관리자 3개월 직무수행 불가능), 3(화학적 인자로 인한 직업성 질병자 연간 3명)에 따른다.

안전관리자 등의 증원·교체가 필요한 사유 실필 1001/1402/1704

- 해당 사업장의 연간 재해율이 같은 업종의 평균재해율의 2배 이상인 경우
- 중대재해가 연간 2건 이상 발생한 경우
- 관리자가 질병이나 그 밖의 사유로 3개월 이상 직무를 수행할 수 없게 된 경우
- 화학적 인자로 인한 직업성 질병자가 연간 3명 이상 발생한 경우

1204

## 04

Repetitive Learning (1회 2회 3회)

안전표지 종류 중 금지표지에 대한 설명으로 옳은 것은?

① 바탕은 노란색, 기본모양은 흰색, 관련부호 및 그림은 파란색

② 바탕은 노란색, 기본모양은 흰색, 관련부호 및 그림은 검정색

③ 바탕은 흰색, 기본모양은 빨간색, 관련부호 및 그림은 파란색

④ 바탕은 흰색, 기본모양은 빨간색, 관련부호 및 그림은 검정색

해설

- 금지표지는 흰색(N9.5) 바탕에 빨간색(7.5R 4/14) 기본모형을 사용한다.

금지표지 실필 0902/1001/1102/1201/1304/1401/1501/1701/1901/1902

- 정지, 소화설비, 유해행위 금지를 표시할 때 사용된다.
- 흰색(N9.5) 바탕에 빨간색(7.5R 4/14) 기본모형을 사용한다.
- 금연, 출입금지, 보행금지, 차량통행금지, 물체이동금지, 화기금지, 사용금지, 탑승금지 등이 있다.

| 금연 | 출입금지 | 보행금지 | 차량통행금지 |
|---|---|---|---|
| | | | |
| 물체이동금지 | 화기금지 | 사용금지 | 탑승금지 |
| | | | |

0802 / 1201

## 05

Repetitive Learning (1회 2회 3회)

다음 중 하베이(Harvey)가 제시한 "안전의 3E"에 해당하지 않는 것은?

① Education

② Enforcement

③ Economy

④ Engineering

해설

- 3E는 교육(Education), 기술(Engineering), 관리(Enforcement)로 구성된다.

하베이(Harvey)의 3E 실필 0902/1804

㉠ 개요

- 재해예방의 4원칙 중 대책선정의 원칙과 관련된다.
- 재해예방의 5단계 중 제5단계 시정책의 적용에 해당한다.

㉡ 구성

| 교육(Education)적 대책 | 안전교육 및 훈련 대책 |
|---|---|
| 기술(Engineering)적 대책 | 시설 장비 및 기준의 개선 대책, 안전기준, 안전설계, 작업행정 및 환경설비의 개선 등 |
| 관리(Enforcement)적 대책 | 안전 감독의 철저, 적합한 기준 설정, 규정 및 수칙의 준수, 기준 이해, 경영자 및 관리자의 솔선수범, 동기부여와 사기향상 |

1002 / 1602

## 06

Repetitive Learning 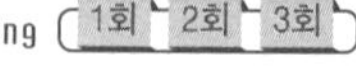

사고예방대책의 기본원리 5단계 중 3단계의 분석 평가 내용에 해당되는 것은?

① 위험확인

② 현장조사

③ 사고 및 활동기록 검토

④ 기술의 개선 및 인사조정

해설

- 위험확인과 사고 및 활동기록의 검토는 제2단계(사실의 발견), 기술의 개선 및 인사조정은 제4단계(시정책의 선정)의 세부사항이다.



04 ④ 05 ③ 06 ② 정답

:: 하인리히의 사고예방의 기본원리 5단계 실필 0804/1802

| 단계 | 단계별 과정 | 필요 조치 |
|---|---|---|
| 1단계 | 안전관리조직과 규정 | • 책임과 권한의 부여<br>• 안전활동 방침 및 계획수립 |
| 2단계 | 사실의 발견으로 현상파악 | • 자료수집<br>• 작업분석과 위험확인<br>• 안전점검 · 검사 및 조사 실시 |
| 3단계 | 분석을 통한 원인규명 | • 사고보고서 및 현장조사<br>• 인적 · 물적 · 환경조건의 분석<br>• 교육 훈련 및 배치 사항 파악<br>• 사고기록 및 관계자료 대조확인 |
| 4단계 | 시정방법의 선정 | • 기술적인 개선<br>• 작업배치의 조정<br>• 교육훈련의 개선 |
| 5단계 | 시정책의 적용 | • 기술(Engineering)적 대책<br>• 교육(Education)적 대책<br>• 관리(Enforcement)적 대책 |

0904 / 1401

## 07

Repetitive Learning (1회 2회 3회)

다음 중 재해사례연구를 할 때 유의해야 될 사항으로 틀린 것은?

① 과학적이어야 한다.
② 논리적인 분석이 가능해야 한다.
③ 주관적이고 정확성이 있어야 한다.
④ 신뢰성 있는 자료수집이 있어야 한다.

해설

• 재해조사에 있어서 주관적인 판단보다는 객관적인 자료에 근거해야 한다.

:: 재해사례연구

㉠ 연구 목적
• 재해요인을 체계적으로 규명하여 이에 대한 대책을 세우기 위해서이다.
• 재해 방지의 원칙을 습득해서 이것을 일상 안전 보건활동에 실천하기 위해서이다.
• 참가자의 안전보건활동에 관한 견해나 생각을 깊게 하고, 태도를 바꾸게 하기 위해서이다.

㉡ 연구 내용
• 신뢰성 있는 자료수집이 있어야 한다.
• 현장 사실을 분석하여 논리적이어야 한다.
• 재해사례연구의 기준으로는 법규, 사내규정, 작업표준 등이 있다.

## 08

Repetitive Learning (1회 2회 3회)

천재지변 발생 직후 기계설비의 수리 등을 할 경우 또는 중대재해 발생 직후 등에 행하는 안전점검을 무엇이라 하는가?

① 임시점검 ② 자체점검
③ 수시점검 ④ 특별점검

해설

• 점검시기에 따른 안전점검의 종류에는 정기점검, 수시(일상)점검, 특별점검, 임시점검이 있다.
• 수시(일상)점검은 작업장에서 매일 작업자가 작업 전, 중, 후에 시설과 작업동작 등에 대하여 실시하는 안전점검이다.

:: 점검시기에 따른 안전점검의 종류

| | |
|---|---|
| 정기점검 | 1개월 또는 1년 등의 일정한 기간을 정해서 실시하는 안전점검으로 계획점검이라고도 한다. |
| 수시(일상)점검 | 작업장에서 매일 작업자가 작업 전, 중, 후에 시설과 작업동작 등에 대하여 실시하는 안전점검이다. |
| 특별점검 | 기계 · 기구 또는 설비의 신설, 변경 또는 고장 수리 등 부정기적인 점검을 말하며, 기술적 책임자가 시행하는 안전점검이다. |
| 임시점검 | 정기점검 사이에 특별한 이상이나 징후가 있을 경우 임시로 실시하는 안전점검이다. |

1201

## 09

Repetitive Learning (1회 2회 3회)

다음 중 아담스(Adams)의 재해연쇄이론에서 작전적 에러(Operational error)로 정의한 것은?

① 선천적 결함 ② 불안전한 상태
③ 불안전한 행동 ④ 경영자나 감독자의 행동

해설

• 작전적 에러는 하인리히의 2단계에 해당하는 개인적 결함 즉, 경영자나 감독자의 의지부족이나 행동을 말한다.

:: 아담스(Edward Adams)의 재해발생이론

• 재해의 직접원인은 불행불상에서 발생하거나 방치한 전술적 에러에서 비롯된다는 이론이다.
• 관리구조의 결함 → 작전적 에러 → 전술적 에러 → 사고 → 재해 순으로 발생한다.
• 작전적 에러란 경영자나 감독자의 의지부족이나 행동, 목표설정 미흡 등을 의미한다.
• 전술적 에러란 관리감독자의 실수나 태만, 불행불상의 방치 등을 의미한다.
• 사고발생 매커니즘으로 불안전한 행동과 불안전한 상태가 복합되어 발생한다고 정의하였다.

정답 | 07 ③ 08 ④ 09 ④

1502

## 10 Repetitive Learning (1회 2회 3회)

다음과 같은 재해가 발생하였을 경우 재해의 원인분석으로 옳은 것은?

> 건설현장에서 근로자가 비계에서 마감작업을 하던 중 바닥으로 떨어져 사망하였다.

① 기인물 : 비계, 가해물 : 마감작업, 사고유형 : 낙하
② 기인물 : 바닥, 가해물 : 비계, 사고유형 : 추락
③ 기인물 : 비계, 가해물 : 바닥, 사고유형 : 낙하
④ 기인물 : 비계, 가해물 : 바닥, 사고유형 : 추락

**해설**

- 인체에 직접 충돌한 것은 바닥이므로 바닥이 가해물이다.
- 비계에 제대로 된 안전장치가 마련되지 않아 떨어진 것으로 불안전한 상태에 해당한다. 기인물은 비계이다.
- 사고유형은 비계에서 떨어졌으므로 추락에 해당한다.

:: 산업재해의 분석 실필 1404/1501/1702

| | |
|---|---|
| 기인물 | 재해의 원인이 되는 것으로 주로 불안전한 상태와 관련된다. |
| 가해물 | 사람에 직접 충돌하거나 또는 접촉에 의해서 위해(危害)를 준 물건을 말한다. |
| 사고유형 | 재해의 발생형태를 말한다. |

1001 / 1301

## 11 Repetitive Learning (1회 2회 3회)

다음 중 안전보건관리계획의 개요에 관한 설명으로 틀린 것은?

① 타 관리계획과 균형이 되어야 한다.
② 안전보건의 저해요인을 확실히 파악해야 한다.
③ 계획의 목표는 점진적으로 낮은 수준의 것으로 한다.
④ 경영층의 기본방향을 명확하게 근로자에게 나타내야 한다.

**해설**

- 계획의 목표는 낮은 수준에서 점진적으로 높은 수준으로 적용해 가야 한다.

:: 안전보건관리계획의 개요

- 사업장에서 안전보건관리를 계획적으로 행하기 위해 일정한 기간 동안 작성한 세부 실행계획을 말한다.
- 타 관리계획과 균형이 되어야 한다.
- 법적 기준 이상의 안전보건활동을 전개하기 위해서는 사업과 관련된 법규, 규제 및 기타 이해관계자들의 요구사항을 파악하여야 한다.
- 안전보건의 저해요인을 확실히 파악해야 한다.
- 경영층의 기본방향을 명확하게 근로자에게 나타내야 한다.
- 사업장의 재해발생에 따른 원인 조사 및 재해 통계자료, 각종 점검, 감사 자료를 수집하여야 한다.
- 계획의 목표는 낮은 수준에서 점진적으로 높은 수준으로 적용해 가야 한다.

1501

## 12 Repetitive Learning 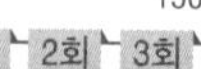

다음 중 재해손실비용에 있어 직접손실비용에 해당하지 않는 것은?

① 요양급여
② 직업재활급여
③ 상병보상연금
④ 생산중단손실비용

**해설**

- 생산중단으로 인한 손실비용은 재해로 인해 기업이 입은 손실로 간접비에 해당한다.

:: 하인리히의 재해손실비용 평가 실필 1502

- 직접비 : 간접비의 비율은 1 : 4로 계산해 산업재해로 인한 총 손실비용은 직접비(산업재해보상비)의 5배로 계산한다.
- 직접손실비용에는 치료비, 휴업급여, 장해급여, 유족급여, 요양급여, 간병급여, 직업재활급여, 장례비 등이 있다.
- 간접손실비용에는 부상자를 비롯한 직원의 시간손실, 이익의 감소, 생산손실비, 기계, 공구 재료 등의 재산손실 등이 있다.

1502

## 13 Repetitive Learning (1회 2회 3회)

다음 중 재해의 발생 원인을 관리적인 면에서 분류한 것과 가장 관계가 먼 것은?

① 인적 원인
② 기술적 원인
③ 교육적 원인
④ 작업관리상 원인



10 ④ 11 ③ 12 ④ 13 ① | 정답

해설

- 인적 원인은 물적 원인과 함께 재해발생의 직접적인 원인으로 관리적인 면에서의 분류와는 거리가 멀다.

**재해발생의 간접원인**

- 2차원인(기술적, 교육적, 신체적, 정신적 원인)과 기초원인(관리상의 원인과 학교 교육적 원인, 사회적 또는 역사적 원인)으로 구분된다.

| | | |
|---|---|---|
| 2차 원인 | 기술적 원인 | • 건물, 기계장치 설계 불량<br>• 점검, 정비, 보존 불량<br>• 구조 재료의 부적합<br>• 생산공정의 부적절 |
| | 교육적 원인 | • 안전수칙의 오해<br>• 경험훈련의 미숙<br>• 안전지식의 부족<br>• 작업방법 및 유해위험 작업의 교육 불충분 |
| | 신체적 원인 | • 피 로<br>• 시력 및 청각 기능 이상<br>• 근육운동의 부적당<br>• 육체적 한계 |
| | 정신적 원인 | • 안전의식의 부족<br>• 주의력 및 판단력 부족<br>• 잘못된 판단<br>• 방 심 |
| 기초 원인 | 작업관리상의 원인 | • 작업지시의 부적당<br>• 안전관리 조직의 결함<br>• 안전수칙의 미제정<br>• 작업준비의 불충분<br>• 인원배치의 부적당 |
| | 학교 교육적 원인 | • 재해의 근본 원인 |
| | 사회적 또는 역사적 원인 | |

0904 / 1502

## 14

Repetitive Learning (1회 2회 3회)

위험예지훈련 4라운드(Round) 중 목표설정 단계의 내용으로 가장 적당한 것은?

① 위험 요인을 찾아내고, 가장 위험한 것을 합의하여 결정한다.

② 가장 우수한 대책에 대하여 합의하고, 행동계획을 결정한다.

③ 브레인스토밍을 실시하여 어떤 위험이 존재하는가를 파악한다.

④ 가장 위험한 요인에 대하여 브레인스토밍 등을 통하여 대책을 세운다.

해설

- 위험예지훈련 4Round 중 최종 4Round는 가장 우수한 대책에 대하여 합의하고, 행동계획을 결정하는 단계이다.

**위험예지훈련 기초 4Round 기법**

| | | |
|---|---|---|
| 1Round | 현상파악<br>(사실의 파악단계) | 전원이 토의를 통하여 위험요인을 발견하는 단계 |
| 2Round | 본질추구<br>(원인탐색 단계) | 위험의 포인트를 결정하여 전원이 지적확인을 하는 단계 |
| 3Round | 대책수립<br>(대책수립 단계) | 발견된 위험요인을 극복하기 위한 방법을 제시하는 단계 |
| 4Round | 목표설정<br>(행동계획 결정단계) | 나온 대책들을 공감하고 팀의 행동목표를 설정하고 지적확인하는 단계 |

1704

## 15

Repetitive Learning 

다음 중 소규모 사업장에 가장 적합한 안전관리조직의 형태는?

① 라인(Line)형 조직

② 스탭(Staff)형 조직

③ 라인-스탭(Line-Staff)의 혼합형 조직

④ 복합형 조직

해설

- 소규모는 라인형, 중규모는 스탭형, 대규모는 라인-스탭형이 적합하다.

**라인(Line)형 안전조직** 실필 1901

㉠ 개요

- 직계식이라고도 한다.
- 모든 명령과 안전관련 업무가 생산계통을 따라 이루어진다.
- 규모가 작은(100명 이하) 사업장에 적합하다.
- 안전관리자가 체계적으로 선임되지 않은 사업장에 알맞은 안전조직 형태이다.

㉡ 특징

| | |
|---|---|
| 장점 | • 안전지시나 명령이 신속하다.<br>• 명령과 보고가 간단명료하다. |
| 단점 | • 안전지식과 기술축적이 힘들다.<br>• 안전정보의 수집과 대처가 늦다. |

정답 | 14 ② 15 ①

## 16

Repetitive Learning ( 1회 2회 3회 )

크레인(이동식은 제외한다)은 사업장에 설치한 날로부터 몇 년 이내에 최초 안전검사를 실시하여야 하는가?

① 1년　② 2년
③ 3년　④ 5년

해설

- 크레인의 안전검사는 사업장에 설치가 끝난 날부터 3년 이내에 최초 안전검사를 실시하되, 그 이후부터 2년마다 실시한다.

안전검사대상 유해·위험기계의 종류와 검사 주기 실필 1002/1504

| 안전검사대상 유해·위험기계의 종류 | 검사 주기 |
|---|---|
| 크레인(이동식크레인 및 정격하중 2톤 미만 제외), 리프트(이삿짐운반용 리프트 제외) 및 곤돌라 | 사업장에 설치가 끝난 날부터 3년 이내에 최초 안전검사를 실시하되, 그 이후부터 2년마다(건설현장에서 사용하는 것은 최초로 설치한 날부터 6개월마다) |
| 이동식크레인, 이삿짐운반용 리프트 및 고소작업대 | 신규 등록 이후 3년 이내에 최초 안전검사를 실시하되, 그 이후부터 2년마다 |
| 프레스, 전단기, 압력용기, 국소배기장치(이동식 제외), 산업용 원심기, 화학설비 및 그 부속설비, 건조설비 및 그 부속설비, 롤러기(밀폐형 제외), 사출성형기(형 체결력 294kN 미만은 제외), 컨베이어 및 산업용 로봇 | 사업장에 설치가 끝난 날부터 3년 이내에 최초 안전검사를 실시하되, 그 이후부터 2년마다(공정안전보고서를 제출하여 확인을 받은 압력용기는 4년마다) |

0901

## 17

Repetitive Learning ( 1회 2회 3회 )

상시근로자수가 100명인 사업장에서 1년간 6건의 재해로 인하여 10명의 부상자가 발생하였고, 이로 인한 근로손실일수는 120일, 휴업일수는 68일이었다. 이 사업장의 강도율은 약 얼마인가?(단, 1일 9시간씩 연간 290일 근무하였다)

① 0.58　② 0.67
③ 22.99　④ 100

해설

- 강도율은 1,000시간 동안에 발생한 근로손실일수이다.
- 주어진 문제의 연간총근로시간은 $100 \times 9 \times 290 = 261,000$시간이다.
- 근로손실일수를 구하기 위해 휴업일수를 근로손실일수로 변환한다. 휴업일수가 68일이고, 1년에 290일 일하므로 $68 \times \frac{290}{365}$로 구할 수 있다. 54.03일이다. 기존 근로손실일수 120과 더하면 총 근로손실일수는 174.03일이다.
- 강도율 = $\frac{174.03}{261,000} \times 1,000 \simeq 0.67$이다.

강도율(SR : Severity Rate of injury)

실필 0901/0902/1304/1401/1402/1501/1702/1804

- 재해로 인한 근로손실의 강도를 나타낸 값으로 연간총근로시간에서 1,000시간당 근로손실일수를 의미한다.
- 강도율 = $\frac{\text{근로손실일수}}{\text{연간총근로시간}} \times 1,000$으로 구하고,

  평균강도율 = $\frac{\text{강도율}}{\text{도수율}} \times 1,000$으로 구한다.
- 근로자의 근속연수 등이 주어지지 않을 때 평생 근로손실일수는 한 개인이 평생 동안 근로한 시간을 100,000시간으로 볼 때의 근로손실일수이므로 강도율에 100을 곱하여 구한다.

1504

## 18

Repetitive Learning ( 1회 2회 3회 )

보호구 안전인증 고시에 따른 안전화 종류에 해당하지 않는 것은?

① 경화안전화　② 발등안전화
③ 정전기안전화　④ 고무제안전화

해설

- 산업안전보건법령상 안전인증 대상의 안전화 종류에는 가죽제안전화, 고무제안전화, 정전기안전화, 발등안전화, 절연화, 절연장화, 화학물질용안전화 등이 있다.

안전화의 종류

| 종류 | 성능구분 |
|---|---|
| 가죽제 안전화 | 물체의 낙하, 충격 또는 날카로운 물체에 의한 찔림 위험으로부터 발을 보호하기 위한 것 |
| 고무제 안전화 | 물체의 낙하, 충격 또는 날카로운 물체에 의한 찔림 위험으로부터 발을 보호하고 내수성을 겸한 것 |
| 정전기 안전화 | 물체의 낙하, 충격 또는 날카로운 물체에 의한 찔림 위험으로부터 발을 보호하고 정전기의 인체대전을 방지하기 위한 것 |
| 발등 안전화 | 물체의 낙하, 충격 또는 날카로운 물체에 의한 찔림 위험으로부터 발 및 발등을 보호하기 위한 것 |
| 절연화 | 물체의 낙하, 충격 또는 날카로운 물체에 의한 찔림 위험으로부터 발을 보호하고 저압의 전기에 의한 감전을 방지하기 위한 것 |
| 절연장화 | 고압에 의한 감전을 방지 및 방수를 겸한 것 |
| 화학물질용 안전화 | 물체의 낙하, 충격 또는 날카로운 물체에 의한 찔림 위험으로부터 발을 보호하고 화학물질로부터 유해위험을 방지하기 위한 것 |



16 ③　17 ②　18 ①　정답

0702 / 0704 / 1002 / 1302 / 1504

## 19

Repetitive Learning 1회 2회 3회

산업안전보건법령상 산업안전보건위원회의 구성에 있어 사용자위원에 해당되지 않는 것은?

① 안전관리자
② 명예산업안전감독관
③ 해당 사업의 대표자가 지명한 9인 이내 해당 사업장 부서의 장
④ 보건관리자의 업무를 위탁한 경우 대행기관의 해당 사업장 담당자

해설

- 명예산업안전감독관은 근로자위원에 해당한다.

산업안전보건위원회

- 근로자위원은 근로자대표, 명예감독관, 근로자대표가 지명하는 9명 이내의 해당 사업장의 근로자로 구성한다.
- 사용자위원은 대표자, 안전관리자, 보건관리자, 산업보건의, 대표자가 지명하는 9명 이내의 해당 사업장 부서의 장으로 구성하나 상시근로자 50명 이상 100명 이하일 경우 대표자가 지명하는 9명 이내의 해당 사업장 부서의 장은 제외한다.
- 산업안전보건위원회의 위원장은 위원 중에서 호선(互選)한다. 이 경우 근로자위원과 사용자위원 중 각 1명을 공동위원장으로 선출할 수 있다.
- 산업안전보건위원회의 회의는 정기회의와 임시회의로 구분하되, 정기회의는 분기마다 위원장이 소집하며, 임시회의는 위원장이 필요하다고 인정할 때에 소집한다.

0802 / 1404 / 2202

## 20

Repetitive Learning 1회 2회 3회

다음 중 산업안전보건법령상 안전관리자를 2인 이상 선임하여야 하는 사업에 해당하지 않는 것은?

① 공사금액이 1,000억원인 건설업
② 상시근로자가 500명인 통신업
③ 상시근로자가 1,500명인 운수업
④ 상시근로자가 600명인 식료품 제조업

해설

- 우편 및 통신업은 상시근로자가 1,000명 이상인 경우에 2인 이상이다. 500명일 경우 1인이다.

안전관리자를 두어야 할 사업의 종류·규모, 안전관리자의 수 및 선임방법 실필 0901/0902/1004/1202/1401/1601/1802

| 사업의 종류 | 규모 | 최소 인원 |
|---|---|---|
| 1. 토사석 광업<br>2. 식료품 제조업, 음료 제조업<br>3. 목재 및 나무제품 제조(가구 제외)<br>4. 펄프, 종이 및 종이제품 제조업<br>5. 코크스, 연탄 및 석유정제품 제조업<br>6. 화학물질 및 화학제품 제조업 (의약품 제외) | 상시근로자 500명 이상 | 2명 |
| 7. 의료용 물질 및 의약품 제조업<br>8. 고무 및 플라스틱제품 제조업<br>9. 비금속 광물제품 제조업<br>10. 1차 금속 제조업<br>11. 금속가공제품 제조업 (기계 및 가구 제외)<br>12. 전자부품, 컴퓨터, 영상, 음향 및 통신장비 제조업<br>13. 의료, 정밀, 광학기기 및 시계 제조업<br>14. 전기장비 제조업<br>15. 기타 기계 및 장비제조업<br>16. 자동차 및 트레일러 제조업<br>17. 기타 운송장비 제조업<br>18. 가구 제조업<br>19. 기타 제품 제조업<br>20. 서적, 잡지 및 기타 인쇄물 출판업<br>21. 금속 및 비금속 원료 재생업<br>22. 자동차 종합 수리업, 자동차 전문 수리업<br>21. 해체, 선별 및 원료 재생업<br>22. 자동차 종합 수리업, 자동차 전문 수리업<br>23. 발전업 | 상시근로자 50명 이상 500명 미만 | 1명 |
| 24. 농업, 임업 및 어업<br>25. 제2호부터 제19호까지의 사업을 제외한 제조업<br>26. 전기, 가스, 증기 및 공기조절 공급업(발전업은 제외한다)<br>27. 수도, 하수 및 폐기물 처리, 원료 재생업(제21호에 해당하는 사업은 제외한다)<br>28. 운수 및 창고업<br>29. 도매 및 소매업<br>30. 숙박 및 음식점업<br>31. 영상·오디오 기록물 제작 및 배급업<br>32. 방송업<br>33. 우편 및 통신업<br>34. 부동산업<br>35. 임대업; 부동산 제외<br>36. 연구개발업<br>37. 사진처리업<br>38. 사업시설 관리 및 조경 서비스업<br>39. 청소년 수련시설 운영업<br>40. 보건업<br>41. 예술, 스포츠 및 여가관련 서비스업<br>42. 개인 및 소비용품수리업(제22호 제외) | 상시 근로자 1,000명 이상<br><br>상시근로자 50명 이상 1,000명 미만 (단, 부동산업과 사진처리업은 100명 이상 1천명 미만) | 2명<br><br>1명 |

| | | |
|---|---|---|
| 43. 기타 개인 서비스업<br>44. 공공행정(청소, 시설관리, 조리 등 현업업무에 종사하는 사람으로서 고용노동부장관이 정하여 고시하는 사람)<br>45. 교육서비스업 중 초등·중등·고등 교육기관, 특수학교·외국인학교 및 대안학교(청소, 시설관리, 조리 등 현업업무에 종사하는 사람으로서 고용노동부장관이 정하여 고시하는 사람) | | |
| 46. 건설업 | 공사금액 50억원 이상(관계수급인은 100억원 이상) 120억원 미만(토목공사업의 경우에는 150억원 미만)<br>공사금액 120억원 이상(토목공사업의 경우에는 150억원 이상) 800억원 미만 | 1명 |
| | 공사금액 800억원 이상 1,500억원 미만 | 2명 |
| | 공사금액 1,500억원 이상 2,200억원 미만 | 3명 |
| | 공사금액 2,200억원 이상 3,000억원 미만 | 4명 |
| | 공사금액 3,000억원 이상 3,900억원 미만 | 5명 |
| | 공사금액 3,900억원 이상 4,900억원 미만 | 6명 |
| | 공사금액 4,900억원 이상 6,000억원 미만 | 7명 |
| | 공사금액 6,000억원 이상 7,200억원 미만 | 8명 |
| | 공사금액 7,200억원 이상 8,500억원 미만 | 9명 |
| | 공사금액 8,500억원 이상 1조원 미만 | 10명 |
| | 1조원 이상 | 11명 |

## 2과목 산업심리 및 교육

### 21

Repetitive Learning (1회 2회 3회)

주의(Attention)에 대한 특성으로 가장 거리가 먼 것은?

① 고도의 주의는 장시간 지속할 수 없다.
② 주의와 반응의 목적은 대부분의 경우 서로 독립적이다.
③ 동시에 두 가지 일에 중복하여 집중하기 어렵다.
④ 여러 종류의 자극을 지각할 때 소수의 특정한 것을 선택하여 집중한다.

**해설**

- 주의의 특성에는 선택성, 방향성, 변동성 등이 있으며, 주의와 반응의 관계는 주의의 특성과 관련이 없다.

:: 주의(Attention)의 특징

- 선택성 – 여러 종류의 자극을 자각할 때, 소수의 특정한 것에 한하여 주의가 집중되는 것으로 시각 정보 등을 받아들일 때 주의를 기울이면 주변부의 정보는 놓치기 쉬운 경우를 말한다.
- 방향성 – 한 지점에 주의를 집중하면 다른 곳의 주의가 약해지는 성질을 말한다.
- 변동성 – 주의는 일정하게 유지되는 것이 아니라 일정한 주기로 부주의하는 리듬이 존재한다.

0801 / 1204 / 2201

### 22

Repetitive Learning (1회 2회 3회)

다음 중 O.J.T(On the Job Training)의 특징에 관한 설명으로 틀린 것은?

① 다수의 근로자에게 조직적 훈련이 가능하다.
② 상호 신뢰 및 이해도가 높아진다.
③ 개개인에게 적절한 지도훈련이 가능하다.
④ 직장의 실정에 맞는 실제적 훈련이 가능하다.

**해설**

- ①은 Off J.T의 장점에 해당한다.

:: O.J.T(On the Job Training) 교육 실필 1701

㉠ 개요
- 사업장 내에서 직장 상사가 강사가 되어 실시하는 교육이다.
- 일상 업무를 통해 지식과 기능, 문제해결능력을 향상시키는 데 주목적을 갖는다.
- 가장 중요한 역할을 담당하는 이는 일선현장의 감독자이다.

㉡ 형태
- 코칭
- 직무순환
- 멘토링
- 도제식 교육
- 현장 직무교육

㉢ 특징

| | |
|---|---|
| 장점 | • 동기부여가 쉽다.<br>• 개개인에게 적절한 지도훈련이 가능하다.<br>• 직장의 실정에 맞게 실제적 훈련이 가능하다.<br>• 교육을 통한 훈련효과에 의해 상호 신뢰 및 이해도가 높아진다.<br>• 대상자의 개인별 능력에 따라 훈련의 진도를 조정하기가 쉽다.<br>• 교육효과가 업무에 신속히 반영된다.<br>• 훈련에 필요한 업무의 계속성이 끊어지지 않는다. |
| 단점 | • 전문적인 강사가 아니어서 교육이 원만하지 않을 수 있다.<br>• 다수의 대상을 한 번에 통일적인 내용 및 수준으로 교육시킬 수 없다.<br>• 전문적인 고도의 지식 및 기능을 교육하기 힘들다.<br>• 업무와 교육이 병행되는 관계로 훈련에만 전념할 수 없다. |

21 ② 22 ① 정답

## 23

Repetitive Learning 1회 2회 3회

목표를 설정하고 그에 따르는 보상을 약속함으로써 부하를 동기화하려는 리더십은?

① 교환적 리더십
② 변혁적 리더십
③ 참여적 리더십
④ 지시적 리더십

해설

- 목표와 보상을 교환하는 리더십은 교환적(거래적) 리더십이다.

거래적 리더십(Transactional leadership)과 변혁적 리더십(Transformation leadership) 이론

㉠ 거래적(교환적) 리더십(Transactional leadership) 이론
- 리더와 구성원 간의 거래를 통해서 수행되는 리더십으로 조직원에게 적절한 수준의 노력과 성과를 보상하는 것으로 교환거래관계에 바탕을 둔 리더십을 말한다.
- 변화보다는 안정성을 중시하는 리더가 주로 사용하는 리더십 이론이다.

㉡ 변혁적 리더십(Transformation leadership) 이론
- 리더가 조직의 변화를 지향할 때 적합한 이론으로 조직원의 높은 이상과 도덕적 가치에 호소함으로써 조직원 스스로가 동기부여하도록 자극하는 리더십이다.
- 비전의 제시, 신뢰감, 카리스마, 자극, 개인적 배려, 영감 등의 자질을 필요로 한다.

## 24

0902 / 1104 / 2104

Repetitive Learning 1회 2회 3회

적응기제(Adjustment mechanism) 중 도피기제에 해당하는 것은?

① 투사
② 보상
③ 승화
④ 고립

해설

- 보상, 승화, 합리화, 동일시, 투사 등은 방어기제에 해당한다.

도피기제(Escape mechanism) 실필 1204/1502
- 도피기제는 긴장이나 불안감을 해소하기 위하여 비합리적인 행동으로 당면한 상황을 벗어나려는 기제를 말한다.
- 도피적 기제에는 억압(Repression), 공격(Aggression), 고립(Isolation), 퇴행(Regression), 백일몽(Day-dream) 등이 있다.

## 25

Repetitive Learning 1회 2회 3회

현대 조직이론에서 작업자의 수직적 직무권한을 확대하는 방안에 해당하는 것은?

① 직무순환(Job rotation)
② 직무분석(Job analysis)
③ 직무확충(Job enrichment)
④ 직무평가(Job evaluation)

해설

- 직무확충은 직무충실의 다른 표현으로 관리기능 중 계획과 통제 기능을 종업원에게 위임하는 것으로 권한과 책임을 부여하는 개념이다.

직무확충(Job enrichment)
- 직무설계기법의 하나로 관리기능의 일부에 해당하는 계획(Planning)과 통제(Controlling) 기능의 일부를 종업원에게 위임하는 방법으로 직무충실이라고도 한다.
- 종업원들에게 직무에 부가되는 자유와 권위를 부여한다.
- 완전하고 자연스러운 작업 단위를 제공한다.
- 여러 가지 규제를 제거하여 개인적 책임감을 증대시킨다.

## 26

Repetitive Learning 1회 2회 3회

다음은 각기 다른 조직 형태의 특성을 설명한 것이다. 각 특징에 해당하는 조직형태를 연결한 것으로 맞는 것은?

> a. 중규모 형태의 기업에서 시장상황에 따라 인적 자원을 효과적으로 활용하기 위한 형태이다.
> b. 목적지향적이고 목적달성을 위해 기존의 조직에 비해 효율적이며 유연하게 운영될 수 있다.

① a : 위원회 조직, b : 프로젝트 조직
② a : 사업부제 조직, b : 위원회 조직
③ a : 매트릭스형 조직, b : 사업부제 조직
④ a : 매트릭스형 조직, b : 프로젝트 조직

해설

- 인적 자원의 효율적 운영은 매트릭스형의 특징이며, 목적지향적인 조직은 프로젝트 조직이다.

정답 | 23 ① 24 ④ 25 ③ 26 ④

**대표적인 조직구조**

| 구분 | 내용 |
|---|---|
| 매트릭스형 조직 | • 중규모 형태의 기업에서 시장상황에 따라 인적 자원을 효율적으로 활용하는 조직형태이다.<br>• 사업부 조직의 단점을 해결하기 위해 기능별, 목적별 부문화를 혼합한 형태이다.<br>• 팀 중심 활동 및 구성원 간의 협동심이 증가하나 역할갈등의 소지를 가지고 있다. |
| 위원회 조직 | • 집단토의방식을 도입한 조직의 형태를 말한다.<br>• 광범위한 정보를 필요로 하거나 참가자의 충분한 사전이해가 있어야 하는 경우에 사용한다.<br>• 시간낭비 및 기동성이 떨어지고 책임소재가 불분명한 단점을 갖는다. |
| 프로젝트 조직 | • 특정 프로젝트를 수행하기 위해서 일시적으로 구성되는 조직형태이다.<br>• 목적지향적이고 목적달성을 위해 기존의 조직보다 효율적이고 유연하게 운영가능하다.<br>• 태스크포스(Task forces)라고도 한다. |
| 사업부제 조직 | • 제품이나 시작, 지역을 기초로 만들어진 조직이다.<br>• 다국적 기업들이 보편적으로 채택하여 운영하는 조직형태이다.<br>• 사업부마다 중복된 부서가 있어 자원의 낭비가 심하고 지나친 경쟁이 유발되어 전체적인 목표달성을 방해할 가능성이 있다. |
| 팀 조직 | • 의사결정과정을 단순화하여 빠른 대응이 가능하도록 만든 조직이다.<br>• 상호보완적인 기술이나 지식을 갖는 구성원이 자율권을 갖고 업무를 수행하도록 한 조직이다.<br>• 신속한 의사결정조직으로 동기부여가 쉬우나 유능한 구성원이 필요하다. |

0302 / 1204 / 2102

## 27

Repetitive Learning 

다음 중 토의식 교육지도에서 시간이 가장 많이 소요되는 단계는?

① 도입
② 제시
③ 적용
④ 확인

해설

• 토의식은 도입, 제시, 적용, 확인단계 중 적용단계에서 가장 많은 시간이 소요된다.

**토의식(Discussion method)**

㉠ 개요

• 참여자들의 대화를 통해서 교육이 진행되는 교육방식이다.
• 현장의 관리감독자 교육을 위하여 가장 바람직한 교육방식이다.
• 안전교육의 방법 중 전개단계에서 가장 효과적인 수업방법이다.
• 도입, 제시, 적용, 확인단계 중 적용단계에서 가장 많은 시간이 소요된다.
• 알고 있는 지식을 심화시키거나 어떠한 자료에 대해 보다 명료한 생각을 갖도록 하기 위하여 실시하는 교육방법으로 적합하다.
• 피교육생들의 태도를 변화시키고자 할 때, 인원이 토의에 적정할 때, 피교육생들이 토의 주제를 어느 정도 인지하고 있을 때, 피교육생들의 학습능력이 비슷한 수준일 때 유용하다.
• 심포지엄(Symposium), 패널 디스커션(Panel discussion), 롤 플레잉(Role playing), 버즈세션(Buzz session), 포럼(Forum) 등이 있다.

㉡ 특징

• 개방적인 의사소통과 협조적인 분위기 속에서 학습자의 적극적 참여가 가능하다.
• 집단 활동의 기술을 개발하고 민주적 태도를 배울 수 있다.
• 준비와 계획단계뿐만 아니라 진행 과정에서도 많은 시간이 소요된다.

0404 / 0601

## 28

Repetitive Learning (1회 2회 3회)

맥그리거(Douglas McGregor)의 Y이론에 해당되는 것은?

① 인간은 게으르다.
② 인간은 남을 잘 속인다.
③ 인간은 남에게 지배받기를 즐긴다.
④ 인간은 부지런하고 근면하며, 적극적이고 자주적이다.

해설

• Y이론은 선진국형 모델로 성선설을 전제로 출발한다. 인간은 원래부터 일을 즐기므로 강제할 필요없이 자율적으로 일하도록 하는 것이 Y이론에 가깝다.

**맥그리거(McGregor)의 X · Y이론**

㉠ 개요

• 인간과 직무의 관계에 대한 기본적인 가정을 X이론과 Y이론이라는 가설로 나눈 것이다.
• X이론은 인간의 본성이 일을 싫어하고, 무관심하며, 책임을 회피하므로 당근과 채찍을 동원하여 강제할 필요가 있다는 이론이다.
• Y이론은 인간의 본성이 일을 좋아하고, 책임감이 강하며, 선하므로 그들을 자율적, 민주적으로 대해야 창조적인 성과를 얻을 수 있다는 이론이다.



27 ③ 28 ④ 정답

ⓛ X이론과 Y이론의 관리 처방 비교

| X이론(후진국형, 성악설) | Y이론(선진국형, 성선설) |
|---|---|
| • 경제적 보상체제의 강화<br>• 권위주의적 리더십의 확립<br>• 면밀한 감독과 엄격한 통제<br>• 상부 책임제도의 강화 | • 분권화와 권한의 위임<br>• 목표에 의한 관리<br>• 직무확장<br>• 인간관계 관리방식<br>• 책임감과 창조력 |

1502

## 29 Repetitive Learning (1회 2회 3회)

학습경험 조직의 원리와 가장 거리가 먼 것은?

① 가능성의 원리
② 계속성의 원리
③ 계열성의 원리
④ 통합성의 원리

해설

• 타일러의 학습경험의 조직 원리에는 계속성의 원리, 계열성의 원리, 통합성의 원리가 있다.

:: 타일러의 학습경험의 조직
㉠ 개요
• 학습경험들이 밀접하게 관련되어 학습경험이 누적되었을 경우 효과를 기대할 수 있다는 논리이다.
㉡ 학습경험 조직의 원리
• 계속성의 원리 - 경험 요소가 계속적으로 반복되도록 조직화해야 한다.
• 계열성의 원리 - 경험의 수준을 갈수록 높여 깊이있고 폭넓은 경험이 되도록 하여야 한다.
• 통합성의 원리 - 학습경험을 횡적으로 연결지어 조화롭게 통합해야 한다.

2202

## 30 Repetitive Learning (1회 2회 3회)

사고 경향성 이론에 관한 설명으로 틀린 것은?

① 개인의 성격보다는 특정 환경에 의해 훨씬 더 사고가 일어나기 쉽다.
② 어떠한 사람이 다른 사람보다 사고를 더 잘 일으킨다는 이론이다.
③ 사고를 많이 내는 여러 명의 특성을 측정하여 사고를 예방하는 것이다.
④ 검증하기 위한 효과적인 방법은 다른 두 시기 동안에 같은 사람의 사고기록을 비교하는 것이다.

해설

• 경향성 이론이란 어떠한 사람이 다른 사람보다 특정 시점에서 사고를 더 잘 일으킨다는 이론이다.

:: 사고 경향성 이론
• 사고는 특정 시점에서 특정한 사람이 반복해서 일으킨다는 이론이다.
• 어떠한 사람이 다른 사람보다 사고를 더 잘 일으킨다는 이론이다.
• 사고를 많이 내는 여러 명의 특성을 측정하여 사고를 예방하는 것이다.
• 검증하기 위한 효과적인 방법은 다른 두 시기 동안에 같은 사람의 사고기록을 비교하는 것이다.

1201

## 31 Repetitive Learning (1회 2회 3회)

반복적인 재해발생자를 상황성 누발자와 소질성 누발자로 나눌 때, 다음 중 상황성 누발자의 재해유발 원인에 해당하는 것은?

① 저지능인 경우
② 도덕성이 결여된 경우
③ 소심한 성격인 경우
④ 심신에 근심이 있는 경우

해설

• 상황성 누발자는 작업의 어려움, 기계설비의 결함, 심신의 근심, 환경상 주의력 집중이 곤란해 재해를 유발시킨다.

:: 상황성 누발자
㉠ 개요
• 상황성 누발자란 작업이 어렵거나 설비의 결함, 심신의 근심 때문에 재해를 여러 번 겪은 사람을 말한다.
㉡ 재해유발 원인
• 작업이 어렵기 때문
• 기계설비에 결함이 있기 때문
• 심신에 근심이 있기 때문
• 환경상 주의력의 집중이 혼란되기 때문

1102

## 32 Repetitive Learning (1회 2회 3회)

다음 중 사회행동의 기본 형태와 내용이 잘못 연결된 것은?

① 대립 : 공격, 경쟁
② 조직 : 경쟁, 통합
③ 협력 : 조력, 분업
④ 도피 : 정신병, 자살

정답 | 29 ① 30 ① 31 ④ 32 ②

해설

- 사회행동의 기본 형태에는 도피, 협력, 대립, 융합 등이 있다.
- 경쟁은 대립, 통합은 융합의 내용이다.

:: 인간의 사회행동의 기본 형태

- 도피 : 정신병, 자살, 고립
- 협력 : 조력, 분업
- 대립 : 공격, 경쟁
- 융합 : 강제, 타협, 통합

0704 / 1102 / 1504

## 33 Repetitive Learning (1회 2회 3회)

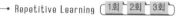

관리감독자 훈련(TWI)에 관한 내용이 아닌 것은?

① Job Relation ② Job Method
③ Job Synergy ④ Job Instruction

해설

- TWI의 교육내용에는 작업지도기법(Job Instruction), 작업개선기법(Job Methods), 인간관계 관리기법(Job Relations), 안전작업 실시방법(Job Safety) 등이 있다.

:: TWI(Training Within Industry for supervisor)

- 주로 관리감독자를 대상으로 인간관계를 개선하고 생산성을 향상시키기 위하여 고안된 훈련방법을 말한다.
- 교육내용에는 작업지도기법(JI : Job Instruction), 작업개선기법(JM : Job Methods), 인간관계 관리기법(JR : Job Relations), 안전작업 실시방법(JS : Job Safety) 등이 있다.
- 부하통솔기법은 JRT(Job Relation Training)와 관련 있다.
- 직장 내 부하 직원에 대하여 가르치는 기술은 JIT(Job Instruction Training)와 관련 있다.

1102 / 2102

## 34 Repetitive Learning (1회 2회 3회)

어느 철강회사의 고로작업라인에 근무하는 A씨의 작업 강도가 힘든 중작업으로 평가되었다면 해당되는 에너지대사율(RMR)의 범위로 가장 적절한 것은?

① 0 ~ 1 ② 2 ~ 4
③ 4 ~ 7 ④ 7 ~ 10

해설

- RMR의 값 0~2는 경(輕)작업, 2~4는 중(中)작업, 4~7은 중(重)작업에 해당된다.

:: 에너지대사율(RMR : Relative Metabolic Rate)

㉠ 개요

- RMR은 특정 작업을 수행하는 데 있어 작업자의 생리적 부하를 계측하는 지표이다.
- 주로 동적 근력작업이나 정적 근력작업의 강도를 측정하여 연속작업이 가능한 시간을 예측하기 위해 사용한다.
- $\text{RMR} = \dfrac{\text{운동대사량}}{\text{기초대사량}}$

  $= \dfrac{\text{운동 시 산소소모량} - \text{안정 시 산소소모량}}{\text{기초대사량(산소소비량)}}$으로 구한다.
- RMR이 커지는 데 따라 작업 지속시간이 짧아진다.

㉡ 작업강도 구분

| 작업구분 | RMR | 작업 종류 등 |
|---|---|---|
| 중(重)작업 | 4~7 | 일반적인 전신노동,<br>힘・동작속도가 큰 작업 |
| 중(中)작업 | 2~4 | 손・상지 작업,<br>힘・동작속도가 작은 작업 |
| 경(輕)작업 | 0~2 | 손가락이나 팔로 하는 가벼운 작업 |

0602 / 1304

## 35 Repetitive Learning (1회 2회 3회)

다음 중 수업의 중간이나 마지막 단계에 행하는 것으로서 언어학습이나 문제해결 학습에 효과적인 학습법은?

① 강의법 ② 실연법
③ 토의법 ④ 프로그램법

해설

- 실연법은 학습자가 이미 설명을 듣거나 시범을 보고 알게 된 지식이나 기능을 강사의 감독 아래 직접적으로 연습하여 적용할 수 있도록 하는 교육방법이다.

:: 실연법

- 학습자가 이미 설명을 듣거나 시범을 보고 알게 된 지식이나 기능을 강사의 감독 아래 직접적으로 연습하여 적용할 수 있도록 하는 교육방법이다.
- 안전교육 방법 중 피교육자의 동작과 직접적으로 관련 있는 교육방법이다.
- 수업의 중간이나 마지막 단계에 행하는 것으로서 언어학습이나 문제해결 학습에 효과적인 학습법이다.
- 직접 실습하는 만큼 학생들의 참여가 높고, 다른 방법에 비해서 교사 대 학습자 수의 비율이 높다.



33 ③ 34 ③ 35 ② 정답

1302

## 36 Repetitive Learning 1회 2회 3회

다음 중 안전보건교육의 종류별 교육요점으로 옳지 않은 것은?

① 태도교육은 의욕을 갖게 하고 가치관 형성교육을 한다.
② 기능교육은 표준작업 방법대로 시범을 보이고 실습을 시킨다.
③ 추후지도교육은 재해발생원리 및 잠재위험을 이해시킨다.
④ 지식교육은 작업에 관련된 취약점과 이에 대응되는 작업방법을 알도록 한다.

**해설**

- 재해발생원리 및 잠재위험에 대한 교육은 지식교육에서 실시한다. 추후지도교육은 변경되는 법규나 추가되는 기계장치에 대한 보수교육 개념으로 OJT 형식을 빌어 주기적으로 실시한다.

**안전보건교육 개괄**

- 지식교육 – 기능교육 – 태도교육 순으로 진행된다.
- 지식교육(1단계)은 화학, 전기, 방사능의 설비를 갖춘 기업에서 특히 필요성이 큰 교육으로 근로자가 지켜야 할 규정의 숙지를 위한 인지적인 교육으로 일방적·획일적으로 행해지는 경우가 많다.
- 기능교육(2단계)은 같은 것을 반복하여 개인의 시행착오에 의해서만 점차 그 사람에게 형성되는 교육으로 일방적·획일적으로 행해지는 경우가 많다. 아울러 안전행동의 기초이므로 경영관리·감독자측 모두가 일체가 되어 추진되어야 한다.
- 태도교육(3단계)은 올바른 행동의 습관화 및 가치관을 형성하도록 하는 심리적인 교육으로 교육의 기회나 수단이 다양하고 광범위하다.

0304 / 0704 / 0901 / 0904 / 1502 / 2101

## 37 Repetitive Learning 1회 2회 3회

매슬로우(Maslow)의 욕구위계를 바르게 나열한 것은?

① 안전의 욕구 – 생리적 욕구 – 사회적 욕구 – 자아실현의 욕구 – 인정받으려는 욕구
② 안전의 욕구 – 생리적 욕구 – 사회적 욕구 – 인정받으려는 욕구 – 자아실현의 욕구
③ 생리적 욕구 – 사회적 욕구 – 안전의 욕구 – 인정받으려는 욕구 – 자아실현의 욕구
④ 생리적 욕구 – 안전의 욕구 – 사회적 욕구 – 인정받으려는 욕구 – 자아실현의 욕구

**해설**

- 매슬로우의 욕구 5단계는 순서대로 생리적, 안전, 사회적, 존경, 자아실현의 욕구이다.

**매슬로우(Maslow)의 욕구위계(욕구이론)**

㉠ 개요

- 생리적 욕구 – 안전의 욕구 – 사회적 욕구 – 인정받으려는 욕구 – 자아실현의 욕구 순으로 발생한다.
- 행동은 충족되지 않은 욕구에 의해 결정되고 좌우된다.
- 개인의 가장 기본적인 욕구로부터 시작하여 위계상 상위 욕구로 올라가면서 자신의 욕구를 체계적으로 충족시킨다.
- 위계(位階)에서 생존을 위해 기본이 되는 욕구들이 우선적으로 충족되어야 한다. 즉, 하위 단계의 욕구가 충족되어야 더 높은 단계의 욕구가 발생한다.

㉡ 위계의 내용 실필 0901

| 단계별 | 욕구의 명칭 | 설명 | 관리감독자의 능력 |
|---|---|---|---|
| 1단계 | 생리적 욕구 | 인간의 가장 기초적인 욕구에 해당한다. | – |
| 2단계 | 안전의 욕구 | 생존에 대한 욕구에 해당한다. | 기술적 능력 |
| 3단계 | 사회적 욕구 | 가족, 친구 등 애정과 소속에 대한 욕구에 해당한다. | – |
| 4단계 | 인정받으려는 욕구<br>(존경과 긍지에 대한 욕구) | 명예, 신망, 위신, 지위 등과 관계가 깊다. | 포괄적 능력 |
| 5단계 | 자아실현의 욕구 | 가장 고차원적인 욕구에 해당한다. | 종합적 능력 |

1002 / 1302 / 1601

## 38 Repetitive Learning 1회 2회 3회

다음 중 부주의가 발생하는 경우에 있어 자동차를 운전할 때 신호가 바뀌기 전에 신호가 바뀔 것을 예상하고 자동차를 출발시키는 행동과 관련된 것은?

① 억측판단　　② 근도반응
③ 착시현상　　④ 의식의 우회

**해설**

- 근도반응이란 가까운 길에 대한 유혹으로 지름길 반응이라고도 한다.
- 착시현상이란 실제로는 그렇지 않지만 인간이 보고 싶은 내용으로 오해하여 나타나는 현상을 말한다.
- 의식의 우회란 작업도중 걱정, 고뇌, 욕구불만 등에 의해서 발생되는 부주의 현상을 말한다.

정답 | 36 ③ 37 ④ 38 ①

**억측판단**

㉠ 정의

- 작업공정 중에 규정된 대로 수행하지 않고 "괜찮다."라고 생각하여 자기 주관대로 추측을 하여 행동한 결과 재해가 발생한 경우를 말한다.

㉡ 억측판단의 배경

- 정보가 불확실할 때
- 희망적인 관측이 있을 때
- 과거에 경험한 선입견이 있을 때
- 귀찮음과 초조함이 교차할 때

0404

## 39

Repetitive Learning (1회 2회 3회)

평가도구의 기본적인 기준이 아닌 것은?

① 실용도(實用度) ② 타당도(妥黨度)
③ 신뢰도(信賴度) ④ 습숙도(習熟度)

해설

- 학습평가 도구의 기본 기준에는 타당도, 신뢰도, 실용도, 객관성 등이 있다.

**학습평가 도구의 기본 기준**

| | |
|---|---|
| 타당도 | 평가하고자 하는 것을 얼마나 충실하게 반영하였는가의 정도 |
| 신뢰도 | 얼마나 정확하게 평가하였는가의 정도 (일관성과 안정성) |
| 실용도 | 경비, 시간, 노력 등을 적게 들이고 목적을 달성할 수 있는지의 정도 |
| 객관성 | 얼마나 객관적으로 공정하게 평가하였는가의 정도 |

## 40

Repetitive Learning (1회 2회 3회)

어느 부서의 직원 6명의 선호관계를 분석한 결과 다음과 같은 소시오그램이 작성되었다. 이 부서의 집단응집성 지수는 얼마인가?(단, 그림에서 실선은 선호관계, 점선은 거부관계를 나타낸다)

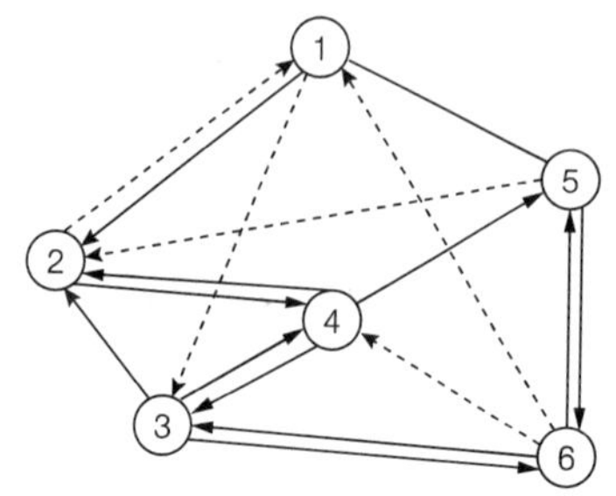


① 0.13 ② 0.27
③ 0.33 ④ 0.47

해설

- 전체 직원이 가질 수 있는 상호관계의 수는 6명의 직원이므로 6C2로 구할 수 있다. $\frac{6\times5}{1\times2}=15$이다.
- 상호선호관계를 가지는 관계의 수는 ②-④, ③-④, ③-⑥, ⑤-⑥ 총 4개이다.
- 응집성 지수= $\frac{4}{15}=0.27$이 된다.

**집단 응집력(Group cohesiveness)**

- 집단 내 구성원들이 서로에게 선호감정을 느껴 집단의 목표에 효율적으로 복무하는 정도를 나타낸다.
- 집단의 사기, 업무와 집단의 목표에 대한 구성원의 관심도와 열정을 말한다.
- 응집성 지수는 $\left(\frac{\text{상호 선호관계의 수}}{\text{가능한 관계의 수}}\right)$로 구한다.

# 3과목 인간공학 및 시스템안전공학

0502

## 41

Repetitive Learning (1회 2회 3회)

음량수준을 측정할 수 있는 세 가지 척도에 해당되지 않는 것은?

① Sone ② 럭스
③ Phon ④ 인식소음 수준

해설

- 음량수준을 측정하는 척도에는 phon 및 sone에 의한 음량수준과 인식소음 수준 등을 들 수 있다.

**음량수준**

- 음의 크기를 나타내는 단위에는 dB(PNdB, PLdB), phon, sone 등이 있다.
- 음량수준을 측정하는 척도에는 phon 및 sone에 의한 음량수준과 인식소음 수준 등을 들 수 있다.
- 음의 세기는 진폭의 크기에 비례한다.
- 음의 높이는 주파수에 비례한다.(주파수는 주기와 반비례한다)
- 인식소음 수준은 소음의 측정에 이용되는 척도로 PNdB와 PLdB로 구분된다.



39 ④ 40 ② 41 ② 정답

0402 / 0802 / 1102 / 1504

## 42

Repetitive Learning ( 1회 2회 3회 )

다음 중 FTA에서 시스템의 기능을 살리는 데 필요한 최소 요인의 집합을 무엇이라 하는가?

① Critical set ② Minimal gate
③ Minimal path ④ Boolean indicated cut set

해설

- FTA에서 시스템의 신뢰도를 표시하는 것으로 시스템의 기능을 살리는 데 필요한 최소한의 요인의 집합을 최소 패스 셋이라 한다.

최소 패스 셋(Minimal path sets)

㉠ 개요
- FTA에서 시스템의 신뢰도를 표시하는 것이다.
- FTA에서 시스템의 기능을 살리는 데 필요한 최소한의 요인의 집합을 말한다.

㉡ FT도에서 최소 패스 셋 구하는 법
- 최소 패스 셋은 FT도의 결합 게이트들을 반대로(AND ↔ OR) 변환한 후 최소 컷 셋을 구하면 된다.

## 43

Repetitive Learning ( 1회 2회 3회 )

시스템 수명주기의 단계 중 마지막 단계인 것은?

① 구상단계 ② 개발단계
③ 운전단계 ④ 생산단계

해설

- 주어진 보기의 단계를 순서대로 나열하면 구상-(정의)-개발-생산-운전-(폐기) 순이다.

시스템 수명주기 6단계

| 단계 | 내용 |
|---|---|
| 1단계 구상(Concept) | 예비위험분석(PHA)이 적용되는 단계 |
| 2단계 정의(Definition) | 시스템 안전성 위험분석(SSHA) 및 생산물의 적합성을 검토하고 예비설계와 생산기술을 확인하는 단계 |
| 3단계 개발(Development) | FMEA, HAZOP 등이 실시되는 단계로 설계의 수용가능성을 위해 완벽한 검토가 이뤄지는 단계 |
| 4단계 생산(Production) | 안전관리자에 의해 안전교육 등 전체 교육이 실시되는 단계 |
| 5단계 운전(Deployment) | 사고조사 참여, 기술변경의 개발, 고객에 의한 최종 성능검사, 시스템 안전 프로그램에 대하여 안전점검 기준에 따라 평가하는 단계 |
| 6단계 폐기 | - |

## 44

Repetitive Learning ( 1회 2회 3회 )

생명유지에 필요한 단위시간당 에너지양을 무엇이라 하는가?

① 기초 대사량 ② 산소 소비율
③ 작업 대사량 ④ 에너지 소비율

해설

- 작업 대사량은 작업에 소요되는 에너지소비량으로 작업 시 소비되는 에너지에서 안정되었을 때 소비되는 에너지를 빼면 구할 수 있다.

기초 대사량(BMR : Basal Metabolic Rate)
- 사람이 아무것도 하지 않음에도 소모되는 에너지로 생명활동을 유지하기 위한 최소의 에너지를 말한다.
- 뇌의 활동, 심장의 박동, 위의 소화활동 등 내장기관이 움직이는 데 필요한 에너지를 말한다.
- 성인의 기초 대사량은 1일 1,500~1,800kcal 정도이다.

## 45

Repetitive Learning ( 1회 2회 3회 )

인간-기계 시스템의 설계를 6단계로 구분할 때 다음 중 첫 번째 단계에서 시행하는 것은?

① 기본 설계
② 시스템의 정의
③ 인터페이스 설계
④ 시스템의 목표와 성능 명세 결정

해설

- ①은 3단계, ②는 2단계, ③은 4단계에 해당한다.

인간-기계 시스템의 설계 과정

| | | |
|---|---|---|
| 1단계 | 시스템의 목표와 성능 명세 결정 | 목적 및 존재 이유에 대한 개괄적 표현 |
| 2단계 | 시스템의 정의 | 목표 달성을 위해 필요한 기능의 결정 |
| 3단계 | 기본 설계 | 기능의 할당, 인간성능 요건 명세, 직무분석, 작업설계 |
| 4단계 | 인터페이스 설계 | 작업공간, 화면설계, 표시 및 조종장치 |
| 5단계 | 보조물 설계 혹은 편의수단 설계 | 성능보조자료, 훈련도구 등 보조물 계획 |
| 6단계 | 평가 | - |

정답 | 42 ③ 43 ③ 44 ① 45 ④

## 46

1204 / 1502

Repetitive Learning (1회 2회 3회)

염산을 취급하는 A업체에서는 신설 설비에 관한 안전성 평가를 실시해야 한다. 다음 중 정성적 평가단계에 있어 설계와 관련된 주요 진단항목에 해당하는 것은?

① 공장 내의 배치　　② 제조공정의 개요
③ 재평가 방법 및 계획　　④ 안전·보건교육 훈련계획

해설

- 정성적 평가에서 설계관계항목에는 입지조건, 공장 내 배치, 건조물, 소방설비 등이 있다.

정성적 평가와 정량적 평가항목

| | | |
|---|---|---|
| 정성적 평가 | 설계관계항목 | 입지조건, 공장 내 배치, 건조물, 소방설비 등 |
| | 운전관계항목 | 원재료, 중간제품, 공정 및 공정기기, 수송, 저장 등 |
| 정량적 평가 | • 수치값으로 표현 가능한 항목들을 대상으로 한다.<br>• 온도, 취급물질, 화학설비용량, 압력, 조작 등을 위험도에 맞게 평가한다. | |

## 47

1502

Repetitive Learning (1회 2회 3회)

실린더 블록에 사용하는 가스켓의 수명은 평균 10,000시간이며, 표준편차는 200시간으로 정규분포를 따른다. 사용시간이 9,600시간일 경우 이 가스켓의 신뢰도는 약 얼마인가?(단, 표준정규분포표에서 $u_{0.8413} = 1$, $u_{0.9772} = 2$이다)

① 84.13%　　② 88.73%
③ 92.72%　　④ 97.72%

해설

- 확률변수 X는 정규분포 $N(10,000, 200^2)$을 따른다.
- 9,600시간은 $\frac{9,600-10,000}{200} = -2$가 나오므로 표준정규분포상 $-Z_2$보다 큰 값을 신뢰도로 한다는 의미이다. 이는 전체에서 $-Z_2$보다 작은 값을 빼면 된다.

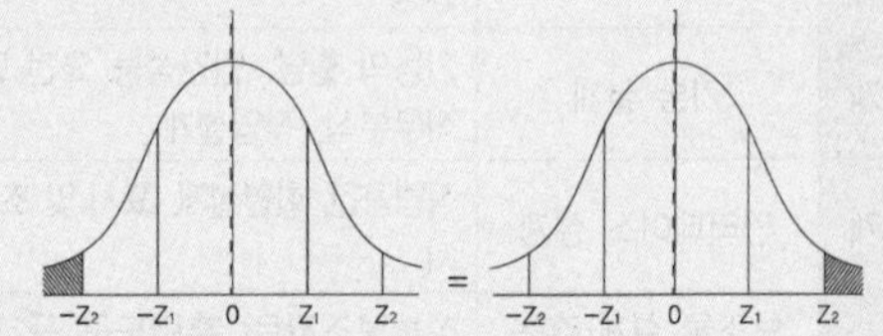


- 정규분포의 특성상 이는 $Z_2$보다 큰 값과 동일한 값이다. $Z_2$의 값이 0.9772이므로 1-0.9772 = 0.0228이 된다.
- 신뢰도는 위에서 구한 0.0228을 제외한 부분에 해당하므로 1-0.228 = 0.9772이므로 97.72%이다.

정규분포
- 확률변수 X는 정규분포 N(평균, 표준편차2)을 따른다.
- 구하고자 하는 값을 정규분포상의 값으로 변환하려면 $\frac{\text{대상값}-\text{평균}}{\text{표준편차}}$을 이용한다.

## 48

1504

Repetitive Learning (1회 2회 3회)

다음 중 FMEA의 장점이라 할 수 있는 것은?

① 분석방법에 대한 논리적 배경이 강하다.
② 물적, 인적 요소 모두가 분석대상이 된다.
③ 서식이 간단하고 비교적 적은 노력으로 분석이 가능하다.
④ 두 가지 이상의 요소가 동시에 고장 나는 경우에 분석이 용이하다.

해설

- FMEA는 동시에 2가지 이상의 요소가 고장 나는 경우 해석이 힘들다.
- FMEA는 해석영역이 물체에 한정되기 때문에 인적 원인(Human error) 해석이 곤란하다.
- FMEA는 구성 요소 간의 상세한 연관관계나 종속성에 대한 정보가 없어 논리적인 배경이 약하다.

고장형태와 영향분석(FMEA)

㉠ 개요
- 시스템 안전분석에 이용되는 전형적인 정성적, 귀납적 분석방법으로서, 서식이 간단하고 비교적 적은 노력으로 특별한 훈련 없이 분석이 가능하다는 장점을 가지고 있는 기법이다.
- 제품 설계와 개발단계에서 고장 발생을 최소로 하고자 하는 경우에 유효한 분석기법이다.

㉡ 장점
- 양식이 간단하여 특별한 훈련 없이 비전문가도 해석이 가능하다.
- 전체요소의 고장을 유형별로 분석할 수 있다.

㉢ 단점
- 해석영역이 물체에 한정되기 때문에 인적 원인(Human error) 해석이 곤란하다.
- 동시에 2가지 이상의 요소가 고장 나는 경우 해석이 힘들다.

## 49

0902 / 2102

Repetitive Learning (1회 2회 3회)

의도는 올바른 것이었지만, 행동이 의도한 것과는 다르게 나타나는 오류를 무엇이라 하는가?

① Slip　　② Mistake
③ Lapse　　④ Violation



46 ①　47 ④　48 ③　49 ① | 정답

해설

• Mistake는 착오로서 상황해석을 잘못하거나 목표를 잘못 이해하고 착각하여 행하는 인간의 실수를 말한다.
• Lapse는 건망증으로 일련의 과정에서 일부를 빠뜨리거나 기억의 실패에 의해 발생하는 오류이다.
• Violation은 위반을 말하는데 규칙을 알고 있음에도 의도적으로 따르지 않거나 무시한 경우에 발생하는 오류이다.

:: 인간의 다양한 오류모형

| | |
|---|---|
| 착각(Illusion) | 감각적으로 물리현상을 왜곡하는 지각 오류 |
| 착오(Mistake) | 상황해석을 잘못하거나 목표를 잘못 이해하고 착각하여 행하는 인간의 실수로 위치, 순서, 패턴, 형상, 기억오류 등 외부적 요인에 의해 나타나는 오류 |
| 실수(Slip) | 의도는 올바른 것이었지만, 행동이 의도한 것과는 다르게 나타나는 오류 |
| 건망증(Lapse) | 일련의 과정에서 일부를 빠뜨리거나 기억의 실패에 의해 발생하는 오류 |
| 위반(Violation) | 정해진 규칙을 알고 있음에도 의도적으로 따르지 않거나 무시한 경우에 발생하는 오류 |

1001

## 50 Repetitive Learning 1회 2회 3회

다음 중 동작경제 원칙의 구성이 아닌 것은?

① 신체 사용에 관한 원칙
② 작업장 배치에 관한 원칙
③ 사용자 요구 조건에 관한 원칙
④ 공구 및 설비 디자인에 관한 원칙

해설

• 동작경제의 원칙은 크게 신체 사용의 원칙, 작업장 배치의 원칙, 공구 및 설비 디자인의 원칙으로 분류할 수 있다.

:: 동작경제의 원칙

㉠ 개요
• 작업자가 경제적인 동작을 통해 피로도를 감소시키면서도 능률을 향상시키게 하기 위한 원칙이다.
• 신체 사용의 원칙, 작업장 배치의 원칙, 공구 및 설비 디자인의 원칙으로 분류된다.
• 동작을 가급적 조합하여 하나의 동작으로 한다.
• 동작의 수는 줄이고, 동작의 속도는 적당히 한다.

㉡ 원칙의 분류

| | |
|---|---|
| 신체 사용의 원칙 | • 두 손의 동작은 동시에 시작해서 동시에 끝나야 한다.<br>• 휴식시간을 제외하고는 양손을 같이 쉬게 해서는 안 된다.<br>• 손의 동작은 유연하고 연속적인 동작이어야 한다.<br>• 동작이 급작스럽게 크게 바뀌는 직선 동작은 피해야 한다.<br>• 두 팔의 동작은 동시에 서로 반대방향으로 대칭적으로 움직이도록 한다. |
| 작업장 배치의 원칙 | • 공구나 재료는 작업동작이 원활하게 수행하도록 그 위치를 정해준다.<br>• 공구, 재료 및 제어장치는 사용하기 가까운 곳에 배치해야 한다. |
| 공구 및 설비 디자인의 원칙 | • 치구나 족답장치를 이용하여 양손이 다른 일을 할 수 있도록 한다.<br>• 공구의 기능을 결합하여 사용하도록 한다. |

## 51 Repetitive Learning 1회 2회 3회

음압수준이 70dB인 경우, 1,000Hz에서 순음의 phon 치는?

① 50phon ② 70phon
③ 90phon ④ 100phon

해설

• 음압수준이 70dB이라는 것은 1,000Hz에서 phone 값이 70이라는 의미이다.

:: Phon
• phon 값은 1,000Hz에서 순음의 음압수준(dB)에 해당한다.
• 즉, 음압수준이 120dB일 경우 1,000Hz에서의 phon값은 120이 된다.

1301

## 52 Repetitive Learning 1회 2회 3회

다음 중 인체계측자료의 응용원칙에 있어 조절 범위에서 수용하는 통상의 범위는 몇 %tile 정도인가?

① 5 ~ 95%tile ② 20 ~ 80%tile
③ 30 ~ 70%tile ④ 40 ~ 60%tile

해설

• 조절 범위에서 수용하는 통상의 범위는 5 ~ 95%tile이다.

정답 | 50 ③ 51 ② 52 ①

**인체계측에서 %tile**

㉠ 개요
- %tile = 평균값 ± (표준편차 × %tile 계수)로 구한다.
- 조절 범위에서 수용하는 통상의 범위는 5 ~ 95%tile이다.

㉡ %tile 구하는 방법
- 5%tile = 평균 − 1.645 × 표준편차로 구한다.
- 95%tile = 평균 + 1.645 × 표준편차로 구한다.

**설비의 가동성(Availability)**
- 가동률, 가용도라고도 하며, 특정 설비가 정상적으로 작동하여 그 설치목적을 수행하는 비율을 말한다.
- $\frac{MTBF}{MTBF+MTTR} = \frac{\text{평균고장간격}}{\text{평균고장간격}+\text{평균수리기간}} = \frac{\text{실질가동시간}}{\text{총 운용시간}}$으로 구한다.

1301 / 1501 / 1604

## 53 Repetitive Learning 1회 2회 3회

산업안전보건법령에 따라 제조업 중 유해·위험방지계획서 제출대상 사업의 사업주가 유해·위험방지계획서를 제출하고자 할 때 첨부하여야 하는 서류에 해당하지 않는 것은?(단, 기타 고용노동부장관이 정하는 도면 및 서류 등은 제외한다)

① 공사개요서
② 기계·설비의 배치도면
③ 기계·설비의 개요를 나타내는 서류
④ 원재료 및 제품의 취급, 제조 등의 작업방법의 개요

**해설**
- 공사개요서는 건설업 유해·위험방지계획서 제출 시 첨부서류에 해당한다.

**제조업 유해·위험방지계획서 제출 시 첨부서류**
- 건축물 각 층의 평면도
- 기계·설비의 개요를 나타내는 서류
- 기계·설비의 배치도면
- 원재료 및 제품의 취급, 제조 등의 작업방법의 개요
- 그 밖에 고용노동부장관이 정하는 도면 및 서류

## 54 Repetitive Learning 1회 2회 3회

수리가 가능한 어떤 기계의 가용도(Availability)는 0.9이고, 평균수리시간(MTTR)이 2시간일 때, 이 기계의 평균수명(MTBF)은?

① 15시간 ② 16시간
③ 17시간 ④ 18시간

**해설**
- 평균수명(MTBF)은 가용도를 통해서 구할 수 있다.
- 총 운용시간은 평균수리시간+평균수명(MTBF)이므로 가용도 측면에서 볼 때 총 운용시간은 1이고, 평균수리시간은 1−가용도이므로 0.1에 해당한다. 평균수리시간이 2시간이라고 했으므로 총 운용시간은 20시간이고, 평균수명은 18시간이 된다.

## 55 Repetitive Learning 1회 2회 3회

다음의 각 단계를 결함수분석법(FTA)에 의한 재해사례의 연구 순서대로 나열한 것은?

| | |
|---|---|
| ㉠ 정상사상의 선정 | ㉡ FT도 작성 및 분석 |
| ㉢ 개선계획의 작성 | ㉣ 각 사상의 재해원인 규명 |

① ㉠ → ㉡ → ㉢ → ㉣ ② ㉠ → ㉣ → ㉢ → ㉡
③ ㉠ → ㉢ → ㉡ → ㉣ ④ ㉠ → ㉣ → ㉡ → ㉢

**해설**
- 결함수분석에서 가장 먼저 실시하는 것은 정상(Top)사상의 선정이다.

**결함수분석(FTA)에 의한 재해사례의 연구 순서**

| | |
|---|---|
| 1단계 | 정상(Top)사상의 선정 |
| 2단계 | 사상마다 재해원인 및 요인 규명 |
| 3단계 | FT(Fault Tree)도 작성 |
| 4단계 | 개선계획의 작성 |
| 5단계 | 개선안 실시계획 |

## 56 Repetitive Learning 1회 2회 3회

점광원으로부터 0.3m 떨어진 구면에 비추는 광량이 5Lumen일 때, 조도는 약 몇 럭스인가?

① 0.06 ② 16.7
③ 55.6 ④ 83.4

**해설**
- 광도가 5이고, 거리가 0.3이므로 조도는 $\frac{5}{0.3^2} = \frac{5}{0.09} = 55.56$[lux]가 된다.



53 ① 54 ④ 55 ④ 56 ③ 정답

:: 조도(照度)

㉠ 개요

- 조도는 특정 지점에 도달하는 광의 밀도를 말한다.
- 반사체의 반사율과는 상관없이 일정한 값을 갖는다.
- 거리의 제곱에 반비례하고, 광도에 비례하므로 $\frac{광도}{(거리)^2}$로 구한다.

㉡ 단위

- 단위는 럭스(Lux)를 주로 사용하며, 1Lux는 1cd의 점광원으로부터 1m 떨어진 구면에 비추는 광의 밀도이며, 촛불 1개의 조도이다.
- Candela는 단위 시간당 한 발광점으로부터 투광되는 빛의 에너지양이다.

## 57

Repetitive Learning (1회 2회 3회)

쾌적환경에서 추운환경으로 변화 시 신체의 조절작용이 아닌 것은?

① 피부의 온도가 내려간다.
② 직장온도가 약간 내려간다.
③ 몸이 떨리고 소름이 돋는다.
④ 피부를 경유하는 혈액 순환량이 감소한다.

해설

- 발한이 시작하는 것은 더운 환경으로 변했을 때 나타나는 조절작용이다.

:: 적정온도에서 추운 환경으로 변화

- 직장의 온도가 올라간다.
- 피부의 온도가 내려간다.
- 몸이 떨리고 소름이 돋는다.
- 피부를 경유하는 혈액 순환량이 감소하고 많은 양의 혈액은 주로 몸의 중심부를 순환한다.

1504

## 58

Repetitive Learning (1회 2회 3회)

FT도에 사용되는 다음 게이트의 명칭은?

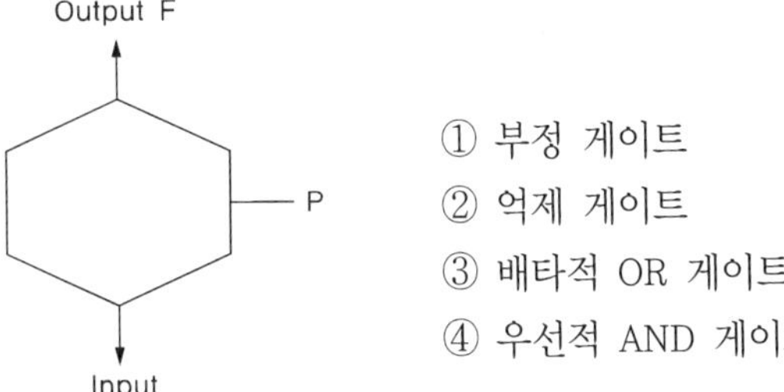


① 부정 게이트
② 억제 게이트
③ 배타적 OR 게이트
④ 우선적 AND 게이트

해설

- 부정 게이트는 FT도에서 입력현상의 반대현상이 출력되는 게이트이다.
- 배타적 OR 게이트(Exclusive OR gate)는 OR 게이트의 특별한 경우로 2개 또는 그 이상의 입력이 동시에 존재하는 경우에는 출력이 생기지 않는 게이트이다.
- 우선적 AND 게이트는 AND 게이트의 특별한 경우로 여러 개의 입력사상이 정해진 순서에 따라 순차적으로 발생해야만 결과가 출력된다.

:: 억제 게이트(Inhibit gate)

- 논리적으로 수정기호의 일종으로 수정기호를 병용하여 게이트 역할을 하는 게이트이다.
- 한 개의 입력사상에 의해 출력사상이 발생하며, 출력사상이 발생되기 전에 입력사상이 특정 조건을 만족하여야 한다.
- 조건부 사건이 발생하는 상황하에서 입력현상이 발생할 때 출력현상이 발생한다.
- 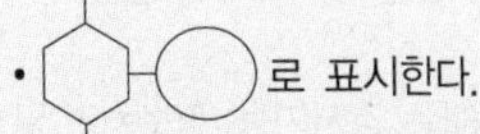로 표시한다.

2201

## 59

Repetitive Learning (1회 2회 3회)

정신적 작업 부하에 관한 생리적 척도에 해당하지 않는 것은?

① 부정맥 지수
② 근전도
③ 점멸융합주파수
④ 뇌파도

해설

- 근전도(EMG)는 인간의 생리적 부담 척도 중 국소적 근육 활동의 척도로 가장 적합한 변수이다.

:: 생리적 척도

- 인간-기계 시스템을 평가하는 데 사용하는 인간기준척도 중 하나이다.
- 중추신경계 활동에 관여하므로 그 활동 및 징후를 측정할 수 있다.
- 정신적 작업부하 척도 가운데 직무수행 중에 계속해서 자료를 수집할 수 있고, 부수적인 활동이 필요 없는 장점을 가진 척도이다.
- 정신작업의 생리적 척도는 EEG(수면뇌파), 심박수, 부정맥, 점멸융합주파수, J.N.D(Just-Noticeable Difference) 등을 통해 확인할 수 있다.
- 육체작업의 생리적 척도는 EMG(근전도), 맥박수, 산소소비량, 폐활량, 작업량 등을 통해 확인할 수 있다.

정답 | 57 ② 58 ② 59 ②

1004 / 1504

## 60

Repetitive Learning (1회 2회 3회)

다음 중 인간-기계 체계(Man-machine system)의 연구 목적으로 가장 적절한 것은?

① 정보 저장의 극대화
② 운전 시 피로의 평준화
③ 시스템 신뢰성의 최소화
④ 안전의 극대화 및 생산능률의 향상

해설

- 인간-기계 체계의 목적은 안전의 극대화와 생산능률의 향상에 있다.

인간-기계 체계

㉠ 개요
- 인간-기계 체계의 주목적은 안전의 최대화와 능률의 극대화에 있다.
- 인간-기계 체계의 기본기능에는 감지기능, 정보처리 및 의사결정기능, 행동기능, 정보보관기능(4대 기능), 출력기능 등이 있다.

㉡ 인간공학적 설계의 일반적인 원칙
- 인간의 특성을 고려한다.
- 시스템을 인간의 예상과 양립시킨다.
- 표시장치나 제어장치의 중요성, 사용빈도, 사용순서, 기능에 따라 배치하도록 한다.

㉢ 인간-기계 시스템의 5대 기능

| 감지기능 | 인체의 눈과 기계의 표시장치와 같은 감지기능 |
|---|---|
| 정보처리 및 의사결정기능 | 회상, 인식, 정리 등을 통한 정보처리 및 의사결정기능 |
| 행동기능 | 정보처리의 결과로 발생하는 조작행위(음성 등) |
| 정보보관기능 | 정보의 저장 및 보관기능으로 위 3가지 기능 모두와 상호작용을 한다. |
| 출력기능 | 시스템에서 의사결정된 사항을 실행에 옮기는 과정 |

# 4과목 건설시공학

1002 / 1304

## 61

Repetitive Learning (1회 2회 3회)

개방잠함 공법(Open caisson method)에 대한 설명으로 옳은 것은?

① 건물외부 작업이므로 기후의 영향을 많이 받는다.
② 지하수가 많은 지반에는 침하가 잘 되지 않는다.
③ 소음발생이 크다.
④ 실의 내부 갓 둘레부분을 중앙부분보다 먼저 판다.

해설

- 지하수가 많은 지반에는 침하가 잘 되지 않으므로 무거운 하중과 함께 물을 사출하는 방법을 사용한다.

개방잠함 공법(Open caisson method)

㉠ 개요
- 지하 건축물을 지상에서 만들고 건축물의 하부를 굴착하여 침하시키는 공법으로 지하와 지상의 공사가 동시에 진행되는 공법이다.

㉡ 특징
- 지하수가 많은 지반에는 침하가 잘 되지 않으므로 무거운 하중과 함께 물을 사출하는 방법을 사용한다.
- 소음발생이 적다.
- 지하의 작업이므로 기후의 영향을 받지 않는다.
- 잠함(Caisson)을 정착시키기 위하여 중앙부를 먼저 파내고 콘크리트로 기초를 만든 다음 주변부를 파낸다.

1401

## 62

Repetitive Learning (1회 2회 3회)

석공사에서 건식 공법 시공에 대한 설명으로 옳지 않은 것은?

① 하지철물의 부식문제와 내부단열재 설치문제 등이 나타날 수 있다.
② 긴결 철물과 채움 모르타르로 붙여 대는 것으로 외벽공사 시 빗물이 스며들어 들뜸, 백화현상 등이 발생하지 않도록 한다.
③ 실런트(Sealant) 유성분에 의한 석재면의 오염문제는 비오염성 실런트로 대체하거나, Open joint 공법으로 대체하기도 한다.
④ 강재트러스, 트러스지지 공법 등 건식 공법은 시공정밀도가 우수하고, 작업능률이 개선되며, 공기단축이 가능하다.



60 ④ 61 ② 62 ② 정답

해설

- 긴결 철물과 채움 모르타르로 붙여 들뜸, 백화현상 등의 발생을 방지하는 것은 습식 공법 사용 시의 보완대책이다.

**석공사 건식 공법**

㉠ 개요
- 앵커긴결 공법, 강재트러스지지 공법, GPC 공법, Open joint 공법 등이 있다.
- 시공이 용이하고, 경제적이다.
- 얇은 두께의 판재를 시공할 수 있어 주택 또는 소형 건물에 적용된다.

㉡ 건식 공법 일반 주의사항
- 촉구멍 깊이는 기준보다 2mm 이상 더 깊이 천공한다.
- 석재는 두께 30mm 이상을 사용한다.
- 모든 구조재 또는 트러스 철물은 반드시 녹막이 처리한다.
- 석재의 하부는 지지용으로, 석재의 상부는 고정용으로 설치한다.
- 석재의 건식 붙임에 사용되는 모든 구조재 또는 긴결 철물은 녹막이 처리를 한다.
- 석재의 색상, 석질, 가공형상, 마감 정도, 물리적 성질 등이 동일한 것으로 한다.
- 건식 석재 붙임에 사용되는 앵커볼트, 너트, 와셔 등은 스테인레스를 사용한다.
- 화강석 특유의 무늬를 제외한 눈에 띄는 반점 등을 제거한다.
- 하지철물의 부식문제와 내부단열재 설치문제 등이 나타날 수 있다.
- 실런트(Sealant) 유성분에 의한 석재면의 오염문제는 비오염성 실런트로 대체하거나, Open joint 공법으로 대체하기도 한다.
- 실런트(Sealant) 시공 시 경화시간, 기상조건에 따른 영향을 받아 오염이나 누수의 우려가 있으므로 정밀 시공이 요구된다.
- 강재트러스, 트러스지지 공법 등 건식 공법은 시공정밀도가 우수하고, 작업능률이 개선되며, 공기단축이 가능하다.

0602 / 2201

## 63

Repetitive Learning 

철근콘크리트의 염해에 대한 철근부식 방지대책으로 옳지 않은 것은?

① 콘크리트 중의 염소 이온양을 적게 한다.
② 에폭시수지 도장 철근을 사용한다.
③ 방청제 투입을 고려한다.
④ 물-시멘트비를 크게 한다.

해설

- 물-시멘트비를 작게 해야 강도, 내구성, 수밀성이 좋아진다. 즉, 이를 통해서 염해에 대한 저항성이 증가하게 된다.

**철근콘크리트의 염해**

㉠ 개요
- 염해는 콘크리트 내부에 포함된 염분(CaCl)이 철근의 부식을 촉진시켜 구조물에 손상을 입히는 현상을 말한다.

㉡ 염해 대책(부식방지 대책)
- 콘크리트의 염소 이온양을 적게 한다.
- 수지도장 철근을 사용한다.
- 방청제 투입이나 전기제어 방식을 취한다.
- 철근 피복 두께를 충분히 확보한다.
- 수밀콘크리트를 만들고 콜드조인트가 없게 시공한다.
- 물-시멘트비를 최소로 하고 광물질 혼화재를 사용한다.
- pH11 이상의 강알칼리 환경에서는 철근 표면에 부동태막이 생겨 부식을 방지한다.

0602 / 0904 / 2102

## 64

Repetitive Learning 

분할 도급 공사 중 지하철 공사, 고속도로 공사 및 대규모 아파트단지 등의 공사에 채용하면 가장 효과적인 것은?

① 전문공종별 분할 도급
② 공정별 분할 도급
③ 공구별 분할 도급
④ 직종별 공종별 분할 도급

해설

- 공종별로 나누면 전문공종별 분할, 작업공정별로 나누면 공정별 분할, 지역별로 나누면 공구별 분할, 총괄도급자가 직영하는 경우는 직종별 공종별 분할 도급이다.

**공구별 분할 도급**
- 대규모 공사에서 지역별로 공사를 분리하여 발주하는 방식이고 각 공구마다 총괄도급으로 하는 것이 보통이며, 중소업자에게 균등기회를 주고 또 업자 상호 간의 경쟁으로 공사기일 단축, 시공기술향상 및 공사의 높은 성과를 기대할 수 있어 유리한 도급방법이다.
- 지하철 공사, 고속도로 공사 및 대규모 아파트단지 등의 대규모 공사에서 지역별로 공사를 구분하여 발주하는 도급방식이다.

1201 / 1404

## 65

Repetitive Learning 1회 2회 3회

철골공사의 기초상부 고름질 방법에 해당되지 않는 것은?

① 전면바름마무리법
② 나중채워넣기중심바름법
③ 나중매입 공법
④ 나중채워넣기법

해설

- 나중매입 공법은 앵커볼트 매립방법이다.

**현장 철골 세우기**

㉠ 개요

- 공장에서 제작된 부재를 가져와 현장 여건에 맞는 건립공법으로 철골을 세우고 접합하는 과정을 말한다.
- 현장에서 철골을 세우는 순서는 계획 및 준비 → 기초 앵커볼트 매립 → 기초상부 고름질 → 철골 세우기 → 볼트 가조립 → 변형바로잡기 → 볼트 본조립 순으로 진행한다.

㉡ 계획 및 준비단계

- 현장 상황에 맞게 자재의 반입, 설치, 양중 등의 설치계획을 세운다.
- 철골제작공장과 반입 시간, 반입 부재 수, 부재 반입의 순서 등을 사전 협의하도록 한다.

㉢ 앵커볼트 매립

- 고정매입법 – 기초 콘크리트 시공 시 앵커볼트를 정확한 위치에 고정시켜 콘크리트를 치면 수정이 어려우므로 정밀하게 시공하여야 한다.
- 가동매입법 – 앵커볼트를 완전히 매입하지 않고 상부에 함석판을 끼우고 콘크리트를 시공한다.
- 나중매입법 – 기초 콘크리트에 앵커볼트를 묻을 구멍을 내두었다가 나중에 고정하는 방법으로 수정이 쉽고 간단하므로 경미한 구조에 이용된다.
- 용접법 – 콘크리트 선반에 앵커가 붙은 철판이나 앵글 등을 시공한 다음 콘크리트를 타설하고 앵커볼트를 용접하여 부착하는 방식이다.

㉣ 기초상부 고름질

- 기초상부는 Base 판을 완전 수평으로 밀착시키기 위해 모르타르를 충전시키며, 모르타르는 충전 후 건조수축이 없는 무수축 모르타르를 사용한다.
- 전면바름(마무리)법, 나중채워넣기중심바름법, 나중채워넣기십자바름법, 나중채워넣기법 등이 있다.

2102

## 66

Repetitive Learning 1회 2회 3회

말뚝재하시험의 주요목적과 거리가 먼 것은?

① 말뚝길이의 결정　② 말뚝 관입량 결정

③ 지하수위 측정　④ 지지력 추정

해설

- 말뚝재하실험은 기초 저면에 하중을 가하여 지반의 지지력을 측정하는 시험으로 지하수위 측정과는 무관하다.

**말뚝재하시험**

- 예정 기초 저면(밑면)에서 지반면에 직접 하중을 가하여 기초 지반의 지지력을 추정하는 지내력 시험의 한 종류이다.
- 지지력을 확인하고 변위량, 건전도, 시공방법(말뚝길이 및 관입량의 결정) 및 시공장비의 적합성, 시간경과에 따른 말뚝 지지력의 변화, 하중전이 특성 등을 확인하기 위해서 사용한다.

1202

## 67

Repetitive Learning 1회 2회 3회

건축시공의 현대화 방안 중 3S system과 관계가 없는 사항은?

① 작업의 표준화　② 작업의 단순화

③ 작업의 전문화　④ 작업의 기계화

해설

- 건축생산의 3S system은 표준화, 단순화, 전문화이다.

**건축생산의 3S system**

- 작업의 표준화(Standardization)
- 작업의 단순화(Simplification)
- 작업의 전문화(Specialization)

1601

## 68

Repetitive Learning 1회 2회 3회

보강콘크리트블록조 공사에서 원칙적으로 기초 및 테두리보에서 위층의 테두리보까지 잇지 않고 배근하는 것은?

① 세로근

② 가로근

③ 철선

④ 수평횡근

해설

- 벽의 세로근은 원칙적으로 기초·테두리보에서 위층의 테두리보까지 잇지 않고 배근하여 그 정착 길이는 철근 지름(d)의 40배 이상으로 한다.

**보강블록조**

- 단순조적 블록조와 같은 방법으로 블록공사를 하되 블록의 빈 속을 철근과 콘크리트로 보강하여 내력벽 또는 이에 준하는 장막벽을 구성하는 것을 말한다.
- 철근은 보통 원형철근을 이용하고, 결속선은 0.8mm(BWG #21) 이상의 철선을 달구어 사용한다.
- 보강블록조는 원칙적으로 통줄눈쌓기로 한다.
- 콘크리트용 블록은 물축임을 하지 말아야 한다.(단, 모르타르 접촉면에만 물을 축인다)
- 하루 쌓기의 높이는 6~7켜(1.2~1.5m) 이내를 표준으로 한다.
- 벽의 세로근은 원칙적으로 기초·테두리보에서 위층의 테두리보까지 잇지 않고 배근하여 그 정착 길이는 철근 지름(d)의 40배 이상으로 한다.
- 가로근의 모서리는 서로 40d(d :철근 지름) 이상으로 정착시키며 단부는 180° 갈고리를 둔다.
- 모르타르 또는 콘크리트의 세로근 피복 두께는 2cm 이상으로 하며 세로근과의 교차부는 모두 결속선으로 결속한다.



66 ③　67 ④　68 ① 정답

## 69 Repetitive Learning 1회 2회 3회

프리플레이스트콘크리트의 서중 시공 시 유의사항으로 옳지 않은 것은?

① 애지테이터 안의 모르타르 저류시간을 짧게 한다.
② 수송관 주변의 온도를 높여 준다.
③ 응결을 지연시키며 유동성을 크게 한다.
④ 비빈 후 즉시 주입한다.

**해설**

- 프리플레이스트콘크리트의 서중 시공 시 수송관 주변의 온도는 낮추어 주어야 한다.

**프리플레이스트콘크리트**

㉠ 개요
- 특정한 입도를 가진 굵은 골재를 거푸집에 채워 넣고 그 굵은 골재 사이의 공극에 특수한 모르타르를 적당한 압력으로 주입하여 만드는 콘크리트이다.
- 주로 수중 콘크리트의 타설에 사용된다.

㉡ 골재
- 굵은 골재의 최소 치수는 15mm 이상, 굵은 골재의 최대 치수는 부재단면 최소 치수의 1/4 이하, 철근콘크리트의 경우 철근 순간격의 2/3 이하로 하여야 한다.
- 프리플레이스트콘크리트에서 굵은 골재의 최대 치수와 최소 치수와의 차이를 적게 하면 굵은 골재의 실적률이 작아지고 주입모르타르의 소요량이 많아지므로 굵은 골재의 최대 치수는 최소 치수의 2~4배 정도가 적당하다.
- 대규모 프리플레이스트콘크리트를 대상으로 할 경우, 굵은 골재의 최소 치수를 크게 하는 것이 효과적이다.
- 골재의 적절한 입도 분포를 위해 일반적으로 굵은 골재의 최대 치수는 최소 치수의 2~4배 정도로 한다.

㉢ 서중 시공 시 유의사항
- 애지테이터 안의 모르디르 저류시간을 짧게 한다.
- 비빈 후 즉시 주입한다.
- 수송관 주변의 온도를 낮추어 준다.
- 응결을 지연시키며 유동성을 크게 한다.
- 유동성과 유동경사의 관리를 엄격히 하며 주입의 중단을 막는다.
- 유동성을 유지시킬 수 있는 혼화제를 추가 혼입한다. 디만 책임기술사가 품질확인 후 시행하여야 한다.

## 70 Repetitive Learning 1회 2회 3회

잡석 지정의 다짐량이 $5m^3$일 때 틈막이로 넣는 자갈의 양으로 가장 적당한 것은?

① $0.5m^3$　② $1.5m^3$
③ $3.0m^3$　④ $5.0m^3$

**해설**

- 사춤용 자갈은 잡석 $m^3$당 $0.3m^3$의 자갈이 적당하다.
- 잡석 지정의 다짐량이 $5m^3$이므로 자갈은 $5\times0.3 = 1.5m^3$을 사용하는 것이 적당하다.

**잡석 지정**

㉠ 개요
- 건물기초를 만들기 전에 여러 건물이 들어설 대지 전체의 지반을 보강함에 있어 기초 콘크리트 타설 시 흙의 혼입을 방지하기 위해 화강암, 안산암 등의 잡석을 이용하는 것을 말한다.

㉡ 목적
- 구조물의 안정을 유지하게 한다.
- 이완된 지표면을 다진다.
- 버림콘크리트의 양을 절약할 수 있다.
- 기초 또는 바닥 밑의 방습 및 배수처리에 이용된다.

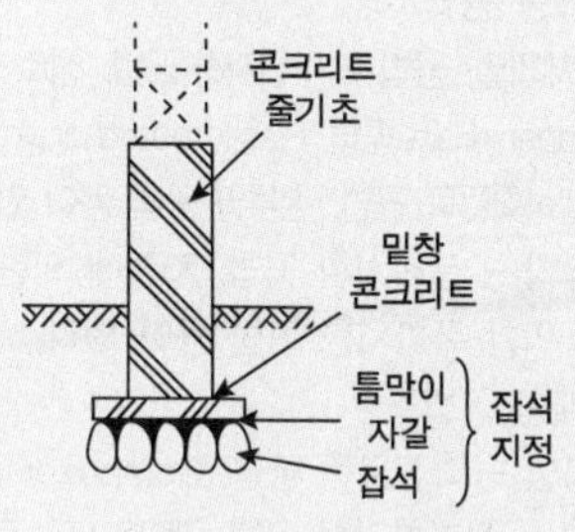


0301

## 71 Repetitive Learning 1회 2회 3회

철근콘크리트 부재의 피복 두께를 확보하는 목적과 거리가 먼 것은?

① 철근이음 시 편의성
② 내화성 확보
③ 철근의 방청
④ 콘크리트 유동성 확보

**해설**

- 철근을 피복하는 이유는 철근의 부식방지, 내화성 및 내구성 확보, 골재의 유동성 확보, 구조내력 및 부착력의 확보 등에 있다.

**철근의 피복 두께**

- 피복 두께란 철근 표면에서 이를 감싸고 있는 콘크리트 표면까지의 두께를 말한다.
- 철근의 부식방지, 내화성 및 내구성 확보, 골재의 유동성 확보, 구조내력 및 부착력의 확보를 위해 철근 두께를 유지하여야 한다.

정답 | 69 ② 70 ② 71 ①

1104 / 1502

## 72
Repetitive Learning (1회 2회 3회)

지반개량 공법 중 강제압밀 공법에 해당하지 않는 것은?

① 프리로딩 공법 ② 페이퍼드레인 공법
③ 고결 공법 ④ 샌드드레인 공법

해설

- 고결 공법은 지반 속에 응결제를 주입시켜 고결시키는 방법을 말한다.

지반개량 공법
㉠ 개요
- 흙의 성질을 개선하여 지반 지지력의 증대, 침하의 방지, 수압 및 투수성의 감소 또는 제거를 목적으로 하는 공법을 말한다.
- 크게 흙의 치환, 탈수, 다짐, 배수, 고결 등의 방법을 사용한다.

㉡ 점성토 개량 공법
- 탈수(강제압밀) 공법 – 수위저하 공법, 성토 공법, Sand drain 공법, Paper drain 공법, Plastic board drain 공법, Preloading 공법, 생석회말뚝 공법, 침투압 공법 등이 있다.
- 치환 공법 – 굴착치환 공법, 자중에 의한 압출치환 공법, 폭파에 의한 폭파치환 공법 등이 있다.

㉢ 사질토 개량 공법
- 다짐 공법 – 다짐말뚝 공법, Compozer 공법, Vibroflotation 공법, 전기충격식 공법, 폭파다짐 공법 등이 있다.
- 배수 공법 – Well point 공법이 있다.
- 고결(응결) 공법 – 약액주입 공법으로 시멘트처리 공법, 석회처리 공법, 심층혼합처리 공법, 기타 공법 등이 있다.

0501

## 73
Repetitive Learning (1회 2회 3회)

연질의 점토지반에서 굴착에 의한 흙막이 벽 바깥에 있는 흙의 중량과 지표위의 적재하중의 중량에 못 견디어 저면 흙이 붕괴되고 흙막이 벽 바깥에 있는 흙이 저면 지표 안으로 밀려 불룩하게 되는 현상은?

① 보일링 파괴 ② 히빙 파괴
③ 파이핑 파괴 ④ 언더 피닝

해설

- 보일링은 사질지반에서 흙막이 벽 뒷면의 수위가 높아서 지하수가 흙막이 벽을 돌아서 모래와 같이 솟아오르는 현상을 말한다.
- 파이핑은 흙막이 벽의 하자 또는 부실공사 등의 요인으로 생긴 틈으로 침투수와 토입자가 배출되는 현상이다.
- 언더 피닝(Underpinning)은 가설기초의 용량(지지력)과 심도를 증가시키기 위하여 새로운 영구적인 지지력을 첨가하는 것을 말하는데, 기존건물 또는 공작물의 기초나 지점을 보강하거나 또는 거기에 새로운 기초를 삽입하거나 지지면을 더 깊은 지반에 옮겨 안전하게 하기 위한 지반개량 공법을 말한다.

히빙(Heaving) 실필 0902/0904/1104/1404/1602/1701/1801
㉠ 개요
- 하부지반이 연약한 연질의 점토지반에서 흙파기 저면선에 대하여 흙막이 바깥에 있는 흙의 중량과 지표 적재하중을 이기지 못하고 흙이 붕괴되어서 흙막이 바깥 흙이 안으로 밀려들어와 불룩하게 되는 현상을 말한다.

㉡ 원인
- 흙막이 벽 내외부 흙의 중량 차이로 발생한다.
- 연약한 점토지반에서 굴착면의 융기 혹은 흙막이 벽의 근입장 깊이가 부족할 경우 발생한다.

0502 / 0901 / 1301

## 74
Repetitive Learning (1회 2회 3회)

콘크리트 타설 시 거푸집에 작용하는 측압에 대한 설명으로 옳지 않은 것은?

① 기온이 낮을수록 측압은 작아진다.
② 거푸집의 강성이 클수록 측압은 커진다.
③ 진동기를 사용하여 다질수록 측압은 커진다.
④ 조강시멘트 등을 활용하면 측압은 작아진다.

해설

- 습도가 높을수록 커지고, 온도는 낮을수록 커진다.

콘크리트 측압
- 콘크리트의 타설 속도가 빠를수록 측압이 크다.
- 콘크리트 비중이 클수록 측압이 크다.
- 진동기를 사용하면 다짐이 충분해지므로 측압은 커진다.
- 슬럼프(Slump)가 크고, 배합이 좋을수록 크다.
- 거푸집의 수평단면이 클수록 측압은 크다.
- 거푸집의 강성이 클수록 측압은 크다.
- 벽 두께가 두꺼울수록 커진다.
- 습도가 높을수록 커지고, 온도는 낮을수록 커진다.
- 철근량이 적을수록 측압은 커진다.
- 부배합이 빈배합보다 측압이 크다.
- 조강시멘트 등을 활용하면 측압은 작아진다.

1402

## 75
Repetitive Learning (1회 2회 3회)

내화피복의 공법과 재료와의 연결이 옳지 않은 것은?

① 타설 공법 – 콘크리트, 경량콘크리트
② 조적 공법 – 콘크리트, 경량콘크리트블록, 돌, 벽돌
③ 미장 공법 – 뿜칠플라스터, 알루미나계열모르타르
④ 뿜칠 공법 – 뿜칠암면, 습식 뿜칠암면, 뿜칠모르타르



72 ③ 73 ② 74 ① 75 ③ 정답

해설

• 미장 공법은 철망모르타르, 펄라이트모르타르 등을 사용한다.

철골 내화피복 공법의 종류와 사용되는 재료

㉠ 습식 공법
- 타설 공법 – 콘크리트, 경량콘크리트
- 뿜칠 공법 – 석면, 암면
- 미장 공법 – 철망모르타르, 펄라이트모르타르
- 조적 공법 – 벽돌, 시멘트벽돌, 경량콘크리트블록
- 도장 공법 – 내화페인트

㉡ 건식 공법
- 성형판붙임 공법 – ALC석고보드
- 멤브레인 공법 – 석면흡음판, 암면흡음판

## 76 — Repetitive Learning (1회 2회 3회)

PERT/CPM의 장점이 아닌 것은?

① 변화에 대한 신속한 대책수립이 가능하다.
② 비용과 관련된 최적안 선택이 가능하다.
③ 작업선후 관계가 명확하고 책임소재 파악이 용이하다.
④ 주공정(Critical path)에 의해서만 공기관리가 가능하다.

해설

• 주공정(Critical path)에 의해서만 공기관리가 가능한 것은 단점에 해당한다.

PERT/CPM

㉠ 개요
- PERT(Program Evaluation & Review Technique) – 결합점(Event) 중심으로 일정을 계산하는 공정표로 프로젝트의 시간 및 비용관리에 사용된다.
- CPM(Critical Path Method) – 활동(Activity) 중심으로 일정을 계산하는 공정표로 PDM과 ADM으로 나눈다.

㉡ PERT/CPM의 장점
- 상세한 계획수립이 가능하고, 변화에 대한 신속한 대책수립이 가능하다.
- 비용과 관련된 최적안 선택이 가능하다.
- 작업선후 관계가 명확하고 책임소재 파악이 용이하다.

㉢ PERT/CPM의 단점
- 주공정(Critical path)에 의해서만 공기관리가 가능하다.
- 고도의 훈련을 쌓아야 적용이 가능하다.

1102 / 2202

## 77 — Repetitive Learning (1회 2회 3회)

공사 중 시방서 및 설계도서가 서로 상이할 때의 우선순위에 대한 설명으로 옳지 않은 것은?

① 설계도면과 공사시방서가 상이할 때는 설계도면을 우선한다.
② 설계도면과 내역서가 상이할 때는 설계도면을 우선한다.
③ 표준시방서와 전문시방서가 상이할 때는 전문시방서를 우선한다.
④ 설계도면과 상세도면이 상이할 때는 상세도면을 우선한다.

해설

• 각종 서류 중 가장 우선되는 서류가 공사시방서이다.

시방서(Specification)

㉠ 개요
- 각종 건설공사 등에 대한 표준안, 규정을 설명한 것이다.
- 재료의 품질, 공사의 방법과 질, 시험방법 등 설계도에 기재할 수 없는 사항을 간단명료하게 표시한 것이다.
- 표준시방서, 일반시방서, 공사시방서, 특기시방서, 안내시방서 등이 있다.

㉡ 종류
- 표준시방서 : 건설교통부에서 모든 공사의 공통적인 사항을 정한 표준적인 시공기준을 명시한 시방서이다.
- 일반시방서 : 공사일정 등 공사 전반에 대한 비기술적인 사항을 정한 시방서이다.
- 공사시방서 : 특정 공사에 맞게 공사 수행을 위한 시공방법, 품질관리, 환경관리 등에 관한 사항을 정한 시방서이다.
- 특기시방서 : 해당 공사의 특수한 조건에 따라 표준시방서에 대하여 추가, 변경, 삭제를 규정한 시방서이다.

㉢ 시방서 기재사항
- 일반사항 : 운반, 보관, 취급방법, 공정계획, 유지관리 장비 및 기재, 타 공정과의 협력작업 등
- 재료에 관한 사항 : 사용재료의 품질과 품질시험방법 등
- 시공에 관한 사항 : 각 부위별 시공방법, 제조업자 현장지원방안 등

㉣ 작성원칙
- 시공자가 정확하게 시공하도록 설계자의 의도를 상세히 기술한다.
- 공사 전반에 대한 지침을 세밀하고 간단명료하게 서술한다.
- 도면과 시방서와의 차이가 있을 때 감독기술자의 지시에 따른다.
- 재료의 성능, 성질, 품질의 허용 범위, 공법의 정밀도와 마무리 정도 등을 명확하게 규명한다.
- 시방서의 작성순서는 공사 진행순서와 일치하도록 한다.
- 서류의 우선순위는 공사시방서 > 설계도면 > 전문시방서 > 표준시방서 > 산출내역서 > 상세 시공도 > 관계법령의 유권해석 > 지시사항 순으로 해석한다.

정답 | 76 ④ 77 ①

## 78 Repetitive Learning (1회 2회 3회)

거푸집이 콘크리트 구조체의 품질에 미치는 영향과 역할이 아닌 것은?

① 콘크리트가 응결하기까지의 형상, 치수의 확보
② 콘크리트 수화반응의 원활한 진행을 보조
③ 철근의 피복두께 확보
④ 건설 폐기물의 감소

해설

- 거푸집은 재활용하므로 건설 폐기물과 큰 관련이 없다.

거푸집
㉠ 개요
- 거푸집은 콘크리트가 경화하여 강도를 발현하고 자립할 때까지 콘크리트를 지지하는 가설 구조물이다.

㉡ 품질 측면에서 거푸집의 역할
- 콘크리트 구조체가 응결하기까지의 형상 및 치수를 유지해준다.
- 콘크리트의 표면 마무리를 해 준다.
- 구조체의 내구성에 영향을 미치는 철근의 피복두께를 확보해준다.
- 콘크리트 수화반응의 원활한 진행을 돕는다.

## 79 Repetitive Learning (1회 2회 3회)

철골공사에서 철골 세우기 순서가 옳게 연결된 것은?

A. 기초 볼트위치 재점검
B. 기둥중심선 먹매김
C. 기둥 세우기
D. 주각부 모르타르 채움
E. Base plate의 높이 조정용 Plate 고정

① A → B → C → D → E
② B → A → E → C → D
③ B → A → C → D → E
④ E → D → B → A → C

해설

- 철골공사에서 철골주각부의 시공순서는 기둥중심선 먹매김 → 기초 볼트위치 재점검 → 베이스플레이트의 높이 조정용 라이나 고정 → 기둥 세우기 → 주각부 모르타르 채움 순으로 진행한다.

현장 철골 세우기
- 공장에서 제작된 부재를 가져와 현장 여건에 맞는 건립공법으로 철골을 세우고 접합하는 과정을 말한다.
- 현장에서 철골을 세우는 순서는 계획 및 준비 → 기초 앵커볼트 매립 → 기초상부 고름질 → 철골 세우기 → 볼트 가조립 → 변형바로잡기 → 볼트 본조립 순으로 진행한다.
- 철골공사에서 철골주각부의 시공순서는 기둥중심선 먹매김 → 기초 볼트위치 재점검 → 베이스플레이트의 높이 조정용 라이나 고정 → 기둥 세우기 → 주각부 모르타르 채움 순으로 진행한다.

1002

## 80 Repetitive Learning (1회 2회 3회)

다음 중 철근공사의 배근순서로 옳은 것은?

① 벽 – 기둥 – 슬래브 – 보
② 슬래브 – 보 – 벽 – 기둥
③ 벽 – 기둥 – 보 – 슬래브
④ 기둥 – 벽 – 보 – 슬래브

해설

- 철근의 배근순서는 기둥–벽–보–슬래브 순으로 배근한다.

철근공사 배근
- 철근의 배근순서는 기둥–벽–보–슬래브 순으로 배근한다.
- 철근콘크리트 공사의 공정단계는 층 단위로 먹매김 → 기둥 철근의 배근 → 기둥 형틀의 설치 → 보 및 바닥판 형틀의 설치 → 보 및 바닥판 철근의 배근 → 콘크리트 타설 → 형틀의 해체 순으로 반복해서 수행하게 된다.

# 5과목 건설재료학

0802

## 81 Repetitive Learning (1회 2회 3회)

목재의 신축에 대한 설명 중 옳은 것은?

① 동일 나뭇결에서 심재는 변재보다 신축이 크다.
② 섬유포화점 이상에서는 함수율에 따른 신축 변화가 크다.
③ 일반적으로 곧은결 폭보다 널결 폭이 신축의 정도가 크다.
④ 신축의 정도는 수종과는 상관없이 일정하다.



78 ④ 79 ② 80 ④ 81 ③ 정답

해설

- 곧은결은 목재를 나이테에 직각 방향으로 켤 경우 나타나는 평행선의 나뭇결로 널결재에 비해 수축변형과 마모율이 적다.

:: 목재의 신축

㉠ 곧은결과 널결
- 곧은결은 목재를 나이테에 직각 방향으로 켤 경우 나타나는 평행선의 나뭇결로 널결재에 비해 수축변형과 마모율이 적다.
- 널결은 목재를 나이테에 접선 방향으로 켤 경우 나타나는 곡선의 나뭇결로 널결재는 결이 거칠고 불규칙하다.

㉡ 특징
- 곧은결 폭보다 널결 폭이 신축의 정도가 크다.
- 목재의 밀도가 클수록 신축이 크다.
- 섬유 방향은 거의 수축하지 않는다.
- 변재는 심재보다 수축률 및 팽창률이 일반적으로 크고 강도가 작다.
- 수종에 따라 수축률 및 팽창률에 상당한 차이가 있다.
- 수축이 과도하거나 고르지 못하면 할렬, 비틀림 등이 생긴다.

## 82 Repetitive Learning (1회 2회 3회)

오토클레이브(Auto clave)에 포화증기 양생한 경량기포콘크리트의 특징으로 옳은 것은?

① 열전도율은 보통콘크리트와 비슷하여 단열성은 약한 편이다.
② 경량이고 다공질이어서 가공 시 톱을 사용할 수 있다.
③ 불연성 재료로 내화성이 매우 우수하다.
④ 흡음성과 차음성은 비교적 약한 편이다.

해설

- 경량기포콘크리트는 단열성이 우수하다.
- 불연성 재료이나 내화벽돌 수준의 내화성은 없다.
- 흡음성과 차음성에서 우수한 성능을 보인다.

:: 경량기포콘크리트(ALC : Autoclaved Lightweight Concrete)

㉠ 개요
- 포화증기 양생 경량기포콘크리트로 무수한 기포를 독립적으로 분산시켜 중량을 가볍게 한 기포콘크리트의 일종이다.
- 규산질, 석회질 원료를 주원료로 하여 기포제와 발포제를 첨가하여 만든다.
- 기포제는 알루미늄 분말이나 알루미늄 페이스트가 주로 사용된다.

㉡ 특징
- 현장에서 절단 및 가공이 용이하며 인력으로 취급이 간편하다.
- 경량성, 단열성, 내화성, 흡음·차음성 등에서 우수한 성능을 보인다.
- 보통콘크리트에 비해 비중은 1/4 정도로 경량이며, 중성화의 우려가 높다.
- 다공질이기 때문에 흡수성이 높다.
- 동해에 대한 방수, 방습처리가 필요하고 부서지기 쉽다.
- 압축강도에 비해서 휨강도나 인장강도는 상당히 약하다.
- 강도가 낮아 구조재로서는 부적합하며 주로 비내력벽, 지붕, 바닥재로 사용된다.

2102

## 83 Repetitive Learning (1회 2회 3회)

유리가 불화수소에 부식하는 성질을 이용하여 5mm 이상 판유리면에 그림, 문자 등을 새긴 유리는?

① 스테인드유리 ② 망입유리
③ 에칭유리 ④ 내열유리

해설

- 스테인드유리는 색유리를 이어 붙이거나 유리에 색을 입혀 무늬나 그림을 표현한 장식용 유리를 말한다.
- 망입유리는 두꺼운 판유리에 철망을 넣은 유리로 깨져도 파편이 흩어지지 않고 균열만 생기며, 충격물이 반대편으로 관통되지 않는 특징을 가진다.
- 내열유리는 열팽창률이 작고 온도의 급변에도 견딜 수 있도록 만들어진 유리로 연화온도가 보통 유리에 비해 훨씬 높은 유리를 말한다.

:: 에칭유리(Etching glass)
- 유리가 불화수소에 부식되는 성질을 이용하여 5mm 이상 판유리면에 화학적인 처리과정을 거쳐 그림, 문자 등을 새겨넣은 유리를 말한다.
- 빛을 분산시켜 시선을 차단하고, 반투명의 채광효과를 가진다.
- 가정의 욕실, 베란다, 현관, 거실 등에서 실내장식용으로 사용된다.

1301

## 84 Repetitive Learning (1회 2회 3회)

다음 미장재료 중 기경성(氣硬性)이 아닌 것은?

① 회반죽 ② 경석고플라스터
③ 회사벽 ④ 돌로마이트플라스터

정답 | 82 ② 83 ③ 84 ②

해설

• 석고플라스터는 물을 필요로 하는 수경성 미장재료이다.

미장재료의 구분

| 구분 | 내용 |
|---|---|
| 수경성 재료 | • 물을 필요로 하는 미장재료로 지하실과 같이 공기의 유통이 나쁜 장소에서도 사용가능하다.<br>• 시멘트모르타르, 석고플라스터, 인조석바름 등<br>• 장점 : 경화가 빠르고 강도가 크다.<br>• 단점 : 시공이 복잡하고 수축 및 균열이 발생한다. |
| 기경성 재료 | • 이산화탄소와 반응하여 경화되는 미장재료이다.<br>• 회반죽, 흙질, 석회플라스터, 돌로마이트플라스터 등<br>• 장점 : 시공이 용이하다.<br>• 단점 : 경화가 느리고 강도가 작다. |

0401 / 0602

## 85 Repetitive Learning 1회 2회 3회

다음 중 원유에서 인위적으로 만든 아스팔트에 해당하는 것은?

① 블론아스팔트 ② 락아스팔트
③ 레이크아스팔트 ④ 아스팔타이트

해설

• 블론아스팔트는 석유아스팔트를 고온에서 공기를 불어넣어 만든 것으로 아스팔트루핑의 생산에 사용된다.

천연 아스팔트

| 구분 | 내용 |
|---|---|
| 레이크아스팔트 (Lake asphalt) | 아스팔트가 호수와 같이 지표면에 노출되어 있는 것이다. |
| 샌드아스팔트 (Sand asphalt) | 모래층 속에 아스팔트가 스며들어 있는 것이다. |
| 락아스팔트 (Rock asphalt) | 다공성 석회암과 사암에 아스팔트가 스며들어 생긴 것으로 잘게 부수어 도로포장에 주로 사용한다. |
| 아스팔타이트 (Asphaltite) | 천연석유가 지층의 갈라진 틈과 암석의 깨진 틈에 침입한 후 지열이나 공기 등의 작용으로 장기간 그 내부에서 중합반응 또는 축합반응을 일으켜 탄성력이 풍부한 화합물로 된 것이다. |

1304

## 86 Repetitive Learning 1회 2회 3회

기성 배합 모르타르 바름에 대한 설명으로 옳지 않은 것은?

① 현장에서의 시공이 간편하다.
② 공장에서 미리 배합하므로 재료가 균질하다.
③ 접착력 강화제가 혼입되기도 한다.
④ 주로 바름 두께가 두꺼운 경우에 많이 쓰인다.

해설

• 기성 배합 모르타르 바름은 주로 바름 두께가 얇은 경우에 많이 쓰인다.

기성 배합 모르타르 바름

㉠ 개요
- 시멘트, 골재, 혼화재료를 공장에서 계량·혼합하여 포장·반입한 제품을 말한다.
- 타일 붙임 모르타르와 줄눈용 모르타르 및 바탕용 모르타르가 있다.
- 주로 바름 두께가 얇은 경우에 많이 쓰인다.

㉡ 특징
- 현장에서의 시공이 간편하다.
- 공장에서 미리 배합하므로 재료가 균질하다.
- 접착력 강화제가 혼입되기도 한다.

## 87 Repetitive Learning 1회 2회 3회

합성수지 재료에 관한 설명으로 옳지 않은 것은?

① 에폭시수지는 접착성은 우수하나 경화 시 휘발성이 있어 용적의 감소가 매우 크다.
② 요소수지는 무색이어서 착색이 자유롭고 내수성이 크며 내수합판의 접착제로 사용된다.
③ 폴리에스테르수지는 전기절연성, 내열성이 우수하고 특히 내약품성이 뛰어나다.
④ 실리콘수지는 내약품성, 내후성이 좋으며 방수피막 등에 사용된다.

해설

• 에폭시수지는 접착성이 매우 좋고 경화 시 휘발성이 없다.

에폭시수지
- 대표적인 열경화성 수지이다.
- 기본 점성이 크며 내수성, 내약품성, 전기절연성, 접착성이 뛰어나다.
- 제품의 최고 사용온도는 80[℃] 정도이다.
- 도막의 밀착성이 매우 좋은 특징을 갖는다.
- 알루미늄과 같은 경금속의 접착에 가장 좋은 수지로 금속, 유리, 플라스틱, 도자기 등에 우수한 접착력을 나타내므로 접착제나 도료로 널리 이용된다.
- 경화시간이 길고 경화할 때 휘발물의 발생이 없고, 경화제와 섞어 사용해야 한다.



85 ① 86 ④ 87 ① 정답

0702 / 0902

## 88

Repetitive Learning 1회 2회 3회

다음 중 회반죽에 여물을 넣는 가장 주된 이유는?

① 균열을 방지하기 위하여
② 점성을 높이기 위하여
③ 경화를 촉진하기 위하여
④ 내수성을 높이기 위하여

**해설**

- 회반죽 후 발생하는 균열은 여물이 분산·경감시킨다.

**회반죽**

㉠ 개요
- 공기 중의 이산화탄소($CO_2$)와 반응하여 경화되는 대표적인 기경성 재료이다.
- 소석회에 모래, 해초풀, 여물 등을 혼합하여 바르는 미장재료이다.
- 목조 바탕, 콘크리트블록 및 벽돌 바탕 등에 사용된다.
- 회반죽 바름에 사용하는 해초풀은 채취 후 1~2년 경과된 것이 좋다.
- 회반죽에 석고를 약간 혼합하면 수축균열을 방지할 수 있는 효과가 있다.

㉡ 특징
- 경화건조에 의한 수축률은 미장바름 중 큰 편이다.
- 발생하는 균열은 여물이 분산·경감시킨다.
- 기경성 재료인 만큼 건조에 걸리는 시간이 대단히 길다.

## 89

Repetitive Learning 1회 2회 3회

부재 혹은 구조물의 치수가 커서 시멘트의 수화열에 의한 온도 상승 및 강하를 고려하여 설계·시공해야 하는 콘크리트를 무엇이라 하는가?

① 매스콘크리트
② 한중콘크리트
③ 고강도콘크리트
④ 수밀콘크리트

**해설**

- 한중콘크리트는 일 평균기온이 4℃ 이하인 곳에서 동결을 방지하기 위해 시공하는 콘크리트이다.
- 고강도콘크리트는 설계기준압축강도가 보통콘크리트에서 40MPa 이상, 경량골재 콘크리트에서 27MPa 이상인 콘크리트를 말한다.
- 수밀콘크리트는 콘크리트 자체의 밀도를 높여 물의 침투와 산, 알칼리, 해수 및 동결융해의 저항성이 큰 콘크리트를 말한다.

**매스콘크리트(Mass concrete)**

㉠ 개요
- 부재 혹은 구조물의 치수가 커서 시멘트의 수화열에 의한 온도 상승 및 강하를 고려하여 설계·시공해야 하는 콘크리트를 말한다.

㉡ 시공
- 부어넣는 콘크리트의 온도는 온도균열을 제어하기 위한 관점에서 가능한 한 저온(일반적으로 35℃ 이하)으로 해야 하며, 공사시방서에 따른다.
- 28일을 초과하는 재령을 기준으로 계획 배합을 정할 경우, 기준으로 하는 재령은 91일까지로 하고, 공사시방서에 따른다.
- 이어붓기 시간간격은 외기온이 25℃ 미만일 때는 120분으로 한다.
- 내부온도가 최고온도에 달한 후는 보온하여 중심부의 온도강하 속도가 크지 않도록 양생한다.

## 90

Repetitive Learning 1회 2회 3회

창호용 철물 중 경첩으로 유지할 수 없는 무거운 자재 여닫이문에 쓰이는 철물은?

① 도어스톱
② 래버터리힌지
③ 도어체크
④ 플로어힌지

**해설**

- 도어스톱은 여닫이문이 열릴 때 문이 닫히지 않게 고정해주는 철물이다.
- 래버터리힌지는 문이 저절로 닫히게 하는 것으로 공중용 화장실 및 공중전화 부스 등에 사용된다.
- 도어체크는 아파트 현관문 등에서 주로 사용하는 철물로 일정한 간격만 문이 열리고 문이 닫힐 때 천천히 닫히게 한다.

**창호철물의 종류**

| 종류 | 용도 및 특징 |
|---|---|
| 피벗힌지 (Pivot hinge) | 경첩 대신 축을 사용하여 여닫이문을 회전시키는 것으로 방화문 등 중량문에 주로 사용한다. |
| 플로어힌지 (Floor hinge) | 문이 자동적으로 닫히게 하는 철물로 경첩으로 유지하기 어려운 무거운 자재 여닫이문에 사용된다. |
| 래버터리힌지 (Lavatory hinge) | 스프링힌지의 일종, 문이 저절로 닫히게 하는 것으로 공중용 화장실 및 공중전화 부스 등에 사용된다. |
| 나이트래치 (Night latch) | 외부에서는 열쇠, 내부에서는 작은 손잡이를 틀어 열 수 있는 실린더장치로 된 것이다. |
| 크레센트 (Crescent) | 오르내리창이나 미서기창을 잠그는 데 사용하는 철물이다. |
| 지도리 | 장부가 구멍에 들어 끼어 돌게 만든 철물로서 회전창, 현관문, 방화문에 사용된다. |
| 도어스톱 | 여닫이문이 열릴 때 문을 고정해주는 철물이다. |
| 도어체크 (도어스토퍼) | 아파트 현관문 등에서 주로 사용하는 철물로 일정한 간격만 문이 열리고 문이 닫힐 때 천천히 닫히게 한다. |

정답 88 ① 89 ① 90 ④

## 91

Repetitive Learning 1회 2회 3회

골재의 입도분포를 측정하기 위한 시험으로 옳은 것은?

① 플로우 시험 ② 블레인 시험
③ 체가름 시험 ④ 비카트침 시험

해설

- 플로우 시험은 콘크리트의 반죽질기(Consistency)를 시험하는 방법이다.
- 블레인 시험은 시멘트의 분말도를 측정할 때 사용하는 시험이다.
- 비카트침 시험은 시멘트의 표준 주도의 결정과 시멘트의 응결시간을 측정하는 시험이다.

**체가름 시험**
- 골재의 입도상태(분포)를 측정하는 시험이다.
- 체 통과율에 따라 골재의 크기를 알 수 있다.

0804

## 92

Repetitive Learning 1회 2회 3회

강재 시편의 인장시험 시 나타나는 응력-변형률 곡선에 대한 설명으로 옳지 않은 것은?

① 하위 항복점까지 가력한 후 외력을 제거하면 변형은 원상으로 회복된다.
② 인장강도점에서 응력값이 가장 크게 나타난다.
③ 냉간성형한 강재는 항복점이 명확하지 않다.
④ 상위 항복점 이후에 하위 항복점이 나타난다.

해설

- 가력한 후 외력을 제거하면 변형이 원상으로 회복되는 한계는 비례한계점이다.

**응력-변형률 곡선의 이해**

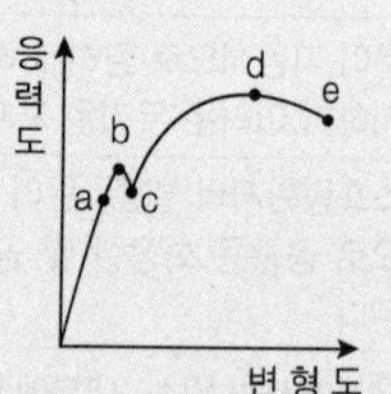


- a는 비례한계로 가력한 후 외력을 제거하면 변형이 원상으로 회복되는 한계이다.
- b는 상위 항복점으로 응력의 변화없이 변형이 급격히 증가하는 최고점이다.
- c는 하위 항복점으로 응력의 변화없이 변형이 급격히 증가하는 최저점이다.
- d는 인장강도로 응력값이 가장 크게 나타나는 지점이다.
- e는 파괴점으로 응력값이 급속히 감소하여 파괴되는 지점이다.

0401

## 93

Repetitive Learning 1회 2회 3회

투명도가 높으므로 유기유리라고도 불리며, 무색 투명하여 착색이 자유롭고 상온에서도 절단 가공이 용이한 합성수지는?

① 폴리에틸렌수지 ② 스티롤수지
③ 멜라민수지 ④ 아크릴수지

해설

- 폴리에틸렌수지는 물보다 가볍고 저온에서도 잘 견디며 내약품성, 전기절연성, 내수성이 우수해 방수·방습 시트, 포장 필름 등에 사용된다.
- 스티롤수지는 스타이렌을 중합하여 만드는 무색투명한 합성수지로 절연성, 내약품성이 뛰어나다.
- 멜라민수지는 멜라민과 포름알데히드로 제조된 순백색 또는 투명백색의 열경화성 수지로, 표면경도가 크고 착색이 자유로우며 내열성이 우수한 수지이다.

**아크릴(Acryl)수지**
- 대표적인 열가소성 수지로 유기 글라스(유기유리)라고도 하며, 가열하면 연화 또는 융해하여 가소성을 띠고, 냉각하면 경화하는 재료이다.
- 아세톤·사이안산·메탄올을 원료로 하여 만든다.
- 분자구조가 쇄상구조로 되어있으며, 평판 성형되어 유리(Glass)와 같이 이용되는 경우가 많다.
- 내화학 약품성, 유연성, 내후성, 성형성이 우수하다.
- 착색이 자유롭고 상온에서 절단 가공이 용이하다.
- 광선 및 자외선에 대한 투과성(투명성)이 뛰어나 조명용, 채광판 및 건물의 내·외장재 및 도료로 널리 사용된다.

0802 / 1504

## 94

Repetitive Learning 1회 2회 3회

점토제품에서 SK번호가 의미하는 바로 옳은 것은?

① 점토원료를 표시
② 소성온도를 표시
③ 점토제품의 종류를 표시
④ 점토제품 제법 순서를 표시

해설

- SK번호는 제게르 번호라고도 하며, 소성온도에 따라 붙여지는 번호이다.

**SK번호**
- 제게르 번호라고도 하며, 소성온도에 따라 붙여지는 번호이다.
- 번호의 값이 클수록 내화도가 높아 고온에 견디는 정도가 좋다.
- 내화벽돌은 SK 26번 이상, 내화점토는 SK 33번 이상을 표준으로 한다.



91 ③ 92 ① 93 ④ 94 ② 정답

## 95 Repetitive Learning (1회 2회 3회)

표면을 연마하여 고광택을 유지하도록 만든 시유타일로 대형 타일에 많이 사용되며, 천연화강석의 색깔과 무늬가 표면에 나타나게 만들 수 있는 것은?

① 모자이크타일
② 징크판넬
③ 논슬립타일
④ 폴리싱타일

해설

- 모자이크타일은 타일의 형태가 모자이크와 같은 형태로 그물망에 작은 타일 조각들을 붙여서 만든 것이다.
- 징크판넬은 아연(Zinc)을 주재료로 한 얇은 판상재로 지붕이나 외벽 등 건축의 외장재로 사용된다.
- 논슬립타일은 석기타일 등을 표면처리하여 미끄럽지 않도록 만든 것으로 욕실의 바닥 등에 주로 사용한다.

:: 폴리싱타일(Polished tile)
- 자기질의 무유타일을 연마하여 대리석 질감으로 만든 타일이다.
- 천연화강석의 색깔과 무늬가 표면에 나타나게 만들 수 있다.
- 벽이나 바닥의 마감재 및 대형 타일에 사용된다.

## 96 Repetitive Learning (1회 2회 3회)

다음 중 역청재료의 침입도 값과 비례하는 것은?

① 역청재의 중량
② 역청재의 온도
③ 대기압
④ 역청재의 비중

해설

- 역청재의 침입도는 온도와 비례한다.

:: 역청재의 침입도(Penetration index)
㉠ 개요
- 아스팔트와 같은 역청재의 경도를 표시하는 값이다.
- 규정된 침이 시료 중에 수직으로 진입된 길이로 나타낸다.
- 온도가 높을수록 침입도의 값은 증가한다.

㉡ 계산
- 25℃에서 중량 100g의 표준 침을 5초 동안 눌렀을 때 0.1[mm] 관입할 때 침입도는 1로 계산한다.
- 같은 조건에서 $\frac{\text{관입된 깊이[mm]}}{0.1}$로 구한다.

2202

## 97 Repetitive Learning (1회 2회 3회)

목재의 내연성 및 방화에 관한 설명으로 옳지 않은 것은?

① 목재의 방화는 목재 표면에 불연소성 피막을 도포 또는 형성시켜 화염의 접근을 방지하는 조치를 한다.
② 방화제로는 방화페인트, 규산나트륨 등이 있다.
③ 목재가 열에 닿으면 먼저 수분이 증발하고 160℃ 이상이 되면 소량의 가연성 가스가 유출된다.
④ 목재는 450℃에서 장시간 가열하면 자연발화하게 되는데, 이 온도를 화재위험온도라고 한다.

해설

- 목재는 250℃ 전후에서 불꽃을 내며 연소하는데 이 온도를 인화점(화재위험온도)이라고 하고, 450℃ 전후에서 불꽃이 없어도 발화하는데 이 온도를 발화점(자연발화온도)이라고 한다.

:: 목재의 물리적 성질
- 목재는 화재나 충해에 취약하고 함수율 변화에 따른 신축변형이 크다.
- 목재의 섬유 방향의 강도는 인장 > 압축 > 전단 순이다.
- 물속에 담가 둔 목재, 땅속 깊이 묻은 목재 등은 산소부족으로 균의 생육이 정지되고 썩지 않는다.
- 목재가 대기의 온도와 습도에 맞게 평형에 도달한 상태를 의미하는 기건상태의 함수율은 약 15%이다.
- 목재에서 흡착수만이 최대한도로 존재하고 있는 상태인 섬유포화점(Fiber saturation point)의 함수율은 30% 정도이다.
- 목재는 섬유포화점 이상의 함수상태에서는 함수율의 증감에도 불구하고 신축을 일으키지 않는다.
- 목재는 열전도도가 아주 낮아 여러 가지 보온재료로 사용된다.
- 목재는 250℃ 전후에서 불꽃을 내며 연소하는데 이 온도를 인화점이라고 하고, 450℃ 전후에서 불꽃이 없어도 발화하는데 이 온도를 발화점이라고 한다.

## 98 Repetitive Learning (1회 2회 3회)

강화유리의 검사항목과 거리가 먼 것은?

① 파쇄시험 ② 쇼트백시험
③ 내충격성시험 ④ 촉진노출시험

해설

- 촉진노출시험은 건축용 합성 수지재의 검사항목이다.

:: 강화유리(Tempered glass)
- 안전유리의 한 종류로 판유리를 열처리한 후 급랭 강화하여 강도를 높인 유리이다.
- 안전유리의 검사방법에는 파쇄시험(충격시험, 파쇄시험, 쇼트백시험, 내충격성시험, 투영시험 등)이 있다.

정답 | 95 ④ 96 ② 97 ④ 98 ④

## 99 Repetitive Learning (1회 2회 3회)

도료 중 주로 목재면의 투명도장에 쓰이고 오일 니스에 비하여 도막이 얇으나 견고하며, 담색으로서 우아한 광택이 있고 내부용으로 쓰이는 것은?

① 클리어래커(Clear lacquer)
② 에나멜래커(Enamel lacquer)
③ 에나멜페인트(Enamel paint)
④ 하이솔리드래커(High solid lacquer)

**해설**

- 에나멜래커는 뉴트로셀룰로오스 등의 천연수지를 이용한 자연건조형으로 건조속도가 빨라 단시간에 도막이 형성된다.
- 에나멜페인트는 유성페인트의 한 종류로 햇빛에 약하고 내구성이 떨어지지만 광택이 좋고 건조가 빨라 주로 내부용으로 사용한다.
- 하이솔리드래커는 철재 및 목재의 미장 및 보호용 도료로 접착력, 색 보존력이 우수하다.

**다양한 도료**

|  |  |
|---|---|
| 염화비닐수지 도료 | 폴리염화비닐을 주성분으로 하는 도료로 자연에서 용제가 증발하여 표면에 피막이 형성되어 굳는 도료 |
| 합성수지 스프레이 코팅제 | 합성수지를 용제에 녹여서 착색제를 혼입하여 만든 재료로 건조가 빠르고 내화학성, 내후성, 내식성 및 치장효과 |
| 합성수지 에멀션페인트 | 용제로 물을 사용하며 다양한 색채가 가능한 외부(마감)용 수성페인트로 콘크리트 면의 도장에 주로 사용 |
| 래커에나멜 | 뉴트로셀룰로오스 등의 천연수지를 이용한 자연건조형으로 건조속도가 빨라 단시간에 도막이 형성 |
| 클리어래커 | 은폐력이 없는 투명 래커로 목재바탕의 무늬를 살리기에 적합 |
| 징크로메이트(Zincromate) 도료 | 크롬산아연을 안료로 하고, 알키드수지를 전색제로 한 것으로서 알루미늄 녹막이 초벌칠에 적당한 방청도료 |
| 프탈산수지 에나멜 | 석유를 원료로 한 무수프탈산과 글리세린을 반응시킨 것으로 내알칼리성이 매우 약한 특성 |
| 셀락니스 | 무색 투명하고 내후성이 약한 천연 니스(곤충 분비물)로 목공마감재로는 목부의 옹이땜질, 송진막이, 스밈막이 등에 사용 |

## 100 Repetitive Learning (1회 2회 3회)

목재의 건조특성에 관한 설명으로 옳지 않은 것은?

① 온도가 높을수록 건조속도는 빠르다.
② 풍속이 빠를수록 건조속도는 빠르다.
③ 목재의 비중이 클수록 건조속도는 빠르다.
④ 목재의 두께가 두꺼울수록 건조시간이 길어진다.

**해설**

- 목재의 비중이 클수록 건조속도는 늦어진다.

**목재의 건조특성**

- 목재의 비중이 클수록 건조속도는 늦어진다.
- 목재의 두께가 두꺼울수록 건조시간이 길어진다.
- 기온이 높을수록 건조속도는 빨라진다.
- 공기의 관계습도가 높을수록 건조속도는 늦어진다.
- 풍속이 빠를수록 건조속도는 빨라진다.

# 6과목 건설안전기술

0402 / 1002

## 101 Repetitive Learning (1회 2회 3회)

승강기 강선의 과다감기를 방지하는 장치는?

① 비상정지장치
② 권과방지장치
③ 헤지장치
④ 과부하방지장치

**해설**

- 비상정지장치는 위험한계 내에 신체의 일부가 들어가거나 이상사태가 발견된 경우에 기계의 작동을 정지시키는 장치를 말한다.
- 헤지장치 혹은 훅헤지장치는 훅걸이용 와이어로프 등이 훅으로부터 벗겨지는 것을 방지하기 위한 장치이다.
- 과부하방지장치는 양중기에 있어서 정격하중 이상의 하중이 부하되었을 경우 자동적으로 동작을 정지시켜주는 방호장치를 말한다.

**권과방지장치**

- 크레인이나 승강기의 와이어로프가 일정 이상 부하를 권상시키면 더 이상 권상되지 않게 하여 부하가 장치에 충돌하지 않도록 하는 장치이다.
- 권과방지장치의 간격은 25cm 이상 유지하도록 조정한다.
- 작동식 권과방지장치의 간격은 0.05m 이상이다.



99 ① 100 ③ 101 ② 정답

## 102 Repetitive Learning 1회 2회 3회

중량물을 운반할 때의 바른 자세로 옳은 것은?

① 허리를 구부리고 양손으로 들어올린다.
② 중량은 보통 체중의 60%가 적당하다.
③ 물건은 최대한 몸에서 멀리 떼어서 들어올린다.
④ 길이가 긴 물건은 앞쪽을 높게 하여 운반한다.

**해설**

- 단독으로 긴 물건을 어깨에 메고 운반할 때에는 화물 앞부분 끝을 어깨에 메고 뒤쪽 끝을 끌면서 운반한다.

**운반작업 시 주의사항** 실작 1702/1504

- 운반 시의 시선은 진행방향을 향하고 뒷걸음 운반을 하여서는 안 된다.
- 무거운 물건을 운반할 때 무게 중심이 높은 화물은 인력으로 운반하지 않는다.
- 어깨높이보다 높은 위치에서 화물을 들고 운반하여서는 안 된다.
- 1인당 무게는 25kg 정도가 적당하며, 무리한 운반을 피한다.
- 단독으로 긴 물건을 어깨에 메고 운반할 때에는 화물 앞부분 끝을 어깨에 메고 뒤쪽 끝을 끌면서 운반한다.
- 내려놓을 때는 천천히 내려놓도록 한다.
- 물건을 들어 올릴 때는 팔과 무릎을 이용하며 척추는 곧게 한다.
- 무거운 물건은 공동 작업으로 실시하고, 공동 작업을 할 때는 신호에 따라 작업한다.

0802 / 1301 / 1401 / 1704 / 1802 / 2102

## 103 Repetitive Learning 1회 2회 3회

부두·안벽 등 하역작업을 하는 장소에서 부두 또는 안벽의 선을 따라 통로를 설치하는 경우에는 그 폭을 최소 얼마 이상으로 하여야 하는가?

① 70cm ② 80cm
③ 90cm ④ 100cm

**해설**

- 부두 또는 안벽의 선을 따라 통로를 설치하는 경우에는 폭을 90cm 이상으로 하여야 한다.

**하역작업장의 조치기준**

- 작업장 및 통로의 위험한 부분에는 안전하게 작업할 수 있는 조명을 유지할 것
- 부두 또는 안벽의 선을 따라 통로를 설치하는 경우에는 폭을 90cm 이상으로 할 것
- 육상에서의 통로 및 작업 장소로서 다리 또는 선거(船渠)의 갑문(閘門)을 넘는 보도(步道) 등의 위험한 부분에는 안전난간 또는 울타리 등을 설치할 것

## 104 Repetitive Learning 1회 2회 3회

건설현장에서 높이 5m 이상인 콘크리트 교량의 설치작업을 하는 경우 재해예방을 위해 준수해야 할 사항으로 옳지 않은 것은?

① 작업을 하는 구역에는 관계 근로자가 아닌 사람의 출입을 금지할 것
② 재료, 기구 또는 공구 등을 올리거나 내릴 경우에는 근로자로 하여금 크레인을 이용하도록 하고 달줄, 달포대의 사용을 금하도록 할 것
③ 중량물 부재를 크레인 등으로 인양하는 경우에는 부재에 인양용 고리를 견고하게 설치하고, 인양용 로프는 부재에 두 군데 이상 결속하여 인양하여야 하며, 중량물이 안전하게 거치되기 전까지는 걸이로프를 해제시키지 아니할 것
④ 자재나 부재의 낙하·전도 또는 붕괴 등에 의하여 근로자에게 위험을 미칠 우려가 있을 경우에는 출입금지구역의 설정, 자재 또는 가설시설의 좌굴(挫屈) 또는 변형방지를 위한 보강재 부착 등의 조치를 할 것

**해설**

- 재료, 기구 또는 공구 등을 올리거나 내릴 경우에는 근로자로 하여금 달줄, 달포대 등을 사용하도록 해야 한다.

**교량 작업 시 준수사항**

- 작업을 하는 구역에는 관계 근로자가 아닌 사람의 출입을 금지할 것
- 재료, 기구 또는 공구 등을 올리거나 내릴 경우에는 근로자로 하여금 달줄, 달포대 등을 사용하도록 할 것
- 중량물 부재를 크레인 등으로 인양하는 경우에는 부재에 인양용 고리를 견고하게 설치하고, 인양용 로프는 부재에 두 군데 이상 결속하여 인양하여야 하며, 중량물이 안전하게 거치되기 전까지는 걸이로프를 해제시키지 아니할 것
- 자재나 부재의 낙하·전도 또는 붕괴 등에 의하여 근로자에게 위험을 미칠 우려가 있을 경우에는 출입금지구역의 설정, 자재 또는 가설시설의 좌굴(挫屈) 또는 변형 방지를 위한 보강재 부착 등의 조치를 할 것

정답 | 102 ④ 103 ③ 104 ②

## 105 Repetitive Learning (1회 2회 3회)

건설현장에서 근로자의 추락재해를 예방하기 위한 안전난간을 설치하는 경우 그 구성요소와 거리가 먼 것은?

① 상부 난간대 ② 중간 난간대
③ 사다리 ④ 발끝막이판

해설

- 안전난간은 상부 난간대, 중간 난간대, 발끝막이판 및 난간기둥으로 구성한다.

안전난간의 구조 및 설치요건

실필 1704/1102/0902 실작 1902/1704/1602/1501

- 상부 난간대, 중간 난간대, 발끝막이판 및 난간기둥으로 구성할 것. 다만, 중간 난간대, 발끝막이판 및 난간기둥은 이와 비슷한 구조와 성능을 가진 것으로 대체할 수 있다.
- 상부 난간대는 바닥면·발판 또는 경사로의 표면으로부터 90cm 이상 지점에 설치하고, 상부 난간대를 120cm 이하에 설치하는 경우에는 중간 난간대는 상부 난간대와 바닥면 등의 중간에 설치하여야 하며, 120cm 이상 지점에 설치하는 경우에는 중간 난간대를 2단 이상으로 균등하게 설치하고 난간의 상하 간격은 60cm 이하가 되도록 한다.
- 발끝막이판은 바닥면 등으로부터 10cm 이상의 높이를 유지할 것. 다만, 물체가 떨어지거나 날아올 위험이 없거나 그 위험을 방지할 수 있는 망을 설치하는 등 필요한 예방 조치를 한 장소는 제외한다.
- 난간기둥은 상부 난간대와 중간 난간대를 견고하게 떠받칠 수 있도록 적정한 간격을 유지한다.
- 상부 난간대와 중간 난간대는 난간 길이 전체에 걸쳐 바닥면 등과 평행을 유지한다.
- 난간대는 지름 2.7cm 이상의 금속제 파이프나 그 이상의 강도가 있는 재료여야 한다.
- 안전난간은 구조적으로 가장 취약한 지점에서 가장 취약한 방향으로 작용하는 100킬로그램 이상의 하중에 견딜 수 있는 튼튼한 구조여야 한다.

2102

## 106 Repetitive Learning (1회 2회 3회)

건설업 중 교량건설 공사의 경우 유해·위험방지계획서를 제출하여야 하는 기준으로 옳은 것은?

① 최대지간길이가 40m 이상인 교량 건설 공사
② 최대지간길이가 50m 이상인 교량 건설 공사
③ 최대지간길이가 60m 이상인 교량 건설 공사
④ 최대지간길이가 70m 이상인 교량 건설 공사

해설

- 최대지간길이가 50m 이상인 교량 건설 등 공사는 유해·위험방지계획서 제출해야 한다.

유해·위험방지계획서 제출대상 공사 실필 1901/1802/1102

- 지상높이가 31m 이상인 건축물 또는 인공구조물, 연면적 3만 $m^2$ 이상인 건축물 또는 연면적 5천$m^2$ 이상의 문화 및 집회시설(전시장 및 동물원·식물원은 제외), 판매시설, 운수시설(고속철도의 역사 및 집배송시설은 제외), 종교시설, 의료시설 중 종합병원, 숙박시설 중 관광숙박시설, 지하도상가 또는 냉동·냉장창고시설의 건설·개조 또는 해체 공사
- 연면적 5천$m^2$ 이상인 냉동·냉장창고시설의 설비공사 및 단열공사
- 최대지간길이가 50m 이상인 교량 건설 등의 공사
- 터널 건설 등의 공사
- 다목적 댐, 발전용 댐 및 저수용량 2천만톤 이상의 용수 전용 댐, 지방상수도 전용 댐 건설 등의 공사
- 깊이 10m 이상인 굴착공사

1104 / 1604

## 107 Repetitive Learning (1회 2회 3회)

구축물이 풍압·지진 등에 의하여 붕괴 또는 전도하는 위험을 예방하기 위한 조치와 가장 거리가 먼 것은?

① 설계도서에 따라 시공했는지 확인
② 건설공사 시방서에 따라 시공했는지 확인
③ 「건축물의 구조기준 등에 관한 규칙」에 따른 구조기준을 준수했는지 확인
④ 보호구 및 방호장치의 성능검정 합격품을 사용했는지 확인

해설

- 구축물 또는 이와 유사한 시설물 등의 안전유지 조치에는 설계도서, 시방서, 법규에 따른 구조기준을 준수했는지의 여부를 확인한다.

구축물 또는 이와 유사한 시설물 등의 안전유지 조치

- 설계도서에 따라 시공했는지 확인
- 건설공사 시방서(示方書)에 따라 시공했는지 확인
- 「건축물의 구조기준 등에 관한 규칙」에 따른 구조기준을 준수했는지 확인



105 ③ 106 ② 107 ④ 정답

0601 / 0802 / 1201 / 1302 / 1401 / 1602

## 108 ─── Repetitive Learning 

추락방지용 방망의 그물코의 크기가 10cm인 신품 매듭방망사의 인장강도는 몇 킬로그램 이상이어야 하는가?

① 80　　② 110
③ 150　　④ 200

**해설**

• 매듭방망의 인장강도는 신품의 경우 그물코의 크기가 5cm이면 110kg, 10cm이면 200kg 이상이다.

:: 신품 방망 인장강도 실필 1804 실작 1602

| 그물코 한변 길이 | 무매듭방망 | 매듭방망 |
|---|---|---|
| 10cm | 240kg 이상(150kg) | 200kg 이상(135kg) |
| 5cm | – | 110kg 이상(60kg) |

단, ( )은 폐기기준이다.

1001 / 1302 / 2003 / 2104

## 109 ─── Repetitive Learning 1회 2회 3회

일반건설공사(갑)로서 대상액이 5억원 이상 50억원 미만인 경우에 산업안전보건관리비의 비율(가) 및 기초액(나)으로 옳은 것은?

① (가) 1.86%, (나) 5,349,000원
② (가) 1.99%, (나) 5,499,000원
③ (가) 2.35%, (나) 5,400,000원
④ (가) 1.57%, (나) 4,411,000원

**해설**

• 대상액이 5억원 이상 50억원 미만인 일반건설공사(갑)의 비율은 1.86%이고, 기초액은 5,349,000원이다.

:: 안전관리비 계상기준
실필 0904/1102/1104/1201/1204/1302/1504/1602/1604/1704

• 공사종류 및 규모별 안전관리비 계상기준표

| | 5억원 미만 | 5억원 이상 50억원 미만 | | 50억원 이상 |
|---|---|---|---|---|
| | | 비율(X) | 기초액(C) | |
| 일반건설공사(갑) | 2.93% | 1.86% | 5,349,000원 | 1.97% |
| 일반건설공사(을) | 3.09% | 1.99% | 5,499,000원 | 2.10% |
| 중건설공사 | 3.43% | 2.35% | 5,400,000원 | 2.44% |
| 철도·궤도신설공사 | 2.45% | 1.57% | 4,411,000원 | 1.66% |
| 특수및기타건설공사 | 1.85% | 1.20% | 3,250,000원 | 1.27% |

• 대상액이 5억원 미만 또는 50억원 이상일 경우에는 대상액에 표에서 정한 비율을 곱한 금액
• 대상액이 5억원 이상 50억원 미만일 때에는 대상액에 별표에서 정한 비율을 곱한 금액에 기초액을 합한 금액
• 대상액이 구분되어 있지 않은 공사는 도급계약 또는 자체사업계획상의 총 공사금액의 70%를 대상액으로 하여 안전관리비를 계상하여야 한다.
• 발주자가 재료를 제공하거나 물품이 완제품의 형태로 제작 또는 납품되어 설치되는 경우에 해당 재료비 또는 완제품의 가액을 대상액에 포함시킬 경우의 안전관리비는 해당 재료비 또는 완제품의 가액을 포함시키지 않은 대상액을 기준으로 계상한 안전관리비의 1.2배를 초과할 수 없다.
• 발주자 또는 자기공사자는 설계변경 등으로 대상액의 변동이 있는 경우에 지체 없이 안전관리비를 조정 계상하여야 한다.

1004 / 1501

## 110 ─── Repetitive Learning 1회 2회 3회

다음 중 방망에 표시해야 할 사항이 아닌 것은?

① 방망의 신축성　　② 제조자명
③ 제조연월　　④ 재봉치수

**해설**

• 추락방호망에 표시해야 하는 사항은 ②, ③, ④ 외에 그물코, 신품인 때의 방망의 강도 등이 있다.

:: 추락방호망 표시사항

• 제조자명　　• 제조연월
• 재봉치수　　• 그물코
• 신품인 때의 방망의 강도

0701 / 0902 / 1601

## 111 ─── Repetitive Learning 1회 2회 3회

달비계(곤돌라의 달비계는 제외)의 최대적재하중을 정할 때 사용하는 안전계수의 기준으로 옳은 것은?

① 달기 체인의 안전계수 : 10 이상
② 달기 강대와 달비계의 하부 및 상부지점의 안전계수(목재의 경우) : 2.5 이상
③ 달기 와이어로프의 안전계수 : 5 이상
④ 달기 강선의 안전계수 : 10 이상

**해설**

• 달비계에서의 안전계수는 달기 와이어로프 및 달기 강선은 10 이상, 달기 체인 및 달기 훅은 5 이상, 달기 강대와 달비계의 하부 및 상부 지점은 강재인 경우 2.5 이상, 목재인 경우 5 이상으로 한다.

:: 달비계 안전계수 실필 1101/1102/1201

• 달기 와이어로프 및 달기 강선의 안전계수 : 10 이상
• 달기 체인 및 달기 훅의 안전계수 : 5 이상
• 달기 강대와 달비계의 하부 및 상부 지점의 안전계수 : 강재(鋼材)의 경우 2.5 이상, 목재의 경우 5 이상

정답 | 108 ④ 109 ① 110 ① 111 ④

## 112 Repetitive Learning 1회 2회 3회

다음 중 강관비계 조립 시의 준수사항과 관련이 없는 것은?

① 비계기둥에는 미끄러지거나 침하하는 것을 방지하기 위하여 밑받침 철물을 사용한다.
② 지상높이 4층 이하 또는 12m 이하인 건축물의 해체 및 조립 등의 작업에서만 사용한다.
③ 교차가새로 보강한다.
④ 쌍줄비계 또는 돌출비계에 대하여는 벽이음 및 버팀을 설치한다.

**해설**

- 지상높이 4층 이하 또는 12m 이하인 건축물의 해체 및 조립 등의 작업에서만 사용하는 것은 통나무비계에 대한 내용이다.

**강관비계 조립 시의 준수사항**

- 비계기둥에는 미끄러지거나 침하하는 것을 방지하기 위하여 밑받침 철물을 사용하거나 깔판·받침목 등을 사용하여 밑둥잡이를 설치하는 등의 조치를 할 것
- 강관의 접속부 또는 교차부(交叉部)는 적합한 부속철물을 사용하여 접속하거나 단단히 묶을 것
- 교차가새로 보강할 것
- 외줄비계·쌍줄비계 또는 돌출비계에 대해서는 벽이음 및 버팀을 설치할 것

**거푸집 동바리 등의 안전조치** 실필 1304 실작 1804/1802/1801/1702/1701/1604/1602/1504/1502/1501/1402

㉠ 공통사항
- 받침목의 사용, 콘크리트 타설, 말뚝박기 등 동바리의 침하를 방지하기 위한 조치를 할 것
- 동바리의 상하 고정 및 미끄러짐 방지 조치를 할 것
- 상부·하부의 동바리가 동일 수직선상에 위치하도록 하여 깔판·받침목에 고정시킬 것
- 개구부 상부에 동바리를 설치하는 경우에는 상부하중을 견딜 수 있는 견고한 받침대를 설치할 것
- U헤드 등의 단판이 없는 동바리의 상단에 멍에 등을 올릴 경우에는 해당 상단에 U헤드 등의 단판을 설치하고, 멍에 등이 전도되거나 이탈되지 않도록 고정시킬 것
- 동바리의 이음은 같은 품질의 재료를 사용할 것
- 강재의 접속부 및 교차부는 볼트·클램프 등 전용철물을 사용하여 단단히 연결할 것
- 거푸집의 형상에 따른 부득이한 경우를 제외하고는 깔판이나 받침목은 2단 이상 끼우지 않도록 할 것
- 깔판이나 받침목을 이어서 사용하는 경우에는 그 깔판·받침목을 단단히 연결할 것

㉡ 동바리로 사용하는 파이프 서포트
- 파이프 서포트를 3개 이상 이어서 사용하지 않도록 할 것
- 파이프 서포트를 이어서 사용하는 경우에는 4개 이상의 볼트 또는 전용철물을 사용하여 이을 것
- 높이가 3.5m를 초과하는 경우 2m 이내마다 수평연결재를 2개 방향으로 설치할 것

1402

## 113 Repetitive Learning 

산업안전보건기준에 관한 규칙에 따라 거푸집 동바리를 조립하는 경우의 준수사항으로 옳지 않은 것은?

① 개구부 상부에 동바리를 설치하는 경우에는 상부하중을 견딜 수 있는 견고한 받침대를 설치할 것
② U헤드 등의 단판이 없는 동바리의 상단에 멍에 등을 올릴 경우에는 해당 상단에 U헤드 등의 단판을 설치하고, 멍에 등이 전도되거나 이탈되지 않도록 고정시킬 것
③ 강재의 접속부 및 교차부는 철선을 사용하여 단단히 연결할 것
④ 거푸집의 형상에 따른 부득이한 경우를 제외하고는 깔판이나 받침목은 2단 이상 끼우지 않도록 할 것

**해설**

- 강재의 접속부 및 교차부는 볼트·클램프 등 전용철물을 사용하여 단단히 연결하여야 한다.

0302 / 1701

## 114 Repetitive Learning 1회 2회 3회

달비계의 구조에서 달비계 작업발판의 폭은 최소 얼마 이상이어야 하는가?

① 30cm　② 40cm
③ 50cm　④ 60cm

**해설**

- 작업발판의 폭은 40cm 이상으로 하고, 발판재료 간의 틈은 3cm 이하로 해야 한다.

**작업발판**

- 비계(달비계, 달대비계 및 말비계는 제외)의 높이가 2m 이상인 작업장소에 작업발판을 설치할 것
- 작업발판의 폭은 40cm 이상으로 하고, 발판재료 간의 틈은 3cm 이하로 할 것
- 작업발판재료는 뒤집히거나 떨어지지 않도록 둘 이상의 지지물에 연결하거나 고정시킬 것
- 추락의 위험이 있는 장소에는 안전난간을 설치할 것



112 ② 113 ③ 114 ② 정답

- 달비계에서의 작업발판은 폭을 40cm 이상으로 하고 틈새가 없도록 할 것
- 말비계의 높이가 2m를 초과하는 경우에는 작업발판의 폭을 40cm 이상으로 할 것
- 이동식비계의 경우 작업발판의 최대적재하중은 250킬로그램을 초과하지 않도록 할 것

1501 / 2202

## 115 Repetitive Learning 1회 2회 3회

철골건립준비를 할 때 준수하여야 할 사항과 가장 거리가 먼 것은?

① 지상 작업장에서 건립준비 및 기계·기구를 배치할 경우에는 낙하물의 위험이 없는 평탄한 장소를 선정하여 정비하고 경사지에는 작업대나 임시발판 등을 설치하는 등 안전조치를 한 후 작업하여야 한다.
② 건립작업에 다소 지장이 있다 하더라도 수목은 제거하여서는 안 된다.
③ 사용 전에 기계·기구에 대한 정비 및 보수를 철저히 실시하여야 한다.
④ 기계에 부착된 앵커 등 고정장치와 기초구조 등을 확인하여야 한다.

해설

- 건립작업에 지장이 되는 수목은 제거하거나 이설하여야 한다.

철골 세우기 준비작업 시 준수사항
- 지싱 작업장에서 건립준비 및 기계기구를 배치할 경우에는 낙하물의 위험이 없는 평탄한 장소를 선정하여 정비하고 경사지에서는 작업대나 임시발판 등을 설치하는 등 안전하게 한 후 작업하여야 한다.
- 건립작업에 지장이 되는 수목은 제거하거나 이설하여야 한다.
- 인근에 건축물 또는 고압선 등이 있는 경우에는 이에 대한 방호조치 및 안전조치를 히여야 한다.
- 사용 전에 기계·기구에 대한 정비 및 보수를 철저히 실시하여야 한다.
- 기계가 계획대로 배치되어 있는지, 윈치는 작업구역을 확인할 수 있는 곳에 있는지, 기계에 부착된 앵커 등 고정장치와 기초구조 등을 확인하여야 한다.

## 116 Repetitive Learning 1회 2회 3회

사질지반 굴착 시, 굴착부와 지하수위차가 있을 때 수두차에 의하여 삼투압이 생겨 흙막이 벽 근입부분을 침식하는 동시에 모래가 액상화되어 솟아오르는 현상은?

① 동상현상 ② 연화현상
③ 보일링현상 ④ 히빙현상

해설

- 동상이란 온도가 하강함에 따라 토중수가 얼어 부피가 약 9% 정도 증대하게 됨으로써 지표면이 부풀어 오르는 현상이다.
- 연화란 동결된 지반이 기온 상승으로 녹기 시작하여 녹은 물이 적절하게 배수되지 않을 때, 녹은 흙의 함수비가 얼기 전보다 훨씬 증가하여 지반이 연약해지고 강도가 떨어지는 현상을 말한다.
- 히빙현상은 흙막이 벽체 내·외의 토사의 중량 차에 의해 점토지반의 토공사에서 흙막이 밖에 있는 흙이 안으로 밀려 들어와 내측 흙이 부풀어 오르는 현상을 말한다.

보일링(Boiling) 실필 0901/0904/1002/1502/1504/1601/1701/1804/1901

㉠ 개요
- 사질지반에서 흙막이 벽 배면부의 지하수가 굴착 바닥면으로 모래와 함께 솟아오르는 지반 융기현상이다.
- 지하수위가 높은 연약 사질토 지반을 굴착할 때 주로 발생한다.
- 굴착부와 배면의 지하수위의 차이로 인해 주로 발생한다.
- 흙막이 벽의 근입장 깊이가 부족할 경우 발생한다.
- 굴착저면에서 액상화 현상에 기인하여 발생한다.
- 시트파일(Sheet pile) 등의 저면에 분사현상이 발생한다.
- 보일링으로 인해 흙막이 벽의 지지력이 상실된다.

㉡ 대책
- 굴착배면의 지하수위를 낮춘다.
- 토류 벽의 근입 깊이를 깊게 한다.
- 토류 벽 선단에 코어 및 필터층을 설치한다.
- 투수거리를 길게 하기 위한 지수벽을 설치한다.

2201

## 117 Repetitive Learning 1회 2회 3회

건설작업장에서 근로자가 상시 작업하는 장소의 작업면 조도기준으로 옳지 않은 것은?(단, 갱내 작업장과 감광재료를 취급하는 작업장의 경우는 제외)

① 초정밀 작업 : 600럭스(lux) 이상
② 정밀작업 : 300럭스(lux) 이상
③ 보통작업 : 150럭스(lux) 이상
④ 초정밀, 정밀, 보통작업을 제외한 기타 작업 : 75럭스(lux) 이상

정답 115 ② 116 ③ 117 ①

해설

- 초정밀작업은 750Lux, 정밀작업은 300Lux, 보통작업은 150Lux, 그 밖의 작업은 75Lux 이상이 되어야 한다.

근로자가 상시 작업하는 장소의 작업면 조도(照度)
실필 1002 실작 1804/1802

| 작업 구분 | 조도기준 |
|---|---|
| 초정밀작업 | 750Lux 이상 |
| 정밀작업 | 300Lux 이상 |
| 보통작업 | 150Lux 이상 |
| 그 밖의 작업 | 75Lux 이상 |

## 118

Repetitive Learning 1회 2회 3회

흙막이 지보공을 설치하였을 때 정기적으로 점검해야 하는 사항과 거리가 먼 것은?

① 경보장치의 작동상태
② 부재의 손상 · 변형 · 부식 · 변위 및 탈락의 유무와 상태
③ 버팀대의 긴압(緊壓)의 정도
④ 부재의 접속부 · 부착부 및 교차부의 상태

해설

- 경보장치의 작동상태 점검은 터널공사 등의 건설작업을 할 때에 당일 작업시작 전 점검해야 하는 사항이다.

흙막이 지보공을 설치하였을 때에 정기적으로 점검하고 이상을 발견하면 즉시 보수하여야 할 사항 실작 1901/1802/1601

- 부재의 손상 · 변형 · 부식 · 변위 및 탈락의 유무와 상태
- 버팀대의 긴압(緊壓)의 정도
- 부재의 접속부 · 부착부 및 교차부의 상태
- 침하의 정도

## 119

Repetitive Learning 1회 2회 3회

사다리식 통로 등을 설치하는 경우 고정식 사다리식 통로의 기울기는 최대 몇 도 이하로 하여야 하는가?

① 60도
② 75도
③ 80도
④ 90도

해설

- 일반적인 사다리식 통로의 기울기는 75도 이하, 고정식 사다리식 통로의 기울기는 90도 이하로 하여야 한다.

사다리식 통로의 구조 실필 1602

- 견고한 구조로 할 것
- 심한 손상 · 부식 등이 없는 재료를 사용할 것
- 발판의 간격은 일정하게 할 것
- 발판과 벽과의 사이는 15cm 이상의 간격을 유지할 것
- 폭은 30cm 이상으로 할 것
- 사다리가 넘어지거나 미끄러지는 것을 방지하기 위한 조치를 할 것
- 사다리의 상단은 걸쳐놓은 지점으로부터 60cm 이상 올라가도록 할 것
- 사다리식 통로의 길이가 10미터 이상인 경우에는 5미터 이내마다 계단참을 설치할 것
- 사다리식 통로의 기울기는 75도 이하로 할 것. 다만, 고정식 사다리식 통로의 기울기는 90도 이하로 하고, 그 높이가 7미터 이상인 경우에는 바닥으로부터 높이가 2.5미터 되는 지점부터 등받이울을 설치할 것
- 접이식 사다리 기둥은 사용 시 접혀지거나 펼쳐지지 않도록 철물 등을 사용하여 견고하게 조치할 것

0302

## 120

Repetitive Learning 1회 2회 3회

타워크레인(Tower crane)을 선정하기 위한 사전 검토사항으로서 가장 거리가 먼 것은?

① 붐의 모양
② 인양능력
③ 작업반경
④ 붐의 높이

해설

- 타워크레인 선정조건에는 인양능력, 작업반경, 붐의 높이 등이 있다.

타워크레인

- 타워크레인은 고층 작업이 가능하고 360° 작업이 가능한 양중장치이다.
- 타워크레인 선정조건은 인양능력, 작업반경, 붐의 높이 등이다.



118 ① 119 ④ 120 ① 정답

MEMO

# 출제문제 분석 2019년 2회

| 구분 | 1과목 | 2과목 | 3과목 | 4과목 | 5과목 | 6과목 | 합계 |
|---|---|---|---|---|---|---|---|
| **New유형** | 1 | 3 | 1 | 2 | 2 | 1 | 10 |
| New문제 | 3 | 5 | 7 | 6 | 9 | 7 | 37 |
| 또나온문제 | 11 | 7 | 5 | 12 | 8 | 9 | 52 |
| 자꾸나온문제 | 6 | 8 | 8 | 2 | 3 | 4 | 31 |
| 합계 | 20 | 20 | 20 | 20 | 20 | 20 | 120 |

- New유형은 New문제 중 기존 기출문제와 완전히 다른 유형의 문제를 말합니다.
- New문제는 기존에 출제되지 않은 문제로 이번에 처음 출제되는 문제이거나 기존 출제된 문제의 변형된 형태입니다.
- 또나온문제는 기존에 출제된 적이 1번 있는 문제를 말합니다.
- 자꾸나온문제는 기존에 출제된 적이 2번 이상 있는 문제를 말합니다. 그만큼 중요한 문제입니다.

## 몇 년분의 기출문제를 공부해야 합격할 수 있을까요?

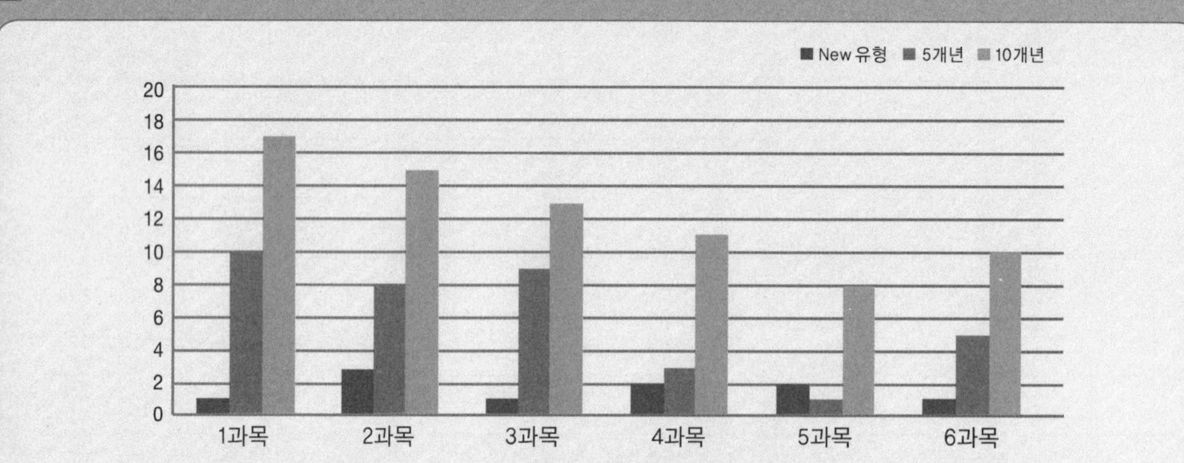


- 완전 새로운 유형의 문제는 10문제이고 110문제가 이미 출제된 문제 혹은 변형문제입니다.
- 5년분(2016~2020) 기출에서 동일문제가 36문항이 출제되었고, 10년분(2011~2020) 기출에서 동일문제가 74문항이 출제되었습니다.

## 실기에 나왔어요!! 외우세요!!!

실기시험은 필답형과 작업형으로 구분되어 있으며 모두 직접 주관식으로 내용을 적어야 합니다. 필기공부하면서 실기 출제된 내역들은 좀 더 신경써서 암기하실 필요가 있어요. 필기 합격자 발표 난 후 실기시험까지는 5주밖에 여유가 없답니다. 어차피 공부할 것 필기 때 확실하게 해준다면 실기도 단방에 합격할 수 있습니다.

- 총 24개의 해설이 실기 필답형 시험과 연동되어 있습니다.
- 총 15개의 해설이 실기 작업형 시험과 연동되어 있습니다.

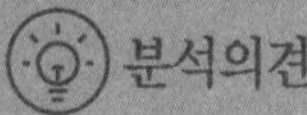

## 분석의견

최근 10년분의 기출문제와 답을 반복암기만 했어도 충분히 합격가능한 점수가 나옵니다. 다만 5년분을 공부했을 경우 4과목과 5과목에서 과락점수를 걱정할 정도로 기출문제의 출제문항수가 적었습니다. 시험이 치러진 후 5과목이 어렵다고 이야기 한 수험생이 많았었는데 아마 5년분만 공부한 분들의 말씀인 것으로 판단됩니다. 10년분을 공부하셨다면 과락은 충분히 면할 수 있는 수준의 문제입니다. 과목별 난이도에 있어서는 전반적으로 어렵지 않았습니다만 5과목이 다른 과목에 비해 다소 기출의 비중이 적어 어렵게 느꼈을 수 있으나 과락만 면한다면 전체적인 난이도는 쉬운 편이었습니다. 합격에 필요한 점수를 획득하기 위해서는 최근 5년분 문제와 핵심이론의 3회독 혹은 최근 10년분 문제와 핵심이론의 2회독 이상의 학습이 필요합니다.

# 2019년 제2회

2019년 4월 27일 필기

19년 2회차 필기시험
합격률 47.1%

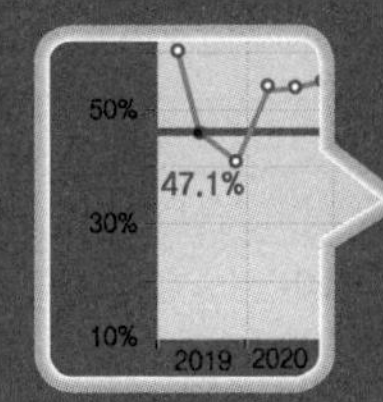


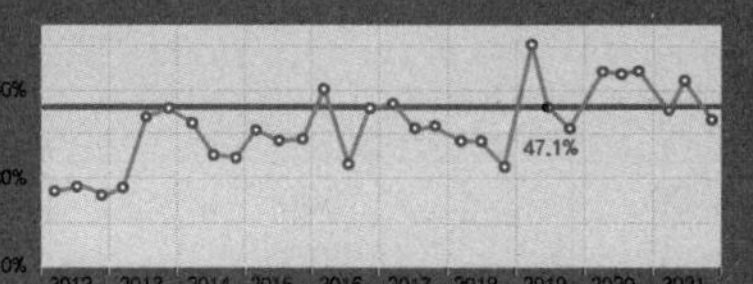


## 1과목 산업안전관리론

### 01 Repetitive Learning (1회 2회 3회)

산업안전보건법령상 담배를 피워서는 안 될 장소에 사용되는 금연표지에 해당하는 것은?

① 지시표지
② 경고표지
③ 금지표지
④ 안내표지

해설

• 금연은 금지표지의 한 종류에 해당한다.

안전 · 보건표지 실필 1901/1702/1501/1304/1202

㉠ 개요
• 안전 · 보건표지는 사용목적에 따라 금지, 경고, 지시, 안내표지 및 출입금지표지로 구분된다.

㉡ 구분별 대표적인 종류

| | |
|---|---|
| 금지표지 | 출입금지, 보행금지, 차량통행금지, 사용금지, 금연 · 화기금지, 물체이동금지 등 |
| 경고표지 | 인화성물질경고, 산화성물질경고, 폭발물경고, 독극물경고, 부식성물질경고, 방사성물질경고, 고압전기경고, 매달린물체경고, 낙하물경고, 고온경고, 저온경고, 몸균형상실경고, 위험장소경고 등 |
| 지시표지 | 보안경착용, 방독마스크착용, 방진마스크착용, 보안면착용, 안전모착용, 안전복착용 등 |
| 안내표지 | 녹십자표지, 응급구호표지, 들것, 세안장치, 비상구, 좌측비상구, 우측비상구 등 |
| 출입금지표지 | 허가대상유해물질취급, 석면취급및해체 · 제거, 금지유해물질취급 등 |

1504

### 02 Repetitive Learning (1회 2회 3회)

시설물의 안전 및 유지관리에 관한 특별법령에 제시된 등급별 정기안전점검의 실시 시기로 옳지 않은 것은?

① A등급인 경우 반기에 1회 이상이다.
② B등급인 경우 반기에 1회 이상이다.
③ C등급인 경우 1년에 3회 이상이다.
④ D등급인 경우 1년에 3회 이상이다.

해설

• C등급인 경우 정기안전점검은 반기에 1회 이상이다.

안전점검, 정밀안전진단 및 성능평가의 실시 시기

| 안전등급 | 정기안전점검 | 정밀안전점검 | | 정밀안전진단 | 성능평가 |
|---|---|---|---|---|---|
| | | 건축물 | 건축물 외 시설물 | | |
| A등급 | 반기에 1회 이상 | 4년에 1회 이상 | 3년에 1회 이상 | 6년에 1회 이상 | 5년에 1회 이상 |
| B · C 등급 | | 3년에 1회 이상 | 2년에 1회 이상 | 5년에 1회 이상 | |
| D · E 등급 | 1년에 3회 이상 | 2년에 1회 이상 | 1년에 1회 이상 | 4년에 1회 이상 | |

1204

### 03 Repetitive Learning (1회 2회 3회)

다음 중 내전압용절연장갑의 성능기준에 있어 절연장갑의 등급과 최대사용전압이 올바르게 연결된 것은?(단, 전압은 교류로 실횻값을 의미한다)

① 00등급 : 500V
② 0등급 : 1,500V
③ 1등급 : 11,250V
④ 2등급 : 25,500V

정답 | 01 ③ 02 ③ 03 ①

해설

• 절연장갑의 등급별 최대사용전압은 교류에서 0등급은 1,000V, 1등급은 7,500V, 2등급은 17,000V이다.

절연장갑의 등급별 최대사용전압

| 등급 | 최대사용전압 | |
|---|---|---|
| | 교류(V, 실횻값) | 직류(V) |
| 00 | 500 | 750 |
| 0 | 1,000 | 1,500 |
| 1 | 7,500 | 11,250 |
| 2 | 17,000 | 25,500 |
| 3 | 26,500 | 39,750 |
| 4 | 36,000 | 54,000 |

1004

## 04 Repetitive Learning (1회 2회 3회)

다음 중 안전관리의 근본이념에 있어 그 목적으로 볼 수 없는 것은?

① 사용자의 수용도 향상
② 기업의 경제적 손실 예방
③ 생산성 향상 및 품질 향상
④ 사회복지의 증진

해설

• 사용자의 수용도는 사용자가 안전관리에 대해 심각하게 받아들이고 이를 개선하고자 하는 의지를 갖는 것이다. 안전관리의 수단이지 목적이 될 수 없다.

안전관리

• 재해발생 원인의 대부분을 차지하는 근로자의 불안전한 행동으로 인한 재해를 예방하는 데 있다.
• 쾌적한 작업환경, 생산성의 향상과 원가절감, 판매촉진과 품질향상을 통해 궁극적으로 인간존중의 이념과 기업이윤을 극대화하는 것을 목표로 한다.

1304

## 05 Repetitive Learning (1회 2회 3회)

다음 설명에 가장 적합한 조직의 형태는?

• 과제별로 조직을 구성
• 특정 과제를 수행하기 위해 필요한 자원과 재능을 여러 부서로부터 임시로 집중시켜 문제를 해결하고, 완료 후 다시 본래의 부서로 복귀하는 형태
• 시간적 유한성을 가진 일시적이고 잠정적인 조직

① 스탭(Staff)형 조직　② 라인(Line)식 조직
③ 기능(Function)식 조직　④ 프로젝트(Project) 조직

해설

• 상시적인 조직이 아니라 과제별로 조직을 구성하는 것은 프로젝트(Project) 조직에 대한 설명이다.

프로젝트(Project) 조직

• 기존 운용조직과는 별도로 특정 과제를 성공적으로 수행하기 위해 만들어진 조직이다.
• 시간적 유한성을 가진 일시적이고 잠정적인 조직이다.
• 대표적으로 플랜트, 도시개발 등 특정한 건설과제를 처리하기 위해 만들어진다.

## 06 Repetitive Learning (1회 2회 3회)

통계적 재해원인 분석방법 중 특성과 요인관계를 도표로 하여 어골상으로 세분화한 것으로 옳은 것은?

① 관리도　② Close도
③ 특성요인도　④ 파레토(Pareto)도

해설

• 관리도는 재해발생건수 등의 추이를 파악하여 목표관리를 행하는 데 필요한 통계 분석방법이다.
• 클로즈도는 두 가지 이상의 문제에 대한 관계분석 시에 주로 사용하는 분석방법이다.
• 파레토도는 작업현장에서 발생하는 작업환경 불량이나 고장, 재해 등의 내용을 분류하고 그 건수와 금액을 크기 순으로 나열하여 작성한 그래프를 말한다.

통계에 의한 재해원인 분석방법

• 파레토도, 특성요인도, 클로즈분석, 관리도 등이 있다.

| 구분 | 내용 |
|---|---|
| 파레토(Pareto)도 | 작업현장에서 발생하는 작업환경 불량이나 고장, 재해 등의 내용을 분류하고 그 건수와 금액을 크기 순으로 나열하여 작성한 그래프 |
| 특성요인도(Characteristics diagram) | 사실의 확인단계에서 재해의 원인과 결과를 연계하여 상호 관계를 파악하기 위하여 어골상으로 도표화하는 분석방법 |
| 클로즈분석 | 두 가지 이상의 문제에 대한 관계분석 시에 주로 사용하는 분석방법 |
| 관리도(Control chart) | 산업재해의 분석 및 평가를 위하여 재해발생건수 등의 추이에 대해 한계선을 설정하여 목표관리를 수행하는 재해통계 분석기법 |



04 ① 05 ④ 06 ③ 정답

1601

## 07

Repetitive Learning (1회 2회 3회)

근로자 수가 400명, 주당 45시간씩 연간 50주를 근무하였고, 연간재해건수는 210건으로 근로손실일수가 800일이었다. 이 사업장의 강도율은 약 얼마인가?(단, 근로자의 출근율은 95%로 계산한다)

① 0.42
② 0.52
③ 0.88
④ 0.94

**해설**

- 강도율은 1천 시간 동안 발생한 근로손실일수이다.
- 연간총근로시간은 $400 \times 45 \times 50 = 900,000$시간이나 출근율이 95%이므로 연간총근로시간은 855,000시간이 된다.
- 근로손실일수는 800이므로

  강도율은 $\frac{800}{855,000} \times 1,000 \simeq 0.94$이다.

**강도율(SR : Severity Rate of injury)**

실필 1804/1702/1501/1402/1401/1304/0902/0901

- 재해로 인한 근로손실의 강도를 나타낸 값으로 연간총근로시간에서 1,000시간당 근로손실일수를 의미한다.
- 강도율 $= \frac{\text{근로손실일수}}{\text{연간총근로시간}} \times 1,000$으로 구하고,

  평균강도율 $= \frac{\text{강도율}}{\text{도수율}} \times 1,000$으로 구한다.
- 근로자의 근속연수 등이 주어지지 않을 때 평생 근로손실일수는 한 개인이 평생 동안 근로한 시간을 100,000시간으로 볼 때의 근로손실일수이므로 강도율에 100을 곱하여 구한다.

1102 / 1404

## 08

Repetitive Learning (1회 2회 3회)

다음 중 재해조사를 할 때의 유의사항으로 가장 적절한 것은?

① 재발방지 목적보다 책임 소재 파악을 우선으로 하는 기본적 태도를 갖는다.
② 목격자 등이 증언하는 사실 이외의 추측하는 말도 신뢰성 있게 받아들인다.
③ 2차 재해예방과 위험성에 대한 보호구를 착용한다.
④ 조사자의 전문성을 고려하여 단독으로 조사하며, 사고 정황을 추정한다.

**해설**

- 재해발생 장소에 들어갈 때에는 재해예방과 유해성을 고려하여 적정한 보호구를 반드시 착용한다.

**재해조사의 유의사항**

- 피해자에 대한 구급조치를 최우선으로 하고, 2차 재해의 방지를 위해 적정 보호구를 착용한다.
- 가급적 재해 현장이 변형되지 않은 상태에서 신속하게 한다.
- 사실 이외의 추측하는 말은 참고용으로만 활용한다.
- 사람, 기계설비 양면의 재해요인을 모두 도출한다.
- 과거 사고 발생 경향 등을 참고하여 조사한다.
- 객관적 입장에서 재해방지에 우선을 두고 조사하며, 조사는 2인 이상이 한다.

1102

## 09

Repetitive Learning (1회 2회 3회)

산업안전보건법에 따라 사업주는 안전관리자를 선임하였을 때 선임한 날부터 며칠 이내에 고용노동부장관에게 증명할 수 있는 서류를 제출하여야 하는가?

① 7일　② 14일
③ 30일　④ 60일

**해설**

- 사업주는 안전관리자를 선임한 경우에는 14일 이내에 고용노동부장관에게 증명할 수 있는 서류를 제출하여야 한다.

**안전관리자의 서류제출**

- 사업주는 안전관리자를 선임하거나 안전관리자의 업무를 안전관리전문기관에 위탁한 경우에는 고용노동부령으로 정하는 바에 따라 선임하거나 위탁한 날부터 14일 이내에 고용노동부장관에게 증명할 수 있는 서류를 제출하여야 한다.
- 안전관리자를 다시 임명한 경우에도 동일하게 14일 이내에 고용노동부장관에게 증명할 수 있는 서류를 제출하여야 한다.

1302 / 1602

## 10

Repetitive Learning (1회 2회 3회)

재해손실비의 평가방식 중 시몬즈(Simonds)방식에서 재해의 종류에 관한 설명으로 틀린 것은?

① 무상해사고는 의료조치를 필요로 하지 않는 상해사고를 말한다.
② 휴업상해는 영구 일부노동불능 및 일시 전노동불능 상해를 말한다.
③ 응급조치상해는 응급조치 또는 8시간 이상의 휴업의료조치상해를 말한다.
④ 통원상해는 일시 일부노동불능 및 의사의 통원 조치를 요하는 상해를 말한다.

정답 | 07 ④ 08 ③ 09 ② 10 ③

해설

- 응급조치상해는 20$ 미만의 손실 또는 8시간 미만의 휴업이 되는 의료조치상해를 말한다.

시몬즈(Simonds)방식에서 재해의 종류와 세부내용

- 무상해사고는 의료조치를 필요로 하지 않는 상해사고를 말한다.
- 응급처치는 20$ 미만의 손실 또는 8시간 미만의 휴업이 되는 의료조치상해를 말한다.
- 통원상해는 일시 일부노동불능 및 의사의 통원 조치를 요하는 상해를 말한다.
- 휴업상해는 영구 일부노동불능 및 일시 전노동불능 상해를 말한다.

1301 / 1802

## 11

Repetitive Learning (1회 2회 3회)

위험예지훈련에 대한 설명으로 틀린 것은?

① 직장이나 작업의 상황 속 잠재 위험요인을 도출한다.
② 행동하기에 앞서 위험요소를 예측하는 것을 습관화하는 훈련이다.
③ 위험의 포인트나 중점실시 사항을 지적 확인한다.
④ 직장 내에서 최대 인원의 단위로 토의하고 생각하며 이해한다.

해설

- 3~4명 정도의 소규모 팀 단위로 구성한다.

위험예지훈련

㉠ 개요
- 3~4명 정도의 소규모 팀 단위로 구성하여 진행한다.
- 직장의 팀워크로 안전을 전원이 빨리 올바르게 선취하는 훈련이다.
- 정해진 내용의 교육보다는 전원의 대화방식으로 진행한다.
- 짧은 시간 안에 모두의 공감을 얻어 공통의 행동목표를 설정한다.

㉡ 원칙
- 자유자재로 변하는 아이디어를 개발한다.
- 아이디어의 수는 하찮은 것일지라도 많을수록 좋다.
- 개발한 아이디어에 대해서는 절대로 비판을 하지 않는다.
- 개발한 아이디어를 힌트로 연결하여 다른 아이디어를 개발할 수 있다.

## 12

Repetitive Learning (1회 2회 3회)

산업안전보건법령상 건설업의 도급인 사업주가 작업장을 순회점검하여야 하는 주기로 올바른 것은?

① 1일에 1회 이상
② 2일에 1회 이상
③ 3일에 1회 이상
④ 7일에 1회 이상

해설

- 건설업의 경우는 2일에 1회 이상 순회점검을 해야 한다.

도급인 사업주의 순회점검 주기

| 사업 | 주기 |
|---|---|
| 건설업, 제조업, 토사석 광업, 서적, 잡지 및 기타 인쇄물 출판업, 음악 및 기타 오디오물 출판업, 금속 및 비금속 원료 재생업 | 2일에 1회 이상 |
| 위 사업을 제외한 사업 | 1주일에 1회 이상 |

1204

## 13

Repetitive Learning (1회 2회 3회)

산업안전보건법령상 안전보건관리규정에 포함해야 할 내용이 아닌 것은?

① 안전·보건교육에 관한 사항
② 사고 조사 및 대책 수립에 관한 사항
③ 안전·보건 관리조직과 그 직무에 관한 사항
④ 산업재해보상보험에 관한 사항

해설

- 안전보건관리규정에는 ①, ②, ③ 외에 작업장 안전관리, 보건관리에 관한 사항과 그 밖에 안전·보건에 관한 사항 등을 포함하여야 한다.

안전보건관리규정에 포함되어야 할 사항

- 안전·보건 관리조직과 그 직무에 관한 사항
- 안전·보건교육에 관한 사항
- 작업장 안전관리에 관한 사항
- 작업장 보건관리에 관한 사항
- 사고 조사 및 대책 수립에 관한 사항
- 그 밖에 안전·보건에 관한 사항



11 ④ 12 ② 13 ④ 정답

1104 / 1604

## 14 Repetitive Learning (1회 2회 3회)

다음에서 설명하는 무재해 운동 추진기법으로 옳은 것은?

> 작업현장에서 그때 그 장소의 상황에 즉응하여 실시하는 위험예지활동으로서 즉시즉응법이라고도 한다.

① TBM(Tool Box Meeting)
② 삼각위험예지훈련
③ 자문자답카드 위험예지훈련
④ 터치 앤 콜(Touch and Call)

**해설**

- 삼각위험예지훈련이란 적은 인원수가 모여 기호와 메모를 이용해 팀의 합의를 만들어내는 TBM의 한 형태이다.
- 자문자답카드 위험예지훈련은 체크항목을 큰소리로 자문자답하면서 위험요인을 발견하는 기법을 말한다.
- 터치 앤 콜은 작업현장에서 팀 전원이 각자의 왼손을 맞잡아 원을 만들어 팀 행동목표를 지적 확인하는 것을 말한다.

TBM(Tool Box Meeting) 위험예지훈련 실필 1804/1404

㉠ 개요
- 현장에서 그때 그 장소의 상황에서 즉응하여 실시하는 위험예지활동으로 즉시즉응법이라고도 한다.
- TBM(Tool Box Meeting)으로 실시하는 위험예지활동이다.
- TBM 5단계는 도입 – 점검정비 – 작업지시 – 위험예지훈련 – 확인단계를 거친다.

㉡ 방법
- 10명 이하의 소수가 적합하며, 시간은 10분 정도 작업을 시작하기 전에 갖는다.
- 사전에 주제를 정하고 자료 등을 준비한다.
- 결론은 가급적 서두르지 않는다.

1002 / 1401

## 15 Repetitive Learning (1회 2회 3회)

재해의 직접원인 중 물적 원인(불안전한 상태)에 해당하지 않는 것은?

① 보호구 미착용
② 방호장치의 결함
③ 조명 및 환기불량
④ 불량한 정리 정돈

**해설**

- 보호구의 미착용은 대표적인 인적 원인(불안전한 행동)이다.

재해발생의 직접원인

| 구분 | 내용 |
|---|---|
| 인적 원인<br>(불안전한 행동) | • 위험장소 접근<br>• 안전장치기능 제거<br>• 불안전한 속도 조작<br>• 위험물 취급 부주의<br>• 보호구 미착용<br>• 작업자와의 연락 불충분 |
| 물적 원인<br>(불안전한 상태) | • 물(物) 자체의 결함<br>• 주변 환경의 미정리<br>• 생산 공정의 결함<br>• 물(物)의 배치 및 작업장소의 불량<br>• 방호장치의 결함 |

1502

## 16 Repetitive Learning (1회 2회 3회)

다음 중 산업안전보건법령상의 양중기의 종류에 해당하지 않는 것은?

① 곤돌라
② 호이스트
③ 컨베이어
④ 이동식크레인

**해설**

- 컨베이어는 재료 또는 화물을 일정한 구역 간에 자동으로 연속 운반하는 기계장치로 양중기에 해당하지 않는다.

양중기의 종류 실필 1902/1201
- 크레인(Crane)(호이스트(Hoist) 포함)
- 이동식크레인
- 리프트(이삿짐운반용의 경우 적재하중 0.1톤 이상)
- 곤돌라
- 승강기

1201 / 1601

## 17 Repetitive Learning (1회 2회 3회)

산업안전보건법령상 건설업의 경우 공사금액이 얼마 이상인 사업장에 산업안전보건위원회를 설치·운영하여야 하는가?

① 80억원
② 120억원
③ 250억원
④ 700억원

정답 | 14 ① 15 ① 16 ③ 17 ②

해설

- 건설업의 경우 공사금액 120억원 이상(토목공사업은 150억원 이상)이면 산업안전보건위원회를 설치하여야 한다.

산업안전보건위원회를 설치·운영해야 할 사업의 종류 및 규모 실필 1704

| 사업의 종류 | 규모 |
|---|---|
| 1. 토사석 광업<br>2. 목재 및 나무제품 제조업(가구 제외)<br>3. 화학물질 및 화학제품 제조업(의약품 제외 / 세제, 화장품 및 광택제 제조업과 화학섬유 제조업 제외)<br>4. 비금속 광물제품 제조업<br>5. 1차 금속 제조업<br>6. 금속가공제품 제조업(기계 및 가구 제외)<br>7. 자동차 및 트레일러 제조업<br>8. 기타 기계 및 장비 제조업(사무용 기계 및 장비 제조업 제외)<br>9. 기타 운송장비 제조업(전투용 차량 제조업 제외) | 상시근로자 50명 이상 |
| 10. 농업<br>11. 어업<br>12. 소프트웨어 개발 및 공급업<br>13. 컴퓨터 프로그래밍, 시스템 통합 및 관리업<br>14. 정보서비스업<br>15. 금융 및 보험업<br>16. 임대업(부동산 제외)<br>17. 전문, 과학 및 기술 서비스업(연구개발업 제외)<br>18. 사업지원 서비스업<br>19. 사회복지 서비스업 | 상시근로자 300명 이상 |
| 20. 건설업 | 공사금액 120억원 이상(토목공사업은 150억원 이상) |
| 21. 제1호부터 제20호까지의 사업을 제외한 사업 | 상시근로자 100명 이상 |

1402

## 18 Repetitive Learning (1회 2회 3회)

산업안전보건법령상 자율안전확인대상 기계·기구 등에 포함되지 않는 것은?

① 곤돌라
② 연삭기
③ 컨베이어
④ 자동차정비용 리프트

해설

- 곤돌라는 의무안전인증대상 기계·기구에 해당한다.

자율안전확인대상 기계·기구 실필 1002/0902 실작 1902/1901/1802/1801/1704

| 구분 | 내용 |
|---|---|
| 자율안전확인대상 기계·기구 | • 연삭기 또는 연마기(휴대용은 제외)<br>• 산업용 로봇<br>• 혼합기<br>• 파쇄기 또는 분쇄기<br>• 식품가공용기계(파쇄·절단·혼합·제면기만 해당)<br>• 컨베이어<br>• 자동차정비용 리프트<br>• 공작기계(선반, 드릴기, 평삭·형삭기, 밀링만 해당)<br>• 고정형 목재가공용 기계(둥근톱, 대패, 루타기, 띠톱, 모떼기 기계만 해당)<br>• 인쇄기<br>• 기압조절실 |
| 자율안전확인대상 방호장치 | • 아세틸렌 또는 가스집합 용접장치용 안전기<br>• 교류 아크용접기용 자동전격방지기<br>• 롤러기 급정지장치<br>• 연삭기 덮개<br>• 목재가공용 둥근톱 반발예방장치와 날 접촉예방장치<br>• 동력식 수동대패용 칼날 접촉방지장치<br>• 산업용 로봇 안전매트 |
| 자율안전확인대상 보호구 | • 안전모<br>• 보안경<br>• 보안면<br>• 잠수기(잠수헬멧 및 잠수마스크 포함) |

1102

## 19 Repetitive Learning (1회 2회 3회)

사고예방대책의 기본원리 5단계 중 제2단계의 사실의 발견에 관한 사항으로 옳지 않은 것은?

① 사고조사
② 안전회의 및 토의
③ 교육과 훈련의 분석
④ 사고 및 안전활동 기록의 검토



18 ① 19 ③ 정답

해설

- 교육과 훈련의 분석은 5단계 중 3단계에 해당하는 분석을 통한 원인규명 단계에서 행하는 사항이다.

**하인리히의 사고예방의 기본원리 5단계** 실필 1802

| 단계 | 단계별 과정 | 필요 조치 |
|---|---|---|
| 1단계 | 안전관리조직과 규정 | • 책임과 권한의 부여<br>• 안전활동 방침 및 계획수립 |
| 2단계 | 사실의 발견으로 현상파악 | • 자료수집<br>• 작업분석과 위험확인<br>• 안전점검·검사 및 조사 실시 |
| 3단계 | 분석을 통한 원인규명 | • 사고보고서 및 현장조사<br>• 인적·물적·환경조건의 분석<br>• 교육 훈련 및 배치 사항 파악<br>• 사고기록 및 관계 자료 대조확인 |
| 4단계 | 시정방법의 선정 | • 기술적인 개선<br>• 작업배치의 조정<br>• 교육훈련의 개선 |
| 5단계 | 시정책의 적용 | • 기술(Engineering)적 대책<br>• 교육(Education)적 대책<br>• 관리(Enforcement)적 대책 |

1802

## 20 —— Repetitive Learning

산업안전보건법령에 따른 안전검사대상 유해·위험기계 등에 포함되지 않는 것은?

① 리프트
② 전단기
③ 압력용기
④ 밀폐형 구조 롤러기

해설

- 롤러기에서 밀폐형은 안전검사대상에서 제외된다.

**안전검사대상 유해·위험기계의 종류와 검사 주기** 실필 1504/1002

| 안전검사대상 유해·위험기계의 종류 | 검사 주기 |
|---|---|
| 크레인(이동식크레인 및 정격하중 2톤 미만 제외), 리프트(이삿짐운반용 리프트 제외) 및 곤돌라 | 사업장에 설치가 끝난 날부터 3년 이내에 최초 안전검사를 실시하되, 그 이후부터 2년마다(건설현장에서 사용하는 것은 최초로 설치한 날부터 6개월마다) |
| 이동식크레인, 이삿짐운반용 리프트 및 고소작업대 | 신규 등록 이후 3년 이내에 최초 안전검사를 실시하되, 그 이후부터 2년마다 |
| 프레스, 전단기, 압력용기, 국소배기장치(이동식 제외), 산업용 원심기, 화학설비 및 그 부속설비, 건조설비 및 그 부속설비, 롤러기(밀폐형 제외), 사출성형기(형 체결력 294kN 미만은 제외), 컨베이어 및 산업용 로봇 | 사업장에 설치가 끝난 날부터 3년 이내에 최초 안전검사를 실시하되, 그 이후부터 2년마다(공정안전보고서를 제출하여 확인을 받은 압력용기는 4년마다) |

# 2과목 산업심리 및 교육

1504

## 21 —— Repetitive Learning 1회 2회 3회

리더의 기능수행과 리더로서의 지위 획득 및 유지가 리더 개인의 성격이나 자질에 의존한다는 리더십 이론은?

① 행동이론 ② 상황이론
③ 관리이론 ④ 특성이론

해설

- 특질접근법 혹은 특성이론은 성공적인 리더가 가지는 특성을 연구하는 이론으로 성공적인 리더는 그렇지 않은 리더와는 확연히 다른 신체적, 성격적, 능력적 차이를 가진다는 이론이다.

**특성이론**

- 성공적인 리더는 그렇지 않은 리더와는 확연히 다른 신체적, 성격적, 능력적 차이를 가진다는 이론이다.
- 리더의 기능수행과 리더로서의 지위 획득 및 유지가 리더 개인의 성격이나 자질에 의존하는 리더십 이론이다.

1104

## 22 —— Repetitive Learning 1회 2회 3회

직무분석을 위한 자료수집 방법에 관한 설명으로 맞는 것은?

① 관찰법은 직무의 시작에서 종료까지 많은 시간이 소요되는 직무에 적용하기 쉽다.
② 면접법은 자료의 수집에 많은 시간과 노력이 들고, 수량화된 정보를 얻기가 힘들다.
③ 중요사건법은 일상적인 수행에 관한 정보를 수집하므로 해당 직무에 대한 포괄적인 정보를 얻을 수 있다.
④ 설문지법은 많은 사람들로부터 짧은 시간 내에 정보를 얻을 수 있으며, 양적인 자료보다 질적인 자료를 얻을 수 있다.

해설

- 관찰법은 자료수집에 시간과 노력이 많이 소모되어 많은 시간이 소요되는 직무에 적합하지 않다.
- 중요사건법은 결정적인 사건의 기록으로 세밀한 자료수집은 힘들고, 개략적인 자료의 수집을 목적으로 사용한다.
- 설문지법은 질적인 자료보다는 양적인 정보를 얻는 데 주력한다.

**직무분석(Job analysis)**

㉠ 개요

- 조직에서 특정 직무에 적합한 사람을 선발하기 위해 어떤 특성이 필요한지를 파악하기 위해 직무를 조사하는 활동을 말한다.
- 직무에서 수행하는 과업과 직무를 수행하는 데 요구되는 인적 자질에 의해 직무의 내용을 정의하는 공식적 절차를 말한다.
- 직무분석을 통해서 얻은 정보는 인사선발, 교육 및 훈련, 배치 및 경력개발 등에 활용한다.

㉡ 직무분석방법

| | |
|---|---|
| 면접법 | 업무에 대한 이해도가 높은 작업자와의 면담을 통하여 직무를 분석하는 방법으로 자료의 수집에 많은 시간과 노력이 들고, 정량화된 정보를 얻기가 힘들다. |
| 설문지법 | 많은 사람들로부터 짧은 시간 내에 정보를 얻을 수 있고, 관찰법이나 면접법과는 달리 양적인 정보를 얻을 수 있다. |
| 관찰법 | 근로자의 작업수행 과정을 상세하게 관찰하는 방법으로 자료의 수집에 많은 시간과 노력이 들고, 정량화된 정보를 얻기가 힘들어 많은 시간이 소요되는 직무에는 적용이 곤란하다. |
| 일지작성법 | 작업수행 내역을 일정한 형식에 의해 기록하여 이를 분석하는 방법이다. |
| 중요사건법 (결정적 사건의 기록) | 감독자, 동료 근로자, 그 외의 이 직무를 잘 아는 사람으로부터 성공적이지 못한 근로자와 성공적인 근로자를 구별해 내는 행동을 밝히려는 목적으로 사용된다. |

1202 / 2202

## 23

Repetitive Learning (1회 2회 3회)

생활하고 있는 현실적인 장면에서 해결방법을 찾아내는 것으로 지식, 기능, 태도, 기술 등을 종합적으로 획득하도록 하는 학습방법은?

① 롤 플레잉(Role playing)
② 문제법(Problem method)
③ 버즈세션(Buzz session)
④ 케이스 메소드(Case method)

해설

- 롤 플레잉은 집단 심리요법의 하나로서 자기 해방과 타인 체험을 목적으로 하는 체험활동을 통해 대인관계에 있어서의 태도변용이나 통찰력, 자기이해를 목표로 개발된 교육방법이다.
- 버즈세션은 6명씩 소집단으로 구분하고, 집단별로 각각의 사회자를 선발하여 6분간씩 자유토의를 행하여 의견을 종합하는 방법이다.
- 케이스 메소드는 먼저 사례를 발표하고 문제적 사실들과 그의 상호 관계에 대하여 검토한 뒤 대책을 토의하는 방법을 말한다.

**문제법(Problem method)**

- 문제해결법이라고도 한다.
- 생활하고 있는 현실적인 장면에서 해결방법을 찾아내는 것으로 지식, 기능, 태도, 기술 등을 종합적으로 획득하도록 하는 학습방법을 말한다.

1401

## 24

Repetitive Learning (1회 2회 3회)

교재의 선택기준으로 옳지 않은 것은?

① 정적이며 보수적이어야 한다.
② 사회성과 시대성에 걸맞은 것이어야 한다.
③ 설정된 교육목적을 달성할 수 있는 것이어야 한다.
④ 교육대상에 따라 흥미, 필요, 능력 등에 적합해야 한다.

해설

- 교재는 동적이며, 새로운 내용을 담아야 한다.

**교재의 선택기준**

- 동적이며, 새로운 내용을 담아야 한다.
- 사회성과 시대성에 걸맞은 것이어야 한다.
- 설정된 교육목적을 달성할 수 있는 것이어야 한다.
- 교육대상에 따라 흥미, 필요, 능력 등에 적합해야 한다.

0801 / 1501

## 25

Repetitive Learning (1회 2회 3회)

안전교육방법 중 수업의 도입이나 초기단계에 적용하며, 많은 인원에 대하여 단시간에 많은 내용을 동시 교육하는 경우에 사용되는 방법으로 가장 적절한 것은?

① 시범 ② 반복법
③ 토의법 ④ 강의법

해설

- 강의법은 안전교육방법 중 수업의 도입이나 초기단계에 적용하며, 단시간에 많은 내용을 교육하는 경우에 가장 적절한 방법이다.



23 ② 24 ① 25 ④ 정답

**강의식(Lecture method)**

㉠ 개요

- 안전교육방법 중 수업의 도입이나 초기단계에 적용하며, 단시간에 많은 내용을 교육하는 경우에 가장 적절한 방법이다.
- 짧은 교육기간에 많은 인원의 대상에게 비교적 많은 내용을 전달하기 위한 교육방법이다.
- 도입, 제시, 적용, 확인단계 중 제시단계에서 가장 많은 시간이 소요된다.

㉡ 특징

- 적은 시간에 많은 내용을 많은 대상에게 교육시킬 수 있어 다른 방법에 비해 경제적이다.
- 전체적인 교육내용을 제시하거나, 새로운 과업 및 작업단위의 도입단계에 유효하다.
- 교육시간에 대한 조정(계획과 통제)이 용이하다.
- 난해한 문제에 대하여 평이하게 설명이 가능하다.
- 상대적으로 피드백이 부족하다. 즉, 피교육생의 참여가 제약된다.
- 교육대상 집단 내 수준차로 인해 교육의 효과가 감소할 가능성이 있다.

0704 / 1002 / 1304

## 26 Repetitive Learning

인간 부주의의 발생원인 중 외적 조건에 해당하지 않는 것은?

① 작업조건 불량
② 작업순서 부적당
③ 경험 부족 및 미숙련
④ 환경조건 불량

**해설**

- 경험 부족 및 미숙련은 부주의 발생의 내적요인으로 교육 및 훈련으로 해결 가능하다.

**부주의 발생의 외적요인**

- 기상조건
- 작업순서 부적당
- 작업 및 환경조건 불량

1104 / 1601

## 27 Repetitive Learning 1회 2회 3회

합리화의 유형 중 자기의 실패나 결함을 다른 대상에게 책임 전가시키는 유형으로, 자신의 잘못에 대해 조상 탓을 하거나 축구 선수가 공을 잘못 찬 후 신발 탓을 하는 등에 해당하는 것은?

① 망상형　② 신포도형
③ 투사형　④ 달콤한 레몬형

**해설**

- 합리화의 유형에 있어 자기의 실패나 결함을 다른 대상에게 책임 전가시키는 유형을 투사형이라 한다.

**투사(Projection)**

- 방어적 기제(Defence mechanism)의 대표적인 종류이다.
- 합리화의 유형에 있어 자기의 실패나 결함을 다른 대상에게 책임 전가시키는 유형이다. 자신의 잘못에 대해 조상 탓을 하거나 축구 선수가 공을 잘못 찬 후 신발 탓을 하는 등 자신의 불만을 해소하기 위해 다른 대상에게 잘못을 뒤집어 씌우는 행위를 말한다.

0502 / 1402

## 28 Repetitive Learning 1회 2회 3회

다음 중 인간의 경계(Vigilance)현상에 영향을 미치는 조건의 설명으로 가장 거리가 먼 것은?

① 작업시작 직후의 검출률이 가장 낮다.
② 오래 지속되는 신호는 검출률이 높다.
③ 발생빈도가 높은 신호는 검출률이 높다.
④ 불규칙적인 신호에 대한 검출률이 낮다.

**해설**

- 작업시작 후에는 검출률이 높다가 30분 정도 지나면 검출능력이 절반 이하로 저하된다.

**인간의 경계(Vigilance)현상**

㉠ 개요

- 경계(Vigilance)는 주의하는 상태, 긴장상태, 경계상태를 의미한다.

㉡ 현상에 영향을 끼치는 조건

- 작업시작 후에는 검출률이 높다가 30분 정도 지나면 검출능력이 절반 이하로 저하된다.
- 신호 강도가 높고 오래 지속되는 신호는 검출하기 쉽다.
- 발생빈도가 높은 신호일수록 검출률이 높다.
- 규칙적인 신호에 대한 검출률이 높다.

정답 | 26 ③ 27 ③ 28 ①

0904

## 29 Repetitive Learning (1회 2회 3회)

다음 중 아담스(Adams)의 형평이론(공평성)에 대한 설명으로 틀린 것은?

① 성과(Outcome)란 급여, 지위, 기타 부가 보상 등을 의미한다.
② 투입(Input)이란 일반적인 자격, 교육수준, 노력 등을 의미한다.
③ 작업동기는 자신의 투입대비 성과결과만으로 비교한다.
④ 지각에 기초한 이론이므로 자기 자신을 지각하고 있는 사람을 개인이라 한다.

해설

- 아담스의 공평성 이론에서 작업동기는 자신(개인)과 비교대상의 투입과 산출 비의 비교를 통해서 이뤄진다.

형평(공평성)이론
㉠ 개요
- 존 아담스(J. S. Adams)가 주장한 동기부여이론이다.
- 조직구성원은 자신의 노력 대비 보상이 유사한 일을 하는 다른 사람의 노력 대비 보상과 비교하였을 때 그 결과가 공정한지에 따라서 동기부여가 결정된다는 이론이다.

㉡ 특징
- 작업동기는 자신(개인)과 비교대상의 투입과 산출 비의 비교를 통해서 이뤄진다.
- 지각에 기초한 이론이므로 자기 자신을 지각하고 있는 사람을 개인이라 한다.
- 투입(Input)이란 일반적인 자격, 교육수준, 노력 등을 의미한다.
- 성과(Outcome)란 급여, 지위, 기타 부가 보상 등을 의미한다.

## 30 Repetitive Learning (1회 2회 3회)

교육훈련을 통하여 기업의 차원에서 기대할 수 있는 효과로 옳지 않은 것은?

① 리더십과 의사소통기술이 향상된다.
② 작업시간이 단축되어 노동비용이 감소된다.
③ 인적 자원의 관리비용이 증대되는 경향이 있다.
④ 직무만족과 직무충실화로 인하여 직무태도가 개선된다.

해설

- 교육훈련으로 인해 소모되는 관리비용 그 이상으로 생산성 증가 효과가 있다.

교육훈련의 기업차원 기대효과
- 리더십과 의사소통기술이 향상된다.
- 작업시간이 단축되어 노동비용이 감소된다.
- 직무만족과 직무충실화로 인하여 직무태도가 개선된다.
- 직무수행이 개선되어 생산성이 향상된다.

0802 / 1102 / 1402

## 31 Repetitive Learning (1회 2회 3회)

집단 간의 갈등 요인으로 옳지 않은 것은?

① 욕구 좌절
② 제한된 자원
③ 집단 간의 목표 차이
④ 동일한 사안을 바라보는 집단 간의 인식 차이

해설

- 집단 간의 갈등 요인에는 ②, ③, ④ 외에 상호 의존성, 역할 갈등 등이 있다.

집단 간의 갈등
㉠ 갈등 요인
- 상호 의존성
- 제한된 자원
- 역할 갈등
- 집단 간의 목표 차이
- 동일한 사안을 바라보는 집단 간의 인식 차이

㉡ 해소 방안
- 공동의 문제 설정
- 상위 목표의 설정
- 집단 간 접촉 기회의 증대
- 사회적 범주화 편향의 최소화

## 32 Repetitive Learning (1회 2회 3회)

스텝 테스트, 슈나이더 테스트는 어떠한 방법의 피로 판정 검사인가?

① 타액검사 ② 반사검사
③ 전신적 관찰 ④ 심폐검사

해설

- 스텝 테스트와 슈나이더 테스트는 대표적인 심폐기능 테스트에 해당한다.

심폐기능 테스트
- 스텝 테스트는 일정한 높이의 계단오르기 운동을 실시한 후 회복기 중의 심박수를 이용해 심폐지구력을 판정하는 방법이다.
- 슈나이더 테스트는 안정 시의 맥박, 혈압과 승강운동 후의 맥박, 혈압을 측정하는 것으로 심폐계수라 하여 체력측정의 자료로 사용한다.



29 ③ 30 ③ 31 ① 32 ④ | 정답

1402

## 33

Repetitive Learning 1회 2회 3회

다음 중 안전교육 시 강의안의 작성원칙과 가장 거리가 먼 것은?

① 구체적 ② 논리적
③ 실용적 ④ 추상적

**해설**

- 안전교육 강의안 작성원칙은 구체적, 논리적, 실용적이어야 하며, 쉽게 이해할 수 있도록 작성되어야 한다는 것이다.

**안전교육 강의안**

㉠ 작성원칙
- 구체적, 논리적이어야 한다.
- 실용적이어야 한다.
- 쉽게 작성되어야 한다.

㉡ 작성방법

| | |
|---|---|
| 조목열거식 | 교육할 내용을 항목별로 구분하여 핵심요점사항만을 간결하게 정리하여 기술하는 방법 |
| 시나리오식 | 교육할 내용을 이야기하듯이 적거나 구체적인 내용을 모두 열거하여 참고하도록 하는 방법 |
| 혼합형 방식 | 조목열거식에 부가적인 내용을 보충하는 방법 |

0902

## 34

Repetitive Learning 1회 2회 3회

S-R이론 중에서 긍정적 강화, 부정적 강화, 처벌 등이 이 이론의 원리에 속하며, 사람들이 바람직한 경과를 이끌어 내기 위해 단지 어떤 자극에 대해 수동적으로 반응하는 것이 아니라 환경상의 어떤 능동적인 행위를 한다는 이론은?

① 파블로프(Pavlov)의 조건반사설
② 손다이크(Thorndike)의 시행착오설
③ 스키너(Skinner)의 조작적 조건화설
④ 구쓰리에(Guthrie)의 접근적 조건화설

**해설**

- 파블로프의 조건반사설은 동물에게 계속 자극을 주면 반응함으로써 새로운 행동이 발달되는데 인간의 행동 역시 자극에 대한 반응을 통해 학습된다는 이론이다.
- 손다이크의 시행착오설은 맹목적 시행을 반복하는 가운데 자극과 반응이 결합하여 행동한다는 주장이다.
- 구쓰리에의 접근적 조건화설은 행동주의 심리학적 관점으로 동작을 유발한 자극이 다시 그 동작을 유발한다는 주장이다.

**스키너(Skinner)의 조작적 조건화설**

- 학습을 자극(Stimulus)에 의한 반응(Response)으로 보는 이론이다.
- 긍정적 강화, 부정적 강화, 처벌 등이 이 이론의 원리에 속하며, 사람들이 바람직한 경과를 이끌어 내기 위해 단지 어떤 자극에 대해 수동적으로 반응하는 것이 아니라 환경상의 어떤 능동적인 행위를 하게 된다는 주장이다.

1201 / 1501

## 35

Repetitive Learning 1회 2회 3회

다음 중 사업 내 안전·보건교육에 있어 교육대상별 교육시간이 올바르게 연결된 것은?

① 일용근로자의 채용 시 교육 : 2시간 이상
② 일용근로자의 작업내용 변경 시 교육 : 1시간 이상
③ 사무직 종사 근로자의 정기교육 : 매분기 2시간 이상
④ 관리감독자의 지위에 있는 사람의 정기교육 : 연간 8시간 이상

**해설**

- 작업내용 변경 시의 교육시간은 일용근로자 및 근로계약기간이 1주일 이하인 기간제근로자의 경우 1시간 이상, 그 밖의 근로자는 2시간 이상이다.

**안전·보건 교육시간 기준** 실필 1201/0904

<table>
<tr><th>교육과정</th><th colspan="2">교육대상</th><th>교육시간</th></tr>
<tr><td rowspan="4">정기교육</td><td colspan="2">사무직 종사 근로자</td><td>매반기<br>6시간 이상</td></tr>
<tr><td rowspan="2">사무직 외의 근로자</td><td>판매업무에 직접 종사하는 근로자</td><td>매반기<br>6시간 이상</td></tr>
<tr><td>판매업무에 직접 종사하는 근로자 외의 근로자</td><td>매반기<br>12시간 이상</td></tr>
<tr><td colspan="2">관리감독자</td><td>연간 16시간 이상</td></tr>
<tr><td rowspan="3">채용 시의 교육</td><td colspan="2">일용근로자 및 근로계약기간이 1주일 이하인 기간제근로자</td><td>1시간 이상</td></tr>
<tr><td colspan="2">근로계약기간이 1주일 초과 1개월 이하인 기간제근로자</td><td>4시간 이상</td></tr>
<tr><td colspan="2">그 밖의 근로자</td><td>8시간 이상</td></tr>
<tr><td rowspan="2">작업내용 변경 시의 교육</td><td colspan="2">일용근로자 및 근로계약기간이 1주일 이하인 기간제근로자</td><td>1시간 이상</td></tr>
<tr><td colspan="2">그 밖의 근로자</td><td>2시간 이상</td></tr>
<tr><td rowspan="3">특별교육</td><td rowspan="2">일용 및 근로계약기간이 1주일 이하인 기간제근로자</td><td>타워크레인 신호업무 제외</td><td>2시간 이상</td></tr>
<tr><td>타워크레인 신호업무</td><td>8시간 이상</td></tr>
<tr><td colspan="2">일용 및 근로계약기간이 1주일 이하인 기간제근로자 제외 근로자</td><td>• 16시간 이상(작업전 4시간, 나머지는 3개월 이내 분할 가능)<br>• 단기간 또는 간헐적 작업인 경우에는 2시간 이상</td></tr>
<tr><td>건설업 기초안전·보건 교육</td><td colspan="2">건설 일용근로자</td><td>4시간 이상</td></tr>
</table>

## 36

Repetitive Learning 1회 2회 3회

안전교육의 3단계 중 현장실습을 통한 경험체득과 이해를 목적으로 하는 단계는?

① 안전지식교육 ② 안전기능교육
③ 안전태도교육 ④ 안전의식교육

해설

- 안전기능교육은 긴 시간 동안 개인의 반복적 시행착오에 의해서 형성되며, 현장실습을 통한 경험체득과 이해가 큰 도움이 된다.

안전기능교육(안전교육의 제2단계)

- 작업능력 및 기술능력을 부여하는 교육으로 작업동작을 표준화시킨다.
- 교육대상자가 그것을 스스로 행함으로 얻어지는 것으로 시범식 교육이 가장 바람직한 교육방식이다.
- 긴 시간 동안 개인의 반복적 시행착오에 의해서 형성된다.
- 현장실습을 통한 경험체득과 이해를 목적으로 하는 단계이다.
- 방호장치 관리 기능을 습득하게 한다.

0702 / 1202

## 37

Repetitive Learning 1회 2회 3회

실제로는 움직임이 없으나 시각적으로 움직임이 있는 것처럼 느껴지는 심리적인 현상으로 옳은 것은?

① 잔상효과
② 가현운동
③ 후광효과
④ 기하학적 착시

해설

- 잔상효과란 일련의 정지된 영상을 고속으로 움직였을 때 마치 하나의 움직임으로 느끼는 뇌의 현상을 말한다.
- 후광효과란 한 가지 특성에 기초하여 그 사람의 모든 측면을 판단하는 인간의 경향성을 말한다.
- 기하학적 착시란 도형의 방향, 각도, 크기, 길이에 의해 일어나는 인간의 착시현상을 말한다.

가현운동

- 착시현상 중에서 실제로는 움직이지 않는데도 움직이는 것처럼 느껴지는 심리적인 현상을 말한다.
- 객관적으로 정지하고 있는 대상물이 급속히 나타난다든가 소멸하는 것으로 인하여 일어나는 운동으로 마치 대상물이 운동하는 것처럼 인식되는 현상을 말한다.
- 영화 영상의 방법에 주로 사용된다.

2202

## 38

Repetitive Learning 1회 2회 3회

조직 구성원의 태도는 조직성과와 밀접한 관계가 있다. 태도(Attitude)의 3가지 구성요소에 포함되지 않는 것은?

① 인지적 요소
② 정서적 요소
③ 행동경향 요소
④ 성격적 요소

해설

- 태도는 인지적 요소, 정서적 요소, 행동경향 요소로 구성된다.

태도형성

- 태도의 기능에는 작업적응, 자아방어, 자기표현, 지식기능 등이 있다.
- 태도는 인지적 요소, 정서적 요소, 행동경향 요소로 구성된다.
- 한 번 태도가 결정되면 오랫동안 유지되므로 신중한 태도 교육이 진행되어야 한다.
- 행동결정을 판단하고 지시하는 것은 내적 행동체계에 해당한다.
- 개인의 심적 태도교정보다 집단의 심적 태도교정이 용이하다.

## 39

Repetitive Learning 1회 2회 3회

작업환경에서 물리적인 작업조건보다는 근로자의 심리적인 태도 및 감정이 직무수행에 큰 영향을 미친다는 결과를 밝혀낸 대표적인 연구로 옳은 것은?

① 호손 연구 ② 플래시보 연구
③ 스키너 연구 ④ 시간-동작 연구

해설

- 호손 실험을 통해서 생산성에는 사원들의 태도, 감독자, 비공식 집단의 중요성 등 인간관계와 관련한 요소들이 복잡하게 영향을 미친다는 것을 확인하였다.

호손 실험(Hawthorne experiment)

- 산업심리학이 발전하던 1920년대에 시작된 일련의 연구로 원래 조명도와 생산성의 관계를 밝히려고 시작되었다.
- 조명을 밝히면 처음에는 생산량이 증가하나 이후에는 조명과 상관관계가 거의 없이 생산량이 증가하였다.
- 결과적으로 생산성에는 사원들의 태도, 감독자, 비공식 집단의 중요성 등 인간관계와 관련한 요소들이 복잡하게 영향을 미친다는 것을 확인하였다.



36 ② 37 ② 38 ④ 39 ① 정답

1102 / 1504

## 40 Repetitive Learning (1회 2회 3회)

심리검사 종류에 관한 설명으로 옳은 것은?

① 성격 검사 : 인지능력이 직무수행을 얼마나 예측하는지 측정한다.

② 신체능력 검사 : 근력, 순발력, 전반적인 신체 조정능력, 체력 등을 측정한다.

③ 기계적성 검사 : 기계를 다루는 데 있어 예민성, 색채 시각, 청각적 예민성을 측정한다.

④ 지능 검사 : 제시된 진술문에 대하여 어느 정도 동의하는지에 관해 응답하고, 이를 척도점수로 측정한다.

**해설**

- ①의 설명은 지능 검사에 대한 설명이다.
- ③ 기계적성 검사는 기계적 원리를 얼마나 이해하고 있는지, 제조 및 생산 직무에 적합한지를 측정한다.
- ④의 설명은 성격 검사에 대한 설명이다.

**심리검사의 종류**

- 기계적성 검사 : 기계적 원리를 얼마나 이해하고 있는지, 제조 및 생산 직무에 적합한지를 측정한다.
- 성격 검사 : 제시된 진술문에 대하여 어느 정도 동의하는지에 관해 응답하고, 이를 척도점수로 측정한다.
- 지능 검사 : 인지능력이 직무수행을 얼마나 예측하는지 측정한다.
- 신체능력 검사 : 근력, 순발력, 전반적인 신체 조정능력, 체력 등을 측정한다.

# 3과목 인간공학 및 시스템안전공학

1301 / 1602 / 1604

## 41 Repetitive Learning (1회 2회 3회)

FTA에서 사용하는 기호에서 3개의 입력현상 중 임의의 시간에 2개가 발생하면 출력이 생기는 기호의 명칭은?

① 억제 게이트 ② 조합 AND 게이트
③ 배타적 OR 게이트 ④ 우선적 AND 게이트

**해설**

- 억제 게이트는 한 개의 입력사상에 의해 출력사상이 발생하며, 출력사상이 발생되기 전에 입력사상이 특정 조건을 만족하여야 한다.
- 배타적 OR 게이트(Exclusive OR gate)는 OR 게이트의 특별한 경우로 2개 또는 그 이상의 입력이 동시에 존재하는 경우에는 출력이 생기지 않는 게이트이다.
- 우선적 AND 게이트는 AND 게이트의 특별한 경우로 여러 개의 입력사상이 정해진 순서에 따라 순차적으로 발생해야만 결과가 출력된다.

**조합 AND 게이트**

- 3개의 입력현상 중 임의의 시간에 2개의 입력사상이 발생할 경우 출력이 생기는 기호이다.
- 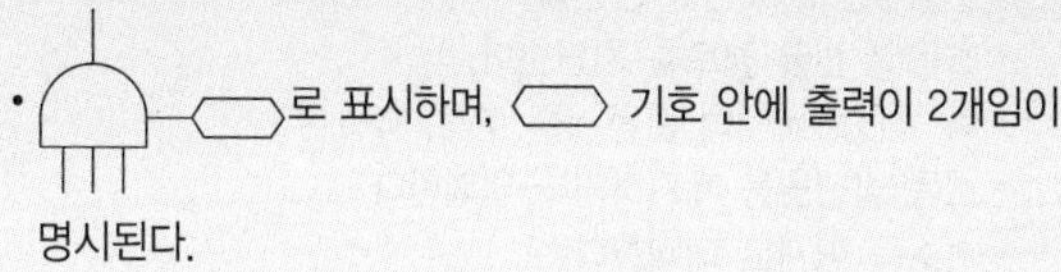 로 표시하며, ⬭ 기호 안에 출력이 2개임이 명시된다.

0901

## 42 Repetitive Learning (1회 2회 3회)

고장형태와 영향분석(FMEA)에서 평가요소로 틀린 것은?

① 고장발생의 빈도
② 고장의 영향 크기
③ 고장방지의 가능성
④ 기능적 고장 영향의 중요도

**해설**

- FMEA에서 고장 등급의 평가요소에는 고장의 영향 크기보다는 영향을 미치는 시스템의 범위, 신규설계 여부 등이 포함되어야 한다.

**FMEA의 고장 평점 결정 5가지 평가요소**

- 기능적 고장의 중요도
- 영향을 미치는 시스템의 범위
- 고장의 발생 빈도
- 고장방지의 가능성
- 신규설계 여부

정답 | 40 ② 41 ② 42 ②

1304

## 43

Repetitive Learning 1회 2회 3회

다음 중 소음방지 대책에 있어 가장 효과적인 방법은?

① 음원에 대한 대책
② 수음자에 대한 대책
③ 전파경로에 대한 대책
④ 거리감쇠와 지향성에 대한 대책

**해설**

- 가장 근본적이고 효과적인 소음대책은 소음원에 대한 대책이다.

**제한된 실내 공간에서의 소음대책**

- 진동부분의 표면을 줄인다.
- 소음의 전달 경로를 차단한다.
- 벽, 천장, 바닥에 흡음재를 부착한다.
- 소음 발생원을 제거하거나 밀폐한다.
- 저소음 기계로 대체한다.
- 시설기자재를 적절히 배치시킨다.

0702 / 1602 / 1902

## 44

Repetitive Learning 

그림과 같이 7개의 부품으로 구성된 시스템의 신뢰도는 약 얼마인가?(단, 네모 안의 숫자는 각 부품의 신뢰도이다)

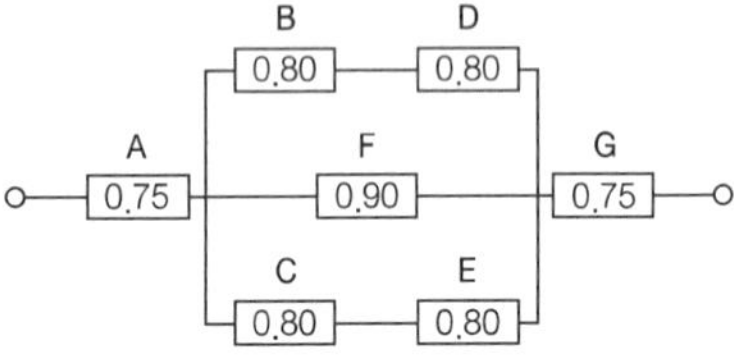


① 0.5552　　② 0.5427
③ 0.6234　　④ 0.9740

**해설**

- Ⓑ－Ⓓ는 직렬로 연결되어 있으므로 $0.8 \times 0.8 = 0.64$
- Ⓒ－Ⓔ는 직렬로 연결되어 있으므로 $0.8 \times 0.8 = 0.64$
- Ⓑ－Ⓓ와 Ⓒ－Ⓔ 그리고 Ⓕ는 병렬로 연결되어 있으므로 $1-(1-0.64)(1-0.64)(1-0.9) = 1-(0.36 \times 0.36 \times 0.1) = 1-0.01296 = 0.98704$이다.
- 이제 Ⓐ, 위의 결과, Ⓖ가 직렬 연결되어 있는 것을 계산하면 $0.75 \times 0.98704 \times 0.75 = 0.5552$이다.

**시스템의 신뢰도**

㉠ AND(직렬)연결 시
- 부품 a, 부품 b 신뢰도를 각각 $R_a$, $R_b$라 할 때 시스템의 신뢰도($R_s$)는 $R_s = R_a \times R_b$로 구할 수 있다.

㉡ OR(병렬)연결 시
- 부품 a, 부품 b 신뢰도를 각각 $R_a$, $R_b$라 할 때 시스템의 신뢰도($R_s$)는 $R_s = 1-(1-R_a)\times(1-R_b)$로 구할 수 있다.

1102 / 1602

## 45

Repetitive Learning 1회 2회 3회

산업안전보건법령에 따라 유해·위험방지계획서의 제출대상 사업은 해당 사업으로서 전기 계약용량이 얼마 이상인 사업을 말하는가?

① 150kW
② 200kW
③ 300kW
④ 500kW

**해설**

- 유해·위험방지계획서 제출대상 사업장의 규모는 전기 계약용량이 300kW 이상인 사업장이다.

**유해·위험방지계획서의 제출**

- 제출대상 사업장의 규모는 전기 계약용량이 300kW 이상인 사업장이다.
- 건설물·기계·기구 및 설비 등 일체를 설치·이전하거나 그 주요 구조부분을 변경할 때에는 고용노동부장관(한국산업안전보건공단)에게 유해·위험방지계획서를 2부 제출하여야 한다.
- 첨부서류는 건축물 각 층의 평면도, 기계·설비의 개요를 나타내는 서류, 기계·설비의 배치도면, 원재료 및 제품의 취급, 제조 등의 작업방법의 개요 등이다.
- 제조업의 경우는 해당 작업시작 15일 전에 제출한다.
- 건설업의 경우는 공사의 착공 전날까지 제출한다.

## 46

Repetitive Learning 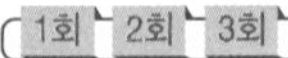

화학설비에 대한 안전성 평가에서 정량적 평가항목에 해당하지 않는 것은?

① 습도　　② 온도
③ 압력　　④ 용량

**해설**

- 정량적 평가항목의 5항목에는 취급물질, 용량, 온도, 압력, 조작이 있다.

**정성적 평가와 정량적 평가항목**

| | | |
|---|---|---|
| 정성적 평가 | 설계관계항목 | 입지조건, 공장 내 배치, 건조물, 소방설비 등 |
| | 운전관계항목 | 원재료, 중간제품, 공정 및 공정기기, 수송, 저장 등 |
| 정량적 평가 | • 수치값으로 표현 가능한 항목들을 대상으로 한다.<br>• 온도, 취급물질, 화학설비용량, 압력, 조작 등을 위험도에 맞게 평가한다. | |



43 ① 44 ① 45 ③ 46 ① 정답

0904 / 1504

## 47

Repetitive Learning (1회 2회 3회)

인간의 오류모형에서 "알고 있음에도 의도적으로 따르지 않거나 무시한 경우"를 무엇이라 하는가?

① 실수(Slip) ② 착오(Mistake)
③ 건망증(Lapse) ④ 위반(Violation)

해설

- 실수(Slip)는 의도는 올바른 것이었지만, 행동이 의도한 것과는 다르게 나타나는 오류이다.
- 착오(Mistake)는 상황해석을 잘못하거나 목표를 잘못 이해하고 착각하여 행하는 인간의 실수를 말한다.
- 건망증(Lapse)은 일련의 과정에서 일부를 빠뜨리거나 기억의 실패에 의해 발생하는 오류이다.

:: 인간의 다양한 오류모형

| | |
|---|---|
| 착각 (Illusion) | 감각적으로 물리현상을 왜곡하는 지각 오류 |
| 착오 (Mistake) | 상황해석을 잘못하거나 목표를 잘못 이해하고 착각하여 행하는 인간의 실수로 위치, 순서, 패턴, 형상, 기억오류 등 외부적 요인에 의해 나타나는 오류 |
| 실수 (Slip) | 의도는 올바른 것이었지만, 행동이 의도한 것과는 다르게 나타나는 오류 |
| 건망증 (Lapse) | 일련의 과정에서 일부를 빠뜨리거나 기억의 실패에 의해 발생하는 오류 |
| 위반 (Violation) | 정해진 규칙을 알고 있음에도 의도적으로 따르지 않거나 무시한 경우에 발생하는 오류 |

## 48

Repetitive Learning (1회 2회 3회)

아령을 사용하여 30분간 훈련한 후, 이두근의 근육 수축작용에 대한 전기적인 신호데이터를 모았다. 이 데이터들을 이용하여 분석할 수 있는 것은 무엇인가?

① 근육의 질량과 밀도 ② 근육의 활성도와 밀도
③ 근육의 피로도와 크기 ④ 근육의 피로도와 활성도

해설

- 근육운동 전후의 근육상태를 근선도 검사를 통해 점검한 후 운동처방을 하는 것은 EMG를 통해 근육의 근력, 경직상태, 피로상태, 밸런스, 활성도를 체크할 수 있기 때문이다.

:: EMG(Electromyography) : 근전도 검사

- 특정 근육에 걸리는 부하를 근육에 발생한 전기적 활성으로 인한 전류값으로 측정하는 방법을 말한다.
- 인간의 생리적 부담 척도 중 육체작업 즉, 국소적 근육 활동의 척도로 가장 적합한 변수이다.
- 간헐적으로 페달을 조작할 때 다리에 걸리는 부하를 평가하기에 적당한 측정 변수이다.

## 49

Repetitive Learning (1회 2회 3회)

다음 중 신체부위의 운동에 대한 설명으로 틀린 것은?

① 굴곡(Flexion)은 부위 간의 각도가 증가하는 신체의 움직임을 말한다.
② 내전(Adduction)은 신체의 외부에서 중심선으로 이동하는 신체의 움직임을 말한다.
③ 외전(Abduction)은 신체 중심선으로부터 이동하는 신체의 움직임을 말한다.
④ 외선(Lateral rotation)은 신체의 중심선으로부터 회전하는 신체의 움직임을 말한다.

해설

- 신체부위 간의 각도가 증가하는 관절동작은 신전(Extension)이다.

:: 인체의 동작 유형

| | |
|---|---|
| 내전(Adduction) | 신체의 외부에서 중심선으로 이동하는 신체의 움직임 |
| 외전(Abduction) | 신체 중심선으로부터 밖으로 이동하는 신체의 움직임 |
| 굴곡(Flexion) | 신체부위 간의 각도가 감소하는 관절동작 |
| 신전(Extension) | 신체부위 간의 각도가 증가하는 관절동작 |
| 내선(Medial rotation) | 신체의 바깥쪽에서 중심선 쪽으로 회전하는 신체의 움직임 |
| 외선(Lateral rotation) | 신체의 중심선으로부터 회전하는 신체의 움직임 |

## 50

Repetitive Learning (1회 2회 3회)

공정안전관리(Process Safety Management : PSM)의 적용대상 사업장이 아닌 것은?

① 복합비료 제조업
② 농약 원제 제조업
③ 차량 등의 운송설비업
④ 합성수지 및 기타 플라스틱물질 제조업

해설

- 차량 등의 운송설비업은 공정안전보고서 제출대상과 관련 없다.

:: PSM 제출대상

㉠ 개요

- 유해·위험설비를 보유하고 있는 사업장은 모든 유해·위험설비에 대해서 PSM을 작성하여야 하고, 관련 사업장 이외의 업종에서는 규정량 이상 유해·위험물질을 제조·취급·사용·저장하고 있는 사업장에서만 PSM을 작성하면 된다.

정답 | 47 ④ 48 ④ 49 ① 50 ③

㉡ 유해·위험설비를 보유하고 있는 사업장
- 원유 정제 처리업
- 기타 석유정제물 재처리업
- 석유화학계 기초화학물 제조업 또는 합성수지 및 기타 플라스틱물질 제조업
- 질소, 인산 및 칼리질 비료 제조업
- 복합비료 제조업(단순혼합 또는 배합에 의한 경우는 제외)
- 농약 제조업(원제 제조에만 해당)
- 화약 및 불꽃제품 제조업

㉢ 규정량 이상 유해·위험물질을 제조·취급·사용·저장하고 있는 사업장
- $R = \sum_{i=1}^{n} \frac{취급량_i}{규정량_i}$으로 구한 후 R의 값이 1 이상일 경우 유해·위험설비로 보기 때문에 공정안전보고서 제출대상에 해당된다.

1202 / 1601 / 2201

## 51

Repetitive Learning (1회 2회 3회)

어떤 결함수를 분석하여 Minimal cut set을 구한 결과 다음과 같았다. 각 기본사상의 발생확률을 qi, I=1, 2, 3 이라 할 때 정상사상의 발생확률함수로 옳은 것은?

$$k_1 = [1, 2],\ k_2 = [1, 3],\ k_3 = [2, 3]$$

① $q_1q_2 + q_1q_2 - q_2q_3$

② $q_1q_2 + q1q3 - q_2q_3$

③ $q_1q_2 + q_1q_3 + q_2q_3 - q_1q_2q_3$

④ $q_1q_2 + q_1q_3 + q_2q_3 - 2q_1q_2q_3$

해설

- 최소 컷 셋을 FT로 표시하면 다음과 같다.

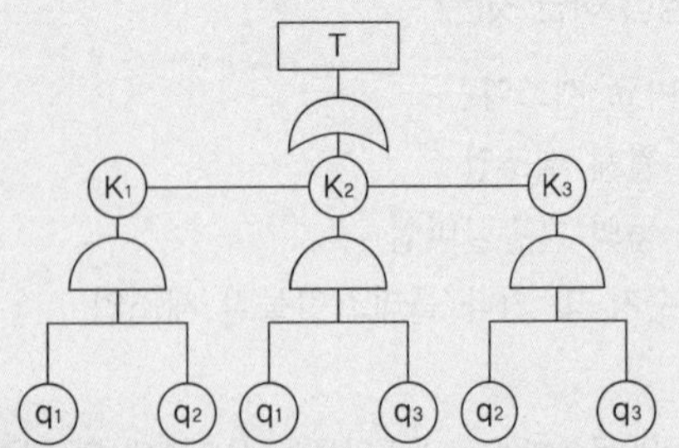


- $K_1 = q_1 \cdot q_2$이고, $K_2 = q_1 \cdot q_3$, $K_3 = q_2 \cdot q_3$이다.
- T는 이들을 OR로 연결하였으므로 발생확률에서 OR연결의 경우 $T = 1-(1-P(K_1))(1-P(K_2))(1-P(K_3))$이 된다.
- $T = 1-(1-q_1q_2)(1-q_1q_3)(1-q_2q_3)$으로 표시된다.
- $(1-q_1q_2)(1-q_1q_3) = 1-q_1q_3-q_1q_2+q_1q_2q_3$이고, $(1-q_1q_3-q_1q_2+q_1q_2q_3)(1-q_2q_3) =$ $1-q_2q_3-q_1q_3+q_1q_2q_3-q_1q_2+q_1q_2q_3+q_1q_2q_3-q_1q_2q_3 =$ $1-q_2q_3-q_1q_3-q_1q_2+2(q_1q_2q_3)$이 되므로 이를 대입하면 $T = 1-1+q_2q_3+q_1q_3+q_1q_2-2(q_1q_2q_3)$가 된다. 이는 $T = q_2q_3+q_1q_3+q_1q_2-2(q_1q_2q_3)$로 정리된다.

FT도에서 정상(고장)사상 발생확률

㉠ AND(직렬)연결 시
- 사상 A의 발생확률을 $P_A$, 사상 B, 사상 C 발생확률을 $P_B$, $P_C$라 할 때 $P_A = P_B \times P_C$로 구할 수 있다.

㉡ OR(병렬)연결 시
- 사상 A의 발생확률을 $P_A$, 사상 B, 사상 C 발생확률을 $P_B$, $P_C$라 할 때 $P_A = 1-(1-P_B)\times(1-P_C)$로 구할 수 있다.

0601 / 1001 / 1104

## 52

Repetitive Learning (1회 2회 3회)

n개의 요소를 가진 병렬 시스템에 있어 요소의 수명(MTTF)이 지수분포를 따를 경우, 이 시스템의 수명으로 옳은 것은?

① $MTTF \times n$

② $MTTF \times \frac{1}{n}$

③ $MTTF \times (1 + \frac{1}{2} + \cdots + \frac{1}{n})$

④ $MTTF \times (1 \times \frac{1}{2} \times \cdots \times \frac{1}{n})$

해설

- 지수분포를 따르는 부품의 평균수명이 MTTF이고 병렬로 연결되었으므로 기대수명은 $\left(1+\frac{1}{2}+\cdots+\frac{1}{n}\right)\times MTTF$가 된다.

n개의 요소를 갖는 지수분포를 따르는 부품의 기대수명
- 평균수명이 t인 부품 n개를 직렬로 구성하였을 때 기대수명은 $\frac{t}{n}$이다.
- 평균수명이 t인 부품 n개를 병렬로 구성하였을 때 기대수명은 $\left(1+\frac{1}{2}+\cdots+\frac{1}{n}\right)\times t$이다.



51 ④ 52 ③ 정답

1502

## 53

Repetitive Learning 1회 2회 3회

다음 중 결함수분석의 기대효과와 가장 관계가 먼 것은?

① 시스템의 결함 진단 ② 시간에 따른 원인 분석
③ 사고원인 규명의 간편화 ④ 사고원인 분석의 정량화

해설

- 결함수분석의 기대효과에는 ①, ③, ④ 외에 노력 시간의 절감 등이 있다.

결함수분석법(FTA)

㉠ 개요
- 연역적 방법으로 원인을 규명하며, 재해의 정량적 예측이 가능한 분석방법이다.
- 하향식(Top-down) 방법을 사용한다.
- 특정 사상에 대해 짧은 시간에 해석이 가능하다.
- 복잡하고 대형화된 시스템을 논리기호를 사용하여 해석한다.
- 간단한 FT도의 작성으로 정성적 해석이 가능하여 비전문가도 잠재위험을 효율적으로 분석할 수 있다.
- 정성적 평가 후 정량적 평가를 실시하며, 정량적으로 재해 발생 확률을 구한다.

㉡ 기대효과
- 사고원인 규명의 간편화
- 노력 시간의 절감
- 사고원인 분석의 정량화
- 시스템의 결함 진단

0302 / 0602 / 1001

## 54

Repetitive Learning 1회 2회 3회

다음 중 인간 전달 함수(Human transfer function)의 결점이 아닌 것은?

① 입력의 협소성 ② 시점적 제약성
③ 정신운동의 묘사성 ④ 불충분한 직무 묘사

해설

- 정신운동은 함수의 변수 등으로 묘사할 수 없으며, 인간 전달 함수에서 취급하지 않는다.

인간 전달 함수(Human transfer function)
- 입력과 출력의 관계를 하나 또는 그 이상의 등식으로 표현한 것을 말한다.
- 추적작업에 있어서 오퍼레이터의 제어동작을 그 입력의 함수로 기록하여 복잡한 입력에 대한 응답을 쉽게 획득가능하다.
- 결점은 입력의 협소성, 불충분한 직무 묘사, 시점의 제약성 등에 있다.

0301 / 0401 / 0402 / 0601 / 0704 / 0801 / 1002 / 1801

## 55

Repetitive Learning 1회 2회 3회

다음과 같은 실내 표면에서 일반적으로 추천 반사율의 크기를 맞게 나열한 것은?

| ㉠ 바닥 ㉡ 천장 ㉢ 가구 ㉣ 벽 |
|---|

① ㉠ < ㉣ < ㉢ < ㉡ ② ㉣ < ㉠ < ㉡ < ㉢
③ ㉠ < ㉢ < ㉣ < ㉡ ④ ㉣ < ㉡ < ㉠ < ㉢

해설

- 옥내 조명에서 최적 반사율의 크기는 바닥 < 가구 < 벽 < 천장 순으로 커진다.

실내 면 반사율

㉠ 개요
- 빛을 포함한 여러 종류의 복사파가 물체의 표면에서 어느 정도 반사되는지를 나타낸다.
- 반사율 = $\frac{\text{광도}}{\text{조도}} \times 100$으로 구한다.
- 옥내 조명에서 최적 반사율의 크기는 바닥 < 가구 < 벽 < 천장 순으로 커진다.
- 반사율이 각각 $L_a, L_b$인 두 물체의 대비는 $\frac{L_a - L_b}{L_a} \times 100$으로 구한다.

㉡ 실내 면의 추천 반사율

| | |
|---|---|
| 천장 | 80 ~ 90% |
| 벽 | 40 ~ 60% |
| 가구 및 사무용 기기 | 25 ~ 45% |
| 바닥 | 20 ~ 40% |

2202

## 56

Repetitive Learning 1회 2회 3회

다음 중 인간공학에 대한 설명으로 틀린 것은?

① 인간이 사용하는 물건, 설비, 환경의 설계에 작용된다.
② 인간을 작업과 기계에 맞추는 실제 철학이 바탕이 된다.
③ 인간-기계 시스템의 안전성과 편리성, 효율성을 높인다.
④ 인간의 생리적, 심리적인 면에서의 특성이나 한계점을 고려한다.

해설

- 인간공학은 업무시스템을 인간에 맞추는 것이지 인간을 시스템에 맞추는 것이 아니다.

정답 | 53 ② 54 ③ 55 ③ 56 ②

∷ 인간공학(Ergonomics)
㉠ 개요
- "Ergon(작업) + nomos(법칙) + ics(학문)"이 조합된 단어로 Human factors, Human engineering이라고도 한다.
- 인간의 특성과 한계 능력을 공학적으로 분석, 평가하여 이를 복잡한 체계의 설계에 응용함으로써 효율을 최대로 활용할 수 있도록 하는 학문분야이다.
- 인간이 사용하는 물건, 설비, 환경의 설계에 인간의 생리적, 심리적인 면에서의 특성이나 한계점을 고려함으로써 인간-기계 시스템의 안전성과 편리성, 효율성을 높이는 학문분야이다.

㉡ 적용분야
- 제품설계
- 재해 · 질병 예방
- 장비 · 공구 · 설비의 배치
- 작업장 내 조사 및 연구

1501

## 57 Repetitive Learning (1회 2회 3회)

다음 중 정성적 표시장치를 설명한 것으로 적절하지 않은 것은?

① 정성적 표시장치의 근본 자료 자체는 정량적인 것이다.
② 전력계에서와 같이 기계적 혹은 전자적으로 숫자가 표시된다.
③ 색채 부호가 부적합한 경우에는 계기판 표시 구간을 형상 부호화하여 나타낸다.
④ 연속적으로 변하는 변수의 대략적인 값이나 변화추세, 변화율 등을 알고자 할 때 사용된다.

해설
- 전자적으로 숫자를 표시하는 표시장치는 정량적 표시장치 중 계수형을 말한다.

∷ 정성적 표시장치
- 온도, 압력, 속도와 같이 연속적으로 변화하는 값의 추세, 변화율 등을 그래프나 곡선의 형태로 표현하는 장치이다.
- 정성적 표시장치의 근본 자료 자체는 정량적인 것이다.
- 색채 부호가 부적합한 경우에는 계기판 표시 구간을 형상 부호화하여 나타낸다.
- 비행기 고도의 변화율이나 자동차 시속을 표시할 때 사용된다.
- 색이나 형상을 암호화하여 설계할 때 사용된다.

1404

## 58 Repetitive Learning (1회 2회 3회)

다음 중 착석식 작업대의 높이 설계를 할 경우 고려해야 할 사항과 가장 관계가 먼 것은?

① 의자의 높이
② 대퇴 여유
③ 작업의 성격
④ 작업대의 형태

해설
- 착석식 작업대의 높이 설계를 할 경우 고려해야 할 사항에는 ①, ②, ③ 외에 작업대의 두께 등이 있다.

∷ 착석식 작업대의 높이 설계를 할 경우 고려해야 할 사항
- 대퇴 여유
- 의자의 높이
- 작업대의 두께
- 작업의 성질

2102

## 59 Repetitive Learning (1회 2회 3회)

다음 중 음량수준을 평가하는 척도와 관계없는 것은?

① HSI
② phon
③ dB
④ sone

해설
- HSI는 열 압박 지수(Heat Stress Index)로 열평형을 유지하기 위해 증발해야 하는 땀의 양으로 음량수준과는 거리가 멀다.

∷ 음량수준
- 음의 크기를 나타내는 단위에는 dB(PNdB, PLdB), phon, sone 등이 있다.
- 음량수준을 측정하는 척도에는 phon 및 sone에 의한 음량수준과 인식소음수준 등을 들 수 있다.
- 음의 세기는 진폭의 크기에 비례한다.
- 음의 높이는 주파수에 비례한다.(주파수는 주기와 반비례한다)
- 인식소음수준은 소음의 측정에 이용되는 척도로 PNdB와 PLdB로 구분된다.



57 ② 58 ④ 59 ① 정답

## 60 Repetitive Learning (1회 2회 3회)

빨강, 노랑, 파랑의 3가지 색으로 구성된 교통 신호등이 있다. 신호등은 항상 3가지 색 중 하나가 켜지도록 되어 있다. 1시간 동안 조사한 결과, 파란등은 총 30분 동안, 빨간등과 노란등은 각각 총 15분 동안 켜진 것으로 나타났다. 이 신호등의 총 정보량은 몇 bit인가?

① 0.5　　② 0.75
③ 1.0　　④ 1.5

해설

- 파란등의 확률은 0.5이고, 빨간등과 노란등은 각각 0.25인 경우이다.
- 개별적인 정보량을 구하면 파란등은 1, 빨간등과 노란등은 각각 2이다.
- 신호등의 총 정보량은 0.5×1 + 0.25×2 + 0.25×2 = 1.5이다.

**정보량**

- 대안이 n개인 경우의 정보량은 $\log_2 n$으로 구한다.
- 특정 안이 발생할 확률이 $p(x)$라면 정보량은 $\log_2 \frac{1}{p(x)}$로 구한다.
- 여러 안이 발생할 경우의 총 정보량은 [개별 확률 × 개별 정보량의 합]과 같다.

# 4과목 건설시공학

## 61 Repetitive Learning (1회 2회 3회)

강말뚝의 특징에 관한 설명으로 옳지 않은 것은?

① 휨강성이 크고 자중이 철근콘크리트말뚝보다 가벼워 운반취급이 용이하다.
② 강재이기 때문에 균질한 재료로서 대량생산이 가능하고 재질에 대한 신뢰성이 크다.
③ 표준관입시험 N값 50 정도의 경질지반에도 사용이 가능하다.
④ 지중에서 부식되지 않으며 타 말뚝에 비하여 재료비가 저렴한 편이다.

해설

- 강말뚝은 다른 말뚝에 비해 지중에서 부식이 잘 되며, 단가가 비싼 단점을 갖는다.

**강말뚝(Steel pile)**

㉠ 개요
- 강재로 된 말뚝을 말한다.
- 최근에 널리 이용되고 있다.
- 표준관입시험 N값 50 정도의 경질지반에도 사용이 가능하다.
- 단면의 모양에 따라 H pile과 강관말뚝(Pipe pile)으로 분류된다.

㉡ 특징

| 장점 | 단점 |
|---|---|
| • 휨강성이 크고 자중이 철근콘크리트말뚝보다 가벼워 운반취급이 용이하다.<br>• 강재이기 때문에 균질한 재료로서 대량생산이 가능하고 재질에 대한 신뢰성이 크다.<br>• 단면 및 길이를 무제한으로 할 수 있다. | • 단가가 비싸다.<br>• 부식이 잘 된다.<br>• 휨강성이 약한 I형은 타입 시 휘어질 가능성이 있다. |

0902

## 62 Repetitive Learning (1회 2회 3회)

바닥판 거푸집 구조계산 시 고려해야 하는 연직하중에 해당하지 않는 것은?

① 굳지 않은 콘크리트의 중량
② 작업하중
③ 충격하중
④ 굳지 않은 콘크리트의 측압

해설

- 굳지 않은 콘크리트의 측압은 바닥판이 아니라 벽이나 기둥 혹은 보 옆의 거푸집 계산 시에 고려할 하중이다.

**거푸집 설계 시 고려할 하중**

㉠ 바닥판, 보 밑
- 생 콘크리트의 중량
- 작업하중
- 충격하중

㉡ 벽, 기둥
- 생 콘크리트 중량
- 생 콘크리트의 측압

정답 | 60 ④ 61 ④ 62 ④

## 63

Repetitive Learning 1회 2회 3회

원가절감에 이용되는 기법 중 VE(Value Engineering)에서 가치를 정의하는 공식은?

① 품질/비용 ② 비용/기능
③ 기능/비용 ④ 비용/품질

해설

- 가치공학에서 사고의 기본원칙은 기능/비용에서 유추한다.

가치공학(Value Engineering)

㉠ 개요
- 품질 및 근본적으로 필요한 특성을 유지하면서 가장 합리적인 방법으로 불필요한 비용을 제거하여 효율적으로 공사를 하도록 하는 것을 말한다.
- 사고의 기본원칙은 $V = \frac{F}{C}$에서 유추한다.
  이때 F는 기능, C는 비용, V는 가치를 의미한다.

㉡ 가치공학적 사고방식
- $V = \frac{F\rightarrow}{C\downarrow}$ : 기능은 유지하면서 비용을 줄이는 것으로 생애비용을 고려한 최소의 총 비용에 해당한다.
- $V = \frac{F\uparrow}{C\downarrow}$ : 기능을 향상시키면서 비용을 줄이는 것으로 혁신적 사고에 의한 활동에 해당한다.
- $V = \frac{F\uparrow}{C\uparrow}$ : 기능을 향상시키면서 비용 또한 늘어나는 것으로 기능 중심의 사고에 해당한다.
- $V = \frac{F\uparrow}{C\rightarrow}$ : 기능을 향상시키면서 비용은 유지하여 사용자를 만족시키는 사용자 중심의 사고에 해당한다.

## 64

Repetitive Learning 1회 2회 3회

실비에 제한을 붙이고 시공자에게 제한된 금액 이내에 공사를 완성할 책임을 주는 공사방식은?

① 실비 비율 보수가산식
② 실비 정액 보수가산식
③ 실비 한정비율 보수가산식
④ 실비 준동률 보수가산식

해설

- 실비를 한정한 후 그에 가산된 공사비를 지급하는 방식은 실비 한정비율 보수가산식에 대한 설명이다.

실비정산 보수가산 도급방식

- 실비를 정산하고 미리 정해놓은 보수율대로 가산하여 공사비를 지급하는 방식을 말한다.
- 종류에는 실비 비율 보수가산식, 실비 한정비율 보수가산식, 실비 정액 보수가산식, 실비 준동률 보수가산식 등이 있다.

| 실비 비율 보수가산식 | 실비와 비율을 가산한 공사비를 지급하는 방식 |
|---|---|
| 실비 한정비율 보수가산식 | 실비를 한정하고 그에 가산된 공사비를 지급하는 방식 |
| 실비 정액 보수가산식 | 실비와 정해진 보수를 가산하여 공사비를 지급하는 방식 |
| 실비 준동률 보수가산식 | 실비를 단계별로 나누어 구간에 따른 보수비율을 지급하는 방식 |

0802

## 65

Repetitive Learning 1회 2회 3회

그림과 같이 H-400×400×30×50인 형강재의 길이가 10m일 때 개산중량에 가까운 것은?(단, 철의 비중은 7.85ton/m$^3$임)

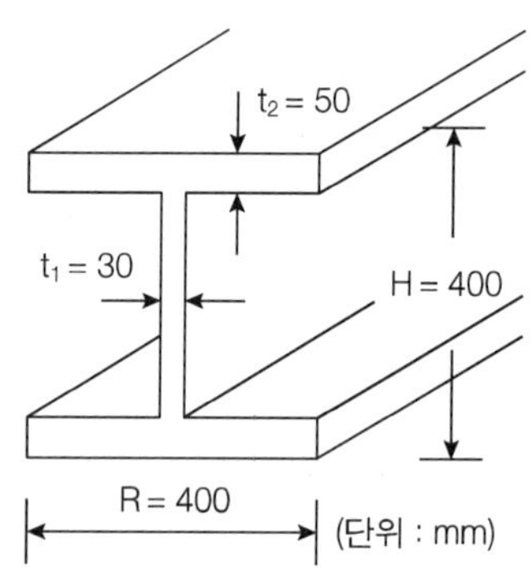


① 1 ton
② 4 ton
③ 8 ton
④ 12 ton

해설

- 철골이 I형이므로 위아래는 같은 부피이다. 단위를 m으로 통일하면 위아래의 부피는 각각 0.05 × 0.4 × 10 = 0.2이므로 0.4이다. 가운데 세로강은 0.03 × (0.4−0.1) × 10 = 0.09이다. 철골 전체의 부피는 0.49[$m^3$]이 된다.
- 철의 비중이 7.85[ton/$m^3$]이므로
  개산중량은 7.85×0.49=3.8465[ton]이 된다.
  개산중량 즉, 대충한 계산으로는 약 4톤이다.

형강재의 개산중량

- 개산중량 = 철의 비중 × 철골의 부피로 구한다.



63 ③ 64 ③ 65 ② 정답

1402

## 66

Repetitive Learning 1회 2회 3회

다음 보기에서 일반적인 철근의 조립순서로 옳은 것은?

| A : 계단철근 | B : 기둥철근 |
|---|---|
| C : 벽철근 | D : 보철근 |
| E : 바닥철근 | |

① A – B – C – D – E
② B – C – D – E – A
③ A – B – C – E – D
④ B – C – A – D – E

해설

- 일반 건축물에서 철근의 조립순서는 기둥철근 – 벽철근 – 보철근 – 바닥철근 – 계단철근 순이다.

철근의 조립순서

- 일반 건축물에서 철근의 조립순서는 기둥철근 – 벽철근 – 보철근 – 바닥철근 – 계단철근 순이다.
- 철골 철근콘크리트 철근의 조립순서는 기둥철근 – 보철근 – 벽철근 – 슬래브철근 – 계단철근 순이다.

1001 / 1401

## 67

Repetitive Learning 1회 2회 3회

깊이 7m 정도의 우물을 파고 이곳에 수중 모터펌프를 설치하여 지하수를 양수하는 배수 공법으로 지하용수량이 많고 투수성이 큰 사질지반에 적합한 것은?

① 집수정(Sump pit) 공법
② 깊은우물(Deep well) 공법
③ 웰포인트(Well point) 공법
④ 샌드드레인(Sand drain) 공법

해설

- 집수정 공법은 집수정을 설치한 후 집수정에 지하수를 고이게 하여 이를 펌프로 배수시키는 공법이다.
- 웰포인트 공법은 사질지반에 양수관을 여러 개 박아 지하수위를 일시적으로 저하시키는 지하수위 저하 공법이다.
- 샌드드레인 공법은 연약점토지반에 사용하는 탈수공법이다.

깊은우물(Deep well) 공법

- 깊이 7m 정도의 우물을 파고 이곳에 수중 모터펌프를 설치하여 지하수를 양수하는 배수 공법으로, 지하용수량이 많고 투수성이 큰 사질지반에 적합한 지하수위 저하 공법이다.
- 투수성 지반에 지름 0.3~1.5m 정도의 우물을 굴착하고 이 속에 우물측관을 삽입하여 속으로 유입하는 지하수를 펌프로 양수하여 지하수위를 낮추는 공법이다.

0502 / 0802 / 1201

## 68

Repetitive Learning 1회 2회 3회

벽돌, 블록 등 조적공사에서 일반적으로 가장 많이 이용되는 치장줄눈 형태는?

① 평줄눈 ② 볼록줄눈
③ 오목줄눈 ④ 민줄눈

해설

- 볼록줄눈은 벽면의 형태가 깨끗하고 반듯할 때 사용하며 순하고 부드러운 느낌을 준다.
- 오목줄눈은 벽면의 형태가 깨끗할 때 사용하며 음영이 약하고 여성적인 느낌을 준다.
- 민줄눈은 벽면의 형태가 고르고 깨끗한 벽돌면에 사용하며 일반적으로 주로 사용하는 치장줄눈이다.

평줄눈

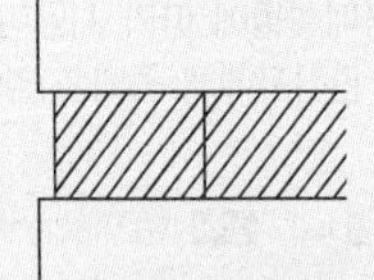

- 벽돌, 블록 등 조적공사에서 일반적으로 가장 많이 이용되는 치장줄눈 형태이다.
- 조적면과 줄눈의 면이 동일한 평면에 있을 때 주로 사용한다.
- 모르타르가 굳기 전에 표면에 가까운 부분을 흙손으로 줄파기 하여 만든 줄눈이다.
- 음영의 효과는 있지만 방수성은 다른 줄눈보다 떨어진다.

2202

## 69

Repetitive Learning 1회 2회 3회

철골작업용 장비 중 절단용 장비로 옳은 것은?

① 프릭션 프레스(Friction press)
② 플레이트스트레이닝롤(Plate straining roll)
③ 파워 프레스(Power press)
④ 핵 소우(Hack saw)

해설

- 핵 소우(Hack saw)는 한 방향으로 절삭하며 쇠톱을 당길 때 절삭이 되는 철골절단용 쇠톱을 말한다.

변형바로잡기 철골작업용 장비

- 형강 변형 잡기 : 교정기(Straightening machine), 프릭션 프레스(Friction press), 파워 프레스(Power press)
- 강판 변형 잡기 : 플레이트스트레이닝롤(Plate straining roll)
- 경미한 변형 잡기 : 해머(Hammer)

정답 | 66 ② 67 ② 68 ① 69 ④

## 70

1202

Repetitive Learning 1회 2회 3회

어스앵커 공법에 관한 설명 중 옳지 않은 것은?

① 인근 구조물이나 지중매설물에 관계없이 시공이 가능하다.

② 앵커체가 각각의 구조체이므로 적용성이 좋다.

③ 앵커에 프리스트레스를 주기 때문에 흙막이 벽의 변형을 방지하고 주변 지반의 침하를 최소한으로 억제할 수 있다.

④ 본 구조물의 바닥과 기둥의 위치에 관계없이 앵커를 설치할 수도 있다.

**해설**

- 널말뚝 후면부를 천공하고 인장재를 삽입하는 방식인 관계로 인근 구조물이나 지중매설물에 따라 시공이 곤란할 수 있으며, 인근 건축주 및 도로 관리자에게 동의를 얻어야 시공이 가능한 방식이다.

**어스앵커 공법** 실필 1502 실작 1902/1804/1801/1604/1602/1601

㉠ 개요
- 널말뚝 후면부를 천공하고 인장재를 삽입하여 경질지반에 정착시킴으로써 흙막이 널을 지지시키는 공법이다.

㉡ 특징
- 앵커체가 각각의 구조체이므로 적용성이 좋다.
- 작업능률이 좋으며 토공사 범위를 한 번에 시공할 수 있다.
- 앵커에 프리스트레스를 주기 때문에 흙막이 벽의 변형을 방지하고 주변 지반의 침하를 최소한으로 억제할 수 있다.
- 본 구조물의 바닥과 기둥의 위치에 관계없이 앵커를 설치할 수도 있다.
- 널말뚝 후면부를 천공하고 인장재를 삽입하는 방식인 관계로 인근 구조물이나 지중매설물에 따라 시공이 곤란할 수 있다.

㉢ 구조
- Angle bracket : 브라켓으로 흙막이 벽과 어스앵커를 연결하는 역할을 담당한다.
- Sheath : 피복부위로 흙과의 마찰이 없도록 하는 역할을 담당한다.
- Packer : 정착부 Grout 밀봉을 목적으로 설치한다.
- Anchor head : 앵커 두부는 지압판, 정착구, 대좌로 구성되어 천공의 각도를 유도하고 강선을 고정한다.

## 71

Repetitive Learning 1회 2회 3회

건설현장에서 시멘트벽돌쌓기 시공 중에 붕괴사고가 가장 많이 일어날 것으로 예상할 수 있는 경우는?

① 0.5B쌓기를 1.0B쌓기로 변경하여 쌓을 경우

② 1일 벽돌쌓기 기준높이를 초과하여 높게 쌓을 경우

③ 습기가 있는 시멘트벽돌을 사용할 경우

④ 신축줄눈을 설치하지 않고 시공할 경우

**해설**

- 하루 벽돌의 쌓는 높이를 초과할 경우 붕괴의 위험이 있다.

**벽돌쌓기 주의사항**
- 내화벽돌은 건조 상태에서 시공한다.
- 벽돌은 충분히 물축임을 한 후 쌓는다.
- 하루 벽돌의 쌓는 높이는 1.2m를 표준으로 하고 최대 1.5m 이내로 한다.
- 벽돌은 균일한 높이로 쌓고 굳기 전에 벽돌을 움직이지 않도록 한다.
- 벽돌벽이 블록벽과 서로 직각으로 만날 때는 연결철물을 만들어 블록 3단마다 보강하며 쌓는다.
- 벽돌벽이 콘크리트 기둥과 만날 때는 그 사이에 모르타르를 충전한다.
- 벽돌쌓기는 모서리, 구석 및 중간요소에 먼저 기준쌓기를 하고 나머지 부분을 쌓아 나간다.
- 연속되는 벽면의 일부를 트이게 하여 나중쌓기로 할 때에는 그 부분을 층단 들여쌓기로 한다.
- 모르타르는 벽돌강도와 같은 정도의 것을 쓰고 굳기 시작한 것은 쓰지 않는다.
- 줄눈 사용 모르타르의 강도는 벽돌강도보다 작아서는 안 된다.
- 사춤모르타르는 매 켜마다 하는 것이 좋으나 일반적으로 3~5켜마다 한다.
- 세로줄눈은 통줄눈, 실줄눈이 되지 않도록 한다.
- 벽돌쌓기는 도면 또는 공사시방서에서 정한 바가 없을 때에는 영식쌓기 또는 화란식쌓기로 한다.
- 가로 및 세로줄눈의 너비는 도면 또는 공사시방서에서 정한 바가 없을 때에는 10mm를 표준으로 한다.
- 치장줄눈은 되도록 짧은 시일에 줄눈이 완전히 굳기 전에 하는 것이 좋다.
- 하루 일이 끝날 때에 켜에 차가 나면 층단 들여쌓기로 하여 다음날의 일과 연결이 쉽게 한다.
- 세로규준틀은 건물의 모서리나 구석에 설치함을 원칙으로 한다.
- 내력벽은 상부 구조물의 하중을 기초에 전달하는 벽으로 세워쌓기나 옆쌓기를 피하는 것이 좋다.



70 ① 71 ② 정답

## 72 Repetitive Learning (1회 2회 3회)

시간이 경과함에 따라 콘크리트에 발생되는 크리프(Creep)의 증가 원인으로 옳지 않은 것은?

① 단위 시멘트양이 적을 경우
② 단면의 치수가 작을 경우
③ 재하시기가 빠를 경우
④ 재령이 짧을 경우

**해설**

- 단위 시멘트의 양이 많을수록 크리프는 증가한다.

**콘크리트의 크리프(Creep) 변형**

㉠ 개요

- 콘크리트에 지속적인 하중을 가하면 응력의 변화가 없어도 변형이 증가하는 소성변형이 발생하는데 이를 크리프라 한다.
- 크리프는 재하 초기에 증가가 현저하고, 장기화될수록 증가율은 작게 되고 보통 3~4년에 정지한다.
- 크리프는 응력집중을 감소시키고 균열발생의 위험성을 줄이는 효과가 있다.
- 크리프 계수는 $\frac{\text{크리프 변형률}}{\text{탄성 변형률}}$로 구한다.

㉡ 크리프의 증가 원인

| | |
|---|---|
| • 시멘트페이스트가 많을수록<br>• 물시멘트비가 클수록<br>• 재령이 짧을수록<br>• 구조부재의 치수가 작을수록<br>• 작용응력이 클수록 | 크리프가 증가한다. |

1401

## 73 Repetitive Learning (1회 2회 3회)

콘크리트 타설과 관련하여 거푸집 붕괴사고 방지를 위하여 우선적으로 검토·확인하여야 할 사항 중 가장 거리가 먼 것은?

① 콘크리트 측압 파악
② 조임 철물 배치 간격 검토
③ 콘크리트의 단기 집중타설 여부 검토
④ 콘크리트의 강도 측정

**해설**

- 콘크리트 타설과 관련하여 거푸집 붕괴사고 방지를 위하여 우선적으로 검토·확인하여야 할 사항에는 ①, ②, ③ 외에 거푸집의 안전성, 부재 간의 강성 차이 등이 있다.

**콘크리트 타설과 관련하여 거푸집 붕괴사고 방지를 위하여 우선적으로 검토·확인하여야 할 사항**

- 콘크리트 측압 파악
- 조임 철물 배치 간격 검토
- 콘크리트의 단기 집중타설 여부 검토
- 거푸집의 안전성 검토
- 부재 간 강성 차이 고려

1401

## 74 Repetitive Learning (1회 2회 3회)

건설기계 중 기계의 작업면보다 상부의 흙을 굴착하는 데 적합한 것은?

① 불도저(Bull dozer)
② 모터그레이더(Motor grader)
③ 크램쉘(Clam shell)
④ 파워셔블(Power shovel)

**해설**

- 불도저는 무한궤도가 달려 있는 트랙터 앞머리에 블레이드(Blade)를 부착하여 흙의 굴착 압토 및 운반 등의 작업을 하는 토목기계이다.
- 그레이더는 2개의 바퀴 축 사이에 회전날이 달려있어 땅을 평평하게 할 때 사용하는 기계이다.
- 크램쉘은 위치한 지면보다 낮은 우물통과 같은 협소한 장소에서 사용하는 수직 및 수중굴착 장비이다.

**파워셔블(Power shovel)**

- 지면을 굴착하고 선회하여 굴착한 토석을 트럭에 싣는 토공사용 굴착장비이다.
- 장비의 작업면보다 높은 곳(상부)의 흙을 굴착하는 데 사용되는 장비이다.
- 굴착은 디퍼(Dipper)라 불리는 작업장치가 담당한다.

0701

## 75 Repetitive Learning (1회 2회 3회)

다음 중 콘크리트에 AE제를 넣어주는 가장 큰 목적은?

① 압축강도 증진
② 부착강도 증진
③ 워커빌리티 증진
④ 내화성 증진

해설

- AE제를 첨가하면 워커빌리티의 개선으로 시공이 용이해진다.

AE(Air Entrained)제

㉠ 개요

- 공기연행제로 콘크리트의 작업성 및 동결융해 저항성능을 향상시키기 위해 사용하는 첨가제이다.
- AE제를 사용하여 생성된 0.025 ~ 0.25mm 정도의 지름을 가진 기포를 Entrained air라 한다.

㉡ 특징

- 블리딩 등의 재료분리가 적어지며, 단위수량이 저감된다.
- 동결융해 저항성의 향상을 위한 AE콘크리트의 최적 공기량은 3 ~ 5% 정도이다.
- 플레인콘크리트와 동일한 물시멘트비의 경우 공기량 1%의 증가에 대해 4 ~ 6%의 압축강도가 저하된다.

1304

## 76 ——— Repetitive Learning (1회 2회 3회)

다음 설명에 해당하는 공사낙찰자 선정방식은?

> 예정가격 대비 85% 이상 입찰자 중 가장 낮은 금액으로 입찰한 자를 선정하는 방식으로, 최저가 낙찰자를 통한 덤핑의 우려를 방지할 목적을 지니고 있다.

① 부찰제 ② 최저가 낙찰제
③ 제한적 최저가 낙찰제 ④ 최적격 낙찰제

해설

- 부찰제는 입찰자들의 투찰 금액을 평균하여 가장 근접하게 투찰한 자를 낙찰자로 선정하는 입찰방식이다.
- 최저가 낙찰제도는 예정가격 이하로서 가장 낮은 가격으로 입찰한 자를 선정하는 방식이다.
- 최적격 낙찰제는 입찰가격 외에 비가격요소인 이행실적, 기술능력, 재무상태, 신인도 등을 종합적으로 심사하여 낙찰자를 결정하는 방식이다.

낙찰자 선정방식

| 구분 | 내용 |
|---|---|
| 부찰제 | 입찰자들의 투찰 금액을 평균하여 가장 근접하게 투찰한 자를 낙찰자로 선정하는 입찰방식 |
| 최저가 낙찰제도 | • 자유 경쟁원리에 맞게 예정가격 이하로서 가장 낮은 가격으로 입찰한 자를 선정하는 방식<br>• 과다경쟁으로 인한 덤핑 등의 이유로 부실시공 또는 부도의 원인이 됨 |
| 제한적 최저가 낙찰제도 | • 예정가격 대비 85% 이상 입찰자 중 가장 낮은 금액으로 입찰한 자를 선정하는 방식<br>• 최저가 낙찰자를 통한 덤핑의 우려를 방지할 목적 |
| 적격심사 낙찰제도 | 낙찰자 결정 시 입찰가격 외에 비가격요소인 이행실적, 기술능력, 재무상태, 신인도 등을 종합적으로 심사하여 낙찰자를 결정하는 방식 |

1602

## 77 ——— Repetitive Learning (1회 2회 3회)

철근콘크리트 구조의 철근 선조립 공법 순서로 옳은 것은?

① 시공도작성 – 공장절단 – 가공 – 이음·조립 – 운반 – 현장부재양중 – 이음·조립
② 공장절단 – 시공도작성 – 가공 – 이음·조립 – 이음·설치 – 운반 – 현장부재양중
③ 시공도작성 – 가공 – 공장절단 – 운반 – 이음·조립 – 현장부재양중 – 이음·설치
④ 공장절단 – 시공도작성 – 운반 – 가공 – 이음·조립 – 현장부재양중 – 이음·설치

해설

- 철근 선(先)조립 공법은 시공도작성 – 공장절단 – 가공 – 이음·조립 – 운반 – 현장부재양중 – 이음·조립 순으로 진행한다.

철근 선(先)조립

- 철근을 기둥, 보 등의 부위별로 공장 또는 현장에서 미리 조립한 상태에서 Unit화된 철근을 현장으로 운반하여 조립하는 공법을 말한다.
- 겹침이음, 가스 압접이음, 기계적이음 등을 사용하여 조립한다.
- 거푸집 공사에 앞서 철근 Unit의 조립을 먼저 진행하는 것으로 조립의 정밀도 및 공정면에서 유리하다.
- 시공도작성 – 공장절단 – 가공 – 이음·조립 – 운반 – 현장부재양중 – 이음·조립 순으로 진행한다.

0301

## 78 ——— Repetitive Learning (1회 2회 3회)

용접 불량의 일종으로 용접의 끝부분에서 용착금속이 채워지지 않고 홈처럼 우묵하게 남아 있는 부분을 무엇이라 하는가?

① 언더컷
② 오버랩
③ 크레이터
④ 크랙

해설

- 오버랩(Over lap)은 용접봉의 운행이 불량하거나 용접봉의 용융 온도가 모재보다 낮을 때 과잉 용착금속이 남아있는 부분을 말한다.
- 크레이터(Crater)는 용접 길이의 끝부분에 오목하게 파인 부분을 말한다.
- 크랙(Crack)은 균열로 가장 대표적인 용접 결함이다. 접합부의 품질과 성능에 매우 중요한 영향을 미친다.



76 ③ 77 ① 78 ① 정답

:: 아크용접 결함

㉠ 개요

- 용접 불량은 재료가 가지는 결함이 아니라 작업 수행 시에 발생되는 결함이다.
- 용접 불량의 종류에는 기공, 스패터, 언더컷, 크레이터, 피트, 오버랩, 용입불량 등이 있다.

㉡ 결함의 종류

| | |
|---|---|
| 기공 (Blow hole) | 용접 금속 안에 기체가 갇힌 상태로 굳어버린 것 |
| 스패터 (Spatter) | 용융된 금속의 작은 입자가 튀어나와 모재에 묻어 있는 것 |
| 언더컷 (Under cut) | 전류가 과대하고 용접속도가 너무 빠르며, 아크를 짧게 유지하기 어려운 경우 모재 및 용접부의 일부가 녹아서 홀 또는 오목하게 생긴 부분 |
| 크레이터 (Crater) | 용접 길이의 끝부분에 오목하게 파진 부분 |
| 피트 (Pit) | 용착금속 속에 남아있는 가스로 인하여 생긴 구멍 |
| 오버랩 (Over lap) | 용접봉의 운행이 불량하거나 용접봉의 용융 온도가 모재보다 낮을 때 과잉 용착금속이 남아있는 부분 |
| 용입불량 (Incomplete penetration) | 용접부에 있어서 모재의 표면과 모재가 녹은 부분의 최저부 사이의 거리를 용입이라고 하는데, 용접부에서 용입이 되어 있지 않거나 불충분한 것 |

1404

**79** ——— Repetitive Learning (1회 2회 3회)

기초공사 중 언더피닝(Under pinning) 공법에 해당하지 않는 것은?

① 2중 널말뚝 공법 ② 전기침투 공법
③ 강재말뚝 공법 ④ 약액주입법

해설

- 전기침투 공법은 점성토 연약지반의 지반개량 공법에 해당한다.

:: 언더피닝(Under pinning) 공법

- 가설기초의 용량(지지력)과 심도를 증가시키기 위하여 새로운 영구적인 지지력을 첨가하는 것을 말한다. 기존 건물 또는 공작물의 기초나 지정을 보강하거나 또는 거기에 새로운 기초를 삽입하거나 지지면을 더 깊은 지반에 옮겨 안전하게 하기 위한 지반개량 공법이다.
- 기존에 구축된 건축물 가까이에서 건축공사를 실시할 경우 기존 건축물 기초의 침하 우려에 대비하여 지반과 기초를 보강하는 공법을 말한다.
- 언더피닝 공법에는 강재말뚝 공법, 약액주입법, 2중 널말뚝 공법, 피트 공법, 차단벽 공법, 웰포인트 공법 등이 있다.

1602

**80** ——— Repetitive Learning (1회 2회 3회)

네트워크 공정표의 주공정(Critical path)에 관한 설명으로 옳지 않은 것은?

① TF가 0(Zero)인 작업을 주공정작업이라 하고, 이들을 연결한 공정을 주공정이라 한다.
② 총 공기는 공사착수에서부터 공사완공까지의 소요시간의 합계이며, 최장시간이 소요되는 경로이다.
③ 주공정은 고정적이거나 절대적인 것이 아니고 공사 진행상황에 따라 가변적이다.
④ 주공정에 대한 공기단축은 불가능하다.

해설

- 주공정에 대한 공기는 공사 진행상황에 따라 가변적이어서 단축이나 연장이 가능하다.

:: 주공정(Critical Path)

- 네트워크 공정표에서 개시 결합 전에서 종료 결합점에 이르는 가장 긴 경로를 말한다.
- TF가 0(Zero)인 작업을 주공정작업이라 하고, 이들을 연결한 공정을 주공정이라 한다.
- 총 공기는 공사착수에서부터 공사완공까지의 소요시간의 합계이며, 최장시간이 소요되는 경로이다.
- 주공정은 고정적이거나 절대적인 것이 아니고 공사 진행상황에 따라 가변적이다.

## 5과목 건설재료학

1604 / 2001

**81** ——— Repetitive Learning (1회 2회 3회)

콘크리트의 건조수축에 관한 설명으로 옳지 않은 것은?

① 시멘트의 조성분에 따라 수축량이 다르다.
② 시멘트양의 다소에 따라 일반적으로 수축량이 다르다.
③ 된 비빔일수록 수축량이 크다.
④ 골재의 탄성계수가 크고 경질인 만큼 작아진다.

해설

- 단위수량은 가장 큰 영향을 미치는 인자로 콘크리트의 건조수축을 적게 하기 위해서 배합 시 가능한 한 단위수량을 적게 한다.

정답 | 79 ② 80 ④ 81 ③

:: 콘크리트의 건조수축 인자

- 가장 큰 영향을 미치는 인자로 콘크리트의 건조수축을 적게 하기 위해서 배합 시 가능한 한 단위수량을 적게 한다.
- 콘크리트의 습윤양생기간은 건조수축에 큰 영향을 미치지 않는다.
- 시멘트의 화학성분이나 분말도 및 시멘트양에 따라 건조수축량은 변화한다.
- 사암이나 점판암을 골재로 이용한 콘크리트는 수축량이 크고, 석영, 석회암을 이용한 것은 적다.
- 골재 중에 포함된 미립분이나 점토, 실트는 일반적으로 건조수축을 증대시킨다.

0604

## 82

Repetitive Learning (1회 2회 3회)

플라스틱 건설재료의 현장적용 시 고려사항에 대한 설명 중 옳지 않은 것은?

① 열가소성 플라스틱 재료들은 열팽창계수가 작으므로 경질판의 정착에 있어서 열에 의한 팽창 및 수축여유를 고려하지 않아도 좋다.

② 마감부분에 사용하는 경우 표면의 흠, 얼룩변형이 생기지 않도록 하고 필요에 따라 종이, 천 등으로 보호하여 양생한다.

③ 열경화성 접착제에 경화제 및 촉진제 등을 혼입하여 사용할 경우, 심한 발열이 생기지 않도록 적정량의 배합을 한다.

④ 두께 2mm 이상의 열경화성 평판을 현장에서 가공할 경우, 가열가공하지 않도록 한다.

해설

- 열가소성 플라스틱 재료들은 열팽창계수가 크므로 열에 의한 팽창 및 수축 여유를 고려하여야 한다.

:: 열가소성 수지

- 가열하거나 용제에 녹이면 물리적으로 유연하게 되어 자유롭게 성형할 수 있는 수지를 말한다.
- 일반적으로 무색투명하다.
- 열에 의해 가소성이 증대하나 냉각하면 다시 고화된다.
- 종류에는 아크릴수지, 염화비닐수지(PVC), 폴리스티렌수지, 쿠마론수지, 폴리아미드수지, 폴리에틸렌수지, 폴리프로필렌수지, 폴리카보네이트 등이 있다.

0902 / 1302

## 83

Repetitive Learning (1회 2회 3회)

내열성이 크고 발수성을 나타내어 방수제로 쓰이며 저온에서도 탄성이 있어 Gasket, Packing의 원료로 쓰이는 합성수지는?

① 페놀수지 ② 폴리에스테르수지

③ 실리콘수지 ④ 멜라민수지

해설

- 페놀수지는 내열성, 난연성, 전기절연성을 갖는 열경화성 수지로 항공우주 분야뿐 아니라 다양한 하이테크 산업에서 활용되고 있다.
- 폴리에스테르수지는 천연수지를 변성하여 얻은 것으로 건축용으로는 글라스섬유로 강화된 평판 또는 판상제품으로 주로 사용되고 있는 열경화성 수지이다.
- 멜라민수지는 멜라민과 포름알데히드로 제조된 순백색 또는 투명백색의 열경화성 수지로, 표면경도가 크고 착색이 자유로우며 내열성이 우수한 수지이다.

:: 실리콘수지

- 열경화성 수지로, 규소수지라고도 한다.
- 내열성, 내한성, 내수성이 우수하고 광범위한 온도(−80~250[℃]의 범위)에서 안정하여 Gasket, Packing의 원료로 사용된다.
- 물을 튀기는 발수성 및 탄성을 가지며 내후성 및 내화학성, 전기절연성, 내후성 등이 아주 우수하다.
- 공업용 페인트, 방수용 재료, 접착제, 도료, 전기절연제 등으로 주로 사용된다.

0402

## 84

Repetitive Learning (1회 2회 3회)

ALC 제품에 관한 설명으로 옳지 않은 것은?

① 보통콘크리트에 비하여 중성화의 우려가 높다.

② 열전도율은 보통콘크리트의 1/10 정도이다.

③ 압축강도에 비해서 휨강도나 인장강도는 상당히 약하다.

④ 흡수율이 낮고 동해에 대한 저항성이 높다.

해설

- ALC는 흡수성이 높아 동해에 대한 방수, 방습처리가 필요하다.

:: 경량기포콘크리트(ALC : Autoclaved Lightweight Concrete)

㉠ 개요

- 포화증기 양생 경량기포콘크리트로 무수한 기포를 독립적으로 분산시켜 중량을 가볍게 한 기포콘크리트의 일종이다.
- 규산질, 석회질 원료를 주원료로 하여 기포제와 발포제를 첨가하여 만든다.
- 기포제는 알루미늄 분말이나 알루미늄 페이스트가 주로 사용된다.



82 ① 83 ③ 84 ④ 정답

㉡ 특징

- 현장에서 절단 및 가공이 용이하며 인력으로 취급이 간편하다.
- 경량성, 단열성, 내화성, 흡음·차음성 등에서 우수한 성능을 보인다.
- 보통콘크리트에 비해 비중은 1/4 정도로 경량이며, 중성화의 우려가 높다.
- 다공질이기 때문에 흡수성이 높다.
- 동해에 대한 방수, 방습처리가 필요하고 부서지기 쉽다.
- 압축강도에 비해서 휨강도나 인장강도는 상당히 약하다.
- 강도가 낮아 구조재로서는 부적합하며 주로 비내력벽, 지붕, 바닥재로 사용된다.

0902 / 1201

## 85 Repetitive Learning (1회 2회 3회)

시멘트의 경화시간을 지연시키는 용도로 일반적으로 사용하고 있는 지연제와 거리가 먼 것은?

① 리그닌설폰산염 ② 옥시카르본산
③ 알루미산소다 ④ 인산염

해설

- 알루민산소다는 보크사이트와 가성소다를 원료로 만들어진 유화촉매제로 콘크리트의 급결제로 사용된다.

**지연제**

- 시멘트의 경화시간을 지연시키는 용도로 사용하는 혼화제이다.
- 리그닌설폰산염, 옥시카르본산염, 셀룰로스류, 인산염, 산화아연, 마그네시아염 등이 사용된다.

1004

## 86 Repetitive Learning (1회 2회 3회)

부순 굵은 골재에 대한 품질규정치가 KS에 정해져 있지 않은 항목은?

① 압축강도
② 절대건조밀도
③ 흡수율
④ 안정성

해설

- 부순 굵은 골재에 대한 품질규정은 절대건조밀도, 흡수율, 안정성, 마모율, #200번 체 통과량 등이다.

**콘크리트용 부순 골재 품질기준**

- KS F 2527에서 정의한다.

| 종류 | 절대 건조밀도 | 흡수율 | 안정성 | 마모율 | #200번 체 통과량 |
|---|---|---|---|---|---|
| 부순 굵은 골재 | 2.5 이상 | 3.0% 이하 | 12% 이하 | 40% 이하 | 1.0% 이하 |
| 부순 잔 골재 | 2.5 이상 | 3.0% 이하 | 10% 이하 | – | 7.0% 이하 |

0301

## 87 Repetitive Learning 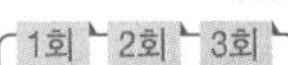

다음 목재가공품 중 주요 용도가 나머지 셋과 다른 것은?

① 플로어링 블록(Flooring block)
② 연질섬유판(Soft fiber insulation board)
③ 코르크판(Cork board)
④ 코펜하겐 리브판(Copenhagen rib board)

해설

- 플로어링 블록은 플로어링 보드를 여러 장 붙여서 길이와 너비가 같게 제혀쪽매로 옆 대어 만든 정사각형의 블록이다.

**단열, 방음용도의 재료**

- 방음, 흡음, 음향 조절용으로 주로 사용한다.
- 연질섬유판(Soft fiber insulation board), 코르크판(Cork board), 코펜하겐 리브판(Copenhagen rib board) 등이 있다.

## 88 Repetitive Learning (1회 2회 3회)

특수 도료의 목적상 방청도료에 속하지 않는 것은?

① 알루미늄 도료 ② 징크로메이트 도료
③ 형광 도료 ④ 에칭프라이머

해설

- 형광 도료는 빛이 닿을 경우 빛을 흡수하여 고유의 색상과 광택을 외부로 방출시켜 선명하고 명확한 색상을 보여주는 도료이다.

**방청도료**

- 금속 표면을 물리적·화학적으로 녹슬지 않도록 방청성을 개선해주는 도료를 말한다.
- 방청도료의 종류에는 광명단(연단), 방청산화철, 알루미늄, 역청질, 워시프라이머, 징크로메이트, 크롬산아연, 규산염 도료, 에칭프라이머 등이 있다.

정답 | 85 ③ 86 ① 87 ① 88 ③

## 89

Repetitive Learning 1회 2회 3회

건축용으로 판재지붕에 많이 사용되는 금속재는?

① 철　② 동
③ 주석　④ 니켈

해설

- 철(Fe)은 백색의 광택을 지닌 금속으로 싸고 성형이 쉬우나 습기에 부식되는 성질을 가진, 가장 널리 사용되는 금속이다.
- 주석(Sn)은 인체에 무해하며 유기산에 침식되지 않아 식품 보관용의 용기류에 이용된다.
- 니켈(Ni)은 전연성이 풍부하고 내식성이 크며 청백색 광택이 있는 금속으로 도금이나 합금을 통해 동전의 재료로 사용된다.

동(Cu, 구리)의 성질

- 건축용으로는 박판으로 제작하여 지붕재료로 이용되며, 못 등으로도 이용된다.
- 전연성이 풍부하므로 가공하기 쉽고, 전기 및 열전도율이 매우 크다.
- 알칼리성에 약하므로 시멘트 콘크리트 등에 접하는 곳에서 부식의 속도가 빠르므로 주의해야 한다.
- 맑은 물에는 침식되지 않으나 해수 및 암모니아에는 침식된다.
- 건조한 공기 중에서는 산화하지 않으나, 습기가 있거나 탄산가스가 있으면 녹이 발생한다.

2104

## 90

Repetitive Learning 1회 2회 3회

대규모 지하구조물, 댐 등 매스콘크리트의 수화열에 의한 균열발생을 억제하기 위해 벨라이트의 비율을 높인 시멘트는?

① 보통포틀랜드시멘트
② 저열포틀랜드시멘트
③ 실리카퓸시멘트
④ 팽창시멘트

해설

- 보통포틀랜드시멘트는 석회(CaO)와 점토를 주성분으로 실리카($SiO_2$), 알루미나($Al_2O_3$), 산화철($Fe_2O_3$) 등을 첨가하여 만든 가장 많이 사용되는 시멘트이다.
- 실리카퓸(Silica fume)시멘트는 미세입자를 전기적 집진장치로 모아 넣은 시멘트로 화학적 저항성이 크므로 주로 단면이 큰 구조물, 해안공사 등에 사용된다.
- 팽창시멘트는 혼화재료로 팽창재를 포틀랜드시멘트와 혼합한 시멘트로 수화과정 초기에 팽창하는 고성능 시멘트로 기타 시멘트로 분류될 수 있다.

저열포틀랜드시멘트

- 벨라이트 결정을 많이 함유하여 수화열이 적고 장기강도 발현이 우수한 제품으로 대규모 지하구조물, 댐 등 매스콘크리트의 온도균열제어에 효과적인 시멘트이다.
- 조직이 매우 치밀하며, 내화학성과 내해수성이 우수하다.
- 낮은 물시멘트비의 고유동, 고강도 제품이다.

1302

## 91

Repetitive Learning 1회 2회 3회

콘크리트의 강도 및 내구성 증가에 가장 큰 영향을 주는 것은?

① 물과 시멘트의 배합비
② 모래와 자갈의 배합비
③ 시멘트와 자갈의 배합비
④ 시멘트와 모래의 배합비

해설

- 콘크리트 강도에 가장 큰 영향을 미치는 인자는 시멘트의 중량 대비 물의 중량을 표시한 물-시멘트비이다.

물-시멘트비

- 시멘트의 중량 대비 물의 중량을 백분율로 표시한 것이다.
- 콘크리트 강도에 가장 큰 영향을 미치는 인자이다.
- 물-시멘트비는 $\frac{\text{물의 중량}}{\text{시멘트의 중량}} \times 100[\%]$로 구한다.
- 시멘트의 부피가 주어질 때는 시멘트의 무게(중량) = 부피 × 밀도(시멘트의 밀도 : 3.14)로 구한다.

## 92

Repetitive Learning 1회 2회 3회

금속 중 연(鉛)에 관한 설명으로 옳지 않은 것은?

① X선 차단효과가 큰 금속이다.
② 산, 알칼리에 침식되지 않는다.
③ 공기 중에서는 탄산연($PbCO_3$) 등이 표면에 생겨 내부를 보호한다.
④ 인장강도가 극히 작은 금속이다.

해설

- 납은 산이나 기타 약액에 대해서는 저항성이 크지만, 콘크리트와 같은 알칼리에는 침식된다.

납(Pb)의 성질

- 비중이 11.4로 아주 크고 연질이며 전·연성 및 가공성이 풍부하다.
- 융점(327.5℃)이 높으며, 산이나 기타 약액에 대해서는 저항성이 크지만, 알칼리에는 침식된다.
- 방사선 투과도가 낮아서 방사선 차폐용 벽체 및 X선을 사용하는 개소에 방호용으로 사용된다.



89 ② 90 ② 91 ① 92 ② 정답

0904

## 93

Repetitive Learning (1회 2회 3회)

비닐수지 접착제에 관한 설명 중 옳지 않은 것은?

① 용제형과 에멀션(Emulsion)형이 있다.
② 작업성이 좋다.
③ 내열성 및 내수성이 우수하다.
④ 목재 접착에 사용가능하다.

해설

- 비닐수지 접착제는 내수성과 내열성이 좋지 않은 접착제로 목공용으로 주로 사용된다.

비닐수지 접착제(Vinyl resin adhesive)

- 용제형과 에멀션(Emulsion)형이 있는 열가소성 수지 접착제이다.
- 값이 저렴하여 작업성이 좋으며, 에멀션형은 카세인의 대용품으로 사용된다.
- 내수성과 내열성이 좋지 않은 접착제로 목공용으로 주로 사용된다.

## 94

Repetitive Learning (1회 2회 3회)

기건상태에서의 목재의 함수율은 약 얼마인가?

① 5% 정도 ② 15% 정도
③ 30% 정도 ④ 45% 정도

해설

- 대기의 온도와 습도에 맞게 평형에 도달한 상태를 의미하는 기건상태의 목재 함수율은 약 15%이다.

함수율과 강도

- 목재가 대기의 온도와 습도에 맞게 평형에 도달한 상태를 의미하는 기건상내의 함수율은 약 15%이다.
- 목재에서 흡착수만이 최대한도로 존재하고 있는 상태인 섬유포화점(Fiber saturation point)의 함수율은 30% 정도이다.
- 섬유포화점 이하에서는 함수율의 감소에 따라 목재의 강도가 증가하고 탄성(인성)이 감소한다.
- 섬유포화점 이상에서는 함수율이 변화하여도 목재의 강도가 일정하고 신축을 일으키지도 않는다.

## 95

Repetitive Learning (1회 2회 3회)

진주석 등을 800~1,200℃로 가열 팽창시킨 구상입자 제품으로 단열, 흡음, 보온 목적으로 사용되는 것은?

① 암면 보온판 ② 유리면 보온판
③ 카세인 ④ 펄라이트 보온재

해설

- 암면(Rock wool)은 암석섬유라고도 하는데 안산암, 현무암 등의 암석이나 니켈, 고로슬래그 등에 석회석을 섞어 만든 인공무기섬유로 흡음재와 보온재로 사용된다.
- 유리면(Glass wool)은 폐유리를 고온에 녹인 후 섬유처럼 뽑아내어 만든 인조광물 단열재로 고온의 배관용 단열재로 사용된다.
- 카세인(Casein)은 내수성이 뛰어난 접착제로 우유의 단백질 성분을 이용해 만든다.

펄라이트

- 흑요석, 진주석 등을 분쇄해서 고열(800~1,200℃)로 가열 팽창시킨 구상입자 경량골재를 말한다.
- 광물질 단열재로 단열, 흡음, 보온 목적으로 사용한다.

## 96

Repetitive Learning (1회 2회 3회)

아스팔트 제품에 관한 설명으로 옳지 않은 것은?

① 아스팔트프라이머 – 블론아스팔트를 용제에 녹인 것으로 아스팔트방수, 아스팔트타일의 바탕처리재로 사용된다.
② 아스팔트유제 – 블론아스팔트를 용제에 녹여 석면, 광물질 분말, 안정제를 가하여 혼합한 것으로 점도가 높다.
③ 아스팔트블록 – 아스팔트모르타르를 벽돌형으로 만든 것으로 화학공장의 내약품 바닥 마감재로 이용된다.
④ 아스팔트펠트 – 유기천연섬유 또는 석면섬유를 결합한 원지에 연질의 스트레이트아스팔트를 침투시킨 것이다.

해설

- 아스팔트유제는 아스팔트에 유화제 및 안정제를 포함하여 수중에 미립자(0.5~0.6$\mu m$) 상태로 분산시킨 갈색의 액체를 말한다.
- 블론아스팔트를 용제에 녹여 석면, 광물질 분말, 안정제를 가하여 혼합한 것으로 점도가 높은 것은 아스팔트컴파운드이다.

아스팔트 제품

| | |
|---|---|
| 아스팔트코팅 (Asphalt coating) | 블론아스팔트(Blown asphalt)를 휘발성 용제에 녹이고 광물 분말 등을 가하여 만든 것으로 방수, 접합부 충전 등에 사용된다. |
| 아스팔트프라이머 (Asphalt primer) | 블론아스팔트를 용제에 녹인 것으로 액상을 하고 있으며 아스팔트방수의 바탕처리재(밀착용)로 이용된다. |
| 아스팔트컴파운드 (Asphalt compound) | 블론아스팔트의 내열성, 내한성 등을 개량하기 위해 동물섬유나 식물섬유를 혼합하여 유동성을 증대시킨 것이다. |

정답 | 93 ③ 94 ② 95 ④ 96 ②

| 아스팔트펠트 (Asphalt felt) | 목면, 마사, 양모, 폐지 등을 혼합하여 만든 원지에 스트레이트아스팔트를 침투시킨 두루마리 제품으로 흡수성이 크기 때문에 아스팔트방수의 중간층 재료로 이용된다. |
|---|---|
| 아스팔트루핑 (Asphalt roofing) | 아스팔트펠트의 양면에 블론아스팔트를 가열·용융시켜 피복한 것이다. |
| 아스팔트그라우트 (Asphalt grout) | 스트레이트아스팔트와 돌가루, 모래를 가열 혼합한 물질로 석재의 고착 및 충전에 사용된다. |

0902

## 97 Repetitive Learning (1회 2회 3회)

목재의 강도에 대한 다음 설명 중 옳지 않은 것은?

① 함수율이 섬유포화점 이상에서는 함수율이 증가하더라도 강도는 일정하다.
② 함수율이 섬유포화점 이하에서는 함수율이 감소할수록 강도가 증가한다.
③ 목재의 비중과 강도는 대체로 비례한다.
④ 전단강도의 크기가 인장강도 등 다른 강도에 비하여 크다.

**해설**

• 목재의 강도 중 인장강도가 가장 크고, 전단강도가 가장 작다.

**목재의 강도**

• 생나무에 비해 기건재(함수율 15%)는 1.5배, 전건재(함수율 0%)는 3배 이상 강도가 크다.
• 비중이 클수록, 변재보다 심재의 강도가 크다.
• 흠이 있으면 강도가 떨어진다.
• 전단강도를 제외한 목재의 강도는 가력방향이 섬유방향일 때 가장 강하고, 섬유방향과 직각일 때 가장 약하다.
• 목재의 경도는 면 중에서 마구리면이 약간 크고 곧은결면과 널결면은 별로 차이가 없다.
• 일반적인 강도는 인장강도 > 휨강도 > 압축강도 > 전단강도의 순이다.

0302 / 1204

## 98 Repetitive Learning (1회 2회 3회)

코너비드(Corner bead)의 설치 위치로 옳은 것은?

① 벽의 모서리  ② 천장 달대
③ 거푸집  ④ 계단 손잡이

**해설**

• 코너비드는 기둥, 벽 등의 모서리를 보호하기 위하여 미장 바름질할 때 붙이는 보호용 철물이다.

**코너비드(Corner bead)**

• 기둥, 벽 등의 모서리를 보호하기 위하여 미장 바름질할 때 붙이는 보호용 철물을 말한다.
• 미장용으로는 알루미늄 코너비드와 아연 코너비드를 주로 사용한다.

## 99 Repetitive Learning (1회 2회 3회)

공시체(천연산 석재)를 (105±2)℃로 24시간 건조한 상태의 질량이 100g, 표면건조 포화상태의 질량이 110g, 물속에서 구한 질량이 60g일 때 이 공시체의 표면건조 포화상태의 비중은?

① 2.2
② 2
③ 1.8
④ 1.7

**해설**

• 공시체 표면건조 포화상태의 비중을 구하기 위해 주어진 값을 대입하면 $\frac{100}{110-60}=2$가 된다.

**공시체(석재) 표면건조 포화상태의 비중**

• 표면건조 포화상태의 비중은 $\frac{A}{B-C}$로 구한다. 이때 A는 공시체의 건조무게[g], B는 공시체의 침수 후 표면건조 포화상태의 공시체 무게[g], C는 공시체의 수중무게[g]이다.

## 100 Repetitive Learning (1회 2회 3회)

AE 콘크리트에 관한 설명으로 옳지 않은 것은?

① 시공연도가 좋고 재료분리가 적다.
② 단위수량을 줄일 수 있다.
③ 제물치장 콘크리트 시공에 적당하다.
④ 철근에 대한 부착강도가 증가한다.



정답: 97 ④ 98 ① 99 ② 100 ④

해설

- AE 콘크리트란 AE제를 콘크리트에 주입한 콘크리트로 많은 장점이 있지만 철근과의 부착강도는 다소 떨어지는 단점을 보인다.

⁘ AE(Air Entrained)제
문제 75번의 유형별 핵심이론 ⁘ 참조

## 6과목 건설안전기술

1204

**101** — Repetitive Learning (1회 2회 3회)

건설업 산업안전보건관리비의 사용내역에 대하여 수급인 또는 자기공사자는 공사 시작 후 몇 개월마다 1회 이상 발주자 또는 감리원의 확인을 받아야 하는가?

① 3개월
② 4개월
③ 5개월
④ 6개월

해설

- 수급인 또는 자기공사자는 안전관리비 사용내역에 대하여 공사 시작 후 6개월마다 1회 이상 발주자 또는 감리원의 확인을 받아야 한다.

⁘ 건설업 산업안전보건관리비의 사용내역 확인
- 수급인 또는 자기공사자는 안전관리비 사용내역에 대하여 공사 시작 후 6개월마다 1회 이상 발주자 또는 감리원의 확인을 받아야 한다. 다만, 6개월 이내에 공사가 종료되는 경우에는 종료 시 확인을 받아야 한다.
- 발주자 또는 고용노동부의 관계 공무원은 안전관리비 사용내역을 수시로 확인할 수 있으며, 수급인 또는 자기공사자는 이에 따라야 한다.
- 발주자 또는 감리원은 안전관리비 사용내역 확인 시 기술지도 계약 체결 여부, 기술지도 실시 및 개선 여부 등을 확인하여야 한다.

0504 / 2201

**102** — Repetitive Learning (1회 2회 3회)

거푸집 해체에 관한 설명 중 틀린 것은?

① 일반적으로 수평부재의 거푸집은 연직부재의 거푸집보다 빨리 떼어낸다.
② 해체된 거푸집이나 각목 등에 박혀있는 못 또는 날카로운 돌출물은 즉시 제거하여야 한다.
③ 상하 동시 작업은 원칙적으로 금지하며 부득이한 경우에는 긴밀히 연락을 하며 작업을 하여야 한다.
④ 거푸집 해체작업장 주위에는 관계자를 제외하고는 출입을 금지시켜야 한다.

해설

- 일반적으로 연직부재의 거푸집은 수평부재의 거푸집보다 하중을 받지 않으므로 빨리 떼어낸다.

⁘ 거푸집 해체
㉠ 일반원칙
- 일반적으로 연직부재의 거푸집은 수평부재의 거푸집보다 빨리 떼어낸다.
- 응력을 거의 받지 않는 거푸집은 24시간이 경과하면 떼어내도 좋다.
- 라멘, 아치 등의 구조물은 콘크리트의 크리프로 인한 균열을 적게 하기 위하여 가능한 한 거푸집을 오래두어야 한다.
- 거푸집을 떼어내는 시기는 시멘트의 성질, 콘크리트의 배합, 구조물 종류와 중요성, 부재가 받는 하중, 기온 등을 고려하여 신중하게 정해야 한다.

㉡ 검사
- 수직, 수평부재의 존치기간 준수 여부
- 소요의 강도 확보 이전에 지주의 교환 여부
- 거푸집 해체용 압축강도 확인시험 실시 여부

1202

**103** — Repetitive Learning (1회 2회 3회)

그물코의 크기가 5cm인 매듭 방망사의 폐기 시 인장강도 기준으로 옳은 것은?

① 200kg
② 100kg
③ 60kg
④ 30kg

정답 | 101 ④ 102 ① 103 ③

해설

- 매듭방망의 폐기기준은 그물코의 크기가 5cm이면 60kg, 10cm이면 135kg이다.

**신품 방망 인장강도** 실필 1804 실작 1602

| 그물코 한변 길이 | 무매듭방망 | 매듭방망 |
|---|---|---|
| 10cm | 240kg 이상(150kg) | 200kg 이상(135kg) |
| 5cm | – | 110kg 이상(60kg) |

단, ( )은 폐기기준이다.

## 104

Repetitive Learning 1회 2회 3회

다음은 가설통로를 설치하는 경우의 준수사항이다. 빈칸에 알맞은 수치를 고르면?

> 건설공사에 사용하는 높이 8미터 이상인 비계다리에는 (　　) 미터 이내마다 계단참을 설치할 것

① 7　　② 6

③ 5　　④ 4

해설

- 높이 8m 이상인 비계다리에서는 7m 이내마다 계단참을 설치한다.

**가설통로 설치 시 준수기준** 실필 1801/1704/1502/1404/1201 실작 1804/1801/1704

- 높이 8m 이상인 비계다리에서는 7m 이내마다 계단참을 설치할 것
- 수직갱에 가설된 통로의 길이가 15m 이상인 경우에는 10m 이내마다 계단참을 설치할 것
- 경사가 15°를 초과하는 경우에는 미끄러지지 아니하는 구조로 할 것
- 추락할 위험이 있는 장소에는 안전난간을 설치할 것
- 경사로의 폭은 최소 90cm 이상이어야 할 것
- 발판 폭 40cm 이상, 틈 3cm 이하로 할 것
- 경사는 30° 이하로 할 것

1401 / 1602 / 2104

## 105

Repetitive Learning 1회 2회 3회

흙막이 가시설 공사 시 사용되는 각 계측기의 설치목적으로 옳지 않은 것은?

① 지표침하계 – 지표면 침하량 측정

② 수위계 – 지반 내 지하수위의 변화 측정

③ 하중계 – 상부 적재하중 변화 측정

④ 지중경사계 – 지중의 수평 변위량 측정

해설

- 하중계(Load cell)는 버팀보 어스앵커(Earth anchor) 등의 실제 축 하중 변화를 측정하는 계측기이다.

**굴착공사용 계측기기** 실작 1901/1804/1801/1604/1602/1601/1501/1404

㉠ 개요

- 개착식 굴착공사에서 설치하는 계측기기에는 지하수위계, 간극수압계, 경사계(Tiltmeter), 응력계, 변형률계, 하중계 등이 있다.
- 지반붕괴 방지를 위한 계측장치에는 지하수위계, 경사계, 변형률계, 응력계, 하중계 등이 있다.
- 깊이 10.5m 이상의 굴착의 경우 수위계, 경사계, 하중 및 침하계, 응력계에 해당하는 계측기기를 설치하여 흙막이 구조의 안전을 예측하여야 하며, 설치가 불가능할 경우 트랜싯 및 레벨 측량기에 의해 수직·수평 변위 측정을 실시하여야 한다.

㉡ 종류

|  |  |
|---|---|
| 지표침하계(Surface settlement system) | 지표면의 침하량을 측정하는 기구 |
| 지하수위계(Water level meter) | 지반 내 지하수위의 변화를 계측하는 기구 |
| 하중계(Load cell) | 버팀보 어스앵커(Earth anchor) 등의 실제 축 하중 변화를 측정하는 계측기 |
| 지중경사계(Inclinometer) | 지중의 수평 변위량을 통해 주변 지반의 변형을 측정하는 기계 |
| 건물경사계(Tiltmeter) | 인접한 구조물에 설치하여 구조물의 경사 및 변형상태를 측정하는 기구 |
| 수직지향각도계(Inclinometer, 경사계) | 주변 지반, 지층, 기계, 시설 등의 경사도와 변형을 측정하는 기구 |
| 변형률계(Strain gauge) | 흙막이 가시설의 버팀대(Strut)의 변형을 측정하는 계측기 |

1702

## 106

Repetitive Learning 1회 2회 3회

차량계 하역운반기계 등에 화물을 적재하는 경우에 준수해야 할 사항으로 옳지 않은 것은?

① 하중이 한쪽으로 치우쳐서 효율적으로 적재되도록 할 것

② 구내운반차 또는 화물자동차의 경우 화물의 붕괴 또는 낙하에 의한 위험을 방지하기 위하여 화물에 로프를 거는 등 필요한 조치를 할 것

③ 운전자의 시야를 가리지 않도록 화물을 적재할 것

④ 화물을 적재하는 경우 최대적재량을 초과하지 않도록 할 것



104 ①　105 ③　106 ① 정답

해설

• 화물적재 시 하중이 한쪽으로 치우치지 않도록 적재하여야 한다.

화물적재 시의 준수사항 실필 1604/1004

- 하중이 한쪽으로 치우치지 않도록 적재할 것
- 구내운반차 또는 화물자동차의 경우 화물의 붕괴 또는 낙하에 의한 위험을 방지하기 위하여 화물에 로프를 거는 등 필요한 조치를 할 것
- 운전자의 시야를 가리지 않도록 화물을 적재할 것
- 최대적재량을 초과하지 않을 것

## 107 Repetitive Learning (1회 2회 3회)

유해·위험방지계획서를 제출하여야 할 대상 공사의 조건으로 옳지 않은 것은?

① 지상높이가 31m인 건축물의 건설·개조 또는 해체
② 최대지간길이가 50m 이상인 교량 건설 등 공사
③ 깊이가 9m인 굴착공사
④ 터널 건설 등의 공사

해설

• 유해·위험방지계획서 제출대상 공사의 규모에서 굴착공사의 경우 10미터 이상이 되어야 한다.

유해·위험방지계획서 제출대상 공사 실필 1901/1802/1102

- 지상높이가 31m 이상인 건축물 또는 인공구조물, 연면적 3만 $m^2$ 이상인 건축물 또는 연면적 5천$m^2$ 이상의 문화 및 집회시설(전시장 및 동물원·식물원은 제외), 판매시설, 운수시설(고속철도의 역사 및 집배송시설은 제외), 종교시설, 의료시설 중 종합병원, 숙박시설 중 관광숙박시설, 지하도상가 또는 냉동·냉장창고시설의 건설·개조 또는 해체 공사
- 연면적 5천$m^2$ 이상인 냉동·냉장창고시설의 설비공사 및 단열공사
- 최대지간길이가 50m 이상인 교량 건설 등의 공사
- 터널 건설 등의 공사
- 다목적 댐, 발전용 댐 및 저수용량 2천만톤 이상의 용수 전용 댐, 지방상수도 전용 댐 건설 등의 공사
- 깊이 10m 이상인 굴착공사

## 108 Repetitive Learning (1회 2회 3회)

차량계 하역운반기계를 사용하는 작업을 할 때 그 기계가 넘어지거나 굴러떨어짐으로써 근로자에게 위험을 미칠 우려가 있는 경우에 우선적으로 조치하여야 할 사항과 거리가 먼 것은?

① 해당 기계에 대한 유도자 배치
② 지반의 부동침하 방지 조치
③ 갓길의 붕괴 방지 조치
④ 경보 장치 설치

해설

• 차량계 건설기계가 넘어지거나 굴러떨어져서 근로자가 위험해 질 우려가 있는 경우 유도자를 배치하고, 지반의 부동침하 방지, 갓길의 붕괴 방지 및 도로 폭의 유지 등의 조치를 취한다.

차량계 건설기계의 전도방지 조치 실필 1804/1702
실작 1902/1801/1701/1604/1601/1402/1401

- 사업주는 차량계 건설기계를 사용하여 작업할 때에 그 기계가 넘어지거나 굴러떨어짐으로써 근로자가 위험해질 우려가 있는 경우에는 유도하는 사람을 배치하고 지반의 부동침하 방지, 갓길의 붕괴 방지 및 도로 폭의 유지 등 필요한 조치를 하여야 한다.

0901 / 1604

## 109 Repetitive Learning (1회 2회 3회)

안전대의 종류는 사용구분에 따라 벨트식과 안전그네식으로 구분되는데 이 중 안전그네식에만 적용하는 것은?

① 추락방지대, 안전블록
② 1개걸이용, U자걸이용
③ 1개걸이용, 추락방지대
④ U자걸이용, 안전블록

해설

• 추락방지대와 안전블록은 안전그네식에만 사용된다.

안전그네식 적용 부품 실작 1501

- 추락방지대와 안전블록은 안전그네식에만 사용된다.
- 추락방지대란 신체의 추락을 방지하기 위해 자동잠김장치를 갖추고 죔줄과 수직구명줄에 연결된 금속장치를 말한다.
- 안전블록이란 안전그네와 연결하여 추락발생 시 추락을 억제할 수 있는 자동잠김장치가 갖추어져 있고 죔줄이 자동적으로 수축되는 장치를 말한다.

정답 | 107 ③ 108 ④ 109 ①

0602 / 0901 / 1102 / 1402 / 2001

## 110 ——— Repetitive Learning (1회 2회 3회)

건설현장의 가설계단 및 계단참을 설치하는 경우 얼마 이상의 하중에 견딜 수 있는 강도를 가진 구조로 설치하여야 하는가?

① $200kg/m^2$　　② $300kg/m^2$
③ $400kg/m^2$　　④ $500kg/m^2$

**해설**

- 사업주는 계단 및 계단참을 설치하는 경우 매 $m^2$당 500킬로그램 이상의 하중에 견딜 수 있는 강도를 가진 구조로 설치하여야 한다.

:: 계단의 강도 **실필** 1504/1204 **실작** 1901/1801/1704/1702/1504/1502/1404

- 사업주는 계단 및 계단참을 설치하는 경우 매 $m^2$당 500킬로그램 이상의 하중에 견딜 수 있는 강도를 가진 구조로 설치하여야 하며, 안전율은 4 이상으로 하여야 한다.
- 사업주는 계단 및 승강구 바닥을 구멍이 있는 재료로 만드는 경우 렌치나 그 밖의 공구 등이 낙하할 위험이 없는 구조로 하여야 한다.

1104 / 1201 / 1502

## 111 ——— Repetitive Learning (1회 2회 3회)

다음은 달비계 또는 높이 5m 이상의 비계를 조립·해체하거나 변경하는 작업을 하는 경우의 준수사항이다. 빈칸에 알맞은 숫자는?

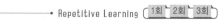

> 비계재료의 연결·해체작업을 하는 경우에는 폭 (　　)cm 이상의 발판을 설치하고 근로자로 하여금 안전대를 사용하도록 하는 등 추락을 방지하기 위한 조치를 할 것

① 15　　② 20
③ 25　　④ 30

**해설**

- 관리감독자는 달비계 또는 높이 5미터 이상의 비계 등의 조립·해체 및 변경 시 비계재료의 연결·해체작업을 하는 경우에는 폭 20cm 이상의 발판을 설치하고 근로자로 하여금 안전대를 사용하도록 하는 등 추락을 방지하기 위한 조치를 한다.

:: 달비계 또는 높이 5미터 이상의 비계 등의 조립·해체 및 변경 시 관리감독자의 직무수행 내용
**실필** 1504/1501/1301/1102/1002 **실작** 1802/1602/1401

- 근로자가 관리감독자의 지휘에 따라 작업하도록 할 것
- 조립·해체 또는 변경의 시기·범위 및 절차를 그 작업에 종사하는 근로자에게 주지시킬 것
- 조립·해체 또는 변경 작업구역에는 해당 작업에 종사하는 근로자가 아닌 사람의 출입을 금지하고 그 내용을 보기 쉬운 장소에 게시할 것
- 비, 눈, 그 밖의 기상상태의 불안정으로 날씨가 몹시 나쁜 경우에는 그 작업을 중지시킬 것
- 비계재료의 연결·해체작업을 하는 경우에는 폭 20cm 이상의 발판을 설치하고 근로자로 하여금 안전대를 사용하도록 하는 등 추락을 방지하기 위한 조치를 할 것
- 재료·기구 또는 공구 등을 올리거나 내리는 경우에는 근로자가 달줄 또는 달포대 등을 사용하게 할 것
- 강관비계 또는 통나무비계를 조립하는 경우 쌍줄로 할 것

0701 / 1101

## 112 ——— Repetitive Learning (1회 2회 3회)

다음은 사다리식 통로 등을 설치하는 경우의 준수사항이다. (　　)에 들어갈 숫자로 옳은 것은?

> 사다리의 상단은 걸쳐놓은 지점으로부터 (　　)cm 이상 올라가도록 할 것

① 30　　② 40
③ 50　　④ 60

**해설**

- 사다리의 상단은 걸쳐놓은 지점으로부터 60cm 이상 올라가도록 하여야 한다.

:: 사다리식 통로의 구조 **실필** 1602

- 견고한 구조로 할 것
- 심한 손상·부식 등이 없는 재료를 사용할 것
- 발판의 간격은 일정하게 할 것
- 발판과 벽과의 사이는 15cm 이상의 간격을 유지할 것
- 폭은 30cm 이상으로 할 것
- 사다리가 넘어지거나 미끄러지는 것을 방지하기 위한 조치를 할 것
- 사다리의 상단은 걸쳐놓은 지점으로부터 60cm 이상 올라가도록 할 것
- 사다리식 통로의 길이가 10미터 이상인 경우에는 5미터 이내마다 계단참을 설치할 것
- 사다리식 통로의 기울기는 75도 이하로 할 것. 다만, 고정식 사다리식 통로의 기울기는 90도 이하로 하고, 그 높이가 7미터 이상인 경우에는 바닥으로부터 높이가 2.5미터 되는 지점부터 등받이울을 설치할 것
- 접이식 사다리 기둥은 사용 시 접혀지거나 펼쳐지지 않도록 철물 등을 사용하여 견고하게 조치할 것



110 ④　111 ②　112 ④ | 정답

0701

## 113

Repetitive Learning 1회 2회 3회

보통 흙의 건조된 지반을 흙막이 지보공 없이 굴착하려 할 때 적합한 굴착면의 기울기 기준으로 옳은 것은?

① 1 : 1.5
② 1 : 1.2
③ 1 : 1.8
④ 1 : 2

해설

- 보통 흙 건지는 그 밖의 흙에 해당하므로 1 : 1.2의 구배를 갖도록 한다.

굴착면 기울기 기준 실필 1701/1702
실작 1802/1801/1702/1701/1601/1504

| 지반의 종류 | 기울기 |
|---|---|
| 모래 | 1 : 1.8 |
| 연암 및 풍화암 | 1 : 1.0 |
| 경암 | 1 : 0.5 |
| 그 밖의 흙 | 1 : 1.2 |

1302

## 114

Repetitive Learning 1회 2회 3회

터널 지보공을 설치한 경우에 수시로 점검하여 이상을 발견 시 즉시 보강하거나 보수해야 할 사항이 아닌 것은?

① 부재의 손상·변형·부식·변위·탈락의 유무 및 상태
② 부재의 긴압의 정도
③ 부재의 접속부 및 교차부의 상태
④ 계측기 설치상태

해설

- 지보공 설치 시 붕괴 등의 방지를 위한 수시 점검사항에는 ①, ②, ③ 외에 기둥침하의 유무 및 상태 등이 있다.

지보공 설치 시 붕괴 등의 방지를 위한 수시 점검사항
실작 1901

- 부재의 손상·변형·부식·변위·탈락의 유무 및 상태
- 부재의 긴압 정도
- 부재의 접속부 및 교차부의 상태
- 기둥침하의 유무 및 상태

0901

## 115

Repetitive Learning 1회 2회 3회

크레인 또는 데릭에서 붐 각도 및 작업반경별로 작용시킬 수 있는 최대하중에서 후크(Hook), 와이어로프 등 달기구의 중량을 공제한 하중은?

① 작업하중 ② 정격하중
③ 이동하중 ④ 적재하중

해설

- 작업하중은 주로 콘크리트 타설에서 사용하는 개념으로 작업원, 장비하중, 기타 콘크리트 타설에 필요한 자재 및 공구 등의 시공하중, 충격하중을 모두 합한 하중을 말한다.
- 이동하중은 크레인에서 하물을 인양하는 중 하물의 이동으로 인해 작용점이 이동하는 하중을 말한다.
- 적재하중은 주로 건축물의 각 실별·바닥별 용도에 따라 그 속에 수용되는 사람과 적재되는 물품 등의 중량으로 인한 수직하중을 말한다.

하중 실필 1301/1001

- 정격하중이란 크레인의 권상하중에서 훅, 그래브 또는 버켓 등 달기기구의 하중을 뺀 하중을 말한다. 즉, 중량물 운반 시 크레인에 매달아 올릴 수 있는 최대하중으로부터 달아 올리기 기구의 중량에 상당하는 하중을 제외한 하중을 말한다.
- 권상하중이란 크레인이 지브의 길이 및 경사각에 따라 들어 올릴 수 있는 최대의 하중을 말한다.

## 116

Repetitive Learning 1회 2회 3회

근로자가 작업 중 또는 통행 시 전락(轉落)으로 인하여 화상·질식 등의 위험에 처할 우려가 있는 케틀(Kettle), 호퍼(Hopper), 피트(Pit) 등이 있는 경우에 그 위험을 방지하기 위하여 최소 높이 얼마 이상의 울타리를 설치하여야 하는가?

① 80cm 이상 ② 85cm 이상
③ 90cm 이상 ④ 95cm 이상

해설

- 전락으로 인한 위험우려가 있을 경우 위험을 방지하기 위해서 설치하는 울타리는 90cm 이상 되어야 한다.

추락에 의한 위험 방지를 위한 울타리의 설치

- 사업주는 근로자가 작업 중 또는 통행 시 전락(轉落)으로 인하여 화상·질식 등의 위험에 처할 우려가 있는 케틀(Kettle), 호퍼(Hopper), 피트(Pit) 등이 있는 경우에 그 위험을 방지하기 위하여 필요한 장소에 높이 90cm 이상의 울타리를 설치하여야 한다.

정답 | 113 ② 114 ④ 115 ② 116 ③

## 117 Repetitive Learning (1회 2회 3회)

강관비계의 설치 기준으로 옳은 것은?

① 비계기둥의 간격은 띠장 방향에서는 1.5m 내지 1.8m이하로 하고, 장선 방향에서는 2.0m 이하로 한다.
② 띠장 간격은 1.8m 이하로 설치하되, 첫 번째 띠장은 2m 이하의 위치에 설치한다.
③ 비계기둥 간의 적재하중은 400kg을 초과하지 않도록 한다.
④ 비계기둥의 최고로부터 21m 되는 지점 밑부분의 비계기둥은 2본의 강관으로 묶어세운다.

**해설**

- ① 비계기둥의 간격은 띠장 방향에서는 1.85m 이하, 장선(長線) 방향에서는 1.5m 이하로 해야 한다.
- ② 띠장 간격은 2m 이하로 설치해야 한다.
- ④ 비계기둥의 제일 윗부분으로부터 31m 되는 지점 밑부분의 비계기둥은 2개의 강관으로 묶어세운다.

:: 강관비계의 구조 실필 1302 실작 1902/1901/1802/1801/1701/1504/1401

- 비계기둥의 간격은 띠장 방향에서는 1.85m 이하, 장선(長線) 방향에서는 1.5m 이하로 할 것
- 띠장 간격은 2m 이하로 설치할 것
- 비계기둥의 제일 윗부분으로부터 31m 되는 지점 밑부분의 비계기둥은 2개의 강관으로 묶어세울 것
- 비계기둥 간의 적재하중은 400kg을 초과하지 않도록 할 것

## 118 Repetitive Learning (1회 2회 3회)

터널 굴착작업을 하는 때 미리 작성하여야 하는 작업계획서에 포함되어야 할 사항이 아닌 것은?

① 굴착의 방법
② 암석의 분할방법
③ 환기 또는 조명시설을 설치할 때에는 그 방법
④ 터널지보공 및 복공의 시공방법과 용수의 처리방법

**해설**

- 암석의 분할방법은 채석작업을 하는 경우의 작업계획서 내용이다.

:: 터널 굴착작업을 하는 때 사전조사 및 작업계획서 내용 실필 1301/0904 실작 1902/1901/1804/1802/1801/1701/1604/1601/1504/1501/1404/1402/1401

㉠ 사전조사 내용

- 낙반・출수(出水) 및 가스폭발 등으로 인한 근로자의 위험을 방지하기 위하여 보링(Boring) 등 적절한 방법으로 미리 지형・지질 및 지층상태를 조사

㉡ 작업계획서 내용

- 굴착의 방법
- 터널지보공 및 복공(覆工)의 시공방법과 용수(湧水)의 처리방법
- 환기 또는 조명시설을 설치할 때에는 그 방법

## 119 Repetitive Learning (1회 2회 3회)

비계(달비계, 달대비계 및 말비계는 제외)의 높이가 2m 이상인 작업 장소에 설치하여야 하는 작업발판의 기준으로 옳지 않은 것은?

① 작업발판의 폭이 40cm 이상으로 하고, 발판재료 간의 틈은 3cm 이하로 할 것
② 추락의 위험이 있는 장소에는 안전난간을 설치할 것
③ 작업발판의 지지물은 하중에 의하여 파괴될 우려가 없는 것을 사용할 것
④ 작업발판재료는 뒤집히거나 떨어지지 않도록 1개 이상의 지지물에 연결하거나 고정시킬 것

**해설**

- 작업발판재료는 뒤집히거나 떨어지지 않도록 둘 이상의 지지물에 연결하거나 고정시켜야 한다.

:: 작업발판의 구조 실필 1902/1401 실작 1804

- 발판재료는 작업할 때의 하중을 견딜 수 있도록 견고한 것으로 할 것
- 작업발판의 폭은 40cm 이상으로 하고, 발판재료 간의 틈은 3cm 이하로 할 것
- 선박 및 보트 건조작업의 경우 선박블록 또는 엔진실 등의 좁은 작업공간에 작업발판을 설치하기 위하여 필요하면 작업발판의 폭을 30cm 이상으로 할 수 있고, 걸침비계의 경우 강관기둥 때문에 발판재료 간의 틈을 3cm 이하로 유지하기 곤란하면 5cm 이하로 할 수 있다. 이 경우 그 틈 사이로 물체 등이 떨어질 우려가 있는 곳에는 출입금지 등의 조치를 하여야 한다.
- 추락의 위험이 있는 장소에는 안전난간을 설치할 것
- 작업발판의 지지물은 하중에 의하여 파괴될 우려가 없는 것을 사용할 것
- 작업발판재료는 뒤집히거나 떨어지지 않도록 둘 이상의 지지물에 연결하거나 고정시킬 것
- 작업발판을 작업에 따라 이동시킬 경우에는 위험 방지에 필요한 조치를 할 것



117 ③ 118 ② 119 ④ | 정답

1602

## 120 Repetitive Learning (1회 2회 3회)

건립 중 강풍에 의한 풍압 등 외압에 대한 내력이 설계에 고려되었는지 확인하여야 하는 철골구조물의 기준으로 옳지 않은 것은?

① 높이 20m 이상의 구조물
② 구조물의 폭과 높이의 비가 1 : 4 이상인 구조물
③ 이음부가 공장 제작인 구조물
④ 연면적당 철골량이 $50kg/m^2$ 이하인 구조물

**해설**

- 이음부가 공장 제작인 구조물은 외압에 대한 내력이 설계 시 고려되었는지 확인할 필요가 없으며, 이음부가 현장용접인 구조물에 대해서는 확인이 필요하다.

:: 외압에 대한 내력이 설계 시 고려되었는지를 확인해야 하는 구조물 **실필** 1804/1602/1504/1301/1204/1102/1001/0902 **실작** 1801
  - 높이 20m 이상의 구조물
  - 구조물의 폭과 높이의 비가 1 : 4 이상인 구조물
  - 단면구조에 현저한 변화가 있는 구조물
  - 연면적당 철골량이 $50kg/m^2$ 이하인 구조물
  - 기둥이 타이플레이트(Tie plate)형인 구조물
  - 이음부가 현장용접인 구조물

정답 | 120 ③

# 출제문제 분석 2019년 4회

| 구분 | 1과목 | 2과목 | 3과목 | 4과목 | 5과목 | 6과목 | 합계 |
|---|---|---|---|---|---|---|---|
| New유형 | 1 | 2 | 3 | 4 | 2 | 4 | 16 |
| New문제 | 11 | 6 | 9 | 8 | 9 | 11 | 54 |
| 또나온문제 | 5 | 7 | 8 | 9 | 5 | 5 | 39 |
| 자꾸나온문제 | 4 | 7 | 3 | 3 | 6 | 4 | 27 |
| 합계 | 20 | 20 | 20 | 20 | 20 | 20 | 120 |

- New유형은 New문제 중 기존 기출문제와 완전히 다른 유형의 문제를 말합니다.
- New문제는 기존에 출제되지 않은 문제로 이번에 처음 출제되는 문제이거나 기존 출제된 문제의 변형된 형태입니다.
- 또나온문제는 기존에 출제된 적이 1번 있는 문제를 말합니다.
- 자꾸나온문제는 기존에 출제된 적이 2번 이상 있는 문제를 말합니다. 그만큼 중요한 문제입니다.

## 몇 년분의 기출문제를 공부해야 합격할 수 있을까요?

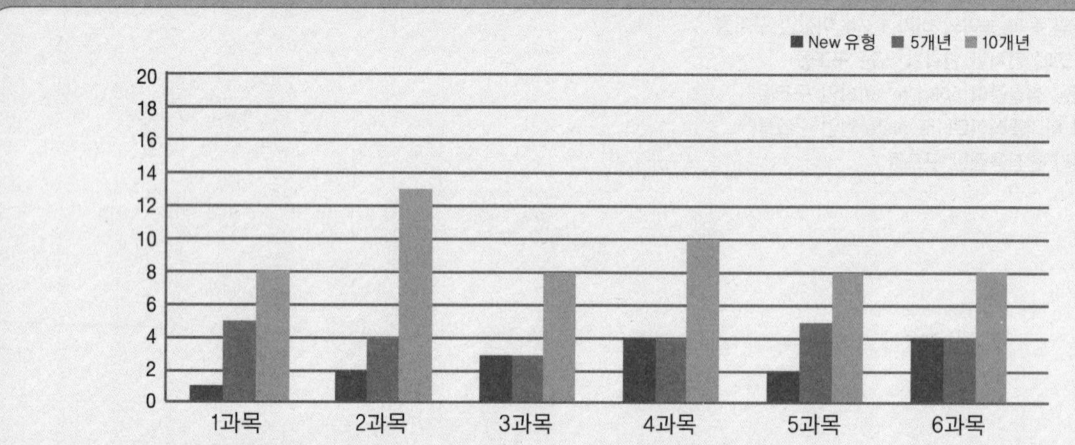


- 완전 새로운 유형의 문제는 16문제이고 84문제가 이미 출제된 문제 혹은 변형문제입니다.
- 5년분(2016~2020) 기출에서 동일문제가 25문항이 출제되었고, 10년분(2011~2020) 기출에서 동일문제가 55문항이 출제되었습니다.

## 실기에 나왔어요!! 외우세요!!!

실기시험은 필답형과 작업형으로 구분되어 있으며 모두 직접 주관식으로 내용을 적어야 합니다. 필기공부하면서 실기 출제된 내역들은 좀 더 신경써서 암기하실 필요가 있어요. 필기 합격자 발표 난 후 실기시험까지는 5주밖에 여유가 없답니다. 어차피 공부할 것 필기 때 확실하게 해준다면 실기도 단방에 합격할 수 있습니다.

- 총 21개의 해설이 실기 필답형 시험과 연동되어 있습니다.
- 총 11개의 해설이 실기 작업형 시험과 연동되어 있습니다.

## 분석의견

최근 10년분의 기출문제와 답을 반복암기해서는 합격점수인 72점에서 17점이 부족합니다. 합격률 역시 전 회차에 비해서 7% 정도 낮아진 40.4%로 평균보다 약간 상회하는 수준입니다. 그러나 예년과 비교해서는 크게 어렵지 않고 평균 정도의 난이도를 보인 회차의 문제입니다. 기출문제가 전 과목에 걸쳐 고르게 분포되어 기출문제 위주로 학습하신 수험생들의 입장에서는 큰 어려움 없이 합격하실 수 있는 수준으로 구성되었습니다. 합격에 필요한 점수를 획득하기 위해서는 최근 5년분 문제와 핵심이론의 3회독 혹은 최근 10년분 문제와 핵심이론의 2회독 이상의 학습이 필요합니다.

# 2019년 제4회

2019년 9월 21일 필기

19년 4회차 필기시험
합격률 40.4%

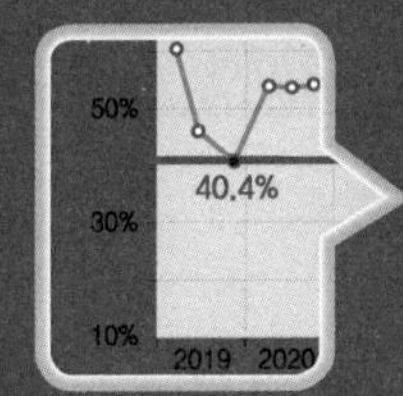


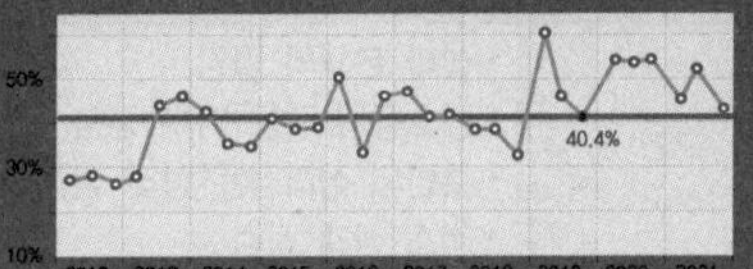


## 1과목 산업안전관리론

### 01

Repetitive Learning 1회 2회 3회

산업안전보건법령상 안전·보건표지의 색채와 사용사례의 연결이 틀린 것은?

① 빨간색(7.5R 4/14) - 탑승금지
② 파란색(2.5PB 4/10) - 방진마스크착용
③ 녹색(2.5G 4/10) - 비상구
④ 노란색(5Y 8.5/12) - 인화성물질경고

해설

• 인화성물질경고 표지는 화학물질 취급장소에서의 유해·위험 경고에 해당하므로 빨간색(7.5R 4/14)을 사용해야 한다.

안전·보건표지의 색채, 색도기준 및 용도 실필 1802/1601/1402/1301

| 색채 | 색도기준 | 용도 | 사용례 |
|---|---|---|---|
| 빨간색 | 7.5R 4/14 | 금지 | 정지신호, 소화설비 및 그 장소, 유해행위의 금지 |
| | | 경고 | 화학물질 취급장소에서의 유해·위험 경고 |
| 노란색 | 5Y 8.5/12 | 경고 | 화학물질 취급장소에서의 유해·위험경고 이외의 위험경고, 주의표시 또는 기계방호물 |
| 파란색 | 2.5PB 4/10 | 지시 | 특정 행위의 지시 및 사실의 고지 |
| 녹색 | 2.5G 4/10 | 안내 | 비상구 및 피난소, 사람 또는 차량의 통행표지 |
| 흰색 | N9.5 | - | 파란색 또는 녹색에 대한 보조색 |
| 검은색 | N0.5 | - | 문자 및 빨간색 또는 노란색에 대한 보조색 |

0301 / 0802 / 1204

### 02

Repetitive Learning 1회 2회 3회

각 계층의 관리감독자들이 숙련된 안전 관찰을 행할 수 있도록 훈련을 실시함으로써 사고의 발생을 미연에 방지하여 안전을 확보하는 안전관찰훈련기법은?

① THP 기법
② TBM 기법
③ STOP 기법
④ TD-BU 기법

해설

• STOP 기법은 작업자의 행동을 관찰한 후 안전한 행동은 칭찬과 격려를 통해 계속 이어지게 하고, 불안전한 행동은 작업자 스스로가 시정조치할 수 있도록 하여 재해를 예방하게 하는 기법이다.

STOP 기법
• 듀퐁사에서 실시하여 실효를 거둔 기법으로 행동중심안전관리라고 한다.
• Safety Training Observation Program이다.
• 각 계층의 관리감독자들이 숙련된 안전 관찰을 행할 수 있도록 훈련을 실시함으로써 사고의 발생을 미연에 방지하여 안전을 확보하는 안전관찰훈련기법을 말한다.

1001 / 1504

### 03

Repetitive Learning 1회 2회 3회

일상점검 내용을 작업 전, 작업 중, 작업 종료로 구분할 때, 작업 중 점검 내용으로 거리가 먼 것은?

① 품질의 이상 유무
② 안전수칙의 준수 여부
③ 이상소음의 발생 유무
④ 방호장치의 작동 여부

해설

• 방호장치의 작동 여부 점검은 작업 전 점검사항이다.

정답 | 01 ④ 02 ③ 03 ④

:: 일상점검

- 작업장에서 매일 작업자가 작업 전, 중, 후에 시설과 작업동작 등에 대하여 실시하는 안전점검이다.
- 작업자가 직접 점검표에 이상 유무를 체크하는 점검이다.

| | |
|---|---|
| 작업 전 | • 설비 본체의 점검<br>• 방호장치 작동 여부 점검<br>• 주변의 정리정돈 상태 점검<br>• 청소 상태 점검 |
| 작업 중 | • 이상소음 발생 여부 점검<br>• 진동 여부 점검<br>• 품질의 이상 유무<br>• 접합부 등의 기름 가스 유출 여부 점검<br>• 안전수칙 준수 여부 |
| 작업 후 | • 기계 청소 상태 점검<br>• 스위치 조작 상태 점검<br>• 환기 상황 점검 |

## 04

Repetitive Learning (1회 2회 3회)

산업안전보건법령상 안전보건개선계획서에 포함되어야 하는 사항이 아닌 것은?

① 시설의 개선을 위하여 필요한 사항
② 작업환경의 개선을 위하여 필요한 사항
③ 작업절차의 개선을 위하여 필요한 사항
④ 안전·보건교육의 개선을 위하여 필요한 사항

해설

- 계획서에는 시설, 안전·보건관리체제, 안전·보건교육, 산업재해예방 및 작업환경의 개선을 위하여 필요한 사항이 포함되어야 한다.

:: 안전보건개선계획 실필 1704/1701/1404/1202/1201

- 고용노동부장관은 다음에 해당하는 사업장으로서 산업재해예방을 위하여 종합적인 개선조치를 할 필요가 있다고 인정할 때에는 사업주에게 그 사업장, 시설, 그 밖의 사항에 관한 안전보건개선계획의 수립·시행을 명할 수 있다.
  - 산업재해율이 같은 업종 평균 산업재해율의 2배 이상인 사업장
  - 사업주가 안전보건조치의무를 이행하지 아니하여 중대재해가 발생한 사업장
  - 직업병에 걸린 사람이 연간 2명 이상(상시근로자 1천명 이상 사업장의 경우 3명 이상) 발생한 사업장
  - 유해인자의 노출기준을 초과한 사업장
  - 작업환경 불량, 화재·폭발 또는 누출사고 등으로 사회적 물의를 일으킨 사업장
- 고용노동부장관은 필요하다고 인정할 때에는 해당 사업주에게 안전·보건진단을 받아 안전보건개선계획을 수립·제출할 것을 명할 수 있다.
- 안전보건개선계획의 수립·시행명령을 받은 사업주는 고용노동부장관이 정하는 바에 따라 안전보건개선계획서를 작성하여 그 명령을 받은 날부터 60일 이내에 관할 지방고용노동관서의 장에게 제출하여야 한다.
- 사업주는 안전보건개선계획을 수립할 때에는 산업안전보건위원회의 심의를 거쳐야 한다. 다만, 산업안전보건위원회가 설치되어 있지 아니한 사업장의 경우에는 근로자대표의 의견을 들어야 한다.
- 안전보건개선계획서에는 시설, 안전·보건관리체제, 안전·보건교육, 산업재해예방 및 작업환경의 개선을 위하여 필요한 사항이 포함되어야 한다.
- 사업주와 근로자는 안전보건개선계획을 준수하여야 한다.

2101

## 05

Repetitive Learning (1회 2회 3회)

산업안전보건법령상 안전관리자의 업무와 거리가 먼 것은?

① 물질안전보건자료의 게시 또는 비치에 관한 보좌 및 조언·지도
② 해당 사업장 안전교육계획의 수립 및 안전교육 실시에 관한 보좌 및 조언·지도
③ 사업장 순회점검·지도 및 조치의 건의
④ 산업재해 발생의 원인 조사·분석 및 재발 방지를 위한 기술적 보좌 및 조언·지도

해설

- 물질안전보건자료의 게시 또는 비치에 관한 보좌 및 조언·지도는 보건관리자의 업무에 해당한다.

:: 안전관리자의 업무 실필 1704/1001/0804

- 산업안전보건위원회 또는 안전·보건에 관한 노사협의체에서 심의·의결한 업무와 사업장의 안전보건관리규정 및 취업규칙에서 정한 업무
- 안전인증대상 기계·기구 등과 자율안전확인대상 기계·기구 등 구입 시 적격품의 선정에 관한 보좌 및 조언·지도
- 위험성 평가에 관한 보좌 및 조언·지도
- 사업장 안전교육계획의 수립 및 안전교육 실시에 관한 보좌 및 조언·지도
- 사업장 순회점검·지도 및 조치의 건의
- 산업재해 발생의 원인 조사·분석 및 재발 방지를 위한 기술적 보좌 및 조언·지도
- 산업재해에 관한 통계의 유지·관리·분석을 위한 보좌 및 조언·지도
- 안전에 관한 사항의 이행에 관한 보좌 및 조언·지도
- 업무수행 내용의 기록·유지
- 안전에 관한 사항으로서 고용노동부장관이 정하는 사항



04 ③ 05 ① 정답

0802 / 1801

## 06 Repetitive Learning 1회 2회 3회

재해원인분석에 사용되는 통계적 원인분석 기법의 하나로, 사고의 유형이나 기인물 등 분류항목을 큰 순서대로 도표화하는 기법은?

① 관리도 ② 파레토도
③ 특성요인도 ④ 클로즈분석도

해설

- 관리도는 재해발생건수 등의 추이를 파악하여 목표관리를 행하는 데 필요한 통계 분석방법이다.
- 특성요인도는 재해라고 하는 결과에 미치게 하는 원인요소와의 관계를 상호의 인과관계만으로 결부시켜 도표화하는 분석방법이다.
- 클로즈분석도는 두 가지 이상의 문제에 대한 관계분석 시에 주로 사용하는 분석방법이다.

통계에 의한 재해원인 분석방법

- 파레토도, 특성요인도, 클로즈분석, 관리도 등이 있다.

| | |
|---|---|
| 파레토(Pareto)도 | 작업현장에서 발생하는 작업환경 불량이나 고장, 재해 등의 내용을 분류하고 그 건수와 금액을 크기 순으로 나열하여 작성한 그래프 |
| 특성요인도 (Characteristics diagram) | 사실의 확인단계에서 재해의 원인과 결과를 연계하여 상호 관계를 파악하기 위하여 어골상으로 도표화하는 분석방법 |
| 클로즈분석 | 두 가지 이상의 문제에 대한 관계분석 시에 주로 사용하는 분석방법 |
| 관리도(Control chart) | 산업재해의 분석 및 평가를 위하여 재해발생건수 등의 추이에 대해 한계선을 설정하여 목표관리를 수행하는 재해통계 분석기법 |

## 07 Repetitive Learning 1회 2회 3회

산업안전보건법상 산업안전보건위원회 정기회의 개최 주기로 올바른 것은?

① 1개월마다
② 분기마다
③ 반년마다
④ 1년마다

해설

- 산업안전보건위원회의 정기회의는 분기마다 위원장이 소집한다.

산업안전보건위원회 실필 1704/1401

- 근로자위원은 근로자대표, 명예감독관, 근로자대표가 지명하는 9명 이내의 해당 사업장의 근로자로 구성한다.
- 사용자위원은 대표자, 안전관리자, 보건관리자, 산업보건의, 대표자가 지명하는 9명 이내의 해당 사업장 부서의 장으로 구성하나 상시근로자 50명 이상 100명 이하일 경우 대표자가 지명하는 9명 이내의 해당 사업장 부서의 장은 제외한다.
- 산업안전보건위원회의 위원장은 위원 중에서 호선(互選)한다. 이 경우 근로자위원과 사용자위원 중 각 1명을 공동위원장으로 선출할 수 있다.
- 산업안전보건위원회의 회의는 정기회의와 임시회의로 구분하되, 정기회의는 분기마다 위원장이 소집하며, 임시회의는 위원장이 필요하다고 인정할 때에 소집한다.

0701 / 1201 / 1602 / 1604

## 08 Repetitive Learning 1회 2회 3회

다음 재해사례의 분석 내용으로 옳은 것은?

> 작업자가 벽돌을 손으로 운반하던 중 떨어뜨려 벽돌이 발등에 부딪쳐 발을 다쳤다.

① 사고유형 : 낙하, 기인물 : 벽돌, 가해물 : 벽돌
② 사고유형 : 충돌, 기인물 : 손, 가해물 : 벽돌
③ 사고유형 : 비래, 기인물 : 사람, 가해물 : 손
④ 사고유형 : 추락, 기인물 : 손, 가해물 : 벽돌

해설

- 인체에 직접 충돌한 것은 벽돌이므로 벽돌이 가해물이다.
- 벽돌을 손으로 운반하다가 떨어뜨렸으므로 벽돌의 운반작업이 불안전한 상태에 해당한다. 기인물은 벽돌이다.
- 사고유형은 벽돌의 낙하로 인한 재해이므로 낙하에 해당한다.

산업재해의 분석 실필 1901/1702/1501/1404

| | |
|---|---|
| 기인물 | 재해의 원인이 되는 것으로 주로 불안전한 상태와 관련된다. |
| 가해물 | 사람에 직접 충돌하거나 또는 접촉에 의해서 위해(危害)를 준 물건을 말한다. |
| 사고유형 | 재해의 발생형태를 말한다. |

정답 06 ② 07 ② 08 ①

## 09

Repetitive Learning (1회 2회 3회)

산업안전보건법령상 AB형 안전모에 관한 설명으로 옳은 것은?

① 물체의 낙하 또는 비래에 의한 위험을 방지 또는 경감시키기 위한 것
② 물체의 낙하 또는 비래 및 추락에 의한 위험을 방지 또는 경감시키기 위한 것
③ 물체의 낙하 또는 비래에 의한 위험을 방지 또는 경감하고, 머리부위 감전에 의한 위험을 방지하기 위한 것
④ 물체의 낙하 또는 비래 및 추락에 의한 위험을 방지 또는 경감하고, 머리부위 감전에 의한 위험을 방지하기 위한 것

**해설**

- ③은 AE형 안전모에 대한 설명이다.
- ④는 ABE형 안전모에 대한 설명이다.

**:: 의무안전인증 대상 안전모** 실필 1902/1504

| 종류(기호) | 사용구분 | 비고 |
|---|---|---|
| AB | 물체의 낙하 또는 비래 및 추락에 의한 위험을 방지 또는 경감시키기 위한 것 | - |
| AE | 물체의 낙하 또는 비래에 의한 위험을 방지 또는 경감하고, 머리부위 감전에 의한 위험을 방지하기 위한 것 | • 내전압성(7,000V 이하의 전압에 견디는 것)<br>• 내수성(질량증가율 1% 미만) |
| ABE | 물체의 낙하 또는 비래 및 추락에 의한 위험을 방지 또는 경감하고, 머리부위 감전에 의한 위험을 방지하기 위한 것 | |

1701

## 10

Repetitive Learning 

신규 채용 시의 근로자 안전·보건교육은 몇 시간 이상 실시해야 하는가?(단, 일용근로자를 제외한 근로자인 경우)

① 3시간 이상　　② 8시간 이상
③ 16시간 이상　　④ 매분기 6시간

**해설**

- 근로자 신규 채용 시 교육시간은 일용근로자 및 근로계약기간이 1주일 이하인 기간제근로자의 경우 1시간 이상, 근로계약기간이 1주일 초과 1개월 이하인 기간제근로자의 경우 4시간 이상, 그 밖의 근로자의 경우 8시간 이상이다.

**:: 안전·보건 교육시간 기준** 실필 1801/1201/0904/0804

| 교육과정 | 교육대상 | | 교육시간 |
|---|---|---|---|
| 정기교육 | 사무직 종사 근로자 | | 매반기 6시간 이상 |
| | 사무직 외의 근로자 | 판매업무에 직접 종사하는 근로자 | 매반기 6시간 이상 |
| | | 판매업무에 직접 종사하는 근로자 외의 근로자 | 매반기 12시간 이상 |
| | 관리감독자 | | 연간 16시간 이상 |
| 채용 시의 교육 | 일용근로자 및 근로계약기간이 1주일 이하인 기간제근로자 | | 1시간 이상 |
| | 근로계약기간이 1주일 초과 1개월 이하인 기간제근로자 | | 4시간 이상 |
| | 그 밖의 근로자 | | 8시간 이상 |
| 작업내용 변경 시의 교육 | 일용근로자 및 근로계약기간이 1주일 이하인 기간제근로자 | | 1시간 이상 |
| | 그 밖의 근로자 | | 2시간 이상 |
| 특별교육 | 일용 및 근로계약기간이 1주일 이하인 기간제근로자 | 타워크레인 신호업무 제외 | 2시간 이상 |
| | | 타워크레인 신호업무 | 8시간 이상 |
| | 일용 및 근로계약기간이 1주일 이하인 기간제근로자 제외 근로자 | | • 16시간 이상(작업전 4시간, 나머지는 3개월 이내 분할 가능)<br>• 단기간 또는 간헐적 작업인 경우에는 2시간 이상 |
| 건설업 기초안전·보건교육 | 건설 일용근로자 | | 4시간 이상 |

1604

## 11

Repetitive Learning 

다음 설명에 해당하는 법칙은?

> 어떤 공장에서 330회의 전도사고가 일어났을 때, 그 가운데 300회는 무상해사고, 29회는 경상, 중상 또는 사망 1회의 비율로 사고가 발생한다.

① 버드 법칙　　② 하인리히 법칙
③ 더글라스 법칙　　④ 자베타키스 법칙

**해설**

- 1 : 29 : 300에 해당하는 하인리히 법칙에 대한 설명이다.
- 버드는 총 사고 발생건수 641건을 대상으로 분석했을 때 중상 1, 경상 10, 무상해사고 30, 무상해무사고 600건이 발생한다고 주장했다.

**:: 하인리히의 재해구성 비율**

- 중상 : 경상 : 무상해사고가 각각 1 : 29 : 300인 재해구성 비율을 말한다.
- 총 사고 발생건수 330건을 대상으로 분석했을 때 중상 1, 경상 29, 무상해사고 300건이 발생했음을 의미한다.
- 300건의 무상해 재해의 원인 제거를 통해 29건의 경미한 사고와 1건의 중대사고를 예방할 수 있다.



09 ② 10 ② 11 ② 정답

## 12 Repetitive Learning 1회 2회 3회

산업안전보건법령상 사업주의 책무와 가장 거리가 먼 것은?

① 쾌적한 작업환경을 조성하고 근로조건을 개선할 것
② 해당 사업장의 안전·보건에 관한 정보를 근로자에게 제공할 것
③ 안전·보건의식을 북돋우기 위한 홍보·교육 및 무재해 운동 등 안전문화를 추진할 것
④ 관련 법과 법에 따른 명령에서 정하는 산업재해 예방을 위한 기준을 지킬 것

해설

- 안전·보건의식을 북돋우기 위한 홍보·교육 및 무재해 운동 등 안전문화를 추진하는 것은 정부의 책무이다.

사업주의 책무

- 산업안전보건법과 법에 따른 명령으로 정하는 산업재해 예방을 위한 기준 준수
- 근로자의 신체적 피로와 정신적 스트레스 등을 줄일 수 있는 쾌적한 작업환경의 조성 및 근로조건 개선
- 해당 사업장의 안전 및 보건에 관한 정보를 근로자에게 제공

1204

## 13 Repetitive Learning 1회 2회 3회

다음 중 재해예방의 4원칙에 해당되지 않는 것은?

① 손실우연의 원칙 ② 예방가능의 원칙
③ 사고연쇄의 원칙 ④ 원인계기의 원칙

해설

- 하인리히의 재해예방 4원칙에 사고연쇄의 원칙은 없으며, 모든 사고는 대책선정이 가능하다는 대책선정의 원칙이 빠졌다.

하인리히의 재해예방 4원칙

| | |
|---|---|
| 대책선정의 원칙 | 사고의 원인을 발견하면 반드시 대책을 세워야 하며, 모든 사고는 대책 선정이 가능하다는 원칙 |
| 손실우연의 원칙 | 사고로 인한 손실은 상황에 따라 다른 우연적이라는 원칙 |
| 예방가능의 원칙 | 모든 사고는 예방이 가능하다는 원칙 |
| 원인연계의 원칙 | • 사고는 반드시 원인이 있으며 이는 복합적으로 필연적인 인과관계로 작용한다는 원칙<br>• 원인계기의 원칙이라고도 한다. |

0904

## 14 Repetitive Learning 1회 2회 3회

다음 중 안전·보건에 관한 노사협의체의 구성·운영에 대한 설명으로 틀린 것은?

① 노사협의체는 근로자와 사용자가 같은 수로 구성되어야 한다.
② 노사협의체의 회의 결과는 회의록으로 작성하여 보존하여야 한다.
③ 노사협의체의 회의는 정기회의와 임시회의로 구분하되, 정기회의는 3개월마다 소집한다.
④ 노사협의체는 산업재해 예방 및 산업재해가 발생한 경우의 대피방법 등에 대하여 협의하여야 한다.

해설

- 노사협의체 정기회의는 3개월마다가 아니라 2개월마다 소집한다.

안전·보건에 관한 노사협의체

㉠ 설치대상 : 공사금액이 120억원(토목공사업은 150억원) 이상인 건설업을 말한다.

㉡ 구성

| | |
|---|---|
| 근로자 위원 | • 도급 또는 하도급 사업을 포함한 전체 사업의 근로자대표<br>• 근로자대표가 지명하는 명예산업안전감독관 1명. 다만, 명예산업안전감독관이 위촉되어 있지 아니한 경우에는 근로자대표가 지명하는 해당 사업장 근로자 1명<br>• 공사금액이 20억원 이상인 공사의 관계수급인의 각 근로자대표 |
| 사용자 위원 | • 도급 또는 하도급 사업을 포함한 전체 사업의 대표자<br>• 안전관리자 1명<br>• 보건관리자 1명(보건관리자 선임대상 건설업으로 한정)<br>• 공사금액이 20억원 이상인 공사의 관계수급인의 각 대표자 |
| 노사협의체의 근로자위원과 사용자위원은 합의를 통해 노사협의체에 공사금액이 20억원 미만인 공사의 관계수급인 및 관계수급인 근로자대표를 위원으로 위촉할 수 있다. | |

㉢ 운영

- 노사협의체의 회의는 정기회의와 임시회의로 구분하되, 정기회의는 2개월마다 노사협의체의 위원장이 소집하며, 임시회의는 위원장이 필요하다고 인정할 때에 소집한다.

정답 | 12 ③ 13 ③ 14 ③

## 15 — Repetitive Learning (1회 2회 3회)

시설물안전법령에 명시된 안전점검의 종류에 해당하는 것은?

① 일반안전점검 ② 특별안전점검
③ 정밀안전점검 ④ 임시안전점검

해설

- 시설물의 안전 및 유지관리에 관한 특별법상 안전점검에는 정기점검, 정밀점검, 긴급점검이 있다.

안전점검의 구분

| | |
|---|---|
| 정기안전점검 | 시설물의 상태를 판단하고 시설물이 점검 당시의 사용요건을 만족시키고 있는지 확인할 수 있는 수준의 외관조사를 실시하는 안전점검 |
| 정밀안전점검 | 시설물의 상태를 판단하고 시설물이 점검 당시의 사용요건을 만족시키고 있는지 확인하며 시설물 주요부재의 상태를 확인할 수 있는 수준의 외관조사 및 측정·시험장비를 이용한 조사를 실시하는 안전점검 |
| 긴급안전점검 | 시설물의 붕괴·전도 등으로 인한 재난 또는 재해가 발생할 우려가 있는 경우에 시설물의 물리적·기능적 결함을 신속하게 발견하기 위하여 실시하는 점검 |

## 16 — Repetitive Learning (1회 2회 3회)

시몬즈 방식으로 재해코스트를 산정할 때, 재해의 분류와 설명의 연결로 옳은 것은?

① 무상해사고 – 20달러 미만의 재산손실이 발생한 사고
② 휴업상해 – 영구 전노동불능
③ 응급조치상해 – 일시 전노동불능
④ 통원상해 – 일시 일부노동불능

해설

- 무상해사고는 의료조치가 필요 없으며, 휴업은 영구 일부노동불능 혹은 일시 전노동불능, 응급처치는 8시간 미만의 휴업이 필요한 의료조치 상해를 말한다.

시몬즈(Simonds) 방식에서 재해의 종류와 세부 내용

| | |
|---|---|
| 무상해사고 | 의료조치를 필요로 하지 않는 상해사고 |
| 응급처치 | 20$ 미만의 손실 또는 8시간 미만의 휴업이 되는 의료조치상해 |
| 통원상해 | 일시 일부노동불능 및 의사의 통원 조치를 요하는 상해 |
| 휴업상해 | 영구 일부노동불능 및 일시 전노동불능 상해 |

1002

## 17 — Repetitive Learning (1회 2회 3회)

다음 중 참모식 안전조직의 특징으로 옳은 것은?

① 100명 이하의 소규모 사업장에 적합하다.
② 생산부분은 안전에 대한 책임과 권한이 없다.
③ 명령과 보고가 상하관계뿐이므로 간단명료하다.
④ 조직원 전원을 자율적으로 안전 활동에 참여시킬 수 있다.

해설

- 참모식 안전조직은 안전을 전담하는 부서를 가지고 안전에 대한 책임과 권한을 부여하므로 생산부분은 이에 대한 책임과 권한이 없다.

스탭(Staff)형 안전조직 실필 1704

㉠ 개요
- 참모식이라고도 한다.
- 안전을 전담하는 부서를 가지며, 생산 부분은 안전에 대한 책임과 권한이 없다.
- 중규모(100명 이상 1,000명 이하) 사업장에 적합하다.
- 안전보건에 관한 전문가를 두고 계획, 조사, 검토 등을 행하는 안전조직 형태이다.
- 테일러(F.W.Taylor)가 제창한 기능형 조직(Functional organization)에서 발전된 조직형태이다.

㉡ 특징

| 장점 | 단점 |
|---|---|
| • 계획입안이 전문화되어 있다.<br>• 안전정보 수집이 신속하다.<br>• 경영자에 대한 조언과 자문 역할이 가능하다. | • 안전지시나 명령이 늦다.<br>• 생산라인과의 견해 차이로 안전지시가 용이하지 않으며, 안전과 생산을 별개로 취급하기 쉽다. |

## 18 — Repetitive Learning (1회 2회 3회)

상해의 종류 중, 스치거나 긁히는 등의 마찰력에 의하여 피부 표면이 벗겨진 상태는?

① 자상
② 타박상
③ 창상
④ 찰과상

해설

- 자상은 칼날 등 날카로운 물건에 찔린 상해이다.
- 타박상은 피하조직 등 근육부를 다쳐 충격을 받은 부위가 부어오르고 통증이 발생되는 상해이다.
- 창상은 창, 칼 등에 베인 상해이다.



15 ③ 16 ④ 17 ② 18 ④ | 정답

:: 상해의 종류별 분류

| 골절 | 뼈가 부러지는 상해 |
|---|---|
| 찰과상 | 스치거나 문질러서 피부가 벗겨진 상해 |
| 창상 | 창, 칼 등에 베인 상해 |
| 자상 | 칼날 등 날카로운 물건에 찔린 상해 |
| 좌상 | 타박상(삐임)이라고도 하며, 피하조직 등 근육부를 다쳐 충격을 받은 부위가 부어오르고 통증이 발생되는 상해 |
| 부종 | 국부의 혈액순환의 이상으로 몸이 퉁퉁 부어오르는 상해 |
| 중독 | 음식, 약물, 가스 등에 의해 중독되는 상해 |
| 화상 | 화재 또는 고온물과의 접촉으로 인한 상해 |

## 19 Repetitive Learning (1회 2회 3회)

근로자 150명이 작업하는 공장에서 50건의 재해가 발생하였고, 총 근로손실일수가 120일일 때의 도수율은 약 얼마인가? (단, 하루 8시간씩 연간 300일을 근무한다)

① 0.01 ② 0.3
③ 138.9 ④ 333.3

해설

• 해당 사업장의 도수율은 $\frac{50}{150 \times 2,400} \times 10^6 = 138.888 \cdots$ 이다.

:: 도수율(FR : Frequecy Rate of injury) 실필 1804/1401/1304/0902
- 빈도율이라고도 하며, 100만 시간당 재해발생건수를 나타낸다.
- 도수율 = $\frac{\text{연간재해건수}}{\text{연간총근로시간}} \times 10^6$ 으로 구한다.

## 20 Repetitive Learning (1회 2회 3회)

무재해 운동 기본이념의 3대 원칙이 아닌 것은?

① 무의 원칙 ② 선취의 원칙
③ 합의의 원칙 ④ 참가의 원칙

해설

• 무재해 운동의 3원칙에는 무의 원칙, 안전제일(선취)의 원칙, 참가의 원칙이 있다.

:: 무재해 운동 3원칙

| 무(無, Zero)의 원칙 | 모든 잠재위험요인을 사전에 발견・파악・해결함으로써 근원적으로 산업재해를 없앤다. |
|---|---|
| 안전제일(선취)의 원칙 | 직장의 위험요인을 행동하기 전에 발견・파악・해결하여 재해를 예방한다. |
| 참가의 원칙 | 작업에 따르는 잠재적인 위험요인을 발견・해결하기 위하여 전원이 협력하여 문제해결 운동을 실천한다. |

# 2과목 산업심리 및 교육

0804 / 1402

## 21 Repetitive Learning (1회 2회 3회)

피로의 측정분류 중 감각기능검사(정신・신경기능검사)의 측정대상항목에 해당하는 것은?

① 혈압 ② 심박수
③ 에너지대사율 ④ 플리커

해설

• 플리커는 텔레비전 화면이나 형광등에서 흔들림과 같은 광도의 주기적 변화가 인간의 시각으로 느껴지는 현상으로 피로의 검사방법에서 인지역치를 이용한 생리적인 검사방법이다.

:: 플리커 현상과 CFF

㉠ 플리커(Flicker) 현상
- 텔레비전 화면이나 형광등에서 흔들림과 같은 광도의 주기적 변화가 인간의 시각으로 느껴지는 현상을 말한다.

㉡ CFF(Critical Flicker Fusion)
- 임계융합주파수 혹은 점멸융합주파수(Flicker Fusion Frequency)라고 하는데 깜빡이는 광원이 계속 켜진 것처럼 보일 때의 주파수를 말한다.
- 피로의 검사방법에서 인지역치를 이용한 생리적인 검사방법이다.
- 정신피로의 기준으로 사용되며 피곤할 경우 주파수의 값이 낮아진다.

0804 / 1402

## 22 Repetitive Learning (1회 2회 3회)

다음 중 인간의 착각현상 중에서 실제로 움직이지 않지만 어느 기준의 이동에 의하여 움직이는 것처럼 느껴지는 착각현상의 명칭으로 적합한 것은?

① 자동운동 ② 잔상현상
③ 유도운동 ④ 착시현상

해설

• 운동의 시지각에는 자동운동, 유도운동, 가현운동 등이 있다.
• 자동운동은 암실 내의 정지된 소광점을 응시하고 있으면 그 광점이 움직이는 것처럼 보이는 현상으로 어두울 때 생기는 착각현상이다.

:: 유도운동
- 인간의 착각현상 중에서 실제로 움직이지 않는 것이 어느 기준의 이동에 의하여 움직이는 것처럼 느껴지는 현상을 말한다.
- 버스나 전동차의 움직임으로 인하여 움직이지 않는 자신이 움직이는 것 같은 느낌을 받는 현상을 말한다.
- 구름 사이의 달 관찰 시 구름이 움직일 때 구름은 정지되어 있고, 달이 움직이는 것처럼 느껴지는 현상을 말한다.

정답 | 19 ③ 20 ③ 21 ④ 22 ③

1601

## 23

Repetitive Learning 1회 2회 3회

다음 중 작업장에서의 사고예방을 위한 조치로 틀린 것은?

① 감독자와 근로자는 특수한 기술뿐만 아니라 안전에 대한 태도교육을 받아야 한다.
② 모든 사고는 사고 자료가 연구될 수 있도록 철저히 조사되고 자세히 보고되어야 한다.
③ 안전의식고취 운동에서의 포스터는 처참한 장면과 함께 부정적인 문구의 사용이 효과적이다.
④ 안전장치는 생산을 방해해서는 안 되고, 그것이 제 위치에 있지 않으면 기계가 작동되지 않도록 설계되어야 한다.

**해설**

- 안전의식고취 운동에서의 포스터는 가능한 긍정적인 내용으로 작성되어야 한다.

**작업장에서의 사고예방 조치**

- 모든 사고는 사고 자료가 연구될 수 있도록 철저히 조사되고 자세히 보고되어야 한다.
- 안전의식고취 운동에서의 포스터는 가능한 긍정적인 내용으로 작성되어야 한다.
- 안전장치는 생산을 방해해서는 안 되고, 그것이 제 위치에 있지 않으면 기계가 작동되지 않도록 설계되어야 한다.
- 감독자와 근로자는 특수한 기술뿐만 아니라 안전에 대한 태도교육을 받아야 한다.

0704 / 1501

## 24

Repetitive Learning 1회 2회 3회

남의 행동이나 판단을 표본으로 하여 그것과 같거나 또는 그것에 가까운 행동 또는 판단을 취하려는 인간관계 메커니즘으로 맞는 것은?

① Projection ② Imitation
③ Suggestion ④ Identification

**해설**

- 투사(Projection)란 자신의 불만을 해소하기 위해 남에게 뒤집어 씌우는 행위를 말한다.
- 암시(Suggestion)란 다른 사람으로부터의 판단이나 행동을 무비판적으로 받아들이는 것을 말한다.
- 동일화(Identification)는 다른 사람의 행동 양식이나 태도를 자기에게 투입하거나 그와 반대로 다른 사람 가운데서 자기의 행동 양식이나 태도와 비슷한 것을 발견하는 것을 말한다.

**모방(Imitation)**

- 남의 행동이나 판단을 표본으로 하여 그것과 같거나 또는 그것에 가까운 행동 또는 판단을 취하려는 것을 말한다.

1302

## 25

Repetitive Learning 1회 2회 3회

집단 심리요법의 하나로서 자기 해방과 타인 체험을 목적으로 하는 체험활동을 통해 대인관계에 있어서의 태도변용이나 통찰력, 자기이해를 목표로 개발된 교육기법에 해당하는 것은?

① 롤 플레잉(Role playing)
② OJT(On the Job Training)
③ ST(Sensitivity Training) 훈련
④ TA(Transactional Analysis) 훈련

**해설**

- 롤 플레잉은 집단 심리요법의 하나로 참가자에게 흥미와 체험감을 주며, 아는 것과 행동하는 것 사이의 차이를 인식시켜 줄 수 있는 교육방법이다.

**역할 연기법(Role playing)**

㉠ 개요
- 집단 심리요법의 하나로서 자기 해방과 타인 체험을 목적으로 하는 체험활동을 통해 대인관계에 있어서의 태도변용이나 통찰력, 자기이해를 목표로 개발된 교육기법이다.
- 참가자에게 흥미와 체험감을 주며, 아는 것과 행동하는 것 사이의 차이를 인식시켜 줄 수 있는 교육방법이다.
- 높은 수준의 의사 결정에 대한 훈련에는 효과를 기대할 수 없다.

㉡ 특징
- 관찰에 의한 학습
- 실행에 의한 학습
- 피드백에 의한 학습 분석과 개념화를 통한 학습

㉢ 장점
- 흥미를 갖고, 문제에 적극적으로 참가한다.
- 문제의 배경에 대하여 통찰하는 능력을 높임으로써 감수성이 향상된다.
- 자기 태도의 반성과 창조성이 생기고, 발표력이 향상된다.
- 의견 발표에 자신이 생기고, 고찰력이 풍부해진다.

1101

## 26

Repetitive Learning 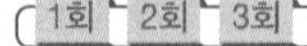

비통제의 집단행동에 해당하는 것은?

① 관습
② 유행
③ 모브
④ 제도적 행동



23 ③ 24 ② 25 ① 26 ③ 정답

해설

- ①, ②, ④는 모두 통제적 집단행동에 속한다.

집단행동의 구분

㉠ 통제적 집단행동
- 관습
- 유행
- 제도적 행동

㉡ 비통제적 집단행동

| 모브 | 공격적인 군중의 집단행동 |
|---|---|
| 패닉 | 이상적인 상황하에서 방어적인 행동 특징을 보이는 집단행동 |
| 모방 | 남들을 그대로 따라하는 행위 |
| 심리적 전염 | 다른 사람이나 집단의 유행을 따라하는 행위 |

## 27 Repetitive Learning (1회 2회 3회)

상호신뢰 및 성선설에 기초하여 인간을 긍정적인 측면으로 보는 이론에 해당하는 것은?

① T-이론 ② X-이론
③ Y-이론 ④ Z-이론

해설

- 맥그리거는 X·Y이론을 통해서 인간의 본성을 비교하였는데 그 중 X이론은 후진국형, 성악설의 개념이고, Y이론은 선진국형, 성선설의 개념이다.

맥그리거(McGregor)의 X·Y이론

㉠ 개요
- 인간과 직무의 관계에 대한 기본적인 가정을 X이론과 Y이론이라는 가설로 나눈 것이다.
- X이론은 인간의 본성이 일을 싫어하고, 무관심하며, 책임을 회피하므로 당근과 채찍을 동원하여 강제할 필요가 있다는 이론이다.
- Y이론은 인간의 본성이 일을 좋아하고, 책임감이 강하며, 선하므로 그들을 자율적, 민주적으로 대해야 창조적인 성과를 얻을 수 있다는 이론이다.

㉡ X이론과 Y이론의 관리 처방 비교

| X이론(후진국형, 성악설) | Y이론(선진국형, 성선설) |
|---|---|
| • 경제적 보상체제의 강화<br>• 권위주의적 리더십의 확립<br>• 면밀한 감독과 엄격한 통제<br>• 상부 책임제도의 강화 | • 분권화와 권한의 위임<br>• 목표에 의한 관리<br>• 직무확장<br>• 인간관계 관리방식<br>• 책임감과 창조력 |

0404 / 0601 / 1402

## 28 Repetitive Learning (1회 2회 3회)

직장규율, 안전규율 등을 몸에 익히기에 적합한 교육의 종류에 해당하는 것은?

① 지능교육 ② 기능교육
③ 태도교육 ④ 문제해결교육

해설

- 안전한 작업방법을 알고는 있으나 시행하지 않는 사람에게 직장규율, 안전규율 등을 몸에 익히게 하는 교육은 안전태도교육이다.

안전태도교육(안전교육의 제3단계)

㉠ 개요
- 생활지도, 작업동작지도 등을 통한 안전의 습관화를 위한 교육이다.
- 안전한 작업방법을 알고는 있으나 시행하지 않는 사람에게 직장규율, 안전규율 등을 몸에 익히게 하는 교육이다.
- 안전작업에 대한 몸가짐에 관하여 교육하며 면접이 태도교육에 가장 적합한 교육방법이다.
- 보호구 취급과 관리자세의 확립, 안전에 대한 가치관을 형성하는 교육이다.

㉡ 태도교육 4단계
- 청취한다.(Hearing)
- 이해 및 납득시킨다.(Understand)
- 모범을 보인다.(Example)
- 평가하고 권장한다.(Evaluation)

## 29 Repetitive Learning (1회 2회 3회)

강의식 교육에 대한 설명으로 틀린 것은?

① 기능적, 태도적인 내용의 교육이 어렵다.
② 사례를 제시하고 그 문제점에 대해서 검토하고 대책을 토의한다.
③ 수강자의 주의집중도나 흥미의 정도가 낮다.
④ 짧은 시간 동안 많은 내용을 전달해야 하는 경우에 적합하다.

해설

- 강의식은 피교육생을 대상으로 일방적으로 강의하는 방법으로 참가자들이 참여하여 대책을 토의하기 어렵다.

정답 | 27 ③ 28 ③ 29 ②

**⁘ 강의식(Lecture method)**

㉠ 개요

- 안전교육방법 중 수업의 도입이나 초기단계에 적용하며, 단시간에 많은 내용을 교육하는 경우에 가장 적절한 방법이다.
- 짧은 교육기간에 많은 인원의 대상에게 비교적 많은 내용을 전달하기 위한 교육방법이다.
- 도입, 제시, 적용, 확인단계 중 제시단계에서 가장 많은 시간이 소요된다.

㉡ 특징

- 적은 시간에 많은 내용을 많은 대상에게 교육시킬 수 있어 다른 방법에 비해 경제적이다.
- 전체적인 교육내용을 제시하거나, 새로운 과업 및 작업단위의 도입단계에 유효하다.
- 교육시간에 대한 조정(계획과 통제)이 용이하다.
- 난해한 문제에 대하여 평이하게 설명이 가능하다.
- 상대적으로 피드백이 부족하다. 즉, 피교육생의 참여가 제약된다.
- 교육대상 집단 내 수준차로 인해 교육의 효과가 감소할 가능성이 있다.

1502

## 30

Repetitive Learning (1회 2회 3회)

작업지도 기법의 4단계 중 그 작업을 배우고 싶은 의욕을 갖도록 하는 단계로 맞는 것은?

① 제1단계 : 학습할 준비를 시킨다.
② 제2단계 : 작업을 설명한다.
③ 제3단계 : 작업을 시켜본다.
④ 제4단계 : 작업에 대해 가르친 뒤 살펴본다.

**해설**

- 교육훈련 지도단계의 1단계 도입단계에서 학습할 준비 즉, 동기를 유발시킨다.

**⁘ 교육훈련 지도방법의 4단계**

- 도입 → 제시 → 적용 → 확인단계를 거친다.

| | | |
|---|---|---|
| 1단계 | 도입 | 구체적인 목표를 제시, 동기유발을 통해 관심과 흥미를 가지게 하고 심신의 여유를 준다. |
| 2단계 | 제시(실연) | 새로운 지식이나 기능을 설명하고 이해, 납득시킨다. |
| 3단계 | 적용(실습) | 피교육자가 공감을 느끼게 하고, 과제를 통해 문제해결하게 하거나 기능을 습득시킨다. |
| 4단계 | 확인(평가) | 피교육자가 교육내용을 충분히 이해했는지를 확인하고 평가한다. |

0701 / 0904

## 31

Repetitive Learning (1회 2회 3회)

그림과 같이 수직 평행인 세로의 선들이 평행하지 않은 것으로 보이는 착시현상에 해당하는 것은?

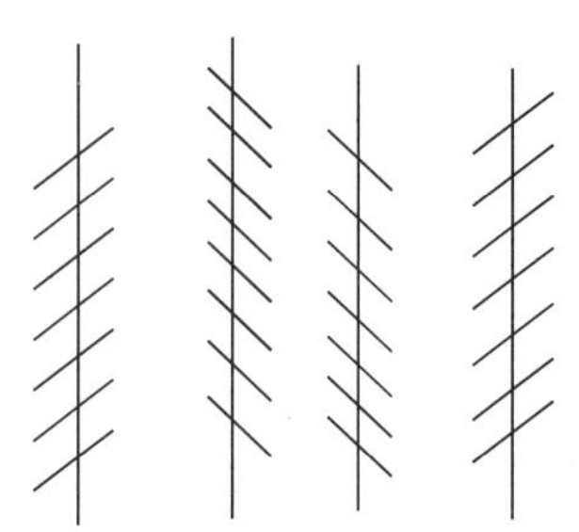

① 죌러(Zöller)의 착시
② 쾰러(Köhler)의 착시
③ 헤링(Hering)의 착시
④ 포겐도르프(Poggendorf)의 착시

**해설**

| 쾰러(Köhler)의 착시 | 헤링(Hering)의 착시 | 포겐도르프 (Poggendorf)의 착시 |
|---|---|---|
| | | |

**⁘ 죌러(Zöller)의 착시**

- 나란한 긴 직선이 빗금에 의해 나란해 보이지 않도록 보이는 현상을 말한다.

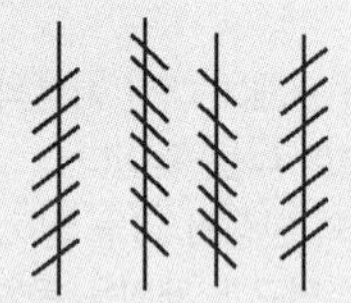

## 32

Repetitive Learning (1회 2회 3회)

동기부여에 관한 이론 중 동기부여 요인을 중요시하는 내용이론에 해당하지 않는 것은?

① 브룸의 기대이론
② 알더퍼의 ERG 이론
③ 매슬로우의 욕구위계설
④ 허츠버그의 2요인 이론(이원론)



30 ① 31 ① 32 ① | 정답

해설

- 브룸의 기대이론은 욕구 자체에 대한 관심 대신 욕구의 충족이 어떤 과정을 통해서 동기를 부여하는지에 대한 관심을 갖는 과정이론에 해당한다.

∷ 허츠버그의 위생-동기이론, 매슬로우의 욕구 5단계 이론, 맥그리거의 X·Y이론, 알더퍼 ERG이론의 상호관계 실필 0901

| | 매슬로우 욕구단계론 | 허츠버그 위생동기이론 | 맥그리거 X·Y이론 | 알더퍼 ERG이론 |
|---|---|---|---|---|
| 제5단계 | 자아실현의 욕구 | 동기 요인 | Y이론 | 성장 욕구(G) |
| 제4단계 | 인정받으려는 욕구 | | | 관계 욕구(R) |
| 제3단계 | 사회적 욕구 | 위생 요인 | X이론 | |
| 제2단계 | 안전 욕구 | | | 생존 욕구(E) |
| 제1단계 | 생리적욕구 | | | |

0602 / 1204

## 33 Repetitive Learning (1회 2회 3회)

리더십의 권한 역할 중 "부하를 처벌할 수 있는 권한"에 해당하는 것은?

① 위임된 권한 ② 합법적 권한
③ 강압적 권한 ④ 보상적 권한

해설

- 조직이 리더에게 부여한 권한 중 구성원에 대한 처벌과 관련된 것은 강압적 권한에 해당한다.

∷ 리더십 권한

㉠ 조직이 리더에게 부여한 권한

| | |
|---|---|
| 합법적 권한 | 군대, 교사, 정부기관 등 합법적 권력이 가지는 권한 |
| 강압적 권한 | 부하의 처벌, 승진 누락, 봉급의 인상 거부 등 강압적인 힘을 갖는 권한 |
| 보상적 권한 | 승진, 봉급 인상 등 역할에 대한 보상을 부여하는 권한 |

㉡ 조직이 리더에게 부여하지 않았지만 조건이 맞을 경우 자발적으로 생성되는 권한

| | |
|---|---|
| 위임된 권한 | 목표 달성을 위하여 부하 직원들이 상사를 존경하여 상사와 함께 일하고자 할 때 상사에게 부여되는 권한 혹은 지도자 자신이 자신에게 부여한 권한 |
| 전문성의 권한 | 조직이 지도자에게 부여한 권한은 아니지만 전문적 지식을 가진 리더를 부하들이 스스로 따르는 것으로 지도자 자신의 능력에 의해 생성되는 권한 |
| 준거적 권한 | 리더의 개인적 매력이 중요하며, 매력적인 리더와 함께 하고 싶은 부하들에 의해 조직의 발전이 이뤄진다는 것 |

## 34 Repetitive Learning (1회 2회 3회)

굴착면의 높이가 2m 이상인 암석의 굴착작업에 대한 특별안전보건교육 내용에 포함되지 않는 것은?(단, 그 밖의 안전·보건관리에 필요한 사항은 제외한다)

① 지반의 붕괴재해 예방에 관한 사항
② 보호구 및 신호방법 등에 관한 사항
③ 안전거리 및 안전기준에 관한 사항
④ 폭발물 취급 요령과 대피 요령에 관한 사항

해설

- 지반의 붕괴재해 예방에 관한 사항은 굴착면의 높이가 2m 이상이 되는 지반 굴착작업에서의 교육내용에 해당한다.

∷ 굴착면의 높이가 2m 이상이 되는 암석의 굴착작업에 대한 특별안전·보건교육

- 폭발물 취급 요령과 대피 요령에 관한 사항
- 안전거리 및 안전기준에 관한 사항
- 방호물의 설치 및 기준에 관한 사항
- 보호구 및 신호방법 등에 관한 사항
- 그 밖에 안전·보건관리에 필요한 사항

## 35 Repetitive Learning (1회 2회 3회)

다음 중 레빈(Lewin)의 행동방정식 $B = f(P \cdot E)$에서 $P$의 의미로 맞는 것은?

① 주어진 환경
② 인간의 행동
③ 주어진 직무
④ 개인적 특성

해설

- 주어진 환경 및 직무는 $E$의 내용이다.
- 인간의 행동은 $B$이다.

∷ 레빈(Lewin. K)의 법칙

- 행동 $B=f(P \cdot E)$로 이루어진다. 즉, 인간의 행동($B$)은 개인($P$)과 환경($E$)의 상호 함수관계($f$)에 있다고 할 수 있다.
- $B$는 인간의 행동(Behavior)을 말한다.
- $f$는 동기부여를 포함한 함수(Function)이다.
- $P$는 Person 즉, 개체(소질)로 연령, 지능, 경험 등을 의미한다.
- $E$는 Environment 즉, 심리적 환경(인간관계, 작업환경 - 조명, 소음, 온도 등)을 의미한다.

정답 | 33 ③ 34 ① 35 ④

## 36

Repetitive Learning (1회 2회 3회)

동일 부서 직원 6명의 선호관계를 분석한 결과 다음과 같은 소시오그램이 작성되었다. 이 소시오그램에서 실선은 선호관계, 점선은 거부관계를 나타낼 때, 4번 직원의 선호신분지수는 얼마인가?

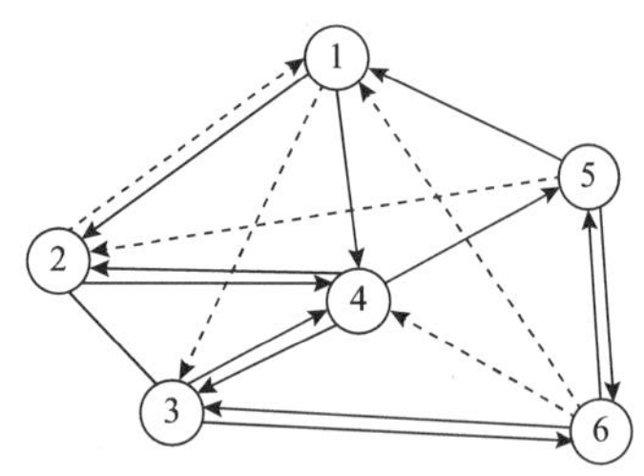

① 0.2
② 0.33
③ 0.4
④ 0.6

해설

- ④번 직원의 선호총계는 (3-1)=2이고, 전체 인원수는 6명이므로 선호신분지수는 $\frac{2}{5}=0.4$가 된다.

선호신분지수

- 구성원들의 선호도를 나타내는 지수로 가장 높은 점수를 얻은 구성원이 자연스럽게 자생적 리더가 된다.
- 선호관계를 1, 무관심 0, 거부관계 -1로 계산하여 선호총계를 구한다.
- 선호총계/(구성원 수 -1)로 구한다.

0302 / 0601 / 0904 / 1101 / 1304

## 37

Repetitive Learning (1회 2회 3회)

다음 중 MTP(Management Training Program) 안전교육 방법의 총 교육시간으로 가장 적합한 것은?

① 10시간
② 40시간
③ 80시간
④ 120시간

해설

- MTP는 관리자 양성을 목표로 하는 정형훈련으로 2시간씩 20회의 회의 즉, 총 40시간의 교육시간을 기본코스로 한다.

MTP(Management Training Program)

- TWI와 프랑스 경영학자 페이욜(H.Fayol)의 경영조직론을 중심으로 한 중간 관리층 훈련방식으로 FEAF(Far East Air Forces)라고도 한다.
- 관리자 양성을 목표로 하는 정형훈련으로 10~15명을 한 반으로 2시간씩 20회의 회의를 기본코스로 한다.
- 관리의 기능, 조직의 원칙, 조직의 운영, 시간관리, 훈련의 관리 등을 교육내용으로 한다.

1201

## 38

Repetitive Learning (1회 2회 3회)

과업과 직무를 수행하는 데 요구되는 인적 자질에 의해 직무의 내용을 정의하는 절차에 해당하는 것은?

① 직무분석(Job Analysis)
② 직무평가(Job Evaluation)
③ 직무확충(Job Enrichment)
④ 직무만족(Job Satisfaction)

해설

- 조직에서 특정 직무에 적합한 사람을 선발하기 위해 어떤 특성이 필요한지를 파악하기 위해 직무를 조사하는 활동을 직무분석이라 한다.

직무분석(Job Analysis)

㉠ 개요

- 조직에서 특정 직무에 적합한 사람을 선발하기 위해 어떤 특성이 필요한지를 파악하기 위해 직무를 조사하는 활동을 말한다.
- 직무에서 수행하는 과업과 직무를 수행하는 데 요구되는 인적 자질에 의해 직무의 내용을 정의하는 공식적 절차를 말한다.
- 직무분석을 통해서 얻은 정보는 인사선발, 교육 및 훈련, 배치 및 경력개발 등에 활용한다.

㉡ 직무분석방법

| 방법 | 내용 |
|---|---|
| 면접법 | 업무에 대한 이해도가 높은 작업자와의 면담을 통하여 직무를 분석하는 방법으로 자료의 수집에 많은 시간과 노력이 들고, 정량화된 정보를 얻기가 힘들다. |
| 설문지법 | 많은 사람들로부터 짧은 시간 내에 정보를 얻을 수 있고, 관찰법이나 면접법과는 달리 양적인 정보를 얻을 수 있다. |
| 관찰법 | 근로자의 작업수행 과정을 상세하게 관찰하는 방법으로 자료의 수집에 많은 시간과 노력이 들고, 정량화된 정보를 얻기가 힘들어 많은 시간이 소요되는 직무에는 적용이 곤란하다. |
| 일지작성법 | 작업수행 내역을 일정한 형식에 의해 기록하여 이를 분석하는 방법이다. |
| 중요사건법<br>(결정적 사건의 기록) | 감독자, 동료 근로자, 그 외의 이 직무를 잘 아는 사람으로부터 성공적이지 못한 근로자와 성공적인 근로자를 구별해 내는 행동을 밝히려는 목적으로 사용된다. |



36 ③ 37 ② 38 ① 정답

1102

## 39

Repetitive Learning (1회 2회 3회)

동작실패의 원인이 되는 조건 중 작업강도와 관련이 가장 적은 것은?

① 작업량
② 작업속도
③ 작업시간
④ 작업환경

**해설**

- 작업환경은 동작실패의 원인 중 환경조건과 관련된다.

**동작실패의 원인조건**

| 작업강도 | 작업량, 작업속도, 작업시간 등 |
|---|---|
| 환경조건 | 작업환경, 심리환경 등 |
| 기상조건 | 온도, 습도, 기타 조건 등 |
| 피로도 | 신체조건, 질병, 스트레스 등 |

1601

## 40

Repetitive Learning (1회 2회 3회)

에빙하우스(Ebbinghaus)의 연구결과에 따른 망각률이 50%를 초과하게 되는 최초의 경과시간은 얼마인가?

① 30분
② 1시간
③ 1일
④ 2일

**해설**

- 에빙하우스(Ebbinghaus)의 연구결과 망각률이 50%를 초과하게 되는 최초의 경과시간은 채 1시간이 되지 못한 시간이었다.

**에빙하우스 망각률**

- 1시간 경과 : 56% 망각
- 24시간 경과 : 67% 망각
- 48시간 경과 : 72% 망각

# 3과목 인간공학 및 시스템안전공학

1101 / 1302

## 41

Repetitive Learning (1회 2회 3회)

한 화학공장에 24개의 공정제어회로가 있다. 4,000시간의 공정 가동 중 이 회로에는 14건의 고장이 발생하였고, 고장이 발생하였을 때마다 회로는 즉시 교체되었다. 이 회로의 평균고장시간(MTTF)은 약 얼마인가?

① 6,857시간
② 7,571시간
③ 8,240시간
④ 9,800시간

**해설**

- MTTF = $\frac{24 \times 4,000}{14} = \frac{96,000}{14} = 6,857.14$시간이다.

**MTTF(Mean Time To Failure)**

- 설비보전에서 평균작동시간, 고장까지의 평균시간을 의미한다.
- 제품 고장 시 수명이 다해 교체해야 하는 제품을 대상으로 하므로 평균수명이라고 할 수 있다.
- MTTF = $\frac{\text{부품수} \times \text{가동시간}}{\text{불량품수(고장수)}}$으로 구한다.

## 42

Repetitive Learning (1회 2회 3회)

작위실수(Commission error)의 유형이 아닌 것은?

① 선택착오
② 순서착오
③ 시간착오
④ 직무누락착오

**해설**

- 직무누락착오는 생략오류(Omission error) 즉, 부작위 실수에 해당한다.

**행위적 관점에서의 휴먼 에러 분류(Swain)**

| 실행오류 (Commission error) | 작업 수행 중 작업을 정확하게 수행하지 못해 발생한 에러 |
|---|---|
| 생략오류 (Omission error) | 필요한 작업 또는 절차를 수행하지 않는 데 기인한 에러 |
| 불필요한 수행오류 (Extraneous error) | 불필요한 작업 또는 절차를 수행함으로써 발생한 에러 |
| 순서오류 (Sequential error) | 필요한 작업 또는 절차의 순서 착오로 인한 에러 |
| 시간오류 (Timing error) | 필요한 작업 또는 절차의 수행을 지연한 데 기인한 에러 |

정답 | 39 ④ 40 ② 41 ① 42 ④

1004

## 43 Repetitive Learning (1회 2회 3회)

산업 현장에서는 생산설비에 부착된 안전장치를 생산성을 위해 제거하고 사용하는 경우가 있다. 이와 같이 고의로 안전장치를 제거하는 경우에 대비한 예방 설계 개념으로 옳은 것은?

① Fail safe ② Fool proof
③ Lock out ④ Temper proof

**해설**

- 안전설계의 방법에는 크게 Fail safe, Fool proof, Temper proof 등이 있다.
- Fail safe는 기계나 부품에 파손·고장이나 기능 불량이 발생하여도 항상 안전하게 작동할 수 있는 구조와 기능을 말한다.
- Fool proof는 작업자가 기계를 잘못 취급하는 행동이나 실수를 하여도 기계설비의 안전기능이 적용되어 재해를 방지할 수 있는 기능을 말한다.

안전설계(Safety design) 방법

| | |
|---|---|
| Fool proof | 작업자가 기계를 잘못 취급하는 행동이나 실수를 하여도 기계설비의 안전기능이 적용되어 재해를 방지할 수 있는 기능의 설계방식 |
| Fail safe | 기계나 부품에 파손·고장이나 기능 불량이 발생하여도 항상 안전하게 작동할 수 있는 구조와 기능 |
| Temper proof | 안전장치를 제거하는 경우 설비가 작동되지 않도록 하는 안전설계방식 |

## 44 Repetitive Learning (1회 2회 3회)

인체 측정 자료에서 극단치를 적용하여야 하는 설계에 해당하지 않는 것은?

① 계산대 ② 문 높이
③ 통로 폭 ④ 조종장치까지의 거리

**해설**

- 극단치를 적용하는 설계는 최대치수와 최소치수를 이용한 설계를 의미한다.
- 계산대 및 은행의 창구 높이 등은 평균치 설계를 적용해야 한다.

인체 측정 자료의 응용원칙

| | |
|---|---|
| 최소치수를 이용한 설계 | 선반의 높이, 조종장치까지의 거리, 비상벨의 위치 등 |
| 최대치수를 이용한 설계 | 출입문의 높이, 좌석 간의 거리, 통로의 폭, 와이어로프의 사용중량, 위험구역 울타리 등 |
| 조절식 설계 | 의자의 위치 및 높이, 자동차 운전석 의자의 위치와 높이 등 |
| 평균치를 이용한 설계 | 전동차의 손잡이 높이, 안내데스크, 은행의 접수대 높이, 공원의 벤치 높이 |

## 45 Repetitive Learning (1회 2회 3회)

음의 은폐(Masking)에 대한 설명으로 옳지 않은 것은?

① 은폐음 때문에 피은폐음의 가청역치가 높아진다.
② 배경음악에 실내소음이 묻히는 것은 은폐효과의 예시이다.
③ 음의 한 성분이 다른 성분에 대한 귀의 감수성을 감소시키는 작용이다.
④ 순음에서 은폐효과가 가장 큰 것은 은폐음과 배음(Harmonic overtone)의 주파수가 멀 때이다.

**해설**

- 순음에서 은폐효과가 가장 큰 것은 은폐음과 배음(Harmonic overtone)의 주파수가 인접했을 때이다.

은폐(Masking)효과

- 어떤 음을 듣고 있을 때 듣고 있던 음보다 진폭이 더 큰 음이 가해지면 기존의 음이 들리지 않게 되는 현상을 말한다.
- 음의 한 성분이 다른 성분에 대한 귀의 감수성을 감소시키는 상황을 말한다.
- 사무실의 자판 소리 때문에 말소리가 묻히는 경우에 해당된다.
- 피은폐된 한 음의 가청역치가 다른 은폐된 음 때문에 높아지는 현상을 말한다.
- 순음에서 은폐효과가 가장 큰 것은 은폐음과 배음(Harmonic overtone)의 주파수가 인접했을 때이다.

0901

## 46 Repetitive Learning (1회 2회 3회)

다음 FT도에서 각 요소의 발생확률이 요소 ①과 요소 ②는 0.2, 요소 ③은 0.25, 요소 ④는 0.3일 때 A사상의 발생확률은 얼마인가?

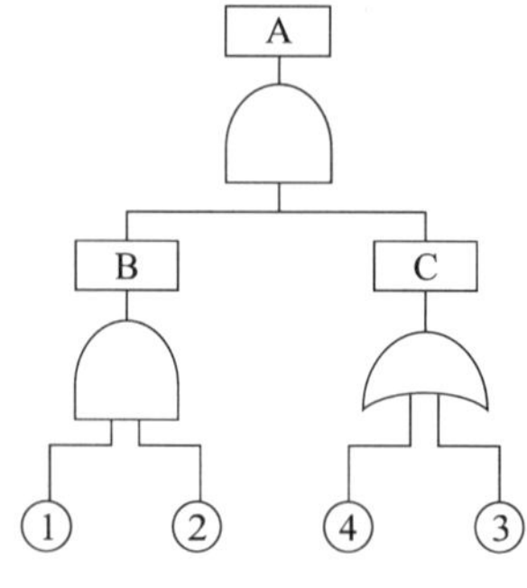


① 0.007 ② 0.014
③ 0.019 ④ 0.071



정답 43 ④ 44 ① 45 ④ 46 ③

해설

- B는 AND연결이고 P(B)= P(①)·P(②)이므로 0.2×0.2 = 0.04이다.
- C는 OR연결이고 P(C)= 1−(1−P(③))(1−P(④))이므로 1−(0.75)(0.7) = 1−0.525 = 0.475이다.
- A는 AND연결이고 P(A) = P(B)·P(C)이므로 0.04×0.475 = 0.019가 된다.

FT도에서 정상(고장)사상 발생확률

㉠ AND(직렬)연결 시
- 사상 A의 발생확률을 $P_A$, 사상 B, 사상 C 발생확률을 $P_B$, $P_C$라 할 때 $P_A = P_B \times P_C$로 구할 수 있다.

㉡ OR(병렬)연결 시
- 사상 A의 발생확률을 $P_A$, 사상 B, 사상 C 발생확률을 $P_B$, $P_C$라 할 때 $P_A = 1-(1-P_B)\times(1-P_C)$로 구할 수 있다.

1404

## 47 Repetitive Learning (1회 2회 3회)

압박이나 긴장에 대한 척도 중 생리적 긴장의 화학적 척도에 해당하는 것은?

① 혈압　② 호흡수
③ 혈액 성분　④ 심전도

해설

- 혈압과 호흡수는 생리적 긴장의 신체적 척도, 심전도(ECG)검사는 생리적 긴장의 전기적 척도이다.

생리적 긴장의 척도
- 화학적 방법 – 혈액 정보, 뇨 정보, 산소소비량 등
- 전기적 방법 – 근전도(EMG), 뇌전도(EEG), 심전도(ECG), 안전도(EOG) 등
- 신체적 방법 – 혈압, 호흡수, 심박수, 신체 온도 등

## 48 Repetitive Learning (1회 2회 3회)

정성적 시각 표시장치에 관한 사항 중 다음에서 설명하는 특성은?

| 복잡한 구조 그 자체를 완전한 실체로 지각하는 경향이 있기 때문에, 이 구조와 어긋나는 특성은 즉시 눈에 띈다. |
|---|

① 양립성　② 암호화
③ 형태성　④ 코드화

해설

- 정성적 표시장치는 연속적으로 변화하는 값의 추세, 변화율 등을 그래프나 곡선의 형태로 표현한 장치로 복잡한 구조 그 자체를 완전한 실체로 지각하는 경향에 해당하는 형태성을 갖는다.

정성적 표시장치
- 온도, 압력, 속도와 같이 연속적으로 변화하는 값의 추세, 변화율 등을 그래프나 곡선의 형태로 표현하는 장치이다.
- 정성적 표시장치의 근본 자료 자체는 정량적인 것이다.
- 색채 부호가 부적합한 경우에는 계기판 표시 구간을 형상 부호화하여 나타낸다.
- 비행기 고도의 변화율이나 자동차 시속을 표시할 때 사용된다.
- 색이나 형상을 암호화하여 설계할 때 사용된다.
- 복잡한 구조 그 자체를 완전한 실체로 지각하는 경향에 해당하는 형태성을 가지고 있어 이와 어긋나면 즉시 눈에 띈다.

## 49 Repetitive Learning (1회 2회 3회)

국제표준화기구(ISO)의 수직진동에 대한 피로-저감숙달경계(Fatigue-decreased proficiency boundary) 표준 중 내구수준이 가장 낮은 범위로 옳은 것은?

① 1 ~ 3Hz
② 4 ~ 8Hz
③ 9 ~ 13Hz
④ 14 ~ 18Hz

해설

- 현재 새로운 표준안이 검토에 들어간 상태이나 현재까지는 4~8Hz 범위대가 인체의 내구수준을 가장 떨어뜨리는 주파수 범위로 취급되고 있다.

수직진동에 대한 피로-저감숙달경계(Fatigue-decreased proficiency boundary) 표준
- ISO에서는 수직진동에 대한 피로-저감숙달경계 표준으로 4~8Hz 범위대에서 인체의 내구수준이 가장 저하되는 것으로 지정하였다.

정답 | 47 ③ 48 ③ 49 ②

## 50 Repetitive Learning 1회 2회 3회

다음 중 안전성 평가 단계가 순서대로 올바르게 나열된 것으로 옳은 것은?

① 정성적 평가 - 정량적 평가 - FTA에 의한 재평가 - 재해정보로부터의 재평가 - 안전대책
② 정량적 평가 - 재해정보로부터의 재평가 - 관계 자료의 작성 준비 - 안전대책 - FTA에 의한 재평가
③ 관계 자료의 작성 준비 - 정성적 평가 - 정량적 평가 - 안전대책 - 재해정보로부터의 재평가 - FTA에 의한 재평가
④ 정량적 평가 - 재해정보로부터의 재평가 - FTA에 의한 재평가 - 관계 자료의 작성 준비 - 안전대책

**해설**

- 화학설비 안전성 평가의 첫 번째 단계는 관계 자료의 작성 준비 단계이며, 그 후 정성적 평가를 정량적 평가보다 먼저 실시한다.

안전성 평가 6단계

| 단계 | 내용 |
|---|---|
| 1단계 | 관계 자료의 작성 준비 |
| 2단계 | • 정성적 평가<br>• 설계(공장의 입지조건, 공장 내 배치)와 운전관계에 대한 평가 |
| 3단계 | • 정량적 평가<br>• 취급물질, 용량, 온도, 압력 및 조작을 통한 위험도 평가 |
| 4단계 | • 안전대책수립<br>• 설비대책과 관리적 대책 |
| 5단계 | 재해정보에 의한 재평가 |
| 6단계 | FTA에 의한 재평가 |

1101 / 1302

## 51 Repetitive Learning 1회 2회 3회

산업안전보건법령에 따라 기계·기구 및 설비의 설치·이전 등으로 인해 유해·위험방지계획서를 제출하여야 하는 대상에 해당하지 않는 것은?

① 건조설비
② 공기압축기
③ 화학설비
④ 가스집합 용접장치

**해설**

- 유해·위험방지계획서 제출 대상 기계·기구 및 설비에는 ①, ③, ④ 외에 금속이나 그 밖의 광물의 용해로와 허가대상·관리대상 유해물질 및 분진작업 관련 설비 등이 있다.

유해·위험방지계획서 제출 대상 기계·기구 및 설비

- 금속이나 그 밖의 광물의 용해로
- 화학설비
- 건조설비
- 가스집합 용접장치
- 허가대상·관리대상 유해물질 및 분진작업 관련 설비

0402

## 52 Repetitive Learning 1회 2회 3회

일반적으로 재해발생 간격은 지수분포를 따르며, 일정기간 내에 발생하는 재해발생 건수는 푸아송분포를 따른다고 알려져 있다. 이러한 확률변수들의 발생과정을 무엇이라 하는가?

① Poisson 과정　② Bernoulli 과정
③ Wiener 과정　④ Binornial 과정

**해설**

- 베르누이(Bernoulli) 과정은 동전던지기와 같은 2가지 값을 가진 독립변수에서 나오는 확률과정을 일컫는다.
- 위너(Wiener) 과정은 금융이론에서 많이 사용하는 이론으로 시간차 증분의 확률분포가 평균0, 분산의 정규분포를 이루며, 각 증분이 서로 독립이며, 그 궤적이 연속적인 연속 시간 확률과정을 일컫는다.
- 이항(Binornial) 분포란 2개의 계급으로 그 요소가 분류되는 집단을 말한다.

Poisson 분포

- 단위 시간 안에 어떤 사건이 몇 번 발생할 것인지를 표현하는 이산확률분포를 말한다.
- 설비의 고장과 같이 특정시간 또는 구간에 어떤 사건의 발생확률이 적은 경우 그 사건의 발생횟수를 측정하는데 적합하다.
- 어떤 사건이 발생하는 사건(Arrival time)이 서로 독립적으로 분포하는 지수분포에서 확률변수의 발생과정을 Poisson 과정이라 한다.

1501

## 53 Repetitive Learning 1회 2회 3회

FT도에 사용되는 다음 기호의 명칭으로 맞는 것은?

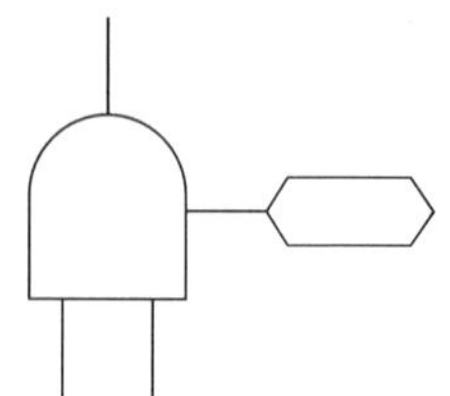

① 부정 게이트　② 수정기호
③ 위험지속기호　④ 배타적 OR 게이트



50 ③　51 ②　52 ①　53 ③ 정답

해설

| 부정 게이트 | 수정기호 | 배타적 OR 게이트 |
|---|---|---|
| | | 동시발생 안한다 |

**위험지속기호**

- 입력현상이 발생하여 어떤 일정 시간이 지속된 후 출력이 발생하는 것을 나타내는 게이트나 기호이다.
- 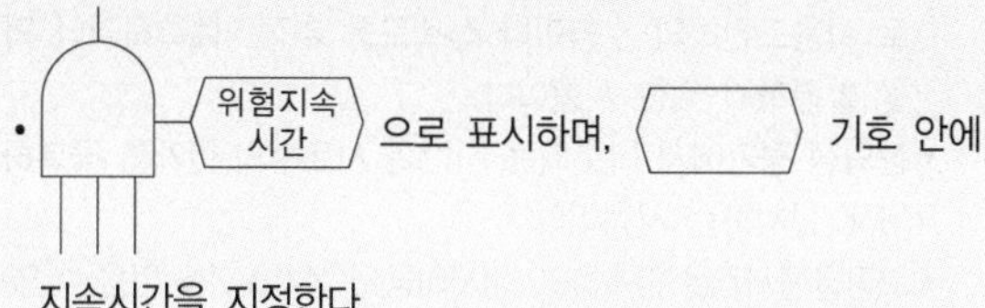

지속시간을 지정한다.

## 54

Repetitive Learning (1회 2회 3회)

A 작업장에서 1시간 동안에 480Btu의 일을 하는 근로자의 대사량은 900Btu이고, 증발열손실이 2,250Btu, 복사 및 대류로부터 열이득이 각각 1,900Btu 및 80Btu라 할 때, 열 축적은 얼마인가?

① 100 ② 150
③ 200 ④ 250

해설

- 대사량(B)이 900, 일(W)이 480, 복사(R)가 1,900, 대류(C)가 80, 증발(E)이 2,250이므로 열교환 방정식에 대입하면 열 축적(S)은 (900−480)+1,900+80−2,250 = 150Btu가 된다.

**인체의 열교환**

㉠ 경로

| 복사 | 한겨울에 햇볕을 쬐면 기온은 차지만 따스함을 느끼는 것 |
|---|---|
| 대류 | 같은 온도에서도 바람이 부느냐 불지 않느냐에 따라 열 손실이 달라지는 것 |
| 전도 | 달구어진 옥상 바닥을 손바닥으로 짚을 때 손바닥에 열이 전해지는 것 |
| 증발 | 피부 표면을 통해 인체의 열이 증발하는 것 |

㉡ 열교환 과정

- $S = (M - W) \pm R \pm C - E$
  단, S는 열 축적, M은 대사, W는 일, R은 복사, C는 대류, E는 증발을 의미한다.
- 열교환에 영향을 미치는 요소에는 기온(Temperature), 기습(Humidity), 기류(Air movement) 등이 있다.

1102 / 1502

## 55

Repetitive Learning (1회 2회 3회)

다음 중 동작경제의 원칙 중 신체 사용에 관한 원칙에 해당하지 않는 것은?

① 손의 동작은 유연하고 연속적인 동작이어야 한다.
② 두 손의 동작은 같이 시작해서 동시에 끝나도록 한다.
③ 동작이 급작스럽게 크게 바뀌는 직선 동작은 피해야 한다.
④ 공구, 재료 및 제어장치는 사용하기 가까운 곳에 배치해야 한다.

해설

- ④는 작업장 배치의 원칙에 해당한다.

**동작경제의 원칙**

㉠ 개요

- 작업자가 경제적인 동작을 통해 피로도를 감소시키면서도 능률을 향상시키게 하기 위한 원칙이다.
- 신체 사용의 원칙, 작업장 배치의 원칙, 공구 및 설비 디자인의 원칙으로 분류된다.
- 동작을 가급적 조합하여 하나의 동작으로 한다.
- 동작의 수는 줄이고, 동작의 속도는 적당히 한다.

㉡ 원칙의 분류

| 신체 사용의 원칙 | • 두 손의 동작은 동시에 시작해서 동시에 끝나야 한다.<br>• 휴식시간을 제외하고는 양손을 같이 쉬게 해서는 안 된다.<br>• 손의 동작은 유연하고 연속적인 동작이어야 한다.<br>• 동작이 급작스럽게 크게 바뀌는 직선 동작은 피해야 한다.<br>• 두 팔의 동작은 동시에 서로 반대방향으로 대칭적으로 움직이도록 한다. |
|---|---|
| 작업장 배치의 원칙 | • 공구나 재료는 작업동작이 원활하게 수행하도록 그 위치를 정해준다.<br>• 공구, 재료 및 제어장치는 사용하기 가까운 곳에 배치해야 한다. |
| 공구 및 설비 디자인의 원칙 | • 치구나 족답장치를 이용하여 양손이 다른 일을 할 수 있도록 한다.<br>• 공구의 기능을 결합하여 사용하도록 한다. |

정답 | 54 ② 55 ④

1402

## 56

Repetitive Learning 1회 2회 3회

각 기본사상의 발생확률이 증감하는 경우 정상사상의 발생확률에 어느 정도 영향을 미치는가를 반영하는 지표로서 수리적으로는 편미분계수와 같은 의미를 갖는 FTA의 중요도 지수는?

① 확률 중요도　② 구조 중요도
③ 치명 중요도　④ 비구조 중요도

해설

- FTA의 중요도 지수는 확률 중요도, 구조 중요도, 치명 중요도로 구성된다.
- 구조 중요도는 시스템의 구조에 따라 발생하는 시스템 고장의 영향을 평가하는 지표를 말한다.
- 치명 중요도는 시스템 고장확률에 미치는 부품 고장확률의 기여도를 반영하는 지표를 말한다.

FTA의 중요도 지수

㉠ 개요
- 중요도란 어떤 기본사상의 발생이 정상사상의 발생에 얼마만큼의 영향을 미치는지를 정략적으로 나타낸 것이다.
- 재해예방책 선정에서 우선순위를 제시한다.
- FTA 중요도 지수에는 확률 중요도, 구조 중요도, 치명 중요도 등이 있다.

㉡ 중요도 지수의 종류와 특징

| | |
|---|---|
| 확률 중요도 | 기본사상의 발생확률이 증감하는 경우 정상사상의 발생확률에 어느 정도 영향을 미치는가를 반영하는 지표로 편미분계수와 같은 의미를 갖는다. |
| 구조 중요도 | 시스템의 구조에 따라 발생하는 시스템 고장의 영향을 평가하는 지표 |
| 치명 중요도 | 시스템 고장확률에 미치는 부품 고장확률의 기여도를 반영하는 지표 |

## 57

Repetitive Learning 1회 2회 3회

사용조건을 정상사용조건보다 강화하여 적용함으로써 고장발생시간을 단축하고, 검사비용의 절감효과를 얻고자 하는 수명시험은?

① 중도중단시험
② 가속수명시험
③ 감속수명시험
④ 정시중단시험

해설

- 신뢰성 시험에 해당하는 수명시험의 종류에는 정상수명시험, 중도중단시험, 가속수명시험이 있다.
- 중도중단시험은 신뢰성 시험에 해당하는 수명시험의 한 종류로 일정한 시간(정시중단시험), 일정한 고장(정수중단시험)이 될 때까지 시험을 진행하고 조건이 만족하면 중단하는 시험이다.
- 정시중단시험은 중도중단시험의 한 종류로 시간을 정해두고 그 시간이 되면 시험을 중단하는 시험이다.

가속수명시험
- 사용조건을 가혹한 조건에서 보다 짧은 시간 내 시험한 자료로 사용조건하의 수명이나 신뢰도를 추정·예측하거나 약점을 발견하기 위한 시험이다.
- 신뢰성 평가에서 비롯되는 시간과 시료수의 한계를 극복하기 위해 실시하는 시험이다.
- 고장발생시간을 단축하고, 검사비용의 절감효과를 얻을 수 있다.
- 스트레스를 부가할 때 사용하는 방법으로 일정형, 계단형, 점진형, 주기형 등이 있다.

1504

## 58

Repetitive Learning 1회 2회 3회

기계 시스템은 영구적으로 사용하며, 조작자는 한 시간마다 스위치만 작동하면 되는데 인간오류확률(HEP)은 0.001이다. 2시간에서 4시간까지 인간-기계 시스템의 신뢰도로 옳은 것은?

① 91.5[%]　② 96.6[%]
③ 98.7[%]　④ 99.8[%]

해설

- HEP가 0.001이므로 신뢰도는 0.999이다.
- 시간당 0.999의 신뢰도를 갖는 시스템에서 2시간 동안의 신뢰도는 $0.999^2 = 0.998001\cdots$이므로 99.8%이다.

직렬계(直烈系)
- 계(系)의 수명은 요소 중 수명이 가장 짧은 것으로 정해진다.
- 정비나 보수로 인해 시스템의 신뢰도 함수가 가장 크게 영향을 받는 구조이다.

## 59

Repetitive Learning 1회 2회 3회

예비위험분석(PHA)은 어느 단계에서 수행되는가?

① 구상 및 개발단계
② 운용단계
③ 발주서 작성단계
④ 설치 또는 제조 및 시험단계



56 ① 57 ② 58 ④ 59 ① 정답

해설

• 예비위험분석(PHA)은 복잡한 시스템을 설계, 가동하기 전의 구상단계에서 시스템의 근본적인 위험성을 평가하는 가장 기초적인 위험도 분석기법이다.

∷ 예비위험분석(PHA)

㉠ 개요

- 모든 시스템 안전 프로그램에서의 최초단계 해석으로 시스템의 위험요소가 어떤 위험 상태에 있는가를 정성적으로 평가하는 분석방법이다.
- 시스템을 설계함에 있어 개념형성 단계에서 최초로 시도하는 위험도 분석방법이다.
- 복잡한 시스템을 설계, 가동하기 전의 구상단계에서 시스템의 근본적인 위험성을 평가하는 가장 기초적인 위험도 분석기법이다.
- 위험의 정도를 분류하는 4가지 범주는 파국(Catastrophic), 중대(Critical), 위기-한계(Marginal), 무시가능(Negligible)으로 구분된다.

㉡ 예비위험분석(PHA)의 4가지 범주(MIL-STD-882E)

| 구분 | 내용 |
|---|---|
| 파국 (Catastrophic) | 작업자의 부상 및 서브시스템의 고장 등으로 시스템 성능이 저하되어 시스템에 심각한 손실을 초래한 상태 |
| 중대 (Critical) | 작업자의 부상 및 시스템의 중대한 손해를 초래하거나 작업자의 생존 및 시스템의 유지를 위하여 즉시 수정 조치를 필요로 하는 상태 |
| 위기-한계 (Marginal) | 작업자의 부상 및 시스템의 중대한 손해를 초래하지 않고 대처 또는 제어할 수 있는 상태 |
| 무시가능 (Negligible) | 시스템의 성능이나 기능, 인원 손실이 전혀 없는 상태 |

0802

## 60 ─── Repetitive Learning (1회 2회 3회)

다음 중 인간-기계 통합체계의 유형에서 수동 체계에 해당하는 것은?

① 자동차
② 공작기계
③ 컴퓨터
④ 장인과 공구

해설

• 수동 체계는 인간의 힘을 동력원으로 활용하여 수공구를 사용하는 시스템 형태이므로 장인과 공구가 가장 대표적인 형태가 된다.

∷ 인간-기계 통합 체계의 유형

• 인간-기계 통합 체계의 유형에는 자동화 체계, 기계화 체계, 수동 체계가 있다.

| 구분 | 내용 |
|---|---|
| 자동화 체계 | 인간은 작업계획의 수립, 모니터를 통한 작업 상황 감시, 프로그래밍, 설비보전의 역할을 수행하고 체계(System)가 감지, 정보보관, 정보처리 및 의식결정, 행동을 포함한 모든 임무를 수행하는 체계 |
| 기계화 체계 | 반자동 체계로 운전자의 조종에 의해 기계를 통제하는 융통성이 없는 시스템 체계 |
| 수동 체계 | 인간의 힘을 동력원으로 활용하여 수공구를 사용하는 시스템 형태로 다양성이 있고 융통성이 우수한 체계 |

# 4과목 건설시공학

## 61 ─── Repetitive Learning (1회 2회 3회)

Top down 공법의 특징으로 옳지 않은 것은?

① 1층 바닥 기준으로 상방향, 하방향 중 한쪽 방향으로만 공사가 가능하다.
② 공기단축이 가능하다.
③ 타 공법 대비 주변지반 및 인접건물에 미치는 영향이 작다.
④ 소음 및 진동이 적어 도심지 공사로 적합하다.

해설

• 탑다운 공법은 1층 바닥을 기준으로 지상과 지하를 동시에 시공할 수 있는 장점을 갖는다.

∷ 탑다운(Top down) 공법 실필 1502/1004/1001

㉠ 개요

- 역타 공법이라고도 하며, 지하 터파기와 지상의 구조체 공사를 병행하여 시공하는 공법을 말한다.

㉡ 특징

- 지상과 지하를 동시에 시공할 수 있으므로 공기를 절감할 수 있다.
- 지하연속벽을 본 구조물의 벽체로 이용한다.
- 타 공법 대비 주변지반 및 인접건물에 미치는 영향이 작다.
- 지하 굴착 시 소음 및 분진을 방지할 수 있다.
- 굴토작업이 슬래브 하부에서 진행되므로 작업능률 및 작업환경 조건이 저하된다.
- 건물의 지하구조체에 시공이음이 많아 건물방수에 대한 우려가 크다.

정답 | 60 ④ 61 ①

1002

## 62 Repetitive Learning 1회 2회 3회

웰포인트 공법에 관한 설명으로 옳지 않은 것은?

① 지하수위를 낮추는 공법이다.
② 1 ~ 3m의 간격으로 파이프를 지중에 박는다.
③ 주로 사질지반에 이용하면 유효하다.
④ 기초파기에 히빙 현상을 방지하기 위해 사용한다.

해설

- 웰포인트 공법은 히빙 현상보다는 보일링 현상을 방지하는 데 효과적이다.

웰포인트(Well point) 공법

㉠ 개요
- 모래질지반에 웰포인트라 불리는 양수관을 여러 개 박아 지하수위를 일시적으로 저하시키는 지하수위 저하 공법이다.
- 배수에 의한 연약지반의 안정공법에서 지름 3~5cm 정도의 파이프 끝에 여과기를 달아 1~3m 간격으로 때려 박고, 이를 수평으로 굵은 파이프에 연결하여 진공으로 물을 빨아냄으로써 지하수위를 저하시키는 공법이다.

㉡ 특징
- 인접지반의 침하를 야기시키기 쉽다.
- 흙막이의 토압이 경감된다.
- 흙의 전단저항이 증가된다.
- 인접지 침하의 우려에 따른 주의가 필요하다.

## 63 Repetitive Learning 1회 2회 3회

콘크리트의 압축강도를 시험하지 않을 경우 거푸집널의 해체 시기로 옳은 것은?(단, 기타 조건은 아래와 같음)

- 평균기온 : 20℃ 이상
- 보통포틀랜드시멘트 사용
- 대상 : 기초, 보, 기둥 및 벽의 측면

① 2일
② 3일
③ 4일
④ 5일

해설

- 보통포틀랜드시멘트를 사용할 경우 거푸집널 해체 시기는 평균기온이 20℃ 이상이면 4일, 10℃ 이상 ~ 20℃ 미만이면 6일이다.

콘크리트의 압축강도를 시험하지 않을 경우 거푸집널의 해체 시기

| 시멘트의 종류 / 평균기온 | 조강포틀랜드시멘트 | 보통포틀랜드시멘트 고로 슬래그 시멘트(특급) 포틀랜드포졸란 시멘트(A종) 플라이애쉬 시멘트(A종) | 고로 슬래그 시멘트(1급) 포틀랜드포졸란 시멘트(B종) 플라이애쉬 시멘트(B종) |
|---|---|---|---|
| 20℃ 이상 | 2일 | 4일 | 5일 |
| 10℃ 이상 ~ 20℃ 미만 | 3일 | 6일 | 8일 |

0902

## 64 Repetitive Learning 1회 2회 3회

거푸집 공사에서 슬라이딩폼 공법에 관한 설명 중 옳지 않은 것은?

① 형상 및 치수가 정확하며 시공오차가 적다.
② 마감작업이 동시에 진행되므로 공정이 단순화된다.
③ 1일 5~10m 정도 수직시공이 가능하다.
④ 일반적으로 돌출물이 있는 건축물에 많이 적용된다.

해설

- 슬라이딩폼은 수평, 수직적으로 반복된 구조물에 적합한 시스템 거푸집이다. 돌출물이 있을 경우는 비효율적이다.

슬라이딩폼(Sliding form) 실작 1604/1401

㉠ 개요
- 수평 및 수직으로 반복된 구조물을 시공이음 없이 균일하게 시공하기 위해 사용되는 거푸집으로 슬립폼이라고도 한다.
- 로드(Rod)·유압잭(Jack) 등을 이용하여 거푸집을 연속적으로 이동시키면서 콘크리트를 타설할 때 사용된다.
- 원자력 발전소의 원자로격납용기(Containment vessel), Silo 공사 등에 적합한 거푸집이다.

㉡ 특징
- 1일 5~10m 정도 수직시공이 가능하도록 시공속도가 빠르다.
- 마감작업이 동시에 진행되므로 공정이 단순화된다.
- 구조물 형태에 따른 사용 제약이 있다.
- 형상 및 치수가 정확하며 시공오차가 적다.
- 안팎으로 비계발판을 별도로 설치할 필요가 없어 비용이 절약된다.



62 ④ 63 ③ 64 ④ 정답

1402

## 65 Repetitive Learning 1회 2회 3회

벽돌을 내쌓기 할 때 일반적으로 이용되는 벽돌쌓기 방법은?

① 마구리쌓기　② 길이쌓기
③ 옆세워쌓기　④ 길이세워쌓기

해설

| | |
|---|---|
| 길이쌓기 | 벽돌의 길이가 벽 표면에 보이게 쌓는 방법 |
| 옆세워쌓기 | 마구리에 해당하는 벽돌의 짧은 면을 세운 것이 벽 표면에 보이게 쌓는 방법 |
| 마구리쌓기 | 마구리에 해당하는 벽돌의 짧은 면을 눕힌 모습이 벽 표면에 보이게 쌓는 방법 |
| 길이세워쌓기 | 벽돌을 수직으로 세워서 쌓은 것이 보이게 하는 방법 |

- 내어쌓기를 할 때에는 벽체 입면에 마구리면이 나오게 쌓는 마구리쌓기를 일반적으로 이용한다.

:: 내어쌓기(Cobel)
- 석재의 일부를 점차 안쪽에서 내밀면서 쌓는 방법을 말한다.
- 내어쌓기는 최대 2.0B까지 한다.
- 1켜씩 내어쌓을 때는 1/8B, 2켜씩 내어쌓을 때는 1/4B씩 나오도록 한다.
- 내어쌓기를 할 때에는 벽체 입면에 마구리면이 나오게 쌓는 마구리쌓기를 일반적으로 이용한다.

0702 / 1302

## 66 Repetitive Learning 1회 2회 3회

품질관리(TQC)를 위한 7가지 도구 중에서 불량 수, 결점 수 등 셀 수 있는 데이터가 분류항목별로 어디에 집중되어 있는가를 알기 쉽도록 한 그림은?

① 히스토그램
② 파레토도
③ 체크시트
④ 산포도

해설

- 히스토그램은 공사 또는 제품의 품질상태가 만족한 상태에 있는가의 여부를 몇 개의 구간으로 나누어 빈도수를 막대그래프 형식으로 표현한 것이다.
- 파레토도는 층별 요인이나 특성에 대한 불량점유율을 나타낸 그림으로 크기 순서대로 막대그래프 형식으로 표기한 것이다.
- 산포도는 서로 대응되는 두 개의 짝으로 된 데이터를 그래프용지에 점으로 얼마나 퍼져있는지를 나타낸 것이다.

:: T.Q.C(Total Quality Control) 주요 도구

| | |
|---|---|
| 체크시트 | 계수치의 데이터가 분류항목의 어디에 집중되어 있는가를 알아보기 쉽게 나타낸 것 |
| 파레토그램 | 층별 요인이나 특성에 대한 불량점유율을 나타낸 그림으로서 가로축에는 층별 요인이나 특성을, 세로축에는 불량건수나 불량손실금액 등을 표시한 것으로 크기 순서대로 막대그래프 형식으로 표기한 것 |
| 히스토그램 | 공사 또는 제품의 품질상태가 만족한 상태에 있는가의 여부를 몇 개의 구간으로 나누어 빈도수를 막대그래프 형식으로 표현한 것 |
| 산점도 (산포도) | 서로 대응되는 두 개의 짝으로 된 데이터를 그래프 용지에 점으로 얼마나 퍼져있는지를 나타낸 것 |
| 특성요인도 | 결과에 어떤 원인이 있는가를 보기 쉽게 나뭇가지 모양으로 나타낸 것 |

## 67 Repetitive Learning 1회 2회 3회

철골공사에서 용접접합의 장점과 거리가 먼 것은?

① 강재량을 절약할 수 있다.
② 소음을 방지할 수 있다.
③ 일체성 및 수밀성을 확보할 수 있다.
④ 접합부의 품질검사가 매우 간단하다.

해설

- 용접접합은 접합부의 검사가 곤란한 단점이 있다.

:: 용접접합
㉠ 개요
- 짧은 시간 내에 특정 부위를 가열하여 두 강재를 용융상태에서 접합하는 방법을 말한다.
- 강재의 절감, 무소음, 무진동 방법으로 많이 사용되고 있다.

㉡ 특징
- 강재의 절감으로 경량화가 가능하다.
- 응력전달이 확실하다.
- 무소음, 무진동 방법이다.
- 단면결손이 없어 이음효율이 높다.
- 기후나 기온에 따라 영향을 받는다.
- 접합부 검사가 곤란하다.

정답 | 65 ① 66 ③ 67 ④

## 68 Repetitive Learning (1회 2회 3회)

콘크리트 다짐 시 진동기의 사용에 관한 설명으로 옳지 않은 것은?

① 진동다지기를 할 때에는 내부진동기를 하층의 콘크리트 속으로 0.1m 정도 찔러 넣는다.

② 1개소당 진동시간은 다짐할 때 시멘트풀이 표면 상부로 약간 부상하기까지가 적절하다.

③ 내부진동기는 콘크리트로부터 천천히 빼내어 구멍이 남지 않도록 한다.

④ 내부진동기는 콘크리트를 횡방향으로 이동시킬 목적으로 사용한다.

**해설**

- 진동기는 될 수 있는 대로 수직방향으로 사용한다.

진동기

㉠ 개요
- 콘크리트 부어넣기에서 콘크리트의 밀실화를 유지시키기 위해 사용하는 기계이다.
- 하층 콘크리트에 10cm 정도 삽입하여 상하층 콘크리트를 일체화시키는 장치이다.

㉡ 사용방법 및 특징
- 진동기를 빼낼 때는 서서히 뽑아 구멍이 남지 않도록 한다.
- 진동기의 선단을 철근 · 철골 · 거푸집 등 구조물에 직접적으로 접촉시켜서는 안 된다.
- 유효한 다짐시간은 관찰과 경험에 의하여 결정하는 것이 좋다.
- 진동기의 사용간격은 60cm를 넘지 않도록 한다.
- 진동기는 될 수 있는 대로 수직방향으로 사용한다.
- 진동의 효과는 봉의 직경, 진동수, 진폭 등에 따라 다르며, 진동수가 큰 것일수록 다짐효과가 크다.
- 묽은 반죽에서 진동다짐은 별 효과가 없다.

0904

## 69 Repetitive Learning (1회 2회 3회)

조적조에 생기는 백화현상을 방지하기 위한 대책으로 적합하지 않은 것은?

① 석회를 혼합한 줄눈 모르타르를 활용하여 바른다.

② 흡수율이 낮은 벽돌을 사용한다.

③ 쌓기용 모르타르에 파라핀 도료와 같은 혼화제를 사용한다.

④ 돌림대, 차양 등을 설치하여 빗물이 벽체에 직접 흘러내리지 않게 한다.

**해설**

- 석회성분이 탄산가스와 반응하면 탄산칼슘이 만들어져 벽돌 외부에 백화가 더욱 심해지고 자국이 영원히 남게 된다.

백화(Efflorescence)현상

㉠ 개요
- 모르타르 및 콘크리트 중의 알칼리 및 칼슘 성분이 밖으로 흘러나와 공기 중의 탄산가스와 반응하여 경화체 표면에 하얀색으로 침전되는 현상을 말한다.
- 저온, 다습, 적당한 바람, 그늘 등에 의해 발생한다.

㉡ 방지대책
- 10[%] 이하의 흡수율을 가진 소성이 잘 된 벽돌을 사용한다.
- 벽돌면 상부 및 벽면의 돌출 부분에 빗물막이나 차양, 루버 등을 설치해 빗물이 벽체에 직접 흘러내리지 않게 한다.
- 쌓기 후 전용발수제를 발라 벽면에 수분흡수를 방지하거나 벽면에 빗물이 스며들지 못하도록 실리콘을 뿜칠한다.
- 줄눈으로 비가 새어들지 않도록 줄눈 모르타르에 방수제를 혼합한다.
- 파라핀 도료를 발라 염류가 나오는 것을 방지한다.
- 재료배합 시 물-시멘트비(W/C)를 감소시키고 조립률이 큰 모래를 사용한다.
- 분말도가 큰 시멘트를 사용한다.

1502 / 2202

## 70 Repetitive Learning (1회 2회 3회)

설계도와 시방서가 명확하지 않거나 설계는 명확하지만 공사비 총액을 산출하기 곤란하고 발주자가 양질의 공사를 기대할 때 채택될 수 있는 가장 타당한 방식은?

① 실비정산 보수가산식 도급

② 단가 도급

③ 정액 도급

④ 턴키 도급

**해설**

- 공사비 지불방식에 따른 도급방식의 종류에 정액 도급, 단가 도급, 실비정산 보수가산식 도급이 있다.
- 단가 도급은 도급금액을 정함에 있어 우선 공사종류마다 단가를 정하고, 수량에 따라 도급 금액을 산출하는 도급 방법을 말한다.
- 정액 도급은 공사비 총액을 확정하고 계약을 하는 방식을 말한다.
- 턴키 도급은 금융, 토지, 설계, 시공, 시운전 등 모든 요소를 포괄한 도급계약방식으로 주문자가 필요로 하는 모든 것을 조달하여 주문자에게 인도하는 방식을 말한다.



68 ④ 69 ① 70 ① 정답

:: 실비정산 보수가산식 도급(Cost plus fee contract)

㉠ 개요

- 건축주와 건축사, 시공자가 미리 공사에 소요되는 설비와 보수를 협의한 후 건축주는 공사의 진행을 시공자에게 위임하고 시공자는 건축주의 위임을 받아 공사를 진행한다. 이때 관련 공사비를 건축주로부터 받아 하도급자에게 지급하고 이에 대해 보수를 받는 방식을 말한다.
- 설계도와 시방서가 명확하지 않거나 또는 설계는 명확하지만 공사비 총액을 산출하기 곤란하고 발주자가 양질의 공사를 기대할 때에 채택될 수 있는 가장 타당한 방식이다.
- 복잡한 변경이 예상되는 공사나 긴급을 요하는 공사로서 설계도서의 완성을 기다리지 않고 착공하는 경우에 적합하다.

㉡ 특징

- 설계와 시공의 중첩이 가능한 단계별 시공이 가능하게 되어 공사기간을 단축할 수 있다.
- 설계변경 및 공사 중 발생되는 돌발상황에 적절히 대처할 수 있다.
- 시공자가 불성실할 경우 공사기간 및 공사비가 급격히 증가할 수 있는 위험성을 내포하고 있다.

㉢ 종류

- 종류에는 실비 비율 보수가산식, 실비 한정비율 보수가산식, 실비 정액 보수가산식, 실비 준동률 보수가산식 등이 있다.

| | |
|---|---|
| 실비 비율 보수가산식 | 실비와 비율을 가산한 공사비를 지급하는 방식 |
| 실비 한정비율 보수가산식 | 실비를 한정하고 그에 가산된 공사비를 지급하는 방식 |
| 실비 정액 보수가산식 | 실비와 정해진 보수를 가산하여 공사비를 지급하는 방식 |
| 실비 준동률 보수가산식 | 실비를 단계별로 나누어 구간에 따른 보수비율을 지급하는 방식 |

## 71

Repetitive Learning ( 1회 2회 3회 )

강구조용 강재의 절단 및 개선가공에 관한 사항으로 옳지 않은 것은?

① 주요 부재의 강판 절단은 주된 응력의 방향과 압연방향을 직각으로 교차하여 절단함을 원칙으로 한다.

② 절단할 강재의 표면에 녹, 기름, 도료가 부착되어 있는 경우에는 제거 후 절단해야 한다.

③ 용접선의 교차부분 또는 한 부재를 다른 부재에 접합시킬 때 불필요한 접촉을 피하기 위하여 모퉁이따기를 할 경우에는 10mm 이상 둥글게 해야 한다.

④ 스캘럽 가공은 절삭 가공기 또는 부속장치가 달린 수동가스 절단기를 사용한다.

해설

- 주요 부재의 강판 절단은 주된 응력의 방향과 압연방향을 일치시켜 절단함을 원칙으로 한다.

:: 강재의 절단 및 개선가공에 관한 일반사항

- 주요 부재의 강판 절단은 주된 응력의 방향과 압연방향을 일치시켜 절단함을 원칙으로 하며 절단작업 착수 전 재단도를 작성해야 한다.
- 절단할 강재의 표면에 녹, 기름, 도료가 부착되어 있는 경우에는 제거 후 절단해야 한다.
- 용접선의 교차부분 또는 한 부재를 다른 부재에 접합시킬 때 불필요한 접촉을 피하기 위하여 모퉁이따기를 할 경우에는 10mm 이상 둥글게 해야 한다.
- 절단면의 정밀도가 절삭가공기의 경우와 동일하게 확보할 수 있는 기계절단기(Cold saw)를 이용한 경우, 절단연단부는 그대로 두어도 좋다.
- 스캘럽 가공은 절삭 가공기 또는 부속장치가 달린 수동가스 절단기를 사용한다.
- 교량의 주요부재 및 2차부재의 모서리는 약 1mm 이상 모따기 또는 반지름을 가지도록 그라인드 가공 처리해야 한다.

## 72

Repetitive Learning ( 1회 2회 3회 )

기성콘크리트말뚝의 특징에 관한 설명으로 옳지 않은 것은?

① 말뚝이음 부위에 대한 신뢰성이 떨어진다.

② 재료의 균질성이 부족하다.

③ 지제히중이 그므로 운빈과 시공에 각별한 주의가 필요하다.

④ 시공과정상의 힝다로 인하여 자재균열의 우러가 높다.

해설

- 기성콘크리트말뚝은 공장에서 만들어 온 콘크리트말뚝을 사용하므로 재료의 균질성이 우수하다.

:: 기성콘크리트말뚝

㉠ 개요

- 이미 만들어진 콘크리트말뚝을 타격하여 설치하는 방법으로 상수면과 상관없이 대규모의 중량건물에 주로 사용한다.

㉡ 특징

- 재료의 균질성이 우수하다.
- 자재하중이 크므로 운반과 시공에 각별한 주의가 필요하다.
- 시공과정상의 항타로 인하여 자재균열의 우려가 높고 이음부위에 문제점이 발생한다.

정답 | 71 ① 72 ②

1402

## 73 Repetitive Learning 1회 2회 3회

콘크리트 타설에 관한 설명으로 옳은 것은?

① 콘크리트 타설은 바닥판 → 보 → 계단 → 벽체 → 기둥의 순서로 한다.
② 콘크리트 타설은 운반거리가 먼 곳부터 시작한다.
③ 콘크리트를 타설할 때는 다짐이 잘 되도록 타설 높이를 최대한 높게 한다.
④ 콘크리트 타설 준비 시 콘크리트가 닿았을 때 흡수할 우려가 있는 곳은 미리 건조시켜 두어야 한다.

**해설**

- 콘크리트 타설 시에는 기둥, 벽체 → 보 → 슬래브 순으로 타설 순서를 준수해 작업에 임해야 한다.
- 낙하 높이는 보통 1.5m 이내로 최대 2m를 초과하지 않도록 자유낙하 높이를 최소화한다.
- 콘크리트 타설 준비 시 콘크리트가 닿았을 때 흡수할 우려가 있는 곳은 미리 습하게 해 두어야 한다.

**콘크리트 타설 시 안전유의사항**

- 콘크리트 타설 시에는 기둥, 벽체 → 보 → 슬래브 순으로 타설 순서를 준수해 작업에 임해야 한다.
- 콘크리트를 치는 도중에는 거푸집, 동바리 등의 이상 유무를 확인하여야 한다.
- 타설 시 공동이 발생되지 않도록 밀실하게 부어 넣는다.
- 콘크리트 타설은 운반거리가 먼 곳부터 타설을 시작한다.
- 낙하 높이는 보통 1.5m 이내로 최대 2m를 초과하지 않도록 자유낙하 높이를 최소화한다.
- 진동기 사용 시 지나친 진동은 거푸집 무너짐의 원인이 될 수 있으므로 적절히 사용해야 하며, 거푸집 및 철근에 직접적인 진동을 주지 않도록 주의한다.
- 타설 속도는 하계 1.5m/h, 동계 1.0m/h를 표준으로 한다.
- 부재 간 강성차이가 많은 것과는 조합을 피한다.
- 최상부의 슬래브는 가능하면 이어붓기를 피하고 일시에 전체를 타설하도록 하여야 한다.
- 콘크리트의 재료분리를 방지하기 위하여 횡류, 즉 옆에서 흘려 넣지 않도록 한다.
- 콘크리트 타설 준비 시 콘크리트가 닿았을 때 흡수할 우려가 있는 곳은 미리 습하게 해 두어야 한다.
- 콘크리트를 수직으로 낙하시킨다.
- 콜드조인트가 생기지 않도록 한다.

1301

## 74 Repetitive Learning 1회 2회 3회

시방서의 작성원칙으로 옳지 않은 것은?

① 지정고시된 신재료 또는 신기술을 적극 활용한다.
② 공사 전반에 대한 지침을 세밀하고 간단명료하게 서술한다.
③ 공종을 세밀하게 나누고, 단위 시방의 수를 최대한 늘려 상세히 서술한다.
④ 시공자가 정확하게 시공하도록 설계자의 의도를 상세히 기술한다.

**해설**

- 시방서는 설계도에 기재할 수 없는 사항을 간단명료하게 표시한 것으로 공법과 마무리 정도를 표시하면 된다.

**시방서(Specification)**

㉠ 개요
- 각종 건설공사 등에 대한 표준안, 규정을 설명한 것이다.
- 재료의 품질, 공사의 방법과 질, 시험방법 등 설계도에 기재할 수 없는 사항을 간단명료하게 표시한 것이다.
- 표준시방서, 일반시방서, 공사시방서, 특기시방서, 안내시방서 등이 있다.

㉡ 종류
- 표준시방서 : 건설교통부에서 모든 공사의 공통적인 사항을 정한 표준적인 시공기준을 명시한 시방서이다.
- 일반시방서 : 공사일정 등 공사 전반에 대한 비기술적인 사항을 정한 시방서이다.
- 공사시방서 : 특정 공사에 맞게 공사 수행을 위한 시공방법, 품질관리, 환경관리 등에 관한 사항을 정한 시방서이다.
- 특기시방서 : 해당 공사의 특수한 조건에 따라 표준시방서에 대하여 추가, 변경, 삭제를 규정한 시방서이다.

㉢ 시방서 기재사항
- 일반사항 : 운반, 보관, 취급방법, 공정계획, 유지관리 장비 및 기재, 타 공정과의 협력작업 등
- 재료에 관한 사항 : 사용재료의 품질과 품질시험방법 등
- 시공에 관한 사항 : 각 부위별 시공방법, 제조업자 현장지원방안 등

㉣ 작성원칙
- 시공자가 정확하게 시공하도록 설계자의 의도를 상세히 기술한다.
- 공사 전반에 대한 지침을 세밀하고 간단명료하게 서술한다.
- 지정고시된 신재료 또는 신기술을 적극 활용한다.
- 도면과 시방서와의 차이가 있을 때 감독기술자의 지시에 따른다.
- 재료의 성능, 성질, 품질의 허용 범위, 공법의 정밀도와 마무리 정도 등을 명확하게 규명한다.
- 시방서의 작성순서는 공사 진행순서와 일치하도록 한다.
- 서류의 우선순위는 공사시방서 > 설계도면 > 전문시방서 > 표준시방서 > 산출내역서 > 상세 시공도 > 관계법령의 유권해석 > 지시사항 순으로 해석한다.



73 ② 74 ③ 정답

## 75

Repetitive Learning (1회 2회 3회)

다음과 같이 정상 및 특급공기와 공비가 주어질 경우 비용구배(Cost slope)는?

| 정상 | | 특급 | |
|---|---|---|---|
| 공기 | 공비 | 공기 | 공비 |
| 20일 | 120,000원 | 15일 | 180,000원 |

① 9,000원/일　② 12,000원/일
③ 15,000원/일　④ 18,000원/일

**해설**

- 주어진 값을 대입하면 $\frac{180,000-120,000}{20-15}=\frac{60,000}{5}=12,000$원이 된다.

**비용구배(비용경사)**

- 작업을 1일 단축할 때 추가되는 직접비용을 말한다.
- 비용구배는 $\frac{\text{특급비용}-\text{표준비용}}{\text{표준시간}-\text{특급시간}}$으로 구한다.
- 특급비용이란 공기를 최대한 단축했을 때의 비용을 말한다.
- 특급시간이란 공기를 최대한 단축했을 때의 시간을 말한다.

## 76

Repetitive Learning (1회 2회 3회)

철재 거푸집에서 사용되는 철물로 지주를 제거하지 않고 슬래브 거푸집만 제거할 수 있도록 한 철물은?

① 와이어클리퍼(Wire clipper)
② 캠버(Camber)
③ 드롭헤드(Drop head)
④ 베이스플레이트(Base plate)

**해설**

- 와이어클리퍼(Wire clipper)는 와이어나 철근 등을 절단하기 위한 공구이다.
- 캠버(Camber)는 높이조절용 쐐기로 보나 슬래브의 수평부재가 처지는 것을 방지하기 위한 자재이다.
- 베이스플레이트(Base plate)는 기둥이 받는 하중을 기초에 전달하고 윙플레이트를 대서 힘을 분산시키는 자재이다.

**드롭헤드(Drop head)**

- 철재거푸집에서 지주를 제거하지 않고 슬래브 거푸집만 제거할 수 있도록 한 철물이다.
- 주로 유로폼에서 많이 사용된다.

1001 / 1104 / 1501

## 77

Repetitive Learning (1회 2회 3회)

강관말뚝지정의 특징에 해당되지 않는 것은?

① 강한 타격에도 견디며 다져진 중간지층의 관통도 가능하다.
② 지지력이 크고 이음이 안전하고 강하므로 장척 말뚝에 적당하다.
③ 상부구조와의 결합이 용이하다.
④ 길이조절이 어려우나 재료비가 저렴한 장점이 있다.

**해설**

- 강재말뚝은 말뚝의 절단·가공 및 현장접합이 가능하여 소요길이의 조정이 자유롭다.

**강재말뚝의 특징**

- 깊은 지지층까지 박을 수 있어 장척 말뚝에 적당하다.
- 휨모멘트에 대한 저항이 크고, 강한 타격에도 견디며 다져진 중간지층의 관통도 가능하다.
- 말뚝의 절단·가공 및 현장접합이 가능하여 소요길이의 조정이 자유롭다.
- 중량이 가볍고, 단면적이 작아 운반 및 시공이 용이하다.
- 상부구조물과의 결합이 용이하다.
- 재료의 특성상 지중에서 부식이 발생하므로 부식방지대책을 세워야 한다.

1502

## 78

Repetitive Learning (1회 2회 3회)

지하수위 저하 공법 중 강제배수 공법이 아닌 것은?

① 전기침투 공법　② 웰포인트 공법
③ 표면배수 공법　④ 진공 Deep well 공법

**해설**

- 표면배수 공법은 지하수가 아니라 표면수를 배수할 때 사용하는 공법이다.

**지하수위 저하 공법**

㉠ 개요

- 지하수위 저하 공법에는 크게 배수 공법과 지수 공법, 전기침투 공법으로 구분된다.
- 배수 공법에는 웰포인트 공법과 깊은우물 공법, 집수정 공법이 대표적이다.
- 전기침투 공법은 실트 및 점토가 많이 함유된 투수계수가 작은 지방에서 사용되는 방법으로 물이 양극에서 음극으로 향하는 원리를 이용한 공법이다.
- 지수 공법에는 지반고결 공법과 물막이벽 공법, 압기 공법 등이 있다.

정답 | 75 ② 76 ③ 77 ④ 78 ③

㉡ 대표적인 배수 공법
- 웰포인트(Well Point) 공법은 모래질지반에 웰포인트라 불리는 양수관을 여러 개 박아 지하수위를 일시적으로 저하시키는 공법이다.
- 깊은우물(Deep Well) 공법은 투수성 지반에 지름 0.3~1.5m 정도의 깊은우물을 굴착하여 유입되는 지하수를 펌프로 양수하여 지하수위를 낮추는 공법이다.
- 집수정(Sump pit) 공법은 집수정을 설치한 후 집수정에 지하수를 고이게 하여 이를 펌프로 배수시키는 공법이다.

1302

## 79 Repetitive Learning 1회 2회 3회

프리스트레스하지 않는 부재의 현장치기 콘크리트의 최소 피복 두께 기준 중 가장 큰 것은?

① 수중에서 치는 콘크리트
② 흙에 접하여 콘크리트를 친 후 영구히 흙에 묻혀 있는 콘크리트
③ 옥외의 공기나 흙에 직접 접하지 않는 콘크리트 중 슬래브
④ 옥외의 공기나 흙에 직접 접하지 않는 콘크리트 중 벽체

해설

- 수중에서 치는 콘크리트가 피복 두께 100mm로 가장 두꺼워야 한다.

철근 피복

㉠ 피복 두께
- 피복 두께는 기후나 기타 외부요인으로부터 철근을 보호하기 위한 것으로, 부재의 최외단에 배치된 철근 표면으로부터 콘크리트 표면까지의 최단거리를 말한다.
- 피복 두께가 적을 경우 철근과 콘크리트가 분리되는 부착파괴가 발생한다.

㉡ 최소 피복 기준
- 수중에서 치는 콘크리트 : 100mm
- 흙에 접하여 콘크리트를 친 후 영구히 흙에 묻혀있는 콘크리트 : 80mm
- 흙에 접하거나 옥외의 공기에 직접 노출되는 콘크리트

| | |
|---|---|
| D29 이상의 철근 | 60mm |
| D25 이하의 철근 | 50mm |
| D16 이하의 철근, 지름 16mm 이하의 철선 | 40mm |

- 옥외의 공기나 흙에 직접 접하지 않는 콘크리트

| | | |
|---|---|---|
| 슬래브, 벽체, 장선 | D35 초과하는 철근 | 40mm |
| | D35 이하의 철근 | 20mm |
| 보, 기둥 | | 40mm |
| 쉘, 철판부재 | | 20mm |

0604 / 1202 / 1604

## 80 Repetitive Learning 1회 2회 3회

슬래브에서 4변 고정인 경우 철근배근을 가장 많이 하여야 하는 부분은?

① 단변 방향의 주간대
② 단변 방향의 주열대
③ 장변 방향의 주간대
④ 장변 방향의 주열대

해설

- 철근의 배근은 단변 주열대>단변 주간대>장변 주열대>장변 주간대 순으로 한다.

슬래브 철근배근 순서
- 주열대란 평판 슬래브 구조의 설계에서 보로 간주하는 주열을 포함하는 일정폭 범위의 슬래브를 말한다.
- 주간대란 정방형 또는 구형 슬래브의 중앙 부분으로 기둥부분을 포함하지 않는 부분을 말한다.

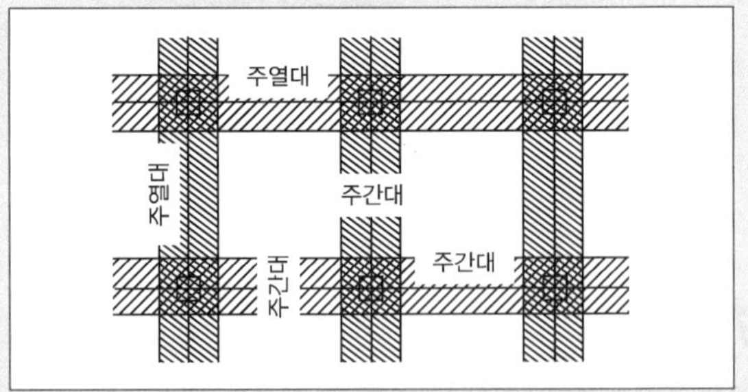


- 철근의 배근은 단변 주열대>단변 주간대>장변 주열대>장변 주간대 순으로 한다.



79 ① 80 ② 정답

## 5과목 건설재료학

1601

### 81 Repetitive Learning (1회 2회 3회)

콘크리트 구조물의 강도 보강용 섬유소재로 적당하지 않은 것은?

① PCP
② 유리섬유
③ 탄소섬유
④ 아라미드섬유

**해설**

- PCP(Penta-Chloro Phenol)는 유용성 목재 방부제로 살충제 및 소독제로 사용되며, 강도 보강용 섬유소재와 관련이 멀다.

∷ 콘크리트 강도 보강용 섬유소재

- 콘크리트의 낮은 인장력과 변형력으로 인해 깨지기 쉬운 단점을 보완하기 위해 사용한다.
- 균열을 제어하며, 균열 이후 재료들의 거동을 보완한다.
- 석면섬유는 내마모성이 커 사용되어 왔지만 발암성분으로 인해 현재는 이용되지 않는다.
- 강섬유, 유기폴리머섬유, 유리섬유, 탄소섬유, 나일론섬유, 셀룰로오스섬유, 아라미드섬유 등이 주로 사용된다.

### 82 Repetitive Learning (1회 2회 3회)

콘크리트에 사용되는 혼화재인 플라이애시에 관한 설명으로 옳지 않은 것은?

① 단위 수량이 커져 블리딩 현상이 증가한다.
② 초기 재령에서 콘크리트 강도를 저하시킨다.
③ 수화 초기의 발열량을 감소시킨다.
④ 콘크리트의 수밀성을 향상시킨다.

**해설**

- 플라이애시는 단위 수량이 작아진다.

∷ 플라이애시

㉠ 개요

- 석탄 화력발전소에서 발생되는 회분으로 굴뚝에서 집진기로 포집한 것이다.
- 시멘트에 첨가하는 혼화재로 알루미나와 실리카로 구성된다.
- 플라이애시를 사용한 시멘트는 초기 수화열이 낮고 장기강도 증진이 커 매스콘크리트용에 적합하다.

㉡ 특징

- 콘크리트의 워커빌리티를 좋게 하고 사용 수량을 감소시킨다.
- 초기 재령의 강도는 다소 작으나 장기 재령의 강도는 증가한다.
- 시멘트의 수화열에 의한 균열 발생을 억제하고, 콘크리트의 수밀성을 향상시킨다.
- 콘크리트 내부의 알칼리성을 감소시키기 때문에 중성화를 촉진시킬 염려가 있다.

### 83 Repetitive Learning (1회 2회 3회)

집성목재의 사용에 관한 설명으로 옳지 않은 것은?

① 판재와 각재를 접착제로 결합시켜 대재(大材)를 얻을 수 있다.
② 보, 기둥 등의 구조재료로 사용할 수 없다.
③ 옹이, 균열 등의 결점을 제거하거나 분산시켜 균질의 인공목재로 사용할 수 있다.
④ 임의의 단면 형상을 갖도록 제작할 수 있어 목재 활용면에서 경제적이다.

**해설**

- 집성목재는 충분히 건조된 건조재를 사용하므로 비틀림 변형 등이 생기지 않아 보, 기둥, 아치, 트러스 등의 구조부재로 사용된다.

∷ 집성목재

㉠ 개요

- 제재판재 또는 소각재 등의 판재와 각재를 섬유평행방향으로 접착시킨 것을 말한다.
- 옹이, 균열 등의 각종 결점을 제거하거나 이를 적당히 분산시켜 만든 균질한 조직의 인공목재이다.
- 충분히 건조된 건조재를 사용하므로 비틀림 변형 등이 생기지 않아 보, 기둥, 아치, 트러스 등의 구조부재로 사용된다.
- 외관이 미려한 박판 또는 치장합판, 프린트합판을 붙여서 구조재, 마감재, 화장재를 겸용한 인공목재의 제조가 가능하다.

㉡ 특징

- 요구된 치수, 형태의 재료를 비교적 용이하게 제조할 수 있다.
- 직경이 작은 목재들을 접착하여 장대재(長大材)로 활용할 수 있다.
- 목재의 강도를 인공적으로 자유롭게 조절할 수 있다.
- 응력에 따라 필요한 단면을 만들 수 있다.

정답 | 81 ① 82 ① 83 ②

## 84

Repetitive Learning (1회 2회 3회)

강화유리에 관한 설명으로 옳지 않은 것은?

① 유리 표면에 강한 압축응력층을 만들어 파괴강도를 증가시킨 것이다.

② 강도는 플로트 판유리에 비해 3 ~ 5배 정도이다.

③ 주로 출입문이나 계단 난간, 안전성이 요구되는 칸막이 등에 사용된다.

④ 깨어질 때는 판유리 전체가 파편으로 잘 부서지지 않는다.

해설

- 강화유리는 표면에 상처가 생기면 전체가 잘게 부서지나 파편이 피부를 다치게 하지는 않는다.

강화유리(Tempered glass)

㉠ 개요

- 안전유리의 한 종류로 판유리를 열처리 한 후 급랭 강화하여 강도를 높인 유리이다.
- 안전유리의 검사방법에는 파쇄시험(충격시험, 파쇄시험, 쇼트백시험, 내충격성시험, 투영시험 등)이 있다.
- 주로 출입문이나 계단 난간, 안전성이 요구되는 칸막이 등에 사용된다.

㉡ 특징

- 유리 표면에 강한 압축응력층을 만들어 파괴강도를 증가시킨 것이다.
- 강도는 플로트 판유리에 비해 3 ~ 5배 정도이다.
- 표면에 상처가 생기면 잘게 부서지며, 깨질 때 유리 파편이 피부를 다치게 하지 않는다.

0702

## 85

Repetitive Learning (1회 2회 3회)

목재의 수축팽창에 관한 설명으로 옳지 않은 것은?

① 변재는 심재보다 수축률 및 팽창률이 일반적으로 크다.

② 섬유포화점 이상의 함수상태에서는 함수율이 클수록 수축률 및 팽창률이 커진다.

③ 수종에 따라 수축률 및 팽창률에 상당한 차이가 있다.

④ 수축이 과도하거나 고르지 못하면 할렬, 비틀림 등이 생긴다.

해설

- 섬유포화점 이상에서는 함수율이 변화하여도 목재의 강도는 일정하고 신축을 일으키지도 않는다.

목재의 신축

- 곧은결 폭보다 널결 폭이 신축의 정도가 크다.
- 목재의 밀도가 클수록 신축이 크다.
- 섬유 방향은 거의 수축하지 않는다.
- 변재는 심재보다 수축률 및 팽창률이 일반적으로 크고 강도가 작다.
- 수종에 따라 수축률 및 팽창률에 상당한 차이가 있다.
- 수축이 과도하거나 고르지 못하면 할렬, 비틀림 등이 생긴다.

0904

## 86

Repetitive Learning (1회 2회 3회)

점토에 관한 설명으로 옳지 않은 것은?

① 습윤상태에서 가소성이 좋다.

② 압축강도는 인장강도의 약 5배 정도이다.

③ 점토를 소성하면 용적, 비중 등의 변화가 일어나며 강도가 현저히 증대된다.

④ 점토의 소성온도는 점토의 성분이나 제품의 종류에 상관없이 같다.

해설

- 점토의 소성온도에 따라 토기, 도기, 석기, 자기 등으로 구분된다.

점토의 성질

㉠ 개요

- 점토의 주성분은 실리카, 알루미나이다.
- 비중은 일반적으로 2.5 ~ 2.6의 범위이다.
- 압축강도는 인장강도의 약 5배 정도이다.
- 인장강도는 점토의 조직에 관계하며 입자의 크기가 큰 영향을 준다.
- 입도는 보통 $2\mu$ 이하의 미립자나 모래알 정도의 조립을 포함한 것도 있다.
- 기공률은 점토의 입자 간에 존재하는 모공용적으로 입자의 형상, 크기에 관계한다.
- 함수율은 모래가 포함되지 않은 것은 30 ~ 100%의 범위이다.
- 색상은 철산화물 또는 석회물질에 의해 나타내며, 철산화물이 많으면 적색이 되고, 석회물질이 많으면 황색을 띠게 된다.
- 점토를 소성하면 용적, 비중 등의 변화가 일어나며 강도가 현저히 증대된다.
- 점토의 소성온도는 점토의 성분이나 제품의 종류에 따라 다르다.



84 ④ 85 ② 86 ④ | 정답

ⓛ 수축

- 수축은 건조 및 소성 시 일어나며 건조수축은 점토의 조직에 관계하는 이외에 가하는 수량도 영향을 준다.
- 소성수축은 점토 내 휘발분의 양, 조직, 용융도 등이 영향을 준다.
- $Fe_2O_3$ 등의 부성분이 많으면 제품의 건조수축이 크다.

ⓒ 가소성

- 양질의 점토는 습윤상태에서 현저한 가소성을 나타내며, 점토 입자가 미세할수록 가소성은 좋아진다.
- 가소성이 너무 큰 경우에는 모래 또는 샤모트 등을 혼합하여 조절한다.

## 87 — Repetitive Learning (1회 2회 3회)

수밀성, 기밀성 확보를 위하여 유리와 새시의 접합부, 패널의 접합부 등에 사용되는 재료로서 내후성이 우수하고 부착이 용이한 특징이 있으며, 형상이 H형, Y형, ㄷ형으로 나누어지는 것은?

① 유리퍼티(Glass putty)
② 2액형 실링재(Two-part liquid sealing compound)
③ 개스킷(Gasket)
④ 아스팔트코킹(Asphalt caulking materials)

**해설**

- 유리퍼티(Glass putty)는 건축물 창호나 조인트의 충전재로 판유리를 창틀에 끼워 넣을 때 사용하는 풀 모양의 실(Seal)재이다.
- 2액형 실링재(Two-part liquid sealing compound)는 건축물 창호나 조인트의 충전재로 휘발성분이 거의 없어 충전 후의 체적변화가 적고 온도변화에 따른 안정성도 우수한 특징을 갖는 실(Seal)재이다.
- 아스팔트코킹(Asphalt caulking materials)은 건축물 창호나 조인트의 충전재로 아스팔트에 광물분말을 첨가하여 만들어 고온에 녹고 자외선에 약한 특성을 갖는 실(Seal)재이다.

⁘ 개스킷(Gasket)

- 금속이나 그 밖의 재료가 서로 접촉할 경우 수밀성, 기밀성 확보를 위하여 끼워넣는 패킹을 말한다.
- 유리와 새시의 접합부, 패널의 접합부 등에 사용되는 재료이다.
- 내후성이 우수하고 부착이 용이하다.
- 형상이 H형, Y형, ㄷ형으로 나누어진다.

0502 / 1604 / 2201

## 88 — Repetitive Learning (1회 2회 3회)

각 창호철물에 관한 설명으로 옳지 않은 것은?

① 피벗힌지(Pivot hinge) : 경첩 대신 촉을 사용하여 여닫이문을 회전시킨다.
② 나이트래치(Night latch) : 외부에서는 열쇠, 내부에서는 작은 손잡이를 틀어 열 수 있는 실린더장치로 된 것이다.
③ 크레센트(Crescent) : 여닫이문의 상하단에 붙여 경첩과 같은 역할을 한다.
④ 래버터리힌지(Lavatory hinge) : 스프링힌지의 일종으로 공중용 화장실 등에 사용된다.

**해설**

- 크레센트는 오르내리창이나 미서기창을 잠그는 데 사용하는 철물이다.

⁘ 창호철물의 종류

| 종류 | 용도 및 특징 |
|---|---|
| 피벗힌지<br>(Pivot hinge) | 경첩 대신 촉을 사용하여 여닫이문을 회전시키는 것으로 방화문 등 중량문에 주로 사용한다. |
| 플로어힌지<br>(Floor hinge) | 문이 자동적으로 닫히게 하는 철물로 경첩으로 유지하기 어려운 무거운 자재 여닫이문에 사용된다. |
| 래버터리힌지<br>(Lavatory hinge) | 스프링힌지의 일종, 문이 저절로 닫히게 하는 것으로 공중용 화장실 및 공중전화 부스 등에 사용된다. |
| 나이트래치<br>(Night latch) | 외부에서는 열쇠, 내부에서는 작은 손잡이를 틀어 열 수 있는 실린더장치로 된 것이다. |
| 크레센트<br>(Crescent) | 오르내리창이나 미서기창을 잠그는 데 사용하는 철물이다. |
| 지도리 | 장부가 구멍에 들어 끼어 돌게 만든 철물로서 회전창, 현관문, 방화문에 사용된다. |
| 도어스톱 | 여닫이문이 열릴 때 문을 고정해주는 철물이다. |
| 도어체크<br>(도어스토퍼) | 아파트 현관문 등에서 주로 사용하는 철물로 일정한 간격만 문이 열리고 문이 닫힐 때 천천히 닫히게 한다. |

정답 | 87 ③ 88 ③

0902

## 89 Repetitive Learning (1회 2회 3회)

내약품성, 내마모성이 우수하여 화학공장의 방수층을 겸한 바닥 마무리로 가장 적합한 것은?

① 에폭시도막방수
② 아스팔트방수
③ 무기질침투방수
④ 합성고분자방수

**해설**

- 아스팔트방수는 내열화성 및 방수성이 우수하나 용융 시 발생하는 악취와 이산화탄소로 인해 화학약품을 취급하는 공장 내에서 사용하기에 적합하지 않다.
- 무기질침투방수는 무기질계(시멘트 혼합성) 침투성 도포 방수재를 이용해 음용수조나 지하실 외벽 등에서 주로 사용한다.
- 합성고분자방수는 합성고분자시트방수가 일반적인데 주로 지붕 방수재로 활용되고 있다.

∷ 에폭시도막방수
- 내약품성, 내마모성, 내수성이 우수하며 바탕면과 접착성이 좋은 노출형 방수제이다.
- 에폭시가 단단한 반면에 자외선에 약해 주로 창고, 공장, 작업장의 실내 바닥용 방수제로 사용되고 있다.

0502 / 1402

## 90 Repetitive Learning (1회 2회 3회)

경질섬유판(Hard fiber board)에 관한 설명으로 옳은 것은?

① 밀도가 0.3g/cm$^3$ 정도이다.
② 소프트 텍스라고도 불리며 수장판으로 사용된다.
③ 소판이나 소각재의 부산물 등을 이용하여 접착, 접합에 의해 소요 형상의 인공목재를 제조할 수 있다.
④ 펄프를 접착제로 제판하여 양면을 열압 건조시킨 것이다.

**해설**

- 경질섬유판의 비중(밀도)은 0.8g/cm$^3$ 이상이다.
- 소프트 텍스라고도 불리는 것은 연질 섬유판(Soft fiber board)이다.
- 소판이나 소각재의 부산물 등을 이용하여 접착, 접합에 의해 소요 형상의 인공목재를 제조할 수 있는 것은 집성목재이다.

∷ 경질섬유판(Hard fiber board)
- 펄프를 접착제로 제판하여 양면을 열압 건조시킨 것이다.
- 비중이 0.8g/cm$^3$ 이상이며 강도가 우수하여 수장판으로 사용한다.

## 91 Repetitive Learning (1회 2회 3회)

석고보드의 특성에 관한 설명으로 옳지 않은 것은?

① 흡수로 인해 강도가 현저하게 저하된다.
② 신축변형이 커서 균열의 위험이 크다.
③ 부식이 안 되고 충해를 받지 않는다.
④ 단열성이 높다.

**해설**

- 석고보드는 신축성이 작다.

∷ 석고보드

㉠ 개요
- 소석고를 주원료로 혼화제를 첨가하여 보드용 원지 사이에 넣어 판상으로 제조한 것이다.

㉡ 특징
- 물에 녹는 성질이 있어 습기에 약해 흡수할 경우 강도가 현저하게 저하되나 내화성은 매우 강하다.
- 신축성이 작으며, 페인트를 칠할 수 있다.
- 경량이고 부식이 없고 충해가 발생하지 않는다.
- 화재 시 화염과 열의 확산을 지연시키며, 연소나 석회화하기 전까지 100℃ 이상의 열을 전달하지 않는다.
- 인산석고를 원료로 하는 석고보드는 일반 석고의 25배 이상의 라돈이 검출되어 탈황석고로 원료를 바꾸어 사용된다.

## 92 Repetitive Learning (1회 2회 3회)

다음 중 열경화성 수지에 속하지 않는 것은?

① 멜라민수지 ② 요소수지
③ 폴리에틸렌수지 ④ 에폭시수지

**해설**

- 폴리에틸렌수지는 가열하거나 용제에 녹이면 물리적으로 유연하게 되어 자유롭게 성형할 수 있는 열가소성 수지이다.

∷ 열경화성 수지
- 가열하여 경화 성형하면 다시 열을 가해도 형태가 변하지 않는 수지를 말한다.
- 내열성, 내용제성, 내약품성, 기계적 성질, 전기절연성이 좋다.
- 식기나 전화기 등의 재료로 쓰인다.
- 충전제를 넣어 강인한 성형물을 만들거나, 섬유 강화 플라스틱을 제조하는 데에도 사용된다.
- 종류에는 페놀수지, 요소수지, 멜라민수지, 폴리에스테르수지, 에폭시수지, 실리콘수지, 알키드수지, 프란수지 등이 있다.



89 ① 90 ④ 91 ② 92 ③ 정답

1502

## 93 Repetitive Learning 1회 2회 3회

프리플레이스트콘크리트에 사용되는 골재에 관한 설명으로 옳지 않은 것은?

① 굵은 골재의 최소 치수는 15mm 이상, 굵은 골재의 최대 치수는 부재단면 최소 치수의 1/4 이하, 철근콘크리트의 경우 철근 순간격의 2/3 이하로 하여야 한다.
② 굵은 골재의 최대 치수와 최소 치수와의 차이를 작게 하면 굵은 골재의 실적률이 커지고 주입모르타르의 소요량이 적어진다.
③ 대규모 프리플레이스트콘크리트를 대상으로 할 경우, 굵은 골재의 최소 치수를 크게 하는 것이 효과적이다.
④ 골재의 적절한 입도 분포를 위해 일반적으로 굵은 골재의 최대 치수는 치수의 2 ~ 4배 정도로 한다.

해설

- 프리플레이스트콘크리트에서 굵은 골재의 최대 치수와 최소 치수와의 차이를 적게 하면 굵은 골재의 실적률이 작아지고 주입모르타르의 소요량이 많아진다.

프리플레이스트콘크리트

㉠ 개요
- 특정한 입도를 가진 굵은 골재를 거푸집에 채워 넣고 그 굵은 골재 사이의 공극에 특수한 모르타르를 적당한 압력으로 주입하여 만드는 콘크리트이다.
- 주로 수중 콘크리트의 타설에 사용된다.

㉡ 골재
- 굵은 골재의 최소 치수는 15mm 이상, 굵은 골재의 최대 치수는 부재단면 최소 치수의 1/4 이하, 철근콘크리트의 경우 철근 순간격의 2/3 이하로 하여야 한다.
- 프리플레이스트콘크리트에서 굵은 골재의 최대 치수와 최소 치수와의 차이를 적게 하면 굵은 골재의 실적률이 작아지고 주입모르타르의 소요량이 많아지므로 굵은 골재의 최대 치수는 최소 치수의 2~4배 정도가 적당하다.
- 대규모 프리플레이스트콘크리트를 대상으로 할 경우, 굵은 골재의 최소 치수를 크게 하는 것이 효과적이다.
- 골재의 적절한 입도 분포를 위해 일반적으로 굵은 골재의 최대 치수는 최소 치수의 2~4배 정도로 한다.

0804 / 1204 / 1602

## 94 Repetitive Learning 1회 2회 3회

다음 중 강(鋼)의 열처리와 관계없는 용어는?

① 불림 ② 담금질
③ 단조 ④ 뜨임

해설

- 강재의 열처리 기술에는 담금질, 뜨임, 풀림, 불림 등이 있다.
- 단조는 금속을 두들기거나 눌러서 형체를 만드는 금속가공의 한 방법이다.

강재의 열처리
- 강재에 기계적, 물리적 성질을 부여하기 위해 가열과 냉각을 시행하는 열적 조작기술이다.
- 열처리 기술에는 담금질, 뜨임, 풀림, 불림 등이 있다.

| 구분 | 내용 |
|---|---|
| 담금질 (Quenching) | 강을 적당한 온도로 가열하여 오스테나이트 조직에 이르게 한 후 마텐자이트 조직으로 변화시키기 위해 급랭시키는 처리 |
| 뜨임 (Tempering) | 담금질 한 강에 적당한 인성을 부여하기 위해 적당한 온도까지 가열한 후 다시 냉각시키는 처리 |
| 풀림 (Annealing) | 강을 연화하거나 내부응력을 제거할 목적으로 강을 800 ~ 1,000℃로 일정한 시간 가열한 후에 로(爐) 안에서 천천히 냉각시키는 처리 |
| 불림 (Normalizing) | 강의 열처리 중에서 조직을 개선하고 결정을 미세화하기 위해 800 ~ 1,000℃로 가열하여 소정의 시간까지 유지한 후에 대기 중에서 냉각시키는 처리 |

0504 / 1002

## 95 Repetitive Learning 1회 2회 3회

보통포틀랜드시멘트에 대한 설명으로 옳지 않은 것은?

① 시멘트의 응결시간은 분말도가 작을수록, 또 수량이 많고 온도가 낮을수록 짧아진다.
② 시멘트의 안정성 측정법으로 오토클레이브 팽창도 시험 방법이 있다.
③ 시멘트의 비중은 소성온도나 성분에 따라 다르며, 동일 시멘트인 경우에 풍화한 것일수록 작아진다.
④ 시멘트의 비표면적이 너무 크면 풍화하기 쉽고 수화열에 의한 축열량이 커진다.

정답 | 93 ② 94 ③ 95 ①

해설

• 시멘트의 응결시간은 분말도가 미세한 것일수록, 또 수량이 적고 온도가 높을수록 짧아진다.

⁘ 일반적인 시멘트의 성질

• 분말도는 시멘트의 성능 중 수화반응, 블리딩, 초기강도 등에 크게 영향을 준다.
• 시멘트의 수화반응속도에 영향을 주는 요인은 재령, 온도, 혼화제 등의 요인에 의해 좌우된다.
• 시멘트의 안정성 측정법으로 오토클레이브 팽창도 시험 방법이 있다.
• 시멘트의 비중은 소성온도나 성분에 의하여 다르며, 동일 시멘트인 경우에 풍화한 것일수록 작아진다.
• 시멘트의 응결시간은 분말도가 미세한 것일수록, 또 수량이 적고 온도가 높을수록 짧아진다.

0404 / 1201 / 1502

## 96 Repetitive Learning (1회 2회 3회)

다음 중 도막방수에 사용되지 않는 재료는?

① 염화비닐 도막재 ② 아크릴고무 도막재
③ 고무아스팔트 도막재 ④ 우레탄고무 도막재

해설

• 도막방수에는 우레탄, 아크릴, 고무 아스팔트계 등의 방수재료를 이용한다.

⁘ 도막방수

• 도료상태의 방수재를 바탕 면에 여러 번 칠하여 얇은 수지피막을 만들어 방수효과를 얻는 것이다.
• 우레탄, 아크릴, 고무 아스팔트계 등의 방수재료를 이용한다.
• 에멀션형, 용제형, 에폭시계 형태의 방수공법이 있다.

## 97 Repetitive Learning (1회 2회 3회)

안료를 적은 양의 물로 용해하여 수용성 교착제와 혼합한 분말상태의 도료는?

① 수성페인트 ② 바니시
③ 래커 ④ 에나멜페인트

해설

• 바니시는 합성수지, 아스팔트, 안료 등에 건성유나 용제를 첨가한 것이다.
• 래커는 셀룰로스 유도체에 수지·가소제·안료·용제 등을 첨가한 도료로 건조속도가 빠르다.
• 에나멜페인트는 유성바니시를 전색제로 하여 안료를 첨가한 것으로 도막이 견고할 뿐만 아니라 광택도 좋으나 바탕의 재질을 살릴 수 없다.

⁘ 수성페인트

㉠ 개요

• 안료를 물에 용해하여 수용성 교착제와 혼합한 분말 상태의 도료를 말한다.
• 바르고 나면 물이 증발하고, 표면에 남은 합성수지가 도막을 형성한다.
• 모르타르, 콘크리트 바탕, 목재, 벽지 등에 주로 사용한다.

㉡ 특징

• 굳은 뒤에는 물에 용해되지 않는다.
• 독성이 없으며, 바르기 쉬우며 빨리 건조된다.
• 내구성이나 내수성이 약하며, 광택이 없다.

0904 / 1402 / 2201

## 98 Repetitive Learning (1회 2회 3회)

골재의 실적률에 관한 설명으로 옳지 않은 것은?

① 실적률은 골재입형(粒形)의 양부(良否)를 평가하는 지표이다.
② 부순 자갈의 실적률은 그 입형 때문에 강자갈의 실적률보다 작다.
③ 실적률 산정 시 골재의 밀도는 절대건조상태의 밀도를 말한다.
④ 골재의 단위용적질량이 동일하면 골재의 밀도가 클수록 실적률도 크다.

해설

• 골재의 단위용적질량(분자)이 동일하면 골재의 밀도(분모)가 클수록 실적률은 작아진다.

⁘ 골재의 실적률

㉠ 개요

• 용기에 채운 절대건조상태의 골재의 비중 대비 단위용적중량의 백분율을 말한다.
• 실적률은 $\frac{\text{단위용적중량}}{\text{절대건조상태의 골재의 비중}} \times 100[\%]$로 구한다.
• 골재입형의 양부를 평가하는 지표이다.
• 부순 자갈의 실적률은 그 입형 때문에 강자갈의 실적률보다 작다.

㉡ 특징

• 실적률이 큰 골재를 사용하면 시멘트페이스트 양이 적게 든다.
• 콘크리트의 내구성과 강도가 증가한다.
• 콘크리트의 밀도가 커지면 투수성, 흡습성의 감소를 기대할 수 있다.
• 건조수축 및 수화열이 감소된다.



96 ① 97 ① 98 ④ 정답

## 99
Repetitive Learning 1회 2회 3회

다음 도료 중 방청도료에 해당하지 않는 것은?

① 광명단 도료 ② 다채무늬 도료
③ 알루미늄 도료 ④ 징크로메이트 도료

해설

• 다채무늬 도료는 2개 이상의 분리된 색상이 어우러진 자연스러운 무늬 표현이 가능한 복합색상 도료로 방청도료와는 거리가 멀다.

**방청도료**

• 금속 표면을 물리적·화학적으로 녹슬지 않도록 방청성을 개선해주는 도료를 말한다.
• 방청도료의 종류에는 광명단(연단), 방청산화철, 알루미늄, 역청질, 워시프라이머, 징크로메이트, 크롬산아연, 규산염 도료, 에칭프라이머 등이 있다.

## 100
Repetitive Learning 1회 2회 3회

콘크리트의 탄산화에 관한 설명으로 옳지 않은 것은?

① 탄산가스의 농도, 온도, 습도 등 외부 환경조건도 탄산화 속도에 영향을 준다.
② 물-시멘트비가 클수록 탄산화의 진행속도가 빠르다.
③ 탄산화된 부분은 페놀프탈레인액을 분무해도 착색되지 않는다.
④ 일반적으로 보통콘크리트가 경량골재 콘크리트보다 탄산화 속도가 빠르다.

해설

• 경량골재일수록 골재 자체의 간극이 크고, 불순물이 많이 함유될수록 중성화(탄산화)가 빨라진다.

**콘크리트의 중성화(탄산화) 이론**

㉠ 개요

• 경화한 콘크리트는 강알칼리성(pH 12 이상)을 나타내지만 시간의 경과와 함께 공기 중의 이산화탄소(탄산가스, $CO_2$)의 영향을 받아 알칼리성을 상실(pH 11 미만)하게 되는 현상을 말한다.($Ca(OH)_2 + CO_2 \rightarrow CaCO_3 + H_2O \uparrow$ )
• 중성화로 인해서 균열부분에 철근부식이 빨라지며, 철근의 인장강도가 약화되어 내구성이 떨어지고, 균열발생으로 수밀성이 저하된다.
• 중성화 판별은 페놀프탈레인 1%의 에탄올용액을 분사시켜 적색으로 변색되지 않는 것으로 확인할 수 있다.
• 중성화의 깊이는 시멘트 품질, 골재의 품질 등에 의해 영향을 받는다.

㉡ 중성화에 영향을 미치는 요인

|  |  |
|---|---|
| 시멘트의 종류 | • 조강포틀랜드시멘트를 사용하면 중성화가 지연된다.<br>• 산화칼슘(CaO)을 많이 함유한 시멘트일수록 중성화가 지연된다.<br>• 고로, Fly-ash 등 혼합시멘트는 중성화가 빠르다. |
| 골재 | 경량골재일수록 골재 자체의 간극이 크고, 불순물이 많이 함유될수록 중성화가 빨라진다. |
| 탄산가스농도<br>산성비 온도<br>물·시멘트비 | 높을수록 중성화가 빨라진다. |
| 습도 | 낮을수록 중성화가 빨라진다. |
| AE제, 감수제 등 | 사용할 경우 단위수량을 감소시켜 중성화가 지연된다. |

# 6과목 건설안전기술

## 101
Repetitive Learning 1회 2회 3회

보호구 자율안전확인 고시에 따른 안전모의 시험항목에 해당되지 않는 것은?

① 전처리 ② 착용높이측정
③ 충격흡수성시험 ④ 절연시험

해설

• 보호구 자율안전확인 고시에 따른 안전모의 시험항목에는 안전모의 일반구조와 재료, 시험성능기준(내관통성, 충격흡수성, 난연성, 턱끈풀림) 및 부가성능기준과 그 표시 등이 있다.
• 절연시험은 안전모의 시험항목에 포함되지 않는다.

**안전모의 일반구조**

• 안전모는 모체, 착장체 및 턱끈을 가질 것
• 착장체의 머리고정대는 착용자의 머리 부위에 적합하도록 조절할 수 있을 것
• 착장체의 구조는 착용자의 머리에 균등한 힘이 분배되도록 할 것
• 모체, 착장체 등 안전모의 부품은 착용자에게 상해를 줄 수 있는 날카로운 모서리 등이 없을 것
• 턱끈은 사용 중 탈락되지 않도록 확실히 고정되는 구조일 것
• 안전모의 착용높이는 85mm 이상이고 외부수직거리는 80mm 미만일 것

정답 | 99 ② 100 ④ 101 ④

- 안전모의 내부수직거리는 25mm 이상 50mm 미만일 것
- 안전모의 수평간격은 5mm 이상일 것
- 머리받침끈이 섬유인 경우에는 각각의 폭이 15mm 이상이어야 하며, 교차지점 중심으로부터 방사되는 끈폭의 총합은 72mm 이상일 것
- 턱끈의 폭은 10mm 이상일 것

## 102 Repetitive Learning (1회 2회 3회)

유해·위험방지계획서를 제출해야 될 대상 공사의 기준으로 옳은 것은?

① 최대지간길이가 50m 이상인 교량 건설 등 공사
② 다목적 댐, 발전용 댐 및 저수용량 1천만톤 이상의 용수 전용 댐, 지방상수도 전용 댐 건설 등의 공사
③ 깊이가 8m 이상인 굴착공사
④ 연면적 3,000$m^2$ 이상인 냉동·냉장창고시설의 설비공사 및 단열공사

해설

- 다목적 댐, 발전용 댐 및 저수용량 2천만톤 이상의 용수 전용 댐을 대상으로 한다.
- 깊이 10m 이상인 굴착공사를 대상으로 한다.
- 연면적 5천$m^2$ 이상인 냉동·냉장창고시설의 설비공사 및 단열공사를 대상으로 한다.

∷ 유해·위험방지계획서 제출대상 공사 실필 1901/1802/1102

- 지상높이가 31m 이상인 건축물 또는 인공구조물, 연면적 3만$m^2$ 이상인 건축물 또는 연면적 5천$m^2$ 이상의 문화 및 집회시설(전시장 및 동물원·식물원은 제외), 판매시설, 운수시설(고속철도의 역사 및 집배송시설은 제외), 종교시설, 의료시설 중 종합병원, 숙박시설 중 관광숙박시설, 지하도상가 또는 냉동·냉장창고시설의 건설·개조 또는 해체 공사
- 연면적 5천$m^2$ 이상인 냉동·냉장창고시설의 설비공사 및 단열공사
- 최대지간길이가 50m 이상인 교량 건설 등의 공사
- 터널 건설 등의 공사
- 다목적 댐, 발전용 댐 및 저수용량 2천만톤 이상의 용수 전용 댐, 지방상수도 전용 댐 건설 등의 공사
- 깊이 10m 이상인 굴착공사

## 103 Repetitive Learning (1회 2회 3회)

건설작업장에서 재해예방을 위해 작업조건에 따라 근로자에게 지급하고 착용하도록 하여야 할 보호구로 옳지 않은 것은?

① 물체가 떨어지거나 날아올 위험 또는 근로자가 추락할 위험이 있는 작업 : 안전모
② 높이 또는 깊이 2m 이상의 추락할 위험이 있는 장소에서 하는 작업 : 안전대
③ 용접 시 불꽃이나 물체가 흩날릴 위험이 있는 작업 : 보안경
④ 물체의 낙하·충격, 물체에의 끼임, 감전 또는 정전기의 대전에 의한 위험이 있는 작업 : 안전화

해설

- 용접 시 불꽃이나 물체가 흩날릴 위험이 있는 작업은 보안면을 착용해야 한다.
- 보안경은 물체가 흩날릴 위험이 있는 작업에서 착용한다.

∷ 보호구의 종류와 용도

| 보호구 | 용도 |
|---|---|
| 안전모 | 물체가 떨어지거나 날아올 위험 또는 근로자가 추락할 위험이 있는 작업 |
| 안전대(安全帶) | 높이 또는 깊이 2m 이상의 추락할 위험이 있는 장소에서 하는 작업 |
| 안전화 | 물체의 낙하·충격, 물체에의 끼임, 감전 또는 정전기의 대전(帶電)에 의한 위험이 있는 작업 |
| 보안경 | 물체가 흩날릴 위험이 있는 작업 |
| 보안면 | 용접 시 불꽃이나 물체가 흩날릴 위험이 있는 작업 |
| 절연용 보호구 | 감전의 위험이 있는 작업 |
| 방열복 | 고열에 의한 화상 등의 위험이 있는 작업 |
| 방진마스크 | 선창 등에서 분진(粉塵)이 심하게 발생하는 하역작업 |
| 방한모·방한복·방한화·방한장갑 | 섭씨 영하 18도 이하인 급랭동어창에서 하는 하역작업 |
| 승차용 안전모 | 물건을 운반하거나 수거·배달하기 위하여 이륜자동차를 운행하는 작업 |



102 ① 103 ③ 정답

## 104 Repetitive Learning (1회 2회 3회)

철골작업을 할 때 악천후에는 작업을 중지토록 하여야 하는데 그 기준으로 옳은 것은?

① 강설량이 분당 1cm 이상인 경우
② 강우량이 시간당 1cm 이상인 경우
③ 풍속이 초당 10m 이상인 경우
④ 기온이 35℃ 이상인 경우

해설

- 풍속이 초당 10m 이상, 강우량이 시간당 1mm 이상, 강설량이 시간당 1cm 이상인 경우 철골공사 작업을 중지한다.

철골작업 중지 악천후 기준 실필 1504/1502/1302/0901 실작 1901/1802/1704

- 풍속이 초당 10m 이상인 경우
- 강우량이 시간당 1mm 이상인 경우
- 강설량이 시간당 1cm 이상인 경우

0602 / 1502

## 105 Repetitive Learning (1회 2회 3회)

인력운반 작업에 대한 안전 준수사항으로 가장 거리가 먼 것은?

① 보조기구를 효과적으로 사용한다.
② 긴 물건은 뒤쪽으로 높이고 원통인 물건은 굴려서 운반한다.
③ 물건을 들어올릴 때는 팔과 무릎을 이용하며 척추는 곧게 한다.
④ 무거운 물건은 공동작업으로 실시한다.

해설

- 단독으로 긴 물건을 어깨에 메고 운반할 때에는 화물 앞부분 끝을 어깨에 메고 뒤쪽 끝을 끌면서 운반한다.

운반작업 시 주의사항 실작 1702/1504

- 운반 시의 시선은 진행방향을 향하고 뒷걸음 운반을 하여서는 안 된다.
- 무거운 물건을 운반할 때 무게 중심이 높은 화물은 인력으로 운반하지 않는다.
- 어깨높이보다 높은 위치에서 화물을 들고 운반하여서는 안 된다.
- 1인당 무게는 25kg 정도가 적당하며, 무리한 운반을 피한다.
- 단독으로 긴 물건을 어깨에 메고 운반할 때에는 화물 앞부분 끝을 어깨에 메고 뒤쪽 끝을 끌면서 운반한다.
- 내려놓을 때는 천천히 내려놓도록 한다.
- 물건을 들어 올릴 때는 팔과 무릎을 이용하며 척추는 곧게 한다.
- 무거운 물건은 공동 작업으로 실시하고, 공동 작업을 할 때는 신호에 따라 작업한다.

1202

## 106 Repetitive Learning (1회 2회 3회)

물체가 떨어지거나 날아올 위험을 방지하기 위한 낙하물방지망 또는 방호선반을 설치할 때 수평면과의 적정한 각도는?

① 10° ~ 20°
② 20° ~ 30°
③ 30° ~ 40°
④ 40° ~ 45°

해설

- 낙하물방지망과 수평면의 각도는 20° 이상, 30° 이하를 유지한다.

낙하물방지망과 방호선반의 설치기준 실필 1602/1601 실작 1902/1804/1802/1801/1602/1601/1404/1401

- 높이 10m 이내마다 설치한다.
- 내민 길이는 벽면으로부터 2m 이상으로 한다.
- 수평면과의 각도는 20° 이상, 30° 이하를 유지한다.

0404 / 0904

## 107 Repetitive Learning (1회 2회 3회)

작업으로 인하여 물체가 떨어지거나 날아올 위험이 있는 경우 그 위험을 방지하기 위하여 필요한 조치사항으로 거리가 먼 것은?

① 낙하물방지망의 설치
② 출입금지구역의 설정
③ 보호구의 착용
④ 작업지휘자 선정

해설

- 작업으로 인하여 물체가 떨어지거나 날아올 위험이 있는 경우 낙하물방지망, 수직보호망 또는 방호선반의 설치, 출입금지구역의 설정, 보호구의 착용 등 위험을 방지하기 위하여 필요한 조치를 하여야 한다.

낙하물에 의한 위험 방지대책 실필 1901/1602/1601 실작 1902/1804/1802/1801/1602/1601/1404

- 작업으로 인하여 물체가 떨어지거나 날아올 위험이 있는 경우 낙하물방지망, 수직보호망 또는 방호선반의 설치, 출입금지구역의 설정, 보호구의 착용 등 위험을 방지하기 위하여 필요한 조치를 하여야 한다.
- 낙하물방지망 또는 방호선반을 설치하는 경우 높이 10m 이내마다 설치하고, 내민 길이는 벽면으로부터 2m 이상으로 해야 하며, 수평면과의 각도는 20도 이상 30도 이하를 유지한다.

정답 | 104 ③ 105 ② 106 ② 107 ④

## 108 Repetitive Learning 1회 2회 3회

구축물 또는 이와 유사한 시설물에 대하여 자중(自重), 적재하중, 적설, 풍압(風壓), 지진이나 진동 및 충격 등에 의하여 풍괴·전도·무너짐·폭발하는 등의 위험을 예방하기 위하여 필요한 조치로 거리가 먼 것은?

① 설계도서에 따라 시공했는지 확인
② 건설공사 시방서(示方書)에 따라 시공했는지 확인
③ 소방시설법령에 의해 소방시설을 설치했는지 확인
④ 「건축물의 구조기준 등에 관한 규칙」에 따른 구조기준을 준수했는지 확인

해설

- 구축물 또는 이와 유사한 시설물 등의 안전유지 조치에는 설계도서, 시방서, 법규에 따른 구조기준을 준수했는지의 여부를 확인한다.

구축물 또는 이와 유사한 시설물 등의 안전유지 조치

- 설계도서에 따라 시공했는지 확인
- 건설공사 시방서(示方書)에 따라 시공했는지 확인
- 「건축물의 구조기준 등에 관한 규칙」에 따른 구조기준을 준수했는지 확인

1302 / 1602

## 109 Repetitive Learning 1회 2회 3회

단관비계를 조립하는 경우 벽이음 및 버팀을 설치할 때의 수평방향 조립간격 기준으로 옳은 것은?

① 3m ② 5m
③ 6m ④ 8m

해설

- 단관비계의 조립 시 벽이음 간격은 수직방향으로 5m, 수평방향으로 5m 이내로 한다.

강관비계 조립 시의 준수사항

- 강관비계의 조립(벽이음)간격

| 강관비계의 종류 | 조립간격(단위 : m) | |
|---|---|---|
| | 수직방향 | 수평방향 |
| 단관비계 | 5 | 5 |
| 틀비계(높이 5m 미만 제외) | 6 | 8 |

- 강관·통나무 등의 재료를 사용하여 견고한 것으로 할 것
- 인장재(引張材)와 압축재로 구성된 경우에는 인장재와 압축재의 간격을 1미터 이내로 할 것

1501

## 110 Repetitive Learning 1회 2회 3회

차량계 건설기계 작업 시 기계가 넘어지거나 굴러떨어짐으로써 근로자가 위험해질 우려가 있는 경우에 필요한 조치사항으로 거리가 먼 것은?

① 변속기능의 유지
② 갓길의 붕괴 방지
③ 도로의 폭 유지
④ 지반의 부동침하 방지

해설

- 차량계 건설기계가 넘어지거나 굴러떨어져서 근로자가 위험해질 우려가 있는 경우 유도자를 배치하고, 지반의 부동침하 방지, 갓길의 붕괴 방지 및 도로 폭의 유지 등의 조치를 취한다.

차량계 건설기계의 전도방지 조치

실필 180/17024 실작 1902/1801/1701/1604/1601/1402/1401

- 사업주는 차량계 건설기계를 사용하여 작업할 때에 그 기계가 넘어지거나 굴러떨어짐으로써 근로자가 위험해질 우려가 있는 경우에는 유도하는 사람을 배치하고 지반의 부동침하 방지, 갓길의 붕괴 방지 및 도로 폭의 유지 등 필요한 조치를 하여야 한다.

## 111 Repetitive Learning 1회 2회 3회

강관틀비계를 조립하여 사용하는 경우 준수해야 할 기준으로 옳지 않은 것은?

① 비계기둥의 밑둥에는 밑받침 철물을 사용하여야 하며 밑받침에 고저차(高低差)가 있는 경우에는 조절형 밑받침 철물을 사용하여 각각의 강관틀비계가 항상 수평 및 수직을 유지하도록 할 것
② 높이가 20m를 초과하거나 중량물의 적재를 수반하는 작업을 할 경우에는 주틀 간의 간격을 1.8m 이하로 할 것
③ 주틀 간에 교차가새를 설치하고 최상층 및 5층 이내마다 수평재를 설치할 것
④ 수직방향으로 5m, 수평방향으로 5m 이내마다 벽이음을 할 것



108 ③ 109 ② 110 ① 111 ④ | 정답

해설

- 강관틀비계 조립 시 수직방향으로 6m, 수평방향으로 8m 이내마다 벽이음을 한다.

강관틀비계 조립 시 준수사항

- 비계기둥의 밑둥에는 밑받침 철물을 사용하여야 하며 밑받침에 고저차(高低差)가 있는 경우에는 조절형 밑받침 철물을 사용하여 각각의 강관틀비계가 항상 수평 및 수직을 유지하도록 할 것
- 높이가 20m를 초과하거나 중량물의 적재를 수반하는 작업을 할 경우에는 주틀 간의 간격을 1.8m 이하로 할 것
- 주틀 간에 교차가새를 설치하고 최상층 및 5층 이내마다 수평재를 설치할 것
- 수직방향으로 6m, 수평방향으로 8m 이내마다 벽이음을 할 것
- 길이가 띠장 방향으로 4m 이하이고 높이가 10m를 초과하는 경우에는 10m 이내마다 띠장 방향으로 버팀기둥을 설치할 것

## 112 Repetitive Learning (1회 2회 3회)

콘크리트 타설작업을 하는 경우 안전대책으로 옳지 않은 것은?

① 당일의 작업을 시작하기 전에 해당 작업에 관한 거푸집 동바리 등의 변형·변위 및 지반의 침하 유무 등을 점검하고 이상이 있으면 보수할 것
② 작업 중에는 거푸집 동바리 등의 변형·변위 및 침하 유무 등을 감시할 수 있는 감시자를 배치하여 이상이 있으면 작업을 중지하고 근로자를 대피시킬 것
③ 설계도서상의 콘크리트 양생기간을 준수하여 거푸집 동바리 등을 해체할 것
④ 슬래브의 경우 한쪽부터 순차적으로 콘크리트를 타설하는 등 편심을 유발하여 빠른 시간 내 타설이 완료되도록 할 것

해설

- 콘크리트를 타설하는 경우에는 편심이 발생하지 않도록 골고루 분산하여 타설해야 한다.

콘크리트 타설작업 시 주의사항 실작 1901/1804/1801

- 당일의 작업을 시작하기 전에 해당 작업에 관한 거푸집 동바리 등의 변형·변위 및 지반의 침하 유무 등을 점검하고 이상이 있으면 보수할 것
- 작업 중에는 거푸집 동바리 등의 변형·변위 및 침하 유무 등을 감시할 수 있는 감시자를 배치하여 이상이 있으면 작업을 중지하고 근로자를 대피시킬 것
- 콘크리트 타설작업 시 거푸집 붕괴의 위험이 발생할 우려가 있으면 충분한 보강조치를 할 것
- 설계도서상의 콘크리트 양생기간을 준수하여 거푸집 동바리 등을 해체할 것
- 콘크리트를 타설하는 경우에는 편심이 발생하지 않도록 골고루 분산하여 타설할 것

## 113 Repetitive Learning (1회 2회 3회)

굴착작업을 하는 경우 근로자의 위험을 방지하기 위하여 작업장의 지형·지반 등 각종 상태 등에 대하여 실시하여야 하는 사전조사의 내용으로 옳지 않은 것은?

① 형상·지질 및 지층의 상태
② 균열·함수(含水)·용수 및 동결의 유무 또는 상태
③ 지상의 배수 상태
④ 매설물 등의 유무 또는 상태

해설

- 굴착작업 시 굴착 전 사전조사 사항에는 ①, ②, ④ 외에 지반의 지하수위 상태가 있다.

굴착작업 시 굴착 전 사전조사 사항

실필 1802/1004/1001 실작 1901/1602

- 형상·지질 및 지층의 상태
- 균열·함수(含水)·용수 및 동결의 유무 또는 상태
- 매설물 등의 유무 또는 상태
- 지반의 지하수위 상태

1401

## 114 Repetitive Learning (1회 2회 3회)

52m 높이로 강관비계를 세우려면 지상에서 몇 m까지 2개의 강관으로 묶어 세워야 하는가?

① 11m ② 16m
③ 21m ④ 26m

해설

- 비계기둥의 제일 윗부분으로부터 31m 되는 지점 밑부분의 비계기둥은 2개의 강관으로 묶어세우므로 지상에서는 52-31=21m 지점까지 묶어 세워야 한다.

강관비계의 구조 실필 1302 실작 1902/1901/1802/1801/1701/1504/1401

- 비계기둥의 간격은 띠장 방향에서는 1.85m 이하, 장선(長線) 방향에서는 1.5m 이하로 할 것
- 띠장 간격은 2m 이하로 설치할 것
- 비계기둥의 제일 윗부분으로부터 31m 되는 지점 밑부분의 비계기둥은 2개의 강관으로 묶어세울 것
- 비계기둥 간의 적재하중은 400kg을 초과하지 않도록 할 것

정답 | 112 ④ 113 ③ 114 ③

## 115

Repetitive Learning (1회 2회 3회)

거푸집 동바리 등을 조립하는 경우에 준수하여야 할 사항으로 옳지 않은 것은?

① 깔판이나 받침목을 이어서 사용하는 경우에는 그 깔판·받침목을 단단히 연결할 것
② 상부·하부의 동바리가 동일 수직선상에 위치하도록 하여 깔판·받침목에 고정시킬 것
③ 동바리로 사용하는 파이프 서포트는 높이가 3.5m를 초과하는 경우 높이 2m 이내마다 수평연결재를 4개 방향으로 만들고 수평연결재의 변위를 방지할 것
④ 동바리로 사용하는 파이프 서포트는 3개 이상 이어서 사용하지 않도록 할 것

해설

- 동바리로 사용하는 강관(파이프 서포트는 제외)은 높이 2m 이내마다 수평연결재를 2개 방향으로 만들고 수평연결재의 변위를 방지해야 한다.

거푸집 동바리 등의 안전조치 실필 1304 실작 1804/1802/1801/1702/1701/1604/1602/1504/1502/1501/1402

㉠ 공통사항
- 받침목의 사용, 콘크리트 타설, 말뚝박기 등 동바리의 침하를 방지하기 위한 조치를 할 것
- 동바리의 상하 고정 및 미끄러짐 방지 조치를 할 것
- 상부·하부의 동바리가 동일 수직선상에 위치하도록 하여 깔판·받침목에 고정시킬 것
- 개구부 상부에 동바리를 설치하는 경우에는 상부하중을 견딜 수 있는 견고한 받침대를 설치할 것
- U헤드 등의 단판이 없는 동바리의 상단에 멍에 등을 올릴 경우에는 해당 상단에 U헤드 등의 단판을 설치하고, 멍에 등이 전도되거나 이탈되지 않도록 고정시킬 것
- 동바리의 이음은 같은 품질의 재료를 사용할 것
- 강재의 접속부 및 교차부는 볼트·클램프 등 전용철물을 사용하여 단단히 연결할 것
- 거푸집의 형상에 따른 부득이한 경우를 제외하고는 깔판이나 받침목은 2단 이상 끼우지 않도록 할 것
- 깔판이나 받침목을 이어서 사용하는 경우에는 그 깔판·받침목을 단단히 연결할 것

㉡ 동바리로 사용하는 파이프 서포트
- 파이프 서포트를 3개 이상 이어서 사용하지 않도록 할 것
- 파이프 서포트를 이어서 사용하는 경우에는 4개 이상의 볼트 또는 전용철물을 사용하여 이을 것
- 높이가 3.5m를 초과하는 경우 2m 이내마다 수평연결재를 2개 방향으로 설치할 것

## 116

Repetitive Learning (1회 2회 3회)

갱내에 설치한 사다리식 통로에 권상장치가 설치된 경우 권상장치와 근로자의 접촉에 의한 위험이 있는 장소에 설치해야 하는 것은?

① 판자벽 ② 울
③ 건널다리 ④ 덮개

해설

- 갱내에 설치한 통로 또는 사다리식 통로의 권상장치에는 판자벽이나 그 밖에 위험 방지를 위한 격벽(隔壁)을 설치하여야 한다.

갱내 통로의 위험방지

- 사업주는 갱내에 설치한 통로 또는 사다리식 통로에 권상장치(卷上裝置)가 설치된 경우 권상장치와 근로자의 접촉에 의한 위험이 있는 장소에 판자벽이나 그 밖에 위험 방지를 위한 격벽(隔壁)을 설치하여야 한다.

1602

## 117

Repetitive Learning (1회 2회 3회)

토질시험 중 액체 상태의 흙이 건조되어 가면서 액성, 소성, 반고체, 고체 상태의 경계선과 관련된 시험의 명칭은?

① 아터버그 한계시험 ② 압밀시험
③ 삼축압축시험 ④ 투수시험

해설

- 압밀이란 압축하중으로 간극수압이 높아져 물이 배출되면서 흙의 간극이 감소하는 현상을 말한다.
- 삼축압축시험이란 흙 시료를 원통 안에 넣고 측압을 가해 전단파괴가 일어날 때의 응력·변형도·공극수압·체적변화 등을 측정하여 흙의 내부마찰각과 점착력을 결정하는 시험으로 현장조건과 유사하게 하는 실내시험이다.
- 투수시험이란 투수성 지반의 설계와 지하수 문제를 확인하기 위해 실내에서 흙의 물리적 성질을 측정하는 시험이다.

아터버그 한계(Atterberg limits)

- 흙의 연경도 즉, 함수량에 따른 흙의 상태변화를 표현하는 흙의 성질의 변화한계를 아터버그 한계라 한다.
- 함수비에 따라 세립토의 존재형태는 다양하게(반고체, 소성, 액성) 변화하는데 각각의 형태가 변화하는 순간의 함수비를 수축한계(고체 → 반고체), 소성한계(반고체 → 소성), 액성한계(소성 → 액체)라 한다.
- 함수비에 따른 수축한계($w_s$), 소성한계($w_p$), 액성한계($w_L$)를 통칭해서 아터버그 한계라고 한다.
- 아터버그 한계는 흙의 거동을 판단하는 데 도움을 준다.
- 자연 함수비가 수축한계($w_s$)에 있을 때 점토지반은 가장 안정적이다.



115 ③ 116 ① 117 ① 정답

• 소성지수는 액성한계-소성한계로 소성상태로 유지할 수 있는 함수비의 범위를 말한다.

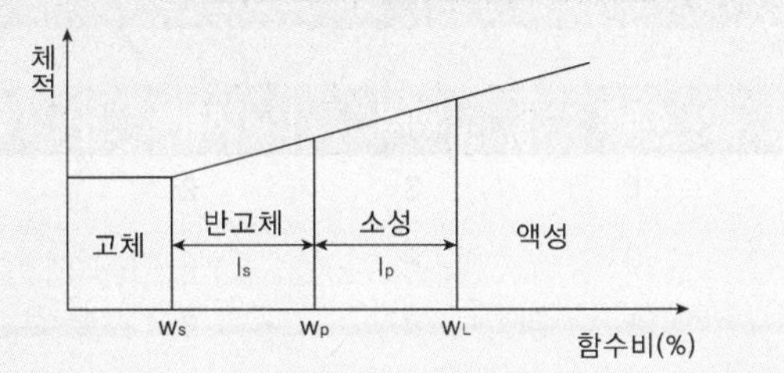


1001 / 1104

## 118 Repetitive Learning (1회 2회 3회)

공사용 가설도로에 대한 설명 중 옳지 않은 것은?

① 도로는 장비와 차량이 안전하게 운행할 수 있도록 견고하게 설치한다.
② 도로는 배수에 상관없이 평탄하게 설치한다.
③ 도로와 작업장이 접하여 있을 경우에는 방책 등을 설치한다.
④ 차량의 속도제한 표지를 부착한다.

해설

• 공사용 가설도로는 배수를 위하여 경사지게 설치하거나 배수시설을 설치해야 한다.

공사용 가설도로

• 도로는 장비와 차량이 안전하게 운행할 수 있도록 견고하게 설치할 것
• 도로와 작업장이 접하여 있을 경우에는 방책 등을 설치할 것
• 도로는 배수를 위하여 경사지게 설치하거나 배수시설을 설치할 것
• 차량의 속도제한 표지를 부착할 것

## 119 Repetitive Learning (1회 2회 3회)

건설업 산업안전보건관리비 중 안전시설비로 사용할 수 있는 항목에 해당되는 것은?

① 각종 비계, 작업발판, 가설계단・통로, 사다리 등
② 비계・통로・계단에 추가 설치하는 추락방지용 안전난간
③ 절토부 및 성토부 등의 토사유실 방지를 위한 설비
④ 작업장 간 상호 연락, 작업 상황 파악 등 통신수단으로 활용되는 통신시설・설비

해설

• 비계・통로・계단에 추가 설치하는 추락방지용 안전난간은 안전시설비를 사용할 수 있다.

원활한 공사수행을 위해 공사현장에 설치하는 시설물, 장치, 자재 중 안전시설비 사용이 불가능한 항목 실필 1902/1401/1004

• 외부인 출입금지, 공사장 경계표시를 위한 가설울타리
• 각종 비계, 작업발판, 가설계단・통로, 사다리 등
• 절토부 및 성토부 등의 토사유실 방지를 위한 설비
• 작업장 간 상호 연락, 작업 상황 파악 등 통신수단으로 활용되는 통신시설・설비
• 공사 목적물의 품질 확보 또는 건설장비 자체의 운행 감시, 공사 진척상황 확인, 방법 등의 목적을 가진 CCTV 등 감시용 장비
• 단, 비계・통로・계단에 추가 설치하는 추락방지용 안전난간, 사다리 전도방지장치, 틀비계에 별도로 설치하는 안전난간・사다리, 통로의 낙하물방호선반 등은 사용 가능함

1002

## 120 Repetitive Learning (1회 2회 3회)

체인(Chain)의 폐기 대상이 아닌 것은?

① 균열, 흠이 있는 것
② 뒤틀림 등 변형이 현저한 것
③ 전장이 원래 길이의 5%를 초과하여 늘어난 것
④ 링(Ring)의 단면지름의 감소가 원래 지름의 5% 정도 마모된 것

해설

• 링의 단면지름이 달기 체인이 제조된 때의 해당 링의 지름의 10%를 초과하여 감소한 것은 폐기해야 하지만 지름의 감소량이 5%인 것은 폐기대상이 아니다.

늘어난 달기 체인의 사용 금지 실필 1104

• 달기 체인의 길이가 달기 체인이 제조된 때의 길이의 5%를 초과한 것
• 링의 단면지름이 달기 체인이 제조된 때의 해당 링의 지름의 10%를 초과하여 감소한 것
• 균열이 있거나 심하게 변형된 것

정답 | 118 ② 119 ② 120 ④

# 출제문제 분석 2020년 1·2회

| 구분 | 1과목 | 2과목 | 3과목 | 4과목 | 5과목 | 6과목 | 합계 |
|---|---|---|---|---|---|---|---|
| New유형 | 0 | 1 | 0 | 5 | 3 | 2 | 11 |
| New문제 | 5 | 4 | 5 | 9 | 8 | 4 | 35 |
| 또나온문제 | 7 | 8 | 6 | 8 | 8 | 8 | 45 |
| 자꾸나온문제 | 8 | 8 | 9 | 3 | 4 | 8 | 40 |
| 합계 | 20 | 20 | 20 | 20 | 20 | 20 | 120 |

- New유형은 New문제 중 기존 기출문제와 완전히 다른 유형의 문제를 말합니다.
- New문제는 기존에 출제되지 않은 문제로 이번에 처음 출제되는 문제입니다.
- 또나온문제는 기존에 출제된 적이 1번 있는 문제를 말합니다.
- 자꾸나온문제는 기존에 출제된 적이 2번 이상 있는 문제를 말합니다. 그만큼 중요한 문제입니다.

## 몇 년분의 기출문제를 공부해야 합격할 수 있을까요?

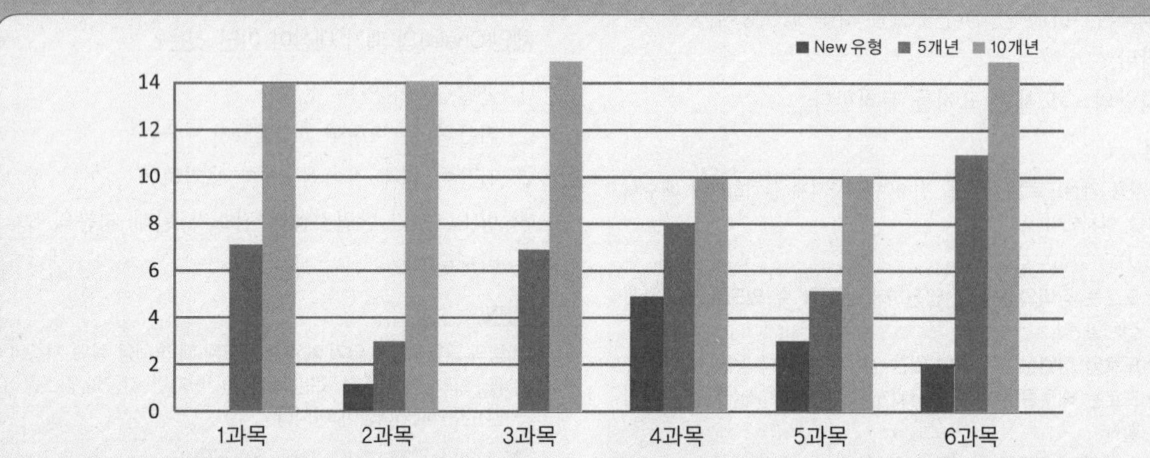


- 완전 새로운 유형의 문제는 11문제이고 109문제가 이미 출제된 문제 혹은 변형문제입니다.
- 5년분(2016~2020) 기출에서 동일문제가 41문항이 출제되었고, 10년분(2011~2020) 기출에서 동일문제가 79문항이 출제되었습니다.

## 실기에 나왔어요!! 외우세요!!!

실기시험은 필답형과 작업형으로 구분되어 있으며 모두 주관식으로 직접 내용을 적어야 합니다. 필기 공부하면서 실기 출제된 내역들은 좀 더 신경써서 암기하실 필요가 있어요. 필기 합격자 발표 난 후 실기시험까지는 5주밖에 여유가 없답니다. 어차피 공부할 것 필기 때 확실하게 해준다면 실기도 단방에 합격할 수 있습니다.

- 총 27개의 해설이 실기 필답형 시험과 연동되어 있습니다.
- 총 11개의 해설이 실기 작업형 시험과 연동되어 있습니다.

## 분석의견

코로나로 인해 늦춰진 시험이었던 만큼 수험생도 그만큼 오랫동안 대비를 하였던 시험입니다. 거기다가 기출의 비중이 대단히 높습니다. 10년분 기출에서 합격점수인 72점보다 7개가 많은 79개의 동일문제가 출제되었습니다. 모든 과목이 전체적으로 난이도가 쉬웠으나 합격에 필요한 점수를 획득하기 위해서는 최근 5년분 문제와 핵심이론의 3회독 혹은 최근 10년분 문제와 핵심이론의 2회독 이상의 학습이 필요합니다.

건 / 설 / 안 / 전 / 기 / 사 / 필 / 기

# 2020년 제1/2회

2020년 6월 7일 필기

20년 1·2회 통합 필기
합격률 53.2%

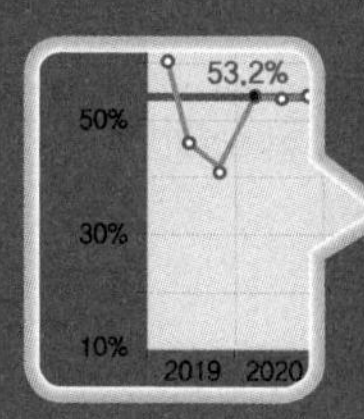


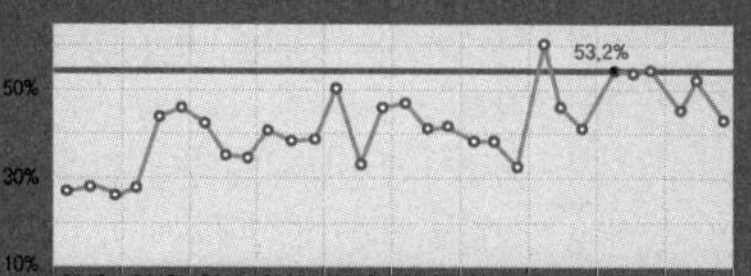


## 1과목 산업안전관리론

1001

**01** Repetitive Learning (1회 2회 3회)

하인리히의 사고예방대책 5단계 중 각 단계와 기본원리가 잘못 연결된 것은?

① 제1단계 – 안전조직
② 제2단계 – 사실의 발견
③ 제3단계 – 점검 및 검사
④ 제4단계 – 시정방법의 선정

**해설**

• 3단계는 분석 및 평가단계이다.

:: 하인리히의 사고예방의 기본원리 5단계 실필 0804/1802

| 단계 | 단계별 과정 | 필요 조치 |
|---|---|---|
| 1단계 | 안전관리조직과 규정 | • 책임과 권한의 부여<br>• 안전활동 방침 및 계획수립 |
| 2단계 | 사실의 발견으로 현상파악 | • 자료수집<br>• 작업분석과 위험확인<br>• 안전점검·검사 및 조사 실시 |
| 3단계 | 분석을 통한 원인규명 | • 사고보고서 및 현장조사<br>• 인적·물적·환경조건의 분석<br>• 교육 훈련 및 배치 사항 파악<br>• 사고기록 및 관계자료 대조확인 |
| 4단계 | 시정방법의 선정 | • 기술적인 개선<br>• 작업배치의 조정<br>• 교육훈련의 개선 |
| 5단계 | 시정책의 적용 | • 기술(Engineering)적 대책<br>• 교육(Education)적 대책<br>• 관리(Enforcement)적 대책 |

0301 / 1302

**02** Repetitive Learning (1회 2회 3회)

다음 중 재해조사의 주된 목적을 가장 올바르게 설명한 것은?

① 재해의 책임소재를 명확히 하기 위함이다.
② 동일 업종의 산업재해 통계를 조사하기 위함이다.
③ 동종 또는 유사재해의 재발을 방지하기 위함이다.
④ 해당 사업장의 안전관리 계획을 수립하기 위함이다.

**해설**

• 재해조사의 가장 큰 목적은 동종 및 유사재해의 재발방지에 있다.

:: 재해조사의 목적

• 동종 및 유사재해 재발방지
• 재해발생 원인 및 결함 규명
• 재해예방 자료수집

1501

**03** Repetitive Learning (1회 2회 3회)

다음 중 산업안전보건법령상 자율안전확인대상 기계·기구에 해당하지 않는 것은?

① 연삭기　　② 곤돌라
③ 컨베이어　　④ 산업용 로봇

**해설**

• 곤돌라는 의무안전인증대상 기계·기구에 해당한다.

:: 자율안전확인대상 기계·기구 실필 1002/0902
실작 1902/1901/1802/1801/1704

| 구분 | 내용 |
|---|---|
| 자율안전확인대상 기계·기구 | • 연삭기 또는 연마기(휴대용은 제외)<br>• 산업용 로봇<br>• 혼합기<br>• 파쇄기 또는 분쇄기<br>• 식품가공용기계(파쇄·절단·혼합·제면기만 해당)<br>• 컨베이어<br>• 자동차정비용 리프트<br>• 공작기계(선반, 드릴기, 평삭·형삭기, 밀링만 해당)<br>• 고정형 목재가공용 기계<br>(둥근톱, 대패, 루타기, 띠톱, 모떼기 기계만 해당)<br>• 인쇄기<br>• 기압조절실 |

정답 | 01 ③ 02 ③ 03 ②

| | |
|---|---|
| 자율안전 확인대상 방호장치 | • 아세틸렌 또는 가스집합 용접장치용 안전기<br>• 교류 아크용접기용 자동전격방지기<br>• 롤러기 급정지장치<br>• 연삭기 덮개<br>• 목재가공용 둥근톱 반발예방장치와 날 접촉예방장치<br>• 동력식 수동대패용 칼날 접촉방지장치<br>• 산업용 로봇 안전매트 |
| 자율안전 확인대상 보호구 | • 안전모<br>• 보안경<br>• 보안면<br>• 잠수기(잠수헬멧 및 잠수마스크 포함) |

1304

**04** Repetitive Learning 1회 2회 3회

다음은 산업안전보건법령상 공정안전보고서의 제출시기에 관한 기준 내용이다. ( ) 안에 들어갈 내용을 올바르게 나열한 것은?

> 사업주는 산업안전보건법 시행령에 따라 유해하거나 위험한 설비의 설치·이전 또는 주요 구조부분의 변경공사의 착공일 ( ㉮ )일 전까지 공정안전보고서를 ( ㉯ ) 작성하여 공단에 제출하여야 한다.

① ㉮ : 1일, ㉯ : 2부
② ㉮ : 15일, ㉯ : 1부
③ ㉮ : 15일, ㉯ : 2부
④ ㉮ : 30일, ㉯ : 2부

해설

• 사업주는 변경공사의 착공일 30일 전까지 공정안전보고서를 2부 작성하여 공단에 제출하여야 한다.

:: 공정안전보고서의 작성 및 제출

• 사업주는 유해·위험설비의 설치·이전 또는 주요 구조부분의 변경공사의 착공일 30일 전까지 공정안전보고서를 2부 작성하여 공단에 제출하여야 한다.

**05** Repetitive Learning 1회 2회 3회

기계설비의 안전에 있어서 중요 부분의 피로, 마모, 손상, 부식 등에 대한 장치의 변화 유무 등을 일정한 기간마다 점검하는 안전점검의 종류는?

① 수시점검 ② 임시점검
③ 정기점검 ④ 특별점검

해설

• 점검시기에 따른 안전점검의 종류에는 정기점검, 수시(일상)점검, 특별점검, 임시점검이 있다.
• 수시(일상)점검은 작업장에서 매일 작업자가 작업 전, 중, 후에 시설과 작업동작 등에 대하여 실시하는 안전점검이다.
• 특별점검은 기계·기구 또는 설비의 신설, 변경 또는 고장 수리 등 부정기적인 점검을 말하며, 기술적 책임자가 시행하는 안전점검이다.

:: 점검시기에 따른 안전점검의 종류

| | |
|---|---|
| 정기점검 | 1개월 또는 1년 등의 일정한 기간을 정해서 실시하는 안전점검으로 계획점검이라고도 한다. |
| 수시(일상)점검 | 작업장에서 매일 작업자가 작업 전, 중, 후에 시설과 작업동작 등에 대하여 실시하는 안전점검이다. |
| 특별점검 | 기계·기구 또는 설비의 신설, 변경 또는 고장 수리 등 부정기적인 점검을 말하며, 기술적 책임자가 시행하는 안전점검이다. |
| 임시점검 | 정기점검 사이에 특별한 이상이나 징후가 있을 경우 임시로 실시하는 안전점검이다. |

**06** Repetitive Learning 1회 2회 3회

안전보건관리조직 중 스탭(Staff)형 조직에 관한 설명으로 옳지 않은 것은?

① 안전정보수집이 신속하다.
② 안전과 생산을 별개로 취급하기 쉽다.
③ 권한 다툼이나 조정이 용이하여 통제수속이 간단하다.
④ 스탭 스스로 생산라인의 안전업무를 행하는 것은 아니다.

해설

• 참모식 안전조직은 생산라인과의 견해 차이로 안전지시나 조정이 용이하지 않다.

:: 스탭(Staff)형 안전조직 실필 1704

㉠ 개요

• 참모식이라고도 한다.
• 안전을 전담하는 부서를 가지며, 생산 부분은 안전에 대한 책임과 권한이 없다.
• 중규모(100명 이상 1,000명 이하) 사업장에 적합하다.
• 안전보건에 관한 전문가를 두고 계획, 조사, 검토 등을 행하는 안전조직 형태이다.
• 테일러(F. W. Taylor)가 제창한 기능형 조직(Functional organization)에서 발전된 조직형태이다.



04 ④ 05 ③ 06 ③ 정답

ⓛ 특징

| 장점 | 단점 |
|---|---|
| • 계획입안이 전문화되어 있다.<br>• 안전정보수집이 신속하다.<br>• 경영자에 대한 조언과 자문 역할이 가능하다. | • 안전지시나 명령이 늦다.<br>• 생산라인과의 견해 차이로 안전지시가 용이하지 않으며, 안전과 생산을 별개로 취급하기 쉽다. |

1301 / 1604

## 07 Repetitive Learning (1회 2회 3회)

산업안전보건법상 사업주의 의무에 해당하지 않는 것은?

① 산업재해 예방을 위한 기준 준수
② 사업장의 안전 및 보건에 관한 정보를 근로자에게 제공
③ 산업안전 및 보건관련 단체 등에 대한 지원 및 지도·감독
④ 근로자의 신체적 피로와 정신적 스트레스 등을 줄일 수 있는 쾌적한 작업환경의 조성 및 근로조건 개선

해설

• ③은 정부의 책무이다.

사업주의 의무

• 산업재해 예방을 위한 기준을 지킬 것
• 근로자의 신체적 피로와 정신적 스트레스 등을 줄일 수 있는 쾌적한 작업환경을 조성하고 근로조건을 개선할 것
• 해당 사업장의 안전·보건에 관한 정보를 근로자에게 제공할 것

1404

## 08 Repetitive Learning (1회 2회 3회)

사고예방대책의 기본원리 5단계 시정책의 적용 중 3E에 해당하지 않는 것은?

① 교육(Education)
② 관리(Enforcement)
③ 기술(Engineering)
④ 환경(Environment)

해설

• 3E는 교육(Education), 기술(Engineering), 관리(Enforcement)로 구성된다.

하베이(Harvey)의 3E 실필 1804/0902

㉠ 개요

• 재해예방의 4원칙 중 대책선정의 원칙과 관련된다.
• 재해예방의 5단계 중 제5단계 시정책의 적용에 해당한다.

ⓛ 구성

| | |
|---|---|
| 교육(Education)적 대책 | 안전교육 및 훈련 대책 |
| 기술(Engineering)적 대책 | 시설 장비 및 기준의 개선 대책, 안전기준, 안전설계, 작업행정 및 환경설비의 개선 등 |
| 관리(Enforcement)적 대책 | 안전 감독의 철저, 적합한 기준 설정, 규정 및 수칙의 준수, 기준 이해, 경영자 및 관리자의 솔선수범, 동기부여와 사기향상 |

1501 / 1704

## 09 Repetitive Learning (1회 2회 3회)

위험예지훈련의 4라운드 기법에서 문제점을 발견하고 중요 문제를 결정하는 단계는?

① 현상파악 ② 본질추구
③ 목표설정 ④ 대책수립

해설

• 문제점을 발견하고 중요 문제를 결정하는 단계인 본질추구는 위험예지훈련 4Round 중 2Round에 해당한다.

위험예지훈련 기초 4Round 기법

| | | |
|---|---|---|
| 1Round | 현상파악<br>(사실의 파악단계) | 전원이 토의를 통하여 위험요인을 발견하는 단계 |
| 2Round | 본질추구<br>(원인탐색 단계) | 위험의 포인트를 결정하여 전원이 지적 확인을 하는 단계 |
| 3Round | 대책수립<br>(대책수립 단계) | 발견된 위험요인을 극복하기 위한 방법을 제시하는 단계 |
| 4Round | 목표설정<br>(행동계획 결정단계) | 나온 대책들을 공감하고 팀의 행동목표를 설정하고 지적 확인하는 단계 |

1001 / 1002 / 1004 / 1104 / 1304 / 1402 / 1501 / 1604 / 1704 / 1804 / 2201

## 10 Repetitive Learning (1회 2회 3회)

재해사례연구의 진행순서로 옳은 것은?

① 재해 상황의 파악 → 사실의 확인 → 문제점 발견 → 근본적 문제점 결정 → 대책 수립
② 사실의 확인 → 재해 상황의 파악 → 근본적 문제점 결정 → 문제점 발견 → 대책 수립
③ 문제점 발견 → 사실의 확인 → 재해 상황의 파악 → 근본적 문제점 결정 → 대책 수립
④ 재해 상황의 파악 → 문제점 발견 → 근본적 문제점 결정 → 대책 수립 → 사실의 확인

정답 | 07 ③ 08 ④ 09 ② 10 ①

해설

- 재해사례연구의 진행단계는 재해 상황의 파악 → 사실의 확인 → 문제점의 발견 → 근본적 문제점의 결정 → 대책수립 순이다.

재해사례연구의 진행단계

㉠ 진행순서

- 재해 상황의 파악 → 사실의 확인 → 문제점의 발견 → 근본적 문제점의 결정 → 대책수립 순이다.

㉡ 단계별 특징

| | |
|---|---|
| 재해 상황의 파악 | 사례연구의 전제조건으로서 발생일시 및 장소 등 재해 상황의 주된 항목에 관해서 파악한다. |
| 사실의 확인 | 재해가 발생할 때까지의 경과 중 재해와 관계가 있는 사실 및 재해요인을 객관적으로 확인한다. |
| 문제점의 발견 | 파악된 사실로부터 판단하여 관계법규, 사내규정 등을 적용하여 문제점을 발견한다. |
| 근본적 문제점의 결정 | 재해의 중심이 된 문제점에 관하여 어떤 관리적 책임의 결함이 있는지를 여러 가지 안전보건의 키(Key)에 대하여 분석한다. |
| 대책수립 | 동종 및 유사재해의 방지대책을 구체적, 실현가능하게 수립한다. |

0802 / 1104

## 11 Repetitive Learning (1회 2회 3회)

다음 중 산업재해발생의 기본원인인 4M에 해당하지 않은 것은?

① Media
② Material
③ Machine
④ Management

해설

- 안전점검 시스템에 있어서 4M이란 산업재해의 기본원인에 해당하는 Man, Management, Machine, Media를 말한다.

안전점검

- 시설, 기계, 기구 등의 구조 및 설치상태와 안전기준과의 적합성 여부를 확인하는 행위를 말한다.
- 각종 시설, 기계, 기구의 설치상태와 안전조직의 운영실태, 안전교육의 실시상태 등을 대상으로 한다.
- 안전점검 시스템에 있어서 4M이란 산업재해의 기본원인에 해당하는 Man, Management, Machine, Media를 말한다.

| | |
|---|---|
| Man | • 인간적 요인<br>• 심리적(망각, 무의식, 착오 등), 생리적(피로, 질병, 수면부족 등) 요인 |
| Machine | • 기계적 요인<br>• 기계, 설비의 설계상의 결함, 점검이나 정비의 결함, 위험방호의 불량 |
| Media | • 인간과 기계를 연결하는 매개체<br>• 작업의 정보, 작업방법, 환경 |
| Management | • 관리적 요인<br>• 안전관리조직, 관리규정, 안전교육의 미흡 |

## 12 Repetitive Learning (1회 2회 3회)

보호구 안전인증제품에 표시할 사항으로 옳지 않은 것은?

① 규격 또는 등급
② 형식 또는 모델명
③ 제조번호 및 제조연월
④ 성능기준 및 시험방법

해설

- ①, ②, ③ 외에 제조자의 이름, 안전인증 번호 등을 표시하여야 한다.

안전인증 제품표시의 붙임 사항 실필 1004

- 형식 또는 모델명
- 규격 또는 등급 등
- 제조자명
- 제조번호 및 제조연월
- 안전인증 번호

1104 / 1402

## 13 Repetitive Learning (1회 2회 3회)

다음 중 시설물의 안전 및 유지관리에 관한 특별법상 시설물 정기안전점검의 실시 시기로 옳은 것은?(단, 시설물의 안전등급이 A등급인 경우)

① 반기에 1회 이상
② 1년에 1회 이상
③ 2년에 1회 이상
④ 3년에 1회 이상



11 ② 12 ④ 13 ① 정답

해설

- A, B, C등급인 경우 정기안전점검은 반기(6개월)에 1회 이상, D, E등급인 경우 1년에 3회 이상이다.

안전점검, 정밀안전진단 및 성능평가의 실시 시기

| 안전등급 | 정기 안전점검 | 정밀안전점검 | | 정밀 안전진단 | 성능 평가 |
|---|---|---|---|---|---|
| | | 건축물 | 건축물 외 시설물 | | |
| A등급 | 반기에 1회 이상 | 4년에 1회 이상 | 3년에 1회 이상 | 6년에 1회 이상 | 5년에 1회 이상 |
| B·C 등급 | | 3년에 1회 이상 | 2년에 1회 이상 | 5년에 1회 이상 | |
| D·E 등급 | 1년에 3회 이상 | 2년에 1회 이상 | 1년에 1회 이상 | 4년에 1회 이상 | |

1102

**14** Repetitive Learning (1회 2회 3회)

아파트 신축 건설현장에 산업안전보건법령에 따른 안전·보건표지를 설치하려고 한다. 용도에 따른 표지의 종류를 올바르게 연결한 것은?

① 금연 – 지시표지
② 비상구 – 안내표지
③ 고압전기 – 금지표지
④ 안전모착용 – 경고표시

해설

- 금연은 금지표지, 고압전기는 경고표지, 안전모착용은 지시표지에 해당한다.

안내표지 실필 1901/1501/1202/1001

- 비상구 및 피난소, 사람 또는 차량의 통행을 안내할 때 사용된다.
- 흰색(N9.5) 바탕에 녹색(2.5G 4/10) 기본모형으로 표시한다.
- 종류에는 녹십자, 응급구호, 들것, 세안장치, 비상구, 좌측비상구, 우측비상구 등이 있다.

| 녹십자 | 응급구호 | 들것 | 세안장치 |
|---|---|---|---|

| 비상구 | 좌측비상구 | 우측비상구 |
|---|---|---|

**15** Repetitive Learning (1회 2회 3회)

정보서비스업의 경우 상시근로자의 수가 최소 몇 명 이상일 때 안전보건관리규정을 작성하여야 하는가?

① 50명 이상　　② 100명 이상
③ 200명 이상　　④ 300명 이상

해설

- 정보서비스업의 경우 별도로 지정한 10개 사업장에 해당하므로 상시근로자 300명 이상을 사용하는 사업장일 경우 안전보건관리규정을 작성하여야 한다.

안전보건관리규정 실필 1601/1101

- 안전보건관리규정을 작성하여야 할 사업의 종류 및 규모

| 사업의 종류 | 규모 |
|---|---|
| 1. 농업<br>2. 어업<br>3. 소프트웨어 개발 및 공급업<br>4. 컴퓨터 프로그래밍, 시스템 통합 및 관리업<br>5. 정보서비스업<br>6. 금융 및 보험업<br>7. 임대업(부동산 제외)<br>8. 전문, 과학 및 기술 서비스업 (연구개발업 제외)<br>9. 사업지원 서비스업<br>10. 사회복지 서비스업 | 상시근로자 300명 이상을 사용하는 사업장 |
| 11. 제1호부터 제10호까지의 사업을 제외한 사업 | 상시근로자 100명 이상을 사용하는 사업장 |

- 사업주는 안전보건관리규정을 작성하어야 할 사유가 발생한 날부터 30일 이내에 안전보건관리규정을 작성하여야 한다. 이를 변경할 사유가 발생한 경우에도 또한 같다.
- 사업주는 안전보건관리규정을 작성하거나 변경할 때에는 산업안전보건위원회의 심의·의결을 거쳐야 한다. 다만, 산업안전보건위원회가 설치되어 있지 아니한 사업장의 경우에는 근로자대표의 동의를 받아야 한다.

1004 / 1302 / 1604

**16** Repetitive Learning (1회 2회 3회)

산업안전보건법령상 안전보건총괄책임자의 직무에 해당하지 않는 것은?

① 도급 시 산업재해 예방조치
② 위험성 평가의 실시에 관한 사항
③ 해당 사업장 안전교육계획의 수립에 관한 보좌 및 조언·지도
④ 산업안전보건관리비의 관계수급인 간의 사용에 관한 협의·조정 및 그 집행의 감독

정답 14 ② 15 ④ 16 ③

해설

- 사업장 안전교육계획의 수립 및 실시에 관한 보좌 및 조언·지도는 안전관리자의 업무이다.

**안전보건총괄책임자의 직무** 실필 1402/1102

- 산업재해가 발생할 급박한 위험이 있을 때 또는 중대재해가 발생하였을 경우 작업의 중지 및 재개
- 도급 시 산업재해 예방조치
- 산업안전보건관리비의 관계수급인 간의 사용에 관한 협의·조정 및 그 집행의 감독
- 안전인증대상기계 등과 자율안전확인대상기계 등의 사용 여부 확인
- 위험성 평가의 실시에 관한 사항

0704

## 17

Repetitive Learning (1회 2회 3회)

100명의 근로자가 근무하는 A 기업체에서 1주일에 48시간 연간 50주를 근무하는데 1년에 50건의 재해로 총 2,400일의 근로손실일수가 발생하였다. A 기업체의 강도율은?

① 10 ② 24
③ 100 ④ 240

해설

- 강도율은 1,000시간 동안에 발생한 근로손실일수이다.
- 주어진 문제의 연간총근로시간은 $100 \times 48 \times 50 = 240,000$시간이다.
- 근로손실일수는 2,400일로 주어졌다.
- 강도율 = $\frac{2,400}{240,000} \times 1,000 = 10$이다.

**강도율(SR : Severity Rate of injury)**

실필 1804/1702/1501/1402/1401/1304/0902/0901

- 재해로 인한 근로손실의 강도를 나타낸 값으로 연간총근로시간에서 1,000시간당 근로손실일수를 의미한다.
- 강도율 = $\frac{\text{근로손실일수}}{\text{연간총근로시간}} \times 1,000$으로 구하고,

  평균강도율 = $\frac{\text{강도율}}{\text{도수율}} \times 1,000$으로 구한다.
- 근로자의 근속연수 등이 주어지지 않을 때 평생 근로손실일수는 한 개인이 평생 동안 근로한 시간을 100,000시간으로 볼 때의 근로손실일수이므로 강도율에 100을 곱하여 구한다.

1001 / 1404 / 1604 / 1801 / 2201

## 18

Repetitive Learning (1회 2회 3회)

재해손실비의 평가방식 중 시몬즈(Simonds) 방식에서 비보험코스트의 산정 항목에 해당하지 않는 것은?

① 사망재해건수 ② 통원상해건수
③ 응급조치건수 ④ 무상해사고건수

해설

- 사망과 영구 전노동불능 상해의 경우는 별도 산정이 필요하므로 비보험코스트의 산정항목에 포함되지 않는다.

**시몬즈(Simonds)의 재해코스트**

㉠ 개요
- 총 재해비용을 보험비용과 비보험비용으로 구분한다.
- 총 재해코스트 = 보험비용 + 비보험비용 = [보험코스트 + (A × 휴업상해건수) + (B × 통원상해건수) + (C × 응급조치건수) + (D × 무상해사고건수)], 이때 A, B, C, D는 재해의 비보험코스트 평균치이다.
- 사망과 영구 전노동불능 상해의 경우는 비보험코스트에 포함시키지 않고 별도 산정한다.

㉡ 비보험코스트 내역
- 소송관계 비용
- 신규작업자에 대한 교육훈련비
- 부상자의 직장 복귀 후 생산 감소로 인한 임금비용
- 재해로 인한 작업중지 임금손실
- 재해로 인한 시간 외 근무 가산임금손실 등

1502

## 19

Repetitive Learning (1회 2회 3회)

다음 중 위험예지훈련의 기법으로 활용하는 브레인스토밍(Brain Storming)에 관한 설명으로 틀린 것은?

① 발언은 누구나 자유분방하게 하도록 한다.
② 가능한 한 무엇이든 많이 발언하도록 한다.
③ 타인의 아이디어는 수정하여 발언할 수 없다.
④ 발표된 의견에 대하여는 서로 비판을 하지 않도록 한다.

해설

- 브레인스토밍(Brain-storming) 기법의 4원칙 중에는 타인의 의견을 수정하여 발언하는 것을 허용하는 것이 포함된다.

**브레인스토밍(Brain-storming) 기법**

㉠ 개요
- 6～12명의 구성원으로 타인의 비판 없이 자유로운 토론을 통하여 다량의 독창적인 아이디어를 이끌어내고, 대안적 해결안을 찾기 위한 집단적 사고기법이다.

㉡ 4원칙
- 가능한 많은 아이디어와 의견을 제시하도록 한다.(대량발언)
- 주제를 벗어난 아이디어도 허용한다.(자유발언)
- 타인의 의견을 수정하여 발언하는 것을 허용한다.(수정발언)
- 절대 타인의 의견에 비판 및 비평하지 않는다.(비판금지)



17 ① 18 ① 19 ③ 정답

1304

## 20

Repetitive Learning (1회 2회 3회)

다음 중 버드(Frank Bird)의 도미노 이론 재해발생과정에 있어 가장 먼저 수반되는 것은?

① 관리의 부족
② 전술 및 전략적 에러
③ 불안전한 행동 및 상태
④ 사회적 환경과 유전적 요소

해설

- 버드의 도미노 이론은 제어(통제)의 부족에서부터 비롯된다.

버드(Bird)의 신연쇄성 이론

㉠ 개요
- 신도미노 이론이라고도 한다.
- 재해발생의 근원적 원인은 관리의 부족에 있다고 정의한다.
- 재해발생의 기본원인은 개인적 요인 및 작업상의 요인에 있다고 주장한다.
- 재해의 직접원인을 징후라 하고 불안전한 행동 및 상태에서 비롯된다고 한다.

㉡ 단계

| 1단계 | 관리의 부족 |
|---|---|
| 2단계 | 개인적 요인, 작업상의 요인 |
| 3단계 | 불안전한 행동 및 상태 |
| 4단계 | 사고 |
| 5단계 | 재해 |

# 2과목 산업심리 및 교육

## 21

Repetitive Learning (1회 2회 3회)

산업안전보건법령상 근로자 정기안전·보건교육의 교육내용이 아닌 것은?

① 산업안전 및 사고 예방에 관한 사항
② 건강증진 및 질병 예방에 관한 사항
③ 산업보건 및 직업병 예방에 관한 사항
④ 작업공정의 유해·위험과 재해예방대책에 관한 사항

해설

- ④는 관리감독자 정기안전·보건교육내용이다.

근로자 정기안전·보건교육 교육내용
- 산업안전 및 사고 예방에 관한 사항
- 산업보건 및 직업병 예방에 관한 사항
- 건강증진 및 질병 예방에 관한 사항
- 유해·위험 작업환경 관리에 관한 사항
- 산업안전보건법령 및 일반관리에 관한 사항
- 직무스트레스 예방 및 관리에 관한 사항
- 산업재해보상보험 제도에 관한 사항

0701 / 1404

## 22

Repetitive Learning (1회 2회 3회)

집단 간 갈등의 해소 방안으로 틀린 것은?

① 공동의 문제 설정
② 상위 목표의 설정
③ 집단 간 접촉 기회의 증대
④ 사회적 범주화 편향의 최대화

해설

- Miller와 Brewer는 집단 간의 접촉 중에 범주화가 진행되지 못하도록 하면 효과가 더욱 증진된다고 주장하였다.

집단 간의 갈등

㉠ 갈등 요인
- 상호 의존성
- 제한된 자원
- 역할 갈등
- 집단 간의 목표 차이
- 동일한 사안을 바라보는 집단 간의 인식 차이

정답 | 20 ① 21 ④ 22 ④

㉡ 해소 방안
- 공동의 문제 설정
- 상위 목표의 설정
- 집단 간 접촉 기회의 증대
- 사회적 범주화 편향의 최소화

## 23 Repetitive Learning (1회 2회 3회)

레윈의 3단계 조직변화모델에 해당되지 않는 것은?

① 해빙단계
② 체험단계
③ 변화단계
④ 재동결단계

해설

- 레윈은 현재 상태를 균형상태라고 보았으며 이를 변화시키기 위해서는 해빙, 변화, 재동결의 과정을 거친다고 주장하였다.

레윈(Lewin)의 3단계 조직변화모델

| | |
|---|---|
| 1단계 | 현재 상태에 대한 해빙(Unfreezing) |
| 2단계 | 원하는 상태로의 변화(Movement) |
| 3단계 | 새로운 변화를 위한 재동결(Refreezing) |

1002

## 24 Repetitive Learning (1회 2회 3회)

다음 중 Project method의 장점으로 볼 수 없는 것은?

① 동기부여가 충분하다.
② 현실적인 학습방법이다.
③ 창조력이 생긴다.
④ 시간과 에너지가 적게 소비된다.

해설

- 구안법은 시간과 에너지가 많이 소비되는 단점을 갖는다.

Project method(구안법)
- 스스로 계획을 세워 수행하는 학습활동을 말한다.
- 구안법은 목적, 계획, 수행, 평가의 4단계를 거친다.
- Collings는 탐험(Exploration), 구성(Construction), 의사소통(Communication), 유희(Play), 기술(Skill)이 구안법의 5가지 기본구성이라고 주장하였으며, 이의 방법론으로 산업시찰, 견학, 현장실습 등을 제시했다.

## 25 Repetitive Learning (1회 2회 3회)

매슬로우(Abraham Maslow)의 욕구위계설에서 제시된 5단계 인간의 욕구 중 허츠버그(Herzberg)가 주장한 2요인(인자) 이론의 동기요인에 해당하지 않는 것은?

① 성취욕구 ② 안전의 욕구
③ 자아실현의 욕구 ④ 존경의 욕구

해설

- 허츠버그의 동기요인은 상위단계의 욕구를 말한다. 즉, 자아실현의 욕구, 성취를 통해 인정받으려는 욕구(존경) 등이 이에 해당한다.

매슬로우의 욕구 5단계 이론과 허츠버그의 위생-동기이론의 비교

| 구분 | 매슬로우 욕구단계론 | 허츠버그 위생동기이론 |
|---|---|---|
| 제5단계 | 자아실현의 욕구 | 동기 요인 |
| 제4단계 | 인정받으려는 욕구 | |
| 제3단계 | 사회적 욕구 | 위생 요인 |
| 제2단계 | 안전 욕구 | |
| 제1단계 | 생리적욕구 | |

1202

## 26 Repetitive Learning (1회 2회 3회)

인간의 행동특성에 있어 태도에 관한 설명으로 맞는 것은?

① 인간의 행동은 태도에 따라 달라진다.
② 태도가 결정되면 단시간 동안만 유지된다.
③ 집단의 심적 태도교정보다 개인의 심적 태도교정이 용이하다.
④ 행동결정을 판단하고 지시하는 외적 행동체계라고 할 수 있다.

해설

- 한 번 태도가 결정되면 오랫동안 유지되므로 신중한 태도교육이 진행되어야 한다.
- 개인의 심적 태도교정보다 집단의 심적 태도교정이 용이하다.
- 행동결정을 판단하고 지시하는 것은 내적 행동체계에 해당한다.

태도형성
- 태도의 기능에는 작업적응, 자아방어, 자기표현, 지식기능 등이 있다.
- 한 번 태도가 결정되면 오랫동안 유지되므로 신중한 태도교육이 진행되어야 한다.
- 행동결정을 판단하고 지시하는 것은 내적 행동체계에 해당한다.
- 개인의 심적 태도교정보다 집단의 심적 태도교정이 용이하다.



23 ② 24 ④ 25 ② 26 ① 정답

0704 / 1302

## 27 Repetitive Learning (1회 2회 3회)

다음 중 교육방법에 있어 강의식의 단점으로 볼 수 없는 것은?

① 학습내용에 대한 집중이 어렵다.
② 학습자의 참여가 제한적일 수 있다.
③ 인원대비 교육에 필요한 비용이 많이 든다.
④ 학습자 개개인의 이해도를 파악하기 어렵다.

**해설**

- 강의식은 피교육생을 대상으로 일방적으로 강의하는 방법으로 다른 교육방법에 비해 경제적이다.

**강의식(Lecture method)**

㉠ 개요
- 안전교육방법 중 수업의 도입이나 초기단계에 적용하며, 단시간에 많은 내용을 교육하는 경우에 가장 적절한 방법이다.
- 짧은 교육기간에 많은 인원의 대상에게 비교적 많은 내용을 전달하기 위한 교육방법이다.
- 도입, 제시, 적용, 확인단계 중 제시단계에서 가장 많은 시간이 소요된다.

㉡ 특징
- 적은 시간에 많은 내용을 많은 대상에게 교육시킬 수 있어 다른 방법에 비해 경제적이다.
- 전체적인 교육내용을 제시하거나, 새로운 과업 및 작업단위의 도입단계에 유효하다.
- 교육시간에 대한 조정(계획과 통제)이 용이하다.
- 난해한 문제에 대하여 평이하게 설명이 가능하다.
- 상대적으로 피드백이 부족하다. 즉, 피교육생의 참여가 제약된다.
- 교육대상 집단 내 수준차로 인해 교육의 효과가 감소할 가능성이 있다.

1701

## 28 Repetitive Learning (1회 2회 3회)

판단과정 착오의 요인이 아닌 것은?

① 자기합리화 ② 능력부족
③ 작업경험부족 ④ 정보부족

**해설**

- 작업경험부족은 조작과정의 착오에 해당한다.

**착오의 원인별 분류**

㉠ 인지과정의 착오
- 생리적·심리적 능력의 부족
- 감각차단현상
- 정서불안정
- 정보량 저장의 한계

㉡ 판단과정의 착오
- 능력부족
- 정보부족
- 자기합리화

㉢ 조작과정의 착오
- 기술부족
- 잘못된 정보
- 작업경험부족

## 29 Repetitive Learning (1회 2회 3회)

산업안전보건법령상 사업 내 안전보건교육 중 관리감독자의 지위에 있는 사람을 대상으로 실시하여야 할 정기교육의 교육시간으로 맞는 것은?

① 연간 1시간 이상 ② 매분기 3시간 이상
③ 연간 16시간 이상 ④ 매분기 6시간 이상

**해설**

- 관리감독자의 정기교육과정은 연간 16시간 이상 진행한다.

**안전·보건 교육시간 기준** 실필 1801/1201/0904/0804

| 교육과정 | 교육대상 | | 교육시간 |
|---|---|---|---|
| 정기교육 | 사무직 종사 근로자 | | 매반기 6시간 이상 |
| | 사무직 외의 근로자 | 판매업무에 직접 종사하는 근로자 | 매반기 6시간 이상 |
| | | 판매업무에 직접 종사하는 근로자 외의 근로자 | 매반기 12시간 이상 |
| | 관리감독자 | | 연간 16시간 이상 |
| 채용 시의 교육 | 일용근로자 및 근로계약기간이 1주일 이하인 기간제근로자 | | 1시간 이상 |
| | 근로계약기간이 1주일 초과 1개월 이하인 기간제근로자 | | 4시간 이상 |
| | 그 밖의 근로자 | | 8시간 이상 |
| 작업내용 변경 시의 교육 | 일용근로자 및 근로계약기간이 1주일 이하인 기간제근로자 | | 1시간 이상 |
| | 그 밖의 근로자 | | 2시간 이상 |
| 특별교육 | 일용 및 근로계약기간이 1주일 이하인 기간제근로자 | 타워크레인 신호업무 제외 | 2시간 이상 |
| | | 타워크레인 신호업무 | 8시간 이상 |
| | 일용 및 근로계약기간이 1주일 이하인 기간제근로자 제외 근로자 | | • 16시간 이상(작업전 4시간, 나머지는 3개월 이내 분할 가능)<br>• 단기간 또는 간헐적 작업인 경우에는 2시간 이상 |
| 건설업 기초안전·보건교육 | 건설 일용근로자 | | 4시간 이상 |

정답 | 27 ③ 28 ③ 29 ③

0801

## 30 Repetitive Learning 1회 2회 3회

손다이크(Thorndike)의 시행착오설에 의한 학습법칙과 관계가 가장 먼 것은?

① 효과의 법칙
② 연습의 법칙
③ 동일성의 법칙
④ 준비성의 법칙

해설

- 손다이크(Thorndike)의 시행착오설에 의한 학습법칙에는 연습의 법칙, 효과의 법칙, 준비성의 법칙 등이 있다.

:: 손다이크(Thorndike)의 시행착오설에 의한 학습법칙
- S-R 이론의 대표적인 종류 중 하나로 학습을 자극(Stimulus)에 의한 반응(Response)으로 파악한다.
- 맹목적 시행을 반복하는 가운데 자극과 반응이 결합하여 행동하는 것을 말한다.
- 학습법칙에는 연습의 법칙, 효과의 법칙, 준비성의 법칙 등이 있다.

1001

## 31 Repetitive Learning 1회 2회 3회

조직에 의한 스트레스 요인으로 역할 수행자에 대한 요구가 개인의 능력을 초과하거나, 주어진 시간과 능력이 허용하는 것 이상을 달성하도록 요구받고 있다고 느끼는 상황을 무엇이라 하는가?

① 역할 갈등 ② 역할 과부하
③ 업무수행 평가 ④ 역할모호성

해설

- 직무 스트레스 역할 관련 요인에는 역할 갈등, 역할모호성, 역할 과부하 등이 있다.
- 역할 갈등은 조직에서의 요구가 2가지 이상 동시에 발생했을 때의 갈등상황을 말한다.
- 역할모호성은 업무의 담당이나 개인의 역할이 명확하게 지정되지 않았을 때 발생하는 상황을 말한다.

:: 직무 스트레스 역할 관련 요인
- 역할 갈등 – 조직에서의 요구가 2가지 이상 동시에 발생했을 때의 갈등상황을 말한다.
- 역할모호성 – 업무의 담당이나 개인의 역할이 명확하게 지정되지 않았을 때 발생하는 상황을 말한다.
- 역할 과부하 – 역할 수행자에 대한 요구가 개인의 능력을 초과하거나 자신이 믿는 것보다 어떤 일을 보다 급하게 하거나 부주의하게 만드는 상황을 말한다.

1401 / 1801

## 32 Repetitive Learning 1회 2회 3회

직업적성검사의 종류 중 시각적 판단검사에 해당하지 않는 것은?

① 조립검사
② 명칭판단검사
③ 형태비교검사
④ 공구판단검사

해설

- 조립검사는 기구를 이용한 손가락 재치를 확인하는 수행검사이다.

:: 지필검사를 활용한 적성검사의 종목과 적성요인

| 적성검사종목 | 적성요인 |
|---|---|
| 공구비교검사, 형태비교검사 | 형태지각 |
| 명칭비교검사 | 사무지각 |
| 계산검사, 산수응용검사 | 수리능력 |
| 어의검사 | 언어능력 |
| 평면도검사, 입체도판단검사 | 공간판단력 |
| 종선기입검사, 타점속도검사, 표식검사 | 운동조절 |

0804 / 1302

## 33 Repetitive Learning 1회 2회 3회

의사소통의 심리구조를 4영역으로 나누어 설명한 조하리의 창(Johari's window)에서 "나는 모르지만 다른 사람은 알고 있는 영역"을 무엇이라 하는가?

① Blind area
② Hidden area
③ Open area
④ Unknown area

해설

- Open area는 나도 알고 다른 사람도 알고 있는 영역이다.
- Unknown area는 나도 모르고 다른 사람도 모르는 영역이다.
- Hidden area는 나는 알지만 다른 사람은 모르고 있는 영역이다.

:: 조하리의 창

| | 자신이 아는 부분 | 자신이 모르는 부분 |
|---|---|---|
| 다른 사람이 아는 부분 | 열린 창<br>Open area | 보이지 않는 창<br>Blind area |
| 다른 사람이 모르는 부분 | 숨겨진 창<br>Hidden area | 미지의 창<br>Unknown area |



30 ③ 31 ② 32 ① 33 ① | 정답

0604 / 0704 / 1001 / 1004 / 2102

## 34 Repetitive Learning 1회 2회 3회

교육의 3요소로만 나열된 것은?

① 강사, 교육생, 사회인사
② 강사, 교육생, 교육자료
③ 교육자료, 지식인, 정보
④ 교육생, 교육자료, 교육장소

해설

- 안전교육의 3요소는 강사, 교육생, 교재(교육자료)로 구성된다.

교육의 3대 요소

- 주체 – 교(강)사
- 객체(대상) – 교육생 및 학생
- 매개체 – 교육자료, 교재, 교육내용 등

1102 / 1501

## 35 Repetitive Learning 1회 2회 3회

인간의 동작특성을 외적 조건과 내적 조건으로 구분할 때 다음 중 내적 조건에 해당하는 것은?

① 경력　② 대상물의 크기
③ 기온　④ 대상물의 동적 성질

해설

- 근무경력, 적성, 개성 등의 조건은 인간의 동작특성 중 내적 조건에 해당한다.

인간의 동작특성

㉠ 내적 조건
- 인간의 동작특성에서 내적 조건에는 경력, 적성, 개성, 개인차, 생리적 조건 등이 있다.

㉡ 외적 조건
- 대상물의 동적 성질에 따른 조건이 있다.
- 높이, 크기, 깊이, 색채(대비, 강조, 재현) 등의 조건이 있다.
- 기온, 습도, 조명, 소음 등의 조건이 있다.

0801 / 1402

## 36 Repetitive Learning 1회 2회 3회

다음 중 주의(Attention)에 대한 설명으로 틀린 것은?

① 주의력의 특성은 선택성, 변동성, 방향성으로 표현된다.
② 한 자극에 주의를 집중하여도 다른 자극에 대한 주의력은 약해지지 않는다.
③ 여러 종류의 자극을 지각할 때 소수의 특정한 것을 선택하여 집중하는 특성을 갖는다.
④ 의식작용이 있는 일에 집중하거나 행동의 목적에 맞추어 의식수준이 집중되는 심리상태를 말한다.

해설

- 인간은 주의의 방향성에 의해 한 지점에 주의를 집중하면 다른 곳의 주의가 약해지는 성질을 갖는다.

주의(Attention)의 특징

- 선택성 – 여러 종류의 자극을 자각할 때, 소수의 특정한 것에 한하여 주의가 집중되는 것으로 인간의 주의력은 한계가 있어 여러 작업에 대해 선택적으로 배분된다는 의미이다. 시각 정보 등을 받아들일 때 주의를 기울이면 시선이 집중되는 곳의 정보는 잘 받아들이나 주변부의 정보는 놓치기 쉬운 경우에 해당한다.
- 방향성 – 공간적으로 보면 시선의 주시점만 인지하는 기능으로, 한 지점에 주의를 집중하면 다른 곳의 주의가 약해지는 성질을 말한다.
- 변동성 – 주의는 일정하게 유지되는 것이 아니라 일정한 주기로 부주의하는 리듬이 존재한다.

1104 / 1402

## 37 Repetitive Learning 1회 2회 3회

다음 중 존 듀이(Jone Dewey)의 5단계 사고과정을 올바른 순서대로 나열한 것은?

| ㉠ 행동에 의하여 가설을 검토한다.<br>㉡ 가설(Hypothesis)을 설정한다.<br>㉢ 지식화(Intellectualization)한다.<br>㉣ 시사(Suggestion)를 받는다.<br>㉤ 추론(Reasoning)한다. |
|---|

① ㉤ → ㉡ → ㉣ → ㉠ → ㉢
② ㉣ → ㉢ → ㉡ → ㉤ → ㉠
③ ㉤ → ㉢ → ㉡ → ㉣ → ㉠
④ ㉣ → ㉠ → ㉡ → ㉢ → ㉤

해설

- 듀이의 5단계 사고 과정은 시사 → 지식화 → 가설을 설정 → 추론 → 행동에 의한 가설 검토 순으로 진행된다.

존 듀이(Jone Dewey)의 5단계 사고과정

- 시사(Suggestion) → 지식화(Intellectualization) → 가설(Hypothesis)을 설정 → 추론(Reasoning) → 행동에 의하여 가설 검토 순으로 진행된다.
- 듀이의 5단계 사고과정을 거친 후 이를 정리한 교육지도는 원리의 제시 → 관련된 개념의 분석 → 가설의 설정 → 자료의 평가 → 결론 순으로 구체화된다.

정답 | 34 ② 35 ① 36 ② 37 ②

0904

## 38

Repetitive Learning (1회 2회 3회)

다음 중 에너지소비량(RMR)의 산출방법으로 옳은 것은?

① $\dfrac{\text{작업 시의 소비에너지 - 기초대사량}}{\text{안정 시의 소비에너지}}$

② $\dfrac{\text{전체 소비에너지 - 작업 시의 소비에너지}}{\text{기초대사량}}$

③ $\dfrac{\text{작업 시의 소비에너지 - 안정 시의 소비에너지}}{\text{기초대사량}}$

④ $\dfrac{\text{작업 시의 소비에너지 - 안정 시의 소비에너지}}{\text{안정 시의 소비에너지}}$

해설

- RMR은 $\dfrac{\text{운동대사량}}{\text{기초대사량}} = \dfrac{\text{운동 시 산소소모량 - 안정 시 산소소모량}}{\text{기초대사량(산소소비량)}}$ 으로 구한다.

에너지대사율(RMR : Relative Metabolic Rate)

㉠ 개요

- RMR은 특정 작업을 수행하는 데 있어 작업자의 생리적 부하를 계측하는 지표이다.
- 주로 동적 근력작업이나 정적 근력작업의 강도를 측정하여 연속작업이 가능한 시간을 예측하기 위해 사용한다.
- RMR $= \dfrac{\text{운동대사량}}{\text{기초대사량}}$

  $= \dfrac{\text{운동 시 산소소모량 - 안정 시 산소소모량}}{\text{기초대사량(산소소비량)}}$ 으로 구한다

- RMR이 커지는 데 따라 작업 지속시간이 짧아진다.

㉡ 작업강도 구분

| 작업구분 | RMR | 작업 종류 등 |
|---|---|---|
| 중(重)작업 | 4~7 | 일반적인 전신노동, 힘·동작속도가 큰 작업 |
| 중(中)작업 | 2~4 | 손·상지 작업, 힘·동작속도가 작은 작업 |
| 경(輕)작업 | 0~2 | 손가락이나 팔로 하는 가벼운 작업 |

1002

## 39

Repetitive Learning (1회 2회 3회)

리더십의 행동이론 중 관리 그리드(Managerial grid)에서 인간에 대한 관심보다 업무에 대한 관심이 매우 높은 유형은?

① (1.1) ② (1.9)

③ (5.5) ④ (9.1)

해설

- 과업형은 (9.1)로 표현되는 관리 그리드 이론의 유형으로 생산에 대한 관심은 크지만 인간에 대해서는 무관심한 유형이다.

관리 그리드(Managerial grid) 이론 실필 0904

- Blake & Muton에 의해 정리된 리더십 이론이다.
- 리더의 2가지 관심(인간, 생산에 대한 관심)을 축으로 리더십을 분류하였다.
- 이상(Team)형 리더십이 가장 높은 성과를 보여준다고 주장하였다.
- 표현 시 ( ) 안에 앞에는 업무에 대한 관심을, 뒤에는 인간관계에 대한 관심을 표현하고 온점(.)으로 구분한다.

| 높음 (9) ⇑ 인간에 대한 관심 ⇓ | 인기(Country club)형 (1.9)<br>• 인간에 대한 관심 지대함<br>• 생산에는 무관심 | | 이상(Team)형 (9.9)<br>• 인간에 대한 관심과 생산에 대한 관심이 모두 높음 |
|---|---|---|---|
| | | 중도 (Middle of road)형 (5.5) | |
| | 무관심 (Impoverished)형 (1.1)<br>• 인간에 대한 관심과 생산에 대한 관심이 모두 무관심 | | 과업(Task)형 (9.1)<br>• 생산에 대한 관심 지대함<br>• 인간에는 무관심 |
| 낮음 (1) | ⇐ 생산에 대한 관심 ⇒ | | 높음(9) |

1204

## 40

Repetitive Learning (1회 2회 3회)

다음 중 안전교육 계획수립 및 추진에 있어 진행순서를 나열한 것으로 맞는 것은?

① 교육의 필요점 발견 → 교육대상 결정 → 교육준비 → 교육실시 → 교육의 성과를 평가

② 교육대상 결정 → 교육의 필요점 발견 → 교육준비 → 교육실시 → 교육의 성과를 평가

③ 교육의 필요점 발견 → 교육준비 → 교육대상 결정 → 교육실시 → 교육의 성과를 평가

④ 교육대상 결정 → 교육준비 → 교육의 필요점 발견 → 교육실시 → 교육의 성과를 평가



38 ③ 39 ④ 40 ① 정답

해설

- 안전보건교육 진행순서는 교육의 필요점 발견 → 교육대상 결정 → 교육준비 → 교육실시 → 교육의 성과를 평가 순으로 진행한다.

안전보건교육 계획과 추진

㉠ 안전보건교육 계획에 포함되어야 할 사항
- 교육목표(교육 및 훈련의 범위, 교육 보조자료의 준비 및 사용지침, 교육 훈련의 의무와 책임관계)
- 교육의 종류 및 교육대상
- 교육과목 및 교육내용
- 교육기간 및 시간
- 교육장소 및 방법, 담당자 및 강사

㉡ 안전보건교육 진행순서
- 교육의 필요점 발견 → 교육대상 결정 → 교육준비 → 교육실시 → 교육의 성과를 평가

## 3과목 인간공학 및 시스템안전공학

**41** Repetitive Learning (1회 2회 3회)

인체 계측 자료의 응용원칙이 아닌 것은?

① 기존 동일 제품을 기준으로 한 설계
② 최대치수와 최소치수를 기준으로 한 설계
③ 조절범위를 기준으로 한 설계
④ 평균치를 기준으로 한 설계

해설

- 인체측정자료의 응용원칙에는 극단치(최소 및 최대치수), 평균치를 이용한 설계와 조절식 설계가 있다.

인체 측정 자료의 응용원칙

| | |
|---|---|
| 최소치수를 이용한 설계 | 선반의 높이, 조종 장치까지의 거리, 비상벨의 위치 등 |
| 최대치수를 이용한 설계 | 출입문의 높이, 좌석 간의 거리, 통로의 폭, 와이어로프의 사용중량, 위험구역 울타리 등 |
| 조절식 설계 | 의자의 위치 및 높이, 자동차 운전석 의자의 위치와 높이 등 |
| 평균치를 이용한 설계 | 전동차의 손잡이 높이, 안내데스크, 은행의 접수대 높이, 공원의 벤치 높이 등 |

**42** Repetitive Learning (1회 2회 3회)

모든 시스템 안전분석에서 제일 첫 번째 단계의 분석으로, 실행되고 있는 시스템을 포함한 모든 것의 상태를 인식하고 시스템의 개발단계에서 시스템 고유의 위험상태를 식별하여 예상되고 있는 재해의 위험수준을 결정하는 것을 목적으로 하는 위험분석 기법은?

① 결함위험분석(FHA; Fault Hazard Analysis)
② 시스템위험분석(SHA; System Hazard Analysis)
③ 예비위험분석(PHA; Preliminary Hazard Analysis)
④ 운용위험분석(OHA; Operating Hazard Analysis)

해설

- 예비위험분석(PHA)은 개념형성 단계에서 최초로 시도하는 위험도 분석방법으로 시스템의 위험요소가 어떤 위험 상태에 있는가를 정성적으로 평가하는 분석방법이다.

정답 | 41 ① 42 ③

⁙ 예비위험분석(PHA)

㉠ 개요

- 모든 시스템 안전 프로그램에서의 최초단계 해석으로 시스템의 위험요소가 어떤 위험 상태에 있는가를 정성적으로 평가하는 분석방법이다.
- 시스템을 설계함에 있어 개념형성 단계에서 최초로 시도하는 위험도 분석방법이다.
- 복잡한 시스템을 설계, 가동하기 전의 구상단계에서 시스템의 근본적인 위험성을 평가하는 가장 기초적인 위험도 분석 기법이다.
- 위험의 정도를 분류하는 4가지 범주는 파국(Catastrophic), 중대(Critical), 위기-한계(Marginal), 무시 가능(Negligible)으로 구분된다.

㉡ 예비위험분석(PHA)의 4가지 범주(MIL-STD-882E)

| 구분 | 내용 |
|---|---|
| 파국 (Catastrophic) | 작업자의 부상 및 서브시스템의 고장 등으로 시스템 성능이 저하되어 시스템에 심각한 손실을 초래한 상태 |
| 중대 (Critical) | 작업자의 부상 및 시스템의 중대한 손해를 초래하거나 작업자의 생존 및 시스템의 유지를 위하여 즉시 수정 조치를 필요로 하는 상태 |
| 위기-한계 (Marginal) | 작업자의 부상 및 시스템의 중대한 손해를 초래하지 않고 대처 또는 제어할 수 있는 상태 |
| 무시 가능 (Negligible) | 시스템의 성능이나 기능, 인원 손실이 전혀 없는 상태 |

## 43

Repetitive Learning (1회 2회 3회)

인간-기계 시스템을 설계할 때에는 특정 기능을 기계에 할당하거나 인간에게 할당하게 된다. 이러한 기능 할당과 관련된 사항으로 바람직하지 않은 것은?(단, 인공지능과 관련된 사항은 제외한다)

① 인간은 원칙을 적용하여 다양한 문제를 해결하는 능력이 기계에 비해 우월하다.

② 일반적으로 기계는 장시간 일관성이 있는 작업을 수행하는 능력이 인간에 비해 우월하다.

③ 인간은 소음, 이상온도 등의 환경에서 작업을 수행하는 능력이 기계에 비해 우월하다.

④ 일반적으로 인간은 주위가 이상하거나 예기치 못한 사건을 감지하여 대처하는 능력이 기계에 비해 우월하다.

해설

- 소음, 이상온도 등의 환경에서는 인간이 아니라 기계가 담당하고, 주관적인 추산과 평가 작업은 인간이 수행해야 한다.

⁙ 인간-기계 시스템의 기능할당

- 일반적으로 인간은 주위가 이상하거나 예기치 못한 사건을 감지하여 대처하는 업무를 수행한다.
- 일반적으로 기계는 장시간 일관성이 있는 작업을 수행한다.
- 기계는 소음, 이상온도 등의 환경에서 수행하고 인간은 주관적인 추산과 평가작업을 수행한다.
- 인간은 원칙을 적용하여 다양한 문제를 해결하는 능력이 기계에 비해 우월하다.

0702 / 0801 / 1104 / 1601

## 44

Repetitive Learning (1회 2회 3회)

다음 중 화학설비에 대한 안전성 평가에 있어 정량적 평가항목에 해당되지 않는 것은?

① 공정

② 취급물질

③ 압력

④ 화학설비용량

해설

- 공정은 정성적 평가항목 중 운전관계항목에 해당한다.

⁙ 정성적 평가와 정량적 평가항목

| 구분 | 항목 | 내용 |
|---|---|---|
| 정성적 평가 | 설계관계항목 | 입지조건, 공장 내 배치, 건조물, 소방설비 등 |
| | 운전관계항목 | 원재료, 중간제품, 공정 및 공정기기, 수송, 저장 등 |
| 정량적 평가 | • 수치값으로 표현 가능한 항목들을 대상으로 한다.<br>• 온도, 취급물질, 화학설비용량, 압력, 조작 등을 위험도에 맞게 평가한다. | |

1404

## 45

Repetitive Learning (1회 2회 3회)

조종장치를 촉각적으로 식별하기 위하여 사용되는 촉각적 코드화의 방법으로 옳지 않은 것은?

① 색감을 활용한 코드화

② 크기를 이용한 코드화

③ 조종장치의 형상 코드화

④ 표면 촉감을 이용한 코드화



43 ③ 44 ① 45 ① 정답

해설

- 촉각적 암호화의 방법에는 표면 촉감, 형상, 크기를 상이하게 하여 암호화하는 방법이 있다.

촉각적 암호화
- 표면 촉감을 이용한 암호화 방법 – 점자, 진동, 온도 등
- 형상을 이용한 암호화 방법 – 모양
- 크기를 이용한 암호화 방법 – 크기

1104

## 46 Repetitive Learning (1회 2회 3회)

FT도에서 사용하는 기호 중 다음 그림과 같이 OR 게이트이지만 2개 또는 그 이상의 입력이 동시에 존재할 때 출력이 생기지 않는 경우 사용하는 것은?

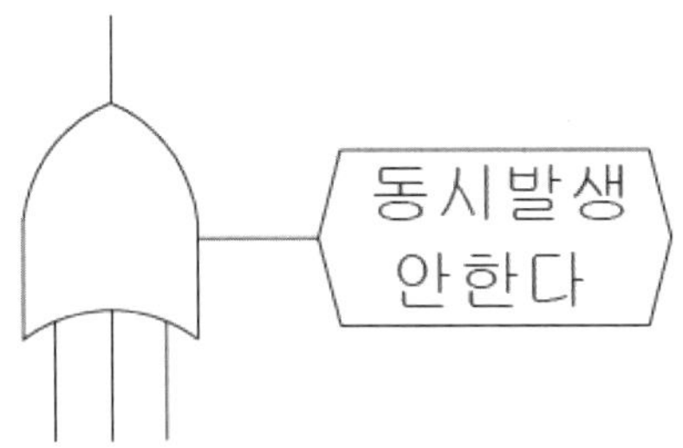


① 부정 OR 게이트
② 배타적 OR 게이트
③ 억제 게이트
④ 조합 OR 게이트

해설

- 2개 또는 그 이상의 입력이 동시에 존재하는 경우에 출력이 생기지 않는 게이트는 배타적 OR 게이트이다.

배타적 OR 게이트(Exclusive OR gate)

| | |
|---|---|
| 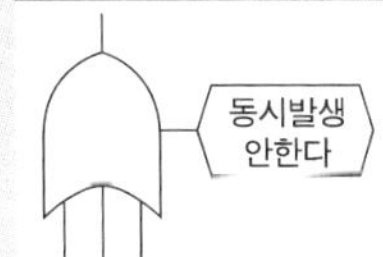  | OR 게이트의 특별한 경우로 2개 또는 그 이상의 입력이 동시에 존재하는 경우에는 출력이 생기지 않는 게이트이다. |

1202 / 1704

## 47 Repetitive Learning (1회 2회 3회)

산업안전보건법령상 사업주가 유해·위험방지계획서를 제출할 때에는 사업장별로 관련 서류를 첨부하여 해당 작업 시작 며칠 전까지 해당 기관에 제출하여야 하는가?

① 7일 ② 15일
③ 30일 ④ 60일

해설

- 유해·위험방지계획서는 제조업의 경우는 해당 작업시작 15일 전, 건설업의 경우는 공사의 착공 전날까지 제출한다.

유해·위험방지계획서의 제출 실필 1303/0903
- 제출대상 사업장의 규모는 전기 계약용량이 300kW 이상인 사업장이다.
- 건설물·기계·기구 및 설비 등 일체를 설치·이전하거나 그 주요 구조부분을 변경할 때에는 고용노동부장관(한국산업안전보건공단)에게 유해·위험방지계획서를 2부 제출하여야 한다.
- 제조업의 경우는 해당 작업시작 15일 전에 제출한다.
- 건설업의 경우는 공사의 착공 전날까지 제출한다.

1504

## 48 Repetitive Learning (1회 2회 3회)

시스템 안전 MIL-STD-882E 분류기준의 위험성 평가 매트릭스에서 발생빈도에 속하지 않는 것은?

① 거의 발생하지 않은(Remote)
② 전혀 발생하지 않은(Impossible)
③ 보통 발생하는(Reasonably Probable)
④ 극히 발생하지 않을 것 같은(Extremely improbable)

해설

- MIL-STD-882E의 위험성 평가 매트릭스는 자주 발생, 보통 발생, 가끔 발생, 거의 발생하지 않음, 극히 발생하지 않음으로 구성된다.
- 전혀 발생하지 않은(Impossible)은 차패니스(Chapanis, A.)의 위험분석에 포함되는 요소이다.

MIL-STD-882E의 위험성 평가 매트릭스

| 분류 | 발생빈도 |
|---|---|
| 자주 발생(Frequent) | $10^{-1}$ 이상 |
| 보통 발생(Probable) | $10^{-2} \sim 10^{-1}$ |
| 가끔 발생(Occasional) | $10^{-3} \sim 10^{-2}$ |
| 거의 발생하지 않음(Remote) | $10^{-6} \sim 10^{-3}$ |
| 극히 발생하지 않음(Improbable) | $10^{-6}$ 미만 |

1004 / 1702

## 49 Repetitive Learning (1회 2회 3회)

적절한 온도의 작업환경에서 추운 환경으로 변할 때, 우리의 신체가 수행하는 조절작용이 아닌 것은?

① 발한(發汗)이 시작된다.
② 피부의 온도가 내려간다.
③ 직장온도가 약간 올라간다.
④ 혈액의 많은 양이 몸의 중심부를 위주로 순환한다.

정답 | 46 ② 47 ② 48 ② 49 ①

해설

- 발한(發汗)이 시작되는 것은 추운 곳에 있다가 더운 환경으로 변했을 때 나타나는 조절작용이다.

**적정온도에서 추운 환경으로 변화**
- 직장의 온도가 올라간다.
- 피부의 온도가 내려간다.
- 몸이 떨리고 소름이 돋는다.
- 피부를 경유하는 혈액 순환량이 감소하고 많은 양의 혈액은 주로 몸의 중심부를 순환한다.

0702 / 1701

## 50 Repetitive Learning (1회 2회 3회)

손이나 특정 신체부위에 발생하는 누적손상장애(CTDs)의 발생인자와 가장 거리가 먼 것은?

① 무리한 힘
② 다습한 환경
③ 장시간의 진동
④ 반복도가 높은 작업

해설

- 누적손상장애는 다습한 환경에 의해 발생되는 것이 아니라 장시간의 진동공구 사용, 과도한 힘의 사용, 부적절한 자세에서의 작업, 반복도가 높은 작업에 장시간 근무할 때 발생한다.

**누적손상장애(CTDs)** 실필 0801

㉠ 개요
- 반복적이고 누적되는 특정 작업을 반복하거나 이 동작과 연계되어 신체의 일부가 무리하여 발생되는 질환으로 산업현장에서는 근골격계 질환이라고 한다.

㉡ 원인과 대책
- 장시간의 진동공구 사용, 과도한 힘의 사용, 부적절한 자세에서의 작업 등 장시간의 정적인 작업을 계속할 때 발생한다.
- 작업의 순환 배치를 통해 특정 부위에 집중된 누적손상을 해소할 필요가 있다.

1002

## 51 Repetitive Learning (1회 2회 3회)

다음 중 인체에서 뼈의 주요기능으로 볼 수 없는 것은?

① 인체의 지주 ② 장기의 보호
③ 골수의 조혈 ④ 근육의 대사

해설

- 뼈는 인체의 지주, 장기의 보호, 골수의 조혈, 신체활동을 수행하는 역할을 한다.

**인체에서 뼈의 주요기능**
- 신체를 지지하고 형상을 유지하는 인체의 지주 역할
- 주요한 부분(장기 등)을 보호하는 역할
- 신체활동을 수행하는 역할
- 피를 만드는(조혈) 역할

## 52 Repetitive Learning (1회 2회 3회)

의자 설계 시 고려하여야 할 일반적인 원리와 가장 거리가 먼 것은?

① 자세 고정을 줄인다.
② 조정이 용이해야 한다.
③ 디스크가 받는 압력을 줄인다.
④ 요추 부위의 후만곡선을 유지한다.

해설

- 의자를 설계할 때는 후만곡선을 방지해야 한다.

**인간공학적 의자 설계**

㉠ 개요
- 조절식 설계원칙을 적용하도록 한다.
- 자세와 동작에 따라 고려해야 할 인체측정 치수가 달라진다.
- 요부전만(腰部前灣)을 유지한다.
- 추간판(디스크)의 압력과 등근육의 정적부하를 줄인다.
- 자세 고정을 줄인다.
- 여러 사람이 사용하는 의자의 경우 좌면 높이는 오금보다 약간 낮게(5% 오금높이) 유지한다.

㉡ 고려할 사항
- 체중 분포
- 상반신의 안정
- 좌판의 높이(조절식을 기준으로 한다)
- 좌판의 깊이와 폭
(폭은 최대치, 깊이는 최소치를 기준으로 한다)

## 53 Repetitive Learning (1회 2회 3회)

시각장치와 비교하여 청각장치의 사용이 유리한 경우는?

① 메시지가 길 때
② 메시지가 복잡할 때
③ 정보 전달 장소가 너무 소란할 때
④ 메시지에 대한 즉각적인 반응이 필요할 때



50 ② 51 ④ 52 ④ 53 ④ | 정답

해설

- 메시지가 즉각적인 행동을 요구하지 않을 경우는 시각적 표시장치로 전송하는 것이 효과적이나 즉각적인 행동이 필요할 때는 청각적 표시장치가 효율적이다.

시각적 표시장치와 청각적 표시장치의 비교

| | |
|---|---|
| 시각적 표시 장치 | • 수신 장소의 소음이 심한 경우<br>• 정보가 공간적인 위치를 다룬 경우<br>• 정보의 내용이 복잡하고 긴 경우<br>• 직무상 수신자가 한 곳에 머무르는 경우<br>• 메시지를 추후 참고할 필요가 있는 경우<br>• 정보의 내용이 즉각적인 행동을 요구하지 않는 경우 |
| 청각적 표시 장치 | • 수신 장소가 너무 밝거나 암순응이 요구될 때<br>• 정보의 내용이 시간적인 사건을 다루는 경우<br>• 정보의 내용이 간단한 경우<br>• 직무상 수신자가 자주 움직이는 경우<br>• 정보의 내용이 후에 재참조되지 않는 경우<br>• 메시지가 즉각적인 행동을 요구하는 경우 |

1301 / 1704

## 54 Repetitive Learning (1회 2회 3회)

다음 중 컷 셋(Cut set)과 패스 셋(Pass set)에 관한 설명으로 옳은 것은?

① 동일한 시스템에서 패스 셋의 개수와 컷 셋의 개수는 같다.

② 패스 셋은 동시에 발생했을 때 정상사상을 유발하는 사상들의 집합이다.

③ 일반적으로 시스템에서 최소 컷 셋의 개수가 늘어나면 위험수준이 높아진다.

④ 일반적으로 시스템에서 최소 컷 셋 내의 사상 개수가 적어지면 위험수준이 낮아진다.

해설

- 동일한 시스템이라도 패스 셋과 컷 셋의 개수는 다를 수 있다.
- 결함이 발생했을 때 정상사상을 일으키는 기본사상의 집합은 컷 셋에 대한 설명이다.

최소 컷 셋(Minimal cut sets) 실필 1701/0802

- 컷 셋 중에 타 컷 셋을 포함하고 있는 것을 배제하고 남은 컷 셋들을 의미한다.
- 사고에 대한 시스템의 약점을 표현한다.
- 정상사상(Top 사상)을 일으키는 최소한의 집합이다.
- 일반적으로 Fussell algorithm을 이용한다.
- 시스템에서 최소 컷 셋의 개수가 늘어나면 위험수준이 높아진다.

0802 / 1702

## 55 Repetitive Learning (1회 2회 3회)

반사율이 85[%], 글자의 밝기가 400[cd/m²]인 VDT 화면에 350[lx]의 조명이 있다면 대비는 약 얼마인가?

① −6.0 ② −5.0

③ −4.2 ④ −2.8

해설

- 글자의 밝기가 400cd/m²라는 것은 단위면적당 광도의 양으로 휘도의 개념이다.
- 반사율이 85%, 350lx의 조명이 있을 때 휘도는 $\frac{0.85\times350}{\pi\times1^2}$ = 94.745cd/m²이다.
- 전체 공간의 휘도 = 94.7 + 400 = 494.7[cd/m²]이다.
- 휘도 대비 = $\frac{94.7-494.7}{94.7}=-4.223$이다.

휘도(Luminance)

- 휘도는 광원에서 1m 떨어진 곳 범위 내에서의 반사된 빛을 포함한 빛의 밝기 혹은 단위면적당 표면을 떠나는 빛의 양을 의미한다.
- 휘도의 단위는 cd/m² 혹은 실용단위인 니트(nit)를 사용한다. 그 외에도 스틸브(sb, stilb, 10,000nit), 람베르트(L, Lambert, 3,183 nit), 푸트람베르트(fL, foot-Lambert, 3.426nit), 아포스틸브(asb, apostilb, 0.3183nit) 등이 사용되기도 한다.
- 휘도 = $\frac{반사율\times조도}{면적}$[cd/m²]로 구한다.
- 면적이 주어지지 않을 때 휘도 = 반사율 × 소요조명으로도 구한다.
- 휘도가 각각 $L_a$, $L_b$인 두 조명의 휘도 대비는 $\frac{L_a-L_b}{L_a}\times100$으로 구한다.

## 56 Repetitive Learning (1회 2회 3회)

FTA에 의한 재해사례 연구 순서 중 2단계에 해당하는 것은?

① FT도의 작성

② 톱 사상의 선정

③ 개선 계획의 작성

④ 사상의 재해 원인의 규명

해설

- 결함수분석에서 가장 먼저 실시하는 것은 정상(Top)사상의 선정이며, 2단계는 재해원인 및 요인을 규명하는 것이다.

정답 | 54 ③ 55 ③ 56 ④

:: 결함수분석(FTA)에 의한 재해사례의 연구 순서 **실필** 1102/1003

| | |
|---|---|
| 1단계 | 정상(Top)사상의 선정 |
| 2단계 | 사상마다 재해원인 및 요인 규명 |
| 3단계 | FT(Fault Tree)도 작성 |
| 4단계 | 개선계획의 작성 |
| 5단계 | 개선안 실시계획 |

0801 / 1302

## 57

Repetitive Learning 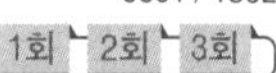

인간공학 연구조사에 사용하는 기준의 구비조건과 가장 거리가 먼 것은?

① 다양성
② 적절성
③ 무오염성
④ 기준척도의 신뢰성

**해설**

- 인간공학 기준척도의 일반적 요건에는 적절성, 무오염성, 신뢰성, 민감도 등이 있다.

:: 인간공학의 기준척도

| | |
|---|---|
| 적절성 | 측정변수가 평가하고자 하는 바를 잘 반영해야 함 |
| 무오염성 | 측정변수가 다른 외적 변수에 영향을 받지 않아야 함 |
| 신뢰성 | 비슷한 조건에서 일정 결과를 반복적으로 얻을 수 있어야 함 |
| 민감도 | 기대되는 정밀도로 측정 가능해야 함 |

0604 / 1201

## 58

Repetitive Learning 1회 2회 3회

휴먼에러(Human Error)의 요인을 심리적 요인과 물리적 요인으로 구분할 때, 심리적 요인에 해당하는 것은?

① 일이 너무 복잡한 경우
② 일의 생산성이 너무 강조될 경우
③ 동일 형상의 것이 나란히 있을 경우
④ 서두르거나 절박한 상황에 놓여있을 경우

**해설**

- ①, ②, ③은 휴먼에러의 물리적 요인에 해당한다.

:: 휴먼에러 발생 요인

㉠ 물리적 요인
- 일이 너무 복잡한 경우
- 일의 생산성이 너무 강조될 경우
- 동일 형상의 것이 나란히 있을 경우

㉡ 심리적 요인
- 서두르거나 절박한 상황에 놓여있을 경우
- 일에 대한 지식이 부족하거나 의욕이 결여되어 있을 경우

1001

## 59

Repetitive Learning 1회 2회 3회

다음 FT도에서 시스템에 고장이 발생할 확률은 약 얼마인가?(단, $X_1$과 $X_2$의 발생확률은 각각 0.05, 0.03이다)

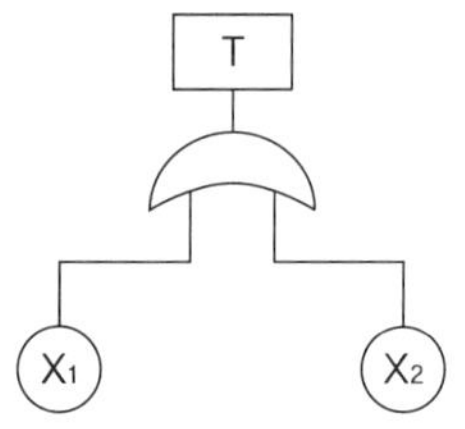


① 0.0015 ② 0.0785
③ 0.9215 ④ 0.9985

**해설**

- T는 $X_1$과 $X_2$의 OR연결이므로 $T = X_1 + X_2$이고, $P(T) = 1-(1-P(X_1))(1-P(X_2))$가 된다. 따라서 $P(T) = 1-(0.95)(0.97) = 1-0.9215 = 0.0785$이다.

:: FT도에서 정상(고장)사상 발생확률 **실필** 1203/0901

㉠ AND(직렬)연결 시
- 사상 A의 발생확률을 $P_A$, 사상 B, 사상 C 발생확률을 $P_B$, $P_C$라 할 때 $P_A = P_B \times P_C$로 구할 수 있다.

㉡ OR(병렬)연결 시
- 사상 A의 발생확률을 $P_A$, 사상 B, 사상 C 발생확률을 $P_B$, $P_C$라 할 때 $P_A = 1-(1-P_B)\times(1-P_C)$로 구할 수 있다.

1002

## 60

Repetitive Learning 1회 2회 3회

각 부품의 신뢰도가 다음과 같을 때 시스템의 전체 신뢰도는 약 얼마인가?

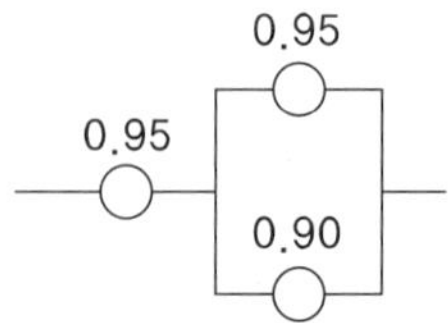




57 ① 58 ④ 59 ② 60 ② | 정답

① 0.8123

② 0.9453

③ 0.9553

④ 0.9953

해설

- 병렬로 연결된 부품의 합성 신뢰도부터 구하면 1-(1-0.95)(1-0.9) = 1-0.005 = 0.995이다.
- 구해진 합성 신뢰도와 나머지 부품이 직렬로 연결된 신뢰도는 0.95 × 0.995 = 0.94525이다.

**시스템의 신뢰도** 실필 0901

㉠ AND(직렬)연결 시

- 시스템의 신뢰도($R_s$)는 부품 a, 부품 b 신뢰도를 각각 $R_a$, $R_b$라 할 때 $R_s = R_a \times R_b$로 구할 수 있다.

㉡ OR(병렬)연결 시

- 시스템의 신뢰도($R_s$)는 부품 a, 부품 b 신뢰도를 각각 $R_a$, $R_b$라 할 때 $R_s = 1-(1-R_a)\times(1-R_b)$로 구할 수 있다.

## 4과목 건설시공학

1501

**61** Repetitive Learning (1회 2회 3회)

철골용접이음 후 용접부의 내부결함 검출을 위하여 실시하는 검사로서 빠르고 경제적이어서 현장에서 주로 사용하는 초음파를 이용한 비파괴검사법은?

① MT(Magnetic particle Testing)

② UT(Ultrasonic Testing)

③ RT(Radiography Testing)

④ PT(Liquid Penetrant Testing)

해설

- 자분탐상검사(Magnetic particle Testing)는 금속표면의 비교적 낮은 부분의 결함을 발견하기 위해 자력을 이용한다.
- 방사선검사(Radiography Testing)는 방사선을 이용하는 검사방식으로 필름의 밀착성이 좋지 않은 건축물에서 검출이 어렵다.
- 침투탐상검사(Liquid penetrant Testing)는 액체의 모세관현상을 이용한다.

**철골용접 비파괴검사**

㉠ 개요

- 강구조 건축물 용접부의 표면결함 및 내부결함을 검출하는 것으로 한다.
- 표면결함은 육안검사와 침투탐상검사 또는 자분탐상검사로 하며, 내부결함은 초음파탐싱검사 또는 방사선투과검사로 구분하여 적용한다.

㉡ 표면결함 검사

- 외관(육안)검사는 용접을 한 용접공이나 용접관리 기술자가 하는 것이 원칙이다.
- 침투탐상검사(Liquid penetrant Testing)는 액체의 모세관현상을 이용한다.
- 자분탐상검사(Magnetic particle Testing)는 금속표면의 비교적 낮은 부분의 결함을 발견하기 위해 자력을 이용한다.

㉢ 내부결함 검사

- 방사선검사(Radiography Testing)는 필름의 밀착성이 좋지 않은 건축물에서 검출이 어렵다.
- 초음파탐상검사(Ultrasonic Testing)는 인간의 귀로 들을 수 없는 주파수를 갖는 초음파를 사용하여 결함을 검출하는 방법으로, 모재의 결함 및 두께 측정이 가능하고 빠르고 경제적이어서 현장에서 많이 이용한다.

정답 | 61 ②

## 62 Repetitive Learning (1회 2회 3회)

콘크리트 타설 중 동결이 어느 정도 진행된 콘크리트에 새로운 콘크리트를 이어치면 시공불량 이음부가 발생하여 경화 후 누수의 원인 및 철근의 녹 발생 등 내구성에 손상을 일으키는 것은?

① Expansion joint
② Construction joint
③ Cold joint
④ Sliding joint

**해설**

- 신축줄눈(Expansion joint)은 부등침하나 건축물의 수축 등에 생기는 균열이 한 군데로 몰려서 발생하도록 유도하는 이음이다.
- 시공줄눈(Construction joint)은 시공과정에서 어쩔 수 없이 생기는 이음부로 계획된 줄눈이다.
- 미끄럼줄눈(Sliding joint)은 슬래브나 보가 단순지지방식일 때 자유롭게 미끄러질 수 있도록 한 것으로, 이음부의 직각방향에서 하중이 발생될 우려가 있는 곳에 필요한 이음이다.

∷ 대표적인 콘크리트 줄눈의 종류

| 종류 | 특징 |
|---|---|
| 시공줄눈 (Construction joint) | 시공과정에서 어쩔 수 없이 생기는 이음부로 계획된 줄눈 |
| 조절줄눈 (Control joint) | 결함부위로 균열의 집중을 유도하기 위해 균열이 생길 만한 구조물의 부재에 미리 결함부위를 만들어 두는 것 |
| 콜드조인트 (Cold joint) | 먼저 타설된 콘크리트와 나중에 타설되는 콘크리트 사이에 완전히 일체화가 되어 있지 않은 이음으로, 콘크리트 이어붓기에서 발생되는 의도되지 않은 이음 |
| 미끄럼줄눈 (Sliding joint) | 슬래브나 보가 단순지지방식일 때 자유롭게 미끄러질 수 있도록 한 것으로, 이음부의 직각방향에서 하중이 발생될 우려가 있는 곳에 필요한 이음 |

## 63 Repetitive Learning (1회 2회 3회)

공동 도급(Joint Venture)의 장점이 아닌 것은?

① 융자력의 증대
② 위험의 분산
③ 이윤의 증대
④ 시공의 확실성

**해설**

- 공동 도급 방식은 공사경비 증대 가능성이 있는 만큼 이윤은 감소한다.

∷ 공동 도급 방식(Joint venture contract)

㉠ 개요
- 1개 회사가 단독으로 도급을 수행하기에는 규모가 클 경우 또는 복수 공사일 때 2개 이상의 회사가 임시로 결합하여 연대책임으로 공사를 하고 공사 완성 후 해산하는 방식을 말한다.

㉡ 장점
- 각 회사의 상호신뢰와 협조로써 긍정적인 효과를 거둘 수 있다.
- 공사의 진행이 수월하며 위험부담이 분산된다.
- 2 이상의 도급자가 공동으로 기업체를 만들기 때문에 자금부담이 경감된다.
- 신기술 및 신공법을 적용할 경우 상호기술의 확충 및 새로운 경험을 얻을 수 있다.
- 주문자로서는 시공의 확실성을 기대할 수 있다.

㉢ 단점
- 공동 도급 구성원 상호 간의 이해충돌이 발생가능하며, 현장관리가 곤란하다.
- 공사경비가 증대될 수 있다.
- 책임소재가 불명확할 수 있다.

0504

## 64 Repetitive Learning (1회 2회 3회)

흙을 이김에 의해서 약해지는 정도를 나타내는 흙의 성질은?

① 간극비
② 함수비
③ 예민비
④ 항복비

**해설**

- 간극비란 흙 입자의 부피 대비 간극의 부피를 백분율로 표시한 값이다.
- 함수비란 흙 시료 전체의 중량 대비 물의 중량을 백분율로 나타낸 것을 말한다.

∷ 흙의 예민비(Sensitivity ratio)

㉠ 개요
- 흙의 이김에 의해서 약해지는 정도를 표시하는 비를 말한다.
- $\frac{\text{자연시료(불교란시료)의 강도}}{\text{이긴시료(교란시료)의 강도}}$로 구한다.

㉡ 지질에 따른 예민비
- 점토질지반에서 점토를 이기면 자연상태의 강도보다 작아지므로 예민비는 보통 1 이상이며, 점토질 흙을 다지려면 전압식 다짐을 해야 한다.
- 사질지반에서 모래를 이기면 자연상태의 강도보다 커지므로 예민비는 보통 1보다 작으며, 사질 흙을 다지려면 진동식 다짐을 해야 한다.



62 ③ 63 ③ 64 ③ | 정답

0702 / 1401

## 65

Repetitive Learning 1회 2회 3회

철근콘크리트 공사에서 거푸집의 간격을 일정하게 유지시키는 데 사용되는 것은?

① 클램프 ② 쉐어커넥터
③ 세퍼레이터 ④ 인서트

해설

- 클램프는 거푸집의 동바리 연결부를 고정하기 위해 사용하는 전용 철물이다.
- 쉐어커넥터는 강재와 콘크리트와의 합성 구조에서 양자 사이의 전단 응력을 전달하기 위해 바닥판과 보 등에 사용하는 철물이다.
- 인서트는 천장에 부속철재를 고정시키기 위해 콘크리트 속에 매립하는 자재이다.

:: 격리재(Separator)

- 거푸집 공사에서 철판제, 철근제, 파이프제 또는 모르타르제를 사용하여 거푸집 상호 간의 간격을 유지하는 것을 말한다.
- 콘크리트의 측압력을 부담하지 않는다.

## 66

Repetitive Learning 1회 2회 3회

건설의 전 과정에 걸쳐 프로젝트를 보다 효율적이고 경제적으로 수행하기 위하여 각 부문의 전문가들로 구성된 통합관리기술을 발주자에게 서비스하는 것을 무엇이라고 하는가?

① Cost Management
② Cost Manpower
③ Construction Manpower
④ Construction Management

해설

- 통합관리기술을 발주자에게 서비스하는 것을 CM 방식이라고 하며, 이는 Construction Management를 의미한다.

:: 프로젝트 수행방식

- 턴키(Turk-key) 방식 : 모든 요소를 포함한 도급계약 방식으로 건설업자는 대상계획의 기업, 금융, 토지조달, 설계, 시공, 기계기구설치, 시운전 및 조업 지도까지 모든 것을 조달하여 주문자에게 인도하는 방식이다.
- PM(Project Management) 방식 : 사업의 기획단계에서 결과물 인도까지의 계획, 통제, 관리에 필요한 사항을 종합적으로 관리하는 기술을 말한다.
- 파트너링(Partnering) 방식 : 발주자가 직접 설계와 시공에 참여하고 프로젝트 관련자들이 상호 신뢰를 바탕으로 Team을 구성해서 프로젝트의 성공과 상호이익 확보를 공동 목표로 하여 프로젝트를 추진하는 공사수행 방식을 말한다.
- CM(Construction Management) 방식 : 전문가 집단에 의한 설계와 시공을 통합관리하는 방식으로 기획, 설계, 시공, 유지관리의 건설업 전 과정에서 사업수행을 효율적, 경제적으로 수행하기 위해 각 부분 전문가 집단의 통합관리기술을 건축주에게 서비스하는 것으로 발주처와의 계약으로 수행된다.
- BOT(Build Operate Transfer) 방식 : 발주자측이 사업의 공사비를 부담하는 게 아니라 민간수주측이 자본을 대고 준공 후 일정기간 시설물을 운영하여 투자금을 회수하고 차후에 발주자측에 소유권을 이전하는 방식으로 민자고속도로 등이 이에 해당한다.

## 67

Repetitive Learning 1회 2회 3회

공사계약방식 중 직영공사방식에 관한 설명으로 옳은 것은?

① 사회간접자본(SOC : Social Overhead Capital)의 민간투자유치에 많이 이용되고 있다.
② 영리목적의 도급공사에 비해 저렴하고 재료선정이 자유로운 장점이 있으나, 고용기술자 등에 의한 시공관리능력이 부족하면 공사비 증대, 시공상의 결함 및 공기가 연장되기 쉬운 단점이 있다.
③ 도급자가 자금을 조달하고 설계, 엔지니어링, 시공의 전부를 도급받아 시설물을 완성하고 그 시설을 일정기간 운영하는 것으로, 운영수입으로부터 투자자금을 회수한 후 발주자에게 그 시설을 인도하는 방식이다.
④ 수입을 수반한 공공 혹은 공익 프로젝트(유료도로, 도시철도, 발전소 등)에 많이 이용되고 있다.

해설

- ①, ③, ④는 BOT 방식(Build-Operate-Transfer contract)을 설명한 내용이다.

:: 공사실시 방식에 의한 계약제도

㉠ 개요

- 공사실시 방식에 의한 계약제도는 도급 혹은 직영공사방식으로 구분되며, 도급 방식은 분할 도급, 공동 도급, 일식 도급으로 분류된다.

㉡ 종류별 특징

- 분할 도급은 전문공종별, 공정별, 공구별 분할 도급으로 나눌 수 있으며 각기 별도의 도급자를 선정하여 재료, 노무, 현장시공업무 일체를 따로 도급계약을 맺는 방식이다.
- 공동 도급이란 대규모 공사에 대하여 여러 개의 건설회사가 공동출자 기업체를 조직하여 도급하는 방식으로 업체간의 공사수급의 경쟁을 완화하고 위험을 분산시킨다.

정답 | 65 ③ 66 ④ 67 ②

• 일식 도급은 한 공사 전부를 도급자에게 맡겨 재료, 노무, 현장시공업무 일체를 일괄하여 시행시키는 방법으로 공사비가 확정되고 책임한계가 명료하며 공사관리가 용이하다.
• 직영공사는 시공사 없이 건축주가 직접 공사하는 것으로 수속이 줄어들고 임기응변처리가 가능한 이점이 있다.

1202 / 1501

## 68 Repetitive Learning (1회 2회 3회)

흙막이 지지 공법 중 수평버팀대 공법의 특징에 관한 설명으로 옳지 않은 것은?

① 가설구조물이 적어 중장비작업이나 토량제거작업의 능률이 좋다.
② 토질에 대해 영향을 적게 받는다.
③ 인근 대지로 공사범위가 넘어가지 않는다.
④ 고저차가 크거나 상이한 구조인 경우 균형을 잡기 어렵다.

해설

• 수평버팀대 공법은 버팀대(가설구조물)를 현장에 설치하는 관계로 중장비작업이나 토량제거작업의 능률이 저하된다.

수평버팀대 공법 실작 1702/1504
㉠ 개요
• 흙막이 벽의 측압을 수평으로 배치한 버팀대로 받는 공법인 스트러트(SPS) 공법 중 수평버팀대를 사용하는 공법이다.
㉡ 특징
• 토질에 대해 영향을 적게 받는다.
• 인근 대지로 공사범위가 넘어가지 않는다.
• 강재를 전용함에 따라 재료비가 비교적 적게 든다.
• 가설구조물로 인해 중장비작업이나 토량제거작업의 능률이 저하된다.
• 고저차가 있을 경우 균형잡기가 어렵다.

1702

## 69 Repetitive Learning (1회 2회 3회)

지정에 관한 설명으로 옳지 않은 것은?

① 잡석지정 – 기초 콘크리트 타설 시 흙의 혼입을 방지하기 위해 사용한다.
② 모래지정 – 지반이 단단하며 건물이 경량일 때 사용한다.
③ 자갈지정 – 굳은 지반에 사용되는 지정이다.
④ 밑창콘크리트지정 – 잡석이나 자갈 위 기초부분의 먹매김을 위해 사용한다.

해설

• 모래지정은 지반이 연약하고 2m 이내에 굳은 지층이 있을 때 지반을 파내고 모래를 물다짐한 지정이다.

지정
㉠ 개요
• 건물기초를 만들기 전에 여러 건물이 들어설 대지 전체의 지반을 보강하는 것을 말한다.
• 잡석이나 모래, 자갈, 밑창콘크리트, 긴 주춧돌 등을 사용하는 보통지정과 말뚝을 이용하는 말뚝지정으로 구분한다.
㉡ 보통지정
• 잡석지정 : 기초 콘크리트 타설 시 흙의 혼입을 방지하기 위해 화강암, 안산암 등의 잡석을 이용해 만든다.
• 모래지정 : 지반이 연약하고 2m 이내에 굳은 지층이 있을 때 지반을 파내고 모래를 물다짐한 지정이다.
• 자갈지정 : 잡석 대신 모래를 섞은 자갈을 다지는 지정으로 굳은 지반에 사용된다.
• 밑창(버림)콘크리트지정 : 잡석이나 자갈 위 기초부분의 먹매김 또는 저면부를 평탄하게 하기 위해 사용한다.
• 긴주춧돌지정 : 잡석이나 자갈지정 위에 긴 주춧돌을 묻은 다음 콘크리트를 채우는 지정으로 지반이 깊고 말뚝을 사용할 수 없을 때 사용한다.

1401

## 70 Repetitive Learning (1회 2회 3회)

기초공사 시 활용되는 현장타설 콘크리트말뚝 공법에 해당되지 않는 것은?

① 어스드릴(Earth drill) 공법
② 베노토말뚝(Benoto pile) 공법
③ 리버스서큘레이션(Reverse circulation pile) 공법
④ 프리보링(Preboring) 공법

해설

• 프리보링(Preboring) 공법은 말뚝박기의 진동이나 소음을 피하기 위해 말뚝이 박힐 구멍을 미리 오거로 천공해 두고 그 속에 말뚝을 박아 넣는 공법으로 기성콘크리트말뚝 공법에 해당한다.

현장타설 콘크리트말뚝 공법(제자리콘크리트말뚝)
• 긴 말뚝 박기가 곤란하고 굳은 층이 지하 깊이 있을 경우 지반에 구멍을 내고 그 속에 콘크리트를 부어 만드는 말뚝을 말한다.
• 말뚝(Pile)의 종류에는 심플렉스파일, 컴프레솔파일, 페데스탈파일, 레이몬드파일 등이 있다.
• 말뚝 공법에는 어스드릴(Earth drill) 공법, 베노토말뚝(Benoto pile) 공법, 리버스서큘레이션(Reverse circulation pile) 공법, 마이크로파일(Micro pile) 공법 등이 있다.



68 ① 69 ② 70 ④ 정답

1004 / 1202 / 1701

## 71 Repetitive Learning (1회 2회 3회)

네트워크 공정표에서 후속작업의 가장 빠른 개시시간(EST)에 영향을 주지 않는 범위 내에서 한 작업이 가질 수 있는 여유시간을 의미하는 것은?

① 전체여유(TF)
② 자유여유(FF)
③ 간섭여유(IF)
④ 종속여유(DF)

해설

- 요소작업 여유에는 전체여유, 자유여유, 간섭여유가 있다.
- 전체여유는 특정 요소에서 지연이 발생되더라도 전체 공기에 영향을 미치지 않는 최대 지연 허용시간을 말한다.
- 간섭여유는 전체여유와 자유여유의 차이를 말한다.

요소작업 여유(Float)

- 전체여유(TF : Total Float)는 특정 요소에서 지연이 발생되더라도 전체 공기에 영향을 미치지 않는 최대 지연 허용시간을 말한다.
- 자유여유(FF : Free Float)는 후속작업의 가장 빠른 개시시간(EST)에 영향을 주지 않는 범위 내에서 한 작업이 가질 수 있는 여유시간을 말한다.
- 간섭여유(IF : Interfering Float)는 전체여유와 자유여유의 차이를 말한다.

## 72 Repetitive Learning (1회 2회 3회)

표준관입시험의 N치에서 추정이 곤란한 사항은?

① 사질토의 상대밀도와 내부마찰각
② 전단지지층이 사질토지반일 때 말뚝 지지력
③ 점성토의 전단강도
④ 점성토 지반의 투수계수와 예민비

해설

- N값으로 추정가능한 항목은 사질토의 경우 허용지지력, 전단저항력(내부마찰각), 상대밀도, 탄성개수, 점착력 등이며, 점성토의 경우 허용지지력, 전단강도, 압축강도, 연경도 등이다.

표준관입시험(SPT)

㉠ 개요

- 지반조사의 대표적인 현장시험방법이다.
- 보링 구멍 내에 무게 63.5kg의 해머를 높이 76cm에서 낙하시켜 샘플러를 30cm 관입시키는 데 필요한 타격횟수를 측정하는 시험이다.

㉡ 특징 및 N값

- 필요 타격횟수(N값)로 모래지반의 내부마찰각을 구할 수 있다.
- 사질지반에 적용하며, 점토지반에서는 편차가 커서 신뢰성이 떨어진다.
- N값과 상대밀도

| N값 | 0 ~ 4 | 4 ~ 10 | 10 ~ 30 | 30 ~ 50 | 50 이상 |
|---|---|---|---|---|---|
| 상대밀도 | 매우 느슨 | 느슨 | 보통 | 조밀 | 매우 조밀 |

## 73 Repetitive Learning (1회 2회 3회)

금속체 천장틀 공사 시 반자틀의 적정한 간격으로 옳은 것은?(단, 공사시방서가 없는 경우)

① 450mm 정도
② 600mm 정도
③ 900mm 정도
④ 1,200mm 정도

해설

- 반자틀 간격은 공사시방서에 의한다. 공사시방서가 없는 경우는 900mm 정도로 한다.

금속체 천장틀 공사에서 반자틀의 고정

- 반자틀 간격은 공사시방서에 의한다. 공사시방서가 없는 경우는 900mm 정도로 한다.
- 반자틀은 클립을 이용해서 반자틀받이에 고정한다.

1604

## 74 Repetitive Learning (1회 2회 3회)

벽돌벽 두께 1.0B, 벽 높이 2.5m, 길이 8m인 벽면에 소요되는 점토벽돌의 매수는 얼마인가?(단, 규격은 190×90×57mm, 할증은 3%로 하며, 소수점 이하 결과는 올림하여 정수 매로 표기)

① 2,980매
② 3,070매
③ 3,278매
④ 3,542매

정답 | 71 ② 72 ④ 73 ③ 74 ②

해설

- 벽돌벽의 두께가 1.0B이므로 $m^2$당 필요한 벽돌수는 149장이다. 높이가 2.5m, 길이가 8m이므로 $2.5 \times 8 \times 149 \times 1.03 = 3069.4$장이 필요하다.

∷ 벽돌 소요량 계산
- 벽의 두께를 0.5B로 할 경우 $1m^2$의 벽을 만들 때 소요되는 벽돌의 수는, $1m^2$은 $1,000,000mm^2$이므로 $1,000,000 \div \{(190+10)\times(57+10)\} = \frac{1,000,000}{13,400} = 74.626\cdots$이므로 75장이 필요하다.
- 벽의 두께를 1.0B로 할 경우 $1m^2$의 벽을 만들 때 소요되는 벽돌의 수는, $1m^2$은 $1,000,000mm^2$이므로 $1,000,000 \div \{(90+10)\times(57+10)\} = \frac{1,000,000}{6,700} = 149.253\cdots$이므로 149장이 필요하다.
- 벽을 세우는 데 필요한 벽돌수는 벽의 높이 × 길이 × $m^2$당 필요한 벽돌수 × (1 + 할증률)로 구한다.

## 75

Repetitive Learning (1회 2회 3회)

철근 배근 시 콘크리트의 피복두께를 유지해야 되는 가장 큰 이유는?

① 콘크리트의 인장강도 증진을 위하여
② 콘크리트의 내구성, 내화성 확보를 위하여
③ 구조물의 미관을 좋게 하기 위하여
④ 콘크리트 타설을 쉽게 하기 위하여

해설

- 철근 배근 시 콘크리트의 피복두께를 유지하는 이유는 콘크리트의 내화성, 내구성, 부착강도, 유동성을 확보하기 위해서이다.

∷ 철근 피복두께 유지 이유
- 내화성의 확보 : 철근은 고온에서 강도가 저하하므로
- 내구성의 확보 : 중성화를 방지하여 수명을 연장
- 부착강도의 확보 : 콘크리트 허용부착력은 피복두께 1.5cm를 기준
- 유동성의 확보 : 철근과 거푸집 사이 간격에 따라 골재유동이 좌우되므로

1601

## 76

Repetitive Learning (1회 2회 3회)

철골 내화피복 공법의 종류와 사용되는 재료가 올바르게 연결되지 않은 것은?

① 타설 공법 - 경량콘크리트
② 뿜칠 공법 - 암면흡음판
③ 조적 공법 - 경량콘크리트블록
④ 성형판붙임 공법 - ALC판

해설

- 뿜칠 공법은 석면이나 뿜칠암면을 시멘트 등과 혼합하여 사용한다. 암면흡음판은 멤브레인 공법의 재료이다.

∷ 철골 내화피복 공법의 종류와 사용되는 재료
- ㉠ 습식 공법
  - 타설 공법 – 콘크리트, 경량콘크리트
  - 뿜칠 공법 – 석면, 암면
  - 미장 공법 – 철망모르타르, 펄라이트모르타르
  - 조적 공법 – 벽돌, 시멘트벽돌, 경량콘크리트블록
  - 도장 공법 – 내화페인트
- ㉡ 건식 공법
  - 성형판붙임 공법 – ALC석고보드
  - 멤브레인 공법 – 석면흡음판, 암면흡음판

1704

## 77

Repetitive Learning (1회 2회 3회)

철근이음에 관한 설명으로 옳지 않은 것은?

① 철근의 이음부는 구조내력상 취약점이 되는 곳이다.
② 이음 위치는 되도록 응력이 큰 곳을 피하도록 한다.
③ 이음이 한 곳에 집중되지 않도록 엇갈리게 교대로 분산시켜야 한다.
④ 응력 전달이 원활하도록 한 곳에서 철근 수의 반 이상을 이어야 한다.

해설

- 한 곳에서 철근 수의 반 이상을 이어서는 안 된다.

∷ 철근의 이음 실작 1502
- ㉠ 이음 시 주의사항
  - 철근의 이음부는 구조내력상 취약점이 되는 곳이므로 주의를 기울이도록 한다.
  - 이음 위치는 되도록 응력이 큰 곳을 피하도록 한다.
  - 이음이 한 곳에 집중되지 않도록 엇갈리게 교대로 분산시켜야 한다.
  - 한 곳에서 철근 수의 반 이상을 이어서는 안 된다.
  - 철근의 이음길이 허용오차는 소정 길이의 10% 이내가 되게 한다.
- ㉡ 이음방법
  - 철근의 이음방법에는 겹침이음, 용접이음, 기계식이음(나사이음, 슬리브압착이음 및 슬리브충진이음), 가스압접 등이 있다.



75 ② 76 ② 77 ④ 정답

## 78 Repetitive Learning (1회 2회 3회)

강구조물 제작 시 절단 및 개선(그루브) 가공에 관한 일반사항으로 옳지 않은 것은?

① 주요 부재의 강판 절단은 주된 응력의 방향과 압연방향을 직각으로 교차시켜 절단함을 원칙으로 하며 절단작업 착수 전 재단도를 작성해야 한다.
② 강재의 절단은 강재의 형상, 치수를 고려하여 기계절단, 가스절단, 플라즈마절단 등을 적용한다.
③ 절단할 강재의 표면에 녹, 기름, 도료가 부착되어 있는 경우에는 제거 후 절단해야 한다.
④ 용접선의 교차부분 또는 한 부재를 다른 부재에 접합시킬 때 불필요한 접촉을 피하기 위하여 모퉁이따기를 할 경우에는 10mm 이상 둥글게 해야 한다.

**해설**

- 주요 부재의 강판 절단은 주된 응력의 방향과 압연방향을 일치시켜 절단함을 원칙으로 한다.

**강구조물 제작 시 절단 및 개선(그루브) 가공에 관한 일반사항**
- 주요 부재의 강판 절단은 주된 응력의 방향과 압연방향을 일치시켜 절단함을 원칙으로 하며, 절단작업 착수 전 재단도를 작성해야 한다.
- 강재의 절단은 강재의 형상, 치수를 고려하여 기계절단, 가스절단, 플라즈마절단, 레이저절단 등을 적용한다.
- 절단할 강재의 표면에 녹, 기름, 도료가 부착되어 있는 경우에는 제거 후 절단해야 한다.
- 용접선의 교차부분 또는 한 부재를 다른 부재에 접합시킬 때 불필요한 접촉을 피하기 위하여 모퉁이따기를 할 경우에는 10mm 이상 둥글게 해야 한다.

## 79 Repetitive Learning (1회 2회 3회)

보강블록 공사 시 벽 가로근의 시공에 관한 설명으로 옳지 않은 것은?

① 가로근은 배근 상세도에 따라 가공하되, 그 단부는 90°의 갈구리로 구부려 배근한다.
② 모서리에 가로근의 단부는 수평방향으로 구부려서 세로근의 바깥쪽으로 두르고 정착길이는 공사시방서에 정한 바가 없는 한 40d 이상으로 한다.
③ 창 및 출입구 등의 모서리 부분에 가로근의 단부를 수평방향으로 정착할 여유가 없을 때에는 갈구리로 하여 단부 세로근에 걸고 결속선으로 결속한다.
④ 개구부 상하부의 가로근을 양측 벽부에 묻을 때의 정착길이는 40d 이상으로 한다.

**해설**

- 가로근은 배근 상세도에 따라 가공하되 그 단부는 180°의 갈구리로 구부려 배근한다.

**보강블록 가로근 시공**
- 가로근을 블록 조적 중의 소정의 위치에 배근하여 이동하지 않도록 고정한다.
- 우각부, 역T형 접합부 등에서의 가로근은 세로근을 구속하지 않도록 배근하고 세로근과의 교차부를 결속선으로 결속한다.
- 가로근은 배근 상세도에 따라 가공하되 그 단부는 180°의 갈구리로 구부려 배근한다. 철근의 피복두께는 20mm 이상으로 하며, 세로근과의 교차부는 모두 결속선으로 결속한다.
- 모서리에 가로근의 단부는 수평방향으로 구부려서 세로근의 바깥쪽으로 두르고 정착길이는 공사시방서에 정한 바가 없는 한 40d 이상으로 한다.
- 창 및 출입구 등의 모서리 부분에 가로근의 단부를 수평방향으로 정착할 여유가 없을 때에는 갈구리로 하여 단부 세로근에 걸고 결속선으로 결속한다.
- 개구부 상하부의 가로근을 양측 벽부에 묻을 때의 정착길이는 40d 이상으로 한다.

1501

## 80 Repetitive Learning (1회 2회 3회)

터널폼에 대한 설명으로 옳지 않은 것은?

① 거푸집의 전용횟수는 약 10회 정도로 매우 적다.
② 노무 절감, 공기단축이 가능하다.
③ 벽체 및 슬래브 거푸집을 일체로 제작한 거푸집이다.
④ 이 폼의 종류에는 트윈 쉘(Twin shell)과 모노 쉘(Mono shell)이 있다.

**해설**

- 터널폼은 전용성이 우수하여 경제적 전용횟수가 100회 정도이다.

**터널폼(Tunnel Form)**

㉠ 개요
- 벽식 철근콘크리트 구조를 시공할 경우 벽과 바닥의 콘크리트 타설을 한 번에 가능하게 하기 위하여, 벽체용 거푸집과 슬래브 거푸집을 일체로 제작하여 한 번에 설치하고 해체할 수 있도록 한 거푸집이다.
- 아파트, 병원의 병실, 호텔의 객실 등 동일한 형태의 구조물 및 토목공사, 터널 등에 사용된다.
- 종류에는 트윈 쉘(Twin shell)과 모노 쉘(Mono shell)이 있다.

㉡ 특징
- 노무 절감, 공기단축이 가능하다.
- 자재와 원가 절감이 가능하다.
- 거푸집 강성과 전용성(100회)이 우수하다.

정답 | 78 ① 79 ① 80 ①

## 5과목 건설재료학

### 81

Repetitive Learning (1회 2회 3회)

다음 중 석재와 그 용도를 짝지은 것으로 옳지 않은 것은?

① 화강암 : 외장재
② 석회암 : 구조재
③ 대리석 : 내장재
④ 점판암 : 지붕재

해설

- 건축용 구조재로는 주로 화강암, 안산암, 사암이 사용된다.

석회암
- 탄산칼슘($CaCO_3$) 성분으로 이루어진 퇴적암이다.
- 외관이 미려한 것은 대리석이라고 부르기도 한다.
- 시멘트, 석회, 비료, 카바이트 제조 등에 주로 사용된다.

0902

### 82

Repetitive Learning (1회 2회 3회)

다음 중 통풍이 잘 되지 않는 지하실의 미장재료로서 적절하지 않은 것은?

① 시멘트모르타르
② 석고플라스터
③ 킨즈시멘트
④ 돌로마이트플라스터

해설

- 공기의 유통이 나쁜 장소에서는 수경성 재료를 사용해야 한다.
- 돌로마이트플라스터는 대기 중의 이산화탄소와 반응하는 기경성 재료이다.

미장재료의 구분

| 구분 | 내용 |
|---|---|
| 수경성 재료 | • 물을 필요로 하는 미장재료로 지하실과 같이 공기의 유통이 나쁜 장소에서도 사용가능하다.<br>• 시멘트모르타르, 석고플라스터, 인조석바름 등<br>• 장점 : 경화가 빠르고 강도가 크다.<br>• 단점 : 시공이 복잡하고 수축 및 균열이 발생한다. |
| 기경성 재료 | • 이산화탄소와 반응하여 경화되는 미장재료이다.<br>• 회반죽, 흙질, 석회플라스터, 돌로마이트플라스터 등<br>• 장점 : 시공이 용이하다.<br>• 단점 : 경화가 느리고 강도가 작다. |

1001

### 83

Repetitive Learning (1회 2회 3회)

암석의 구조를 나타내는 용어에 대한 설명 중 옳지 않은 것은?

① 절리란 암석 특유의 천연적으로 갈라진 금을 말하며, 규칙적인 것과 불규칙적인 것이 있다.
② 층리란 퇴적암 및 변성암에 나타나는 퇴적할 당시의 지표면과 방향이 거의 평행한 절리를 말한다.
③ 석리란 암석이 가장 쪼개지기 쉬운 면을 말하며, 절리보다 불분명하지만 방향이 대체로 일치되어 있다.
④ 편리란 변성암에 생기는 절리로서 방향이 불규칙하고 얇은 판자모양으로 갈라지는 성질을 말한다.

해설

- 석리는 조암광물의 집합상태에 따라 생기는 암석조직상의 갈라진 금을 말한다.
- 암석이 가장 쪼개지기 쉬운 면을 말하며, 절리보다 불분명하지만 방향이 대체로 일치되어 있는 것은 석목에 대한 설명이다.

암석의 구조

| 구분 | 설명 |
|---|---|
| 절리 | 암석 특유의 천연적으로 갈라진 금을 말하며, 규칙적인 것과 불규칙적인 것이 있다. |
| 층리 | 퇴적암 및 변성암에 나타나는, 퇴적할 당시의 지표면과 방향이 거의 평행한 절리를 말한다. |
| 석목 | 암석이 가장 쪼개지기 쉬운 면을 말하며, 절리보다 불분명하지만 방향이 대체로 일치되어 있다. |
| 석리 | 조암광물의 집합상태에 따라 생기는 암석조직상의 갈라진 금을 말한다. |
| 편리 | 변성암에 생기는 절리로서 방향이 불규칙하고 얇은 판자 모양으로 갈라지는 성질을 말한다. |

1004

### 84

Repetitive Learning (1회 2회 3회)

도료의 건조제(Dryer) 중 상온에서 기름에 용해되는 건조제가 아닌 것은?

① 붕산망간
② 이산화망간($MnO_2$)
③ 초산염
④ 코발트의 수지산

해설

- 코발트의 수지산은 가열하여 기름에 용해되는 건조제로, 코발트의 수지산 외에도 망간, 연(Pb) 등이 있다.

81 ② 82 ④ 83 ③ 84 ④ | 정답

**건조제(Dryer)**

㉠ 개요
- 수지에 가하여 산화 또는 중합을 촉진시켜 건조시간을 단축시키는 보조재료를 말한다.
- 건조제는 상온에서 기름에 용해되는 건조제와 가열하여 기름에 용해되는 건조제로 구분할 수 있다.

㉡ 건조제의 구분과 종류
- 상온에서 기름에 용해되는 건조제에는 리사지, 일산화연 및 연단, 초산염, 이산화망간, 분산망간, 수산망간 등이 있다.
- 가열하여 기름에 용해되는 건조제에는 연, 망간, 코발트의 수지산 또는 지방산의 염류 등이 있다.

1002 / 1601 / 1802

## 85

Repetitive Learning 1회 2회 3회

목재의 방부 처리법 중 압력용기 속에 목재를 넣어서 처리하는 방법으로 가장 신속하고 효과적인 것은?

① 가압주입법 ② 생리적 주입법
③ 표면탄화법 ④ 침지법

해설
- 압력탱크에서 압력을 이용하여 약액을 목재에 주입하는 방법은 가압주입법이다.
- 생리적 주입법은 방부용액을 뿌리에 주입하는 방법이다.

**목재의 방부처리법**

㉠ 침지법
- 목재를 방부용액에 담가 공기를 차단하여 방부처리하는 방법이다.
- 방부용액은 주로 크레오소트유를 사용한다.

㉡ 도포법
- 충분히 건조된 목재에 약재를 도포하여 방부처리하는 방법이다.
- 방부용액은 크레오소트유, 아스팔트 방부칠 등이 사용된다.

㉢ 주입법
- 방부용액을 목재에 수입하여 방부처리하는 방법이다.
- 주입하는 방법에 따라 상압주입법, 가압주입법, 생리적 주입법 등이 있다.
- 가압주입법은 압력용기 속에 목재를 넣어서 처리하는 방법으로 신속하고 효과적인 방법이다.
- 방부용액은 크레오소트유, PCP 등이 사용된다.

㉣ 표면탄화법
- 목재의 표면을 태워서 방부처리하는 방법이다.

1202

## 86

Repetitive Learning 1회 2회 3회

조이너(Joiner)의 설치목적으로 옳은 것은?

① 벽, 기둥 등의 모서리에 미장 바름의 보호
② 인조석 깔기에서의 신축균열방지나 의장효과
③ 천장에 보드를 붙인 후 그 이음새를 감추기 위한 목적
④ 환기구멍이나 라디에이터의 덮개역할

해설
- ①은 코너비드의 설치목적이다.
- ②는 줄눈대 혹은 사춤대의 설치목적이다.
- ④는 펀칭메탈의 설치목적이다.

**조이너(Joiner)**
- 보드 붙임의 조인트 부분에 부착하여 이음새를 감추고 누르는 목적으로 사용하는 가는 막대 모양의 알루미늄제나 플라스틱제의 줄눈재를 말한다.
- 천장, 벽 등에 보드류를 붙이는 것으로 아연도금철판제·경금속제·황동제의 얇은 판을 프레스한 제품이다.

## 87

Repetitive Learning 1회 2회 3회

목재의 나뭇결 중 아래의 설명에 해당하는 것은?

| 나이테에 직각방향으로 켠 목재면에 나타나는 나뭇결로, 일반적으로 외관이 아름답고 수축변형이 적으며 마모율도 낮다. |
|---|

① 무늿결
② 곧은결
③ 널결
④ 엇결

해설
- 곧은결은 목재를 나이테에 직각 방향으로 켤 경우 나타나는 평행선의 나뭇결로 널결재에 비해 수축변형과 마모율이 적다.

**목재의 신축**

㉠ 곧은결과 널결
- 곧은결은 목재를 나이테에 직각 방향으로 켤 경우 나타나는 평행선의 나뭇결로 널결재에 비해 수축변형과 마모율이 적다.
- 널결은 목재를 나이테에 접선 방향으로 켤 경우 나타나는 곡선의 나뭇결로 널결재는 결이 거칠고 불규칙하다.

㉡ 특징
- 곧은결 폭보다 널결 폭이 신축의 정도가 크다.
- 목재의 밀도가 클수록 신축이 크다.
- 섬유 방향은 거의 수축하지 않는다.
- 변재는 심재보다 수축률 및 팽창률이 일반적으로 크고 강도가 작다.
- 수종에 따라 수축률 및 팽창률에 상당한 차이가 있다.
- 수축이 과도하거나 고르지 못하면 할렬, 비틀림 등이 생긴다.

정답 | 85 ① 86 ③ 87 ②

1702 / 2101 / 2102

## 88

Repetitive Learning 1회 2회 3회

점토벽돌 1종의 압축강도는 최소 얼마 이상인가?

① 17.85MPa
② 19.53MPa
③ 20.59MPa
④ 24.50MPa

해설

- 1종의 경우 압축강도는 24.50[MPa] 이상이고, 흡수율은 10[%] 이하이다.

**점토벽돌**

- 품질기준은 KS L 4201에서 규정한다.
- 점토벽돌의 종류는 품질에 따라 크게 미장벽돌과 유약벽돌로 구분할 수 있다.
- 보통벽돌의 소성온도는 900~1,000℃ 이상이다.
- 점토벽돌이 적색 또는 적갈색을 띠는 것은 점토 중에 포함된 산화철(FeO)분에 기인한다.
- 벽돌의 품질

| 품질 | 종류 | |
|---|---|---|
| | 1종 | 2종 |
| 흡수율[%] | 10 이하 | 15 이하 |
| 압축강도[MPa] | 24.50 | 14.70 |

- 벽돌의 치수 및 허용차[단위 : mm]

| 항목 | 구분 | | |
|---|---|---|---|
| | 길이 | 너비 | 두께 |
| 치수 | 190<br>205 | 90<br>90 | 57<br>75 |
| 허용차 | ±5.0 | ±3.0 | ±2.5 |

1604 / 1902

## 89

Repetitive Learning 1회 2회 3회

콘크리트의 건조수축에 관한 설명으로 옳지 않은 것은?

① 시멘트의 제조성분에 따라 수축량이 다르다.
② 골재의 성질에 따라 수축량이 다르다.
③ 시멘트양의 다소에 따라 일반적으로 수축량이 다르다.
④ 된 비빔일수록 수축량이 많다.

해설

- 단위수량은 가장 큰 영향을 미치는 인자로 콘크리트의 건조수축을 적게 하기 위해서 배합 시 가능한 한 단위수량을 적게 한다.

**콘크리트의 건조수축 인자**

- 가장 큰 영향을 미치는 인자로 콘크리트의 건조수축을 적게 하기 위해서 배합 시 가능한 한 단위수량을 적게 한다.
- 콘크리트의 습윤양생기간은 건조수축에 큰 영향을 미치지 않는다.
- 시멘트의 화학성분이나 분말도 및 시멘트양에 따라 건조수축량은 변화한다.
- 사암이나 점판암을 골재로 이용한 콘크리트는 수축량이 크고, 석영, 석회암을 이용한 것은 작다.
- 골재 중에 포함된 미립분이나 점토, 실트는 일반적으로 건조수축을 증대시킨다.

## 90

Repetitive Learning 1회 2회 3회

도장재료 중 래커(Lacquer)에 관한 설명으로 옳지 않은 것은?

① 내구성은 크나 도막이 느리게 건조된다.
② 클리어래커는 투명래커로 도막은 얇으나 견고하고 광택이 우수하다.
③ 클리어래커는 내후성이 좋지 않아 내부용으로 주로 쓰인다.
④ 래커에나멜은 불투명 도료로서 클리어래커에 안료를 첨가한 것을 말한다.

해설

- 래커는 도막이 견고하고, 광택이 좋으며, 건조속도가 빠르나 도막이 얇고 부착력이 약하다.

**다양한 도료**

| | |
|---|---|
| 염화비닐수지 도료 | 폴리염화비닐을 주성분으로 하며 자연에서 용제가 증발하여 표면에 피막이 형성되어 굳는 도료 |
| 합성수지 스프레이 코팅제 | 합성수지를 용제에 녹여서 착색제를 혼입하여 만든 재료로 건조가 빠르고 내화학성, 내후성, 내식성 및 치장효과 |
| 합성수지 에멀션페인트 | 용제로 물을 사용하며 다양한 색채가 가능한 외부(마감)용 수성페인트로 콘크리트 면의 도장에 주로 사용 |
| 래커에나멜 | 뉴트로셀룰로오스 등의 천연수지를 이용한 자연 건조형으로 건조속도가 빨라 단시간에 도막이 형성 |
| 클리어래커 | 은폐력이 없는 투명 래커로 목재바탕의 무늬를 살리기에 적합 |
| 징크로메이트 (Zincromate) 도료 | 크롬산아연을 안료로 하고, 알키드수지를 전색제로 한 것으로서 알루미늄 녹막이 초벌칠에 적당한 방청도료 |
| 프탈산수지 에나멜 | 석유를 원료로 한 무수프탈산과 글리세린을 반응시킨 것으로 내알칼리성이 매우 약한 특성 |
| 셀락니스 | 무색 투명하고 내후성이 약한 천연 니스(곤충분비물)로 목공마감재로는 목부의 옹이땜질, 송진막이, 스밈막이 등에 사용 |



88 ④ 89 ④ 90 ① 정답

## 91

Repetitive Learning (1회 2회 3회)

강은 탄소 함유량의 증가에 따라 인장강도가 증가하지만 어느 이상이 되면 다시 감소한다. 이때 인장강도가 가장 큰 시점의 탄소함유량은?

① 약 0.9%　② 약 1.8%
③ 약 2.7%　④ 약 3.6%

해설

- 강은 탄소 함유량이 1.7% 이하의 것으로 탄소함유량 0.9% 정도에서 인장강도가 가장 크다.
- 탄소 함유량 1.7% 이상의 것은 철이라고 한다.

강의 종류와 성질, 용도

| 종류 | 종류 | | | 용도 |
|---|---|---|---|---|
| | 탄소함유량(%) | 인장강도 ($kg/mm^2$) | 연신율 (%) | |
| 극연강 | 0.12 | 36~42 | 30~40 | 리벳, 철선 |
| 연강 | 0.13~0.2 | 38~48 | 24~36 | 조선, 교량 |
| 반연강 | 0.2~0.3 | 44~55 | 22~32 | 건축, 강철판 |
| 반경강 | 0.3~0.4 | 50~60 | 17~30 | 레일 |
| 경강 | 0.4~0.5 | 58~70 | 14~26 | 공구, 실린더 |

1401

## 92

Repetitive Learning (1회 2회 3회)

도료의 저장 중 또는 용기 내 방치 시 도료의 표면에 피막이 형성되는 현상의 발생 원인과 가장 관계가 먼 것은?

① 피막방지제의 부족이나 건조제가 과잉일 경우
② 용기 내에 공간이 커서 산소의 양이 많을 경우
③ 부적당한 시너로 희석하였을 경우
④ 사용 잔량을 뚜껑을 열어둔 채 방치하였을 경우

해설

- 부적당한 시너로 희석할 경우는, 도료의 광택이 불량하거나 도료의 저장 중 점도가 상승하거나 또는 겔(Gel)화될 때의 원인이다.

피막(Skinning)

- 도료를 저장 중 또는 방치할 때 도료 표면에 피막이 발생하는 현상을 말한다.
- 뚜껑의 봉합이 불량하거나 용기 내 공간에 산소의 양이 많을 경우, 건조제가 과잉된 경우에 발생한다.
- 뚜껑의 봉합을 철저히 하거나, 표면에 신나나 물을 붓고 나서 보관하는 등의 대책이 필요하다.

## 93

Repetitive Learning (1회 2회 3회)

다음 중 무기질 단열재에 해당하는 것은?

① 발포폴리스티렌 보온재
② 셀룰로즈 보온재
③ 규산칼슘판
④ 경질폴리우레탄폼

해설

- 규산칼슘판은 유리면, 암면, 세라믹섬유와 함께 무기질 단열재료에 속한다.

단열재료의 구분

| 무기질 단열재료 | 유기질 단열재료 |
|---|---|
| 유리면<br>암면<br>세라믹섬유<br>펄라이트판<br>규산칼슘판<br>경량기포콘크리트 | 연질섬유판<br>경질우레판폼<br>폴리스티렌폼<br>셀룰로즈섬유판 |

0604

## 94

Repetitive Learning (1회 2회 3회)

골재의 함수상태에 따른 질량이 다음과 같을 경우 표면수율은?

- 절대건조상태 : 490g
- 표면건조상태 : 500g
- 습윤상태 : 550g

① 2%
② 3%
③ 10%
④ 15%

해설

- 습윤상태의 중량이 550g이고, 표건상태의 중량은 500g이다.
- 표면수율 = $\frac{550-500}{500}=0.1$로 10.0[%]이다.

흡수율과 표면수율

㉠ 흡수율

- 흡수율은 흡수량(표면건조상태와 절대건조상태의 중량 차) 대비 절대건조상태의 중량비를 백분율로 나타낸 것이다.
- 흡수율 = $\frac{\text{표면건조상태}-\text{절대건조상태}}{\text{절대건조상태}}\times 100$[%]이다.

㉡ 표면수율

- 표면수율이란 표면수량(습윤상태와 표건상태의 중량 차) 대비 표면건조상태의 중량비를 백분율로 나타낸 것이다.
- 표면수율 = $\frac{\text{습윤상태}-\text{표면건조상태}}{\text{표면건조상태}}\times 100$[%]이다.

정답 | 91 ① 92 ③ 93 ③ 94 ③

## 95

Repetitive Learning (1회 2회 3회)

아스팔트의 물리적 성질에 관한 설명으로 옳은 것은?

① 감온성은 블론아스팔트가 스트레이트아스팔트보다 크다.
② 연화점은 블론아스팔트가 스트레이트아스팔트보다 낮다.
③ 신장성은 스트레이트아스팔트가 블론아스팔트보다 크다.
④ 점착성은 블론아스팔트가 스트레이트아스팔트보다 크다.

해설

• 블론아스팔트는 스트레이트아스팔트에 비해 연화점만 더 크고 나머지(신율, 점착성, 방수성, 침투성)는 떨어진다.

**아스팔트의 물리적 성질**

㉠ 개요
• 아스팔트의 물리적 성질(침입도, 점도, 경도, 연신도)에 가장 큰 영향을 주는 것은 온도이다.
• 방수용 아스팔트의 양부를 판별하는 주요 성질이다.

| 침입도 (Penetration) | 아스팔트의 컨시스턴시, 견고성 정도를 평가하는 것이다. |
|---|---|
| 연화점 | 아스팔트를 가열했을 때 연해져 유동성이 생기는 온도를 말한다. |
| 신도(伸度) | 아스팔트의 늘어나는 정도를 말한다. |
| 감온성 | 아스팔트의 온도에 의한 반죽질기가 변화하는 정도 |

㉡ 일반사항
• 아스팔트를 용융시키는 온도는 아스팔트의 연화점에 140℃를 더한 것을 최고한도로 한다.
• 아스팔트프라이머를 도포하고 건조한 후 아스팔트루핑의 붙임작업을 행한다.
• 한랭지에서 사용하는 방수공사용 아스팔트의 침입도는 큰 쪽이 좋다.
• 아스팔트의 침입도와 연화점은 서로 반비례하는 관계를 가진다.

## 96

Repetitive Learning (1회 2회 3회)

지붕공사에 사용되는 아스팔트싱글 제품 중 단위중량이 10.3kg/$m^2$ 이상 12.5kg/$m^2$ 미만인 것은?

① 경량아스팔트싱글 ② 일반아스팔트싱글
③ 중량아스팔트싱글 ④ 초중량아스팔트싱글

해설

• 아스팔트싱글은 단위중량에 따라 일반, 중량, 초중량으로 구분한다.
• 중량아스팔트싱글은 단위중량이 12.5kg/$m^2$ 이상 14.2kg/$m^2$ 미만인 아스팔트싱글 제품이다.
• 초중량아스팔트싱글은 단위중량이 14.2kg/$m^2$ 이상인 아스팔트싱글 제품이다.

**아스팔트싱글의 분류**

| 일반아스팔트싱글 | 단위중량이 10.3kg/$m^2$ 이상 12.5kg/$m^2$ 미만인 아스팔트싱글 제품 |
|---|---|
| 중량아스팔트싱글 | 단위중량이 12.5kg/$m^2$ 이상 14.2kg/$m^2$ 미만인 아스팔트싱글 제품 |
| 초중량아스팔트싱글 | 단위중량이 14.2kg/$m^2$ 이상인 아스팔트싱글 제품 |

## 97

Repetitive Learning (1회 2회 3회)

조기강도가 아주 크고 초기 수화발열이 커서 긴급공사나 동절기 공사에 가장 적합한 시멘트는?

① 알루미나시멘트 ② 보통포틀랜드시멘트
③ 고로시멘트 ④ 실리카시멘트

해설

• 보통포틀랜드시멘트는 석회(CaO)와 점토를 주성분으로 실리카($SiO_2$), 알루미나($Al_2O_3$), 산화철($Fe_2O_3$) 등을 첨가하여 만든 가장 많이 사용하는 시멘트이다.
• 고로시멘트는 해수에 대한 내식성이 커 해수·공장폐수·하수 등에 접하는 콘크리트에 적합하다.
• 실리카시멘트는 초기강도는 작으나 장기강도는 커 주로 단면이 큰 구조물, 해안공사 등에 사용된다.

**알루미나시멘트**

㉠ 개요
• 보크사이트와 석회석을 원료로 하며 조강포틀랜드시멘트에 사용된다.
• 내화성이 풍부하므로 내화용 콘크리트에 적합하다.

㉡ 특징
• 산에 약하고 알칼리에 강한 특성을 갖는다.
• 강도 발현속도가 매우 빠른 특성을 가져 조기강도는 크나 장기강도는 저하되는 단점을 갖는다.
• 수화작용 시 발열량이 매우 커 -10℃의 한중공사에 이용된다.

0701 / 1102 / 1401

## 98

Repetitive Learning 

시멘트의 분말도에 대한 설명 중 옳지 않은 것은?

① 분말도가 클수록 수화반응이 촉진된다.
② 분말도가 클수록 초기강도는 작으나 장기강도는 크다.
③ 분말도가 클수록 시멘트 분말이 미세하다.
④ 분말도가 너무 크면 풍화되기 쉽다.



95 ③ 96 ② 97 ① 98 ② 정답

해설

- 분말도가 클수록 물에 접촉하는 면적이 커지므로 수화작용이 촉진되어 콘크리트의 초기강도가 커지고 그 이후의 강도도 증가한다.

**시멘트의 분말도**

㉠ 개요
- 비표면적으로 시멘트 입자의 굵고 가는 정도를 나타낸다.
- 분말도는 시멘트의 성능 중 수화반응, 블리딩, 초기강도 등에 크게 영향을 준다.
- 시멘트 분말도의 시험방법에는 체분석법, 피크노메타법, 브레인법 등이 있다.

㉡ 분말도가 클수록 = 분말이 미세할수록
- 물에 접촉하는 면적이 커지므로 수화작용이 촉진되어 콘크리트의 초기강도가 커지고 그 이후의 강도도 증가한다.
- 열의 발생도 많아지고, 시멘트 페이스트의 점성과 워커빌리티 및 수밀성이 향상된다.
- 컨시스턴시와 블리딩은 작아진다.
- 너무 커지면 풍화되기 쉽고 또한 사용 후 균열이 발생하기 쉽다.

1302 / 1504

## 99 Repetitive Learning (1회 2회 3회)

일반적으로 단열재에 습기나 물기가 침투하면 어떤 현상이 발생하는가?

① 열전도율이 높아져 단열성능이 좋아진다.
② 열전도율이 높아져 단열성능이 나빠진다.
③ 열전도율이 낮아져 단열성능이 좋아진다.
④ 열전도율이 낮아져 단열성능이 나빠진다.

해설

- 단열재는 다공성 재료가 많은데 단열재에 습기나 물기가 침투하면 열전도율이 높아져 단열성능이 떨어진다.

**단열재**

㉠ 개요
- 열이 흐르는 물체의 전열저항을 크게 하여 열 흐름을 적게 하는 것을 말한다.
- 단열재는 다공성 재료가 많은데 단열재에 습기나 물기가 침투하면 열전도율이 높아져 단열성능이 떨어진다.

㉡ 구비조건
- 열전도율이 낮고 비중이 작을 것
- 흡수율이 낮을 것
- 내화성 및 내부식성이 좋을 것
- 경제적이고 어느 정도의 기계적인 강도가 있을 것

1601

## 100 Repetitive Learning (1회 2회 3회)

킨즈시멘트 제조 시 무수석고의 경화를 촉진시키기 위해 사용하는 혼화재료는?

① 규산백토
② 플라이애쉬
③ 화산회
④ 백반

해설

- 경석고플라스터에서는 경화촉진제로 산성인 백반을 사용하여 금속을 녹슬게 하므로 금속에 사용할 경우 방수처리가 필요하다.

**석고플라스터**

㉠ 개요
- 고온소성의 무수석고를 혼화재, 접착제, 응결시간조절제 등과 혼합한 수경성 미장재료이다.

㉡ 특징
- 비교적 강도가 크고, 부착은 양호하나, 강재를 녹슬게 하는 성분을 포함한다.
- 건조 시 무수축성의 성질을 가져 치수 안정성이 우수하다.
- 여물(Hair)이 필요 없는 미장재료로 내화성이 높고 경화시간이 극히 짧다.
- 물에 용해되는 성질이 있어 물을 사용하는 장소에는 부적합하다.

㉢ 경석고와 소석고의 비교

| 구분 | 내용 |
|---|---|
| 경석고 | • 석고원석을 고온(500 ~ 1,900℃)에서 가열한 후 불순석고를 첨가하여 다시 가열한 것이다.<br>• 경화촉진제로 백반을 사용한다.<br>• 킨즈시멘트라고도 한다.<br>• 경화속도는 느리지만, 경화되면 강도는 더 높다.<br>• 굳기 시작한 것도 다시 사용할 수 있다. |
| 소석고 | • 순수한 석고를 분쇄한 후 가루를 가열(150 ~ 190℃), 불순물을 제거한 것이다.<br>• 경석고보다 응결속도가 빠르다.<br>• 굳기 시작하면 다시 사용할 수 없다. |

정답 | 99 ② 100 ④

1104 / 1701

## 101 — Repetitive Learning 1회 2회 3회

크레인의 운전실 또는 운전대를 통하는 통로의 끝과 건설물 등의 벽체의 간격은 최대 얼마 이하로 하여야 하는가?

① 0.2m ② 0.3m
③ 0.4m ④ 0.5m

해설

- 크레인의 운전실 또는 운전대를 통하는 통로의 끝과 건설물 등의 벽체의 간격, 크레인 거더(Girder)의 통로 끝과 크레인 거더의 간격, 크레인 거더의 통로로 통하는 통로의 끝과 건설물 등의 벽체의 간격은 모두 0.3m 이하로 하여야 한다.

:: 크레인 관련 건설물 등의 벽체와 통로의 간격 등

| | |
|---|---|
| 0.6m 이상 | 주행 크레인 또는 선회 크레인과 건설물 또는 설비와의 사이의 통로 폭 |
| 0.4m 이상 | 주행 크레인 또는 선회 크레인과 건설물 또는 설비와의 사이의 통로 중 건설물의 기둥에 접촉하는 부분 |
| 0.3m 이하 | • 크레인의 운전실 또는 운전대를 통하는 통로의 끝과 건설물 등의 벽체의 간격<br>• 크레인 거더(Girder)의 통로 끝과 크레인 거더의 간격<br>• 크레인 거더의 통로로 통하는 통로의 끝과 건설물 등의 벽체의 간격 |

## 102 — Repetitive Learning 1회 2회 3회

해체공사 시 작업용 기계기구의 취급 안전기준에 관한 설명으로 옳지 않은 것은?

① 철제해머와 와이어로프의 결속은 경험이 많은 사람으로서 선임된 자에 한하여 실시하도록 하여야 한다.
② 팽창제 천공간격은 콘크리트 강도에 의하여 결정되나 70~120cm 정도를 유지하도록 한다.
③ 쐐기타입으로 해체 시 천공구멍은 타입기 삽입부분의 직경과 거의 같아야 한다.
④ 화염방사기로 해체작업 시 용기 내 압력은 온도에 의해 상승하기 때문에 항상 40℃ 이하로 보존해야 한다.

해설

- 팽창압을 이용한 파쇄공법에서 천공간격은 콘크리트 강도에 의하여 결정되나 30~70cm 정도를 유지하도록 한다.

:: 광물의 수화반응에 의한 팽창압을 이용하여 파쇄하는 공법
- 팽창제와 물과의 시방 혼합비율을 확인하여야 한다.
- 천공직경이 너무 작거나 크면 팽창력이 작아 비효율적이므로, 천공 직경은 30~50mm 정도를 유지하여야 한다.
- 천공간격은 콘크리트 강도에 의하여 결정되나 30~70cm 정도를 유지하도록 한다.
- 팽창제를 저장하는 경우에는 건조한 장소에 보관하고 직접 바닥에 두지 말고 습기를 피하여야 한다.
- 개봉된 팽창제는 사용하지 말아야 하며 쓰다 남은 팽창제 처리에 유의하여야 한다.

0601 / 0701 / 1701

## 103 — Repetitive Learning 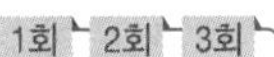

굴착과 싣기를 동시에 할 수 있는 토공기계가 아닌 것은?

① Power shovel
② Tractor shovel
③ Back hoe
④ Motor grader

해설

- 백호우와 셔블계 건설기계(파워셔블, 트랙터 셔블 등)는 굴착과 함께 싣기가 가능한 토공기계이다.

:: 모터그레이더(Motor grader) 실작 1801/1602/1501
- 자체 동력으로 움직이는 그레이더로 2개의 바퀴 축 사이에 회전날이 달려있어 땅을 평평하게 할 때 사용되는 기계이다.
- 스캐리파이어(Scarifier), 배토판 등으로 구성되어 있다.
- 정지작업, 자갈길의 유지 보수, 도로 건설 시 측구 굴착, 초기 제설 등에 적합한 기계이다.

## 104 — Repetitive Learning 1회 2회 3회

사업주가 유해·위험방지계획서 제출 후 건설공사 중 6개월 이내마다 안전보건공단의 확인사항을 받아야 할 내용이 아닌 것은?

① 유해·위험방지계획서의 내용과 실제공사 내용이 부합하는지 여부
② 유해·위험방지계획서 변경내용의 적정성
③ 자율안전관리업체 유해·위험방지계획서 제출·심사 면제
④ 추가적인 유해·위험요인의 존재 여부



101 ② 102 ② 103 ④ 104 ③ 정답

해설

- 유해·위험방지계획서 제출 후 확인받을 내용은 유해·위험방지계획서의 내용과 실제 공사내용이 부합하는지 여부, 유해·위험방지계획서 변경내용의 적정성, 추가적인 유해·위험요인의 존재 여부 등이다.

유해·위험방지계획서의 확인

- 유해·위험방지계획서를 제출한 사업주는 해당 건설물·기계·기구 및 설비의 시운전단계에서 건설공사 중 6개월 이내마다 공단의 확인을 받아야 한다.
- 확인받을 내용은 유해·위험방지계획서의 내용과 실제 공사내용이 부합하는지 여부, 유해·위험방지계획서 변경내용의 적정성, 추가적인 유해·위험요인의 존재 여부 등이다.

0604 / 1602

## 105 Repetitive Learning (1회 2회 3회)

콘크리트 타설 시 거푸집 측압에 대한 설명으로 옳지 않은 것은?

① 기온이 높을수록 측압은 크다.
② 타설 속도가 클수록 측압은 크다.
③ 슬럼프가 클수록 측압은 크다.
④ 다짐이 과할수록 측압은 크다.

해설

- 온도가 낮을수록 콘크리트 측압은 커진다.

콘크리트 측압 실필 1104

- 콘크리트의 타설 속도가 빠를수록 측압이 크다.
- 콘크리트 비중이 클수록 측압이 크다.
- 진동기를 사용하면 다짐이 충분해지므로 측압은 커진다.
- 슬럼프(Slump)가 크고, 배합이 좋을수록 크다.
- 거푸집의 수평단면이 클수록 측압은 크다.
- 거푸집의 강성이 클수록 측압은 크다.
- 벽 두께가 두꺼울수록 측압은 커진다.
- 습도가 높을수록 측압은 커지고, 온도가 낮을수록 측압은 커진다.
- 철근량이 적을수록 측압은 커진다.
- 부배합이 빈배합보다 측압이 크다.
- 조강시멘트 등을 활용하면 측압은 작아진다.

0604 / 1504

## 106 Repetitive Learning (1회 2회 3회)

달비계에 사용이 불가한 와이어로프의 기준으로 옳지 않은 것은?

① 이음매가 있는 것
② 와이어로프의 한 꼬임에서 끊어진 소선의 수가 7% 이상인 것
③ 지름의 감소가 공칭지름의 7%를 초과하는 것
④ 심하게 변형되거나 부식된 것

해설

- 와이어로프의 한 꼬임에서 끊어진 소선(素線)의 수가 10% 이상이어야 달비계 와이어로프 사용금지 대상에 포함된다.

달기구 및 크레인 등의 양중기, 항타기, 항발기에서 사용하는 와이어로프의 사용금지 규정 실필 1602/1502/0901 실작 1804/1502

- 이음매가 있는 것
- 와이어로프의 한 꼬임{(스트랜드(Strand)}에서 끊어진 소선(素線)의 수가 10% 이상인 것
- 지름의 감소가 공칭지름의 7%를 초과하는 것
- 꼬인 것
- 심하게 변형되거나 부식된 것
- 열과 전기충격에 의해 손상된 것

1304 / 1601

## 107 Repetitive Learning (1회 2회 3회)

구축물에 안전진단 등 안전성 평가를 실시하여 근로자에게 미칠 위험성을 미리 제거하여야 하는 경우가 아닌 것은?

① 구축물 또는 이와 유사한 시설물이 인근에서 굴착·항타작업 등으로 침하·균열 등이 발생하여 붕괴의 위험이 예상될 경우
② 구조물, 건축물, 그 밖의 시설물이 그 자체의 무게·적설·풍압 또는 그 밖에 부가되는 하중 등으로 붕괴 등의 위험이 있을 경우
③ 화재 등으로 구축물 또는 이와 유사한 시설물의 내력(耐力)이 심하게 저하되었을 경우
④ 구축물의 구조체가 과도한 안전 측으로 설계가 되었을 경우

해설

- 구축물에 안전진단 등 안전성 평가를 실시하여 근로자에게 미칠 위험성을 미리 제거하여야 하는 경우는 ①, ②, ③ 외에 구축물 또는 이와 유사한 시설물에 지진, 동해(凍害), 부동침하(不同沈下) 등으로 균열·비틀림 등이 발생하였을 경우와 오랜 기간 사용하지 아니하던 구축물 또는 이와 유사한 시설물을 재사용하게 되어 안전성을 검토하여야 하는 경우 등이 있다.

정답 | 105 ① 106 ② 107 ④

:: 구축물 또는 이와 유사한 시설물의 안전성 평가를 통해 위험성을 미리 제거해야 하는 경우 실필 1902/1602/1302/1204/1101/1004

- 구축물 또는 이와 유사한 시설물의 인근에서 굴착·항타작업 등으로 침하·균열 등이 발생하여 붕괴의 위험이 예상될 경우
- 구축물 또는 이와 유사한 시설물에 지진, 동해(凍害), 부동침하(不同沈下) 등으로 균열·비틀림 등이 발생하였을 경우
- 구조물, 건축물, 그 밖의 시설물이 그 자체의 무게·적설·풍압 또는 그 밖에 부가되는 하중 등으로 붕괴 등의 위험이 있을 경우
- 화재 등으로 구축물 또는 이와 유사한 시설물의 내력(耐力)이 심하게 저하되었을 경우
- 오랜 기간 사용하지 아니하던 구축물 또는 이와 유사한 시설물을 재사용하게 되어 안전성을 검토하여야 하는 경우
- 그 밖의 잠재위험이 예상될 경우

## 108 — Repetitive Learning 1회 2회 3회

다음은 안전대와 관련된 설명이다. 아래 내용에 해당되는 용어로 옳은 것은?

> 로프 또는 레일 등과 같은 유연하거나 단단한 고정줄로서 추락발생 시 추락을 저지시키는 추락방지대를 지탱해 주는 줄 모양의 부품

① 안전블록
② 수직구명줄
③ 죔줄
④ 보조죔줄

해설

- 보호구 안전인증고시의 수직구명줄에 대한 정의이다.

:: 안전대 관련 용어

| | |
|---|---|
| 죔줄 | 벨트 또는 안전그네를 구명줄 또는 구조물 등 그 밖의 걸이설비와 연결하기 위한 줄 모양의 부품 |
| 안전 블록 | 안전그네와 연결하여 추락발생 시 추락을 억제할 수 있는 자동잠김장치가 갖추어져 있고 죔줄이 자동적으로 수축되는 장치 |
| 보조 죔줄 | 안전대를 U자걸이로 사용할 때 U자걸이를 위해 훅 또는 카라비너를 지탱벨트의 D링에 걸거나 떼어낼 때 잘못하여 추락하는 것을 방지하기 위한 링과 걸이설비 연결에 사용하는 훅 또는 카라비너를 갖춘 줄 모양의 부품 |
| 수직 구명줄 | 로프 또는 레일 등과 같은 유연하거나 단단한 고정줄로서 추락발생 시 추락을 저지시키는 추락방지대를 지탱해 주는 줄 모양의 부품 |

0901 / 1701

## 109 — Repetitive Learning 1회 2회 3회

흙막이 지보공을 설치하였을 때 정기적으로 점검하여 이상 발견 시 즉시 보수하여야 할 사항이 아닌 것은?

① 굴착 깊이의 정도
② 버팀대의 긴압의 정도
③ 부재의 접속부·부착부 및 교차부의 상태
④ 부재의 손상·변형·부식·변위 및 탈락의 유무와 상태

해설

- 흙막이 지보공을 설치하였을 때에 정기적으로 점검하고 이상을 발견하면 즉시 보수하여야 할 사항에는 ②, ③, ④ 외에 침하의 정도가 있다.

:: 흙막이 지보공을 설치하였을 때에 정기적으로 점검하고 이상을 발견하면 즉시 보수하여야 할 사항 실작 1901/1802/1601

- 부재의 손상·변형·부식·변위 및 탈락의 유무와 상태
- 버팀대의 긴압(緊壓)의 정도
- 부재의 접속부·부착부 및 교차부의 상태
- 침하의 정도

0904 / 1504

## 110 — Repetitive Learning 1회 2회 3회

가설통로의 설치기준으로 옳지 않은 것은?

① 경사는 30° 이하로 한다.
② 건설공사에 사용하는 높이 8m 이상인 비계다리에서는 7m 이내마다 계단참을 설치한다.
③ 작업상 부득이한 경우에는 필요한 부분에 한하여 안전난간을 임시로 해체할 수 있다.
④ 수직갱에 가설된 통로의 길이가 10m 이상인 경우에는 5m 이내마다 계단참을 설치한다.

해설

- 수직갱에 가설된 통로의 길이가 15m 이상인 경우에는 10m 이내마다 계단참을 설치한다.

:: 가설통로 설치 시 준수기준 실필 1801/1704/1502/1404/1201 실작 1804/1801/1704

- 높이 8m 이상인 비계다리에서는 7m 이내마다 계단참을 설치할 것
- 수직갱에 가설된 통로의 길이가 15m 이상인 경우에는 10m 이내마다 계단참을 설치할 것
- 경사가 15°를 초과하는 경우에는 미끄러지지 아니하는 구조로 할 것
- 추락할 위험이 있는 장소에는 안전난간을 설치할 것
- 경사로의 폭은 최소 90cm 이상으로 할 것
- 발판 폭 40cm 이상, 틈 3cm 이하로 할 것
- 경사는 30° 이하로 할 것



108 ② 109 ① 110 ④ 정답

1201

## 111 Repetitive Learning (1회 2회 3회)

다음 중 철골공사 시의 안전작업방법 및 준수사항으로 옳지 않은 것은?

① 강풍, 폭우 등과 같은 악천후 시에는 작업을 중지하여야 하며 특히 강풍 시에는 높은 곳에 있는 부재나 공구류가 낙하비래하지 않도록 조치하여야 한다.
② 철골 부재 반입 시 시공순서가 빠른 부재는 상단부에 위치하도록 한다.
③ 구명줄 설치 시 마닐라 로프 직경 10mm를 기준하여 설치하고 작업방법을 충분히 검토하여야 한다.
④ 철골보의 두 곳을 매어 인양시킬 때 와이어로프의 내각은 60° 이하이어야 한다.

해설

- 철골공사 중 구명줄을 설치할 경우에는 한 가닥의 구명줄을 여러 명이 동시에 사용하지 않도록 하여야 하며, 구명줄은 마닐라 로프 직경 16 mm 이상을 기준하여 설치하고, 작업방법을 충분히 검토하여야 한다.

철골공사 시의 안전작업방법

- 10분간의 평균풍속이 초당 10m 이상인 경우는 작업을 중지한다.
- 철골 부재 반입 시 시공순서가 빠른 부재는 상단부에 위치하도록 한다.
- 고소작업에 따른 추락방지를 위하여 내·외부 개구부에는 추락방지용 방망을 설치하고, 작업자는 안전대를 사용하여야 하며, 안전대 사용을 위하여 미리 철골에 안전대 부착설비를 설치해 두어야 한다.
- 구명줄 설치 시 마닐라 로프 직경 16mm를 기준하여 설치하고 작업방법을 충분히 검토하여야 한다.
- 철골보의 두 곳을 매어 인양시킬 때 와이어로프의 내각은 60° 이하이어야 한다.

## 112 Repetitive Learning (1회 2회 3회)

다음 중 방망사의 폐기 시 인장강도에 해당하는 것은?(단, 그물코의 크기는 10cm이며 매듭 없는 방망)

① 50kg ② 100kg
③ 150kg ④ 200kg

해설

- 매듭 없는 방망의 폐기기준은 그물코의 크기가 10cm이면 150kg이다.

신품 방망 인장강도 실필 1804 실작 1602

| 그물코 한변 길이 | 무매듭방망 | 매듭방망 |
|---|---|---|
| 10cm | 240kg 이상(150kg) | 200kg 이상(135kg) |
| 5cm | | 110kg 이상(60kg) |

단, ( )은 폐기기준이다.

1102

## 113 Repetitive Learning (1회 2회 3회)

달비계의 최대적재하중을 정함에 있어 그 안전계수 기준으로 옳지 않은 것은?

① 달기 와이어로프 및 달기 강선의 안전계수는 10 이상
② 달기 체인 및 달기 훅의 안전계수는 5 이상
③ 달기 강대와 달비계의 하부 및 상부지점의 안전계수는 강재의 경우 3 이상
④ 달기 강대와 달비계의 하부 및 상부지점의 안전계수는 목재의 경우 5 이상

해설

- 달비계에서의 안전계수는 달기 와이어로프 및 달기 강선은 10 이상, 달기 체인 및 달기 훅은 5 이상, 달기 강대와 달비계의 하부 및 상부 지점이 강재인 경우는 2.5 이상, 목재인 경우는 5 이상으로 한다.

달비계 안전계수 실필 1101/1102/1201

| | |
|---|---|
| 달기 체인, 달기 훅 | 5 이상 |
| 달기 와이어로프, 달기 강선 | 10 이상 |
| 달기 강대, 달비계의 하부 및 상부지점 | 목재 : 5 이상<br>강재 : 2.5 이상 |

0602 / 0901 / 1102 / 1402 / 1902

## 114 Repetitive Learning (1회 2회 3회)

작업장에 계단 및 계단참을 설치하는 경우 매 제곱미터당 최소 몇 킬로그램 이상의 하중에 견딜 수 있는 강도를 가진 구조로 설치하여야 하는가?

① 300kg
② 400kg
③ 500kg
④ 600kg

해설

- 사업주는 계단 및 계단참을 설치하는 경우 매 $m^2$당 500kg 이상의 하중에 견딜 수 있는 강도를 가진 구조로 설치하여야 한다.

정답 | 111 ③ 112 ③ 113 ③ 114 ③

:: 계단의 강도 실필 1504/1204 실작 1901/1801/1704/1702/1504/1502/1404

- 사업주는 계단 및 계단참을 설치하는 경우 매 $m^2$당 500kg 이상의 하중에 견딜 수 있는 강도를 가진 구조로 설치하여야 하며, 안전율은 4 이상으로 하여야 한다.
- 사업주는 계단 및 승강구 바닥을 구멍이 있는 재료로 만드는 경우 렌치나 그 밖의 공구 등이 낙하할 위험이 없는 구조로 하여야 한다.

1702

## 115 Repetitive Learning 1회 2회 3회

공정률이 65[%]인 건설현장의 경우 공사 진척에 따른 산업안전보건관리비의 최소 사용기준으로 옳은 것은?(단, 공정률은 기성공정률을 기준으로 함)

① 40[%] 이상
② 50[%] 이상
③ 60[%] 이상
④ 70[%] 이상

해설

- 공사 진척에 따른 안전관리비 사용기준에서 공정률 65%는 50~70% 범위 내에 포함되므로 산업안전보건관리비 사용기준은 50% 이상이다.

:: 공사 진척에 따른 안전관리비 사용기준 실필 1604/1304/0902

| 공정률 | 50% 이상 70% 미만 | 70% 이상 90% 미만 | 90% 이상 |
|---|---|---|---|
| 사용기준 | 50% 이상 | 70% 이상 | 90% 이상 |

1504

## 116 Repetitive Learning 1회 2회 3회

산업안전보건법령에 따른 지반의 종류별 굴착면의 기울기 기준으로 옳지 않은 것은?

① 보통흙 습지 : 1 : 1.2
② 보통흙 건지 : 1 : 1.0
③ 풍화암 : 1 : 1.0
④ 연암 : 1 : 1.0

해설

- 보통흙 건지는 그 밖의 흙에 해당하므로 1 : 1.2의 구배를 갖도록 한다.

:: 굴착면 기울기 기준 실필 1701/1702 실작 1802/1801/1702/1701/1601/1504

| 지반의 종류 | 기울기 |
|---|---|
| 모래 | 1 : 1.8 |
| 연암 및 풍화암 | 1 : 1.0 |
| 경암 | 1 : 0.5 |
| 그 밖의 흙 | 1 : 1.2 |

1504

## 117 Repetitive Learning 1회 2회 3회

작업으로 인하여 물체가 떨어지거나 날아올 위험이 있는 경우 필요한 조치와 가장 거리가 먼 것은?

① 투하설비 설치
② 낙하물방지망 설치
③ 수직보호망 설치
④ 출입금지구역 설정

해설

- 작업으로 인하여 물체가 떨어지거나 날아올 위험이 있는 경우 낙하물방지망, 수직보호망 또는 방호선반의 설치, 출입금지구역의 설정, 보호구의 착용 등 위험을 방지하기 위하여 필요한 조치를 하여야 한다.

:: 낙하물에 의한 위험 방지대책 실필 1901/1602/1601 실작 1902/1804/1802/1801/1602/1601/1404

- 작업으로 인하여 물체가 떨어지거나 날아올 위험이 있는 경우 낙하물방지망, 수직보호망 또는 방호선반의 설치, 출입금지구역의 설정, 보호구의 착용 등 위험을 방지하기 위하여 필요한 조치를 하여야 한다.
- 낙하물방지망 또는 방호선반을 설치하는 경우 높이 10m 이내마다 설치하고, 내민 길이는 벽면으로부터 2m 이상으로 해야 하며, 수평면과의 각도는 20도 이상 30도 이하를 유지한다.

1201

## 118 Repetitive Learning 1회 2회 3회

강관비계의 수직방향 벽이음 조립 간격(m)으로 옳은 것은?(단, 틀비계이며 높이는 5m 이상일 경우)

① 2m
② 4m
③ 6m
④ 9m



115 ② 116 ② 117 ① 118 ③ 정답

해설

- 강관틀비계의 조립 시 벽이음 간격은 수직방향으로 6m, 수평방향으로 8m 이내로 한다.

⁘ 강관비계 조립 시의 준수사항

- 강관비계의 조립(벽이음) 간격

| 강관비계의 종류 | 조립 간격(단위 : m) | |
|---|---|---|
| | 수직방향 | 수평방향 |
| 단관비계 | 5 | 5 |
| 틀비계(높이 5m 미만 제외) | 6 | 8 |

- 강관·통나무 등의 재료를 사용하여 견고한 것으로 할 것
- 인장재(引張材)와 압축재로 구성된 경우에는 인장재와 압축재의 간격을 1m 이내로 할 것

1204

## 119 Repetitive Learning (1회 2회 3회)

굴착공사에서 비탈면 또는 비탈면 하단을 성토하여 붕괴를 방지하는 공법은?

① 배수공
② 배토공
③ 공작물에 의한 방지공
④ 압성토공

해설

- 배수공은 빗물 등의 지중유입을 방지하고 침투수를 신속히 배제하여 비탈면의 안정성을 도모하는 공법이다.
- 배토공은 사면, 법면의 상부 토석을 제거한다.
- 공작물에 의한 방지공은 말뚝이나 Anchor 공법을 이용한 지반보강공의 한 종류이다.

⁘ 토사붕괴 방지공법(사면안정공법)

- 토사붕괴의 방지공법에는 배토공, 배수공, 압성토공, 지반보강공 등이 있다.
- 배토공은 사면, 법면의 상부 토석을 제거한다.
- 배수공은 빗물 등의 지중유입을 방지하고 침투수를 신속히 배제하여 비탈면의 안정성을 도모하는 공법이다.
- 압성토공은 법면이 무너지지 않게 비탈면 또는 비탈면 하단을 성토하여 붕괴를 방지하는 공법이다.
- 절토공은 활성 토괴 중 일부를 제거하여 활동력을 저감시키는 공법이다.
- 지반보강공은 말뚝이나 Anchor 공법을 이용하여 구조물(공작물)을 설치, 비탈면의 안정성을 도모한다.

1304

## 120 Repetitive Learning (1회 2회 3회)

지면보다 낮은 장소를 파는 데 적합하고 수중굴착도 가능한 굴착기계는?

① 백호우
② 파워셔블
③ 가이데릭
④ 파일드라이버

해설

- 파워셔블은 기계가 서 있는 지면보다 높은 곳을 파는 작업에 가장 적합한 굴착기계이다.
- 가이데릭은 양중기로, 고정 선회식의 기중기이다.
- 파일드라이버(Pile driver)는 미리 제작되어 있는 말뚝을 박는 기계이다.

⁘ 백호우(Back hoe)

- 기계가 위치한 지면보다 낮은 장소를 굴착하는 데 적합한 장비이다.
- 지반보다 6m 정도 깊은 경질 지반의 기초파기에 적합한 굴착기계이다.
- 비교적 굳은 지반 토질의 구멍파기나 도랑파기 작업 및 수중굴착에 사용하는 장비이다.
- 경사로나 연약지반에서는 타이어식보다 무한궤도식이 안전하다.

정답 | 119 ④ 120 ①

# 출제문제 분석 2020년 3회

| 구분 | 1과목 | 2과목 | 3과목 | 4과목 | 5과목 | 6과목 | 합계 |
|---|---|---|---|---|---|---|---|
| New유형 | 0 | 1 | 1 | 2 | 3 | 1 | 8 |
| New문제 | 8 | 2 | 9 | 11 | 10 | 6 | 46 |
| 또나온문제 | 4 | 9 | 8 | 5 | 6 | 4 | 36 |
| 자꾸나온문제 | 8 | 9 | 3 | 4 | 4 | 10 | 38 |
| 합계 | 20 | 20 | 20 | 20 | 20 | 20 | 120 |

- New유형은 New문제 중 기존 기출문제와 완전히 다른 유형의 문제를 말합니다.
- New문제는 기존에 출제되지 않은 문제로 이번에 처음 출제되는 문제입니다.
- 또나온문제는 기존에 출제된 적이 1번 있는 문제를 말합니다.
- 자꾸나온문제는 기존에 출제된 적이 2번 이상 있는 문제를 말합니다. 그만큼 중요한 문제입니다.

## 몇 년분의 기출문제를 공부해야 합격할 수 있을까요?

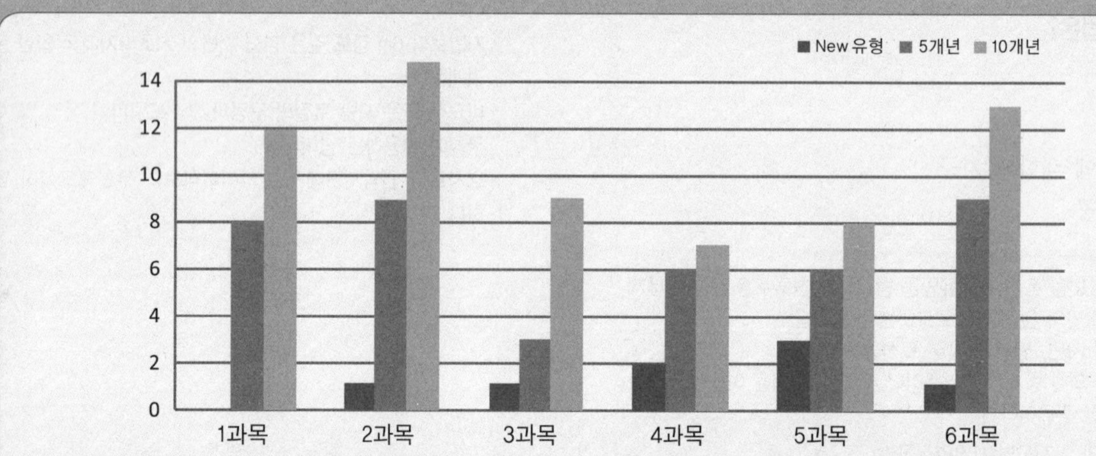


- 완전 새로운 유형의 문제는 8문제이고 112문제가 이미 출제된 문제 혹은 변형문제입니다.
- 5년분(2016～2020) 기출에서 동일문제가 41문항이 출제되었고, 10년분(2011～2020) 기출에서 동일문제가 64문항이 출제되었습니다.

## 실기에 나왔어요!! 외우세요!!!

실기시험은 필답형과 작업형으로 구분되어 있으며 모두 주관식으로 직접 내용을 적어야 합니다. 필기 공부하면서 실기 출제된 내역들은 좀 더 신경써서 암기하실 필요가 있어요. 필기 합격자 발표 난 후 실기시험까지는 5주밖에 여유가 없답니다. 어차피 공부할 것 필기 때 확실하게 해준다면 실기도 단방에 합격할 수 있습니다.

- 총 14개의 해설이 실기 필답형 시험과 연동되어 있습니다.
- 총 7개의 해설이 실기 작업형 시험과 연동되어 있습니다.

## 분석의견

기출문제의 비중이 93%를 상회할 만큼 기존에 출제된 문제 혹은 그의 변형문제로만 구성된 시험이었습니다. 코로나 팬더믹으로 인해 시험일정이 지연되고 갑자기 확정되어 시행되었고 기출비중 역시 보통수준이어서인지 합격률은 53.06%였습니다. 유형별 핵심이론과 함께 학습한 수험생은 충분히 고득점이 가능한 난이도로 합격을 위해서는 최근 10년분 문제 2회독 이상 + 유형별 핵심이론의 정독이 필요할 것으로 판단됩니다.

# 2020년 제3회

2020년 8월 22일 필기

20년 3회차 필기시험
합격률 53.1%

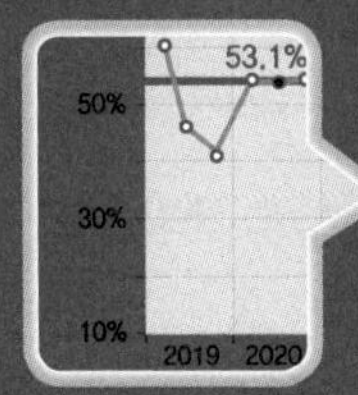


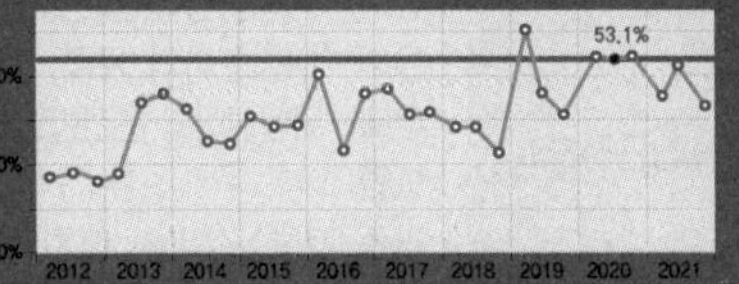


## 1과목 산업안전관리론

1101 / 1601

### 01

Repetitive Learning (1회 2회 3회)

재해손실비의 평가방식 중 시몬즈 방식에서 비보험코스트에 반영되는 항목에 해당하지 않는 것은?

① 휴업상해건수
② 통원상해건수
③ 응급조치건수
④ 무손실사고건수

해설

- 무상해사고는 비보험코스트의 대상이 되나 무손실사고는 비보험코스트의 산정항목에 포함되지 않는다.

:: 시몬즈(Simonds)의 재해코스트

㉠ 개요
- 총 재해비용을 보험비용과 비보험비용으로 구분한다.
- 총 재해코스트 = 보험비용 + 비보험비용 = [보험코스트 + (A × 휴업상해건수) + (B × 통원상해건수) + (C × 응급조치건수) + (D × 무상해사고건수)], 이때 A, B, C, D는 재해의 비보험코스트 평균치이다.
- 사망과 영구 전노동불능 상해의 경우는 비보험코스트에 포함시키지 않고 별도 산정한다.

㉡ 비보험코스트 내역
- 소송관계 비용
- 신규작업자에 대한 교육훈련비
- 부상자의 직장 복귀 후 생산 감소로 인한 임금비용
- 재해로 인한 작업중지 임금손실
- 재해로 인한 시간 외 근무 가산임금손실 등

1601

### 02

Repetitive Learning (1회 2회 3회)

산업안전보건법령상 중대재해에 해당되지 않는 것은?

① 사망자가 2명 발생한 재해
② 부상자가 동시에 7명 발생한 재해
③ 직업성 질병자가 동시에 11명 발생한 재해
④ 3개월 이상의 요양이 필요한 부상자가 동시에 3명 발생한 재해

해설

- 중대재해는 부상자 또는 직업성 질병자가 동시에 10명 이상 발생한 재해를 말한다.

:: 산업안전보건법령상 중대재해
- 사망자가 1명 이상 발생한 재해
- 3개월 이상의 요양이 필요한 부상자가 동시에 2명 이상 발생한 재해
- 부상자 또는 직업성 질병자가 동시에 10명 이상 발생한 재해

0804 / 1501

### 03

Repetitive Learning (1회 2회 3회)

산업안전보건법령상 공정안전보고서에 포함되어야하는 내용 중 공정안전자료의 세부내용에 해당하는 것은?

① 안전운전지침서
② 공정위험성 평가서
③ 도급업체 안전관리계획
④ 각종 건물·설비의 배치도

해설

- 공정위험성 평가서는 잠재위험에 대한 사고예방 및 피해 최소화 대책의 내용이다.
- 안전운전지침서와 도급업체 안전관리계획은 안전운전계획의 세부내용이다.

정답 | 01 ④ 02 ② 03 ④

**공정안전보고서 세부내용**

| | |
|---|---|
| 공정안전자료 | • 취급·저장하고 있거나 취급·저장하려는 유해·위험물질의 종류 및 수량<br>• 유해·위험물질에 대한 물질안전보건자료<br>• 유해·위험설비의 목록 및 사양<br>• 유해·위험설비의 운전방법을 알 수 있는 공정도면<br>• 각종 건물·설비의 배치도<br>• 폭발위험장소 구분도 및 전기단선도<br>• 위험설비의 안전설계·제작 및 설치 관련 지침서 |
| 공정위험성 평가서 및 잠재위험에 대한 사고예방·피해 최소화 대책 | • 체크리스트(Check list)<br>• 상대위험순위 결정(Dow and Mond indices)<br>• 작업자 실수 분석(HEA)<br>• 사고 예상 질문 분석(What-if)<br>• 위험과 운전 분석(HAZOP)<br>• 이상위험도 분석(FMECA)<br>• 결함수 분석(FTA)<br>• 사건수 분석(ETA)<br>• 원인결과 분석(CCA) |
| 안전운전계획 | • 안전운전지침서<br>• 설비점검·검사 및 보수계획, 유지계획 및 지침서<br>• 안전작업허가<br>• 도급업체 안전관리계획<br>• 근로자 등 교육계획<br>• 가동 전 점검지침<br>• 변경요소 관리계획<br>• 자체감사 및 사고조사계획<br>• 그 밖에 안전운전에 필요한 사항 |
| 비상조치계획 | • 비상조치를 위한 장비·인력보유현황<br>• 사고발생 시 각 부서·관련 기관과의 비상연락체계<br>• 사고발생 시 비상조치를 위한 조직의 임무 및 수행 절차<br>• 비상조치계획에 따른 교육계획<br>• 주민홍보계획<br>• 그 밖에 비상조치 관련 사항 |

## 04 ——— Repetitive Learning (1회 2회 3회)

산업안전보건법령상 금지표지에 속하는 것은?

① 

② 

③ 

④ 

**해설**

• ①은 안전보건표지가 아니다.
• ②는 지시표지, ③은 경고표지이다.

**금지표지** 실필 1902/1901/1701/1501/1401/1304/1201/1102/1001/0902

• 정지, 소화설비, 유해행위 금지를 표시할 때 사용된다.
• 흰색(N9.5) 바탕에 빨간색(7.5R 4/14) 기본모형을 사용한다.
• 금연, 출입금지, 보행금지, 차량통행금지, 물체이동금지, 화기금지, 사용금지, 탑승금지 등이 있다.

| 금연 | 출입금지 | 보행금지 | 차량통행금지 |
|---|---|---|---|
| | | | |
| **물체이동금지** | **화기금지** | **사용금지** | **탑승금지** |
| | | | |

## 05 ——— Repetitive Learning (1회 2회 3회)

도수율이 25인 사업장의 연간 재해발생 건수는 몇 건인가? (단, 이 사업장의 당해 연도 총근로시간은 80,000시간이다)

① 1건 ② 2건
③ 3건 ④ 4건

**해설**

• 도수율은 1,000,000시간의 근로시간 동안 발생하는 재해의 건수이다.
• 도수율 = $\frac{x}{80,000} \times 1,000,000 = 25$를 만족하는 $x$를 구하여야 한다.
• $100x = 8 \times 25 = 200$이므로 $x$는 2이다.

**도수율(FR : Frequency Rate of injury)** 실필 0902/1304/1401/1804

• 빈도율이라고도 하며, 100만 시간당 재해발생건수를 나타낸다.
• 도수율 = $\frac{\text{연간재해건수}}{\text{연간총근로시간}} \times 10^6$으로 구하며,

환산도수율 = 도수율 × $\frac{\text{총근로시간}}{1,000,000}$이다.



04 ④ 05 ② | 정답

1201 / 1404 / 1802 / 2101

## 06

Repetitive Learning 1회 2회 3회

산업안전보건법령상 건설공사 도급인은 산업안전보건관리비의 사용명세서를 건설공사 종료 후 몇 년간 보존해야 하는가?

① 1년 ② 2년
③ 3년 ④ 5년

해설

- 사업주는 산업안전보건관리비 사용명세서를 매월 작성하고 공사 종료 후 1년간 보존하여야 한다.

:: 산업안전보건관리비 사용명세서의 보존기간

- 사업주는 고용노동부장관이 정하는 바에 따라 해당 공사를 위하여 계상된 산업안전보건관리비를 그가 사용하는 근로자와 그의 수급인이 사용하는 근로자의 산업재해 및 건강장해 예방에 사용하고 그 사용명세서를 매월 작성하고 공사 종료 후 1년간 보존하여야 한다.

1001

## 07

Repetitive Learning 1회 2회 3회

산업안전보건법령에 따른 안전보건총괄책임자의 직무에 속하지 않는 것은?

① 도급 시 산업재해 예방조치
② 위험성 평가의 실시에 관한 사항
③ 안전인증대상 기계와 자율안전확인대상 기계 구입 시 적격품의 선정에 관한 지도
④ 산업안전보건관리비의 관계수급인 간의 사용에 관한 협의·조정 및 그 집행의 감독

해설

- 의무안전인증대상 기계·기구 등과 자율안전확인대상 기계·기구 등 구입 시 적격품의 선정에 관한 보좌 및 조언·지도는 안전관리자의 업무이다.

:: 안전보건총괄책임자의 직무 실필 1402/1102

- 산업재해가 발생할 급박한 위험이 있을 때 또는 중대재해가 발생하였을 경우 작업의 중지 및 재개
- 도급 시 산업재해 예방조치
- 산업안전보건관리비의 관계수급인 간의 사용에 관한 협의·조정 및 그 집행의 감독
- 안전인증대상 기계 등과 자율안전확인대상 기계 등의 사용 여부 확인
- 위험성 평가의 실시에 관한 사항

1504

## 08

Repetitive Learning 1회 2회 3회

다음 중 재해 발생 시 긴급조치사항을 올바른 순서로 배열한 것은?

| ㉠ 현장보존<br>㉡ 2차재해 방지<br>㉢ 피재기계의 정지<br>㉣ 관계자에게 통보<br>㉤ 피해자의 응급조치 |
|---|

① ㉤ → ㉢ → ㉡ → ㉠ → ㉣
② ㉢ → ㉤ → ㉣ → ㉡ → ㉠
③ ㉢ → ㉤ → ㉣ → ㉠ → ㉡
④ ㉢ → ㉤ → ㉠ → ㉣ → ㉡

해설

- 일단 재해와 관련된 기계부터 정지시킨 후 재해자 구호에 들어가야 한다. 그렇지 않으면 구조를 위한 인원도 재해에 휘말릴 수 있다.

:: 재해발생 시 조치사항

- 재해발생 시 모든 사항에 우선하여 재해자에 대한 응급조치를 취해야 한다.
- 긴급조치 → 재해조사 → 원인분석 → 대책수립의 순을 따른다.
- 긴급조치 과정은 재해발생 기계의 정지 → 재해자의 구조 및 응급조치 → 상급 부서의 보고 → 2차재해의 방지 → 현장 보존 순으로 진행한다.

0901 / 1601

## 09

Repetitive Learning 1회 2회 3회

직계(Line)형 안전조직의 설명으로 옳지 않은 것은?

① 명령과 보고가 간단명료하다.
② 안전정보의 수집이 빠르고 전문적이다.
③ 안전업무가 생산현장 라인을 통하여 시행된다.
④ 각종 지시 및 조치사항이 신속하게 이루어진다.

해설

- 안전정보 수집이 빠르고 전문적인 것은 안전전문가를 두고 계획, 조사, 검토 등을 행하는 스탭(Staff)형 안전조직의 특징이다.

:: 라인(Line)형 안전조직 실필 1901

㉠ 개요

- 직계식이라고도 한다.
- 모든 명령과 안전 관련 업무가 생산계통을 따라 이루어진다.
- 규모가 작은(100명 이하) 사업장에 적합하다.
- 안전관리자가 체계적으로 선임되지 않은 사업장에 알맞은 안전조직 형태이다.

정답 06 ① 07 ③ 08 ② 09 ②

ⓛ 특징

| 장점 | • 안전지시나 명령이 신속하다.<br>• 명령과 보고가 간단명료하다. |
|---|---|
| 단점 | • 안전지식과 기술축적이 힘들다.<br>• 안전정보의 수집과 대처가 늦다. |

## 10 Repetitive Learning (1회 2회 3회)

보호구안전인증고시에 따른 가죽제안전화의 성능시험방법에 해당되지 않는 것은?

① 내답발성시험　② 박리저항시험
③ 내충격성시험　④ 내전압성시험

해설

• 가죽제안전화의 성능시험방법에는 내답발성시험, 박리저항, 내충격성, 내압박성이 있다.

∷ 가죽제안전화의 성능시험방법
- 내압박성
- 내충격성
- 몸통과 겉창의 박리저항 – 중작업용 및 보통작업용(4.0N/mm 이상), 경작업용(3.0N/mm 이상)
- 내답발성 – 중작업용 및 보통작업용(1,000N), 경작업용(500N)

0502 / 1202 / 1304

## 11 Repetitive Learning (1회 2회 3회)

위험예지훈련 4R(라운드) 중 2R(라운드)에 해당하는 것은?

① 목표설정　② 현상파악
③ 대책수립　④ 본질추구

해설

• 위험예지훈련 기초 4Round 중 2단계는 위험의 포인트를 결정하여 전원이 지적 확인을 하는 본질을 추구하는 단계이다.

∷ 위험예지훈련 기초 4Round 기법

| | | |
|---|---|---|
| 1Round | 현상파악<br>(사실의 파악단계) | 전원이 토의를 통하여 위험요인을 발견하는 단계 |
| 2Round | 본질추구<br>(원인탐색 단계) | 위험의 포인트를 결정하여 전원이 지적 확인을 하는 단계 |
| 3Round | 대책수립<br>(대책수립 단계) | 발견된 위험요인을 극복하기 위한 방법을 제시하는 단계 |
| 4Round | 목표설정<br>(행동계획 결정단계) | 나온 대책들을 공감하고 팀의 행동목표를 설정하고 지적 확인하는 단계 |

0701 / 1104 / 2102

## 12 Repetitive Learning (1회 2회 3회)

기계·기구 또는 설비를 신설하거나 변경 또는 고장 수리 시 실시하는 안전점검의 종류는?

① 정기점검　② 수시점검
③ 특별점검　④ 임시점검

해설

• 점검시기에 따른 안전점검의 종류에는 정기점검, 수시(일상)점검, 특별점검, 임시점검이 있다.
• 정기점검은 1개월 또는 1년 등의 일정한 기간을 정해서 실시하는 안전점검이다.
• 수시(일상)점검은 작업장에서 매일 작업자가 작업 전, 중, 후에 시설과 작업동작 등에 대하여 실시하는 안전점검이다.
• 임시점검은 정기점검 사이에 특별한 이상이나 징후가 있을 경우 임시로 실시하는 안전점검이다.

∷ 점검시기에 따른 안전점검의 종류

| | |
|---|---|
| 정기점검 | 1개월 또는 1년 등의 일정한 기간을 정해서 실시하는 안전점검으로 계획점검이라고도 한다. |
| 수시(일상)점검 | 작업장에서 매일 작업자가 작업 전, 중, 후에 시설과 작업동작 등에 대하여 실시하는 안전점검이다. |
| 특별점검 | 기계·기구 또는 설비의 신설, 변경 또는 고장 수리 등 부정기적인 점검을 말하며, 기술적 책임자가 시행하는 안전점검이다. |
| 임시점검 | 정기점검 사이에 특별한 이상이나 징후가 있을 경우 임시로 실시하는 안전점검이다. |

## 13 Repetitive Learning (1회 2회 3회)

산업안전보건법령상 안전인증대상 기계 또는 설비에 속하지 않는 것은?

① 리프트
② 압력용기
③ 곤돌라
④ 파쇄기

해설

• 파쇄기는 자율안전확인대상 기계에 해당한다.

∷ 안전인증대상 기계·기구 실필 1004

| | |
|---|---|
| 설치·이전하는 경우 안전인증을 받아야 하는 기계·기구 | • 크레인<br>• 리프트<br>• 곤돌라 |



10 ④ 11 ④ 12 ③ 13 ④ 정답

| 주요 구조 부분을 변경하는 경우 안전인증을 받아야 하는 기계·기구 | • 프레스<br>• 전단기 및 절곡기(折曲機)<br>• 크레인<br>• 리프트<br>• 압력용기<br>• 롤러기<br>• 고소(高所)작업대<br>• 곤돌라<br>• 기계톱<br>• 사출성형기(射出成形機) |
|---|---|
| 안전인증대상 방호장치 | • 프레스 또는 전단기 방호장치<br>• 양중기용 과부하방지장치<br>• 보일러 또는 압력용기 압력방출용 안전밸브<br>• 압력용기 압력방출용 파열판<br>• 절연용 방호구 및 활선작업용 기구<br>• 방폭구조 전기기계·기구 및 부품 |

**14** Repetitive Learning (1회 2회 3회)

브레인스토밍(Brain storming)의 4가지 원칙 내용으로 옳지 않은 것은?

① 비판하지 않는다.
② 자유롭게 발언한다.
③ 가능한 정리된 의견만 발언한다.
④ 타인의 생각에 동참하거나 보충발언 해도 좋다.

해설

• 브레인스토밍(Brain-storming)은 주제를 벗어나도 괜찮으며, 가능한 많은 아이디어와 의견을 제시하도록 한다.

∷ 브레인스토밍(Brain-storming) 기법

㉠ 개요
- 6～12명의 구성원으로 타인의 비판 없이 자유로운 토론을 통하여 다량의 독창적인 아이디어를 이끌어내고, 대안적 해결안을 찾기 위한 집단적 사고기법이다.

㉡ 4원칙
- 가능한 많은 아이디어와 의견을 제시하도록 한다.(대량발언)
- 주제를 벗어난 아이디어도 허용한다.(자유발언)
- 타인의 의견을 수정하여 발언하는 것을 허용한다.(수정발언)
- 절대 타인의 의견에 비판 및 비평하지 않는다.(비판금지)

0804 / 1601

**15** Repetitive Learning (1회 2회 3회)

안전관리는 PDCA 사이클의 4단계를 거쳐 지속적인 관리를 수행하여야 하는데 다음 중 PDCA 사이클의 4단계를 잘못 나타낸 것은?

① P : Plan
② D : Do
③ C : Check
④ A : Analysis

해설

• A는 Analysis가 아니라 조치에 해당하는 Action이다.

∷ 안전관리사이클(PDCA)
- 계획(Plan) - 목표 달성을 위한 기준
- 실시(Do) - 설정된 계획에 의해 실시
- 검토(Check) - 나타난 결과를 측정, 분석, 비교, 검토
- 조치(Action) - 결과와 계획을 비교하여 차이부분 적절한 조치

1402

**16** Repetitive Learning (1회 2회 3회)

다음 중 재해의 발생형태에 있어 일어난 장소나 그 시점에 일시적으로 요인이 집중하여 재해가 발생하는 경우를 무엇이라 하는가?

① 연쇄형　　② 복합형
③ 결합형　　④ 단순자극형

해설

• 재해의 발생형태별 분류에는 단순자극형, 연쇄형, 복합형이 있다.
• 연쇄형은 하나의 사고요인이 또 다른 사고요인을 불러일으켜 재해가 발생하는 형태를 말한다.
• 복합형은 집중형과 연쇄형이 결합된 재해발생형태를 말한다.

∷ 재해의 발생형태
- 단순자극형 : 집중형이라고도 하며, 일시적으로 재해요인이 집중하여 재해가 발생하는 형태를 말한다.

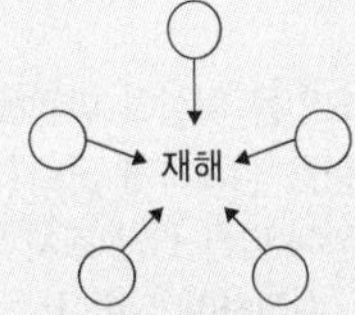

〈단순자극형, 집중형〉

정답 | 14 ③ 15 ④ 16 ④

• 연쇄형 : 하나의 사고요인이 또 다른 사고요인을 불러일으켜 재해가 발생하는 형태를 말한다.

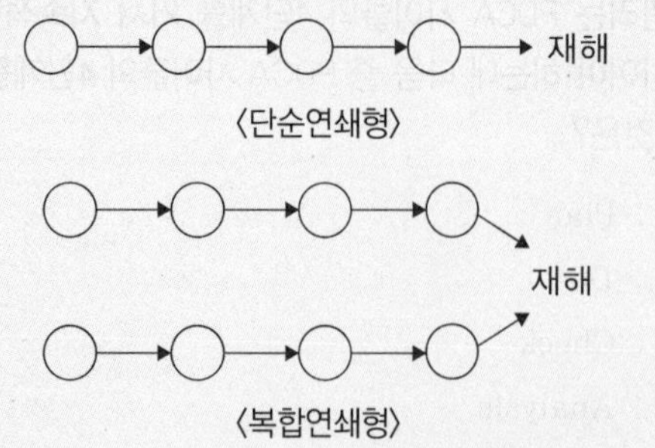


〈단순연쇄형〉

〈복합연쇄형〉

• 복합형 : 집중형과 연쇄형이 결합된 재해 발생형태를 말한다.

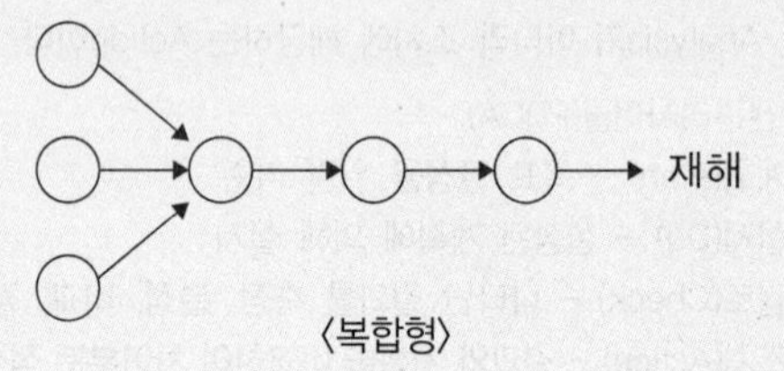


〈복합형〉

## 17

Repetitive Learning 1회 2회 3회

안전보건관리계획 수립 시 고려할 사항으로 옳지 않은 것은?

① 타 관리계획과 균형이 되어야 한다.
② 안전보건을 저해하는 요인을 확실히 파악해야 한다.
③ 수립된 계획은 안전보건관리활동의 근거로 활용된다.
④ 과거실적을 중요한 것으로 생각하고, 현재 상태에 만족해야 한다.

해설

• 실시 중에도 계속적인 업데이트와 업그레이드가 필요하며, 현재 상태에 만족하기보다는 계속적으로 높은 수준으로 발전해 나가야 한다.

안전보건관리계획의 개요

• 사업장에서 안전보건관리를 계획적으로 행하기 위해 일정한 기간 동안 작성한 세부 실행계획을 말한다.
• 타 관리계획과 균형이 되어야 한다.
• 법적 기준 이상의 안전보건활동을 전개하기 위해서는 사업과 관련된 법규, 규제 및 기타 이해관계자들의 요구사항을 파악하여야 한다.
• 안전보건의 저해요인을 확실히 파악해야 한다.
• 경영층의 기본방향을 명확하게 근로자에게 나타내야 한다.
• 사업장의 재해발생에 따른 원인 조사 및 재해 통계자료, 각종 점검, 감사자료를 수집하여야 한다.
• 계획의 목표는 낮은 수준에서 점진적으로 높은 수준으로 적용해 가야 한다.

2102

## 18

Repetitive Learning 1회 2회 3회

다음은 안전보건개선계획의 제출에 관한 기준 내용이다. ( ) 안에 알맞은 것은?

> 안전보건개선계획서를 제출해야 하는 사업주는 안전보건개선계획서 수립·시행 명령을 받은 날부터 ( )일 이내에 관할 지방고용노동관서의 장에게 해당 계획서를 제출(전자문서로 제출하는 것을 포함한다)해야 한다.

① 15　② 30
③ 45　④ 60

해설

• 사업주는 고용노동부장관이 정하는 바에 따라 안전보건개선계획서를 작성하여 그 명령을 받은 날부터 60일 이내에 관할 지방고용노동관서의 장에게 제출하여야 한다.

안전보건개선계획 실필 1704/1701/1404/1202/1201

• 고용노동부장관은 다음에 해당하는 사업장으로서 산업재해 예방을 위하여 종합적인 개선조치를 할 필요가 있다고 인정할 때에는 사업주에게 그 사업장, 시설, 그 밖의 사항에 관한 안전보건개선계획의 수립·시행을 명할 수 있다.
  - 산업재해율이 같은 업종 평균 산업재해율의 2배 이상인 사업장
  - 사업주가 안전보건조치의무를 이행하지 아니하여 중대재해가 발생한 사업장
  - 직업병에 걸린 사람이 연간 2명 이상(상시근로자 1천명 이상 사업장의 경우 3명 이상) 발생한 사업장
  - 유해인자의 노출기준을 초과한 사업장
  - 작업환경 불량, 화재·폭발 또는 누출사고 등으로 사회적 물의를 일으킨 사업장
• 고용노동부장관은 필요하다고 인정할 때에는 해당 사업주에게 안전·보건진단을 받아 안전보건개선계획을 수립·제출할 것을 명할 수 있다.
• 안전보건개선계획의 수립·시행명령을 받은 사업주는 고용노동부장관이 정하는 바에 따라 안전보건개선계획서를 작성하여 그 명령을 받은 날부터 60일 이내에 관할 지방고용노동관서의 장에게 제출하여야 한다.
• 사업주는 안전보건개선계획을 수립할 때에는 산업안전보건위원회의 심의를 거쳐야 한다. 다만, 산업안전보건위원회가 설치되어 있지 아니한 사업장의 경우에는 근로자대표의 의견을 들어야 한다.
• 안전보건개선계획서에는 시설, 안전·보건관리체제, 안전·보건교육, 산업재해 예방 및 작업환경의 개선을 위하여 필요한 사항이 포함되어야 한다.
• 사업주와 근로자는 안전보건개선계획을 준수하여야 한다.



17 ④ 18 ④ 정답

## 19

Repetitive Learning (1회 2회 3회)

재해의 간접적 원인과 관계가 가장 먼 것은?

① 스트레스
② 안전수칙의 오해
③ 작업준비 불충분
④ 안전방호장치 결함

해설

- 안전방호장치의 결함은 물적 원인으로 재해발생의 직접원인에 해당한다.

재해발생의 간접원인

- 2차원인(기술적, 교육적, 신체적, 정신적 원인)과 기초원인(관리상의 원인과 학교 교육적 원인, 사회적 또는 역사적 원인)으로 구분된다.

| 구분 | 원인 | 내용 |
|---|---|---|
| 2차 원인 | 기술적 원인 | • 건물, 기계장치 설계 불량<br>• 점검, 정비, 보존 불량<br>• 구조 재료의 부적합<br>• 생산공정의 부적절 |
| | 교육적 원인 | • 안전수칙의 오해<br>• 경험훈련의 미숙<br>• 안전지식의 부족<br>• 작업방법 및 유해위험 작업의 교육 불충분 |
| | 신체적 원인 | • 피로<br>• 시력 및 청각 기능 이상<br>• 근육운동의 부적당<br>• 육체적 한계 |
| | 정신적 원인 | • 안전의식의 부족<br>• 주의력 및 판단력 부족<br>• 잘못된 판단<br>• 방심 |
| 기초 원인 | 작업관리상의 원인 | • 작업지시의 부적당<br>• 안전관리 조직의 결함<br>• 안전수칙의 미제정<br>• 작업준비의 불충분<br>• 인원배치의 부적당 |
| | 학교교육적 원인 | • 재해의 근본 원인 |
| | 사회적 또는 역사적 원인 | |

0704 / 0901 / 1401 / 1604 / 1801

## 20

Repetitive Learning (1회 2회 3회)

재해예방의 4원칙이 아닌 것은?

① 예방가능의 원칙 ② 원인계기의 원칙
③ 손실필연의 원칙 ④ 대책선정의 원칙

해설

- 손실필연의 원칙은 없으며, 사고로 인한 손실은 우연적이라는 의미에서 손실우연의 원칙이 빠졌다.

하인리히의 재해예방 4원칙 실필 1801/1501

|  |  |
|---|---|
| 대책선정의 원칙 | 사고의 원인을 발견하면 반드시 대책을 세워야 하며, 모든 사고는 대책선정이 가능하다는 원칙 |
| 손실우연의 원칙 | 사고로 인한 손실은 우연적이라는 원칙 |
| 예방가능의 원칙 | 모든 사고는 예방이 가능하다는 원칙 |
| 원인연계의 원칙 (원인계기의 원칙) | 사고는 반드시 원인이 있으며 이는 필연적인 인과관계로 작용한다는 원칙 |

# 2과목 산업심리 및 교육

0302 / 0604 / 0702 / 0902

## 21

Repetitive Learning (1회 2회 3회)

다음 중 학습전이의 조건으로 가장 거리가 먼 것은?

① 학습정도
② 시간적 간격
③ 학습 분위기
④ 학습자의 지능

해설

- 훈련생은 훈련과정에 대해서 사전정보가 없을수록 왜곡된 반응을 더 많이 보이게 된다.

학습전이(Transference)

- 훈련전이란 훈련 기간에 학습된 내용이 실무 상황으로 옮겨져서 사용되는 정도이다.
- 훈련 상황이 가급적 실제 상황과 유사할수록 전이효과는 높아진다.
- 실제 직무수행에서 훈련된 행동이 나타날 때 보상이 따르면 전이효과는 높아진다.
- 학습전이의 조건에는 학습정도, 학습자의 태도, 학습자의 지능, 유의성, 시간적 간격 등이 있다.

정답 | 19 ④ 20 ③ 21 ③

1401

## 22

Repetitive Learning (1회 2회 3회)

인간의 동기에 대한 이론 중 자극, 반응, 보상의 세 가지 핵심 변인을 가지고 있으며, 표출된 행동에 따라 보상을 주는 방식에 기초한 동기이론은?

① 강화이론
② 형평이론
③ 기대이론
④ 목표설정이론

해설

- Skinner가 주장한 학습동기이론의 하나인 강화이론은 종업원들의 수행을 높이기 위해서는 보상이 필요하다는 전제에서 출발한다.

강화이론(Reinforcement theory)

㉠ 개요
- Skinner가 주장한 학습동기이론이다.
- 인간의 동기에 대한 이론 중 자극, 반응, 보상의 세 가지 핵심변인을 가지고 있으며, 표출된 행동에 따라 보상을 주는 방식에 기초한 동기이론이다.
- '종업원들의 수행을 높이기 위해서는 보상이 필요하다.'는 주장과 관련된다.

㉡ 강화
- 처벌은 더 강한 처벌에 의해서만 그 효과가 지속되는 부작용이 있다.
- 연속강화에 의한 학습은 서서히 진행되지만, 빠른 속도로 학습효과가 사라진다.
- 부분강화란 강화를 주는 데 일관성이 없으며, 바람직한 행동이 형성된 후에는 효과적이다. 연속강화에 비해 지속성에 있어서 효과적이다.
- 부적강화란 반응 후 처벌이나 비난 등의 해로운 자극이 주어져서 반응발생률이 감소하는 것이다.
- 정적강화란 반응 후 음식이나 칭찬 등의 이로운 자극을 주었을 때 반응발생률이 높아지는 것이다.

0402 / 0404 / 0904 / 1001 / 1602

## 23

Repetitive Learning (1회 2회 3회)

산업안전심리의 5대 요소가 아닌 것은?

① 동기
② 감정
③ 기질
④ 지능

해설

- 산업심리의 5요소에는 동기, 기질, 감정, 습성, 습관이 있다.

산업안전심리의 5요소

| | |
|---|---|
| 동기 (Motive) | 능동적인 감각에 의한 자극에서 일어난 사고의 결과로서 사람의 마음을 움직이는 원동력이 되는 것이다. |
| 기질 (Temper) | 감정적인 경향이나 반응에 관계되는 성격의 한 측면이다. |
| 감정 (Emotion) | 생활체가 어떤 행동을 할 때 생기는 주관적인 동요를 뜻한다. |
| 습성 (Habits) | 한 종에 속하는 개체의 대부분에서 볼 수 있는 일정한 생활양식으로 본능, 학습, 조건반사 등에 따라 형성된다. |
| 습관 (Custom) | 성장과정을 통해 형성된 특성 등이 무의식중에 습관화된 것으로 동기, 기질, 감정, 습성 등이 영향을 끼친다. |

## 24

Repetitive Learning (1회 2회 3회)

다음 중 사고에 관한 표현으로 틀린 것은?

① 사고는 비변형된 사상(Unstrained event)이다.
② 사고는 비계획된 사상(Unplaned event)이다.
③ 사고는 원하지 않는 사상(Undesired event)이다.
④ 사고는 비효율적인 사상(Inefficient event)이다.

해설

- 사고는 계획되지 않고, 원하지 않는 비효율적인 사상이다.

안전사고(Accident)
- 고의성이 없이 불안전한 행동이나 조건에 의해 일이 지연되거나 능률이 떨어지고 직·간접적으로 사람이나 재산의 손실을 가져올 수 있는 사건을 말한다.
- 생산공정이 잘못되었음을 암시하는 잠재적 정보지표이다.
- 사고는 계획되지 않고(Unplaned), 원하지 않는(Undesired) 비효율적인 사상(Inefficient event)이다.

0804 / 1504

## 25

Repetitive Learning (1회 2회 3회)

집단이 가지는 효과로 두 개 이상의 서로 다른 개체가 힘을 합쳐 둘이 지닌 힘 이상의 효과를 내는 현상은?

① 시너지 효과
② 동조 효과
③ 응집성 효과
④ 자생적 효과



22 ① 23 ④ 24 ① 25 ① 정답

해설

- 집단의 효과에는 동조 효과, 시너지 효과, 견물 효과 등이 있다.
- 동조 효과는 집단의 압력에 의해 다수의 의견을 따르게 되는 현상을 말한다.

집단의 효과

- 동조 효과 – 집단의 압력에 의해 다수의 의견을 따르게 되는 현상
- 시너지 효과 – 두 개 이상의 서로 다른 개체가 힘을 합쳐 둘이 지닌 힘 이상의 효과를 내는 현상
- 견물(見物) 효과 – 개인보다 집단을 더 자랑스럽게 생각하는 현상

0504 / 0702 / 1102 / 1604

## 26

Repetitive Learning (1회 2회 3회)

교육방법 중 하나인 사례연구법의 장점으로 볼 수 없는 것은?

① 의사소통 기술이 향상된다.
② 무의식적인 내용의 표현 기회를 준다.
③ 문제를 다양한 관점에서 바라보게 된다.
④ 강의법에 비해 현실적인 문제에 대한 학습이 가능하다.

해설

- 사례연구법은 사례를 중심으로 연구하므로 무의식적인 내용의 표현 기회는 거의 없다.

사례연구법(Case method)

㉠ 개요
- 먼저 사례를 발표하고 문제적 사실들과 그의 상호 관계에 대하여 검토하고 대책을 토의하는 방법을 말한다.
- 사례 해결에 직접 참가하여 해결과정에서 판단력을 개발하는 교육방법을 말한다.

㉡ 특징
- 흥미를 유발하여 학습동기를 북돋울 수 있다.
- 의사소통 기술이 향상된다.
- 문제를 다양한 관점에서 바라보게 된다.
- 강의법에 비해 현실적인 문제에 대한 학습이 가능하다.

1004 / 1504

## 27

Repetitive Learning (1회 2회 3회)

직무와 관련한 정보를 직무명세서(Job specification)와 직무기술서(Job description)로 구분할 경우 직무기술서에 포함되어야 하는 내용과 가장 거리가 먼 것은?

① 직무의 직종
② 수행되는 과업
③ 직무수행 방법
④ 작업자에게 요구되는 능력

해설

- 작업자에게 요구되는 능력은 직무명세서에 포함되어야 할 내용이다.

직무기술서

- 특정 직무에 관한 과업, 임무, 책임과 같은 내용을 정리한 문서를 말한다.
- 하나의 직무에 여러 개의 직무기술서가 있을 수 있다.
- 직무의 명칭, 부서, 근무위치, 보고채널, 직무의 내용과 직종, 직무수행 방법, 과업의 종류, 사용하는 설비 및 도구, 기계 등, 직무대상 등을 기술한다.

1701

## 28

Repetitive Learning (1회 2회 3회)

판단과정에서의 착오 원인이 아닌 것은?

① 능력부족　② 정보부족
③ 감각차단　④ 자기합리화

해설

- 감각차단은 인지과정의 착오에 해당한다.

착오의 원인별 분류

㉠ 인지과정의 착오
- 생리적·심리적 능력의 부족
- 감각차단현상
- 정서불안정
- 정보량 저장의 한계

㉡ 판단과정의 착오
- 능력부족
- 정보부족
- 자기합리화

㉢ 조작과정의 착오
- 기술부족
- 잘못된 정보
- 작업경험부족

1601

## 29

Repetitive Learning (1회 2회 3회)

다음 중 ATT(American Telephone & Telegram) 교육훈련기법의 내용으로 적절하지 않은 것은?

① 인사관계　② 고객관계
③ 회의의 주관　④ 종업원의 향상

정답 | 26 ② 27 ④ 28 ③ 29 ③

해설

- ATT는 작업의 감독, 고객관계, 인사관계, 종업원의 향상, 안전, 계획적 감독, 작업계획 및 인원 배치 등을 교육한다.

**ATT(American Telephone & Telegram) 교육훈련기법**

- 미국전신전화회사(ATT)에서 개발한 교육훈련기법으로 강의법과 토의법을 혼용하였다.
- 작업의 감독, 고객관계, 인사관계, 종업원의 향상, 안전, 계획적 감독, 작업계획 및 인원 배치 등을 교육한다.
- 1차 훈련은 1일 8시간씩 2주간 실시, 2차 훈련은 문제가 발생할 때마다 실시한다.

0804 / 1404

## 30 Repetitive Learning (1회 2회 3회)

미국 국립산업안전보건연구원(NIOSH)이 제시한 직무스트레스 모형에서 직무스트레스 요인을 작업요인, 조직요인, 환경요인으로 구분할 때 다음 중 조직요인에 해당하는 것은?

① 관리유형
② 작업속도
③ 교대근무
④ 조명 및 소음

해설

- 작업속도와 교대근무는 작업요인이고, 조명 및 소음은 환경요인에 해당한다.

**미국 국립산업안전보건연구원(NIOSH)의 직무스트레스 모형**

| 작업요인 | 조직요인 | 환경요인 |
|---|---|---|
| • 업무부하<br>• 작업속도/과정에 대한 통제<br>• 교대근무 | • 역할모호성/갈등<br>• 역할요구(과중)<br>• 관리유형<br>• 의사결정참여<br>• 경력/직무안정성<br>• 고용의 불확실성 | • 소음<br>• 열냉기<br>• 환기불량/부적절한 조명 |

1304

## 31 Repetitive Learning (1회 2회 3회)

다음 중 안전교육의 목적과 가장 거리가 먼 것은?

① 생산성이나 품질의 향상에 기여한다.
② 작업자를 산업재해로부터 미연에 방지한다.
③ 재해의 발생으로 인한 직접적 및 간접적 경제적 손실을 방지한다.
④ 작업자에게 작업의 안전에 대한 안심감을 부여하고 기업에 대한 신뢰감을 감소시킨다.

해설

- 안전교육을 통해 작업자에게 작업의 안전에 대한 안심감을 부여하고 기업에 대한 신뢰감을 증가시킨다.

**안전교육의 목적**

- 물적 요인(설비, 물자), 환경 및 의식 및 행동의 안전화를 기하는 데 있다.
- 재해발생에 필요한 요소들을 교육하여 재해를 방지하기 위해서이다.
- 생산성이나 품질의 향상에 기여하는 데 필요하기 때문이다.
- 작업자에게 안정감을 부여하고 기업에 대한 신뢰감을 부여하기 위해서이다.
- 재해의 발생으로 인한 직접적 및 간접적 경제적 손실을 방지하는 데 있다.

## 32 Repetitive Learning (1회 2회 3회)

안전교육에서 안전기술과 방호장치 관리를 몸으로 습득시키는 교육방법으로 가장 적절한 것은?

① 지식교육 ② 기능교육
③ 해결교육 ④ 태도교육

해설

- 안전기능교육은 긴 시간 동안 개인의 반복적 시행착오에 의해서 형성되며, 현장실습을 통한 경험체득과 이해가 큰 도움이 된다.

**안전기능교육(안전교육의 제2단계)**

- 작업능력 및 기술능력을 부여하는 교육으로 작업동작을 표준화시킨다.
- 교육대상자가 그것을 스스로 행함으로 얻어지는 것으로 시범식 교육이 가장 바람직한 교육방식이다.
- 긴 시간 동안 개인의 반복적 시행착오에 의해서 형성된다.
- 현장실습을 통한 경험체득과 이해를 목적으로 하는 단계이다.
- 방호장치 관리 기능을 습득하게 한다.

1702

## 33 Repetitive Learning (1회 2회 3회)

안전교육의 형태와 방법 중 Off J.T(Off the job Training)의 특징이 아닌 것은?

① 공통된 대상자를 대상으로 일관적으로 교육할 수 있다.
② 업무 및 사내의 특성에 맞춘 구체적이고 실제적인 지도교육이 가능하다.
③ 외부의 전문가를 강사로 초청할 수 있다.
④ 다수의 근로자에게 조직적 훈련이 가능하다.



30 ① 31 ④ 32 ② 33 ② 정답

해설

- 업무 및 사내의 특성에 맞춘 구체적이고 실제적인 지도교육이 가능한 것은 O.J.T(On the Job Training)의 특징이다.

**Off J.T(Off the Job Training)**

㉠ 개요

- 교육대상자를 대상으로 업무현장 밖에서 하는 집단교육을 말한다.

㉡ 형태

- 강의
- 사례연구
- 역할연기
- 집단토론

㉢ 특징

| 구분 | 내용 |
|---|---|
| 장점 | • 교재, 시설 등을 효과적으로 이용할 수 있다.<br>• 업무와 훈련이 동시에 진행되는 것이 아닌 만큼 훈련에만 전념하게 된다.<br>• 외부의 우수한 전문가를 강사로 활용할 수 있다.<br>• 다수의 근로자를 대상으로 일괄적, 조직적, 체계적인 훈련이 가능하다.<br>• 교육생 간 혹은 타 직장의 근로자와 지식이나 경험을 교류할 수 있다. |
| 단점 | • 개인의 안전지도 방법에는 부적당하다.<br>• 교육으로 인해 업무가 중단되는 손실이 발생한다. |

1301

## 34 Repetitive Learning (1회 2회 3회)

레빈(Lewin)이 제시한 인간의 행동특성에 관한 법칙에서 인간의 행동(B)은 개체(P)와 환경(E)의 함수관계를 가진다고 하였다. 다음 중 개체(P)에 해당하는 요소가 아닌 것은?

① 연령 ② 지능
③ 경험 ④ 인간관계

해설

- $P$는 Person 즉, 개체(소질)로 연령, 지능, 경험 등을 의미한다.
- 인간관계는 $E$의 요소이다.

**레빈(Lewin.K)의 법칙**

- 행동 $B=f(P \cdot E)$로 이루어진다. 즉, 인간의 행동($B$)은 개인($P$)과 환경($E$)의 상호 함수관계에 있다고 할 수 있다.
- $B$는 인간의 행동(Behavior)을 말한다.
- $f$는 동기부여를 포함한 함수(Function)이다.
- $P$는 Person 즉, 개체(소질)로 연령, 지능, 경험 등을 의미한다.
- $E$는 Environment 즉, 심리적 환경(인간관계, 작업환경－조명, 소음, 온도 등)을 의미한다.

1401

## 35 Repetitive Learning (1회 2회 3회)

다음 중 피들러(Fiedler)의 상황 연계성 리더십 이론에서 중요시하는 상황적 요인에 해당하지 않는 것은?

① 과제의 구조화
② 부하의 성숙도
③ 리더의 직위상 권한
④ 리더와 부하간의 관계

해설

- 상황리더십이론에서 상황적 변수는 리더와 부하와의 관계, 과업의 구조, 직위권력 등이 있다.

**상황리더십(Situational leadership)이론**

- 피들러는 상황에 따라 효과적인 리더십 유형이 달라진다고 주장하였다.
- 상황적 변수는 리더와 부하와의 관계, 과업의 구조, 직위권력 3가지이며 이 변수들에 의해 리더의 영향력이 결정된다고 하였다.
- 리더십 유형을 LPC(Least Preferred Co-worker score) 점수에 따라 과업지향적 리더십과 관계지향적 리더십으로 구분하였다.
- 가장 일하기 힘들었던 동료를 생각하면서 자신의 리더십 스타일을 점검하는 LPC(Least Preferred Co-worker score) 점수가 높은 리더는 관계지향적 리더로 부하들과 잘 어울리며 배려있는 행동을 하는 리더이며, 점수가 낮은 리더는 과업지향적 리더로 권위적, 지시적, 성취지향적인 특성을 갖는다.

0701 / 1302 / 1704

## 36 Repetitive Learning (1회 2회 3회)

조직에 있어 구성원들의 역할에 대한 기대와 행동은 항상 일치하지는 않는다. 역할 기대와 실제 역할 행동 간에 차이가 생기면 역할 갈등이 발생하는데, 역할 갈등의 원인으로 가장 거리가 먼 것은?

① 역할 마찰
② 역할 민첩성
③ 역할 부적합
④ 역할모호성

해설

- 역할 갈등(Role conflict)은 작업에 대하여 상반된 역할이 기대되는 경우에 해당하며 원인에는 역할 마찰, 역할 부적합, 역할모호성 등이 있다.

정답 | 34 ④ 35 ② 36 ②

**슈퍼(Super, D. E)의 역할이론**

- 역할 연기(Role playing) – 자아탐구의 수단인 동시에 자아실현의 수단이다.
- 역할 기대(Role expectation) – 직업에 충실한 사람은 자기역할에 대해 기대하고 감수하는 사람이다.
- 역할 갈등(Role conflict) – 작업에 대하여 상반된 역할이 기대되는 경우에 해당하며 원인에는 역할 마찰, 역할 부적합, 역할모호성 등이 있다.
- 역할 조성(Role shaping) – 개인에게 여러 개의 역할 기대가 있을 경우 그중 일부에 불응하거나 거부하는 경우도 있으며, 혹은 다른 역할을 위해 다른 일을 구하기도 한다.

1104

## 37

Repetitive Learning (1회 2회 3회)

다음 중 안전교육방법에 있어 도입단계에서 가장 적합한 방법은?

① 강의법　　② 실연법
③ 반복법　　④ 자율학습법

**해설**

- 강의법은 안전교육방법 중 수업의 도입이나 초기단계에 적용하며, 단시간에 많은 내용을 교육하는 경우에 가장 적절한 방법이다.

**강의식(Lecture method)**

㉠ 개요
- 안전교육방법 중 수업의 도입이나 초기단계에 적용하며, 단시간에 많은 내용을 교육하는 경우에 가장 적절한 방법이다.
- 짧은 교육기간에 많은 인원의 대상에게 비교적 많은 내용을 전달하기 위한 교육방법이다.
- 도입, 제시, 적용, 확인단계 중 제시단계에서 가장 많은 시간이 소요된다.

㉡ 특징
- 적은 시간에 많은 내용을 많은 대상에게 교육시킬 수 있어 다른 방법에 비해 경제적이다.
- 전체적인 교육내용을 제시하거나, 새로운 과업 및 작업단위의 도입단계에 유효하다.
- 교육시간에 대한 조정(계획과 통제)이 용이하다.
- 난해한 문제에 대하여 평이하게 설명이 가능하다.
- 상대적으로 피드백이 부족하다. 즉, 피교육생의 참여가 제약된다.
- 교육대상 집단 내 수준차로 인해 교육의 효과가 감소할 가능성이 있다.

0604

## 38

Repetitive Learning (1회 2회 3회)

부주의의 발생방지 방법은 발생 원인별로 대책을 강구해야 하는데 다음 중 발생 원인의 외적요인에 속하는 것은?

① 의식의 우회
② 소질적 문제
③ 경험 · 미경험
④ 작업순서의 부자연성

**해설**

- 작업순서의 부자연성은 부주의 발생의 외적요인으로 인간공학적 접근으로 해결가능하다.

**부주의 발생의 내적요인과 대책**

- 의식의 우회 – 카운슬링
- 소질적 문제 – 적성에 따른 배치
- 경험 · 미경험 – 교육 및 훈련

0402 / 0601 / 0904

## 39

Repetitive Learning 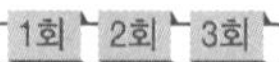

다음 중 역할연기(Role playing)에 의한 교육의 장점을 설명한 것으로 틀린 것은?

① 관찰능력을 높이고 감수성이 향상된다.
② 자기의 태도에 반성과 창조성이 생긴다.
③ 정도가 높은 의사결정의 훈련으로서 적합하다.
④ 의견 발표에 자신이 생기고 고찰력이 풍부해진다.

**해설**

- 역할연기법은 높은 수준의 의사결정에 대한 훈련에는 효과를 기대할 수 없다.

**역할연기법(Role playing)**

㉠ 개요
- 집단 심리요법의 하나로서 자기 해방과 타인 체험을 목적으로 하는 체험활동을 통해 대인관계에 있어서의 태도변용이나 통찰력, 자기이해를 목표로 개발된 교육기법이다.
- 참가자에게 흥미와 체험감을 주며, 아는 것과 행동하는 것 사이의 차이를 인식시켜 줄 수 있는 교육방법이다.
- 높은 수준의 의사 결정에 대한 훈련에는 효과를 기대할 수 없다.

㉡ 특징
- 관찰에 의한 학습
- 실행에 의한 학습
- 피드백에 의한 학습 분석과 개념화를 통한 학습



37 ① 38 ④ 39 ③ | 정답

㉢ 장점
- 흥미를 갖고, 문제에 적극적으로 참가한다.
- 문제의 배경에 대하여 통찰하는 능력을 높임으로써 감수성이 향상된다.
- 자기 태도의 반성과 창조성이 생기고, 발표력이 향상된다.
- 의견 발표에 자신이 생기고, 고찰력이 풍부해진다.

0702 / 1202 / 1704

## 40 Repetitive Learning (1회 2회 3회)

상황성 누발자의 재해유발 원인으로 가장 적절한 것은?

① 소심한 성격
② 주의력의 산만
③ 기계설비의 결함
④ 침착성 및 도덕성의 결여

해설
- 상황성 누발자는 작업의 어려움, 기계설비의 결함, 심신의 근심, 환경상 주의력 집중이 곤란해 재해를 유발시킨다.

상황성 누발자
㉠ 개요
- 상황성 누발자란 작업이 어렵거나 설비의 결함, 심신의 근심 때문에 재해를 여러 번 겪은 사람을 말한다.

㉡ 재해유발 원인
- 작업이 어렵기 때문
- 기계설비에 결함이 있기 때문
- 심신에 근심이 있기 때문
- 환경상 주의력의 집중이 혼란되기 때문

# 3과목 인간공학 및 시스템안전공학

## 41 Repetitive Learning (1회 2회 3회)

후각적 표시장치(Olfactory display)와 관련된 내용으로 옳지 않은 것은?

① 냄새의 확산을 제어할 수 없다.
② 시각적 표시장치에 비해 널리 사용되지 않는다.
③ 냄새에 대한 민감도의 개별적 차이가 존재한다.
④ 경보장치로서 실용성이 없기 때문에 사용되지 않는다.

해설
- 후각적 표시장치는 가스누출탐지 및 갱도탈출신호 등의 경보장치에 사용되고 있다.

후각적 표시장치(Olfactory display)
- 냄새의 확산을 제어할 수 없다.
- 시각적 표시장치에 비해 널리 사용되지 않는다.
- 냄새에 대한 민감도의 개별적 차이가 존재한다.
- 코가 막힐 경우 민감도가 떨어진다.
- 인간이 냄새에 빨리 익숙해지는 관계로 노출 후에는 냄새의 존재를 느끼지 못한다.
- 가스누출탐지 및 갱도탈출신호 등의 경보장치에 사용되고 있다.

2202

## 42 Repetitive Learning (1회 2회 3회)

HAZOP 기법에서 사용하는 가이드 워드와 그 의미가 잘못 연결된 것은?

① No/Not : 설계 의도의 완전한 부정
② More/Less : 정량적인 증가 또는 감소
③ Part of : 성질상의 감소
④ Other than : 기타 환경적인 요인

해설
- Other than은 완전한 대체를 의미한다.

가이드 워드(Guide words)
㉠ 개요
- 위험및운전성검토(HAZOP)에서 근로자들의 창조적 사고를 유도하여 조작방법이나 오동작을 개선하기 위해 사용하는 워드이다.
- 공정변수(Process parameter)와 함께 사용하여 비정상상태(Deviation)가 일어날 수 있는 원인을 찾고 결과를 예측함과 동시에 대책을 세우는 데 유용하다.

㉡ 종류

| No / Not | 설계 의도의 완전한 부정 |
|---|---|
| Part of | 성질상의 감소 |
| As well as | 성질상의 증가 |
| More / Less | 양의 증가 혹은 감소로 양과 성질을 함께 표현 |
| Other than | 완전한 대체 |

1102

## 43 Repetitive Learning (1회 2회 3회)

직무에 대하여 청각적 자극 제시에 대한 음성응답을 하도록 할 때 가장 관련 있는 양립성은?

① 공간적 양립성
② 양식양립성
③ 운동양립성
④ 개념적 양립성

정답 | 40 ③ 41 ④ 42 ④ 43 ②

해설

- 개념양립성은 수도꼭지의 색깔과 온도, 신호장치의 색깔 등과 관련된다.
- 공간양립성은 표시장치와 조종장치의 위치와 관련된다.
- 운동양립성은 조종장치의 조작방향과 기계의 운동방향과 관련된다.

양립성(Compatibility)

㉠ 개요

- 인간의 기대하는 바와 자극 또는 반응들이 일치하는 관계를 말하는데 양립성이 적을수록 정보처리에서 재코드화 과정은 많아진다.
- 양립성의 효과가 크면 클수록, 코딩의 시간이나 반응의 시간은 짧아진다.
- 양립성의 종류에는 운동양립성, 공간양립성, 개념양립성, 양식양립성 등이 있다.

㉡ 양립성의 종류와 개념

| | |
|---|---|
| 공간 (Spatial) 양립성 | • 표시장치와 이에 대응하는 조종장치의 위치가 인간의 기대에 모순되지 않는 것<br>• 왼쪽 표시장치와 관련된 조종장치는 왼쪽에, 오른쪽 표시장치에 관련된 조종장치는 오른쪽에 위치하는 것 |
| 운동 (Movement) 양립성 | 조종장치의 조작방향에 따라서 기계장치나 자동차 등이 움직이는 것 |
| 개념 (Conceptual) 양립성 | • 인간이 가지는 개념과 일치하게 하는 것<br>• 적색 수도꼭지는 온수, 청색 수도꼭지는 냉수를 의미하는 것이나 위험신호는 빨간색, 주의신호는 노란색, 안전신호는 파란색으로 표시하는 것 |
| 양식 (Modality) 양립성 | 문화적 관습에 의해 생기는 양립성 혹은 직무에 관련된 자극과 이에 대한 응답 등으로 청각적 자극 제시와 이에 대한 음성응답 과업에서 갖는 양립성 |

## 44

Repetitive Learning (1회 2회 3회)

다음은 유해·위험방지계획서의 제출에 관한 설명이다. ( ) 안에 들어갈 내용으로 옳은 것은?

> 산업안전보건법령상 "대통령령으로 정하는 사업의 종류 및 규모에 해당하는 사업으로서 해당 제품의 생산 공정과 직접적으로 관련된 건설물·기계·기구 및 설비 등 일체를 설치·이전하거나 그 주요 구조부분을 변경하려는 경우"에 해당하는 사업주는 유해·위험방지계획서에 관련 서류를 첨부하여 해당 작업 시작 ( ㉠ ) 까지 공단에 ( ㉡ )부를 제출하여야 한다.

① (㉠) : 7일 전, (㉡) : 2
② (㉠) : 7일 전, (㉡) : 4
③ (㉠) : 15일 전, (㉡) : 2
④ (㉠) : 15일 전, (㉡) : 4

해설

- 유해·위험방지계획서의 제출 기한은 제조업의 경우는 해당 작업시작 15일 전, 건설업의 경우는 공사의 착공 전날까지 2부 제출한다.

유해·위험방지계획서의 제출

- 제출대상 사업장의 규모는 전기 계약용량이 300kW 이상인 사업장이다.
- 건설물·기계·기구 및 설비 등 일체를 설치·이전하거나 그 주요 구조부분을 변경할 때에는 고용노동부장관(한국산업안전보건공단)에게 유해·위험방지계획서를 2부 제출하여야 한다.
- 첨부서류는 건축물 각 층의 평면도, 기계·설비의 개요를 나타내는 서류, 기계·설비의 배치도면, 원재료 및 제품의 취급, 제조 등의 작업방법의 개요 등이다.
- 제조업의 경우는 해당 작업시작 15일 전에 제출한다.
- 건설업의 경우는 공사의 착공 전날까지 제출한다.

## 45

Repetitive Learning (1회 2회 3회)

차폐효과에 대한 설명으로 옳지 않은 것은?

① 차폐음과 배음의 주파수가 가까울 때 차폐효과가 크다.
② 헤어드라이어 소음 때문에 전화 음을 듣지 못한 것과 관련이 있다.
③ 유의적 신호와 배경 소음의 차이를 신호/소음(S/N) 비로 나타낸다.
④ 차폐효과는 어느 한 음 때문에 다른 음에 대한 감도가 증가되는 현상이다.

해설

- 차폐효과는 마스킹이라고도 하며, 음의 한 성분이 다른 성분에 대한 귀의 감수성을 감소시키는 상황을 말한다.

마스킹(Masking)

- 은폐(차폐)효과라고도 하며, 음의 한 성분이 다른 성분에 대한 귀의 감수성을 감소시키는 상황을 말한다.
- 동시에 두 가지 음이 들릴 때 특정 음의 청취로 인해 다른 음의 청취는 방해받는 청각 현상을 말한다.
- 사무실에서 타자작업하는 경우 타자기 소리에 말소리가 묻히는 현상이 대표적인 예이다.
- 피은폐된 한 음의 가청역치가 다른 은폐된 음 때문에 높아지는 현상을 말한다.



44 ③ 45 ④ 정답

0304 / 0801 / 1602 / 1701

## 46

Repetitive Learning 1회 2회 3회

[그림]과 같이 FTA로 분석된 시스템에서 현재 모든 기본 사상에 대한 부품이 고장난 상태이다. 부품 $X_1$부터 부품 $X_5$ 까지 순서대로 복구한다면 어느 부품을 수리 완료하는 시점에서 시스템이 정상가동이 되겠는가?

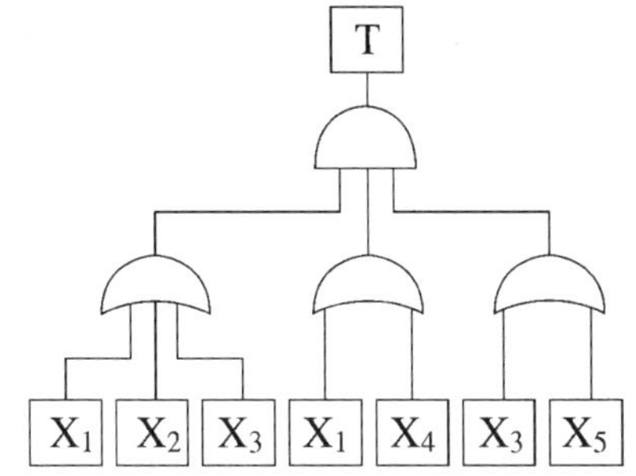


① 부품 $X_2$　　② 부품 $X_3$
③ 부품 $X_4$　　④ 부품 $X_5$

해설

- Ⓣ가 정상가동하려면 AND 게이트이므로 입력 3개가 모두 정상가동해야 한다. 즉, 개별적인 OR게이트에서의 출력이 정상적으로 발생해야 T는 정상가동한다. $X_1$과 $X_2$가 복구될 경우 첫 번째 OR와 두 번째 OR게이트의 신호는 정상화가 되나 마지막 OR게이트가 동작하지 않아 T는 정상가동되지 않는다.
- $X_3$이 정상화되면 마지막 OR 역시 정상 동작하게 되므로 Ⓣ는 정상가동된다.

FT도에서 정상(고장)사상 발생확률

㉠ AND(직렬)연결 시
- 사상 A의 발생확률을 $P_A$, 사상 B, 사상 C 발생확률을 $P_B$, $P_C$라 할 때 $P_A = P_B \times P_C$로 구할 수 있다.

㉡ OR(병렬)연결 시
- 사상 A의 발생확률을 $P_A$, 사상 B, 사상 C 발생확률을 $P_B$, $P_C$라 할 때 $P_A = 1-(1-P_B)\times(1-P_C)$로 구할 수 있다.

## 47

Repetitive Learning 1회 2회 3회

다음 중 인간이 기계보다 우수한 기능으로 거리가 가장 먼 것은?(단, 인공지능은 제외한다)

① 암호화된 정보를 신속하게 대량으로 보관할 수 있다.
② 관찰을 통해서 일반화하여 귀납적으로 추리한다.
③ 항공사진의 피사체나 말소리처럼 상황에 따라 변화하는 복잡한 자극의 형태를 식별할 수 있다.
④ 수신 상태가 나쁜 음극선관에 나타나는 영상과 같이 배경잡음이 심한 경우에도 신호를 인지할 수 있다.

해설

- 암호화된 정보를 신속, 대량으로 처리 및 보관할 수 있는 것은 기계가 인간보다 뛰어난 점이다.

인간이 기계를 능가하는 조건
- 관찰을 통해서 일반화하여 귀납적 추리를 한다.
- 완전히 새로운 해결책을 도출할 수 있다.
- 원칙을 적용하여 다양한 문제를 해결할 수 있다.
- 상황에 따라 변하는 복잡한 자극 형태를 식별할 수 있다.
- 다양한 경험을 토대로 하여 의사 결정을 한다.
- 주위의 예기치 못한 사건들을 감지하고 처리하는 임기응변 능력이 있다.

## 48

Repetitive Learning 1회 2회 3회

THERP(Technique for Human Error Rate Prediction)의 특징에 대한 설명으로 옳은 것을 모두 고른 것은?

> ㉠ 인간-기계계(System)에서 여러가지 인간의 에러와 이에 의해 발생할 수 있는 위험성의 예측과 개선을 위한 기법
> ㉡ 인간의 과오를 정성적으로 평가하기 위하여 개발된 기법
> ㉢ 가지처럼 갈라지는 형태의 논리구조와 나무 형태의 그래프를 이용

① ㉠, ㉡　　② ㉠, ㉢
③ ㉡, ㉢　　④ ㉠, ㉡, ㉢

해설

- THERP는 인간의 과오를 정량적으로 평가하기 위한 기법이다.

THERP(Technique for Human Error Rate Prediction)
- 인간오류율예측기법이라고도 하는 대표적인 인간실수확률에 대한 추정기법이다.
- 사고원인 가운데 인간의 과오에 기인된 원인 분석, 확률을 계산함으로써 제품의 결함을 감소시키고, 인간공학적 대책을 수립하는 데 사용되는 분석기법이다.
- 인간의 과오를 정량적으로 평가하기 위한 기법으로서 인간의 과오율 추정법 등 5개의 스텝으로 되어 있다.

1202

## 49

Repetitive Learning 1회 2회 3회

설비의 고장과 같이 발생확률이 낮은 사건의 특정시간 또는 구간에서의 발생횟수를 측정하는데 가장 적합한 확률분포는?

① 이항 분포(Binomial distribution)
② 푸아송 분포(Poisson distribution)
③ 와이블 분포(Weibull distribution)
④ 지수 분포(Exponential distribution)

정답 | 46 ② 47 ① 48 ② 49 ②

해설

- 이항 분포는 연속된 n번의 독립적 시행에서 각 시행이 확률 p를 가질때의 이산확률분포로 n이 1일 때의 이항 분포를 베르누이 분포라고도 한다.
- 와이블 분포는 재료의 파괴강도를 분석하면서 고안한 확률분포로 기계부품의 수명분포를 표현하는 데 적합하다.
- 지수 분포는 설비의 고장률이 설비의 사용기간에 영향을 미치지 않는 일정한 수명분포로 푸아송 분포와 관련된다.

Poisson 분포

- 단위 시간 안에 어떤 사건이 몇 번 발생할 것인지를 표현하는 이산확률분포를 말한다.
- 설비의 고장과 같이 특정시간 또는 구간에 어떤 사건의 발생확률이 적은 경우 그 사건의 발생횟수를 측정하는 데 적합하다.
- 어떤 사건이 발생하는 시간(Arrival time)이 서로 독립적으로 분포하는 지수분포에서 확률변수의 발생과정을 Poisson 과정이라 한다.

1601

## 50 Repetitive Learning (1회 2회 3회)

인간공학을 기업에 적용할 때의 기대효과로 볼 수 없는 것은?

① 노사 간의 신뢰 저하
② 작업손실시간의 감소
③ 제품과 작업의 질 향상
④ 작업자의 건강 및 안전 향상

해설

- 기업에서 인간공학을 적용하여 근로자의 건강과 안전 향상을 노력함으로써 노사 간의 신뢰는 향상된다.

인간공학 기대효과

- 제품과 작업의 질 향상
- 작업자의 건강 및 안전 향상
- 이직률 및 작업손실시간의 감소
- 노사 간의 신뢰 향상

0602 / 0804 / 1501

## 51 Repetitive Learning (1회 2회 3회)

인간에러(Human error)에 관한 설명으로 틀린 것은?

① Omission error : 필요한 작업 또는 절차를 수행하지 않는 데 기인한 에러
② Commission error : 필요한 작업 또는 절차의 수행 지연으로 인한 에러
③ Extraneous error : 불필요한 작업 또는 절차를 수행함으로써 기인한 에러
④ Sequential error : 필요한 작업 또는 절차의 순서 착오로 인한 에러

해설

- 실행오류(Commission error)는 작업 수행 중 작업을 정확하게 수행하지 못해 발생한 에러이다. 작업의 수행 지연으로 인한 에러는 시간오류(Timing error)이다.

행위적 관점에서의 휴먼에러 분류(Swain)

|  |  |
|---|---|
| 실행오류 (Commission error) | 작업 수행 중 작업을 정확하게 수행하지 못해 발생한 에러 |
| 생략오류 (Omission error) | 필요한 작업 또는 절차를 수행하지 않는 데 기인한 에러 |
| 불필요한 수행오류 (Extraneous error) | 불필요한 작업 또는 절차를 수행함으로써 발생한 에러 |
| 순서오류 (Sequential error) | 필요한 작업 또는 절차의 순서 착오로 인한 에러 |
| 시간오류 (Timing error) | 필요한 작업 또는 절차의 수행을 지연한 데 기인한 에러 |

0602

## 52 Repetitive Learning (1회 2회 3회)

눈과 물체의 거리가 23cm, 시선과 직각으로 측정한 물체의 크기가 0.03cm일 때 시각(분)은 얼마인가?(단, 시각은 600 이하이며, Radian 단위를 분으로 환산하기 위한 상수값은 57.3과 60을 모두 적용하여 계산하도록 한다)

① 0.001　　② 0.007
③ 4.48　　④ 24.55

해설

- 틈의 크기 혹은 물체의 크기는 0.03cm이고, 거리가 23cm이므로 식에 대입하면 $57.3\times60\times\frac{0.03}{23}=4.48$이 된다.

시력과 시각

- 시각(Visual angle)은 일반적으로 분단위로 표시된다.
- 시각 = $\frac{\text{틈의 크기}}{\text{거리}}$[rad]으로 구해지며 이를 분단위로 표시하기 위해 $\frac{180}{\pi}=57.3$과 60(시를 분으로)을 곱하면 된다.
- 시각 = $57.3\times60\times\frac{\text{틈의 크기}}{\text{거리}}$[분]으로 구한다.
- 시력 = $\frac{1}{\text{시각}}$으로 구한다.



50 ① 51 ② 52 ③ 정답

## 53

Repetitive Learning ( 1회 2회 3회 )

산업안전보건기준에 관한 규칙상 "강렬한 소음작업"에 해당하는 기준은?

① 85데시벨 이상의 소음이 1일 4시간 이상 발생하는 작업
② 85데시벨 이상의 소음이 1일 8시간 이상 발생하는 작업
③ 90데시벨 이상의 소음이 1일 4시간 이상 발생하는 작업
④ 90데시벨 이상의 소음이 1일 8시간 이상 발생하는 작업

**해설**

- 강렬한 소음작업은 90dBA일 때 8시간, 100dBA일 때 2시간, 110dBA일 때 1/2시간(30분) 지속되는 작업을 말한다.

소음 노출기준

㉠ 소음의 허용기준(강렬한 소음작업의 기준)

| 1일 노출시간(hr) | 허용 음압수준(dBA) |
|---|---|
| 8 | 90 |
| 4 | 95 |
| 2 | 100 |
| 1 | 105 |
| 1/2 | 110 |
| 1/4 | 115 |

㉡ 충격소음 허용기준

| 충격소음강도(dBA) | 허용 노출 횟수(회) |
|---|---|
| 140 | 100 |
| 130 | 1,000 |
| 120 | 10,000 |

## 54

Repetitive Learning ( 1회 2회 3회 )

컴퓨터 스크린상에 있는 버튼을 선택하기 위해 커서를 이동시키는데 걸리는 시간을 예측하는데 가장 적합한 법칙은?

① Fitts의 법칙
② Lewin의 법칙
③ Hick의 법칙
④ Weber의 법칙

**해설**

- Lewin의 법칙은 인간의 행동(B)이 개인(P)과 환경(E)의 상호 함수관계에 있다는 것을 정의한다.
- Hick-Hyman 법칙은 신호를 보고 어떤 장치를 조작해야 할지를 결정하기까지 걸리는 시간을 예측할 수 있다.
- 웨버(Weber) 법칙은 인간이 감지할 수 있는 외부의 물리적 자극 변화의 최소범위는 기준이 되는 자극의 크기에 비례하는 현상을 설명한 이론이다.

Fitts의 법칙

- 인간의 제어 및 조정능력을 나타내는 법칙으로 인간의 손이나 발을 이동시켜 조작장치를 조작하는 데 걸리는 시간을 표적까지의 거리와 표적 크기의 함수로 나타낸다.
- 표적이 작고 이동거리가 길수록 이동시간이 증가한다.
- 자동차 가속 페달과 브레이크 페달 간의 간격, 브레이크 폭 등을 결정하는 데 사용할 수 있는 가장 적합한 인간공학 이론이다.
- $MT = a + b(D \cdot W)$로 표시된다. 이때 MT는 운동시간, a와 b는 상수, D는 운동거리, W는 목표물과의 거리이다.

0904

## 55

Repetitive Learning ( 1회 2회 3회 )

[그림]과 같은 FT도에서 F1 = 0.015, F2 = 0.02, F3 =0.05이면, 정상사상 T가 발생할 확률은 약 얼마인가?

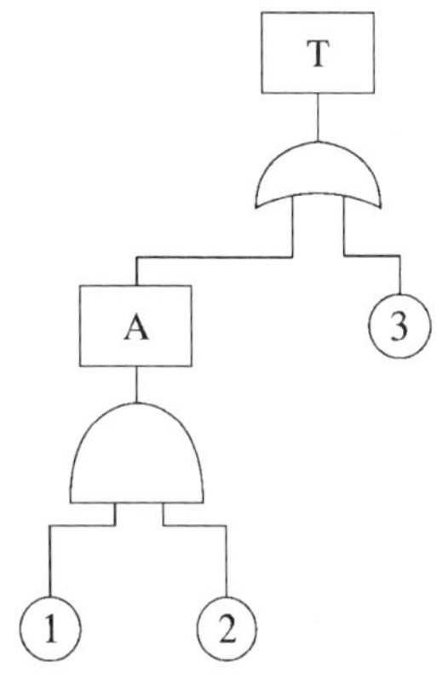


① 0.0002
② 0.0283
③ 0.0503
④ 0.9500

**해설**

- Ⓐ는 0.015 × 0.02 = 0.0003이다.
- Ⓣ는 1-(1-0.0003)(1-0.05) = 1-(0.9997 × 0.95) = 1-0.949715 = 0.050285가 된다.

FT도에서 정상(고장)사상 발생확률

문제 46번 유형별 핵심이론 참조

1202

## 56

Repetitive Learning ( 1회 2회 3회 )

다음 중 NIOSH lifting guideline에서 권장무게한계(RWL) 산출에 사용되는 계수가 아닌 것은?

① 휴식계수
② 수평계수
③ 수직계수
④ 비대칭계수

**해설**

- 휴식계수는 NIOSH의 권장평균 에너지소비량과 관련된 지수로 권장무게한계와는 관련이 멀다.

정답 | 53 ④ 54 ① 55 ③ 56 ①

해설

- 휴식계수는 NIOSH의 권장평균 에너지소비량과 관련된 지수로 권장무게한계와는 관련이 멀다.

:: NIOSH 들기지수(LI)

- NIOSH의 중량물 취급지수를 말한다.
- 물체의 무게(kg) / RWL(kg)으로 구한다. 이때 RWL은 추천 중량한계로 들기 편한 정도의 값이다.
- RWL = 23kg × HM × VM × DM × AM × FM × CM으로 구한다.(HM은 수평계수, VM은 수직계수, DM은 거리계수, AM은 비대칭성계수, FM은 빈도계수, CM은 결합계수를 의미한다)

## 57 ——— Repetitive Learning (1회 2회 3회)

Sanders와 McCormick의 의자 설계의 일반적인 원칙으로 옳지 않은 것은?

① 요부후만을 유지한다.
② 조정이 용이해야 한다.
③ 등근육의 정적부하를 줄인다.
④ 디스크가 받는 압력을 줄인다.

해설

- 요부후만이 아니라 요부전만을 유지해야 한다.

:: 인간공학적 의자 설계

㉠ 개요
- 조절식 설계원칙을 적용하도록 한다.
- 자세와 동작에 따라 고려해야 할 인체측정 치수가 달라진다.
- 요부전만(腰部前彎)을 유지한다.
- 추간판(디스크)의 압력과 등근육의 정적부하를 줄인다.
- 자세 고정을 줄인다.
- 여러 사람이 사용하는 의자의 경우 좌면 높이는 오금보다 약간 낮게(5% 오금높이) 유지한다.

㉡ 고려할 사항
- 체중 분포
- 상반신의 안정
- 좌판의 높이(조절식을 기준으로 한다)
- 좌판의 깊이와 폭
(폭은 최대치, 깊이는 최소치를 기준으로 한다)

1401

## 58 ——— Repetitive Learning (1회 2회 3회)

다음 중 화학설비의 안정성 평가에서 정량적 평가의 항목에 해당되지 않는 것은?

① 훈련　　② 조작
③ 취급물질　　④ 화학설비용량

해설

- 훈련은 수치값으로 표현하기 어려운 항목이므로 정성적 평가항목에 해당한다.

:: 정성적 평가와 정량적 평가항목

| 정성적 평가 | 설계관계항목 | 입지조건, 공장 내 배치, 건조물, 소방설비 등 |
|---|---|---|
| | 운전관계항목 | 원재료, 중간제품, 공정 및 공정기기, 수송, 저장 등 |
| 정량적 평가 | • 수치값으로 표현 가능한 항목들을 대상으로 한다.<br>• 온도, 취급물질, 화학설비용량, 압력, 조작 등을 위험도에 맞게 평가한다. | |

1404

## 59 ——— Repetitive Learning (1회 2회 3회)

[그림]과 같이 신뢰도 95%인 펌프 A가 각각 신뢰도 90%인 밸브 B와 밸브 C의 병렬밸브계와 직렬계를 이룬 시스템의 실패확률은 약 얼마인가?

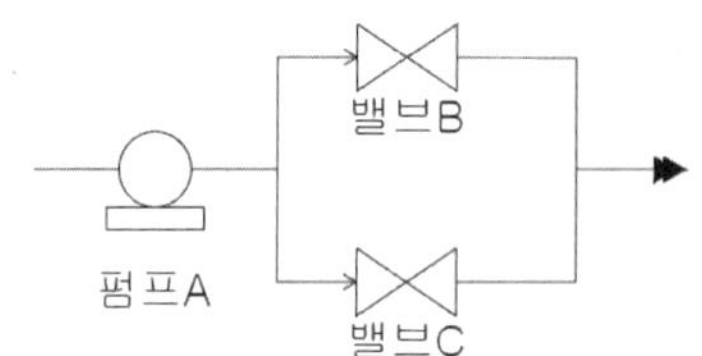


① 0.0091　　② 0.0595
③ 0.9405　　④ 0.9811

해설

- 시스템은 병렬로 연결된 B와 C가 A와 직렬로 연결된 시스템이다.
- 병렬로 연결된 시스템의 신뢰도를 먼저 구하면 신뢰도 BC = 1 − (1 − 0.9)(1 − 0.9) = 1 − 0.01 = 0.99이다.
- 위의 결과와 A를 직렬로 연결한 시스템의 신뢰도는 0.95 × 0.99 = 0.9405가 된다. 구하려고 하는 것은 실패확률이므로 1 − 0.9405 = 0.0595이다.

:: 시스템의 신뢰도

㉠ AND(직렬)연결 시
- 시스템의 신뢰도($R_s$)는 부품 a, 부품 b 신뢰도를 각각 $R_a$, $R_b$라 할 때 $R_s = R_a \times R_b$로 구할 수 있다.

㉡ OR(병렬)연결 시
- 시스템의 신뢰도($R_s$)는 부품 a, 부품 b 신뢰도를 각각 $R_a$, $R_b$라 할 때 $R_s = 1-(1-R_a)\times(1-R_b)$로 구할 수 있다.



57 ① 58 ① 59 ② | 정답

1002 / 1401

## 60 Repetitive Learning 1회 2회 3회

FTA에서 사용되는 최소 컷 셋에 관한 설명으로 옳지 않은 것은?

① 일반적으로 Fussell algorithm을 이용한다.
② 정상사상(Top event)을 일으키는 최소한의 집합이다.
③ 반복되는 사건이 많은 경우 Limnios와 Ziani Algorithm을 이용하는 것이 유리하다.
④ 시스템에 고장이 발생하지 않도록 하는 모든 사상의 집합이다.

**해설**

- 시스템이 고장 나지 않도록 하는 사상, 시스템의 기능을 살리는 데 필요한 최소 요인의 집합은 패스 셋이다.

최소 컷 셋(Minimal cut sets)
- 컷 셋 중에 타 컷 셋을 포함하고 있는 것을 배제하고 남은 컷 셋들을 의미한다.
- 사고에 대한 시스템의 약점을 표현한다.
- 정상사상(Top 사상)을 일으키는 최소한의 집합이다.
- 일반적으로 Fussell algorithm을 이용한다.
- 시스템에서 최소 컷 셋의 개수가 늘어나면 위험수준이 높아진다.

# 4과목 건설시공학

0604

## 61 Repetitive Learning 

지하연속벽 공법에 관한 설명으로 옳지 않은 것은?

① 흙막이 벽의 강성이 적어 보강재를 필요로 한다.
② 지수벽의 기능도 갖고 있다.
③ 인접건물의 경계선까지 시공이 가능하다.
④ 암반을 포함한 대부분의 지반에 시공이 가능하다.

**해설**

- 지하연속벽 공법은 벽체의 강성이 크고 완벽한 차수성이 보장된다.

지하연속벽(Slurry wall) 공법

㉠ 개요
- 지반 굴착 시 벤토나이트 안정액을 사용하여 지반의 붕괴를 방지하면서 굴착하고 그 속에 철근망을 넣고 콘크리트를 타설하여 연속으로 콘크리트 흙막이 벽을 설치하는 공법이다.
- 흙막이 벽 및 물막이 벽의 기능도 갖고 있다.
- 영구 지하 벽이나 깊은 기초로 활용하기도 한다.
- 가이드월 설치 → 굴착 → 슬라임 제거 → 인터록킹파이프 설치 → 지상조립 철근 삽입 → 콘크리트 타설 → 인터록킹 파이프 제거 순으로 진행한다.

㉡ 특징
- 흙막이 벽 자체의 강도, 강성이 우수하기 때문에 연약지반의 변형 및 이면침하를 최소한으로 억제할 수 있다.
- 시공 시 소음, 진동이 작다.
- 인접건물의 경계선까지 시공이 가능하다.
- 차수효과가 양호하다.
- 경질 또는 연약지반에도 적용가능하다.
- 벽 두께를 자유로이 설계할 수 있다.
- 다른 흙막이 벽에 비해 공사비가 많이 들고 장비가 고가이다.

## 62 Repetitive Learning 1회 2회 3회

프리플레이스트 콘크리트말뚝으로 구멍을 뚫어 주입관과 굵은 골재를 채워 넣고 관을 통하여 모르타르를 주입하는 공법은?

① MIP 파일(Mixed In Place pile)
② CIP 파일(Cast In Place pile)
③ PIP 파일(Packed In Place pile)
④ NIP 파일(Nail In Place pile)

**해설**

- MIP 파일은 파이프 회전봉의 선단에 커터를 장치한 것으로 지중을 파고 다시 회전시켜 빼내면서 모르타르를 분출시켜 지중에 소일 콘크리트 파일을 형성시킨 말뚝 공법이다.
- PIP 파일은 스크류 오거로 굴착한 후 흙과 오거를 올리면서 오거 선단을 통해 모르타르를 주입하여 말뚝을 형성하는 공법이다.

CIP(Cast In Place prepacked pile) 공법

㉠ 개요
- Prepacked pile 공법은 특정 위치에 구멍을 뚫고 콘크리트 또는 주위의 흙을 이용해서 만드는 제자리 말뚝을 말한다.
- 기초 지정공사, 흙막이 벽, 차수벽 등의 목적으로 사용하는 공법이다.
- 작업 순서는 지반굴착 → 철근망의 삽입 → 골재의 충전 → 모르타르의 주입 순이다.

㉡ 특징
- 주열식 강성체로서 토류벽 역할을 한다.
- 소음 및 진동이 적고 공사비가 적게 든다.
- 협소한 장소에도 시공이 가능하다.
- 굴착을 깊게 하면 수직도가 떨어진다.

정답 | 60 ④ 61 ① 62 ②

## 63

Repetitive Learning 1회 2회 3회

벽돌공사 중 벽돌쌓기에 관한 설명으로 옳지 않은 것은?

① 가로 및 세로줄눈의 너비는 도면 또는 공사시방서에 정한 바가 없을 때에는 10mm를 표준으로 한다.
② 벽돌쌓기는 도면 또는 공사시방서에서 정한 바가 없을 때에는 불식쌓기 또는 미식쌓기로 한다.
③ 연속되는 벽면의 일부를 트이게 하여 나중쌓기로 할 때에는 그 부분을 층단 들여쌓기로 한다.
④ 벽돌은 각부가 가급적 동일한 높이로 쌓아 올라가고, 벽면의 일부 또는 국부적으로 높게 쌓지 않는다.

해설

- 벽돌쌓기는 도면 또는 공사시방서에서 정한 바가 없을 때에는 영식쌓기 또는 화란식쌓기로 한다.

**벽돌쌓기 주의사항**

- 내화벽돌은 건조 상태에서 시공한다.
- 벽돌은 충분히 물축임을 한 후 쌓는다.
- 하루 벽돌의 쌓는 높이는 1.2m를 표준으로 하고 최대 1.5m 이내로 한다.
- 벽돌은 균일한 높이로 쌓고 굳기 전에 벽돌을 움직이지 않도록 한다.
- 벽돌벽이 블록벽과 서로 직각으로 만날 때는 연결철물을 만들어 블록 3단마다 보강하며 쌓는다.
- 벽돌벽이 콘크리트 기둥과 만날 때는 그 사이에 모르타르를 충전한다.
- 벽돌쌓기는 모서리, 구석 및 중간요소에 먼저 기준쌓기를 하고 나머지 부분을 쌓아 나간다.
- 연속되는 벽면의 일부를 트이게 하여 나중쌓기로 할 때에는 그 부분을 층단 들여쌓기로 한다.
- 모르타르는 벽돌강도와 같은 정도의 것을 쓰고 굳기 시작한 것은 쓰지 않는다.
- 줄눈 사용 모르타르의 강도는 벽돌강도보다 작아서는 안 된다.
- 사춤모르타르는 매 켜마다 하는 것이 좋으나 일반적으로 3 ~ 5켜마다 한다.
- 세로줄눈은 통줄눈, 실줄눈이 되지 않도록 한다.
- 벽돌쌓기는 도면 또는 공사시방서에서 정한 바가 없을 때에는 영식쌓기 또는 화란식쌓기로 한다.
- 가로 및 세로줄눈의 너비는 도면 또는 공사시방서에서 정한 바가 없을 때에는 10mm를 표준으로 한다.
- 치장줄눈은 되도록 짧은 시일에 줄눈이 완전히 굳기 전에 하는 것이 좋다.
- 하루 일이 끝날 때에 켜에 차가 나면 층단 들여쌓기로 하여 다음날의 일과 연결이 쉽게 한다.
- 세로규준틀은 건물의 모서리나 구석에 설치함을 원칙으로 한다.
- 내력벽은 상부 구조물의 하중을 기초에 전달하는 벽으로 세워 쌓기나 옆쌓기를 피하는 것이 좋다.

## 64

Repetitive Learning 1회 2회 3회

철근 이음의 종류 중 기계적 이음의 검사항목에 해당되지 않는 것은?

① 위치
② 초음파탐사검사
③ 인장시험
④ 외관검사

해설

- 초음파탐사검사는 가스압접이음의 검사항목이다.

**철근 이음의 검사항목**

| 구분 | 검사항목 |
|---|---|
| 겹침이음 | 위치, 이음길이 |
| 가스압접이음 | 위치, 외관검사, 초음파탐사검사, 인장시험 |
| 기계적 이음 | 위치, 외관검사, 인장시험 |
| 용접이음 | 외관검사, 용접부의 내부결함, 인장시험 |

## 65

Repetitive Learning 1회 2회 3회

품질관리를 위한 통계 수법으로 이용되는 7가지 도구(Tools)를 특징별로 조합한 것 중 잘못 연결된 것은?

① 히스토그램 – 분포도
② 파레토그램 – 영향도
③ 특성요인도 – 원인결과도
④ 체크시트 – 상관도

해설

- 체크시트는 계수치의 데이터가 분류항목의 어디에 집중되어 있는가(분포도)를 알아보기 쉽게 나타낸 것이다.

**T.Q.C(Total Quality Control) 주요 도구**

|  |  |
|---|---|
| 체크시트 | 계수치의 데이터가 분류항목의 어디에 집중되어 있는가를 알아보기 쉽게 나타낸 것 |
| 파레토그램 | 층별 요인이나 특성에 대한 불량점유율을 나타낸 그림으로서 가로축에는 층별 요인이나 특성을, 세로축에는 불량건수나 불량손실금액 등을 표시한 것으로 크기 순서대로 막대그래프 형식으로 표기한 것 |
| 히스토그램 | 공사 또는 제품의 품질상태가 만족한 상태에 있는가의 여부를 몇 개의 구간으로 나누어 빈도수를 막대그래프 형식으로 표현한 것 |
| 산점도(산포도) | 서로 대응되는 두 개의 짝으로 된 데이터를 그래프 용지에 점으로 얼마나 퍼져있는지를 나타낸 것 |
| 특성요인도 | 결과에 어떤 원인이 있는가를 보기 쉽게 나뭇가지 모양으로 나타낸 것 |



63 ② 64 ② 65 ④ 정답

## 66 ··· Repetitive Learning (1회 2회 3회)

강구조 건축물의 현장조립 시 볼트 시공에 관한 설명으로 옳지 않은 것은?

① 마찰내력을 저감시킬 수 있는 틈이 있는 경우에는 끼움판을 삽입해야 한다.
② 볼트조임작업 전에 마찰접합면의 흙, 먼지 또는 유해한 도료, 유류, 녹, 밀스케일 등 마찰력을 저감시키는 불순물을 제거해야 한다.
③ 1군의 볼트조임은 가장자리에서 중앙부의 순으로 한다.
④ 현장조임은 1차 조임, 마킹, 2차 조임(본 조임), 육안검사 순으로 한다.

해설

- 1군의 볼트조임은 중앙부에서 가장자리의 순으로 한다.

**볼트의 현장시공**

- 볼트조임작업 전에 마찰접합면의 흙, 먼지 또는 유해한 도료, 유류, 녹, 밀스케일 등 마찰력을 저감시키는 불순물을 제거해야 한다.
- 마찰내력을 저감시킬 수 있는 틈이 있는 경우에는 끼움판을 삽입해야 한다.
- 접합부재 간의 접촉면이 밀착되게 하고, 뒤틀림 및 구부림 등은 반드시 교정해야 한다.
- 볼트머리 또는 너트의 하면이 접합부재의 접합면과 1/20 이상의 경사가 있을 때에는 경사 와셔를 사용해야 한다.
- 1군의 볼트조임은 중앙부에서 가장자리의 순으로 한다.
- 현장조임은 1차 조임, 마킹, 2차 조임(본 조임), 육안검사의 순으로 한다.
- 1차 조임은 토크렌치 또는 임펙트렌치 등을 이용해 접합부재가 충분히 밀착되도록 한다.
- 본 조임은 고장력볼트 전용 전동렌치를 이용하여 조임한다.
- 각 볼트군에 대한 볼트수의 10% 이상, 최소 1개 이상에 대해 조임검사를 실시하고, 조임력이 부적합할 때에는 반드시 보정해야 한다.

## 67 ··· Repetitive Learning (1회 2회 3회)

거푸집 설치와 관련하여 다음 설명에 해당하는 것으로 옳은 것은?

| 보, 슬래브 및 트러스 등에서 그의 정상적 위치 또는 형상으로부터 처짐을 고려하여 상향으로 들어올리는 것 또는 들어올린 크기 |
|---|

① 폼타이　　② 캠버
③ 동바리　　④ 턴버클

해설

- 폼타이는 거푸집 패널을 일정한 간격으로 양면을 유지시키고 콘크리트 측압을 지지하는 긴결재로 벽거푸집의 양면을 조여준다.
- 동바리는 타설된 콘크리트가 소정의 강도를 얻기까지 고정하중 및 시공하중 등을 지지하기 위하여 설치하는 부재 또는 작업 장소가 높은 경우 발판, 재료 운반이나 위험물 낙하 방지를 위해 설치하는 임시 지지대를 말한다.
- 턴버클은 양단에 우나사와 좌나사를 대고 나사봉은 너트의 회전에 의해 긴장을 조정할 수 있는 선재의 긴장용 철물을 말한다.

**캠버(Camber)**

- 솟음이라고도 한다.
- 보, 슬래브 및 트러스 등에서 그의 정상적 위치 또는 형상으로부터 처짐을 고려하여 상향으로 들어 올리는 것 또는 들어올린 크기를 말한다.
- 처짐방지 및 흡수, 시각적 효과, 품질향상을 위해 주어진다.
- 스팬이 큰 보 및 바닥판의 거푸집을 걸 때에 스팬의 캠버(camber)값은 1/300~1/500으로 한다.

1404

## 68 ··· Repetitive Learning (1회 2회 3회)

지반조사 시 시추주상도 보고서에서 확인사항과 거리가 먼 것은?

① 지층의 확인
② Slime의 두께 확인
③ 지하수위 확인
④ N값의 확인

해설

- 시추주상도에서는 ①, ③, ④ 외에 조사위치 좌표 및 지반고, 시료의 채취 여부 등을 확인할 수 있다.

**시추주상도**

㉠ 개요
- 시추조사로 회수한 토질시료나 코어 관찰 결과, 굴진과정 중 특이사항, 지하수 분포 상태를 종합하여 기록하는 도표이다.
- 지반상태를 분석하고 설계를 실시하는 데 근간이 되는 자료이다.

㉡ 확인사항
- 조사위치 좌표 및 지반고
- 지층의 깊이 및 두께
- 지하수위
- 표준관입시험 N값
- 시료의 채취 여부

정답 66 ③ 67 ② 68 ②

1202 / 1601

## 69 Repetitive Learning (1회 2회 3회)

말뚝 지정 중 강재말뚝에 관한 설명으로 옳지 않은 것은?

① 기성콘크리트말뚝에 비해 중량으로 운반이 쉽지 않다.
② 자재의 이음 부위가 안전하여 소요길이의 조정이 자유롭다.
③ 지중에서의 부식 우려가 높다.
④ 상부구조물과의 결합이 용이하다.

해설

- 강재말뚝은 기성콘크리트말뚝에 비해 중량이 가볍고, 단면적이 작아 운반 및 시공이 용이하다.

강재말뚝의 특징
- 깊은 지지층까지 박을 수 있어 장척 말뚝에 적당하다.
- 휨모멘트에 대한 저항이 크고, 강한 타격에도 견디며 다져진 중간지층의 관통도 가능하다.
- 말뚝의 절단·가공 및 현장접합이 가능하여 소요길이의 조정이 자유롭다.
- 중량이 가볍고, 단면적이 작아 운반 및 시공이 용이하다.
- 상부구조물과의 결합이 용이하다.
- 재료의 특성상 지중에서 부식이 발생하므로 부식방지대책을 세워야 한다.

1304 / 1701

## 70 Repetitive Learning (1회 2회 3회)

철골부재 절단방법 중 가장 정밀한 절단방법으로 앵글커터(Angle cutter) 등으로 작업하는 것은?

① 가스절단 ② 전단절단
③ 톱절단 ④ 전기절단

해설

- 톱절단은 철골부재 절단방법 중 가장 정밀한 절단방법으로 앵글커터(Angle cutter), 프릭션 소(Friction saw) 등으로 작업한다.

철골의 공장 가공 공정

㉠ 개요
- 원척도작성 – 본뜨기 – 금매김 – 절단 – 구멍뚫기 – 가조립 – 리벳치기 – 검사 – 녹막이 칠 순으로 진행한다.
- 원척도란 설계도면이나 시방서에 표시된 부재의 길이, 너비 등을 1 : 1로 그린 것을 말한다.
- 금매김은 본판 및 리벳간격을 그린 장척물로 강재면에 강치로 리벳 구멍의 위치, 절단개소 등을 그려 넣는다.
- 절단의 종류에는 전단절단, 톱절단, 가스절단, 플라즈마절단, 레이저절단 등이 있다.
- 구멍뚫기 작업 후 구멍의 위치가 다소 다를 때 구멍을 맞추기 위해 구멍가심(Reaming) 작업을 한다.
- 철골의 공장 가공 중 가조립을 할 때 가볼트의 수는 전 리벳구멍의 1/3 이상이어야 한다.
- 밀 스케일, 스패터 등을 제거한 후 현장운반에 앞서 녹막이 칠을 한다.

㉡ 절단의 종류
- 전단절단 : 강판의 절단 시 사용한다.
- 톱절단 : 철골부재 절단방법 중 가장 정밀한 절단방법으로 앵글커터(Angle cutter), 프릭션 소(Friction saw) 등으로 작업한다.

㉢ 녹막이 칠
- 녹막이 칠을 해야 하는 부분은 리벳 머리 등 콘크리트에 매입되지 않는 부분이다.
- 녹막이 칠을 하지 않아야 하는 부분은 현장용접 부위(용접부에서 양측 100mm 이내), 현장접합 재료의 손상 부위, 고력볼트 마찰접합부의 마찰면, 콘크리트에 매립되는 부분, 현장에서 깎기 마무리가 필요한 부분 등이다.

0302

## 71 Repetitive Learning (1회 2회 3회)

단순조적 블록공사 시 방수 및 방습처리에 관한 설명으로 옳지 않은 것은?

① 방습층은 도면 또는 공사시방서에서 정한 바가 없을 때에는 마루 밑이나 콘크리트 바닥판 밑에 접근되는 세로줄눈의 위치에 둔다.
② 물빼기 구멍은 콘크리트의 윗면에 두거나 물끊기 및 방습층의 등 바로 위에 둔다.
③ 도면 또는 공사시방서에서 정한 바가 없을 때 물빼기 구멍의 직경은 10mm 이내, 간격 1.2m마다 1개소로 한다.
④ 물빼기 구멍에는 다른 지시가 없는 한 직경 6mm, 길이 100mm 되는 폴리에틸렌 플라스틱 튜브를 만들어 집어넣는다.

해설

- 방습층은 마루 밑이나 콘크리트 바닥판 밑에 접근되는 가로줄눈의 위치에 둔다.

콘크리트블록공사 방수 및 방습처리
- 방습층은 마루 밑이나 콘크리트 바닥판 밑에 접근되는 가로줄눈의 위치에 둔다.
- 액체방수 모르타르를 10mm 두께로 블록 윗면 전체에 바른다.
- 물빼기 구멍은 콘크리트의 윗면에 두거나 물끊기·방습층의 등 바로 위에 둔다.
- 물빼기 구멍의 지름은 10mm 이내, 간격 120cm(3켜 정도)로 한다.
- 물빼기 구멍에는 직경 6mm, 길이 10cm 되는 폴리에틸렌 플라스틱 튜브를 만들어 집어넣는다.



69 ① 70 ③ 71 ① 정답

1501

## 72 Repetitive Learning (1회 2회 3회)

CM 제도에 대한 설명으로 옳지 않은 것은?

① 대리인형 CM(CM for fee) 방식은 프로젝트 전반에 걸쳐 발주자의 컨설턴트 역할을 수행한다.
② 시공자형 CM(CM at risk) 방식은 공사관리자의 능력에 의해 사업의 성패가 좌우된다.
③ 대리인형 CM(CM for fee) 방식에 있어서 독립된 공종별 수급자는 공사관리자와 공사계약을 한다.
④ 시공자형 CM(CM at risk) 방식에 있어서 CM 조직이 직접 공사를 수행하기도 한다.

해설

- 대리인형 CM은 별도 시공자 등과 직접적인 계약관계를 가지지 않으며 공사결과에 대한 책임도 없다.

CM(Construction Management) 제도

㉠ 개요
- 건설사업에서 사업시작부터 종료에 이르기까지 참여하게 되는 다수 조직의 활동을 합리적으로 지휘, 총괄하는 기능 및 활동을 말한다.
- 대리인형 CM(CM for fee)과 시공자형 CM(CM at risk)으로 구분된다.

㉡ 대리인형 CM(CM for fee)
- 발주자의 대리인으로서 설계자 및 시공자와는 직접적인 계약관계 없이 그들의 업무에 대해서 조언하고 평가하는 등 발주자의 컨설턴트 역할을 수행하고 그 대가로 Fee를 받는 계약방식이다.
- 직접 설계자 및 시공자와 계약관계를 갖는 것이 아니므로 공사결과에 대한 책임은 없다.

㉢ 시공자형 CM(CM at risk)
- 시공자 혹은 설계자와 직접 계약을 맺고 공사결과에 대한 책임을 지는 계약형태로 공사관리자의 능력에 의해 사업의 성패가 좌우된다.
- 경우에 따라서는 CM조직이 직접 공사를 수행하기도 한다.

㉣ 특징
- 시공 시 단계별 시공법을 적용할 수 있어 설계 및 시공 기간을 단축시킬 수 있다.
- 설계과정에서 설계가 시공에 미치는 영향을 예측할 수 있어 설계도서의 현실성을 향상시킬 수 있다.
- 기획 및 설계과정에서 발주자와 설계자 간의 의견대립 없이 설계대안 및 특수공법의 적용이 가능하다.
- 건설에 전문적인 지식을 가진 공사관리자가 설계과정부터 참여하여 설계도서의 현실성을 향상시킬 수 있다.
- 설계자와 시공자 사이의 마찰을 감소시킬 수 있다.

1702

## 73 Repetitive Learning (1회 2회 3회)

다음 [보기]의 블록쌓기 시공순서로 옳은 것은?

A. 접착면 청소
B. 세로 규준틀 설치
C. 규준 쌓기
D. 중간부 쌓기
E. 줄눈 누르기 및 파기
F. 치장줄눈

① A-D-B-C-F-E ② A-B-D-C-F-E
③ A-C-B-D-E-F ④ A-B-C-D-E-F

해설

- 일반적인 블록(벽돌)쌓기는, 접착면 청소 → 물축이기 → 세로 규준틀 설치 → 규준 쌓기 → 중간부 쌓기 → 줄눈 누르기 및 파기 → 치장줄눈 → 보양의 순으로 진행한다.

블록쌓기 순서
- 블록공사 전 과정은, 시공도 작성 → 규준틀 작성 → 가설형틀 설치 → 블록의 선별 및 마름질하기 → 블록나누기 → 비계발판 설치 순으로 진행한다.
- 일반적인 블록(벽돌)쌓기는, 접착면 청소 → 물축이기 → 세로 규준틀 설치 → 규준 쌓기 → 중간부 쌓기 → 줄눈 누르기 및 파기 → 치장줄눈 → 보양의 순으로 진행한다.

## 74 Repetitive Learning (1회 2회 3회)

강구조부재의 내화피복 공법이 아닌 것은?

① 조적 공법 ② 세라믹울 피복 공법
③ 타실 공법 ④ 메탈라스 공법

해설

- 메탈라스(Metal lath)는 매입형 일체식 거푸집을 말한다.

철골구조의 내화피복 공법

㉠ 개요
- 철골을 화재열로부터 보호하고, 일정시간 강재의 온도 상승을 막아 내력저하를 방지하는 구조재를 보호하기 위해 실시하는 공법이다.
- 내화피복 공법은 습식 공법, 건식 공법, 합성 공법, 복합 공법으로 구분한다.

㉡ 분류와 종류

| 구분 | 종류 |
|---|---|
| 습식 공법 | 타설 공법, 뿜칠 공법, 미장 공법, 조적 공법, 도장 공법 등 |
| 건식 공법 | 성형판붙임 공법, 멤브레인 공법 |
| 합성 공법 | 이종재료적층 공법, 이질재료접합 공법 |
| 복합 공법 | 외벽ALC패널, 천장멤브레인 공법 |

정답 | 72 ③ 73 ④ 74 ④

## 75 Repetitive Learning (1회 2회 3회)

콘크리트 공사 시 콘크리트를 2층 이상으로 나누어 타설할 경우 허용 이어치기 시간간격의 표준으로 옳은 것은?(단, 외기온도가 25℃ 이하일 경우이며, 허용 이어치기 시간간격은 하층 콘크리트 비비기 시작에서부터 콘크리트 타설 완료한 후 상층 콘크리트가 타설되기까지의 시간을 의미함)

① 2.0시간 ② 2.5시간
③ 3.0시간 ④ 3.5시간

해설
- 이어붓기 시간 간격은 외기온도가 25℃ 미만일 때는 150분, 25℃ 이상일 때는 120분 이내로 한다.

철근콘크리트 부어넣기
- 한 구획 내의 콘크리트는 연속해서 부어넣어야 하며, 이어붓기 시간 간격은 외기온도가 25℃ 미만일 때는 150분, 25℃ 이상일 때는 120분 이내로 한다.
- 진동기 등에 의해 부어넣어진 콘크리트가 횡방향으로 이동되지 않도록 한다.

1201 / 1604

## 76 Repetitive Learning (1회 2회 3회)

대규모 공사에서 지역별로 공사를 분리하여 발주하는 방식이며 공사기일단축, 시공기술향상 및 공사의 높은 성과를 기대할 수 있어 유리한 도급 방법은?

① 전문공종별 분할 도급
② 공정별 분할 도급
③ 공구별 분할 도급
④ 직종별 공종별 분할 도급

해설
- 공종별로 나누면 전문공종별 분할, 작업공정별로 나누면 공정별 분할, 지역별로 나누면 공구별 분할, 총괄도급자가 직영하는 경우는 직종별 공종별 분할 도급이다.

공구별 분할 도급
- 대규모 공사에서 지역별로 공사를 분리하여 발주하는 방식이고 각 공구마다 총괄도급으로 하는 것이 보통이며, 중소업자에게 균등기회를 주고 또 업자 상호 간의 경쟁으로 공사기일단축, 시공기술향상 및 공사의 높은 성과를 기대할 수 있어 유리한 도급 방법이다.
- 지하철 공사, 고속도로 공사 및 대규모 아파트단지 등의 대규모 공사에서 지역별로 공사를 구분하여 발주하는 도급 방식이다.

1004 / 1504

## 77 Repetitive Learning (1회 2회 3회)

기초굴착 방법 중 굴착 공에 철근망을 삽입하고 콘크리트를 타설하여 말뚝을 형성하는 공법으로, 안정액으로 벤토나이트 용액을 사용하고 표층부에서만 케이싱을 사용하는 것은?

① 리버스서큘레이션 공법
② 베노토 공법
③ 심초 공법
④ 어스드릴 공법

해설
- 리버스서큘레이션 공법은 현장타설말뚝 공법의 한 종류로 굴착토사와 물 등을 파이프 내부를 통해 역순환시켜 배출하는 공법이다.
- 베노토파일 공법은 토사를 파내면서 해머 그래브를 이용해 케이싱을 말뚝 끝까지 압입하는 방법으로 만드는 말뚝으로 충격 및 진동을 수반한다.
- 심초 공법은 현장말뚝 공법 중 인력으로 굴착하는 공법으로, 공벽에 흙막이공을 실시하면서 내부의 토사를 굴착하는 공법이다.

어스드릴(Earth drill) 공법

㉠ 개요
- 굴착 공에 철근망을 삽입하고 콘크리트를 타설하여 말뚝을 형성하는 공법이다.
- 안정액으로 벤토나이트 용액을 사용하고 표층부에서(3m 정도)만 케이싱을 사용하는 공법이다.

㉡ 특징
- 진동소음이 적은 편이다.
- 현장에서 소회전으로 이동이 가능하고, 지하수가 없는 점성토에 적합한 방식이다.
- 기계가 비교적 소형으로 굴착속도가 빠르다.
- Slime 처리가 불확실하여 말뚝의 초기 침하 우려가 있다.

## 78 Repetitive Learning (1회 2회 3회)

철근콘크리트의 부재별 철근 정착위치로 옳지 않은 것은?

① 작은 보의 주근은 기둥에 정착한다.
② 기둥의 주근은 기초에 정착한다.
③ 바닥철근은 보 또는 벽체에 정착한다.
④ 지중보의 주근은 기초 또는 기둥에 정착한다.

해설
- 작은 보의 주근은 큰 보에 정착한다.



75 ② 76 ③ 77 ④ 78 ① 정답

∷ 철근의 정착

㉠ 개요

- 정착이란 철근이 힘을 받을 때 뽑힘이나 미끄러짐 변형이 생기지 않도록 응력을 발휘할 수 있게 하는 최소한의 묻힘 깊이를 말한다.
- 철근을 정착하지 않으면 구조체가 큰 외력을 받을 때 철근과 콘크리트가 분리될 수 있다.
- 철근의 정착은 기둥이나 보의 중심을 벗어난 위치에 둔다.

㉡ 정착 위치

- 기둥의 주근은 기초에 정착한다.
- (큰) 보의 주근은 기둥에 정착한다.
- 작은 보의 주근은 큰 보에 정착한다.
- 벽체의 주근은 기둥 또는 큰 보에 정착한다.
- 지중 보의 주근, 철근은 기초 또는 기둥에 정착한다.
- 벽 철근은 기둥과 보 또는 바닥판에 정착한다.
- 바닥철근은 보 또는 벽체에 정착한다.
- 직교하는 단부 보의 밑에 기둥이 없을 때는 상호 간에 정착한다.

㉢ 정착 길이

- 정착 길이는 후크의 중심 간의 거리로, 후크의 길이는 정착 길이에 포함되지 않는다.
- 큰 인장력을 받는 곳일수록 철근의 정착 길이는 길다.
- 압축력 또는 작은 인장력을 받는 곳은 주근 지름의 25배 이상, 큰 인장력을 받는 곳은 40배 이상으로 한다.

## 79

Repetitive Learning (1회 2회 3회)

각 거푸집 공법에 관한 설명으로 옳지 않은 것은?

① 플라잉폼 : 벽체전용 거푸집으로 거푸집과 벽체 마감공사를 위한 비계틀을 일체로 조립한 거푸집을 말한다.

② 갱폼 : 대형벽체 거푸집으로서 인력절감 및 재사용이 가능한 장점이 있다.

③ 터널폼 : 벽체용, 바닥용 거푸집을 일체로 제작하여 벽과 바닥 콘크리트를 일체로 하는 거푸집 공법이다.

④ 트래블링폼 : 수평으로 연속된 구조물에 적용되며 해체 및 이동에 편리하도록 제작된 이동식거푸집 공법이다.

해설

- 플라잉폼(Flying form)은 바닥전용 거푸집이다.

∷ 플라잉폼(Flying form)

- 바닥전용 거푸집으로서 테이블폼이라고도 한다.
- 거푸집널에 장선, 멍에, 서포트 등을 기계적인 요소로 일체로 제작하여 수평, 수직방향으로 이동하는 대형 바닥판거푸집이다.

## 80

Repetitive Learning (1회 2회 3회)

콘크리트 타설 시 주의사항으로 옳지 않은 것은?

① 콘크리트는 그 표면이 한 구획 내에서는 거의 수평이 되도록 타설하는 것을 원칙으로 한다.

② 한 구획 내의 콘크리트는 타설이 완료될 때까지 연속해서 타설해야 한다.

③ 타설한 콘크리트를 거푸집 안에서 횡방향으로 이동시켜 밀실하게 채워질 수 있도록 한다.

④ 콘크리트 타설의 1층 높이는 다짐능력을 고려하여 결정하여야 한다.

해설

- 콘크리트는 수직으로 낙하시켜야 하며, 재료분리를 방지하기 위하여 횡류, 즉 옆에서 흘려 넣지 않도록 한다.

∷ 콘크리트 타설 시 안전유의사항

- 콘크리트 타설 시에는 기둥, 벽체 → 보 → 슬래브 순으로 타설 순서를 준수해 작업에 임해야 한다.
- 콘크리트를 치는 도중에는 거푸집, 동바리 등의 이상 유무를 확인하여야 한다.
- 타설 시 공동이 발생되지 않도록 밀실하게 부어 넣는다.
- 콘크리트 타설은 운반거리가 먼 곳부터 타설을 시작한다.
- 낙하 높이는 보통 1.5m 이내로 최대 2m를 초과하지 않도록 자유낙하 높이를 최소화한다.
- 진동기 사용 시 지나친 진동은 거푸집 무너짐의 원인이 될 수 있으므로 적절히 사용해야 하며, 거푸집 및 철근에 직접적인 진동을 주지 않도록 주의한다.
- 타설 속도는 하계 1.5m/h, 동계 1.0m/h를 표준으로 한다.
- 부재 간 강성차이가 많은 것과는 조합을 피한다.
- 최상부의 슬래브는 가능하면 이어붓기를 피하고 일시에 전체를 타설하도록 하여야 한다.
- 콘크리트의 재료분리를 방지하기 위하여 횡류, 즉 옆에서 흘려 넣지 않도록 한다.
- 콘크리트 타설 준비 시 콘크리트가 닿았을 때 흡수할 우려가 있는 곳은 미리 습하게 해 두어야 한다.
- 콘크리트를 수직으로 낙하시킨다.
- 콜드조인트가 생기지 않도록 한다.

정답 | 79 ① 80 ③

## 5과목 건설재료학

1002 / 1304

### 81 Repetitive Learning (1회 2회 3회)

통풍이 좋지 않은 지하실에 사용하는 데 가장 적당한 미장재료는?

① 시멘트모르타르
② 회사벽
③ 회반죽
④ 돌로마이트플라스터

해설

- 공기의 유통이 나쁜 장소에서는 수경성 재료를 사용해야 한다.
- 회사벽, 회반죽, 돌로마이트플라스터는 모두 기경성 재료이다.

미장재료의 구분

| 구분 | 내용 |
|---|---|
| 수경성 재료 | • 물을 필요로 하는 미장재료로 지하실과 같이 공기의 유통이 나쁜 장소에서도 사용가능하다.<br>• 시멘트모르타르, 석고플라스터, 인조석바름 등<br>• 장점 : 경화가 빠르고 강도가 크다.<br>• 단점 : 시공이 복잡하고 수축 및 균열이 발생한다. |
| 기경성 재료 | • 이산화탄소와 반응하여 경화되는 미장재료이다.<br>• 회반죽, 흙질, 석회플라스터, 돌로마이트플라스터 등<br>• 장점 : 시공이 용이하다.<br>• 단점 : 경화가 느리고 강도가 작다. |

1304

### 82 Repetitive Learning (1회 2회 3회)

다음 중 점토의 성분 및 성질에 대한 설명으로 옳지 않은 것은?

① $Fe_2O_3$ 등의 부성분이 많으면 제품의 건조수축이 크다.
② 점토의 주성분은 실리카, 알루미나이다.
③ 소성 색상은 석회물질이 많을수록 짙은 적색이 된다.
④ 가소성은 점토입자가 미세할수록 좋다.

해설

- 점토의 색상은 철산화물 또는 석회물질에 의해 나타내며, 철산화물이 많으면 적색이 되고, 석회물질이 많으면 황색을 띠게 된다.

점토의 성질

㉠ 개요
- 점토의 주성분은 실리카, 알루미나이다.
- 비중은 일반적으로 2.5 ~ 2.6의 범위이다.
- 압축강도는 인장강도의 약 5배 정도이다.
- 인장강도는 점토의 조직에 관계하며 입자의 크기가 큰 영향을 준다.
- 입도는 보통 $2\mu$ 이하의 미립자나 모래알 정도의 조립을 포함한 것도 있다.
- 기공률은 점토의 입자 간에 존재하는 모공용적으로 입자의 형상, 크기에 관계한다.
- 함수율은 모래가 포함되지 않은 것은 30 ~ 100%의 범위이다.
- 색상은 철산화물 또는 석회물질에 의해 나타내며, 철산화물이 많으면 적색이 되고, 석회물질이 많으면 황색을 띠게 된다.
- 점토를 소성하면 용적, 비중 등의 변화가 일어나며 강도가 현저히 증대된다.

㉡ 수축
- 수축은 건조 및 소성 시 일어나며 건조수축은 점토의 조직에 관계하는 이외에 가하는 수량도 영향을 준다.
- 소성수축은 점토 내 휘발분의 양, 조직, 용융도 등이 영향을 준다.
- $Fe_2O_3$ 등의 부성분이 많으면 제품의 건조수축이 크다.

㉢ 가소성
- 양질의 점토는 습윤 상태에서 현저한 가소성을 나타내며, 점토 입자가 미세할수록 가소성은 좋아진다.
- 가소성이 너무 큰 경우에는 모래 또는 샤모트 등을 혼합하여 조절한다.

0902

### 83 Repetitive Learning (1회 2회 3회)

석재를 성인에 의해 분류하면 크게 화성암, 수성암, 변성암으로 대별되는데 다음 중 수성암에 속하는 것은?

① 사문암
② 대리암
③ 현무암
④ 응회암

해설

- 사문암, 대리암은 변성암이고, 현무암은 화성암이다.

석재의 성인에 의한 분류

| 구분 | 내용 |
|---|---|
| 화성암 | 마그마가 굳어서 형성된 암석으로 화강암, 반려암, 섬록암, 안산암, 현무암, 석영조면암, 부석 등이 있다. |
| 수성암 | 화성암의 풍화물, 유기물 등이 땅속에 퇴적되어 지열과 지압의 영향을 받아 응고된 암석으로 석회암, 사암, 응회암, 이판암, 점판암 등이 있다. |
| 변성암 | 화성암, 수성암 등이 온도와 압력 등에 의해 변성작용을 받아 형성된 암석으로 대리석, 트래버틴, 사문암, 석면 등이 있다. |



81 ① 82 ③ 83 ④ 정답

## 84

Repetitive Learning (1회 2회 3회)

블리딩 현상이 콘크리트에 미치는 가장 큰 영향은?

① 공기량이 증가하여 결과적으로 강도를 저하시킨다.
② 수화열을 발생시켜 콘크리트에 균열을 발생시킨다.
③ 콜드조인트의 발생을 방지한다.
④ 철근과 콘크리트의 부착력 저하, 수밀성 저하의 원인이 된다.

해설

- 블리딩은 레이턴스의 발생으로 시멘트의 부착력과 콘크리트의 수밀성을 저하시킨다.

블리딩

㉠ 개요
- 재료 분리현상의 일종으로 시멘트페이스트와 물이 분리되어 일부의 물이 미세한 물질과 함께 콘크리트 상부에 모이는 현상을 말한다.
- 침강균열의 원인으로 작용하고, 상부의 콘크리트를 다공질로 만들어 품질을 저하시키며, 수밀성과 내구성을 저하시킨다.
- 블리딩으로 모인 물이 증발하고 남은 백색의 미세한 물질을 레이턴스라고 한다.

㉡ 성능저하
- 레이턴스 발생으로 골재와 시멘트페이스트의 부착력 저하
- 철근 하부의 공극으로 인해 철근과 시멘트페이스트의 부착력 저하
- 콘크리트의 수밀성 저하

0801 / 1704

## 85

Repetitive Learning (1회 2회 3회)

미장공사에서 사용되는 바름재료 중 여물에 관한 설명으로 옳지 않은 것은?

① 바름에 있어서 재료에 끈기를 주어 흘러내림을 방지한다.
② 흙손질을 용이하게 하는 효과가 있다.
③ 바름 중에는 보수성을 향상시키고, 바름 후에는 건조에 따라 생기는 균열을 방지한다.
④ 여물의 섬유는 질기고 굵으며, 색이 짙고 빳빳한 것일수록 양질의 제품이다.

해설

- 섬유가 굵고, 색이 짙고, 빳빳한 것은 품질이 떨어지는 여물이다.

여물(Hair)

㉠ 개요
- 미장재료에 혼입하여 균열방지용으로 사용되는 섬유질의 재료로 보강재료에 해당한다.
- 양질의 제품은 여물의 섬유가 질기고, 가늘고, 부드럽고 흰색일수록 좋다.

㉡ 특징
- 바름에 있어서 재료에 끈기를 주어 흘러내림을 방지한다.
- 흙손질을 용이하게 하는 효과가 있다.
- 바름 중에는 보수성을 향상시키고, 바름 후에는 건조에 따라 생기는 균열을 방지한다.

## 86

Repetitive Learning (1회 2회 3회)

플로트 판유리를 연화점 부근까지 가열한 후 양표면에 냉각공기를 흡착시켜 유리의 표면에 20 이상 60 이하($N/mm^2$)의 압축응력층을 갖도록 한 가공유리는?

① 강화유리　　② 열선반사유리
③ 로이유리　　④ 배강도유리

해설

- 강화유리는 안전유리의 한 종류로 판유리를 열처리한 후 급랭 강화하여 강도를 높인 유리이다.
- 열선반사유리는 유리 제조공정 중에 유리 표면에 특수코팅을 하여 가시광선의 70% 이상을 차단하는 유리이다.
- 로이유리는 적외선을 반사하는 도막을 코팅하여 단열효과를 최대화시킨 유리이다.

배강도유리

- 플로트 판유리를 연화점 부근까지 가열한 후 양표면에 냉각공기를 흡착시켜 유리의 표면에 20 이상 60 이하($N/mm^2$)의 압축응력층을 갖도록 한 가공유리이다.
- 열처리와 급랭처리는 강화유리와 비슷하나, 표면압축응력은 일반유리보다 강하고 강화유리보다는 약하다.
- 파쇄 시 큰 조각으로 깨져 아래로 쏟아지지 않는다.
- 내풍압 강도, 열깨짐 강도 등은 동일한 두께의 플로트 판유리의 2배 이상의 성능을 가진다.
- 제품의 절단은 불가능하다.
- 건물의 외곽, 중앙홀 천장, 고층건물의 외벽, 유리 온실 등에서 사용된다.

1604

## 87

Repetitive Learning (1회 2회 3회)

리녹신에 수지, 고무물질, 코르크분말 등을 섞어 마포(Hemp cloth) 등에 발라 두꺼운 종이 모양으로 압면·성형한 제품은?

① 스펀지시트　　② 리놀륨
③ 비닐시트　　④ 아스팔트타일

정답 | 84 ④ 85 ④ 86 ④ 87 ②

해설

- 스펀지시트는 다공성이 있는 해면상의 다공질물질을 판 모양으로 만든 것으로 천연고무나 합성수지로 만든다.
- 비닐시트는 염화비닐수지를 주성분으로 충전재, 안료를 가하여 롤 성형한 바닥재로 유연하여 보행감이 좋고 마모가 더디다.
- 아스팔트타일은 아스팔트에 석면·안료 등을 가하여 가열한 후 시트 모양으로 압연한 뒤 타일모양으로 만든 것으로 가격이 싸다.

리놀륨(Linoleum)

- 아마인유의 산화물인 리녹신에 수지, 고무물질, 코르크분말 등을 섞어 마포(Hemp cloth) 등에 발라 두꺼운 종이모양으로 압면·성형한 제품이다.
- 내유성, 탄력성, 내구성이 강하나, 내알칼리성, 내마모성, 내수성이 약하다.
- 청소가 쉬워 바닥재(유지계)로 많이 이용된다.

## 88

Repetitive Learning 1회 2회 3회

고로슬래그 쇄석에 관한 설명으로 옳지 않은 것은?

① 철을 생산하는 과정에서 용광로에서 생기는 광재를 공기 중에서 서서히 냉각시켜 경화된 것을 파쇄하여 입도를 고른 것이다.

② 다른 암석을 사용한 콘크리트보다 고로슬래그 쇄석을 사용한 콘크리트가 건조수축이 매우 큰 편이다.

③ 투수성은 보통골재를 사용한 콘크리트보다 크다.

④ 다공질이기 때문에 흡수율이 높다.

해설

- 고로슬래그 쇄석을 사용한 콘크리트의 건조수축은 무혼입 콘크리트와 동일한 정도로 작다.

고로슬래그 쇄석

- 철을 생산하는 과정에서 용광로에서 생기는 광재를 공기 중에서 서서히 냉각시켜 경화된 것을 파쇄하여 입도를 고른 것이다.
- 투수성은 보통골재를 사용한 콘크리트보다 크다.
- 다공질이기 때문에 흡수율이 높다.
- 고로슬래그 쇄석을 사용한 콘크리트의 건조수축은 무혼입 콘크리트와 동일한 정도로 작다. 단, 초기양생이 충분하지 않을 경우 건조수축이 커질 수 있으므로 주의해야 한다.

## 89

Repetitive Learning 1회 2회 3회

유리공사에 사용되는 자재에 관한 설명으로 옳지 않은 것은?

① 흡습제는 작은 기공을 수억 개 갖고 있는 입자로, 기체 분자를 흡착하는 성질에 의해 밀폐공간에 건조상태를 유지하는 재료이다.

② 세팅 블록은 새시 하단부의 유리끼움용 부재료로서 유리의 자중을 지지하는 고임재이다.

③ 단열간봉은 복층유리의 간격을 유지하는 재료로 알루미늄 간봉을 말한다.

④ 백업재는 실링 시공인 경우에 부재의 측면과 유리면 사이에 연속적으로 충전하여 유리를 고정하는 재료이다.

해설

- 단열간봉은 유리의 간격을 유지하며 열전달을 차단하는 재료로, 알루미늄 간봉의 단열문제를 해결하기 위해 Warm-edge technology를 적용한 간봉이다.

단열간봉(Warm-edge spacer)

- 복층유리의 간격을 유지하며 열전달을 차단하는 재료를 말한다.
- 기존의 열전도율이 높은 알루미늄 간봉의 취약한 단열문제를 해결하기 위한 방법으로 Warm-edge technology를 적용한 간봉이다.
- 고단열 및 창호에서의 결로방지를 위한 목적으로 적용된다.

## 90

Repetitive Learning 1회 2회 3회

목재 또는 기타 식물질을 절삭 또는 파쇄하고 소편으로 하여 충분히 건조시킨 후 합성수지와 같은 유기질의 접착제를 첨가하여 열압 제판한 보드로서 상판, 칸막이벽, 가구 등에 사용되는 것은?

① 파키트리보드 ② 파티클보드
③ 플로링보드 ④ 파키트리블록

해설

- 파키트리보드는 마루판의 한 종류로 견목재판을 주재료로 제혀쪽매로 하고 표면은 상대패 마감한 판재이다.
- 플로링보드는 표면을 곱게 대패질하여 마감한 문양이 아름다운 마루판으로 양 측면을 제혀쪽매로 연결한 것이다.
- 파키트리블록은 파키트리보드를 여러 장 접합하여 각판으로 만들어 방습처리한 것으로 콘크리트 마루바닥용으로 사용된다.

파티클보드(Particle board)

- 칩보드라고도 한다.
- 목재 또는 기타 식물질을 작은 조각으로 하여 충분히 건조시킨 후 합성수지 접착제와 같은 유기질 접착제를 첨가하여 열압 제조한 판상제품을 말한다.



88 ② 89 ③ 90 ② 정답

## 91

Repetitive Learning (1회 2회 3회)

금속재료의 일반적인 부식방지를 위한 대책으로 옳지 않은 것은?

① 가능한 다른 종류의 금속을 인접 또는 접촉시켜 사용한다.
② 가공 중에 생긴 변형은 뜨임질, 풀림 등에 의해서 제거한다.
③ 표면은 깨끗하게 하고, 물기나 습기가 없도록 한다.
④ 부분적으로 녹이 나면 즉시 제거한다.

해설

- 금속 부식을 방지하기 위해서는 가능한 다른 종류의 금속을 인접 또는 접촉시켜 사용하지 않아야 한다.

금속 부식

㉠ 개요
- 금속의 산화과정을 말한다.
- 부식은 한 금속 조각이 다른 부분과의 접촉 시 전자의 이동에 의해 발생한다.

㉡ 부식방지대책
- 가능한 한 이종 금속은 이를 인접, 접속시켜 사용하지 않을 것
- 균질한 것을 선택하고 사용할 때 큰 변형을 주지 않도록 할 것
- 큰 변형을 준 것은 가능한 한 풀림하여 사용할 것
- 표면을 평활, 청결하게 하고 가능한 건조상태로 유지할 것
- 부분적인 녹은 즉시 제거할 것

1704

## 92

Repetitive Learning (1회 2회 3회)

목재용 유성 방부제의 대표적인 것으로 방부성이 우수하나, 악취가 나고 흑갈색으로 외관이 불미하여 눈에 보이지 않는 토대, 기둥, 도리 등에 이용되는 것은?

① 유성페인트
② 크레오소트오일
③ 염화아연 4% 용액
④ 불화소다 2% 용액

해설

- 가장 대표적인 목재용 유성 방부제로 방부성이 우수하나 악취가 나고 흑갈색 외관인 것은 크레오소트오일이다.
- 황산동(1%), 염화아연(4%), 불화소다(2%)는 유성이 아니라 수용성 방부제이다.

크레오소트유(Creosote oil)

- 대표적인 목재용 유성 방부제이다.
- 독성이 적고 방부성이 우수하다.
- 자극적인 악취가 나고, 흑갈색으로 외관이 불미하다.
- 주로 눈에 보이지 않는 토대, 기둥, 도리 등에 사용한다.

## 93

Repetitive Learning (1회 2회 3회)

다음 중 알루미늄과 같은 경금속 접착에 가장 적합한 합성수지는?

① 멜라민수지
② 실리콘수지
③ 에폭시수지
④ 푸란수지

해설

- 멜라민수지는 멜라민과 포름알데히드로 제조된 순백색 또는 투명백색의 열경화성 수지로, 표면경도가 크고 착색이 자유로우며 내열성이 우수한 수지이다.
- 실리콘수지는 내열성이 크고 발수성을 나타내어 방수제로 쓰이며, 저온에서도 탄성이 있어 Gasket, Packing의 원료로 쓰이는 합성수지이다.
- 푸란수지는 보리짚, 옥수숫대, 버개스 등의 농산폐물을 산속에서 가열하여 얻은 열경화성 수지로, 내약품성이 뛰어나 내식재료로 주로 사용된다.

에폭시수지

- 대표적인 열경화성 수지이다.
- 기본 점성이 크며 내수성, 내약품성, 전기절연성, 접착성이 뛰어나다.
- 제품의 최고 사용온도는 80[℃] 정도이다.
- 도막의 밀착성이 매우 좋은 특징을 갖는다.
- 알루미늄과 같은 경금속의 접착에 가장 좋은 수지로 금속, 유리, 플라스틱, 도자기 등에 우수한 접착력을 나타내므로 접착제나 도료로 널리 이용된다.
- 경화시간이 길고 경화할 때 휘발물의 발생이 없고, 경화제와 섞어 사용해야 한다.

## 94

Repetitive Learning (1회 2회 3회)

다음 중 단백질계 접착제에 해당하는 것은?

① 카세인 접착제
② 푸란수지 접착제
③ 에폭시수지 접착제
④ 실리콘수지 접착제

해설

- ②, ③, ④는 모두 합성수지 접착제이다.

카세인(Casein) 접착제

- 내수성이 뛰어난 접착제로, 우유의 단백질 성분을 이용해 만든다.
- 알콜, 물, 에테르에 녹지 않으나 알칼리에는 녹는다.

정답 | 91 ① 92 ② 93 ③ 94 ①

## 95

Repetitive Learning (1회 2회 3회)

고로시멘트의 특성에 관한 설명으로 옳지 않은 것은?

① 수화열이 낮고 수축률이 적어 댐이나 항만공사 등에 적합하다.

② 보통포틀랜드시멘트에 비하여 비중이 크고 풍화에 대한 저항성이 뛰어나다.

③ 응결시간이 느리기 때문에 특히 겨울철 공사에 주의를 요한다.

④ 다량으로 사용하게 되면 콘크리트의 화학저항성 및 수밀성, 알칼리골재반응 억제 등에 효과적이다.

해설

- 고로시멘트는 비중이 2.9로 가장 낮은 혼합시멘트이다.

고로시멘트

㉠ 개요

- 포틀랜드시멘트 클링커에 철 용광로에서 나온 슬래그를 급랭하여 혼합하고 이에 응결시간 조절용 석고를 첨가하여 분쇄한 시멘트이다.
- 팽창균열이 없고 화학저항성이 높아 해수·공장폐수·하수 등에 접하는 콘크리트에 적합하다.

㉡ 특징

- 초기강도는 약간 낮으나 장기강도는 보통포틀랜드시멘트와 같거나 그 이상이 된다.
- 수화열량이 적어 매스콘크리트용으로도 사용가능하다.
- 팽창균열이 없고 화학저항성과 수밀성이 크고 잠재수경성의 성질을 가지고 있다.
- 슬래그 수화에 의한 포졸란 반응으로 공극 충전효과 및 알칼리골재반응 억제효과가 크다.
- 모르타르나 콘크리트의 거푸집을 접하지 않는 자유표면은 경화불량에서 오는 약화현상이 따르기 쉽다.
- 슬래그를 함유하고 있어 건조수축에 대한 저항성이 약하고 중성화를 촉진하는 단점을 갖는다.

0404

## 96

Repetitive Learning (1회 2회 3회)

비철금속에 관한 설명으로 옳지 않은 것은?

① 청동은 구리와 아연을 주체로 한 합금으로 건축용 장식철물에 사용된다.

② 알루미늄은 산 및 알칼리에 약하다.

③ 아연은 산 및 알칼리에 약하나 일반대기나 수중에서는 내식성이 크다.

④ 동은 전기 및 열전도율이 매우 크다.

해설

- 청동은 구리와 주석을 주체로 한 합금이다.

청동

- 구리와 주석을 주체로 한 합금으로, 건축장식 부품 또는 미술공예 재료로 사용된다.
- 청동은 주조성이 황동에 비해 떨어지나 내식성은 황동에 비해 좋다.

0504 / 0904 / 1704

## 97

Repetitive Learning (1회 2회 3회)

목재의 강도에 관한 설명으로 옳지 않은 것은?

① 목재의 건조는 중량을 경감시키지만 강도에는 영향을 끼치지 않는다.

② 벌목의 계절은 목재의 강도에 영향을 끼친다.

③ 일반적으로 응력의 방향이 섬유방향에 평행인 경우 압축강도가 인장강도보다 작다.

④ 섬유포화점 이하에서는 함수율 감소에 따라 강도가 증대한다.

해설

- 섬유포화점 이하에서는 함수율의 감소에 따라 목재는 강도가 증가하고 탄성(인성)이 감소한다.

목재의 강도

- 생나무에 비해 기건재(함수율 15%)는 1.5배, 전건재(함수율 0%)는 3배 이상 강도가 크다.
- 비중이 클수록, 변재보다 심재의 강도가 크다.
- 흠이 있으면 강도가 떨어진다.
- 전단강도를 제외한 목재의 강도는 가력방향이 섬유방향일 때 가장 강하고, 섬유방향과 직각일 때 가장 약하다.
- 목재의 경도는 면 중에서 마구리면이 약간 크고 곧은결면과 널결면은 별로 차이가 없다.
- 일반적인 강도는 인장강도 > 휨강도 > 압축강도 > 전단강도의 순이다.

1204 / 1701

## 98

Repetitive Learning (1회 2회 3회)

어떤 재료의 초기 탄성 변형량이 2.0cm이고 크리프(Creep) 변형량이 4.0cm라면 이 재료의 크리프 계수는 얼마인가?

① 0.5　　② 1.0

③ 2.0　　④ 4.0

해설

- 탄성 변형량과 크리프 변형량이 주어졌으므로 대입하면 크리프 계수는 4.0/2.0 = 2.0이 된다.



95 ② 96 ① 97 ① 98 ③ 정답

:: 콘크리트의 크리프(Creep) 변형

㉠ 개요

- 콘크리트에 지속적인 하중을 가하면 응력의 변화가 없어도 변형이 증가하는 소성변형이 발생하는데 이를 크리프라 한다.
- 크리프는 재하 초기에 증가가 현저하고, 장기화될수록 증가율은 작게 되고 보통 3 ~ 4년에 정지한다.
- 크리프는 응력집중을 감소시키고 균열발생의 위험성을 줄이는 효과가 있다.
- 크리프 계수는 $\frac{\text{크리프 변형률}}{\text{탄성 변형률}}$로 구한다.

**99** Repetitive Learning (1회 2회 3회)

콘크리트의 압축강도에 영향을 주는 요인에 관한 설명으로 옳지 않은 것은?

① 양생온도가 높을수록 콘크리트의 초기강도는 낮아진다.
② 일반적으로 물-시멘트비가 같으면 시멘트의 강도가 큰 경우 압축강도가 크다.
③ 동일한 재료를 사용하였을 경우에 물-시멘트비가 작을수록 압축강도가 크다.
④ 습윤양생을 실시하게 되면 일반적으로 압축강도는 증진된다.

해설

- 양생온도가 높을수록 콘크리트의 초기강도는 좋아지나 7일 이후의 강도에는 나쁜 영향을 준다.

:: 콘크리트의 강도

㉠ 개요

- 일반적인 콘크리트의 강도는 압축강도가 다른 강도에 비해 현저하게 크기 때문에 압축강도를 의미한다.
- 콘크리트 강도는 압축강도>전단강도>휨강도>인장강도 순으로 작아진다.
- 강도를 표시할 때는 표준양생한 재령 28일의 압축강도를 기준으로 한다.

㉡ 콘크리트 강도에 영향을 주는 요인

- 물-시멘트비가 가장 큰 영향을 주는데 물-시멘트비가 작을수록 콘크리트 강도는 커진다.
- 골재의 표면이 매끄러운 것보다 거친 것이 부착력을 좋게 하여 강도를 높여준다.
- 물-시멘트비가 일정할 경우 굵은 골재의 최대치수가 클수록 강도는 작아진다.
- 물-시멘트비가 일정할 경우 공기량이 1% 증가하면 콘크리트 강도는 4～6% 감소한다.

1601

**100** Repetitive Learning (1회 2회 3회)

목재 제품 중 합판에 관한 설명으로 옳지 않은 것은?

① 방향에 따른 강도차가 적다.
② 곡면가공을 하여도 균열이 생기지 않는다.
③ 여러 가지 아름다운 무늬를 얻을 수 있다.
④ 함수율 변화에 의한 신축변형이 크다.

해설

- 합판은 원목에 비해 함수율의 변화에 의한 신축변형이 적다.

:: 합판(Plywood)

㉠ 개요

- 3장 이상의 홀수의 단판(Veneer)을 방향이 직교되게 접착제로 붙여 만든 것이다.
- 뒤틀림이나 변형이 적은 비교적 큰 면적의 평면 재료를 얻을 수 있다.
- 균일한 강도의 재료를 얻을 수 있다.

㉡ 특성

- 방향에 따른 강도차가 적다.
- 곡면가공을 하여도 균열이 생기지 않는다.
- 여러 가지 아름다운 무늬를 얻을 수 있다.
- 함수율 변화에 의한 신축변형이 적고 방향성이 없다.
- 곡면가공을 하여도 균열이 생기지 않는다.
- 표면가공법으로 흡음효과를 낼 수 있고, 의장적 효과도 높일 수 있다.

## 6과목 건설안전기술

1001 / 1302 / 1901 / 2104

**101** Repetitive Learning (1회 2회 3회)

산업안전보건관리비 계상기준에 따른 일반건설공사(갑), 대상액 5억원 이상 50억원 미만의 안전관리비의 비율(가) 및 기초액(나)으로 옳은 것은?

① (가) 1.86%, (나) 5,349,000원
② (가) 1.99%, (나) 5,499,000원
③ (가) 2.35%, (나) 5,400,000원
④ (가) 1.57%, (나) 4,411,000원

해설

- 대상액이 5억원 이상 50억원 미만인 일반건설공사(갑)의 비율은 1.86%이고, 기초액은 5,349,000원이다.

정답 | 99 ① 100 ④ 101 ①

**안전관리비 계상기준**

실필 0904/1102/1104/1201/1204/1302/1504/1602/1604/1704

• 공사종류 및 규모별 안전관리비 계상기준표

| | 5억원 미만 | 5억원 이상 50억원 미만 | | 50억원 이상 |
|---|---|---|---|---|
| | | 비율(X) | 기초액(C) | |
| 일반건설공사(갑) | 2.93% | 1.86% | 5,349,000원 | 1.97% |
| 일반건설공사(을) | 3.09% | 1.99% | 5,499,000원 | 2.10% |
| 중건설공사 | 3.43% | 2.35% | 5,400,000원 | 2.44% |
| 철도·궤도신설공사 | 2.45% | 1.57% | 4,411,000원 | 1.66% |
| 특수및기타건설공사 | 1.85% | 1.20% | 3,250,000원 | 1.27% |

- 대상액이 5억원 미만 또는 50억원 이상일 경우에는 대상액에 표에서 정한 비율을 곱한 금액
- 대상액이 5억원 이상 50억원 미만일 때에는 대상액에 별표에서 정한 비율을 곱한 금액에 기초액을 합한 금액
- 대상액이 구분되어 있지 않은 공사는 도급계약 또는 자체사업계획상의 총 공사금액의 70%를 대상액으로 하여 안전관리비를 계상하여야 한다.
- 발주자가 재료를 제공하거나 물품이 완제품의 형태로 제작 또는 납품되어 설치되는 경우에 해당 재료비 또는 완제품의 가액을 대상액에 포함시킬 경우의 안전관리비는 해당 재료비 또는 완제품의 가액을 포함시키지 않은 대상액을 기준으로 계상한 안전관리비의 1.2배를 초과할 수 없다.
- 발주자 또는 자기공사자는 설계변경 등으로 대상액의 변동이 있는 경우에 지체 없이 안전관리비를 조정 계상하여야 한다.

0502

## 102

Repetitive Learning (1회 2회 3회)

다음 중 해체작업용 기계·기구로 거리가 가장 먼 것은?

① 압쇄기　　② 핸드브레이커
③ 철해머　　④ 진동롤러

**해설**

- 진동롤러는 도로 건설 시 지반을 다질 때 사용하는 다짐기계이다.

**해체작업용 기계 및 기구**

| | |
|---|---|
| 브레이커(Breaker) | • 압축공기, 유압부의 급속한 충격력으로 구조물을 파쇄할 때 사용하는 기구로 통상 셔블계 건설기계에 설치하여 사용하는 기계<br>• 핸드브레이커는 사람이 직접 손으로 잡고 사용하는 브레이커로 진동으로 인해 인체에 영향을 주므로 작업시간을 제한한다. |
| 철제해머 | 쇠뭉치를 크레인 등에 부착하여 구조물에 충격을 주어 파쇄하는 것 |
| 팽창제 | 광물의 수화반응에 의한 팽창압을 이용하여 구조체 등을 파괴할 때 사용하는 물질 |
| 화약류 | 가벼운 타격이나 가열로 짧은 시간에 화학변화를 일으킴으로써 급격히 많은 열과 가스를 발생케 하여 순간적으로 큰 파괴력을 얻을 수 있는 고체 또는 액체의 폭발성 물질로서 화약, 폭약류의 화공품 |
| 절단톱 | 회전날 끝에 다이아몬드 입자를 혼합, 경화하여 제조한 것으로 기둥, 보, 바닥, 벽체를 적당한 크기로 절단하는 기구 |
| 재키 | 구조물의 국소부에 압력을 가해 해체할 때 사용하는 것으로 구조물의 부재 사이에 설치하는 기구 |
| 쐐기타입기 | 직경 30～40mm 정도의 구멍 속에 쐐기를 박아 넣어 구멍을 확대하여 구조체를 해체할 때 사용하는 기구 |
| 고열분사기 | 구조체를 고온으로 용융시키면서 해체할 때 사용하는 기구 |
| 절단줄톱 | 와이어에 다이아몬드 절삭 날을 부착하여 고속 회전시켜 구조체를 절단, 해체할 때 사용하는 기구 |

1201 / 1704

## 103

Repetitive Learning (1회 2회 3회)

다음은 말비계를 조립하여 사용하는 경우에 관한 준수사항이다. ( ) 안에 들어갈 내용으로 옳은 것은?

> • 지주부재와 수평면의 기울기를 ( ⓐ )° 이하로 하고 지주부재와 지주부재 사이를 고정시키는 보조부재를 설치할 것
> • 말비계의 높이가 2m를 초과하는 경우에는 작업발판의 폭을 ( ⓑ )cm 이상으로 할 것

① ⓐ 75, ⓑ 30
② ⓐ 75, ⓑ 40
③ ⓐ 85, ⓑ 30
④ ⓐ 85, ⓑ 40

**해설**

- 말비계 조립 시 지주부재와 수평면의 기울기를 75도 이하로 해야 하며, 말비계의 높이가 2m를 초과하는 경우에는 작업발판의 폭을 40cm 이상으로 한다.

**말비계 조립 시 준수사항** 실작 1902/1804/1802/1801

- 지주부재(支柱部材)의 하단에는 미끄럼 방지장치를 하고, 근로자가 양측 끝부분에 올라서서 작업하지 않도록 할 것
- 지주부재와 수평면의 기울기를 75도 이하로 하고, 지주부재와 지주부재 사이를 고정시키는 보조부재를 설치할 것
- 말비계의 높이가 2m를 초과하는 경우에는 작업발판의 폭을 40cm 이상으로 할 것



102 ④ 103 ② | 정답

0402 / 0504 / 1201

## 104 —— Repetitive Learning 

토질시험 중 연약한 점토지반의 점착력을 판별하기 위하여 실시하는 현장시험은?

① 베인테스트(Vane test)　② 표준관입시험(SPT)
③ 하중재하시험　④ 삼축압축시험

**해설**

- 10m 이내의 연약한 점토지반의 점착력 조사에는 베인테스트가 주로 사용된다.

**∷ 베인테스트(Vane test)**

- 로드 선단에 +자형 날개(Vane)를 부착한 후 이를 지중에 박아 회전시키면서 점토지반의 점착력을 판별하는 시험이다.
- 10m 이내의 연약한 점토지반의 점착력 조사에 주로 사용된다.
- 전단강도 $= \frac{\text{회전력}}{\text{베인상수}}$ 으로 구한다.

1704

## 105 —— Repetitive Learning 1회 2회 3회

지반의 종류가 다음과 같을 때 굴착면의 기울기 기준으로 옳은 것은?

| 보통 흙의 습지 |
|---|

① 1 : 1.8　② 1 : 1.2
③ 1 : 1.0　④ 1 : 0.5

**해설**

- 보통 흙의 습지는 그 밖의 흙에 해당하므로 1 : 1.2의 구배를 갖춰야 한다.

**∷ 굴착면 기울기 기준** 실필 1701/1/02
실작 1802/1801/1702/1701/1601/1504

| 지반의 종류 | 기울기 |
|---|---|
| 모래 | 1 : 1.8 |
| 연암 및 풍화암 | 1 : 1.0 |
| 경암 | 1 : 0.5 |
| 그 밖의 흙 | 1 : 1.2 |

## 106 —— Repetitive Learning 1회 2회 3회

다음 중 유해·위험방지계획서 제출대상 공사가 아닌 것은?

① 지상높이가 30m인 건축물 건설공사
② 최대지간길이가 50m인 교량건설공사
③ 터널건설공사
④ 깊이가 11m인 굴착공사

**해설**

- 지상높이가 31미터 이상인 건축물 또는 인공구조물의 경우 유해·위험방지계획서 제출대상이 된다.

**∷ 유해·위험방지계획서 제출대상 공사** 실필 1901/1802/1102

- 지상높이가 31m 이상인 건축물 또는 인공구조물, 연면적 3만 $m^2$ 이상인 건축물 또는 연면적 5천$m^2$ 이상의 문화 및 집회시설(전시장 및 동물원·식물원은 제외), 판매시설, 운수시설(고속철도의 역사 및 집배송시설은 제외), 종교시설, 의료시설 중 종합병원, 숙박시설 중 관광숙박시설, 지하도상가 또는 냉동·냉장창고시설의 건설·개조 또는 해체 공사
- 연면적 5천$m^2$ 이상인 냉동·냉장창고시설의 설비공사 및 단열공사
- 최대지간길이가 50m 이상인 교량 건설 등의 공사
- 터널 건설 등의 공사
- 다목적 댐, 발전용 댐 및 저수용량 2천만톤 이상의 용수 전용 댐, 지방상수도 전용 댐 건설 등의 공사
- 깊이 10m 이상인 굴착공사

1401

## 107 —— Repetitive Learning 1회 2회 3회

콘크리트 타설을 위한 거푸집 동바리의 구조검토 시 가장 선행되어야 할 작업은?

① 각 부재에 생기는 응력에 대하여 안전한 단면을 산정한다.
② 가설물에 작용하는 하중 및 외력의 종류, 크기를 산정한다.
③ 하중 및 외력에 의하여 각 부재에 생기는 응력을 구한다.
④ 사용할 거푸집 동바리의 설치간격을 결정한다.

**해설**

- 콘크리트 타설을 위한 거푸집 동바리의 구조검토에서 첫 번째 단계에는 가설물에 작용하는 하중 및 외력의 종류, 크기를 산정한다.
- 보기를 순서대로 나열하면 ②-③-①-④의 순서를 거친다.

**∷ 콘크리트 타설을 위한 거푸집 동바리의 구조검토 4단계**

| 단계 | 내용 |
|---|---|
| 1단계 | 가설물에 작용하는 하중 및 외력의 종류, 크기를 산정한다. |
| 2단계 | 하중·외력에 의하여 각 부재에 생기는 응력을 구한다. |
| 3단계 | 각 부재에 생기는 응력에 대하여 안전한 단면을 산정한다. |
| 4단계 | 사용할 거푸집 동바리의 설치간격을 결정한다. |

정답 | 104 ①　105 ②　106 ①　107 ②

0504 / 0702 / 1304 / 1804

## 108 Repetitive Learning (1회 2회 3회)

사다리식 통로 설치 시 길이가 10m 이상인 때에는 얼마 이내마다 계단참을 설치해야 하는가?

① 3m 이내마다 ② 4m 이내마다
③ 5m 이내마다 ④ 6m 이내마다

해설

- 사다리식 통로의 길이가 10미터 이상인 경우에는 5미터 이내마다 계단참을 설치하여야 한다.

사다리식 통로의 구조 실필 1602
- 견고한 구조로 할 것
- 심한 손상·부식 등이 없는 재료를 사용할 것
- 발판의 간격은 일정하게 할 것
- 발판과 벽과의 사이는 15cm 이상의 간격을 유지할 것
- 폭은 30cm 이상으로 할 것
- 사다리가 넘어지거나 미끄러지는 것을 방지하기 위한 조치를 할 것
- 사다리의 상단은 걸쳐놓은 지점으로부터 60cm 이상 올라가도록 할 것
- 사다리식 통로의 길이가 10미터 이상인 경우에는 5미터 이내마다 계단참을 설치할 것
- 사다리식 통로의 기울기는 75도 이하로 할 것. 다만, 고정식 사다리식 통로의 기울기는 90도 이하로 하고, 그 높이가 7미터 이상인 경우에는 바닥으로부터 높이가 2.5미터 되는 지점부터 등받이울을 설치할 것
- 접이식 사다리 기둥은 사용 시 접혀지거나 펼쳐지지 않도록 철물 등을 사용하여 견고하게 조치할 것

## 109 Repetitive Learning (1회 2회 3회)

비계의 부재 중 기둥과 기둥을 연결시키는 부재가 아닌 것은?

① 띠장 ② 장선
③ 가새 ④ 작업발판

해설

- 작업발판은 높은 곳이나 발이 빠질 위험이 있는 장소에서 근로자가 안전하게 작업·이동할 수 있는 공간을 확보하기 위해 설치하는 발판을 말한다.

비계의 부재
㉠ 개요
- 비계에서 벽 고정을 하고 수평재나 가새재와 같은 부재로 연결하는 이유는 수직 및 수평하중에 의한 비계 본체의 변위가 발생하지 않도록 하여 무너짐을 예방하는 데 있다.
- 부재의 종류에는 수직재, 수평재, 가새재, 띠장, 장선 등이 있다.

해설

- 작업발판은 높은 곳이나 발이 빠질 위험이 있는 장소에서 근로자가 안전하게 작업·이동할 수 있는 공간을 확보하기 위해 설치하는 발판을 말한다.

비계의 부재
㉠ 개요
- 비계에서 벽 고정을 하고 수평재나 가새재와 같은 부재로 연결하는 이유는 수직 및 수평하중에 의한 비계 본체의 변위가 발생하지 않도록 하여 무너짐을 예방하는 데 있다.
- 부재의 종류에는 수직재, 수평재, 가새재, 띠장, 장선 등이 있다.

㉡ 부재의 종류와 특징
- 수직재는 비계의 상부하중을 하부로 전달하는 부재로 비계를 조립할 때 수직으로 세우는 부재를 말한다.
- 수평재는 수직재의 좌굴을 방지하기 위하여 수평으로 연결하는 부재를 말한다.
- 가새재는 비계에 작용하는 비틀림 하중이나 수평하중에 견딜 수 있도록 수평재와 수평재, 수직재와 수직재를 연결하여 고정하는 부재를 말한다.
- 띠장은 비계기둥에 수평으로 설치하는 부재를 말한다.
- 장선은 쌍줄비계에서 띠장 사이에 수평으로 걸쳐 작업발판을 지지하는 가로재를 말한다.

## 110 Repetitive Learning (1회 2회 3회)

터널 등의 건설작업을 하는 경우에 낙반 등에 의하여 근로자가 위험해질 우려가 있는 경우에 필요한 직접적인 조치사항과 거리가 먼 것은?

① 터널 지보공 설치 ② 부석의 제거
③ 울 설치 ④ 록볼트 설치

해설

- 낙반 등에 의한 위험의 방지 조치에는 터널 지보공의 설치, 록볼트의 설치, 부석의 제거 등이 있다.

낙반 등에 의한 위험의 방지 실작 1804
- 터널 지보공 설치
- 록볼트의 설치
- 부석(浮石)의 제거

0302 / 1402

## 111 Repetitive Learning (1회 2회 3회)

장비 자체보다 높은 장소의 땅을 굴착하는데 적합한 장비는?

① 파워셔블(Power shovel) ② 불도저(Bulldozer)
③ 드래그라인(Dragline) ④ 크램쉘(Clam shell)



108 ③ 109 ④ 110 ③ 111 ① 정답

해설

- 불도저는 무한궤도가 달려 있는 트랙터 앞머리에 블레이드(Blade)를 부착하여 흙의 굴착 압토 및 운반 등의 작업을 하는 토목기계이다.
- 드래그라인은 상당히 넓고 얕은 범위의 점토질 지반 굴착에 적합하며, 수중의 모래 채취에 많이 이용되는 굴착기계이다.
- 크램쉘은 위치한 지면보다 낮은 우물통과 같은 협소한 장소에 사용하는 수직 및 수중굴착 장비이다.

파워셔블(Power shovel) 실필 1604

- 지면을 굴착하고 선회하여 굴착한 토석을 트럭에 싣는 토공사용 굴착장비이다.
- 장비의 작업면보다 높은 곳(상부)의 흙을 굴착하는 데 사용되는 장비이다.
- 굴착은 디퍼(Dipper)라 불리는 작업장치가 담당한다.

0302 / 1101 / 1704

## 112 Repetitive Learning (1회 2회 3회)

항만하역작업에서의 선박승강설비 설치기준으로 옳지 않은 것은?

① 200톤급 이상의 선박에서 하역작업을 하는 때에는 근로자들이 안전하게 승강할 수 있는 현문(舷門) 사다리를 설치하여야 하며, 이 사다리 밑에 안전망을 설치하여야 한다.

② 현문 사다리는 견고한 재료로 제작된 것으로 너비는 55cm 이상이어야 한다.

③ 현문 사다리의 양측에는 82cm 이상의 높이로 방책을 설치하여야 한다.

④ 현문 사다리는 근로자의 통행에만 사용하여야 하며 화물용 발판 또는 화물용 보판으로 사용하도록 하여서는 아니 된다.

해설

- 사업주는 300톤급 이상의 선박에서 하역작업을 하는 경우에 근로자들이 안전하게 오르내릴 수 있는 현문(舷門) 사다리를 설치하여야 하며, 이 사다리 밑에 안전망을 설치하여야 한다.

선박승강설비의 설치

- 사업주는 300톤급 이상의 선박에서 하역작업을 하는 경우에 근로자들이 안전하게 오르내릴 수 있는 현문(舷門) 사다리를 설치하여야 하며, 이 사다리 밑에 안전망을 설치하여야 한다.
- 현문 사다리는 견고한 재료로 제작된 것으로 너비는 55cm 이상이어야 하고, 양측에 82cm 이상의 높이로 방책을 설치하여야 하며, 바닥은 미끄러지지 않도록 적합한 재질로 처리되어야 한다.
- 현문 사다리는 근로자의 통행에만 사용하여야 하며, 화물용 발판 또는 화물용 보판으로 사용하도록 해서는 아니 된다.

0502 / 1601

## 113 Repetitive Learning (1회 2회 3회)

터널작업 시 자동경보장치에 대하여 당일의 작업 시작 전 점검하여야 할 사항으로 틀린 것은?

① 검지부의 이상 유무

② 조명시설의 이상 유무

③ 경보장치의 작동 상태

④ 계기의 이상 유무

해설

- 터널작업 시 자동경보장치 작업시작 전 점검사항에는 계기의 이상 유무, 검지부의 이상 유무, 경보장치의 작동 상태 등이 있다.

터널작업 시 자동경보장치 작업시작 전 점검사항 실작 1901/1704

- 계기의 이상 유무
- 검지부의 이상 유무
- 경보장치의 작동 상태

1102 / 1404

## 114 Repetitive Learning (1회 2회 3회)

다음은 강관틀비계를 조립하여 사용하는 경우 준수해야 하는 기준이다. ( ) 안에 알맞은 숫자를 나열한 것은?

> 길이가 띠장 방향으로 ( ⓐ )미터 이하이고 높이가 ( ⓑ )미터를 초과하는 경우에는 ( ⓒ )미터 이내마다 띠장 방향으로 버팀기둥을 설치할 것

① ⓐ 4, ⓑ 10, ⓒ 5

② ⓐ 4, ⓑ 10, ⓒ 10

③ ⓐ 5, ⓑ 10, ⓒ 5

④ ⓐ 5, ⓑ 10, ⓒ 10

해설

- 강관틀비계 조립 시 길이가 띠장 방향으로 4m 이하이고 높이가 10m를 초과하는 경우에는 10m 이내마다 띠장 방향으로 버팀기둥을 설치한다.

강관틀비계 조립 시 준수사항

- 비계기둥의 밑둥에는 밑받침 철물을 사용하여야 하며 밑받침에 고저차(高低差)가 있는 경우에는 조절형 밑받침 철물을 사용하여 각각의 강관틀비계가 항상 수평 및 수직을 유지하도록 할 것
- 높이가 20m를 초과하거나 중량물의 적재를 수반하는 작업을 할 경우에는 주틀 간의 간격을 1.8m 이하로 할 것
- 주틀 간에 교차가새를 설치하고 최상층 및 5층 이내마다 수평재를 설치할 것
- 수직방향으로 6m, 수평방향으로 8m 이내마다 벽이음을 할 것
- 길이가 띠장 방향으로 4m 이하이고 높이가 10m를 초과하는 경우에는 10m 이내마다 띠장 방향으로 버팀기둥을 설치할 것

정답 | 112 ① 113 ② 114 ②

1702

## 115 Repetitive Learning 1회 2회 3회

타워크레인을 자립고(自立高)를 초과하는 높이로 설치할 때 지지벽체가 없어 와이어로프로 지지하는 경우의 준수사항으로 옳지 않은 것은?

① 와이어로프를 고정하기 위한 전용 지지프레임을 사용할 것
② 와이어로프 설치각도는 수평면에서 60° 이내로 하되, 지지점은 4개소 이상으로 하고, 같은 각도로 설치할 것
③ 와이어로프와 그 고정부위는 충분한 강도와 장력을 갖도록 설치하되, 와이어로프를 클립·샤클(Shackle) 등의 기구를 사용하여 고정하지 않도록 유의할 것
④ 와이어로프가 가공전선(架空電線)에 근접하지 않도록 할 것

해설

- 와이어로프를 클립·샤클(Shackle) 등의 고정기구를 사용하여 견고하게 고정시켜 풀리지 아니하도록 하여야 한다.

∷ 타워크레인의 지지 시 주의사항

- 사업주는 타워크레인을 자립고(自立高)를 초과하는 높이로 설치하는 경우 건축물 등의 벽체에 지지하도록 할 것
- 와이어로프를 고정하기 위한 전용 지지프레임을 사용할 것
- 와이어로프 설치각도는 수평면에서 60도 이내로 하되, 지지점은 4개소 이상으로 하고, 같은 각도로 설치할 것
- 와이어로프와 그 고정부위는 충분한 강도와 장력을 갖도록 설치하고, 와이어로프를 클립·샤클(Shackle) 등의 고정기구를 사용하여 견고하게 고정시켜 풀리지 아니하도록 하며, 사용 중에는 충분한 강도와 장력을 유지하도록 할 것
- 와이어로프가 가공전선(架空電線)에 근접하지 않도록 할 것

0601 / 0804 / 1804 / 2104

## 116 Repetitive Learning 1회 2회 3회

동력을 사용하는 항타기 또는 항발기의 무너짐을 방지하기 위한 사항으로 옳지 않은 것은?

① 연약한 지반에 설치할 때에는 아웃트리거·받침 등 지지구조물의 침하를 방지하기 위하여 깔판·받침목 등을 사용한다.
② 상단 부분은 버팀대·버팀줄로 고정하여 안정시키고, 그 하단 부분은 견고한 버팀·말뚝 또는 철골 등으로 고정시킬 것
③ 시설 또는 가설물 등에 설치하는 경우에는 그 내력을 확인하고 내력이 부족하면 그 내력을 보강할 것
④ 궤도 또는 차로 이동하는 항타기 또는 항발기에 대해서는 불시에 이동하는 것을 방지하기 위하여 아웃트리거나 받침 등으로 고정시켜야 한다.

해설

- 궤도 또는 차로 이동하는 항타기 또는 항발기에 대해서는 불시에 이동하는 것을 방지하기 위하여 레일 클램프(rail clamp) 및 쐐기 등으로 고정시켜야 한다.

∷ 무너짐의 방지 실작 1504

- 연약한 지반에 설치하는 경우에는 아웃트리거·받침 등 지지구조물의 침하를 방지하기 위하여 깔판·받침목 등을 사용할 것
- 시설 또는 가설물 등에 설치하는 경우에는 그 내력을 확인하고 내력이 부족하면 그 내력을 보강할 것
- 아웃트리거·받침 등 지지구조물이 미끄러질 우려가 있는 경우에는 말뚝 또는 쐐기 등을 사용하여 해당 지지구조물을 고정시킬 것
- 궤도 또는 차로 이동하는 항타기 또는 항발기에 대해서는 불시에 이동하는 것을 방지하기 위하여 레일 클램프(rail clamp) 및 쐐기 등으로 고정시킬 것
- 상단 부분은 버팀대·버팀줄로 고정하여 안정시키고, 그 하단 부분은 견고한 버팀·말뚝 또는 철골 등으로 고정시킬 것

0304 / 0501 / 0702 / 0902 / 1604

## 117 Repetitive Learning 1회 2회 3회

본 터널(Main tunnel)을 시공하기 전에 터널에서 약간 떨어진 곳에 지질조사, 환기, 배수, 운반 등의 상태를 알아보기 위하여 설치하는 터널은?

① 프리패브(Prefab) 터널
② 사이드(Side) 터널
③ 실드(Shield) 터널
④ 파일럿(Pilot) 터널

해설

- 프리패브(Prefab)는 건축방식의 하나로 공장에서 외벽과 내장제 시공까지 끝낸 박스형태의 구조물을 만들어 현장으로 옮긴 후 기초공사와 설비 등의 마감공사만으로 건물을 건축하는 공법을 말한다.
- 실드(Shield)터널 공법이란 터널 공법의 하나로 지반 내에 실드(Shield)라 부르는 강재 원통 모양의 실드(Shield)를 이용해 터널을 구축하는 공법을 말한다.

∷ 파일럿(Pilot) 터널

- 본 터널(Main tunnel)을 시공하기 전에 터널에서 약간 떨어진 곳에 지질조사, 환기, 배수, 운반 등의 상태를 알아보기 위하여 설치하는 터널을 말한다.
- 본 터널의 굴진 전에 사전에 굴착하는 본 터널 단면 내나 본 터널 주변의 단면 밖에 굴착하는 작은 직경의 터널을 말한다.

115 ③ 116 ④ 117 ④ 정답

## 118

Repetitive Learning 1회 2회 3회

운반작업을 인력운반작업과 기계운반작업으로 분류할 때 기계운반작업으로 실시하기에 부적당한 대상은?

① 단순하고 반복적인 작업
② 표준화되어 있어 지속적이고 운반량이 많은 작업
③ 취급물의 형상, 성질, 크기 등이 다양한 작업
④ 취급물이 중량인 작업

해설

- 취급물의 형상, 성질, 크기 등이 다양하면 다양한 작업기계가 필요로 하는 등 기계로 작업하기에 복잡해진다. 이 경우는 인력으로 운반하는 것이 효율적이다.

∷ 기계운반작업이 효율적인 작업

- 단순하고 반복적인 작업
- 표준화되어 있어 지속적이고 운반량이 많은 작업
- 취급물이 중량인 작업

## 119

Repetitive Learning 1회 2회 3회

거푸집 동바리 등을 조립하는 경우에 준수하여야 할 안전조치 기준으로 옳지 않은 것은?

① 동바리로 사용하는 파이프 서포트는 높이가 3.5m를 초과하는 경우 2m 이내마다 수평연결재를 2개 방향으로 만들고 수평연결재의 변위를 방지할 것
② 동바리로 사용하는 파이프 서포트는 3개 이상 이어서 사용하지 않도록 할 것
③ 동바리로 사용하는 파이프 서포트를 이어서 사용하는 경우에는 3개 이상의 볼트 또는 전용철물을 사용하여 이을 것
④ 동바리로 사용하는 강관틀과 강관틀 사이에는 교차가새를 설치할 것

해설

- 동바리로 사용하는 파이프 서포트를 이어서 사용하는 경우에는 4개 이상의 볼트 또는 전용철물을 사용하여 이어야 한다.

∷ 거푸집 동바리 등의 안전조치 실필 1304 실작 1804/1802/1801/1702/1701/1604/1602/1504/1502/1501/1402

㉠ 공통사항

- 받침목의 사용, 콘크리트 타설, 말뚝박기 등 동바리의 침하를 방지하기 위한 조치를 할 것
- 동바리의 상하 고정 및 미끄러짐 방지 조치를 할 것
- 상부·하부의 동바리가 동일 수직선상에 위치하도록 하여 깔판·받침목에 고정시킬 것
- 개구부 상부에 동바리를 설치하는 경우에는 상부하중을 견딜 수 있는 견고한 받침대를 설치할 것
- U헤드 등의 단판이 없는 동바리의 상단에 멍에 등을 올릴 경우에는 해당 상단에 U헤드 등의 단판을 설치하고, 멍에 등이 전도되거나 이탈되지 않도록 고정시킬 것
- 동바리의 이음은 같은 품질의 재료를 사용할 것
- 강재의 접속부 및 교차부는 볼트·클램프 등 전용철물을 사용하여 단단히 연결할 것
- 거푸집의 형상에 따른 부득이한 경우를 제외하고는 깔판이나 받침목은 2단 이상 끼우지 않도록 할 것
- 깔판이나 받침목을 이어서 사용하는 경우에는 그 깔판·받침목을 단단히 연결할 것

㉡ 동바리로 사용하는 파이프 서포트

- 파이프 서포트를 3개 이상 이어서 사용하지 않도록 할 것
- 파이프 서포트를 이어서 사용하는 경우에는 4개 이상의 볼트 또는 전용철물을 사용하여 이을 것
- 높이가 3.5m를 초과하는 경우 2m 이내마다 수평연결재를 2개 방향으로 설치할 것

㉢ 동바리로 사용하는 강관틀의 경우

- 강관틀과 강관틀 사이에 교차가새를 설치할 것
- 최상단 및 5단 이내마다 동바리의 측면과 틀면의 방향 및 교차가새의 방향에서 5개 이내마다 수평연결재를 설치하고 수평연결재의 변위를 방지할 것
- 최상단 및 5단 이내마다 동바리의 틀면의 방향에서 양단 및 5개틀 이내마다 교차가새의 방향으로 띠장틀을 설치할 것

0601 / 0802 / 1201 / 1302 / 1401 / 1602 / 1901

## 120

Repetitive Learning 1회 2회 3회

추락방지망 설치 시 그물코의 크기가 10cm인 매듭 있는 방망의 신품에 대한 인장강도 기준으로 옳은 것은?

① 100kgf 이상
② 200kgf 이상
③ 300kgf 이상
④ 400kgf 이상

해설

- 매듭방망의 인장강도는 신품의 경우 그물코의 크기가 5cm이면 110kg, 10cm이면 200kg 이상이다.

∷ 신품 방망 인장강도 실필 1804 실작 1602

| 그물코 한변 길이 | 무매듭방망 | 매듭방망 |
|---|---|---|
| 10cm | 240kg 이상(150kg) | 200kg 이상(135kg) |
| 5cm | – | 110kg 이상(60kg) |

단, ( )은 폐기기준이다.

# 출제문제 분석 2020년 4회

| 구분 | 1과목 | 2과목 | 3과목 | 4과목 | 5과목 | 6과목 | 합계 |
|---|---|---|---|---|---|---|---|
| New유형 | 2 | 0 | 1 | 2 | 3 | 0 | 8 |
| New문제 | 5 | 3 | 6 | 6 | 11 | 8 | 39 |
| 또나온문제 | 8 | 5 | 7 | 8 | 6 | 9 | 43 |
| 자꾸나온문제 | 7 | 12 | 7 | 6 | 3 | 3 | 38 |
| 합계 | 20 | 20 | 20 | 20 | 20 | 20 | 120 |

- New유형은 New문제 중 기존 기출문제와 완전히 다른 유형의 문제를 말합니다.
- New문제는 기존에 출제되지 않은 문제로 이번에 처음 출제되는 문제입니다.
- 또나온문제는 기존에 출제된 적이 1번 있는 문제를 말합니다.
- 자꾸나온문제는 기존에 출제된 적이 2번 이상 있는 문제를 말합니다. 그만큼 중요한 문제입니다.

## 몇 년분의 기출문제를 공부해야 합격할 수 있을까요?

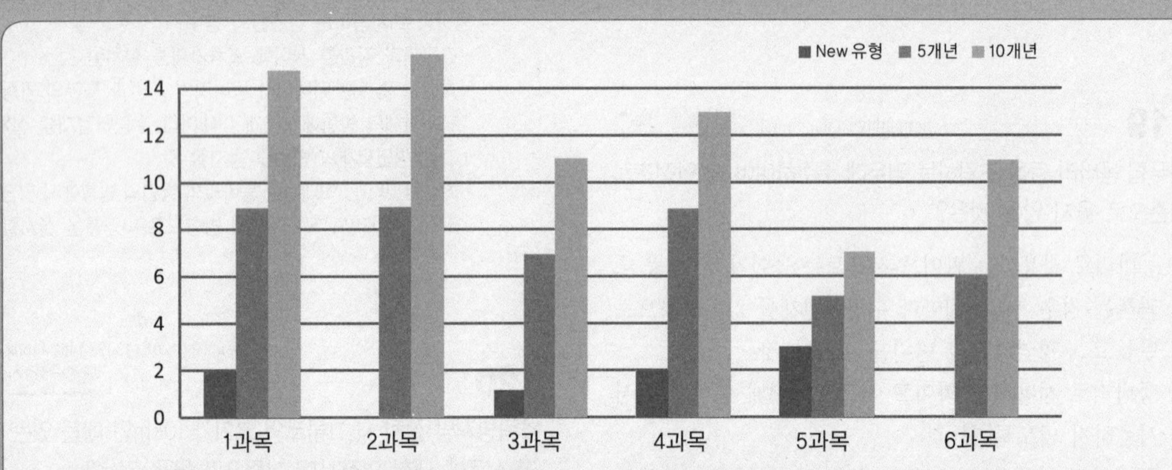


- 완전 새로운 유형의 문제는 8문제이고 112문제가 이미 출제된 문제 혹은 변형문제입니다.
- 5년분(2016～2020) 기출에서 동일문제가 45문항이 출제되었고, 10년분(2011～2020) 기출에서 동일문제가 73문항이 출제되었습니다.

## 실기에 나왔어요!! 외우세요!!!

실기시험은 필답형과 작업형으로 구분되어 있으며 모두 주관식으로 직접 내용을 적어야 합니다. 필기 공부하면서 실기 출제된 내역들은 좀 더 신경써서 암기하실 필요가 있어요. 필기 합격자 발표 난 후 실기시험까지는 5주밖에 여유가 없답니다. 어차피 공부할 것 필기 때 확실하게 해준다면 실기도 단방에 합격할 수 있습니다.

- 총 21개의 해설이 실기 필답형 시험과 연동되어 있습니다.
- 총 9개의 해설이 실기 작업형 시험과 연동되어 있습니다.

## 분석의견

2020년에 시행된 3번의 시험은 아주 쉽게 출제되었습니다. 새로운 유형의 문제가 8문제에 10년간 기출에서 합격점수인 72점을 상회하는 73문제가 출제되어 10년분 기출문제만 제대로 공부하였다면 충분히 합격가능한 난이도의 시험이었으며 합격률은 54.18%였습니다. 5과목이 다소 까다롭게 출제되었지만 다른 과목들이 충분히 쉽게 출제되어 과락만 면한다면 고득점이 가능한 난이도였습니다. 합격에 필요한 점수를 획득하기 위해서는 최근 10년분 문제 2회독 이상 + 유형별 핵심이론의 정독이 필요할 것으로 판단됩니다.

건 / 설 / 안 / 전 / 기 / 사 / 필 / 기

# 2020년 제4회

2020년 9월 27일 필기

20년 4회차 필기시험
합격률 54.2%

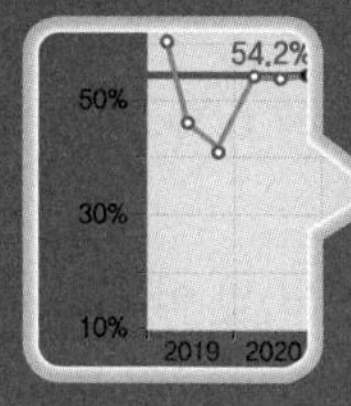


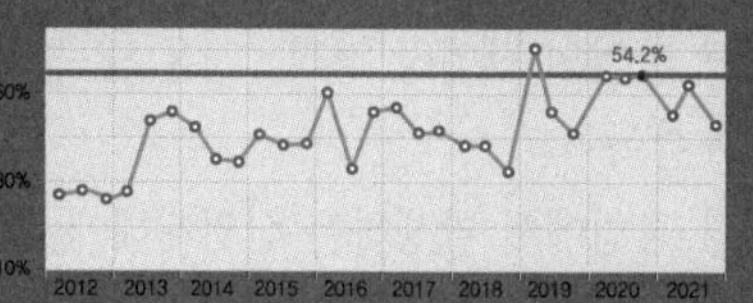


## 1과목 산업안전관리론

1101

### 01 Repetitive Learning (1회 2회 3회)

다음 중 위험예지훈련 4라운드의 진행 방법을 올바르게 나열한 것은?

① 현상파악 → 목표설정 → 대책수립 → 본질추구
② 현상파악 → 본질추구 → 대책수립 → 목표설정
③ 현상파악 → 본질추구 → 목표설정 → 대책수립
④ 본질추구 → 현상파악 → 목표설정 → 대책수립

**해설**

- 위험예지훈련 기초 4라운드는 1R(현상파악) – 2R(본질추구) – 3R(대책수립) – 4R(목표설정)으로 이뤄진다.

**위험예지훈련 기초 4Round 기법**

| | | |
|---|---|---|
| 1Round | 현상파악<br>(사실의 파악단계) | 전원이 토의를 통하여 위험요인을 발견하는 단계 |
| 2Round | 본질추구<br>(원인탐색 단계) | 위험의 포인트를 결정하여 선원이 지적·확인을 하는 단계 |
| 3Round | 대책수립<br>(대책수립 단계) | 발견된 위험요인을 극복하기 위한 방법을 제시하는 단계 |
| 4Round | 목표설정<br>(행동계획 결정단계) | 나온 대책들을 공간하고 팀의 행동목표를 설정하고 지적·확인하는 단계 |

1802

### 02 Repetitive Learning (1회 2회 3회)

재해예방의 4원칙이 아닌 것은?

① 손실우연의 법칙
② 예방교육의 원칙
③ 원인계기의 원칙
④ 예방가능의 원칙

**해설**

- 예방교육의 원칙은 없으며, 모든 사고는 대책선정이 가능하다는 대책선정의 원칙이 빠졌다.

**하인리히의 재해예방 4원칙** 실필 1801/1501

| | |
|---|---|
| 대책선정의 원칙 | 사고의 원인을 발견하면 반드시 대책을 세워야 하며, 모든 사고는 대책선정이 가능하다는 원칙 |
| 손실우연의 원칙 | 사고로 인한 손실은 우연적이라는 원칙 |
| 예방가능의 원칙 | 모든 사고는 예방이 가능하다는 원칙 |
| 원인연계의 원칙<br>(원인계기의 원칙) | 사고는 반드시 원인이 있으며 이는 필연적인 인과관계로 작용한다는 원칙 |

### 03 Repetitive Learning (1회 2회 3회)

A 사업장의 도수율이 18.9일 때 연천인율은 얼마인가?

① 4.53
② 9.46
③ 37.86
④ 45.36

**해설**

- 도수율 × 2.4 = 연천인율이므로 $18.9 \times 2.4 = 45.36$이다.

**연천인율** 실필 1804

- 1년간 평균 근로자 1,000명당 재해자의 수를 나타낸다.
- 연천인율 $= \dfrac{\text{연간재해자수}}{\text{연평균근로자수}} \times 1{,}000$으로 구한다.
- 근로자 1명이 연평균 2,400시간을 일한다는 것을 가정할 때 연천인율은 도수율×2.4로도 구할 수 있다.

정답 | 01 ② 02 ② 03 ④

## 04 Repetitive Learning 1회 2회 3회

산업안전보건법령상 관리감독자가 수행하는 안전 및 보건에 관한 업무에 속하지 않는 것은?

① 해당 작업의 작업장 정리·정돈 및 통로확보에 대한 확인·감독

② 해당 작업에서 발생하는 산업재해에 관한 보고 및 이에 대한 응급조치

③ 해당 사업장 안전교육의 수립 및 안전교육 실시에 관한 보좌 및 지도·조언

④ 관리감독자에게 소속된 근로자의 작업복·보호구 및 방호장치의 점검과 그 착용·사용에 관한 교육·지도

**해설**

- 안전교육의 수립 및 안전교육 실시에 관한 보좌 및 지도·조언은 안전관리자의 업무내용이다.

**관리감독자의 업무내용**

- 기계·기구 또는 설비의 안전·보건 점검 및 이상 유무의 확인
- 관리감독자에게 소속된 근로자의 작업복·보호구 및 방호장치의 점검과 그 착용·사용에 관한 교육·지도
- 산업재해에 관한 보고 및 이에 대한 응급조치
- 작업장 정리·정돈 및 통로확보에 대한 확인·감독
- 산업보건의, 안전관리전문기관에 위탁한 사업장의 경우에는 그 전문기관의 해당 사업장 담당자, 보건관리전문기관에 위탁한 사업장의 경우에는 그 전문기관의 해당 사업장 담당자, 안전보건관리담당자에 대한 지도·조언에 대한 협조
- 위험성 평가를 위한 업무에 기인하는 유해·위험요인의 파악 및 그 결과에 따른 개선조치의 시행
- 작업의 안전·보건에 관한 사항으로서 고용노동부령으로 정하는 사항

1802

## 05 Repetitive Learning 1회 2회 3회

산업안전보건법령상 안전·보건에 관한 노사협의체 구성의 근로자위원으로 구성기준 중 옳지 않은 것은?(단, 명예산업안전감독관이 위촉되어 있는 경우)

① 근로자대표가 지명하는 안전관리자 1명

② 근로자대표가 지명하는 명예산업안전감독관 1명

③ 도급 또는 하도급 사업을 포함한 전체 사업의 근로자대표

④ 공사금액이 20억원 이상인 공사의 관계수급인의 각 근로자대표

**해설**

- 명예감독관이 위촉되어 있지 아니한 경우에는 근로자대표가 지명하는 안전관리자가 아니라 해당 사업장 근로자 1명을 근로자위원으로 구성할 수 있다.

**안전·보건에 관한 노사협의체** 실필 1301

㉠ 설치대상 : 공사금액이 120억원(토목공사업은 150억원) 이상인 건설업을 말한다.

㉡ 구성

| 구분 | 내용 |
|---|---|
| 근로자위원 | • 도급 또는 하도급 사업을 포함한 전체 사업의 근로자대표<br>• 근로자대표가 지명하는 명예산업안전감독관 1명. 다만, 명예산업안전감독관이 위촉되어 있지 아니한 경우에는 근로자대표가 지명하는 해당 사업장 근로자 1명<br>• 공사금액이 20억원 이상인 공사의 관계수급인의 각 근로자대표 |
| 사용자위원 | • 도급 또는 하도급 사업을 포함한 전체 사업의 대표자<br>• 안전관리자 1명<br>• 보건관리자 1명(보건관리자 선임대상 건설업으로 한정)<br>• 공사금액이 20억원 이상인 공사의 관계수급인의 각 대표자 |
| 노사협의체의 근로자위원과 사용자위원은 합의를 통해 노사협의체에 공사금액이 20억원 미만인 공사의 관계수급인 및 관계수급인 근로자대표를 위원으로 위촉할 수 있다. | |

㉢ 운영

- 노사협의체의 회의는 정기회의와 임시회의로 구분하되, 정기회의는 2개월마다 노사협의체의 위원장이 소집하며, 임시회의는 위원장이 필요하다고 인정할 때에 소집한다.

1004

## 06 Repetitive Learning 

브레인스토밍(Brain storming)의 원칙에 관한 설명으로 옳지 않은 것은?

① 최대한 많은 양의 의견을 제시한다.

② 누구나 자유롭게 의견을 제시할 수 있다.

③ 타인의 의견에 대하여 비판하지 않도록 한다.

④ 타인의 의견을 수정하여 본인의 의견으로 제시하지 않도록 한다.

**해설**

- 브레인스토밍(Brain-storming) 기법의 4원칙 중에는 타인의 의견을 수정하여 발언하는 것을 허용하는 것이 포함된다.



04 ③ 05 ① 06 ④ 정답

:: 브레인스토밍(Brain-storming) 기법

㉠ 개요

- 6 ~ 12명의 구성원으로 타인의 비판 없이 자유로운 토론을 통하여 다량의 독창적인 아이디어를 이끌어내고, 대안적 해결안을 찾기 위한 집단적 사고기법이다.

㉡ 4원칙

- 가능한 많은 아이디어와 의견을 제시하도록 한다.(대량발언)
- 주제를 벗어난 아이디어도 허용한다.(자유발언)
- 타인의 의견을 수정하여 발언하는 것을 허용한다.(수정발언)
- 절대 타인의 의견에 비판 및 비평하지 않는다.(비판금지)

0404 / 1202 / 1504

## 07 Repetitive Learning (1회 2회 3회)

안전관리의 수준을 평가하는데 사고가 일어나는 시점을 전후하여 평가를 한다. 다음 중 사고가 일어나기 전의 수준을 평가하는 사전 평가활동에 해당하는 것은?

① 재해율 통계
② 안전활동률 관리
③ 재해손실 비용 산정
④ Safe-T-Score 산정

해설

- ①, ③, ④는 모두 지난 과거의 재해발생현황을 확인하는 평가활동에 해당한다.

:: 안전활동률 실필 1601/1101

- 안전관리 활동의 결과를 정량적으로 표시하는 것이다.
- 사고가 일어나기 전의 안전관리 수준을 평가하는 사전 평가에 해당한다.
- 안전활동건수에는 안전개선 권고수, 불안전한 행동 적발수, 안전화의 건수, 안전홍보건수 등이 포함된다.
- 안전활동률은 $\frac{\text{안전활동건수}}{\text{총근로시간수}} \times 10^6$으로 구한다.

1301 / 1801

## 08 Repetitive Learning (1회 2회 3회)

시설물의 안전관리 및 유지관리에 관한 특별법상 국토교통부장관은 시설물이 안전하게 유지 관리될 수 있도록 하기 위하여 몇 년마다 시설물의 안전 및 유지관리에 관한 기본계획을 수립·시행하여야 하는가?

① 2년
② 3년
③ 5년
④ 10년

해설

- 국토교통부장관은 시설물이 안전하게 유지 관리될 수 있도록 하기 위하여 5년마다 시설물의 안전 및 유지 관리에 관한 기본계획을 수립·시행하여야 한다.

:: 시설물의 안전 및 유지관리 기본계획의 수립·시행

㉠ 시행주기 : 국토교통부장관은 시설물이 안전하게 유지 관리될 수 있도록 하기 위하여 5년마다 시설물의 안전 및 유지관리에 관한 기본계획을 수립·시행하여야 한다.

㉡ 기본계획에 포함되어야 할 사항

- 시설물의 안전 및 유지관리에 관한 기본목표 및 추진방향에 관한 사항
- 시설물의 안전 및 유지관리체계의 개발, 구축 및 운영에 관한 사항
- 시설물의 안전 및 유지관리에 관한 정보체계의 구축·운영에 관한 사항
- 시설물의 안전 및 유지관리에 필요한 기술의 연구·개발에 관한 사항
- 시설물의 안전 및 유지관리에 필요한 인력의 양성에 관한 사항
- 그 밖에 시설물의 안전 및 유지관리에 관하여 대통령령으로 정하는 사항

1701

## 09 Repetitive Learning (1회 2회 3회)

산업안전보건법령상 해당 사업상의 연간재해율이 같은 업종의 평균재해율의 2배 이상인 경우 사업주에게 관리자를 정수 이상으로 증원하게 하거나 교체하여 임명할 것을 명할 수 있는 자는?

① 시·도지사
② 고용노동부장관
③ 국토교통부장관
④ 지방고용노동관서의 장

해설

- 산업안전보건법령상 지방고용노동관서의 장이 사업주에게 안전관리자의 증원 및 교체를 명한다.

:: 안전관리자 등의 증원·교체가 필요한 사유 실필 1704/1402/1001

- 해당 사업장의 연간재해율이 같은 업종의 평균재해율의 2배 이상인 경우
- 중대재해가 연간 2건 이상 발생한 경우
- 관리자가 질병이나 그 밖의 사유로 3개월 이상 직무를 수행할 수 없게 된 경우
- 화학적 인자로 인한 직업성 질병자가 연간 3명 이상 발생한 경우

정답 | 07 ② 08 ③ 09 ④

0604 / 1404

## 10

Repetitive Learning 1회 2회 3회

재해의 간접원인 중 기술적 원인에 속하지 않는 것은?

① 경험 및 훈련의 미숙
② 구조, 재료의 부적합
③ 점검, 정비, 보존 불량
④ 건물, 기계장치의 설계 불량

해설

- 경험 및 훈련의 미숙은 교육적 원인에 해당한다.

재해발생의 간접원인

- 2차원인(기술적, 교육적, 신체적, 정신적 원인)과 기초원인(관리상의 원인과 학교 교육적 원인, 사회적 또는 역사적 원인)으로 구분된다.

| | | |
|---|---|---|
| 2차 원인 | 기술적 원인 | • 건물, 기계장치 설계 불량<br>• 점검, 정비, 보존 불량<br>• 구조 재료의 부적합<br>• 생산공정의 부적절 |
| | 교육적 원인 | • 안전수칙의 오해<br>• 경험훈련의 미숙<br>• 안전지식의 부족<br>• 작업방법 및 유해위험 작업의 교육 불충분 |
| | 신체적 원인 | • 피로<br>• 시력 및 청각 기능 이상<br>• 근육운동의 부적당<br>• 육체적 한계 |
| | 정신적 원인 | • 안전의식의 부족<br>• 주의력 및 판단력 부족<br>• 잘못된 판단<br>• 방심 |
| 기초 원인 | 작업관리상의 원인 | • 작업지시의 부적당<br>• 안전관리 조직의 결함<br>• 안전수칙의 미제정<br>• 작업준비의 불충분<br>• 인원배치의 부적당 |
| | 학교교육적 원인 | • 재해의 근본 원인 |
| | 사회적 또는 역사적 원인 | |

## 11

Repetitive Learning 1회 2회 3회

보호구안전인증고시에 따른 추락 및 감전위험 방지용 안전모의 성능시험 대상에 속하지 않는 것은?

① 내유성
② 내수성
③ 내관통성
④ 턱끈풀림

해설

- 보호구자율안전확인고시에서의 안전모 시험성능기준은 내관통성, 충격흡수성, 난연성, 턱끈풀림이며, 보호구안전인증고시에 따른 안전모 시험성능기준은 자율안전확인고시의 시험성능기준에 내전압성, 내수성이 추가된다.

안전모의 시험성능기준

| 항목 | 시험성능기준 |
|---|---|
| 내관통성 | 안전모는 관통거리가 11.1mm 이하이어야 한다. |
| 충격흡수성 | 최고전달충격력이 4,450N을 초과해서는 안 되며, 모체와 착장체의 기능이 상실되지 않아야 한다. |
| 난연성 | 모체가 불꽃을 내며 5초 이상 연소되지 않아야 한다. |
| 턱끈풀림 | 150N 이상 250N 이하에서 턱끈이 풀려야 한다. |

0802 / 1801 / 1904

## 12

Repetitive Learning 1회 2회 3회

재해의 통계적 원인분석 방법 중 사고의 유형, 기인물 등 분류항목을 큰 순서대로 도표화하는 것은?

① 관리도
② 파레토도
③ 클로즈도
④ 특성요인도

해설

- 관리도는 재해발생건수 등의 추이를 파악하여 목표관리를 행하는 데 필요한 통계 분석방법이다.
- 클로즈도는 두 가지 이상의 문제에 대한 관계분석 시에 주로 사용하는 분석방법이다.
- 특성요인도는 재해라고 하는 결과에 미치게 하는 원인요소와의 관계를 상호의 인과관계만으로 결부시켜 도표화하는 분석방법이다.

통계에 의한 재해원인 분석방법

- 파레토도, 특성요인도, 클로즈분석, 관리도 등이 있다.

| | |
|---|---|
| 파레토(Pareto)도 | 작업현장에서 발생하는 작업 환경 불량이나 고장, 재해 등의 내용을 분류하고 그 건수와 금액을 크기 순으로 나열하여 작성한 그래프 |
| 특성요인도 (Characteristics diagram) | 사실의 확인단계에서 재해의 원인과 결과를 연계하여 상호 관계를 파악하기 위하여 어골상으로 도표화하는 분석방법 |
| 클로즈분석 | 두 가지 이상의 문제에 대한 관계분석 시에 주로 사용하는 분석방법 |
| 관리도 (Control chart) | 산업재해의 분석 및 평가를 위하여 재해발생건수 등의 추이에 대해 한계선을 설정하여 목표관리를 수행하는 재해통계 분석기법 |



10 ① 11 ① 12 ② 정답

## 13 Repetitive Learning (1회 2회 3회)

시설물의 안전 및 유지관리에 관한 특별법상 다음과 같이 정의되는 용어는?

| 시설물의 물리적·기능적 결함을 발견하고 그에 대한 신속하고 적절한 조치를 하기 위하여 구조적 안전성과 결함의 원인 등을 조사·측정·평가하여 보수·보강 등의 방법을 제시하는 행위 |
|---|

① 성능평가 ② 정밀안전진단
③ 긴급안전점검 ④ 정기안전진단

해설

- 성능평가란 시설물의 기능을 유지하기 위하여 요구되는 시설물의 구조적 안전성, 내구성, 사용성 등의 성능을 종합적으로 평가하는 것을 말한다.
- 긴급안전점검이란 시설물의 붕괴·전도 등으로 인한 재난 또는 재해가 발생할 우려가 있는 경우에 시설물의 물리적·기능적 결함을 신속하게 발견하기 위하여 실시하는 점검을 말한다.
- 정기안전점검은 안전점검의 종류에 포함되나 정기안전진단이란 용어는 없다.

∷ 시설물의 안전 및 유지관리에 관한 특별법 용어의 정의

| | |
|---|---|
| 성능평가 | 시설물의 기능을 유지하기 위하여 요구되는 시설물의 구조적 안전성, 내구성, 사용성 등의 성능을 종합적으로 평가하는 것 |
| 유지관리 | 완공된 시설물의 기능을 보전하고 시설물이용자의 편의와 안전을 높이기 위하여 시설물을 일상적으로 점검·정비하고 손상된 부분을 원상복구하며 경과시간에 따라 요구되는 시설물의 개량·보수·보강에 필요한 활동을 하는 것 |
| 안전점검 | 경험과 기술을 갖춘 자가 육안이나 점검기구 등으로 검사하여 시설물에 내재(內在)되어 있는 위험요인을 조사하는 행위를 말하며, 점검목적 및 점검수준을 고려하여 국토교통부령으로 정기안전점검 및 정밀안전점검으로 구분 |
| 정밀 안전진단 | 시설물의 물리적·기능적 결함을 발견하고 그에 대한 신속하고 적절한 조치를 하기 위하여 구조적 안전성과 결함의 원인 등을 조사·측정·평가하여 보수·보강 등의 방법을 제시하는 행위 |
| 긴급 안전점검 | 시설물의 붕괴·전도 등으로 인한 재난 또는 재해가 발생할 우려가 있는 경우에 시설물의 물리적·기능적 결함을 신속하게 발견하기 위하여 실시하는 점검 |

1201

## 14 Repetitive Learning (1회 2회 3회)

다음 중 재해조사의 목적 및 방법에 관한 설명으로 적절하지 않은 것은?

① 재해조사는 현장보존에 유의하면서 재해발생 직후에 행한다.
② 피해자 및 목격자 등 많은 사람으로부터 사고 시의 상황을 수집한다.
③ 재해조사의 1차적 목표는 재해로 인한 손실금액을 추정하는 데 있다.
④ 재해조사의 목적은 동종재해 및 유사재해의 발생을 방지하기 위함이다.

해설

- 재해조사의 가장 큰 목적은 동종 및 유사재해의 재발방지에 있다.

∷ 재해조사의 목적
- 동종 및 유사재해 재발방지
- 재해발생 원인 및 결함 규명
- 재해예방 자료수집

1601

## 15 Repetitive Learning (1회 2회 3회)

사업장의 안전·보건관리계획 수립 시 유의사항으로 옳은 것은?

① 사고발생 후의 수습대책에 중점을 둔다.
② 계획의 실시 중에는 변동이 없어야 한다.
③ 계획의 목표는 점진적으로 수준을 높이도록 한다.
④ 대기업의 경우 표준계획서를 작성하여 모든 사업장에 동일하게 적용시킨다.

해설

- 안전보건관리계획은 대기업이라고 하더라도 사업장의 상황에 따라 조정되어야하며, 실시 중에는 계속적인 업데이트와 업그레이드가 필요하고, 사고의 발생 후가 아니라 사고를 미리 예방하는 데 중점을 둬야 한다.

∷ 안전보건관리계획의 개요
- 사업장에서 안전보건관리를 계획적으로 행하기 위해 일정한 기간 동안 작성한 세부 실행계획을 말한다.
- 타 관리계획과 균형이 되어야 한다.
- 법적 기준 이상의 안전보건활동을 전개하기 위해서는 사업과 관련된 법규, 규제 및 기타 이해관계자들의 요구사항을 파악하여야 한다.
- 안전보건의 저해요인을 확실히 파악해야 한다.
- 경영층의 기본방향을 명확하게 근로자에게 나타내야 한다.
- 사업장의 재해발생에 따른 원인 조사 및 재해 통계자료, 각종 점검, 감사 자료를 수집하여야 한다.
- 계획의 목표는 낮은 수준에서 점진적으로 높은 수준으로 적용해 가야 한다.

정답 | 13 ② 14 ③ 15 ③

0301 / 0401 / 1401

## 16

Repetitive Learning 1회 2회 3회

안전보건관리조직의 유형 중 직계(Line)형에 관한 설명으로 옳은 것은?

① 대규모의 사업장에 적합하다.
② 안전지식이나 기술축적이 용이하다.
③ 안전지시나 명령이 신속히 수행된다.
④ 독립된 안전참모조직을 보유하고 있다.

**해설**

• 라인형 안전조직은 소규모 사업장에서 안전관리자를 두지 않고 생산계통에서 안전업무를 수행하므로 안전지시나 명령이 신속히 수행된다.

**라인(Line)형 안전조직** 실필 1901

㉠ 개요
- 직계식이라고도 한다.
- 모든 명령과 안전 관련 업무가 생산계통을 따라 이루어진다.
- 규모가 작은(100명 이하) 사업장에 적합하다.
- 안전관리자가 체계적으로 선임되지 않은 사업장에 알맞은 안전조직 형태이다.

㉡ 특징

| 구분 | 내용 |
|---|---|
| 장점 | • 안전지시나 명령이 신속하다.<br>• 명령과 보고가 간단명료하다. |
| 단점 | • 안전지식과 기술축적이 힘들다.<br>• 안전정보의 수집과 대처가 늦다. |

0402 / 1502

## 17

Repetitive Learning 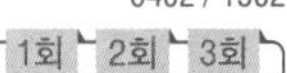

다음 중 웨버(D.A.Weaver)의 사고발생 도미노 이론에서 "작전적 에러"를 찾아내기 위한 질문의 유형과 가장 거리가 먼 것은?

① what ② why
③ where ④ whether

**해설**

• 웨버는 작전적 에러를 찾기 위해 무엇이, 왜, 그러한지, 아닌지의 과정(What – Why – Whether – process)을 도표화하여 제시하였다.

**웨버(D.A Weaver)의 재해발생이론**

㉠ 작전적 에러
- 불안전한 상태, 불안전한 행동 등 사고 원인의 배후에는 정책순서, 조직구조, 평가, 관리 등에서 작전적 에러가 반드시 존재하므로 이를 제거하여야 한다고 주장하였다.
- 무엇이, 왜, 그러한지, 아닌지의 과정(What – Why – Whether – process)을 도표화하여 제시하였다.

㉡ 도미노 이론
- 1단계 : 유전과 환경적 요인
- 2단계 : 인간의 결함
- 3단계 : 불안전한 행동 및 상태
- 4단계 : 사고
- 5단계 : 재해

## 18

Repetitive Learning 1회 2회 3회

산업안전보건법령에 따른 안전 · 보건표지의 종류 중 지시표지에 속하는 것은?

① 화기금지 ② 보안경착용
③ 낙하물경고 ④ 응급구호표지

**해설**

• ①은 금지표지, ③은 경고표지, ④는 안내표지에 해당한다.

**지시표지** 실필 1501
- 특정 행위의 지시 및 사실의 고지에 사용된다.
- 파란색(2.5PB 4/10) 바탕에 흰색(N9.5)의 기본모형을 사용한다.
- 종류에는 보안경착용, 안전복착용, 보안면착용, 안전화착용, 귀마개착용, 안전모착용, 안전장갑착용, 방독마스크착용, 방진마스크착용 등이 있다.

| 보안경착용 | 안전복착용 | 보안면착용 | 안전화착용 | 귀마개착용 |
|---|---|---|---|---|
| | | | | |
| 안전모착용 | 안전장갑 착용 | 방독마스크 착용 | 방진마스크 착용 | |
| | | | | |

1002 / 1604

## 19

Repetitive Learning 1회 2회 3회

산업안전보건법상 공기압축기를 가동하는 때의 작업시작 전 점검사항의 점검내용에 해당하지 않는 것은?

① 윤활유의 상태
② 언로드밸브의 기능
③ 압력방출장치의 기능
④ 비상정지장치 기능의 이상 유무



16 ③ 17 ③ 18 ② 19 ④ 정답

해설

• 비상정지장치 기능의 이상 유무는 산업용 로봇의 작업시작 전 점검사항에 해당한다.

∷ 공기압축기 작업시작 전 점검사항 실필 1304/0901

• 공기저장 압력용기의 외관 상태
• 드레인밸브(Drain valve)의 조작 및 배수
• 압력방출장치의 기능
• 언로드밸브(Unloading valve)의 기능
• 윤활유의 상태
• 회전부의 덮개 또는 울
• 그 밖의 연결 부위의 이상 유무

1201

**20** Repetitive Learning (1회 2회 3회)

다음 중 하인리히(H. W. Heinrich)의 재해코스트 선정방법에서 직접손실비와 간접손실비의 비율로 옳은 것은?(단, 비율은 "직접손실비 : 간접손실비"로 표현한다)

① 1 : 2 ② 1 : 4
③ 1 : 8 ④ 1 : 10

해설

• 하인리히는 직접비 : 간접비의 비율을 1 : 4로 계산해 산업재해로 인한 총 손실비용은 직접비(산업재해보상비)의 5배로 했다.

∷ 하인리히의 재해손실비용 평가 실필 1502

• 직접비 : 간접비의 비율은 1 : 4로 계산해 산업재해로 인한 총 손실비용은 직접비(산업재해보상비)의 5배로 계산한다.
• 직접손실비용에는 치료비, 휴업급여, 장해급여, 유족급여, 요양급여, 간병급여, 직업재활급여, 장례비 등이 있다.
• 간접손실비용에는 부상자를 비롯한 직원의 시간손실, 이익의 감소, 생산손실비, 기계, 공구 재료 등의 재산손실 등이 있다.

## 2과목 산업심리 및 교육

1104 / 1704

**21** Repetitive Learning (1회 2회 3회)

안전보건교육을 향상시키기 위한 학습지도의 원리에 해당하지 않는 것은?

① 통합의 원리
② 자기활동의 원리
③ 개별화의 원리
④ 동기유발의 원리

해설

• 안전보건교육을 향상시키기 위한 학습지도의 원리에는 통합의 원리, 개별화의 원리, 자기활동의 원리, 사회화의 원리, 직관의 원리, 목적의 원리 등이 있다.

∷ 안전보건교육을 향상시키기 위한 학습지도의 원리

| | |
|---|---|
| 통합 | 학습자에게 내재되어 있는 모든 능력을 조화롭게 발달시키는 생활중심의 통합교육을 원칙으로 한다는 것 |
| 개별화 | 학습자의 요구와 성향, 소질에 맞는 학습의 기회를 주어야 한다는 것 |
| 자기활동 | 학습지도는 내적동기가 유발된 학습을 시켜야 효과적이라는 것 |
| 사회화 | 공동학습과 같은 협동을 통해서 근로자의 사회화를 돕는 것 |
| 직관 | 구체적 사물을 제시하거나 경험시킴으로써 효과를 보게 되는 것 |
| 목적 | 학습자에게 학습목표가 분명히 인식되었을 경우 자발적이고 적극적인 학습을 기대할 수 있다는 것 |

0902 / 1802

**22** Repetitive Learning (1회 2회 3회)

생체리듬(Biorhythm)에 대한 설명으로 맞는 것은?

① 각각의 리듬이 (-)에서의 최저점에 이르렀을 때를 위험일이라 한다.
② 감성적 리듬은 영문으로 S라 표시하며, 23일을 주기로 반복된다.
③ 육체적 리듬은 영문으로 P라 표시하며, 28일을 주기로 반복된다.
④ 지성적 리듬은 영문으로 I라 표시하며, 33일을 주기로 반복된다.

정답 | 20 ② 21 ④ 22 ④

해설

- 안정기(+)와 불안정기(-)의 교차점을 위험일이라 한다.
- 감성적 리듬(S)의 주기는 28일이며, 주의력, 예감과 관련된다.
- 육체적 리듬(P)의 주기는 23일이며, 식욕, 활동력, 지구력과 관련된다.

생체리듬(Biorhythm)의 분류

- 육체적 리듬(P)의 주기는 23일이며, 식욕, 활동력, 지구력과 관련된다.
- 감성적 리듬(S)의 주기는 28일이며, 주의력, 예감과 관련된다.
- 지성적 리듬(I)의 주기는 33일이며, 지성적 사고능력(상상력, 판단력, 추리능력)과 관련된다.
- 안정기(+)와 불안정기(-)의 교차점을 위험일이라 한다.

0402 / 0704 / 1402

## 23

Repetitive Learning 1회 2회 3회

다음 중 안전교육을 위한 시청각교육법에 대한 설명으로 가장 적절한 것은?

① 지능, 적성, 학습속도 등 개인차를 충분히 고려할 수 있다.
② 학습자들에게 공통의 경험을 형성시켜줄 수 있다.
③ 학습의 다양성과 능률화에 기여할 수 없다.
④ 학습 자료를 시간과 장소에 제한 없이 제시할 수 있다.

해설

- 시청각교육법은 동일한 미디어를 학습자에게 보여줌으로써 학습자에게 공통경험을 형성시켜 줄 수 있다.

시청각교육법

㉠ 개요
- 학습능률을 높이기 위해 시청각 매체를 교육에 적절히 활용하는 교육방법이다.

㉡ 특징
- 교수의 평준화, 교재의 구조화를 기할 수 있다.
- 대규모 수업체제의 구성이 가능하다.
- 학습의 다양성과 능률화를 기할 수 있다.
- 학습자에게 공통경험을 형성시켜 줄 수 있다.

0604 / 0904

## 24

Repetitive Learning 1회 2회 3회

새로운 기술과 학습에서는 연습이 매우 중요하다. 연습방법과 관련된 내용으로 틀린 것은?

① 새로운 기술을 학습하는 경우에는 일반적으로 배분연습보다 집중연습이 더 효과적이다.
② 교육훈련 과정에서는 학습 자료를 한꺼번에 묶어서 일괄적으로 연습하는 방법을 집중연습이라고 한다.
③ 충분한 연습으로 완전학습한 후에도 일정량 연습을 계속하는 것을 초과학습이라고 한다.
④ 기술을 배울 때는 적극적 연습과 피드백이 있어야 부적절하고 비효과적 반응을 제거할 수 있다.

해설

- 새로운 기술을 학습하는 경우에는 일반적으로 집중연습보다 배분연습이 더 효과적이다.

새로운 기술의 학습과 연습

- 교육훈련 과정에서는 학습 자료를 한꺼번에 묶어서 일괄적으로 연습하는 방법을 집중연습이라고 한다.
- 새로운 기술을 학습하는 경우에는 일반적으로 집중연습보다 배분연습이 더 효과적이다.
- 충분한 연습으로 완전학습한 후에도 일정량 연습을 계속하는 것을 초과학습이라고 한다.
- 기술을 배울 때는 적극적 연습과 피드백이 있어야 부적절하고 비효과적 반응을 제거할 수 있다.

## 25

Repetitive Learning 1회 2회 3회

다음 중 교육지도의 원칙과 가장 거리가 먼 것은?

① 반복적인 교육을 실시한다.
② 학습자에게 동기부여를 한다.
③ 쉬운 것부터 어려운 것으로 실시한다.
④ 한 번에 여러 가지의 내용을 실시한다.

해설

- 한 번에 한 가지씩 교육을 실시해야 효과를 높일 수 있다.

안전보건교육의 교육지도 원칙

- 피교육자 입장에서의 교육이 되게 한다.
- 동기부여를 위주로 한 교육이 되게 한다.
- 오감을 통한 기능적인 이해를 돕도록 한다.
- 5관을 활용한 교육이 되게 한다.
- 한 번에 한 가지씩 교육을 실시한다.
- 많이 사용하는 것에서 적게 사용하는 순서로 실시한다.
- 과거부터 현재, 미래의 순서로 실시한다.
- 쉬운 것부터 어려운 것 순으로 진행한다.

## 26

Repetitive Learning 1회 2회 3회

직무수행평가 시 평가자가 특정 피평가자에 대해 구체적으로 잘 모름에도 불구하고 모든 부분에 대해 좋게 평가하는 오류는?

① 후광오류　　② 엄격화오류
③ 중앙집중오류　　④ 관대화오류



23 ② 24 ① 25 ④ 26 ① 정답

해설

- 엄격화오류란 피평가자의 실제 업적이나 능력을 낮게 평가하는 경향성을 말한다.
- 중앙집중오류란 피평가자들을 모두 중간점수로 평가하려는 경향성을 말한다.
- 관대화오류란 타인을 평가함에 있어 관대하게 평가하려는 경향성을 나타낸다.

인간의 경향성(지각의 오류) 관련 용어

| | |
|---|---|
| 후광효과 | 한 가지 특성에 기초하여 그 사람의 모든 측면을 판단하는 인간의 경향성 |
| 최신효과 | 가장 최근의 인상으로 그 사람을 판단하는 인간의 경향성 |
| 단순노출효과 | 계속된 만남을 통해서 호감을 갖게되는 인간의 경향성 |
| 관대화 효과 | 타인을 평가함에 있어 관대하게 평가하려는 경향성 |
| 초두효과 | 첫인상을 가장 중요하게 판단하는 경향성 |
| 엄격화 효과 | 피평가자의 실제 업적이나 능력을 낮게 평가하는 경향성 |
| 중앙집중 효과 | 피평가자들을 모두 중간점수로 평가하려는 경향성 |

1204 / 1304 / 1702

**27** Repetitive Learning 

다음 중 의식수준이 정상적 상태이지만 생리적 상태가 휴식할 때에 해당하는 의식수준은?

① phase Ⅰ　② phase Ⅱ
③ phase Ⅲ　④ phase Ⅳ

해설

- Phase Ⅰ은 생리적 상태가 피로하고 단조로울 때에 해당한다.
- Phase Ⅲ은 정상적인 상태로 신뢰성이 가장 높은 상태의 의식수준에 해당한다.
- Phase Ⅳ는 돌발사태의 발생으로 인하여 주의의 일점 집중 현상이 발생한 단계이다.

인간의 의식레벨

| 단계 | 의식수준 | 설명 |
|---|---|---|
| Phase 0 | 무의식, 실신상태 | 무의식 동작에는 외계의 능력에 대응하는 능력이 어느 정도는 있다. |
| Phase Ⅰ | 이상, 피로 및 단조로움 | 심신이 피로하거나 단조로운 작업을 반복할 경우 나타나는 의식수준의 저하현상이 발생 |
| Phase Ⅱ | 정상, 이완상태 | 생리적 상태가 안정을 취하거나 휴식할 때에 해당 |
| Phase Ⅲ | 정상, 명쾌 | • 중요하거나 위험한 작업을 안전하게 수행하기에 적합<br>• 신뢰성이 가장 높은 상태의 의식수준 |
| Phase Ⅳ | 과긴장 | 돌발사태의 발생으로 인하여 주의의 일점 집중 현상이 일어나는 경우 인간의 의식수준 |

1001

**28** Repetitive Learning 1회 2회 3회

다음 중 하버드 학파의 5단계 교수법에 해당되지 않는 것은?

① 추론한다.
② 교시한다.
③ 연합한다.
④ 총괄시킨다.

해설

- 하버드 학파의 5단계 교수법은 준비, 교시, 연합, 총괄, 응용시키는 사고과정의 기술교육 진행방법이다.

하버드 학파(Havard school)의 학습지도법 5단계

- 1단계 : 준비(Preparation)
- 2단계 : 교시(Presentation)
- 3단계 : 연합(Association)
- 4단계 : 총괄(Generalization)
- 5단계 : 응용(Application)

0701 / 1001

**29** Repetitive Learning 1회 2회 3회

다음 중 리더십과 헤드십에 관한 설명으로 옳은 것은?

① 헤드십은 부하와의 사회적 간격이 좁다.
② 헤드십에서의 책임은 상사에 있지 않고 부하에 있다.
③ 리더십의 지휘형태는 권위주의적인 반면, 헤드십의 지휘형태는 민주적이다.
④ 권한행사 측면에서 보면 헤드십은 임명에 의하여 권한을 행사할 수 있다.

정답 | 27 ② 28 ① 29 ④

해설

- 헤드십은 부하와의 사회적 간격이 넓다.
- 헤드십에서의 책임은 상사에게 있다.
- 리더십의 지휘형태는 민주적인 반면 헤드십에서의 지휘형태는 권위주의적이다.

헤드십(Head-ship)

㉠ 개요
- 리더와 같이 선출된 지도자가 아니라 조직에 의해 임명된 지도자가 행하는 권한행사를 말한다.

㉡ 특징
- 권한의 근거는 공식적인 법과 규정에 의한다.
- 상사와 부하의 관계는 지배적이고 사회적 간격이 넓다.
- 지휘의 형태는 권위적이다.
- 책임은 부하에 있지 않고 상사에게 있다.

0802 / 1002 / 1501

## 30

Repetitive Learning (1회 2회 3회)

다음 중 산업안전심리의 5대 요소에 속하지 않는 것은?

① 감정 ② 습관
③ 동기 ④ 시간

해설

- 산업심리의 5요소에는 동기, 기질, 감정, 습성, 습관이 있다.

산업안전심리의 5요소

| | |
|---|---|
| 동기(Motive) | 능동적인 감각에 의한 자극에서 일어난 사고의 결과로서 사람의 마음을 움직이는 원동력이 되는 것이다. |
| 기질(Temper) | 감정적인 경향이나 반응에 관계되는 성격의 한 측면이다. |
| 감정(Emotion) | 생활체가 어떤 행동을 할 때 생기는 주관적인 동요를 뜻한다. |
| 습성(Habits) | 한 종에 속하는 개체의 대부분에서 볼 수 있는 일정한 생활양식으로 본능, 학습, 조건반사 등에 따라 형성된다. |
| 습관(Custom) | 성장과정을 통해 형성된 특성 등이 무의식중에 습관화된 것으로 동기, 기질, 감정, 습성 등이 영향을 끼친다. |

## 31

Repetitive Learning (1회 2회 3회)

인간의 착각현상 가운데 암실 내에서 하나의 광점을 응시하고 있으면 그 광점이 움직이는 것처럼 보이는 것을 자동운동이라 하는데 다음 중 자동운동이 생기기 쉬운 조건이 아닌 것은?

① 광점이 작을 것
② 대상이 단순할 것
③ 광의 강도가 클 것
④ 시야의 다른 부분이 어두울 것

해설

- 자동운동이 생기기 쉬운 조건은 광점이 작은 것, 대상이 단순한 것, 광의 강도가 작은 것, 시야의 다른 부분이 어두운 것 등이다.

자동운동
- 자동운동은 암실 내의 정지된 소광점을 응시하고 있으면 그 광점이 움직이는 것처럼 보이는 현상으로 어두울 때 생기는 착각현상이다.
- 자동운동이 생기기 쉬운 조건은 광점이 작은 것, 대상이 단순한 것, 광의 강도가 작은 것, 시야의 다른 부분이 어두운 것 등이다.

0602 / 1104 / 1501

## 32

Repetitive Learning (1회 2회 3회)

다음 중 데이비스(K. Davis)의 동기부여 이론에서 인간의 "능력(Ability)"을 올바르게 표현한 것은?

① 기능(Skill) × 태도(Attitude)
② 지식(Knowledge) × 기능(Skill)
③ 상황(Situation) × 태도(Attitude)
④ 지식(Knowledge) × 상황(Situation)

해설

- 상황(Situation) × 태도(Attitude)는 동기유발이 된다.

데이비스(K. Davis)의 동기부여 이론
- 인간의 성과(Human performance) = 능력(Ability) × 동기유발(Motivation)
- 능력(Ability) = 지식(Knowledge) × 기능(Skill)
- 동기유발(Motivation) = 상황(Situation) × 태도(Attitude)

1204 / 1604

## 33

Repetitive Learning (1회 2회 3회)

인간이 충족시키고자 추구하는 욕구에 있어 가장 강력한 욕구는?

① 생리적 욕구
② 안전의 욕구
③ 자아실현의 욕구
④ 애정 및 귀속의 욕구



30 ④ 31 ③ 32 ② 33 ① | 정답

해설

- 매슬로우는 인간의 가장 기초적인 욕구이면서 강력한 욕구를 생리적 욕구로 보았다.

∷ 매슬로우(Maslow)의 욕구위계(욕구이론)

㉠ 개요

- 생리적 욕구 – 안전의 욕구 – 사회적 욕구 – 인정받으려는 욕구 – 자아실현의 욕구 순으로 발생한다.
- 행동은 충족되지 않은 욕구에 의해 결정되고 좌우된다.
- 개인의 가장 기본적인 욕구로부터 시작하여 위계상 상위 욕구로 올라가면서 자신의 욕구를 체계적으로 충족시킨다.
- 위계(位階)에서 생존을 위해 기본이 되는 욕구들이 우선적으로 충족되어야 한다. 즉, 하위 단계의 욕구가 충족되어야 더 높은 단계의 욕구가 발생한다.

㉡ 위계의 내용 실필 0901

| 단계별 | 욕구의 명칭 | 설명 | 관리감독자의 능력 |
|---|---|---|---|
| 1단계 | 생리적 욕구 | 인간의 가장 기초적인 욕구에 해당한다. | – |
| 2단계 | 안전의 욕구 | 생존에 대한 욕구에 해당한다. | 기술적 능력 |
| 3단계 | 사회적 욕구 | 가족, 친구 등 애정과 소속에 대한 욕구에 해당한다. | – |
| 4단계 | 인정받으려는 욕구(존경과 긍지에 대한 욕구) | 명예, 신망, 위신, 지위 등과 관계가 깊다. | 포괄적 능력 |
| 5단계 | 자아실현의 욕구 | 가장 고차원적인 욕구에 해당한다. | 종합적 능력 |

1102

## 34 Repetitive Learning (1회 2회 3회)

다음 중 면접 결과에 영향을 미치는 요인들에 관한 설명으로 틀린 것은?

① 한 지원자에 대한 평가는 바로 앞의 지원자에 의해 영향을 받는다.

② 면접자는 면접 초기와 마지막에 제시된 정보에 의해 많은 영향을 받는다.

③ 지원자에 대한 부정적 정보보다 긍정적 정보가 더 중요하게 영향을 미친다.

④ 지원자의 성과 직업에 있어서 전통적 고정관념은 지원자와 면접자 간의 성의 일치 여부보다 더 많은 영향을 미친다.

해설

- 면접 결과에는 지원자에 대한 부정적 정보가 긍정적 정보보다 더 중요하게 영향을 미친다.

∷ 면접 결과에 영향을 미치는 요인

- 지원자에 대한 부정적 정보가 긍정적 정보보다 더 중요하게 영향을 미친다.
- 면접자는 면접 초기와 마지막에 제시된 정보에 의해 많은 영향을 받는다.
- 한 지원자에 대한 평가는 바로 앞의 지원자에 의해 영향을 받는다.
- 지원자의 성과 직업에 있어서 전통적 고정관념은 지원자와 면접자 간의 성의 일치 여부보다 더 많은 영향을 미친다.

1101 / 1404 / 1801

## 35 Repetitive Learning (1회 2회 3회)

안전사고와 관련하여 소질적 사고요인이 아닌 것은?

① 시각기능 ② 지능

③ 작업자세 ④ 성격

해설

- 작업자세는 정신적 피로로 인한 관찰대상에 해당한다.

∷ 소질적 사고요인

- 지능 : 지능단계가 낮을수록 혹은 높을수록 사고발생률은 높다.
- 성격 : 결함있는 성격의 보유자일수록 사고발생률은 높다.
- 시각기능 : 시각기능에 결함이 있는 자일수록 사고발생률은 높다.

1802

## 36 Repetitive Learning (1회 2회 3회)

교육 및 훈련 방법 중 다음의 특징이 갖는 방법은?

- 다른 방법에 비해 경제적이다.
- 교육대상 집단 내 수준차로 인해 교육의 효과가 감소할 가능성이 있다.
- 상대적으로 피드백이 부족하다.

① 강의법

② 사례연구법

③ 세미나법

④ 감수성 훈련

해설

- 강의법은 안전교육방법 중 수업의 도입이나 초기단계에 적용하며, 단시간에 많은 내용을 교육하는 경우에 가장 적절한 방법이다.

정답 | 34 ③ 35 ③ 36 ①

:: 강의식(Lecture method)

㉠ 개요

- 안전교육방법 중 수업의 도입이나 초기단계에 적용하며, 단시간에 많은 내용을 교육하는 경우에 가장 적절한 방법이다.
- 짧은 교육기간에 많은 인원의 대상에게 비교적 많은 내용을 전달하기 위한 교육방법이다.
- 도입, 제시, 적용, 확인단계 중 제시단계에서 가장 많은 시간이 소요된다.

㉡ 특징

- 적은 시간에 많은 내용을 많은 대상에게 교육시킬 수 있어 다른 방법에 비해 경제적이다.
- 전체적인 교육내용을 제시하거나, 새로운 과업 및 작업단위의 도입단계에 유효하다.
- 교육 시간에 대한 조정(계획과 통제)이 용이하다.
- 난해한 문제에 대하여 평이하게 설명이 가능하다.
- 상대적으로 피드백이 부족하다. 즉, 피교육생의 참여가 제약된다.
- 교육 대상 집단 내 수준차로 인해 교육의 효과가 감소할 가능성이 있다.

1404

## 37 —— Repetitive Learning 

다음 중 관계지향적 리더가 나타내는 대표적인 행동 특징으로 볼 수 없는 것은?

① 우호적이며 가까이 하기 쉽다.

② 집단구성원들을 동등하게 대한다.

③ 집단구성원들의 활동을 조정한다.

④ 어떤 결정에 대해 자세히 설명해준다.

**해설**

- 집단구성원들의 활동을 조정하는 것은 과업지향적(Task－oriented style) 리더의 특성이다.

:: 관계지향적(Relationship - oriented style) 리더십

㉠ 개요

- 리더십 유형을 LPC(Least Preferred Co－worker score) 점수에 따라 구분할 때 점수가 높은 리더십을 말한다.
- 부하들과 잘 어울리며, 부하들을 동등하게 대우하면서 지원자적인 입장을 취한다.

㉡ 특징

- 부하에 대해 우호적이며 부하들이 가까이 하기 쉽다.
- 어떤 결정이 있을 경우 해당 내용에 대해 자세히 설명해준다.
- 상황이 유리하지도 불리하지도 않은 중간적인 상황일 때 효과적인 리더십이다.
- 우선적으로 부하 및 동료들과의 인간관계에 집중하며, 그 이후에 생산적인 부분에 관심을 가지는 유형이다.

1401

## 38 —— Repetitive Learning (1회 2회 3회)

다음 중 주의의 특성에 관한 설명으로 틀린 것은?

① 변동성이란 주의집중 시 주기적으로 부주의의 리듬이 존재함을 말한다.

② 방향성이란 주의는 항상 일정한 수준을 유지할 수 있으므로 장시간 고도의 주의집중이 가능함을 말한다.

③ 선택성이란 인간은 한 번에 여러 종류의 자극을 지각·수용하지 못함을 말한다.

④ 선택성이란 소수의 특정 자극에 한정해서 선택적으로 주의를 기울이는 기능을 말한다.

**해설**

- 주의의 방향성이란 한 지점에 주의를 집중하면 다른 곳의 주의가 약해지는 성질을 갖는다.

:: 주의(Attention)의 특징

- 선택성 – 여러 종류의 자극을 자각할 때, 소수의 특정한 것에 한하여 주의가 집중되는 것으로 인간의 주의력은 한계가 있어 여러 작업에 대해 선택적으로 배분된다는 의미로 시각 정보 등을 받아들일 때 주의를 기울이면 시선이 집중되는 곳의 정보는 잘 받아들이나 주변부의 정보는 놓치기 쉬운 경우에 해당한다.
- 방향성 – 공간적으로 보면 시선의 주시점만 인지하는 기능으로 한 지점에 주의를 집중하면 다른 곳의 주의가 약해지는 성질이 있다.
- 변동성 – 주의는 일정하게 유지되는 것이 아니라 일정한 주기로 부주의하는 리듬이 존재한다.

0901 / 1104

## 39 —— Repetitive Learning (1회 2회 3회)

다음 중 안전교육의 강의안 작성에 있어서 교육할 내용을 항목별로 구분하여 핵심 요점사항만을 간결하게 정리하여 기술하는 방법은?

① 게임 방식　　② 시나리오식

③ 조목열거식　　④ 혼합형 방식

**해설**

- 안전교육 강의안 작성방식은 조목열거식, 시나리오식, 혼합형 방식을 주로 사용한다.
- 시나리오식은 교육할 내용을 이야기하듯이 적거나 구체적인 내용을 모두 열거하여 참고하도록 하는 방법이다.
- 혼합형 방식은 조목열거식에 부가적인 내용을 보충하는 방법이다.



37 ③　38 ②　39 ③ | 정답

**⁘ 안전교육 강의안**

㉠ 작성원칙

- 구체적이어야 한다.
- 논리적이어야 한다.
- 실용적이어야 한다.
- 쉽게 작성되어야 한다.

㉡ 작성방법

| | |
|---|---|
| 조목열거식 | 교육할 내용을 항목별로 구분하여 핵심요점사항만을 간결하게 정리하여 기술하는 방법 |
| 시나리오식 | 교육할 내용을 이야기하듯이 적거나 구체적인 내용을 모두 열거하여 참고하도록 하는 방법 |
| 혼합형 방식 | 조목열거식에 부가적인 내용을 보충하는 방법 |

1001 / 1602

## 40

Repetitive Learning (1회 2회 3회)

교육방법 중 O.J.T(On the Job Training)에 속하지 않는 것은?

① 코칭　　② 강의법
③ 직무순환　　④ 멘토링

**해설**

- 강의법은 가장 대표적인 Off J.T의 교육방법으로 O.J.T에는 맞지 않은 교육방법이다.

**⁘ O.J.T(On the Job Training) 교육** 실필 1701

㉠ 개요

- 사업장 내에서 직장 상사가 강사가 되어 실시하는 교육이다.
- 일상 업무를 통해 지식과 기능, 문제해결능력을 향상시키는 데 주목적을 갖는다.
- 가장 중요한 역할을 담당하는 이는 일선현장의 감독자이다.

㉡ 형태

- 코칭, 직무순환, 멘토링, 도제식 교육, 현장 직무교육의 형태로 교육이 이뤄진다.

㉢ 특징

| | |
|---|---|
| 장점 | • 동기부여가 쉽다.<br>• 개개인에게 적절한 지도훈련이 가능하다.<br>• 직장의 실정에 맞게 실제적 훈련이 가능하다.<br>• 교육을 통한 훈련효과에 의해 상호 신뢰 및 이해도가 높아진다.<br>• 대상자의 개인별 능력에 따라 훈련의 진도를 조정하기가 쉽다.<br>• 교육효과가 업무에 신속히 반영된다.<br>• 훈련에 필요한 업무의 계속성이 끊어지지 않는다. |
| 단점 | • 전문적인 강사가 아니어서 교육이 원만하지 않을 수 있다.<br>• 다수의 대상을 한 번에 통일적인 내용 및 수준으로 교육시킬 수 없다.<br>• 전문적인 고도의 지식 및 기능을 교육하기 힘들다.<br>• 업무와 교육이 병행되는 관계로 훈련에만 전념할 수 없다. |

# 3과목 인간공학 및 시스템안전공학

1201 / 1702

## 41

Repetitive Learning (1회 2회 3회)

결함수분석법에서 Path set에 관한 설명으로 옳은 것은?

① 시스템의 약점을 표현한 것이다.
② Top 사상을 발생시키는 조합이다.
③ 시스템이 고장나지 않도록 하는 사상의 조합이다.
④ 시스템 고장을 유발시키는 필요불가결한 기본사상들의 집합이다.

**해설**

- 시스템의 약점을 표현하고, Top 사상을 발생시키는 조합과 시스템 고장을 유발시키는 필요불가결한 기본사상들의 집합은 컷 셋(Cut set)에 대한 설명이다.

**⁘ 패스 셋(Path set)**

- 일정 조합 안에 포함되어 있는 기본사상들이 모두 발생하지 않으면 틀림없이 정상사상(Top event)이 발생되지 않는 조합으로 정상사상(Top event)이 발생하지 않게 하는 기본사상들의 집합을 말한다.
- 시스템이 고장 나지 않도록 하는 사상, 시스템의 기능을 살리는 데 필요한 최소 요인의 집합이다.
- 속에 포함되는 기본사상이 일어나지 않았을 때에 처음으로 정상사상이 일어나지 않는 기본사상의 집합이다.
- 성공수(Success tree)의 정상사상을 발생시키는 기본사상들의 최소집합을 시스템 신뢰도 측면에서 Path set이라 한다.

정답 | 40 ② 41 ③

## 42 Repetitive Learning (1회 2회 3회)

촉감의 일반적인 척도의 하나인 2점 문턱값(Two-point threshold)이 감소하는 순서대로 나열된 것은?

① 손가락 → 손바닥 → 손가락 끝
② 손바닥 → 손가락 → 손가락 끝
③ 손가락 끝 → 손가락 → 손바닥
④ 손가락 끝 → 손바닥 → 손가락

해설

- 문턱값이 가장 작은 손가락 끝이 가장 예민하다.

2점 문턱값(Two-point threshold)

- 2점 역치라고도 한다.
- 피부의 예민성을 측정하기 위한 지표로 피부에서 특정 2개의 점이 2개의 점으로 느껴질 수 있는 최소 간격을 의미한다.
- 문턱값이 가장 작은 것이 가장 예민하다.
- 문턱값은 손바닥 → 손가락 → 손가락 끝 순으로 감소한다.

0604

## 43 Repetitive Learning (1회 2회 3회)

결함수분석의 기호 중 입력 사상이 어느 하나라도 발생할 경우 출력 사상이 발생하는 것은?

① NOR GATE
② AND GATE
③ OR GATE
④ NAND GATE

해설

- NOR 게이트는 OR 게이트의 결과를 부정한 게이트로 입력 사상이 어느 하나라도 발생하는 경우 출력 사상이 발생하지 않는다.
- AND 게이트는 입력 사상이 모두 발생해야 출력 사상이 발생한다.
- NAND 게이트는 AND 게이트의 결과를 부정한 게이트로 입력 사상이 모두 발생하는 경우 출력 사상이 발생하지 않는다.

OR 게이트

- 입력의 사상 중 어느 하나라도 입력이 있으면 출력이 발생하는 게이트로 논리합의 관계를 표시한다.
- (OR 게이트 기호)로 표시한다.

1104 / 1404

## 44 Repetitive Learning (1회 2회 3회)

결함수분석(FTA) 결과 다음과 같은 패스 셋을 구하였다. $X_4$가 중복사상인 경우 다음 중 최소 패스 셋(Minimal path sets)으로 옳은 것은?

> $\{X_2, X_3, X_4\}$
> $\{X_1, X_3, X_4\}$
> $\{X_3, X_4\}$

① $\{X_3, X_4\}$
② $\{X_1, X_3, X_4\}$
③ $\{X_2, X_3, X_4\}$
④ $\{X_2, X_3, X_4\}$와 $\{X_3, X_4\}$

해설

- 중복을 최대한 배제해야 하므로 구해진 패스 셋을 묶으면 $\{X_3, X_4\}(1+X_2+X_1)$이 된다. 여기서 $(1+X_2+X_1)$은 불 대수에 의해 1이 되므로 최소 패스 셋은 $\{X_3, X_4\}$이 된다.

최소 패스 셋(Minimal path sets)

㉠ 개요
- FTA에서 시스템의 신뢰도를 표시하는 것이다.
- FTA에서 시스템의 기능을 살리는 데 필요한 최소한의 요인의 집합을 말한다.

㉡ FT도에서 최소 패스 셋 구하는 법
- 최소 패스 셋은 FT도의 결합 게이트들을 반대로(AND ↔ OR) 변환한 후 최소 컷 셋을 구하면 된다.

## 45 Repetitive Learning (1회 2회 3회)

인체측정에 대한 설명으로 옳은 것은?

① 인체측정은 동적 측정과 정적 측정이 있다.
② 인체측정학은 인체의 생화학적 특징을 다룬다.
③ 자세에 따른 인체치수의 변화는 없다고 가정한다.
④ 측정항목에 무게, 둘레, 길이는 포함되지 않는다.

해설

- 일반적으로 몸의 측정 치수는 구조적 치수(Structural dimension, 정적 측정)와 기능적 치수(Functional dimension, 동적 측정)로 나눌 수 있다.



42 ② 43 ③ 44 ① 45 ① 정답

:: 인체의 측정

- 일반적으로 몸의 측정 치수는 구조적 치수(Structural dimension)와 기능적 치수(Functional dimension)로 나눌 수 있다.
- 기능적 인체치수는 공간이나 제품의 설계 시 움직이는 몸의 자세를 고려하기 위해 사용되는 인체치수로 동적 측정에 해당한다.
- 구조적 인체치수는 움직이지 않고 고정된 자세에서 마틴(Martin)식 인체측정기로 측정하는 정적 측정에 해당한다.

1602

## 46 Repetitive Learning (1회 2회 3회)

시스템 안전분석 방법 중 예비위험분석(PHA) 단계에서 식별하는 4가지 범주에 속하지 않는 것은?

① 위기상태
② 무시가능상태
③ 파국적상태
④ 예비조치상태

해설

- PHA에서 위험의 정도를 분류하는 4가지 범주에는 파국(Catastrophic), 중대(Critical), 위기-한계(Marginal), 무시 가능(Negligible)이 있다.

:: 예비위험분석(PHA)

㉠ 개요

- 모든 시스템 안전 프로그램에서의 최초단계 해석으로 시스템의 위험요소가 어떤 위험 상태에 있는가를 정성적으로 평가하는 분석방법이다.
- 시스템을 설계함에 있어 개념형성 단계에서 최초로 시도하는 위험도 분석방법이다.
- 복잡한 시스템을 설계, 가동하기 전의 구상단계에서 시스템의 근본적인 위험성을 평가하는 가장 기초적인 위험도 분석기법이다.
- 위험의 정도를 분류하는 4가지 범주는 파국(Catastrophic), 중대(Critical), 위기-한계(Marginal), 무시 가능(Ncgligible)으로 구분된다.

㉡ 예비위험분석(PHA)의 4가지 범주(MIL-STD-882E)

| 범주 | 내용 |
|---|---|
| 파국 (Catastrophic) | 작업자의 부상 및 서브시스템의 고장 등으로 시스템 성능이 저하되어 시스템에 심각한 손실을 초래한 상태 |
| 중대 (Critical) | 작업자의 부상 및 시스템의 중대한 손해를 초래하거나 작업자의 생존 및 시스템의 유지를 위하여 즉시 수정 조치를 필요로 하는 상태 |
| 위기-한계 (Marginal) | 작업자의 부상 및 시스템의 중대한 손해를 초래하지 않고 대처 또는 제어할 수 있는 상태 |
| 무시가능 (Negligible) | 시스템의 성능이나 기능, 인원 손실이 전혀 없는 상태 |

## 47 Repetitive Learning (1회 2회 3회)

다음 [표]는 불꽃놀이용 화학물질취급설비에 대한 정량적 평가이다. 해당 항목에 대한 위험등급이 올바르게 연결된 것은?

| 항목 | A (10점) | B (5점) | C (2점) | D (0점) |
|---|---|---|---|---|
| 취급물질 | ○ | ○ | ○ | |
| 조작 | | ○ | | ○ |
| 화학설비의 용량 | ○ | | ○ | |
| 온도 | ○ | ○ | | |
| 압력 | | ○ | ○ | ○ |

① 취급물질-Ⅰ등급, 화학설비의 용량-Ⅰ등급
② 온도-Ⅰ등급, 화학설비의 용량-Ⅱ등급
③ 취급물질-Ⅰ등급, 조작-Ⅳ등급
④ 온도-Ⅱ등급, 압력-Ⅲ등급

해설

- 각각의 위험점수의 합계를 구해 등급표에 적용한다.
- 취급물질은 10+5+2=17점으로 Ⅰ등급
- 화학설비의 용량은 10+2=12점으로 Ⅱ등급
- 온도는 10+5=15점으로 Ⅱ등급
- 조작은 5+0=5점으로 Ⅲ등급
- 압력은 5+2+0=7점으로 Ⅲ등급이다.

:: 정량적 평가

㉠ 개요

- 손실 및 위험의 크기를 숫자값으로 표현하는 방식이다.
- 연간 예상손실액(ALE)을 계산하기 위해 모든 값들을 정량화시켜 표현한다.

㉡ 위험등급

- A급은 10점, B급은 5점, C급은 2점, D급은 0점을 부여하여 합산 점수를 구해 위험등급을 부여한다.
- 위험등급 Ⅰ등급 : 합산점수 16점 ~ 17점
- 위험등급 Ⅱ등급 : 합산점수 11점 ~ 15점
- 위험등급 Ⅲ등급 : 합산점수 10점 이하

1601

## 48 Repetitive Learning (1회 2회 3회)

인간-기계 시스템에서 시스템의 설계를 다음과 같이 구분할 때 제3단계인 기본 설계에 해당되지 않는 것은?

| |
|---|
| 1단계 : 시스템의 목표와 성능 명세 결정 |
| 2단계 : 시스템의 정의 |
| 3단계 : 기본 설계 |
| 4단계 : 인터페이스 설계 |
| 5단계 : 보조물 설계 |
| 6단계 : 시험 및 평가 |

정답 | 46 ④ 47 ④ 48 ①

① 화면설계　　　　　② 작업설계
③ 직무분석　　　　　④ 기능할당

해설

- 화면설계는 4단계인 인터페이스 설계에 해당한다.

**인간-기계 시스템의 설계 과정**

| | | |
|---|---|---|
| 1단계 | 시스템의 목표와 성능 명세 결정 | 목적 및 존재 이유에 대한 개괄적 표현 |
| 2단계 | 시스템의 정의 | 목표 달성을 위해 필요한 기능의 결정 |
| 3단계 | 기본 설계 | 기능의 할당, 인간성능 요건 명세, 직무분석, 작업설계 |
| 4단계 | 인터페이스 설계 | 작업공간, 화면설계, 표시 및 조종장치 |
| 5단계 | 보조물 설계 혹은 편의수단 설계 | 성능보조자료, 훈련도구 등 보조물 계획 |
| 6단계 | 평가 | – |

1104 / 1802

## 49

Repetitive Learning 1회 2회 3회

어떤 소리가 1,000Hz, 60dB인 음과 같은 높이임에도 4배 더 크게 들린다면, 이 소리의 음압수준은 얼마인가?

① 70dB　　　　　② 80dB
③ 90dB　　　　　④ 100dB

해설

- 기준음을 60dB로 했을 때의 4배(sone 값)이므로 phon 값을 구하면 $4=2^{\frac{phon-60}{10}}$ 이 되는데 $\frac{phon-60}{10}=2$가 되어야 하므로 phon 값은 80이 되어야 한다.

**sone 값**

- 인간이 청각으로 느끼는 소리의 크기를 측정하는 척도 중 하나이다.
- 기준 음에 비해서 몇 배의 크기를 갖느냐는 음의 sone 값이 결정한다.
- 1 sone은 40dB의 1,000Hz 순음의 크기로 40phon의 값을 의미한다.
- phon의 값이 주어질 때 sone$=2^{\frac{phon-40}{10}}$ 으로 구한다.

0604 / 0901 / 1104 / 1401

## 50

Repetitive Learning 1회 2회 3회

연구 기준의 요건과 내용이 옳은 것은?

① 무오염성 : 실제로 의도하는 바와 부합해야 한다.
② 적절성 : 반복 실험 시 재현성이 있어야 한다.
③ 신뢰성 : 측정하고자 하는 변수 이외의 다른 변수의 영향을 받아서는 안 된다.
④ 민감도 : 피실험자 사이에서 볼 수 있는 예상 차이점에 비례하는 단위로 측정해야 한다.

해설

- 무오염성은 측정하고자 하는 변수 이외의 다른 변수의 영향을 받아서는 안 되는 것을 말한다.
- 적절성은 실제로 의도하는 바와 부합해야 하는 것을 말한다.
- 신뢰성은 반복 실험 시 재현성이 있어야 하는 것을 말한다.

**인간공학 연구 기준척도의 일반적 요건**

| | |
|---|---|
| 적절성 | 측정변수가 평가하고자 하는 바를 잘 반영해야 한다. |
| 무오염성 | 기준척도는 측정하고자 하는 변수 외의 다른 변수들의 영향을 받아서는 안 된다. |
| 신뢰성 | 비슷한 조건에서 일정한 결과를 반복적으로 얻을 수 있어야 한다. |
| 민감도 | 피실험자 사이에서 볼 수 있는 예상 차이점에 비례하는 단위로 측정해야 한다. |
| 타당성 | 시스템의 목표를 잘 반영하는가를 나타내는 척도이다. |

0802 / 1402

## 51

Repetitive Learning 

어느 부품 1,000개를 100,000시간 동안 가동하였을 때 5개의 불량품이 발생하였을 경우 평균동작시간(MTTF)은 얼마인가?

① $1\times10^6$시간　　　　② $2\times10^7$시간
③ $1\times10^8$시간　　　　④ $2\times10^9$시간

해설

- MTTF $=\frac{1,000\times100,000}{5}=20,000,000=2\times10^7$ 시간이다.

**MTTF(Mean Time To Failure)**

- 설비보전에서 평균작동시간, 고장까지의 평균시간을 의미한다.
- 제품 고장 시 수명이 다해 교체해야 하는 제품을 대상으로 하므로 평균수명이라고 할 수 있다.
- MTTF $=\frac{\text{부품수}\times\text{가동시간}}{\text{불량품수(고장수)}}$으로 구한다.

0702

## 52

Repetitive Learning 

시스템 안전해석 방법 중 HAZOP에서 “완전 대체”를 의미하는 것은?

① NOT　　　　② REVERSE
③ PART OF　　④ OTHER THAN



49 ② 50 ④ 51 ② 52 ④ 정답

**해설**

- ①은 설계 의도의 부정, ②는 의도와 반대의 현상이 발생, ③은 성질상의 감소를 의미한다.

**가이드 워드(Guide words)**

㉠ 개요

- 위험및운전성검토(HAZOP)에서 근로자들의 창조적 사고를 유도하여 조작방법이나 오동작을 개선하기 위해 사용하는 워드이다.
- 공정변수(Process parameter)와 함께 사용하여 비정상상태(Deviation)가 일어날 수 있는 원인을 찾고 결과를 예측함과 동시에 대책을 세우는 데 유용하다.

㉡ 종류

| No / Not | 설계 의도의 완전한 부정 |
|---|---|
| Part of | 성질상의 감소 |
| As well as | 성질상의 증가 |
| More / Less | 양의 증가 혹은 감소로 양과 성질을 함께 표현 |
| Other than | 완전한 대체 |

1502 / 1901

## 53 Repetitive Learning (1회 2회 3회)

실린더 블록에 사용하는 가스켓의 수명분포는 X~ $N(10,000, 200^2)$인 정규분포를 따른다. t=9,600시간일 경우에 신뢰도(R(t))는? (단, P(Z≦ 1) = 0.8413, P(Z≦ 1.5) = 0.9332, P(Z≦ 2) = 0.9772이다)

① 84.13% ② 93.32%
③ 97.72% ④ 99.87%

**해설**

- 확률변수 X는 정규분포 $N(10,000, 200^2)$을 따른다.
- 9,600시간은 $\frac{9,600-10,000}{200}=-2$가 나오므로 표준정규분포상 $-Z_2$보다 큰 값을 신뢰도로 한다는 의미이다. 이는 전체에서 $-Z_2$보다 작은 값을 빼면 된다.

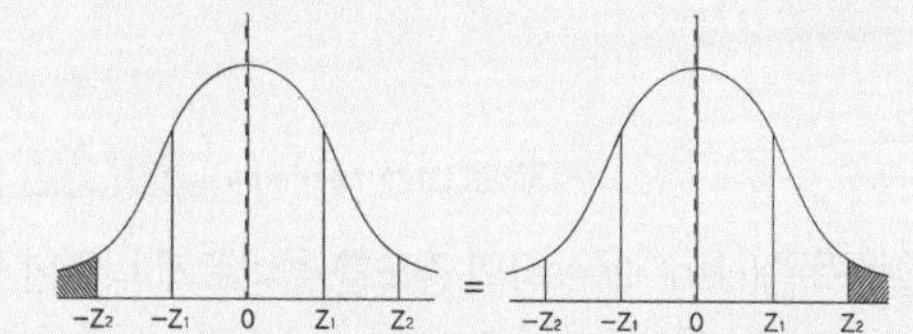


- 정규분포의 특성상 이는 $Z_2$보다 큰 값과 동일한 값이다. $Z_2$의 값이 0.9772이므로 1-0.9772 = 0.0228이 된다.
- 신뢰도는 위에서 구한 0.0228을 제외한 부분에 해당하므로 1-0.228 = 0.9772이므로 97.72%이다.

**정규분포**

- 확률변수 X는 정규분포 N(평균, 표준편차2)을 따른다.
- 구하고자 하는 값을 정규분포상의 값으로 변환하려면 $\frac{\text{대상값}-\text{평균}}{\text{표준편차}}$을 이용한다.

## 54 Repetitive Learning (1회 2회 3회)

신체활동의 생리학적 측정법 중 전신의 육체적인 활동을 측정하는데 가장 적합한 방법은?

① Flicker 측정
② 산소소비량 측정
③ 근전도(EMG) 측정
④ 피부전기반사(GSR) 측정

**해설**

- Flicker 측정은 정신피로의 척도를 나타내는 측정치이다.
- 근전도(EMG)는 인간의 생리적 부담 척도 중 국소적 근육 활동의 척도로 가장 적합한 변수이다.
- GSR은 외적인 자극이나 감정적인 변화를 전기적 피부저항값을 이용하여 측정하는 방법으로 거짓말 탐지기 등에서 이용된다.

**생리적 척도**

- 인간-기계 시스템을 평가하는 데 사용하는 인간기준척도 중 하나이다.
- 중추신경계 활동에 관여하므로 그 활동 및 징후를 측정할 수 있다.
- 정신적 작업부하 척도 가운데 직무수행 중에 계속해서 자료를 수집할 수 있고, 부수적인 활동이 필요 없는 장점을 가진 척도이다.
- 정신작업의 생리적 척도는 EEG(수면뇌파), 심박수, 부정맥, 점멸융합주파수, J.N.D(Just-Noticeable Difference) 등을 통해 확인할 수 있다.
- 육체작업의 생리적 척도는 EMG(근선도), 맥박수, 산소소비량, 폐활량, 작업량 등을 통해 확인할 수 있다.

## 55 Repetitive Learning (1회 2회 3회)

신호검출이론(SDT)의 판정결과 중 신호가 없었는데도 있었다고 말하는 경우는?

① 긍정(Hit)
② 누락(Miss)
③ 허위(False alarm)
④ 부정(Correct rejection)

정답 | 53 ③ 54 ② 55 ③

해설

- 긍정은 신호가 있고, 반응이 있을 때를 말한다.
- 누락은 신호가 있었는데 반응이 없는 경우를 말한다.
- 부정은 신호가 없었고, 반응도 없는 경우를 말한다.

**신호검출이론(Signal detection theory)**

㉠ 개요

- 불확실한 상황에서 선택하게 하는 방법으로 신호의 탐지는 관찰자의 반응편향과 민감도에 달려있다고 주장하는 이론이다.
- 일반적으로 신호 검출 시 이를 간섭하는 소음이 있고, 신호와 소음을 쉽게 식별할 수 없는 상황에 신호검출이론이 적용된다.
- 긍정(Hit), 허위(False alarm), 누락(Miss), 부정(Correct rejection)의 네 가지 결과로 나눌 수 있다.
- 신호검출이론은 품질관리, 통신이론, 의학처방 및 심리학, 법정에서의 판정 등 다양하게 활용되고 있다.

㉡ 반응편향 $\beta$

- 반응편향 $\beta = \frac{\text{신호의 길이}}{\text{소음의 길이}}$로 구한다.
- 신호검출이론에서 두 개의 정규분포 곡선이 교차하는 부분에 있는 기준점 $\beta$는 신호의 길이와 소음의 길이가 같으므로 1의 값을 가진다.

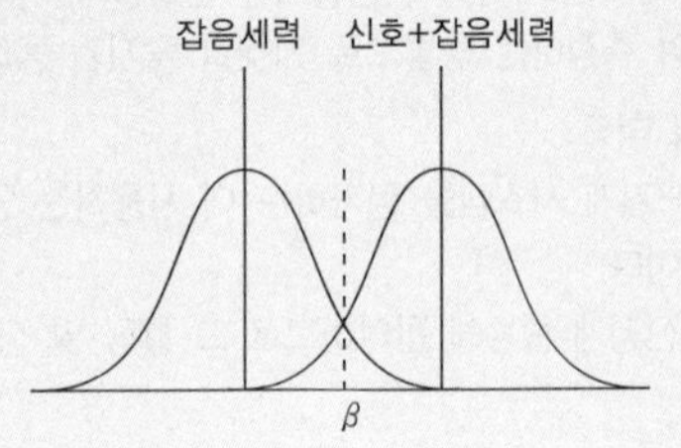


0502

## 56 Repetitive Learning (1회 2회 3회)

가스밸브를 잠그는 것을 잊어 사고가 났다면 작업자는 어떤 인적 오류를 범한 것인가?

① 생략오류(Omission error)
② 시간지연오류(Time error)
③ 순서오류(Sequential error)
④ 작위적오류(Commission error)

해설

- 필요한 작업 또는 절차를 수행하지 않아 발생한 재해로 생략오류(Omission error)에 해당한다.

**행위적 관점에서의 휴먼에러 분류(Swain)**

| 구분 | 내용 |
|---|---|
| 실행오류 (Commission error) | 작업 수행 중 작업을 정확하게 수행하지 못해 발생한 에러 |
| 생략오류 (Omission error) | 필요한 작업 또는 절차를 수행하지 않는데 기인한 에러 |
| 불필요한 수행오류 (Extraneous error) | 불필요한 작업 또는 절차를 수행함으로써 발생한 에러 |
| 순서오류 (Sequential error) | 필요한 작업 또는 절차의 순서 착오로 인한 에러 |
| 시간오류 (Timing error) | 필요한 작업 또는 절차의 수행을 지연한데 기인한 에러 |

1102 / 1701

## 57 Repetitive Learning (1회 2회 3회)

산업안전보건법령상 유해·위험방지계획서의 제출대상 제조업은 전기 계약용량이 얼마 이상인 경우에 해당하는가?(단, 기타 예외사항은 제외한다)

① 50kW ② 100kW
③ 200kW ④ 300kW

해설

- 유해·위험방지계획서 제출대상 사업장의 규모는 전기 계약용량이 300kW 이상인 사업장이다.

**유해·위험방지계획서의 제출**

- 제출대상 사업장의 규모는 전기 계약용량이 300kW 이상인 사업장이다.
- 건설물·기계·기구 및 설비 등 일체를 설치·이전하거나 그 주요 구조부분을 변경할 때에는 고용노동부장관(한국산업안전보건공단)에게 유해·위험방지계획서를 제출하여야 한다.
- 첨부서류는 건축물 각 층의 평면도, 기계·설비의 개요를 나타내는 서류, 기계·설비의 배치도면, 원재료 및 제품의 취급, 제조 등의 작업방법의 개요 등이다.
- 제조업의 경우는 해당 작업시작 15일 전에 제출한다.
- 건설업의 경우는 공사의 착공 전날까지 제출한다.

1401

## 58 Repetitive Learning (1회 2회 3회)

다음 중 열중독증(Heat illness)의 강도를 올바르게 나열한 것은?

ⓐ 열소모(Heat exhaustion)
ⓑ 열발진(Heat rash)
ⓒ 열경련(Heat cramp)
ⓓ 열사병(Heat stroke)



56 ① 57 ④ 58 ③ 정답

① ⓒ 〈 ⓑ 〈 ⓐ 〈 ⓓ
② ⓒ 〈 ⓑ 〈 ⓓ 〈 ⓐ
③ ⓑ 〈 ⓒ 〈 ⓐ 〈 ⓓ
④ ⓑ 〈 ⓓ 〈 ⓐ 〈 ⓒ

**해설**

- 열중독증의 종류를 강도별로 나열하면 열발진, 열경련, 열소모, 열사병 순이다.

**열중독증(Heat illness)**

㉠ 강도

- 열발진 < 열경련 < 열소모 < 열사병 순으로 강도가 세다.

㉡ 종류

- 열발진 : 땀띠
- 열경련 : 고열환경에서 작업 후에 격렬한 근육수축이 일어나고, 탈수증이 발생
- 열소모 : 계속적인 발한으로 인한 수분과 염분 부족이 발생하며 두통, 현기증, 무기력증 등의 증상 발생
- 열사병 : 열소모가 지속되어 쇼크 발생

## 59

Repetitive Learning (1회 2회 3회)

암호체계의 사용 시 고려해야 할 사항과 거리가 먼 것은?

① 정보를 암호화한 자극은 검출이 가능하여야 한다.
② 다차원의 암호보다 단일 차원화 된 암호가 정보 전달이 촉진된다.
③ 암호를 사용할 때는 사용자가 그 뜻을 분명히 알 수 있어야 한다.
④ 모든 암호 표시는 감지장치에 의해 검출될 수 있고, 다른 암호 표시와 구별될 수 있어야 한다.

**해설**

- 다차원의 암호가 단일 차원의 암호보다 정보전달이 촉진된다.

**암호화(Coding)**

㉠ 개요

- 원래의 신호 정보를 새로운 형태로 변화시켜 표시하는 것을 말한다.
- 형상, 크기, 색채 등 작업자가 쉽게 기계 및 기구를 식별하도록 암호화한다.

㉡ 암호화 지침

| 검출성 | 감지가 쉬워야 한다. |
|---|---|
| 표준화 | 표준화되어야 한다. |
| 부호의 의미 | 사용자가 그 뜻을 분명히 알 수 있어야 한다. |
| 다차원의 암호 사용가능 | 두 가지 이상의 암호 차원을 조합해서 사용하면 정보전달이 촉진된다. |

1704

## 60

Repetitive Learning (1회 2회 3회)

사무실 의자나 책상에 적용할 인체 측정자료의 설계원칙으로 가장 적합한 것은?

① 평균치 설계
② 조절식 설계
③ 최대치 설계
④ 최소치 설계

**해설**

- 평균치 설계는 전동차의 손잡이 높이, 안내데스크, 은행의 접수대 높이, 공원의 벤치 높이 등에 이용된다.
- 최대치 설계는 출입문의 높이, 좌석 간의 거리, 통로의 폭, 와이어로프의 사용중량, 위험구역 울타리 등에 이용된다.
- 최소치 설계는 선반의 높이, 조종장치까지의 거리, 비상벨의 위치 등에 이용된다.

**인체 측정 자료의 응용원칙**

| 최소치수를 이용한 설계 | 선반의 높이, 조종장치까지의 거리, 비상벨의 위치 등 |
|---|---|
| 최대치수를 이용한 설계 | 출입문의 높이, 좌석 간의 거리, 통로의 폭, 와이어로프의 사용중량, 위험구역 울타리 등 |
| 조절식 설계 | 이자의 위치 및 높이, 자동차 운전석 의자의 위치와 높이 등 |
| 평균치를 이용한 설계 | 전동차의 손잡이 높이, 안내데스크, 은행의 접수대 높이, 공원의 벤치 높이 |

정답 | 59 ② 60 ②

1102 / 1401

## 61

Repetitive Learning 1회 2회 3회

철골공사의 내화피복 공법에 해당하지 않는 것은?

① 표면탄화법　② 뿜칠 공법
③ 타설 공법　④ 조적 공법

**해설**

- 표면탄화법은 목재의 내수성을 증가시키기 위한 것으로 표면을 태워서 탄화하는 방법을 말한다.

**철골구조의 내화피복 공법**

㉠ 개요
- 철골을 화재열로부터 보호하고, 일정시간 강재의 온도 상승을 막아 내력저하를 방지하는 구조재를 보호하기 위해 실시하는 공법이다.
- 내화피복 공법은 습식 공법, 건식 공법, 합성 공법, 복합 공법으로 구분한다.

㉡ 분류와 종류

| 구분 | 종류 |
|---|---|
| 습식 공법 | 타설 공법, 뿜칠 공법, 미장 공법, 조적 공법, 도장 공법 등 |
| 건식 공법 | 성형판붙임 공법, 멤브레인 공법 |
| 합성 공법 | 이종재료적층 공법, 이질재료접합 공법 |
| 복합 공법 | 외벽ALC패널, 천장멤브레인 공법 |

0804 / 1502

## 62

Repetitive Learning 

강관틀비계에서 주틀의 기둥관 1개당의 수직하중 한도는 얼마인가?(단, 견고한 기초 위에 설치하게 될 경우)

① 16.5kN　② 24.5kN
③ 32.5kN　④ 38.5kN

**해설**

- 2,500kg이므로 2,500×9.8 = 24,500N이 된다.

**강관틀비계의 하중한도**

- 틀의 간격이 1.8m일 때는 틀 사이의 하중한도를 400kg으로 하고, 틀의 간격이 1.8m 이내일 때는 그 역비율로 하중한도를 증가할 수 있다.
- 틀의 기둥관 1개당 수직하중의 한도는 틀을 두꺼운 콘크리트판 등의 견고한 기초 위에 설치하게 될 때는 2,500kg으로 한다.

## 63

Repetitive Learning 1회 2회 3회

고압증기양생 경량기포콘크리트(ALC)의 특징으로 거리가 먼 것은?

① 열전도율이 보통 콘크리트의 1/10 정도이다.
② 경량으로 인력에 의한 취급이 가능하다.
③ 흡수율이 매우 낮은 편이다.
④ 현장에서 절단 및 가공이 용이하다.

**해설**

- ALC는 흡수성이 높아 동해에 대한 방수, 방습처리가 필요하다.

**경량기포콘크리트(ALC : Autoclaved Lightweight Concrete)**

㉠ 개요
- 포화증기 양생 경량기포콘크리트로 무수한 기포를 독립적으로 분산시켜 중량을 가볍게 한 기포콘크리트의 일종이다.
- 규산질, 석회질 원료를 주원료로 하여 기포제와 발포제를 첨가하여 만든다.
- 기포제는 알루미늄 분말이나 알루미늄 페이스트가 주로 사용된다.

㉡ 특징
- 현장에서 절단 및 가공이 용이하며 인력으로 취급이 간편하다.
- 경량성, 단열성, 내화성, 흡음·차음성 등에서 우수한 성능을 보인다.
- 보통콘크리트에 비해 비중은 1/4 정도로 경량이며, 중성화의 우려가 높다.
- 다공질이기 때문에 흡수성이 높다.
- 동해에 대한 방수, 방습처리가 필요하고 부서지기 쉽다.
- 압축강도에 비해서 휨강도나 인장강도는 상당히 약하다.
- 강도가 낮아 구조재로서는 부적합하며 주로 비내력벽, 지붕, 바닥재로 사용된다.

0902 / 1504

## 64

Repetitive Learning 1회 2회 3회

콘크리트 타설 시 진동기를 사용하는 가장 큰 목적은?

① 콘크리트 타설의 용이함
② 콘크리트의 응결, 경화 촉진
③ 콘크리트의 밀실화 유지
④ 콘크리트의 재료 분리 촉진

**해설**

- 진동기는 콘크리트 부어넣기에서 콘크리트의 밀실화를 유지시키기 위해 사용하는 기계이다.



61 ① 62 ② 63 ③ 64 ③ 정답

:: 진동기

㉠ 개요

- 콘크리트 부어넣기에서 콘크리트의 밀실화를 유지시키기 위해 사용하는 기계이다.
- 하층 콘크리트에 10cm 정도 삽입하여 상하층 콘크리트를 일체화시키는 장치이다.

㉡ 사용방법 및 특징

- 진동기를 빼낼 때는 서서히 뽑아 구멍이 남지 않도록 한다.
- 진동기의 선단을 철근·철골·거푸집 등 구조물에 직접적으로 접촉시켜서는 안 된다.
- 유효한 다짐시간은 관찰과 경험에 의하여 결정하는 것이 좋다.
- 진동기의 사용간격은 60cm를 넘지 않도록 한다.
- 진동기는 될 수 있는 대로 수직방향으로 사용한다.
- 진동의 효과는 봉의 직경, 진동수, 진폭 등에 따라 다르며, 진동수가 큰 것일수록 다짐효과가 크다.
- 묽은 반죽에서 진동다짐은 별 효과가 없다.

1702

## 65 Repetitive Learning (1회 2회 3회)

철골용접 부위의 비파괴검사에 관한 설명으로 옳지 않은 것은?

① 방사선검사는 필름의 밀착성이 좋지 않은 건축물에서도 검출이 우수하다.

② 침투탐상검사는 액체의 모세관현상을 이용한다.

③ 초음파탐상검사는 인간의 귀로 들을 수 없는 주파수를 갖는 초음파를 사용하여 결함을 검출하는 방법이다.

④ 외관검사는 용접을 한 용접공이나 용접관리 기술자가 하는 것이 원칙이다.

해설

- 방사선검사(Radiography testing)는 방사선을 이용하는 검사방식으로 필름의 밀착성이 좋지 않은 건축물에서 검출이 어렵다.

:: 철골용접 비파괴검사

㉠ 개요

- 강구조 건축물 용접부의 표면결함 및 내부결함을 검출하는 것으로 한다.
- 표면결함은 육안검사와 침투탐상검사 또는 자분탐상검사로 하며, 내부결함은 초음파탐상검사 또는 방사선투과검사로 구분하여 적용한다.

㉡ 표면결함 검사

- 외관(육안)검사는 용접을 한 용접공이나 용접관리 기술자가 하는 것이 원칙이다.
- 침투탐상검사(Liquid penetrant testing)는 액체의 모세관 현상을 이용한다.
- 자분탐상검사(Magnetic particle testing)는 금속표면의 비교적 낮은 부분의 결함을 발견하기 위해 자력을 이용한다.

㉢ 내부결함 검사

- 방사선검사(Radiography testing)는 필름의 밀착성이 좋지 않은 건축물에서 검출이 어렵다.
- 초음파탐상검사(Ultrasonic testing)는 인간의 귀로 들을 수 없는 주파수를 갖는 초음파를 사용하여 결함을 검출하는 방법으로 모재의 결함 및 두께 측정이 가능하고, 빠르고 경제적이어서 현장에서 많이 이용한다.

## 66 Repetitive Learning (1회 2회 3회)

단순조적 블록쌓기에 대한 설명으로 옳지 않은 것은?

① 단순조적 블록쌓기의 세로줄눈은 도면 또는 공사시방서에서 정한 바가 없을 때에는 막힌줄눈으로 한다.

② 살 두께가 작은 편을 위로 하여 쌓는다.

③ 줄눈 모르타르는 쌓은 후 줄눈누르기 및 줄눈파기를 한다.

④ 특별한 지정이 없으면 줄눈은 10mm가 되게 한다.

해설

- 살 두께가 두꺼운 쪽을 위로 해야 한다.

:: 블록쌓기

- 살 두께가 두꺼운 쪽을 위로 해야 한다.
- 기초 및 비닥면 윗변은 충분히 물축이기를 해야 한다.
- 하루 쌓기의 높이는 6~7켜(1.2~1.5m) 이내를 표준으로 한다.
- 줄눈은 막힌줄눈으로 하고, 줄눈 두께는 10mm가 되게 한다.
- 직교하는 벽은 통줄눈으로 하고, 줄눈에 철근 또는 철망을 넣어 보강하도록 한다.
- 블록벽면에 부득이 줄홈을 파서 배관할 때는 그 자리는 블록의 빈 속까지 모두 모르타르 또는 콘크리트로 채운다.
- 콘크리트용 블록은 물축임을 하지 말아야 한다.
  (단, 모르타르 접촉면에만 물을 축인다)
- 보강근은 모르타르 또는 그라우트를 사춤하기 전에 배근하고 고정한다.
- 인방블록은 창문틀의 좌우 옆 턱에 200mm 이상 물린다.
- 특별한 지정이 없으면 가로 및 세로줄눈의 두께는 10mm로 한다. 치장줄눈을 할 때에는 흙손을 사용하여 줄눈이 완전히 굳기 전에 줄눈파기를 하여 치장줄눈을 바른다.
- 모서리 등 기준이 되는 부분을 정확하게 쌓은 다음 수평실을 친다.
- 블록보강용 메시는 #8~#10철선을 사용하며 블록의 너비보다 한 치수 작은 것을 사용한다.

정답 | 65 ① 66 ②

0301 / 0801 / 1102 / 1304

## 67 Repetitive Learning (1회 2회 3회)

다음 중 네트워크 공정표의 단점이 아닌 것은?

① 다른 공정표에 비하여 작성시간이 많이 필요하다.
② 작성 및 검사에 특별한 기능이 요구된다.
③ 진척관리에 있어서 특별한 연구가 필요하다.
④ 개개의 관련 작업이 도시되어 있지 않아 내용을 알기 어렵다.

해설

- 네트워크 공정표는 개개의 작업관련이 도시되어 있어 내용이 알기 쉬운 장점을 가진다.

**네트워크 공정표**

㉠ 개요
- 프로젝트의 비용, 일정, 기술 측면 등의 목표와 기준을 설정하고, 이에 대한 실제 성과를 측정분석하기 위해 작성하는 표를 말한다.

㉡ 장점
- 개개의 작업관련이 도시되어 있어 내용이 알기 쉽다.
- 공정계획 관리 면에서 신뢰도가 높다.
- 작성자 이외의 사람도 이해하기 쉽다.

㉢ 단점
- 다른 공정표에 비하여 작성시간이 많이 필요하다.
- 작성 및 검사에 특별한 기능이 요구된다.
- 진척관리에 있어서 특별한 연구가 필요하다.

0804 / 1702

## 68 Repetitive Learning (1회 2회 3회)

주문받은 건설업자가 대상 계획의 기업, 금융, 토지조달, 설계, 시공 등을 포괄하는 도급계약방식을 무엇이라 하는가?

① 실비정산 보수가산 도급
② 정액 도급
③ 공동 도급
④ 턴키 도급

해설

- 실비정산 보수가산식 도급은 건축주와 건축사, 시공자가 미리 공사에 소요되는 설비와 보수를 협의한 후 건축주는 공사의 진행을 시공자에게 위임하고 시공자는 건축주의 위임을 받아 공사를 진행하고 관련 공사비를 건축주로부터 받아 하도급자에게 지급하고 이에 대해 보수를 받는 방식을 말한다.
- 정액 도급은 공사비 총액을 확정하고 계약을 하는 방식을 말한다.
- 공동 도급이란 여러 개의 건설회사가 공동출자 기업체를 조직하여 도급하는 방식이다.

**설계시공일괄입찰도급(턴키 도급, Turn-key base)**
- 금융, 토지, 설계, 시공, 시운전 등 모든 요소를 포괄한 도급계약방식으로 주문자가 필요로 하는 모든 것을 조달하여 주문자에게 인도하는 방식을 말한다.
- 공사비의 절감과 공기단축이 가능하나 공사의 품질이 저하될 우려가 있다.

1701

## 69 Repetitive Learning (1회 2회 3회)

ALC 블록공사 시 내력벽 쌓기에 관한 내용으로 옳지 않은 것은?

① 쌓기 모르타르는 교반기를 사용하여 배합하며, 1시간 이내에 사용해야 한다.
② 가로 및 세로줄눈의 두께는 3~5mm 정도로 한다.
③ 하루쌓기 높이는 1.8m를 표준으로 하며, 최대 2.4m 이내로 한다.
④ 연속되는 벽면의 일부를 나중쌓기로 할 경우 그 부분을 층단 떼어쌓기로 한다.

해설

- 줄눈의 두께는 1 ~ 3mm 정도로 한다.

**ALC(Autoclaved Lightweight Concrete)**

㉠ 개요
- 석회질, 규산질 원료와 기포제 및 혼화제를 주원료로 물과 혼합하고, 고온고압(180 ℃, 1.0 MPa)의 증기양생 과정을 거쳐 경량성, 단열성, 내화성 및 시공성이 우수한 블록을 말한다.
- 건축물 또는 공작물 등의 외벽, 칸막이벽 등으로 사용하는 공사이다.

㉡ 특징
- 다공질로 흡수율이 높고 강도가 작으며, 동결융해저항이 낮다.
- 열전도율은 보통콘크리트의 약 1/10로서 단열성이 우수하다.
- 불연재인 동시에 내화재료이다.
- 건조수축률이 작으므로 균열 발생이 적다.
- 절건비중이 1/4의 경량으로 인력에 의한 취급이 가능하고, 필요에 따라 현장에서 절단 및 가공이 용이하다.
- 흡음, 차음성이 크며, 시공성이 우수하다.
- 내진성능이 떨어진다.

㉢ 쌓기 일반사항
- 하루 쌓기 높이는 1.8m를 표준으로 하며, 최대 2.4m 이내로 한다.
- 슬래브나 방습턱 위에 고름 모르타르를 10 ~ 20mm 두께로 깐 후 첫 단 블록을 올려놓고 고무망치 등을 이용하여 수평을 잡는다.



67 ④ 68 ④ 69 ② 정답

- 쌓기 모르타르는 교반기를 사용하여 배합하며 1시간 이내에 사용해야 한다.
- 줄눈의 두께는 1 ~ 3mm 정도로 한다.
- 블록 상·하단의 겹침길이는 블록길이의 1/3 ~ 1/2을 원칙으로 하고 100mm 이상으로 한다.
- 연속되는 벽면의 일부를 트이게 하여 나중쌓기로 할 경우 그 부분을 층단 떼어쌓기로 한다.

1401

## 70 Repetitive Learning (1회 2회 3회)

시험말뚝에 변형률계(Strain gauge)와 가속도계(Accelerometer)를 부착하여 말뚝항타에 의한 파형으로부터 지지력을 구하는 시험은?

① 정적재하시험
② 동적재하시험
③ 비비시험
④ 인발시험

**해설**

- 정적재하시험은 말뚝이나 무리말뚝에 정적인 압축 축하중을 가해 말뚝의 반응을 정하는 시험이다.

동적재하시험
- 말뚝의 정적 지지력의 결정, 말뚝항타 시 말뚝과 지반 간의 거동측정 및 항타 장비의 성능을 검증하기 위하여 시행하는 시험이다.
- 변형률계(Strain gauge)와 가속도계(Accelero meter)를 부착하여 동적인 축하중을 가했을 때의 말뚝항타에 의한 파형으로부터 지지력을 구하는 시험이다.
- 비용 및 소요시간이 절감되며, 시항타 시 적용하여 파일시공 관리가 가능하다.

1701

## 71 Repetitive Learning (1회 2회 3회)

지하 합벽거푸집에서 측압에 대비하여 버팀대를 삼각형으로 일체화한 공법은?

① 1회용 리브라스 거푸집
② 와플 거푸집
③ 무폼타이 거푸집
④ 단열 거푸집

**해설**

- 무폼타이 거푸집은 폼타이 설치작업이 어려운 현장이나 콘크리트 타설 후 폼타이용 철물이 부식되는 경우의 문제점을 해결하기 위한 공법이다.

무폼타이 거푸집(Tie-less formwork)
- 지하 합판거푸집에서 측압에 대비하여 버팀대(브레이스 프레임)를 삼각형으로 일체화한 거푸집 공법이다.
- 폼타이 설치작업이 어려운 현장이나 콘크리트 타설 후 폼타이용 철물이 부식되는 경우의 문제점을 해결하기 위한 공법이다.

0801

## 72 Repetitive Learning (1회 2회 3회)

부재별 철근의 정착위치에 관한 설명으로 옳지 않은 것은?

① 작은 보의 주근은 슬래브에 정착한다.
② 기둥의 주근은 기초에 정착한다.
③ 바닥철근은 보 또는 벽체에 정착한다.
④ 벽철근은 기둥, 보 또는 바닥판에 정착한다.

**해설**

- (큰) 보의 주근은 기둥에, 작은 보의 주근은 큰 보에 정착한다.

철근의 정착

㉠ 개요
- 정착이란 철근이 힘을 받을 때 뽑힘이나 미끄러짐 변형이 생기지 않도록 응력을 발휘할 수 있게 하는 최소한의 묻힘 깊이를 말한다.
- 철근을 정착하지 않으면 구조체가 큰 외력을 받을 때 철근과 콘크리트가 분리될 수 있다.
- 철근의 정착은 기둥이나 보의 중심을 벗어난 위치에 둔다.

㉡ 정착 위치
- 기둥의 주근은 기초에 정착한다.
- (큰) 보의 주근은 기둥에 정착한다.
- 작은 보의 주근은 큰 보에 정착한다.
- 벽체의 주근은 기둥 또는 큰 보에 정착한다.
- 지중 보의 주근, 철근은 기초 또는 기둥에 정착한다.
- 벽 철근은 기둥과 보 또는 바닥판에 정착한다.
- 바닥철근은 보 또는 벽체에 정착한다.
- 직교하는 단부 보의 밑에 기둥이 없을 때는 상호 간에 정착한다.

㉢ 정착 길이
- 정착 길이는 후크의 중심 간의 거리로, 후크의 길이는 정착 길이에 포함되지 않는다.
- 큰 인장력을 받는 곳일수록 철근의 정착 길이는 길다.
- 압축력 또는 작은 인장력을 받는 곳은 주근 지름의 25배 이상, 큰 인장력을 받는 곳은 40배 이상으로 한다.

정답 | 70 ② 71 ③ 72 ①

2104

## 73

Repetitive Learning 1회 2회 3회

다음은 기성말뚝 세우기에 관한 표준시방서 규정이다. ( ) 안에 순서대로 들어갈 내용으로 옳게 짝지어진 것은?(단, 보기 항의 D는 말뚝의 바깥지름임)

| 말뚝의 연직도나 경사도는 ( A ) 이내로 하고, 말뚝박기 후 평면상의 위치가 설계도면의 위치로부터 ( B )와 100mm 중 큰 값 이상으로 벗어나지 않아야 한다. |
|---|

① 1/50, D/4
② 1/50, D/3
③ 1/150, D/4
④ 1/150, D/3

**해설**

- 말뚝의 연직도나 경사도는 1/50 이내로 하고, 말뚝박기 후 평면상의 위치가 설계도면의 위치로부터 D/4(D는 말뚝의 바깥지름)와 100mm 중 큰 값 이상으로 벗어나지 않아야 한다.

**표준시방서상의 기성말뚝 세우기**
- 시공기계는 말뚝이 소정의 위치에 정확하게 설치될 수 있도록 견고한 지반위의 정확한 위치에 설치하여야 한다.
- 말뚝을 정확하고도 안전하게 세우기 위해서는 정확한 규준틀을 설치하고 중심선 표시를 용이하게 하여야 하며, 말뚝을 세운 후 검측은 직교하는 2방향으로부터 하여야 한다.
- 말뚝의 연직도나 경사도는 1/50 이내로 하고, 말뚝박기 후 평면상의 위치가 설계도면의 위치로부터 D/4(D는 말뚝의 바깥지름)와 100mm 중 큰 값 이상으로 벗어나지 않아야 한다.

0804 / 1304

## 74

Repetitive Learning 1회 2회 3회

제자리 콘크리트말뚝 지정 중 베노토파일의 특징에 관한 설명으로 옳지 않은 것은?

① 기계가 저가이고 굴착속도가 비교적 빠르다.
② 케이싱을 지반에 압입해 가면서 관 내부 토사를 특수한 버킷으로 굴착 배토한다.
③ 말뚝구멍의 굴착 후에는 철근콘크리트말뚝을 제자리치기 한다.
④ 여러 지질에 안전하고 정확하게 시공할 수 있다.

**해설**

- 베노토 공법은 기계 및 부속기기의 가격이 비싸므로 시공경비가 높다.

**베노토 공법(Benoto method)**
- ㉠ 개요
  - 케이싱을 지반에 압입해 가면서 관 내부 토사를 특수한 버킷으로 굴착 배토하는 방법으로 올케이싱 공법이라고도 한다.
  - 말뚝 구멍의 굴착 후에는 철근콘크리트말뚝을 제자리치기 한다.
  - 케이싱 튜브(Casing tube)를 뽑을 때 철근도 떠오를 우려가 있으므로 주의한다.
- ㉡ 특징
  - 여러 지질에 안전하고 정확하게 시공할 수 있다.
  - 주위의 지반에 영향을 주는 일 없이 안전하고 확실하게 시공할 수 있다.
  - 기계 및 부속기기의 가격이 비싸므로 시공경비가 높다.
  - 긴 말뚝(50~60m)의 시공이 가능하다.

1501

## 75

Repetitive Learning 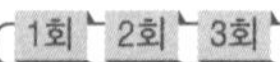

철골공사 중 현장에서 보수도장이 필요한 부위에 해당되지 않는 것은?

① 현장용접 부위
② 현장접합 재료의 손상 부위
③ 조립상 표면접합이 되는 면
④ 운반 또는 양중 시 생긴 손상 부위

**해설**

- 조립에 의해 맞닿는 부분이나 표면접합이 되는 부분은 보수도장이 필요 없다.

**현장에서 보수도장이 필요한 부위**
- 현장용접 부위
- 현장접합 재료의 손상 부위
- 운반 또는 양중 시 생긴 손상 부위
- 현장접합에 의한 볼트류의 두부, 너트, 와셔



정답 73 ① 74 ① 75 ③

## 76 Repetitive Learning (1회 2회 3회)

웰포인트(Well point) 공법에 관한 설명 중 옳지 않은 것은?

① 강제배수 공법의 일종이다.
② 투수성이 비교적 낮은 사질실트층까지도 배수가 가능하다.
③ 흙의 안전성을 대폭 향상시킨다.
④ 인근 건축물의 침하에 영향을 주지 않는다.

해설

- 웰포인트 공법은 인접지 침하의 우려에 따른 주의가 필요하다.

∷ 웰포인트(Well point) 공법

㉠ 개요
- 모래질 지반에 웰포인트라 불리는 양수관을 여러 개 박아 지하수위를 일시적으로 저하시키는 지하수위 저하 공법이다.
- 배수에 의한 연약 지반의 안정공법에서 지름 3~5cm 정도의 파이프 끝에 여과기를 달아 1~3m 간격으로 때려 박고, 이를 굵은 파이프에 수평으로 연결하여 진공으로 물을 빨아냄으로써 지하수위를 저하시키는 공법이다.

㉡ 특징
- 인접지반의 침하를 야기시키기 쉽다.
- 흙막이의 토압이 경감된다.
- 흙의 전단저항이 증가된다.
- 인접지 침하의 우려에 따른 주의가 필요하다.

1702

## 77 Repetitive Learning (1회 2회 3회)

갱폼(Gang form)에 관한 설명으로 옳지 않은 것은?

① 타워크레인, 이동식크레인 같은 양중장비가 필요하다.
② 벽과 바닥의 콘크리트 타설을 한 번에 가능하게 하기 위하여 벽체 및 슬래브 거푸집을 일체로 제작한다.
③ 공사초기 제작기간이 길고 투자비가 큰 편이다.
④ 경제적인 전용횟수는 30~40회 정도이다.

해설

- 갱폼은 벽체용 거푸집만을 의미한다. 벽체용 거푸집과 슬래브 거푸집을 일체로 제작하여 한 번에 설치하고 해체할 수 있도록 한 거푸집은 터널폼이다.

∷ 갱폼(Gang form) 실직 1704/1701/1601/1504/1401

㉠ 개요
- 동일 모듈이 많은 아파트, 병원, 콘도미니엄, 사무소건물 등에 효과적인 거푸집으로 작은 부재의 분해와 조립을 사용할 때마다 하는 것이 아니라 대형화, 단순화하여 한 번에 설치 및 해체가 가능한 거푸집을 말한다.
- 크게 거푸집과 보강재가 일체로 된 기본 패널, 작업을 위한 작업 발판대 및 수직도 조정과 횡력을 지지하는 빗버팀대로 구성되어 있다.
- 근거리 운반 시에는 공장에서 제작하고 원거리 운반 시에는 현장제작을 원칙으로 한다.
- 경제적인 전용횟수는 30 ~ 40회 정도이다.

㉡ 장점
- 타워크레인 등의 시공장비에 의해 한 번에 설치가 가능하다.
- 가설비계공사가 필요없어 공기가 단축되고 인건비가 절약되는 등 가설비의 절약이 가능하다.
- 미장공사를 생략할 수 있다.

㉢ 단점
- 타워크레인, 이동식크레인 같은 양중장비가 필요하며, 기능이 숙련된 기능공이 필요하다.
- 기본계획 및 계획안의 융통성이 없다.
- 공사초기 제작기간이 길고 투자비가 큰 편이다.

1602

## 78 Repetitive Learning (1회 2회 3회)

철골기둥의 이음부분 면을 절삭가공기를 사용하여 마감하고 충분히 밀착시킨 이음에 해당하는 용어는?

① 밀 스케일(Mill scale)
② 스캘럽(Scallop)
③ 스패터(Spatter)
④ 메탈터치(Metal touch)

해설

- 밀 스케일(Mill Scale)은 압연강재가 냉각될 때 생기는 산화철의 피복을 말한다.
- 스캘럽(Scallop)은 강구조물에서 용접의 교차에 의해 응력의 집중을 막거나 전주(全周) 용접이 용이하도록 하기 위한 노치(부재 접합을 위해 잘라낸 부분)를 말한다.
- 스패터(Spatter)는 용접봉의 피복재가 녹아 용접금속 표면에 부상하여 굳은 슬래그 혹은 금속입자가 그대로 굳은 형상을 말한다.

정답 | 76 ④ 77 ② 78 ④

**메탈터치(Metal touch)**

㉠ 개요

- 지압접합의 한 방법으로 기둥에 작용하는 압축력 및 휨모멘트를 기둥부재 간 접촉면을 통하여 직접 전달하게 하는 접합방법이다.
- 철근기둥의 이음부분 면을 절삭가공기를 사용하여 마감하고 충분히 밀착시킨 이음을 말한다.

㉡ 특징

- 상하부 기둥의 밀착으로 축력의 50%까지 전달이 가능하다.
- 고력볼트나 용접으로 부재를 연결하는 방법에 비해 구조적으로 안전하다.

## 79

Repetitive Learning (1회 2회 3회)

공사의 도급계약에 명시해야 할 사항과 가장 거리가 먼 것은?(단, 첨부서류가 아닌 계약서상 내용을 의미)

① 공사내용
② 구조설계에 따른 설계방법의 종류
③ 공사착수의 시기와 공사완성의 시기
④ 하자담보책임기간 및 담보방법

해설

- 구조설계에 따른 설계방법의 종류는 도급계약과는 무관하다.

**도급계약서 명시사항**

- 공사내용
- 공사착수의 시기와 공사완성의 시기
- 보수의 지급관련 내용
- 수급인의 담보책임
- 도급인의 계약해제권
- 하자 발생 시 도급인이 제공한 재료 또는 지시에서 기인한 경우의 면책권
- 하자담보책임기간 및 담보방법

## 80

Repetitive Learning (1회 2회 3회)

지하연속벽(Slurry wall) 굴착 공사 중 공벽붕괴의 원인으로 보기 어려운 것은?

① 지하수위의 급격한 상승
② 안정액의 급격한 점도 변화
③ 물다짐하여 매립한 지반에서 시공
④ 공사 시 공법의 특성으로 발생하는 심한 진동

해설

- 지하연속벽(Slurry wall) 공법은 시공 시 소음, 진동이 작다.

**지하연속벽(Slurry wall) 공법**

㉠ 개요

- 지반 굴착 시 벤토나이트 안정액을 사용하여 지반의 붕괴를 방지하면서 굴착하고 그 속에 철근망을 넣고 콘크리트를 타설하여 연속으로 콘크리트 흙막이 벽을 설치하는 공법이다.
- 흙막이 벽 및 물막이 벽의 기능도 갖고 있다.
- 영구 지하 벽이나 깊은 기초로 활용하기도 한다.
- 가이드월 설치 → 굴착 → 슬라임 제거 → 인터록킹파이프 설치 → 지상조립 철근 삽입 → 콘크리트 타설 → 인터록킹 파이프 제거 순으로 진행한다.

㉡ 특징

- 흙막이 벽 자체의 강도, 강성이 우수하기 때문에 연약지반의 변형 및 이면침하를 최소한으로 억제할 수 있다.
- 시공 시 소음, 진동이 작다.
- 인접건물의 경계선까지 시공이 가능하다.
- 차수효과가 양호하다.
- 경질 또는 연약지반에도 적용가능하다.
- 벽 두께를 자유로이 설계할 수 있다.
- 다른 흙막이 벽에 비해 공사비가 많이 들고 장비가 고가이다.

# 5과목 건설재료학

## 81

Repetitive Learning (1회 2회 3회)

다음 미장재료 중 수경성 재료인 것은?

① 회반죽 ② 회사벽
③ 석고플라스터 ④ 돌로마이트플라스터

해설

- 석고플라스터는 물을 필요로 하는 수경성 미장재료이다.

**미장재료의 구분**

| 구분 | 내용 |
|---|---|
| 수경성 재료 | • 물을 필요로 하는 미장재료로 지하실과 같이 공기의 유통이 나쁜 장소에서도 사용가능하다.<br>• 시멘트모르타르, 석고플라스터, 인조석바름 등<br>• 장점 : 경화가 빠르고 강도가 크다.<br>• 단점 : 시공이 복잡하고 수축 및 균열이 발생한다. |
| 기경성 재료 | • 이산화탄소와 반응하여 경화되는 미장재료이다.<br>• 회반죽, 흙질, 석회플라스터, 돌로마이트플라스터 등<br>• 장점 : 시공이 용이하다.<br>• 단점 : 경화가 느리고 강도가 적다. |



79 ② 80 ④ 81 ③ | 정답

## 82 Repetitive Learning 1회 2회 3회

부재 두께의 증가에 따른 강도저하, 용접성 확보 등에 대응하기 위해 열간압연 시 냉각조건을 조절하여 냉각속도에 의해 강도를 상승시킨 구조용 특수강재는?

① 일반구조용 압연강재
② 용접구조용 압연강재
③ TMC 강재
④ 내후성 강재

**해설**

- 일반구조용 압연강재는 일반 구조물에 사용하는 구조용 강재이다.
- 용접구조용 압연강재는 열간 압연강재로 용접성이 특히 뛰어난 특성을 갖는 일반철구조물용 강재이다.
- 내후성 강재는 구리, 크롬, 인 등을 소량 첨가한 저합금강으로 대기노출 후 안정적인 녹층을 형성하여 재도장이 필요없어 유지관리 및 환경보호에 유리한 교량 및 외부노출 구조용 강재이다.

∷ TMC(Thermo Mechanical Control) 강재
- 부재 두께의 증가에 따른 강도저하, 용접성 확보 등에 대응하기 위해 열간압연 시 냉각조건을 조절하여 냉각속도에 의해 강도를 상승시킨 구조용 특수강재이다.
- 소성가공과 열처리를 결합시킨 처리방법으로 만든 강재이다.
- 압연상태에서 압연온도를 제어하여 높은 강도와 인성을 가진다.

1002

## 83 Repetitive Learning 1회 2회 3회

다음 중 고로시멘트의 특징으로 옳지 않은 것은?

① 고로시멘트는 포틀랜드시멘트 클링커에 급랭한 고로슬래그를 혼합한 것이다.
② 초기강도는 약간 낮으나 장기강도는 보통포틀랜드시멘트와 같거나 그 이상이 된다.
③ 보통포틀랜드시멘트에 비해 화학저항성이 매우 낮다.
④ 수화열이 적어 매스콘크리트에 적합하다.

**해설**

- 고로시멘트는 팽창균열이 없고 화학저항성과 수밀성이 크다.

∷ 고로시멘트

㉠ 개요
- 포틀랜드시멘트 클링커에 철 용광로에서 나온 슬래그를 급랭하여 혼합하고 이에 응결시간 조절용 석고를 첨가하여 분쇄한 시멘트이다.
- 팽창균열이 없고 화학저항성이 높아 해수·공장폐수·하수 등에 접하는 콘크리트에 적합하다.

㉡ 특징
- 초기강도는 약간 낮으나 장기강도는 보통포틀랜드시멘트와 같거나 그 이상이 된다.
- 수화열량이 적어 매스콘크리트용으로도 사용가능하다.
- 팽창균열이 없고 화학저항성과 수밀성이 크고 잠재수경성의 성질을 가지고 있다.
- 슬래그 수화에 의한 포졸란 반응으로 공극 충전효과 및 알칼리 골재반응 억제효과가 크다.
- 모르타르나 콘크리트의 거푸집을 접하지 않는 자유표면은 경화불량에서 오는 약화현상이 따르기 쉽다.
- 슬래그를 함유하고 있어 건조수축에 대한 저항성이 약하고 중성화를 촉진하는 단점을 갖는다.

## 84 Repetitive Learning 1회 2회 3회

목재를 이용한 가공제품에 대한 설명으로 옳은 것은?

① 집성재는 두께 1.5~3cm의 널을 접착제로 섬유평행방향으로 겹쳐 붙여서 만든 제품이다.
② 합판은 3매 이상의 얇은 판을 1매마다 접착제로 섬유평행방향으로 겹쳐 붙여서 만든 제품이다.
③ 연질섬유판은 두께 50mm, 나비 100mm의 긴 판에 표면을 리브로 가공하여 만든 제품이다.
④ 파티클보드는 코르크나무의 수피를 분말로 가열, 성형, 접착하여 만든 제품이다.

**해설**

- 합판은 목재를 얇게 절삭한 단판에 접착제를 사용해 홀수매가 되도록 붙이되 인접한 판간의 목리가 서로 직교하도록 구성해 제조한 판형제품을 말한다.
- 연질섬유판은 비중이 0.4g/$cm^3$ 이하인 섬유판으로 단열, 방음의 목적으로 벽, 천장, 바닥 등에 사용된다.
- 파티클보드는 목재 또는 기타 식물질을 절삭 또는 파쇄하고 소편으로 하여 충분히 건조시킨 후 합성수지와 같은 유기질의 접착제를 첨가하여 열압 제판한 보드로서 상판, 칸막이벽, 가구 등에 사용된다.

∷ 집성재
- 두께 1.5~3cm의 널을 접착제로 섬유평행방향으로 겹쳐 붙여서 만든 제품이다.
- 제재판재 또는 소각재 등의 각판재를 서로 섬유 방향을 평행하게 길이·너비 및 두께 방향으로 겹쳐 접착제로 붙여서 만든 것을 말한다.

정답 | 82 ③ 83 ③ 84 ①

1704

## 85

Repetitive Learning 1회 2회 3회

플라스틱 제품 중 비닐 레더(Vinyl leather)에 관한 설명으로 옳지 않은 것은?

① 색채, 모양, 무늬 등을 자유롭게 할 수 있다.
② 면포로 된 것은 찢어지지 않고 튼튼하다.
③ 두께는 0.5 ~ 1mm이고, 길이는 10m 두루마리로 만든다.
④ 커튼, 테이블크로스, 방수막으로 사용된다.

해설

- 커튼, 테이블크로스, 방수막에는 주로 자기점착성필름(EVA)을 사용한다.

비닐 레더(Vinyl leather)
- PVC로 만든 인조피혁을 말한다.
- 면이나 마를 바탕으로 하여 염화비닐을 도장한 것이다.
- 내열성이 낮아 연화수축되는 성질을 갖는다.
- 가방, 신발, 가구나 차량 시트용으로 주로 사용된다.

## 86

Repetitive Learning 1회 2회 3회

알루미늄의 성질에 관한 설명으로 옳지 않은 것은?

① 비중이 철에 비해 약 1/3 정도이다.
② 황산, 인산 중에서는 침식되지만 염산 중에서는 침식되지 않는다.
③ 열, 전기의 양도체이며 반사율이 크다.
④ 부식률은 대기 중의 습도와 염분함유량, 불순물의 양과 질 등에 관계되며 0.08mm/년 정도이다.

해설

- 알루미늄은 산과 알칼리에 약하다.

알루미늄의 특성
- 열, 전기전도성이 동 다음으로 크고, 반사율도 높다.
- 융점은 약 659℃ 정도로 낮아 용해주조도는 좋으나 내화성이 부족하다.
- 비중은 철의 약 1/3 정도인 2.7로 경량이다.
- 순도가 높은 알루미늄은 맑은 물에 대해 내식성이 크고 전연성이 크다.
- 연질이고 강도가 낮으며, 응력-변형곡선은 강재와 같이 명확한 항복점이 없다.
- 알루미늄은 상온에서 판, 선으로 압연가공하면 경도와 인장강도가 증가하고 연신율이 감소한다.
- 산과 알칼리에 약하고, 콘크리트나 강판에 접촉하면 부식되기 쉽다.
- 알칼리나 해수에 침식되기 쉬우므로 해안가 공사 시 특히 주의해야 한다.
- 알루미늄의 부식률은 대기 중의 습도와 염분함유량, 불순물의 양과 질 등에 관계되며 0.08mm/년 정도이다.

1202

## 87

Repetitive Learning 1회 2회 3회

목재 건조 시 생재를 수중에 일정기간 침수시키는 주된 이유는?

① 연해져서 가공하기 쉽게 하기 위하여
② 목재의 내화도를 높이기 위하여
③ 강도를 크게 하기 위하여
④ 건조기간을 단축시키기 위하여

해설

- 원목을 수중에 침수시키면 생재가 보유하고 있던 수액의 농도가 줄어들게 되어 공기 중에 건조할 때 건조기간을 단축시켜 준다.

목재의 건조
㉠ 목적
- 목재수축에 의한 손상 방지
- 목재강도 및 내구성 증가
- 균류에 의한 부식 방지 및 충해 예방
- 전기 및 열 절연성의 증가
- 변색 및 충해의 방지
- 중량의 경감

㉡ 방법
- 천연건조법, 침수건조법, 인공건조법(증기실, 열기실)으로 구분된다.
- 천연건조법은 직사광선을 받지 않는 그늘에서 장기간 건조하는 방법으로 균일한 건조가 가능하여 열기건조의 예비건조 방법으로 주로 사용하지만 넓은 장소가 필요하고 기후와 입지의 영향을 많이 받는다.
- 침수건조법은 생목을 수중에 수침시켜 수액을 용실(溶失)시킨 후 대기 건조시키는 방법으로 침수시키는 이유는 건조기간을 단축시키기 위해서이다.
- 인공건조법은 증기실, 열기실 등에서 인위적인 조절을 통해 단시일 내에 수액을 추출하려 수분을 배제시키는 방법이다.
- 침엽수가 활엽수보다 건조가 빠르다.



85 ④ 86 ② 87 ④ 정답

## 88

Repetitive Learning (1회 2회 3회)

다음 중 방청도료에 해당하지 않는 것은?

① 광명단조합페인트
② 클리어래커
③ 에칭프라이머
④ 징크로메이트 도료

**해설**

• 클리어래커는 은폐력이 없는 투명 래커로 목재바탕의 무늬를 살리기에 적합하며, 오일니스에 비해 도막이 얇으나 견고한 도료로 방청능력은 없다.

∷ 방청도료

• 금속 표면을 물리적·화학적으로 녹슬지 않도록 방청성을 개선해주는 도료를 말한다.
• 방청도료의 종류에는 광명단(연단), 방청산화철, 알미늄, 역청질, 워시프라이머, 징크로메이트, 크롬산아연, 규산염 도료 등이 있다.

## 89

Repetitive Learning (1회 2회 3회)

보통시멘트콘크리트와 비교한 폴리머시멘트콘크리트의 특징으로 옳지 않은 것은?

① 유동성이 감소하여 일정 워커빌리티를 얻는 데 필요한 물-시멘트비가 증가한다.
② 모르타르, 강재, 목재 등의 각종 재료와 잘 접착한다.
③ 방수성 및 수밀성이 우수하고 동결융해에 대한 저항성이 양호하다.
④ 휨, 인장강도 및 신장능력이 우수하다.

**해설**

• 폴리머시멘트콘크리트는 콘크리트 제조 시 결합재의 일부 또는 전부를 유동성을 향상시키는 폴리머로 대체시켜 제조한 콘크리트이다.

∷ 폴리머시멘트

• 실리카와 석회 등을 혼합하여 제조한 포틀랜드시멘트에 생고무나 인조고무 등을 첨가하여 만든 시멘트를 말한다.
• 콘크리트의 방수성, 내약품성, 변형성능의 향상을 목적으로 다량의 고분자재료를 혼입시킨 시멘트이다.

0302

## 90

Repetitive Learning (1회 2회 3회)

실리콘(Silicon)수지에 대한 설명 중 틀린 것은?

① 실리콘수지는 내열성, 내한성이 우수하여 −60~260℃의 범위에서 안정하다.
② 탄성을 지니고 있고, 내후성도 우수하다.
③ 발수성이 있기 때문에 건축물, 전기 절연물 등의 방수에 쓰인다.
④ 도료로 사용한 경우 안료로서 알루미늄 분말을 혼합한 것은 내화성이 부족하다.

**해설**

• 알루미늄 분말을 안료로 사용하면 알루미늄의 난연성이 작용하므로 내화성이 늘어난다.

∷ 실리콘수지

• 열경화성 수지로, 규소수지라고도 한다.
• 내열성, 내한성, 내수성이 우수하고 광범위한 온도(−80~250[℃]의 범위)에서 안정하여 Gasket, Packing의 원료로 사용된다.
• 물을 튀기는 발수성 및 탄성을 가지며 내후성 및 내화학성, 전기절연성, 내후성 등이 아주 우수하다.
• 공업용 페인트, 방수용 재료, 접착제, 도료, 전기절연제 등으로 주로 사용된다.

1802

## 91

Repetitive Learning (1회 2회 3회)

다음 제품 중 점토로 제작된 것이 아닌 것은?

① 경량벽돌
② 테라코타
③ 위생도기
④ 파키드리패널

**해설**

• 파키트리패널은 두께 15mm의 경목재판을 4매씩 조합하여 만든 24cm 각판으로 목재마루판재를 말한다.

∷ 점토제품의 종류

• 타일류에는 토기타일, 도기타일, 석기타일, 자기타일 등이 있다.
• 벽돌류에는 점토벽돌, 내화벽돌, 경량벽돌 등이 있다.
• 점토반죽을 조각형틀로 찍어낸 점토소성제품인 테라코타가 있다.
• 세라믹 제품, 연질타일계 바닥재, 토관 및 도관, 위생도기 등이 있다.

정답 | 88 ② 89 ① 90 ④ 91 ④

0501

## 92

Repetitive Learning 1회 2회 3회

다음 각 도료에 관한 설명으로 옳지 않은 것은?

① 유성페인트 : 건조시간이 길고 피막이 튼튼하고 광택이 있다.
② 수성페인트 : 유성페인트에 비하여 광택이 매우 우수하고 내구성 및 내마모성이 크다.
③ 합성수지페인트 : 도막이 단단하고 내산성 및 내알칼리성이 우수하다.
④ 에나멜페인트 : 건조가 빠르고, 내수성 및 내약품성이 우수하다.

해설

- 수성페인트는 광택이 없고, 내구성이나 내수성이 약하다.

수성페인트

㉠ 개요
- 안료를 물에 용해하여 수용성 교착제와 혼합한 분말 상태의 도료를 말한다.
- 바르고 나면 물이 증발하고, 표면에 남은 합성수지가 도막을 형성한다.
- 모르타르, 콘크리트 바탕, 목재, 벽지 등에 주로 사용한다.

㉡ 특징
- 굳은 뒤에는 물에 용해되지 않는다.
- 독성이 없으며, 바르기 쉬우며 빨리 건조된다.
- 내구성이나 내수성이 약하며, 광택이 없다.

## 93

Repetitive Learning 1회 2회 3회

경질우레탄폼 단열재에 관한 설명으로 옳지 않은 것은?

① 규격은 한국산업표준(KS)에 규정되어 있다.
② 공사현장에서 발포시공이 가능하다.
③ 사용시간이 경과함에 따라 부피가 팽창하는 결점이 있다.
④ 초저온 장치용 보냉제로 사용된다.

해설

- 경질우레탄폼 단열재는 다른 단열재에 비해 얇은 두께로 시공이 가능한 장점을 갖는다.

경질우레탄폼 단열재

- 규격은 한국산업표준(KS)에 규정되어 있다.
- 상용화된 건축용 단열재 중 가장 낮은 열전도율(0.023W/mK 이하)을 가진다.
- 다른 단열재에 비해 얇은 두께로 시공이 가능하다.
- 공사현장에서 발포시공이 가능하다.
- 초저온 장치용 보냉제로 사용된다.

0902 / 1601

## 94

Repetitive Learning 1회 2회 3회

콘크리트용 골재의 요구성능에 관한 설명으로 옳지 않은 것은?

① 골재의 강도는 경화한 시멘트페이스트 강도보다 클 것
② 골재의 형태가 예각이며, 표면은 매끄러울 것
③ 골재의 입형이 둥글고 입도가 고를 것
④ 먼지 또는 유기불순물을 포함하지 않을 것

해설

- 콘크리트용 골재로 너무 매끄러운 것, 납작한 것, 길쭉한 것, 예각으로 된 것은 피하도록 한다.

콘크리트용 골재의 조건

- 강도는 콘크리트 중의 경화시멘트페이스트의 강도 이상일 것
- 공극률이 작은 구형이나 입방체에 가까운 것
- 입형은 너무 매끄러운 것, 납작한 것, 길쭉한 것, 예각으로 된 것은 피하도록 하며, 콘크리트의 유동성을 갖도록 할 것
- 입도는 조립에서 세립까지 연속적으로 균등히 혼합되어 있을 것
- 먼지, 흙, 유기불순물, 염류, 운모, 석탄, 갈탄, 석편 등이 포함되지 않을 것
- 잔골재의 경우 염분의 허용한도는 0.04% 이하여야 한다.

0304 / 0901 / 1802

## 95

Repetitive Learning 1회 2회 3회

양질의 도토 또는 장석분을 원료로 하며, 흡수율이 1% 이하로 거의 없고 소성온도가 약 1,230~1,460℃인 점토제품은?

① 토기
② 석기
③ 자기
④ 도기

해설

- 점토제품의 소성온도는 토기 < 도기 < 석기 < 자기 순으로 높아진다.

자기

- 양질의 도토 또는 장석분을 원료로 하며, 두드리면 청음이 나며 백색으로 투광성을 갖는 제품이다.
- 점토제품 중 가장 높은 온도(1,230 ~ 1,460℃)에서 소성되며, 경도와 강도가 가장 크다.
- 흡수율은 1% 이하로 거의 없다.
- 모자이크 타일, 위생도기 등에 주로 사용된다.



92 ② 93 ③ 94 ② 95 ③ 정답

1404 / 1801

## 96

Repetitive Learning 1회 2회 3회

콘크리트의 워커빌리티(Workability)에 관한 설명으로 옳지 않은 것은?

① 과도하게 비빔시간이 길면 시멘트의 수화를 촉진하여 워커빌리티가 나빠진다.
② 단위수량을 너무 증가시키면 재료분리가 생기기 쉽기 때문에 워커빌리티가 좋아진다고 볼 수 없다.
③ AE제를 혼입하면 워커빌리티가 좋아진다.
④ 깬 자갈이나 깬 모래를 사용할 경우, 잔골재율을 작게 하고 단위수량을 감소시키면 워커빌리티가 좋아진다.

**해설**

- 깬 자갈이나 깬 모래를 사용하면 워커빌리티가 나빠지며, 잔골재를 크게 하고 단위수량을 크게 해야 워커빌리티가 좋아진다.

**워커빌리티(Workability)**

㉠ 개요
- 시공연도라고도 하며, 컨시스턴시에 의한 부어넣기의 난이도 정도 및 재료분리에 저항하는 정도를 나타낸다.

㉡ 특징
- 깬 자갈이나 깬 모래를 사용하면 워커빌리티가 나빠진다.
- 잔골새를 크게 하고 단위수량을 크게 하면 워커빌리티가 좋아진다.
- 단위수량을 너무 증가시키면 재료분리가 생기기 쉽기 때문에 워커빌리티가 좋아진다고 볼 수 없다.
- 과도하게 비빔시간이 길면 시멘트의 수화를 촉진하여 워커빌리티가 나빠진다.
- AE제를 혼입하면 워커빌리티가 좋아진다.

## 97

Repetitive Learning 1회 2회 3회

건축재료의 요구성능 중 마감재료에서 필요성이 가장 적은 항목은?

① 내충격성
② 내화성
③ 흡음성
④ 차음성

**해설**

- 천장 마감재는 내화성, 흡음성, 방수성, 차음성, 단열성 등을 고려하여야 한다.

**마감재료**

㉠ 개요
- 구조물을 보호하고 기능에 적합하도록 장식하는 재료를 말한다.
- 건물 내외부의 피복, 단열성, 방수성, 흡음성을 고려한 미적감각을 표현한다.

㉡ 요구성능
- 물리적 성능
- 화학적 성능
- 내구성능
- 방화 및 내화성능

## 98

Repetitive Learning 1회 2회 3회

세라믹 재료의 일반적인 특성에 관한 설명으로 옳지 않은 것은?

① 내열성, 화학저항성이 우수하다.
② 전・연성이 매우 뛰어나 가공이 용이하다.
③ 단단하고, 압축강도가 높다.
④ 전기절연성이 있다.

**해설**

- 세라믹 재료는 전기의 부도체이다.

**세라믹**

㉠ 개요
- 금속과 비금속 원소의 조합으로 이뤄진 재료이다.
- 산소와 금속이 결합된 산화물, 질소와 금속이 결합된 질화물, 탄화물 등이 있다.
- 알루미나($Al_2O_3$), 실리카($SiO_2$) 등이 대표적인 종류이다.

㉡ 특징
- 열을 잘 전달하면서도 열에 강하다.
- 자기적인 특징을 가지며, 전기절연성이 있어 전기의 흐름을 조절할 수 있다.
- 단단하고, 압축강도가 높으나 충격에는 약하다.
- 녹이 슬지 않는다.

정답 | 96 ④ 97 ① 98 ②

## 99 —— Repetitive Learning (1회 2회 3회)

한중콘크리트에 관한 설명으로 옳지 않은 것은?

① 한중콘크리트에는 일반콘크리트만을 사용하고, AE 콘크리트의 사용을 금한다.
② 단위수량은 초기 동해를 적게 하기 위하여 소요의 워커빌리티를 유지할 수 있는 범위 내에서 되도록 적게 정하여야 한다.
③ 물-결합재비는 원칙적으로 60% 이하로 하여야 한다.
④ 배합강도 및 물-결합재비는 적산온도 방식에 의해 결정할 수 있다.

**해설**

- 한중콘크리트에는 공기연행 콘크리트를 사용하는 것을 원칙으로 한다.

**한중콘크리트**

㉠ 개요
- 일 평균기온이 4℃ 이하인 곳에서 동결을 방지하기 위해 시공하는 콘크리트이다.
- 타설 시의 콘크리트 온도는 5℃ 이상, 20℃ 미만으로 한다.

㉡ 특징
- W/C비가 높으면 동해의 원인이 되므로 W/C비는 60% 이하로 낮춰야 한다.
- 물을 가열하여 사용하는 것을 원칙으로 하며, 시멘트는 가열해서는 안 된다.
- AE제, AE감수제 및 고성능 AE감수제 중 어느 한 종류는 반드시 사용한다.
- 빙설이 혼입된 골재는 원칙적으로 비빔에 사용하지 않는다.

## 100 —— Repetitive Learning (1회 2회 3회)

유리의 주성분 중 가장 많이 함유되어 있는 것은?

① CaO ② $SiO_2$
③ $Al_2O_3$ ④ MgO

**해설**

- 유리는 모래나 수정을 구성하는 이산화규소($SiO_2$)를 주요 성분으로 구성된다.

**유리**

㉠ 개요
- 유리는 모래나 수정을 구성하는 이산화규소($SiO_2$)를 주요 성분으로 구성된다.

㉡ 성질
- 굴절률은 1.5~1.9 정도이고 굴절률을 크게 하기 위해 산화납을 첨가한다.
- 열전도율 및 열팽창률이 작다.
- 광선에 대한 성질은 유리의 성분, 두께, 표면의 평활도 등에 따라 다르다.
- 약한 산에는 침식되지 않지만 염산·황산·질산 등에는 서서히 침식된다.

# 6과목 건설안전기술

1302

## 101 —— Repetitive Learning (1회 2회 3회)

비계의 높이가 2m 이상인 작업장소에 설치하는 작업발판의 설치기준으로 옳지 않은 것은?

① 작업발판의 폭은 40cm 이상으로 한다.
② 작업발판 재료는 뒤집히거나 떨어지지 않도록 하나 이상의 지지물에 연결하거나 고정시킨다.
③ 발판재료 간의 틈은 3cm 이하로 한다.
④ 작업발판의 지지물은 하중에 의하여 파괴될 우려가 없는 것을 사용한다.

**해설**

- 작업발판 재료는 뒤집히거나 떨어지지 않도록 둘 이상의 지지물에 연결하거나 고정시켜야 한다.

**작업발판의 구조** 실필 1902/1401 실작 1804

- 발판재료는 작업할 때의 하중을 견딜 수 있도록 견고한 것으로 할 것
- 작업발판의 폭은 40cm 이상으로 하고, 발판재료 간의 틈은 3cm 이하로 할 것
- 선박 및 보트 건조작업의 경우 선박블록 또는 엔진실 등의 좁은 작업공간에 작업발판을 설치하기 위하여 필요하면 작업발판의 폭을 30cm 이상으로 할 수 있고, 걸침비계의 경우 강관기둥 때문에 발판재료 간의 틈을 3cm 이하로 유지하기 곤란하면 5cm 이하로 할 수 있다. 이 경우 그 틈 사이로 물체 등이 떨어질 우려가 있는 곳에는 출입금지 등의 조치를 하여야 한다.
- 추락의 위험이 있는 장소에는 안전난간을 설치할 것
- 작업발판의 지지물은 하중에 의하여 파괴될 우려가 없는 것을 사용할 것
- 작업발판 재료는 뒤집히거나 떨어지지 않도록 둘 이상의 지지물에 연결하거나 고정시킬 것
- 작업발판을 작업에 따라 이동시킬 경우에는 위험 방지에 필요한 조치를 할 것



99 ① 100 ② 101 ② | 정답

## 102

Repetitive Learning 1회 2회 3회

NATM 공법 터널공사의 경우 록볼트 작업과 관련된 계측결과에 해당되지 않는 것은?

① 내공변위 측정결과
② 천단침하 측정결과
③ 인발시험 결과
④ 진동 측정결과

**해설**

• NATM 록볼트 시공 시에는 인발시험, 내공변위 측정, 천단침하 측정, 지중변위 측정 등의 결과를 검토하여 추가 시공 여부를 결정한다.

:: NATM(New Austrian Tunneling Method) 공법

• 굴착단면을 록볼트, 숏크리트 등으로 보강한 지반의 강도를 이용하여 응력집중과 암반의 이완을 억지하면서 터널을 시공하는 방법으로 지하철 터널에 주로 이용된다.
• 록볼트 시공 시 시스템 볼팅을 실시하여야 하며, 인발시험, 내공변위 측정, 천단침하 측정, 지중변위 측정 등의 결과를 검토하여야 한다.

1801

## 103

Repetitive Learning 1회 2회 3회

거푸집 동바리 등을 조립하는 경우에 준수하여야 할 사항으로 옳지 않은 것은?

① 받침목의 사용, 콘크리트 타설, 말뚝박기 등 동바리의 침하를 방지하기 위한 조치를 할 것
② 개구부 상부에 동바리를 설치하는 경우에는 상부하중을 견딜 수 있는 견고한 받침대를 설치할 것
③ 거푸집의 형상에 따른 부득이한 경우를 제외하고는 깔판이나 받침목은 2단 이상 끼우지 않도록 할 것
④ 상부·하부의 동바리가 동일 수평선상에 위치하도록 하여 깔판·받침목에 고정시킬 것

**해설**

• 상부·하부의 동바리가 동일 수직선상에 위치하도록 하여 깔판·받침목에 고정시켜야 한다.

:: 거푸집 동바리 등의 안전조치 실필 1304 실작 1804/1802/1801/1702/1701/1604/1602/1504/1502/1501/1402

㉠ 공통사항

• 받침목의 사용, 콘크리트 타설, 말뚝박기 등 동바리의 침하를 방지하기 위한 조치를 할 것
• 동바리의 상하 고정 및 미끄러짐 방지 조치를 할 것
• 상부·하부의 동바리가 동일 수직선상에 위치하도록 하여 깔판·받침목에 고정시킬 것
• 개구부 상부에 동바리를 설치하는 경우에는 상부하중을 견딜 수 있는 견고한 받침대를 설치할 것
• U헤드 등의 단판이 없는 동바리의 상단에 멍에 등을 올릴 경우에는 해당 상단에 U헤드 등의 단판을 설치하고, 멍에 등이 전도되거나 이탈되지 않도록 고정시킬 것
• 동바리의 이음은 같은 품질의 재료를 사용할 것
• 강재의 접속부 및 교차부는 볼트·클램프 등 전용철물을 사용하여 단단히 연결할 것
• 거푸집의 형상에 따른 부득이한 경우를 제외하고는 깔판이나 받침목은 2단 이상 끼우지 않도록 할 것
• 깔판이나 받침목을 이어서 사용하는 경우에는 그 깔판·받침목을 단단히 연결할 것

㉡ 동바리로 사용하는 파이프 서포트

• 파이프 서포트를 3개 이상 이어서 사용하지 않도록 할 것
• 파이프 서포트를 이어서 사용하는 경우에는 4개 이상의 볼트 또는 전용철물을 사용하여 이을 것
• 높이가 3.5m를 초과하는 경우 2m 이내마다 수평연결재를 2개 방향으로 설치할 것

1004

## 104

Repetitive Learning 1회 2회 3회

불도저를 이용한 작업 중 안전조치사항으로 옳지 않은 것은?

① 작업종료와 동시에 삽날을 지면에서 띄우고 주차 제동장치를 건다.
② 모든 조종간은 엔진 시동 전에 중립위치에 놓는다.
③ 장비의 승차 및 하차 시 뛰어내리거나 오르지 말고 안전하게 잡고 오르내린다.
④ 야간작업 시 자주 장비에서 내려와 장비 주위를 살피며 점검하여야 한다.

**해설**

• 작업종료 시 삽날은 지면에 내려두어야 한다.

:: 불도저 작업안전

• 작업종료 시 삽날은 지면에 내려두고 주차 제동장치를 한다.
• 경사면에 정지시킨 경우는 반드시 굄목을 설치한다.
• 모든 조종간은 엔진 시동 전에 중립위치에 놓는다.
• 장비의 승차 및 하차 시 뛰어내리거나 오르지 말고 안전하게 잡고 오르내린다.
• 야간작업 시 자주 장비에서 내려와 장비 주위를 살피며 점검하여야 한다.
• 불도저의 붐, 암 하부에서 수리·점검작업 시에는 반드시 안전지주 또는 안전블록을 설치하여 붐 등의 불시 하강으로 인한 끼임사고를 방지한다.

정답 | 102 ④ 103 ④ 104 ①

0804 / 1002 / 1401

## 105 Repetitive Learning (1회 2회 3회)

콘크리트 타설작업과 관련하여 준수하여야 할 사항으로 가장 거리가 먼 것은?

① 당일의 작업을 시작하기 전에 해당 작업에 관한 거푸집 동바리 등의 변형·변위 및 지반의 침하 유무 등을 점검하고 이상이 있는 경우 보수할 것
② 콘크리트를 타설하는 경우에는 편심이 발생하지 않도록 골고루 분산하여 타설할 것
③ 진동기의 사용은 많이 할수록 균일한 콘크리트를 얻을 수 있으므로 가급적 많이 사용할 것
④ 설계도서상의 콘크리트 양생기간을 준수하여 거푸집 동바리 등을 해체할 것

해설
- 콘크리트를 타설하는 경우에는 편심이 발생하지 않도록 골고루 분산하여 타설해야 한다.

∷ 콘크리트 타설작업 시 주의사항 실작 1901/1804/1801
- 당일의 작업을 시작하기 전에 해당 작업에 관한 거푸집 동바리 등의 변형·변위 및 지반의 침하 유무 등을 점검하고 이상이 있으면 보수할 것
- 작업 중에는 거푸집 동바리 등의 변형·변위 및 침하 유무 등을 감시할 수 있는 감시자를 배치하여 이상이 있으면 작업을 중지하고 근로자를 대피시킬 것
- 콘크리트 타설작업 시 거푸집 붕괴의 위험이 발생할 우려가 있으면 충분한 보강조치를 할 것
- 설계도서상의 콘크리트 양생기간을 준수하여 거푸집 동바리 등을 해체할 것
- 콘크리트를 타설하는 경우에는 편심이 발생하지 않도록 골고루 분산하여 타설할 것

## 106 Repetitive Learning (1회 2회 3회)

화물 취급작업과 관련한 위험방지를 위해 조치하여야 할 사항으로 옳지 않은 것은?

① 하역작업을 하는 장소에서 작업장 및 통로의 위험한 부분에는 안전하게 작업할 수 있는 조명을 유지할 것
② 하역작업을 하는 장소에서 부두 또는 안벽의 선을 따라 통로를 설치하는 경우에는 폭을 50[cm] 이상으로 할 것
③ 차량 등에서 화물을 내리는 작업을 하는 경우에 해당 작업에 종사하는 근로자에게 쌓여있는 화물 중간에서 화물을 빼내도록 하지 말 것
④ 꼬임이 끊어진 섬유로프 등을 화물운반용 또는 고정용으로 사용하지 말 것

해설
- 부두 또는 안벽의 선을 따라 통로를 설치하는 경우에는 폭을 90cm 이상으로 하여야 한다.

∷ 하역작업장의 조치기준
- 작업장 및 통로의 위험한 부분에는 안전하게 작업할 수 있는 조명을 유지할 것
- 부두 또는 안벽의 선을 따라 통로를 설치하는 경우에는 폭을 90cm 이상으로 할 것
- 육상에서의 통로 및 작업 장소로서 다리 또는 선거(船渠)의 갑문(閘門)을 넘는 보도(步道) 등의 위험한 부분에는 안전난간 또는 울타리 등을 설치할 것

1701

## 107 Repetitive Learning (1회 2회 3회)

유해·위험방지계획서를 제출하려고 할 때 그 첨부서류와 가장 거리가 먼 것은?

① 공사개요서
② 산업안전보건관리비 작성요령
③ 전체공정표
④ 재해발생 위험 시 연락 및 대피방법

해설
- 산업안전보건관리비 작성요령이 아니라 산업안전보건관리비 사용계획이 되어야 한다.

∷ 건설업 유해·위험방지계획서 제출 시 첨부서류
실필 1902/1202/0902

| 구분 | 내용 |
|---|---|
| 공사개요 및 안전보건관리 계획 | • 공사개요서<br>• 공사현장의 주변 현황 및 주변과의 관계를 나타내는 도면(매설물 현황 포함)<br>• 건설물, 사용 기계설비 등의 배치를 나타내는 도면<br>• 전체공정표<br>• 산업안전보건관리비 사용계획<br>• 안전관리 조직표<br>• 재해발생 위험 시 연락 및 대피방법 |



105 ③ 106 ② 107 ② 정답

## 108 Repetitive Learning (1회 2회 3회)

건설재해대책의 사면보호 공법 중 식물을 생육시켜 그 뿌리로 사면의 표층토를 고정하여 빗물에 의한 침식, 동상, 이완 등을 방지하고, 녹화에 의한 경관조성을 목적으로 시공하는 것은?

① 식생공
② 쉴드공
③ 뿜어붙이기공
④ 블록공

해설

- 쉴드공(Shield method)은 연약지반이나 대수지방에 터널을 뚫을 때 사용되는 굴착 공법이다.
- 뿜어붙이기공이나 블록공은 구조물에 의한 사면보호 공법에 해당한다.

식생공
- 건설재해대책의 사면보호 공법 중 하나이다.
- 식물을 생육시켜 그 뿌리로 사면의 표층토를 고정하여 빗물에 의한 침식, 동상, 이완 등을 방지하고, 녹화에 의한 경관조성을 목적으로 시공한다.

1702

## 109 Repetitive Learning (1회 2회 3회)

건설현장에 설치하는 사다리식 통로의 설치기준으로 옳지 않은 것은?

① 발판과 벽과의 사이는 15[cm] 이상의 간격을 유지할 것
② 발판의 간격은 일정하게 할 것
③ 사다리의 상단은 걸쳐놓은 지점으로부터 60[cm] 이상 올라가도록 할 것
④ 사다리식 통로의 길이가 10[m] 이상인 경우에는 3[m] 이내마다 계단참을 설치할 것

해설

- 사다리식 통로의 길이가 10미터 이상인 경우에는 5미터 이내마다 계단참을 설치하여야 한다.

사다리식 통로의 구조 실필 1602
- 견고한 구조로 할 것
- 심한 손상·부식 등이 없는 재료를 사용할 것
- 발판의 간격은 일정하게 할 것
- 발판과 벽과의 사이는 15cm 이상의 간격을 유지할 것
- 폭은 30cm 이상으로 할 것
- 사다리가 넘어지거나 미끄러지는 것을 방지하기 위한 조치를 할 것
- 사다리의 상단은 걸쳐놓은 지점으로부터 60cm 이상 올라가도록 할 것
- 사다리식 통로의 길이가 10미터 이상인 경우에는 5미터 이내마다 계단참을 설치할 것
- 사다리식 통로의 기울기는 75도 이하로 할 것. 다만, 고정식 사다리식 통로의 기울기는 90도 이하로 하고, 그 높이가 7미터 이상인 경우에는 바닥으로부터 높이가 2.5미터 되는 지점부터 등받이울을 설치할 것
- 접이식 사다리 기둥은 사용 시 접혀지거나 펼쳐지지 않도록 철물 등을 사용하여 견고하게 조치할 것

## 110 Repetitive Learning (1회 2회 3회)

표준관입시험에 대한 내용으로 옳지 않은 것은?

① N치(N-value)는 지반을 30cm 굴진하는 데 필요한 타격횟수를 의미한다.
② N치가 4~10일 경우 모래의 상대밀도는 매우 단단한 편이다.
③ 63.5kg 무게의 추를 76cm 높이에서 자유 낙하하여 타격하는 시험이다.
④ 사질지반에 적용하며, 점토지반에서는 편차가 커서 신뢰성이 떨어진다.

해설

- N치가 4~10인 경우 모래의 상대밀도는 느슨한 편이다.

표준관입시험(SPT)

㉠ 개요
- 지반조사의 대표적인 현장시험방법이다.
- 보링 구멍 내에 무게 63.5kg의 해머를 높이 76cm에서 낙하시켜 샘플러를 30cm 관입시키는 데 필요한 타격횟수를 측정하는 시험이다.

㉡ 특징 및 N값
- 필요 타격횟수(N값)로 모래지반의 내부 마찰각을 구할 수 있다.
- 사질지반에 적용하며, 점토지반에서는 편차가 커서 신뢰성이 떨어진다.
- N값과 상대밀도

| N값 | 0 ~ 4 | 4 ~ 10 | 10 ~ 30 | 30 ~ 50 | 50 이상 |
|---|---|---|---|---|---|
| 상대밀도 | 매우 느슨 | 느슨 | 보통 | 조밀 | 매우 조밀 |

정답 | 108 ① 109 ④ 110 ②

1102

## 111 Repetitive Learning (1회 2회 3회)

건설공사의 산업안전보건관리비 계상 시 대상액이 구분되어 있지 않은 공사는 도급계약 또는 자체사업계획상의 총 공사금액 중 얼마를 대상액으로 하는가?

① 50%　② 60%
③ 70%　④ 80%

해설

- 대상액이 구분되어 있지 않은 공사는 도급계약 또는 자체사업계획상의 총 공사금액의 70%를 대상액으로 하여 안전관리비를 계상하여야 한다.

:: 안전관리비 계상기준
실필 1704/1604/1602/1504/1302/1204/1201/1104/1102/0904

- 공사종류 및 규모별 안전관리비 계상기준표

| | 5억원 미만 | 5억원 이상 50억원 미만 | | 50억원 이상 |
|---|---|---|---|---|
| | | 비율(X) | 기초액(C) | |
| 일반건설공사(갑) | 2.93% | 1.86% | 5,349,000원 | 1.97% |
| 일반건설공사(을) | 3.09% | 1.99% | 5,499,000원 | 2.10% |
| 중건설공사 | 3.43% | 2.35% | 5,400,000원 | 2.44% |
| 철도・궤도신설공사 | 2.45% | 1.57% | 4,411,000원 | 1.66% |
| 특수및기타건설공사 | 1.85% | 1.20% | 3,250,000원 | 1.27% |

- 대상액이 5억원 미만 또는 50억원 이상일 경우에는 대상액에 표에서 정한 비율을 곱한 금액
- 대상액이 5억원 이상 50억원 미만일 때에는 대상액에 별표에서 정한 비율을 곱한 금액에 기초액을 합한 금액
- 대상액이 구분되어 있지 않은 공사는 도급계약 또는 자체사업계획상의 총 공사금액의 70%를 대상액으로 하여 안전관리비를 계상하여야 한다.
- 발주자가 재료를 제공하거나 물품이 완제품의 형태로 제작 또는 납품되어 설치되는 경우에 해당 재료비 또는 완제품의 가액을 대상액에 포함시킬 경우의 안전관리비는 해당 재료비 또는 완제품의 가액을 포함시키지 않은 대상액을 기준으로 계상한 안전관리비의 1.2배를 초과할 수 없다.
- 발주자 또는 자기공사자는 설계변경 등으로 대상액의 변동이 있는 경우에 지체 없이 안전관리비를 조정 계상하여야 한다.

## 112 Repetitive Learning (1회 2회 3회)

흙막이 지보공을 설치하였을 경우 정기적으로 점검해야 하는 사항과 가장 거리가 먼 것은?

① 부재의 접속부・부착부 및 교차부의 상태
② 버팀대의 긴압(緊壓)의 정도
③ 부재의 손상・변형・부식・변위 및 탈락의 유무와 상태
④ 지표수의 흐름 상태

해설

- 흙막이 지보공을 설치하였을 때에 정기적으로 점검하고 이상을 발견하면 즉시 보수하여야 할 사항에는 ①, ②, ③ 외에 침하의 정도가 있다.

:: 흙막이 지보공을 설치하였을 때에 정기적으로 점검하고 이상을 발견하면 즉시 보수하여야 할 사항 실작 1901/1802/1601

- 부재의 손상・변형・부식・변위 및 탈락의 유무와 상태
- 버팀대의 긴압(緊壓)의 정도
- 부재의 접속부・부착부 및 교차부의 상태
- 침하의 정도

0402 / 1701

## 113 Repetitive Learning (1회 2회 3회)

작업발판 및 통로의 끝이나 개구부로서 근로자가 추락할 위험이 있는 장소에서 난간 등의 설치가 매우 곤란하거나 작업의 필요상 임시로 난간 등을 해체하여야 하는 경우에 설치하여야 하는 것은?

① 구명구
② 수직보호망
③ 석면포
④ 추락방호망

해설

- 사업주는 난간 등을 설치하는 것이 매우 곤란하거나 작업의 필요상 임시로 난간 등을 해체하여야 하는 경우 안전방망(추락방호망)을 설치하여야 한다.

:: 개구부 등의 방호조치 실필 1201 실작 1804/1801/1602/1504/1402

- 사업주는 작업발판 및 통로의 끝이나 개구부로서 근로자가 추락할 위험이 있는 장소에는 안전난간, 울타리, 수직형 추락방호망 또는 덮개 등의 방호조치를 충분한 강도를 가진 구조로 튼튼하게 설치하여야 하며, 덮개를 설치하는 경우에는 뒤집히거나 떨어지지 않도록 설치하여야 한다. 이 경우 어두운 장소에서도 알아볼 수 있도록 개구부임을 표시하여야 한다.
- 사업주는 난간 등을 설치하는 것이 매우 곤란하거나 작업의 필요상 임시로 난간 등을 해체하여야 하는 경우 추락방호망을 설치하여야 한다. 다만, 추락방호망을 설치하기 곤란한 경우에는 근로자에게 안전대를 착용하도록 하는 등 추락할 위험을 방지하기 위하여 필요한 조치를 하여야 한다.



111 ③ 112 ④ 113 ④ 정답

## 114

Repetitive Learning (1회 2회 3회)

산업안전보건법령에 따른 양중기의 종류에 해당하지 않는 것은?

① 곤돌라 ② 리프트
③ 크램쉘 ④ 크레인

해설

- 크램쉘(Clam shell)은 수중굴착 및 구조물의 기초바닥 등과 같은 협소하고 상당히 깊은 범위의 굴착과 호퍼작업에 사용하는 굴착 기계이다.

양중기의 종류 실필 1902/1201

- 크레인(Crane)(호이스트(Hoist) 포함)
- 이동식크레인
- 리프트(이삿짐운반용의 경우 적재하중 0.1톤 이상)
- 곤돌라
- 승강기

1404

## 115

Repetitive Learning (1회 2회 3회)

철골용접부의 결함을 검사하는 방법으로 가장 거리가 먼 것은?

① 알칼리반응시험
② 방사선투과시험
③ 지기분말탐상시험
④ 침투탐상시험

해설

- 제품 내부의 결함, 용접부의 내부결함 등을 제품 파괴 없이 외부에서 검사하는 방법은 비파괴검사로 이의 종류에는 누수시험, 누설시험, 음향탐상, 초음파탐상, 자분탐상, 와류탐상, 침투탐상, 방사선투과시험 등이 있다.
- 알칼리반응시험은 시멘트 중의 알칼리 성분이 물이나 골재 중의 알칼리 반응성 실리카질 광물에 의해 화학반응하는지를 검사하는 시험이다.

비파괴검사

㉠ 개요

- 제품 내부의 결함, 용접부의 내부결함 등을 제품 파괴 없이 외부에서 검사하는 방법을 말한다.
- 종류에는 누수시험, 누설시험, 음향탐상, 초음파탐상, 자분탐상, 와류탐상, 침투탐상, 방사선투과시험 등이 있다.

㉡ 대표적인 비파괴검사

|  |  |
|---|---|
| 음향탐상검사 | 손 또는 망치로 타격 진동시켜 발생하는 음을 검사 |
| 방사선투과시험 | X선의 강도나 노출시간을 조절하여 검사 |
| 초음파탐상검사 | 초음파의 반사(타진)의 원리를 이용하여 검사 |
| 자분탐상시험 | 결함부위의 자극에 자분이 부착되는 것을 이용 |
| 와류탐상시험 | 결함부위 전류흐름의 난조를 이용하여 검사 |
| 침투탐상시험 | 비자성 금속재료의 표면균열 검사에 사용 |

㉢ 특징

- 생산제품에 손상이 없이 직접 시험이 가능하다.
- 현장시험이 가능하다.
- 시험방법에 따라 설비비가 많이 든다.

0304

## 116

Repetitive Learning (1회 2회 3회)

도심지 폭파해체 공법에 관한 설명으로 옳지 않은 것은?

① 장기간 발생하는 진동, 소음이 적다.
② 해체 속도가 빠르다.
③ 주위의 구조물에 끼치는 영향이 적다.
④ 많은 분진 발생으로 민원을 발생시킬 우려가 있다.

해설

- 폭파해체 공법은 주위 구조물에 끼치는 영향이 다른 해체 공법에 비해 크다.

폭파해체 공법

- 공사기간이 짧고 해체속도가 빠르다.
- 장기적인 진동이나 소음이 적다.
- 발파 충격은 주위의 구조물에 영향을 끼치기 쉽다.
- 발파 후 대량의 분진이 발생되어 민원발생의 우려가 있다.

## 117

Repetitive Learning (1회 2회 3회)

근로자의 추락 등의 위험을 방지하기 위한 안전난간의 설치요건에서 상부 난간대를 120cm 이상 지점에 설치하는 경우 중간 난간대를 최소 몇 단 이상 균등하게 설치하여야 하는가?

① 2단 ② 3단
③ 4단 ④ 5단

정답 | 114 ③ 115 ① 116 ③ 117 ①

해설

- 상부 난간대를 120cm 이하에 설치하는 경우에는 중간 난간대는 상부 난간대와 바닥면 등의 중간에 설치하여야 하며, 120cm 이상 지점에 설치하는 경우에는 중간 난간대를 2단 이상으로 균등하게 설치하고 난간의 상하 간격은 60cm 이하가 되도록 한다.

안전난간의 구조 및 설치요건 실필 1704/1102/0902
실작 1902/1704/1602/1501

- 상부 난간대, 중간 난간대, 발끝막이판 및 난간기둥으로 구성할 것. 다만, 중간 난간대, 발끝막이판 및 난간기둥은 이와 비슷한 구조와 성능을 가진 것으로 대체할 수 있다.
- 상부 난간대는 바닥면·발판 또는 경사로의 표면으로부터 90cm 이상 지점에 설치하고, 상부 난간대를 120cm 이하에 설치하는 경우에는 중간 난간대는 상부 난간대와 바닥면 등의 중간에 설치하여야 하며, 120cm 이상 지점에 설치하는 경우에는 중간 난간대를 2단 이상으로 균등하게 설치하고 난간의 상하 간격은 60cm 이하가 되도록 한다.
- 발끝막이판은 바닥면 등으로부터 10cm 이상의 높이를 유지할 것. 다만, 물체가 떨어지거나 날아올 위험이 없거나 그 위험을 방지할 수 있는 망을 설치하는 등 필요한 예방 조치를 한 장소는 제외한다.
- 난간기둥은 상부 난간대와 중간 난간대를 견고하게 떠받칠 수 있도록 적정한 간격을 유지한다.
- 상부 난간대와 중간 난간대는 난간 길이 전체에 걸쳐 바닥면 등과 평행을 유지한다.
- 난간대는 지름 2.7cm 이상의 금속제 파이프나 그 이상의 강도가 있는 재료여야 한다.
- 안전난간은 구조적으로 가장 취약한 지점에서 가장 취약한 방향으로 작용하는 100킬로그램 이상의 하중에 견딜 수 있는 튼튼한 구조여야 한다.

0304 / 1802

## 118 Repetitive Learning (1회 2회 3회)

말비계를 조립하여 사용하는 경우에 지주부재와 수평면의 기울기는 최대 몇 도 이하로 하여야 하는가?

① 65°
② 70°
③ 75°
④ 80°

해설

- 말비계 조립 시 지주부재와 수평면의 기울기를 75도 이하로 한다.

말비계 조립 시 준수사항 실작 1902/1804/1802/1801

- 지주부재(支柱部材)의 하단에는 미끄럼 방지장치를 하고, 근로자가 양측 끝부분에 올라서서 작업하지 않도록 할 것
- 지주부재와 수평면의 기울기를 75도 이하로 하고, 지주부재와 지주부재 사이를 고정시키는 보조부재를 설치할 것
- 말비계의 높이가 2m를 초과하는 경우에는 작업발판의 폭을 40cm 이상으로 할 것

## 119 Repetitive Learning (1회 2회 3회)

지반 등의 굴착 시 위험을 방지하기 위한 연암 지반 굴착면 기울기 기준으로 옳은 것은?

① 1 : 0.3
② 1 : 0.5
③ 1 : 1.0
④ 1 : 1.2

해설

- 연암은 1 : 1.0의 구배를 갖도록 한다.

굴착면 기울기 기준 실필 1701/1702
실작 1802/1801/1702/1701/1601/1504

| 지반의 종류 | 기울기 |
|---|---|
| 모래 | 1 : 1.8 |
| 연암 및 풍화암 | 1 : 1.0 |
| 경암 | 1 : 0.5 |
| 그 밖의 흙 | 1 : 1.2 |

1701

## 120 Repetitive Learning (1회 2회 3회)

흙막이 공법을 흙막이 지지방식에 의한 분류와 구조방식에 의한 분류로 나눌 때 다음 중 지지방식에 의한 분류에 해당하는 것은?

① 수평 버팀대식 흙막이 공법
② H-Pile 공법
③ 지하연속벽 공법
④ Top down method 공법



118 ③ 119 ③ 120 ① 정답

해설

- 흙막이 공법은 지지방식에 의해서 자립 공법, 버팀대식 공법, 어스앵커 공법 등으로 나뉜다.
- H-Pile 공법, 지하연속벽 공법, Top down method 공법은 구조방식에 의한 분류에 해당한다.

흙막이(Sheathing) 공법 실필 1301

㉠ 개요

- 흙막이란 지반을 굴착할 때 주위의 지반이 침하나 붕괴하는 것을 방지하기 위해 설치하는 가시설물 등을 말한다.
- 토압이나 수압 등에 저항하는 벽체와 그 지보공 일체를 말한다.
- 지지방식에 의해서 자립 공법, 버팀대식 공법, 어스앵커 공법 등으로 나뉜다.
- 구조방식에 의해서 H-pile 공법, 널말뚝 공법, 지하연속벽 공법, Top down method 공법 등으로 나뉜다.

㉡ 흙막이 공법 선정 시 고려사항

- 흙막이 해체를 고려하여야 한다.
- 안전하고 경제적인 공법을 선택해야 한다.
- 지하수에 의한 지반침하를 최소화하기 위해 차수성이 높은 공법을 선택해야 한다.
- 지반성상에 적합한 공법을 선택해야 한다.

# 출제문제 분석 2021년 1회

| 구분 | 1과목 | 2과목 | 3과목 | 4과목 | 5과목 | 6과목 | 합계 |
|---|---|---|---|---|---|---|---|
| New유형 | 0 | 2 | 0 | 2 | 1 | 0 | 5 |
| New문제 | 7 | 12 | 9 | 7 | 7 | 6 | 48 |
| 또나온문제 | 6 | 3 | 9 | 8 | 8 | 7 | 41 |
| 자꾸나온문제 | 7 | 5 | 2 | 5 | 8 | 7 | 31 |
| 합계 | 20 | 20 | 20 | 20 | 20 | 20 | 120 |

- New유형은 New문제 중 기존 기출문제와 완전히 다른 유형의 문제를 말합니다.
- New문제는 기존에 출제되지 않은 문제로 이번에 처음 출제되는 문제입니다.
- 또나온문제는 기존에 출제된 적이 1번 있는 문제를 말합니다.
- 자꾸나온문제는 기존에 출제된 적이 2번 이상 있는 문제를 말합니다. 그만큼 중요한 문제입니다.

## 몇 년분의 기출문제를 공부해야 합격할 수 있을까요?

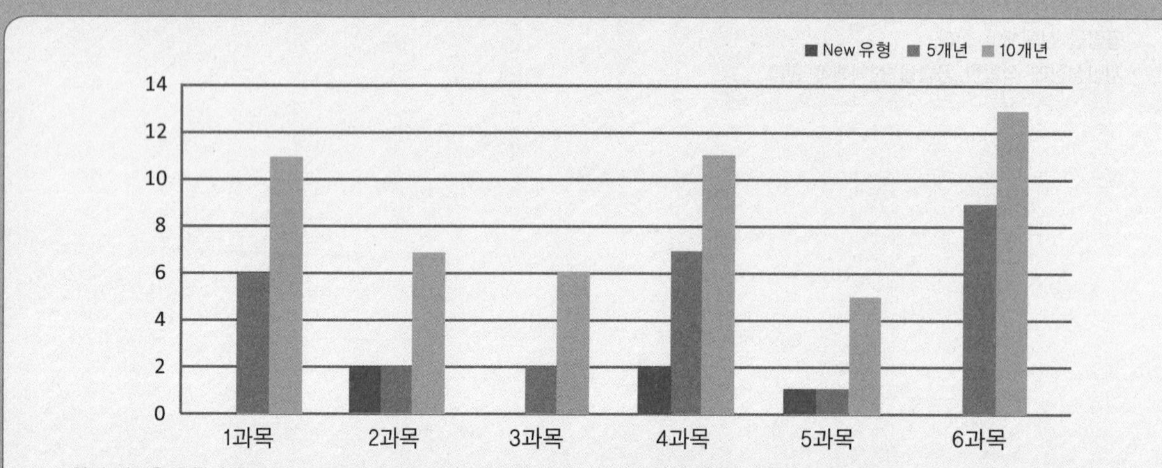


- 완전 새로운 유형의 문제는 5문제이고 115문제가 이미 출제된 문제 혹은 변형문제입니다.
- 5년분(2016~2020) 기출에서 동일문제가 27문항이 출제되었고, 10년분(2011~2020) 기출에서 동일문제가 53문항이 출제되었습니다.

## 실기에 나왔어요!! 외우세요!!!

실기시험은 필답형과 작업형으로 구분되어 있으며 모두 주관식으로 직접 내용을 적어야 합니다. 필기 공부하면서 실기 출제된 내역들은 좀 더 신경써서 암기하실 필요가 있어요. 필기 합격자 발표 난 후 실기시험까지는 5주밖에 여유가 없답니다. 어차피 공부할 것 필기 때 확실하게 해준다면 실기도 단방에 합격할 수 있습니다.

- 총 20개의 해설이 실기 필답형 시험과 연동되어 있습니다.
- 총 10개의 해설이 실기 작업형 시험과 연동되어 있습니다.

## 분석의견

새로운 유형의 문제가 5문제밖에 출제되지 않았음에도 불구하고 합격률이 50% 미만으로 떨어졌습니다. 변형문제가 그만큼 많이 출제되었습니다. 특히 최근 5년간의 기출에서 2과목의 경우는 2문제만, 5과목의 경우는 1문제만 출제되었습니다. 5년분만 공부하신 분들에게는 다소 어렵게 느껴질만한 난이도의 시험이었습니다. 합격률은 45.19%였습니다. 합격에 필요한 점수를 획득하기 위해서는 최근 10년분 문제 2회독 이상 + 유형별 핵심이론의 정독이 필요할 것으로 판단됩니다.

# 2021년 제1회

2021년 3월 7일 필기

21년 1회차 필기시험

합격률 45.2%

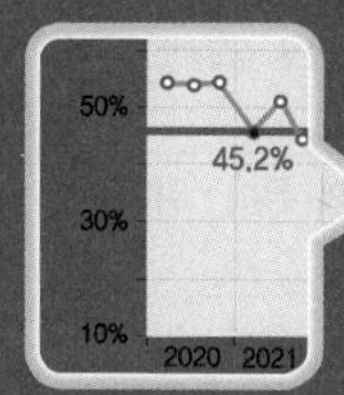


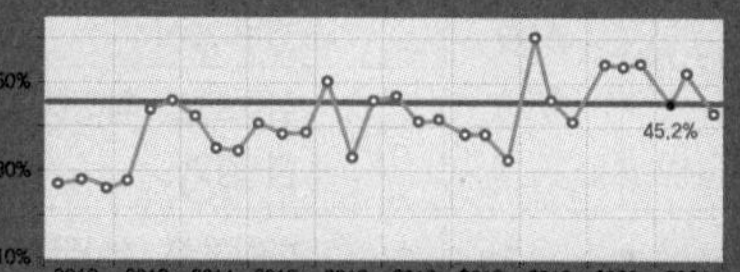


## 1과목 산업안전관리론

0901 / 1304 / 1801

**01** Repetitive Learning 1회 2회 3회

안전관리에 있어 5C 운동(안전행동 실천운동)에 속하지 않는 것은?

① 통제관리(Control)
② 청소청결(Cleaning)
③ 정리정돈(Clearance)
④ 전심전력(Concentration)

해설

- 통제관리(Control)가 아니라 점검확인(Checking)과 복장단정(Correctness)이어야 한다.

:: 5C 운동
- 산업재해로 인한 인적·물적 손실을 줄이기 위하여 실시하는 안전행동 실천운동이다.
- 정리정돈(Clearance), 청소청결(Cleaning), 전심전력(Concentration), 복장단정(Correctness), 점검확인(Checking)을 말한다.
- 근로자의 불안전한 행동으로 인한 재해를 예방하여 쾌적한 작업환경을 이루고 생산성의 향상과 원가절감, 판매촉진과 품질향상을 통해 궁극적으로 인간존중의 이념과 기업이윤을 극대화하는 것을 목표로 한다.

1401

**02** Repetitive Learning 1회 2회 3회

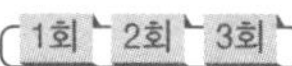

연평균 200명의 근로자가 작업하는 사업장에서 연간 2건의 재해가 발생하여 사망이 2명, 50일의 휴업일수가 발생했을 때, 이 사업장의 강도율은?(단, 근로자 1명당 연간근로시간은 2,400시간으로 한다)

① 약 15.7　　② 약 31.3
③ 약 65.5　　④ 약 74.3

해설

- 강도율은 1,000시간 근로 중에 발생하는 근로손실일수를 말한다.
- 연간총근로시간은 $200 \times 2,400 = 480,000$시간이다.
- 근로손실일수는 사망 1인당 7,500일이므로 15,000일과 휴업일수가 50일이므로 $50 \times \frac{300}{365} = 41.10$일로 합하면 15,041.10일이다.
- 강도율 = $\frac{15,041.10}{480,000} \times 1,000 \simeq 31.34$이다.

:: 강도율(SR : Severity Rate of injury)

실필 1804/1702/1501/1402/1401/1304/0902/0901

- 재해로 인한 근로손실의 강도를 나타낸 값으로 연간총근로시간에서 1,000시간당 근로손실일수를 의미한다.
- 강도율 = $\frac{\text{근로손실일수}}{\text{연간총근로시간}} \times 1,000$으로 구하고,

  평균강도율 = $\frac{\text{강도율}}{\text{도수율}} \times 1,000$으로 구한다.
- 근로자의 근속연수 등이 주어지지 않을 때 평생 근로손실일수는 한 개인이 평생 동안 근로한 시간을 100,000시간으로 볼 때의 근로손실일수이므로 강도율에 100을 곱하여 구한다.

**03** Repetitive Learning 1회 2회 3회

산업안전보건법령상 안전보건표지의 색채와 색도기준의 연결이 옳은 것은?(단, 색도기준은 한국산업표준(KS)에 따른 색의 3속성에 의한 표시방법에 따른다)

① 흰색 : N0.5
② 녹색 : 5G 5.5/6
③ 빨간색 : 5R 4/12
④ 파란색 : 2.5PB 4/10

해설

- 빨간색은 7.5R 4/14이고, 녹색은 2.5G 4/10, 흰색은 N9.5이다.

정답 | 01 ① 02 ② 03 ④

:: 안전·보건표지의 색채, 색도기준 및 용도 실필 1802/1601/1402/1301

| 색채 | 색도기준 | 용도 | 사용례 |
|---|---|---|---|
| 빨간색 | 7.5R 4/14 | 금지 | 정지신호, 소화설비 및 그 장소, 유해행위의 금지 |
| | | 경고 | 화학물질 취급장소에서의 유해·위험 경고 |
| 노란색 | 5Y 8.5/12 | 경고 | 화학물질 취급장소에서의 유해·위험경고 이외의 위험경고, 주의표지 또는 기계방호물 |
| 파란색 | 2.5PB 4/10 | 지시 | 특정 행위의 지시 및 사실의 고지 |
| 녹색 | 2.5G 4/10 | 안내 | 비상구 및 피난소, 사람 또는 차량의 통행표지 |
| 흰색 | N9.5 | - | 파란색 또는 녹색에 대한 보조색 |
| 검은색 | N0.5 | - | 문자 및 빨간색 또는 노란색에 대한 보조색 |

## 04 Repetitive Learning (1회 2회 3회)

위험예지훈련의 문제해결 4단계(4R)에 속하지 않는 것은?

① 현상파악 ② 본질추구
③ 대책수립 ④ 후속조치

해설

- 위험예지훈련 기초 4라운드는 1R(현상파악) - 2R(본질추구) - 3R(대책수립) - 4R(목표설정)으로 이뤄진다.

:: 위험예지훈련 기초 4Round 기법

| | | |
|---|---|---|
| 1Round | 현상파악 (사실의 파악단계) | 전원이 토의를 통하여 위험요인을 발견하는 단계 |
| 2Round | 본질추구 (원인탐색 단계) | 위험의 포인트를 결정하여 전원이 지적 확인을 하는 단계 |
| 3Round | 대책수립 (대책수립 단계) | 발견된 위험요인을 극복하기 위한 방법을 제시하는 단계 |
| 4Round | 목표설정 (행동계획 결정단계) | 나온 대책들을 공감하고 팀의 행동목표를 설정하고 지적 확인하는 단계 |

1201 / 1404 / 1802 / 2003

## 05 Repetitive Learning (1회 2회 3회)

산업안전보건법령상 산업안전보건관리비 사용명세서는 건설공사 종료 후 얼마간 보존해야 하는가?(단, 공사가 1개월 이내에 종료되는 사업은 제외한다)

① 6개월간 ② 1년간
③ 2년간 ④ 3년간

해설

- 사업주는 산업안전보건관리비 사용명세서를 매월 작성하고 공사 종료 후 1년간 보존하여야 한다.

:: 산업안전보건관리비 사용명세서의 보존기간

- 사업주는 고용노동부장관이 정하는 바에 따라 해당 공사를 위하여 계상된 산업안전보건관리비를 그가 사용하는 근로자와 그의 수급인이 사용하는 근로자의 산업재해 및 건강장해 예방에 사용하고 그 사용명세서를 매월 작성하고 공사 종료 후 1년간 보존하여야 한다.

## 06 Repetitive Learning (1회 2회 3회)

시설물의 안전 및 유지관리에 관한 특별법상 다음과 같이 정의되는 것은?

> 시설물의 붕괴·전도 등으로 인한 재난 또는 재해가 발생할 우려가 있는 경우에 시설물의 물리적·기능적 결함을 신속하게 발견하기 위하여 실시하는 점검

① 긴급안전점검 ② 특별안전점검
③ 정밀안전점검 ④ 정기안전점검

해설

- 시설물의 안전 및 유지관리에 관한 특별법상 안전점검에는 정기점검, 정밀점검, 긴급점검이 있다.
- 정밀안전점검은 시설물의 상태를 판단하고 시설물이 점검 당시의 사용요건을 만족시키고 있는지 확인하며 시설물 주요부재의 상태를 확인할 수 있는 수준의 외관조사 및 측정·시험장비를 이용한 조사를 실시하는 안전점검이다.
- 정기안전점검은 시설물의 상태를 판단하고 시설물이 점검 당시의 사용요건을 만족시키고 있는지 확인할 수 있는 수준의 외관조사를 실시하는 안전점검이다.

:: 안전점검의 구분

| | |
|---|---|
| 정기안전점검 | 시설물의 상태를 판단하고 시설물이 점검 당시의 사용요건을 만족시키고 있는지 확인할 수 있는 수준의 외관조사를 실시하는 안전점검 |
| 정밀안전점검 | 시설물의 상태를 판단하고 시설물이 점검 당시의 사용요건을 만족시키고 있는지 확인하며 시설물 주요부재의 상태를 확인할 수 있는 수준의 외관조사 및 측정·시험장비를 이용한 조사를 실시하는 안전점검 |
| 긴급안전점검 | 시설물의 붕괴·전도 등으로 인한 재난 또는 재해가 발생할 우려가 있는 경우에 시설물의 물리적·기능적 결함을 신속하게 발견하기 위하여 실시하는 점검 |



04 ④ 05 ② 06 ① 정답

## 07

Repetitive Learning (1회 2회 3회)

산업안전보건법령상 건설업의 경우 안전보건관리규정을 작성하여야 하는 상시근로자수 기준으로 옳은 것은?

① 50명 이상　② 100명 이상

③ 200명 이상　④ 300명 이상

해설

- 별도로 지정한 10개의 사업 외 일반적인 사업의 경우 상시근로자 100명 이상을 사용하는 사업장은 안전보건관리규정을 작성하여야 한다.

안전보건관리규정 실필 1601/1101

- 안전보건관리규정을 작성하여야 할 사업의 종류 및 규모

| 사업의 종류 | 규모 |
|---|---|
| 1. 농업<br>2. 어업<br>3. 소프트웨어 개발 및 공급업<br>4. 컴퓨터 프로그래밍, 시스템 통합 및 관리업<br>5. 정보서비스업<br>6. 금융 및 보험업<br>7. 임대업(부동산 제외) | 상시근로자 300명 이상을 사용하는 사업장 |
| 8. 전문, 과학 및 기술 서비스업 (연구개발업 제외)<br>9. 사업지원 서비스업<br>10. 사회복지 서비스업 | 상시근로자 300명 이상을 사용하는 사업장 |
| 11. 제1호부터 제10호까지의 사업을 제외한 사업 | 상시근로자 100명 이상을 사용하는 사업장 |

- 사업주는 안전보건관리규정을 작성하여야 할 사유가 발생한 날부터 30일 이내에 안전보건관리규정을 작성하여야 한다. 이를 변경할 사유가 발생한 경우에도 또한 같다.
- 사업주는 안전보건관리규정을 작성하거나 변경할 때에는 산업안전보건위원회의 심의·의결을 거쳐야 한다. 다만, 산업안전보건위원회가 설치되어 있지 아니한 사업장의 경우에는 근로자대표의 동의를 받아야 한다.

1402

## 08

Repetitive Learning (1회 2회 3회)

작업자가 기계 등의 취급을 잘못해도 사고가 발생하지 않도록 방지하는 기능은?

① Back up 기능

② Fail safe 기능

③ 다중계화 기능

④ Fool proof 기능

해설

- 풀 프루프(Fool proof)는 작업자가 기계 설비를 잘못 취급하더라도 사고가 일어나지 않도록 하는 기능을 말한다.

풀 프루프(Fool proof)

㉠ 개요

- 기계 조작에 익숙하지 않은 사람이나 기계의 위험성 등을 이해하지 못한 사람이라도 기계 조작 시 조작 실수를 하지 않도록 하는 기능으로 작업자가 기계 설비를 잘못 취급하더라도 사고가 일어나지 않도록 하는 기능을 말한다.
- 계기나 표시를 보기 쉽게 하거나 이른바 인체공학적 설계도 넓은 의미의 풀 프루프에 해당된다.
- 각종 기구의 인터록 장치, 크레인의 권과방지장치, 카메라의 이중 촬영방지장치, 기계의 회전부분에 울이나 커버 장치, 승강기 중량제한시 운행정지 장치, 선풍기 가드에 손이 들어갈 경우 회전정지장치 등이 이에 해당한다.

㉡ 조건

- 인간이 에러를 일으키기 어려운 구조나 기능을 가지도록 한다.
- 조작순서가 잘못되어도 올바르게 작동하도록 한다.

0901 / 1301

## 09

Repetitive Learning (1회 2회 3회)

재해조사 시 유의사항으로 틀린 것은?

① 인적, 물적 양면의 재해요인을 모두 도출한다.

② 책임 추궁보다 재발 방지를 우선하는 기본태도를 갖는다.

③ 목격자 등이 증언하는 사실 이외의 추측의 말은 참고만 한다.

④ 목격자의 기억보존을 위하여 조사는 담당자 단독으로 신속하게 실시한다.

해설

- 객관적인 조사를 위하여 조사는 2인 이상이 한다.

재해조사의 유의사항

- 피해자에 대한 구급조치를 최우선으로 하고, 2차 재해의 방지를 위해 적정 보호구를 착용한다.
- 가급적 재해 현장이 변형되지 않은 상태에서 신속하게 한다.
- 사실 이외의 추측되는 말은 참고용으로만 활용한다.
- 사람, 기계설비 양면의 재해요인을 모두 도출한다.
- 과거 사고 발생 경향 등을 참고하여 조사한다.
- 객관적 입장에서 재해방지에 우선을 두고 조사하며, 조사는 2인 이상이 한다.

정답 | 07 ② 08 ④ 09 ④

1204

## 10 ─ Repetitive Learning (1회 2회 3회)

재해의 분석에 있어 사고유형, 기인물, 불안전한 상태, 불안전한 행동을 하나의 축으로 하고, 그것을 구성하고 있는 몇 개의 분류 항목을 크기가 큰 순서대로 나열하여 비교하기 쉽게 도시한 통계 양식의 도표는?

① 직선도 ② 특성요인도
③ 파레토도 ④ 체크리스트

해설

- 통계에 의한 재해원인 분석방법에는 파레토도, 특성요인도, 클로즈도, 관리도 등이 있다.
- 특성요인도는 재해라고 하는 결과에 미치게 하는 원인요소와의 관계를 상호의 인과관계만으로 결부시켜 도표화하는 분석방법이다.
- 크로스도는 두 가지 이상의 문제에 대한 관계분석 시에 주로 사용하는 분석방법이다.

통계에 의한 재해원인 분석방법

- 파레토도, 특성요인도, 클로즈분석, 관리도 등이 있다.

| | |
|---|---|
| 파레토(Pareto)도 | 작업현장에서 발생하는 작업 환경 불량이나 고장, 재해 등의 내용을 분류하고 그 건수와 금액을 크기 순으로 나열하여 작성한 그래프 |
| 특성요인도 (Characteristics diagram) | 사실의 확인단계에서 재해의 원인과 결과를 연계하여 상호 관계를 파악하기 위하여 어골상으로 도표화하는 분석방법 |
| 클로즈분석 | 두 가지 이상의 문제에 대한 관계분석 시에 주로 사용하는 분석방법 |
| 관리도 (Control chart) | 산업재해의 분석 및 평가를 위하여 재해 발생건수 등의 추이에 대해 한계선을 설정하여 목표관리를 수행하는 재해통계 분석기법 |

1904

## 11 ─ Repetitive Learning (1회 2회 3회)

산업안전보건법령상 안전관리자의 업무에 명시되지 않은 것은?

① 사업장 순회점검, 지도 및 조치 건의
② 물질안전보건자료의 게시 또는 비치에 관한 보좌 및 지도·조언
③ 산업재해에 관한 통계의 유지·관리·분석을 위한 보좌 및 지도·조언
④ 해당 사업장 안전교육계획의 수립 및 안전교육 실시에 관한 보좌 및 지도·조언

해설

- 물질안전보건자료의 게시 또는 비치에 관한 보좌 및 조언·지도는 보건관리자의 업무에 해당한다.

안전관리자의 업무 실필 1704/1001/0804

- 산업안전보건위원회 또는 안전·보건에 관한 노사협의체에서 심의·의결한 업무와 사업장의 안전보건관리규정 및 취업규칙에서 정한 업무
- 안전인증대상 기계·기구 등과 자율안전확인대상 기계·기구 등 구입 시 적격품의 선정에 관한 보좌 및 조언·지도
- 위험성 평가에 관한 보좌 및 조언·지도
- 해당 사업장 안전교육계획의 수립 및 안전교육 실시에 관한 보좌 및 조언·지도
- 사업장 순회점검·지도 및 조치의 건의
- 산업재해 발생의 원인 조사·분석 및 재발 방지를 위한 기술적 보좌 및 조언·지도
- 산업재해에 관한 통계의 유지·관리·분석을 위한 보좌 및 조언·지도
- 안전에 관한 사항의 이행에 관한 보좌 및 조언·지도
- 업무수행 내용의 기록·유지
- 그 밖에 안전에 관한 사항으로서 고용노동부장관이 정하는 사항

1004

## 12 ─ Repetitive Learning (1회 2회 3회)

보호구 안전인증 고시상 성능이 다음과 같은 방음용 귀마개(기호)로 옳은 것은?

| 저음부터 고음까지 차음하는 것 |
|---|

① EP-1 ② EP-2
③ EP-3 ④ EP-4

해설

- 방음용 귀마개는 1종과 2종으로 구분되며, 2종(EP-2)은 주로 고음을 차음하고 저음은 차음하지 않는다.

방음용 귀마개 또는 귀덮개의 종류·등급 등

| 종류 | 등급 | 기호 | 성능 | 비고 |
|---|---|---|---|---|
| 귀마개 | 1종 | EP-1 | 저음부터 고음까지 차음하는 것 | 귀마개의 경우 재사용 여부를 제조특성으로 표기 |
| | 2종 | EP-2 | 주로 고음을 차음하고 저음(회화음영역)은 차음하지 않는 것 | |
| 귀덮개 | – | EM | | |



10 ③ 11 ② 12 ① 정답

1802

## 13 Repetitive Learning 1회 2회 3회

재해발생의 간접원인 중 교육적 원인에 속하지 않는 것은?

① 안전수칙의 오해
② 경험훈련의 미숙
③ 안전지식의 부족
④ 작업지시 부적당

해설

• 작업지시의 부적당은 기초원인 중 작업관리상의 원인에 해당한다.

:: 재해발생의 간접원인

• 2차원인(기술적, 교육적, 신체적, 정신적 원인)과 기초원인(관리상의 원인과 학교 교육적 원인, 사회적 또는 역사적 원인)으로 구분된다.

| | | |
|---|---|---|
| 2차 원인 | 기술적 원인 | • 건물, 기계장치 설계 불량<br>• 점검, 정비, 보존 불량<br>• 구조 재료의 부적합<br>• 생산공정의 부적절 |
| | 교육적 원인 | • 안전수칙의 오해<br>• 경험훈련의 미숙<br>• 안전지식의 부족<br>• 작업방법 및 유해위험 작업의 교육 불충분 |
| | 신체적 원인 | • 피로<br>• 시력 및 청각 기능 이상<br>• 근육운동의 부적당<br>• 육체적 한계 |
| | 정신적 원인 | • 안전의식의 부족<br>• 주의력 및 판단력 부족<br>• 잘못된 판단<br>• 방심 |
| 기초 원인 | 작업관리상의 원인 | • 작업지시의 부적당<br>• 안전관리 조직의 결함<br>• 안전수칙의 미제정<br>• 작업준비의 불충분<br>• 인원배치의 부적당 |
| | 학교 교육적 원인 | • 재해의 근본 원인 |
| | 사회적 또는 역사적 원인 | |

0804 / 1102

## 14 Repetitive Learning 1회 2회 3회

산업안전보건기준에 관한 규칙상 지게차를 사용하는 작업을 하는 때의 작업 시작 전 점검사항에 명시되지 않은 것은?

① 제동장치 및 조종장치 기능의 이상 유무
② 하역장치 및 유압장치 기능의 이상 유무
③ 와이어로프가 통하고 있는 곳 및 작업장소의 지반상태
④ 전조등 · 후미등 · 방향지시기 및 경보장치 기능의 이상 유무

해설

• 와이어로프가 통하고 있는 곳 및 작업장소의 지반상태는 이동식 크레인을 사용하여 작업을 할 때 작업시작 전 점검사항에 해당한다.

:: 지게차를 사용하여 작업을 하는 때 작업시작 전 점검사항

• 제동장치 및 조종장치 기능의 이상 유무
• 하역장치 및 유압장치 기능의 이상 유무
• 바퀴의 이상 유무
• 전조등 · 후미등 · 방향지시기 및 경보장치 기능의 이상 유무

0301 / 0602

## 15 Repetitive Learning 1회 2회 3회

버드(F. Bird)의 사고 5단계 연쇄성 이론에서 제3단계에 해당하는 것은?

① 상해(손실)
② 사고(접촉)
③ 직접원인(징후)
④ 기본원인(기원)

해설

• 버드의 도미노 이론에서 기본원인은 2단계, 직접원인은 3단계이다.

:: 버드(Bird)의 신연쇄성 이론

㉠ 개요

• 신도미노 이론이라고도 한다.
• 재해발생의 근원적 원인은 관리의 부족에 있다고 정의한다.
• 재해발생의 기본원인은 개인적 요인 및 작업상의 요인에 있다고 주장한다.
• 재해의 직접원인을 징후라 하고 불안전한 행동 및 상태에서 비롯된다고 한다.

㉡ 단계

| | |
|---|---|
| 1단계 | 관리의 부족 |
| 2단계 | 개인적 요인, 작업상의 요인 |
| 3단계 | 불안전한 행동 및 상태 |
| 4단계 | 사고 |
| 5단계 | 재해 |

정답 | 13 ④ 14 ③ 15 ③

0902 / 1204 / 1502 / 1801

## 16

Repetitive Learning (1회 2회 3회)

산업안전보건법령상 산업안전보건위원회의 심의·의결사항에 명시되지 않은 것은?(단, 그 밖에 해당 사업장 근로자의 안전 및 보건을 유지·증진시키기 위하여 필요한 사항은 제외)

① 사업장의 산업재해 예방계획의 수립에 관한 사항
② 산업재해에 관한 통계의 기록 및 유지에 관한 사항
③ 작업환경측정 등 작업환경의 점검 및 개선에 관한 사항
④ 안전장치 및 보호구 구입 시 적격품 여부 확인에 관한 사항

해설

- ④는 안전보건관리책임자의 업무 내용에 해당한다.

:: 산업안전보건위원회의 심의·의결사항

- 산업재해 예방계획의 수립에 관한 사항
- 안전보건관리규정의 작성 및 변경에 관한 사항
- 근로자의 안전·보건교육에 관한 사항
- 작업환경측정 등 작업환경의 점검 및 개선에 관한 사항
- 근로자의 건강진단 등 건강관리에 관한 사항
- 중대재해의 원인 조사 및 재발 방지대책 수립에 관한 사항
- 산업재해에 관한 통계의 기록 및 유지에 관한 사항
- 유해하거나 위험한 기계·기구와 그 밖의 설비를 도입한 경우 안전·보건조치에 관한 사항

1004 / 1701

## 17

Repetitive Learning (1회 2회 3회)

재해손실비 중 직접비에 속하지 않는 것은?

① 요양급여
② 장해급여
③ 휴업급여
④ 영업손실비

해설

- 영업손실비는 재해로 인해 기업이 입은 손실로 간접비에 해당한다.

:: 하인리히의 재해손실비용 평가 실필 1502

- 직접비 : 간접비의 비율은 1 : 4로 계산해 산업재해로 인한 총 손실비용은 직접비(산업재해보상비)의 5배로 계산한다.
- 직접손실비용에는 치료비, 휴업급여, 장해급여, 유족급여, 요양급여, 간병급여, 직업재활급여, 장례비 등이 있다.
- 간접손실비용에는 부상자를 비롯한 직원의 시간손실, 이익의 감소, 생산손실비, 기계, 공구 재료 등의 재산손실 등이 있다.

## 18

Repetitive Learning (1회 2회 3회)

브레인스토밍(Brain Storming) 4원칙에 속하지 않는 것은?

① 비판수용　② 대량발언
③ 자유분방　④ 수정발언

해설

- 비판수용이 아니라 비판금지가 브레인스토밍의 4원칙에 해당한다.

:: 브레인스토밍(Brain-storming) 기법

㉠ 개요

- 6 ~ 12명의 구성원으로 타인의 비판 없이 자유로운 토론을 통하여 다량의 독창적인 아이디어를 이끌어내고, 대안적 해결안을 찾기 위한 집단적 사고기법이다.

㉡ 4원칙

- 가능한 많은 아이디어와 의견을 제시하도록 한다.(대량발언)
- 주제를 벗어난 아이디어도 허용한다.(자유발언)
- 타인의 의견을 수정하여 발언하는 것을 허용한다.(수정발언)
- 절대 타인의 의견에 비판 및 비평하지 않는다.(비판금지)

## 19

Repetitive Learning (1회 2회 3회)

안전관리조직의 유형 중 라인형에 관한 설명으로 옳은 것은?

① 대규모 사업장에 적합하다.
② 안전지식과 기술축적이 용이하다.
③ 명령과 보고가 상하관계뿐이므로 간단명료하다.
④ 독립된 안전참모 조직에 대한 의존도가 크다.

해설

- 라인형은 규모가 작은(100명 이하) 사업장에 적합하다.
- 라인형은 안전지식과 기술축적이 힘들다.
- 라인형은 독립된 안전참모 조직이 존재하지 않는다.

:: 라인(Line)형 안전조직 실필 1901

㉠ 개요

- 직계식이라고도 한다.
- 모든 명령과 안전 관련 업무가 생산계통을 따라 이루어진다.
- 규모가 작은(100명 이하) 사업장에 적합하다.
- 안전관리자가 체계적으로 선임되지 않은 사업장에 알맞은 안전조직 형태이다.

㉡ 특징

| 구분 | 내용 |
|---|---|
| 장점 | • 안전지시나 명령이 신속하다.<br>• 명령과 보고가 간단명료하다. |
| 단점 | • 안전지식과 기술축적이 힘들다.<br>• 안전정보의 수집과 대처가 늦다. |



16 ④ 17 ④ 18 ① 19 ③ | 정답

## 20

Repetitive Learning 1회 2회 3회

산업안전보건법령상 안전인증대상 기계 등에 명시되지 않은 것은?

① 곤돌라　② 연삭기
③ 사출성형기　④ 고소 작업대

해설

• 연삭기는 자율안전확인대상기계에 속한다.

안전인증대상 기계 등 실필 1004

| 구분 | 내용 |
|---|---|
| 기계·설비 | • 프레스<br>• 전단기 및 절곡기(折曲機)<br>• 크레인　• 리프트<br>• 압력용기　• 롤러기<br>• 고소(高所)작업대　• 곤돌라 |
| 방호장치 | • 프레스 또는 전단기 방호장치<br>• 양중기용 과부하방지장치<br>• 보일러 또는 압력용기 압력방출용 안전밸브<br>• 압력용기 압력방출용 파열판<br>• 절연용 방호구 및 활선작업용 기구<br>• 방폭구조 전기기계·기구 및 부품<br>• 추락·낙하 및 붕괴 위험 방지 및 보호에 필요한 가설기자재로서 고용노동부장관이 정하여 고시한 것<br>• 충돌·협착 등의 위험 방지에 필요한 산업용 로봇 방호장치로서 고용노동부장관이 정하여 고시한 것 |
| 보호구 | • 추락 및 감전 위험방지용 안전모<br>• 안전화　• 안전장갑<br>• 방진마스크　• 방독마스크<br>• 전동식 호흡보호구<br>• 송기마스크　• 보호복<br>• 용접용 보안면　• 안전대<br>• 차광 및 비산물 위험방지용 보안경<br>• 방음용 귀마개 또는 귀덮개 |

# 2과목 산업심리 및 교육

## 21

Repetitive Learning 1회 2회 3회

정신상태 불량에 의한 사고의 요인 중 정신력과 관계되는 생리적 현상에 해당되지 않는 것은?

① 신경계통의 이상
② 육체적 능력의 초과
③ 시력 및 청각의 이상
④ 과도한 자존심과 자만심

해설

• 과도한 자존심과 자만심은 사고요인 중 개성적 결함요인에 해당한다.

사고요인 중 개성적 결함요인

- 도전적인 성격
- 다혈질 및 인내심 부족
- 과도한 집착력
- 지나친 자존심과 자만심 등

## 22

Repetitive Learning 1회 2회 3회

선발용으로 사용되는 적성검사가 잘 만들어졌는지를 알아보기 위한 분석방법과 관련이 없는 것은?

① 구성타당도　② 내용타당도
③ 동등타당도　④ 검사-재검사 신뢰도

해설

• 검사의 타당도에는 내용타당도, 구성타당도(수렴타당도, 변별타당도), 준거관련 타당도(예언타당도, 공존타당도) 등이 있다.

적성검사 분석방법 - 타당도와 신뢰도

㉠ 타당도
- 검사에서 측정하고자 하는 대상을 얼마나 잘 측정하는지를 표시하는 것이다.
- 검사의 타당도에는 내용타당도, 구성타당도(수렴타당도, 변별타당도), 준거관련 타당도(예언타당도, 공존타당도) 등이 있다.

㉡ 신뢰도
- 검사에서 측정하고자 하는 내용을 얼마나 일관성있게 측정하는가를 나타내는 것이다.
- 검사의 신뢰도에는 검사-재검사 신뢰도, 동형 신뢰도, 반분 신뢰도, 내적 일관성 신뢰도, 평정자간 신뢰도 등이 있다.

정답 | 20 ② 21 ④ 22 ③

1204

## 23 Repetitive Learning 1회 2회 3회

상황성 누발자의 재해유발 원인과 가장 거리가 먼 것은?

① 기능 미숙 때문에
② 작업이 어렵기 때문에
③ 기계설비에 결함이 있기 때문에
④ 환경상 주의력의 집중이 혼란되기 때문에

**해설**

- 상황성 누발자는 작업의 어려움, 기계설비의 결함, 심신의 근심, 환경상 주의력 집중이 곤란해 재해를 유발시킨다.

**상황성 누발자**

㉠ 개요
- 상황성 누발자란 작업이 어렵거나 설비의 결함, 심신의 근심 때문에 재해를 여러 번 겪은 사람을 말한다.

㉡ 재해유발 원인
- 작업이 어렵기 때문
- 기계설비에 결함이 있기 때문
- 심신에 근심이 있기 때문
- 환경상 주의력의 집중이 혼란되기 때문

## 24 Repetitive Learning 1회 2회 3회

생산작업의 경제성과 능률제고를 위한 동작경제의 원칙에 해당하지 않는 것은?

① 신체의 사용에 의한 원칙
② 작업장의 배치에 관한 원칙
③ 작업표준 작성에 관한 원칙
④ 공구 및 설비 디자인에 관한 원칙

**해설**

- 동작경제의 원칙은 크게 신체 사용의 원칙, 작업장 배치의 원칙, 공구 및 설비 디자인의 원칙으로 분류할 수 있다.

**동작경제의 원칙**

㉠ 개요
- 작업자가 경제적인 동작을 통해 피로도를 감소시키면서도 능률을 향상시키게 하기 위한 원칙이다.
- 신체 사용의 원칙, 작업장 배치의 원칙, 공구 및 설비 디자인의 원칙으로 분류된다.
- 동작을 가급적 조합하여 하나의 동작으로 한다.
- 동작의 수는 줄이고, 동작의 속도는 적당히 한다.

㉡ 원칙의 분류

| 구분 | 내용 |
|---|---|
| 신체 사용의 원칙 | • 두 손의 동작은 동시에 시작해서 동시에 끝나야 한다.<br>• 휴식시간을 제외하고는 양손을 같이 쉬게 해서는 안 된다.<br>• 손의 동작은 유연하고 연속적인 동작이어야 한다.<br>• 동작이 급작스럽게 크게 바뀌는 직선 동작은 피해야 한다.<br>• 두 팔의 동작은 동시에 서로 반대방향으로 대칭적으로 움직이도록 한다. |
| 작업장 배치의 원칙 | • 공구나 재료는 작업동작이 원활하게 수행하도록 그 위치를 정해준다.<br>• 공구, 재료 및 제어장치는 사용하기 가까운 곳에 배치해야 한다. |
| 공구 및 설비 디자인의 원칙 | • 치구나 족답장치를 이용하여 양손이 다른 일을 할 수 있도록 한다.<br>• 공구의 기능을 결합하여 사용하도록 한다. |

## 25 Repetitive Learning 1회 2회 3회

안전보건교육의 단계별 교육 중 태도교육의 내용과 가장 거리가 먼 것은?

① 작업동작 및 표준작업방법의 습관화
② 안전장치 및 장비 사용 능력의 빠른 습득
③ 공구·보호구 등의 관리 및 취급태도의 확립
④ 작업지시·전달·확인 등의 언어·태도의 정확화 및 습관화

**해설**

- ②는 안전교육의 2단계에 해당하는 기능교육에 대한 설명이다.

**안전태도교육(안전교육의 제3단계)**

㉠ 개요
- 생활지도, 작업동작지도 등을 통한 안전의 습관화를 위한 교육이다.
- 안전한 작업방법을 알고는 있으나 시행하지 않는 사람에게 직장규율, 안전규율 등을 몸에 익히게 하는 교육이다.
- 안전작업에 대한 몸가짐에 관하여 교육하며 면접이 태도교육에 가장 적합한 교육방법이다.
- 보호구 취급과 관리자세의 확립, 안전에 대한 가치관을 형성하는 교육이다.

㉡ 태도교육 4단계
- 청취한다.(Hearing)
- 이해 및 납득시킨다.(Understand)
- 모범을 보인다.(Example)
- 평가하고 권장한다.(Evaluation)



23 ① 24 ③ 25 ② 정답

0401 / 1302

## 26 Repetitive Learning (1회 2회 3회)

강의계획 시 설정하는 학습목적의 3요소에 해당하는 것은?

① 학습방법
② 학습성과
③ 학습자료
④ 학습정도

**해설**

- 학습성과는 학습목적을 세분하여 구체적으로 결정한 것을 말한다.

**학습목적의 구성**

- 학습목적 : A를 위해 B를 C한다.
- 학습목표 : A
- 학습주제 : B
- 학습정도 : C

0304 / 0704 / 0901 / 0904 / 1502 / 1901

## 27 Repetitive Learning (1회 2회 3회)

매슬로우(Maslow)의 욕구 5단계를 낮은 단계에서 높은 단계의 순서대로 나열한 것은?

① 생리적 욕구 → 안전 욕구 → 사회적 욕구 → 자아실현의 욕구 → 인정의 욕구
② 생리적 욕구 → 안전 욕구 → 사회적 욕구 → 인정의 욕구 → 자아실현의 욕구
③ 안전 욕구 → 생리적 욕구 → 사회적 욕구 → 자아실현의 욕구 → 인정의 욕구
④ 안전 욕구 → 생리적 욕구 → 사회적 욕구 → 인정의 욕구 → 자아실현의 욕구

**해설**

- 매슬로우의 욕구 5단계는 순서대로 생리적, 안전, 사회적, 존경, 자아실현의 욕구이다.

**매슬로우(Maslow)의 욕구위계(욕구이론)**

㉠ 개요

- 생리적 욕구 – 안전의 욕구 – 사회적 욕구 – 인정받으려는 욕구 – 자아실현의 욕구 순으로 발생한다.
- 행동은 충족되지 않은 욕구에 의해 결정되고 좌우된다.
- 개인의 가장 기본적인 욕구로부터 시작하여 위계상 상위 욕구로 올라가면서 자신의 욕구를 체계적으로 충족시킨다.
- 위계(位階)에서 생존을 위해 기본이 되는 욕구들이 우선적으로 충족되어야 한다. 즉, 하위 단계의 욕구가 충족되어야 더 높은 단계의 욕구가 발생한다.

㉡ 위계의 내용 **실필** 0901

| 단계별 | 욕구의 명칭 | 설명 | 관리감독자의 능력 |
|---|---|---|---|
| 1단계 | 생리적 욕구 | 인간의 가장 기초적인 욕구에 해당한다. | – |
| 2단계 | 안전의 욕구 | 생존에 대한 욕구에 해당한다. | 기술적 능력 |
| 3단계 | 사회적 욕구 | 가족, 친구 등 애정과 소속에 대한 욕구에 해당한다. | – |
| 4단계 | 인정받으려는 욕구 (존경과 긍지에 대한 욕구) | 명예, 신망, 위신, 지위 등과 관계가 깊다. | 포괄적 능력 |
| 5단계 | 자아실현의 욕구 | 가장 고차원적인 욕구에 해당한다. | 종합적 능력 |

0902 / 1104 / 1404

## 28 Repetitive Learning (1회 2회 3회)

구안법(project method)의 단계를 올바르게 나열한 것은?

① 계획 → 목적 → 수행 → 평가
② 계획 → 목적 → 평가 → 수행
③ 수행 → 평가 → 계획 → 목적
④ 목적 → 계획 → 수행 → 평가

**해설**

- 구안법은 목적, 계획, 수행, 평가의 4단계를 거친다.

**Project method(구안법)**

㉠ 개요

- 스스로 계획을 세워 수행하는 학습활동을 말한다.
- 구안법은 목적, 계획, 수행, 평가의 4단계를 거친다.
- Collings는 탐험(Exploration), 구성(Construction), 의사소통(Communication), 유희(Play), 기술(Skill)이 구안법의 5가지 기본구성이라고 주장하였으며, 이의 방법론으로 산업시찰, 견학, 현장실습 등을 제시했다.

㉡ 특징

| 장점 | 단점 |
|---|---|
| • 동기부여가 충분하다.<br>• 현실적인 학습방법이다.<br>• 창조력이 생긴다. | • 능력이 부족한 학생에게는 시간과 에너지의 낭비가 발생<br>• 시간과 에너지가 많이 소비된다.<br>• 자료를 얻기 어렵다. |

정답 | 26 ④ 27 ② 28 ④

1002

## 29

Repetitive Learning (1회 2회 3회)

산업안전보건법령상 근로자 안전·보건교육에서 채용 시 교육 및 작업내용 변경 시의 교육에 해당하는 것은?

① 사고 발생 시 긴급조치에 관한 사항
② 건강증진 및 질병 예방에 관한 사항
③ 유해·위험 작업환경 관리에 관한 사항
④ 작업공정의 유해·위험과 재해 예방대책에 관한 사항

해설

- ②는 근로자 정기안전·보건교육, ③은 관리감독자 및 근로자의 정기안전·보건교육, ④는 관리감독자 정기안전·보건교육내용이다.

채용 시의 교육 및 작업내용 변경 시의 교육내용
- 기계·기구의 위험성과 작업의 순서 및 동선에 관한 사항
- 작업 개시 전 점검에 관한 사항
- 정리정돈 및 청소에 관한 사항
- 사고 발생 시 긴급조치에 관한 사항
- 산업보건 및 직업병 예방에 관한 사항
- 물질안전보건자료에 관한 사항
- 직무스트레스 예방 및 관리에 관한 사항
- 「산업안전보건법」 및 일반관리에 관한 사항

## 30

Repetitive Learning (1회 2회 3회)

O.J.T(On the Job Training)의 장점이 아닌 것은?

① 개개인에게 적절한 지도훈련이 가능하다.
② 전문가를 강사로 초빙하는 것이 가능하다.
③ 훈련에 필요한 업무의 계속성이 끊어지지 않는다.
④ 직장의 실정에 맞게 실제적 훈련이 가능하다.

해설

- ②는 Off.J.T의 장점에 해당한다.

O.J.T(On the Job Training) 교육 실필 1701

㉠ 개요
- 사업장 내에서 직장 상사가 강사가 되어 실시하는 교육이다.
- 일상 업무를 통해 지식과 기능, 문제해결능력을 향상시키는 데 주목적을 갖는다.
- 가장 중요한 역할을 담당하는 이는 일선현장의 감독자이다.

㉡ 형태
- 코칭
- 직무순환
- 멘토링
- 도제식 교육
- 현장 직무교육

㉢ 특징

| 구분 | 내용 |
|---|---|
| 장점 | • 동기부여가 쉽다.<br>• 개개인에게 적절한 지도훈련이 가능하다.<br>• 직장의 실정에 맞게 실제적 훈련이 가능하다.<br>• 교육을 통한 훈련효과에 의해 상호 신뢰 및 이해도가 높아진다.<br>• 대상자의 개인별 능력에 따라 훈련의 진도를 조정하기가 쉽다.<br>• 교육효과가 업무에 신속히 반영된다.<br>• 훈련에 필요한 업무의 계속성이 끊어지지 않는다. |
| 단점 | • 전문적인 강사가 아니어서 교육이 원만하지 않을 수 있다.<br>• 다수의 대상을 한 번에 통일적인 내용 및 수준으로 교육시킬 수 없다.<br>• 전문적인 고도의 지식 및 기능을 교육하기 힘들다.<br>• 업무와 교육이 병행되는 관계로 훈련에만 전념할 수 없다. |

0802 / 1004 / 1404 / 1704

## 31

Repetitive Learning (1회 2회 3회)

다음 설명에 해당하는 안전교육방법은?

> ATP라고도 하며, 당초 일부회사의 톱매니지먼트(Top management)에 대하여만 행하여졌으나, 그 후 널리 보급되었으며, 정책의 수립, 조직, 통제 및 운영 등의 교육내용을 다룬다.

① TWI(Training Within Industry)
② CCS(Civil Communication Section)
③ MTP(Management Training Program)
④ ATT(American Telephone &Telegram Co)

해설

- TWI는 일선 관리감독자를 대상으로 인간관계를 개선하고 생산성을 향상시키기 위하여 고안된 훈련방법을 말한다.
- MTP는 TWI보다 상위의 관리자 양성을 위한 정형훈련으로 관리자의 업무관리능력 및 동기부여 능력을 육성하고자 실시한다.
- ATT는 대상계층이 한정되지 않은 정형교육으로 하루 8시간씩 2주간 실시하는 토의식 교육이다.

CCS(Civil Communication Section)
- ATP(Admininstration Training Program)라고도 하며, 당초 일부회사의 톱매니지먼트(Top management)에 대하여만 행하여졌으나, 그 후 널리 보급되었다.
- 정책의 수립, 조직, 통제 및 운영 등의 교육내용을 다룬다.



29 ① 30 ② 31 ② 정답

## 32 Repetitive Learning (1회 2회 3회)

산업안전심리학에서 산업안전심리의 5대 요소에 해당하지 않는 것은?

① 감정　② 습성
③ 동기　④ 피로

해설

- 산업심리의 5요소에는 동기, 기질, 감정, 습성, 습관이 있다.

**산업안전심리의 5요소**

| | |
|---|---|
| 동기 (Motive) | 능동적인 감각에 의한 자극에서 일어난 사고의 결과로서 사람의 마음을 움직이는 원동력이 되는 것이다. |
| 기질 (Temper) | 감정적인 경향이나 반응에 관계되는 성격의 한 측면이다. |
| 감정 (Emotion) | 생활체가 어떤 행동을 할 때 생기는 주관적인 동요를 뜻한다. |
| 습성 (Habits) | 한 종에 속하는 개체의 대부분에서 볼 수 있는 일정한 생활양식으로 본능, 학습, 조건반사 등에 따라 형성된다. |
| 습관 (Custom) | 성장과정을 통해 형성된 특성 등이 무의식중에 습관화된 것으로 동기, 기질, 감정, 습성 등이 영향을 끼친다. |

## 33 Repetitive Learning (1회 2회 3회)

인간의 심리 중에는 안전수단이 생략되어 불안전 행위를 나타내는 경우가 있다. 안전수단이 생략되는 경우로 가장 적절하지 않은 것은?

① 의식과잉이 있을 때
② 교육훈련을 실시할 때
③ 피로하거나 과로했을 때
④ 부적합한 업무에 배치될 때

해설

- 교육훈련은 안전수단 생략으로 인한 불안전한 행위를 예방하기 위해 실시한다.

**안전수단이 생략되는 경우**

- 작업규율이 느슨할 때
- 의식과잉
- 피로, 과로
- 부적합한 업무에 배치될 때
- 소음, 조명 등 주변 환경의 영향이 큰 경우

## 34 Repetitive Learning (1회 2회 3회)

집단과 인간관계에서 집단의 효과에 해당하지 않는 것은?

① 동조효과
② 견물효과
③ 암시효과
④ 시너지효과

해설

- 집단의 효과에는 동조 효과, 시너지 효과, 견물 효과 등이 있다.

**집단의 효과**

- 동조 효과 – 집단의 압력에 의해 다수의 의견을 따르게 되는 현상
- 시너지 효과 – 두 개 이상의 서로 다른 개체가 힘을 합쳐 둘이 지닌 힘 이상의 효과를 내는 현상
- 견물(見物) 효과 – 개인보다 집단을 더 자랑스럽게 생각하는 현상

## 35 Repetitive Learning (1회 2회 3회)

허시(Hersey)와 브랜차드(Blanchard)의 상황적 리더십 이론에서 리더십의 4가지 유형에 해당하지 않는 것은?

① 통제적 리더십
② 지시적 리더십
③ 참여적 리더십
④ 위임적 리더십

해설

- 근무경력, 적성, 개성 등의 조건은 인간의 동작특성 중 내적 조건에 해당한다.

**허시(Hersay)와 브랜차드(Blandchard)의 상황이론**

- 다양한 상황 중에서 부하직원의 성숙수준에 주목하여 부하가 없으면 리더도 없다는 가정 하에 부하직원의 준비능력과 의지의 성숙도를 기준으로 분류하는 이론이다.
- 부하가 능력도 없고 의지도 없는 경우에는 지시형 리더십이 적합하다.
- 부하가 능력은 없는데 의지만 있는 경우에는 제시형 리더십이 적합하다.
- 부하가 능력은 있는데 의지가 없는 경우에는 참여형 리더십이 적합하다.
- 부하가 능력과 의지가 있는 경우에는 위임형 리더십이 적합하다.

정답 | 32 ④　33 ②　34 ③　35 ①

0702 / 1501

## 36

Repetitive Learning 1회 2회 3회

학습이론 중 S–R 이론에서 조건반사설에 의한 학습이론의 원리에 해당되지 않는 것은?

① 시간의 원리
② 일관성의 원리
③ 기억의 원리
④ 계속성의 원리

해설

- 조건반사에 의한 학습이론의 원리에는 일관성의 원리, 시간의 원리, 강도의 원리, 계속성의 원리가 있다.

파블로프(Pavlov)의 조건반사설(Conditioned reflex theory)

- S–R이론의 대표적인 종류로 행동주의 학습이론에 큰 영향을 미쳤다.
- 동물에게 계속 자극을 주면 반응함으로써 새로운 행동이 발달되는데 인간의 행동 역시 자극에 대한 반응을 통해 학습된다는 이론이다.
- 학습이론의 원리에는 일관성의 원리, 시간의 원리, 강도의 원리, 계속성의 원리가 있다.

## 37

Repetitive Learning 1회 2회 3회

안전교육 훈련의 기술교육 4단계에 해당하지 않는 것은?

① 준비단계
② 보습지도의 단계
③ 일을 완성하는 단계
④ 일을 시켜보는 단계

해설

- 기술 교육(교시법)의 4단계는 Preparation(준비) → Presentation(보습지도) → Performance(일을 시켜보는 단계) → Follow up(사후 지도) 순으로 진행한다.

기술 교육(교시법)의 4단계

- Preparation → Presentation → Performance → Follow up 순으로 진행한다.
- Preparation은 준비단계이다.
- Presentation은 교시단계, 즉 앞에서 일하는 모습을 보여주는 단계이다.
- Performance는 이행단계, 즉 교시단계에서 보여준 대로 학습자들에게 직접 연습을 하게 하는 단계이다.
- Follow up은 후속단계, 즉 사후 지도의 단계로 피드백을 하는 단계이다.

## 38

Repetitive Learning 1회 2회 3회

휴먼에러의 심리적 분류에 해당하지 않는 것은?

① 입력 오류(input error)
② 시간지연 오류(time error)
③ 생략 오류(omission error)
④ 순서 오류(sequential error)

해설

- 행위적 관점(심리적 분류)에서 휴먼에러를 분류하면 실행오류, 생략오류, 불필요한 수행오류, 순서오류, 시간오류 등으로 나눌 수 있다.

행위적 관점에서의 휴먼에러 분류(Swain)

| 구분 | 내용 |
|---|---|
| 실행오류 (Commission error) | 작업 수행 중 작업을 정확하게 수행하지 못해 발생한 에러 |
| 생략오류 (Omission error) | 필요한 작업 또는 절차를 수행하지 않는데 기인한 에러 |
| 불필요한 수행오류 (Extraneous error) | 불필요한 작업 또는 절차를 수행함으로써 발생한 에러 |
| 순서오류 (Sequential error) | 필요한 작업 또는 절차의 순서 착오로 인한 에러 |
| 시간오류 (Timing error) | 필요한 작업 또는 절차의 수행을 지연한데 기인한 에러 |

1502

## 39

Repetitive Learning 1회 2회 3회

다음은 리더가 가지고 있는 어떤 권력의 예시에 해당하는가?

> 종업원의 바람직하지 않은 행동들에 대해 해고, 임금삭감, 견책 등을 사용하여 처벌한다.

① 보상권력 ② 강압권력
③ 합법권력 ④ 전문권력

해설

- 조직이 리더에게 부여한 권한 중 구성원에 대한 처벌과 관련된 것은 강압적 권한에 해당한다.

리더십 권한

㉠ 조직이 리더에게 부여한 권한

- 합법적 권한 : 군대, 교사, 정부기관 등 합법적 권력이 가지는 권한
- 강압적 권한 : 부하의 처벌, 승진 누락, 봉급의 인상 거부 등 강압적인 힘을 갖는 권한
- 보상적 권한 : 승진, 봉급 인상 등 역할에 대한 보상을 부여하는 권한

36 ③ 37 ③ 38 ① 39 ② | 정답

㉡ 조직이 리더에게 부여하지 않았지만 조건이 맞을 경우 자발적으로 생성되는 권한

- 위임된 권한 : 목표달성을 위하여 부하 직원들이 상사를 존경하여 상사와 함께 일하고자 할 때 상사에게 부여되는 권한 혹은 지도자 자신이 스스로에게 부여한 권한
- 전문성의 권한 : 전문적 지식을 가진 리더를 부하들이 스스로 따르는 것으로 지도자 자신의 능력에 의해 생성되는 권한
- 준거적 권한 : 리더의 개인적 매력이 중요하며, 매력적인 리더와 함께 하고 싶은 부하들에 의해 조직의 발전이 이뤄진다는 것

## 40 Repetitive Learning (1회 2회 3회)

몹시 피로하거나 단조로운 작업으로 인하여 의식이 뚜렷하지 않은 상태의 의식 수준으로 옳은 것은?

① phase Ⅰ ② phase Ⅱ
③ phase Ⅲ ④ phase Ⅳ

해설

- Phase Ⅱ는 생리적 상태가 안정을 취하거나 휴식할 때에 해당한다.
- Phase Ⅲ은 정상적인 상태로 신뢰성이 가장 높은 상태의 의식수준에 해당한다.
- Phase Ⅳ는 돌발사태의 발생으로 인하여 주의의 일점 집중 현상이 발생한 단계이다.

인간의 의식레벨

| 단계 | 의식수준 | 설명 |
|---|---|---|
| Phase 0 | 무의식, 실신상태 | 무의식 동작에는 외계의 능력에 대응하는 능력이 어느 정도는 있다. |
| Phase Ⅰ | 이상, 피로 및 단조로움 | 심신이 피로하거나 단조로운 작업을 반복할 경우 나타나는 의식수준의 저하현상이 발생 |
| Phase Ⅱ | 정상, 이완상태 | 생리적 상태가 안정을 취하거나 휴식할 때에 해당 |
| Phase Ⅲ | 정상, 명쾌 | • 중요하거나 위험한 작업을 안전하게 수행하기에 적합<br>• 신뢰성이 가장 높은 상태의 의식수준 |
| Phase Ⅳ | 과긴장 | 돌발사태의 발생으로 인하여 주의의 일점 집중 현상이 일어나는 경우 인간의 의식수준 |

# 3과목 인간공학 및 시스템안전공학

## 41 Repetitive Learning (1회 2회 3회)

컷 셋(Cut Sets)과 최소 패스 셋(Minimal Path Sets)의 정의로 옳은 것은?

① 컷셋은 시스템 고장을 유발시키는 필요최소한의 고장들의 집합이며, 최소 패스셋은 시스템의 신뢰성을 표시한다.
② 컷셋은 시스템 고장을 유발시키는 기본고장들의 집합이며, 최소 패스셋은 시스템의 불신뢰도를 표시한다.
③ 컷셋은 그 속에 포함되어 있는 모든 기본사상이 일어났을 때 정상사상을 일으키는 기본사상의 집합이며, 최소 패스셋은 시스템의 신뢰성을 표시한다.
④ 컷셋은 그 속에 포함되어 있는 모든 기본사상이 일어났을 때 정상사상을 일으키는 기본사상의 집합이며, 최소 패스셋은 시스템의 성공을 유발하는 기본사상의 집합이다.

해설

- 컷 셋은 시스템의 약점, 최소 패스 셋은 시스템의 신뢰도를 표시한다.

컷 셋(Cut set)

- 시스템의 약점을 표현한 것이다.
- 특정 조합의 기본사상들이 동시에 결함을 발생하였을 때 정상사상을 일으키는 기본사상의 집합을 말한다.

최소 패스 셋(Minimal path sets)

㉠ 개요
- FTA에서 시스템의 신뢰도를 표시하는 것이다.
- FTA에서 시스템의 기능을 살리는 데 필요한 최소한의 요인의 집합을 말한다.

㉡ FT도에서 최소 패스 셋 구하는 법
- 최소 패스 셋은 FT도의 결합 게이트들을 반대로(AND ↔ OR) 변환한 후 최소 컷 셋을 구하면 된다.

0601

## 42 Repetitive Learning 1회 2회 3회

불필요한 작업을 수행함으로써 발생하는 오류로 옳은 것은?

① Command error
② Extraneous error
③ Secondary error
④ Commission error

**해설**

• 인체측정자료의 응용원칙에는 극단치(최소 및 최대치수), 평균치를 이용한 설계와 조절식 설계가 있다.

⁑ 행위적 관점에서의 휴먼에러 분류(Swain)
문제 38번 유형별 핵심이론⁑ 참조

1801

## 43 Repetitive Learning 

동작경제의 원칙에 해당하지 않는 것은?

① 공구의 기능을 각각 분리하여 사용하도록 한다.
② 두 팔의 동작은 동시에 서로 반대방향으로 대칭적으로 움직이도록 한다.
③ 공구나 재료는 작업동작이 원활하게 수행되도록 그 위치를 정해준다.
④ 가능하다면 쉽고도 자연스러운 리듬이 작업동작에 생기도록 작업을 배치한다.

**해설**

• 공구 및 설비 디자인의 원칙에서 공구의 기능을 결합하여 사용하도록 한다.

⁑ 동작경제의 원칙
문제 24번 유형별 핵심이론⁑ 참조

0501

## 44 Repetitive Learning 1회 2회 3회

다음 시스템의 신뢰도 값은?

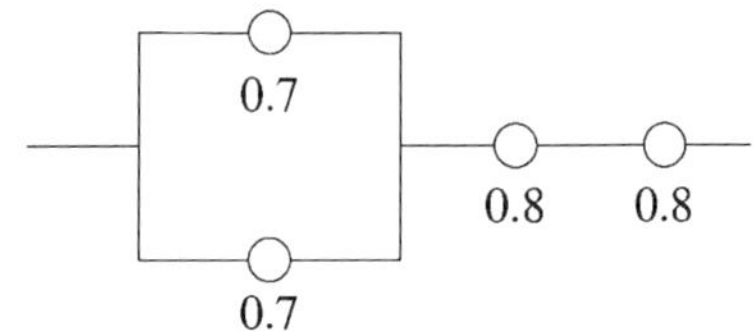


① 0.5824 ② 0.6682
③ 0.7855 ④ 0.8642

**해설**

• 병렬로 연결된 합성신뢰도부터 구하면 1−(1−0.7)(1−0.7) = 1−0.09= 0.91이다.
• 직렬로 연결된 신뢰도는 0.8 × 0.8 × 0.91 = 0.5824이다.

⁑ 시스템의 신뢰도

㉠ AND(직렬)연결 시
  • 부품 a, 부품 b 신뢰도를 각각 $R_a$, $R_b$라 할 때 시스템의 신뢰도($R_s$)는 $R_s = R_a \times R_b$로 구할 수 있다.

㉡ OR(병렬)연결 시
  • 부품 a, 부품 b 신뢰도를 각각 $R_a$, $R_b$라 할 때 시스템의 신뢰도($R_s$)는 $R_s = 1-(1-R_a)\times(1-R_b)$로 구할 수 있다.

## 45 Repetitive Learning 1회 2회 3회

작업공간의 배치에 있어 구성요소 배치의 원칙에 해당하지 않는 것은?

① 기능성의 원칙
② 사용빈도의 원칙
③ 사용순서의 원칙
④ 사용방법의 원칙

**해설**

• 작업장 배치는 사용빈도, 중요도, 기능별, 사용순서의 원칙에 의해 배치한다.

⁑ 작업장 배치의 원칙

㉠ 개요
  • 사용빈도, 중요도, 기능별, 사용순서의 원칙에 의해 배치한다.
  • 작업의 흐름에 따라 기계를 배치한다.
  • 배치의 3단계는 지역배치 → 건물배치 → 기계배치 순으로 이뤄진다.
  • 공장 내외에는 안전한 통로를 두어야 하며, 통로는 선을 그어 작업장과 명확히 구별하도록 한다.
  • 비상시에 쉽게 대비할 수 있는 통로를 마련하고 사고 진압을 위한 활동통로가 반드시 마련되어야 한다.

㉡ 원칙
  • 중요성의 원칙, 사용빈도의 원칙 − 우선적인 원칙
  • 기능별 배치, 사용순서의 원칙 − 부품의 일반적인 위치 내에서의 구체적인 배치 기준



42 ② 43 ① 44 ① 45 ④ 정답

0904

## 46 Repetitive Learning 1회 2회 3회

Chapanis가 정의한 위험의 확률수준과 그에 따른 위험발생률로 옳은 것은?

① 전혀 발생하지 않는(impossible) 발생빈도 : $10^{-8}$/day
② 극히 발생할 것 같지 않는(extremely unlikely) 발생빈도 : $10^{-7}$/day
③ 거의 발생하지 않은(remote) 발생빈도 : $10^{-6}$/day
④ 가끔 발생하는(occasional) 발생빈도 : $10^{-5}$/day

해설

- 극히 발생할 것 같지 않은(Extremely unlikely)의 발생빈도는 〉 $10^{-6}$/day이고, 거의 발생하지 않는(Remote)은 〉 $10^{-5}$/day이고, 가끔 발생하는(Occasional)은 〉 $10^{-4}$/day 이다.

:: 차패니스(Chapanis)의 위험분석

| 분류 | 발생빈도 (1일 기준) |
|---|---|
| 상당하게 발생하는(Reasonably probable) | $>10^{-3}$ |
| 가끔 발생하는(Occasional) | $>10^{-4}$ |
| 거의 발생하지 않는(Remote) | $>10^{-5}$ |
| 극히 발생할 것 같지 않은(Extremely unlikely) | $>10^{-6}$ |
| 전혀 발생하지 않는(Impossible) | $>10^{-8}$ |

0804

## 47 Repetitive Learning 1회 2회 3회

화학설비에 대한 안전성 평가 중 정성적 평가방법의 주요 진단 항목으로 볼 수 없는 것은?

① 건조물
② 취급물질
③ 입지 조건
④ 공장 내 배치

해설

- 취급물질은 3단계 정량적 평가항목에 해당한다.

:: 정성적 평가와 정량적 평가항목

| | | |
|---|---|---|
| 정성적 평가 | 설계관계항목 | 입지조건, 공장 내 배치, 건조물, 소방설비 등 |
| | 운전관계항목 | 원재료, 중간제품, 공정 및 공정기기, 수송, 저장 등 |
| 정량적 평가 | • 수치값으로 표현 가능한 항목들을 대상으로 한다.<br>• 온도, 취급물질, 화학설비용량, 압력, 조작 등을 위험도에 맞게 평가한다. | |

1404

## 48 Repetitive Learning 1회 2회 3회

불(Bool) 대수의 정리를 나타낸 관계식으로 틀린 것은?

① $A \cdot A = A$
② $A + \overline{A} = 0$
③ $A + AB = A$
④ $A + A = A$

해설

- $A + \overline{A} = 1$이다.

:: 불(Bool) 대수의 정리

- $A \cdot A = A$
- $A + A = A$
- $A \cdot 0 = 0$
- $A + 1 = 1$
- $A \cdot \overline{A} = 0$
- $A + \overline{A} = 1$
- $\overline{A \cdot B} = \overline{A} + \overline{B}$
- $\overline{A + B} = \overline{A} \cdot \overline{B}$
- $A + \overline{A} \cdot B = A + B$
- $A(A+B) = A + AB = A$

## 49 Repetitive Learning 1회 2회 3회

인체측정 자료를 장비, 설비 등의 설계에 적용하기 위한 응용원칙에 해당하지 않는 것은?

① 조절식 설계
② 극단치를 이용한 설계
③ 구조적 치수 기준의 설계
④ 평균치를 기준으로 한 설계

해설

- 인체측정자료의 응용원칙에는 조절식, 극단치, 평균치 방법이 있다.
- 극단치를 적용하는 설계는 최대치수와 최소치수를 이용한 설계를 의미한다.

:: 인체 측정 자료의 응용원칙

| | |
|---|---|
| 최소치수를 이용한 설계 | 선반의 높이, 조종장치까지의 거리, 비상벨의 위치 등 |
| 최대치수를 이용한 설계 | 출입문의 높이, 좌석 간의 거리, 통로의 폭, 와이어로프의 사용중량, 위험구역 울타리 등 |
| 조절식 설계 | 의자의 위치 및 높이, 자동차 운전석 의자의 위치와 높이 등 |
| 평균치를 이용한 설계 | 전동차의 손잡이 높이, 안내데스크, 은행의 접수대 높이, 공원의 벤치 높이 |

정답 | 46 ① 47 ② 48 ② 49 ③

0804 / 1502

## 50

Repetitive Learning 1회 2회 3회

인간의 위치 동작에 있어 눈으로 보지 않고 손을 수평면상에서 움직이는 경우 짧은 거리는 지나치고, 긴 거리는 못 미치는 경향이 있는데 이를 무엇이라고 하는가?

① 사정효과(Range effect)
② 반응효과(Reaction effect)
③ 간격효과(Distance effect)
④ 손동작효과(Hand action effect)

**해설**

- 사정효과란 작은 오차에는 과잉반응, 큰 오차에는 과소반응하는 인간의 경향성을 말하는 용어이다.

**사정효과(Range effect)**

- 작은 오차에는 과잉반응, 큰 오차에는 과소반응하는 인간의 경향성을 말하는 용어이다.
- 인간의 위치 동작에 있어 눈으로 보지 않고 손을 수평면상에서 움직이는 경우 짧은 거리는 지나치고, 긴 거리는 못 미치는 경향을 말한다.

## 51

Repetitive Learning 

다음 현상을 설명한 이론은?

> 인간이 감지할 수 있는 외부의 물리적 자극 변화의 최소범위는 표준 자극의 크기에 비례한다.

① 피츠(Fitts) 법칙
② 웨버(Weber) 법칙
③ 신호검출이론(SDT)
④ 힉-하이만(Hick-Hyman) 법칙

**해설**

- Fitts의 법칙은 인간의 손이나 발을 이동시켜 조작장치를 조작하는 데 걸리는 시간을 표적까지의 거리와 표적 크기의 함수로 나타낸 것이다.
- 신호검출이론(SDT)은 신호의 탐지가 신호에 대한 관찰자의 민감도와 관찰자의 반응 기준에 달려있다는 이론이다.
- Hick-Hyman 법칙은 신호를 보고 어떤 장치를 조작해야 할지를 결정하기까지 걸리는 시간을 예측할 수 있다.

**웨버(Weber) 법칙**

- 인간이 감지할 수 있는 외부의 물리적 자극 변화의 최소범위는 기준이 되는 자극의 크기에 비례하는 현상을 설명한 이론을 말한다.
- Weber비는 기존 자극의 변화를 감지할 수 있는 최소량으로 분별의 질을 나타낸다.
- 웨버(Weber)의 비 = $\frac{\Delta I}{I}$ 로 구한다.

  (이때, ΔI는 변화감지역을, I는 표준자극을 의미한다)
- Weber비가 작을수록 분별력이 좋다.
- 변화감지역(JND)은 사람이 50%를 검출할 수 있는 자극차원의 최소변화로 값이 작을수록 그 자극차원의 변화를 쉽게 검출할 수 있다.

## 52

Repetitive Learning 1회 2회 3회

서브시스템, 구성요소, 기능 등의 잠재적 고장형태에 따른 시스템의 위험을 파악하는 위험 분석 기법으로 옳은 것은?

① ETA(Event Tree Analysis)
② HEA(Human Error Analysis)
③ PHA(Preliminary Hazard Analysis)
④ FMEA(Failure Mode and Effect Analysis)

**해설**

- ETA(Event Tree Analysis)는 설비의 설계 단계에서부터 사용단계까지의 각 단계에서 위험을 분석하는 귀납적, 정량적 분석방법이다.
- HEA(Human Error Analysis)는 작업자 실수 분석으로 공정위험성 평가서 및 잠재위험에 대한 사고예방·피해 최소화 대책에 해당한다.
- PHA(Preliminary Hazard Analysis)는 초기의 단계에서 시스템 내의 위험요소가 어떠한 위험상태에 있는가를 정성적 평가하는 것이다.

**고장형태와 영향분석(FMEA)**

㉠ 개요
- 시스템 안전분석에 이용되는 전형적인 정성적, 귀납적 분석방법으로서, 서식이 간단하고 비교적 적은 노력으로 특별한 훈련 없이 분석이 가능하다는 장점을 가지고 있는 기법이다.
- 제품 설계와 개발단계에서 고장 발생을 최소로 하고자 하는 경우에 유효한 분석기법이다.

㉡ 장점
- 양식이 간단하여 특별한 훈련 없이 비전문가도 해석이 가능하다.
- 전체요소의 고장을 유형별로 분석할 수 있다.

㉢ 단점
- 해석영역이 물체에 한정되기 때문에 인적 원인(Human error) 해석이 곤란하다.
- 동시에 2가지 이상의 요소가 고장 나는 경우 해석이 힘들다.



50 ① 51 ② 52 ④ 정답

0501 / 0604 / 1104

## 53

Repetitive Learning ( 1회 2회 3회 )

시각적 표시장치보다 청각적 표시장치를 사용하는 것이 더 유리한 경우는?

① 정보의 내용이 복잡하고 긴 경우
② 정보가 공간적인 위치를 다룬 경우
③ 직무상 수신자가 한 곳에 머무르는 경우
④ 수신 장소가 너무 밝거나 암순응이 요구될 경우

해설

- 수신 장소가 너무 밝거나 암순응이 필요할 때는 청각적 표시장치가 유리하다.

시각적 표시장치와 청각적 표시장치의 비교

| 구분 | 내용 |
|---|---|
| 시각적 표시 장치 | • 수신 장소의 소음이 심한 경우<br>• 정보가 공간적인 위치를 다룬 경우<br>• 정보의 내용이 복잡하고 긴 경우<br>• 직무상 수신자가 한 곳에 머무르는 경우<br>• 메시지를 추후 참고할 필요가 있는 경우<br>• 정보의 내용이 즉각적인 행동을 요구하지 않는 경우 |
| 청각적 표시 장치 | • 수신 장소가 너무 밝거나 암순응이 요구될 때<br>• 정보의 내용이 시간적인 사건을 다루는 경우<br>• 정보의 내용이 간단한 경우<br>• 직무상 수신자가 자주 움직이는 경우<br>• 정보의 내용이 후에 재참조되지 않는 경우<br>• 메시지가 즉각적인 행동을 요구하는 경우 |

## 54

Repetitive Learning ( 1회 2회 3회 )

정신작업 부하를 측정하는 척도를 크게 4가지로 분류할 때 심박수의 변동, 뇌 전위, 동공 반응 등 정보처리에 중추신경계 활동이 관여하고 그 활동이나 징후를 측정하는 것은?

① 주관적(subjective) 척도
② 생리적(physiological) 척도
③ 주 임무(primary task) 척도
④ 부 임무(secondary task) 척도

해설

- 인간공학의 연구를 위한 자료에는 인체공학, 생체역학, 인지공학, HCI(Human Computer Interface), 감성공학, UX(User Experience) 관련 자료가 있으며 그 중 심박수, 뇌 전위, 동공확장은 생체역학과 관련된 자료라 볼 수 있다.

생리지표(Physiological index)

- 자료의 종류에는 동공반응, 심박수, 뇌전위, 호흡속도 등이 있다.
- 중추신경계 활동에 관여하며 그 활동상황을 측정할 수 있다.
- 직무수행 중에도 계속해서 자료의 수집이 용이하다.

1004

## 55

Repetitive Learning ( 1회 2회 3회 )

그림과 같은 FT도에서 정상사상 T의 발생확률은 약 얼마인가? (단 , $X_1$, $X_2$, $X_3$의 발생확률은 각각 0.1, 0.15, 0.1이다)

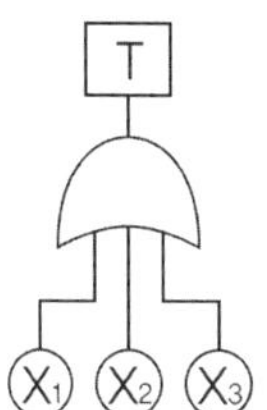


① 0.3115 ② 0.35
③ 0.496 ④ 0.9985

해설

- OR연결이므로 A=1−(1−0.1)(1−0.15)(1−0.1)이므로 A=1−(0.9×0.85×0.9) = 1−0.6885 = 0.3115이다.

FT도에서 정상(고장)사상 발생확률

㉠ AND(직렬)연결 시
- 사상 A의 발생확률을 $P_A$, 사상 B, 사상 C 발생확률을 $P_B$, $P_C$라 할 때 $P_A = P_B \times P_C$로 구할 수 있다.

㉡ OR(병렬)연결 시
- 사상 A의 발생확률을 $P_A$, 사상 B, 사상 C 발생확률을 $P_B$, $P_C$라 할 때 $P_A = 1-(1-P_B)\times(1-P_C)$로 구할 수 있다.

## 56

Repetitive Learning ( 1회 2회 3회 )

인간이 기계보다 우수한 기능이라 할 수 있는 것은?(단, 인공지능은 제외한다)

① 일반화 및 귀납적 추리
② 신뢰성 있는 반복 작업
③ 신속하고 일관성 있는 반응
④ 대량의 암호화된 정보의 신속한 보관

해설

- 인간은 기계와 달리 관찰을 통해서 일반화하여 귀납적 추리가 가능하다.

인간이 기계를 능가하는 조건

- 관찰을 통해서 일반화하여 귀납적 추리를 한다.
- 완전히 새로운 해결책을 도출할 수 있다.
- 원칙을 적용하여 다양한 문제를 해결할 수 있다.
- 상황에 따라 변하는 복잡한 자극 형태를 식별할 수 있다.
- 다양한 경험을 토대로 하여 의사 결정을 한다.
- 주위의 예기치 못한 사건들을 감지하고 처리하는 임기응변 능력이 있다.

정답 | 53 ④ 54 ② 55 ① 56 ①

1802

## 57 Repetitive Learning (1회 2회 3회)

시스템의 수명 및 신뢰성에 관한 설명으로 틀린 것은?

① 병렬설계 및 디레이팅 기술로 시스템의 신뢰성을 증가시킬 수 있다.
② 직렬시스템에서는 부품들 중 최소 수명을 갖는 부품에 의해 시스템 수명이 정해진다.
③ 수리가 가능한 시스템의 평균 수명(MTBF)은 평균 고장률(λ)과 정비례 관계가 성립한다.
④ 수리가 불가능한 구성요소로 병렬구조를 갖는 설비는 중복도가 늘어날수록 시스템 수명이 길어진다.

해설

- 수리가 가능한 시스템의 평균 수명(MTBF)은 평균 고장률(λ)과 역비례 관계가 성립한다.

**시스템의 수명 및 신뢰성**

- 병렬설계 및 디레이팅 기술로 시스템의 신뢰성을 증가시킬 수 있다.
- 직렬시스템에서는 부품들 중 최소 수명을 갖는 부품에 의해 시스템 수명이 정해진다.
- 병렬시스템에서는 부품들 중 최대 수명을 갖는 부품에 의해 시스템 수명이 정해진다.
- 수리가 가능한 시스템의 평균 수명(MTBF)은 평균 고장률(λ)과 역비례 관계가 성립한다.
- 수리가 불가능한 구성요소로 병렬구조를 갖는 설비는 중복도가 늘어날수록 시스템 수명이 길어진다.

## 58 Repetitive Learning (1회 2회 3회)

산업안전보건법령상 해당 사업주가 유해·위험방지계획서를 작성하여 제출해야하는 대상은?

① 시·도지사
② 관할 구청장
③ 고용노동부장관
④ 행정안전부장관

해설

- 사업주는 산업안전보건법 및 관련 명령에서 정하는 유해·위험 방지에 관한 사항을 적은 계획서를 작성하여 고용노동부령으로 정하는 바에 따라 고용노동부장관에게 제출하고 심사를 받아야 한다.

**유해·위험방지계획서의 작성·제출**

- 사업주는 산업안전보건법 및 관련 명령에서 정하는 유해·위험 방지에 관한 사항을 적은 계획서를 작성하여 고용노동부령으로 정하는 바에 따라 고용노동부장관에게 제출하고 심사를 받아야 한다.
- 건설공사를 착공하려는 사업주는 유해위험방지계획서를 작성할 때 건설안전 분야의 자격 등 고용노동부령으로 정하는 자격을 갖춘 자의 의견을 들어야 한다.
- 고용노동부장관은 제출된 유해위험방지계획서를 고용노동부령으로 정하는 바에 따라 심사하여 그 결과를 사업주에게 서면으로 알려 주어야 한다.

## 59 Repetitive Learning (1회 2회 3회)

작업면상의 필요한 장소만 높은 조도를 취하는 조명은?

① 완화조명 ② 전반조명
③ 투명조명 ④ 국소조명

해설

- 완화조명은 눈의 암순응을 고려하여 휘도를 서서히 낮추면서 조명하는 것을 말한다.
- 전반조명은 특정 공간 전체를 전반적으로 조명하는 것을 말한다.
- 투명조명은 투광기에 의한 조명을 말한다.

**국소조명(Local lighting)**

- 작업면상의 필요한 장소만 높은 조도를 취하는 조명방법이다.
- 실내전체를 전체적으로 조명하는 전반조명이 아니라 특정한 부위만 집중적으로 밝게 해주는 조명을 말한다.

1404

## 60 Repetitive Learning (1회 2회 3회)

자동차를 생산하는 공장의 어떤 근로자가 95 dB(A)의 소음수준에서 하루 8시간 작업하며 매 시간 조용한 휴게실에서 20분씩 휴식을 취한다고 가정하였을 때, 8시간 시간가중평균(TWA)은?(단, 소음은 누적소음노출량측정기로 측정하였으며, OSHA에서 정한 95dB(A)의 허용시간은 4시간이라 가정한다)

① 약 91 dB(A)
② 약 92 dB(A)
③ 약 93 dB(A)
④ 약 94 dB(A)



57 ③ 58 ③ 59 ④ 60 ② 정답

해설

- 95dB(A)의 허용시간은 4시간인데, 실제 노출된 시간은 8×(4/6시간) = 5.33시간이다.
- Noise Dose = $\frac{5.33}{4}$ 이므로 133.33.%가 된다.
- TWA(dB) = 90+ 16.61× log(1.3333) = 92.075[dB(A)]이다.

**8시간 시간가중평균(TWA)**

- 작업장 근로자에게 폭로되는 8시간 가중 평균소음레벨을 말한다.
- TWA(dB) = 90 + 16.61log($\frac{D}{100}$)

이때 D는 Noise Dose(%) 즉, 작업장 근로자에게 폭로되는 소음노출량(%)을 말한다.

## 4과목 건설시공학

1702

### 61

Repetitive Learning  1회 2회 3회

시공의 품질관리를 위한 7가지 도구에 해당되지 않는 것은?

① 파레토그램
② LOB기법
③ 특성요인도
④ 체크시트

해설

- LOB기법은 반복작업에서 각 작업조의 생산성을 유지시키면서 그 생산성을 기울기로 하는 직선으로 각 반복작업의 진행을 표시하여 전체공사를 도식화하는 기법이다.

**시공의 품질관리(Quality Control : QC) 7가지 도구**

- 현장에서 발생하는 품질이나 원가, 생산량 등의 문제를 해결하는 데 도움이 되는 기초적인 분석도구 7가지를 말한다.
- 체크시트, 파레토그램, 히스토그램, 특성요인도, 산점도, 층별, 관리도가 이에 해당한다.

| 도구의 분류 | 도구 종류 |
|---|---|
| 현상파악 활용도구 | 체크시트, 파레토그램, 히스토그램 |
| 원인분석 활용도구 | 특성요인도, 산점도, 층별 |
| 자료관리 활용도구 | 관리도 |

### 62

Repetitive Learning 1회 2회 3회

벽돌공사 시 벽돌쌓기에 관한 설명으로 옳은 것은?

① 연속되는 벽면의 일부를 트이게 하여 나중쌓기로 할 때에는 그 부분을 층단 들여쌓기로 한다.
② 벽돌쌓기는 도면 또는 공사시방서에서 정한 바가 없을 때에는 미식 쌓기 또는 불식쌓기로 한다.
③ 하루의 쌓기 높이는 1.8m를 표준으로 한다.
④ 세로줄눈은 구조적으로 우수한 통줄눈이 되도록 한다.

해설

- 벽돌쌓기는 도면 또는 공사시방서에서 정한 바가 없을 때에는 영식쌓기 또는 화란식쌓기로 한다.
- 하루 벽돌의 쌓는 높이는 1.2m를 표준으로 하고 최대 1.5m 이내로 한다.
- 세로줄눈은 통줄눈, 실줄눈이 되지 않도록 한다.

**벽돌쌓기 주의사항**

- 내화벽돌은 건조 상태에서 시공한다.
- 벽돌은 충분히 물축임을 한 후 쌓는다.
- 하루 벽돌의 쌓는 높이는 1.2m를 표준으로 하고 최대 1.5m 이내로 한다.
- 벽돌은 균일한 높이로 쌓고 굳기 전에 벽돌을 움직이지 않도록 한다.
- 벽돌벽이 블록벽과 서로 직각으로 만날 때는 연결철물을 만들어 블록 3단마다 보강하며 쌓는다.
- 벽돌벽이 콘크리트 기둥과 만날 때는 그 사이에 모르타르를 충전한다.
- 벽돌쌓기는 모서리, 구석 및 중간요소에 먼저 기준쌓기를 하고 나머지 부분을 쌓아 나간다.
- 연속되는 벽면의 일부를 트이게 하여 나중쌓기로 할 때에는 그 부분을 층단 들여쌓기로 한다.
- 모르타르는 벽돌강도와 같은 정도의 것을 쓰고 굳기 시작한 것은 쓰지 않는다.
- 줄눈 사용 모르타르의 강도는 벽돌강도보다 작아서는 안 된다.
- 사춤모르타르는 매 켜마다 하는 것이 좋으나 일반적으로 3 ~ 5켜마다 한다.
- 세로줄눈은 통줄눈, 실줄눈이 되지 않도록 한다.
- 벽돌쌓기는 도면 또는 공사시방서에서 정한 바가 없을 때에는 영식쌓기 또는 화란식쌓기로 한다.
- 가로 및 세로줄눈의 너비는 도면 또는 공사시방서에서 정한 바가 없을 때에는 10mm를 표준으로 한다.
- 치장줄눈은 되도록 짧은 시일에 줄눈이 완전히 굳기 전에 하는 것이 좋다.
- 하루 일이 끝날 때에 켜에 차가 나면 층단 들여쌓기로 하여 다음날의 일과 연결이 쉽게 한다.
- 세로규준틀은 건물의 모서리나 구석에 설치함을 원칙으로 한다.
- 내력벽은 상부 구조물의 하중을 기초에 전달하는 벽으로 세워쌓기나 옆쌓기를 피하는 것이 좋다.

정답 | 61 ② 62 ①

1504

## 63 Repetitive Learning (1회 2회 3회)

다음 설명에 해당하는 공정표의 종류로 옳은 것은?

> 한 공종의 작업이 하나의 숫자로 표기되고 컴퓨터에 적용하기 용이한 이점 때문에 많이 사용되고 있다. 각 작업은 node로 표기하고 더미의 사용이 불필요하며 화살표는 단순히 작업의 선후관계만을 나타낸다.

① 횡선식 공정표

② CPM

③ PDM

④ LOB

**해설**

- 횡선식 공정표는 공사 종목을 세로로, 날짜를 가로로 잡아 공정을 막대그래프로 표시하고 기성고와 공사 진척 상황을 기입하는 공정표를 말한다.
- CPM(Critical Path Method)은 활동(Activity) 중심으로 일정을 계산하는 공정표로 PDM과 ADM으로 나눈다.
- LOB는 반복작업에서 각 작업조의 생산성을 유지시키면서 그 생산성을 기울기로 하는 직선으로 각 반복작업의 진행을 표시하여 전체공사를 도식화하는 기법이다.

**:: 네트워크 공정표의 종류** 실필 1202

- PERT(Program Evaluation & Review Technique) – 결합점(Event) 중심으로 일정을 계산하는 공정표
- CPM(Critical Path Method) – 활동(Activity) 중심으로 일정을 계산하는 공정표로 PDM과 ADM으로 나눈다.
- PDM(Precedence Diagram Method) – 결합점(Event) 즉, 노드(Node)에 활동(Activity)를 표시하는 공정표로 화살표는 단순히 작업의 선후관계만을 표시한다.
- ADM(Arrow Diagram Method) – 화살표에 활동(Activity)을 표시하는 공정표

## 64 Repetitive Learning (1회 2회 3회)

콘크리트 구조물의 품질관리에서 활용되는 비파괴시험(검사) 방법으로 경화된 콘크리트 표면의 반발경도를 측정하는 것은?

① 슈미트해머 시험

② 방사선 투과시험

③ 자기분말 탐상시험

④ 침투 탐상시험

**해설**

- 방사선 투과시험은 방사선을 투과하여 콘크리트의 밀도, 철근위치 등을 추정하는 방법이다.
- 자기분말 탐상시험은 자성체 표면 균열을 검출할 때 사용하는 방법으로 콘크리트 구조물은 비자성체로 알맞지 않은 방법이다.
- 침투 탐상시험은 액체의 모세관현상을 이용하여 철골의 표면을 검사하는 방법이다.

**:: 콘크리트 구조물에 대한 비파괴시험의 종류와 특성**

| 구분 | 특성 |
|---|---|
| Core 채취법 | 타설된 콘크리트에서 시험대상 코어를 채취하여 시험 |
| 슈미트 해머테스트 | 콘크리트 표면 타격 시 반발경도를 통해 강도 추정 |
| 탄성파시험 | 초음파의 반사파 파형을 분석하여 결함 및 균열 검사 |
| 초음파시험 | 물질에 대한 전달음의 고유특성을 이용해 강도 추정 |
| 방사선투과법 | 방사선을 투과하여 콘크리트의 밀도, 철근위치 등을 추정 |
| 인발법 | 콘크리트 속에 포함된 철근의 인발내력을 통해 강도 추정 |

1301

## 65 Repetitive Learning (1회 2회 3회)

일명 테이블 폼(Table form)으로 불리는 것으로 거푸집 널에 장선, 멍에, 서포트 등을 기계적인 요소로 부재화한 대형 바닥판거푸집은?

① 갱폼(Gang form)

② 플라잉폼(Flying form)

③ 유로폼(Euro Form)

④ 트래블링폼(Traveling form)

**해설**

- 갱폼은 주로 고층 아파트에서와 같이 평면상 상/하부 동일 단면 구조물에서 사용하는 작업발판 일체형 대형 거푸집을 말한다.
- 유로폼은 경량형강과 합판으로 구성되며 표준형태의 거푸집을 변형시키지 않고 조립하게 만든 거푸집을 말한다.
- 트래블링폼은 터널 등에서 연속하여 콘크리트 타설이 가능하도록 기계적 장치를 이용해 수평으로 이동 가능한 대형 거푸집이다.

**:: 플라잉폼(Flying form)**

- 바닥전용 거푸집으로서 테이블폼이라고도 한다.
- 거푸집널에 장선, 멍에, 서포트 등을 기계적인 요소로 일체로 제작하여 수평, 수직방향으로 이동하는 대형 바닥판거푸집이다.



63 ③ 64 ① 65 ② 정답

1401

## 66 Repetitive Learning 1회 2회 3회

시험말뚝에 변형률계(Strain gauge)와 가속도계(Accelero meter)를 부착하여 말뚝항타에 의한 파형으로부터 지지력을 구하는 시험은?

① 정재하시험 ② 비비시험
③ 동재하시험 ④ 인발시험

**해설**

- 정적재하시험은 말뚝이나 무리말뚝에 정적인 압축 축하중을 가해 말뚝의 반응을 정하는 시험이다.
- 비비(Vee-Bee)시험은 슬럼프 시험으로 측정이 어려운 된 반죽 콘크리트의 워크빌리티를 측정하는 시험이다.
- 인발시험은 말뚝의 허용 인발지지력을 결정하기 위하여 시행되는 시험이다.

동적재하시험
- 말뚝의 정적 지지력의 결정, 말뚝항타 시 말뚝과 지반 간의 거동측정 및 항타 장비의 성능을 검증하기 위하여 시행하는 시험이다.
- 변형률계(Strain gauge)와 가속도계(Accelero meter)를 부착하여 동적인 축하중을 가했을 때의 말뚝항타에 의한 파형으로부터 지지력을 구하는 시험이다.
- 비용 및 소요시간이 절감되며, 시항타 시 적용하여 파일시공 관리가 가능하다.

## 67 Repetitive Learning 1회 2회 3회

콘크리트 공사 시 철근의 정착위치에 관한 설명으로 옳지 않은 것은?

① 작은 보의 주근은 벽체에 정착한다.
② 큰 보의 주근은 기둥에 정착한다.
③ 기둥의 주근은 기초에 정착한다.
④ 지중보의 주근은 기초 또는 기둥에 정착한다.

**해설**

- 작은 보의 주근은 큰 보에 정착한다.

철근의 정착

㉠ 개요
- 정착이란 철근이 힘을 받을 때 뽑힘이나 미끄러짐 변형이 생기지 않도록 응력을 발휘할 수 있게 하는 최소한의 묻힘 깊이를 말한다.
- 철근을 정착하지 않으면 구조체가 큰 외력을 받을 때 철근과 콘크리트가 분리될 수 있다.
- 철근의 정착은 기둥이나 보의 중심을 벗어난 위치에 둔다.

㉡ 정착 위치
- 기둥의 주근은 기초에 정착한다.
- (큰) 보의 주근은 기둥에 정착한다.
- 작은 보의 주근은 큰 보에 정착한다.
- 벽체의 주근은 기둥 또는 큰 보에 정착한다.
- 지중 보의 주근, 철근은 기초 또는 기둥에 정착한다.
- 벽 철근은 기둥과 보 또는 바닥판에 정착한다.
- 바닥철근은 보 또는 벽체에 정착한다.
- 직교하는 단부 보의 밑에 기둥이 없을 때는 상호 간에 정착한다.

㉢ 정착 길이
- 정착 길이는 후크의 중심 간의 거리로, 후크의 길이는 정착 길이에 포함되지 않는다.
- 큰 인장력을 받는 곳일수록 철근의 정착 길이는 길다.
- 압축력 또는 작은 인장력을 받는 곳은 주근 지름의 25배 이상, 큰 인장력을 받는 곳은 40배 이상으로 한다.

1402 / 1802

## 68 Repetitive Learning 1회 2회 3회

지반개량 지정공사 중 응결공법이 아닌 것은?

① 플라스틱드레인 공법 ② 시멘트처리 공법
③ 석회처리 공법 ④ 심층혼합처리 공법

**해설**

- 플라스틱드레인 공법은 투수성이 좋은 부직포와 플라스틱 압출제품을 접착시켜 연약지반의 간극수를 신속하게 배출시키는 탈수공법에 속한다.

지반개량 공법

㉠ 개요
- 흙의 성질을 개선하여 지반 지지력의 증대, 침하의 방지, 수압 및 투수성의 감소 또는 제거를 목적으로 하는 공법을 말한다.
- 크게 흙의 치환, 탈수, 다짐, 배수, 고결 등의 방법을 사용한다.

㉡ 점성토 개량 공법
- 탈수(강제압밀) 공법 – 수위저하 공법, 성토 공법, Sand drain 공법, Paper drain 공법, Plastic board drain 공법, Preloading 공법, 생석회말뚝 공법, 침투압 공법 등이 있다.
- 치환 공법 – 굴착치환 공법, 자중에 의한 압출치환 공법, 폭파에 의한 폭파치환 공법 등이 있다.

㉢ 사질토 개량 공법
- 다짐 공법 – 다짐말뚝 공법, Compozer 공법, Vibro-flotation 공법, 전기충격식 공법, 폭파다짐 공법 등이 있다.
- 배수 공법 – Well point 공법이 있다.
- 고결(응결) 공법 – 약액주입 공법으로 시멘트처리 공법, 석회처리 공법, 심층혼합처리 공법, 기타 공법 등이 있다.

정답 | 66 ③ 67 ① 68 ①

1804

## 69 Repetitive Learning (1회 2회 3회)

공사계약 중 재계약 조건이 아닌 것은?

① 설계도면 및 시방서(Specification)의 중대결함 및 오류에 기인한 경우
② 계약상 현장조건 및 시공조건이 상이(Difference)한 경우
③ 계약사항에 중대한 변경이 있는 경우
④ 정당한 이유 없이 공사를 착수하지 않은 경우

**해설**

- 정당한 이유 없이 공사를 착수하지 않거나, 공사 중단 또는 공사 지연으로 인해 약정된 공사 기한 내에 완공이 불가능하다는 것이 명백한 경우에는 계약해지의 사유가 된다.

**공사계약 중 재계약 조건**

- 설계도면 및 시방서(Specification)의 중대결함 및 오류에 기인한 경우
- 계약상 현장조건 및 시공조건이 상이(Difference)한 경우
- 계약사항에 중대한 변경이 있는 경우

## 70 Repetitive Learning (1회 2회 3회)

콘크리트에서 사용하는 호칭강도의 정의로 옳은 것은?

① 레디믹스트 콘크리트 발주 시 구입자가 지정하는 강도
② 구조계산 시 기준으로 하는 콘크리트의 압축강도
③ 재령 7일의 압축강도를 기준으로 하는 강도
④ 콘크리트의 배합을 정할 때 목표로 하는 압축강도로 품질의 표준편차 및 양생온도 등을 고려하여 설계기준강도에 할증한 것

**해설**

- 호칭강도는 일반적으로 설계기준강도를 의미한다.
- 호칭강도는 표준 양생조건에서 재령 28일의 압축강도를 의미한다.

**콘크리트의 호칭강도**

- KS 규격의 콘크리트 강도 구분을 나타낸다.
- 표준 양생조건에서 재령 28일의 압축강도를 주로 의미한다.
- 일반적으로 설계기준강도를 말한다.
- 레디믹스트 콘크리트 발주 시 구입자가 지정하는 강도를 말한다.
- 단위는 MPa = $N/mm^2$을 사용한다.

0601 / 1201 / 1701

## 71 Repetitive Learning (1회 2회 3회)

다음 조건에 따른 백호의 단위시간당 추정 굴착량으로 옳은 것은?

> 버켓용량 $0.5m^3$, 사이클타임 20초, 작업효율 0.9, 굴착계수 0.7, 굴착토의 용적변화계수 1.25

① 94.5[$m^3$] ② 80.5[$m^3$]
③ 76.3[$m^3$] ④ 70.9[$m^3$]

**해설**

- 주어진 값을 대입하면 $\frac{3,600\times0.5\times0.7\times1.25\times0.9}{20}=\frac{1417.5}{20}=70.875[m^3]$가 된다.

**굴착 작업량**

- 굴착기의 단위시간당 작업량은

$$\frac{3,600\times\text{버켓용량}\times\text{굴착계수}\times\text{용적변화계수}\times\text{작업효율}}{\text{싸이클타임}}$$

로 구한다.(버켓용량의 단위는 [$m^3$], 싸이클타임의 단위는 [초], 작업량의 단위는 [$m^3$]이다)

0301 / 0701

## 72 Repetitive Learning (1회 2회 3회)

미장공법, 뿜칠공법을 통한 강구조부재의 내화피복 시공 시 시공면적 얼마 당 1개소 단위로 핀 등을 이용하여 두께를 확인하여야 하는가?

① $2m^2$
② $3m^2$
③ $4m^2$
④ $5m^2$

**해설**

- 시공 시 Pin을 이용하여 소요두께를 $5m^2$당 1개소 단위로 검사한다.

**미장 및 뿜칠 공법 검사**

- 시공 시 Pin을 이용하여 소요두께를 확인한다. 이때 $5m^2$당 1개소 단위로 검사한다.
- 뿜칠의 경우 시공 후 코어를 채취하여 두께 및 비중을 확인한다. 이 경우 각 층 또는 바닥면적 $1,500m^2$당 1회(1회에 5개) 검사한다.



69 ④ 70 ① 71 ④ 72 ④ 정답

## 73 Repetitive Learning (1회 2회 3회)

강구조 부재의 용접 시 예열에 관한 설명으로 옳지 않은 것은?

① 모재의 표면온도가 0℃ 미만인 경우는 적어도 20℃ 이상 예열한다.

② 이종금속간에 용접을 할 경우는 예열과 층간온도는 하위등급을 기준으로 하여 실시한다.

③ 버너로 예열하는 경우에는 개선면에 직접 가열해서는 안 된다.

④ 온도관리는 용접선에서 75mm 떨어진 위치에서 표면온도계 또는 온도쵸크 등에 의하여 온도관리를 한다.

**해설**

• 이종금속간에 용접을 할 경우는 예열과 층간온도는 상위등급을 기준으로 하여 실시한다.

**용접 시 예열**

- 예열은 용접선의 양측 100mm 및 아크 전방 100mm의 범위 내 모재를 최소예열온도 이상으로 가열한다.
- 모재의 표면온도가 0℃ 미만인 경우 적어도 20℃ 이상 예열한다.
- 모재의 최대 예열온도는 공사감독자의 별도 승인이 없는 경우 230℃ 이하로 한다.
- 이종금속간에 용접을 할 경우는 예열과 층간온도는 상위등급을 기준으로 하여 실시한다.
- 두꺼운 재료나 높은 구속을 받는 이음부 및 보수용접에서는 균열방지나 층상균열을 최소화하기 위해 규정된 최소온도 이상으로 예열한다.
- 용접부 부근의 대기온도가 -20℃ 보다 낮은 경우는 용접을 금지한다. 그러나 주위온도를 상승시킨 경우, 용접부 부근의 온도를 요구되는 수준으로 유지할 수 있으면 대기온도가 -20℃ 보다 낮아도 용접작업을 수행할 수 있다.
- 예열방법은 전기저항 가열법, 고정버너, 수동버너 등에서 강종에 적합한 조건과 방법을 선정하되 버너로 예열하는 경우 개선면에 직접 가열해서는 안 된다.
- 온도관리는 용접선에서 75mm 떨어진 위치에서 표면온도계 또는 온도초크 등에 의하여 온도관리를 한다.
- 온도저하를 고려하여 아크발생 시의 온도가 규정 온도인 것을 확인하고 이 온도를 기준으로 예열 직후의 계측온도로 설정한다.

## 74 Repetitive Learning (1회 2회 3회)

공동 도급방식의 장점에 해당하지 않는 것은?

① 위험의 분산 ② 시공의 확실성

③ 이윤 증대 ④ 기술 자본의 증대

**해설**

• 공동 도급 방식은 공사경비 증대 가능성이 있는 만큼 이윤은 감소한다.

**공동 도급 방식(Joint venture contract)**

㉠ 개요

- 1개 회사가 단독으로 도급을 수행하기에는 규모가 클 경우 또는 복수 공사일 때 2개 이상의 회사가 임시로 결합하여 연대책임으로 공사를 하고 공사 완성 후 해산하는 방식을 말한다.

㉡ 장점

- 각 회사의 상호신뢰와 협조로써 긍정적인 효과를 거둘 수 있다.
- 공사의 진행이 수월하며 위험부담이 분산된다.
- 2 이상의 도급자가 공동으로 기업체를 만들기 때문에 자금부담이 경감된다.
- 신기술 및 신공법을 적용할 경우 상호기술의 확충 및 새로운 경험을 얻을 수 있다.
- 주문자로서는 시공의 확실성을 기대할 수 있다.

㉢ 단점

- 공동 도급 구성원 상호 간의 이해충돌이 발생가능하며, 현장관리가 곤란하다.
- 공사경비가 증대될 수 있다.
- 책임소재가 불명확할 수 있다.

1801

## 75 Repetitive Learning (1회 2회 3회)

다음은 표준시방서에 따른 철근의 이음에 관한 내용이다. 빈칸에 공통으로 들어갈 내용으로 옳은 것은?

| ( )를 초과하는 철근은 겹침이음을 할 수 없다. 다만, 서로 다른 크기의 철근을 압축부에서 겹침이음하는 경우 ( ) 이하의 철근과 ( )를 초과하는 철근은 겹침이음을 할 수 있다. |
|---|

① D25 ② D29

③ D32 ④ D35

**해설**

• D35를 초과하는 철근은 겹침이음을 할 수 없으나 서로 다른 크기의 철근을 압축부에서 겹침이음하는 경우 D35 이하의 철근과 D35를 초과하는 철근은 겹침이음을 할 수 있다.

**철근의 이음 시 주의사항**

- 원형철근 28mm, 이형철근 D29 이상은 원칙적으로 겹침이음을 하지 않는다.
- 콘크리트 표준시방서 및 콘크리트 구조설계기준에 의하면 D35를 초과하는 철근은 겹침이음을 할 수 없다고 규정한다. 다만, 서로 다른 크기의 철근을 압축부에서 겹침이음하는 경우 D35 이하의 철근과 D35를 초과하는 철근은 겹침이음을 할 수 있다.

정답 | 73 ② 74 ③ 75 ④

0502 / 0704 / 0901

## 76 Repetitive Learning (1회 2회 3회)

지하수가 없는 비교적 경질인 지층에서 어스오거로 구멍을 뚫고 그 내부에 철근과 자갈을 채운 후, 미리 삽입해 둔 파이프를 통해 저면에서부터 모르타르를 채워 올라오게 한 것은?

① 슬러리 월(Slurry wall)
② 심플렉스 파일(Simplex pile)
③ CIP 파일(Cast In Place prepacked pile)
④ 프랭키 파일(Franky pile)

해설

- 슬러리 월 공법은 지하연속벽 공법으로 지하연속벽을 흙막이 벽으로 하여 굴착하면서 구조체를 형성해가는 공법이다.
- 심플렉스 파일은 파손을 방지하기 위해 쇠신을 씌운 강관을 소정의 깊이까지 박은 후 관 내에 콘크리트를 부어 무거운 추로 다지면서 강관을 뽑아내어 만드는 말뚝을 말한다.
- 프랭키 파일은 심대 끝에 주철로 만든 마개가 달린 외관을 소정의 깊이까지 박은 후 내부의 마개와 추를 빼내고 콘크리트를 넣어 다지면서 외관을 뽑아내어 만드는 말뚝을 말한다.

:: CIP(Cast In Place prepacked pile) 공법

㉠ 개요
- Prepacked pile 공법은 특정 위치에 구멍을 뚫고 콘크리트 또는 주위의 흙을 이용해서 만드는 제자리 말뚝을 말한다.
- 기초 지정공사, 흙막이 벽, 차수벽 등의 목적으로 사용하는 공법이다.

㉡ 특징
- 주열식 강성체로서 토류 벽 역할을 한다.
- 소음 및 진동이 적고 공사비가 적게 든다.
- 협소한 장소에도 시공이 가능하다.
- 굴착을 깊게 하면 수직도가 떨어진다.

## 77 Repetitive Learning (1회 2회 3회)

기초의 종류 중 지정형식에 따른 분류에 속하지 않는 것은?

① 직접기초 ② 피어기초
③ 복합기초 ④ 잠함기초

해설

- 기초슬래브의 형식에 따라 독립기초, 복합기초, 연속기초, 온통기초로 구분한다.

:: 기초

㉠ 개요
- 건물을 지탱하고 지반에 안정시키기 위해 건물의 하부에 구축한 구조물을 말한다.
- 건물의 하중을 지반에 고정시키고, 침하·경사·이동·변형 등의 훼손이 일어나지 않도록 한다.
- 기초슬래브의 형식에 따라 독립기초, 복합기초, 연속기초, 온통기초로 구분한다.
- 지정형식에 따라 직접기초, 말뚝기초, 피어기초, 잠함기초 등으로 구분한다.

㉡ 기초슬래브 형식에 따른 분류
- 독립기초 : 기둥 하나에 기초판이 하나인 기초이다.
- 복합기초 : 2개 이상의 기둥을 1개의 기초판으로 받치게 한 기초이다.
- 연속기초 : 조적조의 벽 기초, 철근콘크리트의 연결기초이다.
- 온통기초 : 건물 하부 전체 또는 지하실 전체를 기초판으로 하는 기초이다.

1502

## 78 Repetitive Learning (1회 2회 3회)

철골공사에서 발생할 수 있는 용접불량에 해당되지 않는 것은?

① 스캘럽(Scallop)
② 언더컷(Under cut)
③ 오버랩(Over lap)
④ 피트(Pit)

해설

- 스캘럽(Scallop)은 강구조물에서 용접의 교차에 의해 응력의 집중을 막거나 전주(全周) 용접이 용이하도록 하기 위한 노치(부재 접합을 위해 잘라낸 부분)를 말한다.

:: 철골공사 용접불량
- 언더컷(Under cut) – 운봉불량, 전류과대, 용접봉의 선택 부적합으로 용접부 부근의 모재가 용접열에 의해 움푹 패인 형상
- 오버랩(Over lap) – 용접전류의 과소, 운봉 및 용접봉 유지각도의 부적절로 용접금속과 모재가 융합되지 않고 겹쳐지는 것을 의미하는 용접불량
- 피트(Pit) – 용접 시 용접금속 내에 흡수된 가스가 표면에 나와 생성된 작은 구멍
- 슬래그(Slag) 감싸들기 – 운봉부족과 전류과소로 용접봉의 피복재가 녹아 용접금속 표면에 부상하여 굳은 슬래그가 용접금속 내에 혼입되어 발생하는 형상
- 공기구멍(Blow hole) – 용접 시 용접금속 내에 흡수된 가스에 의해 그대로 잔류된 기공
- 스패터(Spatter) – 용접봉의 피복재가 녹아 용접금속 표면에 부상하여 굳은 슬래그 혹은 금속입자가 그대로 굳은 형상
- 용입불량 – 운봉속도가 빠르거나 전류가 낮은 경우, 홈의 각도가 좁은 경우 용착금속이 채워지지 않고 홈으로 남게 되는 형상



76 ③ 77 ③ 78 ① 정답

1704

## 79 Repetitive Learning 1회 2회 3회

슬라이딩폼(Sliding form)에 관한 설명으로 옳지 않은 것은?

① 1일 5~10m 정도 수직시공이 가능하므로 시공속도가 빠르다.
② 타설작업과 마감작업을 병행할 수 없어 공정이 복잡하다.
③ 구조물 형태에 따른 사용 제약이 있다.
④ 형상 및 치수가 정확하며 시공오차가 적다.

해설

- 슬라이딩폼(Sliding form)은 마감작업이 동시에 진행되므로 공정이 단순화된다.

∷ 슬라이딩폼(Sliding form) 실작 1604/1401

㉠ 개요
- 수평 및 수직으로 반복된 구조물을 시공이음 없이 균일하게 시공하기 위해 사용되는 거푸집의 종류이다.
- 로드(Rod) · 유압잭(Jack) 등을 이용하여 거푸집을 연속적으로 이동시키면서 콘크리트를 타설할 때 사용된다.
- 원자력 발전소의 원자로격납용기(Containment vessel), Silo 공사 등에 적합한 거푸집이다.

㉡ 특징
- 1일 5～10m 정도 수직시공이 가능하도록 시공속도가 빠르다.
- 마감작업이 동시에 진행되므로 공정이 단순화된다.
- 구조물 형태에 따른 사용 제약이 있다.
- 형상 및 치수가 정확하며 시공오차가 적다.

0902 / 1504 / 1804

## 80 Repetitive Learning 1회 2회 3회

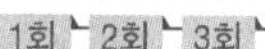

속빈 콘크리트블록의 규격 중 기본블록치수가 아닌 것은?(단, 단위 : mm)

① 390 × 190 × 190 ② 390 × 190 × 150
③ 390 × 190 × 100 ④ 390 × 190 × 80

해설

- 속빈 콘크리트블록의 규격에서 두께는 190, 150, 100mm가 표준으로 정해져 있다.

∷ 속빈 콘크리트블록의 규격(단위 : mm)
- 이형 블록이란 반토막 블록, 모서리용 블록, 가로근용 블록, 그 밖의 용도에 따라 모양이 다른 블록을 총칭한다.

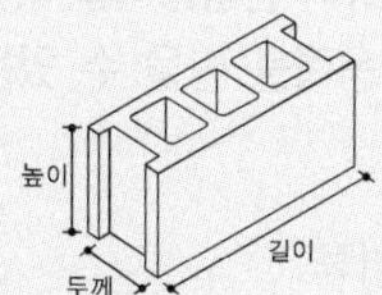


<table>
<tr><th rowspan="2">모양</th><th colspan="3">치수</th><th rowspan="2">허용차</th></tr>
<tr><th>길이</th><th>높이</th><th>두께</th></tr>
<tr><td>기본 블록</td><td>390</td><td>190</td><td>190<br>150<br>100</td><td>±2</td></tr>
<tr><td>이형 블록</td><td colspan="4">가로근용 블록, 모서리용 블록과 같이 기본 블록과 동일한 크기인 것의 치수 및 허용차는 기본 블록에 준한다. 다만 그 외의 경우 당사자 간 협의에 따른다.</td></tr>
</table>

# 5과목 건설재료학

1004

## 81 Repetitive Learning 1회 2회 3회

목재의 압축강도에 영향을 미치는 원인에 대하여 설명한 것으로 옳지 않은 것은?

① 기건비중이 클수록 압축강도는 증가한다.
② 가력방향이 섬유방향과 평행일 때 압축강도는 최대가 된다.
③ 섬유포화점 이상에서 목재의 함수율이 커질수록 압축강도는 계속 낮아진다.
④ 옹이가 있으면 압축강도는 저하하고 옹이 지름이 클수록 더욱 감소한다.

해설

- 섬유포화점 이상에서는 함수율이 변화하여도 목재의 강도는 일정하고 신축을 일으키지도 않는다.

∷ 목재의 강도
- 생나무에 비해 기건재(함수율 15%)는 1.5배, 전건재(함수율 0%)는 3배 이상 강도가 크다.
- 비중이 클수록, 변재보다 심재의 강도가 크다.
- 흠이 있으면 강도가 떨어진다.
- 전단강도를 제외한 목재의 강도는 가력방향이 섬유방향일 때 가장 강하고, 섬유방향과 직각일 때 가장 약하다.
- 목재의 경도는 면 중에서 마구리면이 약간 크고 곧은결 면과 널결 면은 별로 차이가 없다.
- 일반적인 강도는 인장강도 > 휨강도 > 압축강도 > 전단강도의 순이다.

정답 | 79 ② 80 ④ 81 ③

0504 / 0802 / 1201 / 1502

## 82 Repetitive Learning (1회 2회 3회)

석재의 종류와 용도가 잘못 연결된 것은?

① 화산암-경량골재
② 화강암-콘크리트용 골재
③ 대리석-조각재
④ 응회암-건축용 구조재

**해설**

- 건축용 구조재로는 주로 화강암, 안산암, 사암이 사용된다.

**응회암**
- 화산재와 화산진이 쌓여서 만들어진 쇄설성 퇴적암이다.
- 다공질로 중량이 가볍고 가공성, 내화성이 우수하나 동해에 약하다.
- 토목용 석재 등에 사용되며 강도가 작아 건축용 구조재로 적합하지 않다.

0702

## 83 Repetitive Learning (1회 2회 3회)

표면건조포화상태의 잔골재 500g을 건조시켜 기건상태에서 측정한 결과 460g, 절건상태에서 측정한 결과 450g이었다. 이 잔골재의 흡수율은?

① 8% ② 8.8%
③ 10% ④ 11.1%

**해설**

- 표건상태의 중량은 500g이며, 절건상태의 중량은 450g이다.
- 흡수율 $= \frac{500-450}{450} = 0.1111$로 11.1[%]이다.

**흡수율과 표면수율**

㉠ 흡수율
- 흡수율은 흡수량(표면건조상태와 절대건조상태의 중량 차) 대비 절대건조상태의 중량비를 백분율로 나타낸 것이다.
- 흡수율 $= \frac{\text{표면건조상태} - \text{절대건조상태}}{\text{절대건조상태}} \times 100$[%]이다.

㉡ 표면수율
- 표면수율이란 표면수량(습윤상태와 표건상태의 중량 차) 대비 표면건조상태의 중량비를 백분율로 나타낸 것이다.
- 표면수율 $= \frac{\text{습윤상태} - \text{표면건조상태}}{\text{표면건조상태}} \times 100$[%]이다.

1301

## 84 Repetitive Learning (1회 2회 3회)

콘크리트용 혼화제의 사용용도와 혼화제 종류를 연결한 것으로 옳지 않은 것은?

① AE감수제 - 작업성능이나 동결융해 저항성능의 향상
② 유동화제 - 강력한 감수효과와 강도의 대폭적인 증가
③ 방청제 - 염화물에 의한 강재의 부식억제
④ 증점제 - 점성, 응집작용 등을 향상시켜 재료분리를 억제

**해설**

- 강력한 감수효과와 강도의 대폭적인 증가는 고성능 감수제의 역할이다.
- 유동화제는 강력한 감수효과를 이용한 유동성의 대폭적인 개선을 목적으로 사용한다.

**시멘트 혼화제(Chemical admixture)**

㉠ 개요
- 콘크리트의 물성을 개선하기 위하여 시멘트 중량의 5% 이하를 사용한다.
- 종류에는 AE제, 지연제, 촉진제, 고성능 감수제, 방청제, 증점제, 유동화제 등이 있다.

㉡ 종류와 특징

| | |
|---|---|
| AE제 | 시공연도를 향상시키고 단위수량을 감소시키며, 동결융해작용에 대한 저항을 증가시킨다. |
| 고성능 감수제 | 강력한 감수효과와 강도를 대폭적으로 증가시킨다. |
| 유동화제 | 강력한 감수효과를 이용한 유동성을 대폭적으로 개선시킨다. |
| 방청제 | 염화물에 의한 강재의 부식을 억제시킨다. |
| 증점제 | 점성, 응집작용 등을 향상시켜 재료분리를 억제시킨다. |
| 지연제 | 서중콘크리트, 매스콘크리트 등에 석고를 혼합하여 응결을 지연시킨다. |
| 촉진제 | 응결을 촉진시켜 콘크리트의 조기강도를 크게 한다. |

0801

## 85 Repetitive Learning (1회 2회 3회)

고강도 강선을 사용하여 인장응력을 미리 부여함으로서 단면을 적게 하면서 큰 응력을 받을 수 있는 콘크리트는?

① 매스 콘크리트
② 프리팩트 콘크리트
③ 프리스트레스 콘크리트
④ AE 콘크리트



82 ④ 83 ④ 84 ② 85 ③ 정답

해설

- 매스 콘크리트는 부재의 단면치수가 80cm 이상일 때 타설하는 콘크리트이다.
- 프리팩트 콘크리트는 조골재를 먼저 투입한 후에 골재와 골재 사이 빈틈에 시멘트 모르타르를 주입하여 제작하는 방식의 콘크리트이다.
- AE 콘크리트는 콘크리트의 동결융해작용에 대한 저항성을 높이기 위해 AE제를 사용하여 만든 콘크리트이다.

**프리스트레스트 콘크리트(Prestressed concrete)**

- 고강도 강선을 사용하여 인장응력을 미리 부여함으로서 단면을 적게 하면서 큰 응력을 받을 수 있는 콘크리트이다.
- 고강도 강재와 콘크리트를 사용하므로 안전성이 높고 내구성 및 수밀성이 우수하나 비용이 많이 발생한다.

## 86

Repetitive Learning (1회 2회 3회)

유리의 중앙부와 주변부와의 온도 차이로 인해 응력이 발생하여 파손되는 현상을 유리의 열파손이라 한다. 열파손에 관한 설명으로 옳지 않은 것은?

① 색유리에 많이 발생한다.
② 동절기의 맑은 날 오전에 많이 발생한다.
③ 두께가 얇을수록 강도가 약해 열팽창 응력이 크다.
④ 균열은 프레임에 직각으로 시작하여 경사지게 진행된다.

해설

- 두께가 두꺼울수록 열팽창응력이 크다.

**열파손**

- 유리의 중앙부와 주변부와의 온도 차이로 인해 응력이 발생하여 파손되는 현상을 말한다.
- 색유리는 열의 흡수가 많아 열파손이 많이 발생한다.
- 프레임과 유리의 온도차가 큰 동절기의 맑은 날 오전에 많이 발생한다.
- 두께가 두꺼울수록 열팽창 응력이 크다.
- 균열은 프레임에 직각으로 시작하여 경사지게 진행된다.
- 판유리의 경우 온도차가 60℃ 이상이면 발생한다.

1702 / 2001 / 2102

## 87

Repetitive Learning 

KS L 4201에 따른 1종 점토벽돌의 압축강도는 최소 얼마 이상인가?

① 17.85MPa
② 19.53MPa
③ 20.59MPa
④ 24.50MPa

해설

- 1종의 경우 압축강도는 24.50[MPa] 이상이고, 흡수율은 10[%] 이하이다.

**점토벽돌**

- 품질기준은 KS L 4201에서 규정한다.
- 점토벽돌의 종류는 품질에 따라 크게 미장벽돌과 유약벽돌로 구분할 수 있다.
- 보통벽돌의 소성온도는 900～1,000℃ 이상이다.
- 점토벽돌이 적색 또는 적갈색을 띠는 것은 점토 중에 포함된 산화철(FeO)분에 기인한다.
- 벽돌의 품질

| 품질 | 종류 | |
|---|---|---|
| | 1종 | 2종 |
| 흡수율[%] | 10 이하 | 15 이하 |
| 압축강도[MPa] | 24.50 | 14.70 |

- 벽돌의 치수 및 허용차[단위 : mm]

| 항목 | 구분 | | |
|---|---|---|---|
| | 길이 | 너비 | 두께 |
| 치수 | 190<br>205 | 90<br>90 | 57<br>75 |
| 허용차 | ±5.0 | ±3.0 | ±2.5 |

## 88

Repetitive Learning (1회 2회 3회)

아스팔트를 천연아스팔트와 석유아스팔트로 구분할 때 천연아스팔트에 해당되지 않는 것은?

① 로크 아스팔트
② 레이크 아스팔트
③ 아스팔타이트
④ 스트레이트 아스팔트

해설

- 스트레이트 아스팔트는 원유를 상압증류 및 진공증류했을 때 남는 잔유로 얻어지는 것으로 석유계 아스팔트의 원료로 사용된다.

**천연 아스팔트**

| | |
|---|---|
| 레이크아스팔트<br>(Lake asphalt) | 아스팔트가 호수와 같이 지표면에 노출되어 있는 것이다. |
| 샌드아스팔트<br>(Sand asphalt) | 모래층 속에 아스팔트가 스며들어 있는 것이다. |
| 락아스팔트<br>(Rock asphalt) | 다공성 석회암과 사암에 아스팔트가 스며들어 생긴 것으로 잘게 부수어 도로포장에 주로 사용한다. |
| 아스팔타이트<br>(Asphaltite) | 천연석유가 지층의 갈라진 틈과 암석의 깨진 틈에 침입한 후 지열이나 공기 등의 작용으로 장기간 그 내부에서 중합반응 또는 축합반응을 일으켜 탄성력이 풍부한 화합물로 된 것이다. |

정답 | 86 ③ 87 ④ 88 ④

0702

## 89

Repetitive Learning ( 1회 2회 3회 )

점토의 성질에 대한 설명으로 틀린 것은?

① 양질의 점토는 건조상태에서 현저한 가소성을 나타내며 점토 입자가 미세할수록 가소성은 나빠진다.
② 점토의 주성분은 실리카와 알루미나이다.
③ 인장강도는 점토의 조직에 관계하며 입자의 크기가 큰 영향을 준다.
④ 점토제품의 색상은 철산화물 또는 석회물질에 의해 나타난다.

해설

- 양질의 점토는 습윤상태에서 현저한 가소성을 나타내며, 점토 입자가 미세할수록 가소성은 좋아진다.

점토의 성질

㉠ 개요
- 점토의 주성분은 실리카, 알루미나이다.
- 비중은 일반적으로 2.5 ~ 2.6의 범위이다.
- 압축강도는 인장강도의 약 5배 정도이다.
- 인장강도는 점토의 조직에 관계하며 입자의 크기가 큰 영향을 준다.
- 입도는 보통 $2\mu$ 이하의 미립자나 모래알 정도의 조립을 포함한 것도 있다.
- 기공률은 점토의 입자 간에 존재하는 모공용적으로 입자의 형상, 크기에 관계한다.
- 함수율은 모래가 포함되지 않은 것은 30 ~ 100%의 범위이다.
- 색상은 철산화물 또는 석회물질에 의해 나타내며, 철산화물이 많으면 적색이 되고, 석회물질이 많으면 황색을 띠게 된다.
- 점토를 소성하면 용적, 비중 등의 변화가 일어나며 강도가 현저히 증대된다.
- 점토의 소성온도는 점토의 성분이나 제품의 종류에 따라 다르다.

㉡ 수축
- 수축은 건조 및 소성 시 일어나며 건조수축은 점토의 조직에 관계하는 이외에 가하는 수량도 영향을 준다.
- 소성수축은 점토 내 휘발분의 양, 조직, 용융도 등이 영향을 준다.
- $Fe_2O_3$ 등의 부성분이 많으면 제품의 건조수축이 크다.

㉢ 가소성
- 양질의 점토는 습윤상태에서 현저한 가소성을 나타내며, 점토 입자가 미세할수록 가소성은 좋아진다.
- 가소성이 너무 큰 경우에는 모래 또는 샤모트 등을 혼합하여 조절한다.

## 90

Repetitive Learning ( 1회 2회 3회 )

도료의 사용 용도에 관한 설명으로 옳지 않은 것은?

① 유성바니쉬는 투명도료이며, 목재마감에도 사용가능하다.
② 유성페인트는 모르타르, 콘크리트면에 발라 착색방수피막을 형성한다.
③ 합성수지 에멀션페인트는 콘크리트면, 석고보드 바탕 등에 사용된다.
④ 클리어래커는 목재면의 투명도장에 사용된다.

해설

- 모르타르, 콘크리트 바탕에 주로 사용하는 것은 수성페인트이며, 착색방수피막을 형성하는 것은 멤브레인 방수에 대한 설명이다.

유성페인트

㉠ 개요
- 가장 보편적으로 많이 사용하는 도료로 전용 신나와 희석해서 사용한다.
- 보일유(아마인유 등의 건조성 지방유를 가열 연화시켜 건조제를 첨가한 것)와 안료를 혼합한 것을 말한다.

㉡ 특징
- 건조가 느리고, 경도, 내수성, 내알칼리성이 좋지 않다.
- 도막은 견고하나 바탕의 재질을 살릴 수 없다.
- 내후성이 우수하며, 가격이 저렴하다.

0404 / 0602 / 0802

## 91

Repetitive Learning ( 1회 2회 3회 )

습윤상태의 모래 780g을 건조로에서 건조시켜 절대건조상태 720g으로 되었다. 이 모래의 표면수율은?(단, 이 모래의 흡수율은 5%이다)

① 3.08%
② 3.17%
③ 3.33%
④ 3.5%

해설

- 습윤상태의 중량이 780g이고, 모래의 흡수율이 5%인 절건상태의 중량은 720g이므로 표건상태의 중량은 720+720×0.05 = 720+36 = 756g이다.
- 표면수율 = $\frac{780-756}{756}=0.0317$로 3.17[%]이다.

흡수율과 표면수율

문제 83번 유형별 핵심이론 참조



89 ① 90 ② 91 ② 정답

## 92

Repetitive Learning (1회 2회 3회)

미장재료 중 회반죽에 관한 설명으로 옳지 않은 것은?

① 경화속도가 느린 편이다.
② 일반적으로 연약하고, 비내수성이다.
③ 여물은 접착력 증대를, 해초풀은 균열방지를 위해 사용된다.
④ 소석회가 주원료이다.

해설

- 회반죽 후 발생하는 균열은 여물이 분산·경감시키고, 해초풀은 접착력을 증대시킨다.

회반죽

㉠ 개요
- 공기 중의 이산화탄소($CO_2$)와 반응하여 경화되는 대표적인 기경성 재료이다.
- 소석회에 모래, 해초풀, 여물 등을 혼합하여 바르는 미장재료이다.
- 목조 바탕, 콘크리트블록 및 벽돌 바탕 등에 사용된다.
- 회반죽 바름에 사용하는 해초풀은 채취 후 1~2년 경과된 것이 좋다.
- 회반죽에 석고를 약간 혼합하면 수축균열을 방지할 수 있는 효과가 있다.

㉡ 특징
- 경화건조에 의한 수축률은 미장바름 중 큰 편이다.
- 발생하는 균열은 여물이 분산·경감시킨다.
- 기경성 재료인 만큼 건조에 걸리는 시간이 대단히 길다.

0704

## 93

Repetitive Learning (1회 2회 3회)

다음의 합성수지 중 열가소성 수지가 아닌 것은?

① 알키드수지 ② 염화비닐수지
③ 아크릴수지 ④ 폴리프로필렌수지

해설

- 알키드수지는 열경화성 수지이다.

열가소성 수지

- 가열하거나 용제에 녹이면 물리적으로 유연하게 되어 자유롭게 성형할 수 있는 수지를 말한다.
- 일반적으로 무색투명하다.
- 열에 의해 가소성이 증대하나 냉각하면 다시 고화된다.
- 종류에는 아크릴수지, 염화비닐수지(PVC), 폴리스티렌수지, 쿠마론수지, 폴리아미드수지, 폴리에틸렌수지, 폴리프로필렌수지, 폴리카보네이트 등이 있다.

0402

## 94

Repetitive Learning (1회 2회 3회)

전기절연성, 내열성이 우수하고 특히 내약품성이 뛰어나며 유리섬유로 보강하여 강화플라스틱(F.R.P)의 제조에 사용되는 합성수지는?

① 멜라민수지
② 불포화 폴리에스테르수지
③ 페놀수지
④ 염화비닐수지

해설

- 멜라민수지는 멜라민과 포름알데히드로 제조된 순백색 또는 투명백색의 열경화성 수지로, 표면경도가 크고 착색이 자유로우며 내열성이 우수한 수지이다.
- 페놀수지는 내열성, 난연성, 전기절연성을 갖는 열경화성 수지로 항공우주분야뿐 아니라 다양한 하이테크 산업에서 활용되고 있다.
- 염화비닐수지는 PVC라고도 하는 열가소성 수지로 내수성, 내화학성이 크고 단단해 판, 펌프, 탱크 등에 다양한 용도로 사용된다.

불포화 폴리에스테르수지

- 유리섬유로 보강하여 비중이 강철의 1/3 정도로 가볍고 강도가 크며, 전기절연성, 내열성, 내약품성이 뛰어나다.
- 강화플라스틱(F.R.P)의 제조와 레진콘크리트용 수지, 도료, 접착제 등에 사용된다.
- 항공기, 선박, 차량 등의 구조재나 건축의 창호재로 사용된다.

## 95

Repetitive Learning (1회 2회 3회)

목재 건조의 목적에 해당되지 않는 것은?

① 강도의 증진
② 중량의 경감
③ 가공성의 증진
④ 균류 발생의 방지

해설

- 목재의 건조에 따라 가공성이 달라지기는 하나 가공성의 증진을 목적으로 목재를 건조하지는 않는다.

목재의 건조 목적

- 목재수축에 의한 손상 방지
- 목재강도 및 내구성 증가
- 균류에 의한 부식 방지 및 충해 예방
- 전기 및 열 절연성의 증가
- 변색 및 충해의 방지
- 중량의 경감

정답 | 92 ③ 93 ① 94 ② 95 ③

0601 / 0704

## 96

Repetitive Learning 1회 2회 3회

강의 열처리 방법 중 결정을 미립화하고 균일하게 하기 위해 800~1,000℃까지 가열하여 소정의 시간까지 유지한 후에 로(爐)의 내부에서 서서히 냉각하는 방법은?

① 풀림
② 불림
③ 담금질
④ 뜨임질

해설

- 불림은 강의 조직을 개선하고 결정을 미세화하기 위해 실시하는 열처리방법이다.
- 담금질은 강을 강하고 경하게 하기 위해 실시하는 열처리 방법이다.
- 뜨임질은 담금질에 의해 경해진 강에 인성을 부여하는 열처리 방법이다.

강재의 열처리

- 강재에 기계적, 물리적 성질을 부여하기 위해 가열과 냉각을 시행하는 열적 조작기술이다.
- 열처리 기술에는 담금질, 뜨임, 풀림, 불림 등이 있다.

| | |
|---|---|
| 담금질 (Quenching) | 강을 적당한 온도로 가열하여 오스테나이트 조직에 이르게 한 후 마텐자이트 조직으로 변화시키기 위해 급랭시키는 처리 |
| 뜨임 (Tempering) | 담금질 한 강에 적당한 인성을 부여하기 위해 적당한 온도까지 가열한 후 다시 냉각시키는 처리 |
| 풀림 (Annealing) | 강을 연화하거나 내부응력을 제거할 목적으로 강을 800 ~ 1,000℃로 일정한 시간 가열한 후에 로(爐) 안에서 천천히 냉각시키는 처리 |
| 불림 (Normalizing) | 강의 열처리 중에서 조직을 개선하고 결정을 미세화하기 위해 800 ~ 1,000℃로 가열하여 소정의 시간까지 유지한 후에 대기 중에서 냉각시키는 처리 |

## 97

Repetitive Learning 

단열재료에 관한 설명으로 옳지 않은 것은?

① 열전도율이 높을수록 단열성능이 좋다.
② 같은 두께인 경우 경량재료인 편이 단열에 더 효과적이다.
③ 일반적으로 다공질의 재료가 많다.
④ 단열재료의 대부분은 흡음성도 우수하므로 흡음재료로서도 이용된다.

해설

- 단열재는 열전도율이 낮고 비중이 작아야 한다.

단열재

㉠ 개요
- 열이 흐르는 물체의 전열저항을 크게 하여 열 흐름을 적게 하는 것을 말한다.
- 단열재는 다공성 재료가 많은데 단열재에 습기나 물기가 침투하면 열전도율이 높아져 단열성능이 떨어진다.

㉡ 구비조건
- 열전도율이 낮고 비중이 작을 것
- 흡수율이 낮을 것
- 내화성 및 내부식성이 좋을 것
- 경제적이고 어느 정도의 기계적인 강도가 있을 것

1104 / 1404

## 98

Repetitive Learning 1회 2회 3회

금속 부식에 대한 대책으로 틀린 것은?

① 가능한 한 이종 금속은 이를 인접, 접속시켜 사용하지 않을 것
② 균질한 것을 선택하고 사용할 때 큰 변형을 주지 않도록 할 것
③ 큰 변형을 준 것은 가능한 한 풀림하여 사용할 것
④ 표면을 거칠게 하고 가능한 한 습윤상태로 유지할 것

해설

- 금속 부식을 방지하기 위해서 표면을 평활, 청결하게 하고 가능한 건조상태로 유지한다.

금속 부식

㉠ 개요
- 금속의 산화과정을 말한다.
- 부식은 한 금속 조각이 다른 부분과의 접촉 시 전자의 이동에 의해 발생한다.

㉡ 부식방지대책
- 가능한 한 이종 금속은 이를 인접, 접속시켜 사용하지 않을 것
- 균질한 것을 선택하고 사용할 때 큰 변형을 주지 않도록 할 것
- 큰 변형을 준 것은 가능한 한 풀림하여 사용할 것
- 표면을 평활, 청결하게 하고 가능한 건조상태로 유지할 것
- 부분적인 녹은 즉시 제거할 것



96 ① 97 ① 98 ④ 정답

1101

**99** ——— Repetitive Learning (1회 2회 3회)

콘크리트용 골재의 품질요건에 대한 설명으로 옳지 않은 것은?

① 골재는 청정・견경해야 한다.
② 골재는 소요의 내화성과 내구성을 가져야 한다.
③ 골재는 표면이 매끄럽지 않으며 예각으로 된 것이 좋다.
④ 골재는 밀실한 콘크리트를 만들 수 있는 입형과 입도를 갖는 것이 좋다.

**해설**

- 콘크리트용 골재로 너무 매끄러운 것, 납작한 것, 길쭉한 것, 예각으로 된 것은 피하도록 한다.

**콘크리트용 골재의 조건**

- 강도는 콘크리트 중의 경화시멘트 페이스트의 강도 이상일 것
- 공극률이 작은 구형이나 입방체에 가까운 것
- 입형은 너무 매끄러운 것, 납작한 것, 길쭉한 것, 예각으로 된 것은 피하도록 하며, 콘크리트의 유동성을 갖도록 할 것
- 입도는 조립에서 세립까지 연속적으로 균등히 혼합되어 있을 것
- 먼지, 흙, 유기불순물, 염류, 운모, 석탄, 갈탄, 석편 등이 포함되지 않을 것
- 잔골재의 경우 염분의 허용한도는 0.04% 이하여야 한다.

**100** ——— Repetitive Learning (1회 2회 3회)

각 미장재료별 경화형태로 옳지 않은 것은?

① 회반죽 : 수경성
② 시멘트모르타르 : 수경성
③ 돌로마이트플라스터 : 기경성
④ 테라조 현장바름 : 수경성

**해설**

- 회반죽은 가장 대표적인 기경성 미장재료이다.

**미장재료의 구분**

| 구분 | 내용 |
|---|---|
| 수경성 재료 | • 물을 필요로 하는 미장재료로 지하실과 같이 공기의 유통이 나쁜 장소에서도 사용가능하다.<br>• 시멘트모르타르, 석고플라스터, 인조석바름 등<br>• 장점 : 경화가 빠르고 강도가 크다.<br>• 단점 : 시공이 복잡하고 수축 및 균열이 발생한다. |
| 기경성 재료 | • 이산화탄소와 반응하여 경화되는 미장재료이다.<br>• 회반죽, 흙질, 석회플라스터, 돌로마이트플라스터 등<br>• 장점 : 시공이 용이하다.<br>• 단점 : 경화가 느리고 강도가 작다. |

## 6과목 건설안전기술

1704

**101** ——— Repetitive Learning (1회 2회 3회)

공사 진척에 따른 공정률이 다음과 같을 때 안전관리비 사용기준으로 옳은 것은?(단, 공정률은 기성공정률을 기준으로 함)

| 공정률 : 70% 이상, 90% 미만 |
|---|

① 50% 이상
② 60% 이상
③ 70% 이상
④ 80% 이상

**해설**

- 공사 진척에 따른 안전관리비 사용기준에서 공정률 70 ~ 90%일 때의 산업안전보건관리비 사용기준은 70% 이상이다.

**공사 진척에 따른 안전관리비 사용기준** 실필 1604/1304/0902

| 공정률 | 50% 이상 70% 미만 | 70% 이상 90% 미만 | 90% 이상 |
|---|---|---|---|
| 사용기준 | 50% 이상 | 70% 이상 | 90% 이상 |

0704 / 0904 / 1202

**102** ——— Repetitive Learning (1회 2회 3회)

차량계 건설기계를 사용하여 작업을 하는 때에 작업계획에 포함되지 않아도 되는 사항은?

① 사용하는 차량계 건설기계의 종류 및 성능
② 차량계 건설기계의 운행경로
③ 차량계 건설기계에 의한 작업방법
④ 차량계 건설기계 사용 시 유도자 배치 위치

**해설**

- 차량계 건설기계를 사용하여 작업하고자 할 때 작업계획서에는 사용하는 차량계 건설기계의 종류 및 성능, 차량계 건설기계의 운행경로, 차량계 건설기계에 의한 작업방법 등이 포함되어야 한다.

**차량계 건설기계를 사용하여 작업하고자 할 때 작업계획서 내용** 실필 1902/1702/1604 실작 1804/1702/1701/1502/1401

- 사용하는 차량계 건설기계의 종류 및 성능
- 차량계 건설기계의 운행경로
- 차량계 건설기계에 의한 작업방법

정답 | 99 ③ 100 ① 101 ③ 102 ④

## 103

Repetitive Learning 1회 2회 3회

유해위험방지계획서를 고용노동부장관에게 제출하고 심사를 받아야 하는 대상 건설공사 기준으로 옳지 않은 것은?

① 최대 지간길이가 50m 이상인 다리의 건설등 공사
② 지상높이 25m 이상인 건축물 또는 인공구조물의 건설 등 공사
③ 깊이 10m 이상인 굴착공사
④ 다목적댐, 발전용댐, 저수용량 2천만톤 이상의 용수 전용 댐 및 지방상수도 전용댐의 건설 등 공사

**해설**

- 지상높이가 31미터 이상인 건축물 또는 인공구조물의 경우 유해·위험방지계획서 제출대상이 된다.

**유해·위험방지계획서 제출대상 공사** 실필 1901/1802/1102

- 지상높이가 31m 이상인 건축물 또는 인공구조물, 연면적 3만$m^2$ 이상인 건축물 또는 연면적 5천$m^2$ 이상의 문화 및 집회시설(전시장 및 동물원·식물원은 제외), 판매시설, 운수시설(고속철도의 역사 및 집배송시설은 제외), 종교시설, 의료시설 중 종합병원, 숙박시설 중 관광숙박시설, 지하도상가 또는 냉동·냉장창고시설의 건설·개조 또는 해체 공사
- 연면적 5천$m^2$ 이상인 냉동·냉장창고시설의 설비공사 및 단열공사
- 최대지간길이가 50m 이상인 교량 건설 등의 공사
- 터널 건설 등의 공사
- 다목적 댐, 발전용 댐 및 저수용량 2천만톤 이상의 용수 전용 댐, 지방상수도 전용 댐 건설 등의 공사
- 깊이 10m 이상인 굴착공사

1502 / 1802

## 104

Repetitive Learning 

사면보호공법 중 구조물에 의한 보호공법에 해당되지 않는 것은?

① 블럭공
② 식생구멍공
③ 돌쌓기공
④ 현장타설 콘크리트 격자공

**해설**

- 구조물에 의한 보호 공법에는 비탈면 녹화, 낙석방지울타리, 격자블록붙이기, 숏크리트, 낙석방지망, 블록공, 돌쌓기 공법 등이 있다.

**식생공**

- 건설재해대책의 사면보호 공법 중 하나이다.
- 식물을 생육시켜 그 뿌리로 사면의 표층토를 고정하여 빗물에 의한 침식, 동상, 이완 등을 방지하고, 녹화에 의한 경관조성을 목적으로 시공한다.

1702

## 105

Repetitive Learning 1회 2회 3회

거푸집 동바리 등을 조립 또는 해체하는 작업을 하는 경우의 준수사항으로 옳지 않은 것은?

① 재료, 기구 또는 공구 등을 올리거나 내리는 경우에는 근로자로 하여금 달줄·달포대 등의 사용을 금하도록 할 것
② 낙하·충격에 의한 돌발적 재해를 방지하기 위하여 버팀목을 설치하고 거푸집 동바리 등을 인양장비에 매단 후에 작업을 하도록 하는 등 필요한 조치를 할 것
③ 비, 눈 그 밖의 기상상태의 불안정으로 날씨가 몹시 나쁜 경우에는 그 작업을 중지할 것
④ 해당 작업을 하는 구역에는 관계 근로자가 아닌 사람의 출입을 금지할 것

**해설**

- 재료, 기구 또는 공구 등을 올리거나 내리는 경우에는 근로자로 하여금 달줄·달포대 등을 사용하도록 하여야 한다.

**거푸집 동바리의 조립·해체 등 작업 시의 준수사항** 실필 1404 실작 1902/1702/1701/1604/1602/1504/1501/1404/1402

- 해당 작업을 하는 구역에는 관계 근로자가 아닌 사람의 출입을 금지할 것
- 비, 눈, 그 밖의 기상상태의 불안정으로 날씨가 몹시 나쁜 경우에는 그 작업을 중지할 것
- 재료, 기구 또는 공구 등을 올리거나 내리는 경우에는 근로자로 하여금 달줄·달포대 등을 사용하도록 할 것
- 낙하·충격에 의한 돌발적 재해를 방지하기 위하여 버팀목을 설치하고 거푸집 동바리 등을 인양장비에 매단 후에 작업을 하도록 하는 등 필요한 조치를 할 것
- 양중기로 철근을 운반할 경우에는 두 군데 이상 묶어서 수평으로 운반할 것
- 작업위치의 높이가 2m 이상일 경우에는 작업발판을 설치하거나 안전대를 착용하게 하는 등 위험 방지를 위하여 필요한 조치를 할 것



103 ② 104 ② 105 ① 정답

1801

## 106 Repetitive Learning (1회 2회 3회)

미리 작업장소의 지형 및 지반상태 등에 적합한 제한속도를 정하지 않아도 되는 차량계 건설기계의 속도 기준은?

① 최대제한속도가 10km/h 이하
② 최대제한속도가 20km/h 이하
③ 최대제한속도가 30km/h 이하
④ 최대제한속도가 40km/h 이하

해설

- 최대제한속도가 시속 10킬로미터 이하인 경우를 제외하고는 차량계 건설기계를 사용하여 작업을 하는 경우 미리 작업 장소의 지형 및 지반상태 등에 적합한 제한속도를 정하고, 운전자로 하여금 준수하도록 하여야 한다.

:: 제한속도의 지정

- 사업주는 차량계 하역운반기계, 차량계 건설기계(최대제한속도가 시속 10킬로미터 이하인 것은 제외)를 사용하여 작업을 하는 경우 미리 작업 장소의 지형 및 지반상태 등에 적합한 제한속도를 정하고, 운전자로 하여금 준수하도록 하여야 한다.
- 사업주는 궤도작업차량을 사용하는 작업, 입환기로 입환작업을 하는 경우에 작업에 적합한 제한속도를 정하고, 운전자로 하여금 준수하도록 하여야 한다.

1302

## 107 Repetitive Learning (1회 2회 3회)

거푸집 동바리 등을 조립하는 경우에 준수하여야 하는 기준으로 옳지 않은 것은?

① 동바리로 사용하는 파이프 서포트를 이어서 사용하는 경우에는 3개 이상의 볼트 또는 전용철물을 사용하여 이을 것
② 동바리로 사용하는 파이프 서포트는 높이가 3.5m를 초과하는 경우 2m 이내마다 수평연결재를 2개 방향으로 설치할 것
③ 받침목의 사용, 콘크리트 타설, 말뚝박기 등 동바리의 침하를 방지하기 위한 조치를 할 것
④ 동바리로 사용하는 파이프 서포트를 3개 이상 이어서 사용하지 말 것

해설

- 동바리로 사용하는 파이프 서포트를 이어서 사용하는 경우에는 4개 이상의 볼트 또는 전용철물을 사용하여 이어야 한다.

:: 거푸집 동바리 등의 안전조치 실필 1304 실작 1804/1802/1801/1702/1701/1604/1602/1504/1502/1501/1402

㉠ 공통사항
- 받침목의 사용, 콘크리트 타설, 말뚝박기 등 동바리의 침하를 방지하기 위한 조치를 할 것
- 동바리의 상하 고정 및 미끄러짐 방지 조치를 할 것
- 상부·하부의 동바리가 동일 수직선상에 위치하도록 하여 깔판·받침목에 고정시킬 것
- 개구부 상부에 동바리를 설치하는 경우에는 상부하중을 견딜 수 있는 견고한 받침대를 설치할 것
- U헤드 등의 단판이 없는 동바리의 상단에 멍에 등을 올릴 경우에는 해당 상단에 U헤드 등의 단판을 설치하고, 멍에 등이 전도되거나 이탈되지 않도록 고정시킬 것
- 동바리의 이음은 같은 품질의 재료를 사용할 것
- 강재의 접속부 및 교차부는 볼트·클램프 등 전용철물을 사용하여 단단히 연결할 것
- 거푸집의 형상에 따른 부득이한 경우를 제외하고는 깔판이나 받침목은 2단 이상 끼우지 않도록 할 것
- 깔판이나 받침목을 이어서 사용하는 경우에는 그 깔판·받침목을 단단히 연결할 것

㉡ 동바리로 사용하는 파이프 서포트
- 파이프 서포트를 3개 이상 이어서 사용하지 않도록 할 것
- 파이프 서포트를 이어서 사용하는 경우에는 4개 이상의 볼트 또는 전용철물을 사용하여 이을 것
- 높이가 3.5m를 초과하는 경우 2m 이내마다 수평연결재를 2개 방향으로 설치할 것

## 108 Repetitive Learning (1회 2회 3회)

산업안전보건법령에서 규정하는 철골작업을 중지하여야 하는 기후조건에 해당하지 않는 것은?

① 풍속이 초당 10m 이상인 경우
② 강우량이 시간당 1mm 이상인 경우
③ 강설량이 시간당 1cm 이상인 경우
④ 기온이 영하 5℃ 이하인 경우

해설

- 풍속이 초당 10m 이상, 강우량이 시간당 1mm 이상, 강설량이 시간당 1cm 이상인 경우 철골공사 작업을 중지한다.

:: 철골작업 중지 악천후 기준 실필 1504/1502/1302/0901 실작 1901/1802/1704

- 풍속이 초당 10m 이상인 경우
- 강우량이 시간당 1mm 이상인 경우
- 강설량이 시간당 1cm 이상인 경우

정답 | 106 ① 107 ① 108 ④

0501 / 1201 / 1502

## 109 Repetitive Learning (1회 2회 3회)

안전계수가 4이고 2,000MPa의 인장강도를 갖는 강선의 최대허용응력은?

① 500MPa
② 1,000MPa
③ 1,500MPa
④ 2,000MPa

**해설**

- 최대허용응력 = $\frac{\text{인장강도}}{\text{안전계수}}$이므로 $\frac{2,000}{4}$ = 500[MPa]이다.

:: 안전율/안전계수(Safety factor) 실필 1002/1604

- 소재의 파괴강도와 허용되는 응력의 비를 표시한 것이다.
- 안전율은 $\frac{\text{기준강도}}{\text{허용능력}}$ 또는 $\frac{\text{항복강도}}{\text{설계하중}}$, $\frac{\text{파괴하중}}{\text{최대사용하중}}$, $\frac{\text{최대응력}}{\text{허용응력}}$ 등으로 구한다.
- 응력은 단위면적당 부재에 작용하는 힘을 말하며, 허용응력은 단위면적당 재료가 파괴되지 않으며, 영구적인 변형이 남지 않는 비례 한도 범위 내의 응력을 말한다.
- 기준강도는 재료에 손상을 입힌다고 인정되는 강도를 말한다.
- 강도(기준강도)를 통해 재료의 안전율, 구조 등이 결정된다.
- 연성재료에서는 항복점을 기준강도, 인장강도, 기초강도라고도 한다.

## 110 Repetitive Learning (1회 2회 3회)

화물을 적재하는 경우의 준수사항으로 옳지 않은 것은?

① 침하 우려가 없는 튼튼한 기반 위에 적재할 것
② 건물의 칸막이나 벽 등이 화물의 압력에 견딜 만큼의 강도를 지니지 아니한 경우에는 칸막이나 벽에 기대어 적재하지 않도록 할 것
③ 불안정할 정도로 높이 쌓아 올리지 말 것
④ 하중을 한쪽으로 치우치더라도 화물을 최대한 효율적으로 적재할 것

**해설**

- 화물적재 시 하중이 한쪽으로 치우치지 않도록 적재하여야 한다.

:: 화물적재 시의 준수사항 실필 1604/1004 실작 1804/1802/1504

- 하중이 한쪽으로 치우치지 않도록 적재할 것
- 구내운반차 또는 화물자동차의 경우 화물의 붕괴 또는 낙하에 의한 위험을 방지하기 위하여 화물에 로프를 거는 등 필요한 조치를 할 것
- 운전자의 시야를 가리지 않도록 화물을 적재할 것
- 화물을 적재하는 경우에는 최대적재량을 초과하지 않을 것
- 건물의 칸막이나 벽 등이 화물의 압력에 견딜 만큼의 강도를 지니지 아니한 경우에는 칸막이나 벽에 기대어 적재하지 않도록 할 것
- 불안정할 정도로 높이 쌓아 올리지 말 것
- 침하 우려가 없는 튼튼한 기반 위에 적재할 것

1402 / 2202

## 111 Repetitive Learning (1회 2회 3회)

이동식비계를 조립하여 작업을 하는 경우의 준수기준으로 옳지 않은 것은?

① 승강용 사다리는 견고하게 설치하여야 한다.
② 비계의 최상부에서 작업을 할 때에는 안전난간을 설치하여야 한다.
③ 작업발판의 최대적재하중은 400kg을 초과하지 않도록 한다.
④ 작업발판은 항상 수평을 유지하고 작업발판 위에서 안전난간을 딛고 작업을 하거나 받침대 또는 사다리를 사용하여 작업하지 않도록 한다.

**해설**

- 이동식비계의 작업발판 최대적재하중은 250킬로그램을 초과하지 않도록 한다.

:: 이동식비계 조립 및 사용 시 준수사항
실작 1902/1901/1804/1802/1604/1602/1404

- 이동식비계의 바퀴에는 뜻밖의 갑작스러운 이동 또는 전도를 방지하기 위하여 브레이크·쐐기 등으로 바퀴를 고정시킨 다음 비계의 일부를 견고한 시설물에 고정하거나 아웃트리거(Outrigger)를 설치하는 등 필요한 조치를 할 것
- 승강용 사다리는 견고하게 설치할 것
- 비계의 최상부에서 작업을 하는 경우에는 안전난간을 설치할 것
- 작업발판은 항상 수평을 유지하고 작업발판 위에서 안전난간을 딛고 작업을 하거나 받침대 또는 사다리를 사용하여 작업하지 않도록 할 것
- 작업발판의 최대적재하중은 250킬로그램을 초과하지 않도록 할 것
- 비계의 최대 높이는 밑변 최소 폭의 4배 이하로 할 것



109 ① 110 ④ 111 ③ 정답

## 112

Repetitive Learning (1회 2회 3회)

발파구간 인접구조물에 대한 피해 및 손상을 예방하기 위한 건물기초에서의 허용진동치(cm/sec) 기준으로 옳지 않은 것은?(단, 기존 구조물에 금이 가 있거나 노후구조물 대상일 경우 등은 고려하지 않는다)

① 문화재 : 0.2cm/sec
② 주택, 아파트 : 0.5cm/sec
③ 상가 : 1.0cm/sec
④ 철골콘크리트 빌딩 : 0.8 ~ 1.0cm/sec

해설

- 철골콘크리트 빌딩의 경우 발파 허용 진동치 규제기준은 1.0~4.0cm/sec이다.

발파 허용 진동치 규제기준

| 구분 | 진동속도 규제기준 | |
|---|---|---|
| | 건물 | 허용 진동치 |
| 건물기초에서의 허용 진동치 | 문화재 | 0.2[cm/sec] |
| | 주택/아파트 | 0.5[cm/sec] |
| | 상가(금이 없는 상태) | 1.0[cm/sec] |
| | 철골 콘크리트 빌딩 및 상가 | 1.0~4.0[cm/sec] |

## 113

Repetitive Learning (1회 2회 3회)

지하수위 상승으로 포화된 사질토 지빈의 액상화 현상을 방지하기 위한 가장 직접적이고 효과적인 대책은?

① well point 공법 적용
② 동다짐 공법 적용
③ 입도가 불량한 재료를 입도가 양호한 재료로 치환
④ 밀도를 증가시켜 한계간극비 이하로 상대밀도를 유지하는 방법 강구

해설

- 액상화 현상을 방지하기 위해서는 지하수위를 저하시키고 포화도를 낮추기 위해 Deep well 공법을 사용한다.

액(상)화 현상

㉠ 개요

- 포화된 느슨한 모래가 진동과 같은 동하중을 받으면 일시적으로 부피가 감소되어 간극수압이 상승하여 유효응력이 감소하는 현상이다.
- 액상화 현상의 요인에는 진동의 강도나 그 지속시간, 모래의 밀도(상대밀도나 간극비 등), 모래의 입도분포, 기반암의 지질구조, 지하수면의 깊이 등이 있다.

㉡ 대책

- 입도가 불량한 재료를 입도가 양호한 재료로 치환
- 지하수위를 저하시키고 포화도를 낮추기 위해 Deep well을 사용
- 밀도를 증가하여 한계간극비 이하로 상대밀도를 유지하는 방법 강구

1402 / 1701

## 114

Repetitive Learning (1회 2회 3회)

흙의 투수계수에 영향을 주는 인자에 관한 설명으로 옳지 않은 것은?

① 포화도 : 포화도가 클수록 투수계수는 크다.
② 공극비 : 공극비가 클수록 투수계수는 작다.
③ 유체의 점성계수 : 점성계수가 클수록 투수계수는 작다.
④ 유체의 밀도 : 유체의 밀도가 클수록 투수계수는 크다.

해설

- 투수계수는 흙 입자 크기의 제곱, 공극비의 세제곱에 비례한다.

흙의 투수계수

㉠ 개요

- 흙속에 스며드는 물의 통과 용이성을 보여주는 수치값이다.
- 투수계수는 현장시험을 통하여 구할 수 있다.
- 투수계수가 크면 투수량이 많다.
- 투수계수 $k = D_s^2 \times \frac{\gamma_w}{\mu} \times \frac{e^3}{1+e} \times C$로 구한다.

  ($D_s$ : 흙 입자의 크기, $\gamma_w$ : 물의 단위중량, $\mu$ : 물의 점성계수, e : 공극비, C : 흙 입자의 형상)

㉡ 특징

- 투수계수는 흙 입자 크기의 제곱, 공극비의 세제곱에 비례한다.
- 공극비의 크기가 클수록, 포화도가 클수록 투수계수는 증가한다.
- 유체의 밀도 및 농도, 물의 온도가 높을수록 투수계수는 크다.
- 유체의 점성계수는 투수계수와 반비례하여 점성계수가 클수록 투수계수는 작아진다.

정답 | 112 ④ 113 ① 114 ②

1801 / 2104

## 115 Repetitive Learning (1회 2회 3회)

강관을 사용하여 비계를 구성하는 경우 준수해야 할 사항으로 옳지 않은 것은?

① 비계기둥의 간격은 띠장 방향에서는 1.85미터 이하, 장선(長線)방향에서는 1.5m 이하로 할 것
② 띠장 간격은 2m 이하로 설치할 것
③ 비계기둥의 제일 윗부분으로부터 31m 되는 지점 밑부분의 비계기둥은 3개의 강관으로 묶어 세울 것
④ 비계기둥 간의 적재하중은 400kg을 초과하지 않도록 할 것

해설

- 비계기둥의 제일 윗부분으로부터 31m 되는 지점 밑부분의 비계기둥은 2개의 강관으로 묶어세운다.

강관비계의 구조 실필 1302 실작 1902/1901/1802/1801/1701/1504/1401

- 비계기둥의 간격은 띠장 방향에서는 1.85m 이하, 장선(長線) 방향에서는 1.5m 이하로 할 것
- 띠장 간격은 2m 이하로 설치할 것
- 비계기둥의 제일 윗부분으로부터 31m 되는 지점 밑부분의 비계기둥은 2개의 강관으로 묶어세울 것
- 비계기둥 간의 적재하중은 400kg을 초과하지 않도록 할 것

## 116 Repetitive Learning (1회 2회 3회)

가설통로를 설치하는 경우 준수하여야 할 기준으로 옳지 않은 것은?

① 경사는 30° 이하로 할 것
② 경사가 15°를 초과하는 경우에는 미끄러지지 아니하는 구조로 할 것
③ 추락할 위험이 있는 장소에는 안전난간을 설치할 것
④ 수직갱에 가설된 통로의 길이가 15m 이상인 경우에는 7m 이내마다 계단참을 설치할 것

해설

- 수직갱에 가설된 통로의 길이가 15m 이상인 경우에는 10m 이내마다 계단참을 설치하여야 한다.

가설통로 설치 시 준수기준 실필 1801/1704/1502/1404/1201 실작 1804/1801/1704

- 높이 8m 이상인 비계다리에서는 7m 이내마다 계단참을 설치한다.
- 수직갱에 가설된 통로의 길이가 15m 이상인 경우에는 10m 이내마다 계단참을 설치한다.
- 경사가 15°를 초과하는 경우에는 미끄러지지 아니하는 구조로 한다.
- 추락할 위험이 있는 장소에는 안전난간을 설치한다.
- 경사로의 폭은 최소 90cm 이상이어야 한다.
- 발판 폭 40cm 이상, 틈 3cm 이하로 한다.
- 경사는 30° 이하로 한다.

1304 / 1701

## 117 Repetitive Learning (1회 2회 3회)

크레인 등 건설장비의 가공전선로 접근 시 안전대책으로 거리가 먼 것은?

① 안전 이격거리를 유지하고 작업한다.
② 장비를 가공전선로 밑에 보관한다.
③ 장비의 조립, 준비 시부터 가공전선로에 대한 감전 방지 수단을 강구한다.
④ 장비 사용 현장의 장애물, 위험물 등을 점검 후 작업계획을 수립한다.

해설

- 가공전선로 아래는 대단히 위험하므로 장비 등을 보관해서는 안 된다.

차량 및 기계장비의 가공전선로 접근 시 안전대책

- 접근제한거리를 유지하고 작동시켜야 한다.
- 작업자는 정격전압에 적합한 보호장구를 착용하여야 한다.
- 지상의 작업자는 충전전로에 근접되어 있는 차량이나 기계장치 또는 그 어떠한 부착물과도 접촉하여서는 안 된다.
- 접지된 차량이나 기계장비가 충전된 가공선로에 접근할 위험이 있는 경우, 지상에서 작업하는 작업자는 접지점 부근에 있어서는 안 된다.
- 장비의 조립, 준비 시부터 가공전선로에 대한 감전 방지 수단을 강구한다.
- 장비 사용 현장의 장애물, 위험물 등을 점검 후 작업계획을 수립한다.



115 ③ 116 ④ 117 ② 정답

1702

## 118 Repetitive Learning 1회 2회 3회

터널공사의 전기발파작업에 관한 설명으로 옳지 않은 것은?

① 전선은 점화하기 전에 화약류를 충진한 장소로부터 30m 이상 떨어진 안전한 장소에서 도통시험 및 저항시험을 하여야 한다.

② 점화는 충분한 허용량을 갖는 발파기를 사용하고 규정된 스위치를 반드시 사용하여야 한다.

③ 발파 후 발파기와 발파모선의 연결을 유지한 채 그 단부를 절연시킨 후 재점화가 되지 않도록 한다.

④ 점화는 선임된 발파책임자가 행하고 발파기의 핸들을 점화할 때 이외는 시건장치를 하거나 모선을 분리하여야 하며 발파책임자의 엄중한 관리하에 두어야 한다.

**해설**

- 발파 후 즉시 발파모선을 발파기로부터 분리하고 그 단부를 절연시킨 후 재점화가 되지 않도록 하여야 한다.

**전기발파 시 준수사항**

- 미지전류의 유무에 대하여 확인하고 미지전류가 0.01A 이상일 때에는 전기발파를 하지 않아야 한다.
- 전기발파기는 충분한 기동이 있는지의 여부를 사전에 점검하여야 한다.
- 도통시험기는 소정의 저항치가 나타나는지를 사전에 점검하여야 한다.
- 약포에 뇌관을 장치할 때에는 반드시 전기뇌관의 저항을 측정하여 소정의 저항치에 대하여 오차가 ±0.1Ω 이내에 있는가를 확인하여야 한다.
- 발파모선의 배선에 있어서는 점화장소를 발파현장에서 충분히 떨어져 있는 장소로 하고 물기나 철관, 궤도 등이 없는 장소를 택하여야 한다.
- 점화장소는 발파현장이 잘 보이는 곳이어야 하며 충분히 떨어져 있는 안전한 장소로 택하여야 한다.
- 전선은 점화하기 전에 화약류를 장전한 장소로부터 30m 이상 떨어진 안전한 장소에서 도통시험 및 저항시험을 하여야 한다.
- 점화는 충분한 허용량을 갖는 발파기를 사용하고 규정된 스위치를 반드시 사용하여야 한다.
- 점화는 선임된 발파책임자가 행하고 발파기의 핸들을 점화할 때 외에는 시건장치를 하거나 모선을 분리하여야 하며 발파책임자의 엄중한 관리하에 두어야 한다.
- 발파 후 즉시 발파모선을 발파기로부터 분리하고 그 단부를 절연시킨 후 재점화가 되지 않도록 하여야 한다.
- 발파 후 30분 이상 경과한 후가 아니면 발파장소에 접근하지 않아야 한다.

1201 / 1401 / 1802

## 119 Repetitive Learning 1회 2회 3회

터널 지보공을 조립하거나 변경하는 경우에 조치하여야 하는 사항으로 옳지 않은 것은?

① 목재의 터널 지보공은 그 터널 지보공의 각 부재에 작용하는 긴압 정도를 체크하여 그 정도가 최대한 차이나도록 한다.

② 강(鋼)아치 지보공의 조립은 연결볼트 및 띠장 등을 사용하여 주재 상호간을 튼튼하게 연결할 것

③ 기둥에는 침하를 방지하기 위하여 받침목을 사용하는 등의 조치를 할 것

④ 주재(主材)를 구성하는 1세트의 부재는 동일 평면 내에 배치할 것

**해설**

- 목재의 터널 지보공은 그 터널 지보공의 각 부재의 긴압 정도가 균등하게 되도록 하여야 한다.

**터널 지보공 조립 또는 변경 시의 조치사항**

- 주재(主材)를 구성하는 1세트의 부재는 동일 평면 내에 배치할 것
- 목재의 터널 지보공은 그 터널 지보공의 각 부재의 긴압 정도가 균등하게 되도록 할 것
- 기둥에는 침하를 방지하기 위하여 받침목을 사용하는 등의 조치를 할 것
- 강아치 지보공 및 목재 지주식 지보공 외의 터널 지보공에 대해서는 터널 등의 출입구 부분에 받침대를 설치할 것

| 구분 | 내용 |
|---|---|
| 강(鋼)아치 지보공의 조립 시 준수사항 | • 조립간격은 조립도에 따를 것<br>• 주재가 아치작용을 충분히 할 수 있도록 쐐기를 박는 등 필요한 조치를 할 것<br>• 연결볼트 및 띠장 등을 사용하여 주재 상호 간을 튼튼하게 연결할 것<br>• 터널 등의 출입구 부분에는 받침대를 설치할 것<br>• 낙하물이 근로자에게 위험을 미칠 우려가 있는 경우에는 널판 등을 설치할 것 |
| 목재 지주식 지보공 조립 시 준수사항 | • 주기둥은 변위를 방지하기 위하여 쐐기 등을 사용하여 지반에 고정시킬 것<br>• 양끝에는 받침대를 설치할 것<br>• 터널 등의 목재 지주식 지보공에 세로방향의 하중이 걸림으로써 넘어지거나 비틀어질 우려가 있는 경우에는 양끝 외의 부분에도 받침대를 설치할 것<br>• 부재의 접속부는 꺾쇠 등으로 고정시킬 것 |

정답 | 118 ③ 119 ①

0404

## 120 Repetitive Learning (1회 2회 3회)

다음 중에서 지하수위 측정에 사용되는 계측기는?

① 로드 셸(Load Cell)
② 인크리노미터(Inclinometer)
③ 익스텐소미터(Extensometer)
④ 지하수위계(Water level meter)

**해설**

- 로드 쉘(Load Cell)은 하중계로 버팀보 어스앵커(Earth anchor) 등의 실제 축 하중 변화를 측정하는 계측기이다.
- 인크리노미터(Inclinometer)는 지중경사계로 지중의 수평 변위량을 통해 주변 지반의 변형을 측정하는 기계이다.
- 익스텐소미터(Extensometer)는 신장계로 구조물의 인장변형량을 측정하는 계측기이다.

**굴착공사용 계측기기** 실작 1901/1804/1801/1604/1602/1601/1501/1404

㉠ 개요

- 개착식 굴착공사에서 설치하는 계측기기에는 기울기(Tilt meter), 지하수위계, 간극수압계, 경사계, 응력계, 변형률계, 하중계 등이 있다.
- 지반붕괴 방지를 위한 계측장치에는 지하수위계, 경사계, 변형률계, 응력계, 하중계 등이 있다.
- 깊이 10.5m 이상의 굴착의 경우 수위계, 경사계, 하중 및 침하계, 응력계에 해당하는 계측기기를 설치하여 흙막이 구조의 안전을 예측하여야 하며, 설치가 불가능할 경우 트랜싯 및 레벨 측량기에 의해 수직·수평 변위 측정을 실시하여야 한다.

㉡ 종류

| | |
|---|---|
| 지표침하계 (Surface settlement system) | 지표면의 침하량을 측정하는 기구 |
| 지하수위계 (Water level meter) | 지반 내 지하수위의 변화를 계측하는 기구 |
| 하중계 (Load cell) | 버팀보 어스앵커(Earth anchor) 등의 실제 축 하중 변화를 측정하는 계측기 |
| 지중경사계 (Inclinometer) | 지중의 수평 변위량을 통해 주변 지반의 변형을 측정하는 기계 |
| 건물경사계 (Tiltmeter) | 인접한 구조물에 설치하여 구조물의 경사 및 변형상태를 측정하는 기구 |
| 수직지향각도계 (Inclinometer, 경사계) | 주변 지반, 지층, 기계, 시설 등의 경사도와 변형을 측정하는 기구 |
| 변형률계 (Strain gauge) | 흙막이 가시설의 버팀대(Strut)의 변형을 측정하는 계측기 |



120 ④ | 정답

MEMO

# 출제문제 분석 2021년 2회

| 구분 | 1과목 | 2과목 | 3과목 | 4과목 | 5과목 | 6과목 | 합계 |
|---|---|---|---|---|---|---|---|
| New유형 | 1 | 0 | 1 | 1 | 2 | 2 | 7 |
| New문제 | 5 | 6 | 5 | 9 | 8 | 10 | 43 |
| 또나온문제 | 7 | 5 | 10 | 6 | 9 | 6 | 43 |
| 자꾸나온문제 | 8 | 9 | 5 | 5 | 3 | 4 | 34 |
| 합계 | 20 | 20 | 20 | 20 | 20 | 20 | 120 |

- New유형은 New문제 중 기존 기출문제와 완전히 다른 유형의 문제를 말합니다.
- New문제는 기존에 출제되지 않은 문제로 이번에 처음 출제되는 문제입니다.
- 또나온문제는 기존에 출제된 적이 1번 있는 문제를 말합니다.
- 자꾸나온문제는 기존에 출제된 적이 2번 이상 있는 문제를 말합니다. 그만큼 중요한 문제입니다.

## 몇 년분의 기출문제를 공부해야 합격할 수 있을까요?

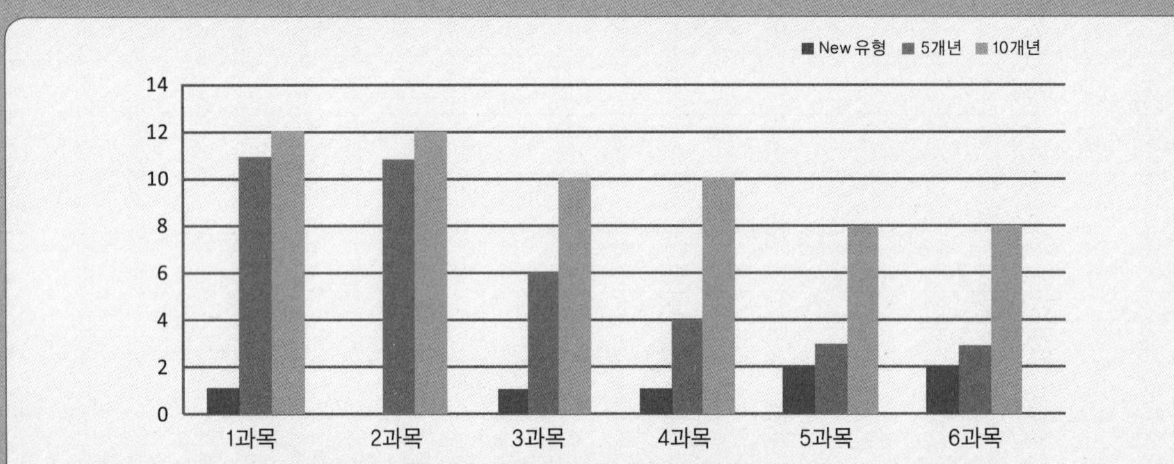


- 완전 새로운 유형의 문제는 7문제이고 113문제가 이미 출제된 문제 혹은 변형문제입니다.
- 5년분(2016~2020) 기출에서 동일문제가 38문항이 출제되었고, 10년분(2011~2020) 기출에서 동일문제가 60문항이 출제되었습니다.

## 실기에 나왔어요!! 외우세요!!!

실기시험은 필답형과 작업형으로 구분되어 있으며 모두 주관식으로 직접 내용을 적어야 합니다. 필기 공부하면서 실기 출제된 내역들은 좀 더 신경써서 암기하실 필요가 있어요. 필기 합격자 발표 난 후 실기시험까지는 5주밖에 여유가 없답니다. 어차피 공부할 것 필기 때 확실하게 해준다면 실기도 단방에 합격할 수 있습니다.

- 총 19개의 해설이 실기 필답형 시험과 연동되어 있습니다.
- 총 7개의 해설이 실기 작업형 시험과 연동되어 있습니다.

## 분석의견

매년의 2회차 시험은 복불복인 것 같습니다. 어떤 해의 2회차는 아주 어렵게 나오는데 반해서 2021년 2회차 시험은 아주 쉽게 출제되었습니다. 10년분을 학습하신 수험생은 모든 과목에서 동일한 문제가 과락점수 이상으로 출제되어 합격에 어려움이 없었을 것으로 판단됩니다. 합격률은 50.42%였습니다. 합격에 필요한 점수를 획득하기 위해서는 최근 10년분 문제 2회독 이상 + 유형별 핵심이론의 정독이 필요할 것으로 판단됩니다.

# 2021년 제2회

2021년 5월 15일 필기

21년 2회차 필기시험
합격률 50.4%


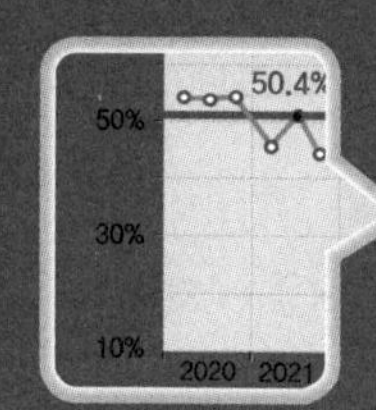


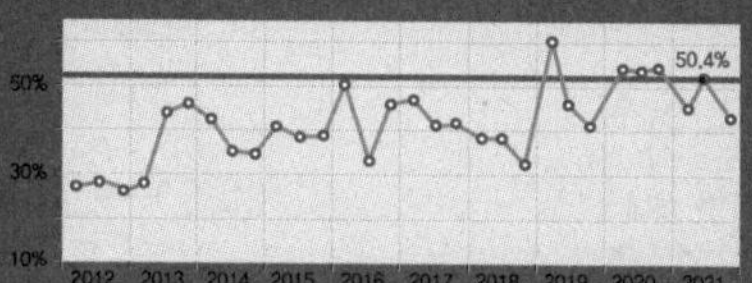


## 1과목 산업안전관리론

0901

**01** Repetitive Learning (1회 2회 3회)

자율안전확인대상 보호구 중 안전모의 시험성능기준 항목에 해당하지 않는 것은?

① 난연성
② 내관통성
③ 내전압성
④ 턱끈풀림

해설

• 내수성과 내전압성은 의무안전인증대상 보호구에서의 안전모 시험성능에 포함되나 자율안전확인대상 보호구-안전모 시험성능 기준항목에는 포함되지 않는다.

安 안전모의 시험성능기준

| 항목 | 시험성능기준 |
|---|---|
| 내관통성 | • 관통거리란 모체두께를 포함하여 철제추가 관통한 거리를 말한다.<br>• AE, ABE종 안전모는 관통거리가 9.5mm 이하이고, AB종 안전모는 관통거리가 11.1mm 이하이어야 한다. |
| 충격흡수성 | 최고전달충격력이 4,450N을 초과해서는 안 되며, 모체와 착장체의 기능이 상실되지 않아야 한다. |
| 내전압성 | AE, ABE종 안전모는 교류 20kV에서 1분간 절연파괴 없이 견뎌야 하고, 이때 누설되는 충전전류는 10mA 이하이어야 한다. |
| 내수성 | AE, ABE종 안전모는 질량증가율이 1% 미만이어야 한다. |
| 난연성 | 모체가 불꽃을 내며 5초 이상 연소되지 않아야 한다. |
| 턱끈풀림 | 150N 이상 250N 이하에서 턱끈이 풀려야 한다. |

0702

**02** Repetitive Learning (1회 2회 3회)

산업안전보건법령상 명예산업안전감독관의 업무에 속하지 않는 것은?(단, 산업안전보건위원회 구성 대상 사업의 근로자 중에서 근로자대표가 사업주의 의견을 들어 추천하여 위촉된 명예산업 안전감독관의 경우)

① 사업장에서 하는 자체점검 참여
② 보호구의 구입 시 적격품의 선정
③ 근로자에 대한 안전수칙 준수 지도
④ 사업장 산업재해 예방계획 수립 참여

해설

• 보호구 구입 시 적격품의 선정에 관한 보좌 및 조언·지도는 안전관리자가 하며, 적격품을 선정하는 것은 구매부서의 역할이다.

명예산업안전감독관의 업무

• 사업장에서 하는 자체점검 참여 및 근로감독관이 하는 사업장 감독 참여
• 사업장 산업재해예방계획 수립 참여 및 사업장에서 하는 기계·기구 자체검사 입회
• 법령을 위반한 사실이 있는 경우 사업주에 대한 개선 요청 및 감독기관에의 신고
• 산업재해발생의 급박한 위험이 있는 경우 사업주에 대한 작업 중지 요청
• 작업환경측정, 근로자 건강진단 시의 입회 및 그 결과에 대한 설명회 참여
• 직업성 질환의 증상이 있거나 질병에 걸린 근로자가 여럿 발생한 경우 사업주에 대한 임시건강진단 실시 요청
• 근로자에 대한 안전수칙 준수 지도
• 법령 및 산업재해예방정책 개선 건의
• 안전·보건 의식을 북돋우기 위한 활동과 무재해 운동 등에 대한 참여와 지원
• 그 밖에 산업재해예방에 대한 홍보·계몽 등 산업재해예방업무와 관련하여 고용노동부장관이 정하는 업무

정답 | 01 ③ 02 ②

1201 / 1701

## 03 Repetitive Learning (1회 2회 3회)

산업재해의 발생형태에 따른 분류 중 단순연쇄형에 해당하는 것은?(단, ○는 재해발생의 각종 요소를 나타낸다)

①
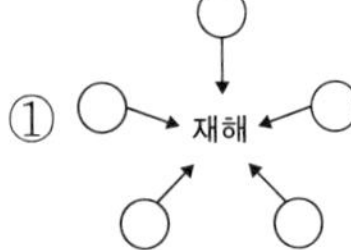


② ○→○→○→○→ 재해

③
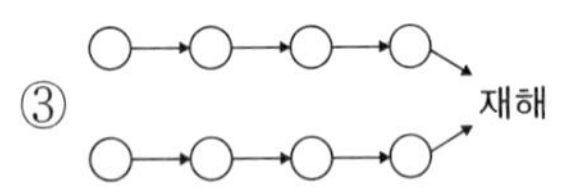


④ 재해

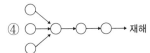

**해설**

- ①은 단순자극형(집중형), ②는 단순연쇄형, ③은 복합연쇄형, ④는 복합형의 형태이다.

**재해의 발생형태**

- 단순자극형 : 집중형이라고도 하며, 일시적으로 재해요인이 집중하여 재해가 발생하는 형태를 말한다.

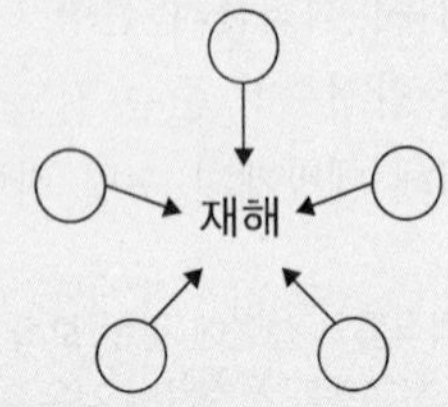

〈단순자극형, 집중형〉

- 연쇄형 : 하나의 사고요인이 또 다른 사고요인을 불러일으켜 재해가 발생하는 형태를 말한다.

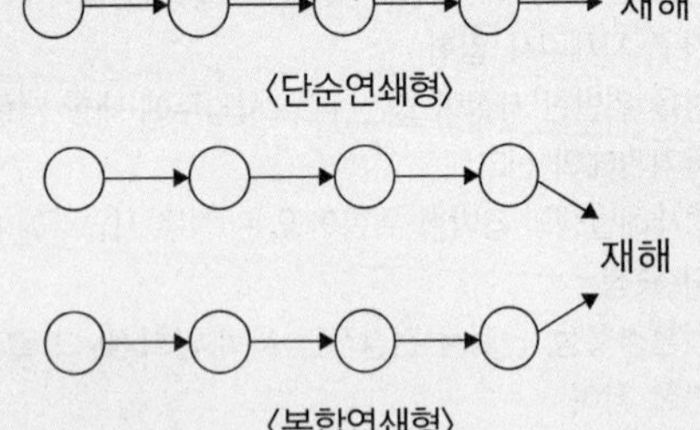

〈단순연쇄형〉

〈복합연쇄형〉

- 복합형 : 집중형과 연쇄형이 결합된 재해 발생형태를 말한다.

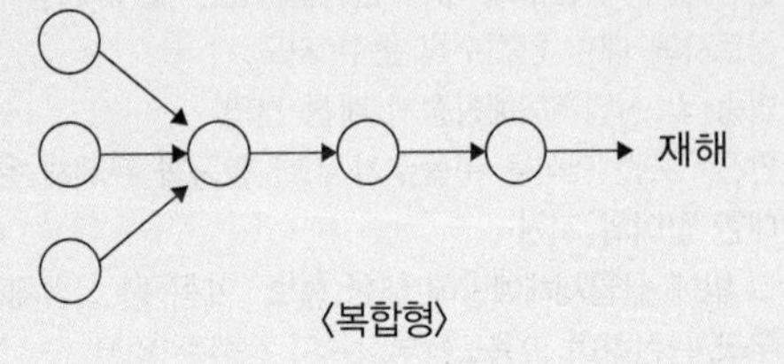

〈복합형〉

1101 / 1701

## 04 Repetitive Learning (1회 2회 3회)

산업안전보건법령상 안전인증대상 기계·기구 등에 해당하지 않는 것은?

① 크레인
② 곤돌라
③ 컨베이어
④ 사출성형기

**해설**

- 안전인증대상 기계·기구에는 프레스, 전단기 및 절곡기, 크레인, 리프트, 압력용기, 롤러기, 고소작업대, 곤돌라, 사출성형기 등이 있다.

**안전인증대상 기계 등** 실필 1004

| 구분 | 내용 |
|---|---|
| 기계·설비 | • 프레스<br>• 전단기 및 절곡기(折曲機)<br>• 크레인 • 리프트<br>• 압력용기 • 롤러기<br>• 고소(高所)작업대 • 곤돌라 |
| 방호장치 | • 프레스 또는 전단기 방호장치<br>• 양중기용 과부하방지장치<br>• 보일러 또는 압력용기 압력방출용 안전밸브<br>• 압력용기 압력방출용 파열판<br>• 절연용 방호구 및 활선작업용 기구<br>• 방폭구조 전기기계·기구 및 부품<br>• 추락·낙하 및 붕괴 위험 방지 및 보호에 필요한 가설기자재로서 고용노동부장관이 정하여 고시한 것<br>• 충돌·협착 등의 위험 방지에 필요한 산업용 로봇 방호장치로서 고용노동부장관이 정하여 고시한 것 |
| 보호구 | • 추락 및 감전 위험방지용 안전모<br>• 안전화 • 안전장갑<br>• 방진마스크 • 방독마스크<br>• 전동식 호흡보호구<br>• 송기마스크 • 보호복<br>• 용접용 보안면 • 안전대<br>• 차광 및 비산물 위험방지용 보안경<br>• 방음용 귀마개 또는 귀덮개 |

## 05 Repetitive Learning (1회 2회 3회)

하인리히의 1:29:300 법칙에서 "29"가 의미하는 것은?

① 재해 ② 중상해
③ 경상해 ④ 무상해사고



03 ② 04 ③ 05 ③ 정답

해설

- 1 : 29 : 300원칙은 중상 : 경상 : 무상해사고를 의미한다.

∷ 하인리히의 재해구성 비율 실필 1101

- 중상 : 경상 : 무상해사고가 각각 1 : 29 : 300인 재해구성 비율을 말한다.
- 총 사고발생건수 330건을 대상으로 분석했을 때 중상 1, 경상 29, 무상해사고 300건이 발생했음을 의미한다.
- 300건의 무상해 재해의 원인 제거를 통해 29건의 경미한 사고와 1건의 중대사고를 예방할 수 있다.

1004 / 1501 / 1804

## 06 Repetitive Learning (1회 2회 3회)

A 사업장에서는 산업재해로 인한 인적·물적 손실을 줄이기 위하여 안전행동 실천운동(5C 운동)을 실시하고자 한다. 다음 중 5C 운동에 해당하지 않는 것은?

① Control

② Correctness

③ Cleaning

④ Checking

해설

- 통제관리(Control)가 아니라 정리정돈(Clearance)과 전심전력(Concentration)이어야 한다.

∷ 5C 운동

- 산업재해로 인한 인적·물적 손실을 줄이기 위하여 실시하는 안전행동 실천운동이다.
- 정리정돈(Clearance), 청소청결(Cleaning), 전심전력(Concentration), 복장단정(Correctness), 점검확인(Checking)을 말한다.
- 근로자의 불안전한 행동으로 인한 재해를 예방하여 쾌적한 작업환경을 이루고 생산성의 향상과 원가절감, 판매촉진과 품질향상을 통해 궁극적으로 인간존중의 이념과 기업이윤을 극대화하는 것을 목표로 한다.

0701 / 1104 / 2003

## 07 Repetitive Learning (1회 2회 3회)

기계, 기구 또는 설비를 신설하거나 변경 또는 고장 수리 시 실시하는 안전점검의 종류는?

① 정기점검 ② 수시점검

③ 특별점검 ④ 임시점검

해설

- 정기점검은 1개월 또는 1년 등의 일정한 기간을 정해서 실시하는 안전점검이다.
- 수시(일상)점검은 작업장에서 매일 작업자가 작업 전, 중, 후에 시설과 작업동작 등에 대하여 실시하는 안전점검이다.
- 임시점검은 정기점검 사이에 특별한 이상이나 징후가 있을 경우 임시로 실시하는 안전점검이다.

∷ 점검시기에 따른 안전점검의 종류

| | |
|---|---|
| 정기점검 | 1개월 또는 1년 등의 일정한 기간을 정해서 실시하는 안전점검으로 계획점검이라고도 한다. |
| 수시(일상) 점검 | 작업장에서 매일 작업자가 작업 전, 중, 후에 시설과 작업동작 등에 대하여 실시하는 안전점검이다. |
| 특별점검 | 기계·기구 또는 설비의 신설, 변경 또는 고장 수리 등 부정기적인 점검을 말하며, 기술적 책임자가 시행하는 안전점검이다. |
| 임시점검 | 정기점검 사이에 특별한 이상이나 징후가 있을 경우 임시로 실시하는 안전점검이다. |

1804

## 08 Repetitive Learning (1회 2회 3회)

건설기술진흥법령에 따른 건설사고조사위원회의 구성 기준 중 다음 ( ) 안에 알맞은 것은?

> 건설사고조사위원회는 위원장 1명을 포함한 ( )명 이내의 위원으로 구성한다.

① 9

② 10

③ 11

④ 12

해설

- 건설사고조사위원회는 위원장 1명을 포함한 12명 이내의 위원으로 구성한다.

∷ 건설사고조사위원회

- 건설사고조사위원회는 위원장 1명을 포함한 12명 이내의 위원으로 구성한다.
- 건설사고조사위원회의 위원은 국토교통부장관, 발주청 또는 인·허가기관의 장이 임명하거나 위촉한다.
- 건설사고조사위원회 위원 대상은 건설공사 업무와 관련된 공무원, 건설공사 업무와 관련된 단체 및 연구기관 등의 임직원, 건설공사 업무에 관한 학식과 경험이 풍부한 사람 등이다.
- 위원의 임기는 2년으로 하며, 위원의 사임 등으로 새로 위촉된 위원의 임기는 전임위원 임기의 남은 기간으로 한다.

정답 | 06 ① 07 ③ 08 ④

1704

## 09 — Repetitive Learning (1회 2회 3회)

작업자가 불안전한 작업대에서 작업 중 추락하여 지면에 머리가 부딪혀 다친 경우의 기인물과 가해물로 옳은 것은?

① 기인물 – 지면, 가해물 – 지면
② 기인물 – 작업대, 가해물 – 지면
③ 기인물 – 지면, 가해물 – 작업대
④ 기인물 – 작업대, 가해물 – 작업대

해설

- 인체에 직접 충돌한 것은 지면이므로 지면이 가해물이다.
- 불안전한 작업대에서 작업하다 추락하였으므로 작업대가 불안전한 상태에 해당한다. 기인물은 작업대이다.
- 재해의 형태는 추락하였으므로 추락에 해당한다.

산업재해의 분석 실필 1404/1501/1702/1901

| | |
|---|---|
| 기인물 | 재해의 원인이 되는 것으로 주로 불안전한 상태와 관련된다. |
| 가해물 | 사람에 직접 충돌하거나 또는 접촉에 의해서 위해(危害)를 준 물건을 말한다. |
| 사고유형 | 재해의 발생형태를 말한다. |

0302 / 0702 / 1001 / 1004 / 1504 / 1604

## 10 — Repetitive Learning (1회 2회 3회)

무재해 운동의 3원칙 중 잠재적인 위험요인을 발견·해결하기 위하여 전원이 협력하여 각자의 위치에서 의욕적으로 문제해결을 실천하는 것을 의미하는 것은?

① 무의 원칙
② 선취의 원칙
③ 실천의 원칙
④ 참가의 원칙

해설

- 무재해 운동의 3원칙에는 무의 원칙, 안전제일(선취)의 원칙, 참가의 원칙이 있다.
- 무의 원칙은 모든 잠재위험요인을 사전에 발견·파악·해결함으로써 근원적으로 산업재해를 없애는 것을 말한다.
- 안전제일(선취)의 원칙은 행동하기 전에 재해를 예방하거나 방지하는 것을 말한다.

무재해 운동 3원칙

| | |
|---|---|
| 무(無, Zero)의 원칙 | 모든 잠재위험요인을 사전에 발견·파악·해결함으로써 근원적으로 산업재해를 없앤다. |
| 안전제일(선취)의 원칙 | 직장의 위험요인을 행동하기 전에 발견·파악·해결하여 재해를 예방한다. |
| 참가의 원칙 | 작업에 따르는 잠재적인 위험요인을 발견·해결하기 위하여 전원이 협력하여 문제해결 운동을 실천한다. |

1501

## 11 — Repetitive Learning (1회 2회 3회)

하인리히의 사고예방대책 기본원리 5단계에 있어 "시정방법의 선정" 바로 이전 단계에서 행하여지는 사항은?

① 분석
② 사실의 발견
③ 안전관리 조직
④ 시정책 적용

해설

- 시정방법의 선정은 4단계에 해당한다. 이전 단계는 3단계로 분석과 평가의 단계이다.

하인리히의 사고예방의 기본원리 5단계 실필 1802/0804

| 단계 | 단계별 과정 | 필요 조치 |
|---|---|---|
| 1단계 | 안전관리조직과 규정 | • 책임과 권한의 부여<br>• 안전활동 방침 및 계획수립 |
| 2단계 | 사실의 발견으로 현상파악 | • 자료수집<br>• 작업분석과 위험확인<br>• 안전점검·검사 및 조사 실시 |
| 3단계 | 분석을 통한 원인규명 | • 사고보고서 및 현장조사<br>• 인적·물적·환경조건의 분석<br>• 교육 훈련 및 배치 사항 파악<br>• 사고기록 및 관계자료 대조확인 |
| 4단계 | 시정방법의 선정 | • 기술적인 개선<br>• 작업배치의 조정<br>• 교육훈련의 개선 |
| 5단계 | 시정책의 적용 | • 기술(Engineering)적 대책<br>• 교육(Education)적 대책<br>• 관리(Enforcement)적 대책 |

1404 / 1704

## 12 — Repetitive Learning (1회 2회 3회)

산업안전보건법상 산업안전보건위원회의 심의·의결사항이 아닌 것은?

① 사업장 경영체계 구성 및 운영에 관한 사항
② 작업환경측정 등 작업환경의 점검 및 개선에 관한 사항
③ 안전보건관리규정의 작성 및 변경에 관한 사항
④ 유해하거나 위험한 기계·기구와 그 밖의 설비를 도입한 경우 안전·보건조치에 관한 사항



09 ② 10 ④ 11 ① 12 ① 정답

해설

- 산업안전보건위원회는 산업안전·보건에 관한 중요 사항을 심의·의결하기 위하여 노사가 동수로 구성하는 조직으로 사업장 경영체계의 구성 및 운영과는 관련이 없다.

**산업안전보건위원회의 심의·의결사항**

- 산업재해 예방계획의 수립에 관한 사항
- 안전보건관리규정의 작성 및 변경에 관한 사항
- 근로자의 안전·보건교육에 관한 사항
- 작업환경측정 등 작업환경의 점검 및 개선에 관한 사항
- 근로자의 건강진단 등 건강관리에 관한 사항
- 중대재해의 원인 조사 및 재발 방지대책 수립에 관한 사항
- 산업재해에 관한 통계의 기록 및 유지에 관한 사항
- 유해하거나 위험한 기계·기구와 그 밖의 설비를 도입한 경우 안전·보건조치에 관한 사항

## 13

Repetitive Learning (1회 2회 3회)

산업안전보건법령상 안전보건표지의 용도가 금지일 경우 사용되는 색채로 옳은 것은?

① 흰색
② 녹색
③ 빨간색
④ 노란색

해설

- 흰색은 보조색, 녹색은 안내, 노란색은 경고에 해당한다.

**안전·보건표지의 색채, 색도기준 및 용도** 실필 1802/1601/1402/1301

| 색채 | 색도기준 | 용도 | 사용례 |
|---|---|---|---|
| 빨간색 | 7.5R 4/14 | 금지 | 정지신호, 소화설비 및 그 장소, 유해행위의 금지 |
| | | 경고 | 화학물질 취급장소에서의 유해·위험 경고 |
| 노란색 | 5Y 8.5/12 | 경고 | 화학물질 취급장소에서의 유해·위험경고 이외의 위험경고, 주의표지 또는 기계방호물 |
| 파란색 | 2.5PB 4/10 | 지시 | 특정 행위의 지시 및 사실의 고지 |
| 녹색 | 2.5G 4/10 | 안내 | 비상구 및 피난소, 사람 또는 차량의 통행표지 |
| 흰색 | N9.5 | – | 파란색 또는 녹색에 대한 보조색 |
| 검은색 | N0.5 | – | 문자 및 빨간색 또는 노란색에 대한 보조색 |

2003

## 14

Repetitive Learning (1회 2회 3회)

다음은 안전보건개선계획의 제출에 관한 기준 내용이다. ( ) 안에 알맞은 것은?

> 안전보건개선계획서를 제출해야 하는 사업주는 안전보건개선계획서 수립·시행 명령을 받은 날부터 ( )일 이내에 관할 지방고용노동관서의 장에게 해당 계획서를 제출(전자문서로 제출하는 것을 포함한다)해야 한다.

① 15 ② 30
③ 60 ④ 90

해설

- 사업주는 고용노동부장관이 정하는 바에 따라 안전보건개선계획서를 작성하여 그 명령을 받은 날부터 60일 이내에 관할 지방고용노동관서의 장에게 제출하여야 한다.

**안전보건개선계획** 실필 1704/1701/1404/1202/1201

- 고용노동부장관은 다음에 해당하는 사업장으로서 산업재해 예방을 위하여 종합적인 개선조치를 할 필요가 있다고 인정할 때에는 사업주에게 그 사업장, 시설, 그 밖의 사항에 관한 안전보건개선계획의 수립·시행을 명할 수 있다.
  - 산업재해율이 같은 업종 평균 산업재해율의 2배 이상인 사업장
  - 사업주가 안전보건조치의무를 이행하지 아니하여 중대재해가 발생한 사업장
  - 직업병에 걸린 사람이 연간 2명 이상(상시근로자 1천명 이상 사업장의 경우 3명 이상) 발생한 사업장
  - 유해인자의 노출기준을 초과한 사업장
  - 작업환경 불량, 화재·폭발 또는 누출사고 등으로 사회적 물의를 일으킨 사업장
- 고용노동부장관은 필요하다고 인정할 때에는 해당 사업주에게 안전·보건진단을 받아 안전보건개선계획을 수립·제출할 것을 명할 수 있다.
- 안전보건개선계획의 수립·시행명령을 받은 사업주는 고용노동부장관이 정하는 바에 따라 안전보건개선계획서를 작성하여 그 명령을 받은 날부터 60일 이내에 관할 지방고용노동관서의 장에게 제출하여야 한다.
- 사업주는 안전보건개선계획을 수립할 때에는 산업안전보건위원회의 심의를 거쳐야 한다. 다만, 산업안전보건위원회가 설치되어 있지 아니한 사업장의 경우에는 근로자대표의 의견을 들어야 한다.
- 안전보건개선계획서에는 시설, 안전·보건관리체제, 안전·보건교육, 산업재해 예방 및 작업환경의 개선을 위하여 필요한 사항이 포함되어야 한다.
- 사업주와 근로자는 안전보건개선계획을 준수하여야 한다.

정답 | 13 ③ 14 ③

1101 / 1302 / 1402 / 1404 / 1604 / 1701 / 1704 / 1801 / 1804 / 2202

**15** Repetitive Learning (1회 2회 3회)

산업안전보건법령상 다음 ( )에 알맞은 내용은?

> 안전보건관리규정의 작성 대상 사업의 사업주는 안전보건관리규정을 작성하여야 할 사유가 발생한 날부터 ( ) 이내에 안전보건관리규정의 세부내용을 포함한 안전보건관리규정을 작성하여야 한다.

① 10일 ② 15일
③ 20일 ④ 30일

해설

- 사업주는 안전보건관리규정을 작성하여야 할 사유가 발생한 날부터 30일 이내에 안전보건관리규정을 작성하여야 한다.

:: 안전보건관리규정 실필 1601/1101

- 안전보건관리규정을 작성하여야 할 사업의 종류 및 규모

| 사업의 종류 | 규모 |
|---|---|
| 1. 농업<br>2. 어업<br>3. 소프트웨어 개발 및 공급업<br>4. 컴퓨터 프로그래밍, 시스템 통합 및 관리업<br>5. 정보서비스업<br>6. 금융 및 보험업<br>7. 임대업(부동산 제외)<br>8. 전문, 과학 및 기술 서비스업 (연구개발업 제외)<br>9. 사업지원 서비스업<br>10. 사회복지 서비스업 | 상시근로자 300명 이상을 사용하는 사업장 |
| 11. 제1호부터 제10호까지의 사업을 제외한 사업 | 상시근로자 100명 이상을 사용하는 사업장 |

- 사업주는 안전보건관리규정을 작성하여야 할 사유가 발생한 날부터 30일 이내에 안전보건관리규정을 작성하여야 한다. 이를 변경할 사유가 발생한 경우에도 또한 같다.
- 사업주는 안전보건관리규정을 작성하거나 변경할 때에는 산업안전보건위원회의 심의·의결을 거쳐야 한다. 다만, 산업안전보건위원회가 설치되어 있지 아니한 사업장의 경우에는 근로자대표의 동의를 받아야 한다.

**16** Repetitive Learning (1회 2회 3회)

하인리히의 재해 손실비 평가방식에서 간접비에 속하지 않는 것은?

① 요양급여 ② 시설복구비
③ 교육훈련비 ④ 생산손실비

해설

- 요양급여는 직접비에 속한다.

:: 하인리히의 재해손실비용 평가 실필 1502

- 직접비 : 간접비의 비율은 1 : 4로 계산해 산업재해로 인한 총 손실비용은 직접비(산업재해보상비)의 5배로 계산한다.
- 직접손실비용에는 치료비, 휴업급여, 장해급여, 유족급여, 요양급여, 간병급여, 직업재활급여, 장례비 등이 있다.
- 간접손실비용에는 부상자를 비롯한 직원의 시간손실, 이익의 감소, 생산손실비, 기계, 공구 재료 등의 재산손실 등이 있다.

**17** Repetitive Learning (1회 2회 3회)

시설물의 안전 및 유지관리에 관한 특별법상 제1종 시설물에 명시되지 않은 것은?

① 고속철도 교량
② 25층인 건축물
③ 연장 300m인 철도 교량
④ 연면적이 $70000m^2$인 건축물

해설

- 철도 교량의 경우 연장 500미터 이상인 경우 제1종에 해당한다.

:: 시설물의 종류

- 2차원인(기술적, 교육적, 신체적, 정신적 원인)과 기초원인(관리상의 원인과 학교 교육적 원인, 사회적 또는 역사적 원인)으로 구분된다.

| 구분 | 내용 |
|---|---|
| 제1종 | • 고속철도 교량, 연장 500미터 이상의 도로 및 철도 교량<br>• 고속철도 및 도시철도 터널, 연장 1000미터 이상의 도로 및 철도 터널<br>• 갑문시설 및 연장 1000미터 이상의 방파제<br>• 다목적댐, 발전용댐, 홍수전용댐 및 총저수용량 1천만톤 이상의 용수전용댐<br>• 21층 이상 또는 연면적 5만제곱미터 이상의 건축물<br>• 하구둑, 포용저수량 8천만톤 이상의 방조제<br>• 광역상수도, 공업용수도, 1일 공급능력 3만톤 이상의 지방상수도 |
| 제2종 | • 연장 100미터 이상의 도로 및 철도 교량<br>• 고속국도, 일반국도, 특별시도 및 광역시도 도로터널 및 특별시 또는 광역시에 있는 철도터널<br>• 연장 500미터 이상의 방파제<br>• 지방상수도 전용댐 및 총저수용량 1백만톤 이상의 용수전용댐<br>• 16층 이상 또는 연면적 3만제곱미터 이상의 건축물<br>• 포용저수량 1천만톤 이상의 방조제<br>• 1일 공급능력 3만톤 미만의 지방상수도 |
| 제3종 | 제1종시설물 및 제2종시설물 외에 안전관리가 필요한 소규모 시설물 |



15 ④ 16 ① 17 ③ 정답

0902 / 1202 / 1601

## 18 Repetitive Learning 1회 2회 3회

다음에서 설명하는 무재해운동추진기법은?

> 피부를 맞대고 같이 소리치는 것으로서 팀의 일체감, 연대감을 조성할 수 있고 동시에 대뇌 구피질에 좋은 이미지를 불어 넣어 안전행동을 하도록 하는 것

① 역할 연기(Role playing)

② TBM(Tool Box Meeting)

③ 터치 앤 콜(Touch and Call)

④ 브레인스토밍(Brain Storming)

**해설**

- 역할연기훈련이란 작업 전 5분간 미팅의 시나리오를 작성하여 멤버가 시나리오에 의하여 역할연기(Role – playing)를 함으로써 체험 학습하는 기법을 말한다.
- 브레인스토밍은 6 ~ 12명의 구성원으로 타인의 비판 없이 자유로운 토론을 통하여 다량의 독창적인 아이디어를 이끌어내고, 대안적 해결안을 찾기 위한 집단적 사고기법이다.
- TBM은 현장에서 그때 그 장소의 상황에서 즉응하여 실시하는 위험예지활동으로 즉시즉응법이라고도 한다.

**터치 앤 콜(Touch and call)**

- 작업현장에서 팀 전원이 서로의 피부(어깨, 손 등)를 맞대고 팀 행동목표를 지적·확인하는 과정을 말한다.
- 팀의 일체감, 연대감을 조성할 수 있고 동시에 대뇌 구피질에 좋은 이미지를 불어 넣어 안전행동을 하도록 한다.

## 19 Repetitive Learning 1회 2회 3회

산업안전보건법령상 중대재해가 아닌 것은?

① 사망자가 1명 발생한 재해

② 부상자가 동시에 10명 발생한 재해

③ 직업성 질병자가 동시에 10명 발생한 재해

④ 1개월의 요양이 필요한 부상자가 동시에 2명 발생한 재해

**해설**

- 중대재해는 1개월의 요양이 아니라 3개월 이상의 요양이 필요한 부상자가 동시에 2명 이상 발생한 재해여야 한다.

**산업안전보건법령상 중대재해**

- 사망자가 1명 이상 발생한 재해
- 3개월 이상의 요양이 필요한 부상자가 동시에 2명 이상 발생한 재해
- 부상자 또는 직업성 질병자가 동시에 10명 이상 발생한 재해

1004

## 20 Repetitive Learning 1회 2회 3회

연간평균근로자 수가 400명인 사업장에서 연간 2건의 재해로 인하여 4명의 재해자가 발생하였다. 근로자가 1일 8시간씩 연간 300일을 근무하였을 때 이 사업장의 연천인율은 약 얼마인가?

① 1.85　　② 4.4

③ 5.0　　④ 10.0

**해설**

- 연천인율은 근로자 1,000명당 발생한 재해자 수이다.
- 연천인율 = $\frac{4}{400} \times 1{,}000 = 10$이 된다.

**연천인율** 실필 1804

- 1년간 평균 근로자 1,000명당 재해자의 수를 나타낸다.
- 연천인율 = $\frac{\text{연간재해자수}}{\text{연평균근로자수}} \times 1{,}000$으로 구한다.
- 근로자 1명이 연평균 2,400시간을 일한다는 것을 가정할 때 연천인율은 도수율 × 2.4로도 구할 수 있다.

정답 | 18 ③ 19 ④ 20 ④

## 2과목 산업심리 및 교육

0902 / 1704

### 21 Repetitive Learning 1회 2회 3회

참가자 앞에서 소수의 전문가들이 과제에 관한 견해를 발표하고 토론한 뒤 참가자 전원이 참가하여 사회자의 사회에 따라 토의하는 방법은?

① 포럼(forum)
② 심포지엄(symposium)
③ 버즈 세션(buzz session)
④ 패널 디스커션(panel discussion)

해설

- 포럼은 새로운 자료나 교재가 제시되어야 한다.
- 심포지엄(Symposium)은 몇 사람의 전문가에 의하여 과제에 관한 견해를 발표한 뒤에 참가자로 하여금 의견이나 질문을 하게 하여 토의하는 방법이다.
- 버즈세션은 6명씩 소집단으로 구분하고, 집단별로 6분씩 자유토의를 행하여 의견을 종합하는 방식으로 6-6회의라고도 한다.

:: 토의법의 종류

| | |
|---|---|
| 포럼(Forum) | 새로운 자료나 교재를 제시하고 문제점을 피교육자로 하여금 제기하게 하거나 그것에 관한 피교육자의 의견을 여러 가지 방법으로 발표하게 하고, 청중과 토론자 간에 활발한 의견 개진과 충돌로 바람직한 합의를 도출해내는 교육 실시방법 |
| 패널 디스커션(Panel discussion) | 참가자 앞에서 소수의 전문가들이 과제에 관한 견해를 발표하고 토론한 뒤 참가자 전원이 참가하여 사회자의 사회에 따라 토의하는 방법 |
| 심포지엄(Symposium) | 몇 사람의 전문가에 의하여 과제에 관한 견해를 발표한 뒤에 참가자로 하여금 의견이나 질문을 하게 하여 토의하는 방법 |
| 롤 플레잉(Role playing) | 집단 심리요법의 하나로서 자기 해방과 타인 체험을 목적으로 하는 체험활동을 통해 대인관계에 있어서의 태도변용이나 통찰력, 자기이해를 목표로 개발된 교육방법 |
| 버즈세션(Buzz session) | 6-6 회의라고도 하며, 6명씩 소집단으로 구분하고, 집단별로 각각의 사회자를 선발하여 6분간씩 자유토의를 행하여 의견을 종합하는 방법 |

### 22 Repetitive Learning 1회 2회 3회

권한의 근거는 공식적이며, 지휘형태가 권위주의적이고 임명되어 권한을 행사하는 지도자로 옳은 것은?

① 헤드십(head ship)
② 리더십(leader ship)
③ 멤버십(member ship)
④ 매니저십(manager ship)

해설

- 헤드십은 리더와 같이 선출된 지도자가 아니라 조직에 의해 임명된 지도자가 행하는 권한행사로 권위적이고, 책임은 상사가 가지며, 구성원에게 일방적으로 지시하는 리더십을 말한다.

:: 헤드십(Head-ship)

㉠ 개요
- 리더와 같이 선출된 지도자가 아니라 조직에 의해 임명된 지도자가 행하는 권한행사를 말한다.

㉡ 특징
- 권한의 근거는 공식적인 법과 규정에 의한다.
- 상사와 부하의 관계는 지배적이고 사회적 간격이 넓다.
- 지휘의 형태는 권위적이다.
- 책임은 부하에 있지 않고 상사에게 있다.

1102 / 1404 / 1702

### 23 Repetitive Learning 1회 2회 3회

교육지도의 5단계가 다음과 같을 때 올바르게 나열한 것은?

> ㉮ 가설의 설정
> ㉯ 결론
> ㉰ 원리의 제시
> ㉱ 관련된 개념의 분석
> ㉲ 자료의 평가

① ㉰ → ㉱ → ㉮ → ㉲ → ㉯
② ㉮ → ㉰ → ㉱ → ㉲ → ㉯
③ ㉰ → ㉮ → ㉲ → ㉱ → ㉯
④ ㉮ → ㉰ → ㉲ → ㉱ → ㉯

해설

- 듀이의 5단계 사고과정을 거친 후 이를 정리한 교육지도는 원리의 제시 → 관련된 개념의 분석 → 가설의 설정 → 자료의 평가 → 결론 순으로 구체화된다.

:: 존 듀이(Jone Dewey)의 5단계 사고과정

- 시사(Suggestion) → 지식화(Intellectualization) → 가설(Hypothesis)을 설정 → 추론(Reasoning) → 행동에 의하여 가설 검토 순으로 진행된다.
- 듀이의 5단계 사고과정을 거친 후 이를 정리한 교육지도는 원리의 제시 → 관련된 개념의 분석 → 가설의 설정 → 자료의 평가 → 결론 순으로 구체화된다.



21 ④ 22 ① 23 ① 정답

0302 / 1204 / 1901

## 24

Repetitive Learning (1회 2회 3회)

다음 중 토의식 교육지도에서 시간이 가장 많이 소요되는 단계는?

① 도입 ② 제시

③ 적용 ④ 확인

해설

- 토의식은 도입, 제시, 적용, 확인 단계 중 적용단계에서 가장 많은 시간이 소요된다.

**토의식(Discussion method)**

㉠ 개요

- 참여자들의 대화를 통해서 교육이 진행되는 교육방식이다.
- 현장의 관리감독자 교육을 위하여 가장 바람직한 교육방식이다.
- 안전교육의 방법 중 전개단계에서 가장 효과적인 수업방법이다.
- 도입, 제시, 적용, 확인단계 중 적용단계에서 가장 많은 시간이 소요된다.
- 알고 있는 지식을 심화시키거나 어떠한 자료에 대해 보다 명료한 생각을 갖도록 하기 위하여 실시하는 교육방법으로 적합하다.
- 피교육생들의 태도를 변화시키고자 할 때, 인원이 토의에 적정할 때, 피교육생들이 토의 주제를 어느 정도 인지하고 있을 때, 피교육생들 간에 학습능력이 비슷한 수준일 때 유용하다.
- 심포지엄(Symposium), 패널 디스커션(Panel discussion), 롤플레잉(Role playing), 버즈세션(Buzz session), 포럼(Forum) 등이 있다.

㉡ 특징

- 개방적인 의사소통과 협조적인 분위기 속에서 학습자의 적극적 참여가 가능하다.
- 집단 활동의 기술을 개발하고 민주적 태도를 배울 수 있다.
- 준비와 계획단계뿐만 아니라 진행 과정에서도 많은 시간이 소요된다.

0301 / 1001 / 1204 / 1504 / 1802

## 25

Repetitive Learning (1회 2회 3회)

스트레스(Stress)에 영향을 주는 요인 중 환경이나 외적요인에 해당하는 것은?

① 자존심의 손상

② 현실에의 부적응

③ 도전의 좌절과 자만심의 상충

④ 직장에서의 대인관계 갈등과 대립

해설

- ①, ②, ③은 모두 스트레스 요인 중 내적인 요인에 해당한다.

**스트레스의 요인**

| 내적요인 | 외적요인 |
|---|---|
| • 자존심의 손상<br>• 도전의 좌절과 자만심의 상충<br>• 현실에서의 부적응<br>• 지나친 경쟁심과 출세욕 | • 직장에서의 대인관계 갈등과 대립<br>• 죽음, 질병<br>• 경제적 어려움 |

1304

## 26

Repetitive Learning (1회 2회 3회)

다음 중 안전심리의 5대 요소에 관한 설명으로 틀린 것은?

① 기질이란 감정적인 경향이나 반응에 관계되는 성격의 한 측면이다.

② 감정은 생활체가 어떤 행동을 할 때 생기는 객관적인 동요를 뜻한다.

③ 동기는 능동적인 감각에 의한 자극에서 일어난 사고의 결과로서 사람의 마음을 움직이는 원동력이 되는 것이다.

④ 습성은 한 종에 속하는 개체의 대부분에서 볼 수 있는 일정한 생활양식으로 본능, 학습, 조건반사 등에 따라 형성된다.

해설

- 안전심리 중 감정(Emotion)은 생활체가 어떤 행동을 할 때 생기는 주관적인 동요를 뜻한다.

**산업안전심리의 5요소**

| | |
|---|---|
| 동기<br>(Motive) | 능동적인 감각에 의한 자극에서 일어난 사고의 결과로서 사람의 마음을 움직이는 원동력이 되는 것이다. |
| 기질<br>(Temper) | 감정적인 경향이나 반응에 관계되는 성격의 한 측면이다. |
| 감정<br>(Emotion) | 생활체가 어떤 행동을 할 때 생기는 주관적인 동요를 뜻한다. |
| 습성<br>(Habits) | 한 종에 속하는 개체의 대부분에서 볼 수 있는 일정한 생활양식으로 본능, 학습, 조건반사 등에 따라 형성된다. |
| 습관<br>(Custom) | 성장과정을 통해 형성된 특성 등이 무의식중에 습관화된 것으로 동기, 기질, 감정, 습성 등이 영향을 끼친다. |

정답 | 24 ③ 25 ④ 26 ②

0704 / 1201 / 1801

## 27

Repetitive Learning 1회 2회 3회

호손(Hawthorne) 실험의 결과 생산성 향상에 영향을 준 가장 큰 원인은?

① 생산 기술
② 임금 및 근로시간
③ 인간관계
④ 조명 등 작업환경

해설

- 호손 실험을 통해서 생산성은 사원들의 태도, 감독자, 비공식 집단의 중요성 등 인간관계와 관련한 요소들이 복잡하게 영향을 미친다는 것을 확인하였다.

호손 실험(Hawthorne experiment)

- 산업심리학이 발전하던 1920년대에 시작된 일련의 연구로 원래 조명도와 생산성의 관계를 밝히려고 시작되었다.
- 조명을 밝히면 처음에는 생산량은 증가하나 이후에는 조명과 상관관계가 거의 없이 생산량이 증가하였다.
- 결과적으로 생산성에는 사원들의 태도, 감독자, 비공식 집단의 중요성 등 인간관계와 관련한 요소들이 복잡하게 영향을 미친다는 것을 확인하였다.

## 28

Repetitive Learning 1회 2회 3회

착각현상 중에서 실제로는 움직임이 없으나 시각적으로 움직임이 있는 것처럼 느껴지는 심리적인 현상은?

① 잔상효과
② 원근착시
③ 가현운동
④ 기하학적 착시

해설

- 잔상효과란 일련의 정지된 영상을 고속으로 움직였을 때 마치 하나의 움직임으로 느끼는 뇌의 현상을 말한다.
- 원근착시란 특정 장면을 보는 동안 가깝고 먼 형태가 서로 반대로 보이는 현상을 말한다.
- 기하학적 착시란 도형의 방향, 각도, 크기, 길이에 의해 일어나는 인간의 착시현상을 말한다.

가현운동

- 착시현상 중에서 실제로는 움직이지 않는데도 움직이는 것처럼 느껴지는 심리적인 현상을 말한다.
- 객관적으로 정지하고 있는 대상물이 급속히 나타난다든가 소멸하는 것으로 인하여 일어나는 운동으로 마치 대상물이 운동하는 것처럼 인식되는 현상을 말한다.
- 영화 영상의 방법에 주로 사용된다.

## 29

Repetitive Learning 1회 2회 3회

다음 설명의 리더십 유형은 무엇인가?

> 과업을 계획하고 수행하는데 있어서 구성원과 함께 책임을 공유하고 인간에 대하여 높은 관심을 갖는 리더십

① 권위적 리더십
② 독재적 리더십
③ 민주적 리더십
④ 자유방임형 리더십

해설

- 권위주의적 리더는 독단적으로 의사결정하지만, 민주주의적 리더는 집단의 의견을 반영한다.
- 독재적 리더십은 권위적 리더십의 다른 이름에 해당한다.
- 자유방임형 리더십은 리더십의 의미를 찾기 힘들며, 방치, 무관심, 무질서 등의 특징을 가진다.

리더십(Leadership)

㉠ 개요

- 어떤 특정한 목표달성을 위해 조직에서 행사되는 영향력을 말한다.
- 리더십의 특성조건에는 혁신적 능력, 표현능력, 대인적 숙련 등을 들 수 있다.
- 특성이론이란 성공적인 리더가 가지는 특성을 연구하는 이론이다.
- 의사결정 방법에 따라 크게 권위형, 민주형, 자유방임형으로 구분된다.

㉡ 의사결정 방법에 따른 리더십의 구분

| 구분 | 특징 |
|---|---|
| 권위형 | • 업무를 중심에 놓는다.(직무 중심적)<br>• 리더가 독단적으로 의사를 결정하고 관리한다.<br>• 하향 지시위주로 조직이 운영된다. |
| 민주형 | • 인간관계를 중심에 놓는다.(부하 중심적)<br>• 조직원의 적극적인 참여와 자율성을 강조한다.<br>• 조직원의 창의성을 개발할 수 있다. |
| 자유 방임형 | • 리더십의 의미를 찾기 힘들다.<br>• 방치, 무관심, 무질서 등의 특징을 가진다.<br>• 낭비와 파손품이 많다.<br>• 개성이 강하고 연대감이 없다. |



27 ③ 28 ③ 29 ③ 정답

## 30

Repetitive Learning (1회 2회 3회)

훈련에 참가한 사람들이 직무에 복귀한 후에 실제 직무수행에서 훈련효과를 보이는 정도를 나타내는 것은?

① 전이 타당도
② 교육 타당도
③ 조직간 타당도
④ 조직내 타당도

해설

- 교육 타당도이란 단기적 교육목표를 달성했는지의 여부를 말한다.
- 조직 간 타당도는 다른 조직에서도 동일한 교육효과가 나타났는지의 여부를 말한다.
- 조직 내 타당도는 같은 조직이면서 다른 집단에서 동일한 교육효과가 나타났는지의 여부를 말한다.

:: 교육프로그램의 타당도

㉠ 개요
- 교육프로그램의 타당도를 평가하는 항목에는 전이, 교육, 조직 내, 조직 간 타당도 등이 있다.

㉡ 전이 타당도
- 어떤 교육프로그램의 타당도가 교육에 의해 종업원들의 직무수행이 어느 정도나 향상되었는지를 나타내는 것을 말한다.
- 전이 타당도를 향상시키기 위해서는 훈련상황과 직무상황의 유사성을 최대화시켜야 하며, 내용 간의 튼튼한 고리를 만들어야 한다. 아울러 훈련생들이 원리를 완전히 이해할 수 있도록 해야 하며, 훈련에서 배운 기술, 과제 등을 가능한 풍부하게 경험할 수 있도록 해야 한다.

0504

## 31

Repetitive Learning (1회 2회 3회)

직무수행 평가에 대한 효과적인 피드백의 원칙에 대한 설명으로 틀린 것은?

① 직무수행 성과에 대한 피드백의 효과가 항상 긍정적이지는 않다.
② 피드백은 개인의 수행 성과뿐만 아니라 집단의 수행성과에도 영향을 준다.
③ 부정적 피드백을 먼저 제시하고 그 다음에 긍정적 피드백을 제시하는 것이 효과적이다.
④ 직무수행 성과가 낮을 때, 그 원인을 능력 부족의 탓으로 돌리는 것보다 노력 부족의 탓으로 돌리는 것이 더 효과적이다.

해설

- 긍정적 피드백을 먼저 제시하고 그 다음에 부정적 피드백을 제시하는 것이 효과적이다.

:: 효과적인 피드백의 원칙
- 직무수행 성과가 낮을 때, 그 원인을 능력 부족의 탓으로 돌리는 것보다 노력 부족의 탓으로 돌리는 것이 더 효과적이다.
- 긍정적 피드백을 먼저 제시하고 그 다음에 부정적 피드백을 제시하는 것이 효과적이다.
- 피드백은 개인의 수행 성과뿐만 아니라 집단의 수행성과에도 영향을 준다.
- 직무수행 성과에 대한 피드백의 효과가 항상 긍정적이지는 않다.

## 32

Repetitive Learning (1회 2회 3회)

의식수준이 정상이지만 생리적 상태가 적극적일 때에 해당하는 것은?

① Phase 0
② Phase I
③ Phase III
④ Phase IV

해설

- Phase 0은 무의식상태를 의미힌다.
- Phase Ⅰ은 생리적 상태가 피로하고 단조로울 때에 해당한다.
- Phase Ⅳ는 돌발사태의 발생으로 인하여 주의의 일전 집중 현상이 빌생한 단계이다.

:: 인간의 의식레벨

| 단계 | 의식수준 | 설명 |
|---|---|---|
| Phase 0 | 무의식, 실신상태 | 무의식 동작에는 뇌계의 능력에 대응하는 능력이 어느 정도는 있다. |
| Phase Ⅰ | 이상, 피로 및 단조로움 | 심신이 피로하거나 단조로운 작업을 반복할 경우 나타나는 의식수준의 저하현상이 발생 |
| Phase Ⅱ | 정상, 이완상태 | 생리적 상태가 안정을 취하거나 휴식할 때에 해당 |
| Phase Ⅲ | 정상, 명쾌 | • 중요하거나 위험한 작업을 안전하게 수행하기에 적합<br>• 신뢰성이 가장 높은 상태의 의식수준 |
| Phase Ⅳ | 과긴장 | 돌발사태의 발생으로 인하여 주의의 일점 집중 현상이 일어나는 경우 인간의 의식수준 |

정답 | 30 ① 31 ③ 32 ③

1802

## 33 Repetitive Learning (1회 2회 3회)

엔드라고지(Andragogy) 모델에 기초한 학습자로서의 성인의 특징과 가장 거리가 먼 것은?

① 성인들은 타인 주도적 학습을 선호한다.
② 성인들은 과제 중심적으로 학습하고자 한다.
③ 성인들은 다양한 경험을 가지고 학습에 참여한다.
④ 성인들은 왜 배워야 하는지에 대해 알고자 하는 욕구를 가지고 있다.

**해설**

- 엔드라고지 모델에서 성인은 과제 중심, 자기 주도, 다양한 경험, 알고자 하는 욕구를 가진 학습자로 판단한다.

엔드라고지(Andragogy) 모델

㉠ 개요
- 페다고지 학습모형(교사 중심의 학습)이 성인교육에 적절하지 않다는 의미로 사용된 용어이다.

㉡ 성인의 특징
- 성인들은 과제 중심적으로 학습하고자 한다.
- 성인들은 자기 주도적으로 학습하고자 한다.
- 성인들은 많은 다양한 경험을 가지고 학습에 참여한다.
- 성인들은 왜 배워야 하는지에 대해 알고자 하는 욕구를 가지고 있다.

1601

## 34 Repetitive Learning (1회 2회 3회)

다음 중 안전태도교육 과정을 올바른 순서대로 나열한 것은?

① 청취 → 모범 → 이해 → 평가 → 장려 · 처벌
② 청취 → 평가 → 이해 → 모범 → 장려 · 처벌
③ 청취 → 이해 → 모범 → 평가 → 장려 · 처벌
④ 청취 → 평가 → 모범 → 이해 → 장려 · 처벌

**해설**

- 태도교육은 청취 → 이해 및 납득 → 모범 → 평가와 권장 → 장려 및 처벌의 과정을 거친다.

안전태도교육(안전교육의 제3단계)

㉠ 개요
- 생활지도, 작업동작지도 등을 통한 안전의 습관화를 위한 교육이다.
- 안전한 작업방법을 알고는 있으나 시행하지 않는 사람에게 직장규율, 안전규율 등을 몸에 익히게 하는 교육이다.
- 안전작업에 대한 몸가짐에 관하여 교육하며 면접이 태도교육에 가장 적합한 교육방법이다.
- 보호구 취급과 관리자세의 확립, 안전에 대한 가치관을 형성하는 교육이다.

㉡ 태도교육 4단계
- 청취한다.(Hearing)
- 이해 및 납득시킨다.(Understand)
- 모범을 보인다.(Example)
- 평가하고 권장한다.(Evaluation)

## 35 Repetitive Learning (1회 2회 3회)

맥그리거(Douglas Mcgregor)의 X,Y이론 중 X이론과 관계 깊은 것은?

① 근면, 성실
② 물질적 욕구 추구
③ 정신적 욕구 추구
④ 자기통제에 의한 자율관리

**해설**

- X이론은 후진국형 이론으로 눈에 보이는 경제적인 보상 등에 집착한다.

맥그리거(McGregor)의 X · Y이론

㉠ 개요
- 인간과 직무의 관계에 대한 기본적인 가정을 X이론과 Y이론이라는 가설로 나눈 것이다.
- X이론은 인간의 본성이 일을 싫어하고, 무관심하며, 책임을 회피하므로 당근과 채찍을 동원하여 강제할 필요가 있다는 이론이다.
- Y이론은 인간의 본성이 일을 좋아하고, 책임감이 강하며, 선하므로 그들을 자율적, 민주적으로 대해야 창조적인 성과를 얻을 수 있다는 이론이다.

㉡ X이론과 Y이론의 관리 처방 비교

| X이론(후진국형, 성악설) | Y이론(선진국형, 성선설) |
|---|---|
| • 경제적 보상체제의 강화<br>• 권위주의적 리더십의 확립<br>• 면밀한 감독과 엄격한 통제<br>• 상부 책임제도의 강화 | • 분권화와 권한의 위임<br>• 목표에 의한 관리<br>• 직무확장<br>• 인간관계 관리방식<br>• 책임감과 창조력 |



33 ① 34 ③ 35 ② 정답

1101

## 36 Repetitive Learning 1회 2회 3회

산업심리에서 활용되고 있는 개인적인 카운슬링 방법에 해당하지 않는 것은?

① 직접적인 충고
② 설득적 방법
③ 설명적 방법
④ 토론적 방법

**해설**

- 개인적 카운슬링 방법으로 직접적인 충고, 설득적 방법, 설명적 방법 등을 사용한다.

**카운슬링(Counseling) : 상담**

- 의식의 우회에서 오는 부주의를 최소화하기 위한 방법으로 실시되는 안전교육방법이다.
- 개인적 카운슬링 방법으로 직접적인 충고, 설득적 방법, 설명적 방법 등을 사용한다.
- 직접적인 충고는 안전수칙 불이행의 경우 효과적인 카운슬링 기법이다.
- 카운슬링은 장면 구성 → 내담자와의 대화 → 의견 재분석 → 감정 표출 → 감정의 명확화 순으로 진행한다.

0604 / 0704 / 1001 / 1004 / 2001

## 37 Repetitive Learning

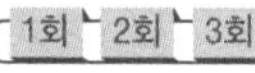


교육의 3요소로만 나열된 것은?

① 교사, 학생, 교육자료
② 교사, 학생, 교육환경
③ 학생, 교육환경, 교육자료
④ 학생, 부모, 사회지시인

**해설**

- 안전교육의 3요소는 교(강)사, 교육생, 교재(교육자료)로 구성된다.

**교육의 3대 요소**

- 주체 – 강사
- 객체(대상) – 교육생
- 매개체 – 교육자료, 교재, 교육내용 등

1101 / 1602

## 38 Repetitive Learning 1회 2회 3회

인간의 적응기제 중 방어적 기제에 해당하는 것은?

① 보상 ② 고립
③ 퇴행 ④ 억압

**해설**

- 고립, 퇴행, 억압, 백일몽 등은 도피기제에 해당한다.

**방어기제(Defence mechanism)** 실필 1502/1204

- 자기의 욕구 불만이나 긴장 등의 약점을 위장하여 자기의 불리한 입장을 보호 또는 방어하려는 기제를 말한다.
- 방어기제에는 합리화(Rationalization), 동일시(Identification), 보상(Compenstion), 투사(Projection), 승화(Sublimation) 등이 있다.

1102 / 1901

## 39 Repetitive Learning 1회 2회 3회

어느 철강회사의 고로작업라인에 근무하는 A씨의 작업 강도가 힘든 중작업으로 평가되었다면 해당되는 에너지대사율(RMR)의 범위로 가장 적절한 것은?

① 0~1
② 2~4
③ 4~7
④ 7~10

**해설**

- RMR의 값 0~2는 경(輕)작업, 2~4는 중(中)작업, 4~7은 중(重)작업에 해당된다.

**에너지대사율(RMR : Relative Metabolic Rate)**

㉠ 개요

- RMR은 특정 작업을 수행하는 데 있어 작업자의 생리적 부하를 계측하는 지표이다.
- 주로 동적 근력작업이나 정적 근력작업의 강도를 측정하여 연속작업이 가능한 시간을 예측하기 위해 사용한다.
- $RMR = \frac{\text{운동대사량}}{\text{기초대사량}}$

$= \frac{\text{운동 시 산소소모량} - \text{안정 시 산소소모량}}{\text{기초대사량(산소소모량)}}$ 으로 구한다

- RMR이 커지는 데 따라 작업 지속시간이 짧아진다.

㉡ 작업강도 구분

| 작업구분 | RMR | 작업 종류 등 |
|---|---|---|
| 중(重)작업 | 4~7 | 일반적인 전신노동, 힘·동작속도가 큰 작업 |
| 중(中)작업 | 2~4 | 손·상지 작업, 힘·동작속도가 작은 작업 |
| 경(輕)작업 | 0~2 | 손가락이나 팔로 하는 가벼운 작업 |

정답 | 36 ④ 37 ① 38 ① 39 ③

0802 / 1604

## 40 Repetitive Learning (1회 2회 3회)

Off J.T(Off Job Training)의 특징이 아닌 것은?

① 우수한 강사를 확보할 수 있다.
② 교재, 시설 등을 효과적으로 이용할 수 있다.
③ 개개인의 능력 및 적성에 적합한 세부교육이 가능하다.
④ 다수의 대상자를 일괄적, 체계적으로 교육을 시킬 수 있다.

해설

- 개개인에게 맞는 적절한 지도훈련이 가능한 것은 O.J.T(On the Job Training)의 특징이다.

Off J.T(Off the Job Training)

㉠ 개요
- 교육대상자를 대상으로 업무현장 밖에서 하는 집단교육을 말한다.

㉡ 형태
- 강의
- 사례연구
- 역할연기
- 집단토론

㉢ 특징

| | |
|---|---|
| 장점 | • 교재, 시설 등을 효과적으로 이용할 수 있다.<br>• 업무와 훈련이 동시에 진행되는 것이 아닌 만큼 훈련에만 전념하게 된다.<br>• 외부의 우수한 전문가를 강사로 활용할 수 있다.<br>• 다수의 근로자를 대상으로 일괄적, 조직적, 체계적인 훈련이 가능하다.<br>• 교육생 간 혹은 타 직장의 근로자와 지식이나 경험을 교류할 수 있다. |
| 단점 | • 개인의 안전지도 방법에는 부적당하다.<br>• 교육으로 인해 업무가 중단되는 손실이 발생한다. |

# 3과목 인간공학 및 시스템안전공학

1702

## 41 Repetitive Learning (1회 2회 3회)

FTA에서 사용하는 다음 사상기호에 대한 설명으로 맞는 것은?

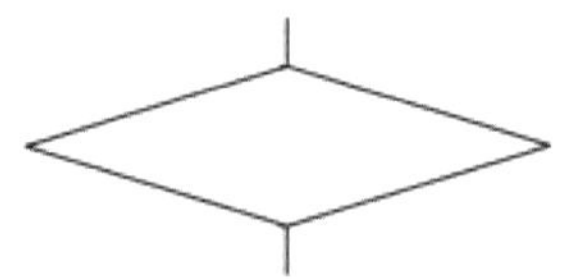

① 시스템 분석에서 좀 더 발전시켜야 하는 사상
② 시스템의 정상적인 가동상태에서 일어날 것이 기대되는 사상
③ 불충분한 자료로 결론을 내릴 수 없어 더 이상 전개할 수 없는 사상
④ 주어진 시스템의 기본사상으로 고장원인이 분석되었기 때문에 더 이상 분석할 필요 없는 사상

해설

- ②는 정상사상, ④는 기본사상에 대한 설명이다.

생략사상(Undeveloped event)
- 불충분한 자료로 결론을 내릴 수 없어 더 이상 전개할 수 없는 사상을 말한다.
- 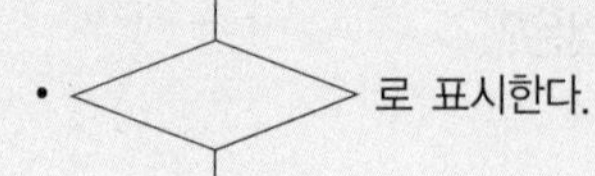 로 표시한다.

0404

## 42 Repetitive Learning (1회 2회 3회)

감각저장으로부터 정보를 작업기억으로 전달하기 위한 코드화 분류에 해당되지 않는 것은?

① 시각코드 ② 촉각코드
③ 음성코드 ④ 의미코드

해설

- 감각저장으로부터 정보를 작업기억으로 전달할 때 사용하는 코드화에는 시각코드, 음성코드, 의미코드 등이 있다.

감각저장
- 감각 저장이란 정보가 잠깐 지속되었다가 정보의 코드화 없이 원래 상태로 되돌아가는 것을 말한다.
- 감각저장으로부터 정보를 작업기억으로 전달할 때 사용하는 코드화에는 시각코드, 음성코드, 의미코드 등이 있다.

40 ③ 41 ③ 42 ② 정답

0902

## 43 Repetitive Learning (1회 2회 3회)

다음 FT도에서 시스템의 신뢰도는 약 얼마인가?(단, 모든 부품의 발생확률은 0.1이다)

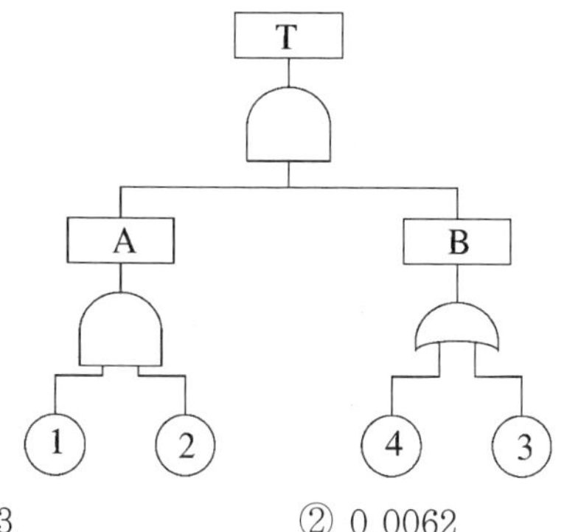


① 0.0033 ② 0.0062
③ 0.9981 ④ 0.9936

**해설**

- 재해가 발생할 확률이 아니라 신뢰도를 묻고 있는데 유의하자.
- A는 AND 연결이므로 P(A)= P(①)×P(②)이므로 0.1×0.1 = 0.01이다.
- B는 OR 연결이므로 P(B)= 1-(1-P(③))(1-P(④))이므로 1-(0.9)(0.9) = 1-0.81 = 0.19이다.
- T는 AND 연결이므로 P(T) = P(A)×P(B)이므로 0.01×0.19 = 0.0019가 된다. 즉, 재해가 발생할 확률이 0.0019이므로 재해가 발생하지 않을 확률 즉, 신뢰도는 1-0.0019= 0.991이다.

**FT도에서 정상(고장)사상 발생확률**

㉠ AND(직렬)연결 시
- 사상 A의 발생확률을 $P_A$, 사상 B, 사상 C 발생확률을 $P_B$, $P_C$라 할 때 $P_A = P_B \times P_C$로 구할 수 있다.

㉡ OR(병렬)연결 시
- 사상 A의 발생확률을 $P_A$, 사상 B, 사상 C 발생확률을 $P_B$, $P_C$라 할 때 $P_A = 1-(1-P_B)\times(1-P_C)$로 구할 수 있다.

1504

## 44 Repetitive Learning (1회 2회 3회)

다음 중 일반적으로 은행의 접수대 높이나 공원의 벤치를 설계할 때 가장 적합한 인체 측정 자료의 응용원칙은?

① 조절식 설계
② 평균치를 이용한 설계
③ 최대치수를 이용한 설계
④ 최소치수를 이용한 설계

**해설**

- 조절식 설계는 의자의 위치 및 높이, 자동차 운전석 의자의 위치와 높이 등에 이용된다.
- 최대치 설계는 출입문의 높이, 좌석 간의 거리, 통로의 폭, 와이어로프의 사용중량, 위험구역 울타리 등에 이용된다.
- 최소치 설계는 선반의 높이, 조종 장치까지의 거리, 비상벨의 위치 등에 이용된다.

**인체 측정 자료의 응용원칙**

| | |
|---|---|
| 최소치수를 이용한 설계 | 선반의 높이, 조종 장치까지의 거리, 비상벨의 위치 등 |
| 최대치수를 이용한 설계 | 출입문의 높이, 좌석 간의 거리, 통로의 폭, 와이어로프의 사용중량, 위험구역 울타리 등 |
| 조절식 설계 | 의자의 위치 및 높이, 자동차 운전석 의자의 위치와 높이 등 |
| 평균치를 이용한 설계 | 전동차의 손잡이 높이, 안내데스크, 은행의 접수대 높이, 공원의 벤치 높이 |

1604

## 45 Repetitive Learning (1회 2회 3회)

인간공학 연구방법 중 실제의 제품이나 시스템이 추구하는 특성 및 수준이 달성되는지를 비교하고 분석하는 것은 어떤 연구에 속하는가?

① 조사연구
② 실험연구
③ 분석연구
④ 평가연구

**해설**

- 인간공학의 연구방법에는 묘사연구, 실험연구, 평가연구 등이 있다.
- 실험연구는 작업 성능에 대한 시뮬레이션으로 실험조건을 조절하기 용이하다.

**인간공학 연구방법**

- 묘사(Descriptive)연구 – 인간기준을 사용한 현장 연구로 현실적인 작업변수를 설정하여 사용가능하여 일반화가 가능한 장점을 갖는다.
- 실험(Experimental)연구 – 작업 성능에 대한 시뮬레이션으로 실험조건을 조절하기 용이하다.
- 평가(Evaluation)연구 – 실제의 제품이나 시스템이 추구하는 특성 및 수준이 달성되는지를 비교하고 분석한다.

정답 | 43 ③ 44 ② 45 ④

## 46

Repetitive Learning 1회 2회 3회

작업장 내의 설비 3대에서는 각각 80dB과 86dB 및 78dB의 소음을 발생시키고 있다. 이 작업장의 음압수준은?

① 약 81.3dB
② 약 85.5dB
③ 약 87.5dB
④ 약 90.3dB

**해설**

- $80\text{dB} = 10\log 10^{8}$, $86\text{dB} = 10\log 10^{8.6}$, $78\text{dB} = 10\log 10^{7.8}$에 해당하는 소음이다.
- 합성소음은 $10\log 10^{8} \times 10\log 10^{8.6} \times 10\log 10^{7.8}$ $= 10\log[10^{8} + 10^{8.6} + 10^{7.8}]$이므로 87.49dB이다.

**:: 합성소음**

- 동일한 공간 내에서 2개 이상의 소음원에 대한 소음이 발생되고 있을 때 전체 소음의 크기를 말한다.
- 합성소음[dB(A)] = $10\log(10^{\frac{SPL_1}{10}} + \cdots + 10^{\frac{SPL_i}{10}})$으로 구한다.
- $SPL_1, \cdots, SPL_i$는 개별 소음도를 의미한다.

1101

## 47

Repetitive Learning 

실효 온도(effective temperature)에 영향을 주는 요인이 아닌 것은?

① 온도
② 습도
③ 복사열
④ 공기유동

**해설**

- 온도, 습도, 기류 등이 인체에 미치는 열효과를 하나의 수치로 통합한 경험적 감각지수이다.

**:: 실효온도(ET : Effective Temperature)**

- 공조되고 있는 실내 환경을 평가하는 척도로 감각온도, 유효온도라고도 한다.
- 상대습도 100%, 풍속 0m/sec일 때에 느껴지는 온도감각을 말한다.
- 온도, 습도, 기류 등이 인체에 미치는 열효과를 하나의 수치로 통합한 경험적 감각지수이다.
- 실효온도의 종류에는 Oxford 지수, Botsball 지수, 습구 글로브 온도 등이 있다.

## 48

Repetitive Learning 1회 2회 3회

위험분석기법 중 고장이 시스템의 손실과 인명의 사상에 연결되는 높은 위험도를 가진 요소나 고장의 형태에 따른 분석법은?

① CA
② ETA
③ FHA
④ FTA

**해설**

- 사건수분석(ETA)는 설비의 설계 단계에서부터 사용단계까지의 각 단계에서 위험을 분석하는 귀납적, 정량적 분석방법이다.
- 결함위험분석(FHA)는 시스템 정의에서부터 시스템 개발단계를 지나 시스템 생산단계 진입 전까지 적용되는 것으로 전체 시스템을 여러 개의 서브시스템으로 나누어 특정 서브시스템이 다른 서브시스템이나 전체 시스템에 미치는 영향을 분석하는 방법이다.
- 결함수분석법(FTA)는 연역적 방법으로 재해의 원인을 규명하며, 재해의 정량적 예측이 가능한 분석방법이다.

**:: 위험도분석(CA, Criticality Analysis)**

㉠ 개요

- 항공기의 안정성 평가에 널리 사용되는 기법이다.
- 각 중요 부품의 고장률, 운용형태, 보정계수, 사용시간비율 등을 고려하여 정량적, 귀납적으로 부품의 위험도를 평가하는 분석기법이다.
- 위험분석기법 중 높은 고장 등급을 갖고 고장모드가 기기 전체의 고장에 어느 정도 영향을 주는가를 정량적으로 평가하는 해석기법이다.

㉡ 치명도 분류

| | |
|---|---|
| Category 1 | 생명 또는 가옥의 상실 |
| Category 2 | 사명 수행의 실패 |
| Category 3 | 활동의 지연 |
| Category 4 | 영향 없음 |

0902 / 1901

## 49

Repetitive Learning 1회 2회 3회

의도는 올바른 것이었지만, 행동이 의도한 것과는 다르게 나타나는 오류를 무엇이라 하는가?

① Slip
② Mistake
③ Lapse
④ Violation



46 ③ 47 ③ 48 ① 49 ① 정답

해설

- Mistake는 착오로서 상황해석을 잘못하거나 목표를 잘못 이해하고 착각하여 행하는 인간의 실수를 말한다.
- Lapse는 건망증으로 일련의 과정에서 일부를 빠뜨리거나 기억의 실패에 의해 발생하는 오류이다.
- Violation은 위반을 말하는데 규칙을 알고 있음에도 의도적으로 따르지 않거나 무시한 경우에 발생하는 오류이다.

**인간의 다양한 오류모형**

| 착각(Illusion) | 감각적으로 물리현상을 왜곡하는 지각 오류 |
|---|---|
| 착오(Mistake) | 상황해석을 잘못하거나 목표를 잘못 이해하고 착각하여 행하는 인간의 실수로 위치, 순서, 패턴, 형상, 기억오류 등 외부적 요인에 의해 나타나는 오류 |
| 실수(Slip) | 의도는 올바른 것이었지만, 행동이 의도한 것과는 다르게 나타나는 오류 |
| 건망증(Lapse) | 일련의 과정에서 일부를 빠뜨리거나 기억의 실패에 의해 발생하는 오류 |
| 위반(Violation) | 정해진 규칙을 알고 있음에도 의도적으로 따르지 않거나 무시한 경우에 발생하는 오류 |

## 50

Repetitive Learning (1회 2회 3회)

다음 중 일반적인 화학설비에 대한 안전성 평가 (Safety assessment) 절차에 있어 안전대책 단계에 해당되지 않는 것은?

① 보전
② 위험도 평가
③ 설비적 대책
④ 관리적 대책

해설

- 위험도 평가는 3단계 정량적 평가에서 이뤄진다.

**안전성 평가 6단계**

| 1단계 | 관계 자료의 작성 준비 |
|---|---|
| 2단계 | • 정성적 평가<br>• 설계(공장의 입지조건, 공장 내 배치)와 운전관계에 대한 평가 |
| 3단계 | • 정량적 평가<br>• 취급물질, 용량, 온도, 압력 및 조작을 통한 위험도 평가 |
| 4단계 | • 안전대책수립<br>• 보전, 설비대책과 관리적 대책 |
| 5단계 | 재해정보에 의한 재평가 |
| 6단계 | FTA에 의한 재평가 |

0904

## 51

Repetitive Learning (1회 2회 3회)

설비보전방법 중 설비의 열화를 방지하고 그 진행을 지연시켜 수명을 연장하기 위한 점검, 청소, 주유 및 교체 등의 활동은 무엇인가?

① 사후보전 ② 개량보전
③ 일상보전 ④ 보전예방

해설

- 사후보전이란 고장 또는 유해한 성능저하가 발생된 뒤에 수리를 하는 보전방법을 말한다.
- 개량보전이란 설비의 고장 시에 수리뿐만 아니라 개선된 부품의 교체 등을 통하여 설비의 열화, 마모의 방지와 수명의 연장을 동시에 추구하는 방법이다.
- 보전예방은 설계단계에서부터 보전이 불필요한 설비를 설계하는 것을 말한다.

**일상보전**

- 일상보전이란 설비의 열화를 방지하고 그 진행을 지연시켜 수명을 연장하기 위한 설비의 점검, 청소, 주유 및 교체 등의 활동을 뜻한다.
- 청소, 주유, 조임을 비롯한 각 설비의 사용조건을 준수하기 위한 일상적인 점검행위를 말한다.

## 52

Repetitive Learning (1회 2회 3회)

두 가지 상태 중 하나가 고장 또는 결함으로 나타나는 비정상적인 사건은?

① 톱사상 ② 결함사상
③ 정상적인 사상 ④ 기본적인 사상

해설

- 중간사상(Intermediate event)이라고도 하며, 두 가지 상태 중 하나가 고장 또는 결함으로 나타나는 비정상적인 사건을 나타내는 것은 결함사상이다.

**결함사상**

- 중간사상(Intermediate event)이라고도 하며, 두 가지 상태 중 하나가 고장 또는 결함으로 나타나는 비정상적인 사건을 나타낸다.
- 한 개 이상의 입력사상에 의해 발생된 고장사상으로 고장에 대한 설명을 기술한다.
-  로 표시한다.

## 53

Repetitive Learning 1회 2회 3회

인간-기계시스템 설계과정 중 직무분석을 하는 단계는?

① 제1단계 : 시스템의 목표와 성능명세 결정
② 제2단계 : 시스템의 정의
③ 제3단계 : 기본 설계
④ 제4단계 : 인터페이스 설계

해설

- 1단계는 시스템의 목적 및 존재 이유에 대한 개괄적 표현을 하는 단계이다.
- 2단계는 목표 달성을 위해 필요한 기능을 결정하는 단계이다.
- 4단계는 작업공간, 화면설계, 표시 및 조종 장치 등의 설계단계이다.

인간-기계 시스템의 설계 과정

| | | |
|---|---|---|
| 1단계 | 시스템의 목표와 성능 명세 결정 | 목적 및 존재 이유에 대한 개괄적 표현 |
| 2단계 | 시스템의 정의 | 목표 달성을 위해 필요한 기능의 결정 |
| 3단계 | 기본 설계 | 기능의 할당, 인간성능 요건 명세, 직무분석, 작업설계 |
| 4단계 | 인터페이스 설계 | 작업공간, 화면설계, 표시 및 조종 장치 |
| 5단계 | 보조물 설계 혹은 편의수단 설계 | 성능보조자료, 훈련도구 등 보조물 계획 |
| 6단계 | 평가 | - |

1301

## 54

Repetitive Learning 1회 2회 3회

중량물 들기 작업을 수행하는데, 5분간의 산소 소비량을 측정한 결과, 90L의 배기량 중에 산소가 16%, 이산화탄소가 4%로 분석되었다. 해당 작업에 대한 분당 산소 소비량은 얼마인가?(단, 공기 중 질소는 79vol%, 산소는 21vol%이다)

① 0.948　　② 1.948
③ 4.74　　④ 5.74

해설

- 먼저 분당 배기량을 구하면 $\frac{90}{5} = 18$L이다.
- 분당 흡기량 $= \frac{18 \times (100-16-4)}{79} = \frac{1,440}{79} = 18.228$[L/분]
- 분당 산소소비량 = 18.228 × 21% − 18 × 16% = 3.828 − 2.88 = 0.948[L/분]이다.

산소소비량의 계산

- 흡기량과 배기량이 주어지고 공기 중 산소는 21%, 배기가스의 산소가 16%라면 산소소비량 = 흡기량 × 21% − 배기량 × 16%이다.
- 흡기량이 주어지지 않을 경우 분당 흡기량은 질소의 양으로 구한다.

  흡기량 $= \frac{\text{배기량} \times (100 - CO_2\% - O_2\%)}{79}$가 된다.
- 에너지 값은 구해진 분당 산소소비량 × 5kcal로 구한다.

0304 / 1804

## 55

Repetitive Learning 1회 2회 3회

시스템 수명주기에 있어서 예비위험분석(PHA)이 이루어지는 단계에 해당하는 것은?

① 구상단계　　② 점검단계
③ 운전단계　　④ 생산단계

해설

- 예비위험분석(PHA)은 복잡한 시스템을 설계, 가동하기 전의 구상단계에서 시스템의 근본적인 위험성을 평가하는 가장 기초적인 위험도 분석기법이다.

예비위험분석(PHA)

㉠ 개요

- 모든 시스템 안전 프로그램에서의 최초단계 해석으로 시스템의 위험요소가 어떤 위험 상태에 있는가를 정성적으로 평가하는 분석방법이다.
- 시스템을 설계함에 있어 개념형성 단계에서 최초로 시도하는 위험도 분석방법이다.
- 복잡한 시스템을 설계, 가동하기 전의 구상단계에서 시스템의 근본적인 위험성을 평가하는 가장 기초적인 위험도 분석기법이다.
- 위험의 정도를 분류하는 4가지 범주는 파국(Catastrophic), 중대(Critical), 위기-한계(Marginal), 무시가능(Negligible)으로 구분된다.

㉡ 예비위험분석(PHA)의 4가지 범주(MIL-STD-882E)

| | |
|---|---|
| 파국 (Catastrophic) | 작업자의 부상 및 서브시스템의 고장 등으로 시스템 성능이 저하되어 시스템에 심각한 손실을 초래한 상태 |
| 중대 (Critical) | 작업자의 부상 및 시스템의 중대한 손해를 초래하거나 작업자의 생존 및 시스템의 유지를 위하여 즉시 수정 조치를 필요로 하는 상태 |
| 위기-한계 (Marginal) | 작업자의 부상 및 시스템의 중대한 손해를 초래하지 않고 대처 또는 제어할 수 있는 상태 |
| 무시가능 (Negligible) | 시스템의 성능이나 기능, 인원 손실이 전혀 없는 상태 |



53 ③ 54 ① 55 ① 정답

0801 / 1401

**56** Repetitive Learning (1회 2회 3회)

어떤 설비의 시간당 고장률이 일정하다고 할 때 이 설비의 고장간격은 다음 중 어떠한 확률분포를 따르는가?

① t 분포
② 와이블분포
③ 지수분포
④ 아이링(Eyring) 분포

해설

- t 분포는 정규분포의 평균을 측정할 때 사용하는 분포이다.
- 와이블 분포는 산업현장에서 부품의 수명을 추정하는 데 사용되는 연속 확률분포의 한 종류이다.
- 아이링(Eyring) 분포는 가속수명시험에서 수명과 스트레스의 관계를 구할 때 사용하는 모형을 말한다.

지수 분포
- 사건이 서로 독립적일 때, 일정 시간 동안 발생하는 사건의 횟수가 푸아송 분포를 따를 때 사용하는 연속 확률분포의 한 종류이다.
- 어떤 설비의 시간당 고장률이 일정할 때 이 설비의 고장간격을 측정하는 데 적합하다.

1601

**57** Repetitive Learning (1회 2회 3회)

다음 중 욕조곡선에서의 고장 형태에서 일정한 형태의 고장률이 나타나는 구간은?

① 초기 고장구간
② 마모 고장구간
③ 피로 고장구간
④ 우발 고장구간

해설

- 수명곡선에서 감소형은 초기고장, 증가형은 마모고장, 유지형은 우발고장에 해당한다.

우발고장
- 시스템의 수명곡선(욕조곡선)에서 일정형(Constant failure rate)에 해당한다.
- 사용조건상의 고장을 말하며 고장률이 가장 낮으며 설계강도 이상의 급격한 스트레스가 축적됨으로써 발생되는 예측하지 못한 고장을 말한다.
- 우발적으로 일어나므로 시운전이나 점검작업을 통해 방지가 불가능하다.

0702 / 1204 / 1301 / 1402

**58** Repetitive Learning (1회 2회 3회)

다음 중 정보를 전송하기 위해 청각적 표시장치보다 시각적 표시장치를 사용하는 것이 더 효과적인 경우는?

① 정보의 내용이 간단한 경우
② 정보가 후에 재참조되는 경우
③ 정보가 즉각적인 행동을 요구하는 경우
④ 정보의 내용이 시간적인 사건을 다루는 경우

해설

- 정보가 후에 재참조되는 경우는 기록으로 남겨져 있는 경우가 좋으므로 시각적 표시장치가 효과적이다.

시각적 표시장치와 청각적 표시장치의 비교

| 구분 | 내용 |
|---|---|
| 시각적 표시 장치 | • 수신 장소의 소음이 심한 경우<br>• 정보가 공간적인 위치를 다룬 경우<br>• 정보의 내용이 복잡하고 긴 경우<br>• 직무상 수신자가 한 곳에 머무르는 경우<br>• 메시지를 추후 참고할 필요가 있는 경우<br>• 정보의 내용이 즉각적인 행동을 요구하지 않는 경우 |
| 청각적 표시 장치 | • 수신 장소가 너무 밝거나 암순응이 요구될 때<br>• 정보의 내용이 시간적인 사건을 다루는 경우<br>• 정보의 내용이 간단한 경우<br>• 직무상 수신자가 자주 움직이는 경우<br>• 정보의 내용이 후에 재참조되지 않는 경우<br>• 메시지가 즉각적인 행동을 요구하는 경우 |

1902

**59** Repetitive Learning (1회 2회 3회)

다음 중 음량수준을 평가하는 척도와 관계없는 것은?

① dB ② HSI
③ phon ④ sone

해설

- HSI는 열 압박 지수(Heat Stress Index)로 열평형을 유지하기 위해 증발해야 하는 땀의 양으로 음량수준과는 거리가 멀다.

음량수준
- 음의 크기를 나타내는 단위에는 dB(PNdB, PLdB), phon, sone 등이 있다.
- 음량수준을 측정하는 척도에는 phon 및 sone에 의한 음량수준과 인식소음 수준 등을 들 수 있다.
- 음의 세기는 진폭의 크기에 비례한다.
- 음의 높이는 주파수에 비례한다.(주파수는 주기와 반비례한다)
- 인식소음 수준은 소음의 측정에 이용되는 척도로 PNdB와 PLdB로 구분된다.

정답 | 56 ③ 57 ④ 58 ② 59 ②

0801 / 1002

## 60

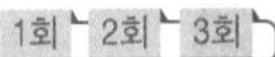

Repetitive Learning 1회 2회 3회

다음 중 동작경제의 원칙과 가장 거리가 먼 것은?

① 급작스런 방향의 전환은 피하도록 할 것
② 가능한 한 관성을 이용하여 작업하도록 할 것
③ 두 손의 동작은 같이 시작하고 같이 끝나도록 할 것
④ 두 팔의 동작은 동시에 같은 방향으로 움직일 것

**해설**

- 두 팔의 동작은 동시에 서로 반대방향으로 대칭적으로 움직이도록 한다.

**동작경제의 원칙**

㉠ 개요

- 작업자가 경제적인 동작을 통해 피로도를 감소시키면서도 능률을 향상시키게 하기 위한 원칙이다.
- 신체 사용의 원칙, 작업장 배치의 원칙, 공구 및 설비 디자인의 원칙으로 분류된다.
- 동작을 가급적 조합하여 하나의 동작으로 한다.
- 동작의 수는 줄이고, 동작의 속도는 적당히 한다.

㉡ 원칙의 분류

| | |
|---|---|
| 신체 사용의 원칙 | • 두 손의 동작은 동시에 시작해서 동시에 끝나야 한다.<br>• 휴식시간을 제외하고는 양손을 같이 쉬게 해서는 안 된다.<br>• 손의 동작은 유연하고 연속적인 동작이어야 한다.<br>• 동작이 급작스럽게 크게 바뀌는 직선 동작은 피해야 한다.<br>• 두 팔의 동작은 동시에 서로 반대방향으로 대칭적으로 움직이도록 한다. |
| 작업장 배치의 원칙 | • 공구나 재료는 작업동작이 원활하게 수행하도록 그 위치를 정해준다.<br>• 공구, 재료 및 제어장치는 사용하기 가까운 곳에 배치해야 한다. |
| 공구 및 설비 디자인의 원칙 | • 치구나 족답장치를 이용하여 양손이 다른 일을 할 수 있도록 한다.<br>• 공구의 기능을 결합하여 사용하도록 한다. |

# 4과목 건설시공학

## 61

Repetitive Learning 1회 2회 3회

용접작업 시 주의사항으로 옳지 않은 것은?

① 용접할 소재는 수축변형이 일어나지 않으므로 치수에 여분을 두지 않아야 한다.
② 용접할 모재의 표면에 녹·유분 등이 있으면 접합부에 공기포가 생기고 용접부의 재질을 약화키기므로 와이어 브러시로 청소한다.
③ 강우 및 강설 등으로 모재의 표면이 젖어 있을 때나 심한 바람이 불 때는 용접하지 않는다.
④ 용접봉을 교환하거나 다층용접일 때는 슬래그와 스패터를 제거한다.

**해설**

- 용접할 소재는 수축변형 및 마무리에 대한 고려로서 치수에 여분을 두어야 한다.

**철골부재 용접 시 주의사항**

- 용접할 모재의 표면에 있는 녹, 페인트, 유분 등은 제거하고 작업한다.
- 기온이 0°C 이하로 될 때에는 용접하지 않도록 한다.
- 용접 시 발생하는 가스 등으로 질식 또는 중독되지 않도록 환기 또는 기타 필요한 조치를 해야 한다.
- 용접할 소재는 수축변형 및 마무리에 대한 고려로서 치수에 여분을 두어야 한다.
- 용접으로 인하여 모재에 균열이 생긴 때에는 원칙적으로 모재를 교환한다.
- 용접자세는 부재의 위치를 조절하여 될 수 있는 대로 아래보기로 한다.
- 수축량이 가장 큰 부분부터 최초로 용접하고 수축량이 작은 부분은 최후에 용접한다.

## 62

Repetitive Learning 1회 2회 3회

철근콘크리트 구조물(5~6층)을 대상으로 한 벽, 지하외벽의 철근 고임재 및 간격재의 배치 표준으로 옳은 것은?

① 상단은 보 밑에서 0.5m
② 중단은 상단에서 2.0m 이내
③ 횡간격은 0.5m
④ 단부는 2.0m 이내

60 ④ 61 ① 62 ① 정답

해설

- 중단은 상단에서 1.5m 이내여야 한다.
- 횡간격은 1.5m여야 한다.
- 단부는 1.5m 이내여야 한다.

철근 고임재 및 간격재의 수량 및 배치 표준

- 5~6층 이내의 철근 콘크리트 구조물을 대상으로 한 수량 및 배치간격

| 부위 | 종류 | 수량 또는 배치간격 |
|---|---|---|
| 기초 | 강재, 콘크리트 | • 8개/$4m^2$<br>• 20개/$16m^2$ |
| 지중보 | | • 간격은 1.5m<br>• 단부는 1.5m 이내 |
| 벽, 지하외벽 | | • 상단 보 밑에서 0.5m<br>• 중단은 상단에서 1.5m 이내<br>• 횡간격은 1.5m<br>• 단부는 1.5m 이내 |
| 기둥 | | • 상단은 보밑 0.5m 이내<br>• 중단은 주각과 상단의 중간<br>• 기둥 폭 방향은 1m 미만 2개<br>1m 이상 3개 |
| 보 | | • 간격은 1.5m<br>• 단부는 1.5m 이내 |
| 슬래브 | | 간격은 상·하부 철근 각각 가로세로 1m |

0901 / 1001 / 1202 / 1401

## 63

Repetitive Learning 1회 2회 3회

벽식 철근콘크리트 구조를 시공할 경우 벽과 바닥의 콘크리트 타설을 한 번에 가능하게 하기 위하여, 벽체용 거푸집과 슬래브 거푸집을 일체로 제작하여 한 번에 설치하고 해체할 수 있도록 한 거푸집은?

① 유로폼
② 클라이밍폼
③ 슬립폼
④ 터널폼

해설

- 유로폼은 경량형강과 합판으로 구성되며 표준형태의 거푸집을 변형시키지 않고 조립하게 만든 거푸집을 말한다.
- 클라이밍폼은 거푸집과 벽체 마감공사를 위한 비계틀을 일체로 조립해 한 번에 인양시켜 설치하는 공법이다.
- 슬립폼은 슬라이딩폼의 한 종류로 거푸집을 상방향으로 이동시키면서 연속적으로 철근조립 및 콘크리트 타설을 실시하는 공법이다.

터널폼(Tunnel form)

㉠ 개요

- 벽식 철근콘크리트 구조를 시공할 경우 벽과 바닥의 콘크리트 타설을 한 번에 가능하게 하기 위하여, 벽체용 거푸집과 슬래브 거푸집을 일체로 제작하여 한 번에 설치하고 해체할 수 있도록 한 거푸집이다.
- 아파트, 병원의 병실, 호텔의 객실 등 동일한 형태의 구조물 및 토목공사, 터널 등에 사용된다.
- 종류에는 트윈쉘(Twin shell)과 모노쉘(Mono shell)이 있다.

㉡ 특징

- 노무 절감, 공기단축이 가능하다.
- 자재와 원가 절감이 가능하다.
- 거푸집 강성과 전용성(100회)이 우수하다.

1002 / 1502

## 64

Repetitive Learning 1회 2회 3회

철골 세우기용 기계설비가 아닌 것은?

① 가이데릭
② 스티프 레그 데릭
③ 진폴
④ 드래그라인

해설

- 드래그라인은 크레인형 굴착기계로 굴착과 싣기 등을 수행하는 차량계 건설기계이다.

철골 세우기용 기계설비

- 스티프레그데릭(Stiff leg derrick) – 수평이동이 용이하고 건물의 층수가 적은 긴 평면 또는 당김줄을 마음대로 맬 수 없을 때 유리하며 회전범위가 270°인 기계설비이다.
- 가이데릭(Guy derrick) – 와이어로프에 의해 하물을 인양하는 기계로 360° 회전이 가능하고, 마스트, 붐, 원동기 등으로 구성된다.
- 트럭크레인(Truck crane) – 운반 작업에 편리하고 평면적인 넓은 장소에 기동력 있게 작업할 수 있는 철골용 기계장비이다.
- 진폴(Gin pole) – 철제나 나무를 기둥으로 세운 후 윈치나 사람의 힘을 이용해 하물을 인양하는 설비로, 소규모 또는 가이데릭으로 할 수 없는 펜트하우스 등의 돌출부에 쓰이고 중량재료를 달아 올리기에 편리한 철골 세우기용 기계설비이다.
- 타워크레인(Tower crane) – 주로 대형 공사현장에서 많이 사용되는 인양장비로 주행부가 궤도로 되어있어 작업능률이 좋고 360° 회전이 가능하다.

정답 | 63 ④ 64 ④

## 65 Repetitive Learning (1회 2회 3회)

갱폼(Gang Form)에 관한 설명으로 옳지 않은 것은?

① 대형화 패널 자체에 버팀대와 작업대를 부착하여 유니트화 한다.
② 수직, 수평 분할 타설 공법을 활용하여 전용도를 높인다.
③ 설치와 탈형을 위하여 대형 양중장비가 필요하다.
④ 두꺼운 벽체를 구축하기에는 적합하지 않다.

**해설**

- 갱폼은 주로 외벽의 두꺼운 벽체나 옹벽, 피어기초 등을 시공할 때 사용한다.

**갱폼(Gang form)** 실작 1704/1701/1601/1504/1401

㉠ 개요
- 동일 모듈이 많은 아파트, 병원, 콘도미니엄, 사무소건물 등에 효과적인 거푸집으로 작은 부재의 분해와 조립을 사용할 때마다 하는 것이 아니라 대형화, 단순화하여 한 번에 설치 및 해체가 가능한 거푸집을 말한다.
- 크게 거푸집과 보강재가 일체로 된 기본 패널, 작업을 위한 작업 발판대 및 수직도 조정과 횡력을 지지하는 빗버팀대로 구성되어 있다.
- 근거리 운반 시에는 공장에서 제작하고 원거리 운반 시에는 현장제작을 원칙으로 한다.
- 경제적인 전용횟수는 30～40회 정도이다.

㉡ 장점
- 타워크레인 등의 시공장비에 의해 한 번에 설치가 가능하다.
- 가설비계공사가 필요없어 공기가 단축되고 인건비가 절약되는 등 가설비의 절약이 가능하다.
- 미장공사를 생략할 수 있다.

㉢ 단점
- 타워크레인, 이동식크레인 같은 양중장비가 필요하며, 기능이 숙련된 기능공이 필요하다.
- 기본계획 및 계획안의 융통성이 없다.
- 공사초기 제작기간이 길고 투자비가 큰 편이다.

1101 / 1601

## 66 Repetitive Learning (1회 2회 3회)

철근콘크리트 공사 중 거푸집 해체를 위한 검사가 아닌 것은?

① 각종 배관슬리브, 매설물, 인서트, 단열재 등 부착 여부
② 수직, 수평부재의 존치기간 준수 여부
③ 소요의 강도 확보 이전에 지주의 교환 여부
④ 거푸집 해체용 압축강도 확인시험 실시 여부

**해설**

- 각종 배관 슬리브, 매설물, 인서트, 단열재 등 부착 여부는 거푸집 시공 후 검사대상이다.

**거푸집 해체를 위한 검사**
- 수직, 수평부재의 존치기간 준수 여부
- 소요의 강도 확보 이전에 지주의 교환 여부
- 거푸집 해체용 압축강도 확인시험 실시 여부

## 67 Repetitive Learning (1회 2회 3회)

강재 중 SN 355 B에 관한 설명으로 옳지 않은 것은?

① 건축 구조물에 사용된다.
② 냉간 압연 강재 이다.
③ 강재의 두께가 16mm 이상 40mm 이하일 때 최소 항복강도가 $355N/mm^2$이다.
④ 용접성에 있어 중간 정도의 품질을 갖고 있다.

**해설**

- SN 355 B는 내진 건축 구조용 일반 압연강재이다.

**SN 355 B**
- 내진 건축 구조용 압연강재(SN)이다.
- 강재의 두께가 100mm 이하에서 최저 항복강도는 $355N/mm^2$이다.
- 용접성에 있어 중간 정도의 품질을 갖고 있다.

1901

## 68 Repetitive Learning (1회 2회 3회)

말뚝재하시험의 주요목적과 거리가 먼 것은?

① 말뚝길이의 결정
② 말뚝 관입량 결정
③ 지하수위 측정
④ 지지력 추정

**해설**

- 말뚝재하실험은 기초 저면에 하중을 가하여 지반의 지지력을 측정하는 시험으로 지하수위 측정과는 무관하다.

**말뚝재하시험**
- 예정 기초 저면(밑면)에서 지반면에 직접 하중을 가하여 기초 지반의 지지력을 추정하는 지내력 시험의 한 종류이다.
- 지지력을 확인하고 변위량, 건전도, 시공방법(말뚝길이 및 관입량의 결정) 및 시공장비의 적합성, 시간경과에 따른 말뚝 지지력의 변화, 하중전이 특성 등을 확인하기 위해서 사용한다.



65 ④ 66 ① 67 ② 68 ③ 정답

0902

## 69

Repetitive Learning (1회 2회 3회)

조적조의 내력벽으로 둘러싸인 부분의 최대가능면적은 몇 $m^2$ 인가?

① $60m^2$ ② $80m^2$

③ $100m^2$ ④ $120m^2$

해설

- 조적식구조인 내력벽으로 둘러싸인 부분의 바닥면적은 80제곱미터를 넘을 수 없다.

∷ 조적조 내력벽의 높이 및 길이

- 조적식구조인 건축물 중 2층 건축물에 있어서 2층 내력벽의 높이는 4미터를 넘을 수 없다.
- 조적식구조인 내력벽의 길이는 10미터를 넘을 수 없다.
- 조적식구조인 내력벽으로 둘러싸인 부분의 바닥면적은 80제곱미터를 넘을 수 없다.

1402 / 1802

## 70

Repetitive Learning (1회 2회 3회)

철근의 피복 두께 확보 목적과 가장 거리가 먼 것은?

① 내화성 확보

② 내구성 확보

③ 구조내력의 확보

④ 블리딩 현상 방지

해설

- 철근을 피복하는 이유는 철근의 부식방지, 내화성 및 내구성 확보, 골재의 유동성 확보, 구조내력 및 부착력의 확보 등에 있다.

∷ 철근의 피복 두께

- 피복 두께란 철근 표면에서 이를 감싸고 있는 콘크리트 표면까지의 두께를 말한다.
- 철근의 부식방지, 내화성 및 내구성 확보, 골재의 유동성 확보, 구조내력 및 부착력의 학보를 위해 철근 누께를 유지하여야 한다.

1401

## 71

Repetitive Learning (1회 2회 3회)

유동화 콘크리트를 제조할 때 유동화제를 첨가하기 전 기본 배합 콘크리트인 베이스 콘크리트의 슬럼프 기준은?(단, 보통 콘크리트의 경우)

① 150mm 이하 ② 180mm 이하

③ 210mm 이하 ④ 240mm 이하

해설

- 폴리알킬아릴설폰산계 축합물은 감수제의 주성분에 해당한다.

∷ 유동화 콘크리트

㉠ 개요

- 콘크리트에 분산성능이 높은 유동화제를 첨가하여 유동성을 증대시킨 콘크리트를 말한다.
- 유동화제의 주성분은 나프탈렌설폰산염계 축합물, 멜라민설폰산염계 축합물, 변성 리그닌설폰산계 축합물 등이 있다.
- 구조물의 형태가 복잡한 경우 슬럼프가 큰 시공성이 좋은 콘크리트가 필요한데 이때 사용하는 슬럼프값은 적지만 시공성이 우수한 콘크리트이다.

㉡ 일반사항

- 유동화제는 원액으로 사용하고, 미리 정한 소정의 양을 한꺼번에 첨가하며, 계량은 질량 또는 용적으로 계량하고, 그 계량오차는 1회에 3% 이내로 한다.
- 베이스 콘크리트의 단위수량은 185kg/$m^3$ 이하로 한다.
- 유동화 콘크리트의 슬럼프

| 종류 | 베이스 콘크리트 | 유동화 콘크리트 |
|---|---|---|
| 보통 콘크리트 | 150mm 이하 | 210mm 이하 |
| 경량콘크리트 | 180mm 이하 | 210mm 이하 |

- 콘크리트의 목표공기량은 공사시방서에 의한다. 공사시방서가 없는 경우에는 4.5± 1.5%로 한다.

0602 / 0904 / 1901

## 72

Repetitive Learning (1회 2회 3회)

분할 도급 공사 중 지하철 공사, 고속도로 공사 및 대규모 아파트단지 등의 공사에 채용하면 가장 효과적인 것은?

① 전문공종별 분할 도급

② 공정별 분할 도급

③ 공구별 분할 도급

④ 직종별 공종별 분할 도급

해설

- 공종별로 나누면 전문공종별 분할, 작업공정별로 나누면 공정별 분할, 지역별로 나누면 공구별 분할, 총괄도급자가 직영하는 경우는 직종별 공종별 분할 도급이다.

∷ 공구별 분할 도급

- 대규모 공사에서 지역별로 공사를 분리하여 발주하는 방식이고 각 공구마다 총괄도급으로 하는 것이 보통이며, 중소업자에게 균등기회를 주고 또 업자 상호 간의 경쟁으로 공사기일 단축, 시공기술향상 및 공사의 높은 성과를 기대할 수 있어 유리한 도급 방법이다.
- 지하철 공사, 고속도로 공사 및 대규모 아파트단지 등의 대규모 공사에서 지역별로 공사를 구분하여 발주하는 도급 방식이다.

정답 | 69 ② 70 ④ 71 ① 72 ③

## 73 Repetitive Learning (1회 2회 3회)

다음 네트워크 공정표에서 주공정선에 의한 총 소요공기(일수)로 옳은 것은?(단, 결함점간 사이의 숫자는 작업일수임)

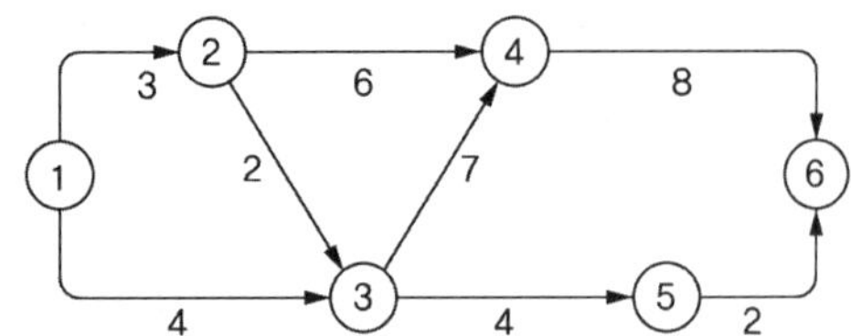

① 17일 ② 19일
③ 20일 ④ 22일

해설

- 주공정 : ①에서 시작하여 가장 시간이 오래 걸리는 경로를 찾는다. ③으로 이동하는데 ②를 거칠 경우 5, 그냥 ③으로 갈 경우 4의 시간이 걸리므로 ①에서는 ②로, ②에서 ④로 가는데 걸리는 시간은 6인데 반해 ③을 거칠 경우 9이므로 ③을 거쳐서 ④로 이동, ④를 거치지 않을 경우 ③에서 ⑤, ⑥으로 가는 방법이 있는데 이 경우 4+2 = 6인데 ④를 거칠 경우 7+8 = 15이므로 ④를 거쳐 ⑥으로 이동하는 것이 가장 많은 시간이 걸린다. 즉, ① → ② → ③ → ④ → ⑥으로 가는 공정이 가장 긴 주공정이 된다.
- 주공정 일수 : 3 + 2 + 7 + 8 = 20이 된다.

**네트워크 공정표 일정계산**

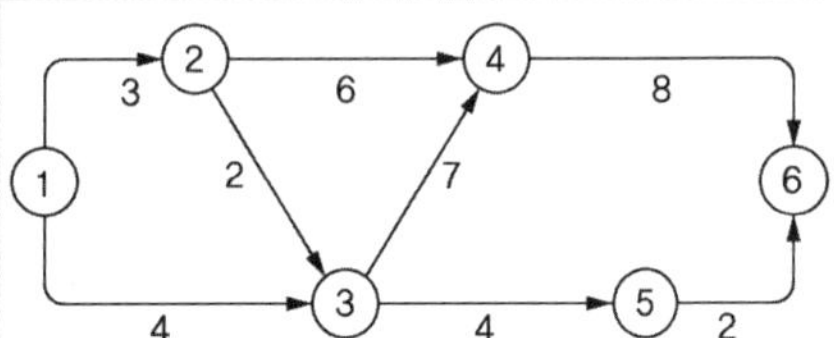

- 주공정 : ①에서 시작하여 가장 시간이 오래 걸리는 경로를 찾는다. ③으로 이동하는데 ②를 거칠 경우 5, 그냥 ③으로 갈 경우 4의 시간이 걸리므로 ①에서는 ②로, ②에서 ④로 가는데 걸리는 시간은 6인데 반해 ③을 거칠 경우 9이므로 ③을 거쳐서 ④로 이동, ④를 거치지 않을 경우 ③에서 ⑤, ⑥으로 가는 방법이 있는데 이 경우 4+2 = 6인데 ④를 거칠 경우 7+8 = 15이므로 ④를 거쳐 ⑥으로 이동하는 것이 가장 많은 시간이 걸린다. 즉, ① → ② → ③ → ④ → ⑥으로 가는 공정이 가장 긴 주공정이 된다.
- 가장 긴 공정의 일정을 더하면 주공정 일수가 된다.
- 특정 결합점에서의 가장 늦은 완료시간은 최종 결합점인 ⑥에서 해당 결합점까지의 경로시간을 빼준다.

## 74 Repetitive Learning (1회 2회 3회)

지반개량공법 중 배수공법이 아닌 것은?

① 집수정공법 ② 동결공법
③ 웰 포인트 공법 ④ 깊은 우물 공법

해설

- 동결공법은 함수층을 일시적으로 불투수성으로 만드는 공법으로 지반의 압축강도와 전단강도를 증대시킨다.

**지하수위 저하 공법**

㉠ 개요

- 지하수위 저하 공법에는 크게 배수 공법과 지수 공법, 전기침투 공법으로 구분된다.
- 배수 공법에는 웰포인트 공법과 깊은우물 공법, 집수정 공법이 대표적이다.
- 전기침투 공법은 실트 및 점토가 많이 함유된 투수계수가 작은 지방에서 사용되는 방법으로 물이 양극에서 음극으로 향하는 원리를 이용한 공법이다.
- 지수 공법에는 지반고결 공법과 물막이벽 공법, 압기 공법 등이 있다.

1402

## 75 Repetitive Learning (1회 2회 3회)

흙이 소성상태에서 반고체상태로 바뀔 때 함수비를 의미하는 용어는?

① 예민비 ② 액성한계
③ 소성한계 ④ 소성지수

해설

- 흙의 예민비(Sensitivity ratio)는 흙의 이김에 의해서 약해지는 정도를 표시한다.
- 액성한계는 소성상태의 흙에 함수비를 증가시켜 액체상태가 되는 한계 함수비이다.
- 소성지수는 액성한계-소성한계로 소성상태로 유지할 수 있는 함수비의 범위를 말한다.

**함수비에 따른 흙의 상태 변화**

- 소성상태란 흙을 잡아 늘리거나 틀에 넣어 원하는 모양을 만들 수 있는 상태를 말한다.
- 소성한계 시험이란 흙속에 수분이 거의 없고 바삭바삭한 상태의 정도를 알아보기 위해 실시하는 것을 말한다.
- 수축한계 : 건조한 흙에 함수비를 증가시켜 반고체상태가 되는 한계 함수비
- 소성한계 : 반고체상태의 흙에 함수비를 증가시켜 소성상태가 되는 한계 함수비
- 액성한계 : 소성상태의 흙에 함수비를 증가시켜 액체상태가 되는 한계 함수비

| 건조한 흙 | 반고체상태 | 소성상태 | 액체상태 | 흙탕물 |
|---|---|---|---|---|
| 감소 ← | | 함수비 | | → 증가 |
| | 수축한계 | 소성한계 | 액성한계 | |



73 ③ 74 ② 75 ③ 정답

1701

## 76 Repetitive Learning (1회 2회 3회)

기초의 종류에 관한 설명으로 옳은 것은?

① 온통기초 – 기둥 하나에 기초판이 하나인 기초
② 복합기초 – 2개 이상의 기둥을 1개의 기초판으로 받치게 한 기초
③ 독립기초 – 조적조의 벽 기초, 철근콘크리트의 연결기초
④ 연속기초 – 건물 하부 전체 또는 지하실 전체를 기초판으로 하는 기초

해설

- 온통기초는 건물 하부 전체 또는 지하실 전체를 기초판으로 하는 기초이다.
- 독립기초는 기둥 하나에 기초판이 하나인 기초이다.
- 연속기초는 조적조의 벽 기초, 철근콘크리트의 연결기초이다.

:: 기초
㉠ 개요
- 건물을 지탱하고 지반에 안정시키기 위해 건물의 하부에 구축한 구조물을 말한다.
- 건물의 하중을 지반에 고정시키고, 침하·경사·이동·변형 등의 훼손이 일어나지 않도록 한다.
- 기초슬래브의 형식에 따라 독립기초, 복합기초, 연속기초, 온통기초로 구분한다.

㉡ 기초의 분류
- 독립기초 : 기둥 하나에 기초판이 하나인 기초이다.
- 복합기초 : 2개 이상의 기둥을 1개의 기초판으로 받치게 한 기초이다.
- 연속기초 : 조적조의 벽 기초, 철근콘크리트의 연결기초이다.
- 온통기초 : 건물 하부 전체 또는 지하실 전체를 기초판으로 하는 기초이다.

1201

## 77 Repetitive Learning (1회 2회 3회)

조적 벽면에서의 백화방지에 대한 조치로서 옳지 않은 것은?

① 소성이 잘 된 벽돌을 사용한다.
② 줄눈으로 비가 새어들지 않도록 방수처리한다.
③ 줄눈모르타르에 석회를 혼합한다.
④ 벽돌벽의 상부에 비막이를 설치한다.

해설

- 석회성분이 탄산가스와 반응하면 탄산칼슘이 만들어져 벽돌 외부에 백화가 더욱 심해지고 자국이 영원히 남게 된다.

:: 백화(Efflorescence)현상
㉠ 개요
- 모르타르 및 콘크리트 중의 알칼리 및 칼슘 성분이 밖으로 흘러나와 공기 중의 탄산가스와 반응하여 경화체 표면에 하얀색으로 침전되는 현상을 말한다.
- 저온, 다습, 적당한 바람, 그늘 등에 의해 발생한다.

㉡ 방지대책
- 10[%] 이하의 흡수율을 가진 소성이 잘 된 벽돌을 사용한다.
- 벽돌면 상부 및 벽면의 돌출 부분에 빗물막이나 차양, 루버 등을 설치해 빗물이 벽체에 직접 흘러내리지 않게 한다.
- 쌓기 후 전용발수제를 발라 벽면에 수분흡수를 방지하거나 벽면에 빗물이 스며들지 못하도록 실리콘을 뿜칠한다.
- 줄눈으로 비가 새어들지 않도록 줄눈 모르타르에 방수제를 혼합한다.
- 파라핀 도료를 발라 염류가 나오는 것을 방지한다.
- 재료배합 시 물-시멘트비(W/C)를 감소시키고 조립률이 큰 모래를 사용한다.
- 분말도가 큰 시멘트를 사용한다.

## 78 Repetitive Learning (1회 2회 3회)

지하연속벽 공법(slurry wall)에 관한 설명으로 옳지 않은 것은?

① 저진동, 저소음의 공법이다.
② 강성이 높은 지하구조체를 만든다.
③ 타 공법에 비하여 공기, 공사비 면에서 불리한 편이다.
④ 인접 구조물에 근접하도록 시공이 불가하여 대지이용의 효율성이 낮다.

해설

- 지하연속벽 공법은 인접건물의 경계선까지 시공이 가능하다.

:: 지하연속벽(Slurry wall) 공법
㉠ 개요
- 지반 굴착 시 벤토나이트 안정액을 사용하여 지반의 붕괴를 방지하면서 굴착하고 그 속에 철근망을 넣고 콘크리트를 타설하여 연속으로 콘크리트 흙막이 벽을 설치하는 공법이다.
- 흙막이 벽 및 물막이 벽의 기능도 갖고 있다.
- 영구 지하 벽이나 깊은 기초로 활용하기도 한다.

㉡ 특징
- 흙막이 벽 자체의 강도, 강성이 우수하기 때문에 연약지반의 변형 및 이면침하를 최소한으로 억제할 수 있다.
- 시공 시 소음, 진동이 작다.
- 인접건물의 경계선까지 시공이 가능하다.
- 차수효과가 양호하다.
- 경질 또는 연약지반에도 적용가능하다.
- 벽 두께를 자유로이 설계할 수 있다.
- 다른 흙막이 벽에 비해 공사비가 많이 들고 장비가 고가이다.

정답 | 76 ② 77 ③ 78 ④

1502

## 79

Repetitive Learning (1회 2회 3회)

발주자가 직접 설계와 시공에 참여하고 프로젝트 관련자들이 상호 신뢰를 바탕으로 Team을 구성해서 프로젝트의 성공과 상호이익 확보를 공동 목표로 하여 프로젝트를 추진하는 공사 수행 방식은?

① PM(Project Management) 방식
② 파트너링 방식(Partnering)
③ CM(Construction Management) 방식
④ BOT(Build Operate Transfer) 방식

해설

- PM 방식은 사업의 기획단계에서 결과물 인도까지의 계획, 통제, 관리에 필요한 사항을 종합적으로 관리하는 기술을 말한다.
- CM 방식은 전문가 집단에 의한 설계와 시공을 통합관리하는 방식이다.
- BOT 방식은 민간수주측이 자본을 대고 준공 후 일정기간 시설물을 운영하여 투자금을 회수하고 차후에 발주자측에 소유권을 이전하는 방식이다.

프로젝트 수행방식

- 턴키(Turk-key) 방식 : 모든 요소를 포함한 도급계약 방식으로 건설업자는 대상계획의 기업, 금융, 토지조달, 설계, 시공, 기계기구설치, 시운전 및 조업 지도까지 모든 것을 조달하여 주문자에게 인도하는 방식이다.
- PM(Project Management) 방식 : 사업의 기획단계에서 결과물 인도까지의 계획, 통제, 관리에 필요한 사항을 종합적으로 관리하는 기술을 말한다.
- 파트너링(Partnering) 방식 : 발주자가 직접 설계와 시공에 참여하고 프로젝트 관련자들이 상호 신뢰를 바탕으로 Team을 구성해서 프로젝트의 성공과 상호이익 확보를 공동 목표로 하여 프로젝트를 추진하는 공사수행 방식을 말한다.
- CM(Construction Management) 방식 : 전문가 집단에 의한 설계와 시공을 통합관리하는 방식으로 기획, 설계, 시공, 유지관리의 건설업 전 과정에서 사업수행을 효율적, 경제적으로 수행하기 위해 각 부분 전문가 집단의 통합관리기술을 건축주에게 서비스하는 것으로 발주처와의 계약으로 수행된다.
- BOT(Build Operate Transfer) 방식 : 발주자측이 사업의 공사비를 부담하는 게 아니라 민간수주측이 자본을 대고 준공 후 일정기간 시설물을 운영하여 투자금을 회수하고 차후에 발주자측에 소유권을 이전하는 방식으로 민자고속도로 등이 이에 해당한다.

## 80

Repetitive Learning (1회 2회 3회)

공사용 표준시방서에 기재하는 사항으로 거리가 먼 것은?

① 재료의 종류, 품질 및 사용처에 관한 사항
② 검사 및 시험에 관한 사항
③ 공정에 따른 공사비 사용에 관한 사항
④ 보양 및 시공상 주의사항

해설

- 표준시방서에는 공사비 관련 내용을 기재할 필요가 없다.

시방서(Specification)

㉠ 개요
- 각종 건설공사 등에 대한 표준안, 규정을 설명한 것이다.
- 재료의 품질, 공사의 방법과 질, 시험방법 등 설계도에 기재할 수 없는 사항을 간단명료하게 표시한 것이다.
- 표준시방서, 일반시방서, 공사시방서, 특기시방서, 안내시방서 등이 있다.

㉡ 종류
- 표준시방서 : 건설교통부에서 모든 공사의 공통적인 사항을 정한 표준적인 시공기준을 명시한 시방서이다.
- 일반시방서 : 공사일정 등 공사 전반에 대한 비기술적인 사항을 정한 시방서이다.
- 공사시방서 : 특정 공사에 맞게 공사 수행을 위한 시공방법, 품질관리, 환경관리 등에 관한 사항을 정한 시방서이다.
- 특기시방서 : 해당 공사의 특수한 조건에 따라 표준시방서에 대하여 추가, 변경, 삭제를 규정한 시방서이다.

㉢ 시방서 기재사항
- 일반사항 : 운반, 보관, 취급방법, 공정계획, 유지관리 장비 및 기재, 타 공정과의 협력작업 등
- 재료에 관한 사항 : 사용재료의 품질과 품질시험방법 등
- 시공에 관한 사항 : 각 부위별 시공방법, 제조업자 현장지원방안 등

㉣ 작성원칙
- 시공자가 정확하게 시공하도록 설계자의 의도를 상세히 기술한다.
- 공사 전반에 대한 지침을 세밀하고 간단명료하게 서술한다.
- 도면과 시방서와의 차이가 있을 때 감독기술자의 지시에 따른다.
- 재료의 성능, 성질, 품질의 허용 범위, 공법의 정밀도와 마무리 정도 등을 명확하게 규명한다.
- 시방서의 작성순서는 공사 진행순서와 일치하도록 한다.
- 서류의 우선순위는 공사시방서 > 설계도면 > 전문시방서 > 표준시방서 > 산출내역서 > 상세 시공도 > 관계법령의 유권해석 > 지시사항 순으로 해석한다.



79 ② 80 ③ 정답

## 5과목 건설재료학

0902

### 81 Repetitive Learning (1회 2회 3회)

각종 금속에 대한 설명 중 옳지 않은 것은?

① 동은 건조한 공기 중에서는 산화하지 않으나, 습기가 있거나 탄산가스가 있으면 녹이 발생한다.
② 납은 비중이 비교적 작고 융점이 높아 가공이 어렵다.
③ 알루미늄은 비중이 철의 1/3 정도로 경량이며 열·전기 전도성이 크다.
④ 청동은 구리와 주석을 주체로 한 합금으로 건축장식부품 또는 미술공예 재료로 사용된다.

해설

- 납은 비중이 11.4로 아주 크고 융점(327.5℃)이 높으며, 가공성이 뛰어난 금속이다.

납(Pb)의 성질
- 비중이 11.4로 아주 크고 연질이며 전·연성 및 가공성이 풍부하다.
- 융점(327.5℃)이 높으며, 산이나 기타 약액에 대해서는 저항성이 크지만, 알칼리에는 침식된다.
- 방사선 투과도가 낮아서 방사선 차폐용 벽체 및 X선을 사용하는 개소에 방호용으로 사용된다.

### 82 Repetitive Learning (1회 2회 3회)

목재의 함수율과 섬유포화점에 관한 설명으로 옳지 않은 것은?

① 섬유포화점은 세포 사이의 수분은 건조되고, 섬유에만 수분이 존재하는 상태를 말한다.
② 벌목 직후 함수율이 섬유포화점까지 감소하는 동인 강도 또한 서서히 감소한다.
③ 전건상태에 이르면 강도는 섬유포화점 상태에 비해 3배로 증가한다.
④ 섬유포화점 이하에서는 함수율의 감소에 따라 인성이 감소한다.

해설

- 섬유포화점 이하에서는 함수율의 감소에 따라 목재의 강도가 증가하고 탄성(인성)이 감소하나, 섬유포화점 이상에서는 함수율이 변화해도 목재의 강도가 일정하고 신축을 일으키지도 않는다.

함수율과 강도
- 목재가 대기의 온도와 습도에 맞게 평형에 도달한 상태를 의미하는 기건상태의 함수율은 약 15%이다.
- 목재에서 흡착수만이 최대한도로 존재하고 있는 상태인 섬유포화점(Fiber saturation point)의 함수율은 30% 정도이다.
- 섬유포화점 이하에서는 함수율의 감소에 따라 목재의 강도가 증가하고 탄성(인성)이 감소한다.
- 섬유포화점 이상에서는 함수율이 변화하여도 목재의 강도가 일정하고 신축을 일으키지도 않는다.

### 83 Repetitive Learning (1회 2회 3회)

경량 기포콘크리트(autoclaved lightweight concrete)에 관한 설명으로 옳지 않은 것은?

① 보통콘크리트에 비하여 탄산화의 우려가 낮다.
② 열전도율은 보통콘크리트의 약 1/10 정도로 단열성이 우수하다.
③ 현장에서 취급이 편리하고 절단 및 가공이 용이하다.
④ 다공질이므로 흡수성이 높은 편이다.

해설

- ALC는 보통 콘크리트에 비해 비중은 1/4 정도로 경량이며, 중성화(탄산화)의 우려가 높다.

경량기포콘크리트(ALC : Autoclaved Lightweight Concrete)
㉠ 개요
- 포화증기 양생 경량기포콘크리트로 무수한 기포를 독립적으로 분산시켜 중량을 가볍게 한 기포콘크리트의 일종이다.
- 규산질, 석회질 원료를 주원료로 하여 기포제와 발포제를 첨가하여 만든다.
- 기포제는 알루미늄 분말이나 알루미늄 페이스트가 주로 사용된다.

㉡ 특징
- 현장에서 절단 및 가공이 용이하며 인력으로 취급이 간편하다.
- 경량성, 단열성, 내화성, 흡음·차음성 등에서 우수한 성능을 보인다.
- 보통콘크리트에 비해 비중은 1/4 정도로 경량이며, 중성화의 우려가 높다.
- 다공질이기 때문에 흡수성이 높다.
- 동해에 대한 방수, 방습처리가 필요하고 부서지기 쉽다.
- 압축강도에 비해서 휨강도나 인장강도는 상당히 약하다.
- 강도가 낮아 구조재로서는 부적합하며 주로 비내력벽, 지붕, 바닥재로 사용된다.

정답 | 81 ② 82 ② 83 ①

0502

## 84

Repetitive Learning (1회 2회 3회)

재료의 단단한 정도를 나타내는 용어는?

① 강성(Stiffness)
② 인성(Toughness)
③ 취성(Brittleness)
④ 경도(Hardness)

해설

- 강성은 재료가 외력을 받았을 때 변형에 저항하는 성질을 말한다.
- 인성은 외력을 받아도 변형을 나타내면서도 파괴되지 않고 견디는 성질을 말한다.
- 취성은 유리와 같이 외력에 변형되지 않으나 작은 변형에도 파괴되는 성질을 말한다.

:: 재료의 성질

㉠ 역학적 성질

- 재료의 역학적 성질에는 탄성, 소성, 점성, 인성, 연성, 전성, 강성, 취성, 경도, 내피로성 등이 있다.

| 탄성(Elasticity) | 외력이 작용하면 변형이 생기지만 외력을 제거하면 원래의 모양으로 돌아가는 성질 |
|---|---|
| 소성(Plasticity) | 외력이 작용하면 변형이 생기고, 외력이 제거되어도 그 변형된 상태를 유지하는 성질 |
| 점성(Viscosity) | 외력에 의한 유동 시 재료 각 부에 저항이 생기는 성질 |
| 인성(Toughness) | 외력을 받으면 변형을 나타내면서도 파괴되지 않고 견디는 성질 |
| 연성(Ductility) | 탄성한계 이상의 외력을 받아도 파괴되지 않고 가늘고 길게 늘어나는 성질 |
| 강성(Stiffness) | 재료가 외력을 받았을 때 변형에 저항하는 성질 |
| 취성(Brittleness) | 유리와 같이 외력에 변형되지 않으나 작은 변형에도 파괴되는 성질 |
| 경도(Hardness) | 재료의 단단한 정도 |
| 내피로성(Fatigue resistance) | 부하가 반복적으로 가해지더라도 이를 견딜 수 있는 성질 |

㉡ 물리적 성질

- 물리적 성질에는 비중, 열전도율, 내열성, 함수율, 흡수율, 비열, 열팽창계수 등이 있다.

| 비중 | 기준이 되는 물질의 밀도에 대한 상대적인 비 |
|---|---|
| 열전도율 | 온도 차에 의해 열이 전달되는 특성 |
| 내열성 | 열저항성 |

## 85

Repetitive Learning (1회 2회 3회)

콘크리트용 골재 중 깬자갈에 관한 설명으로 옳지 않은 것은?

① 깬자갈의 원석은 안산암·화강암 등이 많이 사용된다.
② 깬자갈을 사용한 콘크리트는 동일한 워커빌리티의 보통자갈을 사용한 콘크리트보다 단위수량이 일반적으로 약 10%정도 많이 요구된다.
③ 깬자갈을 사용한 콘크리트는 강자갈을 사용한 콘크리트 보다 시멘트 페이스트와의 부착성능이 매우 낮다.
④ 콘크리트용 굵은 골재로 깬자갈을 사용할 때는 한국산업표준(KS F 2527)에서 정한 품질에 적합한 것으로 한다.

해설

- 쇄석을 골재로 사용할 경우 장점은 부착력이 커져 강도가 높은 콘크리트를 얻을 수 있다.

:: 쇄석을 골재로 사용하는 콘크리트

㉠ 장점

- 쇄석을 이용할 경우 부착력이 커져 강도가 높은 콘크리트를 얻을 수 있다.

㉡ 단점

- 워커빌리티를 나쁘게 하여 모르타르의 양이 증가한다.
- 비경제적이고 콘크리트 치기 작업이 곤란하다.

## 86

Repetitive Learning (1회 2회 3회)

일종의 못박기총을 사용하여 콘크리트나 강재 등에 박는 특수못을 의미하는 것은?

① 드라이브 핀
② 인서트
③ 익스팬션 볼트
④ 듀벨

해설

- 인서트는 콘크리트 슬래브에 묻어 천장 달대를 고정시키는 용도의 철물이다.
- 익스팬션 볼트는 콘크리트에 창틀 등을 볼트로 고정시키기 위해 미리 암나사나 절삭이 되어있는 부품을 매립한 것을 말한다.
- 듀벨은 2개의 목재 사이에 볼트로 체결하여 볼트접합을 보강하고, 전단력에 대한 견디는 힘을 부가하는 철물이다.

:: 드라이브 핀(Drive pin)

- 일종의 못박기총을 사용하여 콘크리트나 강재 등에 박는 특수못을 말한다.
- 목재와 콘크리트, 철강재 등을 접합시킬 때 사용하는 철물이다.



84 ④ 85 ③ 86 ① | 정답

1202

## 87 Repetitive Learning 1회 2회 3회

다음 중 건축용 단열재와 거리가 먼 것은?

① 유리면(Glass wool)
② 암면(Rock wool)
③ 테라코타
④ 펄라이트 판

해설

- 테라코타는 점토반죽을 조각형틀로 찍어낸 점토소성제품을 말한다.
- 유리면, 암면, 펄라이트판은 모두 무기질 단열재료에 해당한다.

단열재료의 구분

| 무기질 단열재료 | 유기질 단열재료 |
|---|---|
| 유리면<br>암면<br>세라믹섬유<br>펄라이트판<br>규산칼슘판<br>경량기포콘크리트 | 연질섬유판<br>경질우레판폼<br>폴리스티렌폼<br>셀룰로즈섬유판 |

## 88 Repetitive Learning

석고보드에 관한 설명으로 옳지 않은 것은?

① 부식이 잘되고 충해를 받기 쉽다.
② 단열성, 차음성이 우수하다.
③ 시공이 용이하여 천장, 칸막이 등에 주로 사용된다.
④ 내수성, 탄력성이 부족하다.

해설

- 석고보드는 부식이 안 되고 충해를 받지 않는다.

석고보드

㉠ 개요
- 소석고를 주원료로 혼화제를 첨가하여 보드용 원지 사이에 넣어 판상으로 제조한 것이다.

㉡ 특징
- 물에 녹는 성질이 있어 습기에 약해 흡수할 경우 강도가 현저하게 저하되나 내화성은 매우 강하다.
- 신축성이 작으며, 페인트를 칠할 수 있다.
- 경량이고 부식이 없고 충해가 발생하지 않는다.
- 화재 시 화염과 열의 확산을 지연시키며, 연소나 석회화하기 전까지 100℃ 이상의 열을 전달하지 않는다.
- 인산석고를 원료로 하는 석고보드는 일반 석고의 25배 이상의 라돈이 검출되어 탈황석고로 원료를 바꾸어 사용된다.

0402

## 89 Repetitive Learning 1회 2회 3회

주로 석기질 점토나 상당히 철분이 많은 점토를 원료로 사용하며, 건축물의 패러핏, 주두 등의 장식에 사용되는 공동의 대형 점토제품으로 가장 올바른 것은?

① 테라죠 ② 도관
③ 타일 ④ 테라코타

해설

- 테라조는 대리석을 잘게 부숴 조각낸 뒤 시멘트나 콘크리트와 섞어 만든 마감재를 말한다.
- 도관은 점토를 규격에 맞게 성형하고, 가열하여 만든 관이다.
- 타일은 바닥, 벽 등의 표면을 피복하기 위하여 만든 평판상의 점토질 소성제품을 말한다.

테라코타(Terra cotta)
- 주로 석기질 점토나 상당히 철분이 많은 점토를 원료로 사용하여 점토반죽을 조각형틀로 찍어낸 점토소성제품을 말한다.
- 건축물의 패러핏, 주두 등의 장식에 사용되며, 대표적으로 중국 진시황릉의 병마용에도 사용되었다.

0804 / 1104 / 1401 / 1402

## 90 Repetitive Learning 1회 2회 3회

건조 전 중량이 5kg인 목재를 건조시켜 전건중량이 4kg이 되었다면 이 목재의 함수율은 몇 %인가?

① 20%
② 25%
③ 30%
④ 40%

해설

- 주어진 값을 함수율 산정식에 대입하면 $\frac{5-4}{4}\times100=\frac{1}{4}\times100=25[\%]$이다.

목재의 함수율
- 목재가 대기의 온도와 습도에 맞게 평형에 도달한 상태를 의미하는 기건상태의 함수율은 약 15%이다.
- 목재에서 흡착수만이 최대한도로 존재하고 있는 상태인 섬유포화점(Fiber saturation point)의 함수율은 30% 정도이다.
- 목재의 함수율 $=\frac{\text{건조 전의 중량}-\text{건조 후의 중량}}{\text{건조 후의 중량}}\times100$으로 구한다.

1702 / 2001 / 2101

## 91

Repetitive Learning (1회 2회 3회)

KS L 4201에 따른 1종 점토벽돌의 압축강도는 최소 얼마 이상인가?

① 17.85MPa ② 19.53MPa
③ 20.59MPa ④ 24.50MPa

해설

- 1종의 경우 압축강도는 24.50[MPa] 이상이고, 흡수율은 10[%] 이하이다.

**점토벽돌**

- 품질기준은 KS L 4201에서 규정한다.
- 점토벽돌의 종류는 품질에 따라 크게 미장벽돌과 유약벽돌로 구분할 수 있다.
- 보통벽돌의 소성온도는 900～1,000℃ 이상이다.
- 점토벽돌이 적색 또는 적갈색을 띠는 것은 점토 중에 포함된 산화철(FeO)분에 기인한다.
- 벽돌의 품질

| 품질 | 종류 | |
|---|---|---|
| | 1종 | 2종 |
| 흡수율[%] | 10 이하 | 15 이하 |
| 압축강도[MPa] | 24.50 | 14.70 |

- 벽돌의 치수 및 허용차[단위 : mm]

| 항목 | 구분 | | |
|---|---|---|---|
| | 길이 | 너비 | 두께 |
| 치수 | 190<br>205 | 90<br>90 | 57<br>75 |
| 허용차 | ±5.0 | ±3.0 | ±2.5 |

## 92

Repetitive Learning (1회 2회 3회)

안료가 들어가지 않는 도료로서 목재면의 투명도장에 쓰이며, 내후성이 좋지 않아 외부에 사용하기에는 적당하지 않고 내부용으로 주로 사용하는 것은?

① 수성페인트 ② 클리어래커
③ 래커에나멜 ④ 유성에나멜

해설

- 수성페인트는 수용성으로 냄새가 거의 없고 작업시 묻어도 쉽게 물로 세척이 되는 페인트로 실내용으로 많이 사용된다.
- 래커에나멜은 뉴트로셀룰로오스 등의 천연수지를 이용한 자연 건조형으로 건조속도가 빨라 단시간에 도막이 형성되는 도료이다.
- 유성에나멜은 신너를 희석제로 사용하는 유성페인트로 냄새가 많이 나나 녹발생을 막아주고 도장효과가 우수해 실외용으로 많이 사용된다.

**다양한 도료**

|  |  |
|---|---|
| 염화비닐수지 도료 | 폴리염화비닐을 주성분으로 하는 도료로 자연에서 용제가 증발하여 표면에 피막이 형성되어 굳는 도료 |
| 합성수지 스프레이 코팅제 | 합성수지를 용제에 녹여서 착색제를 혼입하여 만든 재료로 건조가 빠르고 내화학성, 내후성, 내식성 및 치장효과 |
| 합성수지 에멀션페인트 | 용제로 물을 사용하며 다양한 색채가 가능한 외부(마감)용 수성페인트로 콘크리트 면의 도장에 주로 사용 |
| 래커에나멜 | 뉴트로셀룰로오스 등의 천연수지를 이용한 자연 건조형으로 건조속도가 빨라 단시간에 도막이 형성 |
| 클리어래커 | 은폐력이 없는 투명 래커로 목재바탕의 무늬를 살리기에 적합 |
| 징크로메이트(Zincromate) 도료 | 크롬산아연을 안료로 하고, 알키드수지를 전색제로 한 것으로서 알루미늄 녹막이 초벌칠에 적당한 방청도료 |
| 프탈산수지 에나멜 | 석유를 원료로 한 무수프탈산과 글리세린을 반응시킨 것으로 내알칼리성이 매우 약한 특성 |
| 셀락니스 | 무색 투명하고 내후성이 약한 천연 니스(곤충 분비물)로 목공마감재로는 목부의 옹이땜질, 송진막이, 스밈막이 등에 사용 |

## 93

Repetitive Learning (1회 2회 3회)

아스팔트 침입도 시험에 있어서 아스팔트의 온도는 몇 ℃를 기준으로 하는가?

① 15℃
② 25℃
③ 35℃
④ 45℃

해설

- 침입도는 25℃에서 중량 100g의 표준 침을 5초 동안 눌렀을 때 0.1[mm] 관입할 때 1이 된다.

**침입도의 계산**

- 25℃에서 중량 100g의 표준 침을 5초 동안 눌렀을 때 0.1[mm] 관입할 때 침입도는 1로 계산한다.
- 같은 조건에서 $\frac{\text{관입된 깊이[mm]}}{0.1}$로 구한다.



91 ④ 92 ② 93 ② 정답

0502 / 1001

## 94 Repetitive Learning (1회 2회 3회)

미장재료에 관한 설명 중 옳은 것은?

① 보강재는 결합재의 고체화에 직접 관계하는 것으로 여물, 풀, 수염 등이 이에 속한다.
② 수경성 미장재료에는 돌로마이트 플라스터, 소석회가 있다.
③ 소석회는 돌로마이트 플라스터에 비해 점성이 높고, 작업성이 좋다.
④ 회반죽에 석고를 약간 혼합하면 수축균열을 방지할 수 있는 효과가 있다.

**해설**

- 보강재료는 결합재의 고체화에 관계하지 않는 것으로 여물, 풀, 수염 등이 있다.
- 돌로마이트 플라스터, 소석회는 공기 중의 이산화탄소와 반응하여 경화되는 기경성 재료이다.
- 돌로마이트 플라스터는 소석회에 비해 점성이 높고, 작업성이 좋다.

:: 회반죽
㉠ 개요
- 공기 중의 이산화탄소($CO_2$)와 반응하여 경화되는 대표적인 기경성 재료이다.
- 소석회에 모래, 해초풀, 여물 등을 혼합하여 바르는 미장재료이다.
- 목조 바탕, 콘크리트블록 및 벽돌 바탕 등에 사용된다.
- 회반죽 바름에 사용하는 해초풀은 채취 후 1~2년 경과된 것이 좋다.
- 회반죽에 석고를 약간 혼합하면 수축균열을 방지할 수 있는 효과가 있다.

㉡ 특징
- 경화건조에 의한 수축률은 미장바름 중 큰 편이다.
- 발생하는 균열은 여물이 분산·경감시킨다.
- 기경성 재료인 만큼 건조에 걸리는 시간이 대단히 길다.

1402

## 95 Repetitive Learning (1회 2회 3회)

실적률이 큰 골재로 이루어진 콘크리트의 특성이 아닌 것은?

① 시멘트 페이스트의 양이 커져 콘크리트 제조 시 경제성이 낮다.
② 내구성이 증대된다.
③ 투수성, 흡습성의 감소를 기대할 수 있다.
④ 건조수축 및 수화열이 감소된다.

**해설**

- 실적률이 큰 골재를 사용하면 시멘트 페이스트 양이 적게 들어가므로 경제성이 높다.

:: 골재의 실적률
㉠ 개요
- 용기에 채운 절대건조상태의 골재의 비중 대비 단위용적중량의 백분율을 말한다.
- 실적률은 $\frac{\text{단위용적중량}}{\text{절대건조상태의 골재의 비중}} \times 100[\%]$로 구한다.
- 골재입형의 양부를 평가하는 지표이다.
- 부순 자갈의 실적률은 그 입형 때문에 강자갈의 실적률보다 작다.

㉡ 특징
- 실적률이 큰 골재를 사용하면 시멘트페이스트 양이 적게 든다.
- 콘크리트의 내구성과 강도가 증가한다.
- 콘크리트의 밀도가 커지면 투수성, 흡습성의 감소를 기대할 수 있다.
- 건조수축 및 수화열이 감소된다.

1301

## 96 Repetitive Learning (1회 2회 3회)

석재의 화학적 성질에 대한 설명 중 옳지 않은 것은?

① 규산분을 많이 함유한 석재는 내산성이 약하므로 산을 접하는 바닥은 피한다.
② 대리석, 사문암 등은 내장재로 사용하는 것이 바람직하다.
③ 조암광물 중 장석, 방해석 등은 산류의 침식을 쉽게 받는다.
④ 산류를 취급하는 곳의 바닥재는 황철광, 갈철광 등을 포함하지 않아야 한다.

**해설**

- 규산분을 많이 포함한 석재는 내구성이 크고, 석회분을 포함한 석재는 내산성이 작다.

:: 석재의 화학적 성질
- 석재는 공기 중의 탄산가스나 약산의 빗물에 의해 침식한다.
- 석재의 융해는 공기오염에 의한 빗물의 영향이 크다.
- 규산분을 많이 포함한 석재는 내구성이 크고, 석회분을 포함한 석재는 내산성이 작다.
- 대리석, 사문암 등은 내장재로 사용하는 것이 바람직하다.
- 조암광물 중 장석, 방해석 등은 산류의 침식을 쉽게 받는다.
- 산류를 취급하는 곳의 바닥재는 황철광, 갈철광 등을 포함하지 않아야 한다.

정답 | 94 ④ 95 ① 96 ①

1201

## 97 — Repetitive Learning 1회 2회 3회

수화열의 감소와 황산염 저항성을 높이려면 시멘트에 다음 중 어느 화합물을 감소시켜야 하는가?

① 규산 3칼슘 ② 알루미산 철4칼슘
③ 규산 2칼슘 ④ 알루미산 3칼슘

해설

- 수화열 감소를 위해 만들어진 시멘트인 중용열포틀랜드시멘트의 성분에서 감소된 것은 $C_3S$나 $C_3A$이고, 내황산염포틀랜드시멘트은 $C_3A$의 함유량을 4% 이하로 낮춘 것이므로 중복되는 $C_3A$의 함량을 감소시켜야 수화열 감소와 황산염 저항성을 높일 수 있다.

시멘트 클링커 화합물

| 화합물 | 조기 강도 | 장기 강도 | 수화열 | 수축률 |
|---|---|---|---|---|
| 규산3칼슘($C_3S$) | 크다 | 보통 | 보통 | 보통 |
| 알루민산3칼슘($C_3A$) | 크다 | 작다 | 크다 | 크다 |
| 규산2칼슘($C_2S$) | 작다 | 크다 | 작다 | 작다 |
| 알루민산철4칼슘($C_4AF$) | 작다 | 작다 | 작다 | 작다 |

1901

## 98 — Repetitive Learning 1회 2회 3회

유리가 불화수소에 부식하는 성질을 이용하여 5mm 이상 판유리면에 그림, 문자 등을 새긴 유리는?

① 스테인드유리 ② 망입유리
③ 에칭유리 ④ 내열유리

해설

- 스테인드유리는 색유리를 이어 붙이거나 유리에 색을 입혀 무늬나 그림을 표현한 장식용 유리를 말한다.
- 망입유리는 두꺼운 판유리에 철망을 넣은 유리로 깨져도 파편이 흩어지지 않고 균열만 생기며, 충격물이 반대편으로 관통되지 않는 특징을 가진다.
- 내열유리는 열팽창률이 작고 온도의 급변에도 견딜 수 있도록 만들어진 유리로 연화온도가 보통 유리에 비해 훨씬 높은 유리를 말한다.

에칭유리(Etching glass)

- 유리가 불화수소에 부식되는 성질을 이용하여 5mm 이상 판유리면에 화학적인 처리과정을 거쳐 그림, 문자 등을 새겨넣은 유리를 말한다.
- 빛을 분산시켜 시선을 차단하고, 반투명의 채광효과를 가진다.
- 가정의 욕실, 베란다, 현관, 거실 등에서 실내장식용으로 사용된다.

1804

## 99 — Repetitive Learning 1회 2회 3회

아스팔트 방수시공을 할 때 바탕재와의 밀착용으로 사용하는 것은?

① 아스팔트 컴파운드
② 아스팔트 모르타르
③ 아스팔트 프라이머
④ 아스팔트 루핑

해설

- 블론아스팔트를 용제에 녹인 것으로 액상을 하고 있으며 아스팔트방수의 바탕처리재(밀착용)로 사용하는 것은 아스팔트프라이머이다.

아스팔트 제품

| | |
|---|---|
| 아스팔트코팅 (Asphalt coating) | 블론아스팔트(Blown asphalt)를 휘발성 용제에 녹이고 광물 분말 등을 가하여 만든 것으로 방수, 접합부 충전 등에 사용된다. |
| 아스팔트프라이머 (Asphalt primer) | 블론아스팔트를 용제에 녹인 것으로 액상을 하고 있으며 아스팔트방수의 바탕처리재(밀착용)로 이용된다. |
| 아스팔트컴파운드 (Asphalt compound) | 블론아스팔트의 내열성, 내한성 등을 개량하기 위해 동물섬유나 식물섬유를 혼합하여 유동성을 증대시킨 것이다. |
| 아스팔트펠트 (Asphalt felt) | 목면, 마사, 양모, 폐지 등을 혼합하여 만든 원지에 스트레이트아스팔트를 침투시킨 두루마리 제품으로 흡수성이 크기 때문에 아스팔트방수의 중간층 재료로 이용된다. |
| 아스팔트루핑 (Asphalt roofing) | 아스팔트펠트의 양면에 블론아스팔트를 가열・용융시켜 피복한 것이다. |
| 아스팔트그라우트 (Asphalt grout) | 스트레이트아스팔트와 돌가루, 모래를 가열 혼합한 물질로 석재의 고착 및 충전에 사용된다. |

## 100 — Repetitive Learning 1회 2회 3회

인조석 갈기 및 테라조 현장갈기 등에 사용되는 구획용 철물의 명칭은?

① 인서트(insert)
② 앵커볼트(anchor bolt)
③ 펀칭메탈(punching metal)
④ 줄눈대(metallic joiner)



97 ④ 98 ③ 99 ③ 100 ④ 정답

해설

- 인서트(Insert)는 콘크리트 표면에 갖가지 물체를 세우기 위하여 미장할 때 미리 넣는 철물이다.
- 앵커볼트(anchor bolt)는 콘크리트 시공 후 너트를 이용해서 각종 부착물을 결합시킬 때 사용하는 앵커이다.
- 펀칭메탈(punching metal)은 실내 환기 구멍 등을 마감하기 위해 사용하는 금속재료이다.

∷ 줄눈대(Metallic joiner)

- 인조석 갈기 및 테라조 현장갈기 등에 사용되는 구획용 철물이다.
- 인조석이나 치장줄눈을 만들기 위해 사용하는 철물이다.

## 6과목 건설안전기술

1302

### 101 Repetitive Learning (1회 2회 3회)

다음은 시스템 비계 구성에 관한 내용이다. ( ) 안에 들어갈 말로 옳은 것은?

| 비계 밑단의 수직재와 받침철물은 밀착되도록 설치하고, 수직재와 받침철물의 연결부의 겹침길이는 받침철물 전체길이의 (　　)이상이 되도록 할 것 |
|---|

① 4분의 1　② 3분의 1
③ 3분의 2　④ 2분의 1

해설

- 시스템비계의 수직재와 받침철물의 연결부의 겹침 길이는 받침철물 전체길이의 3분의 1 이상이 되도록 한다.

∷ 시스템비계의 구조 실필 1402/1401/1104

- 수직재·수평재·가새재를 견고하게 연결하는 구조가 되도록 할 것
- 비계 밑단의 수직재와 받침철물은 밀착되도록 설치하고, 수직재와 받침철물의 연결부의 겹침 길이는 받침철물 전체길이의 3분의 1 이상이 되도록 할 것
- 수평재는 수직재와 직각으로 설치하여야 하며, 체결 후 흔들림이 없도록 견고하게 설치할 것
- 수직재와 수직재의 연결철물은 이탈되지 않도록 견고한 구조로 할 것
- 벽 연결재의 설치간격은 제조사가 정한 기준에 따라 설치할 것

0901 / 1301

### 102 Repetitive Learning (1회 2회 3회)

굴착공사에 있어서 비탈면 붕괴를 방지하기 위하여 행하는 대책이 아닌 것은?

① 지표수의 침투를 막기 위해 표면배수공을 한다.
② 지하수위를 내리기 위해 수평배수공을 한다.
③ 비탈면 하단을 성토한다.
④ 비탈면 상부에 토사를 적재한다.

해설

- 비탈면 천단부(상부) 주변에는 굴착된 흙이나 재료 등을 적재해서는 안 된다.

∷ 굴착공사 시 비탈면 붕괴 방지대책

- 지표수의 침투를 막기 위해 표면배수공을 한다.
- 지하수위를 내리기 위해 수평배수공을 설치한다.
- 비탈면 하단을 성토한다.
- 비탈면 천단부(상부) 주변에는 굴착된 흙이나 재료 등을 적재해서는 안 된다.

1501

### 103 Repetitive Learning (1회 2회 3회)

장비가 위치한 지면보다 낮은 장소를 굴착하는데 적합한 장비는?

① 트럭크레인　② 파워셔블
③ 백호우　④ 진폴

해설

- 트럭크레인은 운반 작업에 편리하고 평면적인 넓은 장소에 기동력 있게 작업할 수 있는 철골용 기계장비이다.
- 파워셔블은 기계가 위치한 지면보다 높은 곳의 땅을 파는 데 적합한 장비이다.
- 진폴은 철제나 나무를 기둥으로 세운 후 윈치나 사람의 힘을 이용해 화물을 인양하는 설비로, 소규모 또는 가이데릭으로 할 수 없는 펜트하우스 등의 돌출부에 쓰이고 중량재료를 달아 올리기에 편리한 철골 세우기용 기계설비이다.

∷ 백호우(Back hoe)

- 기계가 위치한 지면보다 낮은 장소를 굴착하는 데 적합한 장비이다.
- 지반보다 6m 정도 깊은 경질 지반의 기초파기에 적합한 굴착 기계이다.
- 비교적 굳은 지반 토질의 구멍파기나 도랑파기 작업 및 수중 굴착에 사용하는 장비이다.
- 경사로나 연약지반에서는 타이어식보다 무한궤도식이 안전하다.

정답 | 101 ② 102 ④ 103 ③

## 104 Repetitive Learning 1회 2회 3회

흙막이 가시설 공사 중 발생할 수 있는 보일링(Boiling) 현상에 관한 설명으로 옳지 않은 것은?

① 이 현상이 발생하면 흙막이 벽의 지지력이 상실된다.
② 지하수위가 높은 지반을 굴착할 때 주로 발한다.
③ 흙막이 벽의 근입장 깊이가 부족할 경우 발생한다.
④ 연약한 점토지반에서 굴착면의 융기로 발생한다.

해설

- 보일링(Boiling)은 사질지반에서 나타나는 지반 융기현상이다.

보일링(Boiling) 실필 1901/1804/1701/1601/1504/1502/1002/0904/0901

㉠ 개요
- 사질지반에서 흙막이 벽 배면부의 지하수가 굴착 바닥면으로 모래와 함께 솟아오르는 지반 융기현상이다.
- 지하수위가 높은 연약 사질토 지반을 굴착할 때 주로 발생한다.
- 굴착부와 배면의 지하수위의 차이로 인해 주로 발생한다.
- 흙막이 벽의 근입장 깊이가 부족할 경우 발생한다.
- 굴착저면에서 액상화 현상에 기인하여 발생한다.
- 시트파일(Sheet pile) 등의 저면에 분사현상이 발생한다.
- 보일링으로 인해 흙막이 벽의 지지력이 상실된다.

㉡ 대책
- 굴착배면의 지하수위를 낮춘다.
- 토류 벽의 근입 깊이를 깊게 한다.
- 토류 벽 선단에 코어 및 필터층을 설치한다.
- 투수거리를 길게 하기 위한 지수벽을 설치한다.

## 105 Repetitive Learning 1회 2회 3회

터널 지보공을 조립하는 경우에는 미리 그 구조를 검토한 후 조립도를 작성하고, 그 조립도에 따라 조립하도록 하여야 하는데 이 조립도에 명시해야 할 사항과 가장 거리가 먼 것은?

① 이음방법 ② 단면규격
③ 재료의 재질 ④ 재료의 구입처

해설

- 터널 지보공의 경우 조립도에 이음방법 및 설치간격, 단면의 규격, 재료의 재질 등을 명시하여야 한다.

조립도 명시사항
- 터널 지보공의 경우 이음방법 및 설치간격, 단면의 규격, 재료의 재질 등을 명시하여야 한다.
- 거푸집 동바리의 경우 동바리·멍에 등 부재의 재질, 단면규격, 설치간격 및 이음방법 등을 명시하여야 한다.

## 106 Repetitive Learning 1회 2회 3회

콘크리트 타설 시 안전수칙으로 옳지 않은 것은?

① 타설 순서는 계획에 의하여 실시하여야 한다.
② 진동기는 최대한 많이 사용하여야 한다.
③ 콘크리트를 치는 도중에는 거푸집, 지보공 등의 이상 유무를 확인하여야 한다.
④ 손수레로 콘크리트를 운반할 때에는 손수레를 타설하는 위치까지 천천히 운반하여 거푸집에 충격을 주지 아니하도록 타설하여야 한다.

해설

- 진동기 사용 시 지나친 진동은 거푸집 무너짐의 원인이 될 수 있으므로 적절히 사용해야 한다.

콘크리트 타설작업 시 주의사항 실작 1901/1804/1801
- 당일의 작업을 시작하기 전에 해당 작업에 관한 거푸집 동바리 등의 변형·변위 및 지반의 침하 유무 등을 점검하고 이상이 있으면 보수할 것
- 작업 중에는 거푸집 동바리 등의 변형·변위 및 침하 유무 등을 감시할 수 있는 감시자를 배치하여 이상이 있으면 작업을 중지하고 근로자를 대피시킬 것
- 콘크리트 타설작업 시 거푸집 붕괴의 위험이 발생할 우려가 있으면 충분한 보강조치를 할 것
- 설계도서상의 콘크리트 양생기간을 준수하여 거푸집 동바리 등을 해체할 것
- 콘크리트를 타설하는 경우에는 편심이 발생하지 않도록 골고루 분산하여 타설할 것

## 107 Repetitive Learning 1회 2회 3회

산업안전보건법령에 따른 양중기의 종류에 해당하지 않는 것은?

① 고소작업차
② 이동식 크레인
③ 승강기
④ 리프트(Lift)

해설

- 고소작업차는 차량계 하역운반기계 등에 속한다.

양중기의 종류 실필 1902/1201
- 크레인(Crane)(호이스트(Hoist) 포함)
- 이동식크레인
- 리프트(이삿짐운반용의 경우 적재하중 0.1톤 이상)
- 곤돌라
- 승강기



104 ④ 105 ④ 106 ② 107 ① 정답

## 108 Repetitive Learning (1회 2회 3회)

가설통로 설치에 있어 경사가 최소 얼마를 초과하는 경우에는 미끄러지지 아니하는 구조로 하여야 하는가?

① 15도 ② 20도
③ 30도 ④ 40도

해설

- 가설통로 설치 시 경사가 15°를 초과하는 경우에는 미끄러지지 아니하는 구조로 하여야 한다.

:: 가설통로 설치 시 준수기준 실필 1801/1704/1502/1404/1201 실작 1804/1801/1704

- 높이 8m 이상인 비계다리에서는 7m 이내마다 계단참을 설치할 것
- 수직갱에 가설된 통로의 길이가 15m 이상인 경우에는 10m 이내마다 계단참을 설치할 것
- 경사가 15°를 초과하는 경우에는 미끄러지지 아니하는 구조로 할 것
- 추락할 위험이 있는 장소에는 안전난간을 설치할 것
- 경사로의 폭은 최소 90cm 이상이어야 할 것
- 발판 폭 40cm 이상, 틈 3cm 이하로 할 것
- 경사는 30° 이하로 할 것

0802 / 1301 / 1401 / 1704 / 1802 / 1901

## 109 Repetitive Learning (1회 2회 3회)

부두·인넉 등 하역작업을 하는 장소에서 부두 또는 안벽의 선을 따라 통로를 설치하는 경우에는 그 폭을 최소 얼마 이상으로 하여야 하는가?

① 85cm ② 90cm
③ 100cm ④ 120cm

해설

- 부두 또는 안벽의 선을 따라 통로를 설치하는 경우에는 폭을 90cm 이상으로 하여야 한다.

:: 하역작업장의 조치기준

- 작업장 및 통로의 위험한 부분에는 안전하게 작업할 수 있는 조명을 유지할 것
- 부두 또는 안벽의 선을 따라 통로를 설치하는 경우에는 폭을 90cm 이상으로 할 것
- 육상에서의 통로 및 작업 장소로서 다리 또는 선거(船渠)의 갑문(閘門)을 넘는 보도(步道) 등의 위험한 부분에는 안전난간 또는 울타리 등을 설치할 것

0604 / 1704

## 110 Repetitive Learning (1회 2회 3회)

토공 작업 시 굴착과 싣기를 동시에 할 수 있는 토공장비가 아닌 것은?

① 트랙터셔블(Tractor shovel)
② 파워셔블(Power shovel)
③ 백호우(Back hoe)
④ 모터 그레이더(Motor grader)

해설

- 백호우와 셔블계 건설기계(파워셔블, 트랙터 셔블 등)는 굴착과 함께 싣기가 가능한 토공기계이다.

:: 모터그레이더(Motor grader) 실작 1801/1602/1501

- 자체 동력으로 움직이는 그레이더로 2개의 바퀴 축 사이에 회전날이 달려있어 땅을 평평하게 할 때 사용되는 기계이다.
- 스캐리파이어(Scarifier), 배토판 등으로 구성되어 있다.
- 정지작업, 자갈길의 유지 보수, 도로 건설 시 측구 굴착, 초기 제설 등에 적합한 기계이다.

1004

## 111 Repetitive Learning (1회 2회 3회)

강관을 사용한 비계 구성 시 준수사항으로 옳지 않은 것은?

① 비계기둥의 간격은 띠장 방향에서는 1.85m이하, 장선(長線)방향에서는 1.5m 이하로 할 것
② 첫 번째 띠장은 지상으로부터 2m 이하의 위치에 설치할 것
③ 비계기둥의 제일 윗부분으로부터 31m되는 지점 밑부분의 비계기둥은 3개의 강관으로 묶어 세울 것
④ 비계기둥간의 적재하중은 400kg을 초과하지 아니하도록 할 것

해설

- 비계기둥의 제일 윗부분으로부터 31미터 되는 지점 밑부분의 비계기둥은 2개의 강관으로 묶어세운다.

:: 강관비계의 구조 실필 1302 실작 1902/1901/1802/1801/1701/1504/1401

- 비계기둥의 간격은 띠장 방향에서는 1.85m 이하, 장선(長線) 방향에서는 1.5m 이하로 할 것
- 띠장 간격은 2m 이하로 설치할 것
- 비계기둥의 제일 윗부분으로부터 31m 되는 지점 밑부분의 비계기둥은 2개의 강관으로 묶어세울 것
- 비계기둥 간의 적재하중은 400kg을 초과하지 않도록 할 것

정답 | 108 ① 109 ② 110 ④ 111 ③

## 112 Repetitive Learning 1회 2회 3회

건설공사도급인은 건설공사 중에 가설구조물의 붕괴 등 산업재해가 발생할 위험이 있다고 판단되면 건축·토목 분야의 전문가의 의견을 들어 건설공사 발주자에게 해당 건설공사의 설계변경을 요청할 수 있는데, 이러한 가설구조물의 기준으로 옳지 않은 것은?

① 높이 20m 이상인 비계
② 작업발판 일체형 거푸집 또는 높이 6m 이상인 거푸집 동바리
③ 터널의 지보공 또는 높이 2m 이상인 흙막이 지보공
④ 동력을 이용하여 움직이는 가설구조물

해설

- 높이 20미터 이상인 비계가 아니라 31미터 이상인 비계에 대해서 설계변경을 요청할 수 있다.

**가설구조물 설계변경 요청 대상 및 전문가의 범위**

㉠ 설계변경 요청 대상
- 높이 31미터 이상인 비계
- 작업발판 일체형 거푸집 또는 높이 6미터 이상인 거푸집 동바리
- 터널의 지보공 또는 높이 2미터 이상인 흙막이 지보공
- 동력을 이용하여 움직이는 가설구조물

㉡ 전문가의 범위
- 건축구조기술사
- 토목구조기술사
- 토질및기초기술사
- 건설기계기술사

## 113 Repetitive Learning 1회 2회 3회

강관틀비계를 조립하여 사용하는 경우 준수하여야 할 사항으로 옳지 않은 것은?

① 비계기둥의 밑둥에는 밑받침 철물을 사용할 것
② 높이가 20m를 초과하거나 중량물의 적재를 수반하는 작업을 할 경우에는 주틀 간의 간격을 1.8m 이하로 할 것
③ 주틀 간에 교차가새를 설치하고 최하층 및 3층 이내마다 수평재를 설치할 것
④ 길이가 띠장 방향으로 4m 이하이고 높이가 10m를 초과하는 경우에는 10m 이내마다 띠장 방향으로 버팀기둥을 설치할 것

해설

- 강관틀비계 조립 시 주틀 간에 교차가새를 설치하고 최상층 및 5층 이내마다 수평재를 설치하여야 한다.

**강관틀비계 조립 시 준수사항**

- 비계기둥의 밑둥에는 밑받침 철물을 사용하여야 하며 밑받침에 고저차(高低差)가 있는 경우에는 조절형 밑받침 철물을 사용하여 각각의 강관틀비계가 항상 수평 및 수직을 유지하도록 할 것
- 높이가 20m를 초과하거나 중량물의 적재를 수반하는 작업을 할 경우에는 주틀 간의 간격을 1.8m 이하로 할 것
- 주틀 간에 교차가새를 설치하고 최상층 및 5층 이내마다 수평재를 설치할 것
- 수직방향으로 6m, 수평방향으로 8m 이내마다 벽이음을 할 것
- 길이가 띠장 방향으로 4m 이하이고 높이가 10m를 초과하는 경우에는 10m 이내마다 띠장 방향으로 버팀기둥을 설치할 것

## 114 Repetitive Learning 1회 2회 3회

지반의 굴착 작업에 있어서 비가 올 경우를 대비한 직접적인 대책으로 옳은 것은?

① 측구 설치
② 낙하물 방지망 설치
③ 추락 방호망 설치
④ 매설물 등의 유무 또는 상태 확인

해설

- 사업주는 비가 올 경우를 대비하여 측구(側溝)를 설치하거나 굴착경사면에 비닐을 덮는 등 빗물 등의 침투에 의한 붕괴재해를 예방하기 위하여 필요한 조치를 하여야 한다.

**측구의 설치**

- 노면 및 깍기 비탈면의 배수 및 도로보호를 목적으로 지반의 굴착 작업 시 비가 올 경우를 대비해서 설치한다.
- 산업안전보건기준의 규칙에서 사업주는 비가 올 경우를 대비하여 측구(側溝)를 설치하거나 굴착경사면에 비닐을 덮는 등 빗물 등의 침투에 의한 붕괴재해를 예방하기 위하여 필요한 조치를 하여야 한다고 규정하였다.

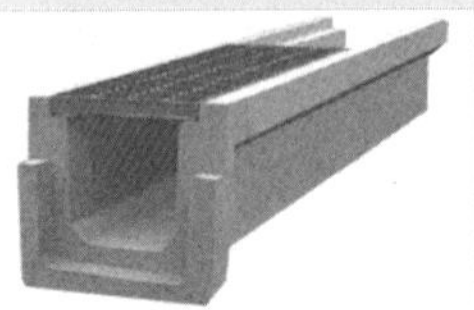



112 ① 113 ③ 114 ① 정답

0904

## 115 — Repetitive Learning (1회 2회 3회)

다음 중 거푸집 동바리 구조의 안전조치 사항으로 옳지 않은 것은?

① 동바리의 상하고정 및 미끄러짐 방지조치를 하고 하중의 지지상태를 유지한다.
② 강재와의 접속부 및 교차부는 볼트, 클램프 등 전용철물을 사용하여 단단히 연결한다.
③ 동바리로 사용하는 파이프 서포트는 높이가 3.5m를 초과하는 경우 2m 이내마다 수평연결재를 2개 방향으로 설치하여야 한다.
④ 동바리로 사용하는 파이프 서포트는 4개 이상 이어서 사용하지 아니한다.

**해설**

- 동바리로 사용하는 파이프 서포트를 3개 이상 이어서 사용하지 않도록 하여야 한다.

:: 거푸집 동바리 등의 안전조치 **실필** 1304 **실작** 1804/1802/1801/1702/1701/1604/1602/1504/1502/1501/1402

㉠ 공통사항
- 받침목의 사용, 콘크리트 타설, 말뚝박기 등 동바리의 침하를 방지하기 위한 조치를 할 것
- 동바리의 상하 고정 및 미끄러짐 방지 조치를 할 것
- 상부·하부의 동바리가 동일 수직선상에 위치하도록 하여 깔판·받침목에 고정시킬 것
- 개구부 상부에 동바리를 설치하는 경우에는 상부하중을 견딜 수 있는 견고한 받침대를 설치할 것
- U헤드 등의 단판이 없는 동바리의 상단에 멍에 등을 올릴 경우에는 해당 상단에 U헤드 등의 단판을 설치하고, 멍에 등이 전도되거나 이탈되지 않도록 고정시킬 것
- 동바리의 이음은 같은 품질의 재료를 사용할 것
- 강재의 접속부 및 교차부는 볼트·클램프 등 전용철물을 사용하여 단단히 연결할 것
- 거푸집의 형상에 따른 부득이한 경우를 제외하고는 깔판이나 받침목은 2단 이상 끼우지 않도록 할 것
- 깔판이나 받침목을 이어서 사용하는 경우에는 그 깔판·받침목을 단단히 연결할 것

㉡ 동바리로 사용하는 파이프 서포트
- 파이프 서포트를 3개 이상 이어서 사용하지 않도록 할 것
- 파이프 서포트를 이어서 사용하는 경우에는 4개 이상의 볼트 또는 전용철물을 사용하여 이을 것
- 높이가 3.5m를 초과하는 경우 2m 이내마다 수평연결재를 2개 방향으로 설치할 것

㉢ 동바리로 사용하는 강관틀의 경우
- 강관틀과 강관틀 사이에 교차가새를 설치할 것
- 최상단 및 5단 이내마다 동바리의 측면과 틀면의 방향 및 교차가새의 방향에서 5개 이내마다 수평연결재를 설치하고 수평연결재의 변위를 방지할 것
- 최상단 및 5단 이내마다 동바리의 틀면의 방향에서 양단 및 5개틀 이내마다 교차가새의 방향으로 띠장틀을 설치할 것

0402 / 0601 / 0604 / 1502

## 116 — Repetitive Learning (1회 2회 3회)

강관틀비계의 벽이음에 대한 조립간격 기준으로 옳은 것은? (단, 높이가 5m 미만인 경우 제외)

① 수직방향 5m, 수평방향 5m 이내
② 수직방향 6m, 수평방향 6m 이내
③ 수직방향 6m, 수평방향 8m 이내
④ 수직방향 8m, 수평방향 6m 이내

**해설**

- 강관틀비계의 조립 시 벽이음 간격은 수직방향으로 6m, 수평방향으로 8m 이내로 한다.

:: 강관틀비계 조립 시 준수사항
문제 113번 유형별 핵심이론 :: 참조

## 117 — Repetitive Learning (1회 2회 3회)

건설현장에서 작업으로 인하여 물체가 떨어지거나 날아올 위험이 있는 경우에 대한 안전조치에 해당하지 않는 것은?

① 수직보호망 설치
② 방호선반 설치
③ 울타리설치
④ 낙하물 방지망 설치

**해설**

- 작업으로 인하여 물체가 떨어지거나 날아올 위험이 있는 경우 낙하물방지망, 수직보호망 또는 방호선반의 설치, 출입금지구역의 설정, 보호구의 착용 등 위험을 방지하기 위하여 필요한 조치를 하여야 한다.

:: 낙하물에 의한 위험방지대책
**실필** 1901/1602/1601 **실작** 1902/1804/1802/1801/1602/1601/1404
- 작업으로 인하여 물체가 떨어지거나 날아올 위험이 있는 경우 낙하물방지망, 수직보호망 또는 방호선반의 설치, 출입금지구역의 설정, 보호구의 착용 등 위험을 방지하기 위하여 필요한 조치를 하여야 한다.
- 낙하물방지망 또는 방호선반을 설치하는 경우 높이 10m 이내마다 설치하고, 내민 길이는 벽면으로부터 2m 이상으로 해야 하며, 수평면과의 각도는 20도 이상 30도 이하를 유지한다.

정답 | 115 ④ 116 ③ 117 ③

## 118

Repetitive Learning 1회 2회 3회

다음은 산업안전보건법령에 따른 산업안전보건관리비의 사용에 관한 규정이다. ( )안에 들어갈 내용을 순서대로 옳게 작성한 것은?

> 건설공사 도급인은 고용노동부장관이 정하는 바에 따라 해당 건설공사를 위하여 계상된 산업안전보건관리비를 그가 사용하는 근로자와 그의 관계수급인이 사용하는 근로자의 산업재해 및 건강장해 예방에 사용하고 그 사용명세서를 (　　) 작성하고 건설공사 종료 후 (　　)간 보존하여야 한다.

① 매월, 6개월

② 매월, 1년

③ 2개월 마다, 6개월

④ 2개월 마다, 1년

해설

- 건설공사도급인은 산업안전보건관리비를 사용하는 해당 건설공사의 금액이 4천만원 이상인 때에는 고용노동부장관이 정하는 바에 따라 매월(건설공사가 1개월 이내에 종료되는 사업의 경우에는 해당 건설공사가 끝나는 날이 속하는 달을 말한다) 사용명세서를 작성하고, 건설공사 종료 후 1년 동안 보존해야 한다.

**산업안전보건관리비의 사용**

- 건설공사도급인은 도급금액 또는 사업비에 계상(計上)된 산업안전보건관리비의 범위에서 그의 관계수급인에게 해당 사업의 위험도를 고려하여 적정하게 산업안전보건관리비를 지급하여 사용하게 할 수 있다.
- 건설공사도급인은 산업안전보건관리비를 사용하는 해당 건설공사의 금액이 4천만원 이상인 때에는 고용노동부장관이 정하는 바에 따라 매월(건설공사가 1개월 이내에 종료되는 사업의 경우에는 해당 건설공사가 끝나는 날이 속하는 달을 말한다) 사용명세서를 작성하고, 건설공사 종료 후 1년 동안 보존해야 한다.

1901

## 119

Repetitive Learning 1회 2회 3회

건설업 중 다리 건설 공사의 경우 유해·위험방지계획서를 제출하여야 하는 기준으로 옳은 것은?

① 최대 지간 길이가 40m 이상인 교량건설 공사

② 최대 지간 길이가 50m 이상인 교량건설 공사

③ 최대 지간 길이가 60m 이상인 교량건설 공사

④ 최대 지간 길이가 70m 이상인 교량건설 공사

해설

- 최대지간길이가 50m 이상인 교량 건설 등 공사는 유해·위험방지계획서 제출해야 한다.

**유해·위험방지계획서 제출대상 공사** 실필 1901/1802/1102

- 지상높이가 31m 이상인 건축물 또는 인공구조물, 연면적 3만$m^2$ 이상인 건축물 또는 연면적 5천$m^2$ 이상의 문화 및 집회시설(전시장 및 동물원·식물원은 제외), 판매시설, 운수시설(고속철도의 역사 및 집배송시설은 제외), 종교시설, 의료시설 중 종합병원, 숙박시설 중 관광숙박시설, 지하도상가 또는 냉동·냉장창고시설의 건설·개조 또는 해체 공사
- 연면적 5천$m^2$ 이상인 냉동·냉장창고시설의 설비공사 및 단열공사
- 최대지간길이가 50m 이상인 교량 건설 등의 공사
- 터널 건설 등의 공사
- 다목적 댐, 발전용 댐 및 저수용량 2천만톤 이상의 용수 전용 댐, 지방상수도 전용 댐 건설 등의 공사
- 깊이 10m 이상인 굴착공사

1402

## 120

Repetitive Learning 1회 2회 3회

작업발판 일체형 거푸집에 해당되지 않는 것은?

① 갱폼(Gang Form)

② 슬립폼(Slip Form)

③ 유로폼(Euro Form)

④ 클라이밍폼(Climbing form)

해설

- 작업발판 일체형 거푸집의 종류에는 갱폼(Gang form), 슬립폼(Slip form), 클라이밍폼(Climbing form), 터널라이닝폼(Tunnel lining form) 등이 있다.

**작업발판 일체형 거푸집** 실필 1102

- 작업발판 일체형 거푸집은 거푸집의 설치·해체, 철근 조립, 콘크리트 타설, 콘크리트 면 처리 작업 등을 위하여 거푸집을 작업발판과 일체로 제작하여 사용하는 거푸집을 말한다.
- 종류에는 갱폼(Gang form), 슬립폼(Slip form), 클라이밍폼(Climbing form), 터널라이닝폼(Tunnel lining form), 그 밖에 거푸집과 작업발판이 일체로 제작된 거푸집 등이 있다.



118 ② 119 ② 120 ③ 정답

MEMO

# 출제문제 분석 2021년 4회

| 구분 | 1과목 | 2과목 | 3과목 | 4과목 | 5과목 | 6과목 | 합계 |
|---|---|---|---|---|---|---|---|
| New유형 | 2 | 2 | 3 | 5 | 6 | 2 | 20 |
| New문제 | 12 | 5 | 11 | 10 | 9 | 8 | 55 |
| 또나온문제 | 2 | 4 | 6 | 4 | 6 | 3 | 25 |
| 자꾸나온문제 | 6 | 11 | 3 | 6 | 5 | 9 | 40 |
| 합계 | 20 | 20 | 20 | 20 | 20 | 20 | 120 |

- New유형은 New문제 중 기존 기출문제와 완전히 다른 유형의 문제를 말합니다.
- New문제는 기존에 출제되지 않은 문제로 이번에 처음 출제되는 문제입니다.
- 또나온문제는 기존에 출제된 적이 1번 있는 문제를 말합니다.
- 자꾸나온문제는 기존에 출제된 적이 2번 이상 있는 문제를 말합니다. 그만큼 중요한 문제입니다.

## 몇 년분의 기출문제를 공부해야 합격할 수 있을까요?

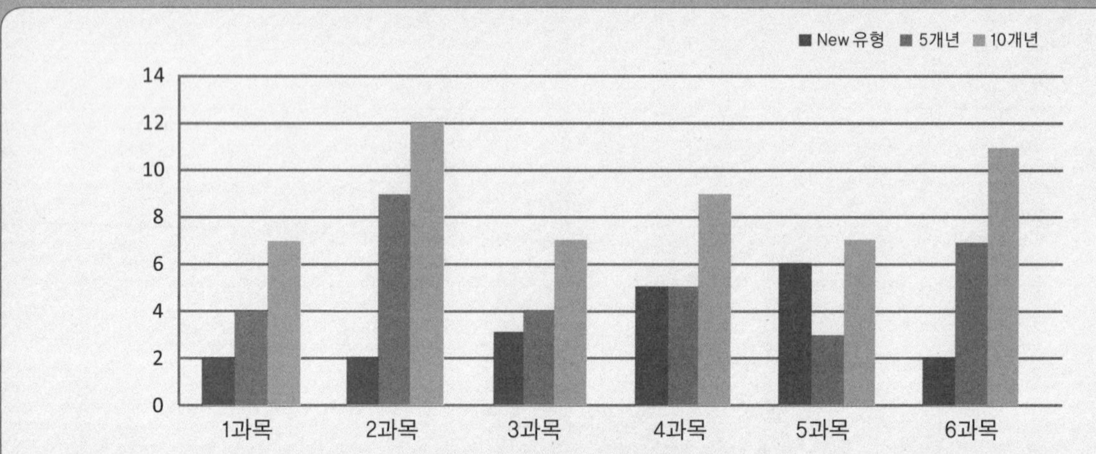


- 완전 새로운 유형의 문제는 20문제이고 100문제가 이미 출제된 문제 혹은 변형문제입니다.
- 5년분(2016~2020) 기출에서 동일문제가 32문항이 출제되었고, 10년분(2011~2020) 기출에서 동일문제가 53문항이 출제되었습니다.

## 실기에 나왔어요!! 외우세요!!!

실기시험은 필답형과 작업형으로 구분되어 있으며 모두 주관식으로 직접 내용을 적어야 합니다. 필기 공부하면서 실기 출제된 내역들은 좀 더 신경써서 암기하실 필요가 있어요. 필기 합격자 발표 난 후 실기시험까지는 5주밖에 여유가 없답니다. 어차피 공부할 것 필기 때 확실하게 해준다면 실기도 단방에 합격할 수 있습니다.

- 총 20개의 해설이 실기 필답형 시험과 연동되어 있습니다.
- 총 12개의 해설이 실기 작업형 시험과 연동되어 있습니다.

## 분석의견

2021년에 시행된 3번의 시험의 합격률은 무난하게 출제되었습니다. 그 중 4회차 시험이 다소 어렵게 나온 것으로 판단됩니다. 새로운 유형의 문제가 20문제에 10년간 기출에서 53문항이 출제된 것은 다소 까다로운 난이도였음을 보여줍니다. 합격률은 43.71%였습니다. 5년분만 준비하신 분에게는 다소 어렵게 보였을 시험이지만 10년분의 기출문제를 학습하신 수험생은 합격에 큰 어려움이 없었을 것으로 판단됩니다. 합격에 필요한 점수를 획득하기 위해서는 최근 10년분 문제 2회독 이상 + 유형별 핵심이론의 정독이 필요할 것으로 판단됩니다.

# 2021년 제4회

2021년 9월 12일 필기

21년 4회차 필기시험
합격률 43.7%

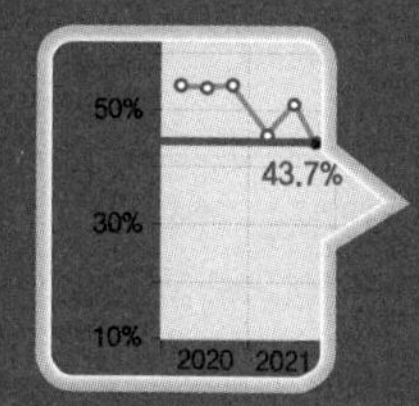
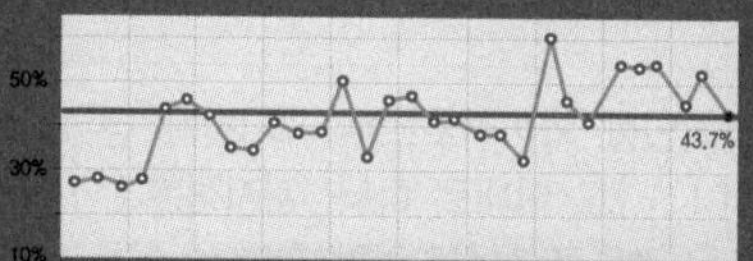

## 1과목 산업안전관리론

### 01 Repetitive Learning (1회 2회 3회)

하인리히의 도미노 이론에서 재해의 직접원인에 해당하는 것은?

① 사회적 환경
② 유전적 요소
③ 개인적인 결함
④ 불안전한 행동 및 불안전한 상태

해설

- ①, ②, ③은 재해의 기초원인에 해당한다.

하인리히의 사고연쇄반응(도미노) 이론

| | |
|---|---|
| 1단계 | 사회적 환경 및 유전적 요소 |
| 2단계 | 개인적인 결함 |
| 3단계 | 불안전한 행동 및 불안전한 상태 |
| 4단계 | 사고 |
| 5딘계 | 재해 |

### 02 Repetitive Learning (1회 2회 3회)

건설기술진흥법령상 안전점검의 시기·방법에 관한 사항으로 ( )에 알맞은 내용은?

> 정기안전점검 결과 건설공사의 물리적·기능적 결함 등이 발견되어 보수·보강 등의 조치를 위하여 필요한 경우에는 ( )을 할 것

① 긴급점검
② 정기점검
③ 특별점검
④ 정밀안전점검

해설

- 정기안전점검 결과 건설공사의 물리적·기능적 결함 등이 발견되어 보수·보강 등의 조치를 위하여 필요한 경우에는 정밀안전점검을 해야 한다.

안전점검의 시기·방법 등

- 건설사업자와 주택건설등록업자는 건설공사의 공사기간 동안 매일 자체안전점검한다.
- 건설공사의 종류 및 규모 등을 고려하여 국토교통부장관이 정하여 고시하는 시기와 횟수에 따라 정기안전점검을 할 것
- 정기안전점검 결과 건설공사의 물리적·기능적 결함 등이 발견되어 보수·보강 등의 조치를 위하여 필요한 경우에는 정밀안전점검을 할 것
- 시설물의 안전 및 유지관리에 관한 특별법에 따른 1종시설물 및 2종시설물의 건설공사호에 대해서는 그 건설공사를 준공하기 직전에 정기안전점검 수준 이상의 안전점검을 할 것
- 건설공사가 시행 도중에 중단되어 1년 이상 방치된 시설물이 있는 경우에는 그 공사를 다시 시작하기 전에 그 시설물에 대하여 정기안전점검 수준의 안전점검을 할 것

### 03 Repetitive Learning (1회 2회 3회)

A 사업장에서 중상이 10명 발생하였다면 버드(Frank Bird)의 재해구성 비율에 따르면 경상해자는 몇 명인가?

① 50명 ② 100명
③ 145명 ④ 300명

해설

- 중상이 10명 발생할 경우 경상은 100명, 무상해사고는 300건, 무상해무사고는 6,000건이 발생한다.

버드(Frank Bird)의 1 : 10 : 30 : 600 법칙 실필 1101

- 중상 : 경상 : 무상해사고 : 무상해무사고가 각각 1 : 10 : 30 : 600인 재해구성 비율을 말한다.
- 총 사고 발생건수 641건을 대상으로 분석했을 때 중상 1, 경상 10, 무상해사고 30, 무상해무사고 600건이 발생했음을 의미한다.

정답 | 01 ④ 02 ④ 03 ②

1502

## 04 Repetitive Learning 1회 2회 3회

산업안전보건법령상 타워크레인을 지지에 관한 사항으로 ( )에 알맞은 내용은?

> 타워크레인을 와이어로프로 지지하는 경우, 설치각도는 수평면에서 ( )도 이내로 하되, 지지점은 ( )개소 이상으로 하고, 같은 각도로 설치하여야 한다.

① 45, 4　　② 45, 5
③ 60, 4　　④ 60, 5

**해설**

- 와이어로프 설치각도는 수평면에서 60도 이내로 하되, 지지점은 4개소 이상으로 하고, 같은 각도로 설치하여야 한다.

**타워크레인의 지지 시 주의사항**

- 사업주는 타워크레인을 자립고(自立高)를 초과하는 높이로 설치하는 경우 건축물 등의 벽체에 지지하도록 할 것
- 와이어로프를 고정하기 위한 전용 지지프레임을 사용할 것
- 와이어로프 설치각도는 수평면에서 60도 이내로 하되, 지지점은 4개소 이상으로 하고, 같은 각도로 설치할 것
- 와이어로프와 그 고정부위는 충분한 강도와 장력을 갖도록 설치하고, 와이어로프를 클립·샤클(Shackle) 등의 고정기구를 사용하여 견고하게 고정시켜 풀리지 아니하도록 하며, 사용 중에는 충분한 강도와 장력을 유지하도록 할 것
- 와이어로프가 가공전선(架空電線)에 근접하지 않도록 할 것

0702 / 0904

## 05 Repetitive Learning 1회 2회 3회

안전관리 조직의 형태 중 직계식 조직의 특징이 아닌 것은?

① 소규모 사업장에 적합하다.
② 안전에 관한 명령지시가 빠르다.
③ 안전에 대한 정보가 불충분하다.
④ 별도의 안전관리 전담요원이 직접 통제한다.

**해설**

- 별도의 안전관리 전담요원이 안전관련 업무를 직접 통제하는 것은 스탭(Staff)형 안전조직이다.

**라인(Line)형 안전조직** 실필 1901

㉠ 개요

- 직계식이라고도 한다.
- 모든 명령과 안전 관련 업무가 생산계통을 따라 이루어진다.
- 규모가 작은(100명 이하) 사업장에 적합하다.
- 안전관리자가 체계적으로 선임되지 않은 사업장에 알맞은 안전조직 형태이다.

㉡ 특징

| 구분 | 내용 |
|---|---|
| 장점 | • 안전지시나 명령이 신속하다.<br>• 명령과 보고가 간단명료하다. |
| 단점 | • 안전지식과 기술축적이 힘들다.<br>• 안전정보의 수집과 대처가 늦다. |

1001 / 1002 / 1004 / 1104 / 1304 / 1402 / 1501 / 1604 / 1704 / 1804 / 2001 / 2201

## 06 Repetitive Learning 1회 2회 3회

재해사례연구의 진행단계로 옳은 것은?

① 사실의 확인 → 재해 상황의 파악 → 문제점의 발견 → 문제점의 결정 → 대책의 수립
② 문제점의 발견 → 재해 상황의 파악 → 사실의 확인 → 문제점의 결정 → 대책의 수립
③ 재해 상황의 파악 → 사실의 확인 → 문제점의 발견 → 문제점의 결정 → 대책의 수립
④ 문제점의 발견 → 문제점의 결정 → 재해 상황의 파악 → 사실의 확인 → 대책의 수립

**해설**

- 재해사례연구의 진행단계는 재해상황의 파악 → 사실의 확인 → 문제점의 발견 → 근본적 문제점의 결정 → 대책수립 순이다.

**재해사례연구의 진행단계**

㉠ 진행순서

- 재해 상황의 파악 → 사실의 확인 → 문제점의 발견 → 근본적 문제점의 결정 → 대책수립 순이다.

㉡ 단계별 특징

| 단계 | 특징 |
|---|---|
| 재해 상황의 파악 | 사례연구의 전제조건으로서 발생일시 및 장소 등 재해 상황의 주된 항목에 관해서 파악한다. |
| 사실의 확인 | 재해가 발생할 때까지의 경과 중 재해와 관계가 있는 사실 및 재해요인을 객관적으로 확인한다. |
| 문제점의 발견 | 파악된 사실로부터 판단하여 관계법규, 사내규정 등을 적용하여 문제점을 발견한다. |
| 근본적 문제점의 결정 | 재해의 중심이 된 문제점에 관하여 어떤 관리적 책임의 결함이 있는지를 여러 가지 안전보건의 키(Key)에 대하여 분석한다. |
| 대책수립 | 동종 및 유사재해의 방지대책을 구체적, 실현가능하게 수립한다. |



04 ③ 05 ④ 06 ③ 정답

1001 / 1204

## 07 Repetitive Learning 1회 2회 3회

다음 중 산업재해발생 시 조치순서에 있어 긴급처리의 내용으로 볼 수 없는 것은?

① 현장 보존
② 잠재 위험요인 적출
③ 관련 기계의 정지
④ 재해자의 응급조치

해설

- 잠재 위험요인의 적출은 재해예방 대책에 해당한다.

재해발생 시 조치사항

- 재해발생 시 모든 사항에 우선하여 재해자에 대한 응급조치를 취해야 한다.
- 긴급조치 → 재해조사 → 원인분석 → 대책수립의 순을 따른다.
- 긴급조치 과정은 재해발생 기계의 정지 → 재해자의 구조 및 응급조치 → 상급 부서의 보고 → 2차 재해의 방지 → 현장 보존 순으로 진행한다.

## 08 Repetitive Learning 1회 2회 3회

버드(Bird)의 도미노 이론에서 재해발생과정 중 직접원인은 몇 단계인가?

① 1단계 ② 2단계
③ 3단계 ④ 4단계

해설

- 버드의 도미노 이론에서 기본원인은 2단계, 직접원인은 3단계이다.

버드(Bird)의 신연쇄성 이론

㉠ 개요

- 신도미노 이론이라고도 한다.
- 재해발생의 근원적 원인은 관리의 부족에 있다고 정의한다.
- 재해발생의 기본원인은 개인적 요인 및 작업상의 요인에 있다고 주장한다.
- 재해의 직접원인을 징후라 하고 불안전한 행동 및 상태에서 비롯된다고 한다.

㉡ 단계

| | |
|---|---|
| 1단계 | 관리의 부족 |
| 2단계 | 개인적 요인, 작업상의 요인 |
| 3단계 | 불안전한 행동 및 상태 |
| 4단계 | 사고 |
| 5단계 | 재해 |

## 09 Repetitive Learning 1회 2회 3회

산업안전보건법령상 노사협의체에 관한 사항으로 틀린 것은?

① 노사협의체 정기회의는 1개월마다 노사협의체의 위원장이 소집한다.
② 공사금액이 20억원 이상인 공사의 관계수급인의 각 대표자는 사용자 위원에 해당된다.
③ 도급 또는 하도급 사업을 포함한 전체 사업의 근로자대표는 근로자 위원에 해당된다.
④ 노사협의체의 근로자 위원과 사용자 위원은 협의하여 노사협의체에 공사금액이 20억원 미만인 공사의 관계수급인 및 관계수급인 근로자대표를 위원으로 위칙할 수 있다.

해설

- 노사협의체의 회의는 정기회의와 임시회의로 구분하되, 정기회의는 2개월마다 노사협의체의 위원장이 소집하며, 임시회의는 위원장이 필요하다고 인정할 때에 소집한다.

안전・보건에 관한 노사협의체 실필 1301

㉠ 설치대상 : 공사금액이 120억원(토목공사업은 150억원) 이상인 건설업을 말한다.

㉡ 구성

| | |
|---|---|
| 근로자 위원 | • 도급 또는 하도급 사업을 포함한 전체 사업의 근로자대표<br>• 근로자대표가 지명하는 명예산업안전감독관 1명. 다만, 명예산업안전감독관이 위촉되어 있지 아니한 경우에는 근로자대표가 지명하는 해당 사업장 근로자 1명<br>• 공사금액이 20억원 이상인 공사의 관계수급인의 각 근로자대표 |
| 사용자 위원 | • 도급 또는 하도급 사업을 포함한 전체 사업의 대표자<br>• 안전관리자 1명<br>• 보건관리자 1명(보건관리사 선임대상 건설업으로 한정)<br>• 공사금액이 20억원 이상인 공사의 관계수급인의 각 대표자 |
| 노사협의체의 근로자위원과 사용자위원은 합의를 통해 노사협의체에 공사금액이 20억원 미만인 공사의 관계수급인 및 관계수급인 근로자대표를 위원으로 위촉할 수 있다. | |

㉢ 운영

- 노사협의체의 회의는 정기회의와 임시회의로 구분하되, 정기회의는 2개월마다 노사협의체의 위원장이 소집하며, 임시회의는 위원장이 필요하다고 인정할 때에 소집한다.

정답 07 ② 08 ③ 09 ①

2201

**10** ── Repetitive Learning (1회 2회 3회)

산업안전보건법령상 상시근로자 20명 이상 50명 미만인 사업장 중 안전보건관리담당자를 선임하여야 할 업종이 아닌 것은?

① 임업
② 제조업
③ 건설업
④ 하수, 폐수 및 분뇨 처리업

해설

- 상시근로자 20명 이상 50명 미만인 사업장에 안전보건관리담당자를 1명 이상 선임해야 하는 업종에는 ①, ②, ④ 외에 폐기물 수집, 운반, 처리 및 원료 재생업, 환경 정화 및 복원업이다.

안전보건관리담당자의 선임

- 상시근로자 20명 이상 50명 미만인 사업장에 안전보건관리담당자를 1명 이상 선임해야 하는 업종
  - 제조업
  - 임업
  - 하수, 폐수 및 분뇨 처리업
  - 폐기물 수집, 운반, 처리 및 원료 재생업
  - 환경 정화 및 복원업

1004 / 2101

**11** ── Repetitive Learning (1회 2회 3회)

보호구 안전인증 고시상 성능이 다음과 같은 방음용 귀마개(기호)로 옳은 것은?

| 저음부터 고음까지 차음하는 것 |
|---|

① EP-1 ② EP-2
③ EP-3 ④ EP-4

해설

- 방음용 귀마개는 1종과 2종으로 구분되며, 2종(EP-2)은 주로 고음을 차음하고 저음은 차음하지 않는다.

방음용 귀마개 또는 귀덮개의 종류·등급 등

| 종류 | 등급 | 기호 | 성능 | 비고 |
|---|---|---|---|---|
| 귀마개 | 1종 | EP-1 | 저음부터 고음까지 차음하는 것 | 귀마개의 경우 재사용 여부를 제조특성으로 표기 |
| | 2종 | EP-2 | 주로 고음을 차음하고 저음(회화음영역)은 차음하지 않는 것 | |
| 귀덮개 | - | EM | | |

0902 / 1501 / 1804

**12** ── Repetitive Learning (1회 2회 3회)

T.B.M 활동의 5단계 추진법의 진행순서로 옳은 것은?

① 도입 → 위험예지훈련 → 작업지시 → 점검정비 → 확인
② 도입 → 정비점검 → 작업지시 → 위험예지훈련 → 확인
③ 도입 → 확인 → 위험예지훈련 → 작업지시 → 점검정비
④ 도입 → 작업지시 → 위험예지훈련 → 점검정비 → 확인

해설

- TBM 5단계는 도입 - 정비점검 - 작업지시 - 위험예지훈련 - 확인단계를 거친다.

TBM(Tool Box Meeting) 위험예지훈련 실필 1804/1404

㉠ 개요
- 현장에서 그때 그 장소의 상황에서 즉응하여 실시하는 위험예지활동으로 즉시즉응법이라고도 한다.
- TBM(Tool Box Meeting)으로 실시하는 위험예지활동이다.
- TBM 5단계는 도입 - 점검정비 - 작업지시 - 위험예지훈련 - 확인단계를 거친다.

㉡ 방법
- 10명 이하의 소수가 적합하며, 시간은 10분 정도 작업을 시작하기 전에 갖는다.
- 사전에 주제를 정하고 자료 등을 준비한다.
- 결론은 가급적 서두르지 않는다.

**13** ── Repetitive Learning (1회 2회 3회)

산업안전보건법령상 중대재해에 해당하지 않는 것은?

① 사망자 1명이 발생한 재해
② 12명의 부상자가 동시에 발생한 재해
③ 2명의 직업성 질병자가 동시에 발생한 재해
④ 5개월의 요양이 필요한 부상자가 동시에 3명 발생한 재해

해설

- 중대재해는 부상자 또는 직업성 질병자가 동시에 10명 이상 발생한 재해를 말한다.

산업안전보건법령상 중대재해

- 사망자가 1명 이상 발생한 재해
- 3개월 이상의 요양이 필요한 부상자가 동시에 2명 이상 발생한 재해
- 부상자 또는 직업성 질병자가 동시에 10명 이상 발생한 재해



10 ③ 11 ① 12 ② 13 ③ | 정답

## 14

Repetitive Learning (1회 2회 3회)

산업안전보건법령상 안전보건진단을 받아 안전보건개선계획을 수립하여야 하는 대상을 모두 고른 것은?

> ㉠ 산업재해율이 같은 업종 평균 산업재해율의 2배 이상인 사업장
> ㉡ 사업주가 필요한 안전조치 또는 보건조치를 이행하지 아니하여 중대재해가 발생한 사업자
> ㉢ 상시근로자 1천명 이상 사업장에서 직업성 질병자가 연간 2명 이상 발생한 사업장

① ㉠, ㉡　　② ㉠, ㉢

③ ㉡, ㉢　　④ ㉠, ㉡, ㉢

**해설**

- 상시근로자 1천명 이상 사업장에서 직업성 질병자가 연간 3명 이상 발생한 사업장에 대해서 고용노동부장관은 안전보건계획의 수립·시행을 명할 수 있다.

**안전보건개선계획** 실필 1704/1701/1404/1202/1201

- 고용노동부장관은 다음에 해당하는 사업장으로서 산업재해 예방을 위하여 종합적인 개선조치를 할 필요가 있다고 인정할 때에는 사업주에게 그 사업장, 시설, 그 밖의 사항에 관한 안전보건개선계획의 수립·시행을 명할 수 있다.
  - 산업재해율이 같은 업종 평균 산업재해율의 2배 이상인 사업장
  - 사업주가 안전보건조치의무를 이행하지 아니하여 중대재해가 발생한 사업장
  - 직업병에 걸린 사람이 연간 2명 이상(상시근로자 1천명 이상 사업장의 경우 3명 이상) 발생한 사업장
  - 유해인자의 노출기준을 초과한 사업장
  - 작업환경 불량, 화재·폭발 또는 누출사고 등으로 사회적 물의를 일으킨 사업장
- 고용노동부장관은 필요하다고 인정할 때에는 해당 사업주에게 안전·보건진단을 받아 안전보건개선계획을 수립·제출할 것을 명할 수 있다.
- 안전보건개선계획의 수립·시행명령을 받은 사업주는 고용노동부장관이 정하는 바에 따라 안전보건개선계획서를 작성하여 그 명령을 받은 날부터 60일 이내에 관할 지방고용노동관서의 장에게 제출하여야 한다.
- 사업주는 안전보건개선계획을 수립할 때에는 산업안전보건위원회의 심의를 거쳐야 한다. 다만, 산업안전보건위원회가 설치되어 있지 아니한 사업장의 경우에는 근로자대표의 의견을 들어야 한다.
- 안전보건개선계획서에는 시설, 안전·보건관리체제, 안전·보건교육, 산업재해 예방 및 작업환경의 개선을 위하여 필요한 사항이 포함되어야 한다.
- 사업주와 근로자는 안전보건개선계획을 준수하여야 한다.

## 15

Repetitive Learning (1회 2회 3회)

산업안전보건법령상 안전·보건표지의 용도 및 색도기준이 올바르게 연결된 것은?

① 지시표지 : 5N 9.5

② 금지표지 : 2.5G 4/10

③ 경고표지 : 5Y 8.5/12

④ 안내표지 : 7.5R 4/14

**해설**

- 지시표지는 파란(2.5PB 4/10)색, 금지표지는 빨간(7.5R 4/14), 안내표지는 녹색(2.5G 4/10)이다.

**안전·보건표지의 색채, 색도기준 및 용도** 실필 1802/1601/1402/1301

| 색채 | 색도기준 | 용도 | 사용례 |
|---|---|---|---|
| 빨간색 | 7.5R 4/14 | 금지 | 정지신호, 소화설비 및 그 장소, 유해행위의 금지 |
| | | 경고 | 화학물질 취급장소에서의 유해·위험 경고 |
| 노란색 | 5Y 8.5/12 | 경고 | 화학물질 취급장소에서의 유해·위험경고 이외의 위험경고, 주의표지 또는 기계방호물 |
| 파란색 | 2.5PB 4/10 | 지시 | 특정 행위의 지시 및 사실의 고지 |
| 녹색 | 2.5G 4/10 | 안내 | 비상구 및 피난소, 사람 또는 차량의 통행표지 |
| 흰색 | N9.5 | – | 파란색 또는 녹색에 대한 보조색 |
| 검은색 | N0.5 | – | 문자 및 빨간색 또는 노란색에 대한 보조색 |

## 16

Repetitive Learning (1회 2회 3회)

산업재해보상보험법령상 명시된 보험급여의 종류가 아닌 것은?

① 장례비　　② 요양급여

③ 휴업급여　　④ 생산손실급여

**해설**

- 산업재해보상보험법령에 명시된 보험급여의 종류에는 ①, ②, ③ 외에 장해급여, 간병급여, 유족급여, 상병보상연금, 직업재활급여가 있다.

**산업재해보상보험법령상 보험급여의 종류**

- 요양급여　• 휴업급여
- 장해급여　• 간병급여
- 유족급여　• 상병(傷病)보상연금
- 장례비　• 직업재활급여

정답 | 14 ① 15 ③ 16 ④

## 17

Repetitive Learning 1회 2회 3회

사고예방대책의 기본원리 5단계 중 3단계의 분석 평가 내용으로 옳은 것은?

① 현장 조사
② 교육 및 훈련의 개선
③ 기술의 개선 및 인사조정
④ 사고 및 안전활동 기록 검토

해설

- ② 교육 및 훈련의 개선은 4단계(시정법의 선정), ③ 기술의 개선 및 인사조정은 제4단계(시정책의 선정), ④사고 및 안전활동기록의 검토는 제2단계(사실의 발견)의 세부사항이다.

하인리히의 사고예방의 기본원리 5단계 실필 1802/0804

| 단계 | 단계별 과정 | 필요 조치 |
|---|---|---|
| 1단계 | 안전관리조직과 규정 | • 책임과 권한의 부여<br>• 안전활동 방침 및 계획수립 |
| 2단계 | 사실의 발견으로 현상파악 | • 자료수집<br>• 작업분석과 위험확인<br>• 안전점검 · 검사 및 조사 실시 |
| 3단계 | 분석을 통한 원인규명 | • 사고보고서 및 현장조사<br>• 인적 · 물적 · 환경조건의 분석<br>• 교육 훈련 및 배치 사항 파악<br>• 사고기록 및 관계자료 대조확인 |
| 4단계 | 시정방법의 선정 | • 기술적인 개선<br>• 작업배치의 조정<br>• 교육훈련의 개선 |
| 5단계 | 시정책의 적용 | • 기술(Engineering)적 대책<br>• 교육(Education)적 대책<br>• 관리(Enforcement)적 대책 |

0502 / 1802

## 18

Repetitive Learning 1회 2회 3회

맥그리거의 X · Y이론 중 X이론의 관리 처방에 해당되는 것은?

① 조직구조의 평면화
② 분권화와 권한의 위임
③ 자체평가제도의 활성화
④ 권위주의적 리더십의 확립

해설

- ①, ②, ③은 모두 선진국형에 해당하는 Y이론의 관리 처방이다

맥그리거(McGregor)의 X · Y이론

㉠ 개요

- 인간과 직무의 관계에 대한 기본적인 가정을 X이론과 Y이론이라는 가설로 나눈 것이다.
- X이론은 인간의 본성이 일을 싫어하고, 무관심하며, 책임을 회피하므로 당근과 채찍을 동원하여 강제할 필요가 있다는 이론이다.
- Y이론은 인간의 본성이 일을 좋아하고, 책임감이 강하며, 선하므로 그들을 자율적, 민주적으로 대해야 창조적인 성과를 얻을 수 있다는 이론이다.

㉡ X이론과 Y이론의 관리 처방 비교

| X이론(후진국형, 성악설) | Y이론(선진국형, 성선설) |
|---|---|
| • 경제적 보상체제의 강화<br>• 권위주의적 리더십의 확립<br>• 면밀한 감독과 엄격한 통제<br>• 상부 책임제도의 강화 | • 분권화와 권한의 위임<br>• 목표에 의한 관리<br>• 직무확장<br>• 인간관계 관리방식<br>• 책임감과 창조력 |

## 19

Repetitive Learning 1회 2회 3회

산업안전보건법상 안전보건관리책임자의 직무에 해당되지 않는 것은?

① 근로자의 적정배치에 관한 사항
② 작업환경의 점검 및 개선에 관한 사항
③ 안전보건관리규정의 작성 및 그 변경에 관한 사항
④ 안전장치 및 보호구 구입 시의 적격품 여부 확인에 관한 사항

해설

- 근로자의 적정배치에 관한 사항은 작업지휘자의 직무에 해당하다.

안전보건관리책임자의 임무

- 산업재해예방계획의 수립에 관한 사항
- 안전보건관리규정의 작성 및 변경에 관한 사항
- 근로자의 안전 · 보건교육에 관한 사항
- 작업환경측정 등 작업환경의 점검 및 개선에 관한 사항
- 근로자의 건강진단 등 건강관리에 관한 사항
- 산업재해의 원인 조사 및 재발 방지대책 수립에 관한 사항
- 산업재해에 관한 통계의 기록 및 유지에 관한 사항
- 안전 · 보건과 관련된 안전장치 및 보호구 구입 시의 적격품 여부 확인에 관한 사항
- 그 밖에 근로자의 유해 · 위험 예방조치에 관한 사항으로서 고용노동부령으로 정하는 사항

17 ① 18 ④ 19 ① 정답

1301

## 20 Repetitive Learning 1회 2회 3회

다음 중 산업안전보건법상 안전검사대상 유해·위험기계기구·설비에 해당하지 않는 것은?

① 리프트
② 곤돌라
③ 산업용 원심기
④ 밀폐형 롤러기

해설

• 밀폐형 롤러기는 안전검사대상에서 제외된다.

안전검사대상 유해·위험기계의 종류와 검사 주기 실필 1504/1002

| 안전검사대상 유해·위험기계의 종류 | 검사 주기 |
|---|---|
| 크레인(이동식크레인 및 정격하중 2톤 미만 제외), 리프트(이삿짐운반용 리프트 제외) 및 곤돌라 | 사업장에 설치가 끝난 날부터 3년 이내에 최초 안전검사를 실시하되, 그 이후부터 2년마다 (건설현장에서 사용하는 것은 최초로 설치한 날부터 6개월마다) |
| 이동식크레인, 이삿짐운반용 리프트 및 고소작업대 | 신규 등록 이후 3년 이내에 최초 안전검사를 실시하되, 그 이후부터 2년마다 |
| 프레스, 전단기, 압력용기, 국소배기장치(이동식 제외), 산업용 원심기, 화학설비 및 그 부속설비, 건조설비 및 그 부속설비, 롤러기(밀폐형 제외), 사출성형기(형 체결력 294kN 미만은 제외), 컨베이어 및 산업용 로봇 | 사업장에 설치가 끝난 날부터 3년 이내에 최초 안전검사를 실시하되, 그 이후부터 2년마다 (공정안전보고서를 제출하여 확인을 받은 압력용기는 4년마다) |

# 2과목 산업심리 및 교육

1104 / 1501

## 21 Repetitive Learning 1회 2회 3회

다음 중 인간 착오의 메커니즘으로 볼 수 없는 것은?

① 위치의 착오
② 패턴의 착오
③ 느낌의 착오
④ 형(形)의 착오

해설

• 인간 착오의 메커니즘에는 위치, 패턴, 형, 순서, 기억의 착오 등이 있다.

인간 착오의 메커니즘
- 위치의 착오
- 패턴의 착오
- 형의 착오
- 순서의 착오
- 기억의 착오

## 22 Repetitive Learning 1회 2회 3회

산업안전보건법령상 명시된 건설용 리프트·곤돌라를 이용한 작업의 특별교육내용으로 틀린 것은?(단, 그 밖에 안전·보건관리에 필요한 사항은 제외한다)

① 신호방법 및 공동작업에 관한 사항
② 화물의 취급 및 작업방법에 관한 사항
③ 방호장치의 기능 및 사용에 관한 사항
④ 기계·기구에 특성 및 동작원리에 관한 사항

해설

• ②는 1톤 이상의 크레인을 사용하는 작업 또는 1톤 미만의 크레인 또는 호이스트를 5대 이상 보유한 사업장에서 해당 기계로 하는 작업과 타워크레인을 사용하는 작업시 신호업무를 하는 작업, 그리고 운반용 등 하역기계를 5대 이상 보유한 사업장에서의 해당 기계로 하는 작업에 대한 특별안전·보건교육 내용에 해당한다.

리프트·곤돌라를 이용한 작업에 대한 특별안전·보건교육
- 방호장치의 기능 및 사용에 관한 사항
- 기계, 기구, 달기체인 및 와이어 등의 점검에 관한 사항
- 화물의 권상·권하 작업방법 및 안전작업 지도에 관한 사항
- 기계·기구에 특성 및 동작원리에 관한 사항
- 신호방법 및 공동작업에 관한 사항
- 그 밖에 안전·보건관리에 필요한 사항

정답 | 20 ④ 21 ③ 22 ②

## 23 Repetitive Learning (1회 2회 3회)

타일러(Taylor)의 과학적 관리와 가장 거리가 먼 것은?

① 시간-동작 연구를 적용하였다.
② 생산의 효율성을 상당히 향상시켰다.
③ 인간중심의 관점으로 일을 재설계한다.
④ 인센티브를 도입함으로써 작업자들을 동기화시킬 수 있다.

**해설**

- 타일러의 과학적 관리는 인간중심에서 과업중심으로 계획적 관리를 통해 노동생산성 향상을 지향했다.

**타일러의 과학적 관리**

- 시간과 동작연구를 통해 노동의 표준량을 정하고 이를 기초로 생산의 효율성을 향상시켰다.
- 생산성이 향상되면 높은 임금을 실현할 수 있다고 주장하였다.
- 작업량에 기초한 임금을 지급하여 작업자들의 동기를 부여했다.
- 인센티브를 도입하였다.
- 작업조건과 작업방법의 표준화를 요구하였다.

1104 / 1602

## 24 Repetitive Learning (1회 2회 3회)

프로그램 학습법의 단점에 해당하는 것은?

① 보충학습이 어렵다.
② 수강생의 시간적 활용이 어렵다.
③ 수강생의 사회성이 결여되기 쉽다.
④ 수강생의 개인적인 차이를 조절할 수 없다.

**해설**

- 교사나 친구 등의 사회적인 관계없이 혼자서 프로그램에 의해 학습하므로 사회성이 결여되기 쉽다.

**프로그램 학습법(Programmed self-instruction method)**

㉠ 개요

- Skinner의 조작적 조건형성 원리에 의해 개발된 것으로 자율적 학습이 특징이다.

㉡ 특징

| | |
|---|---|
| 장점 | • 학습자의 학습내용 습득여부를 즉각적으로 피드백 받을 수 있다.<br>• 한 강사가 많은 수의 학습자를 지도할 수 있다.<br>• 지능, 학습적성, 학습속도 등 개인차를 충분히 고려할 수 있다.<br>• 매 반응마다 피드백이 주어지기 때문에 학습자가 흥미를 갖는다. |
| 단점 | • 수강생의 사회성이 결여되기 쉽다.<br>• 교재개발에 많은 시간과 노력이 든다. |

0302 / 1102 / 1402

## 25 Repetitive Learning (1회 2회 3회)

작업의 어려움, 기계설비의 결함 및 환경에 대한 주의력의 집중혼란, 심신의 근심 등으로 인하여 재해가 자주 발생하는 사람을 무엇이라 하는가?

① 미숙성 다발자
② 상황성 다발자
③ 습관성 다발자
④ 소질성 다발자

**해설**

- 미숙성 누발자란 기능의 부족이나 환경에 익숙하지 못하기 때문에 재해를 자주 겪은 사람을 말한다.
- 습관성 누발자란 경험에 의하여 겁을 심하게 먹거나 신경과민이 되는 사람으로 재해를 자주 겪은 사람을 말한다.
- 소질성 누발자란 개인적 잠재요인이나 개인의 특수한 성격으로 인해 재해를 자주 겪은 사람을 말한다.

**재해빈발자**

| | |
|---|---|
| 미숙성 누발자 | 기능의 부족이나 환경에 익숙하지 못하기 때문에 재해를 자주 겪은 사람 |
| 상황성 누발자 | 작업이 어렵거나 설비의 결함, 심신의 근심 때문에 재해를 자주 겪은 사람 |
| 습관성 누발자 | 경험에 의하여 겁을 심하게 먹거나 신경과민이 되는 사람으로 재해를 자주 겪은 사람 |
| 소질성 누발자 | 개인적 잠재요인이나 개인의 특수한 성격으로 인해 재해를 자주 겪은 사람 |

0301 / 1304

## 26 Repetitive Learning

안전사고가 발생하는 요인 중 심리적인 요인에 해당하는 것은?

① 감정의 불안정
② 신경계통의 이상
③ 극도의 피로감
④ 육체적 능력의 초과

**해설**

- ②, ③, ④는 생리적인 요인에 해당한다.

**사고의 심리적 요인**

- 소질적 요인과 인간에러로 이뤄진다.
- 소질적 사고요인에는 지능, 성격, 시각기능 등 작업자의 성격 및 신체적 결함과 관련된다.
- 인간에러요인에는 착각, 무의식 행위, 감정의 불안정, 공상이나 망상 등이 있다.



23 ③ 24 ③ 25 ② 26 ① 정답

1102 / 1704

## 27 Repetitive Learning (1회 2회 3회)

허츠버그(Herzberg)의 2요인 이론 중 동기요인(Motivator)에 해당하지 않는 것은?

① 성취　② 작업 조건
③ 인정　④ 작업 자체

해설

- 작업 조건은 직무불만족과 관련된 요인으로 위생요인에 해당한다.

허츠버그(Herzberg)의 2요인(위생·동기)이론 실필 0901

- 직무수행 중 생산능력의 증대를 가져올 수 있는 요인은 크게 위생요인과 동기요인이 있다.
- 위생요인은 직무불만족과 관련된 요인으로 임금수준, 작업환경(조건), 배고픔, 호기심, 애정, 감독형태, 관리규칙 등이 이에 해당한다.
- 동기요인은 직무만족과 관련된 요인으로 책임감, 성취감, 자기발전, 권력, 인정, 자율성과 권한의 위임, 작업 그 자체, 일의 내용 등이 이에 해당한다.

0902

## 28 Repetitive Learning (1회 2회 3회)

지도자가 부하의 능력에 대하여 차별적 성과급을 지급하고자 하는 것은 리더십의 권한 중 무엇에 해당하는가?

① 전문성 권한
② 보상적 권한
③ 합법적 권한
④ 위임된 권한

해설

- 조직이 리더에게 부여한 권한 중 구성원에 대한 보상과 관련된 것은 보상적 권한에 해당한다.

리더십 권한

㉠ 조직이 리더에게 부여한 권한
- 합법적 권한 : 군대, 교사, 정부기관 등 합법적 권력이 가지는 권한
- 강압적 권한 : 부하의 처벌, 승진 누락, 봉급의 인상 거부 등 강압적인 힘을 갖는 권한
- 보상적 권한 : 승진, 봉급 인상 등 역할에 대한 보상을 부여하는 권한

㉡ 조직이 리더에게 부여하지 않았지만 조건이 맞을 경우 자발적으로 생성되는 권한
- 위임된 권한 : 목표달성을 위하여 부하 직원들이 상사를 존경하여 상사와 함께 일하고자 할 때 상사에게 부여되는 권한 혹은 지도자 자신이 스스로에게 부여한 권한
- 전문성의 권한 : 전문적 지식을 가진 리더를 부하들이 스스로 따르는 것으로 지도자 자신의 능력에 의해 생성되는 권한
- 준거적 권한 : 리더의 개인적 매력이 중요하며, 매력적인 리더와 함께 하고 싶은 부하들에 의해 조직의 발전이 이뤄진다는 것

0502

## 29 Repetitive Learning (1회 2회 3회)

작업의 강도를 객관적으로 측정하기 위한 지표로 옳은 것은?

① 강도율
② 작업시간
③ 작업속도
④ 에너지대사율(RMR)

해설

- RMR은 주로 동적 근력작업이나 정적 근력작업의 강도를 측정하여 연속작업이 가능한 시간을 예측하기 위해 사용한다.

에너지대사율(RMR : Relative Metabolic Rate)

㉠ 개요
- RMR은 특정 직입을 수행하는 데 있어 작업자의 생리적 부하를 계측하는 지표이다.
- 주로 동적 근력작업이나 정적 근력작업의 강도를 측정하여 연속작업이 가능한 시간을 예측하기 위해 사용한다.
- $\text{RMR} = \dfrac{\text{운동대사량}}{\text{기초대사량}}$

  $= \dfrac{\text{운동 시 산소소모량} - \text{안정 시 산소소모량}}{\text{기초대사량(산소소모량)}}$ 으로 구한다
- RMR이 커지는 데 따라 작업 지속시간이 짧아진다.

㉡ 작업강도 구분

| 작업구분 | RMR | 작업 종류 등 |
|---|---|---|
| 중(重)작업 | 4~7 | 일반적인 전신노동,<br>힘·동작속도가 큰 작업 |
| 중(中)작업 | 2~4 | 손·상지 작업,<br>힘·동작속도가 작은 작업 |
| 경(輕)작업 | 0~2 | 손가락이나 팔로 하는 가벼운 작업 |

정답 27 ② 28 ② 29 ④

0602

## 30

Repetitive Learning (1회 2회 3회)

알더퍼(Alderfer)의 ERG이론에서의 인간의 기본적인 3가지 욕구가 아닌 것은?

① 관계욕구 ② 성장욕구

③ 생리욕구 ④ 존재욕구

**해설**

- 알더퍼의 ERG이론은 인간의 3가지 욕구를 존재(Existence), 관계(Relation), 성장(Growth)욕구로 보았다.

**알더퍼의 ERG이론**

㉠ 개요

- 매슬로우의 이론이 지닌 이론적인 한계를 극복하고자 실제 조직에 대한 현장조사를 통해 요인 분석한 이론이다.
- 인간의 욕구를 존재욕구(Existence needs), 관계욕구(Relation needs), 성장욕구(Growth needs)로 구분한다.

㉡ 알더퍼의 욕구 분류

| 구분 | 알더퍼 ERG | 매슬로우 욕구 5단계 |
|---|---|---|
| E | 존재욕구 | 생리적 욕구, 안전욕구 |
| R | 관계욕구 | 사회적 욕구, 존경의 욕구 |
| G | 성장욕구 | 자아실현의 욕구 |

1304 / 1804

## 31

Repetitive Learning 

파악하고자 하는 연구과제에 대해 언어를 매개로 구조화된 질의응답을 통하여 교육하는 기법은?

① 면접(Interview)

② 카운슬링(Counseling)

③ CCS(Civil Communication Section)

④ ATT(American Telephone &Telegram Co)

**해설**

- 카운슬링은 의식의 우회에서 오는 부주의를 최소화하기 위한 방법으로 실시되는 안전교육방법이다.
- CCS는 ATP라고도 하며, 최고경영자를 위한 교육으로 실시된 것으로 매주 4일, 하루 4시간씩 8주간 진행하는 교육이다.
- ATT는 대상계층이 한정되지 않은 정형교육으로 하루 8시간씩 2주간 실시하는 토의식 교육이다.

**면접(Interview)**

- 파악하고자 하는 연구과제에 대해 언어를 매개로 구조화된 질의응답을 통하여 교육하는 기법을 말한다.
- 업무에 대한 이해도가 높은 작업자와 면담하는 방법으로 자료의 수집에 많은 시간과 노력이 들고, 정량화된 정보를 얻기가 힘들다.

0902 / 1104 / 1901

## 32

Repetitive Learning (1회 2회 3회)

인간의 욕구에 대한 적응기제(Adjustment Mechanism)를 공격적 기제, 방어적 기제, 도피적 기제로 구분할 때 다음 중 도피적 기제에 해당하는 것은?

① 보상

② 고립

③ 승화

④ 합리화

**해설**

- 보상, 승화, 합리화, 동일시, 투사 등은 방어기제에 해당한다.

**도피기제(Escape mechanism)** 실필 1204/1502

- 도피기제는 긴장이나 불안감을 해소하기 위하여 비합리적인 행동으로 당면한 상황을 벗어나려는 기제를 말한다.
- 도피적 기제에는 억압(Repression), 공격(Aggression), 고립(Isolation), 퇴행(Regression), 백일몽(Day-dream) 등이 있다.

## 33

Repetitive Learning (1회 2회 3회)

학습된 행동이 지속되는 것을 의미하는 용어는?

① 회상(recall)

② 파지(retention)

③ 재인(recognition)

④ 기명(memorizing)

**해설**

- 파지(Retention)는 과거의 학습경험을 통해서 학습된 행동이 현재와 미래에 지속되는 것을 말한다.

**기억과정**

- 기억과정은 기명 – 파지 – 재생 – 재인의 과정을 거친다.
- 파지(Retention)는 과거의 학습경험을 통해서 학습된 행동이 현재와 미래에 지속되는 것을 말한다.
- 재생은 보존된 인상이 다시 기억으로 떠오르는 것을 말한다.
- 재인(Recognition)은 과거에 경험하였던 것과 비슷한 상태에 부딪혔을 때 기억이 떠오르는 것을 말한다.
- 중간과정에서 재생과 재인이 되지 않으면 기억은 소멸 즉, 망각되는 것이다.
- 망각은 경험한 내용이나 학습된 행동을 다시 생각하여 작업에 적용하지 아니하고 방치함으로써 경험의 내용이나 인상이 약해지거나 소멸되는 현상을 말한다.



30 ③ 31 ① 32 ② 33 ② 정답

## 34

Repetitive Learning (1회 2회 3회)

작업자들에게 적성검사를 실시하는 가장 큰 목적은?

① 작업자의 협조를 얻기 위함
② 작업자의 인간관계 개선을 위함
③ 작업자의 생산능률을 높이기 위함
④ 작업자의 업무량을 최대로 할당하기 위함

해설

- 적성검사는 궁극적으로 작업자의 능력과 특성을 파악하여 작업자의 생산능률을 최대화하기 위해서 이뤄진다.

**직업 적성검사**

- 적성검사는 작업행동을 예언하는 것을 목적으로도 사용한다.
- 직업 적성검사는 직무 수행에 필요한 잠재적인 특수능력을 측정하는 도구이다.
- 직업 적성검사를 이용하여 훈련 및 승진대상자를 평가하는 데 사용할 수 있다.

1802

## 35

Repetitive Learning (1회 2회 3회)

인간의 주의력은 다양한 특성을 지니고 있는 것으로 알려져 있다. 주의력의 특성과 그에 대한 설명으로 맞는 것은?

① 지속성 : 인간의 주의력은 2시간 이상 지속된다.
② 변동성 : 인간의 주의 집중은 내향과 외향의 변동이 반복된다.
③ 방향성 : 인간의 주의력을 집중하는 방향은 상하 좌우에 따라 영향을 받는다.
④ 선택성 : 인간의 주의력은 한계가 있어 여러 작업에 대해 선택적으로 배분된다.

해설

- 주의의 특징에는 선택성, 방향성, 변동성이 있다.
- 변동성은 주의는 일정하게 유지되는 것이 아니라 일정한 주기로 부주의하는 리듬이 존재한다는 개념을 말한다.
- 방향성은 공간적으로 보면 시선의 주시점만 인지하는 기능으로 한 지점에 주의를 집중하면 다른 곳의 주의가 약해지는 성질을 말한다.

**주의(Attention)의 특징**

- 선택성 – 여러 종류의 자극을 자각할 때, 소수의 특정한 것에 한하여 주의가 집중되는 것으로 인간의 주의력은 한계가 있어 여러 작업에 대해 선택적으로 배분된다는 의미로 시각 정보 등을 받아들일 때 주의를 기울이면 시선이 집중되는 곳의 정보는 잘 받아들이나 주변부의 정보는 놓치기 쉬운 경우에 해당한다.
- 방향성 – 공간적으로 보면 시선의 주시점만 인지하는 기능으로 한 지점에 주의를 집중하면 다른 곳의 주의가 약해지는 성질이다.
- 변동성 – 주의는 일정하게 유지되는 것이 아니라 일정한 주기로 부주의하는 리듬이 존재한다.

1202 / 1204 / 1302 / 1701 / 1801 / 1804

## 36

Repetitive Learning (1회 2회 3회)

산업안전보건법령상 사업 내 안전·보건교육 중 건설업 일용근로자에 대한 건설업 기초안전·보건교육의 교육시간으로 맞는 것은?

① 1시간 이상
② 2시간 이상
③ 3시간 이상
④ 4시간 이상

해설

- 건설업 일용근로자에 대한 건설업 기초안전·보건교육의 교육시간은 4시간이다.

**안전·보건 교육시간 기준** 실필 1801/1201/0904/0804

| 교육과정 | 교육대상 | | 교육시간 |
|---|---|---|---|
| 정기교육 | 사무직 종사 근로자 | | 매반기 6시간 이상 |
| | 사무직 외의 근로자 | 판매업무에 직접 종사하는 근로자 | 매반기 6시간 이상 |
| | | 판매업무에 직접 종사하는 근로자 외의 근로자 | 매반기 12시간 이상 |
| | 관리감독자 | | 연간 16시간 이상 |
| 채용 시의 교육 | 일용근로자 및 근로계약기간이 1주일 이하인 기간제근로자 | | 1시간 이상 |
| | 근로계약기간이 1주일 초과 1개월 이하인 기간제근로자 | | 4시간 이상 |
| | 그 밖의 근로자 | | 8시간 이상 |
| 작업내용 변경 시의 교육 | 일용근로자 및 근로계약기간이 1주일 이하인 기간제근로자 | | 1시간 이상 |
| | 그 밖의 근로자 | | 2시간 이상 |
| 특별교육 | 일용 및 근로계약기간이 1주일 이하인 기간제근로자 | 타워크레인 신호업무 제외 | 2시간 이상 |
| | | 타워크레인 신호업무 | 8시간 이상 |
| | 일용 및 근로계약기간이 1주일 이하인 기간제근로자 제외 근로자 | | • 16시간 이상(작업전 4시간, 나머지는 3개월 이내 분할 가능)<br>• 단기간 또는 간헐적 작업인 경우에는 2시간 이상 |
| 건설업 기초안전·보건교육 | 건설 일용근로자 | | 4시간 이상 |

정답 | 34 ③ 35 ④ 36 ④

0802 / 0804 / 1804

## 37

Repetitive Learning 1회 2회 3회

새로운 자료나 교재를 제시하고, 거기에서의 문제점을 피교육자로 하여금 제기하게 하거나, 의견을 여러 가지 방법으로 발표하게 하고, 다시 깊게 파고들어서 토의하는 방법은?

① 포럼(Forum)
② 심포지엄(Symposium)
③ 버즈세션(Buzz Session)
④ 패널 디스커션(Panel Discussion)

해설

- 심포지엄(Symposium)은 몇 사람의 전문가에 의하여 과제에 관한 견해를 발표한 뒤에 참가자로 하여금 의견이나 질문을 하게 하여 토의하는 방법이다.
- 버즈세션은 6명씩 소집단으로 구분하고, 집단별로 각각의 사회자를 선발하여 6분간씩 자유토의를 행하여 의견을 종합하는 방법이다.
- 패널 디스커션(Panel discussion)은 참가자 앞에서 소수의 전문가들이 과제에 관한 견해를 발표하고 토론한 뒤 참가자 전원이 참가하여 사회자의 사회에 따라 토의하는 방법이다.

토의법의 종류

| | |
|---|---|
| 포럼(Forum) | 새로운 자료나 교재를 제시하고 문제점을 피교육자로 하여금 제기하게 하거나 그것에 관한 피교육자의 의견을 여러 가지 방법으로 발표하게 하고, 청중과 토론자 간에 활발한 의견 개진과 충돌로 바람직한 합의를 도출해내는 교육 실시방법 |
| 패널 디스커션(Panel discussion) | 참가자 앞에서 소수의 전문가들이 과제에 관한 견해를 발표하고 토론한 뒤 참가자 전원이 참가하여 사회자의 사회에 따라 토의하는 방법 |
| 심포지엄(Symposium) | 몇 사람의 전문가에 의하여 과제에 관한 견해를 발표한 뒤에 참가자로 하여금 의견이나 질문을 하게 하여 토의하는 방법 |
| 롤 플레잉(Role playing) | 집단 심리요법의 하나로서 자기 해방과 타인 체험을 목적으로 하는 체험활동을 통해 대인관계에 있어서의 태도변용이나 통찰력, 자기이해를 목표로 개발된 교육방법 |
| 버즈세션(Buzz session) | 6-6 회의라고도 하며, 6명씩 소집단으로 구분하고, 집단별로 각각의 사회자를 선발하여 6분간씩 자유토의를 행하여 의견을 종합하는 방법 |

0602 / 0804 / 1601

## 38

Repetitive Learning 1회 2회 3회

다음 중 학습목적의 3요소가 아닌 것은?

① 목표(Goal)
② 주제(Subject)
③ 학습정도(Level of learning)
④ 학습방법(Method of learning)

해설

- 학습목적은 학습목표, 주제, 정도로 구성된다.

학습목적의 구성

- 학습목적 : A를 위해 B를 C한다.
- 학습목표 : A
- 학습주제 : B
- 학습정도 : C

## 39

Repetitive Learning 1회 2회 3회

안전교육의 방법을 지식교육, 기능교육 및 태도교육 순서로 구분하여 맞게 나열한 것은?

① 시청각 교육 - 현장실습 교육 - 안전작업 동작지도
② 시청각 교육 - 안전작업 동작지도 - 현장실습 교육
③ 현장실습 교육 - 안전작업 동작지도 - 시청각 교육
④ 안전작업 동작지도 - 시청각 교육 - 현장실습 교육

해설

- 지식교육은 일방적 · 획일적으로 이뤄지는 교육이므로 시청각 교육이 적합하며, 기능교육은 현장실습이 효율적이며, 태도교육은 안전작업 동작지도를 통해 반복교육이 효율적이다.

안전보건교육 개괄

- 지식교육 – 기능교육 – 태도교육 순으로 진행된다.
- 지식교육(1단계)은 화학, 전기, 방사능의 설비를 갖춘 기업에서 특히 필요성이 큰 교육으로, 근로자가 지켜야 할 규정의 숙지를 위한 인지적인 교육이다. 일방적 · 획일적으로 행해지는 경우가 많다.
- 기능교육(2단계)은 같은 것을 반복하여 개인의 시행착오에 의해서만 점차 그 사람에게 형성되는 교육으로 일방적 · 획일적으로 행해지는 경우가 많다. 아울러 안전행동의 기초이므로 경영관리 · 감독자측 모두가 일체가 되어 추진해야 한다.
- 태도교육(3단계)은 올바른 행동의 습관화 및 가치관을 형성하도록 하는 심리적인 교육으로 교육의 기회나 수단이 다양하고 광범위하다.

37 ① 38 ④ 39 ① 정답

0504 / 1002 / 1304 / 1704

## 40

Repetitive Learning (1회 2회 3회)

O.J.T(On the Job Training)의 장점이 아닌 것은?

① 직장의 실정에 맞게 실제적 훈련이 가능하다.

② 교육을 통한 훈련효과에 의해 상호 신뢰이해도가 높아진다.

③ 대상자의 개인별 능력에 따라 훈련의 진도를 조정하기가 쉽다.

④ 교육훈련 대상자가 교육훈련에만 몰두할 수 있어 학습효과가 높다.

해설

- O.J.T는 업무와 교육이 병행되는 관계로 훈련에만 전념할 수 없다.

O.J.T(On the Job Training) 교육 실필 1701

㉠ 개요

- 사업장 내에서 직장 상사가 강사가 되어 실시하는 교육이다.
- 일상 업무를 통해 지식과 기능, 문제해결능력을 향상시키는 데 주목적을 갖는다.
- 가장 중요한 역할을 담당하는 이는 일선현장의 감독자이다.

㉡ 형태

- 코칭
- 직무순환
- 멘토링
- 도제식 교육
- 현장 직무교육

㉢ 특징

| | |
|---|---|
| 장점 | • 동기부여가 쉽다.<br>• 개개인에게 적절한 지도훈련이 가능하다.<br>• 직장의 실정에 맞게 실제적 훈련이 가능하다.<br>• 교육을 통한 훈련효과에 의해 상호 신뢰 및 이해도가 높아진다.<br>• 대상자의 개인별 능력에 따라 훈련의 진도를 조정하기가 쉽다.<br>• 교육효과가 업무에 신속히 반영된다.<br>• 훈련에 필요한 업무의 계속성이 끊어지지 않는다. |
| 단점 | • 전문적인 강사가 아니어서 교육이 원만하지 않을 수 있다<br>• 다수의 대상을 한 번에 통일적인 내용 및 수준으로 교육시킬 수 없다.<br>• 전문적인 고도의 지식 및 기능을 교육하기 힘들다.<br>• 업무와 교육이 병행되는 관계로 훈련에만 전념할 수 없다. |

# 3과목 인간공학 및 시스템안전공학

0504

## 41

Repetitive Learning (1회 2회 3회)

다음 중 인간공학적 수공구 설계원칙이 아닌 것은?

① 손목을 곧게 유지할 것

② 반복적인 손가락 동작을 피할 것

③ 손잡이 접촉면적을 작게 설계할 것

④ 조직(tissue)에 가해지는 압력을 피할 것

해설

- 손잡이는 접촉면적을 가능하면 크게 해야 한다.

수공구의 일반적인 설계 원칙

- 손목은 곧게 유지되도록 설계한다.
- 반복적인 손가락 동작을 피하도록 설계한다.
- 손잡이는 접촉면적을 가능하면 크게 한다.
- 조직에 가해지는 압력을 피하도록 설계한다.
- 공구의 무게를 줄이고 사용 시 무게 균형이 유지되도록 한다.
- 정밀 작업용 수공구의 손잡이는 직경 5 ~ 12mm가 적당하다.
- 일반적으로 손잡이의 길이는 95%tile 남성의 손 폭을 기준으로 한다.
- 힘을 요하는 수공구의 손잡이는 직경 50 ~ 60mm가 적당하다.
- 동력공구의 손잡이는 두 손가락 이상으로 작동하도록 한다.

## 42

Repetitive Learning (1회 2회 3회)

NIOSH 지침에서 최대허용한계(MPL)는 활동한계(AL)의 몇 배인가?

① 1배 ② 3배

③ 5배 ④ 9배

해설

- 활동한계(AL)와 최대허용한계(MPL)의 관계는 MPL = 3AL과 같다.

NIOSH 지침에서 최대허용한계(MPL)와 활동한계(AL)

- 활동한계(AL)는 약간의 근로자들에게 장애의 위험도가 증가하는 한계값으로 경작업 또는 중등도 이하의 작업에 해당하며, 남자는 99% 이상, 여자는 75% 이상에 해당한다.
- 최대허용한계(MPL)는 대부분의 근로자들에게 근육 및 골격장해가 나타나는 한계값으로 요구되는 에너지 대사량이 5kcal/min을 초과하는 작업에 해당하며, 남자는 25%, 여자는 2% 미만에서만 작업이 가능하다.
- 활동한계(AL)와 최대허용한계(MPL)의 관계는 MPL = 3AL과 같다.

정답 | 40 ④ 41 ③ 42 ②

1801

## 43 Repetitive Learning (1회 2회 3회)

FMEA의 특징에 대한 설명으로 틀린 것은?

① 서브시스템 분석 시 FTA보다 효과적이다.
② 시스템 해석기법은 정성적·귀납적 분석법 등에 사용된다.
③ 각 요소간 영향 해석이 어려워 2가지 이상 동시 고장은 해석이 곤란하다.
④ 양식이 비교적 간단하고 적은 노력으로 특별한 훈련 없이 해석이 가능하다.

해설

- 서브시스템 분석의 경우 FMEA보다 FTA를 하는 것이 더 실제적인 방법이다.

고장형태와 영향분석(FMEA)

㉠ 개요
- 시스템 안전분석에 이용되는 전형적인 정성적, 귀납적 분석 방법으로서, 서식이 간단하고 비교적 적은 노력으로 특별한 훈련 없이 분석이 가능하다는 장점을 가지고 있는 기법이다.
- 제품 설계와 개발단계에서 고장 발생을 최소로 하고자 하는 경우에 유효한 분석기법이다.

㉡ 장점
- 양식이 간단하여 특별한 훈련 없이 비전문가도 해석이 가능하다.
- 전체요소의 고장을 유형별로 분석할 수 있다.

㉢ 단점
- 해석영역이 물체에 한정되기 때문에 인적 원인(Human error) 해석이 곤란하다.
- 동시에 2가지 이상의 요소가 고장 나는 경우 해석이 힘들다.

## 44 Repetitive Learning (1회 2회 3회)

다음 중 인간공학에 대한 설명으로 틀린 것은?

① 제품의 설계 시 사용자를 고려한다.
② 환경과 사람이 격리된 존재가 아님을 인식한다.
③ 인간공학의 목표는 기능적 효과, 효율 및 인간 가치를 향상시키는 것이다.
④ 인간의 능력 및 한계에는 개인차가 없다고 인지한다.

해설

- 인간공학에서는 인간의 능력 및 한계에 개인차가 존재한다고 인지하고 이를 기초로 인간의 생리적, 심리적 특성이나 한계를 고려한다.

인간공학(Ergonomics)

㉠ 개요
- "Ergon(작업) + nomos(법칙) + ics(학문)"이 조합된 단어로 Human factors, Human engineering이라고도 한다.
- 인간의 특성과 한계 능력을 공학적으로 분석, 평가하여 이를 복잡한 체계의 설계에 응용함으로써 효율을 최대로 활용할 수 있도록 하는 학문분야이다.
- 인간이 사용하는 물건, 설비, 환경의 설계에 인간의 생리적, 심리적인 면에서의 특성이나 한계점을 고려함으로써 인간-기계 시스템의 안전성과 편리성, 효율성을 높이는 학문분야이다.

㉡ 적용분야
- 제품설계
- 재해·질병 예방
- 장비·공구·설비의 배치
- 작업장 내 조사 및 연구

## 45 Repetitive Learning (1회 2회 3회)

인간-기계시스템에서 여러가지 인간의 에러와 그것으로 인해 생길 수 있는 위험성의 예측과 개선을 위한 기법은?

① PHA ② FHA
③ OHA ④ THERP

해설

- PHA는 초기의 단계에서 시스템 내의 위험요소가 어떠한 위험상태에 있는가를 정성적 평가하는 것이다.
- FHA는 시스템 정의에서부터 시스템 개발단계를 지나 시스템 생산단계 진입 전까지 적용되는 것으로 전체 시스템을 여러 개의 서브시스템으로 나누어 특정 서브시스템이 다른 서브시스템이나 전체 시스템에 미치는 영향을 분석하는 방법이다.
- OHA는 시스템이 저장되어 이동되고 실행됨에 따라 발생하는 작동시스템의 기능이나 과업, 활동으로부터 발생되는 위험에 초점을 맞춘 위험분석방법이다.

THERP(Technique for Human Error Rate Prediction)
- 인간오류율예측기법이라고도 하는 대표적인 인간실수확률에 대한 추정기법이다.
- 사고원인 가운데 인간의 과오에 기인된 원인 분석, 확률을 계산함으로써 제품의 결함을 감소시키고, 인간공학적 대책을 수립하는 데 사용되는 분석기법이다.
- 인간의 과오를 정량적으로 평가하기 위한 기법으로서 인간의 과오율 추정법 등 5개의 스텝으로 되어 있다.
- 가지처럼 갈라지는 형태의 논리구조와 나무 형태의 그래프를 이용하여 휴먼에러신뢰도 수목을 구성한다.



43 ① 44 ④ 45 ④ 정답

1202

## 46

Repetitive Learning (1회 2회 3회)

다음 중 개선의 ECRS의 원칙에 해당하지 않는 것은?

① 제거(Eliminate)
② 결합(Combine)
③ 재조정(Rearrange)
④ 안전(Safety)

해설

- 안전이 아니라 단순화(Simplify)가 되어야 한다.

작업방법 개선의 ECRS

| E | 제거(Eliminate) | 불필요한 작업요소 제거 |
|---|---|---|
| C | 결합(Combine) | 작업요소의 결합 |
| R | 재배치(Rearrange) | 작업순서의 재배치 |
| S | 단순화(Simplify) | 작업요소의 단순화 |

## 47

Repetitive Learning (1회 2회 3회)

표시장치로부터 정보를 얻어 조종장치를 통해 기계를 통제하는 시스템은?

① 수동 시스템
② 무인 시스템
③ 반자동 시스템
④ 자동 시스템

해설

- 조종장치로 기계를 통제하는 것은 기계화 시스템 즉, 반자동 시스템의 설명이다.

인간-기계 통합 체계의 유형

- 인간-기계 통합 체계의 유형에는 자동화 체계, 기계화 체계, 수동 체계가 있다.

| 자동화 체계 | 인간은 작업계획의 수립, 모니터를 통한 작업 상황 감시, 프로그래밍, 설비보전의 역할을 수행하고 체계(System)가 감지, 정보보관, 정보처리 및 의식결정, 행동을 포함한 모든 임무를 수행하는 체계 |
|---|---|
| 기계화 체계 | 반자동 체계로 운전자의 조종에 의해 기계를 통제하는 융통성이 없는 시스템 체계 |
| 수동 체계 | 인간의 힘을 동력원으로 활용하여 수공구를 사용하는 시스템 형태로 다양성이 있고 융통성이 우수한 체계 |

## 48

Repetitive Learning (1회 2회 3회)

Q10 효과에 직접적인 영향을 미치는 인자는?

① 고온 스트레스
② 한랭한 작업장
③ 중량물의 취급
④ 분진의 다량발생

해설

- Q10은 생물의 호흡대사에 이용되는 법칙으로 10℃의 온도상승에 호흡대사가 2배가 되는 것을 말한다.

Q10

- 생물의 호흡대사에 이용되는 법칙으로 10℃의 온도상승에 호흡대사가 2배가 된다는 것이다.
- 생체 내의 화학반응은 효소의 촉매작용에 의존하는데 온도가 높을수록 빠르게 진행된다.

1101 / 1204 / 1304 / 1604

## 49

Repetitive Learning (1회 2회 3회)

결함수분석(FTA)에 의한 재해사례의 연구 순서가 다음과 같을 때 올바른 순서대로 나열한 것은?

> ㉠ FT(Fault Tree)도 작성
> ㉡ 개선안 실시계획
> ㉢ 톱 사상의 선정
> ㉣ 사상마다 재해원인 및 요인 규명
> ㉤ 개선계획 작성

① ㉣ → ㉤ → ㉢ → ㉠ → ㉡
② ㉡ → ㉣ → ㉢ → ㉤ → ㉠
③ ㉢ → ㉣ → ㉠ → ㉤ → ㉡
④ ㉤ → ㉢ → ㉡ → ㉠ → ㉣

해설

- 결함수분석에서 가장 먼저 실시하는 것은 정상(Top)사상의 선정이다.

결함수분석(FTA)에 의한 재해사례의 연구 순서

| 1단계 | 정상(Top)사상의 선정 |
|---|---|
| 2단계 | 사상마다 재해원인 및 요인 규명 |
| 3단계 | FT(Fault Tree)도 작성 |
| 4단계 | 개선계획의 작성 |
| 5단계 | 개선안 실시계획 |

정답 | 46 ④ 47 ③ 48 ① 49 ③

## 50

Repetitive Learning (1회 2회 3회)

시각적 표시장치와 청각적 표시장치 중 시각적 표시장치를 선택해야 하는 경우는?

① 메시지가 긴 경우
② 메시지가 후에 재참조되지 않는 경우
③ 직무상 수신자가 자주 움직이는 경우
④ 메시지가 시간적 사상(event)을 다룬 경우

**해설**

• ②, ③, ④는 모두 청각적 표시장치가 효율적인 경우에 해당한다.

**시각적 표시장치와 청각적 표시장치의 비교**

| | |
|---|---|
| 시각적 표시 장치 | • 수신 장소의 소음이 심한 경우<br>• 정보가 공간적인 위치를 다룬 경우<br>• 정보의 내용이 복잡하고 긴 경우<br>• 직무상 수신자가 한 곳에 머무르는 경우<br>• 메시지를 추후 참고할 필요가 있는 경우<br>• 정보의 내용이 즉각적인 행동을 요구하지 않는 경우 |
| 청각적 표시 장치 | • 수신 장소가 너무 밝거나 암순응이 요구될 때<br>• 정보의 내용이 시간적인 사건을 다루는 경우<br>• 정보의 내용이 간단한 경우<br>• 직무상 수신자가 자주 움직이는 경우<br>• 정보의 내용이 후에 재참조되지 않는 경우<br>• 메시지가 즉각적인 행동을 요구하는 경우 |

## 51

Repetitive Learning 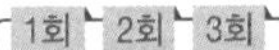

물체의 표면에 도달하는 빛의 밀도를 뜻하는 용어는?

① 광도　　② 광량
③ 대비　　④ 조도

**해설**

• 광도는 광원에서 일정한 방향으로의 밝기를 말하며, 단위는 칸델라(cd)를 사용한다.
• 광량은 광원이 방사하는 빛의 총량을 말한다.
• 대비란 빛의 밝기 대비를 말한다.

**조도(照度)**

㉠ 개요
• 조도는 특정 지점에 도달하는 광의 밀도를 말한다.
• 반사체의 반사율과는 상관없이 일정한 값을 갖는다.
• 거리의 제곱에 반비례하고, 광도에 비례하므로 $\frac{광도}{(거리)^2}$로 구한다.

㉡ 단위
• 단위는 럭스(Lux)를 주로 사용하며, 1Lux는 1cd의 점광원으로부터 1m 떨어진 구면에 비추는 광의 밀도이며, 촛불 1개의 조도이다.
• Candela는 단위시간당 한 발광점으로부터 투광되는 빛의 에너지양이다.

## 52

Repetitive Learning (1회 2회 3회)

조작과 반응과의 관계, 사용자의 의도와 실제 반응과의 관계, 조종장치와 작동결과에 관한 관계 등 사람들이 기대하는 바와 일치하는 관계가 뜻하는 것은?

① 중복성　　② 조직화
③ 양립성　　④ 표준화

**해설**

• 인간의 기대에 모순되지 않는 성질을 양립성(Compatibility)이라고 한다.

**양립성(Compatibility)**

㉠ 개요
• 인간의 기대하는 바와 자극 또는 반응들이 일치하는 관계를 말하는데 양립성이 적을수록 정보처리에서 재코드화 과정은 많아진다.
• 양립성의 효과가 크면 클수록, 코딩의 시간이나 반응의 시간은 짧아진다.
• 양립성의 종류에는 운동양립성, 공간양립성, 개념양립성, 양식양립성 등이 있다.

㉡ 양립성의 종류와 개념

| | |
|---|---|
| 공간(Spatial) 양립성 | • 표시장치와 이에 대응하는 조종장치의 위치가 인간의 기대에 모순되지 않는 것<br>• 왼쪽 표시장치와 관련된 조종장치는 왼쪽에, 오른쪽 표시장치에 관련된 조종장치는 오른쪽에 위치하는 것 |
| 운동(Movement) 양립성 | 조종장치의 조작방향에 따라서 기계장치나 자동차 등이 움직이는 것 |
| 개념(Conceptual) 양립성 | • 인간이 가지는 개념과 일치하게 하는 것<br>• 적색 수도꼭지는 온수, 청색 수도꼭지는 냉수를 의미하는 것이나 위험신호는 빨간색, 주의신호는 노란색, 안전신호는 파란색으로 표시하는 것 |
| 양식(Modality) 양립성 | 문화적 관습에 의해 생기는 양립성 혹은 직무에 관련된 자극과 이에 대한 응답 등으로 청각적 자극 제시와 이에 대한 음성응답 과업에서 갖는 양립성 |



50 ① 51 ④ 52 ③ | 정답

1204 / 1701

## 53 Repetitive Learning (1회 2회 3회)

FT도에 사용되는 다음 기호의 명칭으로 옳은 것은?

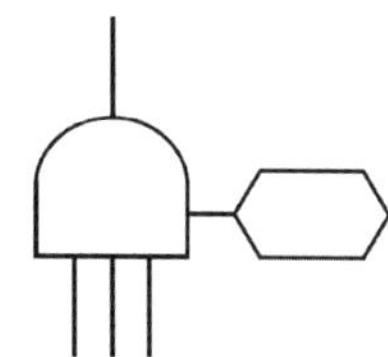

① 억제 게이트
② 조합 AND게이트
③ 부정 게이트
④ 배타적 OR 게이트

**해설**

| 억제 게이트 | 부정 게이트 | 배타적 OR 게이트 |
|---|---|---|
| 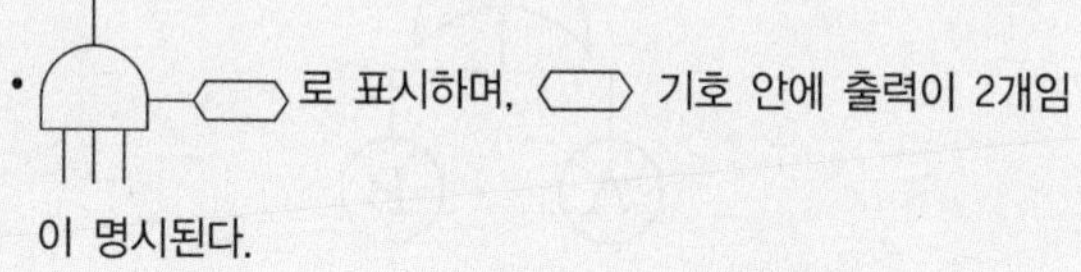 | | |

∷ 조합 AND 게이트

- 3개의 입력현상 중 임의의 시간에 2개의 입력사상이 발생할 경우 출력이 생기는 기호이다.
- (기호)로 표시하며, (기호) 기호 안에 출력이 2개임이 명시된다.

## 54 Repetitive Learning (1회 2회 3회)

음압수준이 60dB인 경우, 1,000Hz에서 순음의 phon 값은?

① 50phon ② 60phon
③ 90phon ④ 100phon

**해설**

- 음압수준이 60dB이라는 것은 1,000Hz에서 phon 값이 60이라는 의미이다.

∷ Phon

- phon 값은 1,000Hz에서 순음의 음압수준(dB)에 해당한다.
- 즉, 음압수준이 120dB일 경우 1,000Hz에서의 phon값은 120이 된다.

0602

## 55 Repetitive Learning (1회 2회 3회)

일정한 고장률을 가진 어떤 기계의 고장률이 0.008/시간일 때 5시간 이내에 고장을 일으킬 확률은?

① $1+e^{0.04}$ ② $1-e^{-0.004}$
③ $1-e^{0.04}$ ④ $1-e^{-0.04}$

**해설**

- 시간당 고장률이 0.008인 기계를 5시간 고장 없이 작동할 확률은 지수분포를 따르는 시스템이므로 고장률을 적용하면 $e^{-0.008\times5}=e^{-0.04}$ 이다.
- 신뢰도가 $e^{-0.04}$인 기계가 고장을 일으킬 확률이므로 $1-e^{-0.04}$가 된다.

∷ 지수분포를 따르는 부품의 신뢰도

- 고장률이 $\lambda$인 시스템이 $t$시간 지난 후의 신뢰도 $R(t)=e^{-\lambda t}$ 이다.
- 고장까지의 평균시간이 $t_0\left(=\frac{1}{\lambda_0}\right)$일 때 이 부품을 $t$시간 동안 사용할 경우의 신뢰도 $R(t)=e^{-\frac{t}{t_0}}$이다.

1501

## 56 Repetitive Learning (1회 2회 3회)

프레스기의 안전장치 수명은 지수분포를 따르며 평균수명은 1000시간이다. 새로 구입한 안전장치가 향후 500시간 동안 고장 없이 작동할 확률(ⓐ)과 이미 1000시간을 사용한 안전장치가 향후 500시간 이상 견딜 확률(ⓑ)은 각각 얼마인가?

① ⓐ : 0.606, ⓑ : 0.606
② ⓐ : 0.707, ⓑ : 0.707
③ ⓐ : 0.808, ⓑ : 0.808
④ ⓐ : 0.909, ⓑ : 0.909

**해설**

- 평균수명이 1000시간이라는 것은 고장률이 1/1000 = 0.001이라는 의미이다.
- 새로 구입한 장치를 500시간 고장 없이 작동할 확률은 지수분포를 따르는 시스템이므로 고장률을 적용하면 $e^{-0.001\times500}$ = 0.606531이다.
- 이미 1000시간을 사용한 안전장치가 향후 500시간 동안 고장 없이 작동할 확률도 $e^{-0.001\times500}$ = 0.606531이다.

∷ 지수분포를 따르는 부품의 신뢰도

문제 55번 유형별 핵심이론∷ 참조

정답 | 53 ② 54 ② 55 ④ 56 ①

1002 / 1304 / 2202

## 57

Repetitive Learning 1회 2회 3회

인간의 오류모형에서 상황해석을 잘못하거나 목표를 잘못 이해하고 착각하여 행하는 경우를 무엇이라 하는가?

① 실수(Slip)
② 착오(Mistake)
③ 건망증(Lapse)
④ 위반(Violation)

**해설**

- 실수(Slip)는 의도는 올바른 것이었지만, 행동이 의도한 것과는 다르게 나타나는 오류이다.
- 건망증(Lapse)은 일련의 과정에서 일부를 빠뜨리거나 기억의 실패에 의해 발생하는 오류이다.
- 위반(Violation)은 규칙을 알고 있음에도 의도적으로 따르지 않거나 무시한 경우에 발생하는 오류이다.

**인간의 다양한 오류모형**

| 구분 | 내용 |
|---|---|
| 착각(Illusion) | 감각적으로 물리현상을 왜곡하는 지각 오류 |
| 착오(Mistake) | 상황해석을 잘못하거나 목표를 잘못 이해하고 착각하여 행하는 인간의 실수로 위치, 순서, 패턴, 형상, 기억오류 등 외부적 요인에 의해 나타나는 오류 |
| 실수(Slip) | 의도는 올바른 것이었지만, 행동이 의도한 것과는 다르게 나타나는 오류 |
| 건망증(Lapse) | 일련의 과정에서 일부를 빠뜨리거나 기억의 실패에 의해 발생하는 오류 |
| 위반(Violation) | 정해진 규칙을 알고 있음에도 의도적으로 따르지 않거나 무시한 경우에 발생하는 오류 |

1801

## 58

Repetitive Learning 

HAZOP 기법에서 사용하는 가이드워드와 그 의미가 잘못 연결된 것은?

① Other than : 기타 환경적인 요인
② No/Not : 디자인 의도의 완전한 부정
③ Reverse : 디자인 의도의 논리적 반대
④ More/Less : 정량적인 증가 또는 감소

**해설**

- Other than은 완전한 대체를 의미한다.

**가이드 워드(Guide words)**

㉠ 개요

- 위험및운전성검토(HAZOP)에서 근로자들의 창조적 사고를 유도하여 조작방법이나 오동작을 개선하기 위해 사용하는 워드이다.
- 공정변수(Process parameter)와 함께 사용하여 비정상상태(Deviation)가 일어날 수 있는 원인을 찾고 결과를 예측함과 동시에 대책을 세우는 데 유용하다.

㉡ 종류

| 가이드워드 | 의미 |
|---|---|
| No / Not | 설계 의도의 완전한 부정 |
| Part of | 성질상의 감소 |
| As well as | 성질상의 증가 |
| More / Less | 양의 증가 혹은 감소로 양과 성질을 함께 표현 |
| Other than | 완전한 대체 |

## 59

Repetitive Learning 1회 2회 3회

FT도에서 신뢰도는?(단, A 발생확률은 0.01, B 발생확률은 0.02이다)

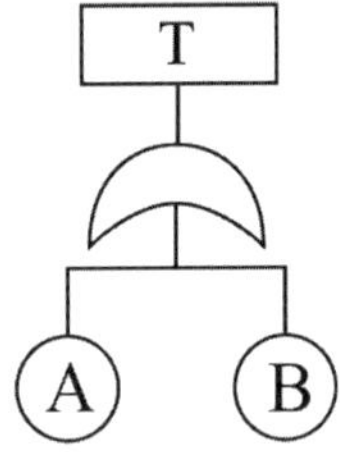


① 96.02%
② 97.02%
③ 98.02%
④ 99.02%

**해설**

- OR연결이므로 정상사상 T의 발생확률은 1-(1-0.01)(1-0.02)이므로 T=1-(0.99×0.98) = 1-0.9702 = 0.0298이다.
- 고장 발생확률이 0.0298이므로 신뢰도는 1-0.0298 = 0.9702이므로 97.02%가 된다.

**FT도에서 정상(고장)사상 발생확률**

㉠ AND(직렬)연결 시

- 사상 A의 발생확률을 $P_A$, 사상 B, 사상 C 발생확률을 $P_B$, $P_C$라 할 때 $P_A = P_B \times P_C$로 구할 수 있다.

㉡ OR(병렬)연결 시

- 사상 A의 발생확률을 $P_A$, 사상 B, 사상 C 발생확률을 $P_B$, $P_C$라 할 때 $P_A = 1-(1-P_B)\times(1-P_C)$로 구할 수 있다.



57 ② 58 ① 59 ② 정답

## 60

Repetitive Learning (1회 2회 3회)

위험성 평가 시 위험의 크기를 결정하는 방법이 아닌 것은?

① 덧셈법　　② 곱셈법
③ 뺄셈법　　④ 행렬법

해설

- 위험성 평가 시 행렬법, 덧셈법, 곱셈법, 분기법 등을 통해 위험성을 정량화, 수량화한다.

위험성 평가에서 위험의 크기 결정방법
- 부상·질병의 발생가능성(빈도)와 재해의 중대성(강도)를 조합하여 위험의 크기를 산출한다.
- 행렬법, 덧셈법, 곱셈법, 분기법 등을 통해 위험성을 정량화, 수량화한다.

# 4과목 건설시공학

2004

## 61

Repetitive Learning (1회 2회 3회)

다음은 기성말뚝 세우기에 관한 표준시방서 규정이다. ( ) 안에 순서대로 들어갈 내용으로 옳게 짝지어진 것은?(단, 보기항의 D는 말뚝의 바깥지름임)

| 말뚝의 연직도나 경사도는 ( A ) 이내로 하고, 말뚝박기 후 평면상의 위치가 설계도면의 위치로부터 ( B )와 100mm 중 큰 값 이상으로 벗어나지 않아야 한다. |
|---|

① 1/50, D/4　　② 1/50, D/3
③ 1/150, D/4　　④ 1/150, D/3

해설

- 말뚝의 연직도나 경사도는 1/50 이내로 하고, 말뚝박기 후 평면상의 위치가 설계도면의 위치로부터 D/4(D는 말뚝의 바깥지름)와 100mm 중 큰 값 이상으로 벗어나지 않아야 한다.

표준시방서상의 기성말뚝 세우기
- 시공기계는 말뚝이 소정의 위치에 정확하게 설치될 수 있도록 견고한 지반위의 정확한 위치에 설치하여야 한다.
- 말뚝을 정확하고도 안전하게 세우기 위해서는 정확한 규준틀을 설치하고 중심선 표시를 용이하게 하여야 하며, 말뚝을 세운 후 검측은 직교하는 2방향으로부터 하여야 한다.
- 말뚝의 연직도나 경사도는 1/50 이내로 하고, 말뚝박기 후 평면상의 위치가 설계도면의 위치로부터 D/4(D는 말뚝의 바깥지름)와 100mm 중 큰 값 이상으로 벗어나지 않아야 한다.

0502 / 0801 / 1004 / 1802

## 62

Repetitive Learning (1회 2회 3회)

기존에 구축된 건축물 가까이에서 건축공사를 실시할 경우 기존 건축물의 지반과 기초를 보강하는 공법은?

① 리버스서큘레이션 공법
② 언더피닝 공법
③ 슬러리 월 공법
④ 탑다운 공법

해설

- 리버스서큘레이션 공법은 현장타설 말뚝공법의 한 종류로 굴착토사와 물 등을 파이프 내부를 통해 역순환시켜 배출하는 공법이다.
- 슬러리 월 공법은 지하연속벽 공법으로 지하연속벽을 흙막이 벽으로 하여 굴착하면서 구조체를 형성해가는 공법이다.
- 탑다운 공법은 역타공법이라고도 하며, 지하 터파기와 지상의 구조체 공사를 병행하여 시공하는 공법을 말한다.

언더피닝(Under pinning) 공법
- 가설기초의 용량(지지력)과 심도를 증가시키기 위하여 새로운 영구적인 지지력을 첨가하는 것을 말한다. 기존 건물 또는 공작물의 기초나 지정을 보강하거나 또는 거기에 새로운 기초를 삽입하거나 지지면을 더 깊은 지반에 옮겨 안전하게 하기 위한 지반개량 공법이다.
- 기존에 구축된 건축물 가까이에서 건축공사를 실시할 경우 기존 건축물기초의 침하 우려에 대비하여 지반과 기초를 보강하는 공법을 말한다.
- 언더피닝 공법에는 강재말뚝 공법, 약액주입법, 2중 널말뚝 공법, 피트 공법, 차단벽 공법, 웰포인트 공법 등이 있다.

## 63

Repetitive Learning (1회 2회 3회)

철거작업 시 지중장애물 사전조사항목으로 가장 거리가 먼 것은?

① 주변 공사장에 설치된 모든 계측기 확인
② 기존 건축물의 설계도, 시공기록 확인
③ 가스, 수도, 전기 등 공공매설물 확인
④ 시험굴착, 탐사 확인

해설

- 주변 공사장이 계측기를 모두 확인할 필요는 없다.

철거작업 시 지중장애물 사전조사항목
- 기존 건축물의 설계도, 시공기록 확인
- 가스, 수도, 전기 등 공공매설물 확인
- 시험굴착, 탐사 확인

정답 | 60 ③ 61 ① 62 ② 63 ①

1702

## 64

Repetitive Learning (1회 2회 3회)

철골공사에서 발생하는 용접 결함이 아닌 것은?

① 피트(Pit)
② 블로우 홀(Blow hole)
③ 오버 랩(Over lap)
④ 가우징(Gouging)

해설

- 가우징(Gouging)은 강구조물의 공장 시공법의 하나로 가스와 산소불꽃 등을 이용해 금속면에 깊은 홈을 파는 방법을 말한다.

철골공사 용접불량

- 언더컷(Under cut) – 운봉불량, 전류과대, 용접봉의 선택 부적합으로 용접부 부근의 모재가 용접열에 의해 움푹 패인 형상
- 오버랩(Over lap) – 용접전류의 과소, 운봉 및 용접봉 유지각도의 부적절로 용접금속과 모재가 융합되지 않고 겹쳐지는 것을 의미하는 용접불량
- 피트(Pit) – 용접 시 용접금속 내에 흡수된 가스가 표면에 나와 생성된 작은 구멍
- 슬래그(Slag) 감싸들기 – 운봉부족과 전류과소로 용접봉의 피복재가 녹아 용접금속 표면에 부상하여 굳은 슬래그가 용접금속 내에 혼입되어 발생하는 형상
- 공기구멍(Blow hole) – 용접 시 용접금속 내에 흡수된 가스에 의해 그대로 잔류된 기공
- 스패터(Spatter) – 용접봉의 피복재가 녹아 용접금속 표면에 부상하여 굳은 슬래그 혹은 금속입자가 그대로 굳은 형상
- 용입불량 – 운봉속도가 빠르거나 전류가 낮은 경우, 홈의 각도가 좁은 경우 용착금속이 채워지지 않고 홈으로 남게 되는 형상

1004 / 1404

## 65

Repetitive Learning (1회 2회 3회)

원심력 고강도 프리스트레스트 콘크리트 말뚝(PHC 말뚝)의 이음방법 중 가장 강성이 우수하고 안전하여 많이 사용하는 이음방법은?

① 충전식 이음
② 볼트식 이음
③ 용접식 이음
④ 강관말뚝 이음

해설

- 원심력 고강도 프리스트레스트 콘크리트말뚝(PHC 말뚝)은 강성이 우수하고 안전한 용접식 이음방법을 주로 사용한다.

원심력 고강도 프리스트레스트 콘크리트말뚝(PHC 말뚝)

실작 1502

㉠ 개요

- 고강도 콘크리트에 프리스트레스를 도입하여 제조한 말뚝으로 Pretensioned spun High strength Concrete Piles를 말한다.
- 강성이 우수하고 안전한 용접식 이음방법을 주로 사용한다.
- 말뚝의 표기기호는 "PHC – 종별 – 말뚝바깥지름 – 말뚝길이" 형식을 사용한다.

㉡ 특징

- 콘크리트의 설계기준강도가 78.5Mpa로 종래 PC 파일의 강도보다 대폭 크다.
- 강재는 특수 PC 강선을 사용한다.
- 견고한 지반까지 항타가 가능하며 지지력 증강에 효과적이다.
- 건조수축이 적고 내약품성이 뛰어나며 경제적이다.

## 66

Repetitive Learning (1회 2회 3회)

철근 이음의 종류 중 나사를 가지는 슬리브 또는 커플러, 에폭시나 모르타르 또는 용융금속 등을 충전한 슬리브, 클립이나 편체 등의 보조장치 등을 이용한 것을 무엇이라 하는가?

① 겹침이음 ② 가스압접 이음
③ 기계적 이음 ④ 용접이음

해설

- 겹침이음은 콘크리트와의 부착력을 이용하는 방식이다.
- 가스압접 이음은 접합할 양쪽 부재의 끝부분을 산소 아세틸렌 가스로 가열하고 용융 즈음에 접합면에 압력을 가하여 접합하는 방법이다.
- 용접이음은 용접으로 하는 이음으로 일체성이 확보되므로 충분한 강도가 보장된다. 콘크리트 타설이 용이하고, 경제적이다.

철근 이음법

- 겹침이음(Lap splice) : 콘크리트와의 부착력을 이용하는 방식이다.
- 용접이음 : 일체성이 확보되므로 충분한 강도가 보장된다. 콘크리트 타설이 용이하고, 경제적이다.
- 가스압접 이음 : 접합할 양쪽 부재의 끝부분을 산소 아세틸렌 가스로 가열하고 용융 즈음에 접합면에 압력을 가하여 접합하는 방법이다.
- 기계적 이음 : Sleeve 압착 이음, Sleeve 충전식이음, Coupler를 이용한 나사 체결법 등 연결재를 이용한 이음방식이다.



64 ④ 65 ③ 66 ③ 정답

## 67 Repetitive Learning (1회 2회 3회)

R.C.D(리버스서큘레이션 드릴)공법의 특징으로 옳지 않은 것은?

① 드릴파이프 직경보다 큰 호박돌이 있는 경우 굴착이 불가하다.
② 깊은 심도까지 굴착이 가능하다.
③ 시공속도가 빠른 장점이 있다.
④ 수상(해상)작업이 불가하다.

**해설**

- 리버스서큘레이션 공법은 수압에 의해 공벽면을 안정시키는 공법으로 해상작업이 가능하다.

**리버스서큘레이션(Reverse Circulation Drill : R.C.D) 공법**

㉠ 개요
- 굴착 구멍과 저수 탱크 사이에 물을 강제로 순환시켜 공벽을 무너지지 않게 하면서 특수 비트의 회전을 통해 굴착한 흙을 드릴 파이프(Drill pipe)를 통해 물과 함께 배출하는 공법으로 드릴 로드 끝에서 물을 빨아올리면서 말뚝 구멍을 굴착한다.
- 순환수와 함께 지반을 굴착하고 배출시키면서 공 내에 철근망을 삽입, 콘크리트를 타설하여 말뚝기초를 형성하는 현장타설 말뚝 공법이다.
- 점토, 실트층 등에 주로 사용한다.

㉡ 특징
- 유연한 지반부터 암반까지 굴착할 수 있다.
- 시공심도는 30 ~ 70m 정도까지 가능하다.
- 시공직경은 0.8 ~ 3m 정도이다.
- 수압에 의해 공벽면을 안정시킨다.
- 세사층 굴착이 가능하나 드릴파이프 직경보다 큰 호박돌이 존재할 경우 굴착이 곤란하다.

1401

## 68 Repetitive Learning (1회 2회 3회)

보강블록공사 시 벽의 철근 배치에 관한 설명으로 옳지 않은 것은?

① 가로근은 배근 상세도에 따라 가공하되, 그 단부는 180°의 갈구리로 구부려 배근한다.
② 블록의 공동에 보강근을 배치하고 콘크리트를 다져넣기 때문에 세로줄눈은 막힌줄눈으로 하는 것이 좋다.
③ 세로근은 기초 및 테두리보에서 위층의 테두리보까지 잇지 않고 배근하여 그 정착길이가 철근 직경의 40배 이상으로 한다.
④ 벽의 세로근은 구부리지 않고 항상 진동없이 설치한다.

**해설**

- 보강블록조는 원칙적으로 통줄눈쌓기로 한다.

**보강블록조**

- 단순조적 블록조와 같은 방법으로 블록공사를 하되 블록의 빈 속을 철근과 콘크리트로 보강하여 내력벽을 구성하는 것을 말한다.
- 철근은 보통 원형철근을 이용하고, 결속선은 0.8mm(BWG #21) 이상의 철선을 달구어 사용한다.
- 보강블록조는 원칙적으로 통줄눈쌓기로 한다.
- 콘크리트용 블록은 물축임을 하지 말아야 한다. (단, 모르타르 접촉면에만 물을 축인다)
- 하루 쌓기의 높이는 6~7켜(1.2~1.5m) 이내를 표준으로 한다.
- 벽의 세로근은 원칙적으로 기초·테두리보에서 위층의 테두리보까지 잇지 않고 배근하여 그 정착길이는 철근 지름(d)의 40배 이상으로 한다.
- 가로근의 모서리는 서로 40d(d : 철근 지름) 이상으로 정착시키며 단부는 180° 갈고리를 둔다.
- 모르타르 또는 콘크리트의 세로근 피복 두께는 2cm 이상으로 하며 세로근과의 교차부는 모두 결속선으로 결속한다.

## 69 Repetitive Learning (1회 2회 3회)

콘크리트는 신속하게 운반하여 즉시 타설하고, 충분히 다져야 하는데 비비기로부터 타설이 끝날 때까지의 시간은 원칙적으로 얼마를 넘어서면 안 되는가?(단, 외기온도가 25℃ 이상일 경우)

① 1.5시간
② 2시간
③ 2.5시간
④ 3시간

**해설**

- 비비기로부터 타설이 끝날 때까지 시간은 원칙적으로 외기온도 25℃ 이상에서는 1.5시간, 25℃ 미만일 때는 2시간을 넘어서는 안 된다.

**콘크리트 타설 시의 유의사항**

- 콘크리트 타설 도중 표면에 떠올라 고인 블리딩 수가 있을 경우에는 적당한 방법으로 제거한 후 타설해야 하며, 이를 콘크리트 표면에 홈을 만들어 흐르게 해서는 안 된다.
- 비비기로부터 타설이 끝날 때까지 시간은 원칙적으로 외기온도 25℃ 이상에서는 1.5시간, 25℃ 미만일 때는 2시간을 넘어서는 안 된다.
- 타설 시 콘크리트의 재료분리는 가능한 적게 일어나도록 해야 한다.
- 타설한 콘크리트를 거푸집 안에서 횡방향으로 이동시켜서는 안 된다.

정답 | 67 ④ 68 ② 69 ①

1202 / 1602

## 70 Repetitive Learning (1회 2회 3회)

공사계약방식에서 공사실시 방식에 의한 계약제도가 아닌 것은?

① 일식 도급
② 분할 도급
③ 실비정산보수가산도급
④ 공동 도급

해설

- 실비정산 보수가산식 도급 방식은 공사비 지불방식에 따른 계약제도로 건축주와 건축사, 시공자가 미리 공사에 소요되는 설비와 보수를 협의한 후 건축주는 공사의 진행을 시공자에게 위임하고 시공자는 건축주의 위임을 받아 공사를 진행한다. 이때 관련 공사비를 건축주로부터 받아 하도급자에게 지급하고 이에 대해 보수를 받는 방식을 말한다.

공사실시 방식에 의한 계약제도

㉠ 개요
- 공사실시 방식에 의한 계약제도는 도급 혹은 직영공사방식으로 구분되며, 도급 방식은 분할 도급, 공동 도급, 일식 도급으로 분류된다.

㉡ 종류별 특징
- 분할 도급은 전문공종별, 공정별, 공구별 분할 도급으로 나눌 수 있으며 각기 별도의 도급자를 선정하여 재료, 노무, 현장시공업무 일체를 따로 도급계약을 맺는 방식이다.
- 공동 도급이란 대규모 공사에 대하여 여러 개의 건설회사가 공동출자 기업체를 조직하여 도급하는 방식으로 업체간 공사수급의 경쟁을 완화하고 위험을 분산시킨다.
- 일식 도급은 한 공사 전부를 도급자에게 맡겨 재료, 노무, 현장시공업무 일체를 일괄하여 시행시키는 방법으로 공사비가 확정되고 책임한계가 명료하며 공사관리가 용이하다.
- 직영공사는 시공사 없이 건축주가 직접 공사하는 것으로 수속이 줄어들고 임기응변처리가 가능한 이점이 있다.

0901 / 1002 / 1304

## 71 Repetitive Learning (1회 2회 3회)

건설 사업이 대규모화, 고도화, 다양화, 전문화 되어감에 따라 단순 기술에 의한 시공만이 아닌 고부가가치를 추구하기 위한 업무영역 확대를 의미하는 것은?

① CM ② EC
③ BOT ④ SOC

해설

- CM은 건설공사에 대한 기획, 타당성조사, 분석, 설계를 비롯해 조달, 계약, 시공관리, 감리, 평가, 사후관리 등의 업무를 도맡아 하는 건설사업관리를 말한다.
- BOT는 개발 프로젝트를 수주한 건설업자가 사업에 필요한 자금을 조달하고 건설을 마친 후 자본설비 등을 일정 기간 동안 운영하는 것을 말한다.
- SOC는 도로·항만·공항·철도 등 교통시설과 전기·통신, 상하수도, 댐, 공업단지 등을 포함하는 사회간접자본을 말한다.

EC(Engineering Construction)
- 건설 사업이 대규모화, 고도화, 다양화, 전문화 되어감에 따라 단순 기술에 의한 시공만이 아닌 고부가가치를 추구하기 위한 업무영역 확대를 의미하는 용어이다.
- 종합건설업화, 업무형태의 확대 등 사업의 발굴, 기획, 설계, 시공 유지관리에 이르는 사업전반의 종합기획, 관리를 담당하는 종합건설업화를 말한다.

## 72 Repetitive Learning (1회 2회 3회)

알루미늄 거푸집에 관한 설명으로 옳지 않은 것은?

① 경량으로 설치시간이 단축된다.
② 이음매(Joint) 감소로 견출작업이 감소된다.
③ 주요 시공 부위는 내부벽체, 슬래브, 계단실 벽체이며, 슬래브 필러 시스템이 있어서 해체가 간편하다.
④ 녹이 슬지 않는 장점이 있으나 전용횟수가 매우 적다.

해설

- 알루미늄 거푸집은 전용횟수가 높아 고층 건축물 시공 시 경제적인 장점을 갖는다.

알루미늄 거푸집

㉠ 개요
- 알루미늄 거푸집은 거푸집의 프레임 및 패널을 알루미늄 재질로 경량화시킨 거푸집을 말한다.
- 알루미늄 거푸집은 유로폼에 비해 가볍고 강성이 크며 시공정밀도가 우수해 많이 사용된다.
- 주요 시공 부위는 내부벽체, 슬래브, 계단실 벽체이며, 슬래브 필러 시스템이 있어서 해체가 간편하다.

㉡ 장점
- 콘크리트 표면이 미려하다.
- 전용횟수가 높아 고층공사 시 경제적이다.
- 시공정밀도가 우수하다.
- 가볍고 강성이 크다.

㉢ 단점
- 초기 투자비가 많이 소모된다.
- 자재의 정밀성으로 인해 생산성이 저하된다.
- 유능한 기능공을 확보하기 어렵다.



70 ③ 71 ② 72 ④ 정답

## 73

Repetitive Learning (1회 2회 3회)

벽돌쌓기 시 사전준비에 관한 설명으로 옳지 않은 것은?

① 줄기초, 연결보 및 바닥 콘크리트의 쌓기면은 작업 전에 청소하고, 우묵한 곳은 모르타르로 수평지게 고른다.
② 벽돌에 부착된 흙이나 먼지는 깨끗이 제거한다.
③ 모르타르는 지정한 배합으로 하되 시멘트와 모래는 건비빔으로 하고, 사용할 때는 쌓기에 지장이 없는 유동성이 확보되도록 물을 가하고 충분히 반죽하여 사용한다.
④ 콘크리트 벽돌은 쌓기 직전에 충분한 물축이기를 한다.

해설

- 콘크리트 벽돌은 쌓기 직전에 물을 축이지 않는다.

벽돌쌓기 사전준비
- 줄기초, 연결보 및 바닥 콘크리트의 쌓기면은 작업 전에 청소하고 우묵한 곳은 모르타르로 수평지게 고른다.
- 모르타르가 굳은 다음 접착면은 적절히 물축이기를 하고 벽돌쌓기를 시작한다.
- 붉은 벽돌은 벽돌쌓기 하루 전에 벽돌더미에 물 호스로 충분히 젖게 하여 표면에 습도를 유지한 상태로 준비하고, 더운 하절기에는 벽돌더미에 여러 시간 물뿌리기를 하여 표면이 건조하지 않게 해서 사용한다.
- 콘크리트 벽돌은 쌓기 직전에 물을 축이지 않는다.
- 벽돌에 부착된 흙이나 먼지는 깨끗이 제거한다.
- 모르타르는 배합과 보강 등에 필요한 자재의 품질 및 수량을 확인한다. 모르타르는 지정한 배합으로 하되 시멘트와 모래는 건비빔으로 하고, 사용할 때에는 쌓기에 지장이 없는 유동성이 확보되도록 물을 가하고 충분히 반죽하여 사용한다.
- 벽돌공사를 하기 전에 바탕점검을 하고 구체 콘크리트에 필요한 정착철물의 정확한 배치, 정착철물이 콘크리트 구체에 견고하게 정착되었는지 여부 등 공사의 착수에 지장이 없는가를 확인한다.

## 74

Repetitive Learning (1회 2회 3회)

강구조물 부재 제작 시 마킹(금긋기)에 관한 설명으로 옳지 않은 것은?

① 주요부재의 강판에 마킹할 때는 펀치(punch) 등을 사용하여야 한다.
② 강판 위에 주요부재를 마킹할 때는 주된 응력의 방향과 압연 방향을 일치시켜야 한다.
③ 마킹할 때는 구조물이 완성된 후에 구조물의 부재로서 남을 곳에는 원칙적으로 강판에 상처를 내어서는 안 된다.
④ 마킹 시 용접열에 의한 수축 여유를 고려하여 최종 교정, 다듬질 후 정확한 치수를 확보할 수 있도록 조치해야 한다.

해설

- 주요부재의 강판에 마킹할 때에는 펀치(punch) 등을 사용하지 않아야 한다.

강구조물 부재 제작시 마킹(금긋기)
- 강판 위에 주요부재를 마킹 할 때에는 주된 응력의 방향과 압연 방향을 일치시켜야 한다.
- 마킹을 할 때에는 구조물이 완성된 후에 구조물의 부재로서 남을 곳에는 원칙적으로 강판에 상처를 내어서는 안 된다. 특히, 고강도강 및 휨 가공하는 연강의 표면에는 펀치, 정 등에 의한 흔적을 남겨서는 안 된다. 다만 절단, 구멍뚫기, 용접 등으로 제거되는 경우에는 무방하다.
- 주요부재의 강판에 마킹할 때에는 펀치(punch) 등을 사용하지 않아야 한다.
- 마킹 시 용접열에 의한 수축 여유를 고려하여 최종 교정, 다듬질 후 정확한 치수를 확보할 수 있도록 조치해야 한다.
- 마킹검사는 띠철이나 형판 또는 자동가공기(CNC)를 사용하여 정확히 마킹되었는가를 확인하고 재질, 모양, 치수 등에 대한 검토와 마킹이 현도에 의한 띠철, 형판대로 되어 있는가를 검사해야 한다.

## 75

Repetitive Learning (1회 2회 3회)

다음 각 거푸집에 관한 설명으로 옳은 것은?

① 트래블링 폼(Travelling Form) : 무량판 시공 시 2방향으로 된 상자형 기성재 거푸집이다.
② 슬라이딩 폼(Sliding Form) : 수평활동거푸집이며 거푸집 전체를 그대로 떼어 다음 사용 장소로 이동시켜 사용할 수 있도록 한 거푸집이다.
③ 터널폼(Tunnel Form) : 한 구획 전체의 벽판과 바닥판을 ㄱ자형 또는 ㄷ자형으로 짜서 이동시키는 형태의 기성재 거푸집이다.
④ 와플폼(Waffle Form) : 거푸집 높이는 약 1m이고 하부가 약간 벌어진 원형 철판 거푸집을 요오크(yoke)로 서서히 끌어올리는 공법으로 Silo 공사 등에 적당하다.

해설

- ①의 설명은 와플폼이다.
- ②의 설명은 트래블링 폼이다.
- ④의 설명은 슬라이딩 폼이다.

정답 | 73 ④ 74 ① 75 ③

:: 터널폼(Tunnel form)

㉠ 개요

- 벽식 철근콘크리트 구조를 시공할 경우 벽과 바닥의 콘크리트 타설을 한 번에 가능하게 하기 위하여, 벽체용 거푸집과 슬래브 거푸집을 일체로 제작하여 한 번에 설치하고 해체할 수 있도록 한 거푸집이다.
- 아파트, 병원의 병실, 호텔의 객실 등 동일한 형태의 구조물 및 토목공사, 터널 등에 사용된다.
- 종류에는 트윈쉘(Twin shell)과 모노쉘(Mono shell)이 있다.

㉡ 특징

- 노무 절감, 공기단축이 가능하다.
- 자재와 원가 절감이 가능하다.
- 거푸집 강성과 전용성(100회)이 우수하다.

0804 / 1204

## 76 ——— Repetitive Learning (1회 2회 3회)

두께 110mm의 일반구조용 압연강재 SS275의 항복강도($f_y$) 기준 값은?

① 275MPa 이상

② 265MPa 이상

③ 245MPa 이상

④ 235MPa 이상

해설

- 건축구조기준에 강재의 판두께가 100mm를 초과하는 경우 구조실험 및 검사에 따라 안전성이 인정되어야 하며, 항복강도는 235 이상이어야 한다.

:: 일반구조용 압연강재

- SS(Steel-Structure)재라고 불리며 탄소 함유량이 적어 열처리 없이 사용하는 연강을 말한다.
- 기호는 SS숫자로 표기하는데 이때 숫자가 최소인장강도[$N/mm^2$]를 말한다.
- 기존 SS400(인장강도 400, 항복강도 245 이상)이 SS275(인장강도 410, 항복강도 275 이상)으로 개정되었다.
- SS275 강재의 두께별 기계적 성질

| 기계적 성질 / 강재의 두께[mm] | 항복점 항복강도 [$N/mm^2$] | 인장강도 [$N/mm^2$] | 연신율 |
|---|---|---|---|
| 16 이하 | 275 이상 | 410 ~ 550 | 18% |
| 16 초과 ~ 40 이하 | 265 이상 | | |
| 40 초과 ~ 100 이하 | 245 이상 | | |
| 100 초과 | 235 이상 | | |

1102 / 1401 / 1802

## 77 ——— Repetitive Learning (1회 2회 3회)

피어 기초공사에 관한 설명으로 옳지 않은 것은?

① 중량구조물을 설치하는데 있어서 지반이 연약하거나 말뚝으로도 수직지지력이 부족하고 그 시공이 불가능한 경우와 기존 지반의 교란을 최소화해야 할 경우에 채용한다.

② 굴착된 흙을 직접 탐사할 수 있고 지지층의 상태를 확인할 수 있다.

③ 진동과 소음이 발생하는 공법이긴 하나 여타 기초형식에 비하여 공기 및 비용이 적게 소요된다.

④ 피어 기초를 채용한 국내의 초고층 건축물에는 63빌딩이 있다.

해설

- 피어 기초공사는 무소음, 무진동공법이나 기후의 영향을 많이 받으며, 기후가 악조건일 경우 공기가 길어지고 비용이 많이 소요된다.

:: 피어(Pier) 기초공사

㉠ 개요

- 피어 기초란 구조물의 하중을 단단한 지반에 전달하기 위하여 수직공을 굴착하고 그 수직공에 트레미관을 이용하여 콘크리트를 타설하여 만들어진 기초를 말한다.
- 무소음, 무진동 공법으로 히빙이나 진동을 일으키지 않아 시가지 공사에 적합하다.
- 피어 기초를 채용한 국내의 초고층 건축물에는 63빌딩이 있다.
- 중량구조물을 설치하는 데 있어서 지반이 연약하거나 말뚝으로도 수직지지력이 부족하고 그 시공이 불가능한 경우와 기조지반의 교란을 최소화해야 할 경우에 채용한다.
- 굴착된 흙을 직접 탐사할 수 있고 지지층의 상태를 확인할 수 있다.
- 공벽의 붕괴를 방지하기 위해 벤토나이트 안정액을 주입한다.
- 기후의 영향을 많이 받으며, 기후가 악조건일 경우 공기가 길어지고 비용이 많이 소요된다.

㉡ 관련용어

- 교각(Pier)은 교량의 하부 구조로 교량 거더를 지지하고 교량 거더로부터의 하중을 하방 지반으로 전달하는 구조물을 말한다.
- 케이싱(Casing)은 현장치기 콘크리트말뚝 등에서 굴착 구멍이 붕괴되지 않도록 구멍의 전장 혹은 상부에 넣는 강관으로 Benoto 공법에서 많이 이용한다.



76 ④ 77 ③ 정답

## 78

Repetitive Learning (1회 2회 3회)

콘크리트 공사 시 시공이음에 관한 설명으로 옳지 않은 것은?

① 시공이음은 될 수 있는 대로 전단력이 작은 위치에 설치하고, 부재의 압축력이 작용하는 방향과 직각이 되도록 하는 것이 원칙이다.

② 외부의 염분에 의한 피해를 받을 우려가 있는 해양 및 항만 콘크리트 구조물 등에 있어서는 시공이음부를 최대한 많이 설치하는 것이 좋다.

③ 이음부의 시공에 있어서는 설계에 정해져 있는 이음의 위치와 구조는 지켜져야 한다.

④ 수밀을 요하는 콘크리트에 있어서는 소요의 수밀성이 얻어지도록 적절한 간격으로 시공이음부를 두어야 한다.

**해설**

- 외부의 염분에 의한 피해를 받을 우려가 있는 해양 및 항만 콘크리트 구조물 등에 있어서는 시공이음부를 되도록 두지 않는다.

**콘크리트 시공이음**

- 시공이음은 될 수 있는 대로 전단력이 작은 위치에 설치하고, 부재의 압축력이 작용하는 방향과 직각이 되도록 한다.
- 부득이 전단이 큰 위치에 시공이음을 설치할 경우에는 시공이음에 장부 또는 홈을 두거나 적절한 강재를 배치하여 보강하여야 한다.
- 이음부의 시공에 있어서는 설계에 정해져 있는 이음의 위치와 구조는 지켜져야 한다. 설계에 정해져 있지 않은 이음을 설치할 경우에는 구조물의 강도, 내구성, 수밀성 및 외관을 해치지 않도록 시공계획서에 정해진 위치, 방향 및 시공 방법을 준수한다.
- 외부의 염분에 의한 피해를 받을 우려가 있는 해양 및 항만 콘크리트 구조물 등에 있어서는 시공이음부를 되도록 두지 않는다. 부득이 시공이음부를 설치할 경우에는 만조위로부터 위로 0.6m와 간조위로부터 아래로 0.6m 사이인 감조부 부분을 피하여야 한다.
- 수밀을 요하는 콘크리트에 있어서는 소요의 수밀성이 얻어지도록 적절한 간격으로 시공이음부를 두어야 한다.

## 79

Repetitive Learning (1회 2회 3회)

철근공사 시 철근의 조립과 관련된 설명으로 옳지 않은 것은?

① 철근이 바른 위치를 확보할 수 있도록 결속선으로 결속하여야 한다.

② 철근은 조립한 다음 장기간 경과한 경우에는 콘크리트의 타설 전에 다시 조립검사를 하고 청소하여야 한다.

③ 경미한 황갈색 녹이 발생한 철근은 콘크리트와의 부착이 매우 불량하므로 사용이 불가하다.

④ 철근의 피복두께를 정확하게 확보하기 위해 적절한 간격으로 고임재 및 간격재를 배치하여야 한다.

**해설**

- 경미한 황갈색의 녹이 발생한 철근은 일반적으로 콘크리트와의 부착을 해치지 않으므로 사용할 수 있다.

**철근의 조립**

- 철근의 표면에는 부착을 저해하는 흙, 기름 또는 이물질이 없어야 한다. 경미한 황갈색의 녹이 발생한 철근은 일반적으로 콘크리트와의 부착을 해치지 않으므로 사용할 수 있다.
- 철근은 바른 위치에 배치하고, 콘크리트를 타설할 때 움직이지 않도록 충분히 견고하게 조립하여야 한다. 이를 위하여 필요에 따라서 조립용 강재를 사용할 수 있다. 또한 철근이 바른 위치를 확보할 수 있도록 결속선으로 결속하여야 한다.
- 철근의 피복두께를 정확하게 확보하기 위해 적절한 간격으로 고임재 및 간격재를 배치하여야 한다. 고임재와 간격재를 선정하고 배치할 때에는 사용개소의 조건, 이들의 고정 방법 및 철근의 중량, 작업하중 등을 고려할 필요가 있다.
- 일반적으로 널리 사용되는 고임재 및 간격재에는 모르타르 제품, 콘크리트 제품, 강 제품, 플라스틱 제품, 세라믹 제품 등이 있으며, 사용되는 장소, 환경에 따라 적절한 것을 선정할 수 있다.
- 거푸집에 접하는 고임재 및 간격재는 콘크리트 제품 또는 모르타르 제품을 사용하여야 한다.
- 플라스틱 제품은 콘크리트와의 열팽창률의 차이, 부착 및 강도 부족 등의 문제가 있으며, 스테인리스 등의 내식성 금속으로 만든 고임재 및 간격재는 서로 다른 종류의 금속간의 접촉부식 문제 등 불명확한 점이 있으므로 이들을 사용할 경우에는 책임기술자의 승인을 얻어야 한다.
- 철근은 조립이 끝난 후 철근상세도에 맞게 조립되어 있는지를 검사하여야 한다.
- 철근은 조립한 다음 장기간 경과한 경우에는 콘크리트를 타설 전에 다시 조립 검사를 하고 청소하여야 한다.

정답 | 78 ② 79 ③

1401

## 80 Repetitive Learning (1회 2회 3회)

건축 공사의 각종 분할 도급의 장점에 관한 설명 중 옳지 않은 것은?

① 전문공종별 분할 도급은 설비업자의 자본, 기술이 강화되어 능률이 향상된다.
② 공정별 분할 도급은 후속공사를 다른 업자로 바꾸거나 후속공사금액의 결정이 용이하다.
③ 공구별 분할 도급은 중소업자에 균등기회를 주고 업자 상호간 경쟁으로 공사기일 단축, 시공 기술향상에 유리하다.
④ 직종별, 공종별 분할 도급은 전문 직종으로 분할하여 도급을 주는 것으로 건축주의 의도를 철저하게 반영시킬 수 있다.

해설

- 공정별 분할 도급은 작업공정별로 나누어 도급을 주는 방식으로 예산 배정이 편리하고 분할발주도 가능하지만 여러 도급으로 나눔으로 인해 도급자의 교체가 까다로운 단점을 갖는다.

⁘ 분할 도급의 종류

- 전문공종별 분할 도급은 전기, 난방 등의 설비공사를 개별공사로 분리하여 별도로 발주하는 방식이다. 능률은 향상되나 관리가 어려우며 공사비 증대의 가능성이 높다.
- 공정별 분할 도급은 작업공정별로 나누어 도급을 주는 방식으로 예산 배정이 편리하고 분할발주도 가능하지만 여러 도급으로 나눔으로 인해 도급자의 교체가 까다롭다.
- 공구별 분할 도급은 대규모공사에서 지역별로 공사를 구분하여 발주하는 도급 방식으로 공사기일단축, 시공기술향상 및 공사의 높은 성과를 기대할 수 있다.
- 직종별, 공종별 분할 도급은 총괄도급자가 직영공사를 하는 경우로 전문 직종으로 분할하여 도급을 주어 건축주의 의도를 철저하게 반영시킬 수 있다.

# 5과목 건설재료학

1404

## 81 Repetitive Learning (1회 2회 3회)

건축재료의 성질을 물리적 성질과 역학적 성질로 구분할 때 물체의 운동에 관한 성질인 역학적 성질에 속하지 않는 항목은?

① 탄성
② 비중
③ 강성
④ 소성

해설

- 비중은 가장 대표적인 재료의 물리적 성질이다.

⁘ 재료의 성질

㉠ 역학적 성질

- 재료의 역학적 성질에는 탄성, 소성, 점성, 인성, 연성, 전성, 강성, 취성, 경도, 내피로성 등이 있다.

| 구분 | 설명 |
|---|---|
| 탄성 (Elasticity) | 외력이 작용하면 변형이 생기지만 외력을 제거하면 원래의 모양으로 돌아가는 성질 |
| 소성 (Plasticity) | 외력이 작용하면 변형이 생기고, 외력이 제거되어도 그 변형된 상태를 유지하는 성질 |
| 점성 (Viscosity) | 외력에 의한 유동 시 재료 각 부에 저항이 생기는 성질 |
| 인성 (Toughness) | 외력을 받으면 변형을 나타내면서도 파괴되지 않고 견디는 성질 |
| 연성 (Ductility) | 탄성한계 이상의 외력을 받아도 파괴되지 않고 가늘고 길게 늘어나는 성질 |
| 강성 (Stiffness) | 재료가 외력을 받았을 때 변형에 저항하는 성질 |
| 취성 (Brittleness) | 유리와 같이 외력에 변형되지 않으나 작은 변형에도 파괴되는 성질 |
| 경도 (Hardness) | 재료의 단단한 정도 |
| 내피로성 (Fatigue resistance) | 부하가 반복적으로 가해지더라도 이를 견딜 수 있는 성질 |

㉡ 물리적 성질

- 물리적 성질에는 비중, 열전도율, 내열성, 함수율, 흡수율, 비열, 열팽창계수 등이 있다.

| 구분 | 설명 |
|---|---|
| 비중 | 기준이 되는 물질의 밀도에 대한 상대적인 비 |
| 열전도율 | 온도 차에 의해 열이 전달되는 특성 |
| 내열성 | 열저항성 |



80 ② 81 ② 정답

## 82 Repetitive Learning 1회 2회 3회

강재(鋼材)의 일반적인 성질에 관한 설명으로 옳지 않은 것은?

① 열과 전기의 양도체이다.
② 광택을 가지고 있으며, 빛에 불투명하다.
③ 경도가 높고 내마멸성이 크다.
④ 전성이 일부 있으나 소성변형능력은 없다.

해설

- 강재는 전성(재료를 판으로 만들어 넓고 얇게 만들 수 있는 능력)과 연성(재료가 하중을 받아 파괴에 이르기까지 소성변형을 할 수 있는 능력)이 크다.

강재의 일반적인 성질

- 열과 전기의 양도체이다.
- 광택을 가지고 있으며, 빛에 불투명하다.
- 경도가 높고 내마멸성이 크다.
- 전성(재료를 판으로 만들어 넓고 얇게 만들 수 있는 능력)과 연성(재료가 하중을 받아 파괴에 이르기까지 소성변형을 할 수 있는 능력)이 크다.

## 83 Repetitive Learning 1회 2회 3회

비스페놀과 에피크로로하이드린의 반응으로 얻어지며 주제와 경화제로 이루어진 2성분계의 접착제로서 금속, 플라스틱, 도자기, 유리 및 콘크리트 등의 접합에 널리 사용되는 접착제는?

① 실리콘수지 접착제 ② 에폭시수지 접착제
③ 비닐수지 접착제 ④ 아크릴수지 접착제

해설

- 실리콘수지 접착제는 열에 매우 강하고 내수성도 우수한 접착제로 건설, 전기, 전자, 항공우주분야에 많이 사용한다.
- 비닐수지 접착제는 값이 저렴하여 작업성이 좋으나 내수성과 내열성이 좋지 않아 목공용으로 주로 사용된다.
- 아크릴수지 접착제는 주제와 경화제 그리고 압착을 통해 접착시키는 접착제로 내약품성, 내구성이 우수해 구조용 접착제로 사용된다.

에폭시수지 접착제(Epoxy resin adhesive)

- 주제와 경화제로 이루어진 2성분형이 대부분인 열경화성 수지 접착제이다.
- 금속, 석재, 도자기, 유리, 콘크리트, 플라스틱재 등의 접착에 사용되는 만능형 접착제이다.
- 경화제를 사용하여 만들어지므로 접착할 때 압력을 가할 필요가 없다.
- 급경성으로 내알칼리성, 내산성 등의 내화학성이나 접착력이 크고 내구력, 내수성, 내약품성이 우수한 합성수지 접착제이다.

## 84 Repetitive Learning 1회 2회 3회

외부에 노출되는 마감용 벽돌로써 벽돌면의 색깔, 형태, 표면의 질감 등의 효과를 얻기 위한 것은?

① 광재벽돌 ② 내화벽돌
③ 치장벽돌 ④ 포도벽돌

해설

- 광재벽돌은 광재(슬러그)에 석회를 물반죽하여 경화시킨 중량벽돌로 방사선 차폐용으로 사용한다.
- 내화벽돌은 내화점토로 만든 황백색의 벽돌로 1,500~2,000도의 내화도를 가져 보일러나 굴뚝의 내부에 사용한다.
- 포도벽돌은 혈암토에 내화점토를 혼합하여 가압성형한 벽돌로 흡수율이 적고 내마모설이 뛰어나 도로 포장용으로 사용한다.

치장벽돌

- 외부에 노출되는 마감용 벽돌로써 벽돌면의 색깔, 형태, 표면의 질감 등의 효과를 얻기 위해 사용한다.
- 주로 점토로 구워 만든 점토벽돌이 대부분이다.
- 전벽돌이나 고벽돌도 치장벽돌의 한 종류로 볼 수 있다.

0502 / 0801

## 85 Repetitive Learning 1회 2회 3회

대리석의 일종으로 다공질이며 황갈색의 반문이 있고 갈면 광택이 나서 우아한 실내장식에 사용되는 것은?

① 테라죠
② 트래버틴
③ 석면
④ 점판암

해설

- 테라죠는 대리석, 화강암 등의 부순 골재, 안료, 시멘트 등을 혼합한 콘크리트로 성형하고 경화한 후 표면을 연마하고 광택을 내어 마무리한 제품을 말한다.
- 석면은 사문암 또는 각섬암이 열과 압력을 받아 변질하여 섬유모양의 결정질이 된 것으로 단열재·보온재 등으로 사용되었으나, 인체 유해성으로 사용이 규제되고 있다.
- 점판암은 점토가 큰 압력을 받아 응결된 수성암으로 내수성이 우수해 지붕 및 벽의 재료로 사용된다.

트래버틴(Travertine)

- 대리석의 일종인 변성암으로 황갈색의 반문이 있으며, 탄산석회를 포함한 물에서 침전, 생성된 것이다.
- 석질이 불균일하고 다공질이다.
- 갈면 광택이 나서 특수 내장재로 주로 사용된다.

정답 | 82 ④ 83 ② 84 ③ 85 ②

1401 / 1402 / 1801

## 86 Repetitive Learning (1회 2회 3회)

콘크리트의 블리딩 현상에 의한 성능저하와 가장 거리가 먼 것은?

① 골재와 시멘트 페이스트의 부착력 저하
② 철근과 시멘트 페이스트의 부착력 저하
③ 콘크리트의 수밀성 저하
④ 콘크리트의 응결성 저하

**해설**

- 블리딩 현상은 콘크리트가 응결이 시작되기 전에 침하하는 성질로 응결성과는 큰 관련이 없다.

**블리딩**

㉠ 개요
- 재료 분리현상의 일종으로 시멘트 페이스트와 물이 분리되어 일부의 물이 미세한 물질과 함께 콘크리트 상부에 모이는 현상을 말한다.
- 침강균열의 원인으로 작용하고, 상부의 콘크리트를 다공질로 만들어 품질을 저하시키며, 수밀성과 내구성을 저하시킨다.
- 블리딩으로 모인 물이 증발하고 남은 백색의 미세한 물질을 레이턴스라고 한다.

㉡ 성능저하
- 레이턴스 발생으로 골재와 시멘트 페이스트의 부착력 저하
- 철근 하부의 공극으로 인해 철근과 시멘트 페이스트의 부착력 저하
- 콘크리트의 수밀성 저하

## 87 Repetitive Learning (1회 2회 3회)

직사각형으로 자른 얇은 나뭇조각을 서로 직각으로 겹쳐지게 배열하고 방수성 수지로 강하게 압축 가공한 보드는?

① O.S.B　② M.D.F
③ 플로링 블록　④ 시멘트 사이딩

**해설**

- M.D.F는 톱밥과 접착제를 섞어 열과 압력으로 가공한 중질섬유판으로 내장재(상판, 칸막이벽), 가구, 창호 등에 사용한다.
- 플로링 블록은 플로링보드를 여러 장 붙여서 길이와 나비가 같게 제혀쪽매로 옆 대어 만든 정사각형의 블록이다.
- 시멘트 사이딩 보드는 단면에 텍스처 처리가 된 강화섬유 시멘트 판재로 전원주택 등의 외장재로 많이 사용된다.

**O.S.B(Oriented Strand Board)**

- Strand(작은 조각)을 배열해서 만든 합판이다.
- 직사각형으로 자른 얇은 나뭇조각을 서로 직각으로 겹쳐지게 배열하고 방수성 수지로 강하게 압축 가공한 보드이다.
- 벽체와 지붕, 바닥의 구조재로 사용된다.

1302

## 88 Repetitive Learning (1회 2회 3회)

블론 아스팔트의 내열성, 내한성 등을 개량하기 위해 동물섬유나 식물섬유를 혼합하여 유동성을 증대시킨 것은?

① 아스팔트 펠트(Asphalt felt)
② 아스팔트 루핑(Asphalt roofing)
③ 아스팔트 프라이머(Asphalt primer)
④ 아스팔트 컴파운드(Asphalt compound)

**해설**

- 아스팔트 펠트는 목면, 마사, 양모, 폐지 등을 혼합하여 만든 원지에 스트레이트 아스팔트를 침투시킨 두루마리 제품으로 흡수성이 크기 때문에 아스팔트 방수의 중간층 재료로 이용된다.
- 아스팔트 루핑은 아스팔트 펠트의 양면에 블론 아스팔트를 가열·용융시켜 피복한 것이다.
- 아스팔트 프라이머는 블론 아스팔트를 용제에 녹인 것으로 액상을 하고 있으며 아스팔트 방수의 바탕처리재로 이용된다.

**아스팔트 제품**

| | |
|---|---|
| 아스팔트코팅 (Asphalt coating) | 블론아스팔트(Blown asphalt)를 휘발성 용제에 녹이고 광물 분말 등을 가하여 만든 것으로 방수, 접합부 충전 등에 사용된다. |
| 아스팔트프라이머 (Asphalt primer) | 블론아스팔트를 용제에 녹인 것으로 액상을 하고 있으며 아스팔트방수의 바탕처리재(밀착용)로 이용된다. |
| 아스팔트컴파운드 (Asphalt compound) | 블론아스팔트의 내열성, 내한성 등을 개량하기 위해 동물섬유나 식물섬유를 혼합하여 유동성을 증대시킨 것이다. |
| 아스팔트펠트 (Asphalt felt) | 목면, 마사, 양모, 폐지 등을 혼합하여 만든 원지에 스트레이트아스팔트를 침투시킨 두루마리 제품으로 흡수성이 크기 때문에 아스팔트방수의 중간층 재료로 이용된다. |
| 아스팔트루핑 (Asphalt roofing) | 아스팔트펠트의 양면에 블론아스팔트를 가열·용융시켜 피복한 것이다. |
| 아스팔트그라우트 (Asphalt grout) | 스트레이트아스팔트와 돌가루, 모래를 가열 혼합한 물질로 석재의 고착 및 충전에 사용된다. |



86 ④ 87 ① 88 ④ | 정답

1104 / 1602

## 89

Repetitive Learning (1회 2회 3회)

콘크리트 혼화재 중 하나인 플라이애시가 콘크리트에 미치는 작용에 관한 설명으로 옳지 않은 것은?

① 내황산염에 대한 저항성을 증가시키기 위하여 사용한다.
② 콘크리트 수화초기 시의 발열량을 감소시키고 장기적으로 시멘트의 석회와 결합하여 장기강도를 증진시키는 효과가 있다.
③ 입자가 구형이므로 유동성이 증가되어 단위수량을 감소시키므로 콘크리트의 워커빌리티의 개선, 펌핑성을 향상시킨다.
④ 알칼리 골재반응에 의한 팽창을 증가시키고 콘크리트의 수밀성을 약화시킨다.

해설

- 플라이애시를 사용한 시멘트는 시멘트의 수화열에 의한 균열 발생을 억제하고, 콘크리트의 수밀성을 향상시킨다.

플라이애시

㉠ 개요
- 석탄 화력발전소에서 발생되는 회분으로 굴뚝에서 집진기로 포집한 것이다.
- 시멘트에 첨가하는 혼화재로 알루미나와 실리카로 구성된다.
- 플라이애시를 사용한 시멘트는 초기 수화열이 낮고 장기강도 증진이 커 매스콘크리트용에 적합하다.

㉡ 특징
- 콘크리트의 워커빌리티를 좋게 하고 사용 수량을 감소시킨다.
- 초기 재령의 강도는 다소 작으나 장기 재령의 강도는 증가한다.
- 시멘트의 수화열에 의한 균열 발생을 억제하고, 콘크리트의 수밀성을 향상시킨다.
- 콘크리트 내부의 알칼리성을 감소시키기 때문에 중성화를 촉진시킬 염려가 있다.

0304 / 0404 / 1202 / 1304

## 90

Repetitive Learning (1회 2회 3회)

발포제로서 보드상으로 성형하여 단열재로 널리 사용되며 건축벽 타일, 천장재, 전기용품 등에 쓰이는 열가소성 수지는?

① 폴리에스테르수지
② 폴리스티렌수지
③ 실리콘수지
④ 아크릴수지

해설

- 폴리에스테르수지는 천연수지를 변성한 열경화성 수지로 내화학성이 좋으며, 선박재, 설비재, 내외 수장재로 널리 사용된다.
- 실리콘수지는 내수성, 내열성, 전기절연성, 유연성 등이 우수하며, 건설, 전자, 전기, 자동차, 우주항공 분야 등 다양한 분야에서 사용한다.
- 아크릴수지는 투명도가 높으며 착색이 자유롭고 내충격 강도가 커 채광판, 도어판, 칸막이벽 등에 사용된다.

단열재의 대표적인 종류와 특성

| | |
|---|---|
| 세라믹파이버 | 1,000℃ 이상의 고온에서도 견디는 섬유로 본래 공업용 가열로의 내화 단열재로 사용되었으나 최근에는 철골의 내화 피복재로 쓰인다. |
| 석면(Asbestos) | 사문암 또는 각섬암이 열과 압력을 받아 변질하여 섬유 모양의 결정질이 된 것으로 단열재·보온재 등으로 사용되었으나, 인체 유해성으로 사용이 규제되고 있다. |
| 폴리스티렌수지 | • 발포제로서 보드 상으로 성형하여 단열재로 널리 사용되며 건축벽 타일, 천장재, 전기용품 등에 쓰이는 열가소성 수지이다.<br>• 투명성, 기계적 강도, 내수성은 좋지만 내충격성이 약하며, 발포제를 사용하여 넓은 판으로 만들어 사용한다. |

## 91

Repetitive Learning (1회 2회 3회)

목모시멘트판을 보다 향상시킨 것으로서 폐기목재의 식편을 화힉처리하여 비교적 두꺼운 판 또는 공동블록 등으로 제작하여 마루, 지붕, 천장, 벽 등의 구조체에 사용되는 것은?

① 펄라이트시멘트판
② 후형슬레이트
③ 석면슬레이트
④ 듀리졸(durisol)

해설

- 펄라이트(Pearlite)는 페라이트와 세멘타이트의 층상 조직이다.
- 후형슬레이트는 석면슬레이트의 일종으로 가압시멘트판 기와라고도 하는 기와크기의 지붕재이다.
- 석면슬레이트는 발암물질인 석면이 포함된 슬레이트로 지붕재로 한때 많이 사용되었으나 지금은 사용하지 않는다.

듀리졸(durisol)
- 목모시멘트판을 보다 향상시킨 것이다.
- 폐기목재의 삭편(톱밥 등)을 화학처리하여 비교적 두꺼운 판 또는 공동블록 등으로 제작한다.
- 마루, 지붕, 천장, 벽 등의 구조체에 사용된다.

정답 | 89 ④ 90 ② 91 ④

0301

## 92 Repetitive Learning (1회 2회 3회)

다음은 자기질 점토소성제품에 대한 설명이다. 틀린 것은?

① 조직이 치밀하지만, 도기나 석기에 비하여 약하다.
② 1,230~1,460℃ 정도의 고온으로 소성한다.
③ 흡수성이 매우 낮으며, 반투명한 백색을 띈다.
④ 주로 타일 및 위생도기 등에 사용된다.

해설

- 자기는 점토제품중 경도와 강도가 가장 크다.

**자기**

- 양질의 도토 또는 장석분을 원료로 하며, 두드리면 청음이 나며 백색으로 투광성을 갖는 제품이다.
- 점토제품 중 가장 높은 온도(1,230~1,460℃)에서 소성되며, 경도와 강도가 가장 크다.
- 흡수율은 1% 이하로 거의 없다.
- 모자이크 타일, 위생도기 등에 주로 사용된다.

## 93 Repetitive Learning (1회 2회 3회)

접착제를 동물질 접착제와 식물질 접착제로 분류할 때 동물질 접착제에 해당되지 않는 것은?

① 아교
② 덱스트린 접착제
③ 카세인 접착제
④ 알부민 접착제

해설

- 식물질 접착제는 대두교, 소맥 단백질, 녹말풀, 덱스트린(옥수수 전분) 접착제 등이 있다.

**동물질 접착제**

㉠ 개요
- 동물성 단백질을 이용해 만든 접착제이다.
- 종류에는 아교, 카세인 접착제, 알부민 접착제 등이 있다.

㉡ 종류별 특징
- 아교는 동물가죽이나 뼈, 부레풀 등을 원료로 만든 접착제이다.
- 카세인 접착제는 내수성이 뛰어난 접착제로, 우유의 단백질 성분을 이용해 만든다.
- 알부민 접착제는 혈액의 혈장과 혈액 피브린으로 나누어 혈장을 70℃ 이하에서 건조하여 만든다.

1902

## 94 Repetitive Learning (1회 2회 3회)

대규모 지하구조물, 댐 등 매스콘크리트의 수화열에 의한 균열발생을 억제하기 위해 벨라이트의 비율을 중용열포틀랜드 시멘트 이상으로 높인 시멘트는?

① 저열포틀랜드시멘트
② 보통포틀랜드시멘트
③ 조강포틀랜드시멘트
④ 내황산염포틀랜드시멘트

해설

- 보통포틀랜드시멘트는 석회(CaO)와 점토를 주성분으로 실리카($SiO_2$), 알루미나($Al_2O_3$), 산화철($Fe_2O_3$) 등을 첨가하여 만든 가장 많이 사용되는 시멘트이다.
- 조강포틀랜드시멘트는 높은 수화열로 단면이 큰 구조물에 적합하지 않으며, 긴급공사, 동절기 한중공사에 주로 사용된다.
- 내황산염포틀랜드시멘트는 하수, 지하수, 공장 폐수 등에 포함된 황산염의 침식에 대한 저항성을 크게 하기 위해 만든 시멘트로 수화열이 적고 건조수축이 적다.

**저열포틀랜드시멘트**

- 벨라이트 결정을 많이 함유하여 수화열이 적고 장기강도 발현이 우수한 제품으로 대규모 지하구조물, 댐 등 매스콘크리트의 온도균열제어에 효과적인 시멘트이다.
- 조직이 매우 치밀하며, 내화학성과 내해수성이 우수하다.
- 낮은 물시멘트비의 고유동, 고강도 제품이다.

0301

## 95 Repetitive Learning (1회 2회 3회)

직경이 18mm인 봉강을 대상으로 인장시험을 행하여 항복하중 27kN, 최대하중 41kN을 얻었다. 이 강봉의 인장강도는?

① 약 106.3MPa ② 약 133.9MPa
③ 약 161.1MPa ④ 약 182.3MPa

해설

- 강봉의 인장강도는 최대하중이 41kN이고, 단면적은 원의 단면적 /4이므로 $\frac{\pi r^2}{4} = \frac{\pi \times 0.018^2}{4} = 2.544 \times 10^{-4}$을 대입해서 구한다.
- $\frac{41,000}{2.544 \times 10^{-4}} = 161,163,522$[N/$m^2$]이므로 161.16Mpa가 된다.

**인장강도**

- 강재의 인장강도는 단위 단면적당 최대하중을 의미한다.
- 단위는 메가파스칼(MPa=1,000,000N/$m^2$)을 사용한다.



92 ① 93 ② 94 ① 95 ③ 정답

0402 / 0701 / 1504

## 96 Repetitive Learning (1회 2회 3회)

역청재료의 침입도 시험에서 질량 100g의 표준 침이 5초 동안에 10mm 관입했다면 이 재료의 침입도는?

① 1　② 10
③ 100　④ 1000

**해설**

- 침입도는 5초 동안 10mm 관입되었으므로 대입하면 $\frac{10}{0.1}=100$이 된다.

**침입도의 계산**

- 25℃에서 중량 100g의 표준 침을 5초 동안 눌렀을 때 0.1[mm] 관입할 때 침입도는 1로 계산한다.
- 같은 조건에서 $\frac{\text{관입된 깊이[mm]}}{0.1}$로 구한다.

0402

## 97 Repetitive Learning (1회 2회 3회)

다음 중 열경화성 수지에 해당하지 않는 것은?

① 에폭시수지　② 멜라민수지
③ 페놀수지　④ 염화비닐수지

**해설**

- 염화비닐수지는 열가소성 수지이다.

**열경화성 수지**

- 가열하여 경화 성형하면 다시 열을 가해도 형태가 변하지 않는 수지를 말한다.
- 내열성, 내용제성, 내약품성, 기계적 성질, 전기절연성이 좋다.
- 식기나 전화기 등의 재료로 쓰인다.
- 충전제를 넣어 강인한 성형물을 만들거나, 섬유 강화 플라스틱을 제조하는 데에도 사용된다.
- 종류에는 페놀수지, 요소수지, 멜라민수지, 폴리에스테르수지, 에폭시수지, 실리콘수지, 알키드수지, 프란수지 등이 있다.

## 98 Repetitive Learning (1회 2회 3회)

목재의 방부처리법과 가장 거리가 먼 것은?

① 약제도포법　② 표면탄화법
③ 진공탈수법　④ 침지법

**해설**

- 목재의 방부법에는 침지법, 도포법, 주입법(상압, 가압, 생리적), 표면탄화법 등이 있다.

**목재의 방부처리법**

㉠ 침지법
- 목재를 방부용액에 담가 공기를 차단하여 방부처리하는 방법이다.
- 방부용액은 주로 크레오소트유를 사용한다.

㉡ 도포법
- 충분히 건조된 목재에 약재를 도포하여 방부처리하는 방법이다.
- 방부용액은 크레오소트유, 아스팔트 방부칠 등이 사용된다.

㉢ 주입법
- 방부용액을 목재에 주입하여 방부처리하는 방법이다.
- 주입하는 방법에 따라 상압주입법, 가압주입법, 생리적 주입법 등이 있다.
- 가압주입법은 압력용기 속에 목재를 넣어서 처리하는 방법으로 신속하고 효과적인 방법이다.
- 방부용액은 크레오소트유, PCP 등이 사용된다.

㉣ 표면탄화법
- 목재의 표면을 태워서 방부처리하는 방법이다.

## 99 Repetitive Learning (1회 2회 3회)

2장 이상의 판유리 등을 나란히 넣고, 그 틈새에 대기압에 가까운 압력의 건조한 공기를 채우고 그 주변을 밀봉・봉착한 것은?

① 열선흡수유리
② 배강도 유리
③ 강화유리
④ 복층유리

**해설**

- 대기 중의 수분이 물방울로 맺히는 결로방지효과를 가지는 유리는 복층유리이다.

**복층유리**

- 2장 이상의 판유리와 스페이서를 이용하여 건조한 공기층을 갖도록 만들어진 유리이다.
- 창문을 빠져나가는 열에너지를 최소로 하여 단열효과를 가진다.
- 대기 중의 수분이 물방울로 맺히는 결로방지효과를 가진다.

정답 | 96 ③ 97 ④ 98 ③ 99 ④

## 100

Repetitive Learning 1회 2회 3회

미장재료의 구성재료에 관한 설명으로 옳지 않은 것은?

① 부착재료는 마감고 바탕재료를 붙이는 역할을 한다.
② 무기혼화재료는 시공성 향상 등을 위해 첨가된다.
③ 풀재는 강도증진을 위해 첨가된다.
④ 여물재는 균열방지를 위해 첨가된다.

해설

- 풀재는 흙손에 의한 시공성을 개선하기 위해 첨가된다.

미장재료의 구성재료

- 부착재료는 마감고 바탕재료를 붙이는 역할을 한다.
- 무기혼화재료는 시공성 향상 등을 위해 첨가된다.
- 풀재는 흙손에 의한 시공성을 개선하기 위해 첨가된다.
- 여물재는 균열방지를 위해 첨가된다.

# 6과목 건설안전기술

0402 / 0901

## 101

Repetitive Learning 1회 2회 3회

10cm 그물코인 방망을 설치한 경우에 망 밑부분에 충돌위험이 있는 바닥면 또는 기계설비와의 수직거리는 얼마 이상이어야 하는가?[단, L(1개의 방망일 때 단변방향 길이) = 12cm, A(장변방향 방망의 지지간격) = 6cm]

① 10.2m ② 12.2m
③ 14.2m ④ 16.2m

해설

- 단변방향의 길이가 장변방향의 지지간격보다 크므로 망과 바닥까지의 수직거리는 0.85 × 12 = 10.2m보다 커야 한다.

방망과 바닥면과의 수직거리

- 단변방향 길이 ≥ 장변방향 지지간격 경우 수직거리 = 0.85 × 단변방향 길이로 구한다.
- 단변방향 길이 〈 장변방향 지지간격 경우 수직거리 = $\frac{0.85}{4}$ × (단변방향 길이 + 3 × 장변방향 지지간격)으로 구한다.

## 102

Repetitive Learning 1회 2회 3회

크레인의 와이어로프가 감기면서 붐 상단까지 후크가 따라 올라올 때 더 이상 감기지 않도록 하여 크레인 작동을 자동으로 정지시키는 안전장치로 옳은 것은?

① 권과방지장치 ② 후크해지장치
③ 과부하방지장치 ④ 속도조절기

해설

- 후크해지장치는 훅걸이용 와이어로프 등이 훅으로부터 벗겨지는 것을 방지하기 위한 장치이다.
- 과부하방지장치는 양중기에 있어서 정격하중 이상의 하중이 부하되었을 경우 자동적으로 동작을 정지시켜주는 방호장치를 말한다.
- 속도조절기는 크레인의 속도를 조절하는 장치이다.

권과방지장치

- 크레인이나 승강기의 와이어로프가 일정 이상 부하를 권상시키면 더 이상 권상되지 않게 하여 부하가 장치에 충돌하지 않도록 하는 장치이다.
- 권과방지장치의 간격은 25cm 이상 유지하도록 조정한다.
- 작동식 권과방지장치의 간격은 0.05m 이상이다.



100 ③ 101 ① 102 ① 정답

0701 / 1402

## 103 Repetitive Learning (1회 2회 3회)

비계의 높이가 2m 이상인 작업장소에 작업발판을 설치할 때 그 폭은 최소 얼마 이상이어야 하는가?

① 30cm ② 40cm

③ 50cm ④ 60cm

해설

• 작업발판의 폭은 40센티미터 이상으로 하고, 발판재료 간의 틈은 3센티미터 이하로 한다.

작업발판의 구조 실필 1902/1401 실작 1804

• 발판재료는 작업할 때의 하중을 견딜 수 있도록 견고한 것으로 할 것
• 작업발판의 폭은 40cm 이상으로 하고, 발판재료 간의 틈은 3cm 이하로 할 것
• 선박 및 보트 건조작업의 경우 선박블록 또는 엔진실 등의 좁은 작업공간에 작업발판을 설치하기 위하여 필요하면 작업발판의 폭을 30cm 이상으로 할 수 있고, 걸침비계의 경우 강관기둥 때문에 발판재료 간의 틈을 3cm 이하로 유지하기 곤란하면 5cm 이하로 할 수 있다. 이 경우 그 틈 사이로 물체 등이 떨어질 우려가 있는 곳에는 출입금지 등의 조치를 하여야 한다.
• 추락의 위험이 있는 장소에는 안전난간을 설치할 것
• 작업발판의 지지물은 하중에 의하여 파괴될 우려가 없는 것을 사용할 것
• 작업발판 재료는 뒤집히거나 떨어지지 않도록 둘 이상의 지지물에 연결하거나 고정시킬 것
• 작업발판을 작업에 따라 이동시킬 경우에는 위험 방지에 필요한 조치를 할 것

## 104 Repetitive Learning (1회 2회 3회)

터널공사 시 자동경보장치가 설치된 경우에 이 자동경보장치에 대하여 당일 작업시작 전 점검하고 이상을 발견하면 즉시 보수하여야 하는 사항이 아닌 것은?

① 계기의 이상 유무

② 검지부의 이상 유무

③ 경보장치의 작동 상태

④ 환기 또는 조명시설의 이상 유무

해설

• 터널작업 시 자동경보장치의 작업시작 전 점검사항에는 계기의 이상 유무, 검지부의 이상 유무, 경보장치의 작동 상태 등이 있다.

터널작업 시 자동경보장치의 작업시작 전 점검사항 실작 1901/1704

• 계기의 이상 유무
• 검지부의 이상 유무
• 경보장치의 작동 상태

1401 / 1602 / 1902

## 105 Repetitive Learning (1회 2회 3회)

흙막이 가시설 공사 시 사용되는 각 계측기의 설치목적으로 옳지 않은 것은?

① 지표침하계 - 지표면 침하량 측정

② 수위계 - 지반 내 지하수위의 변화 측정

③ 하중계 - 상부 적재하중 변화 측정

④ 지중경사계 - 지중의 수평 변위량 측정

해설

• 하중계(Load cell)는 버팀보 어스앵커(Earth anchor) 등의 실제 축 하중 변화를 측정하는 계측기이다.

굴착공사용 계측기기 실작 1901/1804/1801/1604/1602/1601/1501/1404

㉠ 개요

• 개착식 굴착공사에서 설치하는 계측기기에는 기울기(Tilt meter), 지하수위계, 간극수압계, 경사계, 응력계, 변형률계, 하중계 등이 있다.
• 지반붕괴 방지를 위한 계측장치에는 지하수위계, 경사계, 변형률계, 응력계, 하중계 등이 있다.
• 깊이 10.5m 이상의 굴착의 경우 수위계, 경사계, 하중 및 침하계, 응력계에 해당하는 계측기기를 설치하여 흙막이 구조의 안전을 예측하여야 하며, 설치가 불가능할 경우 트랜싯 및 레벨 측량기에 의해 수직·수평 변위 측정을 실시하여야 한다.

㉡ 종류

| 구분 | 설명 |
|---|---|
| 지표침하계 (Surface settlement system) | 지표면의 침하량을 측정하는 기구 |
| 지하수위계 (Water level meter) | 지반 내 지하수위의 변화를 계측하는 기구 |
| 하중계 (Load cell) | 버팀보 어스앵커(Earth anchor) 등의 실제 축 하중 변화를 측정하는 계측기 |
| 지중경사계 (Inclinometer) | 지중의 수평 변위량을 통해 주변 지반의 변형을 측정하는 기계 |
| 건물경사계 (Tiltmeter) | 인접한 구조물에 설치하여 구조물의 경사 및 변형상태를 측정하는 기구 |
| 수직지향각도계 (Inclinometer, 경사계) | 주변 지반, 지층, 기계, 시설 등의 경사도와 변형을 측정하는 기구 |
| 변형률계 (Strain gauge) | 흙막이 가시설의 버팀대(Strut)의 변형을 측정하는 계측기 |

정답 | 103 ② 104 ④ 105 ③

## 106

Repetitive Learning 1회 2회 3회

달비계의 구조에서 달비계 작업발판의 폭과 틈새기준으로 옳은 것은?

① 작업발판의 폭 30cm 이상, 틈새 3cm 이하
② 작업발판의 폭 40cm 이상, 틈새 3cm 이하
③ 작업발판의 폭 30cm 이상, 틈새 없도록 할 것
④ 작업발판의 폭 40cm 이상, 틈새 없도록 할 것

**해설**

- 달비계에서 작업발판의 폭은 40센티미터 이상으로 하고 틈새가 없도록 하여야 한다.

:: 달비계의 구조 실필 1902/1401

- 달기 와이어로프, 달기 체인, 달기 강선, 달기 강대 또는 달기 섬유로프는 한쪽 끝을 비계의 보 등에, 다른 쪽 끝을 내민 보, 앵커볼트 또는 건축물의 보 등에 각각 풀리지 않도록 설치할 것
- 작업발판은 폭을 40센티미터 이상으로 하고 틈새가 없도록 할 것
- 작업발판의 재료는 뒤집히거나 떨어지지 않도록 비계의 보 등에 연결하거나 고정시킬 것
- 비계가 흔들리거나 뒤집히는 것을 방지하기 위하여 비계의 보·작업발판 등에 버팀을 설치하는 등 필요한 조치를 할 것
- 선반 비계에서는 보의 접속부 및 교차부를 철선·이음철물 등을 사용하여 확실하게 접속시키거나 단단하게 연결시킬 것
- 근로자의 추락 위험을 방지하기 위하여 달비계에 안전대 및 구명줄을 설치하고, 안전난간을 설치할 수 있는 구조인 경우에는 안전난간을 설치할 것

1801 / 2101

## 107

Repetitive Learning 1회 2회 3회

강관을 사용하여 비계를 구성하는 경우 준수해야 할 사항으로 옳지 않은 것은?

① 비계기둥의 간격은 띠장 방향에서는 1.85미터 이하, 장선(長線)방향에서는 1.5m 이하로 할 것
② 띠장 간격은 2m이하로 설치할 것
③ 비계기둥 간의 적재하중은 400kg을 초과하지 않도록 할 것
④ 비계기둥의 제일 윗부분으로부터 31m되는 지점 밑부분의 비계기둥은 3개의 강관으로 묶어세울 것

**해설**

- 비계기둥의 제일 윗부분으로부터 31m 되는 지점 밑부분의 비계기둥은 2개의 강관으로 묶어세운다.

:: 강관비계의 구조 실필 1302 실작 1902/1901/1802/1801/1701/1504/1401

- 비계기둥의 간격은 띠장 방향에서는 1.85m 이하, 장선(長線) 방향에서는 1.5m 이하로 할 것
- 띠장 간격은 2m 이하로 설치할 것
- 비계기둥의 제일 윗부분으로부터 31m 되는 지점 밑부분의 비계기둥은 2개의 강관으로 묶어세울 것
- 비계기둥 간의 적재하중은 400kg을 초과하지 않도록 할 것

0601 / 0804 / 1804 / 2003

## 108

Repetitive Learning 1회 2회 3회

동력을 사용하는 항타기 또는 항발기의 무너짐을 방지하기 위한 사항으로 옳지 않은 것은?

① 연약한 지반에 설치할 때에는 아웃트리거·받침 등 지지구조물의 침하를 방지하기 위하여 깔판·받침목 등을 사용한다.
② 상단 부분은 버팀대·버팀줄로 고정하여 안정시키고, 그 하단 부분은 견고한 버팀·말뚝 또는 철골 등으로 고정시킬 것
③ 시설 또는 가설물 등에 설치하는 경우에는 그 내력을 확인하고 내력이 부족하면 그 내력을 보강할 것
④ 궤도 또는 차로 이동하는 항타기 또는 항발기에 대해서는 불시에 이동하는 것을 방지하기 위하여 아웃트리거나 받침 등으로 고정시켜야 한다.

**해설**

- 궤도 또는 차로 이동하는 항타기 또는 항발기에 대해서는 불시에 이동하는 것을 방지하기 위하여 레일 클램프(rail clamp) 및 쐐기 등으로 고정시켜야 한다.

:: 무너짐의 방지 실작 1504

- 연약한 지반에 설치하는 경우에는 아웃트리거·받침 등 지지구조물의 침하를 방지하기 위하여 깔판·받침목 등을 사용할 것
- 시설 또는 가설물 등에 설치하는 경우에는 그 내력을 확인하고 내력이 부족하면 그 내력을 보강할 것
- 아웃트리거·받침 등 지지구조물이 미끄러질 우려가 있는 경우에는 말뚝 또는 쐐기 등을 사용하여 해당 지지구조물을 고정시킬 것
- 궤도 또는 차로 이동하는 항타기 또는 항발기에 대해서는 불시에 이동하는 것을 방지하기 위하여 레일 클램프(rail clamp) 및 쐐기 등으로 고정시킬 것
- 상단 부분은 버팀대·버팀줄로 고정하여 안정시키고, 그 하단 부분은 견고한 버팀·말뚝 또는 철골 등으로 고정시킬 것



106 ④ 107 ④ 108 ④ | 정답

1001 / 1302 / 1901 / 2003

## 109 Repetitive Learning (1회 2회 3회)

산업안전보건관리비 계상기준에 따른 일반건설공사(갑), 대상액 5억원 이상 50억원 미만의 안전관리비의 비율(가) 및 기초액(나)으로 옳은 것은?

① (가) 1.86%, (나) 5,349,000원
② (가) 1.99%, (나) 5,499,000원
③ (가) 2.35%, (나) 5,400,000원
④ (가) 1.57%, (나) 4,411,000원

**해설**

- 공사종류가 일반건설공사(갑)이고 대상액이 5억원 이상 50억원 미만일 경우 비율은 1.86%이고, 기초액은 5,349,000원이다.

안전관리비 계상기준

실필 1704/1604/1602/1504/1302/1204/1201/1104/1102/0904

- 공사종류 및 규모별 안전관리비 계상기준표

| | 5억원 미만 | 5억원 이상 50억원 미만 | | 50억원 이상 |
|---|---|---|---|---|
| | | 비율(X) | 기초액(C) | |
| 일반건설공사(갑) | 2.93% | 1.86% | 5,349,000원 | 1.97% |
| 일반건설공사(을) | 3.09% | 1.99% | 5,499,000원 | 2.10% |
| 중 건 설 공 사 | 3.43% | 2.35% | 5,400,000원 | 2.44% |
| 철도·궤도신설공사 | 2.45% | 1.57% | 4,411,000원 | 1.66% |
| 특수및기타건설공사 | 1.85% | 1.20% | 3,250,000원 | 1.27% |

- 대상액이 5억원 미만 또는 50억원 이상일 경우에는 대상액에 표에서 정한 비율을 곱한 금액
- 대상액이 5억원 이상 50억원 미만일 때에는 대상액에 별표에서 정한 비율을 곱한 금액에 기초액을 합한 금액
- 대상액이 구분되어 있지 않은 공사는 도급계약 또는 자체사업계획상의 총 공사금액의 70%를 대상액으로 하여 안전관리비를 계상하여야 한다.
- 발주자가 재료를 제공하거나 물품이 완제품의 형태로 제작 또는 납품되어 설치되는 경우에 해당 재료비 또는 완제품의 가액을 대상액에 포함시킬 경우의 안전관리비는 해당 재료비 또는 완제품의 가액을 포함시키지 않은 대상액을 기준으로 계상한 안전관리비의 1.2배를 초과할 수 없다.
- 발주자 또는 자기공사자는 설계변경 등으로 대상액의 변동이 있는 경우에 지체 없이 안전관리비를 조정 계상하여야 한다.

1601

## 110 Repetitive Learning (1회 2회 3회)

유해·위험방지 계획서 제출 시 첨부서류에 해당하지 않는 것은?

① 안전관리 조직표
② 전체 공정표
③ 공사현장의 주변현황 및 주변과의 관계를 나타내는 도면
④ 교통처리계획

**해설**

- 교통처리계획은 유해·위험방지계획서 제출 시 첨부서류에 포함되지 않는다.

건설업 유해·위험방지계획서 제출 시 첨부서류

실필 1902/1202/0902

| 구분 | 내용 |
|---|---|
| 공사개요 및 안전보건 관리계획 | • 공사개요서<br>• 공사현장의 주변 현황 및 주변과의 관계를 나타내는 도면(매설물 현황 포함)<br>• 건설물, 사용 기계설비 등의 배치를 나타내는 도면<br>• 전체공정표<br>• 산업안전보건관리비 사용계획<br>• 안전관리 조직표<br>• 재해발생 위험 시 연락 및 대피방법 |

1204

## 111 Repetitive Learning (1회 2회 3회)

겨울철 공사중인 건축물의 벽체 콘크리트 타설 시 거푸집이 터져서 콘크리트가 쏟아지는 사고가 발생하였다. 이 사고의 발생 원인으로 가장 타당한 것은?

① 진동기를 사용하지 않았다.
② 철근 사용량이 많았다.
③ 콘크리트의 슬럼프가 작았다.
④ 콘크리트를 부어넣는 속도가 빨랐다.

**해설**

- 겨울철에는 날씨가 춥거나 콘크리트 타설 시 타설 속도가 빠를 경우 측압이 커져 안전사고 위험이 더욱 커진다. 이 사고는 경화되지 않은 콘크리트로 인해 발생한 사고로 콘크리트의 타설 속도를 천천히 할 경우 예방될 수 있다.

콘크리트 타설작업 시 주의사항 실작 1901/1804/1801

- 당일의 작업을 시작하기 전에 해당 작업에 관한 거푸집 동바리 등의 변형·변위 및 지반의 침하 유무 등을 점검하고 이상이 있으면 보수할 것
- 작업 중에는 거푸집 동바리 등의 변형·변위 및 침하 유무 등을 감시할 수 있는 감시자를 배치하여 이상이 있으면 작업을 중지하고 근로자를 대피시킬 것
- 콘크리트 타설작업 시 거푸집 붕괴의 위험이 발생할 우려가 있으면 충분한 보강조치를 할 것
- 설계도서상의 콘크리트 양생기간을 준수하여 거푸집 동바리 등을 해체할 것
- 콘크리트를 타설하는 경우에는 편심이 발생하지 않도록 골고루 분산하여 타설할 것

정답 | 109 ① 110 ④ 111 ④

0704 / 0904 / 1302

## 112

Repetitive Learning 1회 2회 3회

다음은 산업안전보건법령에 따른 투하설비 설치에 관련된 사항이다. (  ) 안에 들어갈 내용으로 옳은 것은?

> 사업주는 높이가 (  )미터 이상인 장소로부터 물체를 투하하는 때에는 적당한 투하설비를 설치하거나 감시인을 배치하는 등 위험방지를 위하여 필요한 조치를 하여야 한다.

① 1 ② 2

③ 3 ④ 4

**해설**

- 높이가 3m 이상인 장소로부터 물체를 투하하는 경우 적당한 투하설비를 설치한다.

**투하설비**

- 높이가 3m 이상인 장소로부터 물체를 투하하는 경우 적당한 투하설비를 설치하거나 감시인을 배치하는 등 위험을 방지하기 위하여 필요한 조치를 하여야 한다.

1004 / 1801

## 113

Repetitive Learning 1회 2회 3회

작업 중이던 미장공이 상부에서 떨어지는 공구에 의해 상해를 입었다면 어느 부분에 대한 결함이 있었겠는가?

① 작업대 설치

② 작업방법

③ 낙하물 방지시설 설치

④ 비계설치

**해설**

- 작업으로 인하여 물체가 떨어지거나 날아올 위험이 있는 경우 낙하물방지망, 수직보호망 또는 방호선반의 설치, 출입금지구역의 설정, 보호구의 착용 등 위험을 방지하기 위하여 필요한 조치를 하여야 한다.

**낙하물에 의한 위험 방지대책**

실필 1901/1602/1601 실작 1902/1804/1802/1801/1602/1601/1404

- 작업으로 인하여 물체가 떨어지거나 날아올 위험이 있는 경우 낙하물방지망, 수직보호망 또는 방호선반의 설치, 출입금지구역의 설정, 보호구의 착용 등 위험을 방지하기 위하여 필요한 조치를 하여야 한다.
- 낙하물방지망 또는 방호선반을 설치하는 경우 높이 10m 이내마다 설치하고, 내민 길이는 벽면으로부터 2m 이상으로 해야 하며, 수평면과의 각도는 20도 이상 30도 이하를 유지한다.

## 114

Repetitive Learning 1회 2회 3회

토공사에서 성토용 토사의 일반조건으로 옳지 않은 것은?

① 다져진 흙의 전단강도가 크고 압축성이 작을 것

② 함수율이 높은 토사일 것

③ 시공장비의 주행성이 확보될 수 있을 것

④ 필요한 다짐정도를 쉽게 얻을 수 있을 것

**해설**

- 함수율이 높으면 압밀침하가 크므로 성토용 토사는 함수율이 낮아야 한다.

**성토용 토사의 구비조건**

- 전단강도 및 지지력이 클 것
- 압축성이 작을 것
- 함수율이 낮을 것
- 입도가 양호할 것
- 다짐이 용이할 것
- 장비 주행성(Trafficability)이 확보될 것

## 115

Repetitive Learning 1회 2회 3회

파쇄하고자 하는 구조물에 구멍을 천공하여 이 구멍에 가력봉을 삽입하고 가력봉에 유압을 가하여 천공한 구멍을 확대시킴으로써 구조물을 파쇄하는 공법은?

① 핸드 브레이커(Hand Breaker) 공법

② 강구(Steel Ball) 공법

③ 마이크로파(Microwave) 공법

④ 록잭(Rock Jack) 공법

**해설**

- 핸드 브레이커(Hand Breaker) 공법은 사람이 직접 손으로 잡고 사용하는 브레이커를 이용하여 파새하는 공법이다.
- 강구(Steel Ball) 공법은 크레인의 선단에 강구를 매달아 수직, 수평으로 타격하는 공법이다.
- 마이크로파(Microwave) 공법은 전기에 의한 파쇄공법으로 전자레인지의 원리를 응용한 공법이다.

**록잭(Rock Jack) 공법**

- 파쇄하고자 하는 구조물에 구멍을 천공하여 이 구멍에 가력봉을 삽입하고 가력봉에 유압을 가하여 천공한 구멍을 확대시킴으로써 구조물을 파쇄하는 공법이다.
- 철근이 없는 곳에서만 적용이 가능하다.



112 ③ 113 ③ 114 ② 115 ④ 정답

0501 / 0902 / 1204

## 116 ——— Repetitive Learning (1회 2회 3회)

지반의 종류가 암반 중 풍화암일 경우 굴착면의 기울기 기준으로 옳은 것은?

① 1 : 0.3

② 1 : 0.5

③ 1 : 1.0

④ 1 : 1.5

해설

• 풍화암은 1 : 1.0의 구배를 갖도록 한다.

:: 굴착면 기울기 기준 실필 1701/1702

실작 1802/1801/1702/1701/1601/1504

| 지반의 종류 | 기울기 |
|---|---|
| 모래 | 1 : 1.8 |
| 연암 및 풍화암 | 1 : 1.0 |
| 경암 | 1 : 0.5 |
| 그 밖의 흙 | 1 : 1.2 |

## 117 ——— Repetitive Learning (1회 2회 3회)

차량계 건설기계를 사용하는 작업을 할 때 그 기계가 넘어지거나 굴러떨어짐으로써 근로자가 위험해질 우려가 있는 경우에 필요한 조치로 가장 거리가 먼 것은?

① 지반의 부동침하 방지

② 안전통로 및 조도 확보

③ 유도하는 사람 배치

④ 갓길의 붕괴 방지 및 도로폭의 유지

해설

• 사업주는 차량계 건설기계를 사용하는 작업할 때에 그 기계가 넘어지거나 굴러 떨어짐으로써 근로자가 위험해질 우려가 있는 경우에는 유도하는 사람을 배치하고 지반의 부동침하 방지, 갓길의 붕괴 방지 및 도로 폭의 유지 등 필요한 조치를 하여야 한다.

:: 차량계 건설기계의 사용에 의한 위험의 방지 대책

실작 1902/1802/1801/1704/1701/1604/1601/1404/1402/1401

• 사업주는 암석이 떨어질 우려가 있는 등 위험한 장소에서 차량계 건설기계를 사용하는 경우에는 해당 차량계 건설기계에 견고한 낙하물 보호구조를 갖추어야 한다.

• 사업주는 차량계 건설기계를 사용하는 작업할 때에 그 기계가 넘어지거나 굴러 떨어짐으로써 근로자가 위험해질 우려가 있는 경우에는 유도하는 사람을 배치하고 지반의 부동침하 방지, 갓길의 붕괴 방지 및 도로 폭의 유지 등 필요한 조치를 하여야 한다.

• 사업주는 차량계 건설기계의 붐·암 등을 올리고 그 밑에서 수리·점검 작업 등을 하는 경우 붐·암 등이 갑자기 내려옴으로써 발생하는 위험을 방지하기 위하여 해당 작업에 종사하는 근로자에게 안전지주 또는 안전블록 등을 사용하도록 하여야 한다.

1801

## 118 ——— Repetitive Learning (1회 2회 3회)

이동식 비계 조립 및 사용 시 준수사항으로 옳지 않은 것은?

① 비계의 최상부에서 작업을 하는 경우에는 안전난간을 설치할 것

② 승강용 사다리는 견고하게 설치할 것

③ 작업발판은 항상 수평을 유지하고 작업발판 위에서 작업을 위한 거리가 부족할 경우에는 받침대 또는 사다리를 사용할 것

④ 작업발판의 최대적재하중은 250kg을 초과하지 않도록 할 것

해설

• 작업발판은 항상 수평을 유지하고 작업발판 위에서 안전난간을 딛고 작업을 하거나 받침대 또는 사다리를 사용하여 작업하지 않도록 하여야 한다.

:: 이동식비계 조립 및 사용 시 준수사항

실작 1902/1901/1804/1802/1604/1602/1404

• 이동식비계의 바퀴에는 뜻밖의 갑작스러운 이동 또는 전도를 방지하기 위하여 브레이크·쐐기 등으로 바퀴를 고정시킨 다음 비계의 일부를 견고한 시설물에 고정하거나 아웃트리거(Outrigger)를 설치하는 등 필요한 조치를 할 것

• 승강용 사다리는 견고하게 설치할 것

• 비계의 최상부에서 작업을 하는 경우에는 안전난간을 설치할 것

• 작업발판은 항상 수평을 유지하고 작업발판 위에서 안전난간을 딛고 작업을 하거나 받침대 또는 사다리를 사용하여 작업하지 않도록 할 것

• 작업발판의 최대적재하중은 250킬로그램을 초과하지 않도록 할 것

• 비계의 최대 높이는 밑변 최소 폭의 4배 이하로 할 것

정답 | 116 ③ 117 ② 118 ③

## 119

Repetitive Learning 1회 2회 3회

산업안전보건법령에 따른 중량물 취급작업 시 작업계획서에 포함시켜야 할 사항이 아닌 것은?

① 협착위험을 예방할 수 있는 안전대책
② 감전위험을 예방할 수 있는 안전대책
③ 추락위험을 예방할 수 있는 안전대책
④ 전도위험을 예방할 수 있는 안전대책

해설

- 중량물 취급작업 시 작업계획서에는 추락, 낙하, 전도, 협착, 붕괴위험을 예방할 수 있는 안전대책을 기재해야 한다.

중량물 취급 작업의 작업계획서 내용 실필 1401

- 추락위험을 예방할 수 있는 안전대책
- 낙하위험을 예방할 수 있는 안전대책
- 전도위험을 예방할 수 있는 안전대책
- 협착위험을 예방할 수 있는 안전대책
- 붕괴위험을 예방할 수 있는 안전대책

0601 / 1704

## 120

Repetitive Learning 1회 2회 3회

흙막이 지보공을 설치하였을 때에 정기적으로 점검하고 이상을 발견하면 즉시 보수하여야 하는 사항과 거리가 먼 것은?

① 부재의 손상·변형·부식·변위 및 탈락의 유무와 상태
② 부재의 접속부·부착부 및 교차부의 상태
③ 침하의 정도
④ 설계상 부재의 경제성 검토

해설

- 흙막이 지보공을 설치하였을 때에는 정기적으로 점검하고 이상을 발견하면 즉시 보수하여야 할 사항에는 ①, ②, ③ 외에 버팀대의 긴압(緊壓)의 정도가 있다

흙막이 지보공을 설치하였을 때에 정기적으로 점검하고 이상을 발견하면 즉시 보수하여야 할 사항 실작 1901/1802/1601

- 부재의 손상·변형·부식·변위 및 탈락의 유무와 상태
- 버팀대의 긴압(緊壓)의 정도
- 부재의 접속부·부착부 및 교차부의 상태
- 침하의 정도



119 ② 120 ④ 정답

MEMO

# 출제문제 분석 2022년 1회

| 구분 | 1과목 | 2과목 | 3과목 | 4과목 | 5과목 | 6과목 | 합계 |
|---|---|---|---|---|---|---|---|
| New유형 | 2 | 2 | 1 | 1 | 5 | 0 | 11 |
| New문제 | 9 | 7 | 10 | 4 | 10 | 6 | 46 |
| 또나온문제 | 5 | 4 | 9 | 10 | 3 | 7 | 38 |
| 자꾸나온문제 | 6 | 9 | 1 | 6 | 7 | 7 | 36 |
| 합계 | 20 | 20 | 20 | 20 | 20 | 20 | 120 |

- New유형은 New문제 중 기존 기출문제와 완전히 다른 유형의 문제를 말합니다.
- New문제는 기존에 출제되지 않은 문제로 이번에 처음 출제되는 문제입니다.
- 또나온문제는 기존에 출제된 적이 1번 있는 문제를 말합니다.
- 자꾸나온문제는 기존에 출제된 적이 2번 이상 있는 문제를 말합니다. 그만큼 중요한 문제입니다.

## 몇 년분의 기출문제를 공부해야 합격할 수 있을까요?

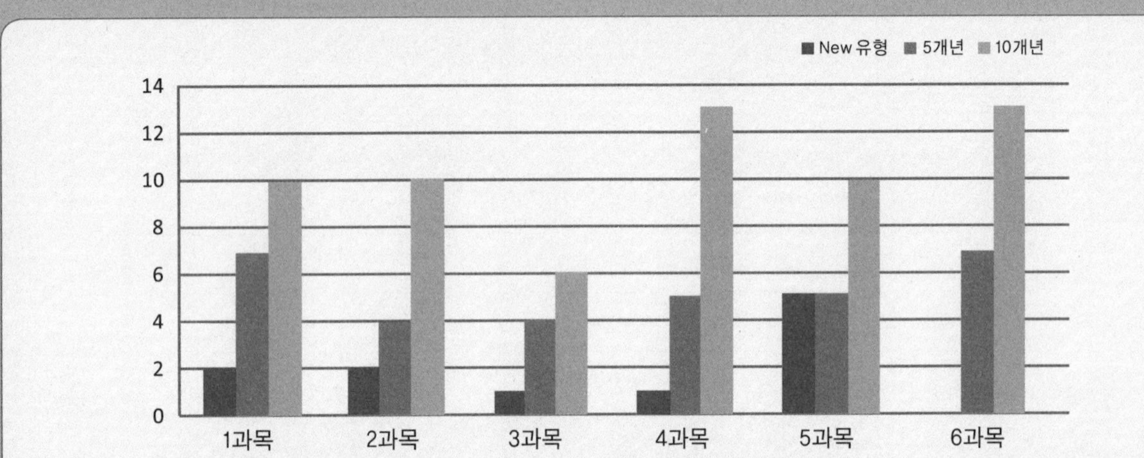


- 완전 새로운 유형의 문제는 11문제이고 109문제가 이미 출제된 문제 혹은 변형문제입니다.
- 5년분(2017～2021) 기출에서 동일문제가 32문항이 출제되었고, 10년분(2012～2021) 기출에서 동일문제가 62문항이 출제되었습니다.

## 실기에 나왔어요!! 외우세요!!!

실기시험은 필답형과 작업형으로 구분되어 있으며 모두 주관식으로 직접 내용을 적어야 합니다. 필기 공부하면서 실기 출제된 내역들은 좀 더 신경써서 암기하실 필요가 있어요. 필기 합격자 발표 난 후 실기시험까지는 5주밖에 여유가 없답니다. 어차피 공부할 것 필기 때 확실하게 해준다면 실기도 단방에 합격할 수 있습니다.

- 총 22개의 해설이 실기 필답형 시험과 연동되어 있습니다.
- 총 7 개의 해설이 실기 작업형 시험과 연동되어 있습니다.

## 분석의견

새로운 유형의 문제가 11문제에 10년간 기출에서 62문항이 출제되어 무난한 난이도였습니다. 합격률도 47.5%로 평균보다 6% 이상 높아 수험생들도 어렵게 느끼지 않았는 것 같습니다. 5년분만 준비하신 분에게는 다소 어렵게 보였을 시험이지만 10년분의 기출문제를 학습하신 수험생은 합격에 큰 어려움이 없었을 것으로 판단됩니다. 합격에 필요한 점수를 획득하기 위해서는 최근 10년분 문제 2회독 이상 + 유형별 핵심이론의 정독이 필요할 것으로 판단됩니다.

# 2022년 제1회

2022년 3월 5일 필기

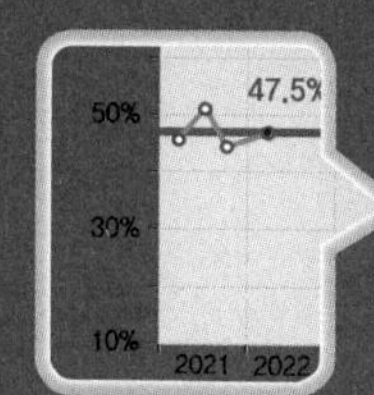

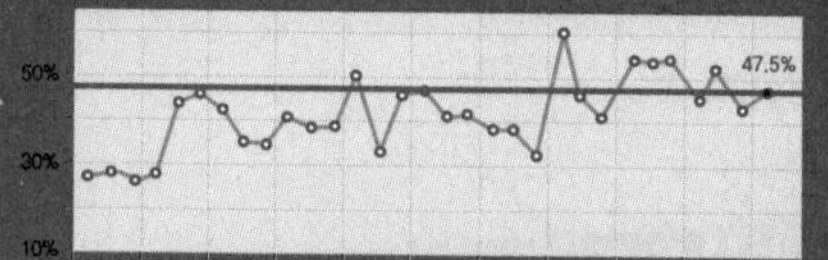


## 1과목 산업안전관리론

### 01

Repetitive Learning (1회 2회 3회)

산업안전보건법령상 산업안전보건위원회에 관한 사항 중 틀린 것은?

① 근로자위원과 사용자위원은 같은 수로 구성된다.
② 산업안전보건위원회의 정기 회의는 위원장이 필요하다고 인정할 때 소집한다.
③ 안전보건교육에 관한 사항은 산업안전보건위원회의 심의·의결을 거쳐야 한다.
④ 상시근로자 50인 이상의 자동차 제조업의 경우 산업안전보건위원회를 구성·운영하여야 한다.

해설

- 산업안전보건위원회의 정기회의는 분기마다, 임시회의는 위원장이 필요하다고 인정할 때에 소집한다.

∷ 산업안전보건위원회 실필 1704/1401

- 근로자위원은 근로자대표, 명예감독관, 근로자대표가 지명하는 9명 이내의 해당 사업장의 근로자로 구성한다.
- 사용자위원은 대표자, 안전관리자, 보건관리자, 산업보건의, 대표자가 지명하는 9명 이내의 해당 사업장 부서의 장으로 구성하나 상시근로자 50명 이상 100명 이하일 경우 대표자가 지명하는 9명 이내의 해당 사업장 부서의 장은 제외한다.
- 산업안전보건위원회의 위원장은 위원 중에서 호선(互選)한다. 이 경우 근로자위원과 사용자위원 중 각 1명을 공동위원장으로 선출할 수 있다.
- 산업안전보건위원회의 회의는 정기회의와 임시회의로 구분하되, 정기회의는 분기마다 위원장이 소집하며, 임시회의는 위원장이 필요하다고 인정할 때에 소집한다.

### 02

Repetitive Learning (1회 2회 3회)

재해원인 중 간접원인이 아닌 것은?

① 물적 원인 ② 관리적 원인
③ 사회적 원인 ④ 정신적 원인

해설

- 물적 원인은 불안전한 상태로 재해발생의 직접원인에 해당한다.

∷ 재해발생의 간접원인

- 2차원인(기술적, 교육적, 신체적, 정신적 원인)과 기초원인(관리상의 원인과 학교 교육적 원인, 사회적 또는 역사적 원인)으로 구분된다.

| | | |
|---|---|---|
| 2차 원인 | 기술적 원인 | • 건물, 기계장치 설계 불량<br>• 점검, 정비, 보존 불량<br>• 구조 재료의 부적합<br>• 생산공정의 부적절 |
| | 교육적 원인 | • 안전수칙의 오해<br>• 경험훈련의 미숙<br>• 안전지식의 부족<br>• 작업방법 및 유해위험 작업의 교육 불충분 |
| | 신체적 원인 | • 피로<br>• 시력 및 청각 기능 이상<br>• 근육운동의 부적당<br>• 육체적 한계 |
| | 정신적 원인 | • 안전의식의 부족<br>• 주의력 및 판단력 부족<br>• 잘못된 판단<br>• 방심 |
| 기초 원인 | 작업관리상의 원인 | • 작업지시의 부적당<br>• 안전관리 조직의 결함<br>• 안전수칙의 미제정<br>• 작업준비의 불충분<br>• 인원배치의 부적당 |
| | 학교교육적 원인 | • 재해의 근본 원인 |
| | 사회적 또는 역사적 원인 | |

정답 | 01 ② 02 ①

0601 / 1801

## 03

Repetitive Learning 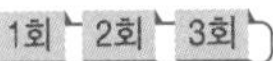

산업안전보건법상 안전·보건표지의 종류와 형태 기준 중 안내표지의 종류가 아닌 것은?

① 금연
② 들것
③ 비상용기구
④ 세안장치

해설

- 금연은 금지표지에 해당한다.

**안내표지** 실필 1901/1501/1202/1001

- 비상구 및 피난소, 사람 또는 차량의 통행을 안내할 때 사용된다.
- 흰색(N9.5) 바탕에 녹색(2.5G 4/10) 기본모형으로 표시한다.
- 종류에는 녹십자, 응급구호, 들것, 세안장치, 비상구, 좌측비상구, 우측비상구 등이 있다.

| 녹십자 | 응급구호 | 들것 | 세안장치 |
|---|---|---|---|

| 비상구 | 좌측비상구 | 우측비상구 |
|---|---|---|

1001 / 1404 / 1604 / 1801 / 2001

## 04

Repetitive Learning 1회 2회 3회

재해손실비의 평가방식 중 시몬즈(Simonds) 방식에서 비보험코스트의 산정 항목에 해당하지 않는 것은?

① 사망사고건수
② 무상해사고건수
③ 통원상해건수
④ 응급조치건수

해설

- 사망과 영구 전노동불능 상해의 경우는 별도 산정이 필요하므로 비보험코스트의 산정항목에 포함되지 않는다.

**시몬즈(Simonds)의 재해코스트**

㉠ 개요
- 총 재해비용을 보험비용과 비보험비용으로 구분한다.
- 총 재해코스트 = 보험비용 + 비보험비용 = [보험코스트 + (A × 휴업상해건수) + (B × 통원상해건수) + (C × 응급조치건수) + (D × 무상해사고건수)]
  이때 A, B, C, D는 재해의 비보험코스트 평균치이다.
- 사망과 영구 전노동불능 상해의 경우는 비보험코스트에 포함시키지 않고 별도 산정한다.

㉡ 비보험코스트 내역
- 소송관계 비용
- 신규작업자에 대한 교육훈련비
- 부상자의 직장 복귀 후 생산 감소로 인한 임금비용
- 재해로 인한 작업중지 임금손실
- 재해로 인한 시간 외 근무 가산임금손실 등

1604 / 1901

## 05

Repetitive Learning 1회 2회 3회

건설기술진흥법상 안전관리계획을 수립해야 하는 건설공사에 해당하지 않는 것은?

① 15층 건축물의 리모델링
② 지하 15m를 굴착하는 건설공사
③ 항타 및 항발기가 사용되는 건설공사
④ 높이가 21m인 비계를 사용하는 건설공사

해설

- 안전관리계획을 수립해야 하는 건설공사에 비계를 사용하는 건설공사는 포함되지 않는다.

**안전관리계획을 수립해야 하는 건설공사**

- 원자력시설공사 제외
- 1종 시설물 및 2종 시설물의 건설공사(유지관리를 위한 건설공사는 제외)
- 지하 10미터 이상을 굴착하는 건설공사
- 폭발물을 사용하는 건설공사로서 20미터 안에 시설물이 있거나 100미터 안에 사육하는 가축이 있어 해당 건설공사로 인한 영향을 받을 것이 예상되는 건설공사
- 10층 이상 16층 미만인 건축물의 건설공사
- 10층 이상인 건축물의 리모델링 또는 해체공사
- 수직증축형 리모델링
- 천공기(높이가 10미터 이상인 것만 해당한다)가 사용되는 건설공사
- 항타 및 항발기가 사용되는 건설공사
- 타워크레인이 사용되는 건설공사
- 가설구조물을 사용하는 건설공사
- 발주자가 안전관리가 특히 필요하다고 인정하는 건설공사
- 해당 지방자치단체의 조례로 정하는 건설공사 중에서 인·허가기관의 장이 안전관리가 특히 필요하다고 인정하는 건설공사



03 ① 04 ① 05 ④ 정답

## 06

Repetitive Learning (1회 2회 3회)

산업재해통계업무처리규정상 재해 통계 관련 용어로 ( )에 알맞은 용어는?

( )는 근로복지공단의 유족급여가 지급된 사망자 및 근로복지공단에 최초 요양신청서(재진 요양신청이나 전원요양신청서는 제외)를 제출한 재해자 중 요양승인을 받은 자(산재미보고 적발 사망자수를 포함)로 통상의 출퇴근으로 발생한 재해는 제외한다.

① 재해자수 ② 사망자수

③ 휴업재해자수 ④ 임금근로자수

해설

- 사망자수는 근로복지공단의 유족급여가 지급된 사망자(지방고용노동관서의 산재미보고 적발 사망자 포함)수를 말한다.
- 휴업재해자수는 근로복지공단의 휴업급여를 지급받은 재해자수를 말한다.
- 임금근로자수는 통계청의 경제활동인구조사상 임금근로자수를 말한다.

산업재해통계업무처리규정상 재해 통계 관련 용어

| | |
|---|---|
| 재해자수 | • 근로복지공단의 유족급여가 지급된 사망자 및 근로복지공단에 최초 요양신청서(재진 요양신청이나 전원요양신청서는 제외)를 제출한 재해자 중 요양승인을 받은 자(산재미보고 적발 사망자수<br>• 통상의 출퇴근으로 발생한 재해는 제외 |
| 사망자수 | • 근로복지공단의 유족급여가 지급된 사망자(지방고용노동관서의 산재미보고 적발 사망자 포함)수<br>• 사업장 밖의 교통사고·체육행사·폭력행위·통상의 출퇴근에 의한 사망, 사고발생일로부터 1년을 경과하여 사망한 경우는 제외 |
| 휴업재해자수 | • 근로복지공단의 휴업급여를 지급받은 재해자수<br>• 질병에 의한 재해와 사업장 밖의 교통사고·체육행사·폭력행위·통상의 출퇴근으로 발생한 재해는 제외 |
| 임금근로자수 | 통계청의 경제활동인구조사상 임금근로자수 |
| 산재보험적용 근로자수 | 산업재해보상보험법이 적용되는 근로자수 |

## 07

Repetitive Learning (1회 2회 3회)

산업안전보건법령상 용어와 뜻이 바르게 연결된 것은?

① "사업주 대표"란 근로자의 과반수를 대표하는 자를 말한다.

② "도급인"이란 건설공사발주자를 포함한 물건의 제조·건설·수리 또는 서비스의 제공, 그 밖의 업무를 도급하는 사업주를 말한다.

③ "안전보건평가"란 산업재해를 예방하기 위하여 잠재적 위험성을 발견하고 그 개선대책을 수립할 목적으로 조사·평가하는 것을 말한다.

④ "산업재해"란 노무를 제공하는 사람이 업무에 관계되는 건설물·설비·원재료·가스·증기·분진 등에 의하거나 작업 또는 그 밖의 업무로 인하여 사망 또는 부상하거나 질병에 걸리는 것을 말한다.

해설

- ①은 노동조합이 없는 경우의 근로자대표에 대한 설명이다.
- ②에서 도급인은 건설공사발주자를 제외한다.
- ③은 안전보건진단에 대한 설명이다.

산업안전보건법령상 용어의 정의

| | |
|---|---|
| 산업재해 | 노무를 제공하는 사람이 업무에 관계되는 건설물·설비·원재료·가스·증기·분진 등에 의하거나 작업 또는 그 밖의 업무로 인하여 사망 또는 부상하거나 질병에 걸리는 것 |
| 중대재해 | 산업재해 중 사망 등 재해 정도가 심하거나 다수의 재해자가 발생한 경우로서 고용노동부령으로 정하는 재해 |
| 근로자대표 | 근로자의 과반수로 조직된 노동조합이 있는 경우에는 그 노동조합을, 근로자의 과반수로 조직된 노동조합이 없는 경우에는 근로자의 과반수를 대표하는 자 |
| 도급 | 명칭에 관계없이 물건의 제조·건설·수리 또는 서비스의 제공, 그 밖의 업무를 타인에게 맡기는 계약 |
| 도급인 | 물건의 제조·건설·수리 또는 서비스의 제공, 그 밖의 업무를 도급하는 사업주를 말한다. 다만, 건설공사발주자는 제외 |
| 수급인 | 도급인으로부터 물건의 제조·건설·수리 또는 서비스의 제공, 그 밖의 업무를 도급받은 사업주 |
| 관계수급인 | 도급이 여러 단계에 걸쳐 체결된 경우에 각 단계별로 도급받은 사업주 전부 |
| 안전보건진단 | 산업재해를 예방하기 위하여 잠재적 위험성을 발견하고 그 개선대책을 수립할 목적으로 조사·평가하는 것 |
| 작업환경측정 | 작업환경 실태를 파악하기 위하여 해당 근로자 또는 작업장에 대하여 사업주가 유해인자에 대한 측정계획을 수립한 후 시료(試料)를 채취하고 분석·평가하는 것 |

정답 | 06 ① 07 ④

## 08 Repetitive Learning (1회 2회 3회)

재해조사 시 유의사항으로 틀린 것은?

① 피해자에 대한 구급조치를 우선으로 한다.
② 재해조사 시 2차 재해 예방을 위해 보호구를 착용한다.
③ 재해조사는 재해자의 치료가 끝난 뒤 실시한다.
④ 책임추궁보다는 재발방지를 우선하는 기본 태도를 가진다.

해설

- 재해조사는 피해자에 대한 구급조치 후 재해 현장이 변형되지 않은 상태에서 바로 실시한다.

재해조사의 유의사항
- 피해자에 대한 구급조치를 최우선으로 하고, 2차 재해의 방지를 위해 적정 보호구를 착용한다.
- 가급적 재해 현장이 변형되지 않은 상태에서 신속하게 한다.
- 사실 이외의 추측되는 말은 참고용으로만 활용한다.
- 사람, 기계설비 양면의 재해요인을 모두 도출한다.
- 과거 사고 발생 경향 등을 참고하여 조사한다.
- 객관적 입장에서 재해방지에 우선을 두고 조사하며, 조사는 2인 이상이 한다.

2104

## 09 Repetitive Learning (1회 2회 3회)

산업안전보건법령상 상시근로자 20명 이상 50명 미만인 사업장 중 안전보건관리담당자를 선임하여야 할 업종이 아닌 것은?

① 임업
② 제조업
③ 건설업
④ 환경 정화 및 복원업

해설

- 상시근로자 20명 이상 50명 미만인 사업장에 안전보건관리담당자를 1명 이상 선임해야 하는 업종에는 ①, ②, ④ 외에 폐기물 수집, 운반, 처리 및 원료 재생업, 하수, 폐수 및 분뇨 처리업이다.

안전보건관리담당자의 선임
- 상시근로자 20명 이상 50명 미만인 사업장에 안전보건관리담당자를 1명 이상 선임해야 하는 업종
  - 제조업
  - 임업
  - 하수, 폐수 및 분뇨 처리업
  - 폐기물 수집, 운반, 처리 및 원료 재생업
  - 환경 정화 및 복원업

1001

## 10 Repetitive Learning (1회 2회 3회)

보호구 안전인증 고시상 안전인증을 받은 보호구의 표시사항이 아닌 것은?

① 제조자명
② 사용 유효기간
③ 안전인증 번호
④ 규격 또는 등급

해설

- 사용 유효기간이 아니라 제조번호 및 제조연월이 표시되어야 한다.

안전인증 제품표시의 붙임 사항 실필 1004
- 형식 또는 모델명
- 규격 또는 등급 등
- 제조자명
- 제조번호 및 제조연월
- 안전인증 번호

## 11 Repetitive Learning (1회 2회 3회)

다음의 재해에서 기인물과 가해물로 옳은 것은?

> 공구와 자재가 바닥에 어지럽게 널려있는 작업통로를 작업자가 보행 중 공구에 걸려 넘어져 통로바닥에 머리를 부딪쳤다.

① 기인물 : 바닥, 가해물 : 공구
② 기인물 : 바닥, 가해물 : 바닥
③ 기인물 : 공구, 가해물 : 바닥
④ 기인물 : 공구, 가해물 : 공구

해설

- 인체에 직접 충돌한 것은 통로바닥이므로 바닥이 가해물이다.
- 공구를 정리해두지 않아 공구에 걸려 넘어졌으므로 공구가 불안전한 상태에 해당한다. 기인물은 공구이다.
- 재해의 형태는 넘어졌으므로 전도에 해당한다.

산업재해의 분석 실필 1901/1702/1501/1404

| 구분 | 내용 |
|---|---|
| 기인물 | 재해의 원인이 되는 것으로 주로 불안전한 상태와 관련된다. |
| 가해물 | 사람에 직접 충돌하거나 또는 접촉에 의해서 위해(危害)를 준 물건을 말한다. |
| 사고유형 | 재해의 발생형태를 말한다. |



08 ③ 09 ③ 10 ② 11 ③ 정답

## 12

Repetitive Learning (1회 2회 3회)

산업안전보건법상 안전보건관리규정을 작성하여야 할 사업의 종류를 모두 고른 것은?(단, ㉠~㉤은 상시근로자 300명 이상의 사업이다)

| | |
|---|---|
| ㉠ 농업 | ㉡ 정보서비스업 |
| ㉢ 금융 및 보험업 | ㉣ 사회복지 서비스업 |
| ㉤ 과학 및 기술 연구개발업 | |

① ㉡, ㉣, ㉤
② ㉠, ㉡, ㉢, ㉣
③ ㉠, ㉡, ㉢, ㉤
④ ㉠, ㉢, ㉣, ㉤

**해설**

- 과학 및 기술 서비스업은 상시근로자 300명 이상일 경우 안전보건관리규정을 작성하여야 하나, 연구개발업은 제외한다.

**안전보건관리규정** 실필 1601/1101

- 안전보건관리규정을 작성하여야 할 사업의 종류 및 규모

| 사업의 종류 | 규모 |
|---|---|
| 1. 농업<br>2. 어업<br>3. 소프트웨어 개발 및 공급업<br>4. 컴퓨터 프로그래밍, 시스템 통합 및 관리업<br>5. 정보서비스업<br>6. 금융 및 보험업<br>7. 임대업(부동산 제외)<br>8. 전문, 과학 및 기술 서비스업 (연구개발업 제외)<br>9. 사업지원 서비스업<br>10. 사회복지 서비스업 | 상시근로자 300명 이상을 사용하는 사업장 |
| 11. 제1호부터 제10호까지의 사업을 제외한 사업 | 상시근로자 100명 이상을 사용하는 사업장 |

- 사업주는 안전보건관리규정을 작성하여야 할 사유가 발생한 날부터 30일 이내에 안전보건관리규정을 작성하여야 한다. 이를 변경할 사유가 발생한 경우에도 또한 같다.
- 사업주는 안전보건관리규정을 작성하거나 변경할 때에는 산업안전보건위원회의 심의·의결을 거쳐야 한다. 다만, 산업안전보건위원회가 설치되어 있지 아니한 사업장의 경우에는 근로자대표의 동의를 받아야 한다.

1504

## 13

Repetitive Learning (1회 2회 3회)

위험예지훈련 진행방법 중 대책수립에 해당하는 단계는?

① 제1라운드 ② 제2라운드
③ 제3라운드 ④ 제4라운드

**해설**

- 각자의 입장에서 발견된 위험요인을 극복하기 위한 방법을 이야기하는 대책수립단계는 위험예지훈련 4Round 중 3Round에 해당한다.

**위험예지훈련 기초 4Round 기법**

| | | |
|---|---|---|
| 1Round | 현상파악 (사실의 파악단계) | 전원이 토의를 통하여 위험요인을 발견하는 단계 |
| 2Round | 본질추구 (원인탐색 단계) | 위험의 포인트를 결정하여 전원이 지적 확인을 하는 단계 |
| 3Round | 대책수립 (대책수립 단계) | 발견된 위험요인을 극복하기 위한 방법을 제시하는 단계 |
| 4Round | 목표설정 (행동계획 결정단계) | 나온 대책들을 공감하고 팀의 행동목표를 설정하고 지적 확인하는 단계 |

## 14

Repetitive Learning (1회 2회 3회)

산업안전보건법령상 중대재해의 범위에 해당하지 않는 것은?

① 사망자가 1명 발생한 재해
② 부상자가 동시에 10명 이상 발생한 재해
③ 2개월 이상의 요양이 필요한 부상자가 동시에 2명 이상 발생한 재해
④ 직업성 질병자가 동시에 10명 이상 발생한 재해

**해설**

- 중대재해는 3개월 이상의 요양이 필요한 부상자가 동시에 2명 이상 발생한 재해여야 한다.

**산업안전보건법령상 중대재해**

- 사망자가 1명 이상 발생한 재해
- 3개월 이상의 요양이 필요한 부상자가 동시에 2명 이상 발생한 재해
- 부상자 또는 직업성 질병자가 동시에 10명 이상 발생한 재해

1302 / 1604

## 15

Repetitive Learning (1회 2회 3회)

1,000명 이상의 대규모 사업장에서 가장 적합한 안전관리조직의 형태는?

① 경영형
② 라인형
③ 스탭형
④ 라인·스탭형

정답 | 12 ② 13 ③ 14 ③ 15 ④

해설

- 근로자 1,000명 이상의 대기업에서 주로 사용하는 안전관리 조직은 라인-스태프(Line-staff)형 조직이다.

라인-스태프(Line-staff)형 조직

㉠ 개요
- 가장 이상적인 조직형태로 1,000명 이상의 대규모 사업장에서 주로 사용된다.
- 라인의 관리·감독자에게도 안전에 관한 책임과 권한이 부여된다.
- 안전계획, 평가 및 조사는 스태프에서, 생산기술의 안전대책은 라인에서 실시한다.

㉡ 장점
- 안전 전문가에 의해 입안된 것을 경영자의 지침으로 명령 실시하므로 정확하고 신속하다.
- 조직원 전원을 자율적으로 안전 활동에 참여시킬 수 있다.
- 라인의 관리, 감독자에게도 안전에 관한 책임과 권한이 부여된다.
- 안전 활동과 생산업무가 유리될 우려가 없기 때문에 균형을 유지할 수 있어 이상적인 조직형태이다.

㉢ 단점
- 명령계통과 조언·권고적 참여가 혼동되기 쉽다.
- 스태프의 월권행위가 발생하는 경우가 있다.
- 라인이 스태프에 의존하거나 스태프를 활용하지 않는 경우가 있다.

## 16

Repetitive Learning (1회 2회 3회)

A사업장의 현황이 다음과 같을 때 A사업장의 강도율은?④

| | |
|---|---|
| ○ 상시근로자 : 200명 | ○ 요양재해건수 : 4건 |
| ○ 사망 : 1명 | ○ 휴업 : 1명(500일) |
| ○ 연근로시간 : 2,400시간 | |

① 8.33 ② 14.53

③ 15.31 ④ 16.48

해설

- 강도율은 1,000시간 근로 중에 발생하는 근로손실일수를 말한다.
- 연간총근로시간수는 $200 \times 2,400 = 480,000$시간이고, 개인당 연 근로시간이 2,400시간이라는 것은 1년중 300일을 근로한다는 의미이다.
- 근로손실일수는 사망 1인당 7,500일이므로 7,500일과 휴업일수가 500일이므로 $500 \times \frac{300}{365} = 410.958 \cdots$일로 411일이므로 합하면 7,911일이다.
- 강도율 = $\frac{7,911}{480,000} \times 1,000 \simeq 16.48125$이다.

강도율(SR : Severity Rate of injury)

실필 1804/1702/1501/1402/1401/1304/0902/0901

- 재해로 인한 근로손실의 강도를 나타낸 값으로 연간총근로시간에서 1,000시간당 근로손실일수를 의미한다.
- 강도율 = $\frac{\text{근로손실일수}}{\text{연간총근로시간}} \times 1,000$으로 구하고,

  평균강도율 = $\frac{\text{강도율}}{\text{도수율}} \times 1,000$으로 구한다.
- 근로자의 근속연수 등이 주어지지 않을 때 평생 근로손실일수는 한 개인이 평생 동안 근로한 시간을 100,000시간으로 볼 때의 근로손실일수이므로 강도율에 100을 곱하여 구한다.

1001 / 1002 / 1004 / 1104 / 1304 / 1402 / 1501 / 1604 / 1704 / 1804 / 2001 / 2104

## 17

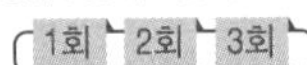
Repetitive Learning (1회 2회 3회)

재해사례연구의 진행단계로 옳은 것은?④

| | |
|---|---|
| ㉠ 사실의 확인 | ㉡ 대책의 수립 |
| ㉢ 문제점의 발견 | ㉣ 문제점의 결정 |
| ㉤ 재해 상황의 파악 | |

① ㉢ → ㉤ → ㉠ → ㉣ → ㉡

② ㉢ → ㉤ → ㉣ → ㉠ → ㉡

③ ㉤ → ㉢ → ㉠ → ㉣ → ㉡

④ ㉤ → ㉠ → ㉢ → ㉣ → ㉡

해설

- 재해사례연구의 진행단계는 재해상황의 파악 → 사실의 확인 → 문제점의 발견 → 근본적 문제점의 결정 → 대책수립 순이다.

재해사례연구의 진행단계

㉠ 진행순서
- 재해 상황의 파악 → 사실의 확인 → 문제점의 발견 → 근본적 문제점의 결정 → 대책수립 순이다.

㉡ 단계별 특징

| 단계 | 특징 |
|---|---|
| 재해 상황의 파악 | 사례연구의 전제조건으로서 발생일시 및 장소 등 재해 상황의 주된 항목에 관해서 파악한다. |
| 사실의 확인 | 재해가 발생할 때까지의 경과 중 재해와 관계가 있는 사실 및 재해요인을 객관적으로 확인한다. |
| 문제점의 발견 | 파악된 사실로부터 판단하여 관계법규, 사내규정 등을 적용하여 문제점을 발견한다. |
| 근본적 문제점의 결정 | 재해의 중심이 된 문제점에 관하여 어떤 관리적 책임의 결함이 있는지를 여러 가지 안전보건의 키(Key)에 대하여 분석한다. |
| 대책수립 | 동종 및 유사재해의 방지대책을 구체적, 실현가능하게 수립한다. |



16 ④ 17 ④ 정답

1902

## 18 Repetitive Learning (1회 2회 3회)

산업안전보건법령상 관계수급인 근로자가 도급인의 사업장에서 작업을 하는 경우 건설업 도급인의 작업장 순회점검 주기는?

① 1일에 1회 이상
② 2일에 1회 이상
③ 3일에 1회 이상
④ 7일에 1회 이상

**해설**

• 건설업의 경우는 2일에 1회 이상 순회점검을 해야 한다.

**도급인 사업주의 순회점검 주기**

| 사업 | 주기 |
|---|---|
| 건설업, 제조업, 토사석 광업, 서적, 잡지 및 기타 인쇄물 출판업, 음악 및 기타 오디오물 출판업, 금속 및 비금속 원료 재생업 | 2일에 1회 이상 |
| 위 사업을 제외한 사업 | 1주일에 1회 이상 |

0904 / 1502 / 1801

## 19 Repetitive Learning 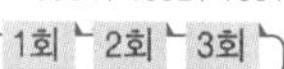

산업안전보건법령상 건설현장에서 사용하는 크레인의 안전검사의 주기로 옳은 것은?

① 최초로 설치한 날부터 1개월마다 실시
② 최초로 설치한 날부터 3개월마다 실시
③ 최초로 설치한 날부터 6개월마다 실시
④ 최초로 설치한 날부터 1년마다 실시

**해설**

• 건설현장에서 사용하는 크레인, 리프트, 곤돌라는 최초로 설치한 날부터 6개월마다 안전검사를 행한다.

**안전검사대상 유해·위험기계의 종류와 검사 주기** 실필 1504/1002

| 안전검사대상 유해·위험기계의 종류 | 검사 주기 |
|---|---|
| 크레인(이동식크레인 및 정격하중 2톤 미만 제외), 리프트(이삿짐운반용 리프트 제외) 및 곤돌라 | 사업장에 설치가 끝난 날부터 3년 이내에 최초 안전검사를 실시하되, 그 이후부터 2년마다(건설현장에서 사용하는 것은 최초로 설치한 날부터 6개월마다) |

1301

## 20 Repetitive Learning (1회 2회 3회)

다음 중 재해예방의 4원칙에 해당하지 않는 것은?

① 손실적용의 원칙
② 원인연계의 원칙
③ 대책선정의 원칙
④ 예방가능의 원칙

**해설**

• 손실적용의 원칙은 없으며, 사고로 인한 손실은 우연적이라는 의미에서 손실우연의 원칙이 빠졌다.

**하인리히의 재해예방 4원칙** 실필 1801/1501

|  |  |
|---|---|
| 대책선정의 원칙 | 사고의 원인을 발견하면 반드시 대책을 세워야 하며, 모든 사고는 대책선정이 가능하다는 원칙 |
| 손실우연의 원칙 | 사고로 인한 손실은 우연적이라는 원칙 |
| 예방가능의 원칙 | 모든 사고는 예방이 가능하다는 원칙 |
| 원인연계의 원칙 (원인계기의 원칙) | 사고는 반드시 원인이 있으며 이는 필연적인 인과관계로 작용한다는 원칙 |

정답 | 18 ② 19 ③ 20 ①

1701

## 21

Repetitive Learning (1회 2회 3회)

인간은 지각과정에서 자극의 정보를 조직화하는 과정을 거치게 된다. 시각정보의 조직화를 의미하는 용어는?

① 유추(Analogy)
② 게슈탈트(Gestalt)
③ 인지(Cognition)
④ 근접성(Proximity)

해설

- 게슈탈트(Gestalt)는 독일어로 형태나 형상을 의미하는데 시각정보의 조직화를 의미하는 용어로 사용한다.

**게슈탈트(Gestalt)의 지각집단화**

- 인간은 지각과정에서 자극의 정보를 조직화하는 과정을 거치는 것을 말한다. 시각정보의 조직화를 의미한다.
- 유사성의 원리 : 모양, 크기, 색상 등이 유사한 시각요소들이 그룹을 지어 하나의 패턴으로 보이려는 경향을 말한다.
- 근접성의 원리 : 서로 가까이 있는 것들끼리 하나의 집단처럼 보이는 경향을 말한다.
- 연속성의 원리 : 연속된 것들끼리 하나의 집단처럼 보이는 경향을 말한다.
- 폐쇄성의 원리 : 불완전한 것(열려있는)들을 완전한 것(닫힌 것, 연결된 것)으로 보려는 경향을 말한다.
- 단순성의 원리 : 주어진 조건에서 가장 단순한 쪽으로 인식하는 경향을 말한다.

## 22

Repetitive Learning (1회 2회 3회)

다음에서 설명하는 리더십의 유형은?

| 과업 완수와 인간관계 모두에 있어 최대한의 노력을 기울이는 리더십 유형 |
|---|

① 과업형 리더십
② 이상형 리더십
③ 타협형 리더십
④ 무관심형 리더십

해설

- ①은 생산에 대한 관심이 지대하고, 인간에는 무관심한 리더십이다.
- ③은 인기형 리더십이라고도 하며, 인간에 대한 관심은 지대하나 생산에는 무관심한 리더십이다.
- ④는 인간에 대한 관심과 생산에 대한 관심이 모두 무관심인 리더십이다.

**관리 그리드(Managerial grid) 이론** 실필 0904

- Blake & Muton에 의해 정리된 리더십 이론이다.
- 리더의 2가지 관심(인간, 생산에 대한 관심)을 축으로 리더십을 분류하였다.
- 이상(Team)형 리더십이 가장 높은 성과를 보여준다고 주장하였다.
- 표현 시 ( ) 안에 앞에는 업무에 대한 관심을, 뒤에는 인간관계에 대한 관심을 표현하고 온점()으로 구분한다.

| 높음(9) ⇑ 인간에 대한 관심 ⇓ | 인기(Country club)형(1.9)<br>• 인간에 대한 관심 지대함<br>• 생산에는 무관심 | | 이상(Team)형(9.9)<br>• 인간에 대한 관심과 생산에 대한 관심이 모두 높음 |
|---|---|---|---|
| | | 중도(Middle of road)형(5.5) | |
| | 무관심(Impoverished)형(1.1)<br>• 인간에 대한 관심과 생산에 대한 관심이 모두 무관심 | | 과업(Task)형(9.1)<br>• 생산에 대한 관심 지대함<br>• 인간에는 무관심 |
| 낮음(1) | ⇐ 생산에 대한 관심 ⇒ | | 높음(9) |

## 23

Repetitive Learning (1회 2회 3회)

집단역학에서 소시오메트리(Sociometry)에 관한 설명으로 틀린 것은?

① 소시오메트리 분석을 위해 소시오메트릭스와 소시오그램이 작성된다.
② 소시오메트릭스에서는 상호작용에 대한 정량적 분석이 가능하다.
③ 소시오메트리는 집단 구성원들 간의 공식적 관계가 아닌 비공식적인 관계를 파악하기 위한 방법이다.
④ 소시오그램은 집단 구성원들 간의 선호, 거부 혹은 무관심의 관계를 기호로 표현하지만, 이를 통해 다양한 집단 내의 비공식적 관계에 대한 역학관계는 파악할 수 없다.



21 ② 22 ② 23 ④ 정답

해설

- 소시오그램은 집단 내의 하위 집단들과 내부의 세부집단과 비세력집단을 구분할 수 있고 집단 내의 비공식적 관계에 대한 역학관계를 파악할 수 있어 집단의 실질적인 리더를 발견할 수 있다.

**집단역학에서 소시오메트리(Sociometry)**

- 구성원 상호 간의 선호도를 기초로 집단 내부의 동태적 상호관계를 분석하는 기법이다.
- 소시오메트리 연구조사에서 수집된 자료들은 소시오그램과 소시오메트릭스 등으로 분석한다.
- 소시오메트리는 집단 구성원들 간의 공식적 관계가 아닌 비공식적인 관계를 파악하기 위한 방법이다.
- 소시오그램은 집단 내의 하위 집단들과 내부의 세부집단과 비세력집단을 구분할 수 있고 집단 내의 비공식적 관계에 대한 역학관계를 파악할 수 있어 집단의 실질적인 리더를 발견할 수 있다.
- 소시오메트릭스는 소시오그램에서 나타나는 집단 구성원들 간의 관계를 수치에 의하여 계량적으로 분석할 수 있다.

## 24

Repetitive Learning (1회 2회 3회)

생체리듬(Biorhythm)의 종류에 해당하지 않는 것은?

① Critical rhythm
② Physical rhythm
③ Intellectual rhythm
④ Sensitivity rhythm

해설

- 생체리듬의 종류에는 육체적(Physical) 리듬, 지성적(Intellectual) 리듬, 감성적(Sensitivity) 리듬이 있다.

**생체리듬(Biorhythm)**

㉠ 개요

- 사람의 체온, 혈압, 맥박수, 혈액, 수분, 염분량 등이 시간에 따라 또는 주야에 따라 일정한 형식으로 변화하는 것을 말한다.
- 생체리듬의 종류에는 육체적(Physical) 리듬, 지성적(Intellectual) 리듬, 감성적(Sensitivity) 리듬이 있다.

㉡ 특징

- 생체리듬에서 중요한 점은 낮에는 신체활동이 유리하며, 밤에는 휴식이 더욱 효율적이라는 것이다.
- 체온·혈압·맥박수는 주간에는 상승, 야간에는 저하된다.
- 혈액의 수분과 염분량은 주간에는 감소, 야간에는 증가한다.
- 체중은 주간작업보다 야간작업일 때 더 많이 감소하고, 피로의 자각증상은 주간보다 야간에 더 많이 증가한다.
- 몸이 흥분한 상태일 때는 교감신경이 우세하고 수면을 취하거나 휴식을 할 때는 부교감신경이 우세하다.

## 25

Repetitive Learning (1회 2회 3회)

사회행동의 기본 형태에 해당하지 않는 것은?

① 협력
② 대립
③ 모방
④ 도피

해설

- 사회행동의 기본 형태에는 도피, 협력, 대립, 융합 등이 있다.

**인간의 사회행동의 기본 형태**

- 도피 : 정신병, 자살, 고립
- 협력 : 조력, 분업
- 대립 : 공격, 경쟁
- 융합 : 강제, 타협, 통합

1101 / 1502

## 26

Repetitive Learning (1회 2회 3회)

직무수행에 대한 예측변인 개발 시 작업표본(Work sample)에 관한 사항 중 틀린 것은?

① 집단검사로 감독의 통제가 요구된다.
② 훈련생보다 경력자 선발에 적합하다.
③ 실시하는데 시간과 비용이 많이 든다.
④ 주로 기계를 다루는 직무에 효과적이다.

해설

- 작업표본은 집단검사가 아니라 개인별 작업행동을 관찰할 수 있는 검사이다.

**직무수행에 대한 예측변인 개발 시 작업표본(Work sample)**

㉠ 개요

- 실제 산업 현장의 작업 활동과 매우 유사한 모의 작업 활동 혹은 축소된 형태의 작업 활동이며, 실제 작업이나 직업군에서 사용되는 것과 유사하거나 동일한 과제, 재료, 도구를 포함한 한계가 분명한 직업 활동이다.
- 개인의 직업 적성, 근로자 특성, 직업 흥미 등을 평가한다.

㉡ 제한점

- 주로 기계를 다루거나 육체노동을 하는 직무에 효과적이다.
- 훈련생보다 경력자 선발에 적합하다.
- 실시하는 데 시간과 비용이 많이 든다.
- 동시타당도만 측정이 가능하다.
- 현재 무엇을 할 수 있는지를 평가하는 데는 효과적이나 미래의 잠재력을 평가하는 것은 아니다.

정답 | 24 ① 25 ③ 26 ①

1101

## 27 Repetitive Learning (1회 2회 3회)

안전·보건교육에 있어 역할 연기법의 장점이 아닌 것은?

① 흥미를 갖고, 문제에 적극적으로 참가한다.
② 문제의 배경에 대하여 통찰하는 능력을 높임으로써 감수성이 향상된다.
③ 자기 태도의 반성과 창조성이 생기고, 발표력이 향상된다.
④ 목적이 명확하고, 다른 방법과 병용하지 않아도 높은 효과를 기대할 수 있다.

**해설**

- 역할 연기법은 목적이 명확하고, 다른 방법들과 병용을 통해서 높은 효과를 기대할 수 있다.

**역할연기법(Role playing)**

㉠ 개요
- 집단 심리요법의 하나로서 자기 해방과 타인 체험을 목적으로 하는 체험활동을 통해 대인관계에 있어서의 태도변용이나 통찰력, 자기이해를 목표로 개발된 교육기법이다.
- 참가자에게 흥미와 체험감을 주며, 아는 것과 행동하는 것 사이의 차이를 인식시켜 줄 수 있는 교육방법이다.
- 높은 수준의 의사 결정에 대한 훈련에는 효과를 기대할 수 없다.

㉡ 특징
- 관찰에 의한 학습
- 실행에 의한 학습
- 피드백에 의한 학습 분석과 개념화를 통한 학습

㉢ 장점
- 흥미를 갖고, 문제에 적극적으로 참가한다.
- 문제의 배경에 대하여 통찰하는 능력을 높임으로써 감수성이 향상된다.
- 자기 태도의 반성과 창조성이 생기고, 발표력이 향상된다.
- 의견 발표에 자신이 생기고, 고찰력이 풍부해진다.

## 28 Repetitive Learning (1회 2회 3회)

산업안전보건법령상 2미터 이상인 구축물을 콘크리트 파쇄기를 사용하여 파쇄작업을 하는 경우 특별교육의 내용이 아닌 것은?(단, 그 밖에 안전·보건관리에 필요한 사항은 제외한다)

① 작업안전조치 및 안전기준에 관한 사항
② 비계의 조립방법 및 작업 절차에 관한 사항
③ 콘크리트 해체 요령과 방호거리에 관한 사항
④ 파쇄기의 조작 및 공통작업 신호에 관한 사항

**해설**

- 콘크리트 파쇄기를 사용하여 하는 파쇄작업(2미터 이상인 구축물의 파쇄작업만 해당)에 관한 특별안전·보건교육의 내용은 ①, ③, ④ 외에 보호구 및 방호장치 등에 관한 사항이 있다.

**콘크리트 파쇄기를 사용하여 하는 파쇄작업(2미터 이상인 구축물의 파쇄작업만 해당)에 관한 특별안전·보건교육 내용**
- 콘크리트 해체 요령과 방호거리에 관한 사항
- 작업안전조치 및 안전기준에 관한 사항
- 파쇄기의 조작 및 공통작업 신호에 관한 사항
- 보호구 및 방호장비 등에 관한 사항
- 그 밖에 안전·보건관리에 필요한 사항

0804 / 1301 / 1601

## 29 Repetitive Learning (1회 2회 3회)

산업안전보건법령상 일용근로자의 작업내용 변경 시의 교육시간 기준은?

① 1시간　② 2시간
③ 3시간　④ 4시간

**해설**

- 작업내용 변경 시의 교육시간은 일용근로자 및 근로계약기간이 1주일 이하인 기간제근로자의 경우 1시간 이상, 일용근로자를 제외한 근로자는 2시간 이상이다.

**안전·보건 교육시간 기준** 실필 1801/1201/0904/0804

| 교육과정 | 교육대상 | | 교육시간 |
|---|---|---|---|
| 정기교육 | 사무직 종사 근로자 | | 매반기 6시간 이상 |
| | 사무직 외의 근로자 | 판매업무에 직접 종사하는 근로자 | 매반기 6시간 이상 |
| | | 판매업무에 직접 종사하는 근로자 외의 근로자 | 매반기 12시간 이상 |
| | 관리감독자 | | 연간 16시간 이상 |
| 채용 시의 교육 | 일용근로자 및 근로계약기간이 1주일 이하인 기간제근로자 | | 1시간 이상 |
| | 근로계약기간이 1주일 초과 1개월 이하인 기간제근로자 | | 4시간 이상 |
| | 그 밖의 근로자 | | 8시간 이상 |
| 작업내용 변경 시의 교육 | 일용근로자 및 근로계약기간이 1주일 이하인 기간제근로자 | | 1시간 이상 |
| | 그 밖의 근로자 | | 2시간 이상 |
| 특별교육 | 일용 및 근로계약기간이 1주일 이하인 기간제근로자 | 타워크레인 신호업무 제외 | 2시간 이상 |
| | | 타워크레인 신호업무 | 8시간 이상 |
| | 일용 및 근로계약기간이 1주일 이하인 기간제근로자 제외 근로자 | | • 16시간 이상(작업전 4시간, 나머지는 3개월 이내 분할 가능)<br>• 단기간 또는 간헐적 작업인 경우에는 2시간 이상 |
| 건설업 기초안전·보건교육 | 건설 일용근로자 | | 4시간 이상 |



27 ④　28 ②　29 ①　정답

1302 / 1802

## 30

Repetitive Learning 1회 2회 3회

어떤 과업을 성취할 수 있는 자신의 능력에 대한 스스로의 믿음을 나타내는 것은?

① 자아존중감(Self-esteem)
② 자기효능감(Self-efficacy)
③ 통제의 착각(Illusion of control)
④ 자기중심적 편견(Egocetric bias)

해설

- 자아존중감은 자신에 대한 광범위하고 포괄적인 평가로 자신의 가치와 능력을 믿는 마음을 말한다.
- 통제의 착각이란 긍정적인 결과가 일어날 것이라는 믿음으로 우연에 의한 결과물도 자신이 통제할 수 있다고 믿는 것을 말한다.
- 자기중심적 편견이란 자기의 기여도는 높게 평가하면서 타인의 기여도는 낮게 평가하는 심리를 말한다.

자기효능감(Self-efficacy)

- 자아효능감이라고도 한다.
- 자신에게 주어진 과제를 성공적으로 수행하거나 상황을 잘 극복할 수 있다는 신념이나 기대를 말한다.

1001

## 31

Repetitive Learning 1회 2회 3회

다음 중 모랄 서베이(Morale survey)의 주요 방법으로 적절하지 않은 것은?

① 관찰법
② 면접법
③ 상의법
④ 질문지법

해설

- 모랄 서베이의 방법에는 관찰법과 태도조사법(면접, 설문조사, 집단토의)이 있다.

모랄 서베이(Morale Survey)

- 근로자의 근로 의욕·태도 등에 대해 측정하는 것으로, 근로 의욕을 높여 기업발전에 기여하는 것을 목적으로 한다.
- 사기조사 또는 태도조사라고도 한다.
- 관찰법과 태도조사법이 주로 사용된다.
- 관찰법은 근로자의 근무태도 및 근무성과를 기록하는 방법을 말한다.
- 태도조사법은 면접 또는 설문조사, 집단토의 등에 의해 근로자의 태도와 불만사항을 조사하는 방법을 말한다.

0801 / 1204 / 1901

## 32

Repetitive Learning 1회 2회 3회

O.J.T(On the Job Training)의 특징이 아닌 것은?

① 효과가 곧 업무에 나타난다.
② 직장의 실정에 맞는 실제적 훈련이 가능하다.
③ 다수의 근로자에게 조직적 훈련이 가능하다.
④ 교육을 통한 훈련 효과에 의해 상호 신뢰이해도가 높아진다.

해설

- ③은 Off J.T의 장점에 해당한다.

O.J.T(On the Job Training) 교육 실필 1701

㉠ 개요

- 사업장 내에서 직장 상사가 강사가 되어 실시하는 교육이다.
- 일상 업무를 통해 지식과 기능, 문제해결능력을 향상시키는 데 주목적을 갖는다.
- 가장 중요한 역할을 담당하는 이는 일선현장의 감독자이다.

㉡ 형태

- 코칭
- 직무순환
- 멘토링
- 도제식 교육
- 현장 직무교육

㉢ 특징

| 구분 | 내용 |
|---|---|
| 장점 | • 동기부여가 쉽다.<br>• 개개인에게 적절한 지도훈련이 가능하다.<br>• 직장의 실정에 맞게 실제적 훈련이 가능하다.<br>• 교육을 통한 훈련효과에 의해 상호 신뢰 및 이해도가 높아진다.<br>• 대상자의 개인별 능력에 따라 훈련의 진도를 조정하기가 쉽다.<br>• 교육효과가 업무에 신속히 반영된다.<br>• 훈련에 필요한 업무의 계속성이 끊어지지 않는다. |
| 단점 | • 전문적인 강사가 아니어서 교육이 원만하지 않을 수 있다.<br>• 다수의 대상을 한 번에 통일적인 내용 및 수준으로 교육시킬 수 없다.<br>• 전문적인 고도의 지식 및 기능을 교육하기 힘들다.<br>• 업무와 교육이 병행되는 관계로 훈련에만 전념할 수 없다. |

정답 | 30 ② 31 ③ 32 ③

0502 / 1004 / 1401

## 33

Repetitive Learning 1회 2회 3회

다음 중 호손(Hawthorne) 연구에 대한 설명으로 옳은 것은?

① 소비자들에게 효과적으로 영향을 미치는 광고 전략을 개발했다.
② 시간-동작연구를 통해서 작업도구와 기계를 설계했다.
③ 채용과정에서 발생하는 차별요인을 밝히고 이를 시정하는 법적 조치의 기초를 마련했다.
④ 물리적 작업환경보다 근로자들의 의사소통 등 인간관계가 더 중요하다는 것을 알아냈다.

해설

- 호손 실험을 통해서 생산성은 사원들의 태도, 감독자, 비공식 집단의 중요성 등 인간관계와 관련한 요소들이 복잡하게 영향을 미친다는 것을 확인하였다.

호손 실험(Hawthorne experiment)

- 산업심리학이 발전하던 1920년대에 시작된 일련의 연구로 원래 조명도와 생산성의 관계를 밝히려고 시작되었다.
- 조명을 밝히면 처음에는 생산량은 증가하나 이후에는 조명과 상관관계가 거의 없이 생산량이 증가하였다.
- 결과적으로 생산성에는 사원들의 태도, 감독자, 비공식 집단의 중요성 등 인간관계와 관련한 요소들이 복잡하게 영향을 미친다는 것을 확인하였다.

0302 / 0702

## 34

Repetitive Learning 1회 2회 3회

교육심리학의 연구방법 중 인간의 내면에서 일어나고 있는 심리적 사고에 대하여 사물을 이용하여 인간의 성격을 알아보는 방법을 무엇이라 하는가?

① 투사법 ② 면접법
③ 실험법 ④ 질문지법

해설

- 교육심리학의 연구방법에는 투사법, 실험법, 관찰법 등이 있다.
- 실험법은 관찰하려는 상황을 연구목적에 따라 인위적으로 조작하여 지정 조건하에서 사실과 현상을 연구하는 방법이다.
- 면접법과 질문지법은 직무분석을 위한 방법 중 태도조사법에 해당한다.

교육심리학의 연구방법

- 투사법 - 인간의 내면에서 일어나고 있는 심리적 사고에 대하여 사물을 이용하여 인간의 성격을 알아보는 방법
- 실험법 - 관찰하려는 상황을 연구목적에 따라 인위적으로 조작하여 지정 조건하에서 사실과 현상을 연구하는 방법
- 관찰법 - 자연적 관찰법과 실험적 관찰법으로 분류된다.

0404 / 0602 / 1201

## 35

Repetitive Learning 1회 2회 3회

학습정도(Level of learning)의 4단계에 해당되지 않는 것은?

① 회상(To recall)
② 적용(To apply)
③ 인지(To recognize)
④ 이해(To understand)

해설

- 학습정도는 인지(~을 인지) - 지각(~을 알아야) - 이해(~을 이해해야) - 적용(~을 ~에 적용할 줄 알아야) 순으로 나타난다.

학습정도(Level of learning)의 4단계

- 학습정도는 주제를 학습시킬 범위와 내용의 정도를 의미한다.
- 학습정도는 인지(~을 인지) - 지각(~을 알아야) - 이해(~을 이해해야) - 적용(~을 ~에 적용할 줄 알아야) 순으로 나타난다.

## 36

Repetitive Learning 1회 2회 3회

스트레스 반응에 영향을 주는 요인 중 개인적 특성에 관한 요인이 아닌 것은?

① 심리상태
② 개인의 능력
③ 신체적 조건
④ 작업시간의 차이

해설

- 스트레스 반응에 있어서 개인마다 차이가 나는 이유는 개인에게 찾아야 한다. 업무강도나 작업시간 등의 업무에서 개인 차이를 확인하는 것은 힘들다.

스트레스 반응에 영향을 주는 개인적 특성

- 심리상태
- 개인의 능력
- 신체적 조건
- 성격차이
- 성(性) 및 자기 존중감의 차이

## 37

Repetitive Learning 1회 2회 3회

안전교육의 3단계 중 작업방법, 취급 및 조작행위를 몸으로 숙달시키는 것을 목적으로 하는 단계는?

① 안전지식교육 ② 안전기능교육
③ 안전태도교육 ④ 안전의식교육



33 ④ 34 ① 35 ① 36 ④ 37 ② 정답

해설

- 안전기능교육은 긴 시간 동안 개인의 반복적 시행착오에 의해서 형성되며, 현장실습을 통한 경험체득과 이해가 큰 도움이 된다.

안전기능교육(안전교육의 제2단계)

- 작업능력 및 기술능력을 부여하는 교육으로 작업동작을 표준화시킨다.
- 교육대상자가 그것을 스스로 행함으로 얻어지는 것으로 시범식 교육이 가장 바람직한 교육방식이다.
- 긴 시간 동안 개인의 반복적 시행착오에 의해서 형성된다.
- 현장실습을 통한 경험체득과 이해를 목적으로 하는 단계이다.
- 방호장치 관리 기능을 습득하게 한다.

1802

## 38

Repetitive Learning (1회 2회 3회)

지름길을 사용하여 대상물을 판단할 때 발생하는 지각의 오류가 아닌 것은?

① 후광 효과
② 최근 효과
③ 결론 효과
④ 초두 효과

해설

- 지각의 오류와 관련된 인간의 경향성을 나타내는 용어에는 후광효과, 최신 효과, 단순노출 효과, 관대화 효과, 초두 효과 등이 있다.

인간의 경향성(지각의 오류) 관련 용어

| | |
|---|---|
| 후광효과 | 한 가지 특성에 기초하여 그 사람의 모든 측면을 판단하는 인간의 경향성 |
| 최신효과 | 가장 최근의 인상으로 그 사람을 판단하는 인간의 경향성 |
| 단순노출 효과 | 계속된 만남을 통해서 호감을 갖게되는 인간의 경향성 |
| 관대화 효과 | 타인을 평가함에 있어 관대하게 평가하려는 경향성 |
| 초두효과 | 첫인상을 가장 중요하게 판단하는 경향성 |
| 엄격화 효과 | 피평가자의 실제 업적이나 능력을 낮게 평가하는 경향성 |
| 중앙집중 효과 | 피평가자들을 모두 중간점수로 평가하려는 경향성 |

1004 / 1504

## 39

Repetitive Learning (1회 2회 3회)

다음은 무엇에 관한 설명인가?

> 다른 사람으로부터의 판단이나 행동을 무비판적으로 받아들이는 것

① 모방(Imitation)
② 투사(Projection)
③ 암시(Suggestion)
④ 동일화(Identification)

해설

- 모방이란 남의 행동이나 판단을 표본으로 하여 그것과 같거나 또는 그것에 가까운 행동 또는 판단을 취하려는 것을 말한다.
- 투사란 자신의 불만을 해소하기 위해 남에게 뒤집어 씌우는 행위를 말한다.
- 동일화는 다른 사람의 행동 양식이나 태도를 자기에게 투입하거나 그와 반대로 다른 사람 가운데서 자기의 행동 양식이나 태도와 비슷한 것을 발견하는 것을 말한다.

암시(Suggestion)

- 다른 사람으로부터의 판단이나 행동을 무비판적으로 받아들이는 것을 말한다.

0704 / 1202

## 40

Repetitive Learning (1회 2회 3회)

산업심리의 5대 요소가 아닌 것은?

① 동기
② 기질
③ 감정
④ 지능

해설

- 산업심리의 5요소에는 동기, 기질, 감정, 습성, 습관이 있다.

산업안전심리의 5요소

| | |
|---|---|
| 동기 (Motive) | 능동적인 감각에 의한 자극에서 일어난 사고의 결과로서 사람의 마음을 움직이는 원동력이 되는 것이다. |
| 기질 (Temper) | 감정적인 경향이나 반응에 관계되는 성격의 한 측면이다. |
| 감정 (Emotion) | 생활체가 어떤 행동을 할 때 생기는 주관적인 동요를 뜻한다. |
| 습성 (Habits) | 한 종에 속하는 개체의 대부분에서 볼 수 있는 일정한 생활양식으로 본능, 학습, 조건반사 등에 따라 형성된다. |
| 습관 (Custom) | 성장과정을 통해 형성된 특성 등이 무의식중에 습관화된 것으로 동기, 기질, 감정, 습성 등이 영향을 끼친다. |

정답 | 38 ③ 39 ③ 40 ④

# 3과목 인간공학 및 시스템안전공학

1602

## 41 Repetitive Learning (1회 2회 3회)

태양광이 내리쬐지 않는 옥내의 습구흑구온도지수(WBGT) 산출 식은?

① 0.6 × 자연습구온도 + 0.3 × 흑구온도
② 0.7 × 자연습구온도 + 0.3 × 흑구온도
③ 0.6 × 자연습구온도 + 0.4 × 흑구온도
④ 0.7 × 자연습구온도 + 0.4 × 흑구온도

**해설**

- 일사가 영향을 미치는 옥외에서는 건구온도인 DB를 반영하지만 옥내에서는 일사의 영향이 없으므로 자연습구와 흑구온도만으로 WBGT가 결정된다.

**습구흑구온도(WBGT : Wet Bulb Globe Temperature) 지수**
- 건구온도, 습구온도 및 흑구온도에 의해 산출되며, 열중증 예방을 위한 지표로 더위지수라고도 한다.
- 일사가 영향을 미치는 옥외와 일사의 영향이 없는 옥내의 계산식이 다르다.
- 옥내에서 WBGT = 0.7NWB + 0.3GT이다. 이때 NWB는 자연습구, GT는 흑구온도이다.
- 옥외에서 WBGT = 0.7NWB + 0.2GT + 0.1DB이다. 이때 NWB는 자연습구, GT는 흑구온도, DB는 건구온도이다.

## 42 Repetitive Learning (1회 2회 3회)

통화 이해도 척도로서 통화 이해도에 영향을 주는 잡음의 영향을 추정하는 지수는?

① 명료도 지수 ② 통화 간섭 수준
③ 이해도 점수 ④ 통화 공진 수준

**해설**

- 명료도 지수는 말소리의 질에 대한 객관적 측정방법으로 통화이해도를 측정하는 지표이다.

**명료도 지수(Articulation Index)와 통화 간섭 수준**
- ㉠ 명료도 지수
  - 말소리의 질에 대한 객관적 측정방법으로 통화이해도를 측정하는 지표이다.
  - 각 옥타브(Octave)대의 음성과 잡음의 데시벨(dB) 값에 가중치를 곱하여 합계를 구한 것이다.
- ㉡ 통화 간섭 수준
  - 통화 이해도에 영향을 주는 잡음의 영향을 추정하는 지수이다.

## 43 Repetitive Learning (1회 2회 3회)

부품 배치의 원칙 중 기능적으로 관련된 부품들을 모아서 배치한다는 원칙은?

① 중요성의 원칙
② 사용 빈도의 원칙
③ 사용 순서의 원칙
④ 기능별 배치의 원칙

**해설**

- 부품이나 기계설비를 기능별로 한 곳에 집합시키는 것은 동일공정의 작업을 한 곳에 집합시키는 기능별 배치의 원칙에 대한 설명이다.

**작업장 배치의 원칙**
- ㉠ 개요
  - 사용빈도, 중요도, 기능별, 사용순서의 원칙에 의해 배치한다.
  - 작업의 흐름에 따라 기계를 배치한다.
  - 배치의 3단계는 지역배치 → 건물배치 → 기계배치 순으로 이뤄진다.
  - 공장 내외에는 안전한 통로를 두어야 하며, 통로는 선을 그어 작업장과 명확히 구별하도록 한다.
  - 비상시에 쉽게 대비할 수 있는 통로를 마련하고 사고 진압을 위한 활동통로가 반드시 마련되어야 한다.
- ㉡ 원칙
  - 중요성의 원칙, 사용빈도의 원칙 – 우선적인 원칙
  - 기능별 배치, 사용순서의 원칙 – 부품의 일반적인 위치 내에서의 구체적인 배치 기준

## 44 Repetitive Learning (1회 2회 3회)

시각적 식별에 영향을 주는 각 요소에 대한 설명 중 틀린 것은?

① 조도는 광원의 세기를 말한다.
② 휘도는 단위 면적당 표면에 반사 또는 방출되는 광량을 말한다.
③ 반사율은 물체의 표면에 도달하는 조도와 광도의 비를 말한다.
④ 광도 대비란 표적의 광도와 배경의 광도의 차이를 배경 광도로 나눈 값을 말한다.

**해설**

- 조도는 특정 지점에 도달하는 광의 밀도를 말한다. 광원의 세기는 광도를 의미한다.



41 ② 42 ② 43 ④ 44 ① 정답

**:: 조도(照度)**

㉠ 개요

- 조도는 특정 지점에 도달하는 광의 밀도를 말한다.
- 반사체의 반사율과는 상관없이 일정한 값을 갖는다.
- 거리의 제곱에 반비례하고, 광도에 비례하므로 $\frac{\text{광도}}{(\text{거리})^2}$로 구한다.

㉡ 단위

- 단위는 럭스(Lux)를 주로 사용하며, 1Lux는 1cd의 점광원으로부터 1m 떨어진 구면에 비추는 광의 밀도이며, 촛불 1개의 조도이다.
- Candela는 단위시간당 한 발광점으로부터 투광되는 빛의 에너지양이다.

0801

## 45 Repetitive Learning (1회 2회 3회)

그림과 같은 시스템에서 부품 A, B, C, D의 신뢰도가 모두 r로 동일할 때 이 시스템의 신뢰도는?

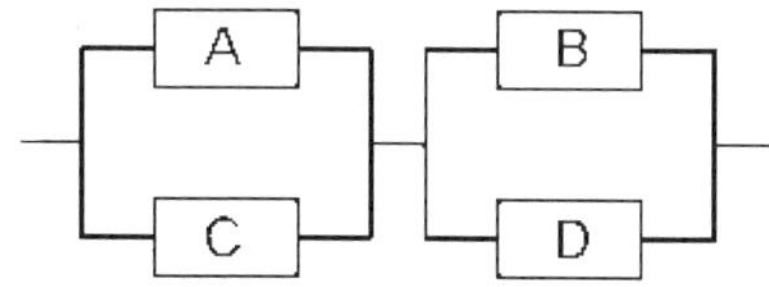


① $r(2-r^2)$

② $r^2(2-r)^2$

③ $r^2(2-r^2)$

④ $r^2(2-r)$

**해설**

- 시스템은 병렬로 연결된 A-C와 B-D가 직렬로 연결된 시스템이다.
- 병렬로 연결된 각각의 시스템의 신뢰도를 먼저 구하면 신뢰도 AC = $1-(1-r)(1-r) = 1-(1-2r+r^2)=2r-r^2=r(2-r)$이다. 신뢰도 BD도 $r(2-r)$이다.
- 두 개의 부품연결을 직렬로 연결하면 $r(2-r)\times r(2-r) = r^2(2-r)^2$이 된다.

**:: 시스템의 신뢰도**

㉠ AND(직렬)연결 시

- 시스템의 신뢰도($R_s$)는 부품 a, 부품 b 신뢰도를 각각 $R_a$, $R_b$라 할 때 $R_s = R_a \times R_b$로 구할 수 있다.

㉡ OR(병렬)연결 시

- 시스템의 신뢰도($R_s$)는 부품 a, 부품 b 신뢰도를 각각 $R_a$, $R_b$라 할 때 $R_s = 1-(1-R_a)\times(1-R_b)$로 구할 수 있다.

## 46 Repetitive Learning (1회 2회 3회)

인간공학의 목표와 거리가 가장 먼 것은?

① 사고 감소 ② 생산성 증대

③ 안전성 향상 ④ 근골격계질환 증가

**해설**

- 근골격계질환의 증가를 막는 것이 인간공학의 목표가 되어야 한다.

**:: 인간공학(Ergonomics)**

㉠ 개요

- "Ergon(작업) + nomos(법칙) + ics(학문)"이 조합된 단어로 Human factors, Human engineering이라고도 한다.
- 인간의 특성과 한계 능력을 공학적으로 분석, 평가하여 이를 복잡한 체계의 설계에 응용함으로써 효율을 최대로 활용할 수 있도록 하는 학문분야이다.
- 인간이 사용하는 물건, 설비, 환경의 설계에 인간의 생리적, 심리적인 면에서의 특성이나 한계점을 고려함으로써 인간-기계 시스템의 안전성과 편리성, 효율성을 높이는 학문분야이다.

㉡ 적용분야

- 제품설계 및 재해 · 질병 예방
- 장비 · 공구 · 설비의 배치
- 작업장 내 조사 및 연구

1801

## 47 Repetitive Learning (1회 2회 3회)

A사의 안전관리자는 자사 화학 설비의 안전성 평가를 실시하고 있다. 그 중 제2단계인 정성적 평가를 진행하기 위하여 평가항목을 설계관계 대상과 운전관계 대상으로 분류하였을 때 설계관계항목이 아닌 것은?

① 건조물 ② 공장 내 배치

③ 입지조건 ④ 원재료, 중간제품

**해설**

- 공장의 입지조건이나 배치 및 건조물은 2단계 정성적 평가에서 설계관계에 대한 평가요소인 데 반해 원재료와 중간제품은 운전관계에 대한 평가요소에 해당한다.

**:: 정성적 평가와 정량적 평가항목**

| | | |
|---|---|---|
| 정성적 평가 | 설계관계항목 | 입지조건, 공장 내 배치, 건조물, 소방설비 등 |
| | 운전관계항목 | 원재료, 중간제품, 공정 및 공정기기, 수송, 저장 등 |
| 정량적 평가 | • 수치값으로 표현 가능한 항목들을 대상으로 한다.<br>• 온도, 취급물질, 화학설비용량, 압력, 조작 등을 위험도에 맞게 평가한다. | |

정답 | 45 ② 46 ④ 47 ④

## 48

Repetitive Learning (1회 2회 3회)

양립성의 종류가 아닌 것은?

① 개념의 양립성　② 감성의 양립성
③ 운동의 양립성　④ 공간의 양립성

해설

- 양립성(Compatibility)의 종류에는 운동양립성, 공간양립성, 개념양립성, 양식 양립성 등이 있다.

양립성(Compatibility)

㉠ 개요

- 인간의 기대하는 바와 자극 또는 반응들이 일치하는 관계를 말하는데 양립성이 적을수록 정보처리에서 재코드화 과정은 많아진다.
- 양립성의 효과가 크면 클수록, 코딩의 시간이나 반응의 시간은 짧아진다.
- 양립성의 종류에는 운동양립성, 공간양립성, 개념양립성, 양식양립성 등이 있다.

㉡ 양립성의 종류와 개념

| | |
|---|---|
| 공간(Spatial) 양립성 | • 표시장치와 이에 대응하는 조종장치의 위치가 인간의 기대에 모순되지 않는 것<br>• 왼쪽 표시장치와 관련된 조종장치는 왼쪽에, 오른쪽 표시장치에 관련된 조종장치는 오른쪽에 위치하는 것 |
| 운동(Movement) 양립성 | 조종장치의 조작방향에 따라서 기계장치나 자동차 등이 움직이는 것 |
| 개념(Conceptual) 양립성 | • 인간이 가지는 개념과 일치하게 하는 것<br>• 적색 수도꼭지는 온수, 청색 수도꼭지는 냉수를 의미하는 것이나 위험신호는 빨간색, 주의신호는 노란색, 안전신호는 파란색으로 표시하는 것 |
| 양식(Modality) 양립성 | 문화적 관습에 의해 생기는 양립성 혹은 직무에 관련된 자극과 이에 대한 응답 등으로 청각적 자극 제시와 이에 대한 음성응답 과업에서 갖는 양립성 |

1202 / 1601 / 1902

## 49

Repetitive Learning (1회 2회 3회)

어떤 결함수를 분석하여 Minimal cut set을 구한 결과 다음과 같았다. 각 기본사상의 발생확률을 qi, i=1, 2, 3이라 할 때 정상사상의 발생확률함수로 옳은 것은?

$$K_1=\{1,2\},\ K_2=\{1,3\},\ K_3=\{2,3\}$$

① $q_1q_2 + q_1q_2 - q_2q_3$
② $q_1q_2 + q_1q_3 - q_2q_3$
③ $q_1q_2 + q_1q_3 + q_2q_3 - q_1q_2q_3$
④ $q_1q_2 + q_1q_3 + q_2q_3 - 2q_1q_2q_3$

해설

- 최소 컷 셋을 FT로 표시하면 다음과 같다.

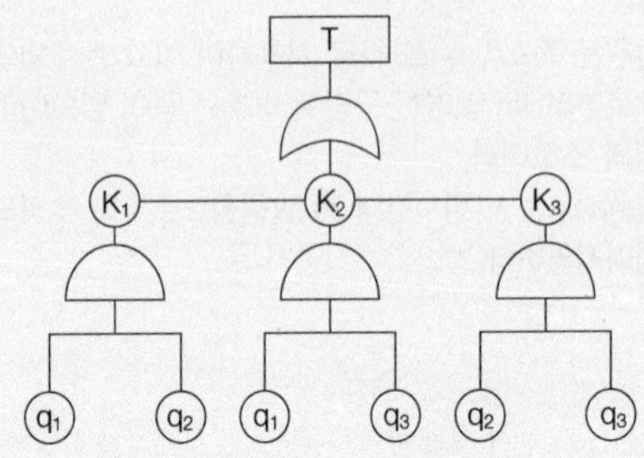


- $K_1=q_1\cdot q_2$, $K_2=q_1\cdot q_3$, $K_3=q_2\cdot q_3$이다.
- T는 이들을 OR로 연결하였으므로 발생확률은 $T=1-(1-P(K_1))(1-P(K_2))(1-P(K_3))$이 된다.
- $T=1-(1-q_1q_2)(1-q_1q_3)(1-q_2q_3)$으로 표시된다.
- $(1-q_1q_2)(1-q_1q_3)=1-q_1q_3-q_1q_2+q_1q_2q_3$이고, $(1-q_1q_3-q_1q_2+q_1q_2q_3)(1-q_2q_3)$
$=1-q_2q_3-q_1q_3+q_1q_2q_3-q_1q_2+q_1q_2q_3+q_1q_2q_3-q_1q_2q_3$
$=1-q_2q_3-q_1q_3-q_1q_2+2(q_1q_2q_3)$이 되므로 이를 대입하면
$T=1-1+q_2q_3+q_1q_3+q_1q_2-2(q_1q_2q_3)$가 된다.
이는 $T=q_2q_3+q_1q_3+q_1q_2-2(q_1q_2q_3)$로 정리된다.

FT도에서 정상(고장)사상 발생확률 실필 1203/0901

㉠ AND(직렬)연결 시

- 사상 A의 발생확률을 $P_A$, 사상 B, 사상 C 발생확률을 $P_B$, $P_C$라 할 때 $P_A=P_B\times P_C$로 구할 수 있다.

㉡ OR(병렬)연결 시

- 사상 A의 발생확률을 $P_A$ 사상 B, 사상 C 발생확률을 $P_B$, $P_C$라 할 때 $P_A=1-(1-P_B)\times(1-P_C)$로 구할 수 있다.

0902

## 50

Repetitive Learning (1회 2회 3회)

인간공학적 연구조사에 사용되는 기준 척도의 요건 중 다음 설명에 해당하는 것은?

> 기준척도는 측정하고자 하는 변수 외의 다른 변수들의 영향을 받아서는 안 된다.

① 신뢰성　② 적절성
③ 검출성　④ 무오염성



48 ②　49 ④　50 ④ | 정답

해설

- 신뢰성은 비슷한 조건에서 일정한 결과를 반복적으로 얻어야 한다.
- 적절성은 측정변수가 평가하고자 하는 바를 잘 반영해야 한다.
- 검출성은 인간공학 연구 기준척도에 포함되지 않는다.

⁘ 인간공학 연구 기준척도의 일반적 요건

| | |
|---|---|
| 적절성 | 측정변수가 평가하고자 하는 바를 잘 반영해야 한다. |
| 무오염성 | 기준척도는 측정하고자 하는 변수 외의 다른 변수들의 영향을 받아서는 안 된다. |
| 신뢰성 | 비슷한 조건에서 일정한 결과를 반복적으로 얻을 수 있어야 한다. |
| 민감도 | 피실험자 사이에서 볼 수 있는 예상 차이점에 비례하는 단위로 측정해야 한다. |
| 타당성 | 시스템의 목표를 잘 반영하는가를 나타내는 척도이다. |

**51** Repetitive Learning (1회 2회 3회)

FTA에서 사용되는 논리게이트 중 입력과 반대되는 현상으로 출력되는 것은?

① 부정 게이트
② 억제 게이트
③ 배타적 OR 게이트
④ 우선적 AND 게이트

해설

- 억제 게이트는 조건부 사건이 발생하는 상황하에서 입력 현상이 발생할 때 출력 현상이 발생하는 게이트이다.
- 배타적 OR 게이트는 2개 또는 2 이상의 입력이 동시에 존재하는 경우에는 출력이 생기지 않는 게이트이다.
- 우선적 AND 게이트는 여러 개의 입력 사항이 정해진 순서에 따라 순차적으로 발생해야만 결과가 출력되는 게이트이다.

⁘ 부정 게이트

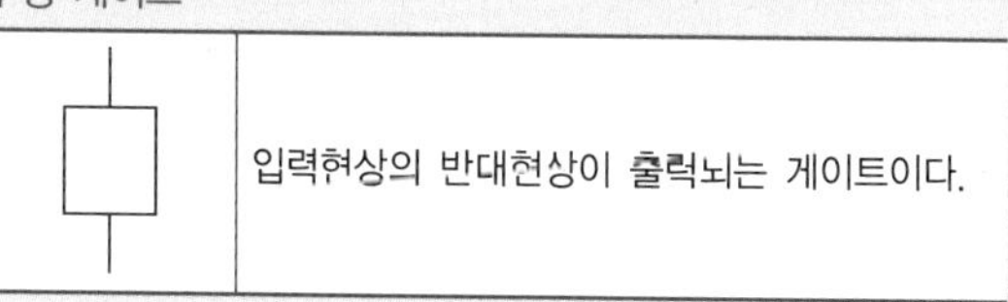

| | |
|---|---|
| | 입력현상의 반대현상이 출력되는 게이트이다. |

0802

**52** Repetitive Learning (1회 2회 3회)

부품의 고장이 발생하여도 기계가 추후 보수 될때까지 안전한 기능을 유지하도록 하는 것을 무엇이라고 하는가?

① Fool-Soft ② Fail-Active
③ Fail-Operational ④ Fail-Passive

해설

- 조작상의 과오로 기계나 그 부품에 고장이나 기능 불량이 생겨도 항상 안전하게 작동하는 페일 세이프에는 Fail Passive, Fail Active, Fail Operational이 있다.
- Fail Active는 부품이 고장이 나면 경보를 울리면서 잠깐의 운전이 가능한 기능이다.
- Fail Passive는 부품이 고장이 나면 에너지를 최저화 즉, 기계가 정지하는 방향으로 전환되는 기능이다.

⁘ 페일 세이프(Fail safe)

㉠ 개요
- 조작상의 과오로 기계나 그 부품에 고장이나 기능 불량이 생겨도 항상 안전하게 작동하는 구조와 기능, 설계방법을 말한다.
- 인간 또는 기계가 동작상의 실패가 있어도 사고를 발생시키지 않도록 통제하는 설계방법을 말한다.
- 기계에 고장이 발생하더라도 일정 기간 동안 기계의 기능이 계속되어 재해로 발전되는 것을 방지하는 것을 말한다.

㉡ 기능 3분류

| | |
|---|---|
| Fail passive | 부품이 고장 나면 에너지를 최저화 즉, 기계가 정지하는 방향으로 전환되는 것 |
| Fail active | 부품이 고장 나면 경보를 울리면서 잠시 동안 운전 가능한 것 |
| Fail operational | 부품이 고장 나더라도 보수가 이뤄질 때까지 안전한 기능을 유지하는 것 |

**53** Repetitive Learning (1회 2회 3회)

반사경 없이 모든 방향으로 빛을 발하는 점광원에서 3m 떨어진 곳의 조도가 300lux라면 2m 떨어진 곳의 조도(lux)는?

① 375
② 675
③ 875
④ 975

해설

- 거리에 따른 광도가 조도에 해당하므로 빛으로부터의 거리가 다른 곳의 조도를 구하기 위해서는 광도를 먼저 구해야 한다.
- 3m 떨어진 곳의 조도가 300Lux이므로
광도 = $300\times(3)^2=300\times9=2,700$[cd]이다.
- 2m 떨어진 곳의 조도는 $2,700=x\times(2)^2$ =  $x=\frac{2,700}{4}=675$이다.

⁘ 조도(照度)
문제 44번 유형별 핵심이론⁘ 참조

정답 | 51 ① 52 ③ 53 ②

1804

## 54

Repetitive Learning 1회 2회 3회

예비위험분석(PHA) 단계에서 식별된 사고의 범주가 아닌 것은?

① 중대(Critical) ② 한계적(Marginal)
③ 파국적(Catastrophic) ④ 수용가능(Acceptable)

해설

- PHA에서 위험의 정도를 분류하는 4가지 범주에는 파국(Catastrophic), 중대(Critical), 위기-한계(Marginal), 무시 가능(Negligible)로 구분된다.

예비위험분석(PHA)

㉠ 개요

- 모든 시스템 안전 프로그램에서의 최초단계 해석으로 시스템의 위험요소가 어떤 위험 상태에 있는가를 정성적으로 평가하는 분석방법이다.
- 시스템을 설계함에 있어 개념형성 단계에서 최초로 시도하는 위험도 분석방법이다.
- 복잡한 시스템을 설계, 가동하기 전의 구상단계에서 시스템의 근본적인 위험성을 평가하는 가장 기초적인 위험도 분석기법이다.
- 위험의 정도를 분류하는 4가지 범주는 파국(Catastrophic), 중대(Critical), 위기-한계(Marginal), 무시가능(Negligible)으로 구분된다.

㉡ 예비위험분석(PHA)의 4가지 범주(MIL-STD-882E)

|  |  |
|---|---|
| 파국(Catastrophic) | 작업자의 부상 및 서브시스템의 고장 등으로 시스템 성능이 저하되어 시스템에 심각한 손실을 초래한 상태 |
| 중대(Critical) | 작업자의 부상 및 시스템의 중대한 손해를 초래하거나 작업자의 생존 및 시스템의 유지를 위하여 즉시 수정 조치를 필요로 하는 상태 |
| 위기-한계(Marginal) | 작업자의 부상 및 시스템의 중대한 손해를 초래하지 않고 대처 또는 제어할 수 있는 상태 |
| 무시가능(Negligible) | 시스템의 성능이나 기능, 인원 손실이 전혀 없는 상태 |

## 55

Repetitive Learning 1회 2회 3회

James Reason의 원인적 휴먼에러 종류 중 다음 설명의 휴먼에러 종류는?

> 자동차가 우측 운행하는 한국의 도로에 익숙해진 운전자가 좌측 운행을 해야 하는 일본에서 우측 운행을 하다가 교통사고를 냈다.

① 고의 사고(Violation)
② 숙련 기반 에러(Skill based error)
③ 규칙 기반 착오(Rule-based mistake)
④ 지식 기반 착오(Knowledge-based mistake)

해설

- James Reason은 휴먼에러와 관련된 인간행동을 Rasmussen의 휴먼 에러와 관련된 인간행동 분류에 근거해 기능/기술(숙련) 기반 행동, 지식 기반 행동, 규칙 기반 행동으로 구분했다.
- 숙련 기반 행동(Skill-based behavior)은 실수(Slip)와 망각(Lapse)으로 구분되는 오류이다.
- 지식 기반 행동(Knowledge-based behavior)은 부적절한 분석이나 의사결정을 잘못하여 발생하는 오류이다.

Rasmussen의 휴먼 에러와 관련된 인간행동 분류

|  |  |
|---|---|
| 기능/기술 기반 행동(Skill-based behavior) | 실수(Slip)와 망각(Lapse)으로 구분되는 오류 |
| 지식 기반 행동(Knowledge-based behavior) | 인지 및 인식의 오류를 예방하기 위해 목표와 관련하여 작동을 계획해야 하는데 특수하고 친숙하지 않은 상황에서 발생하며, 부적절한 분석이나 의사결정을 잘못하여 발생하는 오류 |
| 규칙 기반 행동(Rule-based behavior) | 잘못된 규칙을 기억하거나 정확한 규칙이라도 상황에 맞지 않게 적용한 경우 발생하는 오류 |

## 56

Repetitive Learning 1회 2회 3회

서브시스템 분석에 사용되는 분석방법으로 시스템 수명주기에서 ㉠에 들어갈 위험분석기법은?

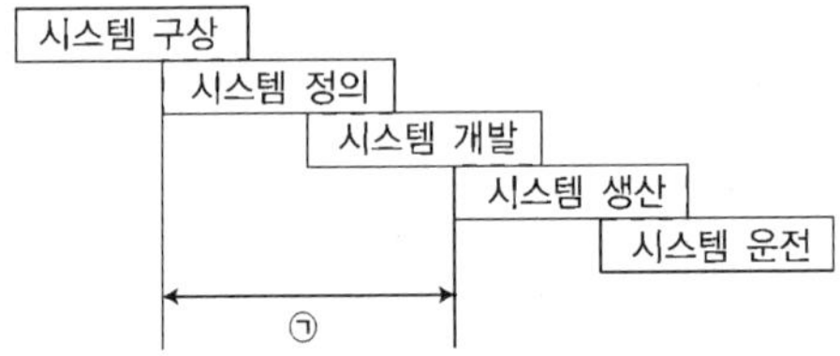


① PHA ② FHA
③ FTA ④ ETA

해설

- 시스템 정의에서부터 시스템 개발단계를 지나 시스템 생산단계 진입 전까지 적용되는 것은 결함위험분석(FHA)이다.

결함위험분석(FHA)

- 복잡한 전체 시스템을 여러 개의 서브시스템으로 나누어 제작하는 경우 서브시스템이 다른 서브시스템이나 전체 시스템에 미치는 영향을 분석하는 방법이다.
- 수리적 해석방법으로 정성적 방식을 사용한다.
- 시스템 정의에서부터 시스템 개발단계를 지나 시스템 생산단계 진입 전까지 적용된다.

54 ④ 55 ③ 56 ② | 정답

## 57 Repetitive Learning (1회 2회 3회)

HAZOP 분석기법의 장점이 아닌 것은?

① 학습 및 적용이 쉽다.
② 기법 적용에 큰 전문성을 요구하지 않는다.
③ 짧은 시간에 저렴한 비용으로 분석이 가능하다.
④ 다양한 관점을 가진 팀 단위 수행이 가능하다.

**해설**

- 위험과 운전성 분석(HAZOP)기법은 소요비용과 많은 인력이 필요하다는 단점을 갖는다.

**위험과 운전성 분석(HAZOP)**

- 개발단계에서 수행하는 것이 가장 좋다.
- 처음에는 과거의 경험이 부족한 새로운 기술을 적용한 공정설비에 대하여 실시할 목적으로 개발되었다.
- 화학공정 공장(석유화학사업장)에서 가동문제를 파악하는데 널리 사용되며, 위험요소를 예측하고 새로운 공정에 대한 가동문제를 예측하는 데 사용
- 설비전체보다 단위별 또는 부문별로 나누어 검토하고 위험요소가 예상되는 부문에 상세하게 실시한다.
- 장치 자체는 설계 및 제작사양에 맞게 제작된 것으로 간주하는 것이 전제 조건이다.
- 가이드 단어(Guide words), 편차, 원인과 결과, 요구되는 조치 등을 필요로 한다.
- 소요비용과 많은 인력이 필요하다는 단점을 갖는다.

1301

## 58 Repetitive Learning (1회 2회 3회)

근골격계부담작업의 범위 및 유해요인조사방법에 관한 고시상 근골격계 부담작업에 해당하지 않는 것은?(단, 상시작업을 기준으로 한다)

① 하루에 10회 이상 25kg 이상의 물체를 드는 작업
② 하루에 총 2시간 이상 쪼그리고 앉거나 무릎을 굽힌 자세에서 이루어지는 작업
③ 하루에 총 2시간 이상 시간당 5회 이상 손 또는 무릎을 사용하여 반복적으로 충격을 가하는 작업
④ 하루에 4시간 이상 집중적으로 자료입력 등을 위해 키보드 또는 마우스를 조작하는 작업

**해설**

- 하루에 총 2시간 이상 시간당 5회 이상이 아니라 10회 이상 손 또는 무릎을 사용하여 반복적으로 충격을 가하는 작업이 근골격계 부담작업에 해당한다.

**근골격계 부담작업**

- 하루에 4시간 이상 집중적으로 자료입력 등을 위해 키보드 또는 마우스를 조작하는 작업
- 하루에 총 2시간 이상 목, 어깨, 팔꿈치, 손목 또는 손을 사용하여 같은 동작을 반복하는 작업
- 하루에 총 2시간 이상 머리 위에 손이 있거나, 팔꿈치가 어깨 위에 있거나, 팔꿈치를 몸통으로부터 들거나, 팔꿈치를 몸통 뒤쪽에 위치하도록 하는 상태에서 이루어지는 작업
- 지지되지 않은 상태이거나 임의로 자세를 바꿀 수 없는 조건에서, 하루에 총 2시간 이상 목이나 허리를 구부리거나 트는 상태에서 이루어지는 작업
- 하루에 총 2시간 이상 쪼그리고 앉거나 무릎을 굽힌 자세에서 이루어지는 작업
- 하루에 총 2시간 이상 지지되지 않은 상태에서 1kg 이상의 물건을 한손의 손가락으로 집어 옮기거나, 2kg 이상에 상응하는 힘을 가하여 한손의 손가락으로 물건을 쥐는 작업
- 하루에 총 2시간 이상 지지되지 않은 상태에서 4.5kg 이상의 물건을 한 손으로 들거나 동일한 힘으로 쥐는 작업
- 하루에 10회 이상 25kg 이상의 물체를 드는 작업
- 하루에 25회 이상 10kg 이상의 물체를 무릎 아래에서 들거나, 어깨 위에서 들거나, 팔을 뻗은 상태에서 드는 작업
- 하루에 총 2시간 이상, 분당 2회 이상 4.5kg 이상의 물체를 드는 작업
- 하루에 총 2시간 이상 시간당 10회 이상 손 또는 무릎을 사용하여 반복적으로 충격을 가하는 작업

0804

## 59 Repetitive Learning (1회 2회 3회)

다음 중 불(Bool) 대수의 관계식으로 틀린 것은?

① $A+\overline{A}=1$
② $A+AB=A$
③ $A(A+B)=A+B$
④ $A+\overline{A}B=A+B$

**해설**

- $A(A+B)=A$이다.

**불(Bool) 대수의 정리**

- $A \cdot A=A$
- $A \cdot 0=0$
- $A \cdot \overline{A}=0$
- $\overline{A \cdot B}=\overline{A}+\overline{B}$
- $A+\overline{A} \cdot B=A+B$
- $A+A=A$
- $A+1=1$
- $A+\overline{A}=1$
- $\overline{A+B}=\overline{A} \cdot \overline{B}$
- $A(A+B)=A+AB=A$

**정답** 57 ③ 58 ③ 59 ③

1901

## 60 Repetitive Learning 1회 2회 3회

정신적 작업 부하에 관한 생리적 척도에 해당하지 않는 것은?

① 근전도
② 뇌파도
③ 부정맥 지수
④ 점멸융합주파수

**해설**

- 근전도(EMG)는 인간의 생리적 부담 척도 중 국소적 근육 활동의 척도로 가장 적합한 변수이다.

**생리적 척도**

- 인간-기계 시스템을 평가하는 데 사용하는 인간기준척도 중 하나이다.
- 중추신경계 활동에 관여하므로 그 활동 및 징후를 측정할 수 있다.
- 정신적 작업부하 척도 가운데 직무수행 중에 계속해서 자료를 수집할 수 있고, 부수적인 활동이 필요 없는 장점을 가진 척도이다.
- 정신작업의 생리적 척도는 EEG(수면뇌파), 심박수, 부정맥, 점멸융합주파수, J.N.D(Just-Noticeable Difference) 등을 통해 확인할 수 있다.
- 육체작업의 생리적 척도는 EMG(근전도), 맥박수, 산소소비량, 폐활량, 작업량 등을 통해 확인할 수 있다.

# 4과목 건설시공학

1701

## 61 Repetitive Learning 1회 2회 3회

필릿용접(Fillet welding)의 단면상 이론 목두께에 해당하는 것은?

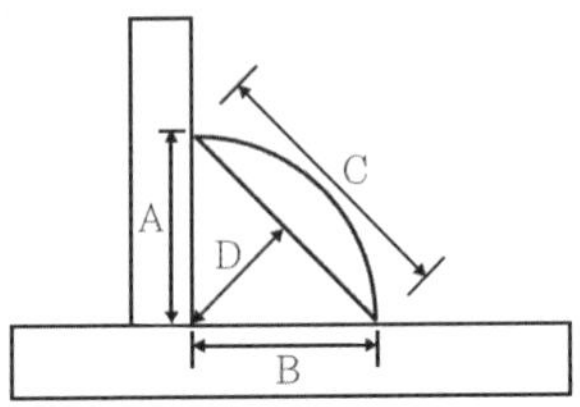


① A
② B
③ C
④ D

**해설**

- A는 모살사이즈, B는 다리 길이이고, 이론 목두께는 유효 목두께라고도 한다.

**모살용접(Fillet welding)**

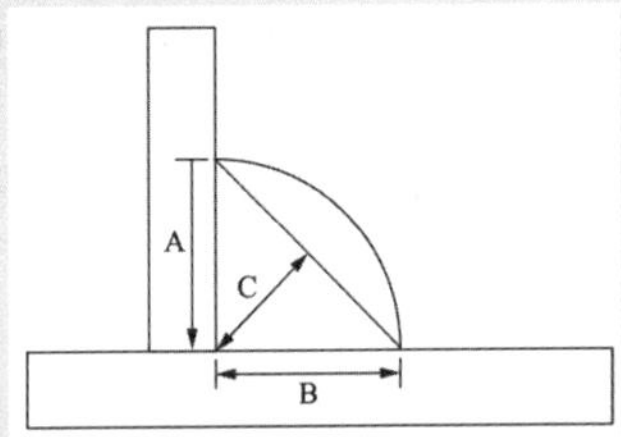


- 형강의 판재를 개선하지 않고 용접하거나 플레이트 두께가 너무 얇아 개선이 어려운 경우 혹은 보강 Plate 등에 적용하는 용접법이다.
- 응력전달이 용착금속에 의해 이뤄지므로 용접살의 목두께가 중요하며 유효목두께(C)는 모살사이즈(A)의 0.7배로 한다.
- 모살용접의 유효면적은 유효길이에 유효목두께(C)를 곱한 것으로 한다.
- 모살용접의 유효길이는 모살용접의 총길이에서 2배의 모살사이즈를 공제한 값으로 해야 한다.
- 구멍모살과 슬롯 모살용접의 유효길이는 목두께의 중심을 잇는 용접 중심선의 길이로 한다.

0402 / 1201 / 1801

## 62 Repetitive Learning

석재붙임을 위한 앵커긴결 공법에서 일반적으로 사용하지 않는 재료는?

① 앵커
② 볼트
③ 모르타르
④ 연결철물

60 ① 61 ④ 62 ③ 정답

해설

- 앵커긴결 공법에서는 철재 Fastener, 촉, 앵커볼트 등으로 판석을 고정한다.

앵커긴결 공법

㉠ 개요
- 대표적인 석공사 건식 공법이다.
- 구조체와 판석 사이에 공간을 두고 철재 Fastener, 촉, 앵커볼트 등으로 판석을 고정하는 방법을 사용한다.
- 충격에 약하고 부자재비가 많이 소요되는 단점을 갖는다.

㉡ 설치방법
- 연결철물의 장착을 위한 세트 앵커용 구멍을 45mm 정도로 천공하고 캡을 구조체보다 5mm 정도 깊게 삽입하여 외부의 충격에 대처한다.
- 연결철물은 석재의 상하 및 양단에 설치하여 하부의 것은 지지용으로, 상부의 것은 고정용으로 사용한다.
- 연결철물용 앵커와 석재는 철재 Fastener, 촉 등을 사용하여 고정한다.
- 판석재와 철재가 직접 접촉하는 부분에는 적절한 완충재를 사용한다.

## 63

Repetitive Learning (1회 2회 3회)

철근 조립에 관한 설명으로 옳지 않은 것은?

① 철근의 피복두께를 정확히 확보하기 위해 적절한 간격으로 고임재 및 간격재를 배치한다.
② 거푸집에 접하는 고임재 및 간격재는 콘크리트 제품 또는 모르타르 제품을 사용하여야 한다.
③ 경미한 황갈색의 녹이 발생한 철근은 일반적으로 콘크리트와의 부착을 해치므로 사용해서는 안 된다.
④ 철근의 표면에는 흙, 기름 또는 이물질이 없어야 한다.

해설

- 경미한 황갈색의 녹이 발생한 철근은 일반적으로 콘크리트와의 부착을 해치지 않으므로 사용할 수 있다.

철근의 조립
- 철근의 표면에는 부착을 저해하는 흙, 기름 또는 이물질이 없어야 한다. 경미한 황갈색의 녹이 발생한 철근은 일반적으로 콘크리트와의 부착을 해치지 않으므로 사용할 수 있다.
- 철근은 바른 위치에 배치하고, 콘크리트를 타설할 때 움직이지 않도록 충분히 견고하게 조립하여야 한다. 이를 위하여 필요에 따라서 조립용 강재를 사용할 수 있다. 또한 철근이 바른 위치를 확보할 수 있도록 결속선으로 결속하여야 한다.
- 철근의 피복두께를 정확하게 확보하기 위해 적절한 간격으로 고임재 및 간격재를 배치하여야 한다. 고임재와 간격재를 선정하고 배치할 때에는 사용개소의 조건, 이들의 고정 방법 및 철근의 중량, 작업하중 등을 고려할 필요가 있다.
- 일반적으로 널리 사용되는 고임재 및 간격재에는 모르타르 제품, 콘크리트 제품, 강 제품, 플라스틱 제품, 세라믹 제품 등이 있으며, 사용되는 장소, 환경에 따라 적절한 것을 선정할 수 있다.
- 거푸집에 접하는 고임재 및 간격재는 콘크리트 제품 또는 모르타르 제품을 사용하여야 한다.
- 플라스틱 제품은 콘크리트와의 열팽창률의 차이, 부착 및 강도 부족 등의 문제가 있으며, 스테인리스 등의 내식성 금속으로 만든 고임재 및 간격재는 서로 다른 종류의 금속간의 접촉부식 문제 등 불명확한 점이 있으므로 이들을 사용할 경우에는 책임기술자의 승인을 얻어야 한다.
- 철근은 조립이 끝난 후 철근상세도에 맞게 조립되어 있는지를 검사하여야 한다.
- 철근은 조립한 다음 장기간 경과한 경우에는 콘크리트를 타설 전에 다시 조립 검사를 하고 청소하여야 한다.

1704

## 64

Repetitive Learning (1회 2회 3회)

네트워크 공정표에 사용되는 용어에 관한 설명으로 옳지 않은 것은?

① 크리티컬 패스(Critical path) : 개시 결합 전에서 종료 결합점에 이르는 가장 긴 경로
② 더미(Dummy) : 결합점이 가지는 여유시간
③ 플로트(Float) : 작업의 여유시간
④ 패스(Path) : 네트워크 중에서 둘 이상의 작업이 이어지는 경로

해설

- 더미는 작업의 순서관계를 의미하며, 결합점이 가지는 여유시간은 슬랙(Slack)에 대한 설명이다.

네트워크 공정표의 용어
- 크리티컬 패스(Critical path) : 개시 결합 전에서 종료 결합점에 이르는 가장 긴 경로
- 더미(Dummy) : 작업이나 시간의 요소가 없는 작업의 순서 관계
- 플로트(Float) : 작업의 여유시간
- 디펜던트 플로트(Dependent float) : 후속작업의 토탈 플로트에 영향을 주는 플로트
- 슬랙(Slack) : 결합점이 가지는 여유시간
- 이벤트(Event) : 작업의 결합점, 개시점 또는 종료점
- 액티비티(Activity) : 프로젝트를 구성하는 단위 작업

정답 | 63 ③ 64 ②

0901 / 1002 / 1604

## 65

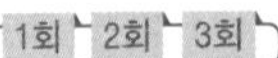

Repetitive Learning 1회 2회 3회

소규모 건축물을 조적식 구조로 담을 쌓을 경우 최대 높이 기준으로 옳은 것은?

① 2m 이하 ② 2.5m 이하
③ 3m 이하 ④ 3.5m 이하

**해설**

• 조적조 구조 담의 높이는 3미터 이하로 한다.

∷ 조적조 구조의 담
- 높이는 3미터 이하로 한다.
- 담의 두께는 190mm 이상으로 한다.
- 담의 길이 2m 이내마다 담의 벽면으로부터 그 부분의 담의 두께 이상 튀어나온 버팀벽을 설치하거나, 담의 길이 4미터 이내마다 담의 벽면으로부터 그 부분의 담의 두께의 1.5배 이상 튀어나온 버팀벽을 설치한다.

1502

## 66

Repetitive Learning 1회 2회 3회

콘크리트의 측압에 영향을 주는 요소에 대한 설명으로 틀린 것은?

① 콘크리트 타설 속도가 빠를수록 측압은 커진다.
② 콘크리트온도가 낮으면 경화속도가 느려 측압은 작아진다.
③ 벽 두께가 얇을수록 측압은 작아진다.
④ 콘크리트의 슬럼프 값이 클수록 측압은 커진다.

**해설**

• 콘크리트 측압은 습도가 높을수록 커지고, 온도는 낮을수록 커진다.

∷ 콘크리트 측압 실필 1104
- 콘크리트의 타설 속도가 빠를수록 측압이 크다.
- 콘크리트 비중이 클수록 측압이 크다.
- 진동기를 사용하면 다짐이 충분해지므로 측압은 커진다.
- 슬럼프(Slump)가 크고, 배합이 좋을수록 크다.
- 거푸집의 수평단면이 클수록 측압은 크다.
- 거푸집의 강성이 클수록 측압은 크다.
- 벽 두께가 두꺼울수록 커진다.
- 습도가 높을수록 커지고, 온도는 낮을수록 커진다.
- 철근량이 적을수록 측압은 커진다.
- 부배합이 빈배합보다 측압이 크다.
- 조강시멘트 등을 활용하면 측압은 작아진다.

1601

## 67

Repetitive Learning 1회 2회 3회

강재 널말뚝(Steel sheet pile) 공법에 대한 설명으로 옳지 않은 것은?

① 무소음 설치가 어렵다.
② 타입 시에 지반의 체적변형이 작아 항타가 쉽다.
③ 강재 널말뚝에는 U형, Z형, H형 등이 있다.
④ 관입, 철거 시 주변 지반침하가 일어나지 않는다.

**해설**

• 강재 널말뚝(Steel sheet pile) 공법은 관입·철거 시 주변 지반의 침하가 일어나기 쉽다.

∷ 강재 널말뚝(Steel sheet pile) 공법

㉠ 개요
- 강재 널말뚝을 연속으로 연결하여 벽체를 형성하는 공법으로 시트파일(Sheet pile) 공법이라고도 한다.
- 강재 널말뚝에는 U형, Z형, H형, 박스형 등이 있다.
- 우리나라에서는 큰 토압, 수압에 잘 견디는 라르젠식을 많이 이용한다.

㉡ 특징
- 차수성이 높아 연약지반에 적합하다.
- 관입·철거 시 주변 지반의 침하가 일어나기 쉽다.
- 무소음 설치가 어려우므로 도심지에서는 소음, 진동 때문에 무진동 유압장비에 의해 실시해야 한다.
- 타입 시에는 지반의 체적변형이 작아 항타가 쉽고 이음부는 볼트나 용접접합에 의해서 말뚝의 길이를 자유로이 늘일 수 있다.

㉢ 널말뚝(Sheet pile) 시공 시 주의사항
- 수직으로 박는다.
- 적합한 항타기를 사용하여 한 장씩 또는 두 장씩 박는다.
- 기초파기 바닥면에서 깊이 박히도록 하고 웰포인트 공법 등에 의해 지하수위를 낮춘다.
- 널말뚝 끝부분에서 용수에 의한 토사의 유출이 발생할 수 있으므로 주의한다.

0304

## 68

Repetitive Learning 1회 2회 3회

철근콘크리트 보에 사용된 굵은 골재의 최대치수가 25mm일 때, D22철근(동일 평면에서 평행한 철근)의 수평 순간격으로 적당한 것은?(단, 콘크리트를 공극 없이 칠 수 있는 다짐방법을 사용할 경우에는 제외)

① 22.2mm ② 25mm
③ 31.25mm ④ 33.3mm



65 ③ 66 ② 67 ④ 68 ④ 정답

해설

- 굵은 골재의 지름(25mm)과 철근의 지름(22mm)이 동시에 주어졌으므로 각각의 철근의 간격을 구하면 25×1.25=31.25, 22×1.5=33이다. 이 경우 철근의 간격은 둘 중에 큰 값인 33mm 이상이어야 한다.

철근의 간격

- 철근의 간격은 최소 25mm 이상이어야 한다.
- 철근의 간격은 철근 지름의 1.5배 이상으로 한다.
- 철근의 간격은 굵은 골재 지름의 4/3배 이상으로 한다.
- 철근 지름과 굵은 골재 지름이 동시에 주어질 경우 큰 값으로 한다.

## 69

Repetitive Learning 1회 2회 3회

매스콘크리트(Mass concrete) 시공에 관한 설명으로 옳지 않은 것은?

① 매스콘크리트의 타설온도는 온도균열을 제어하기 위한 관점에서 가능한 한 낮게 한다.
② 매스콘크리트 타설 시 기온이 높을 경우에는 콜드조인트가 생기기 쉬우므로 응결촉진제를 사용한다.
③ 매스콘크리트 타설 시 침하발생으로 인한 침하균열을 예방하기 위해 재진동 다짐 등을 실시한다.
④ 매스콘크리트 타설 후 거푸집 탈형 시 콘크리트 표면의 급랭을 방지하기 위해 콘크리트 표면을 소정의 기간 동안 보온해 주어야 한다.

해설

- 매스콘크리트의 균열을 방지하기 위해서는 슬럼프 값은 작아야 하고, 혼화제로는 응결시간 지연을 위한 고성능 감수제를 사용해야 하며, 골재의 치수를 크게, 단위 시멘트량을 적게 해야 한다.

매스콘크리트

㉠ 개요
- 부재의 단면치수가 80cm 이상일 때 타설하는 콘크리트로 구조물 시공 시 연속 층 타설 공법을 사용하는 콘크리트이다.
- 콘크리트의 구조물 크기가 커 수화열로 인한 균열에 대비하여야 한다.

㉡ 균열방지대책
- 저발열성 시멘트(저열포틀랜드 및 중용열포틀랜드시멘트 등)를 사용한다.
- 파이프쿨링을 한다.
- 골재의 치수를 크게 하며, 굵은 골재의 양을 많이 한다.
- 단위 시멘트량을 적게 하고, 물시멘트비를 낮춘다.
- 포졸란계 혼화재를 사용한다.
- 온도균열지수에 의한 균열발생을 검토한다.

1202

## 70

Repetitive Learning 1회 2회 3회

석공사에 사용하는 석재 중에서 수성암계에 해당하지 않는 것은?

① 사암　② 석회암
③ 안산암　④ 응회암

해설

- 안산암은 화성암계 석재이다.

석재의 계열

- 수성암계 : 응회암, 석회암, 사암 등
- 화성암계 : 화강암, 안산암, 현무암 등
- 변성암계 : 대리석, 트래버틴, 사문암 등

1004 / 1402

## 71

Repetitive Learning 1회 2회 3회

거푸집 공사(Form work)에 대한 설명 중 옳지 않은 것은?

① 거푸집널은 콘크리트의 구조체를 형성하는 역할을 한다.
② 콘크리트 표면에 모르타르, 플라스터 또는 타일붙임 등의 마감을 할 경우에는 평활하고 광택있는 면이 얻어질 수 있도록 철제 거푸집(Metal form)을 사용하는 것이 좋다.
③ 거푸집 공사비는 건축공사비에서의 비중이 높으므로, 설계단계부터 거푸집 공사의 개선과 합리화 방안을 연구하는 것이 바람직하다.
④ 폼타이(Form tie)는 콘크리트를 부어넣을 때 거푸집이 벌어지거나 우그러들지 않게 연결, 고정하는 긴결재이다.

해설

- 콘크리트 표면에 모르타르, 플라스터 또는 타일붙임 등의 마감을 할 경우에는 마감재료가 잘 부착될 수 있어야 하는데 철제 거푸집(Metal form)이나 플라스틱 패널 등을 사용할 경우 미장 모르타르가 부착되지 않을 수 있으므로 피해야 한다.

거푸집 공사(Form work)

- 거푸집은 일반적으로 콘크리트를 부어넣어 콘크리트 구조체를 형성하는 거푸집널과 이것을 정확한 위치로 유지하는 동바리, 즉 지지틀의 총칭이다.
- 거푸집 공사비는 건축공사비에서의 비중이 높으므로(전체 공사비의 10%, 구조체 공사비의 30~40%), 설계단계부터 거푸집 공사의 개선과 합리화 방안을 연구하는 것이 바람직하다.
- 폼타이(Form tie)는 콘크리트를 부어넣을 때 거푸집이 벌어지거나 우그러들지 않게 연결, 고정하는 긴결재이다.

정답 | 69 ② 70 ③ 71 ②

1504

## 72

Repetitive Learning 1회 2회 3회

철근콘크리트 말뚝머리와 기초와의 접합에 대한 설명으로 옳지 않은 것은?

① 두부를 커팅기계로 정리할 경우 본체에 균열이 생김으로 응력손실이 발행하여 설계내력을 상실하게 된다.
② 말뚝머리 길이가 짧은 경우는 기초저면까지 보강하여 시공한다.
③ 말뚝머리 철근은 기초에 30cm 이상의 길이로 정착한다.
④ 말뚝머리와 기초와의 확실한 정착을 위해 파일 앵커링을 시공한다.

해설

- 콘크리트 말뚝의 머리는 파일 커터 등을 사용해서 말뚝본체에 균열 등이 없도록 절단해야 한다.

철근콘크리트 말뚝머리와 기초와의 접합
- 말뚝머리 길이가 짧은 경우는 기초저면까지 보강하여 시공한다.
- 말뚝머리 철근은 기초에 30cm 이상의 길이로 정착한다.
- 말뚝머리와 기초와의 확실한 정착을 위해 파일 앵커링을 시공한다.
- 콘크리트 말뚝의 머리는 파일 커터 등을 사용해서 말뚝본체에 균열 등이 없도록 절단해야 한다.
- 말뚝을 절단할 시 본체에 균열이 생기면 응력이 손실되거나 철근이 발청되어 설계내력을 상실하게 되므로 주의해야 한다.

## 73

Repetitive Learning 1회 2회 3회

철근의 피복 두께를 유지하는 목적이 아닌 것은?

① 부재의 소요 구조 내력 확보
② 부재의 내화성 유지
③ 콘크리트의 강도 증대
④ 부재의 내구성 유지

해설

- 철근을 피복하는 이유는 철근의 부식방지, 내화성 및 내구성 확보, 골재의 유동성 확보, 구조내력 및 부착력의 확보 등에 있다.

철근의 피복 두께
- 피복 두께란 철근 표면에서 이를 감싸고 있는 콘크리트 표면까지의 두께를 말한다.
- 철근의 부식방지, 내화성 및 내구성 확보, 골재의 유동성 확보, 구조내력 및 부착력의 확보를 위해 철근 두께를 유지하여야 한다.

## 74

Repetitive Learning 1회 2회 3회

강구조 공사 시 앵커링(anchoring)에 관한 설명으로 옳지 않은 것은?

① 필요한 앵커링 저항력을 얻기 위해서는 콘크리트에 피해를 주지 않도록 적절한 대책을 수립해야 한다.
② 앵커볼트 설치 시 베이스플레이트 위치의 콘크리트는 설계도면 레벨보다 -30mm ~ -50mm 낮게 타설하고, 베이스플레이트 설치 후 그라우팅 처리한다.
③ 구조용 앵커볼트를 사용하는 경우 앵커볼트 간의 중심선은 기둥중심선으로부터 3mm 이상 벗어나지 않아야 한다.
④ 앵커볼트로는 구조용 혹은 세우기용 앵커볼트가 사용되어야 하고, 나중매입 공법을 원칙으로 한다.

해설

- 앵커볼트로는 구조용 혹은 세우기용 앵커볼트가 사용되어야 하고, 고정매입 공법을 원칙으로 한다.

앵커링(anchoring)
- 대상 구조물 또는 인접한 구조물의 콘크리트 부분의 앵커링 장비는 반드시 해당 규정에 따라 설치되어야 한다.
- 필요한 앵커링 저항력을 얻기 위해서는 콘크리트에 피해를 주지 않도록 적절한 대책을 수립해야 한다.
- 앵커볼트 설치 시 베이스플레이트 위치의 콘크리트는 설계도면 레벨보다 -30 mm ~ -50 mm 낮게 타설하고, 베이스플레이트 설치 후 그라우팅 처리한다.
- 앵커볼트로는 구조용 혹은 세우기용 앵커볼트가 사용되어야 하고, 고정매입 공법을 원칙으로 한다.
- 구조용 앵커볼트를 사용하는 경우 앵커볼트 간의 중심선은 기둥중심선으로부터 3 mm이상 벗어나지 않아야 한다. 세우기용 앵커볼트의 경우에는 앵커볼트 간의 중심선이 기둥중심선으로부터 5 mm 이상 벗어나지 않아야 한다.

1002

## 75

Repetitive Learning 1회 2회 3회

모래지반 흙막이 공사에서 흙막이에 대한 수밀성이 불량하여 널말뚝의 틈새로 물과 토사가 유실되어 지반이 파괴되는 현상은?

① 히빙 현상(Heaving)
② 파이핑 현상(Piping)
③ 액상화 현상(Liquefaction)
④ 보일링 현상(Boiling)



72 ① 73 ③ 74 ④ 75 ② 정답

해설

- 히빙은 연약한 점토지반에서 지반의 강도가 굴착규모에 비해 부족할 경우에 흙이 돌아 나오거나 굴착바닥면이 융기하는 현상이다.
- 액상화는 보일링의 원인으로 사질지반에서 강한 충격을 받으면 흙의 입자가 수축되면서 모래가 액체처럼 이동하게 되는 현상을 말한다.
- 보일링은 사질지반에서 흙막이 벽 뒷면의 수위가 높아서 지하수가 흙막이 벽을 돌아서 모래와 같이 솟아오르는 현상을 말한다.

파이핑 현상(Piping)

- 흙막이에 대한 수밀성이 불량하여 널말뚝의 틈새로 물과 토사가 흘러들어, 기초저면의 모래지반을 들어 올리는 현상을 말한다.
- 흙막이 벽의 하자 또는 부실공사 등의 요인으로 생긴 틈으로 침투수와 토입자가 배출되는 현상이다.

0904 / 1301 / 1601

## 76

Repetitive Learning (1회 2회 3회)

불량품, 결점, 고장 등의 발생건수를 현상과 원인별로 분류하고, 여러 가지 데이터를 항목별로 분류해서 문제의 크기 순서로 나열하여, 그 크기를 막대그래프로 표기한 품질관리 도구는?

① 파레토그램 ② 특성요인도
③ 히스토그램 ④ 체크시트

해설

- 특성요인도는 결과에 어떤 원인이 있는가를 보기 쉽게 나뭇가지 모양으로 나타낸 것이다.
- 히스토그램은 공사 또는 제품의 품질상태가 만족한 상태에 있는가의 여부를 몇 개의 구간으로 나누어 빈도수를 막대그래프 형식으로 표현한 것이다.
- 체크시트는 계수치의 데이터가 분류항목의 어디에 집중되어 있는가를 알아보기 쉽게 나타낸 것이다.

T.Q.C(Total Quality Control) 주요 도구

| | |
|---|---|
| 체크시트 | 계수치의 데이터가 분류항목의 어디에 집중되어 있는가를 알아보기 쉽게 나타낸 것 |
| 파레토그램 | 층별 요인이나 특성에 대한 불량점유율을 나타낸 그림으로서 가로축에는 층별 요인이나 특성을, 세로축에는 불량건수나 불량손실금액 등을 표시한 것으로 크기 순서대로 막대그래프 형식으로 표기한 것 |
| 히스토그램 | 공사 또는 제품의 품질상태가 만족한 상태에 있는가의 여부를 몇 개의 구간으로 나누어 빈도수를 막대그래프 형식으로 표현한 것 |
| 산점도<br>(산포도) | 서로 대응되는 두 개의 짝으로 된 데이터를 그래프 용지에 점으로 얼마나 퍼져있는지를 나타낸 것 |
| 특성요인도 | 결과에 어떤 원인이 있는가를 보기 쉽게 나뭇가지 모양으로 나타낸 것 |

0401 / 0804 / 1104 / 1804

## 77

Repetitive Learning (1회 2회 3회)

다음 중 공사관리계약(Construction Management Contract) 방식의 장점이 아닌 것은?

① 시공 시 단계별 시공법을 적용할 수 있어 설계 및 시공기간을 단축시킬 수 있다.
② 설계과정에서 설계가 시공에 미치는 영향을 예측할 수 있어 설계도서의 현실성을 향상시킬 수 있다.
③ 기획 및 설계과정에서 발주자와 설계자 간의 의견대립 없이 설계대안 및 특수공법의 적용이 가능하다.
④ 대리인형 CM(CM for fee)방식은 공사비와 품질에 직접적인 책임을 지는 공사관리계약 방식이다.

해설

- 대리인형 CM방식은 설계자 및 시공자와는 직접적인 계약관계 없이 발주자의 컨설턴트 역할을 수행하고 그 대가로 Fee를 받는 계약방식이다.

CM(Construction Management) 제도

㉠ 개요
- 건설사업에서 사업시작부터 종료에 이르기까지 참여하게 되는 다수 조직의 활동을 합리적으로 지휘, 총괄하는 기능 및 활동을 말한다.
- 대리인형 CM(CM for fee)과 시공자형 CM(CM at risk)으로 구분된다.

㉡ 대리인형 CM(CM for fee)
- 발주자의 대리인으로서 설계자 및 시공자와는 직접적인 계약관계 없이 그들의 업무에 대해서 조언하고 평가하는 등 발주자의 컨설턴트 역할을 수행하고 그 대가로 Fee를 받는 계약방식이다.
- 직접 설계자 및 시공자와 계약관계를 갖는 것이 아니므로 공사결과에 대한 책임은 없다.

㉢ 시공자형 CM(CM at risk)
- 시공자 혹은 설계자와 직접 계약을 맺고 공사결과에 대한 책임을 지는 계약형태로 공사관리자의 능력에 의해 사업의 성패가 좌우된다.
- 경우에 따라서는 CM조직이 직접 공사를 수행하기도 한다.

㉣ 특징
- 시공 시 단계별 시공법을 적용할 수 있어 설계 및 시공 기간을 단축시킬 수 있다.
- 설계과정에서 설계가 시공에 미치는 영향을 예측할 수 있어 설계도서의 현실성을 향상시킬 수 있다.
- 기획 및 설계과정에서 발주자와 설계자 간의 의견대립 없이 설계대안 및 특수공법의 적용이 가능하다.
- 건설에 전문적인 지식을 가진 공사관리자가 설계과정부터 참여하여 설계도서의 현실성을 향상시킬 수 있다.
- 설계자와 시공자 사이의 마찰을 감소시킬 수 있다.

정답 | 76 ① 77 ④

1501

## 78 Repetitive Learning 1회 2회 3회

철골구조의 내화피복에 대한 설명으로 틀린 것은?

① 조적 공법은 용접철망을 부착하여 경량모르타르, 퍼라이트 모르타르와 플라스터 등을 바름하는 공법이다.
② 뿜칠 공법은 철골표면에 접착제를 혼합한 내화피복재를 뿜어서 내화피복을 한다.
③ 성형판 공법은 내화단열성이 우수한 각종 성형판을 철골 주위에 접착제와 철물 등을 설치하고 그 위에 붙이는 공법으로 주로 기둥과 보의 내화피복에 사용된다.
④ 타설 공법은 아직 굳지 않은 경량콘크리트나 기포모르타르 등을 강재주위에 거푸집을 설치하여 타설한 후 경화시켜 철골을 내화피복하는 공법이다.

**해설**

- 조적 공법은 벽돌, 시멘트 벽돌, 경량콘크리트 블록을 시공하는 방법이다. 용접철망을 부착하여 경량모르타르, 퍼라이트 모르타르와 플라스터 등은 미장공법의 재료이다.

**철골 내화피복 공법의 종류와 사용되는 재료**

㉠ 습식 공법
- 타설 공법 – 콘크리트, 경량콘크리트
- 뿜칠 공법 – 석면, 암면
- 미장 공법 – 철망모르타르, 펄라이트모르타르
- 조적 공법 – 벽돌, 시멘트벽돌, 경량콘크리트블록
- 도장 공법 – 내화페인트

㉡ 건식 공법
- 성형판붙임 공법 – ALC석고보드
- 멤브레인 공법 – 석면흡음판, 암면흡음판

0602 / 1901

## 79 Repetitive Learning 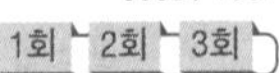

철근콘크리트에서 염해로 인한 철근의 부식 방지대책으로 옳지 않은 것은?

① 콘크리트 중의 염소이온량을 적게 한다.
② 에폭시 수지 도장 철근을 사용한다.
③ 방청제 투입을 고려한다.
④ 물–시멘트비를 크게 한다.

**해설**

- 물–시멘트비를 작게 해야 강도, 내구성, 수밀성이 좋아진다. 즉, 이를 통해서 염해에 대한 저항성이 증가하게 된다.

**철근콘크리트의 염해**

㉠ 개요
- 염해는 콘크리트 내부에 포함된 염분(CaCl)이 철근의 부식을 촉진시켜 구조물에 손상을 입히는 현상을 말한다.

㉡ 염해 대책(부식방지 대책)
- 콘크리트의 염소 이온양을 적게 한다.
- 수지도장 철근을 사용한다.
- 방청제 투입이나 전기제어 방식을 취한다.
- 철근 피복 두께를 충분히 확보한다.
- 수밀콘크리트를 만들고 콜드조인트가 없게 시공한다.
- 물–시멘트비를 최소로 하고 광물질 혼화재를 사용한다.
- pH11 이상의 강알칼리 환경에서는 철근 표면에 부동태막이 생겨 부식을 방지한다.

0901

## 80 Repetitive Learning 1회 2회 3회

웰포인트 공법(Well point method)에 관한 설명 중 옳지 않은 것은?

① 사질지반보다 점토질지반에서 효과가 좋다.
② 지하수위를 낮추는 공법이다.
③ 1~3m의 간격으로 파이프를 지중에 박는다.
④ 인접지 침하의 우려에 따른 주의가 필요하다.

**해설**

- 웰포인트 공법은 점토질지반이 아니라 사질(모래질)지반에서 효과가 크다.

**웰포인트(Well point) 공법**

㉠ 개요
- 모래질 지반에 웰포인트라 불리는 양수관을 여러 개 박아 지하수위를 일시적으로 저하시키는 지하수위 저하공법이다.
- 배수에 의한 연약 지반의 안정공법에서 지름 3 ~ 5cm 정도의 파이프 끝에 여과기를 달아 1 ~ 3m 간격으로 때려 박고, 이를 굵은 파이프에 수평으로 연결하여 진공으로 물을 빨아냄으로써 지하수위를 저하시키는 공법이다.

㉡ 특징
- 인접지반의 침하를 야기시키기 쉽다.
- 흙막이의 토압이 경감된다.
- 흙의 전단저항이 증가된다.
- 인접지 침하의 우려에 따른 주의가 필요하다.



78 ① 79 ④ 80 ① | 정답

1301 / 1504

## 81 Repetitive Learning (1회 2회 3회)

깬 자갈을 사용한 콘크리트가 동일한 시공연도의 보통 콘크리트보다 유리한 점은?

① 시멘트 페이스트와의 부착력 증가
② 단위수량 감소
③ 수밀성 증가
④ 내구성 증가

해설

- 쇄석을 골재로 사용할 경우 장점은 부착력이 커져 강도가 높은 콘크리트를 얻을 수 있다는 것이다.

**쇄석을 골재로 사용하는 콘크리트**

㉠ 장점
- 쇄석을 이용할 경우 부착력이 커져 강도가 높은 콘크리트를 얻을 수 있다.

㉡ 단점
- 워커빌리티를 나쁘게 하여 모르타르의 양이 증가한다.
- 동일한 워커빌리티의 보통자갈을 사용한 콘크리트보다 단위수량이 일반적으로 약 10%정도 많이 요구된다.
- 비경제적이고 콘크리트 치기 작업이 곤란하다.

## 82 Repetitive Learning (1회 2회 3회)

합성수지의 종류 중 열가소성 수지가 아닌 것은?

① 염화비닐수지
② 멜라민수지
③ 폴리프로필렌수지
④ 폴리에틸렌수지

해설

- 멜라민수지는 열경화성 수지이다.

**열가소성 수지**
- 가열하거나 용제에 녹이면 물리적으로 유연하게 되어 자유롭게 성형할 수 있는 수지를 말한다.
- 일반적으로 무색투명하다.
- 열에 의해 가소성이 증대하나 냉각하면 다시 고화된다.
- 종류에는 아크릴수지, 염화비닐수지(PVC), 폴리스티렌수지, 쿠마론수지, 폴리아미드수지, 폴리에틸렌수지, 폴리프로필렌수지, 폴리카보네이트 등이 있다.

0804 / 1201

## 83 Repetitive Learning (1회 2회 3회)

도료상태의 방수재를 바탕 면에 여러 번 칠하여 얇은 수지피막을 만들어 방수효과를 얻는 것으로 에멀션형, 용제형, 에폭시계 형태의 방수공법은?

① 시트방수 ② 도막방수
③ 침투성 도포방수 ④ 시멘트 모르타르 방수

해설

- 시트(Sheet)방수는 시트를 접착제 또는 토치로 가열하여 바탕면에 접착하는 공법이다.
- 침투성 도포방수는 콘크리트나 모르타르 바탕면에 침투성 물질을 도포하여 콘크리트 간격에 침투시켜 수밀하게 만들어 방수하는 공법이다.
- 시멘트모르타르방수는 방수제와 시멘트모르타르를 혼합하여 모르타르 내부를 수밀화시키는 방수공법이다.

**도막방수**
- 도료상태의 방수재를 바탕면에 여러 번 칠하여 얇은 수지피막을 만들어 방수효과를 얻는 것이다.
- 우레탄, 아크릴, 고무 아스팔트계 등의 방수재료를 이용한다.
- 에멀션형, 용제형, 에폭시계 형태의 방수공법이 있다.

0804 / 1002 / 1204 / 1702

## 84 Repetitive Learning (1회 2회 3회)

목재를 작은 조각으로 하여 충분히 건조시킨 후 합성수지와 같은 유기질의 접착제를 첨가하여 열압 제판한 목재 가공품은?

① 파티클보드(Particle board)
② 코르크판(Cork board)
③ 섬유판(Fiber board)
④ 집성목재(Glulam)

해설

- 코르크판은 유공판으로 단열성·흡음성 등이 있어 천장 등에 흡음재로 사용된다.
- 섬유판은 식물질 원료를 펄프화하여 인공적으로 성형 제조한 목재로 텍스(Tex)라고도 한다.
- 집성목재는 소판이나 소각재의 부산물 등을 이용하여 접착, 접합에 의해 소요 형상의 인공목재를 제조할 수 있는 것이다.

**파티클보드(Particle board)**
- 칩보드라고도 한다.
- 목재 또는 기타 식물질을 작은 조각으로 하여 충분히 건조시킨 후 합성수지 접착제와 같은 유기질 접착제를 첨가하여 열압 제조한 판상제품을 말한다.

정답 | 81 ① 82 ② 83 ② 84 ①

1102

## 85

Repetitive Learning 1회 2회 3회

다음 중 수성페인트에 대한 설명으로 옳지 않은 것은?

① 수성페인트의 일종인 에멀션페인트는 수성페인트에 합성수지와 유화제를 섞은 것이다.
② 수성페인트를 칠한 면은 외관은 온화하지만 독성 및 화재발생의 위험이 있다.
③ 수성페인트의 재료로 아교·전분·카세인 등이 활용된다.
④ 광택이 없으며 회반죽면 또는 모르타면의 칠에 적당하다.

해설

- 수성페인트는 독성이 없으며, 독성 및 화재발생의 위험이 있는 것은 유성페인트의 특징이다.

∷ 수성페인트

㉠ 개요
- 안료를 물에 용해하여 수용성 교착제와 혼합한 분말 상태의 도료를 말한다.
- 바르고 나면 물이 증발하고, 표면에 남은 합성수지가 도막을 형성한다.
- 모르타르, 콘크리트 바탕, 목재, 벽지 등에 주로 사용한다.

㉡ 특징
- 굳은 뒤에는 물에 용해되지 않는다.
- 독성이 없으며, 바르기 쉬우며 빨리 건조된다.
- 내구성이나 내수성이 약하며, 광택이 없다.

## 86

Repetitive Learning 1회 2회 3회

금속판에 대한 설명으로 옳지 않은 것은?

① 알루미늄 판은 경량이고 열반사도 좋으나 알칼리에 약하다.
② 스테인리스 강판은 내식성이 필요한 제품에 사용된다.
③ 함석판은 아연도철판이라고도 하며 외관미는 좋으나 내식성이 약하다.
④ 연판은 X선 차단효과가 있고 내식성도 크다.

해설

- 함석판은 강철판에 아연을 입힌 판으로 내식성이 강해 쉽게 녹슬지 않는다.

∷ 함석판
- 강철판에 아연을 입힌 판이다.
- 아연으로 인해 쉽게 녹슬지 않는다.(내식성이 강하다)
- 지붕이나 홈통 재료로 많이 사용된다.

## 87

Repetitive Learning 1회 2회 3회

다음 중 열전도율이 가장 낮은 것은?

① 콘크리트
② 코르크판
③ 알루미늄
④ 주철

해설

- 주어진 보기의 열전도율은 코르크판 < 콘크리트 < 주철 < 알루미늄 순으로 커진다.

∷ 건축 자재의 열전도율

| 재료 | 열전도율(W/mK) |
|---|---|
| 코르크판 | 0.04 |
| 석고보드 | 0.18 |
| 벽돌 | 0.6 |
| 유리 | 0.5~0.7 |
| 콘크리트 | 1.5 |
| 강 | 44 |
| 주철 | 53.5 |
| 알루미늄 | 240 |

## 88

Repetitive Learning 1회 2회 3회

점토의 성질에 관한 설명으로 옳지 않은 것은?

① 사질점토는 적갈색으로 내화성이 높은 특성이 있다.
② 자토은 순백색이며 내화성이 우수하나 가소성은 부족하다.
③ 석기점토는 유색의 견고치밀한 구조로 내화도가 높고 가소성이 있다.
④ 석회질점토는 백색으로 용해되기 쉽다.

해설

- 사질점토는 적갈색이나 용해되기 쉬운 특성을 가져 내화성이 낮다.

∷ 점토의 종류별 성질

| 종류 | 성질 |
|---|---|
| 자토 | 순백색이며 내화성이 우수하나 가소성은 부족하다. |
| 석기점토 | 색의 견고치밀한 구조로 내화도가 높고 가소성이 있다. |
| 석회질점토 | 백색으로 용해되기 쉽다. |
| 사질점토 | 적갈색이나 용해되기 쉬운 특성을 가져 내화성이 낮다. |



85 ② 86 ③ 87 ② 88 ① 정답

## 89 Repetitive Learning (1회 2회 3회)

콘크리트의 혼화재료 중 혼화제에 속하는 것은?

① 플라이애시
② 실리카흄
③ 고로슬래그 미분말
④ 고성능 감수제

**해설**

- 혼화제는 사용량이 1% 미만으로 적은 혼화재료로 AE제, 감수제, 유동화제, 촉진제 및 지연제, 방청제, 급결제 등이 있다.

**혼화재료의 분류**

㉠ 개요
- 콘크리트 배합 시 콘크리트의 성질을 개선시킬 목적으로 시멘트, 물, 골재, 섬유보강재 이외의 재료를 첨가하는 재료를 모두 일컬어서 혼화재료라 한다.
- 주로 다량으로 사용되는 혼화재와 소량으로 사용되는 혼화제로 구분된다.

㉡ 혼화재와 혼화제의 구분

| 혼화재 | 기준 | 혼화제 |
|---|---|---|
| 많다(5% 이상) | 사용량 | 적다(1% 미만) |
| 고려한다 | 배합설계 시 고려 여부 | 고려하지 않는다 |
| 플라이애시(Fly ash)<br>고로슬래그<br>실리카흄(Silica fume)<br>포졸란(Pozzolan)<br>팽창재 | 종류 | AE제<br>감수제<br>유동화제<br>촉진제<br>지연제<br>방청제<br>급결제 |

## 90 Repetitive Learning (1회 2회 3회)

콘크리트에 AE제를 첨가했을 경우 공기량 증감에 큰 영향을 주지 않는 것은?

① 혼합시간 ② 시멘트의 사용량
③ 주위온도 ④ 양생방법

**해설**

- 공기량 증감 요인에는 AE제 사용량, 잔골재 미립분량, 단위 시멘트량 및 분말도, 진동정도, 주위온도, 비빔시간 등이 있다.

**콘크리트 공기량**

㉠ 개요
- 콘크리트 내 공기는 콘크리트의 유동성을 증가시키고, 워커빌리티를 개선한다.
- 콘크리트 내 공기는 동결융해 저항성을 개선시킨다.
- AE 콘크리트의 공기량은 보통 4%를 표준으로 한다.
- 물-시멘트비가 일정할 경우 공기량이 1% 증가하면 콘크리트 강도는 4 ~ 6% 감소한다.

㉡ 공기량 증감 요인
- AE제 사용량에 비례하여 증가한다.
- 잔골재의 미립분이 많을수록 공기량은 증가한다.
- 단위 시멘트양 및 분말도가 클수록 공기량은 감소한다.
- 콘크리트를 진동시키면 공기량이 감소한다.
- 콘크리트의 온도가 높으면 공기량이 감소한다.
- 비빔시간이 길면 길수록 공기량은 감소한다.

1304

## 91 Repetitive Learning (1회 2회 3회)

슬럼프 시험에 대한 설명으로 옳지 않은 것은?

① 슬럼프 시험 시 각 층을 50회 다진다.
② 콘크리트의 시공연도를 측정하기 위하여 행한다.
③ 슬럼프 콘에 콘크리트를 3층으로 분할하여 채운다.
④ 슬럼프 값이 높을 경우 콘크리트는 묽은 비빔이다.

**해설**

- 슬럼프 시험은 슬럼프 콘에 콘크리트를 부어넣고 25회 다진 후 콘을 들어 올렸을 때 콘크리트가 가라앉는 높이로 유동성을 나타낸다.

**슬럼프 시험**

㉠ 개요
- 콘크리트의 시공연도(Workability)를 측정하기 위해 실시하는 시험이다.
- 슬럼프 값이 높을 경우 콘크리트는 묽은 비빔이다.

㉡ 시험방법과 결과
- 슬럼프 콘은 윗지름 10cm, 아랫지름 20cm, 높이 30cm로 한다.
- 수밀한 철판을 수평으로 놓고 슬럼프 콘을 놓고, 그 안에 혼합한 콘크리트를 1/3씩 3층으로 분할하여 채운다.
- 슬럼프 콘에 콘크리트를 부어넣고 25회 다진 후 콘을 들어 올렸을 때 콘크리트가 가라앉는 높이로 유동성을 나타낸다.
- 결과

| True | Zero | Collapsed | Shear |
|---|---|---|---|
| 균등한 슬럼프 | 완전한 슬럼프 | 무너진 슬럼프 | 전단된 슬럼프 |

정답 | 89 ④ 90 ④ 91 ①

0602 / 1204 / 1602

## 92

Repetitive Learning 1회 2회 3회

목재 섬유포화점의 함수율은 대략 얼마 정도인가?

① 약 10%　　② 약 20%

③ 약 30%　　④ 약 40%

해설

- 목재에서 흡착수만이 최대한도로 존재하고 있는 상태인 섬유포화점(Fiber saturation point)의 함수율은 30% 정도이다.

목재의 함수율

- 목재가 대기의 온도와 습도에 맞게 평형에 도달한 상태를 의미하는 기건상태의 함수율은 약 15%이다.
- 목재에서 흡착수만이 최대한도로 존재하고 있는 상태인 섬유포화점(Fiber saturation point)의 함수율은 30% 정도이다.
- 목재의 함수율 $= \frac{\text{건조 전의 중량} - \text{건조 후의 중량}}{\text{건조 후의 중량}} \times 100$으로 구한다.

## 93

Repetitive Learning 1회 2회 3회

PVC 바닥재에 대한 일반적인 설명으로 옳지 않은 것은?

① 보통 두께 3mm 이상의 것을 사용한다.

② 접착제는 비닐계 바닥재용 접착제를 사용한다.

③ 바닥시트에 이용하는 용접봉, 용접액 혹은 줄눈재는 제조업자가 지정하는 것으로 한다.

④ 재료보관은 통풍이 잘 되고 햇빛이 잘 드는 곳에 보관한다.

해설

- 재료는 눈, 비나 직사광선이 닿지 않는 곳에서 보관하며 통풍이 잘되는 장소이어야 한다.

PVC 바닥재

- 장판으로 불리는 비닐시트와 사각형 형태의 비닐타일로 구분할 수 있다.
- 내수성과 품질의 안정성이 뛰어나고 청소가 용이하다.
- 보통 두께 3mm 이상의 것을 사용한다.
- 접착제는 비닐계 바닥재용 접착제를 사용한다.
- 바닥시트에 이용하는 용접봉, 용접액 혹은 줄눈재는 제조업자가 지정하는 것으로 한다.
- 재료는 눈, 비나 직사광선이 닿지 않는 곳에서 보관하며 통풍이 잘되는 장소이어야 한다.

1702

## 94

Repetitive Learning 1회 2회 3회

건축재료 중 마감재료의 요구성능으로 거리가 먼 것은?

① 화학적 성능

② 역학적 성능

③ 내구성능

④ 방화 · 내화성능

해설

- 역학적 성능은 구조재료에 필요한 성능이다.

마감재료

㉠ 개요

- 구조물을 보호하고 기능에 적합하도록 장식하는 재료를 말한다.
- 건물 내외부의 피복, 단열성, 방수성, 흡음성을 고려한 미적감각을 표현한다.

㉡ 요구성능

- 물리적 성능
- 화학적 성능
- 내구성능
- 방화 및 내화성능

1504

## 95

Repetitive Learning 1회 2회 3회

목재의 결점 중 벌채 시의 충격이나 그 밖의 생리적 원인으로 인하여 세로축에 직각으로 섬유가 절단된 형태를 의미하는 것은?

① 수지낭　　② 미숙재

③ 컴프레션페일러　　④ 옹이

해설

- 컴프레션페일러는 침엽수 이상재로 압축 이상재의 결함이라고 한다.

이상재와 압축 이상재(異常材)의 결함

㉠ 이상재(異常材)

- 목재의 결점 중 하나로 구조용재로 사용할 수 없는 목재이다.
- 목재가 기울게 자란 편심생장을 한 부분으로 압축 이상재(침엽수)와 인장 이상재(활엽수)가 있다.

㉡ 컴프레션페일러(Compression failure)

- 침엽수 이상재를 말하며, 압축 이상재의 결함이라고도 한다.
- 벌채 시의 충격이나 그 밖의 생리적 원인으로 인하여 세로축에 직각으로 섬유가 절단된 형태를 말한다.



92 ③ 93 ④ 94 ② 95 ③ 정답

## 96

Repetitive Learning 1회 2회 3회

점토기와 중 훈소와에 해당하는 설명은?

① 소소와에 유약을 발라 재소성한 기와
② 기와 소성이 끝날 무렵에 식염증기를 충만시켜 유약 피막을 형성시킨 기와
③ 저급점토를 원료로 900~1,000℃로 소소하여 만든 것으로 흡수율이 큰 기와
④ 건조제품을 가마에 넣고 연료로 장작이나 솔잎 등을 써서 검은 연기로 그을려 만든 기와

해설

- ①은 시유와에 대한 설명이다.
- ②는 오지기와에 대한 설명이다.
- ③은 점토기와에 대한 설명이다.

**토기와의 종류와 특징**

| | |
|---|---|
| 점토기와 | 저급점토를 원료로 900~1,000℃로 소소하여 만든 것으로 흡수율이 큰 기와 |
| 훈소와 | 건조제품을 가마에 넣고 연료로 장작이나 솔잎 등을 써서 검은 연기로 그을려 만든 기와 |
| 시유와 | 소소와에 유약을 발라 재소성한 기와로 다양한 색상을 얻을 수 있으며, 방수성이 크다. |
| 오지기와 | 기와 소성이 끝날 무렵에 식염증기를 충만시켜 유약 피막을 형성시킨 기와 |
| 소소와 | 연와토를 900℃ 정도로 소성한 기와로 흡수율이 커 실용적이지 못하다. |

0904 / 1402 / 1904

## 97

Repetitive Learning 1회 2회 3회

골재의 실적률에 관한 설명으로 옳지 않은 것은?

① 실적률은 골재입형(粒形)의 양부(良否)를 평가하는 지표이다.
② 부순 자갈의 실적률은 그 입형 때문에 강자갈의 실적률보다 적다.
③ 실적률 산정 시 골재의 밀도는 절대건조상태의 밀도를 말한다.
④ 골재의 단위용적질량이 동일하면 골재의 밀도가 클수록 실적률도 크다.

해설

- 골재의 단위용적질량(분자)이 동일하면 골재의 밀도(분모)가 클수록 실적률은 작아진다.

**골재의 실적률**

㉠ 개요
- 용기에 채운 절대건조상태의 골재의 비중 대비 단위용적중량의 백분율을 말한다.
- 실적률은 $\frac{\text{단위용적중량}}{\text{절대건조상태의 골재의 비중}} \times 100[\%]$로 구한다.
- 골재입형의 양부를 평가하는 지표이다.
- 부순 자갈의 실적률은 그 입형 때문에 강자갈의 실적률보다 작다.

㉡ 특징
- 실적률이 큰 골재를 사용하면 시멘트페이스트 양이 적게 든다.
- 콘크리트의 내구성과 기도가 증가한다.
- 콘크리트의 밀도가 커지면 투수성, 흡습성의 감소를 기대할 수 있다.
- 건조수축 및 수화열이 감소된다.

## 98

Repetitive Learning 1회 2회 3회

미장재료 중 돌로마이트플라스터에 대한 설명으로 옳지 않은 것은?

① 보수성이 크고, 응결시간이 길다.
② 소석회에 모래, 해초풀, 여물 등을 혼합하여 바르는 미장재료이다.
③ 회반죽에 비해 조기강도 및 최종강도가 크고 착색이 쉽다.
④ 여물을 혼입하여도 건조수축이 크기 때문에 수축 균열이 발생한다.

해설

- ②는 회반죽에 대한 설명이다.

**돌로마이트플라스터**

㉠ 개요
- 돌로마이트를 900 ~ 1,200℃의 고온으로 가열·소성하여 만드는 기경성 미장재료이다.
- 물로 연화하여 사용하지만 대기 중의 이산화탄소(탄산가스)와 반응하여 경화되므로 기경성에 포함된다.

㉡ 특징
- 점성이 높고, 작업성이 좋으며, 응결시간이 길다.
- 회반죽에 비해 조기강도 및 최종강도가 크다.
- 풀을 필요로 하지 않으므로 색깔이 변하거나 냄새가 나지 않는다.
- 건조수축이 커서 균열이 생기기 쉽다.

정답 | 96 ④ 97 ④ 98 ②

0502 / 1604 / 1904

## 99

Repetitive Learning 1회 2회 3회

각 창호철물에 대한 설명 중 옳지 않은 것은?

① 피벗 힌지(Pivot hinge) : 경첩대신 축을 사용하여 여닫이문을 회전시킨다.
② 나이트 래치(Night latch) : 외부에서는 열쇠, 내부에서는 작은 손잡이를 틀어 열 수 있는 실린더장치로 된 것이다.
③ 크레센트(Crescent) : 여닫이문의 상하단에 붙여 경첩과 같은 역할을 한다.
④ 래버터리 힌지(Lavatory hinge) : 스프링 힌지의 일종으로 공중용 화장실 등에 사용된다.

해설

- 크레센트는 오르내리창이나 미서기창을 잠그는 데 사용하는 철물이다.

창호철물의 종류

| 종류 | 용도 및 특징 |
|---|---|
| 피벗힌지 (Pivot hinge) | 경첩 대신 촉을 사용하여 여닫이문을 회전시키는 것으로 방화문 등 중량문에 주로 사용한다. |
| 플로어힌지 (Floor hinge) | 문이 자동적으로 닫히게 하는 철물로 경첩으로 유지하기 어려운 무거운 자재 여닫이문에 사용된다. |
| 래버터리힌지 (Lavatory hinge) | 스프링힌지의 일종, 문이 저절로 닫히게 하는 것으로 공중용 화장실 및 공중전화 부스 등에 사용된다. |
| 나이트래치 (Night latch) | 외부에서는 열쇠, 내부에서는 작은 손잡이를 틀어 열 수 있는 실린더장치로 된 것이다. |
| 크레센트 (Crescent) | 오르내리창이나 미서기창을 잠그는 데 사용하는 철물이다. |
| 지도리 | 장부가 구멍에 들어 끼어 돌게 만든 철물로서 회전창, 현관문, 방화문에 사용된다. |
| 도어스톱 | 여닫이문이 열릴 때 문을 고정해주는 철물이다. |
| 도어체크 (도어스토퍼) | 아파트 현관문 등에서 주로 사용하는 철물로 일정한 간격만 문이 열리고 문이 닫힐 때 천천히 닫히게 한다. |

## 100

Repetitive Learning 1회 2회 3회

파손방지, 도난방지 또는 진동이 심한 장소에 적합한 망입(網入)유리의 제조 시 사용되지 않는 금속선은?

① 철선(철사)
② 황동선
③ 청동선
④ 알루미늄선

해설

- 망입에 사용되는 금속선은 철, 황동, 알루미늄 등이 있다.

망입유리

- 파손 위험이 적고 파손되더라도 유리조각이 금속망에 그대로 붙어 있어 안전한 유리이다.
- 유리 중앙부에 금속망이나 금속선을 넣어 성형한 유리이다.
- 파손방지, 도난방지 또는 진동이 심한 장소에 적합하다.
- 망입에 사용되는 금속선은 철, 황동, 알루미늄 등이 있다.



99 ③ 100 ③ 정답

## 6과목 건설안전기술

0601 / 1704

### 101 Repetitive Learning (1회 2회 3회)

유해 · 위험방지계획서 제출 시 첨부서류로 옳지 않은 것은?

① 공사현장의 주변 현황 및 주변과의 관계를 나타내는 도면
② 공사개요서
③ 전체공정표
④ 작업인부의 배치를 나타내는 도면 및 서류

**해설**

- 유해 · 위험방지계획서의 첨부서류에는 ①, ②, ③ 외에 공사개요서, 건설물 및 사용 기계설비 등의 배치를 나타내는 도면, 산업안전보건관리비 사용계획, 재해 발생 위험 시 연락 및 대피방법 등이 있다.

**건설업 유해 · 위험방지계획서 제출 시 첨부서류**

실필 1902/1202/0902

| | |
|---|---|
| 공사개요 및 안전보건 관리계획 | • 공사개요서<br>• 공사현장의 주변 현황 및 주변과의 관계를 나타내는 도면(매설물 현황 포함)<br>• 건설물, 사용 기계설비 등의 배치를 나타내는 도면<br>• 전체공정표<br>• 산업안전보건관리비 사용계획<br>• 안전관리 조직표<br>• 재해발생 위험 시 연락 및 대피방법 |

1802

### 102 Repetitive Learning (1회 2회 3회)

건설업 산업안전보건관리비 계상 및 사용기준에 따른 안전관리비의 개인보호구 및 안전장구 구입비 항목에서 안전관리비로 사용이 가능한 경우는?

① 안전 · 보건관리자가 선임되지 않은 현장에서 안전 · 보건업무를 담당하는 현장관계자용 무전기, 카메라, 컴퓨터, 프린터 등 업무용 기기
② 혹한 · 혹서에 장기간 노출로 인해 건강장해를 일으킬 우려가 있는 경우 특정 근로자에게 지급되는 기능성 보호 장구
③ 근로자에게 일률적으로 지급하는 보냉 · 보온장구
④ 감리원이나 외부에서 방문하는 인사에게 지급하는 보호구

**해설**

- 혹한 · 혹서에 장기간 노출로 인해 건강장해를 일으킬 우려가 있는 경우 특정 근로자에게 지급하는 기능성 보호 장구는 안전관리비로 사용이 가능하다.

**개인보호구 및 안전장구 구입비 항목에서 안전관리비로 사용이 불가능한 내역**

- 안전 · 보건관리자가 선임되지 않은 현장에서 안전 · 보건업무를 담당하는 현장관계자용 무전기, 카메라, 컴퓨터, 프린터 등 업무용 기기
- 근로자 보호 목적으로 보기 어려운 피복, 장구, 용품 등
  - 작업복, 방한복, 면장갑, 코팅장갑 등
  - 근로자에게 일률적으로 지급하는 보냉 · 보온장구(핫팩, 장갑, 아이스조끼, 아이스팩 등을 말한다) 구입비
  - 다만, 혹한 · 혹서에 장기간 노출로 인해 건강장해를 일으킬 우려가 있는 경우 특정 근로자에게 지급하는 기능성 보호 장구는 사용 가능함
- 감리원이나 외부에서 방문하는 인사에게 지급하는 보호구

### 103 Repetitive Learning (1회 2회 3회)

추락 재해방지 설비 중 근로자의 추락재해를 방지할 수 있는 설비로 작업발판 설치가 곤란한 경우에 필요한 설비는?

① 경사로
② 추락방호망
③ 고정사다리
④ 달비계

**해설**

- 작업발판을 설치하기 곤란한 경우 추락방호망을 설치하여야 한다.

**산업안전보건기준에 따른 추락위험의 방지대책**

실작 1804/1801/1604/1502/1501

- 근로자가 추락하거나 넘어질 위험이 있는 장소 또는 기계 · 설비 · 선박블록 등에서 작업을 할 때에 근로자가 위험해질 우려가 있는 경우 비계(飛階)를 조립하는 등의 방법으로 작업발판을 설치하여야 한다.
- 작업발판을 설치하기 곤란한 경우 추락방호망을 설치하여야 한다.
- 추락방호망을 설치하기 곤란한 경우에는 근로자에게 안전대를 착용하도록 하는 등 추락위험을 방지하기 위하여 필요한 조치를 하여야 한다.
- 근로자의 추락위험을 방지하기 위하여 안전대나 구명줄을 설치하여야 하고, 안전난간을 설치할 수 있는 구조인 경우에는 안전난간을 설치하여야 한다.
- 안전방망이란 고소작업 중 작업자의 추락 및 물체의 낙하를 방지하기 위하여 수평으로 설치하는 보호망을 말한다.

정답 | 101 ④ 102 ② 103 ②

## 104 Repetitive Learning 1회 2회 3회

가설통로를 설치하는 경우의 준수해야 할 기준으로 틀린 것은?

① 경사가 15°를 초과하는 경우에는 미끄러지지 아니하는 구조로 한다.
② 건설공사에 사용하는 높이 8m 이상인 비계다리에는 7m 이내마다 계단참을 설치한다.
③ 수직갱에 가설된 통로의 길이가 15m 이상인 경우에는 15m 이내마다 계단참을 설치한다.
④ 추락할 위험이 있는 장소에는 안전난간을 설치한다.

해설

- 수직갱에 가설된 통로의 길이가 15m 이상인 경우에는 10m 이내마다 계단참을 설치한다.

가설통로 설치 시 준수기준 실필 1801/1704/1502/1404/1201 실작 1804/1801/1704

- 높이 8m 이상인 비계다리에서는 7m 이내마다 계단참을 설치한다.
- 수직갱에 가설된 통로의 길이가 15m 이상인 경우에는 10m 이내마다 계단참을 설치한다.
- 경사가 15°를 초과하는 경우에는 미끄러지지 아니하는 구조로 한다.
- 추락할 위험이 있는 장소에는 안전난간을 설치한다.
- 경사로의 폭은 최소 90cm 이상이어야 한다.
- 발판 폭 40cm 이상, 틈 3cm 이하로 한다.
- 경사는 30° 이하로 한다.

## 105 Repetitive Learning 1회 2회 3회

가설구조물의 문제점으로 옳지 않은 것은?

① 무너짐 재해의 가능성이 크다.
② 추락재해의 가능성이 크다.
③ 부재의 결합이 간단하나 연결부가 견고하다.
④ 구조물이라는 통상의 개념이 확고하지 않으며 조립의 정밀도가 낮다.

해설

- 가설구조물은 부재의 결합이 간략하여 연결부가 불완전하다.

가설구조물의 문제점

- 연결 부재가 부족하다.
- 부재의 결합이 간략하여 연결부가 불완전하다.
- 조립도의 정밀도가 낮다.
- 가설구조물의 부재의 단면적은 대체로 적고 불안정하다.
- 무너짐 재해 및 추락재해의 가능성이 크다.

1202 / 1404

## 106 Repetitive Learning 1회 2회 3회

비계의 높이가 2m 이상인 작업장소에 작업발판을 설치할 경우 준수하여야 할 기준으로 옳지 않은 것은?

① 발판의 폭은 30cm 이상으로 할 것
② 발판재료 간의 틈은 3cm 이하로 할 것
③ 추락의 위험이 있는 장소에는 안전난간을 설치할 것
④ 발판재료는 뒤집히거나 떨어지지 아니하도록 2 이상의 지지물에 연결하거나 고정시킬 것

해설

- 작업발판의 폭은 40cm 이상으로 하고, 발판재료 간의 틈은 3cm 이하로 한다.

작업발판의 구조 실필 1902/1401 실작 1804

- 발판재료는 작업할 때의 하중을 견딜 수 있도록 견고한 것으로 할 것
- 작업발판의 폭은 40cm 이상으로 하고, 발판재료 간의 틈은 3cm 이하로 할 것
- 선박 및 보트 건조작업의 경우 선박블록 또는 엔진실 등의 좁은 작업공간에 작업발판을 설치하기 위하여 필요하면 작업발판의 폭을 30cm 이상으로 할 수 있고, 걸침비계의 경우 강관기둥 때문에 발판재료 간의 틈을 3cm 이하로 유지하기 곤란하면 5cm 이하로 할 수 있다. 이 경우 그 틈 사이로 물체 등이 떨어질 우려가 있는 곳에는 출입금지 등의 조치를 하여야 한다.
- 추락의 위험이 있는 장소에는 안전난간을 설치할 것
- 작업발판의 지지물은 하중에 의하여 파괴될 우려가 없는 것을 사용할 것
- 작업발판 재료는 뒤집히거나 떨어지지 않도록 둘 이상의 지지물에 연결하거나 고정시킬 것
- 작업발판을 작업에 따라 이동시킬 경우에는 위험방지에 필요한 조치를 할 것

1601

## 107 Repetitive Learning 1회 2회 3회

흙막이 벽의 근입 깊이를 깊게 하고, 전면의 굴착부분을 남겨두어 흙의 중량으로 대항하게 하거나, 굴착예정부분의 일부를 미리 굴착하여 기초콘크리트를 타설하는 등의 대책과 가장 관계 깊은 것은?

① 파이핑현상이 있을 때
② 히빙현상이 있을 때
③ 지하수위가 높을 때
④ 굴착깊이가 깊을 때



104 ③ 105 ③ 106 ① 107 ② 정답

해설

- 흙막이 벽의 근입 깊이를 깊게 하고, 굴착저면에 토사를 남겨 중력을 가중시키거나, 굴착 예정부의 전단강도를 높이는 것은 히빙의 대책에 해당한다.

∷ 히빙(Heaving) 실필 1801/1701/1602/1404/1104/0904/0902

㉠ 개요
- 흙막이 벽체 내·외의 토사의 중량 차에 의해 점토지반의 토공사에서 흙막이 밖에 있는 흙이 안으로 밀려 들어와 내측 흙이 부풀어 오르는 현상을 말한다.
- 연약한 점토지반에서 굴착면의 융기 혹은 흙막이 벽의 근입장 깊이가 부족할 경우 발생한다.
- 히빙으로 인해 배면의 토사붕괴, 지보공의 파괴, 굴착저면이 솟아오르는 등의 현상이 발생한다.

㉡ 히빙(Heaving) 예방대책
- 어스앵커를 설치하거나 소단을 두면서 굴착한다.
- 굴착주변을 웰포인트(Well point) 공법과 병행한다.
- 흙막이 벽의 근입심도를 확보한다.
- 지반개량으로 흙의 전단강도를 높인다.
- 굴착주변의 상재하중을 제거하여 토압을 최대한 낮춘다.
- 토류 벽의 배면토압을 경감시킨다.
- 굴착저면에 토사 등 인공중력을 가중시킨다.

1602

## 108 Repetitive Learning (1회 2회 3회)

재해사고를 방지하기 위하여 크레인에 설치된 방호장치와 거리가 먼 것은?

① 공기정화장치
② 비상정지장치
③ 제동장치
④ 권과방지장치

해설

- 공기정화장치는 실내의 작업장 공기를 정화하는 장치로 크레인의 방호장치와는 거리가 멀다.

∷ 방호장치의 조정 실필 1702/1501/1404/1101/0904
실작 1902/1804/1802/1702/1601/1501

| | |
|---|---|
| 대상 | • 크레인<br>• 이동식크레인<br>• 리프트<br>• 곤돌라<br>• 승강기 |
| 방호장치 | 과부하방지장치, 권과방지장치(捲過防止裝置), 비상정지장치 및 제동장치, 그 밖의 방호장치[승강기의 파이널 리미트 스위치(Final limit switch), 속도조절기, 출입문 인터 록(Inter lock) 등] |

## 109 Repetitive Learning (1회 2회 3회)

법면 붕괴에 의한 재해예방조치로서 옳은 것은?

① 지표수와 지하수의 침투를 방지한다.
② 법면의 경사 및 구배를 증가시킨다.
③ 절토 및 성토 높이를 증가시킨다.
④ 토질의 상태에 관계없이 구배 조건을 일정하게 한다.

해설

- 법면이란 철도선로나 도로 등을 만들 때 지반을 잘라내거나 또는 성토하여 기존 지반부터 철도나 도로 부분까지 연장한 사면(斜面)으로 지표수와 지하수의 침투를 방지해 붕괴를 사전 예방해야 한다.

∷ 법면 붕괴
- 법면이란 철도선로나 도로 등을 만들 때 지반을 잘라내거나 또는 성토하여 기존 지반부터 철도나 도로 부분까지 연장한 사면(斜面)을 말한다.
- 지표수와 지하수의 침투를 방지해 붕괴를 사전 예방해야 한다.
- 붕괴를 막기 위해 경사면으로 만들며, 법면의 각도가 크면 비로 인해 무너지기 쉬우므로 가능한 사면의 구배를 감소시켜야 한다.

1101 / 1302 / 1802

## 110 Repetitive Learning (1회 2회 3회)

취급·운반의 원칙으로 옳지 않은 것은?

① 운반 작업을 집중하여 시킬 것
② 생산을 최고로 하는 운반을 생각할 것
③ 곡선 운반을 할 것
④ 연속 운반을 할 것

해설

- 이동 운반 시 목적지까지 직선으로 운반하는 것을 원칙으로 한다.

∷ 운반의 원칙과 조건

㉠ 운반의 5원칙
- 이동되는 운반은 직선으로 할 것
- 연속으로 운반을 행할 것
- 효율(생산성)을 최고로 높일 것
- 자재 운반을 집중화할 것
- 가능한 수작업을 없앨 것

㉡ 운반의 3조건
- 운반거리는 극소화할 것
- 손이 가지 않는 작업 방법으로 할 것
- 운반은 기계화 작업으로 할 것

정답 | 108 ① 109 ① 110 ③

0504 / 1902

## 111 Repetitive Learning (1회 2회 3회)

거푸집 해체작업 시 유의사항으로 옳지 않은 것은?

① 일반적으로 수평부재의 거푸집은 연직부재의 거푸집보다 빨리 떼어낸다.

② 해체된 거푸집이나 각목 등에 박혀있는 못 또는 날카로운 돌출물은 즉시 제거하여야 한다.

③ 상하 동시 작업은 원칙적으로 금지하며 부득이한 경우에는 긴밀히 연락을 하며 작업을 하여야 한다.

④ 거푸집 해체작업장 주위에는 관계자를 제외하고는 출입을 금지시켜야 한다.

해설

- 일반적으로 연직부재의 거푸집은 수평부재의 거푸집보다 하중을 받지 않으므로 빨리 떼어낸다.

거푸집 해체

㉠ 일반원칙
- 일반적으로 연직부재의 거푸집은 수평부재의 거푸집보다 빨리 떼어낸다.
- 응력을 거의 받지 않는 거푸집은 24시간이 경과하면 떼어내도 좋다.
- 라멘, 아치 등의 구조물은 콘크리트의 크리프로 인한 균열을 적게 하기 위하여 가능한 한 거푸집을 오래두어야 한다.
- 거푸집을 떼어내는 시기는 시멘트의 성질, 콘크리트의 배합, 구조물 종류와 중요성, 부재가 받는 하중, 기온 등을 고려하여 신중하게 정해야 한다.

㉡ 검사
- 수직, 수평부재의 존치기간 준수 여부
- 소요의 강도 확보 이전에 지주의 교환 여부
- 거푸집 해체용 압축강도 확인시험 실시 여부

## 112 Repetitive Learning (1회 2회 3회)

사다리식 통로 등을 설치하는 경우 통로 구조로서 옳지 않은 것은?

① 발판의 간격을 일정하게 한다.

② 발판과 벽과의 사이는 15cm 이상의 간격을 유지한다

③ 사다리의 상단은 걸쳐놓은 지점으로부터 60cm 이상 올라가도록 한다.

④ 폭은 40cm 이상으로 한다.

해설

- 사다리식 통로의 폭은 30cm 이상으로 해야 한다.

사다리식 통로의 구조 실필 1602
- 견고한 구조로 할 것
- 심한 손상·부식 등이 없는 재료를 사용할 것
- 발판의 간격은 일정하게 할 것
- 발판과 벽과의 사이는 15cm 이상의 간격을 유지할 것
- 폭은 30cm 이상으로 할 것
- 사다리가 넘어지거나 미끄러지는 것을 방지하기 위한 조치를 할 것
- 사다리의 상단은 걸쳐놓은 지점으로부터 60cm 이상 올라가도록 할 것
- 사다리식 통로의 길이가 10m 이상인 경우에는 5m 이내마다 계단참을 설치할 것
- 사다리식 통로의 기울기는 75도 이하로 할 것
  다만, 고정식 사다리식 통로의 기울기는 90도 이하로 하고, 그 높이가 7m 이상인 경우에는 바닥으로부터 높이가 2.5m 되는 지점부터 등받이울을 설치할 것
- 접이식 사다리 기둥은 사용 시 접혀지거나 펼쳐지지 않도록 철물 등을 사용하여 견고하게 조치할 것

1004

## 113 Repetitive Learning (1회 2회 3회)

강관틀비계를 조립하여 사용하는 경우 준수해야 하는 사항으로 옳지 않은 것은?

① 수직 방향으로 6m, 수평 방향으로 8m 이내마다 벽이음을 할 것

② 높이가 20m를 초과하거나 중량물의 적재를 수반하는 작업 할 경우에는 주틀 간의 간격을 2.4m 이하로 할 것

③ 길이가 띠장 방향으로 4m 이하이고 높이가 10m를 초과하는 경우에는 10m 이내마다 띠장 방향으로 버팀기둥을 설치할 것

④ 주틀 간에 교차가새를 설치하고 최상층 및 5층 이내마다 수평재를 설치할 것

해설

- 높이가 20m를 초과하거나 중량물의 적재를 수반하는 작업 할 경우에는 주틀 간의 간격을 1.8m 이하로 한다.

강관틀비계 조립 시 준수사항
- 높이가 20m를 초과하거나 중량물의 적재를 수반하는 작업을 할 경우에는 주틀 간의 간격을 1.8m 이하로 할 것
- 주틀 간에 교차가새를 설치하고 최상층 및 5층 이내마다 수평재를 설치할 것
- 수직방향으로 6m, 수평방향으로 8m 이내마다 벽이음을 할 것
- 길이가 띠장 방향으로 4m 이하이고 높이가 10m를 초과하는 경우에는 10m 이내마다 띠장 방향으로 버팀기둥을 설치할 것



111 ① 112 ④ 113 ② 정답

1204 / 1602 / 1804

## 114 Repetitive Learning (1회 2회 3회)

철골작업 시 철골부재에서 근로자가 수직 방향으로 이동하는 경우에 설치하여야 하는 고정된 승강로의 최대 답단 간격은 얼마 이내인가?

① 20cm ② 25cm
③ 30cm ④ 40cm

해설

- 사업주는 근로자가 수직방향으로 이동하는 철골부재(鐵骨部材)에는 답단(踏段) 간격이 30cm 이내인 고정된 승강로를 설치하여야 한다.

승강로의 설치

- 사업주는 근로자가 수직방향으로 이동하는 철골부재(鐵骨部材)에는 답단(踏段) 간격이 30cm 이내인 고정된 승강로를 설치하여야 하며, 수평방향 철골과 수직방향 철골이 연결되는 부분에는 연결작업을 위하여 작업발판 등을 설치하여야 한다.

1602

## 115 Repetitive Learning (1회 2회 3회)

콘크리트 타설작업을 하는 경우에 준수해야 할 사항으로 옳지 않은 것은?

① 당일의 작업을 시작하기 전에 해당 작업에 관한 거푸집 동바리 등의 변형·변위 및 지반의 침하유무 등을 점검하고 이상이 있으면 보수할 것
② 작업 중에는 거푸집 동바리 등의 변형·변위 및 침하 유무 등을 감시할 수 있는 감시자를 배치하여 이상이 있으면 작업을 빠른 시간 내 우선 완료하고 근로자를 대피시킨다.
③ 콘크리트 타설작업 시 거푸집 붕괴의 위험이 발생할 우려가 있으면 충분한 보강조치를 한다.
④ 콘크리트를 타설하는 경우에는 편심이 발생하지 않도록 골고루 분산하여 타설한다.

해설

- 작업 중에는 거푸집 동바리 등의 변형·변위 및 침하 유무 등을 감시할 수 있는 감시자를 배치하여 이상이 있으면 작업을 중지하고 근로자를 우선 대피시켜야 한다.

콘크리트 타설작업 시 주의사항 실작 1901/1804/1801

- 당일의 작업을 시작하기 전에 해당 작업에 관한 거푸집 동바리 등의 변형·변위 및 지반의 침하 유무 등을 점검하고 이상이 있으면 보수할 것
- 작업 중에는 거푸집 동바리 등의 변형·변위 및 침하 유무 등을 감시할 수 있는 감시자를 배치하여 이상이 있으면 작업을 중지하고 근로자를 대피시킬 것
- 콘크리트 타설작업 시 거푸집 붕괴의 위험이 발생할 우려가 있으면 충분한 보강조치를 할 것
- 설계도서상의 콘크리트 양생기간을 준수하여 거푸집 동바리 등을 해체할 것
- 콘크리트를 타설하는 경우에는 편심이 발생하지 않도록 골고루 분산하여 타설할 것

1002 / 1404

## 116 Repetitive Learning (1회 2회 3회)

다음 중 사면지반개량 공법에 속하지 않는 것은?

① 전기화학적 공법 ② 석회안정처리 공법
③ 이온교환 공법 ④ 옹벽 공법

해설

- 옹벽 공법은 보강토 공법, 앵커 공법 등과 같은 사면보강 공법의 한 종류이다.

사면지반 개량 공법

- 사면지반 개량 공법에는 주입 공법, 전기화학적 공법, 석회안정처리 공법, 이온교환 공법, 소결 공법, 시멘트안정처리 공법 등이 있다.
- 주입 공법은 시멘트나 약액을 주입하여 지반을 강화하는 공법이다.
- 전기화학적 공법은 외부에서 직류전기를 공급하여 흙을 전기화학적으로 개량하는 공법이다.
- 석회안정처리 공법은 점성토에 석회를 가하여 이온교환작용과 화학적 결합작용 등을 통해 흙을 개량하는 공법이다.
- 이온교환 공법은 흙의 흡착양이온의 질과 양을 변경시켜 흙의 공학적 성질을 개량하는 공법이다.

1901

## 117 Repetitive Learning (1회 2회 3회)

건설작업장에서 근로자가 상시 작업하는 장소의 작업면 조도기준으로 옳지 않은 것은?(단, 갱내 작업장과 감광재료를 취급하는 작업장의 경우는 제외)

① 초정밀작업 : 600럭스(lux) 이상
② 정밀작업 : 300럭스(lux) 이상
③ 보통작업 : 150럭스(lux) 이상
④ 초정밀, 정밀, 보통작업을 제외한 기타 작업 : 75럭스(lux) 이상

정답 | 114 ③ 115 ② 116 ④ 117 ①

해설

- 초정밀작업은 750, 정밀은 300, 보통작업은 150, 그 밖의 작업은 75Lux 이상이 되어야 한다.

근로자가 상시 작업하는 장소의 작업면 조도(照度) 실필 1002
실작 1804/1802

| 작업 구분 | 조도기준 |
|---|---|
| 초정밀작업 | 750Lux 이상 |
| 정밀작업 | 300Lux 이상 |
| 보통작업 | 150Lux 이상 |
| 그 밖의 작업 | 75Lux 이상 |

1102 / 1402

## 118 Repetitive Learning (1회 2회 3회)

작업장 출입구 설치 시 준수해야 할 사항으로 옳지 않은 것은?

① 출입구의 위치·수 및 크기가 작업장의 용도와 특성에 맞도록 한다.
② 출입구에 문을 설치하는 경우에는 근로자가 쉽게 열고 닫을 수 있도록 한다.
③ 주된 목적이 하역운반계용인 출입구에는 보행자용 출입구를 따로 설치하지 않는다.
④ 계단이 출입구와 바로 연결된 경우에는 작업자의 안전한 통행을 위하여 그 사이에 1.2m 이상 거리를 두거나 안내표지 또는 비상벨 등을 설치한다.

해설

- 주된 목적이 하역운반기계용인 출입구에는 인접하여 보행자용 출입구를 따로 설치해야 한다.

작업장의 출입구

- 출입구의 위치, 수 및 크기가 작업장의 용도와 특성에 맞도록 할 것
- 출입구에 문을 설치하는 경우에는 근로자가 쉽게 열고 닫을 수 있도록 할 것
- 주된 목적이 하역운반기계용인 출입구에는 인접하여 보행자용 출입구를 따로 설치할 것
- 하역운반기계의 통로와 인접하여 있는 출입구에서 접촉에 의하여 근로자에게 위험을 미칠 우려가 있는 경우에는 비상등·비상벨 등 경보장치를 할 것
- 계단이 출입구와 바로 연결된 경우에는 작업자의 안전한 통행을 위하여 그 사이에 1.2m 이상 거리를 두거나 안내표지 또는 비상벨 등을 설치할 것

## 119 Repetitive Learning (1회 2회 3회)

지반 등의 굴착작업 시 연암의 굴착면 기울기로 옳은 것은?

① 1:0.3
② 1:0.5
③ 1:0.8
④ 1:1.0

해설

- 연암과 풍화암의 굴착면 기울기는 1 : 1.0이다.

굴착면 기울기 기준 실필 1701/1702
실작 1802/1801/1702/1701/1601/1504

| 지반의 종류 | 기울기 |
|---|---|
| 모래 | 1 : 1.8 |
| 연암 및 풍화암 | 1 : 1.0 |
| 경암 | 1 : 0.5 |
| 그 밖의 흙 | 1 : 1.2 |

0502 / 0602 / 0902 / 1001 / 1304 / 1401 / 1804

## 120 Repetitive Learning (1회 2회 3회)

옥외에 설치되어 있는 주행크레인의 이탈을 방지하기 위한 조치를 취해야 하는 순간풍속에 대한 기준으로 옳은 것은?

① 순간풍속이 초당 10m를 초과하는 바람이 불어올 우려가 있는 경우
② 순간풍속이 초당 20m를 초과하는 바람이 불어올 우려가 있는 경우
③ 순간풍속이 초당 30m를 초과하는 바람이 불어올 우려가 있는 경우
④ 순간풍속이 초당 40m를 초과하는 바람이 불어올 우려가 있는 경우

해설

- 순간풍속이 초당 30m를 초과하는 바람이 불어올 우려가 있는 경우 옥외에 설치되어 있는 주행 크레인에 대하여 이탈방지장치를 작동시키는 등 이탈 방지를 위한 조치를 하여야 한다.

폭풍에 대비한 이탈방지조치 실필 1801/1402

- 사업주는 순간풍속이 초당 30m를 초과하는 바람이 불어올 우려가 있는 경우 옥외에 설치되어 있는 주행크레인에 대하여 이탈방지장치를 작동시키는 등 이탈 방지를 위한 조치를 하여야 한다.

118 ③ 119 ④ 120 ③ 정답

MEMO

# 출제문제 분석 2022년 2회

| 구분 | 1과목 | 2과목 | 3과목 | 4과목 | 5과목 | 6과목 | 합계 |
|---|---|---|---|---|---|---|---|
| New유형 | 2 | 0 | 0 | 4 | 1 | 3 | 10 |
| New문제 | 12 | 8 | 6 | 10 | 9 | 8 | 53 |
| 또나온문제 | 3 | 4 | 7 | 4 | 9 | 8 | 35 |
| 자꾸나온문제 | 5 | 8 | 7 | 6 | 2 | 4 | 32 |
| 합계 | 20 | 20 | 20 | 20 | 20 | 20 | 120 |

- New유형은 New문제 중 기존 기출문제와 완전히 다른 유형의 문제를 말합니다.
- New문제는 기존에 출제되지 않은 문제로 이번에 처음 출제되는 문제입니다.
- 또나온문제는 기존에 출제된 적이 1번 있는 문제를 말합니다.
- 자꾸나온문제는 기존에 출제된 적이 2번 이상 있는 문제를 말합니다. 그만큼 중요한 문제입니다.

## 몇 년분의 기출문제를 공부해야 합격할 수 있을까요?

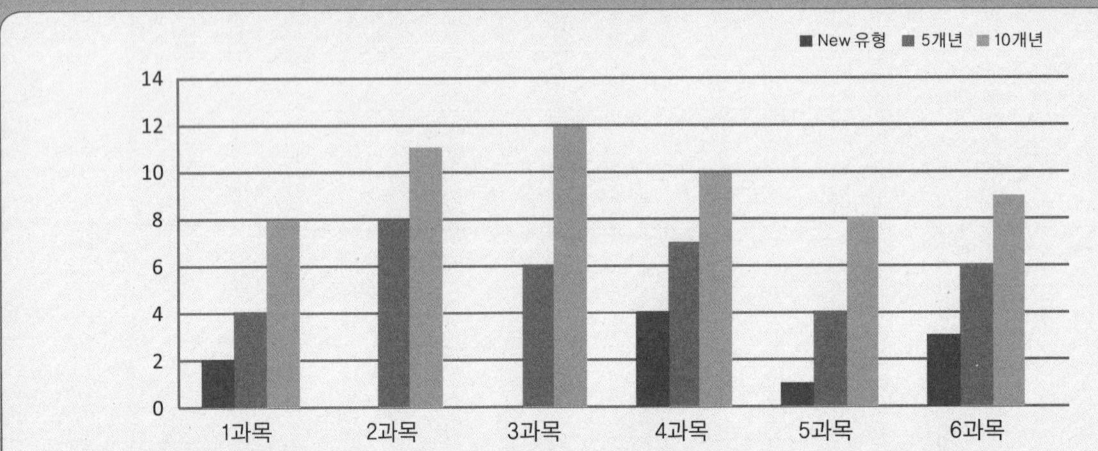


- 완전 새로운 유형의 문제는 10문제이고 110문제가 이미 출제된 문제 혹은 변형문제입니다.
- 5년분(2017～2021) 기출에서 동일문제가 35문항이 출제되었고, 10년분(2012～2021) 기출에서 동일문제가 58문항이 출제되었습니다.

## 실기에 나왔어요!! 외우세요!!!

실기시험은 필답형과 작업형으로 구분되어 있으며 모두 주관식으로 직접 내용을 적어야 합니다. 필기 공부하면서 실기 출제된 내역들은 좀 더 신경써서 암기하실 필요가 있어요. 필기 합격자 발표 난 후 실기시험까지는 5주밖에 여유가 없답니다. 어차피 공부할 것 필기 때 확실하게 해준다면 실기도 단방에 합격할 수 있습니다.

- 총 23개의 해설이 실기 필답형 시험과 연동되어 있습니다.
- 총 8 개의 해설이 실기 작업형 시험과 연동되어 있습니다.

## 분석의견

새로운 유형의 문제가 10문제에 10년간 기출에서 58문항이 출제되어 약간 까다로운 난이도였습니다. 합격률도 43.7%로 평균 수준이었지만 최근 합격률이 높아지는 추세에서 비춰볼 때 수험생들이 어렵게 느꼈을 수 있습니다. 특히 1과목과 4과목에서 기출 비중이 적고 신출 문제도 꽤 있어서 과락 걱정을 해야 할 수준이었습니다. 그렇지만 10년분의 기출문제를 학습하신 수험생은 합격에 큰 어려움이 없었을 것으로 판단됩니다. 합격에 필요한 점수를 획득하기 위해서는 최근 10년분 문제 2회독 이상 + 유형별 핵심이론의 정독이 필요할 것으로 판단됩니다.

# 2022년 제2회

2022년 4월 24일 필기

22년 2회차 필기시험
합격률 43.7%

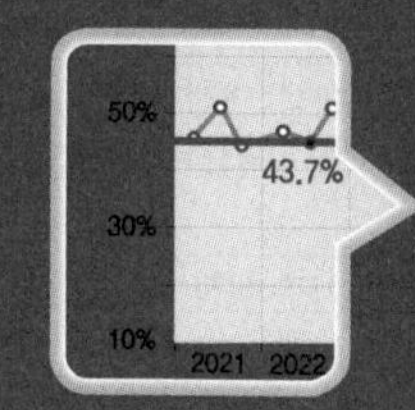


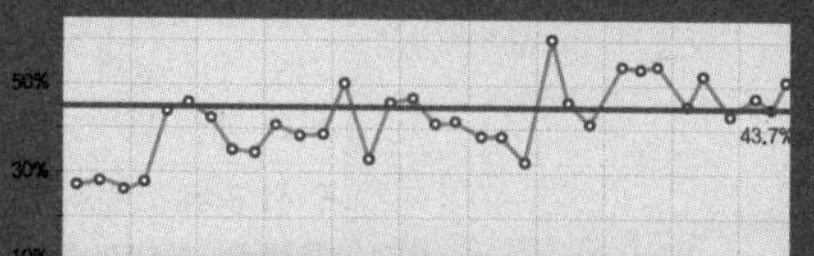


## 1과목 산업안전관리론

### 01 Repetitive Learning (1회 2회 3회)

안전관리조직의 형태에 관한 설명으로 옳은 것은?

① 라인형 조직은 100명 이상의 중규모 사업장에 적합하다.
② 스탭형 조직은 100명 이상의 중규모 사업장에 적합하다.
③ 라인형 조직은 안전에 대한 정보가 불충분하지만 안전 지시나 조치에 대한 실시가 신속하다.
④ 라인·스탭형 조직은 1,000명 이상의 대규모 사업장에 적합하나 조직원 전원의 자율적 참여가 불가능하다.

**해설**

- 라인형 안전조직은 소규모(100명 이하) 사업장에 적합하다.
- 스탭형 안전조직은 중규모(100명 ~ 1,000명 이하) 사업장에 적합하다.
- 라인·스탭형 조직은 대규모 사업장에 적합하고 조직원 전원의 자율적 참여가 가능한 장점이 있다.

∷ 라인(Line)형 안전조직 실필 1901

㉠ 개요
- 직계식이라고도 한다.
- 모든 명령과 안전 관련 업무가 생산계통을 따라 이루어진다.
- 규모가 작은(100명 이하) 사업장에 적합하다.
- 안전관리자가 체계적으로 선임되지 않은 사업장에 알맞은 안전조직 형태이다.

㉡ 특징

| 구분 | 내용 |
|---|---|
| 장점 | • 안전지시나 명령이 신속하다.<br>• 명령과 보고가 간단명료하다. |
| 단점 | • 안전지식과 기술축적이 힘들다.<br>• 안전정보의 수집과 대처가 늦다. |

### 02 Repetitive Learning (1회 2회 3회)

산업재해보상보험법령상 보험급여의 종류를 모두 고른 것은?

㉠ 장례비　　㉡ 요양급여
㉢ 간병급여　　㉣ 영업손실비용
㉤ 직업재활급여

① ㉠, ㉡, ㉣
② ㉠, ㉡, ㉢, ㉤
③ ㉠, ㉢, ㉣, ㉤
④ ㉡, ㉢, ㉣, ㉤

**해설**

- 산업재해보상보험법령에 명시된 보험급여의 종류에는 ㉠, ㉡, ㉢, ㉤ 외에 휴업급여, 장해급여, 유족급여, 상병보상연금이 있다.

∷ 보험급여의 종류
- 요양급여　　• 휴업급여
- 장해급여　　• 간병급여
- 유족급여　　• 상병(傷病)보상연금
- 장례비　　• 직업재활급여

0701 / 1201

### 03 Repetitive Learning (1회 2회 3회)

재해 예방을 위한 대책 중 기술적 대책(Engineering)에 해당되지 않는 것은?

① 작업행정의 개선　　② 환경설비의 개선
③ 점검보존의 확립　　④ 안전수칙의 준수

**해설**

- 안전수칙의 준수는 관리적 대책에 해당한다.

∷ 하베이(Harvey)의 3E 실필 0902/1804

㉠ 개요
- 재해예방의 4원칙 중 대책선정의 원칙과 관련된다.
- 재해예방의 5단계 중 제5단계 시정책의 적용에 해당한다.

정답 | 01 ③ 02 ② 03 ④

Ⓛ 구성

| | |
|---|---|
| 교육(Education)적 대책 | 안전교육 및 훈련 대책 |
| 기술(Engineering)적 대책 | 시설 장비 및 기준의 개선 대책, 안전기준, 안전설계, 작업행정 및 환경설비의 개선 등 |
| 관리(Enforcement)적 대책 | 안전 감독의 철저, 적합한 기준 설정, 규정 및 수칙의 준수, 기준 이해, 경영자 및 관리자의 솔선수범, 동기부여와 사기향상 |

0802 / 1404 / 1901

## 04

Repetitive Learning 1회 2회 3회

다음 중 산업안전보건법령상 안전관리자를 2인 이상 선임하여야 하는 사업에 해당하지 않는 것은?(단, 기타 법령에 관한 사항은 제외한다)

① 상시근로자가 500명인 통신업
② 상시근로자가 700명인 발전업
③ 상시근로자가 600명인 식료품 제조업
④ 공사금액이 1,000억원인 건설업

해설

• 우편 및 통신업은 상시근로자가 1,000명 이상인 경우에 2인 이상이다. 500명일 경우 1인이다.

안전관리자를 두어야 할 사업의 종류 · 규모, 안전관리자의 수 및 선임방법 실필 1802/1601/1401/1202/1004/0902/0901

| 사업의 종류 | 규모 | 최소 인원 |
|---|---|---|
| 1. 토사석 광업<br>2. 식료품 제조업, 음료 제조업<br>3. 목재 및 나무제품 제조(가구 제외)<br>4. 펄프, 종이 및 종이제품 제조업 | 상시근로자 500명 이상 | 2명 |
| 5. 코크스, 연탄 및 석유정제품 제조업<br>6. 화학물질 및 화학제품 제조업 (의약품 제외)<br>7. 의료용 물질 및 의약품 제조업<br>8. 고무 및 플라스틱제품 제조업<br>9. 비금속 광물제품 제조업<br>10. 1차 금속 제조업<br>11. 금속가공제품 제조업 (기계 및 가구 제외)<br>12. 전자부품, 컴퓨터, 영상, 음향 및 통신장비 제조업<br>13. 의료, 정밀, 광학기기 및 시계 제조업<br>14. 전기장비 제조업<br>15. 기타 기계 및 장비제조업<br>16. 자동차 및 트레일러 제조업<br>17. 기타 운송장비 제조업<br>18. 가구 제조업<br>19. 기타 제품 제조업<br>20. 서적, 잡지 및 기타 인쇄물 출판업<br>21. 금속 및 비금속 원료 재생업<br>22. 자동차 종합 수리업, 자동차 전문 수리업<br>21. 해체, 선별 및 원료 재생업<br>22. 자동차 종합 수리업, 자동차 전문 수리업<br>23. 발전업 | 상시근로자 50명 이상 500명 미만 | 1명 |
| 24. 농업, 임업 및 어업<br>25. 제2호부터 제19호까지의 사업을 제외한 제조업<br>26. 전기, 가스, 증기 및 공기조절 공급업(발전업은 제외한다)<br>27. 수도, 하수 및 폐기물 처리, 원료 재생업 (제21호에 해당하는 사업은 제외한다)<br>28. 운수 및 창고업<br>29. 도매 및 소매업<br>30. 숙박 및 음식점업 | 상시근로자 1,000명 이상 | 2명 |
| 31. 영상·오디오 기록물 제작 및 배급업<br>32. 방송업<br>33. 우편 및 통신업<br>34. 부동산업<br>35. 임대업; 부동산 제외<br>36. 연구개발업<br>37. 사진처리업<br>38. 사업시설 관리 및 조경 서비스업<br>39. 청소년 수련시설 운영업<br>40. 보건업<br>41. 예술, 스포츠 및 여가관련 서비스업<br>42. 개인 및 소비용품수리업(제22호 제외)<br>43. 기타 개인 서비스업<br>44. 공공행정(청소, 시설관리, 조리 등 현업업무에 종사하는 사람으로서 고용노동부장관이 정하여 고시하는 사람)<br>45. 교육서비스업 중 초등·중등·고등 교육기관, 특수학교·외국인학교 및 대안학교(청소, 시설관리, 조리 등 현업업무에 종사하는 사람으로서 고용노동부장관이 정하여 고시하는 사람) | 상시근로자 50명 이상 1,000명 미만 (단, 부동산업과 사진처리업은 100명 이상 1천명 미만) | 1명 |

| 사업의 종류 | 규모 | 최소 인원 |
|---|---|---|
| 46. 건설업 | 공사금액 50억원 이상(관계수급인은 100억원 이상) 120억원 미만(토목공사업의 경우에는 150억원 미만) | 1명 |
| | 공사금액 120억원 이상(토목공사업의 경우에는 150억원 이상) 800억원 미만 | |
| | 공사금액 800억원 이상 1,500억원 미만 | 2명 |
| | 공사금액 1,500억원 이상 2,200억원 미만 | 3명 |
| | 공사금액 2,200억원 이상 3,000억원 미만 | 4명 |
| | 공사금액 3,000억원 이상 3,900억원 미만 | 5명 |
| | 공사금액 3,900억원 이상 4,900억원 미만 | 6명 |
| | 공사금액 4,900억원 이상 6,000억원 미만 | 7명 |
| | 공사금액 6,000억원 이상 7,200억원 미만 | 8명 |
| | 공사금액 7,200억원 이상 8,500억원 미만 | 9명 |
| | 공사금액 8,500억원 이상 1조원 미만 | 10명 |
| | 1조원 이상 | 11명 |



04 ① 정답

1101 / 1302 / 1402 / 1404 / 1604 / 1701 / 1704 / 1801 / 1804 / 2102

## 05 Repetitive Learning (1회 2회 3회)

산업안전보건법령상 다음 ( )에 알맞은 내용은?

> 안전보건관리규정의 작성 대상 사업의 사업주는 안전보건관리규정을 작성하여야 할 사유가 발생한 날부터 ( )일 이내에 안전보건관리규정의 세부내용을 포함한 안전보건관리규정을 작성하여야 한다.

① 7 ② 14

③ 30 ④ 60

**해설**

- 사업주는 안전보건관리규정을 작성하여야 할 사유가 발생한 날부터 30일 이내에 안전보건관리규정을 작성하여야 한다.

**:: 안전보건관리규정** 실필 1601/1101

- 안전보건관리규정을 작성하여야 할 사업의 종류 및 규모

| 사업의 종류 | 규모 |
|---|---|
| 1. 농업<br>2. 어업<br>3. 소프트웨어 개발 및 공급업<br>4. 컴퓨터 프로그래밍, 시스템 통합 및 관리업<br>5. 정보서비스업<br>6. 금융 및 보험업<br>7. 임대업(부동산 제외)<br>8. 전문, 과학 및 기술 서비스업 (연구개발업 제외)<br>9. 사업지원 서비스업<br>10. 사회복지 서비스업 | 상시근로자 300명 이상을 사용하는 사업장 |
| 11. 제1호부터 제10호까지의 사업을 제외한 사업 | 상시근로자 100명 이상을 사용하는 사업장 |

- 사업주는 안전보건관리규정을 작성하여야 할 사유가 발생한 날부터 30일 이내에 안전보건관리규정을 작성하여야 한다. 이를 변경할 사유가 발생한 경우에도 또한 같다.
- 사업주는 안전보건관리규정을 작성하거나 변경할 때에는 산업안전보건위원회의 심의·의결을 거쳐야 한다. 다만, 산업안전보건위원회가 설치되어 있지 아니한 사업장의 경우에는 근로자대표의 동의를 받아야 한다.

0902 / 1204 / 1502 / 1801 / 2101

## 06 Repetitive Learning (1회 2회 3회)

산업안전보건법상 산업안전보건위원회의 심의·의결사항이 아닌 것은?

① 작업환경측정 등 작업환경의 점검 및 개선에 관한 사항

② 산업재해에 관한 통계의 기록 및 유지에 관한 사항

③ 안전장치 및 보호구 구입 시의 적격품 여부 확인에 관한 사항

④ 산업재해 예방계획의 수립에 관한 사항

**해설**

- ③은 안전보건관리책임자의 업무 내용에 해당한다.

**:: 산업안전보건위원회의 심의·의결사항**

- 산업재해 예방계획의 수립에 관한 사항
- 안전보건관리규정의 작성 및 변경에 관한 사항
- 근로자의 안전·보건교육에 관한 사항
- 작업환경측정 등 작업환경의 점검 및 개선에 관한 사항
- 근로자의 건강진단 등 건강관리에 관한 사항
- 중대재해의 원인 조사 및 재발 방지대책 수립에 관한 사항
- 산업재해에 관한 통계의 기록 및 유지에 관한 사항
- 유해하거나 위험한 기계·기구와 그 밖의 설비를 도입한 경우 안전·보건조치에 관한 사항

`1602

## 07 Repetitive Learning (1회 2회 3회)

산업안전보건법령상 안전·보건표지의 색채를 파란색으로 사용해야 하는 경우는?

① 주의표지

② 정지신호

③ 차량통행표지

④ 특정 행위의 지시

**해설**

- 지시표지는 파란색(2.5PB 4/10)을 색도의 기준으로 삼는다.

**:: 안전·보건표지의 색채, 색도기준 및 용도**

실필 1802/1601/1402/1301

| 색채 | 색도기준 | 용도 | 사용례 |
|---|---|---|---|
| 빨간색 | 7.5R 4/14 | 금지 | 정지신호, 소화설비 및 그 장소, 유해행위의 금지 |
| | | 경고 | 화학물질 취급장소에서의 유해·위험경고 |
| 노란색 | 5Y 8.5/12 | 경고 | 화학물질 취급장소에서의 유해·위험경고 이외의 위험경고, 주의표지 또는 기계방호물 |
| 파란색 | 2.5PB 4/10 | 지시 | 특정 행위의 지시 및 사실의 고지 |
| 녹색 | 2.5G 4/10 | 안내 | 비상구 및 피난소, 사람 또는 차량의 통행표지 |
| 흰색 | N9.5 | – | 파란색 또는 녹색에 대한 보조색 |
| 검은색 | N0.5 | – | 문자 및 빨간색 또는 노란색에 대한 보조색 |

정답 | 05 ③ 06 ③ 07 ④

1804

## 08 Repetitive Learning (1회 2회 3회)

시설물의 안전 및 유지관리에 관한 특별법령에 따른 안전등급별 정기안전점검 및 정밀안전진단의 실시 시기 기준 중 다음 (　　) 안에 알맞은 것은?

| 안전등급 | 정기안전점검 | 정밀안전진단 |
|---|---|---|
| A등급 | ( ㉠ )에 1회 이상 | ( ㉡ )년에 1회 이상 |

① ㉠ 반기, ㉡ 6
② ㉠ 반기, ㉡ 4
③ ㉠ 1년, ㉡ 6
④ ㉠ 1년, ㉡ 4

해설

• A등급인 경우 정기안전점검은 반기에 1회 이상, 정밀안전진단은 6년에 1회 이상이다.

안전점검, 정밀안전진단 및 성능평가의 실시 시기

| 안전등급 | 정기안전점검 | 정밀안전점검 | | 정밀안전진단 | 성능평가 |
|---|---|---|---|---|---|
| | | 건축물 | 건축물 외 시설물 | | |
| A등급 | 반기에 1회 이상 | 4년에 1회 이상 | 3년에 1회 이상 | 6년에 1회 이상 | 5년에 1회 이상 |
| B·C 등급 | | 3년에 1회 이상 | 2년에 1회 이상 | 5년에 1회 이상 | |
| D·E 등급 | 1년에 3회 이상 | 2년에 1회 이상 | 1년에 1회 이상 | 4년에 1회 이상 | |

## 09 Repetitive Learning (1회 2회 3회)

산업재해통계업무처리규정상 산업재해통계에 관한 설명으로 틀린 것은?

① 총요양근로손실일수는 재해자의 총 요양기간을 합산하여 산출한다.
② 휴업재해자수는 근로복지공단의 휴업급여를 지급받은 재해자수를 의미하여, 체육행사로 인하여 발생한 재해는 제외된다.
③ 사망자수는 통상의 출퇴근에 의한 사망을 포함하여 근로복지공단의 유족급여가 지급된 사망자수를 말한다.
④ 재해자수는 근로복지공단의 유족급여가 지급된 사망자 및 근로복지공단에 최초요양신청서를 제출한 재해자 중 요양승인을 받은 자를 말한다.

해설

• 사망자수에는 통상의 출퇴근에 의한 사망자 수는 제외한다.

산업재해통계업무처리규정상 재해 통계 관련 용어

| | |
|---|---|
| 재해자수 | • 근로복지공단의 유족급여가 지급된 사망자 및 근로복지공단에 최초 요양신청서(재진 요양신청이나 전원요양신청서는 제외)를 제출한 재해자 중 요양승인을 받은 자(산재 미보고 적발 사망자수<br>• 통상의 출퇴근으로 발생한 재해는 제외 |
| 사망자수 | • 근로복지공단의 유족급여가 지급된 사망자(지방고용노동관서의 산재미보고 적발 사망자 포함)수<br>• 사업장 밖의 교통사고 · 체육행사 · 폭력행위 · 통상의 출퇴근에 의한 사망, 사고발생일로부터 1년을 경과하여 사망한 경우는 제외 |
| 휴업재해자수 | • 근로복지공단의 휴업급여를 지급받은 재해자 수<br>• 질병에 의한 재해와 사업장 밖의 교통사고 · 체육행사 · 폭력행위 · 통상의 출퇴근으로 발생한 재해는 제외 |
| 임금근로자수 | 통계청의 경제활동인구조사상 임금근로자수 |
| 산재보험적용 근로자수 | 산업재해보상보험법이 적용되는 근로자수 |

## 10 Repetitive Learning (1회 2회 3회)

다음의 재해에서 기인물과 가해물로 옳은 것은?

> 작업자가 작업장을 걸어가던 중 작업장 바닥에 쌓여있던 자재에 걸려 넘어지면서 바닥에 머리를 부딪혀 사망하였다.

① 기인물 : 자재, 가해물 : 바닥
② 기인물 : 자재, 가해물 : 자재
③ 기인물 : 바닥, 가해물 : 바닥
④ 기인물 : 바닥, 가해물 : 자재

해설

• 인체에 직접 충돌한 것은 통로바닥이므로 바닥이 가해물이다.
• 자재를 정리해두지 않아 자재에 걸려 넘어졌으므로 자재가 불안전한 상태에 해당한다. 기인물은 자재이다.
• 재해의 형태는 넘어졌으므로 전도에 해당한다.

산업재해의 분석 실필 1901/1702/1501/1404

| | |
|---|---|
| 기인물 | 재해의 원인이 되는 것으로 주로 불안전한 상태와 관련된다. |
| 가해물 | 사람에 직접 충돌하거나 또는 접촉에 의해서 위해(危害)를 준 물건을 말한다. |
| 사고유형 | 재해의 발생형태를 말한다. |



08 ① 09 ③ 10 ① 정답

## 11

Repetitive Learning (1회 2회 3회)

건설업 산업안전보건관리비 계상 및 사용기준상 건설업 안전보건관리비로 사용할 수 있는 것을 모두 고른 것은?

| |
|---|
| ㉠ 전담 안전·보건관리자의 인건비 |
| ㉡ 현장 내 안전보건교육장 설치 비용 |
| ㉢ 「전기사업법」에 따른 전기안전대행비용 |
| ㉣ 재해예방전문지도기관에 지급하는 기술지도 비용 |
| ㉤ 유해위험방지계획서의 작성·심사·확인에 소요되는 비용 |

① ㉡, ㉢, ㉣

② ㉠, ㉡, ㉣, ㉤

③ ㉠, ㉢, ㉣, ㉤

④ ㉠, ㉡, ㉢, ㉤

**해설**

- 전기사업법의 전기안전대행비용은 건설업 안전보건관리비로 사용할 수 없다.

다른 법 적용사항, 건축물 등의 구조안전, 품질관리 등을 목적으로 하는 비용 중 사업장의 안전진단비로 사용할 수 없는 것

- 「건설기술진흥법」, 「건설기계관리법」 등 다른 법령에 따른 가설구조물 등의 구조검토, 안전점검 및 검사, 차량계 건설기계의 신규등록 · 정기 · 구조변경 · 수시 · 확인검사 등
- 「전기사업법」에 따른 전기안전대행 등
- 「환경법」에 따른 외부 환경 소음 및 분진 측정 등
- 민원 처리 목적의 소음 및 분진 측정 등 소요비용
- 매설물 탐지, 계측, 지하수 개발, 지질조사, 구조안전검토 비용 등 공사 수행 또는 건축물 등의 안전 등을 주된 목적으로 하는 경우
- 공사도급내역서에 포함된 진단비용
- 안전순찰차량(자전거, 오토바이를 포함한다) 구입 · 임차 비용
- 안전 · 보건관리자를 선임·신고하지 않은 사업장에서 사용하는 안전순찰 차량의 유류비, 수리비, 보험료 또한 사용할 수 없음

## 12

Repetitive Learning (1회 2회 3회)

다음에서 설명하는 위험예지훈련 단계는?

| |
|---|
| • 위험요인을 찾아내는 단계<br>• 가장 위험한 것을 합의하여 결정하는 단계 |

① 현상파악

② 본질추구

③ 대책수립

④ 목표설정

**해설**

- 문제점을 발견하고 중요 문제를 결정하는 단계인 본질추구는 위험예지훈련 4Round 중 2Round에 해당한다.

위험예지훈련 기초 4Round 기법

| | | |
|---|---|---|
| 1Round | 현상파악<br>(사실의 파악단계) | 전원이 토의를 통하여 위험요인을 발견하는 단계 |
| 2Round | 본질추구<br>(원인탐색 단계) | 위험의 포인트를 결정하여 전원이 지적 확인을 하는 단계 |
| 3Round | 대책수립<br>(대책수립 단계) | 발견된 위험요인을 극복하기 위한 방법을 제시하는 단계 |
| 4Round | 목표설정<br>(행동계획 결정단계) | 나온 대책들을 공감하고 팀의 행동목표를 설정하고 지적 확인하는 단계 |

1304

## 13

Repetitive Learning (1회 2회 3회)

다음 중 산업안전보건법령상 안전검사대상 유해·위험기계에 해당하지 않는 것은?

① 리프트

② 압력용기

③ 컨베이어

④ 이동식 국소배기장치

**해설**

- 이동식 국소배기장치는 안전검사대상에서 제외된다.

안전검사대상 유해·위험기계의 종류와 검사 주기 실필 1002/1504

| 안전검사대상 유해·위험기계의 종류 | 검사 주기 |
|---|---|
| 크레인(이동식크레인 및 정격하중 2톤 미만 제외), 리프트(이삿짐운반용 리프트 제외) 및 곤돌라 | 사업장에 설치가 끝난 날부터 3년 이내에 최초 안전검사를 실시하되, 그 이후부터 2년마다(건설현장에서 사용하는 것은 최초로 설치한 날부터 6개월마다) |
| 이동식크레인, 이삿짐운반용 리프트 및 고소작업대 | 신규 등록 이후 3년 이내에 최초 안전검사를 실시하되, 그 이후부터 2년마다 |
| 프레스, 전단기, 압력용기, 국소배기장치(이동식 제외), 산업용 원심기, 화학설비 및 그 부속설비, 건조설비 및 그 부속설비, 롤러기(밀폐형 제외), 사출성형기(형 체결력 294kN 미만은 제외), 컨베이어 및 산업용 로봇 | 사업장에 설치가 끝난 날부터 3년 이내에 최초 안전검사를 실시하되, 그 이후부터 2년마다(공정안전보고서를 제출하여 확인을 받은 압력용기는 4년마다) |

정답 | 11 ② 12 ② 13 ④

## 14 Repetitive Learning (1회 2회 3회)

산업안전보건법령상 사업장에서 산업재해 발생 시 사업주가 기록·보존하여야 하는 사항이 아닌 것은?(단, 산업재해조사표와 요양신청서의 사본은 보존하지 않았다)

① 사업장의 개요
② 근로자의 인적사항
③ 재해 재발방치 계획
④ 안전관리자 선임에 관한 사항

해설

- 재해발생 시 사업주가 기록·보존하여야 하는 사항에는 ①, ②, ③ 외에 재해발생의 일시 및 장소, 재해발생의 원인 및 과정 등이 있다.

산업재해 기록·보존 사항

- 사업장의 개요 및 근로자의 인적사항
- 재해발생의 일시 및 장소
- 재해발생의 원인 및 과정
- 재해 재발방지 계획

## 15 Repetitive Learning (1회 2회 3회)

A 사업장의 상시근로자수가 1,200명이다. 이 사업장의 도수율이 10.5이고 강도율이 7.5일 때 이 사업장의 총 요양근로손실일수(일)는?(단, 연근로시간수는 2,400시간이다)

① 21.6　② 216
③ 2,160　④ 21,600

해설

- 도수율은 1백만 시간 동안 발생한 재해건수이고, 강도율은 1천 시간 동안 발생한 근로손실일수이다.
- 1인당 연근로시간수는 2,400시간이고, 근로자수는 1,200명이므로 연간총근로시간은 2,400×1,200 = 2,880,000시간이다.
- 강도율이 $\frac{\text{근로손실일수}}{\text{연간총근로시간}} \times 1,000$이므로 근로손실일수는 (강도율×연간총근로시간)/1,000으로 구할 수 있다.
- 대입하면 (7.5×2,880,000)/1,000 = 21,600이 된다.

도수율(FR : Frequecy Rate of injury) 실필 1804/1401/1304/0902

- 빈도율이라고도 하며, 100만 시간당 재해발생건수를 나타낸다.
- 도수율 = $\frac{\text{연간재해건수}}{\text{연간총근로시간}} \times 10^6$으로 구하며, 환산도수율 = 도수율× $\frac{\text{총근로시간}}{1,000,000}$이다.

강도율(SR : Severity Rate of injury)

실필 1804/1702/1501/1402/1401/1304/0902/0901

- 재해로 인한 근로손실의 강도를 나타낸 값으로 연간총근로시간에서 1,000시간당 근로손실일수를 의미한다.
- 강도율 = $\frac{\text{근로손실일수}}{\text{연간총근로시간}} \times 1,000$으로 구하고,

  평균강도율 = $\frac{\text{강도율}}{\text{도수율}} \times 1,000$으로 구한다.
- 근로자의 근속연수 등이 주어지지 않을 때 평생 근로손실일수는 한 개인이 평생 동안 근로한 시간을 100,000시간으로 볼 때의 근로손실일수이므로 강도율에 100을 곱하여 구한다.

0702 / 1404

## 16 Repetitive Learning (1회 2회 3회)

다음 중 산업재해의 기본원인으로 볼 수 있는 4M에 해당하는 것으로만 나열한 것은?

① Man, Machine, Maker, Media
② Man, Management, Machine, Media
③ Man, Machine, Maker, Management
④ Man, Management, Machine, Material

해설

- 안전점검 시스템에 있어서 4M이란 산업재해의 기본원인에 해당하는 Man, Management, Machine, Media를 말한다.

안전점검

- 시설, 기계, 기구 등의 구조 및 설치상태와 안전기준과의 적합성 여부를 확인하는 행위를 말한다.
- 각종 시설, 기계, 기구의 설치상태와 안전조직의 운영실태, 안전교육의 실시상태 등을 대상으로 한다.
- 안전점검 시스템에 있어서 4M이란 산업재해의 기본원인에 해당하는 Man, Management, Machine, Media를 말한다.

| | |
|---|---|
| Man | • 인간적 요인<br>• 심리적(망각, 무의식, 착오 등), 생리적(피로, 질병, 수면부족 등) 요인 |
| Machine | • 기계적 요인<br>• 기계, 설비의 설계상의 결함, 점검이나 정비의 결함, 위험방호의 불량 |
| Media | • 인간과 기계를 연결하는 매개체<br>• 작업의 정보, 작업방법, 환경 |
| Management | • 관리적 요인<br>• 안전관리조직, 관리규정, 안전교육의 미흡 |



14 ④ 15 ④ 16 ② 정답

## 17 Repetitive Learning (1회 2회 3회)

보호구안전인증고시상 안전대 충격흡수장치의 동하중 시험성능기준에 관한 사항으로 ( )에 알맞은 기준은?

> • 최대전달충격력은 ( ㉠ )kN 이하
> • 감속거리는 ( ㉡ )mm 이하이어야 함

① ㉠ : 6.0, ㉡ : 1,000
② ㉠ : 6.0, ㉡ : 2,000
③ ㉠ : 8.0, ㉡ : 1,000
④ ㉠ : 8.0, ㉡ : 2,000

**해설**

• 벨트식, 안전그네식, 안전블록, 충격흡수장치 등의 최대전달충격력은 6.0kN 이하이어야 하고, 감속거리는 1,000mm 이하이어야 한다.

:: 충격흡수장치의 동하중 성능시험 기준

• 충격흡수장치란 추락 시 신체에 가해지는 충격하중을 완화시키는 기능을 갖는 죔줄에 연결되는 부품을 말한다.
• 최대전달충격력이란 동하중시험 시 시험몸통 또는 시험추가 추락하였을 때 로드셀에 의해 측정된 최고 하중으로 6.0kN 이하이어야 한다.
• 감속거리란 추락하는 동안 전달충격력이 생기는 지점에서의 착용자의 D링 등 체결지점과 완전히 정지에 도달하였을 때의 D링 등 체결지점과의 수직거리를 말하며 1,000mm 이하이어야 한다.

## 18 Repetitive Learning (1회 2회 3회)

버드(Bird)의 재해구성비율 이론상 경상이 10건 일 때 중상에 해당하는 사고 건수는?

① 1 ② 30
③ 300 ④ 600

**해설**

• 경상이 10명이라면 1 : 10 : 30 : 600의 비율에 따라 중상은 1명이 발생할 수 있다.

:: 버드(Frank Bird)의 1 : 10 : 30 : 600 법칙 실필 1101

• 중상 : 경상 : 무상해사고 : 무상해무사고가 각각 1 : 10 : 30 : 600인 재해구성 비율을 말한다.
• 총 사고 발생건수 641건을 대상으로 분석했을 때 중상 1, 경상 10, 무상해사고 30, 무상해무사고 600건이 발생했음을 의미한다.

## 19 Repetitive Learning (1회 2회 3회)

산업안전보건기준에 관한 규칙상 공기압축기 가동 전 점검사항을 모두 고른 것은?(단, 그 밖의 사항은 제외한다)

> ㉠ 윤활유의 상태
> ㉡ 압력방출장치의 기능
> ㉢ 회전부의 덮개 또는 울
> ㉣ 언로드밸브(unloading valve)의 기능

① ㉢, ㉣
② ㉠, ㉡, ㉢
③ ㉠, ㉡, ㉣
④ ㉠, ㉡, ㉢, ㉣

**해설**

• 공기압축기 작업시작 전 점검사항은 ㉠, ㉡, ㉢, ㉣ 외에 공기저장 압력용기의 외관 상태, 드레인밸브의 조작 및 배수 등이 있다.

:: 공기압축기 작업시작 전 점검사항 실필 1304/0901

• 공기저장 압력용기의 외관 상태
• 드레인밸브(Drain valve)의 조작 및 배수
• 압력방출장치의 기능
• 언로드밸브(Unloading valve)의 기능
• 윤활유의 상태
• 회전부의 덮개 또는 울
• 그 밖의 연결 부위의 이상 유무

## 20 Repetitive Learning (1회 2회 3회)

재해의 원인 중 불안전한 상태에 속하지 않는 것은?

① 위험장소 접근 ② 작업환경의 결함
③ 방호장치의 결함 ④ 물적 자체의 결함

**해설**

• 위험장소 접근은 불안전한 행동(인적 원인)에 포함된다.

:: 재해발생의 직접원인

| 구분 | 내용 |
|---|---|
| 인적 원인<br>(불안전한 행동) | • 위험장소 접근<br>• 안전장치기능 제거<br>• 불안전한 속도 조작<br>• 위험물 취급 부주의<br>• 보호구 미착용<br>• 작업자와의 연락 불충분 |
| 물적 원인<br>(불안전한 상태) | • 물(物) 자체의 결함<br>• 주변 환경의 미정리<br>• 생산 공정의 결함<br>• 물(物)의 배치 및 작업장소의 불량<br>• 방호장치의 결함 |

정답 | 17 ① 18 ① 19 ④ 20 ①

0404

## 21

Repetitive Learning 1회 2회 3회

다음 적응기제 중 방어적 기제에 해당하는 것은?

① 고립(isolation)
② 억압(repression)
③ 합리화(rationalization)
④ 백일몽(day-dreaming)

해설

- 고립, 퇴행, 억압, 백일몽 등은 도피기제에 해당한다.

방어기제(Defence mechanism) 실필 1502/1204

- 자기의 욕구 불만이나 긴장 등의 약점을 위장하여 자기의 불리한 입장을 보호 또는 방어하려는 기제를 말한다.
- 방어기제에는 합리화(Rationalization), 동일시(Identification), 보상(Compenstion), 투사(Projection), 승화(Sublimation) 등이 있다.

0404 / 1001 / 1504

## 22

Repetitive Learning 1회 2회 3회

알고 있는 지식을 심화시키거나 어떠한 자료에 대해 보다 명료한 생각을 갖도록 하는 경우 실시하는 교육방법으로 가장 적절한 것은?

① 구안법　② 강의법
③ 토의법　④ 실연법

해설

- 토의식은 참여자들의 대화를 통해서 교육이 진행되는 방식으로 알고 있는 지식을 심화시키거나 어떠한 자료에 대해 보다 명료한 생각을 갖도록 하기 위하여 실시하는 교육방법으로 적합하다.

토의식(Discussion method)

㉠ 개요

- 참여자들의 대화를 통해서 교육이 진행되는 교육방식이다.
- 현장의 관리감독자 교육을 위하여 가장 바람직한 교육방식이다.
- 안전교육의 방법 중 전개단계에서 가장 효과적인 수업방법이다.
- 도입, 제시, 적용, 확인단계 중 적용단계에서 가장 많은 시간이 소요된다.
- 알고 있는 지식을 심화시키거나 어떠한 자료에 대해 보다 명료한 생각을 갖도록 하기 위하여 실시하는 교육방법으로 적합하다.
- 피교육생들의 태도를 변화시키고자 할 때, 인원이 토의에 적정할 때, 피교육생들이 토의 주제를 어느 정도 인지하고 있을 때, 피교육생들 간에 학습능력이 비슷한 수준일 때 유용하다.
- 심포지엄(Symposium), 패널 디스커션(Panel discussion), 롤플레잉(Role playing), 버즈세션(Buzz session), 포럼(Forum) 등이 있다.

㉡ 특징

- 개방적인 의사소통과 협조적인 분위기 속에서 학습자의 적극적 참여가 가능하다.
- 집단 활동의 기술을 개발하고 민주적 태도를 배울 수 있다.
- 준비와 계획단계뿐만 아니라 진행 과정에서도 많은 시간이 소요된다.

## 23

Repetitive Learning 1회 2회 3회

조직이 리더(leader)에게 부여하는 권한으로 부하직원의 처벌, 임금 삭감을 할 수 있는 권한은?

① 강압적 권한
② 보상적 권한
③ 합법적 권한
④ 전문성의 권한

해설

- 조직이 리더에게 부여한 권한 중 구성원에 대한 처벌과 관련된 것은 강압적 권한에 해당한다.

리더십 권한

㉠ 조직이 리더에게 부여한 권한

- 합법적 권한 : 군대, 교사, 정부기관 등 합법적 권력이 가지는 권한
- 강압적 권한 : 부하의 처벌, 승진 누락, 봉급의 인상 거부 등 강압적인 힘을 갖는 권한
- 보상적 권한 : 승진, 봉급 인상 등 역할에 대한 보상을 부여하는 권한

㉡ 조직이 리더에게 부여하지 않았지만 조건이 맞을 경우 자발적으로 생성되는 권한

- 위임된 권한 : 목표달성을 위하여 부하 직원들이 상사를 존경하여 상사와 함께 일하고자 할 때 상사에게 부여되는 권한 혹은 지도자 자신이 스스로에게 부여한 권한
- 전문성의 권한 : 전문적 지식을 가진 리더를 부하들이 스스로 따르는 것으로 지도자 자신의 능력에 의해 생성되는 권한
- 준거적 권한 : 리더의 개인적 매력이 중요하며, 매력적인 리더와 함께 하고 싶은 부하들에 의해 조직의 발전이 이뤄진다는 것

21 ③　22 ③　23 ① 정답

0402 / 1804

## 24

Repetitive Learning 1회 2회 3회

운동에 대한 착각현상이 아닌 것은?

① 자동운동 ② 항상운동
③ 유도운동 ④ 가현운동

해설

- 운동의 시지각에는 자동운동, 유도운동, 가현운동 등이 있다.

운동의 시지각
- 자동운동, 유도운동, 가현운동 등이 있다.
- 자동운동은 암실 내의 정지된 소광점을 응시하고 있으면 그 광점이 움직이는 것처럼 보이는 현상으로 어두울 때 생기는 착각현상이다.
- 유도운동은 인간의 착각현상 중에서 실제로 움직이지 않는 것이 어느 기준의 이동에 의하여 움직이는 것처럼 느껴지는 현상을 말한다.
- 가현운동은 객관적으로 정지하고 있는 대상물이 급속히 나타난다든가 소멸하는 것으로 인하여 일어나는 운동으로 마치 대상물이 운동하는 것처럼 인식되는 현상을 말한다.

1204 / 1604

## 25

Repetitive Learning 1회 2회 3회

산업안전보건법령상 근로자 안전보건교육 중 특별교육 대상 작업에 해당하지 않는 것은?

① 굴착면의 높이가 5m 되는 지반 굴착작업
② 콘크리트 파쇄기를 사용하여 5m의 구축물을 파쇄하는 작업
③ 흙막이 지보공의 보강 또는 동바리를 설치하거나 해체하는 작업
④ 휴대용 목재가공기계를 3대 보유한 사업장에서 해당 기계로 하는 작업

해설

- 목재가공용 기계를 5대 이상 보유한 사업장의 경우 해당 기계로 하는 작업의 경우는 특별 안전·보건교육 대상 작업에 해당한다. 3대는 5대 미만이므로 특별 안전·보건교육 대상 작업에 해당하지 않는다.

목재가공용 기계를 5대 이상 보유한 사업장의 경우 해당 기계로 하는 작업의 경우 특별 안전·보건교육 내용
- 목재가공용 기계의 특성과 위험성에 관한 사항
- 방호장치의 종류와 구조 및 취급에 관한 사항
- 안전기준에 관한 사항
- 안전작업방법 및 목재 취급에 관한 사항
- 그 밖에 안전·보건관리에 필요한 사항

## 26

Repetitive Learning 1회 2회 3회

개인적 카운슬링(Counseling)의 방법이 아닌 것은?

① 설득적 방법 ② 설명적 방법
③ 강요적 방법 ④ 직접적인 충고

해설

- 개인적 카운슬링 방법으로 직접적인 충고, 설득적 방법, 설명적 방법 등을 사용한다.

카운슬링(Counseling) : 상담
- 의식의 우회에서 오는 부주의를 최소화하기 위한 방법으로 실시되는 안전교육방법이다.
- 개인적 카운슬링 방법으로 직접적인 충고, 설득적 방법, 설명적 방법 등을 사용한다.
- 직접적인 충고는 안전수칙 불이행의 경우 효과적인 카운슬링 기법이다.
- 카운슬링은 장면 구성 → 내담자와의 대화 → 의견 재분석 → 감정 표출 → 감정의 명확화 순으로 진행한다.

## 27

Repetitive Learning 1회 2회 3회

자동차 엑셀레이터와 브레이크 간 간격, 브레이크 폭, 소프트웨어 상에서 메뉴나 버튼의 크기 등을 결정하는데 사용할 수 있는 인간공학 법칙은?

① Fitts의 법칙 ② Hick의 법칙
③ Weber의 법칙 ④ 양립성 법칙

해설

- Hick-Hyman 법칙은 신호를 보고 어떤 장치를 조작해야 할지를 결정하기까지 걸리는 시간을 예측할 수 있다.
- 웨버(Weber) 법칙은 인간이 감지할 수 있는 외부의 물리적 자극 변화의 최소범위는 기준이 되는 자극의 크기에 비례하는 현상을 설명한 이론이다.
- 양립성이란 인간의 기대하는 바와 자극 또는 반응들이 일치하는 관계를 말하는데 양립성이 적을수록 정보처리에서 재코드화 과정은 많아진다.

Fitts의 법칙
- 인간의 제어 및 조정능력을 나타내는 법칙으로 인간의 손이나 발을 이동시켜 조작장치를 조작하는 데 걸리는 시간을 표적까지의 거리와 표적 크기의 함수로 나타낸다.
- 표적이 작고 이동거리가 길수록 이동시간이 증가한다.
- 자동차 가속 페달과 브레이크 페달 간의 간격, 브레이크 폭 등을 결정하는데 사용할 수 있는 가장 적합한 인간공학 이론이다.
- $MT = a + b(D \cdot W)$로 표시된다. 이때 MT는 운동시간, a와 b는 상수, D는 운동거리, W는 목표물과의 거리이다.

정답 | 24 ② 25 ④ 26 ③ 27 ①

## 28 Repetitive Learning (1회 2회 3회)

학습지도의 원리와 거리가 가장 먼 것은?

① 감각의 원리
② 통합의 원리
③ 자발성의 원리
④ 사회화의 원리

**해설**

- 안전보건교육을 향상시키기 위한 학습지도의 원리에는 통합의 원리, 개별화의 원리, 자기활동의 원리, 사회화의 원리, 직관의 원리, 목적의 원리 등이 있다.

**안전보건교육을 향상시키기 위한 학습지도의 원리**

| | |
|---|---|
| 통합 | 학습자에게 내재되어 있는 모든 능력을 조화롭게 발달시키는 생활중심의 통합교육을 원칙으로 한다는 것 |
| 개별화 | 학습자의 요구와 성향, 소질에 맞는 학습의 기회를 주어야 한다는 것 |
| 자기활동 | 학습지도는 내적동기가 유발된 학습을 시켜야 효과적이라는 것 |
| 사회화 | 공동학습과 같은 협동을 통해서 근로자의 사회화를 돕는 것 |
| 직관 | 구체적 사물을 제시하거나 경험시킴으로써 효과를 보게 되는 것 |
| 목적 | 학습자에게 학습목표가 분명히 인식되었을 경우 자발적이고 적극적인 학습을 기대할 수 있다는 것 |

## 29 Repetitive Learning (1회 2회 3회)

메슬로우(Maslow)의 욕구 5단계 중 안전욕구에 해당하는 단계는?

① 1단계 ② 2단계
③ 3단계 ④ 4단계

**해설**

- 욕구위계에 있어서 안전의 욕구는 생존의 욕구로 1단계인 생리적 욕구 다음의 2단계에 해당한다.

**매슬로우(Maslow)의 욕구위계(욕구이론)**

㉠ 개요
- 생리적 욕구 – 안전의 욕구 – 사회적 욕구 – 인정받으려는 욕구 – 자아실현의 욕구 순으로 발생한다.
- 행동은 충족되지 않은 욕구에 의해 결정되고 좌우된다.
- 개인의 가장 기본적인 욕구로부터 시작하여 위계상 상위 욕구로 올라가면서 자신의 욕구를 체계적으로 충족시킨다.
- 위계(位階)에서 생존을 위해 기본이 되는 욕구들이 우선적으로 충족되어야 한다. 즉, 하위 단계의 욕구가 충족되어야 더 높은 단계의 욕구가 발생한다.

㉡ 위계의 내용 실필 0901

| 단계별 | 욕구의 명칭 | 설명 | 관리감독자의 능력 |
|---|---|---|---|
| 1단계 | 생리적 욕구 | 인간의 가장 기초적인 욕구에 해당한다. | – |
| 2단계 | 안전의 욕구 | 생존에 대한 욕구에 해당한다. | 기술적 능력 |
| 3단계 | 사회적 욕구 | 가족, 친구 등 애정과 소속에 대한 욕구에 해당한다. | – |
| 4단계 | 인정받으려는 욕구(존경과 긍지에 대한 욕구) | 명예, 신망, 위신, 지위 등과 관계가 깊다. | 포괄적 능력 |
| 5단계 | 자아실현의 욕구 | 가장 고차원적인 욕구에 해당한다. | 종합적 능력 |

## 30 Repetitive Learning (1회 2회 3회)

에너지대사율(RMR)의 따른 작업의 분류에 따라 중(보통)작업의 RMR 범위는?

① 0~2 ② 0~4
③ 4~7 ④ 7~9

**해설**

- RMR의 값 0~2는 경(輕)작업, 2~4는 중(中)작업, 4~7은 중(重)작업에 해당된다.

**에너지대사율(RMR : Relative Metabolic Rate)**

㉠ 개요
- RMR은 특정 작업을 수행하는 데 있어 작업자의 생리적 부하를 계측하는 지표이다.
- 주로 동적 근력작업이나 정적 근력작업의 강도를 측정하여 연속작업이 가능한 시간을 예측하기 위해 사용한다.
- $\text{RMR} = \dfrac{\text{운동대사량}}{\text{기초대사량}}$
  $= \dfrac{\text{운동 시 산소소모량} - \text{안정 시 산소소모량}}{\text{기초대사량(산소소비량)}}$으로 구한다.
- RMR이 커지는 데 따라 작업 지속시간이 짧아진다.

㉡ 작업강도 구분

| 작업구분 | RMR | 작업 종류 등 |
|---|---|---|
| 중(重)작업 | 4~7 | 일반적인 전신노동, 힘·동작속도가 큰 작업 |
| 중(中)작업 | 2~4 | 손·상지 작업, 힘·동작속도가 작은 작업 |
| 경(輕)작업 | 0~2 | 손가락이나 팔로 하는 가벼운 작업 |



28 ① 29 ② 30 ② 정답

## 31

1902

Repetitive Learning (1회 2회 3회)

조직 구성원의 태도는 조직성과와 밀접한 관계가 있는데 태도(attitude)의 3가지 구성요소에 포함되지 않는 것은?

① 인지적 요소 ② 정서적 요소
③ 성격적 요소 ④ 행동경향 요소

해설

- 태도는 인지적 요소, 정서적 요소, 행동경향 요소로 구성된다.

태도형성

- 태도의 기능에는 작업적응, 자아방어, 자기표현, 지식기능 등이 있다.
- 태도는 인지적 요소, 정서적 요소, 행동경향 요소로 구성된다.
- 한 번 태도가 결정되면 오랫동안 유지되므로 신중한 태도 교육이 진행되어야 한다.
- 행동결정을 판단하고 지시하는 것은 내적 행동체계에 해당한다.
- 개인의 심적 태도교정보다 집단의 심적 태도교정이 용이하다.

## 32

1202 / 1902

Repetitive Learning (1회 2회 3회)

다음에서 설명하는 학습방법은?

> 학생이 생활하고 있는 현실적인 장면에서 당면하는 여러 문제들을 해결해 나가는 과정으로 지식, 기능, 태도, 기술 등을 종합적으로 획득하도록 하는 학습방법

① 롤 플레잉(Role Playing)
② 문제법(Problem Method)
③ 버즈 세션(Buzz Session)
④ 케이스 메소드(Case Method)

해설

- 롤 플레잉은 집단 심리요법의 하나로서 자기 해방과 타인 체험을 목적으로 하는 체험활동을 통해 대인관계에 있어서의 태도변용이나 통찰력, 자기이해를 목표로 개발된 교육방법이다.
- 버즈세션은 6명씩 소집단으로 구분하고, 집단별로 각각의 사회자를 선발하여 6분간씩 자유토의를 행하여 의견을 종합하는 방법이다.
- 케이스 메소드는 먼저 사례를 발표하고 문제적 사실들과 그의 상호 관계에 대하여 검토한 뒤 대책을 토의하는 방법을 말한다.

문제법(Problem method)

- 문제해결법이라고도 한다.
- 생활하고 있는 현실적인 장면에서 해결방법을 찾아내는 것으로 지식, 기능, 태도, 기술 등을 종합적으로 획득하도록 하는 학습방법을 말한다.

## 33

1302 / 1701

Repetitive Learning (1회 2회 3회)

생체리듬에 관한 설명 중 틀린 것은?

① 각각의 리듬이 (-)로 최대인 점이 위험일이다.
② 육체적 리듬은 "P"로 나타내며, 23일을 주기로 반복된다.
③ 감성적 리듬은 "S"로 나타내며, 28일을 주기로 반복된다.
④ 지성적 리듬은 "I"로 나타내며, 33일을 주기로 반복된다.

해설

- 위험일이란 안정기(+)와 불안정기(-)의 교차점을 말한다.

생체리듬(Biorhythm)의 분류

- 육체 리듬(P)의 주기는 23일이며, 식욕, 활동력, 지구력과 관련된다.
- 감성적 리듬(S)의 주기는 28일이며, 주의력, 예감과 관련된다.
- 지성적 리듬(I)의 주기는 33일이며, 지성적 사고능력(상상력, 판단력, 추리능력)과 관련된다.
- 안정기(+)와 불안정기(-)의 교차점을 위험일이라 한다.

## 34

1901

Repetitive Learning (1회 2회 3회)

사고 경향성 이론에 관한 설명으로 틀린 것은?

① 사고를 많이 내는 여러 명의 특성을 측정하여 사고를 예방하는 것이다.
② 개인의 성격보다는 특정 환경에 의해 훨씬 더 사고가 일어나기 쉽다.
③ 어떠한 사람이 다른 사람보다 사고를 더 잘 일으킨다는 이론이다.
④ 사고경향성을 검증하기 위한 효과적인 방법은 다른 두 시기 동안에 같은 사람의 사고기록을 비교하는 것이다.

해설

- 경향성 이론이란 어떠한 사람이 다른 사람보다 특정 시점에서 사고를 더 잘 일으킨다는 이론이다.

사고 경향성 이론

- 사고는 특정 시점에서 특정한 사람이 반복해서 일으킨다는 이론이다.
- 어떠한 사람이 다른 사람보다 사고를 더 잘 일으킨다는 이론이다.
- 사고를 많이 내는 여러 명의 특성을 측정하여 사고를 예방하는 것이다.
- 검증하기 위한 효과적인 방법은 다른 두 시기 동안에 같은 사람의 사고기록을 비교하는 것이다.

정답 | 31 ③ 32 ② 33 ① 34 ②

1004 / 1502 / 1804

## 35

Repetitive Learning 1회 2회 3회

Off JT(Off the Job Training)의 특징으로 옳은 것은?

① 전문 강사를 초빙하는 것이 가능하다.
② 개개인에게 적절한 지도훈련이 가능하다.
③ 직장의 실정에 맞게 실제적 훈련이 가능하다.
④ 훈련에 필요한 업무의 계속성이 끊어지지 않는다.

해설

• ②, ③, ④는 O.J.T(On the Job Training)의 특징이다.

Off J.T(Off the Job Training)

㉠ 개요
• 교육대상자를 대상으로 업무현장 밖에서 하는 집단교육을 말한다.

㉡ 형태
• 강의 • 사례연구
• 역할연기 • 집단토론

㉢ 특징

| | |
|---|---|
| 장점 | • 업무와 훈련이 동시에 진행되는 것이 아닌 만큼 훈련에만 전념하게 된다.<br>• 외부의 우수한 전문가를 강사로 활용할 수 있다.<br>• 다수의 근로자를 대상으로 일괄적, 조직적, 체계적인 훈련이 가능하다.<br>• 교육생 간 혹은 타 직장의 근로자와 지식이나 경험을 교류할 수 있다. |
| 단점 | • 개인의 안전지도 방법에는 부적당하다.<br>• 교육으로 인해 업무가 중단되는 손실이 발생한다. |

0501 / 0604 / 1101 / 1601

## 36

Repetitive Learning 1회 2회 3회

심리학에서 사용하는 용어로 측정하고자 하는 것을 실제로 적절히, 정확히 측정하는지의 여부를 판별하는 것은?

① 표준화 ② 신뢰성
③ 객관성 ④ 타당성

해설

• 인사선발을 위한 심리검사에서 타당도는 심리검사의 특징 중 측정하고자 하는 것을 실제로 잘 측정하는지의 여부를 판별하는 것을 말한다.

인사선발을 위한 심리검사

• 타당도와 신뢰도는 인사선발을 위한 심리검사에서 갖춰야 할 요건에 해당한다.
• 타당도는 심리검사의 특징 중 측정하고자 하는 것을 실제로 잘 측정하는지의 여부를 판별하는 것을 말한다.
• 신뢰도는 측정하고자 하는 심리적 개념을 얼마나 일관성 있게 측정하는지의 정도를 말한다.

1101 / 1201 / 1302 / 1801

## 37

Repetitive Learning 1회 2회 3회

Kirkpatrick의 교육훈련 평가 4단계를 바르게 나열한 것은?

① 학습단계→반응단계→행동단계→결과단계
② 학습단계→행동단계→반응단계→결과단계
③ 반응단계→학습단계→행동단계→결과단계
④ 반응단계→학습단계→결과단계→행동단계

해설

• 교육훈련 평가는, 반응단계 → 학습단계 → 행동단계 → 결과단계의 순으로 진행된다.

교육훈련 평가

• 교육훈련 평가는 작업자의 적정배치 및 지도 방법을 개선하고, 학습지도를 효과적으로 하기 위하여 수행한다.
• 교육평가의 5요건은 확실성, 신뢰성, 간이성, 객관성, 경제성으로 구성된다.
• 교육훈련 평가는, 반응단계 → 학습단계 → 행동단계 → 결과단계의 순으로 진행된다.

1804

## 38

Repetitive Learning 1회 2회 3회

호손(Hawthorne) 실험의 결과 작업자의 작업능률에 영향을 미치는 주요 원인으로 밝혀진 것은?

① 작업조건 ② 인간관계
③ 생산기술 ④ 행동규범의 설정

해설

• 호손 실험을 통해서 생산성은 사원들의 태도, 감독자, 비공식 집단의 중요성 등 인간관계와 관련한 요소들이 복잡하게 영향을 미친다는 것을 확인하였다.

호손 실험(Hawthorne experiment)

• 산업심리학이 발전하던 1920년대에 시작된 일련의 연구로 원래 조명도와 생산성의 관계를 밝히려고 시작되었다.
• 조명을 밝히면 처음에는 생산량은 증가하나 이후에는 조명과 상관관계가 거의 없이 생산량이 증가하였다.
• 결과적으로 생산성에는 사원들의 태도, 감독자, 비공식 집단의 중요성 등 인간관계와 관련한 요소들이 복잡하게 영향을 미친다는 것을 확인하였다.

## 39

Repetitive Learning 1회 2회 3회

직무분석을 위한 정보를 얻는 방법과 거리가 가장 먼 것은?

① 관찰법 ② 직무수행법
③ 설문지법 ④ 서류함기법

35 ① 36 ④ 37 ③ 38 ② 39 ④ 정답

해설

- 관찰법은 자료수집에 시간과 노력이 많이 소모되어 많은 시간이 소요되는 직무에 적합하지 않다.
- 직무수행법(중요사건법)은 결정적인 사건의 기록으로 세밀한 자료수집은 힘들고, 개략적인 자료의 수집을 목적으로 사용한다.
- 설문지법은 질적인 자료보다는 양적인 정보를 얻는데 주력한다.

**직무분석(Job analysis)**

㉠ 개요

- 조직에서 특정 직무에 적합한 사람을 선발하기 위해 어떤 특성이 필요한지를 파악하기 위해 직무를 조사하는 활동을 말한다.
- 직무에서 수행하는 과업과 직무를 수행하는 데 요구되는 인적 자질에 의해 직무의 내용을 정의하는 공식적 절차를 말한다.
- 직무분석을 통해서 얻은 정보는 인사선발, 교육 및 훈련, 배치 및 경력개발 등에 활용한다.

㉡ 직무분석 방법

| 방법 | 내용 |
|---|---|
| 면접법 | 업무에 대한 이해도가 높은 작업자와의 면담을 통하여 직무를 분석하는 방법으로 자료의 수집에 많은 시간과 노력이 들고, 정량화된 정보를 얻기가 힘들다. |
| 설문지법 | 많은 사람들로부터 짧은 시간 내에 정보를 얻을 수 있고, 관찰법이나 면접법과는 달리 양적인 정보를 얻을 수 있다. |
| 관찰법 | 근로자의 작업수행 과정을 상세하게 관찰하는 방법으로 자료의 수집에 많은 시간과 노력이 들고, 정량화된 정보를 얻기가 힘들어 많은 시간이 소요되는 직무에는 적용이 곤란하다. |
| 일지작성법 | 작업수행 내역을 일정한 형식에 의해 기록하여 이를 분석하는 방법이다. |
| 중요사건법 (결정적 사건의 기록) | 감독자, 동료 근로자, 그 외의 이 직무를 잘 아는 사람으로부터 성공적이지 못한 근로자와 성공적인 근로자를 구별해 내는 행동을 밝히려는 목적으로 사용된다. |

## 40 Repetitive Learning (1회 2회 3회)

산업안전보건법령상 타워크레인 신호작업에 종사하는 일용근로자의 특별교육 교육시간 기준은?

① 1시간 이상　② 2시간 이상
③ 4시간 이상　④ 8시간 이상

해설

- 타워크레인 신호작업에 종사하는 일용근로자 및 근로계약기간이 1주일 이하인 기간제근로자의 특별교육 교육시간은 8시간 이상이다.

**안전·보건 교육시간 기준** 실필 1801/1201/0904/0804

| 교육과정 | 교육대상 | | 교육시간 |
|---|---|---|---|
| 정기교육 | 사무직 종사 근로자 | | 매반기 6시간 이상 |
| | 사무직 외의 근로자 | 판매업무에 직접 종사하는 근로자 | 매반기 6시간 이상 |
| | | 판매업무에 직접 종사하는 근로자 외의 근로자 | 매반기 12시간 이상 |
| | 관리감독자 | | 연간 16시간 이상 |
| 채용 시의 교육 | 일용근로자 및 근로계약기간이 1주일 이하인 기간제근로자 | | 1시간 이상 |
| | 근로계약기간이 1주일 초과 1개월 이하인 기간제근로자 | | 4시간 이상 |
| | 그 밖의 근로자 | | 8시간 이상 |
| 작업내용 변경 시의 교육 | 일용근로자 및 근로계약기간이 1주일 이하인 기간제근로자 | | 1시간 이상 |
| | 그 밖의 근로자 | | 2시간 이상 |
| 특별교육 | 일용 및 근로계약기간이 1주일 이하인 기간제근로자 | 타워크레인 신호업무 제외 | 2시간 이상 |
| | | 타워크레인 신호업무 | 8시간 이상 |
| | 일용 및 근로계약기간이 1주일 이하인 기간제근로자 제외 근로자 | | • 16시간 이상(작업전 4시간, 나머지는 3개월 이내 분할 가능)<br>• 단기간 또는 간헐적 작업인 경우에는 2시간 이상 |
| 건설업 기초안전·보건 교육 | 건설 일용근로자 | | 4시간 이상 |

# 3과목 인간공학 및 시스템안전공학

## 41 Repetitive Learning (1회 2회 3회) 1502

A작업의 평균에너지소비량이 다음과 같을 때, 60분간의 총 작입시간 내에 포함되어야 하는 휴식시간(분)은?

- 휴식중 에너지소비량 : 1.5kcal/min
- A작업 시 평균 에너지소비량 : 6kcal/min
- 기초대사를 포함한 작업에 대한 평균 에너지소비량 상한 : 5kcal/min

① 10.3　② 11.3
③ 12.3　④ 13.3

해설

- 작업 시 에너지 평균 소비량 E가 6이므로 대입하면 $R = 60 \times \frac{6-5}{6-1.5} = \frac{60}{4.5} = 13.33\cdots$ 이므로 13.3분이다.

정답 | 40 ④ 41 ④

:: 휴식시간 산출

- 하루 사람이 내는 에너지는 4,300kcal이고, 기초대사와 휴식에 소요되는 2,300kcal를 뺀 2,000kcal를 8시간(480분)으로 나누면 작업평균 에너지소비량은 분당 약 4kcal가 된다.
- 여기서 작업평균 에너지소비량을 넘어서는 작업을 한 경우에는 일정한 시간마다 휴식이 필요하다.
- 이에 휴식시간 $R = 작업시간 \times \frac{E-4}{E-1.5}$ 로 계산한다.

  이때 E는 순 에너지소비량[kcal/분]이고, 4는 작업평균 에너지소비량, 1.5는 휴식 중 에너지소비량이다.

## 42 Repetitive Learning (1회 2회 3회)

근골격계질환 작업분석 및 평가 방법인 OWAS의 평가요소를 모두 고른 것은?

| ㉠ 상지 | ㉡ 무게(하중) |
|---|---|
| ㉢ 하지 | ㉣ 허리 |

① ㉠, ㉡　　② ㉠, ㉢, ㉣

③ ㉡, ㉢, ㉣　　④ ㉠, ㉡, ㉢, ㉣

해설

- OWAS(Ovako Working-posture Analysis System)는 전신작업용(목, 다리, 허리/몸통 등) 작업자세 평가기법이다.

:: 근골격계 질환의 유해요인조사방법 중 인간공학적 평가기법

- 가장 대표적인 평가기법에는 OWAS, NLE, RULA 등이 있다.
- OWAS(Ovako Working-posture Analysis System)는 철강업에서 작업자들의 부적절한 작업자세를 정의하고 평가하기 위해 개발한 전신작업용(목, 다리, 허리/몸통 등) 작업자세 평가기법이다.
- NLE(NIOSH Lifting Equation)는 NIOSH에서 작업장에서 자주 발생하는 들기작업에서의 인간공학적 평가기법이다.
- RULA는 근골격계 질환과 관련된 위험인자에 대한 개인 작업자의 노출정도를 평가하기 위한 목적으로 개발된 상지중심의 인간공학적 평가기법이다.

1902

## 43 Repetitive Learning (1회 2회 3회)

인간공학에 대한 설명으로 틀린 것은?

① 인간-기계 시스템의 안전성, 편리성, 효율성을 높인다.

② 인간을 작업과 기계에 맞추는 설계 철학이 바탕이 된다.

③ 인간이 사용하는 물건, 설비, 환경의 설계에 적용된다.

④ 인간의 생리적, 심리적인 면에서의 특성이나 한계점을 고려한다.

해설

- 인간공학은 업무시스템을 인간에 맞추는 것이지 인간을 시스템에 맞추는 것이 아니다.

:: 인간공학(Ergonomics)

㉠ 개요

- "Ergon(작업) + nomos(법칙) + ics(학문)"이 조합된 단어로 Human factors, Human engineering이라고도 한다.
- 인간의 특성과 한계 능력을 공학적으로 분석, 평가하여 이를 복잡한 체계의 설계에 응용함으로써 효율을 최대로 활용할 수 있도록 하는 학문분야이다.
- 인간이 사용하는 물건, 설비, 환경의 설계에 인간의 생리적, 심리적인 면에서의 특성이나 한계점을 고려함으로써 인간-기계 시스템의 안전성과 편리성, 효율성을 높이는 학문분야이다.

㉡ 적용분야

- 제품설계
- 재해·질병 예방
- 장비·공구·설비의 배치
- 작업장 내 조사 및 연구

## 44 Repetitive Learning (1회 2회 3회)

FTA(Fault Tree Analysis)에 관한 설명으로 옳은 것은?

① 정성적 분석만 가능하다.

② 복잡하고 대형화된 시스템의 신뢰성 분석 및 안정성 분석에 이용되는 기법이다.

③ FT에 동일한 사건이 중복되어 나타나는 경우 상향식(Bottom-up)으로 정상 사건 T의 발생 확률을 계산할 수 있다.

④ 기초사건과 생략사건의 확률 값이 주어지게 되더라도 정상 사건의 최종적인 발생확률을 계산할 수 없다.

해설

- 결함수분석법(FTA)은 정성적, 정량적 예측이 가능한 분석방법이다.
- 결함수분석법은 하향식(Top-down) 방법을 사용한다.
- 결함수분석법(FTA)은 연역적 방법으로 원인을 규명하며, 재해의 정량적 예측이 가능한 분석방법이다.

:: 결함수분석법(FTA)

㉠ 개요

- 연역적 방법으로 원인을 규명하며, 재해의 정량적 예측이 가능한 분석방법이다.
- 하향식(Top - down) 방법을 사용한다.
- 특정 사상에 대해 짧은 시간에 해석이 가능하다.
- 복잡하고 대형화된 시스템을 논리기호를 사용하여 해석한다.



42 ④ 43 ② 44 ② 정답

- 간단한 FT도의 작성으로 정성적 해석이 가능하여 비전문가도 잠재위험을 효율적으로 분석할 수 있다.
- 정성적 평가 후 정량적 평가를 실시하며, 정량적으로 재해 발생 확률을 구한다.

ⓒ 기대효과
- 사고원인 규명의 간편화
- 노력 시간의 절감
- 사고원인 분석의 정량화
- 시스템의 결함진단

0402 / 0601 / 1301

## 45 Repetitive Learning (1회 2회 3회)

밝은 곳에서 어두운 곳으로 갈 때 망막에 시홍이 형성되는 생리적 과정인 암조응이 발생하는데 완전 암조응(Dark adaptation)이 발생하는데 소요되는 시간은?

① 약 3~5분　② 약 10~15분
③ 약 30~40분　④ 약 60~90분

**해설**
- 완전암조응이란 밝은 장소에 있다가 극장 등과 같은 어두운 곳으로 들어갈 때 눈이 적응하는 것을 말하는데 암조응은 명조응에 비해 시간이 오래 걸린다.

**적응**
- 적응(순응)은 밝은 곳에 있다가 어두운 곳에 들어설 경우 차츰 어둠에 적응하여 보이기 시작하는 특성을 말한다.
- 암조응에 걸리는 시간은 30～40분, 명조응에 걸리는 시간은 1～3분 정도이다.

1402

## 46 Repetitive Learning (1회 2회 3회)

불(Bool) 대수의 정리를 나타낸 관계식 중 틀린 것은?

① $A \cdot 0 = 0$　② $A + 1 = 1$
③ $A \cdot \overline{A} = 1$　④ $A(A+B) = A$

**해설**
- $A \cdot \overline{A} = 0$이다.

**불(Bool) 대수의 정리**
- $A \cdot A = A$　• $A + A = A$
- $A \cdot 0 = 0$　• $A + 1 = 1$
- $A \cdot \overline{A} = 0$　• $A + \overline{A} = 1$
- $\overline{A \cdot B} = \overline{A} + \overline{B}$　• $\overline{A+B} = \overline{A} \cdot \overline{B}$
- $A + \overline{A} \cdot B = A + B$　• $A(A+B) = A + AB = A$

1402

## 47 Repetitive Learning (1회 2회 3회)

FTA(Fault Tree Analysis)에서 사용되는 사상 기호 중 통상의 작업이나 기계의 상태에서 재해의 발생 원인이 되는 요소가 있는 것은?

① 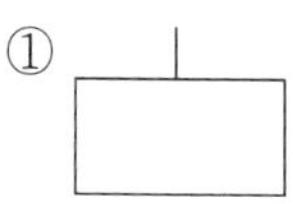
② 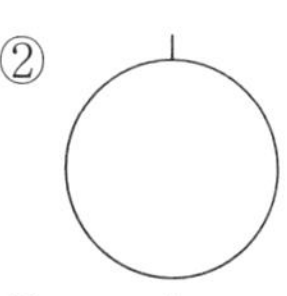
③ 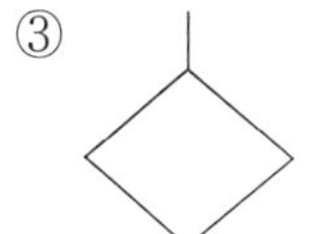
④ 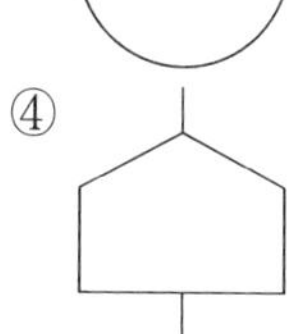

**해설**
- ①은 결함사상, ②는 기본사상, ③은 전이기호이다.

**통상사상(External event)**
- 일반적으로 발생이 예상되는, 시스템의 정상적인 가동상태에서 일어날 것이 기대되는 사상을 말한다.
- 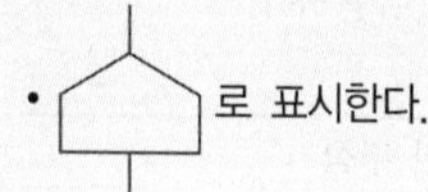 로 표시한다.

## 48 Repetitive Learning (1회 2회 3회)

다음 중 좌식작업이 가장 적합한 작업은?

① 정밀 조립 작업
② 4.5kg 이상의 중량물을 다루는 작업
③ 작업장이 서로 떨어져 있으며 작업장 간 이동이 잦은 작업
④ 작업자의 정면에서 매우 높거나 낮은 곳으로 손을 자주 뻗어야 하는 작업

**해설**
- 정밀한 작업이나 장기간 수행하여야 하는 작업은 좌식 작업대가 바람직하다.

**서서 하는 작업대 높이**
- 서서 하는 작업대의 높이는 높낮이 조절이 가능하여야 하며, 작업대의 높이는 팔꿈치를 기준으로 한다.
- 정밀작업의 경우 팔꿈치 높이보다 약간(5～20cm) 높게 한다.
- 경작업의 경우 팔꿈치 높이보다 5～10cm 낮게 한다.
- 중작업의 경우 팔꿈치 높이보다 15～20cm 낮게 한다.
- 정밀한 작업이나 장기간 수행하여야 하는 작업은 좌식 작업대가 바람직하다.

정답 | 45 ③ 46 ③ 47 ④ 48 ①

2003

## 49

Repetitive Learning (1회 2회 3회)

HAZOP 기법에서 사용하는 가이드 워드와 그 의미가 잘못 연결된 것은?

① No/Not : 설계 의도의 완전한 부정
② More/Less : 정량적인 증가 또는 감소
③ Part of : 성질상의 감소
④ Other than : 기타 환경적인 요인

해설

- Other than은 완전한 대체를 의미한다.

가이드 워드(Guide words)

㉠ 개요

- 위험및운전성검토(HAZOP)에서 근로자들의 창조적 사고를 유도하여 조작방법이나 오동작을 개선하기 위해 사용하는 워드이다.
- 공정변수(Process parameter)와 함께 사용하여 비정상상태(Deviation)가 일어날 수 있는 원인을 찾고 결과를 예측함과 동시에 대책을 세우는 데 유용하다.

㉡ 종류

| No / Not | 설계 의도의 완전한 부정 |
|---|---|
| Part of | 성질상의 감소 |
| As well as | 성질상의 증가 |
| More / Less | 양의 증가 혹은 감소로 양과 성질을 함께 표현 |
| Other than | 완전한 대체 |

## 50

Repetitive Learning (1회 2회 3회)

양식 양립성의 예시로 가장 적절한 것은?

① 자동차 설계 시 고도계 높낮이 표시
② 방사능 사업장에 방사능 폐기물 표시
③ 청각적 자극 제시와 이에 대한 음성 응답
④ 자동차 설계 시 제어장치와 표시장치의 배열

해설

- ①과 ②는 개념 양립성에 대한 예이다.
- ④는 공간 양립성에 대한 예이다.

양립성(Compatibility)

㉠ 개요

- 인간의 기대하는 바와 자극 또는 반응들이 일치하는 관계를 말하는데 양립성이 적을수록 정보처리에서 재코드화 과정은 많아진다.
- 양립성의 효과가 크면 클수록, 코딩의 시간이나 반응의 시간은 짧아진다.
- 양립성의 종류에는 운동양립성, 공간양립성, 개념양립성, 양식양립성 등이 있다.

㉡ 양립성의 종류와 개념

| 공간 (Spatial) 양립성 | • 표시장치와 이에 대응하는 조종장치의 위치가 인간의 기대에 모순되지 않는 것<br>• 왼쪽 표시장치와 관련된 조종장치는 왼쪽에, 오른쪽 표시장치에 관련된 조종장치는 오른쪽에 위치하는 것 |
|---|---|
| 운동 (Movement) 양립성 | 조종장치의 조작방향에 따라서 기계장치나 자동차 등이 움직이는 것 |
| 개념 (Conceptual) 양립성 | • 인간이 가지는 개념과 일치하게 하는 것<br>• 적색 수도꼭지는 온수, 청색 수도꼭지는 냉수를 의미하는 것이나 위험신호는 빨간색, 주의신호는 노란색, 안전신호는 파란색으로 표시하는 것 |
| 양식 (Modality) 양립성 | 문화적 관습에 의해 생기는 양립성 혹은 직무에 관련된 자극과 이에 대한 응답 등으로 청각적 자극 제시와 이에 대한 음성응답 과업에서 갖는 양립성 |

0804

## 51

Repetitive Learning (1회 2회 3회)

1 sone에 관한 설명으로 ( )에 알맞은 수치는?

> 1 sone : ( ㉠ )Hz, ( ㉡ )dB의 음압수준을 가진 순음의 크기

① ㉠ : 1,000, ㉡ : 1
② ㉠ : 4,000, ㉡ : 1
③ ㉠ : 1,000, ㉡ : 40
④ ㉠ : 4,000, ㉡ : 40

해설

- 1 sone은 40dB의 1,000Hz 순음의 크기로 40phon의 값을 의미한다.

sone 값

- 인간이 청각으로 느끼는 소리의 크기를 측정하는 척도 중 하나이다.
- 기준 음에 비해서 몇 배의 크기를 갖느냐는 음의 sone 값이 결정한다.
- 1 sone은 40dB의 1,000Hz 순음의 크기로 40phon의 값을 의미한다.
- phon의 값이 주어질 때 sone$=2^{\frac{phon-40}{10}}$으로 구한다.



49 ④ 50 ③ 51 ③ 정답

0501 / 0802

## 52 Repetitive Learning (1회 2회 3회)

시스템의 수명곡선(욕조곡선)에 있어서 디버깅(Debugging)에 관한 설명으로 옳은 것은?

① 초기 고장의 결함을 찾아 고장률을 안정시키는 과정이다.
② 우발 고장의 결함을 찾아 고장률을 안정시키는 과정이다.
③ 마모 고장의 결함을 찾아 고장률을 안정시키는 과정이다.
④ 기계결함을 발견하기 위해 동작시험을 하는 기간이다.

**해설**

- 초기고장기간에 기계의 초기결함을 찾아내 고장률을 안정화시키는 기간을 디버깅(Debugging) 기간이라 한다.

**초기고장**

- 시스템의 수명곡선(욕조곡선)에서 감소형에 해당한다.
- 불량제조나 생산과정에서의 불충분한 품질관리, 설계미숙, 표준 이하의 재료 사용, 빈약한 제조기술 등으로 생기는 고장이다.
- 기계의 초기결함을 찾아내 고장률을 안정화시키는 기간을 디버깅(Debugging) 기간이라 한다.
- 예방을 위해서는 점검작업이나 시운전이 필요하다.

0702 / 0904 / 1801

## 53 Repetitive Learning (1회 2회 3회)

경계 및 경보신호의 설계지침으로 틀린 것은?

① 주의를 환기시키기 위하여 변조된 신호를 사용한다.
② 배경소음의 진동수와 다른 진동수의 신호를 사용한다.
③ 귀는 중음역에 민감하므로 500~3,000Hz의 진동수를 사용한다.
④ 300m 이상의 장거리용으로는 1,000Hz를 초과하는 진동수를 사용한다.

**해설**

- 300m 이상 멀리 보내는 신호는 1,000Hz 이하의 낮은 주파수를 사용한다.

**청각적 표시장치 설계기준**

- 신호는 최소한 0.5 ~ 1초 동안 지속한다.
- 신호는 배경소음의 주파수와 다른 주파수를 이용한다.
- 소음은 양쪽 귀에, 신호는 한쪽 귀에 들리게 한다.
- 경보효과를 높이기 위해서 개시시간이 짧은 고감도 신호를 사용하여 위급상황에 대한 정보를 제공한다.
- 귀는 중음역에 가장 민감하므로 500 ~ 3,000Hz의 진동수를 사용한다.
- 칸막이를 통과하는 신호는 500Hz 이하의 진동수를 사용한다.
- 300m 이상 멀리 보내는 신호는 1,000Hz 이하의 낮은 주파수를 사용한다.

1402 / 1704

## 54 Repetitive Learning (1회 2회 3회)

인간-기계 시스템에 관한 설명으로 틀린 것은?

① 자동 시스템에서는 인간요소를 고려하여야 한다.
② 자동차 운전이나 전기 드릴 작업은 반자동 시스템의 예시이다.
③ 자동 시스템에서 인간은 감시, 정비유지, 프로그램 등의 작업을 담당한다.
④ 수동 시스템에서 기계는 동력원을 제공하고 인간의 통제 하에서 제품을 생산한다.

**해설**

- 수동 시스템에서는 인간의 힘을 동력원으로 사용한다. ④의 설명은 기계화 시스템을 의미한다.

**인간-기계 통합 체계의 유형**

- 인간-기계 통합 체계의 유형에는 자동화 체계, 기계화 체계, 수동 체계가 있다.

| 구분 | 내용 |
|---|---|
| 자동화 체계 | 인간은 작업계획의 수립, 모니터를 통한 작업 상황 감시, 프로그래밍, 설비보전의 역할을 수행하고 체계(System)가 감지, 정보보관, 정보처리 및 의식결정, 행동을 포함한 모든 임무를 수행하는 체계 |
| 기계화 체계 | 반자동 체계로 운전자의 조종에 의해 기계를 통제하는 융통성이 없는 시스템 체계 |
| 수동 체계 | 인간의 힘을 동력원으로 활용하여 수공구를 사용하는 시스템 형태로 다양성이 있고 융통성이 우수한 체계 |

0601 / 1001 / 1104 / 1902

## 55 Repetitive Learning (1회 2회 3회)

n개의 요소를 가진 병렬 시스템에 있어 요소의 수명(MTTF)이 지수분포를 따를 경우, 이 시스템의 수명으로 옳은 것은?

① $\text{MTTF} \times n$
② $\text{MTTF} \times \frac{1}{n}$
③ $\text{MTTF} \times (1 + \frac{1}{2} + \cdots + \frac{1}{n})$
④ $\text{MTTF} \times (1 \times \frac{1}{2} \times \cdots \times \frac{1}{n})$

**해설**

- 지수분포를 따르는 부품의 평균수명이 MTTF이고 병렬로 연결되었으므로 기대수명은 $\left(1+\frac{1}{2}+\cdots+\frac{1}{n}\right)\times \text{MTTF}$가 된다.

정답 | 52 ① 53 ④ 54 ④ 55 ③

**n개의 요소를 갖는 지수분포를 따르는 부품의 기대수명**

- 평균수명이 t인 부품 n개를 직렬로 구성하였을 때 기대수명은 $\frac{t}{n}$이다.
- 평균수명이 t인 부품 n개를 병렬로 구성하였을 때 기대수명은 $\left(1+\frac{1}{2}+\cdots+\frac{1}{n}\right)\times t$이다.

1002 / 1304 / 2104

## 56 Repetitive Learning (1회 2회 3회)

상황해석을 잘못하거나 목표를 잘못 설정하여 발생하는 인간의 오류 유형은?

① 실수(Slip)
② 착오(Mistake)
③ 위반(Vioation)
④ 건망증(Lapse)

해설

- 실수(Slip)는 의도는 올바른 것이었지만, 행동이 의도한 것과는 다르게 나타나는 오류이다.
- 위반(Violation)은 규칙을 알고 있음에도 의도적으로 따르지 않거나 무시한 경우에 발생하는 오류이다.
- 건망증(Lapse)은 일련의 과정에서 일부를 빠뜨리거나 기억의 실패에 의해 발생하는 오류이다.

**인간의 다양한 오류모형**

| | |
|---|---|
| 착각(Illusion) | 감각적으로 물리현상을 왜곡하는 지각 오류 |
| 착오(Mistake) | 상황해석을 잘못하거나 목표를 잘못 이해하고 착각하여 행하는 인간의 실수로 위치, 순서, 패턴, 형상, 기억오류 등 외부적 요인에 의해 나타나는 오류 |
| 실수(Slip) | 의도는 올바른 것이었지만, 행동이 의도한 것과는 다르게 나타나는 오류 |
| 건망증(Lapse) | 일련의 과정에서 일부를 빠뜨리거나 기억의 실패에 의해 발생하는 오류 |
| 위반(Violation) | 정해진 규칙을 알고 있음에도 의도적으로 따르지 않거나 무시한 경우에 발생하는 오류 |

## 57 Repetitive Learning (1회 2회 3회)

다음에서 설명하는 용어는?

> 유해·위험요인을 파악하고 해당 유해·위험요인에 의한 부상 또는 질병의 발생 가능성(빈도)과 중대성(강도)을 추정·결정하고 감소대책을 수립하여 실행하는 일련의 과정을 말한다.

① 위험성 결정
② 위험성 평가
③ 위험반도 추정
④ 유해·위험요인 파악

해설

- 유해·위험요인을 파악하고 해당 유해·위험요인에 의한 부상 또는 질병의 발생가능성과 중대성을 추정·결정하고 감소대책을 수립하여 실행하는 일련의 과정을 위험성 평가라 한다.

**위험성 평가**

㉠ 개요
- 유해·위험요인을 파악하고 해당 유해·위험요인에 의한 부상 또는 질병의 발생가능성과 중대성을 추정·결정하고 감소대책을 수립하여 실행하는 일련의 과정을 말한다.

㉡ 평가에 활용하는 안전보건정보
- 작업표준, 작업절차 등에 관한 정보
- 기계·기구, 설비 등의 사양서, 물질안전보건자료(MSDS) 등의 유해·위험요인에 관한 정보
- 기계·기구, 설비 등의 공정 흐름과 작업 주변의 환경에 관한 정보
- 같은 장소에서 사업의 일부 또는 전부를 도급을 주어 행하는 작업이 있는 경우 혼재
- 작업의 위험성 및 작업 상황 등에 관한 정보(재해사례, 재해통계, 작업환경측정 및 근로자 건강진단 결과 등)

## 58 Repetitive Learning (1회 2회 3회)

태양광선이 내리쬐는 옥외장소의 자연습구온도 20℃, 흑구온도 18℃, 건구온도 30℃일 때 습구흑구온도지수(WBGT)는?

① 20.6℃
② 22.5℃
③ 25.0℃
④ 28.5℃

해설

- 일사가 영향을 미치는 옥외에서의 WBGT = 0.7NWB + 0.2GT + 0.1DB이므로 대입하면 WBGT = $0.7\times20 + 0.2\times18 + 0.1\times30$ = 20.6℃이다.

**습구흑구온도(WBGT : Wet Bulb Globe Temperature) 지수**

- 건구온도, 습구온도 및 흑구온도에 의해 산출되며, 열중증 예방을 위한 지표로 더위지수라고도 한다.
- 일사가 영향을 미치는 옥외와 일사의 영향이 없는 옥내의 계산식이 다르다.
- 옥내에서 WBGT = 0.7NWB + 0.3GT이다.
  이때 NWB는 자연습구, GT는 흑구온도이다.
- 옥외에서 WBGT = 0.7NWB + 0.2GT + 0.1DB이다.
  이때 NWB는 자연습구, GT는 흑구온도, DB는 건구온도이다.

56 ② 57 ② 58 ① 정답

0804 / 1604

## 59

Repetitive Learning (1회 2회 3회)

그림과 같은 FT도에 대한 최소 컷 셋(Minimal cut sets)으로 맞는 것은?(단, Fussell의 알고리즘을 따른다)

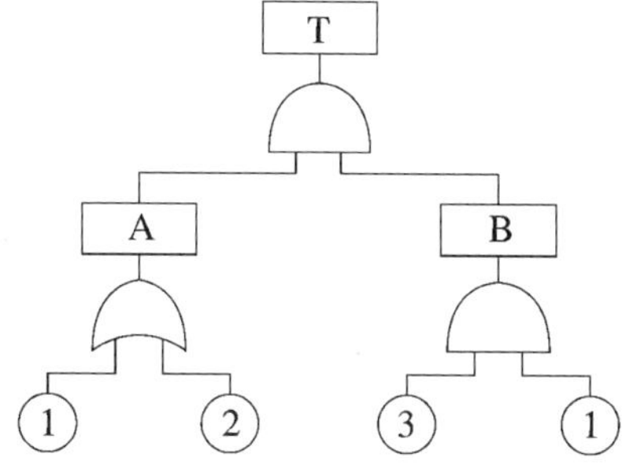


① {1, 2}
② {1, 3}
③ {2, 3}
④ {1, 2, 3}

해설

- A는 OR 게이트이므로 (①+②), B는 AND 게이트이므로 (①③)이다.
- T는 A와 B의 AND 연산이므로 (①+②)(①③)로 표시된다.
- FT도를 간략화시키면 (①+②)①③ = ①③ + ①②③ = ①③(1+②) = ①③이 된다. (∵ 1+② = 1이므로)

**최소 컷 셋(Minimal cut sets)**

- 컷 셋 중에 타 컷 셋을 포함하고 있는 것을 배제하고 남은 컷 셋들을 의미한다.
- 사고에 대한 시스템의 약점을 표현한다.
- 정상사상(Top 사상)을 일으키는 최소한의 집합이다.
- 일반적으로 Fussell algorithm을 이용한다.
- 시스템에서 최소 컷 셋의 개수가 늘어나면 위험수준이 높아진다.

1404

## 60

Repetitive Learning (1회 2회 3회)

위험분석 기법 중 시스템 수명주기 관점에서 적용 시점이 가장 빠른 것은?

① PHA
② FHA
③ OHA
④ SHA

해설

- 예비위험분석(PHA)은 시스템을 설계함에 있어 개념형성 단계에서 최초로 시도하는 위험도 분석방법이다.

**예비위험분석(PHA)**

㉠ 개요

- 모든 시스템 안전 프로그램에서의 최초단계 해석으로 시스템의 위험요소가 어떤 위험 상태에 있는가를 정성적으로 평가하는 분석방법이다.
- 시스템을 설계함에 있어 개념형성 단계에서 최초로 시도하는 위험도 분석방법이다.
- 복잡한 시스템을 설계, 가동하기 전의 구상단계에서 시스템의 근본적인 위험성을 평가하는 가장 기초적인 위험도 분석기법이다.
- 위험의 정도를 분류하는 4가지 범주에는 파국(Catastrophic), 중대(Critical), 위기-한계(Marginal), 무시가능(Negligible)이 있다.

㉡ 예비위험분석(PHA)의 4가지 범주(MIL-STD-882E)

| 범주 | 내용 |
|---|---|
| 파국 (Catastrophic) | 작업자의 부상 및 서브시스템의 고장 등으로 시스템 성능이 저하되어 시스템에 심각한 손실을 초래한 상태 |
| 중대 (Critical) | 작업자의 부상 및 시스템의 중대한 손해를 초래하거나 작업자의 생존 및 시스템의 유지를 위하여 즉시 수정 조치를 필요로 하는 상태 |
| 위기-한계 (Marginal) | 작업자의 부상 및 시스템의 중대한 손해를 초래하지 않고 대처 또는 제어할 수 있는 상태 |
| 무시가능 (Negligible) | 시스템의 성능이나 기능, 인원 손실이 전혀 없는 상태 |

# 4과목 건설시공학

## 61

Repetitive Learning (1회 2회 3회)

흙막이 공법과 관련된 내용의 연결이 옳지 않은 것은?

① 버팀대공법-띠장, 지지말뚝
② 지하연속법-안정액, 트레미관
③ 자립식공법-안내벽, 인터록킹 파이프
④ 어스앵커공법-인장재, 그라우팅

해설

- 안내벽(Guide wall), 인터록킹 파이프는 지하연속벽공법에서 사용하는 개념이다.

**자립식공법**

- 흙막이 벽체의 역할을 하는 전열말뚝과 흙막이 벽체의 전단파괴 방지를 위한 억지말뚝으로 작용하는 후열말뚝으로 구성된 공법이다.
- 공기단축, 품질확보, 공사비 절감 등의 장점을 갖는다.

정답 | 59 ② 60 ① 61 ③

## 62

Repetitive Learning (1회 2회 3회)

통상적으로 스팬이 큰 보 및 바닥판의 거푸집을 걸 때에 스팬의 캠버(camber)값으로 옳은 것은?

① 1/300~1/500 ② 1/200~1/350
③ 1/150~1/250 ④ 1/100~1/300

해설

- 스팬이 큰 보 및 바닥판의 거푸집을 걸 때에 스팬의 캠버(camber)값은 1/300~1/500으로 한다.

캠버(Camber)
- 솟음이라고도 한다.
- 보, 슬래브 및 트러스 등에서 그의 정상적 위치 또는 형상으로부터 처짐을 고려하여 상향으로 들어 올리는 것 또는 들어올린 크기를 말한다.
- 처짐방지 및 흡수, 시각적 효과, 품질향상을 위해 주어진다.
- 스팬이 큰 보 및 바닥판의 거푸집을 걸 때에 스팬의 캠버(camber)값은 1/300~1/500으로 한다.

1404 / 1804

## 63

Repetitive Learning (1회 2회 3회)

지반개량 공법 중 동다짐(dynamic compaction)공법의 특징으로 옳지 않은 것은?

① 시공 시 지반진동에 의한 공해문제가 발생하기도 한다.
② 지반 내에 암괴 등의 장애물이 있으면 적용이 불가능하다.
③ 특별한 약품이나 자재를 필요로 하지 않는다.
④ 깊은 심도의 지반개량에 대해서는 초대형 장비가 필요하다.

해설

- 동다짐(Dynamic compaction) 공법은 지반 내에 암괴 등의 장애물이 있어도 적용이 가능하다.

동다짐(Dynamic compaction) 공법
- ㉠ 개요
  - 크레인에 달린 추를 자유낙하시켜 지표면에 충격을 줌으로써 지반의 다짐효과 및 침하를 방지하는 지반개량 공법이다.
  - 충격에너지 W파(표면파), S파(전단파), P파(압축파)를 이용한다.
- ㉡ 특징
  - 지반 내에 암괴 등의 장애물이 있어도 적용이 가능하다.
  - 특별한 약품이나 자재를 필요로 하지 않는다.
  - 깊은 심도의 지반개량에 대해서는 초대형 장비가 필요하다.
  - 시공 시 소음, 분진이 발생하며, 지반진동에 의한 공해문제가 발생하기도 한다.

1302 / 1704

## 64

Repetitive Learning (1회 2회 3회)

기성콘크리트 말뚝에 표기된 PHC-A・450-12의 각 기호에 대한 설명으로 옳지 않은 것은?

① PHC-원심력 고강도 프리스트레스트 콘크리트말뚝
② A-A종
③ 450-말뚝바깥지름
④ 12-말뚝삽입 간격

해설

- 말뚝의 표기 기호는 "PHC-종별-말뚝바깥지름-말뚝길이" 형식을 사용하므로 12는 말뚝삽입 간격이 아니라 말뚝의 길이가 되어야 한다.

원심력 고강도 프리스트레스트 콘크리트말뚝(PHC 말뚝) 실작 1502
- ㉠ 개요
  - 고강도콘크리트에 프리스트레스를 도입하여 제조한 말뚝으로 Pretensioned spun High strength Concrete piles를 말한다.
  - 강성이 우수하고 안전하여 용접식 이음방법을 주로 사용한다.
  - 말뚝의 표기기호는 "PHC-종별-말뚝바깥지름-말뚝길이" 형식을 사용한다.
- ㉡ 특징
  - 콘크리트의 설계기준강도가 78.5Mpa로 종래 PC 파일의 강도보다 대폭 크다.
  - 강재는 특수 PC 강선을 사용한다.
  - 견고한 지반까지 항타가 가능하며 지지력 증강에 효과적이다.
  - 건조수축이 적고 내약품성이 뛰어나며 경제적이다.

## 65

Repetitive Learning (1회 2회 3회)

흙막이 공법 중 지하연속벽(slurry wall)공법에 대한 설명으로 옳지 않은 것은?

① 흙막이벽 자체의 강도, 강성이 우수하기 때문에 연약지반의 변형 및 이면침하를 최소한으로 억제할 수 있다.
② 차수성이 좋아 지하수가 많은 지반에도 사용할 수 있다.
③ 시공 시 소음, 진동이 작다.
④ 다른 흙막이벽에 비해 공사비가 적게 든다.

해설

- 지하연속벽 공법은 다른 흙막이 벽에 비해 공사비가 많이 들고 장비가 고가이다.



62 ① 63 ② 64 ④ 65 ④ | 정답

:: 지하연속벽(Slurry wall) 공법

㉠ 개요

- 지반 굴착 시 벤토나이트 안정액을 사용하여 지반의 붕괴를 방지하면서 굴착하고 그 속에 철근망을 넣고 콘크리트를 타설하여 연속으로 콘크리트 흙막이 벽을 설치하는 공법이다.
- 흙막이 벽 및 물막이 벽의 기능도 갖고 있다.
- 영구 지하 벽이나 깊은 기초로 활용하기도 한다.
- 가이드월 설치 → 굴착 → 슬라임 제거 → 인터록킹파이프 설치 → 지상조립 철근 삽입 → 콘크리트 타설 → 인터록킹 파이프 제거 순으로 진행한다.

㉡ 특징

- 흙막이 벽 자체의 강도, 강성이 우수하기 때문에 연약지반의 변형 및 이면침하를 최소한으로 억제할 수 있다.
- 시공 시 소음, 진동이 작다.
- 인접건물의 경계선까지 시공이 가능하다.
- 차수효과가 양호하다.
- 경질 또는 연약지반에도 적용가능하다.
- 벽 두께를 자유로이 설계할 수 있다.
- 다른 흙막이 벽에 비해 공사비가 많이 들고 장비가 고가이다.

## 66 — Repetitive Learning (1회 2회 3회)

벽길이 10m, 벽높이 3.6m인 블록벽체를 기본블록(390mm×190mm×150mm)으로 쌓을 때 소요되는 블록의 수량은?(단, 블록은 온장으로 고려하고, 줄눈 나비는 가로, 세로 10mm, 할증은 고려하지 않음)

① 412매

② 468매

③ 562매

④ 598매

해설

- 1$m^2$당 13매이므로 벽의 면적은 10×3.6 = 36$m^2$이므로 36×13 = 468매가 필요하다.

:: 블록쌓기 시 블록수량 산출방법

- 블록벽체의 면적을 산출한 후 단위면적당 매수를 곱해서 쌓기 매수를 산출한다.
- 기본블록 0.39×0.19를 기준으로 할 경우 줄눈고려시 (0.39+0.01)×(0.19+0.01) = 0.08$m^2$으로 단위면적($m^2$)을 쌓는데 필요한 블록의 정미량은 $\frac{1}{0.08} = 12.5$매로 온장을 고려할 때 13매가 소요된다.

1402

## 67 — Repetitive Learning (1회 2회 3회)

건축물의 지하공사에서 계측관리에 관한 설명으로 틀린 것은?

① 계측관리의 목적은 위험의 징후를 발견하는 것이다.

② 계측관리의 중점관리사항으로는 흙막이 변위에 따른 배면지반의 침하가 있다.

③ 계측관리는 인적이 뜸하고 위험이 적은 안전한 곳에 설치하여 주기적으로 실시한다.

④ 일일점검항목으로는 흙막이벽체, 주변지반, 지하수위 및 배수량 등이 있다.

해설

- 계측관리는 예상되지 않은 위험을 찾아내어야 하는 만큼 인적이 많고 위험이 큰 곳에 설치해서 주기적으로 확인하여야 한다.

:: 계측관리

- 계측관리의 목적은 설계단계에서 예측할 수 없었던 위험의 징후를 발견하여 안전하고 합리적인 시공관리를 하는데 있다.
- 계측관리의 중점관리사항으로 흙막이 변위에 따른 배면지반의 침하가 있다.
- 계측관리는 인적이 많고 위험이 큰 곳에 설치하여 주기적으로 실시한다.
- 일일점검항목으로는 흙막이벽체, 주변지반, 지하수위 및 배수량 등이 있다.

1204 / 1801

## 68 — Repetitive Learning (1회 2회 3회)

외관 검사 결과 불합격된 철근 가스압접 이음부의 조치 내용으로 옳지 않은 것은?

① 심하게 구부러졌을 때는 재가열하여 수정한다.

② 압점면의 엇갈림이 규정값을 초과했을 때는 재가열하여 수정한다.

③ 형태가 심하게 불량하거나 또는 압접부에 유해하다고 인정되는 결함이 생긴 경우는 압접부를 잘라내고 재압접한다.

④ 철근중심축의 편심량이 규정값을 초과했을 때는 압접부를 떼어내고 재압접한다.

해설

- 압접면의 엇갈림이 규정값을 초과했을 때는 압접부를 잘라내고 재압접한다.

정답 | 66 ② 67 ③ 68 ②

**불량 압접의 조치**
- 심하게 구부러졌을 때는 재가열하여 수정한다.
- 압접면의 엇갈림이 규정값을 초과했을 때는 압접부를 잘라내고 재압접한다.
- 압접부 지름 또는 길이가 규정값 미만일 때는 재가열하여 수정한다.
- 형태가 심하게 불량하거나 또는 압접부에 유해하다고 인정되는 결함이 생긴 경우는 압접부를 잘라내고 재압접한다.
- 철근중심축의 편심량이 규정값을 초과했을 때는 압접부를 떼어내고 재압접한다.

1504

## 69 Repetitive Learning (1회 2회 3회)

철골부재조립 시 구멍의 위치가 다소 다를 때 구멍을 맞추기 위한 작업은?

① 송곳뚫기(driling)
② 리이밍(reaming)
③ 펀칭(punching)
④ 리벳치기(riveting)

**해설**
- 구멍뚫기 작업 후 구멍의 위치가 다소 다를 때 구멍을 맞추기 위해 구멍가심(Reaming) 작업을 한다.

**철골의 공장가공 공정**

㉠ 개요
- 원척도작성 – 본뜨기 – 금매김 – 절단 – 구멍뚫기 – 가조립 – 리벳치기 – 검사 – 녹막이 칠 순으로 진행한다.
- 원척도란 설계도면이나 시방서에 표시된 부재의 길이, 너비 등을 1 : 1로 그린 것을 말한다.
- 금매김은 본판 및 리벳간격을 그린 장척물로 강재면에 강치로 리벳 구멍의 위치, 절단개소 등을 그려 넣는다.
- 절단의 종류에는 전단절단, 톱절단, 가스절단, 플라즈마절단, 레이저절단 등이 있다.
- 구멍뚫기 작업 후 구멍의 위치가 다소 다를 때 구멍을 맞추기 위해 구멍가심(Reaming) 작업을 한다.
- 철골의 공장가공 중 가조립을 할 때 가볼트의 수는 전 리벳 구멍의 1/3 이상이어야 한다.
- 밀 스케일, 스패터 등을 제거한 후 현장운반에 앞서 녹막이 칠을 한다.

㉡ 절단의 종류
- 전단절단 : 강판의 절단 시 사용한다.
- 톱절단 : 철골부재 절단방법 중 가장 정밀한 절단방법으로 앵글커터(Angle cutter), 프릭션 소(Friction saw) 등으로 작업한다.

㉢ 녹막이 칠
- 녹막이 칠을 해야 하는 부분은 리벳 머리 등 콘크리트에 매입되지 않는 부분이다.
- 녹막이 칠을 하지 않아야 하는 부분은 현장용접 부위(용접부에서 양측 100mm 이내), 현장접합 재료의 손상부위, 고력볼트 마찰접합부의 마찰면, 콘크리트에 매립되는 부분, 현장에서 깎기 마무리가 필요한 부분 등이다.

## 70 Repetitive Learning (1회 2회 3회)

철근공사에 대하여 옳지 않은 것은?

① 조립용 철근은 철근을 구부리기 할 때 철근의 위치를 확보하기 위하여 쓰는 보조적인 철근이다.
② 철근의 용접부에 순간최대풍속 2.7m/s 이상의 바람이 불 때는 철근을 용접할 수 없으며, 풍속을 2.7m/s 이하로 저감시킬 수 있는 방풍시설을 설치하는 경우에만 용접할 수 있다.
③ 가스압점이음은 철근의 단면을 산소-아세틸렌 불꽃 등을 사용하여 가열하고 기계적 압력을 가하여 용접한 맞대이음을 말한다.
④ D35를 초과하는 철근은 겹침이음을 할 수 없다. 다만, 서로 다른 크기의 철근을 압축부에서 겹침이음하는 경우 D35 이하의 철근과 D35를 초과하는 철근은 겹침이음을 할 수 있다.

**해설**
- 조립용 철근은 철근을 조립할 때 철근의 위치를 확보하기 위하여 쓰는 보조적인 철근을 말한다.

**철근공사 용어와 이음**

㉠ 철근공사 관련 용어
- 조립용 철근(erection bar)은 철근을 조립할 때 철근의 위치를 확보하기 위하여 쓰는 보조적인 철근을 말한다.
- 가스압점이음은 철근의 단면을 산소-아세틸렌 불꽃 등을 사용하여 가열하고 기계적 압력을 가하여 용접한 맞대이음을 말한다.

㉡ 철근 이음
- 철근 용접이음에 있어서 철근의 용접부에 순간최대풍속 2.7m/s 이상의 바람이 불 때는 철근을 용접할 수 없으며, 풍속을 2.7m/s 이하로 저감시킬 수 있는 방풍시설을 설치하는 경우에만 용접할 수 있다.
- D35를 초과하는 철근은 겹칩이음을 할 수 없다. 다만, 서로 다른 크기의 철근을 압축부에서 겹침이음하는 경우 D35 이하의 철근과 D35를 초과하는 철근은 겹침이음을 할 수 있다.



69 ② 70 ① 정답

1604

## 71 —— Repetitive Learning 1회 2회 3회

착공단계에서의 공사계획을 수립할 때 우선 고려하지 않아도 되는 것은?

① 현장 직원의 조직편성
② 예정 공정표의 작성
③ 유지관리지침서의 변경
④ 실행예산편성

해설

- 유지관리지침서는 시설물 등이 완성된 이후 이의 유지관리에 필요한 지침을 명시한 문서로 착공단계와는 거리가 멀다.

공사계획 수립순서

- 1단계 : 현장투입직원조직 편성 – 가장 먼저 수립되어야 함
- 2단계 : 공정표의 작성 – 공사 착수 전 선행되어야 함
- 3단계 : 실행예산의 편성
- 4단계 : 시공순서 및 시공방법의 계획
- 5단계 : 하도급업체의 선정
- 6단계 : 자재 및 기계·장비 계획
- 7단계 : 재해방지계획 및 품질관리 계획

## 72 —— Repetitive Learning 1회 2회 3회

바닥판 거푸집의 구조계산 시 고려해야하는 연직하중에 해당하지 않는 것은?

① 작업하중
② 충격하중
③ 고정하중
④ 굳지 않은 콘크리트의 측압

해설

- 굳지 않은 콘크리트의 측압은 바닥판이 아니라 벽이나 기둥 혹은 보 옆의 거푸집 계산 시에 고려할 하중이다.

거푸집 설계 시 고려할 하중

㉠ 바닥판, 보 밑
- 생 콘크리트의 중량
- 작업하중
- 충격하중

㉡ 벽, 기둥
- 생 콘크리트 중량
- 생 콘크리트의 측압

1102 / 1901

## 73 —— Repetitive Learning 1회 2회 3회

시방서 및 설계도면 등이 서로 상이할 때의 우선순위에 대한 설명으로 옳지 않은 것은?

① 설계도면과 공사시방서가 상이할 때는 설계도면을 우선한다.
② 설계도면과 내역서가 상이할 때는 설계도면을 우선한다.
③ 표준시방서와 전문시방서가 상이할 때는 전문시방서를 우선한다.
④ 설계도면과 상세도면이 상이할 때는 상세도면을 우선한다.

해설

- 각종 서류 중 가장 우선되는 서류가 공사시방서이다.

시방서(Specification)

㉠ 개요
- 각종 건설공사 등에 대한 표준안, 규정을 설명한 것이다.
- 재료의 품질, 공사의 방법과 질, 시험방법 등 설계도에 기재할 수 없는 사항을 간단명료하게 표시한 것이다.
- 표준시방서, 일반시방서, 공사시방서, 특기시방서, 안내시방서 등이 있다.

㉡ 종류
- 표준시방서 : 건설교통부에서 모든 공사의 공통적인 사항을 정한 표준적인 시공기준을 명시한 시방서이다.
- 일반시방서 : 공사일정 등 공사 전반에 대한 비기술적인 사항을 정한 시방서이다.
- 공사시방서 : 특정 공사에 맞게 공사 수행을 위한 시공방법, 품질관리, 환경관리 등에 관한 사항을 정한 시방서이다.
- 특기시방서 : 해당 공사의 특수한 조건에 따라 표준시방서에 대하여 추가, 변경, 삭제를 규정한 시방서이다.

㉢ 시방서 기재사항
- 일반사항 : 운반, 보관, 취급방법, 공정계획, 유지관리 장비 및 기재, 타 공정과의 협력작업 등
- 재료에 관한 사항 : 사용재료의 품질과 품질시험방법 등
- 시공에 관한 사항 : 각 부위별 시공방법, 제조업자 현장지원방안 등

㉣ 작성원칙
- 시공자가 정확하게 시공하도록 설계자의 의도를 상세히 기술한다.
- 공사 전반에 대한 지침을 세밀하고 간단명료하게 서술한다.
- 도면과 시방서와의 차이가 있을 때 감독기술자의 지시에 따른다.
- 재료의 성능, 성질, 품질의 허용 범위, 공법의 정밀도와 마무리 정도 등을 명확하게 규명한다.
- 시방서의 작성순서는 공사 진행순서와 일치하도록 한다.
- 서류의 우선순위는 공사시방서 > 설계도면 > 전문시방서 > 표준시방서 > 산출내역서 > 상세 시공도 > 관계법령의 유권해석 > 지시사항 순으로 해석한다.

정답 | 71 ③ 72 ④ 73 ①

## 74

Repetitive Learning (1회 2회 3회)

예정가격 범위 내에서 최저가격으로 입찰한 자를 낙찰자로 선정하는 낙찰자 선정 방식은?

① 최적격 낙찰제
② 제한적 최저가 낙찰제
③ 최저가 낙찰제
④ 적격 심사 낙찰제

해설

- 최적격 낙찰제는 입찰가격 외에 비가격요소인 이행실적, 기술능력, 재무상태, 신인도 등을 종합적으로 심사하여 낙찰자를 결정하는 방식이다.
- 제한적 최저가 낙찰제는 예정가격 대비 85% 이상 입찰자 중 가장 낮은 금액으로 입찰한 자를 선정하는 방식이다.
- 적격심사 낙찰제도는 낙찰자 결정시 입찰가격 외에 비가격요소인 이행실적, 기술능력, 재무상태, 신인도 등을 종합적으로 심사하여 낙찰자를 결정하는 방식이다.

낙찰자 선정방식

| 구분 | 내용 |
|---|---|
| 부찰제 | 입찰자들의 투찰 금액을 평균하여 가장 근접하게 투찰한 자를 낙찰자로 선정하는 입찰방식 |
| 최저가 낙찰제도 | • 자유 경쟁원리에 맞게 예정가격 이하로서 가장 낮은 가격으로 입찰한 자를 선정하는 방식<br>• 과다경쟁으로 인한 덤핑 등의 이유로 부실시공 또는 부도의 원인이 됨 |
| 제한적 최저가 낙찰제도 | • 예정가격 대비 85% 이상 입찰자 중 가장 낮은 금액으로 입찰한 자를 선정하는 방식<br>• 최저가 낙찰자를 통한 덤핑의 우려를 방지할 목적 |
| 적격심사 낙찰제도 | 낙찰자 결정 시 입찰가격 외에 비가격요소인 이행실적, 기술능력, 재무상태, 신인도 등을 종합적으로 심사하여 낙찰자를 결정하는 방식 |

0902 / 1402 / 1804

## 75

Repetitive Learning (1회 2회 3회)

철골공사의 용접접합에서 플럭스(flux)를 옳게 설명한 것은?

① 용접 시 용접봉의 피복제 역할을 하는 분말상의 재료
② 압연강판의 층 사이에 균열이 생기는 현상
③ 용접작업의 종단부에 임시로 붙이는 보조판
④ 용접부에 생기는 미세한 구멍

해설

- 압연강판의 층 사이에 균열이 생기는 현상은 라멜라티어링 현상이라고 한다.
- 둥근 경량형강 등 부재 간 홈이 벌어진 상태에서 용접하는 방법을 맞댄용접이라고 한다.
- 용접부에 생기는 미세한 구멍은 위핑 홀이다.

플럭스(Flux)

- 철골(철근)용접에서 자동용접 시 용접봉의 피복제 역할을 하는 분말상의 재료를 말한다.
- 금속 또는 합금을 용해할 때 금속 표면의 산화나 흡수를 방지하기 위해 용해한 염류에 의한 얇은 층을 만드는 혼합염을 말한다.

1502 / 1904

## 76

Repetitive Learning (1회 2회 3회)

설계도와 시방서가 명확하지 않거나 설계는 명확하지만 공사비 총액을 산출하기 곤란하고 발주자가 양질의 공사를 기대할 때 채택될 수 있는 가장 타당한 도급방식은?

① 실비정산 보수가산식 도급
② 단가 도급
③ 정액 도급
④ 턴키 도급

해설

- 공사비 지불방식에 따른 도급방식의 종류에 정액 도급, 단가 도급, 실비정산 보수가산식 도급이 있다.
- 단가 도급은 도급금액을 정함에 있어 우선 공사종류마다 단가를 정하고, 수량에 따라 도급 금액을 산출하는 도급방법을 말한다.
- 정액 도급은 공사비 총액을 확정하고 계약을 하는 방식을 말한다.
- 턴키 도급은 금융, 토지, 설계, 시공, 시운전 등 모든 요소를 포괄한 도급계약방식으로 주문자가 필요로 하는 모든 것을 조달하여 주문자에게 인도하는 방식을 말한다.

실비정산 보수가산식 도급(Cost plus fee contract)

㉠ 개요
- 건축주와 건축사, 시공자가 미리 공사에 소요되는 설비와 보수를 협의한 후 건축주는 공사의 진행을 시공자에게 위임하고 시공자는 건축주의 위임을 받아 공사를 진행하고 관련 공사비를 건축주로부터 받아 하도급자에게 지급하고 이에 대해 보수를 받는 방식을 말한다.
- 설계도와 시방서가 명확하지 않거나 또는 설계는 명확하지만 공사비 총액을 산출하기 곤란하고 발주자가 양질의 공사를 기대할 때에 채택될 수 있는 가장 타당한 방식이다.
- 복잡한 변경이 예상되는 공사나 긴급을 요하는 공사로서 설계도서의 완성을 기다리지 않고 착공하는 경우에 적합하다.



74 ③ 75 ① 76 ① 정답

㉡ 특징

- 설계와 시공의 중첩이 가능한 단계별 시공이 가능하게 되어 공사기간을 단축할 수 있다.
- 설계변경 및 공사 중 발생되는 돌발상황에 적절히 대처할 수 있다.
- 시공자가 불성실할 경우 공사기간 및 공사비가 급격히 증가할 수 있는 위험성을 내포하고 있다.

| 실비 비율 보수가산식 | 실비와 비율을 가산한 공사비를 지급하는 방식 |
|---|---|
| 실비 한정비율 보수가산식 | 실비를 한정하고 그에 가산된 공사비를 지급하는 방식 |
| 실비 정액 보수가산식 | 실비와 정해진 보수를 가산하여 공사비를 지급하는 방식 |
| 실비 준동률 보수가산식 | 실비를 단계별로 나누어 구간에 따른 보수비율을 지급하는 방식 |

1804

## 77 ——— Repetitive Learning (1회 2회 3회)

벽돌쌓기법 중에서 마구리를 세워 쌓는 방식으로 옳은 것은?

① 옆세워쌓기　② 허튼쌓기
③ 영롱쌓기　④ 길이쌓기

**해설**

- 허튼쌓기는 막쌓기를 말하며, 줄눈을 맞추지 않고 불규칙하게 쌓는 방법을 말한다.
- 영롱쌓기는 벽돌을 쌓을 때 가운데 빈 부분을 남기고 쌓는 방법을 말한다.
- 길이쌓기는 벽돌의 길이기 벽 표면에 보이게 쌓는 방법을 말한다.

⁘ 벽돌쌓기법

| 구분 | 설명 |
|---|---|
| 길이쌓기 | 벽돌의 길이가 벽 표면에 보이게 쌓는 방법 |
| 옆세워쌓기 | 마구리에 해당하는 벽돌의 짧은 면을 세운 것이 벽 표면에 보이게 쌓는 방법 |
| 마구리쌓기 | 마구리에 해당하는 벽돌의 짧은 면을 눕힌 모습이 벽 표면에 보이게 쌓는 방법 |
| 길이세워쌓기 | 벽돌을 수직으로 세워서 쌓은 것이 보이게 하는 방법 |

## 78 ——— Repetitive Learning (1회 2회 3회)

AE콘크리트에 관한 설명으로 옳은 것은?

① 공기량은 기계비빔이 손비빔의 경우보다 적다.
② 공기량은 비벼놓은 시간이 길수록 증가한다.
③ 공기량은 AE제의 양이 증가할수록 감소하나 콘크리트의 강도는 증대한다.
④ 시공연도가 증진되고 재료분리 및 블리딩이 감소한다.

**해설**

- AE제를 사용한 콘크리트는 시공연도가 증진되고, 재료의 분리가 적어지며 단위수량이 저감된다.

⁘ AE(Air Entrained)제

㉠ 개요

- 공기연행제로 콘크리트의 작업성 및 동결융해 저항성능을 향상시키기 위해 사용하는 첨가제이다.
- AE제를 사용하여 생성된 0.025～0.25mm 정도의 지름을 가진 기포를 Entrained air라 한다.

㉡ 특징

- 블리딩 등의 재료분리가 적어지며, 단위수량이 저감된다.
- 동결융해 저항성의 향상을 위한 AE콘크리트의 최적 공기량은 3～5% 정도이다.
- 플레인콘크리트와 동일한 물시멘트비의 경우 공기량 1%의 증가에 대해 4～6%의 압축강도가 저하된다.

1902

## 79 ——— Repetitive Learning (1회 2회 3회)

철골작업용 장비 중 절단용 장비로 옳은 것은?

① 프릭션 프레스(Friction press)
② 플레이트 스트레이닝 롤(Plate straining roll)
③ 파워 프레스(Power press)
④ 핵 소우(Hack saw)

**해설**

- 핵 소우(Hack saw)는 한 방향으로 절삭하며 쇠톱을 당길 때 절삭이 되는 철골절단용 쇠톱을 말한다.

⁘ 변형바로잡기 철골작업용 장비

- 형강 변형 잡기 : 교정기(Straightening machine), 프릭션 프레스(Friction press), 파워 프레스(Power press)
- 강판 변형 잡기 : 플레이트스트레이닝롤(Plate straining roll)
- 경미한 변형 잡기 : 해머(Hammer)

정답 | 77 ① 78 ④ 79 ④

## 80

Repetitive Learning 1회 2회 3회

콘크리트의 고강도화와 관계가 적은 것은?

① 물시멘트비를 작게 한다.
② 시멘트의 강도를 크게 한다.
③ 폴리머(polymer)를 함침(含浸)한다.
④ 골재의 입자분포를 가능한 한 균일 입자분포로 한다.

해설

• 골재의 입자분포를 최밀실 상태의 골재를 사용해야 한다.

∷ 콘크리트의 고강도화

㉠ 결합재 자체의 고강도화
• 모세관 공극의 감소를 위해 물시멘트비를 작게하고, 수화물량을 증가한다.
• 공극의 감소를 위해 타재료를 충진(폴리머 함침)하거나 롤러와 프레스 성형을 적용한다.

㉡ 결합재와 골재계면의 결합력 증강
• 골재와 시멘트페이스트 간의 공극을 충진한다.(폴리머 함침 콘크리트 사용)
• 시멘트페이스트 자체의 부착력을 개선하기 위해 PCC(폴리머 시멘트 콘크리트)를 사용한다.
• 골재자체의 부착력을 개선하기 위해 반응성 골재를 사용한다.

㉢ 최적의 골재 선택
• 강도개선을 위해 고강도 골재를 사용한다.
• 입도분포의 개선을 위해 최밀실 상태의 골재를 사용한다.
• 결합재의 인성을 개선한다.

# 5과목 건설재료학

1802

## 81

Repetitive Learning 1회 2회 3회

플라이애시시멘트에 대한 설명으로 옳은 것은?

① 워커빌리티가 나쁘다.
② 화력발전소 등에서 완전 연소한 미분탄의 회분과 포틀랜드시멘트를 혼합한 것이다.
③ 재령 1~2시간 안에 콘크리트 압축강도가 20MPa에 도달할 수 있다.
④ 용광로의 선철제작 부산물을 급랭시키고 파쇄하여 시멘트와 혼합한 것이다.

해설

• 플라이애시시멘트는 보통포틀랜드시멘트와 비교할 때 워커빌리티가 좋고, 장기강도가 높으며, 화학저항성과 수밀성이 크다.
• 재령 1~2시간 안에 콘크리트 압축강도가 20MPa에 도달하는 것은 초속경시멘트 혹은 제트시멘트이다.
• 용광로의 선철제작 부산물을 급랭시키고 파쇄하여 시멘트와 혼합한 것은 고로시멘트이다.

∷ 플라이애시

㉠ 개요
• 석탄 화력발전소에서 발생되는 회분으로 굴뚝에서 집진기로 포집한 것이다.
• 시멘트에 첨가하는 혼화재로 알루미나와 실리카로 구성된다.
• 플라이애시를 사용한 시멘트는 초기 수화열이 낮고 장기강도 증진이 커 매스콘크리트용에 적합하다.

㉡ 특징
• 콘크리트의 워커빌리티를 좋게 하고 사용 수량을 감소시킨다.
• 초기 재령의 강도는 다소 작으나 장기 재령의 강도는 증가한다.
• 시멘트의 수화열에 의한 균열 발생을 억제하고, 콘크리트의 수밀성을 향상시킨다.
• 콘크리트 내부의 알칼리성을 감소시키기 때문에 중성화를 촉진시킬 염려가 있다.

## 82

Repetitive Learning 1회 2회 3회

건축용 접착제로서 요구되는 성능에 해당되지 않는 것은?

① 진동, 충격의 반복에 잘 견딜 것
② 취급이 용이하고 독성이 없을 것
③ 장기부하에 의한 크리프가 클 것
④ 고화 시 체적수축 등에 의한 내부변형을 일으키지 않을 것

해설

• 크리프는 소재에 일정한 하중이 가해지면 시간의 경과에 따라 소재가 변형을 일으키는 현상으로 건축용 접착제는 장기부하에 의한 크리프가 없어야 한다.

∷ 건축용 접착제 요구 성능
• 진동, 충격의 반복에 잘 견딜 것
• 취급이 용이하고 독성이 없을 것
• 장기부하에 의한 크리프가 없을 것
• 고화 시 체적수축 등에 의한 내부변형을 일으키지 않을 것
• 내열성, 내약품성, 내수성 등이 있고 가격이 저렴할 것



80 ④ 81 ② 82 ③ 정답

1801

## 83

Repetitive Learning 1회 2회 3회

골재의 함수상태에서 유효흡수량의 정의로 옳은 것은?

① 습윤상태와 절대건조상태의 수량의 차이
② 표면건조포화상태와 기건상태의 수량의 차이
③ 기건상태와 절대건조상태의 수량의 차이
④ 습윤상태와 표면건조포화상태의 수량의 차이

해설

- 유효흡수량이란 표건상태의 수량에서 기건상태의 수량을 뺀 것이고, 절건상태와 기건상태의 골재 내에 함유된 수량과의 차는 기건함수량이다.

골재의 함수상태

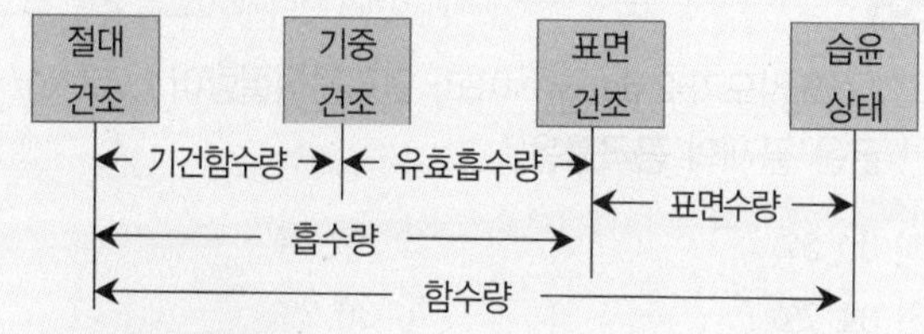


㉠ 골재의 함수상태

| | |
|---|---|
| 절대건조상태 | 건조로에서 건조시킨 상태로 함수율이 0인 상태 |
| 공기 중 건조상태 | 실내에 방치한 경우 골재입자의 표면과 내부의 일부가 건조한 상태 |
| 표면건조상태 | 골재입자의 표면에 물은 없으나 내부의 공극에는 물이 꽉 차 있는 상태 |
| 습윤상태 | 골재입자의 내부에 물이 채워져 있고, 표면에도 물이 부착되어 있는 상태 |

㉡ 관련 수량

| | |
|---|---|
| 함수량 | 습윤상태의 골재의 내외에 함유하는 전체수량으로 습윤상태의 수량에서 절건상태의 수량을 뺀 것 |
| 흡수량 | 표면건조 내부포수상태의 골재 중에 포함하는 수량 |
| 표변수량 | 함수량과 흡수량의 차로 습윤상태의 수량에서 표건상태의 수량을 뺀 것 |
| 기건함수량 | 기건상태의 수량에서 절건상태의 수량을 뺀 것 |
| 유효흡수량 | 표건상태의 수량에서 기건상태의 수량을 뺀 것 |

## 84

Repetitive Learning 1회 2회 3회

도장재료 중 물이 증발하여 수지입자가 굳는 융착건조경화를 하는 것은?

① 알키드수지 도료
② 애폭시수지 도료
③ 불소수지 도료
④ 합성수지 에멀션페인트

해설

- 알키드수지는 폴리에스테르수지의 일종으로 내후성, 접착성이 우수하여 페인트, 바니시, 래커 등의 도료로 주로 사용되는 수지로 산화건조한다.
- 에폭시수지는 열경화성 합성수지로 내수성, 내약품성, 전기절연성, 접착성이 뛰어나 접착제나 도료로 이용되는 수지로 중합경화한다.
- 불소수지는 열가소성 수지로 내후성, 내약품성, 내오염성 등을 부여하는 코팅제로 사용된다.

에멀션페인트

- 수성페인트의 일종으로 수성페인트에 합성수지와 유화제를 섞은 것이다.
- 물이 증발하여 수지입자가 굳는 융착건조경화를 한다.
- 주로 건물의 벽의 도장에 사용한다.

## 85

Repetitive Learning 1회 2회 3회

목재의 역학적 성질에 대한 설명으로 옳지 않은 것은?

① 목재 섬유 평행방향에 대한 인장강도가 다른 여러 강도 중 가장 크다.
② 목재의 압축강도는 옹이가 있으면 증가한다.
③ 목재를 휨부재로 사용하여 외력에 저항할 때는 압축, 인장, 전단력이 동시에 일어난다.
④ 목재의 전단강도는 섬유간의 부착력, 섬유의 곧음, 수선의 유무 등에 의해 결정된다.

해설

- 옹이가 있으면 압축강도는 저하하고 옹이 지름이 클수록 더욱 감소한다.

목재의 강도

- 생나무에 비해 기건재(함수율 15%)는 1.5배, 전건재(함수율 0%)는 3배 이상 강도가 크다.
- 비중이 클수록, 변재보다 심재의 강도가 크다.
- 흠이 있으면 강도가 떨어진다.
- 전단강도를 제외한 목재의 강도는 가력방향이 섬유방향일 때 가장 강하고, 섬유방향과 직각일 때 가장 약하다.
- 목재의 경도는 면 중에서 마구리면이 약간 크고 곧은결면과 널결면은 별로 차이가 없다.
- 일반적인 강도는 인장강도 > 휨강도 > 압축강도 > 전단강도의 순이다.

정답 | 83 ② 84 ④ 85 ②

0602

## 86

Repetitive Learning 1회 2회 3회

합판에 대한 설명으로 옳지 않은 것은?

① 단판을 섬유방향이 서로 평행하도록 홀수로 적층 하면서 접착시켜 합친 판을 말한다.
② 함수율 변화에 따라 팽창·수축의 방향성이 없다.
③ 뒤틀림이나 변형이 적은 비교적 큰 면적의 평면 재료를 얻을 수 있다.
④ 균일한 강도의 재료를 얻을 수 있다.

해설

- 합판은 단판을 섬유방향이 서로 직교하도록 홀수로 적층하면서 접착시켜 합친 판을 말한다.

합판(Plywood)

㉠ 개요
- 3장 이상의 홀수의 단판(Veneer)을 방향이 직교되게 접착제로 붙여 만든 것이다.
- 뒤틀림이나 변형이 적은 비교적 큰 면적의 평면 재료를 얻을 수 있다.
- 균일한 강도의 재료를 얻을 수 있다.

㉡ 특성
- 방향에 따른 강도차가 적다.
- 곡면가공을 하여도 균열이 생기지 않는다.
- 여러 가지 아름다운 무늬를 얻을 수 있다.
- 함수율 변화에 의한 신축변형이 적고 방향성이 없다.
- 곡면가공을 하여도 균열이 생기지 않는다.
- 표면가공법으로 흡음효과를 낼 수 있고, 의장적 효과도 높일 수 있다.

1404

## 87

Repetitive Learning 1회 2회 3회

미장바탕의 일반적인 성능조건과 가장 거리가 먼 것은?

① 미장층보다 강도가 클 것
② 미장층과 유효한 접착강도를 얻을 수 있을 것
③ 미장층보다 강성이 작을 것
④ 미장층의 경화, 건조에 지장을 주지 않을 것

해설

- 미장바탕은 미장층보다 강도나 강성이 커야 한다.

미장바탕

㉠ 개요
- 미장바탕이란 모르타르, 플라스터, 회반죽 등 미장재료를 바르기 위한 구조체 표면 또는 졸대, 기타의 것 등을 엮어 만든 면을 말한다.
- 와이어라스(Wire lath)는 아연도금한 굵은 철선을 엮어 그물처럼 만든 철망으로 천장·벽 등의 미장바탕에 사용한다.
- 메탈라스(Metal lath)는 얇은 강판에 마름모꼴의 구멍을 연속적으로 뚫어 그물처럼 만든 것으로 천장·벽 등의 미장바탕에 사용한다.

㉡ 미장바탕의 일반적인 조건
- 미장층보다 강도나 강성이 클 것
- 미장층과 유효한 접착강도를 얻을 수 있을 것
- 미장층의 경화, 건조에 지장을 주지 않을 것
- 미장층과 유해한 화학반응을 하지 않을 것

0301 / 0601 / 0804 / 1804

## 88

Repetitive Learning 1회 2회 3회

절대건조밀도가 2.6g/$cm^3$이고, 단위용적질량이 1,750kg/$m^3$인 굵은 골재의 공극률은?

① 30.5% ② 32.7%
③ 34.7% ④ 36.2%

해설

- 골재의 비중이 2.6이고, 단위용적중량[ton/$m^3$]은 1.75[ton/$m^3$]이다.
- 대입하면 $\left(1-\frac{1.75}{2.6}\right)\times 100 = 32.69$이므로 32.7[%]가 된다.

공극률
- 일정한 용기를 채운 골재 사이의 전체 빈틈 용적의 그 용기 전체의 용적에 대한 백분율을 표시한 것이다.
- 공극률은 $\left(1-\frac{w}{g}\right)\times 100$으로 구한다. 이때 $w$는 골재의 단위용적중량[ton/$m^3$]이고, $g$는 골재의 비중이다.

1901

## 89

Repetitive Learning 1회 2회 3회

목재의 내연성 및 방화에 대한 설명으로 옳지 않은 것은?

① 목재의 방화는 목재 표면에 불연소성 피막을 도포 또는 형성시켜 화염의 접근을 방지하는 조치를 한다.
② 방화재로는 방화페인트, 규산나트륨 등이 있다.
③ 목재가 열에 닿으면 먼저 수분이 증발하고 160℃ 이상이 되면 소량의 가연성가스가 유출된다.
④ 목재는 450℃에서 장시간 가열하면 자연발화 하게 되는데, 이 온도를 화재위험온도라고 한다.



86 ① 87 ③ 88 ② 89 ④ 정답

해설

- 목재는 250℃ 전후에서 불꽃을 내며 연소하는데 이 온도를 인화점(화재위험온도)이라고하고, 450℃ 전후에서 불꽃이 없어도 발화하는데 이 온도를 발화점(자연발화온도)이라고 한다.

:: 목재의 물리적 성질
  - 목재는 화재나 충해에 취약하고 함수율 변화에 따른 신축변형이 크다.
  - 목재의 섬유 방향의 강도는 인장 > 압축 > 전단 순이다.
  - 물속에 담가 둔 목재, 땅속 깊이 묻은 목재 등은 산소부족으로 균의 생육이 정지되고 썩지 않는다.
  - 목재가 대기의 온도와 습도에 맞게 평형에 도달한 상태를 의미하는 기건상태의 함수율은 약 15%이다.
  - 목재에서 흡착수만이 최대한도로 존재하고 있는 상태인 섬유포화점(Fiber saturation point)의 함수율은 30% 정도이다.
  - 목재는 섬유포화점 이상의 함수상태에서는 함수율의 증감에도 불구하고 신축을 일으키지 않는다.
  - 목재의 열팽창은 흡습팽창에 비해 영향이 매우 적다.
  - 목재는 열전도도가 아주 낮아 여러 가지 보온재료로 사용된다.
  - 목재는 250℃ 전후에서 불꽃을 내며 연소하는데 이 온도를 인화점이라고 하고, 450℃ 전후에서 불꽃이 없어도 발화하는데 이 온도를 발화점이라고 한다.

0904

## 90 Repetitive Learning (1회 2회 3회)

콘크리트 바탕에 이음새 없는 방수 피막을 형성하는 공법으로, 도료상태의 방수재를 여러번 칠하여 방수막을 형성하는 방수공법은?

① 아스팔트 루핑 방수
② 합성고분지 도막 방수
③ 시멘트 모르타르 방수
④ 규산질 침투성 도포 방수

해설

- 아스팔트 루핑 방수는 아스팔트 루핑을 용융아스팔트로 바탕면에 접착 한 후 여러 층으로 쪼개어 방수층을 만드는 방수공법이다.
- 시멘트 모르타르 방수는 방수제와 시멘트 모르타르를 혼합하여 모르타르 내부를 수밀화시키는 방수공법이다.
- 침투성 도포방수는 콘크리트나 모르타르 바탕면에 침투성물질을 도포하여 콘크리트 간격에 침투시켜 수밀하게 만들어 방수하는 공법이다.

:: 도막방수
  - 도료상태의 방수재를 바탕 면에 여러 번 칠하여 얇은 수지피막을 만들어 방수효과를 얻는 것이다.
  - 우레탄, 아크릴, 고무 아스팔트계 등의 방수재료를 이용한다.
  - 에멀션형, 용제형, 에폭시계 형태의 방수공법이 있다.

## 91 Repetitive Learning (1회 2회 3회)

금속의 부식방지를 위한 관리대책으로 옳지 않은 것은?

① 부분적으로 녹이 발생하면 즉시 제거할 것
② 큰 변형을 준 것은 가능한 한 풀림하여 사용할 것
③ 가능한 한 이종 금속을 인접 또는 접촉시켜 사용할 것
④ 표면을 평활하고 깨끗이 하며, 가능한 한 건조상태로 유지할 것

해설

- 금속 부식을 방지하기 위해서 가능한 한 이종 금속은 이를 인접, 접속시켜 사용하지 않도록 한다.

:: 금속 부식
  ㉠ 개요
    - 금속의 산화과정을 말한다.
    - 부식은 한 금속 조각이 다른 부분과의 접촉 시 전자의 이동에 의해 발생한다.
  ㉡ 부식방지대책
    - 가능한 한 이종 금속은 이를 인접, 접속시켜 사용하지 않을 것
    - 균질한 것을 선택하고 사용할 때 큰 변형을 주지 않도록 할 것
    - 큰 변형을 준 것은 가능한 한 풀림하여 사용할 것
    - 표면을 평활, 청결하게 하고 가능한 건조상태로 유지할 것
    - 부분적인 녹은 즉시 제거할 것

1404

## 92 Repetitive Learning (1회 2회 3회)

열경화성 수지가 아닌 것은?

① 페놀수지
② 요소수지
③ 아크릴수지
④ 멜라민수지

해설

- 아크릴수지는 대표적인 열가소성 수지이다.

:: 열경화성 수지
  - 가열하여 경화 성형하면 다시 열을 가해도 형태가 변하지 않는 수지를 말한다.
  - 내열성, 내용제성, 내약품성, 기계적 성질, 전기절연성이 좋다.
  - 식기나 전화기 등의 재료로 쓰인다.
  - 충전제를 넣어 강인한 성형물을 만들거나, 섬유 강화 플라스틱을 제조하는 데에도 사용된다.
  - 종류에는 페놀수지, 요소수지, 멜라민수지, 폴리에스테르수지, 에폭시수지, 실리콘수지, 알키드수지, 프란수지 등이 있다.

정답 | 90 ② 91 ③ 92 ③

## 93

Repetitive Learning (1회 2회 3회)

다음의 미장재료 중 균열저항성이 가장 큰 것은?

① 회반죽 바름　② 소석고플라스터
③ 경석고플라스터　④ 돌로마이트 플라스터

해설

- 미장재료 중 균열이 가장 적은 것은 소석고를 고열로 구워 분말로 한 경석고플라스터이다.

:: 석고플라스터

㉠ 개요

- 고온소성의 무수석고를 혼화재, 접착제, 응결시간조절제 등과 혼합한 수경성 미장재료이다.

㉡ 특징

- 비교적 강도가 크고, 부착은 양호하나, 강재를 녹슬게 하는 성분을 포함한다.
- 건조 시 무수축성의 성질을 가져 치수 안정성이 우수하다.
- 여물(Hair)이 필요 없는 미장재료로 내화성이 높고 경화시간이 극히 짧다.
- 물에 용해되는 성질이 있어 물을 사용하는 장소에는 부적합하다.

㉢ 경석고와 소석고의 비교

| 구분 | 내용 |
|---|---|
| 경석고 | • 석고원석을 고온(500 ~ 1,900℃)에서 가열한 후 불순석고를 첨가하여 다시 가열한 것이다.<br>• 경화촉진제로 백반을 사용한다.<br>• 킨즈시멘트라고도 한다.<br>• 경화속도는 느리지만, 경화되면 강도는 더 높다.<br>• 굳기 시작한 것도 다시 사용할 수 있다. |
| 소석고 | • 순수한 석고를 분쇄한 후 가루를 가열(150 ~ 190℃), 불순물을 제거한 것이다.<br>• 경석고보다 응결속도가 빠르다.<br>• 굳기 시작하면 다시 사용할 수 없다. |

## 94

Repetitive Learning (1회 2회 3회)

점토의 물리적 성질에 관한 설명으로 옳지 않은 것은?

① 점토의 인장강도는 압축강도의 약 5배 정도이다.
② 입자의 크기는 보통 2㎛ 이하의 미립자지만 모래알 정도의 것도 약간 포함되어 있다.
③ 공극률은 점토의 입자 간에 존재하는 모공용적으로 입자의 형상, 크기에 관계한다.
④ 점토입자가 미세하고, 양지의 점토일수록 가소성이 좋으나, 가소성이 너무 클 때는 모래 또는 샤모트를 섞어서 조절한다.

해설

- 점토의 압축강도는 인장강도의 약 5배 정도이다.

:: 점토의 성질

㉠ 개요

- 점토의 주성분은 실리카, 알루미나이다.
- 비중은 일반적으로 2.5 ~ 2.6의 범위이다.
- 압축강도는 인장강도의 약 5배 정도이다.
- 인장강도는 점토의 조직에 관계하며 입자의 크기가 큰 영향을 준다.
- 입도는 보통 $2\mu$ 이하의 미립자나 모래알 정도의 조립을 포함한 것도 있다.
- 기공률은 점토의 입자 간에 존재하는 모공용적으로 입자의 형상, 크기에 관계한다.
- 함수율은 모래가 포함되지 않은 것은 30~100%의 범위이다.
- 점토를 소성하면 용적, 비중 등의 변화가 일어나며 강도가 현저히 증대된다.

㉡ 수축

- 수축은 건조 및 소성 시 일어나며 건조수축은 점토의 조직에 관계하는 이외에 가하는 수량도 영향을 준다.
- 소성수축은 점토 내 휘발분의 양, 조직, 용융도 등이 영향을 준다.
- $Fe_2O_3$ 등의 부성분이 많으면 제품의 건조수축이 크다.

㉢ 가소성

- 양질의 점토는 습윤 상태에서 현저한 가소성을 나타내며, 점토 입자가 미세할수록 가소성은 좋아진다.
- 가소성이 너무 큰 경우에는 모래 또는 샤모트 등을 혼합하여 조절한다.

0804

## 95

Repetitive Learning (1회 2회 3회)

점토제품 중 소성온도가 가장 고온이고 흡수성이 매우 작으며 모자이크 타일, 위생도기 등에 주로 쓰이는 것은?

① 토기　② 도기
③ 석기　④ 자기

해설

- 점토제품의 소성온도는 토기 < 도기 < 석기 < 자기 순으로 높아진다.

:: 자기

- 양질의 도토 또는 장석분을 원료로 하며, 두드리면 청음이 나며 백색으로 투광성을 갖는 제품이다.
- 점토제품 중 가장 높은 온도(1,230~1,460℃)에서 소성되며, 경도와 강도가 가장 크다.
- 흡수율은 1% 이하로 거의 없다.
- 모자이크 타일, 위생도기 등에 주로 사용된다.

93 ③　94 ①　95 ④ 정답

## 96 Repetitive Learning (1회 2회 3회)

일반 콘크리트 대비 ALC의 우수한 물리적 성질로서 옳지 않은 것은?

① 경량성 ② 단열성
③ 흡음・차음성 ④ 수밀성, 방수성

해설

- ALC는 경량성, 단열성, 내화성, 흡음・차음성 등에서 우수한 성능을 보인다.

경량기포콘크리트(ALC : Autoclaved Lightweight Concrete)

㉠ 개요
- 포화증기 양생 경량기포콘크리트로 무수한 기포를 독립적으로 분산시켜 중량을 가볍게 한 기포콘크리트의 일종이다.
- 규산질, 석회질 원료를 주원료로 하여 기포제와 발포제를 첨가하여 만든다.
- 기포제는 알루미늄 분말이나 알루미늄 페이스트가 주로 사용된다.

㉡ 특징
- 현장에서 절단 및 가공이 용이하며 인력으로 취급이 간편하다.
- 경량성, 단열성, 내화성, 흡음・차음성 등에서 우수한 성능을 보인다.
- 보통콘크리트에 비해 비중은 1/4 정도로 경량이며, 중성화의 우려가 높다.
- 다공질이기 때문에 흡수성이 높다.
- 동해에 대한 방수, 방습처리가 필요하고 부서지기 쉽다.
- 압축강도에 비해서 휨강도나 인장강도는 상당히 약하다.
- 강도가 낮아 구조재로서는 부적합하며 주로 비내력벽, 지붕, 바닥재로 사용된다.

1601

## 97 Repetitive Learning (1회 2회 3회)

블론 아스팔트(blown asphalt)를 휘발성 용제에 녹이고 광물분말 등을 가하여 만든 것으로 방수, 접합부 충전 등에 쓰이는 아스팔트 제품은?

① 아스팔트코팅(asphalt coating)
② 아스팔트그라우트(asphalt grout)
③ 아스팔트시멘트(asphalt cement)
④ 아스팔트콘크리트(asphalt concrete)

해설

- 아스팔트그라우트는 스트레이트아스팔트와 돌가루, 모래를 가열 혼합한 물질로 석재의 고착 및 충전에 사용된다.
- 아스팔트시멘트는 고형 상태의 아스팔트를 인화점 이하에서 화기와 충분히 혼합하여 적당하게 물러진 액상으로 도로포장용으로 사용된다.
- 아스팔트콘크리트는 모래, 자갈 등의 골재를 아스팔트를 녹여 결합시킨 혼합물로 도로포장 등에 사용된다.

아스팔트 제품

| | |
|---|---|
| 아스팔트코팅 (Asphalt coating) | 블론아스팔트(Blown asphalt)를 휘발성 용제에 녹이고 광물 분말 등을 가하여 만든 것으로 방수, 접합부 충전 등에 사용된다. |
| 아스팔트프라이머 (Asphalt primer) | 블론아스팔트를 용제에 녹인 것으로 액상을 하고 있으며 아스팔트방수의 바탕처리재(밀착용)로 이용된다. |
| 아스팔트컴파운드 (Asphalt compound) | 블론아스팔트의 내열성, 내한성 등을 개량하기 위해 동물섬유나 식물섬유를 혼합하여 유동성을 증대시킨 것이다. |
| 아스팔트펠트 (Asphalt felt) | 목면, 마사, 양모, 폐지 등을 혼합하여 만든 원지에 스트레이트아스팔트를 침투시킨 두루마리 제품으로 흡수성이 크기 때문에 아스팔트방수의 중간층 재료로 이용된다. |
| 아스팔트루핑 (Asphalt roofing) | 아스팔트펠트의 양면에 블론아스팔트를 가열・용융시켜 피복한 것이다. |
| 아스팔트그라우트 (Asphalt grout) | 스트레이트아스팔트와 돌가루, 모래를 가열 혼합한 물질로 석재의 고착 및 충전에 사용된다. |

## 98 Repetitive Learning (1회 2회 3회)

목재에 사용되는 크레오소트 오일에 대한 설명으로 옳지 않은 것은?

① 냄새가 좋아서 실내에서도 사용이 가능하다.
② 방부력이 우수하고 가격이 저렴하다.
③ 독성이 적다.
④ 침투성이 좋아 목재에 깊게 주입된다.

해설

- 크레오소트유는 자극적인 악취가 나고, 흑갈색으로 외관이 불미하다.

크레오소트유(Creosote Oil)
- 대표적인 목재용 유성 방부제이다.
- 독성이 적고 방부성이 우수하다.
- 자극적인 악취가 나고, 흑갈색으로 외관이 불미하다.
- 주로 눈에 보이지 않는 토대, 기둥, 도리 등에 사용한다.

정답 | 96 ④ 97 ① 98 ①

0604 / 1004 / 1201 / 1401

## 99

Repetitive Learning 1회 2회 3회

연강판에 일정한 간격으로 그물눈을 내고 늘여 철망모양으로 만든 것으로 옳은 것은?

① 메탈라스(metal lath)
② 와이어메시(wire mesh)
③ 인서트(insert)
④ 코너비드(comer bead)

해설

- 와이어메시(Wire mesh)는 콘크리트 다짐바닥, 콘크리트 도로포장의 전열방지를 위해 사용되는 철물이다.
- 인서트(Insert)는 콘크리트 표면에 갖가지 물체를 세우기 위하여 미장할 때 미리 넣는 철물이다.
- 코너비드(Corner bead)는 기둥, 벽 등의 모서리를 보호하기 위하여 미장 바름질할 때 붙이는 보호용 철물이다.

:: 미장바탕

㉠ 개요
- 미장바탕이란 모르타르, 플라스터, 회반죽 등 미장재료를 바르기 위한 구조체 표면 또는 졸대, 기타의 것 등을 엮어 만든 면을 말한다.
- 와이어라스(Wire lath)는 아연도금한 굵은 철선을 엮어 그물처럼 만든 철망으로 천장·벽 등의 미장바탕에 사용한다.
- 메탈라스(Metal lath)는 얇은 강판에 마름모꼴의 구멍을 연속적으로 뚫어 그물처럼 만든 것으로 천장·벽 등의 미장바탕에 사용한다.

㉡ 미장바탕의 일반적인 조건
- 미장층보다 강도나 강성이 클 것
- 미장층과 유효한 접착강도를 얻을 수 있을 것
- 미장층의 경화, 건조에 지장을 주지 않을 것
- 미장층과 유해한 화학반응을 하지 않을 것

## 100

Repetitive Learning 1회 2회 3회

고로슬래그 쇄석에 대한 설명으로 옳지 않은 것은?

① 철을 생산하는 과정에서 용광로에서 생기는 광재를 공기 중에서 서서히 냉각시켜 경화된 것을 파쇄하여 만든다.
② 투수성은 보통골재의 경우보다 작으므로 수밀콘크리트에 적합하다.
③ 고로슬래그 쇄석을 활용한 콘크리트는 다른 암석을 사용한 콘크리트보다 건조수축이 적다.
④ 다공질이기 때문에 흡수율이 크므로 충분히 살수하여 사용하는 것이 좋다.

해설

- 고로슬래그 쇄석의 투수성은 보통골재를 사용한 콘크리트보다 크다.

:: 고로슬래그 쇄석

- 철을 생산하는 과정에서 용광로에서 생기는 광재를 공기 중에서 서서히 냉각시켜 경화된 것을 파쇄하여 입도를 고른 것이다.
- 투수성은 보통골재를 사용한 콘크리트보다 크다.
- 다공질이기 때문에 흡수율이 높다.
- 고로슬래그 쇄석을 사용한 콘크리트의 건조수축은 무혼입 콘크리트와 동일한 정도로 작다. 단, 초기양생이 충분하지 않을 경우 건조수축이 커질 수 있으므로 주의해야 한다.

# 6과목 건설안전기술

1801

## 101

Repetitive Learning 1회 2회 3회

건설업의 공사금액이 850억 원일 경우 산업안전보건법령에 따른 안전관리자의 수로 옳은 것은?(단, 전체 공사기간을 100으로 할 때 공사 전·후 15에 해당하는 경우는 고려하지 않는다)

① 1명 이상　② 2명 이상
③ 3명 이상　④ 4명 이상

해설

- 공사금액이 850억원이므로 800억원 이상 1,500억원 미만에 해당하므로 2명 이상이어야 한다.

:: 건설업 안전관리자의 수 실필 1801/1302

| 공사금액 | 인원 |
|---|---|
| 공사금액 50억원 이상 800억원 미만 | 1명 |
| 공사금액 800억원 이상 1,500억원 미만 | 2명 |
| 공사금액 1,500억원 이상 2,200억원 미만 | 3명 |
| 공사금액 2,200억원 이상 3,000억원 미만 | 4명 |
| 공사금액 3,000억원 이상 3,900억원 미만 | 5명 |
| 공사금액 3,900억원 이상 4,900억원 미만 | 6명 |
| 공사금액 4,900억원 이상 6,000억원 미만 | 7명 |
| 공사금액 6,000억원 이상 7,200억원 미만 | 8명 |
| 공사금액 7,200억원 이상 8,500억원 미만 | 9명 |
| 공사금액 8,500억원 이상 1조원 미만 | 10명 |
| 1조원 이상 | 11명 |



99 ① 100 ② 101 ② 정답

1501

## 102 Repetitive Learning (1회 2회 3회)

달비계에 사용하는 와이어로프의 사용금지 기준으로 옳지 않은 것은?

① 이음매가 있는 것
② 열과 전기 충격에 의해 손상된 것
③ 지름의 감소가 공칭지름의 7%를 초과하는 것
④ 와이어로프의 한 꼬임에서 끊어진 소선의 수가 7% 이상인 것

해설

- 와이어로프의 한 꼬임에서 끊어진 소선(素線)의 수가 10% 이상인 것은 사용금지 대상에 포함되나 7%는 사용가능하다.

달기구 및 크레인 등의 양중기, 항타기, 항발기에서 사용하는 와이어로프의 사용금지 규정 실필 1602/1502/0901 실작 1804/1502

- 이음매가 있는 것
- 와이어로프의 한 꼬임[(스트랜드(Strand)]에서 끊어진 소선(素線)의 수가 10% 이상인 것
- 지름의 감소가 공칭지름의 7%를 초과하는 것
- 꼬인 것
- 심하게 변형되거나 부식된 것
- 열과 전기충격에 의해 손상된 것

1604

## 103 Repetitive Learning (1회 2회 3회)

항타기 또는 항발기의 사용 시 준수사항으로 옳지 않은 것은?

① 공기를 차단하는 장치를 작업관리자가 쉽게 조작할 수 있는 위치에 설치한다.
② 해머의 운동에 의하여 공기호스와 해머의 접속부가 파손되거나 벗겨지는 것을 방지하기 위하여 그 접속부가 아닌 부위를 선정하여 공기호스를 해머에 고정시킨다.
③ 항타기나 항발기의 권상장치의 드럼에 권상용 와이어로프가 꼬인 경우에는 와이어로프에 하중을 걸어서는 안된다.
④ 항타기나 항발기의 권상장치에 하중을 건 상태로 정지하여 두는 경우에는 쐐기장치 또는 역회전방지용 브레이크를 사용하여 제동하는 등 확실하게 정지시켜 두어야 한다.

해설

- 공기를 차단하는 장치를 해머의 운전자가 쉽게 조작할 수 있는 위치에 설치해야 한다.

항타기 또는 항발기의 사용 시 준수사항

- 해머의 운동에 의하여 공기호스와 해머의 접속부가 파손되거나 벗겨지는 것을 방지하기 위하여 그 접속부가 아닌 부위를 선정하여 공기호스를 해머에 고정시켜야 한다.
- 공기를 차단하는 장치를 해머의 운전자가 쉽게 조작할 수 있는 위치에 설치해야 한다.
- 항타기나 항발기의 권상장치의 드럼에 권상용 와이어로프가 꼬인 경우에는 와이어로프에 하중을 걸어서는 아니 된다.
- 항타기나 항발기의 권상장치에 하중을 건 상태로 정지하여 두는 경우에는 쐐기장치 또는 역회전방지용 브레이크를 사용하여 제동하는 등 확실하게 정지시켜 두어야 한다.

1704

## 104 Repetitive Learning (1회 2회 3회)

가설통로를 설치하는 경우 준수해야할 기준으로 옳지 않은 것은?

① 경사는 30° 이하로 할 것
② 경사가 25°를 초과하는 경우에는 미끄러지지 아니하는 구조로 할 것
③ 건설공사에 사용하는 높이 8m 이상인 비계다리에는 7m 이내마다 계단참을 설치할 것
④ 수직갱에 가설된 통로의 길이가 15m 이상인 때에는 10m 이내마다 계단참을 설치할 것

해설

- 경사가 15°를 초과하는 경우에는 미끄러지지 아니하는 구조로 해야 한다.

가설통로 설치 시 준수기준 실필 1801/1704/1502/1404/1201 실작 1804/1801/1704

- 높이 8m 이상인 비계다리에서는 7m 이내마다 계단참을 설치한다.
- 수직갱에 가설된 통로의 길이가 15m 이상인 경우에는 10m 이내마다 계단참을 설치한다.
- 경사가 15°를 초과하는 경우에는 미끄러지지 아니하는 구조로 한다.
- 추락할 위험이 있는 장소에는 안전난간을 설치한다.
- 경사로의 폭은 최소 90cm 이상이어야 한다.
- 발판 폭 40cm 이상, 틈 3cm 이하로 한다.
- 경사는 30° 이하로 한다.

정답 | 102 ④ 103 ① 104 ②

## 105

Repetitive Learning 1회 2회 3회

가설공사 표준안전 작업지침에 따른 통로발판을 설치하여 사용함에 있어 준수사항으로 옳지 않은 것은?

① 추락의 위험이 있는 곳에는 안전난간이나 철책을 설치하여야 한다.
② 작업발판의 최대폭은 1.6m 이내이어야 한다.
③ 비계발판의 구조에 따라 최대 적재하중을 정하고 이를 초과하지 않도록 하여야 한다.
④ 발판을 겹쳐 이음하는 경우 장선 위에서 이음을 하고 겹침길이는 10cm 이상으로 하여야 한다.

**해설**

- 발판을 겹쳐 이음하는 경우 장선 위에서 이음을 하고 겹침길이는 20센티미터 이상으로 하여야 한다.

**통로발판 설치사용 준수사항**

- 근로자가 작업 및 이동하기에 충분한 넓이가 확보되어야 한다.
- 추락의 위험이 있는 곳에는 안전난간이나 철책을 설치하여야 한다.
- 발판을 겹쳐 이음하는 경우 장선 위에서 이음을 하고 겹침길이는 20센티미터 이상으로 하여야 한다.
- 발판 1개에 대한 지지물은 2개 이상이어야 한다.
- 작업발판의 최대폭은 1.6미터 이내이어야 한다.
- 작업발판 위에는 돌출된 못, 옹이, 철선 등이 없어야 한다.
- 비계발판의 구조에 따라 최대 적재하중을 정하고 이를 초과하지 않도록 하여야 한다.

1101 / 1501

## 106

Repetitive Learning 1회 2회 3회

토사붕괴에 따른 재해를 방지하기 위한 흙막이 지보공 부재로 옳지 않은 것은?

① 흙막이판 ② 말뚝
③ 턴버클 ④ 띠장

**해설**

- 턴버클은 두 지점 사이를 연결하는 죔 기구로 흙막이 지보공 설비가 아니다.

**흙막이 지보공의 조립도**

- 흙막이 지보공을 조립하는 경우 미리 조립도를 작성하여 그 조립도에 따라 조립하도록 하여야 한다.
- 조립도는 흙막이판 · 말뚝 · 버팀대 및 띠장 등 부재의 배치 · 치수 · 재질 및 설치방법과 순서가 명시되어야 한다.

## 107

Repetitive Learning 1회 2회 3회

토석붕괴의 원인으로 옳지 않은 것은?

① 경사 및 기울기 증가
② 성토높이의 증가
③ 건설기계 등 하중작용
④ 토사중량의 감소

**해설**

- 토사 중량의 감소는 토석붕괴의 원인이 될 수 없다.

**토사(석)붕괴 원인** 실필 1501/0901 실작 1604/1602/1501

| 구분 | 내용 |
|---|---|
| 내적 요인 | • 토석의 강도 저하<br>• 절토사면의 토질, 암질 및 절리 상태<br>• 성토사면의 다짐 불량<br>• 점착력의 감소 |
| 외적 요인 | • 작업진동 및 반복하중의 증가<br>• 사면, 법면의 경사 및 기울기의 증가<br>• 절토 및 성토 높이와 지하수위의 증가<br>• 지표수 · 지하수의 침투에 의한 토사중량의 증가<br>• 지진, 차량, 구조물의 중량과 토사 및 암석의 혼합층 두께의 증가 |

1102

## 108

Repetitive Learning 1회 2회 3회

건설작업용 타워 크레인의 안전장치로 옳지 않은 것은?

① 권과 방지장치
② 과부하 방지장치
③ 비상정지 장치
④ 호이스트 스위치

**해설**

- 호이스트는 훅이나 그 밖의 달기구 등을 사용하여 화물을 권상 및 횡행 또는 권상동작만을 하여 양중하는 장치를 말한다.

**방호장치의 조정** 실필 1702/1501/1404/1101/0904
실작 1902/1804/1802/1702/1601/1501

| 구분 | 내용 |
|---|---|
| 대상 | • 크레인<br>• 이동식크레인<br>• 리프트<br>• 곤돌라<br>• 승강기 |
| 방호장치 | 과부하방지장치, 권과방지장치(捲過防止裝置), 비상정지장치 및 제동장치, 그 밖의 방호장치[승강기의 파이널 리미트 스위치(Final limit switch), 속도조절기, 출입문 인터 록(Inter lock) 등] |



105 ④ 106 ③ 107 ④ 108 ④ | 정답

## 109 Repetitive Learning (1회 2회 3회)

건설용 리프트의 붕괴 등을 방지하기 위해 받침의 수를 증가시키는 등 안전조치를 하여야 하는 순간풍속 기준은?

① 초당 15미터 초과
② 초당 25미터 초과
③ 초당 35미터 초과
④ 초당 45미터 초과

해설

- 건설용 리프트 및 옥외에 설치된 승강기의 경우 순간풍속이 초당 35미터를 초과하는 바람이 불어 올 우려가 있는 경우 받침의 수를 증가시키는 등 붕괴방지를 위한 조치를 하여야 한다.

∷ 붕괴의 방지

- 건설용 리프트 및 옥외에 설치된 승강기의 경우 순간풍속이 초당 35미터를 초과하는 바람이 불어 올 우려가 있는 경우 받침의 수를 증가시키는 등 붕괴방지를 위한 조치를 하여야 한다.

0802 / 1202 / 1601

## 110 Repetitive Learning (1회 2회 3회)

건설업 산업안전보건관리비 계상 및 사용기준은 산업재해보상 보험법의 적용을 받는 공사 중 총 공사금액이 얼마 이상인 공사에 적용하는가?(단, 전기공사업법, 정보통신공사업법에 의한 공사는 제외)

① 4천만원 ② 3천만원
③ 2천만원 ④ 1천만원

해설

- 사용기준은 관련법에 적용을 받는 공사 중 총 공사금액 2천만원 이상인 공사에 적용한다.

∷ 건설업 산업안전보건관리비 계상에 관한 규정 적용범위

- 건설업 산업안전보건관리비 계상에 관한 규정은 「산업재해보상보험법」의 적용을 받는 공사 중 총 공사금액 2천만원 이상인 공사에 적용한다.

## 111 Repetitive Learning (1회 2회 3회)

가설구조물의 특징으로 옳지 않은 것은?

① 연결재가 적은 구조로 되기 쉽다.
② 부재 결합이 간략하여 불안전 결합이다.
③ 구조물이라는 개념이 확고하여 조립의 정밀도가 높다.
④ 사용부재는 과소단면이거나 결함재가 되기 쉽다.

해설

- 가설구조물은 구조물이라는 통상의 개념이 확고하지 않으며 조립의 정밀도가 낮다.

∷ 가설구조물의 문제점

- 연결 부재가 부족하다.
- 부재의 결합이 간략하여 연결부가 불완전하다.
- 조립도의 정밀도가 낮다.
- 가설구조물의 부재의 단면적은 대체로 적고 불안정하다.
- 무너짐 재해 및 추락재해의 가능성이 크다.

1104

## 112 Repetitive Learning (1회 2회 3회)

사다리식 통로 등의 구조에 대한 설치기준으로 옳지 않은 것은?

① 발판의 간격은 일정하게 할 것
② 발판과 벽과의 사이는 15cm 이상의 간격을 유지할 것
③ 사다리식 통로의 길이가 10m 이상인 때에는 7m 이내마다 계단참을 설치할 껏
④ 사다리의 상단은 걸쳐놓은 지점으로부터 60cm 이상 올라가도록 할 것

해설

- 사다리식 통로의 길이가 10미터 이상인 경우에는 5미터 이내마다 계단참을 설치하여야 한다.

∷ 사다리식 통로의 구조 실필 1602

- 견고한 구조로 할 것
- 심한 손상·부식 등이 없는 재료를 사용할 것
- 발판의 간격은 일정하게 할 것
- 발판과 벽과의 사이는 15cm 이상의 간격을 유지할 것
- 폭은 30cm 이상으로 할 것
- 사다리가 넘어지거나 미끄러지는 것을 방지하기 위한 조치를 할 것
- 사다리의 상단은 걸쳐놓은 지점으로부터 60cm 이상 올라가도록 할 것
- 사다리식 통로의 길이가 10m 이상인 경우에는 5m 이내마다 계단참을 설치할 것
- 사다리식 통로의 기울기는 75도 이하로 할 것
  다만, 고정식 사다리식 통로의 기울기는 90도 이하로 하고, 그 높이가 7m 이상인 경우에는 바닥으로부터 높이가 2.5m 되는 지점부터 등받이울을 설치할 것
- 접이식 사다리 기둥은 사용 시 접혀지거나 펼쳐지지 않도록 철물 등을 사용하여 견고하게 조치할 것

정답 | 109 ③ 110 ③ 111 ③ 112 ③

1402 / 2101

## 113

Repetitive Learning (1회 2회 3회)

이동식 비계를 조립하여 작업을 하는 경우의 준수기준으로 옳지 않은 것은?

① 비계의 최상부에서 작업을 할 때에는 안전난간을 설치하여야 한다.

② 작업발판의 최대적재하중은 40kg을 초과하지 않도록 한다.

③ 승강용 사다리는 견고하게 설치하여야 한다.

④ 작업발판은 항상 수평을 유지하고 작업발판위에서 안전난간을 딛고 작업을 하거나 받침대 또는 사다리를 사용하여 작업하지 않도록 한다.

해설

- 이동식비계의 작업발판 최대적재하중은 250킬로그램을 초과하지 않도록 한다.

:: 이동식비계 조립 및 사용 시 준수사항

실작 1902/1901/1804/1802/1604/1602/1404

- 이동식비계의 바퀴에는 뜻밖의 갑작스러운 이동 또는 전도를 방지하기 위하여 브레이크·쐐기 등으로 바퀴를 고정시킨 다음 비계의 일부를 견고한 시설물에 고정하거나 아웃트리거(Outrigger)를 설치하는 등 필요한 조치를 할 것
- 승강용 사다리는 견고하게 설치할 것
- 비계의 최상부에서 작업을 하는 경우에는 안전난간을 설치할 것
- 작업발판은 항상 수평을 유지하고 작업발판 위에서 안전난간을 딛고 작업을 하거나 받침대 또는 사다리를 사용하여 작업하지 않도록 할 것
- 작업발판의 최대적재하중은 250킬로그램을 초과하지 않도록 할 것
- 비계의 최대 높이는 밑변 최소 폭의 4배 이하로 할 것

## 114

Repetitive Learning (1회 2회 3회)

건설업 중 유해위험방지계획서 제출 대상 사업장으로 옳지 않은 것은?

① 지상높이가 31m 이상인 건축물 또는 인공구조물, 연면적 30,000$m^2$ 이상인 건축물 또는 연면적 5,000$m^2$ 이상의 문화 및 집회시설의 건설공사

② 연면적 3,000$m^2$ 이상의 냉동·냉장 창고시설의 설비공사 및 단열공사

③ 깊이 10m 이상인 굴착공사

④ 최대 지간길이가 50m 이상인 다리의 건설공사

해설

- 연면적 5천제곱미터 이상의 냉동·냉장창고시설의 설비공사 및 단열공사를 대상으로 한다.

:: 유해·위험방지계획서 제출대상 공사 실필 1901/1802/1102

- 지상높이가 31m 이상인 건축물 또는 인공구조물, 연면적 3만$m^2$ 이상인 건축물 또는 연면적 5천$m^2$ 이상의 문화 및 집회시설(전시장 및 동물원·식물원은 제외), 판매시설, 운수시설(고속철도의 역사 및 집배송시설은 제외), 종교시설, 의료시설 중 종합병원, 숙박시설 중 관광숙박시설, 지하도상가 또는 냉동·냉장창고시설의 건설·개조 또는 해체 공사
- 연면적 5천$m^2$ 이상인 냉동·냉장창고시설의 설비공사 및 단열공사
- 최대지간길이가 50m 이상인 교량 건설 등의 공사
- 터널 건설 등의 공사
- 다목적 댐, 발전용 댐 및 저수용량 2천만톤 이상의 용수 전용 댐, 지방상수도 전용 댐 건설 등의 공사
- 깊이 10m 이상인 굴착공사

1201 / 1502 / 1801

## 115

Repetitive Learning (1회 2회 3회)

터널공사에서 발파작업 시 안전대책으로 옳지 않은 것은?

① 발파전 도화선 연결상태, 저항치 조사 등의 목적으로 도통시험 실시 및 발파기의 작동상태에 대한 사전점검 실시

② 모든 동력선은 발원점으로부터 최소한 15m 이상 후방으로 옮길 것

③ 지질, 암의 절리 등에 따라 화약량에 대한 검토 및 시방기준과 대비하여 안전조치 실시

④ 발파용 점화회선은 타동력선 및 조명회선과 한곳으로 통합하여 관리

해설

- 발파용 점화회선은 타 동력선 및 조명회선으로부터 분리되어야 한다.

:: 발파작업 시 안전대책

- 지질, 암의 절리 등에 따라 화약량 검토 및 시방기준과 대비하여 안전조치를 실시해야 한다.
- 화약류를 장진하기 전에 모든 동력선 및 활선은 장진기기로부터 분리시키고 조명회선을 포함한 모든 동력선은 발원점으로부터 최소한 15m 이상 후방으로 옮겨 놓도록 하여야 한다.
- 발파시 안전한 거리 및 위치에서의 대피가 어려울 때에는 전면과 상부를 견고하게 방호한 임시대피장소를 설치하여야 한다.
- 발파용 점화회선은 타 동력선 및 조명회선으로부터 분리되어야 한다.

113 ② 114 ② 115 ④ 정답

0704

## 116 Repetitive Learning (1회 2회 3회)

건설공사의 유해위험방지계획서 제출 기준일로 옳은 것은?

① 당해공사 착공 1개월 전까지
② 당해공사 착공 15일 전까지
③ 당해공사 착공 전날까지
④ 당해공사 착공 15일 후까지

해설

- 유해·위험방지계획서는 제조업의 경우는 해당 작업시작 15일 전, 건설업의 경우는 공사의 착공 전날까지 제출한다.

유해·위험방지계획서의 제출
- 제출대상 사업장의 규모는 전기 계약용량이 300kW 이상인 사업장이다.
- 건설물·기계·기구 및 설비 등 일체를 설치·이전하거나 그 주요 구조부분을 변경할 때에는 고용노동부장관(한국산업안전보건공단)에게 유해·위험방지계획서를 2부 제출하여야 한다.
- 첨부서류는 건축물 각 층의 평면도, 기계·설비의 개요를 나타내는 서류, 기계·설비의 배치도면, 원재료 및 제품의 취급, 제조 등의 작업방법의 개요 등이다.
- 제조업의 경우는 해당 작업시작 15일 전에 제출한다.
- 건설업의 경우는 공사의 착공 전날까지 제출한다.

1804

## 117 Repetitive Learning (1회 2회 3회)

거푸집 동바리의 침하를 방지하기 위한 직접적인 조치로 옳지 않은 것은?

① 수평연결재 사용
② 받침목의 사용
③ 콘크리트의 타설
④ 말뚝박기

해설

- 깔목의 사용, 콘크리트 타설, 말뚝박기 등 동바리의 침하를 방지하기 위한 조치를 해야 한다.

거푸집 동바리 등의 안전조치 실필 1304 실작 1804/1802/1801/1702/1701/1604/1602/1504/1502/1501/1402

㉠ 공통사항
- 받침목의 사용, 콘크리트 타설, 말뚝박기 등 동바리의 침하를 방지하기 위한 조치를 할 것
- 동바리의 상하 고정 및 미끄러짐 방지 조치를 할 것
- 상부·하부의 동바리가 동일 수직선상에 위치하도록 하여 깔판·받침목에 고정시킬 것
- 개구부 상부에 동바리를 설치하는 경우에는 상부하중을 견딜 수 있는 견고한 받침대를 설치할 것
- U헤드 등의 단판이 없는 동바리의 상단에 멍에 등을 올릴 경우에는 해당 상단에 U헤드 등의 단판을 설치하고, 멍에 등이 전도되거나 이탈되지 않도록 고정시킬 것
- 동바리의 이음은 같은 품질의 재료를 사용할 것
- 강재의 접속부 및 교차부는 볼트·클램프 등 전용철물을 사용하여 단단히 연결할 것
- 거푸집의 형상에 따른 부득이한 경우를 제외하고는 깔판이나 받침목은 2단 이상 끼우지 않도록 할 것
- 깔판이나 받침목을 이어서 사용하는 경우에는 그 깔판·받침목을 단단히 연결할 것

㉡ 동바리로 사용하는 파이프 서포트
- 파이프 서포트를 3개 이상 이어서 사용하지 않도록 할 것
- 파이프 서포트를 이어서 사용하는 경우에는 4개 이상의 볼트 또는 전용철물을 사용하여 이을 것
- 높이가 3.5m를 초과하는 경우 2m 이내마다 수평연결재를 2개 방향으로 설치할 것

㉢ 동바리로 사용하는 강관틀의 경우
- 강관틀과 강관틀 사이에 교차가새를 설치할 것
- 최상단 및 5단 이내마다 동바리의 측면과 틀면의 방향 및 교차가새의 방향에서 5개 이내마다 수평연결재를 설치하고 수평연결재의 변위를 방지할 것
- 최상단 및 5단 이내마다 동바리의 틀면의 방향에서 양단 및 5개틀 이내마다 교차가새의 방향으로 띠장틀을 설치할 것

## 118 Repetitive Learning (1회 2회 3회)

건설현장에 거푸집 농바리 설치 시 준수사항으로 옳지 않은 것은?

① 파이프 서포트 높이가 4.5m를 초과하는 경우에는 높이 2m 이내마다 2개 방향으로 수평 연결재를 설치한다.
② 동바리의 침하 방지를 위해 받침목의 사용, 콘크리트 타설, 말뚝박기 등을 실시한다.
③ 강재의 접속부는 볼트 또는 클램프 등 전용철물을 사용한다.
④ 강관틀 동바리는 강관틀과 강관틀 사이에 교차가새를 설치한다.

해설

- 동바리로 사용하는 파이프 서포트는 높이가 3.5미터를 초과하는 경우에는 2m 이내마다 수평연결재를 2개 방향으로 설치하여야 한다.

거푸집 동바리 등의 안전조치 실필 1304 실작 1804/1802/1801/1702/1701/1604/1602/1504/1502/1501/1402

문제 117번 유형별 핵심이론 참조

정답 | 116 ③ 117 ① 118 ①

1501 / 1901

## 119 — Repetitive Learning 1회 2회 3회

철골건립준비를 할 때 준수하여야 할 사항으로 옳지 않은 것은?

① 지상 작업장에서 건립준비 및 기계기구를 배치할 경우에는 낙하물의 위험이 없는 평탄한 장소를 선정하여 정비하여야 한다.

② 건립작업에 다소 지장이 있다하더라도 수목은 제거하거나 이설하여서는 안된다.

③ 사용전에 기계기구에 대한 정비 및 보수를 철저히 실시하여야 한다.

④ 기계에 부착된 앵카 등 고정장치와 기초구조 등을 확인하여야 한다.

**해설**

- 건립작업에 지장이 되는 수목은 제거하거나 이설하여야 한다.

**철골 세우기 준비작업 시 준수사항**

- 지상 작업장에서 건립준비 및 기계기구를 배치할 경우에는 낙하물의 위험이 없는 평탄한 장소를 선정하여 정비하고 경사지에서는 작업대나 임시발판 등을 설치하는 등 안전하게 한 후 작업하여야 한다.
- 건립작업에 지장이 되는 수목은 제거하거나 이설하여야 한다.
- 인근에 건축물 또는 고압선 등이 있는 경우에는 이에 대한 방호조치 및 안전조치를 하여야 한다.
- 사용 전에 기계·기구에 대한 정비 및 보수를 철저히 실시하여야 한다.
- 기계가 계획대로 배치되어 있는지, 윈치는 작업구역을 확인할 수 있는 곳에 있는지, 기계에 부착된 앵커 등 고정장치와 기초구조 등을 확인하여야 한다.

## 120 — Repetitive Learning 1회 2회 3회

고소작업대를 설치 및 이동하는 경우에 준수하여야 할 사항으로 옳지 않은 것은?

① 와이어로프 또는 체인의 안전율은 3 이상일 것

② 붐의 최대 지면경사각을 초과 운전하여 전도되지 않도록 할 것

③ 고소작업대를 이동하는 경우 작업대를 가장 낮게 내릴 것

④ 작업대에 끼임·충돌 등 재해를 예방하기 위한 가드 또는 과상승방지장치를 설치할 것

**해설**

- 와이어로프 또는 체인의 안전율은 5 이상이어야 한다.

**고소작업대 준수사항**

㉠ 일반사항

- 작업대를 와이어로프 또는 체인으로 올리거나 내릴 경우에는 와이어로프 또는 체인이 끊어져 작업대가 떨어지지 아니하는 구조여야 하며, 와이어로프 또는 체인의 안전율은 5 이상일 것
- 작업대를 유압에 의해 올리거나 내릴 경우에는 작업대를 일정한 위치에 유지할 수 있는 장치를 갖추고 압력의 이상저하를 방지할 수 있는 구조일 것
- 권과방지장치를 갖추거나 압력의 이상상승을 방지할 수 있는 구조일 것
- 붐의 최대 지면경사각을 초과 운전하여 전도되지 않도록 할 것
- 작업대에 정격하중(안전율 5 이상)을 표시할 것
- 작업대에 끼임·충돌 등 재해를 예방하기 위한 가드 또는 과상승방지장치를 설치할 것
- 조작반의 스위치는 눈으로 확인할 수 있도록 명칭 및 방향표시를 유지할 것

㉡ 설치시 준수사항

- 바닥과 고소작업대는 가능하면 수평을 유지하도록 할 것
- 갑작스러운 이동을 방지하기 위하여 아웃트리거 또는 브레이크 등을 확실히 사용할 것

㉢ 이동시 준수사항

- 작업대를 가장 낮게 내릴 것
- 작업자를 태우고 이동하지 말 것. 다만, 이동 중 전도 등의 위험예방을 위하여 유도하는 사람을 배치하고 짧은 구간을 이동하는 경우에는 작업대를 가장 낮게 내린 상태에서 작업자를 태우고 이동할 수 있다.
- 이동통로의 요철상태 또는 장애물의 유무 등을 확인할 것

㉣ 사용시 준수사항

- 작업자가 안전모·안전대 등의 보호구를 착용하도록 할 것
- 관계자가 아닌 사람이 작업구역에 들어오는 것을 방지하기 위하여 필요한 조치를 할 것
- 안전한 작업을 위하여 적정수준의 조도를 유지할 것
- 전로(電路)에 근접하여 작업을 하는 경우에는 작업감시자를 배치하는 등 감전사고를 방지하기 위하여 필요한 조치를 할 것
- 작업대를 정기적으로 점검하고 붐·작업대 등 각 부위의 이상 유무를 확인할 것
- 전환스위치는 다른 물체를 이용하여 고정하지 말 것
- 작업대는 정격하중을 초과하여 물건을 싣거나 탑승하지 말 것
- 작업대의 붐대를 상승시킨 상태에서 탑승자는 작업대를 벗어나지 말 것. 다만, 작업대에 안전대 부착설비를 설치하고 안전대를 연결하였을 때에는 그러하지 아니하다.



119 ② 120 ① 정답

MEMO

MEMO